College Physics 5th Ed.

대학물리학 5판

Alan Giambattista 지음
김용은 외 옮김

Mc Graw Hill
한빛아카데미 Hanbit Academy, Inc.

College Physics, 5th Edition

1 2 3 4 5 6 7 8 9 10 HA 20 20

Original: College Physics, 5th Edition © 2020
By Alan Giambattista
ISBN 978-0-07-351395-9

This authorized Korean translation edition is published by Hanbit Academy in arrangement with McGraw-Hill Education Korea, Ltd. This edition is authorized for sale in the Republic of Korea.

This book is exclusively distributed by Hanbit Academy.

When ordering this title, please use ISBN 979-11-5664-520-7

Printed in Korea

College Physics 5th Ed.

대학물리학 5판

Alan Giambattista 지음

김용은 외 옮김

McGraw Hill

한빛아카데미 Hanbit Academy, Inc.

지은이 **Alan Giambattista**

Alan Giambattista는 북부 뉴저지 출신으로, 대학교 4학년 때 Anny Berry 교수님으로부터 원자와 분자에 관해 몇 시간 강의할 기회를 받았으며, 이때부터 대학 강의를 시작하였다. 그는 브리검영 대학교에서 피아노 연주와 물리학을 공부하였으며 코넬 대학교에서 대학원을 마치고 교수로 부임하여 거의 30년 동안 기초물리학을 가르치고 있다.

Alan Giambattista는 지금도 연주회에서 정기적으로 피아노와 하프시코드 연주자로 활약하고 있다. 그는 노래 동아리에서 아내 Marion을 만난 후 지금까지 함께 하면서 아름다운 음악을 작곡하고 있다. 현재 그들은 농장 한가운데 있는 집에 살며 이 집과 정원을 가꾸고 고양이도 기르면서, 사랑스런 손주 Ivy와 Leo와 즐거운 시간을 보내며 살고 있다.

옮긴이 **김용은** 충북대학교 yukim@cbnu.ac.kr

그 밖에 번역에 참여하신 분들

강상준 세명대학교 **강희재** 충북대학교 **김경섭** 충북대학교 **김기환** 충남대학교
김동현 충북대학교 **김득수** 공군사관학교 **김성규** 영남대학교 **김현수** 청주대학교
박민규 충북대학교 **신교철** 단국대학교 **연규황** 충북대학교 **오석근** 충북대학교
오영기 계명대학교 **원기탁** 공군사관학교 **이희정** 충북대학교 **임은지** 충북대학교
황도진 충북대학교

대학물리학 5판 College Physics

초판발행 2021년 1월 20일

지은이 Alan Giambattista / **옮긴이** 김용은 외 / **펴낸이** 전태호
펴낸곳 한빛아카데미(주) / **주소** 서울시 서대문구 연희로2길 62 한빛아카데미(주) 2층
전화 02-336-7112 / **팩스** 02-336-7199
등록 2013년 1월 14일 제2017-000063호 / **ISBN** 979-11-5664-520-7 93400

책임편집 박현진 / **기획** 박현진 / **편집** 강다인, 박현진
디자인 박정화 / **전산편집** 백지선, 라미경 / **제작** 박성우, 김정우
영업 이윤형, 길진철, 김태진, 김성삼, 이정훈, 임현기, 이성훈, 김주성 / **영업기획** 김호철, 주희

이 책에 대한 의견이나 오탈자 및 잘못된 내용에 대한 수정 정보는 아래 이메일로 알려주십시오.
잘못된 책은 구입하신 서점에서 교환해 드립니다. 책값은 뒤표지에 표시되어 있습니다.
홈페이지 www.hanbit.co.kr / 이메일 question@hanbit.co.kr

옮긴이 머리말

실험 물리학을 전공한 로버트 리처드슨Robert c. Richardson은 1966년부터 코넬대학에 근무하며 대수학에 기초를 둔 물리학을 가르쳤으며, 초유체를 연구한 업적으로 1996년에 노벨물리학상을 받았다. 그의 아내 베티 리처드슨Betty McCarthy Richardson은 중고등학교 시절 어떻게든 물리학을 공부하지 않으려고 애를 썼던 경험이 있는 코넬대학교 물리학과 교수로, 로버트와 함께 노벨상 시상식에 초대되는 영광을 얻었다.

2004년에 그들은, 제자이자 동료였던 앨런 잠바티스타Alan Giambattista와 함께 그동안 가르쳐온 물리학 교재를 바탕으로 대학 신입생들을 위한『대학물리학College Physics』을 처음 저술하였고, 2020년에 앨런 잠바티스타가 이 책의 다섯 번째의 증보판을 발간하였다. 이 책은 초판부터 한국어판『물리학』(2006년)으로 번역되어 대학의 교양 물리학 교재로 애용되어 왔다.

이 책은 미적분학을 기초로 하는 물리학 교재가 아니다. 대학 신입생을 위해 대수학과 삼각함수에 기초를 두고 강의한 경험을 바탕으로 쓴 물리학 교재이다. 그렇기 때문에 미적분학을 사용해 물리학을 설명한 책보다는 물리학을 공부하는 데 필요한 수학의 수준이 조금 낮아 보일 수도 있다. 그렇지만 고등학교에서 미적분학을 공부하지 않고 대학에 진학하여 물리학 공부를 시작하는 학생들에게는 안성맞춤인 책이다. 또한 다양한 응용 분야에 물리학을 적용한 예를 들면서 내용을 구성했기 때문에 수학을 잘하는 학생들만이 물리학을 할 수 있다는 선입견을 깨고 새로운 관점에서 물리학을 공부할 수 있도록 저술되었다. 각 장의 첫 페이지에는 그 장에서 공부할 중요한 개념에 접근하기 쉽도록 주요 개념이 함축된 사진과 설명을 넣고, 그와 관련된 선수 개념과 기초 수학을 찾아볼 수 있도록 '찾아가보기'를 넣었다. 또한 일상생활이나 생명과학과 연계된 부분을 알려줌으로써 자연과학과 공학은 물론, 농학, 의학, 약학 등 다양한 전공의 학생들에게도 유용하다.

이러한 앨런의 배려가 담긴『물리학』을 교재로 사용했던 교수들은 고등학교에서 물리 공부를 포기했던 학생들이 물리를 공부하는 데 크게 도움이 되었다고 호평하였다. 이 책은 고등학교에서 물리학을 공부한 경험이 적은 대학 이공계 신입생을 대상으로 주당 3시간씩 두 학기에 강의하기에 적합한 분량이다. 그러나 필요한 경우, 학습 분량을 적절히 조절하면 주 4시간 한 학기나 주 3시간 세 학기용 교재로도 충분히 활용할 수 있다.

책을 만드는 과정에서 원서의 틀을 최대한 유지하려고 노력했다. 원서에는 학생들이 강의 내용과 기초 수학을 참고하여 스스로 공부할 수 있도록 다양한 문제가 많이 실려 있지만, 한국어판에서는 지면 관계상 원서에서 홀수 번 문제만 발췌해 별책에 수록한 점은 매우 아쉽게 생각한다. 학생들이 원서를 참고할 수 있도록 한국어판의 문제 번호 뒤에 원서의 문제 번호를 [ ]로 표시해 두었다. 본문에 언급된 문제 번호는 모두 한국어판의 문제 번호이니 혼동하지 않기 바란다.

옮긴이 머리말

원저자의 집필 의도를 최대한 살려 옮기려고 부단히 노력했으나, 방대한 원서를 번역하는 과정에서 오류나 개선할 점이 많이 남아 있으리라 생각한다. 이러한 것은 한빛아카데미 홈페이지를 통해 알려주기 바란다. 제안 사항을 반영하여 더욱 좋은 책으로 보완해 나갈 것을 약속한다.

끝으로, 좋은 책을 저술한 앨런 교수의 헌신적인 노력에 경의를 표하며 한국어판의 출간을 허락해 준 맥그로힐 사와 번역에 참여하셨던 여러 교수님 그리고 발간을 위해 많은 지원을 해준 한빛아카데미㈜의 전태호 대표님과 편집에 힘써주신 분들의 노고에 감사드린다.

2021년 1월

옮긴이 대표 김용은

서문

『대학물리학』은 대수학과 삼각함수에 기반을 두고 두 학기에 강의할 수 있는 기초물리학 교재이다. 이 책의 중요한 목표는 다음과 같다.

- 학생들이 전공과정에서는 물론 장차 사회에 진출했을 때 알아야 할 기초적인 물리 개념을 알려준다.
- 물리학이 자연 현상을 이해하기 위한 도구임을 강조한다.
- 일상생활에서 부딪히는 다양한 문제를 해결하는 능력을 함양할 수 있게 돕는다.

개념에 우선 접근하는 방법을 선택했다

일부 학생들은 물리학을 방정식을 길게 나열하고 숫자를 대입하면 되는 것으로 생각한다. 그러나 이 책에서는 비교적 적은 수의 기초적인 물리 개념이 다양한 상황에 적용됨을 보여주고자 한다. 물리 교육의 연구 결과에 따르면 학생들이 개념을 저절로 습득하지 못한다는 것이 알려져 있다. 어떤 개념은 그것을 가지고 장시간 동안 씨름을 해야만 겨우 이해할 수 있게 설명되었다. 수년간 이 과목을 가르친 경험을 바탕으로 이 책에서는 개념 이해와 분석 기술을 통합적으로 설명하였다. '개념 우선' 접근법은 물리학에서 수식과 문제 풀이 기법이 학생들이 개념을 응용하는 기법에 불과하다는 것을 알 수 있도록 하였다. 본책에 수록된 [**개념형 보기**]와 [**개념형 실전문제**], 그리고 별책에 수록된 난이도별 [**개념형 질문**]과 [**선다형 질문**]을 풀이하고 나면 스스로 개념을 이해하는 수준을 파악하고 자기 실력을 더욱 향상시킬 수 있다.

힘과 운동학에 동시에 접근하는 방법을 택하였다

개념에 먼저 접근하는 이 책의 구성 방식은 대부분의 다른 교재 구성과는 약간 다르다. 그중 가장 두드러진 차이는 힘과 운동을 다루는 방법이다. 이 책에서 2~4장의 중심 주제는 뉴턴의 운동 법칙이다. 2장에서는 힘과 뉴턴 법칙을 도입하여 개념적 기틀을 마련하였다. 3장과 4장에서는 운동학을 힘이 운동에 미치는 영향을 이해하기 위한 도구로 설명하였다.

뉴턴의 제3법칙의 개념인 상호작용 짝은 처음부터 다루고 있다(2.1절 참조). 힘은 직관적으로 볼 수 있는 본질적인 벡터양이다. 둘 이상의 힘이 물체에 작용할 때 그 효과는 힘의 방향과 크기에 따라 달라진다. 힘을 너무 일찍 소개하면 학생들은 힘을 분석하고, 자유물체도형을 그리고, 힘을 벡터적으로 더해서 알짜힘을 구하기 위한 중요한 기술을 익히기 위하여 많은 연습을 해야 한다. 이 책의 2장에서는 평형 상황에서만 이러한 요령을 적용하였다. 문제를 해결하기 위해 구해야 하는 비율도 없고, 풀어야 할 이차방정식도 없다!

서문

이러한 접근법의 한 가지 이점은 2장에 '수식'이 거의 없다는 것이다. 그 대신에 물리 개념과 필요한 수학적인 기법을 알려준다. 힘으로 시작하면 학생들은 물리학이 방정식만 반복하는 것이 아니고 추론하는 요령과 기본 개념에 관계되는 것임을 알 수 있다.

3장은 알짜힘이 작용하는 물체가 어떻게 움직이는지를 다루는 것으로 시작한다. 뉴턴의 제2법칙은 가속도를 정의하는 동기를 제공하며 운동학은 뉴턴의 법칙의 맥락으로 집약된다. 학생들은 이미 벡터양에 대해 배웠으므로 운동학을 두 번(1차원으로 한 번, 2차원 또는 3차원으로 한 번) 배울 필요가 없다. 물체가 직선을 따라 움직일 때도 정확하고 일관된 벡터 표기법이 사용된다. 예를 들어, 물체가 x축을 따라서 운동한다면 '$v = -5\ \mathrm{m/s}$'가 아니라 '$v_x = -5\ \mathrm{m/s}$'로 씀으로써 성분들을 크기와 분명하게 구분한다. 이러한 접근법을 시도한 몇몇 교수들은 벡터의 성분으로 고생하는 학생들의 수가 감소했다고 이야기한다.

2장에서 다루는 뉴턴 법칙의 틀 안에서 가속도의 정의를 분명하게 할 수 있다. 운동학적 양들은 3장에 소개하였으며, 학생들은 물체에 작용하는 힘이 그것의 운동에 어떻게 영향을 미치는지 배울 수 있다. 3장의 문제는 대부분이 운동학과 물체에 작용하는 힘 사이의 연결과 관련이 있다. 학생들은 2장에서 배운 힘을 분석하고 자유물체도형을 그리는 것과 같은 중요한 기법을 계속 연습하게 된다.

그런 다음 4장에서는 '알짜힘이 일정하면 어떻게 되는가?'에 집중한다. 학생들은 이전처럼 힘을 분석하고 뉴턴의 제2법칙을 사용한다. 포물체의 이상적인 운동은 중력 이외의 힘을 무시할 수 있을 때에만 성립되는 이상적인 것이다. 이 교재에서는 물리학이 현실에서는 어떻게 작용되는가를 설명하고, 물리학이 현실과 동떨어진 학문 체계라는 인상을 주지 않으려 노력하였다.

개념을 직관적으로 소개하였다

개념과 물리량들이 유용한 이유를 확실히 하기 위하여 구체적인 예를 들어서 형식에 구애받지 않고 직관적인 방법으로 주요 개념과 물리량들을 소개했다. 이러한 방식으로 동기를 부여한 개념들은 겉보기에 임의적이고 형식적인 정의로 도입된 개념보다 학생들이 이해하고 기억하기가 더 쉽다.

예를 들면, 8장에서 회전관성의 개념은 회전운동에너지 개념에서 자연스럽게 나타난다. 학생들은 회전하는 강체가 입자의 운동으로 인해 운동에너지를 가지고 있음을 이해할 수 있다. 이 책에서는 속도를 다른 입자를 포함하는 합이 아니라 모든 입자에 공통적인 단일 수량(각속도)으로 쓸 수 있는 이유를 설명한다. 회전관성이 이러한 방법으로 정의된 이유를 이해하면 돌림힘이나 각운동량과 같이 어려운 개념을 공부할 준비가 된 것이다.

이 책에서는 동기를 부여하지 않고 개념을 정의하거나 공식을 제시하지는 않았다. 본문에서 방정식을 유도하지 않았을 때는, 적어도 방정식의 출처를 제시하거나 그럴듯한 근거를 제시하였다. 예를 들어서, 9.9절에서 직렬연결 된 두 관에서의 유체흐름과 관련하여 왜 부피 흐름률이 단위 길이당 압력 강하에 비례하는가를 설명하면서 푸아죄유의 법칙을 소개하였다. 그 뒤에 $\Delta V/\Delta t$가 이상적인 유체의 경우와 같이 r^2에 비례하지 않고 반지름의 4제곱에 비례하는 이유를 설명하였다.

이와 유사하게, 변위 및 속도 벡터의 정의는 아무런 동기부여 없이 도입되면 학생들에게 임의적이고 반직관적으로 보일 수 있다. 따라서 운동학적 양을 제시하기 전에 뉴턴의 법칙을 소개하여 힘이 물체의 운동 상태를 결정한다는 것을 먼저 다룬다. 그 용어가 **속도**나 **일**과 같이 일반적으로 쓰이는 단어일 때 개념의 기초를 다지는 것은 특히 더 중요하다.

능동적인 학습에 적합하게 기획하였다

이 책의 이전 판들은 코넬대학교에서 15년 동안 전통적인 강의식 수업방식과는 다른 시범강좌의 교재로 사용해 왔다. 이 수업은 교실에서 강의를 하지 않았기 때문에 학생들은 이 책에서 기본 정보를 얻어야 했다. 그러므로 이 책은 플립러닝 강좌나 전통적인 교육과정을 벗어난 강좌에 교재로 사용하기에 적합하다. 그러함에도 불구하고, 이 책은 전통적인 강의실 환경에서 교재로 사용해도 완전성과 명확성을 마찬가지로 확보할 수 있다. 이 책은 교수가 모든 것을 '가르치려고' 하지 않아도 된다. 교수는 학생들이 [보기] 문제를 풀어보고, 친구에게 배우고, 협동 학습에 참여하거나, 응용 방법을 설명하거나, 시범 수업을 해 보는 등의 활동으로 학생들이 더 중요하게 생각하는 요구에 맞추어 그들에게 어려운 개념을 보충해 주는 시간을 가질 수도 있다.

명확하고 친숙한 문장을 사용하였다

이 책은 대수와 삼각법에 기반을 둔 교과 과정에 적합하도록 특별히 개발한 교재이다. 공학이나 물리학 전공자를 위해 미적분학에 기반을 두고 쓴 책이 아니다. 이 책은 경험이 풍부한 교수가 학생과 일대일로 앉아서 설명할 때 사용하는 일상적인 언어로 기술하였다.

올바른 물리학 용어를 배우는 것이 필수적이지만, 이 책은 학생들이 이해하는 데 방해가 되는 불필요한 용어를 피했다. 예를 들면 이 책에서는 '구심력'이란 용어를 쓰지 않았는데, 이 용어를 사용하면 학생들이 자유물체도형을 그릴 때 가상의 '구심력'을 추가하도록 유도할 수 있기 때문이다. **구심 가속도**보다는 **가속도의 지름 성분**을 사용하는 것이 오해를 유발하거나 오개념을 강요할 가능성이 적다.

학생들에게 필요한 형식을 제공하였다

문제 풀이 요령

문제 풀이 요령은 기초물리학 과정의 핵심이다. 이러한 요령은 [보기] 문제에 설명되어 있다. 이 책은 적절한 곳에 그러한 문제 풀이 전략을 제시하였다. 그러나 가장 어려운 기술(아마도 가장 중요한 기술)은 깔끔한 목록에 포함되지 않는 미묘한 부분에 있다. 실제 문제 풀이 요령을 개발하기 위해 학생들은 비판적이고 분석적으로 사고하는 방법을 배워야 한다. 문제 풀이는 다차원적이고 복잡하다. 알고리즘으로 접근하는 것은 실제 문제 풀이 기술을 적용하기에 적합하지 않다.

학생들이 많이 연습해야 하는 문제 풀이 요령은 개별 데이터 포인트를 나타내는 것보다는 그래프에서 정보를 추출하거나 그래프를 스케치하는 것이다. 그래프는 종종 학생들이 물리적 관계를 대수만으로 나타내는 것보다 더 명확하게 시각화하는 데 도움이 된다. 책의 [보기] 문제에 그래프와 그림이 강조되어 있다.

- **전략** 각 예제는 문제를 해결하는 데 사용할 전략에 대한 논의(학생이 이해할 수 있는 언어)로 시작한다. 이 전략은 학생들이 문제를 풀이할 때 수행해야 하는 분석적 사고의 종류를 보여준다. 어떤 접근 방식을 어떻게 결정하는가? 문제에 어떤 물리 법칙이 적용되며 이 풀이에 유용한 법칙은 무엇인가? 질문에 어떤 단서가 있을까? 어떤 정보가 명시되어 있지 않고 암시되어 있는가? 몇 가지 유효한 접근 방식이 있다면 가장 효과적인 방법을 어떻게 결정하는가? 어떤 가정을 할 수 있는가? 어떤 종류의 그림 또는 그래프가 문제 해결에 도움이 될 수 있는가? 단순화 또는 근사가 필요한가? 그렇다면 단순화가 유효한지는 어떻게 알 수 있는가? 답을 미리 추정할 수 있는가? 이 질문들을 고려한 후에 학생들은 효과적으로 문제를 해결할 수 있다.
- **풀이** 문제를 상세히 풀어 놓은 것이다. 설명한 부분에는 학생들이 문제를 풀 때 사용한 접근법을 이해할 수 있도록 돕기 위해 방정식과 계산 과정을 단계별로 제시하였다.
- **검토** 숫자나 대수로 표시할 수 없는 해답은 [보기] 문제의 말미에 검토를 덧붙여 놓았다. 학생들은 얻은 답의 자릿수를 확인해 보고, 예상했던 답안과 비교해 보고, 단위도 확인해 보아야 한다. 다른 방법으로 풀이가 가능할 때는 풀이했던 방법과 다른 방법으로 풀어 보고 답이 합리적으로 일치하는지 판단하는 방법을 배워야 한다. 다른 방법으로 풀이가 가능할 때는 각 방법의 장점과 단점을 살펴보아야 한다. 풀이에 사용한 풀이 방법을 일반화시킬 수 있는가에 대해서도 언급하고, 특별한 경우인가 살펴보고, 또 '만약'의 경우를 생각해 본다.
- **실전문제** 각 [보기] 다음의 [실전문제]는 학생들에게 [보기] 문제와 동일한 물리 원리와 문제 해결

방법을 사용하여 연습할 수 있는 기회를 준다. 각 장의 끝에 제공된 해답과 자신이 얻은 답을 비교해 보고 학생들이 스스로 자기의 이해 정도를 측정하고 난 후에 다음 절로 넘어갈 것인지 결정할 수 있다.

근사, 추정, 비례, 추론의 사용

이 책에서는 물리학 문제를 풀이하기 위해 단순화된 모형과 근사치를 지속적으로 사용한다. 문제 해결에서 가장 어려운 것 중 하나는 일반적으로 일종의 단순화된 모형과 근사치가 필요하다는 것이다. 본문의 검토에서는 마찰을 무시하고, 기체상수를 다루고, 점성을 무시하고, 대전된 물체를 점전하로 취급하거나, 회절을 무시하는 것이 합리적인지 알 수 있다.

일부 [보기]와 문제에서는 물리 문제 해결과 다른 많은 분야에서 유용한 기술인 추정을 하는 것이 필요하다. 비례 추론은 우아한 지름길일 뿐만 아니라 정형화된 양식을 이해하는 수단으로도 사용된다. [보기]와 문제는 종종 백분율과 비례를 이해하고 사용하는 연습의 기회를 준다.

일상생활과 물리학의 연관성을 강조

기초 물리학 과정을 공부하는 학생들의 배경과 관심은 다양하다. 이 책은 물리학의 원리를 학생들이 실생활에 응용하고 물리학에 흥미를 가질 수 있도록 설명하였다. 책의 보기 문제와 다양한 연습문제는 일상에서 일어나는 예이거나 생물학, 의학, 고고학, 천문학, 스포츠, 환경 과학 및 지구 물리학과 같은 다른 분야에 응용되고 있는 기술에서 발췌한 것들이다. 응용되는 기술은 교재에서 장의 앞부분이나 여백에서 확인할 수 있다. 아이콘( )은 생명과학이나 의학 분야에서 응용되는 것임을 나타낸다.

- **혼자서 해 보기**는 일상생활에서 물리 원리를 탐색하고 관찰할 수 있는 기회를 제공한다. 이러한 활동은 물리 원리를 간단히 시연해 보고 그것이 유효함을 알 수 있도록 한 것이다.
- 각 **장을 시작하는 쪽**에는 학생들의 흥미를 유발하고 장 전체에 걸쳐 관심을 끌 수 있는 주제와 관련된 사진과 간략한 설명이 있다. 설명은 사진에 표시된 상황을 말해주고 그와 관련된 물리학을 학생들이 생각해 보도록 하였다. 이 주제는 본문의 적절한 부분에서 논의된다.

개념 설명에 집중

- **연결고리**는 새로운 개념처럼 보이는 개념이 실제로는 이전에 배운 개념을 확장하였거나, 적용하였거나 상세히 설명한 형태일 수 있음을 이해하는 데 도움이 된다. 연결고리를 삽입한 목적은 학생들

에게 별로 관련이 없는 사실이나 방정식을 모아 놓은 것이 물리학이 아니고 다양한 상황에 적용할 수 있는 기본 개념을 알 수 있게 하는 것이다. 중요한 개념을 재차 다루는 것을 보고, 연결고리에 제시된 핵심 개념에 집중할 수 있게 한다.

- **살펴보기**는 해당 절에서 공부한 개념을 얼마나 이해하였는가를 점검할 수 있도록 마련한 문제이다. 살펴보기의 답은 장의 마지막 부분에서 확인해 볼 수 있으므로 학생들이 너무 빨리 주어진 답을 보지 않고 자기의 실력을 확인해 볼 수 있다.
- 별책의 **종합문제**는 학생들이 이미 공부한 여러 장의 개념들이 서로 어떻게 연관되어 있는지를 알 수 있도록 하기 위한 것이다. 이들 연습문제는 학생들이 단서로 주어진 절이나 장 제목 없이 문제를 푸는 능력을 점검할 수 있도록 도와준다.

중요한 수학 공식을 보완

기초 대학 물리학 과정에서 학생들은 대수학, 기하학 및 삼각법을 사용하여 문제를 해결해야 한다. 빈약한 수학 지식은 이 물리학 과정을 성공적으로 이수하는 데 큰 장애물이 된다. 교수들은 수업 시간이 수학 지식을 충분히 복습할 만큼 넉넉하다고 느끼지 않는다. 학생들이 스스로 복습하고 종합적인 참고자료로 활용할 수 있도록 이 교재는 매우 상세한 수학 공식들(부록 A)을 제공한다. 이번 개정판에서는 부록 A를 빈번히 참소하여 학생들이 부록을 통해 수학 실력을 보강할 수 있도록 하였다. 부록 A에는 시간에 따라 변하는 주기함수에 대한 새로운 절을 추가하였다.

5판의 새로운 내용

이번 개정판은 이전 판의 기본 철학은 바꾸지 않았지만, 네 번째 개정판을 교재로 사용하였던 교수님들과 학생들이 보내준 세세한 조언을 많이 받아들이고 이를 보완하였다. 이번 개정판에서 고려한 사항 중 가장 중요한 것은 다음과 같다.

- 부록 A. 기초 수학 내용 확장
  'A.8. 시간에 대한 주기함수'를 보완(진동, 파동, 패러데이 법칙, 간섭 등에 필요한 수식을 다룸)
  'A.6. 기하학' 재작성
- 장을 공부하는 데 필요한 수학을 각 장을 시작하는 쪽에 '찾아가보기'로 묶어서 삽입
- 본문에서 필요한 기초 수학은 부록 A를 참고할 수 있도록 표시
- 시각적 요소 간소화
- 장의 맨 앞에 복습할 개념과 기법들을 나열
- 역학적 이득, 난류, 표면장력, 음파의 감쇠, 상자성과 반자성, 원편광, 렌즈 수차 등의 주제를 추가, 확장
- 그림을 통해 학생들의 이해를 돕기 위해 그림의 범례 확장

각 장에서 개정 보완한 부분 중에서 주목할 만한 내용은 다음과 같다.

- **1장** : 보기 1.9(차원 분석을 다른 방법으로 수행하는 보기) 확장
  비율과 비례에 관한 새로운 문제 추가
- **2장** : 보기 2.13을 뉴턴의 제3법칙에 초점을 맞추어 명확하게 재작성
- **3장** : 3.5절 개정(B에 대한 A의 속도가 공통 기준계에서 측정한 두 속도의 벡터의 차이임을 강조)
- **4장** : 겉보기 무게 공식 삭제, 기본 요령(자유물체도형 그리기 및 힘 분석)을 강조하고 '문제 풀이 전략'에 순서 요약
- **5장** : 속력이 일정한 원운동과 속력이 변하는 원운동에 관한 문제 풀이 전략의 구조가 같도록 수정
  경사가 있는 도로를 달리는 차에 작용하는 힘을 나타내는 그림 재작성
- **6장** : 일정한 힘과 역학적 에너지에 의해 한 일에 관한 문제 풀이 전략 추가
- **8장** : 8.2절에서 지레의 팔에 대한 설명을 명확하게 수정
- **11장** : 11.5절(파동의 수학적 표현)을 이해하기 쉽도록 재작성
- **12장** : 12.7절과 12.8절(공명, 도플러 효과)을 재작성
- **15장** : 15.5~15.7절에 열기관 및 열펌프를 상세히 설명
- **18장** : 회로 기호를 모은 표를 18장의 끝부분으로 이동
- **19장** : 19.10절에서 상자성과 반자성에 관한 설명 재작성
- **20장** : 인덕턴스에 대한 내용 간소화
  패러데이의 법칙에 관한 문제 추가
- **22장** : 22.7절에 원편광에 대한 설명 포함
- **23장** : 수렴렌즈의 허상 맺음에 관한 광선 도표
  그림 23.47 재작성
- **24장** : 24.3절에서 난시 설명
  24.7절에서 확산 렌즈의 수차 설명
- **25장** : 보강간섭과 소멸간섭에서 위상차에 관한 논의를 단순화
- **30장** : LIGO 공동실험에 의한 중력파의 관측 언급

미리보기

보기

개념 확인 및 응용 문제를 제시한다. [전략], [풀이], [검토] 3단계 과정을 통해 문제를 풀이해 볼 수 있다.

실전문제

보기에서 사용한 물리 원리와 문제 해결 방법을 사용하여 문제 풀이를 연습할 수 있다.

연결고리

새로 배운 개념이 실제로는 이전에 배운 개념의 확장, 적용, 전문화된 형태임을 알려준다.

보기 5.10 궤도 위성

위성은 반지름이 r_1이고 속도가 v_1인 지구 주위의 궤도를 회전한다. 이 위성이 지구 질량의 3배인 행성에 대해 같은 속력으로 원형궤도를 돌고 있다면, 그 궤도 반지름은 얼마인가?

전략 중력에 관한 뉴턴의 법칙을 적용하고 새로운 궤도 반지름을 구하기 위해 비율을 설정할 수 있다.

풀이 뉴턴 제2법칙으로부터 위성의 중력의 크기는 인공위성의 질량과 지름 가속도의 크기의 곱과 같다.

$$\sum F_r = \frac{GmM}{r^2} = m\frac{v^2}{r}$$

여기에서 M과 m은 각각 행성과 위성의 질량이다. r에 대해 풀면 다음과 같다.

$$r = \frac{GM}{v^2}$$

더 무거운 행성을 도는 위성의 궤도 반지름 r_2와 지구를 도는 위성의 궤도 반지름 r_1의 비를 구하면,

$$\frac{r_2}{r_1} = \frac{GM_2/v_2^2}{GM_1/v_1^2} = \frac{M_2}{M_1} \cdot \frac{v_1^2}{v_2^2} = 3 \cdot 1$$

이다. 마지막 단계에서, 주어진 조건 $M_2 = 3M_1$과 $v_2 = v_1$을 이용하였다. 따라서 지구보다 3배 무거운 행성 주위의 궤도 반지름은 $r_2 = 3r_1$이다.

검토 위의 식에 상수 G와 지구 질량 M 값을 대입할 필요가 없었던 것에 주목하여라. 비율 r_2/r_1을 구했기 때문에 이 상수들은 소거되었다.

실전문제 5.10 달착륙선의 주기

달착륙선이 달을 중심으로 돌고 있다. 궤도 반지름이 지구 반지름의 1/3이라면 착륙선 궤도의 주기는 얼마인가?

5.5 속력이 일정하지 않은 원운동
Nonuniform Circular Motion

연결고리 서로 수직인 성분으로 벡터를 분해하는 것은 새롭지 않다. 지금까지는 항상 고정된 x축과 y축에 따른 성분을 찾아왔다. 여기에서는 가속도를 지름 성분과 접선 성분으로 분해한다. 이렇게 하는 것이 다음과 같은 이유로 편리하다.

- 지름 가속도는 항상 식 (5-17)로 나타낸다.
- 속력이 일정하면 접선 가속도는 0이다.

지금까지는 등속원운동에 초점을 맞추었다. 이제 각속도가 시간에 따라 변하는, 곧 속력이 일정하지 않은 원운동으로 확장해 보자.

그림 5.20a는 물체의 원운동 속력이 변할 때 서로 다른 시간에서 속도벡터 $\vec{v}_1$과 $\vec{v}_2$를 나타낸 그림이다. 이 경우에는 속력이 증가한다($v_2 > v_1$). 그림 5.20b에서 속도 변화를 구하기 위해 $\vec{v}_2$에서 $\vec{v}_1$을 뺀다. 등속원운동의 경우와는 달리 $\Delta t \to 0$인 극한에서 $\Delta\vec{v}$와 속도는 수직이 아니다. 그러나 가속도는 접선 방향과 중심 방향으로 분해할 수 있다(그림 5.20c). 지름 가속도 성분 a_r은 속도의 방향을 바꾸고, 접선 가속도 성분 a_t는 속

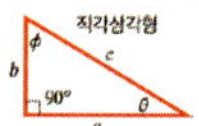

$\phi = 90° - \theta$

$$\sin\theta = \frac{\angle\theta의\ 대변}{빗변} = \frac{b}{c} = \cos\phi$$

$$\cos\theta = \frac{\angle\theta의\ 접변}{빗변} = \frac{a}{c} = \sin\phi$$

$$\tan\theta = \frac{\angle\theta의\ 대변}{\angle\theta의\ 접변} = \frac{b}{a} = \cot\phi$$

그림 2.8 삼각함수 복습(부록 A.7을 참조하라)

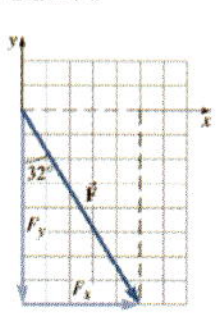

그림 2.9 다른 직각삼각형을 이용하여 힘 벡터를 성분으로 분해하기. 벡터 화살표는 빗변이고 대변과 접변은 각각 x축과 y축에 나란하다.

문제 풀이 전략 : 벡터의 크기와 방향으로부터 x 성분과 y 성분 구하기

1. 주어진 벡터를 빗변으로 하고 나머지 두 변은 x축과 y축에 나란히 놓인 직각삼각형을 그려라.
2. 직각삼각형의 한 꼭지각을 결정하여라.
3. 성분의 크기는 삼각함수를 써서 구하여라. 계산기가 각도 모드인지 라디안 모드인지 확인하고 계산하여라.
4. 각 성분의 부호가 올바른지 확인하여라.

때로는 벡터를 괄호 안에 성분을 쉼표로 구분해서 나타내기도 한다. 예를 들면 그림 2.7의 힘 $\vec{F}$는 $\vec{F} = (5.0\text{ N}, -8.0\text{ N})$이라 쓸 수 있다.

크기와 방향 구하기 거꾸로 벡터의 성분에서 벡터의 크기와 방향을 구하는 과정을 알아 두어야 한다.

그림 2.7에서 힘 벡터의 성분은 알고 있지만 크기와 방향은 모른다고 가정하고 $\vec{F}$와 x축 사이의 각도 θ를 구해 보자.

$$\theta = \tan^{-1}\frac{대변}{접변} = \tan^{-1}\frac{|F_y|}{|F_x|} = \tan^{-1}\frac{8.0\text{ N}}{5.0\text{ N}} = 58° \qquad (2\text{-}4)$$

피타고라스의 정리로부터(표 A.1) $\vec{F}$의 크기는 다음과 같다.

$$F = \sqrt{F_x^2 + F_y^2} = \sqrt{(+5.0\text{ N})^2 + (-8.0\text{ N})^2} = 9.4\text{ N} \qquad (2\text{-}5)$$

문제 풀이 전략

문제를 풀이할 때 사용할 수 있는 전략을 소개한다.

그림 2.23 두 어린이가 장난감을 두고 싸우고 있다.

살펴보기 2.5 그림 2.23에서 두 어린이가 장난감을 당기고 있다. 장난감에 크기가 같고 방향이 반대인 힘이 작용한다면 이 두 힘은 상호작용 짝인가? 그 이유를 설명하여라.

혼자서 해 보기 수영을 할 때, 물이 여러분을 앞으로 미는 데 뉴턴의 제3법칙이 사용된다는 것에 주목하여라. 팔과 다리를 사용해 물을 아래쪽과 뒤쪽으로 밀면 물은 여러분을 위쪽과 앞으로 밀게 된다. 수영법에는 힘을 가하는 동작에서는 가능한 한 큰 힘을 뒤로 작용하여 물을 뒤로 보내고, 되돌려 오는 동작에서는 가능한 한 작은 힘이 앞으로 작용하도록 다양한 동작이 고안되어 있다. 걸을 때나, 스케이트나 스키를 탈 때도 이와 유사한 효과가 난다. 개념형 보기 2.13에서 이 힘을 더 자세히 살펴볼 수 있다.

살펴보기

해당 절에서 공부한 개념을 얼마나 이해하였는지 점검할 수 있다.

혼자서 해 보기

일상생활에서 물리 원리를 탐색하고 관찰할 수 있는 활동을 소개한다.

아이콘

생명과학이나 의학 분야에서 응용되는 내용임을 나타낸다.

별책

본문에서 배운 개념을 정리하고 다양한 연습문제를 제공한다.

CHAPTER 1 서론

개념정리

- 물리학에서 사용되는 용어는 정확하게 정의되어야 한다. 물리학에서 쓰이는 용어가 다른 글에 똑같이 쓰여도 그 의미는 다를 수 있다.
- 대수학, 기하학 및 삼각함수 등에 관한 지식은 물리학을 공부하는 데 필수적이다.
- 어떤 양을 증가시키거나 감소시키는 인자는 원래 값에 대한 새로운 값의 새로운 비이다.
- A가 B에 비례한다($A \propto B$)는 것은 B가 일정 비율만큼 증가할 때, A가 같은 비율로 증가함을 의미한다.
- 과학적 표기법에서 숫자는 1과 10 사이의 수와 10의 거듭제곱을 곱한 값으로 나타낸다.
- 유효숫자는 정밀도를 나타내는 기초 문법이다. 이를 통해 우리는 양적 정보를 전달하고 정보가 얼마나 정확한지를 보여준다.
- 계산이 끝나면 항상 각 양과 단위를 붙여서 쓴다. 그러고 난 후에 단위를 대수적으로 간단히 하여 결과의 단위를 구한다. 문제의 지문에 다른 단위가 혼합되어 있으면 문제를 해결하기 전에 주어진 단위를 일관되게 바꾸어야 한다. 일반적으로는 모든 것을 SI 단위로 변환하는 것이 가장 좋은 방법이다.
- 차원 분석은 수식의 타당성을 신속하게 확인하기 위해 사용한다. 수량을 더하거나 뺄 때 또는 등식으로 표현할 때는 언제나 차원이 같아야 한다(비록 꼭 같은 단위로 주어지지 않을지라도).
- 수학적인 근사는 복잡한 문제를 단순화하는 데 도움이 된다.
- 문제해결 요령은 스스로 학습하고 연습해야 하는 기술이다.
- 정확한 문자가 있는 것 같이 보이는 수식을 골라서 문제

연습문제

개념형 질문

1 [1]. 물리학을 공부하는 이유를 몇 가지만 제시하여라.

2 [3]. 과학에서 실제 상황과 정확하게 일치하지 않더라도 단순한 모형을 사용하는 이유는 무엇인가?

3 [5]. 과학적 표기법의 장점은 무엇인가?

4 [7]. "유효숫자"로 나열된 모든 숫자가 정확하게 알려진 것인가? 유효숫자의 자릿수 중 어떤 것이 다른 것보다 정확성이 떨어지는가?

5 [9]. SI 단위에 사용된 세 가지 기본 단위는 무엇인가?

6 [11]. 다음 단위를 세 가지 차원 그룹으로 분류하고, 그것이 어떤 차원인지 밝혀라.

4 [7]. 새로운 구의 부피가 원래 구의 부피의 8배가 되게 하려면 원래 지름 d의 몇 배가 되어야 하는가? 원래 구의 지름 d로 나타내어라.

(a) $8d$ (b) $2d$ (c) $d/2$
(d) $d \times \sqrt[3]{2}$ (e) $d/8$

5 [9]. 기체 상태에서 소리의 속력을 나타내는 수식은 $v = \sqrt{\gamma k_B T/m}$이다. v는 m/s로 나타낸 속력이고, γ는 차원이 없는 상수, T는 K로 나타낸 절대온도, m은 kg 단위로 표시한 질량이다. 볼츠만 상수 k_B는 어떤 단위로 표시되는가?

(a) $kg \cdot m^2 \cdot s^2 \cdot K$ (b) $kg \cdot m^2 \cdot s^{-2} \cdot K^{-1}$
(c) $kg^{-1} \cdot m^{-2} \cdot s^2 \cdot K$ (d) $kg \cdot m/s$
(e) $kg \cdot m^2 \cdot s^{-2}$

목차

목차

PART 03 전자기학

목차

PART 05 양자 및 입자물리학, 상대성 이론

목차

01

서론

Introduction

NASA의 화성 탐사선 큐리오시티는 2012년 8월에 화성 표면에 착륙하였다. 큐리오시티의 주요 임무 중 하나는 화성에 미생물 생명체가 살아남을 수 있는 환경이 있는지 알아보는 것이었다. 큐리오시티가 찍은 화성 사진은 둥근 자갈 조각이 포함된 암석 돌출 부위를 보여주었다. 자갈의 크기, 모양 및 구성 성분 등으로부터 과학자들은 여기에 시냇물이 흐른 적이 있다고 결론을 내렸다.

NASA는 화성을 성공적으로 탐사하여 풍부한 지질 데이터를 얻을 수 있었다. 한편 1998년에는 단순한 실수로 화성 주위의 궤도에 진입할 때 화성 기후 궤도위성이 손실되었다. 이 장에서는 우리가 이러한 실수를 피하는 방법을 배우게 된다.

찾아가보기

- 기초 수학 : 대수학, 기하학, 삼각함수 (부록 A.1, A.6, A.7)
- 기초 수학 : 일차함수 그래프 (부록 A.2)
- 기초 수학 : 지수함수 (부록 A.4)
- 기초 수학 : 비례와 비율 (부록 A.5)

생명과학 응용

- 골밀도와 골다공증 (보기 1.1)
- 적혈구 세포 수 (실전문제 1.1)
- 허파꽈리의 넓이 (보기 1.7)
- 인체의 피부넓이 추정하기 (보기 1.10)
- 혈관과 혈류의 흐름률 (문제 7, 14, 19, 38)
- 질량과 대사율의 관계 (문제 3)
- 신경충격의 속력 (문제 17)
- 기관, 물관, 세포, 바이러스, 바로이드의 크기 (문제 14, 36, 37)

1.1 왜 물리학을 배우는가?
Why Study Physics?

물리학은 물질, 에너지, 공간, 시간 등의 개념을 근본적인 차원에서 설명하는 과학이다. 그 때문에 생물학이나 화학 같은 기초 과학이나 건축학, 의학, 음악, 예술 등과 같은 응용 분야를 전공하더라도 거기에는 물리학에 관련된 원리가 있다.

물리학자들은 우주에서 일어나는 물리 현상에서 일반적인 양상을 찾는다. 그들은 일어나는 현상들을 설명하고 그러한 설명이 정당한지 확인하기 위해 실험을 한다. 그들의 목적은 우주를 관장하는 가장 기본적인 법칙을 찾아내고 그것을 가장 정확하고 간단한 방법으로 기술하는 것이다.

물리학을 공부하는 것은 여러 이유로 가치 있는 일이다.

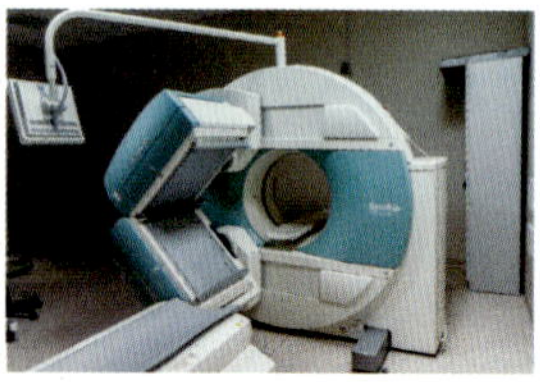

그림 1.1 자기공명영상(MRI) 촬영 기계. MRI를 이용하여 환자 신체 내부 구조에 관한 자세한 영상을 얻을 수 있다.

- 물리학은 물질과 물질 사이의 기본적인 상호작용을 다루기 때문에 모든 자연과학은 물리학 법칙을 기초로 하여 세워진다. 화학을 깊이 이해하려면 원자에 관한 물리학을 알아야 한다. 또한 생물학적 과정을 완전히 이해하기 위해서는 물리학과 화학의 원리를 이해해야 한다. 수 세기 전에는 자연 철학 속에 지금 생물학, 화학, 지질학, 천문학, 물리학 등으로 불리는 것들이 포함되어 있었다. 오늘날에는 그들이 생물물리학자, 화학물리학자, 천체물리학자, 지구물리학자 등으로 불리는 것을 보면 과학이 얼마나 서로 밀접하게 연관되어 있는지를 알 수 있다.
- 오늘날과 같은 기술 문명의 세계에서 중요한 여러 기기는 물리학적 지식을 통해서만 정확히 이해될 수 있다. 의료 분야만 보아도 레이저 수술, 자기공명영상(그림 1.1), 순간 온도계, 엑스레이 영상기기, 방사능 추적기, 심장박동 조절장치, 초음파영상기기, 광섬유를 이용한 정밀 수술기구, 치과용 초음파 천공기, 방사선치료기 등 많은 예를 볼 수 있다.
- 물리학을 공부하면 다른 분야에서도 유용한 기술을 습득할 수 있다. 예를 들면, 논리적이고 분석적인 사고력을 포함하여 문제 해결 능력, 단순한 가정의 구성 능력, 수학적 모형 만들기, 적절한 어림셈법 사용하기 그리고 명확한 정의를 내릴 수 있는 능력 등을 습득할 수 있다.
- 사회의 자원은 유한하기 때문에 그 자원들을 효과적으로 이용해야 하며 과학적으로 불가능한 과제에 그들을 낭비해서는 안 된다. 종종 정치 지도자나 투표권을 가진 대중이 과학적 원리에 대한 무지로 인해 정확한 판단을 내리지 못할 때가 있다. 원자력 발전으로 사회에 에너지를 안전하게 공급할 수 있는가? 세계적 기후 변화, 오존층 파괴, 실내 라돈 등에 관한 진실은 무엇인가? 물리학을 배우면 기본적 과학 원리를 이

해할 수 있고, 앞에서와 같은 문제들에 대해 올바른 정보를 가지고 합리적인 견해를 밝힐 수 있는 지적 능력을 갖출 수 있다.

- 마지막으로 물리학을 공부하면서 우주를 관장하는 기본 법칙들의 아름다움을 느낄 수 있다.

1.2 물리학에서 사용하는 용어 Talking Physics

물리학에서 사용되는 몇몇 용어들은 일상에서도 자주 쓰인다. 하지만 정확한 과학적 정의는 일상적 의미와 매우 다를 수 있어 오해를 일으키기도 한다. 물리학에서는 용어가 정확하게 정의되어야 과학 논문을 읽거나 과학 강좌를 들을 때 의미를 정확하게 파악할 수 있다. 기본적으로 정확하게 정의된 시간, 길이, 힘, 속도, 가속도, 질량, 온도 등과 같은 물리량은 일상에서도 사용되는 용어이다.

일상에서는 **속도**와 **속력**을 동의어로 사용하지만, 물리학에서는 중요한 차이가 있다. 물리학에서의 **속도**에는 단위 시간당 운동한 거리뿐만 아니라 움직이는 **방향**도 포함되어 있다. 운동하는 물체가 방향을 바꿀 때 속도는 변하지만 속력은 변하지 않을 수도 있다. 속도의 일상적 의미를 과학적 정의와 혼동하면 몇몇 물리 법칙을 올바로 이해하지 못하거나 오답을 이끌어 낼 수도 있다.

일상생활에서 사용하는 **질량**도 몇 가지 다른 의미를 포함하고 있다. 때로는 **질량**과 **무게**를 혼동하여 사용한다. 그러나 물리학에서는 그들을 서로 대치하여 사용할 수 없다. 질량은 관성, 곧 정지한 물체는 계속 정지해 있으려 하고 운동하는 물체는 같은 속도로 운동을 계속하려고 하는 성질을 측정한 것이다. 그렇지만 무게는 물체를 당기는 중력을 측정한 것이다.

물리량을 엄밀하게 정의하는 이유는 크게 두 가지가 있다. 첫째, 물리학은 실험과학이기 때문이다. 실험 결과는 다른 과학자들이 비슷한 실험을 하였을 때 그 결과를 비교할 수 있도록 명확히 서술해야 한다. 실험이 어디서 이루어지든 측정값이 일정하게 나오려면 양에 대한 정확한 정의가 필수이다. 둘째, 물리학은 수리과학이기 때문이다. 물리량 사이의 관계를 정량적으로 기술하기 위해 수학을 이용한다. 이런 수학적 관계식은 물리량이 엄밀하게 정의될 때에만 가능하다.

1.3 수학의 사용 The Use of Mathematics

초급 물리학을 공부하기 위해서는 대수, 삼각함수, 기하학을 사용할 수 있는 지식이 필요하다. 더 필요한 수식의 일부를 부록 A에 정리해 놓았다. 수학 실력이 충분치 않다고 느끼면 수학 교과서의 문제를 풀어보면서 자신의 실력을 되돌아보기 바란다.

수식은 기호를 사용하여 말로 표현하기 어려운 관계를 간결하게 표현한 것이다. 수식에 사용되는 대수적 기호는 **수**와 **단위**로 표시되는 물리량을 의미한다. 수는 측정 결과를 뜻하며 측정은 주어진 기준에 따라 이루어진다. 단위는 어떤 기준이 사용되었는지 나타낸다. 물리학에서 양은 수로 나타내며 단위를 함께 쓰지 않은 수는 무의미하다. 옷을 만들기 위해 비단을 살 때, 5 mm, 5 m, 5 km 중 어떤 것이 필요한가? 숙제의 마감 시한은 3분, 3일, 3주 중 어떤 것이 적합하겠는가? 단위계에 대해서는 1.5절에서 살펴볼 것이다.

물리량을 고유한 문자로 표시하기에는 알파벳이 충분하지 않다. 부피를 표현하는 문자 V가 전압을 나타낼 수도 있다. 올바른 것으로 보이는 문자가 포함된 방정식이 있다고 곧바로 문제를 해결하려고 하지 말라. 문제 풀이를 잘하는 사람들은 특정 방정식의 각 기호가 나타내는 물리량을 구체적으로 이해하고 그 양을 표시하는 정확한 단위를 명기할 수 있으며 방정식이 적용되는 상황을 이해할 수 있다.

'배수', 비율, 비 물리학에서 사용하는 용어 중에서 **배수**factor라는 용어는 다소 특이한 방법으로 자주 사용된다. 라디오 전파송신 출력을 2배로 하면 '출력이 2배 증가했다'고 말한다. 혈액 중 나트륨 이온의 농도가 전보다 반으로 줄어들었다면 농도가 '2배로 감소했다'고 말한다. 또는 다소 일관성은 없지만 '2분의 1로 감소했다'고도 한다. **배수는** 어떤 양의 값이 달라질 때 곱하거나 나누어야 하는 값이다. 달리 말하면 인자는 **비**ratio이다. 라디오 송신기의 경우 초기 출력을 P_0로, 다른 장치가 설치된 후의 출력을 P로 표시한다면

$$\frac{P}{P_0} = 2$$

라고 말할 수 있다.

자주 쓰이는 말 중에 '5 % 증가', 또는 '20 % 감소' 등의 표현이 있다. 어떤 양이 n % 증가한다는 것은 $1 + (n/100)$의 배율을 곱한다는 말과 같다. n % 감소한다는 것은 $1 - (n/100)$의 배율을 곱한다는 말이다. 예를 들면 5 % 증가는 원래 값의 1.05배이고, 4 % 감소는 원래 값의 0.96배를 의미한다(부록 A.5 참조).

물리학자들은 때로는 **비율**proportion을 생각하면 문제가 간단해지기 때문에 '몇 배만큼' 증가하는가에 관하여 이야기한다. A가 B에 비례한다($A \propto B$)는 말은 B가 증가하면 A도 같은 비율로 증가한다는 의미이다. B의 두 값의 비율이 그에 대응하는 A의 값의 비율과 같다($B_2/B_1 = A_2/A_1$). 예를 들어, 원둘레는 반지름에 2π를 곱한 값이다. 곧 $C = 2\pi r$이므로 C는 r에 비례한다. 반지름이 두 배로 증가하면 원둘레도 두 배로 증가한다. 원의 넓이는 반지름의 제곱에 비례한다. 따라서 넓이는 반지름의 제곱과 같은 비율로 증가해야 한다. 반지름이 2배가 되면 넓이는 $2^2 = 4$배 증가한다(부록 A.5에 비와 비율에 관한 더 많은 정보가 있다).

보기 1.1 골다공증

심한 골다공증으로 인해 뼈의 밀도가 40 % 감소할 수 있다(그림 1.2). 건강한 뼈의 밀도가 $1.5\ \text{g/cm}^3$이면 골다공증으로 퇴화된 뼈의 밀도는 얼마인가?

전략 어떤 수량이 n % 감소하였다면 그 수량에 $1-(n/100)$을 곱하면 된다.

풀이 $1.5\ \text{g/cm}^3 \times [1-(40/100)] = 1.5\ \text{g/cm}^3 \times 0.60 = 0.90\ \text{g/cm}^3$

검토 이 밀도는 원래 밀도의 40%가 감소하므로 원래 밀도의 절반을 약간 넘을 것이다.

실전문제 1.1 적혈구 수치

환자의 적혈구 수치RBC가 화요일에 $5.0 \times 10^6\ \mu\text{L}^{-1}$이었고, 수요일에 $4.8 \times 10^6\ \mu\text{L}^{-1}$이었다. RBC의 백분율은 얼마나 변했는가?

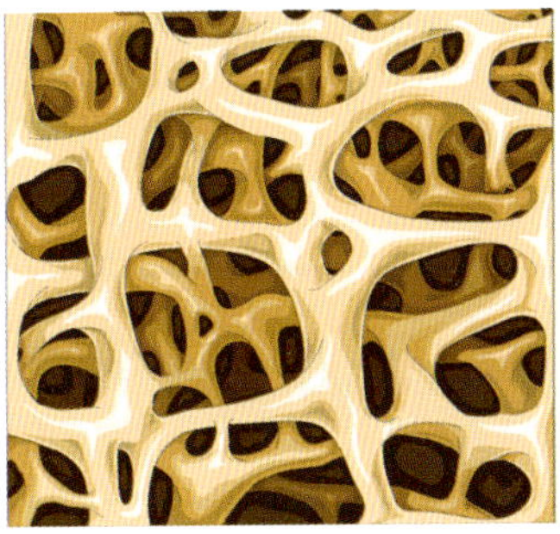

그림 1.2 골다공증이 있는 뼈 내부의 다공성 구조. 골다공증은 골밀도를 감소시키고 다공성을 증가시켜 뼈가 쉽게 부러지는 골절 위험을 증가시킨다. 노인들 사이에서 골절의 흔한 원인이다. ©OlafJanssen, CC-BY-SA 3.0

보기 1.2 반지름의 증가가 구의 부피에 미치는 영향

구의 부피는 다음 식으로 주어진다.

$$V = \frac{4}{3}\pi r^3$$

여기서 V는 구의 부피이고 r은 구의 반지름이다. 농구공의 반지름이 12.4 cm이고 테니스공의 반지름이 3.20 cm이면, 농구공의 부피는 테니스공의 부피의 몇 배인가?

전략 이 문제에는 두 공의 반지름이 주어져 있다. 어떤 공의 반지름과 부피를 의미하는지를 구분하기 위해 농구공에는 첨자 b를 사용하고 테니스공에는 t를 사용한다. 농구공의 반지름은 r_b이고 테니스공의 반지름은 r_t이다. $4/3$와 π는 상수이므로 비례 관계를 이용해 풀 수 있다.

풀이 농구공의 반지름과 테니스공의 반지름의 비는 다음과 같다.

$$\frac{r_b}{r_t}=\frac{12.4\,\text{cm}}{3.20\,\text{cm}}=3.875$$

구의 부피는 반지름의 세제곱에 비례한다(식 (A−47)).

$$V \propto r^3$$

농구공의 반지름이 테니스공의 3.875배 더 크고, 공의 부피는 반지름의 세제곱에 비례하므로 부피는 $3.875^3 \approx 58.2$배 만큼 크다.

검토 약간 다르게 풀이하는 방법은 두 식의 각 변의 비로 비례식을 쓰는 것이다. 곧

$$\frac{V_b}{V_t}=\frac{\frac{4}{3}\pi r_b^3}{\frac{4}{3}\pi r_t^3}=\left(\frac{r_b}{r_t}\right)^3$$

r_b와 r_t의 비를 대입하면 부피의 비는 다음과 같다.

$$\frac{V_b}{V_t}=3.875^3\approx 58.2$$

이 식은 V_b가 V_t의 58.2배가 됨을 의미한다.

실전문제 1.2 **전구가 소모하는 전력**

저항이 R인 전구에서 소모되는 전력 P는 $P=V^2/R$으로 주어진다. 여기서 V는 입력 전압이다. 절전 시 입력 전압은 10 %가 감소한다. 보통 때 전구에서 소모되는 전력이 60.0 W라면 절전 시 전구에서 소모되는 전력은 얼마인가? 저항은 달라지지 않는다고 가정하여라.

살펴보기 1.3 구의 반지름이 3배 커지면 구의 부피는 얼마나 변하겠는가?

1.4 과학적 표기법과 유효숫자
Scientific Notation and Significant Figures

물리학에서는 아주 작은 수를 다루기도 하고 매우 큰 수를 다루기도 한다. 이럴 때는 보통의 십진법으로 수를 표시하기 불편할 수 있다. **과학적 표기법** scientific notation에서는 수를 1과 10 사이의 숫자와 10의 지수의 곱으로 표현한다. 적도에서 지구 반지름은 대략 6 380 000 m인데, 과학적 표기법을 쓰면 6.38×10^6 m라 표시할 수 있다. 그리고 수소 원자의 반지름 0.000 000 000 053 m는 5.3×10^{-11} m로 표시할 수 있다. 과학적 표기법을 사용하면 소수점의 위치를 정확하게 맞추기 위해 0을 많이 사용할 필요가 없다.

과학적인 측정값이나 계산값은 그 값의 **정밀도** precision를 나타내야 한다. 어떤 양을 측정한 측정기구의 정밀도는 최소 눈금의 크기에 제한을 받는다. 밀리미터까지 표시된 미터자를 사용하면 길이를 밀리미터 단위까지 측정할 수 있고, 두 눈금 사이의 비율까지 알

수 있다. 미터자의 최소 눈금이 센티미터라면 센티미터까지는 정확히 알 수 있고 나머지 값은 대략 산정할 수밖에 없다.

유효숫자 어떤 양의 정밀도를 표시하는 가장 기본적인 방법은 올바른 **유효숫자**significant figures를 사용하는 것이다. 유효숫자는 정확하게 알려진 숫자에 대략 산정된 숫자 하나를 더 표기한 것이다. 거리가 12 km라고 말할 때 거리가 정확히 12 km라는 의미는 아니다. 대략 킬로미터 단위로 표시할 때 12 km가 가장 근접한 값이라는 의미이다. 만약 거리를 12.0 km로 표시하면 킬로미터의 10분의 1까지는 정확하다는 의미이다. 유효숫자의 자릿수가 많을수록 그 값은 정확한 값이다.

유효숫자 식별 규칙

1. 0이 아닌 숫자는 모두 유효숫자이다.
2. 소수점 아래에서 오른쪽 끝부분에 쓴 0은 모두 유효숫자이다.
3. 소수점의 위치를 표시하기 위해 소수점 오른쪽에 쓴 0은 유효숫자가 아니다.
4. 소수점 왼편의 0은 유효숫자이거나 소수점이 있을 때에만 유효숫자일 수 있다. 예를 들면 200 cm는 유효숫자가 한 개, 두 개, 세 개일 수 있다. 다시 말하면 이 경우는 1 cm 단위로 측정했는지, 10 cm 단위로 측정했는지, 아니면 100 cm 단위로 측정한 것인지 알 수가 없다. 그렇지만 200.0 cm는 유효숫자가 4자리이다(규칙 5 참조). 과학적 표기법으로 숫자를 분명하게 쓰는 것이 모호함을 없애는 방법 중 하나이다. 이 책에서는 소수점 왼편에 0이 있을 때 최소한 유효숫자가 두 자리라고 가정하면 된다.
5. 유효숫자 사이에 있는 0은 유효숫자이다.

보기 1.3 유효숫자의 자릿수 찾기

아래 숫자의 유효숫자 자릿수를 말하고 과학적 표기법으로 고쳐서 쓰라.

(a) 409.8 s

(b) 0.058 700 cm

(c) 9500 g

(d) 950.0×10^1 mL

전략 주어진 유효숫자를 나타내는 규칙을 적용한다. 과학적 표기법으로 숫자를 다시 쓰려면 소수점 왼쪽의 숫자가 1과 10 사이가 되도록 소수점을 옮기고 주어진 숫자와 일치하도록 10의 거듭제곱을 곱한다.

풀이 (a) 409.8 s에 있는 4개 숫자는 모두 유효숫자이다. 0이 두 유효숫자 사이에 있으므로 유효숫자이다. 숫자를 과학적 표기법으로 쓰기 위해서는 소숫점을 왼쪽으로 두 자리 옮기고 10^2을 곱한다. 곧 4.098×10^2 s이다.

(b) 0.058 700 cm에서 처음 두 개의 0은 유효숫자가 아니다. 이들은 소수점을 표시하기 위해서 사용된 것이다. 여기에서 5, 8, 7과 끝에 있는 두 개의 0은 유효숫자이다. 답은 유효숫자가 5개인 5.8700×10^{-2} cm이다.

(c) 9500 g에서 9와 5는 유효숫자이지만 마지막의 0 두 개는 모호하다. 이 숫자는 유효숫자의 자릿수가 2, 3, 4, 5일 수 있다. 가장 신중하게 접근하면 0은 유효숫자가 아니므로 답은 9.5×10^3 g이다.

(d) 950.0×10^1 mL에서 마지막 0은 소수점 다음에 나오므로 유효숫자이다. 마찬가지로 왼쪽의 0은 유효숫자 사이에 나오므로 유효숫자이다. 그러나 950.0은 소수점 왼편의 숫자가 1과 10 사이의 숫자가 아니므로 과학적 표기법은 따르지 않았다. 따라서 답은 9.500×10^3 mL이다.

검토 과학적 표기법으로 표시하면 0은 모두 분명한 유효숫자이다. 소수점을 표시하기 위해서 사용하는 0은 없다. (c)에서 0이 모두 유효숫자라면 9.500×10^3 g이다.

실전문제 1.3 **유효숫자 찾기**

아래 측정치에서 유효숫자 자릿수를 말하고 과학적 표기법으로 쓰라.

(a) 0.000 105 44 kg

(b) 0.005 800 cm

(c) 602 000 s

계산할 때의 유효숫자

1. 둘 이상의 양을 더하거나 뺄 때 계산한 결과는 그 양 중에서 유효숫자가 적은 수에 맞춰야 한다(보기 1.4). 만일 주어진 숫자가 과학적 표기법으로 쓰여 있다면 우선 10의 거듭제곱이 같도록 숫자를 다시 쓰라. 그리고 둘을 더하거나 뺀 후에 결과를 더하거나 뺄셈을 한 모든 숫자의 유효숫자가 같도록 반올림하여 재정리한다.
2. 숫자를 곱하거나 나눌 때 결과는 계산하기 전의 숫자 중 유효숫자가 가장 적은 수와 같도록 반올림해야 한다.
3. 연속적으로 계산을 할 때는 계산을 하는 매 단계마다 유효숫자를 적용하지 않고 마지막 단계에서만 반올림하고 올바른 유효숫자로 정리해야 한다. 매 단계마다 반올림을 하면 마지막 결과에 가서는 반올림 오차가 눈덩이처럼 불어난다. 적어도 두 자리를 추가로 남겨 놓았다가 마지막에 가서 반올림하는 것이 좋다.

보기 1.4 덧셈에서의 유효숫자

44.560 05 s + 0.069 8 s + 1 103.2 s를 계산하여라.

전략 덧셈을 한 결과의 정밀도는 세 값 중 가장 정밀하지 않은 것과 같아야 한다. 44.560 05 s는 0.000 01 s까지 정확하고 0.069 8 s는 0.000 1 s까지 정확하고 1 103.2 s는 0.1 s까지 정확하다. 따라서 가장 부정확한 값은 1 103.2 s이다. 덧셈의 결과도 같은 정밀도를 가지므로 10분의 1 s까지 정확하다.

풀이 계산기를 사용해서 계산하면

$$44.560\,05 + 0.069\,8 + 1\,103.2 = 1\,147.829\,85$$

이다. 하지만 답을 이렇게 쓰고 싶지는 않을 것이다. 결과가 실제 값보다 더 정확한 값처럼 보이기 때문이다. 10분의 1 s 자리에서 반올림하면 1 147.8 s가 되며 유효숫자는 5개가 된다.

검토 가장 부정확한 값의 유효숫자가 가장 적은 값은 아니다. 가장 부정확한 값은 유효숫자 중 가장 오른쪽 숫자의 단위가 가장 큰 값이다. 1 103.2 s에서 2는 10분의 1 s 단위이다. 덧셈이나 뺄셈에서는 유효숫자의 개수가 중요한 것이 아니라 정확도가 중요하다. 덧셈에 있는 세 값은 각각 유효숫자가 일곱 개, 세 개, 다섯 개이지만 합은 다섯 개의 유효숫자를 갖는다.

실전문제 1.4 뺄셈에서의 유효숫자

568.42 m − 3.924 m를 계산하고 답을 과학적 표기법으로 나타내어라. 결과에는 몇 개의 유효숫자가 있는가?

보기 1.5 곱셈에서의 유효숫자

45.26 m/s와 2.41 s의 곱을 구하여라. 결과의 유효숫자 자릿수는 얼마인가?

전략 곱셈에서는 가장 적은 유효숫자를 가진 수와 같은 개수의 유효숫자를 가져야 한다.

풀이 계산기를 사용하면

$$45.26 \times 2.41 = 109.076\,6$$

이 된다. 답은 3개의 유효숫자만 가지므로 결과를 반올림하면

$$45.26\,\text{m/s} \times 2.41\,\text{s} = 109\,\text{m}$$

이다.

검토 답을 109.076 6 m라고 쓰면 정밀도가 약 0.000 1 m라는 잘못된 인상을 줄 수 있지만 실제로 정밀도는 약 1 m 정도이다.
두 숫자 모두 소수 둘째 자리까지 알려졌지만 풀이에서는 소수점 이하는 나타내지 않았다. 곱셈 또는 나눗셈에서 중요한 것은 유효숫자의 자릿수이다. 과학적 표기법으로는 1.09×10^2 m라고 쓰면 된다.

실전문제 1.5 나눗셈에서의 유효숫자

28.84 m를 6.2 s로 나눈 결과를 올바른 유효숫자로 표현하여라.

정수나 분수가 식에 사용되었을 때 결과의 정밀도는 정수나 분수의 값에 영향 받지 않는다. 유효숫자의 수는 단지 문제에 주어진 측정값에 의해서 결정된다. 분수 1/2이 식 중에 사용되었을 때 그 값은 정확한 값이며, 유효숫자가 한 자리라고 제한하는 것은 아니다. 반지름 r인 원둘레를 나타내는 $C=2\pi r$과 같은 식에서 2나 π는 정확한 값이다. π의 값은 다른 값들의 정밀도를 유지하기 위해 얼마든지 자릿수를 늘려서 표현할 수 있다.

크기의 자릿수 어림셈 간혹 문제가 너무 복잡해서 정확하게 풀 수 없거나 정확한 계산을 위해 필요한 정보가 알려지지 않은 경우가 있다. 이러한 경우 **크기의 자릿수**order-of-magnitude를 따져보는 것이 최선이다. 자릿수는 '대략 10의 몇 제곱인가를 의미한다(그림 1.3 참조)'. 최소한 유효숫자 한 개에 대해 어림셈을 한다. 좀 더 정확한 계산이 가능하더라도 가끔은 종이쪽지에 간단하게 빠른 계산을 해 보는 것이 좋다. 만약 답이 그 정도의 크기로 나오지 않는다면 풀이 과정을 검토하여 오류를 찾아낼 수도 있다. 왜 그럴까? 때로는 문제 풀이를 시작하기 전에도 정답의 자릿수 규모를 추측할 수 있기 때문이다. 규모가 다른 답이 나왔다면 다시 돌아가서 오류를 찾아야 한다. 4층 창문의 난간에서 떨어진 꽃병에 관한 문제가 있다고 가정해 보자. 경험을 통해 꽃병이 땅에 닿는 데 걸리는 시간이 어느 정도인지 추정할 수 있다. 1 s 또는 2 s일 수는 있지만 1000 s나 0.00001 s가 아닐 것은 분명하다.

살펴보기 1.4 어림셈을 해 보는 이유가 무엇인가?

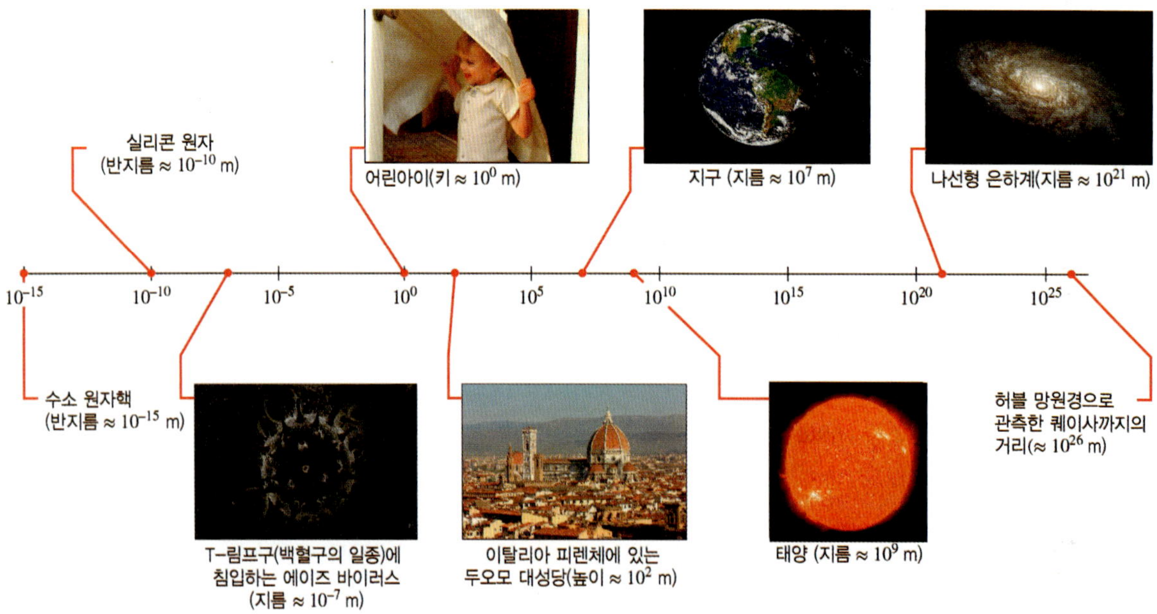

그림 1.3 크기 순서에 따라 배열한 몇 가지 물체. 눈금은 로그눈금이다. 하나의 눈금에서 오른쪽의 다음 눈금으로 이동하면 크기가 10만 배 증가한다. 수소 핵의 크기에서 퀘이사까지의 거리를 41자릿수로 나누었다.

1.5 단위 Units

미터법metric system 단위는 과학 연구와 유럽 여러 나라에서 오랫동안 사용되어 왔다. 미터법은 십진법에 기본을 두고 있다. 1960년 단위에 관하여 국제적으로 권위가 있는 '도량형학회'에서 미터법을 확장한 **SI 단위계**Systeme International d'Unites, 곧 국제표준단위계가 제안되었다. 이 단위계는 길이는 미터 m으로, 질량은 킬로그램 kg으로, 시간은 초 s로 나타낸다. SI 단위계에서 이 세 단위는 역학의 기본단위로 사용되며, 이들 기본단위 외에도 네 개의 단위가 더 있다(표 1.1). **유도단위**derived units는 기본단위들을 조합한 것이다. 예를 들면, 힘의 SI 단위는 $kg \cdot m/s^2$이다. 이 유도단위에는 아이작 뉴턴을 기념하여 뉴턴 N이라는 특별한 명칭을 붙였다. N은 기본단위를 조합하여 만들어진 것이므로 유도단위이다. 유명한 과학자의 이름에서 따온 단위라고 하더라도 단어로 쓸 때는 시작을 소문자로 해야 한다. 그러나 줄여서 기호로 표시할 때는 대문자로 나타낸다. 이 책에서 사용한 SI 유도단위는 모두 부록 B에 정리되어 있다.

표 1.1 SI 기본단위

양	단위명	기호	정의
길이	미터	m	진공 중에서 빛이 1/299792458 s 동안에 진행하는 거리
질량	킬로그램	kg	플랑크 상수 h가 정확히 $6.62607015 \times 10^{-34}$ J · s $(J = kg \cdot m^2 \cdot s^{-2})$이 되도록 하는 값*
시간	초	s	Cs-133 원자의 바닥상태의 두 하이퍼 파인 에너지 준위 사이에서 전이할 때 방출되는 복사선의 9192631770 주기에 해당하는 시간
전류	암페어	A	진공 중에서 1 m 떨어진 가늘고 긴 평행한 도선에 단위 길이당 2×10^{-7} N이 도체에 작용하게 하는 일정한 전류
온도	켈빈	K	물의 삼중점의 열역학적 온도의 1/273.16
물질의 양	몰	mol	탄소-12 0.012 kg 중의 원자수와 같은 기본 입자를 포함하는 물질의 양
조도	칸델라	cd	주어진 방향으로 진동수가 540×10^{12} Hz인 복사선을 방출하고 그 방향으로 단위 입체각당 복사 세기가 1/683 W인 광원의 조도**

* 2018년 CGPM에서 새로 정의한 기준

** 이 책에서는 사용하지 않음

SI 단위계에서는 수를 10의 거듭제곱으로 명확히 나타내기도 하지만 10의 거듭제곱 대신 접두어를 단위에 붙여서 나타낼 수도 있다. 10의 거듭제곱과 그에 상응하는 접두어를 표 1.2에 나타내었다. 이들은 부록 B에도 정리되어 있다. 접두어와 함께 나타낸 SI 단위를 거듭제곱으로 나타낼 때는 접두어도 함께 거듭제곱을 한다는 것에 유의하여라. 예를 들면 $8\ \text{cm}^3 = 2\ \text{cm} \times 2\ \text{cm} \times 2\ \text{cm}$ 임을 의미한다.

표 1.2 SI 접두어

접두어(약어)	10의 거듭제곱
페타(peta–, P)	10^{15}
테라(tera–, T)	10^{12}
기가(giga–, G)	10^{9}
메가(mega–, M)	10^{6}
킬로(kilo–, k)	10^{3}
데시(deci–, d)	10^{-1}
센티(centi–, c)	10^{-2}
밀리(milli–, m)	10^{-3}
마이크로(micro–, μ)	10^{-6}
나노(nano–, n)	10^{-9}
피코(pico–, p)	10^{-12}
펨토(femto–, f)	10^{-15}

물리학에서는 SI 단위 사용을 선호하며, 이 책에서도 주로 이 단위를 사용한다. 다른 단위들도 종종 사용되므로 단위를 변환하는 방법을 알아 두어야 한다. 다양한 과학 분야에서, 심지어는 물리학의 분야에서도 역사적 이유나 실생활에 사용한다는 이유로 SI 단위가 아닌 단위를 사용하기도 한다. 예를 들면, 원자물리학이나 핵물리학에서 에너지의 SI 단위인 줄 J은 거의 사용하지 않는다. 보통은 J 대신에 전자볼트 eV를 에너지의 단위로 사용한다. 생물학자나 화학자들은 물리학자에게는 낯선 단위를 사용한다. SI 단위가 많이 사용되는 이유는 대부분의 과학자가 SI 단위에 익숙하기 때문이다.

여러 나라에서 SI 단위들은 일상생활이나 산업계에서 두루 사용된다. 미국에서는 미국 관습 단위계(종종 영국 단위계라고도 한다)가 여전히 사용된다. 이 단위계의 기본 단위는 ft(피트, 길이의 단위), s(초, 시간의 단위), lb(파운드, 무게의 단위)를 사용한다. 미국에서는 파운드가 질량의 단위로 사용되지만, 일반적으로 힘의 단위로도 사용된다(이때는 파운드힘이라고도 한다). 물리학에서 질량과 힘은 전혀 다르기 때문에 이들의 불일치는 SI 단위를 사용하는 중요한 이유 중 하나이다.

단위를 지정하지 않거나 올바르게 변환하지 않으면 치명적인 결과를 초래할 수 있다. 1999년 가을 화성 주위 궤도를 선회하도록 설계한 1억 2500만 달러의 우주선이 폭발하여 NASA가 혼란에 처했던 적이 있다. 추진보조 로켓을 제작한 회사는 로켓의 추력장치에 관한 수치 정보를 미국의 관습 단위로 제공했지만 로켓을 조종하는 NASA의 지상관제 시스템의 과학자들은 그 수치를 SI 단위라고 생각했기 때문이었다. '화성 기상궤도위성 사고 조사 위원회'는 우주선 사고의 근본적인 원인을 지상의 로켓 운항 관제부서에서 관습 단위계와 미터 단위계를 혼동했기 때문이라고 밝혔다. 관습 단위를 미터법 단위로 착각하여 궤도위성이 1억 2200만 마일을 항해하여 화성 대기권에 진입하고도 약 15마일 정도 대기권으로 더 깊이 들어가 추진 시스템이 과열되어 우주선이 실종된 것이었다. 간단한 단위 착오가 추진사업을 실패한 원인이 되고 말았다.

단위 변환 문제의 지문에 여러 단위가 섞여 있으면 문제를 풀기 전에 단위를 일관성 있게 바꿔야 한다. 더하기나 빼기를 해야 한다면 반드시 같은 단위로 표시해야 한다. 일반적으로는 모든 단위를 SI 단위로 변환하는 것이 최선책이다. 공통적인 환산인자를 이 책의 부록 B에 정리해 두었다.

보기 1.6과 1.7에서 단위를 변환하는 기법을 설명하였다. 변환해야 할 물리량에 비가 1이 되도록 만든 환산인자를 한 개 이상 곱하여 변환할 수 있다. 단위는 대수적인 양처럼 곱하거나 나눈다.

몇몇의 환산인자는 정확히 정의한 값이다. 1 m는 정확하게 100 cm이다. 모든 SI 접두어들은 정확히 10의 거듭제곱이다. 1 m = 100 cm나 1 h = 60 min과 같이 정확한 환산인자를 사용하면 결과의 정밀도는 영향을 받지 않는다. 유효숫자의 자릿수는 문제에 주어진 다른 값들에 의해 정해진다.

보기 1.6 외국에서 옷 사기

프랑스 교환학생 미셸은 미국에서 공부하고 있다. 그가 새 청바지를 사려고 하는데 사이즈가 모두 인치 단위로 표시되어 있다. 1 m = 3.28 ft이고 1 ft = 12 in임을 알고 있을 때, 그의 허리둘레가 82 cm라면 몇 인치 바지를 사야하는가?

전략 각 변환인자를 분수로 쓸 수 있다.

1 m = 3.28 ft이므로 다음과 같이 쓸 수 있다.

$$\frac{3.28\text{ ft}}{1\text{ m}} = 1$$

어떤 양이든 1을 아무리 곱해도 크기가 변하지 않는다. cm를 in로 변환하려면 변환인자를 분수에 적고 cm에서 in를 얻을 수 있도록 곱하여라.

풀이 우선은 cm를 m로 변환한다.

$$82\text{ cm} \times \frac{1\text{ m}}{100\text{ cm}}$$

이제 m를 ft로 변환한다.

$$82\text{ cm} \times \frac{1\text{ m}}{100\text{ cm}} \times \frac{3.28\text{ ft}}{1\text{ m}}$$

마지막으로 ft를 in로 바꾼다.

$$82\text{ cm} \times \frac{1\text{ m}}{100\text{ cm}} \times \frac{3.28\text{ ft}}{1\text{ m}} \times \frac{12\text{ in}}{1\text{ ft}} = 32\text{ in}$$

각 단계에서 분수를 1이 되도록 써서 단위들이 서로 약분되어 단위가 변환되도록 쓴다.

$$\cancel{\text{cm}} \times \frac{\cancel{\text{m}}}{\cancel{\text{cm}}} \times \frac{\cancel{\text{ft}}}{\cancel{\text{m}}} \times \frac{\text{in}}{\cancel{\text{ft}}} = \text{in}$$

검토 이 문제는 in를 cm로 바꾸는 변환인자(1 in = 2.54 cm)를 사용하여 한번에 변환할 수 있다. SI 단위의 장점 중 하나는 모든 변환인자가 10의 거듭제곱(표 1.2 참조)이라는 점이다.

1피트가 12인치이고, 4쿼트가 1갤런, 16온스가 1파운드, 5280피트가 1마일인 것을 기억할 필요는 없다.

실전문제 1.6 아우토반에서 운전하기

BMW가 128 km/h로 독일 아우토반에서 달리려고 한다. (a) 몇 m/s의 속력으로 달려야 하는가? (b) 몇 mph(mi/h)의 속력으로 달려야 하는가?

보기 1.7 허파꽈리의 넓이

폐에서 허파꽈리(그림 1.4)의 총넓이는 70 m^2이다. (a) 이 값을 cm^2 단위로 환산하면 얼마인가? (b) 또 in^2로 환산하면 얼마인가?

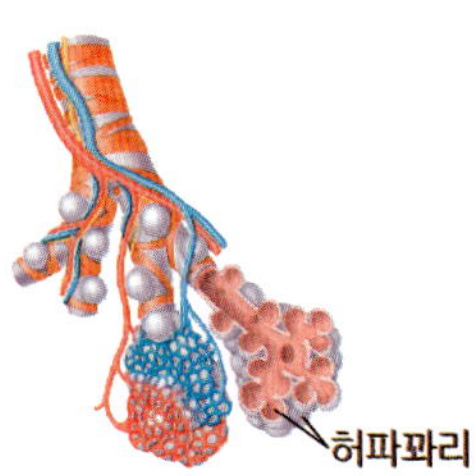

그림 1.4 사람의 폐에 있는 허파꽈리. 허파꽈리는 지름이 약 200 μm인 속이 빈 공동이다. 폐에 있는 수백만 개의 허파꽈리는 혈액과 가스를 교환하기 위해 겉넓이가 넓다.

전략 미터와 센티미터 사이의 환산인자를 살펴보면, $1\ \text{m} = 10^2\ \text{cm}$ 이므로 이 값을 제곱하여야 한다.

풀이 (a) $1\ \text{m} = 100\ \text{cm}$ 이므로 다음을 얻는다.

$$70\ \text{m}^2 \times \left(100\ \frac{\text{cm}}{\text{m}}\right)^2 = 7.0 \times 10^5\ \text{cm}^2$$

(b) $1\ \text{in} = 2.54\ \text{cm}$ 를 사용하면 다음을 얻는다.

$$7.0 \times 10^5\ \text{cm}^2 \times \left(\frac{1\ \text{in}}{2.54\ \text{cm}}\right)^2 = 1.1 \times 10^5\ \text{in}^2$$

검토 단위가 1보다 더 큰 10의 지수로 증가할 때 환산인자도 같은 거듭제곱으로 증가해야 한다. 단위에서 실수를 하지 말아야 한다. 양이 10의 제곱으로 증가할 때 숫자와 단위는 모두 다 같은 10의 거듭제곱으로 증가하여야 한다. $(100\ \text{cm})^3$은 $100^3\ \text{cm}^3 = 10^6\ \text{cm}^3$이지 $100\ \text{cm}^3$이거나 $10^6\ \text{cm}$가 아니다.

실전문제 1.7 **지구의 겉넓이**

지구의 반지름은 $6.4 \times 10^3\ \text{km}$ 이다. 지구의 겉넓이를 m^2 단위로 구하여라(주요 도형의 부피와 겉넓이는 부록 A.6에 있다).

계산을 할 때 항상 각각의 양에 단위를 써서 표현하여라. 단위를 대수와 결합하여 계산하면 결과의 단위를 얻을 수 있다. 이렇게 노력하면 좋은 점이 세 가지 있다.

1. 결과에서 단위가 무엇인지 분명히 보여준다. 종종 숫자를 올바르게 계산하고도 단위를 잘못 써서 답이 틀리는 경우가 있다.
2. 단위 변환이 어느 부분에서 이루어져야 하는지 드러난다. 상쇄되어야 할 단위가 상쇄되지 않았다면 다시 되돌아가서 필요한 변환을 해야 한다. 거리를 계산했는데 결과 값의 단위가 m · s/h로 나왔다면 시간 h를 초 s로 변환해 주어야 한다.
3. 틀린 곳을 찾아내는 데 도움이 된다. 거리를 계산했는데 단위가 m/s로 나왔다면 어딘가 실수가 있었던 것이다.

살펴보기 1.5 우유 1 L는 100 mL이다. 우유 5 L는 몇 mL인가?

1.6 차원 해석 Dimensional Analysis

차원 dimensions이란 시간, 길이, 질량 등과 같은 단위의 기본적 형태이다('3차원 공간' 등에서 쓰이는 차원과는 다른 의미임에 주의해야 한다). 길이를 나타내는 단위는 많다. 예를 들면 미터, 인치, 마일, 해리, 패덤, 리그, 천문단위, 옹스트롬, 큐빗, 자, 리 등이 있다. 이들은 모두 길이의 차원을 가지며 서로 변환될 수 있다. 순수한 수치 인자, 곧 상수는 차원이 없다. 예를 들어 2π는 차원이 없으므로 원둘레($2\pi r$)는 반지름(r)과 같은 차원을 가진다.

같은 차원을 가진 물리량이라야 더하거나 빼거나 같다고 할 수 있다(같은 단위로 표현되지 않아도 된다). 단위를 환산하면 3 m와 2 in를 더할 수는 있다. 그러나 3 m에 2 kg을 더할 수는 없다. 차원을 분석하려면 1.5절에서 단위를 다루었던 것처럼 차원을 대수적인 양으로 간주하면 된다. 보통은 [M], [L], [T]의 기호를 써서 질량, 길이, 시간의 차원을 나타낸다. 이들 대신에 SI의 단위계의 기본단위, 곧 질량 대신 kg, 길이 대신 m, 시간 대신 s를 써도 상관없다.

보기 1.8 거리 방정식의 차원 해석

방정식 $d = vt$의 차원을 해석하여라. 이 식에서 d는 물체가 운동한 거리이며, v는 물체의 속력, t는 경과한 시간이다.

전략 각 물리량을 그것의 차원으로 바꾸어 넣어라. 거리는 차원이 [L]이고, 속력, 곧 단위 시간당 거리는 차원이 [L/T]이다. 방정식의 양변의 차원이 같다면 차원은 일치한다.

풀이 우변의 차원은

$$\frac{[\mathrm{L}]}{[\mathrm{T}]} \times [\mathrm{T}] = [\mathrm{L}]$$

이다. 방정식의 양변이 모두 길이의 차원을 가지므로 이 방정식 양변의 차원은 일치한다.

검토 만일 운동한 거리와 경과한 시간의 관계를 실수로 $d = v/t$라고 적었다면 이 식의 차원을 살펴봄으로써 신속하게 이 식이 틀렸다는 것을 알 수 있다. 우변의 v/t는 차원이 $[\mathrm{L/T^2}]$이며 이는 좌변의 d의 차원과 같지 않다. 대수적 오류를 신속하게 찾으려면 이러한 종류의 차원 해석을 해 보는 것이 좋다. 방정식의 옳고 그름이 불확실할 때에는 언제나 차원 해석을 하면 판단할 수 있다.

실전문제 1.8 다른 방정식의 차원 점검

다음 방정식의 차원을 점검해 보아라.

$$d = \frac{1}{2}at$$

이 식에서 d는 운동한 거리이며, a는 가속도(SI 단위는 $\mathrm{m/s^2}$), t는 경과한 시간이다. 식이 틀렸다면 어떻게 수정해야 하는가?

차원 해석의 응용 차원 해석은 방정식을 조사해 보는 것 이상의 의미가 있다. 여러 경우에 차원 해석을 통하여 $1/(2\pi)$이나 $\sqrt{3}$과 같이 차원이 없는 상수를 제외하고는 문제를 완벽하게 풀이할 수 있다. 이렇게 하려면 우선 답과 관련이 있는 모든 양을 나열한다. 그리고 나서 해답과 같은 차원을 얻으려면 이 양들의 차원을 어떻게 조합해야 할 것인지 살펴본다. 이들을 조합하는 방법이 한 가지만 존재한다면 차원이 없는 상수를 곱해야 할 가능성을 제외하면 그것이 곧 답이다.

보기 1.9 바이올린 현의 진동수

바이올린 현은 s^{-1} 단위로 측정한 진동수 f로 소리를 낸다. 진동수는 1초당 현이 진동하는 횟수이다. 진동수는 줄의 질량 m, 줄의 길이 L, 줄의 장력 T에 따라서 변한다. 장력이 5.0 % 증가한다면 진동수는 어떻게 달라지겠는가? 장력의 SI 단위는 $kg \cdot m/s^2$ 이다.

전략 바이올린 현으로 분석해 볼 수도 있겠지만 차원 해석만으로 알 수 있는 게 없는지 살펴보자. 진동수 f가 m, L, T와 어떤 관계인지를 알아야 한다. 차원이 없는 상수가 식에 포함될 수도 있지만 비례 관계만 알고 싶다면 상수는 상쇄되므로 문제가 없다.

풀이 장력 T의 단위는 $kg \cdot m/s^2$이다. 그러나 f의 단위에는 kg이나 m가 포함되어 있지 않다. 따라서 장력을 길이와 질량으로 나누면 T로부터 그것들을 제거할 수 있다. 그리고

$$\frac{T}{mL}\text{의 SI 단위는 } \frac{kg \cdot m/s^2}{kg \cdot m} = s^{-2}$$

가 된다. 이것은 우리가 원하는 형태와 거의 같다. 이제 제곱근을 취하면

$$\sqrt{\frac{T}{mL}}\text{의 SI 단위는 } s^{-1}$$

이 된다. 그러므로 진동수는 다음과 같다.

$$f = C\sqrt{\frac{T}{mL}}$$

여기서 C는 차원이 없는 상수이다. 질문의 답을 구하기 위하여 원래 진동수와 장력을 f와 T라 하고 바뀐 진동수와 장력을 f'과 T'이라 하자. 그러면 $T' = 1.050\,T$이다. 진동수는 장력의 제곱근에 비례하므로

$$\frac{f'}{f} = \sqrt{\frac{T'}{T}} = \sqrt{1.050} = 1.025$$

이다. 곧, 진동수는 2.5 % 증가한다.

검토 11장에서 C의 값인 1/2을 구하는 방법을 배우게 되겠지만, 이 값은 차원 해석으로 알 수 없는 유일한 것이다. m, L, T를 결합시켜서 주파수와 같은 단위를 가진 양을 얻는 방법은 이 방법이 유일하다.

이 문제를 해결하는 더 공식적인 방법은

$$f = kT^a m^b L^c$$

이라 쓰고 이 문제를 푸는 것이다. 이 식에서 a, b, c는 구해야 할 지수이고 k는 차원이 없는 상수이다. 이제 각 물리량의 SI 단위를 대입해 보자.

$$s^{-1} = \left(\frac{kg \cdot m}{s^2}\right)^a \times kg^b \times m^c = kg^{a+b} m^{a+c} s^{-2a}$$

(지수 계산은 부록 A.4를 참고하여라) 방정식 양변의 지수들이 같아야 하므로

$$a + b = 0, \quad a + c = 0, \quad -2a = -1$$

이라야 한다. 방정식을 풀이하면 $a = 1/2$이고 $b = c = -1/2$이다. 이는 앞에서 얻었던 결과와 일치한다.

실전문제 1.9 **운동에너지의 증가**

질량 m인 물체가 속력 v로 운동하면 물체는 운동에너지를 가지게 된다. 에너지의 단위는 $kg \cdot m^2/s^2$로 측정하였다. 운동하는 물체의 질량은 변하지 않고 속력만 25 % 증가한다면 운동에너지는 몇 %나 증가하겠는가?

살펴보기 1.6 두 양의 차원이 다르다면 (a) 곱셈, (b) 나눗셈, (c) 덧셈, (d) 뺄셈 중 어느 것이 가능한가?

1.7 문제를 풀이하는 요령
Problem-Solving Techniques

여러 종류의 문제를 단 하나의 방법만으로 풀 수는 없다. 이 책의 각 장에 주어진 보기마다 편리하게 문제를 푸는 기법을 설명하였다. 어떤 문제는 여러 방법으로 해답을 구할 수 있다. 문제를 풀이하는 기술은 오로지 연습을 통해서 익혀야만 하는 기술이다.

문제를 풀어야 할 수수께끼 같이 생각하여라. 아주 쉬운 문제에 대해서만 풀이 방법을 즉각적으로 알 수 있다. 해답을 얻는 과정을 알 수 없을 때에는 주어진 정보로부터 알 수 있는 것이 어떤 것들인지 세밀하게 살펴보아라. 이렇게 해 보면 생각하지 못했던 과정을 거쳐 해답을 얻을 수도 있다. 기회를 잘 포착하여야 한다. 어쩌면 해답을 구하는 이런 탐색을 즐기게 될지도 모른다.

어려움이 있을 때는 친구들과 함께 생각해 보는 것도 도움이 된다. 생각을 분명하게 정리하는 한 가지 방법은 말로 표현해 보는 것이다. 문제를 푼 후에 친구에게 설명해 보아라. 문제의 답을 설명할 수 있다면 문제를 정확하게 이해한 것이다. 그러면 여러분과 친구에게 모두 도움이 된다. 그러나 친구에게 너무 의지하면 안 된다. 중요한 것은 스스로 문제를 푸는 기법을 익히는 것이다.

문제를 풀이하는 일반적인 지침

1. 문제를 주의 깊게 끝까지 읽는다. 문제에서 어떤 양을 구해야 하는가? 살펴보고 목표를 분명히 한다.
2. 문제의 문장을 한 문장씩 다시 읽으면서 그림이나 도표를 그려서 문제가 어떠한 상황인지를 볼 수 있게 한다. 만일 문제에 운동이나 변화가 포함되어 있으면 다른 시간, 특히 시작과 끝나는 상황을 그려서 나타내라.
3. 주어진 정보를 적어 보면서 정리한다. 일부 정보들은 도표 위에 기호로 표시한다. 모호한 표시는 하지 않도록 주의한다. 그림에 물체, 위치, 시각, 물리량을 적용할 시간을 명확히 표시한다. 어떤 정보는 도표 옆에 표로 정리하는 것이 도움이 된다. 문제에 사용된 어휘를 조심스럽게 살펴서 명확한 정보나 간접적으로 표현된 정보를 찾아낸다. 각 물리량을 나타내는 대수기호를 결정하고 결정한 기호가 분명한지 애매모호하지는 않은지 확인한다.
4. 답에 적합한 단위인지 확인하여라. 가능하면 어림셈으로 답을 추정해 보아라. 이러한 추정은 최종 해답이 적절한지 알아보는 데 도움이 된다.
5. 주어진 정보로부터 마지막으로 요구하는 정보를 어떻게 얻을 수 있는지 생각해 본다. 이 과정을 성급하게 처리하지 마라. 어떤 물리 법칙을 문제 풀이에 적용할 것인가? 어떤 원리가 문제를 해결하는 데 도움이 될 것인가? 알려진 양과 구해야 할 양은 어떠한 관계에 있는가? 어떤 식이 타당성이 있고 문제의 해답을 구하는 데 도움이 되는가?
6. 많은 경우 풀이 과정은 여러 단계를 거치게 된다. 최종 답을 구하기 위해 중간 단계에서 다른 물리량을 먼저 구해야 할 수도 있다. 주어진 정보로부터 답을 구하는 전 과정을 흐름도로 그려 본다. 가능하다면 복잡한 문제를 여러 개의 간단한 문제로 쪼개는 것도 좋은 전략이다.
7. 대수적인 과정은 되도록이면 대수 기호를 써서 처리한다. 값을 너무 일찍 대입하면 오류가 생길 수 있다.
8. 최종적으로, 문제의 답을 수치로 구해야 하면 알려진 값들을 단위와 함께 식에 대입한다. 단위를 제외하는 일은 흔히 있는 실수이다. 단위를 사용하면 필요한 단위 환산도 알 수 있고, 대수적 오류를 찾는 데에도 도움이 된다. 단계별로 계산을 한다면 각 단계에서 반올림하지 말고 마지막 단계에서 정확한 유효숫자로 반올림한다.
9. 답을 찾았다고 다음 문제로 바로 넘어가지 말고 답이 합리적인지 살펴본다. 풀이가 특수한 경우가 아닌지, 또 극단적인 경우에 대해서도 풀이가 의미 있는지도 점검해 본다(예를 들면 질량이 매우 크면 어떻게 되는지, 0에 가까워지면

어떻게 되는지). 같은 문제를 다른 방법으로 풀이할 수 있는가도 점검해 본다. 많은 문제들은 다양한 방법으로 풀 수 있다. 다른 방법으로 답을 구하는 일은 답을 검산할 수 있을 뿐만 아니라 물리학의 원리를 깊이 이해할 수 있게 하며 다른 문제를 풀이할 때 도움이 되는 능력을 키워준다.

1.8 어림셈 Approximation

물리학은 개념적 모형이나 수학적인 모형을 설정하고, 이들 모형과 실제로 관측한 것을 비교해 보는 학문이다. 복잡한 상황을 단순화시킨 모형은 주어진 상황을 이해하는 데 도움을 준다. 다양한 문제에서 '마찰이 없다'거나, '공기의 저항이 없다', '열 손실이 없다', 또는 '바람이 없다' 등의 가정을 한다. 만일 이런 가정 없이 실제 조건을 다 고려해야 한다면 문제는 훨씬 복잡해져서 풀이하기가 어려울 것이다. 그러나 모든 요소를 다 고려할 수는 없다. 답의 정밀도가 목적에 부합하는 범위 내에서 복잡한 문제를 쉬운 문제로 단순화시킬 수만 있다면 언제나 어림셈을 하는 것이 좋다. 대부분의 중요한 수학 근사식은 부록 A.9에 정리되어 있다.

가정이나 어림셈이 적절한지 판단할 수 있는 능력은 익혀두어야 할 중요한 기량이다. 돌멩이를 떨어뜨릴 때는 저항을 무시할 수 있지만 비치볼을 떨어뜨릴 때는 무시할 수 없다. 왜 그럴까? 어림셈을 해서 얻어지는 답이 실제 답과 거의 같다면 어림셈도 합리화할 수 있어야 한다.

모형에서 간단한 근사를 취할 수 있는 것과 마찬가지로 측정에서도 근사를 취할 수 있다. 모든 측정값은 약간의 불확정성이 있다. 무수히 많은 유효숫자로 표현할 정도의 정밀도를 가지도록 측정을 하는 것은 불가능하다. 모든 측정기기는 정밀도와 정확도의 한계를 가지고 있다.

추정 때때로 문제에서 요구하는 양을 정확히 측정하기가 어렵거나 불가능할 때가 있다. 이런 경우에는 합리적인 추정이 필요하다. 추운 방에서 피부를 통해 일어나는 열 손실을 계산하기 위해서는 인체의 겉넓이, 곧 피부의 넓이를 알아야 한다. 보기 1.10에서 시범적으로 추정을 어떻게 해야 하는지 볼 수 있다.

보기 1.10 **피부 넓이 어림셈**

성인의 평균 겉넓이를 추정해 보아라.

전략 평균적인 사람의 키를 추정할 수 있을 뿐만 아니라 허리나 엉덩이 둘레를 추정할 수도 있다. 인체를 원통 모양으로 근사하고 높이와 둘레가 같은 원통의 겉넓이를 계산하여 피부의 넓이를 추정할 수 있다(그림 1.5a).

풀이 개인마다 상당한 차이가 있지만 평균 성인 키는 약 1.7 m이다. 원통으로 근사한 경우 평균 허리 또는 엉덩이 둘레는 약 0.9 m라 생각할 수 있다. 부록 A.6의 표 A.1을 보면 원통의 겉넓이는

$$A = 2\pi r(r+h)$$

이다. 여기서 h는 높이이고 r은 반지름이다. 원둘레와 반지름은 $C = 2\pi r$인 관계에 있다. 따라서 $r = C/(2\pi)$이고

$$A = (0.9\,\mathrm{m})\left(\frac{0.9\,\mathrm{m}}{2\pi} + 1.7\,\mathrm{m}\right) \approx 1.7\,\mathrm{m}^2$$

이다.

검토 보다 정확한 추정을 원하면 보다 정교한 모형을 고려할 수도 있다. 예를 들어 팔, 다리, 몸통 및 머리와 목 등을 다양한 크기의 원통으로 근사시킬 수 있다(그림 1.5b). 피부 넓이를 대략적으로 계산할 때에는 이런 것이 필요 없지만 특정한 사람이나 특이한 체형을 가진 사람의 피부 넓이를 어림할 때는 유용할 수 있다. 표 A.1에 주어진 식은 양끝의 원의 넓이($2 \times \pi r^2$)를 포함하고 있다. 위 아래 면의 넓이를 포함시키지 않는다면 넓이는 $A = 2\pi rh$가 된다.

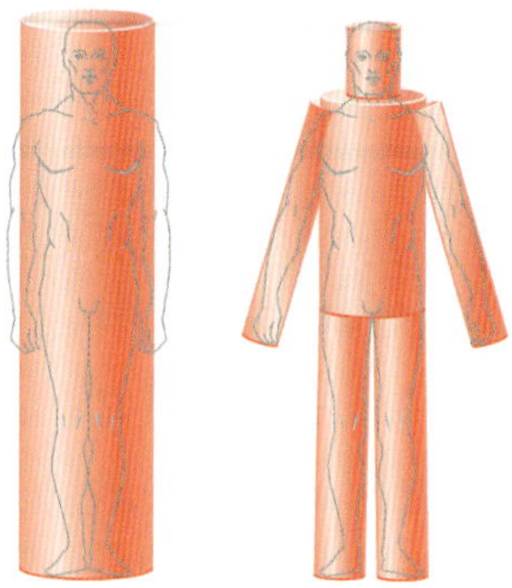

그림 1.5 한 개 혹은 여러 개의 원통으로 근사시킨 사람 몸

실전문제 1.10 **미국에서 소비하는 식수**

미국에 사는 사람들이 1년 동안 물을 몇 리터나 마시는가? 이와 같이 간단히 계산할 수 있는 문제는 미국의 물리학자 페르미 Enrico Fermi, 1901~1954에 의해 유명해졌기 때문에 종종 페르미 문제라고도 부른다.

1.9 그래프 Graphs

그래프는 두 변수 사이의 관계를 살피는 데 도움을 준다. 수치를 이용한 표보다 그래프에서 경향을 알아보는 것이 더 편리하다. 물리학에서 실험을 할 때, 하나의 양(**독립변수**

independent variable)을 변화시키면서 다른 양(**종속변수** dependent variable)이 어떻게 변하는가를 살펴본다. 우리가 원하는 것은 **한 변수가 다른 변수에 따라서 어떻게 변하는가**를 알아보는 것이다. 보통은 독립변수의 값을 그래프의 수평축에 표시한다. q에 대한 p의 그래프라고 할 때 p는 종속변수이고 q는 독립변수이다.

자료를 기록하고 그래프를 그리는 일반적 요령은 다음과 같다.

자료 기록과 표 만들기

1. 그래프의 행에 측정할 자료의 이름과 측정 단위를 표시한다. 자료에 오류가 있다고 생각되면 지우지 말고 한 줄을 그려서 표시해 둔다. 때로는 나중에 어떤 자료가 옳은지 판단해야 할 때도 있기 때문이다.
2. 값을 기록할 때 측정 자료의 정밀도에 대해 현실적인 추정을 하도록 노력한다. 예를 들면, 타이머로 측정한 값이 2.3673 s라고 해도 일반적인 반응 시간이 대략 0.1 s 안팎이라는 것을 고려하여 시간을 2.4 s라고 기록한다. 측정값으로 계산을 할 때에는 최종 값의 유효숫자가 올바른 개수가 되도록 반올림한다.
3. 모든 자료를 다 모을 때까지 기다렸다가 그래프를 그리려 하지 마라. 측정을 할 때마다 그 값 그대로 그래프에 기록하는 것이 더 낫다. 그렇게 하면 비현실적인 자료를 제공하는 장비의 작동 오류나 측정 오류를 일찍 확인할 수 있다. 그래프를 바로 그려보는 것은 독립변수나 종속변수의 범위를 알아보는 데 필요하다.

그래프 그리기

1. 크고 깔끔한 그래프를 그린다. 작은 그래프는 별로 도움이 안 된다. 적어도 반쪽 이상의 크기를 사용한다. 부주의하게 그린 그래프는 두 변수 사이의 관계를 알려주지 않는다.
2. 좌표축에 변수의 이름과 단위를 분명히 표시하고 적절한 제목을 붙인다.
3. 선형 관계일 것이라고 추측될 때는 직선 자를 이용해서 최적의 직선을 그린다. 직선이 원점을 지날 것이라 가정하지 말고, 가능하다면 측정을 통해 확인해 본다. 자료 점의 일부는 직선 위에 있을 것이고 일부는 떨어져 있을 것이다.
4. 되도록 넓은 범위에서 비율 $\Delta y/\Delta x$를 측정하여 최적의 직선의 기울기를 구한다. 표기법 Δy는 '델타 와이'라 읽고 y값의 변화를 나타낸다(부록 A.2, 선형함수 그래프 참조). 기울기를 계산할 때 두 개의 자료 점을 선택해서 구하지 말고 직선 위의 두 점을 이용하여 구한다. 계산의 내용을 명시한다. 단위를 쓰는 일을 잊지 마라. 물리학에서 그래프의 자료들이 단위가 있는 양이므로 그래프의 기울기도 단위가 있다.

5. 두 변수 사이에 비선형 관계가 예상된다면 그것을 확인하는 가장 좋은 방법은 대수적으로 자료를 처리하여 선형 관계가 나오도록 하는 것이다. 우리의 눈은 자료 점들이 직선으로 근사할 수 있는지는 잘 판단할 수 있지만 곡선이 포물선인지 세제곱 곡선인지 지수 곡선인지 판단하는 데는 능숙하지 않다. 관계식 $x = \frac{1}{2}at^2$를 확인하려면 x와 t가 측정값일 때 t에 대한 x의 그래프 대신 t^2에 대한 x의 그래프를 그린다.
6. 한 자료 점이 다른 자료 점처럼 직선이나 곡선에서 많이 벗어나 있다면 그 자료 점 측정에 오류가 있는지 아니면 그 부분에서 흥미로운 현상이 나타난 것인지 조사해 보아야 한다. 무언가 특이한 일이 일어난 것이라면 그 값 근처의 다른 값을 추가로 측정한다.
7. 그래프의 기울기로 계산할 양이 있다면 직선의 식과 좌표축의 단위에 주의한다. 원하는 값이 기울기의 역수이거나 기울기의 2배 또는 절반 값일 수도 있다. 직선의 방정식은 기울기와 절편을 해석하는 방법을 알려준다. 예를 들어, 예상되는 관계식이 $v^2 = v_0^2 + 2ax$이고 x에 대한 v^2의 그래프를 그리려면 방정식을 $(v^2) = (2a)x + (v_0^2)$으로 다시 쓴다. 이것은 선의 기울기가 $2a$이고 수직 절편이 v_0^2임을 나타낸다.

보기 1.11 용수철의 길이

기초 물리 실험에서는 매달린 추의 무게에 따라 용수철의 길이가 어떻게 변하는가를 측정하는 실험을 한다. 6.00 N까지 정밀도 0.01 N으로 추를 여러 개 용수철에 매달아 미터자를 이용하여 용수철의 길이를 잰다(그림 1.6). 실험의 목적은 추의 무게 F와 길이 L이

$$F = kx$$

의 관계를 만족하는지 살펴보는 것이다. 여기에서 $x = (L - L_0)$이고 L_0는 추를 매달지 않았을 때의 길이이며, k는 용수철의 용수철상수이다. 표에 있는 측정값들의 그래프를 그리고 이 용수철의 k값을 구하여라.

F (N)	0	0.50	1.00	2.50	3.00	3.50	4.00	5.00	6.00
L (cm)	9.4	10.2	12.5	17.9	19.7	22.5	23.0	28.8	29.5

전략 추의 무게는 독립변수이므로 수평축에 그린다. 자료 점들을 좌표로 표시한 뒤에 가장 잘 맞는 직선을 그린다. 그러면 간격이 많이 떨어져 있으면서 눈금선과 만나는(읽기 쉽도록) 직선 위 두 점을 신택해서 기울기를 구한다. 그래프의 기울기가 k는 아니다. 길이가 수직축에 표시되어 있으므로 L에 대한 식을 구해야 한다.

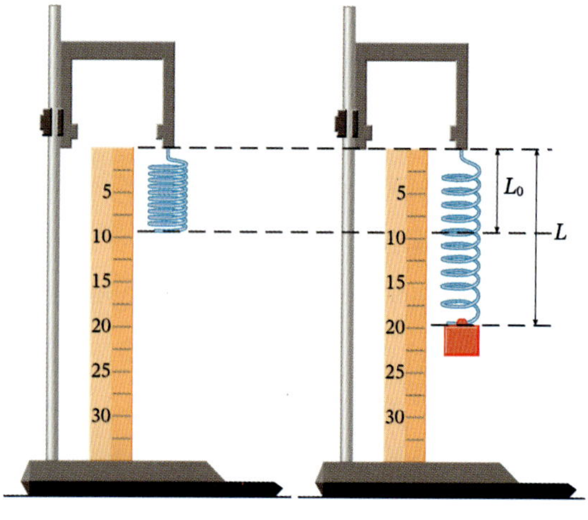

그림 1.6 추를 달면 용수철이 늘어난다. 이 실험에서는 다른 추를 달아서 늘어난 길이를 측정한다.

풀이 그림 1.7에 자료 점들과 가장 잘 맞는 직선 그래프가 그려져 있다. 자료들이 흩어져 있긴 하지만 선형 관계가 분명해 보인다.

직선이 눈금선과 만나는 두 점으로 (0.80 N, 12.0 cm)와 (4.40 N, 25.0 cm)를 선정하였다. 이 두 점에서 기울기를 계산하면 다음과 같다.

$$\text{기울기} = \frac{\Delta L}{\Delta F} = \frac{25.0\ \text{cm} - 12.0\ \text{cm}}{4.40\ \text{N} - 0.80\ \text{N}} = 3.61\ \frac{\text{cm}}{\text{N}}$$

식 $F = k(L - L_0)$의 단위를 살펴보면 기울기가 용수철 상수 k가 될 수 없음은 분명하다. k는 무게를 길이로 나눈 단위(N/cm)를 갖는다. 그렇다면 기울기가 $1/k$과 같은가? 이 경우 단위는 일치한다. 이를 확인하기 위해 직선의 방정식을 L에 대한 식으로 변환하면

$$L = \frac{1}{k}F + L_0$$

가 된다. 이 식은 우리에게 친숙한 직선의 방정식 $y = mx + b$임을 알 수 있다. 여기서 종속변수 L은 y를 대신하고 독립변수 F는 x를 대신한다. 절편 $b = L_0$이고 직선 방정식의 기울기가 $1/k$이다. 그러므로

$$k = \frac{1}{3.61\text{cm/N}} = 0.277\frac{\text{N}}{\text{cm}}$$

이다.

검토 앞서 그래프 그리기에서 다룬 것과 같이 직선 그래프의 기울기는 가장 적합한 직선을 따라 간격이 크게 벌어진 두 점으로부터 계산되며 실제 자료 점의 값을 사용하지 않는다. 측정값에서 구하고자 하는 것은 평균값이다. 기울기를 계산하기 위해서 두 자료 점만 사용한다면 그래프를 그리고 여러 측정값을 얻는 목적이 무의미해진다. 그래프로부터 얻은 값은 단위와 함께 그림 1.7에 표기되어 있다. 단위 N에 대한 cm의 그래프이므로 그래프 기울기의 단위는 cm/N 이 된다. 이 문제에서는 기울기의 역수가 우리가 구하고자 하는 용수철 상수이며, 단위가 N/cm 이다.

실전문제 1.11 **용수철에 다른 추 달기**

보기 1.11의 용수철에 무게가 8.00N 인 추를 매단다면 용수철의 길이는 얼마인가? 보기 1.11에서 구한 관계식이 이 무게에 대해서도 성립한다고 가정하여라.

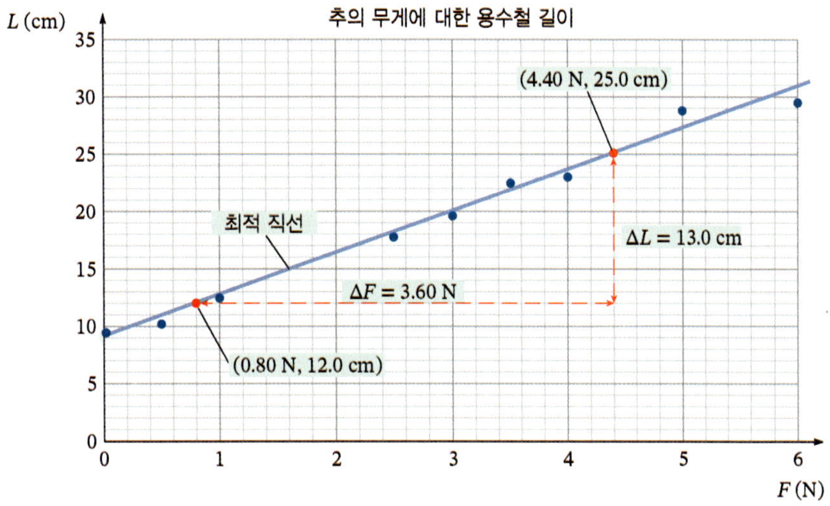

그림 1.7 추의 무게에 대한 용수철 길이 그래프. 최적의 직선을 그린 후에 직선 위의 두 점을 이용하여 기울기를 구한다.

살펴보기 1.9 그림 1.7의 첫 번째와 마지막 자료 점만 이용하여 계산하면 k 값은 얼마인가? 직선에 최적화시킨 값을 사용하는 것이 더 좋은 이유는 무엇인가?

해답 실전문제 & 살펴보기

1.1 4 % 감소한다.

1.2 48.6 W

1.3 (a) 유효숫자 5개, 1.0544×10^{-4} kg

(b) 유효숫자 4개, 5.800×10^{-3} cm

(c) 유효숫자 3개~6개로 정확히 알 수 없다. 유효숫자가 3개이면 6.02×10^{5} s이다.

1.4 가장 부정확한 값이 1/100 m 단위이므로 가장 가까운 1/100 m에서 반올림한다. 곧 564.50 m 또는 과학적 표기법을 써서 5개의 유효숫자를 가진 5.6450×10^{2} m이다.

1.5 4.7 m/s

1.6 (a) 35.6 m/s (b) 79.5 mi/h

1.7 5.1×10^{14} m^2

1.8 방정식은 차원이 일치하지 않는다. 우변은 차원이 [L/T]이다. 차원을 일치시키려면 우변에 [T]를 곱해야 한다. 방정식은 시간의 제곱을 포함해야 한다.

1.9 운동에너지 = (상수) × mv^2. 운동에너지는 56 % 증가한다.

1.10 10^{11} L (대략적인 추정 인구는 대략 3×10^{8} 명이고, 각자 하루에 약 1.5 L를 마신다고 가정했을 때)

1.11 38.0 cm

1.3 부피는 27배 증가한다.

1.4 어림셈은 제한된 정밀도로 문제를 빨리 풀이하는 방법이다. 더 높은 정확도가 요구되더라도, 어림셈은 더 높은 정밀도로 얻은 답의 정확성을 확인하는 데 유용하다.

1.5 500 mL

1.6 (a)와 (b)는 가능하다. 다른 차원의 양을 곱하거나 나눌 수 있다. (c)와 (d)는 불가능하다. 더하거나 뺄 때는 같은 양의 차원이어야 한다.

1.9 0.299 N/cm. 가장 잘 맞는 직선은 모든 데이터를 고려해야 한다. 단지 두 개의 데이터 점을 사용하고 나머지 모든 데이터를 무시하면 두 데이터 점에서 측정된 오차의 영향은 커진다.

목성의 달 이오의 사진

02

힘

Forces

1977년 우주탐사선 보이저 1호와 2호가 발사되어 태양계의 목성, 토성, 천왕성, 해왕성 등 지구보다 큰 외행성과 외행성의 위성을 탐사하였다. 보이저 1호는 토성의 고리가 얼음과 바위 조각으로 이루어진 수천 개의 얇은 고리로 되어있다는 것을 밝혀냈다. 보이저 2호는 해왕성으로부터 5000 km 떨어진 곳을 지나면서 행성 표면에 2000 km/hr의 바람이 몰아치는 것을 발견하였다.

두 보이저 탐사선은 지금 태양에서 140억 km 이상 떨어진 태양계 외곽을 탐사하고 있다. 이 탐사선들은 추진력을 제공하는 로켓이나 다른 엔진도 없이 약 16 km/s의 속력으로 태양계 밖을 향해 나아가고 있다. 탐사선이 어떻게 엔진도 없이 여러 해 동안 그렇게 빠른 속력으로 계속 항해할 수 있겠는가?

찾아가보기

- 과학적인 표기법과 유효숫자 (1.4절)
- 단위변환 (1.5절)
- 기초 수학 : 피타고라스의 정리 (부록 A.6)
- 기초 수학 : 삼각함수 – 사인, 코사인, 탄젠트 (부록 A.7)
- 문제 풀이 기술 (1.7절)
- 물리에서 속도와 질량의 의미 (1.2절)
- 기초 수학 : 정비례와 반비례 (부록 A.5)

생명과학 응용

- 몸의 인장력과 접촉력 (2.8절, 보기 2.3, 문제 52)
- 인체 견인장치 (보기 2.4)
- 뉴턴의 제3법칙 : 수영, 걷기, 스키타기 (2.5절)

2.1 상호작용과 힘
Interactions and Forces

연결고리 뉴턴의 제3법칙(2.5절)은 힘이 상호작용 쌍으로 항상 존재한다는 것뿐만 아니라 그 힘의 크기와 방향이 어떻게 관련되어 있는지 알려준다.

이 장에서는 물체 사이의 상호작용이 물체의 운동에 미치는 영향을 고찰하는 물리학의 한 영역인 **역학**mechanic에 대한 연구를 시작한다. 사회적 상호작용이 없으면 인간의 삶이 따분해지듯이, 물리적 우주도 물리적 상호작용이 없으면 밋밋해질 것이다. 친구나 가족과의 사회적 상호작용은 우리의 행동을 변화시킨다. 그와 같이 물리적 상호작용은 물질의 '행태'(운동, 온도 등)를 변화시킨다.

두 물체 간의 상호작용은 상호작용 하는 물체 각각에 가해지는 두 가지 힘으로 설명하고 측정할 수 있다. **힘**force은 밀거나 당긴다. 축구를 할 때, 발과 공이 접촉하는 동안 발이 공에 힘을 가해 공의 속력과 방향을 변하게 한다. 동시에 공은 발에 힘을 가한다. 축구공이든 국제 우주 정거장이든, 물체의 운동을 이해하려면 물체에 작용하는 힘을 분석해야 한다.

힘을 정확하게 확인하려면, **(어떤 물체)**가 **(어느 물체)**에 **(어떤 형태의 힘)**을 작용하는가를 설명할 수 있어야 한다. 예를 들면, '발이 공에 접촉력을 작용한다' 혹은 '지구가 우주 정거장에 중력을 작용한다' 등이다.

먼 거리 힘 거시적인 물체(장비 없이 관찰할 수 있을 정도로 충분히 큰 물체)에 작용하는 힘은 먼 거리 힘이거나 접촉력이다. **먼 거리 힘**long-range force은 두 물체가 접촉하지 않아도 작용한다. 두 물체가 멀리 떨어져 있거나 이들 물체 사이에 다른 물체가 있어도 먼 거리 힘이 존재할 수 있다. 예를 들어, 중력은 먼 거리 힘이다. 태양이 지구에 가한 중력으로 인해 지구는 태양과 먼 거리에서도, 태양과 지구 사이에 다른 행성이 있어도 태양 주변의 궤도에서 운동한다. 또한 지구 표면이나 표면 가까이에 있는 물체에도 먼 거리 중력이 작용한다. 행성이나 달이 가까이 있는 물체에 작용하는 중력의 크기(힘의 **세기**strength 또는 **크기**magnitude 라고도 함)를 물체의 **무게**weight라고 부른다.

혼자서 해 보기 중력 외에 자연에 있는 먼 거리 힘은 전기력과 자기력이다. 건조한 날 플라스틱 빗으로 머리를 세게 빗거나 털스웨터 표면을 문지르면 '따다닥' 하는 소리가 들린다. 이제 빗을 종이 냅킨의 찢어진 조각에 가까이 가져가 보자. 종잇조각과 빗 사이의 먼 거리 전기적 상호작용을 관찰해 보라.
이번에는 자석을 냉장고에 접촉하지 말고 냉장고 또는 다른 자석에 가까이 가져가 보자. 먼 거리 자기적 상호작용의 영향을 느낄 수 있는가?

이 책의 3부에서는 전자기력에 대해 자세히 다룬다. 그 전까지는 문제를 다룰 때 별다른 설명이 없으면 중력이 유일한 먼 거리 힘이라고 보아도 무방하다.

접촉력 먼 거리 중력 및 전자기력 이외의 거시적인 물체에 작용하는 모든 힘에는 접촉력이 포함된다. **접촉력** contact force은 두 물체가 서로 접촉하는 동안에만 존재한다. 발이 축구공에 접촉하지 않으면 발은 축구공의 운동에 별 영향을 줄 수 없으며, 힘은 그들이 접촉하는 동안에만 작용한다(그림 2.1). 공이 발에서 떨어지면 발은 더 이상 공의 운동에 영향을 미치지 않는다.

접촉은 거시적인 물체를 위해서만 쓸모가 있는 단순화된 개념이다. 접촉력이라 부르는 것이 실제로는 두 물체 표면에 있는 원자들 사이에 나타나는 엄청난 수의 전자기적 힘들의 알짜 효과이다. 원자 규모에서는 '접촉'이라는 개념이 사라진다. 두 원자 사이에 '접촉'을 정의하는 방법이 없기 때문이다. 다시 말해 원자들이 서로에게 작용하는 힘이 갑자기 0이 되는 원자들 사이의 유일무이한 거리가 존재하지 않는다.

그림 2.1 축구선수의 발은 공에 접촉했을 때에만 공에 힘을 가한다. 공도 발에 접촉해 있는 동안에만 발에 힘을 가한다. 일단 공과 발과 떨어지게 되면, 그들에 작용하는 힘은 지구가 작용하는 먼 거리 중력과 공기와의 접촉력뿐이다.

살펴보기 2.1 그림 2.1에서 축구선수에게 작용하는 힘을 설명하여라. (어떤 물체)가 선수에게 (어떤 형태의 힘)을 작용하는지 설명하여라.

힘의 측정

힘의 개념이 물리학에서 유용하려면, 힘을 측정하는 방법이 있어야 한다. 단순한 용수철 저울을 생각해 보자(그림 2.2). 저울이 아래로 당겨지면 용수철이 늘어난다. 세게 당길수록 용수철이 더 많이 늘어난다. 용수철이 늘어나면 부착된 지시자가 움직인다. 늘어난 양으로 힘의 크기를 측정할 수 있도록 저울에 눈금을 매겨 작용한 힘을 측정할 수 있다.

미국에서는 슈퍼마켓의 저울이 파운드 lb를 측정하도록 눈금이 매겨져 있다. SI 단위계에서는 힘의 단위가 **뉴턴** N이다. 파운드를 뉴턴으로 변환하려면 근사적인 변환 인자를 사용하면 된다.

$$1 \text{ lb} = 4.448 \text{ N} \text{ 또는 } 1 \text{ N} = 0.2248 \text{ lb} \qquad (2\text{-}1)$$

슈퍼마켓의 저울보다 더 정교하게 힘을 측정하는 방법이 있지만 대부분의 저울이 슈퍼마켓의 저울과 같은 원리로 작동한다. 물체에 따라서 나타나는 크기나 모양의 변화, 곧 물체의 변형을 이용하여 힘이 측정된다.

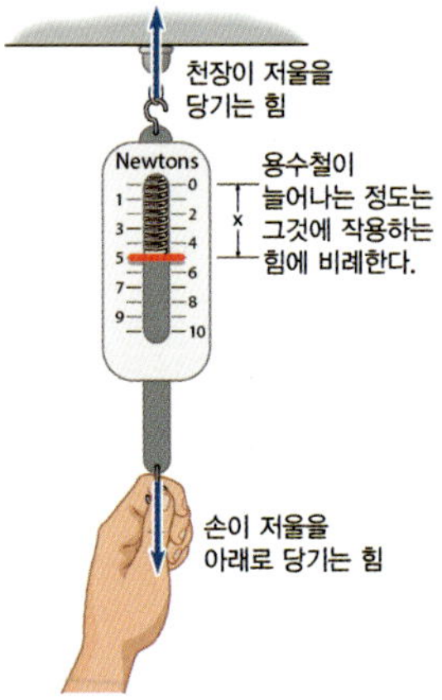

그림 2.2 용수철저울이 아래로 당겨지면 용수철이 늘어난다. 용수철이 늘어나는 정도를 측정하여 힘을 잴 수 있다. 대체로 용수철이 늘어나는 길이는 힘에 비례한다. 용수철의 양쪽 끝이 당겨지고 있음에 주목하여라. 천장이 저울을 위로 당겨서 저울을 지탱한다(체중계도 이와 유사하지만 이들은 용수철의 수축을 측정하는 것이다).

힘은 벡터양이다.

힘의 크기는 힘을 완전하게 기술한 것이 아니다. 힘의 방향도 크기만큼이나 중요하다. 축구선수가 발로 접촉하여 작용하는 힘의 방향은 골을 넣느냐 넣지 못하느냐 하는 차이를 만들 수 있다.

힘은 물리학에서 **벡터** vector라고 부르는 여러 양 중 하나이다. 모든 벡터는 크기와 방향을 갖는다. 1.2절에서 언급한 바와 같이 물리에서 정의하는 속도는 크기와 방향을 갖는다. 속도는 또 하나의 벡터양이다. 속도 벡터의 크기는 물체가 지닌 운동 속력이고 속도 벡터의 방향은 운동 방향이 된다.

연설 고리 이 책에서 앞으로 배울 다른 벡터양으로는 위치, 변위, 가속도, 운동량, 각운동량, 돌림힘, 전기장, 자기장 등이 있다. 이들 모든 양은 크기와 방향을 가지고 있다. 이 장에서 배우게 될 벡터 덧셈이나 성분 벡터를 구하는 수학은 모든 벡터에 동일하게 적용된다.

벡터의 방향은 위쪽, 아래쪽, 북쪽, 남서쪽 35° 등과 같이 공간에서의 실제 방향이다. 만일 힘이나 속도 같은 벡터양을 계산하는 숙제가 있다면 답에 크기뿐만 아니라 방향을 적는 것을 잊지 말아야 한다. 어느 것 하나라도 빠트리면 불완전한 답이 된다.

스칼라와 벡터 질량은 벡터가 아니라 **스칼라** scalar양의 한 예이다. 스칼라양은 크기, 대수 기호(+ 또는 −), 단위를 가지지만 공간에서 방향을 가질 수 없다. 스칼라를 더하거나 뺄 때는 일상적인 방식으로 하면 된다. 물 3 kg에 물 2 kg을 더하면 항상 물 5 kg이 되는 것과 같다. 벡터를 더하는 것은 다르다. 모든 벡터는 방향을 고려하여 덧셈하는 동안 같은 규칙을 따라야 한다. 300 N의 힘에 200 N의 힘을 더할 때는 두 힘의 방향에 따라 상이한 결과를 얻게 된다. 두 친구가 눈 더미에서 차를 밀어내려고 하는 경우, 두 힘의 합이 가능한 한 가장 크도록 같은 방향으로 힘을 작용해야 서로 도움이 된다. 그들이 서로 반대 방향으로 밀 경우, 두 힘의 알짜 효과는 훨씬 작다. 더하거나 뺄 때는 언제나 그 양이 벡터인가를 확인해야 한다. 그래서 2.2절과 2.3절에서 배울 방법에 따라 올바르게 덧셈이나 뺄셈을 해야 한다. 크기만을 더하지는 말아야 한다. 벡터양 사이의 더하기 기호(+)는 일반적인 덧셈이 아니라 벡터의 덧셈을 나타낸다. 벡터양 사이의 등호(=)는 단순히 크기가 같음을 의미하는 것이 아니라 크기와 방향이 모두 같음을 의미한다.

이 책에서는 굵게 표시한 기호 위에 화살표($\vec{\mathbf{F}}$)를 해서 벡터양을 나타낸다(일부 책에서는 화살표 없이 굵게, 또는 화살표와 일반 굵기로 나타낸다). 손으로 쓸 때는 항상 스칼라와 구별하기 위해 벡터 위에 화살표를 그려야 한다. 벡터 기호가 화살표 없이 볼드체가 아닌 이탤릭체 기호로 쓰여 있다면 그것은 벡터의 크기(스칼라)를 의미한다. 벡터의 크기를 나타내기 위해 $F = |\vec{\mathbf{F}}|$와 같이 절댓값 기호를 사용하기도 한다. 벡터의 크기가 단위를 가질 수는 있지만 결코 음의 값이 될 수는 없다. 벡터의 크기는 양수이거나 0이어야 한다.

개념형 보기 2.1 체온

정상 체온은 37℃이다. 독감이 걸린 성인의 체온은 약 39℃까지 올라갈 수 있다. 체온은 벡터양인가 스칼라양인가?

전략 어떤 양이 벡터라면, 크기는 물론이고 공간에서 실제 방향을 가지고 있어야 한다.

풀이와 검토 온도에 방향이 있는가? 0 이상이거나 0 이하일 수 있는 화씨온도 °F나 섭씨온도 ℃는 방향이 있는가? 아니다. 공간에서 실제의 방향이 없는 벡터는 존재하지 않는다. 환자의 체온이 남서쪽으로 38.4℃라고는 표현하지 않는다. '오늘 체온이 1.4℃ 올랐다'는 말은 온도가 증가했음을 말하는 것이지 연직 방향으로 위를 가리키는 것은 아니다. 온도는 스칼라이다. 만일 온도 변화를 알고 싶어서 온도를 빼야 한다면 보통의 숫자처럼 빼면 된다. 환자의 체온이 38.4℃에서 37.7℃로 변했다면 온도 변화는

$$\Delta T = T_{나중} - T_{처음} = 37.7\ ℃ - 38.4\ ℃$$
$$= -0.7\ ℃$$

이다.

양의 변화량은 나중의 값에서 처음의 값을 빼는 것(큰 값에서 작은 값을 빼는 것이 아니다)으로 정의한다. 따라서 음수의 변화량은 그 값이 감소함을 나타낸다.

개념형 실전문제 2.1 은행 잔고

월급이 은행계좌로 입금되면 잔고가 '늘어나고', 대금을 결제하면 잔고가 '줄어든다'. 은행 잔고는 벡터양인가?

2.2 그림을 이용한 벡터 덧셈 Graphical Vector Addition

두 벡터 또는 그 이상의 벡터를 더하는 것을 **합성**resultant이라 한다. 두 힘을 그림으로 그려서 더하려면 먼저 둘 중 하나를 나타내는 화살표를 그려라(그림 2.3a). 이때 벡터를 더하는 순서는 상관없다. 곧 $\vec{F}_1 + \vec{F}_2 = \vec{F}_2 + \vec{F}_1$이다. 화살표는 힘의 방향을 나타내고 길이는 힘의 크기를 나타낸다. 화살표는 어디서 그리기 시작하든 상관없다. 벡터의 방향과 크기가 바뀌지 않으면 위치가 바뀌어도 벡터는 변하지 않는다.

이제 처음 벡터의 끝에서 시작하여 두 번째 벡터를 그려라. 바꾸어 말하면 첫 번째 벡터의 '머리'에 두 번째 벡터의 '꼬리'가 오도록 위치시켜라(그림 2.3b). 마지막으로 **첫 번째의 꼬리에서 두 번째의 머리를 잇는 화살표**를 그려라. 이 화살표가 두 힘을 합한 벡터를 나타낸다(그림2.3c). 흔히 **두 번째의 머리에서 첫 번째의 꼬리를 잇는 화살표**를 그리는 오류를 범하기 쉬우니 주의하여라(그림2.3d). 자와 각도기로 축척에 따라 벡터의 길이와 방향을 정확히 그렸다면 덧셈 결과도 자와 각도기로 결정할 수 있다. 두 개 이상의 힘을 더하려면 두 벡터의 '꼬리-머리 잇기'를 반복하면 된다.

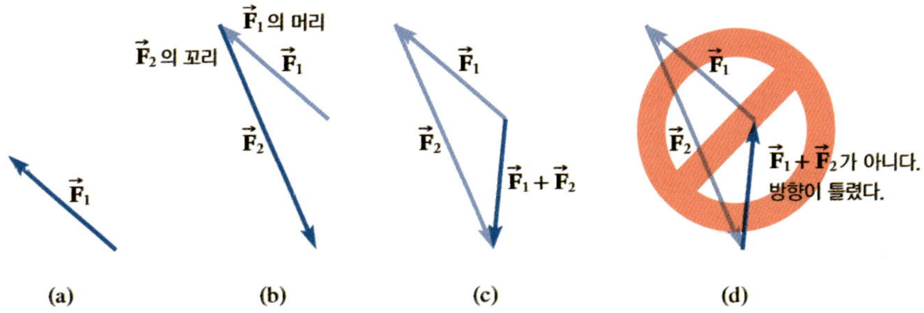

그림 2.3 그림으로 벡터 더하기 (a) 벡터 하나를 화살표로 그려라. (b) 첫 번째 벡터의 머리에서 시작하는 두 번째 벡터를 그려라('머리에서 꼬리'). (c) 첫 번째 벡터의 꼬리에서 두 번째 벡터의 머리까지 화살표로 이은 것이 두 벡터의 합이다. (d) 두 번째 벡터의 머리에서 첫 번째 벡터의 꼬리로 이으면 안 된다.

같은 선상에 있는 벡터를 더할 때는 다음과 같은 결론을 내릴 수 있다.

- 두 힘이 같은 방향이라면 합력도 같은 방향이고(그림 2.4a), 두 벡터의 크기를 더한 것이 합력의 크기이다. 어떤 사람이 친구와 함께 같은 방향으로 큰 상자를 각각 200 N과 300 N의 힘으로 민다면 합력은 가해준 힘 방향으로 500 N이다.
- 두 힘이 서로 반대 방향이라면 큰 벡터의 크기에서 작은 벡터의 크기를 뺀 것이 합력의 크기가 되며, 합력의 방향은 큰 힘의 방향과 일치한다(그림 2.4b). 크기에는 음수가 없다는 것을 명심하여라. 만일 상자를 400 N으로 오른쪽으로 밀고 300 N으로 왼쪽으로 민다면 결국은 오른쪽으로 100 N의 힘이 작용한다.

• 두 힘이 반대일 때만 합력이 0이 될 수 있다. 곧 두 벡터의 크기가 같고 방향이 반대인 경우에 이들의 합력은 0이다(그림2.4c).

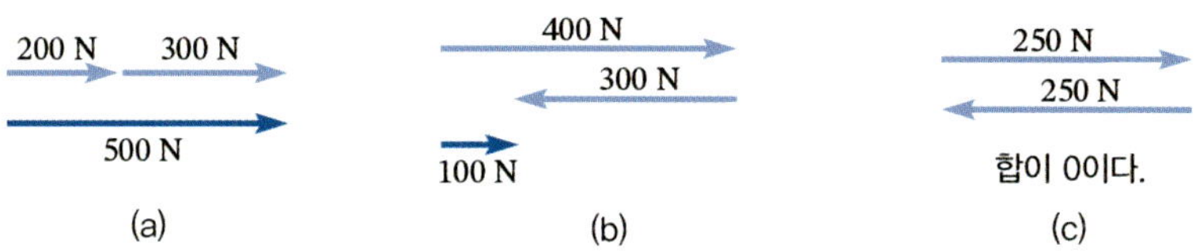

그림 2.4 (a) 같은 방향의 벡터 합. (b) 반대 방향의 두 벡터 합. (c) 크기는 같고 방향이 반대인 벡터의 합은 0이다(방향이 반대인 벡터를 더할 때 벡터와 벡터 합을 명확하게 볼 수 있도록 포개어 그리지 않고 서로의 옆에 그리는 것이 도움이 된다).

살펴보기 2.2 북쪽으로 20 N의 힘과 남쪽으로 50 N의 힘의 벡터 합은 얼마인가?

보기 2.2 메이플시럽 나르기

두 마리의 말이 메이플시럽 통을 실은 썰매를 끌고 있다. 두 말은 같은 크기의 힘 1.50 kN으로 썰매를 끈다. 한 말이 작용하는 힘은 동북쪽으로 15°, 다른 말이 작용하는 힘은 동남쪽으로 15°(그림 2.5)이다. 벡터를 그림으로 더하는 방법을 사용하여 두 말이 썰매에 작용하는 합력의 크기와 방향을 구하여라.

전략 이들 힘은 벡터양이다. 그림을 이용하여 벡터를 더해서 정확한 결과를 얻으려면 자와 각도기가 필요하다. 각도기는 벡터의 정확한 방향을 구하는 데 사용하고, 자는 정확한 길이를 화살표로 그리는 데 사용한다. 벡터를 나타내는 화살표의 길이를 정하기 위해 편리한 축척을 사용해야 한다. 여기서는 200 N을 길이 1 cm로 나타냈다. 그러면 1.50 kN의 힘은 길이가

$$1.50\ \text{kN} \times \frac{1000\ \text{N}}{1\ \text{kN}} \times \frac{1\ \text{cm}}{200\ \text{N}} = 7.50\ \text{cm}$$

인 벡터 화살표가 된다. 이 결과를 얻었으면 자와 각도기를 이용하여 방향과 크기를 결정한다.

그림 2.5 (a) 메이플시럽 운반(측면도) (b) 두 말이 썰매에 작용한 힘(머리 위에서 본 그림)

풀이 벡터의 방향과 길이를 바꾸지 않는 한 그 벡터를 어떤 점에서나 시작해서 다시 그릴 수 있다. 한 말이 수레를 끄는 힘 $\vec{F}_1$에 다른 말이 수레를 끄는 힘 $\vec{F}_2$를 더하거나 반대로 $\vec{F}_2$에 $\vec{F}_1$를 더하거나 결과는 같다. 이 두 경우를 그림 2.6에 나타내었다.

그림은 벡터 합의 방향이 정동임을 나타낸다. 벡터 합을 나타내는 화살표의 길이를 측정해 보면 14.5 cm이다. 따라서 벡터 합의 크기는

$$14.5\text{ cm} \times \frac{200\text{ N}}{1\text{ cm}} \times \frac{1\text{ kN}}{1000\text{ N}} = 2.90\text{ kN}$$

이다. 두 벡터의 합은 정동쪽으로 2.90 kN이다.

검토 두 말이 정동쪽을 향해 양쪽에서 같은 크기와 같은 각도로 수레를 끌고 있기 때문에 힘의 합이 정동을 향하는 것은 그리 놀라운 일이 아니다. 평행하지 않기 때문에 그 합은 3.00 kN보다 더 작아야 한다. 두 벡터 사이의 각이 비교적 작기 때문에 두 벡터가 거의 같은 방향에 있다면 $\vec{F}_1 + \vec{F}_2$의 크기는 약간 작다.

실전문제 2.2 **다른 각도에서 끌기**

(a) 두 말이 전과 같은 힘(1.50 kN)으로 각각 동북쪽과 동남쪽으로 15°가 아니고 30°의 각을 유지하면서 끌고 있다면 두 힘의 합력은 커질까, 작아질까, 같은 크기일까? 그림으로 그려서 설명해 보아라. (b) 한 말은 북동쪽으로 10°, 다른 말은 동남쪽으로 15°에서 서로 다른 힘으로 수레를 끈다면 합력이 정동으로 향할 수 있겠는가? 어느 말이 더 큰 힘으로 끌어야 하겠는가? 그림을 그려서 설명하여라.

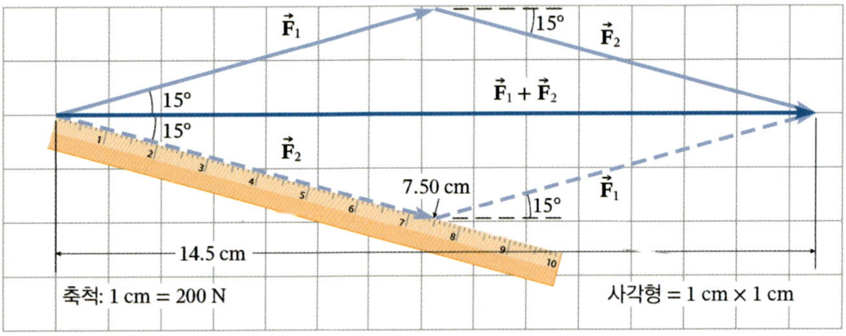

그림 2.6 두 힘 벡터를 그림으로 더하기. 처음 벡터의 머리에 두 번째 벡터의 꼬리가 오도록 한다. 처음 벡터의 꼬리에서 두 번째 벡터의 머리까지 이은 화살표가 두 벡터의 합이다. 더하는 순서를 바꾸어도 같은 결과를 얻게 된다.

2.3 성분을 이용한 벡터 덧셈
Vector Addition Using Components

벡터의 성분

모든 벡터는 x축, y축, 필요한 경우라면 z축에 평행한 벡터들의 합으로 표현할 수 있다. 벡터의 x, y, z **성분**component은 각기 그 축을 따르는 세 벡터의 방향과 크기를 나타낸다. 성분은 크기, 단위, 대수적인 기호(+ 또는 −)를 갖는다. 성분의 부호는 그 축을 따라가는 방향을 나타낸다. 양$^+$의 x 성분은 양$^+$의 x축 방향을 나타내고, 음$^-$의 x 성분은 음$^-$의 x축 방향을 나타낸다. 벡터양은 그 크기와 방향 또는 성분으로 나타낼 수도 있다. 곧 2가지 방법 어느 것이라도 무방하다. $\vec{A}$의 x, y, z 방향 성분은 첨자를 붙여서 A_x, A_y, A_z로 나타낸다. 벡터 성분을 구하는 과정을 '벡터를 성분으로 **분해**resolving한다'고 말한다. 벡터를 성분으로 분해하기 전에 좌표계(x 및 y축의 방향)를 선택해야 한다.

성분 구하기 그림 2.7과 같은 벡터 $\vec{F}$를 생각하자. 크기는 9.4 N이고 $+x$축 아래로 58°를 향한다. $\vec{F}$를 x축과 y축에 나란한 두 벡터의 합으로 생각할 수 있다. 이들 두 벡터의 크기는 $\vec{F}$의 x와 y 성분의 크기이다(절댓값). 그림 2.7의 직각삼각형과 그림 2.8의 삼각함수를 이용하여 성분의 크기를 구할 수 있다. 화살표의 길이가 벡터의 크기($F = 9.4$ N)를 나타내므로

$$\cos 58° = \frac{\text{접변}}{\text{빗변}} = \frac{|F_x|}{F} \text{ 이고 } \sin 58° = \frac{\text{대변}}{\text{빗변}} = \frac{|F_y|}{F} \quad (2\text{-}2)$$

이제 각 성분의 대수 부호를 결정해 보자. 그림 2.7에서 x축을 따라가는 벡터는 양의 x 방향을 가리키며, y축을 따르는 벡터는 음의 y 방향을 가리키므로 이 경우

$$F_x = +F\cos 58° = 5.0 \text{ N 이고 } F_y = -F\cos 58° = -8.0 \text{ N} \quad (2\text{-}3)$$

이다. 그림 2.9의 직각삼각형을 이용하면 $\cos 32° = \sin 58°$이고 $\sin 32° = \cos 58°$이므로 $\vec{F}$의 x 성분과 y 성분은 같은 값이 된다.

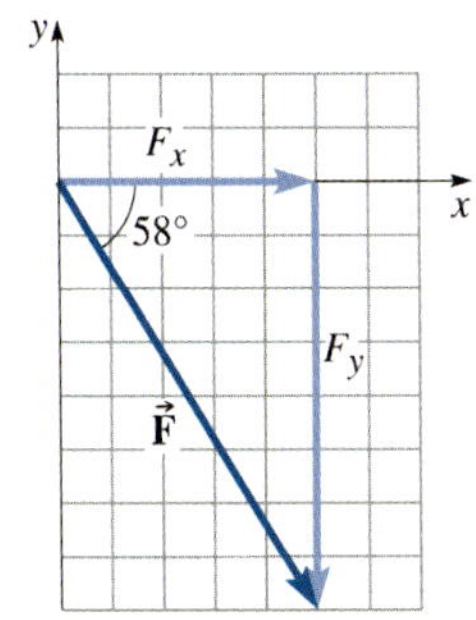

그림 2.7 벡터 화살표를 빗변으로 하고 x축과 y축에 평행한 두 변으로 직각삼각형을 그려서 힘 벡터 $\vec{F}$를 x 성분과 y 성분으로 분해하기. 여기에서 $F_x = F\cos 58°$, $F_y = F\sin 58°$이다.

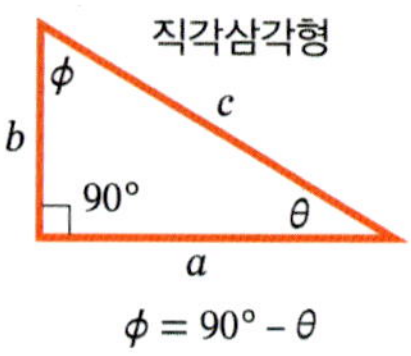

$$\sin\theta = \frac{\angle\theta\text{의 대변}}{\text{빗변}} = \frac{b}{c} = \cos\phi$$

$$\cos\theta = \frac{\angle\theta\text{의 접변}}{\text{빗변}} = \frac{a}{c} = \sin\phi$$

$$\tan\theta = \frac{\angle\theta\text{의 대변}}{\angle\theta\text{의 접변}} = \frac{b}{a} = \cot\phi$$

그림 2.8 삼각함수 복습(부록 A.7을 참조하라)

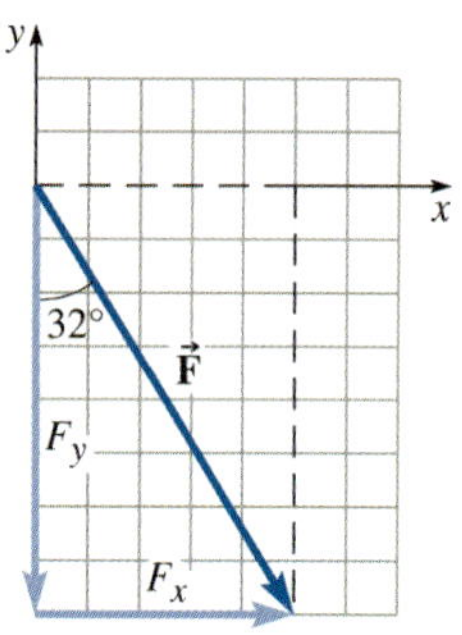

그림 2.9 다른 직각삼각형을 이용하여 힘 벡터를 성분으로 분해하기. 벡터 화살표는 빗변이고 대변과 접변은 각각 x축과 y축에 나란하다.

문제 풀이 전략 : 벡터의 크기와 방향으로부터 x 성분과 y 성분 구하기

1. 주어진 벡터를 빗변으로 하고 나머지 두 변은 x축과 y축에 나란히 놓인 직각삼각형을 그려라.
2. 직각삼각형의 한 꼭지각을 결정하여라.
3. 성분의 크기는 삼각함수를 써서 구하여라. 계산기가 각도 모드인지 라디안 모드인지 확인하고 계산하여라.
4. 각 성분의 부호가 올바른지 확인하여라.

때로는 벡터를 괄호 안에 성분을 쉼표로 구분해서 나타내기도 한다. 예를 들면 그림 2.7의 힘 $\vec{F}$는 $\vec{F} = (5.0\text{ N}, -8.0\text{ N})$이라 쓸 수 있다.

크기와 방향 구하기 거꾸로 벡터의 성분에서 벡터의 크기와 방향을 구하는 과정을 알아 두어야 한다.

그림 2.7에서 힘 벡터의 성분은 알고 있지만 크기와 방향은 모른다고 가정하고 $\vec{F}$와 x축 사이의 각도 θ를 구해 보자.

$$\theta = \tan^{-1}\frac{\text{대변}}{\text{접변}} = \tan^{-1}\frac{|F_y|}{|F_x|} = \tan^{-1}\frac{8.0\text{N}}{5.0\text{N}} = 58° \quad (2\text{-}4)$$

피타고라스의 정리로부터(표 A.1) $\vec{F}$의 크기는 다음과 같다.

$$F = \sqrt{F_x^2 + F_y^2} = \sqrt{(+5.0\text{ N})^2 + (-8.0\text{ N})^2} = 9.4\text{ N} \quad (2\text{-}5)$$

문제 풀이 전략 : 벡터의 x 성분과 y 성분으로부터 벡터의 방향과 크기 구하기

1. 성분의 부호에 따라 바르게 결정된 사분면에서 x축과 y축 위에 성분 벡터를 그려라.
2. 벡터를 빗변으로 하고 나머지 두변은 x축과 y축에 나란한 직각삼각형을 그려라.
3. 직각삼각형에서 결정하고자 하는 각을 선택하여라.

4. 각도를 구하려면 역탄젠트함수를 사용하여라. 삼각형의 양변의 길이는 $|F_x|$와 $|F_y|$로 나타낸다. 만일 θ가 x축에 평행한 변과 마주보는 대각이라면 $\tan\theta =$ 대변/접변$= |F_x/F_y|$이다. 만일 θ가 y축에 평행한 변과 마주보고 있다면 $\tan\theta =$ 대변/접변$= |F_y/F_x|$이다. 만일 계산기를 각도 모드로 설정하였다면 역탄젠트 연산 결과는 도(°)의 단위로 주어진다. $\tan\alpha = \tan(\alpha + 180°)$이므로 일반적으로 역탄젠트는 0°와 360° 사이에서 2개의 값을 갖는다. 그러나 직각삼각형에서 역탄젠트를 구할 때에는 각도가 90°를 넘을 수 없으므로 구하는 값은 한 개밖에 없다.
5. 각도의 해석 : 수평선 아래의 각인지, 남서쪽인지 아니면 음의 y축에서 시계방향으로의 각도인지 등을 나타내야 한다.
6. 벡터의 크기를 구하기 위해서는 피타고라스의 정리를 사용하여라.

$$F = \sqrt{F_x^2 + F_y^2} \tag{2-6}$$

보기 2.3 운동의 유익함

운동을 하려고 마루 위에 섰다고 하자. 한 동작을 하기 위해 차렷 자세에서 팔을 옆으로 어깨선까지 수평이 되도록 들어 올린다. 이때 삼각근이 상박골에 15°의 각도로 270 N 의 힘을 작용한다(그림 2.10). 이 힘의 x 성분과 y 성분을 구하여라.

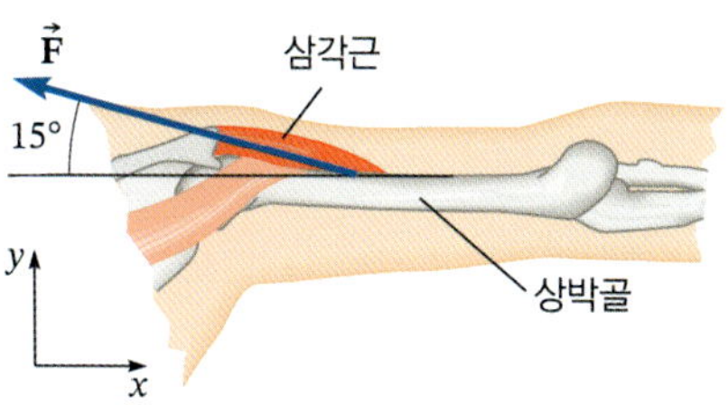

그림 2.10 상박골에 삼각근이 작용하는 힘

전략 이 문제는 힘의 크기와 방향을 주고 힘의 성분을 구하는 문제이다. 축의 방향은 그림 2.10에 주어져 있다. 성분을 구하기 위해 힘 벡터를 빗변으로 하고 x축과 y축에 나란한 두 변을 가진 직각삼각형을 그린다.

풀이 그림 2.11은 성분을 구하는 데 사용할 수 있는 삼각형을 보여준다. x축과 나란한 삼각형의 변은 15°를 이루는 변이므로 x 성분을 구하는 데 코사인 값을 사용한다.

$$\cos 15° = \frac{\text{접변}}{\text{빗변}} = \frac{|F_x|}{F}$$

이다. x 성분은 음수이다. $+x$축은 오른쪽을 가리키지만 힘의 x 성분은 왼쪽을 향한다. 따라서 다음과 같다.

$$F_x = -F\cos 15° = -270\ \text{N} \times 0.9659 = -260\ \text{N}$$

F_y를 나타내는 변이 각도 15°의 대변이므로 사인함수는 y 성분을 구하는 데 사용한다.

$$\sin 15° = \frac{\text{대변}}{\text{빗변}} = \frac{|F_y|}{F}$$

y 성분은 $+y$축과 나란한 위 방향이다. 그러므로

$$F_y = +F\sin 15° = 270\ \text{N} \times 0.2588 = 70\ \text{N}$$

이다.

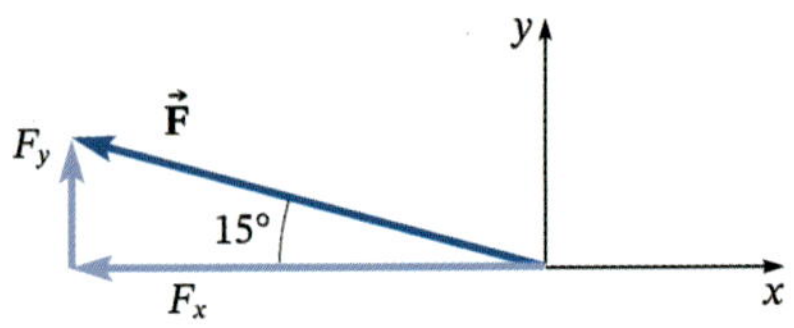

그림 2.11 힘의 성분을 구하기 위한 삼각형 그리기. 벡터 화살표는 빗변이고 두 변은 좌표축에 나란하다.

검토 답을 확인하기 위해 성분을 다시 크기와 방향으로 변환할 수 있다.

$$F = \sqrt{(260\ \text{N})^2 + (70\ \text{N})^2} = 270\ \text{N}$$

이고

$$\theta = \tan^{-1}\left|\frac{F_y}{F_x}\right| = \tan^{-1}\frac{70\ \text{N}}{260\ \text{N}} = 15°$$

이다.

실전문제 2.3 **정원 가꾸기**

정원을 가꿀 때 손은 정원용 경작기의 손잡이에 성분이 $F_x = +85$ N과 $F_y = -132$ N인 힘을 작용한다. x축은 수평 방향이고 y축은 위쪽을 가리킨다. 이 힘의 크기와 방향을 구하여라.

성분을 사용한 벡터의 덧셈

벡터의 성분을 구하는 방법을 알았으므로 벡터를 더하는 데 성분을 이용할 수 있다. 모든 벡터는 축과 나란한 벡터의 합으로 생각할 수 있다(그림 2.12a). 벡터를 더할 때 마음이 끌리는 대로 그들을 한 그룹으로 묶거나 순서를 바꾸어 계산할 수도 있다. 그러므로 x 성분을 더해서 합 벡터의 x 성분을 구하고(그림 2.12b), y 성분도 같은 방법으로 구하면 된다(그림 2.12c).

$$C_x = A_x + B_x \text{이고 } C_y = A_y + B_y \text{일 때에만 } \vec{C} = \vec{A} + \vec{B} \text{이다.} \qquad (2\text{-}7)$$

식 (2–7)에서 $A_y + B_y$ 는 보통의 덧셈이며 성분의 부호는 방향 정보를 준다.

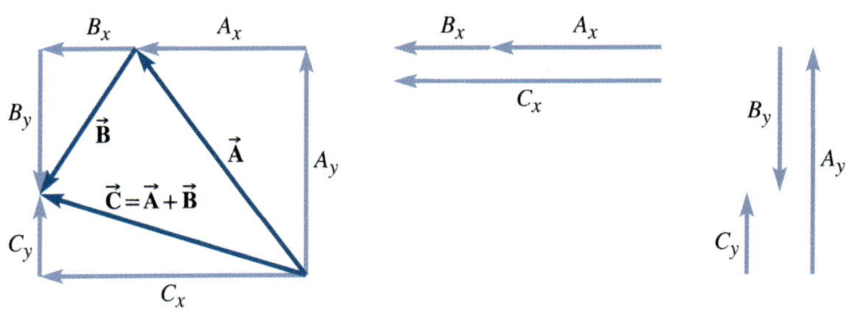

그림 2.12 (a) $\vec{C} = \vec{A} + \vec{B}$를 구하는 데 각 벡터를 x 성분과 y 성분으로 나누어 그렸다. (b) $C_x = A_x + B_x$와 (c) $C_y = A_y + B_y$. 그림은 성분의 합으로 벡터 덧셈을 할 수 있음을 보여준다.

문제 풀이 전략 : 성분을 사용한 벡터의 덧셈

1. 더하려는 벡터의 x 성분과 y 성분을 구하여라.
2. 합의 x 성분을 구하려면 부호와 함께 x 방향 성분을 더하여라(부호가 틀리면 구한 합도 틀린다).
3. 합의 y 성분을 구하려면 부호와 함께 y 방향 성분을 더하여라.
4. 필요하다면 합의 x 성분과 y 성분을 이용하여 합 벡터의 크기와 방향을 구하여라.

단위 벡터의 기호 벡터 성분의 개념을 사용하여 벡터를 간결한 방식으로 나타낼 수도 있다. **단위 벡터**[unit vectors] $\hat{\mathbf{x}}$('엑스 햇'이라고 읽는다), $\hat{\mathbf{y}}$, $\hat{\mathbf{z}}$를 각각 $+x$, $+y$, $+z$축 방향을 가리키며 크기가 1인 벡터로 정의한다(어떤 책에서는 각 단위 벡터를 $\hat{\mathbf{i}}$, $\hat{\mathbf{j}}$, $\hat{\mathbf{k}}$로 쓰기도 한다). 이들을 단위 벡터라고 하는 것은 그 크기가 단위가 없이 단순한 숫자 1이기 때문이다. 단위 벡터는 킬로그램이나 미터와 같은 물리적인 단위가 없다. 모든 벡터 $\vec{\mathbf{F}}$는 좌표축을 따라 세 벡터의 합으로 쓸 수 있다.

$$\vec{\mathbf{F}} = F_x\hat{\mathbf{x}} + F_y\hat{\mathbf{y}} + F_z\hat{\mathbf{z}} \tag{2-8}$$

여기에서 F_x는 $\vec{\mathbf{F}}$의 x 성분으로, 물리적인 단위도 가질 수 있고 음수나 양수일 수도 있다. $F_x\hat{\mathbf{x}}$는 $F_x > 0$이면 $+x$ 방향으로 향하는 벡터의 크기이고 $F_x < 0$이면 $-x$ 방향으로 향하는 벡터의 크기이다. 예를 들어 그림 2.9의 힘 벡터 $\vec{\mathbf{F}}$를 생각해 보면 $\vec{\mathbf{F}}$의 x 성분은 $F_x = +5.0\ \text{N}$이고 y 성분은 $F_y = -8.0\ \text{N}$이므로 $\vec{\mathbf{F}} = (+5.0\ \text{N})\hat{\mathbf{x}} + (-8.0\ \text{N})\hat{\mathbf{y}}$이다.

단위 벡터 기호를 사용하면 벡터 덧셈이나 뺄셈에서 성분별로 별도의 방정식을 쓰지 않고 벡터 성분들을 한꺼번에 쓸 수 있다. xy 평면에서 두 벡터는 다음과 같이 더할 수 있다.

$$\vec{\mathbf{F}}_1 + \vec{\mathbf{F}}_2 = (F_{1x}\hat{\mathbf{x}} + F_{1y}\hat{\mathbf{y}}) + (F_{2x}\hat{\mathbf{x}} + F_{2y}\hat{\mathbf{y}}) \tag{2-9}$$

항을 다시 모아서 합 벡터의 x 성분은 각 벡터의 x 성분의 합이고, y 성분도 이와 같음을 보일 수 있다.

$$\vec{\mathbf{F}}_1 + \vec{\mathbf{F}}_2 = (F_{1x} + F_{2x})\hat{\mathbf{x}} + (F_{1y} + F_{2y})\hat{\mathbf{y}} \tag{2-10}$$

그림 덧셈법을 이용한 추정 성분을 이용하여 벡터의 합을 구할 때에도 그림을 이용하는 방법이 중요한 첫 단계이다. 길이나 각도를 정확하게 그리지 않더라도 벡터 덧셈을 위한 개략적인 그림은 중요한 이점이 있다. 벡터를 개략적으로 그리면 성분의 부호를 아주 쉽고 바르게 찾을 수 있고, 답을 점검할 수 있다. 이 그림으로 합의 크기와 방향을 어림셈할 수 있고 이를 이용해 대수 계산을 확인할 수도 있다. 그림을 그리면 지금 무엇을 하고 있는지를 알 수 있고 대수적 계산을 직관적으로 할 수 있다.

보기 2.4 발에 작용하는 견인력

그림 2.13과 같은 견인 의료기에서 세 개의 줄이 중앙의 도르래를 그림에 주어진 방향으로 각각 22.0 N의 힘으로 당기고 있다. 세 줄이 중앙의 도르래에 작용하는 힘의 합력은 얼마인가? 합력의 크기와 방향을 구하여라.

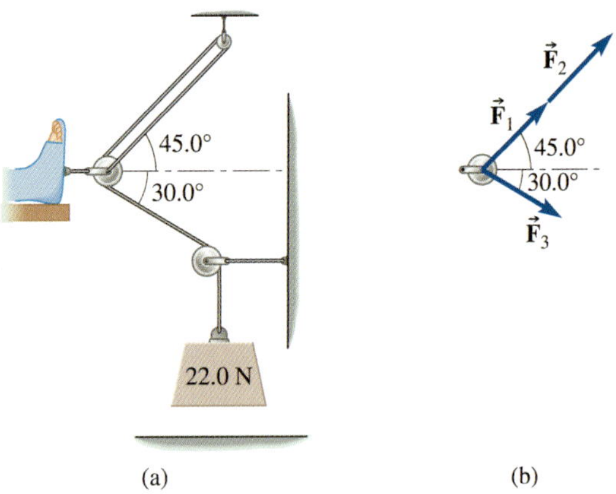

그림 2.13 (a) 견인 중인 발. (b) 줄을 통해 세 힘이 중앙 도르래에 작용한다.

전략 먼저 합의 크기와 방향을 추정하기 위해 세 힘을 개략적으로 그린다. 그 후에 정확한 답을 얻기 위해 세 개의 힘 각각을 x 성분과 y 성분으로 분해한 다음, 각 성분끼리 합하고, 합의 크기와 방향을 구한다.

풀이 그림 2.14는 모든 줄이 중앙 도르래에 작용하는 세 힘의 합을 구하기 위한 그림이다. 이 그림으로부터 세 힘의 합력은 수평보다 약간 위쪽(대략 45°의 반 정도)을 향하며 크기가 44 N보다 약간 크다고 생각할 수 있다.

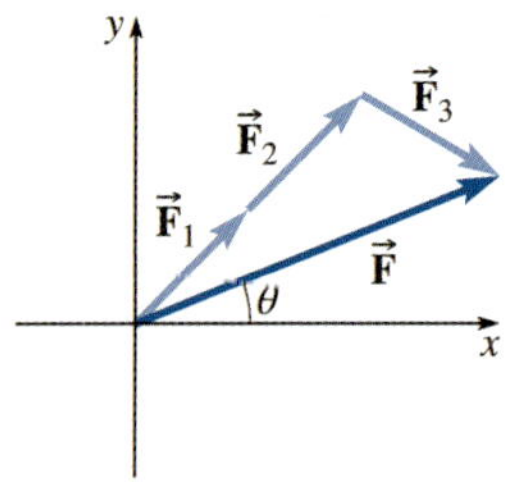

그림 2.14 세 줄이 도르래에 작용하는 힘의 합을 그린 그림. $\vec{F} = \vec{F}_1 + \vec{F}_2 + \vec{F}_3$

대수적인 풀이를 하려면 x축과 y축을 따른 성분을 구하고 그들을 더한다(그림 2.15). 이들 힘의 x 성분은

$$F_{1x} = F_{2x} = (22.0\text{ N})\cos 45°$$
$$F_{3x} = (22.0\text{ N})\cos 30.0°$$

이고, y 성분은

$$F_{1x} = F_{2x} = (22.0\text{ N})\sin 45°$$
$$F_{3x} = (-22.0\text{ N})\sin 30.0°$$

이다. x 성분의 합은

$$\begin{aligned} F_x &= F_{1x} + F_{2x} + F_{3x} \\ &= 2 \times (22.0\text{ N})\cos 45.0° + (22.0\text{ N})\cos 30.0° \\ &= 31.11\text{ N} + 19.05\text{ N} = 50.16\text{ N} \end{aligned}$$

이다. 오차를 줄이기 위해 소수점 이하를 한자리 더 늘렸다. y 성분의 합은

$$F_y = F_{1y} + F_{2y} + F_{3y}$$
$$= 2\times(22.0\ \mathrm{N})\sin 45.0° + (-22.0\ \mathrm{N})\sin 30.0°$$
$$= 31.11\ \mathrm{N} - 11.00\ \mathrm{N} = 20.11\ \mathrm{N}$$

이다. 합의 크기는 그림 2.16과 같이

$$F = \sqrt{F_x^2 + F_y^2}$$
$$= \sqrt{(50.16\ \mathrm{N})^2 + (20.11\ \mathrm{N})^2} = 54.0\ \mathrm{N}$$

이고 힘의 방향은

$$\theta = \tan^{-1}\frac{\text{대변}}{\text{접변}} = \tan^{-1}\frac{20.11\ \mathrm{N}}{50.16\ \mathrm{N}} = 21.8°$$

이다. 세 줄이 도르래에 작용하는 힘의 합은 $+x$축 위쪽으로 21.8°의 각도에서 54.0 N이다.

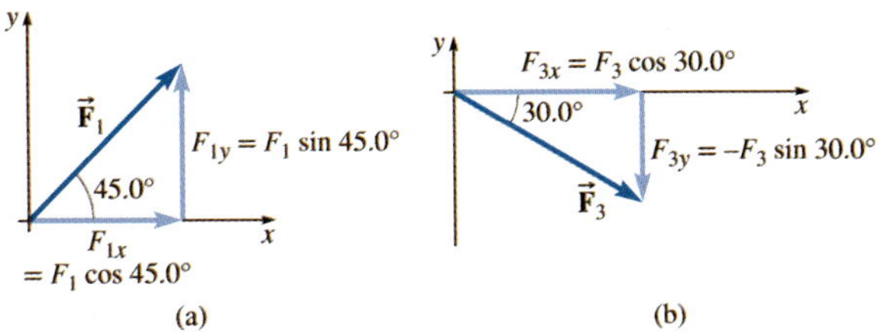

그림 2.15 직각삼각형을 이용하여 (a) $\vec{F}_1$과 (b) $\vec{F}_3$의 성분 구하기. 분명히 하기 위하여 벡터 화살표를 그림 2.14보다 두 배 길게 그렸다.

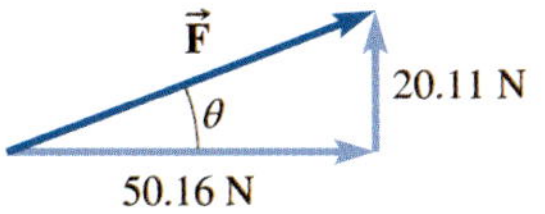

그림 2.16 성분에서 합을 구하기. 크기는 피타고라스의 정리를 사용해 구한다. 각도 θ는 대변을 접변으로 나눈 값의 역탄젠트에서 구한다.

검토 답을 점검하기 위해 그림을 이용하여 추정하는 과정을 다시 살펴보자. 합력의 크기(54.0 N)는 44 N보다 약간 크고, 방향은 x축 위쪽 45°의 절반에 아주 가까운 각도이다.

실전문제 2.4 **각도가 바뀐 도르래**

도르래를 움직여서 힘 $\vec{F}_1$과 $\vec{F}_2$는 x축 위쪽으로 30.0°, $\vec{F}_3$는 x축 아래쪽으로 60.0°로 했다. (a) 이들 세 힘의 합을 성분으로 나타내어라. (b) 합력의 크기는 얼마인가? 그리고 (c) 합 벡터는 수평 방향과 몇 도를 이루는가?

살펴보기 2.3 x 성분이 -6.0 N이고 y 성분이 $+2.0$ N인 힘을 나타내는 벡터 화살표를 개략적으로 그려라.

2.4 관성과 평형 : 뉴턴의 제1법칙
Inertia and Equilibrium: Newton's First Law of Motion

뉴턴의 운동 법칙 소개

1687년 뉴턴Isaac Newton, 1642~1727은 역사 이래 가장 위대한 과학업적 중의 하나인 '프린키피아Principia'를 발간하였다. 원 제목은 라틴어로 'Philosophiae Naturalis Principia

Mathematica(자연 철학의 수학적 원리 The Mathematical Principles of Natural Philosophy)'이다. 이 책에서 뉴턴은 고전 역학의 기초를 이루는 세 개의 운동 법칙을 설명했다. 이들 법칙은 물체에 작용한 한 힘 또는 여러 힘이 물체의 운동에 어떠한 영향을 미치고, 상호작용하는 물체들 사이에 작용하는 힘에 어떻게 연관되어 있는지를 설명한다.

뉴턴의 중력 법칙과 함께 뉴턴의 운동 법칙은 천체(태양, 행성, 행성의 위성)의 운동과 지구상의 물체 운동을 같은 물리학적 원리로 이해할 수 있다는 것을 처음으로 설명했다. 뉴턴 이전의 사상가들은 물리적 법칙이 두 가지는 있어야 한다고 보았다. 하나는 완벽하게 영구히 지속되는 것으로 생각되는 천체의 움직임을 설명하는 것이고, 다른 하나는 언젠가는 정지하게 되는 지상 물체의 운동을 설명하는 것이었다.

알짜힘

연결고리 이 장에서는 몇몇 종류의 힘에 대해서 공부한다. 후에 다른 힘에 관해 배울 때는 항상 다음과 같은 방식으로 다룰 것이다. 알짜힘을 구하기 위해 물체에 작용한 모든 힘의 합을 구하는 것이다.

한 물체에 하나 이상의 힘이 작용할 때, 물체의 운동은 물체에 작용하는 알짜힘에 의하여 결정된다. **알짜힘** net force은 물체에 작용하는 모든 힘의 벡터 합이다.

알짜힘의 정의

만일 물체에 힘 $\vec{F}_1, \vec{F}_2, \cdots, \vec{F}_n$이 한 물체에 작용하는 힘의 전부라면 물체에 작용하는 알짜힘 $\vec{F}_{\text{알짜}}$는 그들 힘의 벡터 합이다. 곧

$$\vec{F}_{\text{알짜}} = \sum \vec{F} = \vec{F}_1 + \vec{F}_2 + \cdots + \vec{F}_n \tag{2-11}$$

알짜힘은 총힘 또는 힘의 합이라고도 한다. 기호 $\sum$는 그리스 문자 중 '시그마'이며, '합한다'는 의미이다(수학 기호와 의미는 부록 A.11을 참조하라).

살펴보기 2.4 보기 2.4에서 세 줄이 가한 힘의 합이 중앙의 도르래에 작용하는 알짜힘인가?

뉴턴의 운동 제1법칙

연결고리 2장에서는 알짜힘이 0인 상황을 분석하는 데 집중한다. 3장에서 알짜힘이 0이 아닌 경우를 분석하는 뉴턴의 제2법칙을 소개할 것이다.

뉴턴의 제1법칙에 따르면 작용하는 알짜힘이 0인 물체는 직선상에서 일정한 속력으로 움직이거나, 정지해 있었다면 계속 정지해 있다. 물체의 운동 방향과 속력의 척도인 속도 벡터의 개념(1.2절과 2.1절)을 이용하면 제1법칙을 다시 설명할 수 있다.

뉴턴의 운동 제1법칙

물체에 작용하는 알짜힘이 0인 경우에만 물체의 속도 벡터가 변하지 않는다.

뉴턴의 제1법칙에 대한 이 간결한 설명은 정지(속도가 0)한 물체와 운동하는(속도가 0이 아닌) 물체의 경우를 모두 포함한다. 정지한 물체에 힘이 작용하여 운동을 시작하게 하지 않는 한 그 물체는 항상 정지해 있다는 것은 맞는 말이다. 반면에 운동하는 물체가 운동을 계속하도록 작용하는 힘이 없이도 그 물체가 운동을 계속할지는 분명하지 않을 수도 있다. 우리 경험상 대부분의 운동하는 물체는 운동을 방해하는 마찰력과 저항력 때문에 결국 정지한다. 아이스하키 퍽은 얼음이 미끄럽기(마찰력이 작기) 때문에 속력이나 방향의 변화가 거의 없이 아이스하키장 끝까지 미끄러져 갈 수 있다. 마찰력과 공기 저항력을 포함하여 운동을 방해하는 모든 힘을 다 제거할 수 있다면 퍽은 속력이나 방향 변화 없이 빙판 위를 미끄러질 것이다.

만일 운동을 방해하는 힘이 없다면 물체가 운동 상태를 유지하기 위한 힘이 필요 없다. 하키 선수가 스틱으로 퍽을 칠 때 짧은 시간 동안 스틱이 퍽에 작용한 접촉력이 퍽의 속도를 변하게 한다. 그러나 퍽이 스틱과의 접촉력에서 벗어나면 스틱이 퍽에 힘을 작용하지 않더라도 빙판을 따라 계속 미끄러진다.

보이저 우주 탐사선은 태양으로부터 멀리 떨어져 있어서 태양에 의한 중력은 무시할 수 있을 정도로 작다. 그러므로 탐사선에 가해지는 힘이 0이라고 근사할 수 있고, 탐사선은 직선을 따라 일정한 속도로 계속 운동한다. 운동을 방해하는 힘이 없으므로 운동을 지속하기 위해 엔진을 가동하여 힘을 계속 가하지 않아도 된다.

관성 뉴턴의 제1법칙은 **관성의 법칙**law of inertia이라 부른다. 물리에서 **관성**inertia은 속도의 변화에 대한 저항을 의미한다. 이것이 운동을 계속하는 것에 대한 저항(또는 정지하려는 경향)을 의미하지는 않는다. 뉴턴의 관성의 법칙은 갈릴레이Galileo Galilei, 1564~1642와 데카르트René Descartes, 1596~1650를 포함한 선각자들의 생각에 기초를 두고 있다. 갈릴레이는 여러 기울기의 경사면에 공을 굴려보는 기발한 실험으로, 만일 모든 저항력을 없앨 수 있다면 평면 위를 구르는 공은 결코 멈추지 않을 것이라고 추정했다(그림 2.17). 갈릴레이는 마찰력이 있는 현실 세계로부터 상상 속 마찰이 없는 이상 세계로 눈부신 개념적 도약을 이루었다. 관성의 법칙은 그리스의 철학자 아리스토텔레스Aristotle, B.C. 384~322의 생각과는 대조되었다. 갈릴레이보다 거의 2000여 년 전에 아리스토텔레스는 물체의 자연스러운 상태는 정지한 상태이고, 물체가 운동을 계속하려면 힘이 계속해서 작용해야 한다고 관점을 정리했다. 반면 갈릴레이는 마찰력이나 다른 저항력이 없으면 밀거나 끄는 힘이 없어도 물체가 움직임을 지속할 수 있다고 추측했다.

그래서 갈릴레이는 지구 주위의 큰 원 궤도에서는 물체의 운동이 지속될 수 있다고 생각했다. 갈릴레이가 죽고 얼마 되지 않아 데카르트는 힘을 받지 않는 물체의 운동은 원 궤도가 아니라 직선을 따라 있게 된다고 주장하였다. 뉴턴은 "만일 내가 멀리 보았다면 그건 내가 거인의 어깨 위에 서 있었기 때문이다."라며 갈릴레이, 데카르트 등 다른 과학자들에게 감사를 표했다.

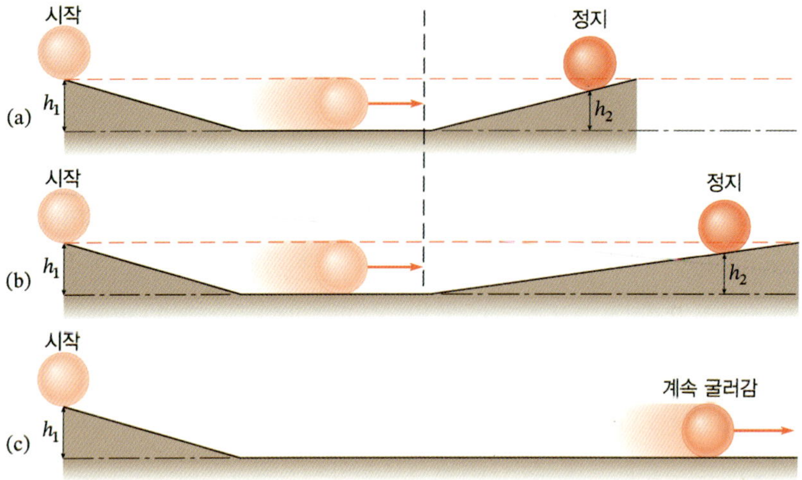

그림 2.17 (a) 갈릴레오는 경사를 굴러 내려온 공이 두 번째 경사면에서 거의 같은 높이에 도달했을 때 멈추는 것을 발견했다. 그는 저항력을 없다면 같은 높이에 도달할 것이라고 확신했다. (b) 두 번째 경사의 기울기가 작아짐에 따라, 공은 멈추기 전까지 더 멀리 굴러 간다. (c) 두 번째 경사가 수평이고 서힘력이 없는 경우에는 공이 결코 멈추지 않을 것이다.

개념형 보기 2.5 눈 치우기

도로에 새로 내린 눈을 치우는 일은 눈의 관성을 거슬러야 하는 일로 생각할 수 있다. 알짜힘을 가하지 않으면 눈은 땅에 남아있다. 그렇지만 눈의 관성을 이용해 삽질을 쉽게 하는 방법이 있다. 이 방법이 무엇인지 설명해 보아라.

전략 실제로 눈을 치울 때 하는 물리적 운동을 생각해 보아라(만일 눈이 내리지 않는 곳에 살고 있다면 길에 쌓인 낙엽을 치우는 일을 생각하면 된다). 눈의 관성을 이용해 삽질을 쉽게 하려면 삽으로 눈을 밀어내지 않고 눈이 저절로 미끄러지는 시간이 있어야 한다.

풀이 및 검토 삽 한가득 눈을 떠서 길가로 휘두르듯 삽질하는 모습을 상상해 보아라. 눈과 삽이 함께 움직일 것이다. 그때 갑자기 삽을 멈추면, 관성으로 인해 눈만 계속 앞으로 미끄러져 나간다. 눈이 삽에서 미끄러져 나가게 되면 중력은 눈을 땅으로 잡아당기게 된다. 더 이상 삽이 눈에 힘을 작용하지 않아도 눈이 계속해서 앞으로 나간다. 마른 눈을 치울 때 이 효과가 잘 나타난다. 녹은 눈은 삽에 잘 달라붙는다. 삽과의 마찰력이 눈을 떨어져 나가지 못하게 하여 일을 힘들게 한다. 이때 삽에 식용유를 바르면 삽과의 마찰력을 줄여주기 때문에 도움이 될 수도 있다.

개념형 실전문제 2.5 지하철에서의 관성

지하철을 타고 천장의 손잡이를 잡고 서 있다고 하자. 지하철이 역에서 출발할 때는 누가 앞에서 뒤로 미는 것처럼 느껴지고 다음 역에 정차할 때는 뒤에서 앞으로 미는 것처럼 느껴진다. 이 상황에서 관성이 하는 역할을 설명하여라.

혼자서 해 보기 관성을 쉽게 증명할 수 있도록 유리컵 위에 명함이나 신용카드를 균형을 맞춰 올려놓고 그 위에 동전을 놓아라(그림 2.18a). 엄지와 검지로 카드를 살짝 튕겨서 카드가 수평으로 날아가도록 하여라. 동전은 어떻게 되는가? 동전에 작용하는 수평 방향의 마찰력은 작다. 카드가 미끄러지는 동안 동전에 수평 방향으로 작용하는 힘은 무시할 수 있을 만큼 작아 동전은 움직이지 않고 제자리에 남아 있으려고 한다(그림 2.18b). 카드가 없어지면 중력이 동전을 유리컵 안으로 잡아당긴다(그림 2.18c).

그림 2.18 관성의 입증. 비슷한 사례로 접시와 유리컵을 탁자 식탁보 위에 정리해 두고 식탁보만 잡아당기는 것을 본 적이 있을 것이다(시도해 보고 싶다면 할머니의 도자기가 아닌 플라스틱 접시로 먼저 연습해 보아라).

자유물체도형

물체에 작용하는 알짜힘을 찾아내는 아주 훌륭한 도구가 **자유물체도형**free body diagram이다. 자유물체도형에는 힘 벡터와 함께 그 물체에 작용하는 모든 힘이 나타나도록 그려야 한다. 그러나 다른 물체에 작용하는 힘은 그리면 안 된다. 자유물체도형을 그리는 방법은 다음과 같다.

- 간단한 방법으로 물체를 그려라. 물리 문제를 풀기 위해 미켈란젤로가 될 필요는 없다. 어떠한 물체든 상자나 원 혹은 점으로 표현할 수 있다.
- 물체에 작용하는 모든 힘을 나타내어라. 물체에 작용하는 힘은 하나도 빠뜨리지 말아라. 물체에 접촉하는 모든 것은 하나 이상의 접촉력을 작용할 수 있다는 점을 고려하여라. 그 다음 먼 거리 힘(문제에 전기력이나 자기력이 나타나 있지 않다면 지금은 중력밖에 없다)을 나타내어라.
- 나타낸 힘들이 모두 다른 물체가 관심의 대상인 물체에 작용하는 힘인지를 점검하여라. **다른 물체에 작용하는 힘을** 포함시키지 않았는가를 확인하여라.
- 물체에 작용하는 모든 힘을 나타내는 벡터 화살표를 그려라. 보통은 물체에서 시작하여 밖으로 향하는 화살표로 벡터를 그린다. 그 화살표가 힘의 방향을 정확히 나타내도록 그려라. 충분한 정보가 있다면 화살표의 길이가 힘의 크기에 비례하도록 그려라.

등속도로 운동하는 평형인 물체

물체에 작용하는 알짜힘이 0일 때 물체가 **병진평형** translational equilibrium에 있다고 말한다.

평형인 물체에 대해서는

$$\sum \vec{F} = 0 \quad (2\text{-}12)$$

이다.

평형이란 힘이 평형상태에 있다는 뜻이다. 위로 작용하는 힘만큼 아래로 작용하는 힘이 있고, 왼쪽으로 작용하는 힘만큼 오른쪽으로 힘이 작용한다는 것을 뜻한다. 회전이 없는 운동을 **병진**이라 한다. 직선상에서 일정한 속력으로 움직이든 정지해 있든 일정한 속도를 가진 물체는 어느 것이나 병진평형상태에 있다. 벡터는 그것의 모든 성분이 0이어야만 크기가 0이 된다. 그러므로

평형인 물체에 대해서는

$$\sum F_x = 0\text{이고,} \quad \sum F_y = 0\text{이고,} \quad \sum F_z = 0 \quad (2\text{-}13)$$

이다.

응용 : 용수철저울 뉴턴의 제1법칙을 사용하여 용수철저울이 어떻게 무게(물체에 가해지는 중력의 크기)를 측정하는 데 사용될 수 있는지 알아보자. 멜론이 저울 접시에서 움직이지 않으면 멜론에 작용하는 알짜힘은 0이어야 한다. 멜론에 작용하는 힘은 두 가지뿐이다. 아래로 잡아당기는 중력과 저울이 위로 미는 힘이다. 그러면 이 두 힘은 크기가 같고 방향이 반대가 되어야 한다. 저울은 자신이 멜론에 작용하는 힘을 측정하는데, 그 힘은 멜론의 무게와 같다.

보기 2.6 비행 중인 매

무게가 8 N인 붉은 꼬리매가 일정한 속력으로 정북 방향으로 활공하고 있다. 공기가 이 매에 작용하는 힘은 얼마인가? 매에 대한 자유물체도형을 그려라.

전략 매가 일정한 속도(일정한 속력과 방향)로 활공하고 있으므로 매는 평형상태, 곧 작용하는 알짜힘이 0이다. 매에 작용하는 힘을 찾아내고 알짜힘이 0이 되도록 공기가 작용하는 힘을 결정해야 한다.

풀이 매에 작용하는 힘은 2개 밖에 없다. 하나는 먼 거리 힘인 지구가 당기는 중력($\vec{F}_{중력}$)으로, 매의 무게

(8 N)이다. 다른 힘은 공기와 닿아 있는 접촉력($\vec{F}_{공기}$)이다. 매가 다른 것과 접촉하고 있지 않으므로 다른 접촉력은 없다. 매가 평형상태에 있으므로 매에 작용하는 알짜힘은 0이어야 한다.

$$\sum \vec{F} = \vec{F}_{중력} + \vec{F}_{공기} = 0$$

만일 두 벡터를 더해서 0이 되게 하려면 크기는 같고 방향은 반대여야 한다. 그러므로 공기가 매에 작용하는 힘은 위로 8 N이 되어야 한다. 그림 2.19는 매의 자유물체도형이다.

검토 매와 공기 사이의 상호작용은 미시적 수준에서 매우 복잡하지만 공기 분자들과 매 사이의 모든 상호작용의 알짜 효과는 위로 향하는 8 N이다(양력과 추력, 항력 같이 공기에 의해 작용하는 다른 형태의 힘을 생각해 보는 것이 편리하다. 이런 힘의 벡터 합은 공기로 인해 발생하는 전체 접촉력이다).

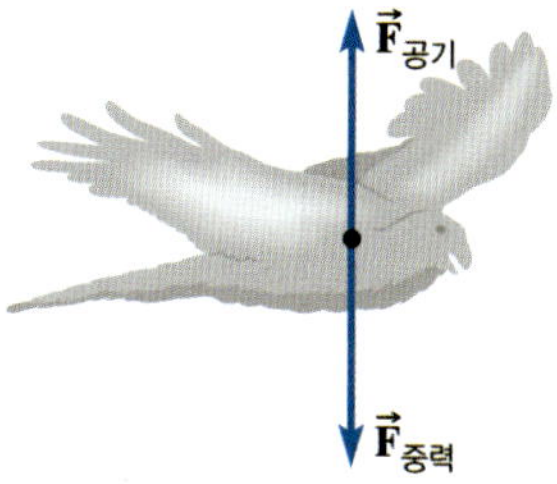

그림 2.19 일정한 속도로 활공하는 매의 자유물체도형. 매에게 두 힘이 작용한다. 중력과 공기로 인한 접촉력이다. 매의 속도가 일정하기 때문에 이 힘을 더하면 0이 되어야 한다.

실전문제 2.6 **사과 상자**

80 N의 사과 상자가 정지한 화물트럭의 수평 적재판 위에 놓여 있다. 트럭의 적재판이 사과 상자에 미치는 전체 접촉력은 얼마인가? 상자의 자유물체도형을 그려라.

간단하게 문제를 풀기 위한 x축과 y축의 선택

축을 잘 선택하면 문제를 쉽게 해결할 수 있다. 서로 수직이기만 하면 어떤 방향으로나 x축과 y축을 선택할 수 있다. 일반적으로 선택하는 세 가지는 다음과 같다.

- 벡터가 모두 수직면에 있을 때는 x축은 수평으로 y축은 수직으로 택한다.
- 벡터가 모두 수평면에 있을 때는 x축은 동쪽으로 y축은 북쪽으로 택한다.
- x축은 경사면에 평행하게, y축은 경사면에 수직으로 택한다.

평형 문제에서 힘 벡터가 가장 적은 수의 x와 y 성분을 가지도록 x와 y축을 선택한다. 항상 축을 현명하게 선택하고 문제를 풀 때 사용할 축을 그림이나 자유물체도형에 그리는 것이 좋다.

보기 2.7 비행기에 작용하는 알짜힘

동쪽으로 날아가는 비행기에 중력이 16.0 kN (아래쪽) 작용하고, 양력이 16.0 kN (위쪽), 추진력이 1.8 kN (동쪽), 항력이 0.8 kN (서쪽) 작용한다(양력, 추진력, 항력은 공기가 비행기에 작용하는 세 힘이다). 비행기에 작용하는 알짜힘은 얼마인가?

전략 비행기에 작용하는 모든 힘이 문제에 주어져 있다. 비행기의 자유물체도형에서 이러한 힘을 그린 후, 알짜힘을 구하기 위해 힘을 더한다. 힘 벡터를 성분으로 분해하기 위해 각각 동쪽과 위쪽을 가리키는 x축과 y축을 선택한다. 그러면 네 개 힘이 모두 축 방향으로 정렬되므로 각 축 방향별로 부호를 가진 0이 아닌 성분이 하나씩 있다. 예를 들어 항력은 $-x$ 방향을 가리키므로 x 성분이 음수이고 y 성분은 0이다.

풀이 그림 2.20a는 양력 $\vec{L}$, 추진력 $\vec{T}$, 항력 $\vec{D}$를 포함하는 자유물체도형이다. 여기서 $\vec{W}$는 비행기에 작용하는 중력이다. 중력의 크기는 비행기의 무게 W이다.

힘의 x 성분의 합은

$$\sum F_x = L_x + T_x + W_x + D_x$$
$$= 0 + (1.8\,\text{kN}) + 0 + (-0.8\,\text{kN}) = 1.0\,\text{kN}$$

힘의 y 성분의 합은

$$\sum F_y = L_y + T_y + W_y + D_y$$
$$= (16\,\text{kN}) + 0 + (-16\,\text{kN}) + 0 = 0$$

이다. 알짜힘은 동쪽으로 1.0 kN이다.

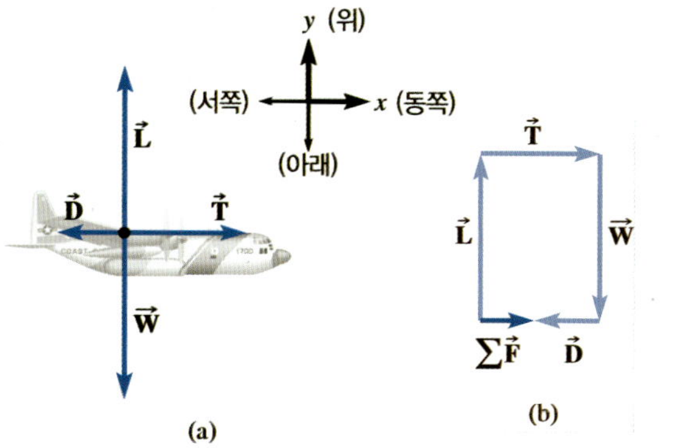

그림 2.20 (a) 비행기의 자유물체도형 (b) 그림을 이용한 네 벡터의 합으로 알짜힘 $\sum\vec{F}$를 구한다.

검토 벡터 덧셈을 그래프로 점검하는 것도 좋다. 그림 2.20b는 힘의 합이 실제로 $+x$ 방향(동쪽)임을 보여준다. 비행기의 알짜힘은 0이 아니므로 비행기의 속도는 일정하지 않다. 비행기의 속도가 어떻게 변하는지를 알기 위해서는 3장의 주제인 뉴턴의 제2법칙을 사용할 것이다. 뉴턴의 제2법칙은 물체의 알짜힘과 속도 벡터의 변화율 사이의 관계를 말해준다.

실전문제 2.7 비행기에 작용하는 새로운 힘

비행기에 중력이 16.0 kN (아래쪽), 양력이 15.5 kN (위쪽), 추진력이 1.2 kN (북쪽), 항력이 1.2 kN (남쪽)으로 작용할 때 비행기에 작용하는 알짜힘을 구하여라.

보기 2.8 서랍장 밀기

무게가 750 N인 서랍장을 마루 위에서 일정한 속도로 밀기 위해서는 수평으로 450 N의 힘으로 밀어야 한다(그림 2.21). 마루가 서랍장에 작용하는 접촉력을 구하여라.

그림 2.21 마루를 가로질러 서랍장 밀기

전략 서랍장이 일정한 속도로 움직이므로 평형상태에 있다. 따라서 이 서랍장에 작용하는 알짜힘은 0이다. 먼저 서랍장에 작용하는 힘을 확인한 다음, 자유물체도형을 그리고 x축과 y축을 선택하여 힘들을 x 성분과 y 성분으로 분해하고, $\sum F_x = 0$, $\sum F_y = 0$이라고 둘 것이다.

풀이 서랍장에 작용하는 힘은 세 가지이다. 중력 $\vec{W}$는 크기가 750 N이고 아래로 향한다. 미는 힘 $\vec{F}$는 크기가 450 N이고 수평으로 작용한다. 마루와의 접촉력 $\vec{C}$는 크기와 방향이 알려져 있지 않다. 그러나 서랍장이 평형상태에 있으므로 위 방향과 아래 방향의 힘의 성분은 균형이 맞아야 한다. 마찬가지로 수평 방향도 균형이 맞아야 한다. 따라서 $\vec{C}$는 대략 자유물체도형(그림 2.22a)에 보인 방향이 되어야 한다. 이는 세 힘을 그림으로 더하여 얻은 것으로 확인할 수 있다(그림 2.22b). 처음 벡터의 꼬리에 세 번째 벡터의 끝이 있기 때문에 합은 0이 된다. x축을 오른쪽으로 택하고 y축을 위로 택하면 세 힘 벡터 중 두 힘 벡터 $\vec{W}$와 $\vec{F}$의 한 성분은 0임을 의미한다. 곧

$$W_x = 0\text{이고}, \quad W_y = -750\text{ N}$$

$$F_x = 450\text{ N이고}, \quad F_y = 0\text{ N}$$

이다. 서랍장이 평형상태에 있기 때문에 알짜힘의 x 성분과 y 성분은 각각 0이다.

$$\sum F_x = W_x + F_x + C_x = 0 + 450\text{ N} + C_x = 0$$

$$\sum F_y = W_y + F_y + C_y = -750\text{ N} + 0 + C_y = 0$$

이들 방정식이 $\vec{C}$의 성분을 알려준다. 곧 $C_x = -450$ N, $C_y = +750$ N이다. 그러므로 접촉력의 크기는 그림 2.22c와 같다.

$$C = \sqrt{C_x^2 + C_y^2} = \sqrt{(-450\text{ N})^2 + (750\text{ N})^2} = 870\text{ N}$$

$$\theta = \tan^{-1}\frac{\text{대변}}{\text{접변}} = \tan^{-1}\frac{750\text{ N}}{450\text{ N}} = 59°$$

마루에 의한 접촉력은 870 N이며 왼쪽 수평선($-x$축) 위로 59° 방향이다.

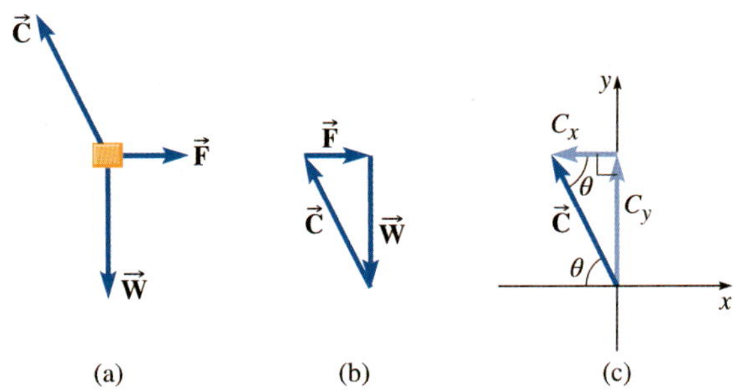

그림 2.22 (a) 서랍장의 자유물체도형 (b) 세 힘의 합이 0임을 보여주는 그림상의 기법 (c) 접촉력의 크기와 방향 구하기

검토 접촉력의 x 성분, y 성분과 크기, 방향 모두 그림을 이용한 덧셈과 비교해 보면 타당성 있게 보인다. 따라서 성분의 부호를 실수하지 않았음을 확신할 수 있다.
이 문제를 해결하기 위해 접촉력에 대해 자세히 알 필요는 없었다. 접촉력은 2.7절에서 더 자세하게 살펴볼 것이다.

실전문제 2.8 **정지한 서랍장**

보기에서와 같은 서랍장이 정지해 있다고 하자. 이 서랍장을 110 N의 힘으로 수평으로 밀었으나 서랍장은 조금도 움직이지 않았다. 밀고 있는 동안 마루가 서랍장에 작용한 접촉력은 얼마인가?

2.5 상호작용 쌍 : 뉴턴의 운동 제3법칙 Interaction Pairs: Newton's Third Law of Motion

2.1절에서 힘은 항상 쌍으로 존재한다는 것을 배웠다. 모든 힘은 두 물체 사이의 상호작용의 일부이다. 각 물체는 다른 물체에 힘을 작용한다. 이 두 힘을 **상호작용 쌍**interaction pair 이라 부르며 각 힘은 다른 힘의 **상호작용 짝**interaction partner이다. 여러분이 문을 열기 위하여 문을 밀면 문은 여러분을 민다. 두 자동차가 충돌하면 각 자동차는 상대 차에 힘을 작용한다. 상호작용 짝은 상호작용을 하고 있는 두 물체에서 상대 물체에 작용한다는 것을 주목하여라.

뉴턴의 운동 제3법칙 Newton's third law of motion은 상호작용 짝은 항상 크기가 같고 방향은 반대임을 설명한다.

뉴턴의 운동 제3법칙

두 물체 사이의 상호작용에서 각 물체는 상대 물체에 힘을 작용한다. 이들 두 힘은 크기가 같고 방향은 반대이다.

이를 식으로 표현하면

$$\vec{F}_{BA} = -\vec{F}_{AB} \tag{2-14}$$

이다. 식 (2–14)에서 $\vec{F}_{BA}$는 A가 B에, $\vec{F}_{AB}$는 B가 A에 작용하는 힘이다. 음수 부호는 힘이 반대 방향임을 나타낸다.

크기가 같고 방향이 반대인 힘이 작용한다고 해서 반드시 뉴턴의 제3법칙에 관련되는 것은 아니다. 크기가 같고 방향이 반대인 두 힘이 **한 물체**에 작용하는 상황을 여러 곳에서 만날 수 있다. 이들 두 힘은 한 물체에 작용하기 때문에 상호작용 짝일 수가 없다. 상호작용 짝은 서로 다른 물체에 작용한다. 상호작용 짝은 서로 다른 물체, 곧 상호작용하는 두 물체 각각에 하나씩 작용한다. 또한 상호작용 짝은 항상 같은 유형의 힘(두 힘이 다 중력이거나, 자기력이거나, 마찰이거나)이어야 한다.

힘을 분석할 때 뉴턴의 제3법칙을 자주 사용한다. 예를 들어, 개념형 보기 2.13에서 말이 썰매를 끌 때 작용하는 힘을 분석하기 위해 뉴턴의 제3법칙을 사용한다.

개념형 보기 2.9 **궤도 위성**

지구를 선회하는 통신 위성에 중력이 작용한다. 이 힘의 상호작용 짝은 무엇인가?

전략 이 문제는 지구와 위성 두 물체 사이에 작용하는 중력 상호작용에 관한 것이다. 이 상호작용에서 각각의 물체는 상대 물체에 중력을 작용한다.

풀이 상호작용 짝은 위성이 지구에 작용하는 중력이다.

검토 실제로 위성은 지구가 위성에 작용하는 힘과 같은 크기의 힘을 지구에 작용하는가? 만약 그렇다면 왜 지구가 위성 궤도를 선회하는 것이 아니라 위성이 지구 궤도를 선회하는 것인가? 뉴턴의 제3법칙에서 상호작용 짝이 같은 크기의 힘을 가진다고 해서 두 힘이 같은 효과를 내는 것은 아니다. 3장에서 물체에 작용하는 알짜 힘의 효과는 물체의 질량에 달려 있음을 보일 것이다. 상호작용 짝의 두 힘이 크기는 같지만 다른 효과를 내는 것은 지구와 위성의 질량이 크게 차이 나기 때문이다. 반면 무거운 행성이 상대적으로 작은 궤도로 항성 주위를 회전하면 행성이 항성에 작용하는 중력에 의해 항성의 떨림을 관측할 수 있게 한다. 천문학자는 이와 같은 항성 떨림을 관측하여 태양 외의 항성 주위를 도는 행성을 발견할 수 있다. 행성은 지구에서 보일 만큼 충분한 빛을 반사하지 못하지만 항성 떨림 효과를 일으켜 그 존재를 추론할 수 있게 한다.

실전문제 2.9 **표면 접촉력의 상호작용 짝**

보기 2.8에서 마루가 물체에 870 N 의 힘을 왼쪽 위 59° 방향($-x$축)으로 작용했다. 이 힘의 상호작용 짝을 설명해라. 다시 말하면 어떤 물체가 상대 물체에 힘을 작용하는가? 이 상호작용 짝의 크기와 방향은 어떠한가?

그림 2.23 두 어린이가 장난감을 두고 싸우고 있다.

살펴보기 2.5 그림 2.23에서 두 어린이가 장난감을 당기고 있다. 장난감에 크기가 같고 방향이 반대인 힘이 작용한다면 이 두 힘은 상호작용 짝인가? 그 이유를 설명하여라.

혼자서 해 보기 수영을 할 때, 물이 여러분을 앞으로 미는 데 뉴턴의 제3법칙이 사용된다는 것에 주목하여라. 팔과 다리를 사용해 물을 아래쪽과 뒤쪽으로 밀면 물은 여러분을 위쪽과 앞으로 밀게 된다. 수영법에는 힘을 가하는 동작에서는 가능한 한 큰 힘을 뒤로 작용하여 물을 뒤로 보내고, 되돌려 오는 동작에서는 가능한 한 작은 힘이 앞으로 작용하도록 다양한 동작이 고안되어 있다. 걸을 때나, 스케이트나 스키를 탈 때도 이와 유사한 효과가 난다. 개념형 보기 2.13에서 이 힘을 더 자세히 살펴볼 수 있다.

외력과 내력

축구공이 지구(중력), 선수의 발, 공기와 상호작용 한다고 말할 때 우리는 공을 하나의 물체로 취급한다. 그러나 이 공은 엄청나게 많은 수의 양성자, 중성자, 전자로 구성되어 있으며 이들 모두는 상호작용 하고 있다. 양성자와 중성자는 서로 상호작용 하여 원자핵을 형성한다. 핵은 전자와 상호작용 하여 원자를 형성하고, 원자 사이의 상호작용은 분자를 형성한다. 분자들이 상호작용 하여 우리가 축구공이라고 부르는 것의 구조를 형성한다. 축구공의 운동을 예측하기 위해 이러한 모든 상호작용을 다루는 것은 어려울 것이다.

계의 정의 축구공을 구성하는 입자 집합을 **계**system라고 한다. 계를 정의하고 나면 계에 영향을 주는 모든 상호작용을 계의 **내부**internal 또는 **외부**external로 분류할 수 있다. 내부 상호작용의 경우, 상호작용 하는 물체는 둘 다 계의 일부이다. 알짜힘을 찾기 위해 계에 작용하는 모든 힘을 합하면 모든 내부 상호작용은 상호작용 쌍인 두 개의 힘을 주어 이들의 합은 항상 0이다. 외부 상호작용의 경우, 상호작용 짝 둘 중 하나만 계에 적용된다. 다른 짝은 계 외부의 물체에 가해지며 계의 알짜힘에는 기여하지 않는다. 따라서 계에 작용하는 알짜힘을 구하려면 모든 내력(내부 힘)을 무시하고 외력을 더하면 된다.

내력의 합이 항상 0이 된다는 통찰은 계를 구성하는 것을 마음대로 선택할 수 있다는 점에서 매우 강력한 힘을 갖는다. 임의의 물체의 집합을 선택하고 계로 정의할 수 있다. 어떤 문제에서는 축구공을 계로 생각하는 것이 편리할 수 있다. 다른 문제에서는 축구공과 선수의 발로 구성된 계를 선택할 수도 있다. 후자의 선택은 발과 공 사이의 상호작용에 대한 자세한 정보가 없는 경우에 유용할 수 있다.

2.6 중력
Gravitational Forces

힘을 더하는 방법을 배웠으니, 이제 중력부터 시작하여 몇 가지 힘을 좀 더 자세히 공부해 보자. **뉴턴의 만유인력 법칙**Newton's law of universal gravitation에 따르면 어떠한 물체이건 두 물체는 자신의 질량(m_1, m_2)의 곱에 비례하고 중심 사이의 거리(r)의 제곱에 반비례하는 중력을 서로에게 작용한다. 엄밀히 말하면 중력의 법칙은 구 대칭인 물체나 질점들에만 적용되지만(질점은 물체의 크기가 무시할 수 있을 정도로 작고 내부 구조에 별 의미가 없을 때 사용하는 물리학에서의 매우 일반적인 모형이다), 그럼에도 불구하고 중력의 법칙은 중심 사이의 거리가 물체의 크기보다 훨씬 클 때에는 어떠한 두 물체에서나 매우 훌륭하게 잘 맞는다.

중력의 크기를 수식으로 쓰면 다음과 같다.

중력의 크기

$$F = \frac{G m_1 m_2}{r^2} \tag{2-15}$$

여기에서 비례상수 $G = 6.674 \times 10^{-11}\ \mathrm{N \cdot m^2/kg^2}$는 **만유인력 상수**universal gravitational constant라 불린다. 식 (2-15)는 사실 만유인력 법칙의 일부라고 할 수 있는데 그 이유는 두 물체가 서로에게 작용하는 중력의 크기만을 나타내기 때문이다. 그러나 방향도 마찬가지로 중요하다. 각 물체는 다른 물체의 중심으로 끌린다(그림 2.24). 달리 말하면 중력은 인력이다. 일반적으로 두 물체가 상대 물체에 작용하는 힘은 서로의 상호작용 짝이 되어야 하기 때문에 두 물체 사이에 작용하는 중력은 크기는 같고 방향은 반대여야 한다.

보통의 물체들이 서로 작용하는 중력은 너무 작기 때문에 대부분의 경우에는 무시한다(실전문제 2.10). 그렇지만 지구는 질량이 크기 때문에 지구가 물체에 미치는 중력은 매우 크다.

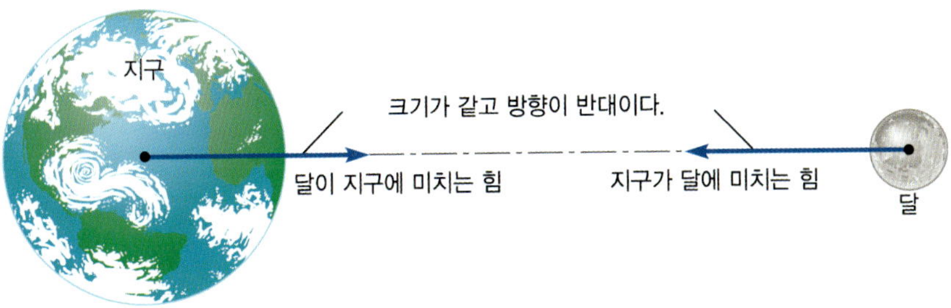

그림 2.24 중력은 항상 인력이다. 질량의 차이가 매우 크다고 하더라도 각 물체가 상대 물체에 작용하는 힘은 같다. 지구가 달에 작용하는 중력은 달이 지구에 작용하는 중력과 크기가 같다. 방향은 반대이다.

보기 2.10 높은 고도에서의 무게

여객기를 타고 6.4 km 상공에 있을 때의 몸무게는 지상에 있을 때와 비교해서 몇 %나 변하는가?

전략 사람의 몸무게는 지구가 그 사람에게 작용하는 중력이다. 뉴턴의 만유인력 법칙은 지구의 중심으로부터 거리가 r인 곳의 지구 중력의 크기를 알려준다. 지상에서의 몸무게 W_1은 지구 중심에서 사람까지의 거리를 지구 평균 반지름 $r_1 = R_E = 6.37\times10^6$ m를 사용하여 계산할 수 있다(그림 2.25). 지표로부터 고도가 $h = 6.4\times10^3$ m인 곳에서 몸무게는 W_2이고 지구 중심으로부터의 거리는 $r_2 = R_E + h$이다. 사람의 질량은 m, 지구의 질량은 $M_E = 5.97\times10^{24}$ kg이고 G는 두 경우 모두 같다. 그러므로 무게의 비를 사용하여 이 인자를 약분하는 것이 효율적이다.

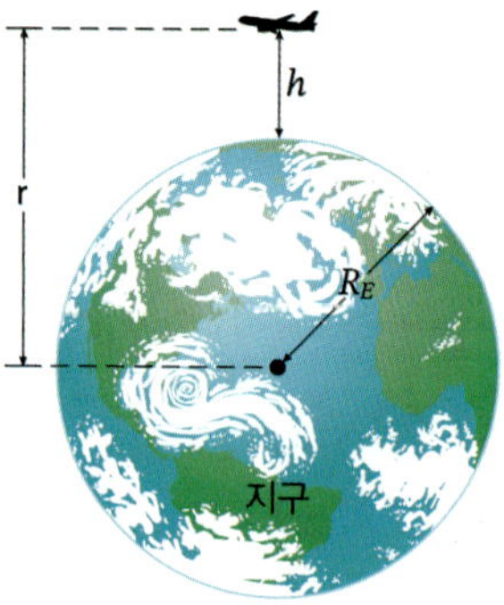

그림 2.25 중력은 지구의 중심에서부터의 거리 r에 따라서 변한다. 고도 h에서는 $r = R_E + h$이다.

풀이 지상과 기내에서의 몸무게의 비는 다음과 같다.

$$\frac{W_2}{W_1} = \frac{\dfrac{G\cancel{M_E m}}{r_2^2}}{\dfrac{G\cancel{M_E m}}{r_1^2}} = \frac{r_1^2}{r_2^2} = \frac{R_E^2}{(R_E + h)^2}$$

$$= \left(\frac{6.37\times10^6\ \text{m}}{6.37\times10^6\ \text{m} + 6.4\times10^3\ \text{m}}\right) = 0.998$$

$0.998 = 1 - 0.002$이고, $0.002 = 0.2/100$이므로 몸무게는 약 0.2 % 줄어든다.

검토 고도 6400 m는 우리가 볼 때는 매우 높지만 지구 반지름에 비해서는 0.10% 정도로 미미하므로 몸무게 변화는 작다. 어떤 양을 '크다' 또는 '작다'라고 판단할 때 항상 '무엇에 비해' 작거나 큰 것인지 물어보아야 한다.

실전문제 2.10 기발한 변명

자동차가 충돌한 후에, 한 운전사가 차들 간의 중력이 충돌을 일으켰다고 주장하였다. 두 자동차가 서로 평행한 바로 옆 차선에서 나란히 운전하고 있을 때 이들 사이의 중력 크기를 추산해 보고 운전사의 주장이 적절한지 의견을 제시해 보라.

중력장의 세기

지표 근처에 있는 물체는 지구 중심에서 물체까지의 거리가 지구의 평균 반지름 $R_E = 6.37\times10^6$ m와 거의 같다. 지구의 질량은 $M_E = 5.97\times10^{24}$ kg이고, 지표에서 질량이 m인 물체의 무게는 다음과 같이 계산할 수 있다.

$$W = \frac{GM_E\, m}{R_E^2} = m\left(\frac{GM_E}{R_E^2}\right) \tag{2-16}$$

지표 근처의 물체에 대해서는 괄호 안이 상수로 항상 같으며, 물체의 무게는 물체의 질량에 비례한다. 상수들의 조합을 몇 번이고 되풀이해 다시 계산하기 보다는 이 조합을 지표 근처의 **중력장의 세기** gravitational field strength g라고 부른다.

> **연결고리** 3장에서는 $1\ \mathrm{N/kg} = 1\mathrm{m/s^2}$ 임을 보여준다. 하지만 g가 무게(뉴턴 단위)와 질량(킬로그램 단위)과 관련 있다는 것을 강조하기 위해 당분간 g의 단위를 N/kg으로 쓴다.

$$g = \frac{GM_E}{R_E^2} = \frac{6.674\times10^{-11}\mathrm{N\cdot m^2\cdot kg^{-2}}\times(5.97\times10^{24}\ \mathrm{kg})}{(6.37\times10^6\ \mathrm{m})^2} \tag{2-17}$$

$$\approx 9.8\ \mathrm{N/kg}$$

단위 N/kg은 무게가 질량에 비례한다는 결론을 강조한다. 곧 g는 물체의 kg당 질량에 몇 N의 중력이 작용하는지를 말해 준다. 지표 근처에서 1.0 kg 물체의 무게는 9.8 N이다. g를 사용하면 지표 근처에서 질량 m인 물체의 무게를 일반적으로 다음과 같이 쓸 수 있다.

질량과 무게의 관계

$$W = mg \tag{2-18}$$

벡터 형태로 쓰면 다음과 같다.

$$\vec{\mathrm{W}} = m\vec{\mathbf{g}} \tag{2-19}$$

식 (2–19)에서 $\vec{\mathrm{W}}$는 중력을 나타내고 $\vec{\mathbf{g}}$는 중력장이라 부른다. 두 방향은 모두 아래를 향한다. 이탤릭체로 쓴 g는 벡터의 크기이므로 결코 음수가 될 수 없다.

지구의 중력장 변화 지구는 완전한 구가 아니다. 극지방이 약간 납작하다. 극지방의 지표에서 지구 중심까지의 거리가 조금 짧기 때문에 해수면에서의 장의 크기는 극지방에서 가장 크고(9.832 N/kg), 적도 지방에서 가장 작다(9.814 N/kg). 고도도 장의 크기에 영향을 준다. 해발 고도가 높아지면 지구 중심에서 거리는 점점 증가하고 장의 세기는 감소한다. 지층에 따라서도 장의 세기는 약간 변한다. 고밀도의 기반암 위에서는 밀도가 작은 암석 위에서보다 g가 약간 크다. 지질학자와 지구물리학자들은 지구의 구조를 연구하고 광물, 지하수, 석유 등의 매장 위치를 파악하기 위해 중력장 변화를 측정한다. 그들이 사용하는 장치인 **중력계** gravimeter는 용수철에 매달린 추로 되어 있다. 중력계의 위치를 변화시키면 g가 큰 곳에서는 많이 늘어나고 작은 곳에서는 적게 늘어난다. 용수철에 매달린 추의 질량은 변하지 않지만 무게($W = mg$)는 변한다.

그 외에도 지표에 고정된 좌표계에서 측정한 g의 실효값은 지구의 자전에 의하여 참값보다 약간 작다. 이 효과는 적도에서 가장 크다. 이곳에서 g의 실효값은 9.784 N/kg으로 실제보다 약간 0.3 % 정도 작다. 이 효과는 위도가 높아짐에 따라 조금씩 줄어들다가 극에서는 0이 된다. 5장에서 이 효과에 대해 더 배울 것이다.

이러한 사실로부터 기억해야 할 중요한 점은 G와는 달리 g는 보편상수가 아니라는 것이다. g는 위치의 함수이다. 지표 근처에서는 이 변화가 매우 작기 때문에 평균값을 기본값으로 택하고 있다.

지표 근처에서의 g의 평균값

$$g = 9.80 \text{ N/kg} \tag{2-20}$$

문제에서 다른 값을 언급하지 않는 한, 지표 근처에서는 이 값을 사용하여라.

보기 2.11 kg 단위로 과일 '무게' 재기

대부분의 나라에서 과일을 사고 팔 때 뉴턴(N)이나 파운드(lb)와 같은 무게의 단위로 팔지 않고 kg이나 g 등의 질량 단위로 판매한다. 이때 사용하는 저울은 힘을 측정하고 있지만 눈금은 무게가 아니라 질량을 가리키도록 환산되어 있다. 350 g의 신선한 무화과를 샀다면 그 무게는 뉴턴과 파운드 단위로 얼마인가?

전략 무게는 질량에 중력장의 세기를 곱한 것으로 $g = 9.80$ N/kg이다. 뉴턴(N) 단위의 무게는 변환 인자 1 N = 0.2248 lb를 사용하여 파운드 단위로 변환할 수 있다.

풀이 무화과의 무게를 N 단위로 계산하면

$$W = mg = 0.35 \text{ kg} \times 9.80 \text{ N/kg} = 3.43 \text{ N}$$

이다. 파운드 단위로 바꾸면

$$W = 3.43 \text{ N} \times 0.2248 \text{ lb/N} = 0.771 \text{ lb}$$

이다. 무화과의 무게는 3.4 N 또는 0.771 lb이다.

검토 이것이 $g = 9.80$ N/kg인 곳에서 무화과의 무게이다. g가 약간 큰 북쪽에 있는 러시아의 도시라면 무화과는 약간 더 무겁고, g가 약간 작은 적도 근방의 도시에서는 약간 더 가볍다.

실전문제 2.11 **달에서의 과일 무게**

중력장의 세기가 $g = 1.62$ N/kg인 달 표면으로 가면 무화과의 무게는 얼마인가?

식 (2–18)는 어떤 행성이나 달의 표면에서 물체의 무게를 구하는 데 사용할 수 있다. 그러나 g는 행성이나 달의 질량 M이 다르고 행성 중심에서의 거리 r이 다르기 때문에 지구 표면에서와는 다른 값을 갖는다.

$$g = \frac{GM}{r^2} \tag{2-21}$$

예를 들면 식 (2–21)에 화성의 질량과 반지름을 대입하면 화성에서의 $g = 3.7\ \text{N/kg}$이 된다.

살펴보기 2.6 알래스카에 있는 매킨리 산 정상에 올라갔다면 가지고 간 등산장비의 무게는 어떻게 되겠는가? 또 질량은 어떻게 되는가?

2.7 접촉력 Contact Forces

우리는 이미 접촉하고 있는 두 고체 물체 사이에 작용하는 힘과 관련된 문제를 다루었다. 이제 그 힘들을 더 자세히 살펴보자. 보기 2.8에서는 미끄러져 가는 서랍장에 작용하는 접촉력을 접촉면에 평행한 성분과 수직인 성분으로 분해했다. 때로는 이들 두 성분을 접촉력과 관계가 있는 **마찰력**과 **수직항력** 2개로 분리하여 생각하는 것이 편리하다.

연결고리 **수직항력**과 **마찰력**은 표면의 접촉력을 두 개의 수직한 성분으로 나누어 이름을 붙인 것이다.

수직항력

접촉하고 있는 두 물체가 서로 다른 물체의 접촉면을 뚫고 지나가는 것을 방지하는, 접촉면에 수직인 힘을 **수직항력** normal force이라고 부른다(기하학에서 'normal'은 법선을 가리킨다). 수평면에 책이 놓여 있다고 생각해 보자. 책상이 책에 가하는 힘은 책이 책상을 뚫고 지나가지 못하도록 꼭 맞는 크기를 가져야 한다. 만일 다른 힘이 없다면 책이 평형상태에 있기 때문에 수직항력은 책의 무게와 크기가 같다(그림 2.26a).

뉴턴의 제3법칙에 따르면 접촉해 있는 두 물체는 크기는 같고 방향이 반대인 수직항력을 서로를 밀어내는 방향으로 작용한다. 따라서 책도 책상을 아래로 미는 수직항력을 작용하고 있다. 일상생활에서는 '책상이 책의 무게를 느낀다'고 표현할 수는 있지만 물리학적으로 정확한 서술이 아니다. 책상은 책에 작용한 중력을 느끼지 못하고 **책상에 작용하는 힘만** 느끼는 것이다. 책상이 '느끼는' 것은 책이 책상에 작용하는 접촉력인 수직항력이다.

만일 책상이 수평이라면 책에 작용하는 수직항력은 연직 방향이며 크기는 책의 무게와 같다. 책상이 수평이 아니라면 수직항력은 연직 방향이 아니고 크기도 책의 무게와 다르다. **수직항력은 접촉면에 수직인 힘**이라는 것을 꼭 기억해 두어라(그림 2.26b). 책상이 수평이라 하더라도 책에 작용하는 다른 힘이 있다면 수직항력은 책의 무게와 같지 않다(그림 2.26c). 수직항력의 크기를 섣부르게 가정해서는 안 된다. 일반적으로 다양한 상황에서 수직항력의 크기는 다른 힘에 관한 충분한 정보를 확보했을 때 구할 수 있다.

그림 2.26 (a) 수직항력은 책의 무게와 크기가 같다. 따라서 두 힘의 합은 0이다. (b) 경사면 위에서는 수직항력이 책의 무게보다 작고 연직방향이 아니다. (c) 만일 책을 힘 $\vec{F}$로 누르면 책상이 책에 작용하는 수직항력은 책의 무게보다 커진다.

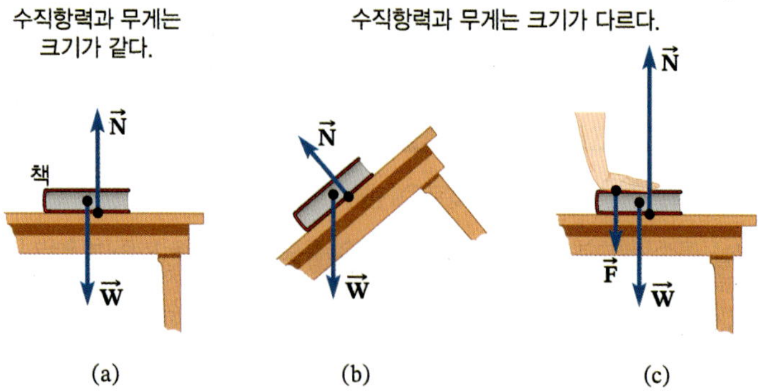

수직항력의 기원 책상이 얼마나 세게 책을 밀어야 하는지 어떻게 알 수 있을까? 책을 책상이 아닌 체중계 위에 올려놓았다고 생각해 보자. 저울 안에 있는 용수철이 위쪽 방향으로 힘을 작용한다. 용수철이 압축된 만큼 용수철이 물체에 작용하는 힘은 증가하기 때문에 용수철은 얼마나 세게 밀어야 하는지 '안다'. 책이 평형상태에 이르면 용수철은 꼭 맞는 크기의 힘을 작용해야 하므로 용수철을 더 이상 압축시키려 하지 않는다. 용수철은 책의 무게와 같은 크기의 힘으로 위로 밀 때까지 압축된다. 용수철이 강하다면 적게 압축되고도 같은 크기의 힘을 위쪽 방향으로 작용할 수 있다.

책상과 같은 강체(단단한 물체) 속에서 원자들을 서로 묶어주는 힘은 일반적으로 인식할 수 없을 정도로 적게 압축되고도 큰 힘을 발휘할 수 있는 아주 강한 용수철처럼 작용한다. 책은 책상 표면을 미세하게 함몰시킨다(그림 2.27). 무거운 책을 올려놓으면 함몰 정도는 더 심해질 것이다. 만일 책을 무른 스펀지 위에 놓았다면 함몰은 더욱 심해진다.

그림 2.27 책상 속의 '원자 용수철'이 책을 들어서 그 자리에 있게 될 때까지 용수철을 압축시킨다. 원자들 사이의 아주 작은 거리의 감소를 크게 과장하여 그렸다.

살펴보기 2.7 네 다리로 마루에 서 있는 책상 위에 노트북 컴퓨터가 놓여 있다. 책상에 작용하는 수직항력을 밝히고 그들이 어느 곳을 향하는지 방향도 설명하여라.

마찰력

접촉면에 평행하게 작용하는 접촉력을 **마찰력** friction이라 부른다. 마찰은 **정지마찰** static friction과 **운동마찰** kinetic friction로 구분한다. 운동마찰은 **미끄럼마찰** sliding friction이라고도 부른다. 기와장이 지붕에서 미끄러지는 것처럼, 두 물체가 서로 다른 물체에 접촉하여 미끄러질 때의 마찰이 운동마찰이다. 언덕에 주차된 차의 타이어와 노면처럼, 미끄러지지 않을 때의 마찰을 정지마찰이라 한다. 정지마찰은 물체가 미끄러지기 시작하는 것을 방해한다. 운동마찰은 미끄러지고 있는 물체가 미끄러지지 못하도록 작용한다. 서로 접촉한 채로 같은 속도로 운동하고 있는 두 물체는 두 물체 사이에 상대운동이 일어나지 않기 때문에 서로에게 정지마찰력을 작용한다. 예를 들면 비행기에 화물을 실을 때 컨베이어벨트에 실려 가고 있는 짐은 컨베이어벨트와 같은 속도로 움직이며 정지마찰력이 작용한다.

정지마찰 미시적인 관점에서 보면 마찰력은 매우 복잡하며 최근에도 활발히 연구되고 있는 분야이다. 이러한 복잡함에도 불구하고 건조한 고체 표면 사이의 마찰력을 근사적으로 표현할 수 있다. 간단한 모형으로 특정 상황에서 일어날 수 있는 가장 큰 정지마찰력 $f_{s,\text{최대}}$는 두 물체면 사이에 작용하는 수직항력 N에 비례한다. 곧

$$f_{s,\text{최대}} \propto N \tag{2-22}$$

이다. 만일 후륜 구동 차의 타이어와 노면 사이의 마찰력을 높이고 싶으면 뒤 트렁크에 무거운 물건을 넣어서 노면과 타이어 사이의 수직항력을 크게 하는 것이 도움이 된다.

비례상수를 **정지마찰계수**coefficients of static friction(μ_s)라 부른다.

최대정지마찰력

$$f_{s,\text{최대}} = \mu_s N \tag{2-23}$$

$f_{s,\text{최대}}$와 N은 둘 다 힘의 크기이므로 μ_s는 차원이 없는 숫자이다. 이 값은 표면의 성질과 조건에 따라 변한다. 식 (2-23)은 특별한 상황에서 정지마찰력의 상한값을 제공하고 있을 뿐이다. 주어진 상황에서 실제의 마찰력이 가능한 값 중에서 반드시 최대여야 할 필요는 없다. 이 식은 미끄러지지 않는다면 정지마찰력의 크기가 상한값과 같거나 상한값보다 작다는 것을 말해 줄 뿐이다.

$$f_s \le \mu_s N \tag{2-24}$$

운동마찰 운동마찰, 곧 미끄럼마찰에 대해서는 마찰력이 속력에 일부 관계되며 대략 수직항력에 비례한다. 단순한 모형으로 운동마찰력이 수직항력에만 비례하고 속력에는 무관하다고 가정하면 운동마찰력은 다음과 같다.

운동마찰력

$$f_k = \mu_k N \tag{2-25}$$

f_k는 운동 마찰력의 크기이고 μ_k는 **운동마찰계수**coefficient of kinetic friction이다. 주어진 표면에서 물체에 대한 정지마찰계수는 항상 운동마찰계수보다 크다. 수평면상에서 물체가 일정한 속도로 운동하는 데 필요한 힘보다 물체를 출발시키는 데 필요한 힘이 더 크다.

마찰력의 방향 식 (2-23)부터 (2-25)는 모두 물체에 작용하는 마찰력과 수직항력의 크기에만 관계된다. 마찰력은 같은 두 표면 사이의 수직항력에 수직하다는 것을 기억해 두어라. 마찰력은 항상 접촉면에 평행하지만 주어진 접촉면에 평행한 방향은 수없이 많다. 여기에 마찰력의 방향을 정하는 규칙을 소개한다.

- 정지마찰력은 어떤 방향으로든지 물체가 미끄러지려고 하는 것을 방해하는 방향으로 작용한다.
- 운동마찰력은 미끄러지는 운동을 정지시키는 방향으로 작용한다. 만일 책이 표면을 따라 왼쪽으로 밀리면 책상은 책의 운동을 방해하는 오른쪽으로 운동마찰력을 책에 작용한다.
- 뉴턴의 제3법칙으로부터 마찰력은 상호작용 짝으로 나타난다. 책상이 오른쪽으로 미끄러지는 책에 마찰력을 작용하면 책은 책상에 왼쪽으로 같은 크기의 마찰력을 작용한다.

보기 2.12 미끄러지는 서랍장의 운동마찰계수

보기 2.8은 450 N의 수평 힘으로 무게 750 N인 서랍장을 밀어 일정한 속력으로 오른쪽으로 미끄러지는 것과 관련된 문제였다. 여기에서 마루가 서랍장에 작용하는 접촉력의 성분이 $C_x = -450\ \text{N}$, $C_y = +750\ \text{N}$임을 구했다. 이때 x축은 오른쪽을 가리키고 y축은 위쪽을 가리킨다(그림 2.22). 서랍장과 마루면 사이의 운동마찰계수는 얼마인가?

전략 마찰계수를 구하기 위해서 수직항력과 마찰력이 얼마인지를 알아야 한다. 이 힘은 접촉면에 수직인 성분과 평행한 성분이다. 표면이 수평(x 방향)이므로 접촉력의 x 성분은 마찰력이고 y 성분은 수직항력이다.

풀이 운동마찰력에 의한 힘의 크기는 $f_\text{k} = |C_x| = 450\ \text{N}$이다. 수직항력의 크기는 $N = |C_y| = 750\ \text{N}$이다. $f_\text{k} = \mu_\text{k} N$으로부터 운동마찰계수를 구할 수 있다. 곧

$$\mu_\text{k} = \frac{f_\text{k}}{N} = \frac{450\ \text{N}}{750\ \text{N}} = 0.60$$

이다.

검토 $f_\text{k} = C_x = -450\ \text{N}$이라고 썼다면 마찰계수는 음의 값을 얻었을 것이다. 마찰계수는 두 힘의 크기 사이의 관계이므로 음수가 될 수 없다.

실전문제 2.12 정지한 서랍장

같은 서랍장이 정지해 있다고 가정해 보자. 서랍장을 110 N으로 오른쪽으로 밀어도 서랍장은 움직이지 않는다. 서랍장을 미는 동안 마루가 서랍장에 작용하는 수직항력과 마찰력은 얼마인가? 이 질문에 답을 하기 위해 정지마찰계수를 알지 못해도 되는 이유를 설명하여라.

개념형 보기 2.13 말과 썰매 그리고 뉴턴의 제3법칙

말이 지평면에서 일정한 속도로 오른쪽으로 썰매를 끌고 있다(그림 2.28). 말은 썰매에 수평 방향으로 힘 $\vec{F}_{sh}$를 작용한다. 첨사는 말이 썰매에 작용하는 힘을 나타낸다. (a) 세 개의 자유물체도형, 곧 말의 자유물체도형과 썰매의 자유물체도형, 말과 썰매로 구성된 계의 자유물체도형을 그려라. (b) 썰매에 작용하는 각 힘의 상호작용 짝을 알아보아라.

그림 2.28 일정한 속도로 썰매를 끌고 있는 말

전략 (a) 각 자유물체도형에 물체 또는 그 계에 작용하는 외력만 포함시킨다. 썰매와 말은 등속도로 움직이므로 알짜힘이 0이 되도록 그린다. (b) X가 썰매에 작용하는 힘의 상호작용 짝은 썰매가 X에 작용하는 힘이어야 한다.

풀이 및 검토 (a) 수직항력과 마찰력을 분리해서 생각하면 썰매에 4개의 힘이 작용한다.

- $\vec{F}_{sh}$: 말이 썰매를 당기는 힘
- $\vec{F}_{sE}$: 지구의 중력(썰매의 무게)
- $\vec{N}_{sg}$: 지면의 수직항력
- $\vec{f}_{sg}$: 지면과의 운동(미끄럼)마찰력

$\vec{F}_{sh}$는 오른쪽, 중력은 아래쪽, 수직항력은 접촉표면에 수직으로 밀어내는 방향(위쪽) 그리고 마찰력은 미끄러지는 방향의 반대(왼쪽)로 표면에 평행하다. 알짜힘이 0이므로 $F_{sh} = f_{sg}$, $N_{sg} = F_{sE}$ 이다. 그림 2.29는 썰매의 자유물체도형이다.

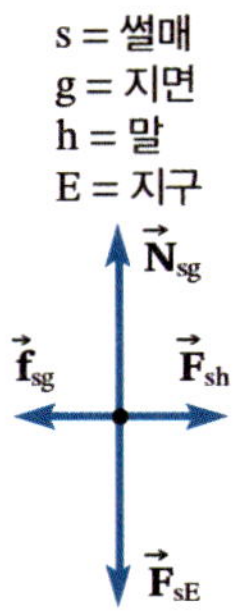

그림 2.29 썰매의 자유물체도형이며 아래 첨자는 물체와 관련된 상호작용을 나타낸다. 예를 들어 $\vec{F}_{sh}$는 말이 썰매에 작용하는 힘이다. 썰매의 자유물체도형이므로 썰매에 작용하는 힘만 포함하기에 첫 번째 첨자는 항상 's'이다.

말에 작용하는 4개의 힘도 이와 유사하다.

- $\vec{F}_{hs}$: 썰매가 말을 당기는 힘
- $\vec{F}_{hE}$: 지구의 중력(말의 무게)
- $\vec{N}_{hg}$: 지면의 수직항력
- $\vec{f}_{hg}$: 지면과의 마찰력

$\vec{F}_{hs}$와 $\vec{F}_{sh}$는 상호작용 짝이므로 크기는 같고 방향이 반대이다. 말에 작용하는 알짜힘이 0이므로 4개의 힘의 합은 0이어야 한다. 그림 2.30은 말의 자유물체도형이다. $\vec{F}_{hs}$는 왼쪽이므로 $\vec{f}_{hg}$는 오른쪽이어야 한다. 여기에서 마찰이 운동의 반대 방향이라고 생각하면 안 된다. 말발굽은 지면에서 미끄러지는 것이 아니기 때문에 $\vec{f}_{hg}$는 정지마찰력이다. 말에 작용하는 마찰력은 말발굽이 뒤로 미끄러져 왼쪽으로 가는 것을 막아주고 있다. 마찰이 없다면 말발굽은 뒤로 미끄러지게 된다. 마찰이 없어 지면이 너무나 미끄러울 때 어떤 일이 발생하는지 상상해 보라. 따라서 $\vec{f}_{hg}$의 방향은 오른쪽이다.

말 + 썰매로 구성된 자유물체도형에서는 계에 작용하

는 외력만 그린다. 이 계에서 말과 썰매가 서로에게 작용하는 힘은 내력이므로 자유물체도형에서 제외한다(하나의 내력은 항상 상호작용 짝을 가지며 그 짝 또한 그 계의 내력이다. 이 상호작용 짝의 합은 항상 0이다). 나머지 6개의 힘은 말이나 썰매에 작용하는 외력이므로 자유물체도형에 나타내야 한다(그림 2.31).

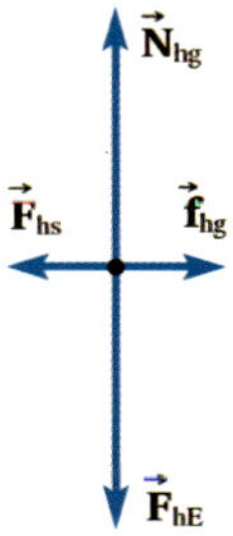

그림 2.30 말의 자유물체도형. 그림 2.29에서 썰매가 말에 가하는 힘 $\vec{F}_{hs}$는 말이 썰매에 가하는 힘 $\vec{F}_{sh}$의 상호작용 짝이다. 따라서 $\vec{F}_{hs} = -\vec{F}_{sh}$이다.

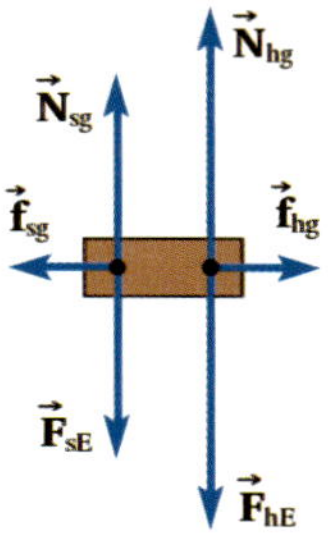

그림 2.31 말과 썰매로 구성된 계의 자유물체도형. $\vec{F}_{hs}$와 $\vec{F}_{sh}$는 내부의 상호작용 쌍이라 그들의 합은 항상 0이기 때문에 생략하였다.

(b)

수레에 작용한 힘	상호작용 짝
• 말이 썰매에 작용하는 힘 $\vec{F}_{sh}$	• 썰매가 말에 작용하는 힘 $\vec{F}_{hs}$
• 지구가 썰매에 작용하는 중력 $\vec{F}_{sE}$	• 썰매가 지구에 작용하는 중력 $\vec{F}_{Es}$
• 지면이 썰매에 작용하는 수직항력 $\vec{N}_{sg}$	• 썰매가 지면에 작용하는 수직항력 $\vec{N}_{gs}$
• 지면이 썰매에 작용하는 마찰력 $\vec{f}_{sg}$	• 썰매가 지면에 작용하는 마찰력 $\vec{f}_{gs}$

실전문제 2.13 **트럭 통과하기**

평평한 도로에서 승용차가 북쪽으로 달리면서 트럭을 앞지르기 위해 속력을 내고 있다. 4개의 바퀴가 도로에 작용하는 접촉력의 합은 연직 아래로 11.0 kN, 수평 성분이 남쪽으로 3.3 kN이다. 공기의 저항력은 남쪽으로 1.2 kN이다. (a) 승용차의 자유물체도형을 그려라. (b) 승용차의 무게는 얼마인가? (c) 승용차에 작용하는 알짜힘은 얼마인가?

그림 2.32 마찰은 서로 접촉하고 있는 두 표면의 '솟은 점' 사이에 형성되는 원자의 결합에 기인한다.

마찰력의 미시적 근원 맨눈으로 보기에 매끈하게 보이는 고체 표면을 미시적인 규모로 보면 매우 거칠다(그림 2.32). 마찰은 두 물체의 표면에서 '솟은 점들' 사이의 원자결합이나 분자결합에 기인한다. 이들 결합은 원자나 분자들을 함께 묶어주는 미세 전자기력에 의하여 이루어진다. 만일 두 물체를 보다 세게 밀어주면 더 많은 '솟은 점들'이 결합하게 된다. 이것이 최대 정지마찰력이나 운동마찰력이 수직항력에 비례하는 이유이다. 소량의 윤활유가 마찰력을 감소시키는 것은 '솟은 점들'의 대부분이 접촉하지 않고 떠서 서로를 지나치기 때문이다.

정지마찰에서 분자결합이 길어지면 분자는 서로를 더 세게 잡아당긴다. 미끄러지기 위해서는 결합이 끊어져야 한다. 미끄러지기 시작하면 무작위로 '솟은 점들'이 합쳐지면서 분자결합이 지속적으로 만들어졌다 끊어진다. 일반적으로 이들 결합은 미끄러짐이 없을 때 형성된 것만큼 강하지 않기 때문에 $\mu_s > \mu_k$이다.

건조한 고체 표면에서 마찰의 정도는 표면이 얼마나 매끄러운지, 표면에 오염물질이 얼마나 있는지에 관계된다. 매끄럽게 다듬은 두 강판이 서로 미끄러질 때 마찰력이 감소하겠는가? 반드시 그렇지는 않다. 극단적인 경우로 표면이 극도로 매끄럽게 다듬어지고 표면의 오염물질이 제거되면 강철판은 냉간 용접이 일어나 실질적으로 한 조각으로 합쳐진다. 원자는 냉간 용접이 일어나기 전에 이웃 원자들과 결합했던 세기만큼 새로운 이웃 원자들과 결합한다.

응용 : 경사면에서의 평형 큰 상자를 마찰이 없는 경사면에서 하역 플랫폼으로 끌어당기려 한다고 가정하자. 그림 2.33은 상자에 작용하는 세 힘을 보여준다. $\vec{F}_a$는 상자를 당기는 힘을 나타낸다. 힘은 경사면과 나란하다. x축과 y축을 각각 수평 및 수직으로 선택하면 세 힘 중 두 개가 x 성분과 y 성분을 모두 갖는다. 반면에 x축을 경사면에 평행하게 하고 y축을 수직 방향으로 선택하면 세 개의 힘 중 중력 하나만 x 성분과 y 성분을 갖는다.

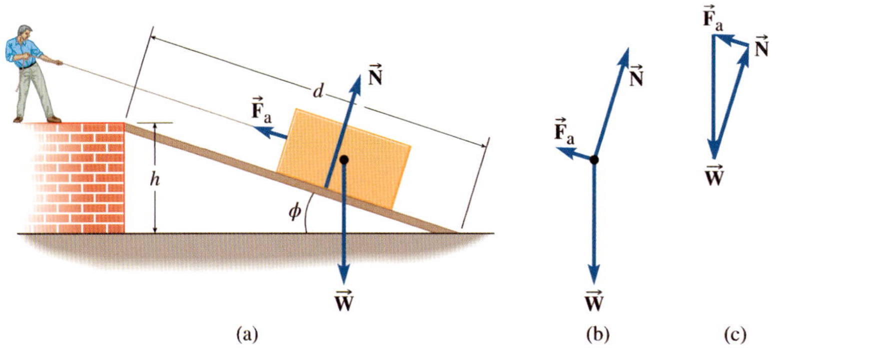

그림 2.33 (a) 경사면 위쪽으로 당겨지는 질량 m인 상자에 작용하는 힘. (b) 상자의 자유물체도형. (c) 상자가 일정한 속도로 움직일 때 알짜힘이 0임을 보여주는 그림을 이용한 덧셈

이렇게 선택한 축을 사용하여 상자의 무게를 두 개의 수직 성분으로 분해한다(그림 2.34a). 중력 $\vec{W}$의 x 성분과 y 성분을 구하려면 중력이 좌표축 중 어느 하나와 이루는 각을 알아야 한다. 이 문제를 푸는 데 도움이 될 기하학이 부록 A.6, 그림 A.8에 수록되어 있다. 그림 2.34b의 직각삼각형은 $\alpha + \phi = 90°$임을 보여준다. 삼각형의 내각의 합이 180°이고 x축과 y축이 서로 수직이므로 $\alpha + \phi = 90°$이다. 결국은 $\beta = \phi$이다.

$\vec{W}$의 y 성분은 경사면에 수직이다. 그림 2.34a에서 y축에 평행한 변은 β의 대변이다. 그러므로

$$\cos\beta = \frac{(\text{접변})}{(\text{빗변})} = \frac{|W_y|}{|W|} \tag{2-26}$$

이다. W_y는 음의 값을 가지며 $W = mg$이므로

$$W_y = -mg\cos\beta = -mg\cos\phi \tag{2-27}$$

이다. 무게의 x 성분은 상자를 경사면 아래로 미끄러지게 한다. 같은 삼각형을 사용하면

$$W_x = +mg\sin\phi \quad \text{(2-28)}$$

이다. 상자가 W_x와 같은 크기의 힘으로 경사면 위쪽으로 당겨질 때 등속도로 미끄러져 올라갈 것이다. 경사면에 수직인 무게 성분은 경사면이 상자를 밀어내는 수직항력 $\vec{N}$에 의해 받쳐진다. 그림 2.34c는 부호를 포함한 힘의 성분을 나타낸 자유물체도형이다.

상자가 정지해 있든 경사면을 따라 등속도로 움직이든 평형상태에 있다면 각 축 방향의 힘의 합은 0이다.

$$\sum F_x = (-F_a) + mg\sin\phi = 0 \quad \text{(2-29)}$$

$$\sum F_y = N + (-mg\cos\phi) = 0 \quad \text{(2-30)}$$

수직항력은 무게와 같지 않고 방향도 연직 방향이 아니다. 만일 가해준 힘이 $mg\sin\phi$이면 등속도로 경사면 위로 끌어올릴 수 있다. 상자에 마찰력이 작용할 때 상자를 경사면 위로 미끄러지게 하려면 $mg\sin\phi$보다 큰 힘으로 끌어올려야 한다.

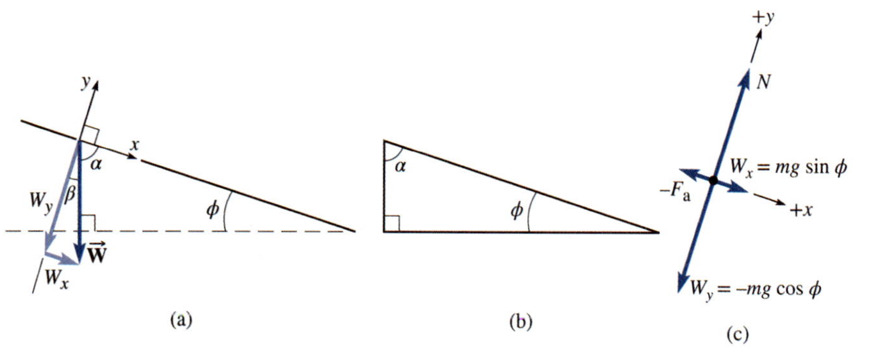

그림 2.34 (a) 무게를 경사면에 평행한 성분과 수직인 성분으로 분해한다. (b) 직각삼각형에서 $\alpha + \phi = 90°$ 임을 알 수 있다. (c) 경사면 위 상자의 자유물체도형. 상자의 중력은 x 성분과 y 성분으로 분해하였다.

보기 2.14 경사면에서 금고 밀어 올리기

새 금고를 은행으로 배달하고자 한다. 금고는 바닥에서 높이 1.5 m 위 벽장 안에 두려고 한다. 배달원은 휴대형 경사로를 가지고 있으며, 이 경사로를 사용하여 금고를 위로 밀어서 그 자리에 넣으려 한다. 금고의 질량은 510 kg이며, 경사로의 정지 마찰 계수는 $\mu_s = 0.42$, 운동 마찰 계수는 $\mu_k = 0.33$이다. 경사로는 수평면 위로 $\theta = 15°$의 각도로 놓여 있다. (a) 금고가 경사로에서 위쪽으로 움직이기 시작하려면 배달원이 힘을 얼마나 가해야 하는가? 배달원이 경사로에 평행한 방향으로 밀었다고 가정하여라. (b) 금고를 일정한 속력으로 밀기 위해서 배달원이 가해야 하는 힘의 크기는 얼마인가?

전략 (a) 금고가 움직이기 시작하면 속도가 변하기 때문에 금고는 평형상태가 아니다. 그럼에도 불구하고 금고를 움직이기 시작하게 하는 최소의 힘을 구하기 위해서 금고가 평형상태에 놓여 있어 계속 정지해 있을 수 있는 최대의 힘을 구해야 한다. (b) 금고는 일정한 속도

로 움직일 때도 평형을 이룬다. 자유물체도형을 그리고 축을 선택하고 알짜힘의 x 성분과 y 성분을 0이라고 놓음으로써 두 문제를 모두 풀 수 있다.

풀이 먼저 작용하는 힘을 그림으로 그린다(그림 2.35). 금고가 평형상태에 있을 때 힘의 합은 0이 되어야 한다. 그림 2.36a는 금고의 자유물체도형이다. 그림 2.36b는 그림으로 네 힘의 합을 구하고 알짜힘이 0임을 보여준다. 힘을 성분으로 분해하기 전에 x축과 y축을 선택해야 한다. 마찰계수를 사용하려면 경사면이 금고에 작용하는 접촉력을 수평 및 수직 성분이 아니라 경사면과 평행한 성분(마찰력)과 수직 성분(수직항력)으로 분해해야 한다. 그러므로 x축과 y축을 각각 경사면에 평행하고 수직하게 선택하여 마찰력은 x축 방향, 수직항력은 y축 방향을 향하도록 한다. 그림 2.34와 같은 과정을 따라 중력과 $-y$축 사이의 각도는 경사로가 수평으로 만드는 각도인 θ임을 알 수 있다(그림 A.8 참조). 중력 $\overrightarrow{\mathrm{W}}$를 성분으로 분해하면 $W_x = -mg\sin\theta$, $W_y = -mg\cos\theta$이다(그림 2.36c). 이제 $\overrightarrow{\mathrm{W}}$를 성분으로 대체한 자유물체도형을 그린다(그림 2.36d).

(a) 금고가 처음에 정지해 있다고 가정해 보자. 배달원이 밀기 시작하면 F_a가 커지고 정지마찰력 또한 커지면서 금고가 미끄러지지 않게 '하려 한다'. 결국, F_a의 어떤 값에서 정지마찰은 가능한 최댓값 $\mu_s N$에 도달한다. 배달원이 계속 더 세게 밀어 F_a를 더 늘리면 정지마찰력은 최댓값인 $\mu_s N$을 초과할 수 없으므로 금고가 미끄러지기 시작한다. 마찰력은 금고가 경사면 위로 미끄러지지 않도록 하려 하기 때문에 마찰력의 방향은 경사를 따라 내려가는 방향이다.

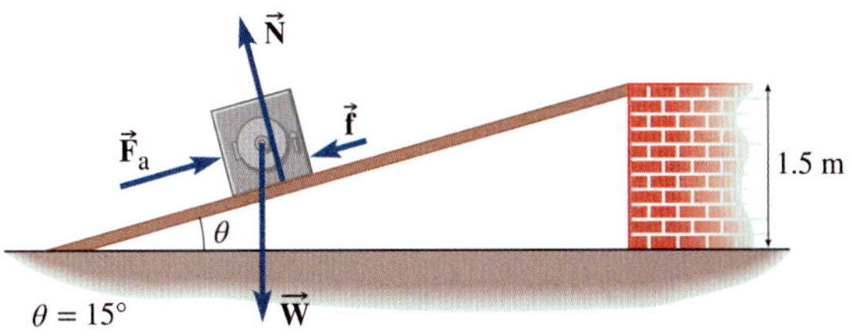

그림 2.35 금고가 경사로 위로 움직이기 시작할 때 금고에 가해지는 힘

수직항력의 크기는 금고 무게와 같지 않다. 수직항력을 구하려면 작용한 모든 힘의 y 성분의 합을 구한다.

$$\sum F_y = N + (-mg\cos\theta) = 0$$

그러므로 $N = mg\cos\theta$이다. $\cos\theta < 1$이므로 수직항력은 무게보다 작다.

배달원이 금고가 미끄러지지 않는 범위에서 최대 힘으로 밀 때

$$\sum F_x = F_{ax} + f_x + W_x + N_x = 0$$

이다. 가해준 힘은 $+x$ 방향이므로, $F_{ax} = +F_a$이다. 마찰력의 크기는 최대이고 $-x$ 방향이다. 그러므로 $f_x = -f_{s,\,최대} = -\mu_s N = -\mu_s mg\cos\theta$이다.

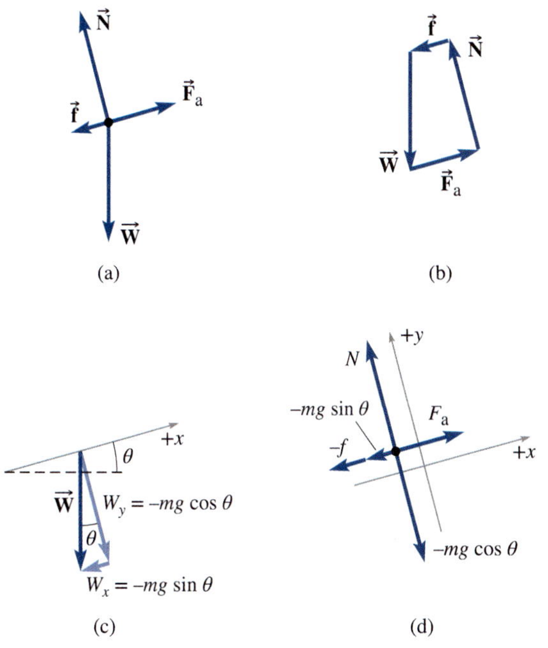

그림 2.36 (a) 금고의 자유물체도형. (b) 금고가 평형상태에 있다면 힘을 더해서 알짜힘이 0이 되어야 한다. (c) 무게를 x 성분과 y 성분으로 분리한다. (d) 부호를 포함해서 무게를 x 성분과 y 성분으로 나타낸 자유물체도형.

자유물체도형으로부터 $W_x = -mg\sin\theta$이고 $N_x = 0$이다.

$$\sum F_x = F_a - \mu_s mg\cos\theta - mg\sin\theta + 0 = 0$$

이고 F_a에 대하여 풀면,

$$\begin{aligned} F_a &= mg(\mu_s \cos\theta + \sin\theta) \\ &= 510\ \text{kg} \times 9.80\ \text{m/s}^2 \times (0.42 \times \cos 15° + \sin 15°) \\ &= 3300\ \text{N} \end{aligned}$$

3300 N을 초과하여 가해준 힘은 금고가 경사로의 위쪽으로 움직이게 한다.

(b) 일단 금고가 미끄러지기 시작하고, 배달원이 금고를 일정한 속도로 밀기를 원한다면, 배달원은 금고에 작용한 알짜힘이 0이 되도록 밀면 된다. 이제는 미끄럼마찰을 다루는데, $f_x = -\mu_k N = -m_k mg\cos\theta$이므로

$$\begin{aligned} \sum F_x &= F_{ax} + f_x + W_x + N_x \\ &= F_a - \mu_k mg\cos\theta - mg\sin\theta + 0 \\ &= 0 \end{aligned}$$

$$\begin{aligned} F_a &= mg(\mu_k \cos\theta + \sin\theta) \\ &= 510\ \text{kg} \times 9.80\ \text{m/s}^2 \times (0.33 \times \cos 15° + \sin 15°) \\ &= 2900\ \text{N} \end{aligned}$$

이다. 배달원은 경사로를 따라 위쪽으로 크기 2900 N인 힘 $\vec{F}_a$로 금고를 밀어 올린다. 금고의 운동을 방해하는 마찰력이 있음에도 불구하고 배달원이 가한 힘은 금고를 바로 위로 들어 올리는 데 필요한 힘(5000 N)보다 여전히 작다.

검토 (b)에서 $F_a = mg(\mu_k \cos\theta + \sin\theta)$는 경사면 위로 가해진 힘이 경사면 아래의 두 힘의 합과 균형을 이루어야 한다는 것을 보여준다. 두 힘은 마찰력 ($\mu_k mg\cos\theta$)과 경사면 아래 방향의 중력의 성분 ($mg\sin\theta$)이다. 이 힘의 균형은 자유물체도형에 그림으로 표시하였다(그림 2.36d).

실전문제 2.14 **내야의 흙 고르기**

야구 경기의 휴식 시간 때 야구장 관리인이 매트를 끌고서 내야의 흙을 평탄하게 고르고 있다. 관리인은 수평 방향에 대해 위로 22°의 각도로 120 N의 힘을 가하여 일정한 속도로 매트를 잡아끈다. 매트와 흙 사이의 운동마찰 계수는 0.60이다. (a) 흙과 매트 사이의 마찰력의 크기와 (b) 매트의 무게를 구하여라.

혼자서 해 보기 책과 동전 사이의 마찰계수를 어림셈하기 위하여 동전을 책 위에 놓고 표지를 천천히 들어 올려 보아라. 동전이 미끄러지기 시작할 때 표지의 각도를 확인하여라. 이 각도로부터 어떻게 마찰계수를 구할 수 있는지 설명하여라. 운동마찰계수를 구하기 위한 실험을 고안할 수 있는가?

이번에는 질량이 다른 동전 2개로 실험해 보아라. 두 개가 거의 같은 각도에서 미끄러지기 시작하는가? 그렇지 않다면 어느 하나가 먼저 미끄러지기 시작하는가? 큰 동전과 작은 동전 중 어느 것이 먼저 미끄러지기 시작하는가?

2.8 장력 Tension

무거운 샹들리에가 사슬로 천장에 매달려 있다고 하자(그림 2.37a). 샹들리에가 평형상태에 있다면 사슬이 샹들리에를 위로 당기는 힘과 샹들리에의 무게의 크기는 같다. 사슬이 얼마의 힘으로 천장을 당기고 있는가? 천장은 사슬과 샹들리에의 무게와 같은 크기의 힘으로 위로 당긴다. 이 힘은 상호작용 짝인 사슬이 천장을 당기는 힘과 크기가 같고 방향이 반대이다. 그러므로 만약 사슬의 무게가 샹들리에에 비해 무시할 수 있을 정도로 작다면 사슬 양끝에 작용한 힘은 같다. 그렇지만 사슬의 중간을 잡아당기거나 위아래로 당기거나 사슬의 무게를 무시할 수 없다면 사슬 양 끝의 힘은 같지 않다. 이를 다음과 같이 일반화할 수 있다.

외력이 줄의 양 끝 사이의 어느 점에도 작용하지 않으면 이상적인 줄(밧줄, 현, 힘줄, 케이블, 사슬)은 줄의 길이 방향으로 그 끝에 연결된 물체의 무게와 같은 크기의 힘으로 당긴다. 이상적인 줄은 질량과 무게가 0이다.

사슬의 한 고리는 양 옆에 연결된 고리에 의하여 당겨진다(그림 2.37b). 이 힘의 크기를 사슬의 **장력** tension이라 부른다. 마찬가지로 사슬의 일부는 양 옆의 이웃한 부분이 가하는 장력에 의해 양 끝이 당겨진다. 그 부분이 평형상태에 있다면 작용하는 알짜힘은 0이다. 이 부분에 다른 힘이 작용하지 않는다면 이웃한 부분에 의해 작용하는 힘은 크기가 같고 방향이 반대여야 한다. 따라서 장력은 어디에서나 같은 값이며, 줄이 그 양 끝에 매인 물체에 작용하는 힘과 같다.

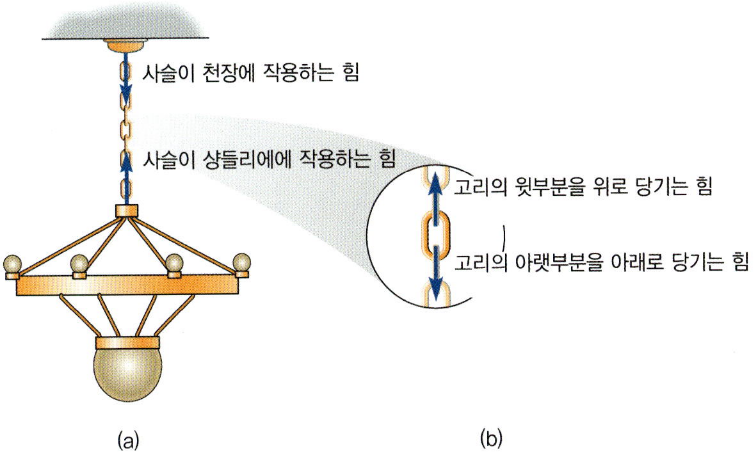

그림 2.37 (a) 사슬의 한 끝은 샹들리에를 위로 당기고 다른 한 끝은 천장을 아래로 당긴다. 만일 사슬의 무게가 무시할 수 있을 정도로 작다면 사슬에 작용하는 알짜힘이 0이기 때문에 이 힘은 크기가 같다. 이 힘이 사슬의 장력이다. (b) 사슬에 장력이 작용한다. 각 고리는 양 옆의 고리에 의해 반대 방향으로 당겨진다.

보기 2.15 양궁 연습

그림 2.38은 활과 화살을 놓기 직전의 모습이다. 궁수는 162 N의 수평 방향의 힘으로 활줄의 중간 지점을 뒤로 당기고 있다. 활줄의 장력은 얼마인가?

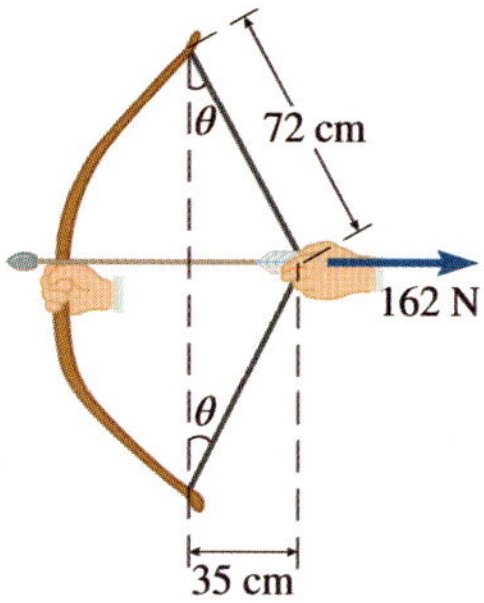

그림 2.38 궁수가 활줄에 힘을 가한다.

전략 궁수의 손가락에 닿는 활줄의 작은 부분을 고려하여라. 활줄의 작은 부분은 평형상태이므로 작용하는 알짜힘은 0이다. 자유물체도형을 그리고 좌표축을 선택하고 평형 조건 $\sum F_x = 0$ 및 $\sum F_y = 0$을 적용하라. 궁수의 손가락이 활줄의 작은 부분에 가해진 힘을 알고 있다. 또한 활줄의 장력은 그 부분을 양끝으로 당긴다. 활줄의 장력이 어디서나 같다고 가정할 수 있는가? 활줄의 무게는 그것에 작용하는 나른 힘에 비해 작나. 궁수가 활줄을 수평으로 당겨서 접선 방향으로 영향을 거의 미치지 않으므로 장력은 어디에서나 같다고 가정할 수 있다.

풀이 그림 2.39a는 활줄 부분에 대한 자유물체도형을 보여준다. 두 장력은 같은 크기 T이다. 그림 2.39b는 세 힘의 합이 0임을 보여준다. 이 그림에서 장력 T와 F_a가 대략 동일할 것이라 예상할 수 있다. x축을 오른쪽으로 y축을 위쪽으로 선택하고 활줄의 장력 성분을 구하기 위해 삼각형을 그린다(그림 2.39c). 주어진 값으로부터 각도 θ를 구할 수 있다.

$$\sin\theta = \frac{\text{대변}}{\text{빗변}} = \frac{35\ \text{cm}}{72\ \text{cm}} = 0.486$$

$$\theta = \sin^{-1} 0.486 = 29.1°$$

활줄의 위 끝부분에 작용하는 장력의 x 성분은

$$T_{1x} = -T\sin\theta$$

이다. 활줄의 아랫부분의 끝에 작용하는 힘도 같다. 따라서

$$\sum F_x = -2T\sin\theta + F_a = 0$$

이다. T에 대하여 풀면

$$T = \frac{F_a}{2\sin\theta} = \frac{162\ \text{N}}{2\times 0.486} = 170\ \text{N}$$

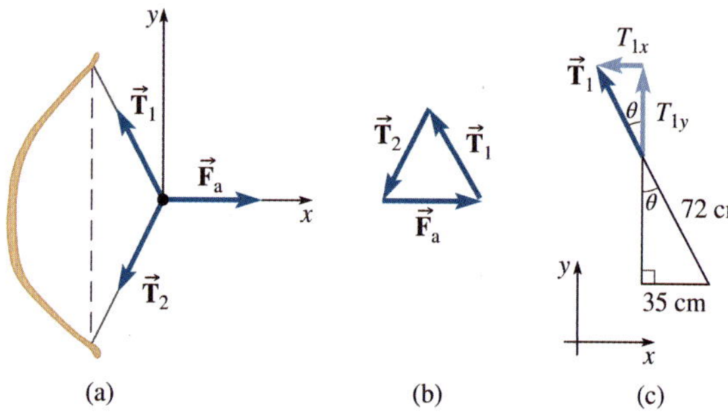

그림 2.39 (a) 활줄상의 한 점에 작용하는 힘의 크기를 나타낸 자유물체도형 (b) 세 힘의 합이 0이 됨을 보이고 있다. (c) 활줄의 양 끝에 작용하는 힘의 x 성분과 y 성분을 구하는 데 각도 θ를 이용할 수 있다.

검토 장력은 그림 2.39b에서 벡터 덧셈 그림에 결과로 주어진 F_a보다 약간 더 크다. 이 문제에서는 힘의 x 성분만 사용하였지만 힘의 y 성분의 합도 0이어야 한다. 활줄 윗부분에서 활이 가하는 힘의 y 성분은 $+T\cos\theta$이고 아랫부분은 $-T\cos\theta$이다. 따라서 $\sum F_y = 0$이다. 장력 $T = F_a/(2\sin\theta)$가 정확한가를 알아보기 위해 θ값의 극한값을 구해 보자. θ가 90°에 가까워지면 장력은 $F_a/(2\sin 90°) = \frac{1}{2}F_a$에 접근한다. 활줄의 양

쪽이 크기 T의 힘으로 왼쪽으로 당기는 반면에 궁수는 힘 F_a로 오른쪽으로 당기기 때문에 이 값은 옳은 답이다. 곧 $F_a = 2T$ 또는 $T = \frac{1}{2}F_a$이다.

θ가 작아지면 $\sin\theta$가 감소하고 장력은 증가한다(고정값 F_a의 경우). 이는 예상과 일치한다. 장력이 클수록 필요한 수평 방향의 힘을 가하기 위해 활줄의 각도는 더 작아져야 한다.

실전문제 2.15 **줄타기 연습**

아이가 균형 감각을 키우기 위해 뒷마당에서 줄타기를 하려고 한다(그림 2.40). 안전을 위해서 지상에서 0.60 m의 높이에 줄을 수평으로 맨다. 아이(무게 250 N)가 수평으로 팽팽한 6.00 m 길이의 줄 중앙에 서 있을 때 줄이 아래로 0.12 m 늘어지게 하려면 줄의 장력은 얼마여야 하는가? 줄의 무게는 무시하여라.

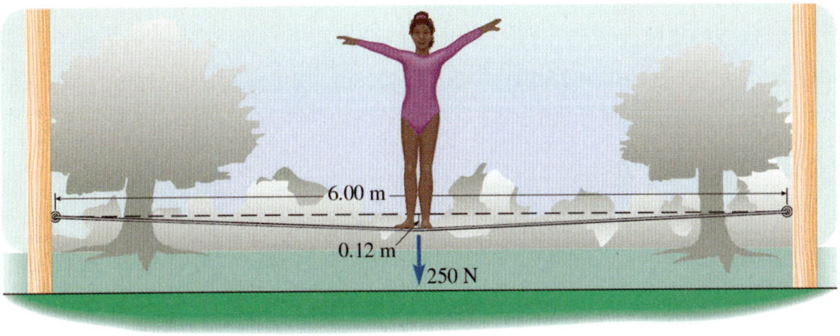

그림 2.40 균형잡기를 연습하기 위한 줄. 줄의 장력은 얼마인가?

응용 : 인체의 인장력 인장력은 동물의 행동에 관한 생체역학 연구의 핵심이다. 보통 근육의 양 끝에는 힘줄이 연결되어 있고, 두 힘줄은 두 개의 다른 뼈에 연결되어 있다(그림 2.41). 근육이 수축하면 힘줄의 장력이 증가하여 양쪽의 뼈를 당긴다.

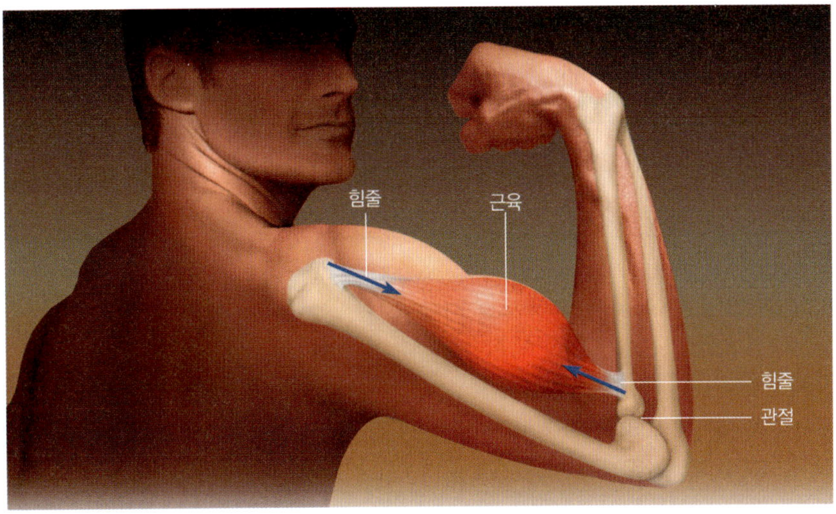

그림 2.41 근육이 수축하면 붙어있는 힘줄의 장력이 증가한다. 힘줄은 두 개의 다른 뼈에 힘을 가한다.

혼자서 해 보기 손바닥에 무거운 물건을 올려놓고 팔꿈치를 구부린 자세로 앉아 보아라. 이두박근의 수축을 느낄 수 있다. 다른 손으로 팔뚝 근육을 연결하는 힘줄을 느껴 보자. 이제 책상에 손바닥을 올려놓고 눌러 보아라. 그러면 팔꿈치 관절의 다른 쪽에 있는 뼈를 잡아당겨서 수축하는 삼두박근을 만져볼 수 있다. 근육과 힘줄은 미는 데 사용할 수 없고 단지 당길 수 있을 뿐이다. 팔뚝 근육은 팔뚝을 아래쪽으로 밀 수 없지만 삼두박근은 관절의 다른 쪽을 당길 수 있다. 두 경우 모두 팔은 지레 역할을 한다.

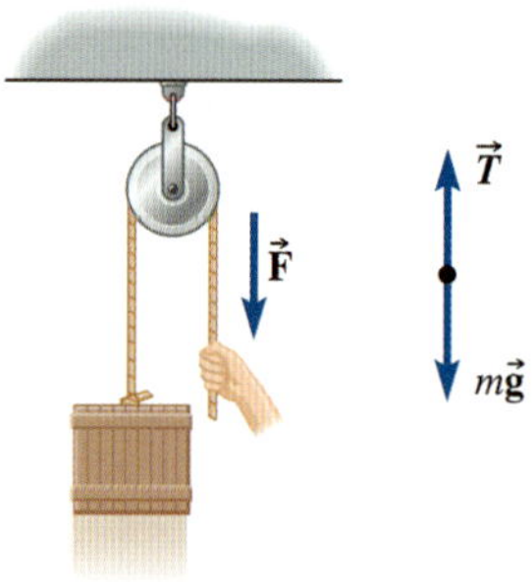

그림 2.42 (a) 도르래를 사용하여 상자를 들어 올리기 위해 힘 $\vec{F}$로 줄을 아랫방향으로 잡아당기고 있다. (b) 상자의 자유물체도형. 상자가 평형상태에 있다면 장력 T는 상자의 무게 mg와 같아야 한다.

응용 : 이상적인 도르래 도르래는 장력이 있는 줄이 작용하는 힘의 방향을 바꿔 줄 수 있다. 어떤 무거운 물체를 들기 위해서 물체를 줄로 매어 땅에서 들어 올리는 것보다는 그 줄을 아래로 끌어내리는 것이 더 쉽다(그림 2.42).

이상적인 도르래는 질량과 마찰이 없다. 이상적인 도르래는 줄의 접선 방향으로 힘을 작용하지 않고, 줄을 어느 방향으로도 당기지 않는다. 결과적으로 이상적인 도르래에 걸쳐있는 이상적인 줄의 장력은 도르래의 양쪽에서 같다(이 설명의 증명은 3장에 있다). 이상적인 도르래는 줄이 작용하는 힘의 크기를 바꾸지 않고 힘의 방향만 바꾸어 준다. 실제 도르래의 질량이 작고 마찰을 무시할 수 있으면 이상적인 도르래로 취급할 수 있다.

보기 2.4로 돌아가 보자. '3개의 줄'은 실제로 도르래를 감고 있는 하나의 줄이다. 이 도르래가 이상적이라면 줄의 장력이 모든 곳에서 같아야 한다. 아래 끝에서 줄은 22.0 N의 추를 달고 있다. 추는 평형상태에 있으므로 장력이 22.0 N이 되어야 함을 알 수 있다.

보기 2.16 두 개의 도르래 계

무게가 1804 N인 엔진을 일정한 속력으로 위쪽으로 올리고 있다(그림 2.43). A, B, C 세 줄의 장력은 얼마인가? 도르래 R과 L 그리고 줄은 이상적이라 가정하여라.

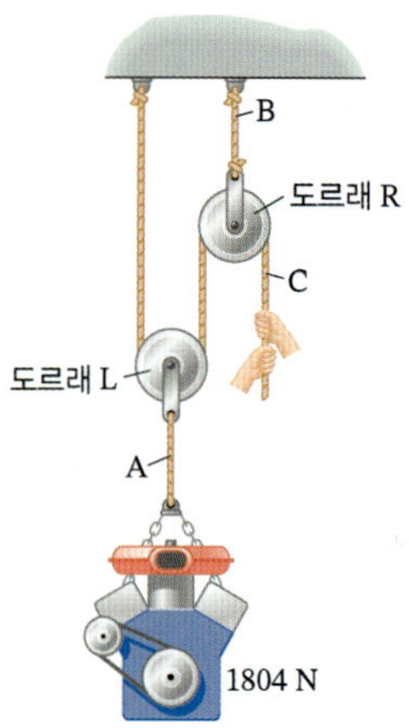

그림 2.43 무거운 엔진을 들어 올리는 데 사용하는 도르래

전략 엔진과 도르래 L이 일정한 속력으로 위로 움직이므로 이들 각각에 작용하는 알짜힘은 0이다. 도르래 R은 정지해 있으므로 알짜힘은 역시 0이다. 어느 하나 또는 모든 물체의 자유물체도형을 그리고 평형 조건을 적용한다. 만일 도르래가 이상적이라면 줄의 장력은 도르래 양쪽에서 같다. 따라서 천장에 매달린 줄 C는 두 도르래를 모두 지나가며 다른 끝에서 아래쪽으로 당겨지는데 장력은 어디서나 같다. 세 줄의 장력을 T_A, T_B, T_C라 하고 도르래에 작용하는 힘을 분석하기 위해 도르래를 감싸고 있는 부분이 도르래 일부가 되도록 계를 정의하자. 그렇게 하면 각 도르래는 2개의 줄로 당겨지며 각각의 장력은 같다.

풀이 엔진에 작용하는 힘은 중력(아래쪽으로 1804 N)과 줄 A가 위쪽으로 당기는 힘 2개뿐이다. 이들 2개 힘은 알짜힘이 0이 되어야 하므로 크기가 같고 방향이 반대여야 한다. 따라서 $T_A = 1804$ N이다.

도르래 L의 자유물체도형(그림 2.44b)는 장력 T_A로 아래로 당기는 줄 A와 양쪽에서 위로 당기는 줄 C를 보여준다. 줄은 어디에서나 장력이 같아야 하므로 그림 2.44b, c에 T_C라 나타낸 장력의 크기는 모두 같아야 한다. 알짜힘이 0이 되기 위해서는

$$2T_C = T_A$$

$$T_C = \frac{1}{2}T_A = 902.0 \text{ N}$$

이어야 한다. 그림 2.44c는 도르래 R의 자유물체도형이다. 줄 B가 크기가 T_B인 힘으로 도르래를 위로 당긴다. 줄 C는 도르래 양쪽에서 아래로 당긴다. 알짜힘이 0이 되기 위해서는

$$T_B = 2T_C = 1804 \text{ N}$$

이어야 한다.

검토 줄을 아래로 잡아당기면 엔진은 위로 올라간다. 도르래는 엔진을 옮기는 힘의 방향을 바꾼 것이다. 이 문제에서는 힘의 크기도 바뀌었다. 줄이 엔진을 2번 당겨 나타난 결과이므로 사람이 줄을 당기는 힘은 엔진 무게의 절반이면 된다.

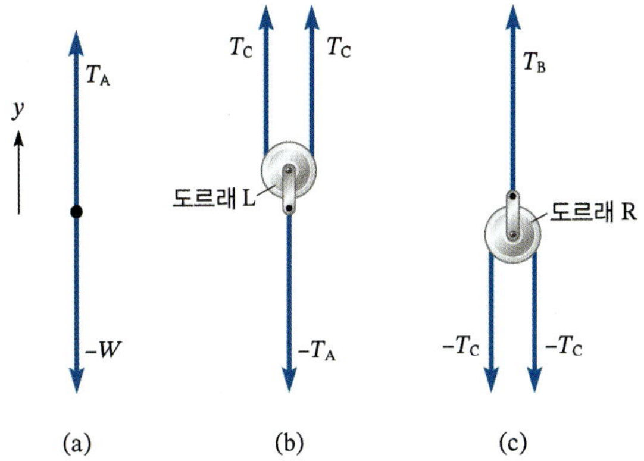

그림 2.44 (a) 엔진의 자유물체도형, (b) 도르래 L의 자유물체도형, (c) 도르래 R의 자유물체도형. 힘 화살표는 y 성분이고, y축은 위쪽 방향이다.

실전문제 2.16 **줄, 도르래, 엔진으로 이루어진 계**

줄과 도르래, 엔진으로만 이루어진 단일 계를 생각해 보자. 이 계의 자유물체도형을 그리고 알짜힘이 0임을 보여라. [힌트 : 계의 **외부** 물체가 계에 작용하는 힘만 자유물체도형에 포함시켜야 함을 기억하여라.]

2.9 기본적인 힘 Fundamental Forces

물리학의 주요 목표 중 하나는 자연계의 다양한 힘들을 최소한의 기본 법칙으로 이해하는 것이었다. 물리학은 이러한 **통일** unification에 대한 요구에 따라 많은 발전을 이루었다. 오늘날 모든 힘은 단 4개의 기본적인 상호작용으로 이해할 수 있다(그림 2.45). 초기 우주의

고온 상태에서 전자기력과 약력 두 상호작용은 이제 단일 약전상호작용의 효과로 이해되고 있다. 궁극적인 목표는 모든 힘을 하나의 상호작용으로 기술하는 것이다.

중력 4개의 기본 힘 중에서 중력이 가장 약하다는 것을 알면 놀랄 것이다. 어떠한 두 물체 사이에는 중력이 작용하지만 한 물체의 질량이 매우 크지 않으면 그 힘은 미약하다. 이 책이 여러분에게 미치는 중력과 같이 작은 물체들 사이에 나타나는 연약한 중력은 제외하고 행성이나 항성 사이에 나타나는 비교적 큰 중력에 주목해 보려고 한다.

중력이 미치는 범위는 무한하다. 중력은 두 물체 사이의 거리가 멀어지면 약해지지만 아무리 멀리 떨어져도 결코 0이 되지는 않는다.

뉴턴의 중력 법칙이 통일의 초기 사례이다. 뉴턴 이전의 사람들은 사과가 나무에서 떨어지게 하는 힘과 행성이 태양 주위의 궤도를 돌게 하는 힘이 같은 종류의 힘이라는 것을 몰랐다. 이 두 힘은 뉴턴의 만유인력 법칙이라는 하나의 법칙으로 설명된다.

전자기력 전자기력이 미치는 범위도 중력처럼 무한대이다. 이 힘은 전기를 띤 물체 사이에 작용한다. 전기력과 자기력은 19세기에 하나의 이론으로 통일되었다. 이 책에서는 3부에서 이를 다룬다.

전자기력은 전자를 원자핵에 묶어 원자를 이루고 분자나 고체에서 원자를 묶어주는 기본 상호작용이다. 이것이 고체, 액체, 기체의 성질을 나타내고 화학과 생물학의 기초가 된다. 이 힘 또한 표면 사이의 마찰력과 수직항력 그리고 용수철, 근육, 바람 등이 미치는 힘과 같은 모든 거시적인 접촉력 뒤에 있는 기본적인 힘이다.

그림 2.45 모든 힘은 단 네 가지의 기본적인 힘인 중력, 전자기력, 약력, 강력에 의해 나타난다.

전자기력은 중력보다 훨씬 크다. 예를 들면 정지한 두 전자 사이의 전기적 척력은 그들 사이의 중력보다 10^{43}배나 크다. 거시적인 물체는 양전하와 음전하 사이의 척력과 인력이 거의 완전하게 균형을 이룰 수 있도록 양전하와 음전하가 평형을 이루고 있다. 따라서 기본적인 전자기력의 세기에도 불구하고 거시적인 두 물체 사이의 알짜 전자기력은 접촉해 있는 두 표면의 원자가 매우 가까이 있는 경우를 제외하고는 거의 무시할 수 있을 정도로 작다. 미시적인 수준에서는 접촉력과 전자기력 사이에 본질적인 차이가 없다.

강력 강력은 양성자와 중성자를 원자핵 속에 함께 묶어준다. 같은 힘이 쿼크(소립자 집단)가 중성자, 양성자, 여러 색다른 아원자를 형성할 수 있도록 묶어주고 있다. 강력은 그 명칭이 뜻하는 바처럼 네 가지 기본 힘 중에서 가장 강력하지만 미치는 범위가 좁다. 원자핵의 크기(10^{-15} m)보다 훨씬 큰 곳에서는 이 효과를 무시할 수 있다.

약력 약력의 범위는 강력보다도 훨씬 좁다(10^{-17} m). 이 힘은 여러 방사성 붕괴 과정에서 나타난다.

해답 실전문제 & 살펴보기

2.1 아니다. 은행 잔고는 증가하거나 감소할 수 있으나 그와 관련된 공간상의 방향은 없다. 잔고가 '내려간다'라고 할 때, 그것이 지구 중심 방향으로 움직인다는 것을 의미하지는 않고 그것이 실제로 감소하는 것을 의미한다. 그러므로 잔고는 스칼라이다.

2.2 (a) 더 작다. (b) 예. $F_1 > F_2$

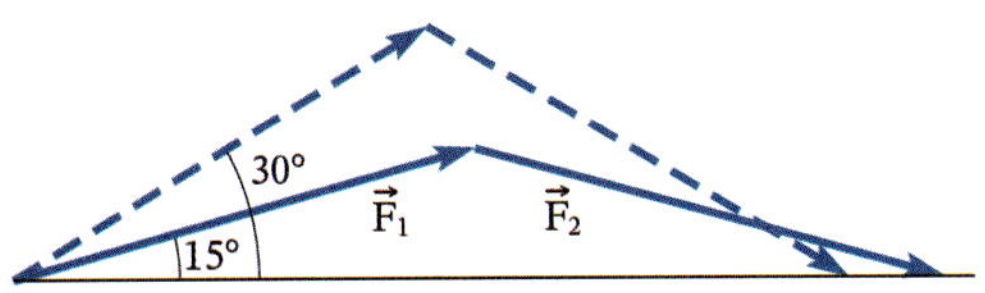

(a)

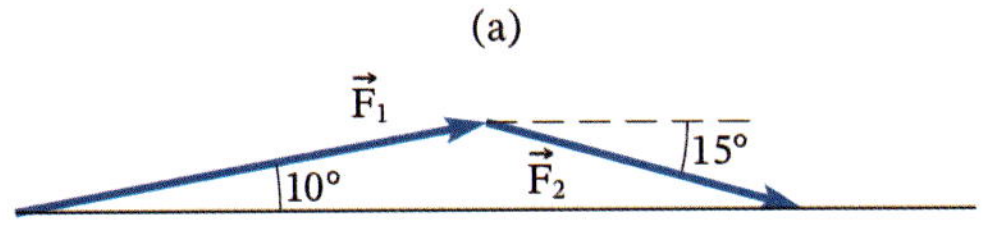

(b)

2.3 157 N, $+x$축 아래 57°

2.4 (a) $F_x = 49.1$ N, $F_y = 2.9$ N
(b) $F = 49.2$ N (c) 수평 위 3.4°

2.5 첫 번째 경우를 관성의 원리로 설명하면, 지하철이 앞으로 나아가기 시작할 때 작용하는 힘(손잡이와 바닥이 작용)이 승객을 앞으로 움직이게 할 때까지, 바닥에 대해 정지해 있으려고 한다. 두 번째 경우 지하철이 느려질 때 승객에 작용하는 힘이 승객을 느려지게 할 때까지, 지면에 대해 계속 앞으로 등속으로 움직이려 한다. 손잡이가 승객을 뒤로 당겨 승객이 손잡이를 앞으로 당기게 되면 승객은 몸이 앞으로 쏠린다고 생각하게 된다.

2.6 위쪽으로 80 N

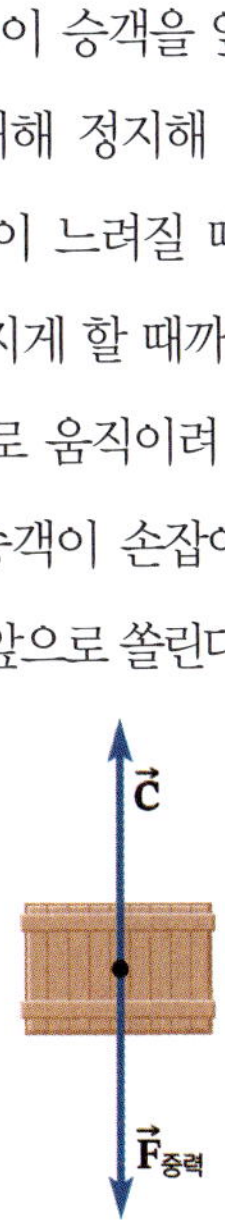

2.7 아래쪽으로 0.5 kN

2.8 760 N, $-x$축 위 81.7° 또는 $+y$축 왼쪽 8.3°

2.9 서랍장이 마루에 가하는 접촉력. 870 N, 수평 오른쪽 아래 59°($+x$축)

2.10 $m_1 = m_2 = 1000$ kg, $r = 4$ m에 대해 $F \approx 4\ \mu$N이다. 이는 거의 모기의 무게와 같다. 이 작은 힘이 충돌을 일으킨다고 주장하기는 어려울 것이다.

2.11 0.57 N 또는 0.13 lb

2.12 서랍장은 평형상태에 있으므로, 그것에 작용하는 알짜힘은 0이다. 알짜힘을 수평 및 수직 성분에 대해 각각 0으로 설정하면 다음과 같은 답을 얻을 수 있다. 수직항력은 위쪽으로 750 N, 마찰력은 왼쪽으로 110 N이며, μ_sN는 표면에 대한 정지 마찰력의 가능한 최대 크기이다. 이 문제에서, 마찰력은 반드시 가능한 최대 크기는 아니다.

2.13 (a)

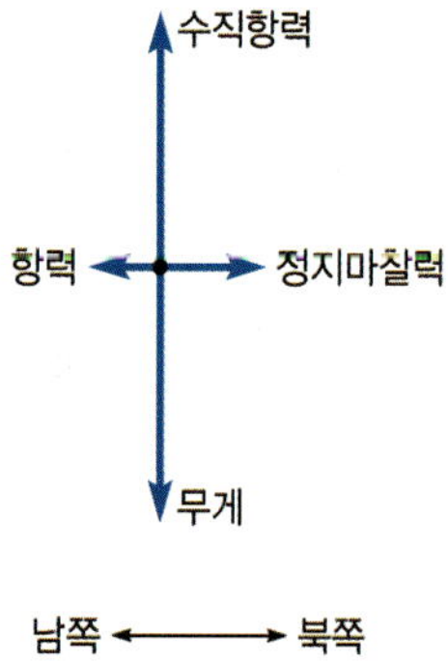

(b) 자동차의 무게 = 11.0 kN

(c) 북쪽으로 2.1 kN

2.14 (a) 110 N (b) 230 N

2.15 3100 N

2.16

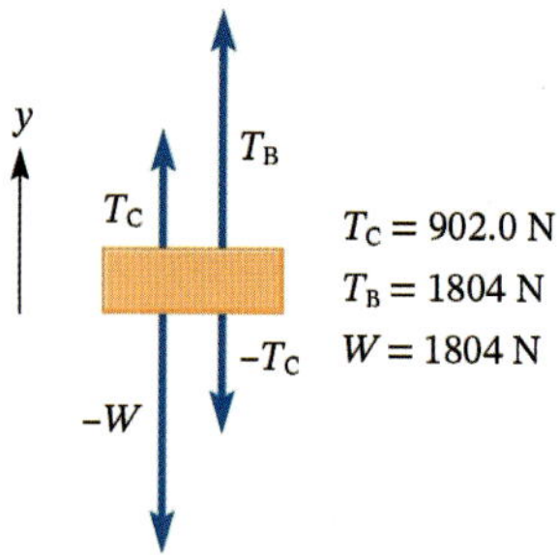

$$\sum F_y = 902\,\text{N} + 1804\,\text{N} - 1804\,\text{N} + 902\,\text{N} = 0$$

2.1 공이 선수에게 가하는 접촉력, 지면이 선수에게 가하는 접촉력, 공기가 선수에게 가하는 접촉력, 지구가 선수에세 가하는 중력

2.2 30 N 남쪽

2.3

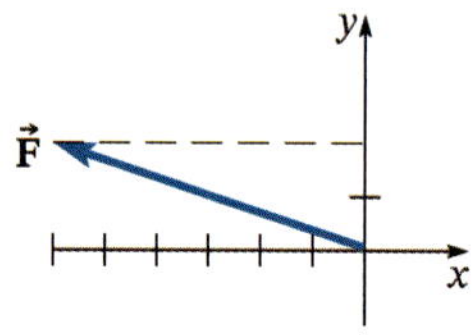

2.4 아니요. 알짜힘은 도르래에 작용하는 모든 힘의 합이다. 환자의 발 또한 도르래에 힘을 작용하고 지구도 중력을 작용한다.

2.5 두 어린이가 장난감에 가한 두 가지 힘은 다른 물체가 아니라 같은 물체(장난감)에 작용하기 때문에, 상호작용하는 짝이 될 수 없다. 상호작용은 서로 다른 물체에 작용하고, 두 물체에 작용하는 각각의 힘이 상호작용 짝이다. 한 아이가 장난감에 가하는 힘의 상호작용 짝은 장난감이 그 아이에게 작용하는 힘이다.

2.6 등산장비의 무게는 g의 값이 감소함에 따라 감소한다. 등산장비의 질량은 변하지 않는다.

2.7 바닥에 의해 각 다리에 작용하는 위쪽, 노트북 컴퓨터가 책상에 작용하는 아래쪽 수직항력

03

© Mariomassone, CC-BY 2.0

가속도와 뉴턴의 운동 제2법칙

Acceleration and Newton's Second Law of Motion

아프리카 물소는 엄청난 질량($425 \sim 900$ kg)에도 불구하고 최고 55 km/h의 속력으로 달릴 수 있으며 아프리카 사자의 최고 속력도 이와 거의 같다. 사자가 물소로부터 $20 \sim 30$ m 떨어진 곳에서 달리기 시작하였음에도 불구하고 어떻게 물소를 따라잡을 수 있는가?

찾아가보기

- 벡터 덧셈 (2.2, 2.3절)
- 벡터 성분 (2.3절)
- 기초 수학 : 삼각함수 (부록 A.7)
- 기초 수학 : 선형 함수의 그래프 (부록 A.2)
- 알짜힘과 자유물체도형 (2.4절)
- 질량과 무게의 구별 (1.2절, 2.6절)
- 중력, 접촉력, 장력 (2.6~2.8절)
- 뉴턴의 운동 제3법칙, 내력과 외력 (2.1, 2.5절)

생명과학 응용

- 동물의 속력과 가속도 (3.3절 문제 19, 35)
- 달리는 선수의 발에 작용하는 최고 힘 (문제 18)
- 신경세포의 활동 전위 (문제 56)
- 원심분리기의 가속도

3.1 위치와 변위
Position and Displacement

뉴턴의 운동 제2법칙 소개

2장에서는 물체에 작용하는 알짜힘이 0인 상황을 다루었다. 뉴턴의 운동 제1법칙은 알짜힘이 0일 때 물체의 속도는 변하지 않는다는 것이다. 만일 물체가 정지해 있다면 계속 속도가 0으로 정지해 있다. 만일 물체가 움직이고 있다면 같은 속력과 방향을 유지하면서 운동을 계속한다.

물체에 작용하는 알짜힘이 0이 아니면 속도가 변한다. (3.3절에서 설명할) 뉴턴의 운동 제2법칙은 알짜힘과 물체의 질량이 어떻게 물체의 속도 변화를 결정하는지를 말해준다. 뉴턴의 제2법칙을 자세히 논하기 전에 속도를 물체의 위치 변화율로 엄밀히 정의하는 것을 소개하고 난 후 속도의 변화율을 어떻게 계산하는지 배우기로 하자.

위치

운동을 명확하게 정의하기 위해서는 물체의 위치를 표현하는 방법을 알아야 한다. 오후 3시에 기차가 엔진 고장으로 동서선 선로 위에 멈추어 섰다고 하자. 기관사가 선로 사무실에 그 사고를 신고하려면 사무실에 열차가 어디에 있는지 어떻게 알릴 수 있는가? "구 가교로부터 동쪽으로 3 km"와 같이 이야기했다면 구 가교라는 기준점을 사용한 것이다. 기준점으로부터 기차가 어느 방향으로 얼마나 멀리 있는가를 설명하였다. 만일 그가 이 셋 중 하나라도 생략하였다면 그가 말한 기차의 위치는 애매할 것이다.

같은 일이 물리에서도 일어난다. 우선 **원점**origin이라 부르는 기준점을 선택해야 한다. 그러고 나서 위치를 설명하기 위해 원점으로부터의 거리와 방향을 알려야 한다. 방향과 거리라는 두 개의 양을 물체의 **위치**position라 부르는 하나의 벡터양에 함축하여 나타낸다(그림 3.1에서 기호 $\vec{\mathrm{r}}$). $\vec{\mathrm{r}}$의 x, y, z 성분은 r_x, r_y, r_z로 나타내는 대신 통상적으로 x, y, z라 나타낸다. 이들이 물체의 x, y, z 좌표이기 때문이다. 그래프로 그리면 원점을 화살표의 시작점으로 하여 물체의 위치에 화살표의 머리가 가도록 하면 된다. 한 개 이상의 벡터를 그릴 때는 적절한 축척을 정하여 화살표의 길이가 원점과 물체 사이의 거리에 비례하도록 그려야 한다.

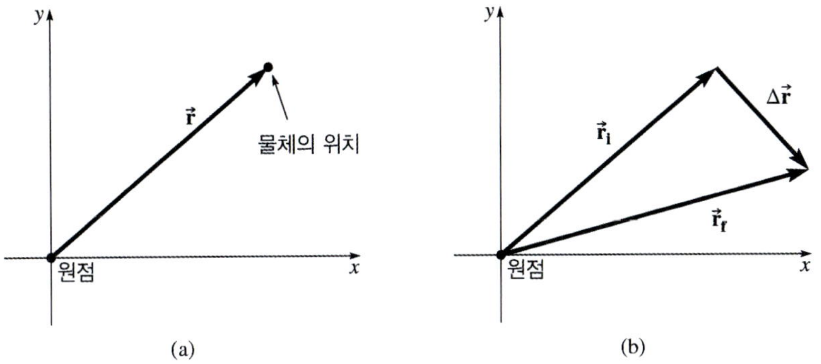

그림 3.1 (a) 위치 벡터 $\vec{r}$은 좌표계의 원점에서 시작하여 물체의 위치에서 끝나도록 그린다. (b) 움직이는 물체의 처음과 나중 위치 벡터를 나타내며 $\Delta\vec{r}$은 위치 벡터의 변화이다.

변위와 벡터 뺄셈

기차 수리가 끝나 계속해서 달리는 기차의 운동을 기술해 보자. 그림 3.2와 같이 가교 위에 있는 원점에서 동쪽으로 3 km에 있는 처음 위치에서 오후 3시 14분에 출발하여 오후 3시 56분에는 원점에서 서쪽 26 km, 곧 처음 위치에서 서쪽 29 km에 있는 역에 도착했다고 하자. **변위**displacement는 위치 벡터의 변화, 곧 나중 위치 벡터에서 처음 위치 벡터를 뺀 것으로 정의한다. 변위는 $\Delta\vec{r}$이라고 쓴다. Δ는 그리스 대문자로 '델타'라고 읽으며 양의 변화를 의미한다. 곧 Q라는 양의 처음 값을 Q_i, 나중 값을 Q_f라고 하면, $\Delta Q = Q_f - Q_i$이며 ΔQ를 '델타 큐'라고 읽는다.

만일 처음 위치를 $\vec{r}_i$, 나중 위치를 $\vec{r}_f$라고 하면 변위의 정의는 다음과 같다.

변위의 정의

$$\Delta\vec{r} = \vec{r}_f - \vec{r}_i \tag{3-1}$$

Δ가 벡터양과 함께 사용되면 **벡터 뺄셈** vector subtraction을 나타낸다. 한 벡터를 빼는 것은 그 벡터의 반대 방향 벡터(크기는 같고 방향이 반대인 벡터)를 더하는 것이다. 곧 $\vec{r}_f - \vec{r}_i = \vec{r}_f + (-\vec{r}_i)$이다. 벡터에 −1을 곱하면 벡터의 크기는 변하지 않고 방향만 반대가 되므로 $-\vec{r}_i = -1 \times \vec{r}_i$는 $\vec{r}_i$와 비교하면 크기는 같고 방향은 반대이다. 그림 3.2는 서쪽을 가리키는 29 km인 변위 벡터 $\Delta\vec{r}$을 설명하기 위해 위치 벡터 뺄셈을 그림으로 나타낸 것이다. 순서에 유의하라.

$$\vec{B} - \vec{A} = -(\vec{A} - \vec{B}) \tag{3-2}$$

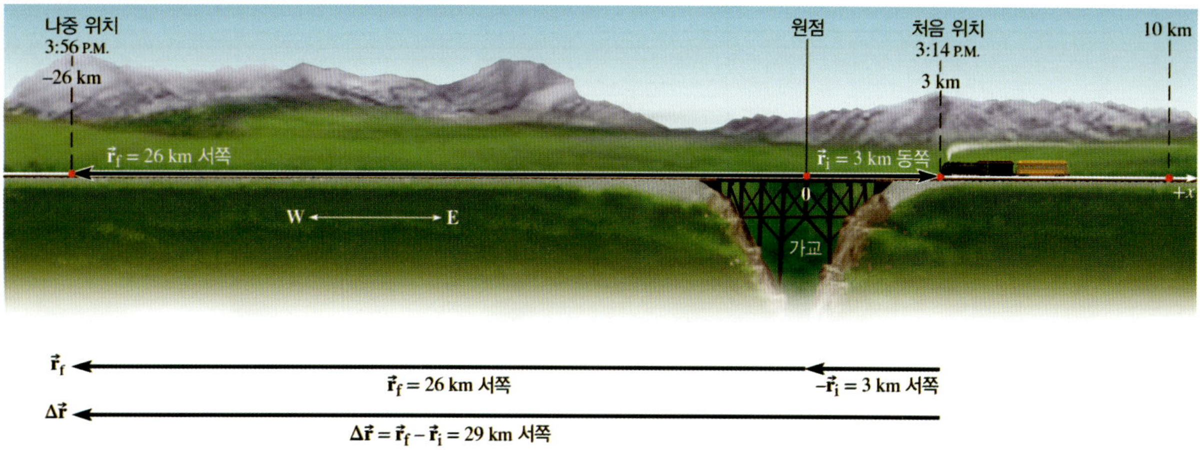

그림 3.2 기차의 처음 위치 벡터 $\vec{r}_i$와 나중 위치 벡터 $\vec{r}_f$. 변위 벡터 $\Delta\vec{r}$은 $\vec{r}_f$에 $-\vec{r}_i$를 더한 것이다.

기차의 변위를 구하기 위해 벡터 성분끼리 뺄 수도 있다. 만일 동쪽을 $+x$축으로 택하면 $x_i = +3$ km이고 $x_f = -26$ km이다. 변위의 x 성분은

$$\Delta x = x_f - x_i = (-26\ \text{km}) - (+3\ \text{km}) = -29\ \text{km}$$

이고 $\Delta y = 0$이므로 $\Delta\vec{r}$은 $-x$ 방향(서쪽)으로 29 km이다.

연결고리 힘 벡터의 더하기, 성분 찾기, 크기와 방향 구하기 등 2장에서 배웠던 벡터 방법은 모든 벡터양(예를 들어 위치, 속도)에도 적용된다. 마찬가지로 여기에 설명된 벡터 빼셈의 방법도 다른 벡터들의 빼셈에도 사용된다.

변위 벡터의 크기가 이동한 거리와 반드시 같지는 않다. 만일 기차가 처음에 동쪽으로 7 km를 달려 원점에서 10 km 지점에 도달한 후 방향을 바꾸어 서쪽으로 36 km를 달렸다고 하자. 그러면 기차가 이동한 거리는 (7 km + 36 km) = 43 km이지만, 도착 지점과 출발 지점 사이의 거리인 변위의 크기는 29 km이다. 변위는 물체가 움직인 경로에 따라 변하는 것이 아니고 출발점과 도착점의 위치에 따라서만 변한다.

보기 3.1 시장에 옥수수를 운반하는 노새

한 농부가 노새가 끄는 마차를 몰고 4.3 km 남쪽에 있는 이웃 농장까지 직선 도로를 따라 달려가서 옥수수 포대를 몇 개 실었다. 그런 후 되돌아서 같은 직선 도로를 따라 북쪽을 향해 시장까지 7.2 km를 달렸다. 출발점에서 시장까지 노새의 변위를 구하여라.

전략 이 문제는 연속적으로 일어난 두 변위에 관한 것이다. 노새가 위치 $\vec{r}_1$에서 출발했다고 하자(그림 3.3). 노새는 남쪽으로 이동하여 위치 $\vec{r}_2$에 있는 이웃 농장에 도착했다. 이웃 농장까지의 변위는 남쪽으로 $\vec{r}_2 - \vec{r}_1 = 4.3$ km이다. 이후 노새는 위치 $\vec{r}_3$에 있는 시장에 가기 위해 북쪽으로 7.2 km를 이동했다. 이웃 농장에서 시장까지의 변위는 북쪽으로 $\vec{r}_3 - \vec{r}_2 = 7.2$ km이다. 문제는 $\vec{r}_1$에서 $\vec{r}_3$까지 변위를 구하는 것이다.

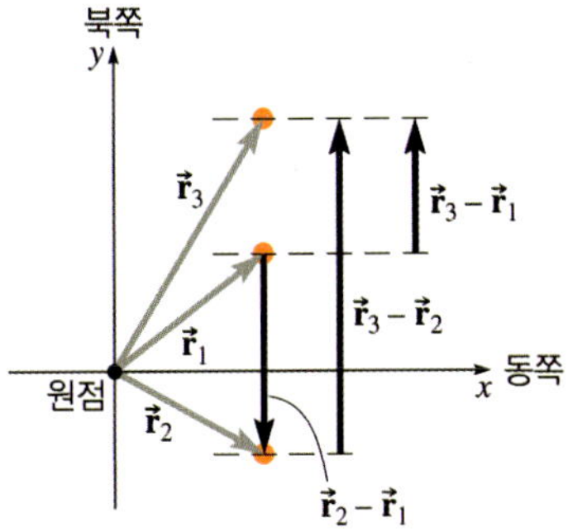

그림 3.3 총변위 $\vec{r}_3 - \vec{r}_1$는 연속되는 두 변위의 합이다. $\vec{r}_3 - \vec{r}_1 = (\vec{r}_3 - \vec{r}_2) + (\vec{r}_2 - \vec{r}_1)$이다. 이 벡터 덧셈을 도표로 보여주고 있다.

풀이 이 두 방정식을 더하여 중간 지점 $\vec{r}_2$를 제거할 수 있다.

$$(\vec{r}_3 - \vec{r}_2) + (\vec{r}_2 - \vec{r}_1)$$
$$= (7.2\text{ km, 북쪽}) + (4.3\text{ km, 남쪽})$$

이 벡터 덧셈은 그림 3.3에 도표로 나타내었다. 그러면 $\vec{r}_3 - \vec{r}_1 = (7.2\text{ km} - 4.3\text{ km})$ 북쪽 $=$ 2.9 km 북쪽이 되어 변위는 북쪽 2.9 km이다.

검토 두 변위 벡터를 더하면 중간 위치 $\vec{r}_2$는 없어지는데 그것은 변위가 출발점과 도착점 사이의 경로와 무관하기 때문이다. 이 결과를 일반화하면, 여러 경유지를 거쳐서 이동하였을 때의 총 변위는 각 부분에서 이동한 변위들의 벡터 합이다.

성분을 이용하여 결과를 확인할 수도 있다. 변위는 북쪽 또는 남쪽으로 향하기 때문에 3개의 변위 벡터는 y 성분만을 갖는다. 곧 x 성분은 0이다. 그림 3.3에서 볼 수 있듯이 각 위치 벡터들은 x 성분을 가지고 있지만, 크기가 모두 같아 $x_2 - x_1 = 0$, $x_3 - x_2 = 0$, $x_3 - x_1 = 0$이다. y축을 북쪽으로 선택하면, $y_2 - y_1 = -4.3\text{ km}$, $y_3 - y_2 = +7.2\text{ km}$이다. 전체 변위의 y 성분은 $y_3 - y_1 = (y_3 - y_2) + (y_2 - y_1) = (+7.2\text{ km}) + (-4.3\text{ km}) = +2.9\text{ km}$이다. 변위는 $+y$축 방향(북쪽)으로 2.9 km이다.

개념형 실전문제 3.1 **장내 홈런**

투수가 던진 공을 타자가 야구방망이로 쳐서 외야수를 넘겼다. 그동안 그는 홈에서 1루까지 27.4 m를 달렸고, 이어 같은 거리에 있는 2루, 3루를 지나서 홈으로 들어왔다(장내 홈런). 타자의 총변위는 얼마인가?

살펴보기 3.1 보기 3.1에서 변위의 크기와 이동한 거리가 같은가? 설명하여라.

다른 방법으로 벡터 뺄셈하기 코크에 있는 블라니 성을 관광하기 위해 아일랜드의 킬라니에서 코크까지 여행하고자 한다. 그림 3.4a에서 원점을 선택하고 원점에서부터 출발 지점과 도착 지점까지 위치 벡터를 그린다. $\vec{r}_i$의 머리에서 $\vec{r}_f$의 머리까지 그린 벡터가 $\vec{r}_f - \vec{r}_i$이다. 왜 그럴까? $\Delta\vec{r}$은 **위치의 변화**이므로 **처음 위치** $\vec{r}_i$로부터 **나중 위치** $\vec{r}_f$까지 가도록 해 주기 때문이다. 다시 확인해 보려면 처음 위치에 위치의 변화를 더한 것이 나중 위치임을 확인하라.

블라니 성

$$\vec{r}_i + \Delta\vec{r} = \vec{r}_f \qquad (3\text{-}3)$$

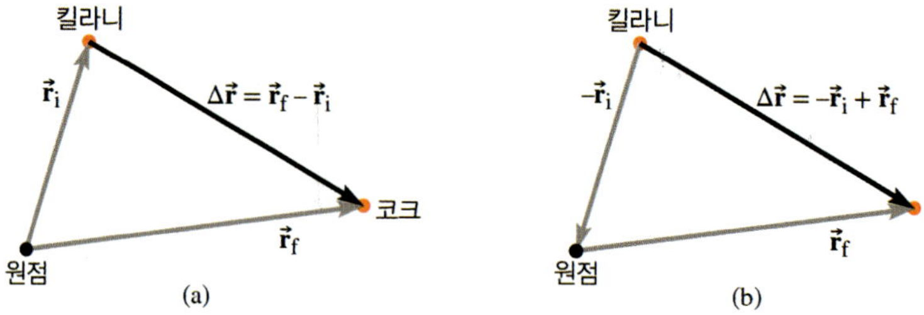

그림 3.4 (a) 두 위치 벡터 $\vec{r}_i$와 $\vec{r}_f$는 임의의 원점에서 여행 출발 지점(킬라니)과 도착 지점(코크)까지 그려졌다. 도착 지점의 위치 벡터에서 출발 지점의 위치 벡터를 뺀 것이 변위 $\Delta\vec{r}$이다. (b) $-\vec{r}_i+\vec{r}_f$의 결과는 $\Delta\vec{r}$로 같다.

$\vec{r}_i$와 $\Delta\vec{r}$을 더했을 때 $\vec{r}_f$가 되도록 $\Delta\vec{r}$을 그린다. 이 절차는 $-\vec{r}_i+\vec{r}_f$를 구하는 것과 같다(그림 3.4b).

$$\Delta\vec{r} = \vec{r}_f - \vec{r}_i = \vec{r}_f + (-\vec{r}_i) = -\vec{r}_i + \vec{r}_f \qquad (3\text{-}4)$$

처음과 나중 위치 벡터들은 원점을 어디에 선택하느냐에 따라 달라지지만 변위(**위치 변화**)는 원점의 선택과 무관하다. 이것은 다른 벡터양의 뺄셈에도 동일하게 적용할 수 있다.

연속적인 변위는 벡터로 더할 수 있다. 보기 3.1에서 보인 바와 같이, 여러 구간을 여행한 총변위는 각 구간의 변위를 더한 것이기 때문에

$$\vec{r}_3 - \vec{r}_1 = (\vec{r}_3 - \vec{r}_2) + (\vec{r}_2 - \vec{r}_1) \qquad (3\text{-}5)$$

이다. 변위를 구하기 위해서는 위치 벡터를 빼는 반면, 총변위를 구하기 위해서는 연속적인 변위를 더한다는 것에 주목하여라. 보기 3.2에서 이를 더 살펴보자.

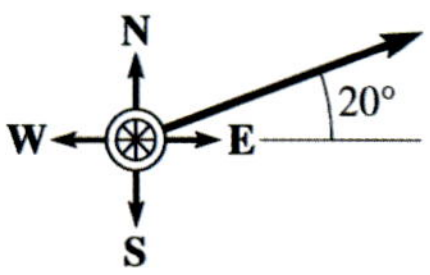

그림 3.5 이 벡터의 방향은 동에서 북으로 20°이다(동북 20°).

수평면상에서의 방향은 나침반의 기본 방향 중 하나에 대해 각도를 부여하여 나타낼 수 있다. 예를 들면 그림 3.5에서 벡터의 방향은 '동에서 북으로 20°'이다. 이는 이 벡터가 동에서 북으로 20°의 방향으로 놓여 있음을 의미한다. 관례적으로는 작은 각을 사용하지만 같은 방향을 '북에서 동으로 70°'라 기술해도 된다. '동에서 북으로 45°'와 '북에서 동으로 45°'는 같은 방향을 의미한다.

보기 3.2 **아일랜드인의 탐험**

킬라니에서 코크까지 이동하기 위해 나침반이 남서쪽 27°를 가리키는 방향으로 18 km를 운전해 가서 켄메어까지 이동하고, 정남쪽으로 17 km 지점 글렌가리프까지 간 다음, 나침반이 북동쪽 13°를 가리키는 방향으로 48 km를 운전하여 코크까지 갔다. 전체 여행에 대한 변위 벡터의 방향과 크기를 구하여라.

전략 네 도시의 위치를 $\vec{r}_1$(킬라니), $\vec{r}_2$(켄메어), $\vec{r}_3$(글렌가리프), $\vec{r}_4$(코크)라 하자. 전체 여행에 대한 총변위는 $\vec{r}_4 - \vec{r}_1$이다. 문제에서 각 구간의 변위는 주어져 있다. 간소하게 표기하기 위해 세 구간의 변위를 각각 $\vec{A}$, $\vec{B}$, $\vec{C}$라 하고, $\vec{A} = \vec{r}_2 - \vec{r}_1 =$ 남서쪽 27°로 18 km, $\vec{B} = \vec{r}_3 - \vec{r}_2 =$ 정남쪽으로 17 km, $\vec{C} = \vec{r}_4 - \vec{r}_3 =$ 동북쪽 13°로 48 km로 나타내자. 이 세 벡터의 합이 총변위(그림 3.6)이고, x 성분과 y 성분을 사용하여 더할 수 있다. 우선 x축과 y축의 방향을 선택하자. 그다음 세 벡터의 성분을 구한다. 세 변위의 x 성분끼리, y 성분끼리 더한 것이 각각 총변위의 x 성분과 y 성분이다. 마지막으로 성분으로부터 총변위 벡터의 크기와 방향을 구한다.

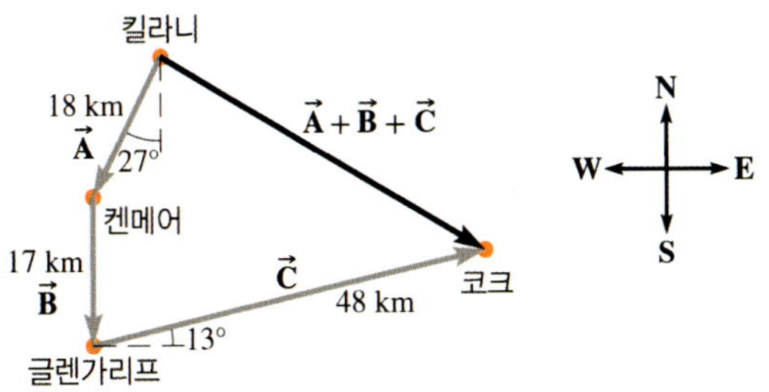

그림 3.6 킬라니에서 켄메어와 글렌가리프를 경유해서 코크까지 가는 여행의 변위를 그림으로 더하기

풀이 관례적인 선택이 좋은 선택이다. 곧 x축은 동쪽으로, y축은 북쪽으로 택한다. 처음의 벡터 $\vec{A}$는 남서쪽 27°이므로 $-x$ 방향과 $-y$ 방향이 되어 성분은 모두 음$^-$의 값이다. 그림 3.7의 삼각형을 사용하여 27°의 대변은 x축에 나란하다. 빗변에 대한 대변의 관계를 나타내는 사인함수는

$$A_x = A\sin 27° = 18\text{ km} \times 0.454 = 8.17\text{ km}$$

이다. 여기에서 A는 $\vec{A}$의 크기이다. 빗변에 대한 밑변의 관계를 나타내는 코사인함수는

$$A_y = -A\cos 27° = -18\text{ km} \times 0.891 = -16.0\text{ km}$$

이다. $\vec{B}$는 남쪽 방향이므로

$$B_x = 0,\ B_y = -17\text{ km}$$

이다. $\vec{C}$는 동북쪽 13°로 48 km이므로 두 성분이 모두 양의 값을 갖는다. 그림 3.7로부터, 13°의 대변이 y축과 나란하므로

$$C_x = +C\cos 13° = +48\text{ km} \times 0.974 = +46.8\text{ km}$$

$$C_y = +C\sin 13° = +48\text{ km} \times 0.225 = +10.8\text{ km}$$

이다. 총변위 벡터의 x 성분과 y 성분을 모두 구하기 위하여 세 벡터를 성분끼리 더해보자.

$$\Delta x = A_x + B_x + C_x = (-8.17\text{ km}) + 0 + 46.8\text{ km} = 38.63\text{ km}$$

$$\Delta y = A_y + B_y + C_y = (-16.0\text{ km}) + (-17\text{ km}) + 10.8\text{ km} = -22.2\text{ km}$$

이다. 그림 3.8의 삼각형에서 피타고라스의 정리를 사용하여 $\Delta\vec{r}$의 크기와 방향을 구할 수 있다.

$$\Delta r = \sqrt{(\Delta x)^2 + (\Delta y)^2} = \sqrt{(38.63\text{ km})^2 + (-22.2\text{ km})^2} = 45\text{ km}$$

이고, 각 θ는

$$\theta = \tan^{-1}\frac{\text{대변}}{\text{접변}} = \tan^{-1}\frac{22.2\text{ km}}{38.63\text{ km}} = 30°$$

이다. $+x$ 방향이 동쪽이고 $-y$는 남쪽이므로, 변위의 방향은 동남쪽으로 30°이다. 이렇게 성분으로 구한 것과 그림 3.6에서 그림으로 구한 것은 일치한다.

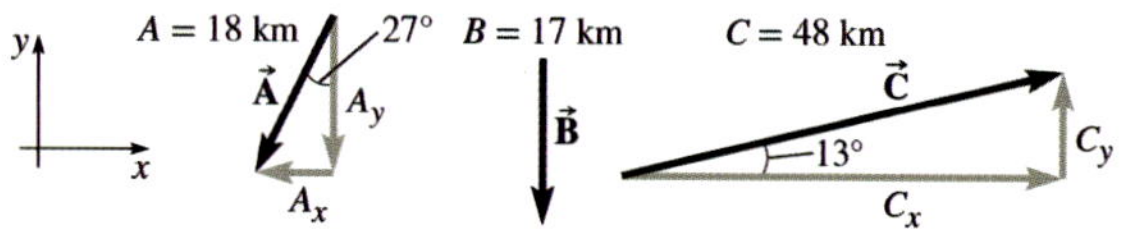

그림 3.7 $\vec{A}$, $\vec{B}$, $\vec{C}$의 x 성분과 y 성분 분해 직각삼각형을 그려 각각을 x 성분과 y 성분으로 분해한다. 성분의 크기는 삼각함수에서 찾을 수 있으며, 성분의 부호는 양축의 방향과 비교하여 결정해야 한다.

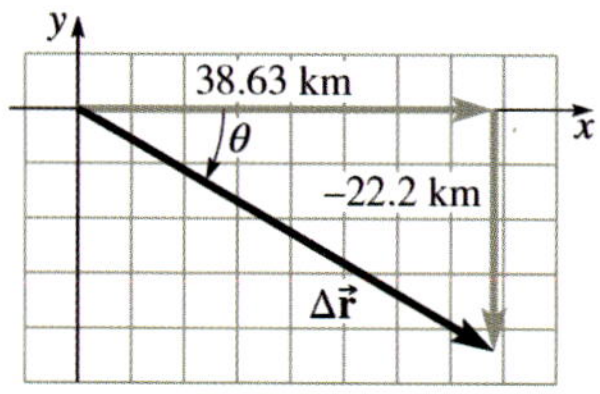

그림 3.8 $\Delta\vec{r}$의 크기와 방향 찾기. 크기는 피타고라스 정리를 사용하여 구할 수 있고 각도 θ는 역탄젠트함수로 계산할 수 있다.

검토 한 변위 벡터의 x 성분은 사인함수로 구하고 y 성분은 코사인함수로 구한다는 것에 주목하여라. 벡터의 x 성분(또는 y 성분)은 삼각형에서 어느 각을 택하느냐에 따라 사인이나 코사인에 관계될 수 있다.

실전문제 3.2 **좌표축 바꿔 보기**

x축을 남쪽으로, y축을 동쪽으로 할 때 세 이동 경로에 대한 변위 벡터의 x 성분과 y 성분을 구하여라.

3.2 속도 Velocity

속도가 벡터양이라는 것은 앞에서 이미 소개하였다(1.2, 2.1절 참조). 그 크기는 물체가 움직이는 속력이고 방향은 운동 방향이다. 속도를 설명하는 데 적합한 수학적인 정의를 해 보자. 변위 벡터는 위치가 얼마나 변했고 어떤 방향으로 변했는지 나타내지만 한 점에서 다른 점으로 이동하는 데 얼마나 걸리는지는 나타내지 않는다. 속도는 변위와 시간 간격에 따라 변한다.

평균 속도

Δt 시간 동안에 $\Delta\vec{r}$만큼의 변위가 일어났을 때, 그 시간 동안의 **평균 속도**average velocity $\vec{v}_{평균}$을 다음과 같이 정의한다.

평균 속도의 정의

$$\vec{v}_{평균} = \frac{\Delta\vec{r}}{\Delta t} = \frac{\vec{r}_f - \vec{r}_i}{t_f - t_i} \quad (3\text{-}6)$$

평균 속도는 벡터인 변위($\Delta\vec{\mathrm{r}}$)와 양$^{+}$의 스칼라양을 갖는 시간 간격의 역수($1/\Delta t$)를 곱한 것이다. 벡터에 1이 아닌 양의 스칼라값을 곱하면 벡터의 크기가 변하지만, 방향은 변하지 않는다. 이에 반하여 음$^{-}$의 스칼라양을 곱하면 방향은 반대가 되고 스칼라양이 -1이 아닌 한 크기도 변한다. Δt는 항상 양$^{+}$이므로 평균 속도 벡터의 방향은 변위 벡터의 방향과 같다. 평균 속도의 x 방향과 y 방향 성분은

$$v_{\text{평균},x}=\frac{\Delta x}{\Delta t},\qquad v_{\text{평균},y}=\frac{\Delta y}{\Delta t} \tag{3-7}$$

이다. Δ는 뒤에 나오는 양을 수정하기 때문에 방정식에서 약분될 수 없으며 홀로 사용할 수 없다. 곧,

$$\frac{\Delta x}{\Delta t}=\frac{x_{\mathrm{f}}-x_{\mathrm{i}}}{t_{\mathrm{f}}-t_{\mathrm{i}}} \tag{3-8}$$

이다.

보기 3.3 기차의 평균 속도

그림 3.2의 기차는 오후 3시 14분에는 원점에서 동쪽으로 3 km 지점에 있었으며, 오후 3시 56분에는 원점에서 서쪽으로 26 km 지점에 있었다. 이 시간 간격 동안의 평균 속도를 구하여라(기차가 처음에는 동쪽으로 7 km 이동한 후 서쪽으로 36 km를 이동했다).

전략 이미 그림 3.2에서 변위 벡터 $\Delta\vec{\mathrm{r}}$을 알고 있다. 평균 속도의 방향은 변위의 방향과 같다.

- 주어진 조건 : 변위 $\Delta\vec{\mathrm{r}}=29$ km 서쪽, 출발 시각 = 오후 3시 14분, 도착 시각 = 오후 3시 56분
- 구해야 할 값 : $\vec{\mathrm{v}}_{\text{평균}}$

풀이 3.1절에서 변위는 서쪽으로 29 km이다.

$$\Delta\vec{\mathrm{r}}=29\ \text{km 서쪽}$$

이다. 시간 간격은

$$\Delta t=56\ \text{min}-14\ \text{min}=42\ \text{min}$$

이다. 시간 간격을 시간으로 환산하면

$$\Delta t=42\ \text{min}\times\frac{1\ \text{h}}{60\ \text{min}}=0.70\ \text{h}$$

이다. 오후 3시 14분과 오후 3시 56분 사이의 평균 속도는

$$\vec{\mathrm{v}}_{\text{평균}}=\frac{\text{변위}}{\text{시간간격}}=\frac{\Delta\vec{\mathrm{r}}}{\Delta t},$$

$$\vec{\mathrm{v}}_{\text{평균}}=\frac{29\,\text{km 서쪽}}{0.70\ \text{h}}=41\ \text{km/h 서쪽}$$

이다. 이 문제의 답을 성분을 사용하여 표현할 수도 있다. $+x$축이 동쪽을 가리킨다고 하면 변위의 x 성분은 $\Delta x=-29$ km이다. 여기서 음의 부호는 벡터가 서쪽을 가리킨다는 뜻이다. 그러면

$$v_{\text{평균},x}=\frac{\Delta x}{\Delta t}=\frac{-29\ \text{km}}{0.70\ \text{h}}=-41\ \text{km/h}$$

이다. 여기서 음의 부호는 평균 속도가 $-x$축, 곧 서쪽을 가리킨다는 뜻이다.

검토 만일 기차가 오후 3시 14분에 출발하여 일정한 속력 41 km/h로 곧바로 서쪽으로 간다면 오후 3시 56분에 같은 곳, 곧 가교 서쪽 26 km 지점에 도착할 것이다. 3시 14분이 아니라 기차가 정지해 있던 3시부터 시작하여 시간을 측정했다면 시간 간격이 다르므로 평균 속도가 달라진다. 평균 속도는 고려한 시간 간격에 따라 달라진다. 기차의 평균 속도 크기는 이동한 전체 거리를 이동에 걸린 시간으로 나눈 것이 아니다. 이것은 평균 속력이라 부른다.

$$\text{평균 속력} = \frac{\text{이동한 거리}}{\text{총시간}} = \frac{43\ \text{km}}{0.70\ \text{h}} = 61\ \text{km/h}$$

이다. 평균 속도는 주어진 시간 간격마다 이동한 변위가 일정한 속도이지만, 평균 속력은 주어진 시간 간격마다 이동한 거리가 일정한 속력이기 때문에 평균 속도와 평균 속력은 구별된다.

실전문제 3.3 **시간 간격이 다를 때 평균 속도**

오후 3시 28분에 $x = 10.0$ km에 있던 기차가 오후 3시 56분에 $x = -26.0$ km에 도착했다면 이 기차의 평균 속도는 얼마인가?

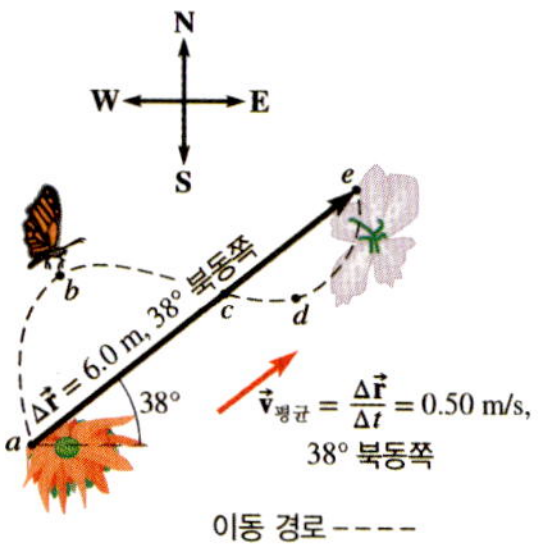

그림 3.9 나비가 한 꽃에서 다른 꽃으로 날아간 경로. 나비의 변위는 $\Delta\vec{r} = 6.0$ m이고, 북동쪽으로 38°이다. 나비가 a에서 e로 가는 데 걸린 시간이 $\Delta t = 12.0$ s라고 하면 나비의 평균 속도는 단위 시간당 변위인 $\Delta\vec{r}/\Delta t = 0.50$ m/s, 북동쪽으로 38°이다(이것이 비행 중 어느 시각에서의 순간속도와 반드시 같지는 않다).

평균 속력과 평균 속도 평균 속도는 해당 시간 간격 Δt 동안 일어난 운동의 세부적인 정보를 전달하지 못한다. 나비가 그림 3.9에 보인 점선을 따라 어떤 꽃 위의 한 지점 a에서 다른 꽃 위의 지점 e로 날아갔다고 하자(경로 abcde). 평균 속도의 방향은 변위 벡터 $\Delta\vec{r}$의 방향과 같다. 같은 시간 간격 Δt 동안 a에서 e로 가는 어떤 경로를 택하든 평균 속도는 같다. 왜냐하면 시간 간격과 변위가 같기 때문이다. 하지만 평균 속력은 전체 이동한 거리에 따라 달라질 것이다.

살펴보기 3.2A 평균 속력은 평균 속도의 크기보다 커질 수 있는지 설명하여라.

순간속도

자동차의 속도계 speedometer가 전체 이동하는 동안의 평균 속력을 나타내지는 않는다. 속도계가 88 km/h를 나타낸다고 해도 다음 한 시간 동안에 자동차는 반드시 88 km를 이동하지는 않는다. 자동차가 그 시간 동안에 속력이나 방향을 바꾸거나 멈출 수 있기 때문이다. 속도계가 가리키는 속력은 매우 짧은 시간 동안에 얼마나 멀리 갈 수 있는지를 계산할 수 있게 한다. 예를 들면 88 km/h(= 25 m/s)라면 0.010 s 후에 차가 25 m/s × 0.010 s = 0.25 m만큼 운동할 것으로 계산할 수 있다. 이는 속력이 크게 바뀌지만 않으면 0.010 s 동안에는 의미가 있다.

마찬가지로 **순간속도** instantaneous velocity $\vec{v}$는 크기가 속력이고 방향이 운동 방향인 벡터

양이다(간단히 속도라고 하면, 항상 순간속도를 의미한다). 순간속도는 매우 짧은 시간 간격 동안 물체의 변위를 계산하는 데 사용할 수 있다. 자동차의 순간속도가 남서쪽(39°)으로 25 m/s라면 0.010 s 동안 자동차의 변위는 $\Delta\vec{r} = \Delta\vec{v}\Delta t = 0.25$ m, 남서쪽 39°이며, 이 시간 동안에 운동 방향이나 속력이 크게 변하지만 않는다면 의미 있는 양이다.

따라서 어느 순간 t에 속도 $\vec{v}$는 매우 짧은 시간 간격 동안의 평균 속도이다.

순간속도의 정의

$$\vec{v} = \lim_{\Delta t \to 0} \frac{\Delta\vec{r}}{\Delta t} \tag{3-9}$$

($\Delta\vec{r}$은 매우 짧은 시간 간격 Δt 동안의 변위이다.)

$\lim\limits_{\Delta t \to 0}$ 라는 기호는 '델타 티가 0으로 접근할 때 …의 극한'이라고 읽는다. 설명하면 시간 간격을 점점 작게 하여 0은 아니지만 0에 가까이 가게 하라는 것이다. 식 (3-9)의 이 기호는 Δt가 매우 짧은 시간 간격이어야 한다는 의미이다. 매우 짧은 시간 간격은 얼마나 짧은 시간이어야 하는가? 더 짧은 시간 간격으로 속도 $\vec{v}$를 계산해도 항상 같은 값을 얻는다면(측정 가능한 정밀도 이내) Δt는 이미 매우 작다. 다시 말하면 어떤 시간 간격 동안 속도를 일정하게 취급할 수 있을 만큼 Δt가 작아야 한다. $\vec{v}$가 상수라면 Δt를 반으로 자르고 $\Delta\vec{r}$을 반으로 잘라도 $\Delta\vec{r}/\Delta t$는 같은 값이 된다.

연결고리 어떤 스칼라양 또는 벡터양 Q의 변화율은 $\lim\limits_{\Delta t \to 0} \frac{\Delta Q}{\Delta t}$ 이다. 속도는 위치 벡터의 변화율이다.

벡터 방정식은 항상 각각의 성분에 대한 방정식의 집합과 동등하다. 식 (3-9)는

$$v_x = \lim_{\Delta t \to 0} \frac{\Delta x}{\Delta t}, \quad v_y = \lim_{\Delta t \to 0} \frac{\Delta y}{\Delta t} \tag{3-10}$$

와 같다.

점 b에서 나비의 속력을 알고 싶다고 가정하자. 이동을 5개의 시간 간격 Δt로 나누어 생각하면 그림 3.10a는 각 시간 간격에 대한 변위를 나타낸다. 나비가 점 b를 통과하여 지나간 시간 동안의 평균 속도도 주어져 있다. 이제 더 짧은 시간 간격 $\Delta t'$으로 이동 구간을 나누어 보고(그림 3.10b) 마찬가지로 점 b를 포함하는 시간 동안의 평균 속도를 계산해 보자. 이 과정을 반복하면 시간 구간이 점점 더 짧아지게 되고 점 b를 포함하는 시간 간격에 대하여 계산한 평균 속도는 마침내 점 b에서의 순간속도에 접근하게 된다(그림 3.10c). 속도 벡터의 방향이 그 점에서의 나비의 굽은 경로의 접선을 따라 놓이는 것에 주목하여라. 여기서 이 접선이 위치와 시간의 그래프 상에 있는 접선이 아니라 공간상의 실제 경로에 대한 접선임에 주의하자.

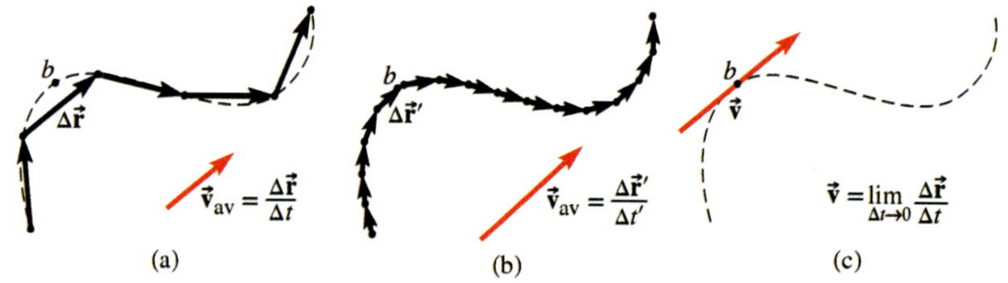

그림 3.10 (a) 다섯 번의 같은 시간 간격 Δt 동안 나비의 변위. $\Delta \vec{r}$로 표시된 변위에 대한 평균 속도는 $\Delta \vec{r}/\Delta t$이다. (b) 더 짧은 시간 $\Delta t'$ 동안의 평균 속도. (c) 점 b에서 순간속도는 나비의 굽은 경로에 접선 방향이다.

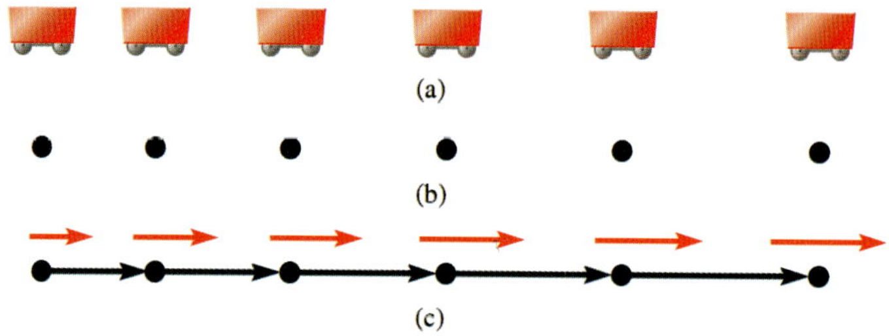

그림 3.11 (a) 오른쪽으로 속도가 증가하고 있는 수레의 운동도해. 같은 시간 간격으로 수레의 위치를 보여준다. 속력이 빨라지고 있으므로 연속 이미지 사이의 거리는 증가한다. (b) 수레의 단순화된 운동도해. (c) 검은색 화살표(변위 벡터)는 한 프레임에서 다음 프레임까지의 위치 변화를 보여준다. 빨간색 화살표는 위의 각 점에서 수레의 순간속도를 나타낸다. 각 점(수레) 위의 속도 벡터들은 수레가 오른쪽으로 속력이 빨라지면서 움직인다는 것을 보여준다.

운동도해

수레가 속력을 높여 오른쪽으로 운동하는 것을 비디오로 촬영했다고 가정하자. 비디오 영상의 각 프레임은 같은 시간 간격으로 수레의 위치를 보여준다. 연속 프레임 사진을 하나의 이미지로 편집하여 만든 **운동도해** motion diagram (그림 3.11a)는 같은 시간 간격에서 수레의 위치를 보여준다. 운동도해를 그림 3.11b와 같이 일련의 점으로 그리는 게 쉽고 유용하다. 이 운동도해는 변위가 커지고 있으므로 수레의 속력이 빨라지고 있다는 것을 보여준다. 그림 3.11c에서 검은색과 빨간색 벡터는 변위와 속도 벡터를 겹쳐서 그린 단순화된 운동도해이다.

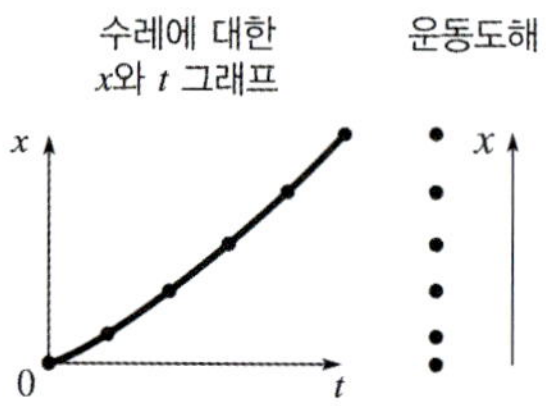

그림 3.12 x축을 $x(t)$ 그래프 상에서 수직축과 평행이 되도록 회전시킨 수레의 운동도해. 운동도해에서 각 점은 그래프 상에서 수직 위치를 보여준다. 운동도해는 같은 시간 간격으로 수레의 위치를 보여주므로 그래프에서 시간 축에 있는 점들 사이의 간격은 같다.

운동도해는 x와 t에 대한 그래프와 밀접한 관계에 있다. 그림 3.11에서 오른쪽을 x축 방향으로 선택하자. 기호 $x(t)$는 위치 x가 시간의 함수임을 나타낸다. $x(t)$ 그래프에서 x축은 수직 방향이므로 운동도해를 회전하여 각 점들을 위로 올라가도록 하자(그림 3.12). 운동도해의 각 점은 그래프 상에서 수직 위치를 보여준다. 곧 Δt가 일정하므로 이 점들은 시간 축을 따라 동일 간격으로 놓여 있다.

살펴보기 3.2B 운동도해(그림 3.13)는 오른쪽으로 운동하는 수레를 보여준다. 수레가 어떻게 운동하는지 설명하고 각 점에서 속도 벡터들을 그리고 $x(t)$ 그래프를 그려라.

그림 3.13 오른쪽으로 운동하고 있는 수레의 운동도해

그래프 상에서 위치와 속도의 관계

x축을 따라가는 운동에서 변위는 Δx이다. 평균 속도는 $x(t)$ 그래프에서 두 점을 잇는 직선(현이라 부른다)의 기울기로 나타낼 수 있다. 그림 3.14a에서 변위 $\Delta x = x_3 - x_1$은 그래프 상에서 수직 방향의 거리를 나타내고 $\Delta t = t_3 - t_1$은 수평 방향의 거리이다. 현의 기울기는 수평 방향의 거리에 대한 수직 방향의 거리이다. 곧

$$\text{현의 기울기} = \frac{\text{수직 거리}}{\text{수평 거리}} = \frac{\Delta x}{\Delta t} = v_{\text{평균},x} \tag{3-11}$$

이다. 현의 기울기는 이 시간 간격에서 평균 속도이다.

위치-시간 그래프에서 순간속도 구하기 어떤 시간 $t = t_2$에서 순간속도를 구하기 위하여 점점 작아지는 시간 간격에 대한 평균 속도를 나타내는 선을 그린다. 시간 간격이 줄어듦에 따라(그림 3.14b) 평균 속도가 변한다. Δt가 작아질수록 현은 점 t_2에서 그래프의 접선에 접근한다. 따라서

> v_x는 어떤 시각 t에서 $x(t)$ 그래프에 접하는 직선의 기울기이다.

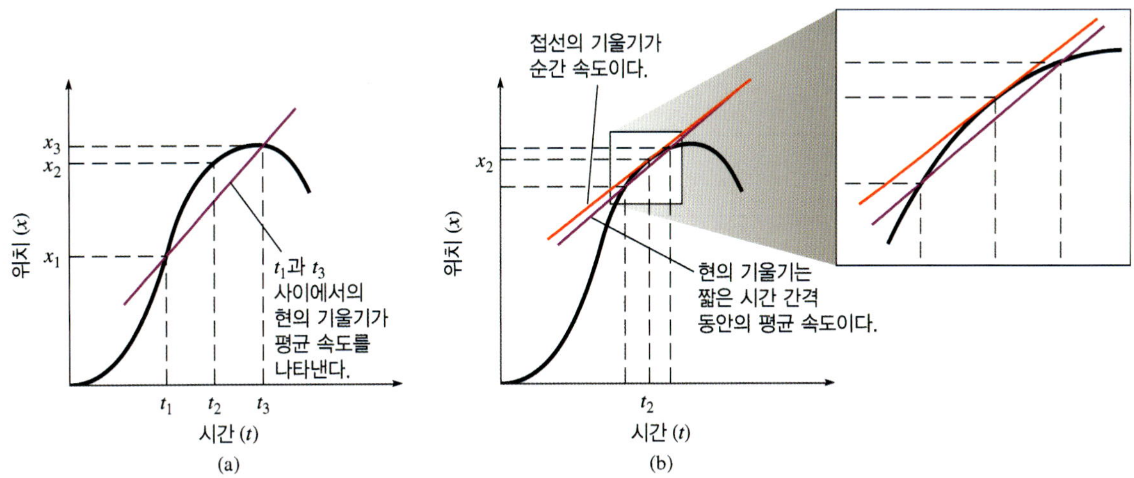

그림 3.14 x축을 따라 운동하는 물체의 $x(t)$ 그래프. (a) t_1과 t_3 사이의 평균 속도 $v_{x,\text{평균}}$는 그래프 상에서 두 점을 연결한 현의 기울기이다. (b) 더 짧은 시간 간격에 대해 측정한 평균 속도. 시간 간격이 짧아질수록 평균 속도는 t_2 시각의 순간속도 v_x에 가까이 간다. 그래프에서 접선의 기울기가 그 순간의 v_x이다.

그림 3.15는 3.1절에서 고려한 기차의 위치를 시간의 함수로 그린 것이다. 오후 3시를 $t = 0$으로 택하였다. 위치 대 시간 그래프가 곡선이라고 해서 기차의 이동 경로가 곡선인 것은 아니다. 선로가 동서 방향으로 뻗어있기 때문에 기차의 운동은 직선을 따라 일어난다.

그래프가 수평인 부분은 위치가 그 시간 간격 동안 변하지 않기 때문에 기차가 정지해(기차의 속도가 0이다) 있음을 나타낸다. 그래프가 기울어진 부분은 기차가 움직이고 있음을 나타낸다. 그래프가 가파를수록 기차의 속력은 더 크다. 기울기의 부호는 운동 방향을 나타낸다. 기울기가 양인 구간은 $+x$ 방향으로 운동하는 반면에, 기울기가 음인 구간은 $-x$ 방향으로 운동함을 나타낸다. 그림 3.15에서 기차는 $t = 0$에서 $t = 14$ min까지 정지해 있다. 이후 기차는 가속하면서 동쪽으로 운동하다가 점점 속도를 줄여 $t = 23$ min에 정지한다. 기차는 $t = 28$ min까지 정지해 있다가 서쪽으로 움직인다. 속력은 $t = 45$ min까지 증가하다가 이후 천천히 감속하면서 서쪽으로 운동을 계속한다.

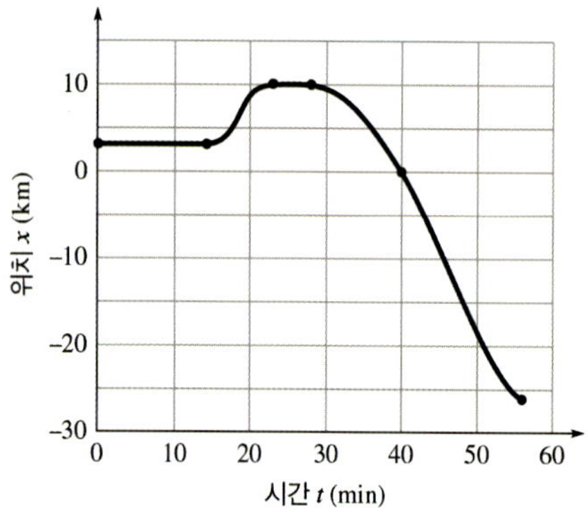

x (km)	t (min)
+3	0
+3	14
+10	23
+10	28
0	40
−26	56

그림 3.15 기차가 운동한 시간 t와 위치 x의 그래프. 다양한 시간에서 기차의 위치를 점으로 표시했다. 그래프의 모양을 정확히 따라가기 위해서는 더 짧은 시간 간격으로 기차의 위치를 측정해야 한다.

살펴보기 3.2C 그래프(그림 3.16)는 $t = 14$ min과 $t = 23$ min 사이 기차의 위치를 나타낸다. 그래프상의 점들은 1.5 min의 일정한 시간 간격으로 기차의 위치를 나타낸다. 운동도해를 그리고 $v_x(t)$의 그래프를 정성적으로 그려라(수치는 신경 쓰지 말고 그래프의 모양만 그려라).

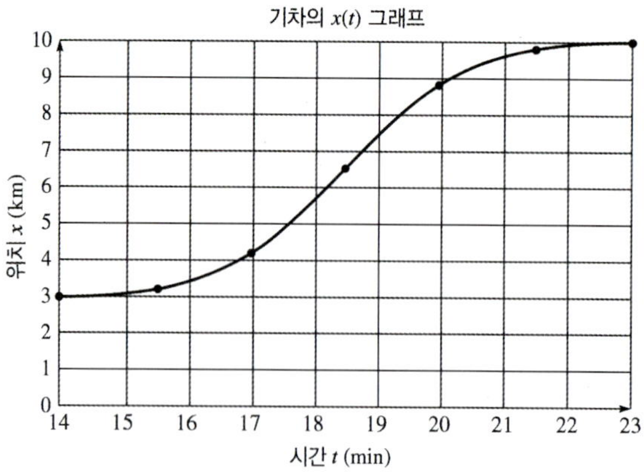

그림 3.16 $t = 14 \sim 23$ min까지 기차의 위치에 대한 상세한 그래프. 그래프의 점들은 1.5 min의 일정한 시간 간격으로 기차의 위치를 나타낸다.

보기 3.4 기차의 속도

그림 3.15를 이용하여 $t = 40$ min일 때 기차의 속도를 km/h로 추정하여라.

전략 그림 3.15는 $x(t)$의 그래프이다. $t = 40$ min에서 그래프에 접하는 직선의 기울기는 그 시각에서 v_x이다. 그래프에 접선을 그린 후에 수직 방향의 증가를 수평 방향의 증가로 나누어 직선의 기울기를 구한다.

풀이 그림 3.17은 그래프에 그린 접선을 보여주고 있다. 접선의 끝점들을 사용하면 수직 방향의 증가는 $(-25\,\text{km})-(15\,\text{km})=-40\,\text{km}$이고, 수평 방향의 증가 $(57\text{ min})-(30\text{ min})= 27\text{ min}= 0.45\text{ h}$이다. 따라서

$$v_x \approx -40\text{ km}/(0.45\text{ h}) = -89\text{ km/h}$$

이다. 속도는 $-x$ 방향(서쪽)으로 약 89 km/h이다.

검토 직선의 기울기는 원래 일정하므로 **접선상**의 어느 두 점을 선택해도 기울기는 같다. 간격이 넓은 두 점을 사용하면 기울기를 더 정확히 나타낼 수 있다.

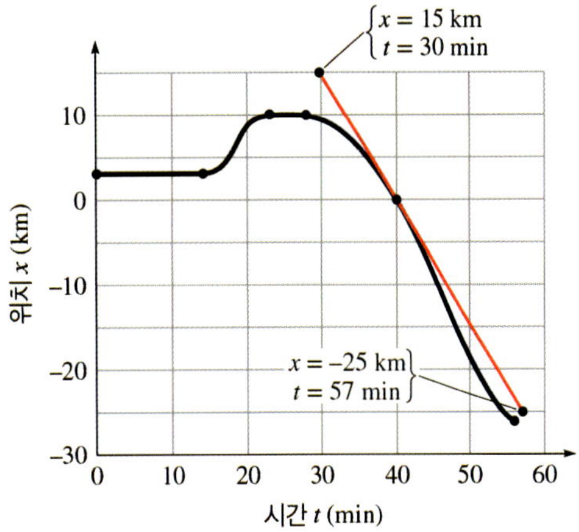

그림 3.17 $x(t)$의 그래프에서 $t = 40$ min일 때 그래프에 접한 직선의 기울기가 $t = 40$ min일 때 v_x이다.

실전문제 3.4 동쪽으로의 최대 속도

기차가 동쪽으로 운동하는 동안($t = 14$ min에서 $t = 23$ min까지) 기차의 최고 속도를 km/h 단위로 추정하여라.

일정한 속도로 운동하는 물체의 변위 구하기 반대로 $v_x(t)$의 그래프가 있을 때 변위(위치의 변화)는 어떻게 구할 수 있을까? 어느 시간 간격 동안에 v_x가 일정하다면 평균속도는 순간속도와 같다.

$$v_x = v_{\text{평균},x} = \frac{\Delta x}{\Delta t} \quad (v_x\text{가 일정할 때}) \qquad (3\text{-}7)$$

그러므로 변위는 다음과 같다.

$$\Delta x = v_x \Delta t \quad (v_x\text{가 일정할 때}) \qquad (3\text{-}12)$$

그림 3.18의 그래프는 t_1에서 t_2까지 일정한 속도 v_1으로 x축을 따라 움직이는 물체에 대한 v_x와 t 그래프이다. $\Delta t = t_2 - t_1$ 동안 변위 $\Delta x = v_1 \Delta t$이다. 색을 칠한 직사각형은 높이가 v_1이고 너비가 Δt이다. 직사각형의 넓이는 높이와 너비의 곱이므로 변위 Δx는 고려 중인 시간 간격 동안 속도 그래프 $v_x(t)$와 시간 축 사이의 직사각형의 넓

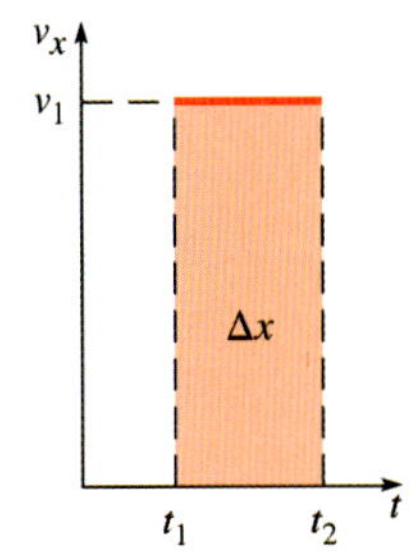

그림 3.18 t_1과 t_2 사이의 변위 벡터 Δx는 $\Delta x = v_x \Delta t$이기 때문에 그래프 아래 색칠한 부분의 넓이로 나타낼 수 있다.

이로 표시된다.

그래프 아래의 '넓이'라고 말할 때 종이나 컴퓨터 스크린의 넓이처럼 몇 cm^2와 같은 단위로 표현하는 것은 아니다. 그래프 아래에 표시한 넓이는 그래프의 좌표축에 사용한 단위에 따라 결정된다. v_x가 m/s이고 t가 s이므로 넓이=높이×너비=(m/s)×s = m이다.

변하는 속도로 운동하는 물체의 변위 구하기 만일 속도가 일정하지 않다면 어떻게 되는가? 충분히 짧은 시간에서는 속도가 그리 심하게 변하지 않기 때문에 매우 짧은 시간 Δt 동안의 변위 Δx는 일정한 속도일 때와 마찬가지로 구할 수 있다. v_x와 Δt는 좁은 사각형의 높이와 너비(그림 3.19a)이며 짧은 시간 동안 변위는 이 사각형의 넓이이다. 임의의 시간 동안 총변위를 계산하기 위해서는 좁은 사각형들의 넓이를 모두 더해야 한다(그림 3.19b). 어림셈의 정확도를 개선하기 위해 시간 간격 Δt를 0에 접근시키면 어떤 시간 동안의 변위 Δx는 $v_x(t)$ 그래프 아래 영역의 넓이와 같아진다는 것을 알 수 있다(그림 3.19c). 만일 v_x가 음의 값이라면 x는 감소하고 변위는 $-x$축 방향이므로 그래프가 시간 축 아래에 있을 때는 넓이를 음의 값으로 계산해야 한다.

연결고리 그래프의 기울기와 아래 넓이는 일관되게 해석할 수 있다. 시간의 함수로 주어진 양 Q의 그래프에서 그래프의 기울기는 Q의 순간 변화율을 나타낸다. 시간의 함수로 주어진 Q의 변화율 그래프에서 그래프 아래 넓이는 ΔQ를 나타낸다. $x(t)$의 그래프 기울기는 x의 변화율인 v_x이고, $v_x(t)$ 그래프의 아래 넓이는 Δx이다. 3.3절에서 속도와 가속도 사이에서 이와 유사한 그래프상의 관계에 대해 배울 것이다. 곧 $v_x(t)$ 그래프에서 기울기는 v_x의 변화율인 a_x를, $a_x(t)$ 그래프의 아래 넓이는 Δv_x를 나타낸다.

Δx는 $v_x(t)$ 그래프 아래의 넓이이다. 그래프가 시간 축 아래에 있을 때($v_x < 0$) 넓이는 음의 값이 된다(일반적으로 그래프와 수평축 사이의 넓이를 그래프 아래의 넓이라고 말한다).

기차 변위의 크기는 그림 3.20의 그래프 아래 색칠한 부분의 넓이로 나타난다. $t = 14$분에서 $t = 23$ min까지 기차의 변위는 $+7$ km(t축 위의 넓이는 $+x$축 방향의 변위를 의미한다)이고, $t = 28$ min에서 $t = 56$ min까지는 -36 km(t축 아래의 넓이는 $-x$축 방향의 변위를 의미한다)이다. $t = 0$에서 $t = 56$ min까지의 총변위는 $\Delta x = (+7\ km) + (-36\ km) = -29\ km$이다. 이것은 그림 3.2b에서 보인 변위 벡터와 일치한다.

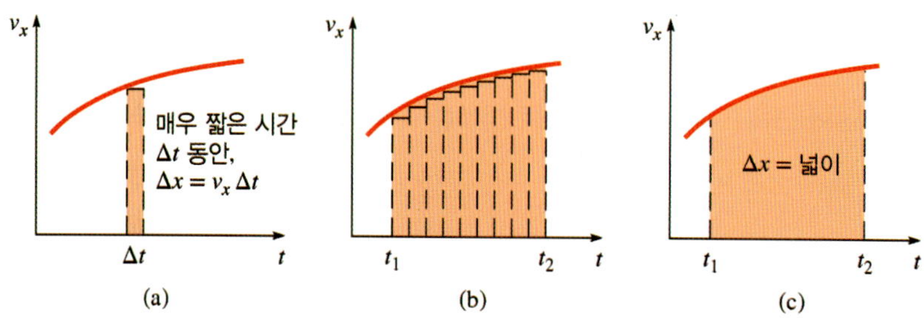

그림 3.19 (a) 짧은 시간 동안의 변위 Δx는 대략 높이 v_x와 너비 Δt의 사각형의 넓이이다. (b) 좀 더 긴 시간 간격 동안의 변위는 대략 직사각형의 넓이의 합이다. (c) 어떤 시간 동안 v_x와 t 그래프 아래의 넓이는 그 시간 동안의 변위를 나타낸다.

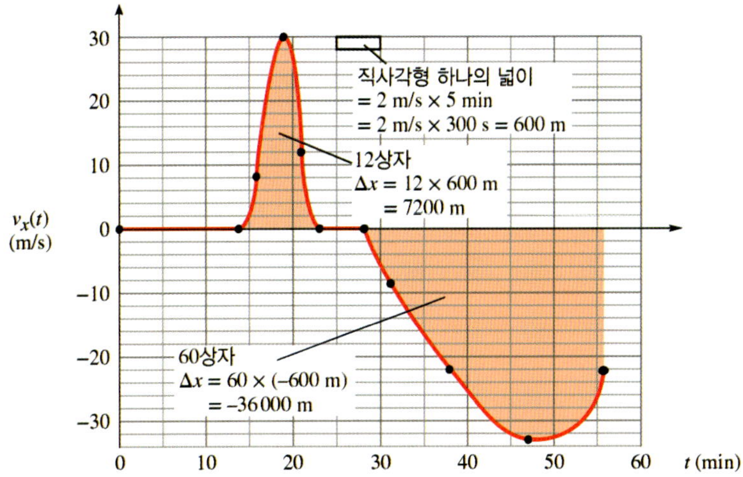

그림 3.20 기차의 속도-시간 그래프. $t = 14$ min에서 $t = 23$ min까지 기차의 변위는 이 시간 동안 그래프 아래 색칠한 부분의 넓이이다. 넓이를 추정하기 위해 곡선의 아래 격자 상자의 수를 센다. 일부분만 곡선 아래에 있는 상자들을 부분적으로 추정하여라. 각 상자는 높이가 2 m/s, 너비가 5 min(= 300 s)이므로 각 상자는 2 m/s × 300 s = 600 m의 '넓이'(변위)를 나타낸다. 주어진 시간 동안 색칠된 상자들의 총 개수는 약 12개이므로 변위는 약 $\Delta x \approx 12 \times 0.60$ km $= +7200$ m이다. 이것은 실제 값인 7 km에 근접한다(이 시간 동안 기차는 +3 km에서 +10 km까지 이동했다). $t = 28$ min에서 $t = 56$ min까지의 시간 동안 색칠한 부분의 넓이는 시간 축 아래에 있다. 이 음의 넓이는 $-x$ 방향(서쪽)의 변위를 나타낸다. 이 시간 동안에 색칠한 부분의 격자 상자의 개수는 약 60개이므로 이 시간 동안의 변위는 $\Delta x \approx 60 \times (-600\text{ m}) = -36000\text{ m} = -36\text{ km}$이다.

3.3 가속도와 운동에 관한 뉴턴의 제2법칙
Acceleration and Newton's Second Law of Motion

물체에 작용하는 0이 아닌 알짜힘의 효과

뉴턴의 제2법칙에 따르면 물체에 0이 아닌 알짜힘이 작용할 때 속도의 변화율은 작용한 알짜힘에 비례하고 물체의 질량에 반비례한다.

$$\frac{\Delta \vec{v}}{\Delta t} = \frac{1}{m}\sum \vec{F} \tag{3-13}$$

여기서 m은 물체의 질량이고 $\Delta \vec{v} = \vec{v}_f - \vec{v}_i$ 는 짧은 시간 간격 $\Delta t = t_f - t_i$ 동안의 속도 변화이며 $\sum \vec{F}$는 물체에 작용한 알짜힘이다. 알짜힘이 0이라면 속도 변화는 0이며 뉴턴의 제1법칙과 일치한다. 만일 알짜힘이 0이 아니라면 속도의 변화량 $\Delta \vec{v}$는 알짜힘과 같은 방향이다. 속도 변화를 구하기 위해서는 변위를 구한 것과 같은 방법으로 속도 벡터를 빼면 된다(3.2절 참조). 속도 변화 $\Delta \vec{v}$의 방향이 반드시 처음이나 나중의 속도 방향과 일치할 필요는 없다(그림 3.21 참조).

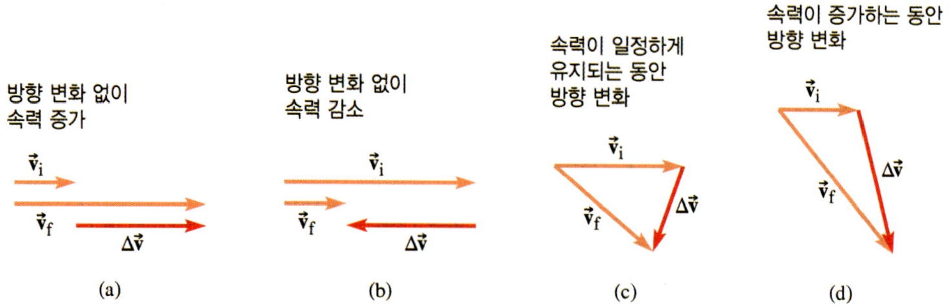

그림 3.21 네 가지 다른 상황에 대해 처음 속도, 나중 속도, 속도 변화를 설명하는 벡터 도표

가속도의 정의 식 (3-13)에서 속도의 변화율 $\Delta\vec{v}/\Delta t$를 **가속도** acceleration(기호로 $\vec{a}$)라 부른다. 일상생활에서 사용하는 가속도는 과학 용어와 정확히 일치하지 않는다. 일상생활에서 가속도는 보통 '속력의 증가'를 의미하지만 물리학에서 가속도는 방향의 변화, 속력의 증가, 속력의 감소, 속력과 방향이 동시에 변하는 경우 등 속도 벡터의 모든 종류의 변화를 나타낼 수 있다. 일정한 속력으로 커브를 도는 승용차는 속도 벡터의 방향이 변하기 때문에 가속도는 0이 아니다. 물론 스케이트보드를 타고 곡선 경사로를 올라갈 때처럼 속도의 크기와 방향이 둘 다 변할 수도 있다.

일반적으로 가속도 벡터의 개념은 속도 벡터의 개념보다 훨씬 덜 직관적으로 느껴지지만, 곰곰히 생각해 보면 가속도 벡터는 속도 벡터가 어떻게 변하는지를 알려준다.

가속도의 기호를 $\vec{a}$로 나타내면 뉴턴의 제2법칙은 다음과 같다.

운동에 관한 뉴턴의 제2법칙

$$\vec{a} = \frac{1}{m}\sum\vec{F} \text{ 또는 } \sum\vec{F} = m\vec{a} \tag{3-14}$$

알짜힘이 일정할 때 가속도 역시 일정하다. 뉴턴의 제2법칙을 성분으로 표현하면

$$\sum F_x = ma_x, \qquad \sum F_y = ma_y \tag{3-15}$$

이다. 여기서 가속도가 일정할 때 가속도의 성분은 다음과 같다.

$$a_x = \frac{\Delta v_x}{\Delta t}, \qquad a_y = \frac{\Delta v_y}{\Delta t} \tag{3-16}$$

물체에 작용하는 모든 힘을 알고 있다면 가속도를 계산하기 위해 식 (3-14)를 쓸 수 있다. 반대로 물체의 가속도는 알고 있지만 작용하는 힘은 정확히 알지 못하는 경우 식 (3-14)는 모르고 있는 힘에 대한 정보를 알려준다.

가속도와 힘의 SI 단위 가속도는 속도의 변화를 그 변화가 일어난 시간으로 나눈 것이므로 가속도의 SI 단위는 $(\mathrm{m/s})/\mathrm{s} = \mathrm{m/s^2}$이며 '초 제곱당 미터'라고 읽는다. 힘의 SI 단위는 뉴턴이며 1 N은 1 kg 질량의 물체에 1 $\mathrm{m/s^2}$의 가속도가 생기게 하는 힘이다.

$$1\mathrm{N} = 1\,\mathrm{kg} \cdot \mathrm{m/s^2} \tag{3-17}$$

$\mathrm{m/s^2}$을 $(\mathrm{m/s})/\mathrm{s}$로 생각하는 것이 가속도가 무엇인지를 이해하는 데 편리하다. 물체의 x 방향과 y 방향의 가속도가 $a_x = +3.0\ \mathrm{m/s^2}$, $a_y = -2.0\ \mathrm{m/s^2}$이라고 가정하자. 그러면 v_x는 매초 3.0 m/s만큼 증가하고(v_x의 변화는 초당 +3.0 m/s이다.), v_y는 매 초당 2.0 m/s씩 감소한다(v_y의 변화는 초당 −2.0 m/s이다).

중력장 세기의 SI 단위(N/kg)는 가속도의 SI 단위와 같다는 것에 주목하여라. $1\,\mathrm{N/kg} = 1\,\mathrm{m/s^2}$이다. 이 의미는 4장에서 논의할 것이다.

평균 가속도와 순간 가속도

이제까지 알짜힘이 일정한 뉴턴의 제2법칙에 대해서만 논의했다. 만일 일정한 알짜힘이 물체에 작용하면 가속도는 일정하다. 곧 속도 벡터가 **일정한 비율로 변화**한다. 더욱 일반적으로 표현하면 뉴턴의 제2법칙은 어느 순간에 작용하는 알짜힘과 그 순간의 순간 가속도 사이의 관계이다.

순간 가속도가 무엇을 의미하는가? 우선 시간 간격 Δt 동안 **평균 가속도**average acceleration를 정의해 보자.

$$\vec{\mathrm{a}}_{\text{평균}} = \frac{\vec{\mathrm{v}}_\mathrm{f} - \vec{\mathrm{v}}_\mathrm{i}}{t_\mathrm{f} - t_\mathrm{i}} = \frac{\Delta \vec{\mathrm{v}}}{\Delta t} \tag{3-18}$$

평균 가속도(식 (3−18))와 평균 속도(식 (3−6))의 정의 식을 비교해 보아라. 각각은 벡터양의 변화를 그 변화가 일어난 시간 간격으로 나눈 것이다. 각각은 시간 간격이 다르면 값이 달라진다. 벡터 방정식(식 (3−18))을 성분으로 표현할 수도 있다.

$$a_{\text{평균},x} = \frac{\Delta v_x}{\Delta t}, \qquad a_{\text{평균},y} = \frac{\Delta v_y}{\Delta t} \tag{3-19}$$

순간 가속도instantaneous acceleration를 구하기 위해서는 매우 짧은 시간 동안의 평균 가속도를 계산한다.

순간 가속도의 정의

$$\vec{a} = \lim_{\Delta t \to 0} \frac{\Delta \vec{v}}{\Delta t} \tag{3-20}$$

$\Delta \vec{v}$는 매우 짧은 시간 Δt 동안 속도의 변화이다.

시간 간격 Δt는 가속도 벡터가 일정하다고 할 만큼 0에 가까운 매우 작은 변화량이어야 한다. 순간속도처럼 순간을 항상 반복해서 사용하지는 않는다. **가속도**라고만 표현하면 순간 가속도를 의미한다. 성분 형태로 쓰면 다음과 같다.

$$a_x = \lim_{\Delta t \to 0} \frac{\Delta v_x}{\Delta t}, \quad a_y = \lim_{\Delta t \to 0} \frac{\Delta v_y}{\Delta t} \tag{3-21}$$

개념형 보기 3.5 속도가 느려질 때 가속도의 방향

스쿠터를 타고 $-x$축 방향으로 달려가다가 정지 신호를 보고 '감속'하였다. 이 스쿠터의 가속도 성분 a_x는 양수인가, 음수인가? 가속도 벡터는 어느 방향인가? 스쿠터에 작용하는 알짜힘은 어느 방향인가? v_x가 어떻게 변하는지를 설명하기 위해 $v_x(t)$ 그래프를 그려라.

전략 및 풀이 스쿠터는 속도를 줄이고 있으므로 $\Delta \vec{v}$의 방향은 $\vec{v}$와 반대 방향이다(그림 3.22a). 가속도 벡터는 $\Delta \vec{v}$의 방향($+x$ 방향)과 같다. 그러므로 a_x는 양의 값이며, $\vec{a}$는 $+x$ 방향이다. 뉴턴의 제2법칙으로부터 $\sum \vec{F}$도 $+x$ 방향이다.

v_x는 음의 값으로 시작하고($-x$축 방향으로 움직이므로) 크기가 감소하여(속도를 줄이고 있으므로) 정지할 때 0이 된다. 대략적인 그래프가 그림 3.22b에 나타나 있다(정확한 모양을 결정하기 위한 충분한 정보가 없다).

검토 스쿠터가 $-x$축 방향으로 움직이기 때문에 v_x가 음$^-$의 값임을 다른 방법으로 생각해 보자. 속도가 느려지고 있으므로 v_x의 절댓값이 더 작아진다. 음수의 크기를 줄이기 위해서는 양수를 더해 주어야 한다. 그러므로 v_x의 변화는 양수이고($\Delta v_x > 0$), a_x도 양수이다.

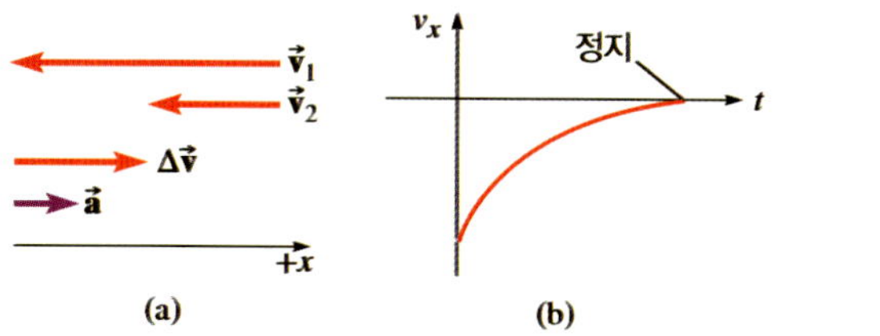

그림 3.22 (a) 스쿠터가 속력을 줄이면서 왼쪽으로 움직일 때 서로 다른 두 시간에서의 속도 벡터. 속도의 변화 $\Delta\vec{v} = \vec{v}_2 - \vec{v}_1$은 오른쪽이다. 가속도 $\vec{a}$는 $\Delta\vec{v}$와 같은 방향이다. (b) v_x가 음의 값으로 시작하여 0이 될 때까지 증가하는 것을 보여주는 $v_x(t)$ 그래프

실전문제 3.5 앞으로 나아가기

스쿠터가 정지 신호에서 출발하여 $-x$축 방향으로 속력을 점점 증가시킨다. a_x의 부호는 무엇인가? $\vec{a}$의 방향은 어느 쪽인가? 스쿠터에 작용하는 알짜힘은 어떤 방향인가? 운동도해를 그려 보아라.

속도와 가속도의 방향 해석 물체가 x축을 따라 운동하는 경우를 가정한 보기 3.5를 일반화해 보자. 알짜힘이 속도의 방향과 같을 때 물체는 속력이 커진다. 성분으로 보면 v_x와 a_x가 모두 양의 값이라면 물체는 $+x$ 방향으로 운동하고 속력은 커진다. 만일 둘이 모두 음의 값이라면 $-x$ 방향으로 운동하며 속력은 커진다.

알짜힘과 속도가 반대 방향으로 향할 때 그 x 성분들이 반대 부호이면 물체의 속력은 감소한다. v_x는 양의 값이고 a_x가 음의 값이라면 물체는 $+x$ 방향으로 운동하고 속력은 감소한다. 만일 v_x가 음의 값이고 a_x가 양의 값이라면 물체는 $-x$ 방향으로 운동하고 속력이 감소한다.

직선상의 운동에서 가속도는 항상 속도와 같은 방향이거나 반대 방향이다. 보기 3.6에서처럼 방향이 바뀌는 운동에서는 가속도가 항상 속도와 같은 선상에 있지는 않다.

살펴보기 3.3A 비행기 네 대가 처음에는 모두 200 m/s로 남쪽으로 날아간다. 10분 후 비행기 A는 200 m/s로 남쪽으로, 비행기 B는 200 m/s로 동쪽으로, 비행기 C는 300 m/s로 남쪽으로, 비행기 D는 200 m/s로 북쪽으로 날아간다. 네 대의 비행기를 평균 가속도의 크기 $|\vec{a}_{평균}|$이 감소하는 순서로 나열하여라.

보기 3.6 스케이트 타고 언덕 오르기

인라인스케이트 선수가 8.94 m/s의 속력으로 평평한 길을 달리고 있다. 120.0 s 후 선수는 경사각이 15.0°인 긴 언덕길을 7.15 m/s의 속력으로 올라간다. (a) 선수의 속도 변화는 얼마인가? (b) 120.0 s 동안 선수의 평균 가속도는 얼마인가?

전략 선수의 속도 변화는 1.79 m/s(= 8.94 m/s − 7.15 m/s)가 아니다. 이것은 속력의 변화이다. 속도의 변화는 나중 속도 **벡터**에서 처음 속도 **벡터**를 빼야 한다.

우선 그래프를 그리고 성분 방법을 이용한다. 평균 가속도는 속도의 변화를 변화가 일어난 시간으로 나눈 것이다.

풀이 (a) 그림 3.23a는 처음과 나중 속도 벡터, 언덕의 경사를 보여주고 있다. 처음 속도는 수평 도로에서 스케이트를 타고 있으므로 수평 방향이다. 나중 속도는 수평보다는 15.0° 위쪽이다. 그림을 그려서 두 속도 벡터를 빼기 위해서는 두 벡터의 꼬리를 한 곳에 그린다. 속도의 변화 $\Delta\vec{v}$는 $\vec{v}_i$의 머리에서 $\vec{v}_f$의 머리로 화살표를 그려서 구한다. 그림 3.23b에서 그림을 그려서 뺄셈을 한 것을 살펴보면, 속도의 변화는 대략 $-x$축 위쪽으로 45°이다. 크기는 처음과 나중 속도 벡터의 크기보다 작아서 2~3 m/s쯤 된다.

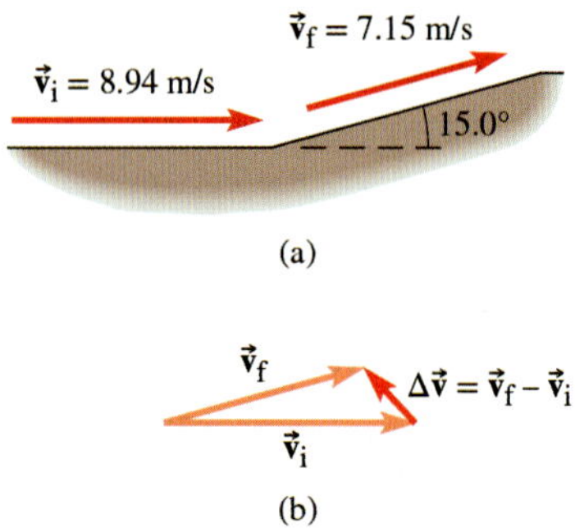

그림 3.23 (a) 스케이트를 타고 언덕을 오를 때의 속도 변화. (b) 속도 벡터의 그림 뺄셈

성분 v_{fx}와 v_{fy}는 직각삼각형으로 구할 수 있다(그림 3.24).

$$v_{fx} = v_f \cos\theta = 7.15\ \mathrm{m/s} \times 0.9659 = 6.91\ \mathrm{m/s}$$
$$v_{fy} = v_f \sin\theta = 7.15\ \mathrm{m/s} \times 0.2588 = 1.85\ \mathrm{m/s}$$

v_i는 x 성분만을 가지므로

$$v_{iy} = 0 \qquad v_{ix} = v_i = 8.94\mathrm{m/s}$$

이다. $\Delta\vec{v}$의 성분을 구하기 위해 같은 성분끼리 빼면

$$\Delta v_x = v_{fx} - v_{ix} = (6.91 - 8.94)\ \mathrm{m/s} = -2.03\mathrm{m/s}$$

$$\Delta v_y = v_{fy} - v_{iy} = (1.85 - 0)\ \mathrm{m/s} = +1.85\mathrm{m/s}$$

이다. $\Delta\vec{v}$의 크기를 구하기 위해 피타고라스의 정리를 적용하면(그림 3.25)

$$(|\Delta\vec{v}|)^2 = (\Delta v_x)^2 + (\Delta v_y)^2 = (-2.03\ \mathrm{m/s})^2 + (1.85\ \mathrm{m/s})^2 = 7.54(\mathrm{m/s})^2$$
$$|\Delta\vec{v}| = 2.75\ \mathrm{m/s}$$

이다. 각은 다음과 같이 구한다.

$$\tan\phi = \frac{대변}{접변} = \left|\frac{\Delta v_y}{\Delta v_x}\right| = \frac{1.85\ \mathrm{m/s}}{2.03\ \mathrm{m/s}} = 0.9113$$

$$\phi = \tan^{-1} 0.9113 = 42.3°$$

속도 변화 $\Delta\vec{v}$ 방향은 $-x$축 위로 42.3°이다.

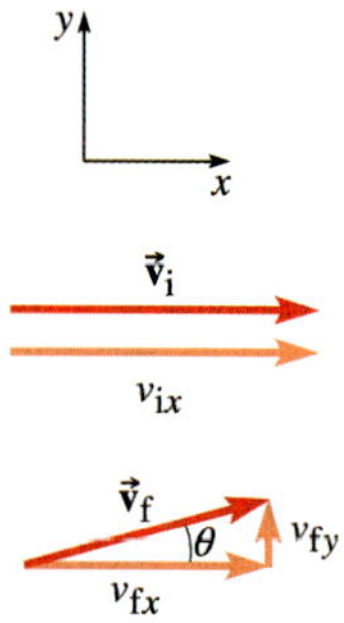

그림 3.24 처음과 나중 속도 벡터의 성분 분해

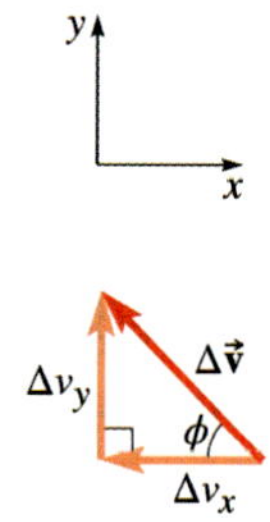

그림 3.25 성분을 이용하여 $\Delta\vec{v}$를 재구성(임의 축척)

(b) 평균 가속도의 크기는

$$|\vec{a}_{평균}| = \frac{|\Delta\vec{v}|}{\Delta t} = \frac{2.75\ \mathrm{m/s}}{120.0\ \mathrm{s}} = 0.0229\ \mathrm{m/s^2}$$

이다. 평균 가속도의 방향은 $\Delta\vec{v}$의 방향과 같다. 곧 $-x$축 위로 42.3°이다.

검토 그림 3.23b에서처럼 그림을 이용한 뺄셈으로 다시 확인하면 $\Delta\vec{v}$의 크기는 $\vec{v}$ 크기의 1/4~1/3 정도로 보인다. $\frac{1}{4}\times 8.94\ \mathrm{m/s} = 2.24\ \mathrm{m/s}$, $\frac{1}{3}\times 8.94\ m/s = 2.98\mathrm{m/s}$이므로, 2.75 m/s는 합리적인 답이다. 그림 3.23b는 $\Delta\vec{v}$의 방향이 대략 $+y$축과 $-x$축의 중간이라는 것을 보여준다. 위에서 $\Delta\vec{v}$의 방향은 $-x$축에서 위쪽으로 42.3°, $+y$축으로부터는 47.7°이다. 따라서 계산한 방향은 그림 뺄셈에 비추어 보아 합리적이다.

실전문제 3.6 **범선 속도의 변화**

로렐라이호 범선이 12.0노트(6.17 m/s)로 항구를 가로질러 동쪽을 향해 운항하고 있다. 이때 돌풍이 불어와서 배의 방향이 동쪽에서 북쪽으로 11.0° 방향으로 바뀌었고 속력은 14.0노트(7.20 m/s)로 증가했다. (범선의 속력은 전통적으로 시간당 해리 단위인 노트[knot]로 나타낸다. 1 해리(6076 ft)는 법정 마일(5280 ft)보다 약간 길다.) (a) m/s의 단위로 나타내면 범선의 속도 변화의 크기와 방향은 어떻게 되는가? (b) 2.0 s 동안 속도 변화가 발생했고, 범선의 질량은 3600 kg이라면, 이 시간 동안 범선에 작용한 평균 알짜힘은 얼마인가?

살펴보기 3.3B 직선상에서 운동하는 물체의 속도 벡터 방향과 가속도 벡터 방향을 비교하여라.

속도와 가속도의 기하학적 관계

속도와 가속도는 모두 변화율을 측정한 것이다. 속도는 변위의 시간 변화율이고 가속도는 속도의 시간 변화율이다. 그러므로 그래프에서 가속도와 속도의 관계는 속도와 변위의 관계와 같다(3.2절 참조).

a_x는 $v_x(t)$ 그래프의 기울기이고, Δv_x는 $a_x(t)$ 그래프의 아래 넓이이다.

그림 3.26은 스쿠터를 타고 속력을 줄일 때의 v_x와 t 그래프를 보여준다. 스쿠터는 $-x$ 방향으로 움직이므로 $v_x < 0$이고 속력은 감소하고 있다. 그러므로 $|v_x|$가 감소한다. 그래프에 접한 직선의 기울기는 그 순간의 a_x이다. 그림에 보인 3개의 접선은 a_x가 모두 양$^+$의 값(기울기가 양$^+$의 값)이고 일정하지 않음을 보여준다.

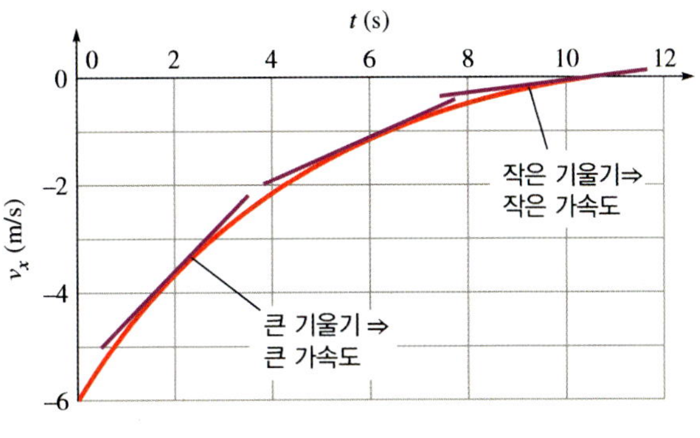

그림 3.26 v_x와 t 그래프에서 스쿠터가 정차하고 있을 때 v_x는 음$^-$의 값이지만 a_x(기울기)는 양$^+$의 값이다. v_x의 값은 증가하지만, 0보다 작은 값에서 시작하고 시간이 지남에 따라 0에 가까워지기 때문에 속력은 감소하고 있다. 표시된 3개의 접선의 기울기는 각각의 시각에서 순간 가속도를 나타낸다.

보기 3.7 자동차의 가속도

그림 3.27은 정지 상태에서 출발하여 $+x$ 방향으로 일직선 이동하는 자동차의 v_x를 시간의 함수로 나타낸 그래프이다. 운전자는 가능한 한 빠르게 속력을 증가시키고 있다. (a) 속도가 0에서 30.0 m/s까지 가속되는 동안 자동차의 평균 가속도는 얼마인가? (b) 자동차의 최대 가속도는 얼마인가? (c) $t=0$에서 $t=19$ s(자동차가 60.0 m/s에 도달했을 때)까지 자동차의 변위는 얼마인가? (d) 전체 19.0초 동안 자동차의 평균 속도는 얼마인가?

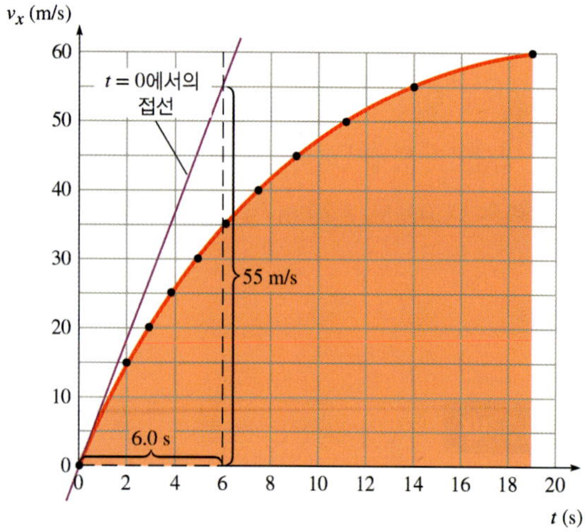

v_x (m/s)	0	15	20	25	30	35	40	45	50	55	60
t (s)	0	2.0	2.9	3.8	4.9	6.2	7.6	9.1	11.2	14.0	19.0

그림 3.27 자동차의 $v_x(t)$ 자료와 그래프

전략 (a) 평균 가속도를 구하기 위해서는 속도 변화를 그동안 소요된 시간으로 나눠야 한다. (b) 속도 그래프의 기울기가 순간 가속도이므로 그래프에서 기울기가 가장 가파른 곳이 최대 가속도인 순간이다. 이 시점에서 속도는 가장 빠르게 변하므로 최대 가속도가 초기에 발생할 것으로 예상할 수 있다. 곧 가속도의 크기는 속도가 커질수록 감소할 것이다. 자동차는 언젠가는 최대 속도에 도달한다. (c) 변위 Δx는 $v_x(t)$ 그래프의 아래 넓이에 해당한다. 그래프는 삼각형이나 사각형 같이 단순한 모양이 아니므로 넓이는 추정해야 한다. (d) 일단 변위를 얻으면 평균 속도의 정의를 적용할 수 있다.

- 주어진 조건 : 그림 3.27의 $v_x(t)$ 그래프
- 구해야 할 값 :
  (a) $v_x=0$에서 30.0 m/s까지의 $a_{평균,x}$
  (b) a_x의 최댓값
  (c) $v_x=0$에서 60.0 m/s까지의 Δx
  (d) $t=0$에서 19.0 s까지의 평균 속도 $v_{평균,x}$

풀이 (a) 차가 정지한 상태에서 출발했으므로 $v_{ix}=0$이다. 주어진 표를 보면 자동차는 $t=4.9$ s일 때 $v=30.0$ m/s이다. 이 시간 동안 평균 가속도는

$$a_{평균,x}=\frac{\Delta v_x}{\Delta t}=\frac{30.0\ \text{m/s}-0\ \text{m/s}}{4.9\ \text{s}-0\ \text{s}}=6.1\ \text{m/s}^2$$

이다. 곧 이 시간 동안 평균 가속도는 $+x$ 방향으로 6.1 m/s^{2}이다.

(b) 임의의 순간에서 가속도 성분 a_x는 그 시각의 $v_x(t)$ 그래프 접선의 기울기이다. 최대가속도를 구하기 위해서는 기울기가 가장 가파른 곳을 찾아야 한다. 이 경우 기울기가 가장 큰 시간은 자동차가 출발한 순간인 $t=0$ 근처이다. 그림 3.27에 $t=0$일 때 $v_x(t)$ 그래프의 접선이 그려져 있다. 접선의 기울기를 계산하기 위해 수평축과 수직축 값의 변화를 그래프에서 읽는다. 접선은 그래프의 두 점($t=0$, $v_x=0$), ($t=6.0$ s, $v_x=55.0$ m/s)을 지나므로, 시간이 6.0초 변하는 동안 속도는 55 m/s로 변한다. 이 직선의 기울기는

$$a_x=\frac{\text{수직축 변화}}{\text{수평축 변화}}=\frac{55.0\ \text{m/s}-0\ \text{m/s}}{6.0\ \text{s}-0\ \text{s}}=+9.2\ \text{m/s}^2$$

이다. 최대 가속도는 $+x$ 방향으로 $+9.2\ \mathrm{m/s^2}$이다.

(c) Δx는 그림 3.27에서 $v_x(t)$ 그래프의 아래 색칠된 부분의 넓이이다. 넓이는 곡선 아래의 격자 사각형의 수를 헤아려서 구할 수 있다. 각 사각형은 높이가 $5.0\ \mathrm{m/s}$이고 너비가 $2.0\ \mathrm{s}$이므로 각 '넓이(변위)'는 $10\ \mathrm{m}$이다. 곡선 아래의 사각형 수를 헤아릴 때 곡선 바로 아래에 부분적으로 색이 칠해진 사각형은 부분적으로 추산해야 한다. 결론적으로 곡선 아래에는 약 75개의 사각형이 있으므로 변위는 $\Delta x = 75 \times 10\ \mathrm{m} = 750\ \mathrm{m}$이다. 자동차는 직선상에서 움직이고 방향이 변하지 않으므로 이동한 거리는 $750\ \mathrm{m}$이다.

(d) 19.0초 동안 평균 속도는 x 방향 성분과 같다.

$$v_{\text{평균},x} = \frac{\Delta x}{\Delta t} = \frac{750\ \mathrm{m}}{19.0\ \mathrm{s}} = 39\ \mathrm{m/s}$$

검토 시간 함수로 표시한 속도 그래프는 종종 문제를 푸는 데 큰 도움이 된다. 문제에 그래프가 주어져 있지 않았다면 직접 그려보는 것이 좋다. $v_x(t)$ 그래프는 한 번에 변위, 속도, 가속도를 보여준다. 속도 v_x는 그래프의 한 점으로 주어지며 변위 Δx는 그래프 아래의 넓이이고 가속도 a_x는 곡선의 기울기이다.

평균 속도는 왜 $39\ \mathrm{m/s}$인가? 왜 처음 속도($0\ \mathrm{m/s}$)와 나중 속도($60.0\ \mathrm{m/s}$)의 절반이 아닌가? 가속도가 일정하다면 평균 속도는 $1/2(0 + 60.0\ \mathrm{m/s})$이 될 것이다. 실제 평균 속도는 이보다 약간 크다. 이는 처음에 가속도가 가장 크므로, (상대적으로) 느리게 간 시간은 짧고 빠르게 간 시간이 길기 때문이다. 속력은 $4.9\ \mathrm{s}$ 동안은 $30.0\ \mathrm{m/s}$보다 작지만, 나머지 $14.2\ \mathrm{s}$ 동안은 $30.0\ \mathrm{m/s}$보다 크다.

실전문제 3.7 **자동차 가속도**

$t = 14.0\ \mathrm{s}$에서 자동차의 순간 가속도는 얼마인가?

살펴보기 3.3C v_x와 t 그래프에서 접선의 기울기는 어떤 물리량을 나타내는가?

질량이란 무엇인가?

물체의 가속도는 물체에 작용하는 알짜힘에 비례하며 같은 방향이다(그림 3.28). 알짜힘이 클수록 속도 벡터는 더 빨리 변한다. 뉴턴의 제2법칙은 가속도가 물체의 질량에 반비례한다는 것을 말해준다. 2개의 다른 물체에 같은 알짜힘이 작용하면 질량이 더 큰 물체의 가속도가 더 작다(그림 3.29). 질량은 물체가 속도 변화에 저항하는 양인 물체의 관성의 척도이다. 뉴턴의 제2법칙은 질량을 정의하는 역할을 한다.

일상생활 용어에서는 질량과 무게가 동의어로 쓰이지만, 질량과 무게는 물리적 특성이 다르다. 물체의 **질량** mass은 그 물체의 관성의 척도이지만 **무게** weight는 물체에 작용하는 중력의 크기이다. 달에 셔플보드 퍽을 가져가는 경우를 생각해 보자. 달의 중력장은 지구보다 작으므로 퍽의 무게는 더 작고, 퍽이 그 자리에 있도록 하려면 필요한 수직항력도 더 작다. 반면에 퍽의 고유한 특성인 질량은 같다. 마찰을 무시한다면 달에서 셔플보드

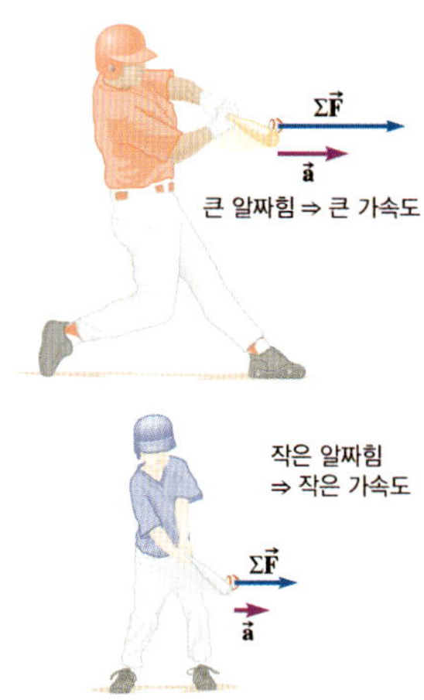

그림 3.28 야구공의 가속도는 그것에 작용하는 알짜힘에 비례한다.

경기를 하는 우주인이 퍽이 같은 가속도를 갖도록 하려면 지구에서와 같은 수평 방향의 힘을 작용해야 한다(그림 3.30).

이 장의 첫머리에서 '아프리카 사자가 어떻게 물소를 잡을 수 있을까?'하는 질문을 했다. 사자와 물소가 최고 속력이 같더라도 사자는 물소보다 훨씬 더 빨리 가속할 수 있다. 정지 상태에서 출발하여 최고 속력에 도달하는 시간이 물소가 더 길다. 반면 사자는 체력이 훨씬 약하다. 최고 속력에 도달하면 물소가 사자보다 그 속력을 더 오래 유지할 수 있다. 따라서 물소는 몰래 접근하는 사자가 공격하기 직전에 아주 가까이 있지 않다면 사자의 공격을 피할 수 있다.

사자가 물소보다 가속도를 크게 낼 수 있는 데는 여러 생리학적인 이유가 있지만 그중 한 가지 요인은 분명하다. 아프리카 사자의 질량은 150 ~ 250 kg으로 일반적인 물소의 약 1/3 정도에 불과하다는 점이다. 주어진 알짜힘으로 낼 수 있는 가속도는 질량에 반비례하므로 같은 가속도를 가지려면 물소의 다리 근육은 사자 근육보다 3배의 힘을 낼 수 있어야 한다.

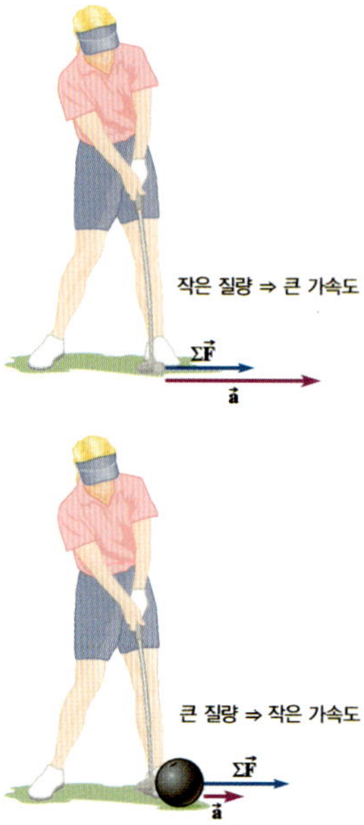

그림 3.29 서로 다른 두 물체에 같은 알짜힘이 작용하면 질량에 반비례하는 가속도가 생긴다.

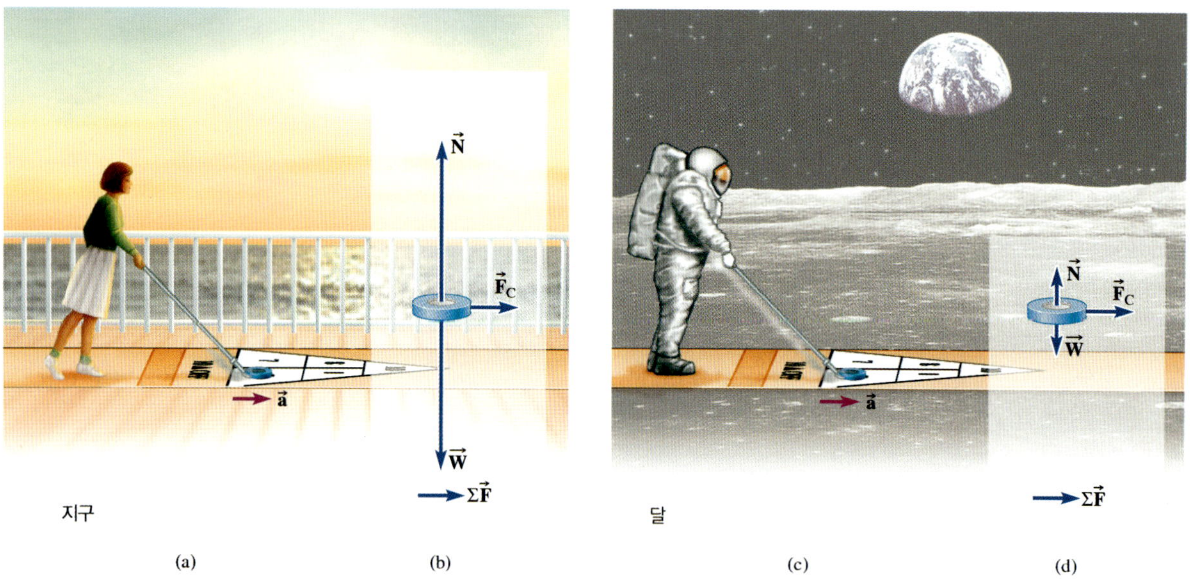

그림 3.30 (a), (c) 지구와 달에서 셔플보드 게임을 하고 있는 우주비행사. (b) (d) 지구와 달에서, 마찰이 없는 코트에서 같은 미는 힘($\vec{F}_c$)이 주어졌을 때 질량 m인 퍽의 자유물체도형. 퍽의 질량이 같고 알짜힘이 같으므로 퍽의 가속도는 같다.

3.4 뉴턴 법칙의 응용 Applying Newton's Laws

뉴턴의 제2법칙이 적용되는 대부분의 문제는 다음과 같이 단계별로 푸는 것이 좋다.

뉴턴 법칙에 의한 문제 풀이 전략

- 어떤 물체(또는 물체들의 계)에 뉴턴의 제2법칙을 적용할 것인지를 결정하여라.
- 각 물체에 작용하는 외력을 모두 찾아라.
- 상호작용 짝의 크기와 방향을 연계하기 위해 뉴턴의 제3법칙을 사용하여라.
- 물체에 작용하는 모든 힘을 보여주기 위해 각 물체의 자유물체도형을 그려라.
- 좌표계를 선택하여라. 알짜힘의 방향이 알려져 있으면 알짜힘(그리고 가속도)의 방향이 좌표축 중 하나와 일치하도록 택하여라.
- 힘을 벡터로 더하여 알짜힘을 구하여라.
- 알짜힘으로부터 가속도를 구하기 위해 뉴턴의 제2법칙을 사용하여라.
- 구하고자 하는 시간 동안의 가속도로부터 속도 벡터의 변화를 구하여라.

보기 3.8은 미지의 힘과 가속도를 구하기 위해 뉴턴의 제2법칙을 적용하는 방법을 보여준다. 그렇게 한 다음에 가속도를 이용하여 속도의 변화를 구한다.

보기 3.8 고장 난 여행 가방

한 여행자가 여행 가방 바퀴가 떨어져 여행 가방을 줄로 묶어 공항 터미널 바닥을 따라 끌고 있다(그림 3.31). 줄은 바닥과 40.0°의 각을 이루고 여행 가방의 질량은 36.0 kg이다. 여행자는 줄을 65.0 N의 힘으로 당긴다. (a) 바닥이 여행 가방에 작용하는 수직항력의 크기는 얼마인가? (b) 여행 가방과 터미널 바닥 사이의 마찰계수 $\mu_k = 0.13$일 때, 여행 가방에 작용하는 마찰력을 구하여라. (c) 여행자가 바닥과 40.0°의 각을 이루는 줄을 65.0 N의 힘으로 당기는 동안 여행 가방의 가속도는 얼마인가? (d) 정지 상태에서 출발하여, 여행 가방이 보통 걸음 수준의 속력 0.5 m/s에 도달하려면 시간은 얼마나 걸리는가?

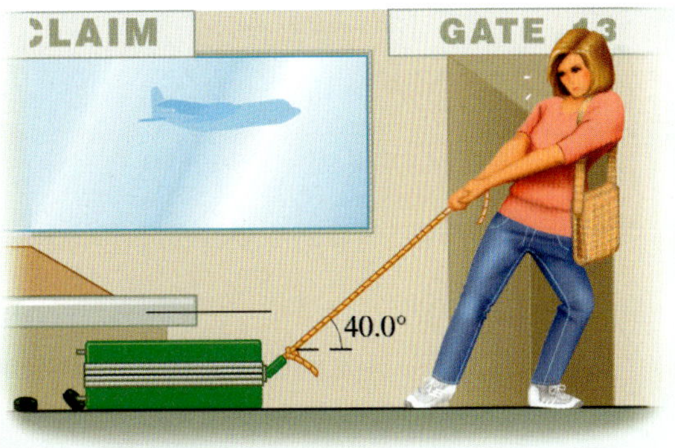

그림 3.31 여행 가방을 끌고 있는 여행자

전략 여행 가방은 바닥을 따라 수평으로 끌리기 때문에 속도의 수직 성분은 항상 0이다. 수직 성분의 속도 변화가 없으므로 수직 방향의 가속도 성분도 0이다(가속도가 수직 성분이 있으면 터미널 바닥 밑으로 들어가거나 공중으로 올라가게 된다). 수직 방향을 $+y$축, 수평 방향을 $+x$축으로 선택하면, $a_y = 0$이다. 여행 가방에 작용하는 힘을 성분으로 분해하고, 자유물체도형을 그리고, 뉴턴의 제2법칙을 적용하여 문제를 푼다.

풀이 (a) 그림 3.32는 여행 가방에 작용하는 힘을 보여준다. $\vec{F}$는 여행자가 여행 가방에 작용하는 힘이다. 다른 힘은 바닥에 평행하거나 수직으로 작용하므로 $\vec{F}$만 x와 y 성분으로 분해한다.

$$F_x = F\cos 40.0° = 65.0\text{ N} \times 0.766 = 49.8\text{ N}$$

$$F_y = F\sin 40.0° = 65.0\text{ N} \times 0.643 = 41.8\text{ N}$$

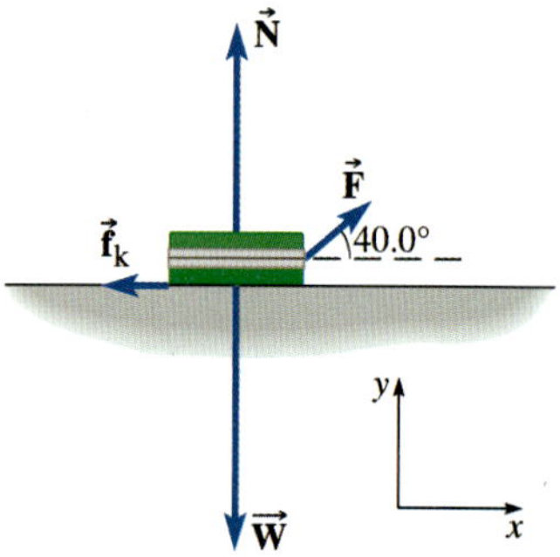

그림 3.32 바닥에 끌려가는 여행 가방에 작용하는 힘. 벡터의 길이는 정확한 축척은 아니다.

그림 3.33은 $\vec{F}$를 성분으로 분해한 자유물체도형이다. 수직 성분의 힘의 합은 0이기 때문에 $a_y = 0$ 이다.

$$\sum F_y = ma_y = 0$$
$$N + F\sin 40.0° - mg = 0$$

이 방정식에서 수직항력의 크기를 구하면 다음과 같다.

$$\begin{aligned} N &= mg - F\sin 40.0° \\ &= (36.0\text{ kg} \times 9.80\text{ N/kg}) - (65.0\text{ N} \times \sin 40.0°) \\ &= 352.8\text{ N} - 41.8\text{ N} = 311\text{ N} \end{aligned}$$

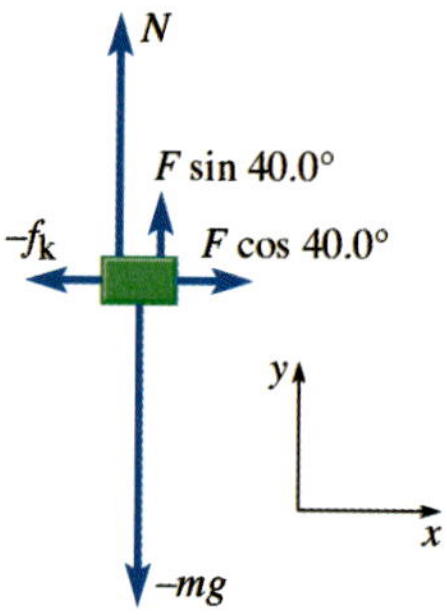

그림 3.33 x 성분과 y 성분으로 나타낸 여행 가방의 자유물체도형

(b) 운동마찰력의 크기는

$$f_k = \mu_k N = 0.13 \times 311\text{ N} = 40.43\text{ N}$$

이다. 유효숫자 두 자리에서 반올림하면 마찰력은 $-x$ 방향으로(여행 가방의 운동과 반대 방향) 40 N이다.

(c) 가속도의 y 성분은 0이다. x 성분을 구하기 위해 여행 가방에 작용하는 x 성분의 힘에 뉴턴의 제2법칙을 적용하면

$$\begin{aligned} \sum F_x &= +F\cos 40.0° + (-f_k) \\ &= 49.79\text{ N} - 40.43\text{ N} = 9.36\text{ N} \end{aligned}$$

$$a_x = \frac{\sum F_x}{m} = \frac{9.36\text{ N}}{36\text{ kg}} = 0.260\text{ m/s}^2$$

이나. 보통 가속도는 SI 단위로 나타내므로 N/kg 대신 m/s^2으로 표현한다. x 방향의 가속도는 0.3m/s^2이다.

(d) a_x가 일정하므로

$$\Delta v_x = a_x \Delta t$$

이다. 여행 가방은 정지 상태에서 출발하므로 $v_{ix} = 0$, $\Delta v_x = v_{fx} - v_{ix} = v_{fx}$이다. 그러면

$$\Delta t = \frac{v_{fx}}{a_x} = \frac{0.5\text{ m/s}}{0.260\text{ m/s}^2} = 2\text{ s}$$

이다.

검토 여행자가 일정한 속도로 가방을 끌고 가려면 정지 상태에서 출발할 때는 가방을 가속시켜야 한다. 여행 가방이 원하는 속도에 도달하면 알짜힘이 0이 되어 일정한 속력으로 미끄러지도록 힘을 덜 들여 끌면 된다. 물론 많은 생각을 하지 않고도 그렇게 할 수 있을 것이다.

실전문제 3.8 **계속되는 이야기...**

여행자가 여행 가방이 바닥에 일정한 속도로 미끄러지는 동안 줄을 40.0°의 각으로 당기려면 힘을 얼마나 내야 하는가? [힌트 : 수직항력이 보기 3.8에서와 같다고 가정하면 안 된다.]

보기 3.8은 여행 가방이 평면 지면에서 미끄러지는 문제이다. 이제 보기 3.9에서 블록이 경사면 아래로 미끄러지는 경우를 생각해 보자. 이 경우 수직항력은 연직 방향이 아니고 경사면에 수직한 방향이다. 알려지지 않은 힘이 하나 있지만, 질문에 답하기 위해 그것을 알 필요는 없다. 성분 형태로 뉴턴의 제2법칙을 사용하여 가속도를 구하고, 속도 변화를 구하여라.

보기 3.9 미끄러지는 블록

질량이 1.0 kg인 블록이 수평면에 대해 30.0° 각도로 경사진 얼어붙은 지붕 끝으로 미끄러져 내려온다. 블록이 정지 상태에서 움직였다면, 0.90초 후 지붕 처마 끝에 도달했을 때 블록은 얼마나 빨리 움직이는가? 마찰은 무시하여라.

전략 우선 그림을 그려 블록에 작용하는 힘을 나타내어라. 이후 좌표축을 선택한다. 블록의 가속도는 지붕의 경사면 방향을 향한다. 경사면에 수직인 속도 성분은 항상 0이다. 가속도의 방향을 x축으로 선택한다. 이는 블록이 미끄러지는 방향과 같고 지붕과 평행이다. 그러면 y축은 지붕과 수직이 된다. 다음으로 뉴턴의 제2법칙을 쓰고 힘을 성분으로 분해하여 방정식을 푼다.

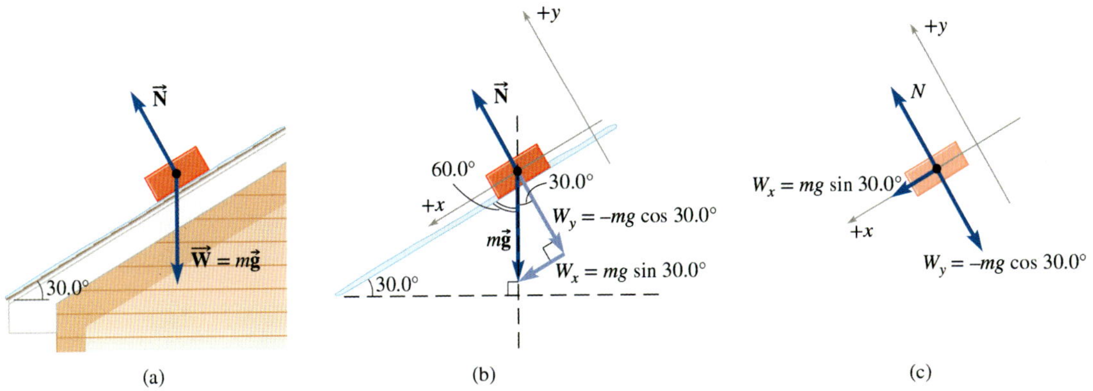

그림 3.34 (a) 결빙된 지붕 끝으로 미끄러지는 블록에 작용하는 힘. (b) 무게를 성분으로 분해하기. (c) 무게를 x 성분과 y 성분으로 대체한 자유물체도형

풀이 그림 3.31a에서 $\vec{W}$는 블록에 작용하고 있는 중력이고 $\vec{N}$은 지붕이 블록에 작용하는 수직항력이다. 블록에 작용하는 중력은 x 성분과 y 성분(그림 3.34b)으로 분해해야 한다. 삼각형의 두 쌍의 여각을 사용하여(그림 A.8 참조) 중력과 y축 사이 각을 구하면 30.0°이다. 이 성분들을 자유물체도형에 표시할 수 있다(그림 3.34c).

마찰을 무시하면 지붕은 블록에 x 방향으로 어떤 힘도 가하지 않는다. 뉴턴의 제2법칙으로부터

$$\sum F_x = mg\sin 30.0° = ma_x$$

이다. a_x에 대해 풀면 다음과 같다.

$$a_x = g\sin 30.0°$$

이제 가속도를 알고 있으므로 나중 속도를 구할 수 있다.

$$\Delta v_x = v_{fx} - v_{ix} = a_x \Delta t$$

$\Delta t = 0.90$ s와 $v_{ix} = 0$을 대입하고 v_{fx}를 구하면

$$\begin{aligned} v_{fx} &= v_{ix} + a_x \Delta t \\ &= 0 + 9.80\ \text{m/s}^2 \times \sin 30.0° \times 0.90\ \text{s} = 4.4\ \text{m/s} \end{aligned}$$

이다. 블록은 30.0° 기울어진 지붕 끝을 향해 4.4 m/s로 운동하고 있다.

검토 이 문제에서는 힘의 y 성분에 대해 뉴턴의 제2법칙을 적용할 필요는 없었다. y 성분에 적용하면 수직항력을 얻을 수 있다. 만약 지붕에 마찰이 있다면 운동 마찰력을 계산하기 위해 수직항력을 구할 필요가 있다.

실전문제 3.9 **미끄러지는 블록에 작용하는 마찰 효과**

운동마찰계수가 0.20이라고 가정하고 보기 3.9를 다시 풀어 보아라.

연결된 물체 때로는 두 개 이상의 물체들이 서로 연결되어 있어서 같은 가속도를 가질 수밖에 없는 경우도 있다. 보기 3.10은 기관차가 5개의 화물칸을 끌고 가는 것을 보여준다. 화물칸 사이의 거리가 일정하게 유지되도록 연결되어 있으므로 어느 순간에나 화물칸은 같은 속도로 움직인다. 그렇지 않으면 화물칸 사이의 거리는 변한다. 속도가 모두 일정할 필요는 없지만 만일 변한다면 모두가 같은 방식으로 변해야 한다. 이는 어느 순간에나 화물칸의 가속도가 모두 같다는 것을 의미한다.

보기 3.10 첫 번째와 마지막 화물칸 연결 장치에 작용하는 힘

같은 화물칸 5량을 연결한 기관차는 직선 수평 선로를 따라 역에서 빠져나온다. 각 화물칸의 무게는 90.0 kN이다. 열차는 출발한 지 5.00분 이내에 15.0 m/s의 속력에 도달한다. 이 시간 동안 엔진이 기관차를 일정한 힘으로 끌고 있다고 가정하면 화물칸 사이의 연결 장치가 첫 번째와 마지막 화물칸에 작용하여 앞으로 끄는 힘의 크기는 얼마인가? 공기 저항과 화물칸에 작용하는 마찰력은 무시하여라.

전략 그림 3.35는 상황을 개괄적으로 보여준다. 첫 번째 연결 장치가 작용하는 힘을 구하기 위해 화물칸 5량을 하나의 계로 생각하면 화물칸 사이에 작용하는 힘을 생각할 필요가 없다. 뉴턴의 제3법칙에 따라 내부 힘의 합은 0이 되기 때문이다. 예를 들면 화물칸 1이 화물칸 2를 당기고 화물칸 2가 같은 힘으로 반대 방향의 화물칸 1을 당기므로 두 힘을 더하면 0이 된다. 화물칸 5량으로 구성된 계에 작용하는 유일한 외부 힘은 수직항력, 중력 그리고

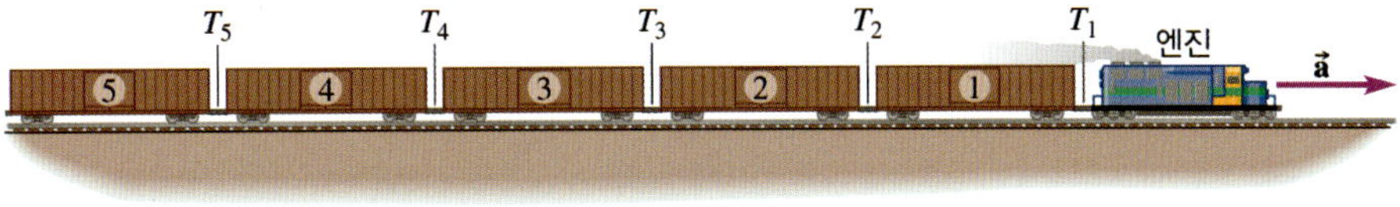

그림 3.35 같은 화물칸 5량을 끄는 기관차. 전체 열차는 오른쪽으로 일정한 가속도 $\vec{a}$로 가속되고 있다.

첫 번째 연결 장치의 당기는 힘이다. 5번째 연결 장치가 가하는 힘을 구하기 위해서는 5량의 화물칸을 하나의 계로 생각해야 한다. 각각의 경우에서 우선 계를 식별하고, 자유물체도형을 그리고 좌표계를 선택한 다음 뉴턴의 제2법칙을 적용한다.

앞에서 설명한 것처럼 기관차와 화물칸은 어느 순간에나 같은 가속도를 가져야 한다. 기관차가 일정한 힘으로 당기므로 가속도는 일정할 것이다. 처음 및 나중 속도와 경과 시간으로부터 가속도를 계산할 수 있다.

풀이 첫 번째 연결 장치의 장력 T_1을 구하기 위해 5량의 화물칸을 전체 질량이 M인 하나의 계로 생각하자. 그림 3.36은 화물칸 1부터 화물칸 5까지를 하나의 물체로 간주한 것에 대한 자유물체도형을 보여준다. 열차가 움직이는 방향을 x축, 위쪽을 y축으로 선택하자. 열차가 x축을 따라 움직이므로 가속도 벡터는 x축 방향이다. 그러므로 $a_y = 0$이다. 뉴턴의 제2법칙의 y 성분을 이용하면 수직 방향의 힘의 합은 0이다.

$$\sum F_y = Ma_y = N_{1\sim5} - W_{1\sim5} = 0$$

유일한 외부 수평 방향의 힘은 첫 번째 연결 장치의 장력이 가하는 힘인 $\vec{T}_4$이다. 문제의 조건에 따라 이 힘은 일정하므로 가속도 a_x는 일정하다.

$$\sum F_x = T_1 = Ma_x$$

계의 질량 M은 화물칸 1량의 질량의 5배이다. 화물칸 1량의 질량은 주어져 있다($W = 90.0\text{ kN} = 9.00 \times 10^4\text{ N}$). 질량과 무게의 관계로부터 $W = mg$, 화물칸 1량의 질량 $m = W/g$이므로 화물칸 5량의 질량은 $M = 5W/g$이다. 열차의 일정한 가속도는

$$a_x = \frac{\Delta v_x}{\Delta t} = \frac{v_{fx} - v_{ix}}{t_f - t_i} = \frac{15.0\text{ m/s} - 0}{300\text{ s} - 0} = 0.0500\text{ m/s}^2$$

이다. 그러므로

$$T_1 = Ma_x = \frac{5W}{g} \times \frac{\Delta v_x}{\Delta t} = \frac{5 \times 9.00 \times 10^4\text{ N}}{9.80\text{ m/s}^2} \times \frac{15.0\text{ m/s}}{300\text{ s}} = 2.30\text{ kN}$$

이다.

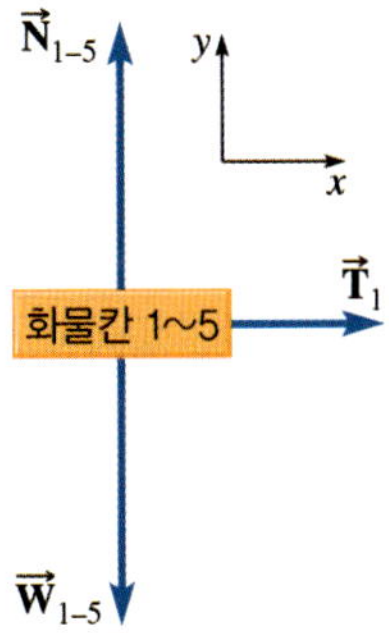

그림 3.36 화물칸 1에서 5로 구성된 계의 자유물체도형(기관차 제외). 외부 힘만 보여주고 있다.

이제 다섯 번째 화물칸을 생각해 보자. 마찰 및 공기 저항을 무시한다면 작용하고 있는 외부 힘은 다섯 번째 화물칸에 장력이 가하는 힘 $\vec{T}_5$, 수직항력 $\vec{N}_5$, 중력 $\vec{W}_5$이다. 이 자유물체도형은 그림 3.37에 나타나 있다. $\vec{N}_5 + \vec{W}_5 = 0$이므로 알짜힘은 $\vec{T}_5$뿐이다. 뉴턴의 제2법칙으로부터

$$\sum F_x = T_5 = ma_x = \frac{W}{g}a_x$$

$$T_5 = \frac{W}{g} \times \frac{\Delta v_x}{\Delta t} = \frac{9.00 \times 10^4\text{ N}}{9.80\text{ m/s}^2} \times \frac{15.0\text{ m/s}}{300\text{ s}} = 459\text{ N}$$

이다.

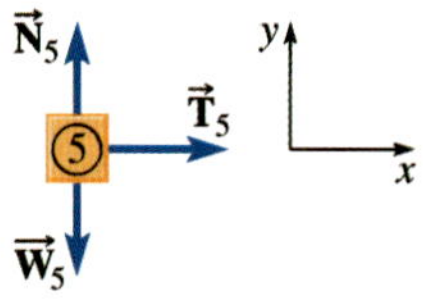

그림 3.37 화물칸 5에 대한 자유물체도형(벡터의 길이는 그림 3.36과 같은 축척이 아니다.)

검토 같은 가속도와 다른 질량을 가진 두 계(화물칸 1~5, 화물칸 5)를 고려했다. 예상한 것과 같이 알짜힘은 질량에 비례한다. 곧 5량의 화물칸에 작용하는 알짜힘은 1량의 화물칸에 작용하는 알짜힘의 5배이다.

이 문제에 대한 풀이는 뉴턴의 제2법칙을 각각의 화물칸에 적용하는 것보다는 5량의 화물칸으로 구성된 하나의 계에 적용할 때 훨씬 간단하다. 각각의 화물칸을 개별 물체로 봐도 문제를 해결할 수 있지만, 첫 번째 연결 장치의 장력을 구하기 위해서는 5개의 자유물체도형(각 화물칸에 하나의 자유물체도형)을 그리고 뉴턴의 제2법칙을 5번 적용해야 한다. 왜냐하면, 다섯 번째 화물칸을 제외한 각 화물칸은 양쪽 연결 장치에 서로 다른 장력이 작용하기 때문이다. 그래서 다섯 번째 연결 장치의 장력을 먼저 구하고, 네 번째, 세 번째 순으로 장력을 구해야 한다.

실전문제 3.10 첫 번째와 두 번째 화물칸 사이의 연결 장치에 작용하는 힘

첫 번째와 두 번째 화물칸 사이의 연결 장치가 두 번째 화물칸을 앞으로 당기는 힘은 얼마인가? [힌트 : 두 가지 방법을 시도해 보아라. 그중 하나는 첫 번째 화물칸에 대한 자유물체도형을 그리고, 뉴턴의 제2법칙뿐만 아니라 제3법칙을 적용하는 것이다.]

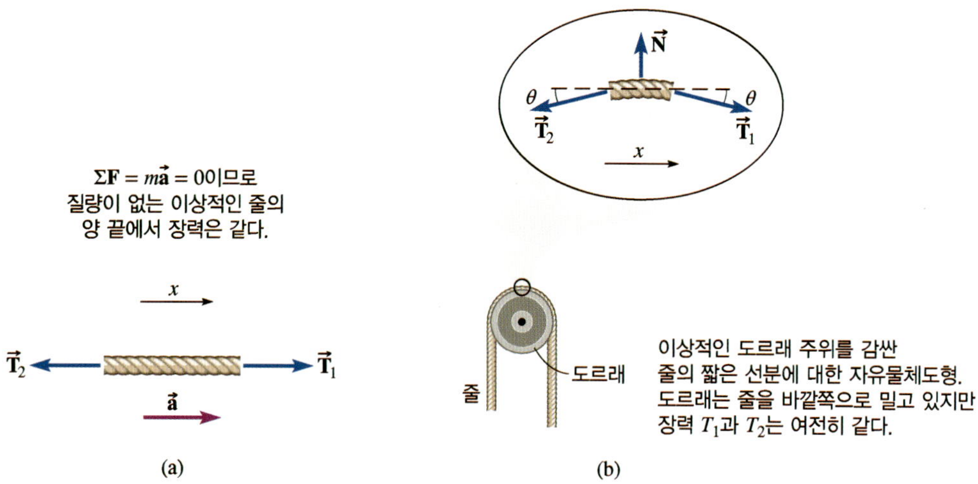

그림 3.38 (a) 가속도 $\vec{a}$인 이상적인 줄에 대한 자유물체도형. x축을 따라 뉴턴의 제2법칙을 적용하면, 곧 $\sum F_x = T_1 - T_2 = ma_x$이고, 이상적인 줄의 질량은 $m = 0$이므로 $T_1 = T_2$이다. 양 끝에서 장력은 같다. (b) 이상적인 도르래 위를 지나가는 이상적인 줄과 도르래 꼭대기에서 줄의 짧은 선분에 대한 자유물체도형. 수평 방향을 x축으로 잡으면 수직항력은 x 성분을 가지지 않는다. x축을 따라 뉴턴의 제2법칙을 적용하면 $\sum F_x = T_1\cos\theta - T_2\cos\theta = ma_x$이면 $m = 0$이므로 $T_1 = T_2$이다. 도르래와 접촉하고 있는 줄의 모든 부분에 같은 논리를 적용할 수 있으므로 이상적인 도르래 양쪽에서 장력이 같다는 것을 보일 수 있다.

운동하는 물체에 연결된 줄의 장력 보기 3.11은 이상적인 줄로 연결된 두 물체를 다룬다. 가속도가 0이 아니더라도 이상적인 줄의 질량이 0이기 때문에 줄에 작용하는 알짜힘은 0이다. 그러므로 만일 $m = 0$이면 $\sum\vec{F} = m\vec{a} = 0$이다. 그러므로 양 끝 사이의 줄에 외력이 작용하지만 않으면 줄 양 끝의 장력은 같다(그림 3.38a). 이상적인 도르래를 통과하는 이상적인 줄은 양 끝에서 같은 장력을 가진다. 도르래는 일부의 줄에 외부 힘을 가하지만, 이 힘은 줄의 어디에서나 줄과 수직이다. 그림 3.38b에서 보듯이 줄의 접선 방향 성분을 가지고 있지 않은 외력은 줄의 장력에 영향을 주지 않는다.

보기 3.11 도르래에 매달려 있는 2개의 블록

그림 3.39에서 2개의 블록이 늘어나지 않는 이상적인 줄로 연결되어 있다. 그리고 줄은 이상적인 도르래에 걸쳐 있다. 만일 $m_1 = 26.0\ \text{kg}$이고 $m_2 = 42.0\ \text{kg}$이라면 각 블록의 가속도와 줄의 장력은 얼마인가?

그림 3.39 질량이 없고 늘어나지 않는 줄 양 끝에 매달려 있는 두 개의 블록. 마찰이 없는 도르래에 걸쳐 있다.

전략 m_2가 m_1보다 더 크기 때문에 아래 방향의 중력은 왼쪽보다 오른쪽이 더 크다. 따라서 블록 2의 가속도는 아래 방향이고 블록 1의 가속도는 위 방향임을 예측할 수 있다.

줄이 늘어나지 않으므로 블록 1과 2는 어느 순간에나 같은 속력으로 움직인다(운동 방향은 반대). 그러므로 두 블록의 가속도는 크기가 같고 방향이 반대이다. 만일 다른 가속도를 갖는다면 두 블록은 다른 속력으로 움직인다. 이러한 경우는 줄이 늘어나거나 줄어들 때에만 일어난다.

도르래와 줄의 질량은 무시할 수 있고 도르래가 마찰이 없이 회전하므로 줄의 장력은 줄의 어느 부분에서나 같다. 두 블록을 각기 다른 계로 간주하고 각각에 대한 자유물체도형을 그리고 각각에 대해 뉴턴의 제2법칙을 적용한다. 두 블록의 가속도가 반대 방향이라는 것을 알고 있으므로 각각의 $+y$ 방향을 반대로 잡는 것이 편리하다. 각 블록에 대해 $+y$ 방향을 그 블록의 가속도 방향으로 선택하자. m_1은 위 방향, m_2는 아래 방향으로 선택한다. 그렇게 한다는 것은 두 블록의 가속도 a_y가 모두 양으로 부호가 같고 크기가 같음을 의미한다(다른 방법으로 두 블록 모두에 대해 위 방향을 $+y$ 방향으로 선택할 수도 있다. 이 경우는 $a_{2y} = -a_{1y}$로 써야 할 것이다. 두 접근 방법 모두 타당하다).

풀이 그림 3.40은 두 블록의 자유물체도형을 보여준다. 각 블록에 작용하는 힘은 2개로, 중력과 줄이 당기는 힘만이 작용한다. 가속도 벡터는 자유물체도형 옆에 그려져 있다. 그래서 알짜힘의 방향을 바로 알 수 있다. 그것은 항상 가속도의 방향과 같다. 블록 1의 가속도가 위로 향하려면 작용하는 장력은 항상 $m_1 g$보다 커야 하며, 블록 2의 가속도가 아래 방향이므로 장력은 $m_2 g$보다 작아야 한다. $+y$축은 각 블록의 가속도 방향으로 그렸다.

블록 1의 자유물체도형에서 줄이 당기는 힘은 $+y$ 방향이고 중력은 $-y$ 방향이다. 블록 1에 대한 뉴턴의 제2법칙은

$$\sum F_{1y} = T - m_1 g = m_1 a_{1y}$$

이다. 블록 2의 경우, 줄이 당기는 힘은 $-y$ 방향이고, 중력은 $+y$ 방향이다. 뉴턴의 제2법칙을 적용하면

$$\sum F_{2y} = m_2 g - T = m_2 a_{2y}$$

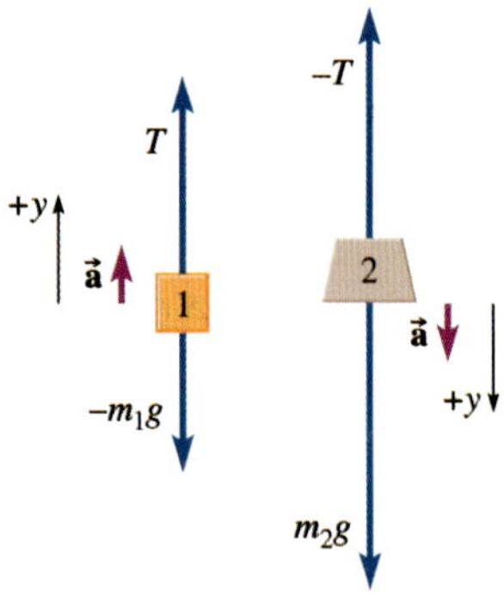

그림 3.40 힘의 y 성분이 표시되어 매달려 있는 블록의 자유물체도형. 각 자유물체도형 옆에 알짜힘이 가속도의 방향이 되도록 가속도 벡터를 그린다. 하지만 가속도 벡터는 자유물체도형의 일부분이 아니다(다른 힘에 추가되어야 할 새로운 힘이 아니다).

이다. 두 방정식에서 줄의 장력 T는 같다. 물론 a_{1y}와 a_{2y}도 같으므로 이를 간단히 a_y라고 쓰면 2개의 미지수가 포함된 2개의 방정식을 얻는다. 두 방정식을 더하면

$$m_2g - m_1g = m_2a_y + m_1a_y$$

을 얻는다. a_y에 대하여 풀면

$$a_y = \frac{(m_2 - m_1)g}{m_2 + m_1}$$

가 된다. 이 식에 수치를 대입하면

$$a_y = \frac{(42.0\ \text{kg} - 26.0\ \text{kg}) \times 9.80\ \text{N/kg}}{42.0\ \text{kg} + 26.0\ \text{kg}}$$
$$= 2.31\ \frac{\text{N}}{\text{kg}} \times \frac{1\ \text{kg} \cdot \text{m/s}^2}{1\ \text{N}} = 2.31\ \text{m/s}^2$$

이 된다. 두 블록은 같은 크기의 가속도를 가진다. 블록 1의 가속도는 위쪽을 가리키며 블록 2의 가속도는 아래쪽을 가리킨다.

장력 T를 구하기 위해 두 방정식 중 하나의 식에 a_y에 대한 표현을 대입할 수 있다. 첫 번째 방정식을 사용하면

$$T - m_1g = m_1\frac{(m_2 - m_1)g}{m_2 + m_1}$$

가 된다. 이 식을 T에 대하여 풀면

$$T = \frac{m_1m_2}{m_1 + m_2}g$$

가 된다. 수치를 대입하면 다음과 같다.

$$T = \frac{2 \times 26.0\ \text{kg} \times 42.0\ \text{kg}}{68.0\ \text{kg}} \times 9.80\ \text{N/kg} = 315\ \text{N}$$

검토 몇 가지 빠른 점검 :

- a_y는 양의 값이다. 이는 가속도가 예상했던 방향이라는 것을 의미한다.
- 장력이 가속도와 반대 방향이어야 한다면 장력(315 N)은 m_1g(255 N)와 m_2g(412 N) 사이에 있다.
- 단위와 차원이 모든 방정식에서 옳다.
- 특별한 경우에 대수적 표현을 직관적으로 점검해 볼 수 있다. 예를 들어 질량이 같다면 같은 중력이 두 블록을 당기므로 두 블록은 평형상태(정지해 있거나 일정한 속도로 운동)에 있다고 예측할 수 있다. a_y와 T에 대한 표현에 $m_1 = m_2$를 대입하면 기대하였던 바와 같이 $a_y = 0$이고 $T = m_1g = m_2g$이다.

블록이 어느 방향으로 운동하는지는 알아내지 못했지만, 가속도의 방향은 알았다. 블록이 정지 상태에서 출발했다면 질량 m_2인 블록은 아래로 운동하고 질량 m_1인 블록은 위로 운동한다. 그러나 만일 처음에 m_2가 위쪽으로 움직이고 m_1은 아래쪽으로 운동한다면 그들의 가속도가 속도와 반대 방향이므로 속력이 작아지면서 같은 방향으로 계속 운동한다. 결국 블록은 정지했다가 방향이 바뀌게 된다.

실전문제 3.11 **또 다른 점검**

보기 3.11에서 계산한 장력과 가속도 값을 사용해 두 블록 각각에 대해 직접 뉴턴의 제2법칙을 검증해 보아라.

3.5 속도는 상대적이다 : 기준틀
Velocity is Relative: Reference Frames

지금까지 암묵적으로 대부분은 지표에 고정된 **기준틀**reference frame에서 변위, 속도, 가속도를 측정할 수 있다고 가정해 왔다. 곧 원점을 지구 표면에 잡고 그 좌표축이 지구 표면에 대하여 고정된 좌표틀을 선택하고 물리량을 측정해 왔다. 이런 기준틀의 선택은 편리를 위한 것이지 필수적인 것은 아니다. 물리학의 원리는 하나의 특별한 기준틀만을 선택하도록 제한되지는 않았다. 상대속도가 일정한 어떠한 두 개의 기준틀을 선택해도 물리학 법칙은 정확히 같은 형태로 기술된다.

상대론의 개념은 아인슈타인의 이론보다 수 세기 전에 물리학에서 대두되었다. 14세기에는 지구는 고정되어 있고 그 주위를 태양과 달이 공전한다는 개념이 만연하였다. 스콜라 철학자인 오렘Nicole Oresme, 1323~1382은 지구가 그 축 주위를 회전한다고 주장하였다. 그는 한 물체의 운동은 어떤 다른 물체에 상대적으로만 알아차릴 수 있다고 적었다. 따라서 우리 주위의 모든 물체가 우리와 함께 운동하기 때문에 지구의 자전을 알아차리지 못하는 것이다.

상대속도

완다(W)가 일정한 속도로 선로를 따라서 달리고 있는 기차 객실의 통로를 걷고 있다고 가정하자(그림 3.41). "완다가 얼마나 빨리 걷고 있는가?"라는 질문은 명확하지가 않다. 완다의 속력은 같은 기차에서 자리에 앉아 있는 팀(T)이 측정한 것인가? 또는 철로 옆에 서서 기차가 지나가는 것을 바라보고 있는 그레그(G)가 측정한 것인가? 이 질문의 답은 관측자에 따라 다르다.

그림 3.42는 완다가 시간 Δt 동안에 기차 한쪽 끝에서 다른 쪽 끝으로 걸어가는 것을 보여준다. 팀이 측정한 완다의 변위는 기차에 대한 변위 $\Delta\vec{\mathrm{r}}_{\mathrm{WT}} = \vec{\mathrm{v}}_{\mathrm{WT}}\Delta t$이다. 이 시간 동안 지면에 대한 기차의 변위는 $\Delta\vec{\mathrm{r}}_{\mathrm{TG}} = \vec{\mathrm{v}}_{\mathrm{TG}}\Delta t$ 이다. 그레그가 측정할 때 완다의 변위는 기차에 대한 그녀의 운동에 의한 변위와 지면에 대한 기차의 운동에 의한 변위의 합이다. 그림 3.42는 $\Delta\vec{\mathrm{r}}_{\mathrm{WT}} + \Delta\vec{\mathrm{r}}_{\mathrm{TG}} = \Delta\vec{\mathrm{r}}_{\mathrm{WG}}$를 나타낸다. 이것을 시간 간격 Δt로 나누면 세 속도 사이의 관계를 얻는다.

$$\vec{\mathrm{v}}_{\mathrm{WT}} + \vec{\mathrm{v}}_{\mathrm{TG}} = \vec{\mathrm{v}}_{\mathrm{WG}} \tag{3-22}$$

이다. 기차에 대한 완다의 상대속도 $\vec{\mathrm{v}}_{\mathrm{WT}}$는 **같은 기준틀**에서 측정되는 완다의 속도에서 기차의 속도를 빼면 된다.

상대속도

$$\vec{v}_{WT} = \vec{v}_{WG} - \vec{v}_{TG} \quad (3\text{-}23)$$

식 (3−23)을 일반화하면, B에 대한 A의 상대속도는 같은 기준틀에서 측정한 두 속도의 벡터 뺄셈이다. 상대속도를 구할 때 첨자의 순서를 바꿀 때도 있는데 이는 방향을 반대로 할 때이다. 예를 들면, 팀은 그레그에 대해 오른쪽으로 움직이고 그레그는 팀에 대해 왼쪽으로 움직인다면 $\vec{v}_{GT} = -\vec{v}_{TG}$이다.

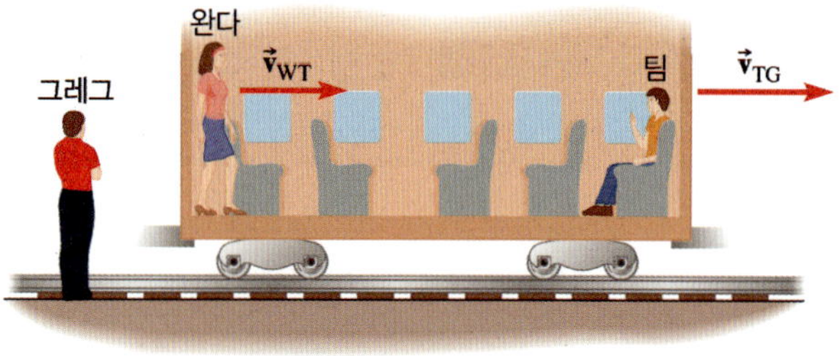

그림 3.41 객실 복도를 걸어가는 완다를 보고 있는 팀과 그레그. 팀에 대한 완다의 속도(기차에 대한 속도)는 $\vec{v}_{WT}$, 그레그에 대한 팀의 속도(지면에 대한 속도)는 $\vec{v}_{TG}$이다.

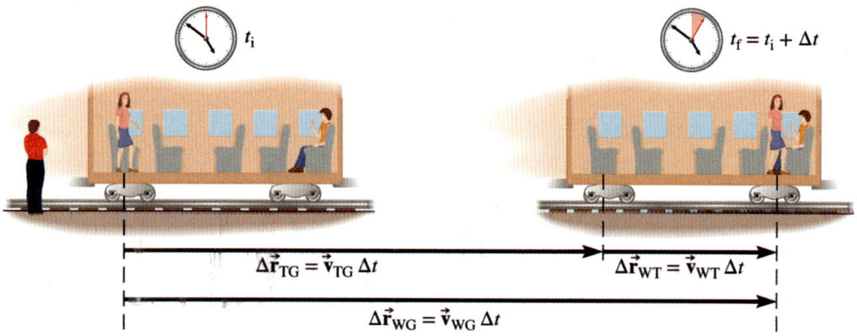

그림 3.42 지면에 대한 완다의 변위는 기차에 대한 완다의 변위와 지면에 대한 기차 변위의 합이다.

응용 : 조종사와 선원의 상대속도 상대속도는 항공기 조종사, 선원, 외항선 선장의 실질적인 관심 대상이다. 항공기 조종사는 궁극적으로 이착륙 지점 등 지상의 고정된 점에 대한 항공기의 움직임에 관심이 있다. 하지만 항공기의 제어장치(엔진, 방향타, 에일러론 및 스포일러)는 공기에 대한 항공기의 운동에 영향을 준다. 조종사는 공기에 대한 항공기의 속도인 대기 속력과 지면에 대한 항공기의 속도인 대지 속력을 사용한다. 항공기의 항로는 지면에 대한 항공기의 운동 방향이며 반면에 항공기의 기수 방향은 공기에 대한 항공기의 운동 방향이다. 항공기의 기수가 가리키고 있는 방향은 항공기의 항로가 아니라 항공기의 기수 방향이다.

선원은 배의 세 가지 다른 속도를 고려해야 한다. 곧 해안(입출항을 위해), 공기(돛의 역할을 위해), 물(방향타의 역할을 위해)에 대한 속도이다. 배의 선수 방향은 배의 운동 방향이며 해류가 있는 경우 배의 항로와 선수 방향은 다르다. 항공기의 경우와 마찬가지로 배가 가리키는 방향은 배의 항로가 아니라 선수 방향이다.

살펴보기 3.5 그림 3.41에서, 열차는 지면에 대해 18.0 m/s로 움직이고 완다는 열차에 대해 1.5 m/s로 걸어가고 있다. 완다는 (a) 그레그에 대해 (b) 팀에 대해 얼마나 빨리 움직이고 있는가?

보기 3.12 덴버에서 시카고까지의 비행

바람이 불지 않을 때 항공기는 덴버에서 시카고까지 (1770 km) 비행하는 데 4.4시간이 걸린다. 뒷바람이 부는 날에는 4.0시간이 걸린다. (a) 바람의 속력은 얼마인가? (b) 같은 속력으로 맞바람이 부는 경우, 비행시간은 얼마나 걸리는가?

전략 두 경우 모두 항공기가 같은 대기 속력, 곧 공기에 대해 같은 속력을 가진다고 가정한다. 일단 항공기가 공중에 떠 있다면 조종날개면 등의 역할은 공기가 얼마나 빠르게 움직이느냐에 따라 결정되고 대지 속력과는 관계가 없다. 그렇지만 지상에 대한 변위에 관심이 있는 승객들에게는 무관하지 않다.

풀이 $\vec{v}_{PG}$와 $\vec{v}_{PA}$는 각각 지면(G)에 대한 항공기(P)의 속도와 공기에 대한 항공기 속도를 나타낸다. 지면에 대한 공기의 속도인 바람 속도는 $\vec{v}_{AG}$로 나타낸다. 세 개의 속도 벡터에 관한 식은

$$\vec{v}_{PA} = \vec{v}_{PG} - \vec{v}_{AG}$$

이다. 바람이 없는 경우에는 다음과 같다.

$$v_{PA} = v_{PG} = \frac{\Delta x_{PG}}{\Delta t} = \frac{1770\ \text{km}}{4.4\ \text{h}} = 400\ \text{km/h}$$

(a) 뒷바람이 부는 날에는

$$v_{PG} = \frac{\Delta x_{PG}}{\Delta t} = \frac{1770\ \text{km}}{4.0\ \text{h}} = 440\ \text{km/h}$$

이다. 바람이 부는 것과 상관없이 v_{PA}는 같을 것이다. 뒷바람이 부는 경우를 생각하므로 $\vec{v}_{PA}$와 $\vec{v}_{AG}$는 같은 방향이며 그림 3.43처럼 이 방향을 $+x$축으로 잡는다.

$$v_{PAx} = v_{PGx} - v_{AGx}$$

$$\begin{aligned} v_{AGx} = v_{PGx} - v_{PAx} &= 440\ \text{km/h} - 400\ \text{km/h} \\ &= 40\ \text{km/h} \end{aligned}$$

$v_{AGy} = 0$이므로 바람의 속력은 $v_{AG} = 40\ \text{km/h}$이다.

(b) 40 km/h의 맞바람이 부는 경우, $\vec{v}_{PA}$와 $\vec{v}_{AG}$는 반대 방향이다(그림 3.44). 지면에 대한 항공기의 속도는 다음과 같다.

$$\begin{aligned} v_{PGx} &= v_{PAx} + v_{AGx} \\ &= 400\ \text{km/h} + (-40\ \text{km/h}) \\ &= 360\ \text{km/h} \end{aligned}$$

항공기의 대지 속력은 360 km/h이므로 비행시간은

$$\Delta t = \frac{\Delta x_{PG}}{v_{PG}} = \frac{1770\ \text{km/h}}{360\ \text{km/h}} = 4.9\ \text{h}$$

이다.

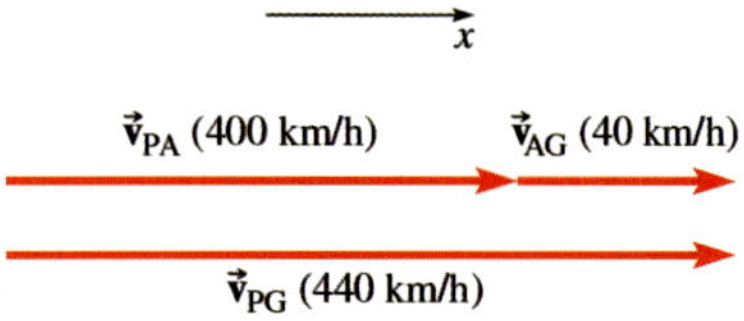

그림 3.43 뒷바람이 부는 경우 속도 벡터 더하기. 벡터의 길이에는 축척을 적용하지 않았다.

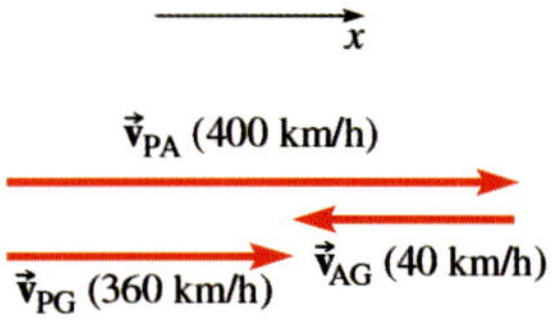

그림 3.44 맞바람이 부는 경우 속도 벡터 더하기. 벡터의 길이에는 축척을 적용하지 않았다.

검토 예상한 것처럼 비행시간은 바람이 없는 경우(4.4 h)보다 맞바람이 부는 경우(4.9 h)에 더 오래 걸린다.

실전문제 3.12 **만을 가로질러 건너기**

조정선수가 만의 북쪽 해안 쪽 선착장까지 3.6 km의 거리를 1인용 보트로 이동한다. 물이 잔잔한 날(물이 흐르지 않는)에는 선착장에 도달하기까지 20분(1200초)이 걸리고, 물이 남쪽으로 흐르는 다른 날에 같은 코스를 이동하려면 30분(1800초)이 걸린다. 공기 저항은 무시하여라. (a) 초당 몇 미터의 속력으로 물이 흐르는가? (b) 같은 방향으로 물이 흐르는 경우 되돌아오는 데 얼마나 오래 걸리는가?

2차원에서의 상대속도 식 (3-22)와 식 (3-23)은 속도가 모두 같은 선을 따라가지 않는 상황에도 적용된다. 보기 3.13에서 이를 다룬다.

보기 3.13 강을 가로지르는 노 젓기

보트를 타고 노를 저어 동쪽 강변에서 서쪽 강변의 한 점으로 똑바로 건너가려 한다. 강의 너비는 250 m이고 물살은 북에서 남으로 0.61 m/s로 흐른다. 보트로 강을 건너는 데 4.2분이 걸린다. 보트를 타고 강 건너 서쪽 방향으로 일직선으로 가려면 어느 방향으로 보트의 뱃머리를 틀어야 하는가? 잔잔한 강물에서는 얼마의 속력으로 노를 저어야 하는가?

전략 먼저 여러 속도를 구별하기 위해 첨자를 사용하여 그림으로 그려 보자(그림 3.45). 여기서 첨자 R은 노가 달린 배, W는 강물, S는 강변을 의미한다. 주어진 물살의 속도는 강변에 대한 물의 상대속도로 $\vec{v}_{WS}$ = (0.61 m/s, 남쪽)이다. 강변에 대한 배의 상대속도 ($\vec{v}_{RS}$)는 서쪽이며 그 크기는 주어진 두 개의 값, 강 사이의 변위와 시간 간격으로 구할 수 있다. 문제는 강물에 대한 배의 상대속도 $\vec{v}_{RW}$의 크기와 방향을 구하는 것이다. 세 속도의 관계식은

$$\vec{v}_{RW} = \vec{v}_{RS} - \vec{v}_{WS}$$

또는

$$\vec{v}_{RW} + \vec{v}_{WS} = \vec{v}_{RS}$$

이다. 물살은 배를 강변에 대해 남쪽으로 흘러가게 하므로 이를 보완하기 위해 보트를 물살을 거슬러 서북쪽으로 약간 방향을 틀어야 한다.

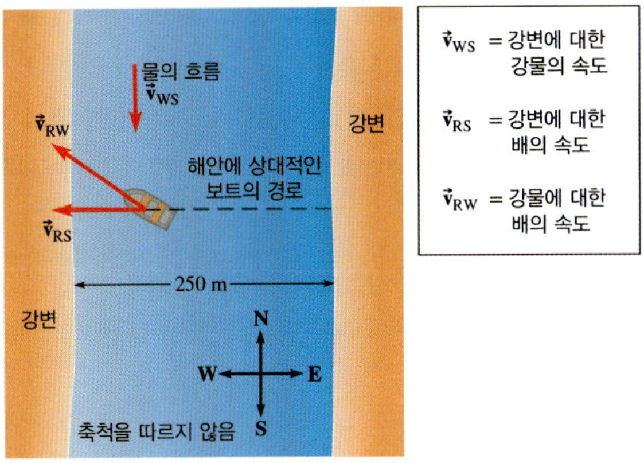

그림 3.45 강을 가로지르는 노 젓기. 서쪽을 향해 건너려면 보트는 강물을 거슬러(서북쪽) 올라가야 한다. 그렇지 않으면 강 하류로 가게 된다.

풀이 그림 3.46의 벡터 덧셈에서 강물에 대한 배의 속도는 서북쪽을 향해 θ의 각을 이룬다. 강변에 대해 보트는 250 m를 4.2분에 건너기 때문에 강변에 대한 보트의 속도는 다음과 같다.

$$v_{RS} = \frac{250\ \mathrm{m}}{4.2\ \mathrm{min} \times 60\ \mathrm{s/min}} = 0.992\ \mathrm{m/s}$$

배가 향하는 각은 $\vec{v}_{RW}$와 $\vec{v}_{RS}$ 사이 각의 탄젠트값을 구하면 된다.

$$\tan\theta = \frac{v_{WS}}{v_{RS}} = \frac{0.61\ \mathrm{m/s}}{0.992\ \mathrm{m/s}}$$

$$\theta = 30°,\ \text{서북 방향}$$

잔잔한 강물에서 노를 젓는 속력은 $\vec{v}_{RW}$의 크기이고, $\vec{v}_{RW}$와 $\vec{v}_{WS}$는 서로 수직이므로 피타고라스 정리를 사용하면

$$\begin{aligned} |\vec{v}_{RW}| &= \sqrt{v_{WS}^2 + v_{RS}^2} \\ &= \sqrt{(0.61\ \mathrm{m/s})^2 + (0.992\ \mathrm{m/s})^2} \\ &= 1.16\ \mathrm{m/s} \end{aligned}$$

이다. 강물에 대해 1.16 m/s의 속력으로 노를 젓는다(이 결과는 제곱근에서 세 개의 유효숫자를 취한 것이다).

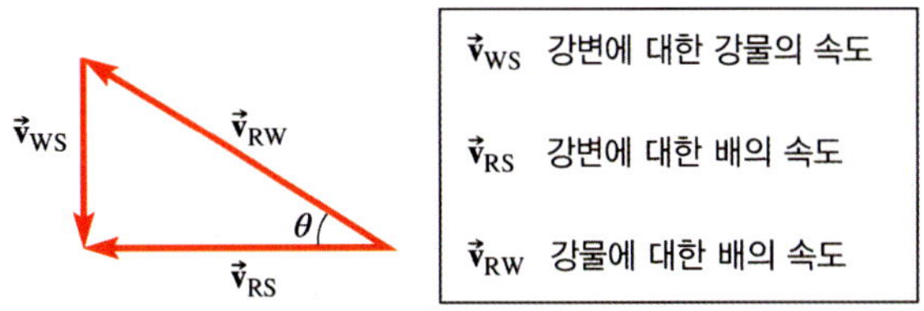

그림 3.46 속도 벡터 $\vec{v}_{RW} + \vec{v}_{WS} = \vec{v}_{RS}$의 덧셈

검토 $\vec{v}_{RW}$와 $\vec{v}_{WS}$가 서로 수직이 아니면 피타고라스 정리를 쓸 수 없고 성분으로 분해해서 두 벡터를 더해야 한다.

배를 똑바로 서쪽으로 향해 노를 저었다면 물살은 남쪽으로 배를 이동시켜 강변에 대해 서남쪽으로 갔을 것이다. 알맞은 각도로 물살을 거슬러 올라가 이를 보완해야 속도는 강변에 대해 서쪽으로 갈 수 있다.

실전문제 3.13 **곧장 노를 저어 강 건너기**

보트의 머리가 건너편 강변을 향하게 하고 곧장 노를 저어가면 건너편 강변에 어느 방향으로 도착하는가? 건너는 데 시간은 얼마나 걸리는가? 얼마나 하류로 떠내려가는가? 강물에 대해 보기 3.13과 같은 속력으로 노를 젓는다고 가정하여라.

혼자서 해 보기 백화점에서 에스컬레이터를 탈 때 옆 에스컬레이터를 탄 다른 사람을 보고, 여러분에 대한 그 사람의 위치를 나타내 보아라. 여러분에 대하여 그 사람의 위치가 변하는 것을 관찰하고 여러분에 대한 그 사람의 속도의 방향을 알 수 있는가? 건물에 대하여 그 사람과 여러분의 속도를 생각해 보아라. 식 (3-22)가 여러분의 결론을 보장하는지 알아보아라.

기준틀

지면에 대해 일정한 속도로 달리는 기차를 다시 생각해 보자. 팀이 어떤 실험을 할 때 기차의 기준틀에서 측정하고, 그레그는 지면에 고정된 기준틀을 사용해 유사한 실험을 한다고 하자. 두 사람이 측정한 물체의 속도는 크기는 다르지만 그들의 속도 측정은 상수만큼 다르기 때문에(식 (3-22) 참조) 속도의 변화와 가속도는 항상 같을 것이다. 두 관측자 모두 뉴턴의 제2법칙을 사용해 알짜힘과 가속도의 관계를 알 수 있다. **두 기준틀이 일정한 상대속도로 운동한다면 어떠한 두 기준틀에서나 뉴턴의 운동 법칙과 같은 물리학의 기본 법칙은 잘 적용된다.**

연결고리 물리학 법칙이 서로 다른 관성 기준틀에서 같다는 원리는 뉴턴 역학에서도 중요하지만 그것보다 더 일반적인 아인슈타인의 상대성 이론의 두 가지 가설 중 하나이다(26장 참조).

뉴턴의 제1법칙은 관성 기준틀을 정의한다. 뉴턴의 제1법칙이 왜 필요한지 궁금할지도 모른다. 혹시 그것이 뉴턴의 제2법칙의 특별한 경우인 $\sum\vec{F} = 0$에 해당하지 않을까? 그렇지 않다. 제1법칙은 뉴턴의 제2법칙을 적용할 때 우리가 사용할 수 있는 기준틀의 종류를 정의하고 있다. 제2법칙이 성립하기 위해서는 물체의 운동을 관측할 때 관성 기준틀을 사용해야 한다. 관성 기준틀은 관성의 법칙이 성립하는 기준틀이다.

지면에 있는 기준틀이 실제로 관성 기준틀일까? 그렇지는 않지만 여러 상황에서 관성 기준틀에 가깝다. 축구공의 운동을 분석할 때 지구가 회전축을 중심으로 자전한다는 사실이 많은 영향을 주지 않는다. 그러나 지구를 향하여 떨어지는 유성의 운동을 분석하고자 한다면 지구의 자전을 고려해야 한다. 5장에서 지구 자전에 관한 영향을 자세히 살펴볼 것이다.

3.1 타자가 달리기 시작한 장소(홈 플레이트)와 같은 장소로 돌아왔으므로 변위는 0이다.

3.2 $A_x = +16\ \text{km}, A_y = -8.2\ \text{km}$,
$B_x = +17\ \text{km}, B_y = 0\ \text{km}$,
$C_x = -11\ \text{km}, C_y = +47\ \text{km}$

3.3
$$v_{평균,x} = \Delta t/\Delta x = (-36\ \text{km})/(28\ \text{min}) = -1.29\ \text{km/min} = -77\ \text{km/h}$$
평균 속도는 $-x$ 방향(서쪽)으로 77 km/h 이다.

3.4 $+x$ 방향(동쪽)으로 약 100~110 km/h

3.5 속도는 크기가 증가하므로 $\Delta\vec{v}$와 $\vec{a}$는 속도와 같은 방향($-x$ 방향)이다. 그러므로 a_x는 음수이고 $\vec{a}$와 $\sum\vec{F}$는 $-x$ 방향이다.

3.6 (a) 북동쪽으로 33°를 향하고 1.64 m/s, (b) 북동쪽으로 33°를 향하고 3.0 kN

3.7 $t = 14.0\ \text{s}$에서 접선은 근사적으로 $(t, v_x) = (0, 35\ \text{m/s})$, $(t, v_x) = (17\text{s}, 60\ \text{m/s})$을 지난다. 가속도는 접선의 기울기이므로 다음과 같다.
$$a_x = (60\ \text{m/s} - 35\ \text{m/s})/(17\ \text{s} - 0) = 1.5\ \text{m/s}^2$$

3.8 54 N

3.9 2.9 m/s

3.10 1.84 kN

3.11 블록 1 : $\sum F_{1y} = T - m_1 g = 315\ \text{N} - 225\ \text{N} = 60\ \text{N}$, $m_1 a_{1y} = 60\ \text{N}$
블록 2 : $\sum F_{2y} = m_2 g - T = 412\ \text{N} - 315\ \text{N} = 97\ \text{N}$, $m_2 a_{2y} = 97\ \text{N}$

3.12 (a) 1.0 m/s, (b) 15분

3.13 남서쪽 28°, 3.6 min, 130 m

3.1 아니요. 변위의 크기는 두 점 사이의 가능한 가장 짧은 거리이다. 이동한 거리는 선택한 경로에 따라 변위보다 크거나 같을 수 있다. 보기 3.1에서 변위는 북쪽으로 2.9 km인 반면 이동한 거리는 7.2 km + 4.3 km = 11.5 km이다.

3.2A 예. 점 A에서 점 B로 이동할 때 평균 속력은 이동한 거리를 시간 간격으로 나눈 것이다. 평균 속도는 점 A에서 점 B까지의 변위를 같은 시간 간격으로 나눈 것이다. 변위의 크기는 A에서 B까지 가장 짧은 가능한 거리이다. 따라서 평균 속도의 크기는 평균 속력보다 작다.

3.2B 한 프레임에서 다음 프레임까지의 거리가 같기 때문에 수레는 일정한 속력으로 운동하고 있다.

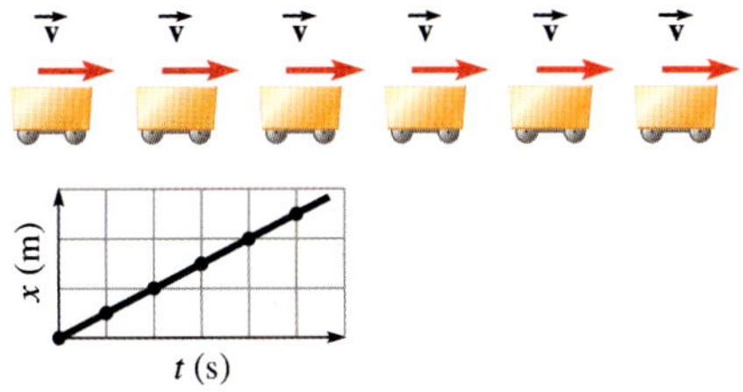

3.2C $x(t)$의 그래프의 기울기는 v_x의 값을 나타낸다. 기울기는 0에서 시작하여 $t = 18.5\ \text{min}$ 근처에서 최대로 증가한 다음 0으로 감소한다. 운동도해는 속력이 작을 때는 점이 밀집되고 속력이 큰 곳에서는 점이 넓게 퍼져있는 것을 보여준다.

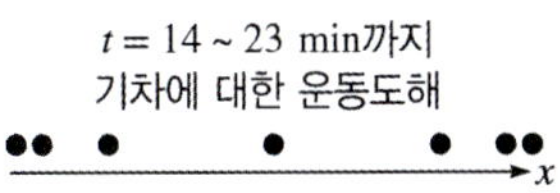

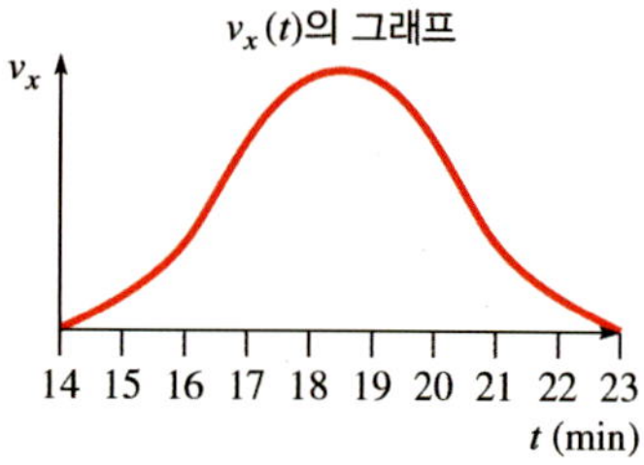

3.3A 평균 가속도는 속도의 변화를 시간 간격 Δt로 나눈 값이다. Δt는 네 비행기에 대해 모두 같으므로 속도 변화가 가장 큰 것이 평균 가속도가 가장 크다. 비행기 A의 속도 변화는 0이다. 벡터 도표는 다른 비행기에 대한 벡터 변화를 설명한다. 감소 순 : D, B, C, A

3.3B 직선운동의 경우 가속도 벡터는 속도 벡터와 방향이 같거나 반대이다. 속력이 증가하면 $\vec{a}$는 $\vec{v}$와 같은 방향이다. 속력이 감소하면 $\vec{a}$는 $\vec{v}$에 반대 방향이다. 속력이 일정하면 $\vec{a}$는 0이다.

3.3C v_x와 t 그래프에서 접선의 기울기는 그 시간의 순간 가속도이다.

3.5 (a) 19.5 m/s, (b) 1.5 m/s

04

찾아가보기

- 알짜힘과 자유물체도형 (2.4절)
- 위치, 변위, 속도, 가속도 (3.1~3.3절)
- 뉴턴의 제2법칙 (3.3, 3.4절)
- 기초 수학 : 벡터의 덧셈, 뺄셈, 벡터의 성분 (2.2, 2.3, 3.1절, 부록 A.10)
- 외력과 내력 (2.5절)

생명과학 응용

- 도플러 초음파 심장 검진 (보기 4.1)
- 가속도가 인체에 미치는 영향 (문제 4)
- 뛰어오르는 메뚜기와 눈표범 (문제 19, 43, 45)
- 물을 뿜는 총고기 (문제 21)
- 포자와 씨앗의 분산 (실전문제 4.1, 문제 23)
- 갈매기의 점심시간 (보기 4.9, 문제 48)
- 치타의 가속도 (문제 7)
- 물고기 사다리 (문제 46)

등가속도 운동

Motion with Constant Acceleration

글라이더(활공기)는 작고, 동력이 없지만 성능이 좋은 비행기이다. 글라이더를 이륙시키기 위해서는 처음에 경비행기로 글라이더를 약 1000 m 정도 끌고 간 후에 산기슭의 따뜻한 상승기류가 있는 곳에 풀어놓아야 한다. 경비행기가 혼자 이륙하는데 약 120 m의 활주로가 필요하다고 하자. 경비행기로 글라이더를 끌고 가서 이륙할 수 있도록 하려면 활주로의 길이는 얼마가 되어야 하는가?

4.1 알짜힘이 일정한 직선운동
Motion Along a Line When The Net Force is Constant

연결 고리 3장에서는 일정한 알짜힘이 등가속도를 생기게 하고, 그 결과 속도를 일정한 비율로 변화시킨다는 것을 배웠다. 이제 등가속도의 결과로 물체의 위치가 어떻게 변하는지 자세히 배워보자.

만일 물체에 작용하는 알짜힘이 일정하다면 물체의 가속도는 크기와 방향 모두 일정하다. 가속도가 일정하다는 것은 속도 벡터가 **일정한 비율로 변한다**는 뜻이다. 이제 가속도가 일정한 경우에 위치가 어떻게 변하는지 알아보도록 하자.

운동도해 그림 4.1은 세 대의 수레가 서로 다른 등가속도로 같은 방향으로 운동하는 운동도해이다. 그림은 시간이 1.0 s씩 변할 때마다 각 수레의 위치를 그린 것이다. 각각의 위치에서 속도 벡터는 수레 위에 표시했다.

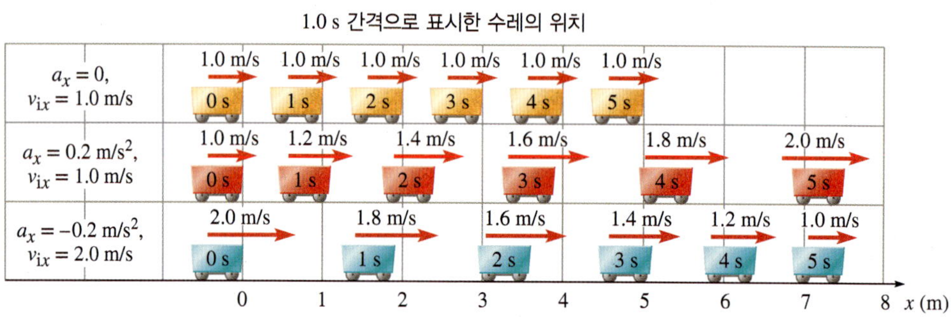

그림 4.1 각 수레의 위치를 1.0 s 간격으로 보여주는 운동도해. 수레 위의 화살표는 그 순간의 속도를 나타내고 있다. 세 개의 수레는 모두 등가속도로 운동하고 있다.

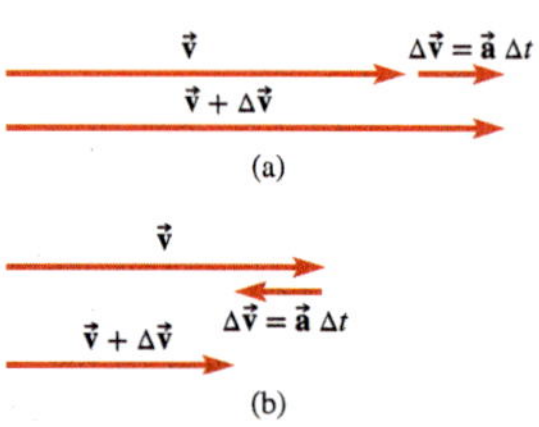

그림 4.2 (a) 만약 가속도가 속도의 방향과 같으면 속도의 변화($\Delta\vec{v} = \vec{a}\Delta t$)는 속도와 같은 방향으로 발생한다. 결과적으로 속도의 크기가 증가한다. 곧 물체의 속력이 증가한다. (b) 만약 가속도의 방향이 속도의 방향과 반대 방향이면 속도 변화($\Delta\vec{v} = \vec{a}\Delta t$)는 속도와 반대 방향이 된다. 결과적으로 속도의 크기가 점점 감소한다. 곧 물체의 속력이 느려진다.

노랑 수레의 가속도는 0이라서 등가속도 운동을 한다. 시간이 1.0 s씩 변할 때마다 수레의 변위는 똑같이 변한다. 곧 오른쪽으로 1.0 m/s × 1.0 s = 1.0 m씩 변한다.

빨강 수레의 가속도는 오른쪽으로 0.2 m/s^{2}로 일정하다. m/s^{2}를 '제곱초당 미터'라고 읽지만, 이것을 '매초당 초속'이라고 생각하는 것이 편리하다. 곧 수레의 속도 성분 v_x가 매 1.0 s 동안에 0.2 m/s씩 증가한다. 이 경우에는 가속도의 방향이 속도의 방향과 같으므로 속력이 증가한다(그림 4.2a). 운동도해는 시간이 1.0 s씩 변할 때마다 수레의 변위가 점점 커지고 있음을 보여준다.

파랑 수레의 가속도는 속도의 방향과 **반대** 방향, 곧 $-x$ 방향으로 0.2 m/s^{2}로 일정하다. 수레의 속도 성분 v_x가 매 1.0 s마다 0.2 m/s만큼씩 감소한다. 가속도의 방향이 속도의 방향과 반대이므로 속력이 감소한다(그림 4.2b). 운동도해는 매 1.0 s마다 그 변위가 점점 작아지고 있는 것을 보여주고 있다.

살펴보기 4.1 그림 4.1에서 파랑 수레와 빨강 수레의 속도가 같을 때가 있는가? 만약 그렇다면 언제 속도가 같았는가?

그래프 그림 4.3에 각 수레의 $x(t)$, $v_x(t)$, $a_x(t)$ 그래프가 있다. 각 수레가 등가속도 운동을 하고 있기 때문에 가속도 그래프는 수평이다. 모든 $v_x(t)$의 그래프는 직선이다. a_x는 v_x의 변화율이기 때문에 시간 t일 때 $v_x(t)$ 그래프의 기울기는 a_x이다. 가속도가 일정하면 기울기가 모든 곳에서 일정하고 그래프는 1차 그래프가 된다. a_x가 양$^+$이면 v_x는 증가한다, 그렇다고 반드시 속력이 증가할 필요는 없다는 것을 기억하기 바란다. v_x가 음$^-$이면 양$^+$의 a_x는 속력이 감소함을 의미한다(개념형 보기 3.5 참조). 가속도와 속도의 방향이 같을 때는 속력이 증가한다(a_x와 v_x 둘 다 양이거나 음일 때). 가속도와 속도의 방향이 반대일 때(a_x와 v_x가 반대 부호일 때)는 속력이 감소한다.

노랑 수레의 속도는 일정하기 때문에 노랑 수레의 위치 그래프는 1차함수 그래프로 직선이다. 빨강 수레의 $x(t)$ 그래프에서 곡선의 기울기는 증가하고 있는데, 이것은 속도

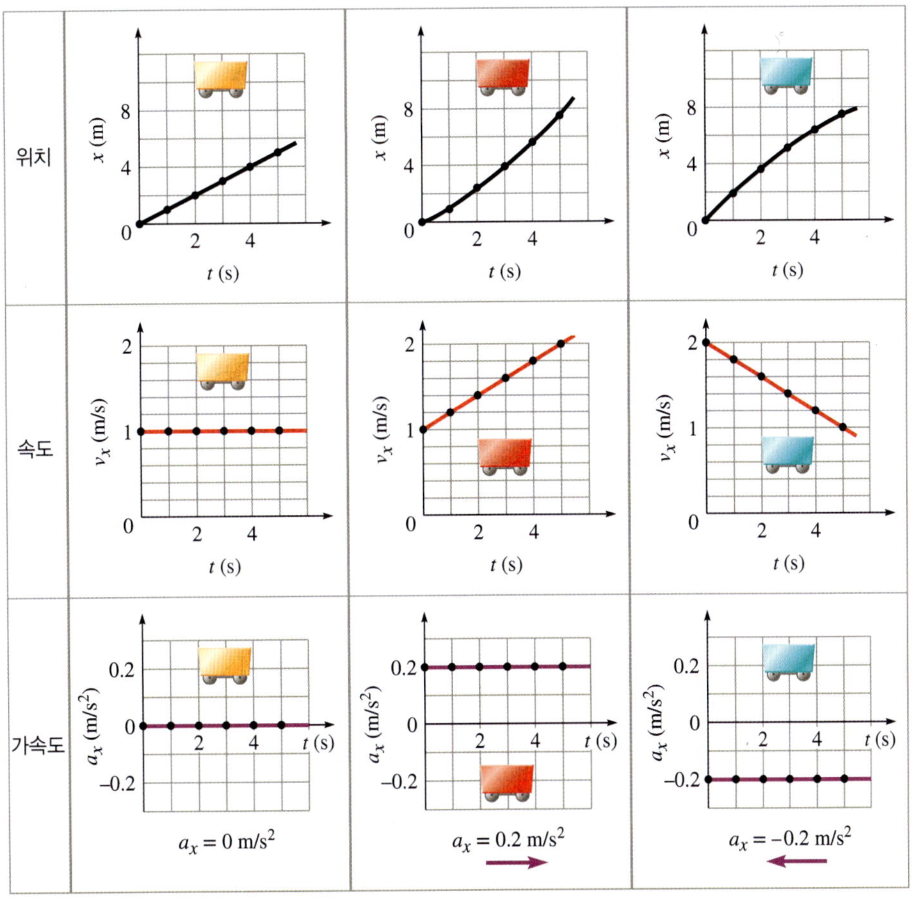

그림 4.3 그림 4.1에 있는 수레의 위치, 속도, 가속도를 시간의 함수로 나타낸 그래프. $x(t)$그래프에서 임의의 시간에 기울기는 그 순간의 속도 $v_x(t)$이다. $v_x(t)$그래프에서 임의의 시간에 기울기는 그때의 가속도 a_x이다.

v_x가 증가하고 있음을 알려주고 있다. 파랑 수레의 $x(t)$ 그래프는 기울기가 감소하고 있는데 이것은 속도가 감소하고 있음을 보인다.

4.2 등가속도 직선운동의 운동방정식 Kinematic Equations for Motion Along a Line with Constant Acceleration

다음에 소개할 **운동학 방정식**은 물체가 등가속도로 움직일 때, 위치, 속도, 가속도, 시간 사이의 관계이다(**운동학**은 운동이 일어나는 원인은 고려하지 않고 운동 자체를 기술하는 방법만을 고려한다). $v_x(t)$ 그래프를 사용하여 물체의 위치를 시간의 함수로 구할 수는 있지만, 우리가 다루게 될 대수적인 방법이 매우 편리할 것이다. 뉴턴의 법칙을 사용하여 물체에 작용하는 힘을 분석하여 가속도를 결정하므로, 가속도는 뉴턴의 법칙과 운동방정식을 연관시켜 준다.

위치, 속도, 가속도 사이의 두 가지 기본적인 방정식을 이용하여 등가속도로 직선운동하고 있는 물체의 위치를 구할 수 있다. 다음과 같은 기호 약속을 사용하여 이들 관계를 쓸 수 있다.

- 여러 축 중에 하나의 축을 따라 운동하도록 좌표를 설정한다. 위치, 속도, 가속도를 그 축의 성분으로 기술한다.
- x축을 따라가는 운동이면 처음 시각 t_{i}에서의 '초기' 위치와 속도를 각각 x_{i}와 $v_{\mathrm{i}x}$로 쓴다.
- 시간이 $t_{\mathrm{f}} = t_{\mathrm{i}} + \Delta t$ 만큼 지난 후에 '최종' 위치와 속도는 x_{f}와 $v_{\mathrm{f}x}$로 쓴다.
- 여기에서 '초기'와 '최종'은 반드시 물체 운동의 시작과 끝을 뜻하는 것은 아니다. 이 전체 시간 동안에 가속도가 일정하기만 하면, t_{i}와 t_{f}를 편리하게 선택할 수 있다.

두 개의 기본 방정식은 다음과 같다.

1. 가속도 a_x가 일정하므로, 주어진 시간 $\Delta t = t_{\mathrm{f}} - t_{\mathrm{i}}$ 동안에 속도의 변화는 가속도, 곧 속도의 시간 변화율과 경과한 시간을 곱한 것이 된다.

$$\Delta v_x = v_{\mathrm{f}x} - v_{\mathrm{i}x} = a_x \Delta t \qquad (4\text{-}1)$$

(전체 시간 동안 가속도 a_x가 일정할 때)

식 (4–1)은 가속도의 정의인 $a_x = \Delta v_x / \Delta t$ (식 (3–16))과 가속도 a_x가 일정하다는 것을 합친 결과이다.

2. 속도가 시간에 대해 선형적으로 변하기 때문에 평균 속도는 다음과 같이 쓸 수 있다.

$$v_{\text{평균},x} = \frac{1}{2}(v_{\text{f}x} + v_{\text{i}x}) \quad (a_x\text{가 일정할 때}) \tag{4-2}$$

식 (4–2)가 일반적으로는 맞지 않지만, 가속도가 일정한 경우에는 맞는 식이다. 그림 4.4a의 $v_x(t)$의 그래프를 보면 그 이유를 알 수 있다. 이 그래프는 가속도, 곧 기울기가 상수이기 때문에 선형 그래프이다. 임의의 시간 동안의 변위는 속도 그래프 아래의 넓이와 같다. 평균 속도는 같은 시간 동안 같은 변위를 일으키기 때문에, 그림 4.4a의 그래프 아래 넓이와 같은 넓이가 되도록 직사각형을 그리면 평균 속도를 구할 수 있다. 그림 4.4b에서 보이는 것처럼 $v_{\text{평균},x}$ 위에 삼각형 1로 표시한 초과되는 넓이와 $v_{\text{평균},x}$ 아래의 삼각형 2의 넓이가 같도록 사각형을 그리면 된다. 따라서 평균 속도는 정확히 처음 속도와 나중 속도의 중간값이 되어야 한다. 평균 속도의 정의

$$\Delta x = x_{\text{f}} - x_{\text{i}} = v_{\text{평균},x}\Delta t \tag{3-7}$$

와 식 (4–2)를 결합하면 가속도가 등가속도 운동에 관한 두 번째 기본 방정식을 얻는다.

$$\Delta x = \frac{1}{2}(v_{\text{f}x} + v_{\text{i}x})\Delta t \tag{4-3}$$

(전체 시간 동안 가속도 a_x가 일정할 때)

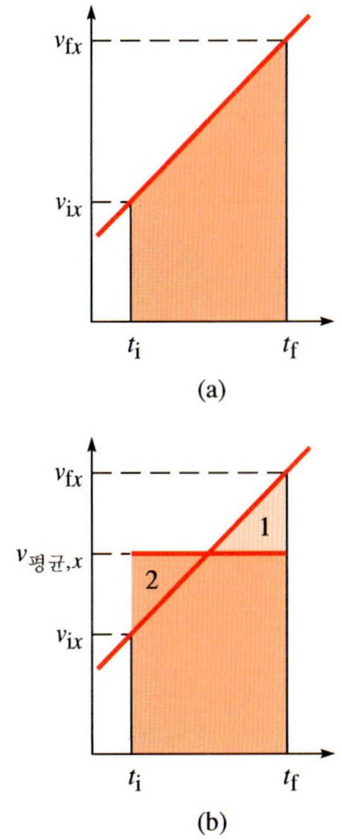

그림 4.4 가속도가 상수일 때 평균 속도 구하기. (a) $v_x(t)$ 그래프에서 그래프 아래의 넓이가 그 시간 동안 일어난 변위이다. (b) 평균 속도는 같은 시간 동안에 같은 변위를 일으켜서 두 그래프의 넓이가 같아지는 v_x의 값이다.

만약 가속도가 상수가 아니면 평균 속도가 처음 속도와 나중 속도의 중간값이 될 이유가 없다. 예를 들어 직선 고속도로를 따라 50분 동안 80 km/h로 주행한 다음 30분 동안은 60 km/h로 주행하였다고 하자. 이 경우 평균 속도는 결코 70 km/h가 아니다. 60 km/h로 주행한 시간보다 80 km/h로 주행한 시간이 더 길기 때문에 평균 속도는 70 km/h보다 빠르다.

등가속도일 때 유용한 그 밖의 기본 방정식들 식 (4–1)과 (4–3)에서 변수 몇 개를 소거하면 여러 물리량들(변위, 초기 속도, 최종 속도, 가속도, 경과 시간) 사이에 두 개의 유용한 방정식을 추가로 구할 수 있다. 예를 들어서 최종 속도 $v_{\text{f}x}$를 모르는 경우를 가정해 보자. 이 경우 식 (4–1)을 $v_{\text{f}x}$에 대해 정리하여 식 (4–3)에 대입한다. 그러면 다음과 같이 간단히 쓸 수 있다.

$$\Delta x = \frac{1}{2}(v_{fx} + v_{ix})\Delta t = \frac{1}{2}[(v_{ix} + a_x \Delta t) + v_{ix}]\Delta t \tag{4-4}$$

$$\Delta x = v_{ix}\Delta t + \frac{1}{2}a_x(\Delta t)^2 \quad (a_x\text{가 일정할 때}) \tag{4-5}$$

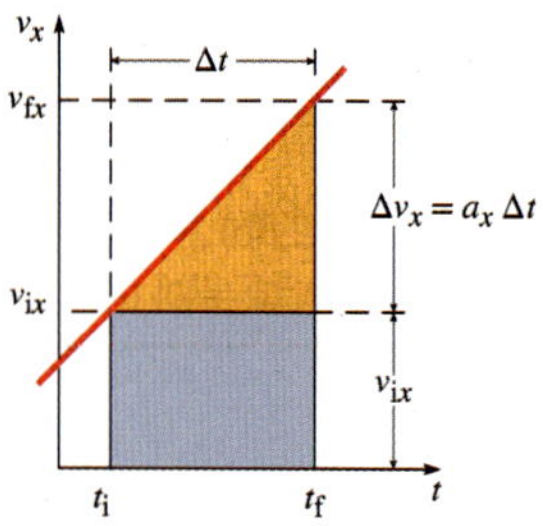

그림 4.5 식 (4–5)의 그래프 해석. 파란 사각형의 넓이는 $v_{ix}\Delta t$이고 노란 삼각형의 넓이는 $\frac{1}{2}$ 밑변 × 높이 $= \frac{1}{2}(\Delta t)(a_x\Delta t)$이다.

식 (4–5)를 그래프로 해석해 보자. 그림 4.5는 가속도가 일정한 운동의 $v_x(t)$ 그래프를 보여 주고 있다. 시각 t_i와 t_f 사이의 변위는 이 시간에 대한 그래프 아래의 넓이이다. 이 영역을 사각형과 삼각형 부분으로 나누자. 사각형의 넓이는 다음과 같다.

$$\text{밑변} \times \text{높이} = v_{ix} \times \Delta t \tag{4-6}$$

삼각형의 높이는 속도에 따라 변하므로 $a_x\Delta t$와 같다. 따라서 삼각형의 넓이는

$$\frac{1}{2}\text{밑변} \times \text{높이} = \frac{1}{2}\Delta t \times a_x\Delta t = \frac{1}{2}a_x(\Delta t)^2 \tag{4-7}$$

이다. 두 영역의 넓이를 합하면 식 (4–5)와 같아진다.

또 하나의 유용한 방정식은 시간 Δt를 소거하면 구할 수 있다.

$$\Delta x = \frac{1}{2}(v_{fx} + v_{ix})\Delta t = \frac{1}{2}(v_{fx} + v_{ix})\left(\frac{v_{fx} - v_{ix}}{a_x}\right) = \frac{v_{fx}^2 - v_{ix}^2}{2a_x} \tag{4-8}$$

각 항을 재정리하면 다음과 같다.

$$v_{fx}^2 - v_{ix}^2 = 2a_x\Delta x \quad (a_x\text{가 일정할 때}) \tag{4-9}$$

살펴보기 4.2 오후 3:00에 서쪽으로 460 km/h로 이동하고 있던 한 비행기가 오후 3:05에는 서쪽으로 480 km/h로 이동하고 있다. 이 시간 동안 비행기의 평균 속도는 470 km/h인지 설명하여라.

보기 4.1 도플러 초음파 심장 검진

대동맥 혈액의 최대 가속도는 심실 기능을 검사하는 데 이용할 수 있다. 대동맥 혈액이 최대로 가속되는 시기는 좌심실이 펌프작용을 하는 초기이다. 이 시간 동안 가속도는 일정하다. 도플러 초음파 검사에서는 대동맥 혈액의 속력을 초음파를 이용하여 측정한다. 어떤 환자의 검사 결과, 대동맥 혈액이 초기속력 0.10 m/s에서 38 ms 동안 등가속도로 증가하여 최대 속도 1.29 m/s에 도달하였다. (a) 이 데이터에서 보이는 가속도는 얼마인가? (b) 이 시간 동안에 혈액이 이동한 거리는 얼마인가?

전략 혈액이 흐르는 방향을 x축으로 선택한다. 데이터로부터 얻은 정보는 $\Delta t = 38\ \text{ms} = 38\times10^{-3}\ \text{s}$, $v_{ix} = 0.10\ \text{m/s}$, $v_{fx} = 1.29\ \text{m/s}$이다. 문제의 핵심은 a_x와 Δx를 구하는 것이다. 주어진 세 값을 이용하여 식 (4–1)을 a_x에 대해 풀 수 있다. 세 개의 값을 이용하여 식 (4–3)에서 Δx를 구한다. 식 (4–5)와 (4–9)는 둘 다 미지항을 포함하고 있어서, 이 식들을 이용하면 계산이 복잡하지만 정확하다.

풀이 (a) 속도 변화는 $\Delta v_x = v_{fx} - v_{ix} = 1.29\ \text{m/s} - 0.10\ \text{m/s} = 1.19\ \text{m/s}$이다. 시간은 $\Delta t = 38\times10^{-3}\ \text{s}$이다. 따라서 가속도는 다음과 같다.

$$a_x = \frac{\Delta v_x}{\Delta t} = \frac{1.19\ \text{m/s}}{38\times10^{-3}\ \text{s}} = 31.32\ \text{m/s}^2 \Rightarrow 31\ \text{m/s}^2$$

(b) 식 (4–9)를 이용하면, 변위는

$$\begin{aligned}\Delta x &= \frac{1}{2}(v_{fx}+v_{ix})\Delta t \\ &= \frac{1}{2}(1.29\ \text{m/s}+0.10\ \text{m/s})(38\times10^{-3}\text{s}) \\ &= 0.026\ \text{m} = 2.6\ \text{cm}\end{aligned}$$

가 된다.

검토 식 (4–5)를 이용해 빠르게 검토하면 다음과 같다.

$$\begin{aligned}\Delta x &= v_{ix}\Delta t + \frac{1}{2}a_x(\Delta t)^2 \\ &= 0.01\ \text{m/s}\times38\times10^{-3}\ \text{s} \\ &\quad + \frac{1}{2}\times31.32\ \text{m/s}^2\times(38\times10^{-3}\ \text{s})^2 = 2.6\ \text{cm}\end{aligned}$$

식 (4–5)가 식 (4–1)과 (4–3)으로부터 유도되었기 때문에 이 검토가 독립적인 것은 아니다. 단지 앞의 풀이 과정에서 계산 실수가 있었는지 빨리 검토해 보는 것일 뿐이다.

속도 데이터로부터 구해진 가속도 a_x의 값은 심장병 전문의가 혈액에 가해지는 힘에 대해 결론을 내릴 수 있게 해 주어 심장 기능을 진단할 수 있다.

실전문제 4.1 이끼 포자의 방출

물이끼 포자에 관한 측정에 의하면 포자가 그 모체에서 방출될 때 360000 m/s^{2}에 달하는 가속도로 가속되는 것을 알 수 있다. (a) 이 크기가 등가속도라고 가정하면, 0.40 ms 동안 이끼 포자는 얼마나 멀리 날아갈 수 있는가? (b) 이 시간에 포자의 속도는 얼마인가?

래프에 반영되었다. 그래프는 서로 기울기가 다른 두 개의 직선이 시각 t_2일 때 같은 v_x값을 가지도록 연결되어 있다.

첫 번째 딸린 문제에서 보트의 속도는 동쪽으로 등가속도 $2.8\ \mathrm{m/s^2}$로 빨라진다. 우리는 가속도, 초기 속도와 변위(동쪽으로 140 m)를 알고 있다. 보트가 정지 상태에서 출발하였으므로 초기 속도 v_{1x}는 0이다. 나중 속도 v_{2x}를 구해야 한다. 이것이 두 번째 딸린 문제의 초기 속도가 된다. 보트가 항상 동쪽을 향하고 있으므로 동쪽을 $+x$방향으로 잡는다.

딸린 문제 1

- 주어진 조건 : $v_{1x}=0$, $a_{1x}=+2.8\ \mathrm{m/s^2}$, $\Delta x_{21}=x_2-x_1=140\ \mathrm{m}$
- 구해야 할 값 : v_{2x}

딸린 문제 2를 풀기 위해서, 우리는 가속도와 최종 속도를 알고 있고, 앞에서 딸린 문제 1을 풀어서 초기 속도 v_{2x}를 구했다. 보트의 속도는 줄어들고 있기 때문에 가속도는 속도의 방향과 반대이다. 따라서 $\vec{a}_2$는 음의 x 방향이다($a_{2x}<0$). 이 세 개의 값들을 이용하여 나중 시간의 보트의 변위를 구할 수 있다.

딸린 문제 2

- 주어진 조건 : 딸린 문제 1에서부터 v_{2x}, $a_{2x}=-1.2\ \mathrm{m/s^2}$, $v_{3x}=+16\ \mathrm{m/s}$
- 구해야 할 값 : $\Delta x_{32}=x_3-x_2$

각기 다른 두 시간 동안 변위의 합이 전체 변위가 되고, 이 전체 변위가 부두에서 부표까지의 거리가 된다.

풀이 (a) 그림 4.8의 $v_x(t)$ 그래프처럼, 그래프는 $t=t_1$일 때 $v_x=0$에서 시작한다. 간단히 하기 위해 $t_1=0$으로 놓는다. $t=t_2$까지 그래프는 기울기가 $+2.8\ \mathrm{m/s^2}$인 직선이다. 그래프의 나머지 부분은 이 점에서 시작하여 $t=t_3$에서 $v_x=16\ \mathrm{m/s}$가 될 때까지 기울기가 $-1.2\ \mathrm{m/s^2}$인 직선이 된다. 그러나 아직 t_2와 t_3의 값을 구하지 않았으므로 이것이 정량적인 그래프는 아니다.

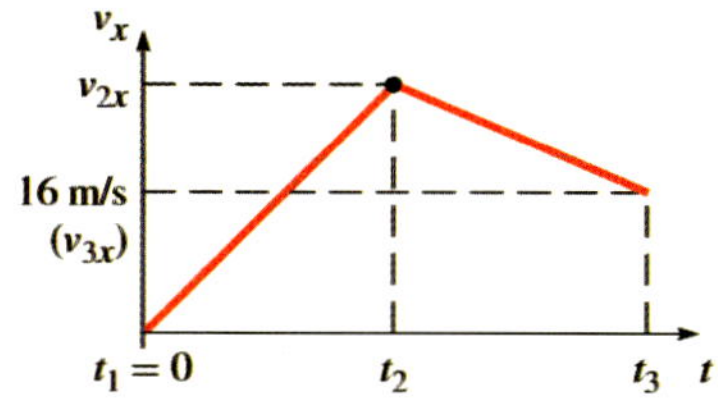

그림 4.8 모터보트의 $v_x(t)$의 그래프

(b1) 시간 간격을 모르므로 v_{2x}를 구하기 위해서 식 (4–9)

$$\Delta x_{21}=\frac{1}{2}(v_{2x}+v_{1x})\Delta t$$
$$=\frac{1}{2}(v_{2x}+v_{1x})\left(\frac{v_{2x}-v_{1x}}{a_{1x}}\right)=\frac{v_{2x}^2-v_{1x}^2}{2a_{1x}}$$

를 사용한다. 이 식을 v_{2x}에 대하여 풀면

$$v_{2x}=\pm\sqrt{v_{1x}^2+2a_{1x}\Delta x}$$
$$=\pm\sqrt{0+2\times 2.8\ \mathrm{m/s^2}\times 140\ \mathrm{m}}$$
$$=\pm 28\ \mathrm{m/s}$$

가 된다. 보트가 동쪽, 곧 $+x$ 방향으로 운동하므로 올바른 방향은 양의 방향이다. 곧 $v_{2x}=+28\ \mathrm{m/s}$이다.

(b2) 두 번째 구간의 초기 속도는 첫 번째 구간의 최종 속도(v_{2x})이고, 최종 속도는 v_{3x}이다. 이 구간에 대해서도 식 (4–9)를 적용하면

$$\Delta x=\frac{v_{3x}^2-v_{2x}^2}{2a_{2x}}$$
$$=\frac{(16\ \mathrm{m/s})^2-(28\ \mathrm{m/s})^2}{2\times(-1.2\ \mathrm{m/s^2})}=+220\ \mathrm{m}$$

이다. 따라서 전체 변위는

$$x_3 - x_1 = (x_3 - x_2) + (x_2 - x_1)$$
$$= 220\ \text{m} + 140\ \text{m} = +360\ \text{m}$$

이다. 부표는 부두에서부터 동쪽으로 360 m 떨어진 곳에 있다.

검토 보트는 두 개의 시간 간격 동안 다른 가속도를 가지므로 문제는 자연스럽게 두 부분으로 나누어졌다. 문제를 이와 같은 방법으로 나눌 수 있는 경우에는 첫 번째 부분의 최종 속도와 최종 위치가 두 번째 부분의 초기 속도와 초기 위치가 된다.

실전문제 4.3 **부표에 도달하는 시간**

보기 4.3의 보트가 부표에 도달하는 데 걸린 시간은 얼마인가?

4.3 등가속도 운동학에 뉴턴의 법칙 적용하기
Applying Newton's Laws with Constant-Acceleration Kinematics

이제 **등가속도 운동**과 관련된 힘을 분석하기 위해 뉴턴의 법칙을 어떻게 적용해야 하는지 몇 가지 예를 들어 살펴보자. **가속도**가 다른 물리량과 관련되어 있다는 사실을 기억해 두어라. 곧 알짜힘이 가속도를 결정하고, 가속도가 물체의 속도와 위치가 어떻게 변하는지를 결정한다.

보기 4.4 **하나는 매달려 있고 하나는 미끄러지는 두 개의 블록**

질량이 $m_1 = 3.0$ kg인 블록이 마찰이 없는 평면 위에 정지하고 있다. 질량이 $m_2 = 2.0$ kg인 두 번째 블록은 질량을 무시할 수 있는 이상적인 줄로 첫 번째 블록에 연결되어 마찰이 없는 이상적인 도르래에 걸려 있다(그림 4.9). 두 개의 블록을 정지 상태에서 가만히 놓았을 때, (a) 두 블록의 가속도를 구하여라. (b) 1.2 s 후에 두 번째 블록이 아직 바닥에 닿지 않았고 첫 번째 블록도 아직 평면 위에 있다고 가정할 때 각 블록의 속도는 얼마인가? (c) 1.2 s 동안 블록 1이 이동한 거리는 얼마인가?

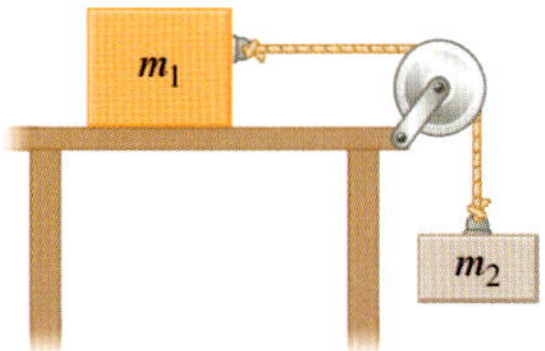

그림 4.9 줄로 연결된 두 개의 블록. 하나는 마찰이 없는 평면 위에 있고 하나는 매달려 있다.

전략 각 블록을 분리된 계로 간주하고 각각에 대한 자유물체도형을 그린다. 줄과 도르래가 모두 이상적인 것이므로 줄의 양쪽 끝에서의 장력은 같다. 두 블록의 오른쪽을 $+x$축, 위쪽을 $+y$축으로 선택한다. 블록의 가속도(줄이 늘어나지 않으므로 두 블록의 가속도의 크기는 같다)를 구하기 위해서, 뉴턴의 제2법칙을 적용한다. 그러고 나서 문제 (b)와 (c)를 풀기 위해 등가속도 식을 이용한다.

- 주어진 조건 : $m_1 = 3.0$ kg, $m_2 = 2.0$ kg, 두 블록 모두 $\vec{v}_i = 0$, $\Delta t = 1.2$ s
- 구해야 할 값 : 출발 후 1.2 s에 $\vec{a}_1$과 $\vec{a}_2$, $\vec{v}_1$과 $\Delta\vec{r}_1$

풀이 (a) 그림 4.10은 두 블록에 대한 자유물체도형이다.

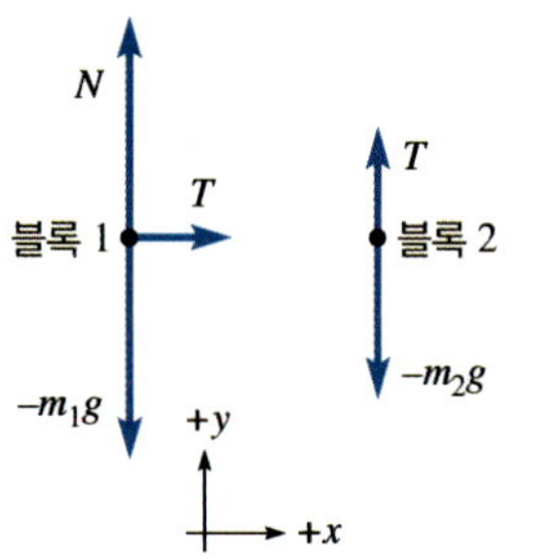

그림 4.10 힘의 크기가 표시된 블록 1과 블록 2의 자유물체도형

블록 1은 책상 면을 따라 미끄러진다. 따라서 가속도의 수직 성분은 0이고 수직항력은 무게와 같다. 두 수직 방향의 힘은 상쇄되고, 알짜힘은 줄이 당기는 장력뿐이며 그 방향은 수평 방향이다. 따라서 $\sum F_{1y} = 0$이 되고

$$\sum F_{1x} = T = m_1 a_{1x}$$

이다. 블록 2에는 오직 수직 방향의 힘들만 작용한다. 블록 2의 자유물체도형으로부터 뉴턴의 제2법칙을 다음과 같이 쓸 수 있다.

$$\sum F_{2y} = T - m_2 g = m_2 a_{2y}$$

두 가속도의 크기는 같다. 블록 1의 가속도는 $+x$ 방향이고, 블록 2의 가속도는 $-y$ 방향이다. 따라서 다음과 같이 치환할 수 있다.

$$a_{1x} = a, \quad a_{2y} = -a$$

여기에서 a는 가속도의 크기이다.

이 방정식에 $T = m_1 a$와 $a_{2y} = -a$를 대입하면

$$m_1 a - m_2 g = -m_2 a$$

가 된다. 위 방정식을 풀면 a는 다음과 같이 구할 수 있다.

$$a = \frac{m_2}{m_1 + m_2} g$$

$$= \frac{2.0 \text{ kg}}{3.0 \text{ kg} + 2.0 \text{ kg}} \times 9.80 \text{ m/s}^2$$

$$= 3.92 \text{ m/s}^2 \Rightarrow 3.9 \text{ m/s}^2$$

가 된다. 여기에서 화살표는 유효숫자에 맞게 반올림했음을 뜻한다. 블록 1의 가속도는 오른쪽으로 $\vec{a}_1 =$ 3.9 m/s^{2}이고 블록 2의 가속도는 아래쪽으로 $\vec{a}_1 =$ 3.9 m/s^{2}이다.

(b) 다음은 블록 1의 1.2 s에서의 속도를 구하자. 문제에 의해 초기 속도 $v_{ix} = 0$과 시간 $\Delta t = 1.2$ s가 주어졌다.

$$v_{fx} = v_{1x} + a_x \Delta t$$

$$= 0 + 3.92 \text{ m/s}^2 \times 1.2 \text{ s} \qquad (4\text{-}1)$$

$$= 4.704 \text{ m/s}$$

$$\Rightarrow 4.7 \text{ m/s (오른쪽 방향)}$$

(c) 1.2 s 동안 블록 1의 변위는 다음과 같다.

$$\Delta x = \frac{1}{2}(v_{fx} + v_{ix})\Delta t$$

$$= \frac{1}{2}(4.704 \text{ m/s} + 0) \times 1.2 \text{ s} \qquad (4\text{-}3)$$

$$= 2.82 \text{ m}$$

$$\Rightarrow 2.8 \text{ m (오른쪽 방향)}$$

검토 1.2 s 동안의 평균 속도는 $v_{평균,x} = \Delta x / \Delta t =$ (2.82 m)/(1.2 s) = 2.35 m/s이다. 이것은 처음 속도($v_{1x} = 0$)와 최종 속도($v_{fx} = 4.7$ m/s) 사이의 중앙값이다. 이것은 등가속도 운동의 특징이다. 식 (4–5)

를 이용한 문제 (c)의 또 다른 해법은 다음과 같다.

$$\begin{aligned}\Delta x &= v_{ix}\Delta t + \frac{1}{2}a_x(\Delta t)^2 \\ &= 0 + \frac{1}{2}(3.92\ \text{m/s}^2)(1.2\ \text{s})^2 \\ &= 2.8\ \text{m}\end{aligned}$$

실전문제 4.4 **이전 시각의 변위**

출발 후 0.40 s 일 때, 두 블록의 변위는 얼마인가?

보기 4.5 3층 창문까지 상자 올리기

한 학생이 기숙사 3층으로 이사하게 되었다. 이 학생이 땅바닥에 있는 91 kg 인 상자를 도르래 장치(그림 4.11)를 이용하여 3층 방의 창문까지 올리려고 한다. 만약 줄이 끊어지지 않고 최대로 550 N 까지 견딜 수 있다면, 30 m 위에 있는 3층 방의 창문까지 올리는 데 필요한 최소한의 시간은 얼마인가?

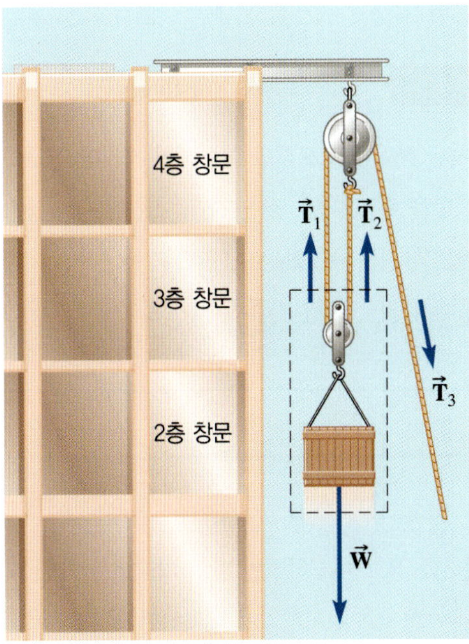

그림 4.11 이삿짐과 이삿짐 운반용 도르래 장치

전략 도르래와 줄이 이상적이라고 가정하면, 줄의 장력 T는 양 끝과 줄의 모든 곳에서 똑같다. 아래 도르래에는 두 개의 줄이 걸려서 각각 장력 T로 위쪽으로 끌어 올리고 있고 중력은 아래쪽으로 작용하고 있다. 상자의 최대 가속도를 구하기 위하여, 상자와 아래 도르래로 이루어진 계의 자유물체도형을 그린다. 다음엔 이 최대 가속도를 이용하여 상자가 3층 창문까지 이동하는 데 걸리는 최소한의 시간을 구한다. 위 방향을 $+y$ 방향으로 선택한다.

- 주어진 조건 : $m = 91\ \text{kg}$, $\Delta y = 30.0\ \text{m}$, $T_{최대} = 550\ \text{N}$, $v_{iy} = 0$
- 구해야 할 값 : 줄의 최대 장력으로 30 m 를 끌어올리는데 필요한 시간 Δt

풀이 그림 4.12의 자유물체도형에서, 위쪽으로 작용하는 힘의 합이 아래로 작용하는 힘의 합보다 크면 상자의 가속도는 위쪽이 됨을 알 수 있다. $+y$ 방향을 위쪽으로 잡으면, y 성분에 대한 방정식은

$$\sum F_y = T + T - mg = ma_y$$

이다. 이 식을 가속도 a_y에 대하여 풀면,

$$a_y = \frac{T + T - mg}{m}$$

이다. 줄이 끊어지지 않고 버틸 수 있는 최대 장력 $T = 550\ \text{N}$과 알고 있는 다른 값들을 대입하면 최대 가

속도는 다음과 같다.

$$a_y = \frac{550\ \text{N} + 550\ \text{N} - 91\ \text{kg} \times 9.80\ \text{m/s}^2}{91\ \text{kg}}$$
$$= 2.288\ \text{m/s}^2$$

아래의 식으로부터 상자가 정지 상태에서 출발하여 거리 Δy를 이동하는 데 걸리는 시간을 계산할 수 있다.

$$\Delta y = v_{iy}\Delta t + \frac{1}{2}a_y(\Delta t)^2 \qquad (4\text{-}5)$$

$v_{iy} = 0$으로 놓고, Δt에 대하여 풀면 아래와 같이 구할 수 있다.

$$\Delta t = \pm\sqrt{\frac{2\Delta y}{a_y}}$$

이 방정식은 $\Delta t \geq 0$(상자가 지면을 떠나 창문에 도달하는 동안)에 대해서만 적용한다. 양의 제곱근을 취하고 수치를 대입하면

$$\Delta t = \sqrt{\frac{2 \times 30.0\ \text{m}}{2.266\ \text{m/s}^2}} = 5.1\ \text{s}$$

가 된다. 이것이 줄이 중간에 끊어지지 않고 상자를 운반할 수 있는 최소 이동 시간이다.

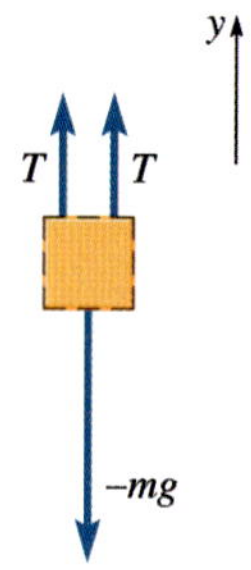

그림 4.12 아래 도르래와 이삿짐 상자로 이루어진 계(그림 4.11의 점선 안)의 자유물체도형

검토 실제로는 학생이 이렇게 빨리 상자를 올릴 수 없을 것이다. 이렇게 빨리 짐을 옮기려면 비현실적인 속도로 줄을 당겨야만 한다. 5.1 s 후에 최종 속도는 $v_{fy} = 2.288\ \text{m/s}^2 \times 5.1\ \text{s} = 12\ \text{m/s}$이다! 아마도 학생은 상자를 일정한 속도로 끌어올릴 것이다(처음에 상자를 움직이기 시작할 때와 나중에 멈출 때는 제외). 일정한 속도로 운동하는 경우 줄에 걸리는 장력은 상자 무게의 절반과 같다(450 N).

실전문제 4.5 **단일 도르래로 상자 끌어올리기**

4층에 설치된 하나의 도르래만 이용해야 하지만 친구들의 도움을 받을 수 있다면, 같은 줄을 이용하여 이 상자를 3층 창문까지 올릴 수 있는가? 만약 가능하다면 이때 필요한 최소 시간은 얼마인가?

보기 4.6 글라이더 끌기

질량이 760 kg인 경비행기가 이륙하기 위해 활주해야 하는 거리는 120 m이다(여기에서 120 m는 비행기가 이륙하는 데 필요한 거리이며 활주로 전체의 길이가 아니다). 이 상황을 단순하게 모형화하여 마찰과 항력은 무시하고, 비행기의 엔진은 비행기에 일정한 추력을 줄 수 있다고 가정한다. (a) 이 경비행기로 질량이 330 kg인 글라이더를 끌고 이륙하려면 활주 거리는 얼마나 되어야 하겠는가? (b) 경비행기가 이륙하기 직전의 속도가 28 m/s라면 활주로에 있는 글라이더를 끌고 있는 경비행기에 묶인 케이블의 장력은 얼마인가?

전략 두 개의 자유물체도형을 그린다. 곧 비행기만의 자유물체도형과 비행기에 글라이더가 추가된 자유물체

도형을 그린다. 활주로에서 이륙하기 직전의 변위를 묻고 있기 때문에, 두 경우 모두 운동은(활주로 상에서) 수평 방향이다. 비행기가 활주로에서 이륙할 때까지는 가속도의 수직 성분은 0이다. 수직 방향의 힘(중력, 수직 항력, 공기가 비행기 날개에 작용하는 양력)은 고려할 필요가 없다. 가속도의 수직 성분이 0이 되기 때문에 서로 상쇄되기 때문이다. 뉴턴의 제2법칙을 이용하여 두 경우에서의 가속도를 구하고, 가속도를 이용하여 두 변위를 비교한다.

풀이 (a) 비행기가 혼자 이륙할 경우 비행기에는 네 가지 힘이 작용한다(그림 4.13). 세 힘은 수직 방향의 힘이고 나머지 한 힘(엔진에 의한 추력)이 수평 방향으로 작용한다. 수평 방향을 x축으로 선택하면, 뉴턴의 제2법칙은

$$\sum F_{1x} = F = m_1 a_{1x}$$

이다. 여기에서 F는 추력이고, m_1은 비행기의 질량, 그리고 a_{1x}는 가속도의 수평 성분이다.

글라이더를 끌고 있을 때, 글라이더와 비행기 그리고 그들을 연결한 케이블을 하나의 계로 취급한다(그림 4.14). 이 경우에도 여전히 앞의 경우와 같이 수평 방향으로 외부에서 작용하는 힘은 추력 단 하나 뿐이다. 케이블의 장력은 내부 힘이다. 따라서

$$\sum F_{2x} = F = (m_1 + m_2) a_x$$

이다. 여기에서 $m_1 + m_2$는 계의 총질량(비행기 질량 m_1과 글라이더 질량 m_2의 합)이고, a_x는 글라이더와 비행기 가속도의 수평 성분이다. 케이블의 질량은 무시한다.

문제에서는 추력이나 두 물체의 가속도가 주어져 있지 않다. 추력이 같다고 놓고 가속도의 비를 구한다.

$$m_1 a_{1x} = (m_1 + m_2) a_x \Rightarrow \frac{a_x}{a_{1x}} = \frac{m_1}{m_1 + m_1}$$

알짜힘이 같을 때 가속도의 크기는 계의 질량에 반비례한다.

가속도와 활주 거리는 어떠한 연관이 있는가? 활주로에서 비행기가 이륙하려면 이륙 직전 속도는 같아야 한다. 두 개의 등가속도 기본 방정식

$$\Delta v_x = v_{\mathrm{f}x} - v_{\mathrm{i}x} = a_x \Delta t \qquad \text{(4-1)}$$

$$\Delta x = \frac{1}{2}(v_{\mathrm{f}x} + v_{\mathrm{i}x}) \Delta t \qquad \text{(4-3)}$$

에서 $v_{\mathrm{i}x} = 0$이라 놓고 Δt를 소거하면 Δx를 다음과 같이 구할 수 있다.

$$\Delta x = \frac{1}{2}(v_{\mathrm{f}x} + 0)\left(\frac{v_{\mathrm{f}x}}{a_x}\right) = \frac{v_{\mathrm{f}x}^2}{2a_x}$$

두 경우 모두 변위는 가속도에 반비례하고, 가속도는 계의 질량에 반비례한다. 따라서 변위는 질량에 정비례한다. 글라이더가 분리된 비행기만의 변위를 $\Delta x_1 = 120\ \mathrm{m}$로 놓으면, 비행기와 글라이더를 합한 계의 변위는 비례식을 이용하여 다음과 같이 계산할 수 있다.

$$\frac{\Delta x}{\Delta x_1} = \frac{a_{1x}}{a_x} = \frac{m_1 + m_2}{m_1} = \frac{1090\ \mathrm{kg}}{760\ \mathrm{kg}} = 1.434$$

$$\Delta x = 1.434 \times 120\ \mathrm{m} = 172.08\ \mathrm{m} \Rightarrow 170\ \mathrm{m}$$

(b) 최종 속도를 이용하여 가속도를 구할 수 있다.

$$\Delta x = \frac{v_{\mathrm{f}x}^2}{2a_x} \quad \text{또는} \quad a_x = \frac{v_{\mathrm{f}x}^2}{2\Delta x}$$

이 식에 최종 속도 $v_{\mathrm{f}x} = 28\ \mathrm{m/s}$, $v_{\mathrm{i}x} = 0$, 그리고 $\Delta x = 172.08\ \mathrm{m}$를 대입하면

$$a_x = \frac{(28\ \mathrm{m/s})^2}{2 \times 172.08\ \mathrm{m}} = 2.278\ \mathrm{m/s^2}$$

가 된다. 장력은 글라이더에 작용하는 유일한 수평 방향의 힘이다. 따라서 다음과 같다.

$$\sum F_x = T = m_2 a_x$$
$$= 330\ \text{kg} \times 2.278\ \text{m/s}^2$$
$$= 751.7\ \text{N} \Rightarrow 750\ \text{N}$$

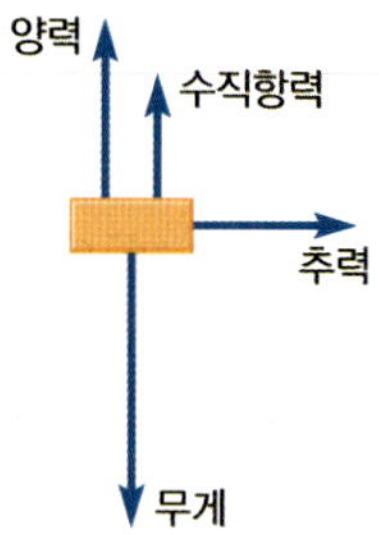

그림 4.13 비행기만의 자유물체도형

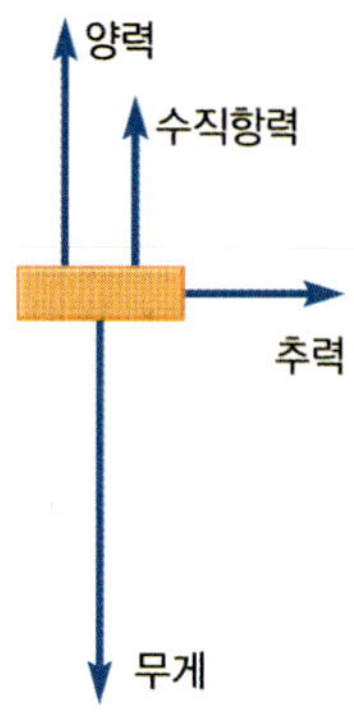

그림 4.14 비행기와 글라이더 계의 자유물체도형

검토 이 풀이 과정은 단순화된 모형을 사용하였기 때문에 답은 근삿값이라고 간주할 수 있다. 그럼에도 불구하고 뉴턴의 제2법칙을 잘 설명해 준다. 같은 알짜힘이 두 물체에 작용하면 물체의 질량에 반비례하는 가속도를 발생시킨다. 이 보기에서 우리는 같은 알짜힘이 질량이 서로 다른 두 물체에 작용하는 경우를 살펴보았다. 첫 번째는 경비행기에만 작용하는 경우이고, 두 번째는 경비행기와 글라이더를 합한 계에 작용하는 경우이다. 또 다른 해석 방법은 비행기에 작용하는 힘을 살펴보는 것이다. 글라이더를 끌 때 케이블은 비행기를 뒤쪽으로 잡아당긴다. 따라서 비행기에 작용하는 알짜힘이 작아지기 때문에 가속도도 작아진다. 가속도가 작으면 이륙 속도에 이르는 시간이 길어지고 이륙하기 위한 활주 거리도 길어진다.

실전문제 4.6 **엔진의 추력**

보기 4.6의 경비행기 엔진의 추력은 얼마인가?

보기 4.7 경사면과 도르래, 그리고 두 개의 블록

질량이 $m_1 = 2.60\ \text{kg}$ 인 블록 1이 수평면에 대하여 30°의 경사면에 정지하고 있다(그림 4.15). 블록 1에 연결된 이상적인 줄이 이상적이고 마찰이 없는 도르래를 거쳐서 질량이 $m_2 = 2.20\ \text{kg}$ 이고 바닥으로부터 2.00 m 높이에 매달려 있는 블록 2에 연결되어 있다. 블록 1과 경사면 사이의 운동마찰계수는 0.180이다. 두 블록은 처음에 정지 상태로 있다. (a) 블록 2가 바닥에 닿는 데 걸리는 시간은 얼마인가? (b) 블록 2에 대한 0.5 s 간격의 운동도해를 그려라.

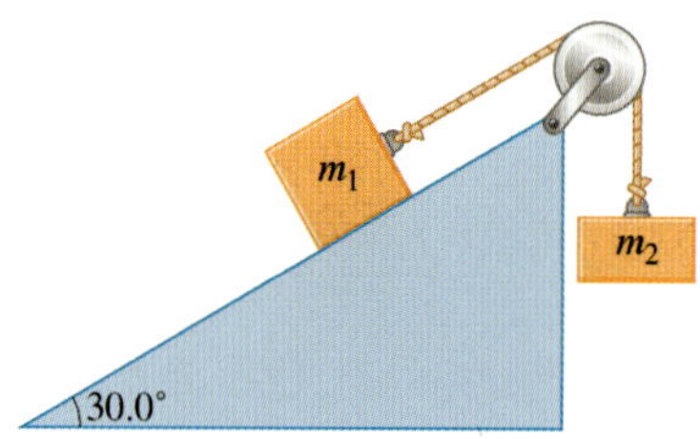

그림 4.15 경사면 위의 블록이 다른 블록과 도르래에 걸쳐있는 줄로 연결되어 있다.

전략 문제에 의하면 두 블록은 처음에 정지 상태에 있다가 블록 2가 바닥에 닿는다. 따라서 블록 2의 가속도는 아래 방향이고 블록 1은 경사면의 위 방향이다. 블록 1의 가속도가 수평 방향 성분 하나만 0이 안 되도록 좌표계를 경사면에 수평인 축과 수직인 축으로 선택한다. 늘어나지 않는 이상적인 줄로 연결되었기 때문에 두 블록의 가속도의 크기는 같다. 도르래와 줄이 모두 이상적이기 때문에 줄의 양끝에서 장력의 크기는 같다.

풀이 (a) 우선 각 블록에 대해 따로따로 자유물체도형(그림 4.16과 그림 4.17)을 그리는 것부터 시작하자. 블록 1이 경사면의 위쪽으로 미끄러지기 때문에 운동마찰력 $\vec{f}_k$은 아래로 미끄러지는 방향과 반대로 작용한다. 블록 1에 작용하는 중력은 경사면에 수직인 성분과 수평인 성분으로 나누어진다.

자유물체도형을 이용하여 각 블록에 대하여 성분별로 뉴턴의 제2법칙을 적용한다. 블록 1은 수평면과 수직인 방향의 가속도 성분이 없다. 물체가 경사면을 파고들거

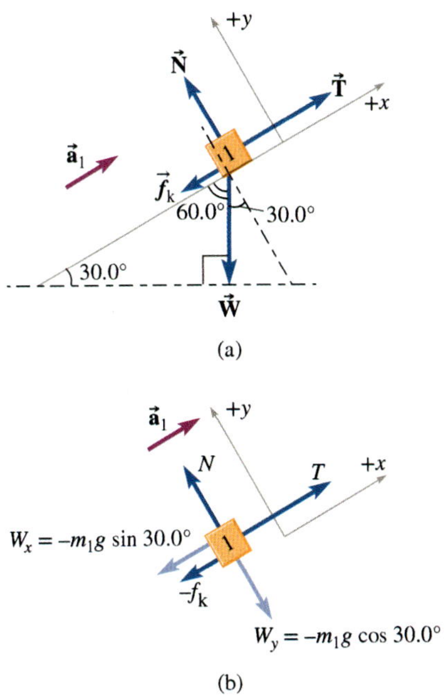

그림 4.16 블록 1에 작용하는 힘. (a) 경사면에 평행한 축과 수직한 축을 각각 x와 y축으로 선택하면, 세 개의 힘이 둘 중 하나의 축(x)과 평행하게 되어 계산이 간단해진다. 중력의 x와 y 성분들은 그림에 있는 직각삼각형에 의해 주어진다. (b) 중력을 성분별로 표시한 블록 1의 자유물체도형.

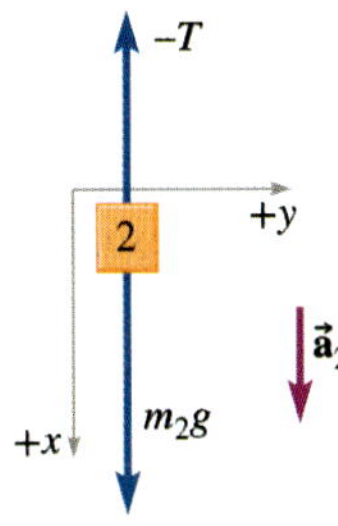

그림 4.17 블록 2에 대한 자유물체도형 $+x$ 방향을 아래 방향으로 선택하였다. x 성분의 힘들이 표시되어 있다.

나 위로 뛰어오르지 않고 단지 경사면을 따라서 미끄러질 뿐이다. 따라서 블록 1에 작용하는 y 방향, 곧 경사면과 수직인 방향의 알짜힘은 0이다.

$$\sum F_y = N - m_1 g \cos\theta = 0$$

또는

$$N = m_1 g \cos\theta$$

여기에서 $\theta = 30.0°$이다. 경사면을 따르는 블록 1의 x 방향의 가속도 성분은 0이 아니다.

$$\sum F_x = T - m_1 g \sin\theta - f_k = m_1 a_x$$

운동마찰력은 수직항력과 연관되어 있다.

$$f_k = \mu_k N = \mu_k m_1 g \cos\theta$$

대입하면 다음과 같다.

$$T - m_1 g \sin\theta - \mu_k m_1 g \cos\theta = m_1 a_x \quad (1)$$

블록 2에 대해서는 x축을 아래 방향으로 선택한다. 이렇게 하면 두 블록이 모두 같은 가속도 a_x를 가지게 되기 때문에 문제가 간단해진다. 뉴턴의 제2법칙을 적용하면,

$$\sum F_x = m_2 g - T = m_2 a_x \quad (2)$$

줄의 장력 T와 가속도의 x 성분 a_x가 식 (1)과 (2)에서 미지수이다. 식 (2)를 T에 대하여 풀고 그 결과를 식

(1)에 대입한다.

$$T = m_2 g - m_2 a_x = m_2(g - a_x)$$

$$m_2(g - a_x) - m_1 g \sin\theta - \mu_k m_1 g \cos\theta = m_1 a_x$$

재정리하고, a_x에 대하여 풀면 가속도는

$$a_x = \frac{m_2 - m_1(\sin\theta + \mu_k \cos\theta)}{m_1 + m_2} g \qquad (3)$$

가 된다. 여기에 알고 있는 값들을 대입하면 가속도는 다음과 같다.

$$a_x = \frac{2.20\ \text{kg} - 2.60\ \text{kg} \times (0.50 + 0.180 \times 0.866)}{2.60\ \text{kg} + 2.20\ \text{kg}} \times 9.80\ \text{m/s}^2$$
$$= 1.01\ \text{m/s}^2$$

블록 2는 등가속도 $1.01\ \text{m/s}^2$으로 아래 방향으로 $2.00\ \text{m}$를 이동한다. 식 (4–5)와 $v_{ix} = 0$으로부터

$$\Delta x = \frac{1}{2} a_x (\Delta t)^2$$

가 된다. 이 거리를 이동하는 데 걸리는 시간은 다음과 같다.

$$\Delta t = \sqrt{\frac{2\Delta x}{a_x}} = \sqrt{\frac{2 \times 2.00\ \text{m}}{1.01\ \text{m/s}^2}} = 2.0\ \text{s}$$

(b) 그림 4.18은 블록 2의 운동도해이다. $x_i = 0$, $t_i = 0$이라고 하면, 위치는 시간의 2차함수이다. 곧 $x = \frac{1}{2} a_x t^2$이다.

검토 식 (3)에 숫자를 대입하기 전에 먼저 대수적으로 풀이하는 것은 차원 분석을 통하여 미리 실수를 점검할 수 있는 장점이 있기 때문이다. 식 (3)의 괄호 안에 있는 값들은 차원이 없다. 삼각함수 값들과 운동마찰계수는 단순 숫자에 불과하다. 따라서 분자는 힘의 차원을 가지는 값의 합이고 분모는 질량의 차원이므로, 전체적으로 우변은 힘을 질량으로 나눈 가속도의 차원을 준다.

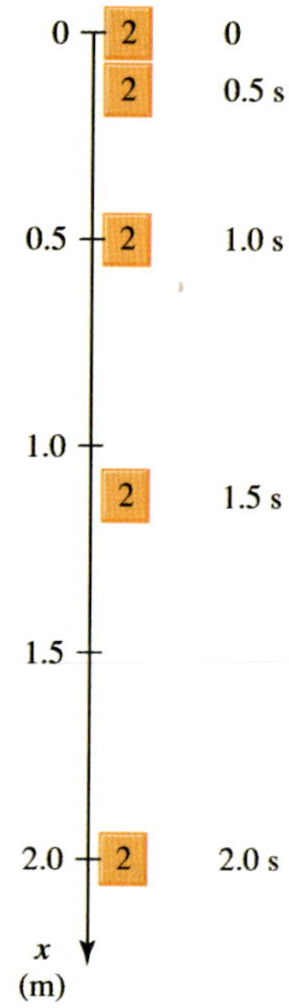

그림 4.18 블록 2의 운동도해

t(s)	x(m)
0	0
0.5	0.125
1.0	0.50
1.5	1.125
2.0	2.0

만약 문제에서 가속도의 방향이 주어지지 않았다면 방향은 어떻게 정할까? 정지마찰력이 운동을 방해하지 않는다고 가정하면, 블록 2를 잡아당기는 중력($m_2 g$)과 경사면 위에서 블록 1을 잡아당기는 중력($m_1 g \sin\theta$)을 비교하여 그 방향을 알 수 있다. '줄다리기의 승자'가 누구인지, 어느 쪽이 큰지 알 수 있다. 일단 블록 1의 가속도의 방향을 알면, 운동마찰력의 방향을 결정할 수 있다. 블록 1이 처음부터 정지해 있지 않고 미끄러지는 방향이 가속도와 반대일지라도, 운동마찰력의 방향은 미끄러지는 방향과 반대 방향이다.

실전문제 4.7 **재미있는 도르래와 경사면**

질량 $m_1 = 3.8\ \text{kg}$, $m_2 = 1.2\ \text{kg}$, 그리고 운동마찰계수가 0.18인 경우를 고려해 보자. 정지 상태로 놓은 블록 1이 미끄러지기 시작한다. (a) 블록 1은 경사면에서 미끄러져 올라가는가 아니면 내려가는가? (b) 운동마찰력은 어느 방향으로 작용하는가? (c) 블록 1의 가속도를 구하여라.

4.4 자유낙하
Free Fall

협곡에 놓인 다리 위에 서 있다고 상상해 보자. 만약 계곡으로 돌멩이 하나를 떨어뜨리면 그것이 떨어지는 속도는 얼마나 될까? 우리는 경험으로 돌멩이가 일정한 속도로 떨어지지 못한다는 것을 알고 있다. 곧 돌멩이가 다리에서 멀리 떨어지면 떨어질수록 속도는 더 빨라진다. 좀 더 현명한 질문은 '돌멩이의 가속도가 얼마일까?'하는 것이다.

우선 문제를 간단히 해 보자. 만약 돌멩이의 속도가 매우 빠르게 되면 공기의 저항은 그 운동에 방해가 될 것이다. 속도가 그렇게 빠르지 않을 때는 공기의 저항은 무시할 수 있다. 공기의 저항을 무시할 수 있을 때 돌멩이에 작용하는 힘은 중력뿐이다. **자유낙하** free fall란 물체가 오직 중력만을 받으면서 떨어지는 운동을 말한다(그림 4.19). 지구상에서는 항상 어느 정도 공기의 저항을 받기 때문에 자유낙하는 이상화시킨 것이다.

그림 4.19 협곡으로 떨어지고 있는 돌멩이의 자유물체도형. 공기의 저항이 무시할 수 있을 정도로 작으면, 자유물체도형에서의 단 하나의 힘은 무게, $\vec{W}$뿐이다. 이 자유물체도형은 돌멩이가 떨어질 때나 올라갈 때나 최고점에서 순간적으로 정지할 때나 똑같다.

자유낙하 가속도

자유낙하 하는 물체의 가속도는 얼마인가? 질량이 더 큰 물체는 가속하기가 더 어렵다. 곧 일정한 힘을 받는 물체의 가속도는 질량에 반비례한다. 그러나 중력은 더 큰 질량에는 더 큰 힘을 작용하여 그것의 큰 관성을 상쇄시키면서 질량이 작은 물체와 같은 크기의 가속도가 생긴다. 물체에 작용하는 중력은 $\vec{W} = m\vec{g}$이다. 여기에서 $\vec{g}$는 중력장 벡터로서 크기는 g이고 아래 방향을 향한다. 뉴턴의 제2법칙, 곧

$$\sum\vec{F} = m\vec{g} = m\vec{a}$$

을 질량으로 나누어 주면

연결고리 자유낙하는 등가속도 운동의 한 예이다.

$$\vec{a} = \vec{g} \tag{4-10}$$

가 된다. 자유낙하 할 때 물체의 가속도는 $\vec{g}$로서 물체의 질량에 무관하다. $1\,N = 1\,kg \cdot m/s^2$이므로 $1\,N/kg = 1\,m/s^2$이다. 자유낙하 하고 있는 물체의 가속도는 그 곳에서의 $\vec{g}$값이다. 특정 문제에서 g값이 주어지지 않았으면 그 크기를 지구 표면 근처에서의 자유낙하 가속도의 크기로 가정하고, 그 값은 다음과 같이 택하여라.

$$a_{자유낙하} = g = 9.80\,\frac{N}{kg} = 9.80\,\frac{\cancel{N}}{\cancel{kg}} \times \frac{\cancel{kg} \cdot m/s^2}{\cancel{N}} = 9.80\,m/s^2 \tag{4-11}$$

연결고리 같은 양 g에 대해서는 서로 다른 두 가지 해석이 있다. 무게 $W = mg$라 할 때 g는 중력장의 세기이다. 지표면 근처에서 $g \approx 9.80\,N/kg$이라 쓸 때는 단위 질량에 대한 중력의 세기를 뜻한다. 이제 우리는 g를 다르게 해석할 수 있다. 그것은 자유낙하 하는 물체의 가속도이다. 지표면 근처에서 자유낙하 가속도는 $g \approx 9.80\,m/s^2$이다.

지구 표면 근처에서 중력만을 받을 때 물체의 가속도이기 때문에 종종 벡터 $\vec{g}$를 **자유낙하 가속도**라고 부른다.

수직 방향의 운동을 다룰 때 위쪽을 양의 y축으로 선택한다(2차원 문제를 다룰 때 주로 수평 방향은 x축 수직 방향을 y축으로 선택한다). 자유낙하 가속도의 방향은 아래쪽을 향하므로 (만약 양$^+$의 y축 방향이 위쪽이면) $a_y = -g$이다. 다른 등가속도 운동의 경우에 사용했던 방정식과 방법이 자유낙하에서도 똑같이 적용된다.

지구 표면 근처의 중력은 항상 물체를 아래로 잡아당기므로, 자유낙하 하는 물체의 가속도는 그 물체가 올라가고 있거나, 내려가고 있거나, 정지하고 있거나 그 속도에 무관하게 아래 방향이고 크기가 일정하다. 만약 물체가 내려가고 있다면 아래 방향 가속도는 그 속도를 증가시키고, 위쪽으로 올라가고 있다면 아래 방향 가속도는 그 속도를 감소시킨다.

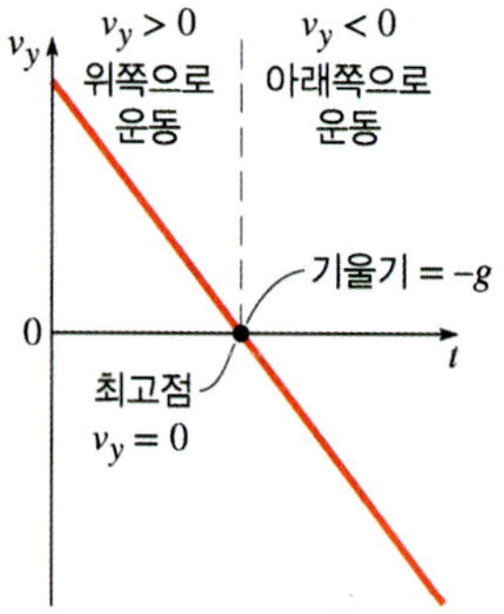

그림 4.20 위쪽으로 던진 물체의 t 대 v_y의 그래프. 물체가 올라가거나 내려오거나 최고점에 있거나 상관없이 그래프의 기울기는 모든 점에서 일정하다($a_y = -g$).

최고점에서의 가속도 물체를 위쪽으로 똑바로 던진다면 그 물체는 최고점에서 속도가 0이 된다. 그 이유는 무엇일까? 양의 y축 방향이 위쪽이면 이 물체의 속도의 y 성분 v_y는 양이고 아래로 갈 때 v_y는 음이다. v_y값은 연속적으로 변해야 하는데 부호를 바꾸기 위해서는 한번은 0이 되어야 한다(그림 4.20). 최고점에서 속도는 0이지만 **가속도**는 0이 아니다. 만약 최고점에서 가속도가 갑자기 0이 되어버리면 속도는 더 이상 변하지 않는다. 물체는 최고점에서 되돌아 떨어지지 않고 멈춰버릴 것이다. 최고점에서 속도는 0이 되지만 0에 머무르지 않고 같은 비율로 변한다.

살펴보기 4.4 자유낙하 운동 하는 물체가 위로 올라갈 수 있는가?

보기 4.8 돌멩이 던지기

다리 위에 서서 돌멩이를 위쪽으로 똑바로 던졌다. 돌멩이는 4.00 s 후에 손을 떠난 지점에서 44.1 m 아래에 있는 강물 위에 떨어졌다. (a) $v_y(t)$와 $y(t)$의 그래프를 그려라. 양$^+$의 y축을 위쪽으로 선택하라. (b) 손을 떠난 직후 돌멩이의 속도를 구하라. (c) 돌멩이가 강물에 닿기 직전의 속도는 얼마인가? (d) 이 돌멩이의 운동에서 처음 0.9 s 동안의 위치를 0.1 s 간격으로 표시한 운동도해를 그려라.

전략 공기의 마찰을 무시했을 때, 돌멩이가 일단 손을 벗어나면 강물에 닿을 때까지 자유낙하 운동을 한다. 자유낙하운동을 하는 동안의 초기 속도는 돌멩이가 손을 떠날 때의 속도이고 최종 속도는 강물에 닿기 직전의 속도이다. 그림 4.19의 자유물체도형에는 자유낙하 운동을 하는 동안에 작용하는 유일한 힘인 중력 $\vec{W} = m\vec{g}$만 보여주고 있다. 뉴턴의 제2법칙으로부터 $\sum \vec{F} = \vec{W} = m\vec{g} = m\vec{a}$이다. 자유낙하 하는 동안 돌멩이의 가속도는 $\vec{g}$로 일정하고 그 크기는 $9.80\,\text{m/s}^2$이고 아래 방향이다.

- 주어진 조건 : $a_y = -9.80\ \mathrm{m/s^2}$, $\Delta t = 4.00\ \mathrm{s}$일 때 $\Delta y = -44.1\ \mathrm{m}$
- 구해야 할 값 : $v_{\mathrm{i}y}$와 $v_{\mathrm{f}y}$

풀이 (a) 돌멩이가 손을 떠나는 점을 좌표 원점으로 잡으면 돌멩이는 $y = 0$에서 출발하는 것이 된다. 돌멩이가 위로 올라가기 시작했으므로 최고점에 이를 때까지 y값은 증가한다. 최고점에 도달한 뒤 돌멩이는 떨어지기 시작하여 $y = 0$보다 낮은 점에 있는 강물에 닿는다. 가속도가 일정하기 때문에 $v_y(t)$의 그래프는 직선이 된다. 돌멩이는 처음에 위쪽으로 움직이고($v_y > 0$) 최고점에서 $v_y = 0$이다. 그 뒤 돌멩이는 아래쪽으로 움직이고 $v_y < 0$이다. v_y의 값은 $y(t)$ 그래프의 기울기이다. 그 값은 처음에 양수였다가 점점 줄어들어서 최고점에서 0이 되고 계속 감소해서 음의 값이 된다. 이 관찰로부터 $y(t)$와 $v_y(t)$ 그래프는 그림 4.21과 같이 스케치할 수 있다.

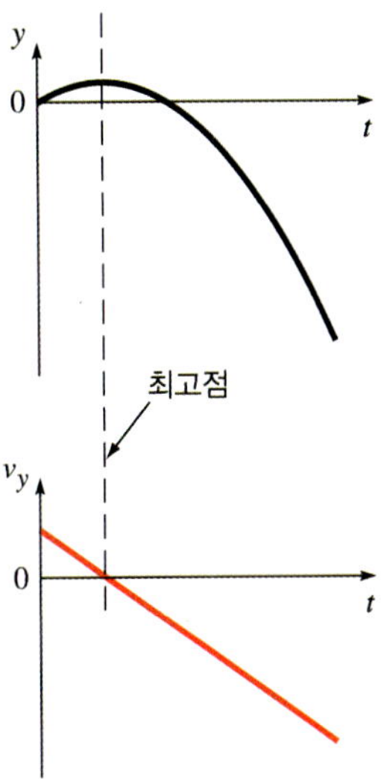

그림 4.21 돌멩이의 $y(t)$와 $v_y(t)$의 그래프

(b) $v_{\mathrm{i}y}$값을 제외한 Δy, Δt, a_y의 값을 알고 있으므로, $v_{\mathrm{i}y}$를 구하기 위해 식 (4–5)를 이용한다.

$$\Delta y = v_{\mathrm{i}y}\Delta t + \frac{1}{2}a_y(\Delta t)^2$$

이 식을 v_{iy}에 대하여 풀면,

$$v_{\mathrm{i}y} = \frac{\Delta y}{\Delta t} - \frac{1}{2}a_y\Delta t$$

$$= \frac{-44.1\ \mathrm{m}}{4.00\ \mathrm{s}} - \frac{1}{2}(-9.80\ \mathrm{m/s^2} \times 4.00\ \mathrm{s})$$

$$= -11.0\ \mathrm{m/s} + 19.6\ \mathrm{m/s} = 8.6\ \mathrm{m/s} \qquad (1)$$

가 되므로 초기 속도는 위쪽으로 8.6 m/s이다.

(c) 최종 속도 $v_{\mathrm{f}y}$는 식 (4–1)

$$v_{\mathrm{f}y} = v_{\mathrm{i}y} + a_y\Delta t$$

를 이용하여 구한다. 앞에서 구한 $v_{\mathrm{i}y}$에 대한 표현식에 값을 대입하면,

$$v_{\mathrm{f}y} = \left(\frac{\Delta y}{\Delta t} - \frac{1}{2}a_y\Delta t\right) + a_y\Delta t = \frac{\Delta y}{\Delta t} + \frac{1}{2}a_y\Delta t$$

$$= \frac{-44.1\ \mathrm{m}}{4.00\ \mathrm{s}} + \frac{1}{2}(-9.80\ \mathrm{m/s^2} \times 4.00\ \mathrm{s}) \qquad (2)$$

$$= -11.0\ \mathrm{m/s} - 19.6\ \mathrm{m/s} = -30.6\ \mathrm{m/s}$$

이다. 최종 속도는 아래쪽으로 30.6 m/s이다.

(d) $y_{\mathrm{i}} = 0$, $t_{\mathrm{i}} = 0$이라 하면, 돌멩이의 위치는 시간의 함수로 다음과 같이 표현할 수 있다.

$$y(t) = v_{\mathrm{i}y}t + \frac{1}{2}a_y t^2$$

운동도해는 그림 4.22와 같다.

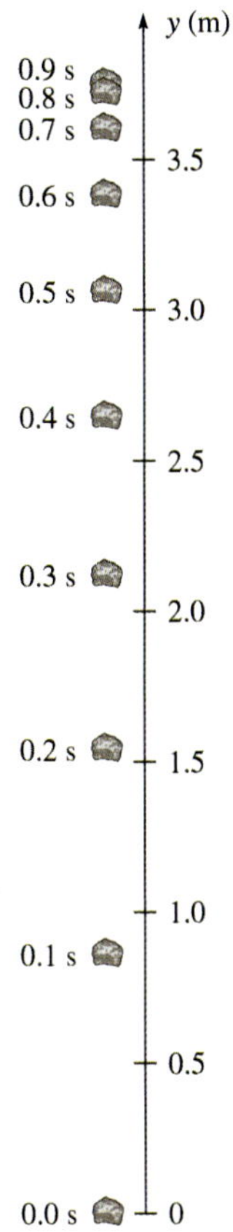

그림 4.22 위쪽으로 똑바로 올라가고 있는 돌멩이의 운동도해

검토 예상했던 대로 최종 속도가 초기 속도보다 크다. 식 (1)과 (2)를 해석해 보는 것은 매우 유용하다. 식 (1)의 우변의 첫째항 $\Delta y/\Delta t$는 4.00 s 동안 자유낙하 하는 평균 속도이다. 두 번째 항 $\frac{1}{2}a_y\Delta t$는 v_y의 변화량 $a_y\Delta t$의 절반이다. 가속도가 일정하므로 평균 속도는 처음 속도와 최종 속도의 평균값이다. 그러므로 초기 속도는 평균 속도에서

속도 변화량의 절반을 뺀 것이 되고, 최종 속도는 식 (2)에 보이듯이 평균 속도에 속도 변화량의 절반을 더한 것이 된다.

실전문제 4.8 **돌멩이가 도달한 높이**

(a) 돌멩이가 얼마나 높이 올라가는가? [힌트 : 최고점에서 v_y 값은 얼마인가?] (b) 돌멩이를 위로 던지지 않고 그냥 떨어뜨렸다면 강물에 닿는 데 걸리는 시간은 얼마인가?

연결고리 포물선 운동은 수평 방향의 속도 성분이 0이 아닌 자유낙하 운동이다. 가속도의 방향은 일정하고 아래 방향이다.

4.5 포물체의 운동 Motion of Projectiles

만약 한 물체가 xy 평면에서 등가속도로 움직인다면, a_x와 a_y는 둘 다 일정하다. 물체의 운동을 두 개의 서로 독립이며 수직인 y축과 x축을 따라 움직이는 것으로 보면, 각 성분은 우리가 잘 알고 있는 1차원 문제로 환원된다. 4.1절의 등가속도 방정식들을 x 성분과 y 성분에 독립적으로 적용하면 된다.

문제를 간단히 하려면 가속도의 0이 아닌 성분이 하나만 있도록 좌표축을 설정하는 것이 일반적으로 가장 좋은 방법이다. 가속도가 양$^+$이나 음$^-$의 y 방향이 되도록 좌표를 선택하면, $a_x = 0$이 되고 v_x는 일정하다. 좌표계를 이렇게 선택하면 등가속도일 때 4개의 방정식 (4-1), (4-3), (4-4), (4-5)를 다음과 같이 쓸 수 있다.

x**축 :** $a_x = 0$	y**축 : 상수** a_y	
$\Delta v_x = 0$ (v_x는 일정한 값)	$\Delta v_y = a_y \Delta t$	(4-12)
$\Delta x = v_x \Delta t$	$\Delta y = \frac{1}{2}(v_{fy} + v_{iy})\Delta t$	(4-13)
	$\Delta y = v_{iy}\Delta t + \frac{1}{2}a_y(\Delta t)^2$	(4-14)
	$v_{fy}^2 - v_{iy}^2 = 2a_y \Delta y$	(4-15)

왜 x축 열에는 식이 두 개뿐일까? 그 외의 두 식은 $a_x = 0$일 때 무의미하기 때문이다.

식 (4-12)부터 (4-15)에서 x와 y 성분이 섞이는 일이 없음에 주목하여라. 각 방정식은 x 성분은 x 성분끼리만 연관이 있고, y 성분은 y 성분끼리만 연관되어 있다. 한 벡터의 x 성분과 또 다른 벡터의 y 성분이 함께 있는 방정식은 하나도 없다. x 성분 방정식과 y 성분 방정식에 동시에 보이는 물리량은 오직 스칼라양인 Δt 뿐이다.

지표면 근처에서 자유낙하 운동을 하는 물체의 가속도는 일정하다. 공기의 저항을 무시하면 아래로 잡아당기는 중력은 물체에 아래 방향으로 등가속도 $\vec{g}$를 준다. 4.4절에서 자유낙하 운동을 다뤘지만 그때에는 수평 방향 속도가 없었기 때문에 물체가 수직으로 올라가거나 내려오는 운동만을 다뤘다. 이제 수평 방향의 속도 성분이 0이 아닌 자유낙하하는 물체(일명 **포물체**projectile)를 생각해 보기로 하자. 포물체 운동은 수직평면에서 이루어진다.

중세에 성을 공격하고 있는 침략자들을 상상해 보자. 그들에게는 큰 돌멩이를 날려 보내서 성벽을 공격할 수 있는 투석기가 있다(그림 4.23). 돌멩이가 투석기에서 초기 속도 $\vec{v}_i$로 발사되어 날아간다고 하자. $\vec{v}_i$는 포물체 운동을 하며 날아가는 돌멩이의 초기 속도, 다시 말해 돌멩이가 투석기를 떠나는 순간의 속도이다. **발사각**angle of elevation은 초기 속도와 수평면이 이루는 각이다. 일단 돌멩이가 공중을 날아가는 동안에 공기의 저항을 무시할 수 있다고 가정하면, 돌멩이에 작용하는 힘은 아래 방향으로 작용하는 중력이 유일하다. 돌멩이의 **궤적**trajectory(경로)이 그림 4.24에 그려져 있다. 양$^+$의 x축이 수평으로 오른쪽을 향하고 있고 y축은 위쪽을 향한다.

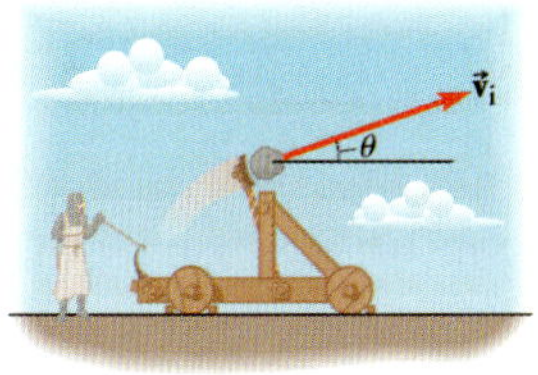

그림 4.23 투석기로 돌멩이를 공중으로 날리고 있다. 돌멩이가 투석기를 떠나는 순간의 속도는 $\vec{v}_i$이다.

초기 속도 $\vec{v}_i$가 수평면과 이루는 각이 θ라면, $\vec{v}_i$의 성분은 다음과 같이 나누어진다.

$$v_{ix} = v_i \cos\theta, \quad v_{iy} = v_i \sin\theta \tag{4-16}$$

(+ y축은 위쪽, θ는 수평축인 x축에서부터 잰 각)

중력은 아래쪽인 $-y$ 방향으로 작용하기 때문에 알짜힘의 수평 방향 성분은 0이다. 따라서 $a_x = 0$이고 속도의 수평 방향 성분 v_x는 일정하다. 속도의 수직 성분인 v_y는 마치 돌

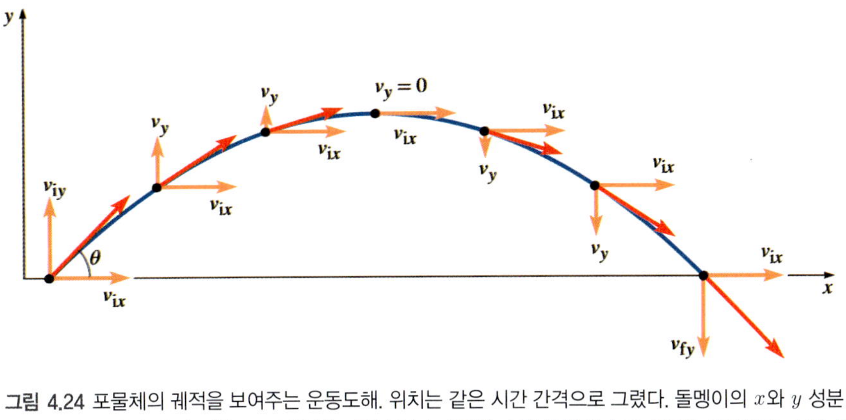

그림 4.24 포물체의 궤적을 보여주는 운동도해. 위치는 같은 시간 간격으로 그렸다. 돌멩이의 x와 y 성분 속도를 겹쳐서 그렸다. 수평 방향으로 작용하는 힘이 없기 때문에 수평 방향의 속도 성분은 일정하다. 수직 성분은 아래 방향의 중력 때문에 변한다.

멩이를 초기 속도 v_{iy}로 수직 위쪽으로 발사한 것과 같이 일정한 비율로 변한다. 처음에 양이었던 v_y는 최고점에서 $v_y = 0$이 될 때까지 계속 감소한다. 그러고 나서는 중력이 물체를 아래쪽으로 떨어뜨린다. 내려오는 동안에 v_y는 위로 올라가는 동안은 물론이고 경로의 최고점에서도 일정한 비율로 변한다. 물체가 지나가는 전체 경로에서 가속도의 크기와 방향은 일정하다.

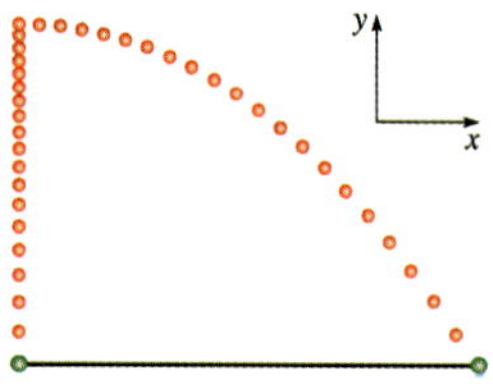

그림 4.25 공기 저항이 없을 때 수평 방향과 수직 방향 운동이 서로 독립적이라는 것을 보여주는 사진. $t = 0$일 때 한 공($v_{\text{i}y} = 0$, $v_{\text{i}x} = 0$)을 떨어뜨리고, 다른 공은 x축 방향으로 던진다($v_{\text{i}y} = 0$, $v_{\text{i}x} > 0$). 나중 시간에는 어느 때나 두 공의 수직 방향 위치와 속도 성분이 서로 같다.

임의의 순간에 포물체의 변위는 서로 수직인 두 직선운동 변위의 벡터 합이다. 공기 저항이 없을 때 포물체의 운동은 수평 방향의 등속도 직선운동과 수직 방향의 등가속도 직선운동이 중첩된 것이다. 수평과 수직 운동은 각각 다른 운동이 전혀 없는 것처럼 독립적으로 진행된다. 그림 4.25의 실험에서 하나의 공은 그냥 떨어뜨리고, 이와 동시에 다른 공은 수평 방향으로 발사했다. 그림은 두 공을 운동도해에서처럼 일정한 시간 간격으로 보여주고 있다. 두 공의 수직 운동은 정확히 같다. 매 순간에 두 공은 같은 높이에 있다. 이것은 두 공의 수평 운동이 수직 운동에 아무런 영향을 주지 않는다는 것을 보여준다(이 말은 공기 저항이 있을 때는 성립하지 않는다).

혼자서 해 보기 질량이 다른 동전 두 개를 책상 위에 올려 보아라. 식탁이 있는 방으로 질량이 약간 다른 동전 두 개를 가지고 가서 질량이 좀 작은 동전을 책상 가장자리에 놓고 두 동전이 충돌하여 같이 떨어지도록 질량이 큰 동전을 살짝 밀어 보아라. 두 동전이 바닥에 떨어지는 소리를 들어보아라. 두 동전은 서로 다른 수평 속도로 떨어지지만 바닥에 떨어지는 시간은 같다.

보기 4.9 갈매기의 점심시간

갈매기 한 마리가 조개를 물고 하늘 높이 올라가 지면과 수평으로 날면서 조개를 떨어뜨렸다(그림 4.26). 조개는 땅바닥의 바위에 떨어져 깨졌다. 갈매기는 다시 내려앉아 조갯살로 맛있게 점심을 먹었다(공기 저항은 무시한다). (a) 바닷가에 있는 사람이 본 조개의 비행경로가 포물선임을 보여라(그 경로가 함수 $y = Ax^2 + Bx + C$으로 표현됨을 보여라). (b) 조개가 왜 직선으로 떨어지지 않는지 설명하여라. (c) 만약 갈매기가 조개를 떨어뜨린 후에도 같은 속도를 유지하면서 날아간다면, 갈매기에게 조개의 궤적은 어떻게 보이겠는가?

그림 4.26 높이 날아올라 물고 있던 조개를 떨어뜨리는 갈매기.

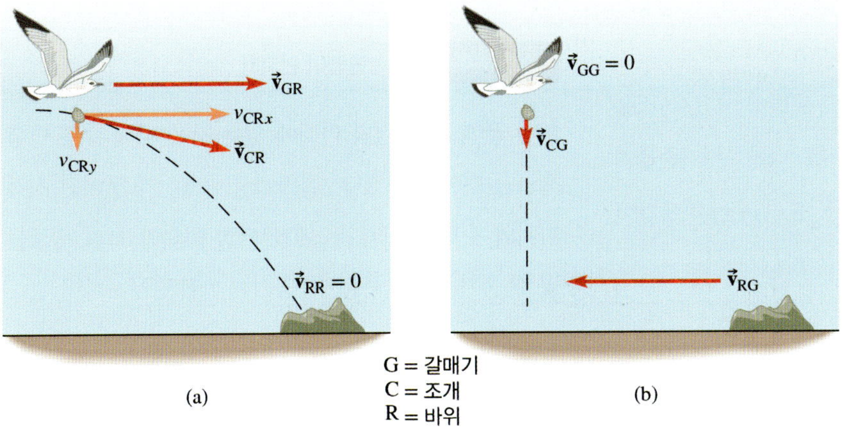

그림 4.27 서로 다른 두 개의 기준틀에서 본 조개의 궤적. (a) 지상의 기준틀에서 본 모습. 조개가 포물선 운동을 하는 동안 갈매기는 수평으로 날아간다. (b) 갈매기의 기준틀에서 본 조개의 궤적. 조개가 수직으로 떨어져서 바위에 떨어지도록 바위가 움직여서 조개 밑으로 온다. 상대속도는 첨자를 붙여서 구분한다. 예를 들어 갈매기에 대한 조개의 상대속도는 $\vec{v}_{CG}$ 와 같이 나타낸다.

전략 조개는 아래 방향으로 등가속도 운동을 하는 포물체이다. y축을 위쪽으로 잡으면, $a_y = -g$로 하고 식 (4-15)를 적용할 수 있다. y를 x의 함수로 구해야 한다. x와 y 성분에 동시에 나타나는 물리량은 Δt이므로 $y(t)$와 $x(t)$의 방정식을 먼저 구하고 두 식에서 Δt를 소거하면 된다.

풀이 (a) $x_i = 0$, $y_i = 0$이 되도록 갈매기가 조개를 떨어뜨린 지점을 좌표 원점으로 잡는다. 갈매기가 조개를 떨어뜨리는 순간을 $t = 0$으로 선택한다. $t = 0$일 때 조개의 속도는 수평 방향으로 갈매기의 속력과 같다. 따라서 $v_{iy} = 0$이다. 이제 시간 t일 때의 조개의 위치를 구해 보자.

$$\Delta x = x - x_i = x - 0 = v_{ix}t \qquad (4\text{-}13)$$

$$\Delta y = y - y_i = y - 0 = v_{iy}t + \frac{1}{2}a_y t^2 = 0 + \frac{1}{2}a_y t^2 \qquad (4\text{-}14)$$

이제 첫 번째 식으로부터 t를 구하면 $t = x/v_{ix}$이다. 이것을 두 번째 식에 대입하면 다음과 같다.

$$y = \frac{1}{2}a_y\left(\frac{x}{v_{ix}}\right)^2 = \left(\frac{a_y}{2v_{ix}^2}\right)x^2$$

이 식은 포물선을 나타내는 식 $y = Ax^2 + Bx + C$에서 $A = \dfrac{a_y}{2v_{ix}^2}$, $B = 0$, $C = 0$인 포물선 방정식이다.

(b) 갈매기가 조개를 물고 이동하는 동안 조개는 갈매기와 수평 속도가 같다. 조개를 떨어뜨려도 속도의 수평 성분은 그대로 유지된다. 왜냐하면 가속도는 수직 방향이기 때문이다.

(c) 갈매기가 보는 조개의 궤적은 다르다. 왜냐하면 갈매기가 조개를 떨어뜨리는 순간에 갈매기에 대한 조개의 속도는 0이기 때문이다. $v_{ix} = 0$이기 때문에 조개의 x 좌표는 변하지 않는다. 곧 조개가 땅에 닿을 때까지 갈매기 바로 아래에 있게 된다. 두 기준틀에서 조개의 y 좌표는 같다. 그림 4.27은 두 기준틀에서의 경로를 나타낸다.

검토 문제 (a)에서 좌표 원점을 다르게 선택한다고 해도 조개의 경로는 포물선 모양으로 똑같다. x의 함수로서 y는 여전히 포물선 함수 $y = Ax^2 + Bx + C$이다. 물론 B와 C의 값은 다르지만, 그것은 포물선을 평행 이동한 것에 불과하므로 모양에는 변화가 없다.

공기 저항이 없을 때 조개가 떨어지는 모습은, 포물체의 수직 운동이 수평 운동과 독립적임을 보여준다. 지상의 기준틀에서 조개의 운동도해는 그림 4.25의 포물체 물체의 운동과 같고, 갈매기의 기준틀에서는 아래 방향으로 바로 떨어지는 물체의 운동과 닮았다.

이 문제는 물리학의 상대성 원리를 뒷받침한다(3.5절을 보아라). 조개의 위치와 속도는 서로 다른 두 기준틀에서 다르지만 물리법칙(예를 들면 $\sum\vec{F}=m\vec{a}$)은 똑같이 성립한다(조개는 같은 바위에 떨어진다).

실전문제 4.9 **돌멩이 던지기**

벼랑 끝에 서서 절벽 아래에 있는 강을 향해 수평 방향으로 돌멩이를 던졌다. 절벽에서 돌멩이가 떨어진 지점까지의 수평 변위가 두 배가 되게 하려면 초기 속도를 몇 배 증가시켜야 하는가? 공기의 마찰은 무시하여라.

포물체 운동 그래프 그리기 그림 4.28에 포물체의 위치와 속도의 x와 y 성분의 그래프가 시간 t의 함수로 그려져 있다. 여기에서는 포물체가 $t=0$일 때 평평한 지상에서 위쪽으로 발사되었다가 시간 t_f일 때 다시 같은 높이로 되돌아온다. 위치의 y 성분 그래프는 최고점을 지나는 수직선에 대하여 대칭이고, 속도의 y 성분은 초깃값에서부터 선형으로 감소하며, 이 직선의 기울기는 $a_y=-g$이다. $v_y=0$일 때 포물체는 그 경로의 최고점에 있다. v_y는 계속해서 같은 비율로 감소하다 음수가 되고, 그 절댓값은 점점 증가한다. 포물체가 원래의 높이로 돌아오는 시간 t_f에서 속도의 y 성분의 크기는 $t=0$일 때와 같다($v_y=-v_{iy}$).

그래프 $y(t)$는 포물체가 최고점에 도달할 때까지는 처음에 빠르게 올라가다가 점점 느려지는 것을 보여주고 있다. $y(t)$ 그래프의 임의의 점에서 접선의 기울기는 그 순간의 v_y값이다. $y(t)$의 최고점에서 접선은 수평하고 그 점에서 $v_y=0$이다. 그 후에 중력은 포물체를 아래쪽으로 떨어뜨리기 시작한다. $y(t)$ 그래프가 포물선이지만 이것은 시간의 함수이지 그 경로(x의 함수인 y)가 아니라는 것을 기억하여라.

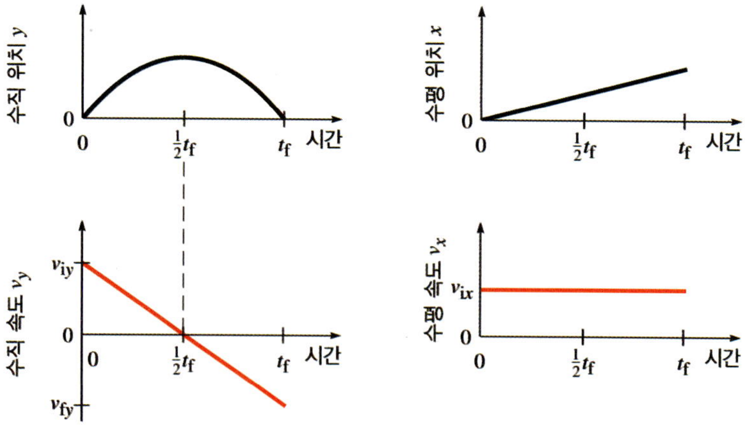

그림 4.28 포물체 운동 : y, v_y, x, v_x를 시간의 함수로 그린 그래프

포물체는 수평 방향의 힘을 전혀 받지 않기 때문에($a_x = \sum F_x/m = 0$) 속도의 수평 성분은 상수이다. 따라서 $v_x(t)$의 그래프는 수평 방향의 직선이다. 물체가 일정한 속도 v_x로 움직이기 때문에 수평 방향의 위치 x는 일정하게 증가한다.

살펴보기 4.5A 골대를 향해 농구공이 포물선을 그리도록 던졌을 때, 포물선의 최고점에서 속도와 가속도를 어떻게 설명할 수 있을까? 공기 저항은 없다고 가정하여라.

보기 4.10 성벽 공격

중세의 투석기로 질량이 32.0 kg인 돌멩이를 발사각 30.0°로 초기 속도 50.0 m/s로 날릴 수 있다(그림 4.29). (a) 돌멩이가 도달할 수 있는 최고 높이는 얼마인가? (b) 수평 도달 거리(원래 높이로 되돌아왔을 때 도달하는 수평 방향 거리)는 얼마인가? (c) 원래의 높이로 돌아올 때까지 돌멩이가 공중에 머문 시간은 얼마인가?

전략 문제에 돌멩이의 초기 속도의 크기와 방향이 주어져 있다. 공기의 저항을 무시하면, 발사된 돌멩이는 그것이 땅바닥에 떨어지거나 어떤 물체에 부딪힐 때까지 가속도는 아래 방향이며 크기가 일정하다. 양$^+$의 y축 방향을 위쪽으로, x축의 방향을 수평으로 성을 향하도록 선택한다. 돌멩이가 최고점에 도달했을 때 속도의 y 성분은 0이다. $\Delta y = 0$인 원래의 높이로 돌아왔을 때는 $v_y = -v_{iy}$가 된다. 돌멩이의 비행시간 t_f를 알면 최대 도달 거리를 알 수 있다. y 성분 방정식들과 x 성분 방정식들 사이의 매개변수는 시간이다. 따라서 문제 (c)를 (b)보다 먼저 푼다. t_f를 구하는 한 방법은 그림 4.28처럼 최고 높이까지 도달하는 데 걸리는 시간을 구하고 그것을 2배 해주는 것이다(다른 방법은 $\Delta y = 0$으로 놓거나 $v_y = v_{iy}$로 놓는 과정을 포함한다).

풀이 (a) 우선 발사각이 30.0°인 초기 속도의 x 성분과 y 성분을 구한다.

$$v_{iy} = v_i \sin\theta, \quad v_{ix} = v_i \cos\theta$$

최고 높이는 $v_{fy} = 0$일 때 수직 변위 Δy이다. 아직 시간 간격을 모르므로, Δy를 풀이하는 가장 빠른 방법은 식 (4-15)를 이용하는 것이다.

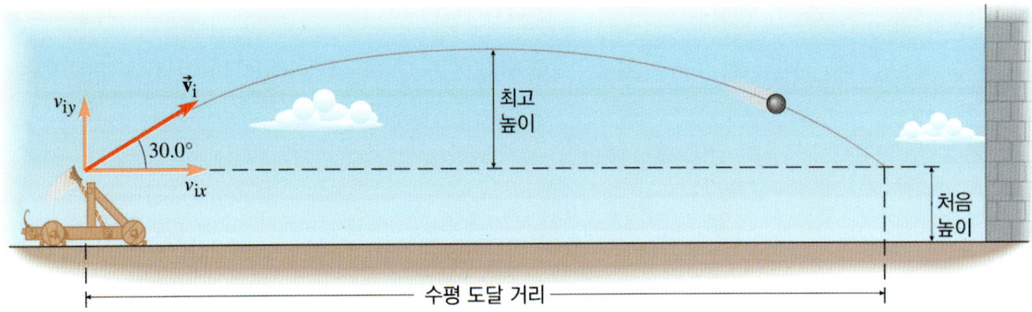

그림 4.29 성 안을 공격하기 위하여 투석기로 돌멩이를 공중으로 날렸다.

$$\Delta y = \frac{v_{fy}^2 - v_{iy}^2}{2a_y} = \frac{0-(v_i \sin\theta)^2}{2a_y}$$
$$= \frac{-(50.0 \text{ m/s} \times \sin 30.0°)^2}{2\times(-9.80 \text{ m/s}^2)} = 31.9 \text{ m}$$

포물체의 최고점은 그것이 발사된 위치에서 31.9 m 위쪽에 있다.

(c) 처음 높이와 나중 높이는 같다. 이 대칭성 때문에 총비행시간 t_f는 포물체가 최고점에 도달하기 위한 시간의 2배이다. 최고점에 도달하는 데 걸리는 시간은 다음 식으로 구할 수 있다.

$$v_{fy} = 0 = v_{iy} + a_y \Delta t$$

Δt에 관하여 풀면

$$\Delta t = \frac{-v_{iy}}{a_y}$$

이다. 따라서 총비행시간은 다음과 같다.

$$t_f = 2\Delta t = 2\times\frac{-50.0 \text{ m/s}\times\sin 30.0°}{-9.80 \text{ m/s}^2} = 5.10 \text{ s}$$

(b) 수평 도달 거리는 다음과 같다.

$$\Delta x = v_{ix} t_f$$
$$= (50.0 \text{ m/s}\times\cos 30.0°)\times 5.10 \text{ s} = 221 \text{ m}$$

검토 $y_f - y_i = v_{iy}\Delta t + \frac{1}{2}a_y(\Delta t)^2$ 방정식을 이용하여 $\Delta t = \frac{1}{2}\times 5.10$ s일 때 $\Delta y = 31.9$ m이고, $\Delta t = 5.10$ s일 때 $\Delta y = 0$이라는 것을 점검해 볼 수 있다. 앞의 경우는

$$\Delta y = (50.0 \text{ m/s})(\sin 30.0°)(2.55 \text{ s}) + \frac{1}{2}(-9.80 \text{ m/s}^2)(2.55 \text{ s})^2$$
$$= 63.8 \text{ m} + (-31.9 \text{ m}) = 31.9 \text{ m}$$

로 옳다. 이 방정식은 다른 것에서부터 유도되기 때문에 독립적인 검토는 아니다. 그러나 대수 연산이나 계산에서 실수가 있었는지를 알려준다.

수평 방향의 운동을 수직 방향 운동과 분리하여 독립적으로 분석하고 있으므로, 주어진 초기 속도를 x 성분과 y 성분으로 나누는 것부터 시작하자. 수직 운동과 수평 운동을 연결하는 것이 시간이다.

이 풀이에서 돌멩이의 질량은 사용하지 않았다는 것을 주목하자. 초기 속도(포물체의 초기 속도, 곧 돌멩이가 투석기를 떠나는 순간의 속도)가 주어져 있으면 질량은 최고 높이, 수평 도달 거리 및 총비행시간에 영향을 주지 않는다. 돌멩이의 질량은 투석기가 정지 상태에서부터 돌멩이를 발사 속도까지 가속시키는 능력에 영향을 미친다.

실전문제 4.10 **화살의 최대 높이**

공성전에 궁수들이 참여하여 성벽 너머로 화살을 쏜다. 화살의 발사각이 45°일 때 화살의 최대 높이를 v_i와 g로 표현하여라. [힌트 : $\sin 45° = \cos 45° = 1/\sqrt{2}$을 이용하여 간단히 표현하여라.]

혼자서 해 보기 따뜻한 날, 정원용 호스(또는 물총)를 잡고 물이 수평보다 높은 각도로 위로 분사되도록 노즐을 조준한다. 최상의 효과를 노리기 위해 물줄기가 빠르고 가늘게 분사되도록 조절한다. 물이 노즐을 떠나면 중력만 작용하는 발사체가 된다(약간의 공기 저항은 무시하여라). 물줄기가 포물선 경로를 그리는 것을 쉽게 볼 수 있다. 같은 곳에 서서 노즐을 다른 각도로 조준하여 도달 거리가 최대로 되는 각도를 찾아보아라. 지면의 특정 지점(최대 도달 거리보다 가까운 거리에 있는 지점)을 조준하여 물줄기가 그 지점에 닿을 수 있는 노즐 위치의 물줄기의 발사각도 알아보아라(그림 4.30). 호스가 없다면 공을 가지고 매번 같은 초기 속도로 던져 보아라.

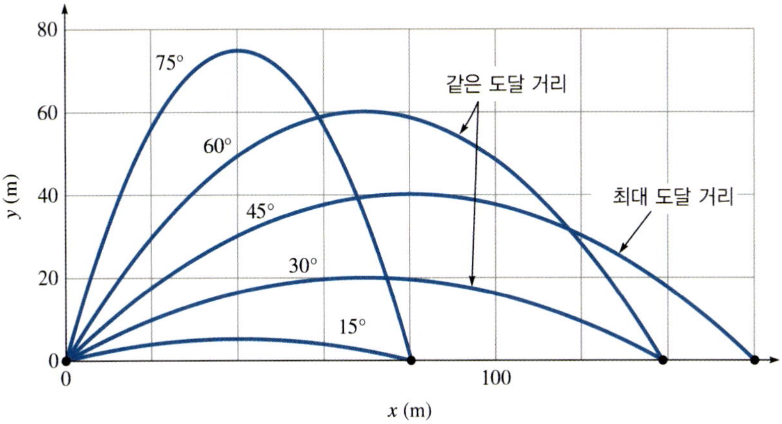

그림 4.30 같은 초기 속력 ($v_i = 34.3\ \mathrm{m/s}$)으로 서로 다른 다섯 각도로 발사된 포물체의 포물선 궤적. 각 θ와 $90° - \theta$로 발사된 포물체의 도달 거리는 같다. $\theta = 45°$일 때 도달 거리는 최대가 된다.

살펴보기 4.5B 같은 초기속력으로 30°와 60°로 발사한 두 포물체는 같은 지점에 떨어진다(그림 4.30). 만약 두 포물체가 동시에 발사되었다면 동시에 떨어질까? 만약 아니라면 어느 것이 먼저 떨어지겠는가?

공기 저항

지금까지는 떨어지는 물체나 포물체에 작용하는 공기 저항을 무시했다. 스카이다이버는 공기의 저항(**항력** drag이라고도 부른다)이 커지도록 낙하산을 편다. 낙하산을 접고 있어도 스카이다이버가 빠르게 떨어지고 있을 때는 공기의 항력을 무시할 수 없다. 공기의 항력은 접촉하고 있는 고체 평면의 마찰처럼 공기 중에서 움직이고 있는 물체의 운동과 반대 방향으로 작용한다. 그러나 마찰과는 달리 항력의 크기는 물체의 속력에 영향을 받는다. 많은 경우에 공기의 항력은 공기 중에서 움직이는 물체의 속도 제곱에 비례한다. 항력은 물체의 크기와 모양에 따라서도 변한다.

항력은 속도가 증가하면 그에 따라 증가하므로, 항력이 중력인 무게와 같아지면 방향이 중력과 반대이기 때문에 속도가 일정한 값(평형상태)에 도달하게 된다. 이 속도를 **종단속도**라고 한다.

혼자서 해 보기 적당한 높이에서 바구니 형태의 커피 필터(또는 컵케이크 종이)와 동전을 동시에 바닥으로 떨어뜨려 보자. 매우 높은 곳에서 떨어뜨리지 않는 한 동전의 공기저항은 무시할 수 있다. 반면에 커피 필터에 작용하는 공기의 저항은 확실히 느낄 수 있을 정도이다. 커피 필터는 떨어뜨리자마자 곧바로 종단속도에 도달한다. 커피 필터 여러 장(2~4)을 겹쳐서 한 장의 커피 필터와 동시에 떨어뜨려 보아라. 왜 여러 장을 겹친 커피 필터의 종단속도가 더 클까? 커피 필터를 공처럼 꾸겨서 동전과 동시에 떨어뜨려 보아라. 커피 필터에 작용하는 공기의 저항이 줄어들지만 여전히 느낄 수 있다.

4.6 겉보기 무게 Apparent Weight

엘리베이터에 탔는데 그 줄이 끊어졌다고 상상해 보아라. 다행히 어느 정도 자유낙하 하다가 안전장치가 작동되어 무사히 정지했다. 자유낙하 하는 동안에는 '몸무게가 없는 것' 같이 느껴지지만, 실제로 몸무게는 변하지 않았다. 곧 지구는 여전히 똑같은 크기의 중력으로 당신을 끌어당기고 있다. 자유낙하 하는 동안에 중력은 엘리베이터와 그 안의 모든 것에 똑같이 아래 방향의 가속도 $\vec{g}$를 발생시킨다. 그때 엘리베이터 안에서 뛰면 엘리베이터 천장까지 '떠오를' 것이다. 여러분의 몸무게가 변하지는 않았지만 자유낙하 하는 동안 **겉보기** 무게가 0이다.

지구궤도를 돌고 있는 우주정거장 안에 있는 우주인들도 자유낙하를 하고 있다(그들의 가속도는 그 지점에서의 $\vec{g}$이다). 지구의 중력이 우주인에게 작용하고 있다. 그 때문에 몸무게가 없는 것이 아니고 겉보기 무게가 0이다.

체중계 위에 놓인 물체를 보고 있다고 상상해 보아라. 체중계는 그 물체의 겉보기 무게 W'을 측정한다. 물체와 저울이 가속도를 받지 않을 때만 진짜 무게를 잴 수 있다. 뉴턴의 제2법칙은

$$\sum \vec{F} = \vec{N} + m\vec{g} = m\vec{a} \tag{4-17}$$

이다. 여기에서 $\vec{N}$은 체중계가 위로 미는 수직항력이다. 겉보기 무게는 체중계가 측정한 $\vec{N}$의 크기이다.

그림 4.31a에서는 엘리베이터의 가속도가 위쪽이다. 알짜힘이 위쪽이 되려면 수직항력이 무게보다 커야 한다(그림 4.31b). $+y$ 방향을 위쪽으로 선택할 때 힘을 성분별로 쓰면

$$\sum F_y = N - mg = ma_y \tag{4-18}$$

또는

$$N = mg + ma_y \tag{4-19}$$

이다. 엘리베이터의 가속도가 위쪽이기 때문에 $a_y > 0$이고, 겉보기 몸무게는 진짜 몸무게보다 커진다(그림 4.31c).

그림 4.32a에서는 가속도의 방향이 아래 방향이다. 이 경우에는 알짜힘도 아래 방향을 가리킨다. 그러나 수직항력은 여전히 위쪽이다. 알짜힘이 아래 방향이 되게 하려면 수직항력이 무게보다 작아야 한다(그림 4.32b). 여기에서도 $N' = m(g + a_y)$는 여전히 성립한다. 그렇지만 가속도는 아래 방향이다($a_y < 0$). 따라서 겉보기 무게는 진짜 몸무게보다 작아진다(그림 4.32c). 만약 엘리베이터가 자유낙하 한다면, $a_y = -g$가 되어서 겉보기 몸무게는 0이 된다.

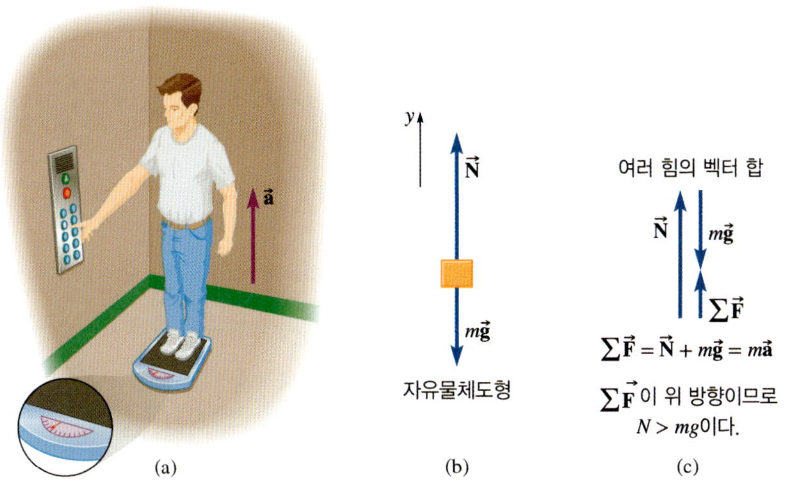

그림 4.31 (a) 가속도가 위쪽인 엘리베이터 안에서의 겉보기 무게. (b) 승객의 자유물체도형. (c) 위쪽으로 알짜힘을 주기 위해서 수직항력은 몸무게보다 크다.

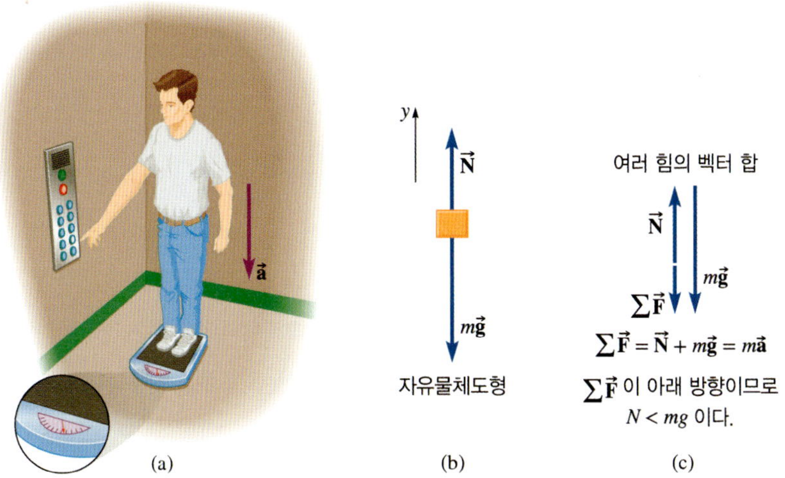

그림 4.32 (a) 가속도가 아래쪽인 엘리베이터 안에서의 겉보기 무게. (b) 승객의 자유물체도형. (c) 아래 방향으로 알짜힘을 주기 위해 수직항력은 몸무게보다 작다.

문제 풀이 전략 : 겉보기 무게

1. 물체가 체중계 위에 놓여 있다(또는 용수철저울에 줄로 매달려 있다)고 상상하여라.
2. 물체의 자유물체도형을 그려라. 체중계의 수직항력(또는 줄의 장력)을 자유물체도형에 표시하여라.
3. 뉴턴의 제2법칙을 적용하고 수직항력 N(또는 장력 T)의 크기를 구하여라.
4. 겉보기 무게는 체중계의 눈금값, 곧 N(또는 T)이다.

보기 4.11 엘리베이터 안에서 겉보기 무게

몸무게가 598 N 인 승객이 엘리베이터에 탔다. 다음 상황에서 겉보기 몸무게는 얼마인가? 각 경우에 엘리베이터 가속도의 크기는 모두 $0.500\ \mathrm{m/s^2}$로 같다. (a) 승객이 5층으로 가기 위해서 1층에서 버튼을 눌러서 엘리베이터가 올라가기 시작했다. (b) 엘리베이터가 5층 가까이에서 속도를 늦추고 있다.

전략 각 경우의 승객에 대한 자유물체도형을 그린다. 겉보기 몸무게는 엘리베이터 바닥이 승객을 밀어 올리는 수직항력과 같다. 승객에 작용하는 또 하나의 힘은 중력이다. 뉴턴의 제2법칙을 이용하면 무게와 가속도로부터 수직항력을 구할 수 있다.

- 주어진 조건 : $W = 598\ \mathrm{N}$,
  가속도의 크기 $a = 0.500\ \mathrm{m/s^2}$
- 구해야 할 값 : N

풀이 (a) $+y$축을 위쪽으로 선택한다. 1층에서 출발할 때는 위로 올라가는 속도가 증가하므로 가속도가 위 방향이다. 엘리베이터의 가속도는 위쪽으로 $a_y > 0$이다(그림 4.31). 겉보기 무게는 실제 무게보다 클 것이다. 왜냐하면, 바닥이 승객에게 위쪽으로 가속도가 생기기 위해서는 W보다 큰 힘으로 밀어 올려야 하기 때문이다. 그림 4.33a는 자유물체도형이다. 뉴턴의 제2법칙에 의해

$$\sum F_y = N - W = ma_y$$

이고, $W = mg$이므로, $m = W/g$를 대입할 수 있다.

$$N = W + ma_y = W + \frac{W}{g}a_y = W\left(1 + \frac{a_y}{g}\right)$$

$$= 598\ \mathrm{N} \times \left(1 + \frac{0.500\ \mathrm{m/s^2}}{9.80\ \mathrm{m/s^2}}\right) = 629\ \mathrm{N}$$

(b) 엘리베이터가 5층 근처에 가면, 아직 올라가고 있지만 속도는 느려진다. 따라서 그림 4.32처럼 가속도는 아래 방향이다($a_y < 0$). 겉보기 무게는 실제 무게보다 작아진다. 이 경우 자유물체도형은 그림 4.33b과 같다. 마찬가지로 $\sum F_y = N - W = ma_y$이지만 이번에는 $a_y = -0.500\ \mathrm{m/s^2}$이다.

$$N = W\left(1 + \frac{a_y}{g}\right)$$

$$= 598\ \mathrm{N} \times \left(1 + \frac{-0.500\ \mathrm{m/s^2}}{9.80\ \mathrm{m/s^2}}\right) = 567\ \mathrm{N}$$

검토 엘리베이터의 가속도가 위 방향이면 겉보기 무게가 커진다. 이런 일은 엘리베이터의 속도가 빨라지면서 위로 이동하거나, 느려지면서 아래로 이동하는 경우에 발생한다.

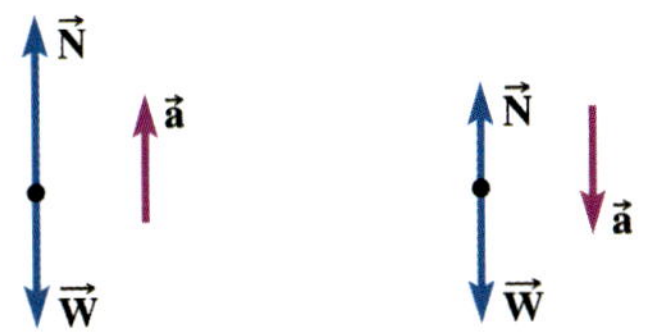

그림 4.33 엘리베이터의 가속도가 (a) 위쪽으로 향할 때 (b) 엘리베이터의 가속도가 아래쪽으로 향할 때 승객의 자유물체도형. 각각의 자유물체도형에는 하나의 점과 두 개의 힘 화살표가 포함되어 있다. 자유물체도형 옆에는 가속도 화살표가 그려져 있어서 두 가지 경우를 구별하고 있다. 가속도의 방향을 알고 있을 때 이것이 도움이 된다. 하지만 절대로 가속도 화살표가 자유물체도형에 일부분으로 들어가지 않는다. 그것은 물체에 작용하는 힘이 아니기 때문이다.

실전문제 4.11 **내려가는 엘리베이터**

다음 경우에 몸무게가 42.0 kg인 승객의 겉보기 무게는 각각 어떻게 되겠는가? 각 경우에 엘리베이터의 가속도 크기는 $0.460\ \text{m/s}^2$으로 같다. (a) 승객이 5층에서 1층으로 가려고 버튼을 눌렀다. 엘리베이터는 아래로 내려가기 시작한다. (b) 1층 가까이에 다다른 엘리베이터가 속도를 늦추고 있다.

살펴보기 4.6 여러분이 아래로 내려가는 엘리베이터 안의 체중계 위에 서 있다. 멈출 때가 되어서 엘리베이터의 속도가 느려질 때 저울의 눈금은 지상에서의 체중보다 클까 아니면 작을까?

혼자서 해 보기 체중계를 들고 엘리베이터를 타 보아라. 체중계 위에 올라서서 올라가는 버튼을 눌러라. 엘리베이터의 가속도가 위쪽일 때는 몸무게가 증가하는 것을 볼 수 있으며, 체중계의 눈금이 증가하는 것도 확인할 수 있다. 엘리베이터가 정지하기 위해 속도를 늦출 때, 엘리베이터의 가속도는 아래 방향이 되고, 몸무게는 실제보다 가벼워진다.

엘리베이터가 가속할 때 몸에 어떤 일이 일어나는가? 관성의 법칙에 의하면, 몸 안의 피와 장기에 변경된 알짜힘이 작용하기 전까지는 아직 엘리베이터의 가속도와 같은 가속도가 생기지 않는다. 그래서 엘리베이터의 가속도가 위쪽일 때 피가 아래로 쏠리게 되고, 가속도가 아래쪽일 때 피는 위쪽으로 몰려서, 몸에 의해 힘을 받아 엘리베이터와 같은 크기의 가속도에 도달한다. 장기들에서도 비슷한 일이 일어난다. 장기들은 몸 안의 공간 안에서 그 위치를 약간 바꾸게 되면서, 엘리베이터가 출발할 때와 멈출 때 속이 이상한 기분을 느끼게 된다. 이러한 문제를 피하기 위해 고층건물의 고속 엘리베이터는 충분히 오랫동안 비교적 작은 가속도를 유지하면서 빠른 속도에 도달하도록 한다. 이러한 방법으로 승객이 엘리베이터에서 불편하지 않게 하면서 빠르게 고층으로 이동시킨다.

4.1 (a) $\Delta x = v_{ix}\Delta t + \frac{1}{2}a_x(\Delta t)^2$

$= 0 + \frac{1}{2} \times 360000\ \mathrm{m/s^2}$

$\times (0.40 \times 10^{-3}\ \mathrm{s})^2 = 2.9\ \mathrm{cm}$

(b) $\Delta v_x = a_x \Delta t$

$= 360000\ \mathrm{m/s^2} \times 0.40 \times 10^{-3}\ \mathrm{s}$

$= 140\ \mathrm{m/s}$

$v_{ix} = 0,\ v_{fx} = 140\ \mathrm{m/s}$

4.2 속도를 $v_{isx} + a_{sx}t = v_{ibx} + a_{bx}t$로 놓는다. t에 대해 풀면

$$t = \frac{v_{ibx} - v_{isx}}{a_{sx} - a_{bx}} = \frac{4.00\ \mathrm{km/s}}{0.800\ \mathrm{km/s^2}} = 5.00\ \mathrm{s}$$

이다. 그 시간에

$v_{sx} = v_{bx} = 4.00\ \mathrm{km/s}(+x$ 방향)

이다. 그림 4.6의 두 그래프를 겹치면 그래프의 선이 만나는 곳이다.

4.3 딸린 문제 1에서

$\Delta x_{21} = v_{1x}t_2 + \frac{1}{2}a_{1x}t_2^2$를 풀면

$t_2 = 10.0\ \mathrm{s}$이다. 딸린 문제 2에서

$v_{3x} = v_{2x} + a_{2x}(t_3 - t_2)$를 풀면

$t_3 - t_2 = 10.0\ \mathrm{s}$이다. 그러면 $t_3 = 20\ \mathrm{s}$

이므로 부표에 도달하는 데 20 s 걸린다.

4.4 오른쪽으로 0.31 m (벽돌 1), 아래쪽으로 0.31 m (벽돌 2)

4.5 하나의 도르래로 상자를 당길 수는 없다. 상자의 전체 무게를 하나의 줄로 지탱해야 하는데, 그 무게는 케이블의 파괴 강도를 초과한다.

4.6 2500 N

4.7 (a) 경사면 아래로 내려간다. (b) 경사면 위로 작용한다. (c) 경사면 아래로 0.2 m/s²

4.8 (a) 최고점에서 놓으면

$\Delta y = (v_y^2 - v_{iy}^2)/(2a_y)$

$= -(8.6\ \mathrm{m/s})^2/(-19.6\ \mathrm{m/s^2}) = 3.8\ \mathrm{m}$

(b) 초기 속도가 0이면 $-44.1\ \mathrm{m} = \Delta y = -\frac{1}{2}gt^2$이고 $t = \sqrt{-2\Delta y/g} = 3.00\ \mathrm{s}$

4.9 2

4.10 $v_i^2/(4g)$

4.11 (a) 392 N (b) 431 N

4.1 예. 2 s에서 3 s 사이. 빨강 수레의 속도 성분 v_x는 1.4 m/s에서 1.6 m/s로 증가하는 반면 파랑 수레는 1.6 m/s에서 1.4 m/s로 감소하여, 이 시간 동안 언젠가는 같게 된다.

4.2 비행기의 가속도가 일정할 때에만 평균 속도가 서쪽으로 470 km/h가 된다. 가속도가 일정하지 않다면 평균 속도는 반드시 서쪽으로 470 km/h가 아니다. 평균 속도를 구하려면 비행기의 변위를 시간으로 나누어라.

4.4 예. 공을 위로 던지면 손을 떠나자마자 자유 낙하 한다.

4.5A 수평 속도 성분은 변하지 않지만, 수직 성분은 최고점에서 0이어서, 속도는 수평 방향이 된다. 가속도는 일정하고 비행 중 최고점을 포함하여 수직 아래 방향이다.

4.5B 아니요. 30°에서 발사된 발사체가 먼저 착륙하는데, 그 이유는 초기 v_y가 작아서 더 높이 올라가지 않기 때문이다(수평과 수직 운동을 독립적으로 처리할 수 있다). v_x가 더 크면 60° 발사체와 같은 수평 거리를 가지만 시간은 더 짧아진다.

4.6 속도가 아래 방향이고 크기가 감소하므로 가속도는 위 방향이다. 그래서 위 방향의 수직 항력이 저울에 작용한다. 곧 저울 눈금은 체중보다 크다.

05

원운동

Circular Motion

육상 경기 중에는 해머던지기라는 종목이 있는데, 해머는 손잡이가 달린 줄 끝에 달린 금속 구(질량이 남성용 7.26 kg, 여성용 4.00 kg)이다. 해머 선수는 반지름 2.1 m인 원둘레 위에서 해머를 여러 번 회전시키다가 놓는다. 경기에서는 해머를 가장 멀리 던진 선수가 승리한다. 질량이 큰 해머를 돌리기 위하여 잡아당기는 힘은 얼마나 되어야 할까? 또 해머를 놓았을 때 해머는 어떤 경로로 날아갈까?

찾아가보기

- 중력(2.6절)
- 뉴턴 제2법칙 : 힘과 가속도(3.3, 3.4절)
- 속도와 가속도(3.2, 3.3절)
- 겉보기 무게(4.6절)
- 수직항력과 마찰력(2.7절)
- 자유물체도형(2.4절)
- 기초 수학 : 라디안 단위로 각도 재기(부록 A.6)
- 기초 수학 : 벡터의 뺄셈(3.1절, 부록 A.10)

생명과학 응용

- 원심분리기(보기 5.2, 5.4, 문제 27)
- 생물체에 대한 가속도의 효과(5.7절, 보기 5.4, 5.14, 문제 9, 30)
- 말똥구리
- 박테리아의 편모(문제 40)

5.1 등속원운동
Description of Uniform Circular Motion

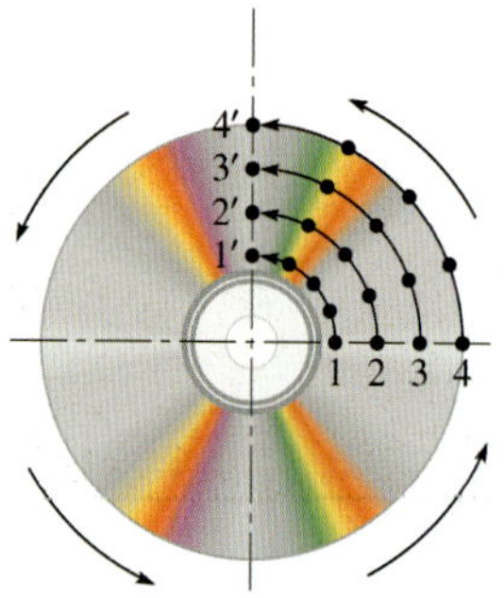

그림 5.1 DVD가 1/4바퀴 회전할 때 점 4의 운동도해. 점 1, 2, 3, 4는 같은 각도를 회전하였지만, 새로운 위치 1′, 2′, 3′, 4′까지의 거리는 모두 다르다.

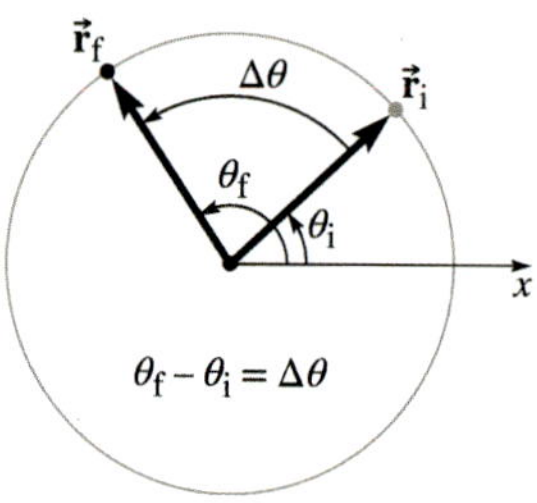

그림 5.2 각도 θ_i와 θ_f는 기준 축(통상 x축)으로부터 측정한다.

연결고리 식 (5-1)부터 (5-3)은 매우 친숙한 형태이다. 왜냐하면 속도가 위치의 시간 변화율인 것과 마찬가지로 ω는 θ의 시간 변화율이기 때문이다.

강체의 회전 원운동을 기술하기 위해서, 우리에게 익숙한 변위, 속도, 가속도에 대한 정의를 이용할 수 있다. 그러나 우리 주위에서 일어나는 대부분의 원운동은 강체의 회전에 대한 것이다(인간이 발명한 기계 중에서 가장 중요한 것이 무엇이냐고 물어보면 대부분 사람들은 '바퀴'라고 대답할 것이다). **강체** rigid object란 물체가 직선운동을 하거나 회전할 때 물체 내의 임의의 두 점 사이 거리가 일정하게 유지되는 물체를 말한다. 강체가 회전할 때 물체 내의 모든 점들이 원궤도를 따라 운동한다. 임의의 점의 궤도반지름은 회전축과 그 점 사이의 거리가 된다. 예를 들어 DVD가 돌아갈 때, DVD상의 임의의 점들은 각각 다른 속도와 다른 가속도로 움직인다. DVD가 돌아갈 때 주어진 한 점의 속도와 가속도는 계속 방향이 바뀐다. DVD 위 임의의 점들의 운동을 통해 그것의 회전 운동을 기술하는 것은 부자연스러울 수도 있다. 그러나 어떤 양은 DVD상의 모든 점에 대해 같다. 예를 들면, "DVD의 회전축에서 6.0 cm 떨어진 점이 1.3 m/s로 움직인다."라고 하는 것보다 "DVD가 210 rpm으로 돌아간다."라고 말하는 것이 훨씬 간단하다.

각도변위와 각속도 원운동을 간단하게 기술하기 위해서 거리 대신 각도에 집중해 보자. DVD가 1/4바퀴 돌 때 모든 점은 90°를 회전하지만 반지름이 다른 점들이 이동한 거리는 다르다. 그림 5.1에서와 같이 회전축에 가까이 있는 점 1은 가장자리에 있는 점 4보다 짧은 거리를 이동한다. 이와 같은 이유로 거리 대신에 측정한 각도를 이용하여 변위, 속도, 가속도와 유사한 일련의 변수를 정의한다. 변위 대신에 DVD가 회전한 각을 **각도변위** angular displacement $\Delta\theta$라고 한다. DVD상의 한 점은 원의 둘레를 따라서 움직인다. 한 점이 각 θ_i에서 각 θ_f로 움직일 때 원의 중심과 이 점을 연결한 선분은 $\Delta\theta = \theta_f - \theta_i$의 각을 쓸고 지나간다. $\Delta\theta$는 그 시간 동안 일어난 각도변위이다(그림 5.2).

각도변위의 정의

$$\Delta\theta = \theta_f - \theta_i \tag{5-1}$$

각도변위의 부호는 회전이 일어나는 방향을 알려준다. 관례적으로는 반시계방향의 회전은 양$^+$의 각도변위를, 시계방향의 회전은 음$^-$의 각도변위를 의미한다.

(+)는 반시계방향

(−)는 시계방향

반시계방향과 시계방향은 특정하게 바라보는 방향에 대해서만 정의된다. 예를 들면 위에서 바라보는 반시계방향의 회전을 아래에서 바라보면 시계방향의 회전이 된다.

평균 각속도 $\omega_{평균}$은 각도변위의 평균 변화율이다(여기에서 ω는 그리스 문자 오메가의 소문자이다).

평균 각속도의 정의

$$\omega_{평균} = \frac{\Delta\theta}{\Delta t} \tag{5-2}$$

시간 Δt를 점점 더 짧게 하면 할수록 더 짧은 시간 동안의 평균을 구할 수 있다. $\Delta t \to 0$으로 극한을 취하면, $\omega_{평균}$은 **순간 각속도** ω가 된다.

순간 각속도의 정의

$$\omega = \lim_{\Delta t \to 0} \frac{\Delta\theta}{\Delta t} \tag{5-3}$$

기호 $\lim\limits_{\Delta t \to 0}$는 $\Delta\theta$가 매우 짧은 시간(시간을 더 짧게 할 때 비율 $\Delta\theta/\Delta t$가 크게 변하지 않을 정도의 짧은 시간) 동안의 각도변위이다.

각속도의 대수적인 부호(+, −)가 DVD가 어떤 방향으로 회전하는지를 나타낸다. 각도변위는 도(°, deg)나 라디안(rad) 단위로 측정할 수 있으므로, 각속도의 단위는 deg/s, rad/s, deg/day 등으로 나타낼 수 있다. SI 단위는 rad/s이다.

라디안 측정 일반적으로 각도를 도^{deg} 단위로 측정하는 것에 익숙해 있지만, 여러 경우에 **라디안**^{rad}으로 측정하는 것이 훨씬 더 편리하다(부록 A.6 참조). 예를 들면 회전체의 각도변위나 각속도를 물체의 한 점이 이동한 거리나 속력과 관련 짓는 경우와 같다.

그림 5.3에서 원의 두 반지름 사이의 각 θ는 호의 길이 s를 반지름 r로 나눈 값으로 정의한다. θ는 호에 대응되는 각이다. 라디안으로 나타낸 각 θ는 다음과 같이 정의된다.

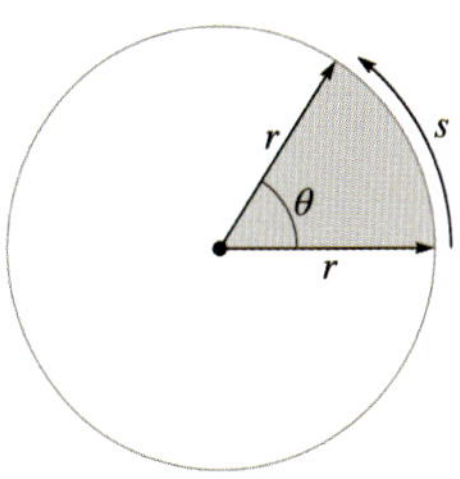

그림 5.3 라디안의 정의 : rad 단위로 각 θ는 호의 길이 s를 반지름 r로 나눈 것이며, 그림에 보이는 각은 $1\ \text{rad} \approx 57.3°$이다.

라디안의 정의

$$\theta(\text{라디안 단위}) = \frac{s}{r} \tag{5-4}$$

라디안으로 나타내는 각은 두 길이의 비로 정의되므로 각은 차원이 없다(단순한 숫자이다). 라디안은 각을 측정하는 단위로 사용된다. 라디안은 미터(m)나 킬로그램(kg)과 같은 물리적 단위가 아니므로 식 (5-4)에서 양변의 단위를 대조할 필요가 없다. 같은 이유로 오해의 여지가 없는 한 라디안을 생략해도 된다. 1초당 23 rad이 분명하면 $\omega = 23\ \mathrm{s}^{-1}$로 쓸 수 있다.

선형 변수를 각도 변수로 표현하는 방정식에서, 미터 단위의 반지름 r은 호의 길이에 대응하는 라디안 단위의 각으로 나눈 값, 곧 라디안당 미터 단위를 가진 것으로 생각하라. 그러면 라디안은 이 식에서 상쇄된다. 예를 들어 $\theta = 20$ rad이고 $r = 1.2$ m라 한다면, 호의 길이는 다음과 같다.

$$s = \theta r = 2.0\ \cancel{\mathrm{rad}} \times 1.2\ \frac{\mathrm{m}}{\cancel{\mathrm{rad}}} = 2.4\ \mathrm{m}$$

각도 360°에 대한 호는 원둘레이므로 각 360°를 라디안으로 나타내면

$$\theta = \frac{s}{r} = \frac{2\pi r}{r} = 2\pi\ \mathrm{rad} \tag{5-5}$$

이다. 따라서 각도와 라디안 사이의 환산 인자는 다음과 같다.

$$360° = 2\pi\ \mathrm{rad} \tag{5-6}$$

보기 5.1 지구의 각속력

지구는 자전축을 중심으로 회전한다. 지구의 각속력은 rad/s로 얼마인가(이 질문은 각속력에 대한 것이므로 회전 방향은 고려하지 않아도 된다)?

전략 지구의 각속도는 거의 일정하다. 따라서 임의의 편리한 시간 동안의 평균 각속력을 계산할 수 있으며, 지구의 순간 각속력은 $|\omega|$이다

풀이 지구가 완전히 한 번 자전하는 데 하루가 걸리며, 그 동안의 각도변위는 2π rad이다. 좀 더 자세히 표현하면 시간 $\Delta t = 1$ day 동안 지구의 각도변위는 $\Delta\theta = 2\pi$ rad이다. 따라서 지구의 각속력은(2π rad/day)이며 하루(day)를 초로 환산하여 계산하면 다음과 같다.

$$1\ \mathrm{day} = 24\ \mathrm{h} = 24\ \mathrm{h} \times 3600\ \mathrm{s/h} = 86\,400\ \mathrm{s}$$

$$|\omega| = \frac{2\pi\ \mathrm{rad}}{86\,400\ \mathrm{s}} = 7.3 \times 10^{-5}\ \mathrm{rad/s}$$

검토 이 문제는 다음과 같은 직선운동 문제와 유사하다. "자동차가 직선상에서 일정한 속력으로 운동한다. 자동차가 3시간 동안에 300 km를 달렸다면 속도는 m/s 단위로 얼마인가?" 원운동과 회전운동의 거의 모든 것이 이와 유사한 관계가 있어서 대부분 우리가 이미 공부한 것을 활용할 수 있다.

별에 비해 지구는 실제로 24.0 시간이 아닌 23.9345시간에 1회전이 완료된다. 이 차이는 더 정확한 $|\omega|$(유효숫자가 두 개 이상) 값이 필요한 경우에만 중요하다.

실전문제 5.1 금성의 각속도

금성이 한 바퀴 자전하는 데 걸리는 시간은 5816 h이다. 금성의 자전 각속력을 rad/s로 표시하면 얼마인가?

선속력과 각속력 사이의 관계

반지름 r인 원 궤도를 따라 움직이는 한 점이 각도변위 $\Delta\theta$(라디안)를 움직이는 동안 원형 경로를 따라 이동한 거리는 호의 길이 s이다.

$$s = r|\Delta\theta| = r|\theta_f - \theta_i| \qquad \text{(각도의 단위는 라디안)} \qquad (5\text{-}7)$$

이때, 한 점은 원형 경로를 따라 운동하는 입자일 수도 있고, 회전하는 강체의 임의의 점이 될 수도 있다. 식 (5−7)은 라디안의 정의에서 직접 나오므로 이 식으로부터 유도되는 식에서는 각이 라디안 단위로 측정되어야 한다.

점이 움직일 때의 선속력은 얼마인가? 평균 선속력은 이동 거리를 걸린 시간으로 나눈 것이다.

$$v_{평균} = \frac{s}{\Delta t} = \frac{r|\Delta\theta|}{\Delta t} \qquad (\Delta\theta\text{의 단위는 라디안}) \qquad (5\text{-}8)$$

$\Delta\theta/\Delta t$는 평균각속도 $\omega_{평균}$이다. 만일 Δt를 0으로 접근시켜 극한을 취하면 평균값($v_{평균}$와 $\omega_{평균}$)는 둘 다 순간값(v와 ω)이 된다. 따라서 선속력과 각속력 사이의 관계는 다음과 같다.

선속력과 각속력 사이의 관계

$$v = r|\omega| \qquad (\omega\text{의 단위는 rad/s}) \qquad (5\text{-}9)$$

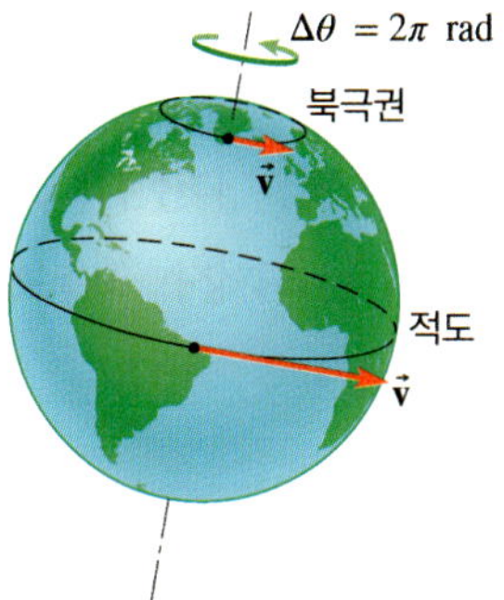

그림 5.4 적도에 서있는 사람은 북극권에 서 있는 다른 사람보다 훨씬 빠르게 움직이지만 각속력은 같다.

식 (5−9)는 선속력과 각속력의 크기만을 이야기한다. 속도 벡터의 방향은 원형 경로의 접선 방향이다. 회전하는 물체의 경우, 회전축에서 더 멀리 떨어진 점이 더 빠른 선속력으로 이동한다. 그들은 더 큰 반지름의 원둘레를 회전하기 때문에 같은 시간 동안 더 긴 거리를 이동한다. 예를 들어, 적도에 서있는 사람은 북극권에 서있는 사람보다 지구의 회전으로 인해 훨씬 더 빠른 선속력으로 이동한다.(그림 5.4 참조).

주기와 진동수

원둘레를 움직이는 점의 속력이 일정할 때, 이 운동을 **등속원운동**uniform circular motion이라고 한다. 그 점의 속력이 일정하더라도 속력의 방향이 계속 바뀌기 때문에 속도는 일정하지 않다. 이러한 차이는 등속원운동 하는 물체의 가속도를 구하는 데 중요하다(5.2절). 한 점이 원둘레를 완전히 한 바퀴 도는 데 걸리는 시간을 그 운동의 **주기**period T라고 한다. **진동수**frequency는 단위 시간 동안의 회전수이다.

국을 남기는 것을 생각해 보라. 롤러가 완전히 한 바퀴 돌면, 롤러 바퀴 표면 위의 한 점이 처음에 접촉되었던 것처럼 벽에 다시 접촉된다. 페인트 자국의 길이는 $2\pi r$이다. 경과한 시간이 T이면, 축의 속력은

$$v_{축} = \frac{2\pi r}{T} \tag{5-13}$$

이고, 롤러의 각속력은

$$|\omega| = \frac{2\pi}{T} \tag{5-12}$$

이다. 따라서 선속력과 각속력은 다음과 같은 관계가 있다.

$$v_{축} = |\omega| r \qquad (\omega \text{의 단위는 rad/s}) \tag{5-14}$$

그림 5.5 (a) 반지름이 r인 바퀴가 일정한 속력 $v_{축}$으로 미끄러지지 않고 굴러가고 있다. 축이 바퀴의 둘레($2\pi r$)와 같은 거리 d만큼 움직이면, 바퀴는 그림에 빨간 점으로 표시한 것처럼 완전히 한 바퀴를 구른다($\Delta\theta = 2\pi$ rad). 이렇게 경과한 시간이 주기 T이다. 따라서 $v_{축} = d/T = 2\pi r/T$이고, $|\omega| = \Delta\theta/T = 2\pi/T$가 된다. 결론적으로 미끄러지지 않고 구르는 물체 축의 속도는 $v_{축} = |\omega| r$이다.

보기 5.3 구르는 바퀴의 각속력

13.0 m/s의 속력으로 달리는 오토바이의 뒤쪽 타이어 지름이 65.0 cm라면 뒷바퀴의 각속력은 얼마인가? 미끄러짐이 없다고 가정하여라.

전략 주어진 타이어 반지름으로부터 원둘레를 구할 수 있기 때문에, 바퀴가 한 바퀴 돌아가는 동안의 이동거리를 알 수 있다. 오토바이의 속력으로부터 바퀴가 매초 몇 번 회전해야 하는지 알 수 있다.

풀이 바퀴가 한 번 회전할 때 오토바이는 타이어의 둘레와 같은 거리를 진행한다(그림 5.5). 바퀴가 한 번 도는 데 걸리는 시간이 T라면 속력 v는

$$v = \frac{\text{거리}}{\text{시간}} = \frac{2\pi r}{T}$$

이다. 그러므로 $T = 2\pi r/v$이다. 한 바퀴마다 각도 변위는 $\Delta\theta = 2\pi$ rad이므로

$$|\omega| = \frac{|\Delta\theta|}{\Delta t} = \frac{2\pi}{T}$$

이다. 위 식에 $T = 2\pi r/v$을 대입하고 반지름이 지름의 절반임을 기억한다면

$$|\omega| = \frac{2\pi}{2\pi r/v} = \frac{v}{r} = \frac{13.0\ \text{m/s}}{(0.650\ \text{m})/2} = 40.0\ \text{rad/s}$$

이다.

검토 한 번 회전하는 데 걸리는 시간은 $\frac{2\pi\ \text{rad}}{40.0\ \text{rad/s}} = 0.157$ s이고 거리 $2\pi r = 2.04$ m를 진행하는 데 걸린 시간은 $\frac{2.04\ \text{m}}{13.0\ \text{m/s}} = 0.157$ s이므로 두 값은 정확히 일치한다.

이 답은 식 $|\omega| = v/r$에 수치를 대입해서 바로 구할 수도 있다. 그러나 풀이에서는 이 식을 재구성하여 답을 구하였다. 많은 경우처럼 여기에서도 식에 포함된 개념을 이해하면 식을 외울 필요가 없다. 또한, 식의 계수나 상수를 잊어버리거나 부적절한 식을 사용하는 실수를 줄일 수 있다. 다른 예를 들어보면, 한 물체가 등속으로 직선을 따라 운동한다면 식($\Delta\vec{\text{r}} = \vec{\text{v}}\,\Delta t$)을 외워서가 아니라 변위와 속도 사이의 관계를 이해하기 때문에 변위는 속도와 걸린 시간의 곱이라는 것을 금방 알 수 있다. 이렇게 문제를 점점 더 많이 풀어봄으로써 과학적 사고를 내면화시킬 수 있다.

실전문제 5.3 **구르는 드럼통**

드럼통이 넘어져서 창고에서 굴러가고 있다. 드럼통의 반지름이 0.40 m이고 한 바퀴를 완전히 도는 데 걸리는 시간이 8.0 s라면, 36 m를 굴러가는 데 걸리는 시간은 얼마인가?

5.2 지름 가속도 Radial Acceleration

등속원운동을 하는 입자의 속도는 크기가 일정하지만, 방향은 계속 변한다. 임의의 순간에서 순간속도의 방향은 3.2절에서 논의한 바와 같이 경로의 접선 방향이다. 속도의 방향이 연속적으로 변하므로 입자의 가속도는 0이 아니다.

그림 5.6a에서, 같은 크기를 가진 두 개의 속도 벡터가 반지름 r인 원형 경로의 접선 방향으로 그려져 있다. 여기에서 두 벡터는 등속으로 원형 경로를 따라 운동하는 물체의 서로 다른 두 순간의 속도를 나타낸다. 어느 순간에나 속도 벡터는 원의 중심에서 물체까지 그린 반지름과 수직이다. 두 속도 사이의 시간이 0에 접근하면 두 반지름은 그림 5.6b

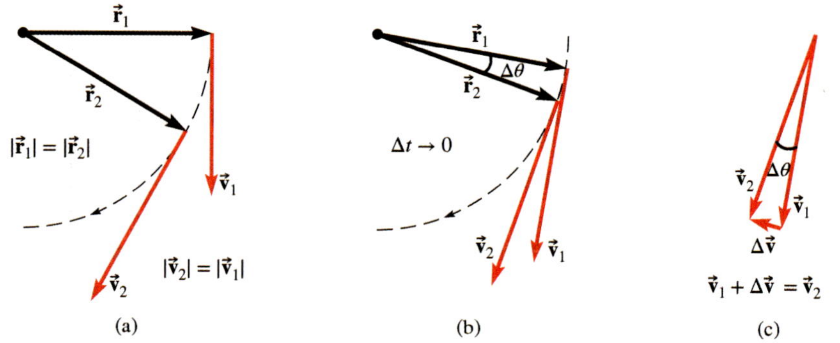

그림 5.6 일정한 속력의 등속원운동 (a) 속도 벡터는 항상 그 점에서의 반지름과 수직이고 원형 경로에 접선 방향이다. (b) 두 속도를 측정한 시간이 감소함에 따라, 두 속도 벡터 사이의 각도가 감소한다. (c) 속도 변화($\Delta\vec{v}$)는 두 벡터 화살표의 시작점을 같게 놓음으로써 구할 수 있다. 그런 다음 $\vec{v}_1 + \Delta\vec{v} = \vec{v}_2$가 되도록 처음 속도($\vec{v}_1$)의 끝에서 나중 속도($\vec{v}_2$)의 끝까지 그린다. $\Delta t \to 0$인 극한에서 속도 변화와 가속도는 속도 벡터에 수직이 된다.

와 같이 점점 가까워진다. 다른 운동에서처럼 원운동에서도 가속도는 다음과 같이 정의된다.

$$\vec{a} = \lim_{\Delta t \to 0} \frac{\Delta\vec{v}}{\Delta t} \tag{3-20}$$

연결고리 지름 가속도는 새로운 종류의 가속도가 아니다. 등속원운동을 하는 물체에 대한 가속도 벡터는 원의 중심을 향하는 방향이다.

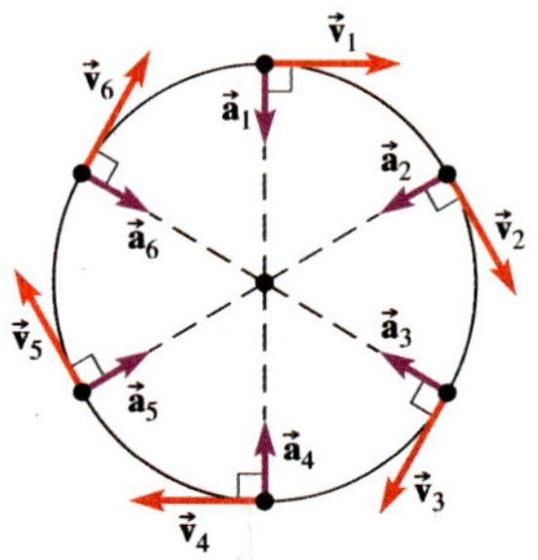

그림 5.7 등속원운동 궤도 위의 각 점에 가속도 및 속도 벡터가 표시된 물체의 운동 모형. 가속도는 항상 속도에 수직인 원의 중심을 향한다.

가속도를 구하기 위해서, 먼저 매우 짧은 시간 동안의 속도 변화를 구해야 한다(벡터의 뺄셈을 복습하려면 3.1절과 부록 A.10을 보라). 그림 5.5c에서 시간 Δt가 0에 접근하면 두 속도 사이의 각도 역시 0에 접근하고 $\Delta\vec{v}$는 속도에 수직이 된다.

$\Delta\vec{v}$가 속도와 수직이므로 그 방향은 원의 반지름을 따라 정렬되어 있다. 그림 5.6b와 그림 5.6c를 살펴보면 $\Delta\vec{v}$는 반지름을 따라 원의 안쪽 방향(원의 중심 방향)을 향한다. 가속도 $\vec{a}$는 ($\Delta t \to 0$인 극한에서) $\Delta\vec{v}$와 같은 방향이므로, 가속도도 역시 원의 중심을 향한다(그림 5.7). 곧 원의 중심으로 반지름을 따라가는 방향이다. 등속원운동을 하는 물체의 가속도를 **지름 가속도**radial acceleration $\vec{a}_r$라고 한다. 여기에서 지름이란 말은 가속도의 방향을 나타낸다(이와 동의어가 **구심 가속도**이며, **구심**은 '원의 중심을 향한다'는 뜻이다).

살펴보기 5.2 지름 가속도는 물체의 속력이 변화한다는 것을 의미하는가?

지름 가속도의 크기

등속원운동을 하는 물체의 지름 가속도 크기를 구하려면, $\Delta t \to 0$의 극한에서 시간 Δt 동안의 속도 변화 $\Delta\vec{v}$를 구해야 한다. 속도는 일정한 크기를 가지지만 방향은 각속도 ω만큼 일정한 비율로 변한다. 시간 Δt 동안 속도 $\vec{v}$는 각도변위 $\Delta\theta = \omega\Delta t$와 동일한 각을 회전한다. 이 시간 동안 속도 벡터는 반지름 v인 호를 휩쓸고 지나간다(그림 5.8). $\Delta t \to 0$의 극한에서 짧은 호의 길이는 거의 직선인 현의 길이에 접근하므로 $\Delta\vec{v}$의 크기는 호의 길이와 같게 된다.

$$|\Delta\vec{v}| = \text{호의 길이} = \text{반지름} \times \text{중심 각}$$
$$= v|\Delta\theta| = v|\omega|\Delta t \qquad (5\text{-}15)$$

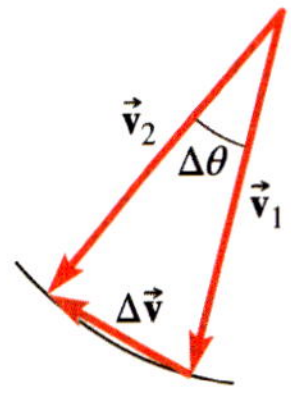

그림 5.8 속도 벡터는 $\Delta t \to 0$의 극한에서 $\Delta\vec{v}$의 크기인 현의 길이와 같은 길이의 호를 쓸고 지나간다.

가속도는 속도의 변화율이므로 지름 가속도의 크기는

$$a_r = |\vec{a}| = \frac{|\Delta\vec{v}|}{\Delta t} = v|\omega| \qquad (\omega\text{의 단위는 rad/s}) \qquad (5\text{-}16)$$

이다. 여기에서 절댓값 기호는 벡터의 크기를 나타내기 위해 사용하였다. 속도와 각속도는 서로 독립적이지 않다. 곧 $v = |\omega|r$이다. 일반적으로 지름 가속도 크기를 다음 두 개의 양 중 하나의 양으로 표시하는 것이 가장 편리하다. 따라서 $v = |\omega|r$을 사용하여 지름 가속도를 다음과 같이 두 개의 방법으로 나타낸다.

지름 가속도

$$a_r = \frac{v^2}{r} = \omega^2 r \qquad (\omega\text{는 단위 시간당 라디안}) \qquad (5\text{-}17)$$

지름 가속도를 구할 때, 식 (5−17)의 표현 중 더 편리한 것을 사용하면 된다. 회전 원심분리기와 같은 회전 물체의 경우 일반적으로 각속도를 사용하는 게 더 쉽고, 궤도 속력이 알려진 위성과 같이 원을 중심으로 운동하는 물체의 경우 v^2/r을 사용하는 게 더 쉽다. 두 방정식은 동등하므로 어떤 상황에서도 이 식 중 하나를 사용할 수 있다.

보기 5.4 조종사가 견딜 수 있는 가속도 시험하기

원심분리기는 조종사가 의식을 잃기 전까지 견딜 수 있는 최대 가속도를 설정하는 데 사용된다(그림 5.9). 조종사가 (머리에서 측정했을 때) 4.00 g의 지름 가속도를 받고 있고, 머리에서 회전축까지의 반지름이 12.5 m인 경우 원심분리기의 회전 주기는 얼마인가?

그림 5.9 NASA의 Ames 연구 센터에 있는 20G 원심분리기는 20 g 이상의 가속도로 조종사를 돌릴 수 있다. © NASA

전략 지름 가속도는 원운동 경로의 반지름 및 선속력 또는 각속력에서 확인할 수 있다. 주기는 한번 회전하는 시간이다. 한번 회전하는 시간 동안에 움직인 거리는 원의 둘레이다.

풀이 지름 가속도는

$$a_r = \frac{v^2}{r} \quad (5\text{-}17)$$

이다. 그러므로 선속력은 $v = \sqrt{a_r r}$ 이다. 선속력은 한 번 회전하는 동안 움직인 거리($2\pi r$)를 주기 T로 나눈 물리량이다.

$$v = \frac{2\pi r}{T} \quad (5\text{-}11)$$

주기를 계산해 보면 다음과 같다.

$$T = \frac{2\pi r}{v} = \frac{2\pi r}{\sqrt{a_r r}} = 2\pi\sqrt{\frac{r}{a_r}}$$
$$= 2\pi\sqrt{\frac{12.5\ \text{m}}{4.00\times 9.80\ \text{m/s}^2}} = 3.55\ \text{s}$$

검토 재빠르게 검토해 보자. 조종사가 얼마나 빨리 움직이는지 계산해 보아라.

$$v = \sqrt{a_r r}$$
$$= \sqrt{4.00\times 9.80\ \text{m/s}^2 \times 12.5\ \text{m}}$$
$$= 22.1\ \text{m/s}(\approx 50\ \text{mi/h})$$

위의 계산값은 이들 조건이 합리적인 규모의 크기인 것처럼 보인다. 22 m/s는 너무 빠르기 때문에 오토바이나 자동차에서 반지름 12.5 m의 곡선을 취하지는 못하지만, 4 g만큼 큰 가속도를 원하지도 않을 것이다. 이제 속력을 사용하여 주기를 확인해 보자. 곧 $T = 2\pi r/v = (78.5\ \text{m/s})(22.1\ \text{m/s}) = 3.55\ \text{s}$이다.

선속력 v 대신 각속력 ω를 사용하여 이 문제를 풀 수도 있다. 지름 가속도는 $a_r = \omega^2 r$이고 주기는 앞에서 구한 결과와 같다.

$$T = \frac{2\pi}{\omega} = \frac{2\pi}{\sqrt{a_r/r}} = 2\pi\sqrt{\frac{r}{a_r}}$$

실전문제 5.4 **블루레이 원판**

블루레이 원판이 7200 rpm으로 회전하고 있다면, 원판의 바깥 끝부분의 지름 가속도는 얼마인가? 원판의 지름은 12 cm이다.

등속원운동에 뉴턴 제2법칙 적용하기

이제 등속원운동을 하는 물체의 가속도의 크기와 방향을 알았으므로, 물체에 작용하는 알짜힘을 그 물체의 운동 속력과 반지름에 연관시키기 위해 뉴턴의 제2법칙을 이용할 수 있다. 알짜힘은 일반적인 방법으로 구한다. 곧 물체에 작용하는 각각의 힘을 구하고 그 힘들의 벡터 합을 구한다. 물체에 작용하는 모든 힘은 각각 다른 물체에 의해 작용하는 것이어야 한다. 물체가 원형 경로를 운동하기 때문에 원을 따라 움직이는 뭔가에 의한 새로운 힘을 더하고 싶은 유혹에서 벗어나야 한다. 등속으로 원운동을 하는 물체인 경우 실제 중력, 장력, 수직항력, 마찰력과 같은 물리적 힘이 작용한다. 곧 이들 힘이 정확한 크기로 언제나 물체의 속도에 수직인 알짜힘이 되도록 합쳐진다.

등속원운동을 하는 물체에 대한 문제 풀이 전략

1. 뉴턴의 제2법칙에 관한 문제로 시작한다. 곧 물체에 작용하는 모든 힘을 확인하고 자유물체도형을 그린다. 다른 물체들에 의하여 작용하는 진짜 힘만 포함시키고 지름 가속도나 '구심력' 또는 '원심력'은 절대로 포함시키지 말아라.
2. 관심을 가진 점에서 한 축은 지름 방향으로 택하고 다른 한 축은 원형 경로에 대하여 접선 방향이 되는 수직축을 선택하여라.
3. 각 힘의 반지름 방향의 성분을 구한다.
4. 반지름 방향에 뉴턴의 제2법칙을 적용한다.

$$\sum F_{\mathrm{r}} = ma_{\mathrm{r}}$$

여기에서 $\sum F_{\mathrm{r}}$은 알짜힘의 반지름 방향 성분이고, 가속도의 반지름 방향 성분은 다음과 같다.

$$a_{\mathrm{r}} = \frac{v^2}{r} = \omega^2 r \qquad (5\text{-}17)$$

5. 필요하다면, 접선 방향으로도 뉴턴의 제2법칙을 적용하라. 등속원운동의 경우에는 속력이 일정하기 때문에, 접선 가속도 성분이 0이다.

$$\sum F_{\mathrm{t}} = 0$$

보기 5.5 해머던지기

한 선수가 4.00 kg의 해머를 예닐곱 바퀴 돌리다 놓았다. 해머를 돌리는 이유는 해머의 속력을 증가시키기 위한 것이다. 선수가 해머를 놓기 직전에 그것은 반지름이 1.7 m인 원둘레를 따라서 일정한 속력으로 운동하고 있다고 가정하자. 해머를 놓는 순간에는 그것이 지상에서 1.0 m에 있었고, 속도가 수평 방향에 대해서 40° 위쪽으로 향하고 있다. 해머가 수평으로 도달한 거리는 74.0 m이다. 선수가 해머를 놓기 직전에 해머를 잡고 있던 힘은 얼마인가? 저항은 무시하여라.

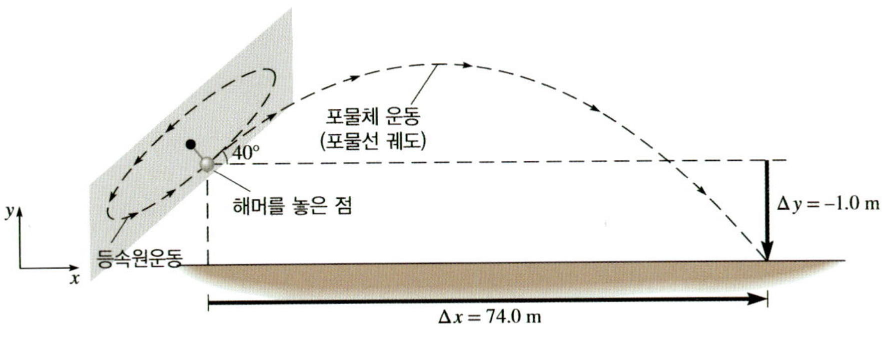

그림 5.10 선수가 해머를 던지기 직전에서부터 해머가 땅에 닿을 때까지 해머의 경로(거리는 실제 축척이 아니다).

전략 해머를 놓은 후에, 해머에 작용하는 힘은 중력뿐이다. 해머는 다른 포물체와 같이 포물선 궤도를 그리며 날아간다. 해머의 포물체 운동을 분석하면 해머를 놓은 직후에 해머의 속력을 구할 수 있다. 해머를 놓기 직전에 해머에 작용하는 힘은 중력과 줄에 작용하는 장력뿐이다. 해머에 작용하는 알짜힘을 속력과 경로 반지름에서부터 계산한 해머의 지름 가속도와 관계 지을 수 있다. 이 문제는 원운동을 다루는 문제와 포물체 운동을 다루는 2개의 문제로 이루어져 있다. 원운동의 최종 속도가 포물체의 초기 속도가 된다.

풀이 포물체 운동을 하는 동안 초기 속도는 크기가 v_i이고 방향은 수평선 위로 $\theta = 40°$이다. $+y$축이 위쪽을 가리키도록 하면 해머의 변위는 $\Delta x = 74.0\ \mathrm{m}$이고, $\Delta y = -1.0\ \mathrm{m}$이다(그림 5.10). 해머의 가속도는 $a_x = 0$이고 $a_y = -g$이며, 초기 속도는 $v_{\mathrm{i}x} = v_\mathrm{i} \cos\theta$이고 $v_{\mathrm{i}y} = v_\mathrm{i} \sin\theta$이다. 그러면 식 (4-13)과 (4-14)로부터

$$\Delta x = (v_\mathrm{i} \cos\theta)\Delta t,$$
$$\Delta y = (v_\mathrm{i} \sin\theta)\Delta t - \frac{1}{2}g(\Delta t)^2$$

이다. 위쪽의 방정식을 Δt에 대해 풀어서 아래쪽 방정식에 대입하면 다음과 같다.

$$\Delta y = v_\mathrm{i} \sin\theta \frac{\Delta x}{v_\mathrm{i} \cos\theta} - \frac{1}{2}g\left(\frac{\Delta x}{v_\mathrm{i} \cos\theta}\right)^2$$

v_i에 대한 대수 계산으로 이 방정식을 풀 수 있다.

풀이 과정을 설명하자면(방정식을 푸는 대수적 방법은 부록 A를 참조하라), 우선 v_i를 포함하는 항들을 방정식의 한쪽 변에 모아놓는다.

$$\frac{g(\Delta x)^2}{2v_\mathrm{i}^2 \cos^2\theta} = \Delta t \frac{\sin\theta}{\cos\theta} - \Delta y$$

그렇게 한 다음에, v_i를 분리하기 위해 방정식의 양변에 상수를 곱한다.

$$\frac{1}{v_\mathrm{i}^2} = \frac{2\cos^2\theta}{g(\Delta x)^2}\left(\Delta t \frac{\sin\theta}{\cos\theta} - \Delta y\right)$$

마지막으로 루트를 취해 주고 역수를 구하면

$$v_\mathrm{i} = \sqrt{\frac{g(\Delta x)^2}{2\cos\theta(\Delta x\ \sin\theta - \Delta y \cos\theta)}}$$

가 된다. 이제 숫자 값들을 적용할 준비가 되었다.

$$v_\mathrm{i} = \sqrt{\frac{(9.80\ \mathrm{m/s^2}) \times (74.0\ \mathrm{m})^2}{2\cos 40°[(74.0\ \mathrm{m})\sin 40° - (-1.0\ \mathrm{m})\cos 40°]}}$$
$$= 26.9\ \mathrm{m/s}$$

해머에 작용하는 알짜힘은 뉴턴의 제2법칙으로부터 구할 수 있다. 해머에 작용하는 두 힘은 줄에 작용하는 장력과 중력이다(그림 5.11). 해머의 무게가 장력에 비하여 작다고 가정하면 중력은 무시할 수 있다. 그러면 줄의 장력만이 해머에 작용하는 중요한 힘이 된다. 등속원운동이라고 가정하면 줄이 해머를 중심 방향으로 당기고 크기가 v^2/r인 지름 가속도가 생기게 한다. 반지름 방향의 뉴턴의 제2법칙은

$$\sum F_\mathrm{r} = T = ma_\mathrm{r} = \frac{mv^2}{r}$$

이 된다. 수치를 대입하면

$$T = \frac{4.00\ \mathrm{kg} \times (26.9\ \mathrm{m/s})^2}{1.7\ \mathrm{m}} = 1700\ \mathrm{N}$$

이 된다. 장력이 해머의 무게(약 40 N)보다 훨씬 크기 때문에 해머의 무게를 무시하였던 우리의 가정은 타당하다. 선수가 해머를 잡고 있으려면 1700 N의 힘을 들여야 한다.

검토 이 보기는 물리 개념을 점진적으로 누적해 가는

것을 보여준다. 기본 개념이 계속 다시 나와 사용되면서 점점 새로운 내용으로 확장해 간다. 문제 일부에 새로운 개념(지름 가속도)이 포함되어 있으며 나머지는 이미 배웠던 내용(뉴턴의 제2법칙, 선속도, 가속도, 포물체 운동, 줄의 장력)이다.

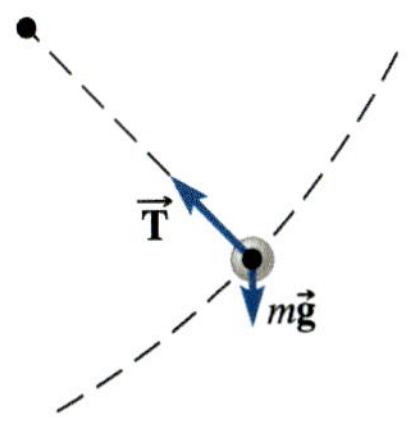

그림 5.11 해머를 던지기 직전 해머의 자유물체도형(실제 크기에 비례하게 그리지 않았음)

실전문제 5.5 **회전목마**

중심 회전축으로부터 8.0 m 인 곳에 있는 목마가 6.0 m/s 의 속력으로 회전하고 있다. 목마는 높이가 고정되어 있다(목마가 아래위로 움직이지 않는다). 이 목마에 앉아있는 어린이에게 작용하는 알짜힘은 얼마인가? 어린이의 몸무게는 130 N 이다.

보기 5.6 원추진자

수평면에 있는 원주 상에서 돌멩이를 느린 속도로 돌리고 있다. 줄의 장력에 비하여 돌멩이의 무게를 무시할 수 없다고 가정하여라. 그러면 줄은 수평이 되지 않는다. 장력의 연직 성분은 돌멩이의 무게와 상쇄되며 수평 방향의 알짜힘만 남는다(그림 5.12). 줄의 길이를 L, 돌멩이의 질량을 m, 그리고 줄이 연직선과 이루는 각을 ϕ라고 할 때, 돌멩이의 일정한 각속력은 얼마인가?

전략 돌멩이가 등속원운동을 하므로 알짜힘은 원의 중심을 향해야 한다. 그림 5.12a에 보인 위치에 있는 돌멩이에 작용하는 알짜힘의 방향은 $+x$축 방향이다. 이때 줄의 장력은 중심을 향하여 작용하지는 않지만 알짜힘은 중심을 향한다.

풀이 먼저 자유물체도형(그림 5.12b)을 그려 보고 성분형태로 뉴턴의 제2법칙을 적용해 보자. 가속도의 성분은 $a_x = \omega^2 r$과 $a_y = 0$이다. x 성분은

$$\sum F_x = T\sin\phi = ma_x = m\omega^2 r$$

이다. 문제에서 r이 주어져 있지 않으므로 이를 L과 ϕ의 항으로 나타내야 한다. 그림 5.12a에서 줄과 y축이 직각을 이루는 반지름은

$$r = L\sin\phi$$

이므로

$$\sum F_x = T\sin\phi = m\omega^2 L\sin\phi$$

이다. 따라서 $T = m\omega^2 L$이며, y 성분은

$$\sum F_y = T\cos\phi - mg = ma_y = 0$$
$$\Rightarrow \quad T\cos\phi = mg$$

이다. 장력을 소거하면

$$(m\omega^2 L)\cos\phi = mg$$

가 되며 $|\omega|$에 대하여 풀면

$$|\omega| = \sqrt{\frac{g}{L\cos\phi}}$$

가 된다.

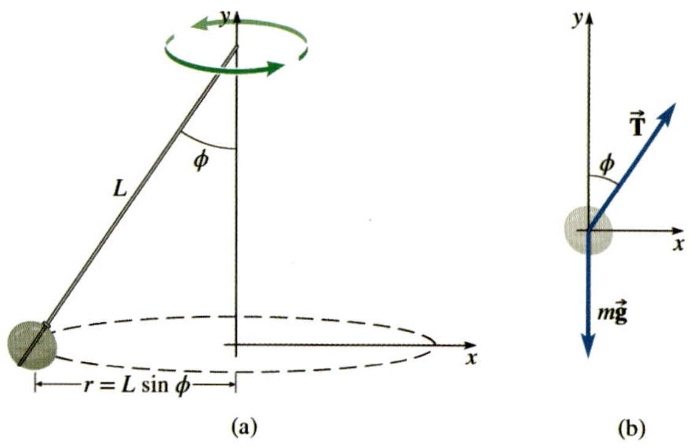

그림 5.12 (a) 돌멩이가 반지름 $r = L\sin\phi$인 수평 원에서 돌아간다. (b) 돌멩이에 대한 자유물체도형

검토 최종 식의 차원을 점검해 보자. ϕ는 차원이 없으므로 다음과 같다.

$$\sqrt{\frac{[L/T^2]}{[L]}} = \frac{1}{[T]}$$

이것은 ω(SI 단위 rad/s)의 차원이다.

다른 점검 방법은 ω와 ϕ가 주어진 줄의 길이와 어떻게 관계되는지 알아보는 것이다. ϕ를 90°가 되는 방향으로 증가시키면 줄이 수평에 가까워지고 반지름이 증가한다. ϕ가 증가해서 $\cos\phi$는 감소할 때 ω가 증가한다. 이는 경험과 일치한다. 줄이 거의 수평을 이루기 위해서는 돌멩이가 점점 더 빨리 돌아가야 한다.

개념형 실전문제 5.6 **달에 있는 원추진자**

보기 5.6의 결과를 검토하여 다른 조건은 모두 같을 때 ω가 g에 따라 어떻게 변하는지 알아보아라. 중력장이 더 약한 곳에서, 줄이 같은 각도를 이루려면 돌멩이를 더 빠르게 돌려야 하는가 아니면 더 느리게 돌려야 하는가? 여러분이 예측하였던 결과와 일치하는가?

5.3 경사가 없는 곡선 도로와 경사가 있는 곡선 도로 Unbanked and Banked Curves

지름 가속도의 응용 : 경사가 없는 곡선 도로와 경사가 있는 곡선 도로

경사가 없는 곡선도로 경사가 없는 커브 길에서 자동차를 운전할 때 타이어에 포장도로로 인한 마찰력이 작용하여 커브를 따라 자동차를 운전할 수 있다. 이 마찰력은 차가 달리는 곡선을 이루는 원의 중심을 향해서 **옆으로** 작용한다(그림 5.13). 마찰력은 접선 성분도 가질 수 있다. 예를 들면 브레이크를 밟고 있으면 마찰력의 한 성분이 뒤쪽(자동차 속도의 반대 방향)으로 작용하여 자동차를 감속시킨다. 이제 자동차의 속력이 일정하고 마찰력의 접선 성분을 무시할 수 있다고 가정해 보자.

타이어가 미끄러지지 않는 한, 굴러가는 타이어 밑면과 도로 사이에 상대운동이 없어서 정지마찰력이 작용한다(2.7절을 보라). 만일, 자동차가 미끄러지면 타이어의 밑 부분이 포장도로를 따라서 미끄러지며 더 작은 운동마찰력이 작용한다. 자동차의 속력이 증

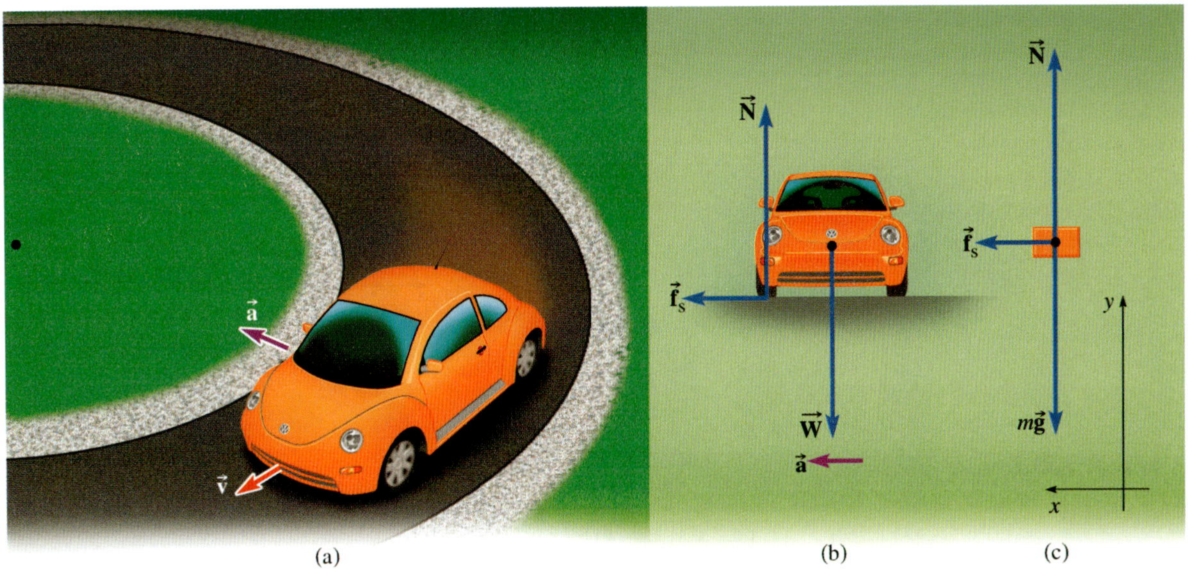

그림 5.13 (a) 기울기가 없는 도로를 일정한 속력으로 조심조심 돌고 있는 자동차. 자동차의 가속도는 커브의 중심을 향하고 있다. (b) 위 자동차의 정면 그림, 커브의 중심은 그림에서 왼쪽에 있다. 그림에 표시한 힘 벡터 $\vec{N}$과 $\vec{f}_s$는 타이어 전체에 작용하는 수직항력과 마찰력을 나타낸다. 차가 미끄러지지 않기 때문에 마찰력은 운동마찰력이 아니라 정지마찰력이다. 공기의 마찰이 매우 적다고 가정하면 접선 가속도는 0이고, 뉴턴의 제2법칙에 의해 정지마찰력이 반지름 방향임을 알 수 있다(만약 속력이 일정하지 않거나 공기 마찰이 무시할 수 없을 정도로 크면 마찰력은 접선 방향의 성분을 가질 수 있다). (c) 자동차의 자유물체도형. 알짜힘은 왼쪽을 향하는데 이것은 반지름의 안쪽 방향이다(원형궤도의 중심을 향한다).

가하거나 마찰계수가 적은 미끄러운 표면에서는 정지마찰력이 자동차가 커브를 돌기에 충분하지 않을 수도 있다.

경사가 있는 곡선 도로 자동차가 미끄러지는 것을 방지하고, 핸들을 제어하지 못하는 상태가 되지 않도록 종종 도로를 커브 길을 따라 안쪽으로 살짝 경사지게 하여 곡률중심에서 먼 부분 도로를 안쪽보다 높게 만든다. 커브 길을 안쪽으로 경사지게 하면, 수직항력 $\vec{N}$의 각도가 변화되어 수평 성분 N_x가 자동차가 달리는 커브의 중심을 향하게 한다. 그렇게 되면 자동차가 커브 길을 따라 움직이기 위하여 마찰력에만 의존하지 않아도 된다. 수직항력의 수평 성분이 자동차가 곡선 경로에서 돌아갈 수 있도록 도와준다. 어떤 속력에서는 N_x 자체만으로 지름 가속도를 줘서 마찰력이 필요 없게 된다. 그림 5.14a는 기울기가 있는 도로에서 마찰력이 0이 되도록 운행하고 있는 자동차의 정면 그림이다. 도로는 수평면에 대하여 θ만큼 기울어져 있다. 그리고 b와 c에는 수직항력이 x와 y 성분으로 나누어져 있고 그 성분들을 자유물체도형에 나타내었다. x축이 가속도의 방향과 같도록 왼쪽으로 좌표축들을 선택하였다. 좌표축들은 경사면에 수직이지도 않고 평행하지도 않다.

그림 5.14 (a) 기울기가 있는 커브 길을 돌고 있는 자동차의 정면 그림. 자동차의 가속도는 원형 경로의 중심을 향한다(여기에서는 왼쪽이다). $\vec{N}$은 4개의 타이어에 작용하는 총수직항력을 나타낸다. 자동차는 마찰력이 0이 되는 속력으로 안전하게 달린다. (b) 수직항력을 x 성분과 y 성분으로 분해하였다. (c) 수직항력의 성분과 함께 나타낸 자동차의 자유물체 도형

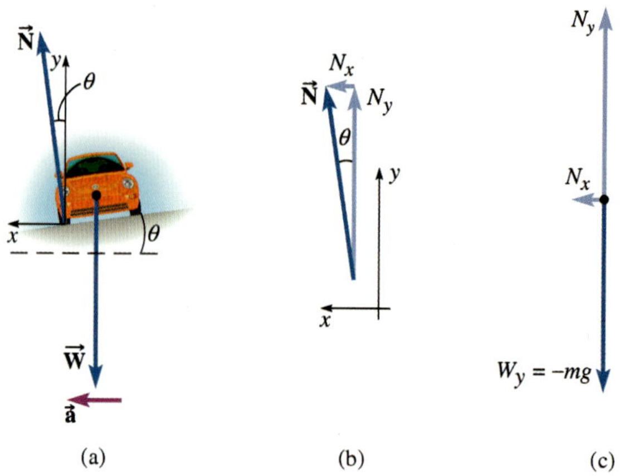

보기 5.7 경사가 없는 곡선 도로와 경사가 있는 곡선 도로에서의 안전 속력

자동차가 11 m/s의 권장 속력으로 기울기가 없는 커브 길을 달리고 있다(그림 5.13을 보라). (a) 경로의 곡률반지름이 25 m이고 고무와 도로 사이의 정지마찰계수가 $\mu_s = 0.70$이라면, 자동차가 커브를 돌아갈 때 미끄러지는가? (b) 운전자가 고속도로의 속력 제한을 무시하고 18 m/s로 운행하면 어떤 일이 일어나겠는가? (c) 최근에 비가 와서 도로가 젖어 있어 도로와 고무 타이어 사이의 정지마찰계수가 $\mu_s = 0.50$이라면, 커브 길을 돌아갈 때 안전한 속력은 얼마인가? (d) 자동차가 얼음으로 덮인 커브 길을 13 m/s의 속력으로 안전하게 돌아갈 수 있으려면 필요한 경사각은 얼마인가(그림 5.14를 보아라)?

전략 커브 길에 경사가 없으면 정지마찰력이 자동차에 작용하는 유일한 수평력이다. 도로 상태에 따라서 결정되는 최대 정지마찰력이 자동차의 가능한 최대 지름 가속도를 결정한다. 어떤 속력으로 커브 길을 돌아가는 데 필요한 지름 가속도를 정지마찰계수에 의해 결정되는 가능한 최대 지름 가속도와 비교해 볼 수 있다. (d)에서 도로에 얼음이 덮인 상황에서는 마찰력에만 의존할 수 없지만, 도로에 기울기가 있을 때는 도로 면의 수직항력이 자동차가 커브를 돌 때 필요한 수평 성분을 제공한다.

풀이 (a) 속력 11 m/s일 때 필요한 지름 가속도를 구한다.

$$a_r = \frac{v^2}{r} = \frac{(11\ \mathrm{m/s})^2}{25\ \mathrm{m}} = 4.8\ \mathrm{m/s^2}$$

이 가속도를 갖기 위해서는 곡률중심을 향해 작용하는 알짜힘의 성분이 반드시

$$\sum F_r = ma_r = m\frac{v^2}{r}$$

이어야 한다. 수평 성분을 가진 단 하나의 힘은 도로가 타이어에 작용하는 정지마찰력뿐이다(그림 5.13c의 자유물체도형 참조). 따라서

$$\sum F_r = f_s = m\frac{v^2}{r}$$

이 힘이 최대 마찰력을 초과하지 않는지 검토해야 한다.

$$f_s \le \mu_s N$$

$N = mg$이므로,

$$\cancel{m}\frac{v^2}{r} \le \mu_s \cancel{m}g$$

일 때 차가 미끄러지지 않고 곡선을 돌아다닐 수 있다. 그러므로 지름 가속도는 $\mu_s g$를 초과할 수 없다. 이에 따라서 자동차의 속력에 제한을 받는다.

$$v \le \sqrt{\mu_s g r}$$

수치를 대입하면

$$v \le \sqrt{0.07 \times 9.8\ \mathrm{m/s^2} \times 25\ \mathrm{m}} = 13\ \mathrm{m/s}$$

가 된다. 11 m/s는 최대로 안전한 속력 13 m/s보다 느리다. 그 때문에 자동차는 안전하게 커브 길을 돌아갈 수 있다.

(b) 자동차의 속력이 18 m/s이면 최대 안전 속력 13 m/s보다 크다. 마찰력은 차가 커브 길을 도는 데 필요한 지름 가속도를 만들 수 없으므로 자동차는 미끄러지게 된다.

(c) 문제 (a)에서, 자동차의 속력이

$$v \le \sqrt{\mu_s g r}$$

을 만족하도록 제한된다는 것을 알았다. $\mu_s = 0.50$이므로 최대 안전 속력은 다음과 같다.

$$\begin{aligned} v_{\text{최대}} &= \sqrt{\mu_s g r} \\ &= \sqrt{0.50 \times 9.80\ \mathrm{m/s^2} \times 25\ \mathrm{m}} = 11\ \mathrm{m/s} \end{aligned}$$

이는 도로 표지판의 권장 속력과 같다. 고속도로 관리공단은 도로 표지판을 세울 때 이러한 점을 고려한다.

(d) 마지막으로 얼음이 덮인 상태에서 차가 커브 길을 13 m/s로 돌 수 있는 기울기 각을 구한다. 마찰력을 무시할 수 있다고 가정하면 도로 면이 주는 수직항력의 수평 성분이 유일한 수평력이다. x축이 곡률중심을 향하게 하고 y축을 수직으로 택하면(그림 5.14),

$$\sum F_x = N\sin\theta = mv^2/r \tag{1}$$

이고

$$\sum F_y = N\cos\theta - mg = 0 \tag{2}$$

이다. 식 (1)을 식 (2)로 나누면 다음과 같다.

$$\frac{N\sin\theta}{N\cos\theta} = \tan\theta = \frac{mv^2/r}{mg} = \frac{v^2}{rg}$$

$$\theta = \tan^{-1}\frac{v^2}{rg} = \tan^{-1}\frac{(13\ \mathrm{m/s})^2}{251\ \mathrm{m} \times 9.80\ \mathrm{m/s^2}} = 35° \tag{3}$$

검토 식 (3)에는 자동차의 질량이 나타나지 않는다. 곧 스쿠터, 오토바이, 자동차 또는 트랙터, 트레일러 모두에 대해 기울기 각은 일정하다. 기울기 각은 속력의 제곱에 따라 결정된다. 자동차 경주로나 자전거 경주로에서 고속 차량이 미끄러지는 것을 최소화하기 위해, U자형 도로의 급커브 부분의 기울기 각을 매우 높게 만든다. 기울기 각 35°는 실제로 도로에 사용되는 각보다 훨씬 크다.

실전문제 5.7 **실제 기울기 각**

보기 5.7의 곡선 도로는 실제로는 4.0°로 기울기가 주어져 있다. 얼음이 얼었을 때 커브 길을 안전하게 돌아갈 수 있는 속력은 얼마인가?

만일 타이어와 도로 사이에 마찰이 없다면, 주어진 커브에서 안전하게 돌아갈 수 있는 속력은 유일하다. 마찰력에 따라 안전한 속력의 범위가 정해진다. 정지마찰력은 0에서

$\mu_s N$ 사이에서 어떤 값이나 가질 수 있으며 기울기의 아래쪽이나 위쪽으로 향할 수 있다(그림 5.15).

그림 5.15 기울기(각 θ, 반지름 r)를 가지고 있는 도로 위를 속력 $v > \sqrt{gr\tan\theta}$로 달리는 자동차(질량 m)에 작용하는 마찰력 $\vec{f}_s$. 마찰력과 수직항력의 반지름 방향 성분의 합력이 mv^2/r과 같다. 속력 $v < \sqrt{gr\tan\theta}$로 달리는 자동차에 작용하는 마찰력의 방향은 반대로 기울기의 높은 쪽을 향한다. 속력이 $v = \sqrt{gr\tan\theta}$일 때 마찰력은 0이다.

응용 : 비행기의 착륙각 비행사가 공중에서 선회할 때 착륙 각을 이용한다. 비행기 자체가 경사면을 운행할 때처럼 기울어져 있다. 날개의 모양 때문에 양력이라 부르는 공기역학적 힘이 비행기가 수평 비행할 때 위쪽으로 작용한다. 회전할 때는 날개가 기울어진다. 양력은 날개에 수직 방향이므로 이 경우에 경사진 커브 길 위의 자동차에 작용하는 수직항력이 수평 성분을 가지는 것처럼 양력은 수평 성분을 가진다(그림 5.16). 양력의 수직 성분은 비행기가 떠 있게 하는 반면에 수평 성분은 지름 가속도가 생기게 한다. 그러므로

$$L_x = ma_r = \frac{mv^2}{r}, \quad L_y = mg \tag{5-18}$$

이다. 여기에서 x축은 수평이며 y축은 수직 방향이다. 양력과 수직항력의 물리적 근원은 서로 다르지만, 성분을 분해하는 방법은 같다. 그래서 같은 속력과 곡률반지름을 갖는 도로의 기울기와 같은 각도로 날개를 기울여서 비행기를 회전시킨다. 물론 비행기는 통상적인 자동차보다 훨씬 빠르게 운동하고 선회하는 훨씬 큰 곡률반지름을 이용한다.

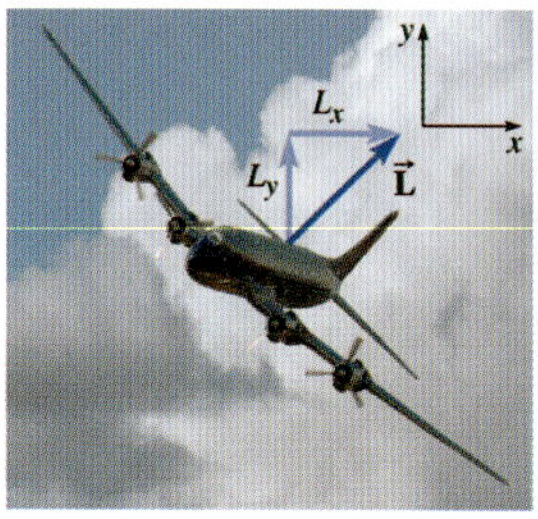

그림 5.16 양력 $\vec{L}$은 비행기 날개에 수직이다. 돌기 위하여 조종사는 날개를 기울여 양력의 성분이 비행기의 선회 궤도의 중심을 향하도록 한다.

살펴보기 5.3 비행기는 날개를 기울이지 않고 선회할 수 없다. 자동차가 평평한 도로에서 회전할 수 있는 이유는 무엇인가?

5.4 인공위성과 행성들의 원형궤도
Circular Orbits of Satellites and Planets

지름 가속도의 응용 : 원형궤도 지구 주위를 도는 위성은 위성과 지구 사이의 원거리력인 중력의 작용으로 원형궤도를 운행한다. 위성에 작용하는 중력은

$$F = \frac{G m_1 m_2}{r^2} \tag{2-15}$$

이다. 여기에서 중력상수는 $G = 6.67 \times 10^{-11}$ N · m^2/kg^2 이다. 뉴턴의 제2법칙을 이용하여 일정한 속력으로 원형궤도를 돌고 있는 위성의 속력을 구할 수 있다. m을 위성의 질량, M을 지구의 질량이라 하자. 위성에 작용하는 중력의 방향은 항상 궤도의 중심

인 지구의 중심을 향한다(그림 5.17). 중력이 위성에 작용하는 유일한 힘이므로

$$\sum F_r = G\frac{mM}{r^2} \tag{5-19}$$

이다. 여기에서 r은 지구 중심으로부터 위성까지의 거리이다. 그러면 뉴턴의 제2법칙으로부터

$$\sum F_r = ma_r = \frac{mv^2}{r} \tag{5-20}$$

이다. 이 두 식의 우변끼리 같다고 놓으면

$$G\frac{\cancel{m}M}{r^2} = \frac{\cancel{m}v^2}{r} \tag{5-21}$$

가 된다. 이 식을 속력에 대해 풀면

$$v = \sqrt{\frac{GM}{r}} \tag{5-22}$$

이 된다.

속력에 관한 식에 위성의 질량이 나타나지 않는 것에 유의하여라. 이것은 대수적으로 소거되었다. 질량이 더 큰 위성의 더 큰 관성은 그 위성에 작용하는 더 큰 중력에 의해 극복된다. 이처럼 원형궤도를 운동하는 위성의 속력은 그 위성의 질량과 무관하다. 식 (5−22)는 낮은 궤도의(궤도 반지름이 짧은) 위성이 더 큰 속력을 갖는다는 것을 보여준다.

지금까지 지구 주위를 도는 위성에 대해 논의하였는데, 다른 행성 주위의 위성 궤도나 태양 주위의 행성들의 궤도에도 같은 원리가 적용된다. 태양의 중력은 태양 주위의 궤도 상에 있는 행성에 계속하여 작용하며 행성을 당기고 있으므로 행성 궤도일 때에는 식 (5−22)에서 M을 지구 질량 대신 태양 질량으로 바꿔야 한다. 행성 궤도는 실제로는 원형이 아닌 타원(그림 5.18)이지만, 대부분의 태양계 행성의 궤도는 거의 원형에 가깝다. 그러나 수성만은 예외이다. 수성의 궤도는 뚜렷하게 원과는 다르다.

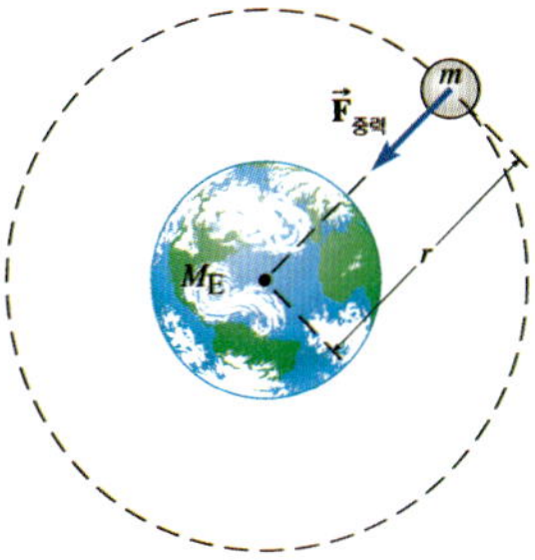

그림 5.17 지구 주위의 궤도를 도는 위성

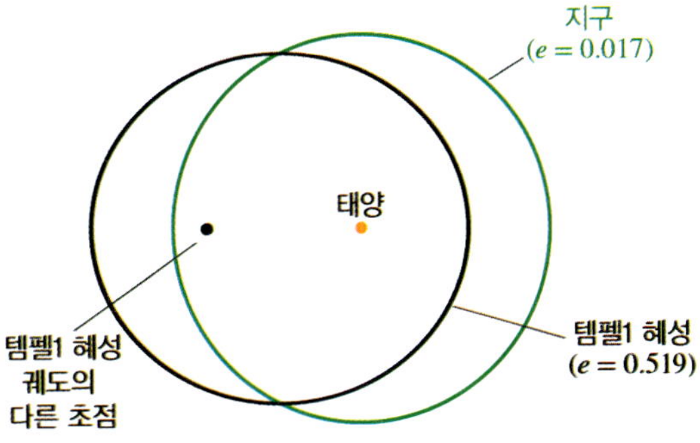

그림 5.18 태양 주위의 두 타원궤도(궤도의 크기가 같은 축척이 아니다). 한 개의 타원궤도는 길쭉하게 늘어난 원처럼 보인다. 궤도가 길쭉한 정도는 타원궤도의 이심률(e)에 따라 결정된다. 원은 $e = 0$인 타원으로 특별한 경우이다. 수성을 제외한 대부분 행성의 궤도는 원에 가깝다. 타원의 두 초점에서 타원 상의 한 점까지를 잇는 두 선분의 길이의 합은 항상 일정하다. 태양은 두 초점 중 하나에 있다. 지구의 궤도는 거의 원형이기 때문에 두 번째 초점도 태양에 근접한 점에 있다.

이다. 식 (5-27)은 케플러의 제3법칙이다. 곧 행성 주기의 제곱은 평균 궤도 반지름의 세제곱에 비례한다.

지름 가속도의 응용 : 정지궤도 케플러 법칙은 태양 주위를 도는 행성의 운동에서 유도되었지만 이 법칙들은 지구 주위를 회전하는 위성에 관해서도 잘 적용된다. 이때 식 (5-27)의 M은 지구 질량이 된다. 통신에 사용되는 위성과 같이 대부분의 위성은 지표면에 대하여 정지한 궤도(지구와 주기가 같은 적도 궤도, 곧 지구의 적도면에 있는 원형궤도에서 지축을 중심으로 지구의 자전 주기와 같은 주기로 회전하는 궤도)에 있다(그림 5.19). 정지궤도에 있는 위성은 적도의 특정 지점의 수직 상공에 머무른다. 그러면 지구상에 정지하고 있는 관측자에게는 움직이지 않고 그 자리에 떠 있는 것처럼 보인다. 지구 표면에 대해 고정된 위치에 있기 때문에 정지궤도 위성은 통신 신호를 중계하는 중계소로 사용된다. 보기 5.9에서 정지위성의 속력을 구해 보자.

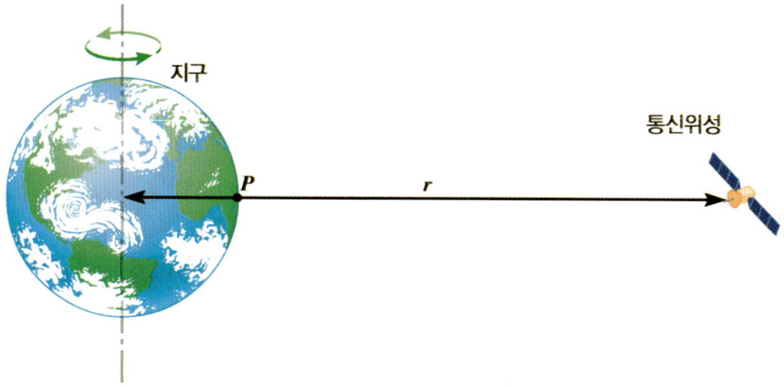

그림 5.19 지구 주위를 돌고 있는 정지위성. 위성은 지구와 같은 각속도로 운동하기 때문에 항상 P점의 수직 상공에 있다(그림의 축척은 맞지 않는다).

살펴보기 5.4 모든 지구 정지위성은 질량에 상관없이 지상에서 동일한 높이에 있어야 하는가? 설명하여라.

보기 5.9 정지궤도 위성

300.0 kg의 통신위성이 케냐에 있는 중계소 상공의 높이 35 800 km인 지구 정지궤도에 위치해 있다. 이 궤도에서 위성의 속력은 얼마인가?

전략 위성의 주기는 하루, 곧 약 24시간이다. 궤도에서 위성의 속력을 구하기 위해 지름 가속도와 뉴턴의 중력 법칙과 운동의 제2법칙을 사용하자.

풀이 위성의 질량을 m, 지구의 질량을 M이라고 하자. 궤도의 위성에 미치는 힘은 중력뿐이다. 뉴턴의 중력 법칙과 뉴턴의 제2법칙 그리고 지름 가속도의 표현식으로부터

$$\sum F_r = \frac{GmM}{r^2} = \frac{mv^2}{r}$$

이 된다. 속력에 대해 풀면

$$v = \sqrt{\frac{GM}{r}}$$

이 된다. 궤도 반지름을 구하기 위해 지상의 높이에 지구의 평균 반지름 $R_E = 6.37 \times 10^6$ m를 더하면 궤도 반지름은 다음과 같다.

$$r = h + R_E = 3.58 \times 10^7 \text{ m} + 0.637 \times 10^7 \text{ m}$$
$$= 4.217 \times 10^7 \text{ m}$$

지구의 궤도 반지름과 질량값을 속력에 관한 식에 대입하면 다음과 같다.

$$v = \sqrt{\frac{6.67 \times 10^{-11} \text{ N} \cdot \text{m}^2/\text{kg}^2 \times 5.97 \times 10^{24} \text{ kg}}{4.217 \times 10^7 \text{ m}}}$$
$$= \sqrt{9.443 \times 10^6 \text{ m}^2/\text{s}^2}$$
$$= 3.07 \times 10^3 \text{ m/s}$$

검토 궤도 속력이 3.07 km/s이고 지구 표면에서 고도가 35 800 km라는 결과는 모든 정지위성에 적용된다. 질량은 궤도 반지름의 식과 속력의 식에서 소거되기 때문에, 위성의 질량은 아무런 영향을 주지 못한다.

실제로 위성을 궤도에 올리려면 주기에 대한 좀 더 정확한 값이 필요하다. 주기를 지구가 고정된 항성에 대해 지구의 축 주위를 완전히 한 번 회전하는 데 걸리는 시간, 곧 항성일인 23시간 56분으로 해야 한다. 태양일인 24시간은 태양이 하늘에 가장 높은 위치에 매일 나타나는 시간 사이의 주기이다. 지구가 태양 주위를 돌기 때문에 하루의 길이를 측정하는 이들 두 방법(항성일과 태양일) 사이에 차이가 생긴다. 이 보기에서는 긴 시간을 사용해서 생긴 오차는 무시한다.

케플러 제3법칙(식 (5−27))을 이용하여 결과를 검토할 수 있다. 보기 5.8과 5.9는 모두 지구 주위의 원형궤도에 관한 것이다. 주기의 제곱이 궤도 반지름의 세제곱에 비례하는가? 보기 5.8에서 $r_1 = 6.98 \times 10^3$ km이고

$$T_1 = \frac{2\pi r_1}{v} = \frac{2\pi \times 6.98 \times 10^3 \text{ km}}{7.55 \text{ km/s}} = 5810 \text{ s}$$

이다. 그리고 이 보기에서 $r_2 = 4.22 \times 10^7$ m이고 주기는 다음과 같다.

$$T_2 = 24 \text{ h} \times \frac{3600 \text{ s}}{1 \text{ h}} = 86\,400 \text{ s}$$

$T^2 \propto r^3$을 점검해 보자. 주기의 제곱의 비는

$$\left(\frac{T_2}{T_1}\right)^2 = \left(\frac{86\,400 \text{ s}}{5\,810 \text{ s}}\right)^2 = 221$$

이며, 반지름의 세제곱 사이의 비는

$$\left(\frac{r_2}{r_1}\right)^3 = \left(\frac{4.22 \times 10^7 \text{ m}}{6.98 \times 10^6 \text{ m}}\right)^3 = 221$$

로 주기의 제곱의 비와 반지름의 세제곱의 비가 같다.

실전문제 5.9 **금성의 궤도 반지름**

태양 주위를 도는 금성의 주기는 0.615 지구년$^{\text{Earth year}}$이다. 이 자료를 이용하여, 금성의 궤도 반지름을 지구가 태양 주위를 도는 지구의 궤도 반지름인 R로 나타내어라.

보기 5.10 **궤도 위성**

위성은 반지름이 r_1이고 속도가 v_1인 지구 주위의 궤도를 회전한다. 이 위성이 지구 질량의 3배인 행성에 대해 같은 속력으로 원형궤도를 돌고 있다면, 그 궤도 반지름은 얼마인가?

전략 중력에 관한 뉴턴의 법칙을 적용하고 새로운 궤도 반지름을 구하기 위해 비율을 설정할 수 있다.

풀이 뉴턴 제2법칙으로부터 위성의 중력의 크기는 인공위성의 질량과 지름 가속도의 크기의 곱과 같다.

$$\sum F_r = \frac{GmM}{r^2} = m\frac{v^2}{r}$$

여기에서 M과 m은 각각 행성과 위성의 질량이다. r에 대해 풀면 다음과 같다.

$$r = \frac{GM}{v^2}$$

더 무거운 행성을 도는 위성의 궤도 반지름 r_2와 지구를 도는 위성의 궤도 반지름 r_1의 비를 구하면,

$$\frac{r_2}{r_1} = \frac{GM_2/v_2^2}{GM_1/v_1^2} = \frac{M_2}{M_1} \cdot \frac{v_1^2}{v_2^2} = 3 \cdot 1$$

이다. 마지막 단계에서, 주어진 조건 $M_2 = 3M_1$과 $v_2 = v_1$을 이용하였다. 따라서 지구보다 3배 무거운 행성 주위의 궤도 반지름은 $r_2 = 3r_1$이다.

검토 위의 식에 상수 G와 지구 질량 M 값을 대입할 필요가 없었던 것에 주목하여라. 비율 r_2/r_1을 구했기 때문에 이 상수들은 소거되었다.

실전문제 5.10 **달착륙선의 주기**

달착륙선이 달을 중심으로 돌고 있다. 궤도 반지름이 지구 반지름의 1/3이라면 착륙선 궤도의 주기는 얼마인가?

5.5 속력이 일정하지 않은 원운동 Nonuniform Circular Motion

연결고리 서로 수직인 성분으로 벡터를 분해하는 것은 새롭지 않다. 지금까지는 항상 고정된 x축과 y축에 따른 성분을 찾아왔다. 여기에서는 가속도를 지름 성분과 접선 성분으로 분해한다. 이렇게 하는 것이 다음과 같은 이유로 편리하다.

- 지름 가속도는 항상 식 (5-17)로 나타낸다.
- 속력이 일정하면 접선 가속도는 0이다.

지금까지는 등속원운동에 초점을 맞추었다. 이제 각속도가 시간에 따라 변하는, 곧 속력이 일정하지 않은 원운동으로 확장해 보자.

그림 5.20a는 물체의 원운동 속력이 변할 때 서로 다른 시간에서 속도벡터 $\vec{v}_1$과 $\vec{v}_2$를 나타낸 그림이다. 이 경우에는 속력이 증가한다($v_2 > v_1$). 그림 5.20b에서 속도 변화를 구하기 위해 $\vec{v}_2$에서 $\vec{v}_1$을 뺀다. 등속원운동의 경우와는 달리 $\Delta t \to 0$인 극한에서 $\Delta\vec{v}$와 속도는 수직이 아니다. 그러나 가속도는 접선 방향과 중심 방향으로 분해할 수 있다(그림 5.20c). 지름 가속도 성분 a_r은 속도의 방향을 바꾸고, 접선 가속도 성분 a_t는 속도

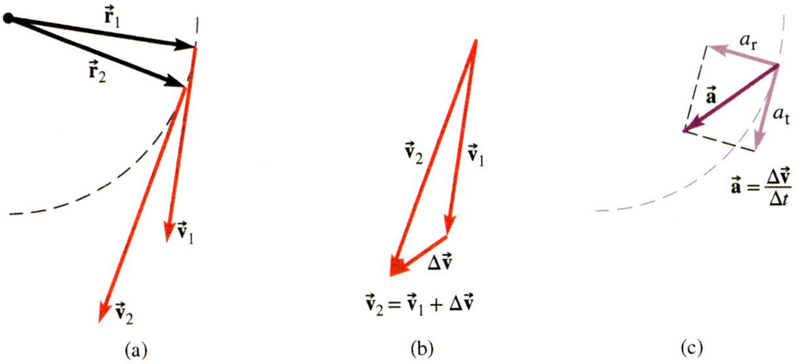

그림 5.20 속력이 변하면서 원형 경로를 따라가는 운동. (a) 속도 $\vec{v}_2$의 크기가 $\vec{v}_1$의 크기보다 크다. (b) 속력이 변할 때 $\Delta\vec{v}$의 방향은 원의 중심을 향하지 않는다. (c) $\vec{a}$는 곡선 경로의 접선 방향(a_t)과 지름 방향(a_r) 성분으로 분해할 수 있다.

의 크기(속력)를 변화시킨다. 이 가속도의 두 성분은 서로 수직하므로, 가속도의 크기는 다음과 같다.

$$a = \sqrt{a_r^2 + a_t^2} \quad (5\text{-}28)$$

지름 가속도를 구하기 위해 5.2절에서와 같은 방법을 사용하는데, 여기에서는 가속도의 지름 성분에만 적용한다.

$$a_r = \frac{v^2}{r} = \omega^2 r \quad (\omega\text{는 단위 시간당 라디안}) \quad (5\text{-}17)$$

원운동에서는 속력이 일정하든지 일정하지 않든지 가속도의 지름 성분은 식 (5-17)에 의해 주어진다. 그러나 등속원운동에서 가속도의 지름 성분 a_r은 크기가 일정하지만, 비등속원운동에서는 a_r이 속력의 변화에 따라 변한다.

비등속원운동에서 속력과 각속력의 관계는 변하지 않는다.

$$v = r|\omega| \quad (5\text{-}9)$$

속력이 변하는 원운동을 하는 물체에 대한 문제 풀이 전략

비등속원운동이 포함되는 많은 문제를 풀 때, 등속원운동의 경우와 동일한 방법을 사용한다(5.2절). 한 가지 다른 점은 접선 성분 가속도가 0이 아니라는 것이다.

$$\sum F_t = ma_t \quad (5\text{-}29)$$

살펴보기 5.5 원운동하는 물체의 경우, 지름 가속도의 어떤 점이 등속원운동과 비등속원운동을 구별해 주는가?

보기 5.11 연직 공중제비

그림 5.21a와 같이 롤러코스터가 연직면 상에 반지름 20.0 m 인 원형궤도를 포함하고 있다. 궤도차가 원형궤도의 꼭대기에서 떨어지지 않고 트랙에 붙어 있을 수 있기 위한 최소의 속력은 얼마인가?

전략 연직 방향의 원형궤도에서 운동하고 있는 궤도차가 속력이 변하는 원운동을 하고 있다. 궤도차의 속력은 위로 갈수록 감소하고 내려올 때 증가한다. 궤도차는 원형궤도를 움직이며 운동하는 식 (5-17)로 주어지는 지름 가속도 성분을 갖는다. 궤도차에 작용하는 유일한 힘은 중력과 궤도차를 안으로 미는 궤도의 수직항력뿐이다. 마찰력이나 저항력이 있다고 하더라도 회전하는 도중 맨 꼭대기에서는 그 힘은 접선 방향으로 작용하기 때문에 중심 방향의 알짜힘 성분에는 관여하지 못한다. 꼭대기에서 궤도차가 궤도에 머물 수 있을 만큼 큰 속력으로 운동하는 한 궤도는 궤도차에 수직항력을 작용한다. 만일 궤도차가 너무 천천히 움직이면 궤도차는 궤도에서 떨어지고 수직항력은 0이 된다.

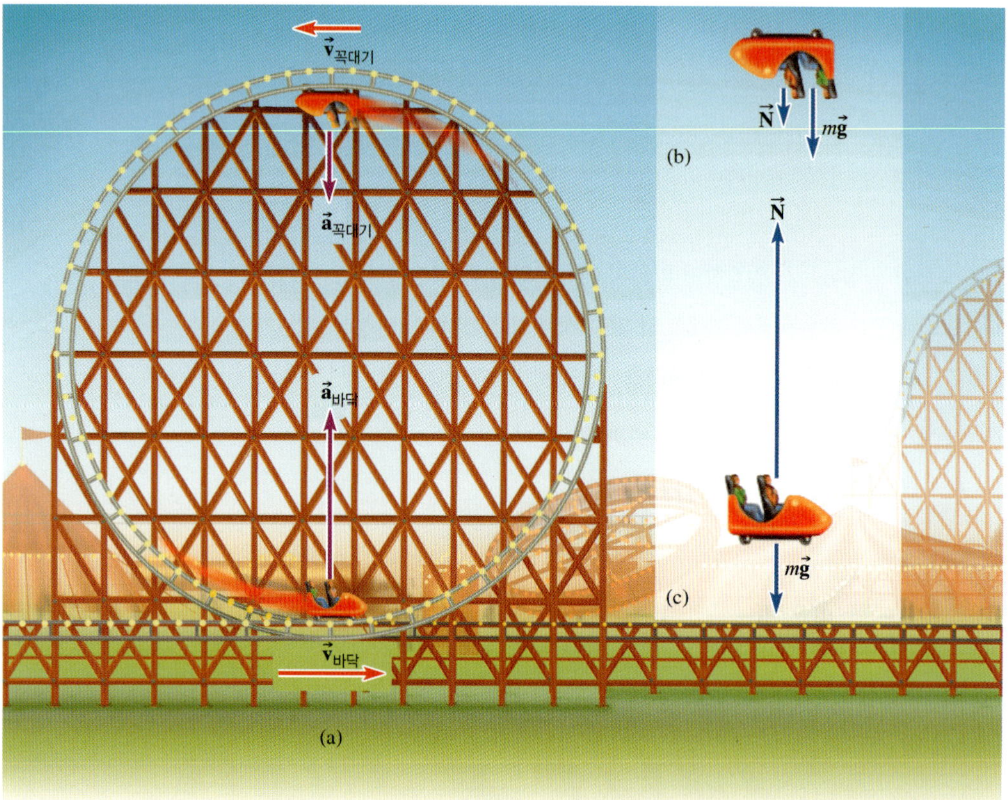

그림 5.21 (a) 연직면 상의 원형궤도에 있는 궤도차. 궤도차가 궤도의 바닥에 있을 때 궤도차의 가속도 $a_{바닥}$은 원 궤도의 중심인 위쪽을 향하고, 꼭대기에 있을 때 $a_{꼭대기}$는 아래쪽을 향한다. 꼭대기에서의 속력이 바닥에서의 속력보다 작다. 그 때문에 $a_{꼭대기}$는 $a_{바닥}$보다 더 작다. (b) 궤도의 꼭대기에 있는 차의 자유물체도형. 트랙이 차보다 위에 있으므로 궤도가 차에 작용하는 수직항력은 아래를 향한다. (c) 궤도 바닥에 있는 궤도차의 자유물체도형

풀이 꼭대기에서 궤도차에 작용하는 수직항력은 궤도차를 트랙으로부터 밀어낸다(아래쪽으로). 수직항력으로 궤도차를 끌어당길 수는 없다. 그러면 원형궤도 꼭대기에서 중력과 수직항력은 모두 궤도의 중심을 향해 있다. 그림 5.21b는 궤도차에 대한 자유물체도형이다. 궤도의 꼭대기에서 뉴턴의 제2법칙을 적용한다. 수직항력과 중력, 지름 가속도 모두가 아래쪽을 향하고 있다. 꼭대기에서의 속도를 $v_{꼭대기}$이라 하면,

$$\sum F_r = N + mg = ma_r = \frac{mv_{꼭대기}^2}{r}$$

이다. 이 식을 수직항력에 대하여 정리하면,

$$N = \frac{mv_{꼭대기}^2}{r} - mg$$

이다. $N \geq 0$이므로,

$$m\left(\frac{v_{꼭대기}^2}{r} - g\right) \geq 0$$

이다. 이를 간단히 쓰면

$$v_{꼭대기} \geq \sqrt{gr}$$

가 된다. 궤도차가 한 바퀴 돌 때마다 꼭대기에서 점차 작은 속력으로 돈다고 생각하자. $v_{꼭대기}$가 $\sqrt{gr}$에 접근함에 따라 꼭대기에서 수직항력은 점점 작아진다. $v_{꼭대기} = \sqrt{gr}$일 때 원형궤도 꼭대기에서 수직항력은 0이 된다. 이 속도보다 작으면 궤도차는 최고점에 도달하기 전에 궤도와 접촉하지 않고 떨어지게 되며, 궤도에서 떨어지는 것을 방지하는 안전조치가 없는 한 궤도차는 아래로 떨어지게 된다. 그러므로 꼭대기에서 필요한 최소 속력은 다음과 같다.

$$v_{꼭대기} = \sqrt{gr} = \sqrt{9.80\ \text{m/s}^2 \times 20.0\ \text{m}} = 14.0\ \text{m/s}$$

검토 궤도차가 꼭대기에서 14 m/s보다 빠르게 달리면 지름 가속도가 더 크다. 궤도가 차를 받쳐주는 힘이 알짜힘에 더해져서 더 큰 지름 가속도가 생기게 한다. 꼭대기에서 중력만이 지름 가속도에 기여할 때 속력이 최소가 된다. 달리 표현하면, 최소 속력일 때 궤도의 꼭대기에서 $a_r = g$이다.

실전문제 5.11 **궤도 바닥에서의 수직항력**

궤도 아래쪽에서 궤도차의 속력이 25 m/s일 때 궤도가 궤도차에 작용하는 수직항력을 궤도차의 무게 mg로 나타내어라(그림 5.21c 참조).

혼자서 해 보기 따뜻한 날 밖으로 나가서 물통에 물을 채우고 머리 위까지 연직면 상에서 원을 그리면서 물통을 돌려보아라. 어떻게 되겠는가? 물통이 머리 위에서 거꾸로 되었을 때 물이 쏟아지지 않는 이유가 무엇인가? 머리 위에서 물에 어떤 힘이 위 방향으로 작용하는가? [힌트 : 물통이 머리 위에 똑바로 있을 때 물에 대한 자유물체도형은 궤도의 꼭대기에 있는 롤러코스터 궤도차에 대한 자유물체도형과 같다.]

보기 5.12 진자 추의 가속도

진자가 점 A에서 정지해 있다가 출발하여 D점까지 도달한다(그림 5.22). (a) 점 B에서 D까지 운동의 모형을 정성적으로 그려라. (b) 점 B와 C에서 진자의 가속도 벡터에 대한 자유물체도형을 그려라.

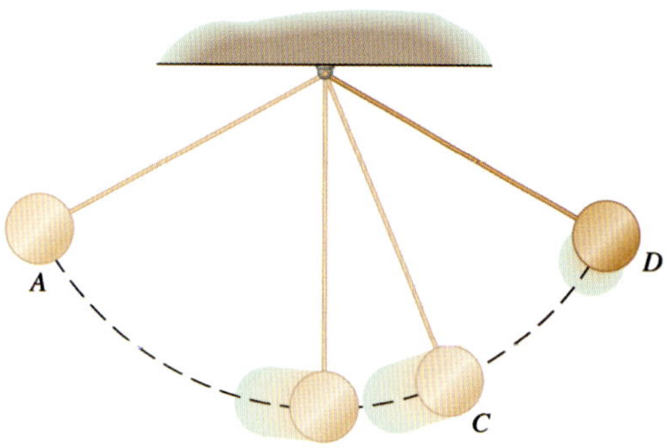

그림 5.22 A 점에 정지하였다가 출발하여 오른쪽으로 흔들리고 있는 진자. 경로에서 맨 아래 점은 B이다. 점 D에서 추는 처음 높이로 되돌아오고, 속도는 0이 된다.

전략 (a) 진자의 추는 원호를 따라 움직인다. 그렇지만 일정한 속력으로 움직이지는 않는다. 운동도해를 그리면 추가 빠르게 움직이는 곳에서, 점들 사이의 간격이 더 넓다. (b) 두 개의 힘(중력과 줄로 인한 힘)을 각각 자유물체도형에 나타낸다. 중력은 두 지점에서 동일하지만(크기 mg, 아래 방향) 줄이 작용하는 힘은 크기와 방향이 바뀐다. 그 힘의 방향은 항상 줄을 따르는 방향이다. 추에 작용하는 알짜힘은 두 힘의 합과 같으며, 방향은 가속도 방향과 같다. 힘을 표시하기 위해 가속도에 대해 알고 있는 것을 이용할 수 있다. 어느 점에서 가속도의 반지름 방향 성분은 관계식 $a_r = v^2/r$에 의해 그 점에서의 속도와 연관된다. 접선 방향의 가속도는 속력이 증가하는 동안에는 속도와 같은 방향이고 속력이 감소하는 동안에는 반대 방향이다.

풀이 및 검토 (a) 진자의 추가 A점에서 B점까지 바닥을 향해 내려갈 때 속력은 증가한다. 또한 추가 B에서 D까지 반대편 쪽으로 올라갈 때는 속력이 감소한다. B점에서 D점까지 움직일 때의 운동도해는 그림 5.23에서 볼 수 있다. 속력이 감소하기 때문에 점들 사이의 간격은 좁아진다.

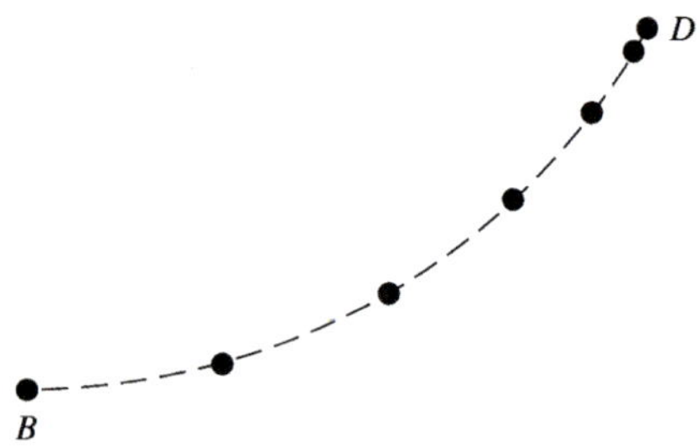

그림 5.23 B점에서 D점에 이르기까지 진자 추의 운동도해. 추는 원호를 따라간다. 추의 속력은 추가 올라감에 따라 감소한다. 따라서 각 점 사이의 간격은 감소한다.

(b) B점에서 줄의 장력은 추를 똑바로 위로 당기고 중력은 아래로 당기므로 알짜힘의 접선 성분은 0이고 접선 가속도도 0이다. 따라서 반지름 방향의 가속도는 곧바로 위로 향한다. 장력은 알짜힘이 위를 향하도록 하기 위해 추의 무게보다 커야 한다. 그림 5.24는 가속도와 자유물체도형을 보여준다. C점에서의 가속도는 접선 성분과 지름 성분을 모두 가지고 있다. 접선 성분 가속도는 추의 속도가 느려지고 있기 때문에 속도와 반대 방향이다. 그림 5.25는 가속도 $\vec{a}$의 접선 성분과 지름 성분을 표현한 자유물체도형이다. 두 힘을 합하면 알짜힘은 가속도 벡터와 같은 방향이다.

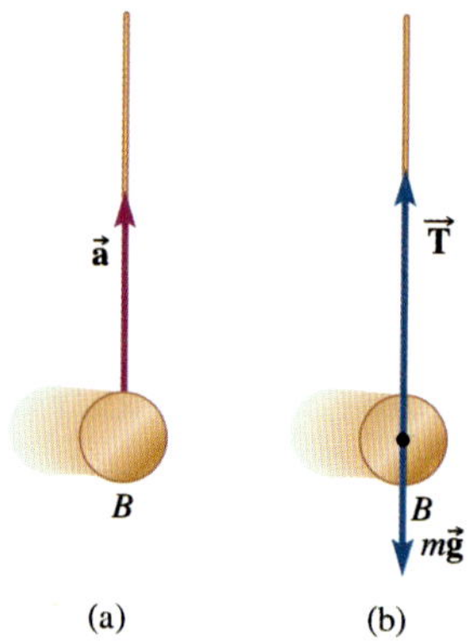

그림 5.24 (a) B점에서 추의 가속도 (b) B점에서 추에 관한 자유물체도형

개념형 실전문제 5.12 **D점에서 추에 대한 분석**

진자의 추가 흔들리는 궤도에서 가장 높은 D점에 있는 추의 가속도 벡터와 자유물체도형을 그려라.

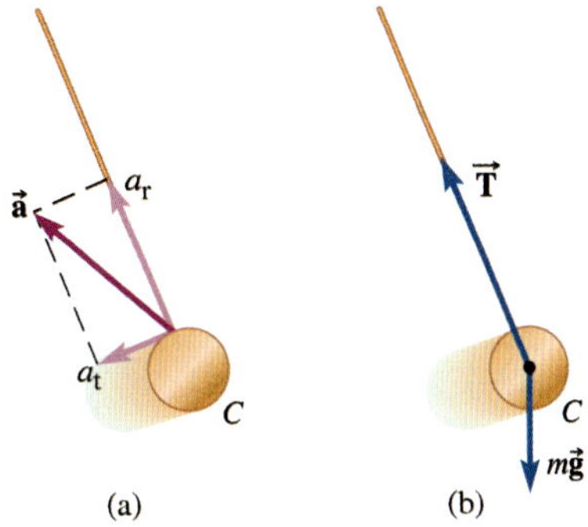

그림 5.25 (a) C점에서 추는 접선 성분과 지름 가속도 성분을 모두 가지고 있다. (b) C점에서 추에 대한 자유물체도형

5.6 각가속도 Angular Acceleration

일정하지 않은 속력으로 원운동을 하는 물체는 속력과 각속도가 변한다. 각속도가 어떻게 변하는지 기술하기 위해 각가속도를 정의한다. 만일 시각 t_1에서의 각속도를 ω_1, 시각 t_2에서의 각속도를 ω_2라고 하면 각속도의 변화는

$$\Delta\omega = \omega_2 - \omega_1 \tag{5-30}$$

이다. 각속도가 변하는 동안 시간 변화는 $\Delta t = t_2 - t_1$이다. 각속도의 평균 변화율을 **평균 각가속도**average angular acceleration $\alpha_{평균}$이라 한다.

$$\alpha_{평균} = \frac{\omega_2 - \omega_1}{t_2 - t_1} = \frac{\Delta\omega}{\Delta t} \tag{5-31}$$

시간을 점점 짧게 하면 $\alpha_{평균}$은 **순간 각가속도**instantaneous angular acceleration α에 접근한다.

$$\alpha = \lim_{\Delta t \to 0} \frac{\Delta\omega}{\Delta t} \tag{5-32}$$

ω의 단위가 rad/s이면 α의 단위는 rad/s^{2}이 된다.

각가속도는 가속도의 접선 성분과 밀접하게 관계된다. 속도의 접선 성분은

$$v_t = r|\omega| \tag{5-9}$$

이다. 식 (5-9)는 접선 가속도와 각가속도를 연관시키는 방법을 알려준다. 접선 가속도는 접선속도의 변화율이므로

$$a_{\mathrm{t}} = \frac{\Delta v_{\mathrm{t}}}{\Delta t} = r\left|\frac{\Delta\omega}{\Delta t}\right| \quad (\Delta t \to 0 \text{인 극한}) \tag{5-33}$$

이다. 그러므로 다음과 같이 정리된다.

접선 가속도와 각가속도 사이의 관계

$$a_{\mathrm{t}} = r|\alpha| \tag{5-34}$$

등각가속도

θ, ω, α 사이의 수학적 관계는 3장과 4장에서 유도한 x, v_x, a_x 사이의 수학적 관계와 같다. 각각의 양은 그 앞의 양의 순간 변화율이다. 예를 들면 a_x는 v_x의 변화율이며 이와 마찬가지로 α는 ω의 변화율이다. 수학적 관계가 같으므로 등각가속도 α를 가진 회전역학 문제를 등가속도 α_x를 가진 직선운동과 똑같은 방법으로 풀 수 있다. 이때 해야 할 일은 역학적 관계를 알고 x는 θ로, v_x는 ω로, a_x는 α로 대치하는 것이다(표 5.1 참조).

식 (5-35)는 평균 각가속도를 정의한 식이다. 여기에서는 각가속도가 일정하므로 $\alpha_{평균}$을 α로 대치하였다. α가 일정하면 ω가 시간에 따라 선형적으로 변한다. 그러므로 평균 각속도는 임의의 시간 사이에서 처음과 마지막 각속도의 중간값 $\omega_{평균} = \frac{1}{2}(\omega_{\mathrm{i}} + \omega_{\mathrm{f}})$이다. $\omega_{평균}$에 대한 이 표현식을 $\omega_{평균}$의 정의식 $\omega_{평균} = \Delta\theta/\Delta t$와 함께 사용하면 식 (5-36)을 얻을 수 있다. 식 (5-37)과 식 (5-38)은 앞 절에서 식 (4-5)와 (4-9)를 유도할 때와 비슷한 방법으로 유도할 수 있다.

연결고리 α는 ω의 변화율이고 ω는 θ의 변화율이기 때문에 α가 일정한 경우에 대한 방정식은 x축에서 일정한 가속도로 움직이는 물체에 대한 방정식과 같은 형태이다. 따라서 간단하게 앞 장에서 구한 식에 x를 θ로, v_x를 ω로, a_x를 α로 단순히 바꿔주면 된다.

표 5.1 등각가속도 운동에서 θ, ω, α 사이의 관계

등가속도 운동		등각가속도 운동	
$\Delta v_x = v_{\mathrm{f}x} - v_{\mathrm{i}x} = a_x \Delta t$	(4-1)	$\Delta\omega = \omega_{\mathrm{f}} - \omega_{\mathrm{i}} = \alpha\Delta t$	(5-35)
$\Delta x = \frac{1}{2}(v_{\mathrm{f}x} + v_{\mathrm{i}x})\Delta t$	(4-3)	$\Delta\theta = \frac{1}{2}(\omega_{\mathrm{f}} + \omega_{\mathrm{i}})\Delta t$	(5-36)
$\Delta x = v_{\mathrm{i}x}\Delta t + \frac{1}{2}a_x(\Delta t)^2$	(4-5)	$\Delta\theta = \omega_{\mathrm{i}}\Delta t + \frac{1}{2}\alpha(\Delta t)^2$	(5-37)
$v_x^2 - v_{\mathrm{i}x}^2 = 2a_x\Delta x$	(4-9)	$\omega_{\mathrm{f}}^2 - \omega_{\mathrm{i}}^2 = 2\alpha\Delta\theta$	(5-38)

살펴보기 5.6 원심분리기는 일정한 각가속도로 '회전'한다. 원심분리기 내부에 들어있는 시료의 지름 가속도가 일정할 수 있는가? 설명하여라.

보기 5.13 회전하는 물레

도공들이 쓰는 물레의 rpm이 0.75초 동안에 정지 상태로부터 210 rpm까지 올라갔다. (a) 각가속도가 일정하다고 가정하면 물레의 평균 각가속도는 얼마인가? (b) 이 시간에 물레는 몇 바퀴나 회전하겠는가? (c) 물레가 180 rpm으로 회전할 때 회전축에서 12 cm 떨어진 점의 가속도의 접선 성분과 지름 성분을 구하여라.

전략 처음과 나중의 진동수를 알고 있으므로 처음과 나중의 각속도를 구할 수 있다. 또 물레가 최종 각속도에 도달하는 데 걸리는 시간도 알고 있다. 등각가속도 운동에서는 순간 각가속도와 평균 각가속도가 똑같으므로 이 사실들을 이용하여 각가속도를 구할 수 있다. 회전수를 구하기 위해 각도변위 $\Delta\theta$를 rad 단위로 구하여 2π rad/rev으로 나눈다. 어떤 특정 순간의 각속도로부터 가속도의 지름 성분을 구할 수 있다. 접선 가속도는 α로부터 계산한다.

풀이 (a) 물레가 처음에는 정지 상태였으므로 처음 각속도는 0이다.

$$\omega_i = 0\ \text{rad/s}$$

210 rpm을 rad/s로 환산하면 나중 각속도가 계산된다.

$$\omega_f = 210\frac{\text{rev}}{\text{min}}\times\frac{1}{60}\frac{\text{min}}{\text{s}}\times 2\pi\frac{\text{rad}}{\text{rev}} = 22.0\ \text{rad/s}$$

각가속도는 각속도의 변화율이다. α가 일정하므로 시간 동안 각가속도는 평균 각속도와 같다. 따라서 α를 다음과 같이 구한다.

$$\alpha = \frac{\omega_f - \omega_i}{t_f - t_i} = \frac{22.0\ \text{rad/s} - 0}{0.75\ \text{s} - 0} = \frac{22.0\ \text{rad/s}}{0.75\ \text{s}} = 29\ \text{rad/s}^2$$

(b) 각도변위는 다음과 같다.

$$\Delta\theta = \frac{1}{2}(\omega_f + \omega_i)\Delta t = \frac{1}{2}(22.0\ \text{rad/s} + 0)(0.75\ \text{s}) = 8.25\ \text{rad}$$

1회전을 한 각도는 2π rad이므로, 회전수는

$$\frac{8.25\ \text{rad}}{2\pi\ \text{rad/rev}} = 1.3\ \text{rev}$$

이다.

(c) 180 rpm일 때 각속도는

$$\omega = 180\frac{\text{rev}}{\text{min}}\times\frac{1}{60}\frac{\text{min}}{\text{s}}\times 2\pi\frac{\text{rad}}{\text{rev}} = 18.85\ \text{rad/s}$$

이다. 따라서 가속도의 지름 성분은

$$a_r = \omega^2 r = (18.85\ \text{rad/s})^2 \times 0.12\ \text{m} = 43\ \text{m/s}^2$$

이고, 가속도의 접선 성분은

$$a_t = \alpha r = 29\ \text{rad/s}^2 \times 0.12\ \text{m} = 3.5\ \text{m/s}^2$$

이 된다.

검토 (a)와 (b)에 대한 답을 등각가속도에 대한 다른 방정식으로 빠르게 검토해 볼 수 있다.

$$\omega_f^2 - \omega_i^2 = 2\alpha\Delta\theta$$

에 $\omega_i = 0$을 대입하면

$$\omega_f = \sqrt{2\alpha\Delta\theta}$$

이다. (a)와 (b)의 답을 대입하면

$$\omega_f = \sqrt{2\times 29\ \mathrm{rad/s^2}\times 8.25\ \mathrm{rad}} = 22\ \mathrm{rad/s}$$

이다. 각속도의 단위로 rad/s를 사용하면 ω_f의 원래 값이므로, 성공적인 검신이다.

실전문제 5.13 **런던 아이**

템스 강가에 있는 관람차인 런던 아이London Eye의 반지름은 67.5 m이다. 일정한 각속도로 온전히 1회전하는데 30.0분이 걸린다. 이 관람차를 정지 상태에서 정속 주행 상태로 만드는 운전 개시 시간은 20.0초가 걸리고 이 시간 동안에 각가속도가 일정하다고 가정하자. (a) 운전 개시 시간 동안의 각가속도는 얼마인가? (b) 운전 개시 시간 동안 관람차가 이동한 각도변위는 얼마인가?

5.7 겉보기 무게와 인공중력
Apparent weight and Artificial Gravity

응용 : 궤도를 선회하는 우주선의 겉보기 무중력 여러분 대부분은 지구 주위의 궤도를 도는 동안 우주비행사가 '떠다니는' 모습의 사진을 떠올릴 수 있을 것이다. 우주비행사들은 몸무게가 없는 것처럼 보인다. 실제로 몸무게가 없어지려면 지구로부터 우주비행사에 미치는 중력이 0이 되거나, 적어도 0에 가까워야 한다. 정말로 그럴까? 궤도에 있는 우주비행사의 몸무게를 계산할 수 있다. 국제 우주정거장 궤도의 고도는 약 420 km이다. 그러므로 궤도 반지름은 420 km + 6370 km = 6790 km이다. 지구 표면에서 우주비행사의 무게와 궤도에서의 무게를 비교하면 다음과 같다.

$$\frac{W_{궤도}}{W_{표면}} = \frac{\dfrac{GMm}{(R_E+h)^2}}{\dfrac{GMm}{R_E^2}} = \frac{R_E^2}{(R_E+h)^2} = \frac{(6370\ \mathrm{km})^2}{(6790\ \mathrm{km})^2} = 0.88 \tag{5-39}$$

궤도에서의 몸무게는 지구 표면에서의 몸무게의 0.88배이다. 우주비행사의 몸무게가 줄어들기는 했지만, 분명히 몸무게가 없는 것은 아니다! 그러면 왜 우주비행사의 몸무게가 없는 것처럼 보일까?

4.6절에서 줄이 갑자기 끊어진 엘리베이터 안에 있는 불운한 사람의 겉보기 무게를 기억해 보아라. 이 경우 엘리베이터와 승객은 가속도($\vec{a} = \vec{g}$)가 같아진다. 이와 마찬가지로 우주비행사는 우주선과 같은 가속도를 갖는다. 곧 이것은 그곳에서의 국소지역 중력장 $\vec{g}$와 같다. 겉보기 무중력상태는 $\vec{a} = \vec{g}$일 때 나타나며, $\vec{g}$는 그 국소지역의 중력장이다.

연결고리 4.6절에서 우리는 직선운동에 대하여 겉보기 무게를 논의했다. 여기에서 원리는 같다. 우주 비행사가 저울에 서 있다고 상상해 보아라. 겉보기 무게는 저울 눈금을 판독한 값이다.

응용 : 인공중력 우주비행사가 겉보기 무중력상태에서 해로운 영향을 받지 않고 우주정거장에서 오래 머무르려면 우주정거장에 인공중력을 만들어줘야 한다. 많은 공상 과학소설이나 영화에서는 승무원에게 인공중력이 생기도록 회전하는 고리 모양의 우주정거장을 볼 수 있다. 회전하는 우주정거장에서 우주비행사의 가속도는 안쪽에 있는 회전축을 향하지만 겉보기 중력장은 바깥쪽이다. 따라서 우주정거장 안의 천장은 회전축에 가장 가까이 있고, 바닥은 가장 먼 곳에 있다(그림 5.26).

그림 5.26 회전하고 있는 우주정거장. 겉보기 중력장은 바깥 쪽(우주정거장의 회전축에서 멀어지는 방향)으로 향한다. © NASA

원심분리기는 작은 규모의 인공중력을 만들어내는 장치이다. 원심분리기는 과학이나 의학 실험뿐만 아니라 일상생활에서도 이용된다. 최초의 성공적인 원심분리기는 1880년대에 우유에서 크림을 분리하는 데 사용되었다. 또한 젖은 옷을 빨랫줄에 널면 중력이 잡아당기기 때문에 흠뻑 젖은 옷에서 물이 뚝뚝 떨어진다. 그러나 세탁기가 돌아갈 때 생기는 인공중력은 젖은 옷의 물기를 훨씬 빨리 제거한다. 만약 물체의 지름 가속도($a_r = \omega^2 r$)가 g보다 훨씬 크다면, 원심분리기는 $\omega^2 r$과 같은 크기의 인공중력을 만들어낸다.

인체는 매우 작은 인공중력뿐만 아니라 너무 큰 인공중력에도 나쁜 영향을 받을 수 있다. 곡예비행사들은 그들의 몸이 견뎌야 하는 가속도에 주의해야 한다. 약 $3g$의 가속도는 망막에 산소 결핍을 일으켜 일시적으로 시력을 상실하는 원인이 되기도 한다. 또한 혈액의 겉보기 무게를 증가시켜 심장이 피를 머리까지 밀어올리기도 어려워진다. 큰 가속도는 일시적으로 의식을 잃는 원인이 되기도 한다. 압력우주복은 조종사들이 약 $5g$ 정도의 가속도까지 견딜 수 있도록 해 준다.

보기 5.14 곡예비행사

곡예비행사가 곡예비행을 위해 연직 원형궤도에서 비행을 연습하고자 한다. (a) 원형궤도의 밑바닥에서 가속도가 $3.0g$를 넘지 않기 위해서 궤도의 최소 반지름은 얼마여야 하는가? 밑바닥을 지날 때 비행기의 속력은 $78\ \mathrm{m/s}$이다. (b) 비행사가 원형궤도의 밑바닥에 있을 때 겉보기 몸무게는 얼마인가? 비행사의 몸무게를 이용하여 답을 표현하여라.

전략 최소 반지름이 되려면 지름 가속도 $a_r = v^2/r$이 최대가 되어야 한다. 가속도의 크기는 $a = \sqrt{a_r^2 + a_t^2}$이다. 그러므로 지름 가속도가 최대가 되려면 접선 가속도는 0이 되어야 한다(그림 5.27). 그리고 밑바닥에서 최대 지름 가속도는 $3.0g$가 되어야 한다. 비행사의 겉보기 몸무게를 구하기 위하여 (a)에서 구한 반지름을 사용할 필요는 없다. 이미 윗방향의 가속도가 $3.0g$라는 것을 알고 있기 때문이다.

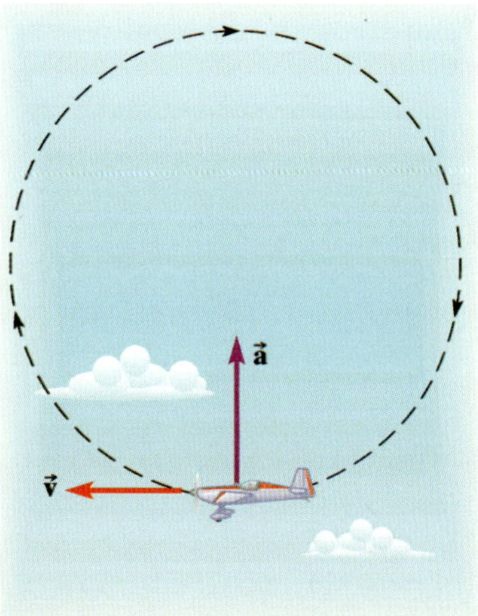

그림 5.27 원형궤도의 바닥 위치에서 비행기에 대한 속도 벡터와 가속도 벡터

풀이 (a) 지름 가속도의 크기는

$$a_r = v^2/r$$

이다. 이를 반지름에 대하여 풀이하면

$$r = \frac{v^2}{a_r} = \frac{v^2}{3.0g} = \frac{(78\ \mathrm{m/s})^2}{3.0 \times 9.8\ \mathrm{m/s^2}} = 210\ \mathrm{m}$$

가 된다.

(b) 비행사의 겉보기 무게는 비행사를 밀어 올리는 비행기의 수직항력의 크기와 같다. y축을 위 방향으로 잡으면, 수직항력은 위 방향이고 중력은 아래 방향이다(그림 5.28). 그러면

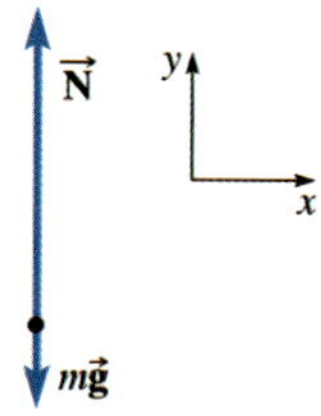

그림 5.28 조종사에 대한 자유물체 도형

$$\sum F_y = N - mg = ma_y$$

이다. 여기에서 $a_y = +3.0g$이다. 그러므로

$$W' = N = m(g + a_y) = 4.0mg$$

이다. 비행사의 겉보기 무게는 실제 몸무게의 4.0배다.

검토 가속도가 $3.0g$이므로 비행사의 겉보기 무게가 $3.0mg$일 것이라고 성급하게 결론내릴 수도 있다. 그렇다면 비행사의 가속도가 0일 때 겉보기 무게가 0일까? 그렇지 않다.

실전문제 5.14 우주비행사의 겉보기 무게

몸무게가 730 N인 우주비행사의 우주선이 가속도가 $2.0g$이라면, 다음 두 가지 경우에 겉보기 몸무게는 얼마인가? (a) 지표 바로 위에서 가속도가 위쪽일 때, (b) 어떤 행성이나 항성으로부터 매우 멀리 떨어져 있을 때

응용 : 지표면에 대하여 정지한 물체의 겉보기 무게 지구의 자전으로 인하여, 지표에 고정된 비관성 좌표계에서 측정한 g의 유효치는 중력장의 세기의 참값보다 약간 작다. 저울에 놓인 물체에 작용하는 알짜힘은, 물체가 지구의 회전축을 향하는 지름 가속도 $a_r = \omega^2 r$을 가지므로 0이 아니다(그림 5.29). 상대적으로 적은 이 효과는 r이 가장 큰 곳 적도에서 가장 크다. 적도에서 겉보기 g값은 g의 참값보다 약 0.3 % 작다.

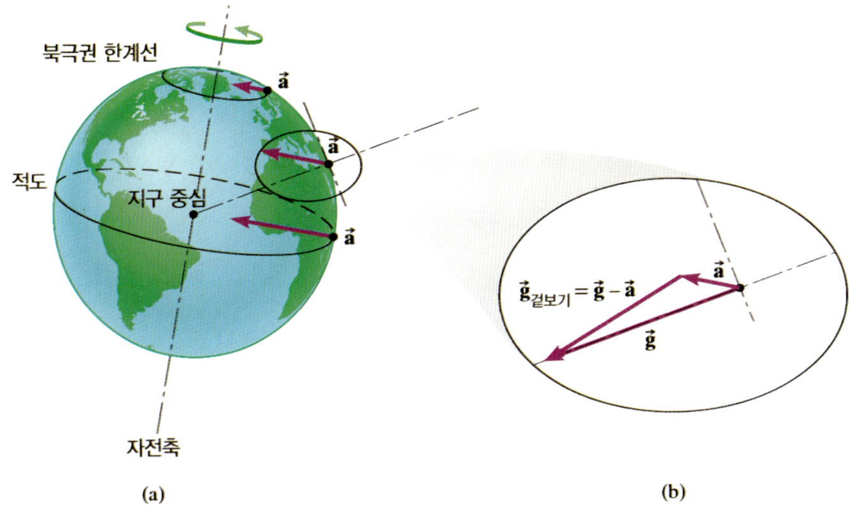

그림 5.29 (a) 지표면에 정지한 물체는 지구 자전에 의한 지름 가속도를 가지고 있다. 각진동수 ω는 모든 곳에서 같으므로 지름 가속도 $a_r = \omega^2 r$은 회전축으로부터의 거리에 비례한다. (b) 수평면에 놓여 있는 물체에 대해, 겉보기 무게는 수직항력이다. 뉴턴의 제2법칙으로부터 $\sum \vec{F} = \vec{N} + m\vec{g} = m\vec{a}$이다, 여기에서 $\vec{a}$는 지름 가속도이다. 우리도 물체와 같이 회전하고 있고 지름 가속도를 인지하지 못하기 때문에, 우리에게는 겉보기 중력장 $\vec{g}_{겉보기}$가 $\vec{N} + m\vec{g}_{겉보기} = 0$을 만족하는 것처럼 보이며 $\vec{g}_{겉보기}$가 $\vec{g} - \vec{a}$라는 것을 알 수 있다. 벡터 그림으로부터 $\vec{g}_{겉보기}$는 $\vec{g}$와 크기와 방향이 모두 다르다는 것을 알 수 있다(그림에서 $\vec{a}$는 과장되게 그려져 있음에 주의하라).

해답 실전문제 & 살펴보기

5.1 3.001×10^{-7} rad/s

5.2 1.65 m/s

5.3 1.9 min

5.4 7200 rev/min $\times 2\pi$ rad/rev $\times$ $(1/60)$ min/s $= 240\pi$ rad/s,

$a_r = \omega^2 r = (240\pi \text{ rad/s})^2 \times 0.060 \text{ m}$
$= 34000 \text{ m/s}^2$

5.5 원형 경로의 중심을 향하여 60 N

5.6 더 느리게 돌려야 한다.

5.7 4.1 m/s

5.8 29.7 km/s, 3.17×10^7 s

5.9 $0.723R$

5.10 2.44 h

5.11 $4.2\,mg$

5.12 가속도는 접선 방향 성분만 가진다.

6.1 에너지 보존 법칙
The Law of Conservation of Energy

지금까지는 물체에 작용하는 힘을 분석하고 물체의 운동을 기술하기 위한 기초 물리 법칙으로 운동에 관한 뉴턴의 법칙을 다루었다. 이제부터는 또 하나의 물리학 원리인 에너지 보존 법칙을 소개한다. **보존 법칙** conservation of motion 은 어떤 양이 시간에 따라 변하지 않는다는 것을 밝혀주는 물리학적 원리이다. 에너지 보존 법칙은 모든 물리학적 과정에서 우주의 총에너지가 변하지 않고 일정하게 남는다는 것을 의미한다. 에너지는 한 형태에서 다른 형태로 전환되거나 한 곳에서 다른 곳으로 이동할 수 있다. 모든 에너지 전환을 고려하면 총에너지는 일정하게 유지된다.

에너지 보존 법칙

우주의 총에너지는 어떠한 물리적 과정에서도 변하지 않는다.

과정이 일어나기 전의 총에너지 = 과정이 일어난 후의 총에너지

"에너지를 아껴야 하니 온도조절기를 낮춰라!" 일상생활에서 에너지 보존은 유용한 에너지 자원의 낭비를 줄이는 것을 의미한다. 보존의 과학적 의미는 어떤 일이 일어나더라도 에너지가 항상 일정하게 유지된다는 것이다. 예를 들어 전기에너지를 '생산'하거나 '발전'할 때, 우리는 새로운 에너시를 생산하는 것이 아니라 어떤 한 형태의 에너지를 우리에게 유용한 다른 형태로 전환하는 것이다.

그림 6.1 풍력 터빈은 공기의 운동에너지를 전기에너지로 변환시킨다.

에너지 보존 법칙은 몇 가지 물리학의 보편적인 원리 중 하나이다. 뉴턴의 법칙으로는 빛을 올바르게 기술할 수 없는데, 그 이유는 빛이 질량이 없기 때문이다. 아원자 크기인 입자의 운동도 바르게 기술하지 못한다. 그렇지만 보존 법칙의 예외는 발견되지 않았다. 에너지 보존은 자연을 이해하기 위한 탐색을 하는 데 강력한 도구이다. 이것은 방사성 붕괴, 별의 중력 붕괴, 화학 반응, 호흡과 같은 생물학적 과정, 그리고 풍력 터빈을 이용한 발전에도 똑같이 적용된다(그림 6.1). 생명을 유지하게 하는 에너지 전환에 대해 생각해 보자. 녹색 식물은 광합성을 이용하여 태양으로부터 받은 에너지를 저장 가능한 화학에너지로 변환한다. 동물들이 식물을 먹으면 그것에 저장된 에너지로 운동, 성장 및 체온 유지 등을 할 수 있다. 에너지 보존은 이러한 모든 과정을 지배한다.

문제 풀이 전략 : 여러 개의 풀이 방법 중에서 선택하기

몇몇 문제들은 에너지 보존이나 뉴턴의 제2법칙으로 풀이할 수 있으므로 항상 두 가지 방법을 모두 고려해 보는 것이 좋다. 두 가지 방법을 모두 사용하여 질문에 대답할 수 있다면 적용하기 쉬운 방법을 생각하라. 때로는 시작하기 전까지는 그것이 명확하지 않을 수 있다. 풀이가 복잡해지기 시작하면 다른 방법으로 시도해 보라. 시간이 허락하면 두 가지 방법으로 문제를 풀어 보아라. 그렇게 하면 답을 점검할 수 있고, 하나의 방법으로는 얻지 못할 수 있는 통찰력을 찾아낼 수도 있다.

에너지 보존 원리 발전사 에너지 보존 법칙의 발전에는 여러 과학자가 기여했지만, 1842년 독일의 외과 의사 마이어Julius Robert von Mayer, 1814~1878가 이 법칙에 대해 제일 먼저 분명하게 설명했다. 지금의 인도네시아를 항해하던 선박의 의사였던 마이어는 선원들의 정맥혈이 유럽에 있을 때보다 열대 지방에서 훨씬 더 짙은 붉은색이 되는 것을 발견하였다. 그는 온난한 기후에서는 몸을 따뜻하게 유지하기 위해 많은 양의 연료를 '태울' 필요가 없었기 때문에 산소가 덜 사용되었다는 결론을 내렸다.

1843년 '생업'으로 양조장을 운영하던 영국의 물리학자인 줄James Prescott Joule, 1818~1889은 정밀 실험을 통해 중력 퍼텐셜에너지가 이전에는 알지 못한 형태의 에너지(내부에너지)로 변환될 수 있음을 보여주었다. 이전에는 마찰과 같은 힘이 에너지를 '소비'한다고 생각했다. 마이어, 줄과 같은 사람들 덕분에, 우리는 이제 마찰이 기계적인 형태의 에너지를 내부에너지로 변환하고 총에너지는 항상 보존된다는 것을 알고 있다.

에너지의 형태

에너지의 형태는 다양하다(그림 6.2). 표 6.1에 이 책에서 논의한 주요 에너지 형태와 그 에너지에 관한 장들을 정리해 두었다. 가장 기본적인 수준에서 보면 세 종류의 에너지가 있다. 운동에 의한 에너지(**운동에너지**kinetic energy), 상호작용으로 저장된 에너지(**퍼텐셜에너지**potential energy), 그리고 **정지에너지**rest energy가 그것이다. 표 6.1에 나열된 모든 에너지는 이들 셋 중 하나 또는 그 이상으로 이해할 수 있다.

에너지 보존 법칙을 적용하려면, 각 형태의 에너지의 양을 어떻게 계산하는지 알아야 한다. 한꺼번에 모든 것에 적용할 수 있는 한 가지 공식은 없다. 다행히도 모든 공식을 한꺼번에 배울 필요는 없다. 이 장에서는 거시적인 역학적에너지의 세 가지 형태, 곧 운동에너지, 중력 퍼텐셜에너지, 탄성 퍼텐셜에너지에 초점을 맞추고 공부할 것이다. 지금은

그림 6.2 음식에 저장된 화학에너지로 역도 선수는 역기를 머리 위로 들어 올릴 수 있다.

표 6.1 여러 형태의 에너지

에너지 형태	간단한 설명(설명된 부분)
병진운동	병진운동에너지(6장)
탄성	탄력적인 물체나 물질이 변형될 때 저장된 에너지(6장)
중력	중력적인 상호작용에너지(6장)
회전	회전운동에너지(8장)
진동, 음향, 지진	물질을 통과하는 역학적인 파동에 의한 물질 속의 원자나 분자의 진동에너지(11, 12장)
내부	온도의 느낌과 관련되는 고체, 액체, 기체 내부의 원자나 분자의 상호작용과 운동에 관한 에너지(14,15장)
전자기	전하와 전류의 상호작용에너지, 곧 빛과 같은 전자기파를 포함한 전자기장의 에너지(14, 17~22장)
정지	정지해 있으며 질량 m인 입자의 에너지로, 아인슈타인의 유명한 방정식 $E=mc^2$로 주어지는 에너지(26, 29, 30장)
화학	원자나 분자에 있는 전자들의 운동과 상호작용에 관한 에너지(28장)
핵	핵 속의 양성자와 중성자의 운동과 상호작용에 관한 에너지(29, 30장)

물체의 내부에너지의 변화나 회전운동을 생각하지 말고 에너지 보존을 병진운동translational motion을 이해하는 도구로 사용하기로 하자. 운동하는 물체가 완벽한 강체이기 때문에 물체의 모든 점이 같은 변위를 일으킨다고 가정한다.

6.2 일정한 힘이 한 일 Work Done by Constant Forces

에너지 보존 법칙을 적용하기 위해서는 에너지가 어떻게 한 형태에서 다른 형태로 변환될 수 있는지 알아야 한다. 한 가지 예를 들어 보자. 그림 6.3a에 있는 무게가 220 N 인 트렁크를 $d = 4.0$ m 의 높이까지 들어 올린다고 가정하자. 도르래와 줄은 이상적인 것이라 가정할 때 트렁크를 일정한 속력으로 들어 올리기 위해서는 줄에 220 N 의 힘을 가해야 한다(정지해 있던 트렁크를 일정한 속력으로 가속하기 위해 처음에 잠시 220 N 보다 큰 힘으로 트렁크를 당기고, 나중에 그것을 정지시키기 위해 220 N 보다 작은 힘으로 잠깐 당겨야 하지만, 이 짧은 시간은 무시하기로 하자).

보기 2.16에서 논의한 것과 같이, 한 학생이 그림 6.3b과 같은 두 개의 도르래를 이용한다면 트렁크를 들어 올리는 데 필요한 힘은 한 개일 때의 절반(110 N)이다. 그러나 이

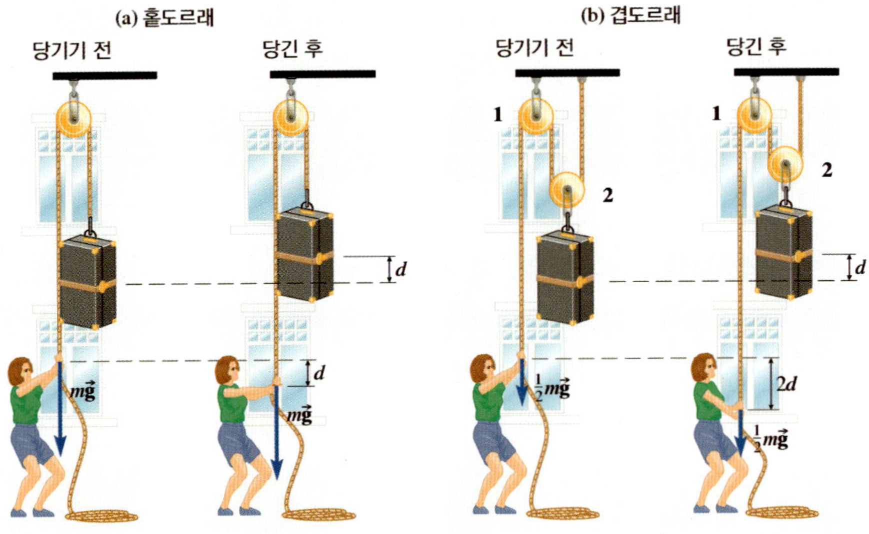

그림 6.3 (a) 한 학생이 창문을 통해 기숙사 방으로 트렁크를 옮기고 있다. (b) 두 도르래 계는 트렁크를 쉽게 들어 올릴 수 있게 한다. 학생이 가해야 하는 힘은 절반이기 때문이다. 학생이 무언가를 공짜로 얻을 수 있는가? 아니면 트렁크를 들어 올리기 위해 여전히 같은 양의 일을 해야 하는가?

과정을 거저 얻을 수는 없다. 트렁크를 4.0 m 들어 올리기 위해 도르래 2의 양쪽에 걸려 있는 줄의 길이가 4.0 m씩 짧아져야 하므로 결국은 줄을 8.0 m 당겨야 한다. 도르래 2개를 사용하여 절반의 힘으로 당길 수는 있지만, 2배나 긴 줄을 당겨야 한다.

두 경우에 힘과 거리의 곱이 같다는 것을 주목하여라. 곧

$$220\ \text{N} \times 4.0\ \text{m} = 110\ \text{N} \times 8.0\ \text{m} = 880\ \text{N} \cdot \text{m} = W$$

이 곱을 학생이 줄에 한 **일**Work W라고 부른다. 일은 스칼라양이다. 방향을 갖지는 않지만 양$^+$, 0, 또는 음$^-$일 수 있다. W는 물체의 무게를 나타낼 때도 사용된다. 이러한 혼동을 피하기 위해 무게는 mg라 적고 일은 W로 나타낼 수 있다.

일상에서 일이라는 단어가 갖는 다양한 의미와 혼동하지 말아야 한다. 우리는 '숙제를 한다', '일하는 중이다', '할 일이 너무 많다'와 같이 말하지만 이때 말하는 '일'은 어느 것 하나도 물리학에서 정의하는 일이 아니다.

일과 에너지의 SI 단위는 뉴턴 · 미터(N · m)이며 이것은 줄James Prescott Joule의 이름을 따라 줄이라 부르고 J로 나타낸다.

$$1\ \text{J} = 1\ \text{N} \cdot \text{m} \tag{6-1}$$

어느 방법을 이용하든지 학생이 트렁크를 들어 올리기 위해서는 줄에 880 J의 일을 해야 한다. 이 학생이 880 J의 일을 한다는 것은 트렁크를 4.0 m 들어 올리는 데 필요한 880 J의 에너지를 공급한다는 것을 의미한다. **일**work**은 힘이 작용하여 물체가 움직일 때 일어나는 에너지의 이동이다.**

이 학생이 물체를 한 곳에 붙잡고 있는 동안에는 줄에 변위가 없으므로 하는 일이 없다. 그림 6.4와 같이 줄을 잡아매 놓고 멀리 갈 수도 있다. 변위가 일어나지 않았다면 하

그림 6.4 트렁크가 팽팽한 줄에 묶여 한 곳에 머물러 있는 동안에는 한 일이 없으며 에너지 이동도 없다.

는 일은 0이며, 이동하는 에너지도 없다. 그런데도 줄을 잡고 오랫동안 제자리에 있으면 왜 피곤할까? 제자리에서 줄을 잡고 있을 때 줄에 하는 일은 없지만, 체내 근육이 장력을 지탱하기 위해 내부적으로 하는 일이 있다. 이러한 내부의 일이 화학에너지를 내부에너지로 변환시켜 근육이 운동하게 하지만 트렁크로 전달되는 에너지는 없다.

변위에 평행하지 않은 힘이 한 일 이 학생이 줄에 작용한 힘은 줄 끝의 변위와 같은 방향이다. 그렇다면 변위와 각을 이루며 다른 방향에서 작용하는 일정한 힘은 얼마나 일을 하겠는가? 이 문제는 변위 방향의 힘의 성분이 하는 일로 바뀐다. 그러므로 일반적으로는 일정한 힘이 한 일은 변위의 크기와 변위 방향으로 작용한 힘의 성분을 곱한 것으로 정의한다. 힘과 변위를 같은 점에 그렸을 때 그들 사이의 각이 θ라고 하면 변위 방향의 힘의 성분은 $F\cos\theta$이다(그림 6.5). 따라서 일정한 힘이 물체에 한 일은 $W = F\Delta r\cos\theta$로 쓸 수 있다. 여기에서 F는 힘의 크기이며 Δr은 물체 변위의 크기이다

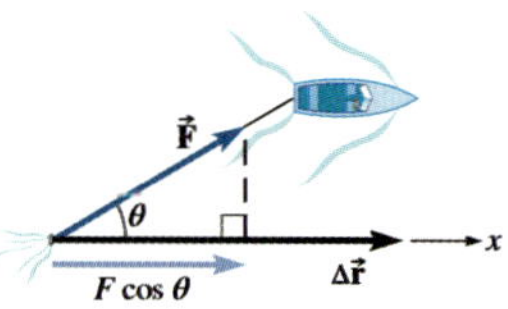

그림 6.5 수상스키 선수의 변위가 $\Delta\vec{r}$일 때 두 줄의 힘이 선수에게 한 일은 $(F\cos\theta)\Delta r$이다. 이때 $F\cos\theta$는 $\vec{F}$의 $\Delta\vec{r}$ 방향 성분이다.

물체가 변위 $\Delta\vec{r}$을 일으키는 동안 일정한 힘 $\vec{F}$가 한 일

$$W = F\Delta r\cos\theta \tag{6-2}$$

(θ는 $\vec{F}$와 $\Delta\vec{r}$ 사이의 각이다.)

일은 또한 힘과 변위의 스칼라곱으로 표현할 수도 있다. 곧 $W = \vec{F}\cdot\vec{r}$이다. 두 벡터의 **스칼라곱**scalar product(또는 **점곱**dot product)은 $\vec{A}\cdot\vec{B}$ $AB\cos\theta$로 정의한다. 여기서 θ는 같은 점에서 시작하여 그린 두 벡터 사이의 각이다. 이 형태는 물리학과 수학에서 종종 나타나기 때문에 특별한 이름과 기호를 사용한다. 스칼라곱에 대한 자세한 내용은 부록 A.10을 참조하여라.

만일 변위를 x축과 나란하게 선택하면 변위 방향의 힘의 성분은 $F_x = F\cos\theta$가 되므로 $W = F_x\,\Delta x$이다. 이와는 달리 식 (6-2)에서 $\Delta r\cos\theta$를 변위의 힘 방향 성분으로 볼 수도 있다(그림 6.6). 그러므로 힘의 방향을 x축과 나란하게 나타내면 전과 같이 힘 방향의 변위 성분은 Δx이고 $W = F_x\Delta x$이다.

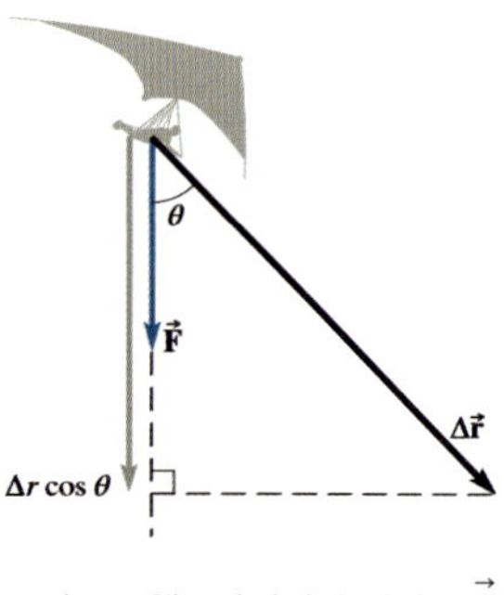

그림 6.6 행글라이더에 변위 $\Delta\vec{r}$이 일어나는 동안 중력이 한 일은 $F(\Delta r\cos\theta)$이다. F는 힘의 크기이고 $\Delta r\cos\theta$은 $\Delta\vec{r}$의 $\vec{F}$ 방향 성분이다.

물체가 변위 $\Delta\vec{r}$을 일으키는 동안 일정한 힘 $\vec{F}$가 한 일

$$W = F_x\Delta x \tag{6-3}$$

($\vec{F}$와 (또는) $\Delta\vec{r}$이 x축에 평행하다.)

일은 양의 값, 음의 값, 또는 0일 수 있다 $\vec{F}$와 $\Delta\vec{r}$ 사이의 각이 90°보다 작으면, 식 (6-2)의 $\cos\theta$는 양의 값을 가지므로 힘이 한 일도 양의 값($W > 0$)이 된다. 만일 $\vec{F}$와 $\Delta\vec{r}$ 사이의 각이 90°보다 크면 식 (6-2)의 $\cos\theta$는 음의 값을 가지므로 힘이 한 일은 음의 값($W < 0$)이 된다. 그러니 일을 계산할 때 대수적인 부호에 주의해야 한다. 예를 들면 줄이 트렁크의 변위 방향으로 트렁크를 당기면 $\theta = 0$이고 $\cos\theta = 1$이다. 힘이 트렁크에 양의 일을 하게 된다. 이와 동시에 트렁크에 작용하는 중력은 변위와 반대 방향으로 트렁크를 당긴다. 따라서 $\theta = 180°$이므로 $\cos\theta = -1$이며 중력은 트렁크에 음의 일을 하게 된다.

만일 힘이 변위와 수직이면, 곧 $\theta = 90°$이면 $\cos\theta = 0$이므로 한 일은 0이다. 정지한 면이 미끄러지는 물체에 작용하는 수직항력은 변위와 수직이므로 한 일은 0이다(그림 6.7a). 표면이 휘어있는 경우 어떤 순간에나 수직항력은 물체의 속도와 수직이다. 그래서 짧은 시간 동안 수직항력은 변위 $\Delta\vec{r} = \vec{v}\,\Delta t$와 수직이다(그림 6.7b). 따라서 수직항력이 한 일은 여전히 0이다.

반면에 수직항력을 작용하는 면이 움직이고 있다면 수직항력은 일할 수 있다. 그림 6.7c와 같이 지게차로 팰릿을 들어 올릴 때 팰릿에 작용하는 수직항력은 양의 일을 한다.

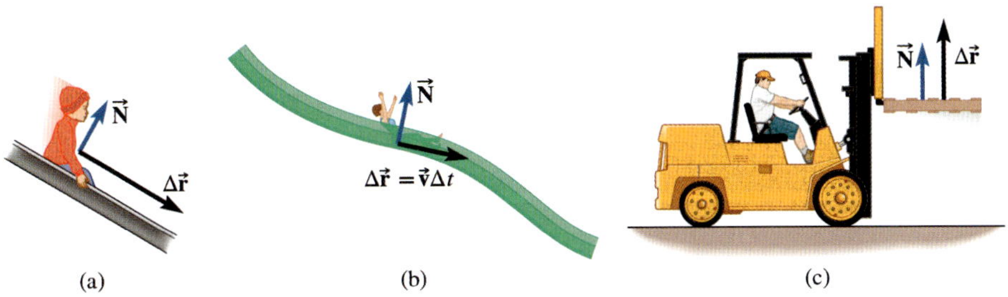

그림 6.7 (a) 수직항력이 변위와 수직이기 때문에 수직항력이 한 일은 없다. (b) 심지어는 굴곡진 표면에서 미끄러질 때도, 짧은 시간 Δt 동안에도 수직항력의 방향은 변위의 방향과 수직이므로 한 일은 0이다. (c) 지게차가 팰릿에 작용하는 수직항력은 일을 한다. 곧 그 힘은 변위와 수직이 아니다.

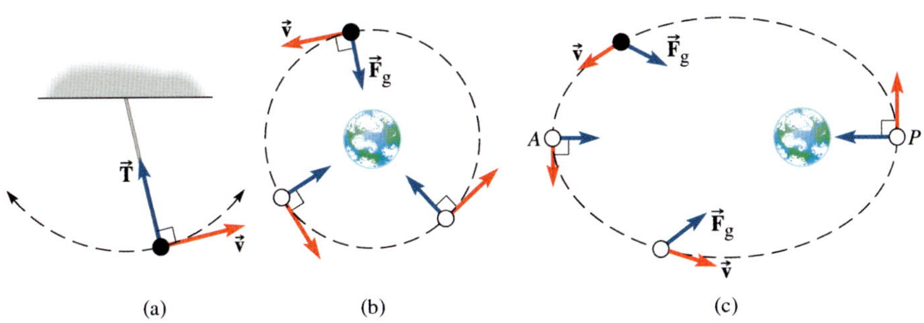

그림 6.8 (a) 진자의 줄의 장력은 항상 진자의 추의 속도에 수직이므로 줄이 추에 한 일은 없다. (b) 위성이 원궤도의 어디에 있든지 지구 중심으로 향하는 중력을 받는다. 이 힘은 항상 위성의 속도와 수직이며, 중력은 위성에 아무런 일도 하지 못한다. (c) 타원궤도의 위성이 지구 주위를 선회한다. 타원궤도에서 중력은 속도에 항상 수직이 아니다. 위성이 궤도상의 점 P에서 A로 반시계방향으로 돌 때 중력은 음의 일을 한다. A에서 P로 돌 때는 양의 일을 한다.

진자의 추가 줄에 매달려 흔들리고 있을 때 줄의 장력은 항상 추의 속도에 수직이기 때문에 줄의 장력이 하는 일은 없다(그림 6.8a). 마찬가지로 지구 주위 원형궤도를 도는 위성에 작용하는 지구의 중력이 한 일도 0이다(그림 6.8b). 원 궤도의 경우에 중력은 항상 위성에서 지구의 중심으로 반지름을 따라서 작용한다. 궤도상의 모든 점에서 중력은 위성의 속도(원형궤도의 접선 방향)에 대하여 수직이다.

일의 응용 : 타원궤도 이와는 대조적으로, 원형궤도가 아닐 경우는 중력이 위성에 한 일은 0이 아니다(그림 6.8c). 점 A와 점 P에서만 중력과 위성의 속도는 서로 수직이다. 위성의 속도와 중력 사이의 각이 90°보다 작을 때는 언제나 중력이 위성에 양의 일을 해주어 위성의 속도가 빨라지며, 위성의 운동에너지가 증가한다. 위성의 속도와 중력 사이의 각이 90°보다 클 때에는 언제나 중력이 위성에 음$^-$의 일을 해주어 위성의 속도가 느려지며 위성의 운동에너지가 감소한다.

살펴보기 6.2 운동하는 물체에 힘이 작용했지만 일을 하지는 않았다. 이것이 어떻게 가능한가?

문제 풀이 전략 : 일정한 힘이 한 일 구하기

1. 물체의 위치가 변하는 동안(변위가 일어나는 동안)에 그 물체에 작용한 힘이 물체(또는 계)에 일을 한다. 물체(또는 계), 힘, 변위를 명확히 확인하고 시작하라. 예를 들어 줄이 아래 방향으로 4.0 m 내려오는 동안에 학생이 줄에 작용한 힘이 일을 한다.
2. 주어진 정보를 가지고 식 (6-2)와 (6-3) 중에서 어느 것이 더 적용하기 쉬운지 선택하여라.
3. 힘과 변위 사이의 각도를 고려하여 일이 올바른 부호를 가지는지를 확인하여라. 다시 말하면, 힘의 변위 방향 성분이 있는지($W > 0$), 또는 변위와 반대 방향의 성분이 있는지 또는 둘 모두 성분이 없는지 확인하여라.

보기 6.1 앤티크 가구 배달하기

비싼 앤티크 서랍장을 트럭으로 옮기려고 한다. 서랍장의 무게는 1400 N 이다. 서랍장을 지상에서 트럭 적재함(1.0 m 높이)으로 옮기려면 배달원이 어떻게 해야 할지를 결정해야 한다. 그것을 똑바로 들어 올려야 하는가? 아니면 4.0 m 길이의 경사로를 따라 밀어 올려야 하는가? 가벼운 짐나르개에 실린 가구를 민다고 가정하여라. 이러한 모형은 마찰을 무시할 수 있는 경사로에서 가구를 밀어 올리는 것과 같다.

(a) 배달원이 서랍장을 일정한 속력으로 똑바로 1.0 m 올릴 때 한 일을 구하여라.

(b) 배달원이 마찰이 없는 4.0 m 길이의 경사로에 평행하게 서랍장을 일정한 속력으로 밀어 올렸을 때 서랍장에 한 일을 구하여라.

(c) 각각의 경우에 중력이 서랍장에 한 일을 구하여라.

(d) 경사로의 수직항력이 서랍장에 한 일을 구하여라. 모든 힘이 일정하다고 가정하여라.

전략 일을 계산하기 위해서 식 (6–2)나 식 (6–3) 중 더 쉬운 것을 이용한다. (a)와 (b)에서, 우리는 배달원이 가하는 힘을 계산해야 한다. 자유물체도형을 그리면 힘을 계산하는 데 도움이 된다. 경사로는 간단한 기계여서, 도르래와 마찬가지로 경사로는 해야 하는 일의 양을 줄일 수 없으므로 두 경우 모두에서 배달원이 수행하는 일은 같다(마찰 무시). 서랍장이 경사로를 올라가는 동안 중력은 끌어 내리기 때문에 중력이 한 일은 두 경우 모두 음수가 될 것이다. 경사로에 의한 수직항력은 변위에 수직이므로 서랍장에 일은 하지 못한다. 하나 이상의 힘이 서랍장에서 작용하기 때문에, 어떤 일을 계산하는지 분명히 하기 위해 첨자를 사용한다.

- 주어진 조건 : 서랍장의 무게 $mg = 1400$ N, 경사로의 길이 $d = 4.0$ m, 경사로의 높이 $h = 1.0$ m
- 구해야 할 값 : 두 경우에서 배달원이 서랍장에 하는 일 W_{cm}과 중력이 하는 일 W_{cg}, 수직항력이 서랍장에 한 일 W_{cN}

풀이 (a) 변위가 바로 위쪽으로 1.0 m 이다. 배달원이 서랍장을 일정한 속력으로 들어올리기 위해서는 위 방향으로 서랍장의 무게와 같은 크기의 힘 $\vec{\mathbf{F}}_{\text{cm}}$을 작용해야 한다(그림 6.9). 1.0 m를 들어 올리는 데 한 일은 다음과 같다.

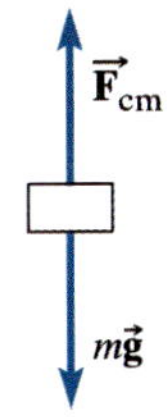

그림 6.9 배달원이 일정한 속력으로 서랍장을 옮길 때 상자의 자유물체도형

$$\begin{aligned} W_{\text{cm}} &= F_{\text{cm}} \Delta r \cos\theta \\ &= 1400 \text{ N} \times 1.0 \text{ m} \times \cos 0 \\ &= +1400 \text{ J} \end{aligned}$$

여기에서 $\vec{\mathbf{F}}_{\text{cm}}$과 $\Delta\vec{\mathbf{r}}$은 같은 방향이므로 $\theta = 0$이다(위쪽).

(b) 그림 6.10은 서랍장에 작용하는 세 힘을 보여준다. 서랍장은 일정한 속력으로 직선상에서 미끄러진다. 그러므로 전체 힘은 0임을 알 수 있다. 기울어진 경사로를 따라서 x축을 택하고 경사로에 수직으로 y축을 택하면 세 힘 중 두 힘은 축과 나란하게 정렬하게 되고 한 힘(중력)만이 성분이 0이 아닌 두 성분을 가진다.

이 두 성분을 구하기 위하여 힘 벡터와 한 축 사이의 각을 알아야 한다. 각을 구하기 위해서는 부록 A의 그림 A.8을 참조하라. 두 여각을 ϕ와 $90 - \phi$로 연속적으로 나타내 보면, $\vec{\mathbf{W}}$와 $-y$축 사이의 각이 ϕ임을 알 수 있다(그림 6.11). 따라서 $\vec{\mathbf{W}}$의 성분은 $W_x = -mg \sin\phi$와 $W_y = -mg \cos\phi$가 된다. 그림 6.12는 성분으로 표현된 $\vec{\mathbf{W}}$(중력)를 지닌 서랍장에 대한 자유물체도형을 보여준다. 배달원이 주는 힘 $\vec{\mathbf{F}}'_{\text{cm}}$은 $+x$축

그림 6.10 경사로를 따라 트럭 적재함으로 앤티크 서랍장을 밀어 올리고 있다.

방향으로 작용한다(프라임 기호(′)는 배달원이 가한 힘이 (a)에서의 힘과 다르다는 것을 나타낸다). 그러면 뉴턴의 제2법칙은 다음 관계식을 보여준다.

$$\sum F_x = F'_{\text{cm}} - mg\sin\phi = 0$$

그림 6.13과 같이 경사로와 지면과 트럭 적재함 바닥의 높이로 이루어진 직각삼각형으로부터

$$\sin\phi = \frac{\text{트럭 적재함 높이}}{\text{경사로의 길이}} = \frac{h}{d}$$

이다. 이제 F'_{cm}에 대하여 구하면

$$F'_{\text{cm}} = mg\sin\phi = \frac{mgh}{d}$$

이 된다. 힘과 변위가 같은 방향이므로 $\theta = 0$이다.

$$\begin{aligned} W_{\text{cm}} &= F'_{\text{cm}}d\cos 0 = \frac{mgh}{d}\times d\times 1 \\ &= mgh = +1400\ \text{J} \end{aligned}$$

배달원이 한 일은 (a)에서 얻은 결과와 같다.

(c) 두 경우 모두 중력의 크기는 mg이고 아래쪽으로 작용한다. y축이 위쪽을 가리키도록 선택하면 $F_{gy} = -mg$이다. 두 경우 모두 y축 방향의 변위 성분은 $\Delta y = h = 1.0\ \text{m}$이다. 중력이 한 일은 두 경우 모두 같다. 식 (6-3)을 사용하면

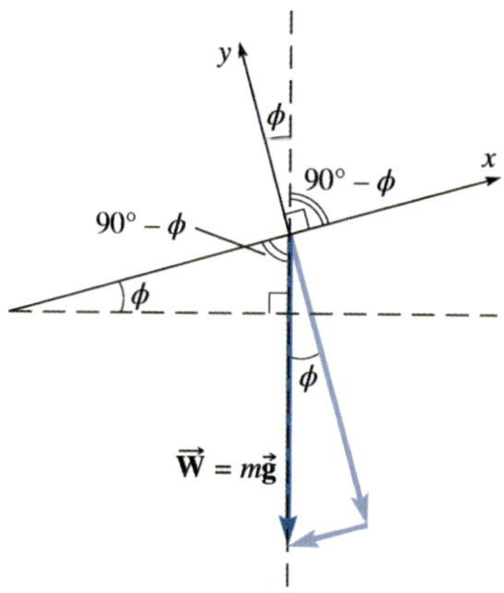

그림 6.11 무게 $m\vec{g}$를 x 성분과 y 성분으로 분해하기

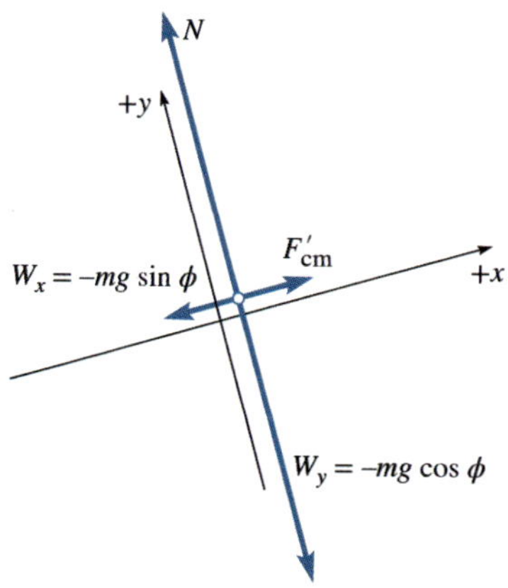

그림 6.12 서랍장의 자유물체도형

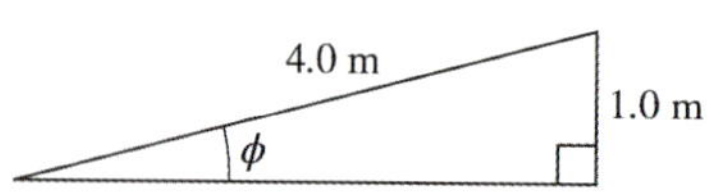

그림 6.13 경사면의 각도 구하기

$$W_{\text{cg}} = F_{\text{gy}}\Delta y = -mg\,\Delta y$$
$$= -1400\ \text{N} \times 1.0\ \text{m} = -1400\ \text{J}$$

이다. 힘은 $-y$축 방향이고, 변위는 $+y$ 성분을 가지므로 한 일은 음이 된다. 부호를 점검해 보는 다른 방법은 힘과 변위 사이의 각이 90°와 180° 사이에 있음을 주의 깊게 보면 된다. 이 각의 코사인값은 음수이다.

(d) 서랍장에 작용하는 경사로의 수직항력은 서랍장의 변위에 수직 방향으로 작용하기 때문에 서랍장에 한 일이 없다.

$$W_{\text{cN}} = N\Delta r \cos 90° = 0$$

검토 힘에 거리를 곱할 때 경사로의 길이인 d가 상쇄되므로 배달원이 한 일은 (높이가 같다면) 경사면의 길이와는 관계가 없다. 경사로를 사용하여 배달원이 힘을 1/4로 줄이면 변위는 4배 늘어난다. 실제 경사로에서는 마찰력이 서랍장의 움직임과 반대 방향으로 작용하기 때문에 서랍장을 경사로 위로 밀어 올리려면 1400 J이 넘는 일을 해야 한다. 배달원이 그 서랍장을 트럭에 싣기를 원한다면 최소한 1400 J의 일을 해야 한다.

실전문제 6.1 **자전거로 언덕 오르기**

사이클 선수가 자전거를 타고 수평과 2.6°의 경사각을 이루는 길이 2 km의 언덕길을 오른다. 이 선수의 몸무게와 자전거 무게를 합치면 750 N이다. 중력이 자전거와 선수에게 한 일은 얼마인가?

일의 총량

한 물체에 여러 힘이 작용할 때 한 일의 총량은 각 힘이 한 일을 합한 것이다.

$$W_{\text{총}} = W_1 + W_2 + \cdots + W_N \tag{6-4}$$

일은 벡터가 아니라 스칼라이므로 양$^+$, 음$^-$, 또는 0의 값이 가능하다. 그렇지만 방향은 가지지 않는다. 회전운동이나 내부운동이 없는 강체라고 가정하기 때문에, 일의 총량을 계산하는 다른 방법은 강체에 알짜힘 하나만이 작용하여 한 일을 계산하는 것이다.

$$W_{\text{총}} = F_{\text{알짜}}\Delta r \cos\theta \tag{6-5}$$

두 방법이 같은 결과를 나타낸다는 것을 보이기 위하여 변위의 방향을 x축으로 택하자. 그러면 각 힘이 한 일은 x 방향의 힘 성분에 Δx를 곱한 것이다. 식 (6–4)으로부터

$$W_{\text{총}} = F_{1x}\Delta x + F_{2x}\Delta x + \cdots + F_{Nx}\Delta x \tag{6-6}$$

이며, 각 항의 공통 인자 Δx로 묶어 보면

$$W_{\text{총}} = (F_{1x} + F_{2x} + \cdots + F_{Nx})\Delta x = \left(\sum F_x\right)\Delta x \tag{6-7}$$

가 된다. $\sum F_x$는 알짜힘의 x 성분이다. 식 (6-5)에서 $F_{알짜}\cos\theta$는 알짜힘의 x 성분으로, 변위 방향의 알짜힘이다. 두 방법의 결과는 같다.

보기 6.2 썰매놀이

영희가 썰매에 어린 동생을 태우고 평평한 눈길에서 썰매를 끌고 있다(그림 6.14). 썰매와 동생의 총질량은 26 kg이며 줄은 지면과 20°의 각을 이루고 있다. 근사적으로 썰매의 마찰력은 단순화된 모형으로서, 표면이 건조하지 않더라도(썰매가 미끄러지면서 약간의 눈이 녹는다) $\mu_k = 0.16$으로 결정된다고 가정한다. 썰매가 일정한 속력 3 km/h로 길을 따라 120 m를 움직이는 동안 (a) 영희가 한 일과, (b) 바닥이 썰매에 한 일을 구하여라. (c) 썰매에 한 일의 총량은 얼마인가?

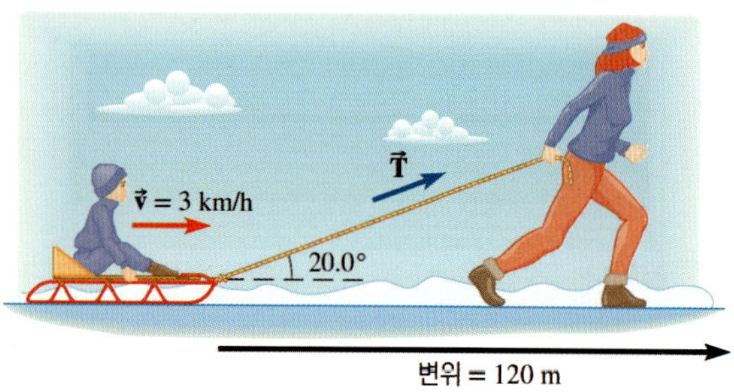

그림 6.14 썰매를 끌고 가는 영희

전략 (a), (b) 물체에 한 일을 구하려면 물체의 변위와 힘의 크기와 방향을 알아야 한다. 썰매의 가속도는 0이므로 모든 외력(중력, 마찰력, 줄의 장력, 수직항력)의 벡터 합은 0이다. 줄의 장력과 썰매에 작용하는 운동 마찰력을 구하기 위하여 자유물체도형을 그리고, 뉴턴의 제2법칙을 적용한다. 그렇게 하고 나서 각 힘이 한 일을 구하기 위하여 식 (6-2)나 식 (6-3)을 적용한다. (c) 일을 계산하는 방법은 두 가지가 있다. 여기에서는 식 (6-4)를 써서 일의 총량을 구하고 식 (6-5)를 써서 점검해 보자.

풀이 (a) 자유물체도형은 그림 6.15a에 나타내었다. x축과 y축은 각각 지면에 평행하고 수직이다. 장력을 그림 6.15b와 같이 두 성분으로 분해하고 나면, 가속도가 0일 때의 뉴턴의 제2법칙은

$$\sum F_x = +T\cos\theta - f_k = 0 \qquad (1)$$

$$\sum F_y = +T\sin\theta - mg + N = 0 \qquad (2)$$

이 된다. 여기에서 T는 장력이고, $\theta = 20°$이다. 운동 마찰력은 마찰계수와 수직항력의 곱이다.

$$f_k = \mu_k N$$

위 식을 식 (1)에 대입하면

$$T\cos\theta - \mu_k N = 0 \qquad (3)$$

장력 T를 구하기 위해 미지수인 수직항력 N을 소거하여야 한다. 식 (2)는 수직항력 N을 포함하고 있으므로 식 (2)에 μ_k를 곱하면

$$\mu_k T\sin\theta - \mu_k mg + \mu_k N = 0 \qquad (4)$$

가 된다. 수직항력 N을 소거하기 위해 식 (3)과 (4)를 더하고 T에 대하여 풀면

$$T\cos\theta + \mu_k T\sin\theta - \mu_k mg = 0$$

$$T = \frac{\mu_k mg}{\mu_k \sin\theta + \cos\theta}$$

$$= \frac{0.16 \times 26\ \text{kg} \times 9.8\ \text{m/s}^2}{0.16 \times \sin 20.0° + \cos 20.0°} = 41\ \text{N}$$

이다.

이제 영희가 한 일을 구하기 위해 이 장력을 이용한다.

변위와 평행하게 작용하는 장력 $\vec{T}$의 성분은 $T_x = T\cos\theta$이고 변위는 $\Delta x = 120$ m이다. 그러므로 영희가 한 일은 다음과 같다.

$$W_T = (T\cos\theta)\Delta x$$
$$= 41\ \text{N} \times \cos 20.0° \times 120\ \text{m} = +4600\ \text{J}$$

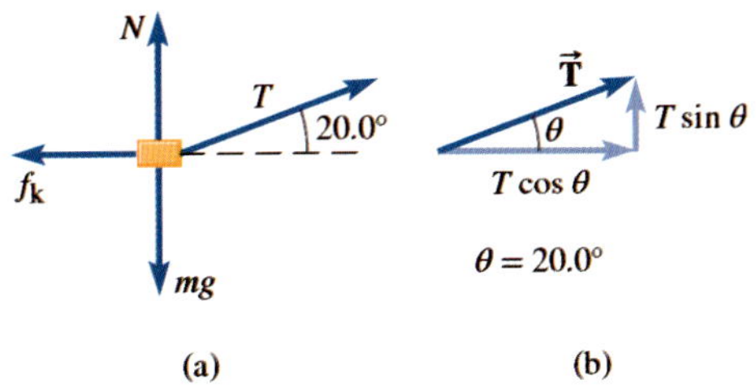

그림 6.15 (a) 썰매와 영희의 자유물체도형 (b) 장력 $\vec{T}$를 x 성분과 y 성분으로 분해하기

(b) 지면이 썰매에 작용하는 힘은 두 성분, 곧 N과 f_k를 가지고 있다. 수직항력은 썰매의 변위에 수직으로 작용하기 때문에 어떤 일도 하지 않으며, 마찰력은 변위와 반대 방향으로 작용하므로 마찰력과 변위 사이의 각은 180°이다. 마찰력이 한 일은

$$W_f = f_k \Delta x \cos 180° = -f_k \Delta x$$

이다. 식 (1)에서

$$f_k = T\cos\theta$$

이므로 지면이 한 일(마찰력이 한 일)은

$$W_f = -f_k \Delta x = -(T\cos\theta)\Delta x$$

가 된다. 음의 부호를 제외하면 W_f는 W_T와 같다. 곧 $W_f = -4600$ J이다.

(c) 장력과 마찰력만이 썰매에 일을 하고 있다. 수직항력과 중력은 변위에 수직이므로 하는 일은 0이다.

$$W_{총} = W_T + W_f = 4600\ \text{J} + (-4600\ \text{J}) = 0$$

검토 (c)의 풀이를 점검하기 위하여 썰매가 일정한 속도로 움직일 때 그것에 작용하는 힘이 0이라는 것에 주목하여라. $W_{총} = F_{알짜}\,\Delta r\cos\theta = 0$이다.

속력(3 km/h)은 풀이에 이용되지 않았다. 썰매에 작용하는 마찰력이 속력과 관련 없다고 가정하면, 썰매를 일정한 속력으로 끌기 위해서 영희가 수레에 일정한 힘을 작용해야 한다. 그러면 영희가 한 일은 120 m의 변위를 일으키는 동안 한 일과 같다. 그렇지만 더 빠른 속력이라면 더 짧은 시간에 같은 양의 일을 해야만 할 것이다.

실전문제 6.2 **각도가 다른 경우**

마찰계수는 같다고 가정하고 영희가 썰매를 20°가 아닌 30°의 각을 이루며 끌 때 장력을 계산하여라. 이 경우에 변위가 120 m라면 영희가 한 일은 얼마인가? 장력이 더 크지만 영희가 한 일이 왜 더 작은지를 설명하여라.

흩어지는 힘이 한 일

보기 6.2에서 마찰과 관계되는 간단한 모형으로 운동마찰력이 하는 일을 계산했다. 이 모형에서 마찰이 만일 썰매에 −4600 J의 일을 한다면 4600 J의 에너지가 썰매에서 지면의 내부에너지로 전달되어 지면이 약간 데워진다. 실제로는 4600 J의 에너지가 나뉘어서 지면과 썰매의 내부에너지로 전환되며 지면과 썰매 둘 다 약간 데워진다. 그러므로

4600 J의 에너지가 모두 지면에 전달되지 않고 약간은 썰매에 남아 다른 형태의 에너지로 전환된다.

마찰이 -4600 J의 일을 한다고 말하는 것보다는 마찰이 4600 J의 에너지를 흩어지게 한다는 것이 더 정확한 기술이다. 이렇게 정돈된 한 형태로부터 정돈되지 않은 다른 형태(예를 들면, 물체 내부에너지의 일부인 물체 내 원자나 분자들의 무작위한 운동과 관련된 운동에너지)로 에너지가 변환되는 것을 에너지의 **흩어짐**[dissipation]이라 한다.

그러나 실제로는 내부에너지가 어디서 나타나는 지에는 대부분 관심이 없다. 식 (6–2)를 이용해 마찰이 한 일을 계산하면 정확히 흩어진 에너지를 얻을 수 있다. 그러나 얼마나 많은 에너지가 정지 상태인 지면에 전달되었고 얼마가 썰매에 남아있는지는 알 수 없다. 이것은 운동마찰력이나 공기저항력과 같은 다른 흩뜨리는 힘에 일을 적용하는 방법이다(13~15장에서 내부에너지를 자세히 공부할 것이다).

6.3 운동에너지 Kinetic Energy

질량 m인 강체가 변위 $\Delta\vec{\mathrm{r}}$ 만큼 이동하는 동안 일정한 알짜힘 $\vec{\mathrm{F}}_{\text{알짜}}$이 작용한다고 하자. 알짜힘의 방향을 x 방향으로 택하면 물체에 해준 일의 총량은

$$W_{\text{총}} = F_{\text{알짜}}\,\Delta x \tag{6-8}$$

이다. 여기에서 Δx는 변위의 x 성분이다. 만일 뉴턴의 제2법칙($\vec{\mathrm{F}}_{\text{알짜}} = m\vec{\mathrm{a}}$)을 사용하면 위의 식은

$$W_{\text{총}} = ma_x\,\Delta x \tag{6-9}$$

가 된다. 가속도가 일정하므로, 4.2절에 있는 등가속도에 대한 운동방정식을 이용할 수 있다. 식 (4–9)로부터 $v_{\mathrm{f}x}^2 - v_{\mathrm{i}x}^2 = 2a_x\,\Delta x$ 또는

$$a_x\Delta x = \frac{1}{2}(v_{\mathrm{f}x}^2 - v_{\mathrm{i}x}^2) \tag{6-10}$$

이 된다. 이를 식 (6–9)에 대입하면

$$W_{\text{총}} = \frac{1}{2}m(v_{\mathrm{f}x}^2 - v_{\mathrm{i}x}^2) \tag{6-11}$$

이 된다. 알짜힘은 x축 방향이므로 a_y와 a_z는 둘 다 0이다. 그러므로 속도의 x 성분만 변하고 v_y와 v_z는 일정하다. 결과적으로

$$v_{\mathrm{f}}^2 - v_{\mathrm{i}}^2 = (v_{\mathrm{f}x}^2 + v_{\mathrm{f}y}^2 + v_{\mathrm{f}z}^2) - (v_{\mathrm{i}x}^2 + v_{\mathrm{i}y}^2 + v_{\mathrm{i}z}^2) = v_{\mathrm{f}x}^2 - v_{\mathrm{i}x}^2 \quad (6\text{-}12)$$

이다. 그러므로 한 일은 다음과 같다.

$$W_{총} = \frac{1}{2}m(v_{\mathrm{f}}^2 - v_{\mathrm{i}}^2) = \frac{1}{2}mv_{\mathrm{f}}^2 - \frac{1}{2}mv_{\mathrm{i}}^2 \quad (6\text{-}13)$$

한 일은 $\frac{1}{2}mv^2$의 변화와 같다. 이를 물체의 **병진운동에너지** translational kinetic energy, K 라고 부른다(병진운동에너지를 의미한다는 것이 명백하면 그냥 운동에너지라고 말한다). 병진운동에너지는 물체 전체의 운동과 관련이 있는 에너지로서 회전운동이나 내부의 운동에 따른 에너지는 포함하지 않는다.

병진운동에너지

$$K = \frac{1}{2}mv^2 \quad (6\text{-}14)$$

일과 에너지의 정리

$$W_{총} = \Delta K \quad (6\text{-}15)$$

지금까지 고찰한 보기에서, 물체는 일정한 속력으로 운동하므로 $\Delta K = 0$이기 때문에 일의 총량은 0이었다.

운동에너지는 스칼라양이며, 물체가 운동하고 있다면 항상 양의 값을 갖고, 정지해 있다면 0이다. 운동에너지의 변화량은 음수일 수 있지만 운동에너지 자체는 결코 음수가 될 수 없다. 속력 v로 움직이는 물체의 운동에너지는 그 물체가 정지 상태에서 출발하여 그 속력까지 가속되기 위해 물체에 해 주어야 하는 일과 같다. 일의 총량이 양$^+$일 때 물체의 속력이 증가하고 운동에너지도 증가한다. 일의 총량이 음$^-$일 때는 물체의 속력은 감소하고 운동에너지도 감소한다.

개념형 보기 6.3 충돌로 인한 피해

고속으로 달리던 자동차가 충돌하면 왜 저속으로 달릴 때보다 피해가 더 심한가?

전략 충돌사고가 일어나면 자동차의 운동에너지가 다른 형태의 에너지로 변환된다. 충돌 시 얼마나 피해를 많이 입을지를 대략 가늠해 보기 위해 운동에너지를 사용할 수 있다.

풀이 및 검토 60.0 mi/h와 (60.0 mi/h보다 20.0 % 빠른) 70.0 mi/h의 속력으로 달리는 두 자동차의 운동에너지를 비교한다고 가정해 보자. 운동에너지가 속력에 비례한다면 속력이 20.0 % 증가하면 운동에너지도 20.0 % 증가할 것이다. 그러나 운동에너지는 속력의 제곱에 비례하므로 속력이 20.0 % 증가하면 운동에너지는 20.0 % 이상 증가한다. 비례 관계를 이용하면 운동에너지의 증가율을 알 수 있다.

$$\frac{K_2}{K_1} = \frac{\frac{1}{2}mv_2^2}{\frac{1}{2}mv_1^2} = \left(\frac{72.0\ \text{mi/h}}{60.0\ \text{mi/h}}\right)^2 = 1.44$$

따라서 속도가 20.0 % 증가하면 운동에너지는 44 % 증가한다. 속력이 별로 차이가 나지 않아 보이지만 충돌이 발생했을 때는 차이가 크다.

실전문제 6.3 돌담에 충돌한 두 대의 차

스포츠 유틸리티 차량(SUV)과 소형 전기 자동차가 돌담에 충돌하여 둘 다 완전히 멈춘다고 생각해 보자. SUV차의 질량은 소형차의 2.5배이다. SUV차의 속력은 60.0 mi/h이고, 소형전기 자동차의 속도는 40.0 mi/h였을 때 두 자동차의 운동에너지 변화 비(소형차에 대한 SUV)는 얼마인가?

보기 6.4 번지점프 하기

어떤 사람이 프랑스 남부의 베르동강 협곡에서 번지점프를 한다. 점프대는 골짜기의 바닥으로부터 182 m 위에 있다. 몸무게가 780 N인 사람이 골짜기 바닥으로부터 68 m까지 떨어진다면 그가 하강하는 동안 번지점프의 줄이 한 일은 얼마인가? 공기의 저항은 무시한다.

전략 공기의 저항을 무시하면 하강하는 동안 두 개의 힘(중력과 장력)만 그 사람에게 작용한다. 점프하는 사람은 가장 높은 위치에 있을 때와 가장 낮은 위치에 있을 때 운동에너지가 0이므로 하강하는 동안 운동에너지의 변화는 0이다. 그러므로 사람에게 작용한 두 힘이 한 일은 0이어야만 한다.

풀이 중력이 한 일과 줄이 점프를 한 사람에게 한 일을 W_g와 W_c라고 하자. 그러면

$$W_{총} = W_g + W_c = \Delta K = 0$$

이다. 중력이 한 일은

$$W_g = F_y \Delta y = -mg\Delta y$$

이다. 여기에서 사람의 무게는 $mg = 780\ \text{N}$이다. 골짜기의 바닥을 $y = 0$으로 하면, 변위의 수직 성분은

$$\Delta y = y_f - y_i = 68\ \text{m} - 182\ \text{m} = -114\ \text{m}$$

이다. 그러면 중력이 한 일은

$$W_g = -(780\ \mathrm{N}) \times (-114\ \mathrm{m}) = +89\ \mathrm{kJ}$$

이고, 줄이 한 일은

$$W_c = W_{총} - W_g = -89\ \mathrm{kJ}$$

이다.

검토 힘과 변위가 같은 방향(아래쪽)이기 때문에 중력이 한 일은 양이다. 줄이 한 음의 일이 없었다면 114 m를 떨어진 후 사람의 운동에너지는 89 kJ이 될 것이다. 번지점프 줄의 길이는 주어지지 않았지만, 그것은 답에 영향을 미치지 않는다. 처음에는 줄이 펴지면서 사람은 자유낙하를 하고, 충분히 펴졌을 때 줄은 사람에게 힘을 작용하기 시작하고 종국에는 그를 정지 상태로 만든다. 줄의 길이와 관계없이 중력과 줄이 한 일의 총량은 사람의 운동에너지 변화가 0이기 때문에 0이어야 한다.

실전문제 6.4 **번지점프의 속력**

골짜기의 바닥으로부터 111 m의 높이까지 하강하는 동안 줄이 사람에게 −21.7 kJ의 일을 했다고 하자. 111 m 높이에 있을 때 사람의 속력은 얼마인가?

살펴보기 6.3A 운동에너지와 일은 관련이 있다. 운동에너지가 음⁻의 값일 수 있는가? 일이 음의 값일 수 있는가?

살펴보기 6.3B 물체의 운동에너지가 작은 것부터 증가하는 순서대로 나열하여라.
(a) 3 m/s로 걷는 5000 kg 코끼리, (b) 15 m/s로 스케이트를 타는 100 kg의 선수,
(c) 0.5 m/s로 표류하는 100000 kg의 고래, (d) 50 m/s로 하강하는 30 kg의 독수리,
(e) 30 m/s로 달리는 50 kg의 치타

6.4 중력 퍼텐셜에너지와 역학적에너지 Gravitational Potential Energy and Mechanical Energy

중력이 일정할 때 중력 퍼텐셜에너지

돌멩이를 처음 속력 v_i로 던져 올려 보자. 공기의 저항을 무시하면 얼마나 높이 올라가겠는가? 이 문제는 뉴턴의 제2법칙을 적용하여 풀 수도 있지만 일과 에너지의 정리를 이용하여 풀어 보자. 돌멩이의 처음 운동에너지는 $K_i = \frac{1}{2}mv_i^2$ 이다. 위 방향으로의 변위를 Δy라 하면 중력은 음의 일 $W_{중력} = -mg\Delta y$를 한다. 다른 힘은 작용하지 않기 때문에 돌멩이에 한 일은 이것이 전부이다.

$$W_{중력} = -mg\ \Delta y = K_f - K_i \tag{6-16}$$

에너지 보존의 관점에서 볼 때, 돌멩이의 운동에너지는 어디로 갔을까? 총에너지가 보존되려면 그것이 어디엔가는 '저장되어야' 한다. 더욱이 돌멩이가 최고점에서 처음에 출발한 위치로 돌아왔을 때 운동에너지를 얻기 때문에 쉽게 운동에너지로 돌아올 수 있는 어떤 에너지로 저장되어 있어야 한다. 한 물체가 다른 무언가(여기에서는 지구의 중력장)와의 상호작용으로 저장되었다가, 운동에너지로 쉽게 돌아올 수 있는 에너지를 **퍼텐셜에너지** potential energy라 하며 기호는 U로 나타낸다.

돌멩이가 잃은 운동에너지($\Delta K = mg\,\Delta y$)는 중력 퍼텐셜에너지의 증가($\Delta U = +mg\,\Delta y$)를 동반한다. 일반적으로 어떤 물체가 아래로 운동하거나 위로 운동할 때 퍼텐셜에너지의 변화는 중력이 한 일에 음$^-$의 부호를 붙인 것과 같다.

중력 퍼텐셜에너지의 변화

$$\Delta U_{중력} = -W_{중력} \tag{6-17}$$

만일 중력장이 균일하다면, 중력이 한 일은

$$W_{중력} = F_y \Delta y = -mg\Delta y \tag{6-18}$$

이고 y축은 위로 향한다. 그러므로

중력 퍼텐셜에너지의 변화

$$\Delta U_{중력} = mg\Delta y \tag{6-19}$$

(균일한 $\vec{\mathbf{g}}$, y축은 위쪽을 향한다.)

식 (6−19)는 물체가 직선 경로에서 움직이지 않는 경우도 적용된다.

식 (6−17)에서 음의 부호의 의미 중력이 한 일은 중력이 돌멩이에 저장한(퍼텐셜) 에너지이다. 올라가는 도중(그림 6.16a)에 중력은 돌멩이에서 에너지를 빼앗기 때문에 ($W_{중력} < 0$), 퍼텐셜에너지의 양이 증가한다($\Delta U > 0$). 내려오는 도중(그림 6.16b)에 중력은 돌멩이에 에너지($W_{중력} > 0$)를 제공하고 저장된 에너지의 양은 감소한다 ($\Delta U < 0$). $W_{중력}$과 ΔU는 에너지가 한 가지 형태에서 다른 형태로 변형되었기 때문에 총량에는 변화가 없고 부호는 반대이다.

살펴보기 6.4A 돌멩이가 공중에서 똑바로 올라가고 $y=0$에서 출발하여 위쪽으로 올라간다. y축은 위로 향한다. 공기저항은 무시하여라. (a) 중력 퍼텐셜에너지는 증가하는가, 감소하는가 아니면 변화 없이 유지되는가? (b) 운동에너지는 어떠한가? (c) 같은 축 상의 y(높이)의 함수로 운동에너지와 퍼텐셜에너지 그래프를 그려라.

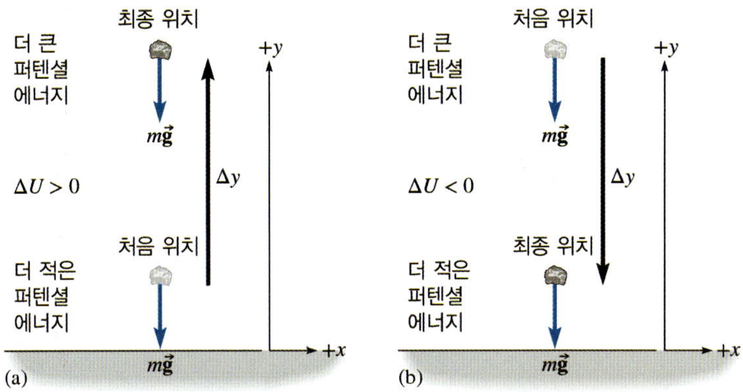

그림 6.16 (a) 돌멩이가 위로 올라갈 때 중력과 돌멩이의 운동 방향은 서로 반대이므로, 중력이 한 일은 음$^-$이다. 곧 $W_{중력} < 0$ 이다. 중력은 돌멩이에서 운동에너지를 빼앗아 중력 퍼텐셜에너지로 저장하므로 퍼텐셜에너지가 증가한다($\Delta U = -W_{중력} > 0$).

(b) 돌멩이가 내려올 때 힘이 변위와 같은 방향으로 작용하므로, 중력이 한 일은 양$^+$이다. 곧 $W_{중력} > 0$이다. 중력이 돌멩이에 운동에너지를 주기 때문에 저장되었던 퍼텐셜에너지가 감소하여 퍼텐셜에너지를 감소시킨다 ($\Delta U = -W_{중력} < 0$).

다른 형태의 퍼텐셜에너지 중력 퍼텐셜에너지 외에 다른 형태의 퍼텐셜에너지로는 탄성 퍼텐셜에너지(6.7절)와 전기 퍼텐셜에너지(17장)가 있다. 이들과 관련되는 퍼텐셜에너지를 가지는 힘을 **보존력**conservative forces이라 부른다. 모든 힘이 퍼텐셜에너지와 관계가 있는 것은 아니다. 예를 들면 '마찰 퍼텐셜에너지' 같은 것은 없다. 운동마찰이 일을 할 때 그것은 쉽게 운동에너지로 변환되지 않고 체계적인 형태가 아닌 에너지로 변환되기 때문이다.

역학적에너지

물체에 해준 일의 총량은 보존력이 한 일과 비보존력이 한 일의 합으로 표시할 수 있다. 식 (6-15)에 보인 바와 같이 한 일의 총량은 물체 운동에너지의 변화와 같으므로

$$W_{총} = W_{보존력} + W_{비보존력} = \Delta K \quad \Rightarrow \quad W_{비보존력} = \Delta K - W_{비보존력} \qquad (6\text{-}20)$$

이다. 중력에서 사용하였던 것과 같은 논리에 따라서(식 (6-17) 참조) 퍼텐셜에너지의 총 변화는 보존력이 한 일에 음의 부호를 붙인 양과 같다. 곧

$$\Delta U = -W_{\text{보존력}} \qquad (6\text{-}21)$$

이다. 식 (6-20)과 (6-21)을 결합하면 다음과 같다.

일과 역학적에너지 정리

$$W_{\text{비보존력}} = \Delta K + \Delta U = \Delta E_{\text{역학적}} \qquad (6\text{-}22)$$

운동에너지와 퍼텐셜에너지의 합($K+U$)은 **역학적에너지**mechanical energy $E_{\text{역학적}}$라 부른다. $W_{\text{비보존력}}$는 역학적에너지의 변화와 같다. 중력과 같은 보존력은 역학적에너지를 변화시키지 않는다. 보존력은 단지 한 형태의 역학적에너지를 다른 형태의 역학적에너지로 변환시킬 뿐이다. 보존력이 한 일이 퍼텐셜에너지의 변화에 관계된다는 것은 이미 이야기하였다.

보존력이라는 말은 일반적인 법칙을 이해하기 전 역학적에너지 외에 다른 에너지를 알지 못하고 있을 때부터 사용되었다. 그때는 어떤 힘은 에너지가 보존되도록 하고 어떤 힘은 그렇지 않은 것으로 생각했다. 지금은 총에너지가 항상 보존된다고 믿고 있다. 보존력이 아닌 힘은 역학적에너지를 보존하지 않지만 총에너지는 보존되게 한다.

역학적에너지의 보존

비보존력이 일을 하지 않을 때, 역학적에너지는 보존된다.

$$K_i + U_i = K_f + U_f \qquad (6\text{-}23)$$

좀 더 일반적으로 비보존력이 한 일이 역학적에너지의 변화를 일으킨다. 곧

$$W_{\text{비보존력}} = (K_f + U_f) - (K_i + U_i) \qquad (6\text{-}24)$$

또는

$$W_{\text{비보존력}} + (K_i + U_i) = K_f + U_f \qquad (6\text{-}25)$$

이다.

살펴보기 6.4B 농구공을 똑바로 던져 올리고 나서 같은 높이에서 잡았다. 공기저항 때문에 공을 던진 직후보다 잡기 직전에 속력이 약간 더 작았다. 공의 운동에너지의 처음 값과 나중 값을 비교하여라. 공의 중력 퍼텐셜에너지는 어떻게 되는가? 또한 역학적에너지는 어떻게 되는가? 역학적에너지가 변했다면 변하게 한 원인은 무엇인가?

어디를 퍼텐셜에너지 0으로 선택하는가 식 (6-22)를 적용할 때, 계산에 퍼텐셜에너지의 변화만 필요하다는 것을 주목하라. 따라서 어느 위치에서나 퍼텐셜에너지의 값을 정할 수 있다. 대부분은 임의의 편리한 곳을 선택하고 그곳에서 퍼텐셜에너지를 0으로 지정한다. 이렇게 정하고 나면 다른 곳의 퍼텐셜에너지를 식 (6-21)로 정할 수 있다.

균일한 중력장의 경우, 중력 퍼텐셜에너지는 마루 위, 책상 위, 사다리의 꼭대기 등등 편리한 점에서 0이 되도록 택할 수 있다. 그곳을 $y = 0$으로 나타내면 다른 점의 퍼텐셜에너지는 $U = mgy$이다.

중력 퍼텐셜에너지

$$U_{중력} = mgy \qquad (6\text{-}26)$$

(이때 $\vec{\mathbf{g}}$는 균일하고, y축은 위쪽을 향한다. $y = 0$에서 $U = 0$으로 정한다.)

그렇게 선택하면 $y = 0$ 위쪽에서는 퍼텐셜에너지가 양$^+$이고 아래쪽에서는 음$^-$이다. 퍼텐셜에너지의 부호에 특별한 의미가 있는 것은 아니다. 중요한 것은 퍼텐셜에너지 **변화**의 부호이다.

문제 풀이 전략 : 역학적에너지

1. 분석할 물체(또는 계)를 확인하고 물체의 처음과 나중 위치를 선택하여라.
2. 그 물체(또는 계)에 작용하는 모든 외력을 확인하여라.
3. 각각의 힘이 보존력인지 확인하여라. 보존력은 그와 연관된 퍼텐셜에너지를 가지고 있다. 보존력이 한 일은 경로에 따라 변하지 않고 물체의 처음 위치와 나중 위치에 따라서 변한다.
4. 비보존력이 한 일이 없다면, 역학적에너지 보존을 적용하여라.

$$K_i + U_i = K_f + U_f \qquad (6\text{-}23)$$

하나 이상의 퍼텐셜에너지가 변하는 경우, U_i와 U_f는 각각 그 위치에서의 퍼텐셜에너지의 합을 대신한다.

5. 비보존력이 한 일의 총량이 0이 아닌 경우, 비보존적인 일의 총량을 구하기 위해서는 각각의 비보존력이 한 일을 구한 후에 그들을 합하여라.

$$W_{비보존력} + (K_i + U_i) = K_f + U_f \qquad (6\text{-}25)$$

보기 6.5 요세미티에서 암벽등반

한 등반대원이 요세미티 계곡의 수직 절벽에서 자일을 타고 내려오고 있다(그림 6.17). 이 대원(질량 60 kg)은 높이가 12 m 인, 평평한 절벽 끝에 서 있다가 수직으로 자일을 타고 내려오고 있다. 그가 2.0 m/s 의 속력으로 바닥에 내려왔다면 이 사람과 자일 사이에 작용한 운동마찰력으로 소모된 에너지는 얼마인가? 이 지역의 중력가속도는 9.78 N/kg 이라 하고, 공기의 저항은 무시하여라.

그림 6.17 자일을 타고 12.0 m의 수직 절벽을 내려오는 등반대원

전략 이 대원에게 작용하는 힘은 중력과 운동마찰력이다(그림 6.18). 퍼텐셜에너지의 변화와 관련되지 않는 것은 운동마찰력이 한 일이다. 그러므로 역학적에너지의 변화 $\Delta K + \Delta U$는 마찰력이 한 일과 같다. 우리가 대원의 질량, 처음 속력과 나중 속력을 알고 있으므로 대원의 운동에너지 변화를 계산할 수 있다. 높이의 변화로부터 퍼텐셜에너지의 변화를 계산할 수 있다.

그림 6.18 등반대원의 자유물체도형

- 주어진 조건 : 대원의 질량 $m = 60$ kg, 높이 변화 $\Delta y = -12.0$ m, $v_i = 0$ m/s, $v_f = 2.0$ m/s, $g = 9.78$ N/kg
- 구해야 할 값 : 역학적에너지의 변화 $\Delta K + \Delta U$

풀이 $W_{비보존력} = \Delta K + \Delta U$이므로 운동에너지의 변화와 퍼텐셜에너지의 변화를 계산해야 한다. 대원은 정지 상태에서 출발했으므로 처음 운동에너지는 0이다. 따라서 운동에너지의 변화는

$$\Delta K = \frac{1}{2}mv_f^2 - \frac{1}{2}mv_i^2 = \frac{1}{2}mv_f^2 - 0$$
$$= \frac{1}{2}(60.0\text{ kg}) \times (200\text{ m/s})^2$$
$$= +120\text{ J}$$

이다. 퍼텐셜에너지의 변화는

$$\Delta U = mg\Delta y$$
$$= 60.0\text{ kg} \times 9.78\text{ m/s}^2 \times (0 - 12.0\text{ m})$$
$$= 7040\text{ J}$$

이다. 마찰력이 한 일은 역학적에너지의 변화량과 같다.

$$\Delta K + \Delta U = 120\text{ J} + (-7040\text{ J}) = -6920\text{ J}$$

마찰로 소모된 에너지(역학적에너지로부터 내부에너지로 변환된 에너지)는 6920 J이다. 대원은 장갑을 껴야 화상을 입지 않을 것이다.

검토 만일 대원이 꼭대기에 있었을 때 자일이 끊어졌다면 나중 운동에너지는 +7040 J이 되었을 것이다. 이 에너지는 최종 속력

$$v = \sqrt{\frac{K}{\frac{1}{2}\text{ m}}} = \sqrt{\frac{7040\text{ J}}{30.0\text{ kg}}} = 15.3\text{ m/s}$$

에 해당하므로 크게 다칠 것이다. 그러나 운동마찰력이 대원의 나중 속력 2 m/s에 해당하는 운동에너지 + 120 J로 줄여주었다. 대원은 무릎을 구부리며 착지함으로써 안전하게 이 운동에너지를 흡수할 수 있다.

실전문제 6.5 **공기의 저항에 의한 에너지 분산**

처음 속력 14.0 m/s로 던져 올린 공이 최고 높이 7.6 m에 이르렀다. 공이 올라가는 동안 공기의 저항으로 인해 처음 운동에너지 중에서 얼마만큼의 에너지가 흩어지는가?

보기 6.6 빠른 활강

수직 활강 고도가 78 m인 스키 코스가 있다. 속력을 제어할 줄 모르는 초보자가 이 코스를 미끄러져 내려오면서 운이 좋게 어떤 나무에도 부딪히지 않고 내려왔다고 하자. 마찰과 공기의 저항을 무시할 때, 코스의 끝부분에서 이 사람의 속력은 얼마인가?

전략 비보존력이 일을 하지 않았을 때, 역학적에너지는 변하지 않는다. 노련하게 스키를 타는 사람은 마찰력이 스키에 하는 일의 양을 조절함으로써 속력을 조절할 수 있다. 마찰이나 공기의 저항이 전혀 없다고 가정하면, 스키에 작용하는 힘은 수직항력과 중력뿐이다(그림 6.19). 수직항력은 항상 스키의 속도에 수직이므로 수직항력은 일을 하지 않아 $W_{\text{비보존력}} = 0$이다.

풀이 $W_{\text{비보존력}} = 0$이므로 역학적에너지는 변하지 않는다.

$$K_i + U_i = K_f + U_f$$

y축을 위 방향으로 선택하고, 언덕의 아래 바닥을 $y = 0$이라 두면, $y_i = 78$ m이고 $y_f = 0$이다. 따라서 두 지점의 퍼텐셜에너지는

$$U_i = mgy_i,\ U_f = 0$$

이다. 출발점에서 운동에너지가 0이라면 $K_i = 0$, $K_f = \frac{1}{2}mv_f^2$이다. 역학적에너지는 일정하다고 두면

$$0 + mgy_i = \frac{1}{2}mv_f^2 + 0$$

이다. 나중 속력에 대해 풀면 다음과 같이 된다.

$$v_f = \sqrt{2gy_i} = \sqrt{2 \times 9.80\text{ m/s}^2 \times 78\text{ m}}$$
$$= 39\text{ m/s}$$

검토 위의 풀이가 스키의 경로와는 무관함을 유의하여라. 만일 기울기가 일정하다면(그림 6.20) 뉴턴 제2법칙을 이용하여 스키 타는 사람의 가속도를 구할 수 있다. 그리고 가속도가 일정하므로 등가속도 운동방정식을 이용하여 나중 속도를 구할 수 있다.

뉴턴 제2법칙을 적용하면 나중 속력이 경사각에 따라서 변하지 않는다는 것을 알 수 있지만, 에너지 보존 법칙을 사용하는 에너지 방법은 나중 속력이 기울기가 일정할 때뿐만 아니라 어떤 경로에서든 같다는 것을 보여준다. 그러나 스키를 타는 사람이 바닥까지 내려오는 데 걸리는 시간은 코스의 모양과 길이에 따라 다르다.

나중 속력 39 m/s는 위험할 정도로 빠르다. 실제로는 마찰과 공기의 저항이 스키 타는 사람에게 음의 일을 하므로, 나중 속력은 좀 더 작아진다.

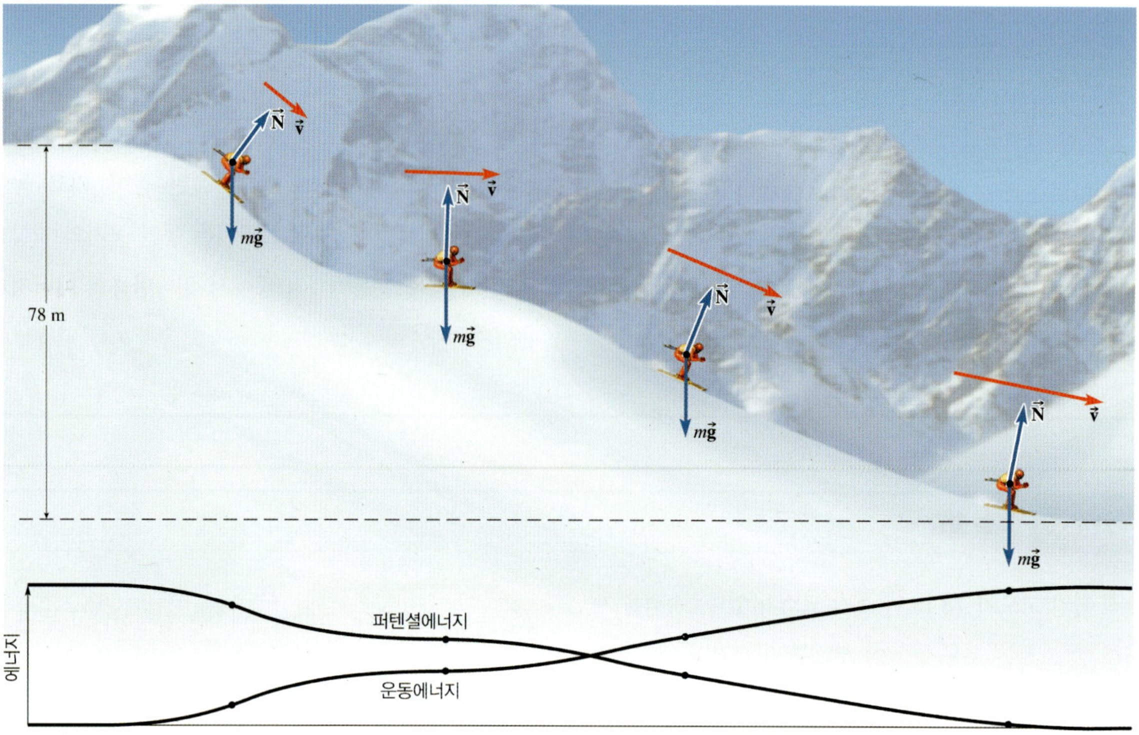

그림 6.19 마찰이 없을 때 스키어의 나중 속력은 처음과 나중의 고도에만 관계된다.

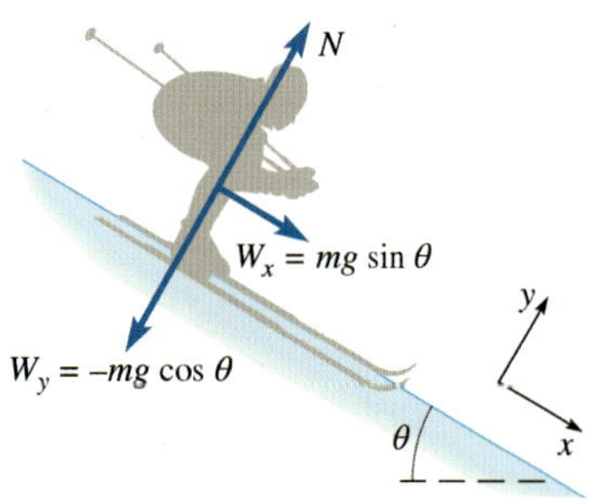

그림 6.20 기울기가 일정한 경사면에서 스키 타는 사람의 자유물체 도형

실전문제 6.6 **롤러코스터의 속력 내기**

모터가 달린 체인 구동장치로 롤러코스터를 첫 번째 언덕 위에 정지시켰다. 그 후 이 열차의 제동장치를 풀고 외부의 모터로부터 어떤 에너지도 공급받지 않는다. 롤러코스터가 지면에서 35.0 m 높이의 첫 번째 언덕 꼭대기에서 4.0 m/s로 움직인다. 지상으로부터 22.0 m 높이에 있는 두 번째 언덕의 꼭대기에 왔을 때는 롤러코스터가 얼마나 빠르게 움직이겠는가? 마찰과 공기의 저항은 무시하여라.

보존력 알아보기

보기 6.6에서와 같이 나중 속력은 코스의 형태에 따라 달라지지 않는다. 코스 형태가 가파른 활강코스거나 길고 완만한 코스, 다양한 경사가 있는 복잡한 경력자 코스, 심지어 코스가 수직으로 하강하는 코스일 수도 있지만 나중 속력은 78 m 높이 건물에서 자유낙하 하였을 때와 같다. 중력 퍼텐셜에너지의 변화는 처음 위치와 나중 위치에 따라서는 달라질 수 있지만 경로와는 무관하다. 이것이 $\Delta U = mg\Delta y$라고 쓸 수 있는 이유이다(식 (6-19)).

힘이 한 일이 경로에 무관할 때, 곧 일이 처음 위치와 나중 위치에 따라서만 변할 때는 언제나 힘이 보존적이다. 보존력에 의해서 퍼텐셜에너지로 저장된 에너지는 A 지점에서 B 지점으로 이동하는 동안 운동에너지로 되돌릴 수 있다. 에너지를 모두 되돌리면 간단히 변위를 역으로 하면 된다. 곧 $\Delta U_{B\to A} = -\Delta U_{A\to B}$이다.

마찰력이나 공기저항력 또는 다른 접촉력이 한 일은 경로에 따라 변하므로 이 힘들과 관련된 퍼텐셜에너지는 없다. 마찰력을 사용해서는 운동에너지로 완전히 복구될 수 있는 형태의 에너지를 저장할 수 없다.

6.5 궤도에서의 중력 퍼텐셜에너지 Gravitational Potential Energy for an Orbit

6.4절에서 얻은 중력 퍼텐셜에너지에 대한 표현은 중력이 일정할 때(또는 거의 일정할 때) 적용된다. 위성이 지구 주위의 궤도에 있을 때처럼 중력이 일정하지 않다면 식 (6-19)와 (6-26)을 이용할 수 없다. 대신에 뉴턴의 중력 법칙에 해당하는 중력 퍼텐셜에너지에 관한 표현을 사용해야 한다. 어떤 물체가 다른 물체에 작용하는 중력의 크기를 상기해 보자. 곧

$$F = \frac{G\,m_1 m_2}{r^2} \qquad (2\text{-}15)$$

이다. 여기에서 r은 두 물체의 중심 사이의 거리이다. 두 물체 사이의 거리의 함수로 표현한 중력 퍼텐셜에너지는 다음과 같다.

중력 퍼텐셜에너지

$$U(r) = -\frac{G\,m_1 m_2}{r} \qquad (6\text{-}27)$$

($r = \infty$일 때 $U = 0$로 정한다.)

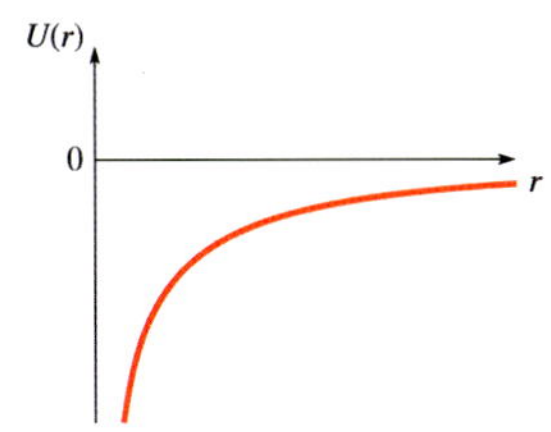

그림 6.21 두 물체의 중심 사이의 거리 r의 함수로 나타낸 중력 퍼텐셜에너지. 퍼텐셜에너지는 거리가 증가함에 따라 증가한다.

중력 퍼텐셜에너지를 r의 함수로 나타낸 그래프가 그림 6.21이다. 무한히 떨어진 곳의 퍼텐셜에너지를 0으로 정했다($U = 0$, $r = \infty$)는 것에 주목하여라. 이렇게 선택한 이유는 식을 간단히 하기 위해서이다. 다르게 선택하면 U에 대한 표현식에 상수항이 추가된

다. 이 상수항은 항상 퍼텐셜에너지의 변화에만 관련된 우리의 방정식에서는 항상 제외될 것이다. 이 선택($r=\infty$ 일 때 $U=0$)은 물체들이 서로 더 가까워질 때 퍼텐셜에너지가 감소하고 멀어질 때 증가하기 때문에, 어떠한 r의 유한한 값에 대해 중력 퍼텐셜에너지가 음의 값을 갖는다는 것을 의미한다.

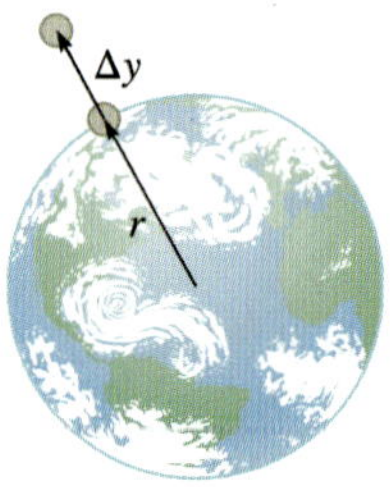

그림 6.22 지구 중심으로부터 거리 r인 곳에 있는 물체가 매우 작은 거리 Δy만큼 올라간다(그림에서는 Δy를 과장해서 그렸다).

식 (6–27)은 식 (6–19)에 모순될까? 식 (6–27)을 유도하기 위해서는 미적분을 사용해야 하지만, 미적분을 사용하지 않고도 식 (6–19)와 일치한다는 것을 증명할 수 있다. 그림 6.22와 같이 r_i에서 $r_f = r_i + \Delta y$까지 변위가 매우 작다면, 식 (6–27)로 주어지는 퍼텐셜에너지의 변화는 일정한 힘의 경우로 바뀐다.

$$\Delta U = U_f - U_i = \left(-\frac{GM_E m}{r_i + \Delta y}\right) - \left(-\frac{GM_E m}{r_i}\right) \tag{6-28}$$

식을 다시 정리하고 $GM_E m$을 공통 인자로 묶고 식 (A–4)를 참조해서 통분을 하면

$$\Delta U = GM_E m\left(\frac{1}{r_i} - \frac{1}{r_i + \Delta y}\right) = GM_E m\frac{\cancel{r_i} + \Delta y - \cancel{r_i}}{r_i(r_i + \Delta y)} \tag{6-29}$$

가 된다.

r_i에 비해 Δy가 매우 작을 때에는 $r_i + \Delta y \approx r_i$가 된다. 분모(부록 A.9 참조)에 이와 같은 근사를 취하면

$$\Delta U = m\left(\frac{GM_E}{r_i^2}\right)\Delta y \qquad (\Delta y \ll r_i) \tag{6-30}$$

가 된다. 식 (6–30)의 괄호 안은 중력장의 세기 g, 곧 물체에 작용하는 중력을 질량 m으로 나눈 것이다. 그렇게 하면 $\Delta U = mg\Delta y$가 되어 식 (6–19)와 일치한다.

살펴보기 6.5 수성이 태양을 중심으로 타원궤도를 따라 운동할 때, 태양에서 가장 가까운 점(근일점)과 가장 먼 점(원일점)에 있을 때의 역학적에너지를 비교하면 어떠한가? 근일점과 원일점에서 퍼텐셜에너지는 어떻게 다른가?

보기 6.7 수성의 궤도 속력

태양의 행성인 수성의 궤도는 타원이다. **근일점**($r_p = 4.60 \times 10^7$ km)에서 궤도 속력은 59 km/s라고 할 때, 원일점($r_a = 6.98 \times 10^7$ km)에서 수성의 궤도 속력은 얼마인가?

전략 다른 행성들에 의한 작은 중력을 무시하면 수성에 작용하는 힘은 태양에 의한 중력뿐이다. 중력은 보존력이므로 역학적에너지는 일정하다. 그림 6.23은 궤도를 그린 것이다. 원일점은 근일점보다 태양에서 멀리 떨어져 있으므로 퍼텐셜에너지가 더 크다. 운동에너지가 더 작으므로 답은 속력이 궤도 속력 59 km/s보다 작아야 한다.

- 주어진 조건 : $v_p = 5.9 \times 10^4$ m/s, $r_p = 4.60 \times 10^{10}$ m, $r_a = 6.98 \times 10^{10}$ m
- 구해야 할 값 : v_a

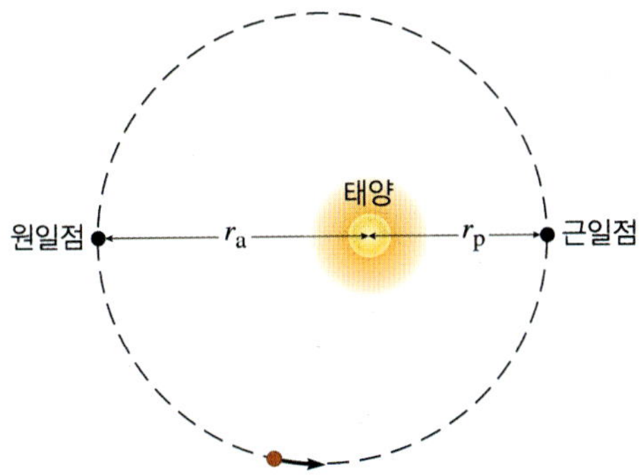

그림 6.23 수성의 궤도

풀이 역학적에너지는 일정하다.

$$K_p + U_p = K_a + U_a$$

근일점에서 수성의 운동에너지는 $K_p = \frac{1}{2}mv_p^2$이다. 여기에서 m은 수성의 질량이다. 원일점에서의 운동에너지는 $K_a = \frac{1}{2}mv_a^2$이다. 근일점과 원일점에서의 퍼텐셜에너지는 각각

$$U_p = -\frac{GM_s m}{r_p}, \qquad U_a = -\frac{GM_s m}{r_a}$$

이다. 여기에서 태양의 질량 $M_s = 1.99 \times 10^{30}$ kg이다. 에너지 보존 법칙으로부터

$$\frac{1}{2}\cancel{m}v_p^2 + \left(-\frac{GM_s\cancel{m}}{r_p}\right) = \frac{1}{2}\cancel{m}v_a^2 + \left(-\frac{GM_s\cancel{m}}{r_a}\right)$$

이다. 수성의 질량을 소거하면

$$\frac{1}{2}v_a^2 = \frac{1}{2}v_p^2 + \left(-\frac{GM_s}{r_p}\right) - \left(-\frac{GM_s}{r_a}\right)$$

$$v_a = \sqrt{v_p^2 + 2GM_s\left(\frac{1}{r_a} - \frac{1}{r_p}\right)}$$

이다. 수치를 대입하면 $v_a = 39$ km/s가 된다.

검토 예상했던 바와 같이 원일점에서의 속력은 근일점에서의 속력보다 작다.

실전문제 6.7 거리가 다른 곳의 속력

태양에서 5.80×10^7 km인 곳에 있을 때 수성의 궤도 속력은 얼마인가?

보기 6.8 탈출속력

(a) 공기저항을 무시할 때, 포물체가 지구의 인력에서 벗어나려는 경우 지표면에서 포물체의 처음 속력은 최소한 얼마여야 하는가? (b) 지구 중심으로부터의 거리 r의 함수로서 운동에너지 및 퍼텐셜에너지의 그래프를 그려라.

전략 '지구의 인력에서 벗어난다'는 것이 무엇을 의미하는가? 지구가 포물체에 작용하는 중력은 먼 거리에서 0으로 가까워지지만 결코 0에 도달하지는 않는다. 지구의 중력이 포물체를 뒤로 잡아당기더라도 포물체가 계속 지구로부터 멀어지도록 하는 처음 속력을 구해야 한다. 중력은 일정하지 않으며 포물체의 궤적은 복잡할 수 있으므로 $\sum\vec{F}=m\vec{a}$를 사용하는 것은 실용적이지 않다. 에너지로 접근하는 방식으로 시도해 보자.

포물체에 작용하는 유일한 힘은 중력이므로 역학적에너지는 일정하다. 탈출하려면 포물체가 지구에서 무한의 거리에 도달할 수 있도록 처음 운동에너지가 충분해야 한다.

풀이 (a) 역학적에너지는 일정하다.

$$K_i + U_i = K_f + U_f$$

처음에 포물체는 질량이 M인 지구 중심으로부터 R(지구의 반지름)만큼 떨어져 있으며 처음 속력 v_i로 운동한다. 나중에 포물체는 지구로부터 거리 r_f에서 속력이 v_f이다. 그리하여

$$\frac{1}{2}mv_i^2+\left(-\frac{GMm}{R}\right)=K_f+U_f$$

이다. 탈출하려면 r_f가 어떠한 값이라도 포물체가 도달할 수 있어야 한다. r_f가 커질수록 퍼텐셜에너지는 최댓값인 0에 가까워진다(수학적으로 $r_f\to\infty$, $U_f\to 0$). v_i의 최솟값이 포물체에는 충분한 에너지를 제공한다. 따라서 포물체가 가진 운동에너지가 없을 때($K_f=0$), 최대 퍼텐셜에너지에 도달할 수 있다고 가정할 수 있다. 곧

$$\frac{1}{2}mv_i^2+\left(-\frac{GMm}{R}\right)=0+0$$

이다. v_i에 대해 풀면 다음과 같다.

$$\frac{1}{2}mv_i^2+\left(-\frac{GMm}{R}\right)$$

$$\Rightarrow\quad v_i=\sqrt{\frac{2GM}{R}}=11.2\ \mathrm{km/s}$$

(b) 포물체가 지구에서 멀어짐에 따라, 퍼텐셜에너지는 증가하고 운동에너지는 감소한다. 비보존력이 작용하지 않기 때문에 그들의 합 $K+U$(역학적에너지)는 일정하게 유지된다. 퍼텐셜에너지는 거리가 증가함에 따라 0에 가까워지고, 포물체는 탈출 속력으로 발사되었기 때문에 운동에너지도 0에 가까워진다. $U(r)$의 그래프(그림 6.24)는 그림 6.21과 같다. $K+U=0$이기 때문에 $K(r)$ 그래프는 '거울상'처럼 보인다.

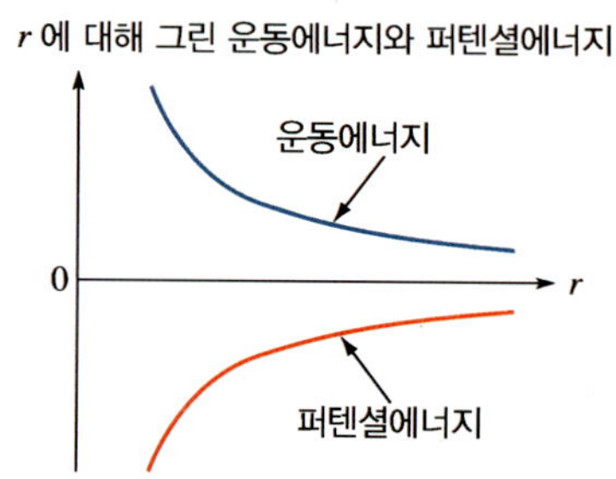

그림 6.24 공기의 저항을 무시하였을 때 지표면에서 탈출 속력으로 발사된 물체의 운동에너지와 퍼텐셜에너지를 지구의 중심으로부터 거리인 r의 함수로 나타내었다. 그래프는 $r=R$에서 시작하였다. 여기에서 R은 지구의 반지름이다. 포물체가 지구에서 멀어짐에 따라 퍼텐셜에너지가 증가하고 운동에너지는 감소하지만, 그들의 합(역학적에너지)은 일정하게 유지된다.

검토 (a)에서 구한 속력을 지구의 **탈출 속력**escape speed 이라고 한다. 운동에너지와 퍼텐셜에너지는 모두 포물체의 질량에 비례하므로 탈출 속력은 포물체의 질량과는 무관하다는 점에 유의하여라.

탈출 속력의 개념을 이용하여 지구 대기 중에 수소기체(H_2)나 헬륨기체(He)가 거의 없는 이유를 설명할 수 있다. 13장에서, 기체 분자는 기체 온도에 따라 결정되는 평균 운동에너지를 가지고 있음을 배울 것이다. 기체 혼합물에서 질량이 가장 작은 분자의 평균 속력이 가장 크기 때문에 지구 대기 중의 수소와 헬륨의 평균 속력은 대기권을 벗어날 수 있을 만큼 충분히 크다. 따라서 이들 기체는 우주로 달아나 버린다. 이와는 반대로 상당히 무거운 질소나 산소, 물 등의 분자들은 속력이 탈출 속력보다 빠른 경우가 거의 없다. 그 때문에 대기에 계속 남아있게 된다.

실전문제 6.8 **양성자의 태양 탈출**

양성자나 전자 같은 입자는 태양으로부터 모든 방향으로 계속해서 흘러나오고 있다. 그들은 태양에서 일어나는 열핵반응에서 방출되는 에너지 중 일부를 가지고 나온다. 양성자가 태양 중심으로부터 7.00×10^9 m 떨어진 거리에서 얼마나 빨리 이동해야 태양의 중력을 벗어나 태양계를 떠날 수 있는가?

6.6 변하는 힘이 한 일
Work Done by Variables Forces

지금까지는 일을 계산할 때 일정한 힘만 고려하였다. 에너지 방법은 뉴턴의 제2법칙을 사용하기 어려운, 변하는 힘을 다루는 문제를 풀이하는 데 큰 이점이 있다. 변하는 힘이 한 일은 어떻게 계산할까? 그림 6.25와 같이 합성궁compound bow을 뒤로 당기는 궁수를 생각해 보자. 합성궁은 어느 지점까지 활줄을 당기고 나면 그 이상 활줄을 잡아당겨도 힘이 증가하지 않게 되어 있기 때문에 활줄을 당기기 쉽고, 당겨진 상태를 유지하기도 쉽다.

그림 6.25 변하는 힘이 한 일의 응용 : 합성궁 당기기

줄의 위치에 따라 힘이 어떻게 변하는지 표현하는 편리한 방법은 그래프를 그리는 것이다. 그림 6.26은 활줄을 당겨서 잡고 있기 위해 얼마의 힘이 필요한지를 거리의 함수로 나타낸 것이다. 활줄을 40 cm 뒤로 당길 때 궁수가 한 일을 어떻게 계산할 수 있는가?

앞 장에서 비슷한 질문을 한 바 있다. v_x가 일정하지 않을 때 변위 Δx를 구하였던 방법을 떠올려 보자(3.2절). 주어진 시간을 일련의 짧은 시간으로 나누고 각 구간에서 일어난 변위를 합쳤다.

연결고리 $v_x(t)$의 그래프 아래 영역은 Δx이고 $a_x(t)$ 그래프 아래 영역은 Δv_x이라는 것을 어떻게 알았는지는 3.2절과 3.3절을 참조하여라.

변하는 힘 F_x가 한 일을 구하기 위해, 변위를 일련의 작은 변위 Δx로 나눈다. 그러면 각각의 작은 변위가 일어나는 동안 한 일은

$$\Delta W = F_x \Delta x \quad (6\text{-}31)$$

이다. $F_x(x)$의 그래프에서 각각의 ΔW는 높이가 F_x이고 너비 Δx인 직사각형의 넓이이다. 전체 한 일의 총량은 이 넓이들을 합한 것이다. 이러한 근사는 사각형을 좁게 쪼갤수록 정확해지고, 전체 한 일은 x_i에서 x_f까지 $F_x(x)$의 그래프 아래 넓이이다. 그래프 아래 넓이는 곡선과 수평축 사이의 넓이를 뜻한다. 이런 특별한 경우에 힘과 변위는 항상 같은 방향이어서 한 일은 양$^+$의 값을 가진다. 힘과 변위가 반대 방향이라면, 한 일은 음$^-$의 값을 가진다.

그림 6.26에서 각 직사각형의 넓이는 ($0.050\ \text{m} \times 20.0\ \text{N} = 1.0\ \text{J}$)의 일을 나타낸다. $x = 0$과 $x = 40\ \text{cm}$ 사이의 그래프 아래에 대략 36개의 직사각형이 있기 때문에 궁수가 한 일은 $+36\ \text{J}$이다.

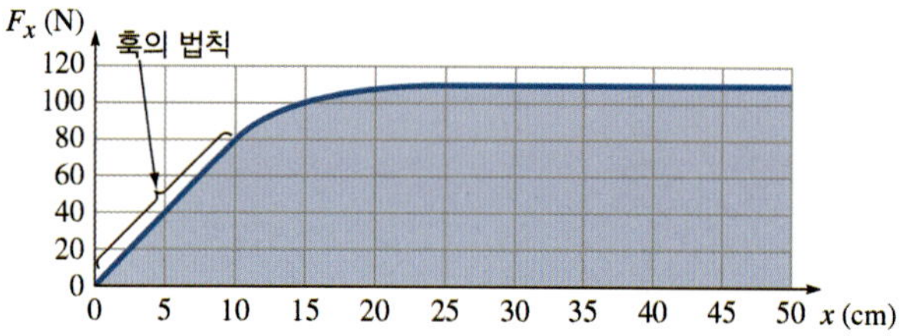

그림 6.26 합성궁을 뒤로 당기는 힘은 활이 얼마나 당겨지는지에 따라 다르다. 이 그래프에서, 각 직사각형이 나타내는 '넓이'는 $0.050\text{m} \times 20.0\ \text{N} = 1.0\ \text{J}$이다.

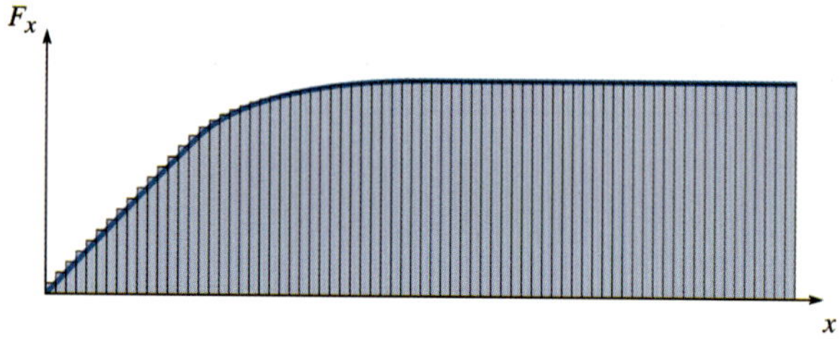

그림 6.27 각 사각형의 넓이는 작은 변위가 일어나는 동안 힘이 한 일이다. 이들 사각형의 넓이를 모두 합한 것이 한 일의 총량이 된다.

보기 6.9 활쏘기 연습

궁수가 단순궁simple bow의 활줄을 뒤로 당겨서 줄에 힘을 작용하면 활줄이 약간씩 변위를 일으키고 활도 약간 휜다. 단순궁에서의 힘과 변위의 관계 그래프가 그림 6.28에 있다. 궁수가 활줄을 뒤로 40.0 cm 당겼을 때 궁수가 활줄에 한 일을 계산하여라.

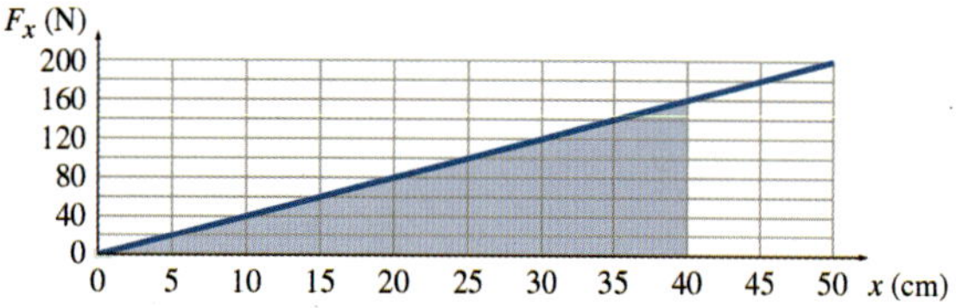

그림 6.28 단순궁에서는 활줄의 변위에 비례하는 힘이 필요하다.

전략 궁수가 한 일은 힘과 위치 그래프 아래의 넓이이다. 이번에는 사각형의 넓이를 계산하는 대신에 힘과 위치 그래프에 생긴 삼각형의 넓이를 계산할 수도 있다.

풀이 궁수가 활줄을 뒤로 40.0 cm 당기면서 한 일을 구하려고 한다. 그렇게 하면 삼각형의 밑변은 40.0 cm이고, 이때의 힘은 곧 160 N이다. 삼각형의 넓이는 밑변과 높이를 곱한 값의 절반이므로 다음과 같다.

$$W = \frac{1}{2}(0.400\ \text{m} \times 160\ \text{N}) = +32\ \text{J}$$

검토 그래프 아래의 직사각형의 수를 헤아려 검산을 해보자. 이때 삼각형은 반 개로 헤아린다. 총 32개가 있고 각각은 $20\ \text{N} \times 0.05\ \text{m} = 1.0\ \text{J}$을 나타낸다.

궁수는 활줄에 32 J의 일을 해서 활에 이 크기의 에너지를 저장하게 된다. 화살을 놓으면 활줄이 화살에 32 J의 일을 하게 되며 화살은 32 J의 운동에너지를 얻는다.

실전문제 6.9 **서서히 당기기**

그림 6.26의 합성궁을 10.0 cm 당겼다면 줄에 한 일은 얼마인가?

훅의 법칙과 이상적인 용수철

보기 6.9에서, 활줄의 변위는 궁수가 작용한 힘에 비례한다. 훅Robert Hooke, 1635~1703은 여러 물체에서 모양이나 크기의 변형은 그 변형을 일으킨 힘에 비례한다는 것을 관측하였다. 이 관측 결과를 **훅의 법칙**Hooke's law이라 부른다. 이 식은 근사식으로, 일정 한계 내에서만 타당하다. 예를 들면 그림 6.26의 합성궁은 작용한 힘이 80 N 이하일 때에만 이 법칙이 타당함을 보여준다.

대부분의 용수철은 길이를 너무 많이 줄이거나 늘이지 않으면 훅의 법칙을 적용할 수 있다. 곧 자연스러운 상태의 길이에서 늘리거나 줄인 길이는 용수철의 끝에 작용한 힘의 크기에 비례한다. **이상적인 용수철**ideal spring이라고 할 때, 이 용수철은 용수철의 질량을 무시할 수 있고 훅의 법칙이 적용되는 것임을 의미한다.

$$F = k\Delta L \qquad (6\text{-}32)$$

식 (6–32)에서 F는 용수철 양쪽 끝에 작용한 힘의 크기이며, ΔL은 용수철이 늘어나거나 줄어든 길이이다.

상수 k는 특정한 용수철의 **용수철 상수**spring constant이다. 힘의 SI 단위는 N이고 길이의 SI 단위는 m이므로, 용수철 상수의 SI 단위는 N/m이다. 용수철 상수는 그 용수철의 길이를 늘이거나 줄이기가 얼마나 어려운가를 나타내는 척도이다. 용수철의 경직도가 크면 클수록 용수철을 줄이거나 늘이기 위해서 양쪽 끝에 더 큰 힘을 가해야 하므로 용수철 상수는 더 크다. 보기 1.11은 실제 용수철의 용수철 상수를 측정한 실험을 설명한 것이다.

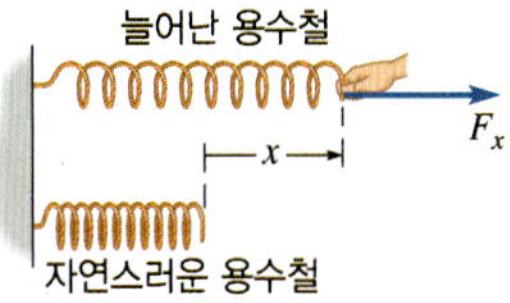

그림 6.29 이상적인 용수철이 자연스러운 길이보다 거리 x만큼 늘어나 있다.

여러 경우에 용수철에 작용한 힘보다는 용수철이 다른 물체에 작용할 수 있는 힘에 관심이 더 있다. 뉴턴의 제3법칙으로부터, 용수철 양쪽 끝에 무엇이 달려 있든지 용수철이 다른 물체에 작용할 수 있는 힘은 물체가 용수철의 끝에 작용한 힘과 크기가 같고 방향은 반대이다. 그림 6.29와 같이 이상적인 용수철이 x축에 나란하고 한쪽 끝이 고정되어 있으며, 다른 쪽 끝이 x축을 따라 움직일 수 있다고 가정해 보자. 용수철이 자연스러운 상태에 있을 때 움직일 수 있는 끝부분을 원점, 곧 $x=0$으로 택하자. 그러면 끝에 어떤 것이 매달리던지 상관없이 움직일 수 있는 끝부분이 다른 물체에 작용할 수 있는 힘은 다음과 같다.

이상적인 용수철이 다른 물체에 작용할 수 있는 힘(훅의 법칙)

$$F_x = -kx \tag{6-33}$$

(F_x는 움직일 수 있는 끝의 위치가 x일 때 다른 물체에 작용할 수 있는 힘이며, $x=0$일 때 용수철은 자연스러운 상태이다.)

식 (6−33)에서 음$^-$의 부호는 힘의 방향을 나타낸다. 용수철의 움직일 수 있는 끝은 언제나 자연스러운 상태인 위치를 향해 밀거나 당긴다. 만일 움직일 수 있는 끝이 $+x$ 방향으로 움직였다면 힘은 $x=0$을 향하여 $-x$ 방향으로 작용하고, $-x$ 방향으로 움직였다면 힘은 $x=0$을 향하여 $+x$ 방향으로 작용한다.

보기 6.10 볼트와 너트 덜어내기

철물점에서 볼트나 너트는 무더기로 무게를 달아서 판매한다. 24.0 N의 볼트를 달았을 때 가게의 용수철저울이 4.8 cm 늘어났다(그림 6.30). 이 저울의 용수철이 이상적인 것이라고 할 때 볼트의 무게를 1 N 증가시켰을 때 저울의 눈금은 몇 cm나 변하겠는가?

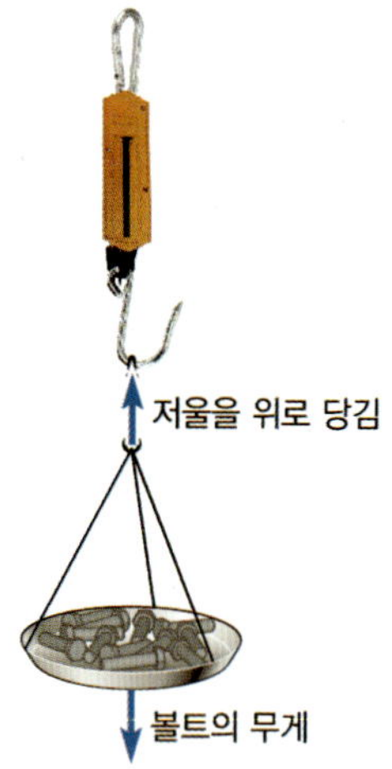

그림 6.30 볼트에 작용하는 힘. 저울 접시의 무게는 무시할 정도로 작다.

전략 볼트가 평형상태이기 때문에, 용수철저울이 24.0 N의 힘으로 그들을 위로 당긴다. 훅의 법칙과 주어진 데이터를 사용하여 용수철 상수 k를 계산할 수 있다. 그 다음에 다시 훅의 법칙을 이용하면 1 N의 힘을 가했을 때 용수철이 늘어난 길이를 구할 수 있다.

풀이 x축이 위를 가리키도록 택하자. 저울의 접시가 $x=-4.8$ cm에 있을 때 볼트에 $F_x=+24.0$ N의 힘이 작용한다. 훅의 법칙, 곧 $F_x = -kx$로부터 용수철 상수는

$$k = -\frac{F_x}{x} = \frac{-24.0\text{ N}}{-4.8\text{ cm}} = 5.0\text{ N/cm}$$

이다. 이번에는 $F_x = 1.00$N일 때, x에 대해 풀이하면

$$x = -\frac{F_x}{k} = -\frac{1.00\text{ N}}{5.0\text{ N/cm}} = -0.20\text{ cm}$$

이다. F와 x가 선형관계에 있으므로 용수철은 1 N마다 0.20 cm 늘어난다. 그러므로 1 N 눈금은 0.20 cm 만큼 떨어져 있을 것이다.

검토 다른 방식으로 풀어 보기 위해 문제를 다시 살펴보고 매 힘이 다른 물체에 작용할 때 뉴턴당 용수철이 얼마나 늘어나는가를 묻고 있음에 유의해 보자. 사실 이것은 용수철 상수의 역수이다. 용수철 상수의 역수는

$$\frac{1}{k}=\frac{x}{F}=-\frac{-4.8\ \text{cm}}{24.0\ \text{N}}=0.20\ \text{cm/N}$$

이므로 답은 타당하다. 용수철 상수에 따르면 1 cm를 늘이기 위해 5 N을 작용해야 하므로 1 N으로는 1/5 cm를 늘릴 수 있다.

실전문제 6.10 **용수철 늘이기**

보기 6.10의 저울의 접시에 16.0 N의 너트를 올려놓았다. 용수철이 얼마나 늘어나겠는가?

이상적인 용수철이 한 일

이상적인 용수철이 한 일을 계산하려면, 우선 $F_x(x)$ 그래프를 그려라(그림 6.31). 움직일 수 있는 끝부분의 위치는 늘어나지 않은 상태에서 $x=0$이다. 용수철의 움직일 수 있는 끝이 평형점($x_i=0$)에서 나중 위치 x_f까지 움직였을 때 용수철이 한 일은 밑변이 x이고 높이가 $-kx$인 음영으로 표시된 삼각형의 넓이와 같다. 곧

$$W=\frac{1}{2}(\text{밑변}\times\text{높이})=-\frac{1}{2}kx^2 \qquad (6\text{-}34)$$

이다. 그래프가 x축의 아랫부분에 있으므로 넓이는 음$^-$의 값이다. $-\frac{1}{2}kx^2$를 평균 힘 $(-\frac{1}{2}kx)$에 변위 x를 곱한 것으로 생각하여라.

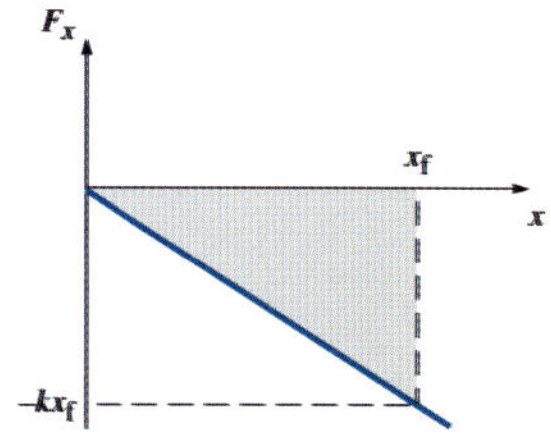

그림 6.31 용수철이 최종 위치 x_f까지 늘어났다. 용수철이 한 일은 $F_x(x)$ 그래프와 x축 사이의 넓이(음수)이다. 변위가 $+x$ 방향으로 일어나고 힘이 $-x$ 방향으로 작용하고 있으므로 일이 음$^-$이라는 것을 알 수 있다.

용수철이 평형점이 아니라 임의의 위치 x_i에서부터 움직였다면 한 일은

$$W_{\text{용수철}}=\left(-\frac{1}{2}kx_f^2\right)-\left(-\frac{1}{2}kx_i^2\right)=-\frac{1}{2}kx_f^2+\frac{1}{2}kx_i^2 \qquad (6\text{-}35)$$

이다. 용수철이 평형상태에서 출발해서 x_i를 지나서 x_f에서 멈추었다고 생각하자. 용수철이 한 일의 총량은 $-\frac{1}{2}kx_f^2$이다. 그런 다음 x_i에서 x_f까지 한 일을 구하기 위하여 용수철이 평형상태에서 x_i까지 움직일 때 한 일 $-\frac{1}{2}kx_i^2$을 뺀다. 식 (6−35)는 용수철이 늘어나거나($x>0$) 압축되거나($x<0$)에 관계없이 타당하다.

6.7 탄성 퍼텐셜에너지 Elastic Potential Energy

이상적인 용수철이 한 일(식 (6−35))은 움직일 수 있는 끝의 처음 위치와 나중 위치에 따라 변하지만, 경로에 따라서는 변하지 않는다. 따라서 이상적인 용수철이 한 일은 보존되며 그와 관련된 퍼텐셜에너지를 관련지을 수 있다. 용수철에 저장된 에너지를 **탄성 퍼텐셜에너지** elastic potential energy라 부른다.

중력의 경우와 마찬가지로 탄성 퍼텐셜에너지의 변화는 용수철이 한 일에 음⁻의 부호를 붙인 것이다(식 (6−17)과 (6−21)을 참고하여라).

$$\Delta U_{\text{탄성}} = -W_{\text{용수철}} \tag{6-36}$$

예를 들면 용수철을 압축시켜서 그것에 저장된 에너지를 증가시키면 그 끝이 용수철을 압축시킨 손에 작용하는 힘은 변위와 반대 방향이기 때문에 용수철이 음⁻의 일을 하게 된다. 이렇게 저장된 에너지는, 예를 들면 용수철로 돌멩이를 날려 보낼 때 사용하는 운동에너지로 회복된다. 원래 길이로 되돌려질 때 용수철은 돌멩이에 양⁺의 일을 해서 돌멩이의 운동에너지를 증가시킨다. 이때 저장된 에너지는 감소한다.

식 (6−35)와 (6−36)으로부터

$$\Delta U_{\text{탄성}} = \frac{1}{2}kx_f^2 - \frac{1}{2}kx_i^2 \tag{6-37}$$

가 된다. 이 계산에는 퍼텐셜에너지의 변화만 포함되었으므로 편리한 임의의 위치를 $U = 0$으로 놓을 수 있다는 것을 기억해 두자. 가장 편리한 것은 자연스러운 상태, 곧 $x = 0$일 때 $U = 0$으로 나타내는 것이다.

이상적인 용수철에 저장된 탄성 퍼텐셜에너지

$$U_{\text{탄성}} = \frac{1}{2}kx^2 \tag{6-38}$$

($x = 0$(자연스런 상태)일 때 $U = 0$이다.)

퍼텐셜에너지가 하나 이상의 형태일 때 에너지 보존

식 (6−22) $W_{\text{비보존력}} = \Delta K + \Delta U$의 에너지 보존 법칙을 적용할 때, ΔU는 모든 형태의 퍼텐셜에너지의 변화를 포함해야 한다. 우선은 두 가지 형태의 퍼텐셜에너지로서

$$\Delta U = \Delta U_{중력} + \Delta U_{탄성} \quad (6\text{-}39)$$

을 사용하면 $W_{비보존력}$은 퍼텐셜에너지에 포함된 힘 외의 다른 모든 힘이 한 일이다. $W_{비보존력} = 0$일 때, 역학적에너지 $K + U$는 일정하다.

살펴보기 6.7 용수철이 테이블 위에서 수평으로 압축되었다가 원래의 평형인 위치로 팽창하면 용수철은 어디에서 가장 큰 탄성 퍼텐셜에너지를 갖는가?

보기 6.11 다트 총

용수철 상수가 $k = 400.0\ \text{N/m}$인 그림 6.32의 다트 총에 200 g의 다트를 장전했을 때(그림 6.32a) 8.0 cm 압축되었다. 용수철을 놓았을 때(그림 6.32b) 다트의 총구 속력은 얼마인가? 마찰은 무시하여라.

전략 처음에 용수철에 저장된 탄성에너지는 용수철이 늘어남에 따라 다트의 운동에너지로 전환된다. 다트의 운동이 수평 방향으로 일어나기 때문에 중력 퍼텐셜에너지의 변화는 없다. 또 수직항력은 다트의 변위에 서로 수직이기 때문에 일을 하지 못한다. 용수철은 평형 위치로 갈 때까지 다트를 오른쪽으로 밀어낸다. 용수철이 다트를 왼쪽으로 당길 수 없다고 가정하면 다트는 용수철이 평형 위치에 있을 때 용수철에서 발사된다. 따라서 $x_f = 0$이다. 그림 6.32의 x축을 사용하면, $x_i = -8.0\ \text{cm}$이다. 다트가 정지 상태에서 출발하므로 $v_i = 0$이다. v_f의 값을 구해야 한다.

풀이 마찰을 무시했기 때문에 비보존력이 하는 일은 없다. 따라서 역학적에너지는 일정하다.

$$K_i + U_i = K_f + U_f$$

이 경우 중력 퍼텐셜에너지가 변하지 않기 때문에 이것도 무시할 수 있다. 용수철의 탄성 퍼텐셜에너지에 대한 식 (6−38)을 사용하면

$$\frac{1}{2}mv_i^2 + \frac{1}{2}kx_i^2 = \frac{1}{2}mv_f^2 + \frac{1}{2}kx_f^2$$

가 된다. $x_f = 0$과 $v_i = 0$이라고 놓으면

$$0 + \frac{1}{2}kx_i^2 = \frac{1}{2}mv_f^2 + 0$$

이다. v_f에 대해 풀이하면 다음과 같다.

$$v_f = \sqrt{\frac{k}{m}}x_i = \sqrt{\frac{400.0\ \text{N/m}}{0.0200\ \text{kg}}} \times 0.080\ \text{m} = 11\ \text{m/s}$$

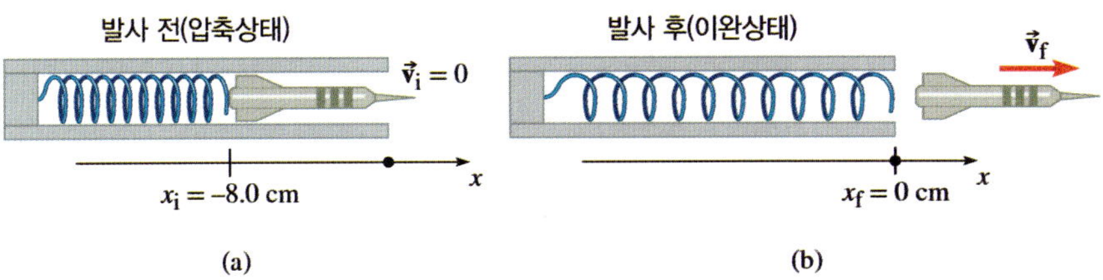

그림 6.32 (a) 발사되기 전의 다트 총, (b) 발사 직후 다트 총. 다트가 장전되어 있을 때 용수철은 8 cm 압축되었다.

검토 단위를 점검해 보면

$$\sqrt{\frac{\mathrm{N/m}}{\mathrm{kg}}}\times\mathrm{m}=\sqrt{\frac{(\mathrm{kg}\cdot\mathrm{m/s^2})/\mathrm{m}}{\mathrm{kg}}}\times\mathrm{m}=\frac{\mathrm{m}}{\mathrm{s}}$$

이다. 총구 속력이 총을 장전시켰을 때 용수철이 압축된 거리에 비례한다는 점에 주목하여라. 용수철이 반만 압축되었다면 단지 1/4만큼의 탄성에너지만 저장한다. 이는 다트가 1/4만큼의 운동에너지를 얻음을 의미하고 속력이 반이 됨을 의미한다. 같은 총으로 발사한 질량이 더 큰 다트의 총구 속력은 더 적지만 운동에너지는 같다.

실전문제 6.11 **불발**

같은 종류의 다트 총을 같은 거리(8.0 cm)까지 용수철을 압축하여 장전하였다. 이번에는 용수철이 총 안에 걸려서 압축된 거리가 4.0 cm일 때 멈춰버렸다. 그래도 다트는 총 안에서 걸려 있지 않고 발사되었다. 다트의 총구 속력을 구하여라. [힌트 : 이 경우 x_f는 얼마인가?]

에너지 보존 법칙의 응용 : 높이뛰기 사람이 점프할 때, 근육은 몸이 위쪽으로 튀어 오르도록 에너지를 공급한다. 서 있다가 가능한 한 높이 뛰어오르려고 한다면, 몸을 아래로 웅크리는 것부터 시작해야 한다는 것은 누구나 알 것이다. 그러고 나서 다리와 몸을 뻗어 위로 가속한다. 사람의 근육이 화학에너지를 역학적에너지로 변환시켰다. 훌륭한 운동선수라면 바닥에서 약 1 m 정도 뛰어오를 수 있다.

캥거루는 사람과 다른 방법을 사용한다. 사람에게 비교적 큰 근육과 짧고 경직한 힘줄이 있는 것과는 대조적으로 캥거루는 뒷다리에 길고 탄성이 큰 힘줄과 작은 근육을 가지고 있다. 캥거루는 뛰어오르기 전에 다리를 접고, 힘줄을 잡아당기기 위해 근육을 사용하며 화학에너지를 탄성 퍼텐셜에너지로 변환한다. 그리고 나서 캥거루는 용수철을 놓은 것처럼 힘줄이 제자리에 돌아오도록 재빨리 다리를 펼친다. 힘줄에 저장된 탄성에너지로 뛰어오르는 데 필요한 에너지의 대부분을 공급하고, 나머지는 캥거루의 다리 근육에서 공급한다. 이 근육은 약간의 화학에너지를 역학적에너지로 변환시킨다.

캥거루가 땅에 떨어질 때, 다리가 구부러지면서 다시 힘줄을 잡아당긴다. 따라서 이전

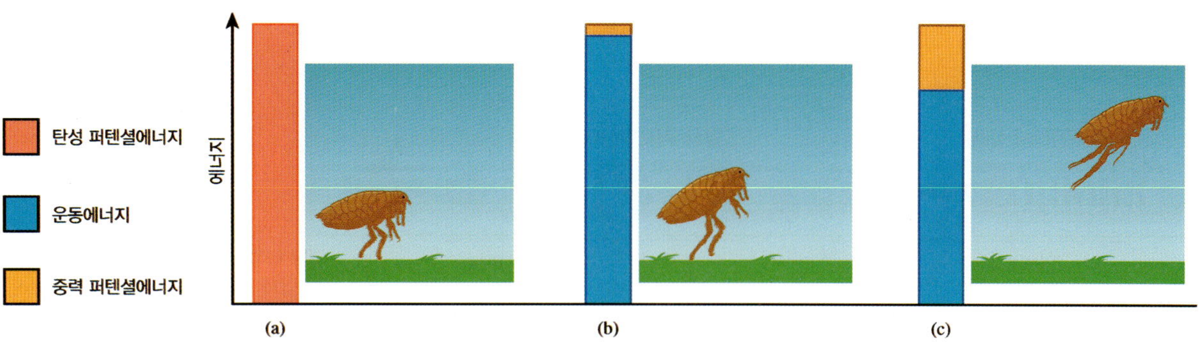

그림 6.33 벼룩의 높이뛰기에서 에너지 변환

에 뛰어오르는 동안 에너지를 모두 소모하지 않고 많은 부분을 힘줄의 탄성에너지로 다시 저장한 다음 다시 뛰어오를 때 사용한다. 이 과정이 캥거루가 연속하여 뛰어오르기 위해 근육이 공급해야 하는 에너지의 양을 줄여준다. 이렇게 하여 캥거루는 가장 효율적으로 에너지를 이용하여 이동하는 동물 중 하나가 되었다. 인체는 달리거나 뛰어내릴 때 신축성 있는 힘줄과 유연한 발 뼈에 약간의 탄성에너지를 저장하지만, 해부학적인 구조 때문에 캥거루만큼 뛸 수는 없다.

어떤 곤충은 사출기법으로 뛰어오르기를 한다. 벼룩의 관절에는 레실린(고무와 유사한 단백질)이라 불리는 탄성물질이 있다. 벼룩이 다리관절을 서서히 구부려 레실린을 늘어나게 하여 탄성에너지를 저장하고 나서 관절을 제자리에 고정시킨다(그림 6.33a). 벼룩이 뛰어오를 준비가 되었을 때, 관절이 풀리며 저장되었던 탄성에너지가 운동에너지로 재빠르게 변하면서 레실린은 빠르게 수축된다(그림 6.33b). 벼룩이 높이 올라가면 올라갈수록 운동에너지의 일부가 중력 퍼텐셜에너지로 변한다(그림 6.33c). 공기저항력과 다른 흩어지는 힘을 무시하면 뛰어오르는 동안에 총역학적에너지(운동에너지+중력 퍼텐셜에너지+탄성 퍼텐셜에너지)는 변하지 않는다.

보기 6.12 껑충껑충 뛰는 캥거루

캥거루가 힘줄을 (잡아당기지 않은 자연스런 길이에서) x_1만큼 잡아당긴 후에 뛰어오른 높이 h가 2.0 m라고 하자(그림 6.34). 힘줄을 10% 더 잡아당긴 후(잡아당기지 않은 길이의 $1.10x_1$)에는 얼마나 더 높이 뛰어오를 수 있는가? 간단한 모형으로 캥거루가 뛰는 에너지는 모두 이상적인 용수철 같은 힘줄에 저장된 탄성 퍼텐셜에너지로부터 온다고 가정하자. 이때 공기의 저항이나 다른 에너지 손실은 없다.

그림 6.34 (a) 웅크리고 뛸 준비를 하는 캥거루, (b) 최고점까지 뛰어올랐을 때의 캥거루

전략 에너지의 손실을 무시하면 역학적에너지도 변하지 않는다. 역학적에너지에 중력 퍼텐셜에너지와 탄성 퍼텐셜에너지가 포함되어야 한다. 우선은 캥거루가 똑바로 위로 뛰어오른다고 가정해 보고, 위 방향과 함께 앞으로도 나아가는 운동으로 일반화시켜 보자.

풀이 역학적에너지는 변하지 않는다.

$$K_i + U_{i,\text{중력}} + U_{i,\text{탄성}} = K_f + U_{f,\text{중력}} + U_{f,\text{탄성}}$$

처음에 캥거루가 뛰어오르기 전에 움츠렸을 때 캥거루의 운동에너지는 0이다. 편리를 위해 처음 위치에서 중력 퍼텐셜에너지를 0으로 택하자. 용수철 상수가 k인 하나의 이상적인 용수철에 탄성 퍼텐셜에너지가 저장된 것으로 생각하면 처음의 역학적에너지는

$$K_i + U_{i,\text{중력}} + U_{i,\text{탄성}} = 0 + 0 + \frac{1}{2}kx_i^2$$

이다. 여기에서 $x_{\rm i}$는 처음에 힘줄이 늘어난 길이를 나타낸다. 캥거루가 똑바로 뛰어올랐다면 가장 높이 뛰어올랐을 때 운동에너지가 0이다. 이 이상은 힘줄을 펼칠 수 없으므로 탄성 퍼텐셜에너지도 0이다. 그러나 중력 퍼텐셜에너지는 0이 아니다. 출발점 위의 높이 h에서 나중 역학적에너지는

$$K_{\rm f} + U_{\rm f,\,중력} + U_{\rm f,\,탄성} = 0 + mgh + 0$$

이다. 여기에서 m은 캥거루의 질량이다. 두 역학적에너지를 같다고 놓으면

$$\frac{1}{2}kx_{\rm i}^2 = mgh \quad \Rightarrow \quad h = \frac{kx_{\rm i}^2}{2mg}$$

이다. 상수(질량, 용수철 상수, 처음에 늘어난 길이)를 모두 알 수 없으므로 비율을 구해 보면

$$\frac{h_2}{h_1} = \frac{\cancel{k}x_2^2/(2\cancel{mg})}{\cancel{k}x_1^2/(2\cancel{mg})} = \frac{x_2^2}{x_1^2}$$

이다. 늘어난 길이를 10% 증가시키면, $x_2 = 1.10x_1$이고

$$h_2 = \left(\frac{x_2}{x_1}\right)^2 h_1 = (1.10)^2 h_1$$
$$= 1.21 \times 2.0 \text{ m} = 2.4 \text{ m}$$

이다. 결국은 힘줄을 10 % 더 잡아당기면 캥거루는 21 % 더 높이 뛰어오른다.

캥거루가 뛸 때, 곧장 위로만 뛰지 않는다. 또 다른 각도로 캥거루가 뛰어도 높이는 계속 21 % 더 높을까? 캥거루가 공기의 저항이 없을 때 한번 뛸 때마다 가장 멀리 갈 수 있는 각도인 45°로 땅에서 뛰어올랐다고 상상해 보자. 처음에는 힘줄의 탄성에너지가 운동에너지로 변환된다. 이번에는 운동에너지가 전부 중력 퍼텐셜에너지로 전환되지 않는다. 최고 높이에서 캥거루는 앞으로 계속 운동하기 때문에, 운동에너지는 0이 아니다. 처음 속도를 성분으로 분해할 수 있다.

$$v^2 = v_x^2 + v_y^2 = 2v_x^2$$

캥거루가 45°로 땅에서 뛰어올랐기 때문에 $v_x = v_y$이다. 최고 높이에 도달했을 때 운동에너지는 처음 운동에너지의 절반인 $\frac{1}{2}mv_x^2$이다. 결국은 힘줄의 탄성 에너지의 절반이 중력 퍼텐셜에너지로 변환된다.

$$\frac{1}{2} \times \left(\frac{1}{2}kx_{\rm i}^2\right) = mgh$$

이다. 이 경우에도 h가 $x_{\rm i}^2$에 비례하므로 캥거루가 힘줄을 10 %쯤 더 늘이면 뛰어오른 높이는 21 % 정도 더 높아진다.

검토 힘줄에 탄성에너지를 저장하는 것은 캥거루가 '연비'를 늘이기 위한 현명한 방법이다. 그러한 에너지 저장 시스템이 아니라면 캥거루의 역학적에너지의 대부분은 한번 뛰고 나면 복구할 수 없는 에너지 형태로 전환되고 말 것이다. 힘줄은 잃을 수도 있는 에너지 일부분을 저장하였다가 다음에 뛰어오를 때 도움이 되도록 방출한다. 땅에 내려설 때마다 역학적에너지를 덜 잃게 되므로 캥거루 근육이 공급하는 에너지는 그렇게 하지 않을 경우 공급해야 하는 것보다 적다. 사람도 달릴 때 이와 비슷한 에너지 저장 방법을 사용한다(연습문제 59 참조).

실전문제 6.12 **새끼 캥거루와 함께 뛰기**

어미 캥거루가 주머니 속에 새끼 캥거루를 넣고 있다고 하자. 새끼의 질량이 어미의 1/6까지 성장하였다면 어미가 새끼 캥거루와 함께 뛸 수 있는 높이는 얼마나 될까? 새끼 캥거루 없이 뛰어오를 수 있는 높이는 2.8 m라고 가정하여라.

6.8 일률 Power

때로는 에너지 보존의 비율이 중요할 때가 있다. 예를 들어 스포츠카를 구입할 때, 판매원에게 엔진이 얼마나 많은 일을 할 수 있는지 묻지는 않을 것이다. 매일 사용하는 경차는 대부분의 시간을 차고에서 보내는 스포츠카보다 더 많은 일을 할 수 있다. 그러나 스포츠카는 경차가 할 수 있는 것보다 더 빠른 속도로 일을 한다. 곧 스포츠카가 더 빠른 비율로 휘발유의 화학에너지를 차의 역학적에너지로 바꾼다. 스포츠카의 최대 역학적에너지 출력이 더 크다. 에너지 전달 비율은 **일률**Power, P라고 부른다. 평균 일률은 전달된 에너지의 양(ΔE)을 전달되는 데 걸리는 시간(Δt)으로 나눈 것이다.

평균 일률

$$P_{평균} = \frac{\Delta E}{\Delta t} \tag{6-40}$$

일률의 SI 단위인 단위 시간당 줄은 증기기관의 효율을 크게 향상시킨 스코틀랜드 발명가인 와트James Watt, 1736~1819의 이름을 따서 **와트**watt, W라고 부른다(1 W = 1 J/s). 기호 W는 일을 나타내는 것이 아니고 와트를 나타낸다는 것을 기억해 두어라. 미국에서는 주로 전동기나 자동차 엔진의 최대 출력을 일률의 SI 단위가 아닌 마력(hp)으로 나타낸다(1 hp = 746 W).

킬로와트시(kW · h)는 일률의 단위가 아니라 에너지의 단위이다. 1 kW · h는 1시간 동안 1 kW의 일정한 비율로 전달되는 에너지의 양을 뜻하는 에너지 단위이다. kW · h는 전력공사에서 소비자가 사용한 전기에너지의 양을 측정하기 위해 흔히 사용하는 단위이다.

짧은 시간 Δt 동안 일정한 힘이 한 일은

$$W = F\Delta r\cos\theta \tag{6-2}$$

이다. 이 식에서 변위의 크기는

$$\Delta r = v\Delta t$$

이다. 그러면 힘과 속도로부터 일률을 알 수 있다.

$$P = \frac{\Delta W}{\Delta t} = F\frac{\Delta r\cos\theta}{\Delta t} = F\frac{\Delta r}{\Delta t}\cos\theta = Fv\cos\theta \quad (6\text{-}41)$$

순간 일률(일을 한 비율)

$$P = Fv\cos\theta \quad (6\text{-}42)$$

(여기에서 θ는 $\vec{F}$와 $\vec{v}$ 사이의 각이다.)

식 (6−42)는 스칼라곱을 사용해서 쓸 수 있다. 곧 $P = \vec{F}\cdot\vec{v}$이다.

보기 6.13 세균의 추진력

박테리아는 물속에서 스스로 나아가기 위해, 운동을 저지하는 항력을 극복할 수 있도록 나선형 편모를 회전 모터처럼 회전시킨다. 박테리아가 $80\,\mu m/s$의 일정한 속도로 움직이고 항력이 $0.125\,\mu N$이라면, 이 모터의 출력은 얼마인가?

전략 등속도로 움직일 때 박테리아의 운동에너지는 일정하다. 그러므로 모터는 항력에 의한 에너지 소모와 같은 비율로 일을 해야 한다.

풀이 항력이 에너지를 소모하는 비율은

$$P_{항력} = F_{항력}v\cos\theta$$

이다. 항력은 속도와 반대 방향이므로 $\theta = 180°$이고 $P_{항력} = -F_{항력}v$이다. 운동에너지는 변하지 않는다. 그러므로 모터의 출력은 다음과 같다.

$$P_{총} = P_{항력} + P_{모터}$$

$$P_{모터} = +F_{항력}v = 0.125\,\mu N \times 80\,\mu m/s = 1.0\times10^{-11}\ W$$

검토 또 다른 전략은 모터가 박테리아에 가하는 힘을 구하는 것이다. 총힘은 0이므로, $F_{항력} + F_{모터} = 0$이다. 따라서 모터는 속도의 방향으로 $0.125\,\mu N$의 힘을 가한다. 출력은

$$P_{모터} = F_{모터}v\cos 0 = 1.0\times10^{-11}\ W$$

이다. 이러한 결과는 출력이 미약한 것처럼 보일 수 있지만, ATP adenosine triphosphate라는 한 분자의 분해로 방출되는 에너지는 약 5×10^{-20} J이므로 모터는 매 초낭 2×10^{8}개의 ATP 분자를 분해해야 한다.

실전문제 6.13 근육의 출력

근육에 장력을 가하기 위해, 미오신 분자myosin molecule는 약 1 pN의 힘으로 액틴 필라멘트actin filament를 잡아당긴다. 액틴 필라멘트가 $2\,\mu m/s$로 움직인다면 이 분자 모터의 출력은 얼마인가?

보기 6.14 언덕을 오르는 차에 대한 공기의 저항

1000 kg인 자동차가 4.0°의 경사진 언덕을 12.0 m/s의 일정한 속력으로 올라가고 있다(그림 6.35). (a) 중력 퍼텐셜에너지는 얼마의 비율로 증가하는가? (b) 엔진의 출력이 20.0 kW라 할 때, 차에 작용하는 공기저항력을 구하여라(공기저항이 모든 에너지 손실의 원인이라고 가정한다).

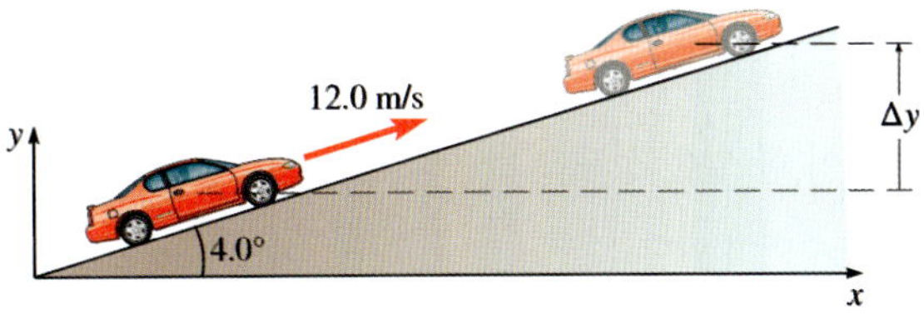

그림 6.35 일정한 속력으로 언덕을 오르는 자동차

전략 (a) 두 가지 방법으로 중력 퍼텐셜에너지의 증가율을 구할 수 있다. 하나는 임의 시간 Δt 동안에 퍼텐셜에너지의 변화량을 구하고 이를 시간 Δt으로 나누는 것이다. 그것은 평균 일률의 정의를 이용하는 것과 같다(식 (6-40)). 다른 방법은 중력이 한 일의 비율을 구하기 위해 식 (6-42)를 이용하는 것이다.

(b) 차가 일정한 속력으로 운동하므로 차의 운동에너지는 변하지 않는다. 그러므로 임의 시간 동안에 엔진이 한 일($W_{엔진}$)과 공기의 저항이 한 (음$^-$ 의) 일($W_{공기}$)의 합은 중력 퍼텐셜에너지가 증가한 양과 같다.

- 주어진 조건 : 차의 질량 = 1000 kg, $v = 12.0$ m/s
  경사도 4.0°
- 구해야 할 값 : (a) 퍼텐셜에너지 변화율 $\Delta U/\Delta t$
  (b) 공기저항력 $\vec{\mathrm{F}}_{공기}$

풀이 (a) 작은 고도 변화 Δy에 대해, 퍼텐셜에너지의 변화량은

$$\Delta U = mg\Delta y$$

이다. 따라서 퍼텐셜에너지 변화율은

$$\frac{\Delta U}{\Delta t} = \frac{mg\Delta y}{\Delta t} = mg\frac{\Delta y}{\Delta t} = mgv_y$$

이다. 여기에서 $v_y = \Delta y/\Delta t$는 속도의 y 성분이다. 그림 6.36으로부터, $v_y = v\sin\phi$이고 $\phi = 4.0°$이다. 그러면 다음과 같다.

$$\begin{aligned}\frac{\Delta U}{\Delta t} &= mgv\sin\phi \\ &= 1000\text{ kg} \times 9.80\text{ m/s}^2 \\ &\quad \times 12.0\text{ m/s} \times \sin 4.0° \\ &= 8200\text{ W}\end{aligned}$$

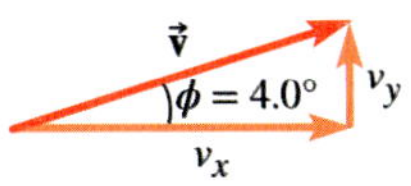

그림 6.36 속도를 x 성분과 y 성분으로 분해

(b) 임의의 시간 Δt 동안에 엔진이 한 양$^+$의 일과 공기의 저항이 한 음$^-$의 일의 합은 중력 퍼텐셜에너지의 증가량과 같아야 한다.

$$W_{총} = W_{엔진} + W_{공기} = \Delta U$$

각 항을 Δt로 나누면

$$\frac{W_{엔진}}{\Delta t} + \frac{W_{공기}}{\Delta t} = \frac{\Delta U}{\Delta t} \Rightarrow P_{엔진} + P_{공기} = \frac{\Delta U}{\Delta t}$$

이다. 여기에서 $P_{엔진}$과 $P_{공기}$는 각각 엔진의 출력과 공기의 저항이 차에 한 음$^-$의 일의 비율을 나타낸다. 그러면

$$\begin{aligned}P_{공기} &= \frac{\Delta U}{\Delta t} - P_{엔진} \\ &= 8.2\text{ kW} - 20.0\text{ kW} \\ &= -11.8\text{ kW}\end{aligned}$$

이다. 그러므로 매초 엔진이 공급하는 20.0 kJ의 역학

적에너지 중에서 8.2 kJ은 중력 퍼텐셜에너지로 사용되고 11.8 kJ은 공기를 밀어내는 에너지로 사용된다.

차에 작용하는 공기의 저항력 $\vec{F}_{공기}$의 방향은 차의 속도와 반대 방향이다. 그러므로

$$P_{공기} = F_{공기} v \cos 180° = - F_{공기} v$$

이다. 이를 $F_{공기}$에 대해 풀면

$$F_{공기} = - \frac{P_{공기}}{v} = - \frac{-11\,800 \text{ W}}{12.0 \text{ m/s}} = 983 \text{ N}$$

검토 중력이 한 일률을 구하기 위해 식 (6-42)를 이용하여 (a)를 검산할 수 있다. $P = Fv\cos\theta$이고, 여기에서 $F = mg$이다. 각도 θ는 ϕ와 같지 않다. 식 (6-42)에서 θ는 힘과 속도 벡터가 이루는 각으로서 94.0°이다(그림 6.37). 그러므로

$$\begin{aligned} P &= mgv \cos 94.0° \\ &= 1000 \text{ kg} \times 9.80 \text{ m/s}^2 \times 12.0 \text{ m/s} \times \cos 94.0° \\ &= -8200 \text{ W} \end{aligned}$$

이다. 중력은 차에 −8200 W의 비율로 일을 한다. 이것은 퍼텐셜에너지가 +8200 W의 비율로 증가한다는 것을 알려준다.

또한 평지에서 12.0 m/s로 움직이려면 엔진의 출력이 얼마가 되어야 하는가를 계산할 수 있다. 퍼텐셜에너지의 변화 없이 엔진의 출력이 모두 공기를 휘젓는 데 사용되므로 $P_{엔진} + P_{공기} = 0$이다. 속력이 같으므로 공기저항력의 크기도 같다(983 N). 그러면 공기의 저항은 이전과 같은 비율로 에너지를 소모한다.

$$\begin{aligned} P_{공기} &= -F_{공기} v = -983 \text{ N} \times 12.0 \text{ m/s} \\ &= -11.8 \text{ kW} \end{aligned}$$

그러므로 $P_{엔진} = 11.8$ kW이다. 평지에서 중력 퍼텐셜에너지는 증가하지 않는다. 그러므로 엔진은 차의 속력을 늦추는 공기의 저항이 한 일을 상쇄할 만큼만 일을 해주어야 한다.

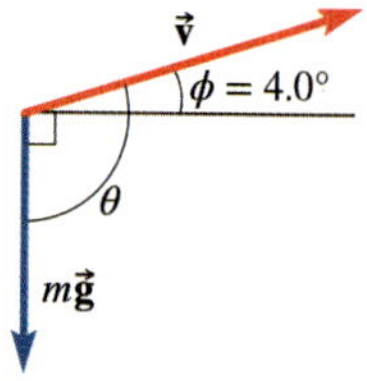

그림 6.37 힘과 속도 사이의 각도는 94.0°이다(잘 보이도록 각도를 과장해서 그렸다).

여기에서는 엔진의 출력이 전부 차를 앞으로 추진시키는 바퀴에 전달된다고 가정하였다. 실제로는 엔진 출력의 일부는 전조등이나 라디오, 와이퍼와 같은 보조 장치를 가동시키는 데 이용된다. 엔진, 변속기, 동력전달 계통에서 움직이는 부분의 마찰도 실제로는 바퀴에 전달되는 출력을 줄어들게 한다.

실전문제 6.14 **평지와 내리막길에서 자동차 엔진의 기계적 출력**

4.0°의 경사로에서 12 m/s의 속력으로 내려갈 때 엔진은 얼마의 기계적 출력을 내야 하는가? (이것은 보기 6.14에서와 같은 속력이므로, 공기의 저항력은 같다.)

6.1 -68 kJ

6.2 43 N, 4500 J, 영희는 더 큰 힘으로 잡아당기지만 변위 방향의 성분이 더 작아진다.

6.3 $(2.5m)(1.50v)^2/(mv^2)=5.6$

6.4 29 m/s

6.5 0.24

6.6 16.5 m/s

6.7 48 km/s

6.8 195 km/s

6.9 4.0 J

6.10 3.2 cm

6.11 9.8 m/s

6.12 2.4 m

6.13 2×10^{-18} W

6.14 3.6 kW

6.2 힘은 변위에 수직이다.

6.3A 운동에너지는 결코 음⁻이 될 수 없다. 일은 양수, 음수 또는 0일 수 있는데, 이는 운동에너지가 증가, 감소 또는 동일하게 유지될 수 있기 때문이다.

6.3B (b), (c), (a)=(e), (d)

6.4A (a) 중력 퍼텐셜에너지는, 돌이 지면 위의 가장 높은 지점에 도달하여 최댓값이 될 때까지 증가한다. (b) 운동에너지는 퍼텐셜에너지가 증가함에 따라 감소한다. 가장 높은 지점에서는 0이다.

(c)

위로 던진 돌멩이의 운동에너지와 퍼텐셜에너지를 높이의 함수로 나타낸 그래프

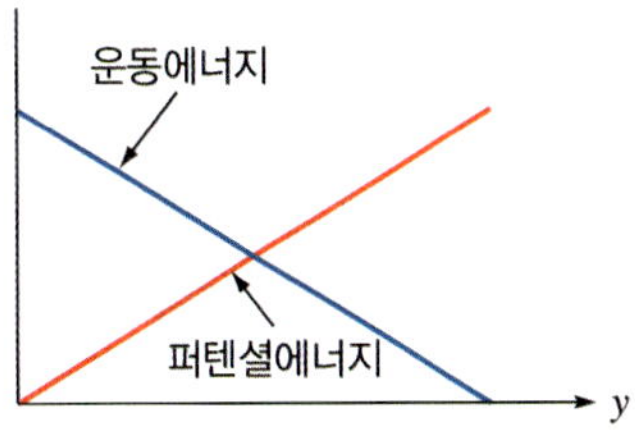

6.4B 최종 운동에너지는 최종 속력이 더 작아지기 때문에 더 작아진다. 초기 및 최종 퍼텐셜에너지는 동일한데 공이 같은 높이에 있기 때문이다. 최종 역학적에너지는 초기보다 작다. 역학적에너지의 감소는 공기저항력이 비보존적인 일을 하기 때문이다. 공의 역학적에너지 중 일부는 공이 공기를 휘저을 때 다른 형태로 변환된다.

6.5 역학적에너지는 수성의 궤도 전체에서 동일하다. 운동에너지는 근일점에서 가장 큰데, 퍼텐셜에너지가 가장 작기 때문이다.

6.7 최대 압축 상태일 때 탄성 퍼텐셜에너지가 최대가 된다.

07

찾아가보기

- 보존 법칙 (6.1절)
- 뉴턴의 운동 제3법칙 (2.5절)
- 그래프 아래의 넓이 (3.2절, 3.3절, 6.6절)
- 뉴턴의 운동 제2법칙 (3.3절)
- 속도 (3.2절)
- 벡터의 성분 (2.3절)
- 벡터 뺄셈 (3.1절)
- 운동에너지 (6.3절)

선운동량

Linear Momentum

차량 충돌 사고 후에 현장 조사반이 와서 차량이 도로에서 미끄러진 거리(스키드마크의 길이)를 측정한다. 이 정보로부터 어떻게 차가 미끄러지기 직전의 속도를 추정해 낼 수 있을까?

생명과학 응용

- 부상으로부터 신체 보호 (보기 7.2, 7.3, 실전문제 7.2)
- 오징어의 제트 추진 (보기 7.5)
- 심장탄도법 (7.4절)
- 임산부의 질량중심 (문제 17)
- 분자 모터 (문제 48)

7.1 벡터 보존 법칙 A Conservation Law for a Vector Quantity

지금까지는 물체에 작용하는 알짜힘을 구하고, 이 운동에 관한 뉴턴의 제2법칙을 적용함으로써 물체의 가속도를 결정하는 방법을 배웠다. 만약 힘이 일정하다면, 등가속도로부터 속도와 위치의 변화를 계산할 수 있다. 반면 힘이 일정하지 않을 때 속도와 위치의 변화를 계산하는 것은 매우 어렵다. 많은 경우, 힘을 결정하는 것조차 쉽지 않다. 물체에 작용하는 힘에 대한 자세한 것을 알지 못하더라도, 에너지 보존은 우리가 운동에 대해 결론을 내릴 수 있도록 해주는 하나의 좋은 도구이다. 예를 들면, 에너지 보존을 사용하여 물체가 선택한 경로에 대한 정보 없이 발사체의 탈출 속력을 쉽게 계산할 수 있다. 이제 이동 경로에 따라 크기와 방향이 변하는 중력이 작용할 때 뉴턴의 제2법칙을 사용하여 선택한 경로를 따라가며 같은 계산을 하는 것이 얼마나 어려울 것인지 생각해 보자.

이 장에서 또 다른 보존 법칙을 다루게 된다. 보존 법칙은 강력한 도구이다. 만약에 어떤 양이 보존된다면, 상황이 아무리 복잡하더라도 처음 시각에서의 보존되는 양의 값과 시간이 지난 후 그 값을 같게 놓을 수 있다. 우리는 보존 법칙의 '적용 전과 후'의 상태로부터 모든 사항을 세밀하게 알 수 없는 복잡한 상호작용의 결과를 끌어낼 수 있다.

연결고리 보존 법칙은 에너지와 같은 스칼라양 또는 운동량과 같은 벡터양을 포함할 수 있다.

에너지가 스칼라양인 것과 대조적으로, 보존되는 새로운 물리량인 운동량은 벡터양이다. 운동량이 보존될 때 운동량의 크기와 방향은 둘 다 일정해야만 한다. 달리 말하자면 운동량의 x 성분과 y 성분 모두 일정해야 한다. 하나 이상의 물체의 전체 운동량을 구할 때는, 항상 벡터를 더하는 방식에 따라 운동량 벡터를 더해야 한다.

7.2 운동량 Momentum

스포츠 중계방송에서 운동량이란 단어를 자주 들을 수 있다. 어떤 스포츠방송 진행자가 "홈팀이 다섯 경기를 연속해서 이겼습니다. 홈팀이 유리한 운동량을 가지고 있습니다." 라고 말하는 것을 들은 적이 있을지도 모른다. '운동량'을 가진 팀은 중지시키기가 어렵다. 그들은 연전연승을 향해 나아가고 있다. 럭비공을 팔로 감싸 안은 채 골라인을 향해 달려가는 럭비 선수는 운동량을 갖는다. 그는 정지하기 어렵다. **운동량**이란 단어를 이렇게 사용하는 것이 물리학적 표현에 더 가깝다. 물리학에서는 달리는 사람이 운동량을 갖

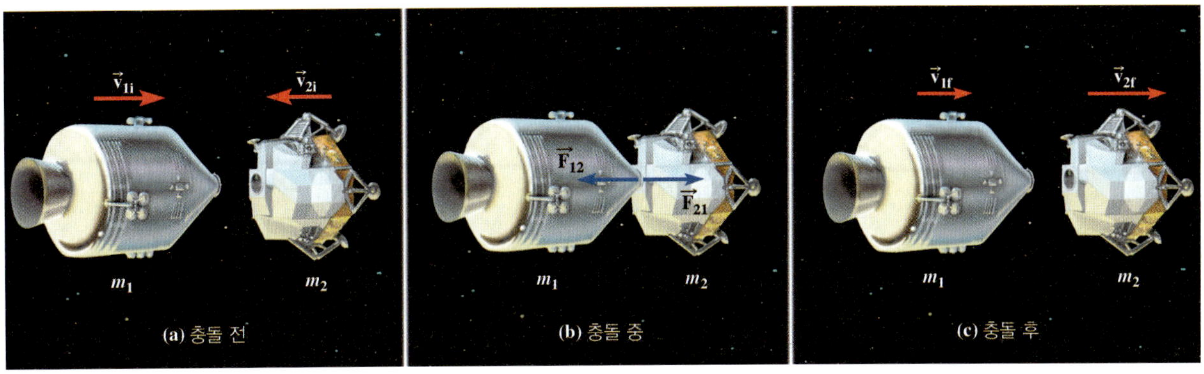

그림 7.1 (a) 충돌 직전의 두 우주선. (b) 충돌하는 동안 크기가 같고 방향이 반대인 힘이 상대편 우주선에 작용한다. (c) 충돌 후 우주선의 속도

는다고 말한다. 그렇지만 우리는 운동량에 대한 엄밀한 정의를 알고 있어야 한다.

일상에서 사용할 때 운동량이란 속도뿐만 아니라 질량과도 연관이 있다. 속도가 같을 때 달려오는 아이와 방어선의 럭비 선수 중 누구와 충돌하는 편이 낫다고 생각하는가? 그들의 속도가 같더라도 아이는 럭비 선수보다 훨씬 작은 운동량을 갖는다.

물리학에서 질량과 속도를 결합한 양이 쓸모가 있지 않을까? 두 우주선 간의 충돌을 생각해 보자(그림 7.1). 두 우주선이 행성과 별로부터 멀리 떨어져 있어 천체와의 중력 작용을 무시할 수 있다고 하자. 우주선은 접촉하는 동안 서로에게 힘을 미친다. 뉴턴의 제3법칙에 따르면, 이 힘들은 크기가 같으며 반대 방향이다. 우주선 1이 우주선 2에 가하는 힘($\vec{F}_{21}$)은 우주선 2에 의해 우주선 1에 가해지는 힘($\vec{F}_{12}$)과 크기가 같고 방향은 반대이다.

$$\vec{F}_{21} = -\vec{F}_{12}$$

두 우주선의 질량이 서로 다르면, 이 둘의 **속도** 변화는 **같지 않고** 서로 반대로 나타난다. 커다란 우주선(질량 m_1)이 훨씬 작은 우주선(질량 $m_2 \ll m_1$)과 충돌할 때, 두 우주선이 접촉하는 시간 간격 Δt 동안에는 두 힘이 시간에 따라 변하지 않고 일정하다고 하자. 아무리 두 힘의 크기가 같더라도 두 우주선의 질량이 서로 다르므로 두 우주선의 가속도 크기는 서로 다르다. 질량이 큰 우주선의 가속도가 더 작다.

두 우주선의 가속도 때문에

$$\Delta\vec{v} = \vec{a}\Delta t = \frac{\vec{F}}{m}\Delta t \tag{7-1}$$

만큼 속도가 변한다. 시간 간격 Δt는 두 우주선이 상호작용하는 시간이므로 이 시간은 두 우주선이 같아야만 한다.

속도의 변화는 질량에 반비례하므로, 상호작용하는 두 물체에 대해 질량과 속도를 곱한 값의 변화는 그 크기가 같고 반대 방향이다.

$$m_1 \Delta \vec{v}_1 = \vec{F}_{12} \Delta t \quad (7\text{-}2)$$

$$m_2 \Delta \vec{v}_2 = \vec{F}_{21} \Delta t = \left(-\vec{F}_{12}\right) \Delta t = -\left(m_1 \Delta \vec{v}_1\right) \quad (7\text{-}3)$$

이러한 통찰은 매우 유용하므로 질량과 속도의 곱에 **선운동량**linear momentum(기호 $\vec{p}$, SI 단위는 kg·m/s)이라는 이름과 기호를 부여한다. 선운동량(간단히 줄여서 '운동량')은 속도와 같은 방향의 벡터양이다.

선운동량의 정의

$$\vec{p} = m\vec{v} \quad (7\text{-}4)$$

두 우주선이 서로 충돌할 경우 이들의 운동량이 변화되는데, 그 크기는 서로 같고 방향은 반대이다.

$$\Delta \vec{p}_2 = -\Delta \vec{p}_1 \quad (7\text{-}5)$$

연결고리 뉴턴의 제3법칙은 상호작용이 일어나는 동안, 운동량이 한 물체에서 다른 물체로 전달되는 것을 말한다.

두 물체 사이의 상호작용에서, 어떠한 경우든 운동량은 한 물체에서 다른 물체로 전달될 수 있다. 두 물체의 운동량 변화는 항상 그 크기가 같고 반대 방향이므로, 상호작용을 하더라도 두 물체의 총운동량은 변하지 않고 일정하다(총운동량이란 각 물체의 운동량 벡터의 합을 말한다).

보기 7.1은 속도가 변하는 물체의 운동량 변화를 구하는 문제이다. 운동량이 벡터양이므로 운동량의 변화는 운동량의 크기를 뺀 것이 아니라 운동량 벡터를 뺀 것으로부터 구할 수 있다.

보기 7.1 달리는 자동차의 운동량 변화

무게가 12 kN인 자동차가 북쪽으로 30.0 m/s로 달리고 있다. 잠시 후 급커브를 돌아 동쪽으로 13.6 m/s로 달리고 있다. 이 자동차의 운동량 변화는 얼마인가?

전략 운동량의 정의는 $\vec{p} = m\vec{v}$이다. 자동차의 질량을 구하는 것부터 시작할 수 있다. 여기에는 두 가지의 함정이 있을 수 있다.

1. 운동량은 무게가 아니라 질량과 관계된다.
2. 운동량은 벡터이므로 크기뿐만 아니라 방향까지도 고려해야 한다. 운동량의 변화를 구하기 위해서는 벡터의 뺄셈을 할 필요가 있다.

풀이 자동차의 질량은

$$m = \frac{W}{g} = \frac{1.2 \times 10^4\ \text{N}}{9.8\ \text{m/s}^2} = 1220\ \text{kg}$$

이다. 자동차의 처음 속도는

$$\vec{v}_i = 30.0\ m/s,\ 북쪽$$

이다. 따라서 자동차의 처음 운동량은

$$\vec{p}_i = m\vec{v}_i = 1220\ kg \times 30.0\ m/s,\ 북쪽$$

$$= 3.66 \times 10^4\ kg \cdot m/s,\ 북쪽$$

이다. 커브를 돌아간 후, 나중 속도는

$$\vec{v}_f = 13.6\ m/s,\ 동쪽$$

이다. 나중 운동량은 다음과 같다.

$$\vec{p}_f = m\vec{v}_f = 1220\ kg \times 13.6\ m/s,\ 동쪽$$

$$= 1.66 \times 10^4\ kg \cdot m/s,\ 동쪽$$

운동량 벡터를 더하거나 빼는 방법은 다른 벡터와 같다. 운동량 변화를 구하기 위해 그림 7.2와 같이 $-\vec{p}_i$에 $\vec{p}_f$를 더해서 벡터 화살표를 그린다. 그림 7.2에서 3개 벡터 화살표는 직각삼각형을 이루므로, 피타고라스 정리로 운동량 변화 $\Delta\vec{p}$의 크기를 구할 수 있다.

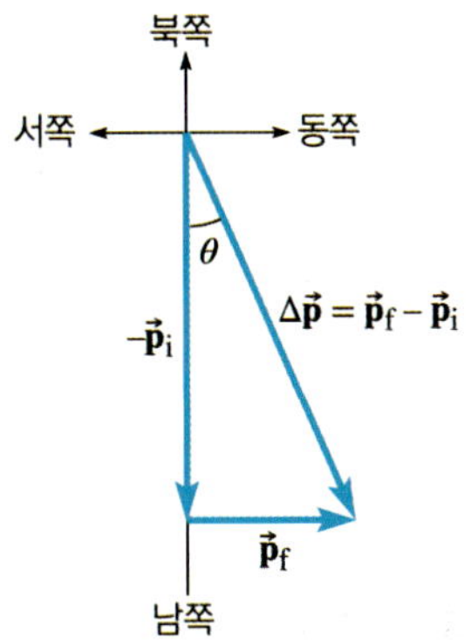

그림 7.2 운동량 변화를 구하기 위한 벡터의 뺄셈

$$|\Delta\vec{p}| = \sqrt{p_i^2 + p_f^2}$$

$$= \sqrt{(3.66 \times 10^4\ kg.m/s)^2 + (1.66 \times 10^4\ kg.m/s)^2}$$

$$= 4.02 \times 10^4\ kg.m/s$$

벡터 도형에서 $\Delta\vec{p}$의 방향은 남쪽에서 동쪽으로 각 θ 방향이다. 삼각법을 이용하면

$$\tan\theta = \frac{높이}{밑변} = \frac{p_f}{p_i}$$

$$= \frac{1.66 \times 10^4\ kg \cdot m/s}{3.66 \times 10^4\ kg \cdot m/s} = 0.454$$

$$\theta = \tan^{-1}(0.454) = 24.4°$$

가 된다. 이들 두 값이 모두 중요하므로, 우리는 자동차의 운동량 변화는 남동쪽 24° 방향으로 4.0×10^4 kg · m/s의 크기를 갖는다고 말한다.

검토 변위, 속도, 가속도, 그리고 힘의 경우와 같이 운동량이 벡터란 것을 기억해 두는 것이 중요하다. 운동량의 변화를 구할 때, 우리는 초기와 나중 운동량 벡터 간의 차이를 구해야만 한다. 만약에 초기와 나중 운동량이 서로 수직이 아니라면, 이들을 빼기 위해, 이 벡터들을 x 성분과 y 성분으로 분해해야 한다.

실전문제 7.1 **낙하하는 사과**

(a) 무게 1.0 N의 사과가 3.0 m 높이의 나무 위에서 떨어질 때, 땅바닥에 충돌하기 직전 사과의 운동량은 얼마인가? (b) 사과는 사과와 지구 사이의 중력 상호작용 때문에 떨어진다. 이 상호작용으로 지구의 운동량이 얼마나 변하는가? 또한 지구의 속도는 얼마나 변하는가?

살펴보기 7.2 보기 7.1에서 자동차의 속력이 일정하게 유지되었다면, 운동량 변화 $\Delta\vec{p}$는 0이었는가?

7.3 충격량-운동량 정리 The Impulse-Momentum Theorem

하나의 힘이 물체에 작용할 때 물체의 운동량 변화는 그 물체에 작용하는 힘과 힘이 작용한 시간을 곱하여 구한다.

$$\Delta \vec{p} = \vec{F}\Delta t \quad (7\text{-}6)$$

연결 고리 충격량은 작용한 힘으로 인하여 전달된 운동량 이동이며, 일은 힘으로 인하여 전달된 에너지 이동이다.

	충격량	일
정의	$\vec{F}\Delta t$	$\vec{F}\cdot\Delta\vec{r}$
벡터 혹은 스칼라?	벡터	스칼라*
물리적 의미	운동량 이동	에너지 이동

* 두 벡터의 스칼라곱 혹은 점 곱은 6.2절에 소개되어 있다.

이다. $\vec{F}\Delta t$를 **충격량** impulse이라 부르며 기호는 $\vec{J}$를 쓴다. 충격량은 벡터(힘)와 양의 값을 갖는 스칼라(시간)의 곱이므로, 충격량은 힘과 같은 방향의 벡터이다. 바꾸어 말하면 $\Delta\vec{p} = \vec{F}\Delta t$를 "**운동량의 변화는 충격량과 같다.**"라고 읽을 수 있다. 충격량의 **SI** 단위는 N · s이며 운동량의 단위는 kg · m/s이다. 이 둘은 뉴턴의 정의를 이용해서 설명할 수 있는 같은 단위이다(문제 2).

물체에 상호작용이 여러 개 있다면 임의의 시간에 운동량의 변화는 그 시간 동안의 충격량의 총량과 같다. 총충격량은 각 힘에 의한 충격량의 벡터 합이다. 총충격량 또한 알짜힘에 시간을 곱한 것과 같다.

$$\begin{aligned}\vec{J}_{총} &= \vec{F}_1\Delta t + \vec{F}_2\Delta t + \cdots \\ &= (\vec{F}_1 + \vec{F}_2 + \cdots)\Delta t = \left(\sum\vec{F}\right)\Delta t\end{aligned} \quad (7\text{-}7)$$

이다. 충격량과 운동량 변화 사이의 관계를 충격량-운동량 정리라 부르며, 이는 충돌과 충격을 포함하는 문제를 푸는 데 특히 유용하다.

충격량-운동량 정리

$$\Delta\vec{p} = \vec{J}_{총} = \sum\vec{F}\Delta t \quad (7\text{-}8)$$

힘이 일정하지 않을 때의 충격량 지금까지의 논의는 상호작용 하는 동안 작용하는 힘이 일정하다고 가정하거나, 충격 시간 Δt가 매우 작아서 힘 $\vec{F}$의 변화를 무시할 수 있다고 가정하고 있다. 이러한 가정은 상당히 보기 드문 상황이므로, 운동량의 개념을 힘이 일정할 때만 적용할 수 있다면 이를 사용하는 데는 한계가 있다. 그러나 충격량을 계산하는 데 **평균** 힘을 사용한다면, 지금까지의 논의를 힘이 일정하지 않은 상황에도 적용할 수 있다.

$$\Delta\vec{p} = \vec{J}_{총} = \sum\vec{F}_{평균}\Delta t \quad (7\text{-}9)$$

개념형 보기 7.2 부상으로부터 신체 보호하기

4초 동안 5 N의 평균 힘이 작용하는 경우와 10초 동안 2 N의 평균 힘이 작용하는 경우 중에서, 어느 쪽이 물체의 운동량을 더 많이 변화시키는가? 신체가 부상을 입지 않도록 보호하기 위한 제품을 설계할 때, 어떻게 이러한 충격량-운동량 정리가 사용되었을까? 예를 들어 보아라.

그림 7.3 스턴트맨이 낙하충격을 완화시키기 위해 에어백 위에 착지한다. 에어백은 두 가지 측면에서 스턴트맨의 신체적 부상 위험을 줄일 수 있다. 이는 스턴트맨의 운동량을 보다 점진적으로 변화시킴으로써, 신체에 더 약한 힘이 작용하게 한다. 또 더 넓은 넓이에 힘을 분산시킴으로써, 심각한 부상의 위험성을 줄일 수 있게 한다.

풀이 및 검토 운동량 변화는 충격량과 같다, 곧 작용하는 힘과 작용 시간의 곱은 그 물체의 운동량 변화량과 같다. 4초 동안 5 N의 힘은 $(5\ \text{N} \times 4\ \text{s}) = 20\ \text{N} \cdot \text{s}$의 크기를 갖는 운동량 변화를 발생시키며, 10초 동안 2 N의 힘 역시 $(2\ \text{N} \times 10\ \text{s}) = 20\ \text{N} \cdot \text{s}$의 크기를 갖는 운동량 변화를 발생시킨다. 작용한 힘이 더 작은 경우라도, 작용 시간을 더 오래도록 지속하면 똑같은 양의 운동량 변화를 발생시킬 수 있다.

부상으로부터 신체를 보호하기 위한 제품을 설계할 때, 속도 변화가 일어나는 시간 간격을 연장할 필요가 있다. 예를 들면, 영화 스턴트맨이 높은 곳에서 낙하할 때 매우 큰 에어백 위에 착지하는데(그림 7.3), 그 결과 딱딱한 콘크리트 위에 착지하는 경우보다 훨씬 더 오랫동안 점진적

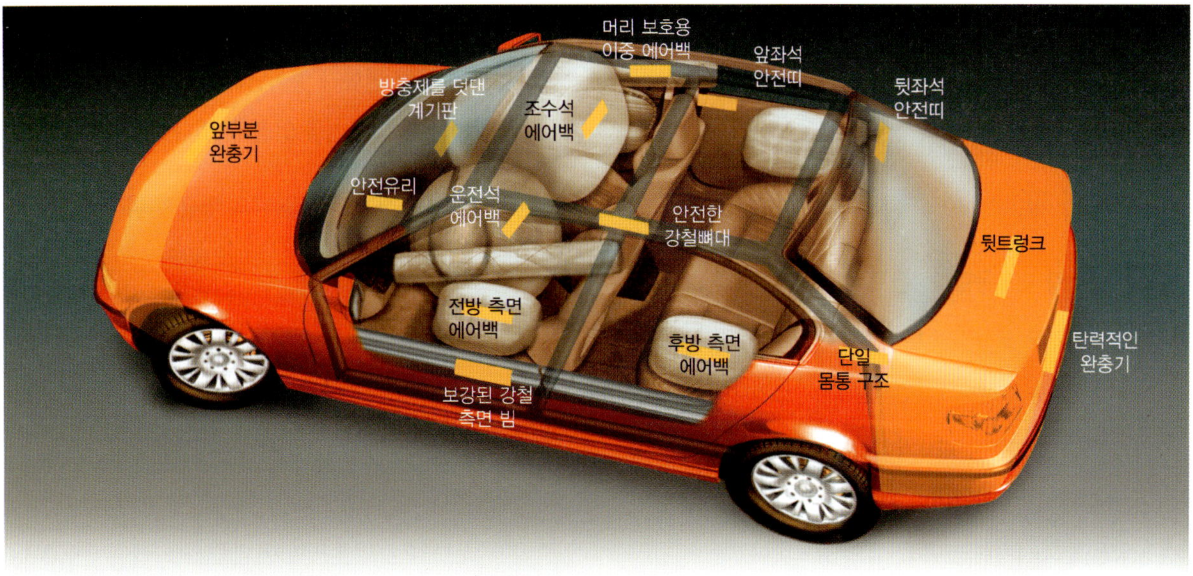

그림 7.4 최신 자동차의 몇 가지 안전장치 특징. 그림에 나타낸 부분들은 대부분이 충돌로 인해 운동량 변화가 일어나는 시간 간격을 늘여 승객에게 가해지는 힘을 줄인다. 승용차 차체에는 앞뒤로 완충기 역할을 하는 영역이 포함되어 있어, 완충기 역할을 하는 영역은 충돌 시 운동량의 변화를 천천히 흡수하고 운전자와 승객은 안전한 강철 지지대 rigid steel safety cage로 보호되어 있다. 운전석 앞에 충격 완화용으로 장착된 계기판, 안전띠, 에어백은 안전지지대 내부에 추가로 보호 기능 장치가 되어 있다. 충격을 받았을 때 안전유리는 산산조각 나지 않고 약간 휘어지도록 설계되어 있다. 성인은 급속히 부풀어 오르는 에어백 자체에 의한 부상을 피하기 위해 에어백 용기로부터 적어도 30 cm 이상 떨어져 앉아야 하고, 반드시 안전띠를 착용해야 한다. 어린이에게는 추가 보호 장비가 필요하다. 미국 소아과학회에서는 13세 미만의 어린이를 자동차 뒷좌석에 앉히고, 키가 최소한 1.45 m로 성장할 때까지는 어린아이 크기에 맞는 어린이용 보조의자에 앉힐 것을 권장하고 있다.

으로 운동량이 변하게 된다. 공연 중인 서커스 곡예사 아래에 설치된 네트도 이와 똑같은 역할을 한다. 곡예사가 네트 위에 떨어질 때 네트가 움푹 들어가면서, 지면에 바로 떨어지는 경우보다 훨씬 더 오랫동안 낙하 속력이 점진적으로 줄어들게 한다.

최신 자동차의 여러 특징은 충돌로 인해 운동량의 변화가 일어나는 시간 간격을 늘임으로써 승객에게 가해지는 힘을 줄이도록 설계되어 있다(그림 7.4).

실전문제 7.2 **충격완충재 위에 착지하는 높이뛰기 선수**

장대높이뛰기 선수가 가로대를 뛰어넘어 스티로폼을 채워 넣어 만든 두꺼운 충격완충재 위에 떨어진다. 선수는 9.8 m/s의 속력으로 착지한다. 그러면 완충재에 의해 0.4초 이내에 정지하게 된다. 이 시간 간격 동안 완충재가 선수의 몸에 작용하는 평균 힘은 얼마인가? 이 사람의 체중에 대한 비율 혹은 배수로 평균 힘을 설명해 보아라. [힌트 : 완충재가 작용하는 힘이 0.4초 동안 이 선수에게 작용하는 유일한 힘은 아니다.]

보기 7.3 자동차와 가로수의 충돌

20.0 m/s(72 km/h)로 달리던 자동차가 가로수와 충돌하였다. 다음의 각 경우에 질량이 65 kg인 승객에게 가해지는 평균 힘의 크기를 구하여라. (a) 승객이 안전띠를 착용하지 않고 있다가, 자동차 앞 유리 및 계기판과 충돌하여 3.0 ms 후에 정지되었다. (b) 자동차에는 승객용 에어백이 장착되어 있다. 승객을 정지시키기 위해 에어백이 30 ms 동안 힘을 작용하였나.

전략 충격량 – 운동량 정리로부터 $\Delta\vec{p} = \vec{F}_{평균}\Delta t$ 이다. 여기에서 $\vec{F}_{평균}$는 탑승자에게 작용한 평균 힘이고, Δt는 힘이 작용한 시간 간격이다. 두 경우 모두, 승객의 운동량 변화는 같다. 차이점은 운동량 변화가 일어나는 동안의 시간 간격이다. 더 짧은 시간에 같은 양의 운동량을 변화시키려면 더 큰 힘이 필요하다.

풀이 승객의 처음 운동량의 크기는

$$|\vec{p}_i| = |m\vec{v}_i| = 65\ \text{kg} \times 20.0\ \text{m/s} = 1300\ \text{kg}\cdot\text{m/s}$$

이다. 승객의 나중 운동량은 0이므로, 운동량 변화의 크기는

$$|\Delta\vec{p}| = 1300\ \text{kg}\cdot\text{m/s}$$

이다. 이를 운동량 변화가 일어난 시간 간격으로 나누면 각 경우의 평균 힘의 크기를 얻을 수 있다.

(a) 안전띠를 착용하지 않았을 때의 평균 힘의 크기는 다음과 같다.

$$|\vec{F}_{평균}| = \frac{|\Delta\vec{p}|}{\Delta t} = \frac{1300\ \text{kg}\cdot\text{m/s}}{0.0030\ \text{s}} = 4.3\times10^5\ \text{N}$$

(b) 에어백이 작용했을 때의 평균 힘의 크기는 다음과 같다.

$$|\vec{F}_{평균}| = \frac{|\Delta\vec{p}|}{\Delta t} = \frac{1300\ \text{kg}\cdot\text{m/s}}{0.030\ \text{s}} = 4.3\times10^4\ \text{N}$$

검토 승객을 정지시키기 위해 필요한 평균 힘은 힘이 작용하는 시간 간격에 반비례한다. 더 만족스러운 상황을 얻기 위해 작용한 힘을 더 감소시키려면, 가능한 한

긴 시간 간격에 걸쳐 운동량을 변화시켜야만 한다. 자동차 안전 기술자는 급정차 또는 충돌로 인해 승객에게 가해지는 평균 힘을 최소화하도록 자동차를 설계한다. 에어백은 자동차 앞 유리와 같은 단단한 표면과 충돌할 때보다 훨씬 더 넓은 범위로 힘을 분산시켜 부상의 위험을 줄여준다.

실전문제 7.3 **빠른 공 받기**

야구장에서 투수가 43 m/s(154 km/h)로 던진 빠른 공을 포수가 받고 있다. 공의 질량이 0.15 kg이고, 공이 글러브에 닿았을 때 포수가 글러브를 자신의 몸쪽으로 8.0 cm만큼 움직인다면, 포수의 글러브에 가해지는 평균 힘의 크기는 얼마인가? 포수가 자기 손을 움직이는 데 걸리는 시간 간격을 추정해 보아라.

혼자서 해 보기 친구와 함께 공 대신 날달걀이나 물풍선을 가지고 (잔디밭에서) 공받기를 해보자. 달걀이나 물풍선을 잡을 때 손을 어떻게 움직여야 그것이 파손될 가능성을 최소화시킬 수 있는가? 달걀이나 물풍선이라는 것을 잊고, 공을 받듯이 받으면 어떤 일이 일어나는가?

그래프로 충격량 계산하기

힘이 변할 때, 충격량을 어떻게 구할 수 있을까? 앞 장에서 비슷한 질문을 했다. 단순히 하기 위해 x축을 따르는 성분만 생각해 보자. 다음을 상기해 보아라.

- 변위 $= \Delta x = v_{\text{평균},x}\Delta t = v_x(t)$ 그래프 아래 넓이
- 속도 변화 $= \Delta v_x = a_{\text{평균},x}\Delta t = a_x(t)$ 그래프 아래 넓이

연결고리 힘에 의한 변위, 속도 변화, 그리고 일을 구하기 위해 그래프 아래 넓이를 어떻게 사용했는지, 3.2, 3.3, 6.6절을 살펴보아라.

두 경우 모두 수학적인 관계는 변화율의 관계이다. 속도는 시간의 경과에 따른 위치의 변화율이며, 가속도는 시간에 따른 속도의 변화율이다. 이와 유사하게, 힘은 시간에 따른 운동량의 변화율이다.

- 충격량 $= \vec{\text{J}} = F_{\text{평균},x}\Delta t = F_x(t)$ 그래프 아래 넓이

따라서 변하는 힘에 의한 충격량을 구하기 위해서는 $F_x(t)$ 그래프 아래의 넓이를 구해야 한다. 평균 힘을 알기 위해서는 충격량을 힘이 가해지는 시간 간격으로 나누면 된다. 그래프 선이 가로축 아래에 있는 경우($F_x < 0$), 그래프 '아래'의 넓이는 음의 값이다.

그림 7.5 (a) 변하는 힘에 대한 $F_x(t)$ 그래프 아래의 넓이는 충격량이다. (b) 주어진 시간 간격에 대한 평균 힘은 같은 시간 동안 같은 충격량을 만들어 내는 일정한 힘에 해당한다.

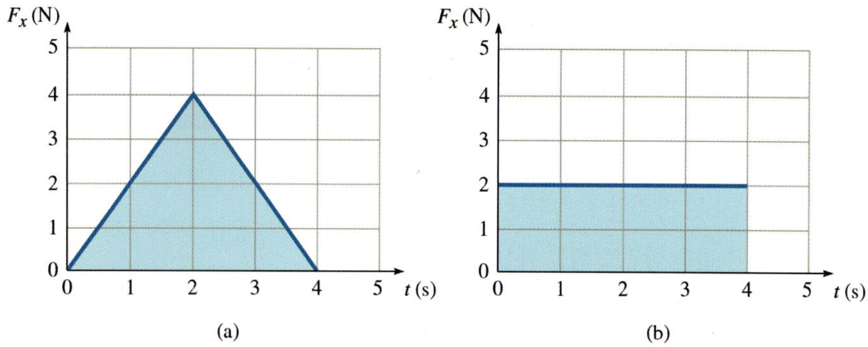

그림 7.5a는 변하는 힘이 2초 동안 0에서 4 N으로 선형적으로 증가한 후 2초 동안은 4 N에서 0 N으로 감소하고 있다. $F_x(t)$ 그래프 아래의 넓이는 삼각형의 넓이를 계산하는 공식으로부터

$$J = \frac{1}{2}\text{밑변} \times \text{높이} = 2\ \text{s} \times 4\ \text{N} = 8\ \text{N} \cdot \text{s}$$

이 된다. 4초 동안의 평균 힘은

$$F_{\text{평균}} = \frac{J}{\Delta t} = \frac{8\ \text{N} \cdot \text{s}}{4\ \text{s}} = 2\ \text{N}$$

이다. 그림 7.5b는 4초 동안의 평균 힘을 보여주는데, 곡선 아래의 넓이(충격량)는 그림 7.5a에서와 같다.

보기 7.4 담과의 충돌

질량이 10.2 kg인 장난감 자동차가 $+x$ 방향으로 1.2 m/s로 움직이다가 벽돌담과 충돌한 뒤 튀어나온다. 자동차 범퍼에 장착된 힘 감지기가 담이 자동차에 가한 힘을 시간의 함수로 기록한다. 그림 7.6은 이 기록을 그래프로 나타낸 것이다. (a) 자동차에 가해진 최대 크기의 힘은 얼마인가? (b) 담과 충돌하는 동안에 자동차에 가해진 평균 힘은 얼마인가? (c) 자동차는 얼마의 속도로 담에서 튕겨 나올까?

전략 그래프에서 최대 힘을 직접 읽을 수 있다. 이 문제의 (b)와 (c)를 풀기 위해서는 자동차에 가해진 충격량을 구해야 한다. 충격량은 $F_x(t)$ 그래프 곡선의 아래 넓이이므로 이 넓이를 추산해야 한다. 충격량은 평균 힘과 시간 간격의 곱인 동시에 자동차의 운동량 변화량과

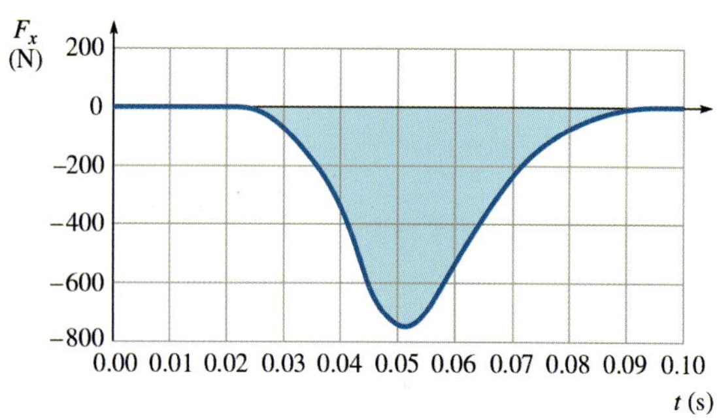

그림 7.6 담과 충돌하는 자동차에 대한 힘과 시간의 그래프

같다. 일단 운동량 변화를 구하면 그것을 자동차의 나중 속도를 구하는 데 이용할 수 있다.

- 주어진 조건 :
  $m = 10.2\ \mathrm{kg}$, $v_{ix} = 1.2\ \mathrm{m/s}$, $F_x(t)$ 그래프
- 구해야 할 값 : (a) $F_{최대}$ (b) $F_{평균}$ (c) v_{fx}

풀이 (a) 그림 7.6으로부터, 자동차에 가해지는 최대 크기의 힘은 대략 750 N이다. (b) 수평축에서 분할된 각 구간은 0.01초를 나타내며 수직축의 분할 구간은 200 N을 나타낸다. 따라서 각각의 바둑판 모양의 칸 넓이는 $(200\ \mathrm{N} \times 0.01\ \mathrm{s}) = 2\ \mathrm{N \cdot s}$이다. $F_x(t)$ 그래프 곡선과 시간 축 사이에 이러한 칸들이 몇 개가 들어 있는지 헤아리면 대략 10칸이 된다. 따라서 충격량의 크기는 대략

$$J = 10\,칸 \times 2\ \mathrm{N \cdot s}/칸 = 20\ \mathrm{N \cdot s}$$

이다. 힘이 0이 아닌 시간 동안만 충돌 과정이 진행된다. 따라서 충돌은 대략 $t = 0.025\ \mathrm{s}$에 시작되어 $t = 0.095\ \mathrm{s}$에서 끝난다. 충돌 지속 시간은

$$\Delta t = 0.07\ \mathrm{s}$$

이다. 평균 힘의 크기는 따라서 대략

$$F_{평균} = \frac{J}{\Delta t} = \frac{20\ \mathrm{N \cdot s}}{0.07\ \mathrm{s}} = 300\ \mathrm{N}$$

이 된다.

(c) 충격량으로 운동량 변화를 알 수 있다. 담에 의해 가해지는 힘은 $-x$ 방향이다. 따라서 충격량의 x 성분은 음의 값이다. 시각 t에 대한 힘 $F_x(t)$의 그래프에서, 그 넓이가 시간 축 아래에 위치하므로 음의 값으로 계산된다. 따라서 x 성분을 계산하면

$$\Delta p_x = mv_{fx} - mv_{ix} = F_{평균}\,\Delta t = -20\ \mathrm{N \cdot s}$$

이다. 이를 v_{fx}에 대해 풀면

$$v_{fx} = \frac{\Delta p_x + mv_{ix}}{m} = \frac{\Delta p_x}{m} + v_{ix}$$

이다. 이 식에 수치를 각각 대입하면

$$v_{fx} = \frac{-20\ \mathrm{N \cdot s}}{10.2\ \mathrm{kg}} + 1.2\ \mathrm{m/s} = -0.8\ \mathrm{m/s}$$

이 된다. 자동차는 0.8 m/s의 속력으로 튕겨 나온다.

검토 점검을 위해 평균 힘과 최대 힘을 비교해 보자. 평균 힘은 최대 힘의 절반보다 조금 더 작은 값이다. 힘이 시간에 대한 선형함수라면 평균값은 정확히 최댓값의 절반이 된다. 여기서, 큰 힘의 영역보다 작은 힘의 영역에서 더 많은 시간이 소모되므로 평균 힘은 최대 힘의 절반보다 더 작다.

실전문제 7.4 **승용차와 트럭의 충돌**

$+x$ 방향으로 10.0 m/s로 달리던 무게 13.6 kN인 승용차가 무게 33.0 kN인 소형 트럭과 정면충돌하였다. 충돌 전과 충돌 중, 그리고 충돌 후에 자동차에 가해지는 수평 방향의 힘은 그림 7.7과 같다. 충돌 직후 승용차의 속도는 얼마인가?

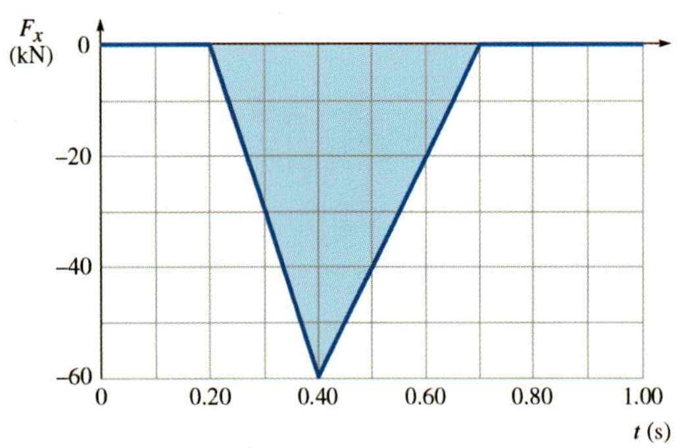

그림 7.7 승용차와 소형 트럭이 충돌하는 동안 승용차에 가해지는 힘의 변화

뉴턴의 제2법칙의 다른 표현

뉴턴의 제2법칙을 이해하는 새로운 방법을 알아보기 위해 충격량과 운동량 사이의 관계를 사용할 수 있다. 충격량–운동량 정리를 다음과 같이 다시 써 보자.

$$\sum \vec{F}_{평균} = \frac{\Delta \vec{p}}{\Delta t} \tag{7-10}$$

시간 간격 Δt를 점점 더 작게 하여 0으로 가까이 접근시킨다면 어떻게 되는가? 시간 간격 Δt를 점점 더 작게 할수록, 평균 힘은 결국 순간 힘에 접근하게 된다.

연결고리 식 (7–11)은 운동에 관한 뉴턴의 제2법칙을 설명한 원래의 설명보다 더 가까우며, $\sum \vec{F} = m\vec{a}$의 관계보다 더 일반적인 표현이다.

뉴턴의 제2법칙

$$\sum \vec{F} = \lim_{\Delta t \to 0} \frac{\Delta \vec{p}}{\Delta t} \tag{7-11}$$

곧 **알짜힘은 운동량의 변화율이다.**

식 (7–11)은 뉴턴 제2법칙의 관계식 $\sum \vec{F} = m\vec{a}$를 보다 더 일반화시킨 표현이다. $\sum \vec{F} = m\vec{a}$와는 달리 식 (7–11)은 질량이 일정하지 않아도 적용할 수 있다. 질량이 일정하지 않는 상황으로 로켓 엔진을 예로 들 수 있다. 로켓 엔진에서 연료의 연소로 고온 기체가 생성되어 고속으로 방출된다(그림 7.8). 이 배기가스가 방출됨에 따라 로켓의 질량은 줄어든다.

그림 7.8 두 개의 고체 연료 로켓 보조 추진 장치로부터 뜨거운 배기가스가 고속으로 아래쪽으로 분출됨에 따라 우주 왕복선은 위로 추진된다. 우주 왕복선 프로그램은 30년(1981~2011)동안 135개의 임무를 수행했다. 5대의 궤도 우주 왕복선은 재활용이 가능한 첫 우주선이다.

질량이 일정하면, 다음과 같이 질량을 Δ 기호 앞으로 뽑아낼 수 있다.

$$\sum \vec{F} = \lim_{\Delta t \to 0} \frac{\Delta \vec{p}}{\Delta t} = \lim_{\Delta t \to 0} \frac{\Delta (m\vec{v})}{\Delta t} = m \lim_{\Delta t \to 0} \frac{\Delta \vec{v}}{\Delta t} = m\vec{a} \tag{7-12}$$

따라서 질량이 일정한 경우에 식 (7–11)은 우리에게 익숙한 뉴턴의 제2법칙 표현식이 된다.

7.4 운동량 보존 Conservation of Momentum

두 개의 아이스하키용 퍽이 마찰이 없는 바닥을 따라 미끄러지다 서로 충돌하였다고 생각해 보자. 그림 7.9는 두 개의 퍽이 상호작용하기 전, 하는 동안, 그리고 한 후에 어떤 일

이

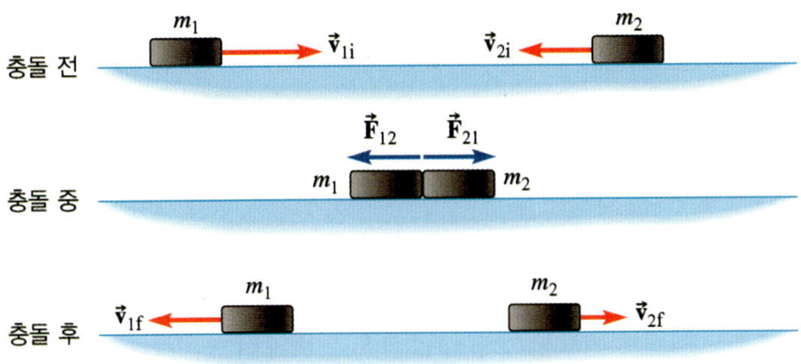

그림 7.9 질량이 다른 두 개의 퍽이 마찰이 없는 바닥을 따라 서로 반대 방향으로 미끄러지고 있다. 두 개의 퍽이 서로 충돌할 때, 크기가 같고 방향이 반대인 힘이 서로에게 작용한다(뉴턴의 제3법칙). 두 퍽 사이에는 운동량이 전달되지만, 2개의 퍽에 작용하는 계의 알짜 외력은 0이므로, 계의 총운동량은 보존된다.

벌어지는지를 보여준다. 두 퍽을 단일 계로 생각한다면, 지구와의 중력 그리고 바닥과 접촉력이 외부작용이다. 이것은 계 밖에 있는 물체와의 상호작용이다. 각각의 물체에 가해지는 중력이 같은 물체에 가해지는 수직항력과 평형을 이루므로 위 또는 아래 방향으로 아무런 알짜 충격량도 없다. 게다가 이러한 힘은 알짜 외력을 생성하지 못하므로, 계의 운동량을 변화시키지 못한다. 이 두 힘은 항상 상쇄되므로 이런 **외부** 상호작용을 무시하고 퍽들 간의 상호작용에만 초점을 맞출 수 있다. 그렇기 때문에 그림 7.9에서 수직항력과 중력을 생략하였다.

두 퍽이 서로 접촉하기 전까지는 둘 사이에 아무런 상호작용도 없다(둘 사이의 작은 중력은 무시한다). 충돌하는 동안에는 두 퍽이 서로 힘을 가한다. 힘 $\vec{F}_{12}$는 질량 m_1에 가해지는 접촉력이며 힘 $\vec{F}_{21}$은 질량 m_2에 가해지는 접촉력이다. 두 퍽을 계속 단일 계 내부에서 작용하는 일부분으로 간주한다면 이 힘들은 이 계의 내력이 된다. 두 퍽이 충돌할 때, 일부 운동량이 한 퍽에서 다른 퍽으로 옮겨간다. 두 퍽의 운동량 변화는 크기가 같으며 방향은 반대이다.

$$\Delta\vec{p}_1 = -\Delta\vec{p}_2$$

운동량의 변화는 나중 운동량에서 처음 운동량을 뺀 값이므로,

$$\vec{p}_{1f} - \vec{p}_{1i} = -(\vec{p}_{2f} - \vec{p}_{2i}) \quad (7\text{-}13)$$

와 같이 쓸 수 있다. 처음 운동량을 좌변으로, 나중 운동량을 우변으로 이동시키면

$$\vec{p}_{1i} + \vec{p}_{2i} = \vec{p}_{1f} + \vec{p}_{2f} \quad (7\text{-}14)$$

가 된다. 식 (7-14)는 상호작용 후의 퍽의 운동량의 합이 상호작용 전의 운동량의 합과 같음을 설명하고 있다. 더욱 간단히 말하면 물체 계의 전체 운동량은 충돌로 인해 변하지 않는다. 일부 운동량이 한 물체에서 다른 물체로 옮겨 가더라도 총량은 변하지 않기 때문

에, 놀랄 만한 일은 아니다. 우리는 이 충돌이 일어나는 동안 운동량이 보존된다고 말한다. 따라서 퍽 간의 상호작용으로 각 퍽의 운동량은 변하나, 물체 계의 총운동량은 변하지 않는다.

두 개 이상의 물체로 구성된 계에서는 계 내부 물체들 사이의 상호작용이 계의 총운동량을 변화시키지 못한다. 그것은 단지 운동량의 일부를 한 물체에서 다른 물체로 옮겨 놓을 뿐이다. 이것을 정리하면 다음과 같다.

- 계의 총운동량은 계를 이루는 각 물체의 운동량 벡터의 합이다.
- 외부 상호작용은 계의 총운동량을 바꿀 수 있다.
- 내부 상호작용은 계의 총운동량을 바꿀 수 없다.

외부 상호작용이 없는 한, 운동량은 보존된다.

선운동량 보존 법칙

계에 작용하는 알짜 외력이 0이면, 계의 총운동량은 보존된다.

$$\sum \vec{F}_{\text{외부}} = 0 \text{이면}, \ \vec{p}_i = \vec{p}_f \qquad (7\text{-}15)$$

정의에 의하면, 고립된 계 혹은 닫힌계는 외부 상호작용의 영향을 받지 않는다. 그러므로 고립된 계의 선운동량은 항상 보존된다. 6장에서 보존력과 비보존력으로 힘을 분류한 것은 역학적에너지 보존 여부에 따른 것으로 운동량 보존과는 무관하다는 점에 유의해야 한다. 운동량은 벡터양이므로 상호작용이 일어날 때와 끝날 때 총운동량의 크기와 방향은 모두 같아야 한다. 총운동량의 성분 형태 p_x와 p_y에 대해서도 역시, 각각 상호작용으로 변하지 않는다.

살펴보기 7.4 어떤 경우에 계의 운동량이 보존되지 않겠는가?

운동량 보존의 응용 : 소총의 반동 소총에서 총알이 발사되는 짧은 시간 동안, 소총과 총알로 이루어진 계에서의 운동량은 보존되어야 한다. 총알이 발사되기 전에 소총이 정지 상태에 있었다고 가정하면 계의 운동량은 0이다. 총알이 발사될 때, 계의 일부 질량이 떨어져 나와 한 방향으로 운동량을 가지고 이동한다. 계에 남겨진 질량인 소총은 계의 총운동량이 0이 되도록 정반대 방향으로 움직인다. 소총이 총알보다 질량이 훨씬 더 크기 때문에 소총은 총알보다 훨씬 작은 속력을 갖게 된다. 소총의 후방 운동은 소총을 자기 어깨에 대고 방아쇠를 당기는 사람이 반동을 느끼는 데서 알 수 있다.

응용 : 심장탄도법 심장탄도법ballistocardiography은 심장박동에 의한 인체의 반동을 측정하는 진단기술이다. 알짜 외력이 0이라면, 인체 일부에서 운동량 변화가 발생함에 따라, 인체의 나머지 부분에서 크기는 같고 방향이 반대인 운동량 변화가 일어난다. 심장탄도법은 심장이 수축하여 혈액을 대동맥으로 보내고 다시 심장에 혈액을 보충하여 채우는 과정에서 일어나는 인체의 작은 반동 운동을 기록한다.

응용 : 제트엔진, 로켓, 그리고 비행기 날개 제트엔진과 로켓은 운동량 보존에 의해 작동한다. 엔진이 고온의 연소기체를 고속으로 노즐 밖으로 밀어낸다. 고온 기체가 방출될 때 후방으로 기체 운동량이 증가함에 따라 엔진이 전방으로 운동량을 갖게 된다. 비행기의 날개는 운동량 보존에 따라 양력을 받게 된다. 날개의 중요한 역할은 공기를 아래로 편향시켜서 아래 방향으로 운동량을 갖게 하는 것으로, 날개는 공기를 아래로 밀어내고, 공기는 날개를 위로 밀어내게 된다. 날개가 이러한 역할을 하는 이론적 원리는 매우 복잡하다.

보기 7.5 오징어의 제트 추진

오징어(그림 7.10)는 해양 무척추동물 중에서 가장 빠르게 수영한다. 포식자를 피하려고 빠른 속도로 수영하는 도중, 일부 종은 10 m/s 이상의 속도에 도달할 수 있다. 오징어는 제트기 또는 로켓처럼 크게 추진한다. 이를 위해서 먼저 내부 공동cavity을 물로 채운다. 그런 다음 강력한 근육인 외투막이 공동을 압착하여 좁은 수관을 통해 물을 고속으로 분사한다.

분사할 물을 포함하여 182 g인 오징어가 처음에 정지해 있었다고 가정하자. 그러면 오징어는 (주위의 물에 비해) 평균속도 62 cm/s로 54 g의 물을 분사한다. 항력을 무시할 때, 오징어는 물을 분사한 직후에 얼마나 빨리 움직이겠는가?

전략 오징어와 공동 내부의 물이 단일 계라고 생각하자. 계에 작용하는 항력을 무시할 수 있다고 가정하기 때문에 계에 작용하는 알짜 외력은 0이며 계의 총운동량은 보존된다.

그림 7.10 무늬오징어는 일반적으로 산호초에서 발견되며, 하와이에서 홍해에 이르는 해초에서도 발견된다. © Philippe Bourjon, CC-BY-SA 3.0

풀이 처음에 오징어는 정지해 있으므로, 계의 총운동량은 0이다. 물을 분출해 낸 후, 오징어는 속도 $\vec{v}_s$로 움직이고, 분출된 물은 평균 속도 $\vec{v}_w$로 움직인다. 계의 총운동량은 보존된다.

$$\vec{p}_i = \vec{p}_f \text{이므로, } 0 = m_s \vec{v}_s + m_w \vec{v}_w$$

여기서 물을 분사한 후, 오징어 질량은

$m_s = 182\,g - 54\,g = 128\,g$이다. $\vec{v}_s$에 대해 풀면

$$\vec{v}_s = -\frac{m_w \vec{v}_w}{m_s}$$

이다. 여기서 음의 부호는 오징어가 분출된 물과 서로 반대 방향으로 움직인다는 것을 의미한다. 오징어의 속도는 다음과 같다.

$$v_s = \frac{m_w v_w}{m_s} = \frac{(54\text{ g})\times(62\text{ cm/s})}{128\text{ g}} = 26\text{ cm/s}$$

검토 • 빠른 점검 : 오징어의 질량은 분사된 물의 질량의 두 배보다 약간 더 크므로, 분출된 물의 속도는 오징어 속도의 두 배보다 약간 더 크다.

• 문제의 변형 : 처음에 오징어가 정지해 있지 않았다고 가정할 경우, 여전히 계의 운동량 보존을 적용할 수 있다. 단지 차이점은 처음 운동량이 0이 아니라는 것이다. 처음에 오징어가 속도 $\vec{v}_i$로 움직인다면

$$(m_s + m_w)\vec{v}_i = m_s \vec{v}_s + m_s \vec{v}_w$$

이다. 이 식에서 세 가지 속도는 주변 물에 대한 상대속도로 측정된다. 오징어 내부의 물도 분출되기 전에 속도 $\vec{v}_i$로 움직이기 때문에, 계의 처음 운동량에 대해 $(m_s + m_w)\vec{v}_i$라고 쓴다.

실전문제 7.5 **스케이트 선수끼리 서로 밀어 떨어지기**

인라인스케이트를 타고 있는 두 명의 스케이트 선수가 처음에는 정지 상태에 있었다. 그들은 서로 밀어 반대 방향으로 떨어져 움직이기 시작한다. 한 선수의 속도가 2.0 m/s이고 그 선수의 질량이 다른 선수의 질량의 85%라면, 이때 다른 선수는 얼마나 빨리 움직이겠는가? [힌트 : 운동량 보존 법칙을 적용하라.]

개념형 보기 7.6 미끄러운 얼음으로부터 탈출

조종사가 고장 난 항공기에서 낙하산을 타고 뛰어내려 호수의 얼어붙은 표면에 착륙한다. 바람이 불지 않고 호수 표면이 너무 미끄러워서 걷거나 기어 다닐 수 없을 정도이다. 호숫가에 도달하기 위해 조종사가 할 수 있는 일은 무엇인가?

전략 및 풀이 위험에 처해 있는 조종사는 제트 엔진에서 고온 가스가 뒤로 밀려 분출되면서, 어떻게 항공기가 앞으로 움직일 수 있는지를 떠올린다. 그 결과, 그는 적당한 아이디어를 찾아내게 된다. 그는 낙하산을 꾸러미로 묶어 해안의 가장 가까운 지점에서 멀어지는 방향으로 최대한 강하게 밀어낸다. 마찰을 무시할 수 있는 경우, 조종사와 낙하산 계의 알짜 외력은 0이며, 계의 총운동량은 변하지 않는다. 낙하산의 운동량과 조종사의 운동량의 합은 여전히 0이어야 한다. 운동량 보존에 따라 조종사는 반대 방향으로 미끄러지기 시작하면서 호숫가 쪽으로 미끄러진다.

검토 마찰로 인해 조종사가 해안에 도착하기 전에 정지하게 되면, 조종사는 주머니와 벨트 루프를 뒤져 다른 물건을 버릴 수 있다. 일단 그가 해안에 도착하면, 그는 줄의 한쪽 끝을 나무에 묶고, 다른 끝을 잡고 필수 물품을 가져오기 위해 얼음 위로 다시 돌아갈 수도 있다. 줄이 제공하는 외력을 받아 조종사는 호숫가로 다시 돌아

올 수 있다.

실전문제 7.6 **소총의 반동**

여러분은 사격 연습을 하면서 질량 3.8 kg의 소총을 격발한다. 질량이 9.72 g인 총알은 860 m/s의 총구 속력으로 소총을 떠난다. 실수로 소총의 개머리판이 어깨에 단단히 고정되어 있지 않을 때 탄환을 발사하면, 소총의 개머리판은 얼마의 속력으로 여러분의 어깨에 부딪히겠는가? (아야!)

7.5 질량중심 Center of Mass

고립된 계의 운동량은 계의 한 부분이 다른 부분과 내부 상호작용을 하더라도 보존된다. 내부 상호작용은 계를 이루고 있는 부분들 간에 운동량을 전달하지만 계의 총운동량을 변화시키진 못하기 때문이다. 우리는 **질량중심**, CM[center of mass]이라는 한 점을 정의할 수 있는데, 이는 계의 평균 위치 역할을 한다. 7.6절에서는 고립된 계의 질량중심은 계를 이루는 부분의 운동이 얼마나 복잡한지와 관계없이 일정한 속도로 운동을 해야 함을 증명한다. 따라서 계의 질량은 마치 한 입자처럼 질량중심에 모두 모여 있는 것으로 취급할 수 있다. 물체의 질량중심은 반드시 그 물체의 내부에 위치하지는 않는다. 부메랑과 같은 물체의 경우, 질량중심은 물체의 외부에 위치한다(그림 7.11a).

계가 고립되지 않고 외부와 상호작용을 한다면 어떻게 될까? 계의 모든 질량이 질량중심에 위치한 단 하나의 점 입자에 모여 있다고 생각해 보자. 이런 가상 입자의 운동은 뉴턴의 제2법칙에 따라 결정된다. 여기에서 알짜힘은 계의 어느 부분에 작용하든 계의 각 부분에 작용하는 모든 외력의 합이 된다. 상호작용을 하는 여러 부분으로 이루어진 복잡한 계의 경우, 질량중심의 운동은 계를 구성하는 입자의 운동에 비해 상당히 간단하다(그림 7.11b, 7.11c).

그림 7.11 (a) 부메랑의 질량중심은 부메랑 외부의 한 점이다. (b) 망치를 공중으로 던져 올렸을 때 질량중심이 따라가는 경로는 포물선이지만, 망치의 질량중심 외에 다른 점의 움직임은 훨씬 더 복잡하다. (c) 장대높이뛰기 선수의 몸이 가로대 위를 지날 때 그의 질량중심이 실제로는 막대의 밑을 지난다.

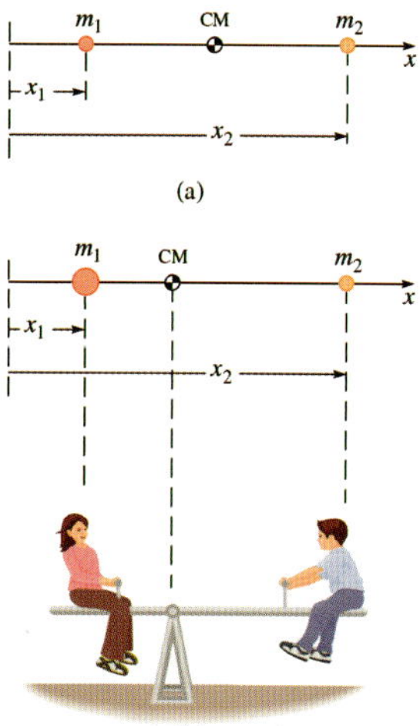

그림 7.12 (a) 좌표 원점에서 x_1과 x_2 위치에 놓여있는 질량이 같은 두 입자. 질량중심은 두 입자 사이의 중간쯤에 있다. (b) 질량이 서로 다른 두 입자. 질량중심은 더 무거운 입자 쪽으로 근접해 있다. 시소에서 균형을 이룬 두 어린이의 경우, 질량중심은 받침대에 있다.

질량중심의 위치 두 입자로 이루어진 계의 질량중심은 두 입자를 잇는 선상의 어딘가에 위치한다. 그림 7.12에서, 질량이 m_1과 m_2인 입자들이 각각 x_1과 x_2에 위치한다. 이 두 입자의 질량중심의 위치는

$$x_{\mathrm{CM}} = \frac{m_1 x_1 + m_2 x_2}{m_1 + m_2} \tag{7-16}$$

와 같이 정의한다. 질량중심CM은 두 입자의 위치를 **가중 평균**한 것이다. 여기서 우리는 통계학적 의미에서 **가중**weighted이란 용어를 사용한다. 질량이 더 큰 입자의 위치는 질량이 더 작은 입자의 위치보다 통계 가중치를 더 크게 두고서 계산한다. 식 (7-16)을 가중 평균으로 다시 쓸 수 있다.

$$x_{\mathrm{CM}} = \frac{m_1}{M} x_1 + \frac{m_2}{M} x_2 \tag{7-17}$$

여기서 $M = m_1 + m_2$는 계의 총질량을 나타낸다. 각 입자의 위치에 대한 통계 가중치는 계의 총질량에 대한 그 입자의 질량의 비가 된다.

질량 m_1과 m_2가 같다고 가정하자. 그러면 우리는 질량중심이 두 입자의 중간에 위치하리라 예상할 수 있다(그림 7.12a). 만약 $m_1 = 2m_2$라면 질량중심은 그림 7.12b와 같

이 질량 m_1인 입자에 더 가까이 위치한다. 그림 7.12b와 같이, m_2에서 질량중심까지의 거리는 m_1에서 질량중심까지의 거리의 두 배이다.

3차원 공간상에서 임의의 위치에 있는 N개의 입자로 이루어진 계에서는 식 (7–16)을 일반화하여 질량중심을 정의한다. 여기에서 $\sum$ 기호는 합을 나타낸다.

질량중심의 정의

• 벡터 형태 : $\vec{\mathbf{r}}_{CM} = \dfrac{m_1\vec{\mathbf{r}}_1 + m_2\vec{\mathbf{r}}_2 + \ldots + m_N\vec{\mathbf{r}}_N}{M} = \dfrac{\sum m_n\vec{\mathbf{r}}_n}{M}$ (7-18)

• 성분 형태 : $x_{CM} = \dfrac{m_1x_1 + m_2x_2 + \ldots + m_Nx_N}{M} = \dfrac{\sum m_nx_n}{M}$ (7-19)

$y_{CM} = \dfrac{\sum m_ny_n}{M}, \quad z_{CM} = \dfrac{\sum m_nz_n}{M}$

여기서 $M = m_1 + m_2 + m_3 + \cdots + m_N = \sum m_n$이다.

보기 7.7 쌍성계의 질량중심

쌍성계를 이루는 두 별 사이의 중력 상호작용 때문에, 별은 각각 그들의 질량중심 주위로 원형궤도 운동을 한다. 한 별은 질량이 15.0×10^{30} kg이고, 그 중심은 $x = 1.0$ AU와 $y = 5.0$ AU에 위치한다. 다른 한 별은 3.0×10^{30} kg의 질량을 갖는다. 그 중심은 $x = 4.0$ AU와 $y = 2.0$ AU에 있다. 두 별로 이루어진 계의 질량중심을 구하라(AU는 천문단위이며, 1 AU = 지구와 태양 간의 평균 거리 = 1.5×10^{10} km이다).

전략 별을 각각 그들의 중심에 있는 점 입자로 취급한다. x와 y 좌표가 주어져 있으므로, 가장 쉬운 계산 방법은 질량중심의 x와 y 좌표를 구하는 것이다. 거리와 방향으로 질량중심의 위치 벡터를 구하는 것은 별로 이득이 없다.

• 주어진 조건 :

$m_1 = 15.0 \times 10^{30}$ kg, $x_1 = 1.0$ AU, $y_1 = 5.0$ AU

$m_2 = 3.0 \times 10^{30}$ kg, $x_2 = 4.0$ AU, $y_2 = 2.0$ AU

• 구해야 할 값 : x_{CM}, y_{CM}

풀이 계의 총질량은 개개의 질량의 합이 된다. 곧

$$M = m_1 + m_2 = 15.0 \times 10^{30}\ \text{kg} + 3.0 \times 10^{30}\ \text{kg} = 18.0 \times 10^{30}\ \text{kg}$$

이다. x 위치는

$$x_{CM} = \frac{m_1}{M}x_1 + \frac{m_2}{M}x_2 = \frac{15.0 \times 10^{30}\ \text{kg}}{18.0 \times 10^{30}\ \text{kg}} \times 1.0\ \text{AU} + \frac{3.0 \times 10^{30}\ \text{kg}}{18.0 \times 10^{30}\ \text{kg}} \times 4.0\ \text{AU} = 1.5\ \text{AU}$$

이고, y 위치는

$$y_{\mathrm{CM}} = \frac{m_1}{M} y_1 + \frac{m_2}{M} y_2$$

$$= \frac{15.0}{18.0} \times 5.0\ \mathrm{AU} + \frac{3.0}{18.0} \times 2.0\ \mathrm{AU} = 4.5\ \mathrm{AU}$$

이다.

검토 그림 7.13에 질량중심의 위치가 표시되어 있다. 입자가 두 개일 때의 질량중심의 위치를 예상했듯이, 질량중심은 더 큰 질량 쪽에 더 가까이 위치하며 둘을 잇는 선상에 위치한다. 일단 문제에서 질량중심 위치를 구하고 나면, 그 위치가 타당한지 검토해 보아라. 이 문제에서 실수를 범하여 질량중심의 위치로 $x = 1.5\ \mathrm{AU}$와 $y = 1.7\ \mathrm{AU}$를 얻었다고 가정하자. 이 점은 두 입자를 잇는 선상에 있지 않을 뿐 아니라 질량이 작은 별에 더 가까이 있으므로 질량중심에 대한 타당한 위치가 아니다. 따라서 우리는 실수한 곳을 찾기 위해 되짚어 보아야 한다.

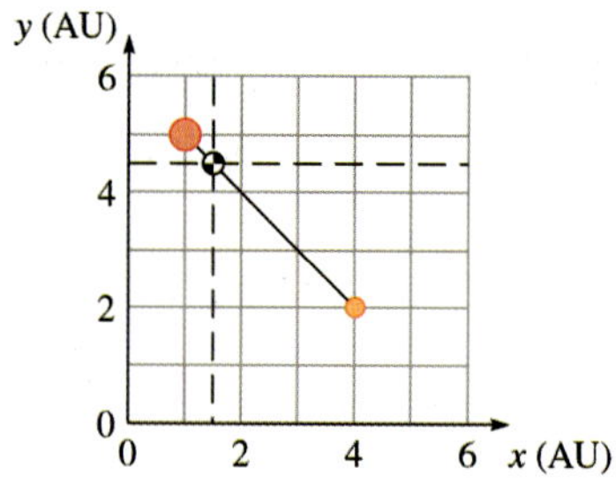

그림 7.13 두 별로 이루어진 계의 질량중심 구하기

실전문제 7.7 **질량이 다른 3개의 공**

그림 7.13과 같이 3개의 구체가 있다. 그것의 질량은 $m_1 = m_3 = 1.0\ \mathrm{kg}$이고, $m_2 = 4.0\ \mathrm{kg}$이다. 3개 구체의 질량중심의 위치를 구하여라.

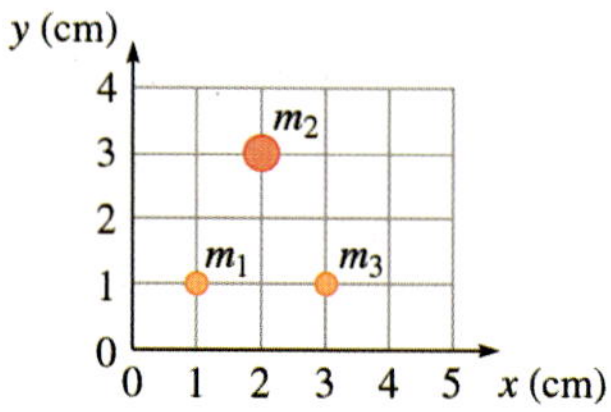

그림 7.14 x, y 위치가 각각 (1.0 cm, 1.0 cm), (2.0 cm, 3.0 cm), (3.0 cm, 1.0 cm)인 3개의 구

대칭성을 이용하여 질량중심의 위치 찾기 우리가 실생활에서 다루는 물체 대부분은 점 입자의 작은 조합으로 이루어지지도 않았고, 구대칭 물체도 아니다. 보기 7.7에서 질량중심을 구하기 위해 각각의 별의 중심 위치를 사용하였다. 구 대칭성 때문에, 각각의 별의 질량중심은 각 별의 기하학적 중심에 있게 된다. 대칭성이 있는 다른 모양에도 같은 기법을 적용할 수 있다. 길이가 20 cm이고 균일한 나무토막인 2×4 cm 표준 각목은 그것의 기하학적 중심인 위치에 질량중심이 있다. 이와는 대조적으로, 부정하게 조작된 주사위는 조그만 금속 조각을 한 면 가까이에 넣어서 질량중심이 그 기하학적 중심에 있지 않도록 하였다. 질량이 m_n인 계의 한 부분의 질량중심의 좌표가 (x_n, y_n, z_n)인 이상 질량중심을 정의한 식 (7-18)은 유지된다.

7.6 질량중심의 운동 Motion of the Center of Mass

이제 질량중심의 위치를 구하는 방법을 알았으니, 질량중심의 운동을 알아보자. 질량중심의 속도와 계를 이루는 여러 부분의 속도 사이에는 어떤 관계가 있을까?

짧은 시간 Δt 동안 n번째 입자의 변위는 $\Delta\vec{r}_n = \vec{v}_n \Delta t$이고, 질량중심의 변위는 $\Delta\vec{r}_{CM} = \vec{v}_{CM}\,\Delta t$이다. 질량중심을 정의한 식 (7−18)로부터, 중심의 변위는 다음과 같이 관계되어야 한다.

$$\Delta\vec{r}_{CM} = \frac{\sum m_n \Delta\vec{r}_n}{M} = \vec{v}_{CM}\,\Delta t = \frac{\sum m_n \vec{v}_n \Delta t}{M} \tag{7-20}$$

양변에 Δt를 나누고, 총질량 M을 곱해주면

$$M\,\vec{v}_{CM} = \sum m_n \vec{v}_n \tag{7-21}$$

를 얻는다. 식 (7−21)의 우변은 계의 총운동량 $\vec{p}$인 계를 구성하는 입자들의 운동량 합이다.

$$\vec{p} = M\,\vec{v}_{CM} \tag{7-22}$$

2차원의 운동에서 식 (7−22)는 다음의 두 성분 방정식과 동등하다.

$$p_x = M\,v_{CM,x} \text{와 } p_y = M\,v_{CM,y} \tag{7-23}$$

7.4절에서, 고립된 계에서는 총선운동량이 보존된다는 것을 알았다. 그러한 계에서 식 (7−22)는 각 입자들의 다양한 운동에도 불구하고 질량중심은 일정한 속도로 운동해야만 한다는 것을 설명하고 있다. 만일 계가 고립되어 있지 않다면 어떻게 되는가? 알짜 외력이 계에 작용한다면, 질량중심은 일정한 속도로 운동하지 않는다. 그 대신에, 그것은 모든 질량이 가상의 한 점에 몰려 있고 그 점에 모든 외력이 작용하는 것처럼 운동한다. 질량중심의 운동은

$$\sum \vec{F}_{\text{외부}} = M\,\vec{a}_{CM} \tag{7-24}$$

과 같은 뉴턴의 운동 제2법칙을 따른다. 여기에서 M은 계의 총질량이고 $\sum \vec{F}_{\text{외부}}$는 계에 작용하는 알짜 외력이며, $\vec{a}_{CM}$은 계의 질량중심의 가속도이다. 식 (7−24)는 연습문제 22에서 증명할 수 있다.

살펴보기 7.6 다시 그림 7.11b로 돌아가 보자. 왜 망치의 질량중심(CM)은 포물선 경로를 따라 움직이는가?

보기 7.8 폭발하는 로켓

모형 로켓이 지면에서 포물선 궤도로 발사되었다. 발사 지점으로부터 260 m 수평 거리에 있는 궤도의 꼭대기에서 로켓 내부의 폭발로 두 조각으로 나누어졌다. 로켓 질량의 $\frac{1}{3}$인 작은 한 조각은 마치 그 점에 정지해 있다 떨어지는 것처럼 지구로 똑바로 떨어졌다. 다른 조각은 발사 지점으로부터 수평 거리가 얼마인 곳에 착지하는가? 공기 저항은 무시하여라. [힌트 : 두 조각은 동시에 착지한다.]

전략 이 문제를 풀기 위해서 서로 다른 두 가지 전략을 사용할 수 있다.

전략 1 : 이 폭발에 운동량 보존을 적용할 수 있다. 폭발 직전 로켓의 운동량은 폭발 직후 두 조각의 총운동량과 같다. 어떻게 여기에서 운동량이 보존됨을 가정할 수 있을까? 계에 작용하는 유일한 외력은 중력이다. 외력은 운동량을 변화시킨다. 그러나 폭발은 매우 짧은 시간 간격 동안에 일어난다. 식 (7-8)의 충격량-운동량 정리로부터, 계의 운동량 변화는 중력에 시간 간격을 곱한 값이다. 고려하고 있는 시간 간격이 매우 짧다면 계의 운동량 변화는 무시할 수 있다.

전략 2 : 폭발은 로켓을 이루는 두 부분 사이의 내부 상호작용으로 일어나는 것이다. 계의 질량중심의 운동은 내부 상호작용의 영향을 받지 않으므로, 같은 포물선 경로를 유지한다. 폭발 바로 직전 로켓은 궤도의 꼭대기에 있으므로, y축 방향 위로 향하는 $p_y = 0$이다. 폭발 직후 한 조각은 정지 상태에 있으므로 다른 한 조각도 $p_y = 0$이어야 한다. 그렇지 않으면 운동량 보존에 위배될 것이다. 그러면 폭발 직후 두 조각 모두 $v_y = 0$이다. 공기 저항을 무시하면, 두 로켓 조각은 동시에 착지한다. 바로 그 순간 질량중심도 지면에 닿는다.

풀이 1 우선 이 상황을 그림 7.15와 같이 그려 보자. 폭발이 일어나는 궤도의 꼭대기에서 $v_y = 0$이며, 로켓은 x 방향으로 움직이고 있다. 폭발 직전의 처음 운동량은 완전히 x 방향이다. 로켓의 질량을 M이라 하면, 처음 운동량은

$$p_{ix} = Mv_{ix}$$

이다. 폭발 직후 로켓 질량의 1/3은 정지한다. 그것은 중력의 영향을 받아 수직으로 낙하한다. 폭발 직후 이 조각의 운동량은 0이다. 따라서 운동량이 보존되기 위해서는, 로켓의 2/3의 질량을 가진 다른 조각의 운동량이 폭발 직전의 로켓의 운동량과 같아야만 한다. 곧

$$p_{ix} = p_{1x} + p_{2x}$$

$$Mv_{ix} = 0 + \left(\frac{2}{3}M\right)v_{2x}$$

이다. 이 식을 v_{2x}에 대하여 풀면

$$v_{2x} = \frac{3}{2}v_{ix}$$

이다.

운동량의 y 성분도 역시 보존되어야만 한다. 곧

$$p_{iy} = p_{1y} + p_{2y}$$

이다. 여기서 p_{iy}와 p_{1y}가 둘 다 0이므로 p_{2y}도 0이 된다. 폭발 직후 두 개의 로켓 조각의 속도의 수직 성분은 0이다. 따라서 두 조각이 땅에 떨어지는 데 걸리는 시간

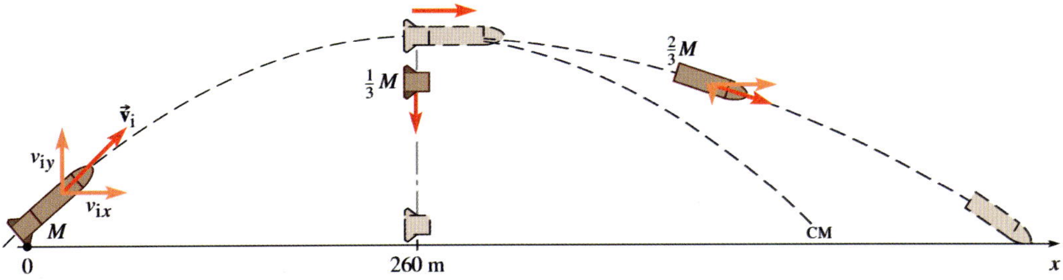

그림 7.15 폭발 후의 로켓의 운동

은 로켓이 폭발하지 않았다고 가정할 때 걸리는 시간과 같다. 수평 속도가 $\frac{3}{2}$배로 커진 로켓의 두 번째 조각은 폭발로부터 260 m의 $\frac{3}{2}$배만한 수평 거리를 날아간다(그림 7.15). 발사 지점에서 착륙 지점까지의 거리는 다음과 같다.

$$\Delta x = 260\text{ m} + \frac{3}{2} \times 260\text{ m} = 650\text{ m}$$

풀이 2 질량이 $\frac{1}{3}M$인 조각은 발사 지점에서 260 m 떨어진 지점으로 연직 낙하한다. 폭발 후 질량중심은 로켓이 나뉘지 않았다고 가정할 때와 똑같은 궤도로 계속 운동을 한다. 포물선의 대칭성으로부터, 질량중심은 발사 지점에서 $2 \times 260\text{ m} = 520\text{ m}$ 거리의 지점에 떨어진다. 질량중심과 한 조각의 위치를 알기 때문에 두 번째 조각이 떨어지는 위치를 구할 수 있다. 곧

$$Mx_{\text{CM}} = \frac{1}{3}Mx_1 + \frac{2}{3}Mx_2$$

이다. 공통 인자 M을 지우면

$$x_{\text{CM}} = \frac{1}{3}x_1 + \frac{2}{3}x_2$$

이다. 여기서 x_2에 대해 풀면

$$x_2 = \frac{3x_{\text{CM}} - x_1}{2} = \frac{3 \times 520\text{ m} - 260\text{ m}}{2} = 650\text{ m}$$

이 된다. 이것은 풀이 1에서 구한 것과 같은 답이다.

검토 질량중심의 운동이 내부 상호작용에 의해 영향을 받지 않는다는 통찰력은 아주 큰 도움이 될 수 있다. 어쨌든 두 조각이 동시에 떨어지지 않는다면 풀이 2는 그리 간단하지 않다는 것을 명심하여라. 한 조각(조각 1)이 바닥에 떨어지자마자, 계에 작용하는 외력은 더 이상 중력만이 아니기 때문에, 질량중심은 계속해서 같은 포물선 경로를 따라갈 수 없다. 조각 1에 가해지는 수직항력과 마찰력은 그것의 후속 운동에 영향을 미치며, 조각 2의 운동에 영향을 미치지 않는다 하더라도 질량중심의 다음 운동에는 영향을 미친다.

실전문제 7.8 **뱃사공과 뗏목**

질량 55 kg인 뱃사공이 질량이 100.0 kg인 뗏목 위를 (물에 대하여) 0.91 m/s로 움직인다. 뗏목은 뱃사공이 걷는 방향과 반대 방향으로 0.50 m/s로 움직인다. 뱃사공이 뗏목의 한쪽 끝에서 다른 한 끝으로 걸어가는 데 3.0 s 걸린다고 가정하자. (a) 뱃사공은 (물에 대해) 얼마나 멀리 걸어가는가? (b) 뱃사공이 걷는 동안 뗏목은 얼마만큼 움직이는가? (c) 뱃사공과 뗏목의 질량중심은 3.0 s 동안 얼마나 움직이는가?

7.7 1차원 충돌
Collisions in One Dimension

충돌이란 무엇인가? 거시적인 세계에서 움직이는 물체는 정지하거나 운동하는 다른 물체와 충돌한다. 이 두 물체는 접촉하는 동안 서로에게 힘을 가하고, 결과적으로 물체의 속도가 변한다. 미시적인 세계에서는 충돌에 대한 설명이 달라진다. 원자들이 충돌할 때, 그것들은 서로 '닿지' 않는다. 원자는 명확한 공간 경계를 갖지 않으므로, '접촉할' 면이 존재하지 않는다. 어쨌든 짧은 시간 동안 강한 힘이 작용하여 '충돌 이전'과 '충돌 이후'가 명확히 존재하는 한, 충돌 모형은 원자와 아원자 입자에 대해서도 여전히 유용하다. 외력은 계의 총운동량을 크게 변화시키지 않을 정도로 시간 간격이 충분히 짧아야 한다.

운동량 보존을 이용한 충돌 분석 충돌하는 물체에 외력이 작용할 때에도 충돌을 해석하기 위해 때로는 운동량 보존을 사용할 수 있다. 만일 알짜 외력이 충돌하는 동안 충돌하는 물체가 다른 물체에 작용하는 내력에 비하여 작다면, 두 물체의 운동량 변화는 한 물체에서 다른 물체로 이동하는 운동량 변화에 비해 작다. 따라서 충돌 후의 총운동량은 충돌 전과 거의 같다.

거시 세계에서의 충돌(자동차 충돌, 당구공 충돌, 혹은 야구공을 때리는 야구 방망이)에 사용되는 같은 기법이 미시 세계의 충돌(서로 충돌하거나 표면과 충돌하는 기체 분자, 핵의 방사능 붕괴)에도 사용된다. 처음에는 일직선 위의 운동에 국한된 충돌을 공부한 후, 평면상(2차원상)에서의 운동에 국한된 충돌을 살펴볼 것이다.

보기 7.9 기체의 충돌

오른쪽으로 0.80 km/s 속도로 운동하던 크립톤 원자(질량 83.9 u)와 왼쪽으로 0.40 km/s 속도로 운동하던 물 분자(질량 18.0 u)가 정면으로 충돌하였다. 충돌 후 물 분자는 오른쪽으로 0.60 km/s의 속도를 갖는다. 충돌 후 크립톤 원자의 속도는 얼마인가(기호 u는 원자 질량 단위를 나타낸다)?

전략 두 원자의 처음 속도와 하나의 나중 속도를 알고 있기 때문에, 운동량 보존을 적용하면 두 번째 원자의 나중 속도를 구할 수 있다. 첨자 '1'은 크립톤 원자를, 첨자 '2'는 물 분자를 나타낸다고 하자. 그리고 x축이 오른쪽을 향하고 있다고 하자. 그림 7.16은 충돌 전후의 상황을 보여준다.

풀이 운동량 보존에 의하면 계의 충돌 후의 운동량과 충돌 전의 운동량이 같아야 한다. 곧

$$\vec{p}_{1i} + \vec{p}_{2i} = \vec{p}_{1f} + \vec{p}_{2f}$$

충돌 전

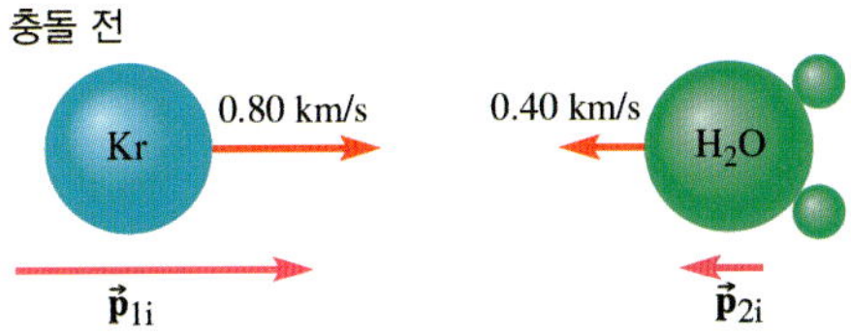

충돌 후

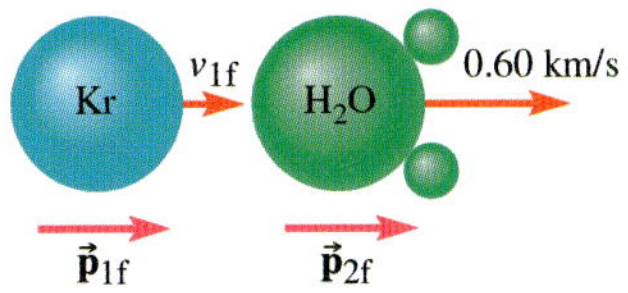

그림 7.16 충돌 전후의 스냅 사진

이다. 이제 각각의 운동량을 $\vec{p} = m\vec{v}$로 바꾸자. 성분별로 계산하는 게 가장 쉽다. 모든 양이 x 성분임을 기억한 채 간소화하기 위해 첨자 x를 떼어 버리자.

$$m_1 v_{1i} + m_2 v_{2i} = m_1 v_{1f} + m_2 v_{2f}$$

$m_1/m_2 = 83.9/18.0 = 4.661$이므로

$m_1 = 4.661\,m_2$라 고쳐 쓸 수 있다.

$$4.661\,m_2 v_{1i} + m_2 v_{2i} = 4.661\,m_2 v_{1f} + m_2 v_{2f}$$

이며, 공통 인자 m_2가 상쇄된다. v_{1f}에 대해 풀면

$$\begin{aligned} v_{1f} &= \frac{4.661 v_{1i} + v_{2i} - v_{2f}}{4.661} \\ &= \frac{4.661 \times 0.80\ \text{km/s} + (-0.40\ \text{km/s}) - 0.60\ \text{km/s}}{4.661} \\ &= 0.59\ \text{km/s} \end{aligned}$$

이다. 충돌 후에 크립톤 원자는 0.59 km/s 속력으로 오른쪽으로 운동한다.

검토 이 결과를 점검하기 위해 충돌 전후의 총운동량(x 성분)을 계산한다.

$$\begin{aligned} m_1 v_{1i} + m_2 v_{2i} &= (83.9\ \text{u})(0.80\ \text{km/s}) \\ &\quad + (18.0\ \text{u})(-0.40\ \text{km/s}) \\ &= 60\ \text{u} \cdot \text{km/s} \end{aligned}$$

$$\begin{aligned} m_1 v_{1f} + m_2 v_{2f} &= (83.9\ \text{u})(0.59\ \text{km/s}) \\ &\quad + (18.0\ \text{u})(0.60\ \text{km/s}) \\ &= 60\ \text{u} \cdot \text{km/s} \end{aligned}$$

운동량은 보존된다. 두 값만 비교하면 되므로 u를 kg으로 바꿀 필요는 없다.

만일 운동량을 스칼라양으로 생각하는 우를 범했다면 틀린 답을 얻었을 것이다. 충돌 전의 운동량의 크기의 합은 충돌 후의 운동량의 크기의 합과 일치하지 않는다. 에너지는 스칼라양이므로 에너지 보존은 직관적으로 이해하기가 더 쉬울 것이다. 운동에너지에서 퍼텐셜에너지로의 전환은 돈을 당좌예금 계좌에서 보통예금 계좌로 이체시키는 것과 유사하다. 이체 전후의 전체 돈의 양은 같다. 이런 종류의 비유는 운동량에는 적용되지 않는다!

실전문제 7.9 **정면충돌**

정지해 있던 질량 5.0 kg의 공이 궤도를 따라 10.0 m/s로 운동하던 질량 2.0 kg 공과 정면으로 충돌하였다. 충돌 후 2.0 kg 공이 정지했다면, 충돌 후의 5.0 kg 공의 속력은 얼마인가?

탄성 충돌과 비탄성 충돌

충돌은 주로 충돌하는 물체들의 운동에너지가 어떻게 되는지에 따라 분류된다. 여러 가지 모양의 공들을 높이 h에서 떨어뜨리면 모두 처음 높이 h보다 덜 튀어 오른다. 마루 또는 지면과 충돌한 직후 공의 운동에너지는 충돌 직전보다 작아진다. 운동에너지 감소량은 공

의 형태와 지면의 특성에 따라 다르다. 바람 빠진 공이나 흙덩어리는 아주 조금 튀어 오르거나 전혀 튀어 오르지 않는다. 왜 어떤 물체는 다른 물체보다 잘 튀어 오르는 것일까?

그림 7.17 테니스공과 라켓의 충돌 시 처음에 라켓 줄은 늘어나고, 공은 평평해지고 압축된다. 탄성 퍼텐셜에너지는 늘어난 라켓 줄과 압축된 공 내부에 저장된다. 그다음 라켓과 공이 원래 모양으로 되돌아오면서 탄성 퍼텐셜에너지의 대부분이 공의 운동에너지로 다시 변환된다.

라켓과 충돌하는 테니스공을 생각해 보자(그림 7.17). 테니스공과 라켓이 충돌할 때 라켓 줄은 늘어나고, 공은 변형되어 평평해지고 압축된다. 이런 일이 발생하면 공의 운동에너지는 줄어드는 반면, 탄성 퍼텐셜에너지는 늘어난 줄과 압축된 공에 저장된다. 그 공이 라켓에서 튀어 나오면서 탄성 퍼텐셜에너지가 공의 운동에너지로 다시 변환된다. 그러나 일부 에너지는 손실된다(열에너지로 전환). 손실된 에너지의 양은 재료의 특성(끈, 펠트, 고무)에 따라 다르다.

충돌 전후의 **총**운동에너지가 같은 충돌을 **탄성 충돌**elastic이라 부른다. 총에너지는 항상 보존되지만, 모두 운동에너지 **보존 법칙**이 성립되는 것은 아니다. 곧 모든 충돌이 탄성 충돌은 아니다. 그렇다고 일부의 운동에너지가 다른 형태의 에너지로 변환되는 것을 배제한다는 것은 아니다. 탄성 충돌이란 운동에너지가 다른 형태의 에너지로 변환되지 않는 특수한 충돌일 뿐이다.

두 물체 사이에서 일어나는 탄성 충돌의 경우, 충돌 전후 상대속력은 항상 같다. 이러한 사실은 1차원 충돌에서 매우 유용하다. 2차원 충돌에서 상대속도의 방향은 충돌 후 변한다. 상대속도 방향은 1차원 충돌 후 반대 방향으로 변한다. 충돌 전에는 서로 접근하고 충돌 후에는 서로 멀어진다. 두 물체가 x 방향으로 운동한다고 가정하면, 충돌 전후 상대속도는

$$v_{2ix} - v_{1ix} = -(v_{2fx} - v_{1fx}) \tag{7-25}$$

와 같이 쓸 수 있다. 1차원 탄성 충돌에 대해 식 (7-25)는 처음 운동에너지와 나중 운동에너지가 서로 같다고 하는 유용한 대체식이다.

나중 운동에너지가 처음 운동에너지보다 작을 때, 이런 충돌을 **비탄성 충돌**inelastic이라 말한다. 거시 세계 물체 사이의 충돌은 일반적으로 어느 정도 비탄성 충돌이지만, 때로는 운동에너지의 변화가 매우 작을 경우, 탄성 충돌로 취급하기도 한다. 충돌 결과 물체끼리 서로 붙을 경우, 이런 충돌은 **완전 비탄성 충돌**perfectly inelastic이다. 완전 비탄성 충돌에서는 운동에너지의 감소량이 최대가 된다(운동량 보존과 일치한다). 초탄성 충돌에서는 계의 총운동에너지가 충돌 후에 증가한다. 보기 7.8의 로켓 폭발은 초탄성 충돌이다. 그 폭발은 화학에너지 일부를 병진운동에너지로 전환한다.

지금까지 탄성과 비탄성 충돌을 정의하였으므로, 이제는 충돌 문제에 대한 문제 해결 전략을 세울 수 있다.

두 물체의 충돌에 대한 문제 풀이 전략

1. 충돌 전후의 도형을 그려라.
2. 충돌 전후, 두 물체의 질량과 속도에 대한 정보를 수집하고 정리하여라. 속도를 (올바른 대수 부호를 써서) 성분 형태로 표현하여라.
3. 충돌 전 두 물체의 운동량의 합을 충돌 후 운동량 합과 같다고 놓아라. 각 방향 성분에 대한 방정식을 써라.

$$m_1 v_{1ix} + m_2 v_{2ix} = m_1 v_{1fx} + m_2 v_{2fx} \quad \text{(7-26)}$$

$$m_1 v_{1iy} + m_2 v_{2iy} = m_1 v_{1fy} + m_2 v_{2fy} \quad \text{(7-27)}$$

4. 만일 충돌이 완전 비탄성 충돌이라면, 나중 속도를 다음과 같이 놓아라.

$$v_{1fx} = v_{2fx}, \quad v_{1fy} = v_{2fy} \quad \text{(7-28)}$$

5. 만일 충돌이 완전 탄성 충돌이라면, 나중 운동에너지와 처음 운동에너지를 같게 놓아라.

$$\frac{1}{2}m_1 v_{1i}^2 + \frac{1}{2}m_2 v_{2i}^2 = \frac{1}{2}m_1 v_{1f}^2 + \frac{1}{2}m_2 v_{2f}^2 \quad \text{(7-29)}$$

혹은 1차원 충돌의 경우, 상대속력을 다음과 같이 등식으로 놓아라.

$$v_{2ix} - v_{1ix} = -\left(v_{2fx} - v_{1fx}\right) \quad \text{(7-30)}$$

6. 미지수에 대하여 풀어라.

살펴보기 7.7A 완전 비탄성 충돌에서 계의 운동량이 보존되겠는가?

살펴보기 7.7B 한 범퍼카가 정지 상태에 있는 다른 범퍼카를 향하여 v_i의 속력으로 달려가고 있다. 두 자동차의 질량은 같다. 그림 7.18은 충돌의 두 가지 가능한 결과를 보여주고 있다. (a), (b) 각 가능성에 대해, 운동량이 보존됨을 증명하고 탄성 충돌, 비탄성 충돌 혹은 완전 비탄성 충돌 여부를 결정하여라. (c) 운동량이 보존되는 또 하나의 가능성을 생각해 보아라.

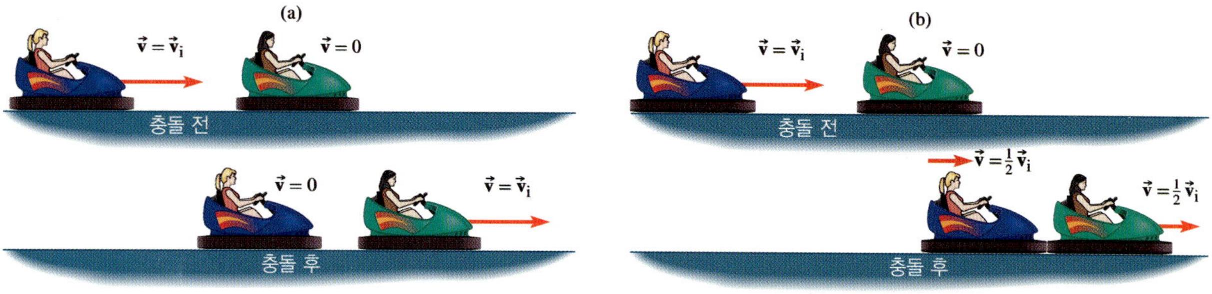

그림 7.18 한 범퍼카가 정지해 있는 질량이 같은 다른 범퍼카와 충돌하였을 때 일어날 수 있는 두 가지 가능성

보기 7.10 고속도로 진입로에서의 충돌

고속도로 진입로에서, 질량이 1.50×10^3 kg인 승용차가 고속도로상의 차량 행렬로 들어가기 전에 교통체증이 풀리기를 기다리면서 우선멈춤 표지판 앞에 정지해 있다. 이때 질량이 2.00×10^3 kg인 픽업트럭이 뒤에서 다가와서 정지해 있던 차를 들이받았다고 하자. 충돌이 완전 탄성 충돌이라고 하고 충돌 직후에 승용차가 20.0 m/s로 앞으로 밀려났다면 충돌 직전 픽업트럭의 속도는 얼마인가?

전략 운동량 보존은 처음 속도와 나중 속도를 관련 짓는 하나의 방정식을 제공해 준다. 탄성 충돌이라는 사실에서 다른 방정식을 하나 더 얻을 수 있다. 이 두 방정식으로부터 미지의 속도 2개를 계산할 수 있다. 정지신호 앞에 서 있는 차를 '1'로 나타내고, 픽업트럭을 '2'라고 나타내자. 모든 운동은 1차원에서 이루어지며 이를 x축이라고 하자. 간단히 하기 위해 첨자 x를 생략하고 모든 p와 v를 x 성분이라 하자. 그림 7.19는 충돌 전후를 나타낸 그림이다.

- 주어진 조건 : $m_1 = 1.50 \times 10^3$ kg, $m_2 = 2.00 \times 10^3$ kg, 충돌 전 $v_{1i} = 0$, 충돌 후 $v_{1f} = 20.0$ m/s
- 구해야 할 값 : v_{2i} (충돌 직전의 픽업트럭 2의 속력)

풀이 운동량 보존으로부터

$$\cancel{m_1 v_{1i}} + m_2 v_{2i} = m_1 v_{1f} + m_2 v_{2f} \qquad (1)$$

이다. 여기서 $v_{1i} = 0$이므로 첫 번째 항은 0이 된다. 그리고 탄성 충돌이므로, 식 (7.25)에서 보였듯이 충돌 후의 상대속도는 충돌 전의 상대속도와 방향이 반대여야 한다.

$$v_{2i} - \cancel{v_{1i}} = -(v_{2f} - v_{1f}) \qquad (2)$$

두 방정식을 v_{2i}에 대해 풀어야 하므로 v_{2f}를 소거할 수 있다. 식 (2)에 m_2를 곱하고 다시 정리하면

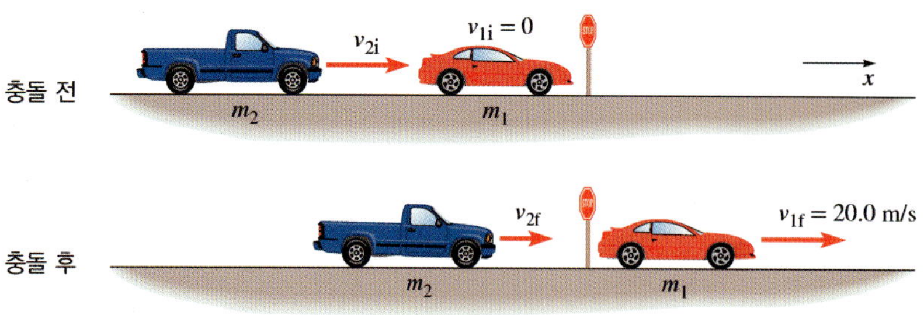

그림 7.19 충돌 전후의 그림(측면도)

$$m_2 v_{2i} = m_2 v_{1f} - m_2 v_{2f} \qquad (3)$$

가 된다. 식 (1)과 (3)을 더하면

$$2m_2 v_{2i} = (m_1 + m_2) v_{1f} \qquad (4)$$

가 된다. 식 (4)로부터 v_{2i}에 대해 풀이하면

$$\begin{aligned} v_{2i} &= \frac{m_1 + m_2}{2m_2} v_{1f} \\ &= \frac{1500\ \mathrm{kg} + 2000\ \mathrm{kg}}{4000\ \mathrm{kg}} \times 20.0\ \mathrm{m/s} \\ &= 17.5\ \mathrm{m/s} \end{aligned}$$

가 된다.

검토 이 답을 점검해 보기 위해서는 우선 v_{2f}에 대해 풀이한다. 그러면 식 (1)의 운동량 보존과 식 (2)의 상대 속도 부호 변화를 증명할 수 있다. 충돌 전후의 총운동에너지를 계산할 수 있으며, 탄성 충돌이라고 가정했으므로 충돌 전후 계의 총운동에너지가 서로 같아야 한다는 것을 증명할 수 있다. 이러한 것들은 여러분이 직접 점검해 보기 바란다.

도로가 자동차에 마찰력을 작용하므로, 충돌이 일어나는 동안 자동차에 작용하는 외력이 0은 아니다. 충돌 시간이 매우 짧은 경우 여전히 운동량 보존을 사용하는 이유는 마찰력이 계의 운동량을 크게 변화시킬 수 있을 만큼 충분히 긴 시간 동안 작용하지 않기 때문이다.

실전문제 7.10 **자동차 사이의 완전 비탄성 충돌**

차가 충돌할 때 탄성적으로 충돌하는 대신 두 자동차가 범퍼끼리 서로 맞붙었다고 하자. 처음 조건 $v_{1i} = 0$와 $v_{2i} = 17.5\ \mathrm{m/s}$은 그대로일 때 충돌 후, 차가 고속도로로 밀리는 속력을 구하여라.

보기 7.10에서, 진입로의 제한 속력이 8.94 m/s라 하자. 우선멈춤 표지판부터의 스키드마크의 길이를 측정하여 마찰계수를 추정한다면 사고현장 조사원은 자동차가 20.0 m/s의 속력으로 고속도로로 밀려났다는 것으로 결론지을 것이다. 사고 목격자가 충돌하기 전에 자동차가 서 있었다고 증언했다면 현장 조사원은 운동량 보존을 이용하여 충돌 전의 픽업트럭 속력을 계산할 수 있다. 충돌 지속 시간 Δt가 너무나 짧기 때문에, 외력에 의한 운동량 변화를 무시할 수 있으며, 두 차량을 고립된 계로 취급할 수 있다. 조사원은 픽업트럭이 제한 속력을 넘었다는 것을 알아내어 픽업트럭 운전자에게 속도위반 범칙금을 부여할 것이다.

7.8 2차원 충돌 Collisions in Two Dimensions

연결고리 7.7절에서 정리했던 문제 해결 전략을 보아라. 2차원 혹은 3차원 충돌에서도 똑같은 전략을 적용할 수 있다.

대부분의 충돌에서는 일직선으로 운동을 제한하는 궤도나 다른 장치가 없으므로 1차원 운동으로 국한되지는 않는다. 2차원 충돌에서는 운동량이 벡터라는 것을 기억하기만 한

다면, 1차원 충돌에서와 똑같은 기법을 사용해도 좋다. 운동량 보존을 적용하려면 x와 y 성분을 가지고 작업하는 것이 일반적으로 가장 쉽다. 만일 충돌이 탄성 충돌이라면 일반적으로 총운동에너지가 일정하다고 하는 방법이 가장 쉽지만(식 (7-29)), 1차원 충돌인 경우는 상대속도를 다음과 같이 표현한다.

$$\left|\vec{\mathbf{v}}_{2\mathrm{i}} - \vec{\mathbf{v}}_{1\mathrm{i}}\right| = \left|\vec{\mathbf{v}}_{2\mathrm{f}} - \vec{\mathbf{v}}_{1\mathrm{f}}\right| \tag{7-31}$$

보기 7.11 공기 부상대 위에서의 두 퍽의 충돌

조그마한 퍽(질량 $m_1 = 0.10\ \mathrm{kg}$)이 공기 부상대 위에서 $8.0\ \mathrm{m/s}$의 처음 속력으로 오른쪽으로 미끄러지고 있다(그림 7.20a). 공기 부상대에는 공기를 내뿜는 조그마한 구멍들이 많이 있다. 이로 인해 생성되는 공기 쿠션은 물체들이 거의 마찰 없이 미끄러지게 해준다. 이 퍽이 정지해 있던 더 큰 퍽(질량 $m_2 = 0.40\ \mathrm{kg}$)과 충돌한다. 그림 7.20b는 충돌 결과를 보여준다. 충돌 후 작은 퍽은 처음 운동 방향으로부터 위쪽으로 $\phi_1 = 60.0°$ 방향으로, 큰 퍽은 아래쪽으로 $\phi_2 = 30.0°$ 방향으로 움직인다. (a) 각 퍽의 나중 속력은 각각 얼마인가? (b) 이것은 탄성 충돌인가 아니면 비탄성 충돌인가? (c) 비탄성 충돌이라면, 충돌로 인해 처음 운동에너지의 얼마가 다른 형태의 에너지로 전환되는가?

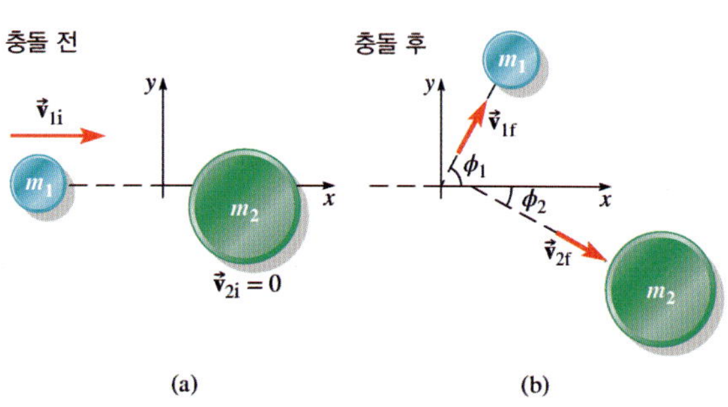

그림 7.20 충돌 전(a)과 후(b) 묘사

전략 두 개의 퍽으로 이루어진 계는 알짜 외력이 0이므로 고립된 계이다. 따라서 운동량 보존을 적용할 수 있다. 2차원 운동이므로 운동량의 수평 성분과 수직 성분을 분리해서 다룬다.

그림 7.20은 충돌 전후의 두 퍽을 보여준다. 이제 알고 있는 양들에 대한 정보를 수집하여 속도를 성분별로 적어보자.

- 질량 : $m_1 = 0.10\ \mathrm{kg}$, $m_2 = 0.40\ \mathrm{kg}$
- 충돌 전 : $v_{1\mathrm{i}x} = 8.0\ \mathrm{m/s}$, $v_{1\mathrm{i}y} = v_{2\mathrm{i}x} = v_{2\mathrm{i}y} = 0$
- 충돌 후 : $v_{1\mathrm{f}x} = v_{1\mathrm{f}} \cos\phi_1$, $v_{1\mathrm{f}y} = v_{1\mathrm{f}} \sin\phi_1$,
  $v_{2\mathrm{f}x} = v_{2\mathrm{f}} \cos\phi_2$, $v_{2\mathrm{f}y} = -v_{2\mathrm{f}} \sin\phi_2$
  $(\phi_1 = 60.0°,\ \phi_2 = 30.0°)$
- 구해야 할 값 : $v_{1\mathrm{f}}$, $v_{2\mathrm{f}}$(충돌 전후 총운동에너지)

풀이 (a) 성분별로 작업한다는 것은 충돌 전의 운동량의 총x 성분과 충돌 후의 운동량의 총x 성분을 같게 놓는 것을 의미한다. y 성분도 같은 방법으로 처리한다. 처음 운동량은 x 방향 성분뿐이다. 따라서 충돌 후의 운동량의 총y 성분은 0이 되어야만 한다.

우선 충돌 후 총운동량의 x 성분을 충돌 전 총운동량의 x 성분과 같게 놓는다.

$$p_{1\mathrm{f}x} + p_{2\mathrm{f}x} = p_{1\mathrm{i}x} + p_{2\mathrm{i}x}$$

여기서 $p_x = mv_x$를 사용하여 각각의 운동량의 성분을

$$m_1 v_{1\mathrm{i}x} + 0 = m_1 v_{1\mathrm{f}} \cos\phi_1 + m_2 v_{2\mathrm{f}} \cos\phi_2$$

와 같이 다시 쓸 수 있다. $m_2 = 4.0 m_1$이므로

$$m_1 v_{1\mathrm{i}x} = m_1 v_{1\mathrm{f}} \cos 60.0° + 4.0 m_1 v_{2\mathrm{f}} \cos 30.0°$$

이다. 공통인수 m_1을 소거하고 $\cos 60.0°$와

$\cos 30.0°$를 각각 수치로 치환하면 이 식은

$$v_{1ix} = 0.500\,v_{1f} + 3.46\,v_{2f} \qquad (1)$$

로 정리된다. 운동량 y 성분의 보존으로부터

$$p_{1fy} + p_{2fy} = p_{1iy} + p_{2iy} = 0$$

이다. $\vec{v}_{2f}$의 y 성분이 음수이므로 $\vec{p}_{2f}$의 y 성분은 음수가 된다. 곧

$$0 = m_1 v_{1f} \sin\phi_1 + (-4.0\,m_1 v_{2f} \sin\phi_2)$$

$$0 = v_{1f} \sin 60.0° - 4.0\,v_{2f} \sin 30.0°$$

이다. v_{2f}를 v_{1f}의 항으로 풀면

$$v_{2f} = \frac{\sin 60.0°}{4.0 \sin 30.0°} v_{1f} = 0.433\,v_{1f} \qquad (2)$$

가 된다. 식 (1)과 (2)에는 두 개의 미지수가 포함되어 있다. 하나의 미지수를 소거하기 위해 식 (1)에서 v_{2f}를 $0.433v_{1f}$로 치환하자.

$$v_{1ix} = 0.500\,v_{1f} + 3.46\,(0.433\,v_{1f}) = 2.00\,v_{1f}$$

이 식을 풀어 v_{1f}의 값을 구하면

$$v_{1f} = 4.0 \text{ m/s}$$

이다. 다음에는 이를 식 (2)에 대입하여 v_{2f}를 구하면

$$v_{2f} = 0.433\,v_{1f} = 1.73 \text{ m/s}$$

이므로, 반올림하면 1.7 m/s가 된다.

(b) 나중 속력을 구하였으므로 처음과 나중 운동에너지를 비교할 수 있다.

$$K_i = \frac{1}{2} m_1 v_{1i}^2$$

$$K_i = \frac{1}{2}(0.10 \text{ kg}) \times (8.0 \text{ m/s})^2 = 3.2 \text{ J}$$

이고,

$$K_f = \frac{1}{2} m_1 v_{1f}^2 + \frac{1}{2} m_2 v_{2f}^2$$
$$= \frac{1}{2}(0.10 \text{ kg}) \times (4.0 \text{ m/s})^2 + \frac{1}{2}(0.40 \text{ kg}) \times (1.73 \text{ m/s})^2$$
$$= 0.80 \text{ J} + 0.60 \text{ J} = 1.40 \text{ J}$$

이다. 나중 운동에너지가 처음 운동에너지보다 더 작으므로 이 충돌은 비탄성 충돌이다.

(c) 다른 형태의 에너지로 변환된 운동에너지의 양(주로 퍽들의 내부에너지)은

$$K_i - K_f = 3.2 \text{ J} - 1.40 \text{ J} = 1.8 \text{ J}$$

이다. 처음 운동에너지가 다른 에너지로 변환된 비율을 구하기 위해, 이를 처음 운동에너지로 나눈다.

$$\frac{K_i - K_f}{K_i} = \frac{1.8 \text{ J}}{3.2 \text{ J}} = 0.56$$

따라서 입사되는 퍽의 운동에너지의 절반도 못되는 양이 두 퍽의 운동에너지로 남게 된다.

검토 2차원 충돌 문제가 1차원 문제에 비해 더 복잡한 대수를 요구하는 경향이 있지만, 물리학적 원리는 같다. 계에 가해지는 알짜 외력이 0인(또는 무시할 정도로 작은) 이상, 총운동량 벡터는 보존되어야만 한다.

실전문제 7.11 **공의 충돌**

질량이 m_1인 공이 $+x$축을 따라 정지해 있는 m_2 ($m_2 = 5m_1$)인 두 번째 공을 향해 속력 v_i로 운동하고 있다. 이 두 공이 충돌한 후, 공 1(m_1)은 $+y$축을 따라 v_1의 속력으로 운동하고, 공 2(m_2)는 v_2의 속력으로 $+x$축 아래 37° 방향으로 운동한다. v_1을 v_i로 표현하여라.

7.1 (a) 아래 방향으로 0.78 kg·m/s
(b) 사과를 향하여 0.78 kg·m/s, 1.3×10^{-25} m/s

7.2 위 방향으로 3.5 W

7.3 1700 N, 0.0037 s

7.4 $-x$ 방향으로 0.8 m/s

7.5 1.7 m/s

7.6 2.2 m/s

7.7 (2.0 cm, 2.3 cm)

7.8 (a) 2.7 m, (b) 다른 방향으로 1.5 m
(c) 질량중심은 움직이지 않는다.

7.9 4.0 m/s

7.10 10.0 m/s

7.11 $v_1 = 0.75 v_i$

7.2 아니요. 자동차의 운동량의 방향이 바뀌기 때문이다.

7.4 외력이 계에 작용할 때, 계의 운동량은 보존되지 않는다.

7.6 망치가 회전하고 있더라도 자유낙하 하는 상태이며, 질량중심은 점 입자가 자유낙하 할 때와 같은 궤적을 따라간다.

7.7A 예. 운동량은 탄성 충돌과 비탄성 충돌하는 경우에 모두 보존된다. 그러나 비탄성 충돌에서 처음과 나중 운동에너지는 동일하지 않다.

7.7B (a) 총운동량은 보존된다.
곧 $mv_i + 0 = 0 + mv_i$이다. 전과 후의 총운동에너지는 $K_i = \frac{1}{2}mv_i^2 + 0$과 $K_f = 0 + \frac{1}{2}mv^2$이다. 탄성 충돌이므로 같다.

(b) 총운동량은 보존된다.
$mv_i + 0 = m\left(\frac{1}{2}v_i\right) + m\left(\frac{1}{2}v_i\right)$이다. 충돌이 완전 탄성 충돌이므로 최종 속도는 같다.

(c) 충돌 후 파란 차의 x 성분 속도는 $\frac{1}{4}v_i$이고 빨간 차는 $\frac{3}{4}v_i$라고 하자. 이들의 운동량은 보존된다. 곧 $mv_i + 0 = m\left(\frac{1}{4}v_i\right) + m\left(\frac{3}{4}v_i\right)$이다. 전과 후의 총운동에너지는

$K_i = \frac{1}{2}mv_i^2 + 0$과

$K_f = \frac{1}{2}m\left(\frac{1}{4}v_i\right)^2 + \frac{1}{2}m\left(\frac{3}{4}v_i\right)^2 = \frac{5}{16}mv_i^2$로,

$K_f < K_i$이므로 비탄성 충돌이다.

08

돌림힘과 각운동량
Torque and Angular Momentum

체조경기의 링 종목에서 십자 버티기는 매우 큰 힘이 드는 운동이다. 왜 그렇게 큰 힘이 필요할까?

찾아가보기

- 병진평형 (2.4절)
- 일정한 원운동과 원형궤도 (5.1절, 5.4절)
- 각속도와 각가속도 (5.1절, 5.6절)
- 에너지 보존 (6.1절)
- 질량중심과 질량중심의 운동 (7.5절, 7.6절)
- 미끄러짐 없이 굴리기 (5.1절)
- 기초 수학 : 라디안 척도 (5.1절, 부록 A.6)

생명과학 응용

- 체조 선수, 동물에 의한 돌림힘 (실전문제 8.4, 문제 27, 57)
- 동물과 체조 선수의 자세와 그에 따른 무게중심 (8.4절, 실전문제 8.9, 개념형 질문 8, 문제 46)
- 인체에서의 돌림힘과 평형 (8.5절, 보기 8.10, 실전문제 8.10, 개념형 질문 6, 문제 22~24, 44, 60, 63)
- 피겨선수와 다이빙 선수의 각운동량 보존 (8.8절, 문제 39, 40, 42)

8.1 회전운동에너지와 회전관성 Rotational Kinetic Energy and Rotational Inertia

강체가 고정된 축을 중심으로 돌고 있을 때, 강체를 구성하는 각 입자는 그 회전축을 중심으로 원운동을 하기 때문에 각각 운동에너지를 갖는다. 원칙적으로 회전체의 운동에너지는 회전체를 이루고 있는 입자들의 운동에너지를 모두 합하면 된다. 회전체를 이루고 있는 입자들의 회전운동에너지를 모두 더하는 것은 매우 힘든 일이라고 생각할 수 있다. 그러나 다행히도 회전체를 구성하고 있는 개개의 입자들에 대한 회전운동에너지를 직접 더하지 않고 간단하게 표현할 방법이 있다. 그것이 가능한 것은 회전체를 이루고 있는 개개 입자의 속력이 회전하는 각속력 ω에 비례하기 때문이다.

강체가 N개의 입자로 구성되어 있을 때, 입자의 운동에너지의 합은 개개 입자의 질량과 속력에 번호를 달아 다음과 같이 수학적으로 표현할 수 있다.

$$K_{\text{회전}} = \frac{1}{2}m_1v_1^2 + \frac{1}{2}m_2v_2^2 + \cdots + \frac{1}{2}m_N v_N^2 = \sum_{n=1}^{N}\frac{1}{2}m_nv_n^2 \tag{8-1}$$

여기에서 기호 $\sum_{n=1}^{N} Q_n$은 $Q_1 + Q_2 + \cdots + Q_N$을 나타낸다.

개개 입자의 속력은 회전축과 입자 사이의 수직거리와 관계가 있다. 회전축으로부터 더 멀리 있는 입자들은 더 빨리 움직이고 가까이 있는 입자들은 느리게 움직인다. 5.1절에서 원주를 따라 움직이는 입자의 속력은

$$v = r\omega \tag{5-9}$$

가 된다는 것을 배웠다. 이 식에서 ω는 각속력이고, r은 회전축에서 입자까지의 수직거리이다(그림 8.1). 값을 대입하면 입자들의 회전운동에너지의 합, 식 (8–1)은

$$K_{\text{회전}} = \sum_{n=1}^{N}\frac{1}{2}m_nr_n^2\omega^2 \tag{8-2}$$

이 된다. 물체 전체가 같은 각속력 ω로 회전하기 때문에 상수 $\frac{1}{2}$과 ω^2을 합 기호 밖으로 끌어내어 다음 식과 같이 쓸 수 있다.

$$K_{\text{회전}} = \frac{1}{2}\left(\sum_{n=1}^{N}m_nr_n^2\right)\omega^2 \tag{8-3}$$

만약 물체가 강체라서 모양이 변하지 않는다면, 회전축과 개개 입자 사이의 수직거리가 변하지 않기 때문에 괄호 속의 양은 일정하다. 괄호 안의 합계를 계산하는 것이 어려울 수 있지만 주어진 질량 분포와 회전축에 대해 한 번만 수행하면 된다.

괄호 안에 있는 양을 기호 I로 나타내자. 5장에서 이미 사용하였던 방법처럼 이 장에서도 병진운동의 변수와 회전운동의 변수 사이의 유사성을 이용하면 매우 편리하다. 기호 I를 이용함으로써 병진운동의 운동에너지와 회전운동의 운동에너지에 관한 공식이 유사한 형태로 나타남을 볼 수 있다. 병진운동의 운동에너지는

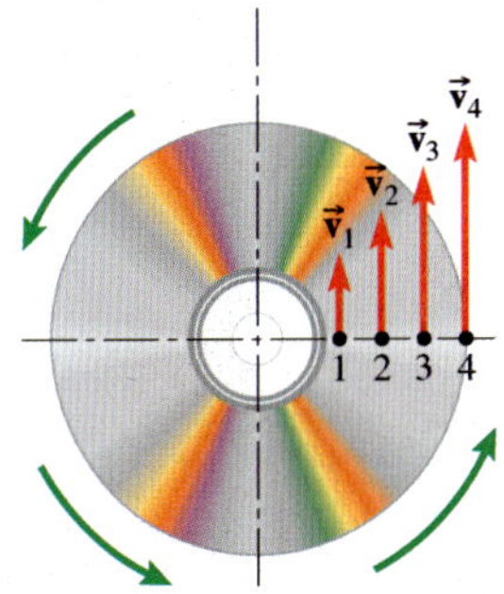

그림 8.1 회전하는 DVD 위의 네 점. 중심으로부터 거리가 먼 곳에 있는 점은 가까이 있는 점보다 빠르게 움직인다.

$$K_{\text{병진}} = \frac{1}{2}mv^2 \qquad (6\text{-}14)$$

이고, **회전운동에너지** rotational kinetic energy는 다음과 같다.

회전운동에너지

$$K_{\text{회전}} = \frac{1}{2}I\omega^2 \qquad (8\text{-}4)$$

식 (8–4)를 유도하기 위해 $v = r\omega$를 사용하였으므로 ω는 단위 시간당 라디안(일반적으로 rad/s)으로 나타내야 한다. 식 (8–4)의 I를 **회전관성** rotational inertia이라 부른다.

회전관성

$$I = \sum_{n=1}^{N} m_n r_n^2 \quad (\text{SI 단위 : kg} \cdot \text{m}^2) \qquad (8\text{-}5)$$

병진운동에너지와 회전운동에너지에 대한 식을 비교하여 보면, 선속력 v는 각속력 ω로 대치되었고, 질량 m은 회전관성 I로 대치되었다. 질량은 물체가 가지는 관성의 척도이다. 다른 말로 표현하면, 물체의 속도를 변화시키기가 얼마나 어려운지를 나타내는 척도이다. 이와 유사하게, 회전하는 강체에 대해서 I는 회전체가 갖는 회전관성의 척도이다. 곧 회전하는 물체의 각속도를 변화시키는 것이 얼마나 어려운지를 나타내는 척도이다. 그래서 I를 회전관성이라 부르며, 때로는 **관성모멘트** moment of inertia라고도 한다.

연결고리 회전운동에너지와 병진운동에너지는 같은 형태를 가지고 있다. 곧 $\frac{1}{2}$관성×속력^{2}이다.

회전관성을 구하는 문제는 다음과 같은 세 가지 원리를 이용한다.

회전관성 구하기

1. 물체를 구성하고 있는 입자의 개수가 적다면 직접 $I = \sum_{n=1}^{N} m_n r_n^2$ 를 이용하여 계산한다.
2. 기하학적으로 간단한 대칭적인 물체라면 적분을 이용하여 식 (8–5)의 합을 직접 계산할 수 있다. 일반적으로 자주 접하게 되는 기하학적 모양에 대한 회전관성을 계산하여 표 8.1에 수록하였다.
3. 회전관성은 부분의 합으로 되어 있기 때문에 물체를 회전관성을 쉽게 계산할 수 있는 몇몇 부분으로 나누어서 생각할 수 있다. 이 부분들의 회전관성을 합치면 물체 전체의 회전관성을 얻을 수 있다. 이와 같은 방법이 분할법이다.

물체의 회전관성은 회전축의 위치에 따라 달라짐을 명심하여라. 예를 들어 출입문의 옆쪽에 붙어 있는 경첩을 떼어서 위쪽에 붙였다고 생각해 보자. 그러면 그 문은 수평축을 중심으로 움직인다(그림 8.2b). 그 문은 경첩을 옮기기 전보다 옮긴 이후 더 큰 회전관성을 가진다. 문 전체의 질량은 경첩을 어디에 달든 관계없이 일정하다. 그러나 문을 구성하고 있는 평균 질량은 그림 8.2a의 문보다 그림 8.2b의 문이 회전축에서 더 멀리 있다. 회전축이 수평일 경우, 문의 회전관성을 계산하기 위한 r_n의 범위는 0에서 문의 높이 h까지이다. 그리고 회전축이 수직일 경우, 문의 회전관성을 계산하기 위한 r_n의 범위는 0에서 문의 너비 w까지이다.

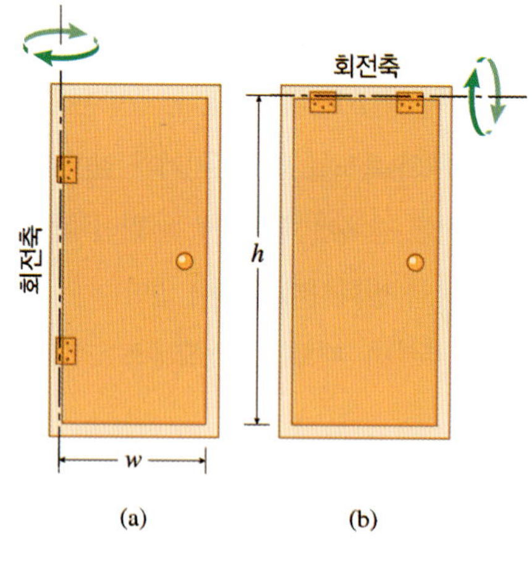

그림 8.2 출입문의 회전관성은 회전축의 위치에 관계된다. 문의 높이가 너비보다 크므로 (a) 옆쪽에 경첩을 가진 문의 회전관성 $I=\frac{1}{3}Mw^2$은 (b)위쪽에 경첩을 가진 문의 회전관성 $I=\frac{1}{3}Mh^2$보다 작다.

표 8.1 다양한 기하학적 모양을 가진 균일한 물체의 회전관성

모양	회전축	회전관성	모양	회전축	회전관성
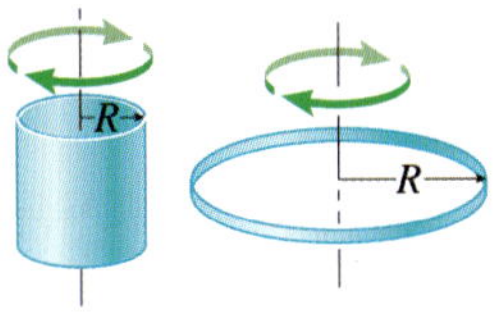 속이 빈 얇은 원통(굴렁쇠)	원통의 중심축	MR^2	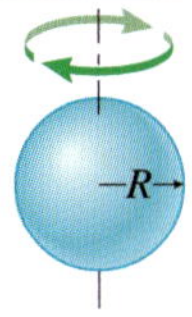 속이 찬 구	중심축	$\frac{2}{5}MR^2$
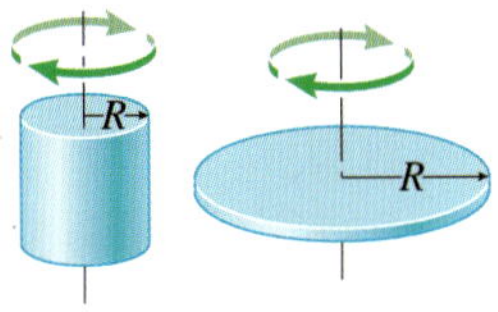 속이 찬 원통	원통의 중심축	$\frac{1}{2}MR^2$	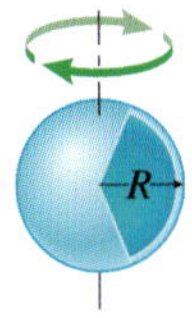 속이 빈 얇은 구 껍질	중심축	$\frac{2}{3}MR^2$
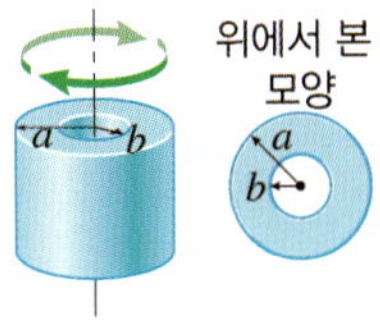 속이 빈 원통	원통의 중심축	$\frac{1}{2}M(a^2+b^2)$	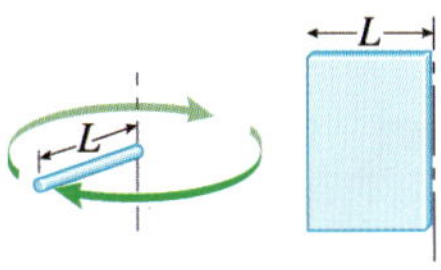 가는 봉(또는 얇은 사각형 판)	한쪽 끝에 수직인 축(또는 판의 가장자리를 통과하는 판에 평행한 축)	$\frac{1}{3}ML^2$
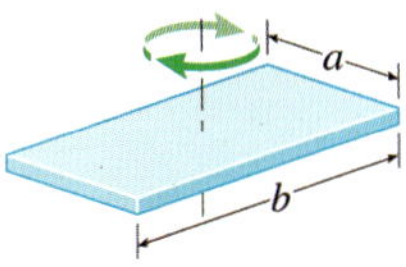 직사각형 판	판의 중심에 수직인 축	$\frac{1}{12}M(a^2+b^2)$	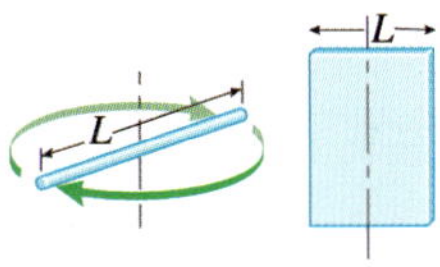 가는 봉(또는 얇은 사각형 판)	봉의 중심을 통과하는 축(또는 판의 중심을 통과하는 판의 가장자리에 평행한 축)	$\frac{1}{12}ML^2$

혼자서 해 보기 회전축의 위치 이동에 따라 막대의 회전관성이 변하는 것을 쉽게 알 수 있다. 야구 배트를 길게 쥐고 휘둘러 보고 나서 배트를 짧게 잡고 휘둘러 보면 짧게 잡고 휘두르는 것이 더 쉽다. 왜냐하면 회전관성이 작기 때문이다. 아이들은 배트가 너무 무겁기 때문에 종종 배트를 짧게 잡는다. 야구 선수들도 배트를 잘 다루기 위하여 종종 그림 8.3과 같이 짧게 잡는다. 그렇지만 배트를 짧게 잡으면 홈런을 칠 수가 없다. 야구공을 멀리 치기 위해서는 배트의 회전관성이 큰 상태로 야구공을 쳐야한다.

그림 8.3 야구 배트를 짧게 잡은 야구 선수

살펴보기 8.1 표 8.1에 의하면 균일한 원통이나 원판의 회전축에 대한 회전관성은 오직 질량과 반지름에만 의존한다. 왜 원통의 높이나 원판의 두께에는 의존하지 않을까?

보기 8.1 역기의 회전관성

질량이 20 kg이고 반지름이 15 cm인 균일한 두 개의 원판이 질량 10 kg, 반지름 1.25 cm, 길이 2.20 m인 막대에 부착되어 있는 역기가 있다. 각 원판은 막대의 양쪽 끝으로부터 20 cm 되는 지점에 부착되어 있다(그림 8.4). (a) 막대의 중심 축 a와 (b) 막대의 수직 이등분선의 축 b를 회전축으로 하는 회전관성을 각각 구하여라. 원판의 두께와 구멍은 무시하여라.

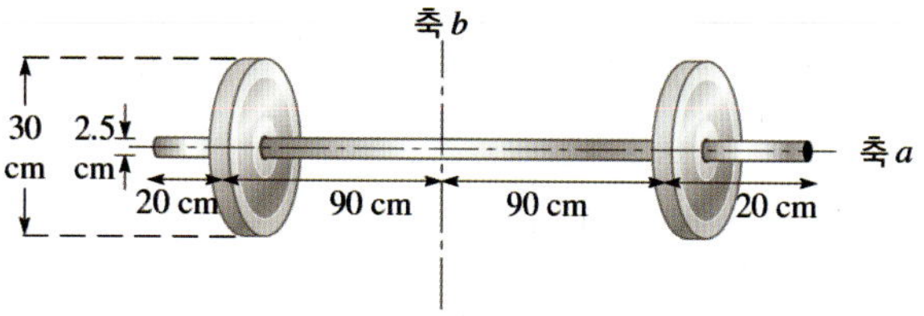

그림 8.4 두 개의 다른 회전축을 가진 역기

전략 이 복합체의 회전관성은 세 부분(두 개의 원판과 하나의 막대)의 회전관성의 합이다. 표 8.1에 원판과 막대의 회전관성이 나와 있지만, 특정한 회전축에 대한 것만 있다. 특히 회전축 b의 경우 두 개의 원판과 원판 외부에 있는 회전축을 중심으로 회전하고 있기 때문에 표 8.1에 있는 어떤 식도 사용할 수 없다. 대신 회전관성의 정의(식 (8–5))로 돌아가서 근사를 사용할 수 있다. 역기의 부분들과 회전축 사이의 거리를 살펴볼 때 회전축 a에 대한 회전관성이 회전축 b보다 작을 것으로 예상한다. 각각의 원판의 질량을 M, 반지름을 R이라 하고 막대기의 질량은 m, 반지름은 r, 길이는 L이라고 하자.

풀이 (a) 두 개의 원판과 하나의 막대는 모두 각각의 중심축을 중심으로 회전하는 속이 찬 원통이다(표 8.1에 있는 가는 막대에 대한 두 개의 식은 막대의 수직축에 대한 것이므로 여기서는 사용할 수 없다). 표 8.1로부터

$$I=\frac{1}{2}MR^2+\frac{1}{2}MR^2+\frac{1}{2}mr^2$$
$$=2\times\left[\frac{1}{2}\times 20\,\text{kg}\times(0.15\,\text{m})^2\right]+\frac{1}{2}\times 10\,\text{kg}\times(0.0125\,\text{m})^2$$
$$=2\times 0.225\,\text{kg}\cdot\text{m}^2+0.00078\,\text{kg}\cdot\text{m}^2=0.45\,\text{kg}\cdot\text{m}^2$$

이다.

(b) 표 8.1에 의하면 막대의 축 b에 대한 회전관성은 $\frac{1}{12}mL^2$이다. 각각의 원판의 중심은(두께는 무시할 수 있다고 가정하자) 막대의 중앙으로부터 $d=\frac{1}{2}(2.20\,\text{m}-0.40\,\text{m})=0.90\,\text{m}$ 만큼의 거리에 있다. 만약 원판을 작은 입자들로 쪼개어 식 (8–5)를 적용하면 회전축에서 입자들까지의 최소 거리 r_n은 $d=0.90\,\text{m}$(중심까지)이고 최대로는 $\sqrt{d^2+R^2}\approx 0.91\,\text{m}$(가장자리까지)를 넘지 않을 것이다. 따라서 각각의 원판을 축으로부터 d만큼의 거리에 있는 점 질량으로 간주하는 것이 좋은 근사가 된다. 그러면

$$I=Md^2+Md^2+\frac{1}{12}mL^2$$
$$=2\times[20\,\text{kg}\times(0.90\,\text{m})^2]+\frac{1}{12}\times 10\,\text{kg}\times(2.20\,\text{m})^2$$
$$=2\times 16.2\,\text{kg}\cdot\text{m}^2+4.03\,\text{kg}\cdot\text{m}^2=36\,\text{kg}\cdot\text{m}^2$$

이 된다. 예상했던 것처럼 축 b에 대한 회전관성보다 축 a에 대한 회전관성이 훨씬 작다.

검토 막대의 반지름은 원판의 반지름보다 훨씬 작아서 거의 모든 질량이 회전축에 가깝게 있기 때문에 축 a에 대한 회전관성에는 거의 기여하지 않는다. 막대는 축 b에 대한 회전관성에 크게 기여하게 되는데 이는 막대의 회전관성이 막대의 반지름이 아닌 길이에 관계가 있고 막대의 질량이 회전축에서 0부터 1.1 m에 고르게 분포하기 때문이다. 심지어 막대의 두께를 고려한다 할지라도 두께가 d에 비해 훨씬 작으면 축 b에 대한 각각의 원판의 회전관성에 대한 기여를 Md^2로 간주하는 것은 여전히 유효하다.

실전문제 8.1 놀이터 회전무대

놀이터의 회전무대는 원반형으로 되어 있으며, 그 원반의 중심을 지나는 수직축에 대하여 회전할 수 있도록 되어 있다(그림 8.5). 회전무대의 반지름이 2.0 m, 질량이 160 kg이다. 그리고 무게가 18.4 kg인 아이가 회전무대의 끝에 앉아 있다. 아이가 타고 있는 회전무대의 회전관성은 얼마인가? [힌트 : 아이를 원반의 끝에 있는 점 질량으로 취급하여라.]

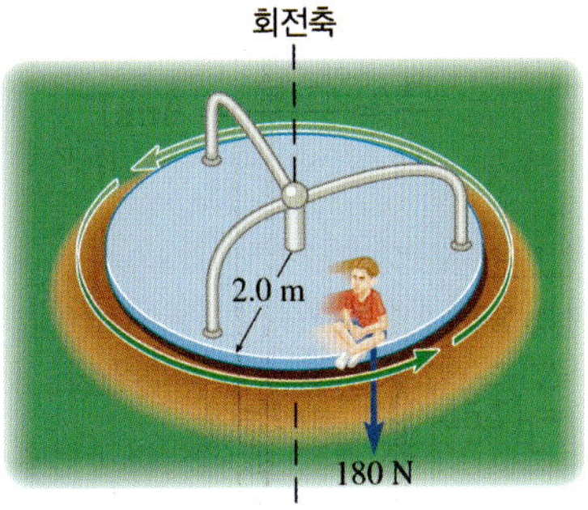

그림 8.5 회전무대를 타고 있는 아이

회전하는 물체에 에너지 보존 법칙을 적용할 때 회전운동에너지는 역학적에너지에 포함된다.

연결고리 에너지 보존 법칙을 회전하는 물체에 대해서도 같이 적용할 수 있다.

$$W_{\text{비보존력}} = \Delta K + \Delta U \tag{6-22}$$

탄성 퍼텐셜에너지와 중력 퍼텐셜에너지의 합을 퍼텐셜에너지 U로 나타낸 것처럼 식 (6–22)에서 병진운동에너지와 회전운동에너지의 합을 운동에너지 K로 나타낸다. 곧

$$K = K_{\text{병진}} + K_{\text{회전}} \tag{8-6}$$

이다.

보기 8.2 애트우드 기계

애트우드 기계는 그림 8.6과 같이 줄의 끝에 질량 m_1과 m_2인 물체를 연결하여 관성모멘트 I, 반지름 R, 질량 M인 도르래에 매달아 놓은 형태이다(보기 3.11에서 질량을 무시할 수 있는 도르래에 대한 애트우드 기계를 다루었는데, 질량을 무시하면 $I=0$임에 유의하여라). 줄은 미끄러지지 않고 도르래는 마찰이 없이 자유롭게 돌아갈 수 있다고 가정하고, 공기의 저항도 무시하자. 물체를 정지 상태에서 놓았다면 질량이 h만큼 움직였을 때의 속력은 어떻게 되겠는가?

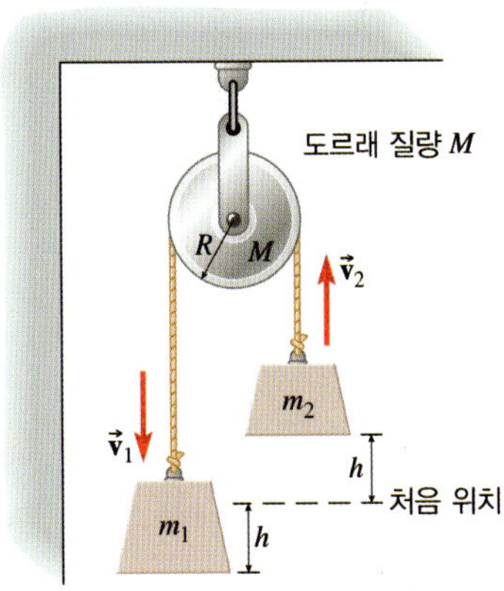

그림 8.6 애트우드 기계

전략 계에 작용하는 비보존력인 공기의 저항과 마찰을 무시하므로 계의 역학적에너지는 보존된다.

$$\Delta U + \Delta K = 0$$

중력 퍼텐셜에너지가 두 물체의 병진운동에너지와 도르래의 회전운동에너지로 변환된다.

풀이 편리하게 다루기 위하여 $m_1 > m_2$라고 하자. 그러면 m_1은 내려오고 m_2는 올라간다. 각 물체가 h만큼 이동한 후에 중력 퍼텐셜에너지의 변화는 다음과 같다.

$$\Delta U_1 = -m_1 gh$$

$$\Delta U_2 = +m_2 gh$$

계의 역학적에너지는 세 물체, 곧 매달린 두 물체와 도르래의 운동에너지를 포함해야 한다. 모든 것이 운동에너지 0인 상태에서 시작하였으므로,

$$\Delta K = \frac{1}{2}(m_1 + m_2)v^2 + \frac{1}{2}I\omega^2$$

이다. 줄의 길이가 고정되어 있으므로 v는 일정하다. 줄이 미끄러지지 않는다면 v와 ω는 서로 관계가 있다. 도르래의 접선속도가 줄이 움직이는 속도와 같아야 한다. 도르래의 접선 속도는 각속도와 반지름의 곱이다. 곧

$$v = \omega R$$

이다. ω 대신에 v/R을 대입하면, 에너지 보존 법칙은

$$\Delta U + \Delta K = [-m_1 gh + m_2 gh] + \left[\frac{1}{2}(m_1 + m_2)v^2 + \frac{1}{2}I\left(\frac{v}{R}\right)^2\right] = 0$$

곧

$$\frac{1}{2}\left[(m_1 + m_2) + \frac{I}{R^2}\right]v^2 = (m_1 - m_2)gh$$

이다. 이 식을 v에 대하여 풀면

$$v = \sqrt{\frac{2(m_1 - m_2)gh}{m_1 + m_2 + I/R^2}}$$

이 된다.

검토 이 해답은 "만약 이러면 어떨까?"라는 많은 질문에 답을 줄 수 있다는 의미에서 많은 정보를 가지고 있다. 이러한 질문을 통해 답변이 합리적인지 여부를 확인할 수 있을 뿐만 아니라, 사고 실험을 수행할 수 있으며, 애트우드 기계를 구성하고 결과를 비교하여 확인할 수 있다.

예를 들면 m_1이 m_2보다 약간만 크다면 어떻게 되겠는가? 그러면 m_2가 m_1에 가까이 가면 속력이 0에 접근하도록 속력 v가 작아진다. 이는 직관적으로 알 수 있다. 무게의 불균형이 적으면 가속도가 작다. 다른 예도 여러분이 직접 점검해 볼 수 있다.

대수적인 답의 항들을 살펴봄으로써 분명하게 물리적인 해석과 연계시킬 수도 있다. $(m_1 - m_2)g$는 양쪽에서 당기는 중력의 불균형을 표시한다. 분모 $(m_1 + m_2 + I/R^2)$은 계 전체의 관성이다. 두 물체의 질량과 도르래가 기여하는 관성을 합한 것이다. 도르래가 관성에 기

여하는 것은 간단히 도르래의 질량과 같지 않다. 예를 들어, 도르래가 $\frac{1}{2}MR^2$인 균일한 원판이라면, I/R^2은 도르래 질량의 반이 된다.

애트우드 기계의 해석에 사용된 원리는 실제로 많이 응용되고 있다. 응용되는 한 예가 한쪽은 승객이 탑승하게 되어 있고 다른 한쪽은 추가 달려 있는 승강기이다. 물론 이 사례가 도르래에 자유로이 매달려 있는 문제는 아니다. 이 경우는 모터가 공급해 주는 에너지를 고려해야 한다.

실전문제 8.2 **변형된 애트우드 기계**

그림 8.7은 한 쪽의 블록이 매달려 있지 않고 책상 위에 놓인 변형된 애트우드 기계이다. 이들 블록을 잡고 있다가 놓았다고 하자. 블록이 h만큼 이동한 후의 속력을 m_1, m_2, I, R, h로 나타내어라. 마찰은 무시하여라.

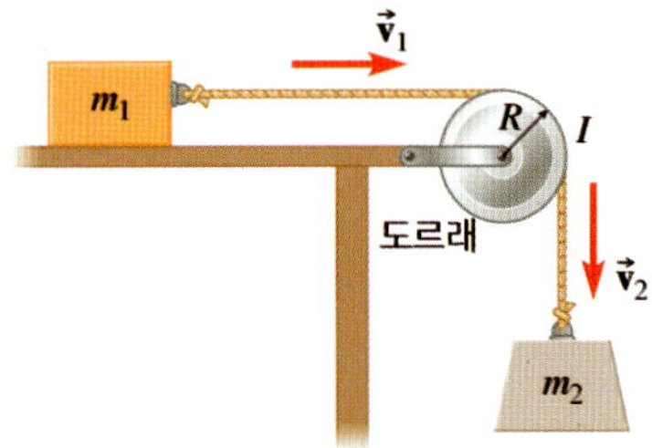

그림 8.7 변형된 애트우드 기계

8.2 돌림힘 Torque

자전거를 고칠 때처럼 자전거를 뒤집어 놓고, 한쪽 바퀴를 회전시켜 보아라. 만일 모든 것이 정상이라면 바퀴는 꽤 오랫동안 돌아가는데, 이때 바퀴의 각가속도는 작다. 만일 바퀴가 오랫동안 돌아가지 않는다면 각속도 변화는 크고 이때 바퀴의 각가속도는 크기가 크다. 이 경우에는 어딘가에 매우 큰 마찰력이 작용하고 있다는 것이다. 브레이크가 테를 누르고 있거나 베어링을 교체할 시기가 되었을 수 있다.

공기의 저항을 포함하여 바퀴에 작용하는 마찰력을 모두 제거한다면 바퀴의 각속력은 감소하지 않고 계속하여 돌아갈 것으로 기대할 수 있다. 그러한 경우에 각가속도는 0이다. 이 상황은 물체에 작용하는 외력이 없을 경우 일정한 속도로 운동한다는 뉴턴의 제1법칙을 생각나게 한다. 회전에서도 뉴턴의 제1법칙을 설명할 수 있다. 곧 회전하는 물체에 외부 상호작용이 없고, 회전관성이 변하지 않는다면 회전체는 일정한 각속도로 회전 상태를 유지한다.

물론, 마찰이 없다고 가정한 자전거의 바퀴도 중력과 같은 외부 상호작용을 받는다. 지구의 중력장은 바퀴를 아래쪽으로 잡아당기고, 이에 대하여 바퀴의 축은 바퀴가 아래쪽으로 떨어지는 것을 방지하기 위하여 위쪽으로 힘이 작용하고 있다. 그러면 알짜 외력이 없으면 각가속도는 0이 된다는 것이 사실일까? 그렇지는 않다. 작용하는 알짜힘이 0일지라도 자전거의 바퀴에 각가속도가 생기게 할 수 있다. 자전거 바퀴의 양쪽을 두 손으로 잡으면 바퀴의 회전을 멈출 수 있다. 바퀴의 운동이 아래쪽으로 일어나는 곳은 운동마찰력이 위로 작용한다(그림 8.8). 한편 다른 쪽 바퀴의 운동은 위쪽이므로, 운동마찰력은 아래쪽으로 작용한다. 비슷한 방법으로, 멈추어 있는 바퀴를 회전시키기 위해 크기는 같고 방향은 반대인 힘을 바퀴의 양 끝에 작용할 수 있다. 어떤 경우든, 동일한 힘을 가하므

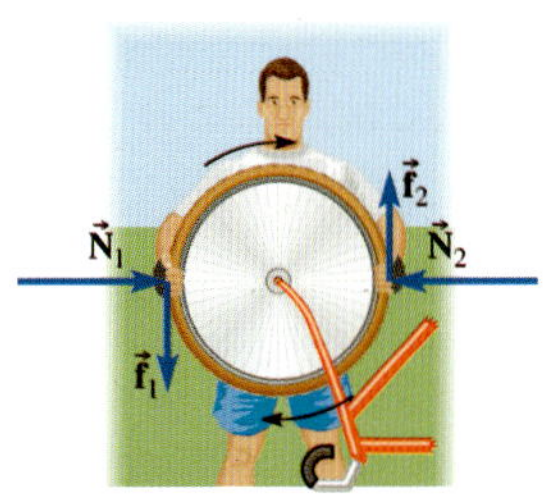

그림 8.8 자전거 바퀴의 회전은 마찰에 의하여 정지할 때까지 느려진다. 각 손은 바퀴에 수직한 힘을 작용시켜 바퀴에 마찰력을 가한다. 두 개의 수직한 힘의 합은 0이 되고, 두 마찰력의 합도 0이 된다.

로 그 알짜힘은 0이면서 바퀴가 각가속도를 갖게 된다.

돌림힘 **돌림힘**[torque]이라고 부르는 힘과 관계되는 양이 회전운동에서 하는 역할은 병진운동에서 힘이 하는 역할과 같다. 돌림힘은 힘과 분리할 수 없다. 물체에 힘이 작용하지 않을 때 돌림힘이 작용하는 것은 불가능하다. 돌림힘은 주어진 힘이 어떤 물체를 얼마나 비틀거나 돌리는가를 나타내는 척도이다. 앞 예의 자전거 바퀴에서처럼 고정된 축에서 회전하고 있는 바퀴에 돌림힘을 가하면 회전속도를 더 빠르게 하거나 더 느리게 하여 회전운동을 변하게 할 수 있다.

그림 8.8에 나타낸 바와 같이 크기가 같고 방향이 반대인 두 힘에 의하여 자전거 바퀴가 정지할 때, 자전거 바퀴에 가한 알짜힘은 0이다. 곧 병진운동의 관점에서는 평형상태에 있다. 그러나 알짜 돌림힘은 0이 아니다. 그래서 회전운동의 관점에서는 평형상태가 아니다. 돌림힘을 만들어 내는 이 두 힘은 같은 부호의 각가속도를 만들어 낸다. 이 두 힘은 자전거 바퀴의 회전을 느리게 한다. 두 돌림힘은 실제로 동등하며 부호도 같다.

힘과 돌림힘 사이의 관계 특정한 힘이 나타내는 돌림힘은 어떻게 결정하는가? 질량이 큰 은행의 금고문을 밀어서 열려고 한다고 하자. 금고문을 열기 위하여 가능한 한 강하게 밀어야 한다. 돌림힘은 힘의 크기에 비례하고, 힘을 가하는 방향과 위치에 관계된다. 최대 효과를 내기 위해서는 문에 수직한 방향으로 힘을 가해야 한다(그림 8.9a). 금고문의 경첩이 있는 회전축 방향으로 아무리 힘을 가해도 문은 회전하지 않는다(그림 8.9b). 모든 방향의 힘은 문에 수직한 방향의 힘과 문에 나란한 방향의 힘으로 분해할 수 있다. 특히 문에 나란한 방향의 힘은 돌림힘에 아무런 기여도 하지 못한다(그림 8.9c). 단지 문에 수직한 힘($F_\perp$)만이 돌림힘에 기여한다. 문과 나란한 방향은 회전축을 향하거나 회전축으로부터 멀어지는 방향임을 기억하여라. 문에 수직한 방향은 문에 나란한 방향과도 수직이고 회전축과도 수직이다. 이 방향은 물체가 회전할 경우 물체에 있는 입자들이 원운동할 때 원 궤도의 접선방향이다.

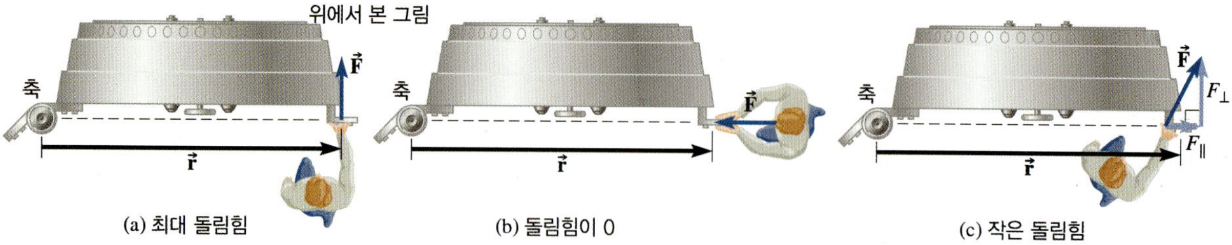

그림 8.9 그림에서 보여 준 것처럼 금고문의 돌림힘은 가한 힘의 방향과 관계가 있다. (a) $\vec{r}$에 수직으로 밀면 돌림힘이 가장 크다($\vec{r}$은 축과 힘이 가해지는 방향이 있는 평면에서 회전축에 수직인 지점에서 힘이 작용하는 지점까지의 벡터이다). (b) 같은 크기의 힘으로 경첩 쪽으로 밀면 돌림힘이 0이다. (c) 돌림힘은 $\vec{r}$에 수직한 방향의 힘의 성분($F_\perp$)에 비례한다.

더욱이, 힘을 가하는 위치가 중요하다(그림 8.10). 직관력이 있는 사람은 가능한 한 회전축으로부터 먼 곳에 있는 문의 가장자리를 민다. 만약 회전축 가까이에 힘을 가한다면 문을 열기가 힘들다. 따라서 돌림힘은 회전축과 **힘이 작용한 점**point of application 사이의 수직거리에 비례한다.

앞에서 설명한 내용에 부합하도록 회전축에서 힘이 가해지는 작용점까지 최단거리 벡터 $\vec{\mathbf{r}}$을 정의한다. 그 거리는 $r = |\vec{\mathbf{r}}|$이다. 돌림힘의 크기는 그 거리(r)와 회전축과 작용점을 잇는 직선에 수직한 힘의 성분($F_\perp$)의 곱으로 정의된다.

돌림힘의 정의

$$\tau = \pm rF_\perp \qquad (8\text{-}7)$$

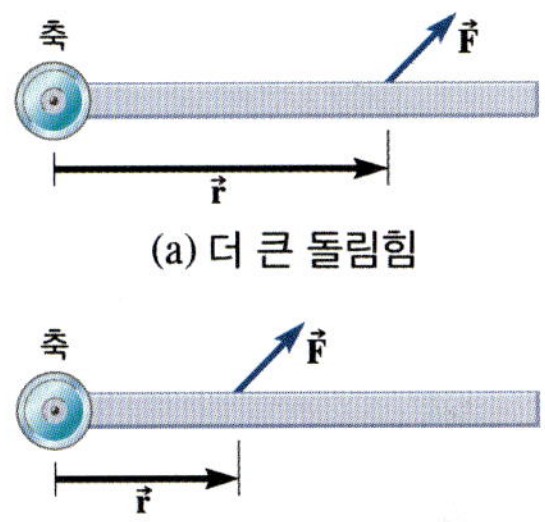

그림 8.10 같은 힘이 가해지지만 축으로부터 거리가 다른 경우의 돌림힘. 돌림힘은 거리에 비례한다.

τ(그리스 문자 '타우')는 돌림힘을 나타내는 기호이다. 돌림힘의 SI 단위는 N · m이다. 또한 에너지의 SI 단위인 줄(J)도 N · m로 사용하지만, 돌림힘의 단위를 줄(J)로 쓰지는 않는다. 비록 에너지와 돌림힘의 SI 단위가 같다 할지라도 두 물리량은 서로 다른 의미를 가진다. 돌림힘은 에너지의 한 형태가 아니다. 따라서 이 구별을 하기 위하여 에너지 단위는 J로 쓰고 돌림힘의 단위는 N · m로 쓴다.

살펴보기 8.2 너트를 풀려고 할 때 잘 풀리지 않을 경우, 손잡이가 긴 렌치로 바꾸는 것이 왜 효과가 있는가?

돌림힘의 부호 돌림힘의 부호는 돌림힘에 의하여 생기는 각가속도의 방향을 나타낸다. 5.1절에서 양$^+$의 부호를 갖는 각속도 ω는 반시계방향으로 회전하고, 음$^-$의 부호를 갖는 각속도 ω는 시계방향으로 회전한다는 논의를 상기하여라. 양의 값을 갖는 각가속도 α는 반시계방향의 회전율을 증가(양의 ω의 크기를 증가)시키거나 혹은 시계방향의 회전율을 감소(음의 ω의 크기를 감소)시킨다.

돌림힘에 대해서도 각속도와 같은 부호 관례를 따른다. 수직한 힘이 반시계방향으로 회전을 생기게 하는 힘이면 양의 돌림힘이 생긴다. 이 힘에 의한 돌림힘이 유일한 돌림힘이라면 양의 각가속도 α를 생기게 한다(그림 8.11). 수직한 힘이 시계방향의 회전이 생기게 하는 힘이면 음의 돌림힘이 생긴다. 식 (8-7)에서 ± 기호는 돌림힘을 계산할 때 적절히 선택해야 하는 대수적 기호임을 명심해야 한다.

돌림힘의 부호는 바퀴가 시계방향으로 돌아가는지 반시계방향으로 돌아가는지와는 상관없다. 곧 각속도의 부호에 의해 결정되지 않고 각가속도의 부호에 의하여 결정된다. 초기에 회전하고 있지 않던 물체가 회전할 때 어떤 방향으로 돌림힘이 가해져야 하는지를 생각하면 돌림힘의 부호가 결정된다.

그림 8.11 (a) 사이클 선수가 언덕을 올라갈 때 체인의 위쪽 절반이 뒷바퀴에 연결된 톱니바퀴에 큰 힘 $\vec{F}$를 작용한다. 여기에서 볼 수 있는 것처럼 이 힘에 의하여 회전축에 대한 돌림힘이 시계방향으로 생긴다. 규약에 따라 이것은 음의 돌림힘이 된다. (b) 브레이크를 작동하면 브레이크 판이 자전거 바퀴 테에 압력을 가한다. 여기에 보인 바와 같이 마찰력 $\vec{f}$는 회전축에 대하여 바퀴에 반시계(양)방향의 돌림힘을 작용시킨다(다른 쪽 면에서 바라보면 돌림힘의 부호가 반대로 된다).

돌림힘을 더욱 일반적으로 다루는 방법은 돌림힘을 벡터양 $\vec{\tau} = \vec{r} \times \vec{F}$으로 정의하는 것이다. 벡터곱의 정의는 부록 A.8을 참고하여라. 고정축을 중심으로 회전하는 물체에 대하여 식 (8-7)은 회전축 방향의 $\vec{\tau}$의 성분을 나타낸다.

보기 8.3 회전하는 자전거 바퀴

회전하는 자전거 바퀴를 멈추게 하려고, 그림 8.8에 나타낸 것처럼 바퀴의 양쪽 끝에서 중심을 향하여 10.0 N의 힘으로 민다고 하자. 바퀴의 반지름은 32 cm이고 손과 바퀴 사이의 운동마찰계수는 0.75이다. 현재 바퀴가 시계방향으로 돌고 있다면 바퀴에 작용하는 알짜 돌림힘은 얼마인가?

전략 10.0 N의 힘이 직접 바퀴 양쪽에 회전축 방향으로 가해지기 때문에 이 힘 자체가 돌림힘으로 작용할 수 없다. 바퀴 테에 접선 방향인 힘 성분이 돌림힘을 일으킨다. 손과 바퀴 사이의 운동마찰력은 바퀴에 접선 방향으로 작용하므로, 돌림힘이 생기게 한다. 바퀴의 양쪽에서 수직으로 작용하는 힘은 10.0 N이다. 따라서 마찰계수를 사용하여 마찰력을 구할 수 있다.

풀이 각 손이 바퀴에 작용시키는 마찰력의 크기는

$$f = \mu_k N = (0.75) \times (10.0\ \text{N}) = 7.5\ \text{N}$$

이다. 이 마찰력은 바퀴의 접선 방향으로 작용하기 때문에 $f_\perp = f$이다. 따라서 각 돌림힘의 크기는

$$|\tau| = rf_{\perp} = (0.32\ \mathrm{m}) \times (7.5\ \mathrm{N}) = 2.4\ \mathrm{N \cdot m}$$

이다. 양손에 의한 두 돌림힘은 반시계방향으로 같은 부호를 가지며 이들 돌림힘은 바퀴의 회전을 느리게 한다. 이 경우에 돌림힘의 부호는 양$^+$인가 음$^-$인가? 바퀴가 시계방향으로 회전하고 있기 때문에 각속도의 부호는 음이다. 또 각속도가 느려지기 때문에 각가속도의 부호는 양이다. $\alpha > 0$이므로 총돌림힘의 부호는 양이다. 따라서 총돌림힘은 다음과 같다.

$$\sum \tau = +4.8\ \mathrm{N \cdot m}$$

검토 이 문제에 있어서 돌림힘의 부호를 결정하는 것이 가장 중요하다. 그림 8.8에서 마찰력을 살펴보면서 점검하여라. 자전거 바퀴가 원래 돌고 있지 않았다면 힘이 어느 방향으로 바퀴를 돌리기 시작할 것인가를 상상해 보아라. 마찰력이 반시계방향으로 회전을 일으키려는 방향을 가리키므로 돌림힘은 양의 부호를 갖는다.

실전문제 8.3 **디스크 브레이크**

자동차의 속력을 느리게 하는 디스크 브레이크 내에 있는 한 쌍의 브레이크 패드는 회전하고 있는 판을 누른다. 브레이크 패드 사이의 마찰이 자동차의 속력을 감속시키는 돌림힘을 제공한다. 각 패드가 회전판에 가한 힘이 85 N이고 이들 사이의 마찰계수가 0.62이면, 패드의 각각이 회전판에 작용하는 마찰력은 얼마인가? 만약 이 마찰력이 회전축으로부터 8.0 cm 떨어진 지점에 작용한다면 브레이크 패드 쌍에 의한 회전판의 돌림힘의 크기는 얼마인가?

지레의 팔

실제로는 같은 방법이지만, 힘의 수직 성분을 구하는 것보다 더 편리하게 돌림힘을 구하는 방법이 있다. 그림 8.12의 두 경우에서 벡터 $\vec{\mathrm{r}}$과 벡터 $\vec{\mathrm{F}}$ 사이의 각은 θ이다. 힘의 수직 성분은

$$F_{\perp} = F\sin\theta \tag{8-8}$$

이고 돌림힘은

$$\tau = \pm rF_{\perp} = \pm r(F\sin\theta) \tag{8-9}$$

이다. $\sin\theta$를 F 대신에 r과 함께 괄호를 묶어서 생각하자. 그러면

(지레의 팔을 사용한) 돌림힘

$$\tau = \pm(r\sin\theta)F = \pm r_{\perp}F \tag{8-10}$$

그림 8.12 지레의 팔을 이용하여 돌림힘 구하기. 지레의 팔을 찾으려면 먼저 힘을 가하는 지점을 통과하여 힘의 작용선을 그린다. 지레의 팔 $r_\perp$은 축에서 작용선까지의 수직 거리이다. 그때 돌림힘은 $\tau = \pm r_\perp F$이다.

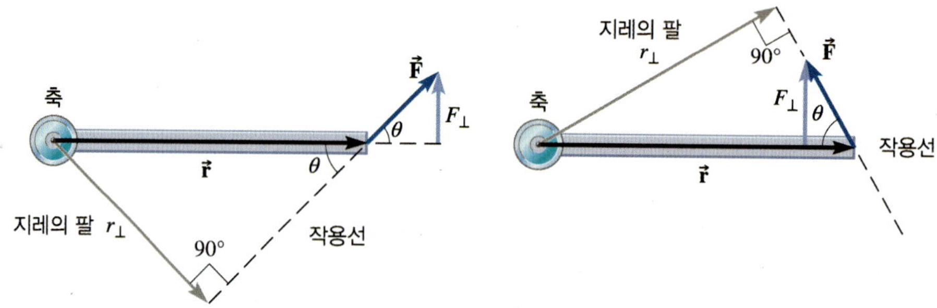

이다. 그림 8.12에서 힘의 작용 지점을 통과하는 힘에 평행한 선을 힘의 **작용선**line of action이라고 부르는데, $\vec{\mathbf{r}}$의 작용선에 수직한 방향의 성분 $r_\perp$을 **지레의 팔**lever arm(또는 **모멘트의 팔**moment arm)이라고 한다.

지레의 팔의 길이를 이용하여 돌림힘을 계산하는 방법

1. 힘의 작용점을 통과하는 힘의 방향에 나란한 선을 그어라. 이 선(그림 8.12에 점선으로 나타낸 선)을 힘의 **작용선**이라 한다.
2. 회전축에서 힘의 작용선에 수직한 선을 그어라. 물론 이 경우, 그은 선은 회전축에도 수직이다. 회전축에서 힘의 작용선에 수직한 이 선의 길이가 지레의 팔($r_\perp$)이다. 만약 힘의 작용선이 회전축을 통과한다면 지레의 팔의 길이는 0이 되고, 그 결과 돌림힘도 0이 된다(그림 8.9b).
3. 돌림힘의 크기는 힘의 크기 곱하기 지레의 팔의 길이이다.

$$\tau = \pm r_\perp F \tag{8-11}$$

4. 돌림힘의 대수적 부호는 앞에서 설명한 바와 같다.

보기 8.4 차광창문 도어클로저

경첩으로부터 47 cm 위치에 달려 있는 자동 차광창문 도어클로저가 차광창문과 15°를 이루며 25 N의 힘으로 창문을 창틀 쪽으로 당기고 있다(그림 8.13). (a) 힘의 수직 성분 (b) 지레의 팔을 이용하여 경첩을 통과하는 회전축에 대해 힘이 창문에 작용하는 돌림힘을 구하여라. (c) 문의 위쪽에서 바라보았을 때 이 돌림힘의 부호는 어떻게 되는가?

전략 (a)의 방법으로 문제를 풀기 위해서는 25 N 힘의 지름 방향에 수직인 성분을 구하여야 한다. 그런 다음, 이 힘에 지름 선의 길이를 곱해야 한다. (b)의 방법을 사용하려면, 힘이 작용하는 선을 그려야 한다. 작용선으로부터 회전축까지 수직거리가 지레의 팔이 된다. 돌림힘은 힘에다 지레의 팔의 길이를 곱하면 된다. 특히 주의할 점은 위의 두 방법을 혼합해서는 안된다는 것이다. 곧 돌림힘이 힘의 수직 성분 곱하기 지레 팔의 길이는 아님에 주의해야 된다. (c)를 풀이하려면, 차광창문을 시계방향으로 회전하는지 아니면 반시계방향으로 회전하는지를 결정하면 된다.

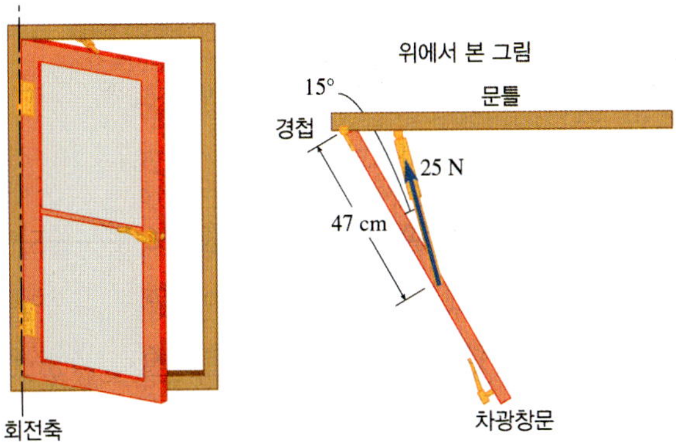

그림 8.13 차광창문 자동 개폐장치의 작동

풀이 (a) 그림 8.14a에 나타낸 것처럼 지름 방향으로의 힘($F_{\parallel}$)의 성분은 회전축을 통과한다. 힘의 지름 방향에 수직한 힘의 성분은

$$F_{\perp} = F \sin 15°$$

이다. 따라서 돌림힘의 크기는

$$\begin{aligned} |\tau| &= rF_{\perp} \\ &= 0.47\ \mathrm{m} \times 25\ \mathrm{N} \times \sin 15° \\ &= 3.0\ \mathrm{N \cdot m} \end{aligned}$$

이다.

(b) 문의 작용점을 통과하고 힘에 평행한 힘의 작용선은 그림 8.14b에 나타냈다. 지레의 팔의 길이는 회전축에서 작용선에 수직한 길이이다. 따라서 지레의 팔의 길이는

$$r_{\perp} = r \sin 15°$$

이다. 그리고 r은 47 cm이므로 돌림힘의 크기는

$$\begin{aligned} |\tau| &= r_{\perp} F \\ &= 0.47\ \mathrm{m} \times \sin 15° \times 25\ \mathrm{N} \\ &= 3.0\ \mathrm{N \cdot m} \end{aligned}$$

가 된다.

(c) 그림 8.13의 위에서 본 그림을 사용하면, 돌림힘이 창문을 반시계방향으로 회전시켜서 창문을 닫으려고 한다(창문이 처음에 정지해 있었고 다른 돌림힘은 없었다고 가정하자). 그러면 돌림힘은 위에 보인 것처럼 양의 부호를 가진다.

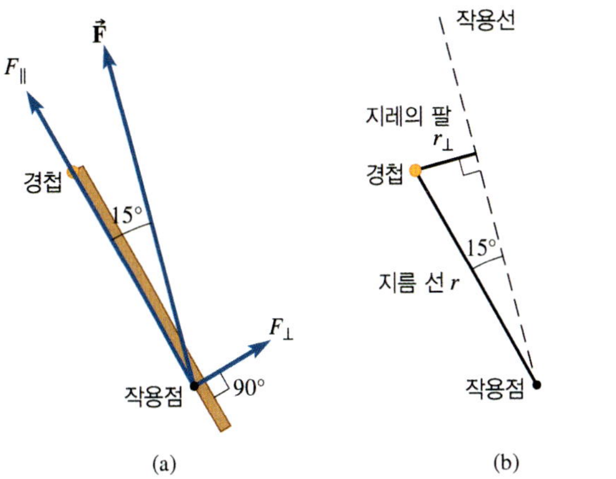

그림 8.14 (a) 힘의 수직성분 구하기 (b) 지레 팔 구하기

검토 문제를 풀 때 sin 15° 대신에 cos15°을 사용하는 실수를 하는 경우가 있다(그러나 sin 15° 대신에 cos75°을 사용하는 것은 문제가 되지 않는다). 점검을 해보는 것은 좋은 습관이다. 만일 도어클로저가 차광창문과 거의 평행하다면 각도는 15°보다 작다. 작용하는 힘이 거의 회전축 쪽으로 밀기 때문에 돌림힘은 매우 적다. 각이 0에 접근하면 사인함수 값도 0에 접근한다.

당기는 힘의 지름 방향에 수직한 성분이 매우 작도록 차광창문 도어클로저를 설치하는 것은 좋은 방법은 아닌 듯하다. 그럼에도 불구하고 그렇게 설치하는 이유는 도어클로저가 방해되지 않게 하기 위해서이다. 수직한 방향으로 당기는 도어클로저는 창문을 곧바로 끌어당길 수 있다. 8.5절에서 논의한 것처럼 우리의 몸에도 이와 같은 상황은 많이 있다. 팔과 다리를 움직이는 힘줄과 근육은 뼈에 거의 평행하다. 그 때문에 근육은 우리가 상상하는 것보다 더 많은 힘을 써야 한다.

실전문제 8.4 **다리 들기**

사람이 매트 위에 누워서 발목에 89 N 인 추를 단 한쪽 다리를 수평으로부터 들어올려 30.0°에서 멈추고 있다(그림 8.15). 발목에 달린 추와 엉덩이 관절(다리의 회전축)까지의 길이는 84 cm 이다. 발목에 단 추에 의한 돌림힘은 얼마인가?

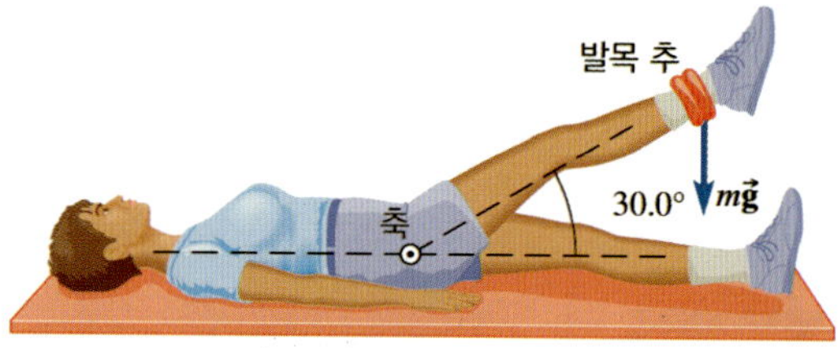

그림 8.15 다리 들어올리기 운동

무게중심

돌림힘은 힘의 작용점에 관련이 있다는 사실을 알았다. 중력은 어떠한가? 물체에 작용하는 중력은 한 점에 작용하지 않고 물체의 부피 전체에 골고루 작용한다. 어떤 물체에 작용하는 '중력'을 말할 때, 그것은 물체를 구성하고 있는 각 입자에 작용하는 총 중력을 말한다.

물체에 작용하는 중력에 의한 총돌림힘을 구할 때는 총중력이 어떤 한 점에 작용한다고 생각할 수 있다. 이 점을 **무게중심** center of gravity 이라 한다. 이 방법으로 구한 돌림힘은 물체를 구성하고 있는 각 입자에 작용하는 중력에 의한 돌림힘을 합한 총돌림힘과 같다. 중력장의 크기와 방향이 균일하다면 물체의 무게중심은 물체의 질량중심에 위치한다.

8.3 돌림힘에 의한 일의 계산
Calculating Work Done from the Torque

연결고리 다른 종류의 일을 소개하는 것이 아니라 일을 계산하는 다른 방법을 소개하는 것이다.

잔디 깎는 기계의 줄을 당겨 시동을 걸어본 사람은 누구나 돌림힘이 일을 할 수 있다는 것을 확신할 수 있다. 실제로 돌림힘으로 일을 할 수 있으며 그 일을 계산하는 것은 매우 간단하다. 일정한 힘이 한 일을 구할 때 힘과 힘에 평행한 변위 성분을 곱한 것처럼 일정한 돌림힘이 한 일은 돌림힘에 각도 변위(변한 각도)를 곱한 것이다.

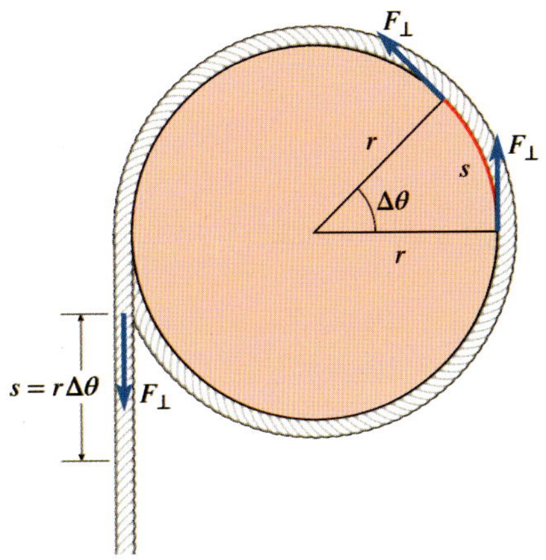

그림 8.16 돌림힘이 한 일은 힘의 수직 성분 $F_\perp$ 와 호의 길이 s의 곱이다.

돌림힘이 작용하는 동안 바퀴에 각 변위가 $\Delta\theta$만큼 생겼을 때 바퀴에 작용하는 돌림힘을 생각해 보자. 돌림힘을 일으키는 힘이 한 일은 원호의 길이 s와 반지름 방향에 수직인 힘($F_\perp$, 원호에 접선 방향인 힘)의 곱이다. 힘의 작용점은 원호를 따라 움직인다(그림 8.16). 지름 방향에 수직인 힘의 방향은 원호의 접선 방향과 같다. 그래서 접선 방향의 힘이 한 일은

$$W = F_\perp s \tag{8-12}$$

이다. $\tau = rF_\perp$ 이고, $s = r\theta$이므로 돌림힘이 한 일은

$$W = F_\perp s = \frac{\tau}{r} \times r\Delta\theta = \tau\Delta\theta$$

$$W = \tau\Delta\theta \qquad (\text{라디안 단위의 } \Delta\theta) \tag{8-13}$$

이다. 일은 돌림힘과 각 변위의 곱이다. 만약 τ과 $\Delta\theta$의 부호가 같으면 돌림힘이 한 일은 양이고 부호가 반대이면 돌림힘이 한 일은 음이다. 일정한 돌림힘이 단위 시간당 한 일을 나타내는 일률은 다음과 같다.

$$P = \tau\omega \tag{8-14}$$

보기 8.5 물레에 한 일

도자기를 만드는 사람이 사용하는 물레는 무거운 돌로 된 원반형 회전체이다. 예전에는 이 물레를 발로 발판을 밀어서 돌렸지만 근래에는 대부분이 전기 모터를 이용한다. (a) 균일한 원반형 물레의 질량이 40.0 kg이고 지름이 0.50 m이라면, 물레를 정지 상태에서 80.0 rpm까지 돌리는 동안 모터가 한 일은 얼마인가? (b) 물레에 이 시간 동안 모터로 8.2 N · m의 일정한 돌림힘을 가했다면 몇 회전 후에 80.0 rpm에 도달하겠는가?

전략 일은 에너지의 이동이다. 이 경우에 모터가 물레의 회전운동에너지를 증가시킨다. 마찰에 의한 에너지의 손실을 무시한다면, 모터가 한 일은 물레의 회전운동에너지의 변화량과 같다. 회전운동에너지를 계산할 때 각속도 ω의 단위는 rad/s여야 한다. 여기에서 ω의 값으로 80.0 rpm을 그대로 사용할 수는 없다. 일단 한 일을 계산하고 나면, 돌림힘을 이용하여 각 변위를 계산할 수 있다.

풀이 (a) 초기에 물레는 정지해 있었으므로 ω_{i}는 0이고, 바퀴의 회전운동에너지의 변화는

$$\Delta K = \frac{1}{2}I(\omega_{\mathrm{f}}^2 - \omega_{\mathrm{i}}^2) = \frac{1}{2}I\omega_{\mathrm{f}}^2$$

이다. 표 8.1에서 균일한 원판의 회전관성은

$$I = \frac{1}{2}MR^2$$

임을 알 수 있다. 이 식을 회전운동에너지의 변화를 나타낸 식에 대입하면

$$\Delta K = \frac{1}{4}MR^2\omega_{\mathrm{f}}^2$$

이 된다. 수치를 대입하기 전에 80.0 rpm를 rad/s로 전환하여야 한다.

$$\omega_{\mathrm{f}} = 80.0\frac{\mathrm{rev}}{\mathrm{min}} \times 2\pi\frac{\mathrm{rad}}{\mathrm{rev}} \times \frac{1}{60}\frac{\mathrm{min}}{\mathrm{s}} = 8.38\ \mathrm{rad/s}$$

이미 알고 있는 반지름과 질량을 대입하면

$$\Delta K = \frac{1}{4} \times 40.0\ \mathrm{kg} \times \left(\frac{0.50}{2}\ \mathrm{m}\right)^2 \times (8.38\ \mathrm{rad/s})^2 = 43.9\ \mathrm{J}$$

이 된다. 그러므로 두 유효숫자로 반올림된 모터에 의한 일은 44 J이다.

(b) 일정한 돌림힘에 의한 일은

$$W = \tau\,\Delta\theta$$

이다. 각도 변위 $\Delta\theta$에 대하여 풀면

$$\Delta\theta = \frac{W}{\tau} = \frac{43.9\ \mathrm{J}}{8.2\ \mathrm{N\cdot m}} = 5.35\ \mathrm{rad}$$

이 된다. $2\pi\ \mathrm{rad} = 1\ \mathrm{rev}$이므로

$$\Delta\theta = 5.35\ \mathrm{rad} \times \frac{1\ \mathrm{rev}}{2\pi\ \mathrm{rad}} = 0.85\ \mathrm{rev}$$

이다.

검토 이미 여러 번 이야기한 것처럼 일은 에너지의 이동이다. 이 문제에서 모터가 한 일은 물레의 회전운동에너지로 이동하였다는 의미를 갖는다. 그러나 돌림힘이 한 일이 언제나 회전운동에너지의 변화로 나타나는 것은 아니다. 예를 들면, 태엽을 감는 기계식 시계나 장난감인 경우, 사람이 가한 돌림힘은 시계나 장난감의 내부에 있는 용수철의 탄성 퍼텐셜에너지로 저장된다.

실전문제 8.5 냉방장치에 한 일

벨트가 반지름 7.3 cm인 자동차용 냉방기의 도르래에 걸쳐져 있다. 도르래의 한쪽 편의 벨트에 걸리는 장력은 45 N이고 다른 쪽에 걸리는 장력은 27 N이다(그림 8.17). 이 도르래가 1회전하는 동안에 벨트가 압축기에 한 일은 얼마인가?

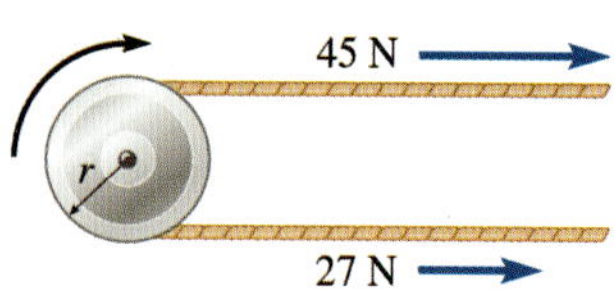

그림 8.17 냉방기의 벨트와 도르래

8.4 회전평형
Rotational Equilibrium

물체에 작용하는 알짜힘이 0이면, 그 물체는 병진평형상태에 있다. 물체에 작용한 알짜 돌림힘이 0이 아니며 작용하는 알짜힘이 0인 경우도 있을 수 있다. 그러면 그 물체는 0이 아닌 각가속도를 갖게 될 것이다. 교량 또는 새로운 집을 설계할 때, 어떤 일부분도 0이 아닌 각가속도를 가져서는 안 된다! 알짜힘이 0이면 병진평형이다. 물체가 회전평형상태일 경우 물체에 작용하는 알짜 돌림힘 또한 0이어야 한다.

평형 조건(병진과 회전 모두)

$$\sum \vec{F} = 0 \quad \text{그리고} \quad \sum \tau = 0 \tag{8-15}$$

평형 문제에서 회전축 정하기 평형 문제를 다루기 전에, 우리는 난제를 해결해야 한다. 어떤 물체가 돌지 않는다면 회전축은 어디에 있는가? 회전축이 어디에 있는지를 모르고 돌림힘을 계산할 수 있는 방법이 있는가? 경첩나 바퀴 축이 있는 경우에는 회전할 수 있는 물체 회전축이 명확하다. 그러나 많은 경우에 회전축이 어떻게 되는지 명확하지 않다. 일반적으로는 평형상태가 어떻게 무너지는가에 따라 회전축이 변한다. 다행히, **평형 문제**에서 돌림힘을 계산할 때는 회전축을 **임의**로 선정해도 된다.

물체가 평형상태에 놓여 있을 경우, 어떠한 회전축에 관해서도 알짜 돌림힘이 0이어야 한다. 이 경우 가능한 많은 회전축에 대하여 무수히 많은 돌림힘 방정식을 구해야 한다는 것을 의미할까? 다행히도 그렇지는 않다. 그것을 증명하는 것은 복잡하기는 하지만 물체에 작용하는 알짜힘이 0이고 한 회전축에 대한 알짜 돌림힘이 0이라면, 이 축과 나란한 다른 모든 축에 관한 돌림힘도 0이 된다는 것을 증명할 수 있다. 그러므로 우리가 필요로 하는 돌림힘에 관한 방정식은 하나뿐이다. 본문에서는 모든 힘이 평면에 놓여 있는 상황에서 평형만을 고려할 것이다. 그러면 돌림힘을 계산하기 위해 해당 **평면에 수직인** 회전축을 선택할 수 있다(힘이 모두 평면에 있지 않으면, 8.2절에서 언급한 벡터양인 돌림힘에 대한 보다 더 일반적인 정의를 사용해야 할 것이다). 수학적 취급을 단순화하기 위해서는 알 수 없는 힘의 작용 지점을 통과하는 축이나, 알 수 없는 힘의 작용선상에 있는 다른 지점을 통과하는 축을 선택하는 것이 도움이 되는 경우가 많다. 그러면 그 힘에 대한 지레의 팔이 0이 되어 돌림힘이 0이 된다.

살펴보기 8.4 물체에 대한 알짜 돌림힘은 0이지만 알짜힘은 0이 아닐 수 있는가? 혹은 알짜힘은 0인데 알짜 돌림힘은 0이 아닐 수 있는가?

평형 문제를 푸는 절차

- 물체나 계가 평형상태에 있는지 확인하여라. 그 물체에 작용하는 모든 힘을 확인한다. 벡터 화살표를 사용하여 각 힘을 나타내는 도표를 그린다. 각 화살표는 힘을 가하는 지점에서부터 그려야 한다. 중력의 작용점은 물체의 무게중심을 이용하여라. 도표에서 주어진 모든 거리에 이름을 작성하라.

- 모든 평형 문제가 2개의 힘 구성 요소 방정식과 1개의 돌림힘 방정식을 필요로 하는 것은 아니다. 몇몇 문제들은 더 적은 방정식으로 해결될 수 있다. 때로는 두 개의 다른 회전축에 대해 두 개의 돌림힘 방정식을 사용하는 것이 더 쉽다. 모든 방정식을 다루기 전에, 어떤 방정식을 사용했을 때 문제를 해결하기 가장 쉬울지 생각해 보라.

- 힘에 대한 평형조건 $\sum\vec{F}=0$을 적용하기 위하여, 편리한 좌표축을 선택하고, 각 힘을 x 성분과 y 성분으로 분해하여라.

- 돌림힘에 대한 평형 조건 $\sum\tau=0$을 적용하기 위하여 모든 힘에 수직인 회전축을 선택하라. 돌림힘 방정식을 간단하게 해주는 축을 선택하도록 시도해라. 축이 모르는 힘의 작용하는 점을 지나가거나 힘의 작용선의 어느 점을 지나간다면 그 힘에 의한 돌림힘은 0이 될 것이다. 그때 모르는 힘은 돌림힘 방정식에 나타나지 않는다.

- 축이 선택되면 각 힘에 의한 돌림힘을 구하라. $\vec{r}$ 벡터를 축에서 작용 지점까지 그리는 것으로 시작하라. 그런 다음 도표에 따라서 지레의 팔 또는 힘의 수직 구성 성분을 찾아본다. 어느 것이든 더 쉬운 방법을 사용하여 돌림힘을 계산한다($\tau=\pm r_{\perp}F$ 또는 $\tau=\pm rF_{\perp}$). 돌림힘이 양인지 음인지는 스스로 작용하는 돌림힘이 물체를 회전하게 만드는 방법에 따라 결정한다. 돌림힘의 합을 0으로 설정한다.

보기 8.6 6×6 대들보의 운반

목수 둘이서 6×6 크기의 대들보를 운반하고 있다. 그 대들보의 길이는 2.44 m이고 무게는 425 N이다. 한 목수가 약간 더 힘이 세기 때문에 대들보의 한쪽 끝에서 1.00 m 되는 곳을 들고, 다른 목수는 반대쪽 끝을 든다. 각각의 목수가 대들보에 작용하는 힘은 얼마인가?

전략 평형상태에 대한 조건은 알짜 외력과 알짜 외부 돌림힘이 모두 0이어야 한다는 것이다.

$$\sum \vec{F} = 0, \ \sum \tau = 0$$

힘과 돌림힘 중에서 어느 것으로 문제를 풀어야 할까? 이 문제에서는 돌림힘으로 문제를 푸는 것이 쉽다. 만약 모르는 힘이 작용하는 곳에 회전축을 잡으면 모르는 힘의 지레의 팔의 길이가 0이므로 이 힘에 의한 돌림힘은 0이다. 돌림힘의 방정식은 다른 미지의 힘에 대하여 풀 수 있다. 그 뒤에 아직도 알지 못하는 한 힘을 가지고 힘의 y 성분의 합이 0과 같다는 방정식을 세워 풀면 된다.

풀이 첫 번째 할 일은 힘 도형을 그리는 것이다(그림 8.18). 각 힘을 그 힘이 작용하는 작용점에 그린다. 주어진 길이도 함께 그려 넣는다.

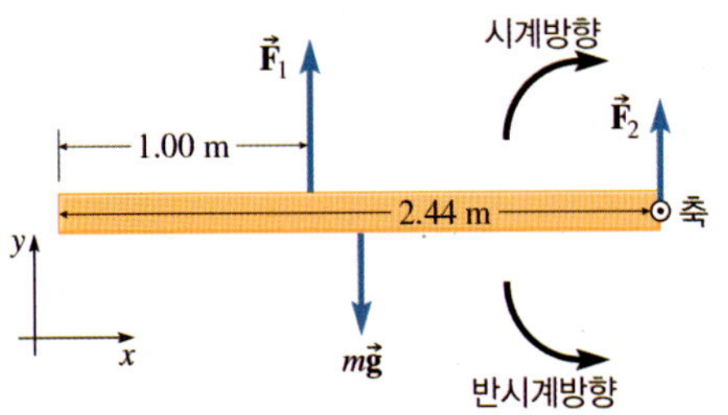

그림 8.18 회전축, 힘, 거리를 나타낸 대들보 그림

회전축을 xy 평면에 수직이면서 힘 $\vec{F}_2$의 작용점을 통과하도록 택한다. 이 문제에서 돌림힘을 가장 간단히 구하려면 각각의 힘에 그 힘에 관련된 지레의 팔의 길이를 곱하면 된다. $\vec{F}_1$에 대한 지레의 팔의 길이는

$$2.44 \text{ m} - 1.00 \text{ m} = 1.44 \text{ m}$$

이다. 그리고 이 힘에 의한 돌림힘은

$$|\tau| = F r_\perp = F_1 \times 1.44 \text{ m}$$

이다. 대들보가 균일하다면 무게중심은 대들보의 중심에 있다. 따라서 대들보에 작용하는 중력이 대들보의 무게중심에 모두 작용한다고 가정한다. 이 경우 중력에 의한 지레의 팔의 길이는

$$\frac{1}{2} \times 2.44 \text{ m} = 1.22 \text{ m}$$

가 되고 중력에 의한 돌림힘의 크기는

$$|\tau| = F r_\perp = 425 \text{ N} \times 1.22 \text{ m} = 518.5 \text{ N} \cdot \text{m}$$

가 된다. $\vec{F}_1$에 의한 돌림힘의 부호는 음이므로, 이 돌림힘만 작용한다면 힘 $\vec{F}_1$은 $\vec{F}_2$쪽에 있는 회전축에 대하여 시계방향으로 돌린다. 그리고 중력에 의한 돌림힘의 부호는 양이므로, 이 돌림힘만 존재한다면 회전축에 대하여 반시계방향으로 돌린다. 그러므로 알짜 돌림힘은

$$\sum \tau = -F_1 \times 1.44 \text{ m} + 518.5 \text{ N} \cdot \text{m} = 0$$

이다. F_1에 대하여 풀면

$$F_1 = \frac{518.5 \text{ N} \cdot \text{m}}{1.44 \text{ m}} = 360 \text{ N}$$

이 된다. 평형에 대한 또 다른 조건은 알짜힘이 0이라는 것이다. 곧

$$\sum F_y = F_1 + F_2 - mg = 0$$

이다. 따라서 F_2에 대하여 풀면 다음과 같다.

$$F_2 = 425 \text{ N} - 360 \text{ N} = 65 \text{ N}$$

검토 다른 회전축에 관하여 알짜 돌림힘이 0이라는 전제로부터 이 문제의 결과를 점검해 보는 것도 매우 좋은 방법이다. 평형상태에 있는 물체에 대하여 임의의 축에 관한 알짜 돌림힘은 0이어야 한다. $\vec{\mathbf{F}}_1$의 작용점을 회전축으로 선택하자. $m\vec{\mathbf{g}}$에 대한 지레의 팔의 길이는 $1.22\,\text{m} - 1.00\,\text{m} = 0.22\,\text{m}$이고, $\vec{\mathbf{F}}_2$에 대한 지레의 팔의 길이는 $2.44\text{ m} - 1.00\text{ m} = 1.44\text{ m}$이다. 알짜 돌림힘 방정식을 0으로 놓으면

$$\sum \tau = -425\text{ N} \times 0.22\text{ m} + F_2 \times 1.44\text{ m} = 0$$

이 된다. 이 식을 F_2에 대하여 풀면

$$F_2 = \frac{425\text{ N} \times 0.22\text{ m}}{1.44\text{ m}} = 65\text{ N}$$

이 된다. 앞에서 풀었던 결과와 일치한다. $\sum F_y$가 0이라는 조건 대신에 두 번째 돌림힘 방정식을 이용하여 F_2를 구할 수 있었다.

실전문제 8.6 **다이빙대**

길이 5.0 m인 균일한 다이빙대를 두 곳에서 받치고 있다. 받침점 하나는 다이빙대의 끝으로부터 3.4 m에 위치하고, 또 다른 받침점은 4.6 m에 위치한다(그림 8.19). 이 받침대는 다이빙대에 수직으로 힘을 작용하고 있다. 수영 선수가 물 위의 다이빙대 끝에 서 있을 때 받침점에 작용하는 힘의 방향을 구하여라. [힌트 : 다른 회전축에 관한 돌림힘을 생각하는 문제이다.]

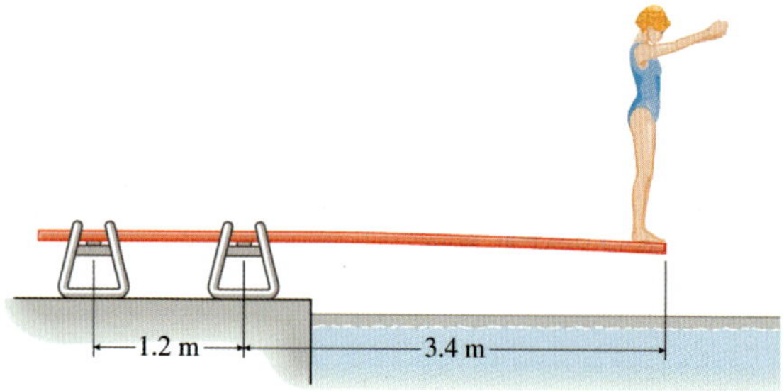

그림 8.19 다이빙대

그림 8.20 건축가 스테파노 보에리 Stefano Boeri가 설계한 프랑스 마르세유에 있는 빌라 메디테라네 Villa Méditerranée. 40m 길이의 외팔보 전시장에서 바다의 전경을 볼 수 있다. © Sébastien Bertrand, CC-BY 2.0

회전평형의 응용 : 외팔보 다이빙대는 기둥의 받침대 이상으로 확장된 한쪽이 고정된 외팔보cantilever의 한 예이다. 다이빙대의 받침대에 의해 발휘되는 힘은 동일한 판자를 양쪽 끝에서 받치는 경우보다 상당히 크다(문제 18 참조). 외팔보의 장점은 판의 끝부분이 자유롭게 진동할 수 있다는 것이다. 그러는 동안 지지력이 판자의 한쪽 끝이 뒤집히지 않도록 스스로 조절할 수 있다. 건축가는 외팔보를 사용하여 극적인 효과를 달성할 수 있다(그림 8.20). 외팔보 건축의 실용적인 용도는 개울 위나 바위 돌출부, 가파른 산허리로 뻗어나갈 수 있게 하거나, 외팔보 아래에 쓸 수 있는 야외 공간을 만드는 것, 그리고 건물에 더 가볍고 넓은 느낌을 주는 것 등이 있다. 대부분의 비행기 날개와 몇몇 다리는 외팔보이다.

보기 8.7 미끄러지는 사다리

15.0 kg의 균일한 사다리가 대형 호텔의 미술관의 벽에 기대어 있다(그림 8.21a). 사다리의 길이는 8.00 m이고 바닥과 $\theta = 60°$의 각도를 이루고 있다. 바닥과 사다리 사이의 정지 마찰계수는 $\mu_s = 0.45$이다. 사다리가 미끄러지기 전까지 60.0 kg의 사람이 사다리를 따라 얼마나 멀리 올라갈 수 있는가? 벽은 마찰이 없다고 가정하라.

전략 사다리와 사다리를 오르는 사람을 하나의 계로 간주하여라. 사다리가 미끄러지기 전까지 이 계는 평형 상태에 있다. 그러므로 계에 작용하는 알짜 외력과 알짜 돌림힘은 둘 다 0이다.

$$\sum F_x = 0,\ \sum F_y = 0,\ \sum \tau = 0$$

평형에 관한 조건을 적용하기 위해 계에 작용하는 모든 힘을 구별해야 한다. 벽($\vec{N}_w$)과 바닥($\vec{N}_f$)은 사다리에 수직항력을 작용한다. 바닥은 사다리의 아래쪽에 마찰력($\vec{f}$)을 작용하나 벽에는 마찰력이 없어 사다리의 윗부분에는 마찰력이 없다. 중력은 사다리와 사다리를 오르는 사람에게 모두 작용한다. 사람이 사다리를 올라감에 따라 사다리가 평형을 이루기 위해 마찰력 $\vec{f}$는 증가한다. 사다리는 평형을 유지하기 위해 요구되는 마찰력이 최대 마찰력 $\mu_s N_f$보다 커지면 미끄러지기 시작한다. 따라서 사다리는 $f = \mu_s N_f$일 때 미끄러진다.

풀이 첫 단계는 사다리에 작용하는 모든 힘과 힘의 작용 거리를 나타내는 것이다(그림 8.21b). 그림에서 숫자를 넣는 대신 사다리의 길이는 $L(= 8.00\text{ m})$, 사다리의 바닥으로부터 사람이 서 있는 위치까지의 거리는 d, 사람의 질량은 $M(= 60\text{ kg})$, 사다리의 질량은 m $(= 15.0\text{ kg})$을 각각 사용하였다. 사다리가 균일하므로 사다리의 무게는 사다리의 중앙인 무게중심에 작용한다.

그림 8.21 (a) 사다리와 (b) 사다리에 작용하는 힘

이제 평형 조건을 적용해 보자. $\sum F_x = 0$ 으로부터

$$N_w - f = 0$$

임을 알 수 있다. 여기서 사람이 올라갈 수 있는 최고 높이에 있을 때 마찰력은 최댓값

$$f = \mu_s N_f$$

을 가져야 한다. 두 개의 식을 연립하여 다음과 같은 두 개의 수직항력 사이의 관계식을 얻는다.

$$N_w = \mu_s N_f$$

다음으로 $\sum F_y = 0$ 을 적용하면

$$N_f - Mg - mg = 0$$

을 얻는다. 미지수는 N_f 뿐이므로, 이에 대하여 풀면

$$N_f = Mg + mg = (M+m)g$$

이 되고, 이것으로부터 다른 수직항력 N_w도 구할 수 있다.

$$N_w = \mu_s N_f = \mu_s (M+m)g$$

이제 모든 힘의 크기를 안다.

$$Mg = 588.0 \text{ N}$$
$$mg = 147.0 \text{ N}$$
$$N_f = Mg + mg = 735.0 \text{ N}$$
$$f = N_w = \mu_s (Mg + mg)$$
$$= 0.45 \times 735.0 \text{ N} = 330.75 \text{ N}$$

이다. d를 구하는 것이 이 문제의 목표이다. d를 구하기 위해서는 알짜 돌림힘이 0이 되어야 한다.

우선 회전축을 정하자. 가장 간편한 선택은 그림 8.21의 평면에 수직이면서 사다리의 바닥을 통과하는 축을 잡는 것이다. 다섯 개의 힘들 중 두 개의 힘($\vec{\mathbf{N}}_f$와 $\vec{\mathbf{f}}$)이 사다리의 바닥에 작용하여 지레의 팔이 0이므로 돌림힘도 0이다. 이 축을 선택하는 다른 이유는 거리 d가 사다리의 바닥으로부터 측정되기 때문이기도 하다.

힘이 수직이거나 수평으로 작용하는 이 상황에서 돌림힘을 구하기 위해 지레의 팔을 이용하는 것이 가장 쉽다. 그림 8.22의 세 개의 그림에서 각 힘의 작용선을 그리면 축과 작용선 사이의 수직 거리가 지레의 팔이다. 지레의 팔은 다음과 같다.

$m\vec{\mathbf{g}}$에서

$$r_\perp = \frac{1}{2}L\cos\theta = \frac{1}{2}(8.00 \text{ m})\cos 60.0° = 2.00 \text{ m}$$

$\vec{\mathbf{N}}_w$에서

$$r_\perp = \frac{1}{2}L\sin\theta = \frac{1}{2}(8.00 \text{ m})\sin 60.0° = 6.928 \text{ m}$$

$M\vec{\mathbf{g}}$에서 $r_\perp = d\cos\theta = 0.500d$

보통 사용하는 반시계방향 돌림힘이 양이라는 것을 이용하면 $\vec{\mathbf{N}}_w$에 의한 돌림힘은 음이고 중력에 의한 돌림힘은 양이다. 각 돌림힘의 크기는 힘 곱하기 지레의 팔,

$$\tau = Fr_\perp$$

이고, 알짜 돌림힘은 0이므로

$$-N_w(L\sin\theta) + mg(\frac{1}{2}L\cos\theta) + Mg(d\cos\theta) = 0$$

이 된다. 힘과 지레의 팔의 값을 대입하고 d에 대해 풀면

$$-(330.75 \text{ N})(6.928 \text{ m}) + (147.0 \text{ N})(2.000 \text{ m})$$
$$+(588.0 \text{ N})(0.500\, d) = 0$$

$$-2291 \text{ N}\cdot\text{m} + 294.0 \text{ N}\cdot\text{m} + (294.0 \text{ N})d = 0$$

$$d = \frac{2291 \text{ N}\cdot\text{m} - 294.0 \text{ N}\cdot\text{m}}{294.0 \text{ N}} = 6.8 \text{ m}$$

이 된다. 사람은 사다리가 미끄러지기 전 6.8 m까지 올라갈 수 있다(이 거리는 사다리 방향의 거리이지 바닥으로부터의 높이는 아니다).

검토 만약 사람이 더 높이 올라가면 사람의 무게는 회전축에 대해 더 큰 반시계방향 돌림힘을 만든다. 평형상태에 있기 위해서는 시계방향 돌림힘도 커져야 한다. 시계방향 돌림힘을 줄 수 있는 유일한 힘은 벽이 사다리를

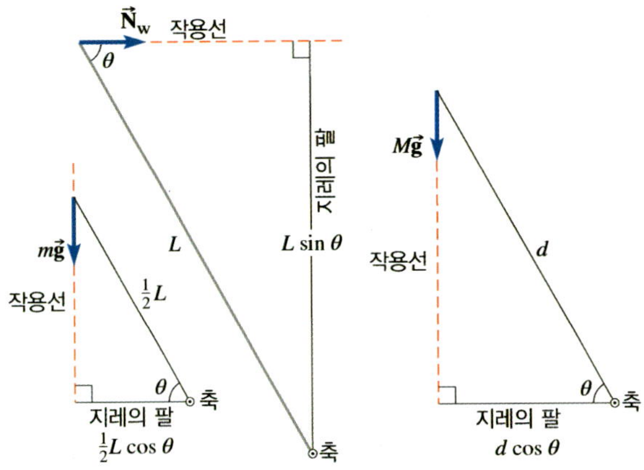

그림 8.22 각각의 힘에 대한 지레의 팔 구하기

오른쪽으로 미는 수직항력인데 이 힘이 커지면 알짜 수평 힘이 0이 되도록 마찰력도 커져야 한다. 마찰력은 이미 최댓값에 도달했으므로 사람이 더 높이 올라갈 때 사다리가 평형상태에 있을 수 있는 방법은 없다.

실전문제 8.7 **벽에 기대어 있는 또 다른 사다리**

질량이 10.0 kg 이고 길이가 3.2 m 인 균일한 사다리가 마찰이 없는 벽에 기대어져 있고, 바닥에는 벽으로 1.5 m 떨어진 상태로 놓여 있다. 만약 사다리가 미끄러지지 않는다면 사다리의 아래 부분과 바닥 사이의 최소 정지마찰계수는 얼마여야 하는가? 벽은 마찰이 없다고 가정하여라.

혼자서 해 보기 실을 **당겨서** 실패에 감을 수 있을까? 아령, 실패 또는 요요를 가지고 차축 중앙 주위에 줄을 감는다. 아령을 탁자(또는 바닥)에 놓는다. 줄을 조금 풀고 수평 방향과 다른 각도로 차축에 수직으로 당겨라(그림 8.23). 당기는 방향에 따라 아령을 어느 방향으로든 굴릴 수 있다. 구르는 방향이 바뀌는 각도를 찾아라. 그 각도에서 아령은 전혀 구르지 않는다(그 각도로 잡아당기면 아령이 회전하지 않고 테이블을 따라 미끄러질 수 있다).

그 각도에서 특별한 점은 무엇인가? 그 각도에서 당길 때 아령이 평형상태에 있으므로 선택한 회전축을 사용하여 돌림힘을 분석할 수 있다. 편리한 선택은 탁자와의 접촉점 P를 통과하는 축이다. 그러면 탁자와 아령 간의 접촉력이 회전축에서 작용하며 돌림힘은 0이다. 작용선이 점 P를 통과하기 때문에 중력으로 인한 돌림힘도 0이다. 아령은 나머지 힘으로 인한 돌림힘(줄의 장력)이 0인 경우에만 평형상태를 유지할 수 있다. 지레의 팔이 0인 경우 돌림힘은 0이다. 이는 작용선이 지점 P를 통과함을 의미한다.

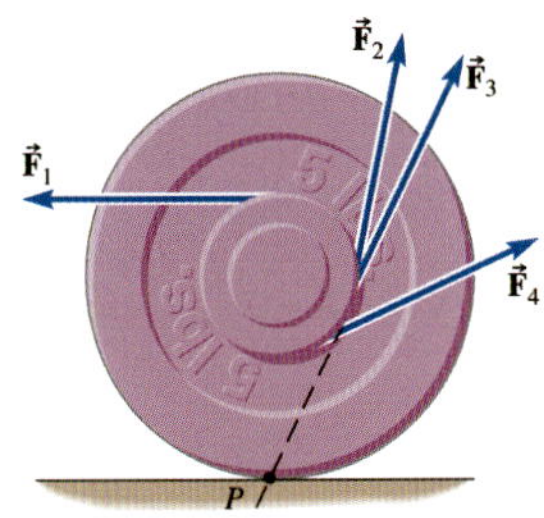

그림 8.23 힘 $\vec{F}_1$과 $\vec{F}_2$는 아령이 왼쪽으로 구르게 하고 $\vec{F}_4$는 오른쪽으로 구르게 하며 $\vec{F}_3$는 아령이 구르지 않게 한다.

보기 8.8 **간판의 줄 끊기**

무게가 196 N 이고 길이가 1.00 m 인 균일한 가로 들보가 식당 바깥벽의 경첩에 연결되어 있다. 들보의 중앙에 연결된 줄이 들보와 30°의 각을 이루도록 벽에 연결되어 있고(그림 8.24a) 들보는 벽과 수직을 이루고 있다. 만약 줄의 최대장력이 620 N 이라면 줄이 끊어지지 않게 매달 수 있는 간판의 최대 질량은 얼마인가?

전략 들보는 평형상태에 있으므로 들보에 작용하는 알짜힘과 알짜 돌림힘은 0이어야 한다. 간판의 최대 질량을 구하기 위하여 줄의 장력이 최댓값인 620 N이라고 하자. 경첩이 들보에 작용하는 힘을 모르므로 경첩을 통과하는 축을 회전축으로 잡으면 경첩이 가하는 힘은 돌림힘 방정식에 나타나지 않게 된다.

먼저 들보에 작용하는 모든 힘과 회전축을 그린다. 이전 장에서는 자유물체도형에 모든 힘 벡터를 한 점에서 시작하도록 나타내었다. 이제는 모든 힘 벡터를 작용점에서 시작하도록 그려서, 지레의 팔을 구하던지, 아니면 힘의 수직 성분과 작용 축으로부터의 거리를 이용하여 돌림힘을 구한다.

풀이 그림 8.24b는 들보에 작용하는 힘을 보여주는데 이 중 3개가 돌림힘에 기여한다. 들보에 작용하는 중력은 들보가 균일하므로 중앙에 작용한다고 간주할 수 있다. 줄에 의한 힘은 다음과 같은 수직 성분(그림 8.24c)

$$F_{\perp} = 620\ \mathrm{N} \times \sin 30.0° = 310\ \mathrm{N}$$

이다. 두 중력은 들보를 시계방향으로 회전시키려고 하고 장력은 들보를 반시계방향으로 회전시키려고 한다. 총돌림힘은 0이어야 하므로

$$-0.50\ \mathrm{m} \times 196\ \mathrm{N} - 1.00\ \mathrm{m} \times Mg + 0.50\ \mathrm{m} \times 310\ \mathrm{N} = 0$$

이 되고, 정리하면

$$1.00\,\mathrm{m} \times Mg = 0.50\,\mathrm{m} \times (310\,\mathrm{N} - 196\,\mathrm{N})$$

이 된다. 미지의 질량 M에 대해 풀면

$$M = \frac{0.50\ \mathrm{m} \times (310\ \mathrm{N} - 196\ \mathrm{N})}{1.00\ \mathrm{m} \times 9.80\ \mathrm{N/kg}} = 5.8\ \mathrm{kg}$$

이다.

검토 이 문제에서는 알짜힘이 0이라는 조건을 사용할 필요가 없었다. 회전축을 경첩 위치로 선택하여 돌림힘 방정식에서 3개의 미지수 중 두 개, 경첩 힘의 수직 성분과 수평 성분(또는 경첩 힘의 크기와 방향)을 제거할 수 있었다. 만일 경첩이 작용하는 힘까지 구하고 싶다면 알짜힘이 0이라는 조건을 사용해야 한다.

실전문제 8.8 **경첩이 가하는 힘**

경첩이 가하는 힘의 수직 성분을 다음의 두 가지 방법으로 구하라. (a) 알짜힘을 0으로 설정 (b) 다른 회전축에 대한 돌림힘 방정식을 이용

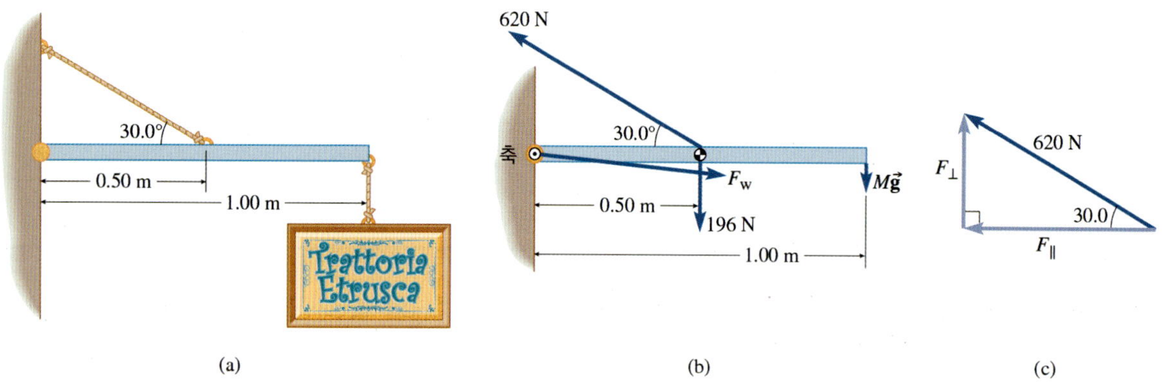

그림 8.24 (a) 식당 밖의 간판. (b) 들보에 작용하는 힘들. (c) 줄의 장력의 성분 구하기

힘의 분포

중력은 한 점에 작용하는 것이 아니라 골고루 분포되어 작용한다. 수직항력이나 마찰력을 포함하여 접촉력은 접촉하고 있는 면 전체에 분포되어 있다. 중력과 마찬가지로 접촉력이 단일 점에 작용한다고 간주할 수 있으나 어떤 경우는 그러한 단일 점의 위치가 전혀 명확하지 않을 수도 있다. 평평한 탁자 위에 놓여 있는 책의 경우 수직항력은 테이블에 접촉한 책표지의 기하학적 중심에 작용한다고 가정하여도 무방하다. 그러나 책이 기울어진 탁자 위에서 미끄러지고 있을 경우는 작용점의 위치를 정하는 것이 명확하지 않다. 보기 8.9에서 보여주는 것처럼, 넘어지려는 순간의 물체는 회전하는 모서리를 제외하고는 접촉하지 않는다. 그렇게 하면 그 모서리가 접촉력이 작용하는 위치가 되어야 한다.

보기 8.9 넘어지는 서류 상자

높이 a, 폭 b인 서류 상자가 각 θ인 경사면 위에 놓여있다(그림 8.25a). 서류 상자의 무게중심은 상자의 기하학적 중심과 일치한다. 서류 상자가 넘어지지 않는 최대 각 θ를 구하여라. 정지마찰계수는 상자가 미끄러지지 않을 만큼 충분히 크다.

전략 서류 상자가 넘어지기 전까지는 평형상태에 있다. 따라서 알짜힘은 0이고, 임의의 회전축에 대한 알짜 돌림힘도 0이어야 한다. 먼저 서류 상자에 작용하는 세 가지 힘(중력, 경사면에 수직한 힘, 마찰력)을 그린다. 만약 서류 상자가 넘어지기 직전의 기울기로 기울어져 있다면 두 가지 접촉력(경사면에 수직한 힘, 마찰력)은 서류 상자의 모서리에 작용점이 있다. 이 경우에 서류 상자의 아래쪽 표면 전체와 경사면 사이의 접촉은 사라지고, 서류 상자의 가장 낮은 모서리와 경사면만이 접촉한다.

모든 평형상태 문제에서 회전축을 잘 선택하면 문제를 간단히 풀 수 있다. 서류 상자가 넘어지는 최대 각에서 서류 상자의 아래쪽 모서리에 접촉력이 작용한다. 서류 상자의 아래쪽 모서리를 회전축으로 선택하는 것이 가장 단순하게 문제를 풀 수 있다. 왜냐하면, 경사면에 수직인 힘과 마찰력의 지레의 팔의 길이가 0이기 때문이다.

풀이 최대 각 θ에서 서류 상자에 작용하는 힘을 그림 8.25b에 나타내었다. 그리고 중력은 무게중심에 그려 놓았다. 특히 중력을 경사면에 수직한 성분과 평행한 성분으로 분해하여 그려 놓았다. 중력의 수직한 성분과 평행한 성분에 대한 지레의 팔의 길이를 구할 수 있다. 경사면에 평행한 무게의 성분($mg\sin\theta$)에 대한 지레의 팔의 길이는 $\frac{1}{2}a$이고, 경사면에 수직한 무게 성분($mg\cos\theta$)의 지레의 팔의 길이는 $\frac{1}{2}b$이다. 따라서 알짜 돌림힘이 0이라는 방정식을 쓰면

$$\sum\tau = -mg\cos\theta \times \frac{1}{2}b + mg\sin\theta \times \frac{1}{2}a = 0$$

이 된다. 위 방정식을 공통적인 인자 $\frac{1}{2}mg$로 나누면

$$b\cos\theta = a\sin\theta$$

이다. 이것을 θ에 대하여 풀면

$$\theta = \tan^{-1}\frac{b}{a}$$

가 된다.

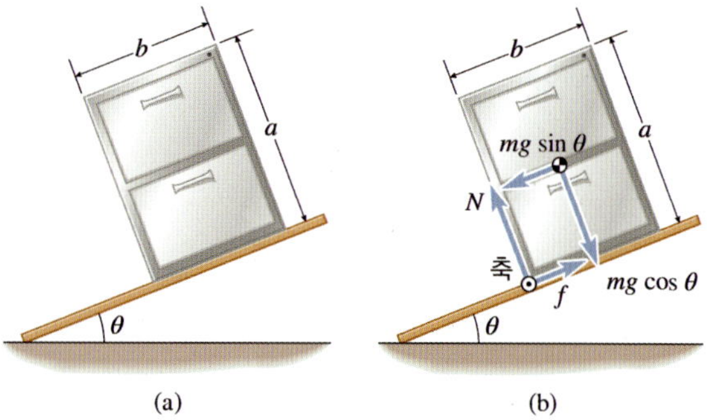

그림 8.25 (a) 경사면 위에 있는 서류 상자. (b) 서류 상자에 작용하는 힘

검토 점검하기 위해, 단일 접촉점의 두 가지 힘 성분으로서 경시면에 수직한 힘과 마찰력을 생각할 수 있다. 한 점에 작용하는 접촉력을 마치 무게중심처럼 '접촉중심'에 작용한다고 가정할 수 있다. 경사면에 놓인 서류 상자는 경사각이 커질수록 접촉력의 작용점이 서류 상자의 아래 모서리 쪽으로 이동한다(그림 8.26 참조). 만약 무게중심을 통과하는 축을 회전축으로 잡는다면 중력에 의한 돌림힘은 없다. 따라서 접촉력에 의한 돌림힘은 0이 되어야 한다. 접촉력에 의한 돌림힘이 0이 되기 위한 유일한 방법은 지레의 팔의 길이가 0이 되어야 한다. 이것은 접촉력이 무게중심을 향한다는 의미이다. 만약 각 θ가 최대가 되면 접촉력은 아래쪽 모서리에 작용한다. 그래서 $\tan\theta = \dfrac{b}{a}$이다. 서류 상자의 질량중심이 상자의 아래쪽 모서리 바로 위에 오면 넘어지기 시작한다. 어떤 물체이든 평형상태에 있으려면 총접촉력의 작용점이 물체의 무게중심 바로 아래에 있어야 한다.

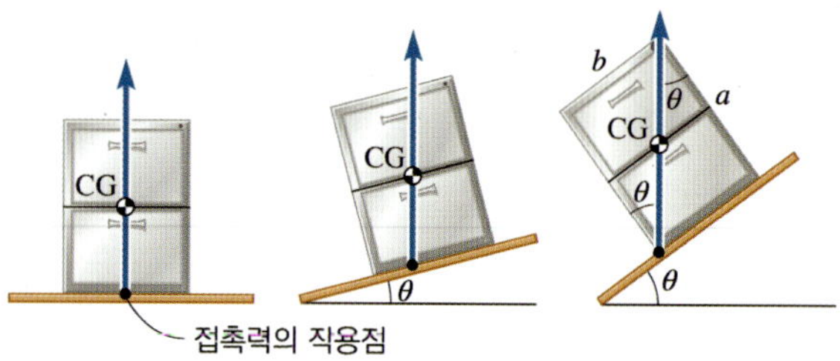

그림 8.26 경사각에 따라 서류 상자에 작용하는 힘

개념형 실전문제 8.9 **파이크 자세를 유지하는 체조 선수**

그림 8.27은 파이크 자세를 취하고 있는 체조 선수이다. 이 체조선수의 무게중심은 어디에 있겠는가?

그림 8.27 어린 체조 선수가 링 경기에서 파이크 자세를 취하고 있다. © Martin Rulsch, CC-BY-4.0

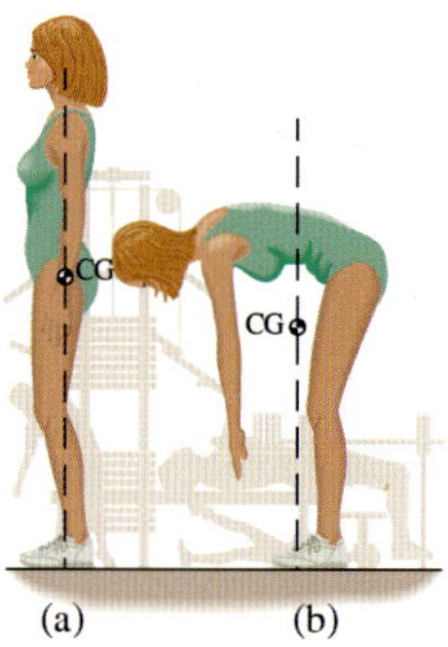

그림 8.28 (a) 똑바로 서 있을 때. (b) 허리를 굽혔을 때의 무게중심의 위치

혼자서 해 보기

사람이 똑바로 서 있을 때, 몸의 무게중심은 발 사이에 있는 발목관절의 앞쪽 3cm 되는 점을 지나는 직선 위에 놓여 있다(그림 8.25a). 사람이 몸을 굽혔을 때, 몸의 무게중심은 몸 밖으로 나간다(그림 8.25b). 무게중심이 발가락 앞으로 이동하면 넘어질 수도 있으므로 이것을 방지하기 위해서 하반신을 뒤쪽으로 움직여야 한다.

재미있는 실험을 통해 우리 몸의 무게중심을 옮기면 어떤 일이 일어나는지를 설명할 수 있다. 여러분의 발뒤꿈치와 등을 벽에 붙이고 서 보아라. 그리고 무릎을 구부리지 않고 허리를 굽혀 손을 발끝으로 내려 보아라. 넘어지지 않고 이와 같은 동작이 가능한가? 이것을 설명해 보아라.

역학적 장점

가장 간단한 형태의 지레는 고정점(지렛목)을 중심으로 회전하는 단단한 막대이다. 지레는 힘을 증폭시키는 데 사용할 수 있는 단순한 기계의 예이다(그림 8.29). **역학적 장점**, MA[mechanical advantage]는 다음과 같이 가한 힘에 대한 출력(무게[load])의 비율로 정의된다.

$$\mathrm{MA} = \frac{\text{무게}}{\text{가한 힘}} \tag{8-16}$$

그림 8.29 손수레는 무거운 짐을 더 쉽게 들 수 있도록 지레를 사용한다. 역학적 장점은 가해진 힘에 대한 출력(무게)의 비율이다. 손수레의 경우 무게는 손수레의 내용물(W)의 무게로 손잡이로 정원사가 가하는 힘(F)을 가한다. 지레 자체의 회전관성을 무시할 수 있는 경우 지레의 알짜 돌림힘은 0이어야 한다. 회전축으로 지렛목을 사용하는 경우,

$$\sum \tau = Fd_2 - Wd_1 = 0$$

을 가지며, 여기서 d_1과 d_2는 각각 무게의 지레의 팔이다. 역학적 장점은 다음과 같다.

$$\begin{aligned}\mathrm{MA} &= (\text{무게})/(\text{적용된 힘}) \\ &= W/F \\ &= d_2/d_1\end{aligned}$$

이상적인 지레의 경우 회전축으로 지렛목을 사용하고 지레의 알짜 돌림힘을 0으로 설정함으로써 역학적 장점이 지레 팔의 비율과 같다는 것을 알게 된다.

$$\mathrm{MA} = \frac{\text{가한 힘의 지레의 팔}}{\text{무게의 지레의 팔}} \tag{8-17}$$

힘 증폭에는 절충이 수반된다. 가하는 힘은 짐보다 더 큰 거리를 이동해야 한다.

$$\mathrm{MA} = \frac{\text{적용 힘의 이동 거리}}{\text{짐의 이동 거리}} \tag{8-18}$$

8.5 응용 : 인체 내의 평형
Equilibrium in the Human Body

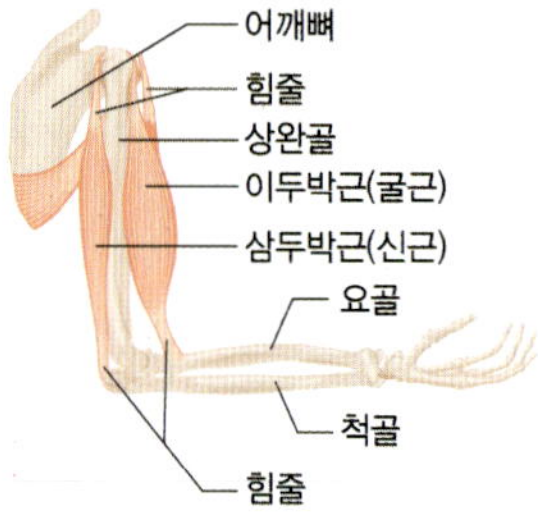

그림 8.30 이두박근은 굴근이고, 삼두박근은 신근이다.

평형과 돌림힘의 개념을 이용하여 우리 몸의 뼈대에 붙어 있는 근육조직을 어떻게 작동시키는지 이해할 수 있다. 근육의 양 끝은 각각 연골조직으로 연결된 2개의 뼈에 힘줄로 연결되어 있다. 근육이 수축하면 힘줄이 당겨지며, 그 결과 뼈를 당기게 된다. 이같이 근육은 두 뼈에 같은 크기의 힘 한 쌍이 작용하게 한다. 위팔뼈에 붙은 이두박근(그림 8.30)은 아래팔뼈(하박골)와 어깨뼈(견갑골)를 팔꿈치의 안쪽에서 연결하고 있다. 이두박근이 수축하면 팔뚝은 위팔 쪽으로 당겨진다. 이두박근은 팔다리를 구부리게 하는 굴근(수축 근)으로서 각 뼈가 다른 뼈를 서로 당긴다.

우리 몸의 근육은 끌어당기는 역할은 할 수 있어도 밀어내는 역할은 할 수 없다. 그러므로 이두박근과 같은 굴근은 팔뚝을 위팔로부터 멀리 밀어내는 작용을 할 수는 없다. 팔다리를 뻗는 데 사용하는 신근은 팔뚝이 위팔로부터 멀어지게 할 때 이용된다. 위팔뼈에 붙어 있는 신근인 삼두박근(그림 8.30)은 위팔뼈와 자뼈(팔뚝에 있는 요골에 평행한 다른 뼈)를 팔꿈치의 바깥쪽으로 연결한다. 이두박근과 삼두박근은 팔꿈치 관절의 안팎에서 팔뚝에 연결되어 있어서 팔꿈치 관절을 중심으로 서로 반대 방향의 회전을 일으킨다. 삼두박근이 수축하면 팔이 펴지지만 이두박근은 삼두박근과 반대편에서 작용한다. 그래서 돌림힘의 부호는 서로 반대가 되며 하나가 양의 값이면, 다른 하나는 음의 값을 가진다.

팔을 수평으로 유지하고 있다고 생각해 보자. 그림 8.31의 어깨 근육(삼각근)은 수평 방향에서 위쪽으로 약 15°를 이루며 위팔뼈에 힘 $\vec{\mathrm{F}}_{\mathrm{m}}$을 작용하고 있다. 이 힘은 두 가지 일을 한다. 이 힘의 수직 성분($F_{\mathrm{m}} \sin 15° \approx 0.26\,F_{\mathrm{m}}$)은 팔의 무게를 지탱하고, 수평 성분($F_{\mathrm{m}} \cos 15° \approx 0.97 F_{\mathrm{m}}$)은 어깨뼈에 대하여 위팔뼈를 당겨서 어깨 관절이 안정을 취하도록 한다. 보기 8.10은 $\vec{\mathrm{F}}_{\mathrm{m}}$의 크기를 구하는 문제이다.

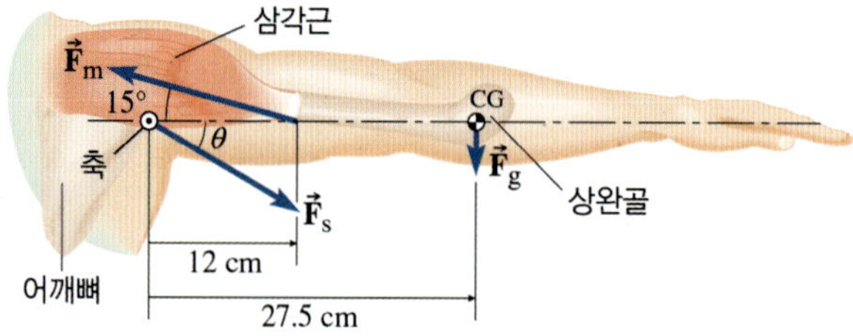

그림 8.31 삼각근이 펼쳐진 팔에 작용하는 힘에는 삼각근이 작용하는 힘($\vec{\mathrm{F}}_{\mathrm{m}}$), 어깨뼈에 작용하는 힘($\vec{\mathrm{F}}_{\mathrm{s}}$) 및 중력($\vec{\mathrm{F}}_{\mathrm{g}}$)이 있다.

보기 8.10 팔을 수평으로 유지하기 위한 힘

한 사람이 수평으로 팔을 뻗고 있다. 팔의 무게는 30.0 N이고, 팔의 무게중심은 어깨 관절로부터 거리 27.5 cm 떨어진 팔뚝 관절에 있다(그림 8.31). 삼각근의 어깨 관절에서 12 cm 떨어진 수평에서 위쪽 15° 각도로 위팔을 당긴다. 삼각근이 팔에 작용하는 힘의 크기를 구하여라.

전략 팔이 평형상태에 있기 때문에 평형조건 $\sum\vec{F}=0$, $\sum\tau=0$을 적용할 수 있다. 돌림힘을 계산할 경우 어깨 관절을 회전축으로 잡으면, 알지 못하는 값은 팔 관절에 작용하는 $\vec{F}_s$ 뿐이고 지레의 팔이 0이므로 돌림힘도 0이 된다. 그러면 돌림힘 방정식에서 미지수는 하나뿐이므로 간단하게 F_m에 대하여 풀 수 있다. 만약 $\vec{F}_s$을 구할 필요가 없으면 $\sum\vec{F}=0$이라는 조건을 이용할 필요가 없다.

풀이 중력은 중력의 작용점과 회전축을 잇는 선에 수직이다. 중력은 시계방향의 돌림힘이 생기게 한다. 그 돌림힘의 크기는

$$|\tau| = Fr = 30.0\text{ N}\times 0.275\text{ m} = 8.25\text{ N}\cdot\text{m}$$

이다. $\vec{F}_m$에 의한 돌림힘을 구하기 위하여 돌림힘에 기여하는 힘의 성분을 구해야 한다. 그러기 위해서는 중력의 작용점과 회전축을 잇는 선에 수직인 성분을 구해야 한다. 따라서 그 성분은 $F_m\sin15°$이다. 그러므로 $\vec{F}_m$에 의한 반시계방향의 돌림힘의 크기는

$$|\tau| = F_\perp r = F_m\sin15°\times 0.12\text{ m}$$

이 된다. 앞의 두 돌림힘의 크기는 같아야 한다. 그래서 반시계방향의 돌림힘의 크기와 시계방향의 돌림힘의 크기는 같다. 곧

$$F_m\sin15°\times 0.12\text{ m} - 8.25\text{ N}\cdot\text{m} = 0$$

이다. 위의 식을 F_m에 대하여 풀면 다음과 같다.

$$F_m = \frac{8.25\text{ N}\cdot\text{m}}{\sin15°\times 0.12\text{ m}} = 270\text{ N}$$

검토 근육이 작용한 힘은 팔의 무게인 30.0 N보다 훨씬 크다. 근육은 지레의 팔의 길이가 짧아서 아주 큰 힘을 작용해야 한다. 근육의 작용점은 팔의 무게중심까지 거리의 절반 정도 되는 길이에 있다($0.12\text{ m}/0.275\text{ m}\approx 4/9$). 근육이 팔에 수직 방향으로 힘을 작용하지 않기 때문에 근육의 총힘의 약 $\frac{1}{4}$ 정도만이 돌림힘에 기여하게 된다. 따라서 앞의 두 가지 인자를 고려하면 $\frac{4}{9}\times\frac{1}{4}=\frac{1}{9}$이 되어, 근육은 돌림힘에 기여하는 힘보다 9배 이상의 힘이 작용해야 한다.

실전문제 8.10 주스 한 팩 들기

앞 문제에 제시된 사람이 1.0 L 주스 한 팩(무게 9.9 N)을 들고 있다. 삼각근이 작용하는 힘을 구하여라. 이때 들고 있는 팔은 (그림 8.31처럼) 마룻바닥에 평행으로 펴고 있으며 주스 팩은 어깨로부터 60 cm 거리에 있다.

십자 버티기 체조 선수가 십자 버티기(그림 8.32a)를 할 때 사용되는 주요 근육은 등 근육과 가슴 근육이다. 링은 체조 선수의 무게를 지탱하고 있어서, 체조 선수의 팔 위쪽으로 힘을 가한다. 근육이 하는 일은 팔을 아래쪽으로 당기는 것이다. 등 근육은 어깨 관절로부터 약 3.5 cm 떨어진 위팔뼈를 당긴다(그림 8.32b). 그리고 가

슴 근육은 어깨 관절로부터 5.5 cm 떨어진 위팔뼈를 당긴다(그림 8.32c). 등 근육이나 가슴 근육의 한쪽은 위팔뼈에 연결되어 있으나 다른 쪽 끝은 뼈와 여러 곳에서 연결되어 있다. 실제로는 각 근육의 당기는 각도가 다르지만 문제를 간단하게 하기 위하여 십자 버티기에서 근육이 수평에서 45° 아래로 당기고, 당기는 힘도 같다고 가정하면 두 힘을 어깨 관절로부터 4.5 cm 떨어진 지점에 작용하는 한 힘으로 대체할 수 있다.

작용하는 힘을 구하기 위하여 팔 전체가 평형상태에 있다고 가정하자. 이번에는 각각의 링이 팔에 작용하는 힘이 몸무게의 절반으로 매우 크기 때문에 팔 자체의 무게는 무시할 수 있다. 링은 어깨 관절로부터 60 cm 떨어진 손에 위로 향하는 힘을 작용시킨다(그림 8.32d). 평형상태에 있을 때 어깨 관절에 대한 돌림힘은

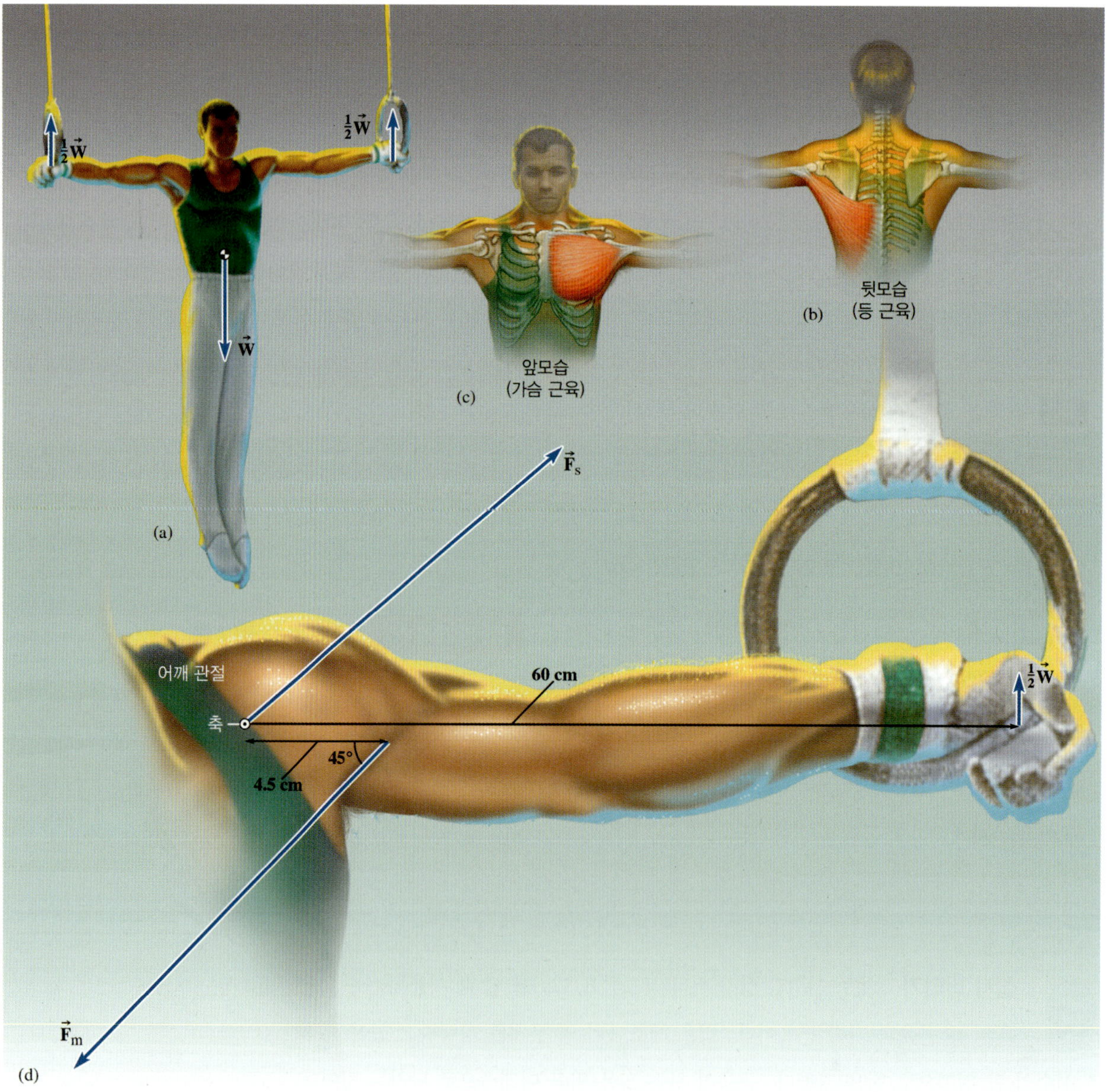

그림 8.32 (a) 십자 버티기를 하는 체조선수. 주로 쓰이는 (b) 등 근육과 (c) 가슴근육. (d) 체조선수의 팔에 작용하는 힘을 단순하게 표시한 모형

$$|\text{시계방향의 돌림힘}| = |\text{반시계방향의 돌림힘}|$$

$$F_{\rm m} \times 0.045\ {\rm m} \times \sin 45° = \frac{1}{2}{\rm W} \times 0.60\ {\rm m}$$

$$F_{\rm m} = \frac{\frac{1}{2}W \times 0.60\ {\rm m}}{0.045\ {\rm m} \times \sin 45°} = 9.4\ {\rm W}$$

가 된다. 이 결과를 보면, 체조선수의 한쪽 면에 등 근육과 가슴 근육이 가하는 힘은 자신의 몸무게의 9배 이상이다.

인체의 근육과 뼈의 구조 인체는 아주 큰 근력이 필요한 구조로 이루어져 있다. 이러한 구조가 어떤 이점이 있을까? 인체는 지레의 팔이 짧아서 근력을 크게 할 수 있는 구조로 설계되었다기보다는 넓은 영역까지 뼈가 움직일 수 있는 근력을 제공할 수 있는 구조로 설계되어 있다. 예를 들면, 이두박근과 삼두박근을 이완시키는 범위는 몇 cm 정도이지만 이들이 아래팔을 거의 180°까지 움직일 수 있다. 또한 근육은 뼈와 평행하게 있다. 만일 어깨 근육과 가슴 근육이 팔꿈치보다 아래에 연결되어 있다면 근육이 뼈로부터 멀리까지 움직이도록 위팔의 표피가 넓게 펴질 수 있어야 할 것이다. 우리 몸의 근육과 뼈는 넓은 영역까지 움직일 수 있도록 배열되어 있다.

또 우리의 몸은 팔과 다리의 회전관성이 최소가 되는 구조를 이룬다. 예를 들어 아래팔의 운동을 통제하는 근육은 위팔에 포함되어 있다. 그래서 팔꿈치 관절에 대한 아래팔의 회전관성을 더 적게 유지할 수 있다. 그러한 구조를 통해 어깨 관절에 대한 팔 전체의 회전관성도 더 작게 유지할 수 있다. 회전관성이 작은 구조는 팔과 다리를 움직이는 데 에너지가 적게 든다는 것을 의미한다.

가슴 근육과 힘줄은 위팔뼈에 평행하다. 재미있는 현상은 사람에 따라 위팔에 연결된 가슴 근육의 힘줄이 연결된 부위가 다르다는 것이다. 어떤 사람은 팔쪽 힘줄이 팔꿈치 관절로부터 5.0 cm쯤에 붙어 있고, 또 팔의 길이가 같은 다른 사람은 팔꿈치로부터 5.5 cm쯤에 붙어 있다. 이러한 내부 구조 때문에 어떤 사람들은 다른 사람들보다 자연적으로 훨씬 강한 힘을 쓸 수 있다. 침팬지의 가슴 근육은 지레의 팔 길이가 길어서 사람보다 큰 힘을 낼 수 있다. 따라서 어른 침팬지와 팔씨름을 하는 것은 어리석은 짓이다. 차라리 침팬지와 장기를 두는 게 현명하다.

평형조건의 응용 : 무거운 상자 들기

마룻바닥에서 물체를 들어 올릴 때, 보통 허리를 굽힌 다음에 물체를 들어 올린다. 그러나 무거운 물체를 들어 올릴 때 이것은 좋은 방법이 아니다. 척추는 비효율적인 지레이며 허리를 구부려서 무거운 물체를 들어 올릴 때 허리에 손상을 입기 쉽다. 무거운 물체를 들기 위하여 허리의 등 근육을 이용하는 대신에 웅크리고 앉아서 물체를 잡은 다음 강력한 다리 근육을 이용하여 들어 올리는 편이 낫다. 간단한 등 근육 모형에서 돌림힘을 계산함으로써 그 이유를 설명할 수 있다.

척추는 엉치뼈를 축으로 하는 막대로 간주할 수 있다. 사람이 물건을 들기 위하여 등이 수평이 되도록 허리를 굽혔을 때 엉치뼈는 그림 8.33에 $\vec{F}_s$로 나타낸 힘을 발휘한다. 등에 있는 근육은 매우 복잡하게 힘을 작용하지만 그림에서는 이를 단순화시켜서 힘 $\vec{F}_b$로 나타냈다. 힘 $\vec{F}_b$는 척추평면으로부터 12° 위로, 그리고 엉치뼈로부터 44 cm 되는 곳에 작용한다. 그림 8.33에 나타낸 상체의 무게 $m\vec{g}$는 대략 전체 몸무게의 65 % 정도이다. 그리고 상체의 무게중심은 엉치뼈로부터 38 cm인 곳에 있다. 엉치뼈를 회전축으로 택하면 돌림힘 방정식의 힘 $\vec{F}_s$는 무시할 수 있다. $\vec{F}_b$의 수직성분은 $F_b \sin 12° \approx 0.21 F_b$이므로, 등 근육에 작용하는 힘의 크기의 1/5 정도가 수직 성분이다. 그리고 $\vec{F}_b$의 수평 성분은 척추를 엉치뼈 쪽으로 누른다.

이 예제에 수치를 대입해 보면 이 자세로 상체를 지지하는 데 드는 힘의 크기를 알 수 있다. 만일 사람의 무게가 710 N이면 상체의 무게는

$$mg = 0.65 \times 710 \text{ N}$$

이다. 이제 반시계방향 돌림힘의 크기가 시계방향 돌림힘의 크기와 같다고 하면

$$F_b \times 0.44 \text{ m} \times \sin 12° = mg \times 0.38 \text{ m}$$

이다. 상체 무게를 대입하고 풀면

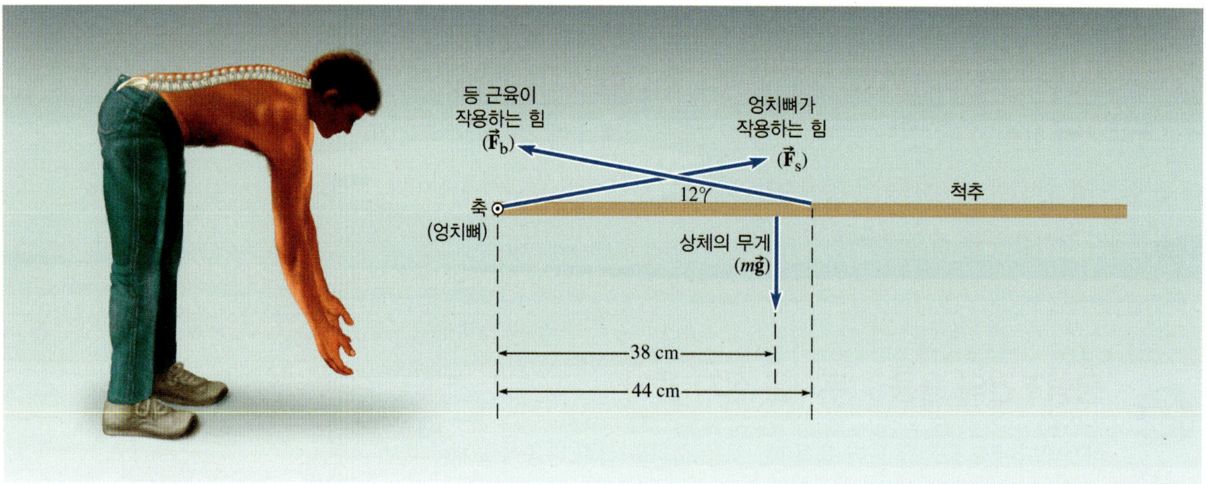

그림 8.33 등을 구부렸을 때 사람의 등을 단순화한 모형

$$F_b = \frac{0.65 \times 710 \text{ N} \times 0.38 \text{ m}}{0.44 \text{ m} \times \sin 12°} = 1920 \text{ N}$$

을 얻는다. 척추를 누르는 근육의 힘은 $\vec{F}_b$의 수직 성분이므로

$$F_b \cos 12° = 1900 \text{ N}$$

이다. 대략 상체 무게의 4배 정도이다.

만약 지금 어떤 사람이 구부린 상태에서 그의 팔로 물체를 들어 올린다면(그림 8.34a) 물체의 무게에 대한 지레 팔의 길이는 상체의 무게에 대한 지레 팔의 길이보다 더 길다. 따라서 등 근육이 매우 큰 힘을 내야 한다. 척추는 위험할 정도로 큰 힘 때문에 압축된다. 척추의 마디뼈 사이에 있는 연골을 디스크라 한다. 척추에 큰 힘이 가도록 일을 하게 되면 이 디스크가 파열되거나 변형될 수 있다. 이렇게 되면 매우 큰 고통이 따른다.

허리를 굽혀서 물체를 들어 올리는 대신 무릎과 하체를 굽혀서 물체를 들어 올리면(그림 8.34b) 몸의 무게중심과 물체의 무게가 엉치등뼈의 위쪽에 있는 선상에 오기 때문에 엉치등뼈를 회전축으로 하는 이 힘들에 대한 지레의 팔의 길이가 짧아지고 디스크에 작용하는 힘은 대략 상체의 무게와 물체의 무게를 더한 정도가 된다.

(a) (b)

그림 8.34 (a) 무거운 물체를 들어 올리는 위험한 방법. (b) 무거운 물체를 들어 올리는 안전한 방법

8.6 회전운동에 대한 뉴턴의 제2법칙
Rotational Form of Newton's Second Law

돌림힘이나 회전관성의 개념을 이용하여 회전운동에 대한 뉴턴의 제2법칙을 만들 수 있다. 곧 고정된 회전축 주위로 회전하는 물체에 관하여 $\sum \vec{F} = m\vec{a}$ 역할을 만족하는 법칙을 만들 수 있다.

연결고리 회전운동에 대한 뉴턴의 제2법칙은 병진운동에 대한 뉴턴의 제2법칙에서 알짜힘은 알짜 돌림힘으로, 질량은 회전관성으로, $\vec{a}$는 α로 각각 대치한 결과와 같다.

회전운동에 관한 뉴턴의 제2법칙

$$\sum \tau = I\alpha \tag{8-19}$$

식 (8−19)에서 돌림힘, 회전관성, 각가속도는 모두 같은 축에 대해 측정해야 한다.

알짜 돌림힘 $\sum \tau$를 계산할 때는 돌림힘을 더하기 전에 각각에 맞는 올바른 대수 부호를 지정해야 한다. 강체에 작용하는 내부 힘에 의한 돌림힘의 합은 항상 0이다. 따라서 알짜 돌림힘에는 **외부 돌림힘**만 포함하면 된다.

강체의 각가속도는 알짜 돌림힘에 비례하고(돌림힘이 클수록 α가 커짐) 회전관성에 반비례한다(관성이 클수록 α가 작아짐). 회전평형에서, 각가속도는 0이어야 한다. 식 (8−19)에서 각가속도가 0이 되기 위해 알짜 돌림힘이 0이 되어야 한다. 8.4와 8.5절에서도 회전평형 조건으로 $\sum \tau = 0$을 사용했다.

물체의 질량이 일정한 경우에만 $\sum \vec{\mathrm{F}} = m\vec{\mathrm{a}}$가 유효하고, 물체의 회전관성이 일정한 경우에만 $\sum \tau = I\alpha$가 유효하다. 고정 축을 중심으로 회전하는 강체의 경우 식 (8−19)은 항상 적용 가능하다. 회전운동에 대한 뉴턴의 제2법칙은 줄타기 곡예사가 균형을 유지하기 위해 긴 막대를 가지고 있는 이유를 설명한다. 곡예사가 옆으로 넘어지려고 한다고 가정하자. 막대기의 길이가 길어 회전관성이 크므로 작은 중력 돌림힘으로 인한 계(곡예사와 막대기)의 각가속도는 막대기가 없는 것보다 훨씬 작다. 각가속도가 작을수록 곡예사가 위치를 조정하고 넘어지지 않도록 시간을 더 많이 벌어준다.

보기 8.11 회전연마기

질량이 2.50 kg이고 반지름이 9.00 cm인 고체 원판으로 된 균일한 회전연마기가 있다. 정지 상태에 있던 회전연마기의 회전속도가 6초 후에 126 rev/s로 되었다면 모터가 공급한 일정한 크기의 돌림힘은 얼마인가?

전략 회전연마기가 원판으로 되어 있으므로 회전관성은 표 8.1을 이용하여 구할 수 있다. 회전속도가 초당 회전수로 되어 있는 것을 초당 라디안으로 변환하면 주어진 시간 간격 동안에 각속도의 변화로부터 각가속도를 구할 수 있다. 이제 I와 α일 때, 회전에 대한 뉴턴의 제2법칙으로부터 알짜 돌림힘을 구할 수 있다.

풀이 회전연마기는 원판이므로 회전관성은

$$I = \frac{1}{2}mr^2$$

$$\frac{1}{2} \times 2.50\ \mathrm{kg} \times (0.0900\ \mathrm{m})^2 = 0.010125\ \mathrm{kg \cdot m^2}$$

이다. 1회전의 각은 2π라디안이기 때문에 각속도는

$$\omega = 126\ \frac{\mathrm{rev}}{\mathrm{s}} \times 2\pi\ \frac{\mathrm{rad}}{\mathrm{rev}}$$

이고, 각가속도는

$$\alpha = \frac{\Delta\omega}{\Delta t}$$

이다. 따라서 필요한 돌림힘은

$$\sum\tau = I\alpha = I\frac{\Delta\omega}{\Delta t}$$
$$= (0.010125\ \text{kg}\cdot\text{m}^2)\times\frac{(126\ \text{rev/s}\times 2\pi\ \text{rad/rev})}{6.00\ \text{s}}$$
$$= 1.34\ \text{N}\cdot\text{m}$$

이다. 회전연마기에 다른 돌림힘이 작용하지 않는다면 1.34 N · m 의 일정한 돌림힘을 회전연마기에 공급하여야 한다.

검토 이 문제를 풀기 위해 회전연마기에 다른 어떠한 돌림힘도 작용하지 않는다고 가정하였다. 그러나 적어도 모터가 공급하는 돌림힘의 부호에 반대되는 마찰에 의한 돌림힘이 작용할 수 있다. 이런 경우 모터는 돌림힘을 1.34 N · m 보다 더 많이 공급해야 한다.

실전문제 8.11 **다른 접근법**

다음을 이용하여 보기 8.11의 답을 구하여라. (a) 일정한 α에 대한 운동방정식을 이용하여 회전연마기의 각변위를 구하여라. (b) 회전연마기의 회전운동에너지의 변화를 구하여라. (c) $W = \tau\Delta\theta$로부터 돌림힘을 구하여라.

8.7 구르는 물체의 동역학 The Motion of Rolling Objects

구르는 물체는 질량중심의 병진운동과 질량중심을 통과하는 축에 대한 회전운동의 결합으로 되어 있다(5.1절). 미끄러짐 없이 구르는 물체에 대해서 $v_{\text{CM}} = \omega R$이 성립한다. 그 결과, 구르는 물체의 병진운동에너지와 회전운동에너지 사이에는 특별한 관계가 있다. 구르는 물체의 총운동에너지는 병진운동에너지와 회전운동에너지의 합이다.

질량이 M이고 반지름이 R인 바퀴의 회전관성은 MR^2에 어떤 수를 곱한 것이다. 질량중심을 통과하는 축에 관한 회전관성은 $I_{\text{CM}} = \beta MR^2$이라 쓸 수 있다. 여기에서 β는 회전축으로부터 질량이 분포되어 있는 모양에 따라 달라지는 값이다. β가 크면 회전축으로부터 먼 쪽에 질량이 많이 분포해 있음을 의미한다. 표 8.1로부터 링 모양의 물체는 $\beta = 1$이고, 원판은 $\beta = \frac{1}{2}$이며, 고체 구는 $\beta = \frac{2}{5}$이다.

$I_{\text{CM}} = \beta MR^2$과 $V_{\text{CM}} = \omega R$을 이용하여 구르는 물체의 회전운동에너지를 구하면

$$K_{\text{회전}} = \frac{1}{2}I_{\text{CM}}\omega^2 = \frac{1}{2}(\beta MR^2)\left(\frac{v_{\text{CM}}}{R}\right)^2 = \beta\left(\frac{1}{2}Mv_{\text{CM}}^2\right) \qquad (8\text{-}20)$$

이 된다. $\frac{1}{2}Mv_{\text{CM}}^2$이 병진운동에너지이기 때문에 다음과 같이 쓸 수 있다.

$$K_{회전} = \beta K_{병진} \quad (8\text{-}21)$$

β가 물체의 질량이나 반지름에 관련되는 양이 아니고, 단지 물체의 모양에만 관계되기 때문에 편리하다. 주어진 물체의 모양에 대해서, 미끄러짐 없이 구르는 물체의 병진운동에너지에 대한 회전운동에너지의 비율은 항상 같다.

총운동에너지는

$$K = K_{병진} + K_{회전} = \frac{1}{2}Mv_{\mathrm{CM}}^2 + \frac{1}{2}I_{\mathrm{CM}}\,\omega^2 \quad (8\text{-}22)$$

로 표현되고, β를 이용해서 표현하면

$$K = (1+\beta)K_{병진} = (1+\beta)\frac{1}{2}M\,v_{CM}^2 \quad (8\text{-}23)$$

이 된다. 따라서 질량이 같은 두 물체가 같은 병진 속력으로 운동하더라도 같은 운동에너지를 가지지는 않는다. β의 값이 큰 물체일수록 더 큰 회전운동에너지를 갖는다.

개념형 보기 8.12 속이 빈 공과 속이 찬 공 굴리기

정지 상태에 있던 두 개의 공이 그림 8.35와 같이 언덕을 내려가고 있다. 한 공은 속이 차 있고 다른 하나는 속이 비었다. 언덕의 바닥에 도달했을 때 어느 공이 더 빠르게 움직이겠는가?

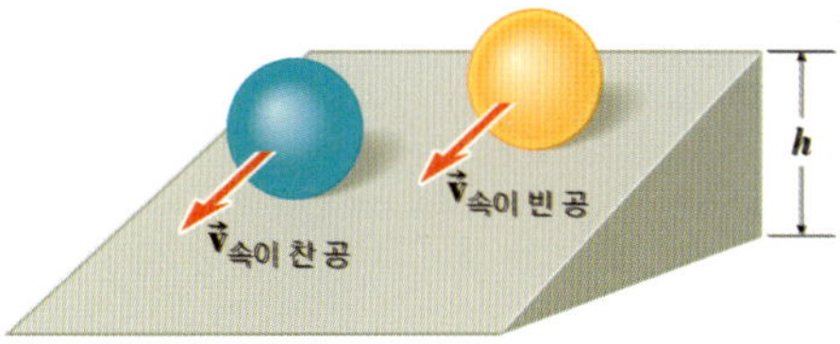

그림 8.35 구르는 공

전략과 풀이 이 문제를 푸는 최고의 방법은 에너지 보존 법칙을 적용하는 것이다. 공이 언덕을 굴러 내려감에 따라 중력 퍼텐셜에너지는 감소하고 운동에너지는 그만큼 증가한다. 운동에너지와 퍼텐셜에너지 모두 질량에 비례하므로 질량은 최종 속력에 영향을 미치지 않는다. 또한 총운동에너지는 공의 반지름에도 의존하지 않는다(식 (8-23)을 참조하라). 두 공의 총운동에너지 중 병진운동의 비율이 다르기 때문에 두 공의 속력이 다르다.

한 공의 속이 꽉 차 있고 다른 하나는 구 껍질에 가깝다. 구 껍질의 질량은 모두 구의 표면에 집중되어 있는 반면 속이 꽉 찬 공은 질량이 공의 부피 전체에 분포하고 있다. 그러므로 구 껍질은 속이 찬 공보다 큰 β값을 갖는다. 구 껍질이 구를 때 퍼텐셜에너지의 더 많은 비율을 회전운동에너지로 변환한다. 따라서 더 적은 비율이 병진운동에너지가 된다. 속이 찬 공이 운동에너지의 더 많은 비율을 병진운동에 사용하기 때문에 최종 속력이 더 크다.

검토 이러한 개념 문제를 정량적인 것으로 만들 수 있다. 언덕의 바닥에서 두 공의 속력의 비는 얼마인가? 언덕의 높이를 h, 공의 질량을 M이라고 하면 감소하는 중력 퍼텐셜에너지는 Mgh이다. 이만큼의 중력 퍼텐셜에너지가 병진운동에너지와 회전운동에너지로 변환된다.

$$\begin{aligned} Mgh &= K_{병진} + K_{회전} \\ &= (1+\beta)K_{병진} \\ &= (1+\beta)\frac{Mv_{CM}^2}{2} \end{aligned}$$

질량은 양변에서 상쇄되고 최종속도를 g, h, β의 함수로 나타낼 수 있다. 최종 속력은 공의 질량과 공의 반지름에 무관하다.

$$v_{CM} = \sqrt{\frac{2gh}{1+\beta}}$$

그러므로 언덕의 바닥에서 두 공의 최종 속력의 비는

$$\frac{v_1}{v_2} = \sqrt{\frac{1+\beta_2}{1+\beta_1}}$$

가 된다. 속력의 비를 계산하기 위해 표 8.1의 회전관성을 살펴보면 속이 찬 공은 $\beta = \frac{2}{5}$이고 속이 빈공은 $\beta = \frac{2}{3}$이다. 그러면

$$\frac{v_{속이\ 찬\ 공}}{v_{속이\ 빈\ 공}} = \sqrt{\frac{1+2/3}{1+2/5}} \approx 1.091$$

이다. 속이 찬 공의 최종 속력은 속이 빈 공보다 9.1 % 빠르다. 이 속력의 비는 공의 질량, 반지름, 언덕의 높이, 언덕의 경사와 무관하다.

실전문제 8.12 **운동에너지 중 회전운동에너지의 비율**

구르는 공의 운동에너지 중 회전운동에너지의 비율은 얼마인가? 속이 찬 공과 빈 공의 경우 모두 구하라.

살펴보기 8.7 다음과 같은 조건을 만족하며 구슬이 움직이는 예를 들어라.

(a) $K_{병진} > 0,\ K_{회전} = 0$ (b) $K_{병진} = 0,\ K_{회전} > 0$ (c) $K_{회전} = \frac{2}{5}K_{병진}$

구르는 물체의 가속도 경사면을 따라 굴러 내려가는 공의 가속도는 얼마인가? 그림 8.36은 공에 작용하는 힘을 나타낸다. 정지마찰력은 공이 구르게 하는 힘이다. 만약 마찰력이 없다면, 공은 구르지 않고 미끄러져 내려간다. 그 이유는 마찰력만이 공의 질량중심을 통과하는 회전축에 관한 돌림힘을 작용하기 때문이다. 중력은 공의 질량중심에 작용하기 때문에 지레의 팔의 길이가 0이 되어 중력에 의한 돌림힘이 0이 된다. 수직항력 $\vec{N}$은 회전축을 향하기 때문에 지레의 팔 역시 0이 된다.

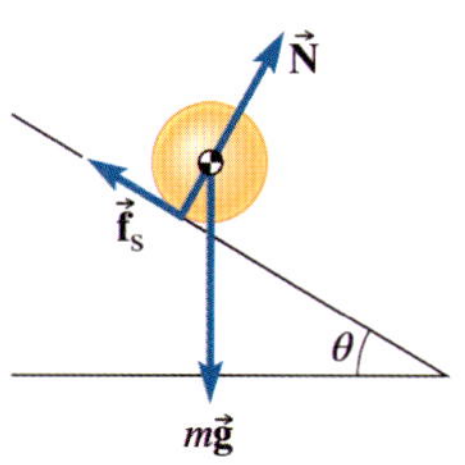

그림 8.36 경사면을 따라 굴러 내려가는 공에 작용하는 힘

마찰력 $\vec{f}$는

$$\tau = rf \tag{8-24}$$

의 돌림힘이 생기게 한다. 여기에서 r은 공의 반지름이다. 두 가지 형태의 뉴턴의 제2법칙에 나오는 힘과 돌림힘을 분석하여 보기 8.13에 나오는 공의 가속도를 계산할 수 있다.

보기 8.13 구르는 공의 가속도

수평 방향과 각 θ을 이루는 경사면을 따라 굴러 내려가는 속이 찬 공의 가속도를 구하여라(그림 8.37a).

전략 알짜 돌림힘은 뉴턴의 제2법칙 $\sum\tau = I\alpha$에 따라 각가속도와 관계된다. 마찬가지로 공에 작용하는 알짜힘은 $\sum\vec{\mathrm{F}} = m\vec{\mathrm{a}}_{\mathrm{CM}}$에 따라 질량중심 가속도가 생기게 한다. 회전축은 공의 질량중심을 통과한다. 이미 공부했던 바와 같이 중력과 수직항력은 이 축에 관하여 돌림힘으로 작용하지 않는다. 그래서 알짜 돌림힘은 $\sum\tau = rf$이다. 여기에서 f는 마찰력의 크기이다. 그러나 우리는 마찰력을 모르기 때문에 $f = \mu_s N$의 공식을 이용할 수 없다. 정지마찰력이 가질 수 있는 최대 크기를 가진다는 보장이 없기 때문이다. 그러나 우리는 병진가속도와 회전가속도가 서로 관련 있다는 사실을 안다. 곧 공의 반지름 r이 일정하므로 v_{CM}와 ω가 서로 비례한다. 그들의 변화율 곧 a_{CM}와 α도 반지름 r 인자에 의해 $a_{\mathrm{CM}} = \alpha r$로 비례한다. 이 관계로부터 마찰력 f을 소거하고 가속도를 구할 수 있다. 일정 거리를 굴러 내려갔을 때 공의 속도는 공의 반지름과 질량에 무관하므로(개념형 보기 8.12), 공의 가속도도 마찬가지일 것으로 예상할 수 있다.

풀이 알짜 돌림힘이

$$\sum\tau = rf$$

이기 때문에 각가속도는

$$\alpha = \frac{\sum\tau}{I} = \frac{rf}{I} \qquad (1)$$

가 된다. 여기에서 I는 공의 질량중심에 대한 회전관성이다.

경사면을 따라 공에 작용하는 힘들을 그림 8.37b에 나타내었다. 질량중심의 가속도는 뉴턴의 제2법칙으로 구한다. 경사면에 평행하게 작용하는 알짜힘의 성분은

$$\sum F_x = mg\sin\theta - f = ma_{\mathrm{CM}} \qquad (2)$$

이다. 공이 미끄러지지 않고 굴러 내려가기 때문에 질량중심의 가속도와 각가속도는

$$a_{\mathrm{CM}} = \alpha r$$

의 관계가 있다. 이제 위의 방정식에서 모르는 마찰력 f을 소거해야 한다. 식 (1)을 f에 대하여 풀면

$$f = \frac{I\alpha}{r}$$

가 된다. 이 식을 식 (2)에 대입하면

$$mg\sin\theta - \frac{I\alpha}{r} = ma_{\mathrm{CM}}$$

이 된다. α를 소거하기 위하여 $\alpha = a_{\mathrm{CM}}/r$을 대입한다.

$$mg\sin\theta - \frac{Ia_{\mathrm{CM}}}{r^2} = ma_{\mathrm{CM}}$$

이 식을 a_{CM}에 대하여 풀면

$$a_{\mathrm{CM}} = \frac{g\sin\theta}{1 + I/(mr^2)}$$

이 된다. 속이 꽉 찬 구에 관한 회전관성은 $I = \frac{2}{5}mr^2$이므로 가속도는 다음과 같다.

$$a_{\mathrm{CM}} = \frac{g\sin\theta}{1 + 2/5} = \frac{5}{7}g\sin\theta$$

검토 마찰이 없는 경사면을 따라 미끄러지는 물체의 가속도는 $a = g\sin\theta$이다. 구르는 공의 가속도는 경사면을 따라 위쪽으로 작용하는 마찰력으로 인해 $g\sin\theta$보다 더 작다.

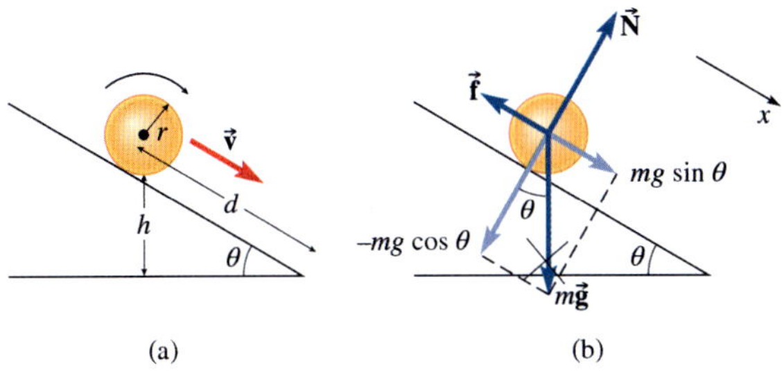

그림 8.37 (a) 경사면을 굴러 내려오는 공, (b) 중력을 경사면에 수직한 성분과 나란한 성분으로 분해한 공의 자유물체도형

개념형 보기 8.12의 결과를 이용하여 답을 확인할 수 있다. 공의 가속도는 일정하다. 만약 그림 8.36a처럼 공이 정지 상태에서 출발하여 거리 d를 굴러간다면 공의 속력 v는

$$v = \sqrt{2ad} = \sqrt{2\left(\frac{g\sin\theta}{1+\beta}\right)d}$$

이고 여기에서 $\beta = 2/5$이다. 이 시간 동안 수직강하 하는 길이는 $h = d\sin\theta$이므로 다음과 같다.

$$v = \sqrt{\frac{2gh}{1+\beta}}$$

실전문제 8.13 **속이 빈 원통의 가속도**

평면과 각 θ를 이루는 경사면을 따라 굴러 내려오는 속이 빈 원통의 가속도를 구하여라.

8.8 각운동량 Angular Momentum

병진운동에 대한 뉴턴의 제2법칙은 다음과 같이 두 가지 방법으로 나타낼 수 있다.

$$\sum\vec{F} = \lim_{\Delta t\to 0}\frac{\Delta\vec{p}}{\Delta t} \quad \text{(일반적인 형태)}$$

$$\sum\vec{F} = m\vec{a} \quad \text{(질량이 일정한 경우)} \qquad (8\text{-}25)$$

식 (8−19)에서 회전에 관한 뉴턴의 제2법칙은 $\sum\tau = I\alpha$로 기술하였는데, 이 식은 고정된 축에 대해 회전함으로써 회전관성 I가 일정한 강체에 적용되는 식이다. **각운동량**angular momentum(기호 L)의 개념을 이용하여 회전에 관한 뉴턴의 제2법칙을 일반화할 수 있다.

계에 작용하는 외부 알짜 돌림힘은 계의 각운동량의 변화율과 같다.

$$\sum\tau = \lim_{\Delta t\to 0}\frac{\Delta L}{\Delta t} \qquad (8\text{-}26)$$

연결고리 $\sum\vec{F} = \lim_{\Delta t\to 0}\frac{\Delta\vec{p}}{\Delta t}$와 비슷하다는 점에 유의하여라.

고정된 축에 관하여 회전하는 강체의 각운동량은 회전관성과 각속도의 곱으로 주어지는데, 이는 선운동량(질량 곱하기 속도)의 정의와 유사하다.

연결 고리 $\vec{p} = m\vec{v}$로 유추하라. 이러한 유추에 대한 전체 표는 개념 정리를 참조하라.

각운동량

$$L = I\omega \tag{8-27}$$

(강체, 고정된 축)

식 (8−26)이나 식 (8−27)로부터 각 운동량의 SI 단위가 $\text{kg} \cdot \text{m}^2/\text{s}$ 임을 확인할 수 있다. 고정된 축에 대해 회전하는 강체의 각운동량이 새로운 사실을 알려 주지는 않는다. 회전체를 구성하고 있는 물체의 각 점과 회전축까지의 거리 r_i가 변하지 않기 때문에 회전관성은 일정하다. 이런 경우 각운동량의 변화는 각속도 ω의 변화에 의하여 생긴다.

$$\sum \tau = \lim_{\Delta t \to 0} \frac{\Delta L}{\Delta t} = \lim_{\Delta t \to 0} \frac{I \Delta \omega}{\Delta t} = I\left(\lim_{\Delta t \to 0} \frac{\Delta \omega}{\Delta t}\right) = I\alpha \tag{8-28}$$

각운동량 보존 식 (8−26)은 고정된 축이어야만 한다든지, 또는 강체여야 한다는 제한은 없다. 특히 계에 작용하는 알짜 돌림힘이 0이거나 무시할 수 있을 정도로 작다면 각운동량의 변화는 없다. 이것이 **각운동량 보존 법칙**law of conservation of angular momentum이다.

각운동량 보존

$$\sum \tau = 0 \text{이면 } L_i = L_f \tag{8-29}$$

여기에서 L_i와 L_f는 다른 시간에 측정한 계의 각운동량이다. 각운동량 보존 법칙은 지금까지 우리가 공부해 왔던 두 가지 보존 법칙(에너지 보존 법칙과 선운동량 보존 법칙)과 함께 물리학에서 가장 본질적이고 기본적인 보존 법칙 중의 하나이다. 고립계의 경우, 총에너지와 총선운동량 및 총각운동량은 각각 보존된다. 이 세 가지 물리량은 모두 외부 변화요인 없이 변화될 수 없다.

에너지 보존을 통해 총에너지를 찾기 위해 다양한 형태의 에너지(예를 들면, 운동에너지 및 중력 퍼텐셜에너지)를 더한다. 보존 법칙은 총에너지를 나타낸다. 대조적으로, 선운동량과 각운동량은 '총운동량'을 찾기 위해 더해질 수 없다. 그것들은 같은 양의 두 가지 형태가 아니라 완전히 다른 양이다. 단위도 다르기 때문에 더할 수 없다. 선운동량 보존과 각운동량 보존은 별도의 물리 법칙이다.

각운동량의 응용 : 피겨 스케이팅 선수 이 절에서는 회전축은 고정되어 있으나 회전관성은 변할 수 있는 경우만을 고려한다. 회전관성이 변할 때의 친근한 예는 피겨 스케이팅 선수가 회전하는 경우이다(그림 8.38). 스케이팅 선수는 팔을 뻗고 스케이트로 얼음을 밀면서 수직축에 대하여 몸을 회전시킨다. 스케이트로 얼음을 미는 행위가 선수에게 초기 각운동량을 주는 외부 돌림힘을 만들어 낸다. 처음에는 스케이팅 선수의 양쪽 팔과 얼음을 딛지 않고 있는 다리가 몸에서 멀리 펴져 있다. 팔과 다리가 몸에서 멀리 뻗어 있을 때가 움츠러져 있을 때보다 회전관성이 더 크다. 수직축에 대해 돌고 있는 스케이팅 선수가 팔과 다리를 몸 쪽으로 잡아당기면 회전관성이 줄어든다. 그러면 스케이팅 선수의 각속도는 환상적으로 증가한다. 스케이트 선수가 팔과 다리를 몸 쪽으로 잡아당기면 몸의 회전속도가 빨라지는 이유를 각운동량 보존 법칙으로 설명할 수 있다.

(a)

(b)

그림 8.38 스케이트 선수가 (a) 돌기 시작할 때의 모습과 (b) 멈춰 설 때의 모습. 선수의 각속도는 (a)보다 (b)가 더 크다.

살펴보기 8.8 스케이팅 선수가 팔과 다리를 처음과 같이 쭉 뻗으면, 마찰을 무시했을 때 각속도는 감소하여 처음 값으로 돌아가는가?

각운동량의 응용 : 허리케인과 펄서 많은 자연현상을 각운동량의 물리적 특성으로 설명할 수 있다. 허리케인에서, 회전하는 공기는 폭풍의 눈이라고 일컫는 중심 저기압 쪽으로 빨려든다. 공기는 회전축 근처로 접근할수록 더욱 빨리 돈다. 보다 극적인 예로 펄서pursar의 형성을 들 수 있다. 어떤 조건 하에서, 별은 자신의 중력에 의하여 폭발하여 중성자 별이 된다. 만약 태양이 중성자 별로 붕괴된다면 태양의 반지름은 약 13 km 밖에 되지 않을 것이다. 별이 붕괴하기 전에 회전하고 있었다면 붕괴하는 동안에 별의 회전관성은 매우 극단적으로 줄어든다. 따라서 각운동량이 보존되기 위해 각속도는 급격히 증가한다. 이와 같이 빠르게 회전하는 중성자별을 펄서라 부르는데, 이렇게 부르는 이유는 중성자별과 같은 진동수로 X선의 펄스pulse가 주기적으로 지상에서 관측되기 때문이다. 어떤 펄서는 한번 회전하는 시간이 수천분의 1초이다.

보기 8.14 바퀴 위의 생쥐

수평면에서 자연스럽게 1.00 rev/s로 돌아가고 있는 질량 2.00 kg의 마차 바퀴가 있다. 바큇살 위의 한 점 B에 질량 0.10 kg인 생쥐가 있고(그림 8.39), 이 생쥐가 바퀴 중심에 있는 점 A로 기어가고 있다. 바퀴의 질량이 바큇살에 집중되어 있다고 가정하면 생쥐가 점 A에 도달하였을 때 바퀴의 회전수는 몇 rev/s이겠는가?

전략 마찰에 의한 돌림힘이 무시할 정도로 작다고 가정하면, 생쥐와 바퀴 계에는 외부 돌림힘이 작용하지 않는다. 따라서 이 계의 각운동량은 보존되어야 한다. 각운동량이 변하려면 외부 돌림힘이 있어야 한다. 생쥐와 바퀴는 각자 돌림힘을 발생시키지만 이 돌림힘은 내부 돌림힘으로써 총각운동량의 변화에 영향을 미치지 못한다. 생쥐가 점 B에 있을 때 이 계를 강체로 간주하면 회전관성을 I_i라고 할 수 있고, 또 생쥐가 점 A에 도착하였을 때도 이 계를 하나의 강체로 간주하면 회전관성을 I_f라 할 수 있다. 생쥐가 바퀴의 테두리에서부터 안쪽으로 이동하면 생쥐와 바퀴 계의 회전관성은 변한다. 바퀴의 테두리 쪽에 쥐가 있을 때의 질량 분포는 회전관성이 크며, 쥐가 안쪽으로 기어올 때의 질량 분포는 회전관성이 작아진다. 그러나 이 두 경우의 총질량은 같다.

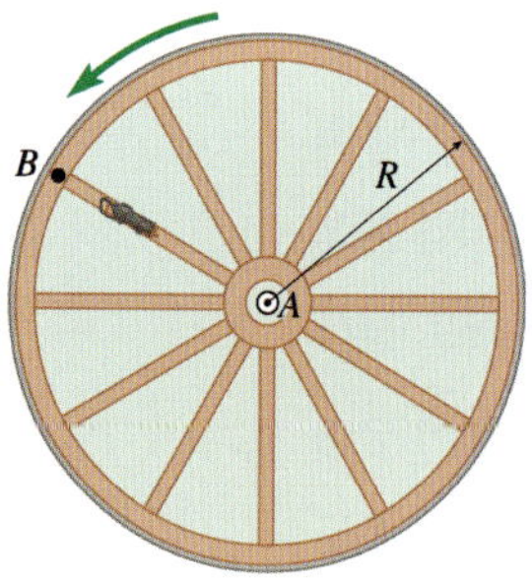

그림 8.39 회전하는 바퀴 위의 생쥐

풀이 처음에는 생쥐를 포함한 총질량이 회전축으로부터 거리가 R인 곳에 분포한다. 그러므로

$$I_i = (M+m)R^2$$

이다. 여기에서 M은 바퀴의 질량이고, m은 생쥐의 질량이다. 생쥐가 바퀴의 중심으로 이동한 후에는 생쥐의 질량이 회전관성에 영향을 미치지 못한다. 따라서

$$I_f = MR^2$$

이다. 각운동량 보존 법칙으로부터

$$I_i\omega_i = I_f\omega_f$$

이다. 이 식에 회전관성과 $\omega = 2\pi f$를 대입하면

$$(M+m)R^2 \times 2\pi f_i = MR^2 \times 2\pi f_f$$

이 된다. 이 식에서 $2\pi R^2$을 양변에 나누면

$$(M+m)f_i = Mf_f$$

이 된다. f_f에 대하여 풀면 다음과 같다.

$$f_f = \frac{M+m}{M}f_i = \frac{2.10\text{ kg}}{2.00\text{ kg}}(1.00\text{ rev/s})$$
$$= 1.05\text{ rev/s}$$

검토 보존 법칙은 문제를 푸는 강력한 도구이다. 바퀴의 테두리에 있는 생쥐가 바퀴의 살을 따라 기어갔을 때 일어나는 일을 자세히 알 필요는 없다. 단지 초기 상태와 최종 상태만 알면 된다.

이러한 문제에서 흔히 혼동하기 쉬운 것은 초기 회전운동에너지와 최종 회전운동에너지가 같다고 생각하는 것이다. 생쥐가 바퀴의 중심으로 기어가기 위해서는 에너지를 소비하기 때문에 이는 사실이 아니다. 다시 말해서 생쥐가 일을 해서 내부에너지를 회전운동에너지로 전환시켰다.

실전문제 8.14 회전운동에너지의 변화

생쥐와 바퀴 계에서 회전운동에너지는 몇 % 변하는가?

행성 궤도에서 각운동량

각운동량 보존 법칙은 태양을 중심으로 타원궤도를 돌고 있는 행성들에 적용할 수 있다. 케플러의 제2법칙은 행성이 쓸고 지나간 넓이가 일정하도록 행성의 궤도 속도가 변한다는 사실을 말해준다(그림 8.40a). 문제 59에서 케플러 제2법칙이 각운동량 보존 법칙의 직접적인 결과임을 보인다. 각운동량은 궤도 운동 평면에 수직한 회전축을 이용하여 계산할 수 있다. 행성이 태양 가까이 올 때 궤도 속도는 빨라지고, 행성이 태양으로부터 멀어질 때 궤도 속도는 느려진다. 각운동량의 보존은 궤도상의 서로 다른 두 지점에서의 궤도 반지름과 궤도 속도를 연관시키는 데 이용할 수 있다. 이와 같은 원리를 인공위성이나 달에도 적용할 수 있다.

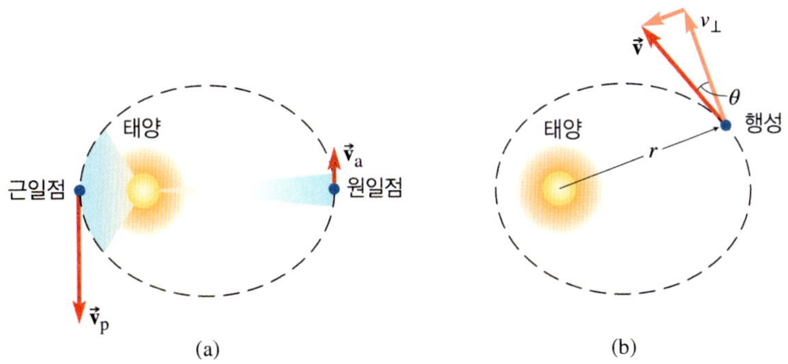

그림 8.40 행성의 속력은 같은 시간 동안 휩쓸고 지나간 넓이가 같아지도록 변한다. 이 두 영역은 연한 파란색 음영으로 표시했다. 행성궤도의 이심률은 명확성을 위해 과장되었다.

보기 8.15 지구의 궤도 속력

근일점(태양에 가장 근접하는 지점)에서 지구와 태양 사이의 거리는 1.47×10^8 km이고 궤도 속력은 30.3 km/s이다. 원일점(태양으로부터 가장 먼 거리의 지점), 곧 태양에서부터 1.52×10^8 km 떨어져 있을 때 지구의 궤도 속력은 얼마인가? 근일점과 원일점에서 지구의 속도는 태양에서 지구를 잇는 지름 직선에 수직이다(그림 8.40a).

전략 태양을 지나는 축을 회전축으로 잡으면, 지구에 작용하는 중력은 회전축 쪽으로 작용하므로 지레의 팔의 길이가 0이며 돌림힘도 0이 된다. 그리고 지구에 작용하는 외력은 없기 때문에 외부 돌림힘도 0이 된다. 태양을 관통하는 회전축에 관한 지구의 각운동량은 보존되어야 한다. 지구의 회전관성을 구할 때, 지구의 반지름이 회전축까지의 거리보다 매우 작기 때문에 지구의 중심에 지구의 모든 질량이 모여 있다고 가정할 수 있다.

풀이 지구의 회전관성은

$$I = mr^2$$

이다. 여기에서 m은 지구의 질량이고, r은 태양에서 지구 중심까지의 거리이다. 각속도는

$$\omega = \frac{v_\perp}{r}$$

이다. 여기에서 $v_\perp$는 태양과 지구를 잇는 선분에 수직한

속도 성분이다. 타원운동을 하는 경우 문제에서 고려해야 할 것은 두 점에서 $v_{\perp} = v$인 관계이다. 태양으로부터 지구까지의 거리 r이 변하기 때문에 각운동량이 보존되기 위해서는, 곧

$$I_{\mathrm{i}}\,\omega_{\mathrm{i}} = I_{\mathrm{f}}\,\omega_{\mathrm{f}}$$

이려면 속력 v가 변해야 한다. 이 식에 회전관성 $I = mr^2$과 $w = \dfrac{v_{\perp}}{r}$를 대입하면

$$mr_{\mathrm{i}}^2 \times \frac{v_{\mathrm{i}}}{r_{\mathrm{i}}} = m{r_{\mathrm{f}}}^2 \times \frac{v_{\mathrm{f}}}{r_{\mathrm{f}}}$$

곧

$$r_{\mathrm{i}} v_{\mathrm{i}} = r_{\mathrm{f}} v_{\mathrm{f}} \qquad (1)$$

가 된다. 이 식을 v_{f}에 대해 풀면

$$\begin{aligned} v_{\mathrm{f}} &= \frac{r_{\mathrm{i}}}{r_{\mathrm{f}}} v_{\mathrm{i}} \\ &= \frac{1.47 \times 10^8\ \mathrm{km}}{1.52 \times 10^8\ \mathrm{km}} \times 30.3\ \mathrm{km/s} \\ &= 29.3\ \mathrm{km/s} \end{aligned}$$

가 된다.

검토 지구는 태양에서 멀어질수록 더 천천히 움직인다. 이 사실은 에너지 보존으로부터 기대했던 바와 같다. 퍼텐셜에너지는 근일점에서보다 원일점에서 더 크다. 궤도의 역학적에너지는 일정하기 때문에 운동에너지는 원일점에서 작아야 한다.

식 (1)은 궤도 속력과 궤도 반지름이 서로 반비례한다는 것을 내포하고 있다. 엄밀히 말하면, 식 (1)은 원일점과 근일점에 적용되는 식이다. 궤도의 일반적인 점에서 속도의 수직성분 $v_{\perp}$가 궤도 반지름 r에 반비례한다(그림 8.40b). 지구를 포함하여 대부분의 다른 행성은 거의 원형궤도를 그리기 때문에 $\theta \approx 0°$이고 $v_{\perp} \approx v$이다.

실전문제 8.15 **줄에 매달린 퍽**

마찰이 없는 공기 테이블 위에 있는 퍽이 테이블 중앙에 뚫린 구멍을 통과하는 실의 끝에 매달려 있다. 처음에는 퍽이 반지름이 24 cm 인 원을 그리며 12 cm/s로 원운동을 한다. 만일 실을 당겨 퍽이 반지름이 18 cm 인 원을 그리며 운동한다면 이 퍽의 속력은 얼마인가?

8.9 각운동량의 벡터 특성
The Vector Nature of Angular Momentum

지금까지는 돌림힘과 각운동량을 스칼라양으로 취급했다. 이것은 지금까지 고려해 왔던 문제에서는 모두 적절하다. 그러나 각운동량 보존 법칙은 회전하는 물체의 회전축이 방향을 바꾸는 경우를 포함한 모든 계에 적용되어야 한다. 돌림힘과 각운동량은 실제로 벡터양이다. 각운동량은 외부 돌림힘이 작용하지 않을 때 **크기**와 **방향**이 모두 보존된다.

그림 8.41에 나타낸 회전하는 원반처럼 대칭축에 대해 대칭 물체가 회전하는 경우에 각운동량의 크기는 $L = I\omega$이다. 각운동량 벡터의 방향은 회전축의 방향이다. 회전축

방향은 두 가지가 있는데 그중 옳은 방향은 **오른손 규칙** right-hand rule으로 얻을 수 있다. 오른손의 손가락을 회전하는 방향을 향하도록 잡았을 때 엄지손가락이 가리키는 방향이 각운동량 벡터 $\vec{L}$의 방향이다.

고정축에 대한 회전의 경우, 알짜 돌림힘은 회전축의 방향을 향하며, 각운동량 **변화**의 방향이다. 우리가 지금까지 각운동량과 돌림힘에 사용했던 부호 규약은 z축이 보는 사람을 향하는 벡터에서 z **성분의 부호**로 나타냈다. 예를 들어, 그림 8.41의 원반을 위에서 본다고 생각해 보자. 보는 사람을 향한 z축(위쪽)을 선택하면 반시계방향 회전의 경우 $L_z > 0$, 시계방향 회전의 경우 $L_z < 0$이다.

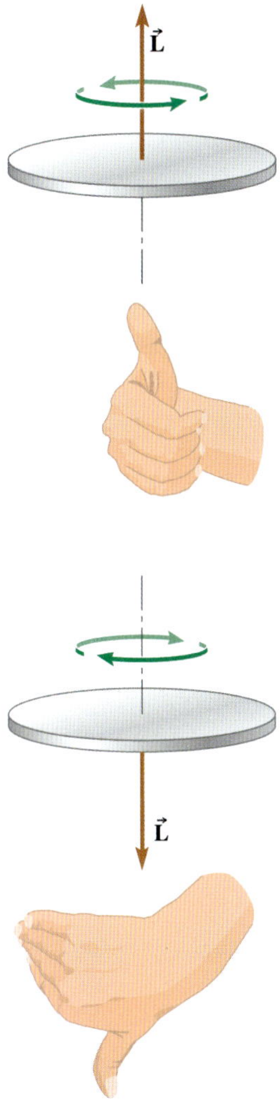

그림 8.41 회전하는 원판에서 각운동량 벡터의 방향을 정하기 위한 오른손 규칙

각운동량의 응용 : 자이로스코프 큰 회전관성을 갖는 원판은 자이로스코프로 사용할 수 있다. 자이로스코프가 큰 각속도로 돌아갈 때 자이로스코프의 각운동량은 크다. 큰 각운동량을 가진 자이로스코프의 회전축을 변화시키기는 힘들다. 큰 각운동량을 변화시키기 위해서는 큰 돌림힘이 필요하며 각운동량이 큰 자이로스코프일수록 안정성이 크다. 자이로스코프는 비행기, 잠수함, 우주선 등이 일정한 방향으로 진행할 수 있도록 인도하는 역할을 한다.

각운동량의 응용 : 총알, 팽이, 지구의 자전 총알과 팽이의 안정성도 같은 원리로 설명할 수 있다. 소총의 총알이 총신을 통과하면서 회전한다. 회전하는 총알이 공기를 통과할 때 앞부분부터 정확한 방향을 유지한다. 회전하지 않으면 공기저항에 의한 작은 돌림힘이 생겨 총알의 방향이 마구잡이로 회전하게 되고 공기저항이 크게 높아져 정확도가 떨어질 수 있다. 올바르게 찬 축구공도 같은 원리로 회전을 만든다. 팽이는 회전하면 오랫동안 균형을 유지할 수 있으며 회전이 줄어들면 쓰러진다.

지구는 자전에 의해 큰 각운동량을 갖는다. 지구가 태양 주위를 공전하더라도 회전축은 공간에서 고정된 방향을 유지한다. 축은 북극성 근처를 가리키므로 지구가 축을 중심으로 회전하더라도 북극성은 북쪽 하늘에서 위치를 유지한다. 자전축의 방향이 고정되어 있어 주기적인 계절이 나타난다(그림 8.42).

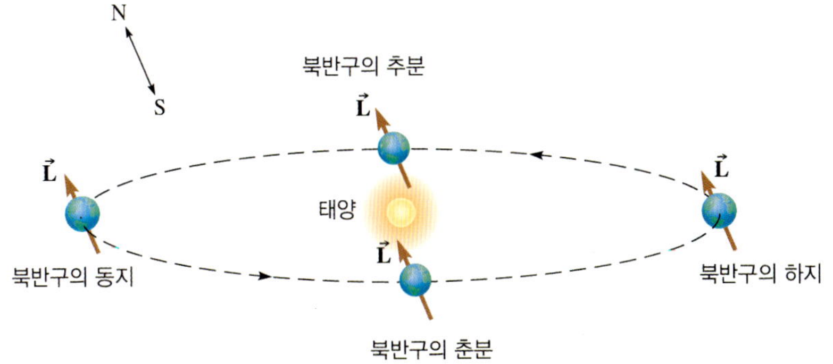

그림 8.42 팽이처럼 회전하는 지구는 태양을 중심으로 공전할 때 자전으로 인해 각운동량의 방향을 유지한다(축척은 적용되지 않음).

각운동량의 고전적 시연

종종 물리학 실험 수업에서 자유롭게 돌 수 있는 회전반이 정지해 있을 때 그 위에 서 있는 학생이 회전하는 자전거 바퀴를 들고 있는 실험을 시연한다. 회전하고 있는 자전거 바퀴의 회전축은 초기에 수평 방향이다(그림 8.43a). 그 후 학생이 바퀴의 위치를 바꾸어 회전축을 수직으로 한다(그림 8.43b). 바퀴의 위치를 바꿈에 따라 학생이 서 있는 회전반은 바퀴의 회전 방향과 반대로 돈다. 회전반을 정지시킬 아무런 마찰력이 없다면 자전거 바퀴를 수직으로 유지하는 한 계속 돌 것이다. 만약 학생이 자전거 바퀴의 축을 원래의 방향으로 바꾼다면 학생이 서 있는 회전반은 정지할 것이다.

회전반은 수직축에 관해서는 자유롭게 돈다. 그 결과 이 계(학생+회전반+자전거 바퀴)의 각운동량의 **수직 성분** L_z는 보존된다. $\vec{L}$의 수평 성분은 보존되지 않는다. 회전반은 수평축에 관한 어떠한 회전도 불가능하다. 왜냐하면 회전반은 수직축에 관해서만 돌도록 되어 있기 때문이다. 벡터적으로 말하면 외부 돌림힘의 수직 성분만이 0이어서 각운동량의 수직 성분만 보존된다.

바퀴의 각운동량은 수평 방향이고, 학생과 회전반의 각운동량은 0이기 때문에 처음에는 $L_z = 0$이다. 회전하는 자전거 바퀴를 위쪽으로 올리면 $L_z > 0$이 된다. 정지해 있던 학생과 회전반의 계는 L_z의 크기만큼 아래쪽으로 향하는 각운동량을 얻어 자전거 바퀴와 반대 방향으로 돈다. 그래서 총각운동량의 수직 성분은 0이다. 이 원리에 의해 회전하

그림 8.43 각운동량 보존에 관한 실험

는 자전거 바퀴의 회전축을 수직으로 들면 학생과 회전반은 자전거 바퀴의 회전 방향과 반대 방향으로 돈다. 학생과 회전반 계는 자전거 바퀴보다는 더 큰 회전관성을 가지고 있기 때문에 자전거 바퀴보다 더 빨리 돌지는 못한다. 그러나 수직성분의 각운동량은 자전거 바퀴와 동일하다.

학생과 바퀴는 서로 돌림힘을 작용하여 계의 한 부분에서 다른 부분으로 각운동량을 전달한다. 여기에서 자전거 바퀴가 학생과 회전반에 가하는 돌림힘과 학생과 회전반이 바퀴에 가하는 돌림힘은 크기는 같고 방향은 반대이다. 그리고 이 돌림힘은 수직 성분과 수평 성분을 가지고 있다. 학생이 바퀴를 위로 들어 올리면 학생은 수평축을 중심으로 그를 돌리는 이상한 비트는 힘을 느낀다. 회전반은 학생의 발에 수직한 힘을 작용하여 학생이 수평축에 대해 회전하지 못하도록 한다. 만약 학생의 발과 회전반 사이에 마찰이 없다면 학생은 회전반으로부터 쉽게 떨어졌을 것이다!

해답 실전문제 & 살펴보기

8.1 $390\ \text{kg}\cdot\text{m}^2$

8.2 $v = \sqrt{\dfrac{2m_2gh}{m_1 + m_2 + I/R^2}}$

8.3 53 N, 8.4 N·m

8.4 −65 N·m

8.5 8.3 J

8.6 왼쪽 지지대는 아래 방향, 오른쪽 지지대는 위 방향

8.7 0.27

8.8 57N, 아랫방향

8.9 링을 지탱하는 두 개의 줄과 동일한 수직면에 있어야 한다. 그렇지 않으면, 중력은 그의 손과 링 사이의 접촉점을 통과하는 수평축에 대하여 0이 아닌 지레의 팔을 가질 것이다. 따라서 중력은 해당 축에 대해 알짜 돌림힘을 유발한다.

8.10 460 N

8.11 (a) 2380 rad, (b) 3.17 kJ, (c) 1.34 N·m

8.12 속이 찬 공 $\frac{2}{7}$, 속이 빈 공 $\frac{2}{5}$

8.13 $\frac{1}{2}g\sin\theta$

8.14 5% 증가

8.15 16 cm/s

8.1 회전관성에는 각 질량에서 회전축까지의 거리가 포함된다. 회전축을 따르는 방향의 거리는 관련이 없다. 또 다른 방법으로는, 원통을 자르거나 같은 반지름을 가진 많은 수의 얇은 원판으로 만든다. 얇은 원판 각각은 회전관성이 $I_i = \frac{1}{2}m_iR^2$이다. 이제 얇은 원판의 회전관성을 모두 더하여라.

$$I = \sum I_i = \sum \frac{1}{2}m_iR^2 = \frac{1}{2}R^2\sum m_i = \frac{1}{2}MR^2$$

8.2 손잡이가 길수록 회전축에서 더 멀리 밀 수 있다. 따라서 더 큰 돌림힘을 발휘할 수 있다.

8.4 두 경우 모두 가능하다. 돌림힘은 힘의 크기와 방향뿐만 아니라 힘이 가해지는 지점에 따

라서 변한다. 합했을 때 0이 되지 않는 두 힘도 지레의 팔이 다르면 돌림힘의 합이 0이 될 수 있다. 그러면 알짜 돌림힘은 0이고 알짜힘은 0이 아니다. 곧 물체는 회전평형이지만 병진 평형은 아니다. 마찬가지로, 합해서 0이 되는 두 힘은 지레의 팔이 다르고 합해도 0이 되지 않는 돌림힘을 만들 수 있다. 이 경우, 알짜힘은 0이고 알짜 돌림힘은 0이 아니다. 곧 물체는 병진평형이지만 회전평형은 아니다.

8.7 (a) 회전 없이 낙하할 때, (b) 고정된 축을 중심으로 회전할 때, (c) 표면을 따라 미끄러지지 않고 구를 때

8.8 예. 마찰을 무시할 수 있는 경우, 외부 돌림힘은 0이므로 스케이팅 선수의 각운동량은 변하지 않는다. 선수의 팔과 다리를 펼치면 회전관성이 초깃값으로 다시 증가하므로 각속도가 초깃값으로 감소한다.

09

유체
Fluids

남아프리카의 크루거 국립공원Kruger National Park의 하마는 연못 바닥에서 자라나는 식물을 먹이로 하고 있다. 하마가 물로 걸어 들어가면 물 위로 뜨게 되는데, 하마는 뜨는 몸을 어떻게 연못 바닥으로 가라앉게 하는가?

찾아가보기

- 에너지 보존 (6장)
- 운동량의 변화로 표시한 힘 (7.3절)
- 충돌에서의 운동량 보존 (7.7, 7.8절)
- 평형상태 (2.4절)

생명과학 응용

- 혈류와 혈압 (9.2, 9.5, 9.9절, 보기 9.9, 9.12, 개념문제 4, 연습문제 13, 34, 35, 43, 49)
- 심방세동, 동맥류 (9.8절)
- 정맥주사, 주사기, 흡혈벌레 (연습문제 31, 35)
- 물속에 가라앉거나 뜨기 위해 부력을 조절할 수 있는 동물들 (9.6절, 보기 9.8, 실전문제 9.8, 연습문제 20, 21)
- 폐 안에서의 표면장력 (9.11절, 보기 9.14)
- 혈액과 소변의 비중 측정 (9.6절)
- 잠수부에 미치는 압력과 동물들의 잠수 (보기 9.3, 연습문제 9, 10, 50)

9.1 물질의 상태 States of Matter

보통의 물체는 우리가 잘 알고 있는 고체, 액체, 기체의 세 가지 상태, 곧 상phase으로 분류한다. 고체는 그 모양을 유지하려는 경향이 있다. 대부분의 고체는 상당히 단단하여 외력에 의해 쉽게 변형되지 않는다. 그 이유는 원자나 분자를 이웃한 원자나 분자가 강력한 힘으로 특정한 위치에 붙잡고 있기 때문이다. 원자나 분자가 고정된 평형점 주위에서 진동을 하지만 이웃 원자나 분자의 결합을 끊을 수 있을 정도로 충분한 에너지를 갖고 있지는 않다. 예를 들면, 철 막대를 구부리려면 원자의 배열을 바꿔야 하는데 이는 쉬운 일이 아니다. 대장장이는 철 원자 사이의 결합을 약하게 하여 쇠를 원하는 모양으로 구부릴 수 있도록 용광로에서 쇠에 열을 가한다.

고체와는 달리 액체나 기체는 그 모양을 유지하지 못한다. 액체는 흘러서 용기의 모양을 갖게 되고, 기체는 용기를 채우기 위해 팽창한다. **유체**fluid(액체, 기체 모두)는 외부에서 작용한 힘에 의해 쉽게 변형된다. 이번 장에서는 주로 액체와 기체가 가지는 공통적인 성질에 관해 다룬다.

유체 속의 원자나 분자는 고정된 위치에 있지 않으므로 유체는 특정한 형태를 갖고 있지 않다. 힘을 가하면 유체는 쉽게 흐를 수 있다. 예를 들어, 심장 근육을 조여서 혈관에 혈액이 흐르게 하는 힘을 공급할 수 있다. 그러나 이렇게 조여도 혈액의 부피가 많이 변하지는 않는다. 여러 면에서 액체를 **비압축성 유체**incompressible fluid라고 볼 수 있다. 곧 변하지 않는 고정된 부피를 가지고 있다고 볼 수 있다. 액체의 모양은 그것을 쏟아 부은 용기의 모양에 따라서 변하지만 액체의 부피는 항상 같다.

대부분의 액체에서 원자나 분자는 같은 물질의 고체만큼 조밀하다. 액체에서 분자 사이의 힘은 거의 고체에서 분자 사이의 힘만큼 강하지만 분자들이 특정한 위치에 고정되어 있지 않다는 점은 고체와 다르다. 이것이 액체가 모양이 변하더라도 부피가 일정하게 유지되는 이유이다. 물은 예외 물질 중 하나이다. 실제로 차가운 물에서는 액체 상태일 때의 분자 간 거리가 고체(얼음)일 때보다 더 가깝다.

반면에 기체에 대해서는 일정한 부피나 모양을 규정할 수 없다. 기체는 팽창하여 용기를 가득 채우기도 하지만 쉽게 압축될 수도 있다. 기체의 분자는 액체나 고체 내의 분자에 비해 아주 멀리 떨어져 있다. 따라서 분자는 충돌할 때를 제외하고는 거의 상호작용 하지 않는다.

9.2 압력 Pressure

압력의 미시적인 기원 **정지 유체**static fluid란 흐르지 않고 모든 곳에서 정지해 있다는 것을 의미한다. **유체 정역학**에서 유체와 접촉하는 모든 고체는 유체를 담고 있거나 그 속에 잠겨 있거나 정지한 것으로 가정한다. 그러나 정지 유체의 원자나 분자 자체가 정지한 것은 아니며, 끊임없이 움직이고 있다. 록 콘서트에서 많은 사람들이 격렬하게 춤을 추며 서로 부딪히고 밀리는 모습에서, 액체에서 원자나 분자의 운동을 유사하게나마 상상해 볼 수 있다. 기체에서는 원자나 분자가 액체에서보다 훨씬 멀리 떨어져 있으므로 충돌과 충돌 사이에 먼 거리를 이동하게 된다.

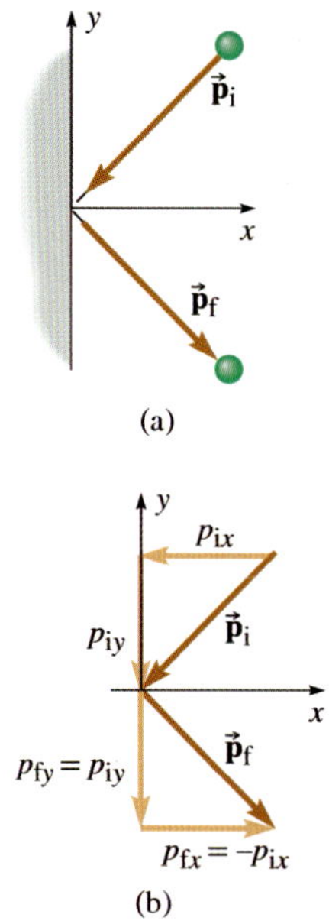

그림 9.1 (a) 용기 벽에서 튀어 나오는 하나의 유체 분자. (b) 이 탄성 충돌에서 운동량의 y 성분은 변하지 않고 x 성분은 방향이 바뀐다.

유체의 압력은 유체 내에서 빠르게 운동하는 원자나 분자의 충돌에 의한 것이다. 분자 한 개가 용기의 벽에 부딪히고 튀어나올 때 운동량의 변화가 생기는 것은 벽이 그 분자에 가해준 힘 때문이다. 그림 9.1a에서 용기 내의 분자가 용기 벽에서 탄성 충돌하는 모습을 보여주고 있다. 이 경우 y 성분의 운동량은 변하지 않지만 x 성분은 방향이 반대로 된다(그림 9.1b). 운동량 변화는 $+x$ 방향으로 일어나는데, 이는 벽이 분자에 오른쪽으로 힘을 가했기 때문이다. 뉴턴의 제3법칙에 의해 충돌 과정에서 분자가 왼쪽으로 벽에 힘을 가한다. 이 벽과 충돌하는 모든 분자를 고려하면 평균적으로 $\pm y$ 방향으로는 힘을 가하지 않고 $-x$ 방향으로만 힘을 가하게 된다. 용기 내에 있는 수많은 분자들이 용기 벽과의 잦은 충돌로 인해 벽을 밖으로 밀어내려는 알짜힘을 작용하게 된다.

압력의 정의 정지 유체는 접하고 있는 모든 면에 힘을 가하는데, 힘의 방향은 면에 수직이다(그림 9.2). 정지 유체는 면에 평행한 힘을 작용할 수 없다. 정지 유체가 면에 평행한 힘을 작용한다면 뉴턴의 제3법칙에 의해서 면으로부터 평행한 힘이 유체에 가해질 것이다. 그러면 이 힘에 의해 유체가 면을 따라 이동할 것이고, 이는 유체가 정지되어 있다는 가정에 위배된다.

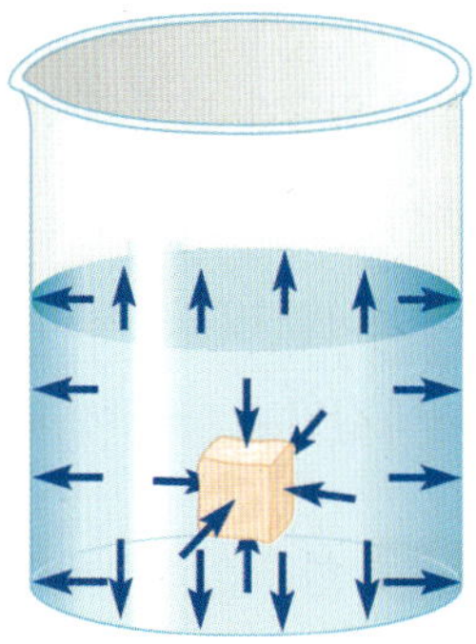

그림 9.2 정지 유체가 용기의 벽과 물에 잠긴 물체에 작용하는 힘

평면의 한 점에 작용하는 **평균 압력**은

평균 압력의 정의

$$P_{평균} = \frac{F}{A} \qquad (9\text{-}1)$$

이다. 여기에서 F는 면에 수직으로 작용하는 힘의 크기이고, A는 넓이이다. 유체 내의 여러 점에서 작은 표면을 고려하고, 그곳에 작용하는 힘을 측정함으로써 유체 내 여러 점

에서의 압력에 관한 정의를 내릴 수 있다. 작은 넓이 A의 극한에 대한 $P = F/A$를 유체의 **압력** Pressure 이라 한다.

압력은 스칼라양으로 방향이 없다. 유체에 잠겨 있는 물체나 유체 자체의 한 부분에 작용하는 힘은 벡터양이며 방향은 접촉면에 수직이다. 압력은 스칼라양으로 정의되는데, 단위 넓이당 작용하는 힘의 크기는 면이 어느 방향이든 모두 같다. 정지 유체의 분자는 마구잡이 방향으로 운동한다. 유체가 흐르지 않으므로 선호되는 방향이 있을 수 없기 때문이다. 어느 한 면에서 다른 방향과 비교하여 특정 방향으로 충돌 횟수가 유달리 많다거나 또는 더 큰 에너지를 가진 분자와의 충돌이 잦아야만 할 이유는 없다.

압력의 SI 단위는 N/m^2이다. 이것을 파스칼 Pa 이라고 하며, 프랑스의 과학자 파스칼 Blaise Pascals, 1623~1662 의 이름을 딴 것이다. 일상적으로 쓰이는 또 하나의 압력의 단위는 기압 atm 이다. 1기압은 해수면에서의 평균 공기 압력이다. 기압과 파스칼 사이의 변환 관계는

$$1\ \text{atm} = 101.3\ \text{kPa}$$

이다. 통상적으로 사용되는 압력의 다른 단위는 9.5절에서 소개한다.

살펴보기 9.2 수영장의 바닥에 지름 2.4 cm인 1쿼터 동전(25센트)과 지름 1.8 cm인 1다임 동전(10센트)이 놓여있다. 물이 각각의 동전의 윗면에 아래쪽 방향으로 힘을 작용한다. 두 동전 표면에서 압력이 같다고 가정하면 1쿼터 동전에 작용하는 힘이 1다임 동전에 작용하는 힘의 몇 배인가?

보기 9.1 하이힐에 의한 압력

체중이 534 N (52 kg)인 여성이 실내에서 테니스화를 신고 있다가 저녁 약속장소로 가기 위해 옷을 갈아입고 하이힐을 신는다. 테니스화 뒷굽의 넓이는 $60.0\ \text{cm}^2$이며 하이힐 뒷굽의 넓이는 $1.00\ \text{cm}^2$이다. 체중이 한쪽 발에 실릴 때, 뒷굽에 작용하는 평균 압력을 구하여라.

전략 평균 압력은 바닥에 작용하는 힘을 접촉 넓이로 나눈 값이다. 뒷굽이 바닥에 가한 힘은 534 N이다. 단위를 통일하기 위해 cm^2을 m^2으로 변환한다.

풀이 테니스화와 구두의 넓이 단위를 cm^2에서 m^2로 바꾸기 위해 변환 인자 $\left(\frac{1\ \text{m}}{10^2\ \text{cm}}\right)^2$을 곱한다. 테니스화 뒷굽의 넓이는

$$A = 60.0\ \text{cm}^2 \times \left(\frac{1\ \text{m}}{10^2\ \text{cm}}\right)^2 = 6.00 \times 10^{-3}\ \text{m}^2$$

이고, 하이힐 뒷굽의 넓이는

$$A = 1.00\ \text{cm}^2 \times \left(\frac{1\ \text{m}}{10^2\ \text{cm}}\right)^2 = 1.00 \times 10^{-4}\ \text{m}^2$$

이다. 평균 압력은 여성의 체중을 뒷굽의 넓이로 나눈 값으로, 테니스화는

$$P = \frac{F}{A} = \frac{534\ \text{N}}{6.00 \times 10^{-3}\ \text{m}^2}$$

$$= 8.90 \times 10^4\ \text{N/m}^2 = 89.0\ \text{kPa}$$

이고, 하이힐은 다음과 같다.

$$P = \frac{534\ \text{N}}{1.00 \times 10^{-4}\ \text{m}^2}$$

$$= 5.34 \times 10^6\ \text{N/m}^2 = 5.34\ \text{MPa}$$

검토 이들 값을 기압 단위로 나타내면 각각 0.879 atm과 52.7 atm이다. 하이힐의 경우 같은 힘이 1/60의 넓이에 작용하므로 압력은 60배나 더 크다.

실전문제 9.1 신발의 뒷굽에 의한 압력

바닥재 제작 회사와 여성들의 발에 다행스러운 것은 하이힐을 신는 유행이 점점 사라진다는 것이다. 구두 뒷굽 넓이가 4.0 cm^2라고 가정해 보자. 보기 9.1의 여성이 이 신발을 신었을 때, 한쪽 구두 뒷굽에 체중이 모두 실린 경우 마룻바닥에 가해지는 압력을 구해 보아라. 테니스화에 의한 압력보다 몇 배 더 높은가?

대기압

우리는 공기라 부르는 유체 바다의 바닥인 지구의 표면에서 살고 있다. 공기가 우리 몸이나 다른 물체의 표면에 작용하는 힘은 어마어마하게 크다. 1기압은 표면에 약 10 N/cm^2 정도로 작용하는 압력이다. 그러나 우리 몸에 있는 대부분의 유체의 압력이 우리를 둘러싸고 있는 공기의 압력과 같기 때문에 찌그러지는 일이 없다. 이와 유사한 경우로서 밀봉된 과자 봉지를 생각해 보자. 왜 봉지가 사방에서 누르는 공기에 의해서 찌그러지지 않을까? 이는 봉지 내부에 있는 공기의 압력이 바깥과 같으며 이러한 압력이 봉지를 바깥으로 밀어내고 있기 때문이다. 마찬가지로, 우리 몸의 세포도 세포 안에 있는 유체의 압력이 세포 주위의 유체가 세포막을 미는 압력과 같기 때문에 세포는 파열되지 않는다.

이와는 달리 동맥에서 혈압은 대기압보다 20 kPa 정도 더 높다. 강하고 탄력 있는 동맥벽이 내부 혈액의 압력에 의해 팽팽하게 늘어난다. 혈관이 동맥의 혈액을 꽉 눌러서 높은 압력이 몸의 다른 유체로 전달되지 못하게 한다.

날씨에 따라 해수면에서의 대기압은 약 5% 정도 변한다. 101.3 kPa는 평균 압력에 불과하다. 대기압은 고도가 높을수록 감소한다(9.4절에서 유체의 압력에 대한 중력의 효과를 자세히 공부한다). 미국에서 가장 높은 곳(해발 3100 m)에 위치한 콜로라도 리드빌 Leadville의 평균 대기압은 70 kPa이다. 티베트 사람들은 5000 m가 넘는 곳에서 살고 있는데 그곳의 평균 대기압은 해수면에서의 절반에 불과하다. 문제를 풀 때에는 특별한 언급이 없으면 대기압은 1 atm이라고 가정하여라.

9.3 파스칼의 원리 Pascal's Principle

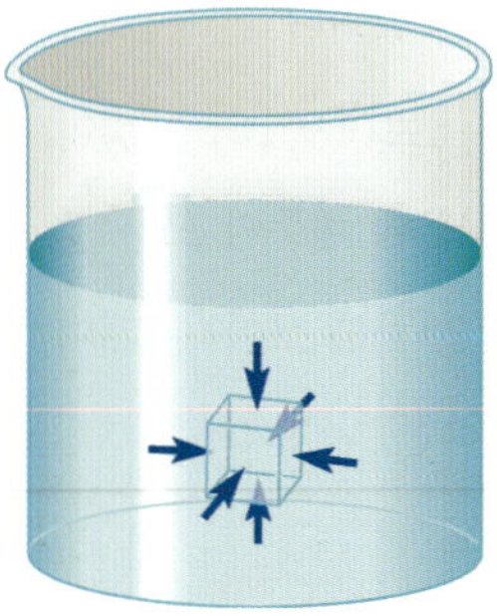

그림 9.3 유체의 육면체에 작용하는 힘

만일 정지 유체의 무게를 무시할 수 있다면(예를 들면 높은 압력에서의 유압장치), 압력은 유체 내 모든 곳에서 같다. 왜 그런가? 그림 9.3과 같이 주변의 유체와 같은 성분으로 구성된 육면체를 생각해 보자. 유체의 무게를 무시하면, 육면체에 작용하는 힘은 단지 주변 유체가 안으로 미는 힘뿐이다. 육면체의 마주 보는 면에 작용하는 두 힘은 유체 내부에서 평형이 되므로 크기가 같다. 따라서 두 면에서의 압력은 같다. 이 논리를 유체의 어떤 크기나 모양에도 적용할 수 있으므로 **무게를 무시할 수 있는 정지 유체의 어느 곳에서나 유체의 압력은 같아야만 한다.**

보다 일반적으로 유체의 무게를 무시할 수 없을 때는 압력이 어디에서나 같은 것은 아니다. 이 경우에 유체의 한 부분에 작용하는 힘의 해석은 **파스칼의 원리**Pascal's Principle라 불리는 더욱 일반적인 결과로 주어진다(개념형 질문 8 참조).

파스칼의 원리

갇혀 있는 유체 내에 있는 한 지점의 압력이 변하면 이 변화는 유체의 모든 곳으로 전달된다.

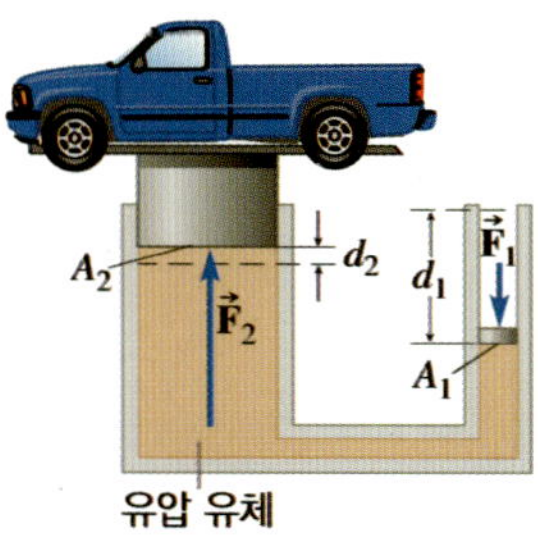

그림 9.4 유압 리프트의 간단한 도해. 트럭을 조금(d_2)이라도 들어올리기 위해서는 피스톤 1은 많이(d_1) 움직여야 한다. 실제 유압 리프트에서는 피스톤 1이 유체 저장고로부터 유체를 퍼 올리는 펌프로 대체되어 있다.

파스칼 원리의 응용 : 유압 리프트, 유압 브레이크, 유압 제어기 트럭의 소음기를 교체하기 위해 유압 리프트라 불리는 기계로 트럭을 공중으로 들어 올리고 있다(그림 9.4). 상대적으로 넓이가 좁은 피스톤으로 유체에 힘을 가한다. 이렇게 전달되는 압력이 유체의 어느 곳이든 전달된다. 그러면 넓이가 훨씬 큰 피스톤에 작용하는 유체의 압력으로 트럭을 들어 올린다. 트럭을 위로 들어 올리는 힘은 좁은 넓이의 피스톤에 가한 힘보다 훨씬 크다. 파스칼의 원리는 자동차나 트럭의 유압 브레이크 또는 비행기의 유압 제어기 같은 곳에 많이 응용되고 있다.

유압 리프트에서 작용하는 힘을 분석하기 위해, 힘 F_1이 넓이 A_1인 작은 피스톤에 작용해 압력이

$$P = \frac{F_1}{A_1} \tag{9-2}$$

만큼 증가한다고 하자. 트럭은 리프트 반대쪽의 넓이 A_2인 큰 피스톤에 의해 지지된다. 작은 피스톤에 의한 압력 증가는 유체 전체로 전달된다. 유체 자체의 무게를 무시하면(혹

은 두 피스톤이 같은 높이에 있다고 가정하면) 유체의 압력은 어느 부분에서나 같다. 따라서 유체를 통해 큰 피스톤에 가해진 힘 F_2는

$$P = \frac{F_1}{A_1} = \frac{F_2}{A_2} \tag{9-3}$$

의 관계가 성립한다. A_2가 A_1보다 크기 때문에 큰 피스톤에 작용하는 힘(F_2)은 작은 피스톤에 작용하는 힘(F_1)보다 더 크다. 그러나 힘의 이득만 얻은 것은 아니다. 6.2절에서 논의한 두 도르래 계와 같이, 작은 피스톤에 가한 작은 힘이 얻은 이득은 더 먼 거리를 이동해야 하는 손해와 균형을 이룬다. 큰 피스톤이 짧은 거리 d_2를 이동하는 동안 작은 피스톤은 d_2보다 더 먼 거리 d_1을 이동해야 한다. 유체가 비압축성이라고 가정했으므로 각 피스톤에서 이동한 유체의 부피는 같다. 그러므로

연결 고리 지렛대나 도르래, 그 밖의 간단한 기계장치와 마찬가지로 유압계를 사용하면 실제 일을 할 때 필요한 힘은 줄어들지만 한 일의 양은 같다.

$$\Delta V = A_1 d_1 = A_2 d_2 \tag{9-4}$$

이다. 피스톤의 변위는 그 넓이에 반비례하지만 힘은 넓이에 비례하므로, 두 피스톤이 한 일의 양은 같다.

$$W_1 = F_1 d_1 = \left(\frac{F_1}{A_1}\right)(A_1 d_1) = P\Delta V \tag{9-5}$$

$$W_2 = F_2 d_2 = \left(\frac{F_2}{A_2}\right)(A_2 d_2) = P\Delta V = W_2 \tag{9-6}$$

보기 9.2 유압 리프트

유압 리프트에서 작은 피스톤의 반지름이 2.0 cm 이고 큰 피스톤의 반지름이 20.0 cm 라면, 작은 피스톤에 250 N 의 힘을 가할 때, 큰 피스톤은 얼마의 무게를 들어 올릴 수 있는가?

전략 파스칼의 원리에 따라 압력은 유체의 모든 곳에서 같은 양만큼 증가한다. 힘이 피스톤의 넓이에 비례하므로 비례 관계식으로 답을 구하는 것이 자연스럽다.

풀이 두 피스톤의 압력이 같은 크기로 증가하므로

$$\frac{F_1}{A_1} = \frac{F_2}{A_2}$$

이다. 같은 의미로, 힘이 넓이에 비례한다.

$$\frac{F_2}{F_1} = \frac{A_2}{A_1}$$

두 반지름의 비가 $r_2/r_1 = 10$이므로 넓이 비는 $A_2/A_1 = (r_2/r_1)^2 = 100$이다. 그러므로 들어 올릴 수 있는 무게는 다음과 같다.

$$F_2 = 100F_1 = 25000 \text{ N} = 25 \text{ kN}$$

검토 이러한 종류의 문제에서 흔히 저지르기 쉬운 실수는 넓이와 힘이 상보 관계에 있다고 생각하는 것이다. 다시 말해서, 큰 넓이의 피스톤에 작은 힘이 작용하고, 그 역도 성립한다고 생각하기 쉽다. 압력이 같아야 하기 때문에 양쪽 피스톤에 작용하는 힘은 피스톤의 넓이에 비례한다. 작용하는 힘이 넓이에 정비례한다는 것을 알고 있으므로 트럭을 들어 올리는 쪽의 피스톤을 크게 만들어야 한다.

실전문제 9.2 **파스칼 원리의 응용**

보기 9.2의 유압 리프트에서 (a) 작은 피스톤에 250 N의 힘을 작용하면 압력은 얼마나 증가하는가? (b) 큰 피스톤이 5.0 cm 이동한다면, 작은 피스톤은 얼마를 이동하는가?

9.4 중력이 유체 압력에 미치는 효과
The Effect of Gravity on Fluid Pressure

자동차로 산을 오를 때나 경비행기를 탈 때 귀가 먹먹해지는 것은 정지 유체의 압력이 어디서나 같지 않다는 것을 의미한다. 아래로 내려가면 중력이 유체 압력을 증가시키고 올라가면 감소시킨다. 이러한 변화를 이해하기 위해서는 유체의 밀도에 대한 정의를 내려야 한다.

밀도 물체의 **밀도**density는 단위 부피당 질량이다. 밀도는 그리스 문자 ρ(로rho)로 나타낸다. 질량이 m이고 부피가 V인 균일한 물체의 밀도는

밀도

$$\rho = \frac{m}{V} \tag{9-7}$$

이다. 밀도의 SI 단위는 kg/m^3이다. 균일하지 않은 물체의 경우, 식 (9-7)은 **평균 밀도**average density를 나타낸다.

표 9.1은 많이 쓰이는 물질의 밀도를 나열한 것이다. 온도와 압력이 표시되어 있음에 주목하여라. 고체나 액체에서 밀도는 온도와 압력에 따라 약간 변할 뿐이다. 반면에 기체는 많이 압축될 수 있으므로 온도와 압력이 조금만 변해도 밀도는 크게 변할 수 있다.

표 9.1 일반적인 물질의 밀도 (표기가 없는 경우 0℃ 1기압을 의미한다.)

기체	밀도(kg/㎥)	액체	밀도(kg/㎥)	고체	밀도(kg/㎥)
수소	0.090	휘발유	680	폴리스티렌	100
헬륨	0.18	에탄올	790	코르크	240
수증기(100℃)	0.60	기름	800~900	나무(소나무)	350~550
메탄	0.72	물(20℃)	998.21	나무(참나무)	600~900
공기(20℃)	1.20	물(0℃)	999.84	얼음	917
질소	1.25	물(3.98℃)	999.98	나무(흑단)	1000~1300
일산화탄소	1.25	바닷물	1025	뼈	1500~2000
공기(0℃)	1.29	피(37℃)	1060	콘크리트	2000
산소	1.43	수은	13600	수정	2700
이산화탄소	1.98			알루미늄	2702
아르곤	1.66			강철	7860
크세논	5.86			구리	8920
라돈	9.73			납	11300
				금	19300
				백금	21500

중력에 의한 깊이에 따른 압력 변화 이제 밀도의 정의를 가지고 압력이 중력의 영향으로 깊이에 따라 어떻게 달라지는지를 알아낼 수 있다. 균일한 밀도 ρ의 정지 액체가 담겨 있는 유리 비커가 있다고 가정해 보자. 액체 내에 넓이가 A이고 높이가 d인 액체 원통이 있다고 하면(그림 9.5a), 원통 안의 액체 질량은

$$m = \rho V \tag{9-8}$$

이다. 원통의 부피는

$$V = Ad \tag{9-9}$$

이다. 따라서 원통 내 액체의 무게는

$$mg = (\rho A d) g \tag{9-10}$$

이다. 이 액체 기둥에 작용하는 수직 방향의 힘을 그림 9.5b에서 볼 수 있다. 원통의 맨 윗부분에서는 압력이 P_1이고 바닥 부분에서는 P_2이다. 기둥 안의 액체는 평형상태에 있으므로 수직으로 작용하는 힘은 뉴턴의 제2법칙에 따라 0이 되어야 한다.

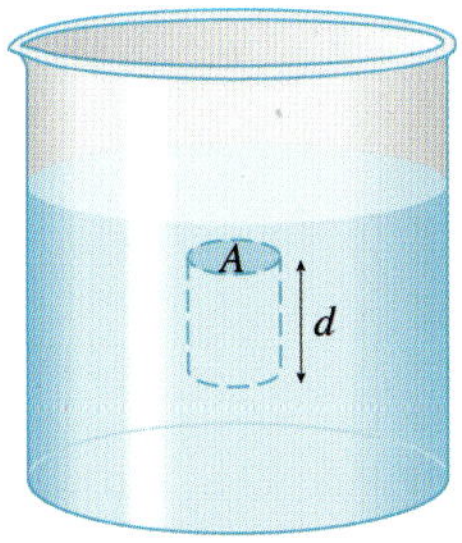

(a)

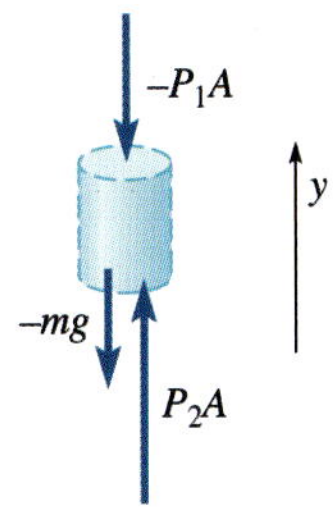

(b)

그림 9.5 뉴턴의 제2법칙을 액체가 담긴 원통에 적용하면, 깊이가 증가함에 따라 압력이 어떻게 증가하는지를 알 수 있다. (a) 높이 d, 밑넓이 A인 액체 원통. (b) 액체 원통에 작용하는 수직 방향 힘

$$\sum F_y = P_2A - P_1A - \rho Adg = 0 \tag{9-11}$$

공통 인자 A로 나누고 식을 다시 정렬하면 다음과 같이 된다.

밀도가 균일한 정지 유체 내에서 깊이에 따른 압력의 변화

$$P_2 = P_1 + \rho gd \tag{9-12}$$

(위치 2는 위치 1에서 d만큼 아래에 있다.)

액체 내 임의의 장소에 있는 원통을 생각할 수 있으므로 식 (9−12)는 위치 1에서의 압력과 이보다 d만큼 깊은 위치 2에서의 압력 사이의 관계를 나타낸다.

기체에서는 식 (9−12)를 깊이 d가 매우 작아서 중력에 의한 밀도 변화가 무시될 수 있는 경우에만 적용할 수 있다. 액체는 거의 비압축성이라 식 (9−12)를 깊이 차이가 큰 경우에도 적용할 수 있다.

액체가 대기와 맞닿아 있는 경우에는 위치 1이 표면이고 위치 2가 깊이 d인 곳으로 생각할 수 있다. $P_1 = P_{대기압}$일 때, 표면 깊이 d인 곳에서의 압력은 다음과 같다.

공기와 맞닿아 있는 액체의 표면으로 부터 깊이 d인 지점에서의 압력

$$P = P_{대기압} + \rho gd \tag{9-13}$$

살펴보기 9.4 정지 유체에서 압력은 수직 방향의 위치에 따라 달라진다. 수평 위치에 따라서도 달라질 수 있는가? 설명해 보아라.

보기 9.3 잠수부

잠수부가 민물 호수에서 수심 3.2 m인 곳까지 잠수하였다. 잠수부의 고막에 작용하는 힘은 수면에 있을 때보다 얼마나 증가했는가? 고막의 넓이는 0.60 cm^2이다.

전략 수심 3.2 m의 깊이에서 압력이 얼마나 증가했는지를 알 수 있으므로 그로부터 고막에 작용하는 힘의 증가량을 구할 수 있다. 수면에서 고막에 작용하는 힘이 P_1A이고, 3.2 m 깊이에서 작용하는 힘이 P_2A라 하면 증가한 힘은 $(P_2 - P_1)A$가 된다.

풀이 압력의 증가는 깊이 d와 물의 밀도에 따라 다르다. 표 9.1을 보면 적정 수온일 때 물의 밀도는 유효숫자 2자리까지 대략 1000 kg/m^3이다.

$$P_2 - P_1 = \rho g d$$

$$\Delta P = 1000\ \mathrm{kg/m^3} \times 9.8\ \mathrm{m/s^2} \times 3.2\ \mathrm{m}$$

$$= 31.4\ \mathrm{kPa}$$

고막에 작용한 힘의 증가분은

$$\Delta F = \Delta P \times A$$

이다. 여기에서 $A = 0.60\ \mathrm{cm^2} = 6.0 \times 10^{-5}\ \mathrm{m^2}$이므로 다음과 같이 계산할 수 있다.

$$\Delta F = (3.14 \times 10^4\ \mathrm{Pa}) \times (6.0 \times 10^{-5}\ \mathrm{m^2})$$

$$= 1.9\ \mathrm{N}$$

검토 외이도의 내부 압력에 의한 힘이 고막을 밖으로 밀고 있다. 만일 잠수부가 급히 하강해 귀 안쪽의 압력이 변하지 않았다면, 1.9 N 의 알짜힘이 고막을 안쪽으로 밀게 된다. 잠수부가 귀가 멍하다고 느낄 때는 외이도의 압력과 고막 바깥의 수압이 같아져 유체의 압력이 고막에 가하는 알짜힘이 0일 때이다.

실전문제 9.3 잠수함 깊이의 한계

잠수함은 1.6×10^7 Pa까지 견딜 수 있도록 설계되어 있다. 바닷물의 평균 밀도가 1025 $\mathrm{kg/m^3}$이면 이 잠수함은 얼마나 깊이 잠수할 수 있겠는가?

개념형 보기 9.4 유체 정역학적 역설

모양은 다르지만, 비어 있을 때의 무게와 밑바닥의 넓이가 같은 세 개의 용기가 있다(그림 9.6). 이들 용기에 같은 높이까지 물을 채우고 용기 안에 있는 공기는 모두 빼냈다. 이때 수면의 압력이 0이라고 하자. (a) 각 용기 바닥의 압력은 같겠는가? 다르다면 어느 용기의 압력이 가장 크고, 어느 용기가 가장 작겠는가? (b) 만약 물이 담겨있는 세 개의 용기를 저울에 달면 어느 용기가 가장 무겁고 어느 용기가 가장 가벼운가? (c) 물에 의해 각 용기 바닥에 아래쪽으로 같은 힘이 작용한다면 용기 안에 있는 물의 무게는 같겠는가? 여기에는 어떤 역설이 있는가? [힌트 : 용기의 벽에 미치는 힘에 관하여 생각해 보아라. 수직 성분이 존재할까?]

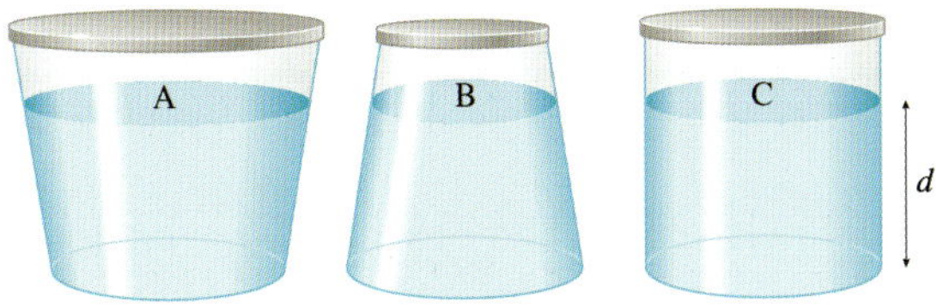

그림 9.6 모양이 다른 세 용기에 같은 높이까지 물이 차 있다.

풀이 및 검토 (a) 각 용기는 바닥으로부터 높이 d가 같다. 각 용기의 수면에서의 압력 $P_{표면} = 0$이고, 바닥에서 압력은 아래와 같으므로 모든 용기의 바닥에서의 압력은 같다.

$$P = P_{표면} + \rho g d = \rho g d$$

(b) 각 용기의 전체 무게는 용기 자체의 무게에 그 안에 들어있는 물의 무게를 더한 것과 같다. 각 용기 자체의 무게는 같지만, 용기 A는 용기 C보다 많은 물이 들어 있고 용기 B는 용기 C보다 물이 적게 들어 있다. 그러므로 무게는 용기 A가 가장 무겁고 용기 B가 가장 가볍다.

(c) 각 용기에서는 물의 무게에 해당하는 만큼의 힘이 용기의 벽에 위쪽으로 작용하고 있고 뉴턴의 제3법칙에 따라 같은 크기의 힘이 아래쪽으로 작용한다. 그림 9.7은 물이 용기에 작용하는 힘을 나타내고 있다. 용기 C에서 보듯이 수평 방향의 힘이 서로 마주 보는 양쪽의 벽으로 작용하게 되므로 실제 벽에 작용하는 알짜힘은 0이다. 바닥에 작용하는 힘은

$$F = PA = (\rho g d)(\pi r^2)$$

이다. 용기에 담긴 물의 부피 $V = \pi r^2 d$이므로

$$F = \rho g V = (\rho V) g = mg$$

이다. 예상했던 것처럼, 용기 C에서 바닥에 작용하는 힘은 물의 무게와 같다. 그러나 용기 A의 바닥에 작용하는 힘은 용기 안에 있는 물의 무게보다 작고, 용기 B의 바닥에 작용하는 힘은 물의 무게보다 크다. 그러면 어떻게 물이 평형을 유지하겠는가? 용기 A에서 용기 벽에 작용하는 힘은 아래 방향으로 작용하는 힘뿐만 아니라 수평 방향으로 작용하는 힘의 성분도 존재한다. 지름 방향으로 서로 반대편에 있는 두 점에 작용하는 힘의 수평 성분은 어느 것이나 크기가 같고 방향이 반대이다. 용기 벽에 작용하는 힘에서 아래로 작용하는 성분과 바닥에 아래로 작용하는 힘의 합은 물의 무게와 같다. 이와 유사하게, 용기 B의 벽에 작용하는 힘은 윗방향의 성분을 갖는다. 각각의 경우에, 물이 바닥과 용기의 벽면에 작용하는 힘은 물의 무게와 같다.

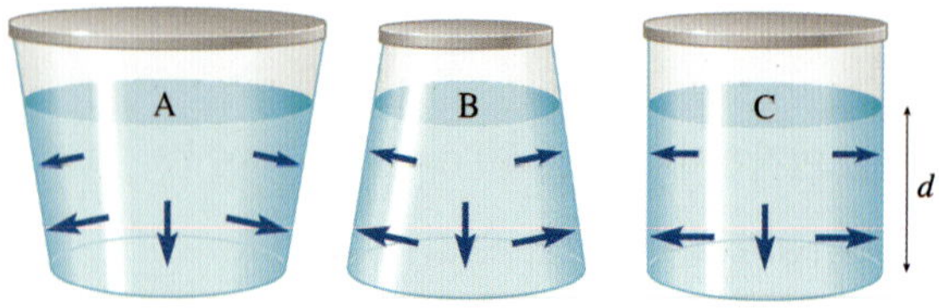

그림 9.7 물이 용기에 작용하는 힘의 성분

개념형 실전문제 9.4 **기둥 높이에 따른 압력의 계산**

그림 9.8에 물이 담긴 용기의 바닥에 2개의 점이 표시되어 있고, 각 점 위에는 가느다란 물기둥이 표시되어 있다.

(a) 점 2에서의 압력 P_2는 점 1에서의 압력 P_1과 같겠는가?

(b) $P_2 < P_1$일 때 $P = P_{대기압} + \rho g d$이 적용될 수 있을까? 설명해 보아라.

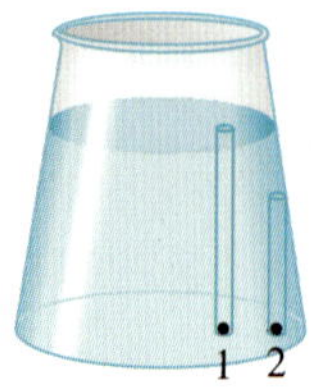

그림 9.8 뚜껑이 없는 용기의 바닥에 있는 두 점

9.5 압력 측정
Measuring Pressure

압력의 단위는 기압이나 파스칼 이외의 다른 것들이 많이 사용되고 있다. 미국에서는 자동차 타이어의 압력에 psi(lb/in^2)라는 기호를 사용한다. 기압은 밀리바[mbar 또는 mb]나 수은주인치[inHg]로 기록한다. 혈액의 압력과 기압의 차를 나타내는 혈압은 수은주밀리미터[mmHg] 단위로 측정한다. 수은주의 높이가 압력의 단위라는 것에 의문이 생길 수 있다. 어

떻게 단위 넓이당 작용하는 힘이 거리가 될 수 있는가? 이런 압력의 단위를 사용하려면 미리 알고 있어야 할 가정이 있다. 이를 위해서는 우선 수은 압력계에 대해 먼저 이해해야 할 필요가 있다.

압력계

수은 압력계는 수은이 담겨있는 수직 U자 관이다. 이 관의 한쪽은 공기 중에 노출되어 있고 다른 한쪽은 압력을 측정하고자 하는 기체가 담긴 용기에 연결되어 있다. 그림 9.9에서 용기에 연결된 압력계의 모습을 볼 수 있다. 양쪽 끝이 모두 대기에 노출되어 있다면 수은주의 높이는 같을 것이다.

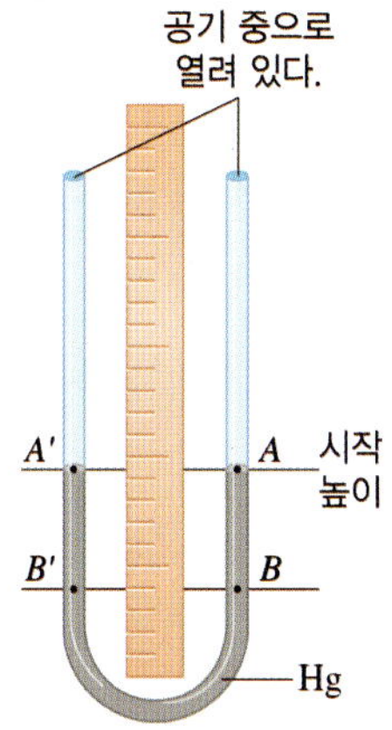

그림 9.9 양쪽이 열려 있는 수은 압력계. 점 A와 A'에서 압력은 대기압으로 서로 같다. 액체에 잠겨있는 임의의 두 점(예컨대 B와 B')에서 압력은 같다. 곧 $P_B = P_{B'}$이다.

이제 U자 관(그림 9.10)의 왼쪽을 공기가 담겨 있는 풍선에 연결한다. 만일 기체의 압력이 대기압보다 더 높으면 기체는 왼쪽 부분의 수은을 밀어서 오른쪽이 올라가게 될 것이다. 기체의 밀도는 수은의 밀도에 비해 매우 작으므로 깊이에 상관없이 기체의 모든 부분에서 압력은 같다고 가정한다. B점에서 수은은 기체가 가하는 힘과 같은 크기의 힘으로 기체를 누르고 있으므로 B에서는 기체의 압력과 같다. B'은 B와 높이가 같으므로 B'에서의 압력은 B에서와 같다. C는 대기압에 있다.

B에서의 압력은

$$P_B = P_C + \rho g d \tag{9-14}$$

이며, 여기에서 ρ는 수은의 밀도이다. 압력계 양쪽에서 압력 차이는

$$\Delta P = P_B - P_C = \rho g d \tag{9-15}$$

이다. 따라서 수은의 높이 차이 d가 압력 차의 척도이며, 흔히 mmHg로 기록하는 압력의 측정값이다.

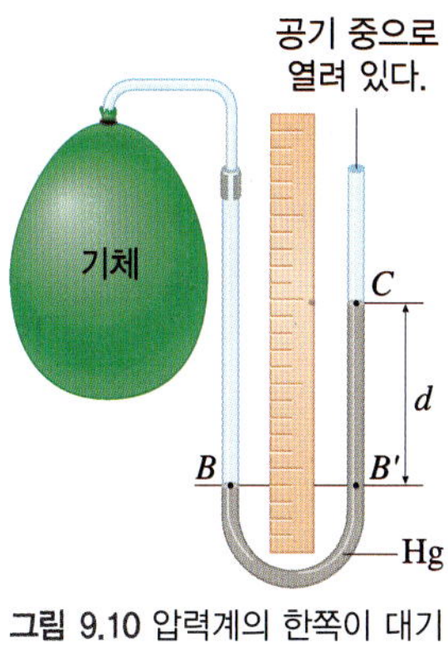

그림 9.10 압력계의 한쪽이 대기압보다 더 큰 압력을 가진 기체가 들어 있는 용기에 연결되어 있다.

한쪽이 열려 있을 때, 측정하는 압력은 기체의 절대압력이 아니라 대기압과의 차이이다. 이 차이를 **계기압력**gauge pressure이라 하는데 압력계뿐만 아니라 대부분의 계기에서는 이 값을 나타낸다.

계기압력

$$P_{\text{계기압력}} = P_{\text{절대압력}} - P_{\text{대기압}} \tag{9-16}$$

수은의 밀도는 13600 kg/m^{3}이므로 1.00 mmHg는 식 (9-15)에 $d = 1.00$ mm를 대입하여 다음과 같이 파스칼로 변환할 수 있다.

$$1.00 \text{ mmHg} = \rho g d = (13600 \text{ kg/m}^3)(9.80 \text{ m/s}^2)(0.00100 \text{ m}) = 133 \text{ Pa}$$

압력계의 액체는 수은 대신에 물이나 기름 등 다른 액체를 사용할 수도 있다. 압력계의 액체 밀도 ρ만 바꿔주면 식 (9-15)를 그대로 사용할 수 있다.

보기 9.5 수은 압력계

압력을 측정하고자 하는 기체에 압력계를 연결한다. 용기에 연결하기 전에는 압력계의 양쪽이 모두 공기 중에 노출되어 있다. 용기를 연결한 후 기체에 연결된 수은이 12 cm 위로 올라갔다. (a) 기체의 계기압력은 몇 Pa인가? (b) 기체의 절대압력은 몇 Pa인가?

전략 기체에 연결된 쪽의 수은주가 더 높으므로 격리된 기체의 압력이 대기압보다 더 낮음을 알 수 있다. 따라서 양쪽 수은주의 높이 차이를 알 필요가 있다. 주의할 점은 높이 차이가 12 cm가 아니라는 것이다. 압력계의 수은은 부피가 일정하므로, 한쪽이 12 cm 올라가면 다른 쪽은 12 cm 내려간다.

풀이 (a) 수은주의 차이 d는 24 cm이다(그림 9.11). 기체가 연결된 쪽의 수은이 더 올라갔으므로 기체의 절대압력은 대기압보다 낮다. 그러므로 기체의 계기압력은 0보다 낮다. 계기압력을 Pa 단위로 나타내면

$$P_{\text{계기압력}} = \rho g d$$

이다. 여기에서 $d = -24$ cm (수은은 기체 쪽이 24 cm 더 높다)이다. 그러면 다음과 같다.

$$P_{\text{계기압력}} = 13600 \text{ kg/m}^3 \times 9.8 \text{ m/s}^2 \times (-0.24 \text{ m}) = -32 \text{ kPa}$$

(b) 기체의 절대압력은 다음과 같다.

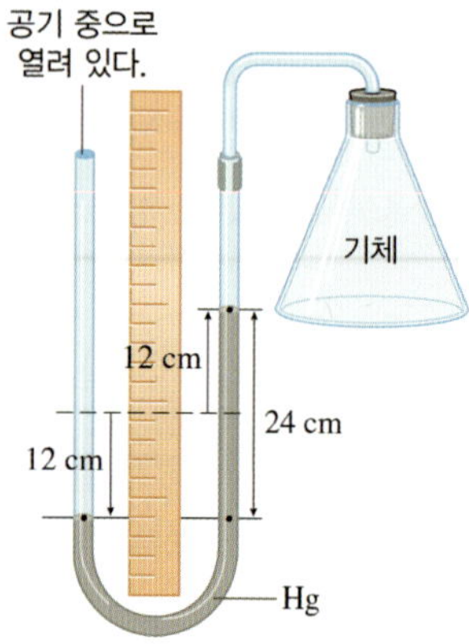

그림 9.11 압력계 한쪽을 기체 용기에 연결했을 때 한쪽이 12 cm 올라가면 다른 쪽은 12 cm 내려간다.

$$\begin{aligned} P &= P_{\text{계기압력}} + P_{\text{대기압}} \\ &= -32 \text{ kPa} + 101 \text{ kPa} = 69 \text{ kPa} \end{aligned}$$

검토 검토해 보면 압력계에서 기체의 계기압력이 -240 mmHg임을 알 수 있다. 이 압력을 Pa 단위로 환산하면 다음과 같다.

$$-240 \text{ mmHg} \times 133 \text{ Pa/mmHg} = -32 \text{ kPa}$$

실전문제 9.5 압력계의 기둥 높이

수은 압력계가 기체 용기에 연결되어 있다. (a) 기체에 연결된 수은주의 높이는 압력계 바닥에서부터 측정했을 때 22.0 cm이다. 계기압력이 13.3 kPa일 때, 열린 쪽 수은주의 높이는 얼마인가? (b) 기체의 계기압력이 2배가 되면 두 수은주의 높이는 얼마가 되는가?

살펴보기 9.5 밀도가 다른 두 종류의 액체로 이루어진 압력계가 있다(그림 9.12). 양쪽 관이 열려 있을 때 점 1~5를 압력이 높은 곳에서부터 낮은 순으로 순서를 매겨라.

기압계

압력계는 대기압을 측정하는 **기압계**barometer로도 사용할 수 있다. 압력계의 한쪽 부분에 기체가 담긴 용기 대신 진공 펌프가 달린 용기를 부착한다. 용기의 기체를 가능한 한 압력이 0이 되도록 펌프로 빼낸다. 대기압이 한쪽을 내리누르면 진공 용기 쪽으로 유체가 밀려 올라간다.

그림 9.13은 진공 펌프 없이 진공을 만들 수 있는 기압계를 보여준다. 기압계는 갈릴레오의 조수였던 토리첼리Evangelista Torricelli 1608~1647가 발명했다.

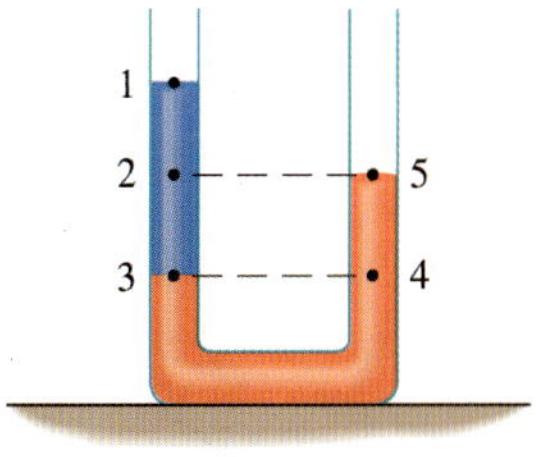

그림 9.12 두 종류의 액체가 들어 있는 압력계. 양쪽은 공기 중에 열려 있다.

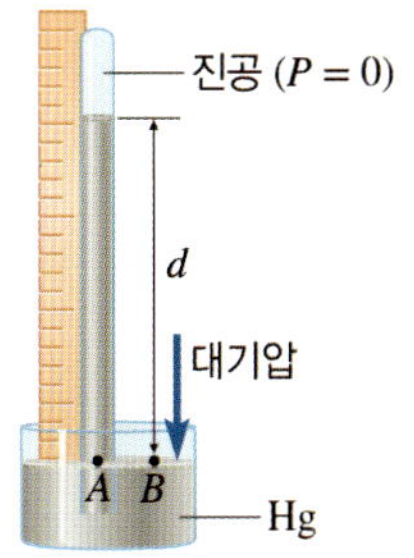

그림 9.13 간단한 기압계. 길이가 76 cm 이상인 한쪽 끝이 막힌 관에 수은을 채운다. 대기의 압력이 수은을 누르므로 한쪽이 막힌 진공상태의 관 쪽으로 수은주가 올라오게 된다. 그 다음 관을 수은이 담긴 열린 용기에 거꾸로 세운다. 일부 수은은 관에서 흘러나와 아래의 용기로 간다. 관의 꼭대기에 생긴 공간은 거의 진공이다. 약간의 수은 증기 이외에 남아 있는 것이 없기 때문이다. 점 A와 B는 수은 중에서 같은 높이에 있다. 이때 A점으로부터 닫힌 관의 꼭대기까지 높이 d가 대기압의 기준이다.

혼자서 해 보기 빨대로 음료수를 마실 때, 빨대를 음료수 속에 넣은 후 윗부분을 공기가 들어가지 않도록 손가락으로 막고 나서 막지 않은 끝부분이 밖으로 나올 때까지 들어서 올려 보자. 빨대 속의 액체가 다시 잔 속으로 흘러 내려오는가? 어떤 힘이 액체가 흘러내리지 않게 하고 그 자리에 남아 있게 하는가?

손가락과 액체의 위 끝부분에 약간의 공기가 존재하고 있으므로 이 공기가 P_1A의 크기의 힘으로 액체를 아래 방향으로 밀고 있다(그림 9.14). 아래쪽으로 작용하는 중력 mg 역시 액체에 작용하고 있다. 빨대 밑 부분의 공기는 위쪽으로 $P_{\text{대기압}}A$의 크기로 액체에 힘을 작용한다. 위쪽으로 작용하는 이 힘이 액체가 그 자리에 남아 있게 한다. 액체가 빨대에서 쏟아지지 않고 평형을 유지하고 있으므로

$$\sum F_y = P_{\text{대기압}}A - P_1A - mg = 0$$

이다. 따라서 액체의 윗부분에 갇힌 공기의 압력 P_1은 대기압보다 작아야 한다.

어떻게 해서 P_1이 대기압보다 낮아졌을까? 빨대를 끌어올려 밖으로 빼낼 때 액체가 약간 떨어지면서 위에 갇힌 공기의 부피가 팽창한다. 이와 같은 조건에서 기체가 팽창하면 그 압력이 줄어든다.

손가락을 빨대 끝에서 떼면 빨대의 위쪽으로 공기가 들어간다. 그렇게 하면 위와 아래에서 압력이 같아지고 중력이 액체를 아래로 당겨서 음료수가 빨대 밑으로 떨어진다.

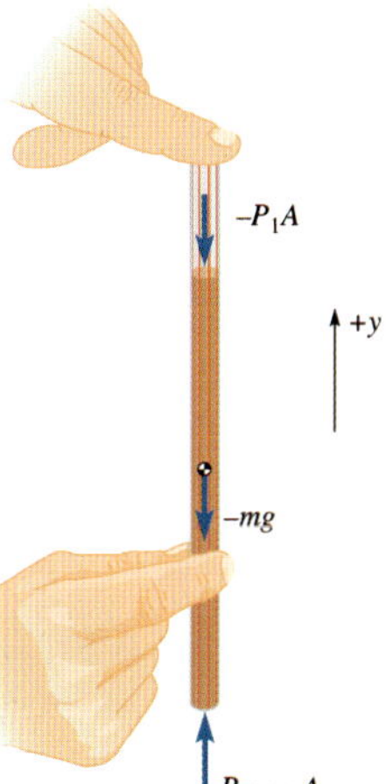

그림 9.14 빨대 안의 액체에 작용하는 힘

압력계의 응용 : 혈압 측정

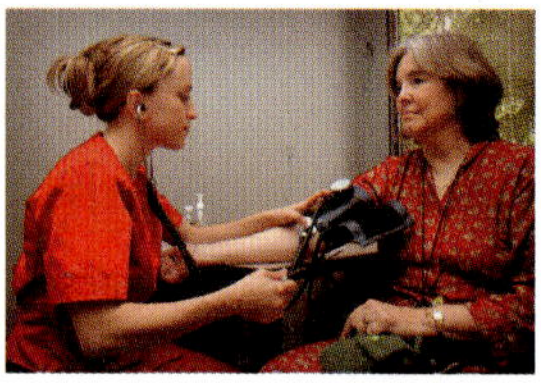

그림 9.15 혈압을 측정할 때 사용하는 혈압계 © James Gathany, CDC

혈압은 보통 혈압계로 측정한다(그림 9.15). 이 혈압계 중 가장 오래된 형태는 한쪽이 닫힌 가압패드cuff에 연결된 수은 압력계로 구성되어 있다. 심장과 같은 높이에 놓은 위쪽 팔(상박)을 가압패드로 감싼 다음 공기를 주입한다. 압력계는 가압패드에 있는 공기의 계기압력을 측정한다.

처음에 가압패드의 압력은 수축기 혈압, 곧 심장이 수축할 때 발생하는 상박 동맥의 수축기 압력보다 높다. 가압패드의 압력이 동맥을 눌러 닫히게 하여 상박의 혈류가 없어지게 된다. 그 다음 가압패드의 밸브를 열어서 천천히 공기가 나가도록 한다. 가압패드의 압력이 팔 동맥의 최고 압력을 초과하면 혈액의 흐름이 정지되며 가압패드의 밸브를 열어서 천천히 공기가 나가도록 한다. 가압패드의 압력이 최대혈압 바로 아래로 떨어지면 심장의 박동마다 약간의 혈액이 팔의 동맥이 압착된 곳을 통해 분출되며 흐른다. 이때 청진기를 통해 혈액이 동맥의 압착된 곳을 지나는 소리를 들을 수 있다.

가압패드로부터 공기를 빼내는 중에 혈액이 동맥의 압착된 곳을 지나는 소리를 계속 들을 수 있다. 가압패드의 압력이 확장기 혈압(심장이 이완할 때 일어나는 최소의 압력)과 같으면 더 이상 동맥에서의 수축이 일어나지 않으며 맥박 소리도 사라진다. 건강한 심장의 계기압력은 최고혈압 120 mmHg, 최저혈압 80 mmHg 정도이다.

9.6 부력 Buoyant force

연결고리 부력은 유체에 의하여 유도되는 새로운 종류의 힘이 아니라 유체의 압력에 기인하는 힘의 합이다.

물체가 액체에 잠겼을 때, 물체 밑면의 압력이 윗면보다 더 높다. 이러한 압력 차이로 인해 물체가 유체에 의해 위쪽으로 힘을 받는다. 만일 물속에 비치볼을 밀어 넣으면 공을 위로 다시 올리려는 부력의 작용을 느낄 수 있다. 이러한 물체를 완전히 물속으로 넣으려면 상당한 힘을 가해야 한다. 이때 물체를 놓게 되면 곧바로 물체가 수면 위로 튕겨 올라온다.

균일한 밀도 ρ인 유체 속에 잠겨있는 직육면체 고체상자를 생각해 보자(그림 9.16a). 각 수직 방향의 면(왼쪽, 오른쪽, 앞, 뒤)에서 서로 마주하는 면이 존재한다. 유체가 이들 면에 작용하는 힘은 넓이와 평균 압력이 같으므로 모두 같은 크기를 갖는다. 그러나 방향이 서로 반대이므로 수직 방향의 면에 작용하는 힘들은 모두 쌍으로 상쇄된다.

이제 윗면과 아랫면의 넓이를 A라고 하자. 상자의 아랫면에 작용하는 힘은 $F_2 = P_2A$이고, 윗면에 작용하는 힘은 $F_1 = P_1A$이다. 유체에 의해서 상자에 가해지는 전체 힘을 **부력** buoyant force F_B라 하는데, $F_2 > F_1$이므로 위쪽으로 향한다(그림 9.16b).

$$\vec{F}_B = \vec{F}_1 + \vec{F}_2 \tag{9-17}$$

$$F_B = (P_2 - P_1)A \tag{9-18}$$

$P_2 - P_1 = \rho g d$이므로 부력의 크기는 다음과 같이 나타낼 수 있다.

부력

$$F_B = \rho g d A = \rho g V \tag{9-19}$$

여기에서 $V = Ad$는 상자의 부피이다.

ρV는 상자가 밀어낸 부피 V인 유체의 질량이다. 따라서 잠긴 상자에 작용하는 부력은 잠긴 부피의 유체의 무게와 같은데, 이를 **아르키메데스의 원리** Archimedes' principle라 한다.

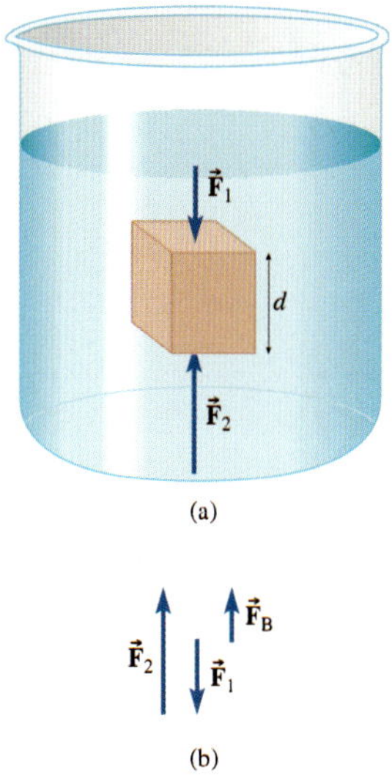

그림 9.16 (a) 잠겨있는 직육면체의 윗면과 아랫면에 작용하는 유체의 압력에 의한 힘. (b) 부력은 $\vec{F}_1$과 $\vec{F}_2$의 합이다. $|\vec{F}_2| > |\vec{F}_1|$이므로 알짜힘은 위쪽 방향이다.

아르키메데스의 원리

유체는 유체에 잠긴 물체에 의해 밀려난 유체의 무게와 같은 크기의 부력을 위 방향으로 작용한다.

뉴턴의 제3법칙에 따라, 물체는 유체에 아래쪽으로 같은 크기의 힘을 작용한다.

앞에서 편의상 직육면체의 물체로 식을 유도했지만, 아르키메데스의 원리는 유체에 잠겨 있는 물체가 어떤 모양이든지 상관없이 적용된다. 왜 그런가? 물에 잠긴 불규칙한 모양의 물체 대신에 그 자리를 유체로 채워 넣은 경우를 생각해 보자. 그러면 이 부분은 가상적이지만 외형을 갖게 되므로 이것을 유체 조각이라고 부르자. 유체 조각은 평형상태에 있어야 하므로 부력과 그 무게는 같아야 한다. 부력은 주변의 유체에 의해 이 유체 조각에 가해지는 알짜힘인데 이 힘은 앞에서 언급한 불규칙한 모양의 물체에 가해지는 부력과 다를 이유가 없다. 왜냐하면 이 물체와 유체 조각은 모양이나 겉넓이가 똑같기 때문이다.

같은 원리를 일부만이 잠겨 있는 물체에도 적용할 수 있는데, 부력은 여전히 잠긴 부분과 같은 부피의 유체의 무게와 같다. 식 (9-19)에서 V를 물체 전체의 부피가 아니라 유체에 잠겨 있는 부피로 대신하면 그대로 적용할 수 있다.

중력과 부력에 의한 알짜힘 전체 또는 부분적으로 유체에 잠겨 있는 물체(그림 9.17)에 작용하는 중력과 부력에 의한 알짜힘은

$$\vec{\mathbf{F}} = m\vec{\mathbf{g}} + \vec{\mathbf{F}}_B \tag{9-20}$$

이다. 부피가 V_o이고 평균 밀도가 ρ_o인 물체의 중력은

$$W = mg = \rho_o g V_o \tag{9-21}$$

이고, 부력은

$$F_B = \rho_f g V_f \tag{9-22}$$

이다. 여기에서 V_f와 ρ_f는 각각 잠긴 물체의 부피와 유체의 밀도이다. $+y$ 방향을 위로 정하면 중력과 부력에 의한 알짜힘은

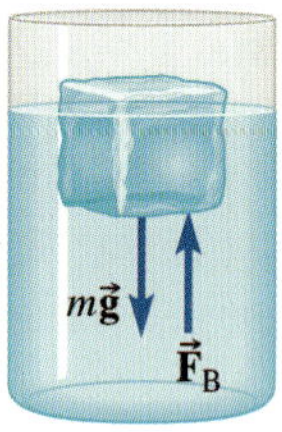

그림 9.17 떠 있는 얼음 조각에 작용하는 힘. 얼음 조각은 평형상태에 있으므로 $m\vec{\mathbf{g}} + \vec{\mathbf{F}}_B = 0$이다.

$$F_y = \rho_f g V_f - \rho_o g V_o \tag{9-23}$$

이다. 여기에서 F_y는 어느 밀도가 더 큰지에 따라 양$^+$ 또는 음$^-$이 될 수 있다. 물속에 조약돌과 공기 방울을 넣는다고 가정하자. 조약돌의 평균 밀도는 물보다 더 크므로 조약돌에 작용하는 알짜힘은 아래 방향이다. 따라서 조약돌은 가라앉는다. 공기 방울의 평균 밀도는 물보다 더 작으므로 알짜힘은 위쪽으로 향하게 되어 공기 방울을 물 표면으로 밀어 올린다.

만약 물체가 완전히 잠긴다면 물체의 부피와 밀려난 유체의 부피는 같다.

$$F_y = (\rho_f - \rho_o) g V \tag{9-24}$$

만일 $\rho_o < \rho_f$이면 물체는 일부만 잠기고 뜨게 된다. 평형상태에서 물체는 물체의 무게와 같은 부피의 유체를 밀어낸다. 이때 중력은 부력과 같고 물체는 유체에 떠 있게 된다. $F_y = 0$으로 놓으면 식 (9–23)에서

$$\rho_f g V_f = \rho_o g V_o \tag{9-25}$$

가 된다. 이 식을 다시 정리하면

$$\frac{V_f}{V_o} = \frac{\rho_o}{\rho_f} \tag{9-26}$$

이 된다. 식의 좌변은 물체와 잠겨 있는 부분의 부피의 비이다. 이것은 유체의 밀도와 물체의 밀도의 비와 같다.

살펴보기 9.6 똑같은 2개의 나무 조각이 하나는 물이 담긴 비커에, 다른 하나는 밀도가 물의 0.8배인 알코올이 담긴 비커에 떠 있다. 어느 액체 위의 나무 조각이 더 높이 뜨는가? 설명해 보아라.

비중 물질의 **비중** specific gravity 은 3.98 ℃ 에서의 물의 밀도에 대한 비이다. 물은 3.98 ℃ 에서 밀도가 최대가 되므로 이 온도를 기준으로 선택한 것이다. 비중은 두 밀도 사이의 비이므로 단위가 없다. 3.98 ℃ 에서 물의 밀도는 4자리 유효숫자까지 $1.000\,\mathrm{g/cm^3}$ ($1000\,\mathrm{kg/m^3}$)이다. 만일 바닷물의 비중이 1.025라면 그 밀도가 $1.025\,\mathrm{g/cm^3}$ ($1025\,\mathrm{kg/m^3}$)임을 의미한다.

비중

$$\text{비중} = \frac{\rho}{\rho_{\text{물}}} = \frac{\rho}{1000\,\mathrm{kg/m^3}} \qquad (9\text{-}27)$$

의학에서 비중 측정의 응용 혈액 검사에는 혈액의 비중을 측정하는 것이 포함되어 있다. 보통은 혈액의 비중이 1.040에서 1.065 정도인데, 적혈구에 의해 밀도가 증가하므로 이 값이 너무 낮으면 빈혈을 의미할 수 있다. 헌혈자로부터 혈액을 채취하기 전에 농도를 알고 있는 식염수에 혈액을 한 방울 떨어뜨려 본다. 만일 가라앉지 않으면 적혈구의 농도가 너무 낮은 것이므로 헌혈하기에는 적합하지 않다. 소변 검사에서도 비중 측정(보통 1.015에서 1.030 정도)을 하는데, 너무 높으면 염분의 농도가 비정상적으로 높은 상태이므로 질병의 신호가 될 수 있다.

아르키메데스의 원리의 응용 화물선, 항공모함, 여객선 등은 바닷물보다 밀도가 큰 강철 등의 물질로 만들어져 있지만 바다에 떠 있다. 배가 떠 있을 때 작용하는 부력은 배의 무게와 같다. 배는 강철이나 그 밖의 물질의 부피보다 더 많은 양의 바닷물을 밀어내도록 설계되어 있다. 배의 평균 밀도는 무게를 전체 부피로 나눈 값이다. 배 내부의 대부분이 공기로 채워져 있는데 이 비어 있는 공간이 전체 부피에 포함되고, 그 결과 평균 밀도는 바닷물보다 낮아서 배가 뜨게 된다.

이제 하마가 어떻게 연못 바닥으로 가라앉을 수 있는지 이해할 수 있다. 하마는 숨을 내쉬어 몸 안의 공기를 배출한다. 공기를 배출하면 하마의 평균 밀도가 물의 밀도보다 좀 더 커지면서 가라앉을 수 있다. (포유동물의 일종인 아르마딜로는 하마와는 반대로 숨을 들이쉬어 위와 장을 부풀림으로써 부력을 증가시키고 큰 호수를 헤엄쳐 건너기도 한다. 문제 21을 보아라.) 하마가 숨을 쉬려면 다시 물 밖으로 나와야 한다.

보기 9.6 순금(?)으로 만들어진 독수리

작은 독수리 조각상이 무게가 24.1 N이다. 조각상의 주인은 조각상이 순금으로 만들어졌다고 한다. 조각상을 물이 가득 찬 용기 속에 완전히 넣었을 때 위로 흘러 넘친 물의 무게는 1.25 N였다. 조각상의 밀도와 비중을 구하여라. 이때의 밀도가 조각상이 순금이라는 주장과 일치하는가?

전략 물체가 완전히 잠겨 있을 때, 물체는 자신의 부피만큼 물의 부피를 대신한다. 따라서 흘린 물의 부피는 조각상의 부피와 같다. 상의 무게는 $m_s g = 24.1\text{ N}$으로 나타내고 물의 무게는 $m_w g = 1.25\text{ N}$으로 나타내자.

풀이 조각상의 비중은

$$\text{비중} = \frac{\rho_s}{\rho_w} = \frac{m_s/V}{m_w/V} = \frac{m_s}{m_w}$$

이다. 질량을 kg으로 계산하기보다는, 질량비가 무게의 비와 같은 것을 이용해

$$\text{비중} = \frac{m_s g}{m_w g} = \frac{24.1\text{ N}}{1.25\text{ N}} = 19.3$$

과 같이 계산할 수 있다. 조각상의 밀도는

$$\rho_s = \text{비중} \times \rho_w = 19.3 \times 1000\text{ kg/m}^3 = 1.93 \times 10^4\text{ kg/m}^3$$

이다. 표 9.1에서 보면 조각상의 밀도는 금이 맞다. 조각상이 금의 밀도와 정확히 같으므로 틀림없이 순금일 것이다.

검토 전해오는 이야기에 따르면 고체의 비중을 측정하는 이 방법은 기원전 3세기에 아르키메데스에 의해 발견되었다고 한다. 헤론 2세 왕이 아르키메데스에게 왕관을 녹이지 않고 그 왕관이 순금인지를 검사하도록 요구하였다. 아르키메데스는 목욕을 하다가 이 방법을 떠올렸는데, 욕조에 들어가면서 수면이 올라가는 것을 보고 자기 몸에 의해 변하게 된 물의 부피와 연관시켰다. 이때 너무 기쁜 나머지 옷을 벗은 채로 목욕탕을 뛰쳐나와 시라큐스(시칠리의 도시)를 뛰어다니며 "유레카!"를 외쳤다고 한다.

실전문제 9.6 정체를 모르는 물체의 확인

정체를 모르는 고체 물체의 무게가 142.0 N이다. 이 물체를 저울에 매달아 바닥에 닿지 않게 하여 물속에 완전히 삼기게 하였더니 눈금이 129.4 N을 가리켰다. 물체의 비중을 구하고 표 9.1로부터 어떤 물질인지 확인해 보아라.

보기 9.7 빙산의 숨겨진 깊이

떠 있는 빙산은 몇 %가 물 위로 나와 있는가? 얼음의 비중은 0.917이고 바닷물의 비중은 1.025이다.

전략 바닷물의 밀도와 얼음의 밀도의 비는 빙산 전체의 부피와 바닷물에 잠겨 있는 얼음의 부피의 비와 같다. 얼음의 나머지는 물 위에 있다.

풀이 바닷물과 얼음의 비중으로부터 밀도를 SI 단위로 구할 수 있으나 그럴 필요는 없다. 두 물질의 비중의 비가 밀도의 비와 같음을 이용한다.

$$\frac{(\text{비중})_{\text{얼음}}}{(\text{비중})_{\text{바닷물}}} = \frac{\rho_{\text{얼음}}/\rho_{\text{물}}}{\rho_{\text{바닷물}}/\rho_{\text{물}}} = \frac{\rho_{\text{얼음}}}{\rho_{\text{바닷물}}}$$

전체 빙산에서 잠겨 있는 빙산의 부피 비율은 얼음과 바닷물의 밀도 비와 같다(식 (9–26)). 따라서 얼음의 전체 부피에 대한 잠긴 부피의 비는

$$\frac{V_{\text{잠긴부분}}}{V_{\text{얼음}}} = \frac{\rho_{\text{얼음}}}{\rho_{\text{바닷물}}} = \frac{(\text{비중})_{\text{얼음}}}{(\text{비중})_{\text{바닷물}}}$$

$$= \frac{0.917}{1.025} = 0.895$$

이다. 89.5 %의 얼음이 수면 아래에 있고 불과 10.5 % 만이 해수면 밖으로 나와 있다.

검토 다른 풀이 방법에서는 부피의 비가 밀도의 비라는 것을 몰라도 된다. 부력은 잠긴 부피 $V_{\text{잠긴 부분}}$만큼의 물 무게라는 것을 이용한다.

$$\text{부력} = \rho_{\text{바닷물}} V_{\text{잠긴 부분}} g$$

빙산의 무게는 $mg = \rho_{\text{얼음}} V_{\text{얼음}} g$이다. 뉴턴의 제2법칙으로부터 빙산이 평형을 이루며 떠 있을 때 부력은 빙산 무게와 같아야 한다.

$$\rho_{\text{바닷물}} V_{\text{잠긴 부분}} g = \rho_{\text{얼음}} V_{\text{얼음}} g$$

곧

$$\frac{V_{\text{잠긴 부분}}}{V_{\text{얼음}}} = \frac{\rho_{\text{얼음}}}{\rho_{\text{바닷물}}}$$

이다. 얼음이 물에 뜨는 현상은 생태계에서 아주 중요하다. 만일 얼음이 물보다 밀도가 크다면 연못이나 호수 온도가 내려갈 때 바닥부터 점진적으로 얼어갈 것이다. 얼음이 호수의 윗부분만이 아니라 밑바닥에서도 얼어붙는다면 결과적으로 완전히 얼어붙어서 호수의 물고기와 호수 밑바닥 생물체들에게 재앙이 될 것이다. 실제로 겨울에 얼어붙은 얼음 밑에는 물이 있기 때문에 물고기들이 살아남을 수 있다.

실전문제 9.7 **바닷물과 민물에서 떠있기**

우리 몸의 평균 밀도가 980 kg/m^3이라면, 우리 몸이 민물에서 뜨는 비율과 바닷물에서 뜨는 비율은 얼마나 되는가? 바닷물의 비중은 1.025이다.

개념형 보기 9.8 물속에 떠 있는 물고기

물고기는 맛있는 음식을 발견하고 꼬리를 젖혀 먹이를 찾아 헤엄치기 전까지 어떻게 물속에서 거의 움직임 없이 떠 있을 수 있는가? 물고기는 등뼈 아래에 부레라 불리는 얇은 막으로 된 공기주머니를 가지고 있다. 부레에는 물고기의 혈액으로부터 얻어진 산소와 질소가 혼합되어 있다. 어떻게 부레는 물고기가 부력과 중력이 균형을 이루도록 해 물속에서 가만히 떠 있게 할 수 있는가?

풀이 및 검토 물고기의 평균 밀도가 주변의 물보다 크다면 가라앉을 것이고 물보다 작다면 뜰 것이다. 물고기는 부레의 부피를 적절하게 변화시켜 전체 부피를 변화시키고 그에 따라 평균 밀도를 변화시킨다. 자신의 평균 밀도를 주위의 물의 밀도와 같게 하면 물고기는 한자리에 떠서 머물 수 있다. 곧 물고기는 부레의 부피를 적절히 조절하여 떠오르거나 가라앉을 수가 있다(문제 20 참조).

개념형 실전문제 9.8 **물방개**

물방개는 날개 아래에 공기 방울을 가둘 수 있다. 물속에서 물방개는 호흡을 위해 공기 방울 안의 공기를 사용하며 점진적으로 산소가 이산화탄소로 바뀐다. (a) 물방개는 공기 방울을 어떻게 활용하여 물속에 잠수할 수 있을까? (b) 물속에 있는 물방개는 어떻게 물의 표면으로 떠오를 수 있을까? [힌트 : 물방개와 공기 방울을 하나의 계로 취급하여라. 물방개는 어떻게 그 계에 작용하는 부력을 변화시킬 수 있는가?]

기체에 떠있는 물체에 대한 부력 공기와 같은 기체는 유체이고, 액체와 마찬가지로 부력이 작용한다. 공기에 의한 부력은 물체의 평균 밀도가 공기 밀도보다 훨씬 큰 경우 무시될 수 있다. 공기로 인해 상당한 크기의 부력이 작용하는 경우를 알아보기 위해서는 평균 밀도가 아주 작은 물체를 사용해야 한다. 열기구는 밑 부분이 열려 있고 그 안에 공기를 가열하는 버너가 있다(그림 9.18). 가열된 많은 공기 분자가 열린 곳을 통하여 열기구 속으로 들어가서 기구의 평균 밀도를 감소시킨다. 기구의 평균 밀도가 주위의 공기보다 낮아지면 기구가 뜨게 된다. 높은 고도에서 주위의 공기는 점점 희박해진다. 어느 정도의 높이에 도달하면 부력은 기구의 무게와 같아진다. 그러면 뉴턴의 제2법칙에 따라 풍선에 작용하는 알짜힘은 0이다. 풍선은 이 높이에서 안정 평형에 있게 된다. 만일 기구가 약간 올라가면 아래쪽으로 향하는 알짜힘을 받는다. 반면에 약간 내려가면 위로 향하는 힘을 받는다.

그림 9.18 기구 밖의 공기로 인해 부력이 작용하여 기구가 떠 있다.

9.7 유체 흐름 Fluid Flow

유체 흐름의 종류 운동하는 유체에 관한 연구는 신비할 정도로 복잡한 과제이다. 조금 덜 복잡한 상황에서 중요한 개념을 소개하기 위해서는 유체가 특별한 조건 아래에서 운동한다고 가정해야 한다.

운동 유체와 정지 유체 사이의 한 가지 차이점은 운동 유체는 정지 유체와 달리 흐르는 방향과 평행한 아랫면과 옆면에 힘을 작용할 수 있다는 것이다. 운동하는 유체가 접촉한 표면에 힘을 작용하므로 표면 역시 유체에 힘을 가하게 된다. 이 **점성저항력**viscous force은 유체의 흐름을 방해한다. 이것은 고체 사이의 운동마찰력에 대응하는 것이다. 흐름을 계속 유지하려면 점성 유체에 외력, 곧 일을 해줘야 한다. 점성은 9.9절에서 다룬다. 그때까지는 비점성 유체(점성저항력을 무시할 수 있을 만큼 작은 유체 흐름)에 관해 살펴보자. 또한 9.11절에서 다룰 표면장력 또한 지금은 무시한다.

유체의 흐름은 정상 흐름과 비정상 흐름으로 나뉜다. 정상 흐름[steady flow]인 경우에는 어디에서나 유체의 속도가 일정하다. 속도가 반드시 모든 곳에서 같아야 하는 것은 아니지만 한 점에서 그 점을 지나가는 유체의 속도는 항상 일정하다. 정상 흐름에서는 또한 유체의 한 점에서 밀도와 압력이 일정하다.

정상 흐름은 **층흐름**[laminar]이다. 층흐름이란 특정한 점을 지나가는 유체의 작은 부분이 같은 점을 지나가는 다른 부분이 지나는 경로를 따라갈 정도로 유체가 한정된 층 내에서 흐르는 것을 말한다. 이처럼 유체가 한 점에서 시작해 따라서 지나가는 경로를 **유선**[streamline]이라 한다(그림 9.19 참조). 정상 흐름의 유선은 휘어지거나 돌아갈 수는 있지만 서로 교차할 수 없다. 만일 그렇다면 그 유체가 그 지점에 왔을 때 어느 길로 가야 하는지 '결정'을 해야 할 것이다. 어느 점에서나 유체 속도의 방향은 그 점을 지나가는 유선에 접선 방향이 되어야 한다. 유선은 유체의 흐름을 그림으로 나타내는 좋은 방법이다.

그림 9.19 공기터널이 자동차를 지나가는 공기 흐름에서 유선을 보여준다.

먼저 고려해야 할 특별한 경우가 **이상 유체**[ideal fluid]의 흐름이다. 이상 유체는 비압축성이고, 층흐름을 하며, 점성이 없다. 몇 가지 조건에서 실제의 유체를 이상 유체처럼 다룰 수 있지만 모든 조건에서 그렇지는 않다.

유체의 속도가 주어진 위치에서 변할 때 이 흐름은 비정상류이다. **난류**[turbulence]는 비정상적인 유체(그림 9.20)의 극단적인 예이다. 난류의 흐름에서는 빙빙 도는 소용돌이가 나타나는데, 소용돌이는 멈춰 있지 않고 유체와 함께 움직인다. 아무 점에서나 유체의 속력은 급격히 변하므로 소용돌이 상태에 있는 유체의 흐름에서 방향이나 속력을 예측하는 것은 매우 어렵다.

그림 9.20 에어로솔 캔에서 분출되는 기체의 난류

이상 유체 먼저 고려해야 할 특별한 경우가 **이상 유체**[ideal fluid]의 흐름이다. 이상 유체는 비압축성이고, 층흐름을 하며, 점성이 없다. 몇 가지 조건에서는 실제 유체의 모형으로 이상 유체를 고려할 수 있다. 이상 유체의 흐름에는 두 가지 원리, 곧 연속방정식과 베르누이 방정식이 적용된다. 연속방정식은 비압축성 유체의 질량 보존의 한 가지 표현인데, 유체가 생성되거나 소멸되지 않기 때문에 질량이 보존되어야 하기 때문이다. 9.8절에서 공부할 베르누이 방정식은 유체의 흐름에 적용되는 에너지 보존 법칙이다. 이 두 방정식으로 이상 유체의 흐름을 예견할 수 있다.

연속방정식

흐르는 유체의 속력과 단면의 넓이와의 관계를 나타내는 연속방정식을 유도해 보자. 비압축성 유체가 정상 흐름의 조건에서 단면적이 일정하지 않은 관을 통과한다고 가정한다.

그림 9.21에서 왼쪽의 유체가 v_1의 속력으로 이동한다. 시간 Δt 동안 유체는

$$x_1 = v_1 \Delta t \tag{9-28}$$

의 거리를 이동한다. 만일 A_1을 이 부분의 관의 단면의 넓이라고 하면 Δt 동안에 점 1을 지나가는 유체의 질량은

$$\Delta m_1 = \rho \Delta V_1 = \rho A_1 x_1 = \rho A_1 v_1 \Delta t \tag{9-29}$$

이다. 같은 시간 동안 점 2를 지나가는 질량은

$$\Delta m_2 = \rho \Delta V_2 = \rho A_2 x_2 = \rho A_2 v_2 \Delta t \tag{9-30}$$

이다. 그러나 만일 흐름이 정상적이라면 시간 Δt 동안에 관의 어느 한 면을 통과하는 질량은 같은 시간 동안 관의 다른 면을 지나가야 한다. 그러므로

$$\Delta m_1 = \Delta m_2 \tag{9-31}$$

곧

$$\rho A_1 v_1 \Delta t = \rho A_2 V_2 \Delta t \tag{9-32}$$

여야 한다. 여기에서 $\rho A v$는 유체의 질량이 흘러가는 비율로, **질량 흐름률**이라고 한다.

질량 흐름률

$$\frac{\Delta m}{\Delta t} = \rho A v \quad \text{(SI 단위 : kg/s)} \tag{9-33}$$

시간 간격 Δt가 같으므로 식 (9-32)는 어느 두 지점을 지나는 질량 흐름률이 같다는 것을 의미한다. 비압축성 유체의 밀도는 일정하므로 두 지점을 지나는 부피 흐름률도 같다.

부피 흐름률

$$Q = \frac{\Delta V}{\Delta t} = Av \quad \text{(SI 단위 : m}^3\text{/s)} \tag{9-34}$$

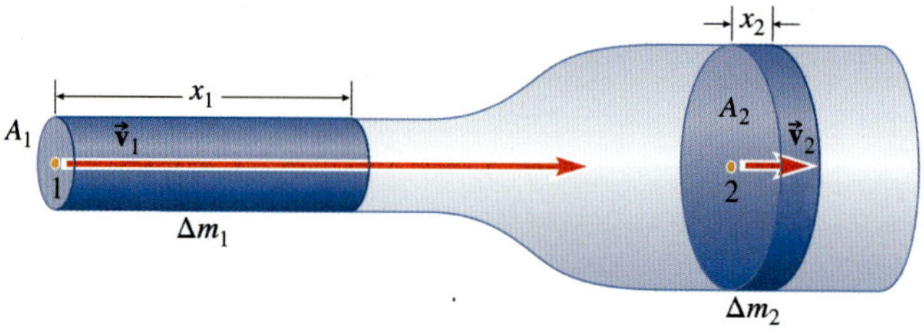

그림 9.21 굵기가 다른 관에서 수평으로 지나가는 비압축성 유체

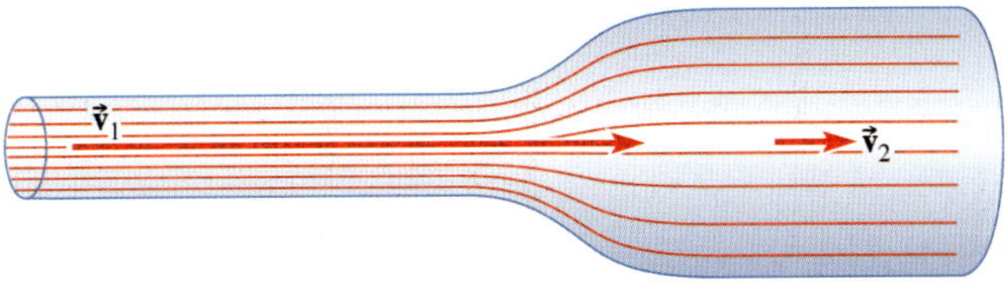

그림 9.22 굵기가 다른 관을 통과해서 수평으로 지나가는 비압축성 유체. 유선의 간격이 좁은 곳은 유체의 속도가 빠르며 넓은 곳은 속도가 느리다.

이상 유체의 **연속방정식** continuity equation 은 다른 두 점을 지나가는 부피 흐름률이 같다고 하는 방정식이다.

이상 유체의 연속방정식

$$A_1v_1 = A_2v_2 \tag{9-35}$$

주어진 시간 동안 관으로 들어간 유체와 같은 부피의 유체가 같은 시간 동안 관을 빠져나간다. 관의 반지름이 큰 곳에서는 유체의 속력이 작고 반지름이 작은 곳에서는 속력이 크다. 유사한 예를 정원에 물을 줄 때 호스의 끝부분을 엄지손가락으로 막고 물을 분사시킬 때 볼 수 있다. 엄지손가락으로 막아 단면적이 좁아진 부분에서는 물이 호스 안에서보다 훨씬 더 큰 속력으로 빠져나간다. 마찬가지로 하천의 바닥이 좁아지거나 바위나 돌 등에 의해서 부분적으로 막혀 좁은 여울이 형성되면 강을 따라서 물이 흐르는 속력이 빨라진다.

유선은 유체가 빨리 흐르는 곳에서 조밀하게 모여 있고 느린 곳에서는 멀리 떨어져 있다(그림 9.22). 유선은 유체가 흐르는 모습을 상상할 수 있게 해준다. 어느 점에서나 유체의 속도는 그 점을 지나가는 유선의 접선 방향이다.

혼자서 해 보기 연속방정식은 이상 유체가 관을 지나가지 않을 때도 적용된다. 수도꼭지를 열어서 물이 자연스럽게 흘러나오도록 해보자(그림 9.23). 꼭지에서 나온 물은 자유낙하 하고 싱크대 바닥에 도달할 때까지 가속된다. 물이 떨어지면서 속력이 빨라진다. 연속방정식에 의해 예견할 수 있는 것과 같이 물줄기는 속력과 단위 넓이를 곱한 값이 일정하도록 떨어지므로 물줄기가 점점 가늘어진다.

그림 9.23 수도꼭지에서의 연속방정식 설명. 물줄기가 물 흐름이 더 빠른 곳에서 더 가늘어지는 점을 주목하라.

살펴보기 9.7 내부 지름이 1.20 cm인 동맥에 경화반이 축적되어 내부 지름이 1.00 cm로 좁아졌다. 좁은 곳으로 혈액이 들어갈 때 혈류의 속력은 몇 %나 변하는가?

보기 9.9 **혈류의 속력**

심장이 혈액을 내부 반지름이 1.0 cm 인 대동맥으로 뿜어주고 있다. 대동맥은 32개의 주요 동맥과 연결되어 있다. 대동맥에서 혈류의 속력이 28 cm/s 라면 동맥에서의 평균 속력은 대략 얼마인가? 혈액을 이상 유체로 간주하고, 각 동맥의 반지름은 0.21 cm 라고 하자.

전략 혈액을 이상 유체라고 가정하였으므로 연속방정식을 적용할 수 있다. 대동맥 혈관이 여러 개의 동맥으로 연결되어 있으므로 하나의 관에 좁아진 곳이 있을 때보다 복잡해 보인다. 중요한 사항은 혈액이 흐르는 총단면의 넓이가 얼마인가 하는 것이다.

풀이 대동맥의 단면의 넓이를 구하는 것으로 시작하면

$$A_1 = \pi r^2_{\text{대동맥}}$$

이고, 동맥의 총단면의 넓이는 다음과 같다.

$$A_2 = 32\pi r^2_{\text{동맥}}$$

이제 연속방정식을 적용하여 미지의 속력을 구한다.

$$A_1 v_1 = A_2 v_2$$

$$v_2 = v_1 \frac{A_1}{A_2} = 0.28\ \text{m/s} \times \frac{\pi \times (0.010\ \text{m})^2}{32\pi \times (0.0021\ \text{m})^2} = 0.20\ \text{m/s}$$

검토 동맥의 총단면의 넓이가 대동맥의 단면의 넓이보다 크기 때문에 혈액은 동맥에서 더 천천히 흐른다. 혈액은 동맥으로부터 몸에 있는 많은 수의 모세혈관으로 이동한다. 각 모세혈관은 단면의 넓이가 매우 작지만, 그 수가 많으므로 혈액이 모세혈관에 도달하면 속력이 급격하게 떨어져 피와 몸의 세포조직 사이에 산소, 이산화탄소, 영양소 등을 교환할 수 있는 시간이 생긴다.

실전문제 9.9 **물통에 물 채우기**

정원 호스로 용량이 32 L 인 물통에 120초 만에 물을 채웠다. 호스 구멍의 반지름이 1.00 cm 이다. (a) 물이 호스 끝부분을 떠날 때 속력은 얼마인가? (b) 열린 끝부분을 손가락으로 눌러 출구 넓이를 반으로 줄이면 물의 분출 속력은 얼마가 되겠는가?

9.8 베르누이 방정식 Bernoulli's Equation

연속방정식은 관의 서로 다른 두 점에서 이상 유체의 유속 사이의 관계를 관의 단면 넓이의 변화를 이용해 나타낸다. 연속방정식에 따르면, 유체는 좁은 구간(그림 9.24)으로 들어가면 속력이 증가해야 하고, 그 부분을 지나고 나면 원래 속력으로 되어야 한다. 에너지 개념을 이용해 좁은 곳에서의 유체 압력(P_2)이 좁은 곳으로 들어가기 전이나 후의 압력(P_1)과 같을 수 없음을 보여줄 것이다. 수평 흐름의 경우, 속력은 압력이 더 낮은 곳에서 더 높다. 이 원리를 **베르누이 효과**Bernoulli effect라 한다.

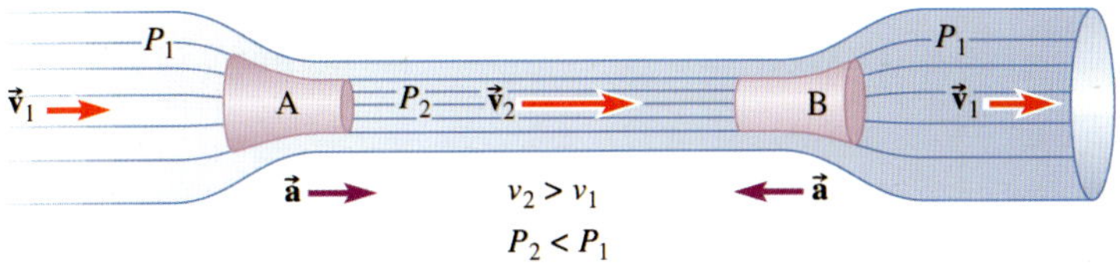

그림 9.24 소량의 유체가 좁은 곳으로 들어갈 때(위치 A) 빨라지고, 좁은 곳에서 벗어날 때(위치 B) 느려진다.

베르누이 효과를 처음 접하면 우리가 알고 있는 것과는 반대인 것처럼 보인다. 빠르게 움직이는 유체의 압력이 더 높을 것 같다는 생각이다. 예를 들어 만일 소방 호스의 빠른 물줄기를 몸에 맞으면 쉽게 넘어질 것이다. 이렇게 넘어뜨리는 힘은 유체의 압력에 의한 것이므로 당연히 압력이 높을 것이라는 결론을 내릴 것이다. 그러나 압력은 물길을 가로막아 유속을 느리게 하기 전까지는 높지 않다. 실제로 빠르게 분사되는 물의 압력은 거의 대기압 정도이다(계기압력 0). 사람이 물의 흐름을 멈추게 할 때, 비로소 압력이 많이 증가하는 것이다.

이상 유체에서 압력 변화와 속력 변화 사이의 정량적인 관계를 알아보자. 그림 9.25에서 색칠된 부분의 유체는 오른쪽으로 흐른다. 만일 그 부분의 왼쪽 끝이 거리 Δx_1만큼 움직이면 오른쪽 끝은 Δx_2만큼 움직인다. 비압축성 유체이므로

$$A_1 \Delta x_1 = A_2 \Delta x_2 = V \qquad (9\text{-}36)$$

이다. 이렇게 흐르는 동안 주변의 유체에 의해 일을 하게 된다. 뒤에 있는 유체가 앞으로 밀어 양의 일을 하는 동안 앞부분의 유체는 뒤로 밀어 음의 일을 한다. 주변의 유체가 색칠된 부분에 한 전체 일은

$$W = P_1 A_1 \Delta x_1 - P_2 A_2 \Delta x_2 = (P_1 - P_2) V \qquad (9\text{-}37)$$

이다. 이상 유체에서는 소모되는 힘이 없으므로, 해준 일은 운동에너지와 중력 퍼텐셜에너지의 총변화와 같다. 변위의 알짜 효과는 부피 V인 유체를 높이 y_1에서 y_2로, 그리고 속력을 v_1에서 v_2로 변화시킨 것이다. 그러므로 에너지 변화는

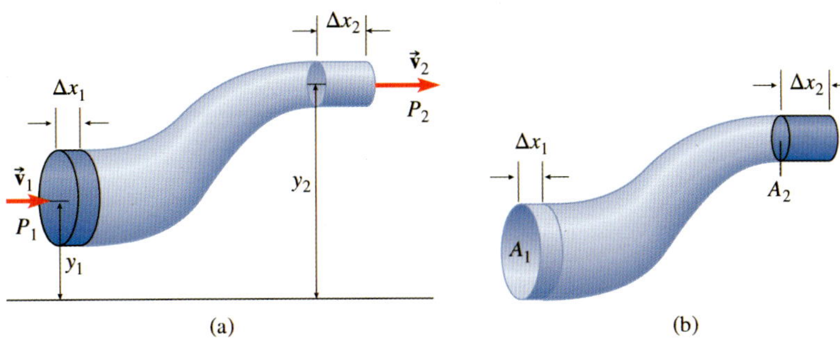

그림 9.25 이상 유체의 흐름에 에너지 보존 법칙을 적용. (a)에서 진하게 색칠된 유체 부분은 오른쪽으로 흐른다. (b) 짧은 시간이 경과한 후에 같은 부피의 유체를 보여준다.

연결고리 베르누이 방정식은 이상 유체의 흐름에 적용한 에너지 보존 법칙의 한 예이다.

$$\Delta E = \Delta K + \Delta U = \frac{1}{2}m(v_2^2 - v_1^2) + mg(y_2 - y_1) \quad (9\text{-}38)$$

이다. 여기에서 $+y$ 방향은 위쪽이다. $m = \rho V$를 대입하고, 유체에 한 일이 에너지 변화와 같다고 놓으면

$$(P_1 - P_2)V = \frac{1}{2}\rho V(v_2^2 - v_1^2) + \rho Vg(y_2 - y_1) \quad (9\text{-}39)$$

이 된다. 양변을 V로 나누고 다시 정렬하면 베르누이 방정식이 된다. 이 명칭은 스위스의 수학자 베르누이Daniel Bernoulli, 1700~1782의 이름을 딴 것이다. 그러나 실은 동료인 스위스 수학자 오일러Leonhard Euler, 1707~1783가 이 식을 먼저 유도했다.

베르누이 방정식(이상 유체의 흐름에서)

$$P_1 + \rho g y_1 + \frac{1}{2}\rho v_1^2 = P_2 + \rho g y_2 + \frac{1}{2}\rho v_2^2$$

$$\left(\text{또는 } P + \rho g y + \frac{1}{2}\rho v^2 = \text{일정}\right) \quad (9\text{-}40)$$

베르누이 방정식은 이상 유체에서 두 점의 압력, 유속, 높이 사이의 관계이다. 비록 베르누이의 방정식을 비교적 단순한 경우로부터 유도했지만, 점 1과 2가 같은 유선에 있다면 어떠한 이상 유체의 흐름에나 적용된다.

베르누이 방정식의 각 항은 압력의 단위를 갖는데, SI 단위에서는 Pa 또는 N/m^2이다. 줄J이 N · m이므로 파스칼Pa은 J/m^3이 된다. 각 항은 단위 부피당 에너지(에너지 밀도)를 나타낸다. 압력은 흘러가는 단위 부피의 유체가 앞부분의 유체에 해준 일이 된다. 단위 부피당 운동에너지는 $\frac{1}{2}\rho v^2$이고 중력 퍼텐셜에너지는 $\rho g y$이다.

살펴보기 9.8 다음의 두 가지 특별한 경우에 베르누이 방정식을 논의해 보아라. (a) 수평적 흐름이 있는 경우($y_1 = y_2$), (b) 정적인 유체인 경우($v_1 = v_2 = 0$)

보기 9.10 토리첼리 이론

빗물이 가득 찬 물통의 바닥 근처에 달린 꼭지가 수면 아래 0.80 m 깊이에 있다. (a) 꼭지가 수평을 향해 열려 있을 때(그림 9.26a) 물은 얼마나 빠르게 나오는가? (b) 위를 향해 열려 있다면(그림 9.26b) '분수'가 얼마 높이까지 도달하겠는가?

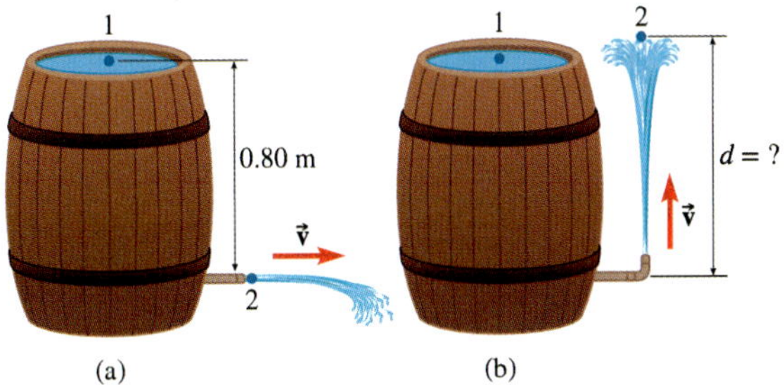

그림 9.26 빗물이 가득 찬 물통의 꼭지가 (a) 수평 방향으로 (b) 위쪽으로 향하고 있다.

전략 물 표면은 대기압에 있다. 꼭지를 통해 나오는 물 역시 대기와 닿아 있으므로 대기압에 있다. 만일 나오는 물의 압력이 공기의 압력과 다르다면 압력이 같아질 때까지 물줄기가 확장되거나 수축이 될 것이다. 베르누이 방정식을 두 점에 적용하면 점 1은 물 표면에 있고 점 2는 물이 흘러나오는 곳이다.

풀이 (a) $P_1 = P_2$ 이므로 베르누이 방정식은

$$\rho g y_1 + \frac{1}{2}\rho v_1^2 = \rho g y_2 + \frac{1}{2}\rho v_2^2$$

이다. 점 1은 점 2보다 0.80 m 위에 있으므로

$$y_1 - y_2 - 0.80 \text{ m}$$

이다. 흘러나온 물의 속력은 v_2이다. 물 표면에서의 속력 v_1은 얼마인가? 물통 자체가 배수관이므로 수면에서 물은 느리게 움직인다. 연속방정식은

$$v_1 A_1 = v_2 A_2$$

이다. 꼭지의 단면적 A_2는 통의 단면적 A_1보다 훨씬 작으므로 표면에서의 속력 v_1은 v_2에 비해 무시할 수 있을 정도로 작다. $v_1 = 0$으로 두면 베르누이 방정식은

$$\rho g y_1 = \rho g y_2 + \frac{1}{2}\rho v_2^2$$

이 된다. ρ로 나누고 v_2에 대해 정리하면

$$g(y_1 - y_2) = \frac{1}{2} v_2^2$$

$$v_2 = \sqrt{2g(y_1 - y_2)} = 4.0 \text{ m/s}$$

가 된다.

(b) 점 2를 분수 꼭대기로 택하자. 그러면 $v_2 - 0$이고 베르누이 방정식은

$$\rho g y_1 = \rho g y_2$$

이 된다. 분수는 통에 있는 물의 높이까지 올라간다!

검토 (b)의 결과를 토리첼리 이론이라 한다. 실제로 분수는 물의 원래 높이까지 도달하지는 못한다. 에너지가 점성과 공기의 저항으로 조금 소모되기 때문이다.

실전문제 9.10 **자유낙하 하는 유체**

보기 9.10 (a)에서 구한 속력은 물이 0.80 m를 곧장 자유낙하 하는 경우의 속력과 같음을 확인하여라. 베르누이 방정식이 에너지 보존 법칙을 의미하므로 놀랄 일은 아니다.

보기 9.11 벤투리 계량기

벤투리 계량기(그림 9.27)는 관 속을 흐르고 있는 유체의 속력을 측정할 수 있다. 단면적이 A_1인 관 중간에 단면적이 A_2인 좁은 부분이 연결되어 있다. 대기 중에 노출된 두 개의 수직 튜브는 두 개의 점 윗면에 수직 방향으로 연결되어 있다. 그중 하나는 단면이 좁은 구간 내에 위치한다. 수직관은 압력계와 같은 역할을 하므로 이

를 이용해 압력을 측정할 수 있다. 이로부터 관 내부의 유체의 속력을 측정할 수 있다.

관 속으로 물이 흐르고 있는 다음의 경우를 고려해 보자. $A_1 = 2.0A_2$이며, 수직관의 유체의 높이는 $h_1 = 1.20\text{ m}$, $h_2 = 0.80\text{ m}$이다. (a) 유속의 비 v_2/v_1을 구하라. (b) 계기압력 P_1과 P_2를 구하라. (c) 관속에서의 유속 v_1을 구하라.

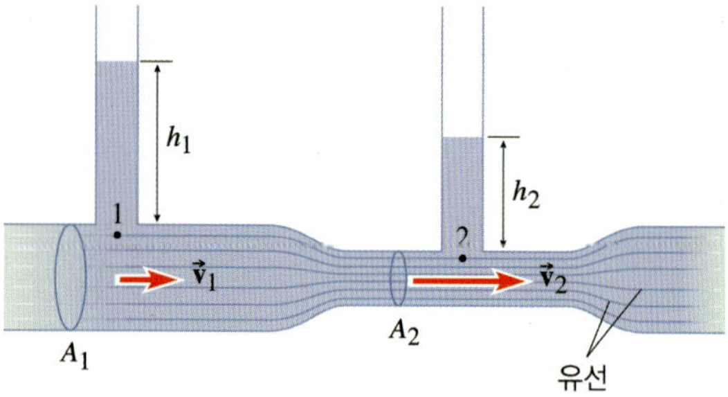

그림 9.27 벤투리 계량기

전략 유체의 속력이 모두 주어지지 않았다. 이 문제를 풀기 위해서는 베르누이 방정식 이외의 것이 필요하다. 넓이 비가 주어져 있으므로 연속방정식으로부터 속력의 비를 구할 수 있으며, 수직관 안의 물의 높이로부터 위치 1, 2에서의 압력을 구할 수 있다. 수직관 바닥에서 유체의 압력은 각 수직관 밑에서 흐르는 유체의 압력과 같다. 그렇지 않으면 물이 압력이 같아질 때까지 들어가거나 나갈 것이다. 수직관에서 유체는 정지 상태에 있으므로 바닥에서 계기압력은 $P = \rho g d$이다. 속력과 압력의 비를 가지고 있으므로 베르누이 방정식을 적용한다.

풀이 (a) 연속방정식으로부터 유체 속력과 넓이의 곱은 위치 1, 2에서 같으므로

$$\frac{v_2}{v_1} = \frac{A_1}{A_2} = 2.0$$

이다. 단면이 좁은 구간에서는 다른 곳보다 물의 흐름이 2배 빠르다.

(b) 계기압력은 다음과 같다.

$$\begin{aligned} P_1 &= \rho g d_1 \\ &= (1000\text{ kg/m}^3)\times(9.80\text{ N/kg})\times(1.20\text{ m}) \\ &= 11.8\text{ kPa} \end{aligned}$$

$$\begin{aligned} P_2 &= \rho g d_2 \\ &= (1000\text{ kg/m}^3)\times(9.80\text{ N/kg})\times(0.80\text{ m}) \\ &= 7.8\text{ kPa} \end{aligned}$$

(c) 이제 베르누이 방정식을 적용해 보자. 계기압력을 그대로 사용할 수 있다. 방정식의 양쪽에 대기압을 적용한다.

$$P_1 + \rho g y_1 + \frac{1}{2}\rho v_1^2 = P_2 + \rho g y_2 + \frac{1}{2}\rho v_2^2$$

관이 수평으로 놓여있으므로($y_1 \approx y_2$) 중력 퍼텐셜에너지의 작은 변화 $\rho g y$는 무시한다. 그러면

$$P_1 + \frac{1}{2}\rho v_1^2 = P_2 + \frac{1}{2}\rho v_2^2$$

이다. v_1을 구하기 위해서 $v_2 = 2.0v_1$을 대입하여 v_2을 소거하면

$$P_1 + \frac{1}{2}\rho v_1^2 = P_2 + \frac{1}{2}\rho (2v_1)^2$$

이 된다. 이를 간단히 하면 다음과 같다.

$$P_1 - P_2 = 1.5\rho v_1^2$$

$$v_1 = \sqrt{\frac{11800\text{Pa} - 7800\text{ Pa}}{1.5\times 1000\text{ kg/m}^3}} = 1.6\text{ m/s}$$

검토 관의 반지름이 정지된 물 높이의 차이(40 cm)에 비하여 아주 작을 때는 $y_1 \approx y_2$라는 가정은 합리적이다. 그렇지 않은 경우는 베르누이 방정식에 다른 y값을 넣어 주어야 한다.

한편 수직관의 바닥에서 유체의 압력은 그 밑에서 지나가고 있는 유체의 압력과 같다고 한 가정에 대해 고려해

보자. 베르누이 방정식에 위배되는가? 갑작스럽게 유체 속력에 변화가 있으므로 상당한 압력 변화가 있지 않을까? 그렇지 않다. 왜냐하면 이들 지점이 같은 유선에 있지 않기 때문이다.

실전문제 9.11 **정원 호스**

반지름 1.0 cm인 정원 호스에 물이 수평으로 1.4 m/s의 속력으로 흐르고 있다. 물은 반지름 0.25 cm의 노즐 밖으로 수평으로 뿜어져 나온다. 호스 내부 물의 계기압력은 얼마인가?

베르누이 정리의 응용 : 심방세동과 동맥류 동맥이 그 내벽에 쌓인 경화반으로 좁아졌다고 생각하자. 좁아진 부분으로 혈액이 흐르는 것은 그림 9.24에 보인 것과 유사하다. 베르누이 방정식은 좁은 부분에서의 압력 P_2는 다른 곳보다도 낮다는 것을 말해준다. 동맥벽은 강체라기보다는 탄성체이다. 그러므로 압력이 낮으면 좁은 부분에서 동맥벽이 조금은 줄어들게 되어 유속은 더 높아지고 압력은 더 낮아지게 된다. 결국에는 동맥벽이 붕괴되어 혈액의 흐름이 멈출 수 있다. 그러면 압력이 증가해 동맥이 다시 열리고 혈액이 흐른다. 그렇게 하여 심방세동의 순환이 다시 시작된다.

반대의 경우가 동맥벽이 약한 곳에서 일어날 수 있다. 혈압이 동맥벽을 밖으로 밀어서 동맥류라고 불리는 돌기가 형성되기도 한다. 돌기에서 혈류 속력이 낮아지면 혈압이 높아져 동맥류를 심화시킨다. 결국에는 혈압이 증가하여 동맥이 터질 수도 있다.

베르누이 정리의 응용 : 비행기 날개 어떻게 비행기 날개에 양력이 생길 수 있을까? 그림 9.28은 풍동wind tunnel에서 비행기 날개를 지나가는 공기 흐름에 대한 유선을 나타낸 것이다. 유선이 휘는 것으로 보아 날개가 공기를 아래로 편향시키는 것을 알 수 있다. 뉴턴의 제3법칙(또는 운동량 보존의 법칙)에 따르면 비행기의 날개가 공기를 아래로 밀면 공기도 날개를 위로 밀어 올리게 된다. 이때 위쪽으로 비행기 날개에 작용하는 힘이 양력이다. 그렇지만 이때의 상황은 공기가 날개의 아랫면에서 '튕겨 나오는' 것처럼 간단한 것은 아니다. 위쪽을 지나가는 공기도 날개를 아래쪽으로 편향시킴에 유의해야 한다.

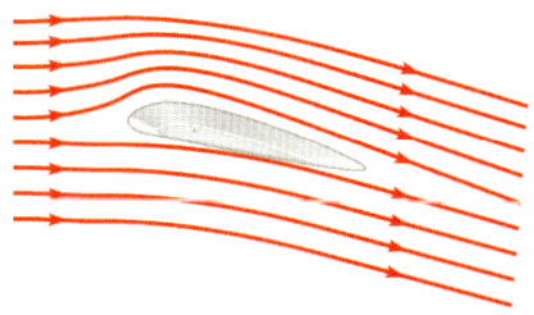

그림 9.28 풍동에서 비행기 날개를 지나가는 공기 흐름을 나타내는 유선

베르누이의 정리를 이용하면 양력의 발생을 더욱 확실하게 이해할 수 있다. (베르누이의 정리는 움직이는 기체에도 근사적으로 적용할 수 있다. 예를 들면 공기가 비압축성 유체가 아니기는 하지만 아음속 비행의 경우 공기의 밀도 변화는 무시할 수 있을 만큼 작다.) 만일 공기가 비행기 날개에 위쪽으로 알짜힘을 작용한다면 공기 압력은 날개 아래쪽보다 위쪽이 낮아지게 된다. 그림 9.28은 날개 위쪽의 유선이 아래쪽보다 더 조밀함을 보여준다. 이는 날개 위쪽의 유속이 아래쪽보다 더 빠르다는 것을 나타낸다. 이러한 관찰 결과는 압력이 더 낮은 곳에서 유속이 더 빠르므로 압력은 날개 위쪽에서 더 낮다는 것을 확인해준다.

9.9 점성 Viscosity

> **연결고리** 운동마찰은 가해준 힘이 마찰력과 균형을 이루지 않으면 미끄러지는 물체를 느리게 만든다. 마찬가지로 점성력은 유체의 흐름에 반대로 작용한다. 점성 유체의 정상 흐름은 점성력과 균형을 유지하기 위한 외력이 필요하다. 외력은 압력 차이에 의해 발생한다.

베르누이 방정식은 점성(유체의 마찰)을 무시한다. 베르누이 방정식에 의하면, 이상 유체는 수평 관을 통해 일정한 속도로 계속 흐를 수 있다. 이는 마치 아이스하키 퍽이 밀어주는 힘 없이도 마찰이 없는 얼음판 위를 계속 일정한 속도로 미끄러져 갈 수 있는 것과 같다. 그러나 실제 모든 유체는 점성을 가지고 있어서 일정한 흐름을 유지하려면 외부에서 힘을 가해줘야 한다. 점성력이 흐름을 방해하기 때문이다(그림 9.29a). 수평으로 놓인 관을 따라 유체가 계속 흘러가기 위해서는 관 양 끝에 압력차가 유지되어야 한다. x축이 흐름 방향을 가리키면 보다 큰 x값에서 압력이 작아진다(그림 9.29b). 압력차는 혈관에 혈액이 흘러가는 것에서부터 송유관에 석유가 흘러가는 것까지 매우 중요한 역할을 한다.

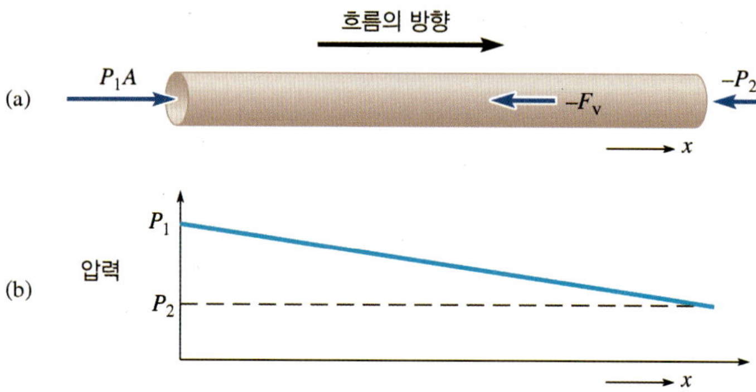

그림 9.29 (a) 점성 흐름을 유지하기 위해서는 유체 압력에 의한 알짜힘 $(P_1 - P_2)A$가 흐름 방향으로 가해져 흐름을 방해하는 관에서의 점성력 F_v와 균형을 이루어야 한다. (b) 유체에서의 압력은 왼쪽 끝의 압력 P_1에서 오른쪽 끝의 P_2로 감소한다.

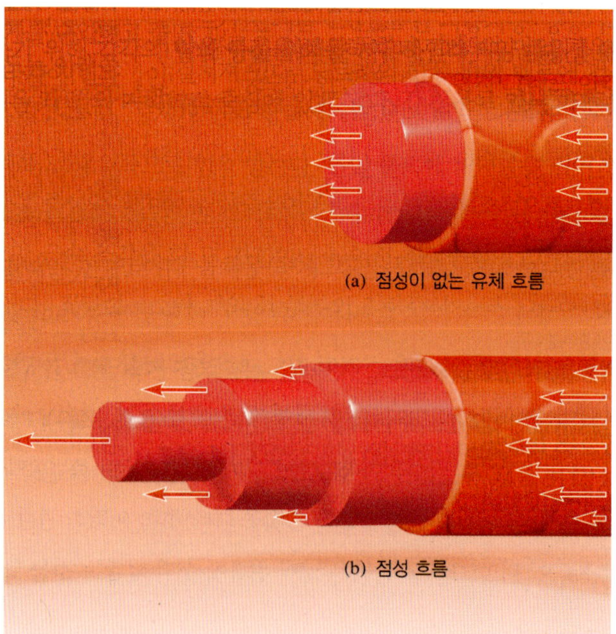

그림 9.30 (a) 관을 통과하는 비점성 흐름. 유속이 어디에서나 같다. (b) 점성 흐름인 경우에는 유속이 관의 벽으로부터 거리에 따라 변한다. 이 간단한 그림이 각기 다른 속력으로 움직이는 유체의 층을 보여주지만 실제로 유속은 최외각 층의 0부터 중심의 최대속력까지 연속적으로 증가한다.

원형 단면의 관을 따라 점성 유체가 흘러가는 것을 살펴보기 위해 원통형 층으로 흐르는 유체를 생각해 보자. 만일 점성이 없다면 모든 층이 똑같은 속력으로 운동할 것이다(그림 9.30a). 점성 흐름에서 유체는 관의 벽면에서부터의 거리에 따라 속력이 달라진다(그림 9.30b). 관의 중앙에서 가장 빠르고 벽면으로 갈수록 느리다. 관과 접촉하는 가장 바깥층에서는 움직이지 않는다. 유체의 각 층은 이웃하는 층에 점성력을 작용한다. 이 힘은 층의 상대적 운동과 반대 방향으로 작용한다. 가장 바깥쪽 층은 관에 점성력을 작용한다.

액체는 분자 사이의 응집력이 클수록 더 큰 점성력을 가진다. 액체의 점성도는 온도가 올라갈수록 분자 사이가 느슨해지므로 감소한다. 인간의 체온이 감소하면 혈액의 점성이 증가하여 혈액순환이 원활하지 않게 되어 위험하게 된다. 반면에 기체의 경우 온도가 증가함에 따라 점성이 증가한다. 고온에서 기체는 더 빨리 움직이면서 서로 더 잦은 충돌을 하기 때문이다.

유체의 점성계수(또는 간단히 점성)는 그리스 문자 에타(η)로 표기되는데, SI 단위에서는 파스칼 · 초(Pa · s)이다. 자주 사용되는 또 다른 단위로는 푸아즈Poise $1\,P = 0.1\,Pa \cdot s$와 센티푸아즈 $1\,cP = 0.01\,P = 0.001\,Pa \cdot s$가 있다. 표 9.2에 자주 쓰이는 유체의 점성계수를 나타냈다.

표 9.2 몇 가지 유체의 점성

물질	온도(℃)	점성(Pa · s)
기체		
수증기	100	1.3×10^{-5}
공기	0	1.7×10^{-5}
	20	1.8×10^{-5}
	30	1.9×10^{-5}
	100	2.2×10^{-5}
액체		
아세톤	30	0.30×10^{-3}
메틸알코올	30	0.51×10^{-3}
에틸알코올	30	1.0×10^{-3}
물	0	1.8×10^{-3}
	20	1.0×10^{-3}
	30	0.80×10^{-3}
	40	0.66×10^{-3}
	60	0.47×10^{-3}
	80	0.36×10^{-3}
	100	0.28×10^{-3}
혈장	37	1.3×10^{-3}
혈액	20	3.0×10^{-3}
	37	2.1×10^{-3}
글리세린	20	0.83
	30	0.63
SAE 5W-30 기름	−30	≤ 6.6
	150	$> 2.9\times10^{-3}$

푸아죄유의 법칙

수평의 원통 관을 통해 흐르는 점성 유체의 층흐름에 대한 부피 흐름률 Q는 몇 가지 인자와 관계된다. 첫째, 부피 흐름률은 압력 기울기라 부르는 **단위 길이당 압력강하**($\Delta P/L$)에 비례한다. 만일 압력강하 ΔP가 길이 L의 관에 어떤 흐름률을 유지하고 있다면, 길이가 두 배인 유사한 관은 같은 흐름률을 유지하기 위해 두 배의 압력강하가 필요하다(첫 절반의 양단에 ΔP와 두 번째 절반의 양단에 ΔP). 따라서 흐름률($\Delta V/\Delta t$)은 단위 길이당 압력강하($\Delta P/L$)에 비례한다.

다음으로 흐름률은 유체의 점성에 반비례한다. 다른 요소들이 모두 같다면 점성이 높을수록 흐름률은 더 작아진다.

그 외의 또 다른 고려대상은 관의 반지름이다. 19세기에 프랑스의 물리학자 푸아죄유 Jean-Léonard Marie Poiseuille, 1799~1869가 혈관의 흐름을 연구하는 과정에서 흐름률은 혈관 반지름의 네제곱에 비례한다는 것을 발견하였다.

푸아죄유의 법칙(점성 흐름에 대한)

$$Q = \frac{\pi}{8}\frac{\Delta P/L}{\eta}r^4 \quad (9\text{-}41)$$

식 (9−41)에서 Q는 부피 흐름률이고, ΔP는 관 양단의 압력차, r과 L은 각각 관의 반지름과 관의 길이, 그리고 η는 유체의 점성이다.

점성이 있는 유체의 흐르는 속력은 균일하지 않아서 부피 흐름률과 속력은 이상 유체에 비해 훨씬 복잡하다. 흐르는 속력은 가운데로 갈수록 빨라지고 벽 쪽으로 갈수록 느려진다. 그러나 식 (9−34)를 평균 유속으로 정의해 계산할 수 있다.

$$v_{평균} = \frac{Q}{A} \quad (9\text{-}42)$$

네제곱에 비례하는 경우는 흔히 있는 일이 아니다. 왜 그렇게 반지름에 따라 크게 변하는가? 만일 유체가 똑같은 속력으로 두 개의 다른 관을 지나고 있다면, 부피 흐름률은 관 반지름의 제곱에 비례한다(흐름률 = 관의 단면적×속력). 그러나 점성 흐름에 있어서 평균 흐름 속력은 관이 클수록 커지는데, 관 벽면으로부터 멀리 떨어져 있는 유체는 더 빨리 흐를 수 있기 때문이다. 주어진 압력 기울기에서 평균 흐름 속력은 반지름의 제곱에 비례하는 것으로 나타나므로 푸아죄유 법칙대로 관 반지름의 네제곱에 비례하게 된다.

점성 흐름의 응용 : 고혈압 흐름률이 반지름에 따라 크게 달라진다는 사실은 혈액 순환에 매우 중요하다. 고혈압 환자의 동맥 혈관은 혈관 경화반 침전물에 의해 좁아져 있다. 신체가 기능하는 데 필요한 혈액을 흘려주려면 혈압이 높아진다. 예를 들어, 동맥 지름이 1/2로 줄고, 동맥에 걸린 압력 차이가 같게 유지된다면, 흐름률은 원래 값에서 1/16로 줄어든다. 줄어든 혈액 흐름의 감소를 보충하기 위해서 심장은 더 세게 펌프질해 혈압을 높인다(문제 43 참조). 고혈압은 그 자체가 건강에 문제를 일으키는데 그중 주된 것이 심장의 근육에 무리를 주는 것이다.

보기 9.12 동맥경화

심장전문의가 환자에게 심장의 왼쪽 전방 하부 동맥의 반지름이 10% 좁아졌다고 알려 주었다. 이 동맥을 통해 정상적인 혈류를 유지하려면, 동맥의 혈압 강하는 몇 퍼센트나 증가해야 하는가?

전략 혈액의 점성도나 혈관의 길이는 변하지 않는다고 가정한다. 정상적인 혈액의 흐름을 유지하려면, 부피 흐름률이 일정하게 유지되어야 한다.

$$Q_1 = Q_2$$

풀이 만일 r_1이 정상적인 반지름이고 r_2가 실제 반지름이라면, 반지름이 10% 줄었을 경우 $r_2 = 0.900r_1$이 된다. 푸아죄유의 법칙에서

$$Q = \frac{\pi(\Delta P_1/L)r_1^4}{8\eta} = \frac{\pi(\Delta P_2/L)r_2^4}{8\eta}$$

$$r_1^4 \Delta P_1 = r_2^4 \Delta P_2$$

이다. 압력차의 비를 구하면 다음과 같다.

$$\frac{\Delta P_2}{\Delta P_1} = \frac{r_1^4}{r_2^4} = \frac{1}{(0.900)^4} = 1.52$$

검토 1.52라는 값은 동맥 양쪽 끝에서 압력차가 52% 증가한다는 것을 의미하며 이렇게 증가한 압력은 심장이 담당해야 한다. 만일 정상적인 동맥에서의 혈압 강하가 10 mmHg라면 지금 상태에서는 15.2 mmHg가 된다. 사람의 혈압 역시 5.2 mmHg 증가하거나, 동맥에서 혈액의 흐름이 감소할 것이다. 심장은 혈액의 적절한 흐름을 유지하기 위해서 더 힘든 일을 해야 하는 만큼 무리가 가해진다.

실전문제 9.12 새로운 수도관

도시의 물 공급이 한계에 다다르고 있다. 시 당국에서는 용량을 늘리기 위해서 관을 큰 것으로 교체하기로 하였다. 최대 흐름을 4.0배로 증가시키려면 관의 반지름은 몇 배 늘려야 하는가?

9.10 점성저항 Viscous Drag

물체가 유체 내에서 운동할 때 유체는 물체에 저항을 가한다. 물체와 유체 사이의 상대속도가 매우 작아서, 물체 주변에서 흐름이 층흐름일 때 점성에 의해서 저항이 생기는데 이를 **점성저항**viscous drag이라 한다. 점성저항력은 물체의 속력에 비례한다($F_D \propto v$). 상대속도가 더 클 때는 흐름은 난류가 되고 이때는 저항이 속력의 제곱에 비례한다($F_D \propto v^2$).

점성저항은 물체의 모양과 크기에 따라 변한다. 구형인 물체에 대한 점성저항은 스토크스의 법칙으로 주어진다.

스토크스의 법칙(구에 작용하는 점성저항)

$$F_D = 6\pi\eta rv \qquad (9\text{-}43)$$

여기에서 r은 구의 반지름, η는 유체의 점성, 그리고 v는 유체에 대한 물체의 속력이다.

살펴보기 9.10 점성저항력과 운동마찰력을 비교해 보아라.

물체의 **종단속도**terminal velocity는 알짜힘이 0이 되도록 점성저항력이 작용할 때의 속도이다. 종단속도로 떨어지는 물체는 가속도가 0이므로, 기존의 일정한 속도로 계속해서 떨어진다. 스토크스의 법칙을 이용하면 점성 유체 속에서 낙하하는 물체의 종단속도를 구할 수 있다. 물체가 종단속도로 운동할 때 그에 작용하는 알짜힘은 0이다. $\rho_o > \rho_f$이면 물체는 가라앉는다. 이때 종단속도의 방향은 아래쪽이고 점성저항은 운동을 방해하는 방향이므로 위쪽이다. 공기 중의 헬륨이나 기름 속의 공기 방울과 같이 가라앉지 않고 떠오르는 물체($\rho_o < \rho_f$)에 대한 종단속도는 위 방향이며 점성저항은 아래로 작용한다. 보기 9.13은 떨어지는 물체에 작용하는 알짜힘을 0으로 두어 종단속도를 계산하는 과정을 보여주고 있다.

보기 9.13 떨어지는 기름방울

전자의 전하를 측정하기 위한 실험에서는 작은 기름방울의 안개를 공기 중에 분사한 뒤 물방울이 떨어지는 모습을 망원경으로 관찰한다. 기름방울은 아주 작아서 곧바로 종단속도에 도달한다. 방울의 반지름이 2.40 μm이고 기름의 평균 밀도가 862 kg/m^{3}일 때 종단속도를 구하여라. 공기의 밀도는 1.20 kg/m^{3}이고 공기의 점성도는 1.8×10^{-5} Pa · s이다.

전략 기름방울이 종단속도로 떨어질 때 그에 작용하는 알짜힘은 0이다. 알짜힘을 0으로 놓고 점성저항을 구하기 위해 스토크스의 법칙을 사용하자.

풀이 $v = v_t$일 때, 힘의 합을 0으로 놓자.

$$\sum F_y = +F_D + F_B - W = 0$$

만일 $m_{공기}$를 밀려난 공기의 질량이라고 하면,

$$6\pi\eta r v_t + m_{공기} g - m_{기름} g = 0$$

이다. v_t에 대하여 풀면 다음과 같다.

$$v_t = \frac{g(m_{기름} - m_{공기})}{6\pi\eta r}$$

$$= \frac{g\left(\rho_{기름}\frac{4}{3}\pi r^3 - \rho_{공기}\frac{4}{3}\pi r^3\right)}{6\pi\eta r}$$

$$= \frac{2(\rho_{기름} - \rho_{공기})gr^2}{9\eta}$$

$$= \frac{2(862\text{kg/m}^3 - 1.20\text{kg/m}^3)(9.80\text{N/kg})(2.40\times10^{-6}\text{m})^2}{9(1.8\times10^{-5})\ \text{Pa}\cdot\text{s}}$$

$$= 6.0\times10^{-4}\ \text{m/s} = 0.60\ \text{mm/s}$$

검토 마지막 표현에서 단위를 검토해 보아야 한다.

$$\frac{\text{kg/m}^3 \times \text{N/kg} \times \text{m}^2}{\text{Pa}\cdot\text{s}} = \frac{\text{N/m}}{\text{N/m}^2 \times \text{s}} = \text{m/s}$$

밀리컨Robert Millikan, 1868~1953이 1909~1913년에 전자의 전하를 측정하기 위해 수행한 실험에서 이런 식으로 스토크스의 법칙을 사용하였다. 밀리컨은 분무기를 사용하여 작은 기름방울의 안개를 만들었다. 방울들은 분무되면서 대전되었고, 밀리컨은 방울에 위로 향하는 전기력을 가해서 떨어지지 않고 떠 있도록 하였다. 그다음 전기력을 제거한 후 공기 중으로 낙하하는 방울들의 종단속도를 측정하였다. 그는 스토크스의 법칙을 사용해 종단속도와 기름의 밀도로부터 방울의 질량을 계산하였다. 그리고 떠 있는 방울의 전기력과 무게를 같게 놓아 방울의 전하를 계산하였다. 수백 개의 서로 다른 방울의 전하를 측정한 끝에 모든 전하가 어떠한 양(전자의 전하량)의 배수임을 밝혀냈다.

실전문제 9.13 떠오르는 방울

식용유가 들어있는 컵에서 반지름이 0.500 mm인 공기 방울의 종단속도를 구하여라. 기름의 비중은 0.840이고, 점성도는 0.160 Pa · s이다. 방울의 지름은 떠오르는 동안 변하지 않는다고 가정하여라.

혼자서 해 보기 종단속도의 실험을 집에서도 할 수 있다. 동전과 2개 혹은 3개가 포개진 원뿔 형태의 종이 커피 필터(혹은 컵케이크 종이)를 동시에 떨어뜨려 보아라. 커피 필터에 점성저항력이 작용하여 일정한 종단속도로 떨어지는 것을 볼 수 있다. 친구의 도움을 받아 떨어지는 두 물체의 측면을 관측해 보아라. 왜 커피 필터에서 더 잘 관찰되는가?

점성저항의 응용 : 침전속도와 원심분리기 액체 속에서 낙하하는 작은 물체의 종단속도를 침전속도라 한다. 침전속도는 보통 두 가지 이유로 작다. 첫째, 입자의 밀도가 유체보다 그리 크지 않을 때 중력과 부력의 합은 작기 때문이다. 둘째, 종단속도는 r^2에 비례한다(보기 9.13 참조). 그에 따라 점성저항은 작은 입자에 큰 효과를 내기 때문이다. 따라서 용액에서 작은 입자가 침전하는 데 긴 시간이 걸린다. 침전속도가 g에 비례하므로, $g_{유효} = \omega^2 r$(5.7절과 식 (5.17) 참고)의 인공중력을 발생시키는 회전 용기인 원심분리기를 이용하여 침전속도를 올려줄 수 있다. 초고속 원심분리기의 경우, 10^5 rev/min의 속도를 낼 수 있어 g의 수백만 배까지 인공중력을 만들 수 있다.

9.11 표면장력 surface Tension

액체의 표면은 액체 내부와 무관한 독특한 성질을 가지고 있다. 표면은 장력이 걸린 막처럼 작용하는데 액체의 **표면장력**surface tension(그리스 문자 감마 γ로 표기)은 표면이 가장자리를 잡아당기는 단위 길이당 힘이다. 힘의 방향은 가장자리에서 표면에 접선 방향이다. 표면장력은 분자 사이에 서로 당기는 응집력에 의해 생긴다.

그림 9.31 소금쟁이는 연못 위를 걸어다닌다. 물 표면이 움푹 파인 것에 유의하라. 움푹 파인 물 표면은 소금쟁이의 발을 위로 밀어 올린다.

응용 : 어떻게 곤충들이 연못 위를 걸어 다닐 수 있을까? 소금쟁이와 같은 작은 곤충들은 물의 큰 표면장력을 이용하여 연못 위를 걸어 다닐 수 있다. 곤충의 발이 물 표면을 조금 들어가게 만든다. 물의 들어간 표면은 마치 얇은 고무 막처럼 발을 위로 밀어 올린다(그림 9.31). 보기에는 사람이 트램펄린 매트 위를 걸어 다니는 모습과 비슷하다. 모기 애벌레와 플라나리아 등 여러 작은 수중 생물은 표면장력을 이용하여 물 표면에 매달려 있다. 식물에서 표면장력은 물이 뿌리에서 잎으로 수송되도록 도와준다.

혼자서 해 보기 바늘(또는 플라스틱으로 코팅한 작은 종이 클립)을 물 잔에 담긴 물 위에 가만히 놓아 보자. 연습이 필요하겠지만, 여러분은 그것을 물 위에 띄울 수 있을 것이다. 물속에 세정제를 조금씩 부어 보자. 세정제는 물의 표면장력을 감소시켜 바늘을 지탱할 수 없게 만든다. 비누와 세정제는 계면활성제(유체의 표면장력을 약화시키는 물질)이다. 표면장력이 약화되어 물이 더 빨리 퍼지고 세탁물 표면에 스며들게 해 세탁에 많은 도움을 준다.

응용 : 폐의 계면활성제 물의 큰 표면장력은 폐에서는 장애요소가 된다. 들이마신 공기와 혈액 사이에서 산소와 이산화탄소의 교환은 기관지 끝에 있는 반지름 0.05~0.15 mm 크기의 허파꽈리라는 작은 주머니에서 이루어진다(그림 9.32). 만일 허파꽈리를 덮고 있는 점액과 신체의 다른 액체의 표면장력이 같다면, 허파꽈리 안과 밖 사이의 압력차는 허파꽈리를 확장시켜 공기를 채울 만큼 충분히 크지 않을 것이다. 그 때문에 허파꽈리는 점액의 표면장력을 감소시키기 위해 계면활성제를 분비한다. 그러면 허파꽈리는 숨을 들이쉴 때 팽창할 수 있게 된다.

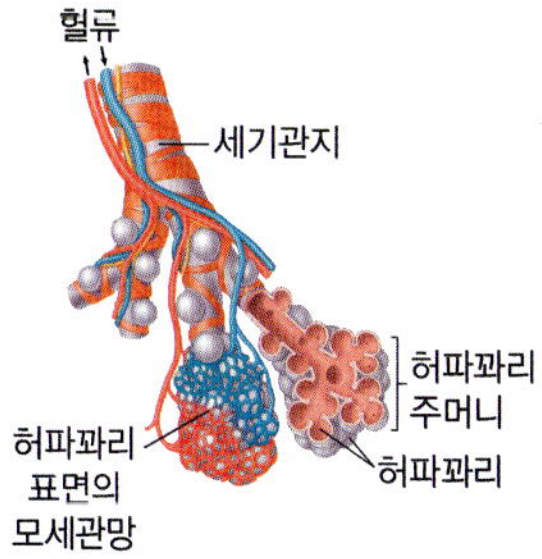

그림 9.32 사람의 폐에 있는 허파꽈리 수백만 개가 숨을 쉴 때마다 부풀어 오른다. 허파꽈리의 벽을 통하여 공기와 혈액 사이에 기체가 교환된다. 기체교환이 일어나는 면적은 약 80 m^2로 신체 겉넓이의 40배 정도나 된다.

공기 방울

물속에 있는 공기 방울에서 물의 표면장력은 방울을 수축시키려 하고, 갇혀있는 공기는 표면 밖으로 압력을 작용한다. 평형상태에서 방울 안쪽의 공기 압력은 바깥의 수압보다 더 커서, 압력에 의한 바깥으로 향하는 알짜힘과 안쪽으로 향하는 표면장력이 균형을 이룬다. 이 초과 압력 $\Delta P = P_{안} - P_{밖}$은 표면장력과 방울의 크기에 따라 다르다. 문제 40에서 초과 압력이 다음과 같음을 볼 수 있다.

$$\Delta P = \frac{2\gamma}{r} \tag{9-44}$$

샴페인이 담긴 잔을 유심히 살펴보면, 액체 속의 같은 점에서 공기 방울이 줄을 지어 올라오는 모습을 볼 수 있다. 왜 공기 방울은 아무 곳에서나 솟아나지 않는가? 매우 작은 방울에서는 엄청나게 큰 초과 압력이 필요하다. 공기 방울이 발생해 커지기 위해서는 일종의 중심핵(예를 들면 먼지와 같은)이 필요한데, 그곳에서부터는 그리 크지 않은 초과 압력으로도 공기 방울이 자랄 수 있다. 샴페인 잔에서 공기 방울 띠가 생기는 곳은 적당한 중심핵이 있는 곳이다.

혼자서 해 보기 풍선을 불 때 처음에 불 때는 힘이 들지만 점차 불기 쉬워지는 것을 느낄 수 있을 것이다. 식 (9–44)에서 보듯이 반지름이 작을 때는 폐의 압력이 더욱 커져야 한다. 여기에 공기 방울의 표면장력을 대신할 수 있는 풍선의 탄성력이 있다. 점진적으로 이 탄성력이 커짐에 따라 (마치 표면장력이 커진 것처럼) 다시 힘들어지게 된다.

보기 9.14 폐의 압력

숨을 들이쉬는 동안 허파꽈리의 계기압력은 약 $-400\,\mathrm{Pa}$ 정도로 기관지 관을 통하여 공기가 흐른다. 처음에 반지름 $0.050\,\mathrm{mm}$인, 허파꽈리에 있는 점액 코팅이 물과 같은 표면장력($0.070\,\mathrm{N/m}$)을 가지고 있다고 하자. 허파꽈리를 부풀리기 위해서는 허파꽈리 밖의 폐 압력이 얼마가 되어야 하는가?

전략 허파꽈리를 점액으로 덮여 있는 구조로 가정하자. 점액의 표면장력에 의해 허파꽈리는 공기 방울에서처럼 안쪽보다 바깥쪽의 압력이 더 낮다.

풀이 초과 압력은

$$\Delta P = \frac{2\gamma}{r} = \frac{2\times 0.070\,\mathrm{N/m}}{0.050\times 10^{-3}\,\mathrm{m}} = 2.8\,\mathrm{kPa}$$

이므로, 허파꽈리 안쪽의 압력은 바깥쪽의 압력보다 $2.8\,\mathrm{kPa}$ 정도 더 높을 것이다. 안쪽의 계기압력은 $-400\,\mathrm{Pa}$ 정도이므로 바깥쪽의 계기압력은

$$P_{밖} = -0.4\,\mathrm{kPa} - 2.8\,\mathrm{kPa} = -3.2\,\mathrm{kPa}$$

이다.

검토 허파꽈리 바깥쪽의 실제 계기압력은 $-3.2\,\mathrm{kPa}$가 아니라 약 $-0.5\,\mathrm{kPa}$ 정도이다. 따라서 $\Delta P = P_{안} - P_{밖} = -0.4\,\mathrm{kPa} - (-0.5\,\mathrm{kPa}) = 0.1\,\mathrm{kPa}$로 $2.8\,\mathrm{kPa}$와는 차이가 있다. 여기서 계면활성제가 구원자로 등장한다. 곧 표면활성제가 점막의 표면장력을 감소시켜 ΔP를 $0.1\,\mathrm{kPa}$로 줄이고 허파꽈리가 팽창할 수 있게 해준다. 갓난아기는 처음에 허파꽈리가 접혀 있어서 $4\,\mathrm{kPa}$의 압력 차이가 필요하다. 그래서 첫 호흡은 의미가 있는 만큼 어려운 일이기도 하다.

실전문제 9.14 샴페인 거품

샴페인 잔에 있는 거품은 CO_2로 가득 차 있다. 샴페인 표면에서 $2.0\,\mathrm{cm}$ 깊이에 있는 거품의 반지름이 $0.50\,\mathrm{mm}$이다. 거품 내부의 계기압력은 얼마인가? 샴페인의 평균 밀도가 물의 밀도와 같고 표면장력은 $0.070\,\mathrm{N/m}$라 가정한다.

9.1 $1.3 \times 10^6\ \mathrm{N/m^2} = 1.3\ \mathrm{MPa}$. 이 압력은 테니스화 뒷굽으로부터 받는 압력보다 15배 더 크다.

9.2 (a) $2.0 \times 10^5\ \mathrm{Pa}$, (b) 5.0 m

9.3 1.6 km

9.4 (a) 예($P_2 = P_1$). 점 2 위의 기둥은 높이가 높지 않지만, 기둥 상단의 기압은 대기압보다 크다. (b) 아니오. $P = P_{\text{기압}} + \rho g d$는 압력이 $P_{\text{기압}}$인 지점 아래의 깊이 d에서의 압력이다.

9.5 (a) 32.0 cm, (b) 17.0 cm와 37.0 cm

9.6 SG(비중) = 11.3이므로 납일 것이다.

9.7 2%와 4%

9.8 (a) 물방개는 날개로 공기 방울을 압축하여, 공기를 압축해 공기 방울의 부피를 줄이고 부력을 감소시킬 수 있다. (b) 수면 위로 올라올 때 물방개는 공기 방울이 팽창할 수 있도록 압력을 낮게 한다.

9.9 (a) 0.85 m/s, (b) 1.7 m/s

9.10 $\sqrt{2gh} = 4.0\ \mathrm{m/s}$

9.11 250 kPa

9.12 1.4배

9.13 위쪽으로 2.85 mm/s

9.14 480 Pa

9.2 1.8배

9.4 정지 유체에서 압력은 수평 위치에는 무관하다. 유체의 어느 부분이든 알짜 수평 방향의 힘은 0이 되어야 한다. 그렇지 않으면 유체의 수평 가속도는 0이 될 수 없고 유체가 흐르기 시작한다. 유체의 무게를 포함한 알짜 수직 방향의 힘도 0이 되어야 하므로, 정지 유체에서 압력은 수직 방향의 위치에 따라 달라진다.

9.5 3 = 4, 2, 1 = 5. 점 3과 4는 빨간 액체에서 깊이가 같기 때문에 압력이 같다. 점 1과 5는 실내의 공기 압력과 같다. 점 2는 압력이 중간이다. 파란 액체에서는 압력은 깊이에 따라 증가하므로 $P_3 > P_2 > P_1$이다.

9.6 두 경우에 밀려난 액체의 무게는 나무의 무게와 같다. 밀도가 물체보다 크기 때문에 더 적은 부피의 물이 밀려나므로, 나무는 알코올보다 물에서 더 높게 뜬다.

9.7 부피 흐름률은 같아야 하므로 단면의 넓이가 좁은 곳일수록 피가 더 빨리 흐를 것으로 예상한다. 연속방정식으로부터 속력이 44% 증가한다.

9.8 (a) 수평적 흐름인 경우, 베르누이의 방정식은 $P_1 + \frac{1}{2}\rho v_1^2 = P_2 + \frac{1}{2}\rho v_2^2$이다. 곧 유체의 압력이 낮은 곳이 유속이 빠르다. (b) 정지 유체에서 베르누이 방정식은 $P_1 + \rho g y_1 = P_2 + \rho g y_2$이다. $d = y_1 - y_2$라 놓으면 유체에서의 압력은 9.4절에서 논의 한 것처럼 $P_2 - P_1 = \rho g y_1 - \rho g y_2 = \rho g d$로 깊이에 따라 변한다.

9.10 점성저항과 운동마찰은 둘 다 물체의 운동을 거스르는 방향이다(각각의 유체나 물체가 미끄러지는 표면에 상대적). 그러나 점성저항은 물체의 속력($F_D \propto v$)에 따라 크게 변하는 반면, 운동마찰력은 속력에 무관하다.

탄성과 진동

Elasticity and Oscillations

보스턴에 있는 241 m 높이의 핸콕빌딩Hancock Tower의 꼭대기 부분에는 속을 납으로 채운 강철 상자 2개가 있다. 이 부분은 건물이 바람에 뒤틀리거나 흔들리는 것을 줄일 수 있도록 설계된 장치이다. 각 상자의 질량은 300,000 kg(무게 300톤)이다. 건물 꼭대기에 질량이 큰 물체를 설치하면 '꼭대기가 무거워져' 흔들리는 정도가 늘어날 것처럼 보일 수도 있다. 이렇게 큰 질량을 사용하는 이유는 무엇이며, 이 질량이 어떻게 빌딩의 흔들림을 줄일 수 있을까?

10

찾아가보기

- 훅의 법칙 (6.6절)
- 위치, 속도, 가속도 그래프의 관계 (3.2, 3.3절)
- 탄성 퍼텐셜에너지 (6.7절)
- 원운동에서의 지름 가속도 (5.2절)
- 기초 수학: 시간에 대한 사인함수 (부록 A.8)

생명과학 응용

- 뼈의 구조, 뼈, 힘줄, 인대, 머리카락의 탄성 (10.2, 10.3, 10.4절, 보기 10.2, 개념형 질문 10, 문제 2, 7~9)
- 골다공증 (10.3절)
- 다리 길이와 보행 속도의 관계 (보기 10.10)
- 곤충과 가리비의 탄성에너지 (문제 5)
- 고막의 진동 (문제 20)
- 거미줄의 탄성 (문제 46)

10.1 고체의 탄성 변형
Elastic Deformations of Solids

연결 고리 이 장의 두 주제인 탄성과 진동은 서로 관계가 없는 것처럼 보일지 모른다. 그러나 두 개념은 서로 긴밀하게 연결되어 있으며, 많은 경우 진동은 10.1절부터 10.4절에서 배우는 탄성력에 의해 발생한다.

그림 10.1 테니스 라켓 줄이 공에 가한 접촉력으로 공이 납작해졌다. 마찬가지로 라켓 줄도 테니스 공이 가한 접촉력으로 변형되었다. 이렇듯 두 접촉력은 항상 쌍으로 작용한다.

물체에 작용하는 알짜힘과 알짜 돌림힘이 0이라면 물체는 평형상태에 있지만, 힘과 돌림힘이 아무런 영향을 주지 않는 것은 아니다. 물체가 접촉해 힘을 받으면 물체는 변형된다(그림 10.1). **변형** deformation이란 물체의 크기나 모양의 변화를 말한다. 대부분의 고체는 단단해서 변형을 눈으로 보기 어렵기 때문에 고체의 크기나 모양의 변화를 재기 위해서는 현미경이나 다른 정밀한 장치가 필요하다.

접촉하여 작용한 힘이 사라지면 **탄성체** elastic object는 원래의 모양과 크기로 되돌아온다. 대개의 물체는 변형력이 지나치게 크지 않는 한 탄성이다. 반면에 작용하는 힘이 너무 크면 대개의 물건은 영구히 변형되거나 파괴되기도 한다. 예를 들어 천천히 달리는 자동차가 나무와 부딪히면 손상을 입지 않을 수도 있지만, 빠르게 달리다가 충돌하면 자동차는 영구히 변형되고 운전자는 뼈가 부러질 수도 있다.

10.2 인장력과 압축력에 관한 훅의 법칙
Hook's Law for Tensile and Compressive Forces

철사의 양쪽 끝에 크기가 F인 인장력(늘이는 힘)을 작용하면, 철사의 길이는 L에서 $L + \Delta L$로 늘어난다. 늘어난 길이 ΔL은 원래의 길이 L과 어떤 관계가 있는가? 이 질문에 답하기 위해 개념형 보기 10.1을 풀어보자.

개념형 보기 10.1 힘줄 늘이기

만일 힘줄에 인장력을 가했을 때 ΔL만큼 늘어났다면, 굵기와 재질은 동일하지만 길이가 2배인 긴 힘줄을 같은 힘으로 당기면 얼마나 늘어나는가?

전략 및 풀이 길이 L인 힘줄 2개를 이어놓은 길이 $2L$인 힘줄을 생각해 보자(그림 10.2). 같은 인장력이 작용해 두 힘줄이 각각 ΔL만큼 늘어나기 때문에, 전체 힘줄의 변형은 $2\Delta L$이다.

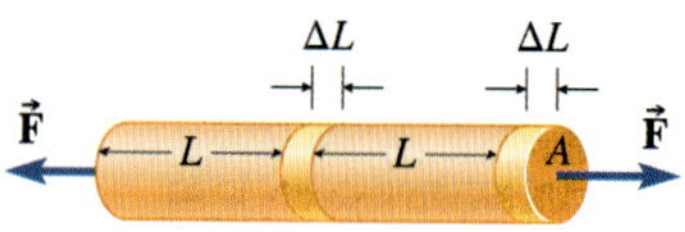

그림 10.2 동일한 2개의 힘줄을 끝과 끝을 연결하고 인장력을 가한다. 각 힘줄은 ΔL만큼 늘어난다.

실전문제 10.1 용수철 반으로 자르기

용수철 상수가 k인 용수철을 반으로 잘랐다면 잘린 두 용수철 상수는 각각 얼마인가?

변형력과 변형 개념형 보기 10.1에서 살펴본 것처럼, 두 힘줄에 같은 장력이 가해지면 두 힘줄은 모두 처음 길이에 비례하여 늘어난다. 곧 $\Delta L \propto L$이다. 바꿔 말하면 두 힘줄의 길이 변화율 $\Delta L / L$은 일정하다. 이러한 길이 변화율을 **변형**strain이라고 부르며, 변하는 정도를 차원이 없는 양으로 재는 것이다.

$$변형 = \frac{\Delta L}{L} \quad (길이\ 변화율) \tag{10-1}$$

새질과 길이는 같지만 굵기가 다른 철사가 있다고 생각하자. 가는 철사를 늘인 길이만큼 굵은 철사를 늘이기는 매우 어렵다. 곧 굵은 강철 케이블을 늘이려면 가는 강철 케이블보다 훨씬 더 큰 힘이 필요하다. 단답형 질문 7에서 다루지만, 철사를 늘이는 데 필요한 장력은 철사의 단면 넓이에 비례($F \propto A$)한다. 그러므로 동일한 길이와 재질의 줄에 단위 넓이당 작용한 힘이 같다면 줄의 변형은 같다. 단위 넓이당 힘을 **변형력**stress이라고 하며, 변형력을 나타내는 식은 다음과 같다.

$$변형력 = \frac{F}{A} \quad (단위\ 넓이당\ 힘) \tag{10-2}$$

변형력의 SI 단위는 압력의 단위와 같은 $\mathrm{N/m^2}$ 또는 Pa이다.

훅의 법칙 처음 길이가 L인 단단한 물체가 크기 F인 인장력 또는 압축력을 받았다고 하자. 힘이 작용한 결과 물체의 길이는 ΔL 만큼 변하였다. 훅의 법칙에 따라, 힘의 크기가 지나치게 크지 않는 한 변형의 크기는 변형을 일으키는 힘에 비례한다. 곧

$$F = k\Delta L \tag{10-3}$$

이다. 식 (10–3)에서 k는 용수철 상수에 해당하는 상수이다. 상수 k는 물체의 길이와 단면의 넓이에 따라 변한다. 단면의 넓이 A가 커지면 k도 커지고, 길이 L이 커지면 k는 작아진다.

> **연결고리** 훅의 법칙은 단순히 용수철에만 적용되는 것은 아니다. 물체의 변형이 물체에 가해지는 힘에 비례하는 일은 흔하다.

훅의 법칙을 다음과 같이 변형력 F/A와 변형 $\Delta L/L$로 나타내는 것이 더 편리하다.

훅의 법칙

$$변형력 \propto 변형$$

$$\frac{F}{A} = Y\frac{\Delta L}{L} \tag{10-4}$$

식 (10−4)에서 길이 변화 ΔL은 변형시키는 힘 F의 크기에 비례한다는 것을 알 수 있다. 변형력과 변형은 길이와 단면의 넓이의 영향을 설명해 준다. 비례상수 Y는 물체가 만들어진 재질의 고유한 **강도**stiffness에 따라서만 달라지고 길이나 단면의 넓이에는 무관하다. 식 (10−3)과 (10−4)를 비교하면 물체의 '용수철 상수' k가 다음과 같음을 알 수 있다.

$$k = Y\frac{A}{L} \tag{10-5}$$

식 (10−4)와 (10−5)에 있는 비례상수 Y를 **탄성률**elastic modulus 또는 **영률**Young's moldulus이라고 부른다. 변형은 차원이 없는 양이므로, Y는 변형력의 차원 Pa 또는 N/m^2의 단위를 갖는다. 영률은 물질 고유의 강도로 생각할 수 있다. 곧 영률은 당김이나 압축에 대한 물질의 저항의 척도이다. 쉽게 휘어지거나 늘어나는 물질(예를 들면, 고무)은 영률이 작고, 단단한 물질(강철)은 영률이 크다. 그래서 큰 변형을 하려면 큰 변형력이 필요하다. 표 10.1에 여러 물질의 영률을 정리했다.

살펴보기 10.2 지름이 같은, 길이가 2.0 m인 강철선과 길이가 1.0 m인 구리선에 같은 크기의 장력을 가했을 때 어느 것이 더 많이 늘어나는가? (표 10.1 참조)

표 10.1 다양한 물질의 영률의 근삿값

물질	영률 (GPa)	물질	영률 (GPa)
고무	0.002~0.008	목재(결 방향)	10~15
인체의 연골	0.024	벽돌	14~20
인체의 척추	0.088(인장) 0.17(압축)	콘크리트	20~30(압축)
		대리석	50~60
뼈의 콜라겐	0.6	알루미늄	70
인체 힘줄	0.6	주철	100~120
목재(결을 가로지르는 방향)	1	구리	120
나일론	2~6	연철	190
거미줄	4	강철	200
인간 대퇴골	9.4(압축), 16(인장)	다이아몬드	1200

응용 : 뼈와 콘크리트의 강도 훅의 법칙이 성립하는 최대 변형력을 '비례한계proportional limit'라고 한다. 대개의 물질은 압축과 인장력에 대해 같은 영률을 갖는다. 반면 뼈와 콘크리트와 같은 복합소재 물질은 압축과 인장력에 대해 매우 다른 영률을 보인다. 뼈의 구성 성분 중 콜라겐(모든 결합 조직에 존재하는 단백질의 일종) 섬유

는 인장력에 대해 강하고, 수산화인회석 결정(칼슘과 인산염의 복합물)은 압축에 강한 성질을 갖고 있다. 두 물질의 서로 다른 성질로 인해 압축력과 인장력에 대해 서로 다른 영률이 나타난다.

보기 10.2 대퇴골의 압축

몸무게가 0.80 kN 인 사람이 똑바로 서있다면 누워 있을 때보다 대퇴골(넙적다리뼈)이 어느 정도 더 짧아지는가? 각 대퇴골에 작용하는 압축력은 체중의 반이라고 하자 (그림 10.3). 대퇴골의 평균 단면 넓이는 8.0 cm^2이고 누웠을 때 대퇴골의 길이는 43.0 cm 이다.

전략 대퇴골의 길이 변화를 구하기 위해서는 변형을 알아내야 한다. 변형력을 구한 뒤 물질의 영률을 찾아보고, 훅의 법칙을 이용하여 변형을 구한다. 각각의 대퇴골은 체중의 반을 지탱한다.

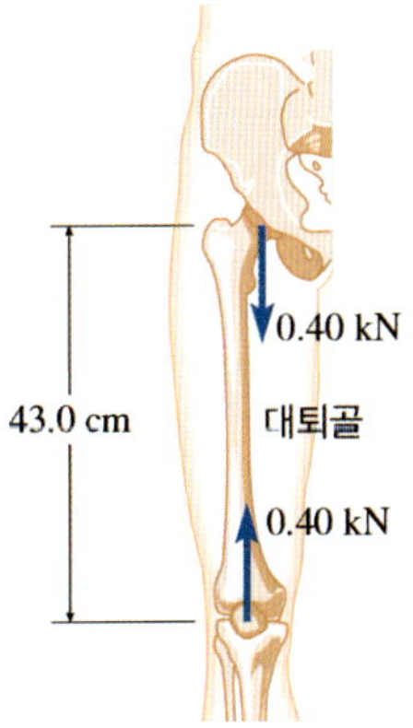

그림 10.3 대퇴골의 압축

풀이 변형은 변형력에 비례하므로 다음과 같다.

$$\frac{F}{A} = Y\frac{\Delta L}{L}$$

ΔL에 대한 식을 풀면 다음 식을 얻는다.

$$\Delta L = \frac{F/A}{Y}L$$

표 10.1에서 압축에서의 대퇴골 영률은 다음과 같다.

$$Y = 9.4 \text{ GPa}$$

$1 \text{ Pa} = 1 \text{ N/m}^2$이므로 단면의 넓이를 m^2로 바꿔야 한다.

$$A = 8.0 \text{ cm}^2 \times \left(\frac{1 \text{ m}}{100 \text{ cm}}\right)^2 = 0.00080 \text{ m}^2$$

각각의 다리에 작용하는 힘은 0.40 kN 또는 4.0×10^2 N 이다. 따라서 길이 변화는 다음과 같다.

$$\begin{aligned}\Delta L &= \frac{F/A}{Y}L \\ &= \frac{(4.0 \times 10^2 \text{ N})/(0.00080 \text{ m}^2)}{9.4 \times 10^9 \text{ Pa}} \times 43.0 \text{ cm} \\ &= 5.3 \times 10^{-5} \times 43.0 \text{ cm} = 0.0023 \text{ cm}\end{aligned}$$

검토 변형 또는 길이 변화율은 5.3×10^{-5}이다. 이 변형은 1보다 훨씬 작으므로, 압축이 있건 없건 간에 길이가 정확히 43.0 cm 인지 걱정할 필요는 없다. 어느 경우라도 유효숫자 두 자리 내에서 ΔL의 값은 같을 것이다.

실전문제 10.2 케이블 길이의 미소 변화

지름이 3.0 cm 인 강철 케이블에 2.0 kN 의 물체를 매달아 놓았다. $Y =$ 200 GPa이면, 물체를 달지 않았을 때 길이와 비교해 길이 변화율은 얼마인가?

10.3 훅의 법칙의 한계
Beyond Hook's Law

인장력이나 압축력이 '비례한계'를 넘을 경우, 변형은 그림 10.4와 같이 더 이상 변형력에 비례하지 않는다. 변형력이 **탄성한계** elastic limit를 넘지 않는 한, 변형력을 없애면 강체는 원래의 길이로 되돌아간다. 그러나 변형력이 탄성한계를 넘으면 물질은 영구히 변형된다. 계속하여 더 큰 변형력이 가해져 변형력이 **파괴점** breaking point에 다다르면 강체는 파열된다. 깨지지 않고 견딜 수 있는 최대 변형력을 **극한강도** ultimate strength라고 한다. 극한강도는 압축과 당김에서 구별될 수 있는데, 각각을 물질의 압축강도 또는 인장강도라고 한다.

연성 ductile 물질은 깨지지 않고 극한강도를 넘어서까지 연속적으로 늘어날 수 있다. 이때 변형력은 (그림 10.4a)의 극한강도에서 감소한다. 연성 고체의 예는 금, 은, 구리 그리고 납과 같은 상대적으로 부드러운 금속들이다. 이들 금속은 파괴점에 도달할 때까지 엿처럼 가늘게 늘일 수 있다. 한편, **부서지기** brittle 쉬운 물질은 극한강도와 파괴점이 그림 10.4b처럼 매우 가까이 있다.

응용 : 인체 뼈의 탄성과 골다공증 뼈는 쉽게 부러지는 물질의 한 예이다. 변형력이 너무 커지면 뼈는 갑자기 부러진다(그림 10.4c). 뼈를 늘일 때와 압축할 때 탄성한계, 파괴점 그리고 극한강도는 근사적으로 같다. 아기의 뼈는 어른 뼈보다 칼슘 함량이 적은 수산화인회석 화합물로 이루어져 있기 때문에 더 유연하다. 사람은 나

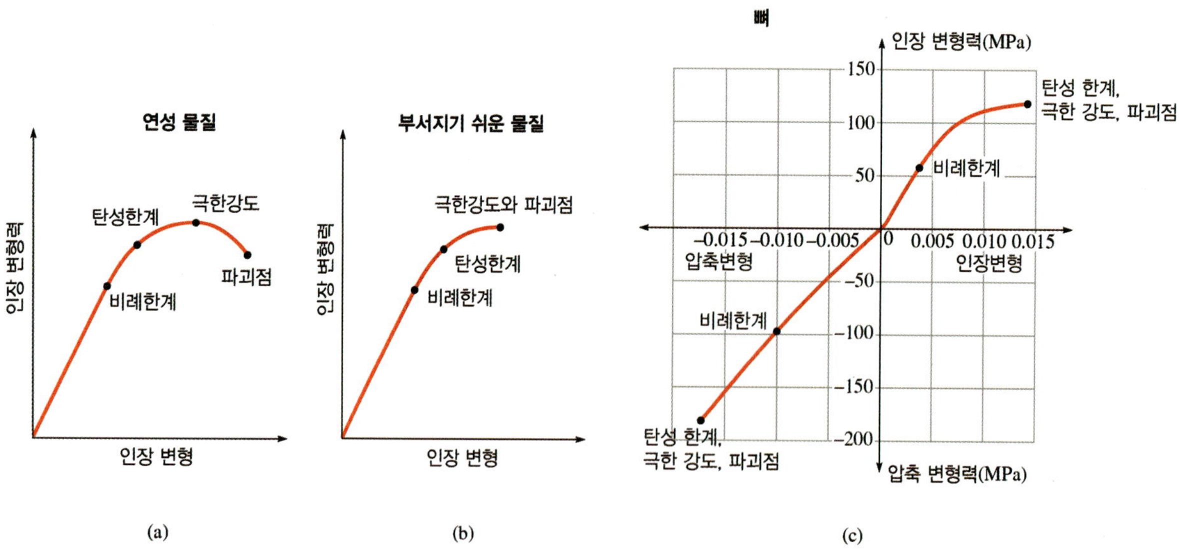

그림 10.4 (a) 연성 물질, (b) 부서지기 쉬운 물질, (c) 뼈에 대한 한계점들을 보여주는 변형력-변형 곡선. 탄성한계, 극한강도, 파괴점이 연성 물질에서는 잘 분리되어 있지만 부서지기 쉬운 물질에서는 인접해 있다.

이가 들면서 뼈의 콜라겐 섬유가 유연성을 잃어 부러지기 쉬우며 칼슘이 재흡수되면서 점점 약해진다(골다공증).

뼈와 같이, 철근콘크리트도 인장강도를 높이기 위한 물질과 압축강도를 위한 물질로 이루어져 있다. 콘크리트는 인장강도가 작으나, 철근을 넣으면 인장강도가 높아진 철근 콘크리트를 만들 수 있다(그림 10.5).

그림 10.5 베를린 장벽의 잔존물. 4단계 및 마지막 단계 공사(1975~1980)는 철근콘크리트 블록 약 45 000개를 사용하였다. 각 블록은 높이가 3.6 m이고 폭이 1.2 m이다.

응용 : 사람의 척추뼈 사람은 직립하기 때문에 발생하는 압축력에 적응하기 위해 특별한 해부학적 구조를 가지고 있다. 예를 들어, 척추에 있는 척추뼈는 목에서부터 꼬리뼈까지 그 크기가 점진적으로 커진다. 더 낮은 위치에 더 강한 척추뼈가 있어 더 큰 무게를 지탱할 수 있는 것이다. 척추뼈는 유체로 채워진 원판으로 분리되어 있는데, 압축력을 분산시켜서 완화하는 효과가 있다.

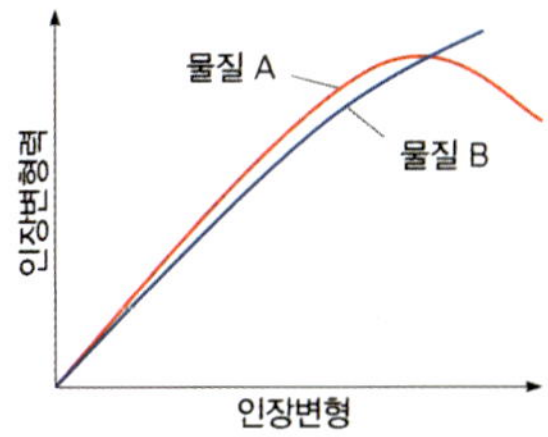

그림 10.6 두 물질의 변형과 변형력 그래프

살펴보기 10.3 그림 10.6은 서로 다른 두 물질의 변형력–변형 그래프를 보여준다. 두 곡선 모두 해당 물질의 파괴점에서 끝난다. (a) 어떤 물질이 더 큰 영률을 갖는가? (b) 어떤 물질이 더 큰 극한강도를 갖는가? 설명하라.

보기 10.3 크레인의 강철 케이블

크레인으로 1.0×10^5 N (11톤)의 짐을 들어 올리려고 한다. (a) 사용해야 하는 강철 케이블의 최소 지름은 얼마인가? (b) 최소 반지름보다 2배 더 굵은 지름의 케이블에 대해, 짐을 달지 않았을 때의 길이가 8.0 m 라면 100 kN 을 달 때 얼마나 더 길어지는가(강철에 대한 자료 $Y = 200$ GPa 이고, 비례한계 = 0.20 GPa 이며, 탄성한계 = 0.30 GPa, 인장강도 = 0.50 GPa 이다)?

전략 강철에 대해 주어진 4개의 정보는 모두 단위가 같기 때문에 각각의 양을 이해하지 못한다면 혼동하기 쉽다. 영률은 변형과 변형력 사이의 비례상수이다. 이것은 케이블의 늘어난 길이를 구하는 문제 (b)에서 유용한 양이다. 늘어난 실제 길이는 원래의 길이에 변형을 곱한 값이다. 변형을 구하기 위해서 영률을 이용하기 전 우선 변형력이 비례한계보다 작은지를 조사해야 한다.

탄성한계는 영구변형이 일어나지 않는 최대 변형력이다. 인장강도는 최대 변형력이므로 케이블은 끊어지지 않는다. 케이블이 끊어지지 않는 범위 안에서 케이블을 보다 오랫동안 사용할 수 있도록 탄성한계 안에서 신중하게 사용하는 것이 좋다. 따라서 탄성한계 내에서 변형력을 유지할 수 있도록 (a)에서 최소 지름을 잘 택해야 한다.

풀이 (a) 탄성한계 내에서 변형력을 유지하기 위한 최소 지름을 택한다.

$$\frac{F}{A} < \text{탄성한계} = 3.0 \times 10^8 \text{ Pa}$$

$F = 1.0 \times 10^5$ N 에 대해

$$A > \frac{F}{\text{탄성한계}} = \frac{1.0 \times 10^5 \text{ N}}{3.0 \times 10^8 \text{ Pa}} = 3.33 \times 10^{-4} \text{ m}^2$$

이다. 최소 지름은 최소 단면의 넓이로부터 구한다. 케이

블의 최소 단면의 넓이는 πr^2 또는 $\pi d^2/4$이므로

$$d = \sqrt{\frac{4A}{\pi}} = \sqrt{\frac{4 \times 3.33 \times 10^{-4}\ \mathrm{m}^2}{\pi}} = 2.1\ \mathrm{cm}$$

이다. 따라서 최소 지름은 2.1 cm 이다.

(b) 지름을 두 배로 하고 무게를 같게 유지한다면, 단면의 넓이가 지름의 제곱에 비례하므로 변형력이 4배 감소할 것이다. 그러므로 변형력은 다음과 같다.

$$\frac{F}{A} = \frac{3.0 \times 10^8\ \mathrm{Pa}}{4} = 7.5 \times 10^7\ \mathrm{Pa}$$

이때 변형은 길이 변화율로 주어지는데

$$\frac{\Delta L}{L} = \frac{F/A}{Y} = \frac{7.5 \times 10^7\ \mathrm{Pa}}{2.0 \times 10^{11}\ \mathrm{Pa}} = 3.75 \times 10^{-4}$$

이고, 실제 길이 변화는 다음과 같다.

$$\Delta L = 3.75 \times 10^{-4} L = 3.75 \times 10^{-4} \times 8.0\ \mathrm{m} = 3.0\ \mathrm{mm}$$

검토 최소 지름보다 두 배 더 굵은 케이블을 이용해서 안전성을 확보할 수 있다. 재난 직전의 상황에 있으려 하면 안 된다. 케이블의 지름을 2배로 하면 케이블의 단면의 넓이는 4배가 되기 때문에, 케이블의 최대 변형력은 탄성한계의 $\frac{1}{4}$이 된다.

실전문제 10.3 **하프시코드의 현 조율하기**

하프시코드의 현은 황동으로 만든다. 그 영률은 90 GPa 이고 장력 강도tensile strength는 630 MPa 이다. 현을 제대로 조율하게 되면, 현에 가해지는 장력은 59.4 N 이 되는데, 이는 끊어지지 않고 견딜 수 있는 최대 장력의 93 %에 해당한다. 현의 반지름은 얼마인가?

높이의 한계

텍사스에 있는 샌 재신토 San Jacinto 기념비는 세계에서 가장 높은 석조 기둥이다.

돌기둥을 얼마나 높이 쌓을 수 있을까? 돌기둥이 너무 높으면 그 자체의 무게 때문에 부서지고 말 것이다. 밑 부분에서 압축 변형력은 그 물질의 압축강도보다는 작아야 하기 때문에 돌기둥의 최대 높이는 제한을 받게 된다. 그렇지만 연직 기둥이 휘는 최대 높이는 일반적으로 기둥이 무게에 의해 부서지는 높이보다 낮다.

응용 : 인체 뼈의 구조 팔다리의 뼈는 속이 비어 있다. 골격을 이루는 이러한 뼈 내부는 구조적으로 약한 골수로 채워져 있다. 속이 빈 뼈는 속이 채워진 뼈보다 중심축 방향으로 작용하는 압축력에 대해서 더 쉽게 휘지만, 구부리거나 비트는 힘에 대해서는 더 잘 견딜 수 있다.

응용 : 생물체의 크기 한계 왜 거인의 뼈 모양의 비율은 보통 사람과 달라야 하는 것일까? 거인의 평균 밀도가 보통 사람과 같다면, 그의 몸무게는 그의 부피에 비례하여 커질 것이다. 예를 들어 거인이 보통 사람보다 키가 5배 크고 몸의 각 부분의 상대적인 비가

같다면, 그의 부피는 $5^3 = 125$배 커진다. 왜냐하면 몸의 모든 부분이 5배 길어지기 때문이다. 반면 뼈의 단면의 넓이는 그 반지름의 제곱에 비례한다. 따라서 다리뼈는 125배나 되는 무게를 지탱해야 하지만, 견딜 수 있는 최대 압축력은 단지 25배 증가한다. 거인은 그의 늘어난 몸무게를 지탱하기 위해 (다리 길이에 비해) 훨씬 더 굵은 다리가 필요한 것이다. 압축력보다 더 쉽게 뼈를 부러뜨리는, 비틀고 구부리는 힘에 비슷한 분석을 적용하더라도 그 결과는 같다. 거인의 뼈는 보통 사람의 뼈와 같은 모양의 비율을 가질 수 없다.

공상과학 영화나 공포 영화에는 가끔 일반 곤충을 아주 크게 확대한 거대 곤충이 나온다. 그러한 거대 곤충의 다리는 곤충의 몸무게 때문에 찌부러지게 될 것이다.

혼자서 해 보기 친구에게 A4 크기의 종이 한 장과 두 개의 클립을 이용하여 책을 책상으로부터 적어도 20 cm 위에 있게 해 보라고 하자. 친구가 못한다고 하면, 종이를 말아서 지름이 2 cm 정도 되는 작은 원통을 만들고 클립으로 원통의 아래와 위를 고정시키고 원통의 꼭대기에 조심스럽게 책을 올려놓아 보아라(그림 10.7). 어렵다면, 더 두꺼운 종이로 시도하거나 좀 더 가벼운 책으로 시도해 보자.

같은 '도구'를 사용해서 원기둥이 찌그러지는 것을 확인하려면 종이 원통의 지름을 두 배로 크게 만들어 보라. 책을 지탱하는 종이의 넓이는 같지만, 종이 벽을 이루는 종이 층의 수가 줄어들었기 때문에 종이 원통의 벽은 더 얇아졌다.

아무 일도 일어나지 않았다면, 더 무거운 책으로 다시 시도해 보라. 원통 벽이 찌그러지고 책이 책상에 떨어지는 것을 볼 수 있을 것이다.

그림 10.7 종이를 말아서 만든 기둥이 책을 지탱하고 있다.

10.4 층밀리기 및 부피 변형 Shear and Volume Deformations

이번 절에서는 서로 다른 두 종류의 변형에 대해 알아볼 것이다. 각각의 경우에 해당하는 변형력(단위 넓이당 힘)과 변형(차원 없음), 변형률(변형력과 변형 사이의 비례상수)을 정의해 보자.

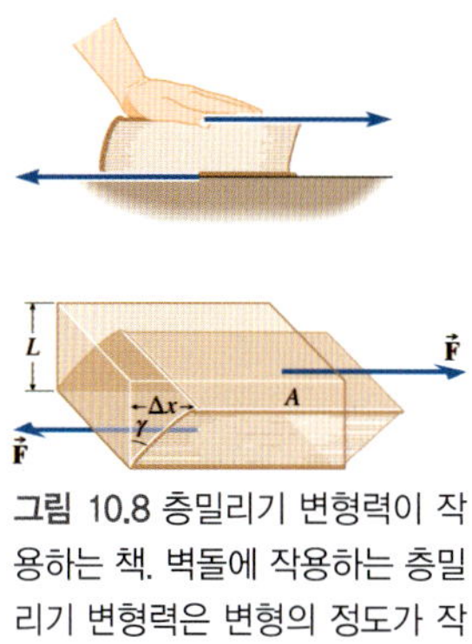

그림 10.8 층밀리기 변형력이 작용하는 책. 벽돌에 작용하는 층밀리기 변형력은 변형의 정도가 작을 뿐 책의 경우와 같은 종류의 변형을 일으킨다.

층밀리기 변형

물체의 반대쪽 두 표면에 직각으로 작용하는 장력이나 압축력과는 달리, **층밀리기 변형** shear deformation은 반대쪽 두 표면에 나란하게 작용하는, 크기는 같지만 방향이 반대인 짝힘의 결과로 생긴다(그림 10.8). **층밀리기 변형력** shear stress은 층밀리기 힘을 힘이 작용하는

표면의 넓이로 나눈 크기이다. 곧

$$\text{층밀리기 변형력} = \frac{\text{층밀리기 힘}}{\text{표면의 넓이}} = \frac{F}{A} \quad (10\text{-}6)$$

이다. **층밀리기 변형**shear strain은 두 표면의 거리 L에 대한 상대적 변위 Δx의 비율이다.

$$\text{층밀리기 변형} = \frac{\text{표면의 변위}}{\text{표면의 거리}} = \frac{\Delta x}{L} \quad (10\text{-}7)$$

층밀리기 변형은 변형력이 너무 크지 않는 한 변형력에 비례하고, 비례상수는 **층밀리기 탄성률**shear modulus S라고 부른다.

층밀리기 변형에 대한 훅의 법칙

$$\text{층밀리기 변형력} \propto \text{층밀리기 변형}$$

$$\frac{F}{A} = S\frac{\Delta x}{L} \quad (10\text{-}8)$$

연결 고리 서로 다른 종류의 변형력과 변형에 대해, 훅의 법칙은 같은 형태를 갖는다. 모든 경우에 변형은 변형력에 비례한다.

층밀리기 변형력과 층밀리기 탄성률의 단위는 인장 또는 압축 변형력 및 영률과 똑같다. 즉 Pa나 N/m^2이다. 변형은 여전히 차원이 없다. 표 10.2에 여러 물질의 층밀리기 탄성률이 있다.

가위날로 종이를 자르는 것은 층밀리기 변형력을 이용한 예이다. 종이를 위아래에서 자르는 힘은 서로 상쇄되며 종이의 단면의 넓이에 나란하게 작용한다(그림 10.9).

표 10.2 여러 가지 물질의 층밀리기 탄성률과 부피 탄성률

	물질	층밀리기 탄성률 S (GPa)	부피 탄성률 B (GPa)
기체	공기*		0.00010
	공기**		0.00014
액체	에탄올		0.9
	물		2.2
	수은		25
고체	주철	40~50	60~90
	대리석		70
	알루미늄	25~30	70
	구리	40~50	120~140
	강철	80~90	140~160
	다이아몬드		620

* 0℃ 1기압에서 등온 팽창이나 등온 압축
** 0℃ 1기압에서 팽창이나 수축하는 동안 열 흐름이 없는 경우

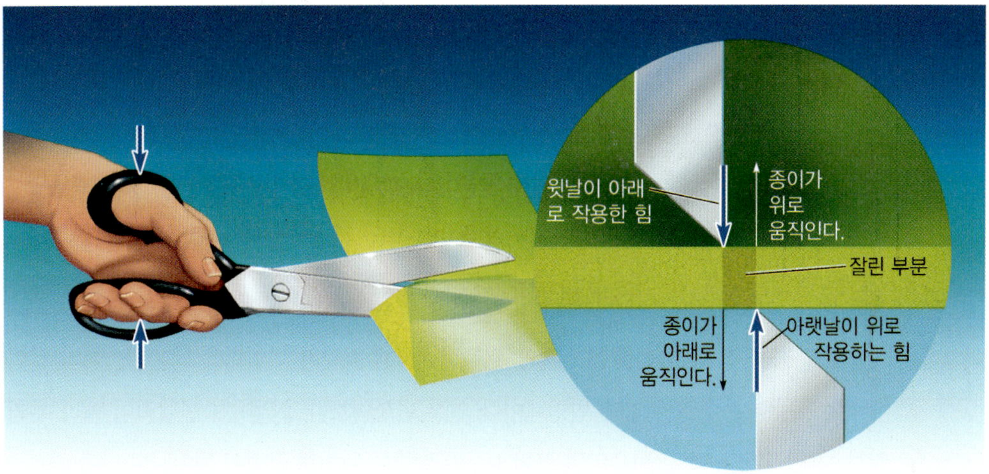

그림 10.9 가위는 종이에 층밀리기 변형력을 가한다. 이 경우 층밀리기 변형력은 가위날이 작용하는 힘을 종이 단면의 넓이로 나눈 값이며, 종이 단면의 넓이는 종이 두께와 종이와 접촉한 날의 길이를 곱한 것이다.

보기 10.4 종이 자르기

두께가 0.20 mm 인 종이를 날 길이가 10.0 cm 이고 너비가 0.20 cm 인 가위로 자른다. 자르는 동안 각각의 가위날은 종이에 3.0 N 의 힘을 작용한다. 종이에 닿은 각각의 날 길이는 약 0.5 mm 이다. 종이의 층밀리기 변형력은 얼마인가?

전략 층밀리기 변형력은 힘을 넓이로 나눈 것이므로 이 문제에서 올바른 넓이를 아는 것이 중요하다. 두 날은 종이의 두 단면의 넓이 표면을 서로 반대 방향으로 민다. 층밀리기 변형력은 각각의 날이 작용하는 힘을 단면의 넓이, 곧 종이에 닿은 날 길이에 종이 두께를 곱한 것으로 나눈 값이다(그림 10.8, 그림 10.9를 비교하라). 날의 총길이와 너비는 무관하다.

풀이 힘이 작용하는 단면의 넓이는

$$A = \text{두께} \times \text{닿은 길이}$$
$$= 2.0 \times 10^{-4}\ \text{m} \times 5 \times 10^{-4}\ \text{m} = 1 \times 10^{-7}\ \text{m}^2$$

이고, 층밀리기 변형력은 다음과 같다.

$$\frac{F}{A} = \frac{3.0\ \text{N}}{1 \times 10^{-7}\ \text{m}^2} = 30\ \text{Mpa}$$

검토 문제를 푸는 데 필요한 넓이를 결정하기 위해, 층밀리기 힘은 층밀림이 일어나는 표면에 나란히 작용한다는 것을 기억하자. 반면, 인장력이나 압축력은 힘이 가해지는 표면에 수직으로 작용한다.

실전문제 10.4 구멍 뚫기에 의한 층밀리기 변형력

구멍 뚫는 펀치는 지름이 8.0 mm 이며 6.7 kN 의 힘으로 종이 10장에 구멍을 뚫는다. 종이 한 장의 두께가 0.20 mm 라 할 때 층밀리기 변형력을 구하여라.
[힌트 : 어떤 넓이를 사용해야 하는지 주의해서 결정하여라. 층밀리기 힘의 방향은 힘이 작용되는 면과 평행하다는 것을 기억하자.]

그림 10.10 (a) 스키선수가 넘어져 층밀리기 변형력을 받았다. (b) 골절이 된 뼈 X선 사진 © ProfessorHD, CC-BY-SA 4.0

(a) (b)

응용 : 나선형 골절 뼈가 뒤틀릴 때, 층밀리기 변형력을 받는다. 뼈의 길이 방향을 따르는 압축 변형력이나 인장 변형력보다 층밀리기 변형력이 뼈가 부러지는 주 원인이다. 뼈가 뒤틀리면 그림 10.10과 같이 나선형 골절이 일어난다.

부피변형

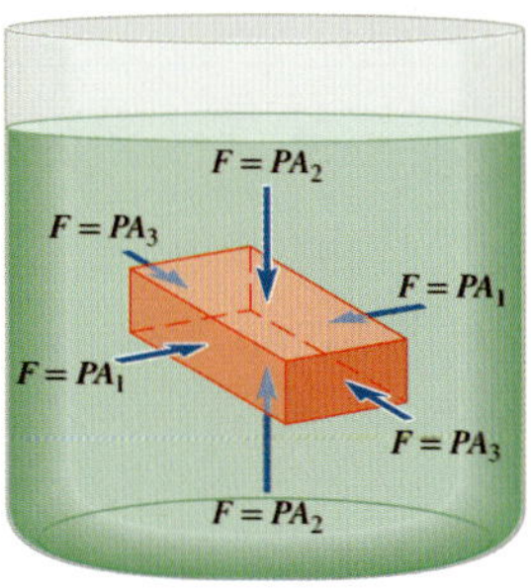

그림 10.11 유체에 잠긴 물체에 작용하는 힘

9장에서 알아본 것처럼, 유체에 잠겨 있는 물체는 유체 압력에 의해 물체 표면 안쪽으로 향하는 힘을 받는다. 이 힘은 물체 표면에 수직으로 작용한다. 그림 10.11에서처럼, 유체가 물체 안쪽으로 물체를 누르기 때문에 물체의 부피는 줄어든다. 유체압력 P는 단위 넓이당 작용한 힘으로 물체에 작용하는 **부피변형력**volume stress이다. 압력은 다른 변형력과 같은 단위를 갖는다. 즉 $\mathrm{N/m^2}$ 또는 Pa이다.

$$\text{부피변형력} = \text{압력} = \frac{F}{A} = P \tag{10-9}$$

이로 인한 물체의 변형을 **부피변형**volume strain이라 하고, 이는 부피 변화율을 나타낸다.

$$\text{부피변형} = \frac{\text{부피 변화}}{\text{처음 부피}} = \frac{\Delta V}{V} \tag{10-10}$$

변형력이 너무 크지 않다면, 변형력과 변형은 비례하고, 이때 비례상수를 **부피탄성률**bulk modulus B라 부른다. 부피탄성률이 큰 물체는 부피탄성률이 작은 물체보다 압축되기 어렵다.

대기압에서 물체는 이미 부피변형력을 받고 있다. 대기압은 물체를 압축하여 진공 중 물체보다 부피를 약간 감소시킨다. 대기압에 의한 고체와 액체의 부피변형은 무시할 정도로 작다(물의 경우 5×10^{-5}). 대기압 상태에서 압력변화 ΔP에 의한 변형에 관한 훅의 법칙은 다음과 같다.

부피변형에 대한 훅의 법칙

$$\Delta P = -B\frac{\Delta V}{V} \tag{10-11}$$

여기에서 V는 대기압에서의 부피이다. 식 (10–11)에서 음$^-$의 부호는 부피탄성률이 양$^+$의 값을 갖게 해준다. 부피변형력이 늘어나면 부피가 줄어들기 때문에 ΔV가 음$^-$이라는 것을 고려한 것이다. 표 10.2에 여러 물질에 대한 부피탄성률이 있다.

앞 절에서 살펴본 변형력이나 변형과는 다르게, 부피변형력은 고체뿐 아니라 유체(액체와 기체)에도 적용할 수 있다. 액체의 부피탄성률은 일반적으로 고체의 부피탄성률보다 크게 작지는 않다. 왜냐하면 액체에서 원자들은 거의 고체에서처럼 밀집되어 있기 때문이다. 9장에서 액체는 압축되지 않는다고 가정했는데, 이는 액체의 부피탄성률이 일반적으로 크기 때문이다. 기체에서 원자들은 고체나 액체에서보다 훨씬 멀리 떨어져 있으므로 기체는 쉽게 압축될 수 있고 따라서 부피 탄성률은 훨씬 작다.

보기 10.5 물속의 대리석상

부피가 1.5 m^3 인 대리석상을 아테네에서 사이프러스까지 배로 운반하고 있다. 운반 중 해일에 의해 배가 침몰해 대리석상은 바다 밑 1.0 km 지점에 가라앉았다. 물의 압력에 의한 대리석상의 부피 변화를 cm^3 단위로 구하여라. 바닷물의 밀도는 1025 kg/m^3이다.

전략 물의 압력은 부피변형력이며, 이 압력은 대리석상의 표면 안쪽 수직 방향으로 누르는 단위 넓이당 힘이다. 깊이가 d인 곳의 수압은 수면에서보다 크다. 주어진 바닷물의 밀도를 이용하면 압력을 구할 수 있다. 그리고 표 10.2에 주어진 대리석의 부피탄성률을 이용해 훅의 법칙으로부터 부피 변화를 구할 수 있다.

풀이 깊이가 $d = 1.0$ km 인 곳에서의 압력과 대기압의 차이는 다음과 같다.

$$\begin{aligned}\Delta P &= \rho g d \\ &= 1025\ \text{kg/m}^3 \times 9.8\ \text{N/kg} \times 1000\ \text{m} \\ &= 1.005 \times 10^7\ \text{Pa}\end{aligned}$$

표 10.2에 따라 대리석의 부피 탄성률은 70×10^9 Pa 이다. 이것이 부피변형력(압력 변화)과 변형(부피 변화율) 사이의 비례상수이다.

$$\Delta P = -B\frac{\Delta V}{V}$$

ΔV에 대해 풀면

$$\begin{aligned}\Delta V &= -\frac{\Delta P}{B}V \\ &= -\frac{1.005 \times 10^7\ \text{Pa}}{70 \times 10^9\ \text{Pa}} \times 1.5\ \text{m}^3 \\ &= -2.2 \times 10^{-4}\ \text{m}^3 \times \left(\frac{100\ \text{cm}}{1\ \text{m}}\right)^3 \\ &= -220\ \text{cm}^3\end{aligned}$$

이다. 석상의 부피는 약 220 cm^3 정도 감소한다.

검토 감소한 부피 변화율은 $\dfrac{1.005 \times 10^7\ Pa}{70 \times 10^9\ Pa} \approx \dfrac{1}{7000}$ 이다. 곧 0.014 %가 줄어든 것이다. 늘어난 압력을 계산할 때, 바닷물의 밀도는 일정하다고 가정하였다. 방정식 $\Delta P = \rho g d$는 일정한 유체 밀도 ρ에 대해 유도한 것이다. ΔP의 계산이 틀렸는지 걱정되는가? 실전문제 10.5에서 1.0 km의 깊이에서 바닷물의 밀도는 표면의 밀도보다 약 0.43 % 크다는 것을 알 수 있다. ΔP의 계산은 0.5 % 정도 오차가 있지만 무시할 수 있다. 왜냐하면 바다 깊이를 유효숫자 2자리까지만 알기 때문이다.

실전문제 10.5 **물의 압축**

1 m^3의 바닷물에 10 MPa(100 atm)의 압력이 가해진다면 부피는 0.43 % 줄어든다는 것을 보여라. 바닷물의 부피탄성률은 2.3 GPa이다.

연결고리 10.2절에서 10.4절까지 소개한 것과 같이, 훅의 법칙은 용수철뿐 아니라 다양한 많은 물체의 작은 변형에 적용할 수 있다. 그러므로 진동이 너무 크지 않는 한 단순조화운동은 여러 상황에서 일어난다.

10.5 단순조화운동 Simple Harmonic Motion

진동은 가장 흔한 운동 중 하나로서, 같은 경로를 따라 왕복운동을 반복하는 것이다. 진동은 **안정 평형** stable equilibrium점 근처에서 발생한다. 물체가 평형에서 약간 벗어났을 때 물체에 작용하는 알짜힘이 평형으로 되돌아오는 방향을 가리키면, 이 평형은 안정하다고 말한다(그림 10.12). 여기서 평형으로 되돌아오려는 힘을 **복원력** restoring force이라고 부른다. **단순조화운동, SHM** simple harmonic motion이라 부르는 특별한 진동은 복원력이 평형으로부터의 변위에 비례할 때 나타나는 운동이다.

그림 10.13은 어떤 복원력에 대한 변위와 힘의 곡선 $F(x)$를 보여준다. 평형점에서 $x = 0$이라고 하자. 그래프가 직선이 아니므로, 진폭이 작지 않다면 그 결과로 생긴 진동은 단순조화운동이 아니다. 진폭이 작을 경우, 평형 근처에서 $F(x)$ 곡선을 평형점에서 곡선에 접하는 직선으로 어림할 수 있다. 진폭이 작은 진동에서, 복원력은 거의 선형이기

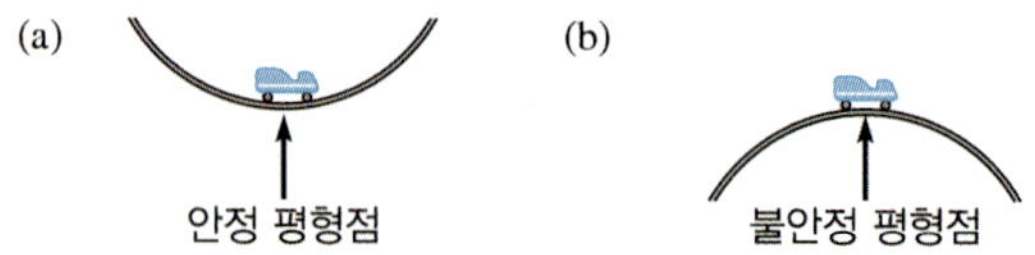

그림 10.12 (a) 안정 평형점에 있는 롤러코스터 열차. 이 차가 궤도의 바닥에 있다가 약간 벗어나면, 알짜힘은 차를 평형점 방향으로 끌어당긴다. (b) 불안정 평형점에 있는 롤러코스터 열차. 만일 이 차가 궤도의 정점으로부터 약간이라도 벗어난다면, 알짜힘은 차를 평형점에서 더 먼 곳으로 밀어낸다.

때문에 진동은 근사적으로 단순조화운동이다. 이상적인 용수철의 경우 복원력은 평형에서 떨어진 변위에 비례하기 때문에, 물리학자들은 이상적인 용수철 모형을 선호한다.

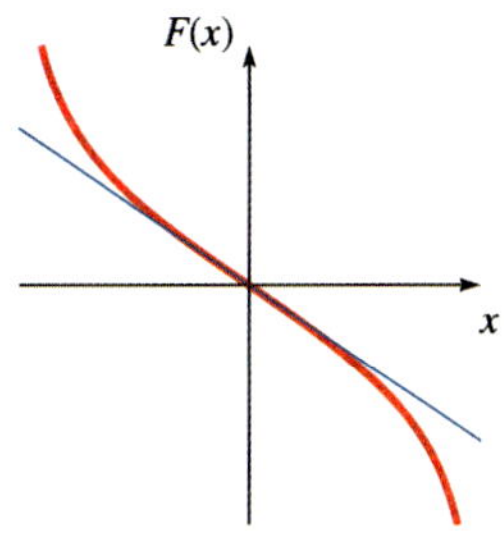

그림 10.13 변위가 작을 경우 비선형 복원력(빨간색)은 선형 복원력(파란색)으로 근사된다.

질량이 0이고 용수철 상수가 k인 이상적인 용수철이 이완되어 있다고 생각하자. 그림 10.14처럼 용수철의 한쪽 끝은 고정시키고 다른 한쪽에는 마찰 없이 미끄러질 수 있는 질량 m인 물체를 달았다. 수직항력은 물체의 무게와 반대 방향이고 크기가 같기 때문에, 물체에 작용하는 알짜힘은 용수철에 의한 힘뿐이다. 용수철이 그대로 있다면 알짜힘은 0이고 물체는 평형에 있다.

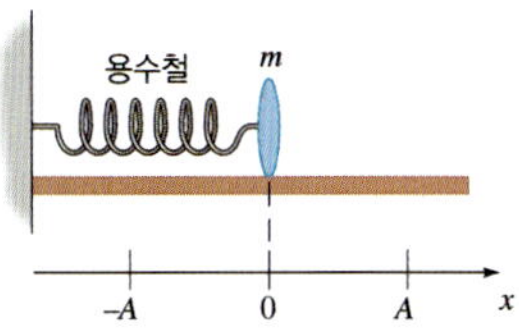

그림 10.14 평형상태에 있는 용수철. 용수철의 평형점을 원점($x=0$)으로 놓는다.

물체를 오른쪽으로 옮겨 위치 $x=A$인 곳까지 끌어당겼다가 놓는다면, 물체에 작용하는 알짜힘은 다음과 같다.

$$F_x = -kx \tag{10-12}$$

음$^-$의 부호는 용수철이 작용하는 힘이 평형에서의 변위와 반대 방향임을 나타낸다. 처음에는 물체가 평형점에서 오른쪽에 있기 때문에 용수철은 물체를 왼쪽으로 당긴다. 용수철이 작용하는 힘의 방향은 물체를 평형위치로 되돌리려는 방향임을 주목하라. 그 힘은 항상 평형점을 향해 밀거나 당기는 방향인 것이다.

물체가 왕복하는 동안 같은 시간 간격으로 일련의 사진을 찍는다고 하자. 그림 10.15에서 파란색 점은 반주기 동안 한쪽 끝에서 다른 한쪽 끝까지 운동하는 물체의 위치를 같은 시간 간격으로 나타낸 것이다. 한 주기는 되돌아오는 과정을 포함시키면 된다.

단순조화운동의 에너지 분석 그림 10.15는 물체가 평형위치를 지날 때 속력이 가장 빠르다는 것을 보여준다. 물체는 양 끝점에 다가갈 때 느려지고, 평형점에 다가갈 때 빨라진다. 끝점($x=\pm A$)에서, 물체는 운동 방향을 바꾸기 전에 순간적으로 정지한다. 에너지 보존이 이를 뒷받침해 준다. 질량과 용수철의 총역학적에너지는 일정하다.

$$E = K + U = \text{일정}$$

K는 운동에너지이고 U는 용수철에 저장되어 있는 탄성 퍼텐셜에너지이다. 그림 10.15와 같이 반주기 동안 물체가 움직일 때 에너지는 퍼텐셜에너지에서 운동에너지로, 다시 퍼텐셜에너지로 바뀐다. 6.7절에서 용수철의 탄성 퍼텐셜에너지는 다음과 같았다.

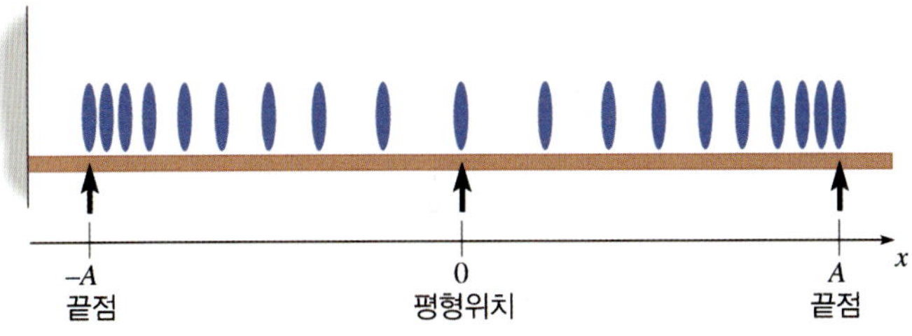

그림 10.15 반주기 동안 같은 시간 간격으로 나타낸 진동하는 물체의 위치. 명확한 표현을 위해 용수철은 그림에서 제외했다.

$$U = \frac{1}{2}kx^2 \quad (6\text{-}38)$$

임의의 위치 x에서 속력은 다음 에너지 방정식으로부터 구할 수 있다.

$$E = \frac{1}{2}mv_x^2 + \frac{1}{2}kx^2 \quad (10\text{-}13)$$

물체의 최대 변위는 **진폭** amplitude A이다. 운동 방향을 바꾸는 최대 변위에서 속도는 0이다. $x = \pm A$에서 운동에너지는 0이므로, 끝점에서 탄성 퍼텐셜에너지가 에너지의 전부이다. 그러므로 끝점에서 총에너지 $E_{총}$는

$$E_{총} = \frac{1}{2}kA^2 \quad (10\text{-}14)$$

연결고리 이 절에서 다루는 단순조화운동은 훅의 법칙과 더불어 에너지 보존 및 뉴턴의 제2법칙을 토대로 기술된다.

이고, 에너지는 보존되므로 물체가 어느 위치에 있든지 그 지점에서의 총에너지는 항상 식 (10−14)와 같다. 모든 에너지가 운동에너지인 $x = 0$에서 속력은 최대 속력 $v_{\rm m}$이 된다. 그래서 $x = 0$에서 총에너지는 운동에너지

$$E_{총} = \frac{1}{2}mv_{\rm m}^2 \quad (10\text{-}15)$$

이다. 식 (10−14)에서

$$\frac{1}{2}mv_{\rm m}^2 = \frac{1}{2}kA^2 \quad (10\text{-}16)$$

이다. 이 식을 $v_{\rm m}$에 대해 풀면

$$v_{\rm m} = \sqrt{\frac{k}{m}}A \quad (10\text{-}17)$$

가 된다. 최대속력은 **진폭**에 비례한다. 곧 진폭이 큰 진동이 더 큰 최대속력을 갖는다.

살펴보기 10.5 단순조화운동의 운동에너지와 퍼텐셜에너지가 같은 순간 물체의 평형점으로부터의 변위는 얼마인가?

단순조화운동의 가속도 위치 x에 있는 물체에 작용하는 힘은 훅의 법칙으로 주어진다. 그리고 뉴턴의 제2법칙에 의해 가속도를 알 수 있다.

$$F_x = -kx = ma_x \quad (10\text{-}18)$$

가속도에 대해 풀면

단순조화운동에서 물체의 가속도

$$a_x(t) = -\frac{k}{m}x(t) \tag{10-19}$$

가 된다. 그러므로 가속도는 음$^-$의 상수$(-k/m)$에 변위를 곱한 것이 된다. 가속도와 변위는 항상 반대 방향이다. 가속도가 변위에 음$^-$의 상수를 곱한 꼴이면, 물체의 운동은 단순조화운동이다.

힘이 최대일 때, 곧 최대 변위 $x = \pm A$에서 가속도는 최대가 된다. 최대가속도 a_m은

$$a_\text{m} = \frac{k}{m}A \tag{10-20}$$

이다. 단순조화운동에서 가속도는 시간에 따라 변한다. 식 (10−20)은 최대 가속도만을 알려준다. 따라서 가속도가 일정할 때는 이 방정식으로 구할 수 없다.

보기 10.6 진동하는 모형 로켓

질량이 1.0 kg인 모형 로켓이 용수철 상수 6.0 N/cm인 용수철에 수평으로 매달려 있다. 이 용수철을 18.0 cm만큼 눌렀다가 놓는다고 하자. 로켓을 수평으로 쏘아 보내려 했지만 연결고리가 풀어지지 않아 로켓이 용수철에 걸린 채 수평으로 진동하기 시작하였다. 마찰을 무시할 수 있는 이상적인 용수철이라고 가정했을 때, (a) 진동의 진폭은 얼마인가? (b) 최대 속력은 얼마인가? (c) 로켓이 평형점에서 12.0 cm 떨어져 있을 때 로켓의 속력과 가속도는 얼마인가?

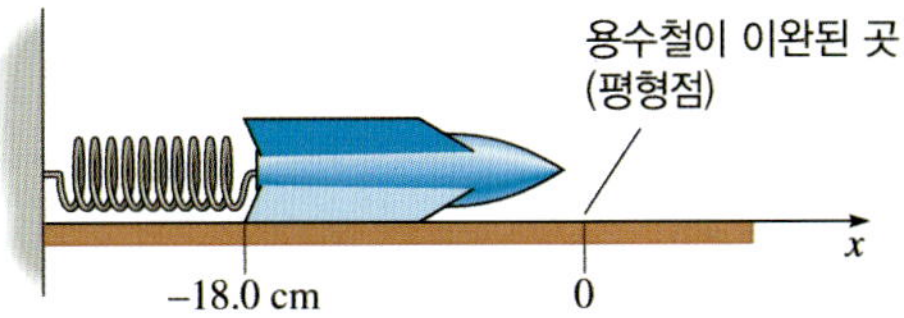

그림 10.16 발사되기 전의 모형 로켓

전략 우선 주어진 상황을 그려보자(그림 10.16). 처음에 전체 에너지는 탄성 퍼텐셜에너지이고 운동에너지는 0이다. 처음 변위는 진동의 최대 변위 또는 진폭에 해당한다. 왜냐하면 평형에서 이보다 더 멀어지게 하려면 처음 총에너지보다 더 많은 탄성에너지가 소요되기 때문이다.

임의의 점에서 속력은 에너지 보존$\left(\frac{1}{2}kx^2 + \frac{1}{2}mv_x^2 = \frac{1}{2}kA^2\right)$을 이용하여 구할 수 있다. 전체 에너지가 운동에너지일 때 속력은 최대가 된다. 가속도는 뉴턴의 제2법칙으로 구할 수 있다.

풀이 (a) 진동의 진폭은 최대 변위, 곧 $A = 18.0$ cm이다.

(b) 에너지 보존으로부터 최대 운동에너지는 최대 탄성 퍼텐셜에너지와 같다.

$$K_\text{m} = \frac{1}{2}mv_\text{m}^2 = E = \frac{1}{2}kA^2$$

이 식을 v_{m}에 대해 풀면 다음과 같다.

$$v_{\mathrm{m}} = \sqrt{\frac{k}{m}}A = \sqrt{\frac{6.0\times10^2\ \mathrm{N/m}}{1.0\ \mathrm{kg}}}\times0.180\ \mathrm{m}$$

$$= 4.4\ \mathrm{m/s}$$

(c) 변위가 0.120 m 인 곳에서의 속력은 에너지 보존

$$\frac{1}{2}kx^2 + \frac{1}{2}mv_x^2 = \frac{1}{2}kA^2$$

을 이용하여 구할 수 있다. v에 대해 풀면

$$v = \sqrt{\frac{kA^2 - kx^2}{m}} = \sqrt{\frac{k}{m}(A^2 - x^2)}$$

$$= \sqrt{\frac{6.0\times10^2\ \mathrm{N/m}}{1.0\ \mathrm{kg}[(0.180\ \mathrm{m})^2-(0.120\ \mathrm{m})^2]}}$$

$$= 3.3\ \mathrm{m/s}$$

이다. 뉴턴의 제2법칙에서

$$F_x = -kx = ma_x$$

이다. $x = \pm0.120$ m 에서 가속도의 크기는

$$a_x = -\frac{k}{m}x = \frac{6.0\times10^2\ \mathrm{N/m}}{1.0\ \mathrm{kg}}\times(\pm0.120\ \mathrm{m})$$

$$= \pm72\ \mathrm{m/s^2}$$

이고, 방향은 평형점을 향한다.

검토 주어진 위치, 예를 들면 $x = \pm0.120$ m 에서 로켓 속력을 구할 수 있지만, 속도의 방향은 왼쪽 또는 오른쪽이다. 로켓은 끝점을 제외한 각 점에서 왼쪽이나 오른쪽으로 운동한다. 한편, 가속도는 $x = \pm0.120$ m 에서 로켓이 어느 쪽으로 운동하느냐와 관계없이 항상 $-x$ 방향이다. 로켓이 오른쪽으로 운동할 때, $x = +A$에 다가갈수록 속력이 느려지고 왼쪽으로 운동할 때 $x = 0$에 다가갈수록 속력은 빨라진다.

실전문제 10.6 **로켓의 최대 가속도**

보기 10.6에서 로켓의 최대 가속도는 얼마인가? 물체의 가속도가 최대가 되는 위치는 어디인가?

10.6 단순조화운동의 주기와 진동수
The Period and Frequency for SHM

연결고리 주기와 진동수는 또 다른 종류의 주기운동인 등속 원운동의 경우와 똑같이 정의된다.

단순조화운동은 같은 운동을 반복하는 주기적인 운동이다. 입자는 정확히 같은 방식으로 같은 길을 왕복한다. 매번 입자가 그 원래의 운동을 되풀이할 때 입자가 한번 순환cycle을 마쳤다라고 표현한다. 운동이 한번 순환을 마치면, 입자는 처음 순환을 시작했을 때와 같은 점에 위치하고 같은 방향으로 움직이고 있어야 한다. **주기**period T는 순환을 한번 하는데 걸리는 시간이다. **진동수**frequency f는 단위 시간당 순환하는 횟수이다.

$$f = \frac{1}{T} \quad \text{(SI 단위 : Hz = 초당 순환 수)} \qquad (5\text{-}10)$$

단순조화운동은 복원력이 평형으로부터의 변위에 비례하는 주기운동의 특별한 종류이다. 모든 복원력이 항상 변위에 비례하는 것은 아니므로 모든 주기적인 진동이 단순조화운동이 되는 것은 아니다. 그림 10.17의 심전도 기록은 심장이 뛰는 주기적인 형태를 보여주지만, 기록계의 바늘 운동은 단순조화운동이 아니다. 이어서 보이겠지만, 단순조화운동에서 위치는 시간의 사인함수이다.

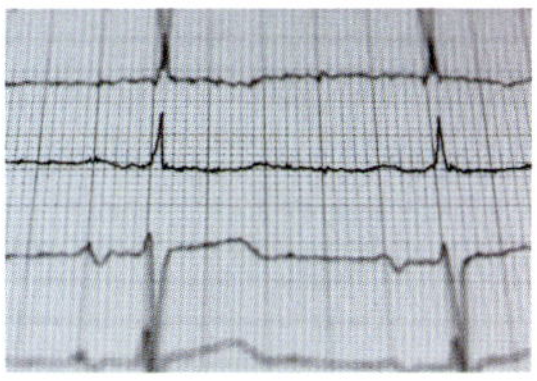

그림 10.17 심전도 그래프

살펴보기 10.6 괘종시계의 추가 왼쪽 끝에서 오른쪽 끝까지 흔들리는 데 1초가 걸린다. 추의 주기운동의 진동수는 얼마인가?

원운동과 단순조화운동 단순조화운동을 보다 자세히 이해하기 위해 그림 10.18과 같은 실험 장치를 꾸미도록 하자. 물체를 이상적인 용수철에 달고, 물체를 평형위치에서 떨어뜨린 후 가만히 놓는다. 물체는 진폭 A로 왕복운동하는 단순조화운동을 하게 된다. 반지름 $r = A$인 원판 바깥쪽 끝에 핀 하나를 위로 향하게 세우고, 물체와 원판이 동시에 일정한 원운동을 하도록 한다. 용수철에 달려 있는 물체와 회전하는 원판에 있는 핀에 빛을 비추어 진동하는 물체와 회전하는 핀의 그림자가 스크린 위에서 나타나도록 한다. 두 그림자가 같은 주기로 진동하도록 원판의 속력을 조정하자. 그러면 두 물체의 그림자의 운동은 정확히 일치함을 볼 수 있다. 곧 하나에 대한 수학적인 표현을 다른 것에도 적용할 수 있다.

단순조화운동의 수학적인 표현을 찾아내기 위해 핀의 등속원운동을 분석해 보자. 그림 10.18b는 핀 P가 일정한 각속도 ω로 반지름이 A인 원 둘레를 반시계방향으로 운동하는 것을 보여준다. 시간 $t = 0$일 때 각 $\theta = 0$에서 핀이 움직이기 시작한다면 임의의 시간에서 핀의 위치는 다음과 같이 주어진다.

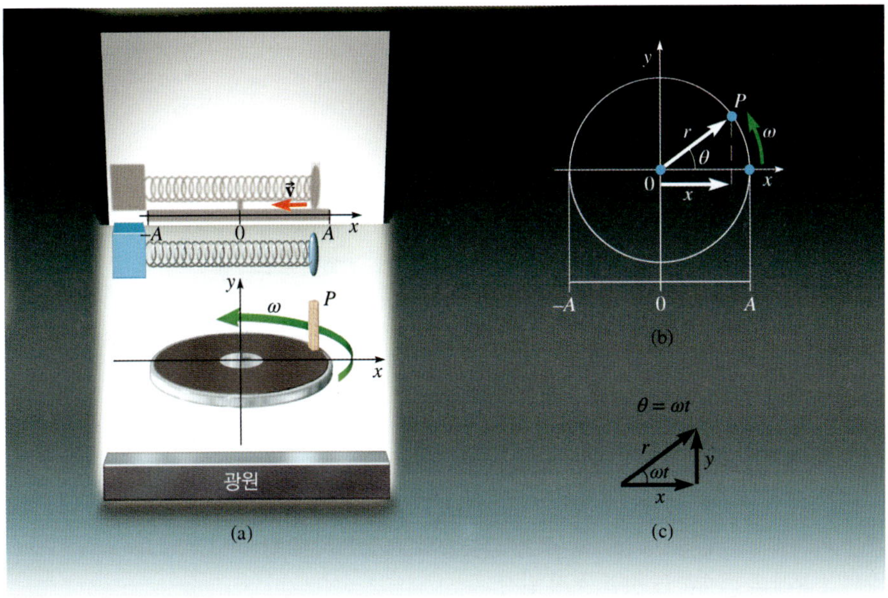

그림 10.18 (a) 등속원운동과 단순조화운동의 관계를 보여주는 실험. (b) 원반이 등각속도 ω로 회전함에 따라, 원반에 고정된 핀 P도 반시계방향으로 회전한다. (c) 변위의 x 성분 구하기

$$\theta(t) = \omega t \tag{10-21}$$

핀 그림자의 운동은 핀 그 자체의 운동의 x 성분과 똑같다. 그림 10.18c와 같은 직각 삼각형을 이용하여

$$x(t) = A\cos\theta = A\cos\omega t \tag{10-22}$$

임을 알 수 있다.

핀이 등속원운동을 하므로, 가속도의 크기는 일정하지만 방향은 계속 바뀐다. 가속도는 항상 원의 중심을 향한다. 5.2절에서 지름(구심) 가속도의 크기는

$$a_r = \omega^2 r = \omega^2 A \tag{5-17}$$

로 주어졌다. 매 순간 가속도 벡터의 방향은 그림 10.18b에서 변위 벡터의 방향과 반대, 곧 원의 중심을 향하는 방향이다. 그러므로

$$a_x = -a_r \cos\theta = -\omega^2 A\cos\omega t \tag{10-23}$$

이다. 식 (10−22)와 (10−23)을 비교해 보면, 시간 t에서

$$a_x(t) = -\omega^2 x(t) \tag{10-24}$$

임을 알 수 있다. 식 (10−19)에서 단순조화운동의 가속도가 변위에 비례함을 보였다.

$$a_x = -\frac{k}{m}x \tag{10-19}$$

식 (10−19)와 (10−24)의 우변을 비교하면, 두 그림자의 운동은 각진동수 ω가 다음과 같은 경우에 똑같다.

질량-용수철계의 각진동수

$$\omega = \sqrt{\frac{k}{m}} \tag{10-25}$$

단순조화운동에서는 ω를 **각진동수** angular frequency라고 부른다. 각진동수는 질량과 용수철 상수에 의해 결정되고 진폭과는 무관하다. 각진동수, 각속도 ω를 포함하는 대부분의 방정식은 ω의 단위로서 단위 시간당 라디안(rad/s)을 사용한다. 계산기를 사용할 경우 라디안 모드로 조정하는 것을 잊지 말자.

식 (10−22)와 (10−23)은 단순조화운동의 물체의 위치와 가속도가 시간에 대한 사인 모양sinusoidal의 함수임을 보여준다(사인 혹은 코사인). 속도 v_x 또한 시간에 대한 사인 모양의 함수이다. 단순조화운동에서 '조화'라는 말은 사인함수 형태로 진동하는 것을 뜻한다. 이 용어의 사용은 음악과 음향학에서 사용하는 용어와 관련이 있다. 12장에서 복잡한 진동을 진동수가 다른 조화함수의 결합으로 만들어 낼 수 있음을 보일 것이다. 따라서 단순조화운동을 공부하는 것이 매우 복잡한 진동을 이해하기 위한 기초가 된다. 단순조화운동에서 '단순'이란 말은 그 계에 에너지가 유입되거나 나가는 것이 없다는 것을 의미한다. 단순조화운동에서 진동의 진폭은 일정하다.

이상적인 질량−용수철 계의 주기와 진동수 단순조화운동을 하는 물체와 원운동을 하는 핀은 같은 진동수와 주기를 갖기 때문에 ω, f, T 사이의 관계도 같이 적용할 수 있다. 그러므로 질량 − 용수철 계의 진동수와 주기는

$$f = \frac{\omega}{2\pi} = \frac{1}{2\pi}\sqrt{\frac{k}{m}} \qquad (10\text{-}26)$$

이고

$$T = \frac{1}{f} = 2\pi\sqrt{\frac{m}{k}} \qquad (10\text{-}27)$$

이다. 질량 − 용수철 계에 대한 ω를 이용하여, 식 (10−14)와 (10−16)로부터 최대 속력과 최대 가속도 식을 유도할 수 있다.

$$v_m = \omega A \qquad (10\text{-}28)$$

$$a_m = \omega^2 A \qquad (10\text{-}29)$$

이 두 식은 식 (10−17)과 (10−20)보다 더 일반적인 식으로서, 단지 질량 − 용수철 계뿐만 아니라 단순조화운동을 하는 어느 계에나 항상 성립한다.

단순조화운동을 하는 물체에서 각진동수 구하기

- 복원력을 평형으로부터의 변위의 함수로 나타내어라. 복원력은 선형이므로 그것은 항상 $F = -kx$의 꼴을 갖고, 여기서 k는 상수이다.
- 뉴턴의 제2법칙을 이용하여 복원력과 가속도의 관계를 나타내라.
- 식 (10-24)의 $a_x = -\omega^2 x$를 이용해 ω를 구하라.

연직으로 매달린 질량과 용수철

지금까지 질량 – 용수철 계가 수평으로 진동하는 것에 관해 살펴보았다. 연직으로 있는 용수철에 매달려 진동하는 질량 또한 단순조화운동을 나타낸다. 수평으로 진동하는 계와의 차이점은 평형점이 중력에 의해 아래로 옮겨졌다는 것뿐이다. 이후 논의에서는 훅의 법칙을 따르고 그 자체의 질량은 무시할 수 있을 정도로 작은 이상적인 용수철을 생각하자.

무게 mg인 물체가 용수철 상수 k인 이상적인 용수철에 그림 10.19처럼 매달려 있다. 물체의 평형점은 용수철이 이완되어 있는 지점이 아니다. 평형위치에서, 용수철은 거리 d만큼 원래의 길이에서 아래로 늘어나 있어, 용수철은 mg와 같은 힘으로 물체를 위로 당긴다. $+y$축을 위쪽 방향으로 두면, 평형 조건은

$$\sum F_y = +kd - mg = 0 \text{ (평형위치에서)} \qquad (10\text{-}30)$$

이 된다. 그러므로 $d = mg/k$이다. 평형점을 원점($y=0$)으로 잡자. 물체가 평형점에서 위치 y까지 연직으로 이동되었다면, 용수철이 늘어난 길이는 $d-y$이다. 용수철이 작용하는 힘은

$$F_{\text{용수철},y} = k(d-y) \qquad (10\text{-}31)$$

가 된다. y가 양$^+$의 값이라면, 물체는 위로 이동하고, 용수철이 작용하는 힘은 kd보다 작아진다. 알짜힘의 y 성분은

$$\sum F_y = k(d-y) - mg = kd - ky - mg \qquad (10\text{-}32)$$

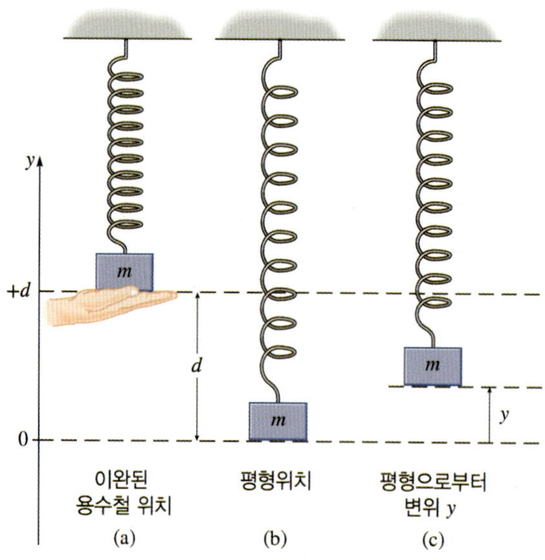

그림 10.19 (a) 용수철 상수 k인 이완 상태의 용수철에 질량 m인 추를 달았다. (b) 질량 m을 매단 후 용수철은 초기 이완상태와 비교하여 거리 d만큼 더 늘어나 평형에 도달하였다. $y=0$인 위치는, 초기 이완상태 위치가 아닌, 평형상태인 위치로 정한다는 점에 유의하여라. (c) 용수철은 평형점에서 y만큼 이동되었다.

가 된다. 식 (10−30)에서, $kd = mg$이므로, 식 (10−32)는

$$\sum F_y = -ky \qquad (10\text{-}33)$$

가 된다. 용수철과 중력에 의한 복원력은 $-k$와 평형으로부터의 변위의 곱이다. 그러므로 연직으로 있는 질량 – 용수철은 수평이었을 때와 같은 주기와 진동수를 갖는다.

보기 10.7 연직 용수철

용수철 상수 k인 용수철이 연직으로 매달려 있다. 늘어나지 않은 상태의 용수철에 질량 m인 새 모형을 매달아 가만히 놓으면 새는 위아래로 진동하게 된다(마찰과 공기 저항을 무시하고, 용수철은 질량이 없는 이상적인 것이라고 하자). 운동에너지, 탄성 퍼텐셜에너지, 중력 퍼텐셜에너지, 그리고 총역학적에너지를 (a) 새를 매단 다음 놓았던 위치, (b) 새를 매달아 형성된 평형위치에서 각각 계산하여라. 평형위치에서 중력 퍼텐셜에너지를 0으로 잡는다. (c) 새 모형이 최고점에서 최저점까지 운동하는 데 걸리는 시간은 얼마인가?

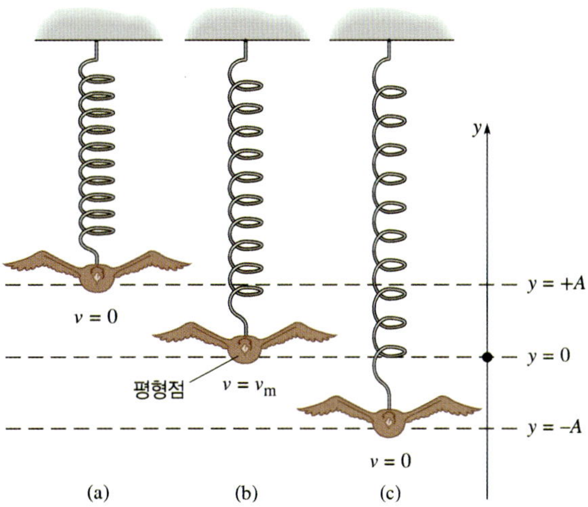

그림 10.20 (a) $y=+A$에서 모형 새를 놓기 전에는 용수철이 늘어나지 않는다. (b) 모형 새가 $y=0$인 평형점을 최대의 속력으로 통과한다. (c) 그 새가 $y=-A$에 있을 때 용수철은 최대로 늘어난다.

전략 새는 두 한계점 $y = +A$와 $y = -A$ 사이에서 평형위치 $y=0$을 중심으로 단순조화운동을 한다. (그림 10.20). 진폭 A는 용수철이 평형위치에서 늘어난 거리와 같다. 여기서 평형위치는 새에 작용하는 알짜힘을 0으로 놓고 구할 수 있다. 총역학적에너지는 운동에너지, 탄성 퍼텐셜에너지, 중력 퍼텐셜에너지의 합이다. 총에너지가 두 점에서 같다고 생각할 수 있다. 에너지 손실을 유발하는 힘은 작용하지 않으므로 역학적에너지는 보존된다.

풀이 평형위치에서 새에 작용하는 알짜힘은 0이다.

$$\sum F_y = +kd - mg = 0 \qquad (10\text{-}30)$$

이 방정식에서 d는 평형상태에서 용수철이 늘어난 길이이다. 용수철이 늘어난 상태에서 새를 놓았으므로, d는 또한 진동의 진폭이다.

$$A = d = \frac{mg}{k}$$

(a) 새를 놓았던 위치에서 $v = 0$이고 운동에너지는 0이다. 용수철이 늘어나지 않았으므로 탄성 퍼텐셜에너지 역시 0이다. 중력 퍼텐셜에너지는

$$U_g = mgy = mgA = \frac{(mg)^2}{k}$$

이다. 총역학적에너지는 운동에너지와 탄성 퍼텐셜에너지 및 중력 퍼텐셜에너지의 합이다.

$$E = K + U_e + U_g = \frac{(mg)^2}{k}$$

(b) 평형위치에서, 새는 최대 속력 $v_{\text{m}} = \omega A$로 운동한다. 각진동수는 수평 용수철의 경우와 마찬가지로 $\omega = \sqrt{k/m}$ 이다. 그러면 운동에너지는

$$K = \frac{1}{2}mv_{\text{m}}^2 = \frac{1}{2}m\omega^2 A^2$$

이다. $A = mg/k$ 와 $\omega^2 = k/m$ 을 대입하면

$$K = \frac{1}{2}m\frac{k}{m}\frac{(mg)^2}{k^2} = \frac{1}{2}\frac{(mg)^2}{k}$$

이다. 용수철이 거리 A만큼 늘어나면, 탄성에너지는

$$U_{\text{e}} = \frac{1}{2}kA^2 = \frac{1}{2}k\frac{(mg)^2}{k^2} = \frac{1}{2}\frac{(mg)^2}{k}$$

이 된다. $y = 0$에서 중력 퍼텐셜에너지는 0이므로, 총 역학적에너지는

$$\begin{aligned} E &= K + U_{\text{e}} + U_{\text{g}} \\ &= \frac{1}{2}\frac{(mg)^2}{k} + \frac{1}{2}\frac{(mg)^2}{k} + 0 = \frac{(mg)^2}{k} \end{aligned}$$

으로 $y = +A$에서와 똑같다.

(c) 주기는 $2\pi\sqrt{m/k}$ 이다. $y = +A$에서 $y = -A$까지 운동은 반주기 운동이므로 걸리는 시간은 $\pi\sqrt{m/k}$가 된다.

검토 새가 놓인 점에서 평형점을 향해 아래로 운동할 때, 중력 퍼텐셜에너지는 탄성에너지와 운동에너지로 바뀐다. 새가 평형점을 지난 후, 운동에너지 및 중력에너지는 탄성에너지로 바뀐다. 운동의 맨 아래 점에서, 중력 퍼텐셜에너지가 최소가 되는 데 반해 탄성 퍼텐셜에너지는 최대가 된다. 총퍼텐셜에너지(중력 및 탄성)는 평형점에서 최소가 된다. 왜냐하면 평형위치에서 운동에너지는 최대가 되기 때문이다.

실전문제 10.7 **용수철이 최대로 늘어난 곳에서의 에너지**

보기 10.7의 진동에서 새가 가장 낮은 곳에 있을 때 에너지를 계산하여라.

10.7 단순조화운동의 그래프 분석
Graphical Analysis of SHM

식 (10-22)에서, x축을 따라 단순조화운동을 하는 입자의 위치는

$$x(t) = A\cos\omega t \qquad (10\text{-}22)$$

로 나타낼 수 있음을 보였다. 입자의 최대 변위($+A$)에서 $t = 0$을 선택한 경우 그림 10.21a는 위치에 대한 시간 함수로 나타낸 그래프이다.

임의의 시간에서 속도는 $x(t)$ 그래프의 기울기이다. 그림 10.21a에서 기울기는 $x = 0$일 때 최대가 되는데 이것은 에너지 보존으로부터 이미 알고 있는 사실이다. 또한 변위가 최대($+A$ 또는 $-A$)일 때 속도는 0이다. 그림 10.21b에서 $v_x(t)$의 그래프

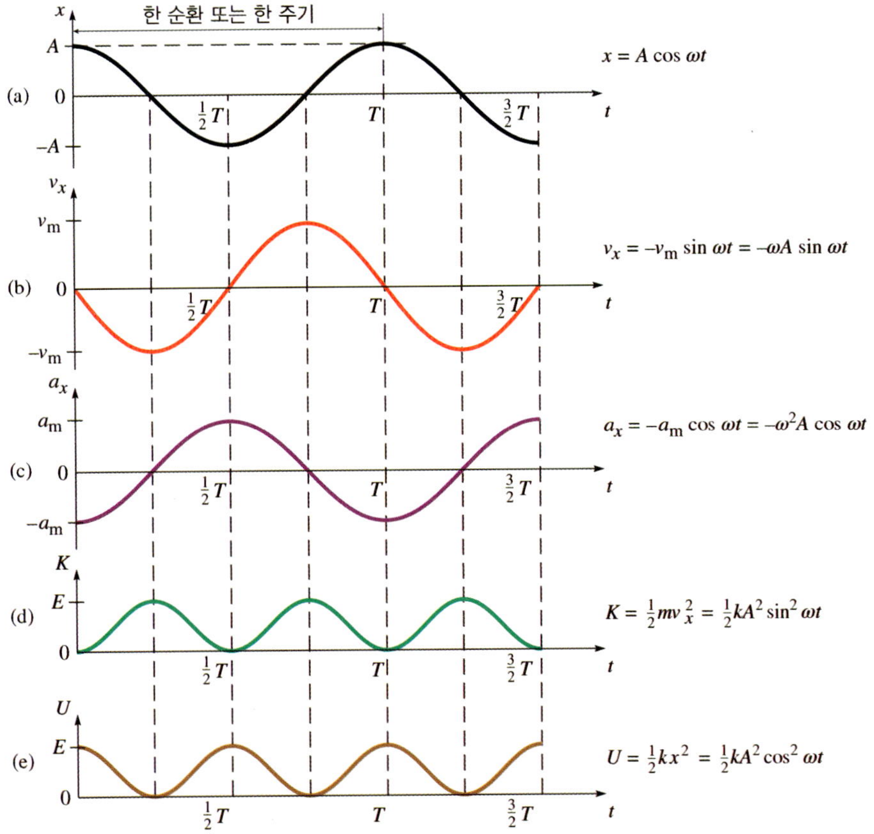

그림 10.21 단순조화운동에서 입자의 (a) 위치, (b) 속도, (c) 가속도를 시간의 함수로 나타낸 그래프. 세 그래프 사이의 상관관계를 알아보자. 어떤 시간에서 v_x는 x 그래프의 기울기이며, a_x는 v_x 그래프의 기울기이다. 변위의 최댓값($x = \pm A$)에서 속도는 0이다. 평형점($x = 0$)에서 속력은 최대이다($v_x = \pm v_m$). 속도 그래프는 위치 그래프보다 위상이 1/4주기만큼 앞서 간다. 곧 $v_x(t)$는 $x(t)$가 최댓값에 이르는 것보다 1/4주기만큼 앞서서 최대에 이른다. 가속도는 항상 변위에 비례하는데 그 방향은 늘 평형점($a_x = -\omega^2 x$) 을 향한다. (d) 시간의 함수로 나타낸 운동에너지, (e) 시간의 함수로 나타낸 퍼텐셜에너지. 총역학적에너지 $E = K + U$는 일정하다.

를 볼 수 있다. 에너지 보존 법칙을 이용하여 유도한 방정식 속도 v_x는 다음과 같다.

$$v_x(t) = -v_{\mathrm{m}} \sin \omega t = -\omega A \sin \omega t \qquad (10\text{-}34)$$

가속도는 $v_x(t)$의 그래프의 기울기이다. 그림 10.21c의 $a_x(t)$ 그래프에서, 식 (10−23)의 방정식으로 기술된다.

$$a_x(t) = -a_{\mathrm{m}} \cos \omega t = -\omega^2 A \cos \omega t \qquad (10\text{-}23)$$

그림 10.21d, e는 시간에 따른 운동에너지와 퍼텐셜에너지를 보여준다. 총에너지 $E = K + U = \frac{1}{2}kA^2$는 상수이다.

시간에 따른 위치를 코사인함수로 나타냈으나 사인함수를 이용하여 나타낼 수도 있다. 그 둘의 차이는 $t = 0$에서의 위치이다. $t = 0$에서 위치가 최대($x = A$)이면, $x(t)$는 코사인함수이다. $t = 0$에서 위치가 평형점($x = 0$)이면, $x(t)$는 사인함수이다. 그래프의 기울기를 분석하여, 위치가 시간의 함수로

$$x(t) = A \sin \omega t \qquad (10\text{-}35)$$

이면, 속도는 다음과 같이 주어지며

$$v_x(t) = \omega A \cos\omega t \qquad (10\text{-}36)$$

식 (10−24)를 적용해 가속도를 구할 수 있다.

$$a_x(t) = -\omega^2 A \sin\omega t \qquad (10\text{-}37)$$

살펴보기 10.7 (a) 단순조화운동에서 물체의 변위가 0일 때, 속력은 얼마인가?
(b) 속력이 0일 때, 변위는 얼마인가?

보기 10.8 진동하는 원뿔형 확성기

원뿔형 확성기에는 앞뒤로 진동해서 음파를 만들어 내는 진동판cone이 있다. 그림 10.22는 사인곡선 모양의 시험음을 내는 원뿔형 확성기의 변위 그래프를 나타낸 것이다. (a) 운동의 진폭, (b) 운동의 주기, (c) 운동의 진동수를 구하여라. (d) $x(t)$와 $v_x(t)$의 방정식을 써라.

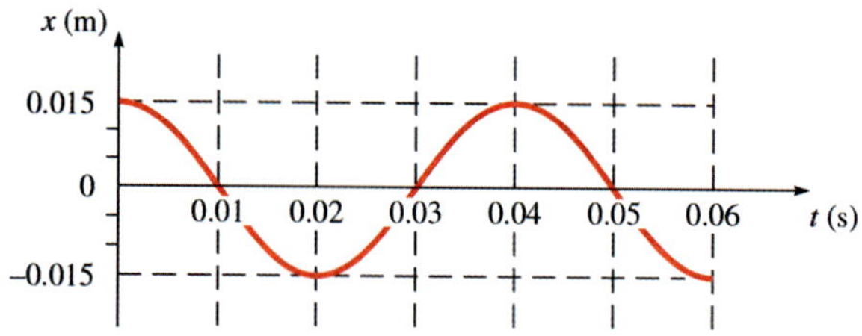

그림 10.22 시간의 함수로 나타낸 진동하는 확성기의 수평변위

전략 진폭과 주기는 그래프에서 바로 읽을 수 있다. 진동수는 주기의 역수이다. $x(t)$는 최대 변위에서 시작하므로, 코사인함수로 나타낸다. $x(t)$의 기울기를 조사하여 속도가 양의 사인함수인지 음의 사인함수인지 알 수 있다.

풀이 (a) 진폭은 그래프에서 보이는 최대 변위이다. 곧 $A = 0.015\,\text{m}$이다.

(b) 주기는 완전하게 한번 순환하는 데 걸리는 시간이다. 그래프에서 $T = 0.040\,\text{s}$이다.

(c) 진동수는 주기의 역수이다.

$$f = \frac{1}{T} = \frac{1}{0.040\,\text{s}} = 25\,\text{Hz}$$

(d) $t = 0$에서 $x = +A$이므로, $x(t)$는 코사인함수로 쓴다. 곧

$$x(t) = A\cos\omega t$$

인데, $A = 0.015\text{m}$이고

$$\omega = 2\pi f = 160\,\text{rad/s}$$

이다. $x(t)$의 기울기는 처음에는 0이고, 그 다음에는 음$^-$의 값을 가진다. 그러므로 $v_x(t)$는 음$^-$의 사인함수이다. 곧

$$v_x(t) = -v_\text{m}\sin\omega t$$

이다. 여기서 $\omega = 2\pi f = 160\,\text{rad/s}$이고

$$v_\text{m} = \omega A = 160\,\text{rad/s} \times 0.015\,\text{m} = 2.4\,\text{m/s}$$

이다.

검토 속도가 위치보다 1/4주기 앞서는 것을 점검해 볼 수 있다. 수직축을 오른쪽으로(시간상 앞으로) 0.01 s 옮긴다면 그래프는 음$^-$의 사인함수 모양이어야 한다.

실전문제 10.8 원뿔형 확성기의 가속도

$a_x(t)$ 그래프를 그리고 이에 관한 방정식을 적어라.

10.8 진자
The Pendulum

단진자

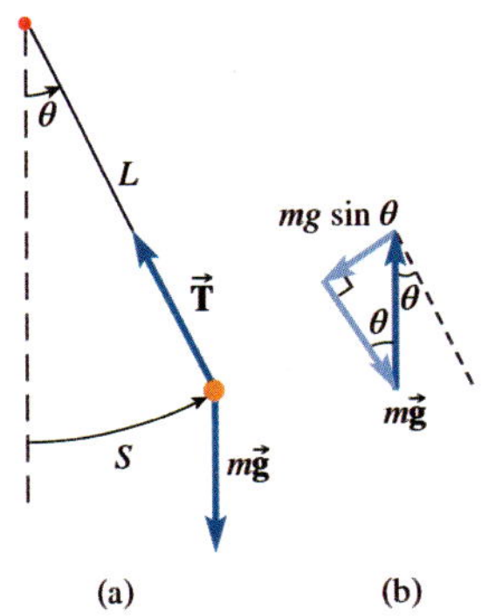

그림 10.23 (a) 길이 L인 단진자의 줄이 연직 성분을 지닌 각도 θ를 만들며 움직인다. 원호의 길이 s는 $L\theta$이다. 추에 작용하는 힘은 추의 무게에 의한 줄의 장력이다. (b) 추 질량의 접선 성분은 $mg\sin\theta$이다. 이것을 복원력이라 부르며 진자가 $\theta = 0$의 평형점에서 뒤로 잡아당기는 힘이다.

단진자simple pendulum는 길이가 L인 끈이나 막대에 부착한 추(점 질량 m으로 모형화된)로 구성되어 있다(끈이나 막대의 질량은 무시한다). 진자를 앞뒤로 흔들면 추는 원호를 따라 왕복운동을 한다. 운동은 모든 진폭에 대해 주기적이다. 진폭이 작을 때 그 운동은 대략적으로 단순조화운동SHM을 한다. 복원력은 원호를 따라 접선의 변위가 $s = L\theta$일 때 크기가 $mg\sin\theta$인 추의 접선 성분이다(그림 10.23). 복원력은 변위에 비례하지 않으므로 그 운동은 단순조화운동이 아니다. 그러나 각도가 작을 경우, $\sin\theta \approx \theta$로 놓을 수 있으므로 복원력은 근사적으로 변위에 비례하는 $F_{접선\ 방향} \approx -mg\theta$가 된다.

그러므로 진자의 운동은 작은 각도에서는 단순조화운동이다. 이때 $\theta = \dfrac{s}{L}$로 놓으면

$$F_{접선\ 방향} = -(mg/L)s \tag{10-38}$$

유효 용수철상수, 곧 복원력과 변위 사이의 비례상수는

$$k_{유효} = mg/L \tag{10-39}$$

이다. 그러면 단순조화운동의 각진동수는

$$\omega = \sqrt{\frac{k_{유효}}{m}} = \sqrt{\frac{g}{L}} \tag{10-40}$$

이고 주기는

$$T = \frac{2\pi}{\omega} = 2\pi\sqrt{\frac{L}{g}} \tag{10-41}$$

이다. 진자의 주기는 L과 g에 따라 다르지만, 진자의 질량에 무관하다. 식 (10−41)은 진폭이 작다고 가정한 근사식이었다. 진자의 실제 주기는 식 (10−41)과 같이 작은 진폭일 때의 값보다는 크다. 그 차이는 최대 진폭값이 $\theta_{최대} = 22°$가 될 때까지는 실제값과 불일치가 진폭의 1% 미만이고, $\theta_{최대} = 90°$에서는 대략 최대 진폭의 18 % 이상이다.

식 (10−40)과 (10−41)에서 진자의 각진동수와 각속도를 혼동하지 않도록 주의하라. 주어진 진자의 각진동수는 일정하지만, 각속도(θ의 변화율)는 시간에 따라 최솟값 0(한계점)과 그 최댓값(평형점) 사이에서 변한다.

혼자서 해 보기 진자의 주기와 길이 사이의 관계는 집에서 쉽게 실험할 수 있다. 가는 줄에 테이프로 동전을 붙여 간단한 진자를 만들어 보아라. 줄 한쪽 끝을 잡고 작은 원호로 동전이 왕복하도록 하며, 한쪽 끝에서 출발하여 같은 위치로 10번 돌아오는데 걸리는 시간을 재고, 그 시간을 10으로 나누어서 주기를 구한다(이렇게 하는 것이 한 번 왕복한 주기를 재는 것보다 더 정확한 값을 측정할 수 있다). 진자의 길이를 측정하여 식 (10-41)을 점검해 보아라.

진자의 길이를 짧게 했을 때의 효과를 알아보기 위해, 동전에 가까운 위치를 손으로 잡고 실험을 반복해 보라. 무엇을 알아낼 수 있는가? 줄의 길이가 짧아진 진자의 주기는 줄이 긴 진자의 주기보다 더 길어졌는가, 짧아졌는가, 또는 같은가?

처음 실험과 줄의 길이가 같을 때 동전을 2개나 3개를 붙여서 실험하면 추의 질량이 다를 때 주기에 나타나는 효과를 실험할 수 있다. 줄의 길이가 같을 때, 동전의 질량이 주기에 어떤 영향을 주는가?

보기 10.9 괘종시계

주기가 2.0 s인 진자를 이용하는 괘종시계가 있다고 하자. 이 시계추는 질량이 150 g이며, 진자가 한쪽으로 33 mm까지 옮겨갈 수 있도록 맞추어 놓았다. (a) 진자의 길이는 얼마인가? (b) 처음 변위는 작은 각 근사를 만족하는가?

전략 주기는 진자의 길이와 중력장 세기 g에 따라 변하며 추의 질량과는 무관하다. 추의 변위가 진자의 길이보다 작기만 하면 주기는 처음 변위와는 무관하다.

풀이 (a) 진폭이 작다고 가정하면, 주기는

$$T = 2\pi\sqrt{\frac{L}{g}}$$

이다. 이 식을 진자의 길이 L에 대해 풀면

$$L = \frac{T^2 g}{(2\pi)^2} = \frac{(2.0\ \text{s})^2 \times 9.8\ \text{m/s}^2}{(2\pi)^2} = 0.99\ \text{m}$$

이다.

(b) 최대 변위가 진자 길이보다 매우 작다면 작은 각 근사는 유효하다.

$$\frac{x}{L} = \frac{33\ \text{mm}}{990\ \text{mm}} = 0.033$$

이것은 충분히 작은 값일까? $\sin\theta = x/L = 0.033$이라면,

$$\theta = \sin^{-1} 0.033 = 0.033\,006$$

이다. $\sin\theta$와 θ는 차이가 0.02% 이하이다. T에 대해 유효숫자 두 자리까지 알고 있으므로, 이 근사는 적절하다.

검토 많은 이들이 주기에 대한 식을 '거꾸로' 쓰는 실수를 한다. 거꾸로 쓰지 않도록 주의하라. 단위계를 점검하는 것과 더불어, 진자가 길어지면 주기도 길어짐을 알고 있으므로 L은 분자에 있어야 한다. 반면에, g가 커지면 복원력이 커지게 되고 주기는 짧아질 것이다. 그러므로 g는 분모에 있어야 한다.

실전문제 10.9 **달에서의 진자**

우주선을 이용하여 길이 0.99 m인 진자를 달로 가져갔다고 하자. 그곳에서 진자의 주기는 4.9 s이었다. 달의 표면에서 중력장의 세기는 얼마인가?

물리진자

길이가 L인 단진자와 한쪽 끝을 축으로 하여 자유롭게 흔들릴 수 있는 같은 길이의 균일한 금속 막대가 있다고 하자. 그것들을 진동하게 하면 주기는 서로 같을까?

단진자에서는 추를 질점이라고 가정한다. 진자의 모든 질량은 회전축에서 거리 L인 곳에 있다. 하지만 금속 막대는 회전축에서부터 최대길이 L까지 질량이 균일하게 분포되어 있다. 금속 막대의 질량중심은 그림 10.24와 같이 축에서 거리 $d = \frac{1}{2}L$인 중간점에 있다. 평균적으로 질량은 회전축에 더 가까이 있으므로, 주기는 단진자의 주기보다 더 짧아진다.

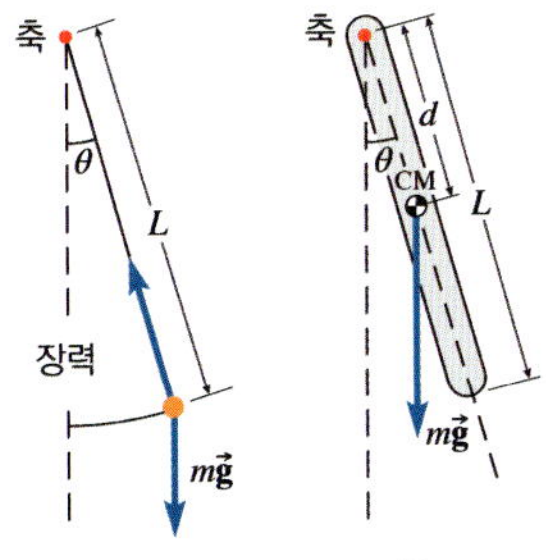

그림 10.24 (a) 단진자, (b) 물리진자

그러면 이 막대의 주기는 길이가 $\frac{1}{2}L$인 단진자의 주기와 같을까? 막대의 질량중심은 회전축에서 $\frac{1}{2}L$거리에 있으므로, 주기가 같다고 생각하는 것은 좋은 추측이긴 하지만 간단한 문제가 아니다. 중력이 질량중심에 작용하지만, 모든 질량이 그 질량중심에 집중되어 있다고 생각할 수는 없다. 그렇게 생각하면 회전관성이 달라진다. 진동할 때, 고정된 축에 대해 자유롭게 회전하는 막대나 그 밖에 다른 강체를 **물리진자**physical pendulum라고 부른다. 물리진자의 주기는

$$T = 2\pi\sqrt{\frac{I}{mgd}} \tag{10-42}$$

이고, 여기서 d는 회전축에서 물체의 질량중심CM까지의 거리이며 I는 회전축에 관한 회전관성이다.

길이가 L인 균일한 막대에서 질량중심은 막대 아래 중간에 위치한다. 곧

$$d = \frac{1}{2}L \tag{10-43}$$

이다. 표 8.1에서, 끝점을 지나는 축에 대해 회전하는 균일한 막대의 회전관성은 $I = \frac{1}{3}mL^2$이었다. 따라서 진동의 주기는

$$T = 2\pi\sqrt{\frac{I}{mgd}} = 2\pi\sqrt{\frac{\frac{1}{3}mL^2}{(mg)\frac{1}{2}L}} = 2\pi\sqrt{\frac{2L}{3g}} \qquad (10\text{-}44)$$

이다. 따라서 이 막대의 주기는 길이가 $\frac{2}{3}L$인 단진자의 주기와 같다.

살펴보기 10.8 단진자는 회전축으로부터 길이 L에 모든 질량이 모여 있는 물리진자의 극단적인 경우로 생각할 수 있다. 물리진자의 주기를 표현한 식 (10-42)는 어떤 경우에 단진자에 대한 식과 일치하는가?

보기 10.10 다양한 동물들의 자연스런 보행 진동수와 속력

자연스런 보폭으로 걷는 동안, 동물의 다리는 엉덩이를 회전축으로 하는 길이 L인 물리진자처럼 생각할 수 있다. (a) 고양이($L = 30$ cm), 개(60 cm), 사람(1 m), 기린(2 m) 그리고 신화 속의 거인(10 m)의 자연스런 보행 진동수는 얼마인가? (b) 주어진 보행 진동수 f에 대해 보행 속력(단위 시간당 지나가는 지면상의 거리)을 나타내는 방정식을 유도하라. [힌트 : 걸음을 시작할(다리가 뒤로 최대로 뻗쳤을) 때와 걸음이 끝날(다리가 앞으로 최대로 나왔을) 때의 다리 위치를 그림으로 그리고 이들 두 위치 사이의 각도가 30° 정도라고 하자. 몇 발자국이 진자의 한 주기에 대응하는가?] (c) (a)에서 나열한 동물들의 보행 속력을 각각 구하여라.

전략 다리의 질량중심의 정확한 위치나 회전관성을 모르기 때문에 이상적인 다리모형을 사용해야 한다. 단진자는 다리의 모든 질량이 발에 있다고 가정하므로 좋은 모형이 아니다! 더 좋은 모형은 다리를 한 끝에 대해 회전하는 균일한 원통처럼 생각하는 것이다.

풀이 (a) 균일한 원통의 질량중심은 회전축에서 $d = \frac{1}{2}L$ 거리에 있고, 한쪽 끝의 축에 대한 회전관성은 $I = \frac{1}{3}mL^2$이다. 이때 주기는

$$T = 2\pi\sqrt{\frac{I}{mgd}} = 2\pi\sqrt{\frac{\frac{1}{3}mL^2}{(mg)\frac{1}{2}L}} = 2\pi\sqrt{\frac{2L}{3g}}$$

이고, 진동수는

$$f = \frac{1}{T} = \frac{1}{2\pi}\sqrt{\frac{3g}{2L}} \approx 0.2\sqrt{\frac{g}{L}}$$

이다. 각 동물들의 L값을 대입하면, 각 동물들의 보행 진동수는 1 Hz(고양이), 0.8 Hz(개), 0.6 Hz(사람), 0.4 Hz(기린) 그리고 0.2 Hz(거인)이다.

(b) '진자'의 한 주기는 두 걸음에 대응한다. 그림 10.25a에서, 오른쪽 다리가 앞으로 나아가려 한다. 진자가 한 순환의 반을 지나 앞으로 가려고 하듯이 발걸음을 떼어 놓는다. 그림 10.25b에서 오른발이 땅에 막 닿으려 한다. 그림 10.25c에서 오른발은 땅에 닿았고 이제 왼쪽 다리가 앞으로 나아가려 한다. 이 과정에서 오른발은 땅 위에 멈추어 있지만, 오른다리는 엉덩이에 대해 상대적으로 뒤쪽으로 향하는 운동이다. 각각의 과정에서 지나가는 거리는 어림하여 반지름 L, 중심각이 30°인 원호의 길이인데, 이는 반지름 L인 원주의 $\frac{1}{12}$에 해당한다. 그러므로 한주기 동안, 보행 거리는

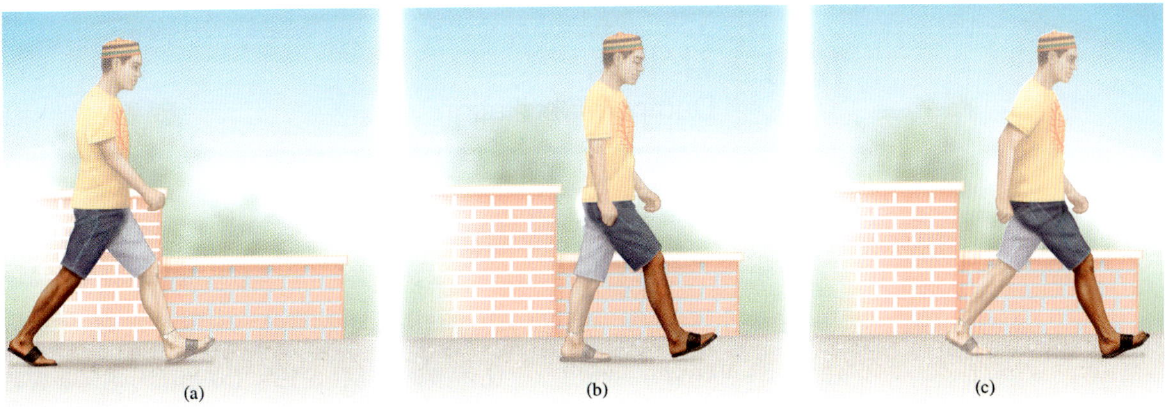

그림 10.25 걷는 동안 앞쪽으로 움직이는 다리의 운동은 물리진자가 흔들리는 것과 비슷하다. (a)에서 (b)까지 오른다리는 진자처럼 앞으로 나아간다. (c)에서 오른발은 땅에 닿아있고 왼다리는 앞으로 나아가려 한다.

$$D = 2 \times \frac{1}{12} \times 2\pi L = \frac{\pi}{3} L \approx L$$

이고, 보행 속력은 다음과 같다.

$$v = \frac{D}{T} = Lf = 0.2\sqrt{gL}$$

(c) 보행 속력은 각각 0.3 m/s(고양이), 0.5 m/s(개), 0.6 m/s(사람), 0.9 m/s(기린) 그리고 2 m/s(거인)이다.

검토 아마도 보행 속력의 단위로 km/h가 더 익숙할 수도 있다. 단위 변환을 하면 0.6 m/s ≈ 2.16 km/h인데, 이는 느긋한 산책 걸음에 해당한다. 대부분 사람들의 빠른 걸음의 속력은 4 km/h 정도이고, 이보다 더 빠르게 걷기 위해서는 뛰어야 한다. 풀이를 보면 결과적으로 다리가 길수록 빠르지만 걷는 진동수는 더 느려진다.

실전문제 10.10 **사람의 걷는 속력**

다리의 길이가 1.0 m이고 질량중심은 엉덩이 아래 0.45 m인 곳에 있다고 보는 것이 좀 더 실제적인 모형이다. 이 경우 회전관성은 $\frac{1}{6}mL^2$이다. 이때 예측되는 보행 속력은 얼마인가?

혼자서 해 보기 보기 10.10의 결과를 적용해 보기 위해, 여러분보다 키가 훨씬 크거나 작은 친구와 걸어보자. 다리가 긴 사람이 더 빠르기는 하지만 걸음의 진동수가 낮은 경향이 있는가?

10.9 감쇠진동 Damped Oscillation

단순조화운동에서는 마찰 또는 점성과 같이 에너지 손실을 유발하는 힘이 없다고 가정했다. 역학적에너지는 일정하므로, 진동은 일정한 진폭으로 영원히 계속된다. 단순조화운동은 단순화된 모형이다. 흔들리는 진자의 진동이나 진동하는 소리굽쇠의 울림은 에너지가 손실됨에 따라 점점 작아진다. 그림 10.26a처럼 각 순환의 진폭은 먼저 일어난 순환의 진폭보다 좀 더 작아진다. 이런 종류의 운동을 **감쇠진동**damped oscillation이라고 하는데, 감쇠란 말은 없어지거나 줄어든다는 의미로 쓰인다. 작은 크기의 감쇠에서는 마치 감쇠가 없는 경우와 같은 진동수를 갖지만, 감쇠 정도가 커질수록 그림 10.26b와 같이 진동수는 조금 낮아진다. 감쇠가 더욱 커지면 그림 10.26c와 같이 진동은 일어나지 않는다.

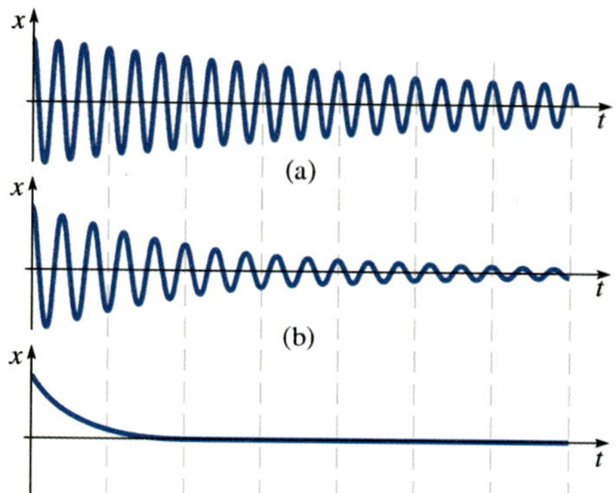

그림 10.26 감쇠의 크기에 따른 질량–용수철 계의 $x(t)$ 그래프. (c)에서는 충분히 큰 감쇠가 작용해 진동이 일어나는 것을 막는다.

응용 : 충격흡수장치 감쇠가 항상 나쁜 것만은 아니다. 자동차의 현가장치에는 차의 진동을 빠르게 가라앉히기 위해 차체와 용수철로 연결된 충격흡수장치가 있다. 충격흡수장치는 울퉁불퉁한 길을 갈 때 차의 덜컹거림으로 인한 탑승자의 불편함을 줄여준다. 그림 10.27은 충격흡수장치가 어떻게 동작하는지를 보여준다. 충격흡수장치를 누르거나 늘리면 점성이 있는 기름이 피스톤의 구멍을 통해 흐른다. 이때 작용하는 점성력은 피스톤의 운동 방향에 관계없이 피스톤이 움직일 때마다 에너지 손실을 유발하여, 그림 10.26c와 같이 용수철이 위아래로 진동하지 않으면서 평형상태로 부드럽게 되돌아오도록 해준다. 기름이 충격흡수장치에서 새어 나오면, 감쇠는 진동을 막기에 충분하지 않다. 도로에서 융기된 곳에 부딪히면 차체는 그림 10.26b와 같이 위아래로 진동한다.

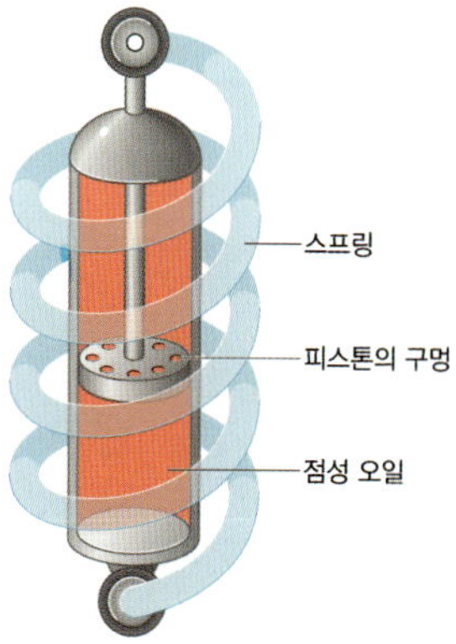

그림 10.27 충격흡수장치

10.10 강제진동과 공명 Forced Oscillation and Resonance

감쇠력이 작용할 때, 진동의 진폭이 줄어드는 것을 막는 유일한 방법은 손실되는 에너지를 다른 원천으로 보충해 주는 것이다. 어린이가 그네를 타고 있을 때, 부모는 그네를 조금씩 밀어주어 손실되는 에너지를 보충해 준다. 운동의 진폭을 일정하게 유지하기 위해 부모는 매 순환마다 조금씩 밀어주어, 한 순환마다 소모되는 에너지를 보충하기에 충분한 에너지를 더하는 것이다. 구동력(부모가 밀어주는 힘)의 진동수는 계의 자연 진동수(스스로 진동하는 진동수)로 맞추는 것이 적절하다.

강제진동 forced oscillation(또는 구동진동)은 진동하는 계의 외부에서 주기적으로 구동력이 작용할 때 일어난다. 구동력의 진동수는 계의 자연 진동수와 맞을 필요는 없다. 궁극적으로, 자연 진동수와 크게 다르다 할지라도 계는 구동 진동수로 진동할 것이다. 구동 진동수 f가 자연 진동수 f_0에 가깝지 않다면 일반적으로 그림 10.28과 같이 진동의 진폭은 매우 작다. 구동 진동수가 계의 자연 진동수와 같을 때, 운동의 진폭은 최대가 된다. 이 조건을 **공명** resonance이라고 한다.

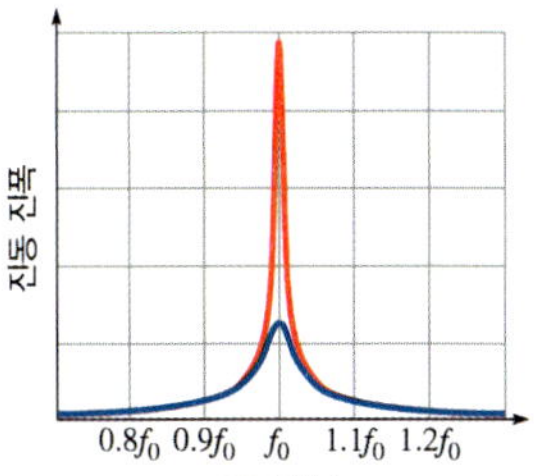

그림 10.28 자연 진동수 f_0인 진동자에 대한 두 공명 곡선. 구동력의 진폭은 일정하다. 빨간 곡선의 진동자는 파란 곡선보다 1/4 정도 작게 감쇠한다.

공명 현상에서 구동력은 항상 물체의 속도와 같은 방향이다. 구동력이 항상 양$^+$의 일을 하므로, 구동력에 의해 더해진 에너지와 손실된 에너지가 균형을 이룰 때까지 진동자의 에너지는 늘어난다. 감쇠가 거의 없는 진동자에서 이는 커다란 진폭을 유발한다. 구동 진동수와 자연 진동수가 다르면, 구동력과 속도는 더 이상 동기화되지 않는다. 그들은 같은 방향에 있기도 하고, 때로는 반대 방향에 있기도 한다. 구동력이 공명 상태에 있지 않으면 구동력은 때로 음$^-$의 일을 한다. 구동 진동수가 공명에서 멀어질수록 구동력이 하는 알짜일은 감소한다. 그러므로 진동자의 에너지와 진폭은 공명에서보다 작아진다.

공명의 응용 공명에 의해 발생되는 큰 진폭의 진동은 어떤 경우 위험할 수도 있다. 왜냐하면 물질의 탄성한계를 넘는 큰 변형력이 가해질 수 있어 물질이 영구적으로 변형되거나 파괴될 수도 있기 때문이다. 1940년에 강풍으로 미국 워싱턴 주의 타코마 다리의 진폭이 커지게 되었다. 공기의 난류가 다리를 가로질러갈 때 공기압력이 다리의 자연 진동수 가운데 하나와 맞는 진동수로 요동을 일으켰다. 진동의 진폭이 커지면서, 다리는 폐쇄되었고 곧이어 다리는 붕괴되었다(그림 10.29). 오늘날 기술자들은 자연 진동수가 높은 다리를 설계해 바람이 공명진동을 일으킬 수 없도록 하고 있다.

그림 10.29 타코마 다리의 비틀림 운동이 너무 심해져서 결국 다리가 붕괴했다.

19세기에, 군인들의 행진이 다리의 공명 진동수와 맞아서 다리에 공명진동이 일어난 적이 있다. 공명에 의하여 여러 곳의 다리가 붕괴된 후, 다리에 공명을 일으킬 수 있는 위험요소를 없애기 위해 군인들이 다리를 건널 때는 행진 보조를 맞추지 말라고 명령하였다.

높은 빌딩은 건물의 구조에 따라 특별한 공명 진동수로 흔들린다. 진동 모양은 책상 가장자리에 자ruler의 한쪽 끝을 걸쳐 손으로 고정시키고 다른 쪽 끝을 튕겼을 때와 비슷하다. 공학자들은 흔들리는 빌딩의 진폭을 줄일 수 있는 여러 방법을 알고 있다. 가장 간단하고 널리 사용되는 방법은 **동조질량감쇠기, TMD** tuned mass damper이다. 건축가들은 진동의 진폭이 최대가 되는 위치, 대부분은 건물 꼭대기 근방에 감쇠 용수철-질량계를 설치한다. 핸콕 빌딩의 경우 무게가 각 300 000 kg인 상자 두개가 용수철과 충격흡수기로 건물 골격에 연결되어 있고 얇은 기름층으로 덮인 길이 9 m의 강철판 위에서 앞뒤로 미끄러질 수 있게 되어 있다. TMD의 공명 진동수는 흔들리는 건물의 공명 진동수에 맞춰져 있다. 건물이 흔들릴 때 TMD가 구동되며 충격흡수장치에서 에너지가 손실된다. 핸콕 빌딩의 TMD는 흔들리는 건물의 진폭을 50% 정도 줄여준다.

해답 실전문제 & 살펴보기

10.1 $2k$(원래의 용수철이 L만큼 늘어났을 때 각 용수철은 절반 $\frac{1}{2}L$만 늘어난다. 새로 만들어진 용수철은 주어진 힘에 대해 각각 원래 용수철의 절반만 늘어난다.)

10.2 1.4×10^{-5}

10.3 0.18 mm

10.4 130 MPa

10.5 $-\frac{\Delta P}{B} = -\frac{1.0\times10^{7}\ \text{Pa}}{2.3\times10^{9}\ \text{Pa}} = -0.0043 = \frac{\Delta V}{V}$ 이므로 $\Delta V = -0.43\ \%\times V$

10.6 $x = \pm A$에서 $110\ \text{m/s}^2$

10.7 $K=0$, $U_e = 2(mg)^2/k$, $U_g = -(mg)^2/k$, $E=(mg)^2/k$

10.8

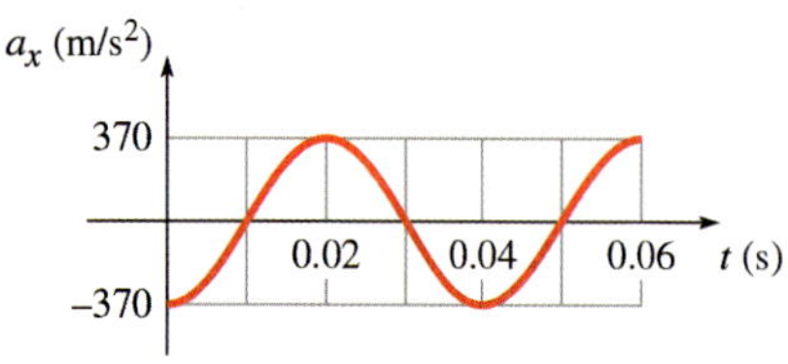

$a_x(t) = -a_m\cos\omega t$, , 여기서

$\omega = 160\ \text{rad/s}$ 및 $a_m = 370\ \text{m/s}^2$

10.9 $1.6\ \text{m/s}^2$ (지구의 약 1/6)

10.10 0.82 m/s

10.2 두 개의 선이 같은 변형력(동일한 단면의 넓이)을 받는다. 강철의 영률은 구리의 영률의 약 $\frac{3}{5}$배이므로, 강철선의 변형은 구리선 변형의 $\frac{3}{5}$배이다. 그러나 변형은 부분적인 길이의 변화이다. 강철선은 길이가 두 배이므로 길이 변화는 구리선의 길이 변화의 $2\times(3/5)$배이다. 곧 강철선이 더 많이 늘어난다.

10.3 (a) 영률은 변형력과 변형 사이의 비례 상수이다. 곧 변형력$=Y\times$변형이다. 따라서 Y는 변형력-변형 그래프에서 선형 부분의 기울기이다. 물질 A는 기울기가 크기 때문에 영률이

더 크다. (b) 극한강도는 재료가 견딜 수 있는 최대 변형력이다. 물질 B의 그래프는 더 큰 변형력에 도달하므로 강도가 더 크다.

10.5 운동에너지와 퍼텐셜에너지가 같을 때, 각각은 총에너지의 절반이다.

$$U=\frac{1}{2}kx^2=\frac{1}{2}E_{총}=\frac{1}{2}\left(\frac{1}{2}kA^2\right),$$

$$x=\pm A/\sqrt{2}$$

10.6 $0.50\,\mathrm{Hz}$

10.7 (a) 변위가 0일 때, 퍼텐셜에너지는 최솟값을 갖는다. 에너지 보존으로부터, 운동에너지는 최댓값을 갖는다. 따라서 그림 10.20에 보인 바와 같이 속력이 최댓값($v=\pm v_m$)을 갖는다. (b) 속력이 0일 때, 운동에너지는 최소이고 퍼텐셜에너지는 최대이다. 따라서 변위는 크기가 최대($x=\pm A$)이다.

10.8 예. 회전축에서 길이가 L인 끈의 끝에 질량 m이 달린 단진자의 축에 대한 회전관성은 $I=mL^2$이다. 그러면 $T=2\pi\sqrt{\frac{I}{mgd}}=2\pi\sqrt{\frac{mL^2}{mgL}}=2\pi\sqrt{\frac{L}{g}}$ 이 되어 식 (10-41)과 일치한다.

11

파동

Waves

1995년 일본에 한신 대지진이 일어났을 때, 고가도로는 붕괴되었지만 도로 주변 건물들은 약간의 손상만 입고 거의 그대로 보존되었다. 고가도로는 왜 붕괴되었고, 추후 지진에 대비하기 위해 고가도로의 구조를 어떻게 변경해야 할까?

찾아가보기

- 주기, 진동수, 각진동수 (10.6절)
- 단순조화운동의 위치, 속도, 가속도, 에너지 (10.5절)
- 공명 (10.10절)
- 단순조화운동의 그래프 해석 (10.7절)
- 기초 수학 : 시간에 대한 사인형 함수 (부록 A.8)

생명과학 응용

- 인체의 눈과 귀의 감도 (11.1절)
- 동물들이 환경 변화를 감지하고 의사소통하기 위해 사용하는 지진파 (11.2절)
- 초음파장비 (보기 11.5)

11.1 파동과 에너지 전송 Waves and Energy Transport

기초 모형 : 입자와 파동 물리학자들은 몇 개의 기본적인 모형으로 물리 세계를 기술한다. 그러한 모형 중의 하나가 입자이다. 입자란 내부 구조는 없으나 질량이나 전하와 같은 특성을 가진 점과 같은 물체를 말한다. 또 다른 기본 모형은 **파동**wave이다. 물결파는 가장 친숙한 예이다. 연못에 조약돌을 던지면, 물의 표면에 교란이 일어난다. 수면 위 물결은 조약돌이 떨어진 지점으로부터 사방으로 퍼져 나간다. 파동은 그 파원으로부터 퍼져 나가는 일종의 '교란disturbance'으로 규정할 수 있다.

파동의 예 11장과 12장에서는 물결파, 소리, 지진으로 인해 발생한 지진파 등과 같이 매질을 통해 전달되는 역학적인 파동을 집중적으로 다룰 것이다. 매질 내의 입자들은 파동이 지나갈 때 평형위치에서 이탈했다가 파동이 지나간 후에는 다시 평형위치로 되돌아간다. 22장에서는 진동하는 전자기장의 교란으로 구성된 전파나 빛과 같은 전자기파에 대해 배울 것이다. 인간이 가진 다섯 감각기관 중 두 개는 파동을 감지한다. 귀는 공기의 압축으로 발생하는 기압의 아주 작은 교란(소리)에 민감하고, 눈은 특정한 진동수 영역의 전자기파(빛)에 민감하다.

파동의 에너지 수송

연결고리 파동운동에서 에너지는 진동하는 한 입자에서 다른 입자로 전달된다. 전체 에너지는 보존되는 반면, 진동하는 한 입자의 에너지는 변화할 수 있다. 역학적 파동은 단진자처럼 운동에너지 및 퍼텐셜 에너지와 같은 에너지를 운반한다.

잔잔한 연못에 조약돌을 던져 보자. 수면에 닿기 직전에 조약돌이 가졌던 운동에너지 일부는 물결파에 의해 운반되는 에너지로 변환된다. 바다에서 서핑이나 수영을 해 본 사람들이라면 누구나 파동이 에너지를 운반한다는 사실을 확실히 알고 있다. 인터넷 서핑을 할 때도, 인터넷의 정보는 여러 종류의 파동으로 옮겨간다. 곧 전선 내에서는 전기적 파동으로, 지구와 통신위성 사이에서는 마이크로파로, 광섬유 내에서는 빛으로 운반되는 것이다. 전자레인지에서 나오는 마이크로파는 에너지를 그 파원에서 음식으로 운반한다. 마이크로파의 전자기에너지가 음식 속의 물 분자에 흡수되어 열에너지의 형태로 나타난다. 태양으로부터 나오는 전자기파는 생명체에 필요한 에너지를 공급해 준다. 지진파와 쓰나미는 지진으로 발생한 에너지를 진앙에서부터 멀리까지 운반해 재난을 일으키기도 한다.

파동은 서로 다른 두 지점 사이에서 물질의 전달 없이 에너지를 수송할 수 있다(그림 11.1). 천둥소리는 모든 방향으로 수 킬로미터 이상 진행하지만, 번개를 맞은 공기 분자들은 우리가 천둥소리를 들을 때까지 약 1m 이상을 진행하지 못한다. 마찬가지로 지진

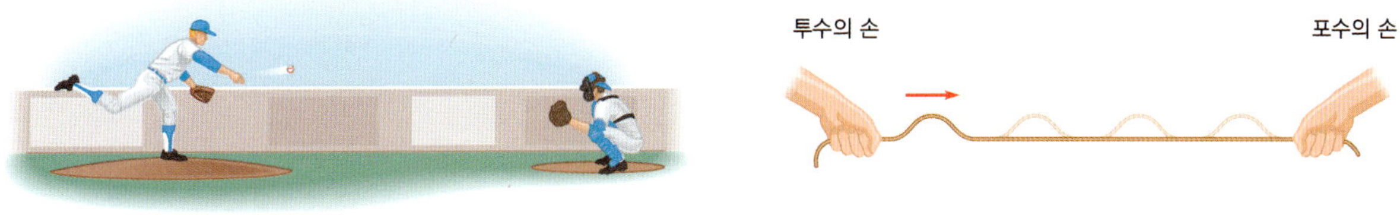

(a) (b)

그림 11.1 에너지를 수송하는 2가지 방법. (a) 투수가 포수에게 공을 던질 때, 야구공은 직접 에너지를 전달한다. 투수는 공에 운동에너지를 준다. 그러고 나서 이 공이 포수의 손에 도달하면 손이 반동하면서 포수가 에너지를 받는다. (b) 이번에는 이 두 사람이 밧줄을 팽팽히 당기고 있다고 하자. 만일 투수가 그의 손을 위아래로 재빨리 움직인다면, 펄스파가 포수의 손에 도달할 때까지 줄을 따라 진행한다. 다시 한번 투수가 에너지를 보내고, 포수는 줄이 자신의 손에 반동을 일으킬 때 에너지를 받는다. 이 경우에는, 투수가 줄의 한쪽 끝을 그대로 잡고 있다. 줄이 투수의 손을 절대로 떠나지 않는다. 투수와 포수 사이에 어떠한 물질도 이동하지 않고 에너지가 전달되었다.

파와 쓰나미는 진앙에서부터 흙이나 물을 직접 이동시키지 않고도 수천 킬로미터 떨어진 곳을 아수라장으로 만들 수 있다.

혼자서 해 보기 양쪽에서 무거운 줄을 팽팽히 당기고, 줄에 펄스 pulse를 만들어 보내면서 한 사람에게서 다른 사람에게로 에너지가 전달되는지 시험해 보아라. 펄스 파동이 도달할 때 에너지가 전달되는 것을 느낄 수 있는가?

혼자서 해 보기 손가락으로 '딱' 소리를 낼 때 무슨 일이 일어나는지 주의 깊게 관찰해 보아라. 엄지손가락으로 다른 손가락을 누르고 나서, 엄지와 다른 손가락이 다른 방향으로 가도록 옆쪽으로 밀어라. 처음에는 마찰력이 작용하여 이들이 미끄러지지 않지만, 갑작스레 미끄러지면서 축적되었던 에너지가 방출된다.
마찬가지로, 단층선의 양쪽에 있는 암석은 서로서로 옆으로 밀고 있지만, 마찰력이 두 암석이 미끄러지는 것을 방해하면서 탄성에너지를 축적한다. 이렇게 축적된 에너지는 갑자기 지진의 진앙으로부터 먼 곳까지 진동을 전달하는 지진파의 형태로 거대한 에너지를 방출한다.
바이올린과 같은 현악기 연주자들은 스틱-슬립 stick-slip 기법을 이용한다. 이 기법은 활과 현을 함께 움직이다가 갑자기 미끄러트려 줄이 튕겨나갔다 돌아왔을 때 활로 줄을 잡는다. 연주자는 이 현상이 발생하도록 활의 속도와 줄을 누르는 힘을 정교하게 조정해야 한다.

세기

공기를 통과하여 전달되는 소리나 지구를 통과해서 전달되는 지진파와 같이 3차원 매질 내에서 진행해 가는 파동의 **세기** intensity(기호 I, SI 단위 $\mathrm{W/m^2}$)는 단위 시간에 수직 단위 넓이를 통과하는 에너지로 정의한다. 곧 파동의 세기는 다음과 같이 정의한다.

세기

$$I = P/A \tag{11-1}$$

응용 : 사람 귀의 감도 상당히 시끄러운 소리가 넓이가 $A = 10^{-4}\ \mathrm{m}^2$인 고막에 도달했을 때, 그 소리의 세기가 $I = 10^{-5}\ \mathrm{W/m^2}$이었다고 하자. 고막에 도달된 모든 에너지는 흡수된다고 가정할 때, 매초 고막에 전달되는 에너지는 $P = IA = 10^{-9}\ \mathrm{W}$이다. 이 비율로 한 시간 동안 고막에 흡수된 에너지는

$$10^{-9}\ \mathrm{W} \times 3600\ \mathrm{s} \approx 4\ \mu\mathrm{J}$$

이 된다. 사람의 귀는 실제로 매우 민감한 검출기이다.

파원으로부터의 거리와 세기

거의 모든 파동은 파원으로부터 거리가 멀어질수록 세기가 감소한다. 일부 에너지는 파동이 전달되는 매질에서 흡수(손실)될 수도 있다. 흡수되는 에너지의 양은 매질에 따라 다르다. 공기 중에서 소리에너지는 상대적으로 적게 흡수되기 때문에 우리는 멀리서 발생한 소리도 잘 들을 수 있다.

거리에 따라 세기가 감소하는 또 다른 이유는, 파동이 멀리 전달될수록 파동에너지는 점점 더 넓게 퍼지기 때문이다. 그림 11.2와 같이 모든 방향으로 균일하게 파동을 방출하는 점 파원, 곧 등방성 파원을 생각해 보자. 방출되는 평균 출력(단위 시간당 에너지)은 일정하다. 파원을 둘러싼 구의 표면을 통과한 에너지 출력은 파원으로부터 거리에 상관없이 일정하다. 구의 겉넓이는 $4\pi r^2$이므로, 파원에서 멀리 이동한 파동일수록 에너지는 점점 더 넓게 분산된다. 따라서 단위 넓이당 출력(세기)은 거리가 증가함에 따라 감소한다. 매질에 흡수되는 에너지가 없고, 소리를 흡수하거나 반사하는 어떤 장애물도 없다고 가정하면,

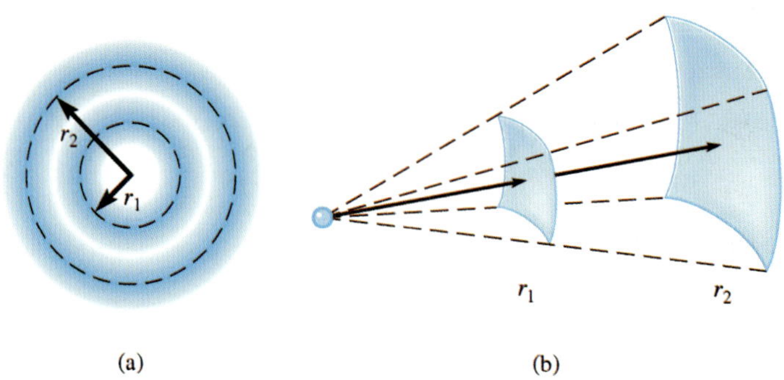

그림 11.2 (a) 모든 방향으로 균일하게 에너지를 방출하는 소리의 점 파원. (b) 거리 r_2에서의 세기가 거리 r_1에서의 세기보다 약한 이유는 같은 출력으로 방출된 에너지가 더 넓게 퍼지기 때문이다.

등방성 파원의 세기

$$I = \frac{P}{A} = \frac{P}{4\pi r^2} \quad (11\text{-}2)$$

(반사나 흡수가 일어나지 않는다고 가정함)

이다. 그러므로 매질에 의한 에너지의 흡수를 무시한다면, 소리의 세기는 파원으로부터의 거리의 제곱에 반비례한다. 이 '역제곱의 법칙'은, 3차원 공간에서 점 파원으로부터 균일하게 방출되는 에너지가 보존량이기 때문에 얻은 결과이다.

살펴보기 11.1 높이가 20 m인 화재감시탑의 사이렌에서 울려 퍼진 소리의 세기를 탑 바로 아래 땅바닥에서 측정했더니 $0.090\ \text{W/m}^2$ 이었다. 탑에서 2.0 km 떨어진 지점에서 사이렌 소리의 세기는 얼마인가? 사이렌은 등방성 파원이라고 가정하여라.

11.2 횡파와 종파 Transverse and Longitudinal Waves

슬링키 Slinky라는 장난감을 이용하여 두 종류의 파동을 볼 수 있다. **횡파** transverse wave에서는 매질 속의 입자 운동 방향이 파동의 진행 방향에 수직이다. 그림 11.3a와 같이 슬링키의 길이 방향을 따라 횡파를 보내려면 슬링키의 한쪽 끝을 슬링키의 길이 방향에 수직으로 흔든다. **종파** longitudinal wave에서는 매질 속의 입자 운동 방향이 파동의 진행 방향과 같다. 슬링키의 길이 방향을 따라 종파를 보내기 위해서는 그림 11.3b와 같이 슬링키의 길이 방향으로 압축과 이완 상태를 반복하도록 앞뒤로 계속해서 밀고 당긴다. 슬링키의 특정한 고리 위에 붉은 점을 찍어 놓고, 그 점의 운동을 살펴보면 횡파와 종파의 차이를 설명할 수 있다. 횡파의 경우 이 점이 고정된 위치에서 파동의 진행 방향과 수직으로 상하로

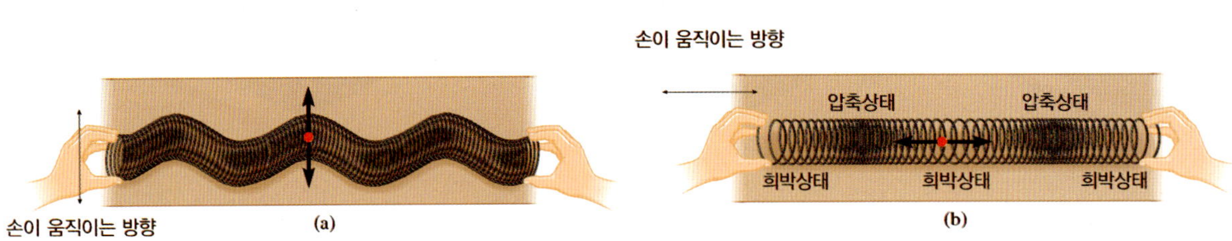

그림 11.3 슬링키에서 만든 (a) 횡파와 (b) 종파

움직인다. 종파의 경우 이 점이 고정된 위치에 대해 파동의 진행 방향과 같은 방향으로 좌우로 움직인다. 두 경우 모두 붉은 점이 고정된 위치를 중심으로 운동하지만, 파동은 슬링키의 한쪽 끝에서 다른 쪽 끝으로 이동한다.

슬링키나 긴 용수철은 당겨진 줄보다는 고체 물질에 더 가깝다. 고체에서는 두 가지 형태의 파동이 함께 존재할 수 있다. 횡파는 **층밀리기** shear 교란의 결과이고, 종파는 **압축** compressional 교란의 결과이다. 따라서 지진파는 종파일 수도 있고 횡파일 수도 있다(그림 11.4).

유체는 압축될 수 있으나 흐르기 때문에 층밀리기 변형력을 견디지 못한다. 따라서 종파는 유체 속을 진행할 수 있으나 횡파는 유체 속을 진행할 수 없다. 그렇지만 중력이나 표면장력이 횡파에 대해 복원력을 제공해 주면, 횡파는 액체의 표면을 따라 진행할 수 있다.

소리는 작은 부피의 공기가 파동의 진행 방향과 같은 방향으로 앞뒤로 진동하는 종파이다. 한 곳의 공기 분자들이 함께 압축되면 다른 곳에서는 더 열어진다(희박해진다). 밀도가 높은 영역을 **압축상태** compressions라 하고, 밀도가 낮은 지역을 **희박상태** rarefactions라 한다(그림 11.3b 참조).

살펴보기 11.2 지진이 발생했을 때, 지구 반대편에서는 S파(횡파)가 관측되지 않지만 P파(종파)는 관측된다. 이 사실이 어떻게 지구의 고체 중심부(내핵)가 액체(외핵)로 둘러싸여 있다는 증거가 될 수 있는가?

횡파와 종파가 결합된 파

모든 지진파가 순수한 횡파이거나 순수한 종파는 아니다. 표면파의 경우, 표면에 가까운 땅은 대략 원 모양으로 말아올려진다. 따라서 땅의 운동은 진행 방향에 평행인 성분과 수

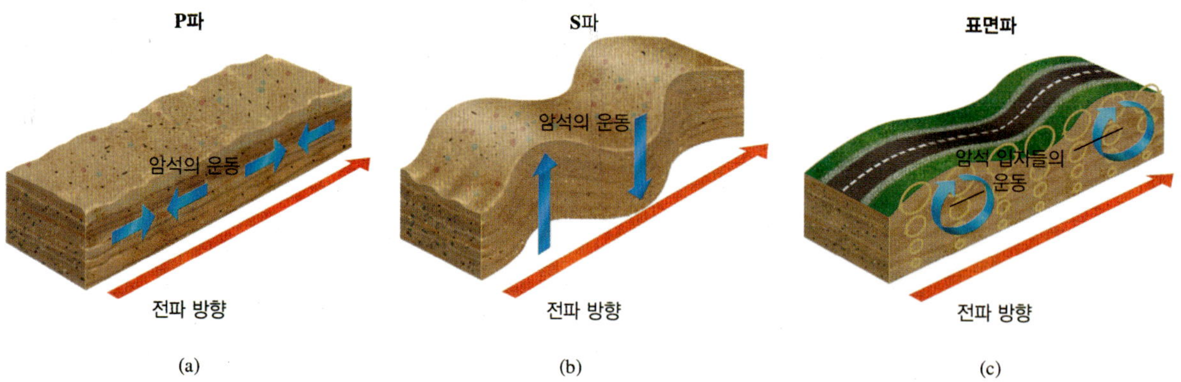

그림 11.4 3가지 형태의 지진파 (a) 종파(P파)는 가장 빠르게 이동하는 지진파이다(보통 $4 \sim 8$ km/s). 이것은 공기 중에서 소리와 비슷하다. 파동이 전파되는 방향과 같은 방향으로 지구 내부의 입자들이 함께 밀렸다 당겨졌다 한다. (b) 횡파(S파)는 P파보다 느리게 이동한다(대략 $2 \sim 5$ km/s). S파에서는 지구 내부의 입자들이 파동이 진행하는 방향과 수직으로 진동한다. 지질학자들은 다른 두 장소에서 두 파동이 도달하는 시간 차이를 측정해 지진의 진원을 결정할 수 있다. (c) 표면파에서 지면의 운동은 종파와 횡파 성분이 모두 포함되어 있다.

직인 성분을 동시에 가지게 된다. 가로(횡) 방향 성분은 그림 11.4c에 보인 바와 같은 상하 운동이 될 수도 있고 좌우 운동이 될 수도 있다. 땅의 움직임은 표면에서 가장 크다.

바다에서 일어나는 파도는 그림 11.4c에 나타난 표면 지진파와 비슷하다. 물속 깊은 곳의 파동은 그림 11.5와 같이 주로 종파이다. 파동이 지나가는 동안 물은 파동의 진행 방향에 대해 앞뒤로 움직인다. 얕은 곳에서의 파동은 횡파와 종파 두 성분을 다 가지고 있다. 파동이 지나가는 동안 물은 타원 형태로 움직인다. 수면 위의 공기는 저항이 거의 없으므로 물은 쉽게 위로 부풀어 올랐다가 중력(진폭이 적을 경우는 표면장력)에 의해 다시 아래로 내려간다. 파도가 해변에 가까워지면 물마루는 부서지는데, 이 경우 물 입자들의 운동은 더욱 복잡해진다.

기타 줄을 가볍게 뜯을 때, 줄에 발생하는 파동은 거의 순수한 횡파이다. 줄의 늘어남은 거의 무시할 수 있다. 기타 줄을 더욱 세게 뜯을 때 생기는 파동은 횡파와 종파의 결합으로 나타난다. 줄 위의 한 점은 세로(종) 방향의 운동뿐 아니라 가로(횡) 방향으로도 운동한다.

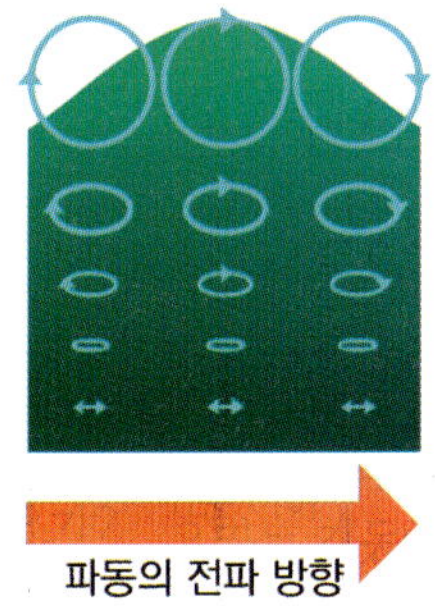

그림 11.5 바다에서 일어나는 파도에서 물의 운동은 횡파와 종파가 결합된 운동이다.

응용 : 지진파를 이용한 동물들의 의사소통 동물들은 토양, 식물의 줄기나 잎을 통해 이동하는 작은 진폭의 지진파를 감지하여 주변 환경을 감시하고, 먹이의 위치를 파악하고, 주변 포식자를 인지한다. 뱀, 개구리, 두꺼비, 거미, 새, 코끼리, 캥거루쥐, 벌레, 그리고 다양한 곤충들은 지진파를 민감하게 감지할 수 있다. 척추동물 중 지진파에 특히 민감한 동물은 개구리이다. 이들의 특수한 감지능력은 속귀의 구형낭 sacculus과, 속귀를 흉대 pectoral girdle와 연결하고 있는 근육과 뼈로 이루어진 부분에서 나온다. 많은 곤충들은 다리에 진동을 감지하는 특별한 조직이 있다. 코끼리와 고양이 같은 포유동물은 발에 있는 지방 패드 fat pad를 통해 진동을 뇌로 전달하는 것으로 알려져 있다.

여러 동물들이 지진파를 발생시켜 같은 종끼리 의사소통을 한다. 동물들은 북치기(몸의 일부로 외부 벽면을 리듬을 맞추어 치는 행위), 몸을 떠는 행위(온몸에 진동을 유발), 그리고 마찰음 생성(몸의 두 부분을 서로 문질러서 생성)을 통해 진동을 발생시킨다. 이렇게 발생되는 지진파는 대체로 종 특유의 파동인데, 이를 이용해 짝을 확인하거나 상대의 환심을 사며, 포식자가 주변에 있다는 신호로 사용하고, 영역을 주장하거나, 그룹의 집단적인 행동을 지시한다. 코끼리는 이러한 지진파를 사용하여 16 km 이상 떨어진 곳의 다른 코끼리와 의사소통한다고 알려져 있다.

점박이 스컹크 Spilogale putorius는 발을 쿵쿵 굴러 의사소통을 하는 것으로 알려진 포유동물 중 하나이다. 낯선 동물이 접근하면 스컹크는 놀라서 앞발을 쿵쿵 구른다.

11.3 줄 위의 횡파 속력
Speed of Transverse Waves on a String

역학적인 파동의 속력은 매질의 성질에 따라 달라진다. 줄의 어떠한 성질이 줄을 따라 이동하는 횡파의 속력을 결정할까? 길이가 L, 질량이 m인 줄에 장력 F가 작용한다고 하자. 이 세 가지 물리량으로 속력의 단위를 만들 수 있는 유일한 조합은 $\sqrt{FL/m}$ 이다. 차원이 없는 상수가 곱해져 있을 수도 있겠지만, 고급 수학을 공부하면 그 상수가 1이라는 것도 유도할 수 있다. 줄에서 횡파의 속력은 다음과 같다.

$$v = \sqrt{\frac{FL}{m}} \tag{11-3}$$

줄의 구성 물질과 지름이 주어졌을 때(예를 들어 지름이 0.76 cm 인 황동 줄), 줄의 질량은 그 길이에 비례한다. 이에 따라 줄의 **선밀도** linear mass density(단위 길이당 질량)를

$$\mu = \frac{m}{L} \tag{11-4}$$

로 정의하면 줄에 생긴 횡파의 속력은 다음과 같다.

줄 위에서 횡파의 속력

$$v = \sqrt{\frac{F}{\mu}} \tag{11-5}$$

식 (11−5)에서 파동의 속력은 매질의 양에 따라서 변하는 것이 아니라 매질의 국소적인 성질에 따라서 변한다는 것을 알 수 있다. 예를 들어 한 점 P 근처에서 파동 속력은 전체 줄의 길이에 영향을 받지 않고, 그 P 지점 근처의 국소적인 성질에 따라서 결정된다.

장력이 커지면 파동의 속력이 빨라지고, 선밀도가 커지면 파동의 속력이 감소하는 것에 주목하자. 다음과 같이 일반화하면 다른 파동에도 적용할 수 있다.

'복원력이 클수록 파동의 속력은 빨라지고, 관성이 클수록 파동의 속력은 느려진다.'

살펴보기 11.3 그림 11.6과 같이 당겨진 다섯 개의 끈을 통해 횡파가 전달된다고 할 때, 횡파의 속력이 큰 줄부터 작은 줄까지 나열하여라.

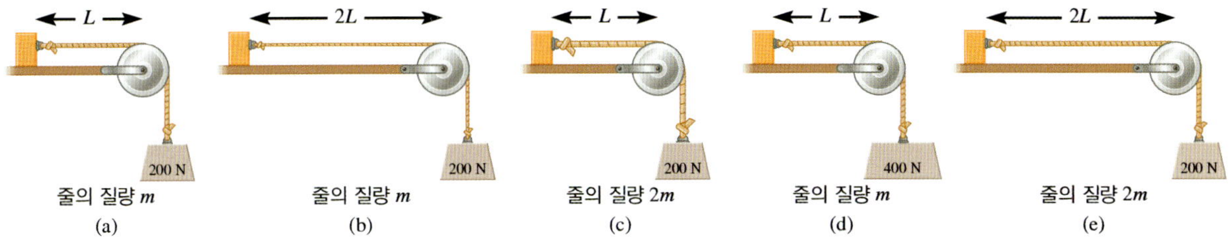

그림 11.6 팽팽하게 당겨진 다섯 개의 끈

파동이 전파되는 속력과 매질 내에서 입자가 운동하는 속력은 같지 않다. x축을 따라 수평으로 당겨진 줄에 y 방향으로 횡펄스 파동이 보내진다고 하자. 파동의 전파 속력 v는 어떤 패턴이나 교란이 줄을 따라서(x 방향으로) 움직이는 속력이다. 선밀도가 균일한 줄의 경우, 파동의 속력은 일정하다. 그러나 줄 위의 한 점은 일정하지 않고 다른 속력으로 $\pm y$ 방향으로 아래위로 진동한다.

보기 11.1 피냐타*

길이 2.0 m인 줄의 질량이 125 mg이다. 줄의 한쪽은 천장에 고정되어 있고 다른 쪽에는 4.0 kg의 피냐타가 매달려 있다. 어린이가 막대기로 피냐타를 세게 쳤다. 그랬더니 가로 방향의 펄스 파동(횡파)이 천장을 향하여 진행하였다. 펄스 파동이 진행하는 속력은 얼마인가?

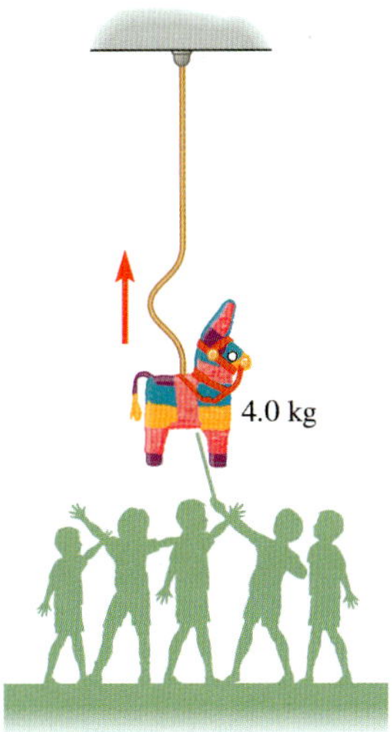

전략 이 상황을 표현하는 그림부터 살펴보자. 피냐타는 줄의 장력을 받고 있다. 줄의 무게는 상대적으로 무시할 수 있으므로 줄의 장력은 피냐타의 무게와 같다. 줄의 질량과 길이는 주어져 있으므로 선밀도는 알 수 있다. 따라서 파동의 속력을 구할 수 있다.

풀이 줄에서의 횡파의 속력은 식 (11-5)로 주어진다.

$$v = \sqrt{\frac{F}{\mu}}$$

여기에서 F는 줄의 장력이고 μ는 줄의 선밀도이다. 장력은 줄에 매달린 무게와 같으므로

$$F = Mg$$

이다. 줄의 선밀도는 단위 길이당 질량($\mu = m/L$)이므로 장력과 선밀도를 대입하면 다음과 같다.

$$v = \sqrt{\frac{F}{m/L}} = \sqrt{\frac{(Mg)L}{m}}$$

$$= \sqrt{\frac{4.0\,\mathrm{kg} \times 9.8\,\mathrm{m/s^2} \times 2.0\,\mathrm{m}}{125 \times 10^{-6}\,\mathrm{kg}}} = 790\,\mathrm{m/s}$$

검토 줄 자체의 무게(mg)는 줄 끝에 매달린 무게(Mg)에 비해 무시할 만하다. 하지만, 이것은 실전문제 11.1에서와 같이 항상 성립하는 것은 아니다.

---

* (역자주) 피냐타 Piñata는 멕시코와 다른 중 · 남미 국가의 어린이 축제(생일 등)에 사용되는 종이인형으로 안에 과자나 장난감 등을 채워 넣는다.

실전문제 11.1 **줄을 따라 진행하는 펄스 파동의 초기 속력**

길이 10.0 m 인 줄의 선밀도가 25 g/m 이다. 줄의 한쪽은 위에 고정되어 있고 다른 쪽은 질량 0.200 kg 인 물체가 아래에 매달려 있다. (a) 아래에서 줄을 따라 위로 보내진 펄스 파동의 처음 속력은 얼마인가? (b) 펄스 파동이 줄의 위쪽에 도달했을 때 파동 속력은 얼마인가? [힌트 : 줄의 질량이 어떤 경우 줄의 장력에 영향을 미치는가?]

11.4 주기적 파동 Periodic Wave

주기적 파동periodic wave은 같은 모양을 끝없이 계속 반복하며, 반복되는 각 구간은 그것을 발생시키는 데 사용한 에너지를 수송한다. 물 위에 조약돌을 반복적으로 떨어뜨리면 주기적인 물결파를 만들 수 있다. 혹은 줄의 한쪽 끝을 같은 형태를 반복하며 위아래로 움직이면 주기적인 파동이 줄에 생긴다. 파동이 줄을 따라 진행할 때 줄 위의 각 점은 속력에 따라서 시간 지연이 있기는 하지만, 같은 형태로 위아래로 진동한다. 대개 음악은 주기적이지만, 소음은 **주기적이지 않다**. 사람의 목소리는 모음을 일정한 높이pitch(일정한 진동수)로 발음할 때는 주기적인 소리를 낸다. 대부분의 자음은 주기성이 없다(그림 11.7).

연결고리 주기적 파동에 사용되는 용어들은 등속원운동(5장)이나 단순조화운동(10장)에서 사용된 용어들과 비슷하다.

주기, 진동수, 파장, 그리고 진폭 공간에서 주어진 한 점에서 파동이 반복되는 시간 T를 **주기**period라 한다. 주기의 역수는 **진동수**frequency f라 한다.

$$f = \frac{1}{T} \quad (\text{SI 단위로 Hz} = \text{s}^{-1}) \qquad (5\text{-}10)$$

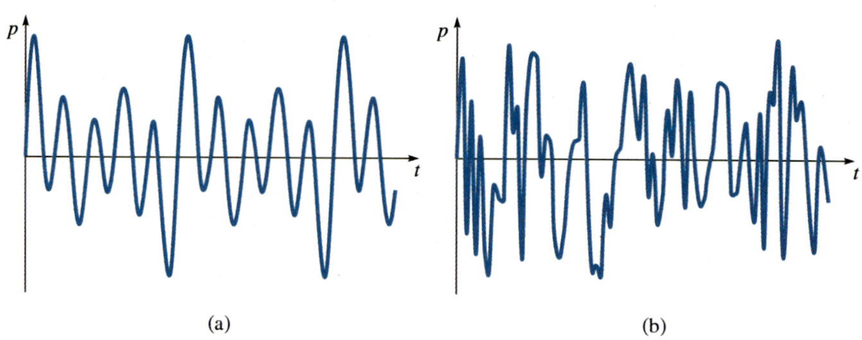

그림 11.7 (a) 모음 'e'를 발성할 때 생기는 주기적인 소리, (b) 자음 's'를 발성할 때 나타나는 비주기적 소리의 형태(마이크는 소리의 압력에 비례하는 전기적 신호를 낸다. 이 그래프는 압력을 시간의 함수로 보인 것이다)

진동수는 어느 한 점에서 같은 운동이 얼마나 자주 일어나는지를 말해 준다. 예를 들어 진동수가 20 Hz라면 그 점에서 초당 20회 반복되는 운동(또는 순환 운동)이 있음을 나타낸다. 이 경우 각각 한 번 순환하는 데 걸리는 시간은 $T = 1/f = 1/20 = 0.05$ s이다. 각진동수는 $\omega = 2\pi f$이고 단위는 rad/s이다.

한 주기 1 T 동안, 속력 v로 진행하는 주기적 파동은 vT 만큼의 거리를 이동한다. 그림 11.8에서 어느 순간, 파동의 진행 방향으로 거리 vT 만큼 떨어진 두 점은 '동시적으로 in sync' 움직인다. 따라서 주기가 파동이 되풀이되는 시간인 것처럼 vT는 파동이 되풀이 되는 거리이다. 이 거리를 **파장** wavelength λ라 한다.

파장

$$\lambda = vT \tag{11-6}$$

이 관계식과 진동수에 관한 식을 결합하면 다음을 얻는다.

진동수와 파장

$$v = \frac{\lambda}{T} = f\lambda \tag{11-7}$$

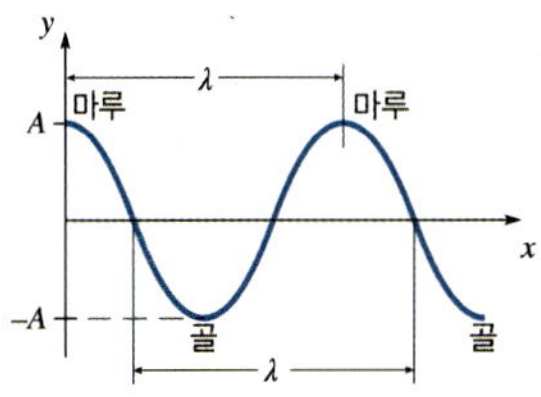

그림 11.8 x축 방향으로 속력 v로 이동하는 사인 형태의 파동. 그래프는 특정 시간 t에서, 파동이 전파되는 방향으로의 위치, 곧 x축 위치로 매질 내의 입자의 변위 y를 보여준다. 진폭 A와 파장 λ가 표시되어 있다.

식 (11−6)과 (11−7)은 파동이 어떻게 만들어졌거나 어떠한 형태의 파동이거나에 상관없이 모든 주기적 파동에 대해 성립한다.

살펴보기 11.4 4.0 km/s로 전파되는 지진파의 파장이 20 km이다. 매질을 이루는 바위 입자가 한 주기 진동하는 데 걸리는 시간은 얼마인가?

어떤 입자의 평형위치로부터의 변위가 최대인 곳까지의 거리를 그 파동의 **진폭** amplitude A라 한다.

x 방향으로 펼쳐진 줄을 따라 진행하는 사인 형태 sinusoidal의 파동에서 진폭 A는 양$^+$ 또는 음$^-$의 y축 방향으로의 최대 변위이다. 물결의 경우는 잔잔한 평형상태 위쪽의 마루(높은 지점)까지의 높이 또는 평형상태 아래의 골까지의 깊이(낮은 지점)가 진폭이다.

11.5 수식으로 나타낸 파동
Mathematical Description of a Wave

수학적으로 파동은 위치와 시간의 함수로 기술되는 어떤 물리량(예를 들면, 압력 또는 변위)의 변화로 표현된다. 기타 줄에서 생성된 횡파의 경우, 함수는 줄 위에 있는 점들의 평형위치로부터의 변위를 나타낸다. 만일 줄이 x축을 따라 놓여 있고 줄 위의 각 점들의 변위가 $\pm y$ 방향으로 일어난다면, 파동은 두 변수 x와 t의 함수, 곧 $y(x,t)$로 기술된다. 특정 x와 t의 값(독립변수)이 특정 y의 값(종속변수)에 대응하는 방식으로, y의 값이 x와 t에 따라서 변한다.

조화진행파

매우 중요한 파동의 형태는 **조화진행파**harmonic traveling wave이다. 진행파는 한 방향으로 진행하면서 같은 형태를 유지한다(그림 11.9). 조화진행파는 사인파의 모양을 유지한다. 이것은 어느 순간 줄의 형태가 사인파 모양임을 의미하며, 줄 위에 모든 점은 진동수가 같고 진폭이 같은 단순조화운동으로 앞뒤로 움직인다(그러나 진동은 동시에 발생하지 않는다. 줄의 모든 점들이 최대 변위에 도달하는 시간이 다르다). 이러한 형태의 파동 방정식은

$$y(x,t) = A\cos(\omega t \pm kx + \phi) \qquad (11\text{-}8)$$

또는

$$y(x,t) = A\sin(\omega t \pm kx + \phi) \qquad (11\text{-}9)$$

로 쓸 수 있다. 상수 A, ω, k은 모두 양$^+$의 값이다. 상수 k는 **파수**wave number라고 한다. 그 중 두 상수는 익숙하다. A는 파동의 진폭(최대 변위)이고, ω는 각진동수이다.

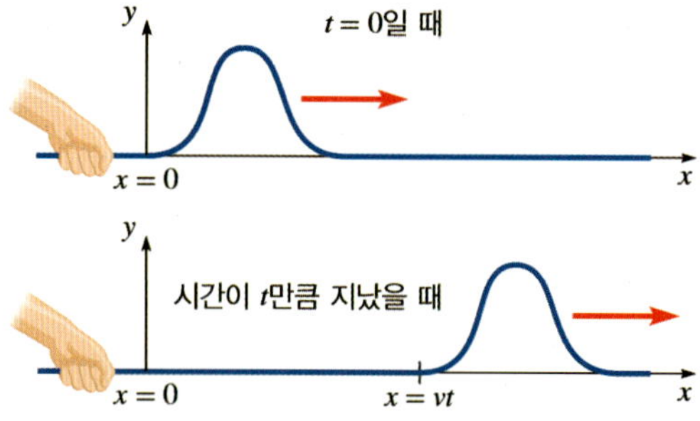

그림 11.9 두 그래프에서 보여주고 있는 줄에서 진행하고 있는 펄스 파동. $t=0$일 때 y와 x의 그래프와 시간이 t만큼 지났을 때 y와 x의 그래프. 펄스가 줄을 따라 진행했을 때 펄스의 형태는 변하지 않고 유지되었다.

ϕ를 **위상상수**phase constant라고 부른다. ϕ의 값은 초기 조건($t=0$에서 줄의 형태)에 의해 결정되며, 사인 또는 코사인 사용 여부에 따라 달라진다. 가능하면, 위상상수가 0이 되도록 시간 $t=0$을 선택한다.

그러면, 방정식은

$$y(x,t) = A\cos(\omega t \pm kx) \tag{11-10}$$

또는

$$y(x,t) = A\sin(\omega t \pm kx) \tag{11-11}$$

라고 간단한 형태로 쓸 수 있다. 식 (11–8)부터 식 (11–11)에 있는 부호는 파동의 진행 방향에 의해 결정된다.

$$(\omega t - kx) : \text{파동의 진행 방향이 } +x \text{ 방향} \tag{11-12}$$

$$(\omega t + kx) : \text{파동의 진행 방향이 } -x \text{ 방향} \tag{11-13}$$

이유를 알아보기 위하여, $y(x,t) = A\cos(\omega t - kx)$식으로 표현되는 파동운동에서 정점peak의 운동을 생각해 보자. 시간의 함수로 나타낸 정점의 위치 x는 물리량 $(\omega t - kx)$가 일정하게 유지되어야 한다. 그 이유는 y의 최댓값이 $y=A$로 일정하기 때문이다. t가 증가하면 x도 반드시 증가하므로, 파동은 $+x$ 방향으로 진행한다. 이러한 방법으로 파동의 속력을 구할 수 있다. $\omega t - kx = C$로 속력을 구할 수 있으며 여기서 C는 상수이다. x값은 $x = (\omega/k)t - C$에서 구한다.

파동의 속력은 다음과 같다.

$$v = \frac{\omega}{k} \tag{11-14}$$

다른 한편으로는, $y(x,t) = A\cos(\omega t + kx)$로 기술되는 파동 정점의 운동은 반드시 $\omega t + kx = C$를 만족해야 한다. 이것은 $x = -(\omega/k)t + C$임을 의미한다. 파동은 ω/k인 속력으로 $-x$ 방향으로 운동한다.

식 (11–14)와 (11–7)을 이용하여, 파수 k는 파장 λ와 아주 밀접한 관련이 있음을 알 수 있다.

파수

$$k = \frac{\omega}{v} = \frac{2\pi f}{\lambda f} = \frac{2\pi}{\lambda} \tag{11-15}$$

연결고리 ω와 k의 유사점에 주의하여라. $\omega = 2\pi/T$이고, 여기서 T는 반복하는 데 걸리는 시간이다. $k = 2\pi/\lambda$이며, λ는 반복하는 데 필요한 거리이다. ω는 단위 시간당 라디안(rad/s), k는 단위 길이당 라디안(rad/m) 단위로 측정한다.

줄 위의 점들은 가로(횡) 방향으로 단순조화운동을 한다. 줄 위의 한 점의 최대 속력과 최대 가속도는 다음과 같다.

$$v_{\mathrm{m}} = \omega A \tag{10-28}$$

$$a_{\mathrm{m}} = \omega^2 A \tag{10-29}$$

식 (10−28)에서, 최대 속력 v_{m}은 파동의 전파 속력 v와 같지 않다(11.3절 참고). 줄 위의 한 점의 속도는 횡($\pm y$) 방향이고, 최댓값이 v_{m}이며, 시간에 따라 변하는 사인함수이다. 이 파동은 $\pm x$ 방향으로 일정한 속력 v로 운동한다.

진폭, 에너지, 그리고 조화파동의 세기 단순조화운동을 하는 물체의 총에너지는 진폭의 제곱에 비례하므로(10.5절), 조화파동의 총에너지 역시 진폭의 제곱에 비례한다. 3차원인 경우, 파동의 세기는 파동이 전파 방향에 수직인 단위 넓이당 단위 시간에 수송하는 에너지의 비율이다(11.1절). 조화파동의 세기는 총에너지에 비례하므로 진폭의 제곱에도 비례한다. 이 사실은 조화파동에만 한정되지 않고 모든 파동에 일반적으로 성립한다.

세기와 진폭

파동의 세기는 파동 진폭의 제곱에 비례한다.

보기 11.2 줄에서 조화진행파

어떤 줄에서 조화진행파가 $-x$ 방향으로 120 m/s의 속력으로 운동하고 있다. 파동의 진폭은 6.0 mm이고 파장은 90 cm이다. 시간 $t = 0$일 때, 파동은 $x = 0$인 위치에서 최댓값을 갖는다. 이 파동을 기술하기 위한 방정식을 만들어라.

전략 식 (11−8)부터 (11−18)까지의 방정식은 조화진행파를 기술하고 있다. 주어진 값 v, λ로부터 ω, k값을 구할 수 있다. 파동의 전파 방향($-x$)은 kx 항의 부호로 결정한다. 초기 조건($x = 0$, $t = 0$에서 최댓값)으로 사인함수를 사용할지 코사인함수를 사용할지를 정하고 위상상수를 결정한다.

풀이 각진동수는

$$\omega = 2\pi f = 2\pi\frac{v}{\lambda} = 2\pi\frac{120\,\mathrm{m/s}}{0.9\,\mathrm{m}} = 840\,\mathrm{rad/s}$$

이다. 파수는

$$k = \frac{2\pi}{\lambda} = \frac{2\pi}{0.9\,\mathrm{m}} = 7.0\,\mathrm{rad/m}$$

이다. $-x$ 방향으로 운동하는 파동의 경우 $wt + kx$를 사인함수로 할 것인지 코사인함수로 할 것인지에 대한 논란이 있을 수 있다. 코사인함수를 사용하면 위상상수는 0이다. $x = 0$, $t = 0$에서 $\cos(wt + kx) = \cos 0 = 1$이므로 최댓값을 갖게 된다.

이 파동에 대한 방정식은 다음과 같다.

$$y(x,t) = (6.0\,\text{mm})\cos[(840\,\text{rad/s})t + (7.0\,\text{rad/m})x)]$$

검토 단위를 빠르게 점검해 보자. $(840\,\text{rad/s})t$과 $(7.0\,\text{rad/s})x$는 모두 라디안이 있으므로 코사인함수를 사용하는 것이 올바른 선택이다. 수치 계산을 점검하기 위하여 식 (11-14)에서 ω와 k값을 이용하여 파동의 속력을 확인한다.

$$v = \frac{\omega}{k} = \frac{840\,\text{rad/s}}{7.0\,\text{rad/m}} = 120\,\text{m/s}$$

실전문제 11.2 **줄의 다른 조화진행파**

줄에서의 파동이

$$y(x,t) = (0.0050)\sin[(4.0\,\text{rad/s})t - (0.5\,\text{rad/m})x)]$$

로 기술된다. (a) 이 파동은 어느 방향으로 진행하는가? (b) 파장은 얼마인가? (c) 파동의 속력은 얼마인가?

11.6 파동 그래프 그리기 Graphing Waves

1차원 파동 $y(x,t)$의 그래프는 두 독립변수 (x,t)중 하나에 대해 그릴 수 있다. 다른 하나는 고정되어 있어야 하며 상수로 취급한다. 만일 x가 상수로 고정되면, 고정된 특정한 점(x값에 의해 결정)이 선택되고 그래프는 그림 11.10a와 같이 그 점의 운동을 시간의 함수로 나타내게 된다. 만일 x 대신에 t가 상수로 고정되고, y를 x의 함수로 그린다면 그래프는 하나의 스냅 사진과 같다. 곧 그림 11.10b와 같이 특정한 순간에 파동이 어떠한 형태인지를 나타내는 순간적인 모양을 보여준다.

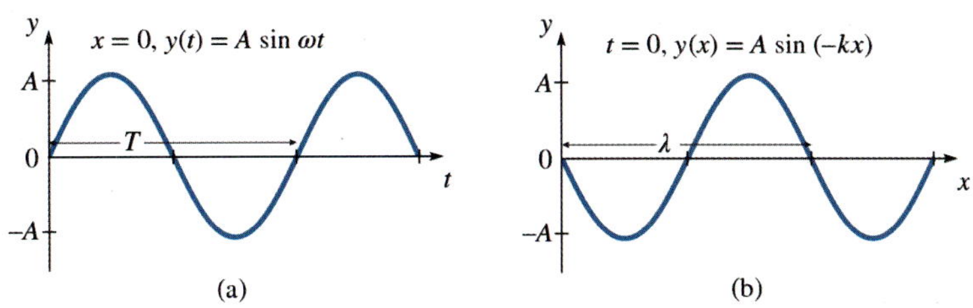

그림 11.10 $y(x,t) = A\sin(\omega t - kx)$로 표현되는 줄 위 조화파동의 두 그래프. (a) 줄 위의 특정한 점($x=0$)의 수직 변위 y를 시간 t의 함수로 나타낸 그래프. (b) 특정한 순간($t=0$)에 수직 변위 y를 수평 위치 x의 함수로 나타낸 그래프

보기 11.3 조화횡파

조화횡파가 5.0 m/s의 속력으로 줄 위에서 $+x$ 방향으로 진행한다. 그림 11.11은 $x=0$인 점에 대한 $y(t)$의 그래프를 보여준다. (a) 이 파동의 주기는 얼마인가? (b) 파장은 얼마인가? (c) 진폭은 얼마인가? (d) 파동을 기술하는 함수 $y(x,t)$를 구하고, (e) 시간 $t=0$일 때 그래프 $y(x)$를 그려라.

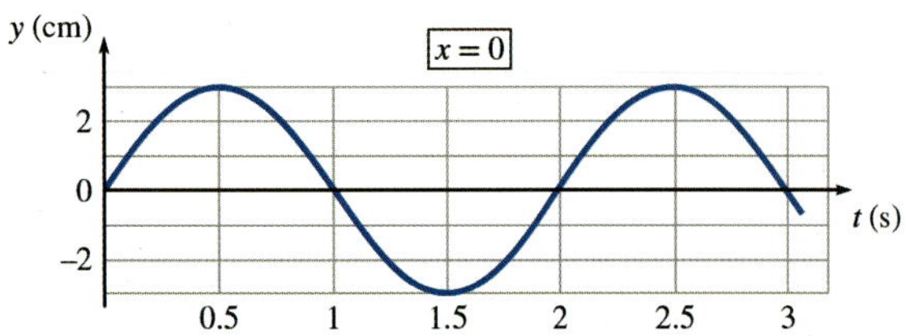

그림 11.11 조화횡파의 그래프

전략 그래프는 시간을 독립변수로 하므로 주기는 그래프에서 한 번 왕복하는 시간으로부터 알 수 있다. 파장은 한 주기 동안 진행한 거리이다. 진폭은 그래프의 최대 변위에서 읽을 수 있다. 이 상수들이 함수 $y(x,t)$를 결정하는 데 필요한 모든 상수이다. 이제 진행 방향을 결정하고 사인함수를 쓸 것인지 코사인함수를 쓸 것인지를 생각하면 된다.

풀이 (a) 주기 T는 한 번 순환하는 데 걸리는 시간이다. 그림 11.11 그래프로부터 주기는 $T=2.0$ s이다.

(b) 파장 λ는 속력 $v=5.0$ m/s로 한 주기 동안 진행한 거리이므로 다음과 같이 구할 수 있다.

$$\lambda = vT = 5.0\ \text{m/s} \times 2.0\ \text{s} = 10\ \text{m}$$

(c) 진폭 A는 평형으로부터의 최대 변위이다. 그래프에서 진폭은 $A=3.0$ cm이다.

(d) 그림 11.11은 사인함수이다. $x=0$인 점의 운동은

$$y(t) = A\sin\omega t$$

이다. 여기서 $\omega = \dfrac{2\pi}{T}$이다. 만일 이 식에서 ωt 대신 $(\omega t - kx)$를 대입하면, $+x$ 방향으로 진행한다. 파동 방정식은

$$y(x,t) = A\sin(\omega t - kx)$$

이다. 여기서 $\omega = 2\pi/T$이고 $k = 2\pi/\lambda = 2\pi/(vT)$이다.

(e) 이 방정식에 $t=0$을 대입하면

$$y(t) = A\sin(-kx)$$

이고, $\sin(-\theta) = -\sin\theta$을 이용하면(부록 A.7) 다음을 얻을 수 있다.

$$y(t) = -A\sin(kx)$$

다음 함수의 그래프는 진폭 $A=3.0$ cm이고 파장 $\lambda = 2\pi/k = 10$ m인 사인함수가 뒤집힌 꼴이다.

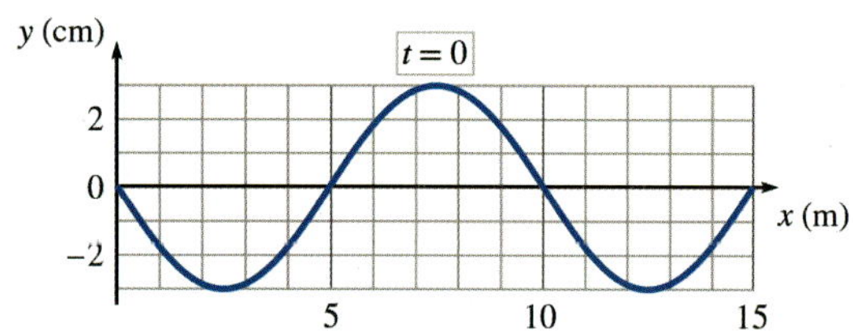

검토 그림 11.11은 점 $x=0$이 처음에 $y=0$에 있다가 위($+y$ 방향)로 움직여 시간 $t=0.50$ s에 마루에 도달하는 모습을 보여준다. 파동이 움직이는 첫 번째($t=0$) 장면이 풀이 (e)에 나타난 그래프에 해당한다. 파동이 오른쪽으로 이동하므로 연속되는 장면에서 사인파형의 그래프는 조금씩 오른쪽으로 이동한다. 점 $x=0$은 파동이 오른쪽으로 2.5 m 이동했을 때 마루에 도달할 때까지 위로 움직인다. 파동의 속력은 5.0 m/s이므로, $x=0$인 점은 시간 $t = 2.5\ \text{m}/(5.0\ \text{m/s}) = 0.50$ s에서 마루에 도달한다.

실전문제 11.3 **또 다른 조화횡파**

$y(x,t) = (1.2\ \text{cm})\sin[(10.0\pi\ \text{rad/s})t + (2.5\pi\ \text{rad/m})x]$로 기술되는 파동이 있다.

(a) $x = 0$에서의 그래프 $y(t)$를 그려라. (b) 시간 $t = 0$일 때 그래프 $y(x)$를 그려라. (c) 이 파동의 주기는 얼마인가? (d) 파장은 얼마인가? (e) 진폭은 얼마인가? (f) 속력은 얼마인가? (g) 파동은 어느 방향으로 진행하는가?

11.7 중첩의 원리 Principle of Superposition

같은 형태의 두 파동이 공간의 같은 영역을 지나간다고 생각해 보자. 두 파동은 서로에게 영향을 줄까? 만일 파동들의 진폭이 충분히 크다면 매질 내의 입자들은 그들의 평형 위치로부터의 변위가 너무 커져서 훅의 법칙은 더 이상 성립하지 않는다. 이 경우 두 파동은 서로에게 영향을 미친다. 그렇지만 진폭이 작은 경우 파동들은 변하지 않고 서로 지나갈 수 있다. 일반적으로, 진폭이 너무 크지 않은 경우 중첩의 원리가 적용된다.

중첩의 원리

둘 또는 그 이상의 파동이 겹칠 때, 겹친 점에서 알짜 교란은 각 파동의 교란을 합한 것과 같다.

그림 11.12와 같이 줄 위에서 두 개의 파동이 서로를 향하여 진행하는 경우를 생각해 보자. 펄스 파동은 서로에게 영향을 주지 않고 상대편 방향으로 지나갈 수 있다. 두 파동이 다시 분리되었을 때 각각의 모양과 높이는 그림 11.12a와 같이 겹치기 전과 똑같다. 중첩의 원리로 우리는 같은 방에서 동시에 말한 두 목소리를 구분해 들을 수 있다. 소리들은 서로 전혀 영향을 받지 않고 통과해 지나간다.

그림 11.12 (a) 서로를 향해 가서 서로를 통과해 진행하는 같은 2개의 펄스 파동. (b)와 (c)는 중첩의 원리가 적용되는 서로 다른 두 순간의 파동 모양이다. 점선은 독립된 개별적인 펄스 파동이고 실선은 그 합을 나타낸다. 하나의 펄스 파동이 한 개만 작용한다면 한 점에 y_1의 변위를 일으키고, 다른 펄스 파동이 같은 점에 y_2의 변위를 일으킨다면, 두 파동이 겹쳐진 결과 y_1+y_2의 변위를 일으킨다.

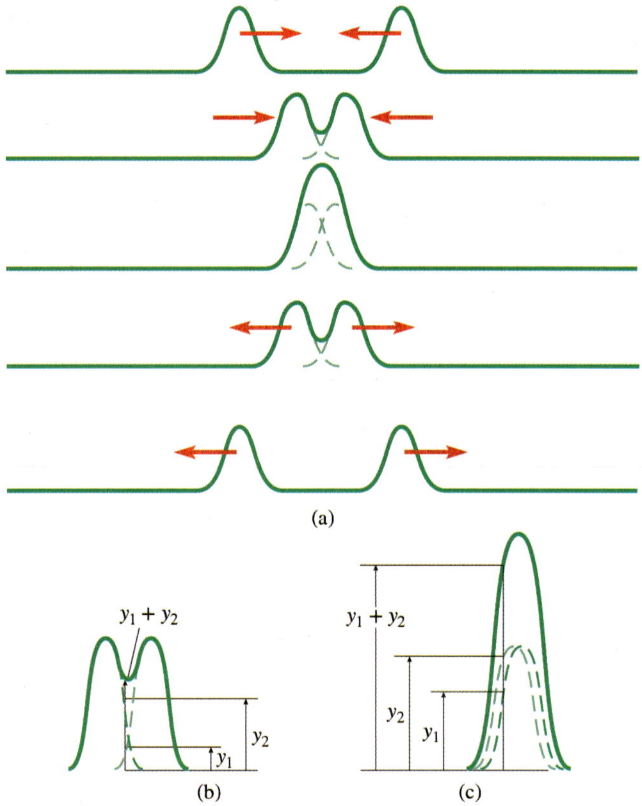

보기 11.4 두 펄스 파동들의 중첩

그림 11.13과 같이 긴 줄 위에서 2개의 같은 크기의 펄스 파동이 서로를 향해 0.5 m/s의 속력으로 진행한다. 시간 1.0, 1.5, 2.0 s에서의 줄의 모양을 그려라.

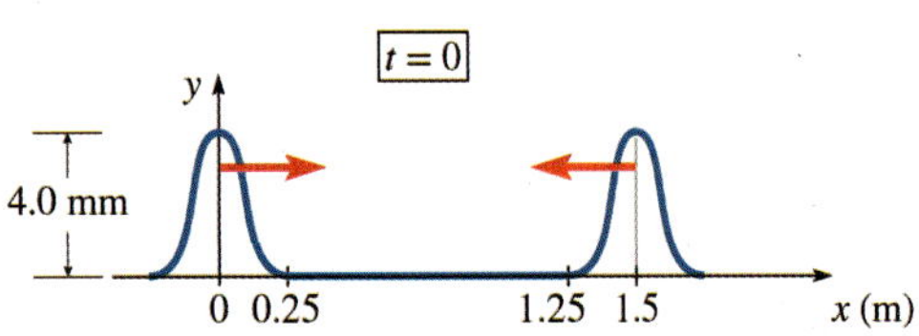

그림 11.13 시간 $t=0$일 때 두 펄스 파동

전략 문제에 주어진 각각의 시간마다 새로운 위치에 있는 두 펄스 파동을 그려놓고 시작하자. 그 둘이 겹칠 때는 중첩의 원리를 적용하여, 그 점에서 각 펄스 파동의 변위를 더해서 줄의 알짜 변위를 구한다.

풀이 시간 $t=0$일 때 두 펄스 파동을 모눈종이 위에 그린다(그림 11.14a). 시간 $t=1.0$ s일 때 각 파동은 상대 파동을 향해 0.5 m 운동한다. 파동의 앞쪽이 겹치기 시작한다(그림 11.14b). 시간 $t=1.5$ s일 때 각 펄스들은 0.25 m를 더 움직여 마루들이 완전히 겹치게 된다. 각 점들의 변위 값을 더하면 줄에는 원래 펄스 파동의 높이의 두 배의 변위를 갖는 한 개의 펄스 파동이 얻어진다(그림 11.14c). 시간 $t=2.0$ s일 때 각 펄스들은 0.25 m를 더 움직인다(그림 11.14d).

검토 2개의 펄스 파동이 완전히 겹치면 줄 위 점의 변위는 원래 펄스 파동의 변위 값보다 커진다. 왜냐하면, 변위들은 **같은 방향**(둘 다 $y>0$)으로 더해지기 때문이다. 그렇지만 중첩으로 항상 변위가 더 커지는 것은 아니다(실전문제 11.4를 보아라).

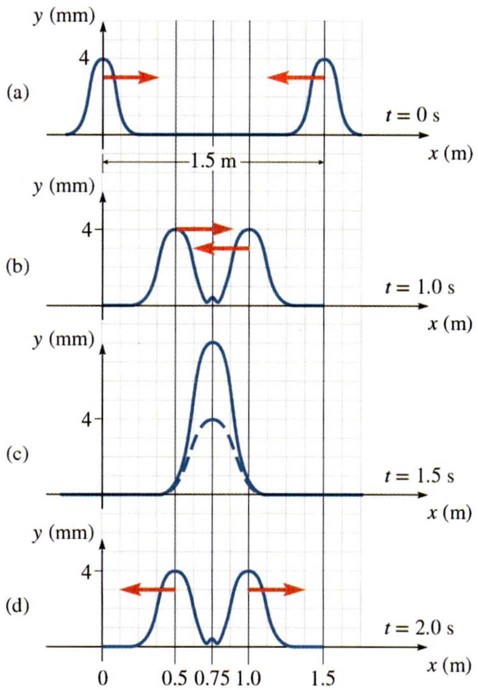

그림 11.14 시간 $t = 0$, 1.0, 1.5, 2.0 s일 때 펄스 파동의 위치

실전문제 11.4 **반대로 뒤집힌 두 펄스 파동의 중첩**

그림 11.15와 같이 오른쪽의 펄스 파동이 완전히 뒤집힌 경우에 대해 보기 11.4를 다시 풀어 보아라. [힌트 : x축 아래쪽에 있는 점들의 변위가 음$^-$의 값($y < 0$)을 갖는다.]

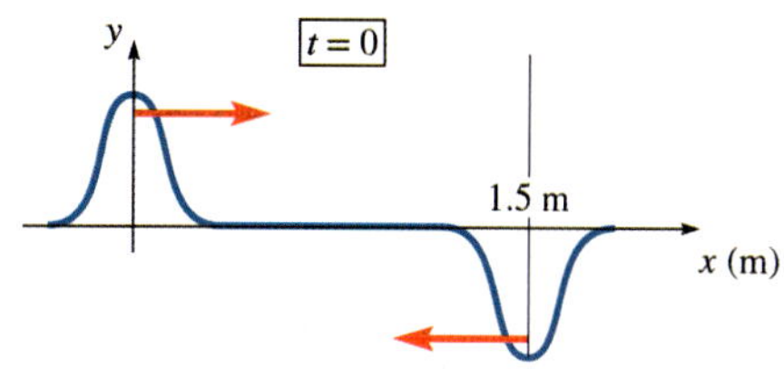

그림 11.15 실전문제 11.4의 펄스 파동

11.8 반사와 굴절 Reflection and Refraction

반사

두 매질의 경계에서는 **반사**reflection가 일어난다. 반사파는 입사파가 가지고 있던 일부 에너지를 가지고 경계에서 반대 방향으로 진행한다. 예를 들어 소리는 공기 속을 진행하는 동안에는 반사되지 않지만, 벽에 도달하면 반사를 일으킨다.

반사파는 뒤집히기도 한다. 한 가지 극단적인 예로서, 벽에 묶여 있는 줄을 살펴보자. 줄을 따라 파동을 보내면 그림 11.16과 같이 반사파는 뒤집힌다. 중첩의 원리에 의해서 파동의 모양은 입사파와 반사파의 합이고, 이는 고정된 끝점에 대해서도 성립한다. 끝점이 제자리에 고정되어 있을 수 있는 유일한 방법은 반사파가 입사파의 뒤집힌 모양을 가지는 것이다. 혹은 벽이 줄에 가한 힘을 고려해 파동이 뒤집히는 것을 이해할 수도 있다. 위로 솟은 펄스 파동이 고정된 끝점에 도달하면, 줄이 벽에 가한 힘은 위로 향하는 성분을 가지고 있다. 뉴턴의 제3법칙에 의하면 벽은 줄에 아래 방향 성분을 갖는 힘을 가한다. 아래로 향하는 이 힘은 아래로 향하는 반사된 펄스 파동을 만든다.

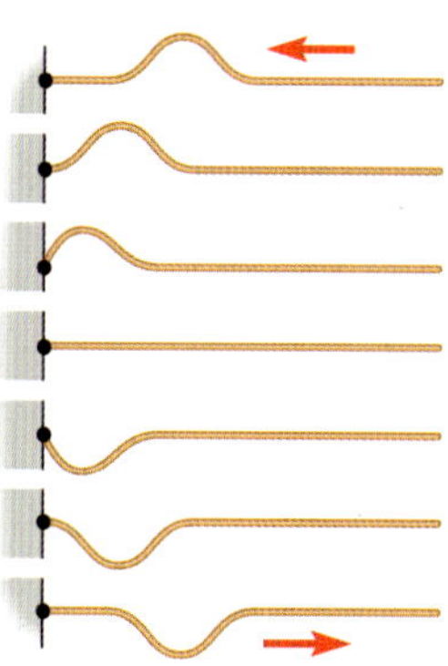

그림 11.16 고정된 끝에서 반사되는 펄스 파동. 반사된 펄스 파동은 위아래가 거꾸로 뒤집힌다.

이번에는 줄을 벽에 묶는 대신, 선밀도가 아주 큰 다른 줄에 묶어 보자. 밀도가 너무 크면 움직임은 거의 측정할 수 없을 정도로 작다. 원래의 줄은 그 차이를 거의 알지 못하고 단지 한쪽 끝이 고정되어 있다고 인식할 것이다. 아주 큰 밀도를 가진 두 번째 줄은 첫 번째 줄보다 훨씬 느린 파동 속력을 가진다. 이제 두 번째 줄을, 선밀도가 아주 크지는 않지만 첫 번째 줄보다는 크게 만들어 보자. 경계점에서 상대적으로 더 큰 관성 때문에 경계점의 운동이 억제되고 그 결과 반사파가 뒤집어지게 될 것이다. 일반적으로 줄 위의 횡파가 더 느린 파동 속력을 가진 영역과의 경계에서 반사될 때 반사파는 뒤집힌다. 반면에 그러한 파동이 더 **빠른** 파동 속력을 가진 영역과의 경계에서 반사될 때 반사파는 뒤집어지지 않는다.

경계에서 파장의 변화

파동의 매질에 급격한 변화가 있을 때 입사파는 경계에서 나뉘어 일부는 반사되고 일부는 경계를 지나 다른 매질로 투과된다. 이때 반사파와 투과파의 진동수는 모두 입사파의 진동수와 같다. 그 이유를 알아보기 위해, 두 개의 다른 줄을 묶은 매듭에 입사하는 파동을 생각해 보자. 반사파와 투과파는 모두 매듭의 상하 운동으로 발생하는데, 매듭의 진동은 입사파의 진동수에 의해 결정된다. 그렇지만 경계에서 파동의 속력이 변한다면, **투과파의 파장은 입사파나 반사파의 파장과 같지 않다.** 파동의 속력 $v = \lambda f$이고 진동수는 같으므로

$$f = \frac{v_1}{\lambda_1} = \frac{v_2}{\lambda_2} \qquad (11\text{-}16)$$

이다. 식 (11–16)은 모든 종류의 파동에 적용되며, 특히 광학 연구에 중요하다.

보기 11.5 초음파 검사기에서 파장

초음파 영상은 담낭의 담석을 검사하는 데 이용된다. 주파수발생기는 진동수 6.00 MHz의 초음파를 발생시킨다. 담석에서 소리의 속력은 2180 m/s이고, 주변을 둘러싸고 있는 담즙에서 소리의 속력은 1520 m/s이다. (a) 담즙에서 소리의 파장은 얼마인가? (b) 담석에서 소리의 파장은 얼마인가?

전략 소리의 진동수는 파동이 전파되는 다른 두 물질에서 같은 값을 가진다. 파장은 진동수와 매질 속의 소리 속력 두 가지 모두에 따라 달라진다.

풀이 (a) 담즙에서 측정되는 파장은 담즙 내에서 소리의 속력과 파장의 진동수에 따라 변한다.

$$\lambda_b = v_b T = \frac{v_b}{f}$$

주어진 숫자를 대입하면 다음과 같다.

$$\lambda_b = \frac{1520\,\text{m/s}}{6.00 \times 10^6\,\text{Hz}} = 0.253\,\text{mm}$$

(b) 담석에서 파동은 같은 진동수를 갖지만, 소리의 속력은 달라진다. 따라서 파장은 다음과 같다.

$$\lambda_s = \frac{v_s}{f} = \frac{2180\,\text{m/s}}{6.00 \times 10^6\,\text{Hz}} = 0.363\,\text{mm}$$

검토 파장의 비는 파동의 속력의 비와 같음을 쉽게 점검해 볼 수 있다.

$$\frac{0.253\,\text{mm}}{0.363\,\text{mm}} = 0.697, \quad \frac{1520\,\text{m/s}}{2180\,\text{m/s}} = 0.697$$

실전문제 11.5 **철로 위에서의 작업**

한 선로원이 철로를 수선하기 위해 쇠못을 박던 중에 실수로 쇠못 대신에 레일을 쳤다. 소리는 공기와 레일을 타고 진행한다(레일을 타고 진행하는 횡파는 무시하여라). 공기 중에서 소리의 파장은 0.548 m이다. 공기 중에서의 소리의 속력은 340 m/s이고, 레일에서의 소리의 속력은 5300 m/s이다. (a) 이 파동의 진동수는 얼마인가? (b) 레일에서 이 소리의 파장은 얼마인가?

굴절

투과파는 입사파의 파장과 다를 뿐만 아니라, 입사파의 진행 방향이 경계면의 법선(경계면에 수직) 방향인 경우를 제외하고 투과파의 진행 방향은 입사파와 다른 방향으로 진행한다. 이와 같이 파동의 진행 방향이 바뀌는 현상을 **굴절** refraction이라 한다.

응용 : 바다의 파도는 왜 해안을 향해 정면으로 접근할까? 파동의 속력이 서서히 변하면, 파동의 방향도 서서히 변한다. 바다에서 일어나는 파도의 속력은 물의 깊이에 따라 달라진다. 얕은 물에서 파도는 느리게 진행한다. 해안으로 접근하면서 파도의 속력은 점점 느려진다. 그 결과 파도는 거의 정면으로 해안에 도달할 때까지 점진적으로 굽어지게 된다.

응용 : 지진학 지진파가 서로 다른 종류의 암석의 경계를 통과할 때처럼 파동의 속력이 갑자기 변하면 파동은 급격히 굴절된다(그림 11.17). 지진파는 지질학적으로 다른 지형의 경계에서 굴절되거나 반사되는데, 이러한 지진파의 전파를 이해하는 것은 언제 발생할지 모르는 지진의 피해를 줄이기 위해 매우 중요하다. 과학자들은 거대한 진동자를 이용하여 작은 지진파를 발생시키고 지진계를 사용하여 여러 곳에서 땅의 진동을 기록한다. 이를 통해 지진 피해의 위험이 높은 지역에 대한 방제수단을 제공할 수 있는 지진 지도를 만들 수 있다.

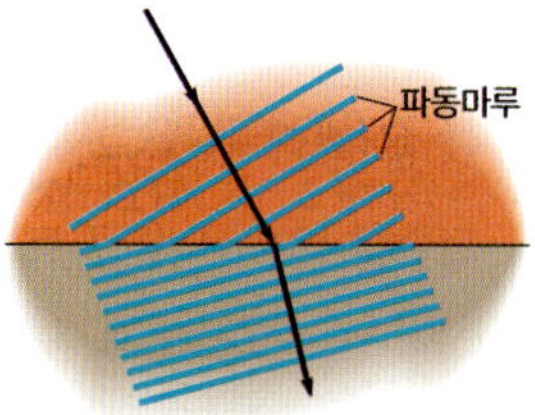

그림 11.17 서로 다른 암석의 경계를 통과하는 지진파의 마루. 경계에서 파동의 파장(두 마루 사이 거리)이 변하며 파동이 굴절된다(전파 방향이 바뀐다). 명확하게 나타내기 위해 반사 파동은 생략했다.

11.9 간섭과 회절
Interference and Diffraction

간섭

중첩의 원리는 극적인 효과를 나타낼 수 있다. 진동수는 같고 진폭이 A_1과 A_2인 두 파동이 공간상의 한 지점을 통과한다고 해 보자. 두 파동이 그 점에서 **위상이 같으면** in phase, 두 파동은 동시에 최대에 이른다(그림 11.18a). 위상이 서로 같은 파동들의 중첩을 **보강간섭** constructive interference이라 부른다. 결합된 파동의 진폭은 각 파동의 진폭의 합 $A_1 + A_2$이다.

만약 두 파동이 진동수는 같지만 주어진 점에서 **위상이 180° 어긋나면** 180° out of phase, 한 파동의 진폭이 최대가 될 때 다른 하나는 최소가 된다(그림 11.18b). 위상이 180° 어긋난 파동들의 중첩을 **상쇄간섭** destructive interference이라 부르고, 결합된 파동의 진폭은 각 파동들의 진폭의 차 $|A_1 - A_2|$로 주어진다. 보강간섭은 두 파동의 합으로 만들어지는 최대 진폭 $A_1 + A_2$를 갖고, 상쇄간섭은 최소 진폭 $|A_1 - A_2|$를 나타낸다.

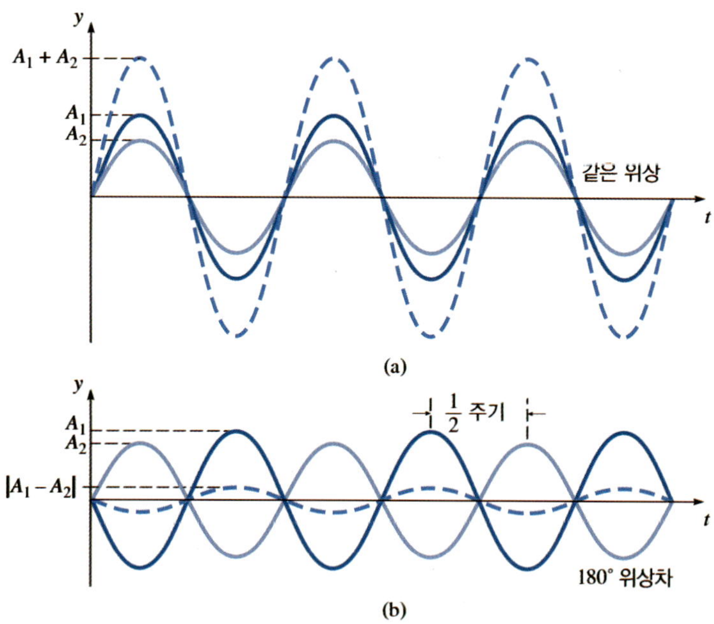

그림 11.18 두 파동의 (a) 위상이 같은 경우와, (b) 위상이 180° 어긋난 경우(구분하기 위하여 하나는 연한 선으로 그렸다) (b)에서 한 파동은 다른 하나에 비해 반주기 앞서 최대에 도달함을 볼 수 있다. (a)와 (b)에서 점선은 두 파동을 중첩시킨 것이다. 보강간섭 (a)에서 진폭은 $A_1 + A_2$이고, 상쇄간섭 (b)에서는 $|A_1 - A_2|$이다.

그림 11.19에서 두 개의 막대는 수면 위에 원형의 파동을 발생시키기 위해 같은 시간 간격으로 위아래로 진동한다. 만일 두 파동이 같은 거리를 진행해 수면상의 한 점에 도달했다면, 그들은 같은 위상으로 도달하여 보강간섭을 한다. 만약 이동 거리가 다르다면 보강간섭, 상쇄간섭 또는 그 중간 정도의 간섭이 생길 것이다.

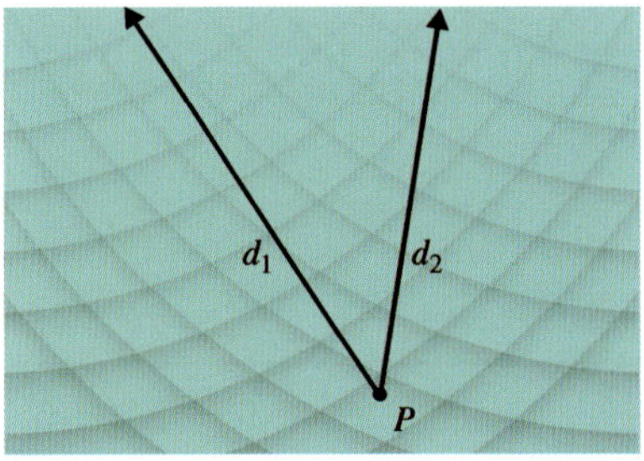

그림 11.19 수면파 투영 장치에서, 두 개의 막대(사진의 상단 가장자리 바로 위에 있으나 사진에 나타내지 않음)에 의해 생성된 물결파의 평면도. 2개의 파가 파원에서 임의의 지점 P까지 거리가 d_1, d_2일 때, 간섭이 일어난 점 P에서는 보강간섭이 일어날지 아니면 상쇄간섭이 발생할지 또는 그 사이의 어떤 간섭이 일어날지 결정한다.

경로차에 의한 간섭

두 파동이 같은 위상에서 출발할 때, 두 파가 중첩되는 지점으로 진행한 거리가 각각 d_1, d_2라고 가정하자. 만약 경로차 $|d_1 - d_2|$가 파장의 정수배(λ, 2λ, 3λ, $\cdots$)이면 그 지점에서 보강간섭이 일어나고, 경로차가 $\frac{1}{2}\lambda$, $\frac{3}{2}\lambda$, $\frac{5}{2}\lambda$, $\cdots$이면, 그 지점에서 상쇄간섭이 일어난다.

간섭이 파동의 세기에 미치는 효과 파동이 간섭할 때, **진폭**은 더 커지거나(보강간섭) 작아진다(상쇄간섭). 그러나 파동의 세기는 **진폭의 제곱에 비례**하므로, 간섭하는 두 파동의 **세기**는 간단한 덧셈이나 뺄셈으로 주어지지 않는다.

보기 11.6 간섭하는 파동의 세기

두 파동이 만나 간섭을 일으켰다. 그중 한 파동의 세기는 다른 파동의 9.0배이다. 간섭하는 두 파동의 최대 세기와 최소 세기의 비는 얼마인가?

전략 파동의 세기는 각 파동의 세기의 합이나 세기의 차로 주어지지 않는다. 중첩의 원리는 간섭한 파동의 최대 진폭과 최소 진폭이 간섭하는 파동의 진폭의 합과 차임을 알려준다. 파동의 세기는 진폭의 제곱에 비례하므로, 진폭의 비를 구하고 나서 그들을 더하거나 뺄 수 있다.

풀이 간섭하는 파동들의 세기 사이의 관계는 $I_1 = 9.0 I_2$, 곧 $I_1 / I_2 = 9.0$이다. 세기는 진폭의 제곱에 비례하므로

$$\frac{A_1}{A_2} = \sqrt{\frac{I_1}{I_2}} = 3.0$$

이다. 따라서 $A_1 = 3.0 A_2$이다. 위상이 일치하면 중첩에 의해 최대 진폭이 된다. 곧 최대 진폭은

$$A_{최대} = A_1 + A_2 = 4.0\,A_2$$

이다. 두 파동의 위상이 180° 어긋나면, 중첩에 의해 최소 진폭이 된다.

$$A_{최소} = |A_1 - A_2| = 2.0A_2$$

최대 세기와 최소 세기의 비는 다음과 같다.

$$\frac{I_{최대}}{I_{최소}} = \left(\frac{A_{최대}}{A_{최소}}\right)^2 = \left(\frac{4.0}{2.0}\right)^2 = 4.0$$

검토 진폭 대신 세기를 직접 더하거나 뺐다면, 최대 세기와 최소 세기의 비는 $10/8 = 1.25$가 되었을 것이다.

실전문제 11.6 **다른 두 개의 결맞음 파동**

개별 파동의 세기의 비를 9.0 대신에 4.0으로 바꾸고 보기 11.6을 다시 풀어보아라.

결맞음

두 파동이 만나는 특정 위치에서 두 파동의 **위상차**phase difference $\Delta\phi$는 한 파동이 다른 파동보다 순환이 얼마나 앞서가는지 또는 뒤처지는지 나타내는 척도이다. 위상차는 각도 또는 라디안으로 표현한다. 한 순환은 360°, 곧 2π 라디안에 해당한다. 앞 절의 간섭에 대한 논의에서, 파동들의 위상차가 일정할 때 파동이 **결맞음**coherent 상태에 있다고 가정하였다. 위상이 같은 결맞음 파동($\Delta\phi = 0$)은 위상이 같은 상태를 계속 유지하고, 위상이 180° 차이나는 결맞음 파동은 180° 위상차를 계속 유지한다. 결맞음 파동의 위상차는 0°~180° 사이 값을 갖고, 두 파동을 더했을 때 진폭은 최대 $A_1 + A_2$와 최소 $|A_1 - A_2|$ 사이에 있다. 결맞음 파동은 같은 진동수를 가져야 한다. 그렇지 않으면 일정한 위상차를 유지할 수 없다.

결맞음 파동을 얻는 한 가지 방법은 같은 파원에서 파동을 발생시키는 것이다. 한 음향기기에서 두 개의 스피커로 같은 신호를 보내는 경우를 예를 들 수 있다. 스피커를 구동하는 앰프에서 어떤 요동이 일어난다고 하더라도 같은 요동이 두 개의 스피커에 동시에 일어나므로 그들은 결맞음 상태를 유지한다.

만일 파동들 사이의 위상관계가 제멋대로 변하면 파동들은 **결이 맞지 않는다**incoherent 라고 말한다. 서로 다른 파원들에서 나오는 파동들은 결이 맞지 않는다. 결이 맞지 않는 파동의 간섭에서는 변하는 위상차로 인해서 평균적으로 사라지고, 전체 세기는 각 파동의 세기를 합한 것이 된다(여기서 정의한 결맞음과 결맞지 않음은 이상적인 경우이다).

왜 우리는 간섭의 효과를 항상 보거나 듣지 못할까? 보통의 빛, 곧 백열전등, 형광등 또는 태양에서 발생되는 빛은 무수히 많은 개별 원자로부터 발생하기 때문에 결이 맞지 않는다. 서로 다른 음원에서 발생한 음 역시 결이 맞지 않는다. 심지어 한 개의 음원에서 발생된 소리도 벽, 천장, 의자 등에서 반사되어 서로 다른 경로를 진행해서 우리 귀에 도달하게 된다. 이러한 파동들은 서로 다른 위상을 가지기 때문에 간섭 효과는 거의 없다. 또한 소리는 보통 다양한 진동수들을 포함하므로, 어떤 점에서 한 진동수에 대해 보강간섭이 일어난다고 하더라도 다른 진동수들에 대해서는 보강간섭이 일어나지 않는다. 그럼에도 불구하고, 음향 기사나 음향 전문가는 간섭 효과를 고려하여 교실이나 연주회장을 설계해야 한다.

살펴보기 11.9 보기 11.6에서 두 파동 자체의 세기가 I_2 그리고 $I_1 = 9.0 I_2$라고 하자. (a) 두 파동이 결이 맞지 않을 경우, 두 파동이 중첩될 때 파동의 세기는 얼마인가? (b) 두 파동이 결이 맞을 경우, 중첩된 파동의 가능한 최대 세기와 최소 세기는 얼마인가?

회절

회절이란 파동이 진행하는 경로에 있는 장애물 주변을 돌아 퍼져나가는 것이다(그림 11.20). 회절이 일어나는 정도는 장애물과 파장의 상대적인 크기에 따라 다르다. 회절은 모퉁이 뒤 우리가 볼 수 없는 곳에서 발생하는 소리도 들을 수 있게 한다. 공기 중에서 파장이 1m 인 보통의 소리는 파장이 매우 작은($< 1\mu m$) 빛보다 더 많이 회절한다. 빛을 포함한 전자기파의 간섭과 회절에 관해서는 25장에서 공부할 것이다.

그림 11.20 수면파 투영 장치에서의 회절실험. 물에 있는 잔물결은 아래위 방향으로 진동하는 막대(그림에는 보이지 않음)에 의해서 생긴다. 이 물결 탱크에 빛을 비추면 물결파가 그림자로 보인다. 여기서 파동이 장애물과 만나면 파동이 장애물 뒤로 돌아서 진행하는 것을 볼 수 있다. 만일 파동이 직선상의 경로로 장애물과 만나면 장애물 뒤쪽에는 물결이 없고 경계가 있는 뚜렷한 사각형 영역을 보게 될 것이다. 빛인 경우에도 이러한 것을 예리한 가장자리가 있는 그림자라고 부르기도 한다.

11.10 정지파 Standing Waves

정지파는 한 파동이 경계면에서 반사되어 입사파와 간섭을 일으킬 때 발생한다. 이때 파동이 진행하지 않고 정지한 것처럼 보이기 때문에 정지파standing waves라고 부른다. 오른쪽에서 입사되는 조화파동이 줄이 고정된 경계면에 부딪힌다고 생각해 보자. 입사파의 방정식은

$$y(x,t) = A\sin(\omega t + kx) \tag{11-17}$$

이다. 파동이 왼쪽으로 진행하므로, 위상각의 부호를 양$^+$으로 택하였다.

반사파는 오른쪽으로 진행하므로 $+kx$가 $-kx$로 대체된다. 또한, 반사파는 뒤집어져 $+A$는 $-A$로 대체된다. 따라서 반사파는

$$y(x,t) = -A\sin(\omega t - kx) \tag{11-18}$$

라 쓸 수 있다. 중첩의 원리를 적용하면, 줄의 운동은

$$y(x,t) = A[\sin(\omega t + kx) - \sin(\omega t - kx)] \quad (11\text{-}19)$$

로 기술된다. 이 식은 줄의 운동을 더 명확하게 보여줄 수 있는 형태로 다시 쓸 수 있다.

삼각함수의 관계식(부록 A.7)을 이용하면

$$\sin\alpha - \sin\beta = 2\cos\left[\frac{1}{2}(\alpha+\beta)\right]\sin\left[\frac{1}{2}(\alpha-\beta)\right]$$

이다. 여기서

$$\alpha = \omega t + kx,\ \beta = \omega t - kx \quad (11\text{-}20)$$

이고, 줄의 운동은 다음의 방정식으로 기술된다.

$$y(x,t) = 2A\cos\omega t\sin kx \quad (11\text{-}21)$$

변수 t와 x가 분리되어 있음을 주목하여라. 모든 점은 같은 진동수로 단순조화운동을 한다. 그렇지만 진행하는 조화파동과 대조적으로 정지파는 모든 점이 평형위치로부터 각각의 최대 거리에 **동시에 도달한다**. 그뿐만 아니라 서로 다른 점들은 서로 다른 진폭으로 운동한다. 임의의 점 x에서의 진폭은 $2A\sin kx$이다.

그림 11.21은 줄의 운동을 $\frac{1}{8}T$의 시간 간격으로 보여준다(T는 주기). 정지파를 관찰할 때 실제로 볼 수 있는 것은, 빠르게 운동하는 줄의 흐릿한 형상과 전혀 움직이지 않는 점인 **마디** node(N으로 표시)가 최대 진폭인 **배** antinode(A로 표기) 사이 중간에 놓인 모습이다. 마디란 $\sin kx = 0$을 만족하는 점들이다. $\sin n\pi = 0 (n = 0, 1, 2, \cdots)$이므로 마디들은 $x = n\pi/k = n\lambda/2$에 위치한다. 따라서 연속된 두 개의 마디 사이의 거리는 $\frac{1}{2}\lambda$이다. 배는 $\sin kx = \pm 1$을 만족하는 곳에서 일어나는데, 정확하게 배는 마디 사이의 한가운데에 위치한다. 마디와 배는 1/4 파장의 간격을 두고 교대로 나타난다.

지금까지 우리는 줄의 다른 끝에서 일어나는 일을 무시했다. 줄의 다른 쪽 끝도 고정된다면 그 점 또한 마디이다. 따라서 줄은 둘 이상의 마디가 있으며, 각각의 끝에는 하나의

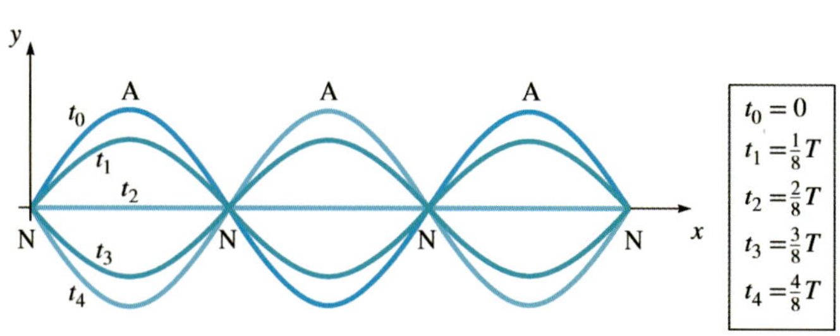

그림 11.21 $t = 0, \frac{1}{8}T, \frac{2}{8}T, \frac{3}{8}T, \frac{4}{8}T$에서의 정지파($T$는 주기). 위치 A는 배, 위치 N은 마디를 나타낸다. 배는 최대 진폭으로 진동하는 지점, 마디는 진폭이 0인 전혀 움직이지 않는 지점이며 마디와 인접한 배 사이의 거리는 $\lambda/4$ 이다. 연속된 2개의 마디 사이의 거리는 $\lambda/2$이다.

마디가 있다. 인접한 두 개의 마디 사이의 거리는 $\frac{1}{2}\lambda$이므로

$$n(\lambda/2) = L \qquad (11\text{-}22)$$

이다. 여기서 L은 줄의 길이이고, $n = 1, 2, 3, \cdots$이다. 그러면 줄 위에 나타날 수 있는 정지파들의 파장과 진동수는 다음과 같다.

파장과 진동수

$$\lambda_n = \frac{2L}{n} \quad (n = 1, 2, 3, \cdots) \qquad (11\text{-}23)$$

$$f_n = \frac{v}{\lambda_n} = \frac{nv}{2L} \quad (n = 1, 2, 3, \cdots) \qquad (11\text{-}24)$$

이다. 식 (11–23)과 (11–24)를 암기할 필요는 없다. 그림 11.22와 같이 그림을 그려 파장을 찾고, $v = f\lambda$ 관계식을 이용하여 진동수를 구하면 된다.

가장 낮은 진동수를 갖는 정지파($n = 1$)의 진동수를 **기본 진동수**fundamental frequency라 부른다. 더 높은 진동수를 갖는 정지파들은 모두 기본 진동수의 정수배에 해당하는 진동수를 갖는다. 정지파 진동수들은 다음과 같이 일정한 간격으로 이루어진 진동수들의 집합이다.

$$f_1,\ 2f_1,\ 3f_1,\ 4f_1,\ \cdots,\ nf_1,\ \cdots$$

이 진동수들을 줄의 **자연 진동수**natural frequency 또는 **공명 진동수**resonant frequency라 부른다. 어떤 계가 그 계의 자연 진동수 중 하나의 진동수로 구동될 때, 공명현상이 일어난다. 공명의 결과로 일어나는 진동의 진폭은 구동 진동수가 자연 진동수에 가깝지 않을 때에 비해 훨씬 크다.

연결고리 이상적인 질량–용수철 계는 단일 공명 진동수를 갖는다(10.10절). 그러나 크기가 있는 물체는 일반적으로 공명 진동수가 많이 있다.

살펴보기 11.10 1.0 m 길이의 줄에 정지파가 발생해, 양쪽 끝의 마디를 제외하고, 4개의 마디가 나타났다고 하자. 파장은 얼마인가?

그림 11.22는 줄 위에 생기는 처음 네 개의 정지파 형태를 보여준다. 양쪽 끝은 제자리에 고정되어 있으므로 항상 마디이다. 연속된 모양은 각각 앞의 것보다 마디와 배가 하나씩 더 있다. 기본 진동은 가장 적은 수인 마디(2개)와 배(1개)를 가진다.

그림 11.22 양 끝이 고정된 줄에 생긴 4개의 정지파. N은 마디의 위치를, A는 배의 위치를 나타낸다. 각 그림에서 마디-마디 거리는 $\frac{1}{2}\lambda$, 그러한 고리 n개는 전체 줄의 길이 L이 되므로 $n(\lambda/2)=L$이 성립한다.

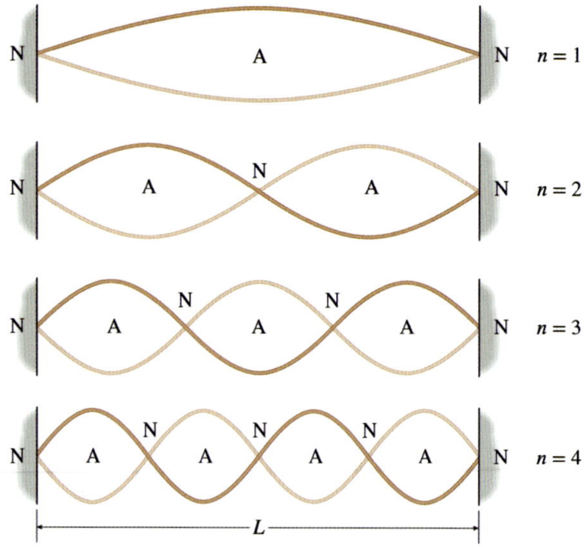

공명의 응용 : 지진으로 인한 피해 지진파에 의해 구조물들이 입은 많은 피해가 공명 때문에 일어난다. 만일 땅이 진동하는 진동수가 구조물들의 공명 진동수에 가까우면, 구조물의 진동으로 인한 진폭은 점점 커진다. 따라서 지진에 견딜 수 있는 건물을 짓기 위해

보기 11.7 정지파의 파장

줄이 120 Hz로 구동되는 진동기와 연결되어 있다. 다른 쪽 끝에는 일정한 무게의 추가 매달려 있다. 그림 11.23과 같이 무게를 조정하여 정지파를 만들었다. 줄에 나타난 정지파의 파장은 얼마인가?

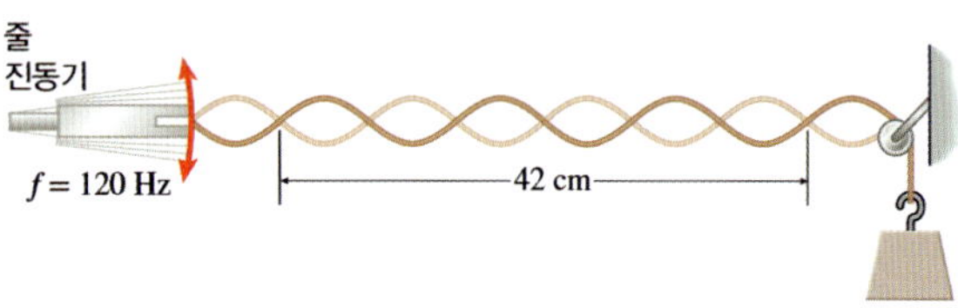

그림 11.23 정지파의 마디 사이의 거리 측정

전략 측정한 42 cm 거리에 여섯 개의 '고리'가 포함되어 있다. 여기서 인접한 두 마디를 고리 1개로 센다. 각 고리는 길이가 $\frac{1}{2}\lambda$이다.

풀이 고리 1개의 길이는

$$42\ \text{cm}\times\frac{1}{6}=7.0\ \text{cm}$$

이며, 고리 1개의 길이는 $\frac{1}{2}\lambda$이므로 파장은 14 cm이다.

검토 이 줄은 양끝이 고정되어 있지 않다. 왼쪽 끝은 운동하는 진동기와 연결되어 있으므로 마디가 아니다. 오른쪽 끝은 도르래에 걸쳐 있어서, 끝이 정확히 어디인지 결정하기가 쉽지 않다. 이 경우 끝점들을 마디로 가정하는 것보다, 실제적인 두 마디 사이의 거리를 재는 것이 더 정확하다.

실전문제 11.7 일곱 개의 고리가 있는 정지파

진동기의 진동수를 증가시켜 42 cm의 거리 안에 일곱 개의 고리를 만들었다. 이 줄에 새로 생긴 정지파의 진동수는 얼마인가(장력은 같다고 가정하여라)?

서는 튼튼하게 짓는 것만으로는 부족하다. 건물을 땅의 진동으로부터 격리시키든지, 충격 흡수장치와 같은 감쇠 메커니즘을 가지도록 설계해 지진의 에너지를 감쇠시켜 진동의 진폭을 줄여야 한다. 감쇠 방식은 격리 방식만큼 효과가 크면서도 비용은 더 저렴하므로 큰 건물들을 지을 때 점점 더 많이 채택하고 있다.

1995년 일본의 한신 지역에서 대지진이 발생했을 때, 주변 건물들은 약간의 피해만 입었으나, 한신 고가도로의 상당한 부분이 붕괴되었다. 지진이 발생했을 때 지면의 진동수가 고가도로의 공명 진동수 중 하나와 거의 일치했고, 그 결과 고가도로는 앞뒤로 뒤틀리며 진폭이 증가되면서 결국 붕괴되었다. 지진 발생 이후, 교각과 도로를 연결하는 강철 베어링 대신 고무로 된 바닥 분리재를 설치하였다. 이것은 도로 진동의 진폭을 감소시키는 충격흡수장치 역할도 한다.

해답 실전문제 & 살펴보기

11.1 (a) 8.9 m/s, (b) 13 m/s

11.2 (a) $+x$, (b) 13 m, (c) 8.0 m/s

11.3

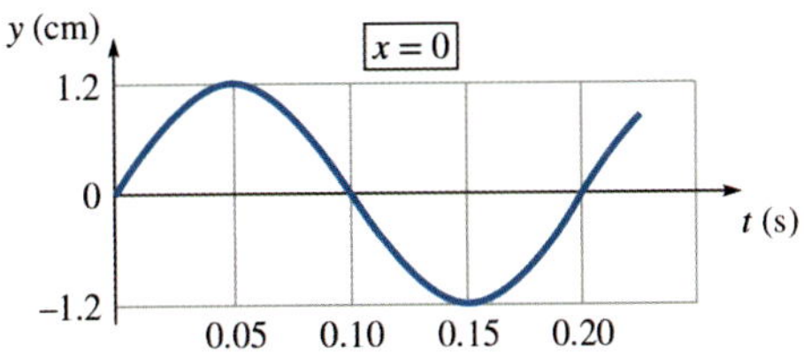

(a)

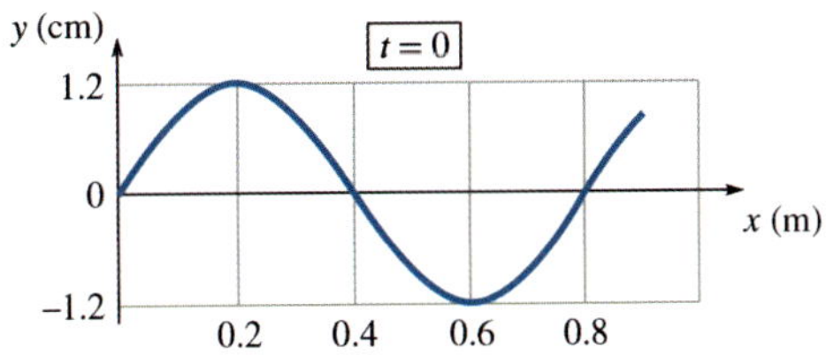

(b)

(c) $T = 0.200$ s, (d) $\lambda = 0.80$ m,

(e) $A = 1.2$ cm, (f) $v = 4.0$ m/s

(g) x와 t를 포함하는 항의 부호가 같기 때문에 파동은 $-x$ 방향으로 진행한다.

11.4

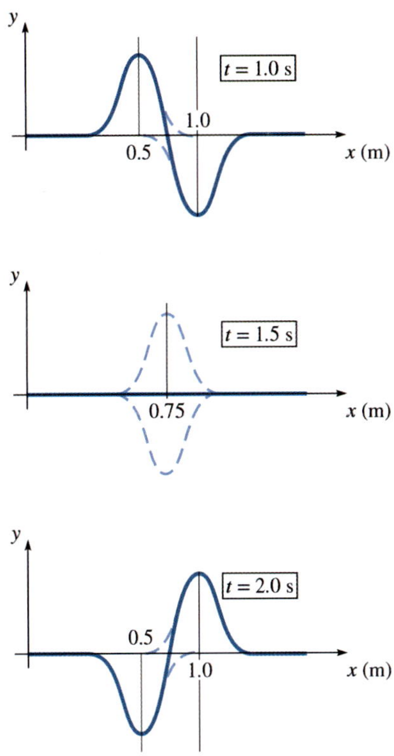

11.5 (a) 620 Hz, (b) 8.5 m

11.6 9.0

11.7 140 Hz

11.1 등방성 파원의 경우, $I \propto 1/r^2$이다. 탑에서 10^2배 멀리 떨어진 거리에서 세기는 $10^{-4} \times 0.090 \text{ W/m}^2 = 9.0\ \mu\text{W/m}^2$이다.

11.2 횡파는 중심부를 통과하지 않지만 종파는 통과하기 때문에, 중심부는 횡파가 통과할 수 없는 액체이다. 종파는 액체에 압축과 희박을 일으켜 중심부를 통과할 수 있다.

11.3 (b) = (d), (a) = (e), (c)

11.4 주기 T는 한번 순환하는 데 걸리는 시간이다. 한 주기 동안 파동은 4.0 km/s의 속력으로 20 km를 이동한다. 그러면 주기는 (20 km)/(4.0 km/s) = 5.0 s이다.

11.9 (a) 세기는 두 파동의 세기의 합이다. 곧 $10.0I_2$이다. (b) 보기 11.6에서와 같이 $A_{최대} = 4.0A_2$이다. 세기는 진폭 제곱에 비례하므로 $(A_{최대}/A_2)^2 = 16.0$이고, $I_{최소}/I_2 = (A_{최소}/A_2)^2$이다. 가능한 최대와 최소 세기는 각각 $16.0I_2$와 $4.0I_2$ 이다.

11.10 마디들이 고른 간격으로 떨어졌으므로, 마디들은 $x = 0$, 20 cm, 40 cm, 60 cm, 80 cm, 100 cm이다. 마디 사이의 거리는 파장의 절반이므로 파장은 40 cm이다.

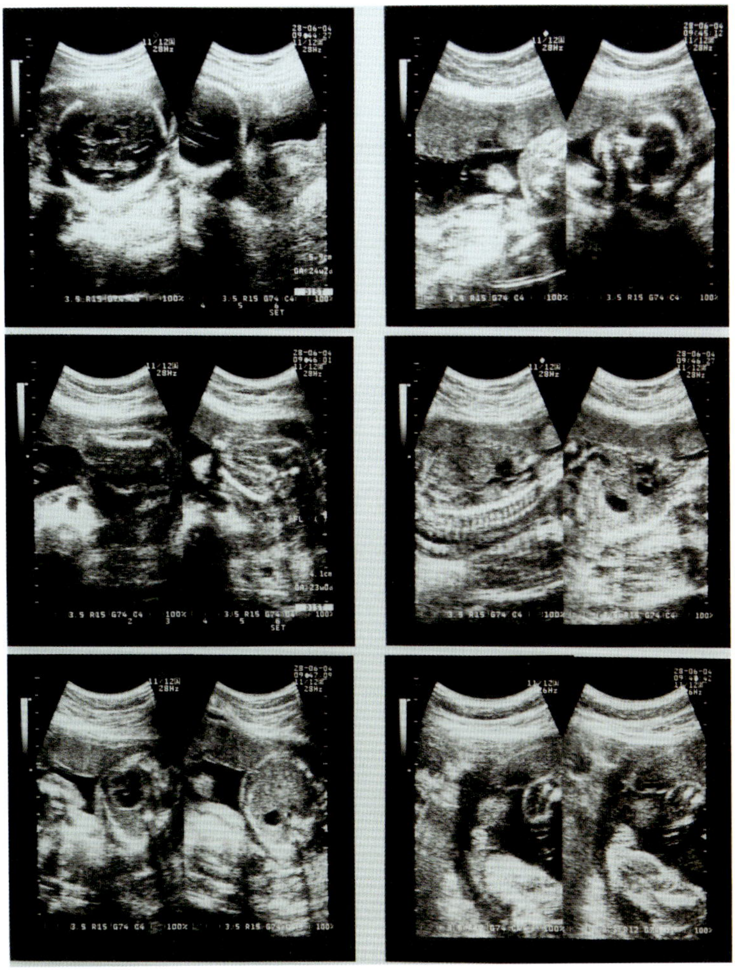

12

소리

Sound

임산부들이 출산 전에 반드시 챙겨야 하는 것 중 하나가 태아의 초음파 촬영이다. 초음파가 아니라 가청영역의 소리를 이용해서 태아의 영상을 만들 수 있을까? X선과 같은 다른 영상 기법을 사용하지 않고, 초음파를 사용하는 이유가 무엇인가? 이 외에 초음파를 의학적으로 응용한 예는 어떤 것이 있는가?

찾아가보기

- 계기압력 (9.5절)
- 부피 계수 (10.4절)
- 단순조화운동에서 에너지와 진폭의 관계 (10.5절)
- 기초 수학 : 시간에 대한 사인형 함수 (부록 A.8)
- 단순조화운동의 기간과 빈도 (10.6절)
- 종파, 강도, 정지파, 중첩 원리 (11장)
- 기초 수학 : 지수와 로그 (부록 A.4)

생명과학 응용

- 동물의 주파수 범위 청각 (12.1절, 보기 12.2, 문제 3, 26)
- 인간의 귀 (12.3절, 12.6절, 개념형 질문 4, 5, 문제 2, 8, 9, 32, 34, 35)
- 반향 (12.9절, 문제 3, 28, 36)
- 의료 응용 초음파 (12.9절, 개념형 질문 8)
- 혈관 조영술 (문제 25, 29)

12.1 소리
Sound Waves

기타 줄을 튕기면 횡파는 기타 줄을 따라 이동한다. 기타 줄이 귀의 고막과 직접 연결된 것은 아니므로 우리가 듣는 소리는 기타 줄의 파동이 아니다. 기타 줄의 진동은 브리지를 거쳐서 기타의 몸통으로 이동되는데, 그곳에서 기타 줄의 진동이 공기로 전달되면서 소리가 생기게 된다. 기타 줄에 생긴 횡파는 소리를 발생시키는 원인이지만, 소리 그 자체는 아니다.

소리가 없는 곳에서 공기 분자들은 무작위한 방향으로 흩어지면서 운동한다. 평균적으로 공기 분자들의 분포는 균일하고, 압력은 어디에서나 같다(고도에 따른 작은 압력의 변화는 무시한다). 소리가 있으면, 균일했던 공기 분자들의 분포는 달라진다. 스피커는 압력의 변화를 발생시키며, 이 압력 변화는 그림 12.1과 같이 공기 중에서 사방으로 이동한다. 압축된 상태에 있는 분자들은 서로 뭉쳐지게 되므로 그 영역의 압력은 평균 압력보다 높게 된다. 반면 희박한 상태에 있는 분자들은 서로 퍼져 있으므로 그 영역의 압력은 평균 압력보다 낮아지게 된다. 소리는 수학적으로 위치와 시간의 함수인 계기압력 p(특정 점의 압력과 그 주변의 평균 압력과의 차이)로 나타낼 수 있다(그림 12.2a).

공기 분자들이 균일하게 분포된 곳에 깔때기 모양의 스피커 진동판이 등장하면 공기 분자의 압력에 변동이 생기게 된다(그림 12.2b). 진동판이 평형위치에서 왼쪽으로 이동하면 공기 분자는 흩어지면서 압력이 낮은 저압(희박) 영역이 만들어지고, 진동판이 오른쪽으로 이동하면 공기 분자는 뭉쳐지면서 압력이 높은 고압(압축) 영역이 만들어진다.

그림 12.1 무선 스피커에서 진동판이 진동은 공기의 압력이 높은 영역과 낮은 영역을 교대로 만든다. 주변의 공기는 균일하지 않은 공기 압력에 의하여 알짜힘의 영향을 받는다. 그 결과 스피커에서 압력의 진동이 사방으로 퍼져 나간다. 이렇게 이동하는 교란이 소리(음파)이다.

그러므로 상대적으로 고압과 저압 영역이 만들어지기 위해서는 분자들이 균일한 상태로부터 임의의 상태로 이동되어야 한다. 소리는 공기 요소(공기들이 한 덩어리처럼 같이 움직이는 것으로 생각할 수 있는 영역)의 변위 s로 표현할 수 있다(그림 12.2c). 한 개의 요소는 소리의 파장보다는 훨씬 작지만, 부피는 많은 공기 분자를 담고 있을 정도로 충분히 크다. 사인파 같은 파동은 최대 압력 지점과 최소 압력 지점에 있는 요소들의 변위는 0이지만, 변위가 0인 지점의 주변에 있는 요소들은 최대 압력 지점 방향으로 이동(압축)하거나 최대 압력 지점에서 멀어지는 방향으로 이동(희박)한다. 역으로, 계기압력이 0이 되는 지점에 있는 요소의 변위는 크기가 최대이다.

만약 어느 한쪽의 압력이 다른 쪽보다 높게 되면, 알짜힘은 압력이 낮은 쪽으로 공기를 밀어낸다. 그림 12.2b의 힘의 화살표에서 보이는 것처럼 균등하지 않은 압력 분포로 인해 변위의 화살표 방향이 힘의 화살표와 반대가 되는 영역에서, 힘의 화살표 방향들은 어느 특정한 순간에는 압축이지만 그 시간이 지나면 나중에 희박이 되기도 하며 그 반대의 경우도 발생할 수 있다는 것을 알아야 한다. 곧 특정 지점의 압력은 평균 압력 아래위로 요동할 수 있다.

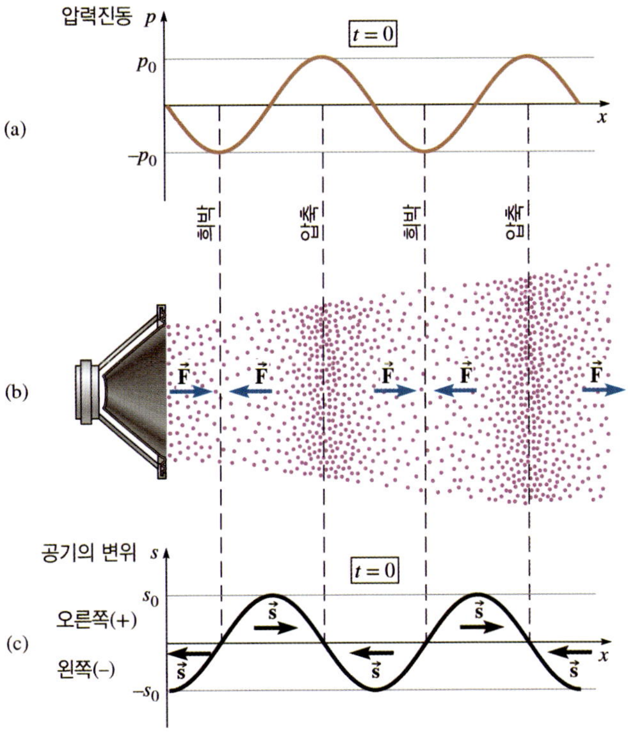

그림 12.2 확성기에서 발생한 소리 (a) 공기의 압력 변화 p를 위치 함수 x로 나타낸 그래프. 공기가 압축된 곳은 압력이 높고, 공기가 많이 퍼져 있는 곳은 압력이 낮다. (b) 공기 요소가 평형위치에서 이동한다. 압력이 균일하지 않기 때문에 공기 요소는 공기 압력으로 인하여 알짜힘을 받는다. 화살표는 알짜힘의 방향을 가리킨다. 힘의 방향은 항상 압축(높은 압력)에서 희박으로 향한다. (c) 평형위치 x로부터 벗어난 공기 요소의 변위 s를 위치 x의 함수로 나타낸 그래프. 화살표는 각 영역의 변위 방향을 가리킨다. 공기 요소는 압축을 향해 오른쪽이나 왼쪽으로 이동하며, 희박은 멀어지는 쪽으로 이동한다. 압축과 희박의 공기 요소의 중심은 각각 평형위치에 있다 ($s = 0$).

동물들이 듣는 진동수 범위

인간의 귀는 한정된 진동수의 범위 내에 있는 소리에만 반응한다. 일반적으로 이것을 **가청 범위** audible range라 하고 진동수 범위는 20 Hz에서 20 kHz이다(20 Hz 이하인 소리를 **초저주파** infrasound라 하며 20 kHz 이상인 소리를 **초음파** ultrasound라 한다). 극히 소수의 사람만이 가청 범위 내의 모든 소리를 들을 수 있다. 청음 능력이 매우 좋은 사람일지라도 100 Hz 이하와 10 kHz 이상의 영역에서는 귀의 감지능력은 급격히 감소한다. 흔히 발생하는 노화에 의한 청력 감소는 주로 높은 진동수에 영향을 주기 때문에, 노인 중에서 일부는 주변 사람들의 말을 이해하기 어려워 한다. 큰 소리에 반복적으로 노출되거나 장기간 노출되어도 청력 손실이 발생할 수 있다.

동물의 가청 범위는 사람과 많이 다를 수 있다. 대부분 포유류는 사람이 들을 수 있는 것보다 훨씬 더 높은 진동수의 소리를 들을 수 있다. 개는 50 kHz 진동수의 소리도 들을 수 있어서, 사람들에게 들리지 않는 개 호출용 호루라기를 사용할 수 있다. 생쥐는 육식동물이 들을 수 있는 것보다 높은 90 Hz 이상의 진동수를 갖는 소리를 만들 수도 있고 들을 수도 있다. 박쥐와 돌고래는 100 kHz가 넘는 진동수를 들을 수 있다. 돌고래는 시각보다는 청력으로 방향을 감지한다. 연구에 의하면 해변으로 밀려온 돌고래는 대부분 청력 상실에 의한 것으로 보고되고 있다.

일부 동물들은 인간이 들을 수 있는 것보다 낮은 진동수를 들을 수 있다. 코끼리와 코뿔소는 각각 약 14 Hz와 10 Hz 정도의 진동수를 들을 수 있다. 일부 연구에 의하면 비둘기와 제주왕나비는 방향 탐색을 하기 위하여 초저주파를 사용하는 것으로 알려져 있다.

소리의 감쇠

감쇠 attenuation는 소리(또는 모든 종류의 파동)가 전파될 때 소리의 세기가 감소하는 것이다. 다양한 효과가 소리의 감쇠에 기여한다. 그중 하나는 기하학이다. 파동이 근원에서 멀리 퍼지면서 퍼져 나간다. 파동에 의해 운반되는 에너지가 더 크고 넓은 범위에 퍼지기 때문에 세기가 감소한다. 예를 들면 11.1절에서, 등방성 파원에서 전파되는 파동의 강도는 $1/r^2$에 비례했다. 여기서 r은 파원으로부터의 거리이다. 감쇠의 또 다른 원인은 파동에 의한 에너지 흡수이다. 파동에 의해 운반되는 에너지의 일부가 매질에서 소멸되며 온도가 약간 상승하게 된다. 따라서 파동에 의해 운반되는 에너지는 매질을 통해 전파될 때 감소한다.

12.2 소리의 속력 The Speed of Sound Waves

줄에서 생기는 파동의 경우, 복원력은 줄의 인장력 F에 의해 결정되며, 관성력은 선형 질량 밀도 μ(단위 길이당 질량)에 의해 결정된다. 줄 위의 횡파 속력은 다음과 같다.

연결고리 줄 위의 횡파처럼, 소리의 속력은 파동이 지나가는 매질의 2가지 특성, 곧 복원력과 관성 사이의 균형에 의하여 결정된다.

$$v=\sqrt{\frac{F}{\mu}} \qquad (11\text{-}5)$$

유체 내에서 발생하는 소리의 경우, 복원력은 10.4절에서 다룬 부피탄성률(bulk modulus) B에 의해 결정되는데, 부피탄성률 B는 압력 증가와 부피 변화율 사이의 비례상수이다.

$$\Delta P=-B\frac{\Delta V}{V} \qquad (10\text{-}11)$$

유체의 관성력은 질량밀도(ρ)에 의해 결정된다. '복원력이 크면 파동이 빨라지고 관성이 커지면 파동은 점점 느려지게 된다'는 물리적 격언처럼 부피탄성률이 큰 매질에서는 소리의 속력이 빨라지게 되고(압축이 커지면 커질수록 복원력이 크다는 것을 의미한다), 밀도가 높은 매질에서는 소리의 속력이 작아지게 된다는 것을 예상할 수 있다. 그러므로 식 (11–5)와 비슷하게

$$v=\sqrt{\frac{\text{측정한 복원력}}{\text{측정한 관성력}}}=\sqrt{\frac{B}{\rho}} \quad \text{(유체에서)} \qquad (12\text{-}1)$$

인 관계를 유추할 수 있다. 식 (12–1)은 유체 내에서 소리의 속력을 정확히 표현한 식이다.

기체 속에서 소리의 속력과 온도의 관계 이상기체의 부피탄성률 B는 밀도 ρ와 절대온도 T에 정비례한다($B \propto \rho T$). 결과적으로 이상기체 내에 있는 소리의 속력은 절대온도의 제곱근에 비례한다. 그러나 온도를 고정시키면 소리의 속력은 압력과 밀도에 무관하다.

$$v=\sqrt{\frac{B}{\rho}} \propto \sqrt{\frac{\rho T}{\rho}} \propto \sqrt{T} \quad \text{(이상기체)} \qquad (12\text{-}2)$$

절대온도의 SI 단위는 켈빈(기호 K)이다. 절대온도 T를 구하기 위해서는 섭씨온도 T_C에 273.15를 더하면 된다.

$$T(\text{K})=T_C(\text{C}°)+273.15 \qquad (12\text{-}3)$$

소리의 속력이 $v \propto \sqrt{T}$이므로, 임의의 절대온도 T인 이상기체 속에서 소리의 속력은 특정 절대온도에서의 소리의 속력이 잘 알려진 경우에만 구할 수 있다.

기체에서 소리의 속력과 온도의 관계

$$v = v_0\sqrt{\frac{T}{T_0}} \tag{12-4}$$

여기서 절대온도 T_0일 때 소리의 속력은 v_0이다. 예를 들어 온도가 0℃ (273 K)인 건조한 공기(습도 0 %) 속에서 소리의 속력은 331 m/s이고 실온(20℃ 혹은 293 K)인 건조한 공기 중에서 소리의 속력은

$$v = 331\ \mathrm{m/s} \times \sqrt{\frac{293.15\ \mathrm{K}}{273.15\ \mathrm{K}}} = 343\ \mathrm{m/s}$$

이다. 건조한 공기 중에서 소리의 속력을 계산하는 근사식은

$$v = 331.3\ \mathrm{m/s} + \left(0.6\frac{\mathrm{m/s}}{℃}\right)T_\mathrm{C} \tag{12-5}$$

이다. 여기에서 T_C는 공기의 섭씨온도이다(문제 6 참조). 식 (12-5)를 사용하면 − 66℃에서 + 89℃ 사이에서는 어떤 경우이든 오차 범위 1 % 이내의 정밀도로 소리의 속력을 얻을 수 있다.

공기 중에서 소리의 속력은 수증기 농도가 증가함에 따라 조금씩 증가한다. 온도 37℃이고 상대습도 100 %인 공기 중에서 소리의 속력은 같은 온도이고 건조한 공기 중에서의 소리의 속력보다 약 1% 정도 빠르다. 문제에서 다른 이야기가 없으면 온도가 20℃인 건조한 공기에서 소리의 속력이라고 가정하고 문제를 풀이하여라.

고체에서 소리의 속력 고체에서 소리의 속력은 영률 Y와 층밀리기 탄성률 S에 의해 결정된다. 가느다란 고체 막대의 길이 방향으로 이동하는 소리의 속력은 대략

$$v = \sqrt{\frac{Y}{\rho}} \quad \text{(얇은 고체 막대)} \tag{12-6}$$

로 표현된다. 다양한 매질에서 소리의 속력이 표 12.1에 있다.

표 12.1 다양한 매질에서 소리의 속력(별도 언급이 없으면 0℃, 1 atm)

매질	속력(m/s)	매질	속력(m/s)
이산화탄소	259	바닷물(25℃)	1533
공기(마른)	331	혈액(37℃)	1570
질소	334	근육(37℃)	1580
공기(마른, 20℃)	343	콘크리트	3100
헬륨	972	구리	3560
수소	1284	뼈(37℃)	4000
납	1322	알루미늄	5100
수은(25℃)	1450	파이렉스유리	5640
지방(37℃)	1450	강철	5790
물(25℃)	1493	대리석	6500

개념형 보기 12.1 **수소와 수은에서 소리의 속력**

수은의 밀도는 수소의 밀도보다 약 150 000배 크다. 그러나 표 12.1을 살펴보면 0℃ 인 수소 기체에서 소리의 속력은 수은에서의 소리 속력과 거의 비슷하다는 것을 알 수 있다. 어떻게 이런 것이 가능한가? 수은의 관성이 훨씬 더 크기 때문에, 수은에서 소리의 속력이 훨씬 더 작아야만 하는 것이 아닌가?

풀이 및 검토 소리의 속력은 매질의 두 가지 특성에 따라 달라진다. 곧 부피탄성률에 의해서 측정한 복원력과 밀도에 의해 측정되는 관성에 따라 다르다. 수은의 부피탄성률은 수소의 것보다 매우 크다. 부피탄성률은 그 물질이 얼마나 딱딱하게 압축되어있는가를 측정한 값이다. 수은과 같은 액체는 기체보다 압축시키기가 훨씬 더 어렵다. 그러므로 수은(액체)의 복원력은 수소(기체)의 복원력보다 훨씬 크게 된다. 이러한 이유로 소리가 수소 기체에서보다는 수은에서 조금 더 빨리 이동하게 되는 것이다.

개념형 실전문제 12.1 **고체와 액체에서 소리의 속력**

액체보다 고체에서 소리가 더 빨리 이동하는 이유는 무엇인가?

12.3 소리 진폭과 소리 세기
Amplitude and Intensity of Sound Waves

소리는 압력이나 변위 두 가지 형태로 표현할 수 있다. 그 때문에 소리의 진폭은 두 가지 형태 중 한 가지, 곧 압력 진폭 p_0이나 변위 진폭 s_0으로 표현할 수 있다. 압력 진폭 p_0은 평형 압력보다 높게 또는 낮게 변할 수 있는 압력변동의 최곳값이고, 변위 진폭 s_0은 매질 일부분이 평형 위치로부터 이동할 수 있는 최대 변위이다. 압력 진폭은 변위 진폭과 비

례관계에 있다. 각진동수가 ω 인 조화 음의 경우, 좀 더 깊이 분석해 보면

$$p_0 = \omega v \rho s_0 \tag{12-7}$$

이다. 여기에서, v는 소리의 속력, ρ는 매질의 질량 밀도이다.

소리의 진폭이 더 커지면 커질수록 음량(소리의 크기)이 더 커질까? 물론 다른 모든 조건이 같다면 당연히 크게 들린다. 그러나 음량과 진폭의 관계는 복잡하다. 음량은 소리를 인식하는 방법에 따라 주관적으로 결정된다. 귀가 소리에 반응하는 방식과 뇌가 귀의 신호를 해석하는 방법과 관련이 있다. 들리는 음량은 대략 소리의 진폭의 **상용로그** logarithm 에 비례한다고 알려져 있다. 그러므로 소리의 진폭이 반복적으로 두 배가 되더라도 소리의 세기까지 두 배가 되지는 않는다(부록 A.4 상용대수 참조).

대체로 소리가 얼마나 많은 에너지를 전달하는지에 관심이 있기 때문에 진폭보다는 흔히 세기의 관점에서 표현한다. 사인파 형태의 소리의 세기(단위 넓이당 평균 일률)는 다음과 같이 표현한다.

세기와 압력 진폭

$$I = \frac{p_0^2}{2\rho v} \tag{12-8}$$

여기에서 ρ는 매질밀도이고 v는 매질에서 소리의 속력이다. 다음은 중요한 것이니 꼭 기억해 두기 바란다.

세기는 진폭의 제곱에 비례한다.

이것은 소리뿐만 아니라 모든 종류의 파동에 대해서 동일하게 적용된다. 단순조화운동 에너지가 진폭의 제곱에 비례한다는 사실과도 밀접하게 관련이 있다(식 (10–14) 참조).

보기 12.2 갈색 나무발바리

학명이 Certhia americana인 갈색 나무발바리 Brown Creeper 는 높은 진동수로 노래하기 때문에 높은 진동수의 음역을 들을 수 없는 사람들은 이 새소리를 전혀 들을 수 없다. 여러분이 숲속에서 이 새의 노래를 듣는다고 가정해 보자. 현재 위치의 온도가 20℃ 이고 6.0 kHz의 새소리의 세기가 1.4×10^{-8} W/m^{2}라면 압력과 변위의 진폭은 얼마인가?

전략 변위 진폭과 압력 진폭은 식 (12−7)의 관계에 있다. 또한 압력 진폭과 세기는 서로 식 (12−8)의 관계가 있다. 20℃ 에서 공기의 밀도는 표 9.1에 주어진 것처럼 $\rho = 1.20\ \text{kg/m}^3$이다. 20℃ 의 공기 중에서 소리의 속력은 $343\ \text{m/s}$이다. 각진동수 ω를 얻기 위해서는 2π를 진동수에 곱해야 한다.

풀이 세기와 압력 진폭은

$$I = \frac{p_0^2}{2\rho v} \tag{12-8}$$

의 관계에 있다. 압력 진폭 p_0에 대해 풀면

$$\begin{aligned} p_0 &= \sqrt{2I\rho v} \\ &= \sqrt{2 \times 1.4 \times 10^{-8}\ \text{W/m}^2 \times 1.20\ \text{kg/m}^3 \times 343\ \text{m/s}} \\ &= 3.4 \times 10^{-3}\ \text{Pa} \end{aligned}$$

이다. 그리고 압력 진폭과 변위 진폭은

$$p_0 = \omega v \rho s_0 \tag{12-7}$$

인 관계에 있다. 이것을 식 (12−8)에 대입하면,

$$I = \frac{(\omega v \rho s_0)^2}{2\rho v}$$

가 된다. 이 식을 변위 진폭 s_0에 대해 풀면 다음과 같다.

$$\begin{aligned} s_0 &= \sqrt{\frac{2I}{\rho\omega^2 v}} \\ &= \sqrt{\frac{2 \times 1.4 \times 10^{-8}\ \text{W/m}^2}{1.20\ \text{kg/m}^3 \times (2\pi \times 6000\ \text{Hz})^2 \times 343\ \text{m/s}}} \\ &= 2.2 \times 10^{-10}\ \text{m} \end{aligned}$$

검토 이 문제는 사람의 귀가 얼마나 민감한지를 설명하고 있다. 압력 진폭은 대기압의 약 3000만분의 1이다. 압력 진폭이 $3.4 \times 10^{-3}\ \text{Pa}$이므로, 고막에 작용하는 최대 힘은

$$F_{\text{최대}} = 3.4 \times 10^{-3}\ \text{N/m}^2 \times 10^{-4}\ \text{m}^2 \approx 3 \times 10^{-7}\ \text{N}$$

이다. 이것은 대략 큰 아메바 한 마리의 무게에 해당한다. 변위 진폭은 원자 한 개의 크기 정도이다.

실전문제 12.2 **야외 콘서트에서의 압력과 세기**

야외 록 콘서트 무대에서 $5.0\ \text{m}$ 떨어진 곳에서 소리의 세기는 $1.0 \times 10^{-4}\ \text{W/m}^2$이다. 스피커는 무대 위에만 있다고 가정하고, $25\ \text{m}$ 떨어진 곳에서 대략적인 소리의 세기와 압력 진폭을 계산해 보라. 어떤 가정을 하였는지도 설명하여라.

데시벨

사람 귀로 들을 수 있는 음량은 세기의 로그함수에 비례하기 때문에, 우리가 들을 수 있는 소리 세기의 범위는 매우 넓다(표 12.2). 따라서 로그 눈금으로 세기를 측정하는 것이 편리하다. 관습에 따른 기준값은 $I_0 = 1 \times 10^{-12}\ \text{W/m}^2$이다(이것은 이상적인 상황에서 청력이 뛰어난 사람이 1~6 kHz의 진동수 영역에서 들을 수 있는 가장 낮은 세기의 소리이다).

두 세기의 비율을 취하여 소리의 세기 I를 기준 소리의 세기 I_0와 비교한다. 세기가 $1 \times 10^{-5}\ \text{W/m}^2$인 소리가 있다면 비율은

$$\frac{I}{I_0} = \frac{1 \times 10^{-5}\ \mathrm{W/m^2}}{1 \times 10^{-12}\ \mathrm{W/m^2}} = 1 \times 10^7$$

이 되므로, 소리 세기는 기준 소리의 천만 배이다. 여기서 10의 지수가 **벨**bels 단위(과학자인 벨Alexander Graham Bell의 이름을 따서 붙임)로 나타낸 **소리의 세기 준위**sound intensity level β이다. 비율이 10^7이라는 것은 소리 세기 준위가 7 bels이라는 것을 말한다. 좀 더 일반적으로 나타내면 70 dB(데시벨)이다. $\log_{10}(10^x) = x$이므로 데시벨 단위로 나타낸 소리의 세기 준위 β는 다음과 같다(기호 $\log_{10}$은 밑이 10인 상용로그를 나타낸다. 로그를 복습하려면 부록 A.4를 참고하라).

소리의 세기 준위

$$\beta = (10\,\mathrm{dB})\log_{10}\frac{I}{I_0} \tag{12-9}$$

$$(I_0 = 1 \times 10^{-12}\ \mathrm{W/m^2})$$

소리 세기 0 dB은 기준 소리 세기에 해당한다. 세기 준위는 순수한 숫자이지만 '단위' dB가 그 숫자의 의미를 상기시켜 준다.

표 12.2는 넓은 음역에 대해 압력 진폭과 세기, 그리고 세기 준위를 알려주고 있다. 매우 큰 소리의 경우에도 소리에 의한 압력의 변동은 '배경'인 대기압에 비하면 작다는 것을 주목하여라.

표 12.2 20 ℃ 공기 중 광범위한 영역에서 소리의 압력 진폭과 세기, 세기 주위

소리	압력 진폭(atm)	압력 진폭(Pa)	세기($\mathrm{W/m^2}$)	세기 준위(dB)
가청 문턱 값	3×10^{-10}	3×10^{-5}	10^{-12}	0
나뭇잎 흔들림	1×10^{-9}	1×10^{-4}	10^{-11}	10
속삭임(1m 떨어진 곳)	3×10^{-9}	3×10^{-4}	10^{-10}	20
도서관의 배경음	1×10^{-8}	0.001	10^{-9}	30
거실의 배경음	3×10^{-8}	0.003	10^{-8}	40
사무실 또는 교실	1×10^{-7}	0.01	10^{-7}	50
보통 대화(1m 떨어진 곳)	3×10^{-7}	0.03	10^{-6}	60
신호등 앞에서 내기 중인 자 안	1×10^{-6}	0.1	10^{-5}	70
시내 거리(교통량이 많은)	3×10^{-6}	0.3	10^{-4}	80
큰소리(1m 떨어진 곳) 또는 지하철 안 : 몇 시간 동안 노출되어 있으면 청각에 손상을 주기에 충분하다.	1×10^{-5}	1	10^{-3}	90
소음기 없는 차(1m 떨어진 곳)	3×10^{-5}	3	10^{-2}	100
건설 현장	1×10^{-4}	10	10^{-1}	110
실내 록 콘서트 : 고통 한계, 급격히 청각장애를 일으킴	3×10^{-4}	30	1	120
제트엔진(30m 떨어진 곳)	1×10^{-3}	100	10	130

살펴보기 12.3 표 12.2에서 소리의 변위 진폭을 나열하는 열이 없는 이유는 무엇인가?

보기 12.3 사자의 포효

으르렁거리는 사자로부터 0.250 m 떨어진 곳의 소리 세기는 $0.250\,W/m^2$이다. 이것을 dB로 표현하면 소리 세기 준위는 얼마인가?

전략 W/m^2 단위로 세기가 주어져 있고, 세기 준위가 dB로 얼마인가를 묻는 문제이다. 우선, 주어진 소리의 세기와 기준 준위의 비를 계산한다. 그리고 계산 결과에 대수를 취하고 10을 곱하면 소리 준위를 dB 단위로 표현할 수 있다.

풀이 기준 준위에 대한 소리 세기의 비는

$$\frac{I}{I_0}=\frac{0.250\,W/m^2}{1.0\times10^{-12}\,W/m^2}=2.50\times10^{10}$$

이다. bels 단위로 나타낸 세기 준위는

$$\log_{10}\frac{I}{I_0}=\log_{10}2.50\times10^{11}=11.4\text{ bels}$$

이다. dB 단위의 소리의 세기 준위는 다음과 같다.

$$\beta=11.4\text{ bels}\times(10\text{ dB/bel})=114\text{ dB}$$

검토 110 dB은 $I=0.1\,W/m^2$이고, 120 dB은 $I=1\,W/m^2$이다. 문제에서 소리의 세기가 $0.1\,W/m^2$와 $1\,W/m^2$ 사이이기 때문에, 세기 준위는 110 dB와 120 dB 사이에 있어야만 한다.

실전문제 12.3 자동차 머플러에 구멍이 생기는 경우

부식으로 인해 자동차 머플러에 구멍이 생겨서 차 내부에서 소리의 세기 준위가 구멍이 없을 때보다 26 dB 증가하였다. 세기는 몇 배나 증가하는가?

11.9절에서 보았듯이 두 소리가 서로 다른 파원(=음원)에서 오면, 두 파동은 서로 간섭하지 않는다. 만일 어떤 특정 위치에서 각 파동의 세기를 알고 있다면, 그 위치에서 두 파동에 의한 소리의 세기는 두 소리의 세기를 합한 값과 같다.

$$I=I_1+I_2 \quad \text{(비간섭 파동의 경우)} \tag{12-10}$$

이것은 두 개의 결맞는 파동에 대해서는 성립하지 않고, 전체 소리의 세기는 파동 사이의 위상차에 따라 달라진다. 결이 맞지 않는 2개의 파동은 위상차가 고정되어 있지 않기 때문에(곧 변하게 되므로), 평균적으로 보강간섭도 없고 상쇄간섭도 생기지 않는다. 단위 면적당 총출력은 단위 넓이당 각 파동의 출력을 합한 것이다.

보기 12.4 두 대의 선반에서 발생하는 소리의 세기 준위

공작실에 있는 선반lathe은 1 m 떨어진 곳에서 세기 준위가 90.0 dB인 소리를 발생시킨다. 같은 모델의 선반을 한 개 더 추가해서 가동하게 되면, 소리 세기의 준위는 어떻게 될까? 듣는 사람의 위치는 두 번째 선반에서도 같은 거리만큼 떨어져 있다고 가정한다.

전략 잡음은 두 개의 선반으로부터 오기 때문에, 두 개의 선반은 비간섭성 파동의 공급원이다. 그러므로 90.0 dB에 90.0 dB를 더하여 180.0 dB이 된다는 결론은 아무런 의미가 없다. 두 대의 선반은 가까운 거리에서의 제트엔진 소리만큼 시끄럽지는 않을 것이다(표 12.2 참조). 대신에 소리의 세기가 두 배가 된다. 그러므로 세기 준위가 아니라 세기로 문제를 풀어야 한다.

풀이 우선 선반 한 대로 인한 소리의 세기를 구한다.

$$\beta = 90.0\ \text{dB} = (10\ \text{dB})\log_{10}\frac{I}{I_0}$$

$$\log\frac{I}{I_o} = 9.00,\ \text{그러므로}\ \frac{I}{I_0} = 1.00\times 10^9$$

I의 값을 구할 수는 있지만, 꼭 구할 필요는 없다. 선반 2대가 가동되면 소리의 세기가 2배로 되므로

$$\frac{I'}{I_0} = 2.00\times 10^9$$

이 되고, 이를 적용한 소리의 세기 준위는

$$\beta' = (10\,\text{dB})\log\frac{I'}{I_0}$$

$$= (10\,\text{dB})\log_{10}(2.00\times 10^9) = 93.0\,\text{dB}$$

이 된다.

검토 새로운 소리 세기는 2배로 증가하였음에도 불구하고, 소리 세기 준위는 원래 소리보다 단지 3 dB 높다. 이로부터 소리 세기가 2배 증가하면, 소리의 세기 준위는 3 dB 높아진다고 결론지을 수 있다.

실전문제 12.4 소리의 세기 준위가 5dB 증가할 때의 소리의 세기 변화

소리 세기 준위가 90 dB일 때 권장하는 노출 시간은 최대 8시간 정도이다. 소리의 세기 준위가 120 dB까지 매 5.0 dB씩 증가할 때 노출 시간은 2배씩 감소해야 한다. (120 dB에서는 거의 즉각적으로 청력이 손상을 입게 된다). 소리의 세기 준위가 5.0 dB만큼 증가하면 소리 세기는 몇 배 변하겠는가?

소리의 세기 준위는 사람들이 인식하는 소음의 크기를 간단하게 나타낼 수 있기 때문에 편리하다. 소리의 세기 준위가 증가하면 해당하는 양만큼 소음도 증가하게 된다. 일반적으로 사용하는 어림 계산법은 소리의 세기가 10배 증가하면 소리의 세기 준위는 10 dB씩 증가하고, 소리의 세기 준위가 3.0 dB 증가하면 소리의 세기는 2배가 되는 것이다 ($\log_{10}2 = 0.30$). 보기 12.4에서 선반 2대를 동시에 작동시켜서 발생하는 소리의 세기는 선반 1대를 작동할 때보다 2배 증가하지만, 선반 2대에서 발생하는 소음은 선반 1대가 발생하는 소음의 2배가 되지는 않는다. 선반 2대의 소음은 선반 1대의 소음보다 3 dB 정도 더 높다. 그 때문에 소음을 기술하기 위해서는 세기 준위를 사용하는 것이 더 편리하다.

데시벨을 상대적인 의미로도 사용할 수 있다. 임의의 어떤 세기를 I_0와 비교하기보다는, 두 개의 세기를 직접 비교할 수 있다. 두 개의 세기가 I_1과 I_2이고 이에 상응하는 세기 준위는 β_1과 β_2라고 가정하면,

$$\beta_2 - \beta_1 = 10\,\text{dB}\left(\log_{10}\frac{I_2}{I_0} - \log_{10}\frac{I_1}{I_0}\right) \tag{12-11}$$

이 된다. $\log x - \log y = \log\dfrac{x}{y}$ (부록 A.3, 식 (A-32))이므로

$$\beta_2 - \beta_1 = (10\,\text{dB})\log_{10}\frac{I_2/I_0}{I_1/I_0} = (10\,\text{dB})\log_{10}\frac{I_2}{I_1} \tag{12-12}$$

가 된다.

보기 12.5 거리에 따른 세기 준위의 차이

제트엔진에서 30 m 떨어진 지점의 소리의 세기 준위가 130 dB이다. 이렇게 높은 세기 준위의 소음에 노출되면 급속하게 영구적인 청력 장애가 일어나게 된다. 이러한 이유로 공항의 활주로에서 근무하는 사람들은 반드시 청력 보호 장비를 사용한다. 엔진은 등방으로 소리를 내는 소리의 근원(소리샘)이고, 흡수나 반사는 무시한다고 가정하자. 소리의 세기 준위가 110 dB(여전히 시끄러운 소리지만 고통 한계보다는 낮음)이 되는 거리는 얼마인가?

전략 소리의 세기 준위가 20 dB 감소한다. 경험에 따르면 세기 준위가 10 dB씩 변화할 때마다 세기가 10배가 된다. 따라서 세기가 100배 감소, 곧 원래 세기의 1/100이 되는 곳을 찾아야 한다. 소리가 등방으로 퍼진다고 가정했기 때문에 세기는 $1/r^2$에 비례한다(식 (11-2) 참조).

풀이 세기와 거리의 역제곱 사이의 비를 구하면

$$\frac{I_1}{I_2} = \left(\frac{r_2}{r_1}\right)^2$$

이 된다. 또한 경험식으로부터 $I_2 = \dfrac{1}{100}I_1$임을 알 수 있다. 그렇게 하면 거리는 다음과 같다.

$$\frac{r_2}{r_1} = \sqrt{\frac{I_1}{I_2}} = \sqrt{100} = 10$$

$$r_2 = 10r_1 = 300\ \text{m}$$

검토 반드시 경험식을 사용할 필요는 없다. $\beta_1 = 130$ dB, $\beta_2 = 110$ dB라고 하자. 그렇게 하면

$$\beta_2 - \beta_1 = -20\,\text{dB} = (10\,\text{dB})\log_{10}\frac{I_2}{I_1}$$

이다. 이로부터 다음을 알 수 있다.

$$\log_{10}\frac{I_2}{I_1} = -2, \quad \frac{I_2}{I_1} = \frac{1}{100}$$

여기에서 추정값으로 300 m를 고려할 수 있다. 실제로 제트엔진에서 생기는 소리는 모든 방향으로 골고루 퍼

져 나가진 않을 수 있다. 어쩌면 소리가 옆쪽보다는 앞쪽에서 더 클 수 있다. 비행기가 진행하는 동안 활주로나 비행기, 또는 주변 물체에 의해서 소리의 일부가 흡수되기도 하고 반사되기도 한다. 이 과정에서 공기 자체가 약간의 소리에너지를 흡수한다. 곧 파동에너지의 일부가 분산된다.

실전문제 12.5 **도서관처럼 조용한 비행기**

소리 세기 준위가 조용한 도서관의 실내소음(30 dB) 정도가 되려면 제트엔진으로부터 얼마나 떨어져야 하는가? 여러분이 구한 정답이 현실적인가?

12.4 소리의 정지파 Standing Sound Wave

양쪽 끝이 열린 관

줄 위의 횡파는 고정된 끝부분부터 반사가 시작된다는 것을 떠올려 보자(11.8절). 양쪽 끝이 고정된 줄은 각 끝에서 파동이 반사한다. 줄 위의 정지파는 서로 반대 방향으로 이동하는 두 파동의 중첩으로 생겨난다. 또한, 두 경계에서 반사된 소리는 **소리의 정지파**standing sound waves를 일으킨다. 소리는 3차원 파동이기 때문에, 소리의 정지파 패턴은 다소 복잡할 수 있다. 하지만 양 끝이 열린 관 속에 있는 공기는, 관의 길이에 비해 지름이 작기만 하다면 줄 위의 정지파와 매우 유사한 정지파를 발생시킨다. 이러한 관은 오르간이나 플루트의 좋은 모델 중의 하나이다.

관의 양쪽 끝이 열려 있다면 각 끝에서의 경계조건은 같다. 양쪽의 열린 끝에서 각각 관 내부의 공기기둥이 외부의 공기와 통하므로 관 양쪽 끝의 공기 압력이 대기압과 크게 다를 수 없다. 그러므로 열린 끝은 **압력 마디**pressure node가 된다(그림 12.3). 이들은 또한 **변위 배**displacement antinode가 된다. 곧 작은 공기 덩어리들이 관의 양 끝에서 최대의 진폭을 유지하면서 앞뒤로 진동한다. 마디와 배는 같은 간격($\lambda/4$)을 유지하면서 교대되기 때문에, 양쪽 끝이 열린 관 속의 소리 정지파의 파장은 양쪽 끝이 고정된 줄에 생긴 정지파의 파장과 같다(그림 12.3과 그림 11.22를 비교해 보아라).

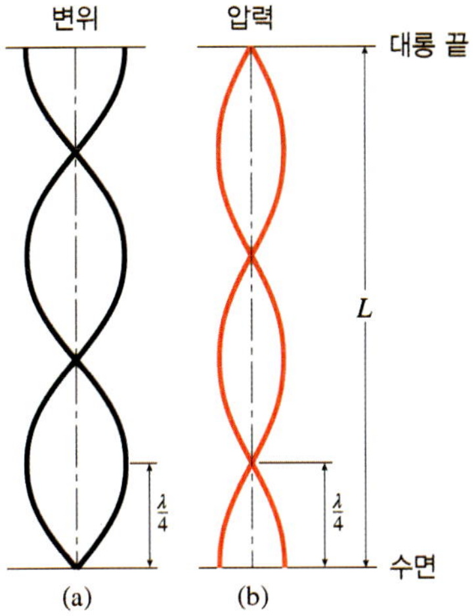

그림 12.8 (a) 세 번째 공명의 변위 배와 마디를 보여주는 정지파, (b) 세 번째 공명 상태의 압력 마디와 최대 변위 배를 보여주는 정지파

실전문제 12.6 **간접적인 온도 측정 방법**

440 Hz의 진동수를 갖는 소리굽쇠를 보기 12.6에서처럼 대롱의 위쪽에 놓았다. 공명이 일어난 두 곳 사이에 대롱이 이동한 거리 ΔL이 39.6 cm이면, 대롱 속 공기의 온도는 얼마인가?

정지파의 문제 풀이 전략

정지파의 진동수와 파장에 대한 수식을 암기할 필요는 없다. 단지 그림 12.3과 그림 12.5와 같이 정지파의 형태를 간략하게 그려 보면 쉽게 알 수 있다. 이때 배와 마디가 교대로 나타나도록 하고, 양쪽 끝에서의 조건이 정확한지만 확인하면 된다. 그리고 배와 마디 사이의 간격을 $\lambda/4$로 간주하고 파장을 계산한다. 파장의 길이가 결정되면 진동수는 $v = f\lambda$에서 간단히 계산할 수 있다.

혼자서 해 보기 빈 물병의 주둥이에 수평 방향으로 훅하고 공기를 불어 주면 공명을 일으킬 수 있다. 병에 채우는 물의 양을 변화시켜 가면서 음의 높낮이가 어떻게 변하는지 살펴보아라. 병 속 공기 기둥의 길이가 짧아질수록 기본 진동수가 커지기 때문에 음높이는 더 높아지게 된다.

12.5 음색
Timbre

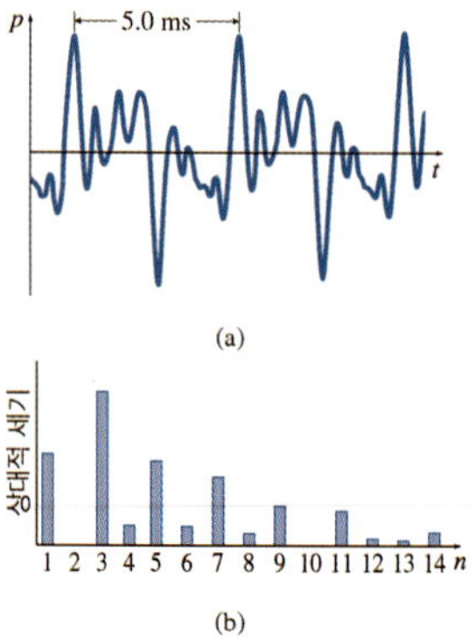

그림 12.9 (a) 클라리넷이 내는 소리의 그래프, (b) 각 조화음의 상대적 세기를 나타내는 막대그래프로, 스펙트럼이라고도 부른다. 각 조화음의 기본 진동수는 nf_1이고, 여기서 $f_1 = 200$ Hz이다. 이 스펙트럼은 기본 진동수의 홀수 배가 대부분임을 주목하자. 한쪽 끝이 막힌 관은 스펙트럼에서 유일하게 홀수 배만 나타난다(자료 제공 : P. D. Krasicky, Cornell University).

소리굽쇠의 진동으로 생성되는 소리는 거의 단일 진동수의 순수한 사인파이다. 반면에 대부분의 악기는 여러 개의 다른 진동수들이 중첩되어 복잡한 소리를 만들어낸다. 줄 또는 공기 기둥 속에 생긴 정지파는 대부분 진동수가 다른 여러 개의 정지파 형태들이 중첩되어 있다. 복잡한 소리 중에서 가장 낮은 진동수를 기본 진동수라 하고, 그 나머지 진동수를 **배음**overtones이라 한다. 주기적인 소리의 모든 배음은 예외 없이 진동수가 기본 진동수의 정수배이다. 기본 진동수와 배음을 통틀어서 **조화음** 또는 **화음**harmonics이라 부른다.

오보에로 연주한 **가온 다**middle C는 트럼펫으로 연주한 가온 다와 기본 진동수는 같지만 소리가 다르다. 그 이유는 두 악기가 내는 화음의 상대적인 진폭이 다르기 때문이다. 두 소리의 이러한 차이를 **음질**tone quality 또는 **음색**timbre이라 한다.

주기적인 파동은 형태가 아무리 복잡해도 여러 개의 사인함수 형태의 단순조화함수로 분해할 수 있다. 예를 들어 그림 12.9와 같이 클라리넷에서 연주되는 소리의 파형은 여러 개의 단순조화함수로 분해할 수 있다. 이 과정을 조화 분석 또는 푸리에 분석이라 하는데, 이것은 주기함수를 수학적 방법으로 분석하는 데 공헌한 프랑스 수학자 푸리에Jean Baptiste Joseph Fourier, 1768~1830의 업적을 기리기 위하여 명명한 것이다. 주기파의 스펙트럼들은 여러 조화파동의 조합으로 이루어져 있지만, 반드시 모든 조화파동이 다 있을 필요는 없다. 때로는 기본 진동수조차도 없을 수 있다(그림 12.10).

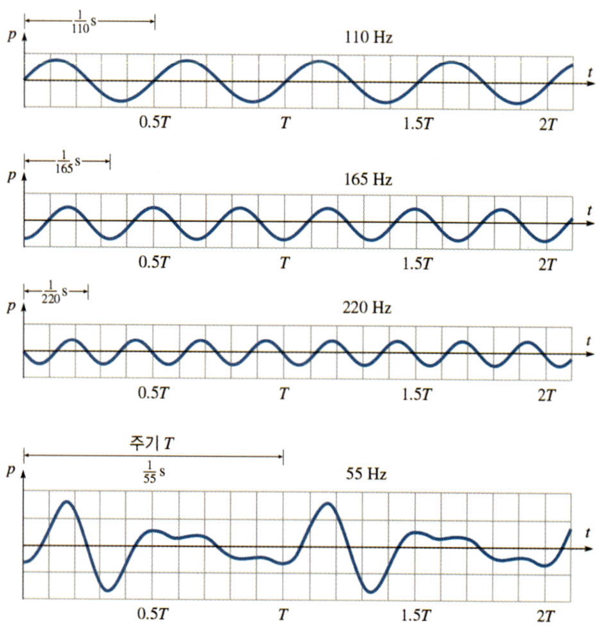

그림 12.10 복잡한 파형(아래쪽 파동)은 3개의 사인파(위쪽 3개 파동)의 중첩으로 구성되어 있다. 110, 165 및 220 Hz인 3개의 조화파 성분들을 갖는 이 파동은 55 Hz의 진동수로 반복된다. 그 이유는 이 세 파동의 진동수가 55 Hz의 정수배이기 때문이다. 비록 기본 진동수가 없을지라도 (55 Hz의 진동수에서 조화파 성분은 없다) 귀는 55 Hz의 음색을 재구성할 만큼 훌륭한 감각기관이다. 귀의 이러한 기능으로 인해 비록 제한된 범위의 진동수만을 재생하는 허름한 스피커에서 나오는 소리일지라도 음악을 듣고 인식할 수 있다.

조화 분석의 반대 개념은 다양한 조화 파동을 결합하여 복잡한 파동을 만들어내는 조화 합성이다. 전자 신시사이저는 여러 악기의 소리를 흉내 낼 수 있다. 실제에 가까운 소리를 내는 신시사이저는 음의 발생과 소멸과 같은 다른 요소들이 있어야만 한다.

12.6 사람의 귀 The Human Ear

그림 12.11은 사람 귀의 구조를 보여 준다. 사람의 귀는 외부로 돌출된 부분인 **귓바퀴** pinna가 있는데 이것은 깔때기처럼 작용하여, 소리를 모아 **이도** auditory canal 입구로 집중시키는 역할을 한다. 귓바퀴는 뒤쪽보다는 앞에서 오는 소리가 더 잘 들리게 되어 있어서 위치 파악에 도움을 준다. 이도에서 생기는 공명은 일반적인 대화를 이해할 수 있는 결정적인 진동수 범위인 2~5kHz 영역의 소리에 대한 감도를 높이는 역할을 한다.

이도 끝에 위치한 **고막** eardrum, tympanum은 이도를 통과한 소리에 반응하여 진동한다. 고막 바로 옆에 있는 부분을 **중이** middle ear라고 한다. 고막의 진동은 중이에 있는 3개의 **고실뼈** auditory ossicles를 통해 나선 모양의 액체로 채워진 달팽이관의 **난원창** oval window of the cochlea으로 전달된다. 난원창은 달팽이관의 유체와 접촉하는 막이다. **귓속뼈** ossicles들은 지렛대처럼 작용한다. **등자뼈** stirrup가 난원창에 전달하는 힘은 고막이 **망치뼈** hammer에 전달

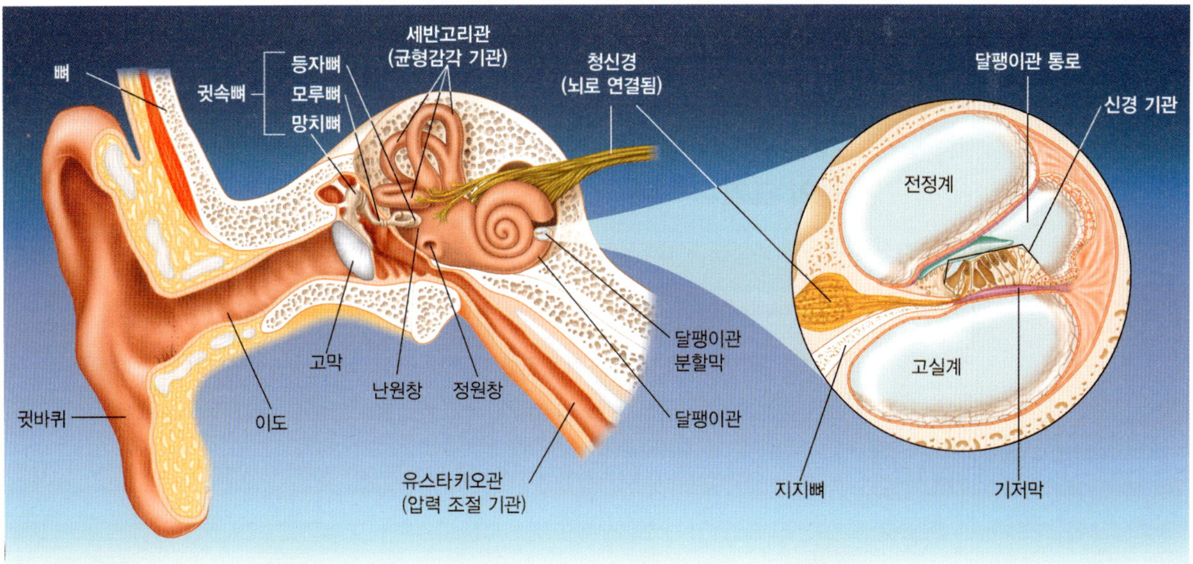

그림 12.11 사람 귀의 구조와 달팽이관의 단면도

하는 힘의 1.5~2.0배이다. 난원창의 면적은 고막 면적의 1/20에 해당하므로 전체 압력은 30배에서 40배 정도로 증폭된다. 귓속뼈들은 큰 소음에 대해 반응하는데, 한 개의 근육은 등자뼈를 잡아당겨서 난원창과의 거리를 멀리하여 소음에 의한 충격으로 귀가 손상되는 것을 방지한다. 이와 동시에 나머지 근육은 고막의 장력을 증가시킨다. 근육에서 일어나는 이와 같은 두 가지 변화로 인해 귀는 일시적으로 감각이 둔해진다. 근육이 이와 같은 방식으로 반응하는 데는 수 밀리초(ms)가 소요되므로, 갑작스럽게 큰 소음이 생기면 귓속 근육들은 방어를 전혀 하지 못한다.

달팽이관 분할막은 달팽이관의 길이 방향으로 대부분 움직이는데, 이 분할막은 달팽이관을 두 개의 방, 곧 **전정계**scala vestibuli와 **고실계**scala tympani로 나누는 역할을 한다. 난원창에서 발생한 진동은 분할막 끝부분에 있는 전정계의 유체 하단부로 압축성 파동을 전달하고, 고실계가 **정원창**round window으로 되돌아온다. 이 압축성 파동으로 인해 달팽이관 분할막에 있는 **기저막**basilar membrane이 진동하게 된다. 난원창과 정원창 근처에서 기저막의 두께는 가장 얇아지고, 인장강도는 가장 커진다. 난원창과 정원창에서 멀어질수록 기저막의 두께는 점진적으로 두꺼워지면서 인장강도는 감소하게 된다. 기저막이 얇고 인장력이 큰 곳으로 높은 진동수의 파동이 들어오게 되면 기저막은 최대 진폭으로 진동하게 된다. 반면 기저막이 두껍고 인장력이 낮은 곳으로 낮은 진동수의 파동이 들어오게 되면 진폭이 최대인 진동이 생긴다. 귀는 진폭이 최대인 위치에서 진동수를 결정한다. 진동수가 낮은(최대 1kHz까지) 소리인 경우, 귀는 주기적으로 소리의 진동수와 같은 신경 신호를 뇌에 전달한다. 여러 개의 다른 진동수들의 중첩(12.5절 참조)으로 이루어진 복잡한 소리인 경우, 귀는 복잡한 소리를 여러 개의 진동수로 분해하는 스펙트럼 분석을 한다.

기저막에는 **신경기관**organ of Corti이 있다. 이 기저막에 있는 섬모세포들은 진동에 반응하여 휘어지면서, 신경세포들을 자극한다. 이 신경세포들이 전기적 신호를 뇌로 전달한다.

소리의 크기

소리의 크기는 소리 세기의 준위와 가장 밀접하게 연관되어 있지만, 진동수(와 다른 요인들)와도 연관이 있다. 달리 말하면 귀의 민감도는 진동수에 따라 변한다. 그림 12.12는 일반적인 사람에게 **크기가 같은 소리를 나타낸 곡선**curves of equal loudness이다. 각 곡선은 서로 다른 진동수의 소리를 같은 세기의 소리로 인식하는 세기 준위를 보여 준다.

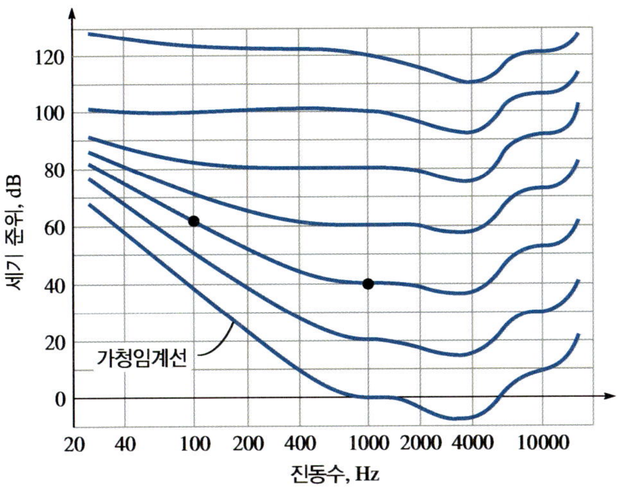

그림 12.12 소리 크기가 같은 곡선. 예를 들어 점으로 표시한 두 점은 같은 곡선에 있으므로 1000 Hz에서 40 dB인 소리는 100 Hz에서 62 dB인 소리만큼 크다. 이들 곡선은 귀가 부분적으로 이도의 공명 등으로 인해 3 kHz와 4 kHz 사이의 진동수에 가장 민감하다는 것을 보여준다. 800 Hz 이하와 10 Hz 이상 영역에서는 귀의 감도가 급격히 떨어진다. 800 Hz와 10 kHz 사이에서는 곡선 사이의 간격이 대략 같다. 소리 세기 준위 사이의 간격이 같으면 소리의 크기도 간격이 같다. 이것이 소리 세기 준위를 소리의 크기를 측정하는 대략적인 방법으로 사용하는 이유이다. 이 진동수 영역에서 1 dB는 소리의 크기 변화를 감지할 수 있는 소리의 세기 준위 차이의 하한선이다. 가청임계선은 그림에서 가장 아래의 곡선이다. 청력이 매우 뛰어난 사람이라고 하더라도 이 곡선 아래의 소리는 들을 수 없다. 1~6 kHz 근방의 진동수 영역에서 가청임계 한도의 소리 세기 준위는 0 dB 정도이다.

소리의 높낮이

소리의 **높낮이**[pitch]는 진동수를 인지(지각)하는 것이다. 노래를 부르거나 악기를 연주할 때 음을 올리거나 내리는데, 이때 올라가거나 내려가는 것이 소리의 높낮이이다. 높낮이는 음성을 인식하는 측면에서 진동수라는 단일 물리량과 가장 밀접하게 연관되어 있지만, 소리의 높낮이에 대해 우리가 느끼는 감각은 세기나 음색과 같은 요인에 의해서도 어느 정도 영향을 받는다(12.5절).

소리의 크기가 대략 소리의 세기의 대수함수인 것과 유사하게, 소리의 높낮이에 대한 사람의 감각은 진동수에 대해 대수함수적으로 반응한다. 피아노를 연주할 때 가장 낮은 음(기본 진동수 27.5 Hz)에서부터 시작하여, 흰 건반과 검은 건반을 차례대로 연주하여 가장 높은 음(4190 Hz)까지 연주한다면, 높낮이의 단계가 일정한 소리를 단계적으로 들을 수 있다. 그러나 진동수가 같은 간격으로 증가하는 것은 아니다. 그 음의 기본 진동수는 바로 아래 음의 진동수보다 5.95% 더 높다. 이상적인 상황에서 일반 사람들은 약 0.3% 정도의 진동수 차이를 분별할 수 있고, 숙련된 음악가는 0.1% 또는 그 이상의 진동수 차이도 분별할 수 있다.

위치 측정법

소리가 어디에서 오는지 어떻게 알 수 있을까? 귀는 여러 방법으로 소리가 나는 위치를 파악한다.

- 높은 진동수($> 4\,\mathrm{kHz}$)의 소리가 나는 위치는 주로 양쪽 귀가 인지하는 소리의 세기의 차이를 이용한다. 머리가 소리를 막아주는 역할을 하므로 오른쪽에서 오는 소리는 왼쪽 귀보다 오른쪽 귀에서 더 크게 느낀다.
- 귓바퀴의 모양 때문에 앞에서 나는 소리에 다소 민감하게 반응한다. 이것은 높은 진동수의 소리에 대해 앞뒤 위치를 알아내는 데 도움이 된다.
- 낮은 진동수의 소리가 나는 위치는 양쪽 귀에 도달하는 파동이 도착하는 시간 차이와 위상 차이를 이용한다.

12.7 맥놀이 Beats

연결고리 진동수가 다른 두 파동이 중첩되어 보강간섭과 상쇄간섭이 번갈아 일어나면서 맥놀이가 발생한다.

진동수가 서로 가까운(서로 약 15 Hz 이내) 두 소리가 중첩되면 **맥놀이** beats라고 부르는 들을 수 있는 파동이 생긴다(만일 진동수의 차이가 15 Hz를 초과하면, 더 이상 귀로 맥놀이를 인지하지 못한다. 그 대신에 높낮이가 다른 두 소리를 듣게 된다). 맥놀이는 소리에서만 일어나는 것이 아니고 모든 종류의 파동에서 일어난다. 맥놀이는 진동수가 거의 같은 두 파장에 적용된 중첩 원리의 일반적인 결과물이다.

맥놀이는 두 파동 사이의 위상차가 천천히 변할 때 나타나는 현상이다. 그림 12.13에서 $t = 0$일 때와 같이 어떤 순간에 서로 위상이 같은 두 파동이 보강간섭을 한다고 생각해 보자. 중첩하였을 때 진폭은 그림 12.13a에 보인 두 파동의 진폭을 합한 값이 된다. 그러나 두 파동의 진동수는 서로 다르기 때문에 시간이 지나면서 두 파동은 더 이상 같은 위상을 유지하지 못한다. 진동수가 높은 파동은 주기가 짧기 때문에 진동수가 낮은 파동보다 앞서 가게 되고 두 파동 사이의 위상차가 꾸준히 증가하게 된다. 이렇게 되었을 때 두 파동은 중첩이 되어 진폭이 감소한다. 잠시 후($t = 5\,\mathrm{ms}$), 위상차는 180°에 도달한다. 곧 두 파동의 위상이 반주기만큼 차이가 나서 상쇄간섭이 일어난다(그림 12.13b). 이때 중첩 진폭은 최솟값이 되는데, 이 값은 두 파동의 진폭의 차이와 같다. 위상차가 연속적으로 증가하면, 보강간섭이 다시 발생할 때까지($t = 10\,\mathrm{ms}$) 진폭이 증가한다. 귀는 주기적으로 커졌다 작아졌다하는 진폭(세기)을 인지하는데 이것이 바로 맥동 pulsation이다. 소리의 크기는 커졌다 작아졌다를 교대로 반복한다. 어떤 진동수에서 맥놀이가 생기는가? 맥놀이는 두 파동의 진동수 차이와 밀접한 관련이 있다. 맥놀이 시간 간격($T_{맥놀이}$)

은 보강간섭이 한번 발생한 후에 다음번 보강간섭이 생겨날 때까지의 시간이다. 그림 12.13에서, 두 파동은 $t = 0$일 때 위상이 같고, $t = 10\,\text{ms}$일 때 다시 위상이 같아진다. 이 시간(10 ms) 동안에, 빨강 파동은 10번 순환하고, 파랑 파동은 11번 순환을 반복한다. 위상이 같아지려면 빨강 파동은 파랑 파동보다 1번 더 순환을 반복해야만 한다. 이것을 일반적인 경우에 대한 수식으로 기술하기 위하여, 두 파동의 주기가 각각 T_1, T_2이며 $T_1 > T_2$라고 가정하자. 맥놀이 시간 간격 $T_{\text{맥놀이}}$ 동안에 파동이 반복되는 횟수는 $T_{\text{맥놀이}}/T$ 이다. 그러면

$$\frac{T_{\text{맥놀이}}}{T_2} - \frac{T_{\text{맥놀이}}}{T_1} = 1 \qquad (12\text{-}16)$$

이 된다. 이 관계를 진동수로 나타내면 다음과 같다.

$$\frac{1}{T_2} - \frac{1}{T_1} = \frac{1}{T_{\text{맥놀이}}} \qquad (12\text{-}17)$$

맥놀이 진동수

$$|f_2 - f_1| = f_{\text{맥놀이}} \qquad (12\text{-}18)$$

$f_2 > f_1$라고 가정할 필요가 없도록 식 (12−18)에서 절댓값을 취하였다.

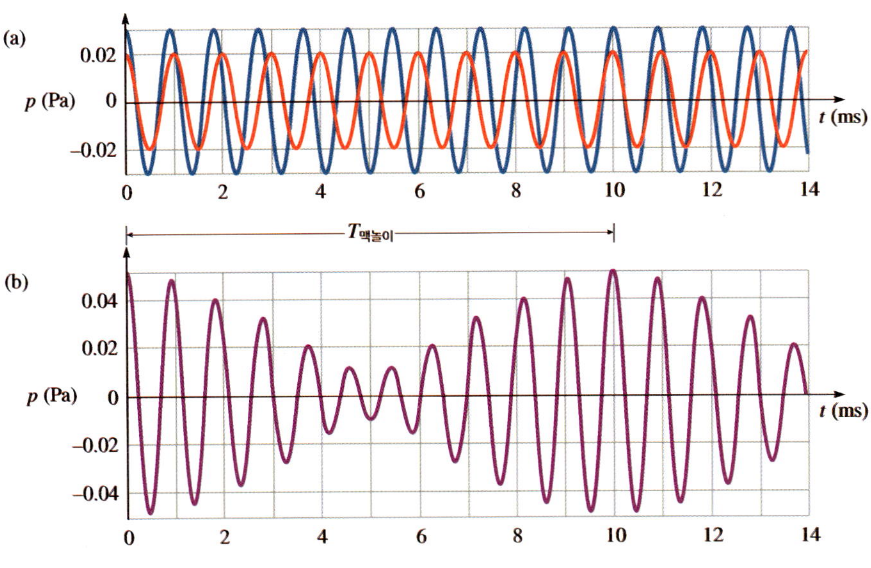

그림 12.13 진동수가 서로 다른 두 음파(소리)가 중첩하여 만들어진 맥놀이를 보여준 예이다. (a) 두 음파의 그래프 중 하나(빨강)는 진동수가 1.0 kHz이고 압력 진폭은 0.02 Pa이다. 다른 하나(파랑)는 진동수가 1.1 kHz이고 압력 진폭은 0.03 Pa이다. (b) 두 음파(파동)가 중첩(보라)하여 최대 진폭이 0.03 Pa + 0.02 Pa = 0.05 Pa (같은 위상일 때)이고, 최소 진폭은 0.03 Pa − 0.02 Pa = 0.01 Pa(180° 위상차일 때)이 만들어 졌다. 1차 보강간섭 발생에서 2차 보강간섭이 발생할 때까지 시간은 $T_{\text{맥놀이}} = 10\,\text{ms}$이고 맥놀이 진동수 $f_{\text{맥놀이}}$는 $1/T_{\text{맥놀이}} = 1/(10\,\text{ms}) = 0.1\,\text{kHz}$이며, 맥놀이 진동수는 $f_{\text{맥놀이}} = |f_1 - f_2| = 1.1\,\text{kHz} - 1.0\,\text{kHz} = 0.1\,\text{kHz}$ 차이와 같다.

살펴보기 12.7 그림 12.13에서 어느 시간에 두 파의 상쇄간섭이 일어나는가? $t > 14\text{ms}$ 이후에 상쇄간섭은 언제 생기는가?

응용 : 피아노 조율 피아노 조율사는 피아노를 조율할 때 맥놀이에 귀를 기울인다. 조율사는 두 줄의 소리를 내고 맥놀이를 듣는다. 맥놀이 진동수는 음의 간격이 적당한지 그렇지 않은지를 알려준다. 두 줄이 같은 음을 연주하면, 똑같은 기본 진동수로 조율되어 맥놀이 진동수는 거의 0이 된다. 만일 두 줄이 다른 음을 연주한다면, 다른 기본 진동수로 조율된 것이므로 맥놀이 진동수는 0이 되지 않는다. 이 경우 조율사는 진동수가 거의 비슷한 두 개의 높은 조화음 사이에서 일어나는 맥놀이를 듣는다.

보기 12.7 피아노 조율사

피아노 조율사는 소리굽쇠($f = 525.5$ Hz)와 건반을 동시에 두드린다. 두 소리의 진동수는 거의 같다. 그가 초당 3.0번의 맥놀이를 들었다. 피아노 줄을 조이고 나서 동시에 두 소리를 들었을 때, 맥놀이 진동수가 초당 2.0번으로 감소한 것을 들었다.

(a) 피아노 줄을 조이기 전의 원래 진동수는 얼마인가?

(b) 피아노 줄의 장력은 몇 % 증가하였는가?

전략 맥놀이 진동수는 두 진동수의 차이이므로, 어느 것이 더 높은 진동수인지를 결정해야만 한다. 줄의 파장은 변하지 않는 줄의 길이에 의해 결정되는 것이다. 장력을 증가시키면 줄 위의 파동 속력이 빨라져서 결국은 진동수가 증가한다.

풀이 (a) 피아노 조율사가 초당 3.0번의 맥놀이를 들었기 때문에 두 진동수의 차이는 3.0 Hz이다.

$$\Delta f = 3.0\ \text{Hz}$$

피아노 줄의 진동수가 소리굽쇠 진동수보다 3.0 Hz 높은가 아니면 3.0 Hz 낮은가? 줄의 장력을 점진적으로 증가시키면 맥놀이 진동수는 감소하게 되는데, 이것은 피아노 줄의 진동수가 소리굽쇠의 진동수에 더 근접하였음을 의미한다. 그러므로 줄의 진동수는 소리굽쇠의 진동수보다 3.0Hz 낮아야 한다.

$$f_{\text{줄}} = 523.3\ \text{Hz} - 3.0\ \text{Hz} = 520.3\ \text{Hz}$$

(b) 줄의 장력 F는 줄에서 파동의 속력 v와 단위 길이당 질량 μ와 다음과 같은 관계에 있다.

$$v = \sqrt{\frac{F}{\mu}} \qquad (11\text{-}5)$$

단위 길이당 질량은 변하지 않으므로 $v \propto \sqrt{F}$이 성립한다. 줄에서 파동 속력은 파장과 진동수에

$$v = \lambda f$$

인 관계에 있다. 파장 λ는 줄에서 횡파의 파장이지, 공기 중에서 소리의 파장이 아니다. 파장 λ는 변하지 않으므로 $v \propto f$의 관계가 성립한다. 따라서 진동수 f는 $f \propto \sqrt{F}$, 곧

$$F \propto f^2$$

임을 알 수 있다. 이것은 장력 F와 초기 장력 F_0의 비가 진동수를 제곱한 것의 비와 같음을 의미한다.

$$\frac{F}{F_0}=\left(\frac{f}{f_0}\right)^2=\left(\frac{521.3\,\mathrm{Hz}}{520.3\,\mathrm{Hz}}\right)^2=1.004$$

그러므로 장력이 0.4% 증가했음을 알 수 있다.

검토 초기 진동수가 너무 높았는지 아니면 낮았는지를 확인할 필요가 있다. 맥놀이 진동수가 감소하면 줄의 진동수는 소리굽쇠의 진동수에 점점 더 가까워진다. 줄을 세게 조이면(장력의 증가) 줄의 진동수가 증가하는데, 줄의 진동수가 증가했을 때 소리굽쇠의 진동수에 근접해졌기 때문에 줄이 가지고 있던 원래 진동수는 소리굽쇠의 진동수보다 낮았다는 것을 알 수 있다. 장력을 증가시켰을 때 맥놀이 진동수가 증가했다면 원래 진동수가 이미 매우 높았다는 의미이므로 줄을 조율하기 위해서 장력을 낮춰야 했을 것이다.

실전문제 12.7 **바이올린 조율**

진동수가 440.0Hz인 소리굽쇠를 진동수가 거의 같은 바이올린 줄과 함께 울렸더니 초당 4.0회의 맥놀이가 관측되었다. 바이올린 줄의 장력을 조금 더 크게 하였더니 맥놀이 진동수가 증가하였다면, 바이올린 줄의 진동수는 얼마인가?

12.8 도플러 효과 Doppler Effect

사이렌을 울리면서 경찰차가 지나간다고 하자. 차가 지나갈 때 소리의 높낮이가 높은 음에서 낮은 음으로 변하는 것을 들을 수 있다. 이러한 진동수 변화를 오스트리아 물리학자 도플러Christian Andreas Doppler, 1803~1853의 이름을 따서 **도플러 효과**Doppler effect라 한다. 관측자나 소리샘(또는 음원, 사이렌)이 매질(여기서는 공기)에 대해 상대적으로 운동할 때, 관측되는 진동수는 소리샘에서 나온 진동수와 다르다. 도플러 효과는 소리뿐만 아니라 모든 파동에서 일어나지만 소리를 주로 다룰 것이다.

소리샘과 관측자가 서로 접근하거나 멀어지는 운동만을 고려하자. 파동의 매질에 대한 소리샘과 관측자의 속도(v_s와 v_o)는 전파의 방향 성분으로 나타낸다. 즉 소리샘과 관측자의 속도(v_s와 v_o)가 전파 방향과 같으면 양$^+$이고, 반대이면 음$^-$이다.

그림 12.14에서는, 소리샘(사이렌)이 진동수가 f_s(주기는 $T_s=1/f_s$)인 소리를 방출한다. 일단 소리가 발생하면 이 파동(또는 소리)의 마루는 속력 v로 사방으로 퍼져나간다. 이때 파동의 마루와 마루 사이의 거리는 파장 λ이다. 일단 소리샘이 이동하면, 소리의 마루는 소리샘과 다른 위치에서 생성되며 파장에 영향을 준다. 소리샘이 관측자를 향해 움직일 때, 한 주기 T_s 동안에 소리가 이동한 거리는 vT_s이고 소리샘(사이렌, 음원)

이 이동한 거리는 $v_s T_s$이다. 파장과 진동수의 관계식은

$$\lambda = vT_s - v_s T_s = (v - v_s)T_s = \frac{v - v_s}{f_s} \qquad (12\text{-}19)$$

이다. 소리샘의 앞에서는 파장이 짧아지고, 소리샘의 뒤에서는 파장이 길어진다. 소리샘이 관측자로부터 멀어지는 경우는 소리샘의 속도가 $v_s < 0$이기 때문에, 두 경우 식 (12–19)를 모두 적용할 수 있다.

그림 12.15의 경우, 관측자가 소리샘으로부터 멀어지고 있다. 파동의 마루는 관측 주기 T_o만큼 떨어진 관측자에게 도달한다. 시간 T_o 동안 파동(소리)은 vT_o만큼 이동한다. 결국 파장과 관측자가 이동한 거리($v_o T_o$)를 더한 값이다. 그러면, λ는

$$\lambda = vT_o - v_o T_o = (v - v_o)T_o = \frac{v - v_o}{f_o} \qquad (12\text{-}20)$$

이다. 식 (12–20)은 관측자의 운동 방향과 무관하다. 관측자가 소리샘을 향해 이동한다면, 식 (12–20)에서 $v_o < 0$이다. 소리는 시간 T_o 동안 이동한 파장보다 더 짧은 거리

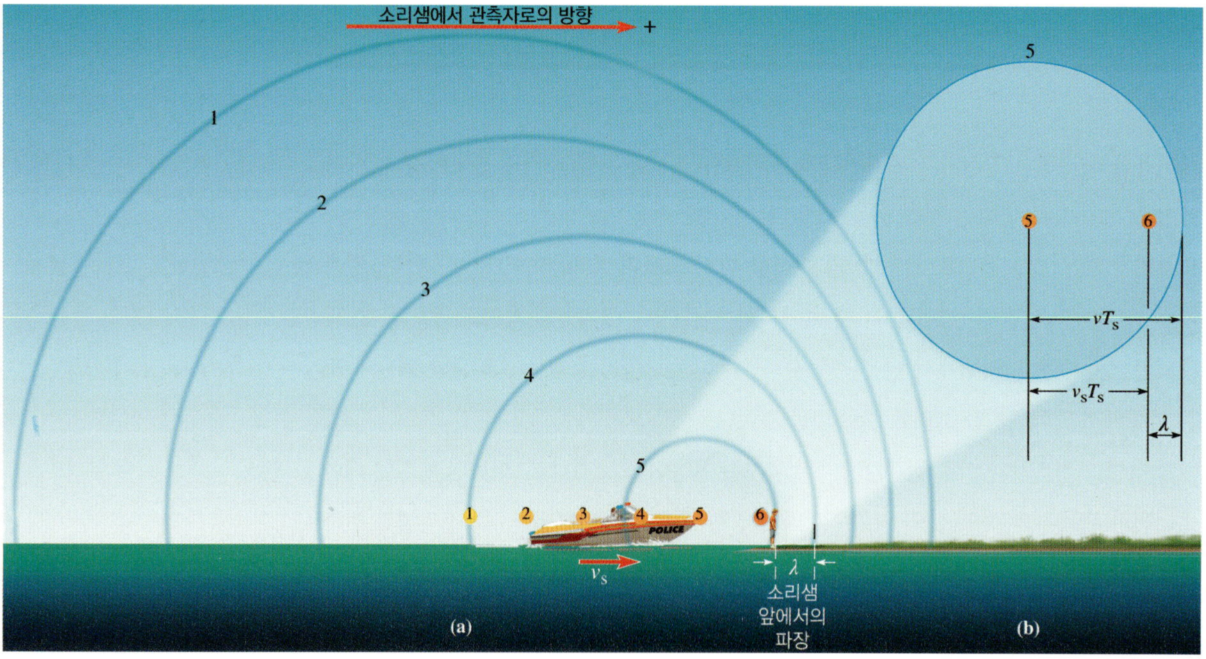

그림 12.14 (a) 경찰 쾌속정이 뱃고동을 울리며 v_s 속력으로 오른쪽으로 이동하고 있다(명확한 설명을 위해 과장된 그림). 뱃고동은 1, 2, 3, 4, 5, 6 지점에서 파동 마루를 만든다. 파동 마루 각각은 뱃고동을 울린 지점에서 v의 속력으로 사방으로 퍼져 나간다. 이때 파장 λ는 마루와 마루 사이의 거리이다. (b) 파동 마루 6이 방출된 순간의 그림. 5번 파동 마루가 방출된 지점에서, 소리샘이 이동한 거리는 $v_s T_s$이고 파동(소리) 마루가 이동한 거리는 vT_o이다. 파장은 마루와 마루 사이의 거리이므로, 파장 $\lambda = vT_s - v_s T_s$이다. 소리샘의 후방에 있는 다른 관측자에 대해서도, 파장은 $\lambda = vT_s - v_s T_s$가 유효하지만, 여기서 소리샘의 속력은 $v_s < 0$이다(소리샘은 관측자로부터 멀어지는 방향으로 운동하고 있다). 그러므로 소리샘의 후방 쪽이 파장이 더 길어지고, 소리샘의 전방 쪽이 파장이 더 짧아진다.

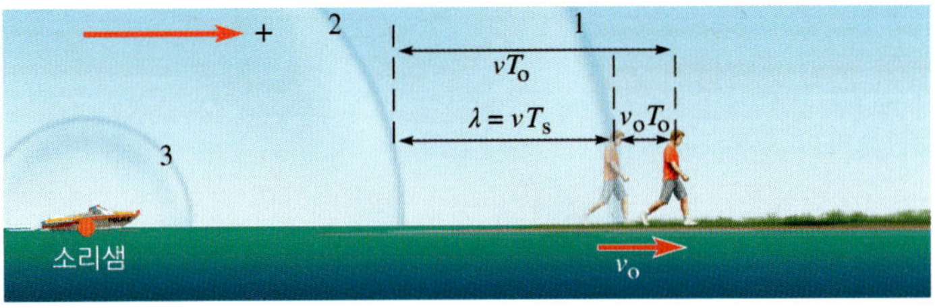

그림 12.15 정지해 있는 소리샘에서 속력 v_o로 멀어지는 관측자(명확하게 나타내기 위해 과장해서 그린 그림). 파장 λ는 두 파동 마루 사이의 거리이다. 기준틀에서 파동이 매질(여기서는 공기) 속에 있을 때, 시간 간격 T_o이 경과하는 동안 파동 마루는 거리 vT_o만큼 이동하고, 관측자는 거리 v_oT_o를 이동한다. 그러므로 파장 $\lambda = vT_o - v_oT_o$이 된다.

로 이동한 것이다.

소리샘과 관측자가 매질(여기서는 공기)을 기준으로 움직일 경우, 식 (12−19)와 식 (12−20)은 모두 같은 파장으로 정확하게 설명된다.

$$\lambda = \frac{v - v_s}{f_s} = \frac{v - v_o}{f_o} \tag{12-21}$$

관측된 진동수를 풀이하면, 다음과 같이 정리할 수 있다.

도플러 효과 (운동하는 소리샘과 운동하는 관측자)

$$f_o = \left(\frac{v - v_o}{v - v_s}\right) f_s \tag{12-22}$$

부호의 정의 : v_o와 v_s는 파의 전달 방향이 소리샘(파원)에서 관측자 방향으로 운동하면 양$^+$의 부호이며, 그 반대의 경우에는 음$^-$이다. 여기서 속도는 모두 파동의 매질(여기서는 공기)을 기준으로 측정한다.

식 (12−19)와 식 (12−20)은 상대속도로 해석할 수 있다. 소리샘에 대한 파동의 상대속도는 $v - v_s$이다. 시간 T_s 동안, 소리샘에 대해 상대적으로 이동한 파동의 거리는 λ이다. 그래서 파장 $\lambda = (v - v_s)T_s$가 된다. 마찬가지로, **관측자에 대한** 파동의 상대속도는 $v - v_o$이다. 시간 T_o 동안, 관측자에게 상대적으로 파동이 이동한 거리는 역시 λ이다. 그러므로 파장 $\lambda = (v - v_o)T_o = (v - v_s)T_s$이다.

문제 풀이 전략 : 도플러 효과

- 도플러 효과의 운동 상황을 그릴 때, 소리샘에서 관측자로 향하도록 화살표를 그려라. 이 화살표는 속도에 대해 일관된 양의 방향을 설정한다. 방향이 반대인 속도는 음$^-$의 부호를 갖게 한다. 모든 속도는 파동 매질을 기준으로 측정된다.
- 식 (12–21) 또는 (12–22)를 사용하여라.
- 어떤 도플러 효과 문제들은 반사파와 관련 있다. 반사파를 다루는 한 가지 방법은 반사되는 표면을 우선 파를 관측하는 것으로 생각하고 같은 진동수로 다시 방출하는 것이다.

살펴보기 12.8 (a) 소리샘의 파동운동이 파장에 영향을 미치는가? (b) 관측자의 운동은 파장에 영향을 미치는가?

보기 12.8 기차의 경적과 도플러 이동

모노레일 기차가 10.0 m/s의 속력으로 기차역에 접근하면서 경적을 울렸다. 완벽한 청음능력이 있는 음악가가 승강장에서 이 소리를 진동수 261 Hz인 '가온 다' 음으로 듣는다. 주변에는 바람도 없고 온도는 쌀쌀한 0 ℃이다. 기차가 정지해 있을 때 관측되는 경적의 진동수는 얼마인가?

전략 이 경우 소리샘인 경적은 운동하고, 관측자는 고정되어 있다. 소리샘은 관측자 쪽을 향했으므로 v_s는 양의 값이 된다. 소리샘이 관측자에게 접근하면, 관측된 진동수는 소리샘의 진동수보다 높다. 기차가 정지해 있을 때, 도플러 이동은 발생하지 않고 이때 관측된 진동수는 소리샘의 진동수와 같다.

풀이 운동하는 소리샘에 대해, 소리샘의 진동수(f_s)와 관측되는 진동수(f_o)와의 관계는 다음과 같다.

$$f_o = \left(\frac{v - v_o}{v - v_s}\right) f_s$$

단, v = 331 m/s(공기 0 ℃에서 소리샘의 속력), v_s = +10 m/s이고 f_o = 261 Hz이다. f_s에 대해 풀면,

$$f_s = \left(\frac{v - v_s}{v}\right) f_o = \frac{331\ \text{m/s} - 10.0\ \text{m/s}}{331\ \text{m/s}} \times 261\ \text{Hz} = 253\ \text{Hz}$$

이다. 예상한 대로 소리샘의 진동수는 관측된 진동수보다 작으며, 기차가 정지해 있을 때 관측된 진동수는 소리샘의 진동수(253 Hz)와 같다.

검토 기차가 승강장 쪽으로 다가오면, 소리샘과 관측자 사이의 거리는 줄어든다. 나중에 방출된 파동 마루가 관측자에게 도달된 시간은 기차가 정지해 있을 때 관측자에게 도달한 시간보다 짧기 때문에 파동 마루와 마루 사이의 도착 시간은 기차가 정지한 경우의 소요 시간보다 작다. 소리샘과 관측자의 거리가 줄어들 때, 관측 진동수는 소리샘의 진동수보다 높다. 반면, 그 거리가 멀어지면 관측된 진동수는 소리샘의 진동수보다 낮다.

실전문제 12.8 **고속으로 달리는 스포츠카**

여러분이 앞뜰에서 정원을 손질하고 있을 때 자동차가 속력 32.0 m/s(71.6 mi/h)로 지나간다. 자동차가 다가올 때 들린 차의 엔진 진동수가 220.0 Hz였다면 차가 지나간 후 들린 진동수는 얼마인가(온도는 20 ℃ 이고 바람은 없었다고 가정한다)?

보기 12.9 **경적 진동수로부터 속력 결정**

같은 속력으로 달리는 두 대의 자동차가 상대방에서 멀어지고 있다. 그중 한대의 자동차가 111 Hz의 경적을 울릴 때, 다른 차에서는 105 Hz의 소리를 관측하였다. 소리의 속력이 338 m/s이고, 바람이 없다고 하면 각 자동차의 속력은 얼마인가?

전략 소리샘은 관측자와 멀어지고 있으므로 v_s는 음이고, 관측자는 소리와 같은 방향으로 이동하므로 v_o는 양의 값이다. 속력은 같으므로 $v_s = -v_o$이다.

풀이 소리샘과 관측자가 동시에 움직일 때, 두 진동수 사이의 관계식은

$$f_o = \left(\frac{v - v_o}{v - v_s}\right) f_s = \left(\frac{1 - v_o/v}{1 - v_s/v}\right) f_s$$

이다. $\alpha = v_o/v = -v_s/v$로 놓고, 대수 계산을 간단히 정리하면

$$f_o = \left(\frac{1-\alpha}{1+\alpha}\right) f_s$$

이다. 이를 α에 대해 풀어 보면 다음과 같다.

$$(1+\alpha)\frac{f_o}{f_s} = 1 - \alpha$$

$$\frac{f_o}{f_s} + \alpha\frac{f_o}{f_s} = 1 - \alpha$$

$$\alpha + \alpha\frac{f_o}{f_s} = 1 - \frac{f_o}{f_s}$$

$$\alpha = \frac{1 - f_o/f_s}{1 + f_o/f_s} = \frac{1-(105\ \text{Hz}/111\ \text{Hz})}{1-(105\ \text{Hz}/111\ \text{Hz})} = 0.02778$$

또한 속력 v_o를 계산하면

$$v_o = \alpha v = 0.02778 \times 338\ \text{m/s} = 9.4\ \text{m/s}$$

이므로 자동차의 속력은 9.4 m/s이다.

검토 간단히 검산을 해보자. 식 (12-22)에 $v = 338\ \text{m/s}$, $f_s = 111\ \text{Hz}$, $v_o = 9.4\ \text{m/s}$, $v_s = -9.4\ \text{m/s}$를 대입하고 계산하면

$$f_o = \frac{1-(9.4\ \text{m/s})/(338\ \text{m/s})}{1-(-9.4\ \text{m/s})/(338\ \text{m/s})} \times 111\ \text{Hz}$$

$$= 105\ \text{Hz}$$

로 관측된 진동수 105 Hz와 같음을 알 수 있다.

실전문제 12.9 **도플러 이동으로부터 속력 계산**

서쪽으로 15 m/s의 속력으로 달리는 자동차가 260.0 Hz인 경적을 울리며 지나갈 때 동쪽을 향하는 차에 탄 승객에게 경적 소리가 230.0 Hz의 진동수로 들렸다면 승객이 탄 자동차의 속력은 얼마인가? 단, 소리의 속력은 350 m/s라고 하자.

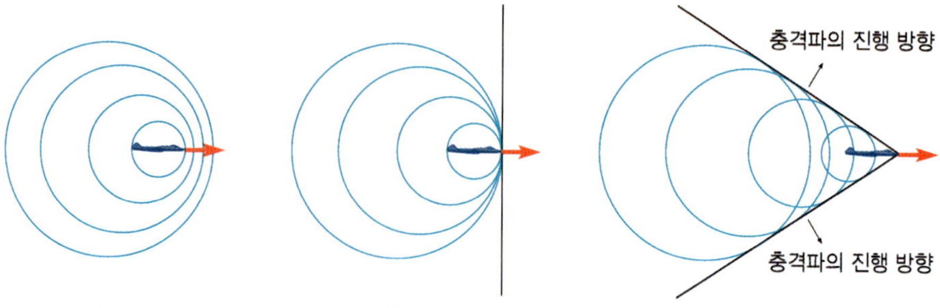

그림 12.16 (a) 소리보다 느린 속력으로 운동하는 비행기의 파동 마루들 (b) 소리의 속력으로 날고 있는 비행기. 비행기가 파동 마루와 같은 속력으로 오른쪽으로 운동하기 때문에 파동 마루들이 쌓여 있다. (c) 초음속 비행기의 충격파. 파동 마루가 검은 실선으로 나타낸 깔때기를 따라서 쌓인다.

충격파

도플러 효과(식 (12-22))에 대한 두 가지 흥미로운 경우를 알아보자.

첫 번째, 관측자가 소리샘에서 소리의 속력($v_o = v$)으로 멀어져 간다면 어떻게 되는가? 식 (12-22)에 의하면, 도플러 이동 진동수는 0이 될 것이다. 이것이 의미하는 것은 무엇인가? 관측자가 파동과 동일한 속력(혹은 더 빠른 속력)으로 멀어진다면, 파동 마루는 결코 관측자에게 도달할 수 없다.

두 번째, 만약 소리샘이 관측자를 향해 거의 소리의 속력에 가까운 속력($v_s \to v$)으로 접근하면 어떻게 되는가? 식 (12-22)는 관측된 진동수가 무한대로 증가($f_o \to \infty$) 하는 것을 보여주고 있다. 그림 12.16을 보면 이해가 쉬울 것이다. 소리의 속력보다 느린 속력으로 날아가는 비행기의 경우, 비행기가 운동함에 따라 비행기 운동방향(앞쪽)의 파동 마루들은 서로 가까워진다(그림 12.16a). 오른쪽에 있던 관측자는 소리샘에서의 진동수보다 높은 진동수를 관측할 것이다. 비행기 속력이 빨라지면 비행기 전방에 있는 파동(소리) 마루들은 점점 더 가까워지고 관측되는 진동수는 더 높아진다. 그림 12.16b와 같이 소리의 속력으로 움직이는 비행기의 경우에는 파동 마루가 다른 파동 마루 위에 겹쳐져 비행기와 같은 속력으로 오른쪽으로 운동한다. 따라서 겹쳐진 파동 마루들은 비행기 앞쪽으로는 나가지 못한다. 이때 오른쪽에 있는 관측자는 파장이 0, 즉 파장 마루들 간의 거리가 0이므로 무한대의 진동수를 측정하게 된다.

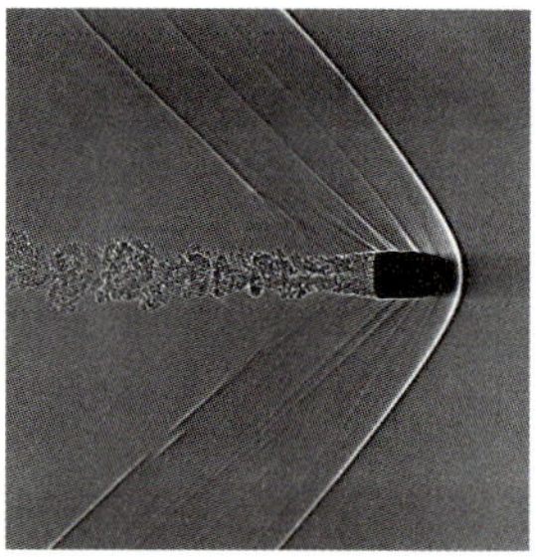

그림 12.17 공기 중에서 소리보다 빠르게 날아가는 총알. 주 충격파들이 총알의 양 끝에서 시작되는 것에 주목하자.

소리샘이 소리의 속력보다 더 큰 속력으로 이동하면 어떤 현상이 일어나는가? 그림 12.16c처럼 파동 마루들은 서로 다른 마루 위에 계속 쌓아지면서 깔때기모양의 충격파를 만든다. 충격파는 그림에 표시된 것처럼 바깥쪽으로 진행한다. 이때 비행기 앞부분에서 발생하는 것과 비행기 꼬리에서 발생하는 두 개의 주 충격파가 형성된다. 이런 충격파의 음을 '소닉 붐'이라고 한다(그림 12.17).

혼자서 해 보기 욕조나 수조에 물을 채우고 나서 물 표면을 따라 손가락을 끌고 가면 충격파를 볼 수 있다. 이때 손가락이 물결파의 이동 속력보다 빠르다면, 손가락의 진행 방향 앞쪽에 물이 쌓이게 되고, V자 형태의 충격파가 형성된다. V자 형태 대신, 손가락을 바깥쪽으로 이동하는 방법으로 그림 12.16b와 비슷한 형태를 만들 수 있는지 시도해 볼 수 있다. 만약에 배를 탈 기회가 있으면 배의 전면에서 물결파의 형태가 어떤지를 확인하여 보고, 배의 속력이 물결파의 속력보다 빠를 때 뱃머리에 뻗어 있는 V자 형태의 물결파를 주목해 보라.

12.9 메아리 정위법과 의료영상 Echolocation and Medical Imaging

응용 : 동물이 사용하는 메아리 정위법 박쥐, 돌고래, 고래나 몇몇 새들은 먹이를 찾고 주변 환경을 파악하기 위하여 메아리 정위법을 이용한다. 메아리 정위법은 반사파를 이용하여 위치를 측정하는 방법이다. 캄캄한 동굴 속에서 다니는 길을 찾기 위하여, 남아메리카 북부지방에 사는 기름쏙독새와, 보르네오와 동아시아에 사는 동굴칼새는 소리를 발사하고 메아리를 듣는다. 메아리가 돌아오는 데 걸린 시간으로, 동굴 벽이나 다른 장애물로부터 자신들이 얼마나 떨어져 있는지를 알 수 있다. 양쪽 귀에 도달하는 메아리들의 차이를 통해 메아리가 돌아오는 방향에 대한 정보를 얻는다.

메아리 정위법을 이용하기 위하여 기름쏙독새와 동굴칼새가 사용하는 소리는 사람이 들을 수 있지만, 고래나 돌고래, 대부분의 박쥐 등은 20~200 kHz의 초음파를 사용한다. 또한 박쥐나 돌고래는 방출된 파와 반사파 사이의 도플러 이동을 감지해 물체의 속도를 알 수 있다. 이것은 어둠 속에서도 쏜살같이 피하고 움직이는 먹이의 정확한 위치를 찾아내는 데 유리하다. 일부 관박쥐는 0.1 Hz 정도의 작은 진동수 차이를 감지할 수 있다.

먹잇감들이라고 완전히 무방비 상태는 아니다. 나방이나 풀잠자리, 사마귀는 근처의 박쥐가 방출하는 초음파를 감지하는 몇 개의 신경세포가 있는 원시 귀를 가지고 있다. 동굴 입구에서 좀 떨어진 곳에 날고 있던 나방들은 갑자기 아무런 이유 없이 날개를 접고 아래로 떨어진다. 날개를 접음으로써 초음파를 반사하는 면적을 줄이고, 아래쪽으로 빠르게 떨어지면서 잽싸게 나는 박쥐를 피하기 위한 것이다. 나방의 날개 표면에 있는 작은 털들은 소리를 부분적으로 흡수해 반사파의 세기를 줄이는데 도움을 준다.

불나방은 박쥐의 초음파를 감지하면 외골격 일부를 축소하는 방법으로 초음파를 발생시킨다. 나방의 초음파와 혼합된 메아리를 감지한 박쥐는 혼란스러워하며 다른 곳으로 사냥하러 가버린다.

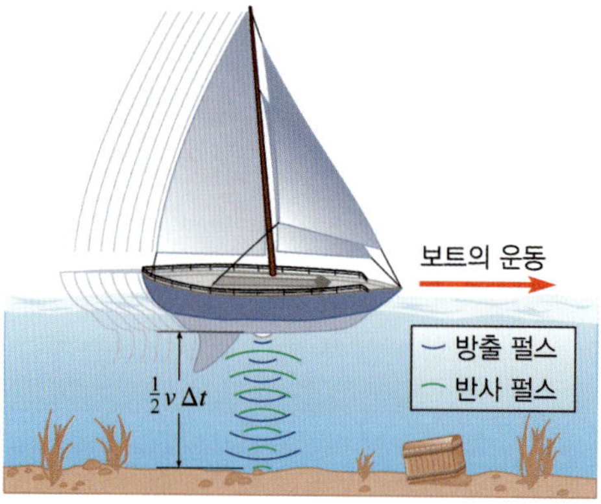

그림 12.18 바다의 깊이를 수중소리탐지기로 장착한 배. 배에서 발사된 초음파 펄스가 해저 바닥에서 반사되어 돌아오면 배에 있는 수신기가 반사파를 검출한다.

응용 : 수중소리탐지기와 레이더 메아리 정위법은 바다에서 유용한 항해 수단이다. 배 아래 물의 깊이를 알기 위해 사용하는 수중소리탐지기, sonar sound navigation and ranging는 초음파를 발생시킨다(그림 12.18). 발사된 초음파와 반사되어 돌아온 초음파 사이의 지연 시간(Δt)을 통해 해저의 깊이를 알 수 있다. 지구 전체에 전달되는 지진 P파는 폭발이나 압축 공기총으로 만들 수 있으며 지구 내부의 구조 연구나 석유탐사에 사용된다. 레이더는 소리 대신에 전자기파를 파원으로 사용하지만 메아리 정위법과 유사한 방법이다. 기상 예측에 많이 사용되는 도플러 레이더는 폭풍의 위치뿐만 아니라 바람의 속력까지 알려주는 유용한 도구이다.

초음파를 응용한 의료용 장비

출산을 앞둔 산모들 대부분은 초음파 검사를 받을 때 처음으로 태아를 볼 수 있다. 초음파 영상은 박쥐나 수중소리탐지기에 적용되는 것과 유사한 방법을 사용한다. 초음파 펄스는 종류가 다른 조직 사이의 경계에서 반사된다.

약 10~14주 정도의 초기 임신 단계에서 태아가 살아있는지, 쌍둥이인지 여부를 확인하기 위해 초음파 검사를 사용한다. 태아의 크기를 측정함으로써 출산 예정일을 좀 더 정확하게 알아낼 수 있으며 태아가 기형인지 아닌지 알 수 있다. 예를 들어 염색체 이상에 의한 기형은 목 뒤쪽 피부의 두께를 측정함으로써 알 수 있다. 18주 이후에는 태아를 더 구체적으로 검사할 수 있으며 주요 장기들이 정상인지 아닌지 알 수 있다. 30주 이후에는 탯줄 내의 혈류를 통해 태아에게 산소와 영양분이 제대로 공급되는지도 검사할 수 있다. 또한 태반의 위치도 확인할 수 있다.

왜 X선 같은 전자기파를 이용하지 않고 소리를 이용할까? 먼저, X선은 조직에 악영향을 미칠 수 있으며 특히 성장 중인 태아 조직에 좋지 않은 영향을 줄 수 있기 때문이다. 수십 년 동안 사용해 본 결과, 초음파가 미치는 악영향은 발견되지 않았다. 두 번째로, 실시간으로 찍은 초음파 영상을 이용하면 움직임도 볼 수 있다는 장점이 있다. 세 번째로, 일반 X선은 물체를 통과한 양은 측정하지만 깊이에 대한 정보를 알려 주지 못하고 복부와 같은 기관의 단면을 보여주지 못한다. 깊이가 다른 부분을 자세히 분석하기 위해서는 정교하면서도 비용이 많이 드는 분석기구인 CT Computed Tomography와 같은 장비가 필요하다. 네 번째 이유는, 어떤 조직은 X선으로 세밀하게 확인할 수 없지만, 초음파를 이용하면 분명하게 확인할 수 있기 때문이다.

그렇다면 왜 가청 진동수의 소리를 사용하지 않고 초음파를 사용하는가? 진동수가 큰 소리는 파장이 짧다. 파장이 짧은 파동은 긴 파동보다 회절이 적게 일어난다(11.9절 참조). 회절이 크게 일어나면 대상 물체의 영상을 정확하게 파악하기가 어렵다. 대략 계산을 해 보면, 파장은 그 파동을 이용해 파악할 수 있는 가장 작은 물체의 크기와 같다. 일반적으로 초음파 영상에 이용되는 진동수의 범위는 1~15 MHz이다. 이는 인체의 조직에서 파장이 대략 0.1~1.5 mm 정도임을 의미한다. 만약 15 kHz의 소리를 사용한다면, 인체의 조직 내에서 파장은 대략 10 cm가 된다. 진동수가 높을수록 분해능은 향상되지만, 투과력은 떨어진다. 곧 소리는 생체 조직 내에서 대략 파장의 500배 이내에서 흡수된다.

의료분야에서 초음파가 태아를 확인하는 데에만 사용되는 것은 아니다. 초음파는 심장, 간, 쓸개 콩팥, 방광, 유방, 눈 등을 검사하기 위하여 사용되며 종양의 위치를 파악하기 위해 사용하기도 한다. 초음파는 다양한 조건의 심장을 분석하고 질환 상태를 검진하며, 심장 발작 후 심장의 피해 정도를 분석할 수도 있다(그림 12.19). 초음파는 움직이는 상태를 보여줄 수 있기 때문에 심장 판막이 움직이는 정도를 평가하고 큰 혈관의 피의 흐름을 모니터로 확인할 수 있다. 초음파는 실시간 영상을 제공하기 때문에 바늘을 이용해 조직 검사를 하는 과정에 일부 기관을 떼어내거나 종양을 떼어내서 생체조직검사biopsy와 같은 절차를 수행하는 데 안내 역할을 할 수도 있다.

도플러 초음파는 혈류를 검사하는 데 사용되는 새로운 기법이다. 이것을 통해 혈류가 막혔는지, 동맥경화가 생겼는지, 출산 과정의 진통과 태아의 심장박동이 유지되는지 등에 대한 정보를 얻을 수 있다. 도플러 이동이 일어난 반사파는 방출되는 초음파와 간섭하

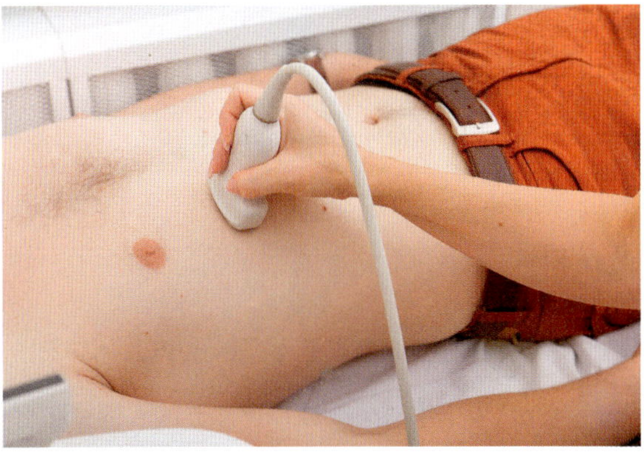

그림 12.19 초음파 영상은 심장 질환 검진에 이용된다.

여 맥놀이를 일으킨다. 맥놀이 진동수는 초음파를 반사하는 물체의 속력에 비례한다. 맥놀이 진동수는 반사하는 반사체의 속력에 비례한다.

해답 실전문제 & 살펴보기

12.1 보통 고체가 액체보다 밀도가 높지만, 부피 탄성률은 훨씬 높기 때문에 매우 탄성력이 강하다. 고체의 복원력이 클수록 음파가 더 빨리 전달된다.

12.2 무대를 점원(소리샘)으로 간주하라. 파동의 반사와 흡수를 무시하여라.

12.3 400배

12.4 3.2배

12.5 3000 km. 아니요, 그런 먼 거리를 떨어져 흡수와 반사를 무시하는 것은 비현실적이다.

12.6 24℃

12.7 444.0 Hz

12.8 182.5 Hz

12.9 27 m/s

12.3 압력과 변위 진폭 사이의 관계는 진동수에 따라 변하므로, 주어진 압력 진폭과 세기에 대해 유일한 값을 갖지는 않는다.

12.4 한쪽 끝이 막힌 길이 L인 관은 한쪽 끝이 마디이고 다른 쪽은 배이다. 두 개의 연속되는 마디(또는 두 개의 연속적인 배) 사이의 거리가 $\frac{1}{2}\lambda$이기 때문에 양 끝이 둘 다 마디(또는 둘 다 배)일 때만 파장이 $2L$일 수 있다.

12.7 상쇄간섭은 두 파동이 180° 위상차가 있음을 의미하며 $t = 5$ ms에서 발생한다. 이때 중첩은 최소 진폭을 갖는다. 다음 상쇄간섭은 $t = 15$ ms에서 발생할 것이다.

12.8 (a) 음원(소리샘)의 운동은 파장에 영향을 미친다. 파장 λ는 음원 앞에서 더 짧고 그 뒤가 더 길다(그림 12.14 참조). (b) 관측자의 운동은 파장에 영향을 주지 않는다. 파장은 두 파동의 마루 사이의 순간 거리이다(그림 12.15 참조).

악어 한 마리가 몸을 덥히기 위해 햇볕을 쬐고 있다.

13

온도와 이상기체

Temperature and the Ideal Gas

항온(혹은 온혈)동물은 체온을 다양하게 조절한다. 뇌에 있는 시상하부는 건강한 동물이 1℃ 의 몇 분의 일 이내로 체온을 유지할 수 있도록 주 온도조절기 역할을 한다. 만일 체온이 일정 수준에서 많이 벗어나면 체온을 정상으로 되돌리기 위해 시상하부가 혈류의 변화를 일으키고 오한이나 발한 작용을 일어나게 한다. 항온동물(예를 들면 조류와 포유류)이 일정한 체온을 유지하는 것은 체온의 변화가 심한 변온동물(예를 들면 파충류와 벌레 등)에 비해 진화하는 데 어떤 이점이 있겠는가? 단점은 무엇일까?

찾아가보기

- 에너지 보존(6장)
- 운동량 보존(7.4절)
- 충돌(7.7, 7.8절)
- 기초 수학 : 지수와 로그(부록 A.4)

생명과학 응용

- 체온 조절(보기 13.1, 13.7절)
- 생물학적 과정의 온도 의존성(13.7절, 문제 37)
- 산소, 물, 혈소판의 확산(13.8절, 보기 13.9, 문제 41)
- 잠수부, 폐기종 환자의 호흡(보기 13.6, 문제 23, 58)

13.1 온도와 열적평형 Temperature and Thermal equilibrium

온도 temperature 측정은 일상생활의 일부분이다. 외출할 때 입을 옷을 결정하기 위해서는 실외온도를 알아야 하고, 가정과 사무실을 쾌적하게 해주는 냉난방기는 실내온도를 측정하여 자동으로 온도를 조정한다. 빵을 구울 때는 오븐의 온도 조절이 중요하다. 아플 때는 열이 있는지 알아보기 위해 몸의 온도를 측정한다. 온도는 간단해 보이지만 미묘한 개념이다. 뜨거움과 차가움에 대한 우리의 주관적인 감각은 온도와 관련되어 있지만, 혼동을 일으킬 수 있다.

그림 13.1 온도에 대한 우리의 감각을 속이는 것은 쉬운 일이다.

혼자서 해 보기 영국의 철학자 존 로크 John Locke가 1690년에 시연한 실험을 해 보자. 첫 번째 그릇에 차가운 물을 담고, 두 번째 그릇에는 미지근한 물, 세 번째 그릇에는 뜨거운 물(손대지 못할 정도로 뜨겁지는 않은 물)을 담는다(그림 13.1). 한 손은 뜨거운 물에, 다른 한 손은 차가운 물에 10초에서 20초 정도 담그고 있다가 두 손을 꺼내어 미지근한 물에 담근다. 그렇게 되면 두 손이 같은 물그릇에 있지만 뜨거운 물에 있었던 손은 물을 차갑게 느끼고, 차가운 물에 있었던 손은 물을 뜨겁게 느낀다. 이 시연의 결과는 우리가 주관적인 감각으로 온도를 측정한 것은 믿기 어렵다는 사실을 알려 준다.

온도의 정의는 **열적평형** thermal equilibrium의 개념에 기초를 두고 있다. 두 물체 사이에 에너지의 교환이 허용된다고 가정해 보자. 에너지의 알짜 흐름은 항상 더 높은 온도인 물체에서 낮은 온도의 물체로 일어난다. 에너지의 흐름에 따라 두 물체 온도는 서로 가까워진다. 그러다 온도가 같아지면 더 이상의 에너지 흐름은 없다. 이때 두 물체는 열적평형상태에 있다고 한다. 이처럼 온도란 물체가 열적평형상태에 도달한 때를 결정하는 물리량이다(물체들이 열적평형상태에 있다고 하여 반드시 에너지가 같을 필요는 없다). 두 물체 또는 계 사이의 온도 차이로 인해 물체 사이에 흐르는 에너지를 **열** heat이라고 부른다. 열에 관해서는 14장에서 자세히 다룰 것이다. 두 물체나 계 사이에 열이 흐르면 **열적 접촉상태** thermal contact에 있다고 말한다.

물체의 온도를 측정하기 위해서는 온도계와 물체를 열적으로 접촉해야 한다. 온도의 측정은 **열역학 제0법칙** zeroth law of thermodynamics에 기반을 두고 있다.

열역학 제0법칙

두 물체가 각각 제3의 물체와 열적평형상태에 있다면, 그 두 물체는 서로 열적 평형상태에 있다.

이 제0법칙이 없다면 온도를 정의하는 것은 불가능했을 것이다. 왜냐하면 온도계에 따라 측정 결과가 달라질 수 있기 때문이다. 열역학 제0법칙이라는 다소 이상한 이름이 붙여진 이유는, 역사적으로 열역학의 제1, 2, 3 법칙 이후에 만들어졌지만 다른 법칙들보다 앞에 나와야 할 만큼 근본적이기 때문이다. 13장부터 15장까지의 주제인 **열역학**thermodynamics에서는 온도, 열 흐름 그리고 계의 내부에너지 등을 다룬다.

13.2 온도 눈금 Temperature Scales

온도계는 온도에 따라 달라지는 물질의 성질을 이용하여 온도를 측정한다. 흔히 볼 수 있는 유리 속에 액체가 채워진 온도계는 열팽창을 이용한 것이다. 수은이나 알코올은 온도가 올라감에 따라 팽창한다(온도가 내려갈 때는 수축한다). 우리는 매겨져 있는 눈금으로 온도를 측정한다. 어떤 물질들은 다른 물질들보다 팽창이 더 잘 되므로 얼음의 녹는점이나 물의 끓는점과 같이 쉽게 재현 가능한 현상을 사용해 온도계의 눈금을 정해야 한다. 그러한 현상에 대한 온도의 설정은 임의적이다.

전 세계에서 가장 일반적으로 이용되는 온도 눈금은 **섭씨**Celsius 눈금이다. 섭씨 눈금은 1기압 하에서 물의 어는 온도가 0 ℃ (어는점)이고, 물의 끓는 온도가 100 ℃ (끓는점)이다. 섭씨 눈금은 스웨덴 천문학자 셀시우스Anders Celsius, 1701~1744에 의해 명명된 것이다. 그는 오늘날 사용하는 온도 눈금을 거꾸로 한 것을 사용했다(물이 어는점이 100° 였고 끓는점이 0° 였다).

미국에서는 화씨(°F) 눈금이 널리 쓰인다. 화씨 눈금은 물리학자 파렌하이트Daniel Gabriel Fahrenheit, 1686~1736의 이름을 딴 것이다(그림 13.2). 화씨온도는 1기압에서 어는점이 32 °F 이고 끓는점은 212 °F 이다. 어는점과 끓는점의 온도 차는 180 °F 이다. 그러므로 화씨 1도의 간격은 섭씨 1도의 간격보다 작다. 1 ℃ 의 온도 차는 1.8 °F 의 온도 차와 같다.

$$\Delta T_{\mathrm{F}} = \Delta T_{\mathrm{C}} \times 1.8 \frac{°\mathrm{F}}{℃} \qquad (13\text{-}1)$$

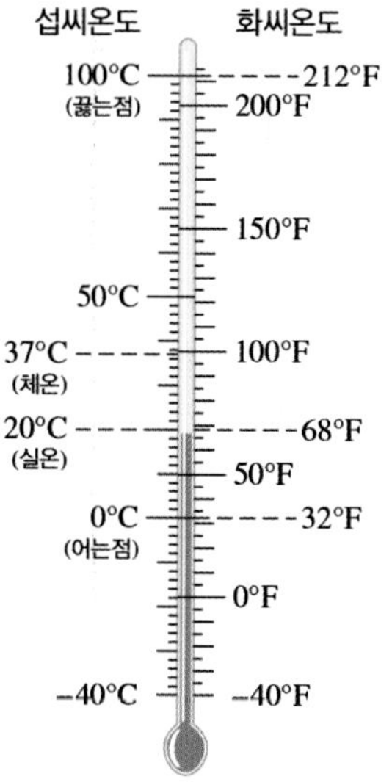

그림 13.2 화씨와 섭씨 눈금들

섭씨온도와 화씨온도의 눈금은 기준점이 다르다. 곧 0℃와 0°F는 같은 온도가 아니다. 두 온도를 변환하는 식은 다음과 같다.

$$T_F = (1.8\,°\text{F}/℃)T_C + 32\,°\text{F} \tag{13-2}$$

$$T_C = \frac{T_F - 32\,°\text{F}}{1.8\,°\text{F}\,/\,℃} \tag{13-3}$$

온도의 SI 단위는 **켈빈** kelvin(기호로 쓸 때는 도(°) 표시 없이 K)이다. 켈빈은 영국 물리학자 켈빈 경 Lord Kelvin, William Thomson, 1824~1907의 이름에 따라 명명한 것이다. 절대온도의 눈금 간격은 섭씨온도와 눈금 간격과 같다. 1℃의 온도 차는 1K의 온도 차와 같다. 그러나 0K는 절대영도를 의미한다. 0K보다 낮은 온도는 존재할 수 없다. 어는점이 273.15 K이므로, 섭씨온도(T_C)와 절대온도(T) 사이의 관계는 다음과 같다.

$$T_C = T - 273.15 \tag{13-4}$$

식 (13–4)는 절대온도로 섭씨온도를 정의한 것이다. 표 13.1은 몇몇 온도를 절대온도 K, 섭씨온도 ℃, 화씨온도 °F로 나타낸 것이다.

표 13.1 K, ℃, °F로 나타낸 몇 가지 기준 온도

	K	℃	°F		K	℃	°F
절대영도	0	−273.15	−459.67	물의 끓는점	373.15	100.00	212.0
만들 수 있는 최저 온도 (레이저 쿨링)	10^{-9}			모닥불	1000	700	1300
우주공간	3	−270	−454	금이 녹는점	1337	1064	1947
헬륨의 끓는점	4.2	−269	−452	전구의 필라멘트	3000	2700	4900
질소의 끓는점	77	−196	−321	태양 표면, 철 용접 불꽃	6300	6000	11000
이산화탄소의 어는점 (드라이아이스)	195	−78	−108	지구의 중심	16000	15700	28300
수은의 어는점	234	−39	−38	번개	30000	30000	50000
물의 어는점 / 얼음의 녹는점	273.15	0	32.0	태양의 중심	10^7	10^7	10^7
사람의 체온	310	37	98.6	중성자별의 내부	10^9	10^9	10^9

보기 13.1 **몸이 아픈 친구**

감기에 걸려 열이 있는 친구의 체온이 38.6℃이다. 친구의 체온이 (a) 켈빈온도와 (b) 화씨온도로 얼마인가?

전략 (a) 켈빈과 섭씨온도는 기준점이 다를 뿐이다. 어는점인 0℃가 273.15 K이므로 섭씨온도를 켈빈온도로 바꿀 때는 섭씨온도에 273.15 K를 더해 주기만 하면 된다. (b) 섭씨온도와 화씨온도는 눈금의 크기도 다르고 기준점도 다르다. 섭씨 0℃는 어는점에 해당한다. 따라서 섭씨온도에 1.8°F/℃를 곱하고 어는점의 온도 32°F를 더하여 단위를 변환할 수 있다.

풀이 (a) 38.6℃는 어는점 온도인 273.15 K보다 38.6 K만큼 더 높은 온도이다. 그러므로 켈빈온도로 변환하면 다음과 같다.

$$T = 38.6\,\text{K} + 273.15\,\text{K} = 311.8\,\text{K}$$

(b) 화씨로 어는점보다 얼마나 높은 온도인지 계산하면

$$\Delta T_F = 38.6\,℃ \times (1.8\,°\text{F}/℃) = 69.5\,°\text{F}$$

이고, 어는점의 온도가 32°F이므로

$$T_F = 32.0\,°\text{F} + 69.5\,°\text{F} = 101.5\,°\text{F}$$

이다.

검토 정상체온이 98.6°F 정도이므로 위의 해답은 그럴듯하다.

실전문제 13.1 **두 가지 단위로 구해 보는 정상체온**

사람의 정상체온(98.6°F)을 섭씨온도와 켈빈온도로 환산해 보아라.

13.3 고체와 액체의 열팽창
Thermal Expansion of Solids and Liquids

대부분의 물체는 온도가 올라감에 따라 팽창한다. 열팽창의 원인을 알기 오래전부터 일상에서 열팽창을 이용해 왔다. 예를 들면, 가운데가 불룩한 통인 배럴을 제작할 때 벌겋게 달궈 늘어난 철 링을 통 주위에 둘러 끼웠다. 이렇게 팽창한 철 링으로 통을 묶으면 철 링이 냉각되면서 통을 단단히 조여 물이나 술을 담아도 새지 않는 배럴을 만들 수 있었다.

선팽창

온도가 T_0일 때 철사나 막대 또는 관의 길이를 L_0라고 하면(그림 13.3),

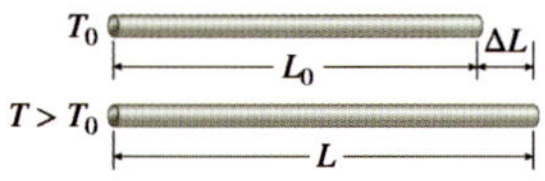

그림 13.3 온도가 올라갈 때 고체 막대의 팽창

$$\frac{\Delta L}{L_0} = \alpha \Delta T \qquad (13\text{-}5)$$

이다. 여기서 $\Delta L = L - L_0$이고 $\Delta T = T - T_0$이다. 온도가 T일 때 길이는

$$L = L_0 + \Delta L = (1 + \alpha \Delta T) L_0 \qquad (13\text{-}6)$$

이다. 비례상수 α는 물질의 **선팽창계수**coefficient of linear expansion라고 부른다. 이 계수의 열팽창에 대한 관계는 탄성률의 인장 변형력에 대한 관계와 비슷하다. 만약 온도가 절대온도나 섭씨로 측정되면 α는 K^{-1} 또는 $℃^{-1}$의 단위를 가진다. 식 (13-4)에서는 온도의 변화량만이 중요하므로 절대온도나 섭씨온도 어느 것이든 ΔT를 결정하는 데 이용할 수 있다. 1 K의 온도 변화와 1 ℃의 온도 변화가 같기 때문이다.

탄성률과 마찬가지로 열팽창계수 역시 물질의 종류에 따라 다르며 물질의 처음 온도에 따라서도 영향을 받는다. 표 13.2에 상온(20 ℃)에서 여러 고체의 선팽창계수가 나열되어 있다.

살펴보기 13.3 40℃에서 높이가 150 m인 철탑이 있다. −10℃가 되면 높이가 얼마나 낮아지겠는가?

연결고리 인장 변형력이나 압축 변형력으로 일어난 길이 변화 부분은 그것을 일으킨 변형력에 비례한다(훅의 법칙, 식 (10-4)). 이와 비슷하게 온도 변화에 의한 길이 변화는 온도 변화가 너무 크지 않은 한, 온도 변화에 비례한다.

표 13.2 고체의 선팽창계수 α (별도 표기가 없으면 $T_0 = 20℃$에서 측정한 값들이다)

물질	$\alpha\ (10^{-6}\,K^{-1})$	물질	$\alpha\ (10^{-6}\,K^{-1})$
바이코어 유리	0.75	구리	16
벽돌	1.0	은	18
파이렉스 유리	3.25	황동	19
화강암	8	알루미늄	23
일반적인 유리	9.4	납	29
콘크리트	12	얼음(0℃)	51
철	12		

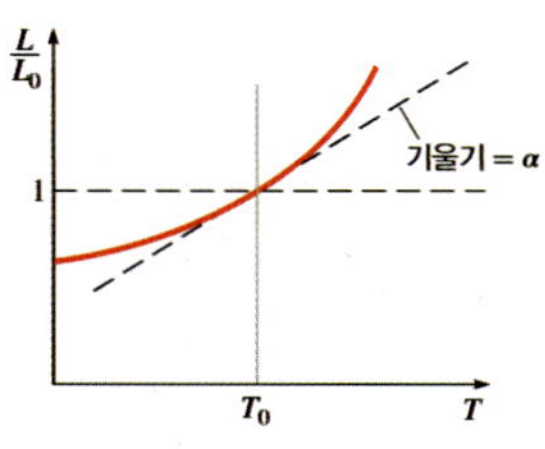

그림 13.4 온도의 함수로 표시한 강철 대들보의 상대적 길이. 점선으로 표시된 접선은 온도 T_0 부근에서 작은 온도 변화에 대해 식 (13-5)로 예측되는 길이 변화를 보여준다. 접선의 기울기가 $T = T_0$일 때의 α값이다.

그림 13.4는 강철 대들보의 길이가 넓은 온도 영역에서 어떻게 변하는지를 보여주는 그래프이다. 이 그래프가 곡선이므로 금속의 열팽창이 일반적으로 온도의 변화에 비례하지 않는다는 것을 알 수 있다. 그러나 좁은 온도 범위에서 근사적으로 이 곡선을 직선으로 간주할 수 있으므로, 그래프에서 접선의 기울기가 온도 T_0에서의 선팽창계수 α이다. 온도가 T_0 부근에서 크게 변하지 않을 때, 작은 오차범위 내에서 금속 막대의 길이 변화는 온도의 변화에 비례하는 것으로 취급할 수 있다.

열팽창의 응용 : 교량과 건물의 신축 이음 건물, 도로, 다리 등을 지을 때는 날씨가 뜨거울 때 일어날 열팽창을 고려하여 여유 공간을 반드시 두어야 한다. 오래된 철도에는 선로의 레일들이 열팽창으로 서로 밀어 모양이 구부러지지 않도록 레일들 사이에 공간을 확보해 둔 것을 볼 수 있다. 이러한 선로 위를 달리는 기차를 타면 레일 연결 부위를 지날 때 기차가 덜거덕거리는 것을 느낄 수 있다. 교량에서도 이와 비슷한 이음새를 쉽게 찾아 볼 수 있으며(그림 13.5), 콘크리트로 포장된 도로나 인도에서도 마찬가지이다. 때때로 가정집 마당에 그러한 이음의 여유 공간을 두지 않은 채 인도를 설치하기도 하는데, 그렇게 되면 얼마 지나지 않아서 금이 가기 시작한다.

그림 13.5 신축 이음은 온도가 변할 때 교량의 상판이 늘어나거나 줄어들 수 있게 한다.

추운 날씨에 수축하는 것도 고려해야 한다. 물체가 자유롭게 팽창하거나 수축할 수 없으면 온도가 변할 때 열팽창이나 수축을 방지하기 위하여 그 주위 환경이 구조물에 힘을 가해 구조물이 열변형력을 받게 된다.

보기 13.2 팽창하는 금속 막대

알루미늄 막대와 황동 막대가 약간 떨어져서 한쪽 끝은 서로 마주 보고 있고 다른 끝은 고정되어 있다(그림 13.6). 온도가 0.0 ℃ 일 때 각 막대의 길이는 50.0 cm 이고, 고정되지 않은 끝은 서로 0.024 cm 떨어져 있다. 막대 온도를 높여가면 몇 도에서 두 막대의 끝이 서로 접촉하겠는가(단, 두 막대가 고정된 밑판의 열팽창은 무시할 수 있다고 가정하여라)?

전략 다른 물질로 만들어진 두 막대는 열팽창의 정도가 다르다. 두 막대가 팽창한 길이의 합($\Delta L_{황동} + \Delta L_{알루미늄}$)이 막대 사이의 간격과 같아지는 ΔT를 찾고, 처음 온도 $T_0 = 0.0$℃ 에 더해 주면 된다.

- 주어진 조건 : $L_0 = 50.0\ \text{cm}$, $T_0 = 0.0$℃
- 찾아야 할 자료 : $\alpha_{황동} = 19 \times 10^{-6}\ \text{K}^{-1}$, $\alpha_{알루미늄} = 23 \times 10^{-6}\ \text{K}^{-1}$
- 만족해야 할 조건 : $\Delta L_{황동} + \Delta L_{알루미늄} = 0.024\ \text{cm}$
- 구해야 할 값 : $T_f = T_0 + \Delta T$

풀이 황동 막대가 늘어난 길이는

$$\Delta L_{황동} = (\alpha_{황동} \Delta T) L_0$$

이고, 알루미늄 막대가 늘어난 길이는

$$\Delta L_{알루미늄} = (\alpha_{알루미늄} \Delta T) L_0$$

이다. 이 값들을 더하면

$$\Delta L_{황동} + \Delta L_{알루미늄} = 0.024\ \text{cm}$$

이므로 다음의 결과를 얻을 수 있다.

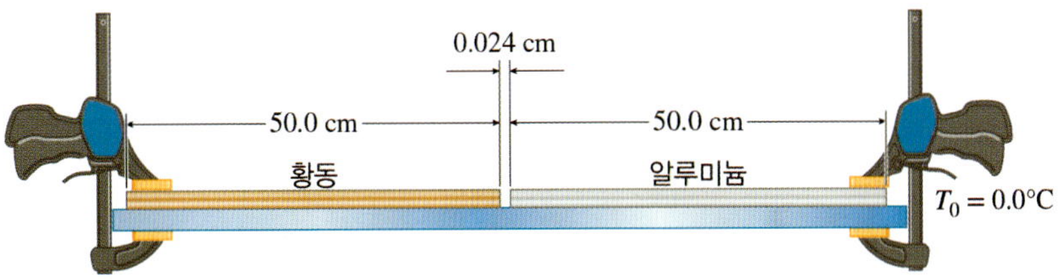

그림 13.6 고정된 두 금속 막대

$$(\alpha_{황동} + \alpha_{알루미늄})\Delta T \times L_0 = 0.024 \text{ cm}$$

이식을 ΔT 에 대하여 풀면,

$$\Delta T = \frac{0.024 \text{ cm}}{(\alpha_{황동} + \alpha_{알루미늄})}$$

$$= \frac{0.024 \text{ cm}}{(19 \times 10^{-6}\text{K}^{-1} + 23 \times 10^{-6}\text{K}^{-1}) \times 50.0 \text{ cm}}$$

$$= 11.4\,℃$$

이므로, 두 막대가 접촉하게 되는 온도는 다음과 같다.

$$T_f = T_0 + \Delta T = 0.0\,℃ + 11.4\,℃ \rightarrow 11\,℃$$

검토 답을 확인하기 위하여 각각의 막대가 늘어난 길이를 계산하고 그 합을 구해 보자.

$$\Delta L_{알루미늄} = \alpha_{알루미늄} \Delta T L_0$$

$$= 23 \times 10^{-6} \text{ K}^{-1} \times 11.4 \text{K} \times 50.0 \text{ cm}$$

$$= 0.013 \text{ cm}$$

$$\Delta L_{황동} = \alpha_{황동} \Delta T L_0$$

$$= 19 \times 10^{-6} \text{ K}^{-1} \times 11.4 \text{K} \times 50.0 \text{ cm}$$

$$= 0.011 \text{ cm}$$

$$\text{전체 늘어난 길이} = 0.013 \text{ cm} + 0.011 \text{ cm}$$

$$= 0.024 \text{ cm}$$

이는 옳은 값이다.

실전문제 13.2 **벽의 팽창**

건물의 외벽을 콘크리트 블록으로 만들었다. 20.0 ℃ 일 때 길이가 5.00 m 라면, 더운 날 (30.0 ℃)에는 벽이 얼마나 더 늘어나는가? 또 −5.0 ℃ 인 날에는 얼마나 짧아지는가?

차등팽창

두 가지 서로 다른 금속 띠를 접합한 후 가열하면 (두 금속의 열팽창계수가 같지 않다면) 한 금속은 다른 금속보다 더 많이 팽창한다. 이러한 차등팽창이 가능한 것은 두 금속 띠의 접합 부분에서 한 띠가 다른 띠보다 많이 늘어나므로 곡선처럼 휘게 된다.

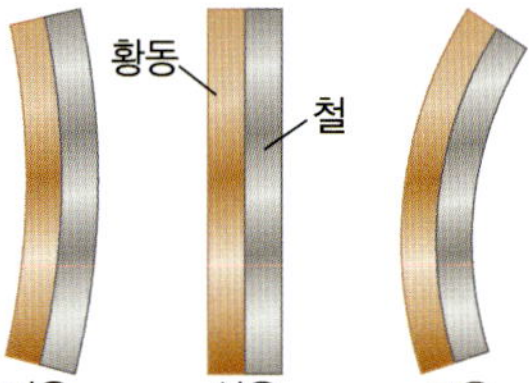

그림 13.7 바이메탈은 온도가 변할 때 휜다. 같은 온도 변화에 대해서 황동은 철보다 많이 늘어나거나 수축하기 때문이다.

응용 : 바이메탈 바이메탈은 철과 같이 선팽창계수가 작은 금속과, 황동과 같이 선팽창계수가 큰 금속을 접합시켜 만든다(그림 13.7). 두 물질이 서로 다른 정도로 팽창하거나 수축하게 되면 바이메탈은 휘게 된다. 그림 13.7에서 보는 바와 같이 황동은 온도가 올라갈 때 철보다 더 많이 팽창하고, 온도가 내려갈 때 더 많이 수축한다.

바이메탈 띠는 벽에 부착된 온도조절기에 사용된다. 바이메탈 띠가 휘면서 보일러나 에어컨을 켜고 끄는 온도조절기의 전기 스위치를 닫거나 열어준다. 비싸지 않은 오븐의 저렴한 온도계도 나선형 코일로 감은 바이메탈 띠를 사용한다. 코일은 온도가 변화함에 따라 더 단단해지거나 느슨해진다.

넓이팽창

온도가 올라가면 물체는 각 방향으로 팽창한다. 예를 들면 파이프는 온도가 올라갈 때 길이가 길어지지만, 반지름도 커진다. 등방형의 물체는 모든 방향으로 균일하게 팽창하므로 넓이와 부피는 변하지만, 물체의 형태는 변하지 않는다. 문제 13에서, 온도 변화가 작을 때 평평한 고체의 넓이는 온도 변화에 비례한다는 것을 알 수 있다.

$$\frac{\Delta A}{A_0} = 2\alpha \Delta T \tag{13-7}$$

식 (13–7)에서 계수 2는 표면이 두 수직 방향으로 팽창하기 때문에 나타나는 것이다.

부피팽창

고체나 액체의 부피의 변화율도 온도 변화가 크지 않은 한 온도 변화에 비례한다.

$$\frac{\Delta V}{V_0} = \beta \Delta T \tag{13-8}$$

부피팽창계수 β는 단위 온도 변화에 대한 부피 변화율이다. 고체의 부피팽창계수는 선팽창계수의 3배이다.

$$\beta = 3\alpha \tag{13-9}$$

식 (13–9)의 3이라는 인자는 물체가 3차원 공간에서 팽창하기 때문이다. 액체인 경우에는 부피팽창계수만 표에 있다. 액체는 팽창할 때 그 형태를 유지하지 않으므로 임의로 정의할 수 있는 양은 부피 변화뿐이다. 표 13.3에 몇몇 고체와 액체의 부피팽창계수 β값이 주어져 있다.

표 13.3 액체와 기체의 부피팽창계수 β(별도의 표기가 없으면 $T = 20$℃에서 측정한 값이다.)

	물질	$\beta(10^{-6}\text{K}^{-1})$
액체	물(0℃)	−68
	수은	182
	물(20℃)	207
	휘발유	950
	에틸알코올	1120
	벤젠	1240
기체	1기압에서 공기(대부분의 기체)	3340

공동의 팽창 고체가 팽창할 때 고체의 모든 점은 다른 모든 점으로부터 멀어진다. 따라서 고체 안의 공동은 마치 채워져 있는 것처럼 팽창한다. 예를 들어 철제 휘발유통 내부는 마치 금속 덩어리인 것처럼 팽창한다. 깡통의 철제 벽은 공동을 작게 만드는 방향인 안쪽으로 팽창하지 않는다.

응용 : 온도계 유리 속에 알코올이 들어있거나 수은이 들어있는 일반 온도계에서 온도가 올라갈 때 팽창하는 것은 액체만이 아니다. 일반 온도계를 이용한 온도 측정값은 유리 내벽과 액체의 부피팽창 차이에 의해 결정된다. 정밀한 온도계의 눈금을 맞추려면 유리의 열팽창을 고려해야 한다. 표 13.2와 13.3에서 볼 수 있듯이 보통의 액체는 주어진 온도 변화에 대하여 유리보다 훨씬 더 쉽게 팽창한다.

보기 13.3 물이 가득 찬 원통 용기

구리로 만든 원통형 용기에 20℃의 물이 가득 담겨있다. 용기와 물을 91℃로 가열하면 몇 퍼센트의 물이 넘치겠는가?

전략 물의 부피팽창 계수는 구리보다 더 크다. 따라서 물은 원통 용기 내부보다 더 많이 팽창한다. 용기의 빈 곳은 마치 구리가 내부에 꽉 찬 것처럼 팽창한다. 문제에서 초기 부피를 명시하지 않았기 때문에 초기 물의 부피를 V_0라 하자. 물의 부피 V_0가 얼마나 팽창하고 구리의 부피 V_0가 얼마나 팽창하는지 알아내야 한다. 물이 팽창된 부피와 용기 내부가 팽창된 부피의 차이를 계산하면 그 차이가 바로 넘치는 물의 부피가 된다.

- 주어진 조건 : 초기 구리 용기의 부피 = 초기 물의 부피 = V_0, 처음 온도 = $T_0 = 20.0$℃, 나중 온도 = 91℃, $\Delta T = 71$℃
- 찾아야 할 자료 : $\beta_{\text{Cu}} = 48 \times 10^{-6}\ ℃^{-1}$, $\beta_{\text{H}_2\text{O}} = 207 \times 10^{-6}\ ℃^{-1}$
- 구해야 할 값 : $\Delta V_{\text{H}_2\text{O}} - \Delta V_{\text{Cu}}$를 계산하여 V_0의 몇 퍼센트인지 구한다.

풀이 구리 용기 내부의 부피팽창은

$$\Delta V_{\text{Cu}} = (\beta_{\text{Cu}} \Delta T) V_0$$

이고 $\beta_{\text{Cu}} = 3\alpha_{\text{Cu}}$이므로 물이 늘어난 부피는

$$\Delta V_{\text{H}_2\text{O}} = (\beta_{\text{H}_2\text{O}} \Delta T) V_0$$

이다. 넘치는 물의 부피는

$$\begin{aligned}
&\Delta V_{\text{H}_2\text{O}} - \Delta V_{\text{Cu}} \\
&= \beta_{\text{H}_2\text{O}} \Delta T\, V_0 - \beta_{\text{Cu}} \Delta T\, V_0 \\
&= (\beta_{\text{H}_2\text{O}} - \beta_{\text{Cu}}) \Delta T\, V_0 \\
&= (207 \times 10^{-6}℃^{-1} - 48 \times 10^{-6}℃^{-1}) \\
&\quad \times 71℃ \times V_0 \\
&= 0.011\, V_0
\end{aligned}$$

이므로 넘치는 물은 처음 물의 부피의 1.1%이다.

검토 구리 용기 내부와 물의 부피 변화를 각각 계산하고 그 차이를 구해 위의 계산을 검토해 볼 수 있다.

$$\Delta V_{\mathrm{Cu}} = (\beta_{\mathrm{Cu}} \Delta T)\, V_0$$
$$= 48 \times 10^{-6} ℃^{-1} \times 71 ℃ \times V_0$$
$$= 0.0034\, V_0$$

$$\Delta V_{\mathrm{H_2O}} = (\beta_{\mathrm{H_2O}} \Delta T)\, V_0$$
$$= 207 \times 10^{-6} ℃^{-1} \times 71 ℃ \times V_0$$
$$= 0.0147\, V_0$$

넘치는 물의 부피 $= 0.0147\, V_0 - 0.0034\, V_0$
$= 0.0113\, V_0$

곧 1.1%가 넘친다는 것을 확인할 수 있다.

실전문제 13.3 **넘치는 기름통**

한 운전자가 온도 15℃에서 18.9 L 용량의 철제 기름통에 휘발유를 가득 채웠다. 마개를 막는 것을 잊어버린 채 트럭 짐칸에 기름통을 두었는데, 오후 1시경 온도가 30.0℃가 되었다. 기름통에서 휘발유가 얼마나 넘치겠는가?

13.4 분자 수준에서 보는 기체 Molecular Picture of a Gas

개수밀도 9장에서 살펴본 바와 같이 액체의 밀도는 고체의 밀도와 큰 차이가 없다. 그러나 기체를 구성하는 분자 사이의 평균 거리는 상당히 멀기 때문에 액체나 고체와 비교하면 기체의 밀도는 훨씬 작다. 물질의 단위 부피당 질량인 **질량밀도**mass density는 분자 1개의 질량 m과 주어진 부피에 존재하는 분자의 개수에 따라 결정된다(그림 13.8). 단위 부피당 분자의 개수 N/V을 **개수밀도**number density라고 부른다. SI 단위에서 개수밀도는 1 m^{3}당 분자 수로 나타내며 m^{-3}(세제곱미터당)으로 쓴다. 부피가 V이고 총질량이 M인 기체가 질량이 m인 분자들로 이루어졌다면 기체 분자의 수는

$$N = \frac{M}{m} \tag{13-10}$$

으로 주어지며 평균 개수밀도는

$$\frac{N}{V} = \frac{M}{mV} = \frac{\rho}{m} \tag{13-11}$$

로 주어진다. 여기서 $\rho = M/V$는 질량밀도이다.

그림 13.8 두 기체는 단위 부피당 같은 질량밀도를 갖고 있지만, 개수밀도는 다르다. 분자 수는 (a)가 많지만 분자 1개의 질량은 (b)가 더 크다.

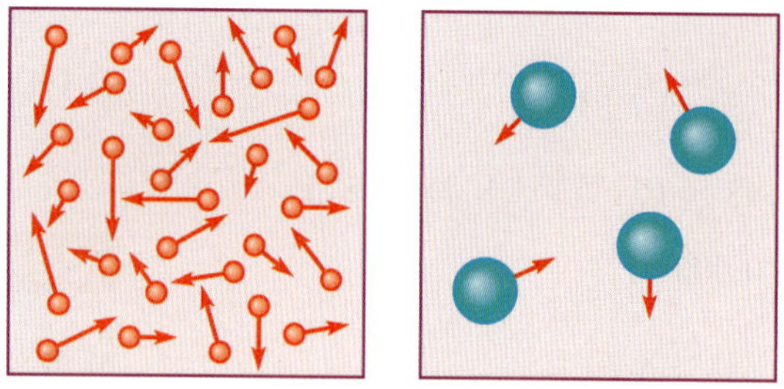

몰 물질의 양을 나타내는 데 흔히 쓰는 **몰** mole 이라는 단위가 있다. 몰은 SI 기본 단위이다. 어떤 물질의 1몰에는 12 g(kg이 아니다)의 탄소-12 속에 들어있는 원자수와 같은 수의 단위가 있다. 이 수를 **아보가드로수** Avogadro's number 라고 하며 그 값은 다음과 같다.

아보가드로수

$$N_A = 6.022 \times 10^{23}\ \mathrm{mol}^{-1} \qquad (13\text{-}12)$$

아보가드로수는 단위가 mol^{-1}이다. 이는 1**몰당** 개수를 의미하는 것이다. 그러므로 몰수 n은 다음과 같이 주어진다.

$$\text{몰수} = \frac{\text{분자의 총개수}}{\text{1몰당 분자의 개수}}$$

$$n = \frac{N}{N_A} \qquad (13\text{-}13)$$

분자질량과 몰질량 분자의 질량은 종종 kg이 아닌 다른 단위로 표현된다. 가장 흔한 것은 **원자질량 단위**(기호 u) 이다. 탄소-12 원자 하나의 질량은 정확하게 12 u로 정의한다. 아보가드로수를 이용하면 원자질량 단위와 킬로그램 단위의 관계를 계산할 수 있다.

$$1\ \mathrm{u} = 1.66 \times 10^{-27}\ \mathrm{kg} \qquad (13\text{-}14)$$

양성자, 중성자, 수소 원자의 질량은 1 u의 1% 이내에서 같다. 그러므로 원자질량 단위를 쓰는 것이 편리하다. 더욱 정확한 값은 양성자는 1.007 u, 중성자는 1.009 u, 수소 원자는 1.008 u이다. 원자의 질량은 근사적으로 핵자(양성자와 중성자)의 개수, 곧 원자 질량수 atomic mass number 에 1 u를 곱한 값과 같다.

보통 표에는 분자 한 개의 질량 대신에 **몰질량** molar mass, 곧 몰당 물질의 질량이 표시되어 있다. 탄소-12, 탄소-13, 탄소-14와 같이 여러 동위원소가 있는 원소의 경우 몰질량은 자연계에 존재하는 동위원소의 비에 따라서 평균한 값이다. 원자질량 단위 u는 그 단위로 표현된 한 분자의 질량과 g/mol의 단위로 표현된 몰질량의 값이 같아지도록 선택했다. 예를 들면, O_2의 몰질량은 32.0 g/mol이며, O_2 분자 한 개의 질량은 32.0 u이다.

분자의 질량은 구성 원자들의 원자질량을 합한 것과 거의 같다. 예를 들면, 탄소의 몰질량은 12.0 g/mol이고, 산소(원자)의 몰질량은 16.0 g/mol이다. 그러므로 CO_2의 몰질량은 $(12.0 + 2 \times 16.0)\text{g/mol} = 44.0\,\text{g/mol}$이다.

살펴보기 13.4 (a) CO_2 한 분자의 질량은 u 단위로 얼마인가? (b) 또 CO_2 3.00 mol은 몇 g인가?

보기 13.4 헬륨 풍선

부피가 0.010 m^3인 헬륨 풍선에 0.40 mol의 헬륨 기체가 담겨 있다. (a) 원자의 개수, 개수밀도, 질량밀도를 계산하여라. (b) 헬륨 원자 사이의 평균 거리를 추산해 보아라.

전략 몰수는 원자 개수와 아보가드로수의 비를 말한다. 원자의 개수 N을 알면 개수밀도 N/V를 계산할 수 있다. 질량밀도를 알기 위해서는 헬륨의 원자 질량을 주기율표에서 찾아야 한다. 원자 질량과 개수밀도를 곱해서 질량밀도를 계산할 수 있다. 원자들 간 평균 거리를 계산하기 위해서 각 원자가 전체 부피를 원자의 개수로 나눈 부피를 가지며 구형이라고 간소화시켜 보자. 그러면 그 구의 지름이 근사적으로 원자 간 평균 거리가 된다.

풀이 (a) 원자의 개수는

$$\begin{aligned} N &= nN_A \\ &= 0.40\ \text{mol} \times 6.022 \times 10^{23}\ \text{atoms/mol} \\ &= 2.4 \times 10^{23}\ \text{atoms} \end{aligned}$$

으로 주어지고 개수밀도는 다음과 같다.

$$\begin{aligned} \frac{N}{V} &= \frac{2.4 \times 10^{23}\ \text{atoms}}{0.010\ \text{m}^3} \\ &= 2.4 \times 10^{25}\ \text{atoms/m}^3 \end{aligned}$$

헬륨의 원자량은 4.00 u이므로 헬륨 원자의 질량은 kg 단위로

$$\begin{aligned} m &= 4.00\ \text{u} \times 1.66 \times 10^{-27}\ \text{kg/u} \\ &= 6.64 \times 10^{-27}\ \text{kg} \end{aligned}$$

이고 기체의 질량밀도는

$$\begin{aligned} \rho &= \frac{M}{V} = m \times \frac{N}{V} \\ &= 6.64 \times 10^{-27}\ \text{kg} \times 2.4 \times 10^{25}\ \text{m}^{-3} \\ &= 0.16\ \text{kg/m}^3 \end{aligned}$$

이 된다.

(b) 각 원자가 반지름 r인 구의 중심에 있다고 가정하면 (그림 13.9), 원자 한 개에 해당하는 구의 부피는

$$\begin{aligned} \frac{V}{N} &= \frac{1}{N/V} = \frac{1}{2.4 \times 10^{25}\ \text{atoms/m}^3} \\ &= 4.2 \times 10^{-26}\ \text{m}^3/\text{atoms} \end{aligned}$$

와 같이 주어지며,

$$\frac{V}{N} = \frac{4}{3}\pi r^3 \approx 4r^3 \qquad (\pi = 3\text{을 이용})$$

이므로, r에 대해 풀면 다음과 같다.

$$r \approx \left(\frac{V}{4N}\right)^{1/3} = 2.2 \times 10^{-9}\,\text{m} = 2.2\,\text{nm}$$

그러므로 원자 간 평균 거리는 근사적으로 $d = 2r \approx 4\,\text{nm}$이다.

검토 액체 헬륨의 원자 간 평균 거리가 약 0.4 nm인 사실과 비교하면 기체일 때 원자 간 평균 거리는 액체일 때보다 10배 정도 더 크다.

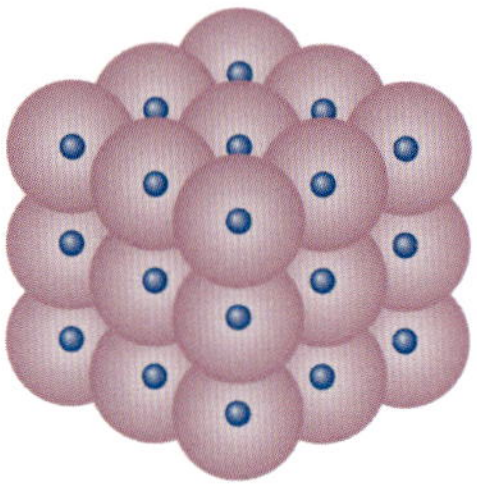

그림 13.9 동일 간격의 헬륨 원자가 구형의 중심에 위치하는 단순화된 모형

실전문제 13.4 **물의 개수밀도**

물의 질량밀도는 1000.0 kg/m^3이다. 개수밀도를 구하여라.

13.5 절대온도와 이상기체 법칙
Absolute Temperature and the Ideal Gas Law

지금까지 고체와 액체의 열팽창에 관하여 살펴보았는데 기체의 열팽창은 어떨까? 기체의 부피팽창은 온도 변화에 비례할까? 이 물음에 대해서 우리는 조심스럽게 접근해야 한다. 기체는 쉽게 압축되므로 압력에 대해서도 고려해야 한다. 프랑스의 과학자 샤를Jacques Charles, 1746~1823은 압력이 일정할 때 온도의 변화와 부피의 변화가 비례한다는 사실을 실험적으로 발견하였다(그림 13.10a).

$$\text{샤를의 법칙 : } \Delta V \propto \Delta T \qquad (\text{압력 } P\text{가 일정할 때}) \qquad \textbf{(13-15)}$$

샤를의 법칙에 의하면 압력이 일정할 때 부피(V)와 온도(T)의 관계 그래프는 직선이지만 반드시 원점을 통과하지는 않는다(그림 13.10b).

그러나 압력 P가 일정할 때 여러 종류의 기체에 대해서 V와 T 그래프를 그려 보면 재미있는 사실을 발견할 수 있다. 직선을 $V = 0$가 되는 점까지 연장해 보면(그림 13.10c), 그 점에서의 온도는 기체의 종류나 몰수, 압력에 관계 없이 같다는 사실을 알 수 있다(직선을 연장해야 하는 이유는 대부분 기체는 $V = 0$이 되기 전에 액체나 고체가 되어버리기 때문이다). 이 온도(−273.15 ℃ 또는 −459.67 °F)가 **절대영도**absolute zero

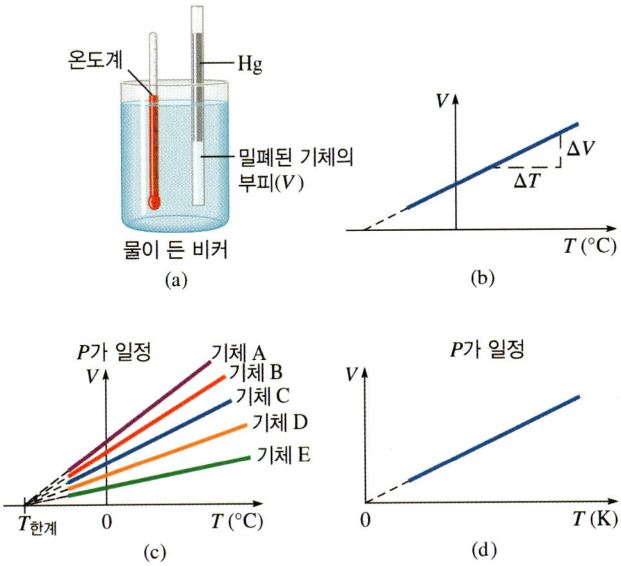

그림 13.10 (a) 샤를의 법칙을 증명하기 위한 장치. 밀폐된 기체의 압력은 일정량의 수은과 그 수은을 누르는 대기압에 의해 일정하게 유지된다. 기체 온도가 변하면 부피가 변하여 수은이 움직이게 된다. (b) 샤를의 법칙 : 압력이 일정할 때 온도 변화는 부피 변화에 비례한다. (c) 압력이 일정할 때 여러 종류의 기체에 대한 부피와 온도 그래프에서 $V=0$인 점까지 직선을 연장하였다. 모든 직선은 온도 축의 같은 온도 $T_{한계}$에서 만난다. (d) 절대온도 눈금을 쓸 때 $T_{한계}=0$으로 설정한다.

이며 도달할 수 있는 최저 온도이다. 절대온도 눈금인 켈빈 단위로 절대영도는 0 K로 정의된다(그림 13.10d). 절대온도를 이용하면 샤를의 법칙은 다음과 같이 쓸 수 있다.

$$V \propto T \quad (\text{압력 } P\text{가 일정할 때}) \qquad (13\text{-}16)$$

혼자서 해 보기 비어 있는 플라스틱 음료수 병을 구해서 마개를 단단히 막고 냉동실에 넣어 보자. 한 시간 후 무슨 일이 일어나는가? 용기의 부피와 절대온도가 각각 몇 퍼센트나 변하였는지 비교해 보아라(만약 온도계가 없다면, 보통의 냉동실 내부 온도가 약 −10℃인 점을 이용하여라).

기체의 열팽창은 온도를 측정하는 데 이용할 수 있다. 기체 온도계는 개수밀도가 충분히 낮다면, 기체의 종류나 몰수에 상관없이 사용할 수 있는 보편성을 갖는다. 기체 온도계는 절대온도를 자연스럽고 정확하게 알려준다. 기체 온도계는 재현가능하다. 단점은 대부분의 다른 온도계보다 사용하기가 불편하다는 것이다. 이런 이유로 기체 온도계는 주로 다른 온도계의 영점조정에 이용된다.

샤를의 법칙에 기초한 온도계를 **정압 기체 온도계**라고 부른다. 이보다 더 많이 쓰이는 것이 **정적 기체 온도계**이다(그림 13.11). 이것은 다음과 같이 주어지는 게이뤼삭의 법칙 Gay-Lussac's law을 그 원리로 이용한다.

$$P \propto T \quad (\text{부피 } V\text{가 일정할 때}) \qquad (13\text{-}17)$$

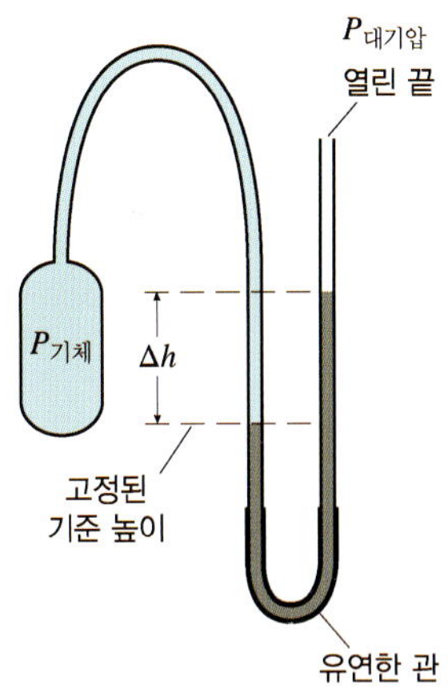

그림 13.11 정적 기체 온도계. 희석된 기체가 왼쪽 용기에 들어있고 오른쪽의 수은 압력계에 연결되어 있다. 오른쪽에는 움직일 수 있는 관이 있어 왼쪽의 수은 높이를 일정하게 하여 기체의 부피를 일정하게 유지시킨다. 압력계는 왼쪽 기체의 압력을 측정하게 된다. 곧 $P_{기체} = P_{대기압} + \rho g \Delta h$이다.

여기서는 부피를 고정하고 압력을 측정하여 온도를 알아낸다(부피를 고정시키고 압력을 측정하는 것이 그 반대의 과정보다 훨씬 더 쉽다).

샤를의 법칙과 게이뤼삭의 법칙은 **희박한 기체** dilute gas에 대해서 잘 맞는다. 희박한 기체는 개수밀도가 충분히 낮아 분자 간 거리가 충분히 멀기 때문에 분자 간 충돌이 일어날 때를 제외하고는 상호작용이 없는 기체를 말한다. 희박한 기체에 적용되는 또 다른 법칙이 보일의 법칙과 아보가드로의 법칙이다. 두 법칙도 실험으로 발견되었다. 보일의 법칙은 온도가 일정할 때 기체의 압력이 부피에 반비례한다는 것이다.

$$P \propto \frac{1}{V} \quad (\text{온도 } T\text{가 일정할 때}) \tag{13-18}$$

아보가드로의 법칙은 온도와 압력이 일정할 때 기체의 부피가 기체 분자의 개수 N에 비례한다는 것이다.

$$V \propto N \quad (P,\ T\text{가 일정할 때}) \tag{13-19}$$

(앞서 보일의 법칙, 게이뤼삭의 법칙, 샤를의 법칙은 기체 분자의 개수가 일정하다고 가정하였다)

이들 네 가지 기체 법칙을 모두 합한 것이 **이상기체 법칙** ideal gas law이다.

이상기체 법칙(미시적 형태)

$$PV = Nk_{\mathrm{B}}T \quad (N = \text{분자의 개수}) \tag{13-20}$$

이상기체 법칙에서 온도 T는 켈빈 단위의 절대온도이다. P는 계기압력이 아닌 절대압력을 나타낸다. 비례상수는 **볼츠만 상수** Boltzmann's constant(k_{B})로 알려진 보편적인 양으로, 그 값은 다음과 같다.

$$k_{\mathrm{B}} = 1.38 \times 10^{-23}\ \mathrm{J/K} \tag{13-21}$$

이상기체 법칙의 거시적 형태는 분자개수 N 대신 기체의 몰수 n을 이용하여 표현한다.

$$N = nN_{\mathrm{A}} \tag{13-22}$$

이다. 이 관계식을 미시적 형태에 대입하면,

$$PV = nN_{\mathrm{A}}k_{\mathrm{B}}T \tag{13-23}$$

가 된다. N_{A}와 k의 곱은 **보편기체상수** universal gas constant라 불리는 보편적인 양이다.

$$R = N_A k_B = 8.31 \frac{\text{J/K}}{\text{mol}} \quad (13\text{-}24)$$

그러면 거시적 형태의 이상기체 법칙은 다음과 같이 쓸 수 있다.

이상기체 법칙(거시적 형태)

$$PV = nRT \quad (n = \text{몰수}) \quad (13\text{-}25)$$

이상기체 법칙에서 문제 해결 요령

- 대부분의 문제에서 어떤 변화가 일어난다. 변하는 동안에 네 가지 물리량 (P, V, N 또는 n, T) 중에 어느 것이 일정하게 유지되는지 결정하여라.
- 문제에서 분자의 개수(N)로 다루면 미시적 형태의 식을 이용하고, 몰수(n)로 다룰 때는 거시적 형태를 이용하여라.
- 아래 첨자(i와 f)를 사용해서 처음과 나중의 값을 구분하여라.
- 상수 인자가 약분되도록 비를 이용하여라.
- 계산할 때 반드시 단위를 적어라.
- P는 계기압력이 아니라 절대압력이며, T는 섭씨나 화씨온도가 아니라 절대온도 K 단위임을 기억하여라.

살펴보기 13.5 같은 부피를 가진 두 개의 용기에 두 개의 다른 기체를 채워라. 두 기체의 압력은 같다. (a) 온도도 같아야 하는가? 설명하여라. (b) 만약 둘의 온도가 같다면, 개수밀도도 같아야 하는가? 질량밀도도 같은가?

보기 13.5 타이어 내부의 공기 온도

장거리 운전을 하기 전에는 반드시 타이어의 압력이 정상인지 확인해야 한다. 출발 전 점검에서 압력이 214 kPa(31.0 lb/in^2)이고, 온도는 15℃ 이었다. 몇 시간 운전 후 압력이 241 kPa(35.0 lb/in^2)라면 타이어 내부 공기의 온도는 몇 도인가?

전략 타이어 내부의 공기를 이상기체라고 가정하고, 절대온도와 압력을 이용하여 이상기체 법칙을 적용해야 한다. 압력계는 단지 계기압력을 표시해 주는 것이므로 절대압력을 얻기 위해서는 1기압(= 101 kPa)을 더해야 한다. 타이어 내부의 분자 개수는 알 수 없지만, 타이어가 새지 않는 한 일정하다고 할 수 있다. 타이어가 뜨거워져 팽창함에 따라 부피가 변할 수 있지만, 그 변화량은 작다고 할 수 있다. 곧 N과 V가 일정하므로 이상기체 법칙을 P와 T 사이의 비례식으로 다시 쓸 수 있다.

풀이 먼저, 계기압력을 절대압력으로 바꾸자.

$$P_i = 214\text{ kPa} + 101\text{ kPa} = 315\text{ kPa}$$

$$P_f = 241\text{ kPa} + 101\text{ kPa} = 342\text{ kPa}$$

그리고 처음 온도를 절대온도로 환산하자.

$$T_i = 15\,℃ + 273\text{ K} = 288\text{ K}$$

이상기체 법칙에 의하면

$$\frac{T_f}{T_i} = \frac{P_f}{P_i} = \frac{342\text{ kPa}}{315\text{ kPa}}$$

이므로,

$$T_f = \frac{P_f}{P_i}T_i = \frac{342}{315} \times 288\text{ K} = 313\text{ K}$$

이다. 이 결과를 섭씨로 환산하면 다음과 같다.

$$313\text{ K} - 273\text{ K} = 40\,℃$$

검토 오랜 시간 운전 후 타이어를 만져보면 뜨겁기는 하지만 손에 화상을 입을 정도는 아니므로 최종 결과인 40℃는 그럴듯한 답이다.

이상기체 법칙을 적용할 때 비례식을 이용하는 것이 편할 때가 많다. 이 문제에서는 부피를 알 수 없었기에 선택의 여지가 없이 게이뤼삭의 법칙을 이용하였다. 이상기체 법칙으로부터 게이뤼삭의 법칙, 샤를의 법칙 등을 다시 유도할 수 있다.

실전문제 13.5 온도가 낮아진 후 타이어의 공기압

타이어 생산 업체가 타이어의 공기압을 28 lb/in^2에서 32 lb/in^2 사이로 유지하라고 제시하고 있기 때문에 어리석게도 타이어에서 공기를 빼야 하는지를 결정해야 한다고 하자(제조업체의 사양은 타이어가 '식었을 경우'를 나타낸다). 만약 타이어의 압력이 35 lb/in^2에서 31 lb/in^2가 되도록 충분히 공기를 배출하려면 공기 분자의 몇 퍼센트를 타이어에서 빼내야 하는가? 타이어를 다시 15℃로 냉각시키면 계기압력은 얼마가 되는가?

혼자서 해 보기 다음번에 자동차로 여행할 때 타이어의 공기압을 측정하고 출발하여라. 그리고 한 시간쯤 고속도로를 달린 후 다시 공기압을 측정해 보고 타이어 내부 공기의 온도를 계산해 보아라. 손으로 타이어를 만져 보고 계산 결과가 맞는지도 확인해 보아라.

보기 13.6 스쿠버 잠수부

호흡을 위하여 스쿠버 잠수부는 주변의 수압과 같은 압력의 공기가 필요하다. 곧 잠수부 허파 안의 압력은 수압과 균형을 이루어야 한다. 그렇지 않으면 폐는 오그라든다. 공기탱크 내부의 압력은 매우 높으므로 압력 조절기로 적정 압력의 공기를 공급해야 한다. 압축공기는 수면 부근에서 80분간 호흡에 필요한 공기를 공급할 수 있는데, 수심 30 m 에서는 같은 양의 압축공기로 몇 분간 호흡이 가능할까(분당 호흡하는 공기의 부피가 변하지 않는다고 가정하고 탱크가 비었을 때 남아 있는 소량의 공기는 무시한다)?

전략 공기탱크 내부의 압력은 수면 부근이든 수심 30 m 지점이든 주위 압력보다 훨씬 높다. 여기서 일정한 양은 공기탱크 내부의 기체 분자 개수 N 이다. 또 온도가 수심에 따라 약간 변하겠지만 압력 또는 부피의 변화량에 비해 무시할 수 있다고 가정한다.

풀이 N 과 T 가 일정하므로 PV 는 일정하다. 곧

$$PV = \text{일정} \quad \text{또는} \quad P \propto \frac{1}{V}$$

이다. 수면 부근에서의 압력은 대략 1 atm 이고 수심 30 m 에서의 수압은

$$P = 1\ \text{atm} + \rho g h$$

에서

$$\rho g h = (1000\ \text{kg/m}^3) \times (9.8\ \text{m/s}^2) \times (30\ \text{m})$$
$$= 294\ \text{kPa} \approx 3\ \text{atm}$$

이므로 $P \approx 4$ atm 이다. 주변의 수압과 맞추기 위해 압축공기의 압력은 네 배로 커져야 한다. 곧 잠수부가 숨을 쉬는 데 필요한 공기의 부피는 일정하지만, 수면 부근에서 공급되는 공기의 부피는 1/4이 되므로 압축공기는 20분간 계속하여 공급할 수 있다.

검토 위의 내용을 보다 수식적으로 이해하기 위해 다음의 관계식을 고려해 보자.

$$P_i V_i = P_f V_f$$

$P_i = 1$ atm 이고 $P_f = 4$ atm 이므로, $V_f / V_i = 1/4$ 이다.

이 문제에서 주어진 수치적 정보는 오직 간접적으로 주어진 처음과 나중의 압력이다. N 과 T 가 변하지 않는다는 가정하에 처음과 나중의 부피 비를 계산할 수 있다. 문제에서 수치 정보가 충분하게 주어지지 않았을 때는 비율을 이용해 그 정보와 무관한 상수를 상쇄하는 것이 중요하다.

실전문제 13.6 온도가 상승했을 때 공기탱크 내부의 압력

압축공기탱크가 온도 300.0 K 에서 절대압력이 580 kPa 이다. 만약 온도가 330.0 K 로 상승한다면 탱크 내부의 압력은 얼마가 되겠는가?

13.6 이상기체의 운동론 Kinetic Theory of the Ideal Gas

기체에서 기체 분자의 상호작용은 분자들 사이의 거리가 멀어짐에 따라 급격히 약해진다. 희박한 기체에서는 분자 사이의 평균 거리가 충분히 멀기 때문에 충돌할 때를 제외하고는 상호작용을 무시할 수 있다. 또한 분자 자체가 차지하는 공간의 부피는 기체의 총부피 중 극히 일부분에 불과하다. 기체는 대부분이 '빈 공간'이다. 이상기체는 희박한 기체에 대한 단순한 모형으로 분자들의 탄성 충돌을 제외하고는 상호작용이 공간에서 독립적으로 운동하는 점과 같은 입자로 간주할 수 있다.

이 단순화된 모형은 보통 상태에 있는 여러 기체에 대해 훌륭한 근사이다. 이 모형으로 기체의 여러 성질들을 이해할 수 있는데, 예를 들면 이상기체의 **운동론**kinetic theory과 같은 미시적인 이론이 있다.

압력의 미시적 기초

기체가 벽면에 미치는 힘은 기체 분자와 그 면의 충돌에 의한 것이다. 예를 들어 자동차 타이어 내부의 공기를 생각해 보자. 공기 분자가 타이어의 내부 벽면과 충돌할 때 타이어는 공기 분자가 타이어 내부로 돌아가도록 안쪽으로 힘을 작용한다. 뉴턴의 제3법칙에 따르면 공기 분자 역시 타이어의 벽면에 같은 크기의 힘을 바깥쪽으로 작용한다. 많은 공기 분자의 모든 충돌로 타이어 내벽에 가해지는 단위 넓이당 알짜힘이 타이어 내부의 압력과 같다. 압력은 공기 분자의 수, 공기 분자 하나가 벽과 충돌하는 빈도수, 각각의 충돌로 전달되는 운동량과 같은 세 가지 요소에 의해 결정된다.

이제 기체 분자의 운동으로부터 이상기체의 압력이 어떻게 결정되는지 알아보자. 논의를 간략하게 하기 위해 길이가 L이고 옆면의 넓이가 A인 상자에 들어있는 기체를 가정

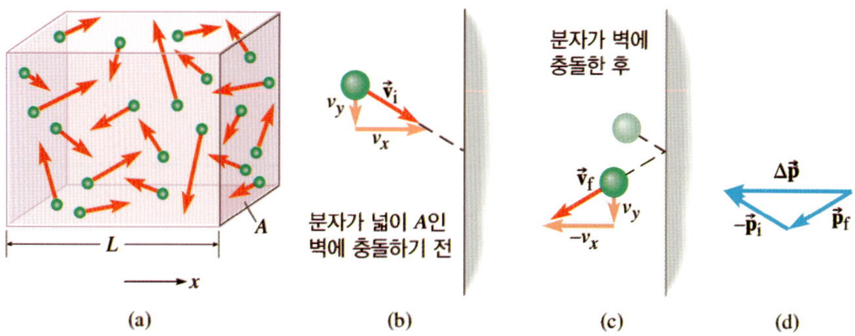

그림 13.12 (a) 길이가 L이고 옆면의 넓이가 A인 상자에 들어 있는 기체. (b) 넓이가 A인 벽과 충돌하려는 기체 분자. (c) 완전탄성 충돌이 일어난 후 v_x는 부호가 바뀌나 v_y와 v_z는 변하지 않는다. (d) 충돌에 의한 운동량의 변화는 벽과 수직이며 크기가 $2|p_x|$이다.

하지만(그림 13.12a), 사실 논의의 결과는 용기의 모양에 영향을 받지 않는다. 그림 13.12b에는 용기의 오른쪽 벽면에 충돌하려는 기체 분자가 그려져 있다. 역시 간단한 논의를 위해 기체 분자의 충돌이 탄성 충돌이라고 가정한다. 그러나 모든 충돌이 탄성 충돌이 아닌 경우에도 좀 더 고차원의 분석을 해보면 결과는 같다는 사실을 증명할 수 있다.

탄성 충돌의 경우, 벽면이 기체 분자보다 훨씬 더 질량이 크므로 기체 분자의 x 방향 운동량의 방향이 바뀐다. 기체는 벽면에 수직인 방향으로만 힘을 작용하므로 기체 분자의 y, z 방향 운동량은 변하지 않는다(정지 유체는 벽면에 벽면과 평행한 힘을 작용하지 못한다). 따라서 기체 분자 한 개의 운동량 변화는 $\Delta p_x = 2m|v_x|$이다.

이 분자는 언제 다시 같은 벽면과 충돌할까? 다른 분자들과의 충돌을 무시하면 속도의 x 성분은 크기가 변하지 않고 오직 벽면과 충돌할 때 방향만이 바뀔 뿐이다(그림 13.12c). 기체 분자가 거리 L 만큼 진행해 반대편 벽면에 도달하는 데 걸리는 시간은 $L/|v_x|$이다. 그러므로 왕복에 걸리는 시간은

$$\Delta t = 2\frac{L}{|v_x|} \tag{13-26}$$

이다. 한 개의 기체 분자가 한 번 왕복하는 동안 벽면에 가하는 평균 힘은 운동량의 변화(그림 13.12d)를 한 번 왕복하는 데 걸린 시간으로 나눈 값이 된다.

연결고리 기체에서 압력에 관한 결론을 도출하기 위하여 힘이 운동량의 변화율이라는 뉴턴의 제2법칙을 사용할 것이다.

$$F_{평균,\,x} = \frac{\Delta p_x}{\Delta t} = \frac{2m|v_x|}{2L/|v_x|} = \frac{m|v_x|^2}{L} = \frac{mv_x^2}{L} \tag{13-27}$$

벽면에 가해지는 전체 힘은 각 분자가 가하는 힘의 합과 같다. 기체 안에 N개의 분자가 존재한다면 벽면에 가해지는 총힘은 한 개의 분자가 가하는 평균 힘에 N을 곱하면 된다. 이런 평균을 나타내기 위해 홑화살괄호 ⟨ ⟩를 사용한다. 홑화살괄호 내의 물리량은 기체 내 모든 분자들에 대한 평균을 의미한다.

$$F = N\langle F_{평균} \rangle = \frac{Nm}{L}\langle v_x^2 \rangle \tag{13-28}$$

그러므로 압력은

$$P = \frac{F}{A} = \frac{Nm}{AL}\langle v_x^2 \rangle \quad P = \frac{Nm}{V}\langle v_x^2 \rangle \tag{13-29}$$

이다. 여기서 용기의 부피 $V = AL$이다. 식 (13-29)는 기체가 담겨 있는 용기의 형태와 무관하다. 여기서 우리는 모든 기체 분자의 평균을 취했으므로 분자들 사이에 충돌이 없다는 가정은 이 결과에 영향을 미치지 않는다.

$m\langle v_x^2 \rangle$는 운동에너지의 표현과 가깝다. 분자들의 평균 운동에너지가 클수록 압력이 커지게 될 것이라는 말은 일리가 있다. 분자의 평균 병진운동에너지는 $\langle K_{병진} \rangle = \frac{1}{2}m\langle v^2 \rangle$이다. 속도가 벡터이므로 어떤 기체 분자에 대해서 $v^2 = v_x^2 + v_y^2 + v_z^2$이다. 기체는 전체적으로는 정지한 상태이므로 특별히 선호되는 방향은 없다. 그러므로 v_x^2의 평균은 v_y^2 또는 v_z^2의 평균과 같다. 따라서

$$\langle v_x^2 \rangle = \frac{1}{3}\langle v^2 \rangle \tag{13-30}$$

이다. 이로부터 다음의 결과를 얻을 수 있다.

$$m\langle v_x^2 \rangle = \frac{1}{3}m\langle v^2 \rangle = \frac{2}{3}\langle K_{병진} \rangle \tag{13-31}$$

이 결과를 식 (13−29)에 대입하면 압력은 다음과 같이 주어진다.

$$P = \frac{2}{3}\frac{N\langle K_{병진} \rangle}{V} = \frac{2}{3}\frac{N}{V}\langle K_{병진} \rangle \tag{13-32}$$

식 (13−32)는 변수를 다르게 묶어서 두 가지 형태로 썼는데, 두 가지 다른 의미로 해석할 수 있기 때문이다. 첫 번째 식은 압력이 운동에너지 밀도(단위 부피당 운동에너지)에 비례함을 나타내고 있고, 두 번째 식은 압력이 개수밀도 N/V과 분자의 평균 운동에너지의 곱에 비례함을 나타내고 있다. 기체의 압력은 기체 분자가 더 조밀하게 모여 있거나 기체 분자의 운동에너지가 커질 때 증가한다.

여기서 $\langle K_{병진} \rangle$은 기체 분자 한 개의 평균 병진운동에너지이고 v는 분자의 질량중심의 속도임을 기억하자. 기체 분자가 N_2와 같이 한 개 이상의 원자로 이루어지는 경우에서 원자들은 진동과 회전에 의한 운동에너지를 가지지만 식 (13−32)는 여전히 성립한다.

기체 분자가 서로 충돌하지 않는다는 가정을 다시 한번 생각해 보자. 하나의 기체 분자가 정해진 시간에 매번 같은 벽면에 같은 v_x로 돌아와서 충돌한다는 것은 분명히 진실이 아니다. 그러나 위의 유도 과정에서는 평균량을 이용했다. 평형상태의 기체에서 어느 한 분자의 속도 성분은 충돌로 인해 달라지겠지만 $\langle v_x^2 \rangle$과 같은 평균량은 변하지 않는다.

온도와 병진운동에너지

이상기체의 온도는 직접적인 물리적 의미가 있다. 이상기체의 압력, 부피 그리고 분자의 개수는 기체 분자의 평균 병진운동에너지와 다음과 같이 관계됨을 발견했다.

$$P = \frac{2}{3}\frac{N}{V}\langle K_{병진}\rangle \tag{13-32}$$

이 식을 평균 운동에너지에 대해 풀어 보면 다음과 같다.

$$\langle K_{병진}\rangle = \frac{3}{2}\frac{PV}{N} \tag{13-33}$$

식 (13−20)의 이상기체 법칙을 정리해 식 (13−33)에서와 같은 P, V, N의 조합이 나타나게 할 수 있다.

$$\frac{PV}{N} = k_{\rm B}T \tag{13-34}$$

식 (13−33)의 PV/N을 $k_{\rm B}T$로 치환해 보면 다음과 같다.

$$\langle K_{병진}\rangle = \frac{3}{2}k_{\rm B}T \tag{13-35}$$

따라서 이상기체의 절대온도는 기체 분자의 평균 병진운동에너지에 비례하게 된다. 곧 온도는 기체 분자의 평균 병진운동에너지를 기술하는 방법이다. 더 높은 온도에서 기체 분자는 평균적으로 더 큰 운동에너지를 갖게 된다.

살펴보기 13.6 O_2 분자는 몇 ℃에서 20℃의 H_2 분자가 가진 평균 병진운동에너지의 2배 크기를 가지는가?

RMS 속력 평균 운동에너지의 식으로 표현하는 데 사용된 기체 분자의 속력을 **rms 속력**(제곱 평균 제곱근 속력root mean square speed)이라고 부른다. rms 속력은 평균 속력과 같지는 않다. rms 속력은 속력 제곱의 평균의 제곱근이다.

$$\langle K_{병진}\rangle = \frac{1}{2}m\langle v^2\rangle = \frac{1}{2}mv_{\rm rms}^2 \tag{13-36}$$

이므로, rms 속력은 다음과 같이 주어진다.

$$v_{\mathrm{rms}} = \sqrt{\langle v^2 \rangle} \tag{13-37}$$

평균을 계산하기 전에 제곱하는 것은 빠른 분자들의 효과를 강조하는 것이므로 rms 속력은 평균 속력보다 약간(대략 9% 정도) 더 크다.

이상기체 분자의 평균 운동에너지는 온도에 의해서만 결정되므로 식 (13–36)은 같은 온도에서 질량이 더 큰 분자들이 작은 분자들보다 느리게 움직인다는 것을 보여준다. 두 종류의 기체가 같은 용기에 담겨 평형상태에 이르러서 두 기체가 모두 온도가 같다면 이 두 종류의 분자들은 같은 평균 병진운동에너지를 가진다. 이 경우에 질량이 큰 분자들은 가벼운 분자보다 더 작은 평균 속력을 가지게 된다.

$$v_{\mathrm{rms}} = \sqrt{\frac{3k_{\mathrm{B}}T}{m}} \tag{13-38}$$

여기서 m은 분자의 질량이다. 따라서 주어진 온도에서 rms 속력은 분자 질량의 제곱근에 반비례한다.

보기 13.7 실내온도에서의 O_2 분자

실내온도 20℃에서 O_2 분자의 평균 병진운동에너지와 rms 속력을 계산하여라.

전략 평균 병진운동에너지는 온도에 따라 변한다. 여기서 온도는 절대온도라는 것과, rms 속력은 평균 운동에너지를 가지는 분자의 속력이라는 것을 기억해야 한다.

풀이 실내온도는 절대온도로 다음과 같이 주어진다.

$$20℃ + 273\,\mathrm{K} = 293\,\mathrm{K}$$

그러므로 평균 병진운동에너지는

$$\langle K_{\text{병진}} \rangle = \frac{3}{2}k_{\mathrm{B}}T = 1.50 \times 1.38 \times 10^{-23}\,\mathrm{J/K} \times 293\,\mathrm{K}$$

$$= 6.07 \times 10^{-21}\,\mathrm{J}$$

과 같이 주어진다.

주기율표로부터 산소의 원자량은 16.0 u임을 알 수 있고, 이로부터 O_2 분자의 분자량은 32.0 u임을 알 수 있다. 우선 이 값을 kg으로 환산하면 다음과 같다.

$$32.0\,\mathrm{u} \times 1.66 \times 10^{-27}\,\mathrm{kg/u} = 5.31 \times 10^{-26}\,\mathrm{kg}$$

rms 속력은 평균 운동에너지를 가지는 분자의 속력이므로 다음과 같이 계산할 수 있다.

$$\langle K_{\text{병진}} \rangle = \frac{1}{2}mv_{\mathrm{rms}}^2$$

$$v_{\mathrm{rms}} = \sqrt{\frac{2\langle K_{\text{병진}} \rangle}{m}} = \sqrt{\frac{2 \times 6.07 \times 10^{-21}\,\mathrm{J}}{5.31 \times 10^{-26}\,\mathrm{kg}}}$$

$$= 478\,\mathrm{m/s}$$

검토 우리는 분자들이 움직이는 것을 직접 느껴본 경험이 없으므로 이 결과가 옳은지 직관적으로 알기 어렵다. 그러므로 12장에서 언급되었던 실온의 공기 중에서 음파의 속력이 343 m/s이라는 사실을 이용해 간접적으로 확인해 보자. 공기 중에서 음파는 공기 분자들 사이의 충돌로 인해 전달되므로, 음파의 속력은 분자들의 평균 속력과 비슷한 크기를 가져야 한다고 생각할 수 있다.

실전문제 13.7 **실내온도에서의 CO_2 분자**

실내온도(20℃)에서 CO_2 분자의 평균 병진운동에너지와 rms 속력을 계산하여라.

맥스웰-볼츠만 분포

지금까지는 평균 운동에너지와 rms 속력만을 고려하였으나 얼마나 많은 수의 분자들이 어떤 특정 영역의 속력을 가지는지와 같은 더 자세한 정보가 필요할 때가 있다. 속력 분포는 **맥스웰-볼츠만 분포**Maxwell-Boltzmann distribution를 따른다. 두 가지 온도에서 산소 분자의 속력 분포가 그림 13.13에 있다. 이 그래프의 의미는 v_1과 v_2 사이의 속력을 가지는 분자의 개수는 v_1과 v_2 사이에서 곡선의 아랫부분에 해당하는 넓이에 비례한다는 것이다. 그림 13.13에서 색칠된 넓이는 두 온도에서 속력이 800 m/s 이상인 산소 분자의 개수를 나타낸다. 비교적 작은 온도 변화가 속력이 빠른 분자의 개수에는 상당한 영향을 미친다는 것을 볼 수 있다.

분자는 초당 수억 번의 빈도로 일어나는 충돌 때마다 그 운동에너지가 바뀐다. 그러나 특정한 영역의 운동에너지를 가지는 분자의 개수는 온도가 변하지 않는 한 일정하게 유지

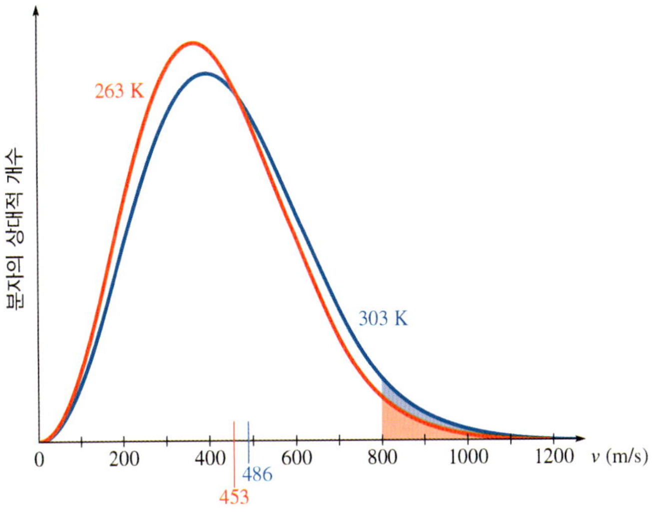

그림 13.13 두 온도 −10℃(263 K)와 +30℃(303 K)에서 산소의 운동에너지 확률 분포. 특정 속력 영역에서 각 곡선 아랫부분의 넓이는 속력이 그 범위 내에 있는 분자 개수에 비례한다. rms 속력이 약간의 차이(263 K에서 453 m/s, 303 K에서 486 m/s)가 있음에도 불구하고, 큰 속력을 가지는 꼬리 부분의 분자 수는 상당히 다르다.

된다. 사실 이렇게 자주 일어나는 충돌로 인해 맥스웰–볼츠만 분포가 안정적으로 유지된다. 충돌로 인해 운동에너지가 가능한 가장 무질서하게 기체 분자들에 분배된다. 바로 그 분포가 맥스웰–볼츠만 분포이다.

맥스웰–볼츠만 분포의 응용 : 행성 대기의 조성 맥스웰–볼츠만 분포는 행성의 대기를 이해하는 데 도움이 된다. 왜 지구의 대기에는 질소, 산소, 수증기만 존재하고, 수소나 헬륨 등의 기체는 없는가? 대기 상층부의 기체 분자 중 **탈출 속력**(6.8 참조)보다 빠른 분자는 충분한 운동에너지를 가지고 있다. 그 때문에 지구의 대기권 밖으로 달아날 수 있다. 지표면에서 멀어지는 방향으로 빠르게 이동하는 분자들은 다른 분자와 충돌하지 않는다면 지구 밖으로 탈출하게 된다. 그러나 이로 인해 맥스웰–볼츠만 분포에서 고에너지 영역의 분자가 없어지지는 않는다. 충돌로 인하여 다른 분자가 고에너지의 분자로 바뀌기 때문이다. 이렇게 새롭게 고에너지 상태에 있게 된 분자들도 역시 탈출하므로 대기는 서서히 새고 있다고 볼 수 있다.

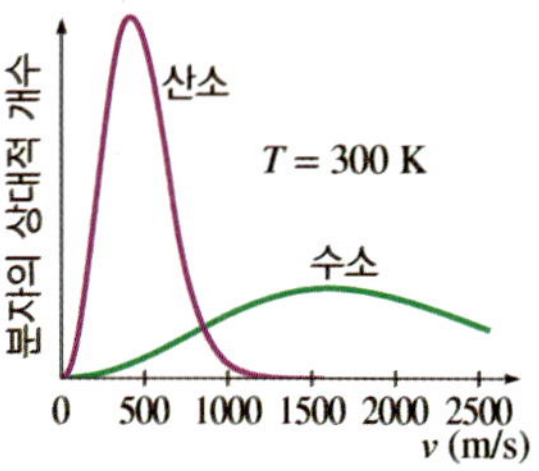

그림 13.14 $T = 300$ K에서 산소와 수소의 맥스웰–볼츠만 분포. 지구 대기에서의 탈출 속력은 11200 m/s이다(그림에는 나타내지 않았음).

대기가 얼마나 빨리 새고 있는지는 rms 속력과 탈출 속력의 차이에 의해 결정된다. rms 속력이 탈출 속력보다 아주 작다면 대기 중의 기체가 모두 새는 데 아주 오랜 시간이 걸리게 되므로 대기는 거의 그대로 유지된다고 할 수 있다. 지구 대기 중에 존재하는 질소, 산소, 수증기가 바로 이러한 경우에 해당한다. 반면에 수소와 헬륨은 훨씬 더 가볍기 때문에 rms 속력이 더 크다. 아주 낮은 비율의 분자만이 탈출 속력보다 빠르지만, 이 기체들 대부분이 지구 대기를 빠져 나가는 데는 오래 걸리지 않는다(그림 13.14). 달에는 대기가 없다고 알려져 있다. 달에서의 작은 탈출 속력(2400 m/s)으로 인하여 기체 대부분이 빠져나가고, 단지 약 1 cm 두께의 크립톤(분자량이 83.8 u이며 이는 산소의 2.6배에 해당한다) 분자로 구성된 대기가 있을 뿐이다.

13.7 온도와 반응속도 Temperature and Reaction Rates

연결고리 탈출 속력의 기본 원리는 에너지 보존이다(6장 참조). 탈출 속력에서 원자 또는 분자는 행성의 중력을 상쇄하기에 충분한 운동에너지를 가지고 있다.

운동에너지의 분포 및 온도와의 관계에 대해 우리가 살펴본 내용은 온도에 따른 화학 반응속도(반응률)의 변화와 깊은 관계가 있다. N_2와 O_2 두 가지 혼합 기체가 반응해 산화질소(NO)를 만드는 반응을 고려해 보자.

$$N_2 + O_2 \rightarrow 2NO$$

반응이 일어나기 위해서는 질소 분자와 산소 분자 사이에 충돌이 일어나야 한다. 그러나 두 종류의 분자 사이에 충돌이 일어날 때마다 반응이 일어나는 것은 아니다. 반응 과정에서는 원자 사이의 화학적 결합을 재구성해야 하므로 반응이 일어나기 위해서는 반응 전의 분자가 충분한 운동에너지를 가져야 한다. 새로운 화학결합이 일어나기 위해서는 원래의 화학결합이 깨져야 하는데 여기에 필요한 에너지는 반응 전 분자의 에너지로부터 오게 된다. 반응이 일어나게 할 수 있는 최소의 운동에너지를 **활성화에너지**activation energy (E_a) 라고 부른다.

N_2 분자 한 개가 O_2 분자 한 개와 충돌할 때, 총운동에너지가 활성화에너지보다 작다면 그 둘은 서로 튕겨 나갈 것이다. 충돌에 참여하는 분자의 운동에너지 일부는 상대편 분자에 전달되거나, 병진, 회전, 진동에너지의 형태 사이에서 전환되기는 하지만 여전히 각 분자는 N_2 또는 O_2 분자의 형태로 남아 있다.

대부분 온도가 올라감에 따라 반응속도가 증가하는데 이제 그 이유를 알 수 있다. 높은 온도에서는 반응 분자의 평균 운동에너지가 크므로 총운동에너지가 활성화에너지보다 큰 충돌이 자주 일어나게 된다. 그러므로 높은 온도에서 반응속도가 더 커진다. 활성화에너지가 분자의 평균 병진운동에너지보다 훨씬 큰 경우에는

$$E_a \gg \frac{3}{2}k_B T \qquad (13\text{-}39)$$

이므로 맥스웰–볼츠만 분포에서 지수적으로 줄어드는 고에너지 영역의 극히 일부분의 분자만이 반응에 참여할 수 있다. 이 경우에는 온도를 약간만 높이더라도 반응속도에 큰 영향을 주게 된다. 실제로 이 경우 반응률 R은 온도에 따라 지수적으로 변한다(부록 A.4의 지수와 로그 참조).

$$R \propto e^{-E_a/(k_B T)} \qquad (13\text{-}40)$$

지금까지 기체의 관점에서 반응을 논의했지만, 액체 용액에서의 반응에도 같은 일반 원칙이 적용된다. 충돌에 의한 활성화에너지는 온도에 의존하므로 반응속도는 기체 혼합물이나 액체 용액의 어디에서 일어나든 온도에 따라 변한다.

보기 13.8 온도 증가에 의한 반응속도의 증가

화학 반응 $N_2O \to N_2 + O$을 진행하기 위한 활성화 에너지는 4.0×10^{-19} J이다. 온도가 700.0 K에서 707.0 K로 1% 증가하였을 때 이 반응의 반응속도는 몇 %나 증가하는가?

전략 먼저 $E_a \gg \frac{3}{2}k_B T$인지 살펴보자. 만약 그렇지 않다면 식 (13–40)을 적용할 수 없다. 점검했다고 가정하면, 두 온도에서 반응속도의 비를 계산할 수 있다.

풀이 온도 $T_1 = 700.0$ K일 때 $E_a/k_B T_1$를 계산해 보자.

$$\frac{E_a}{k_B T_1} = \frac{4.0 \times 10^{-19}\ \text{J}}{1.38 \times 10^{-23}\ \text{J/K} \times 700.0\ \text{K}} = 41.41$$

그러므로 E_a가 $k_B T$보다 약 41배, $\frac{3}{2}k_B T$ 보다 약 28배 더 크다. 곧 활성화에너지가 평균 운동에너지보다 훨씬 더 크다. 따라서 충돌이 일어나는 분자 중에서 일부분만 반응이 일어난다고 할 수 있다.

온도 $T_2 = 707.0$ K에서는

$$\frac{E_a}{k_B T_2} = \frac{4.0 \times 10^{-19}\ \text{J}}{1.38 \times 10^{-23}\ \text{J/K} \times 707.0\ \text{K}} = \frac{41.41}{1.01} = 41.00$$

이므로 반응속도의 비는 다음과 같다.

$$\frac{\text{나중 반응률}}{\text{처음 반응률}} = \frac{e^{-41.00}}{e^{-41.41}} = e^{-(41.00-41.41)} = e^{0.41} = 1.5$$

707.0 K에서의 반응속도는 700.0 K에서의 반응속도보다 1.5배 더 크다. 곧 온도가 1% 증가할 때 반응속도는 50% 증가하였다.

검토 보통은 어떤 양이 1% 변할 때 그 결과로 다른 양이 50% 변한다고 하면 착오라고 생각하기 쉽다. 그러나 이 예는 지수적으로 의존하는 극적인 예를 보여준 것이다. 반응속도는 작은 온도 변화에도 아주 민감하다. 이 문제를 두 반응률의 비율로 주의 깊게 설정했다는 점에 유의해야 한다. 어느 한 비율을 계산할 수 있는 충분한 정보를 가지고 있지 않지만, 방정식이 아닌 비례적으로 쓰여진 식 (13-40)은 온도만 다를 때의 두 비율의 비율을 찾을 수 있게 해준다.

실전문제 13.8 낮은 온도에서의 반응률 감소

만약 온도가 700.0 K에서 699.0 K로 낮아진다면 위의 반응에 대한 반응속도는 몇 퍼센트나 감소하겠는가?

응용 : 체온 조절 이 장의 여는 글에서 항온동물의 체온이 일정하게 유지되어야 하는지 그 필요성에 대해 질문했다(그림 13.15). 화학 반응속도가 온도에 따라 변하는 것은 생체 기능에 크게 영향을 미친다. 만약 우리의 체온이 변한다면 대사 속도가 변하고 추운 날씨에는 신체기능이 둔화될 것이다.

항온동물은 주위 온도보다 높은 일정한 온도로 체온을 유지할 수 있으므로 변온동물(파충류나 곤충)보다 더 넓은 범위의 온도 환경에서 견딜 수 있다. 환경의 온도 변화는 물속보다 육지에서 더 심하다. 그 때문에 수중동물보다 육상동물이 항온동물인 경우가 더 많다. 근육을 최적 온도로 유지하는 것은 물속보다는 육지나 공중에서의 운동에 더 적합

(a) (b) (c)

그림 13.15 항온동물들은 여러 방법으로 체온을 일정하게 유지한다. (a) 북극여우의 털은 열 손실을 줄이는 단열층 역할을 한다. (b) 체온이 올라가서 위험해지는 것을 막기 위해 개는 헐떡거리고, (c) 같은 경우 사람은 땀을 흘린다. (b)와 (c)의 경우 수분을 증발시켜 체온을 떨어뜨린다.

하기 때문이다. 이와 같은 상황은 물속에서 활동하는 것과는 대조적이다. 근육과 생체기관을 일정 온도로 유지하면 육체를 많이 움직이는 데 필요한 높은 산소 대사 과정을 할 수 있다.

변온동물은 대부분 온도 조절을 위해 주변 환경에 의존한다. 추운 날씨에 악어의 혈액 온도가 내려가면 악어는 활동적이지 않고 무기력해진다. 따라서 따뜻함을 유지하기 위해 태양에 의해 따뜻해진 바위에 누워있는 악어를 볼 수 있다.

그러나 주변 환경이 너무 극한적이면 항온동물도 이상적인 체온을 유지하기가 어려워진다. 몸의 주요 핵심부의 온도가 너무 낮아지면 저체온증hypothermia이 일어나서 신체활동이 둔해지다가 결국은 멈춘다. 야외에서 눈보라를 만난 사람은 잠들지 않게 계속 움직여야 한다. 격렬한 운동을 하면 발생하는 에너지가 가만히 있을 때 발생하는 에너지의 20배에 육박하기 때문에 극심한 추위로 인해 잃는 열 손실을 충당할 수 있다.

항온동물들은 비슷한 크기의 변온동물들보다 먹이를 훨씬 더 많이 섭취해야 한다. 항온동물의 대사과정은 체온을 유지하게 만드는 난로의 역할을 한다. 사람은 20℃의 온도에서 가만히 있더라도 체온을 유지하려면 하루 약 1450 kcal의 음식물 에너지를 섭취해야 하지만 비슷한 체중의 악어는 20℃에서 가만히 있으면 하루에 72 kcal 정도면 충분하다.

13.8 확산 Diffusion

평균 자유 거리 기체 분자가 충돌하고 난 후에 다음 충돌이 일어날 때까지 평균적으로 얼마나 멀리 이동할 수 있을까? 기체 분자가 다른 분자와 상호작용이 없이 자유입자로서 움직인 경로의 평균 거리를 **평균 자유 거리** mean free path(그리스 문자 람다 Λ로 표시함)라고 부른다. 평균 자유 거리는 다음 두 조건에 따라 변한다. 첫째는 분자가 얼마나 큰지, 둘째는 일정한 부피 내에 얼마나 많은 분자가 있는지이다. 정확히 계산하면 결과는 다음과 같다.

평균 자유 거리

$$\Lambda = \frac{1}{\sqrt{2}\,\pi d^2 (N/V)} \qquad (13\text{-}41)$$

일반적으로 평균 자유 거리가 이웃 분자와의 평균 거리보다 훨씬 크다. 실온에서 공기 중의 질소 분자는 평균 자유 거리가 약 0.1 μm 인데, 이것은 분자 사이의 평균 거리의 약 25배이다. 각 분자는 매초 평균 5×10^9 회 충돌한다.

확산

그림 13.16 충돌 사이에 이동한 분자의 연속적인 직선 경로

기체 분자는 충돌이 일어나고 나서 다음 충돌이 일어날 때까지는 직선으로 운동한다. 충돌 간 평균 시간 간격 0.2 ns 동안에 기체 분자의 속력에 중력이 미치는 효과는 거의 없기 때문에 충돌이 일어날 때마다 기체 분자의 속력과 방향이 바뀐다. 평균 자유 거리는 충돌 간 직선 경로의 평균 거리이다. 결과적으로 기체 분자는 **무작위 걷기** random walk의 경로를 따라간다(그림 13.16).

시간 t 이후에 기체 분자는 출발점으로부터 평균 얼마의 거리를 움직일까? 이 물음에 대한 답은 **확산** diffusion과 관련이 있다. 누군가가 방의 한쪽에서 향수병의 뚜껑을 열었을 때 향기가 반대쪽에 전달되기까지 시간이 얼마나 걸리는가? 향기가 기체 분자의 확산으로 방의 반대편까지 도달하는 데 걸리는 시간은 기체 분자의 충돌 빈도에 의해 결정된다. 다른 조건은 모두 같고 두 지점의 기체 농도 차이만 나는 경우 농도가 같아지도록 기체 분자의 무작위 열운동이 일어난다. 농도가 높은 쪽(향수병이 있는 쪽)에서 낮은 쪽(방의 반대편)으로의 알짜 흐름이 바로 확산이다.

평균 자유 거리가 Λ인 향수 분자가 공기 중에 있다고 하자. 충분히 많은 N번의 충돌 후 기체 분자의 총이동 거리는 $N\Lambda$ 이다. 그러나 충돌이 일어날 때마다 운동의 방향이 바뀌기 때문에 시작점으로부터의 거리는 훨씬 작을 것이다. 무작위 걷기에 대한 통계적 해석을 이용하면 N번의 충돌 이후 원점으로부터의 rms 변위는 $\sqrt{N}$에 비례한다. 그리고 충돌의 횟수는 경과 시간에 비례하므로 rms 변위는 $\sqrt{t}$에 비례할 것이다.

한 방향의 rms 변위는 다음과 같다.

$$x_{\mathrm{rms}} = \sqrt{2Dt} \tag{13-42}$$

여기서 D는 표 13.4에 주어진 확산계수diffusion constant이다. 확산계수 D는 확산하는 원자나 분자 그리고 확산 매개체에 따라 달라진다. 식 (13-42)는 기체뿐만 아니라 액체에서도 적용할 수 있는데, 액체의 확산계수는 기체보다 훨씬 작다.

표 13.4 1기압 20℃에서 확산계수

확산하는 분자	확산 매질	$D(\mathrm{m^2/s})$
DNA	물	1.3×10^{12}
산소	생체조직(세포막)	1.8×10^{11}
헤모글로빈	물	6.9×10^{11}
수크로오스($C_{12}H_{22}O_{11}$)	물	5.0×10^{10}
글루코오스($C_6H_{12}O_6$)	물	6.7×10^{10}
산소	물	1.0×10^{9}
산소	공기	1.8×10^{5}
수소	공기	6.4×10^{5}

응용 : 세포막을 통한 산소의 확산 산소 수송과 같은 생물학적 과정에서 확산은 매우 중요하다. 산소 분자는 혈액을 산화하기 위하여 허파꽈리의 벽을 통과하고 나서 모세혈관의 벽을 통해 확산하여 혈액에 공급된다. 이 산소는 헤모글로빈에 의해 신체의 각 부위로 운반되고 다시 모세혈관의 벽을 통해 세포 간 액체 사이로 확산된 다음 세포막을 통해 세포의 내부로 확산된다. 확산은 먼 거리에서 천천히 일어나는 느린 과정이지만 짧은 거리에서도 상당히 효과적일 수 있다. 그 때문에 세포막은 얇아야 하고 모세혈관은 가늘어야 한다. 오랜 진화를 통하여 동물은 그 크기와 관계없이 모세혈관의 크기가 거의 같으며, 혈액세포가 지나갈 수 있을 정도로 가능한 한 작아졌다.

보기 13.9 산소가 모세혈관으로 확산하는 시간

허파꽈리에 있는 산소 분자가 혈액 속으로 확산하는 데 걸리는 평균 시간은 얼마인가? 계산을 간단히 하기 위하여 산소가 허파꽈리와 모세혈관의 세포막을 통과하는 과정에서 확산계수는 $1.8 \times 10^{-11}\ m^2/s$로 같다고 가정하여라. 두 세포막의 전체 두께는 1.2×10^{-8} m이다.

전략 x 방향을 산소가 세포막을 통과하는 방향이라고 하면, $x_{rms} = 1.2 \times 10^{-8}$ m가 되는 데 걸리는 시간을 계산하면 된다.

풀이 식 (13–42)를 t에 대하여 풀면

$$t = \frac{x_{rms}^2}{2D}$$

가 된다. 여기에 $x_{rms} = 1.2 \times 10^{-8}$ m와 $D = 1.8 \times 10^{-11}\ m^2/s$를 대입하면 답을 얻을 수 있다.

$$t = \frac{(1.2 \times 10^{-8}\ m)^2}{2 \times 1.8 \times 10^{-11}\ m^2/s} = 4.0 \times 10^{-6}\ s$$

검토 이동 시간은 세포막 두께의 제곱에 비례한다. 세포막 두께가 두 배가 되면 확산 시간은 네 배로 길어질 것이다. 거리가 증가하면 확산 시간은 급격히 증가하기 때문에 얇은 세포막으로의 진화가 일어났다고 생각할 수 있다.

실전문제 13.9 산소가 세포막의 중간까지 도달하는 시간

산소 분자가 허파꽈리와 모세혈관의 세포막 중간까지 확산하는 데 걸리는 평균 시간은 얼마인가?

해답 실전문제 & 살펴보기

13.1 37.0℃, 310.2 K

13.2 0.60 mm 늘어난다, 1.5 mm 짧아진다.

13.3 0.26 L

13.4 3.34×10^{28} atoms/m^3

13.5 공기 분자의 7.9%, 189 kPa(27 lb/in^2)

13.6 640 kPa

13.7 $\langle K_{병진} \rangle = 6.07 \times 10^{-21}$ J(O_2와 같음), $v_{rms} = 408$ m/s(CO_2 분자가 질량이 더 크므로 O_2의 rms 속력보다 느리다.)

13.8 6% 감소한다.

13.9 1.0×10^{-6}s

13.3 표 13.2에서 $\alpha = 12 \times 10^{-6}\ K^{-1}$이다. 온도 변화는 -50℃ $= -50$ K이고 길이 변화율은 $\Delta L/L_0 = \alpha \Delta T = -6.0 \times 10^{-4}$이다. 그러므로 $\Delta L = -6.0 \times 10^{-4} \times 150$ m $= -0.090$ m이다. 탑은 9.0 cm 낮아진다.

13.4 (a) 몰질량은 44.0 g/mol이므로 CO_2 한 분자의 질량은 44 u이다. (b) CO_2 3.00 mol의 질량은 (3.00 mol) × (44.0 g/mol) = 132 g이다.

13.5 (a) 분자 수(N), 몰수가 다르므로 온도가 같을 필요는 없다. (b) 온도가 같으면 분자 수가 같기 때문에 개수밀도는 같다. 몰질량이 같을 경우에만 질량밀도가 같을 것이다.

13.6 이상기체의 평균 병진운동에너지는 절대온도에 따라서 변한다. H_2는 20℃ = 293 K이므로 병진운동에너지가 2배인 경우 O_2는 2 × 293 K = 586 K = 313℃ 여야 한다.

14

열

Heat

늦은 봄 꽃샘추위로 기온이 영하로 내려가 사과 농사에 위험이 있을 수 있다는 일기예보가 있으면, 농부들은 아직 연약한 꽃봉오리를 보호하기 위해서 서둘러 사과나무에 물을 뿌린다. 농부들의 이러한 작업이 사과 꽃봉오리를 어떻게 보호할 수 있을까?

찾아가보기

- 에너지 보존(6장)
- 열적평형(13.1절)
- 절대온도 및 이상기체 법칙(13.5절)
- 이상기체의 운동론(13.6절)

생명과학 응용

- 연못은 왜 위에서부터 얼어붙을까? (14.5절)
- 인체에서의 강제 대류(14.7절)
- 지구 기후 변화에서의 대류 및 복사 (14.7절, 14.8절)
- 열 분포 사진(14.8절)
- 식물과 동물의 열 손실 및 이득 (보기 14.12, 14.14, 실전문제 14.13, 14.14, 문제 16, 24, 26, 40~43, 46, 50)
- 신진대사(문제 9, 12, 46)
- 모피, 고래의 피하지방, 새의 솜털, 모직 옷, 피부 등의 절연 효과 (문제 32~34)

14.1 내부에너지 Internal Energy

13.6절에서 이상기체 분자의 평균 병진운동에너지 $\langle K_{\text{병진}} \rangle$은 그 기체의 절대온도에 비례함을 알았다.

$$\langle K_{\text{병진}} \rangle = \frac{3}{2}kT \qquad (13\text{-}36)$$

기체가 거시적으로 움직이거나 회전하지 않는다 하더라도 기체 내 분자는 임의의 방향으로 움직이고 있다. 온도가 아주 낮지 않다면 액체나 고체, 그리고 비이상기체 내 분자의 무작위 운동에 의한 평균 병진운동에너지는 식 (13-36)으로 주어진다. 이러한 미시적인 무작위 운동에너지는 계의 **내부에너지**[internal energy]의 한 부분이다.

> **내부에너지의 정의**
>
> 계의 내부에너지는 계 내부에 있는 모든 분자의 총운동에너지이다. 이때 거시적 운동에너지(거시적인 병진운동 또는 회전운동에 의한 운동에너지)와 외부 퍼텐셜에너지(외부와의 상호작용에 의한 에너지)는 제외한다.

연결고리 계의 알짜 외력 및 계의 운동량 변화에서처럼 계의 개념은 앞에서 이미 사용했다.

계[system]는 우리가 정의하기 나름이다. 하나의 물체일 수도 있고 물체들의 집합체일 수도 있다. 계의 일부가 아닌 모든 것은 그 계의 외적인 주변 환경으로 본다.

내부에너지에는 다음과 같은 것이 있다.

- 분자 각각의 무작위 운동에 의한 병진 및 회전운동에너지
- 평형점을 중심으로 무작위로 진동하는 분자 내부의 분자나 원자의 진동에너지(운동에너지와 퍼텐셜에너지)
- 계 내부의 분자나 원자 간에 존재하는 상호작용에 의한 퍼텐셜에너지
- 화학에너지와 핵에너지(원자들이 결합하여 분자를 형성하고, 전자가 핵과 결합해 원자를 형성하고, 양성자와 중성자가 결합해 핵을 형성하는 데 관여하는 운동에너지와 퍼텐셜에너지)

다음과 같은 것은 내부에너지가 아니다.

- 계 전체 또는 거시적 일부분의 병진, 회전 그리고 진동에 의한 분자의 운동에너지
- 계의 분자와 외부적인 어떤 것(예를 들어 계 외부의 물체에 의한 중력장)과의 상호작용에 의한 퍼텐셜에너지

연결 고리 표 6.1에 다양한 에너지 형태에 대해 간략하게 설명하고 있다.

보기 14.1 마찰에 의한 에너지 소모

질량 10.0 kg의 벽돌이 2.0 m 높이의 점 A에서 경사면을 따라 마찰 없이 미끄러져 내려온다(그림 14.1). 그 후 마찰이 있는 테이블의 수평면을 미끄러진 후 1.0 m 떨어진 점 C에서 정지한다. 이 계(벽돌+테이블)의 내부에너지는 얼마나 증가하는가?

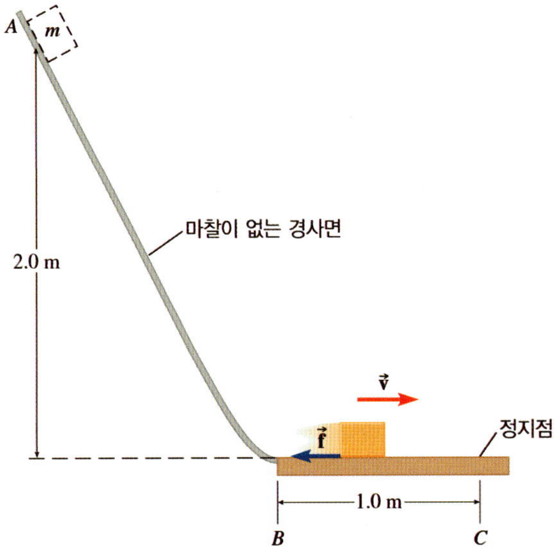

그림 14.1 물체는 마찰이 없는 경사면을 미끄러져 내려온 후 마찰이 있는 평면 위를 운동한다.

전략 중력 퍼텐셜에너지는 벽돌의 속력이 커짐에 따라 벽돌의 거시적 병진운동에너지로 바뀐다. 이 거시적 운동에너지는 마찰로 인하여 벽돌과 테이블의 내부에너지로 바뀐다. 에너지는 보존되기 때문에 내부에너지의 증가는 중력 퍼텐셜에너지의 감소와 같다. 따라서 다음의 관계가 성립한다.

점 A에서 점 B까지의 퍼텐셜에너지의 감소
　= 점 A에서 점 B까지의 운동에너지의 증가
　= 점 B에서 점 C까지의 운동에너지의 감소
　= 점 B에서 점 C까지의 내부에너지의 증가

풀이 수평면에서 $U_g = 0$라 하면 처음의 퍼텐셜에너지는

$$U_g = mgh$$
$$= 10.0\ \text{kg} \times 9.8\ \text{m/s}^2 \times 2.0\ \text{m} = 200\ \text{J}$$

이고, 나중의 퍼텐셜에너지는 0이다. 블록의 처음과 나중 병진운동에너지도 0이다. 따라서 공기로 전달되는 작은 에너지를 무시하면 블록과 테이블의 내부에너지 증가는 200 J이 된다.

검토 이 내부에너지가 벽돌에 얼마만큼, 테이블에 얼마만큼 저장되는지는 알 수 없다. 우리가 알 수 있는 것은 오로지 총량이다. 마찰이 비보존력이란 말에는 거시적인 역학적에너지가 보존되지 않는다는 의미만이 있다. 총에너지는 언제나 보존된다. 마찰은 단지 거시적인 역학적에너지를 벽돌과 테이블의 내부에너지로 변환한다. 이런 내부에너지 증가는 온도 증가로 나타난다. 마

찰 또는 비보존력에 의해 역학적에너지가 소모된다는 것은 질서 있는(벽돌의 병진운동) 에너지가 무질서한(벽돌과 테이블 안에 있는 분자들의 무작위적 운동) 에너지로 바뀜을 의미한다.

실전문제 14.1 **되튀는 고무공**

질량 1.0 kg짜리 고무공이 2.0 m의 높이로부터 떨어졌다가 처음 높이의 0.75까지 튀어 올라갔다. 바닥과의 충돌 과정에서 얼마만큼의 에너지가 소모되었는가?

계의 내부에너지가 변한다고 해서 반드시 그 계의 온도가 변하는 것은 아니다. 14.5 절에서 보겠지만, 온도가 일정하게 유지되면서도 그 계의 내부에너지가 변할 수 있다. 예를 들면 얼음이 녹을 때가 그러하다.

개념형 보기 14.2 **볼링공의 내부에너지**

정지 상태에서 온도가 18 ℃ 이던 볼링공이 구르기 시작했다. 마찰 및 공기저항에 의한 에너지 소모를 무시한다면, 정지한 볼링공의 내부에너지와 비교해서 움직이고 있는 볼링공의 내부에너지는 높아지는가 아니면 낮아지는가? 그리고 움직이고 있는 볼링공 온도는 높아지는가, 낮아지는가 아니면 같은가?

전략, 풀이 및 검토 볼링공이 구르기 시작했을 때 유일한 변화는 볼링공이 거시적인 병진 및 회전운동에너지를 갖는다는 점이다. 그러나 정의에 따르면 내부에너지는 계 전체의 병진, 회전 및 진동에 의한 분자들의 운동에너지를 포함하지 않는다. 따라서 움직이고 있는 볼링공의 내부에너지는 정지한 볼링공의 내부에너지와 같다. 그리고 개별 분자의 무작위적인 운동에 의한 평균 병진운동에너지가 온도를 결정하기 때문에 움직이고 있는 볼링공 온도는 여전히 18 ℃ 이다.

개념형 실전문제 14.2 **총병진운동에너지**

정지한 볼링공과 비교해서 움직이고 있는 볼링공 내부 분자들의 총병진운동에너지는 높아지는가, 낮아지는가 아니면 같은가?

14.2 열
Heat

13.1절에서 열은 다음과 같이 정의했다.

열의 정의

열heat**은 두 물체나 계 사이의 온도 차이로 인해 둘 사이에 흐르는 에너지이다.**

18세기의 많은 과학자들은 열이 '열소caloric'라고 불리는 유체라고 생각했다. 한 물체로 열이 흘러들어오면 그 물체의 부피는 흘러들어온 유체를 충당하기 위해 증가한다고 생각되었다. 하지만 이 가설은 질량이 늘어나지 않는 이유를 설명할 수 없었다. 지금은 열이 어떤 실체가 있는 것이 아니고 단지 에너지의 흐름이라고 알려져 있다. 이런 결론을 내게 한 실험이 럼퍼드 백작Count Rumford, Benjamin Thomson, 1753~1814에 의해 수행되었다. 대포 포신의 천공작업을 감독하던 그는 천공 드릴이 매우 뜨거워진다는 사실을 발견했다. 당시엔 이 현상이 대포의 금속 덩어리를 갈아내는 과정에서 잘게 부서진 금속 파편이 큰 금속 덩어리만큼 많은 열소를 담고 있을 수 없어 열소가 튀어나와 일어난다고 생각되었다. 하지만 럼퍼드는 드릴이 무뎌져 더 이상 대포를 갈아내지 못할 때도 드릴은 뜨거워지며, 우리가 지금 내부에너지라 부르는 것을 얼마든지 무한정 만들어낼 수 있음에 주목했다. 그는 열이 물질적인 실체라기보다는 미시적인 운동의 한 형태라고 결론지었다.

럼퍼드의 생각이 결국 받아들여진 것은 후에 줄James Prescott Joule, 1818~1889의 실험에 의해서이다. 그의 가장 유명한 실험(그림 14.2)에서 줄은 역학적인 방법으로 물의 온도를 올릴 수 있음을 보여주었다. 줄은 일련의 실험을 통해 열의 역학적 등가량이라는 어떤 계에 주어진 열량과 같은 효과를 내는 데 필요한 역학적인 일의 양을 결정해냈다. 그 당시 열량은 칼로리calorie의 단위로 측정했는데, 1 칼로리는 1 g의 물을 14.5 ℃에서 15.5 ℃로 1 ℃ 올리는 데 필요한 열량이다. 줄의 실험 결과는 오늘날 사용되는 값과 1% 이내의 오차를 가질 만큼 정확하였으며, 이 값은

$$1\ \mathrm{cal} = 4.186\ \mathrm{J} \tag{14-1}$$

이다. 식 (14-1)은 오늘날 1 칼로리의 정의로 받아들여진다. 영양사나 영양학자들이 사용하는 Calorie(대문자 C로 시작)는 사실은 킬로칼로리이며 다음과 같은 값을 갖는다.

$$1\ \mathrm{Calorie} = 1\ \mathrm{kcal} = 10^3\ \mathrm{cal} = 4186\ \mathrm{J}$$

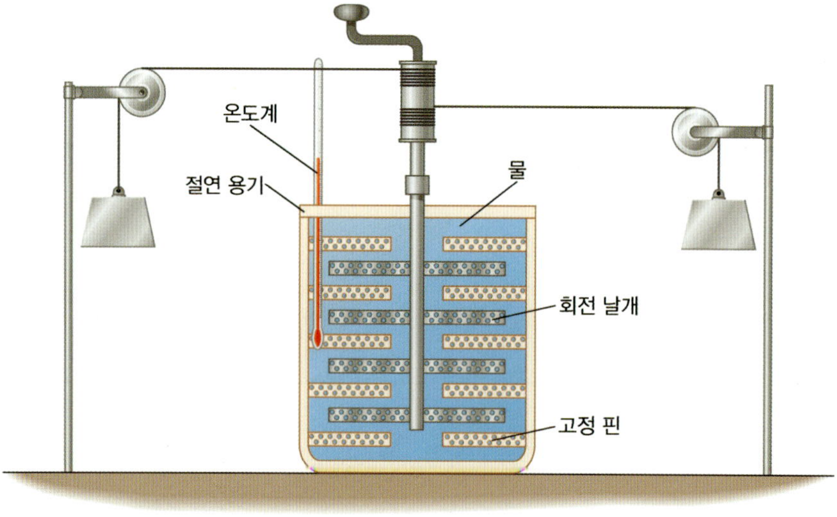

그림 14.2 줄의 실험 장치. 두 물체가 아래로 떨어지면서 물이 든 단열 용기 속의 교반용 회전 날개를 돌린다(축척을 따르지 않음). 날개가 물을 휘저으면서 물의 온도를 올린다. 줄은 물체의 낙하 거리와 물의 온도 변화를 측정함으로써 기계가 한 일과 물의 내부에너지 증가를 알아냈다.

지금도 칼로리라는 단위는 사용되고 있지만, 내부에너지나 열의 국제표준 단위인 SI 단위는 모든 형태의 에너지와 그 에너지 이동에 사용되는 단위인 **줄**joule이다.

연결고리 일처럼 열은 에너지 이동의 한 종류이다.

열과 일 열과 일은 모두 특정한 종류의 에너지 이동을 나타내는 양이라는 점에서 비슷하다. 일은 변위를 통해 작용하는 힘에 의한 에너지의 전달이다. 열은 수많은 입자가 관련된 미시적인 에너지의 전달이며, 이때 에너지의 교환은 입자 사이의 상호작용으로 이루어진다. 열이 이동해도 거시적인 변위는 없으며 한 물체에서 다른 물체로 작용하는 거시적인 힘도 없다.

어떤 계가 일을 15 kJ만큼 갖고 있다는 말이 의미가 없듯이, 어떤 계가 15 kJ만큼의 열을 가지고 있다는 말도 의미가 없다. 마찬가지로 어떤 계가 가지고 있는 열(또는 일)이 변했다고 말할 수도 없다. 계는 내부에너지를 포함하여 여러 형태로 에너지를 가질 수 있으며 열과 일은 한 계에서 다른 계로 에너지가 이동하는 방법이다. 줄의 실험에 의하면 한 계에 해준 일 또는 그 계로 흘러 들어간 같은 양의 열은 그 계의 내부에너지를 같은 양만큼 증가시킨다. 만약 내부에너지의 증가가 줄의 실험에서처럼 역학적인 일에 의한 것일 경우에는 열의 흐름은 없다.

살펴보기 14.2 고무줄을 아주 빠르게 여러 번 늘린 후 여러분의 손목 또는 입술에 대면 여러분은 '뜨거워졌다'고 느낄 것이다. 이때 온도 상승은 고무줄로의 열 흐름에 의해서 발생했는가? 그렇지 않다면 어떤 일이 일어났는가?

열 흐름의 방향 **열은 온도가 높은 계에서 온도가 낮은 계로 흐른다.** 온도는 분자의 미시적 병진운동에너지와 관련이 있다. 따라서 열의 흐름은 분자의 평균적인 미시적 병진운동에너지를 같게 만드는 경향이 있다. 만약 열적으로 접촉한 두 계 사이에 아무런 열의 흐름이 없다면 두 계는 열적평형상태에 있으며 같은 온도를 갖는다.

보기 14.3 **줄의 실험**

줄이 수행한 것과 유사한 실험에서 총질량이 12.0 kg인 두 물체가 1.25 m의 높이에서 일정한 속도로 낙하하며 단열 용기 속의 회전 날개로 물을 저어준다. 낙하를 20회 반복할 경우 물의 내부에너지 증가는 몇 J인가?

전략 질량체가 낙하할 때마다 중력 퍼텐셜에너지는 물을 저어주는 날개의 운동에너지로 변환되고 이는 궁극적으로 물의 내부에너지로 변환된다.

풀이 물체가 한 번 낙하할 때 중력 퍼텐셜에너지의 변화는

$$\begin{aligned}\Delta U_g &= mg\Delta h \\ &= 12.0\ \text{kg} \times 9.8\ \text{N/kg} \times (-1.25\ \text{m}) \\ &= -147\ \text{J}\end{aligned}$$

이다. 이 에너지가 전부 물로 갈 경우 20회 반복할 동안 물의 내부에너지는 $20 \times 147\ \text{J} = 2.94\ \text{kJ}$ 만큼 증가한다.

검토 줄의 실험을 수행할 때 물로 공급되는 에너지의 양을 바꿀 수 있다. 에너지의 양을 바꾸는 한 방법은 물체의 낙하 횟수를 바꾸는 것이다. 낙하하는 물체의 질량을 바꾸거나 낙하 높이를 조절하는 방법도 있다. 이런 모든 방법은 회전 날개를 저어주는 바퀴를 돌리는 복잡한 장치의 변화 없이 내부에너지로 변환되는 중력 퍼텐셜에너지의 양을 조절할 수 있게 해준다.

실전문제 14.3 **물의 온도 변화**

물체를 20회 낙하시킨 후 단열 용기 속 물의 온도가 2.0 ℃ 올라갔다면 용기 속의 물의 질량은 얼마인가? 모든 내부에너지의 증가는 물로 간다고 가정하여라(교반용 회전 날개 자체의 내부에너지 변화는 무시하여라).

열팽창의 원인

열이 '열소'라는 유체의 흐름이 아니라면 온도가 올라갈 때 그 물체가 일반적으로 팽창하는 이유는 무엇일까(13.3절 참조)? 물체는 원자(또는 분자) 간의 거리가 늘어남에 따라 팽창한다. 물체를 이루는 원자들은 정지해 있지 않다. 각 원자가 평형점에 고정된 고체 내에서조차도 원자들은 그 평형점에 대해 이리저리 진동한다. 이 진동에너지는 그 물체의 내부에너지의 일부이다. 열이 물체로 흘러 들어가도 온도가 올라가고 결국 내부에너지가 증가한다. 이 중 일부는 진동에너지가 되며, 따라서 한 원자의 평균적인 진동에너지는 온도가 올라감에 따라 증가한다.

연결 고리 13.3절에서는 열팽창을 소개했다. 여기에서는 팽창이 발생하는 이유를 설명한다.

원자 사이에 작용하는 힘은 매우 비대칭적이기 때문에 원자 하나의 진동에너지가 증가함에 따라 보통 원자 간의 평균 거리는 증가한다. 평형상태에서의 거리보다 가까운 두 원자는 서로 강하게 밀어내지만, 평형상태에서의 거리보다 먼 두 원자는 그보다 훨씬 약하게 잡아당긴다. 따라서 진동에너지가 증가하면 원자 간의 최대 거리는 원자 간의 최소 거리가 줄어든 것보다 더 많이 증가해 결국 원자 간의 평균적인 거리는 늘어난다.

팽창계수는 물질마다 다른데 원자 간(또는 분자 간)의 결합 강도가 다르기 때문이다. 일반적으로 원자 간의 결합 강도가 클수록 팽창계수는 작다. 액체는 고체와 비교하면 부피팽창계수가 훨씬 더 큰데, 이것은 액체 내의 분자가 고체 내에서보다 액체 내에서 훨씬 약하게 구속되어 있기 때문이다.

14.3 열용량과 비열 Heat Capacity and Specific Heat

열용량

역학적으로 가해지는 일 없이, 더 고온인 다른 계와 열적으로 접촉하여 열이 유입되는 계를 생각해 보자. 15장에서는 일과 열이 모두 계의 내부에너지를 변화시키는 경우를 고려한다. 이 계의 내부에너지가 증가함에 따라(만약 이 계의 어떤 부분에서 고체에서 액체로의 상변화 같은 것이 없다면) 그 온도는 높아질 것이다. 만약 계에서 열이 흘러나온다면 내부에너지는 줄어들게 된다. 이때는 열량 Q가 음이 된다. Q가 계 내부로 흘러 들어간 열로 정의됐기 때문에 음수의 열은 열이 계로부터 빠져나왔음을 나타낸다.

보통 상태에 있는 대부분 물질에서 온도 변화 ΔT는 열량 Q에 비례한다. 비례상수를 계의 **열용량** heat capacity(기호 C)이라고 정의한다.

열용량의 정의

$$Q = C\Delta T \tag{14-2}$$

열용량은 물질의 종류뿐만 아니라 그 양에도 관계된다. 1 g의 물에 1 cal의 열량이 흘러 들어가면 온도가 1 ℃ 증가하지만, 2 g의 물에 1 cal의 열량이 흘러 들어가면 온도가 0.5 ℃ 증가한다. 열용량의 SI 단위는 J/K 이다. 단지 온도의 변화량만이 관련되어 있고 온도 1 K 의 변화는 온도 1 ℃ 의 변화와 같기 때문에 1 J/K 나 1 J/℃ 는 같다.

열용량이란 용어는 그 이름이 의미하는 것과는 달리 열을 담을 수 있는 정도나 열을 흡수하는 능력과는 관련이 없다. 그보다 열용량은 계로 들어간 열과 온도 증가에 대한 관계이다. 열용량을 계에 어떤 온도 변화를 만들기 위해 얼마나 많은 열이 출입해야 하는지에 대한 척도라고 생각하자.

비열

물잔 속 물의 열용량은 호수에 담긴 물의 열용량보다 매우 적다. 어떤 계의 열용량이 그 계의 질량과 비례하기 때문에 물체의 단위 질량당 열용량을 **비열용량** specific heat capacity(기호 c)으로 정의한다.

비열용량의 정의

$$c = \frac{C}{m} = \frac{Q}{m\Delta T} \tag{14-3}$$

비열용량을 줄여서 비열이라고 한다. 비열의 SI 단위는 J/kg · K이다. 이 단위에서 비열은 물체 1 kg에 1 K의 온도 변화를 주는 데 필요한 열량의 줄 단위의 값이 된다. 이때에도 단지 온도의 변화량만이 관련되어 있기 때문에 J/kg · ℃로 써도 된다.

표 14.1은 대기압, 20 ℃ (별도로 지정되지 않은 경우)일 때 주변에서 흔히 볼 수 있는 물질의 비열을 나타낸다. 본 교재에서 제시한 보기나 문제의 온도 범위에서는 이 비열 값이 유효하다고 가정한다. 대부분의 다른 물질에 비해 물의 비열이 비교적 큼에 유의하자. 물의 비열이 크기 때문에 바다는 봄철에 서서히 데워지고 겨울이 다가오면 서서히 차가워져 해안 지역의 온도는 급격하게 변하지 않는다.

표 14.1 대기압(1기압 또는 1atm), 20 ℃에서의 일상적인 물질의 비열

물질	비열 $\left(\frac{\text{kJ}}{\text{kg}\cdot\text{K}}\right)$	물질	비열 $\left(\frac{\text{kJ}}{\text{kg}\cdot\text{K}}\right)$
금	0.128	파이렉스 유리	0.75
납	0.13	화강암	0.80
수은	0.139	대리석	0.86
은	0.235	알루미늄	0.900
황동	0.384	공기(50℃)	1.05
구리	0.385	목재(평균)	1.68
강철	0.44	수증기(110℃)	2.01
철	0.45	얼음(0℃)	2.1
플린트 유리	0.50	에틸알코올	2.4
크라운 유리	0.67	인체 조직(평균)	3.5
바이코어 유리	0.74	물(15℃)	4.186

식 (14−3)을 다음과 같이 쓰면 계에 어떤 온도 변화를 일으키는데 필요한 열량에 대한 식이 된다.

$$Q = mc\Delta T \quad (14\text{-}4)$$

식 (14−3)과 식 (14−4)에서 Q의 부호 규약은 일관된다. 계로 열이 흘러 들어가면 ($Q > 0$) 온도는 올라가고($\Delta T > 0$), 계로부터 열이 빠져 나가면($Q < 0$) 온도가 내려간다($\Delta T < 0$).

식 (14−2), (14−3), (14−4)는 상변화가 일어나지 않는 경우에만 타당하다. 같은 물질이라도 상이 달라지면 비열은 달라진다. 표 14.1에서 얼음, 물, 수증기의 비열이 서로 다른 것을 보면 알 수 있다.

살펴보기 14.3 20 ℃, 물 100 g이 담겨 있는 통에 80 ℃의 황동 조각 10 g을 떨어뜨렸다. 주위로의 열 흐름을 무시한다면 물과 황동의 평형 온도는 50 ℃ 이하일까? 아니면 이상일까? 이유를 설명하라.

보기 14.4 냄비 속 물 끓이기

물 5.00 kg이 담긴 냄비를 처음 20.0 ℃에서부터 10.0분 동안 가열하였다. 나중 물의 온도는 30.0 ℃이었다. (a) 물의 내부에너지 증가는 얼마인가? (b) 만약 물을 5.0분 더 가열한다면 물의 나중 온도는 몇 ℃인가? (c) 처음 10.0분 동안 흘러 들어간 열을 어림잡아 계산해 보아라.

전략 우리가 구하고자 하는 것은 물의 내부에너지와 온도이므로 냄비 속의 물을 하나의 계로 보아야 한다. 냄비도 같이 가열되지만 계에 속하지는 않는다. 냄비와 가스레인지, 실내는 모두 계의 주변 환경으로 봐야 한다. 물에 해준 일이 없으므로 내부에너지의 증가는 물로 흘러들어온 열량과 같다. 이 열량은 물의 질량, 물의 비열 그리고 온도 변화로부터 구할 수 있다. 버너가 열을 일정한 비율로 공급하기만 한다면 추가 시간 동안 공급된 추가 에너지를 구할 수 있다. 온도 변화는 공급된 열량에 비례하므로 온도 역시 일정한(분당 몇 ℃의) 비율로 변한다. 시간이 반으로 줄면 공급된 에너지도 반으로 줄고 온도의 변화량도 반으로 준다.

풀이 (a) 온도 변화는

$$\Delta T = T_f - T_i = 30.0\ ℃ - 20.0\ ℃ = 10.0\ \text{K}$$

이다(10.0 ℃의 온도 변화는 10.0 K의 변화와 동등하다). 따라서 물의 내부에너지 증가는

$$\begin{aligned}\Delta U = Q &= mc\Delta T \\ &= 5.00\ \text{kg} \times 4.186\ \text{kJ/(kg}\cdot\text{K)} \times 10.0\ \text{K} \\ &= 209\ \text{kJ}\end{aligned}$$

이다.

(b) 흘러 들어간 열이 경과 시간과 비례한다고 가정하자. 온도의 변화는 전달된 에너지와 비례하기 때문에 10.0분 동안 10.0 ℃가 올라갔다면 5.0분 더 가열했을 때 5.0 ℃가 더 상승한다. 결국 나중 온도는 다음과 같다.

$$T = 20.0\ ℃ + 15.0\ ℃ = 35.0\ ℃$$

(c) 흘러 들어간 열이 모두 물로 가는 것은 아니다. 가열기에서 나온 열의 일부는 냄비로 갈 수도 있고 공기 중으로 달아날 수도 있다. 확실히 말할 수 있는 것은 버너에서 10.0분 동안 209 kJ 이상의 열이 흘러나간다는 사실이다.

검토 물의 열용량은 5.00 kg × 4.186 kJ/(kg · K) = 20.9 kJ/K 이다. 곧 온도 1.0 K가 변할 때마다 20.9 kJ의 열 출입이 있다는 의미이다. 온도가 10.0 K 변화했으므로

$$20.9\ \mathrm{kJ/K} \times 10.0\ \mathrm{K} = 209\ \mathrm{kJ}$$

의 열이 필요하다.

실전문제 14.4 **욕조 물의 전기요금**

전기요금이 kW · h당 0.080달러라면 욕조의 물 160 L를 10.0 ℃ (가정으로 공급되는 상수도의 수온)에서 45.0 ℃로 가열하는 데 드는 비용은 얼마인가? [힌트 : 1 L의 물은 1 kg이고 1 kW · h = 1000 J/s × 3600 s이다.]

셋 이상 물체 사이에서의 열 흐름 큰 쇠 주전자에 담긴 물을 데우기 위해 주전자에 뜨겁게 달궈진 구리 조각을 넣었다고 가정해 보자. 이 경우 물, 쇠 주전자 그리고 구리 조각이 계를 이룬다. 주변 환경은 이들 계를 포함하는 방이다. 열은 세 물체가 열평형을 이루어 세 물체가 모두 같은 온도가 될 때까지 흐른다. 주변 환경으로의 열 손실이 매우 적다면 에너지 보존 법칙에 따라 구리 조각에서 흘러나온 열은 모두 물과 쇠 주전자로 흘러들어갈 것이고 다음 식이 성립한다.

$$Q_{\mathrm{Cu}} + Q_{\mathrm{Fe}} + Q_{\mathrm{H_2O}} = 0$$

연결고리 여기에서는 에너지 보존 법칙을 적용한다.

이 경우 열은 구리에서 흘러나왔으므로 Q_{Cu}는 음이고 쇠 주전자와 물로 열이 흘러 들어갔으므로 Q_{Fe}와 $Q_{\mathrm{H_2O}}$는 양이 된다.

열량계

열량계란 열량을 섬세하게 측정할 수 있는 단열 용기(그림 14.3)로, 주변으로 또는 주변으로부터의 열 손실과 유입이 최소가 되도록 설계되어 있다. 전형적인 등적 열량계 bomb calorimeter는 질량을 알고 있는 물과 원통형 알루미늄 통으로 이루어져 있다. 이 알루미늄 통은 다시 단열재가 든 보다 큰 알루미늄 통 속에 들어 있다. 두 알루미늄 통 사이에는 공

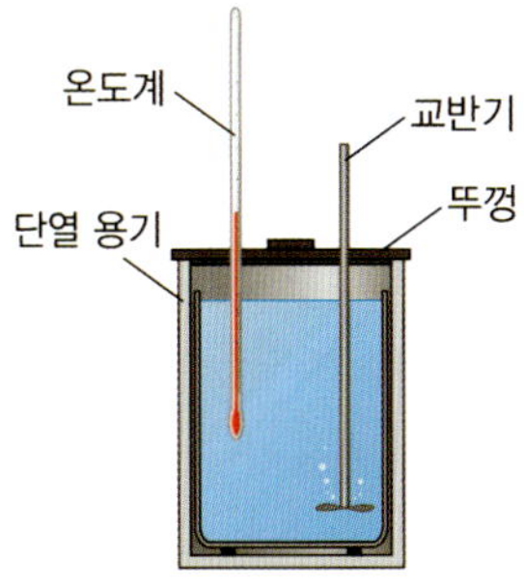

그림 14.3 열량계

기가 들어있어 열적으로 차단되어 있다. 용기 입구는 단열 뚜껑으로 꼭 맞게 덮여 있고 두 개의 구멍이 나 있어 용기 내부 물의 온도를 잴 수 있는 온도계와 물이 열평형에 빨리 다다를 수 있도록 휘저어주는 교반기가 꽂혀 있다.

이제 어떤 온도의 물체를 다른 온도의 물과 알루미늄 통으로 이루어진 열량계에 넣었다고 하자. 에너지 보존 법칙에 따라 그 물체로부터 흘러나온 열($Q < 0$)은 다른 물체로 흘러 들어간다($Q > 0$). 열량계 외부로의 열 손실이 없다고 하면 물체 o, 물 w 그리고 알루미늄 a로 흘러들어간 총열량은 0이 되어야 한다.

$$Q_o + Q_w + Q_a = 0$$

보기 14.5는 열량계를 이용하여 물체의 비열을 측정하는 방법을 보여준다. 측정된 비열 값을 이미 알려진 물질들의 비열 표와 비교하면 물질의 종류를 알아내는 데 도움이 될 수 있다.

보기 14.5 미지 금속의 비열

0.550 kg의 미지 금속 시료가 75.0 ℃의 물이 담긴 용기 속에서 열평형을 이루고 있다. 이 금속을 재빨리 꺼내어 15.5 ℃의 물 0.500 kg이 들어있는 알루미늄 열량계의 내부 원통에 넣었다. 내부 원통의 질량은 0.100 kg이다. 열량계 내부가 18.8 ℃에서 평형을 이루었을 때, 이 금속 시료의 비열을 구하고 표 14.1을 참고하여 이 금속이 무엇인지 결정하여라.

전략 열은 미지 금속으로부터 세 물체의 온도가 같아져 평형에 다다를 때까지 물과 알루미늄으로 흐른다. 아래 첨자를 이용하여 열의 흐름과 세 물체의 온도를 구분하도록 하자. T_f는 세 물체의 최종 온도이다. 처음에 물과 알루미늄 온도는 15.5 ℃이었고 미지 금속의 온도는 75.0 ℃이었다. 열평형에 다다르면서 세 물체의 온도는 모두 18.8 ℃가 되며, 이때 주변으로의 열 손실은 무시한다. 곧 열은 알루미늄+물+미지 시료로 이루어진 계 외부로 흘러나가지 않는다.

풀이 열은 시료로부터 흘러나와($Q_s < 0$) 물과 알루미늄 원통으로 흘러 들어간다($Q_w > 0$, $Q_a > 0$). 주변으로의 열 손실이 없다고 가정하면

$$Q_s + Q_w + Q_a = 0$$

이다. 각 물체에 출입한 열은 온도 변화로부터 구할 수 있다. $Q = mc\Delta T$라는 관계식을 적용하면

$$m_s c_s \Delta T_s + m_w c_w \Delta T_w + m_a c_a \Delta T_a = 0 \quad (1)$$

이다. 이 식을 해결하는 데 필요한 정보를 다음과 같이 정리하였다.

물질	시료	물	알루미늄
질량(m)	0.550 kg	0.500 kg	0.100 kg
비열(c)	c_s (미지수)	4.186 kJ/(kg·℃)	0.900 kJ/(kg·℃)
열용량(mc)	0.550 kg × c_s	2.093 kJ/℃	0.0900 kJ/℃
처음 온도(T_i)	75.0 ℃	15.5 ℃	15.5 ℃
최종 온도(T_f)	18.8 ℃	18.8 ℃	18.8 ℃
온도 변화(ΔT)	−56.2 ℃	3.3 ℃	3.3 ℃

c_s에 대해 식 (1)을 풀면

$$c_s = \frac{m_w c_w \Delta T_w + m_a c_a \Delta T_a}{m_s \Delta T_s}$$

$$= -\frac{(2.093\ \text{kJ/℃})(3.3\ ℃) + (0.0900\ \text{kJ/℃})(3.3\ ℃)}{(0.550\ \text{kg})(-56.2℃)}$$

$$= 0.23 \frac{\text{kJ}}{\text{kg}\cdot ℃}$$

이다. 표 14.1의 값들과 비교해 보면 이 금속은 은으로 추정된다.

검토 간단히 점검해 보자. 알루미늄의 작은 열용량을 무시한다면, 미지 시료의 온도 변화가 물의 온도 변화의 56.2 ℃/3.3 ℃ ≈ 17배만큼 크므로 미지 시료의 열용량은 물의 열용량의 약 $\frac{1}{17}$일 것이다. 미지 시료와 물의 질량이 거의 같으므로 이 시료의 비열은 물의 비열의 약 $\frac{1}{17}$이 된다.

$$\frac{1}{17} \times 4.186 \frac{\text{kJ}}{\text{kg}\cdot ℃} = 0.25 \frac{\text{kJ}}{\text{kg}\cdot ℃}$$

이는 위에서 구한 값과 매우 가깝다.

실전문제 14.5 **최종 온도**

내부 용기의 질량이 0.100 kg인 알루미늄 열량계 속에 담긴 20.0 ℃ 물 0.35 kg에 90.0 ℃의 물 0.25 kg이 혼합되었다. 섞인 물의 최종 온도를 구하여라.

14.4 이상기체의 비열
Specific Heat of Ideal Gases

이상기체 분자의 평균 병진운동에너지는 다음과 같이 주어진다.

$$\langle K_{병진} \rangle = \frac{3}{2} k_B T \qquad (13\text{-}36)$$

N개의 분자(n몰)로 이루어진 기체의 총병진운동에너지는

$$K_{병진} = \frac{3}{2} N k_B T = \frac{3}{2} nRT \qquad (14\text{-}5)$$

가 된다.

이제 부피가 일정하게 유지되는 단원자 분자(분자가 하나의 원자로 이루어진 분자) 기체에 열을 가해 보자. 기체의 부피가 일정하므로 기체에 해준 일은 없다. 따라서 내부에너지의 변화는 가해준 열량과 같다. 원자를 점 입자로 볼 때 흘러 들어간 열 때문에 내부에너지가 변화할 수 있는 유일한 방법은 원자의 병진운동에너지가 변화하는 것뿐이다. 나머지 내부에너지는 원자 속에 갇혀 있어서 상전이나 화학 반응(이것이 이상기체에서는

표 14.2 25 ℃에서 다양한 기체의 등적 몰비열

	기체	C_V $\left(\frac{\text{J/K}}{\text{mol}}\right)$
단원자	He	12.5
	Ne	12.7
	Ar	12.5
이원자	H_2	20.4
	N_2	20.8
	O_2	21.0
삼원자	CO_2	28.2
	N_2O	28.4

발생할 수 없다) 등이 일어나지 않는 한 일정하게 유지된다. 결국

$$Q = \Delta K_{병진} = \frac{3}{2}nR\Delta T \tag{14-6}$$

가 된다.

식 (14–6)으로부터 단원자 분자 이상기체의 비열을 구할 수 있다. 하지만 기체에 대해서는 다음과 같이 등적 **몰비열** molar specific heat(C_V)을 정의하는 것이 더 편리하다.

$$C_V = \frac{Q}{n\Delta T} \tag{14-7}$$

연결고리 비열과 몰비열은 다른 단위로 표현된 같은 양(물질량당 열용량)이라고 볼 수 있다.

여기서 첨자 V는 열이 출입하는 동안 기체의 부피가 일정하게 유지됨을 나타낸다. 몰비열은 단위 질량당이 아닌 1몰당의 열용량으로 정의된다. 결국 비열이나 몰비열은 둘 다 해당 물질 일정량당 열용량이므로 같은 양을 다른 단위로 표현한 것에 불과하다. 하나는 물질의 양을 질량으로 측정한 것이고 다른 하나는 몰수로 측정한 것이다.

식 (14–6)과 (14–7)로부터 단원자 이상기체의 몰비열을 구하면 다음과 같다.

$$Q = \frac{3}{2}nR\Delta T = nC_V\Delta T \tag{14-8}$$

$$C_V = \frac{3}{2}R = 12.5\frac{\mathrm{J/K}}{\mathrm{mol}} \quad (\text{단원자 이상기체}) \tag{14-9}$$

표 14.2를 보면 실온의 단원자 기체에 대해서 이 계산이 매우 정확함을 알 수 있다.

이원자 기체는 단원자 기체보다 큰 몰비열을 갖는다. 그 이유는 무엇일까? 이원자 기체는 점 입자의 형태로 가정할 수 없다. 분자를 이루는 두 원자 간에는 거리가 있으며 이 때문에 분자가 두 수직축에 대해 회전하는 경우엔 훨씬 더 큰 회전관성을 갖게 된다(그림 14.4). 내부에너지의 증가량 전부가 분자의 병진운동에너지가 되지 않고 일부는 회전운동에너지로 사용되기 때문에 몰비열이 커지는 것이다.

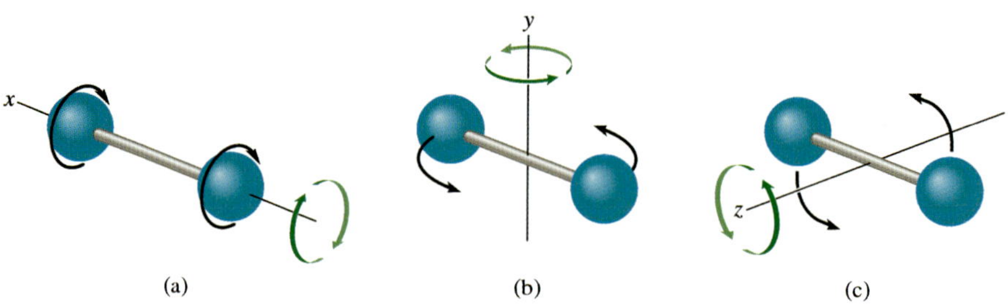

그림 14.4 수직인 세 축에 대한 이원자 분자모형의 회전. (a) x축에 대한 회전관성은 무시할 수 있다. (b) y축과 (c) z축에 대한 회전관성은 원자들과 회전축 사이가 길기 때문에 같은 질량의 단원자 회전관성보다 훨씬 크다.

15장에서 살펴보겠지만, 실온에서 이 원자 이상기체의 몰비열은

$$C_V = \frac{5}{2}R = 20.8\ \frac{\mathrm{J/K}}{\mathrm{mol}} \quad \text{(실온에서 이원자 이상기체)} \tag{14-10}$$

임이 밝혀졌다. 왜 $\frac{3}{2}R$이 아니고 $\frac{5}{2}R$인가? 이원자 분자 기체는 세 개의 독립적인 방향으로의 병진운동에너지 이외에 두 개의 수직축에 대한 회전운동에너지가 있기 때문이다(그림 14.4b와 c). 따라서 단원자 기체가 내부에너지를 저장하는 방법이 세 가지이지만 이원자 분자에서는 다섯 가지인 셈이다. **에너지 등분배** equipartition of energy의 정리에 의하면 내부에너지는 충분히 온도가 높다면 에너지가 저장될 수 있는 모든 가능한 방법에 대해 균등하게 배당된다(증명은 생략하기로 한다). 균등하게 배분된 각각의 에너지는 분자당 평균 $\frac{1}{2}k_B T$이고 이는 등적 몰비열에 대해 $\frac{1}{2}R$의 기여를 한다.

보기 14.6 제논 기체의 가열

실린더 내에 20.0 ℃, 5.0기압(atm)의 제논(Xe) 기체 250 L가 들어있다. 부피의 변화 없이 이 기체의 온도를 50.0 ℃로 올리려면 얼마만큼의 열이 필요한가? 제논 기체를 이상기체라고 가정하여라.

전략 단위 몰당 자유도 하나에 필요한 열을 몰비열이라고 한다. 제논 기체의 몰수(n)는 이상기체법칙 $PV = nRT$에서 구할 수 있다. 제논 기체는 단원자 기체이므로 $C_V = \frac{3}{2}R$이 될 것이다.

풀이 모든 양을 SI 단위로 바꿔 놓고 시작하자.

$$P = 5.0\ \mathrm{atm} = 5 \times 1.01 \times 10^5\ \mathrm{Pa} = 5.05 \times 10^5\ \mathrm{Pa}$$

$$V = 250\ \mathrm{L} = 250 \times 10^{-3}\ \mathrm{m^3}$$

$$T = 20.0\ ℃ = 293.15\ \mathrm{K}$$

이상기체 방정식으로부터 기체의 몰수를 알 수 있다.

$$n = \frac{PV}{RT} = \frac{5.05 \times 10^5\ \mathrm{Pa} \times 250 \times 10^{-3}\ \mathrm{m^3}}{8.31\ \mathrm{J/(mol \cdot K)} \times 293.15\ \mathrm{K}} = 51.8\ \mathrm{mol}$$

단위를 점검해 보자. $\mathrm{Pa} = \mathrm{N/m^2}$이므로

$$\frac{\mathrm{Pa \times m^3}}{\mathrm{J/(mol \cdot K) \times K}} = \frac{\mathrm{N/m^2 \times m^3}}{\mathrm{J/mol}} = \frac{\mathrm{N \cdot m}}{\mathrm{J}} \times \mathrm{mol} = \mathrm{mol}$$

일정한 부피의 단원자 기체에서 에너지는 모두 분자의 병진운동에너지를 증가시키는 데 쓰인다. 몰비열에 대한 식 $Q = nC_V \Delta T$에서 $C_V = \frac{3}{2}R$이므로

$$Q = \frac{3}{2}nR\Delta T$$

이다. 그런데 $\Delta T = 50.0\ ℃ - 20.0\ ℃ = 30.0℃$이므로, 이를 대입하면 다음과 같다.

$$Q = \frac{3}{2} \times 51.8\ \mathrm{mol} \times 8.31\ \mathrm{J/(mol \cdot ℃)} \times 30.0\ ℃ = 19\ \mathrm{kJ}$$

검토 부피가 일정하다는 사실은 모든 열이 기체의 내부에너지를 증가시키는 데 사용된다는 것을 의미한다. 만약 기체가 팽창한다면 일을 통해 에너지를 외부로 전달할 수 있다. 이상기체 법칙을 이용하여 기체의 몰수를 구할 때는 섭씨온도가 아니라 절대온도를 사용해야 한다는 데 주의해야 한다. 온도의 변화 값이 들어있는 관계식에 대해서만 섭씨나 절대온도를 모두 사용할 수 있다.

실전문제 14.6 **헬륨 기체의 가열**

330 L 짜리 헬륨 기체 저장 용기의 온도는 21 ℃ 이며, 10.0 atm 의 압력이 가해져 있다. 이 용기 속의 헬륨의 온도를 75 ℃ 로 올리기 위해서는 얼마만큼의 에너지가 가해져야 하는가?

실제로 점 입자가 아닌 단원자 기체에 대해 왜 회전운동을 고려하지 않는지, 혹은 이원자기체에 대해 나머지 한 축에 대한 회전은 왜 고려하지 않는지 의아해할 수도 있다. 그 해답은 양자역학에서 찾을 수 있다. 분자에 임의로 작은 양의 에너지를 줄 수는 없다. 불연속적인 양이나 단계적인 양의 에너지만이 분자에 더해질 수 있다. 실온에서는 작은 회전관성의 회전 모드를 들뜨게 할 만큼 충분한 내부에너지가 없다. 그 때문에 회전운동은 비열에 기여하지 않는 것이다. 이 원자 기체에서 진동의 가능성 역시 무시하였다. 이는 실온에서는 문제가 되지 않는다. 하지만 고온에서는 진동의 효과가 중요해지므로 두 개의 에너지 모드(운동에너지와 퍼텐셜에너지)를 추가해 주어야 한다. 따라서 온도가 올라가면 이 원자 기체의 몰비열은 증가하여 고온에서는 $\frac{7}{2}R$에 근접하게 된다.

14.5 상전이 Phase Transitions

주전자에 있는 물에 계속 열을 가하면 물이 끓기 시작하여 액체 상태에서 증기로 변한다. 얼음 조각을 가열하면 결국 녹아서 액체 상태의 물로 바뀐다. 어떤 물질이 한 상태에서 다른 상태로 바뀔 때 **상전이**phase transition가 일어난다. 고체에서 액체로 바뀌는 현상이 상전이의 대표적인 예이다.

0 ℃ 의 얼음조각을 20 ℃ 의 실내에 있는 유리잔 속에 넣으면 서서히 녹는다. 얼음이 녹아 생긴 물의 온도는 얼음이 모두 녹을 때까지 0 ℃ 를 유지한다. 대기압에서 온도 0 ℃ 에서만 물과 얼음이 공존할 수 있다. 얼음이 모두 녹으면 물은 점차 실온으로 올라간다. 마찬가지로 가열기에서 끓고 있는 물은 그 물이 전부 증발해 날아갈 때까지는

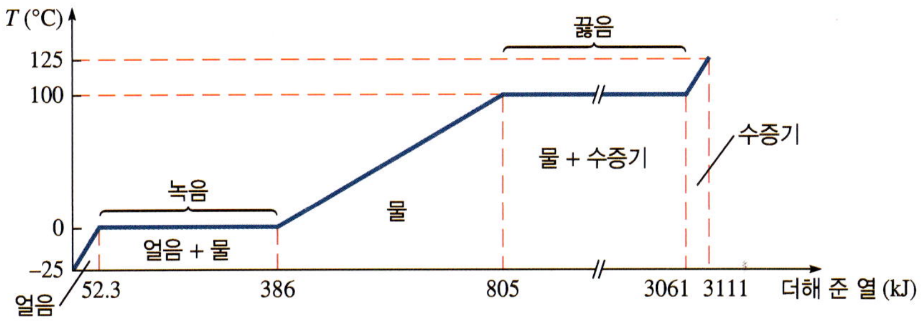

그림 14.5 영하에서부터 온도가 올라가기 시작한 얼음 1 kg에 대한 온도-열 그래프. 상전이가 일어나는 동안 두 상태의 혼합물(얼음 + 물, 물 + 수증기) 온도는 변하지 않는다.

100 ℃를 유지한다. −25 ℃의 얼음 1.0 kg을 모두 125 ℃의 수증기로 변환시키는 경우를 생각해 보자. 그림 14.5는 온도와 열 사이의 관계를 보여준다. 두 번의 상전이가 일어나는 동안 열이 꾸준히 유입되어 에너지는 변하지만 두 상(얼음 + 물, 물 + 수증기)이 혼합된 구간에서는 온도의 변화는 없다. 이 과정의 각 단계에서의 열을 표 14.3에 나타냈다.

표 14.3 −25 ℃의 얼음 1 kg을 125 ℃의 수증기로 만드는 데 필요한 열

상변화 또는 온도 변화	Q (kJ)
얼음 : −25 ℃ 에서 0 ℃로	52.3
녹음 : 0 ℃ 얼음에서 0 ℃ 물로	333.7
물 : 0 ℃ 에서 100 ℃로	419
끓음 : 100 ℃ 물에서 100 ℃ 수증기로	2256
수증기 : 100 ℃에서 125 ℃로	50

숨은열 물질의 단위 질량당 상을 변화시키는 데 필요한 열을 **숨은열** latent heat(L)이라고 한다. 여기서 숨었다는 단어는 상전이가 일어나는 동안 온도는 변화하지 않는다는 사실과 관련되어 있다.

숨은열의 정의

$$|Q| = mL \tag{14-11}$$

식 (14−11)에서 열 Q의 부호는 상전이의 방향에 의해서 결정된다. 물질이 녹거나 끓을 때는 $Q > 0$이다(열이 계로 유입된다). 물질이 얼거나 응축될 때는 $Q < 0$이다(열이 계로부터 방출된다).

고체−액체 간(어느 방향으로도 무관함)의 상전이를 일으키는 데 필요한 단위 질량당 열량을 **융해열** latent heat of fusion(L_f) 이라고 한다. 표 14.3을 보면, 1 kg의 얼음을 0 ℃의 물로 변환하는 데 필요한 열은 333.7 kJ이기 때문에 물에 대한 융해열은 333.7 kJ/kg 이다. 액체−기체 간(어느 방향으로도 무관함) 상전이를 일으키는 데 필요한 단위 질량당

열량은 **기화열**latent heat of vaporization(L_V)이라고 한다. 표 14.3을 보면, 1 kg의 물을 100 ℃의 수증기로 변환하는 데 필요한 열은 2256 kJ이기 때문에 물에 대한 기화열은 2256 kJ/kg이다. 표 14.4에는 다양한 물질의 융해열과 기화열을 나타냈다.

표 14.4 몇 가지 일상적인 물질의 숨은열

물질	녹는점(℃)	융해열(kJ/kg)	끓는점(℃)	기화열(kJ/kg)
에틸알코올	−114	104	78	854
알루미늄	660	397	2450	11400
구리	1083	205	2340	5070
금	1063	66.6	2660	1580
납	327	22.9	1620	871
은	960.8	88.3	1950	2340
물	0.0	333.7	100	2256

살펴보기 14.5 100 ℃의 물에 의한 화상보다는 100 ℃의 수증기에 의한 화상이 더 심하다. 그 이유를 자세히 설명하라.

과수원에서는 온도가 영하로 떨어지면 꽃나무에 물을 뿌려 연약한 꽃봉오리가 어는 것을 방지한다. 이것은 물의 큰 융해열을 이용한 것이다. 꽃이 얼기 전에 물이 0 ℃까지 냉각된 후에야 얼음이 얼게 된다. 그렇지만 어는 과정에서 물은 많은 양의 열을 내놓기 때문에 꽃봉오리의 온도가 0 ℃ 이하로 내려가는 것을 막는다. 물이 얼어버린다 해도 얼음은 열을 잘 전달하지 못하기 때문에 꽃봉오리를 덮고 있는 얇은 얼음층은 단열재의 역할을 하게 된다.

상전이에 대한 미시적인 설명 상이 변화하는 도중에 어떤 일이 일어나는가를 알려면 그 물체를 분자 수준에서 관찰해야 한다. 물체가 고체 상태일 경우 상호 간의 결합에 의해 원자 또는 분자는 평형점 주변에 고정되어 있다. 이런 결합을 풀어서 고체를 액체로 변환하려면 에너지를 가해 주어야 한다. 물질이 액체에서 기체로 변할 때 에너지는 원자나 분자 사이의 약한 결합을 끊어 그들을 분리하는 데 쓰인다. 이런 상전이 과정에서는 분자 운동에너지가 변하지 않기 때문에 온도가 변하지 않는다. 대신에 분자들을 붙잡고 있는 힘에 대해 반대 방향으로 일을 했으므로 분자의 퍼텐셜에너지가 증가한다.

보기 14.7 은 장식물 만들기

보석 디자이너가 특별히 주문받은 기념 팔찌에 붙일 은 장식물을 만들려고 한다. 은의 녹는점이 960.8 ℃ 라고 할 때, 은을 장식품 틀에 붓기 위해서는 20.0 ℃ 인 은 0.500 kg에 얼마만큼의 열을 가해야 하는가?

전략 우선 열을 가해 고체 상태 은의 온도를 녹는점까지 올려야 한다. 그다음에 열을 더 가해 고체 상태 은을 녹여야 한다.

풀이 은으로 들어간 총열 흐름은 고체 상태 은의 온도를 올리기 위한 열 및 은의 고체–액체 상전이를 일으키기 위한 열의 합이다.

$$Q = mc\Delta T + mL_{\mathrm{f}}$$

고체 상태 은의 온도 변화는 다음과 같다.

$$\Delta T = 960.8\ ℃ - 20.0\ ℃ = 940.8\ ℃$$

고체 상태 은의 비열(표 14.1)과 은의 융해열(표 14.4)에 대한 수치를 대입하면 다음과 같이 열 Q에 대한 식을 얻을 수 있다.

$$\begin{aligned} Q &= 0.500\ \mathrm{kg} \times 0.235\ \mathrm{kJ/(kg \cdot ℃)} \times 940.8\ ℃ \\ &\quad + 0.500\ \mathrm{kg} \times 88.3\ \mathrm{kJ/kg} \\ &= 110.5\ \mathrm{kJ} + 44.15\ \mathrm{kJ} = 155\mathrm{kJ} \end{aligned}$$

검토 문제를 풀 때 가장 많이 하는 실수는 엉뚱한 숨은 열을 이용하는 것이다. 이 문제에서는 고체 상태 은을 녹여야 하기 때문에 융해열을 이용해야 한다. 또 자주 하는 실수는 잘못된 물질 상태의 비열을 이용하는 것이다. 이 문제에서는 고체 상태 은의 온도를 높여야 하므로 고체 상태 은의 비열을 이용해야 한다. 물을 다룰 때는 얼음, 물, 수증기의 비열 값이 서로 다르다. 그 때문에 항상 주의를 기울여야 한다.

실전문제 14.7 금메달 만들기

24 ℃, 750 g의 고체 상태 금으로 금메달(그림 14.6)을 만들려고 한다. 금을 녹여서 금메달 틀에 붓기 위해서는 금에 얼마만큼의 열을 가해야 하는가?

그림 14.6 금메달

보기 14.8 얼음 얼리기

20.0 ℃ 물 0.500 kg을 얼음 틀에 부어 냉동실에서 얼리려고 한다. 이 물을 −5.0 ℃의 얼음으로 만들기 위해서는 에너지를 얼마나 제거해야 하는가?

전략 이 과정은 세 단계의 연속적인 과정으로 나누어 생각할 수 있다. 먼저 물이 0 ℃까지 냉각되고 일정 온도를 유지하면서 상전이가 발생하고 다음으로 얼음이 −5.0 ℃까지 냉각되는 것이다. 이 전체 과정에서 빠져나오는 열은 세 단계의 각 과정에서 빠져나온 열의 합이 된다.

풀이 물을 액체 상태로 20.0 ℃에서 0.0 ℃로 만들기 위해서는

$$Q_1 = mc_{\text{물}}\Delta T_1$$

이다. 여기서

$$\Delta T_1 = 0.0\,℃ - 20.0\,℃ = -20.0\,℃$$

이다. ΔT_1이 음수이므로 Q_1도 음수이며 온도가 내려가기 위해서는 열은 외부로 방출되어야 한다. 다음 단계인 어는 과정에서의 융해열은 다음과 같다.

$$Q_2 = -mL_f$$

이 열도 역시 외부로 빠져나오고 따라서 Q_2는 음수이다. 이상의 계산에서 상전이의 방향에 따라 Q의 부호를 부여했다(얼 때는 음의 부호, 녹을 때는 양의 부호). 마지막으로 얼음이 -5.0 ℃까지 냉각되어야 하므로

$$Q_3 = mc_{\text{얼음}}\Delta T_2$$

이고, 여기서

$$\Delta T_2 = -5.0\,℃ - 0.0\,℃ = -5.0\,℃ = -5.0\,\text{K}$$

이다. 비열은 끝에 첨자를 붙여 물의 비열과 얼음의 비열을 구분하였다. 이 과정에 관여한 총 열은

$$Q = m(c_{\text{물}}\Delta T_1 - L_f + c_{\text{얼음}}\Delta T_2)$$

이제 표 14.1과 14.4에서 $c_{\text{물}}$, L_f, $c_{\text{얼음}}$의 적당한 값을 찾아 대입하면

$$c_{\text{물}}\Delta T_1 = 4.186\,\frac{\text{kJ}}{\text{kg}\cdot\text{K}} \times (-20.0\,\text{K}) = -83.72\,\frac{\text{kJ}}{\text{kg}}$$

$$L_f = 333.7\,\frac{\text{kJ}}{\text{kg}}$$

$$c_{\text{물}}\Delta \text{T}_2 = 2.1\,\frac{\text{kJ}}{\text{kg}\cdot\text{K}} \times (-5.0\,\text{K}) = -10.5\,\frac{\text{kJ}}{\text{kg}}$$

$$Q = 0.500\,\text{kg} \times \left[-83.72\frac{\text{kJ}}{\text{kg}} - 333.7\frac{\text{kJ}}{\text{kg}} - 10.5\frac{\text{kJ}}{\text{kg}}\right] = -214\,\text{kJ}$$

따라서 물에서 214 kJ의 에너지가 빠져나오면서 얼음으로 바뀐다.

검토 온도를 +20 ℃로부터 −5 ℃까지 한꺼번에 변화하는 것으로 생각할 수는 없다. 상 변화가 발생하는 과정에서의 열 흐름도 고려해야 한다. 또 얼음의 비열은 물의 비열과 다르므로, 20 ℃의 물을 냉각하기 위한 열과 얼음을 5 ℃로 냉각하기 위한 열을 각각 알아야 한다.

실전문제 14.8 얼린 아이스바

한 아이가 냉동고에서 아이스바를 꺼내 먹으려고 한다. 만약 온도가 −4 ℃인 아이스바가 곧바로 37 ℃의 배고픈 아이의 입안으로 들어간다면 질량 0.080 kg짜리 아이스바를 체온과 같은 온도로 만들기 위해 얼마만큼의 에너지가 필요한가? 단, 아이스바의 비열은 얼음의 비열과 같고, 녹은 아이스바의 비열은 물의 비열과 같다고 가정하여라.

보기 14.9 **음료수 온도 낮추기**

0.200 kg 의 물이 들어있는 스티로폼 컵에 50 g 짜리 얼음 두 개를 집어넣었다. 물의 처음 온도는 25.0 ℃ 이었고 얼음의 처음 온도는 − 15.0 ℃ 이었다. 이 시원한 음료수의 최종 온도는 얼마인가?
온도가 − 15 ℃ 에서 0 ℃ 사이에 있는 얼음의 평균 비열은 2.05 kJ/(kg · ℃)이다.

전략 열이 물에서 나와 얼음으로 흘러가므로 $Q_{물} < 0$, $Q_{얼음} > 0$이 된다. 주변 환경을 무시할 수 있고 열이 흐른다면

$$Q_{얼음} + Q_{물} = 0$$

이 된다. $Q_{물}$과 $Q_{얼음}$은 상변화 시의 숨은열뿐만 아니라 온도 변화 시의 열을 포함한다. 최종 온도를 알기 위하여 마지막 상태가 얼음인지 평형점에서 얼음과 물이 공존하는지 아니면 모두 물인지를 결정해야 한다.

- 주어진 조건 : − 15.0 ℃ 에서 얼음의 질량 $m_{얼음} = 0.100\,\text{kg}$, 25.0 ℃ 에서 물의 질량 $m_{물} = 0.200\,\text{kg}$, $c_{얼음} = 2.05\,\text{kJ/(kg·℃)}$
- 찾아야 할 자료 : 물의 융해열 $L_f = 333.7\,\text{kJ/kg}$, 물의 비열 $c_{물} = 4.186\,\text{kJ/(kg·℃)}$
- 구해야 할 값 : 최종 온도 T_f

풀이 처음 물의 온도로부터 0 ℃ 에 이를 때까지 빠져나온 열의 흐름은

$$\begin{aligned} Q &= m_{물} c_{물} (T_f - T_{i,물}) \\ &= (0.200\,\text{kg}) \times 4.186\,\text{kJ/(kg·℃)} \times (-25.0℃) \\ &= -20.93\,\text{kJ} \end{aligned}$$

이다. 이 값은 얼음이 0 ℃ 로 되는 데 충분할까? 얼음이 0 ℃ 로 따뜻해지면 열의 흐름은

$$\begin{aligned} Q &= m_{얼음} c_{얼음} \Delta T \\ &= (0.100\,\text{kg}) \times 2.05\,\text{kJ/(kg·℃)} \times (+15.0℃) \\ &= +3.075\,\text{kJ} \end{aligned}$$

이다. 20.93 kJ > 3.075 kJ이기 때문에 물로부터 발생되는 열 흐름은 얼음이 0 ℃ 가 되기에 충분하다. 따라서 얼음은 0 ℃ 에 이르게 되고 녹기 시작한다.
얼음이 전부 녹을 수 있을까? − 15 ℃ 에서 필요로 하는 열 흐름은 다음과 같다.

$$\begin{aligned} Q &= +3.075\,\text{kJ} + m_{얼음} L_f \\ &= +3.075\,\text{kJ}\,(0.100\,\text{kg}) \\ &\quad + 0.100\,\text{kg} \times 333.7\,\text{kJ/kg} \\ &= +36.445\,\text{kJ} \end{aligned}$$

20.93 kJ < 36.445 kJ이기 때문에 모든 얼음이 녹지는 않는다. 마지막에는 0 ℃ 에서 얼음과 물이 평형을 이룬다.

검토 처음에 25.0 ℃ 였던 물의 온도는 최종 온도 0 ℃ 로 내려가기 때문에 $Q_{물} = -20.9\,\text{kJ}$이 빠져나와 얼음으로 열이 들어가므로 $Q_{얼음} = +20.9\,\text{kJ}$ 이 된다.
만약 마지막에 모든 얼음이 녹아 물이 된다면 최종 온도는 − 12.4 ℃ 가 될 것이다. 물은 − 12.4 ℃ 에서 액체가 될 수 없기 때문에 이 가정은 옳지 않다는 것을 알 수 있다.

실전문제 14.9 **얼음 녹이기**

보기 14.9의 얼음 중에서 얼마만큼이 녹겠는가?

증발

물 한 컵을 실온에 두면 결국은 증발해 버린다. 앞에서 물의 온도가 물 분자의 평균적인 운동에너지를 반영한다는 사실을 배웠다. 이때 물 분자 일부는 평균 에너지보다 높은 에너지를 가질 것이고 다른 일부는 낮은 에너지를 가질 것이다. 에너지가 아주 큰 분자는 분자결합을 깨뜨리고 수면에서 떨어져 나갈 수 있을 정도의 충분한 에너지를 가진다. 이런 높은 에너지의 분자가 점차 증발해감에 따라 남아 있는 물 분자의 평균적인 에너지는 감소한다. 이 때문에 증발은 냉각 과정이다. 똑같은 분자결합이 깨지는 것이므로 증발 시의 기화열은 끓을 때와 거의 같다. 땀을 흘린 야구선수가 경기 중에 잠시 벤치에 앉아 있을 때는 옷을 껴입는데 그 이유는 비록 운동장의 공기가 따뜻하더라도 증발로 몸이 차가워지기 때문이다.

공기 중에 수증기가 많아 습도가 높으면 증발 과정이 매우 천천히 진행된다. 공기 중의 물 분자는 다시 응축될 수 있다. 그 때문에 실질적인 증발률은 증발하는 비율에서 다시 응축되는 비율을 빼줘야 한다. 덥고 습한 날일수록 불쾌한 이유는 땀의 증발이 늦어 피부가 차가워지는 것이 어렵기 때문이다.

혼자서 해 보기 증발의 효과는 쉽게 느낄 수 있다. 손목 안쪽에 물을 약간 바르고 불어 보자. 공기의 흐름이 손목에서 바로 증발한 분자를 제거하고 다른 분자들이 빨리 증발할 수 있도록 해 주어 시원해지는 것을 느낄 수 있다. 이제 알코올을 약간 바르고 실험을 해 보자. 알코올은 물보다 훨씬 빨리 증발하기 때문에 시원한 느낌은 한층 더 커진다.

상도표

수평축에 온도, 수직축에 압력을 나타낸 **상도표**phase diagram는 상전이를 배우는 데 유용한 도구이다. 그림 14.7a은 물의 상도표를 나타내고 있다. 상도표에서의 한 점은 그 점에서의 압력과 온도에 의해 결정된 상태에 있는 물을 나타낸다. 또한, 상도표에서의 곡선은 고체, 액체, 기체 상태 간의 경계를 나타낸다. 대부분의 온도에서 특정한 두 가지 상태가 평형을 이루며 공존하는 압력이 존재한다. 점 P는 융해곡선 위에 있다. 그 때문에 그 온도와 압력에서 물은 액체로 존재하거나 고체로 존재하거나 아니면 혼합 상태로 존재한다. 점 Q에서 물은 고체 상태로만 존재한다. 마찬가지로 점 A에서는 액체, 점 B에서는 수증기로 존재한다.

유일한 예외가 고체, 액체, 증기의 세 상태가 평형을 이루며 공존하는 **삼중점**triple point이다. 이 삼중점은 온도계를 세밀하게 보정할 때 이용한다. 물의 삼중점은 정확하게

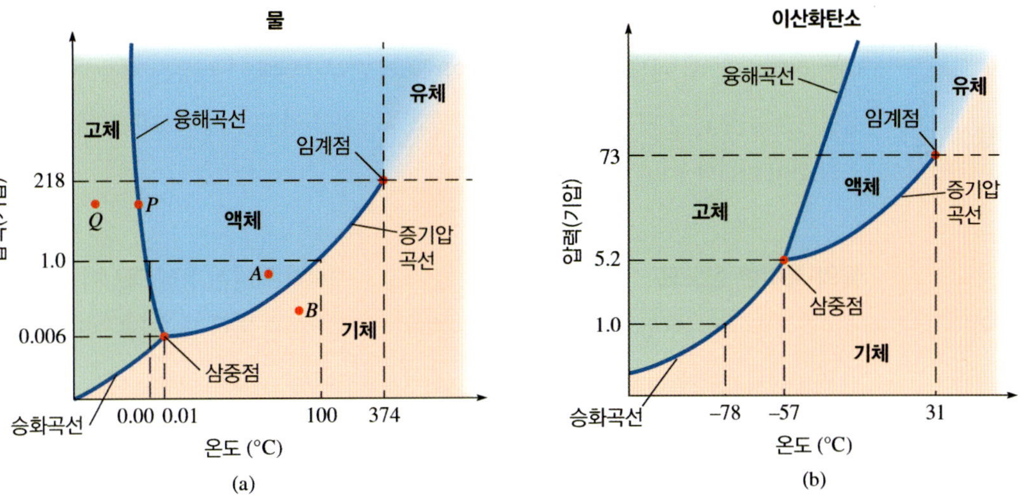

그림 14.7 (a) 물의 상도표 및 (b) 이산화탄소의 상도표. 임계온도 이하에서 기체 상태인 물질을 일컫는 경우 증기 vapor라는 용어를 사용할 때도 있다. 임계온도 이상에서는 기체 gas라고 부른다. 이 그래프의 축의 눈금은 선형이 아니다.

0.006 atm에서 0.01 ℃ 이다.

증기압곡선으로부터 압력이 낮아짐에 따라 물의 끓는점도 점차 낮아짐을 알 수 있다. 높은 산 위에서는 물이 100 ℃ 보다 낮은 온도에서 끓으며, 음식이 익는 화학 반응은 온도가 낮을수록 천천히 진행되기 때문에 음식을 익히는 데 더 많은 시간이 소요된다. 로키산맥의 정상부(해발 4302 m)에서는 평균 압력이 0.6 atm이기 때문에 계란 한 개를 삶는 데 30분 정도 소요된다.

온도나 압력 또는 두 변수가 모두 점진적으로 변하면 물의 상태를 나타내는 점은 상도표에서 하나의 경로를 따라 움직인다. 이 경로가 상도표의 곡선과 교차하면 상전이가 발생하고 그 상전이에 대한 숨은열을 방출하거나 흡수하게 된다. 융해곡선과 교차할 경우 얼거나 녹는 현상이 발생하고, 증기압곡선과 교차할 경우는 증발 또는 응축 현상이 발생하게 된다.

증기압곡선은 **임계점** critical point에서 끝난다는 사실에 주목하자. 따라서 액체에서 기체로의 변환 경로가 임계점을 우회하여 증기압곡선과 교차하지 않으면 아무런 상전이도 일어나지 않는다. 임계온도보다 높은 온도나 임계압력보다 높은 압력에서는 액체와 기체를 분명하게 구별하는 것이 불가능하다.

승화곡선에서 고체에서 액체를 거치지 않고 바로 기체로(또는 그 반대 방향으로) 변하는 상전이 현상을 **승화** sublimation라고 한다. 춥고 건조한 날에 자동차 앞 유리 위의 얼음이 바로 수증기로 변하는 것이 승화의 한 예이다. 방향제나 드라이아이스(고체 상태의 이산화탄소) 역시 고체에서 바로 기체로 변한다. 그림 14.7b의 이산화탄소 상도표도 일반적인 물질에서처럼 융해곡선의 기울기가 양이라는 점만 제외하면 물과 비슷하다. 대기압에서는 오직 고체와 기체의 CO_2만이 존재한다. 5.2기압 이하의 압력에서 액체 이산화탄소는 불안정하므로 대기압에서는 이산화탄소가 녹지 않는다. 대신 고체에서 기체로 바로 승화해 버린다. 고체 이산화탄소를 드라이아이스라고 부르는데 그 이유는 차갑고 얼음처럼 생겼지만 녹지 않기 때문이다. 승화 과정에도 숨은열이 있지만, 승화열은 융해열과 기화열의 합이 아니다.

물의 특이한 상도표 물의 상도표에서 한 가지 이례적인 특징은 융해 곡선이 음⁻의 기울기를 갖는다는 점이다. 얼면서 부피가 팽창하는 물질(예를 들면 물, 갈륨, 비스무트)의 경우 융해곡선은 음의 기울기를 갖는다. 이러한 물질에서는 액체일 때의 분자 간의 거리가 고체일 때보다 가깝다! 물을 실온에서부터 냉각시키면 3.98 ℃ 가 될 때까지는 수축한다. 이 온도에서 물의 밀도는 최대가 되며 더 냉각시키면 물은 팽창하기 시작한다. 물은 얼면서 더욱 팽창하게 되고 얼음의 밀도는 물의 밀도보다 작아진다.

그림 14.8 얼음낚시를 하고 있는 모습

물은 어는 과정에서 팽창하기 때문에 음식이 얼었다 녹으면 세포벽이 파괴된다. 냉동했던 음식의 맛이 없는 것도 이런 이유에서이다. 또 호수나 강, 연못 등은 한겨울에도 완전히 얼어붙지 않는다. 얼음은 물보다 밀도가 낮아 물의 맨 위에 얼음층을 형성한다. 얼음 아래의 물은 액체 상태이며 따라서 물고기나 거북과 같은 수생 생물들이 봄까지 살아남을 수 있다(그림 14.8).

14.6 열전도 Thermal Conduction

지금까지는 열 흐름이 어떻게 발생하는가보다는 열 흐름의 효과에 대해서 살펴보았다. 이제 열 흐름의 세 가지 형태인 전도, 대류, 복사에 대해 알아보도록 하자.

열의 **전도** conduction는 고체, 액체, 기체 안에서 일어난다. 전도는 원자(또는 분자)의 충돌에 의해 에너지를 교환하면서 발생한다. 물체 내의 어느 곳에서나 평균 에너지가 같다면 열의 알짜 흐름은 발생하지 않는다. 반면에 온도가 균일하지 않다면 평균적으로 많은 에너지를 가진 원자에서 적은 에너지의 원자 쪽으로 에너지가 이동한다. 최종적인 결과로 고온부에서 저온부로 열의 흐름이 발생한다.

전도는 접촉한 두 물체 사이에서도 발생한다. 전기오븐 위의 주전자는 전기오븐의 가열 코일과 접촉해 있는 바닥 면을 통해 전도되는 열을 받는다. 고온인 물체(가열 코일)에서 진동하는 원자가 저온인 물체(주전자 바닥)의 원자와 충돌하여 저온의 물체 쪽으로 에너지를 전달한다. 만약 외부로의 열 유출이나 유입 없이 전도가 계속 진행되면 결국 접촉한 물체는 평균 병진운동에너지가 같아지는 열평형에 다다르게 된다.

푸리에의 열전도 법칙 균일한 단면의 물체인 단순한 모형에서 한 방향으로 열이 흐르는 경우를 생각해 보자. 예를 들면 안과 밖이 온도 차가 나는 유리창이나 양 끝이 온도 차가 나는 원통 막대 같은 것들이다(그림 14.9). 이때 열전도율은 온도 차 $\Delta T = T_{고} - T_{저}$, 길이(또는 두께) d, 열이 흐르는 단면의 넓이 A, 그리고 그 물질의 특성 등에 관계된다. 온도 차가 클수록 더 많은 열이 흐른다. 물질의 두께가 두꺼워질수록 열전달 시간이 길어진다. 왜냐하면 에너지는 더 길게 늘어선 원자들의 충돌을 통해 전달되기 때문에 열 전달률이 작아지기 때문이다. 단면적이 크면 더 많은 열이 흐를 수 있다.

에너지 전달률에 영향을 주는 마지막 요소는 그 물질의 특성이다. 금속 내에서는 원자와 결합된 전자가 자유롭게 움직이며 열을 전달할 수 있다. 물질이 자유전자를 가지고 있다면 열전달률은 크다. 그렇지만 비금속 고체에서처럼 모든 전자가 강하게 구속되어 있다면 열전달은 느려지게 된다. 액체는 고체만큼 신속하게 열을 전달하지 못하는데, 이는 원자 간에 작용하는 힘이 약하기 때문이다. 기체 내의 원자는 매우 멀리 떨어져 있어서 충돌하기 위해서는 먼 거리를 이동해야 한다. 그 때문에 기체는 고체나 액체보다도 훨씬 비효율적인 열전도체이다. 어떤 물질을 통해 에너지가 전달되는 비율의 척도로서 **열전도도**[thermal conductivity](기호 κ, 그리스 문자 카파)를 사용한다. 열전도도 κ값이 클수록 좋은 열전도체이며 이 값이 작을수록 나쁜 열전도체 또는 절연체가 된다. 절연체는 열의 흐름을 방해한다. 표 14.5에 여러 물질의 열전도도를 나타냈다.

여기서 $\wp = Q/\Delta t$는 열 흐름률(또는 전달된 일률)이다(압력과의 혼동을 피해 $\wp$을 썼다). 물질을 통한 열 흐름률과 앞의 인자들 사이의 관계는

푸리에의 열전도 법칙

$$\wp = \kappa A \frac{\Delta T}{d} \tag{14-12}$$

로 주어진다. κ는 물질의 열전도도, A는 단면의 넓이, d는 두께 (또는 길이), ΔT는 양면의 온도 차이다. 여기서 $\Delta T/d$를 온도 기울기라고 부르며 온도가 흐르는 경로를 따라 단위 길이당 ℃ (또는 K)로 나타낸 온도의 변화이다. 식 (14-12)에서 κ의 SI 단위는 W/(m · K)임을 알 수 있다.

그림 14.9b는 양쪽의 온도 차에 의해 열을 전도하는 판재를 나타낸다. 식 (14-12)를 ΔT에 대해 다시 풀면

$$\Delta T = \wp \frac{d}{\kappa A} = \wp R \tag{14-13}$$

이 된다. 여기서 $d/\kappa A$를 **열저항**[thermal resistance] R이라고 한다.

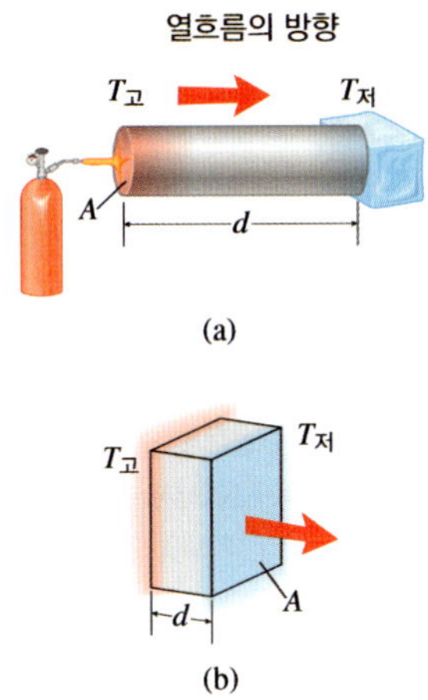

그림 14.9 (a) 길이 d인 원통형 막대를 통한 열전도. (b) 두께 d인 판재를 통한 열전도

표 14.5 20℃에서의 열전도도

물질	$\kappa\left(\frac{W}{m \cdot K}\right)$
공기	0.023
경질 폴리우레탄 단열재	0.023 ~ 0.026
유리섬유 단열재	0.029 ~ 0.072
암면 단열재	0.038
코르크	0.046
목재	0.13
마른 흙	0.14
석면	0.17
눈	0.25
모래	0.39
물	0.6
보통 창유리	0.63
파이렉스 유리	1.13
바이코어 유리	1.34
콘크리트	1.7
얼음	1.7
스테인리스 강철	14
납	35
강철	46
니켈	60
주석	66.8
백금	71.6
철	80.2
황동	122
아연	116
텅스텐	173
알루미늄	237
금	318
구리	401
은	429

$$R = \frac{d}{\kappa A} \tag{14-14}$$

열저항의 SI 단위는 K/W이다. 열저항은 열전도도 κ의 함수이므로 물질의 특성에 따라 달라질 수 있고 또한 물체의 외형 d/A에 따라서도 달라질 수 있다. 식 (14-13)은 한 물체를 통해 다른 물체로 열이 흐르는 문제를 푸는 경우 유용하다.

연결 고리 푸리에의 법칙은 열 흐름률이 온도 기울기에 비례함을 말해준다. 푸리에의 법칙은 점성 유체의 흐름에 대한 푸아죄유의 법칙(식 (9–41))과 아주 비슷하다. 푸아죄유의 법칙은 부피 흐름률이 압력 기울기에 비례함을 말해준다.

연속적으로 연결된 두 층 이상의 물질을 통한 열전도 이제 그림 14.10에서처럼 온도차가 있는 두 층의 물질을 생각해 보자. 두 층이 연속적으로 연결되었기 때문에 열은 한 물질을 통과하여 다른 물질로 흐른다. 한 번에 한 층씩 살펴보면

$$T_1 - T_2 = \wp R_1, \qquad T_2 - T_3 = \wp R_2 \tag{14-15}$$

의 두 식을 얻을 수 있다. 이제 이 두 식을 합하면

$$(T_1 - T_2) + (T_2 - T_3) = \wp R_1 + \wp R_2 \tag{14-16}$$

$$\Delta T = T_1 - T_3 = \wp (R_1 + R_2) \tag{14-17}$$

가 된다. 첫 번째 층을 통한 열 흐름률은 두 번째 층을 통한 열 흐름률과 같아야 한다. 만약 그렇지 않으면 각 층의 온도가 변하게 된다. n개의 층이 있을 경우를 고려하면 다음과 같은 식을 얻을 수 있다.

$$\Delta T = \wp \sum R_n, \qquad n = 1, 2, 3, \cdots \tag{14-18}$$

식 (14–18)은 연속적으로 층을 이룬 물질의 유효 열저항이 각 층의 열저항들의 합과 같음을 보여준다.

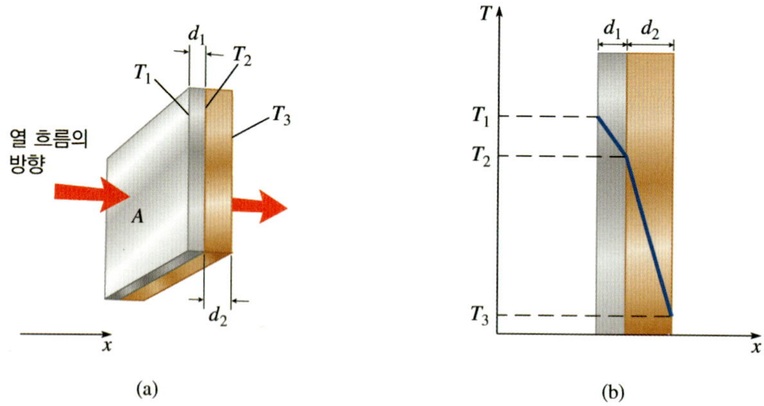

그림 14.10 (a) 두 개의 다른 층을 통한 열전도($T_1 > T_2 > T_3$). (b) 위치 x의 함수로써 온도 T를 나타낸 그래프. 각 물체 안에서의 기울기는 그 물체 안에서의 온도 기울기 $\Delta T/d$이다. 물체들의 열전도도가 다르다. 그 때문에 온도 기울기들은 다르다.

살펴보기 14.6 그림 14.10의 두 물체 중에서 어떤 것이 더 큰 열전도도를 갖는가?

보기 14.10 유리창을 통한 열 흐름률

어떤 집의 현관문에 가로 세로가 각각 20.0 cm, 15.0 cm이고, 두께가 0.32 cm인 유리창이 설치되어 있다. 이 유리창의 외부 온도는 $-15\,℃$, 내부 온도는 $22\,℃$이다. 이 작은 유리창 하나를 통해 집 밖으로 빠져 나가는 열 흐름률은 얼마인가?

전략 유리창 한쪽의 온도는 실내 온도이고 반대쪽 온도는 실외 온도로 가정한다. 문제에서 다음 식이 주어졌다.

- 주어진 조건 : $\Delta T = 22\,℃ - (-15\,℃) = 37\,℃$, 유리창의 두께 $d = 0.31 \times 10^{-2}\,\text{m}$, 유리창의 넓이 $A = 0.200\,\text{m} \times 0.150\,\text{m} = 0.0300\,\text{m}^2$
- 찾아야 할 자료 : 유리의 열전도도 $0.63\text{W}/(\text{m}\cdot\text{K})$
- 구해야 할 값 : 열 흐름률 $\wp$

풀이 온도 기울기는 다음과 같다.

$$\frac{\Delta T}{d} = \frac{37\,℃}{0.32 \times 10^{-2}\text{m}} = 1.16 \times 10^4\,\text{K/m}$$

따라서 전도에 의한 열 흐름률은

$$\wp = \kappa A \frac{\Delta T}{d} = \frac{0.63\,\text{W}}{\text{m}\cdot\text{K}} \times 0.0300\,\text{m}^2 \times 1.16 \times 10^4\,\frac{\text{k}}{\text{m}} = 220\,\text{W}$$

이 된다.

검토 작은 창 하나를 통한 손실이 220 W라는 것은 대단한 것이다. 이 문제에서는 유리창의 두 면 사이의 온도 차가 좀 과장되어 있다. 사실 유리창의 실내 측 표면의 온도는 실내의 기온보다 더 낮고, 반대로 실외 측 표면의 온도는 바깥 기온보다는 높다.

실전문제 14.10 **이글루**

아이들이 마당에 이글루를 만들었다. 이때 눈 벽의 두께는 0.30 m이다. 만약 이글루의 내부 온도가 $10.0\,℃$이고 바깥 온도가 $-10.0\,℃$라면 넓이 $14.0\,\text{m}^2$인 눈 벽을 통해 흐르는 열 흐름률은 얼마인가?

공기의 열전도도 공기는 매우 낮은 열전도도를 갖고 있어 가만히 정지한 공기는 훌륭한 단열재가 된다. 한 장짜리 유리창을 통한 에너지 손실을 정확하게 계산할 때는 점성에 의해 유리의 양면에 정체된 공기층도 고려해야 한다. 창문 부근에서 온도를 측정하면 유리창 바로 옆 온도는 실내 온도와 실외 온도의 중간 정도 값을 갖는다(그림 14.11). 따라서 유리 양면의 온도 차는 실내외의 온도 차에 비하면 상당히 작아진다. 사실 유리창의 열저항은 그 유리 자체보다는 정체된 공기층에 의한 것이 대부분이다.

그림 14.11 유리창 안팎에서의 온도의 변화. 유리창과 그 양쪽의 공기층 단면도 위에 위치에 따른 온도 그래프를 겹쳐서 나타냈다.

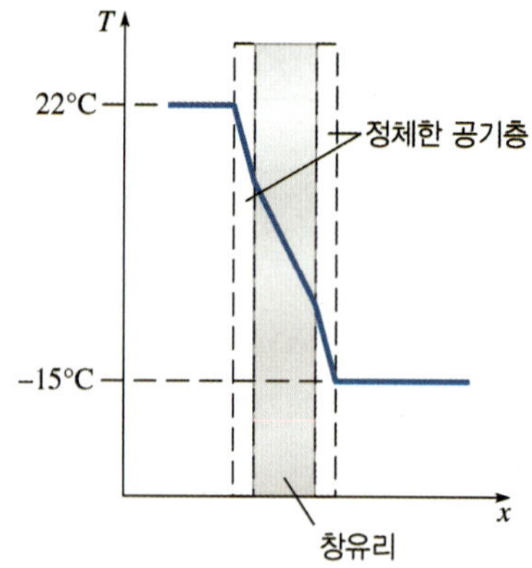

보기 14.11 중간에 공기층이 있는 이중 유리창의 열 손실

보기 14.10의 단일 유리창을 중간에 공기층(두께 0.50 cm)이 있는 이중 유리창으로 교체했다. 유리창 한 개의 크기는 가로세로가 각각 20.0 cm, 15.0 cm 이고, 두께가 0.32 cm 이다. 이중 유리창 안쪽의 실내 온도는 22 ℃ 이고 이중 유리창 바깥쪽의 실외 온도는 − 15 ℃ 이다. 중간 공기층이 있는 이중 유리창을 통해 집 밖으로 빠져나가는 열 흐름률은 얼마인가?

전략 총 세 개의 층(두 개의 유리창 및 중간 공기층)을 고려해야 한다. 각 층에 대해서 열저항을 계산한 후 모두 더해 총열저항을 구할 수 있다. 이중 유리창 안팎의 온도 차이를 계산한 후 총열저항으로 나누면 전도에 의한 열 흐름률을 얻을 수 있다.

풀이 첫 번째 유리창에서의 열저항은

$$R_1 = \frac{d}{\kappa A} = \frac{0.32 \times 10^{-2}\,\mathrm{m}}{0.63\,\mathrm{W/(m \cdot K)} \times 0.0300\,\mathrm{m}^2} = 0.169\,\mathrm{K/W}$$

이 된다. 중간 공기층에서의 열저항은

$$R_2 = \frac{d}{\kappa A} = \frac{0.50 \times 10^{-2}\,\mathrm{m}}{0.023\,\mathrm{W/(m \cdot K)} \times 0.0300\,\mathrm{m}^2} = 7.246\,\mathrm{K/W}$$

이 된다. 두 번째 유리창에서의 열저항은 첫 번째 유리창에서의 열저항과 같다.

$$R_3 = R_1$$

총열저항은

$$\sum R_n = 0.169 + 7.246 + 0.169 = 7.584\,\mathrm{K/W}$$

이 된다. 따라서 전도에 의한 열 흐름률은 다음과 같다.

$$\wp = \frac{Q}{\Delta t} = \frac{\Delta T}{\sum R_n} = \frac{37\,\mathrm{K}}{7.584\,\mathrm{K/W}} = 4.9\,\mathrm{W}$$

검토 단일 유리창에서의 열 손실에 비해서 이중 유리창에서의 열 손실은 획기적으로 줄어들었다. 하지만 풀이 과정에서는 중간 공기층을 통해서 열이 전도만 될 수 있다고 가정했기 때문에 너무 과장된 값을 답으로 얻게 되었다. 실제로는 대류 및 복사에 의해서도 열은 전달될 수 있다. 좀 더 정확한 계산을 위해서는 열 흐름에 대한 다른 방법도 고려해야 한다.

실전문제 14.11 중간에 공기층이 없는 이중 유리창

보기 14.11에서 중간에 공기층 없이 두 유리창이 직접 접촉했을 때의 열 손실을 구하여라.

R-인자 미국 건설 산업협회는 공사에 쓰이는 자재에 **R-인자** R-factor라는 등급을 매긴다. R-인자는 열저항과 정확하게 같지는 않다. 왜냐하면 열저항은 자재의 단면의 넓이를 알아야 하기 때문이다. R-인자는 자재의 두께를 열전도도로 나눈 값이다.

$$\text{R-인자} = \frac{d}{\kappa} = RA \tag{14-19}$$

$$\frac{\wp}{A} = \frac{\Delta T}{R-\text{인자}} \tag{14-20}$$

불행하게도 미국에서는 R-인자에 SI 단위 대신 °F · ft^2/(Btu/h)의 단위를 쓴다. 여러 층을 통해 열이 흐를 때 열저항처럼 R-인자들을 더하면 된다.

14.7 열대류 Thermal Convection

대류 convection 현상은 열을 가지고 있는 유체가 한 곳에서 다른 곳으로 흐르면서 발생한다. 전도는 물질을 통해 에너지가 이동하지만 그 물체 자체는 움직이지 않는다. 대류에서는 물질 자체가 한 장소에서 다른 곳으로 이동한다. 따라서 대류는 유체에서는 일어나지만, 고체에서는 일어나지 않는다. 난로에 장작을 때면 대류에 의해 따뜻해진 공기가 상승하면서 천장 쪽으로 열을 옮긴다. 따뜻한 공기는 찬 공기보다 밀도가 낮아 부력에 의해 위로 뜨면서 열을 옮기게 되는 것이다. 반대로 찬 공기는 밀도가 커져 마룻바닥으로 가라앉는다. 대류의 한 예로 바닷가에서의 공기의 흐름이 그림 14.12에 나타나 있다. 공기는 좋은 열 전도체가 아니지만, 대류를 통하여 쉽게 열을 전달한다.

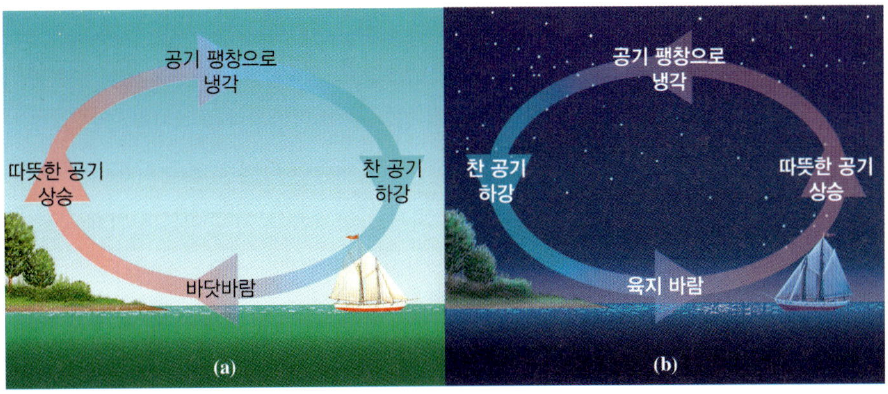

그림 14.12 (a) 낮에는 바다 쪽에서 들어온 공기가 해안의 따뜻한 지면을 지나면서 가열된다. 이렇게 가열된 공기는 상승하면서 팽창한다. 공기는 팽창하면서 냉각되고 밀도가 커져서 다시 하강한다. 이런 순환으로 대류에 의한 흐름이 만들어지고 해변에는 시원한 해풍이 불게 된다. (b) 밤에는 낮에 흡수한 열을 거의 그대로 유지한 해양보다 육지가 더 냉각되어 (a)와 반대의 순환이 일어난다.

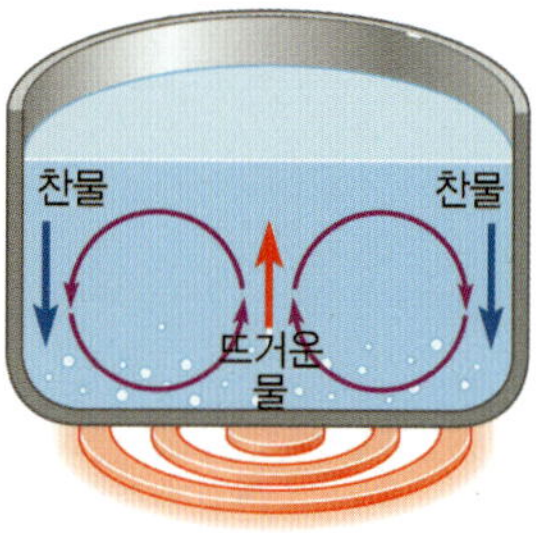

그림 14.13 가열한 물의 대류 흐름. 난로 위에서 주전자의 물이 가열되면 전도 현상에 의해 열이 난로에서부터 주전자 바닥으로 전달되어 주전자 바닥과 접한 부분의 물을 데운다. 가열된 물은 팽창해 밀도가 낮아져서 부력에 의해 주전자의 차가운 위쪽으로 떠오른다. 여기서 열을 잃고 어느 정도 차가워진 물은 또 가라앉았다 다시 데워져 앞의 과정을 계속 반복하게 된다.

그림 14.14 새와 비행 글라이더는 모두 열에 의한 상승기류를 이용한다.

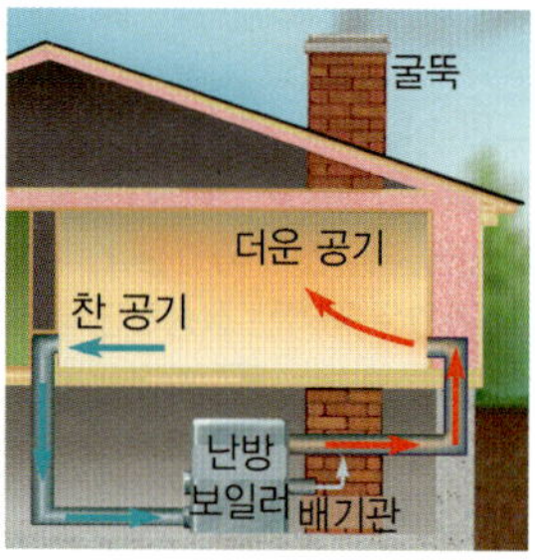

그림 14.15 가정용 난방 시스템은 강제대류 방식을 이용한다.

밀폐된 아주 얇은 공기층이 있는 이중창은 두께 6 ~ 7 cm나 되는 방풍창과 일반 유리창 사이의 공기층을 대신할 수 있다. 두 장의 유리 사이의 아주 얇은 공기층이 대류로 인한 공기의 순환을 최소화할 수 있기 때문이다. 오리털 옷은 깃털 사이의 수많은 미세한 공간에 공기가 갇혀 대류에 의한 열의 흐름을 최소화하기 때문에 훌륭한 단열재가 된다. 유리솜이나 유리 섬유 같은 물질이 건물의 단열재로 유용한 이유는 섬유 사이사이에 갇혀 버린 공기 때문이다.

자연대류 및 강제대류 자연대류에 있어서 흐름의 근원은 중력이다. 유체에서 밀도가 큰 부분은 부력보다 중력이 크기 때문에 가라앉는다. 반면에 상대적으로 밀도가 작은 유체는 부력이 중력보다 크기 때문에 위로 뜨게 된다(그림 14.13 및 14.14). 강제대류에서 유체는 송풍 팬이나 펌프에 의해 밀려 순환하게 된다. 온풍 순환기는 따뜻한 공기를 송풍팬을 이용하여 방안으로 불어 넣는다(그림 14.15). 온수로 마룻바닥을 난방할 경우 따뜻한 물은 펌프를 이용하여 바닥의 방열기로 보내진다.

응용 : 인체에서의 강제대류 강제대류의 또 다른 예로는 우리 몸의 혈액순환을 들 수 있다. 심장은 펌프질로 온몸에 혈액을 공급한다. 체온이 높아지면 피부 근처의 혈관이 늘어나 심장으로부터 더 많은 혈액이 흐를 수 있게 된다. 혈액은 신체의 내부로부터 피부로 열을 나르고 이 열은 다시 피부로부터 몸 밖으로 빠져나간다. 만약 뜨거운 욕탕에서처럼 주변의 온도가 피부보다 높아지면 위의 일련의 과정은 역과정을 일으켜 몸의 과열을 초래할 수 있어 위험하다. 뜨거운 물이 확장된 혈관에 열을 가하고 혈액이 다시 이 열을 몸속으로 전달하여 체내의 온도를 올리는 것이다.

대류의 응용 : 지구 기후변화

지구온난화를 연구하는 과학자들의 걱정거리 중의 하나는 북유럽이 온난화와는 반대로 자연대류 주기의 파괴로 인해 얼음 속에 파묻혀 버릴지도 모른다는 것이다. 지구의 기후는 극지방과 적도 사이의 온도 차에 의한 대류에 영향을 받는다(그림 14.16). 대규모의 해류가 태평양과 대서양을 지나 적도 지방에서 받은 열의 절반가량을 극지방으로 옮기고, 열대 지방에서 발생해 북쪽으로 진행하는 크고 작은 태풍이 나머지 열을 나른다. 극지방의 온도 상승률이 적도 지방보다 빨라지면 두 지역 간의 온도 차가 줄어들어 현재 불고 있는 바람의 방향이나 태풍의 경로, 해류의 속도 그리고 강수량 등이 변하게 된다.

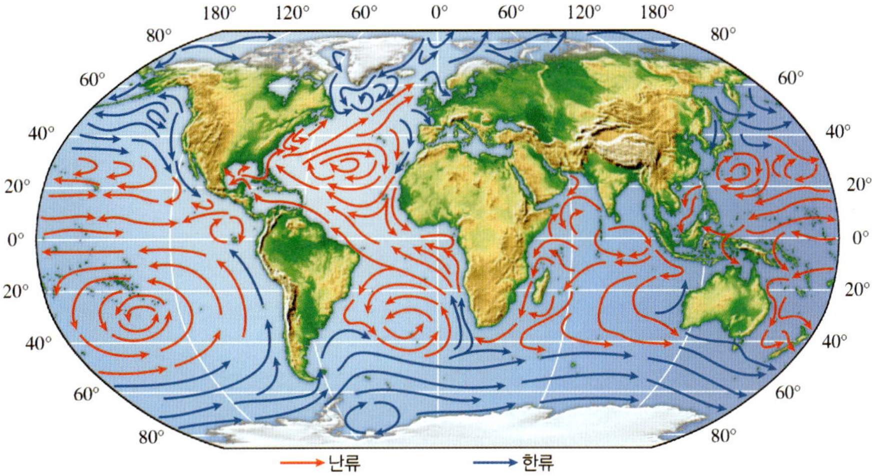

그림 14.16 대양에서 해수면 대류의 흐름. 멕시코 만류Gulf Stream는 대서양을 가로지르는 따뜻한 해류이다.

예를 들어 빙하가 녹고 강수량이 증가하면 북대서양의 밀도가 높은 짠 해수 위에 담수층이 생긴다. 정상적으로는 표면의 차가운 해수가 가라앉으면서 대류 과정이 시작되어야 하지만 밀도가 작은 표층 담수는 부력 때문에 가라앉지 않아 해류의 대류는 점차 느려지고 결국에 정지하게 된다. 대류의 이동이 사라지면 멕시코 난류의 따뜻한 해수가 북쪽으로 흐르지 않게 되어 북유럽 기온은 더 낮아질 것이다.

기후에 있어서 이런 효과의 선례가 없었던 것은 아니다. 마지막 빙하기 말에 빙하가 녹은 담수가 미국과 캐나다 국경을 따라 흐르는 세인트로렌스 강을 통해 북대서양으로 흘러갔다. 담수층은 부력을 받아 밀도가 큰 해수층 위로 올라와서 해류에 교란을 일으켰다. 멕시코 만류는 사실상 멈춰 버렸고 유럽은 수천 년 동안 꽁꽁 얼어붙었다.

14.8 열복사 Thermal Radiation

모든 물체는 원자 속 전하의 진동에 의한 전자기파 복사를 통해 열을 방출한다. 열복사는 빛의 속도로 이동하는 전자기파로 이루어진다. 대류나 전도와는 달리 복사는 매질 물질을 요구하지 않는다. 그러므로 태양은 거의 진공에 가까운 우주 공간을 통해 지구로 열을 복사할 수 있다.

물체는 열복사를 방출하면서 다른 물체가 방출한 열복사선의 일부를 흡수한다. 흡수율은 방출률보다 작거나, 같거나, 클 수 있다. 태양복사가 지구에 다다르면 일부는 흡수되고 일부는 반사된다. 지구 역시 태양에서 흡수하는 에너지의 평균 비율과 거의 같은 비율로 복사를 방출한다. 흡수와 방출 사이에 정확한 평형이 존재한다면 지구의 평균 온도가

개념형 보기 14.12 **햇볕을 쬐는 악어**

악어가 몸을 따뜻하게 하기 위해 햇볕으로 기어가고 있다. 악어가 받는 태양복사열은 300 W이지만 70 W는 반사된다. (a) 나머지 230 W에는 어떠한 일이 생기겠는가? (b) 악어가 100 W를 방출한다면, 악어의 체온은 올라가는가 아니면 내려가는가? 전도 및 대류에 의한 열 흐름은 무시한다.

풀이 및 검토 (a) 열복사선의 일부는 흡수되고 일부는 반사된다. 투명하거나 반투명한 물체에서는 흡수나 반사 없이 열복사가 물체를 투과할 수 있다. 악어는 불투명하므로 투과되는 열복사는 없다. 따라서 모든 열복사는 흡수나 반사만 가능하다. 그 때문에 나머지 230 W는 악어에게 흡수된다.

(b) 악어는 230 W를 흡수하고 100 W를 방출하기 때문에 방출량보다 흡수량이 많다. 흡수는 내부에너지를 증가시키고 방출은 감소시키기 때문에, 악어의 내부에너지는 130 W의 비율로 증가한다. 따라서 악어의 체온은 올라간다. 실제로는 전도 및 대류도 열을 빼어가기 때문에 내부에너지의 증가율은 그것보다는 작을 것이다.

개념형 실전문제 14.12 **일정한 온도 유지하기**

시간이 흐른 후 악어의 체온은 일정한 수준에 도달한다. 흡수율은 여전히 230 W이다. 악어가 전도 및 대류에 의해서 90 W의 비율로 열을 잃는다면, 열복사의 방출 비율은 얼마가 되어야 하는가?

일정하게 유지될 것이다. 하지만 지구 대기에서 이산화탄소 및 다른 '**온실기체** greenhouse gas'의 농도가 계속 증가하기 때문에 지구에 흡수된 에너지가 방출되는 에너지보다 약간 더 크다. 결과적으로 지구의 평균 온도는 계속 올라가고 있다. 예측된 온도 상승은 상대적으로 작은 편임에도 불구하고 지구에 사는 생명체에게는 심각한 위협이 되고 있다.

슈테판의 복사 법칙

입사된 모든 복사파를 흡수하는 이상적인 물체를 **흑체** blackbody 라고 한다. 흑체는 모든 가시광선뿐만 아니라 적외선, 자외선 그리고 모든 파장의 전자기파 복사를 흡수한다. 복사에 대해 좋은 흡수체는 좋은 방출체이기도 하다는 사실이 밝혀졌다(개념형 질문 12 참조). 흑체는 같은 온도의 어떤 물체보다도 단위 넓이당 많은 복사를 방출한다. 흑체의 단위 넓이당 복사 방출률은 절대온도의 네제곱에 비례하는데, 발견자인 슬로베니아의 물리학자 슈테판 Joseph Stefan, 1835~1893 의 이름을 따른 슈테판의 법칙으로 표현된다.

슈테판의 복사 법칙 (흑체)

$$\wp = \sigma A T^4 \qquad (14\text{-}21)$$

식 (14−21)에서 A는 흑체의 겉넓이, T는 흑체 표면의 절대온도이다. 슈테판의 법칙에서는 온도 차가 아닌 절대온도를 사용하므로 ℃로 대체할 수 없다. 보편상수 σ(그리스 문자 시그마)는 슈테판 상수라 불리며 다음과 같은 값을 갖는다.

$$\sigma = 5.670 \times 10^{-8}\ \mathrm{W/(m^2 \cdot K^4)} \tag{14-22}$$

온도의 네제곱에 비례하므로 방출되는 일률은 온도 변화에 극히 민감하다. 만약 흑체의 절대온도가 두 배로 올라가면 방출되는 에너지는 $2^4 = 16$배 늘어난다.

복사율 실제 물체는 완벽한 흡수체가 아니어서 흑체만큼 복사를 방출하지 않으므로 같은 온도에서 흑체의 방출 일률에 대한 그 물체의 방출 일률의 비를 **복사율**emissivity(e)로 정의한다. 따라서 슈테판의 법칙을 다음과 같이 나타낼 수 있다.

슈테판의 복사 법칙

$$\wp = e\sigma A T^4 \tag{14-23}$$

복사율은 0부터 1 사이의 값을 가지는데, 완벽한 복사체의 경우는 $e = 1$이고 완벽한 반사체의 경우는 $e = 0$이다. 잘 연마한 알루미늄 표면의 복사율은 0.05 정도로서 훌륭한 반사체이다. 반면 그을음 색 도료(카본블랙)의 복사율은 0.95 정도이다. 식 (14−23)은 세밀하게 표현한 법칙이지만 복사율이 상수라고 가정했기 때문에 여전히 근사적인 공식이다. 실제로 복사율은 방출된 전자기파의 파장에 대한 함수이다. 대부분 열복사에서 복사율은 다양한 파장 범위에서 거의 상수이기 때문에 식 (14−23)은 유용하다.

사람의 피부는 피부색에 상관없이 적외선 부분에 대해 약 0.97 정도의 복사율을 갖는다. 많은 물체가 적외선 영역에 대해서는 높은 복사율을 갖는다. 반면에 입사한 가시광선 중 많은 부분을 반사해 버리기 때문에 가시광선 영역에 대해서는 낮은 복사율을 갖는다.

복사 스펙트럼

전자기파 복사에서 우리의 관심은 대략 세 개의 파장 영역으로 구분된다. 적외선 영역은 100 μm부터 0.7 μm의 파장 범위에 있다. 가시광선의 파장은 0.7 μm에서 0.4 μm 정도이고, 자외선의 파장은 0.4 μm보다 짧다.

전체 복사 일률만이 온도에 따라 변하는 것은 아니다. 그림 14.17은 두 가지 서로 다른 온도의 흑체에 대한 복사 스펙트럼으로 복사량을 파장의 함수로 나타낸 그래프이다. 최대의 일률에서 방출되는 파장은 온도가 상승함에 따라 짧아진다. 물체 온도가 평상시의 온도인 300 K 정도일 때는 파장이 10 μm 인 적외선이 주로 방출된다. 태양은 훨씬 더 뜨겁기 때문에 더 짧은 파장의 복사를 주로 방출한다. 태양의 복사가 최대가 되는 파장은 가시광선 영역에 있지만, 태양복사에는 상당 부분의 적외선과 자외선도 포함된다. 최대 복사가 일어나는 파장은 다음 식과 같이 절대온도에 반비례한다.

빈의 법칙

$$\lambda_{최대} T = 2.898 \times 10^{-3}\ \mathrm{m \cdot K} \quad (14\text{-}24)$$

여기서 T는 절대온도로 단위는 K 이고 $\lambda_{최대}$는 최대 복사가 이루어지는 파장으로 단위는 m 이다. 빈의 법칙은 법칙의 발견자인 독일의 물리학자 빈(Wilhelm Wien, 1864~1928)의 이름을 따른 것이다.

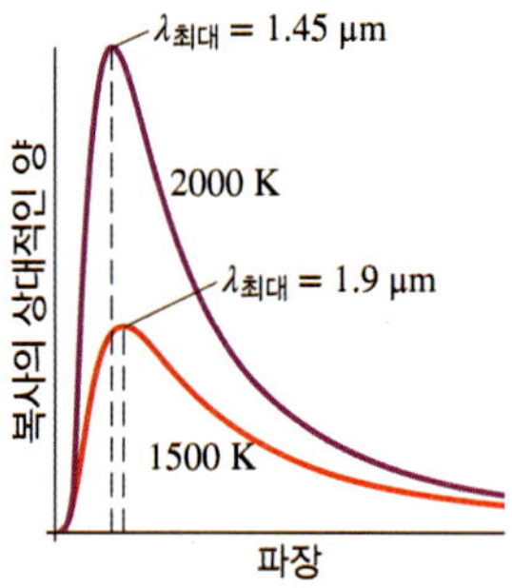

그림 14.17 두 온도에서의 흑체 복사를 파장의 함수로 나타낸 그래프. 온도가 높을수록 복사가 최대로 일어나는 파장이 짧아지는데 이는 빈의 법칙으로 설명할 수 있다. 총복사 일률에 해당하는 곡선 아래의 넓이는 온도가 높을수록 커진다(슈테판의 법칙).

흑체의 온도가 점차 상승하여 1000 K 를 넘어서면 최대 복사 파장은 짧은 파장 쪽으로 옮겨가고 이때 방출된 일부 복사선은 가시광선 영역에 있게 된다. 가시광선 중 가장 긴 파장은 빨간색이므로 가열된 물체는 어두운 빨간색을 낸다. 흑체의 온도가 계속 상승함에 따라 흑체가 방출하는 가시광선은 많아져 빨간색 빛은 더욱 밝아지고 다음엔 주황색 그리고 황백색을 거쳐 결국엔 청백색이 된다. 이 물체가 가시광선의 모든 색을 방출하게 되면 발산되는 빛은 흰색으로 보인다. 붉게 달궈진 물체는 희게 달궈진 물체만큼 뜨겁지 않다.

백열등은 열복사의 일반적인 예이다. 텅스텐 필라멘트를 통하여 전류가 흐를 때 스펙트럼의 가시광선 영역에서 중요한 부분의 열복사를 방출하기 때문에 열이 많이 난다.

혼자서 해 보기 조광 스위치로 밝기를 조절할 수 있는 백열등이 달려 있다. 조광기는 필라멘트를 통하여 흐르는 전류를 감소시킬 수 있다. 그러면 복사열이 감소하여 필라멘트 온도를 낮춘다(슈테판의 법칙). 빛의 조명을 줄이고 관찰해 보면, 색은 더 붉어질 것이다. 온도를 더 낮추면 스펙트럼은 가시광선의 짧은 파장의 색은 감소하며(파란색과 보라색) 파장이 긴 영역의 색은 증가한다(빨간색, 주황색).

살펴보기 14.8 멀리 떨어진 별이 붉은색으로 보인다. 붉은 별의 표면 온도를 태양의 표면 온도와 비교하여라. 어느 별이 더 높은 비율로 복사를 방출하는가?

보기 14.13 **태양의 온도**

태양으로부터 최대 비율의 에너지 방출이 일어나는 부분은 가시광선의 중앙부로, 파장으로는 $\lambda = 0.5\ \mu m$ 정도에 해당한다. 태양 표면의 온도를 대략 계산하여 보아라.

전략 태양을 흑체로 가정한다. 그러면 방출이 최대로 이루어지는 파장과 표면 온도 사이에는 빈의 법칙이 성립한다.

풀이 문제로부터 $\lambda_{최대} = 0.5\ \mu m = 5 \times 10^{-7}\ m$ 이다. 이때 빈의 법칙에 의해 일률이 최대로 방출되는 파장과 그 온도의 곱은

$$\lambda_{최대} T = 2.898 \times 10^{-3}\ m \cdot K$$

로 주어진다. T에 대해 풀어내면 다음과 같다.

$$T = \frac{2.898 \times 10^{-3}\ m \cdot K}{5 \times 10^{-7}\ m} = 6000\ K$$

검토 300 K의 물체에 대해 $\lambda_{최대} \approx 10\ \mu m$ 인데 이는 태양복사의 $\lambda_{최대}$ $(0.5\ \mu m)$보다 20배 길다. $\lambda_{최대}$와 절대온도 T는 반비례하므로 태양의 온도는 300 K의 20배인 6000 K가 된다.

실전문제 14.13 **피부에서 방출되는 일률이 최대인 파장**

피부에서 혈액의 흐름이 변하면서 피부 온도가 30℃에서 35℃로 변했다. 피부로부터 방출되는 일률이 최대가 되는 파장은 어떤 영역인가?

열복사의 동시적 방출과 흡수

열복사 흡수와 방출을 동시에 하는 물체에는 열복사에 의해 $\wp_{알짜} = \wp_{방출} - \wp_{흡수}$로 주어지는 알짜 열흐름이 있다. 겉넓이가 A이고 온도가 T인 한 물체 주변이 모든 방향에 걸쳐 균일한 온도 T_s에 해당하는 열복사로 가득하다고 가정하자. 그러면 열복사의 흡수와 방출에 의한 알짜 열흐름은

$$\wp_{알짜} = e\sigma A T^4 - e\sigma A T_s^4 = e\sigma A (T^4 - T_s^4) \qquad (14\text{-}25)$$

이다. 물체 온도가 주변 온도가 같은 경우 물체는 에너지를 방출하지만, 방출하는 비율이 흡수하는 비율과 같아서 $\wp_{알짜} = 0$이 된다. 만약 $T > T_s$이면 물체는 흡수하는 양보다 더 많은 열복사를 방출한다. $T < T_s$라면 물체는 방출하는 양보다 더 많은 열복사를 흡수한다.

왜 흡수율이 복사율에 비례할까? 좋은 방출체가 바로 좋은 흡수체이기 때문이다. 복사율 e는 물체가 흑체와 비교했을 때 얼마나 많은 양을 방출하는지뿐만 아니라 얼마나 많은 양을 흡수하는지에 대해서도 알려준다. 주변의 온도와 같은 온도의 흑체는 방출 비율과

정확히 균형을 맞추기 위해 $\wp_{\text{흡수}} = \sigma A T_s^4$의 비율로 복사를 흡수해야 한다. 그러나 복사율은 온도에도 의존한다. 식 (14-25)에서는 온도 T에서의 복사율이 온도 T_s에서의 복사율과 같다고 가정했다. 만약 T와 T_s가 크게 다르면 각 온도에 따라 다른 복사율을 써서 식 (14-25)를 수정해야 할 것이다.

식 (14-25)에서 온도의 단위는 ℃가 아니다. 괄호 안에 있는 양이 온도 차인 것처럼 보이지만 그렇지 않다. 두 절대온도를 각각 네제곱을 한 후 빼기 때문에, 두 온도에 해당하는 섭씨온도로 계산하면 결과는 달라진다. 마찬가지로 K의 단위로 온도 차를 구한 다음 네제곱을 하는 것도 옳지 않다. 다음 식에서도 알 수 있듯이 네제곱한 값들의 차와 어떤 두 값의 차를 네제곱한 것은 같지 않다.

$$(2^4 - 1^4) = 15 \quad \neq \quad (2-1)^4 = 1$$

열복사의 의학적 응용

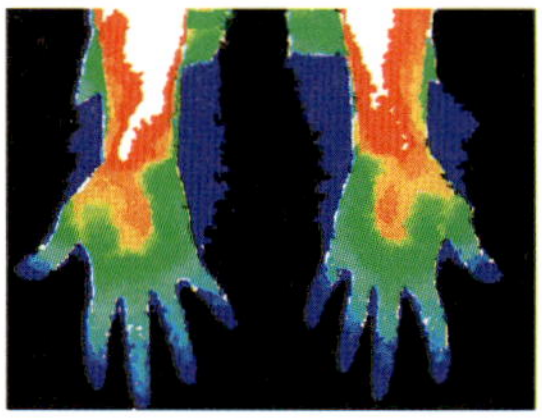

그림 14.18 온도가 다른 손바닥의 열화상 사진이 차가운 파란색부터 뜨거운 빨간색까지 다양한 색상으로 나타나며 관절 염증 부위를 나타내고 있다.

인체에서 나오는 열복사는 의학적 진단 도구로 이용된다. 귓속형 체온계는 환자 귀 안의 열복사 세기를 측정해 온도로 전환한다. 열 분포 사진은 인체의 어떤 부위에서 비정상적으로 많은 열이 나는지 보여준다. 비정상적인 세포 활동이 있는 곳은 온도가 높다. 예를 들어 부러진 뼈가 치유될 때, 골절 부위에 가볍게 손을 대 보면 그 부위에서 열이 나는 것을 검출할 수 있다. 원래 군용(야간 투시경)으로 개발된 적외선 검출기도 피부에서 나오는 복사를 검출할 수 있다. 검출기에 흡수된 전자기파 복사는 전기신호로 변환된 후 화상 사진으로 나타난다(그림 14.18). 열 영상 기법은 여러 공항에서 탑승객의 열을 측정해 중증 급성 호흡기 증후군 SARS Severe acute respiratory syndrome에 걸린 탑승객을 가려내는 데 쓰였다.

보기 14.14 인체의 열복사

몸의 겉넓이가 2.0 m^{2}인 사람이 옷을 벗은 상태로 진료실에 앉아 있다. 진료실 온도가 22℃일 때 그의 평균 피부 온도는 34℃였다. 피부는 대부분의 방출이 일어나는 적외선 영역의 파장에서 같은 온도에 있는 흑체복사의 대략 97%를 방출한다. 인체로부터 복사되는 에너지의 알짜 비율은 얼마인가?

전략 복사와 흡수는 모두 적외선 영역에서 일어나며 피부 표면과 실내의 절대온도 차는 아주 크지 않다. 따라서 진료실로부터 들어오는 복사의 97%가 흡수된다고 가정할 수 있다. 따라서 식 (14-25)를 적용할 수 있다. 먼저 섭씨온도를 절대온도로 환산해야 한다.

- 주어진 조건 : 겉넓이 $A = 2.0\ \mathrm{m}^2$, $T_{실내} = 22℃$, 피부 온도 $T = 34℃$, 방출되는 에너지의 비율 $e = 0.97$
- 구해야 할 값 : 알짜 에너지 전달률 $\wp_{알짜}$

풀이 피부 온도는

$$T = (273 + 34)\mathrm{K} = 307\ \mathrm{K}$$

이고, 실내의 온도는

$$T_s = (273 + 22)\mathrm{K} = 295\ \mathrm{K}$$

이고 진료실과 인체 사이의 알짜 에너지 전달률은

$$\wp_{알짜} = e\sigma A(T^4 - T_s^4)$$

이 되는데 구체적인 값을 대입하면

$$\begin{aligned}\wp_{알짜} &= 0.97 \times 5.67 \times 10^{-8}\ \mathrm{W/(m^2 \cdot K^4)} \\ &\quad \times 2.0\ \mathrm{m}^2 \times (307^4 - 295^4)\ \mathrm{K}^4 \\ &= 140\ \mathrm{W}\end{aligned}$$

가 된다.

검토 140 W라는 것은 대단한 열 손실이다. 가만히 있는 신체는 일정한 체온을 유지하는 과정에서 기초대사에 의해 열을 약 90 W의 비율로 내보낸다. 따라서 이보다 과도한 비율의 열 손실은 체온의 저하를 초래한다. 이 환자는 담요로 몸을 감싸거나 적당히 뛰어주는 게 좋다. 여기서는 신체에서 방출되거나 흡수되는 비율만 알면 된다. 진료실 벽의 복사율은 중요하지 않다. 만약 벽이 좋은 방출체가 아니라면 좋은 흡수체도 아니다. 그 때문에 복사를 반사할 것이다. 따라서 신체로 들어오는 복사의 양은 방출하는 양과 같다.

실전문제 14.14 롤러 블레이드를 타는 사람의 복사

롤러 블레이드를 타는 사람이 복사에 의해 인체로부터 단위 시간당 잃는 에너지는 얼마나 되는가? 이 사람의 피부 온도는 35℃이며 공기 온도는 30℃이다. 이 사람의 신체 겉넓이는 $1.2\ \mathrm{m}^2$이며, 이중 75%가 공기에 노출되어 있다. 피부에 대해 $e = 0.97$로 가정하여라.

보기 14.15 지구의 복사평형

지구에 도달하는 태양복사열은 $1.7 \times 10^{17}\ \mathrm{W}$이다. 평균적으로 30 %의 태양복사열은 반사되고 나머지 70 %는 흡수된다. 지구 대기 역시 에너지를 복사한다. 흡수와 방출의 비율이 같다고 가정하고, 적외선 영역에서 지구 대기는 흑체라고 가정할 수 있다($e = 1$). 태양 복사는 가시광선에서 최대이고, 지구복사는 적외선에서 최대이기 때문에 표면 온도는 훨씬 낮을 것이다. 앞의 정보를 이용하여 지구 대기의 온도를 계산하여라.

전략 지구는 흡수하는 일률만큼 방출한다. 온도의 함수로 복사되는 에너지의 비율을 찾기 위해서 슈테판의 법칙을 이용하고 에너지가 흡수되는 비율과 같다고 놓을 수 있다.

풀이 지구는 태양복사열의 70 %를 흡수한다. 거의 일정한 온도를 가정하면 지구는 같은 비율로 복사를 방출하기 때문에

$$\wp = 0.70 \times 1.7 \times 10^{17}\ \mathrm{W} = 1.2 \times 10^{17}\ \mathrm{W}$$

를 얻을 수 있다. 슈테판의 법칙

$$\wp = e\sigma A T^4$$

을 이용하고, 대기가 흑체라고 가정하면 $e = 1$을 대입할 수 있다. 지구 겉넓이는

$$A = 4\pi R_{\mathrm{E}}^2$$

이기 때문에 온도에 대해서 풀면

$$T = \left(\frac{\wp}{e\sigma A}\right)^{1/4}$$

을 얻을 수 있다. 여기에 구체적인 값을 대입하면

$$T = \left(\frac{\wp}{e\sigma 4\pi R_{\mathrm{E}}^2}\right)^{1/4}$$

$$= \left[\frac{1.2\times10^{17}\,\mathrm{W}}{1\times5.67\times10^{-8}\,\mathrm{W/(m^2\cdot K^4)}\times4\pi(6.4\times10^6\,\mathrm{m})^2}\right]^{\frac{1}{4}}$$

$$= 253\,\mathrm{K} = -20℃$$

가 된다.

검토 최종 답인 $-20℃$는 지구 표면의 온도가 아니고 지구 대기의 평균 온도이다. 상대적으로 단순한 앞의 계산이 아주 정확한 답을 주었다. 지구 표면의 온도를 얻기 위해서는 온실효과를 고려하여야 한다.

실전문제 14.15 **더 낮은 반사율**

지구가 태양복사열의 30 %가 아닌 25 %를 반사한다면, 지구 대기의 평균 온도는 얼마인가?

열복사의 응용 : 지구 기후 변화

지구는 복사를 통해 태양으로부터 열을 얻는다. 대기층은 온실의 유리와 같은 역할을 해 복사의 일부를 가두는 것을 돕는다. 태양광이 온실의 유리에 쪼이면 대부분의 가시광선과 단파장의 적외선(근적외선)은 그냥 투과해 버린다. 유리는 그 파장에 대해 투명한 것이다. 유리에 흡수되는 것은 대부분 자외선 영역의 복사이다. 유리를 통과한 복사는 대부분 온실 내부에서 흡수된다. 온실 내부는 태양보다 훨씬 온도가 낮기 때문에 주로 적외선 대역의 복사를 방출한다. 그런데 유리는 장파장의 적외선에 대해서는 투명하지 않아 대부분이 유리에 흡수된다. 유리 자체도 적외선을 방출하는데, 양 방향으로 이루어지며 그중 절반은 다시 온실 내부로 방출된다. 이렇게 유리가 적외선을 흡수하므로 온실 내부는 따뜻하게 유지된다. 온실의 유리는 지구 대기권에서 또 다른 부가적 기능을 하는데, 열이 대류에 의해 도망가는 것을 방지하는 것이다.

지구의 대기층은 유리의 역할을 하는 하나의 온실이라고 할 수 있다. 대기층도 유리와 마찬가지로 가시광선과 근적외선에 대해서 투명하다. 대기권 상층의 오존이 자외선의 일부를 흡수할 뿐이다. 대기권은 지표면에서 방출되는 장파장인 적외선을 많이 흡수한다. 대기권에 의한 적외선 복사는 두 방향으로 이루어진다. 한 방향은 지표로 다시 돌아오고

또 하나는 우주로 향해 방출된다(그림 14.19). 이산화탄소와 수증기 같은 '온실기체'는 적외선을 유난히 잘 흡수한다. 대기 중에 이런 기체의 농도가 증가할수록 더욱 많은 적외선이 흡수되고 지표의 온도는 더 올라가게 된다. 지표 온도의 작은 변화조차도 기후에 극적인 변화를 가져올 수 있다.

슈테판의 복사 법칙을 지구에 적용하는 데에는 몇 가지 문제점이 있다. 하나는 구름층의 효과이다. 구름층에 의한 반사가 매우 크지만 구름은 한 지역에 있을 수도 있고 그렇지 않을 수도 있다. 호수나 해양의 물이 열을 받아 증발하면 구름이 된다. 그러면 이 구름은 일종의 장막처럼 행동하여 지구로 들어오는 태양열을 반사하고 지구의 온도를 낮추는 역할을 한다.

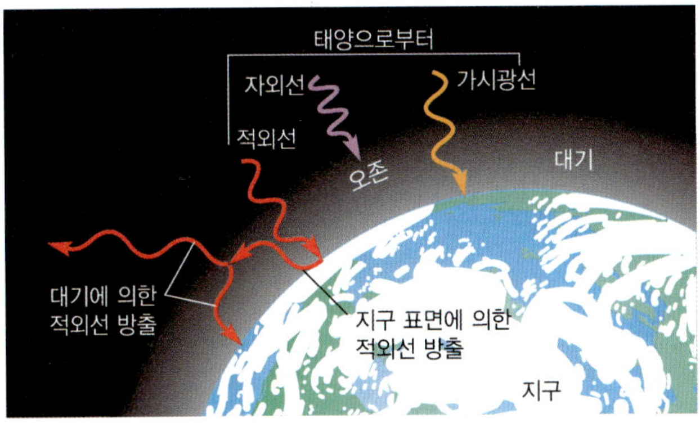

그림 14.19 지구의 온실효과. 이 단순화된 그림에서 태양에서 오는 자외선은 대기에 의해 흡수된다. 반면에 태양에서 오는 가시광선과 적외선은 대기층을 그냥 통과해 버린다. 지구는 이 가시광선과 적외선을 흡수해 장파장의 적외선을 방출한다. 이 장파장의 적외선을 대기가 흡수했다가 다시 두 방향으로 적외선을 복사하는데, 하나는 지표 쪽을 향하고 다른 하나는 우주 쪽을 향한다.

해답 실전문제 & 살펴보기

14.1 4.9 J

14.2 높아진다. 분자는 같은 양의 무작위 병진운동 에너지 이외에 공의 병진운동과 회전운동에 관련된 운동에너지를 가진다.

14.3 350 g

14.4 최소 0.52달러

14.5 48℃

14.6 92 kJ

14.7 150 kJ

14.8 40 kJ

14.9 53.5 g

14.10 230 W

14.11 110 W

14.12 일정한 온도를 유지하기 위해 알짜 열은 0이 되어야 한다. 에너지 복사율은 140 W이다.

14.13 35℃ 일 때 9.4 μm 에서 30℃ 일 때 9.6 μm 까지

14.14 28 W

14.15 −16℃

14.2 아니요. 온도 상승은 열 흐름으로 인한 것이 아니다. 고무줄을 늘였을 때 고무줄에 일을 해주어 탄성 퍼텐셜에너지를 증가시키고, 일부는 내부에너지와 온도도 증가시킨다(이때 고무줄을 놓으면 고무줄 밖으로 열이 흘러나와, 고무줄 주위와 열평형상태가 될 때까지 내부에너지와 온도가 감소한다).

14.3 황동은 물보다 비열이 작고 황동 조각 질량이 물의 질량보다 작으므로, 황동 조각의 열용량은 물의 열용량보다 작다. 따라서 조각에서 나오는 열 흐름이 물로 들어가는 같은 양의 열 흐름보다 더 큰 온도 변화를 일으킨다. 나중 온도는 50℃ 보다 낮다.

14.5 수증기가 피부에서 물로 응결되면서 더 많은 양의 열을 방출한다. 100℃ 에서 같은 양의 액체 상태의 물의 경우보다 훨씬 더 많은 에너지가 피부에 전달된다.

14.6 두 물질을 통해 흐르는 열 흐름률은 같으므로 열전도율이 큰 물질의 온도 기울기가 더 작다. 그림 14.10b에서 왼쪽 물질의 온도 기울기가 더 작으므로 열전도율이 더 큰 것을 보여준다.

14.8 붉은 별 표면에서 방출되는 빛의 최대 파장이 더 길다. 그 때문에 붉은 별의 표면 온도는 태양의 표면 온도보다 낮다. 표면 온도뿐만 아니라 표면의 넓이에 따라 다르기 때문에 어느 것이 더 높은 비율로 복사선을 방출하는지는 알 수 없다.

15

열역학

Thermodynamics

자동차의 휘발유 기관은 매우 비효율적이다. 휘발유를 태울 때 나오는 전체 화학에너지 중 단지 20%에서 25% 정도만이 역학적인 일로 변환되어 차를 움직이게 한다. 과학자들과 기술자들은 더 효율적인 휘발유 기관을 만들기 위하여 수십 년째 연구를 계속하고 있다. 휘발유 기관의 효율에 근본적인 한계가 있을까? 연료 화학에너지의 전부 또는 대부분을 유용한 일로 바꿀 수 있는 기관을 만들 수 있을까?

찾아가보기

- 에너지 보존 법칙 (6.1절)
- 내부에너지와 열 (14.1~14.2절)
- 열역학 제 0법칙 (13.1절)
- 계와 주변 환경 (14.1절)
- F_x와 x 그래프 아래 넓이인 일 (6.6절)
- 열용량 (14.3절)
- 이상기체의 법칙 (13.5절)
- 일정한 부피에서 이상기체의 비열 (14.4절)
- 기초 수학 : 자연로그 함수 (부록 A.4)

생명과학 응용

- 엔트로피와 진화 (15.8절)
- 생물학적 과정에서 내부에너지와 엔트로피 변화 (보기 15.1, 문제 34, 35, 43)

15.1 열역학 제1법칙 The First Law of Thermodynamics

일과 열 모두는 계의 내부에너지를 바꿀 수 있다. 고무공을 꽉 쥐거나, 잡아당기거나, 벽에 던져 고무공에 일을 해 줄 수 있다. 햇볕 아래 놓아두거나 뜨거운 오븐 안에 넣어 두면 고무공에 열이 가해진다. 계의 내부에너지를 증가시키는 이러한 두 가지 방법은 **열역학 제1법칙** first law of thermodynamics 으로 이어진다.

열역학 제1법칙

계의 내부에너지 변화는 계에 들어온 열과 계에 해준 일의 합과 같다.

계는 주어진 문제를 풀기 편리하도록 선택한다.

연결 고리 열역학 제1법칙은 새로운 법칙이 아니라 에너지 보존의 특별한 한 형태이다.

열역학 제1법칙은 피스톤으로 움직이는 실린더 내부 기체와 같은 열역학 계에 적용된 에너지 보존 법칙의 특별한 표현이다. 기체는 두 가지 방법으로 주변 환경과 에너지를 교환할 수 있다. 기체와 주변 환경 사이에 온도 차가 있으면 열적 흐름이 있을 수 있고, 피스톤을 압축하면 기체에 일을 할 수 있다.

수식의 형태로 다음과 같이 쓸 수 있다.

열역학 제1법칙

$$\Delta U = Q + W \tag{15-1}$$

연결 고리 Q와 W의 부호 규약은 이전 장(6장 일, 14장 열)의 정의와 일치한다.

식 (15−1)에서 ΔU는 계의 내부에너지 변화이다(앞에서 기호 U는 퍼텐셜에너지를 나타냈지만, 이번 장에서는 내부에너지를 나타낼 때만 쓴다). 내부에너지는 증가할 수도, 감소할 수도 있으므로 ΔU는 양$^+$의 값 또는 음$^-$의 값이 될 수 있다. Q와 W의 부호는 앞 장에서와 같은 의미이다. 계로 열이 들어오면 Q는 양의 부호를 갖고, 계에서 열이 빠져나가면 음의 부호를 갖는다. W는 계에 해준 일을 나타내는데, 작용한 힘과 변위의 방향에 따라 양 또는 음의 값이 될 수 있다. 실린더 안의 기체를 예로 들면, 피스톤이 안으로 밀려들어가면 피스톤이 기체에 작용하는 힘과 기체의 변위는 같은 방향이고 W는 양의 값이 된다(그림 15.1a). 만약 피스톤이 바깥쪽으로 밀려 나온다면, 피스톤은 여전히 기체 안쪽으로 힘을 작용하므로 힘과 변위는 서로 반대 방향이고 W는 음의 값이 된다(그림 15.1b). 표 15.1에 ΔU, Q, W 부호의 의미가 요약되어 있다.

표 15.1 열역학 제1법칙을 위한 부호의 규약

물리량	정의	양⁺의 부호의 의미	음⁻의 부호의 의미
Q	계로 들어가는 열의 흐름	계로 열이 들어감	계에서 열이 빠져나옴
W	계에 해준 일	주변 환경이 계에 양의 일을 함	주변 환경이 계에 음의 일을 함(계가 주변 환경에 양의 일을 함)
ΔU	내부에너지의 변화	내부에너지의 증가	내부에너지의 감소

기체가 피스톤에 가하는 힘과 피스톤이 기체에 가하는 힘은 상호작용 짝(크기가 같고 방향은 반대)이다. 기체가 피스톤에 가한 일을 계산하면 힘의 방향은 반대이고 변위는 동일하므로 다음과 같다.

$$W\,(\text{피스톤이 기체에 한 일}) = -W\,(\text{기체가 피스톤에 한 일}) \qquad (15\text{-}2)$$

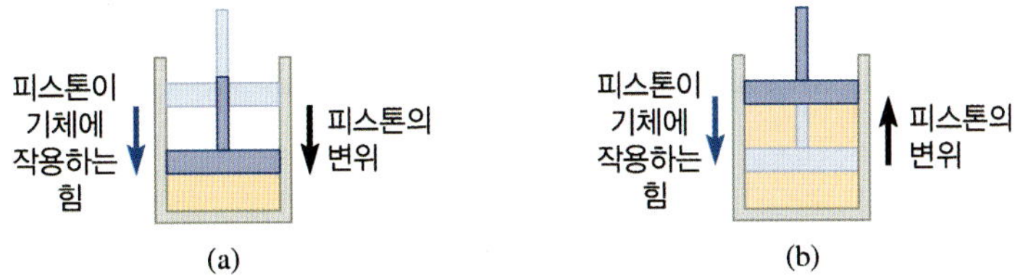

그림 15.1 (a) 기체가 압축될 때 기체에 한 일은 양의 값이 된다. (b) 기체가 팽창할 때 기체에 한 일은 음의 값이 된다.

보기 15.1 건강 관리

발로 기구를 미는 운동을 30분간 하고 있다고 하자. 운동하는 동안 평균 220 W의 일률로 일을 한다. 열은 증발, 대류, 복사를 통해 주변 환경으로 평균 910 W의 비율로 빠져나간다. (a) 운동하는 동안 신체의 내부에너지 변화량은 얼마인가? (b) 파스타 한 접시는 1.0 MJ (240 kcal)의 내부에너지를 제공한다. 운동으로 소모된 내부에너지를 보충하려면 몇 접시의 파스타가 필요한가?

전략 신체를 '계'로 간주하고 계에 출입하는 에너지를 분석한다. 에너지 보존 법칙으로부터 내부에너지는 한 일과 열에 의해 변화된다.

풀이 (a) 내부에너지는 일에 의해 220 J/s, 열 흐름에 의해 910 J/s만큼 감소한다. 그러므로 내부에너지의 변화율은 다음과 같다.

$$-(220\ \text{J/s} + 910\ \text{J/s}) = -1130\ \text{J/s}$$

음⁻의 부호는 내부에너지가 감소하기 때문에 생긴다. 30분 동안 내부에너지의 변화량은 다음과 같다.

$$\begin{aligned}\Delta U &= (-1130\ \text{J/s}) \times (30\ \text{min}) \times (60\ \text{s/min}) \\ &= -2.0\,\text{MJ}\end{aligned}$$

(b) 파스타 한 접시가 1.0 MJ을 제공하므로 두 접시면 운동으로 소모한 에너지를 충분히 공급할 수 있다.

검토 식 (15-1)에서 Q와 W는 각각 계에 들어가는 열과 계에 한 일을 각각 나타낸다. 보기에서 계에서 나온 열과 계가 한 일, Q와 W는 모두 음의 값이다. 이것은 에너지가 계 바깥으로 방출되었음을 나타낸다.

개념형 실전문제 15.1 **기체의 내부에너지 변화**

움직이는 피스톤이 있는 실린더 안의 기체로 14 kJ의 열이 들어가는 동안 기체의 내부에너지는 42 kJ만큼 증가한다. 피스톤이 안쪽으로 밀려들어가는가, 바깥쪽으로 밀려 나오는가? 설명하여라. [힌트 : 피스톤이 기체에 한 일의 부호를 결정하여라.]

15.2 열역학적 과정 Thermodynamic Processes

열역학적 과정은 계가 한 상태에서 다른 상태로 변하는 방법이다. 계의 상태는 압력, 온도, 부피, 몰수, 내부에너지와 같은 **상태변수**state variables에 의해서 설명된다. 상태변수는 어느 순간의 계의 상태를 설명하지만, 계가 어떻게 그 상태에 왔는지는 알려주지 않는다. 열과 일은 상태변수가 아니라 계가 한 상태에서 다른 상태로 어떻게 변하였는지를 설명해 준다.

PV 도표

만일 계가 언제나 거의 평형상태에 있으면서 상태가 변한다면, 압력과 부피에 대한 곡선인 PV **도표**로 나타낼 수 있다. 곡선상의 각 점은 계의 평형상태를 나타낸다. PV 도표는 열역학적 과정을 분석하는 데 유용한 도구로 계에 한 일을 구하는 데 주로 쓰인다.

일과 PV 곡선 아래의 넓이 그림 15.2a는 부피 V_i와 압력 P_i에서 기체가 팽창하는 것을 보여준다. 그림 15.2b는 이 과정의 PV 도표이다. 그림 15.2에서 피스톤은 아래 방향으로 기체에 힘을 작용하고 기체의 변위는 위 방향이므로 기체에 음의 일을 한다. 이것은 기체에서 주변 환경으로 에너지가 전달됨을 의미한다(기체가 피스톤에 양의 일을 한다

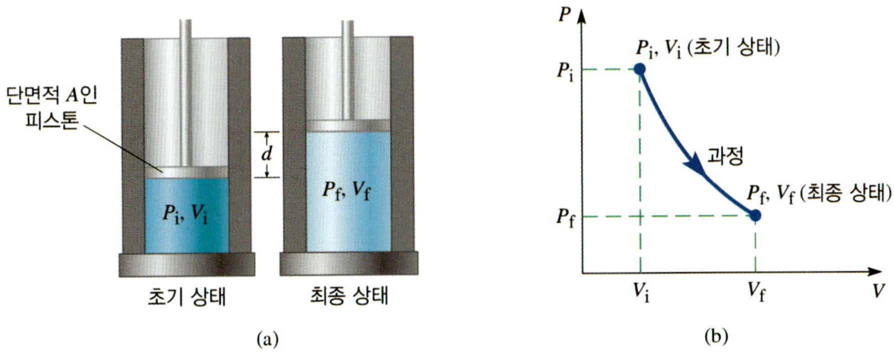

그림 15.2 (a) 초기 압력 P_i, 부피 V_i에서 나중 압력 P_f, 부피 V_f로의 기체 팽창. 팽창하는 동안 기체에 작용하는 힘과 기체의 변위가 반대 방향이기 때문에 피스톤은 기체에 음의 일을 한다. (b) 팽창에 대한 PV 도표는 압력과 부피가 초깃값 P_i, V_i에서 시작하여 최종값 P_f, V_f에 도달하는 것을 보여준다.

고 말하는 것과 같다). 피스톤은 $F = PA$의 힘으로 기체를 미는데, 여기서 P는 기체의 압력이고 A는 피스톤 단면의 넓이이다. 기체가 팽창함에 따라 압력이 감소하므로 이 힘은 일정하지 않다. 6.6절에서 본 바와 같이, 변하는 힘이 한 일은 힘 $F_x(x)$와 변위 x 그래프에서 주어지는 아래의 넓이이다. P와 V 그래프에서 주어지는 넓이로부터 기체에 한 일을 구할 수 있겠는가?

연결고리 6장에서 일은 힘–변위 곡선 아래로 둘러싸인 넓이임을 학습하였다. 여기에서도 그래프의 변수만 바뀌었을 뿐 같은 개념을 사용한다.

피스톤이 압력이 거의 변하지 않을 정도로 짧은 거리 d만큼 움직인다고 가정하자. 기체에 한 일은 다음과 같다.

$$W = Fd\cos 180° = -PAd \tag{15-3}$$

기체의 부피 변화는 다음과 같다.

$$\Delta V = Ad \tag{15-4}$$

따라서 기체에 한 일은 $W = -P\Delta V$이다. 압력이 일정하다면 어떠한 계에서도 같은 관계가 성립한다.

계에 한 일(일정한 압력)

$$W = -P\Delta V \tag{15-5}$$

기체에 한 모든 일을 구하기 위해 작은 부피 변화 동안에 한 일을 더한다. 적은 ΔV 동안 일의 크기는 PV 곡선 아래의 폭 ΔV, 높이 P인 긴 사각형들의 넓이와 같다(그림 15.3). 그러므로,

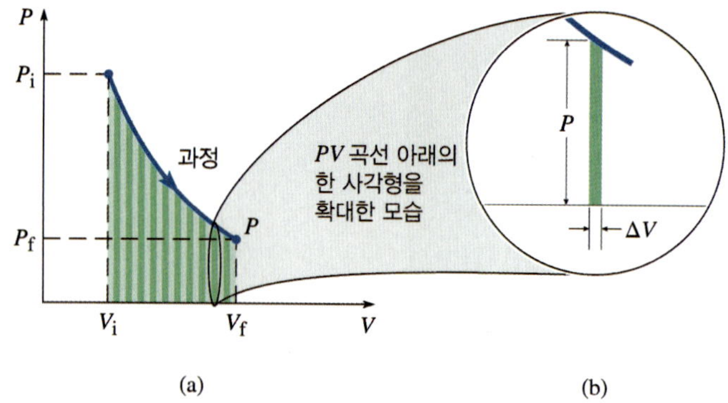

그림 15.3 (a) PV 곡선 아래의 넓이는 폭 ΔV와 변하는 높이 P로 된 여러 개의 긴 사각형들로 나누어진다. 사각형들 넓이의 합은 PV 곡선 아래의 전체 넓이로, 기체에 한 일을 나타낸다. (b) 곡선 아래의 작은 사각형을 확대한 그림. 사각형의 밑변이 충분히 좁다면 P의 변화를 무시할 수 있어서 넓이를 $P\Delta V$로 근사할 수 있다.

기체에 한 총일의 크기는 PV 곡선 아래의 넓이이다.

부피 변화	계에 한 일
증가	음$^-$
감소	양$^+$
변화 없음	0

계에 한 일의 크기는 PV 곡선의 경로에 따라 변한다. 그림 15.4a와 15.4b는 그림 15.3과 처음 상태와 나중 상태는 같지만 두 가지 다른 **경로**를 보여준다. 각각의 경우에 처음 상태와 나중 상태가 같지만 한 일은 다르다.

닫힌 순환 과정 동안 한 일 PV 도표에서 계에 해준 일은 경로에 따라 다르므로 **닫힌 순환 과정** closed cycle, 다시 말해 계가 순환을 시작한 상태와 같은 상태로 돌아오도록 하는

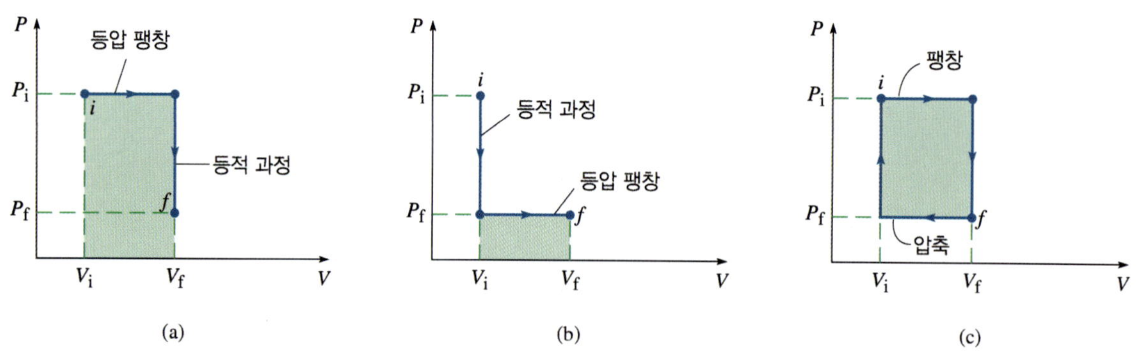

그림 15.4 (a)와 (b)는 처음 상태와 나중 상태는 같지만, 경로는 서로 다르다. 기체에 한 일의 크기는 도표 아래의 넓이와 같은데 부피가 증가하므로 음의 값을 가진다. (a)에서 $W = -P_i(V_f - V_i)$ 이고 (b)에서 $W = -P_f(V_f - V_i)$ 이다. 한 일은 처음 상태와 나중 상태의 경로에 의존함에 유의하라. (c) 닫힌 순환 과정. i에서 f까지 기체에 한 일은 (a)에서 $W = -P_i(V_f - V_i)$이다. f에서 i까지 한 일은 (b)에서 크기는 같지만, 부호는 반대인 $W = +P_f(V_f - V_i)$이다. 순환 과정 동안 한 알짜 일은 이들의 합인 $W_{알짜} = -P_i(V_f - V_i) + P_f(V_f - V_i) = -(P_i - P_f)(V_f - V_i)$이다. $W_{알짜}$의 크기는 색칠된 사각형의 넓이와 같고 팽창(i부터 f) 중의 음의 일이 압축(f부터 i) 중의 양의 일보다 크므로 부호는 음이다.

일련의 과정을 거치는 동안 계에 한 알짜 일은 0이 아닐 수 있다. 순환 과정 동안 알짜 일은 팽창 과정의 음$^-$의 일과 압축 과정의 양$^+$의 일의 합이기 때문에 PV 도표 내부의 넓이이다. 닫힌 순환 과정 동안에 계가 수행하는 알짜 일은 열기관의 기본 개념이다(15.5절 참조).

등압 과정

압력이 일정하게 유지되면서 계의 상태가 변하는 과정을 **등압**isobaric 과정이라고 한다. 등압이라는 단어는 **기압계**barometer 와 같은 그리스어 어원에서 유래했다. 그림 15.4a에서는 일정한 압력 P_i에서 i부터 f까지 선을 따라 V_i에서 V_f로 상태 변화가 일어난다. 등압 과정은 PV 도표에서 수평선으로 그려진다. 기체에 한 일은 다음과 같다.

$$W = -P_i(V_f - V_i) = -P\Delta V \quad \text{(일정한 압력)} \tag{15-6}$$

등적 과정

부피가 일정하게 유지되면서 계의 상태가 변하는 과정을 **등적**isochoric 과정이라고 한다. 일정한 부피인 V_f에서 i부터 f까지 선을 따라 압력이 P_i에서 P_f로 변화하는 과정이 그림 15.4a에 주어져 있다. 등적 과정 동안에는 변위가 없으므로 한 일은 없다. PV 도표에서 수직선 아래의 넓이는 0이다.

$$W = 0 \quad \text{(일정한 부피)} \tag{15-7}$$

만일 해준 일이 없다면, 열역학 제1법칙으로부터 내부에너지의 변화는 계로 들어온 열과 같다.

$$\Delta U = Q \quad \text{(일정한 부피)} \tag{15-8}$$

등온 과정

계 온도가 일정하게 유지되는 과정을 **등온**isothermal 과정이라 한다. PV 도표에서 등온 과정은 **등온곡선**isotherm이라는 곡선으로 표현된다(그림 15.5). 등온곡선의 모든 점에서 계 온도는 같다.

어떻게 하면 계의 온도를 일정하게 유지할 수 있을까? 한 가지 방법은 일정한 온도를 유지하는 **열 저장체**heat reservoir, 곧 매우 큰 열용량을 가져서 열교환을 해도 온도 변화를

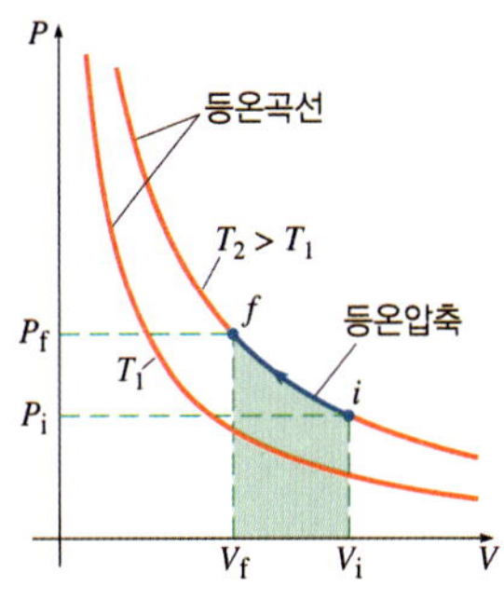

그림 15.5 서로 다른 두 온도에서 이상기체의 등온곡선. 각 등온곡선은 일정한 온도에서 $P = nRT/V$의 그래프이다. 음영 부분의 넓이는 온도가 T_2인 등온압축 동안 기체에 해준 일을 나타내며 양의 값을 가진다(등온팽창 동안 기체가 한 일은 음$^-$이다).

무시할 수 있는 것과 열 접촉을 하는 것이다. 이러한 경우에 계의 상태가 매우 빨리 변하지 않는 한 계와 저장체 사이에 열이 이동하여 계 온도가 일정하게 유지된다.

단열 과정

열이 계로 들어오거나 빠져나가지 않는 과정을 **단열** adiabatic 과정이라고 한다. 단열 과정과 등온 과정은 다르다. 등온 과정에서는 일정한 온도를 유지하기 위해 열이 들어오거나 빠져나간다. 단열 과정에서는 열의 출입이 없다. 따라서 단열 과정에서는 일을 하면 계의 온도는 변하게 된다. 단열 과정을 만드는 방법 중 한 가지는 계를 완전히 고립시켜서 열의 출입을 막는 것이다. 또 다른 방법은 과정을 매우 빨리 일어나게 하여 열이 이동할 시간 여유가 없게 하는 것이다.

예를 들면, 음파에 의해 만들어지는 공기의 압축과 희박상태는 너무 빨리 일어나 한 곳에서 다른 곳으로의 열 출입을 무시할 수 있다. 곧 압축과 희박상태는 단열 과정이다. 뉴턴은 음파에 의해 만들어지는 공기 상태를 등온 과정이라 생각하고 음속을 계산하는 실수를 저질러 측정치보다 20% 작은 값을 얻었다.

열역학 제1법칙에서 열 흐름이 없을 때 내부에너지의 변화는 계에 한 일과 같다.

$$\Delta U = W \quad (\text{단열}) \tag{15-9}$$

표 15.2에 논의된 모든 열역학적 과정을 요약하였다.

표 15.2 열역학적 과정의 요약

과정	이름	조건	결과
일정한 온도	등온	T = 일정	이상기체의 경우 $\Delta U = 0$
일정한 압력	등압	P = 일정	$W = -P\Delta V$
일정한 부피	등적	V = 일정	$W = 0,\ \Delta U = Q$
열흐름이 없음	단열	$Q = 0$	$\Delta U = W$

살펴보기 15.2 (a) 단열 과정에서 온도 변화가 있을 수 있을지 설명하여라. (b) 등온 과정에서 열의 출입이 있을 수 있을까? (c) 등온 과정에서 계의 내부에너지 변화가 있을 수 있을까?

15.3 이상기체의 열역학적 과정 Thermodynamic Processes for an Ideal Gas

등적 과정

그림 15.6은 부피가 일정한 이상기체로 열이 들어가는 과정의 PV 도표이다. 기체 온도가 변하므로 처음과 나중 상태는 다른 두 등온곡선 위의 점으로 나타냈다(높은 온도의 등온곡선이 원점에서 더 멀다). 수직선 아래의 넓이가 0이므로 등적 과정 중 기체에 한 일은 없다. $W = 0$이면 들어오는 열은 기체의 내부에너지를 증가시키기 때문에 기체 온도가 올라간다.

연결고리 15.2절은 다양한 열역학적 과정을 설명하였다. 이번 절에서는 이상기체가 열역학적 과정에서 어떻게 되는지 학습한다.

14.4절에서는 부피가 일정한 이상기체의 몰비열을 논의하였다. 열역학 제1법칙을 이용하면 내부에너지 변화 ΔU를 계산할 수 있다. 등적 과정 동안에 한 일이 없으므로, $\Delta U = Q$이다. 등적 과정의 경우, $Q = nC_V \Delta T$이므로, $\Delta U = nC_V \Delta T$이다.

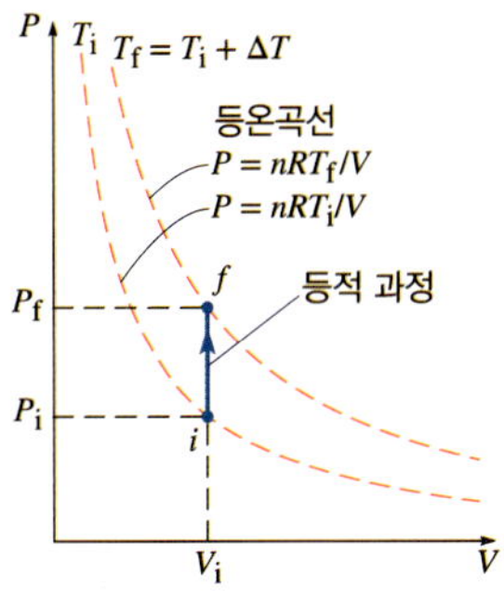

그림 15.6 등적 과정에 있는 이상기체에 대한 PV 도표. 등온곡선(빨간 점선) 위의 모든 점은 같은 온도인 기체의 상태를 나타낸다.

내부에너지는 상태변수이므로 그 값은 계가 그 상태에 도달하기 위하여 지나온 경로에 무관하고, 계의 현재 상태에만 관련이 있다. 그러므로 몰수가 일정하다면, **이상기체의 내부에너지 변화는 전적으로 온도 변화에 따라 결정된다.** 식 (15–10)은 등적 과정뿐만 아니라 일반적인 열역학 과정에서 이상기체의 내부에너지 변화를 나타낸다.

$$\Delta U = nC_V \Delta T \quad \text{(이상기체, 모든 과정)} \tag{15-10}$$

내부에너지의 변화에만 관심이 있으므로 $T = 0$에서 내부에너지를 0으로 정의할 수 있다. 이 경우, 절대온도 T에서 이상기체의 내부에너지는 다음과 같다.

$$U = nC_V T \quad \text{(이상기체)} \tag{15-11}$$

등압 과정

흔하게 접하는 또 다른 상황은 기체의 압력이 일정할 때 일어난다. 이 경우는 기체의 부피가 변하므로 기체에 한 일이 있다. 열역학 제1법칙으로 등적 몰비열(C_V)과는 다른 등압 몰비열(C_P)을 계산할 수 있다.

그림 15.7은 그림 15.6에 있는 등온곡선들 사이에서 이상기체의 등압팽창을 보여주는 PV 도표이다. 등압 과정에 열역학 제1법칙

$$\Delta U = Q + W$$

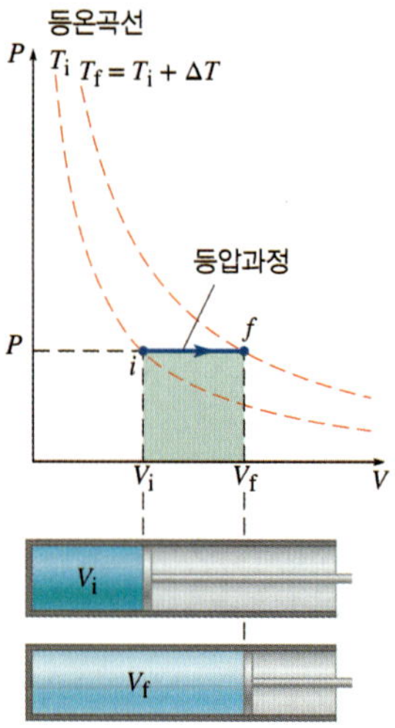

그림 15.7 이상기체의 등압 팽창에 대한 PV 도표. 이상기체로 열이 흘러 들어간다($Q>0$). 기체가 팽창하면서 피스톤에 음의 일을 하기 때문에 내부에너지의 증가량 ΔU는 Q보다 더 작다. 기체에 한 일은 경로 아래 음영 부분의 넓이에 음의 부호를 붙인 것과 같다.

을 적용해 보자. 이상기체에 한 일은 다음과 같다.

$$W = -P\Delta V = -nR\Delta T \tag{15-12}$$

C_P의 정의는

$$Q = nC_P\Delta T \tag{15-13}$$

이다. Q와 W를 열역학 제1법칙에 대입하면 다음을 얻을 수 있다.

$$\Delta U = nC_P\Delta T - nR\Delta T \tag{15-14}$$

이상기체의 내부에너지는 온도에 따라 결정되므로 등압 과정의 ΔU는 그 과정과 같은 온도 차를 갖는 등적 과정의 ΔU와 같다.

$$\Delta U = nC_V\Delta T \tag{15-15}$$

따라서 다음과 같다.

$$nC_V\Delta T = nC_P\Delta T - nR\Delta T \tag{15-16}$$

이 식의 공통 인자 n과 ΔT를 소거하면 다음과 같이 정리할 수 있다.

$$C_P = C_V + R \text{ (이상기체)} \tag{15-17}$$

R은 양의 상수이므로, 이상기체의 등압 몰비열은 등적 몰비열보다 크다.

이 결과는 합리적인가? 등압 과정에서 열이 기체로 들어가면, 기체는 팽창하면서 주변에 일을 한다. 그러므로 들어간 열 모두가 기체의 내부에너지를 증가시키는 것은 아니다. 같은 온도를 증가시키는 데 등적 과정보다 등압 과정에서 더 많은 열이 필요하다.

보기 15.2 일정한 압력으로 기구 가열하기

기상 관측용 기구가 20.0℃, 1.0 atm에서 헬륨 기체로 채워져 있다. 기체가 채워진 후 기구의 부피는 8.50 m^3이다. 기체 헬륨을 55.0℃가 될 때까지 가열한다. 이 과정 동안 기구는 일정한 압력(1.0 atm) 아래에서 팽창한다. 헬륨으로 들어간 열은 얼마인가?

전략 이상기체 법칙을 사용하면 기구 안의 기체 몰수 n을 구할 수 있다. 이 문제의 경우 헬륨을 계로 생각한다. 헬륨은 단원자 기체이므로 등적 몰비열은 $C_V = \frac{3}{2}R$이다. 등압 몰비열은 $C_P = C_V + R = \frac{5}{2}R$이다. 따라서 기체가 팽창하는 동안 기체로 들어가는 열은

$Q = nC_P \Delta T$ 이다.

풀이 이상기체 법칙은 다음과 같다.

$$PV = nRT$$

초기 부피와 온도를 이용하여 몰수를 구할 수 있다.

$$n = \frac{PV_i}{RT_i}$$

이상기체가 등압 과정에서 온도를 변화시킬 때 필요한 열은 다음과 같다.

$$Q = nC_P \Delta T$$

여기서 $C_P = \frac{5}{2}R$ 이다. 온도 변화는 다음과 같다.

$$\Delta T = 55.0℃ - 20.0℃ = 35.0 \text{ K}$$

초기 압력은 $P = 1.0 \text{ atm} = 1.01 \times 10^5 \text{ Pa}$, 초기 부피는 $V_i = 8.50 \text{ m}^3$, 초기 온도는 $T_i = 273 \text{ K} + 20.0℃ = 293 \text{ K}$ 이므로

$$Q = nC_P \Delta T = \left(\frac{PV_i}{\cancel{R}T_i}\right)\left(\frac{5}{2}\cancel{R}\right)\Delta T$$

$$= \frac{5}{2}\left(\frac{1.01 \times 10^5 \text{ Pa} \times 8.50 \text{ m}^3}{293 \text{ K}}\right)(35.0 \text{ K}) = 260 \text{ kJ}$$

이 된다.

검토 Q를 구하기 위해 기체에 한 일을 구하고 내부에너지에서 이 일을 빼 주어야 하는 것은 아니다. 한 일은 이미 등압 몰비열에 고려되어 있다. 이 때문에 등적 과정과 같은 방식으로 등압 과정의 문제도 쉽게 해결할 수 있다. 단지 C_V나 C_P 중 하나를 선택해야 한다.

실전문제 15.2 **헬륨 대신 공기**

기구에 헬륨 대신에 공기를 채운다고 가정하자. 같은 온도 변화에 대해서 Q를 구하여라. 이때 건조한 공기는 대부분 N_2와 O_2이므로 이상적인 이원자 기체로 가정하여라.

등온과정

이상기체의 경우, 이상기체 방정식 $PV = nRT$를 이용하여 등온곡선을 그릴 수 있다(그림 15.5 참조). 이상기체의 내부에너지 변화는 온도 변화에 비례하므로

$$\Delta U = 0 \qquad \text{(이상기체, 등온 과정)} \qquad (15\text{-}18)$$

이다. 열역학 제1법칙에서 $\Delta U = 0$이면 $Q = -W$이다. 식 (15–18)은 등온과정의 이상기체에만 성립함에 유의하라. 어떤 계는 온도를 변화시키지 않고도 내부에너지를 변화시킬 수 있는데, 그 한 가지 예는 계가 상변화를 하고 있을 때이다.

등온과정에서 팽창 혹은 수축으로 부피가 V_i에서 V_f로 변할 때 이상기체가 한 일(적분을 이용하여 PV 도표 아래의 넓이를 구한다)은 다음과 같음을 보일 수 있다.

$$W = nRT\ln\left(\frac{V_i}{V_f}\right) \quad \text{(이상기체, 등온 과정)} \qquad (15\text{-}19)$$

식 (15−19)에서 'ln'은 밑이 e인 자연로그이다.

보기 15.3 이상기체의 등온 압축

이상기체가 7 ℃ (280 K)인 열 저장체와 열 접촉한 상태에서 20.0 L에서 10.0 L로 압축된다(그림 15.8). 압축되는 동안 평균 힘 33.3 kN이 작용하여 피스톤이 0.15 m 움직인다. 이상기체와 열 저장체 사이에 얼마만큼의 열이 교환되는가? 열은 기체로 들어가는가, 아니면 기체에서 빠져나오는가?

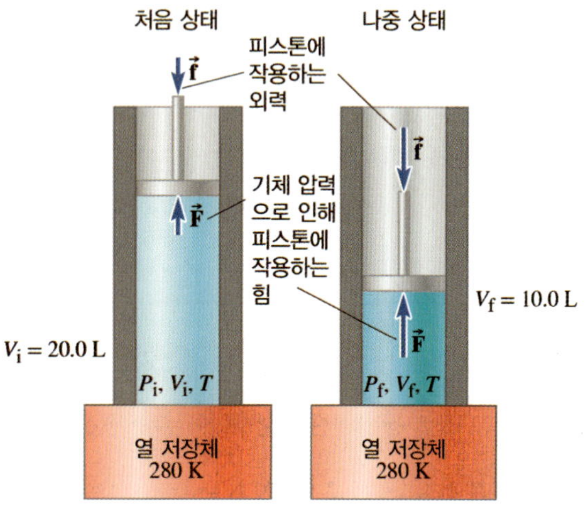

그림 15.8 이상기체의 등온팽창. 저장체와의 열 접촉은 기체의 온도를 일정하게 유지시킨다.

전략 가해진 힘의 평균과 움직인 거리로부터 피스톤에 한 일을 구할 수 있다. 이상기체의 등온압축인 경우에 $\Delta U = 0$이다. 그러므로 $Q = -W$이다.

풀이 기체에 한 일은 다음과 같다.

$$W = fd = 33.3\ \text{kN} \times 0.15\ \text{m} = 5.0\ \text{kJ}$$

이 일은 기체의 내부에너지를 5.0 kJ 증가시킨다. 그러므로 만일 내부에너지가 변하지 않는다면 5.0 kJ의 열이 기체에서 빠져나와야 한다. 힘과 피스톤의 운동 방향이 아래 방향으로 같으므로 이상기체에 한 일은 양의 값을 가진다.

$$Q = -W = -5.0\ \text{kJ}$$

Q는 기체로 들어가는 열을 나타내며, 음의 값은 기체에서 열이 빠져나와 열 저장체로 들어가는 것을 나타낸다.

검토 이 과정에서 온도가 일정하게 유지된다고 하더라도, 열의 흐름이 없는 것은 아니다. 기체에 일을 해주는 동안 기체의 온도를 일정하게 유지하려면, 어느 정도의 열이 기체 밖으로 빠져나와야만 한다. 만일 기체가 열적으로 고립되어 있어서 열의 흐름이 없다면, 기체에 한 일이 내부에너지를 증가시키고 그 결과 기체의 온도가 증가하게 된다.

실전문제 15.3 기체가 등온팽창하는 동안에 한 일

2.0 mol의 이상기체가 부피 20.0 L에서 40.0 L로 팽창하는 동안 57 ℃ (330 K)인 열원과 열 접촉을 하고 있다. 열은 기체로 들어가는가, 아니면 기체에서 빠져나오는가? 이동한 열은 얼마인가? [힌트 : 식 (15−19)를 이용하여라.]

15.4 가역 과정과 비가역 과정 Reversible and Irreversible Processes

시간을 되돌릴 수 있기를 바란 적이 있는가? 우연한 일로 친구의 집에서 매우 귀중한 물건을 부수었거나, 좋아하는 영화배우를 만날 수 있는 한 번뿐인 기회를 놓치거나, 가까운 사람에게 용서받을 수 없는 말을 한 적이 있을 수도 있다. 왜 시간은 되돌릴 수 없을까?

두 당구공 사이의 완벽한 탄성 충돌을 생각해 보자. 당구공이 충돌하는 영상을 볼 때 영상이 앞으로 재생되는지 뒤로 재생되는지 구별하기 매우 어려울 것이다. 탄성 충돌에 대한 물리학 법칙은 시간이 거꾸로 흐를지라도 타당하다. 충돌 전과 후의 총운동량과 총운동에너지는 같으므로, 충돌의 역과정도 물리적으로 가능하다.

완전한 탄성 충돌은 **가역** reversible 과정의 한 예이다. 가역 과정이란 '거꾸로 진행'하더라도 물리학 법칙에 위반되지 않는 과정이다. 대부분의 물리학 법칙들은 시간의 정방향과 역방향을 구분하지 않는다. 공기저항이 없는 곳(이를테면 달 표면)에서 운동하는 포물체 운동은 가역적이다. 영상을 거꾸로 재생한다고 해도, 매 순간마다 투사체의 총역학적에너지는 보존되며 뉴턴의 제2법칙($\sum\vec{F} = m\vec{a}$)도 성립된다.

앞의 예에서 '완전한 탄성'이라는 말과 '공기저항이 없는'이라는 단서에 주의하여라. 마찰이나 공기저항이 있으면 그 과정은 **비가역적** irreversible 이다. 공기저항이 있는 상태에서의 투사체 영상을 거꾸로 돌려 보면 뭔가 이상하다는 것을 쉽게 알 수 있다. 투사체에 작용하는 공기의 저항력은 잘못된 방향(운동 방향의 반대 방향이 아니라 운동 방향)으로 작용한다. 미끄럼마찰의 경우도 같다. 탁자 위에서 책을 미끄러뜨려 보면 마찰력에 의해 책의 속도가 줄다가 정지 상태에 이르게 된다. 책의 거시적 운동에너지(한 방향의 질서 있는 운동)가 분자들이 임의의 방향으로 움직이는 무질서한 운동으로 바뀌게 된다. 탁자와 책의 온도는 약간 증가할 것이다. 열역학 제1법칙인 에너지 보존은 성립되지만, 역과정은 결코 일어나지 않는다. 전후의 총에너지는 비록 같더라도 탁자 위에 있는 책이 저절로 출발하여 탁자 위로 미끄러져 나가면서 속력이 빨라지고 온도가 내려가는 현상은 일어나지 않을 것이다. 질서 정연한 에너지를 무질서한 에너지로 바꾸기는 쉽지만, 반대로 하기는 쉽지 않다. **에너지가 소모되는 과정(미끄럼마찰, 공기저항)은 항상 비가역적이다.**

비가역 과정의 다른 예로 그림 15.9와 같이 따뜻한 레몬 음료수를 얼음이 있는 찬 곳으로 가져간다고 생각해 보자. 음료수의 열이 얼음으로 전달되면서 얼음은 녹으며 음료수 온도는 내려간다. 반대 과정은 절대로 일어나지 않을 것이다. 차가운 음료수를 물과 함께 두었을 때 음료수의 온도가 올라가면서 얼음이 생기는 일은 일어나지 않는다. **따뜻한 물체에서 찬 물체로 자발적으로 흐르는 열은 항상 비가역적이다.**

그림 15.9 자발적인 열의 흐름은 따뜻한 곳에서 찬 곳으로 흐른다. 그 역과정은 자발적으로 일어나지 않는다.

개념형 보기 15.4 **비가역성과 에너지 보존**

얼음에서 음료수로 열이 자발적으로 이동하여 얼음은 더 차가워지고 음료수는 따뜻해진다고 가정하자. 이 과정은 에너지 보존에 위배되는가?

풀이 및 검토 얼음에서 음료수로 열이 이동하면 얼음의 내부에너지가 줄어든 만큼 음료수의 내부에너지가 늘어나게 된다. 얼음과 음료수의 총내부에너지는 변하지 않는다. 곧 에너지는 보존된다. 이 과정은 절대로 일어나지 않지만, 에너지 보존에 위배되기 때문은 아니다.

개념형 실전문제 15.4 **캠프파이어**

캠핑 여행에서 나뭇가지와 땔나무를 모아 불을 붙인다. 모닥불을 피우는 과정을 비가역적 과정으로 설명하여라.

이 장의 뒷부분에서 보겠지만 마찰에 의한 에너지 소비와 따뜻한 물체에서 찬 물체로 저절로 열이 흐르는 것과 같은 비가역 과정들은 계의 질서 변화라는 관점에서 고려될 수 있다. 계는 절대로 무질서한 상태에서 질서 있는 상태로 자발적으로 변화하지 않는다. 가역 과정은 우주의 총무질서 양을 변화시키지 않는다. 곧 비가역 과정에서는 무질서 양이 증가한다.

열역학 제2법칙 **열역학 제2법칙**Second law of thermodynamics에 의하면 우주 무질서의 총량은 결코 줄어들지 않는다. 비가역 과정은 우주의 무질서를 증가시킨다. 차가운 계에서 따뜻한 계로의 자발적인 열 흐름은 무질서도가 감소해야 하기 때문에 자발적으로 일어나지 않는다. 열역학 제2법칙은 열 흐름의 용어를 도입하여 기술할 수 있다.

열역학 제2법칙 (클라우지우스의 기술)

열은 자발적으로는 차가운 물체에서 따뜻한 물체로 결코 흐르지 않는다.

열역학 제2법칙은 우리가 인지하는 시간의 방향을 결정한다. 지금까지 학습한 모든 물리 법칙은 시간의 방향을 뒤집어도 성립한다.

살펴보기 15.4 완전한 탄성 충돌은 가역적이다. 비탄성 충돌은 어떠한가? 설명하여라.

15.5 열기관 Heat Engines

15.4절에서 정돈된 에너지를 무질서한 에너지로 바꾸는 것이 반대보다 훨씬 쉽다는 사실을 알게 되었다. 정돈된 에너지로부터 무질서한 에너지로의 변화는 자발적으로 일어난다. 그러나 그 반대 과정은 그렇지 않다. **열기관**heat engine은 무질서한 에너지를 정돈된 에너지로 바꾸도록 고안된, 대략적으로는 '열을 일로 바꾸는' 장치이다. 연료를 연소시켜 얻은 에너지는 전기를 생성하거나 자동차를 움직이는 유용한 일로 쓰인다. 열기관이 주어진 열로 일을 하는 데는 열역학 제2법칙이 제한하는 근본적인 한계가 있음을 알게 될 것이다.

18세기 초, 증기를 사용하는 증기기관의 발명은 산업혁명에서 결정적인 요소 중의 하나였다. 증기기관은 인간이나 동물의 힘, 바람 또는 흐르는 물이 아닌 다른 에너지원을 사용한 최초의 기계이다. 증기기관은 아직도 많은 발전소에서 사용된다.
열기관은 휘발유, 석탄, 석유 혹은 천연가스 등과 같은 연료를 태우며 에너지를 얻는다. 원자력발전소는 연소와 같은 화학 반응 대신에 핵반응에 의하여 나오는 에너지를 이용하는 열기관이다. 지열 기관은 화산이나 온천이 위치한 지각 아래의 높은 온도를 사용한다.

순환 기관 실제 기관은 순환하며 작동한다. 각 순환은 반복되는 몇 개의 열역학 과정으로 이루어진다. 각각의 순환마다 전달되는 에너지의 크기는(그림 15.10 참조) 기관에 들어오는 열 $Q_{고온}$, 기관에 의한 알짜 일 $W_{알짜}$, 기관으로부터 배출되는 열 $Q_{저온}$으로 주어진다(아래 첨자 '고온'과 '저온'은 열이 뜨거운 곳에서 차가운 곳으로 흡수된다는 것을 일깨워 준다).

열기관의 부호 규약

$Q_{고온}$, $W_{알짜}$, $Q_{저온}$은 크기를 나타내며 모두 양의 값이다.

$W_{알짜}$는 기관에 의한 알짜 일이다.

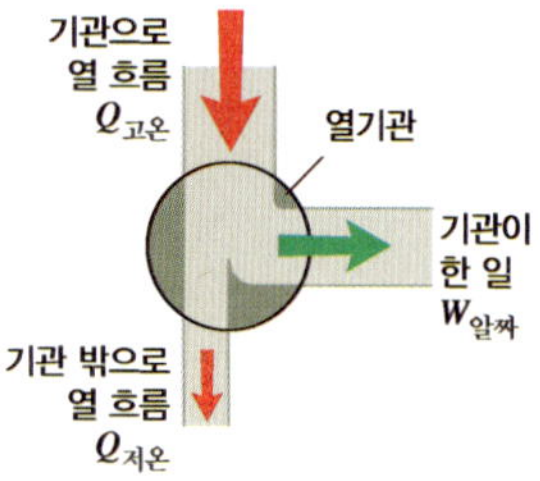

그림 15.10 열기관에서의 에너지 전달을 나타낸 그림. 원으로 나타난 부분이 기관이며, 화살표는 에너지 흐름의 방향이다. 한 순환 과정 동안 기관으로 들어오는 총에너지($Q_{고온}$)는 기관에서 빠져나가는 총에너지($W_{알짜} + Q_{저온}$)와 같다.

기관이 열을 흡수하기도 하며 배출하기도 하므로 알짜 열 흐름이라고 함에 주목하여라. 그림 15.10은 한 번의 순환 과정 동안 열기관에 전달되는 에너지를 보여준다.

이러한 과정들이 같은 방식으로 반복되기 위하여 기관은 시작한 상태와 같은 상태에서 끝나야 한다. 특히, 기관의 내부에너지는 처음과 한 순환을 마친 후가 같아야만 한다. 그러면 한 번의 완전한 순환 동안 $\Delta U = Q_{고온} - W_{알짜} - Q_{저온} = 0$이다. 항들을 정리하면 다음을 얻을 수 있다.

순환 기관에서 에너지 보존

$$Q_{고온} = W_{알짜} + Q_{저온} \tag{15-20}$$

증기기관(그림 15.11)에서 들어오는 열 $Q_{고온}$은 연료를 태우거나 핵반응을 할 때 나온다. 압축된 기체가 피스톤이나 터빈을 돌리면서 일 $W_{알짜}$를 한다. 배출하는 열 $Q_{저온}$은 냉각수 또는 증기 자체로 방출된다. 예를 들어 석탄이 연소하면 증기를 만드는 열이 방출되고 이 증기는 터빈을 돌림으로써 엔진으로 일을 할 수 있게 된다.

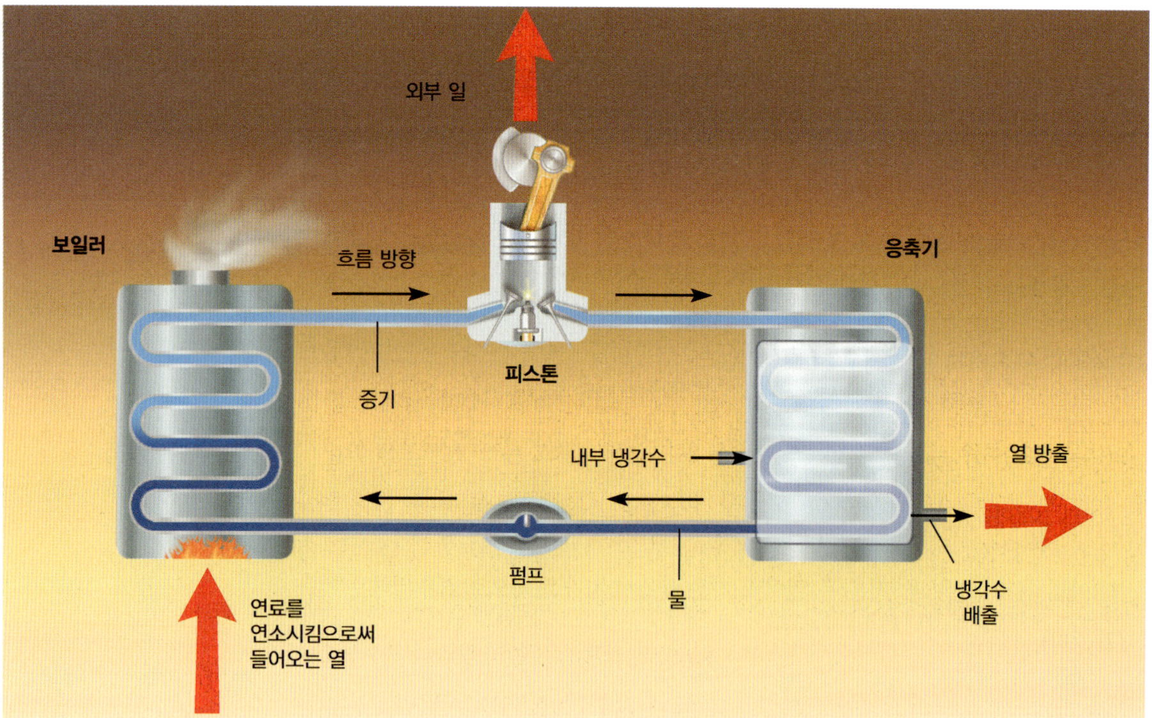

그림 15.11 이상적인 응축 증기기관의 그림. 연료를 연소시켜 물을 끓이고 고압의 증기를 만든다. 증기는 팽창하며 피스톤이나 터빈을 작동시키는데, 이 과정에서 유용한 일을 하게 된다. 응축기에서 증기는 다시 물로 바뀌는데 냉각수는 배기열을 방출한다(추가 열은 배기가스로 방출된다). 물은 다시 보일러로 공급되어 순환 과정을 다시 시작한다(모든 증기 엔진에 응축기가 있는 것은 아니다. 어떤 경우에는 물이 보일러로 공급되고 증기가 피스톤이나 터빈을 구동한 후 외부로 방출된다).

응용 : 내연 기관 우리에게 가장 친숙한 기관은 자동차의 내연 기관이다. 내연이란 휘발유가 실린더 내부에서 연소함을 의미하는데, 그 결과로 생성된 고온의 기체가 피스톤을 밀며 작동한다(증기기관은 외연 기관이다).

대부분의 자동차 기관은 그림 15.12에 보인 열역학적 순환 과정에 의해 작동한다. 휘발유를 연소하며 나오는 에너지 중에서 단지 20 ~ 25 % 만이 차를 달리게 하거나 작동하는 데 필요한 역학적 일로 변환되고 나머지는 버려진다. 고온의 연소된 기체가 액체 냉각 시스템처럼 열에너지를 기관 밖으로 배출시킨다.

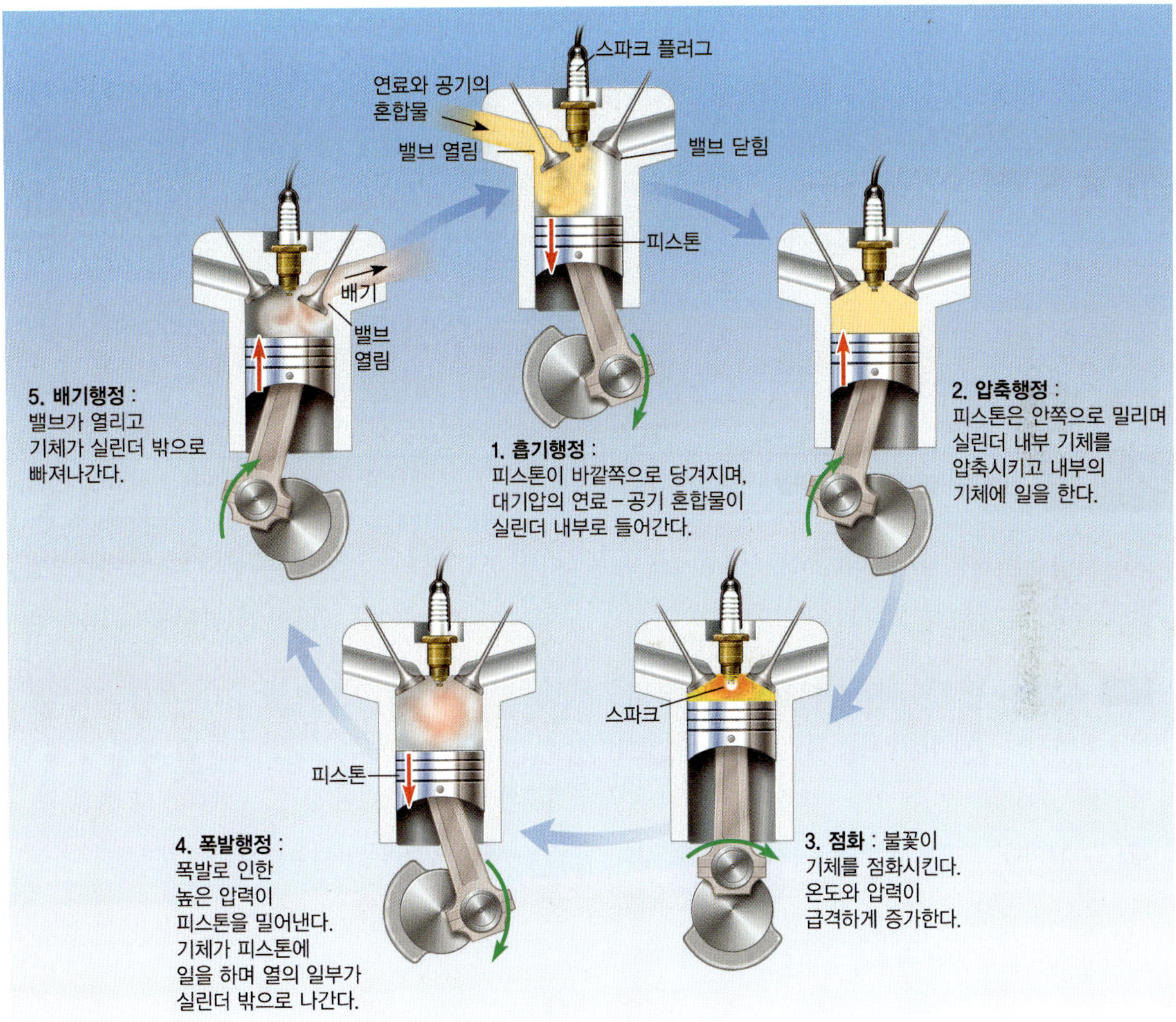

그림 15.12 자동차의 4행정 기관. 각 순환에서 피스톤은 1, 2, 4, 5단계 동안 4행정으로 이루어져 있다.

기관의 효율

기관이 얼마나 효율적으로 열에너지를 역학적인 일로 바꾸는지를 나타내기 위하여 기관의 **효율**efficient e를 정의한다. 효율은 얻은 유용한 알짜 일을 유입된 열로 나눈 것으로 정의한다.

기관의 효율

$$e = \frac{\text{기관에 의한 알짜 일}}{\text{들어오는 열}} = \frac{W_{\text{알짜}}}{Q_{\text{고온}}} \quad (15\text{-}21)$$

만일 기관이 일정한 비율로 일을 하며 그 효율이 변하지 않는다면, 기관은 일정한 비율로 열을 흡수하고 배출한다. 일정한 시간 동안 한 일, 들어오는 열 그리고 빠져나가는 열은 경과된 시간에 비례한다. 그러므로 들어온 열과 알짜 일의 비율은 열의 입력률과 알짜 일률 사이의 관계와 같다. 예를 들면 효율은 다음과 같다.

$$e = \frac{\text{알짜 일}}{\text{들어온 열}} = \frac{\text{알짜 일률}}{\text{열의 입력률}} = \frac{W_{\text{알짜}}/\Delta t}{Q_{\text{고온}}/\Delta t} \quad (15\text{-}22)$$

보기 15.5 기관에서 열이 배출되는 비율

25%의 효율을 가진 기관이 0.10 MW의 비율로 일을 한다. 주변으로 배출되는 열의 비율은 얼마인가?

전략 문제에서 한 일의 비율(일률)을 알려 주었는데, 이는 한 순환의 알짜 일 $W_{\text{알짜}}$, 경과 시간 Δt에 대하여 $W_{\text{알짜}}/\Delta t$로 쓸 수 있다. 배출된 열의 비율은 $Q_{\text{저온}}/\Delta t$이다. 효율은 $e = W_{\text{알짜}}/Q_{\text{고온}}$으로 정의되므로 $Q_{\text{고온}}$, $Q_{\text{저온}}$ 그리고 $W_{\text{알짜}}$의 관계와 에너지 보존(열역학 제1법칙)을 연계해 구한다.

풀이 기관의 효율은

$$e = \frac{W_{\text{알짜}}}{Q_{\text{고온}}}$$

이다. 한 순환 동안 기관의 내부에너지는 변화하지 않으므로 에너지 보존(또는 열역학 제1법칙)에서 다음을 만족해야 한다.

$$Q_{\text{고온}} = W_{\text{알짜}} + Q_{\text{저온}}$$

효율의 정의를 이용하여 $Q_{\text{고온}} = W_{\text{알짜}}/e$로 치환하고 $Q_{\text{저온}}$에 대해 정리하면 다음을 얻을 수 있다.

$$\begin{aligned} Q_{\text{저온}} &= Q_{\text{고온}} - W_{\text{알짜}} \\ &= \frac{W_{\text{알짜}}}{e} - W_{\text{알짜}} \\ &= W_{\text{알짜}}\left(\frac{1}{e} - 1\right) \end{aligned}$$

열 배출률과 한 일은 다음과 같은 관계가 있다.

$$\frac{Q_{저온}}{\Delta t} = \frac{W_{알짜}}{\Delta t}\left(\frac{1}{e} - 1\right)$$

$$= 0.10\,\mathrm{MW} \times \left(\frac{1}{0.25} - 1\right)$$

$$= 0.30\,\mathrm{MW}$$

검토 25%의 효율은 들어온 열에너지의 $\frac{1}{4}$이 일을 하고 $\frac{3}{4}$이 배출됨을 의미한다. 그러므로 배출된 열에 대한 일의 비율은 다음과 같다.

$$\frac{1/4}{3/4} = \frac{1}{3} = \frac{0.10\,\mathrm{MW}}{0.30\,\mathrm{MW}}$$

실전문제 15.5 **열기관의 효율**

어떤 기관이 1 J의 일을 할 때마다 4.0 J의 열을 '버린다'. 이 기관의 효율은 얼마인가?

효율과 열역학 제1법칙 열역학 제1법칙에 따르면 어떠한 열기관도 효율이 100%를 넘을 수 없다. 100%의 효율은 입력되는 열에너지가 전부 유용한 일로 바뀌며 '버려지는' 열이 없다는 것을 의미한다. 이론적으로는 설계상의 마찰력이나 불완전한 단열 같은 결점을 해결함으로써 100% 효율을 가진 기관을 만드는 것이 가능할 것처럼 보인다. 그러나 15.7절에서 살펴보겠지만, 이상적인 기관이라도 100% 효율을 가질 수는 없다.

15.6 냉장고와 열펌프 Refrigerators and Heat Pumps

열역학 제2법칙에 따르면 열은 찬 물체에서 뜨거운 물체로 **저절로** 이동하지 못한다. 그러나 냉장고나 열펌프와 같은 기계들에서는 그러한 일이 일어난다. 냉장고는 열을 냉장고 내부에서 외부로 이동시킨다. 이것은 저절로 일어나는 것이 아니라 일을 필요로 한다. 전기를 사용하여 압축기 모터를 작동시켜 냉장고의 기능을 하도록 필요한 일을 한 결과이다(그림 15.13). 에어컨도 같은 원리로 집안의 열을 밖으로 내보낸다.

냉장고(또는 에어컨)와 열펌프의 차이는 사용 목적에 있다. 냉장고나 에어컨은 저온으로 유지해야 하는 곳의 열을 빼낸다. 열펌프는 차가운 외부의 열을 따뜻한 실내로 보낸다. 이 경우 실외를 차갑게 유지하기보다 실내를 따뜻하게 유지하기 위해 고안된 것이다.

연결고리 냉장고나 열펌프는 에너지 전달 방향이 반대인 열기관과 같다.

열펌프는 그림 15.14와 같이 열기관과 반대로 작동한다. 열기관의 경우 열은 고온부에서 저온부로 흐르며 외부로 일을 한다. 열펌프의 경우 열은 저온부에서 고온부로 흐르며 외부의 일이 필요하다. 에너지 전달의 크기를 나타내기 위해 같은 기호 $Q_{고온}$, $Q_{저온}$, $W_{알짜}$를 사용하지만 방향은 반대인데, $W_{알짜}$는 외부에서 한 일, $Q_{저온}$은 저온부에서 빠져나오는 열, $Q_{고온}$은 고온부에서 배출되는 열이다.

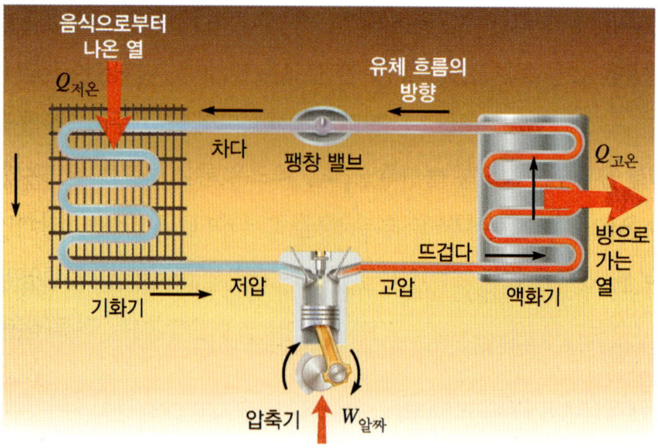

그림 15.13 냉장고 안에서 냉매가 압축되면서 온도가 올라간다. 냉매가 액화기를 통과할 때 열이 배출된다. 액화기를 거친 유체는 팽창하면서 냉각된다. 음식 저장고에서 나온 열이 찬 냉매로 흘러간다. 냉매는 다시 압축기로 들어가며 같은 순환이 반복된다.

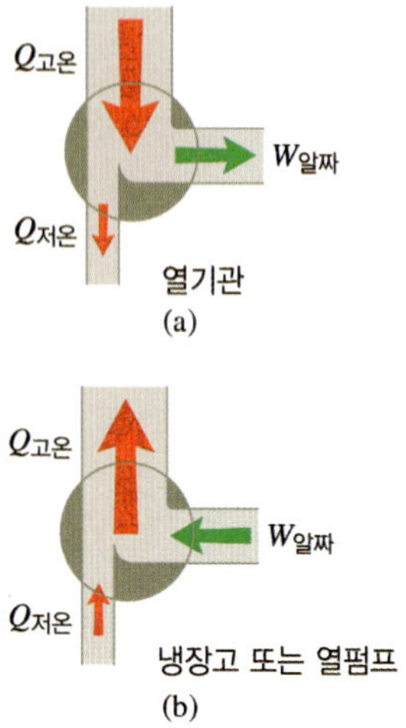

그림 15.14 한 순환 과정 동안 (a) 열기관 (b) 냉장고 혹은 열펌프의 에너지 전달. 냉장고의 모든 에너지 전달 방향은 열기관과 반대이다. $Q_{고온}$, $Q_{저온}$, $W_{알짜}$ 모두 양의 부호이며, 각각의 경우 에너지는 보존되므로 $Q_{고온} = W_{알짜} + Q_{저온}$이다.

기관, 냉장고, 열펌프의 부호 규약

$Q_{고온}$, $Q_{저온}$, $W_{알짜}$는 모두 양의 값을 갖는다.

냉장고나 열펌프도 열기관처럼 에너지 보존을 만족한다.

$$Q_{고온} = W_{알짜} + Q_{저온} \tag{15-20}$$

성능계수 열펌프나 냉장고의 성능을 측정하기 위해서 **성능계수**coefficient of performance K를 정의한다. 열기관에서 효율을 정의한 것과 같이 성능계수는 얻은 것을 내놓은 것으로 나눈 값이다.

열펌프의 성능계수

$$K_p = \frac{\text{전달된 열}}{\text{들어온 알짜 일}} = \frac{Q_{저온}}{W_{알짜}} \tag{15-23}$$

냉장고 또는 에어컨의 성능계수

$$K_r = \frac{\text{제거된 열}}{\text{들어온 알짜 일}} = \frac{Q_{저온}}{W_{알짜}} \tag{15-24}$$

성능계수가 클수록 더 좋은 열펌프 또는 냉각기이다. 열기관의 효율과는 달리 성능계수는 1보다 클 수 있다(일반적으로 1보다 크다). 열역학 제2법칙에서 열은 자발적으로 저온부에서 고온부로 이동할 수 없다. 그렇게 하려면 일을 해주어야만 한다. 이것은 성능계수가 무한대일 수 없는 것과 같다.

보기 15.6 **열펌프**

성능계수가 2.5인 열펌프가 있다. (a) 1 J의 전기에너지가 투입할 때마다 집으로 전달되는 열은 얼마인가? (b) 전기 히터는 1 J의 전기에너지를 소비할 때마다 1 J의 열이 집으로 전달된다. 열펌프에서 나오는 여분의 열은 어디로 전달되는가?

전략 우선 전달되는 에너지를 구분해야 한다. 해준 일은 전기에너지로 열펌프를 가동하는 데 쓰이므로 $W_{알짜} = 1.0\,\text{J}$이다. 열은 집으로 $Q_{고온}$이 전달되며 이 값이 우리가 구해야 할 값이다. 다음으로 올바른 성능계수를 사용하도록 주의를 기울여야 한다. 열펌프의 경우 열을 집으로 전달하는 것이 목적이며, 성능계수는 펌프를 작동시키기 위하여 해준 단위 알짜 일당 전달된 열($Q_{고온}$)이다.

풀이 (a) 열펌프의 경우,

$$K_p = \frac{\text{전달된 열}}{\text{들어온 알짜 일}} = \frac{Q_{고온}}{W_{알짜}} = \frac{2.5\,\text{J}}{1.0\,\text{J}} = 2.5$$

$$Q_{고온} = 2.5\,W_{알짜}$$

매 1 J의 전기에너지(받은 일)에 대하여, 2.5 J의 열이 집으로 전달된다.

(b) 2.5 J의 전달된 열은 1.0 J의 일과 외부로부터 공급된 열 1.5 J을 합한 것과 같다. 전기 히터는 전기에너지를 열에너지로 바꾸기만 한다.

검토 열펌프를 경제적으로 사용하는 하나의 방법은 같은 기계를 겨울에는 열펌프로 사용하고 여름에는 에어컨으로 사용하는 것이다. 열펌프는 열 $Q_{고온}$을 집 내부로 전달하고, 에어컨은 열 $Q_{저온}$을 외부로 배출한다.

실전문제 15.6 **에어컨으로 배출된 열**

성능계수 $K_r = 3.0$인 에어컨은 평균 1.0 kW의 전기를 소비한다. 에어컨을 1.0시간 사용할 때 얼마나 많은 열이 실외로 배출되는가?

15.7 가역 기관과 열펌프 Reversible Engines and Heat Pumps

가역 기관

프랑스 공학자인 카르노Sadi Carnot, 1796~1832는 1824년 열기관의 작동에 대한 이해를 넓히는 학술논문을 발표하였다. 이 논문에서는 다른 온도에 있는 두 열원을 사용하고, 기관 내부에서는 이상기체를 사용하는 가상의 이상적인 기관을 도입하였다. 절대온도 $T_{고온}$인 고온의 열원과 절대온도 $T_{저온}$인 저온의 열원이 있다고 가정한다($T_{저온} < T_{고온}$). 열기관은 고온의 열원에서 열을 받아 저온의 열원으로 배출한다(그림 15.14). 열원은 매우 큰 열

용량을 가지고 있어서 열교환이 있어도 온도가 거의 변화하지 않음을 기억하라. 그러므로 저온 열원의 온도는 $T_{저온}$으로, 고온 열원의 온도는 $T_{고온}$으로 유지된다.

이상적인 기관에서는 비가역적인 과정이 일어나지 않으므로 이 기관을 **가역 기관**reversible engine이라고 한다. 모든 마찰이 어떻게든 제거되었다고 가정해야 하며 그렇지 않다면 비가역적인 에너지 소모가 일어날 것이다. 또한, 비가역적인 0이 아닌 온도 차이로 인한 열 흐름을 피해야 한다. 기관이 열을 방출하거나 흡수할 때마다 기체는 에너지를 교환하는 열원과 같은 온도에 있어야 한다.

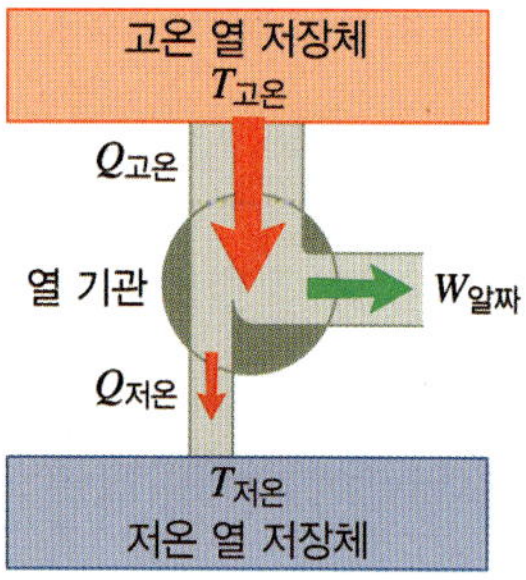

그림 15.15 단순화한 열기관 모형. 열은 온도 $T_{고온}$인 열원에서 기관으로 들어오고, 기관에서 온도 $T_{저온}$인 열원으로 빠져나간다. 열전달은 등온 과정이다. 곧 기관의 작동 물질은 열 교환 시 열원과 같은 온도이다. 가역 열펌프나 냉장고의 에너지 전달은 기관과 반대 방향이다.

카르노는 열역학 제2법칙을 이용하여 다음을 증명했다.

- 같은 두 열원 사이에서 작동하는 모든 가역 기관은 같은 효율을 갖는다.
- 가역 기관의 효율은 두 열원의 절대온도에 따라서만 변한다.
- 두 열원과 열을 교환하는 실제 기관의 효율은 같은 두 열원을 사용하는 가역 기관의 효율보다 클 수 없다.

또한 가역 기관의 효율 e_r은 다음과 같이 매우 단순하게 표현된다.

가역 기관의 효율

$$e_r = 1 - \frac{T_{저온}}{T_{고온}} \tag{15-25}$$

식 (15–25)에 있는 온도는 절대온도임을 기억하라. 절대온도는 가역 기관들의 효율로 온도 눈금을 정할 수 있기 때문에 열역학적 온도라고도 불린다. 실제로 켈빈의 정의는 식 (15–25)를 기초로 한다.

가역 기관의 효율은 저온 열원의 온도가 절대영도가 아니라면 언제나 100%보다 작다. 심지어 이상적으로 완벽한 가역 기관이라도 어떤 양의 열을 배출해야 하므로 효율은 결코 100%가 될 수 없다. 실제 기관들의 효율은 가역 기관의 효율보다 클 수 없으므로 열역학 제2법칙은 기관의 이론적인 최대 효율을 제한한다($e < 1 - T_{저온}/T_{고온}$).

식 (15–25)를 이용해 가역 기관에서 배출되는 열과 들어가는 열 사이의 비를 구하면 다음과 같다.

$$\frac{Q_{저온}}{Q_{고온}} = \frac{Q_{고온} - W_{알짜}}{Q_{고온}} = 1 - \frac{W_{알짜}}{Q_{고온}} = 1 - e_{가역} = \frac{T_{저온}}{T_{고온}} \tag{15-26}$$

카르노 순환 카르노의 가역 기관은 네 단계의 순환 과정으로 작동한다. 두 단계 동안 기체는 한 열원과 열 교환을 한다. 열 교환이 가역적이기 위해서는 기체가 열원과 같은 온도가 되어야 하므로, 두 단계는 등온 과정이다.

온도 차이가 없는데 어떻게 열을 흐르게 할 수 있을까? 기체가 같은 온도인 열원과 열 접촉을 하고 있다고 가정해 보자. 이제 피스톤을 천천히 당겨서 기체를 팽창시킨다. 기체의 팽창이 천천히 일어나는 한, 열은 빠르게 이동하여 온도를 일정하게 유지한다. 천천히 팽창할수록 이상적인 가역 기관에 가까워진다.

순환의 다른 두 단계는 기체 온도가 $T_{고온}$에서 $T_{저온}$으로, 그리고 다시 $T_{고온}$으로 변화해야 한다. 이 과정은 단열 과정(열 흐름이 없는)이어야 하는데 그렇지 않으면 비가역적인 열 흐름이 발생하게 된다.

가역 냉장고와 열펌프

식 (15–26)은 가역 열펌프와 냉장고에도 적용되는데, 가역 열펌프와 냉장고도 에너지 전달 방향이 반대인 가역 기관이기 때문이다.

$$\frac{Q_{저온}}{Q_{고온}} = \frac{T_{저온}}{T_{고온}} \qquad (15\text{-}26)$$

(가역 기관, 냉장고 또는 열펌프)

식 (15–26)과 열역학 제1법칙을 이용하면 가역 열펌프와 냉장고의 성능계수가 다음과 같음을 보일 수 있다(문제 29 참조).

$$K_{p,가역} = \frac{1}{1 - T_{저온}/T_{고온}}, \qquad K_{r,가역} = \frac{1}{T_{고온}/T_{저온} - 1} \qquad (15\text{-}27)$$

실제 열펌프는 같은 열원들에서 동작하는 가역 열펌프보다 더 큰 성능계수를 가질 수 없다. 실제 냉장고도 마찬가지이다.

$$K_p < K_{p,가역}, \qquad K_r < K_{r,가역} \qquad (15\text{-}28)$$

보기 15.7 자동차 기관의 효율

자동차 기관에서 연료와 공기 혼합물이 연소할 때 3000 ℃까지 온도가 올라가고, 배기가스 온도는 1000 ℃이다. (a) 두 온도의 열원 사이에 작동하는 가역 기관의 효율을 구하여라. (b) 이론적으로, 배출 기체의 온도를 실온(20 ℃)으로 만들 수 있다. 이 경우 가역 기관의 효율은 얼마인가?

전략 먼저 고온 열원과 저온 열원의 온도를 구한다. 열원 온도를 절대온도로 바꾼 후에 가역 기관의 효율을 구해야 한다.

풀이 (a) 절대온도는 다음의 관계를 이용하여 구할 수 있다.

$$T = T_{저온} + 273\ \mathrm{K}$$

그러므로 고온 열원과 저온 열원의 절대온도는 다음과 같다.

$$T_{고온} = 3000\ ℃ = 3273\ \mathrm{K}$$
$$T_{저온} = 1000\ ℃ = 1273\ \mathrm{K}$$

이 두 온도 사이에서 작동하는 가역기관의 효율은 다음과 같다.

$$e_{가역} = 1 - \frac{T_{저온}}{T_{고온}} = 1 - \frac{1273\ \mathrm{K}}{3273\ \mathrm{K}} = 0.61 = 61\%$$

(b) 고온 열원은 3273 K이지만, 이 경우 저온 열원의 온도는

$$T_{저온} = 293\ \mathrm{K}$$

이다. 이 경우 효율은 더 높아진다.

$$e_{가역} = 1 - \frac{T_{저온}}{T_{고온}} = 1 - \frac{293\ \mathrm{K}}{3273\ \mathrm{K}} = 0.910 = 91\%$$

검토 이 장을 시작하는 도입글에서 언급하였듯이 실제 휘발유 기관은 20 ~ 25 % 정도의 효율을 가지고 있다. 개선의 가능성은 있지만, 열역학 제2법칙은 두 온도에서 작동하는 가역 기관의 효율에 이론적인 최댓값을 제한한다. 이론적인 최대 효율은 더 뜨거운 고온 열원이나 더 차가운 저온 열원을 사용할 때만 증가한다. 그러나 실제적으로는 더 뜨거운 고온 열원이나 더 차가운 저온 열원을 쓸 수 없다. 높은 온도의 연소는 기관을 빨리 마모시키고 안전성에도 문제가 있기 때문이다. 기체를 더 넓은 부피로 팽창시켜 배출 기체의 온도를 더 낮게 하여 효율을 높일 수 있을 것 같지만 기관의 출력이 작아질 수 있다(가역 기관은 이론적으로 최고 효율을 갖지만, 작은 온도 차 사이에서 열이 흘러가는 데 긴 시간이 소요되므로, 기관의 일률은 0이 될 만큼 작아진다).

실전문제 15.7 **뜨거운 기체의 온도**

만일 가역 기관의 효율이 75 %이며 기관이 기체를 배출하는 외부의 온도가 27 ℃라면 기관 실린더 내부의 연소 온도는 얼마인가? [힌트 : 연소 온도를 고온 열원의 온도로 생각하여라.]

보기 15.8 화력 발전소

화력발전기가 석탄을 706 ℃에서 연소시킨다. 열은 발전소 근처의 강으로 배출되는데 강의 평균 온도는 19 ℃이다. 발전소가 125 MW의 전력을 생산한다면 최소 열 오염(강으로 배출되는 열)의 비율은 얼마인가?

전략 발전기가 가역 기관일 경우 강으로 방출하는 열이 최소이다. 보기 15.5와 같이 모든 비율은 일정하다고 간주한다. 전기에너지의 발전 비율은 $W_{알짜}/\Delta t = 125\,\text{MW}$이다. 문제는 배출되는 열의 비율, $Q_{저온}/\Delta t$를 구하는 것이다.

풀이 우선 열원의 절대온도를 구한다.

$$T_{고온} = 706\ ℃ = 979\ \text{K}$$
$$T_{저온} = 19\ ℃ = 292\ \text{K}$$

이 두 온도 사이에서 작동하는 가역 기관의 효율은 다음과 같다.

$$e_{가역} = 1 - \frac{T_{저온}}{T_{고온}} = 1 - \frac{292\ \text{K}}{979\ \text{K}} = 0.702$$

배출되는 열의 비율을 구해야 하는데, 이것은 $Q_{저온}\ /\ \Delta t$이다. 발전기의 효율은 알짜 일과 고온 열원에서 들어오는 열 사이의 비와 같다.

$$e = \frac{W_{알짜}}{Q_{고온}}$$

에너지 보존에서,

$$Q_{고온} = Q_{저온} + W_{알짜}$$

이므로 $Q_{저온}$에 대해 풀면 다음과 같다.

$$\begin{aligned} Q_{저온} &= Q_{고온} - W_{알짜} \\ &= \frac{W_{알짜}}{e} - W_{알짜} \\ &= W_{알짜} \times \left(\frac{1}{e} - 1\right) \end{aligned}$$

모든 비율이 일정하다고 가정하면,

$$\frac{Q_{저온}}{\Delta t} = 125\,\text{MW} \times \left(\frac{1}{0.702} - 1\right) = 53\,\text{MW}$$

이다. 열이 53 MW 의 비율로 강으로 배출된다.

검토 실제의 열 오염률은 더 높을 것으로 기대된다. 실제의 비가역 기관은 낮은 효율을 가지며, 더 많은 열을 강으로 배출하게 된다.

실전문제 15.8 **화력 발전**

같은 발전소에서 125 MW 의 전력을 생산하는 데 필요한 최소 열(석탄의 연소로부터)의 비율은 얼마인가?

15.8 엔트로피 Entropy

다른 온도의 두 계가 열적 접촉을 하고 있을 때, 뜨거운 계에서 더 차가운 계로 열이 흐른다. 두 계의 전체 에너지는 변화가 없으며, 에너지가 한쪽에서 다른 쪽으로 이동했을 뿐이다. 그런데 왜 열은 다른 방향으로는 흐르지 않고 한 방향으로만 흐를까? 앞으로 살펴보겠지만 계 내부로 열이 들어오면 계의 내부에너지가 증가할 뿐만 아니라 무질서도 증가한다. 계에서 외부로 열이 빠져나가면 내부에너지와 무질서 모두 감소한다.

계의 **엔트로피**entropy(기호 S)는 무질서의 정량적인 척도이다. 엔트로피는 U, P, V,

T와 같은 상태변수이다. 곧 평형상태에 있는 계는 계의 과거 이력에 관계되지 **않는** 유일한 엔트로피를 가진다(열과 일은 상태변수가 아님을 기억하라. 열과 일은 계가 한 상태에서 다른 상태로 어떻게 변화하는지 말해준다). 1865년에 클라우지우스Rudolf Clausius, 1822~1888가 만든 엔트로피란 단어의 어원은 그리스어로 진화evolution나 변환transformation을 의미한다.

만일 일정한 절대온도 T인 계로 열 Q가 흡수되면 계의 엔트로피 변화는 다음과 같다.

엔트로피 변화 (일정한 온도)

$$\Delta S = \frac{Q}{T} \qquad (15\text{-}29)$$

엔트로피의 SI 단위는 J/K 이다. 계의 내부로 열이 들어가면 계의 엔트로피는 증가한다(ΔS와 Q 모두 양의 값이다). 계의 외부로 열이 빠져나가면 계의 엔트로피는 감소한다(ΔS 와 Q 모두 음의 값이다). 식 (15−29)는 계 온도가 일정하기만 하면 타당하다. 열용량이 큰 계(열원의 경우처럼)와 같이 열 흐름 Q가 계에서 일으키는 온도 변화가 무시될 수 있을 만큼 작은 경우에는 그러할 것이다.

식 (15−29)에 엔트로피의 처음 값이나 나중 값이 아니라, 엔트로피의 변화만 나타난다는 점에 유의하여라. 퍼텐셜에너지의 경우와 같이 대부분은 엔트로피의 변화만이 중요하다.

만일 작은 열 Q가 고온인 계에서 저온인 계로 흐른다면($T_{고온} > T_{저온}$), 계의 전체 엔트로피 변화는 다음과 같다.

$$\Delta S_{총} = \Delta S_{고온} + \Delta S_{저온} = \frac{-Q}{T_{고온}} + \frac{Q}{T_{저온}} \qquad (15\text{-}30)$$

$T_{고온} > T_{저온}$ 이므로, 저온인 계에서의 엔트로피 변화가 고온인 계에서의 엔트로피 변화보다 더 크고 총엔트로피는 증가한다. 모든 비가역 과정에서 총엔트로피는 증가한다. 총엔트로피는 줄어들 수 없다. 가역 과정은 총엔트로피를 변화시키지 않는다. 열역학 제 2법칙을 엔트로피를 이용하여 다시 기술할 수 있다.

열역학 제 2법칙(엔트로피로 설명)

우주의 엔트로피는 절대 감소하지 않는다.

$$\Delta S_{총} > 0 \quad (\text{비가역 과정}) \qquad (15\text{-}31)$$

$$\Delta S_{총} = 0 \quad (\text{가역 과정}) \qquad (15\text{-}32)$$

예를 들면, 가역 기관은 $T_{고온}$인 열원에서 열 $Q_{고온}$을 제거하고 $T_{저온}$의 열원에 $Q_{저온}$을 배출한다. 기관은 순환적으로 작동하기 때문에 기관의 엔트로피는 변화가 없다. 고온 열원의 엔트로피는 $Q_{고온}/T_{고온}$만큼 감소한다. 저온 열원의 엔트로피는 $Q_{저온}/T_{저온}$만큼 증가한다. 우주의 엔트로피는 가역 기관에 의하여 변하지 않아야 하므로, 식 (15-26)에서 본 것과 같이 다음을 만족해야 한다.

$$\Delta S_{총} = \frac{-Q_{고온}}{T_{고온}} + \frac{Q_{저온}}{T_{저온}} = 0 \qquad (15\text{-}33)$$

엔트로피는 에너지와 같이 보존되는 양이 아니다. 우주의 엔트로피는 항상 증가한다. 어떤 계의 엔트로피를 감소시킬 수는 있겠지만, 주변의 엔트로피가 최소한 그만큼 증가한다(보통은 더 많이 증가한다).

살펴보기 15.8 계의 엔트로피가 10 J/K만큼 증가한다. 이 과정은 필연적으로 비가역적인가? 설명해 보라.

보기 15.9 자유 팽창하는 기체의 엔트로피 변화

1.0 mol의 이상기체가 같은 부피의 진공 용기로 자유 팽창하여 부피가 2배가 된다(그림 15.16). 기체가 밀어낸 것이 없으므로 기체가 팽창하며 한 일은 0이고, 용기는 단열되어 기체와 외부 사이의 열의 흐름도 없다. 이 기체의 엔트로피 변화는 얼마인가?

전략 학습한 내용 중 엔트로피 변화를 계산하는 유일한 방법은 일정한 온도에서 열의 흐름이 있는 경우이다. 자유 팽창에서는 열의 흐름이 없다. 하지만 이것이 엔트로피의 변화가 없다는 것을 의미하지는 않는다. 엔트로피는 상태변수이므로, ΔS는 기체의 중간 상태에 의존하지 않고 처음과 나중 상태에만 의존한다. 그러므로 처음 상태와 나중 상태가 같은 열역학적인 과정을 사용하여 엔트로피 변화를 구할 수 있다. 내부에너지가 변하지 않았으므로 기체 온도는 변하지 않고 일정하다. 그러므로 등온팽창에서 엔트로피 변화를 구한다.

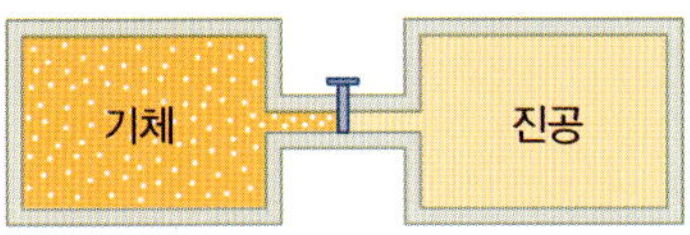

그림 15.16 한 개의 밸브로 연결된 두 개의 용기. 한쪽에는 기체가 있고, 다른 쪽은 진공 상태이다. 밸브가 열리면, 기체가 팽창하여 두 용기를 채운다.

풀이 움직일 수 있는 피스톤이 있는 실린더 안의 기체를 생각해 보자(그림 15.17). 일정한 온도 T에서 등온팽창하면 온도가 T로 일정한 열원에서 기체 내부로 열이 들어온다. 기체가 팽창함에 따라 기체가 피스톤에 일을 한다. 온도가 일정하게 유지되므로 기체가 한 일은 기체 내부로 들어온 열과 같아야 한다.

$$\Delta U = 0\text{이므로} \quad Q + W = 0$$

15.3절에서 이상기체가 등온팽창 하는 동안 한 일은 다음과 같았다.

$$W = nRT \ln\left(\frac{V_i}{V_f}\right)$$

기체의 부피가 2배로 변하였으므로 $V_i/V_f = 0.50$이고,

$$W = nRT\ln 0.50$$

이다. $Q = -W$이므로 엔트로피의 변화는 다음과 같다.

$$\begin{aligned}\Delta S &= \frac{Q}{T} = -nR\ln 0.50 \\ &= -(1.0\ \text{mol}) \times \left(8.31\frac{\text{J}}{\text{mol}\cdot\text{K}}\right) \times (-0.693) \\ &= +5.8\ \text{J/K}\end{aligned}$$

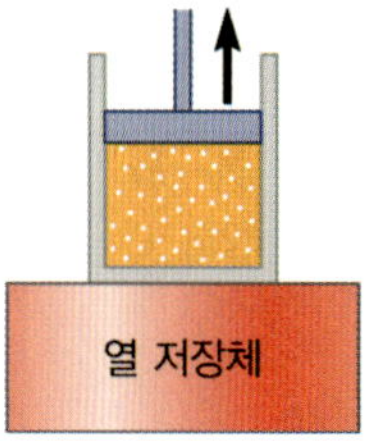

그림 15.17 실린더 내의 기체가 팽창함에 따라 열이 열원에서 내부로 들어오며 온도를 일정하게 유지한다.

검토 예상대로 엔트로피의 변화는 양이다. 자유 팽창은 비가역 과정이다. 기체 분자들이 저절로 처음의 용기로 모이지는 않는다. 역으로 진행되는 과정은 다른 곳의 엔트로피를 더 많이 증가시키지 않고 엔트로피의 감소를 유발한다. 그러므로 열역학 제2법칙에 위배된다.

실전문제 15.9 한 덩어리의 진흙이 떨어질 때 우주의 엔트로피 변화

실온에서 질량이 400 g인 진흙 한 덩어리가 2 m의 높이에서 떨어져 지면과 완전 비탄성 충돌을 하였다. 이 충돌에 의한 우주 엔트로피의 대략적인 변화를 구하여라. [힌트 : 진흙 온도는 약간만 증가한다.]

진화에 대한 열역학 제2법칙의 응용

어떤 사람들은 열역학 제2법칙에 위배되므로 진화가 일어날 수 없었을 것이라고 주장한다. 이 주장에는 진화를 통해 질서가 증가한다는 의미가 들어있다. 생명은 단순한 형태에서 자발적으로 더 복잡하고 보다 고도로 질서 잡힌 생물로 발전했다는 것이다.

그러나 열역학 제2법칙은 우주 전체의 엔트로피가 감소할 수 없다는 것을 말하지 특정한 한 계의 엔트로피가 감소할 수 없다고 말하지는 않는다. 뜨거운 물체에서 차가운 물체로 열이 흐를 때 뜨거운 물체의 엔트로피는 감소하지만 차가운 물체의 엔트로피 증가가 더 커서 우주의 엔트로피는 증가한다. 살아있는 생명체와 지구는 닫힌계가 아니다. 예를 들어 성인은 하루에 음식을 통해 약 10 MJ의 화학에너지를 섭취해야 한다. 이 에너지는 어디에 쓰이는가? 일부는 근육을 통해 일로 바뀌고 일부는 생체 조직을 복구하는 데 쓰인다. 그러나 대부분은 열로 몸에서 방출되며 소비된다. 따라서 인간의 몸은 주위의 엔트로피를 꾸준히 증가시킨다. 단순 생명체에서 복잡한 생명체로의 진화 과정은 주변 환경에 더 큰 무질서를 증가시키며 일어날 수 있다.

열역학 제2법칙의 응용 '에너지 위기'

'에너지 보존'이라는 표현은 연료와 전기를 아껴 쓰는 것을 의미하기도 한다. 물리학에서 보존이라는 말의 의미는 에너지가 언제나 보존된다는 의미이다. 집을 난방하기 위해 천연가스를 태워도 주변의 에너지의 양은 변하지 않는다. 다만 한 형태의 에너지가 다른 에너지로 바뀔 뿐이다.

우리는 좋은 품질의 에너지를 낭비하지 않도록 주의해야 한다. 우리의 관심은 에너지의 총량에 있는 게 아니라 그 에너지가 유용하고 편리한 형태인가 아닌가에 있다. 연료에 저장된 화학에너지는 비교적 좋은 품질(질서 있는)의 에너지이다. 연료가 연소되면 그 에너지는 나쁜 품질(무질서한)의 에너지가 된다.

엔트로피의 통계적 해석

열역학적인 계는 무수히 많은 원자 또는 분자들의 집단이다. 이 원자나 분자들이 통계적으로 어떻게 행동하는지에 따라 계의 무질서가 정해진다. 다시 말해 열역학 제2법칙은 많은 수의 원자나 분자로 이루어진 계들의 통계에 기초한 것이다.

열역학적 계에서의 **미시적 상태**microstate는 각각의 구성 입자들의 상태를 나열한 것이다. 예를 들면 N개의 단원자로 이루어진 이상기체의 경우 미시적 상태는 각 원자의 위치와 속도로 기술된다. 원자들이 움직여서 다른 원자와 충돌하면 계의 미시적 상태는 다른 미시적 상태로 바뀐다. **거시적 상태**macrostate는 열역학적 계를 거시적 상태(예를 들면 압력, 부피, 온도, 내부에너지)의 값으로만 구분한 것이다.

통계적 분석은 열역학 제2법칙에 대한 미시적 토대이다. 주어진 거시적 상태에 대한 미시적 상태의 수는 그 거시적 상태의 엔트로피와 관계된다. Ω(그리스 문자 오메가)를 미시적 상태의 수라고 하면 그 관계식은

엔트로피의 통계적 해석

$$S = k_B \ln \Omega \quad (15\text{-}34)$$

이다. 여기서 k_B는 볼츠만 상수이다. 식 (15-34)는 19세기 말에 엔트로피와 통계학을 연관시킨 오스트리아 물리학자인 볼츠만Ludwig Boltzmann, 1844~1906의 묘비에도 새겨져 있다. 계 1의 엔트로피가 S_1이고 계 2의 엔트로피가 S_2이면 전체 엔트로피는 $S_1 + S_2$로 더해지는 양이기 때문에 S와 Ω는 로그로 연결되어야 한다. 그러나 미시적 상태의 수는 곱해지는 양이다. 주사위를 생각해 보면, 주사위 1은 6개의 미시적 상태를 가지고, 주사위 2도 6개의 미시적 상태를 가지므로 총미시적 상태의 수는 12가 아니고 $6 \times 6 = 36$이다. 엔트로피는 $\ln 6 + \ln 6 = \ln 36$으로 더해지는 양이다.

연결 고리 13장에서 기체 분자의 속도 분포(맥스웰-볼츠만 분포)에 대해 학습했다. 특별히 속도를 이러한 방식으로 분포하는 이유는 무엇일까? 엔트로피가 가장 높기 때문이다. 맥스웰-볼츠만 분포는 주어진 거시 상태에 대한 미시 상태의 수를 최대화함으로써 통계적으로 계산될 수 있다.

15.9 열역학 제3법칙 The Third Law of Thermodynamics

열역학 제2법칙과 마찬가지로 열역학 제3법칙도 여러 방법으로 표현할 수 있다. 그중 한 표현은 다음과 같다.

열역학 제3법칙

계를 절대온도 0도까지 냉각시키는 것은 불가능하다.

절대온도 0도에 도달할 수는 없지만, 얼마나 0도에 가까이 갈 수 있는지에 대한 한계는 없다. 저온 물리학을 연구하는 과학자는 1 μK 만큼 낮은 평형 온도에 도달하였고 2 mK 의 온도를 유지하였다. 순간적으로는 나노캘빈(nK)과 피코켈빈(pK) 정도의 온도도 관측되었다.

해답 실전문제 & 살펴보기

15.1 내부에너지 증가가 열이 기체로 흐르는 것보다 크기 때문에 기체에서 양$^+$의 일을 했다. 이 일로 피스톤은 안쪽으로 움직인다.

15.2 360 kJ

15.3 기체로 열이 들어간다, $Q = 3.8$ kJ

15.4 연소는 비가역적이다. 연기, 이산화탄소, 재 등은 자발적으로 뭉쳐서 통나무와 잔가지로 변할 수 없다.

15.5 20 %

15.6 4.0 kWh = 14 MJ

15.7 1200 K

15.8 178 MW

15.9 0.03 J/K

15.2 (a) 예. 단열 과정에서 열의 출입은 없지만 ($Q = 0$) 일은 있을 수 있다. 계에 한 일은 내부에너지를 변화시켜서 온도의 변화를 가져올 수 있다. (b) 그렇다. 계가 열원과 접촉하면 온도를 일정하게 유지하기 위해 열원과 계 사이에 열이 이동한다. (c) 그렇다. 얼거나 녹는 등의 상변화 과정 중 온도는 변하지 않지만, 내부에너지는 변한다.

15.4 비탄성 충돌에서 운동에너지는 내부에너지로 전환된다. 따라서 비가역 과정이다.

15.8 아니요. 비가역 과정에서 우주의 총 엔트로피는 증가한다. 한 계의 엔트로피가 10 J/K 만큼 증가할 때 주변 환경의 엔트로피가 10 J/K 줄어들었다면 그 과정은 가역적이다($\Delta S_{전체} = 0$).

전하의 형태

전하는 물체들을 문지르는 과정에 의해 **생성**되는 것이 아니고, 단지 한 물체에서 다른 물체로 이동되는 것이다. **전하량 보존** conservation of charge 법칙은 물리학의 기본 법칙 중 하나로 지금까지 어떤 예외도 발견된 적이 없다.

연결고리 전하량 보존은 근본적인 보존법칙이다. 전하는 에너지와 같이 보존되는 **스칼라양**이다. 운동량과 각운동량은 보존되는 **벡터양**이다.

전하량 보존

닫힌계의 알짜 전하량은 절대 변하지 않는다.

대전이 가능한 호박과 다른 물질과의 실험으로부터 전기력은 인력 또는 척력 중 하나로 작용한다는 것이 확인되었다(일반적인 투명 테이프를 써서 비슷한 실험을 할 수 있다. 16.2절을 보아라). 이 실험들을 통해 두 종류의 전하가 있다고 결론 내렸으며, 벤자민 프랭클린 Benjamin Franklin, 1706~1790이 두 종류의 전하를 처음으로 **양전하**와 **음전하**로 명명하였다. 어떤 계의 **알짜 전하** net charge는 구성 입자들이 가지고 있는 전하의 대수적인 합이다. 이때 양$^+$의 부호와 음$^-$의 부호가 모두 포함됨을 유의하자. 유리 조각을 비단으로 문지르면 유리는 양전하를 받고, 비단은 음전하를 받게 된다. 유리와 비단으로 구성된 전체계의 알짜 전하는 변하지 않는다. **전기적으로 중성** electrically neutral인 물체는 양전하와 음전하의 수가 같으며, 따라서 알짜 전하는 0이다. 전하량을 나타내는데 사용되는 기호는 q 또는 Q이다.

일반적으로 물질은 원자들로 구성되어 있고, 원자는 다시 전자, 양성자 및 중성자로 구성되어 있다. 양성자와 중성자는 핵에서 발견되므로 **핵자** nucleon라고 부른다. 중성자는 전기적으로 중성이다(그래서 중성자라 부른다). 양성자와 전자의 전하량은 크기는 같으나 부호가 반대이다. 양성자의 전하가 임의로 양의 전하로 선택되었기 때문에 전자의 전하는 음의 전하가 된다. 중성원자는 같은 수의 전자와 양성자를 가지며 양전하와 음전하가 균형을 이룬다. 만약 전자와 양성자의 수가 다르다면, 그 원자는 이온 ion이라 부르며, 0이 아닌 알짜 전하를 갖게 된다. 만약 이온에 양성자보다 전자가 많으면 이온의 알짜 전하는 음이며, 양성자보다 전자가 적으면 원자의 알짜 전하는 양이다.

우리가 만약 물질의 미세한 구성 요소(예를 들어 원자, 분자, 이온, 전자)에 작용하는 힘을 고려한다면, 각 요소 사이의 전기력이 요소 사이의 중력보다 훨씬 강력하다는 것을 발견할 수 있다. 질량이 매우 큰 두 개의 물체 사이의 중력은 오직 물체 내의 양전하 및 음전하가 거의 완벽한 균형을 맞출 때 전기력보다 클 수 있다.

기본 전하

표 16.1에서 볼 수 있는 것처럼 양성자와 전자의 전하 **크기**는 같다. 이 전하량을 **기본 전하**elementary charge(기호 e)라 부른다. 전하의 SI 단위는 쿨롬 C으로 e의 값은 다음과 같다.

기본 전하

$$e = 1.602 \times 10^{-19}\ \mathrm{C} \tag{16-1}$$

표 16.1 양성자, 전자 및 중성자의 질량과 전하량

입자	질량	전하량
양성자	$m_p = 1.673 \times 10^{-27}\ \mathrm{kg}$	$q_p = +e = +1.602 \times 10^{-19}\ \mathrm{C}$
전자	$m_e = 9.109 \times 10^{-31}\ \mathrm{kg}$	$q_e = -e = -1.602 \times 10^{-19}\ \mathrm{C}$
중성자	$m_n = 1.675 \times 10^{-27}\ \mathrm{kg}$	$q_n = 0$

보통 물체들은 양전하와 음전하 사이에 아주 적은 불균형만을 가지고 있기 때문에, 쿨롬 단위는 사용하기에 너무 클 때가 많다. 이러한 이유로 종종 전하들은 밀리쿨롬 mC, 마이크로쿨롬 μC, 나노쿨롬 nC, 피코쿨롬 pC 단위로 주어지기도 한다. 쿨롬은 두 대전입자 사이의 전기적 힘의 관계식을 발전시킨 프랑스 물리학자 샤를 쿨롱Charles Coulomb, 1736~1806의 이름에서 따왔다.

모든 물질의 알짜 전하는 기본 전하의 정수배이다. 별의 내부나 대기 상층부 또는 입자 가속기 내부와 같은 색다른 장소에서 발견되는 특이한 물질에서 관측되는 전하량 역시 항상 e의 정수배이다.

살펴보기 16.1 유리 막대와 비단 조각은 모두 전기적으로 중성이다. 비단으로 유리 막대를 문질렀을 때 유리 막대에서 비단으로 4.0×10^9개의 전자가 이동된다면, 두 물체의 알짜 전하량은 얼마인가?

중력과 전기력 사이의 중요한 차이점 중 하나는, 질량을 갖는 두 물체 사이의 중력은 항상 인력이지만 두 대전된 물체 사이의 전기력은 전하의 부호에 따라 인력이나 척력이 될 수 있다는 것이다. 같은 부호의 전하를 갖는 두 입자는 서로 밀치지만, 반대 부호의 전하를 갖는 두 입자는 서로 끌어당긴다.

더 간단히 이야기하면,

> 같은 종류의 전하들은 서로 밀치고, 다른 종류의 전하들은 서로 끌어당긴다.

일반적으로 '전하를 띤 입자'를 줄여서 '전하'라고 부른다.

보기 16.1 **의도하지 않은 충격**

카펫 위를 걸어가 친구와 악수할 때, 친구에게 의도치 않은 충격을 주게 되는데, 이때 이동하는 전하의 크기는 대략 1 nC 정도이다. (a) 전하가 전자에 의해서만 이동된다면 얼마나 많은 전자가 이동되었는가? (b) 여러분 신체가 -1 nC의 알짜 전하를 가지고 있다면, 잉여전자의 백분율을 대략적으로 구하여라. [힌트 : 표 16.1을 보라. 전자의 질량은 핵자 질량의 약 1/2000에 불과하다. 따라서 물체의 질량은 대부분 핵자들에 있게 된다. 대략적인 계산을 위해 핵자들의 반은 양성자이고 반은 중성자라고 가정할 수 있다.]

전략 쿨롱 C는 전하의 SI 단위이고, n은 10^{-9}를 뜻하는 접두사 '나노nano'에 해당한다. 우리는 기본 전하값이 쿨롱 단위로 주어짐을 알고 있다. (b)를 풀기 위해서 먼저 인체에 있는 전자의 수를 대략 계산해야 한다.

풀이 (a) 이동한 전자의 수는 이동한 전하량을 한 개 전자의 전하량으로 나눈 것이다.

$$\frac{-1\times10^{-9}\ \text{C}}{-1.6\times10^{-19}\ \text{C/전자}} = 6\times10^{9}\ \text{전자}$$

이동한 전하의 크기는 1 nC이지만, 전하가 전자에 의해 이동하였으므로 이동된 전하의 부호는 음$^-$이다.

(b) 사람의 몸무게를 대략 70 kg이라 추정하여 계산해 보자. 사람의 질량 대부분은 핵자 안에 있으므로,

$$\text{핵자의 수} = \frac{\text{인체 질량}}{\text{단일 핵자 질량}} = \frac{70\ \text{kg}}{1.7\times10^{-27}\ \text{kg}} = 4\times10^{28}\ \text{핵자}$$

이다. 대략 핵자들의 $\frac{1}{2}$이 양성자라고 가정하면,

$$\text{양성자 수} = \frac{1}{2}\times4\times10^{28} = 2\times10^{28}\ \text{양성자}$$

이다. 전기적으로 중성인 물체의 전자 수는 양성자 수와 같다. -1 nC의 알짜 전하라면 우리 몸에는 6×10^{9}개의 잉여전자가 있다. 이때 잉여전자의 백분율은 다음과 같다.

$$\frac{6\times10^{9}}{2\times10^{28}}\times100\ \% = (3\times10^{-17})\ \%$$

검토 이 예제에서 보인 것처럼, 대전되어 있는 거시적 물체에는 양전하와 음전하 사이에 아주 작은 차이만 갖고 있다. 이러한 이유로, 거시적인 물체 사이의 전기력은 종종 무시되기도 한다.

실전문제 16.1 **풍선에 있는 잉여전자**

-12 nC의 알짜 전하를 갖는 풍선의 잉여전자 개수는 몇 개인가?

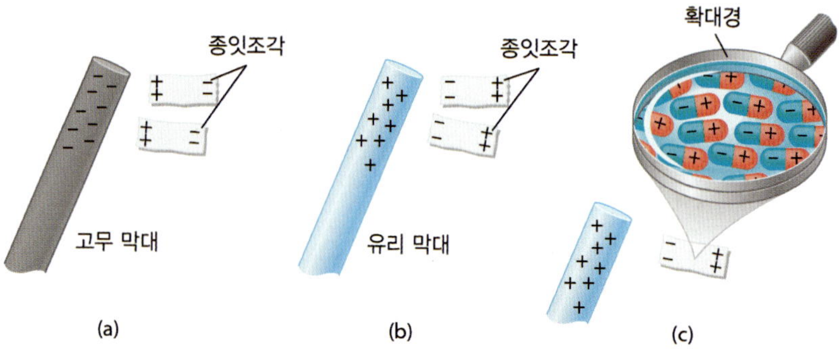

그림 16.2 (a) 종잇조각을 당기는 음으로 대전된 고무 막대. (b) 종잇조각을 당기는 양으로 대전된 유리 막대. (c) 종잇조각 속 분극 분자를 확대한 모양

분극

전기적으로 중성인 물체의 내부에는 양전하와 음전하가 분리된 영역을 가질 수 있다. 이러한 물체를 **분극** polarized되었다고 한다. 분극된 물체는 알짜 전하가 0이라도 전기력을 느낄 수 있다. 모피로 문질러서 음$^-$으로 대전된 고무 막대는 작은 종잇조각을 끌어당긴다. 비단으로 문질러 **양**$^+$으로 대전된 유리 막대도 마찬가지이다(그림 16.2a, b). 종잇조각은 전기적으로 중성이지만, 대전된 막대는 종이를 분극시켜 종잇조각과 가까운 쪽에 있는 다른 종류 전하를 당기고, 종잇조각에서 먼 쪽에 있는 같은 종류의 전하를 밀어낸다(그림 16.2c). 막대와 물체의 반대 전하 사이의 인력은 막대와 물체의 같은 전하 사이의 척력보다 약간 크다. 왜냐하면 전기력은 거리가 멀어질수록 작아지는데, 같은 부호의 전하가 더 멀리 떨어져 있기 때문이다. 따라서 막대의 전하 부호와 관계없이 막대와 종이 사이에 작용하는 알짜힘은 항상 인력이다. 이 경우, 그 종이는 **유도분극** 되었다고 한다. 종이의 분극은 가까이 위치한 막대의 전하에 의해 유도된다. 막대를 멀리하면 종이에서는 분극이 일어나지 않는다.

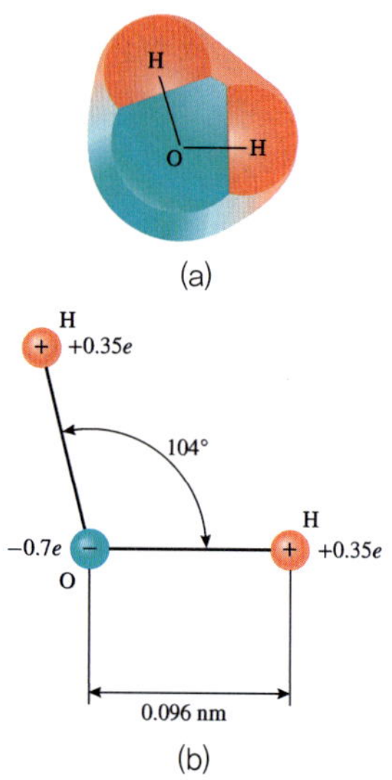

그림 16.3 (a) 대전 분포를 보이는 물 분자 모형. 빨강과 파랑은 알짜 양전하와 알짜 음전하를 나타낸다. 공유전자들은 산소 원자핵 부근에서 더 오래 머무르고 수소 원자 부근에선 더 짧게 머무르므로, 산소 부근의 평균 전하는 음이 되고 수소 부근에선 양이 된다. (b) 물 분자의 단순 모형. 원자들은 $-0.7e$를 갖는 산소 구와 $+0.35e$를 갖는 수소 구로 표현되어 있다.

어떤 분자들은 처음부터 분극되어 있다. 중요한 예가 바로 물 분자이다. 전기적으로 중성인 물 분자는 같은 수의 양전하와 음전하를 가지고 있으나(10개의 양성자와 10개의 전자), 산소 원자핵이 수소 원자핵보다 공유전자들을 훨씬 더 강하게 잡아당겨 유지하고 있으므로 양전하의 중심과 음전하의 중심이 일치하지 않게 된다(그림 16.3).

응용 : 물의 수소결합 물 분자의 강한 극성 때문에, 분자의 음전하 쪽(산소)은 다른 분자의 양전하 쪽(수소)에 끌어당겨진다. 이러한 힘은 대부분 물질에 대전되지 않은 분자들 간의 힘들보다 강하며, 이웃하는 물 분자들은 **수소결합** hydrogen bond(그림 16.4)으로 묶여 있다고 이야기한다. 수소결합은 지구상에서 생명을 가능하게 하는 특별하고 중요한 물의 특성의 많은 원인이다. 수소결합 때문에 물은 다음과 같은 특징을 가진다.

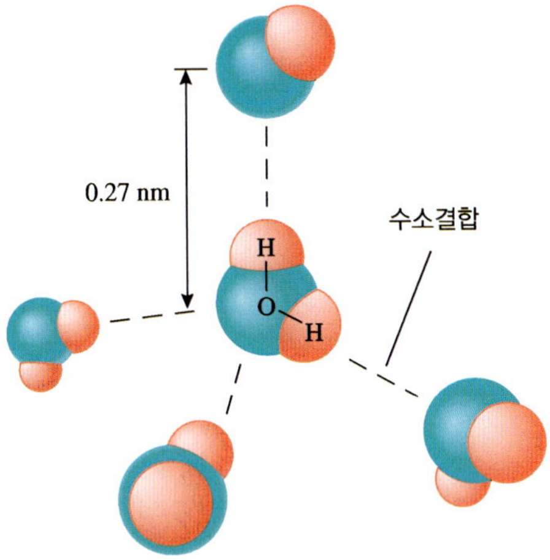

그림 16.4 물의 수소결합. 한 분자의 음으로 대전된 산소 쪽이 다른 분자의 양으로 대전된 수소 쪽에 이끌린다. 이 결합은 분자를 결합하는 공유결합보다는 약하지만, 대부분 물질의 대전되지 않은 분자 간 상호작용보다는 강하다. 최근 연구에 의하면 수소결합은 어느 정도 공유결합 특성도 가지고 있다고 한다. 다시 말하면 두 분자가 전자들을 어느 정도 공유한다. 그러나 많은 경우 수소결합은 분극된 분자들 사이의 전기력의 결과로 생각할 수 있다. 수소결합은 물의 많은 독특한 특성의 원인이다.

- 상온에서 기체가 아닌 액체이다.
- 큰 비열을 갖는다.
- 큰 기화열을 갖는다.
- 액체보다 고체(얼음)에서 밀도가 낮아진다.
- 큰 표면장력을 갖는다.
- 어떤 표면과 큰 강한 접착력을 보인다.
- 극성 분자들의 강력한 용매제이다.

응용 : DNA, RNA, 단백질의 수소결합 동일 분자의 다른 부분 사이의 수소결합은 핵산이나 단백질과 같은 생물학적 거시분자의 모양을 결정하는 중요한 역할을 한다. 이 수소결합들은 대부분 수소 원자와 산소 또는 질소 사이에 형성된다. DNA의 이중나선 구조는 주로 수소결합에 의한 것이다. DNA 분자의 두 가닥은 염기쌍 간의 수소결합으로 함께 유지된다(그림 16.5). 효소가 이 두 가닥을 분리하며 분자를 분해할 때, 바로 이 수소결합을 끊어야 한다. 단백질에서는 수소결합이 분자의 3차원적 구조를 결정하는 데 중요한 역할을 하는데, 바로 이러한 구조로부터 분자의 화학적 특성과 생물학적 기능이 결정된다.

그림 16.5 DNA 분자에서 염기쌍 아데닌과 티민은 두 개의 수소결합으로 결합되어 있고, 다른 염기쌍인 구아닌과 시토신은 3개의 수소결합으로 결합되어 있다. 염기쌍 사이의 수소결합은 두 개의 가닥을 함께 묶어 분자의 이중나선 모양을 유지하는 역할을 한다.

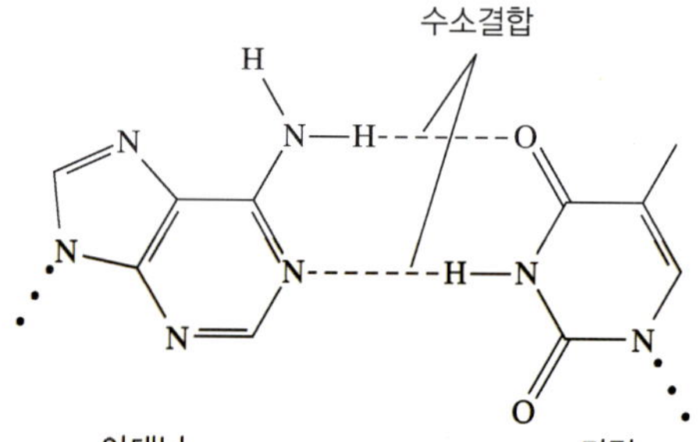

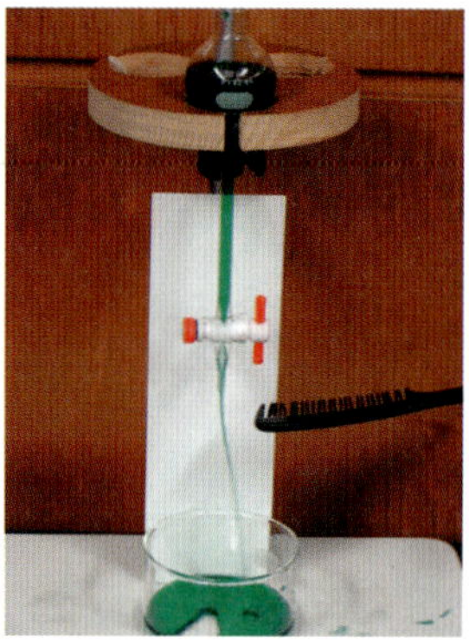

그림 16.6 대전된 빗에 의해 휘는 물줄기

혼자서 해 보기 건조한 날에 머리를 빗질하거나(머리카락이 깨끗하고 건조하며, 모발 영양제를 사용하지 않았다면 더욱 좋다) 빗으로 양모 스웨터를 문질러 보아라. 빗이 대전되었을 때(머리카락을 관찰하거나, 딱딱 소리가 들리는 것 등으로 확인할 수 있다), 냅킨이나 휴지 조각을 가까이 가져가 보자. 이번에는 빗을 다시 대전시킨 후, 싱크대로 가서 약하게 수도꼭지를 틀어 가느다란 물줄기가 나오도록 하자. 바닥 부분에서 물줄기가 끊어져 방울 형태가 되어도 상관이 없다. 물줄기 가까이 대전된 빗을 가져가 보아라. 빗에 있는 전하가 물에 힘을 작용하는 것을 볼 수 있다(그림 16.6). 이 힘은 인력일까 척력일까? 수도꼭지에서 나오는 물이 알짜 전하를 가지고 있다는 것을 뜻하는 것일까? 왜 물줄기 위 근처로 빗을 가져가는 게 물줄기 아래 근처로 가져가는 것보다(물줄기로부터 같은 수평거리에서) 더 효과적인지 설명해 보라.

16.2 도체와 부도체 Electric Conductors and Insulators

일반적인 물질은 전자와 핵을 가진 원자들로 구성되어 있다. 전자들이 핵에 얼마나 단단히 구속되는지는 전자에 따라 크게 다르다. 많은 전자를 가진 원자에서 전자들은 대부분 단단히 구속되어 있어서 일반적인 상황에서는 핵으로부터 전자를 떼어낼 수 없다. 반면 어떤 전자는 훨씬 약하게 구속되어 있어 여러 방법으로 핵으로부터 떼어낼 수 있다.

전하가 물질 속에서 이동할 수 있는 정도에 따라 물질의 특성은 크게 변한다. 일부 전하들이 쉽게 움직일 수 있는 물질을 **도체**conductor라고 부르며, 전하들이 쉽게 움직일 수 없는 물질을 전기 **부도체**insulator라 부른다.

금속은 **일부** 전자들이 너무 약하게 결합되어 특정한 핵에 묶여 있지 않은 물질이다. 그 전자들은 금속의 내부를 자유롭게 이동할 수 있다. 이러한 **자유전자**로 인해 금속은 좋은 도체가 된다. 어떤 금속은 다른 금속보다 좋은 도체가 되기도 하는데, 그중에서 구리는 가장 좋은 도체 중 하나이다. 유리, 플라스틱, 고무, 나무, 종이 등과 같은 물질들은 부도체이다. 부도체는 자유전자가 없으며, 각 전자가 특정한 핵에 구속되어 있다.

도체와 **부도체**라는 용어는 현대 사회에서 어디서나 쉽게 찾아볼 수 있는 전선에 자주 적용된다(그림 16.7). 자유전자는 구리선을 통해 흐를 수 있다. 전선을 둘러싸고 있는 플라스틱이나 고무 부도체는 전하의 흐름인 전류가 전선 밖으로 나가지 못하게(예를 들어, 손에 전기가 통하지 않도록) 막는다.

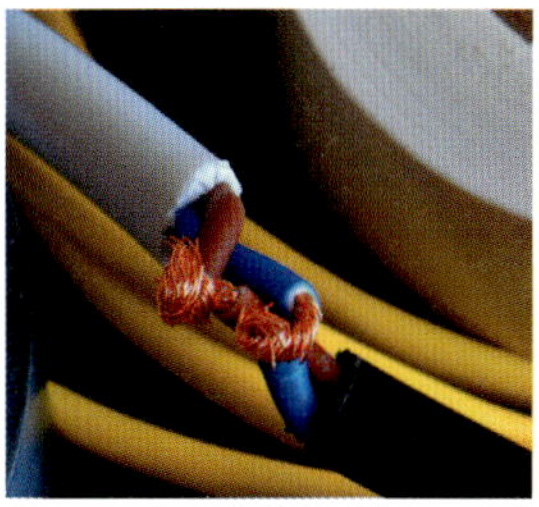

그림 16.7 전기 도선의 예. 금속 도체는 절연물질로 둘러싸여 있다. 전선을 다른 도체와 전기적으로 연결하기 위해서는 부도체를 벗겨내고 사용해야 한다.

물은 보통 도체로 알려져 있다. 그러므로 젖은 손으로 전기 기구를 다루지 않도록 조심해야 한다. 사실 **순수한** 물은 부도체이다. 순수한 물은 알짜 전하를 전달하지 못하는 완전한 물 분자(H_2O)로 구성되어 있고, 약간의 이온(H^+와 OH^-)들이 녹아 있다. 그러나 수돗물은 결코 순수한 물이 아니다. 그 안에는 무기물이 용해되어 있다. 이 무기물 이온들 때문에 수돗물은 도체가 된다. 또한 인체는 많은 이온을 가지고 있기 때문에 인체는 도체이다.

이와 유사하게, 공기가 좋은 부도체인 것은 공기 중의 대부분 분자가 전기적으로 중성이어서 움직일 전하들이 없기 때문이다. 그러나 공기도 미량의 이온을 가지고 있다. 방사능 붕괴나 우주선에 의해 공기 분자들이 이온화되기도 하기 때문이다.

도체와 부도체의 중간은 **반도체**semiconductors라고 한다. 미국 캘리포니아주 북쪽에 밀집한 컴퓨터 산업단지의 한 지역을 실리콘밸리라고 부르는데, 실리콘이 컴퓨터 칩과 전자장치를 만드는 가장 일반적인 반도체이기 때문이다. **순수한** 반도체는 좋은 부도체이지만, 미세한 양의 불순물을 조절하여 **첨가**함으로써 전기적인 성질들을 정밀하게 조절할 수 있다.

마찰에 의한 부도체의 대전 두 물체를 서로 문질러 비비면, 전자와 이온(대전된 원자)들은 한 물체에서 다른 물체로 이동한다. 만약 두 물체가 문질러지기 전에 알짜 전하가 없었다면, 이제 두 물체는 전하량 보존에 의해 반대 부호와 같은 크기를 갖는 알짜 전하를 갖게 된다. 문질러서 생기는 대전 현상은 건조한 날에 잘 생긴다. 습도가 높을 때는 물체의 표면에 얇은 막의 수분이 응축되어 전하가 쉽게 새어 나가 전하들이 모이기 어렵다.

전하를 분리하기 위해 두 개의 **부도체**를 서로 문질러 비비는 것에 주목하여라. 금속 조각을 모피나 비단에 하루 종일 비벼도 금속은 대전되지 않는다. 금속에 있는 전하는 움직이기 쉬워 문지르는 동안 전하가 모이지 않기 때문이다. 반면에 부도체는 일단 대전된 후에는 전하가 그대로 남게 된다.

접촉에 의한 도체의 대전 도체는 어떻게 대전시킬까? 먼저 두 개의 부도체를 서로 비벼 전하를 분리한 후 대전된 부도체의 한쪽을 도체에 대어 보자(그림 16.8). 도체로 전달된 전하는 퍼져 나가므로, 이 과정을 반복해서 도체에 점점 더 많은 전하를 모을 수 있다.

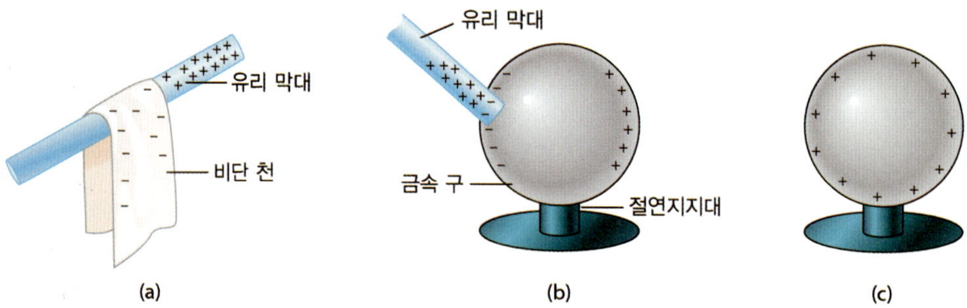

그림 16.8 도체의 대전. (a) 유리 막대를 비단에 문지른 후에는 유리 막대에 양의 알짜 전하가 남게 되고, 비단에는 음의 알짜 전하가 남는다. (b) 유리 막대를 금속 구에 접촉하면 양으로 대전된 유리는 금속으로부터 약간의 자유전자를 유리쪽으로 끌어당긴다. (c) 유리 막대를 치우면 금속 구는 양성자보다 전자의 수가 적어진다. 실제로 전달된 것은 음전하이지만, '양전하가 금속으로 전달되었다'고 해도 같은 의미이다.

연결 고리 저장소reservoir라는 단어를 보면 열 저장소를 떠올릴 수 있다. 열 저장소는 온도 변화 없이 열을 교환할 수 있도록 비열이 매우 크다. 17장에서 전기 퍼텐셜을 배운다면, 전하 저장소를 퍼텐셜 변화 없이 전하를 교환할 수 있는 것이라고 설명할 수 있다.

접지 도체는 어떻게 방전할까? 그 한 방법이 **접지**이다. 지구는 이온과 습기의 존재로 인해 도체라 볼 수 있고, 많은 경우 무제한 전하 저장소로 여길 수 있을 정도로 충분히 크다. 도체를 **접지**하는 것은 그 도체와 지구(혹은 다른 전하 저장소) 사이에 전기적 통로를 내는 것이다. 대전된 도체를 접지하면 전하가 그 도체를 떠나 지구로 이동하여 퍼져 없어지기 때문에 방전된다.

가솔린을 운반하는 유조차의 경우 작은 양의 전하 축적도 전기 불꽃을 일으켜 폭발을 유발시킬 수 있기 때문에 위험하다. 이러한 전하 축적을 막기 위해 유조차가 주유소에 가솔린을 공급하기 전에는 유조차의 탱크를 접지시켜야 한다.

세 개의 구멍이 있는 전기 콘센트에서, 둥근 구멍을 **접지**라 부른다. 글자 뜻대로 도선을 이용하여 땅속의 금속 막대나 지하의 금속 수도 파이프를 통하여 지구에 연결하는 것이다. 접지 연결의 목적은 18장에서 더 자세히 다루겠지만, 이미 하나의 목적은 이해할 수 있을 것이다. 접지는 접지된 도체에 전하가 쌓이는 것을 막는다.

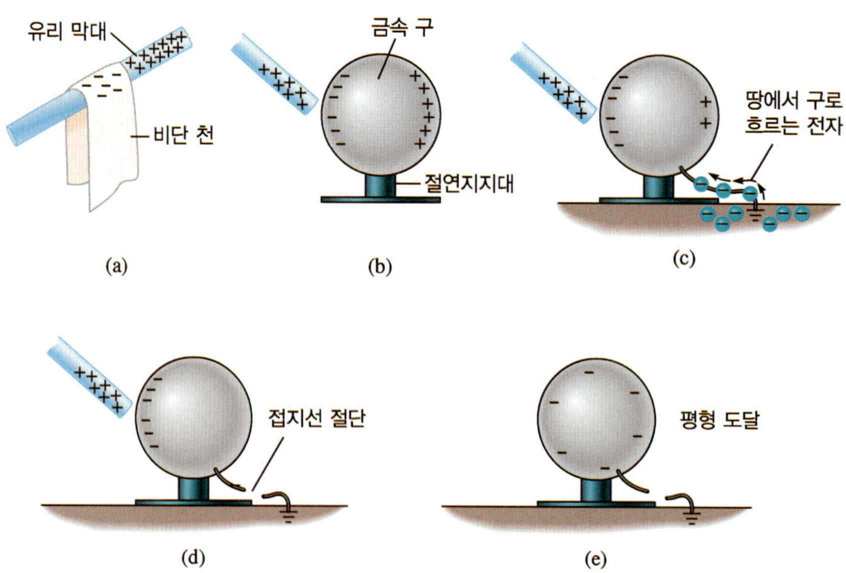

그림 16.9 유도에 의한 대전. (a) 유리 막대를 비단에 문질러 대전시킨다. (b) 양으로 대전된 유리 막대를 금속 구에 가까이 가져가되 접촉하지는 않는다. 금속 구는 그 안의 전자들이 유리 막대 쪽으로 끌려감으로써 분극된다. (c) 금속 구를 접지할 때, 지구에서 금속 구로 이동한 전자가 금속 구의 양전하에 의해서 끌려온다. 기호 ⏚는 지구에 연결한다는 것을 의미한다. (d) 유리 막대를 움직이지 말고 접지선을 자른다. (e) 접지선을 자른 상태로 유리 막대를 제거한다. 전하는 같은 종류의 전하들이 서로 밀치게 되어 금속 표면 전체로 퍼진다. 금속 구는 과잉 전자 때문에 음의 알짜 전하를 갖게 된다.

유도에 의한 대전 만약 근처에 다른 전하가 있는 경우에는 도체가 접지되었다고 하더라도 반드시 방전되지는 않는다. 처음에 중성인 도체를 접지하여 대전시키는 것도 가능하다. 그림 16.9와 같은 과정에서 대전된 부도체는 도체 구에 접촉하지 않는다. 양으로 대전된 막대로 금속 구가 극성을 띠게 되고, 분극된 전하 중 양전하는 밀어내고 구의 음전하는 끌어당긴다. 이제 도체 구를 접지시킨다. 도체 구의 전하가 분리되었으므로, 지구로부터 음전하가 접지선을 따라 양으로 대전된 막대가 있는 구면으로 끌려온다.

보기 16.2 검전기

한 검전기가 음으로 대전되어 있고, 그림 16.10과 같이 금박들이 서로 떨어진 채 매달려 있다. 다음의 변화가 생긴 후 금박에 어떤 일들이 생기는가? 각 단계에서 관찰할 수 있는 것을 설명하여라. (a) 검전기의 가장 꼭대기에 있는 금속 구를 손으로 접촉한다. (b) 비단으로 문질러진 유리 막대를 금속 구와 접촉하지는 말고 가까이 위치시킨다. [힌트 : 비단으로 문질러진 유리 막대는 양으로 대전되어 있다.] (c) 유리 막대를 금속 구에 접촉한다.

그림 16.10 검전기는 전하의 존재를 증명하기 위한 장치이다. 도체 막대의 위쪽 끝에는 금속 구가, 아래쪽 끝에는 움직일 수 있는 두 장의 금박이 있다. 금박들은 양전하들 사이의 척력으로 서로 떨어지게 된다.

풀이 및 검토

(a) 손으로 검전기 금속 구를 만져서 금속 구를 접지시킨다. 손과 금속 구 사이에서 전하들이 이동되며 금속 구의 알짜 전하는 0이 된다. 검전기가 현재 방전되었으므로, 두 금박은 그림 16.11처럼 아래로 늘어지게 된다. (b) 양으로 대전된 막대가 금속 구에 가까워지면, 검전기는 유도분극이 일어난다. 음전하의 자유 전자들은 금속 구로 끌려가고, 금박 잎들에 양의 알짜 전하를 남긴다(그림 16.12). 금박들은 알짜 양전하에 의한 상호 척력으로 떨어진 채 매달리게 된다. (c) 양으로 대전된 막대가 금속 구에 접촉되면, 금속 구로부터 몇몇 음전하들이 막대로 이동한다. 검전기는 이제 양의 알짜 전하를 갖고 있다. 유리 막대는 여전히 양의 알짜 전하를 갖고 검전기의 양전하를 멀리(금박 쪽으로) 밀어낸다. 금박들은 이전보다 더 많은 양전하를 갖도록 대전되어 더 멀리 벌어진 채 매달리게 된다.

그림 16.11 알짜 전하가 없으므로, 금박들은 연직선의 아래 방향으로 매달려 있다.

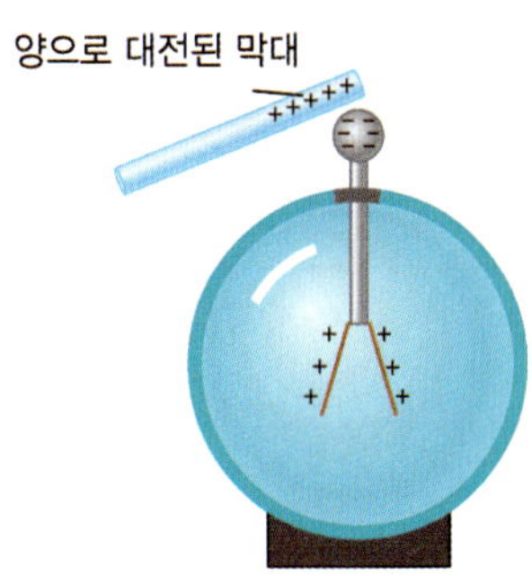

그림 16.12 양으로 대전된 막대를 금속 구에 가까이 가져가면, 검전기는 알짜 전하는 없지만 분극은 일어난다. 금속 구는 음으로 대전되고 금속박은 양으로 대전된다. 금박의 양전하 사이의 척력은 금박들을 서로 밀어 떨어뜨린다.

실전문제 16.2 **유리 막대 제거하기**

유리 막대를 제거하면 금박들은 어떻게 변화되는가?

혼자서 해 보기 일반적인 투명 테이프는 종이나 다른 물질들을 달라붙게 하는 접착성을 가지고 있다. 달라붙는 힘은 전기적이기 때문에, 이 접착성이 전하를 분리할 수 있다. 테이프 두루마리에서 테이프를 매우 빨리 벗겨서 테이프가 나선 모양으로 감기고 기묘하게 움직이는 것을 본 적이 있다면 전하 분리의 결과를 본 것이다. 벗겨진 테이프 조각에는 알짜 전하가 있다(남아 있는 테이프에 반대 전하가 있다). 천천히 테이프를 떼어낼수록 테이프에는 더 적은 알짜 전하가 생기게 된다. 테이프를 사용하여 다음과 같은 실험을 해 볼 수 있다.

- 테이프 두루마리에서 테이프를 빨리 잡아당긴다. 테이프가 알짜 전하를 가지고 있다고 말할 수 있을까?
- 테이프 두루마리를 어두운 방으로 가져간다. 테이프 두루마리에서 테이프를 빨리 잡아당길 때 무엇이 보이는가?
- 테이프를 종이 클립에 가까이 가져갈 때, 테이프가 당겨지는지 밀쳐지는지를 보고, 왜 그렇게 되는지를 설명해 보아라.
- 엄지손가락과 집게손가락 사이로 테이프 양면을 문지른다. 종이 클립을 테이프에 다시 가까이 가져가 보고, 무슨 일이 일어나는지 설명해 보아라.
- 테이프 두루마리에서 다른 두 번째 테이프를 천천히 잡아당긴다. 두 테이프 사이의 힘은 인력인가 척력인가?
- 두 번째 테이프를 종이 클립에 가까이 가져가라. 알짜힘이 있는가? 무슨 결론을 내릴 수 있는가?
- 두 개의 테이프가 같은 전하를 띠게 하는 방법을 생각할 수 있는가? 또한 다른 전하를 띠게 하는 방법을 생각할 수 있는가?
- 그밖에 할 수 있는 실험을 직접 발견하면서 재미를 맛보아라!

응용 : 복사기와 레이저 프린터

복사기와 레이저 프린터의 작동은 전하 분리와 다른 종류 전하 사이에 작용하는 인력에 기반을 두고 있다(그림 16.13). 셀레늄으로 코팅된 알루미늄 드럼이 전극 아래에서 회전하면서 양전하를 얻는다. 그 후 복사될 문서의 영상이 드럼에 비추어지면(또는 레이저에 의해) 문서가 복사된다.

셀레늄은 빛에 반응하는 반도체로 **광전도체**라고 한다. 셀레늄은 빛이 쪼여지지 않으면 부도체이지만 빛이 쪼여지면 좋은 도체가 된다. 드럼에 코팅된 셀레늄은 초기에 어두운 영역에 있고, 부도체인 셀레늄은 대전될 수 있다. 셀레늄에 빛이 쪼여지면 쪼여진 부분은 도체가 된다. 좋은 도체인 알루미늄으로부터 셀레늄의 빛이 쪼여진 부분으로 전자가 흘러 그 부분에 있던 양전하를 중성화시킨다. 셀레늄이 어둡게 유지되는 부분으로는 알루미늄으로부터 전자가 흐를 수 없어 그 부분은 계속 양전하를 띠고 있다.

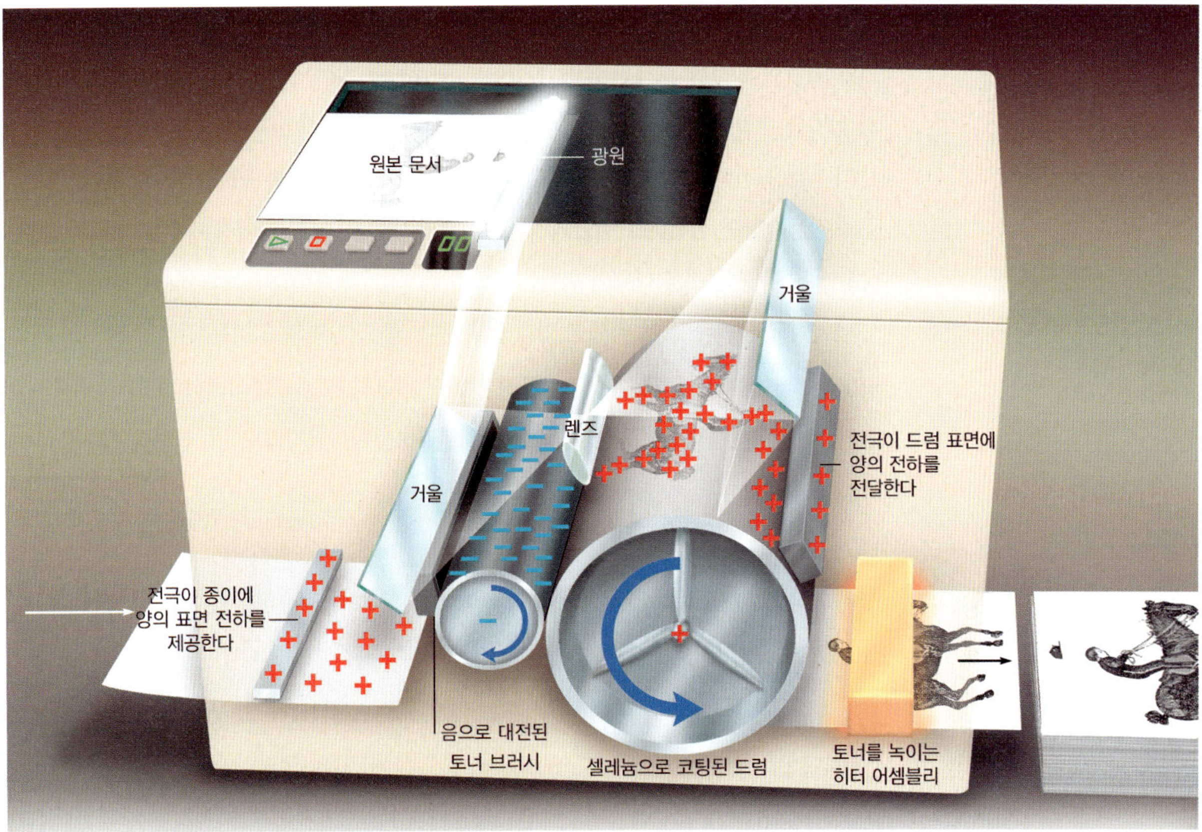

그림 16.13 복사기의 작동은 양$^{+}$으로 대전된 드럼 부분이 음$^{-}$으로 대전된 토너를 잡아당기는 것에 기초한다.

다음으로, 드럼은 **토너**라고 불리는 검은 가루와 접촉하게 된다. 토너 입자는 이미 음전하로 대전되어 있어 드럼의 양전하를 띠는 부분으로 당겨진다. 토너는 양전하를 띠는 드럼 부분에 달라붙지만, 전하가 없는 부분에는 달라붙지 않는다. 이제 종이가 드럼 위로 회전하고 종이 뒷면에 양전하가 가해진다. 종이 위에 가해진 양전하는 드럼 위의 양전하보다 크므로 드럼 위에 있는 음전하를 띠는 토너를 잡아당길 수 있어 종이 위에 원래 문서의 영상이 만들어진다. 마지막 단계는 종이를 뜨거운 롤러 사이로 통과시켜 토너를 녹이는 과정이다. 종이를 이루는 섬유에 잉크가 인쇄되면 복사는 끝난다.

16.3 쿨롱의 법칙 Coulomb's Law

이번에는 대전된 물체들 사이의 전기력을 정량적으로 다루어 보자. 쿨롱의 법칙은 두 점전하 사이에 작용하는 전기력에 대해 알려준다. **점전하**[point charge]는 전하를 지니고 있으면서 내부 구조는 중요치 않을 정도로 충분히 작은 물체를 말한다. 전자는 그 내부 구조에 대한 실험적 증거가 없기 때문에 점전하로 취급된다. 양성자는 **쿼크**라고 불리는 세 종류의 입자를 포함해 내부 구조를 갖지만, 그 크기는 약 10^{-15} m이다. 그 때문에 양성자 역시 대부분 점전하로 취급된다. 반지름이 10 cm인 대전된 금속 구도 100 m 떨어진 다른 구와 작용한다면 점전하로 취급되지만, 두 구가 몇 cm 정도 떨어진 경우는 그렇지 않다. 상황에 맞춰 모든 것을 다뤄야 한다!

전기력도 중력과 같이 **역제곱 법칙**을 따른다. 곧 전기력의 크기는 전하들 사이의 거리 r이 늘어남에 따라 줄어드는데, 정확히 말하면 거리의 제곱에 반비례한다($F \propto 1/r^2$). 중력의 세기가 작용하는 두 물체의 질량에 비례하듯이, 전기력도 각 전하의 **크기**($|q_1|$와 $|q_2|$)에 비례한다.

전기력의 크기 두 전하 사이에서 한 전하가 다른 전하에 작용하는 전기력의 **크기**는 다음과 같이 주어진다.

연결고리 쿨롱의 법칙은 뉴턴의 제3법칙과 잘 맞는다. 두 전하에 작용하는 힘은 크기는 같고 방향은 반대이다(그림 16.14).

쿨롱의 법칙

$$F = \frac{k|q_1||q_2|}{r^2} \qquad (16\text{-}2)$$

여기서 q_1과 q_2의 **크기**만 고려했으므로 벡터의 크기인 F는 항상 양의 값이다. 비례 상수 k는 실험적으로 다음과 같다.

쿨롱 상수

$$k = 8.99 \times 10^9 \, \frac{\text{N} \cdot \text{m}^2}{\text{C}^2} \qquad (16\text{-}3)$$

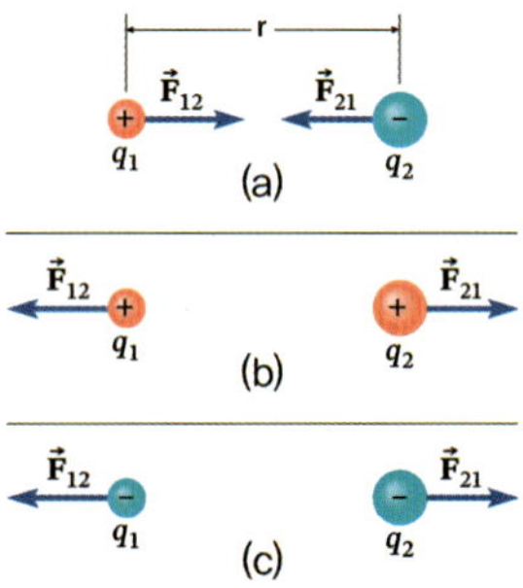

그림 16.14 (a) 다른 부호의 두 전하에 작용하는 전기력. (b),(c) 같은 부호의 두 전하에 작용하는 전기력. 벡터는 상호작용 하는 각 전하에 미치는 힘을 보여주기 위해 그려졌다($\vec{F}_{12}$는 전하 2가 전하 1에 작용하는 힘이다. $\vec{F}_{21}$은 전하 1이 전하 2에 작용하는 힘이다).

전기력의 방향 하나의 점전하가 다른 점전하에 작용하는 전기력의 방향은 항상 두 점전하의 연결선 위에 있다. 중력과는 다르게 정전기력은 전하의 부호에 따라 인력과 척력이 있을 수 있다는 것을 명심하여야 한다(그림 16.14).

살펴보기 16.3 (a) 중력과 전기력의 유사점을 나열하여라. (b) 둘 사이의 주요한 차이는 무엇인가?

쿨롱의 법칙을 위한 문제 풀이 요령

1. 단위의 일관성을 유지하여라. k의 표준 SI 단위가 $(\mathrm{N \cdot m^2/C^2})$이므로, 거리는 미터 단위로, 전하는 쿨롱 단위로 써야 한다. 전하가 μC이나 nC으로 주어진다면, 쿨롱 단위로 바꿔야 함을 명심하여라. $1\,\mu\mathrm{C} = 10^{-6}\,\mathrm{C}$이고 $1\,\mathrm{nC} = 10^{-9}\,\mathrm{C}$이다.
2. 두 개 또는 그 이상의 전하가 단일 전하에 작용하는 전기력을 구할 때, 각 전하가 그 전하에 작용하는 힘을 구하여라. 특정한 전하에 작용하는 알짜힘은 각 전하로부터 받는 힘의 벡터 합이다. 때때로 힘을 x 및 y 성분으로 나누어 성분별로 합하는 것도 도움이 된다. 그렇게 한 다음, x 및 y 성분의 알짜힘으로부터 알짜힘의 크기와 방향을 구하여라.
3. 몇 개의 전하들이 같은 선 위에 놓여 있다면, 중간 전하가 양쪽 편의 전하들을 막는 것을 걱정하지 마라. 전기력은 중력처럼 원거리 힘이다. 태양이 달에 작용하는 중력은 지구가 그들 사이에 있어서 일식이 일어나는 동안에도 작용한다.

연결고리 전기력은 다른 힘들의 합력과 같은 방식으로(벡터양으로) 합쳐진다. 뉴턴의 제2법칙을 물체에 적용할 때, 알짜힘을 찾기 위해 다른 물체에 작용하는 힘을 제외한 그 물체에 적용하는 모든 힘이 자유물체도형에 (벡터로서) 포함된다.

보기 16.3 점전하에 작용하는 전기력

3개의 점전하가 그림 16.15와 같이 배열되어 있다고 가정하자. 전하 $q_1 = +1.2\,\mu\mathrm{C}$은 (x, y) 좌표계의 원점에 있고, 두 번째 전하 $q_2 = -0.60\,\mu\mathrm{C}$는 $(1.20\,\mathrm{m},\ 0.50\,\mathrm{m})$에 위치하고 세 번째 전하 $q_3 = +0.20\,\mu\mathrm{C}$는 $(1.20\,\mathrm{m},\ 0\,\mathrm{m})$에 위치한다. 나머지 두 전하가 q_2에 작용하는 힘을 구하여라.

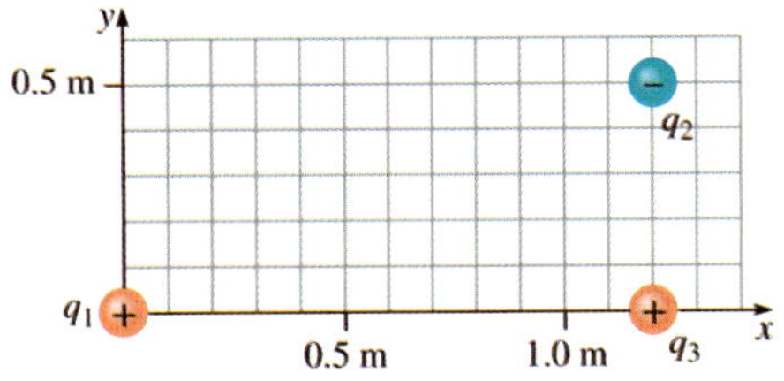

그림 16.15 보기 16.3의 점전하 위치

전략 q_1이 q_2에 작용하는 힘과 q_3이 q_2에 작용하는 힘은 개별적으로 결정된다. 자유물체도형을 스케치한 후, 두 힘을 벡터로서 합하여라. 전하 1과 전하 2의 거리를 r_{12}라 하고 전하 2와 전하 3의 거리를 r_{23}이라 하자.

풀이 전하 1과 3은 모두 양이지만, 전하 2는 음이다. 전하 1과 전하 3이 전하 2에 작용하는 힘은 둘 다 인력이다. 그림 16.16a는 전하 2에 대해 다른 두 전하 방향을 가리키는 힘 벡터를 그린 자유물체도형이다.

이제 q_1이 q_2에 작용하는 힘 F_{21}의 크기를 쿨롱의 법칙으로 구하고, 전하 q_3이 q_2에 작용하는 힘 F_{32}를 구하기 위해 같은 과정을 반복한다.

피타고라스 정리로부터 전하 1과 2의 거리는 다음과 같다.

$$r_{12} = \sqrt{r_{13}^2 + r_{23}^2} = 1.30\,\mathrm{m}$$

쿨롱의 법칙으로부터,

$$\begin{aligned} F_{21} &= \frac{k|q_1||q_2|}{r_{12}^2} \\ &= 8.99 \times 10^9 \frac{\mathrm{N \cdot m^2}}{\mathrm{C^2}} \times \frac{(1.2 \times 10^{-6}\mathrm{C}) \times (0.60 \times 10^{-6}\mathrm{C})}{(1.30\,\mathrm{m})^2} \\ &= 3.83 \times 10^{-3}\,\mathrm{N} = 3.83\,\mathrm{mN} \end{aligned}$$

이다.

이제, 전하 3에 의한 힘은 다음과 같다.

$$F_{23} = \frac{k|q_2||q_3|}{r_{23}^2}$$
$$= 8.99 \times 10^9 \frac{\mathrm{N \cdot m^2}}{\mathrm{C}^2} \times \frac{(0.20 \times 10^{-6}\mathrm{C}) \times (0.60 \times 10^{-6}\mathrm{C})}{(0.50\,\mathrm{m})^2}$$
$$= 4.32 \times 10^{-3}\mathrm{N} = 4.32\,\mathrm{mN}$$

두 힘 벡터를 합하면 총힘 $\vec{F}_2$를 구할 수 있다. x 및 y 성분을 구하면 다음과 같다.

$$F_{21x} = -F_{21}\sin\theta = -3.83\,\mathrm{mN} \times \frac{1.20\,\mathrm{m}}{1.30\,\mathrm{m}} = -3.53\,\mathrm{mN}$$
$$F_{21y} = -\mathrm{F}_{21}\cos\theta = -3.83\,\mathrm{mN} \times \frac{0.50\,\mathrm{m}}{1.30\,\mathrm{m}} = -1.47\,\mathrm{mN}$$

$\vec{F}_{23}$은 $-y$ 방향을 가지므로, $F_{23x} = 0$이고 $F_{23y} = -4.32\,\mathrm{mN}$이다.

두 성분을 합하면, $F_{2x} = -3.53\,\mathrm{mN}$이고 $F_{2y} = (-1.47\,\mathrm{mN}) + (-4.32\,\mathrm{mN}) = -5.79\,\mathrm{mN}$이다.

$\vec{F}_2$의 크기는 다음과 같다.

$$F_2 = \sqrt{F_{2x}^2 + F_{2y}^2} = 6.8\,\mathrm{mN}$$

그림 16.16c로부터, $\vec{F}_2$는 $-y$축으로부터 시계방향으로 다음과 같은 각도를 갖는다.

$$\phi = \tan^{-1}\frac{3.53\,\mathrm{mN}}{5.79\,\mathrm{mN}} = 31°$$

검토 알짜힘은 그림 16.16b의 시각적인 합과 호환되는 방식으로 방향을 갖는다. 곧 x 및 y 성분을 갖는다.

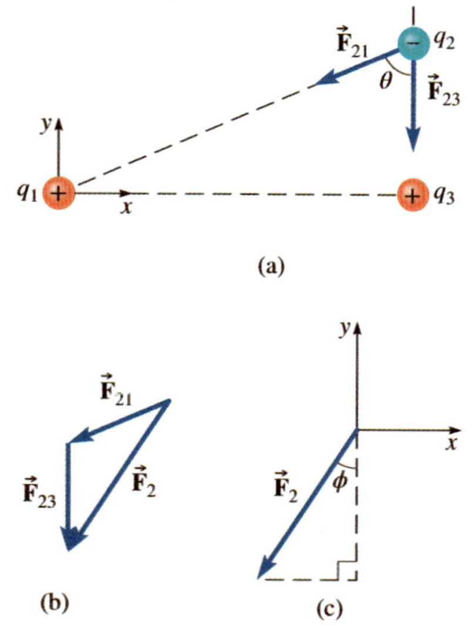

그림 16.16 (a) 힘 $\vec{F}_{21}$과 $\vec{F}_{23}$을 나타내는 자유물체도형. (b) 벡터 $\vec{F}_{21}$과 $\vec{F}_{23}$, 그리고 둘의 합 $\vec{F}_2$. (c) x 및 y 성분으로부터 구해지는 $\vec{F}_2$의 방향

실전문제 16.3 전하 3에 작용하는 전기력

그림 16.15의 전하 1과 전하 2에 의해 전하 3에 작용하는 전기력의 크기와 방향을 구하여라.

보기 16.4 평형상태로 매달려 있는 두 개의 대전된 공

질량이 10.0 g인 두 스티로폼 공이 25 cm 길이의 실에 매달려 있다. 그 공들을 대전시켰더니 각각 수직면에 대해 각도 $\theta = 15.0°$로 떨어져 매달려 있었다(그림 16.17). (a) 전하들의 부호는 서로 같은가 반대인가? (b) 전하들의 크기가 똑같을 필요가 있는지 설명하여라. (c) 두 전하가 같다고 가정하고 공 하나의 알짜 전하를 구하여라.

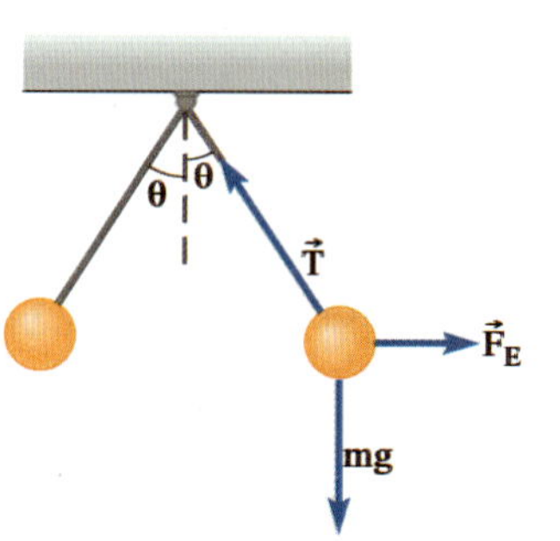

그림 16.17 주어진 상황에 대한 개략도

전략 문제 상황은 그림 16.10의 검전기 상황과 유사하며 두 공은 모두 대전되었다. 그 때문에 하나의 공은 나머지 다른 공에 전기력을 미친다. 공이 다른 공에 작용하는 중력은 미미하게 작으나, 지구가 공에 작용하는 중력은 무시할 수 없다. 각각의 공에 작용하는 세 번째 힘은 실에 작용하는 장력에 의한 것이다. 자유물체도형을 이용해 공에 작용하는 힘들을 분석한다. 공이 평형상태이므로 세 힘의 합은 0이어야 한다.

풀이 각각의 공은 전기력, 중력, 그리고 실을 팽팽하게 잡아당기는 장력의 세 가지 힘을 느낀다.

(a) 전기력은 확실하게 척력이다. 공들이 서로 떨어져 밀치고 있으므로 두 전하는 같은 부호여야 한다. 전하가 모두 양인지 음인지를 알아내는 방법은 없다.

(b) 얼핏 보기엔 두 전하가 같아야 하는 것처럼 보일 수 있다. 공들은 같은 각도로 매달려 있으므로 둘 중 어떤 전하가 더 큰지를 알 수 있는 단서가 없다. 그러나 쿨롱의 법칙을 다시 한번 살펴보자. 어느 한 공에 작용하는 힘은 두 전하의 곱에 비례하므로 $F \propto |q_1||q_2|$이다. 뉴턴의 제3법칙에 따르면, 쿨롱의 법칙에서도 상호작용으로 생겨난 두 힘은 크기가 같고 방향이 반대이다. 그러므로 두 전하가 똑같을 필요는 없다.

(c) 수평과 수직 방향을 x축과 y축으로 하자. 공에 작용하는 세 힘 중에서 오직 실의 장력에 의한 힘만이 x 성분과 y 성분을 모두 가지고 있다. 그림 16.18과 같이, 실의 장력은 그 공의 무게와 같은 크기의 y 성분과 그 공에 작용하는 정전기력과 같은 크기의 x 성분을 가지고 있다. 공은 평형상태에 있기 때문에 공에 작용하는 알짜힘의 x 성분과 y 성분은 모두 0이다.

$$\sum F_x = F_E - T\sin\theta = 0$$
$$\sum F_y = T\cos\theta - mg = 0$$

미지의 양인 장력을 제거하면 다음과 같은 결과를 얻는다.

$$F_E = T\sin\theta = \left(\frac{mg}{\cos\theta}\right)\sin\theta = mg\tan\theta \quad (1)$$

쿨롱의 법칙 식 (16–2)로부터

$$F_E = \frac{k|q|^2}{r^2}$$

을 얻는다. 여기서 $|q|$는 각 공의 전하 크기이다(현재 같다고 가정하였다). 두 공의 간격(그림 16.19)은

$$r = 2(d\sin\theta) \quad (2)$$

이고 실의 길이 $d = 25$ cm이다.

이제 약간의 계산으로 $|q|$를 구할 수 있다. 쿨롱의 법칙으로부터,

$$|q|^2 = \frac{F_E r^2}{k} \quad (3)$$

F_E와 r에 대한 식 (1)과 (2)를 식 (3)에 대입하면,

$$|q|^2 = \frac{mg\tan\theta(2d\sin\theta)^2}{k}$$

$$|q| = \sqrt{\frac{0.0100\ \text{kg} \times 9.8\ \text{N/kg} \times \tan 15.0°}{8.99 \times 10^9\ \text{N} \cdot \text{m}^2/\text{C}}} \times \sqrt{4 \times (0.25\ \text{m})^2 \times \sin^2 15.0°}$$
$$= 0.22\ \mu\text{C}$$

전하는 모두 양이거나 모두 음일 수 있으므로, 전하는 모두 $+0.22\ \mu$C이거나 모두 $-0.22\ \mu$C이다.

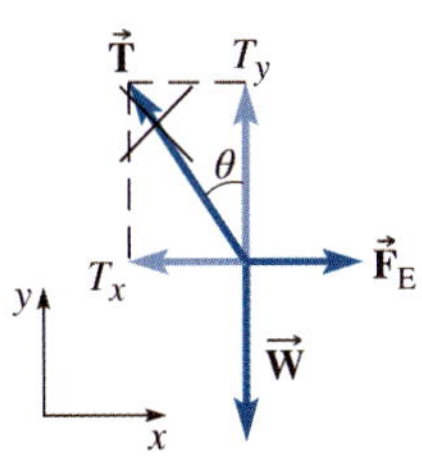

그림 16.18 그림 16.17의 공에 대한 자유물체도형(장력은 x 방향 및 y 방향 성분으로 대체되었다.)

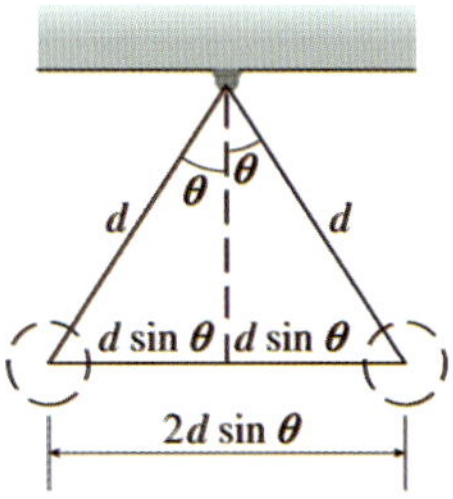

그림 16.19 두 공 사이의 간격 찾기

검토 q에 대한 마지막 식에서 단위를 확인해 보면 다음과 같다.

$$\sqrt{\frac{\mathrm{m^2 \times kg \times N/kg}}{\mathrm{N \cdot m^2/C^2}}} = \sqrt{\frac{\mathrm{N \cdot m^2}}{\mathrm{N \cdot m^2/C^2}}}$$

$$= \sqrt{\mathrm{C^2}} = \mathrm{C}$$

다른 확인 방법 : 공이 대전되지 않았다면 공은 아래쪽으로 똑바로 매달려 있게 된다. 곧 $\theta = 0$이다. 이 식을 마지막 대수식에 대입하면 $q = 0$을 얻을 수 있다.

실이 끊어지지 않는다고 가정하면 얼마나 큰 전하가 실을 수평으로 만들 수 있을까? 공의 전하가 증가함에 따라 실의 각도는 90°로 접근한다. 실의 장력은 중력과 균형을 이루기 위해 항상 위를 향한 성분을 가지고 있으므로 절대 90°에 다다를 수 없다. 수학적으로 보면 각도 $\theta \to 90°$이면 $\tan\theta \to \infty$이고 $\sin\theta \to 1$이므로 전하 q는 ∞로 발산한다. 따라서 어떤 유한한 전하에 대해서도 실이 수평이 될 수 없다.

실전문제 16.4 **세 점전하**

$q = -2.0\ \mathrm{nC}$인 같은 세 점전하가 길이 $L = 1.0\ \mathrm{cm}$인 정삼각형의 꼭짓점에 놓여 있다(그림 16.20). 그들 중 하나에 작용하는 전기력의 크기는 얼마인가?

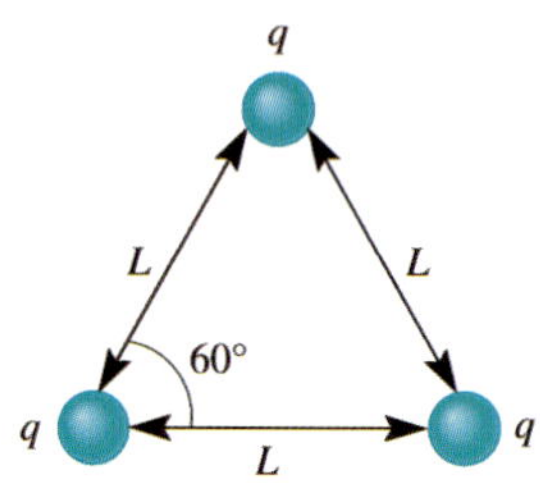

그림 16.20 실전문제 16.4

16.4 전기장 The Electric Field

연결고리 전기장의 정의는 중력장의 정의와 유사하다. 중력장은 단위 질량당 중력이고, 전기장은 단위 전하당 전기력이다.

한 점에서의 중력장은 그 지점에 놓인 물체의 단위 질량당 중력으로 정의됨을 기억하자. 만일 지표면에서 질량이 m인 사과에 작용하는 중력이 $\vec{\mathrm{F}}_\mathrm{g}$라면, 사과가 있는 곳에서 지구의 중력장 $\vec{\mathrm{g}}$는 다음과 같다.

$$\vec{\mathrm{g}} = \frac{\vec{\mathrm{F}}_\mathrm{g}}{m} \tag{16-4}$$

질량 m이 양$^+$의 값이므로 $\vec{\mathrm{F}}_\mathrm{g}$와 $\vec{\mathrm{g}}$의 방향은 같다. 보통 우리가 접하는 중력장은 지구에 의한 것이지만, 중력장은 어떤 천체에 의한 것일 수도 있고, 혹은 여러 개의 물체에 의한 것일 수도 있다. 예를 들어, 우주 비행사는 태양, 지구, 달이 결합된 우주선에서의 중력장에 영향을 받을 것이다. 중력은 벡터적으로 합해진다. 그 때문에 우주선에서의 중력장은 태양, 지구, 달에 의한 각각의 중력장의 벡터 합이다.

이와 마찬가지로, 점전하 q가 다른 전하들 주변에 있을 때 점전하 q는 전기력 $\vec{\mathbf{F}}_\text{E}$를 느낀다. **어느 지점의 전기장**electric field(기호 $\vec{\mathbf{E}}$)은 그 지점에서의 단위 전하당 전기력으로 정의되며 다음과 같이 주어지며(그림 16.21), 전기장의 SI 단위는 N/C이다.

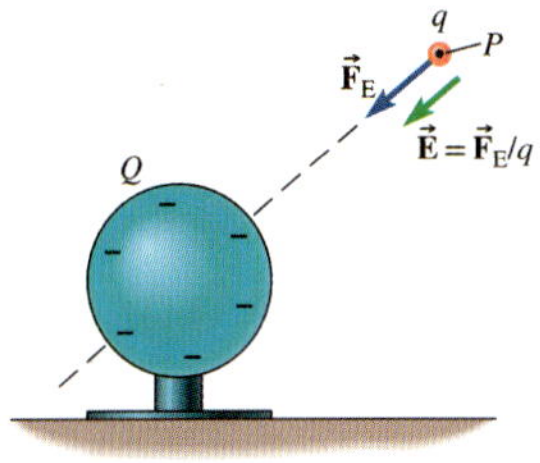

그림 16.21 전하 Q를 가지도록 대전된 물체에 의해 점 P에 존재하는 전기장 $\vec{\mathbf{E}}$는 그 점에 놓여 있는 작은 시험 전하 q가 받는 전기력 힘을 $\vec{\mathbf{F}}_\text{E}$를 q로 나눈 것과 같다.

전기장의 정의

$$\vec{\mathbf{E}} = \frac{\vec{\mathbf{F}}_\text{E}}{q} \tag{16-5}$$

중력은 항상 중력장과 같은 방향이지만, 전기력은 시험 전하의 부호에 따라 전기장의 방향과 같거나 혹은 반대이다. q가 양의 값이면 전기력 $\vec{\mathbf{F}}_\text{E}$의 방향은 전기장 $\vec{\mathbf{E}}$의 방향과 같은 방향이고, q가 음의 값이면 두 벡터는 서로 반대 방향을 향한다. 어느 영역 안의 전기장을 알려면 여러 지점에 점전하 q를 놓아 보아라. 전기장을 구하려면, 각각의 지점에서 이 **시험 전하**에 의한 전기력을 구하여 q로 나누면 된다. 전기장의 방향과 전기력 방향이 같기에 일반적으로 **양**의 시험 전하를 생각하는 게 쉽지만, 시험 전하의 크기가 다른 전하를 혼란시킬 정도로 크지 않아서 전기장을 변화시키지 않는다면 q의 부호나 크기에 무관하게 전기장은 같다.

중력장은 단위 질량당 힘으로 정의되는데, 왜 전기장은 단위 전하당 힘으로 정의될까? 한 물체에 작용하는 중력은 질량에 비례하기 때문에 단위 질량당 힘을 도입하는 것이 의미가 있다($\vec{\mathbf{g}}$의 SI 단위는 N/kg). 중력과는 대조적으로 점전하에 가해지는 전기력은 전하량에 비례한다.

전기장이 쓸모 있는 개념인 한 가지 이유는, 일단 한 곳에서의 전기장을 알면 그 곳에 있는 점전하 q에 대한 전기력 $\vec{\mathbf{F}}_\text{E}$를 계산하기가 쉽기 때문이다.

점전하에 대한 전기력

$$\vec{\mathbf{F}}_\text{E} = q\vec{\mathbf{E}} \tag{16-6}$$

$\vec{\mathbf{E}}$는 주위에 있는 **다른** 모든 전하에 의하여 점전하 q의 위치에 형성된 전기장인 것을 주목하여라.

보기 16.5 균일한 전기장 $\vec{E}$ 안에서 매달린 대전된 구

5.10 g의 질량을 갖는 작은 구가 12.0 cm 길이의 부도체 실에 수직으로 매달려 있다. 주위에 있던 금속판을 대전시켜 그 구에 수평 방향으로 크기 7.20×10^5 N/C의 전기장이 작용하도록 했다. 그 결과 구가 전기장 방향으로 6.00 cm만큼 이동하였다(그림 16.22). (a) 실이 수직축과 이루는 각도 θ를 구하여라. (b) 실의 장력을 구하여라. (c) 구에 있는 전하를 구하여라.

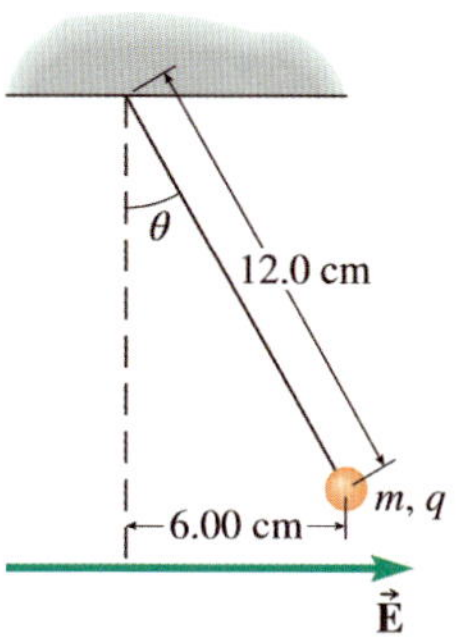

그림 16.22 균일한 오른쪽의 전기장 $\vec{E}$ 안에 매달린 대전된 구와 아래쪽의 일정한 중력장 $\vec{g}$

전략 구가 점전하로 취급될 만큼 매우 작다고 가정하자. 그러면 구에 작용하는 전기력은 $\vec{F}_E = q\vec{E}$가 된다. 그림 16.22는 구가 전기장에 의해 오른쪽으로 밀려남을 보여주므로 전기력의 방향도 오른쪽이다. $\vec{F}_E$와 $\vec{E}$가 같은 방향을 향하고 있기 때문에 구에 있는 전하는 양전하이다. 구에 작용하는 모든 힘을 보여주는 자유물체도형을 그린 후, 구가 평형상태로 매달려 있으므로 구에 작용하는 알짜힘을 0으로 놓는다.

풀이 (a) 각 θ는 그림 16.22를 통해 기하학적으로 구할 수 있다. 실의 길이(12.0 cm)는 직각삼각형의 빗변이 된다. 각 θ를 마주 보는 변의 길이는 구의 수평 거리(6.00 cm)이다. 따라서 각도는 다음과 같다.

$$\sin\theta = \frac{6.00 \text{ cm}}{12.0 \text{ cm}} = 0.500, \quad \theta = 30.0°$$

(b) 자유물체도형(그림 16.23a)를 그리며 시작한다. 중력은 실이 구를 당기는 힘($\vec{F}_T$)의 수직 성분과 균형을 이루어야 한다. 그림 16.23b에 힘들을 x 성분과 y 성분으로 나타내었다. $\vec{F}_T$의 크기는 실의 장력 T이다.

구는 평형상태에 있기 때문에, 구에 작용하는 알짜힘의 x 성분과 y 성분은 모두 0이다. y 성분으로부터 장력을 구할 수 있다.

$$\sum F_y = T\cos\theta - mg = 0$$

$$T = \frac{mg}{\cos\theta} = \frac{5.10 \times 10^{-3} \text{kg} \times 9.80 \text{ N/kg}}{\cos 30.0°}$$

$$= 0.0577 \text{ N}$$

이것이 $\vec{F}_T$의 크기이다. 방향은 수직축과 30.0°를 이루며, 실이 고정된 점을 향한다. (c) 실에 작용하는 힘의 수평 성분의 합 또한 0이 된다. $F_E = |q|E$이므로,

$$\sum F_x = |q|E - T\sin\theta = 0$$

이다. 이제 $|q|$에 대해 풀면 다음과 같다.

$$|q| = \frac{T\sin\theta}{E} = \frac{(5.77 \times 10^{-2} \text{ N})\sin 30.0°}{7.20 \times 10^5 \text{ N/C}}$$

$$= 40.1 \text{ nC}$$

이제 전하의 크기를 결정했다. 전하의 부호는 구에 작용하는 힘이 전기장과 같은 방향이므로 양$^+$이다.

$$q = 40.1 \text{ nC}$$

검토 이 문제를 풀기 위해서는 여러 단계를 거쳐야 한다. 각 단계는 알려지지 않은 것들을 정하는 데 도움을 주고 알려지지 않은 다음 것들을 찾는 방법으로 이끈다. 그냥 보면 충분치 않은 정보가 주어진 것 같지만 힘들과 그 힘들의 성분을 보여주는 그림을 그려 시각화하고 나면 다음 단계가 무엇인지 쉽게 알 수 있다.

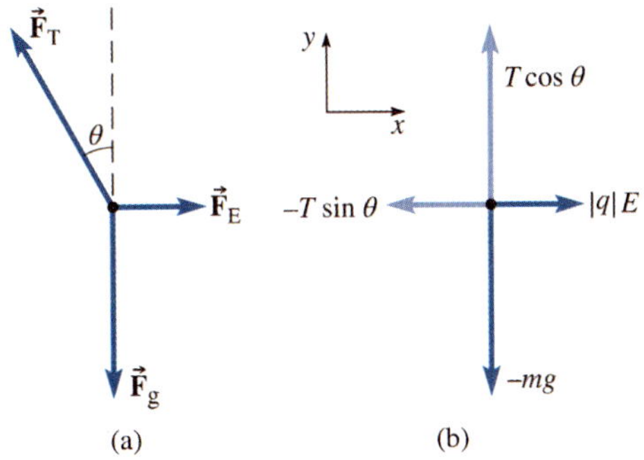

그림 16.23 (a) 구에 작용하는 힘들을 보여주는 자유물체도형. (b) 실에 의한 힘을 수직 성분과 수평 성분으로 대체한 자유물체도형

실전문제 16.5 매달린 질량에 대전된 전하량이 두 배가 되었을 때의 효과

보기 16.5에서 구의 전하량이 두 배가 된다면 실이 연직선과 이루는 각도는 얼마인가?

점전하에 의한 전기장

하나의 점전하 Q에 의한 전기장은 쿨롱의 법칙을 이용하여 구할 수 있다. 여러 곳에 양의 시험 전하 q를 놓았다고 상상하자. 쿨롱의 법칙에서 시험 전하에 작용하는 힘은

$$F = \frac{k|q||Q|}{r^2} \tag{16-2}$$

이 된다. 이때 r은 전하 Q로부터의 거리이다. 전기장의 크기는 $E = F/|q|$이다.

점전하 Q로부터 r만큼 떨어진 위치에서의 전기장

$$E = \frac{k|Q|}{r^2} \tag{16-7}$$

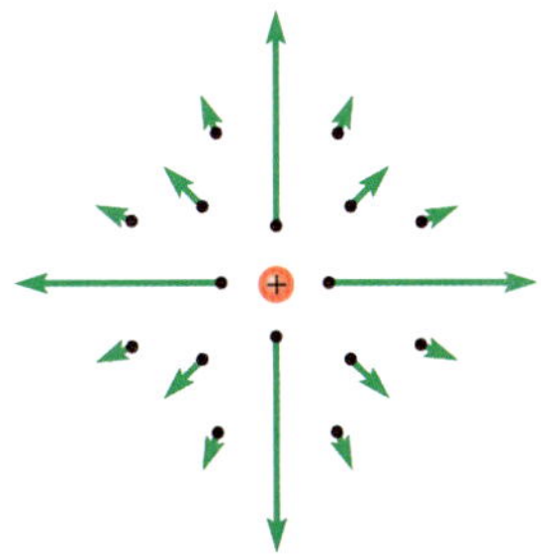

그림 16.24 몇몇 위치에서 양의 점전하 부근 전기장을 표현하는 벡터 화살들. 화살의 길이는 장의 세기에 비례한다. 전기장의 방향은 방사상으로 바깥쪽이다. 음전하였다면 방향은 방사상으로 안쪽이 될 것이다.

전기장은 중력과 같이 역제곱 법칙에 따라 $1/r^2$에 비례한다(그림 16.24).

전기장의 방향은 어떠할까? 만약 Q가 양$^+$이면, 양의 시험 전하는 밀려나고 전기장은 Q로부터 멀어지는(혹은 방사상으로 바깥쪽) 방향을 향한다. 만약 Q가 음$^-$이면, 전기장은 Q를 향하는(혹은 방사상으로 안쪽) 방향을 향한다.

중첩의 원리

하나 이상의 여러 개의 점전하에 의한 전기장은 **중첩의 원리** principle of superposition를 이용하여 구할 수 있다.

연결 고리 전기장의 중첩 원리는 전기력을 벡터로 더한 직접적인 결과이다.

임의의 위치에서의 전기장은 각 전하에 의해 생기는 전기장의 벡터 합이다.

예를 들어, 보기 16.5의 균일한 전기장은 좌측에 양으로 대전된 수직 판을 두고 우측에 음으로 대전된 수직 판을 두면 얻을 수 있다. 점전하에 의한 전기장은 균일하지 않지만 많은 전하에 의한 전기장은 중첩되어 (거의) 균일하게 될 수 있다.

보기 16.6 두 점전하에 의한 전기장

두 점전하가 그림 16.25와 같이 x축 위에 놓여 있다. 전하 $q_1 = +0.60\,\mu\text{C}$이 $x=0$에 놓여 있고, 전하 $q_2 = -0.50\,\mu\text{C}$가 $x = 0.40$ m에 놓여 있다. 점 P는 $x = 1.20$ m에 있다. 점 P에서 두 전하에 의해 생기는 전기장의 크기와 방향을 구하여라.

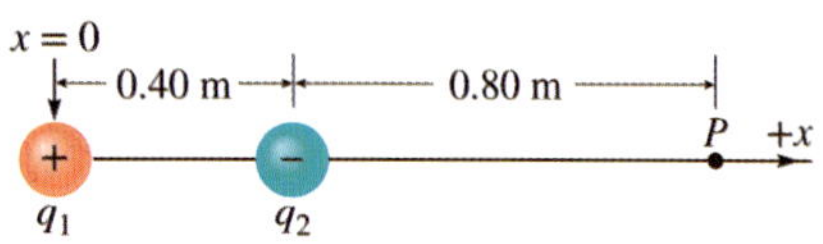

그림 16.25 x축 위의 두 점전하. 하나는 $x=0$, 다른 하나는 $x = +0.40$m에 있다.

전략 쿨롱의 법칙과 전기장의 정의를 이용하여, q_1에 의한 점 P에서의 전기장과 q_2에 의한 점 P에서의 전기장을 각각 구할 수 있다. 각각의 경우에서 전기장은 점 P에 있는 양의 시험 전하에 작용하는 전기력의 방향을 가리킨다. 이 두 전기장의 합이 점 P에서의 전기장이다. 두 장을 바르게 합하기 위해 벡터 그림을 그려보자. 이 문제에는 두 개의 거리가 있으므로 아래 첨자로 둘을 구별할 수 있다. 전하 1과 점 P 사이의 거리를 $r_1 = 1.20$ m로 하고, 전하 2와 점 P 사이의 거리를 $r_2 = 0.80$ m로 하자.

풀이 전하 1의 부호는 양이다. 아주 작은 양의 시험 전하 q_0가 점 P에 있다고 생각하자. 전하 1은 시험 전하를 밀어낸다. 그 때문에 q_1이 시험 전하에 작용한 힘 $\vec{F}_1$는 양$^+$의 x 방향을 나타낸다(그림 16.26). $\vec{E}_1 = \vec{F}_1/q_0$이고 $q_0 > 0$이므로, 전하 1에 의한 전기장 역시 $+x$쪽 방향을 갖는다. 전하 2의 부호는 음$^-$으로서, 두 전하의 연결선을 따라 시험 전하를 끌어당기며, q_2가 시험 전하에 작용한 힘 $\vec{F}_2$는 $-x$ 방향을 갖는다. 그러므로 $\vec{E}_2 = \vec{F}_2/q_0$는 음의 x 방향이다. 주어진 조건으로부터,

$$E_1 = \frac{k|q_1|}{r_1^2}$$
$$= 8.99\times10^9 \frac{\text{N}\cdot\text{m}^2}{\text{C}^2}\times\frac{(0.60\times10^{-6}\,\text{C})}{(1.20\,\text{m})^2}$$
$$= 3.75\times10^3\,\text{N/C}$$

이다. 전하 2에 의한 점 P에서 전기장 $\vec{E}_2$의 크기는 다음과 같다.

$$E_2 = \frac{k|q_2|}{r_2^2}$$
$$= 8.99\times10^9 \frac{\text{N}\cdot\text{m}^2}{\text{C}^2}\times\frac{(0.50\times10^{-6}\,\text{C})}{(0.80\,\text{m})^2}$$
$$= 7.02\times10^3\,\text{N/C}$$

그림 16.27은 $E_2 > E_1$이기 때문에 벡터 합 $\vec{E}_1 + \vec{E}_2 = \vec{E}$가 $-x$축을 향하고 있음을 보여준다. 점 P에서 전기장 E의 크기는

$$E = 7.02\times10^3\,\text{N/C} - 3.75\times10^3\,\text{N/C}$$
$$= 3.3\times10^3\,\text{N/C}$$

이며, 방향은 $-x$축을 향한다.

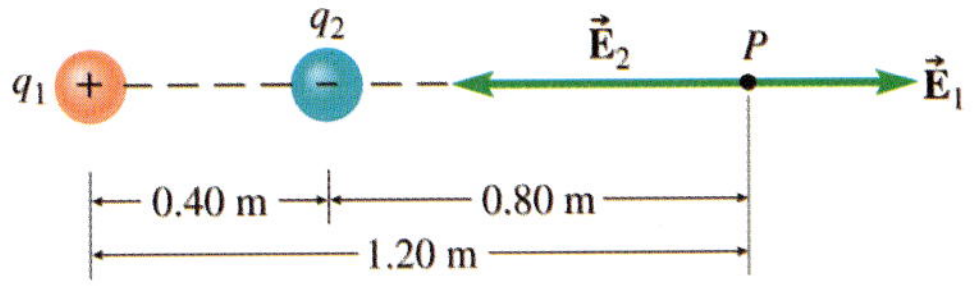

그림 16.26 점 P에서의 전하 q_1과 q_2에 의한 전기장 벡터의 방향

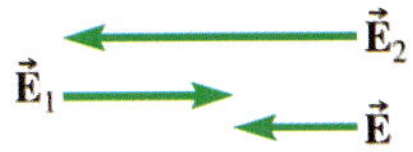

그림 16.27 $\vec{E}_1$과 $\vec{E}_2$의 벡터 합

검토 이와 같은 방법은 여러 점전하가 어느 한 곳에 만드는 전기장을 구하는 데 사용된다. 각각의 전하가 만드는 전기장의 방향은 그곳에 있는 양$^+$의 가상 시험 전하의 전기력의 방향이다. 각 전기장의 크기는 식 (16−7)로부터 구해진다. 그런 후에 전기장 벡터를 더한다. 전하들이 한 직선 위에 있지 않으면, x 성분과 y 성분으로 분해하여 성분끼리 더한다.

전기장이 많은 개수의 점전하에 의해 만들어지더라도 중첩의 원리는 적용된다. 어떤 점에서의 전기장은 각 점전하 또는 전하의 집합에 의한 전기장의 벡터 합이다.

실전문제 16.6 **두 전하가 만드는 점 P에서의 전기장**

x축 상에 있는 전하 1과 2가 점 P에 만드는 전기장 방향과 크기를 구하여라. 전하는 각각 $q_1 = +0.040\ \mu\text{C}$, $q_1 = +0.010\ \mu\text{C}$이다. 전하 q_1은 원점에 있고, 전하 q_2는 $x = 0.30$ m에 있으며, 점 P는 $x = 1.50$ m에 있다.

보기 16.7 세 점전하에 의한 전기장

세 점전하가 그림 16.28과 같이 직사각형의 세 모서리에 놓여 있다. (a) 세 전하가 모서리 P에 만드는 전기장은 얼마인가? (b) 점 P에 위치한 전자의 가속도는 얼마인가? 전자에 작용하는 전기장 외에 다른 힘은 없다고 가정하자.

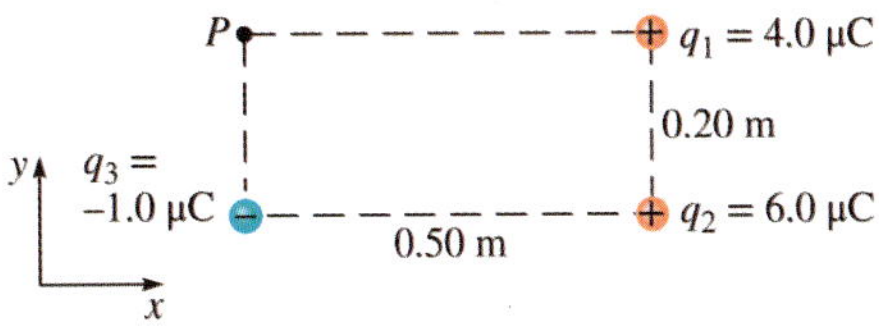

그림 16.28 직사각형 모서리에 있는 세 개의 점전하

전략 (a) 각 점전하가 점 P에 만드는 전기장의 크기와 방향을 각각 결정한 후, 중첩 원리를 이용하여 벡터 합을 구한다.

(b) 점 P에서 $\vec{E}$를 이미 계산하였으므로, 전자에 작용하는 힘은 $\vec{F} = q\vec{E}$ 이고, 이때 $q = -e$로 전자의 전하이다.

풀이 (a) 하나의 점전하에 의한 전기장은 양전하의 경우 그 점전하로부터 **멀어지는** 방향이고, 음전하의 경우 점전하 쪽을 향하는 방향이다. 세 가지의 전기장 방향은 그림 16.29에서 볼 수 있다. 식 (16−7)에 의해 전기장의 크기는 다음과 같다.

$$E_1 = \frac{k|q_1|}{r_1^2}$$

$$= \frac{8.99\times10^9\ \text{N}\cdot\text{m}^2\cdot\text{C}^{-2}\times4.0\times10^{-6}\ \text{C}}{(0.50\ \text{m})^2}$$

$$= 1.44\times10^5\ \text{N/C}$$

$|q_3| = 1.0\times10^{-6}$ C와 $r_3 = 0.20$ m인 경우에 대해 비슷하게 계산하면 $E_3 = 2.25\times10^5$ N/C이다. 피타고라스 정리를 사용하면 $r_2 = \sqrt{(0.50\ \text{m})^2 + (0.20\ \text{m})^2}$ 이다. 따라서, E_2는 다음과 같다.

$$E_2 = \frac{kq_2}{r_2^2}$$

$$= \frac{8.99\times10^9\ \mathrm{N\cdot m^2\cdot C^{-2}}\times 6.0\times10^{-6}\ \mathrm{C}}{(0.50\,\mathrm{m})^2+(0.20\,\mathrm{m})^2}$$

$$= 1.86\times10^5\ \mathrm{N/C}$$

이제, 세 전하에 의한 $\vec{\mathrm{E}}$의 x 및 y 성분을 구하자. 그림 16.29의 각도 θ를 이용하면, $\cos\theta = r_1/r_2 = 0.928$, 그리고 $\sin\theta = 0.371$이므로,

$$\sum E_x = E_{1x} + E_{2x} + E_{3x}$$
$$= (-E_1) + (-E_2\cos\theta) + 0$$
$$= -3.17\times10^5\ \mathrm{N/C}$$
$$\sum E_y = E_{1y} + E_{2y} + E_{3y}$$
$$= 0 + E_2\sin\theta - E_3$$
$$= -1.56\times10^5\ \mathrm{N/C}$$

이다. 따라서 전기장의 세기는 $E = \sqrt{E_x^2 + E_y^2} = 3.5\times10^5\ \mathrm{N/C}$이고, 방향은 $-x$축에서 아래로 $\phi = \tan^{-1}|E_y/E_x| = 26°$이다(그림 16.30).

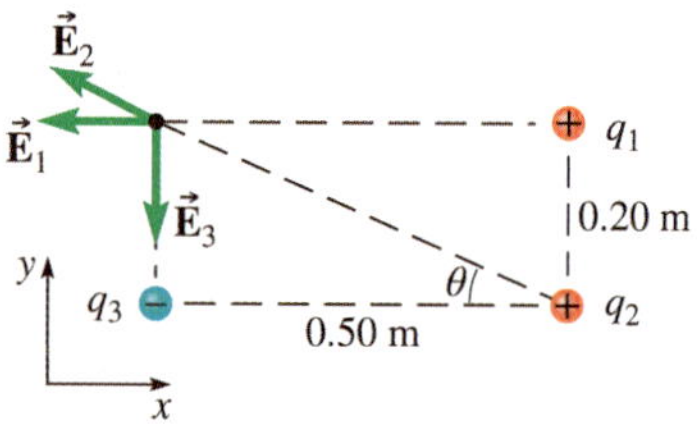

그림 16.29 각 점전하에 의한 점 P에서의 전기장 방향(벡터 화살표의 길이는 축척을 따르지 않는다)

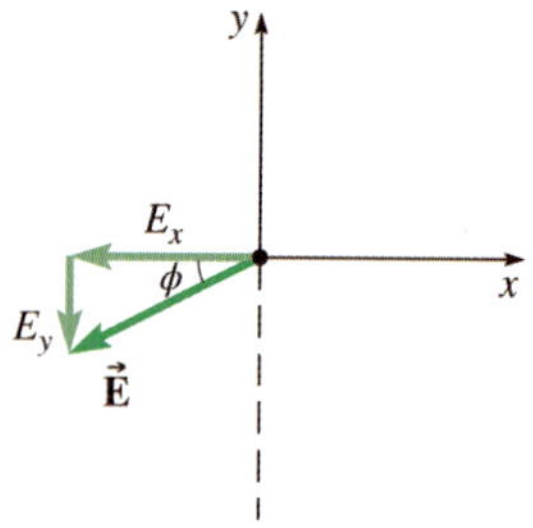

그림 16.30 성분으로부터 $\vec{\mathrm{E}}$ 방향 구하기

(b) 전자가 받는 힘은 $\vec{\mathrm{F}} = q_e\vec{\mathrm{E}}$이다. 따라서 전자의 가속도는 $\vec{\mathrm{a}} = q_e\vec{\mathrm{E}}/m_e$이다. 전자의 전하는 $q_e = -e$이고, 질량 m_e는 표 16.1에 주어진 바와 같다. 가속도의 크기는 $a = eE/m_e = 6.2\times10^{16}\ \mathrm{m/s^2}$이다. 가속도의 방향은 전기력의 방향이며, 전자의 전하가 음$^-$이므로 $\vec{\mathrm{E}}$의 방향의 **반대**이다.

검토 그림 16.29는 점 P에서 어떤 물체에 작용하는 힘이 아닌 전기장을 그린 자유물체도형이다. 그러나 점 P에서의 전기장은 점 P에 놓인 시험 전하에 대한 단위 전하당 전기력이므로, 그 원리는 힘의 벡터 합과 같다.

실전문제 16.7 **두 점전하에 의한 전기장**

점전하 $q_1 = 4.0\,\mu\mathrm{C}$가 제거되었다면, 남아 있는 두 점전하에 의한 점 P에서의 전기장은 얼마인가?

전기장선

벡터 표시인 화살표를 사용하여 전기장을 한 눈으로 알아보기 쉽게 표현하는 게 쉽지는 않다. 다른 점들에 그려진 벡터들이 겹쳐져 벡터들을 구분하기가 불가능해지기 때문이다. 전기장을 편리하게 표현하는 다른 방법은 전기장의 크기와 방향을 모두 표현하는 연속선을 모은 **전기장선**electric field line을 그리는 것이다.

전기장선의 해석

- 어떤 곳에서 전기장 벡터의 방향은 그곳을 통과하는 전기장선의 접선이며, 전기장선 위에 화살표로 그 방향을 표시한다(그림 16.31a).
- 전기장은 전기장선이 서로 가까이 밀집하여 있는 곳에서 강하고, 멀리 떨어져 있는 곳에서 약하다(그림 16.31b). 더 구체적으로, 전기력선에 수직인 작은 표면에서 장의 크기는 단위 넓이당 표면을 통과하는 선의 개수에 비례한다.

전기장선을 그리는 데 다음과 같은 세 가지 규칙을 사용하면 편리하다.

전기장선 그리기 규칙

- 전기장선은 양전하에서 시작하여 음전하에서 끝난다.
- 양전하에서 시작하는(또는 음전하에서 끝나는) 전기장선의 수는 전하의 크기에 비례한다(그림 16.31c). 이때 선들의 총개수는 임의로 정할 수 있다. 선을 많이 그릴수록 장을 더 잘 나타낼 수 있다.
- 전기장선은 절대 교차하지 않는다. 어느 한 점에서의 전기장은 특정한 방향을 가진다. 만일 전기장선이 교차한다면, 전기장은 같은 곳에서 두 가지 방향을 가지게 된다(그림 16.31d).

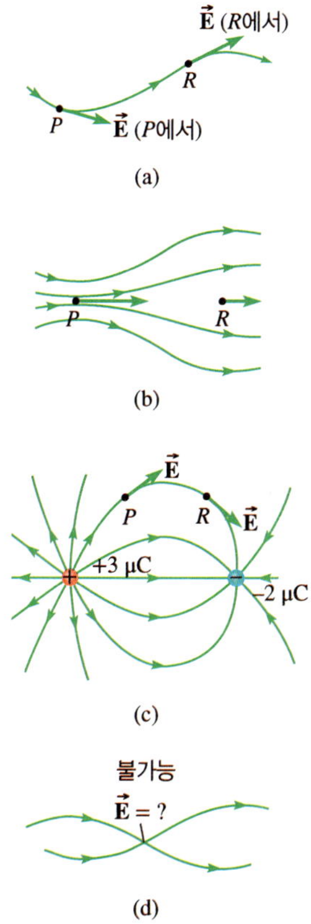

그림 16.31 전기장선 규칙. (a) 점 P와 점 R에서의 전기장 방향. (b) 점 P에서 전기장의 크기가 점 R에서보다 크다. (c) 만약 $+3\ \mu C$의 점전하로 시작하는 곳이 12개의 선으로 표시된다면, $-2\ \mu C$으로 끝나는 곳은 8개의 선으로 표시되어야 한다. (d) 전기장선이 서로 교차하면, 그 교차점에서 전기장 $\vec{E}$의 방향을 결정할 수 없다.

점전하에 대한 전기장선

그림 16.32는 한 점전하에 의해 생기는 전기장선을 그린 것이다. 전기장선은 전기장의 방향이 지름 방향(양전하로부터 멀어지고, 음전하에 다가가는 방향)임을 확실하게 보여준다. 전기장이 강한 점전하에 가까운 곳에서는 전기장선이 촘촘하고, 점전하로부터 멀어짐에 따라 퍼져나가 전기장의 세기가 거리에 따라 약해지는 모습을 보여준다. 주위에 다른 전하가 없으면, 마치 우주에서 점전하가 유일한 물체인 듯이 전기장선이 무한히 뻗어 나간다. 만약 관찰 영역이 확대된다면, 양전하에서 시작하는 전기장선은 멀리 떨어진 어떤 음전하에서 끝날 것이고, 음전하에서 끝나는 전기장선은 음전하에서 멀리 떨어져 있는 양전하들에서 왔을 것이다.

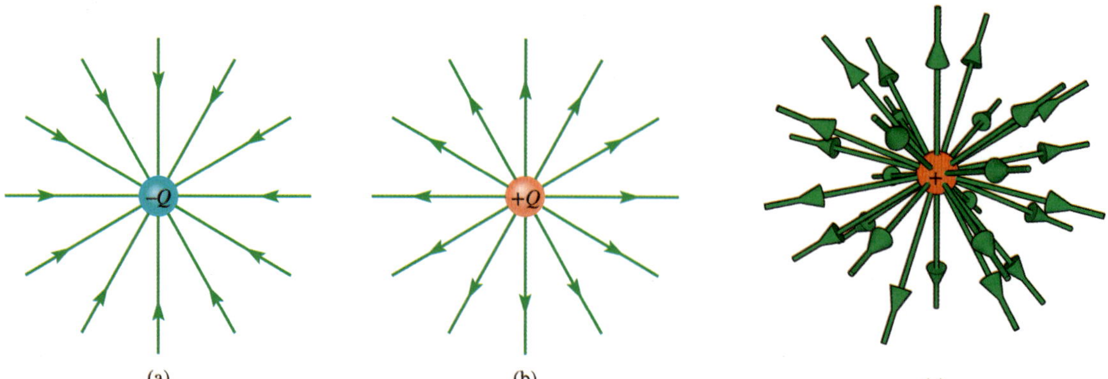

그림 16.32 고립된 점전하에 의한 전기장선. (a) 음의 점전하의 전기장, (b) 양의 점전하의 전기장. 이 그림들은 2차원 면에 있는 전기장선을 보여줄 뿐이다. (c) 양전하에 의한 전기장선의 3차원적 그림. 전기장선이 서로 가까울 때 전기장이 세지고 전기장선이 멀리 떨어져 있을 때 전기장이 약해진다. 그림 16.24의 전기장 벡터 화살표의 길이를 비교하라.

쌍극자에 의해 생기는 전기장

크기가 같고 부호가 반대이며 서로 가까이 위치한 두 전하를 **쌍극자**[dipole](**두 개의 극**)라고 한다. 쿨롱의 법칙을 이용하여 여러 곳에서 쌍극자에 대한 전기장을 구하는 것은 지루할 수 있지만, 전기장선을 간단히 그려서 전기장에 대해서 대략 이해할 수 있다(그림 16.33).

쌍극자 안의 두 전하의 크기는 같으므로, 양전하에서 시작하는 같은 전기장선의 수가 음전하에서 끝나야 한다. 각 전하에 가까운 곳에서는 마치 다른 전하가 없는 것처럼 전기장선이 사방으로 고르게 간격을 두고 있다. 한 전하에 가까이 다가갈수록 그 전하에 의한 전기장은 다른 전하에 의해 생기는 전기장을 무시할 수 있을 정도로 커져($F \propto 1/r^2$, $r \rightarrow 0$), 전기장은 한 점전하에 의해 생기는 구 대칭 전기장이 된다.

다른 점에서의 전기장은 두 전하 모두로부터 만들어진다. 그림 16.33은 점 P에 대해 두 개의 독립적 전하에 의한 전기장 벡터($\vec{E}_-$와 $\vec{E}_+$)를 벡터 합 규칙에 따라 더하여 전체 전기장 $\vec{E}$를 구하는 방법을 보여준다. 전체 전기장 $\vec{E}$는 점 P를 지나는 전기장선의 접선임을 주목하여라.

중첩과 대칭성의 원리는 전기장을 결정하는 데 강력한 도구가 된다. 대칭의 활용은 개념형 보기 16.8에 설명되어 있다.

살펴보기 16.4 (a) 그림 16.33의 점 A에서의 전기장은 어느 방향인가?
(b) 점 A와 점 P 중 어느 점이 전기장의 세기가 더 약한가?

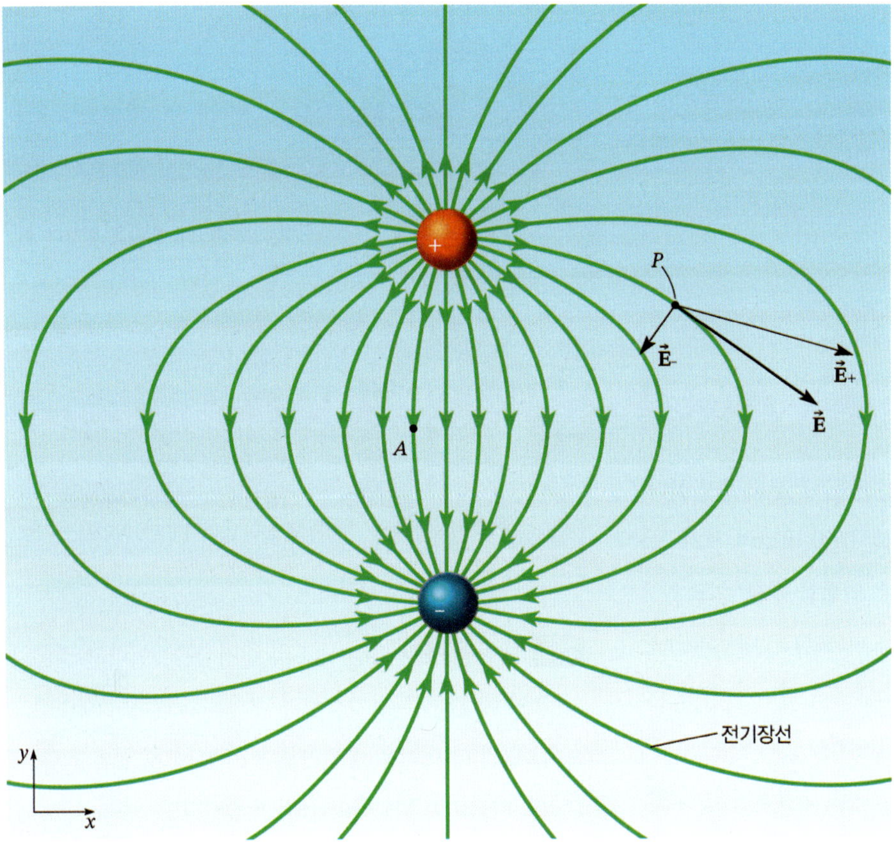

그림 16.33 쌍극자에 의한 전기장선. 점 P에서의 전기장 벡터 $\vec{E}$는 그곳을 지나는 전기장선의 접선이고, 두 점전하 각각에 의해 생기는 전기장($\vec{E}_-$와 $\vec{E}_+$)의 합이다.

개념형 보기 16.8 얇은 구형 껍질의 전기장선

반지름 R인 얇은 금속 구형 껍질이 양$^+$의 총전하 Q를 가진다. 전하는 껍질의 바깥쪽 표면에 균등하게 분포되어 있다. 다음의 두 가지 경우에 대해 전기장선을 그려보아라. (a) 구형 껍질이 작아서 아주 멀리서 이것을 보았을 때 (b) 껍질의 빈 공간 안에서 전기장을 보았을 때. (a)의 경우, 껍질 바깥의 서로 다른 두 점에서 $\vec{E}$ 벡터를 그려보아라.

전략 껍질의 전하가 양이므로, 전기장선은 껍질에서 시작한다. 구는 대칭성이 높은 모양이다. 중심에서 본다면, 어떤 방향을 골라도 똑같이 보인다. 이 대칭성을 이용하여 전기장선을 그릴 수 있다.

풀이 (a) 매우 멀리 떨어진 작은 구형 껍질은 점전하와 구별되지 않는다. 아주 멀리서 본다면 구는 점처럼 보일 것이고, 전기장선은 그림 16.34와 같이 양의 점전하에서 발생하는 것과 유사하게 보일 것이다. 전기장선은 그림 16.34의 두 $\vec{E}$ 벡터로 그려진 것처럼, 전기장이 껍질의 중심으로부터 방사형으로 바깥쪽을 향하고 있으며, 그 크기가 거리가 증가함에 따라 감소함을 알려준다.

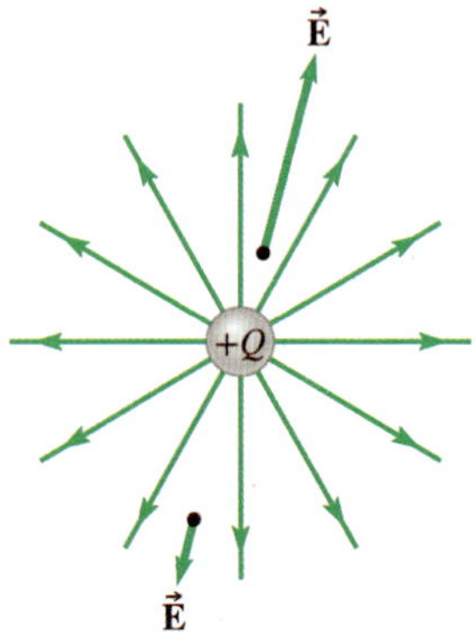

그림 16.34 껍질 바깥의 전기장선은 방사형으로 바깥쪽을 향한다.

(b) 전기장선은 껍질 표면의 양전하들로부터 출발한다. 일부는 바깥 방향으로 가며, 이는 껍질 바깥의 전기장을 나타낸다. 반면 다른 전기장선은 안쪽을 향할 수도 있으며, 이는 껍질 내부의 전기장을 나타낸다. 내부의 모든 전기장선은 껍질에서 균등하게 떨어져 있어야 하며, 껍질의 중심을 향해야 한다(그림 16.35). 전기장선은 구의 대칭성 때문에 방사형 방향으로부터 틀어질 수는 없다. 그러나 전기장선이 중심에 도달한다면 전기장선은 어떻게 되겠는가? 만약 음$^-$의 점전하가 거기에 있다면 전기장선은 중심에서 끝날 수 있겠지만 중심에는 아무 점전하도 없다. 만약 전기장선이 끝나지 않는다면, 전기장선은 중심을 통과해야 한다. 그러나 이것은 모든 점에서 전기장이 유일해야 한다는 사실을 생각할 때 옳지 않다(전기장선은 절대 교차하지 않는다). 따라서 우리는 필연적으로 다음 결론에 도달한다. 껍질 내부에는 전기장선이 없어야 하며(그림 16.36), 껍질 내의 모든 위치에서 $\vec{E} = 0$이다.

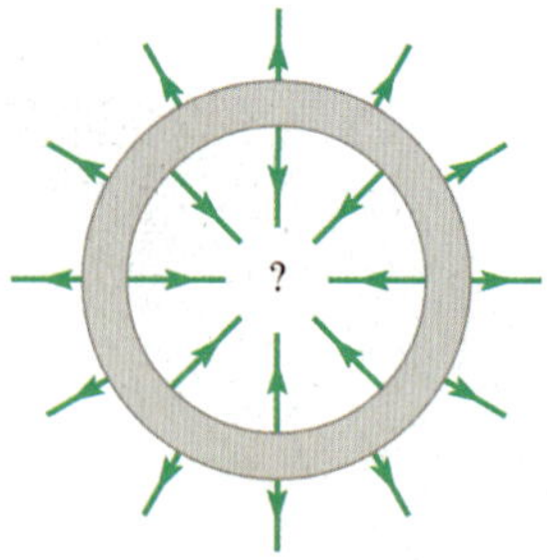

그림 16.35 껍질 안에 전기장선이 있다면 껍질에서부터 시작해야 하며, 방사형으로 안쪽을 향해야 한다.

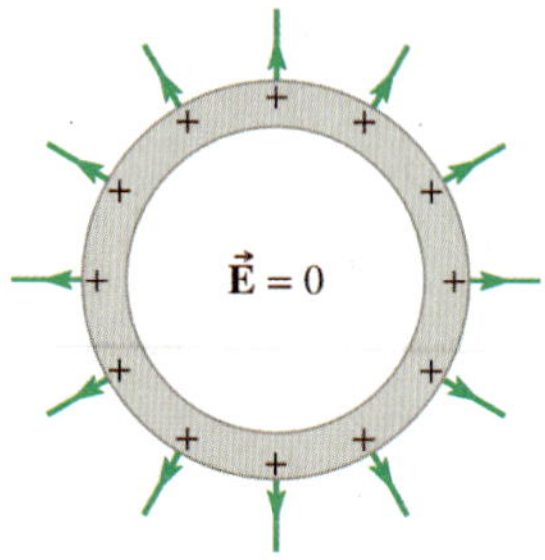

그림 16.36 껍질의 내부에는 전기장선이 없어야 한다. 따라서 전기장도 없어야 한다.

검토 대전된 구형 껍질 내부의 전기장은 0이라고 결론지었다. 이 결론은 전기장선과 대칭을 고려하여 내려졌으며, 훨씬 더 어려운 방법인 쿨롱의 법칙, 중첩의 원리, 그리고 약간의 미적분을 사용하여 증명할 수 있다. 전기장선의 그림은 구형 껍질 바깥의 전기장 모양이 전하가 구의 중심에 모두 모여 있는 것과 유사한 모양을 갖는다는 것을 보여준다.

개념형 실전문제 16.8 **음의 점전하가 삽입된 이후의 전기장선**

양전하 Q가 균등하게 분포한 구형 껍질의 중심에 전하 $-Q$가 있다고 가정하자. (a) 전기장선을 그려 보아라. [힌트 : 전하의 크기가 같기 때문에, 껍질에서 출발하는 전기장선의 수는 점전하에서 끝나는 전기장선의 수와 같다.] (b) 중첩의 원리를 이용하여 (a)에서 그린 전기장선 그림을 확인해 보아라(총전기장 = 껍질에 의한 전기장 + 점전하에 의한 전기장).

전기장의 응용 : 전기 수신 기관

과학자들이 전기장을 감지하고 측정하는 방법을 알기 훨씬 이전에 어떤 동물과 물고기는 전기장을 만들고 감지하는 기관을 발달시켰다. **김나쿠스**Gymnarchus niloticus(이 장의 도입글을 보아라)는 몸체의 길이를 따라 퍼져 있는 전기적인 기관을 가지고 있으며, 이 기관이 물고기 주위에 전기장을 만든다(그림 16.37). 근처의 물체가 전기장선을 혼란하게 만들면, 김나쿠스는 감지 기관을 통해 변화를 감지하고 알맞은 반응을 한다. 눈이 쓸모가 없는 흙탕물 같은 개울에서 이 특별한 감각으로 먹이 또는 포식자를 감지할 수 있다.

김나쿠스는 전기장의 미세한 변화로 부근에 물체가 있다는 것을 전기 위치 기관으로 감지하기 때문에 계속해서 똑같은 전기장을 만드는 것이 중요하다. 이 때문에 김나쿠스는 몸체를 곧은 상태로 유지하면서 긴 등지느러미로 굽이쳐 헤엄친다. 등뼈를 똑바로 유지하면 음전하와 양전하의 중심을 일정한 거리를 두고 정렬할 수 있다. 꼬리를 움직이면 전기장의 변화를 일으켜 전기 위치 기관을 덜 정교하게 만들 것이다.

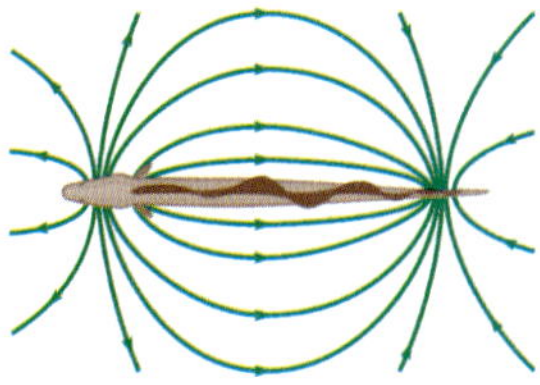

그림 16.37 김나쿠스에 의해 생성된 전기장. 이 필드는 대략 쌍극자 장이다. 물고기의 머리는 양으로 대전되고 꼬리는 음으로 대전된다.

16.5 균일한 전기장에서 점전하 운동 Motion of a Point Charge in a Uniform Electric Field

대전된 물체가 전기장에 어떻게 반응하는지에 대한 간단한 예는 전기장이 **균일한**uniform 경우, 곧 모든 지점에서 전기장의 크기와 방향이 같을 때이다. 한 점전하에 의한 전기장은 균일하지 않으며, 지름 방향으로 그 크기는 역제곱의 법칙에 따른다. 균일한 전기장에 가깝게 만들려면 매우 많은 전하가 필요하다. 균일한 전기장을 만드는 데 가장 흔히 쓰이는 방법은 그림 16.38처럼 두 개의 평행한 금속판에 크기가 같고 부호가 반대인 전하를 놓는 것이다. 만약 전하들이 $\pm Q$이고 판의 넓이가 A라면, 그 판 사이의 전기장은

반대 부호로 대전된 금속판 사이의 전기장

$$E = \frac{Q}{\epsilon_0 A} \tag{16-8}$$

가 된다. 이때 ϵ_0는 **진공 유전율**permittivity of vacuum이며 쿨롱 상수와 연관이 있다.

진공 유전율

$$\epsilon_0 = \frac{1}{4\pi k} = 8.85 \times 10^{-12} \frac{\mathrm{C}^2}{\mathrm{Nm}^2} \tag{16-9}$$

전기장의 방향은 판에 수직이고, 양으로 대전된 판에서 음으로 대전된 판을 향한다.

연결고리 만약 균일한 전기장에 의한 힘 이외에 다른 힘이 점전하에 작용하지 않는다면, 가속도는 일정하다. 중력장 내의 등가속도 운동에 대해 배운 모든 원리가 이 경우에도 적용될 수 있다. 그러나 같은 전기장에 대해 모든 점전하의 가속도가 같은 크기와 방향을 갖지는 않는다. 식 (16-10)을 보아라.

균일한 전기장 $\vec{\mathrm{E}}$가 주어졌다고 가정하면, 그 전기장 안에서 점전하 q는 다음과 같은 전기력을 받게 된다.

$$\vec{\mathrm{F}} = q\vec{\mathrm{E}} \tag{16-6}$$

이 힘이 점전하에 작용하는 유일한 힘이라면, 알짜힘이 일정하므로 가속도도 일정하다.

$$\vec{\mathrm{a}} = \frac{\vec{\mathrm{F}}}{m} = \frac{q\vec{\mathrm{E}}}{m} \tag{16-10}$$

등가속도에서의 운동은 두 가지 형태로 나타난다. 점전하의 처음 속도가 0이거나 전기장과 같은 방향 또는 반대 방향이면 그 운동은 일직선으로 움직인다. 만약 점전하가 전기장에 수직인 처음 속도 성분을 갖고 있다면 균일한 중력장 안의 투사체와 똑같이 점전하의 궤적은 포물선이다(다른 힘들을 무시한다면 균일한 중력장 내의 궤적과 유사하다). 2장과 3장에서 등가속도 운동을 분석하기 위해 썼던 방법을 여기서 사용할 수 있다. 가속도의 방향은 양전하의 경우 $\vec{\mathrm{E}}$와 같은 방향이고, 음전하의 경우 $\vec{\mathrm{E}}$와 반대 방향이다.

살펴보기 16.5 균일한 전기장이 가해진 영역에서 전자가 $+x$ 방향으로 운동한다. 전기장의 방향도 $+x$ 방향이라고 할 때, 전자의 운동을 기술하여라.

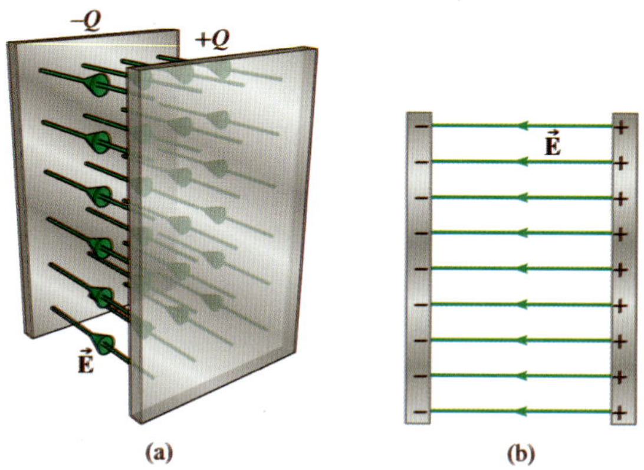

그림 16.38 (a) 반대 부호인 전하 $+Q$와 $-Q$가 있는 두 개의 평행한 금속판 사이의 균일한 전기장. 이 전기장의 크기는 $E = Q/(\epsilon_0 A)$이며, 여기서 A는 각 판의 넓이이다. (b) 전기장선의 측면도

보기 16.9 전자빔

음극선관, CRT Cathod ray tube는 오래된 텔레비전이나 컴퓨터 모니터, 오실로스코프, X선관 등에서 전자를 가속하기 위해 사용된다. 가열된 필라멘트에서 발생한 전자들은 음극의 구멍을 통과하고 음극과 양극 사이의 전기장에 의해 가속된다(그림 16.39). 전자가 음극의 구멍을 1.0×10^5 m/s의 속도로 통과해 양극을 향한다고 하자. 양극과 음극 사이의 전기장은 $-z$ 방향으로 균일하고 크기가 1.0×10^4 N/C이다. (a) 전자의 가속도는 얼마인가? (b) 음극과 양극이 2.00 cm 떨어져 있다면, 전자의 나중 속도는 얼마인가?

전략 가속도를 구하기 위해 뉴턴의 제2법칙을 적용할 수 있다. 나중 속도는 등가속도 운동에 관한 운동방정식 또는 일과 에너지 원리를 써서 구할 수 있다.

- 주어진 조건 : 처음 속도 $v_i = 1.0 \times 10^5$ m/s,
  두 판의 간격 $d = 0.020$ m,
  전기장의 세기 $E = 1.0 \times 10^4$ N/C
- 찾아볼 값 : 전자의 질량 $m_e = 9.109 \times 10^{-31}$ kg,
  전자의 전하 $q = -e = -1.602 \times 10^{-19}$ C
- 구해야 할 값 : (a) 가속도, (b) 나중 속도

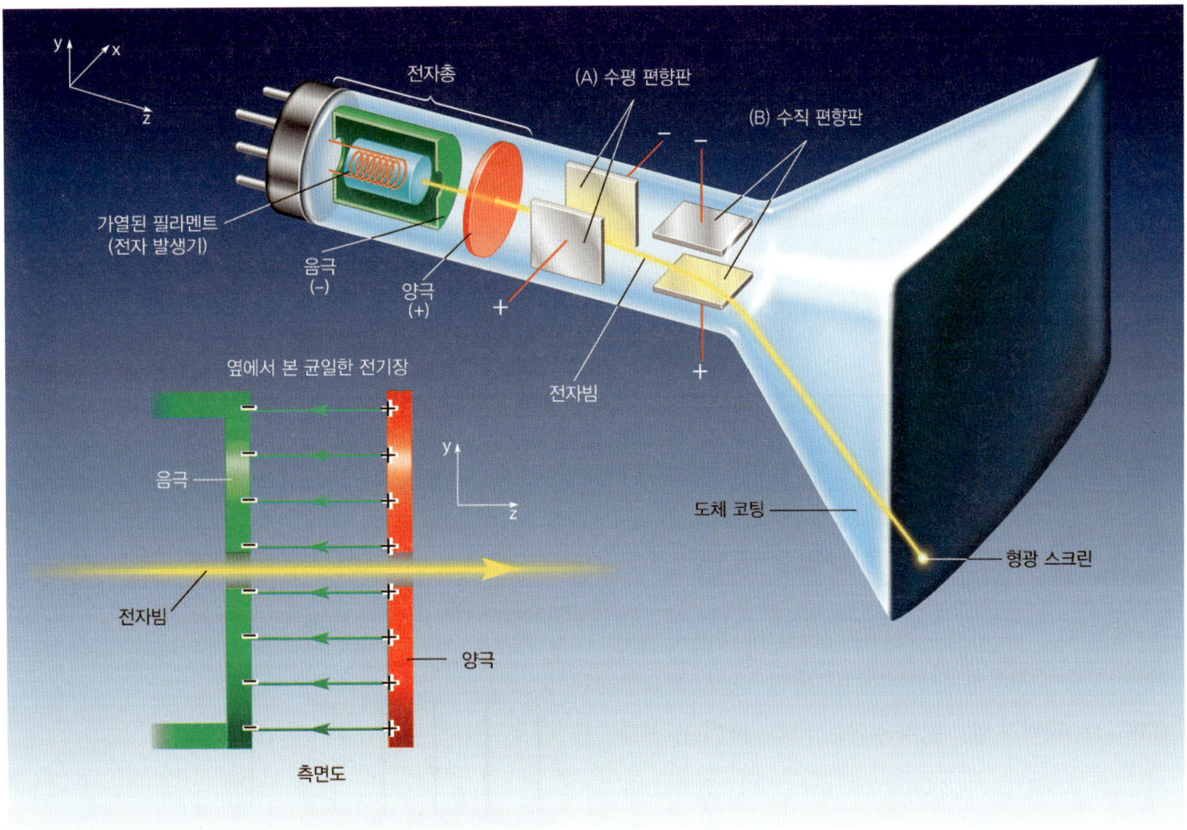

그림 16.39 음극선관에서, 전자는 음극과 양극 사이의 전기장에 의해 고속으로 가속된다. 오실로스코프에 사용되는 이 CRT에는 전자빔을 수평(A) 및 수직(B) 방향으로 편향시키는 데 사용되는 두 쌍의 평행 판이 있다. 빔의 편향은 대부분 판 사이의 영역을 벗어난 후에 발생한다. 어느 한 세트의 판 사이에서, 전자에 가해지는 힘은 일정하므로 포물선을 따라 움직인다. 일단 전자가 판을 떠나면 전기장은 본질적으로 0이므로 일정한 속도로 직선 경로를 따라 이동한다. 전자빔의 편향은 대부분 B판과 스크린 사이에서 일어남을 주목하여라.

풀이 (a) 전자의 중력을 무시할 수 있는지를 확인한다. 전자의 무게는

$$F_g = mg = 9.109\times10^{-31}\ \text{kg}\times9.80\ \text{m/s}^2 = 8.9\times10^{-30}\ \text{N}$$

이다. 전기력의 크기는

$$F_E = eE = 1.602\times10^{-19}\ \text{C}\times1.0\times10^4\ \text{N/C} = 1.6\times10^{-15}\ \text{N}$$

이며, 중력에 비해 약 10^{14}배나 된다. 중력은 완전히 무시할 수 있다. 따라서 두 판 사이에서 전자의 가속도는

$$a = \frac{F}{m_e} = \frac{eE}{m_e} = \frac{1.602\times10^{-19}\text{C}\times1.0\times10^4\text{N/C}}{9.109\times10^{-31}\text{kg}} = 1.76\times10^{15}\ \text{m/s}^2$$

이다. 유효숫자를 고려하면, $a = 1.8\times10^{15}\ \text{m/s}^2$이다. 전자의 전하가 음이므로, 가속도의 방향은 전기장의 방향과 반대이며, 그림에서 오른쪽 방향이다.

(b) 힘은 일정하고 처음 속도와 같은 방향이다. 따라서 전기력에 의한 일은 운동에너지의 변화와 같게 된다(식 (6-3)과 (6-15)).

$$W = F_x\Delta x = \frac{1}{2}mv_f^2 - \frac{1}{2}mv_i^2$$

v_f에 대해서 풀면 다음과 같다.

$$v_f = \sqrt{\frac{2F_x\Delta x}{m} + v_i^2} = \sqrt{\frac{2(eE)d}{m_e} + v_i^2} = 8.4\times10^6\ \text{m/s}로\ 오른쪽\ 방향$$

검토 전자의 가속도가 상당히 크게 보인다. 값이 너무 커서 걱정될지도 모르겠지만, 이러한 큰 가속도에 반하는 물리법칙은 없다. 나중 **속력**은 우주의 궁극의 속력 한계인 빛의 속도($3\times10^8\ \text{m/s}$)보다 작다.

실전문제 16.9 양성자 느리게 하기

만약 양성자 빔이 처음 속력 $v_i = 3.0\times10^5\ \text{m/s}$로 음극의 구멍을 통과해 오른쪽으로 발사되었다면(그림 16.39), 양극에 도달할 때(만약 도달한다면) 양성자들의 속력은 얼마가 될 것인가?

보기 16.10 균일한 전기장 $\vec{E}$로 발사된 전자의 편향

두 평행 판 사이에서 수직 아래쪽으로 균일한 전기장에 전자가 수평으로 발사되었다(그림 16.40). 판들은 2.00 cm 떨어져 있고 판의 길이는 4.00 cm이다. 전자의 처음 속력은 $v_i = 8.00\times10^6\ \text{m/s}$이다. 전자가 판 사이의 중간으로 입사되고, 전자가 판 사이를 빠져나올 때 위쪽 판을 간신히 벗어났다. 전기장의 크기는 얼마인가?

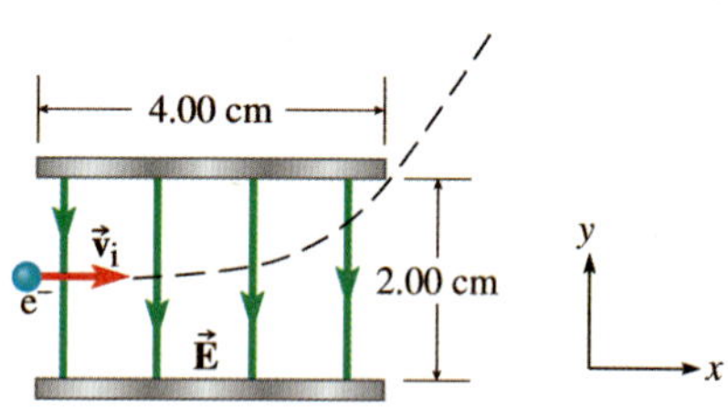

그림 16.40 전기장에 의해서 편향되는 전자. 전기장이 전자에 대해 일정한 힘을 가하므로 두 판 사이에서 전자의 궤적은 포물선이다. 두 판을 빠져나간 후, 알짜힘이 0이므로 전자는 일정한 속도로 운동한다.

전략 그림에 표시된 x축과 y축을 참조하면, 전기장은 $-y$ 방향을 향하고 전자의 처음 속도는 $+x$ 방향을 향한다. 전자가 음의 전하를 가지고 장이 균일하기 때문에 전자에 작용하는 전기력은 위쪽 방향($+y$ 방향)이다. 따라서 전자의 가속도는 일정하고 위쪽 방향이다. 가속도가 $+y$ 방향이므로 속도의 x 성분은 일정하다. 이 문제는 발사체 문제와 유사하나, 가속도가 일정한 이유가 균일한 중력장에 의한 것이 아니라 균일한 전기장에 의한 것이다. 전자가 위 판을 간신히 벗어나면, 그 변위는 y 방향으로 $+1.00$ cm이고 x 방향에서 $+4.00$ cm이다. v_x와 Δx에서부터 두 판 사이를 진행한 시간을 알 수 있다. Δy와 시간으로부터 a_y를 구할 수 있다. 가속도로부터 뉴턴의 제2법칙($\sum \vec{F} = m\vec{a}$)을 이용하여 전기장을 구할 수 있다.

전자에 대한 중력은 작으므로 무시한다. 이 가정은 나중에 검증할 수 있다.

- 주어진 조건 : $\Delta x = 4.00$ cm, $\Delta y = 1.00$ cm, $v_x = 8.00 \times 10^6$ m/s
- 구해야 할 값 : 전기장 세기 E

풀이 Δx와 v_x로 두 판 사이를 진행한 시간을 구한다.

$$\Delta t = \frac{\Delta x}{v_x} = \frac{4.00 \times 10^{-2}\ \text{m}}{8.00 \times 10^6\ \text{m/s}} = 5.00 \times 10^{-9}\ \text{s}$$

두 판 사이를 진행한 시간과 Δy에서 가속도의 y 방향 성분을 구할 수 있다.

$$\Delta y = \frac{1}{2} a_y (\Delta t)^2$$

$$a_y = \frac{2\Delta y}{(\Delta t)^2} = \frac{2 \times 1.00 \times 10^{-2}\ \text{m}}{(5.00 \times 10^{-9}\ \text{s})^2} = 8.00 \times 10^{14}\ \text{m/s}$$

다른 힘이 작용하지 않는다고 가정하므로, 이 가속도는 전자에 작용하는 전기력에 의해서 생긴다. 뉴턴의 제2법칙으로부터,

$$F_y = qE_y = m_e a_y$$

이다. E_y에 대하여 풀면,

$$E_y = \frac{m_e a_y}{q} = \frac{9.109 \times 10^{-31}\ \text{kg} \times 8.00 \times 10^{14}\ \text{m/s}^2}{-1.602 \times 10^{-19}\ \text{C}} = -4.55 \times 10^3\ \text{N/C}$$

가 된다. 전기장의 x 성분이 없으므로 전기장의 크기는 4.55×10^3 N/C이다.

검토 전자에 대한 중력은 전기장과 비교하여 아주 작다고 생각해서 무시하였다. 가정이 맞는지를 확인해 보자.

$$\vec{F} = m_e \vec{g} = 9.109 \times 10^{-31}\ \text{kg} \times (9.80\ \text{N/kg 아랫방향}) = 8.93 \times 10^{-30}\ \text{N 아랫방향}$$

$$\vec{F}_E = q\vec{E} = -1.602 \times 10^{-19}\ \text{C} \times (4.55 \times 10^3\ \text{N/C 아랫방향}) = 7.29 \times 10^{-16}\ \text{N 아랫방향}$$

전기력이 중력보다 약 10^{14}배 정도 크므로 우리의 가정은 타당하다.

실전문제 16.10 **균일한 전기장 $\vec{E}$로 발사된 양성자의 편향**

전자 대신 양성자가 동일한 처음 속도로 발사되었다면, 양성자는 그 판 사이 영역을 벗어날 것인가 아니면 판에 부딪힐 것인가? 만약 한쪽 끝에 다다를 수 없다면 전기장 지역을 지나는 시간 동안 양성자는 얼마나 편향될 수 있을까?

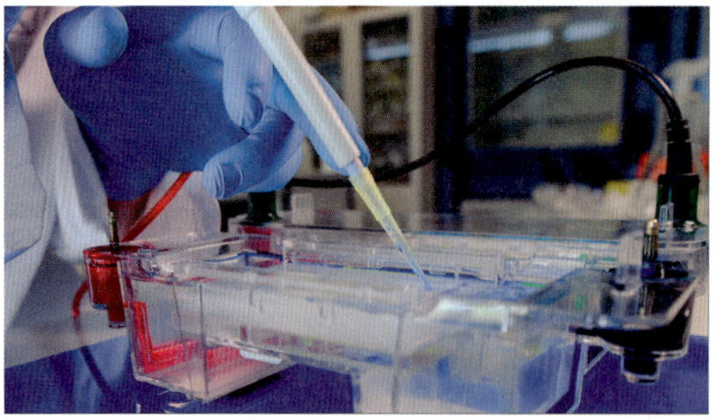

그림 16.41 겔 전기영동법에 쓰이는 장비들. 분류할 분자들은 겔 속에 잘 위치시킨다. 그 후 전원을 켜, 분자들이 큰 전기장 안에 있게 되면 겔 속을 천천히 이동한다. © Designed by wirestock, Freepik

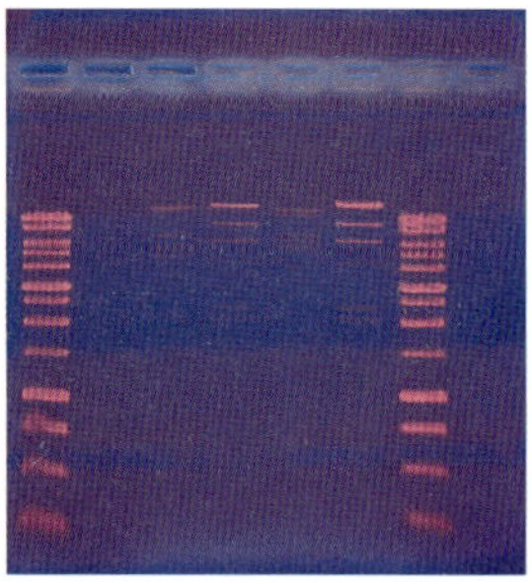

그림 16.42 DNA 겔 전기영동법은 크기에 따라 DNA 조각을 분리한다. 전기영동법을 수행한 후, 브로민화 에티듐으로 염색된 조각들은 자외선으로 볼 수 있다. 주어진 크기의 조각들은 겔 안에서 뚜렷한 띠를 형성한다.

응용 : 겔 전기영동법 겔 전기영동법은 전기장을 가해 생물학적 거대 분자(단백실이나 핵산)를 크기에 따라 분류하는 기술이다. 분류될 분자들은 화학적으로 처리되어 막대기 모양으로 퍼져 있고 이에 따라 용액 내에서 알짜 전하를 갖는다. 겔 매트릭스 안에 분자들을 넣고 전기장을 가하면(그림 16.41) 전기력이 전하 부호에 따라 분자들을 전극 중 하나로 끌어당긴다.

만약 다른 힘이 작용하지 않는다면 분자들은 등가속도로 운동하겠지만, 겔에 의한 힘이 운동을 방해한다. 이 힘은 점성저항(9.10절 참고)과 유사하다. 곧 분자의 속력에 비례하고 비례상수는 분자의 크기와 모양에 따라 변한다. 각 분자는 전기력과 점성저항이 평형을 이룰 때 종단 속력에 도달한다. 작은 분자들은 더 빨리 움직이며 큰 분자들은 더 느리게 움직인다. 따라서 시간이 지나면 분자들은 크기별로 분류된다. 이 분자들은 눈에 잘 보이도록 염색할 수 있다(그림 16.42).

전기장에서 쌍극자에 대한 힘과 돌림힘 균일한 전기장에서 쌍극자에 대한 전기력은 0이다. 두 전하에 대한 힘이 크기가 같고 방향은 반대이기 때문이다(그림 16.43a). 그러나 쌍극자의 **돌림힘**은 $\theta = 0°$ 또는 $\theta = 180°$가 아니라면 0이 아니다. 임의의 각도 θ(그림 16.43a에서 정의된 것처럼)에 대한 돌림힘은 다음과 같다.

쌍극자에 대한 돌림힘

$$\tau = qEd\sin\theta \qquad (16\text{-}11)$$

돌림힘의 방향은 쌍극자를 안정한 평형 위치 주위를 회전시키게 만들고(그림 16.43b), 불안정한 평형 위치로부터 멀어지도록 한다(그림 16.43c). 만약 전기장이 균일하지 않다면 양전하 및 음전하에 작용하는 전기력이 같지 않게 되어 쌍극자에 대한 전기력은 0이 아니게 된다.

16.6 정전기적 평형상태에 있는 도체 Conductors in Electrostatic Equilibrium

16.1절에서 종잇조각이 가까이 있는 전하에 의해 어떻게 분극되는지를 다루었다. 분극은 작용한 전기장에 대한 종이의 반응이다. 작용한 전기장은 종잇조각 바깥에 있는 전하에 의해 생성된 전기장을 뜻한다. 한편 종잇조각의 전하 분리는 자신의 전기장을 만든다. 종이의 안이나 바깥 어디에서나 알짜 전기장은 작용한 전기장과 종잇조각 내 분리된 전하들에 의한 전기장의 합이다.

분리되는 전하의 양은 작용한 전기장의 세기와 종이를 이루는 원자와 분자의 성질에 따라 다르다. 어떤 물질은 다른 물질들보다 쉽게 분극된다. 가장 쉽게 분극되는 물질은 도체이다. 도체는 그 물질 내에서 자유롭게 이동할 수 있는 전하들이 있기 때문이다.

도체가 알짜 전하를 갖거나 또는 외부 전기장에 놓여 있거나, 아니면 알짜 전하를 가지고 전기장에 놓여 있는 경우에 도체 내 전하의 분포를 살펴보는 것은 쓸모 있다. 우리는 **정전기적 평형**electrostatic equilibrium에 있는 도체만을 고려할 것이다. 정전기적 평형은 도체 안에 움직일 수 있는 전하들이 평형에 이르러 정지한 상태이다. 도체에 전하를 주면 안정된 분포가 될 때까지 전하들은 주위를 움직인다. 외부 전기장이 가해지거나 변화해도 같은 현상이 벌어지며, 전하들이 외부 전기장에 반응해서 움직이지만 전하들은 곧 평형 분포에 이르게 된다.

도체 내부의 전기장이 0이 아니라면, 그 전기장은 각 전하들(일반적으로 전자)에 힘을 작용해 전하들을 어떤 특정 방향으로 움직이게 한다. 움직이는 전하가 있는 한 도체는 정전기적 평형에 있을 수 없다. 그러므로 다음과 같은 결론을 얻을 수 있다.

1. 정전기적 평형에 있는 도체 내부의 어떤 곳에서나 전기장은 0이다.

전기장이 도체 내부에서 0이라고 하여 반드시 외부에서도 0일 필요는 없다. 전기장이 외부에는 있고 내부에는 없다면 전기장선은 도체의 표면에서 시작하거나 끝나야만 한다. 전기장선은 전하에서 시작하거나 끝나야 하므로, 다음이 성립한다.

2. 도체가 정전기적 평형일 때, 도체 표면에만 알짜 전하가 있을 수 있다.

도체 내부의 어떤 곳에서도 양전하와 음전하의 양은 같다. 양전하와 음전하의 불균형은 도체 표면에서만 생긴다.

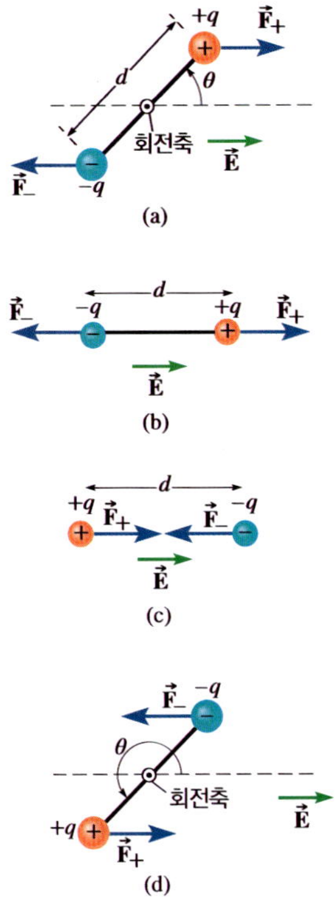

그림 16.43 고정된 거리 d만큼 떨어진 두 점전하 $+q$와 $-q$로 이루어진 쌍극자. (a) 균일한 전기장에 의해 쌍극자에 작용하는 힘은 0이다. 돌림힘은 쌍극자가 전기장과 이루는 각도 θ에 의존한다. 그림에 보인 각도($0 < \theta < 180°$)에서는 돌림힘은 시계방향이다. (b) 안정한 평형($\theta = 0$). (c) 불안정한 평형($\theta = 180°$). (d) $180° < \theta < 360°$에서는 돌림힘이 반시계방향이다. 임의의 비평형 각도에 대한 돌림힘은 불안정한 평형으로부터 안정한 평형으로 회전시키도록 만든다.

정전기적 평형에서 다음의 내용도 역시 사실이다.

3. 도체 표면에서의 전기장은 그 표면에 수직인 방향이다.

왜 그런가? 만약 전기장 표면에 수평인 성분이 있다면, 표면의 자유전자는 표면의 수평 방향으로 힘을 받아 움직이게 된다. 따라서 표면에 수평 방향의 성분이 있다면, 그 도체는 정전기적 평형상태에 있을 수 없다.

도체가 불규칙적인 모양이라면 과잉전하는 날카로운 점들에 좀 더 집중된다. 전하들은 도체 표면을 따라서만 움직일 수 있다고 생각하여라. 평평한 면에서는 이웃하는 전하들이 만드는 척력이 표면에 평행하고, 그 때문에 전하들은 표면에 골고루 퍼진다. 곡면 위에서는 표면에 평행한 척력 성분 $F_{\parallel}$ 만이 전하들을 골고루 분포시킨다(그림 16.44a). 만약 불규칙한 표면에 전하들이 골고루 퍼진다면 날카롭게 휘어진 곳에 있는 전하들에 작용하는 척력은 표면에 평행한 성분이 작아질 것이고, 결과적으로 전하들은 그 영역으로 움직일 것이다.

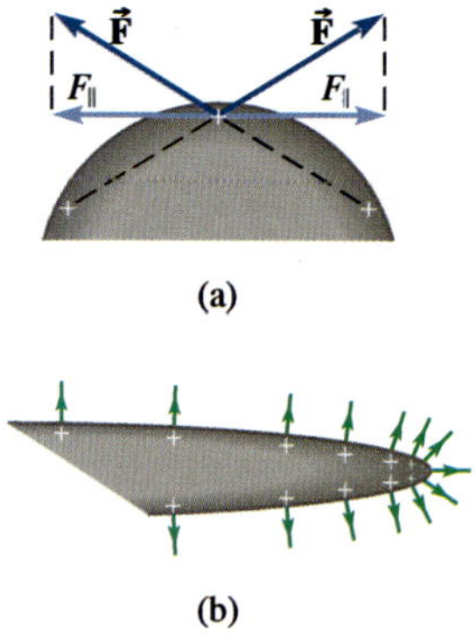

그림 16.44 (a) 곡면 위에서 움직이는 전하에 이웃하는 두 전하가 작용하는 척력. 힘의 수평 성분($F_{\parallel}$)이 전하들의 간격을 정한다. (b) 정전기적 평형 상태에 있는 도체는 표면의 곡률반지름이 최소인 곳에서 표면 전하밀도가 최대가 되며 바로 그 표면 위의 전기장이 가장 강하다.

4. 정전기적 평형에 있는 도체의 표면전하밀도(단위 넓이당 전하)는 날카로운 점에서 가장 높다(그림 16.44b).

도체 바로 바깥의 전기장선은 각 장선이 표면 전하에서 출발하고 끝난다. 그 때문에, 뾰족한 곳에 높은 밀도로 모여 있다. 전기장선의 밀도는 전기장의 크기를 반영한다. 그 때문에 도체 외부의 전기장은 도체 표면의 가장 뾰족한 곳에서 가장 크다.

정전기적 평형에 있는 도체에 대해 우리가 얻은 결론은 다음과 같이 전기장선에 관한 규칙으로 다시 이야기할 수 있다.

정전기적 평형에 있는 도체에 대해,

5. 도체 물질 내에는 전기장선이 없다.
6. 도체 표면에서 시작하거나 끝나는 전기장선은 표면과 만나는 곳에서 그 표면에 수직인 방향이다.
7. 도체 표면의 바로 바깥쪽에서 전기장은 날카로운 점 부근에서 가장 강하다.

응용 : 정전기 차폐 전기회로나 도선은 금속으로 둘러싸인 내부에 배치되어 다른 장치에 의해 생성된 전기장으로부터 차폐된다. 금속으로 둘러싸인 내부의 자유전자는 외부 전기장이 변화함에 따라 스스로 재배열된다. 둘러싸여 있는 내부의 전하들이 외부 전기장의 변화를 따라갈 수만 있다면, 외부 전기장은 둘러싸여 있는 내부에서 사라지게 된다.

보기 16.11 두 도체의 평형 전하 분포

총전하가 $-16\ \mu C$인 속이 꽉 찬 구형 도체가 총 전하가 $+8\ \mu C$인 속이 빈 구형 껍질의 중심에 놓여 있다. 이 도체들은 정전기적 평형상태이다. 구형 껍질의 외부와 내부 표면의 전하를 구하고, 전기장선 도해를 그려라.

전략 정전기적 평형에 있는 도체에 대해 방금 얻어낸 결론과 전기장선의 성질을 적용할 수 있다.

풀이 내부 구부터 살펴보면, 결론 2로부터 모든 전하는 바깥 껍질에 있다. 내부 구와 외부 구 껍질은 같은 중심을 가지므로, 대칭에 의해 내부 구의 표면에 전하들이 균일하게 분포한다. 전기장선은 음전하에서 끝난다. 그 때문에, 내부 구의 바로 바깥에서의 전기장선은 그림 16.45a처럼 보이게 된다.

이 전기장선은 어디서 시작되는가? 평형에서 도체 내부에는 전기장선이 없다(결론 5). 그 때문에, 전기장선은 구 껍질의 내부 표면에서 시작해야 한다. 껍질 내부의 전기장선은 그림 16.45b에 그려져 있다. $-16\ \mu C$의 전하를 갖는 내부 구에서 전기장선이 끝나야 하므로, 껍질의 내부 표면 위의 전하는 $+16\ \mu C$이다.

모든 알짜 전하는 껍질의 표면에 있고(결론 2), 알짜 전하는 $+8\ \mu C$이므로, 바깥 껍질의 전하는 $-8\ \mu C$ ($Q_{알짜} = Q_{내부} + Q_{외부}$)이다. 이제 나머지 전기장선을 그릴 수 있다. 대칭에 의해 바깥 표면은 음으로 대전되어 있고, 껍질 바깥쪽에서 전기장선은 방사선으로 안쪽을 향한다. 표면의 전하 크기가 반이므로($16\ \mu C$ 대신 $8\ \mu C$), 장선의 반은 내부에서 그려진다. 완성된 전기장선 그림은 그림 16.46에 나타난 바와 같다.

검토 만약 두 구의 중심이 같지 않거나, 도체들이 구 대칭성이 없다고 가정해 보자. 그렇다면 각 표면의 전하들은 균일하게 분포되지 않으며 전기장선을 어떻게 그려야 할지 세세한 부분을 모르게 된다. 그러나 각 표면의 알짜 전하들에 대해서는 여전히 같은 결론에 도달할 수 있다. 비록 우리가 전기장선을 정확히 어떻게 그려야 하는지 모르더라도, 모든 전기장선이 속이 빈 도체의 내부 표면에서 출발하고 속이 찬 내부 구 표면에서 끝나야 함을 여전히 알고 있다. 따라서 그 전하들의 부호는 반대이며 크기가 같아야 한다. 모든 알짜 전하들은 표면에만 존재해야 하므로 속이 빈 도체의 외부 표면에 존재하는 총전하를 구할 수 있다.

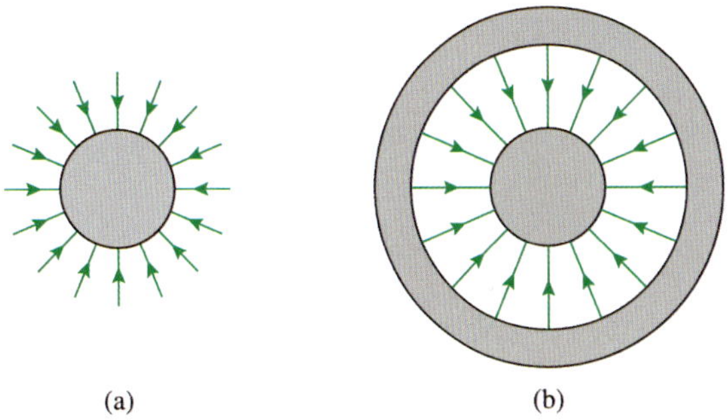

그림 16.45 (a) 속이 찬 구 외부의 전기장선. (b) 껍질 내부의 전기장선. 껍질 외부에는 전기장선이 나타나지 않는다.

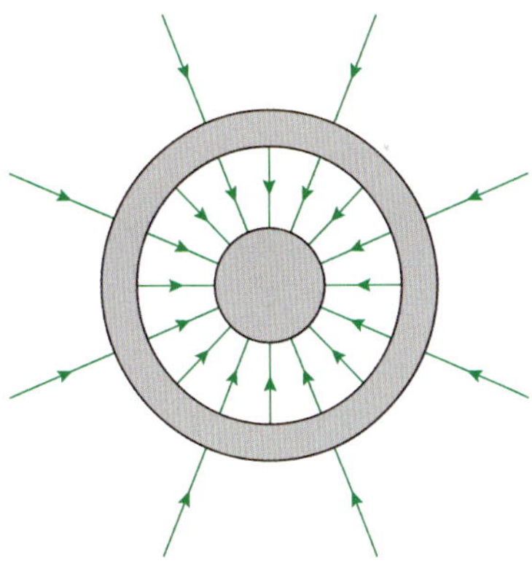

그림 16.46 완성된 전기장선 그림

실전문제 16.11 속이 빈 도체 내부의 점전하

속이 빈 도체 안에 점전하가 놓여 있다. 도체의 내부와 외부 표면의 전하는 각각 $+5\ \mu C$, $+8\ \mu C$이다. 점전하의 전하량은 얼마인가?

그림 16.47 위스콘신주 호렙Horeb 산에 위치한 빅도리안 하우스를 낙뢰로부터 보호하기 위한 피뢰침

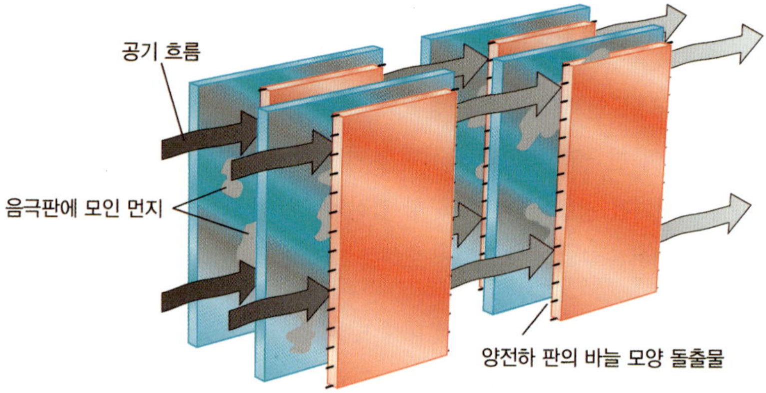

그림 16.48 정전집진기. 집진 상자 내부에는 반대 부호로 대전된 금속판들이 있다. 양으로 대전된 판에는 바늘과 같은 도선이 돌출해 있으며 방전 점으로 작동한다. 이 지점에서 전기장이 충분하다면 공기 분자를 이온화시킨다. 먼지들은 이 이온들과 접촉해 양으로 대전된다. 금속판 사이의 전기장은 음으로 대전된 수거판으로 먼지를 끌어당긴다. 이 수거판에 먼지가 많이 쌓이면, 집진 상자 바닥으로 떨어져 내려 먼지를 쉽게 제거할 수 있다.

응용 : 피뢰침 그림 16.47과 같이 높은 건물과 오래된 농가의 지붕에는 흔히 피뢰침(프랭클린이 발명)이 있다. 피뢰침은 꼭대기가 뾰족하게 되어있다. 지나가는 번개가 피뢰침의 꼭대기로 전하를 끌어당길 때, 그곳의 강한 전기장이 주위의 공기 분자를 이온화시킨다. 중성인 공기 분자들은 알짜 전하를 전달하지 않지만 이온화된 공기는 전하를 건물에서 공기로 빠져나가게 할 수 있어서 건물에 위험한 양의 전하가 쌓이는 것을 막을 수 있다. 만약 피뢰침이 뾰족하지 않으면 전기장이 공기를 이온화하는 데 충분하지 않을 수 있다.

응용 : 정전집진기 전기장을 직접 응용한 예가 **정전집진기**이다. 이 장치는 공장 굴뚝에서 나오는 공기 오염을 줄이는 역할을 한다(그림 16.48). 발전소에서 화석연료를 태우는 등 산업의 많은 공정에서 분진이 포함된 가스를 공기 중으로 방출한다. 분진을 줄이기 위해 가스가 굴뚝을 나가기 전에 집진기를 통과하게 한다. 시중에서 판매되는 대부분의 가정용 공기청정기는 정전집진기다.

16.7 전기장에 대한 가우스 법칙 Gauss's Law for Electric Fields

독일 수학자 가우스Karl Friedrich Gauss, 1777~1855의 이름을 딴 가우스 법칙은 전기장의 성질을 매우 효과적으로 설명해 주는 법칙이다. 가우스 법칙은 임의의 닫힌 면에서의 전기장과 그 안에 있는 알짜 전하를 관련지어 준다. **닫힌 면**closed surface은 공간에서 일정 부피를 둘러싸고 있기 때문에 안과 밖이 있다. 예를 들어, 구의 표면은 닫힌 면이지만 원의 내부는 닫힌 면이 아니다. 가우스의 법칙은 상자 속을 들여다보지 않더라도 그 상자로 들어가거나 나오는 전기장선을 보고 얼마나 많은 전하가 그 '상자' 안에 있는지 알려 준다.

상자 안에 전하가 없다면 상자 안으로 들어가는 전기장선과 같은 수의 전기장선이 상자 밖으로 나와야 하며, 어디에서도 전기장선이 끝나거나 시작하지 않아야 한다. 내부에 전하가 있더라도 알짜 전하가 0이면, 양$^+$으로 대전된 전하에서 시작한 전기장선과 같은 수의 전기장선이 음$^-$으로 대전된 곳에서 끝나야 하고, 결국 들어간 전기장선과 같은 수의 전기 장선이 밖으로 나와야 한다. 내부에 양으로 대전된 알짜 전하가 있다면 양으로 대전된 전하에서 시작하는 전기장선이 그 상자를 떠나게 되어, 들어가는 전기장선보다 더 많은 전기장선이 나오게 된다. 내부에 음으로 대전된 알짜 전하가 있다면 음으로 대전된 전하에서 끝나는 전기장선이 그 상자로 들어가게 되어, 나오는 전기장선보다 더 많은 전기장선이 들어가게 된다.

전기장선은 시각화하기에 좋은 도구이지만 어떤 표준적인 방법으로도 양적으로 표현할 수는 없다. 가우스의 법칙을 쓸모 있게 만들기 위해서는 전기장선의 수가 들어있지 않은 수학공식으로 나타내야 한다. 가우스의 법칙을 공식화하려면 두 가지 조건을 만족해야 한다. 첫째, 닫힌 면을 빠져나오는 전기장선의 수에 비례하는 양을 찾아야 한다. 둘째, 비례상수에 대해 풀 때 비례식을 어떤 방정식의 형태로 바꾸어야 한다.

16.4절에서 보았듯이, 전기장의 크기는 **단면의 단위 넓이당** 전기장선의 수에 비례하므로 다음과 같이 표시할 수 있다.

$$E \propto \frac{\text{전기장선의 수}}{\text{넓이}} \tag{16-12}$$

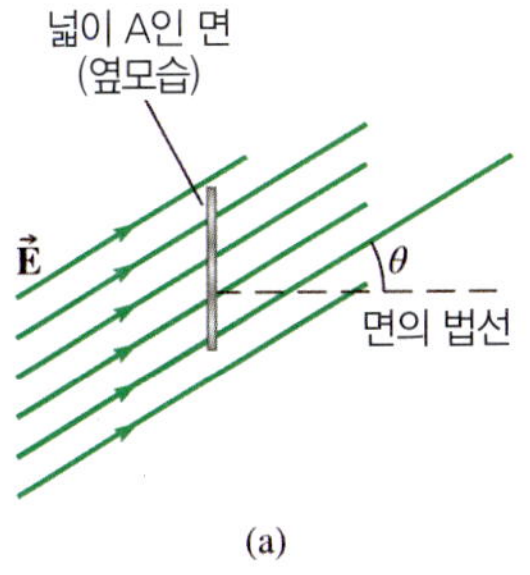

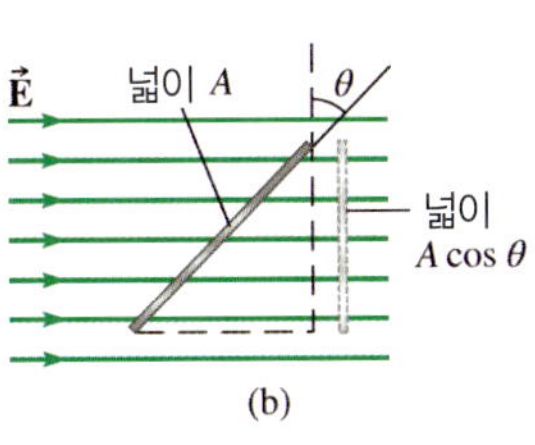

그림 16.49 (a) 직사각형 면을 지나는 전기장선의 측면도. 전기장선과 법선(표면에 수직선) 사이의 각은 θ이다. (b) 넓이 A의 면을 지나는 전기장선의 수는 넓이 $A\cos\theta$에 수직인 면을 지나는 전기장선의 수와 같다.

넓이 A의 표면이 균일한 크기의 전기장 E에 수직하다면, 그 면을 지나는 전기장선의 수는 EA에 비례한다.

$$\text{전기장선의 수} = \frac{\text{전기장선의 수}}{\text{넓이}} \times \text{넓이} \propto EA \tag{16-13}$$

이 방정식은 표면이 모든 곳에서 전기장선에 수직한 경우에만 참이다. 예를 들어 물통에 직선으로 떨어지는 빗줄기를 생각해 보자. 물통의 주둥이를 빗줄기에 수직으로 놓을 때보다 한쪽으로 기울여 놓을 때 빗물이 적게 들어온다. 일반적으로 단면을 지나는 전기장선의 수는 전기장의 수직 성분과 넓이의 곱에 비례한다.

$$\text{전기장선의 수} \propto E_\perp A = EA\cos\theta \tag{16-14}$$

여기서, 그림 16.49a와 같이, θ는 전기장선이 **법선**(표면에 수직인 선)과 이루는 각도이다. 마찬가지로, 그림 16.49b는 단면을 지나는 전기장선의 수는 전기장에 수직인 넓이 $A\cos\theta$인 면을 지나는 전기장선의 수와 같다는 것을 보여준다.

단면을 지나는 전기장선의 수에 비례하는 수학적인 양을 **전기장 선속**flux of the electric field 이라 부른다(기호로는 그리스 문자 파이를 써서 Φ_E 라고 나타낸다).

선속의 정의

$$\Phi_E = E_{\perp}A = EA_{\perp} = EA\cos\theta \tag{16-15}$$

닫힌 면에서 선속은 전기장선이 표면에 들어오는 것보다 나가는 것이 많으면 양$^+$으로 정의되고, 전기장선이 표면에 나가는 것보다 들어오는 것이 많으면 음$^-$으로 정의된다. 선속은 알짜 전하가 양이면 양이고 알짜 전하가 음이면 음이다.

전기장선의 알짜 수는 닫힌 면 안의 알짜 전하에 비례하므로 가우스의 법칙은 다음과 같다.

$$\Phi_E = \text{상수} \times q \tag{16-16}$$

여기서 q는 **표면에 둘러싸인 알짜 전하**를 뜻한다. 보기 16.12에서 비례 상수가 $4\pi k = 1/\epsilon_0$ 임을 보일 것이다. 따라서 다음과 같이 나타낼 수 있다.

가우스 법칙

$$\Phi_E = 4\pi kq = q/\epsilon_0 \tag{16-17}$$

보기 16.12 구를 통과하는 선속

점전하 $q = -2.0\ \mu\text{C}$ 이 중심에 있는 반지름 $r = 5.0\ \text{cm}$ 인 구를 통과하는 선속은 얼마인가?

전략 이 경우에 선속을 구하는 방법이 두 가지가 있다. 쿨롱의 법칙으로부터 알게 된 전기장으로부터 선속을 구하는 방법, 그리고 가우스의 법칙을 사용하는 방법이 있다.

풀이 점전하로부터 거리 r만큼 떨어진 곳의 전기장은 다음과 같다.

$$E = \frac{kq}{r^2}$$

음$^-$의 점전하의 경우 전기장은 전하를 향한다. 점전하로부터 떨어진 거리가 일정하므로 전기장의 크기는 구 어디에서나 같다. 또 전기장은 구 표면에 항상 수직이다(모든 곳에서 $\theta = 0$). 그러므로 다음과 같다.

$$\Phi_E = EA = \frac{kq}{r^2} \times 4\pi r^2 = 4\pi kq$$

이것이 바로 가우스의 법칙이 말하고자 하는 것이다. 모든 전기장선이 반지름과 관계없이 구를 지나간다. 그 때문에 선속은 구의 반지름에 무관하다. 음의 전하는 음의 선속을 주는데, 전기장선이 안으로 들어가기 때문이다.

$$\begin{aligned}\Phi_E &= 4\pi kq \\ &= 4\pi \times 9.0 \times 10^9 \frac{\text{N}\cdot\text{m}^2}{\text{C}^2} \times (-2.0 \times 10^{-6}\,\text{C}) \\ &= -2.3 \times 10^5 \frac{\text{N}\cdot\text{m}^2}{\text{C}}\end{aligned}$$

검토 이 경우에, 구의 어디에서나 전기장이 크기가 일정하고 구에 수직이므로 우리는 선속을 직접 구할 수 있다. 그러나 가우스의 법칙은 이 전하를 에워싸는 어떤 표면을 지나는 선속도 표면의 모양과 크기와 관계없이 같아야만 한다는 것을 보여준다.

실전문제 16.12 **정육면체의 한 면을 지나는 선속**

중심에 점전하 $q = -2.0\ \mu\text{C}$이 있는 정육면체의 한 면을 지나는 선속은 얼마인가? [힌트 : 전체 전기장선 중에서 얼마만큼이 정육면체의 한 면을 지나가는가?]

가우스 법칙을 이용하여 전기장 구하기

지금까지 보았듯이 가우스 법칙은 닫힌 면 위에 전기장이 주어졌을 때 그 닫힌 면 안에 얼마나 많은 전하가 있는지 알 수 있게 해주는 방법이지만, 전하 분포에 의해 생기는 전기장을 구하는 데 더 자주 사용된다. 왜 쿨롱의 법칙을 바로 사용하지 않는가? 많은 경우 전하는 선을 따라 표면 위에, 또는 부피 내에 연속적으로 퍼져 있는 것처럼 보일 정도로 많이 있다. 미시적으로 보면 전하는 여전히 전자의 배수이지만, 수많은 전하가 있을 때는 전하를 연속적인 분포로 보는 것이 간단하다.

연속적인 전하 분포일 때는 일반적으로 **전하밀도**charge density가 전하가 얼마나 있는지 기술해주는 가장 편리한 방법이다. 다음과 같이 세 가지의 전하밀도가 있다.

- 전하가 어떤 부피 내에 퍼져 있다면, 적절한 전하밀도는 단위 **부피**당 전하이다(기호 ρ).
- 전하가 2차원 평면에 퍼져 있다면, 전하밀도는 단위 **넓이**당 전하이다(기호 σ).
- 전하가 1차원 직선 또는 곡선에 퍼져 있다면, 적절한 전하밀도는 단위 **길이**당 전하이다(기호 λ).

가우스 법칙은 전기장선에 충분한 **대칭성**이 있는 경우에 전기장을 계산하는 데 사용할 수 있다. 보기 16.13은 이 방법을 설명한다.

보기 16.13 **가늘고 긴 도선으로부터 떨어진 위치에서의 전기장**

전하가 가늘고 긴 도선을 따라 균일하게 퍼져 있다. 도선의 단위 길이당 전하는 λ로 일정하다. 도선의 양쪽 끝에서 멀리 떨어진, 도선으로부터 r만큼 떨어진 곳에서의 전기장을 구하라.

전략 임의의 점에서의 전기장은 도선을 따라 분포한 모든 전하의 기여를 합한 것이다. 쿨롱의 법칙에 의하면 가장 강한 기여는 도선에서 가장 가까운 부분의 전하로부터 올 것이며, 전장에 기여하는 정도는 거리가 멀어짐에 따라 $1/r^2$로 감소할 것이다. 도선의 양 끝으로부터 멀리 떨어진 가까운 부분만 생각한다면, 도선을 **무한하게 길다고** 가정함으로써 답을 근사적으로 구할 수 있다.

더 많은 전하를 **더하는** 것이 어떻게 단순화 과정인가? 가우스 법칙을 적용할 때, 대칭적인 상황이 대칭성이 부족한 상황보다 훨씬 문제를 간단하게 해준다. 균일한 선전하 밀도를 갖는 무한히 긴 도선은 **축대칭**이 있다. 전기장선을 먼저 그려보면 대칭성이 전기장을 어떻게 결정해주는지 알 수 있을 것이다.

풀이 먼저 무한히 긴 도선으로부터 생성되는 전기장선을 그려보자. 전기장선은 도선에서 출발하거나 멈추어야 한다(전하가 양$^+$이냐 음$^-$이냐에 따라). 그렇다면 전기장선은 무슨 일을 하는가? 유일한 가능성은 전기장선이 도선으로부터 방사상으로 바깥쪽(또는 안쪽)으로 향하는 것이다. 그림 16.50a는 양전하 및 음전하로부터의 전기장선을 스케치한 것이다. 모든 방향으로 도선은 같은 모양으로 보이므로, 그림 16.50b처럼 전기장선은 도선을 감싸며 회전할 수 없다. 전기장선이 어떤 방향으로 갈지 어떻게 결정되는가? 그림 16.50c처럼 전기장선은 도선 방향을 따라갈 수도 없다. 다시, 전기장선이 오른쪽으로 갈지 왼쪽으로 갈지 어떻게 결정하는가? 도선은 양쪽으로 정확히 같게 보인다.

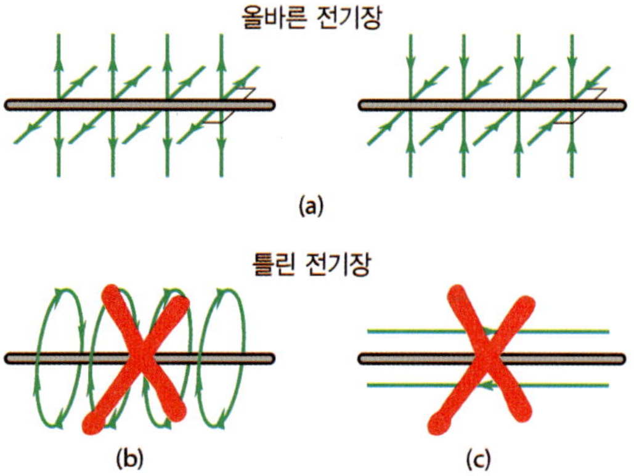

그림 16.50 (a) 긴 도선으로부터 바깥쪽과 안쪽 지름 방향으로 방사상으로 생성되는 전기장선. (b) 도선 주위를 회전하는 가상의 선. (c) 도선에 평행한 가상의 선

전기장선이 방사상 모양인 것을 인정한다면, 다음 단계는 표면을 선택하는 것이다. 가우스 법칙은 전기장 크기가 일정하고 표면에 수직 또는 평행일 때 가장 쉽게 다룰 수 있다. 반지름 r인 원통을 도선과 축이 일치하게 놓는다면, 전기장선이 방사상이기 때문에 전기장은 항상 이 표면과 수직이다(그림 16.51). 원통의 모든 점은 도선으로부터 같은 거리에 있다. 그 때문에, 장의 크기도 원통의 표면에서 일정해야 한다. **닫힌** 표면이 필요하므로 원통의 양쪽 끝에 두 원판을 택하였다. 전기장선이 이 면을 통과하지 않기 때문에, 이 양쪽 면을 통과하는 선속은 0이다. 마찬가지로, 전기장의 **수직 성분**은 0이다.

전기장의 크기가 일정하고 표면에 수직이므로, 선속은 다음과 같다.

$$\Phi_E = E_r A$$

여기서 E_r은 전기장의 방사상 성분이다. 만약 전기장이 방사상으로 바깥 방향이면 E_r은 양이고, 방사상으로 안쪽 방향이면 음이 된다. A는 반지름이 r인 원통의 넓이이다. 길이는 어떻게 생각해야 하는가? 원통 모양은 가상의 모양이므로, L로 표현되는 임의의 길이를 생각할 수 있다. 원통의 넓이는 다음과 같다(부록 A.6).

$$A = 2\pi r L$$

원통 내부에 포함되는 전하는 얼마나 많은가? 단위 길이당 전하가 λ이고 원통 내부의 도선 길이가 L이므로, 포함된 전하는

$$q = \lambda L$$

이며, 양일 수도 음일 수도 있다. 가우스 법칙과 선속의 정의에 따라

$$4\pi k q = \Phi_E = E_r A$$

이고, A와 q에 대한 표현을 가우스 법칙에 대입하면

$$E_r(2\pi r L) = 4\pi k \lambda L$$

이다. E_r에 대해 풀면,

$$E_r = \frac{2k\lambda}{r}$$

이다. 전기장의 방향은 $\lambda > 0$일 때 바깥쪽으로 방사상이며, $\lambda < 0$일 때 안쪽으로 방사상이다.

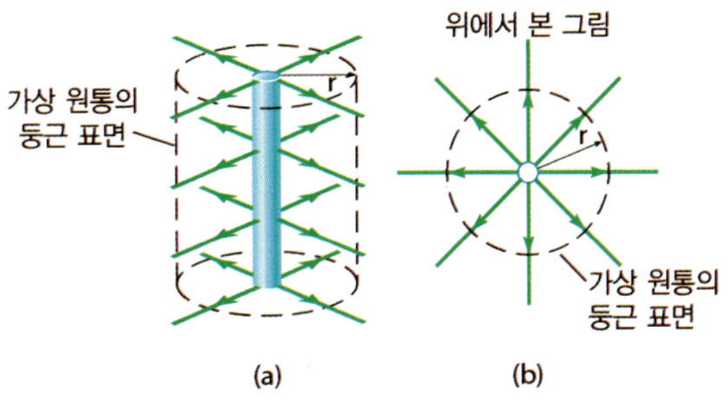

그림 16.51 (a) 원통 축을 따라 위치한 도선으로부터의 전기장선은 도선을 감싼 가상의 원통의 둥근 면에는 수직이다. (b) 원통을 위에서 바라본 모습과 전기장선. 전기장선은 원통의 둥근 표면에는 수직이지만 원통의 윗면과 바닥에는 평행하다.

검토 전기장에 대한 최종 식은 임의로 정한 원통의 길이 L과 무관하다. 만약 L이 답에 나타난다면, 어딘가 실수가 있었으며 이것을 찾아야 한다.

답의 단위들을 점검해 보자. λ는 단위 길이당 전하밀도이므로, SI 단위는

$$[\lambda] = \frac{C}{m}$$

이며, 상수 k의 SI 단위는

$$[k] = \frac{N \cdot m^2}{C^2}$$

이다. 2π는 차원이 없으며 r은 거리이다. 따라서

$$\left[\frac{2k\lambda}{r}\right] = \frac{C}{m} \times \frac{N \cdot m^2}{C^2} \times \frac{1}{m} = \frac{N}{C}$$

이다. 이것이 전기장의 SI 단위이다.

전기장은 거리의 역수에 비례해 줄어든다($E \propto 1/r$). 혹시 $E \propto 1/r^2$인 쿨롱 법칙에 위배되는 것은 아닐까 싶을 수 있다. 그렇지 않다. 쿨롱 법칙의 전기장은 **점전하**로부터 r만큼 거리에서의 전기장이기 때문이다. 이 문제에서는 전하들이 도선에 퍼져 있다. 만약 도선의 모양이 바뀐다면 전기장선을 변화시키고(점전하로부터가 아니라 도선으로부터 방사형으로 바깥 방향으로 나오게 된다), 이것이 전기장이 거리에 어떻게 의존하는지도 변화시킨다.

실전문제 16.13 **어떤 넓이를 이용해야 하는가?**

보기 16.13에서 원통 넓이를 $A = 2\pi rL$로 썼는데, 이것은 원통의 옆면 넓이이다. 원통의 전체 넓이는 양 끝(윗면과 바닥)을 포함해야 한다. 곧 $A_{총} = 2\pi rL + 2\pi r^2$이다. 선속을 계산할 때, 왜 원통의 양 끝 넓이를 포함시키지 않았는가?

해답 실전문제 & 살펴보기

16.1 7.5×10^{10}개의 전자

16.2 양극으로 대전된 막대가 멀어짐에 따라 검전기의 자유전자는 훨씬 더 균등하게 퍼진다. 금박에 알짜 양전하가 적기 때문에, 금박이 크게 벌어지지는 않는다.

16.3 4.6 mN, 71° $+x$축으로부터 반시계방향

16.4 6.2×10^{-4} N

16.5 $\theta = 49.1°$

16.6 오른쪽으로 220 N/C

16.7 2.3×10^5 N/C, $-x$축 아래로 42°

16.8

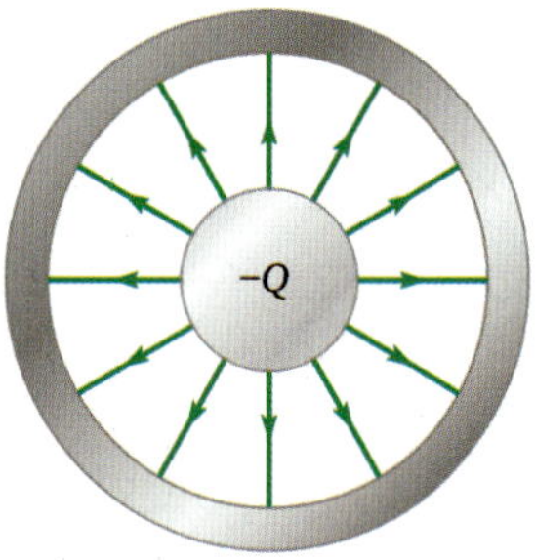

(a) 껍질 내부에서, 양전하로부터 나온 전기장선은 껍질의 중심에 위치한 음전하까지 표면 주위로 퍼진다. (b) 껍질 외부에서, 전하 $+Q$가 모두 구의 중심에 집중되어 점전하의 $-Q$를 상쇄한다고 상상할 수 있다. 따라서 외부에서는 $E = 0$이다. (보기에서 볼 수 있는 것처럼) 내부에서 껍질은 전기장을 생성하지 않으므로, 전기장은 단지 점전하 $-Q$에 의한 것뿐이다.

16.9 오른쪽으로 2.3×10^5 m/s

16.10 양성자는 아래로 편향되지만, 전자보다 훨씬 더 큰 질량을 가지고 있다. 그 때문에 가속도는 훨씬 작다($m_p = 1.673 \times 10^{-27}$ kg). 양성자의 가속도는 수직 아래 방향 4.36×10^{11} m/s^{2}이다. 판 사이에서 5.00×10^{-9} s를 지난 후 y 변위는 5.44×10^{-6} m 또는 5.44×10^{-4} cm이다. 양성자는 판 사이의 영역을 떠나기 전에 가까스로 편향된다.

16.11 $-5\,\mu$C

16.12 -3.8×10^4 N · m^2/C

16.13 끝부분에서 $\vec{E}$는 표면에 평행하므로 끝부분에 수직인 $\vec{E}$의 구성 요소는 0이고 끝을 통과하는 선속은 0이다. 원통의 끝을 통과하는 전기장선은 없다.

16.1 유리와 비단은 전하가 보존되므로 같은 양의 반대 전하를 띤다. 전자는 음전하를 띠므로 비단의 전하는 음$^-$이고 막대의 전하는 양$^+$이다. 4.0×10^9개의 전자가 가지는 전하는 $4.0 \times 10^9 \times (-1.6 \times 10^{-19}\,\text{C}) = -0.64\,\text{nC}$이다. 따라서 $Q_{\text{비단}} = -0.64\,\text{nC}$이고, $Q_{\text{유리}} = +0.64\,\text{nC}$이다.

16.3 (a) 중력과 전기력은 먼 거리 힘이다. 한 점 입자에 의한 힘의 크기는 다른 입자에 의한 힘과 같다($F \propto 1/r^2$). 중력과 전기력은 각각 질량이나 전하의 곱에 비례한다. (b) 중력은 항상 당기는 힘이지만 전기력은 인력이거나 척력일 수 있다(곧 질량은 음수가 될 수 없지만 전하는 양 또는 음일 수 있다).

16.4 (a) 어떤 점에서의 전기장 벡터는 그 점을 지나는 전기장선의 접선이다. A에서 전기장은 아래 방향($-y$ 방향)이다. (b) 전기장은 전기장선들이 멀리 떨어져 있는 곳에서는 더 약하다. 전기장은 P에서 약하다.

16.5 전자의 전하는 음$^-$이므로, 그것에 작용하는 전기력은 전기장의 방향($-x$)과 반대 방향이다. 전자는 $-x$ 방향으로 등가속도 운동을 한다. $+x$ 방향으로 운동하는 동안 속도가 느려진다. 전자가 정지한 후 방향을 바꾸어 $-x$ 방향으로 속도가 증가하면서 운동한다.

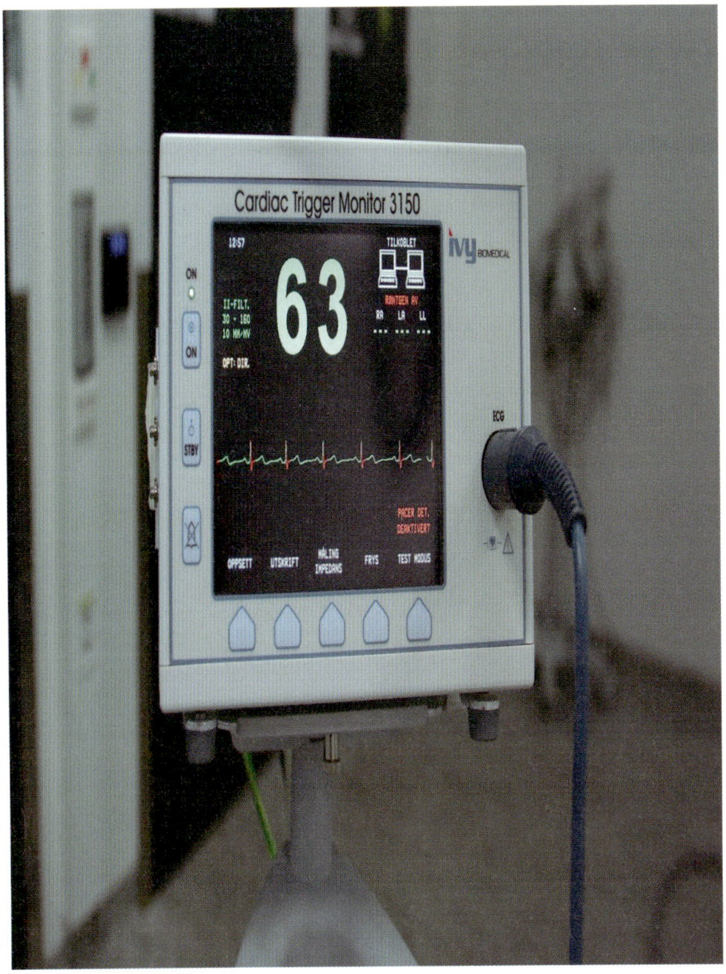

17

전기 퍼텐셜
Electric Potential

심전도계는 심장의 상태를 진단하기 위해 의학에서 널리 사용되는 장비이다. 심전도 데이터는 심장 박동이 반복되는 패턴을 나타내는 그래프로 표시한다. 심전도계는 어떤 물리량을 측정하는가?

찾아가보기

- 중력 (2.6절)
- 퍼텐셜에너지 (6.4절, 6.5절)
- 쿨롱의 법칙 (16.3절)
- 도체 내 전기장 (16.6절)
- 분극 (16.1절)

생명과학 응용

- 심전도계, 뇌파계 및 망막 전기 퍼텐셜계 (17.2절)
- 신경 자극의 전달 (17.2절, 문제 54)
- 물과 DNA에서 수소결합 에너지 (문제 46)
- 세포막의 전기 퍼텐셜 차 (17.2절, 보기 17.11, 실전문제 17.11, 문제 52~54)
- 제세동기 (보기 17.12, 문제 45)

17.1 전기 퍼텐셜에너지 Electric Potential Energy

연결고리 퍼텐셜에너지는 장에 저장된 에너지이다. 이제 중력장에 저장된 에너지 대신에 **전기장**에 저장된 에너지를 공부한다.

6장에서 중력장에 저장된 에너지인 중력 퍼텐셜에너지에 대해 배웠다. 마찬가지로 **전기 퍼텐셜에너지**Electric potential energy는 **전기장**에 저장된 에너지이다(그림 17.1). 중력 퍼텐셜에너지와 전기 퍼텐셜에너지 모두 물체가 움직일 때 생기는 퍼텐셜에너지의 **변화**는 장이 한 일과 크기가 같지만 부호는 반대이다.

퍼텐셜에너지의 변화

$$\Delta U = -W_{장} \tag{17-1}$$

식 (17−1)은 식 (6−17)을 일반화한 것으로 중력 및 전기장 모두에 적용되는 것이다. 식 (17−1)에서 음$^-$의 부호를 바르게 해석하려면 전기장에 의한 일과 외력에 의한 일을 명확히 구분해야 한다. 어떤 외력이 서로 멀리 떨어져 있는 두 개의 양전하를 가까이 가져올 때 처음과 나중의 운동에너지가 0이라고 가정하자. 외력은 양$^+$의 일(힘과 변위가 같은 방향)을 수행하는 반면, 전기장은 음$^-$의 일(힘과 변위가 반대 방향)을 수행한다.

$$W_{외력} = \Delta U = -W_{장} \tag{17-2}$$

처음과 나중의 운동에너지가 0인 두 개의 **반대** 전하를 서로 가까이 가져오면 외력은 **음**$^-$의 일을 하고 전기장은 양$^+$의 일을 한다. 식 (17−2)는 세 물리량 사이의 정확한 관계를 보여준다.

연결고리 중력 퍼텐셜에너지와 전기 퍼텐셜에너지 사이에는 여러 유사점이 있다.

- 두 경우 모두 퍼텐셜에너지는 여러 물체의 위치에만 의존하며, 그 위치에 도달하는 경로에는 의존하지 않는다.
- 퍼텐셜에너지의 변화만이 물리적으로 중요하므로, 어느 편리한 지점에서든 퍼텐셜에너지를 0으로 자유롭게 지정할 수 있다. 주어진 상황에서의 퍼텐셜에너지는 $U=0$인 지점을 어디에 선택하는지에 따라 다르지만, 퍼텐셜에너지의 변화량은 이 선택에 영향을 받지 않는다.
- 두 입자가 무한히 떨어져 있을 때 일반적으로 $U=0$으로 선택한다.
- 한 입자가 다른 입자에 작용하는 중력 및 전기력은 그들 사이의 거리의 제곱에 반비례하고($F \propto 1/r^2$), 중력 및 전기 퍼텐셜에너지는 그들 사이의 거리에 반비례한다($U=1/r$, 단 $r=\infty$에서 $U=0$).
- 두 입자의 중력과 중력 퍼텐셜에너지는 각 입자가 가지는 질량의 곱에 비례한다.

$$F_g = \frac{Gm_1m_2}{r^2} \quad (2\text{-}15) \qquad U_g = -\frac{Gm_1m_2}{r} \ (U=0,\ r=\infty) \quad (6\text{-}27)$$

두 입자의 전기력과 전기 퍼텐셜에너지는 각 입자가 가지는 전하의 곱에 비례한다.

$$F_E = \frac{k|q_1||q_2|}{r^2} \quad (16\text{-}2) \qquad U_E = \frac{kq_1q_2}{r} \ (U_E=0,\ r=\infty) \quad (17\text{-}3)$$

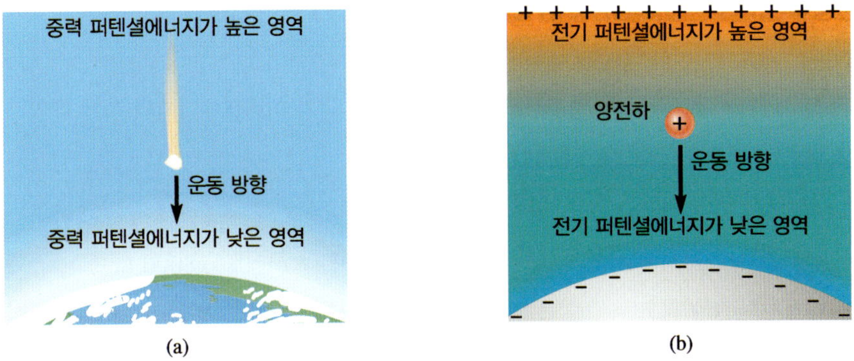

그림 17.1 (a) 중력장을 통과해 움직이는 물체. 물체가 중력 방향으로 움직일 때 중력 퍼텐셜에너지는 감소한다. (b) 전기장을 통과해 움직이는 대전입자. 입자가 전기력 방향으로 움직일 때 전기 퍼텐셜에너지는 감소한다.

양$^+$의 퍼텐셜에너지와 음$^-$의 퍼텐셜에너지 식 (6–27)의 음$^-$의 부호는 중력이 항상 인력임을 나타낸다. 두 입자가 서로 가까이 이동하면(r이 감소하면) 중력은 양의 일을 하고 ΔU는 음$^-$의 값을 가진다. 일부 중력 퍼텐셜에너지는 다른 형태의 에너지로 변환된다. 두 입자가 더 멀어지면 중력 퍼텐셜에너지는 증가한다.

식 (17–3)에 음$^-$의 부호가 없는 이유는 무엇일까? 두 전하가 반대 부호를 가지면 그 힘은 인력이다. 중력의 인력에서 퍼텐셜에너지가 음인 것처럼 전기 퍼텐셜에너지도 음$^-$이다. 부호가 반대이면, q_1q_2 곱은 음$^-$이고 전기 퍼텐셜에너지는 양$^+$의 부호가 된다(그림 17.2). 두 전하가 같은 부호(모두 양 또는 음)인 경우, q_1q_2 곱은 양$^+$이다. 부호가 같은 두 전하 사이의 전기력은 **척력**이다. 서로 가까워질수록 퍼텐셜에너지는 **증가**한다. 따라서 식 (17–3)은 모든 경우에 저절로 올바른 부호를 나타낸다.

쿨롱의 법칙은 전하의 **크기**($|q_1||q_2|$)로 표현되는데, 그 법칙이 벡터양의 **크기**, 즉 힘을 나타내기 때문이다. 퍼텐셜에너지 표현식 (17–3)에서는, 절댓값 기호를 쓰지 **않는다**. 이는 두 전하의 부호가 양, 음 또는 0일 수 있는 스칼라양인 퍼텐셜에너지의 부호를 결정하기 때문이다.

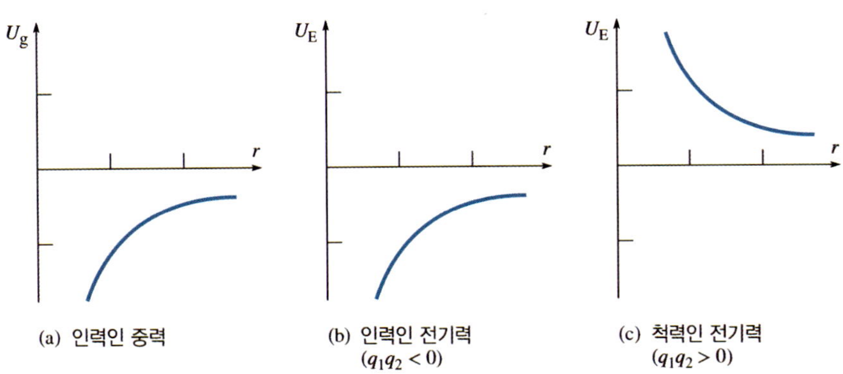

그림 17.2 떨어진 거리 r의 함수로 표현한 두 입자의 퍼텐셜에너지. 각 경우에 $r = \infty$일 때 $U = 0$으로 정한다. 인력인 (a)와 (b)의 경우, 퍼텐셜에너지는 음$^-$이다. 두 입자가 $U = 0$인 멀리 떨어진 곳에서 출발한다면, 퍼텐셜에너지가 감소함에 따라 이들은 서로를 향해 자발적으로 '떨어진다'. 척력인 (c)의 경우, 퍼텐셜에너지는 양$^+$이다. 두 입자가 멀리 떨어진 곳에서 출발한다면, 퍼텐셜에너지가 증가하도록 외부 요인이 일을 해주어야 한다.

보기 17.1 뇌운 내의 전기 퍼텐셜에너지

뇌우 속에서 전하는 궁극적으로 태양의 에너지에 의해 구동되는 복잡한 과정을 통해 분리된다. 뇌운 내의 전하에 대한 단순화 모형에서 상단에 축적된 양전하와 하단의 음전하를 한 쌍의 점전하로 묘사한다(그림 17.3). (a) 두 전하가 무한히 멀리 떨어져 있을 때를 $U=0$이라고 가정하면 한 쌍의 전하의 전기 퍼텐셜에너지는 얼마인가? (b) 전하를 **분리**하기 위해 뇌운 내에서 외력으로 **양**$^+$의 일을 해야 한다는 사실에 비추어 퍼텐셜에너지의 부호를 설명하여라.

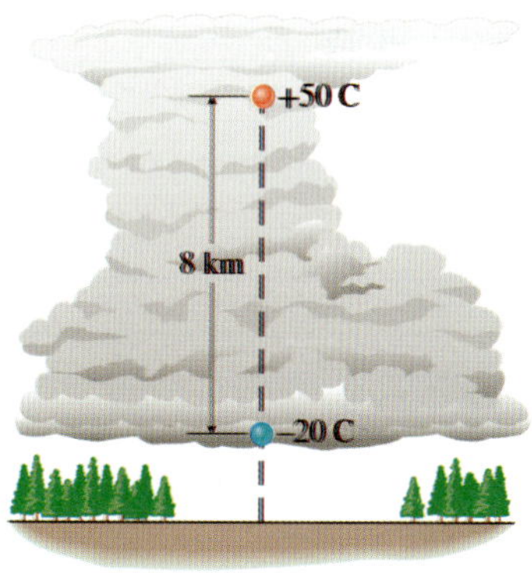

그림 17.3 뇌운 내의 전하 분리

전략 (a) 한 쌍의 점전하에 대한 전기 퍼텐셜에너지는 식 (17-3)에서 주어지고, 무한히 떨어진 곳에서 $U=0$이라고 가정한다. 퍼텐셜에너지를 구할 때 전하의 대수적 부호를 포함한다. (b) 전하를 분리하기 위해 외력이 한 일은 뇌운 내에서 작용하는 힘이 전하를 **떨어지게** 하므로 전기 퍼텐셜에너지의 **변화량**과 같다.

풀이 및 검토 (a) 두 점전하의 전기 퍼텐셜에너지에 대한 일반적인 표현은

$$U_E = \frac{kq_1q_2}{r}$$

이다. 알고 있는 값들을 전기 퍼텐셜에너지의 식에 대입하면 다음과 같다.

$$U_E = 8.99\times10^9\,\frac{\text{N}\cdot\text{m}^2}{\text{C}^2}\times\frac{(+50\ \text{C})\times(-20\ \text{C})}{8000\ \text{m}}$$
$$= -1\times10^9\,\text{J}$$

(b) 무한히 떨어진 위치를 $U=0$로 선택했음을 상기하라. 그러므로 음$^-$의 퍼텐셜에너지는 **두 점전하가 무한히 멀리 떨어져 출발한다면** 전하가 가까워짐에 따라 전기 퍼텐셜에너지가 감소한다는 것을 의미한다. 다른 힘이 없더라도 자발적으로 서로 '가까워질' 것이다. 그러나 뇌운의 경우에는 이와 다르게 전하가 **서로 가까이에 있다가** 외력에 의해 **더 멀어진다**. 외부요인이 퍼텐셜에너지를 증가시키고 전하가 더 멀어지도록 **양**$^+$의 일을 해야 한다. 처음에 전하가 서로 가까이 있을 때 퍼텐셜에너지는 -1×10^9 J보다 적다. 전하가 멀어짐에 따라 퍼텐셜에너지 **변화**는 **양**$^+$이 된다.

실전문제 17.1 같은 부호인 두 점전하

$Q=+6.0\ \mu\text{C}$와 $q=+5.0\ \mu\text{C}$인 두 점전하가 15.0 m 떨어져 있다. (a) 전기 퍼텐셜에너지는 얼마인가? (b) 전하 q는 자유롭게 움직일 수 있는 반면에 Q는 고정되어 있고, 다른 힘은 작용하지 않는다. 두 전하가 처음에 정지해 있었다. q는 전하 Q쪽으로 움직이는가 아니면 멀어지는가? (c) 전하 q의 운동이 전기 퍼텐셜에너지에 어떤 영향을 미치는가? 에너지가 어떻게 보존되는지 설명하여라.

여러 점전하에 의한 퍼텐셜에너지

두 개 이상의 점전하로 인한 퍼텐셜에너지를 구하기 위해서는 각 전하 **쌍**의 전기 퍼텐셜 에너지들을 합해야 한다. 세 점전하의 경우 세 쌍이 있으므로 퍼텐셜에너지는

$$U_E = k\left(\frac{q_1q_2}{r_{12}} + \frac{q_1q_3}{r_{13}} + \frac{q_2q_3}{r_{23}}\right) \quad (17\text{-}4)$$

이고, 여기서 r_{12}는 q_1과 q_2 사이의 거리이다. 식 (17−4)의 퍼텐셜에너지는 세 개의 전하가 무한히 떨어진 곳에서 자신의 위치에 놓일 때까지 전기장이 한 음⁻의 일이다. 전하가 세 개 이상인 경우, 퍼텐셜에너지는 각 전하 쌍에 대해 한 항씩을 더 포함하여 식 (17−4)와 같이 합한다. 같은 쌍의 퍼텐셜에너지를 두 번 계산하지 않도록 유의하라. 퍼텐셜에너지 식에 $(q_1q_2)/r_{12}$항이 있으면 $(q_2q_1)/r_{21}$항이 포함되면 안 된다.

살펴보기 17.1 네 개의 점전하에 의한 퍼텐셜에너지를 구할 때 몇 개의 전하 쌍이 있는가? 퍼텐셜에너지 식에는 몇 개의 항이 있는가?

보기 17.2 세 개의 점전하에 의한 전기 퍼텐셜에너지

그림 17.4에 표시된 전하 배열에서 전기 퍼텐셜에너지를 구하여라. 전하 $q_1 = +4.0\ \mu\text{C}$는 (0.0, 0.0) m에, 전하 $q_2 = +2.0\ \mu\text{C}$는 (3.0, 4.0) m에, $q_3 = -3.0\ \mu\text{C}$는 (3.0, 0.0) m에 위치한다.

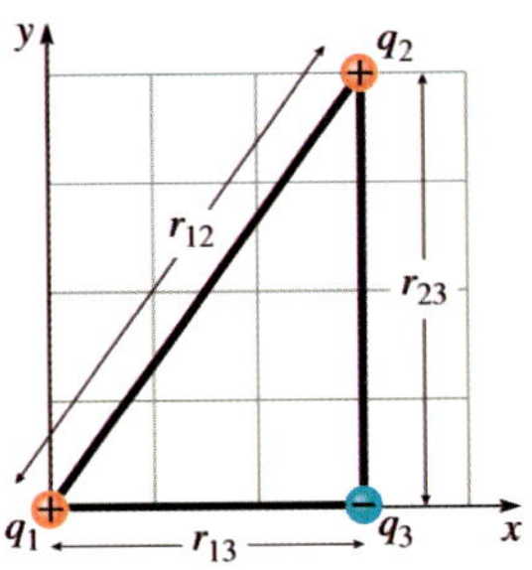

그림 17.4 세 개의 점전하

전략 전하가 세 개인 경우, 식 (17−4)와 같이 세 개의 전하쌍이 퍼텐셜에너지 합에 포함된다. 전하량이 주어져 있으므로, 쌍을 이루는 두 전하 사이의 거리만 구하면 된다. 아래 첨자는 세 가지 거리를 구별하는 데 유용하다. 예를 들어 r_{12}는 q_1과 q_2 사이의 거리를 의미한다.

풀이 그림 17.4에서 $r_{13} = 3.0\ \text{m}$, $r_{23} = 4.0\ \text{m}$이다. 피타고라스 정리를 통해 r_{12}를 구할 수 있다.

$$r_{12} = \sqrt{3.0^2 + 4.0^2}\ \text{m} = \sqrt{25}\ \text{m} = 5.0\ \text{m}$$

퍼텐셜에너지는 각 쌍에 대해 한 개의 항을 가진다.

$$U_E = k\left(\frac{q_1q_2}{r_{12}} + \frac{q_1q_3}{r_{13}} + \frac{q_2q_3}{r_{23}}\right)$$

이제 주어진 값을 대입한다.

$$U_E = 8.99\times10^9\frac{\text{N}\cdot\text{m}^2}{\text{C}^2}\times\left[\frac{(+4.0)(+2.0)}{5.0} + \frac{(+4.0)(-3.0)}{3.0} + \frac{(+2.0)(-3.0)}{4.0}\right]\times 10^{-12}\frac{\text{C}^2}{\text{m}} = -0.035\ \text{J}$$

검토 풀이를 이해하기 위해 세 전하가 서로 멀리 떨어져 있다고 가정하자. 전하가 모여 지금 위치에 놓이게 될 때

까지 전기장은 총 $+0.035$ J의 일을 한다. 일단 전하가 지금 위치에 있게 되면 외부요인이 전하들을 다시 분리하기 위해 0.035 J의 에너지를 공급해야 한다.

개념형 실전문제 17.2 **세 개의 양전하**

$q_3 = +3.0\ \mu C$이라면 퍼텐셜에너지는 얼마인가?

17.2 전기 퍼텐셜 Electric Potential

여러 점전하는 일정한 위치에 고정되어 있지만, 다른 전하 q는 운동할 수 있다고 가정해 보자. q가 운동하면 고정된 전하들과의 거리가 변하므로 전기 퍼텐셜에너지가 변할 수 있다. 전기장을 단위 전하당 전기력으로 정의한 것처럼 **전기 퍼텐셜**electric potential V를 **단위 전하당** 전기 퍼텐셜에너지로 정의한다(그림 17.5).

전기 퍼텐셜의 정의

$$V = \frac{U_E}{q} \tag{17-5}$$

식 (17–5)에서, U_E가 **운동하는 전하(q)의 위치에 대한 함수**로서의 전기 퍼텐셜에너지이므로 전기 퍼텐셜 V 또한 전하 q의 위치에 대한 함수이다.

전기 퍼텐셜의 SI 단위는 쿨롬당 줄 J/C이며, 이탈리아 과학자 **볼타**Alessandro Volta, 1745~1827의 이름을 따서 볼트(기호 V)라고 한다.

$$1\ \text{V} = 1\ \text{J/C}$$

볼타는 전지의 초기 형태인 볼타전지를 발명했다. **전기 퍼텐셜**은 종종 **퍼텐셜**로 줄여서 쓴다. 무게를 때때로 '용적톤수'로 부르는 것처럼 특히 전기회로와 관련될 때는 약식으로 '전압'이라고도 한다. **전기 퍼텐셜**과 **전기 퍼텐셜에너지**를 구분해야 함을 주의하라. 둘은 혼동하기 쉽지만 서로 바꿔 사용할 수 없다.

퍼텐셜에너지와 전하가 스칼라이므로 퍼텐셜도 스칼라이다. 전기장은 벡터로 합해야 하기 때문에 전기 퍼텐셜은 전기장보다 중첩 원리를 적용하기가 훨씬 쉽다. 다양한 지점에서의 전기 퍼텐셜이 주어지면 전하가 임의의 한 지점에서 다른 지점으로 이동할 때의 퍼텐셜에너지 변화를 쉽게 계산할 수 있다. 퍼텐셜은 공간에서 방향을 갖지 않고 다른 스

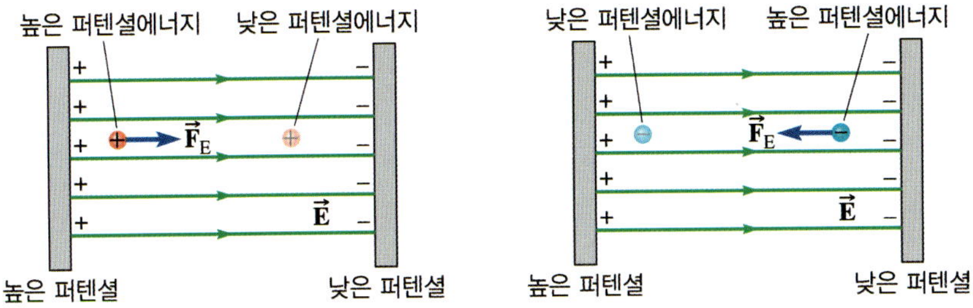

그림 17.5 한 전하에 작용하는 전기력은 언제나 전기 퍼텐셜에너지가 낮은 방향을 향한다. 전기장은 언제나 전기 퍼텐셜이 낮은 방향을 향한다.

칼라처럼 단순히 합할 수 있다. 퍼텐셜은 양$^+$ 또는 음$^-$일 수 있어 대수적 부호로 합해야 한다.

퍼텐셜에너지의 변화만이 중요하기 때문에, 퍼텐셜 또한 그 변화만이 중요하다. 어느 한 지점에서 임의로 퍼텐셜을 선택할 수 있다. 식 (17–5)는 고정된 여러 전하로부터 무한히 멀리 떨어진 곳의 전기 퍼텐셜이 0이라고 가정한다.

고정된 여러 전하에 의한 어느 한 점에서의 전기 퍼텐셜이 V라면, 그 지점에 전하 q가 놓일 때, 전기 퍼텐셜에너지는 다음과 같다.

$$U_E = qV \tag{17-6}$$

퍼텐셜 차

점전하 q가 점 A에서 B로 움직일 때 **퍼텐셜 차**

$$\Delta V = V_f - V_i = V_B - V_A \tag{17-7}$$

를 통과해 움직인다. 퍼텐셜 차는 단위 전하당 전기 퍼텐셜에너지의 변화와 같다.

$$\Delta U_E = q\Delta V \tag{17-8}$$

전기장과 퍼텐셜 차 물체에 작용하는 중력이 중력 퍼텐셜에너지가 더 낮은 곳으로(아래쪽으로) 향하는 것처럼, 전하에 작용하는 전기력은 항상 전기 퍼텐셜에너지가 낮은 곳으로 향한다. 양전하에서는 낮은 퍼텐셜에너지가 낮은 전기 퍼텐셜을 의미하지만(그림 17.5a), 음전하에서는 낮은 퍼텐셜에너지가 높은 전기 퍼텐셜을 뜻한다(그림 17.5b). 이것은 놀랄 일이 아니다. 양전하에 작용하는 힘은 $\vec{E}$와 같은 방향이지만 음전하에 작용하는 힘은 $\vec{E}$의 방향과 반대이기 때문이다.

$\vec{E}$는 V가 감소하는 방향을 가리킨다.

전기장이 0인 부분에서 퍼텐셜은 일정하다.

살펴보기 17.2 점 P에서 $+x$ 방향으로 이동할 때는 퍼텐셜이 증가하지만 점 P에서 y 방향이나 z 방향으로 이동하면 퍼텐셜은 변하지 않는다고 할 때, P에서 전기장의 방향은 어느 쪽인가?

보기 17.3 전지로 작동하는 랜턴

전지로 작동하는 랜턴이 5.0분 동안 켜져 있다. 이 시간 동안 총전하 -8.0×10^2 C의 전자들이 램프를 통해 흐르고 9600J의 전기 퍼텐셜에너지가 빛과 열로 전환된다. 전자들은 얼마의 전기 퍼텐셜 차를 통해 움직이는가?

전략 식 (17–8)은 전기 퍼텐셜에너지의 변화와 전기 퍼텐셜 사이의 관계를 설명한다. 식 (17–8)을 단일전자에 적용할 수는 있지만, 모든 전자가 같은 전기 퍼텐셜 차 아래에서 움직이므로 q를 전자의 총전하로, ΔU_E를 전기 퍼텐셜에너지의 총변화로 놓을 수 있다.

풀이 램프를 통해 이동하는 총전하는 $q=-800$ C이다. 전기 퍼텐셜에너지의 변화는 다른 형태의 에너지로 변환되었기 때문에 음$^-$이다. 따라서

$$\Delta V=\frac{\Delta U_{\mathrm{E}}}{q}=\frac{-9600\ \mathrm{J}}{-8.0\times10^2\ \mathrm{C}}=+12\ \mathrm{V}$$

이다.

검토 전기 퍼텐셜 차의 부호는 양$^+$이다. 음전하들은 전기 퍼텐셜이 증가하는 쪽으로 움직일 때 전기 퍼텐셜에너지를 감소시킨다.

개념형 실전문제 17.3 **전자 빔**

전자 빔이 서로 반대 방향으로 대전된 평행 판 사이를 운동할 때 구부러진다(그림 17.6). 어느 판의 전기 퍼텐셜이 더 높은가?

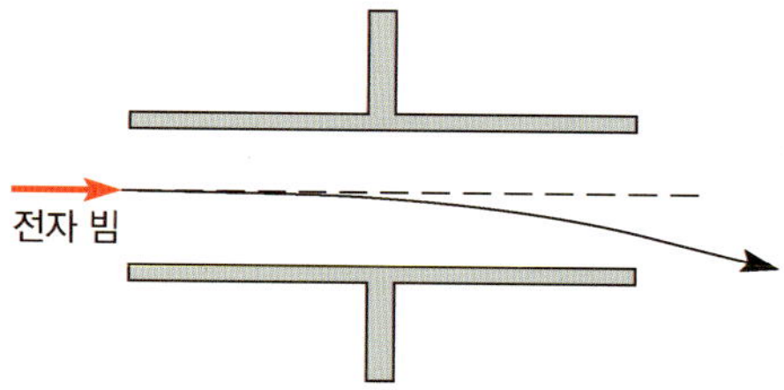

그림 17.6 반대로 대전된 한 쌍의 판에 의해 편향되는 전자 빔

점전하에 의한 전기 퍼텐셜

점전하 q가 다른 점전하 Q의 가까이에 있다면 전기 퍼텐셜에너지는

$$U = \frac{kQq}{r} \tag{17-3}$$

이다. 이때 Q와 q는 거리 r만큼 떨어져 있다. 따라서 점전하 Q에서 거리가 r인 곳의 전기 퍼텐셜은 다음과 같다.

점전하에서 거리 r인 곳의 퍼텐셜

$$V = \frac{kQ}{r} \quad (r = \infty \text{에서 } V = 0) \tag{17-9}$$

퍼텐셜의 중첩 N개의 점전하에 의한 점 P의 퍼텐셜은 각 전하에 의한 퍼텐셜의 합이다.

$$V = \sum V_n = \sum \frac{kQ_n}{r_n} \text{에 대해 } n = 1, 2, 3, \cdots, N \tag{17-10}$$

여기서 r_n은 n번째 점전하 Q_n에서 점 P까지의 거리이다.

보기 17.4 세 개의 점전하에 의한 퍼텐셜

그림 17.7과 같이 전하 $Q_1 = +4.0\ \mu\text{C}$이 (0.0, 3.0) cm, 전하 $Q_2 = +2.0\ \mu\text{C}$이 (1.0, 0.0) cm, 전하 $Q_3 = -3.0\ \mu\text{C}$이 (2.0, 2.0) cm에 놓여 있다. (a) 점 $A(x = 0.0,\ y = 1.0)$cm에서 세 점전하에 의한 전기 퍼텐셜을 구하여라. (b) $q = -5.0$ nC의 점전하가 아주 먼 거리에서 점 A로 이동한다. 전기 퍼텐셜에너지는 얼마나 변하는가?

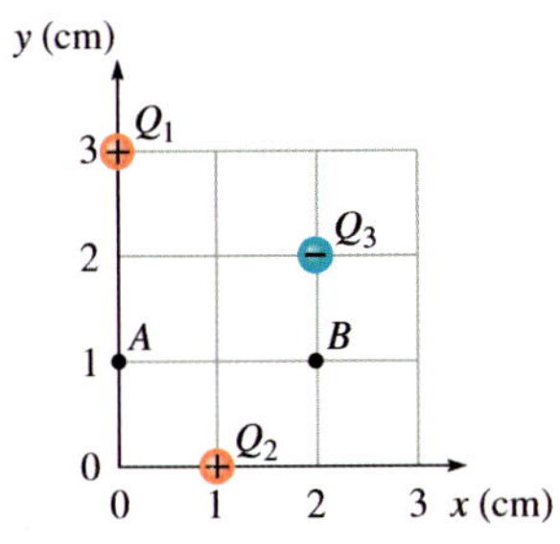

그림 17.7 세 점전하의 배열

전략 점 A에서의 퍼텐셜은 각각의 점전하에 의한 퍼텐셜의 합이다. 첫 단계는 각 전하에서 점 A까지의 거리를 구하는 것이다. 혼동을 피하기 위해 이 거리를 r_1, r_2, r_3이라고 하자. 그다음에 점 A에서 각 전하에 의한 퍼텐셜을 합한다.

풀이 (a) 격자에서 $r_1 = 2.0$ cm이다. q_2에서 점 A까지 거리는 한 변이 1.0 cm인 정사각형의 대각선 길이와 같다. 곧 $r_2 = \sqrt{2.0}$ cm $= 1.414$ cm이다. 세 번째 전하는 변의 길이 2.0 cm, 1.0 cm인 직각삼각형의 빗변과 같은 거리에 있다. 피타고라스 정리로부터

$$r_3 = \sqrt{1.0^2 + 2.0^2}\ \text{cm} = \sqrt{5.0}\ \text{cm} = 2.236\ \text{cm}$$

이다. 점 A에서 퍼텐셜은 각 점전하에 의한 퍼텐셜을 합

한 것이다.

$$V = k\sum\frac{Q_n}{r_n}$$

값들을 대입하면

$$V_A = 8.99\times10^9\frac{\text{N}\cdot\text{m}^2}{\text{C}^2}\times$$
$$\left(\frac{+4.0\times10^{-6}\text{C}}{0.020\text{ m}}+\frac{+2.0\times10^{-6}\text{C}}{0.01414\text{ m}}+\frac{-3.0\times10^{-6}\text{C}}{0.02236\text{ m}}\right)$$
$$= +1.863\times10^6\text{ V}$$

이다. 유효숫자를 두 자리로 맞추면 점 A에서의 퍼텐셜은 $+1.9\times10^6$ V이다.

(b) 퍼텐셜에너지 변화는

$$\Delta U_{\text{E}} = q\Delta V$$

이다. 여기서 ΔV는 전하 q가 움직일 때의 퍼텐셜 차이다. q가 무한히 먼 거리에서 출발한다면 $V_{\text{i}}=0$이다. 그러므로 퍼텐셜에너지 변화는 다음과 같다.

$$\Delta U_{\text{E}} = q(V_A - 0) = (-5.0\times10^{-9}\text{ C})\times$$
$$(+1.863\times10^6\text{ J/C}-0) = -9.3\times10^{-3}\text{ J}$$

검토 퍼텐셜의 양$^+$의 부호는 점 A에 있는 양전하가 양의 퍼텐셜에너지를 갖고 있음을 의미한다. 멀리서 양전하를 가져오려면 퍼텐셜에너지는 증가해야 한다. 그러므로 전하를 가져오는 데 외부요인이 양$^+$의 일을 해야 한다. 반면에 그 점에 있는 음전하는 음$^-$의 퍼텐셜에너지를 가진다. q가 퍼텐셜이 0인 점에서 퍼텐셜이 양인 점으로 이동할 때 퍼텐셜의 증가는 퍼텐셜에너지를 감소시킨다($q<0$).

실전문제 17.4에서는 q가 A에서 B로 움직일 때 전기장이 한 일을 묻고 있다. 힘의 크기나 방향이 일정하지 않으므로 힘의 성분과 거리를 직접 곱할 수는 없다. 원칙적으로는 이 문제를 미적분을 이용해 풀 수 있다. 그러나 퍼텐셜 차를 사용함으로써 벡터 성분이나 미적분 없이도 똑같은 결과를 얻을 수 있다.

실전문제 17.4 **점 B에서의 퍼텐셜**

점 $B(x=2.0\text{ m},\ y=1.0\text{ m})$에서 보기 17.4와 동일한 전하 배열에 의한 퍼텐셜을 구하고 $q=-5.0$ nC 전하가 A에서 B로 이동할 때 전기장이 한 일을 구하여라.

개념형 보기 17.5 정사각형의 중심에서 전기장과 퍼텐셜

네 개의 같은 양의 점전하 q가 변 s의 모서리에 고정되어 있다(그림 17.8). (a) 정사각형의 중심에서 전기장은 0인가? (b) 정사각형의 중심에서 퍼텐셜은 0인가?

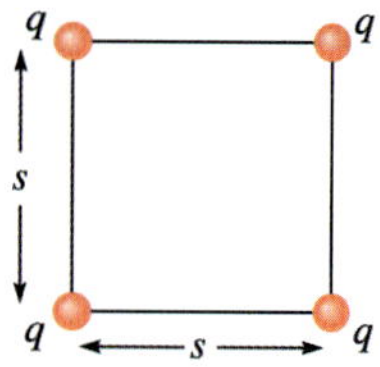

그림 17.8 정사각형의 모서리에 있는 같은 네 개의 점전하

전략 및 풀이 (a) 중심의 전기장은 각 점전하에 의한 전기장의 **벡터** 합이다. 그림 17.9는 정사각형의 중심에서 각 전하에 의한 전기장 벡터를 보여준다. 중심이 각 모서리에서 같은 거리에 있으며 네 개의 전하가 동일하다. 그 때문에 각 벡터는 같은 크기를 가진다. 그러므로 전기장의 벡터 합은 0이 된다.

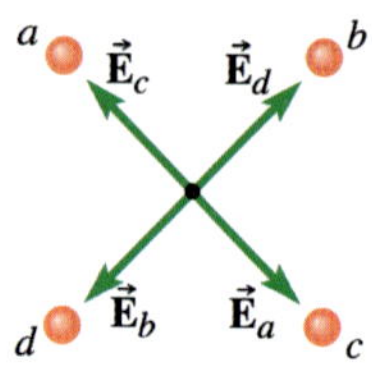

그림 17.9 정사각형의 중심에서 각 점전하에 의한 전기장 벡터

(b) 퍼텐셜은 벡터가 아니라 스칼라이므로, 정사각형의 중심에서 퍼텐셜은 각 전하에 의한 퍼텐셜의 스칼라 합이

다. 거리와 전하량이 같기 때문에 퍼텐셜은 모두 같다. 각각은 $q > 0$으로, 양$^+$의 부호를 갖는다. 정사각형의 중심에서 총퍼텐셜은

$$V = 4\frac{kq}{r}$$

이다. 여기서 $r = s/\sqrt{2}$는 정사각형의 각 모서리에서 중심까지의 거리이다.

검토 이 보기에서는 퍼텐셜이 0이 아닌 점에서 전기장은 0이다. 다른 경우에는, 같은 점에서 전기장이 0이 아니면서 퍼텐셜이 0인 점이 있을 수 있다. 전기장이 0이거나 그 반대라는 이유로 한 점에서의 퍼텐셜을 0이라고 가정해서는 안 된다. 전기장이 한 점에서 0이라면, 그 점에 있는 점전하는 알짜 전기력을 느끼지 못한다는 것을 의미한다. 한 점에서 퍼텐셜이 0이면 점전하가 무한히 먼 곳에서 그 점으로 이동할 때 전기장이 하는 총일의 양이 0임을 의미한다.

실전문제 17.5 다른 전하 조합에 관한 전기장과 퍼텐셜

한 변의 길이가 2.0cm인 정사각형의 한 모서리에는 $+9.0\mu C$의 전하가, 다른 세 모서리에는 $-3.0\mu C$의 전하가 놓여 있다(그림 17.10). 이 정사각형의 중심에서 전기장과 퍼텐셜을 구하여라.

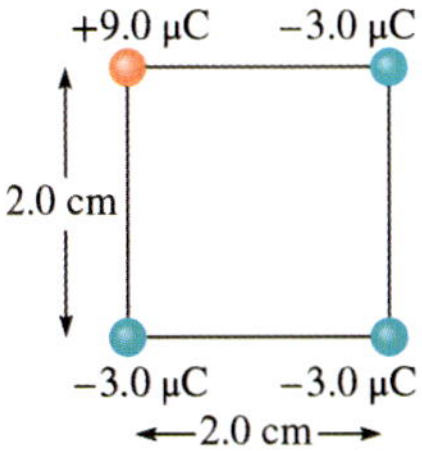

그림 17.10 실전문제 17.5에 관한 전하

구형 도체에 의한 퍼텐셜

16.4절에서, 대전된 도체 구 외부에서의 전기장은 모든 전하가 구의 중심에 있는 점전하에 집중되었을 때와 같다는 것을 보았다. 결과적으로 도체 구에 의한 전기 퍼텐셜은 점전하에 의한 퍼텐셜과 유사하다.

그림 17.11은 반지름이 R, 전하가 Q이고 속이 꽉 찼거나 빈 도체 구의 중심에서부터의 거리 r의 함수로 전기장의 세기와 퍼텐셜을 나타낸 그래프이다. 도체 구 내부($r = 0$에서 $r = R$까지)의 전기장은 0이다. 전기장의 크기는 도체의 표면에서 가장 크다가, $1/r^2$로 작아진다. 구의 바깥에서 전기장은 $r = 0$에 위치한 전하 Q와 같다.

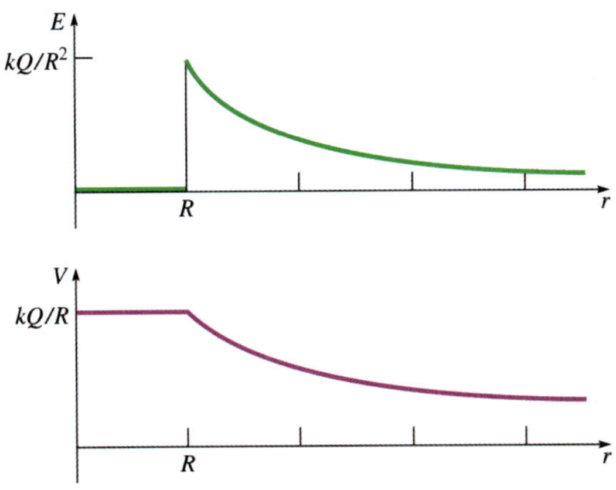

그림 17.11 중심으로부터의 거리 r의 함수로 표현한, 반지름이 R이고 전하가 Q인 속이 꽉 찼거나 빈 도체 구에 의한 전기장과 퍼텐셜. $r \geq R$에서 전기장과 퍼텐셜은 원점에 점전하 Q가 있는 경우와 같다. $r < R$에서 전기장은 0이고 퍼텐셜은 일정하다.

$r = \infty$ 일 때 퍼텐셜을 0으로 선택했다. 구 외부($r \geq R$)의 전기장은 점전하 Q에서 거리 r만큼 떨어진 곳에서의 전기장과 같다. 그러므로 구의 중심에서 거리 $r \geq R$만큼 떨어진 어느 한 점에서의 퍼텐셜은 점전하 Q에서 거리 r만큼 떨어진 곳의 퍼텐셜과 같다.

$$V = \frac{kQ}{r} \quad (r \geq R) \tag{17-9}$$

양전하 Q에 대해 퍼텐셜은 양$^+$이고, 음전하에 대해서는 음$^-$이다. 구의 표면에서 퍼텐셜은

$$V = \frac{kQ}{R} \tag{17-11}$$

이다. 도체의 물질이나 공동 내부의 전기장은 0이기 때문에 시험 전하가 구 내부에서 움직였다면 전기장은 어떠한 일도 하지 않은 것이다. 그러므로 구 **내부의 모든 곳에서의** 퍼텐셜은 구 **표면**에서의 퍼텐셜과 같다. 따라서 $r < R$일 때 퍼텐셜은 점전하에서와 같지 않다(**점전하**에 의한 퍼텐셜의 크기는 $r \to 0$으로 감에 따라 계속해서 증가한다).

그림 17.12 머리카락 세우기 실험. 지면과 절연된 사람이 반데그래프의 반구형 부분을 만지면 반구형 부분과 동일한 퍼텐셜에 이른다. 효과는 매우 눈에 띄지만 몸 전체의 퍼텐셜이 같으므로 사람에게는 아무런 위험이 없다. 신체의 두 부분 사이에 퍼텐셜 차가 크면 위험하거나 심지어 치명적일 수 있다.

응용 : 반데그래프 발전기

반데그래프 발전기는 도체를 높은 퍼텐셜 차로 대전시키기 위해 고안된 장치이다(그림 17.13). 큰 도체 구가 절연 실린더 위에 놓여 있으며, 실린더 안에는 전동기로 구동되는 컨베이어 벨트가 마찰을 통해서 실린더의 아래쪽에 있는 다른 대전원으로부터 음전하를 수집한다. 전하는 컨베이어 벨트에 의해 실린더의 꼭대기로 운반되어 작은 금속 막대에 모여서 도체 구로 이동한다. 많은 전하가 도체 구에 쌓이면서 전하는 다른 전하를 밀어내고,

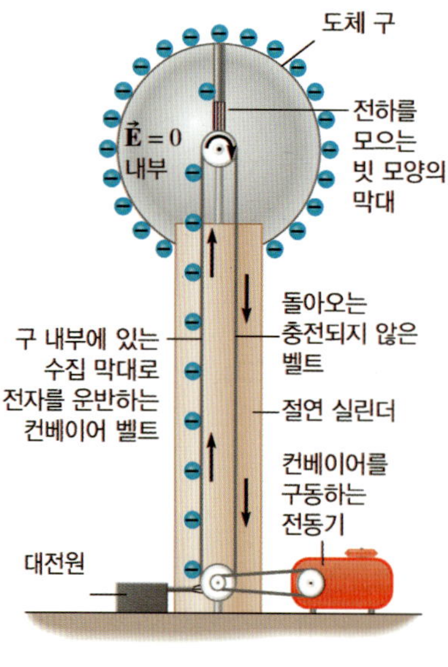

그림 17.13 반데그래프 발전기

다른 전하에서 최대한 멀리 떨어진 곳으로 이동하여 결국에는 도체 구의 표면에 있게 된다.

도체 구의 내부에서 전기장은 0이기 때문에 이미 도체 표면에 있는 전하는 컨베이어 벨트의 꼭대기 근처에 있는 전하에 어떠한 반발력도 작용하지 않는다. 따라서 많은 양의 전하가 도체 구의 표면에 쌓일 수 있고 그에 따라 극도로 높은 퍼텐셜 차를 만들 수 있다. 큰 구로는 수백만 볼트의 퍼텐셜 차를 얻을 수 있다. 상업용 반데그래프 발전기는 높은 에너지의 강력한 X선 빔을 만드는 데 필요한 큰 퍼텐셜 차를 공급한다. X선은 의학에서 암 치료에 이용되며 공업에서는 (기계 부품에 있는 작은 결함을 감지하기 위한) 방사선 촬영과 플라스틱의 중합에 사용된다. 오래된 공상과학영화에서는 종종 이런 종류의 발전기에서 불꽃이 튀는 것을 볼 수 있을 것이다.

보기 17.6 반데그래프에 필요한 최소 반지름

반데그래프를 240 kV 의 퍼텐셜로 대전시키려고 한다. 평균적인 습도가 유지되는 날에 전기장이 8.0×10^5 N/C 이상이면 공기 분자가 이온화되어 반데그래프에서 전하가 새어 나간다. 이때 도체 구의 최소 반지름을 구하여라.

전략 도체 구의 퍼텐셜을 $V_{최대} = 240$ kV로 놓고 구 바로 바깥의 전기장의 세기가 $E_{최대} = 8.0\times10^5$ N/C 이하가 되도록 한다. $\vec{E}$와 V는 구 표면의 전하와 반지름에 따라서 변하므로 전하는 소거하고 반지름을 구할 수 있다.

풀이 전하 Q, 반지름 R인 도체 구의 퍼텐셜은

$$V = \frac{kQ}{R}$$

이다. 구 바로 바깥의 전기장의 세기는

$$E = \frac{kQ}{R^2}$$

이다. 두 표현을 비교하면 구 바로 바깥이 $E = V/R$임을 알 수 있다. $V = V_{최대}$라 하면 $E < E_{최대}$여야 한다.

$$E = \frac{V_{최대}}{R} < E_{최대}$$

R에 대해 풀면

$$R > \frac{V_{최대}}{E_{최대}} = \frac{2.4\times10^5\ \text{V}}{8.0\times10^5\ \text{N/C}}$$

$$R > 0.30\ \text{m}$$

이다. 최소 반지름은 30 cm 이다.

검토 큰 퍼텐셜 차를 얻기 위해서는 커다란 도체 구가 필요하다. 작은 구 또는 작은 곡률반지름을 가진 구의 일부분처럼 뾰족한 끝을 가진 도체는 높은 퍼텐셜로 대전될 수 없다. 피뢰침과 같이 뾰족한 끝을 가진 도체에서는 상대적으로 작은 퍼텐셜로도 강한 전기장이 만들어져 근처의 공기를 이온화시키다. 그 때문에 전하가 공기 중으로 새어나갈 수 있다.

이 보기에서 유도된 식 $E = V/R$는 전기장과 퍼텐셜의 일반적인 관계는 **아니다**. 일반적인 관계는 17.3절에서 논의한다.

실전문제 17.6 작은 도체 구

반지름 0.5 cm 인 도체 구에 얼마나 큰 퍼텐셜을 만들 수 있는가? $E_{최대} = 8.0\times10^5$ N/C이라고 가정하여라.

생물계에서의 전기 퍼텐셜 차

일반적으로 생물 세포 안팎의 전기 퍼텐셜은 같지 않다. 세포막을 가로지르는 퍼텐셜 차는 세포 안팎의 유체에 있는 이온의 농도가 다르기 때문에 생긴다. 이러한 퍼텐셜 차는 특히 신경과 근육세포에서 주목할 만하다.

응용 : 신경 자극의 전달 신경세포나 **뉴런**은 세포체와 **축색돌기**라 부르는 길게 뻗은 연장선으로 이루어져 있다(그림 17.14a). 사람의 축색돌기는 지름이 약 10 ~ 20 μm 이다. 축색돌기가 휴식 상태일 때, 세포막 안쪽 표면의 음이온과 바깥쪽 표면의 양이온은 내부 유체의 퍼텐셜을 외부 유체에 대해 −85 mV가 되게 한다.

신경 자극은 축색돌기를 따라 전파되는 세포막을 가로지르는 퍼텐셜 차의 변화이다. 갑자기 자극받은 세포막 끝부분으로 약 0.2 ms 동안 나트륨 양이온이 투과할 수 있다. 나트륨 이온은 세포로 흘러들어가 세포막의 안쪽 표면에 있는 전하의 극성을 변화시킨다. 세포막을 가로지르는 퍼텐셜 차는 약 −85 mV에서 +60 mV로 변한다. 세포막을 가로지르는 퍼텐셜 차의 극성이 반전되는 것을 **활성 퍼텐셜**이라 한다(그림 17.14b). 활성 퍼텐셜은 30 m/s의 속력으로 축색돌기를 따라 전파한다.

휴식 퍼텐셜로 회복하기 위해서는 칼륨의 확산과 나트륨 이온을 세포 바깥으로 퍼내는 과정이 필요하다. 이 과정을 **능동수송**이라 한다. 신체의 필요 휴식 에너지 중 20 % 정도는 나트륨 이온의 능동수송에 사용된다.

유사한 극성 변화들이 근육세포의 세포막에서 일어난다. 신경 자극이 근섬유에 닿으면 퍼텐셜의 변화를 일으키고, 퍼텐셜은 근섬유를 따라 전파되고 근육이 수축하도록 신호를 준다.

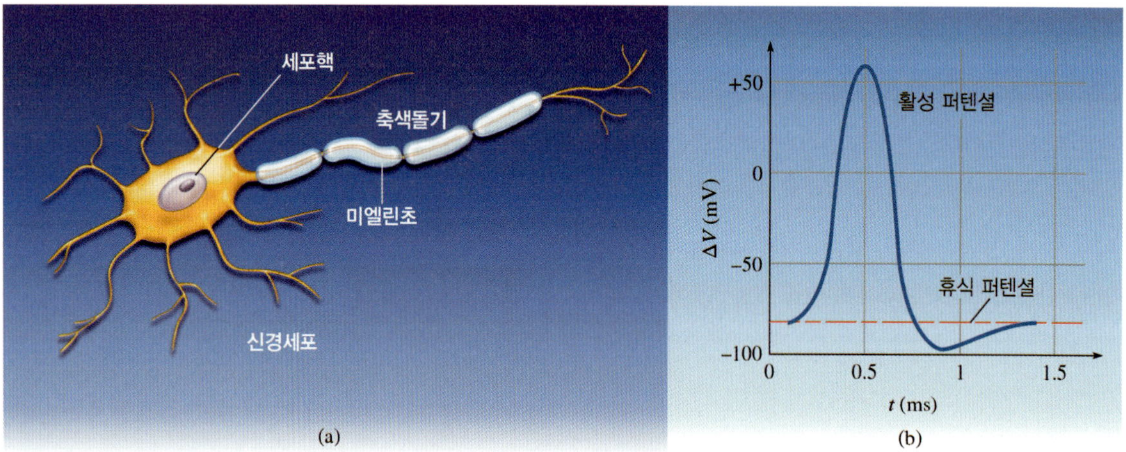

그림 17.14 (a) 뉴런의 구조. (b) 활성 퍼텐셜. 그래프는 축색돌기 위에 있는 세포막 안팎의 퍼텐셜 차를 시간의 함수로 보여준다.

심장에 있는 근육세포를 포함한 근육세포는 세포막 내부에 음이온 층을, 세포막 외부에 양이온 층을 가진다. 매 심장 박동 직전에 양이온은 세포 속으로 주입되어 전기 퍼텐셜 차를 상쇄시킨다. 뉴런의 활성 퍼텐셜과 마찬가지로 근육세포의 **탈분극**이 세포의 한쪽 끝에서 시작되어 다른 끝으로 진행한다. 다양한 세포의 탈분극은 여러 경우에 발생한다. 심장이 이완되면 세포들은 다시 분극화된다.

응용 : 심전도계, 뇌파계, 망막 전기 퍼텐셜계 심전도계[ECG]는 가슴 위에 있는 여러 점 사이의 퍼텐셜 차를 시간의 함수로 측정한다(그림 17.15). 심장 내 세포들의 탈분극과 분극은 퍼텐셜 차를 발생시키고 이를 피부에 연결해 둔 전극으로 측정할 수 있다. 전극에 의해 측정된 퍼텐셜 차는 증폭되어 기록계나 컴퓨터에 저장된다(그림 17.16).

심장에 의한 퍼텐셜 차 이외의 다른 퍼텐셜 차들은 진단 목적으로 이용된다. 뇌파계[EEG]에서는 뇌의 전기적 활동에 의한 퍼텐셜 차를 측정하기 위해 전극을 머리에 붙인다. 망막 전기 퍼텐셜계[ERG]는 섬광이나 빛에 의해 자극될 때 망막의 전기적 활동에 의한 퍼텐셜 차를 측정하기 위해 전극을 눈 주위에 붙인다.

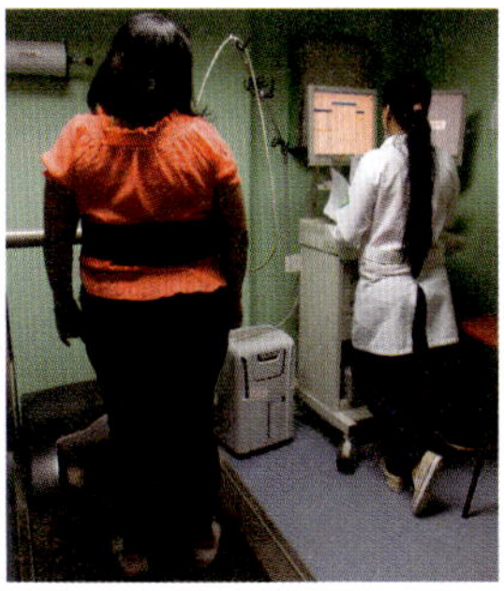

그림 17.15 스트레스 검사. 심전도계는 두 전극 사이에서 측정된 퍼텐셜 차를 시간의 함수로 그려낸다. 이러한 퍼텐셜 차는 운동 중에 심장이 정상적으로 기능하는지를 알려준다.

17.3 전기장과 퍼텐셜의 관계
The Relationship between Electric Field and Potential

이 절에서는 전기장과 전기 퍼텐셜의 시각적 표현부터 시작해, 둘 사이의 관계에 대해 상세하게 알아본다.

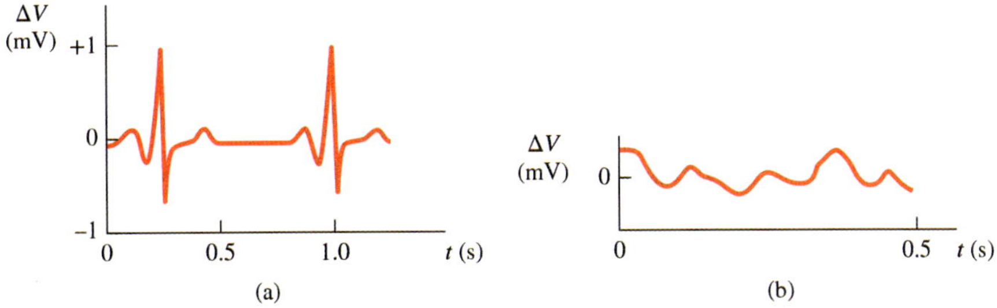

그림 17.16 (a) 정상적인 심전도계는 심장이 건강하다는 것을 보여준다. (b) 비정상적이거나 불규칙적인 심전도계는 심장에 문제가 있음을 보여준다. 이 심전도계는 심장세동을 나타내는데, 잠재적으로 생명을 위협할 수 있는 조건이다.

등퍼텐셜면

그림 17.17 고도가 같은 점을 연결한 등고선을 나타낸 지형도

전기장선 그림은 전기장을 시각적으로 표현하는 데 유용하다. 전기 퍼텐셜을 표현하기 위해 등고선 지도와 유사한 것을 만들 수 있다. **등퍼텐셜면**equipotential surface상의 모든 점에서 퍼텐셜은 같다. 이는 지형도에서 고도가 같은 점을 연결한 등고선과 유사하다(그림 17.17). 등퍼텐셜면에서 어느 두 점 사이의 퍼텐셜 차가 0이기 때문에 면 위의 한 점에서 다른 점으로 전하가 이동할 때 전기장이 하는 일은 없다.

등퍼텐셜면과 전기장선은 밀접하게 연관되어 있다. 퍼텐셜이 일정하게 유지되는 방향으로 전하를 이동하고자 한다면, 전기장이 전하에 어떤 일도 하지 않도록 변위는 전기력에 수직이어야 한다(그러므로 전기장에도 수직이다). 항상 전하를 전기장에 수직인 방향으로 움직이게 한다면 전기장이 하는 일은 0이고 퍼텐셜은 일정하게 유지된다.

> 등퍼텐셜면은 면 위의 모든 점에서 전기장선에 수직이다.

역으로, 퍼텐셜의 변화를 **최대화하는** 방향으로 전하를 움직이고자 한다면 전기장과 평행이거나 역평행으로 움직여야 한다. 등퍼텐셜면에 수직인 변위 요소만이 퍼텐셜을 변화시킨다. 등고선을 생각해 보자. 가장 가파른 경사(고도가 가장 급격히 변화하는 부분)는 등고선에 수직이다. 전기장은 퍼텐셜의 기울기에 음⁻의 부호를 붙인 것이다(그림 17.18). 기울기는 퍼텐셜이 최대로 증가하는 방향이므로, 음의 기울기(전기장)는 퍼텐셜이 최대로 **감소하는** 방향을 가리킨다. 등고선 지도에서 등고선들이 밀집되어 있는 곳이 가장 가파르듯이, 등퍼텐셜면의 그림도 유사하다.

연결고리 등고선 지도에서 등고선은 **중력** 퍼텐셜이 일정한 선(단위 **질량**당 중력 퍼텐셜에너지)이다.

> 인접한 두 면 사이의 퍼텐셜 차가 일정하도록 등퍼텐셜면을 그린다면
> 전기장이 강할수록 그 면들은 더 가까이에 있다.
> 전기장은 항상 퍼텐셜이 최대로 감소하는 방향을 가리킨다.

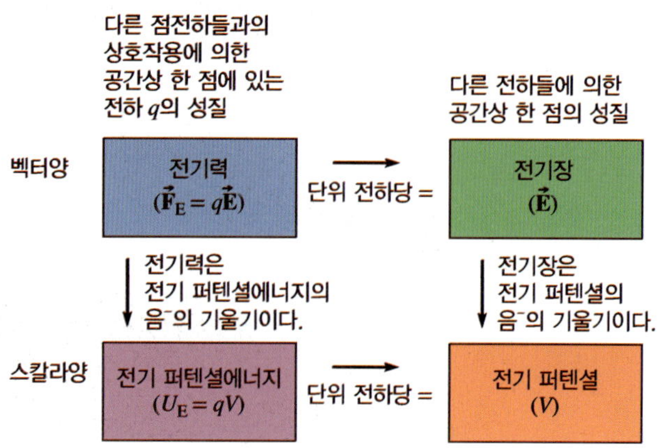

그림 17.18 전기력, 전기장, 퍼텐셜에너지 및 퍼텐셜 사이의 관계

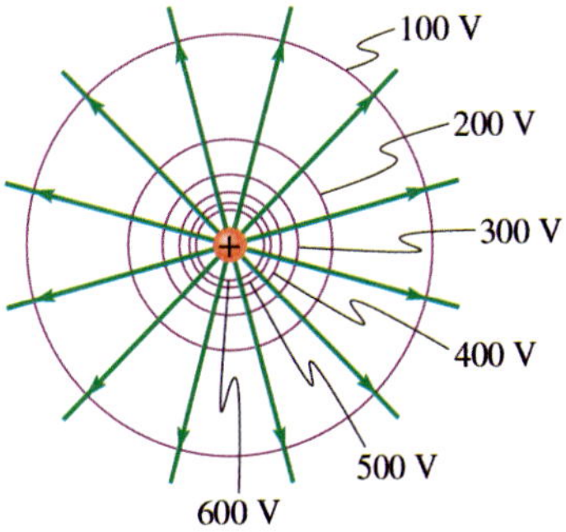

그림 17.19 양의 점전하 주위의 등퍼텐셜면. 원들은 구의 표면과 이 지면 사이의 교차 단면을 나타낸다. 퍼텐셜은 양전하에서 멀어짐에 따라 감소한다. 전기장선은 구 표면에 대해 수직이고 퍼텐셜이 낮은 방향으로 향한다. 거리가 멀어지면서 전기장이 약해지기 때문에 등퍼텐셜면 사이의 간격은 증가한다.

가장 간단한 등퍼텐셜면은 단일 점전하에 의한 것이다. 점전하에 의한 퍼텐셜은 전하로부터의 거리에만 의존하므로 등퍼텐셜면은 전하를 중심으로 하는 구면이다(그림 17.19). 등퍼텐셜면은 무한히 많으므로, 보통 일정 간격의 등퍼텐셜면 몇 개를 그린다. 등고선 지도에서 등고선을 10 ft 간격으로 그리는 것과 같다.

개념형 보기 17.7 두 점전하의 등퍼텐셜면

두 점전하 $+Q$와 $-Q$에 대한 등퍼텐셜면을 그려라.

전략 및 풀이 등퍼텐셜면을 그리는 한 가지 방법은 먼저 전기장선을 그리는 것이다. 그런 다음에 장선의 모든 점에서 그 선에 수직인 선을 그려서 등퍼텐셜면을 만든다. 어느 한 점전하와 가까우면 전기장이 그 점전하로 인해 주로 형성되므로 등퍼텐셜면은 거의 구형이 된다.

그림 17.20은 두 전하에 대한 전기장선과 등퍼텐셜면을 그린 것이다.

검토 이 2차원 그림은 이 지면과 등퍼텐셜면의 교차 단면을 보여준다. 두 전하 사이의 중간 평면을 제외하고, 등퍼텐셜면은 전하 중 하나를 감싸는 닫힌 면이다. 전하에 아주 가까운 등퍼텐셜면은 거의 구형이다.

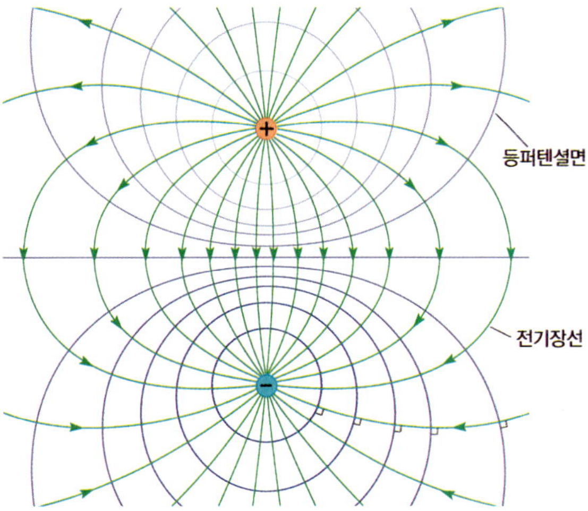

그림 17.20 크기는 같지만 부호가 반대인 두 점전하에 대한 등퍼텐셜면(보라색)과 전기장선(녹색) 그림의 일부

개념형 실전문제 17.7 두 개의 양전하에 대한 등퍼텐셜면

두 개의 같은 양전하에 대해 등퍼텐셜면을 그려라.

균일한 전기장에서의 퍼텐셜

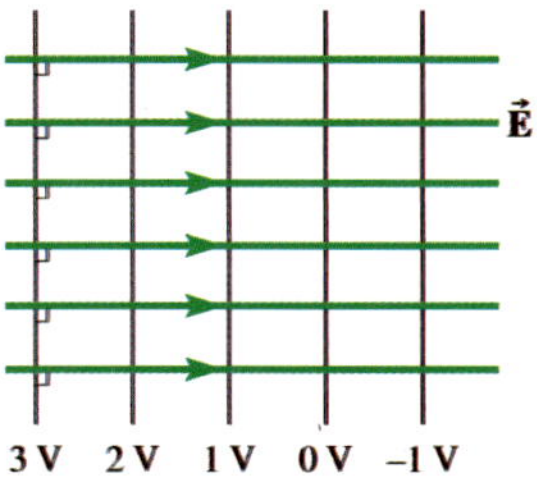

그림 17.21 균일한 전기장에서의 전기장선과 등퍼텐셜면(1V 간격). 등퍼텐셜면은 같은 간격의 평면이고 전기장선에 수직이다.

17.5절에서 살펴보겠지만, 균일한 전기장은 반대로 대전된 한 쌍의 금속판을 평행하게 놓음으로써 만들 수 있다. 균일한 전기장에서 전기장선은 간격이 같은 평행선이다. 등퍼텐셜면은 전기장선에 수직이므로 등퍼텐셜면은 평행한 평면들이다(그림 17.21). 퍼텐셜은 $\vec{E}$의 방향으로 한 면에서 다음 면으로 가면서 감소한다. 등퍼텐셜면 사이의 간격은 $\vec{E}$의 크기에 의존하기 때문에, 균일한 전기장 평면 내에서 같은 퍼텐셜 차는 같은 간격으로 떨어져 있다.

전기장의 세기와 등퍼텐셜면 사이 간격의 양적 관계를 알아내기 위해서 점전하 $+q$가 크기가 E인 전기장의 방향으로 거리 d만큼 움직인다고 상상해 보자. 전기장이 한 일은

$$W_{\mathrm{E}} = F_{\mathrm{E}} d = qEd \tag{17-12}$$

이다. 전기 퍼텐셜에너지의 변화는

$$\Delta U_{\mathrm{E}} = -W_{\mathrm{E}} = -qEd \tag{17-13}$$

이다. 퍼텐셜의 정의로부터 퍼텐셜 변화는 다음과 같다.

균일한 전기장에서의 퍼텐셜 차

$$\Delta V = \frac{\Delta U_{\mathrm{E}}}{q} = -Ed \tag{17-14}$$

(전기장 방향의 변위 d에 대해)

식 (17−14)에서 음$^-$의 부호는 퍼텐셜이 전기장의 방향으로 **감소**하기 때문이다.

또한 식 (17−14)는 전기장의 SI 단위 N/C을 **미터당 전압** V/m로 쓸 수도 있다는 것을 의미한다.

$$1\ \mathrm{N/C} = 1\ \mathrm{V/m} \tag{17-15}$$

전기장이 강하면, 등퍼텐셜면의 간격이 좁아진다. 이는 미터당 전압이 크다는 것이다. 주어진 전압에서 퍼텐셜을 변화시키기 위해 많은 거리가 필요하지 않다.

살펴보기 17.3 그림 17.21에서 등퍼텐셜면들의 퍼텐셜은 1.0 V씩 차이가 난다. 전기장의 크기가 25 N/C = 25 V/m인 경우, 면 사이의 간격은 얼마인가?

도체 내부의 퍼텐셜

16.6절에서, 정전기적 평형(어떤 전하도 움직이지 않을 때)일 때 도체 내부의 모든 점에서 $E = 0$임을 배웠다. 전기장이 모든 점에서 0이면 한 점에서 다른 점으로 이동하더라도 전기 퍼텐셜은 변하지 않는다. 도체 내부에 퍼텐셜 차가 있다면, 전하는 그에 따라 움직일 것이다. 양전하는 퍼텐셜이 낮은 방향으로 전기장에 의해 가속될 것이고 음전하는 퍼텐셜이 높은 방향으로 가속될 것이다. 움직이는 전하가 없다면 전기장은 모든 곳에서 0이고 도체 내에는 어떠한 퍼텐셜 차도 존재하지 않는다. 그러므로

> 정전기적 평형상태에 있는 도체 내부의 모든 점에서 퍼텐셜은 같아야 한다.

17.4 움직이는 전하에 대한 에너지 보존
Conservation of Energy For Moving Charges

전기장 내에서 전하가 한 점에서 다른 점으로 움직일 때 전기 퍼텐셜에너지의 변화는 총 에너지를 일정하게 유지하기 위해 다른 형태의 에너지 변화를 동반하여야 한다. 중력 또는 탄성 퍼텐셜에너지와 마찬가지로 에너지 보존을 써서 문제를 쉽게 해결할 수 있다.

점전하에 다른 어떤 힘도 작용하지 않는다면, 그 전하가 전기장 내에서 움직일 때 운동에너지와 전기 퍼텐셜에너지의 합은 일정하다.

$$K_\mathrm{i} + U_\mathrm{i} = K_\mathrm{f} + U_\mathrm{f}$$

중력이 전기력보다 매우 약할 때, 중력 퍼텐셜에너지의 변화는 전기 퍼텐셜에너지의 변화와 비교하면 무시할 수 있다.

연결고리 이것은 에너지 보존과 같은 원리이다. 그저 다른 형태의 에너지(전기 퍼텐셜에너지)에 적용하고 있을 뿐이다.

보기 17.8 음극선관(CRT)의 전자총

전자총에서 음극에 있던 전자들은 음극보다 전기 퍼텐셜이 높은 양극으로 가속된다(그림 16.39 참조). 음극과 양극의 퍼텐셜 차가 12 kV라면, 전자들이 양극에 다다를 때 속력은 얼마인가? 음극을 출발할 때 전자들의 처음 운동에너지는 무시할 수 있다고 가정하여라.

전략 에너지 보존 법칙을 이용해, 처음 운동에너지와 퍼텐셜에너지의 합을 최종 운동에너지와 퍼텐셜에너지의 합과 같게 놓는다. 처음 운동에너지는 0으로 한다. 최종 운동에너지를 구하면 속력을 구할 수 있다.

- 주어진 조건 : $K_i = 0$, $\Delta V = +12\ \text{kV}$
- 구해야 할 값 : v

풀이 전기 퍼텐셜에너지의 변화는

$$\Delta U = U_f - U_i = q\Delta V$$

이다. 에너지 보존 법칙으로부터

$$K_i + U_i = K_f + U_f$$

이다. 최종 운동에너지에 대해 풀면

$$K_f = K_i + (U_i - U_f) = K_i - \Delta U$$
$$= 0 - q\Delta V$$

이다. 속력을 구하기 위해서 $K_f = \frac{1}{2}mv^2$으로 놓으면

$$\frac{1}{2}mv^2 = -q\Delta V$$

$$v = \sqrt{\frac{-2q\Delta V}{m}}$$

이다. 전자에 대해

$$q = -e = -1.602 \times 10^{-19}\ \text{C}$$
$$m = 9.109 \times 10^{-31}\ \text{kg}$$

이다. 이 값을 대입하면 다음과 같다.

$$v = \sqrt{\frac{-2 \times (-1.602 \times 10^{-19}\ \text{C}) \times (12000\ \text{V})}{9.109 \times 10^{-31}\ \text{kg}}}$$
$$= 6.5 \times 10^7\ \text{m/s}$$

검토 답은 광속(3×10^8 m/s)의 20%를 넘는다. 아인슈타인의 상대성 이론을 이용해 더 정확하게 풀면 속력은 6.4×10^7 m/s이다.

이 문제를 풀기 위해 에너지 보존을 이용하면 최종 속력은 음극과 양극 사이의 퍼텐셜 차에 의존하고 그 사이의 거리에는 무관함을 알 수 있다. 뉴턴의 제2법칙을 이용해 이 문제를 풀기 위해서는 전기장이 균일하더라도 음극과 양극 사이의 거리 d를 가정하여야 한다. d를 이용해서 전기장의 크기

$$E = \frac{\Delta V}{d}$$

를 구할 수 있다. 전자의 가속도는

$$a = \frac{F_E}{m} = \frac{eE}{m} = \frac{e\Delta V}{md}$$

이다. 이제 최종 속력을 구할 수 있다. 가속도가 일정하므로

$$v = \sqrt{v_i^2 + 2ad} = \sqrt{0 + 2 \times \frac{e\Delta V}{md} \times d}$$

이다. 거리 d를 소거하면 에너지 보존을 통해 얻은 값과 같은 결과를 나타낸다.

실전문제 17.8 가속되는 양성자

양성자가 정지 상태에서 퍼텐셜 차를 통과하면서 가속된다. 최종 속력은 2.00×10^6 m/s이다. 퍼텐셜 차는 얼마인가? 양성자의 질량은 1.673×10^{-27} kg이다.

17.5 축전기 Capacitors

전기 퍼텐셜에너지를 저장하기 위한 유용한 장치가 있을까? 그렇다. 모든 전자기기에서는 축전기라 불리는 많은 장치들을 사용하고 있다(그림 17.22).

축전기 capacitor는 양전하와 음전하를 분리해 저장함으로써 전기 퍼텐셜에너지를 저장하는 장치이다. 축전기는 진공이나 부도체로 분리된 두 개의 도체로 이루어져 있다. 양전하를 하나의 도체에 놓고, 같은 양의 음전하를 다른 도체에 놓아 전하를 분리한다. 양전하와 음전하 사이에는 인력이 작용하므로 양전하를 음전하로부터 분리하기 위해서는 일을 해주어야 하며, 전하를 분리하기 위해 한 일이 결국 전기 퍼텐셜에너지가 된다. 전기장은 두 개의 도체 사이에서 발생한다. 전기장선은 양전하가 있는 도체에서 시작해서 음전하가 있는 도체에서 끝난다(그림 17.23). 저장된 퍼텐셜에너지는 이 전기장과 관련이 있다. 전하를 다시 합침으로써 저장된 에너지를 다시 복구할 수 있다. 곧 다른 형태의 에너지로 전환시킬 수 있다.

그림 17.22 화살표는 컴퓨터의 내부 회로기판에 있는 축전기를 가리킨다.

축전기의 가장 간단한 형태는 각각 같은 넓이 A를 가지고 간격이 d인 두 개의 평행 금속판으로 이루어진 **평행판 축전기** parallel capacitor이다. 전하 $+Q$는 한 쪽 판에, 전하 $-Q$는 다른 쪽 판에 있다. 이제 두 판 사이에 공기가 있다고 가정해 보자. 판을 충전하는 한 가지 방법은 전지의 양극을 한 판에, 전지의 음극을 다른 판에 연결하는 것이다. 전지는 전자를 한 쪽 판에서 제거해서 그 판을 양극으로 만들고, 그 전자들을 다른 판으로 이동시켜 다른 판을 같은 크기의 음전하를 띠도록 한다. 이렇게 하기 위해서 전지는 전지의 화학에너지 일부를 전기 퍼텐셜에너지로 전환하도록 일을 해야 한다. **이상적인** 전지는 일정한 퍼텐셜 차를 유지하기 위해서 전하를 축전기 판 사이로 이동시킨다. 예를 들어, 축전기에 연결된 9볼트 전지는 판 사이의 퍼텐셜 차를 9 V로 유지한다.

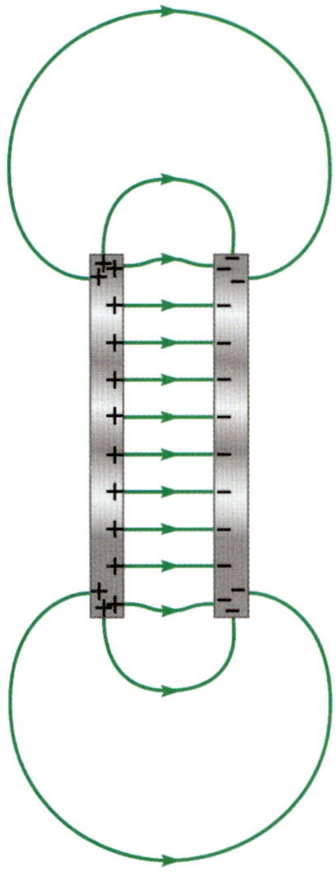

그림 17.23 크기가 같고 부호가 반대인 전하를 가진 두 개의 금속 평행 판의 측면도. 두 판 사이에는 퍼텐셜 차가 존재한다. 양전하가 놓인 판이 높은 퍼텐셜을 갖는다. 두 판 사이의 전기장선은 직선이고, 평행하며, 균일하게 놓여 있다. 이를 식 (17-17)에서 잘 묘사하고 있다.

일반적으로 이러한 두 판 사이의 전기장은 균일하지 않다(그림 17.23 참조). 그러나 판들이 서로 가깝게 있으면, 전하가 판의 내부 표면에 균일하게 퍼져 있고 외부표면에는 전하가 없다는 추정을 할 수 있다. 실제 축전기의 판은 거의 항상 충분히 가까이 있어 이런 근사는 타당하다.

전하가 내부표면에 균일하게 퍼져 있으면, 균일한 전기장이 두 판 사이에 존재한다. 두 판이 서로 가까울수록 두 판의 가장자리 부분에서의 불균일한 전기장을 무시할 수 있다. 전기장선은 양전하에서 시작하고 음전하에서 끝난다. 크기가 Q인 전하가 넓이 A인 각 판에 균일하게 퍼져 있다면, **표면전하밀도**(단위 넓이당 전하)를 그리스 문자 시그마 σ로 표시한다.

$$\sigma = Q/A \tag{17-16}$$

가우스의 법칙(16.7절)을 이용하면, 도체 외부 바로 근처의 전기장의 크기가 다음과 같음을 알 수 있다.

도체 외부 바로 근처의 전기장

$$E = 4\pi k\sigma = \sigma/\epsilon_0 \quad (17\text{-}17)$$

상수 $\epsilon_0 = 1/(4\pi k) = 8.85 \times 10^{-12}\ \mathrm{C}^2/(\mathrm{N} \cdot \mathrm{m}^2)$는 **자유공간의 유전율**(식 (16-9)) 임을 기억하여라. 축전기의 두 판 사이의 전기장이 균일하므로 식 (17-17)은 두 판 사이의 **모든** 곳에서의 전기장의 크기를 알려준다.

두 판 사이의 퍼텐셜 차는 얼마인가? 전기장이 균일하기 때문에, 두 판 사이의 퍼텐셜 차의 **크기**는

$$\Delta V = Ed \quad (17\text{-}14)$$

이다. 전기장은 전하에 비례하고, 퍼텐셜 차는 전기장에 비례한다. 따라서 **전하는 퍼텐셜 차에 비례한다.** 이것은 평행판 축전기에서뿐만 아니라 모든 축전기에서 마찬가지이다. 전하와 퍼텐셜 차 사이의 비례상수는 기하학적 요소(판의 넓이와 형태)와 판 사이의 물질에 의해서만 변한다. 보통 이 비례관계를 다음과 같이 나타낸다.

전기용량의 정의

$$Q = C\Delta V \quad (17\text{-}18)$$

여기서 Q는 각 판의 전하의 크기이고, ΔV는 판 사이의 퍼텐셜 **차**의 크기이다. 비례상수 C는 **전기용량**capacitance이라 부른다. 전기용량을 주어진 퍼텐셜 차에서 전하를 수용할 수 있는 능력으로 생각하여라. 전기용량의 SI 단위는 볼트당 쿨롬인데, 이를 F(패럿)이라 부른다. 패럿은 큰 단위이므로 전기용량은 일반적으로 마이크로 패럿 $\mu\mathrm{F}$, 나노 패럿 nF, 피코 패럿 pF으로 측정된다. 1 mm 떨어진 넓이 $1\ \mathrm{m}^2$의 한 쌍의 판은 약 $10^{-8}\ \mathrm{F} = 10\ \mathrm{nF}$의 전기용량을 가진다.

이제 평행판 축전기의 전기용량을 구할 수 있다. 전기장은

$$E = \frac{\sigma}{\epsilon_0} = \frac{Q}{\epsilon_o A} \quad (17\text{-}19)$$

이다. 여기서 A는 각 판의 내부 겉넓이이다. 만약 판들이 거리 d만큼 떨어져 있으면 퍼텐셜 차의 **크기**는

$$\Delta V = Ed = \frac{Qd}{\epsilon_0 A} \tag{17-20}$$

이다. 이 식을 $Q =$ 상수 $\times \Delta V$ 형태로 다시 쓰면

$$Q = \frac{\epsilon_0 A}{d} \Delta V \tag{17-21}$$

이다. 전기용량의 정의와 비교하면 판 사이가 진공 또는 공기로 이루어진 평행판 축전기의 전기용량은 다음과 같다.

평행판 축전기의 전기용량

$$C = \frac{\epsilon_0 A}{d} = \frac{A}{4\pi k d} \tag{17-22}$$

큰 전기용량을 얻으려면 판 넓이를 넓히고 판 사이의 간격을 작게 해야 한다. 축전기의 물리적 크기를 적절하게 유지하면서도 넓이를 넓히기 위해 절연물질을 사이에 넣은 얇은 도체 박지를 원통형으로 감아서 판을 만들기도 한다(그림 17.24). 공기나 진공이 아닌 부도체를 사용한 효과는 17.6절에서 논의한다.

그림 17.24 도체 박지와 얇은 절연 물질을 볼 수 있도록 분해한 축전기

살펴보기 17.5 축전기가 6.0 V 전지에 연결되어 있다. 완전히 충전되면 판의 알짜 전하는 +0.48 C과 −0.48 C이다. 같은 축전기가 1.5 V 전지에 연결되어 있다면 판의 알짜 전하는 얼마인가?

보기 17.9 컴퓨터 자판

어떤 종류의 컴퓨터 자판에서, 각 자판은 평행판 축전기의 한쪽 판에 부착되어 있고 다른 쪽 판은 고정되어 있다(그림 17.25). 축전기는 외부 회로에 의해 5.0 V의 일정한 퍼텐셜 차로 유지된다. 자판을 아래로 눌러서 위 판이 아래 판에 가깝게 이동하면 전기용량이 변하며 전하가 회로를 통해 흐르게 된다. 만약 각 판이 한 변의 길이가 6.0 mm인 정사각형이고 자판을 눌렀을 때 판 사이의 간격이 4.0 mm에서 1.2 mm로 변한다면 얼마의 전하가 회로를 통해 흘러가겠는가? 판 사이에는 유연한 부도체 대신에 공기가 있다고 가정하여라.

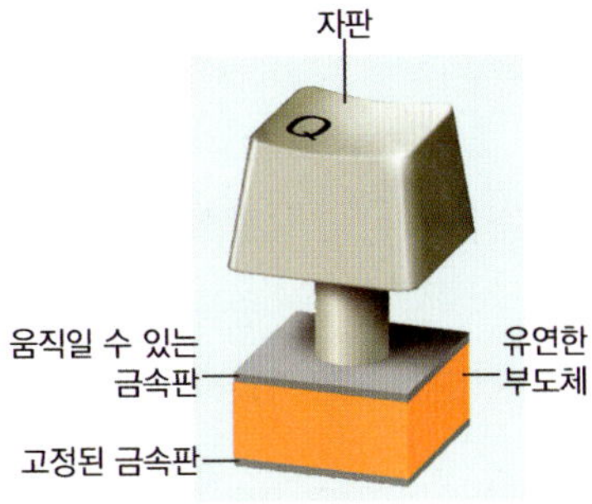

그림 17.25 이런 종류의 컴퓨터 자판은 단지 판 간격을 바꿀 수 있는 축전기이다. 전하가 외부회로를 통해 한 쪽 판에서 다른 판으로 이동함에 따라 회로는 판 간격의 변화를 감지한다.

전략 판의 넓이와 판 사이의 간격이 주어졌으므로 식 (17-22)로부터 전기용량을 구할 수 있다. 그때 전하는 전기용량에 판 사이의 퍼텐셜 차를 곱해서 얻을 수 있다 ($Q = C\Delta V$).

풀이 평행판 축전기의 전기용량은 식 (17-22)로 주어진다.

$$C = \frac{A}{4\pi kd}$$

넓이는 $A = (6.0\text{ mm})^2$이다. 퍼텐셜 차 ΔV는 상수이다. 그 때문에 판 위에 있는 전하 크기의 변화는

$$Q_f - Q_i = C_f\Delta V - C_i\Delta V = \left(\frac{A}{4\pi kd_f} - \frac{A}{4\pi kd_i}\right)\Delta V = \frac{A\Delta V}{4\pi k}\left(\frac{1}{d_f} - \frac{1}{d_i}\right)$$

이다. 이 값을 대입하면

$$Q_f - Q_i = \frac{(0.0060\text{ m})^2 \times 5.0\text{ V}}{4\pi \times 8.99 \times 10^9\text{ N}\cdot\text{m}^2/\text{C}^2} \times \left(\frac{1}{0.0012\text{ m}} - \frac{1}{0.0040\text{ m}}\right) = +9.3 \times 10^{-13}\text{ C} = +0.93\text{ pC}$$

이 된다. ΔQ가 양$^+$이므로 판 위에 있는 전하의 크기는 증가한다.

검토 판이 가까워지면 전기용량은 증가한다. 전기용량이 커진다는 것은 주어진 퍼텐셜 차에 대해 더 많은 전하를 저장할 수 있음을 의미한다. 그러므로 전하의 크기는 증가한다.

실전문제 17.9 **전기용량과 저장된 전하**

판의 넓이가 1.0 m^2이고 판 사이 간격이 1.0 mm인 평행판 축전기가 있다. 판 사이의 퍼텐셜 차는 2.0 kV이다. 전기용량과 각 판 위에 있는 전하의 크기를 구하여라. 이 값들 중 어느 것이 퍼텐셜 차에 따라 변하는가?

축전기의 응용

보기 17.9의 컴퓨터 자판과 같이 한 판이 움직일 수 있는 축전기를 이용한 장치들이 있다. **콘덴서 마이크**(그림 17.26)는 한 판이 음파에 반응해 안팎으로 움직인다(**콘덴서**는 축전기와 동의어이다). 축전기는 일정한 퍼텐셜 차로 유지되며, 판 간격이 변하면 전하가 판으로 흘러들어오거나 흘러나간다. 움직이는 전하(전류)는 전기신호를 발생시키기 위해 증폭된다. **트위터**(고주파 소리용 스피커)의 설계는 반대이다. 전기신호에 반응하여 한쪽 판이 안팎으로 움직여서 음파를 발생시킨다.

축전기는 다른 용도도 있다. 컴퓨터의 RAM(임의접근기억장치)은 수백만 개의 아주 작은 축전기로 이루어져 있다. 각 축전기는 1비트(이진수)를 저장한다. 1을 저장하기 위해 축전기는 충전되고, 0을 저장하기 위해서는 방전된다. 축전기를 둘러싼 절연은 완벽하지 않아서 주기적으로 갱신하지 않으면 전하가 새어나간다. 컴퓨터의 전원이 꺼졌을 때 RAM의 내용이 사라지는 것은 이 때문이다.

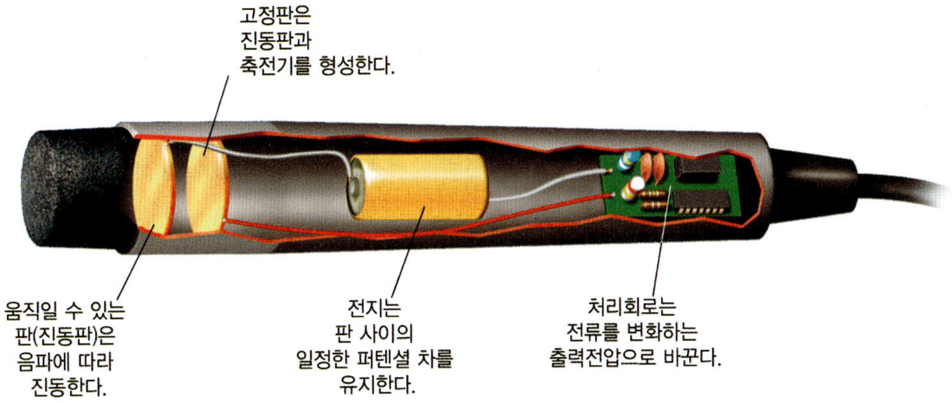

그림 17.26 콘덴서 마이크는 전기신호를 만들기 위해 움직일 수 있는 판이 있는 축전기를 사용한다.

전하와 전기에너지를 저장하는 것 외에, 판 사이의 균일한 전기장을 만드는 데에도 축전기는 유용하다. 또한 전기장은 통제된 방법으로 전하를 가속하거나 편향시키는 데에도 유용하다. 오실로스코프(전기회로에서 시간에 따라 변하는 퍼텐셜 차를 보여주는 장치)는 전자를 두 축전기의 판 사이로 보내는 음극선관이다(그림 16.39 참조). 하나의 축전기는 전하를 수직으로 편향시키고 다른 하나는 수평으로 편향시킨다.

혼자서 해 보기 카메라로 플래시를 터뜨리며 사진을 찍을 때, 연속으로 두 장의 사진을 찍어 보아라. 전문가용 카메라가 아니라면 플래시는 두 번째에 작동하지 않는다. 연속적인 플래시 사이에는 몇 초의 최소 시간 간격이 있다. 많은 카메라에는 플래시가 준비되었음을 알려주는 표시등이 있다.

카메라 안에 있는 작은 전지가 어떻게 그렇게 밝은 플래시를 만들어낼까? 동일한 전지를 사용하는 손전등의 밝기를 비교해 보아라. 작은 전지는 필요한 만큼의 밝은 플래시를 만들어내기에 충분히 빠른 속도로 전하를 퍼 올릴 수 없다. 플래시가 작동하지 않는 시간 동안 전지는 축전기를 충전해 두고, 축전기가 완전히 충전되면 플래시는 준비가 된다. 사진을 찍을 때 축전기는 전구를 통해 방전되어 밝은 빛의 플래시를 만든다.

17.6 유전체 Dielectrics

축전기에 많은 전하를 저장하기 위한 노력에는 본질적인 문제점이 있다. 퍼텐셜 차가 과도하게 크지 않으면서도 많은 전하를 저장하기 위해서는 큰 전기용량이 필요하다. 전기용량은 판 사이의 간격 d에 반비례하는데, 이 간격을 작게 만들 때 생기는 문제 중 하나는 축전기의 판 사이에 있는 공기가 건조하면 약 3000 V/m 의 전기장에서 절연파괴가 일어난다는 것이다(습한 공기는 더 약한 전기장에서 절연파괴가 일어난다). 절연파괴가 일어나면 간격을 가로지르는 불꽃이 튀어 저장된 전하를 잃게 된다.

이러한 어려움을 극복하기 위한 한 가지 방법은 판 사이에 공기보다 더 좋은 부도체를 넣는 것이다. **유전체** dielectric 라 부르는 몇몇 절연물질은 공기에 절연파괴가 일어나서 부도체가 아닌 도체의 역할을 하게 하는 전기장보다 큰 전기장을 견딜 수 있다. 판 사이에 부도체를 놓는 다른 이점은 그 자체의 전기용량이 증가하고, 판이 기계적으로 고정된 거리만큼 떨어진 채로 유지된다는 것이다.

유전체로 판 사이의 전체 공간을 채운 평행판 축전기에서 전기용량은 다음과 같다.

유전체를 채운 평행판 축전기의 전기용량

$$C = \kappa\frac{\epsilon_0 A}{d} = \kappa\frac{A}{4\pi kd} \qquad (17\text{-}23)$$

유전체는 **유전상수** dielectric constant 라 하는 인자 κ(그리스 문자 카파)만큼 전기용량을 증가시킨다. 유전상수는 무차원수로, 유전체가 없는 전기용량에 대한 유전체가 있는 전기용량의 비이다. κ의 값은 유전물질에 따라 다양한 값을 가진다. 식 (17−23)은 $\kappa = 1$일 때만 적용되는 식 (17−22)보다 더 일반적이다. 판 사이가 진공일 때 $\kappa = 1$이라고 정의한다. 공기는 1보다 약간 큰 유전상수를 가진다. 실용적인 목적에서 공기도 $\kappa = 1$이라고 할 수 있다. 컴퓨터 자판의 유연한 부도체(보기 17.9 참조)는 전기용량을 κ배만큼 증가

표 17.1 20 ℃에서 여러 물질에 대한 유전상수와 유전강도(유전상수가 증가하는 순)

물질	유전상수 κ	유전강도 (kV/mm)
진공	1(정확한)	–
공기(건조한, 1 atm)	1.00054	3
파라핀 먹인 종이	2.0~3.5	40~60
테플론	2.1	60
고무(경화 고무)	3.0~4.0	16~50
종이(본드지)	3.0	8
운모	4.5~8.0	150~220
베이클라이트	4.4~5.8	12
유리	5~10	8~13
다이아몬드	5.7	100
도자기	5.1~7.5	10
고무(네오프렌)	6.7	12
이산화티타늄 세라믹	70~90	4
물	80	–
티탄산스트론튬	310	8
나일론 11	410	27
티탄산바륨	6000	–

시킨다. 그러므로 자판을 누를 때 흐르는 전하의 양은 계산했던 값보다 크다.

유전상수는 사용된 절연물질에 따라 다르다. 표 17.1에 여러 물질에 대한 유전상수와 절연파괴한계, 곧 **유전강도**dielectric strength를 나타내었다. 유전강도는 **유전체의 절연파괴**dielectric breakdown가 일어나 그 물질이 도체가 되는 전기장의 세기이다. 균일한 전기장에서 $\Delta V = Ed$이므로, 유전강도는 판 간격 1m당 축전기를 가로질러 가할 수 있는 최대 퍼텐셜 차를 결정한다.

유전상수와 유전강도를 혼동하면 안 된다. 둘은 관련이 없다. 유전상수는 얼마나 많은 전하가 주어진 퍼텐셜 차에서 저장되는지를 결정하는 반면에 유전강도는 절연파괴가 일어나기 전까지 축전기에 얼마나 큰 퍼텐셜 차가 걸리는지를 결정한다.

유전체의 분극

축전기 판 사이의 유전체에 미시적으로는 어떤 현상이 발생하는가? 분극이 원자나 분자 내에 있는 전하의 분리현상임을 기억하여라(16.1절). 원자나 분자는 중성이지만 양전하의 중심은 음전하의 중심과 더 이상 일치하지 않는다.

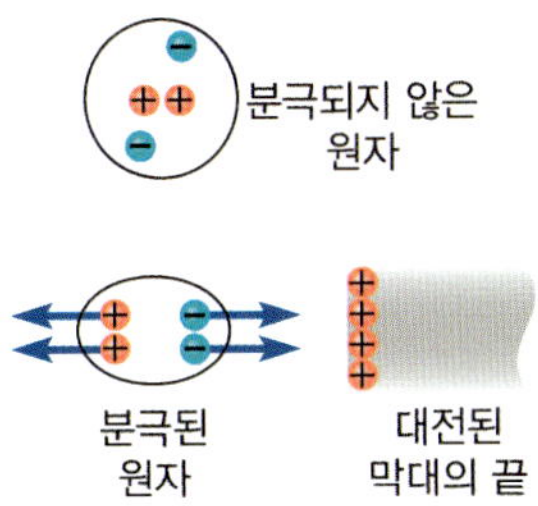

그림 17.27 양으로 대전된 막대가 근처의 원자 내부에 분극을 유도한다.

그림 17.27은 원자의 분극을 나타내는 단순화한 그림이다. 중심에 양전하를 가진 극성이 주어지지 않은 원자는 전자구름으로 둘러싸여서 음전하의 중심은 양전하의 중심과 일치한다. 양$^+$으로 대전된 막대를 원자 근처에 가져가면, 원자의 양전하를 밀어내고 음전하를 끌어당긴다. 이러한 전하의 분리는 양전하와 음전하의 중심이 더 이상 일치하지 않는다는 것을 뜻한다. 이는 대전된 막대기의 영향이다.

그림 17.28a에서 유전물질 조각이 축전기의 판 사이에 놓여 있다. 축전기 판 위에 있는 전하는 유전체의 분극을 유도한다. 분극은 물질 전체에서 발생하고, 양전하는 음전하에 대해 약간 변위된다.

유전체의 대부분에서 양전하와 음전하의 양은 같다. 유전체 분극의 알짜 효과는 한쪽 면에는 양전하 층이, 다른 쪽 면에는 음전하 층이 생기는 것이다(그림 17.28b). 각 도체 판은 반대 전하의 층을 마주한다.

같은 퍼텐셜 차에 대해, 유전체의 표면에 유도된 반대 전하의 층은 유전체가 없을 때보다 도체 판에 더 많은 전하를 끌어오는 데 도움을 준다. 전기용량이 단위 퍼텐셜 차당 전하이므로 전기용량은 증가했을 것이다. 물질의 유전상수는 절연물질이 얼마나 쉽게 분극될 수 있는지에 대한 척도이다. 큰 유전상수는 더 쉽게 분극되는 물질임을 나타낸다. 그러므로 네오프렌 고무($\kappa = 6.7$)는 테플론($\kappa = 2.1$)보다 더 쉽게 분극된다.

유전체의 면에 유도되는 전하는 외부의 전기장에 비해 유전체 내의 전기장의 세기를 감소시킨다. 전기장선의 일부는 절연 유전물질의 표면에서 끝난다. 더 적은 수의 선들이 유전체를 통과하게 되므로 전기장은 약해진다. 약해진 전기장에서는 판 사이의 퍼텐셜

그림 17.28 (a) 유전물질 내 분자의 분극. (b) 평행판 축전기의 판 사이에 있는 $\kappa = 2$인 유전체. 유전체 내의 전기장($\vec{E}$)은 유전체 밖의 전기장($\vec{E}_0$)보다 약하다.

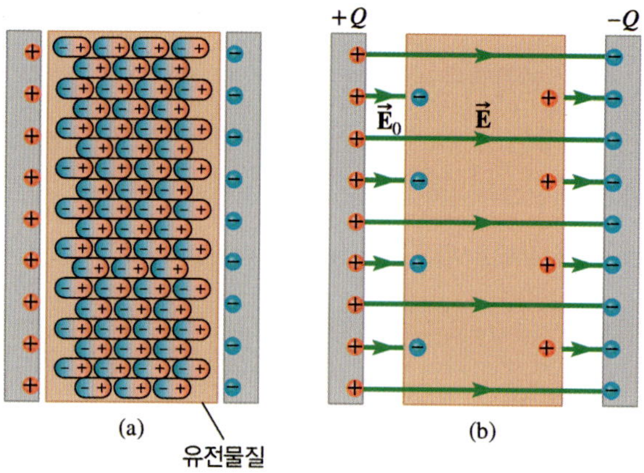

차가 작다(균일한 전기장에서 $\Delta V = Ed$임을 상기하여라). 퍼텐셜 차가 작으면 축전기에 더 많은 전하를 넣기 쉽다. 작은 퍼텐셜 차로 더 많은 전지를 저장하는 축전기를 가질 수 있게 되었다. 절연파괴가 일어나기 전까지 한계 퍼텐셜 차가 있기 때문에, 작은 퍼텐셜 차는 최대 전하 저장능력에 이르는 데 중요한 요인이 된다.

유전상수 유전체를 외부 전기장 E_0에 넣었다고 가정해 보자. **유전상수** dielectric constant 의 **정의**는 유전물질 내부의 전기장 E_0에 대한 진공에서의 전기장 E의 비이다.

유전상수의 정의

$$\kappa = \frac{E_0}{E} \tag{17-24}$$

분극은 전기장을 약하게 만들기 때문에 $\kappa > 1$이다. 유전체 내의 전기장(E)은

$$E = E_0/\kappa \tag{17-25}$$

이다. 축전기 안의 유전체는 판 위에 있는 전하에 의한 전기장 E_0에 놓인다. 판 사이의 전기장이 E_0/κ로 감소하므로, 유전체는 판 사이의 퍼텐셜 차를 $1/\kappa$배만큼 감소시킨다. $Q = C\Delta V$이므로 주어진 전하 Q에 대해 ΔV에 $1/\kappa$이 곱해진다는 것은 전기용량이 유전체 때문에 κ배만큼 곱해진다는 것을 의미한다(식 (17–23) 참조).

살펴보기 17.6 판 사이에 공기가 있는 평행판 축전기는 전지에 의해 충전된 다음 전지에서 분리된다. 유전체 조각($\kappa = 3$)이 판 사이의 공간을 채우기 위해 삽입될 때, 전기용량, 퍼텐셜 차, 판 위에 있는 전하, 전기장이 어떻게 변하는지를 정량적으로 설명하여라. [힌트 : 어떤 값이 일정하게 유지되는지를 먼저 파악하여라.]

보기 17.10 유전체를 채운 평행판 축전기

각 판의 넓이가 1.00 m^2이고 판 사이의 간격이 0.500 mm인 평행판 축전기가 있다. 부도체는 유전상수가 4.9이고 유전강도는 18 kV/mm이다. (a) 전기용량은 얼마인가? (b) 축전기에 저장할 수 있는 최대 전하는 얼마인가?

전략 식 (17–23)을 직접 적용해 전기용량을 구한다. 유전강도와 판 간격이 최대 퍼텐셜 차를 결정한다. 전기용량을 이용해 최대 전하를 구할 수 있다.

풀이 (a) 전기용량은 다음과 같다.

$$C = \kappa \frac{A}{4\pi k d}$$
$$= 4.9 \times \frac{1.00 \text{ m}^2}{4\pi \times 8.99 \times 10^9 \text{ N} \cdot \text{m}^2/\text{C}^2 \times 5.00 \times 10^{-4} \text{ m}}$$
$$= 8.67 \times 10^{-8} \text{ F} = 86.7 \text{ nF}$$

(b) 최대 퍼텐셜 차는 다음과 같다.

$$\Delta V = 18 \text{ kV/mm} \times 0.500 \text{ mm} = 9.0 \text{ kV}$$

전기용량의 정의를 이용하면 최대 전하는 다음과 같다.

$$Q = C\Delta V = 8.67 \times 10^{-8} \text{ F} \times 9.0 \times 10^3 \text{ V}$$
$$= 7.8 \times 10^{-4} \text{ C}$$

검토 점검해 보면, 각 판은 크기가 $\sigma = Q/A$인 표면전하밀도를 가진다(식 (17–16)). 축전기 판 사이에 유전체가 없는 경우에도 판이 이와 같은 표면전하밀도를 가진다면 판 사이의 전기장은 식 (17–17)을 따를 것이다.

$$E_0 = 4\pi k\sigma = \frac{4\pi k Q}{A} = 8.8 \times 10^7 \text{ V/m}$$

식 (17–24)로부터 유전체는 전기장의 세기를 4.9배 감소시킨다.

$$E = \frac{E_0}{\kappa} = \frac{8.8 \times 10^7 \text{ V/m}}{4.9} = 1.8 \times 10^7 \text{ V/m}$$
$$= 18 \text{ kV/mm}$$

그러므로 (b)에서 구한 전하에 의해 이 전기장은 최댓값을 가진다.

실전문제 17.10 유전체 바꾸기

유전체를 유전상수가 두 배이고 유전강도가 반인 다른 유전체로 바꾼다면 전기용량과 최대 전하는 어떻게 되는가?

보기 17.11 뉴런의 전기용량

뉴런을 평행판 축전기로 모형화할 수 있다. 이 경우에 막은 유전체가 되고 반대 부호로 충전된 이온들은 '판' 위에 있는 전하가 된다(그림 17.29). 뉴런의 전기용량을 구하고, 85 mV의 퍼텐셜 차를 만드는데 필요한 이온의 수를 구하여라(이온은 각각 충전된 것으로 가정한다). 막의 유전상수는 $\kappa = 3.0$, 두께는 10.0 nm, 넓이는 $1.0 \times 10^{-10} \text{ m}^2$이라고 가정하여라.

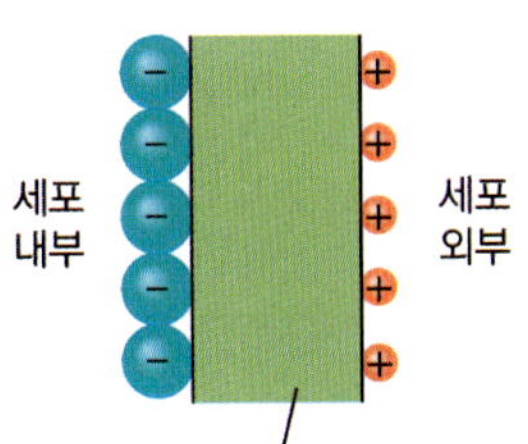

그림 17.29 유전체로서의 세포막

전략 κ, A, d 값이 주어져 있으므로 전기용량을 구할 수 있다. 그러므로 퍼텐셜 차와 전기용량으로부터 막의 양쪽 면 위에 있는 전하 Q의 크기를 구할 수 있다. 충전된 이온 하나가 크기 e인 전하를 가지므로 Q/e는 각 면 위의 이온 수가 된다.

풀이 식 (17-23)으로부터

$$C=\kappa\frac{A}{4\pi kd}$$

이다. 주어진 값들을 대입하면 전기용량은

$$C=3.0\times\frac{1.0\times10^{-10}\ \mathrm{m}^2}{4\pi\times8.99\times10^9\ \mathrm{N\cdot m^2/C^2}\times10.0\times10^{-9}\ \mathrm{m}}$$
$$=2.66\times10^{-13}\ \mathrm{F}=0.27\ \mathrm{pF}$$

이다. 전기용량의 정의로부터

$$Q=C\Delta V=2.66\times10^{-13}\ \mathrm{F}\times0.085\ \mathrm{V}$$
$$=2.26\times10^{-14}\ \mathrm{C}=0.023\ \mathrm{pC}$$

이다. 각 이온은 크기 $e=+1.602\times10^{-19}$ C인 전하를 가진다. 그러므로 각 면 위의 이온 수는 다음과 같다.

$$\text{이온수}=\frac{2.26\times10^{-14}\ \mathrm{C}}{1.602\times10^{-19}\ \mathrm{C/이온}}=1.4\times10^5\ \text{이온}$$

검토 해답이 적절한지 살펴보기 위해 이온 사이의 평균 거리를 추정할 수 있다. 만약 10^5개의 이온들이 넓이 $10^{-10}\ \mathrm{m}^2$의 표면에 균일하게 분포되었다면 이온당 넓이는 $10^{-15}\ \mathrm{m}^2$이다. 각 이온이 넓이 $10^{-15}\ \mathrm{m}^2$을 차지한다고 가정하면 한 이온에서 가장 인접한 이온까지의 거리는 정사각형의 변의 길이 $s=\sqrt{10^{-15}\ \mathrm{m}^2}\approx$ 30 nm이다. 일반적인 원자 또는 이온의 크기는 0.2 nm이다. 이온 사이의 거리가 이온의 크기보다 훨씬 크기 때문에 해답은 적절해 보인다. 이온 사이의 거리가 이온의 크기보다 훨씬 작게 나오면 해답은 적절하지 않을 것이다.

실전문제 17.11 **활성 퍼텐셜**

퍼텐셜 차를 -0.085 V (안쪽에는 음전하, 바깥쪽에는 양전하가 분포)에서 $+0.060$ V (바깥쪽에는 음전하, 안쪽에는 양전하가 분포)로 변화시키기 위해서는 얼마나 많은 이온들이 막을 가로질러 가야만 하는가?

응용 : 뇌운과 번개

그림 17.30 뉴욕에 치는 번개

번개(그림 17.30)는 공기의 절연파괴를 수반한다. 뇌운 내에서 전하 분리가 일어나서, 구름의 상단은 양이 되고 하단은 음이 된다(그림 17.31a). 이러한 전하 분리가 어떻게 발생하는지에 대해서는 완벽하게 밝혀지지 않았지만 하나의 중요한 가설은 얼음 입자 사이의 충돌이나 얼음 입자와 물방울 사이의 충돌로 전자가 작은 입자에서 큰 입자로 옮겨가는 경향이 있다는 것이다. 뇌운의 상승기류가 양으로 대전된 더 작은 입자들을 구름의 상층으로 들어 올리는 반면에, 음으로 대전된 더 큰 입자들은 구름의 하층 근처에 위치한다.

뇌운의 아래쪽에 있는 음전하는 구름 바로 아래의 지표면에 양전하를 유도한다. 구름과 지표면 사이의 전기장이 습한 공기에 대한 절연파괴한계(약 3.3×10^5 V/m)에 도달

그림 17.31 (a) 뇌운 내의 전하 분리. 뇌우가 거대한 열기관처럼 작동한다. 열기관이 한 일은 음전하로부터 양전하를 분리한 것이다. (b) 계단형 선도가 구름의 아래쪽에서부터 지표면을 향해 확장한다. (c) 지표면으로부터의 양전하 흐름이 계단형 선도와 연결될 때, 완전한 경로(이온화된 공기 기둥)가 형성되면 지표면과 구름 사이에 전하가 이동한다.

하면 음전하는 구름에서 튀어나와서 각각 약 50 m인 갈라진 계단 모양으로 이동한다. 구름으로부터의 음전하의 이러한 계단식 진행은 **계단형 선도**라 부른다(그림 17.31b).

평균 전기장 세기가 $\Delta V/d$이므로 가장 큰 전기장은 d가 가장 작은 곳인 키가 큰 물체와 계단형 선도 사이에서 발생한다. **양전하 흐름**(지면으로부터 양전하의 계단식 진행)은 가장 키가 큰 물체에서부터 공기 중으로 뻗어 올라간다. 양전하 흐름이 계단형 선도의 하나와 연결되면 번개의 경로가 완성된다. 전자들이 지상으로 돌진하고 경로의 밑부분에서 빛을 낸다. 나머지 경로들도 더 많은 전자들이 아래로 돌진함에 따라 빛을 낸다. 다른 계단형 선도도 역시 빛나지만, 더 적은 전자를 포함하다. 그 때문에 주요한 경로보다는 덜 밝다. 섬광은 지면에서 시작해 위로 이동하고 이를 **귀환낙뢰**라 한다(그림 17.31c). 대략 총 $-20 \sim -25\,\mathrm{C}$의 전하가 뇌운에서 지표면으로 이동한다.

뇌우가 퍼붓는 동안 안전하려면 어떻게 해야 하는가? 가능하면 실내에 있거나 자동차 안에 있어야 한다. 만약 훤히 트인 곳에 있다면, 양전하 흐름의 원천이 되지 않도록 최대한 몸을 낮춰야 한다. 키가 큰 나무 밑에 서 있어서는 안 된다. 나무에 번개가 치면 전하가 나무를 통해 지표면으로 이동하기 때문에 위험하다. 또 지표면에 엎드려 있어서도 안 된다. 엎드려 있으면 번개가 지표면을 통해 이동할 때 여러분의 발과 머리 사이에 큰 전기 퍼텐셜 차가 생겨 위험해질 수 있다. 가까운 도랑이나 낮은 장소가 있다면 그곳으로 가는 것이 좋다. 머리를 낮게 숙이고 발을 가깝게 모아서 가능한 한 발 사이의 퍼텐셜 차를 최소화하도록 하여라.

17.7 축전기에 저장된 에너지
Energy Stored in a Capacitor

축전기는 전하를 저장할 뿐만 아니라 에너지도 저장한다. 그림 17.32는 전지가 처음에 충전되지 않은 축전기에 연결되었을 때 어떤 일이 일어나는지를 보여준다. 전지에 의해 유지되는 퍼텐셜 차 ΔV가 축전기 판 사이의 퍼텐셜 차와 같아질 때까지 전자는 위판에서 아래 판으로 유입된다.

축전기에 저장된 에너지는 전하를 분리시키기 위해 전지가 한 일을 합하여 구할 수 있다. 판 위에 있는 전하의 양이 증가함에 따라 전하가 지나가야 할 퍼텐셜 차 ΔV 역시 증가한다. 전하가 한 쪽 판에 $+q_\mathrm{i}$, 다른 판에 $-q_\mathrm{i}$이고, 판 사이 퍼텐셜 차가 ΔV_i인 순간에 이 과정을 본다고 가정해 보자.

음$^-$의 부호를 쓰는 것을 피하기 위해 음전하 대신 양전하가 이동한다고 하자. 그 결과는 음전하를 움직이든 양전하를 움직이든 같다. 전기용량의 정의로부터

$$\Delta V_\mathrm{i} = \frac{q_\mathrm{i}}{C} \tag{17-26}$$

이다. 이제 전지는 조금 더 많은 전하 Δq_i를 한 판에서 다른 판으로 이동시키면서 전기 퍼텐셜에너지를 증가시킨다. 만약 Δq_i가 작으면 퍼텐셜 차는 이동하는 동안 거의 일정하다. 에너지 증가는

$$\Delta U_\mathrm{i} = \Delta q_\mathrm{i} \times \Delta V_\mathrm{i} \tag{17-27}$$

이다. 축전기에 저장된 총에너지 U는 모든 전기 퍼텐셜에너지 증가인 ΔU_i의 합이다.

$$U = \sum \Delta U_\mathrm{i} = \sum (q_\mathrm{i} \times \Delta V_\mathrm{i}) \tag{17-28}$$

퍼텐셜 차 ΔV_i를 전하 q_i의 함수로 나타낸 그래프를 통해 이 합을 구할 수 있다(그림 17.33). $\Delta V_\mathrm{i} = q_\mathrm{i}/C$이므로 그래프는 직선이다. 작은 양의 전하가 이동할 때 에너지의 증

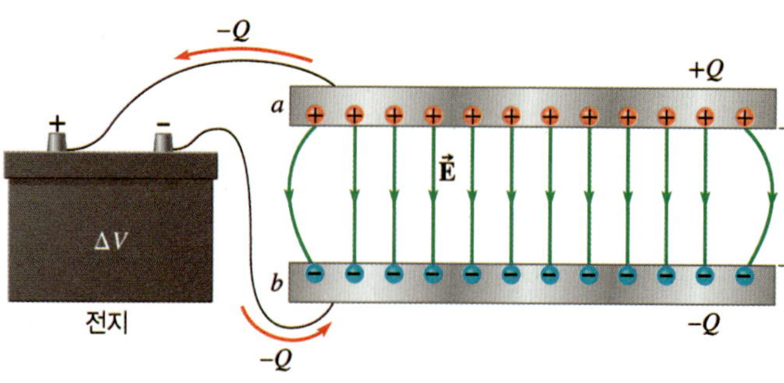

그림 17.32 전지에 의해 충전된 평행판축전기. 총전하가 $-Q$인 전자들이 위 판에서 아래 판으로 이동해 크기가 같고 부호가 반대인 전하들이 판에 남는다.

가 $\Delta U_i = \Delta q_i \times \Delta V_i$를 높이 ΔV_i와 폭 Δq_i의 직사각형 넓이로 그래프에 나타냈다.

에너지 증가를 합한다는 것은 일련의 증가하는 높이를 갖는 직사각형들의 넓이를 합한다는 것을 뜻한다. 그러므로 축전기에 저장된 총에너지는 그래프 아래의 삼각형 넓이가 된다. 전하와 퍼텐셜 차의 최종 값이 Q와 ΔV이면 넓이는 $\frac{1}{2}$ 밑변×높이 $= \frac{1}{2}Q\Delta V$이다.

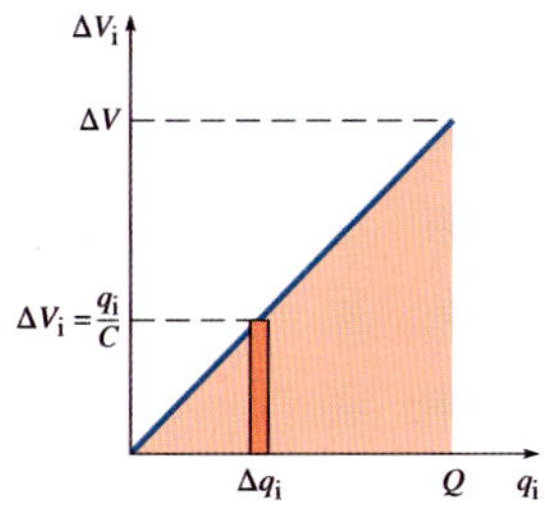

그림 17.33 이동한 총에너지는 곡선 $\Delta V_i = q_i/C$ 아래의 넓이이다.

축전기에 저장된 에너지

$$U = \frac{1}{2}Q\Delta V \quad (17\text{-}29)$$

$\frac{1}{2}$배는 전하가 이동될 때 퍼텐셜 차가 0에서 ΔV로 증가한다는 사실을 반영한다. 전하가 이동될 때의 **평균** 퍼텐셜 차는 $\Delta V/2$이다. 평균 퍼텐셜 차 $\Delta V/2$를 가로질러 전하 Q를 이동시키기 위해서는 $Q(\Delta V/2)$의 일이 필요하다.

식 (17−29)를 다른 유용한 형태로 쓸 수 있다. 전기용량의 정의를 이용해 Q나 ΔV를 제거하면 다음과 같이 된다.

연결고리 이전에 이런 종류의 평균을 사용한 적이 있다. 물체가 정지 상태에서 시작해 등가속도로 시간 Δt동안 속도 v_x에 이르렀다면 $\Delta x = \frac{1}{2}v_x\Delta t$이다.

$$U = \frac{1}{2}Q\Delta V = \frac{1}{2}(C\Delta V)\times\Delta V = \frac{1}{2}C(\Delta V)^2 \quad (17\text{-}30)$$

$$U = \frac{1}{2}Q\Delta V = \frac{1}{2}Q\times\frac{Q}{C} = \frac{Q^2}{2C} \quad (17\text{-}31)$$

보기 17.12 제세동기

심방세동은 심장 활동이 무질서하여 혈액을 퍼 올리는데 효과적이지 못한 증상으로, 생명에 위협적이다. **제세동기**로 알려져 있는 장치는 심장에 충격을 가해 정상적인 심장박동형태로 돌아오도록 한 것으로, 피부에 붙인 패들을 통해 축전기를 방전시켜서 전하의 일부가 심장으로 흐르게 한다(그림 17.34). (a) 만약 11.0 μF 인 축전기를 6.00 kV로 충전하였다가 패들을 통해 환자의 몸속으로 방전시킨다면 축전기에는 얼마의 에너지가 저장되었는가? (b) 축전기가 완전히 방전된다면 얼마의 전하가 환자의 몸을 통해 흐르겠는가?

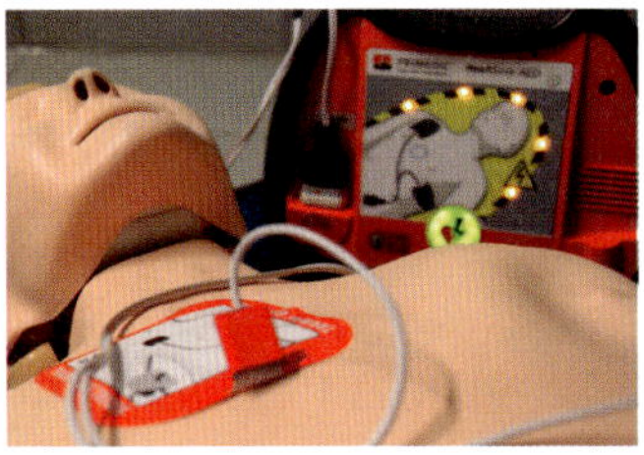
그림 17.34 심장 제세동기

전략 축전기에 저장된 에너지에 대해 동등한 세 가지 식이 있다. 전기용량과 퍼텐셜 차가 주어졌기 때문에 식 (17−30)이 가장 적합하다. 축전기가 완전히 방전되었으므로 처음에 축전기에 있던 모든 전하는 환자의 몸을 통해 흐른다.

풀이 (a) 축전기에 저장된 에너지는 다음과 같다.

$$\Delta U = \frac{1}{2}C(\Delta V)^2$$
$$= \frac{1}{2}(11.0\times10^{-6}\ \mathrm{F})(6.00\times10^3\ \mathrm{V})^2$$
$$= 198\ \mathrm{J}$$

(b) 처음에 축전기의 전하는 다음과 같다.

$$Q = C\Delta V$$
$$= 11.0\times10^{-6}\ \mathrm{F}\times6.00\times10^3\ \mathrm{V}$$
$$= 0.0660\ \mathrm{C}$$

검토 결과를 점검해 보자.

$$U = \frac{Q^2}{2C} = \frac{(0.0660\ \mathrm{C})^2}{2\times11.0\times10^{-6}\ \mathrm{F}} = 198\ \mathrm{J}$$

실전문제 17.12 **평행판 축전기의 전하와 저장된 에너지**

평행판 축전기의 판은 넓이가 $0.24\ \mathrm{m}^2$이고, 공기인 판 사이의 간격은 8.00 mm이다. 판 사이의 퍼텐셜 차가 0.800 kV이다. (a) 판 위에 있는 전하와 (b) 축전기에 저장된 에너지를 구하여라.

전기장에 저장된 에너지

퍼텐셜에너지는 상호작용에너지 또는 전기장에너지이다. 축전기에 저장된 에너지는 판 사이의 전기장에 저장되며, 축전기에 저장된 에너지는 전기장 E에서 **단위 부피당** 얼마의 에너지가 저장되는지를 계산할 때 사용된다. 왜 단위 부피당 에너지인가? 두 개의 축전기가 같은 전기장을 가지더라도 부피에 따라 다른 양의 에너지를 저장할 수 있기 때문이다. 더 큰 축전기는 더 많은 에너지를 저장한다. 에너지는 판 사이에 공간의 부피에 비례한다.

평행판 축전기에서 저장된 에너지는

$$U = \frac{1}{2}C(\Delta V)^2 = \frac{1}{2}\kappa\frac{A}{4\pi kd}(\Delta V)^2 \tag{17-32}$$

이다. 판 사이의 전기장이 균일하다고 가정하면 퍼텐셜 차는

$$\Delta V = Ed \tag{17-14}$$

이다. ΔV를 Ed로 대치하면

$$U = \frac{1}{2}\kappa\frac{A}{4\pi kd}(Ed)^2 = \frac{1}{2}\kappa\frac{Ad}{4\pi k}E^2 \tag{17-33}$$

이다. Ad는 축전기 판 사이의 부피이며, 에너지가 저장되는 부피이다. 이상적인 평행판 축전기의 외부에서 $E = 0$이다. 단위 부피당 전기 퍼텐셜에너지인 **에너지 밀도**energy density u는

$$u = \frac{U}{Ad} = \frac{1}{2}\kappa\frac{1}{4\pi kd}E^2 = \frac{1}{2}\kappa\epsilon_0 E^2 \qquad (17\text{-}34)$$

이다. 에너지 밀도는 전기장 세기의 제곱에 비례한다. 이는 축전기에서뿐만 아니라 일반적으로도 참이다. 모든 전기장에는 에너지가 저장되어 있다.

해답 실전문제 & 살펴보기

17.1 (a) $+0.018$ J (b) Q에서 멀어짐 (c) 간격이 증가함에 따라 U는 감소한다. q가 점점 더 빠르게 움직이면 운동에너지가 증가하면서 퍼텐셜에너지는 감소한다.

17.2 $+0.064$J

17.3 아래 판

17.4 $V_B = -1.5\times10^5$ V, ($\vec{E}$가 한)일 $= -\Delta U_E = -0.010$ J

17.5 전하 $+9.0\ \mu$C 으로부터 멀어지는 방향으로 $\vec{E} = 5.4\times10^8$ N/C, $V = 0$

17.6 4kV

17.7

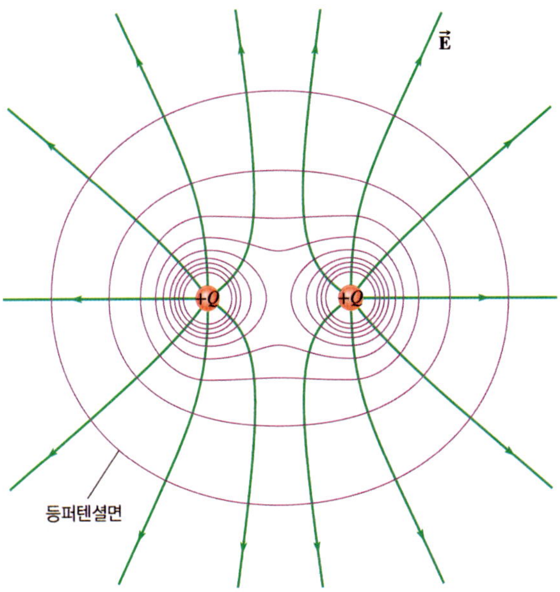

17.8 -20.9 kV(양전하는 퍼텐셜이 감소하는 곳으로 움직일 때 운동에너지를 얻고, 음전하는 퍼텐셜에 증가하는 곳으로 움직일 때 운동에너지를 얻는다는 것을 유의하여라)

17.9 8.9 nF, 18 μC, 전하(전기용량은 퍼텐셜 차와 무관하다)

17.10 C가 두 배가 된다. 최대 전하는 변하지 않는다.

17.11 2.4×10^5 이온

17.12 (a) 0.21 μC, (b) 85 μJ

17.1 6쌍. 따라서 퍼텐셜에너지에서 6개 항이 있다. (아래 첨자 12, 13, 14, 23, 24, 34)

17.2 $\vec{E}$는 퍼텐셜이 감소하는 방향을 가리키므로 전기장은 $-x$ 방향이다.

17.3 전기장 크기는 25 V/m 이므로, 1m 당 25 V의 전기퍼텐셜 감소는 전기장의 방향으로 움직인다. 한 판에서 다른 판으로 이동하기 위해 퍼텐셜은 1.0 V 까지 변하고 면 사이 간격은 다음과 같아야 한다.

$$\frac{1.0\text{V}}{25\text{V/m}} = 0.040\,\text{m}$$

17.5 각 판에 있는 전하의 크기는 그들 사이의 퍼텐셜 차에 비례한다. 퍼텐셜 차가 1/4가 되면, 판의 전하량도 1/4이 되어 $+0.12$C 및 -0.12C이다(축전기의 전기용량은 $C = Q/\Delta V = 0.080$ F 이다).

17.6 $C' = 3C$, $\Delta V' = V/3$, $Q' = q$, $E' = E/3$이다. 축전기를 분리하면, 판 위에 있는 전자들은 갈 곳이 없다. Q는 유전체가 삽입됐을 때와 같은 정도로 머무른다. 전기장은 유전체가 없을 때의 전기장의 $1/\kappa$배 감소한다. 판 사이의 거리는 변하지 않으므로 퍼텐셜 차 $\Delta V = Ed$는 전기장에 비례한다. 같은 전하가 더 작은 퍼텐셜 차를 발생시키므로, $C = Q/(\Delta V)$에서 전기용량은 κ만큼 증가한다.

18

전류와 전기회로

Electric Current and Circuits

배터리가 방전된 차는 시동이 걸리지 않는다. 보통 방전된 차는 다른 차의 배터리를 이용해 시동을 걸 수 있다. 그러나 바빴던 차 주인이 대안을 생각했다고 하자. 부엌 서랍에서 1.5V 손전등용 전지를 몇 개 가져와 한 전지의 양극 단자에 다른 전지의 음극 단자를 차례대로 조심스럽게 연결하여 8개의 전지를 연결하기로 했다. 차 주인은 8개의 1.5V 전지가 자동차 배터리와 같이 12V를 공급해서 자동차 시동을 걸 수 있을 것으로 생각했다. 이 계획이 왜 성공할 수 없는가?

찾아가보기

- 도체와 부도체(16.2절)
- 전기 퍼텐셜(17.2절)
- 축전기(17.5절)
- 기초 수학 : 방정식 풀이(부록 A.3)
- 전력(6.8절)
- 기초 수학 : 지수와 로그(부록 A.4)

생명과학 응용

- 신경 자극 전파(18.10절, 문제 53)
- 인체에 전류가 미치는 영향(18.11절, 개념형 질문 6, 7, 문제 14, 51)
- 제세동기

18.1 전류 Electric Current

연결고리 도체가 정전 평형상태에 있을 때는 전류가 없다. 전도성 물질 내의 전기장은 0이고, 도체 전체가 같은 전기 퍼텐셜에 있다. 도체의 두 점 사이의 전기 퍼텐셜 차를 유지하여 도체가 정전 평형상태에 도달하지 못하게 할 수 있다면, 도체 내의 전기장은 0이 아니며 도체 내에 계속해서 전류가 흐른다.

전하의 알짜 흐름을 **전류** electric current라고 한다. **전류**(기호 I)는 전하가 흐르는 방향과 수직인 단면을 단위 시간 동안 통과한 알짜 전하량으로 정의한다(그림 18.1). 전류의 크기는 전하의 알짜 흐름률을 말한다. 그림 18.1에서 Δq가 시간 Δt 동안 음영 표시된 면을 통과하는 알짜 전하라면, 그 도선에 흐르는 전류는 다음과 같이 정의된다.

전류의 정의

$$I = \frac{\Delta q}{\Delta t} \tag{18-1}$$

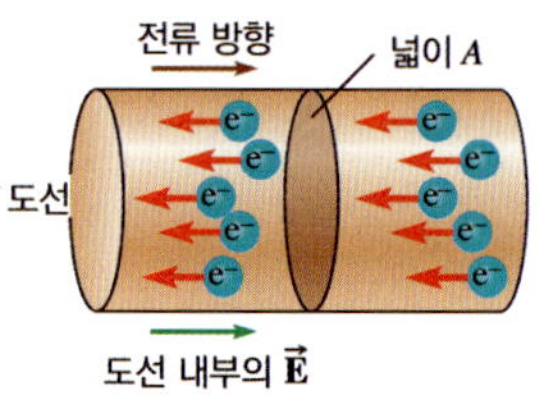

그림 18.1 전류가 흐르는 도선을 단순화한 그림. 전류는 전하의 이동 방향에 수직인 단면을 통과하는 전하의 흐름률이다.

전류가 반드시 일정할 필요는 없다. 식 (18-1)에서 순간전류를 정의하기 위해서는 시간 간격 Δt를 매우 작게 해야 한다.

전류의 SI 단위는 C/s이며, 프랑스 과학자 **앙페르** André-Marie Ampère, 1775~1836의 이름을 따서 암페어 A로 표현한다. 암페어는 SI 기본 단위 중 하나이며, 쿨롱은 1 암페어초로 정의되는 유도단위이다.

$$1\ \text{C} = 1\ \text{A}\cdot\text{s} \tag{18-2}$$

작은 전류는 밀리암페어($\text{mA} = 10^{-3}\ \text{A}$) 또는 마이크로암페어($\mu\text{A} = 10^{-6}\ \text{A}$) 단위로 측정하는 것이 편리하다.

전류 규약 규약에 따르면, 전류의 방향은 **양**전하가 이동하는 방향 또는 알짜 전하와 동등한 운동을 만들기 위해 이동되어야 하는 방향으로 정의한다. 벤자민 프랭클린은 과학자들이 금속에서 이동할 수 있는 전하(또는 **전하운반자**)가 전자라는 것을 알기(어떤 종류의 전하를 양전하라고 부를 것인지를 결정하기) 훨씬 전에 이 규약을 정했다. 전자가 금속 도선의 왼쪽으로 이동하면 전류의 방향은 **오른쪽**이다. 왼쪽으로 이동하는 음전하는 알짜 전하 분포에 있어서 오른쪽으로 이동하는 양전하가 미치는 효과와 같다.

대부분의 상황에서 양전하가 한 방향으로 이동하는 것을 거시적으로 보면 음전하가 반대 방향으로 이동하는 것과 같은 효과가 있다. 회로 분석에서는 전하운반자의 부호에 무관하게 전류의 방향을 항상 기존 규약이 정한 방향으로 표시한다.

살펴보기 18.1 수도관에서는 어마어마한 양의 전하가 이동한다. 중성인 물 분자의 양성자(전하 $+e$)와 전자(전하 $-e$)는 모두 같은 평균 속도로 이동한다. 이 물이 전류를 운반하는지 설명하여라.

보기 18.1 **시계에 흐르는 전류**

단면적이 $1.6\ \mathrm{mm}^2$인 두 도선이 전지의 단자와 시계 안의 회로를 연결하고 있다. 0.040 s 동안, 5.0×10^{14}개의 전자가 한 도선의 단면을 통과하여 오른쪽으로 이동한다(실제로 전자는 양방향으로 단면을 지나가고 있으나, 오른쪽으로 지나가는 전자의 수가 왼쪽으로 지나는 수보다 5.0×10^{14}개 더 많다). 도선에 흐르는 전류의 크기와 방향은 어떻게 되는가?

전략 전류는 전하의 흐름률이다. 전자의 수 N에, 전자의 기본 전하값 e를 곱하면 이동 중인 전하의 크기 Δq가 된다.

풀이 전자 5.0×10^{14}개의 전하량은

$$\Delta q = Ne = 5.0 \times 10^{14} \times 1.60 \times 10^{-19}\ \mathrm{C} = 8.0 \times 10^{-5}\ \mathrm{C}$$

이다. 그러므로 전류는

$$I = \frac{\Delta q}{\Delta t} = \frac{8.0 \times 10^{-5}\ \mathrm{C}}{0.040\ \mathrm{s}} = 0.0020\ \mathrm{A} = 2.0\ \mathrm{mA}$$

가 된다. 음전하로 대전된 전자가 오른쪽으로 이동하므로, 같은 효과를 양전하의 이동 방향을 기준으로 하는 전류 규약에 따라서 보면 전류의 방향은 **왼쪽**이다.

검토 전류의 크기를 계산하기 위해서는 전자의 전하 **크기**를 이용한다. 전기회로를 분석할 때, 전류를 부호를 가진 물리량으로 취급한다. 실제로 전류가 흐르는 방향을 모를 때는 전류가 흐르는 방향을 임의로 선택해 정하고, 계산 결과로 음$^-$의 전류를 얻으면 실제로 전류가 흐르는 방향은 선택한 방향의 반대 방향이 된다. 음$^-$의 부호는 단지 우리가 가정한 전류 방향의 반대 방향이 전류가 흐르는 방향임을 뜻한다.

이 문제에서 도선 단면의 넓이는 문제와 관계없는 정보이다. 전류를 구하기 위해서는 전하량과 전하가 지나가는 시간만 필요하다.

실전문제 18.1 **계산기에 흐르는 전류**

(a) 계산기에 0.320 mA 의 전류가 흐른다면, 단위 시간당 몇 개의 전자가 통과하는가? (b) 1.0 C의 전하가 계산기를 통과하는 데 걸리는 시간은 얼마인가?

액체와 기체에서의 전류

전류는 고체인 도체뿐만 아니라 액체나 기체에서도 존재한다. 이온의 용액 속에서는 반대 방향으로 움직이는 양전하와 음전하 모두가 전류에 기여한다(그림 18.2). 전기장은 양극 쪽에서 음극 쪽으로 향하는 오른쪽을 향한다. 양이온은 전기장의 방향(오른쪽)으로 움직이고 음이온은 그 반대 방향(왼쪽)으로 움직인다. 서로 반대 방향으로 움직이는 양전하와 음전하는 **같은** 방향의 전류를 만들기 때문에 음전하와 양전하의 운동으로 각 전류의 크기를 알 수 있고, 두 전류를 **더해서** 총전류를 알 수 있다. 그림 18.2에서 전류의 방향은 오른쪽이다. 만약 양전하와 음전하가 **같은** 방향으로 움직이면 서로 **반대** 방향의 전류를 나타내고 알짜 전류를 구하려면 각 전류의 **차**를 구해야 한다(살펴보기 18.1 참조).

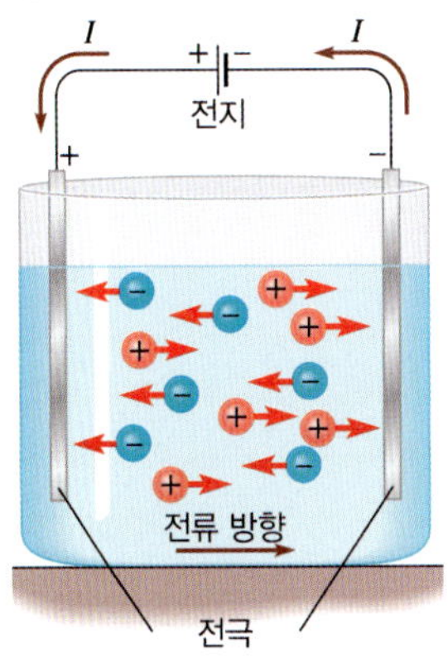

그림 18.2 염화칼륨 용액에서 전류는 반대 방향으로 움직이는 양이온(K^+)과 음이온(Cl^-)으로 이루어져 있다. 전류의 방향은 양이온이 움직이는 방향이다.

응용 : 네온사인의 전류와 형광

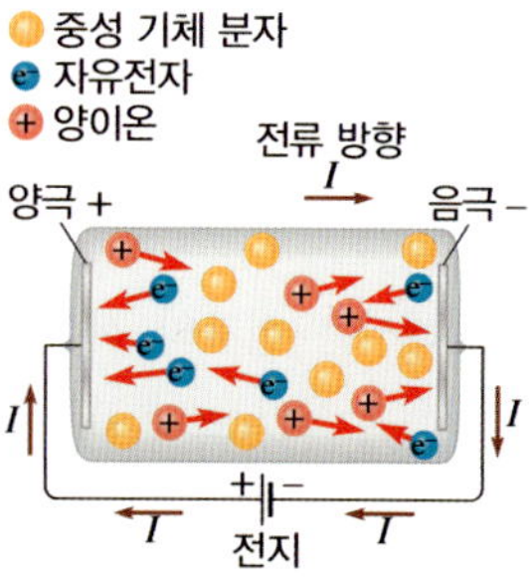

그림 18.3 네온사인을 단순화한 그림. 유리관 속의 네온 기체는 전극 사이의 높은 전압에 의해 이온화된다.

기체 내에도 전류가 존재한다. 그림 18.3은 네온사인을 나타낸 그림이다. 네온 기체가 주입된 유리관 속의 금속 전극 사이에는 높은 전압이 걸려 있다. 우주선이나 자연방사능과의 충돌로 약간의 양이온은 기체 내에 항상 존재한다. 양이온은 전기장에 의해 음극 쪽으로 가속된다. 양이온이 충분한 에너지를 갖고 있다면 음극과 충돌할 때 전자를 떼어낼 수 있다. 이 전자들은 양극 방향으로 가속되고, 유리관을 통과하면서 더 많은 기체 분자를 이온화시킨다. 전자와 이온의 충돌은 네온사인의 특징적인 붉은 빛을 만든다. 형광등도 이와 유사하지만, 충돌하여 자외선을 방출한다. 유리관 내부의 코팅이 자외선을 흡수하고 가시광선을 방출한다.

18.2 기전력과 전기회로 EMF and Circuits

도선에 전류를 유지하기 위해서는 도선 양 끝 사이에 전기 퍼텐셜 차를 유지해야 한다. 전기 퍼텐셜 차를 유지하는 한 가지 방법은 도선의 양 끝을 전지의 단자(두 단자에 각각)에 연결하는 것이다. **이상적인** 전지는 얼마나 빨리 충전해야 하는지에 관계없이 단자 사이에 일정한 전기 퍼텐셜 차를 유지한다. 이상적인 전지는 부피 흐름률에 무관하게 흡입구와 배출구 사이의 압력 차이를 일정하게 유지하는 이상적인 물 펌프와 유사하다.

회로 기호

전지의 회로 기호는 ─┤|─이다. 두 개의 평행선은 전지의 전극을 나타낸다. 항상 긴 선은 전기 퍼텐셜이 높은$^{+}$ 단자를 나타내고, 짧은 선은 낮은$^{-}$ 단자를 나타내기 때문에 부호는 생략할 수 있다. 대부분 전지는 하나 이상의 화학 전지로 구성되어 있으므로, 대체 기호 ─|||─로 나타낸다. 길이와 두께가 같은 평행선인 축전기의 기호 ⊣ ⊢와 전지의 기호를 혼동하지 않도록 주의하라.

이상적인 전지에 의해 유지되는 전기 퍼텐셜 차를 전지의 **기전력**^{emf}(기호 $\mathcal{E}$)이라고 한다. 기전력은 원래 **전기를 일으키는 힘**을 말하지만, 하나의 전하나 전하 집단에 작용한 힘을 측정한 것은 **아니다**. 따라서 기전력은 힘의 단위인 뉴턴으로 표시할 수 없다. 기전력은 전기 퍼텐셜의 단위 V로 측정되며 단위 전하당 전지가 한 일의 양으로 측정한다. 힘과의 혼동을 피하기 위해 emf로 쓴다. 기전력 $\mathcal{E}$ 인 이상적인 전지가 퍼 올린 전하량이 q 일 때, 전지가 한 일은 다음과 같다.

이상적인 전지가 한 일

$$W = \mathcal{E} q \tag{18-3}$$

그림 18.4 전기뱀장어는 발전판이라 부르는 기전력을 공급하는 수십만 개의 전지를 지니고 있다. 발전판에서 공급하는 전류는 적을 기절시키거나 먹잇감을 죽이는 데 사용된다.

전하를 퍼 올리는 장치를 **기전력원**이라 한다. 발전기, 태양전지, 연료전지 등은 또 다른 기전력원이다. 연료전지는 전지와 유사하지만, 반응물질이 외부에서 공급된다. 많은 생명체도 기전력원을 가지고 있다(그림 18.4). 인간 신경계로 전달되는 신호는 실제로 전기이고, 우리 몸에는 기전력원이 있다. **어떠한** 기전력원이건 관계없이 같은 회로 기호 ─┤|├─을 사용한다. 모든 기전력은 다른 형태의 에너지를 전기에너지로 전환하는 에너지 전환 장치이다. 기전력에 사용되는 에너지원에는 화학적에너지(전지, 연료전지, 생물학적 기전력원), 태양광(태양전지), 역학적에너지(발전기) 등이 포함된다.

전기회로의 기전력 그림 18.5와 같이 회로에 흐르는 전류를 물의 흐름으로 상상해 보자. 사람들은 펌프와 같이 퍼텐셜에너지가 가장 낮은 곳에서 물을 길어서 퍼텐셜에너지가 가장 높은 오르막까지 운반한다. 물은 내리막으로 흐르다가 수문에 맞닥뜨려 저항을 받는다. 전지(또는 다른 기전력원)는 물 양동이를 운반하는 사람들과 같은 역할을 한다. 전류를 양전하의 이동으로 생각해 보면, 전지는 양전하를 **전기 퍼텐셜**이 가장 낮은 곳(전지의 음극단자)에서 전기 퍼텐셜이 가장 높은 곳(양극단자)으로 이동시킨다. 전하는 전지의 음극단자로 되돌아오기 전까지 전류의 흐름에 저항하는 장치(전구나 난로)를 통과해 흘러간다.

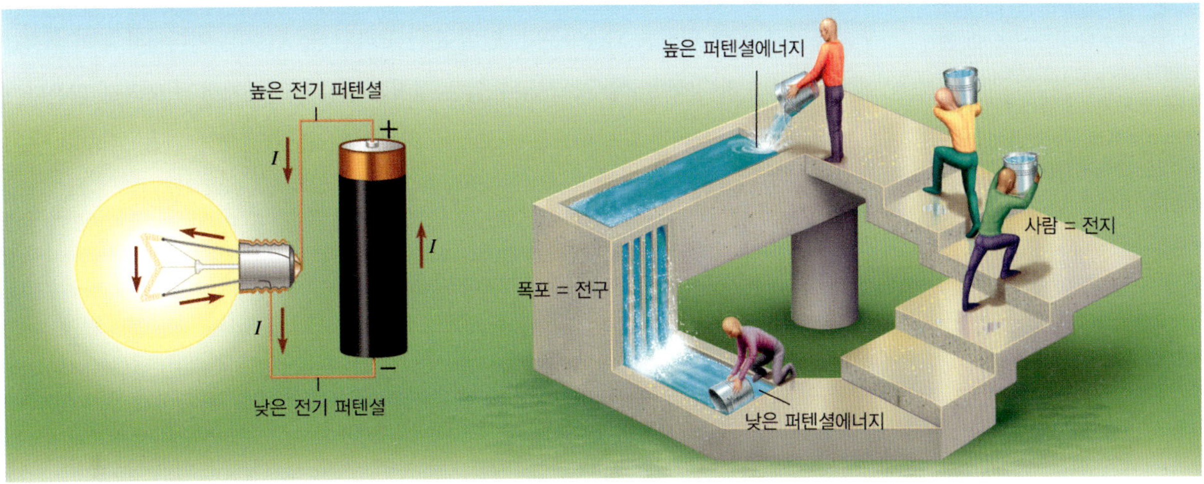

그림 18.5 물의 흐름으로 전기회로에 일어나는 현상을 비유한 그림

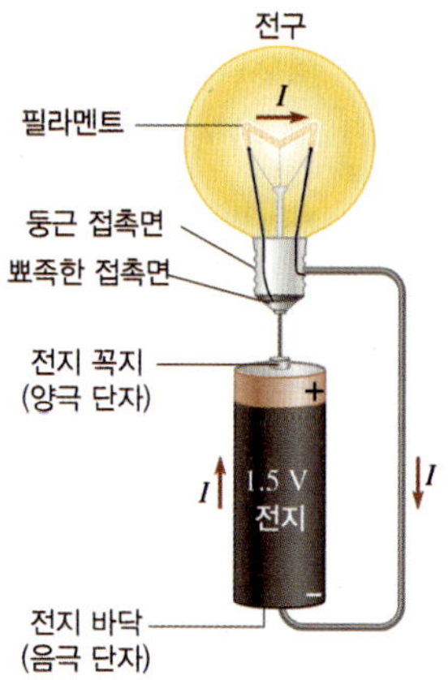

(a)

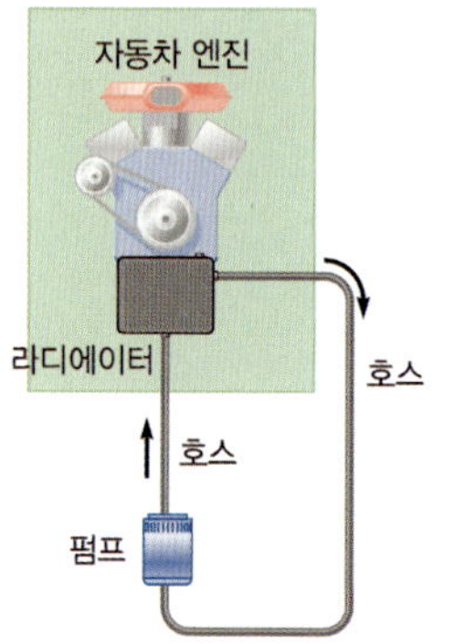

(b)

그림 18.6 (a) 백열전구에 연결된 전지. 필라멘트를 통해 전류가 흐를 때만 전구에 불이 켜진다. 전류를 계속 흐르게 하기 위해서는 완전한 회로가 있어야 한다. 도선, 전구, 전지에서 전류가 화살표 방향으로 흐름을 유의하여라. (b) 전하 대신 물의 흐름으로 비유한 유사회로

전지 이상적인 9 V 전지는 양극 단자가 음극 단자보다 항상 9 V 높은 채로 유지된다. 1 V는 1 J/C이므로, 전지는 1 C의 전하를 퍼 올리는 데 9 J의 일을 한다. 이때 전지는 저장된 화학에너지 일부를 전기에너지로 변환하면서 일을 한다. 전지의 수명이 끝나면, 화학에너지의 공급이 고갈되어 더 이상 전하를 퍼 올릴 수 없다. 어떤 전지는 전기화학적 반응의 방향을 역으로 하여 전기에너지를 화학에너지로 변환시켜, 반대 방향으로 전하를 강제로 흐르게 함으로써 재충전할 수 있다.

전지는 다양한 크기를 가질 뿐만 아니라 다양한 기전력(12 V, 9 V, 1.5 V 등)을 가진다. 전지의 크기가 기전력을 결정하는 것은 아니다. 일반적인 전지 크기 AAA, AA, A, C, D는 모두 같은 기전력(1.5 V)을 제공한다. 그러나 더 큰 전지는 더 많은 양의 화학물질을 가지고 있어 더 큰 화학에너지를 저장한다. 두 전지가 **단위 전하당** 같은 양의 일을 하지만, 더 큰 전지는 작은 전지보다 더 많은 전하를 퍼 올려서 더 많은 에너지를 공급할 수 있다. 전지가 퍼 올릴 수 있는 전하량은 암페어시(A · h)로 측정된다. 또한 전지가 클수록 대체로 더 빨리 전하를 퍼 올릴 수 있어, 더 많은 전류를 공급할 수 있다.

전기회로

전류가 계속해서 흐르기 위해서는 완전히 닫힌회로가 필요하다. 곧 기전력원의 한 단자에서 시작해서 다른 단자로 되돌아가기까지 하나 또는 그 이상의 장치가 도선으로 연결되어 있어야 한다. 그림 18.6의 a는 완전히 닫힌회로이다. 전지의 양극 단자에서 출발한 전류는 도선, 전구 필라멘트, 또 다른 도선을 거쳐 음극 단자로 흐르고, 전지를 통과하여 양극 단자로 되돌아간다. 전기회로는 단일 순환 고리이므로 회로의 어디에서나 항상 같은 전류가 흘러야 한다. 전지를 물 펌프라고 한다면, 도선은 호스로, 전구는 자동차의 엔진과 라디에이터로 볼 수 있다(그림 18.6b). 물은 펌프로부터 호스, 엔진, 라디에이터, 또 다른 호스를 통해 흘러 펌프로 되돌아온다. 단일 순환 고리인 '물 회로'는 어디서나 부피 흐름률이 같다. 물이 라디에이터에서 소모되지 않는 것처럼 전류가 전구에서 '소모되지' 않는다.

이 장에서는 항상 같은 방향으로만 흐르는 **직류회로**, **dc** direct current만을 고려한다. 21장에서는 주기적으로 방향이 바뀌는 **교류회로**, **ac** alternating current를 공부한다.

18.3 금속 내 전류에 대한 미시적 관점 Microscopic View of Current in a Metal

그림 18.1은 전기장으로 인해 모두 같은 등속도로 운동하는 금속 내 전도전자를 단순화한 것이다. 왜 일정한 전기력을 받는 전자는 등**가속도**로 운동하지 않는가? 이 질문에 답하고 금속 내 전기장과 전류 사이의 관계를 이해하기 위해서는 전자의 운동에 대한 보다 정확한 그림이 필요하다.

가해진 전기장이 없을 때, 금속 내 전도전자는 고속으로 꾸준한 마구잡이식 운동을 한다. 구리의 경우는 약 10^6 m/s이다. 이 전자는 다른 전자나 이온(속박된 전자를 갖고 있는 원자핵)과 자주 충돌한다. 구리의 경우 전도전자는 초당 4×10^{13}회 충돌하고 충돌 사이의 평균 이동 거리는 40 nm이다. 충돌이 일어나면 전자의 운동 방향이 바뀌고, 각 전자는 기체 분자와 유사한 무작위 운동을 한다(그림 18.7a). 금속 내 전도전자의 평균 **속도**는 전기장이 없을 때는 0이므로 전하의 알짜 수송은 없다.

연결고리 금속 내 전도전자의 무작위한 운동은 기체 내 원자 또는 분자의 무작위한 운동을 연상시킨다. 하나의 차이점은 전자의 속력 분포가 맥스웰–볼츠만 분포(13.6절 참조)와는 상당히 다르다는 것이다.

만일 금속 내에 균일한 전기장이 존재하면, 전도전자에 미치는 전기력은 각 충돌 사이에 전자들을 균일하게 가속시킨다(근처에 있는 이온과 다른 전도전자로 인한 알짜힘이 작은 경우). 전자는 여전히 기체 분자처럼 무작위한 방향으로 움직이지만, 전기력은 산들바람이 불 때 공기 분자처럼, 반대 방향이라기보다는 힘의 방향으로 평균적으로 조금 더 빠르게 움직이게 한다. 그 결과, 전자는 전기력 방향으로 천천히 표류한다(그림 18.7b). 이제 전자는 0이 아닌 평균 속도를 가지게 되고 이를 **유동속도**[drift velocity] $\vec{\mathbf{v}}_D$(공기 분자의 풍속에 해당)로 부른다. 유동속도의 크기(**유동속력**)는 전자의 순간속력보다 훨씬 작지만(일반적으로 1 mm/s 미만) 0이 아니다. 그 때문에 전하의 알짜 수송이 일어난다.

균일한 가속도가 전자를 점점 더 빠르게 움직이도록 하는 것처럼 보일 수도 있다. 충돌이 없다면 그렇게 될 것이다. 전자는 **충돌과 충돌 사이**에서는 균일하게 가속되지만, 각각의 충돌로 인해 각기 다른 속력으로 새로운 방향으로 전자를 보낸다. 전자와 이온 사이의 충돌에서 전자가 운동에너지 일부를 이온에 전달한다. 최종적으로 유동속도는 일정하고, 일정 비율로 전자에서 이온으로 에너지가 전달된다.

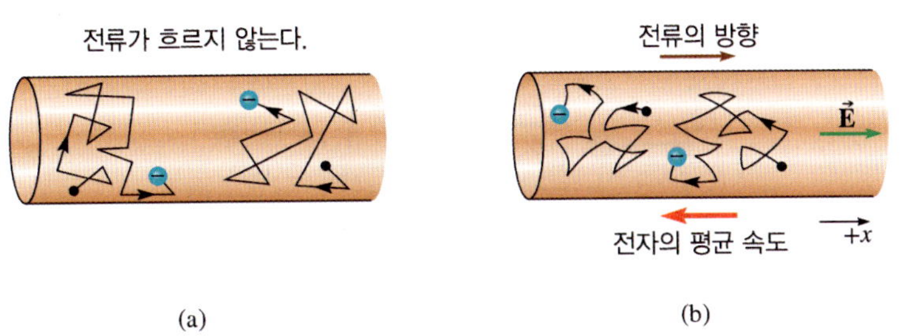

그림 18.7 (a) 전기장이 없을 때 도선 안에서 움직이는 두 개 전도전자의 무작위한 경로. (b) $+x$ 방향으로 전기장이 걸리면, 전자는 충돌과 충돌 사이에 $-x$ 방향으로 일정하게 가속된다. 평균적으로는 전자가 $-x$ 방향으로 움직이고 도선에는 $+x$ 방향으로 전류가 생긴다.

전류와 유동속도의 관계

연결고리 작용한 힘이 (일정한 가속도라기보다는) 일정한 속도로 운동하는 또 하나의 상황은 점성 유체 속에서 가라앉는 물체이다(9.10절 참조). 종단속도로 떨어질 때, 점성 항력은 아래로 향하는 일정한 중력과 반대 방향이고, 따라서 알짜힘은 0이다. 이와 유사하게 생각해 보면, 금속의 전기장은 떨어지는 물체에 (가해지는 일정한 힘인) 중력과 같이 작용하고 전자와 이온의 충돌은 항력처럼 작용한다.

전류가 유동속도에 어떻게 의존하는지를 알기 위해, 모든 전자가 등속도 $\vec{\mathbf{v}}_{\mathrm{D}}$로 움직이는 단순한 모형을 이용해 보자(그림 18.8). 단위 부피당 전도전자의 수(n)는 각 금속의 특징이다. 전류는 시간 Δt 동안 얼마나 많은 전자가 음영 영역을 지나는지를 계산하면 알 수 있다. 그 시간 동안 모든 전자는 왼쪽으로 $v_{\mathrm{D}}\Delta t$만큼의 거리를 움직인다. 따라서 부피 $Av_{\mathrm{D}}\Delta t$에 있는 모든 전도전자는 음영 영역을 통과한다. 이 부피 안에 있는 전자의 수는 $N = nAv_{\mathrm{D}}\Delta t$이므로, 충전하량은

$$\Delta Q = Ne = neAv_{\mathrm{D}}\Delta t \tag{18-4}$$

이다. 그러므로 도선에 흐르는 전류는 다음과 같다.

전류와 유동속도

$$I = \frac{\Delta q}{\Delta t} = neAv_{\mathrm{D}} \tag{18-5}$$

전자가 음전하를 띠고 있으므로, 전류의 방향은 전자의 운동 방향과 반대임을 상기해 보자. 전자에 작용하는 전기력은 전기장에 반대 방향이므로, 전류의 방향은 도선 내의 전기장 방향과 같다.

전류운반자가 전자가 아닌 경우, 단순히 e를 운반자의 전하로 대치함으로써 식 (18–5)를 일반화할 수 있다. 반도체에서는 양과 음의 전하운반자가 모두 있을 수 있다. 음전하 운반자는 전자이고, 양전하 운반자는 양공이라고 부르는 '전자가 빠져나간 빈 자리'이며, $+e$인 입자처럼 행동한다. 전자와 양공은 서로 반대 방향으로 이동하며 둘 다 전류에 이바지한다. 전자와 양공의 농도와 유동속력이 다를 수 있으므로, 전류는

$$I = n_+ eAv_+ + n_- eAv_- \tag{18-6}$$

이다. 식 (18–6)에서, v_+와 v_-는 유동 **속력**이며 모두 양의 값을 가진다.

살펴보기 18.3 지름이 다른 두 구리 도선에 같은 크기의 전류가 흐른다. 두 도선 내 전도전자의 유동속력을 비교해 보아라.

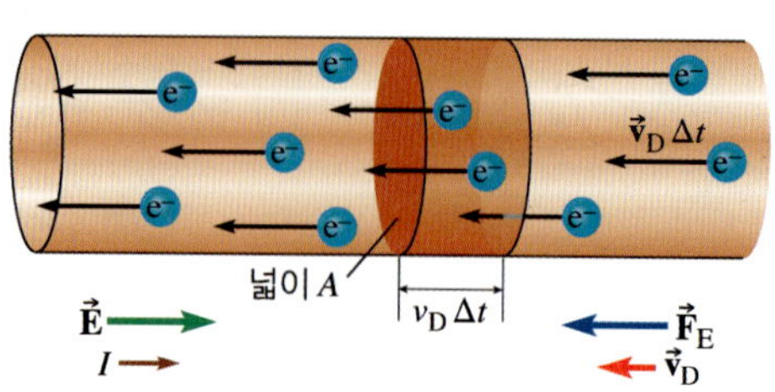

그림 18.8 균일한 속도 $\vec{\mathbf{v}}_{\mathrm{D}}$로 움직이는 전도전자의 간단한 그림. Δt 동안 각 전자는 $v_{\mathrm{D}}\Delta t$만큼 이동한다. 검은 화살표 벡터는 Δt동안 각 전자의 변위를 나타낸다. 음영 영역에서 $v_{\mathrm{D}}\Delta t$ 거리 안에 있는 모든 전도전자는 Δt 동안에 이 단면을 통과한다.

벽에 있는 스위치를 눌러 불을 켜면, 거의 동시에 전구를 통해 전류가 흐른다. 전자가 스위치에서 전구로 이동할 때까지 기다릴 필요가 없다. 이는 다행스러운 일이다. 왜냐하면, 전자가 스위치에서 전구까지 이동하는 데에는 오랜 시간이 걸리기 때문이다(보기 18.2 참조). 전도전자는 회로를 형성하는 모든 도선을 따라 존재한다. 스위치가 닫히면, 전체 회로에 거의 순간적으로 **전기장**이 걸린다. 전기장이 가해지자마자 모든 전자는 이동하기 시작한다.

보기 18.2 가정 배선 내 유동속력

흔히 사용되는 #12 표준 구리 도선의 지름은 2.05 mm이다. 구리에는 세제곱미터당 8.5×10^{28}개의 전도전자가 있다. 도선에 5.0 A의 일정한 직류전류가 흐르고 있다면 전자의 유동속력은 얼마인가?

전략 지름을 알고 있으므로 도선 단면의 넓이 A를 구할 수 있다. 식 (18-5)에서 세제곱미터당 전도전자의 수는 n이다. 그러면 식 (18-5)로부터 유동속력을 구할 수 있다.

풀이 도선 단면의 넓이는

$$A = \pi r^2 = \frac{1}{4}\pi d^2$$

이다. 유동속력은 다음과 같다.

$$\begin{aligned} v_D &= \frac{I}{neA} \\ &= 5.0\ \text{A} \times \frac{1}{8.5 \times 10^{28}\ \text{m}^{-3}} \times \frac{1}{1.602 \times 10^{-19}\text{C}} \\ &\quad \times \frac{1}{\frac{1}{4}\pi \times (2.05 \times 10^{-3}\ \text{m})^2} \\ &= 1.1 \times 10^{-4}\ \text{m} \cdot \text{s}^{-1} = 0.11\ \text{mm/s} \end{aligned}$$

검토 0.11 mm/s인 유동속력이 놀라울 정도로 느리다고 생각될지 모른다. 이 속력으로는 도선 1 m를 이동하는 데 2시간 이상이 걸린다! 상당히 큰 전류인 5 C/s의 전류가 그렇게 느린 평균 속력을 가진 전자들에 의해 어떻게 흐를 수 있을까? 그것은 전자의 수가 매우 많기 때문이다. 점검해 보자. 도선의 단위 길이당 전도전자의 수는

$$\begin{aligned} nA &= 8.5 \times 10^{28}\ \text{m}^{-3} \times \frac{1}{4}\pi (2.05 \times 10^{-3}\ \text{m}) \\ &= 2.8 \times 10^{23}\ \text{전자/m} \end{aligned}$$

이다. 그러므로 길이 0.11 mm 도선 안의 전도전자의 수는

$$\begin{aligned} &2.8 \times 10^{23}\ \text{전자/m} \times 0.11 \times 10^{-3}\ \text{m} \\ &= 3.1 \times 10^{19}\ \text{전자} \end{aligned}$$

이다. 이들 전자의 총전하량은

$$3.1 \times 10^{19}\ \text{전자} \times 1.602 \times 10^{-19}\ \text{C/전자} = 5.0\ \text{C}$$

이다.

실전문제 18.2 은 도선 내 전류와 유동속력

지름이 2.588 mm인 은 도선에 단위 세제곱미터당 5.80×10^{28}개의 전도전자가 있다. 1.50 V 전지가 45분 동안 도선을 통해 880 C의 전하를 밀어낸다. (a) 전류를 구하고, (b) 도선 내 유동속력을 구하여라.

18.4 전기저항과 비저항
Resistance and Resistivity

전기저항과 옴의 법칙

한 도체의 양 끝단에 전기 퍼텐셜 차가 있다고 가정하자. 도체에 흐르는 전류 I는 전기 퍼텐셜 차 ΔV와 어떤 관계가 있는가? 많은 도체에서 I는 ΔV에 비례한다. 옴Georg Ohm, 1789~1854이 최초로 발견한 이 관계를 **옴의 법칙**Ohm's law이라고 한다.

옴의 법칙

$$I \propto \Delta V \qquad (18\text{-}7)$$

옴의 법칙은 보존 법칙과 같은 물리학의 보편적인 법칙은 아니다. 어떤 물질에는 이 법칙을 적용할 수 없다. 심지어 넓은 범위의 전기 퍼텐셜 차에 대해서 옴의 법칙이 성립하는 물질이라도 ΔV가 매우 크면 옴의 법칙을 따르지 않게 된다. 훅의 법칙($F \propto \Delta x$ 또는 변형력$\propto$변형)도 유사하다. 이 법칙도 여러 상황에서 여러 물체에 적용되지만, 물리학의 기본 법칙은 아니다. 모든 균질의 물질은 어떤 전기 퍼텐셜 차 범위 내에서는 옴의 법칙을 따른다. 좋은 도체인 금속은 넓은 범위의 전기 퍼텐셜 차에서 옴의 법칙을 따른다.

연결고리 옴은 도체를 통한 열의 이동률이 도체 양단의 온도 차에 비례한다는 푸리에Fourier의 관찰에 영향을 받아 전류와 전기 퍼텐셜 차 사이의 관계를 조사하게 되었다(14.6절 참조). 또 다른 유사한 상황은 관을 통과하는 기름(또는 점성 유체)의 흐름이다. 푸아죄유Poiseuille의 법칙에 따르면 유체의 흐름률은 파이프 양단의 압력 차에 비례한다(9.9절 참조).

전기**저항** R은 그 물질을 지나가는 전류 I와 도체에 걸린 전기 퍼텐셜 차(또는 **전압**)의 비로 **정의**된다.

저항의 정의

$$R = \frac{\Delta V}{I} \qquad (18\text{-}8)$$

SI 단위에서, 전기저항은 옴(기호 Ω, 그리스 대문자 오메가)으로 측정하고,

$$1\,\Omega = 1\,\text{V/A} \qquad (18\text{-}9)$$

로 정의한다. 같은 전압을 걸어주면 저항이 작은 도체에는 큰 전류가 흐르고 저항이 큰 도체에는 작은 전류가 흐른다.

옴성 도체, 곧 옴의 법칙을 따르는 도체는 가해준 전기 퍼텐셜 차에 무관하게 일정한 저항값을 갖는다. 저항이 일정할 필요가 없으므로 식 (18–8)은 옴의 법칙이 **아니며**, 옴성 도체뿐만 아니라 비옴성 도체까지 포함하는 **저항의 정의**이다. 옴성 도체에서 전류 대

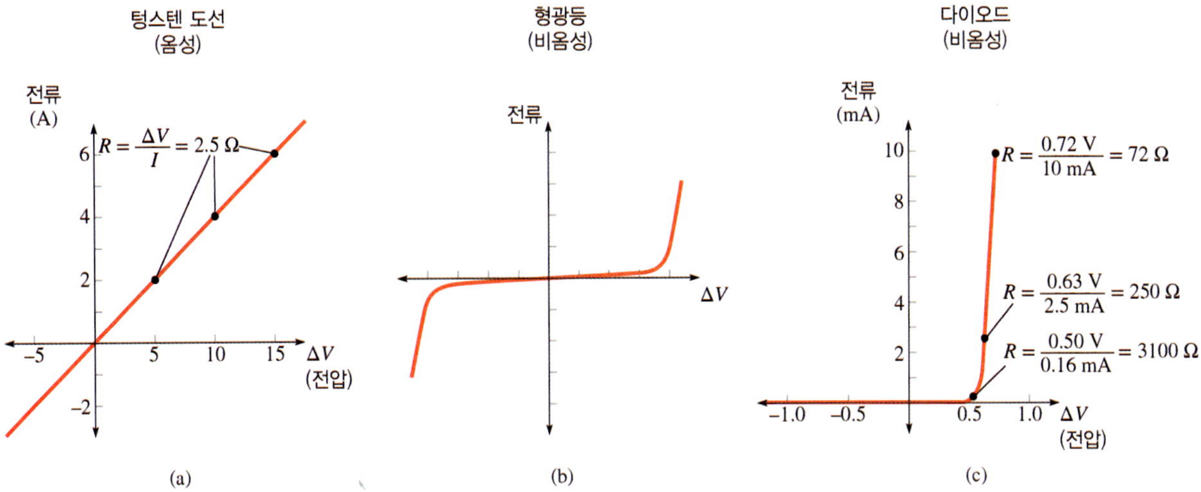

그림 18.9 (a) 온도가 일정한 텅스텐 도선에 흐르는 전류를 전기 퍼텐셜 차의 함수로 그린 그래프. 그래프에서 저항이 어떠한 전기 퍼텐셜 차 ΔV에 대해서도 같으므로, 도선은 옴성 도체이다. (b) 형광등의 기체에 대한 유사한 그래프와 (c) 다이오드(반도체 장치)에 대한 그래프는 선형이 아니므로 이들은 비옴성이다.

전기 퍼텐셜 차의 그래프는 기울기가 $1/R$이고 원점을 지나는 직선이다(그림 18.9a). 일부 비옴성 도체에서, I 대 ΔV의 그래프는 극단적으로 비선형이다(그림 18.9b, c).

옴의 법칙의 미시적 기원 금속 내 전자 운동의 자유전자 모형에서, 전자와 이온 사이의 충돌의 평균적인 효과가 전자에 대한 점성 항력과 유사하다고 생각해볼 수 있다. 곧 $\vec{\mathrm{F}}_{\text{저항}} = -b\vec{\mathrm{v}}_{\mathrm{D}}$이며, b는 상수이다. 전자의 평균 알짜힘이 0이다. 그 때문에 전자는 일정한 평균 속도 $\vec{\mathrm{v}}_{\mathrm{D}}$로 움직인다.

$$\vec{\mathrm{F}}_{\mathrm{E}} + \vec{\mathrm{F}}_{\text{저항}} = -e\vec{\mathrm{E}} - b\vec{\mathrm{v}}_{\mathrm{D}} = 0 \tag{18-10}$$

따라서 유동 속력은 전기장과 비례한다($v_{\mathrm{D}} = eE/b$). 일정한 단면의 도선에서 전기장은 균일하고 전기 퍼텐셜 차에 비례한다($E = \Delta V/L$). 식 (18-5)에서 유동 속력은 전류에 비례한다($I = neAv_{\mathrm{D}}$). 그러므로 전류는 다음과 같이 쓸 수 있다.

$$I = neAv_{\mathrm{D}} = neA\left(\frac{eE}{b}\right) = neA\left(\frac{e}{b}\right)\left(\frac{\Delta V}{L}\right) \tag{18-11}$$

따라서 $I \propto \Delta V$, 곧 옴의 법칙이다. 도선의 저항은 아래와 같다.

$$R = \frac{\Delta V}{I} = \left(\frac{b}{ne^2}\right)\frac{L}{A} \tag{18-12}$$

비저항

연결고리 유체의 흐름과 비교해 보면, 유체의 흐름에서 긴 관의 저항은 짧은 관의 저항보다 더 크고, 굵은 관의 저항은 가는 관의 저항보다 작다.

저항은 크기와 형태에 따라 다르다. 특히 다른 조건이 같은 경우, 긴 도선이 짧은 도선보다 더 큰 저항을 가지며, 굵은 도선이 가는 도선보다 저항이 더 작다. 식 (18–12)에서 도체의 전기저항은 길이에 비례하고 단면의 넓이에 반비례한다.

저항과 비저항

$$R = \rho \frac{L}{A} \tag{18-13}$$

특정 온도에서 특정한 물질의 본질적 특성인 비례상수 ρ(그리스 문자 로)는 그 물질의 **비저항**resistivity이라 한다. 식 (18–12)에서 물질의 비저항은 충돌에 기인한 유효항력의 세기와 전도전자의 밀도에 따라 달라진다. 비저항의 SI 단위는 $\Omega \cdot \text{m}$이다. 표 18.1에 20 ℃에서 여러 물질의 비저항을 나타내었다. 양도체의 비저항은 작고, 순수한 반도체의 비저항은 상당히 크다. 원하는 양의 불순물을 주입한 반도체는 비저항이 극적으로 변할 수 있어 반도체는 컴퓨터 칩과 여러 전자장비에 사용된다(그림 18.10). 부도체의 비저항은 매우 크다(도체보다 약 10^{20} 배 크다). 비저항의 역수는 **전기전도도**라고 하며 SI 단위는 $(\Omega \cdot \text{m})^{-1}$이다.

표 18.1 20 ℃에서 비저항과 온도계수

	$\rho(\Omega \cdot \text{m})$	$\alpha(\text{C}^{-1})$
도체		
은	1.59×10^{-8}	3.8×10^{-3}
구리	1.67×10^{-8}	4.05×10^{-3}
금	2.35×10^{-8}	3.4×10^{-3}
알루미늄	2.65×10^{-8}	3.9×10^{-3}
텅스텐	5.40×10^{-8}	4.50×10^{-3}
철	9.71×10^{-8}	5.0×10^{-3}
백금	10.6×10^{-8}	3.64×10^{-3}
납	21×10^{-8}	3.9×10^{-3}
망간	44×10^{-8}	0.002×10^{-3}
콘스탄탄	49×10^{-8}	0.002×10^{-3}
수은	96×10^{-8}	0.89×10^{-3}
니크롬	108×10^{-8}	0.4×10^{-3}

	$\rho(\Omega \cdot \text{m})$	$\alpha(\text{C}^{-1})$
반도체(순수한)		
탄소	3.5×10^{-5}	-0.5×10^{-3}
게르마늄	0.6	-50×10^{-3}
실리콘	2300	-70×10^{-3}
부도체		
나무	$10^{8} \sim 10^{11}$	
유리	$10^{10} \sim 10^{14}$	
고무(경화)	$10^{13} \sim 10^{16}$	
루사이트	$> 10^{13}$	
테프론	$> 10^{13}$	
수정(용융된)	$> 10^{16}$	

물의 비저항 물의 비저항은 이온의 농도에 따라 크게 변한다. **순수한** 물은 자체 이온화 반응($H_2O \Leftrightarrow H^+ + OH^-$)에 의해 생성된 이온만을 포함한다. 그 결과, 순수한 물은

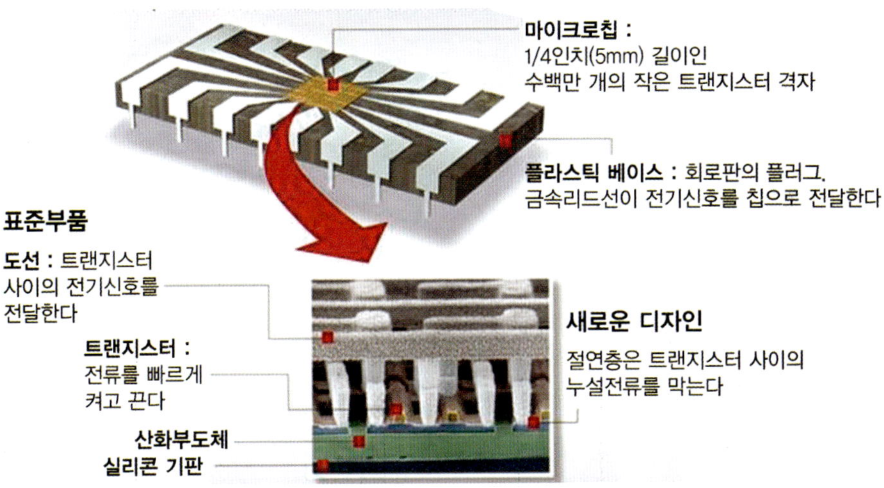

그림 18.10 마이크로프로세서 칩의 주사 전자 현미경 투시도. 칩의 대부분은 실리콘으로 되어 있다. 제어할 수 있는 방식으로 실리콘에 불순물을 주입하면 어떤 부분은 부도체, 다른 부분은 도선, 또 다른 부분은 스위치와 같은 기능을 하는 회로 소자인 트랜지스터로 기능한다. 오늘날의 마이크로프로세서는 몇 제곱센티미터의 칩 하나에 수십억 개의 트랜지스터를 포함하고 있다.

부도체이고 20 ℃ 에서의 이론상 최대 비저항은 약 $2.5 \times 10^5\ \Omega \cdot \mathrm{m}$ 이다. 물은 우수한 용매이고, 미네랄이 미량 용해된 것만으로도 비저항을 극적으로 낮출 수 있다. 비저항은 불순물의 농도에 매우 민감해서 비저항을 측정해 물의 순도를 결정하기도 한다. 수돗물의 비저항은 미네랄 함량에 따라 일반적으로 $10^{-1}\ \Omega \cdot \mathrm{m}$ 에서 $10^{+2}\ \Omega \cdot \mathrm{m}$ 사이의 값을 갖는다.

살펴보기 18.4 (주어진 온도에서) 물질의 비저항은 표에서 찾을 수 있지만, 저항은 찾을 수 없는 이유가 무엇인가?

보기 18.3 연장 코드의 저항

(a) 두 개의 #19 표준 구리선으로 30.0 m 의 연장코드를 만들었다(도선에는 같은 크기의 전류가 서로 반대 방향으로 흐른다). 20 ℃ 에서 각 도선의 저항은 얼마인가? #19 표준 도선의 지름은 0.912 mm 이다. (b) 만일 구리 도선을 같은 길이의 알루미늄 도선으로 대체할 때 새 도선의 저항이 처음 구리 도선보다 커지지 않게 하려면 지름은 최소한 얼마가 되어야 하는가?

전략 지름을 알고 있으므로 구리 도선의 단면의 넓이를 계산한 후, 식 (18–13)을 이용해 구리 도선의 저항을 구한다. 구리와 알루미늄의 비저항은 표 18.1에서 찾을 수 있다.

풀이 (a) 표 18.1에서 구리의 비저항은

$$\rho = 1.67 \times 10^{-8}\ \Omega \cdot \mathrm{m}$$

이다. 도선 단면의 넓이는

$$A = \frac{1}{4}\pi d^2 = \frac{1}{4}\pi\,(9.12 \times 10^{-4}\ \mathrm{m})^2$$

$$= 6.533 \times 10^{-7}\ \mathrm{m}^2$$

이다. 저항은 비저항과 길이를 곱한 값을 넓이로 나눈 것과 같으므로 다음과 같은 값을 갖는다.

$$\begin{aligned} R &= \rho \frac{L}{A} \\ &= \frac{1.67 \times 10^{-8}\ \Omega \cdot \mathrm{m} \times 30.0\ \mathrm{m}}{6.533 \times 10^{-7}\ \mathrm{m}^2} \\ &= 0.767\ \Omega \end{aligned}$$

(b) 구리 도선의 저항보다 같거나 작은 알루미늄 도선의 저항($R_a \le R_c$)을 구하기 위한 조건은

$$\frac{\rho_a L}{\frac{1}{4}\pi d_a^2} \le \frac{\rho_c L}{\frac{1}{4}\pi d_c^2}$$

이므로, 이것을 간단히 하면 $\rho_a d_c^2 \le \rho_c d_a^2$ 이다. d_a에 대하여 풀면

$$\begin{aligned} d_a &\ge d_c \sqrt{\frac{\rho_a}{\rho_c}} \\ &= 0.912\ \mathrm{mm} \times \sqrt{\frac{2.65 \times 10^{-8}\ \Omega \cdot \mathrm{m}}{1.67 \times 10^{-8}\ \Omega \cdot \mathrm{m}}} \\ &= 1.149\ \mathrm{mm} \end{aligned}$$

이다. 유효숫자가 세 자리까지이므로, 최소 지름은 1.15 mm이다.

검토 점검해 보면, 지름이 1.149 mm인 알루미늄 도선의 저항은

$$\begin{aligned} R = \frac{\rho L}{A} &= \frac{2.65 \times 10^{-8}\ \Omega \cdot \mathrm{m} \times 30.0\ \mathrm{m}}{\frac{1}{4}\pi (1.149 \times 10^{-3}\ \mathrm{m})^2} \\ &= 0.767\ \Omega \end{aligned}$$

이다. 알루미늄의 비저항이 더 크므로 구리 도선과 같은 저항을 갖기 위해서는 알루미늄 도선이 더 굵어야 한다. 연장 코드는 안전하게 도선에 흐를 수 있는 최대 전류에 따라 등급이 매겨진다. 큰 전류가 흐르는 가전제품에는 굵은 연장 코드를 사용해야 한다. 그렇지 않으면 도선 양단의 전기 퍼텐셜 차가 너무 커질 것이다($\Delta V = IR$).

실전문제 18.3 **전구 필라멘트의 저항**

20 ℃에서, 길이가 4.0 cm이고 지름이 0.020 mm인 텅스텐 전구 필라멘트의 저항을 구하여라.

온도에 따라 변하는 비저항

비저항은 물질의 크기나 형태에는 관계되지 않지만, 온도에는 관계된다. 금속의 비저항을 결정하는 주된 요인 두 가지는 단위 부피당 전도전자의 수와 전자와 이온 사이의 충돌률이다. 두 번째 요인인 충돌률은 온도 변화에 민감하다. 온도가 높을수록 내부에너지는 커지고 이온은 더 큰 진폭으로 진동한다. 그 결과 전자는 이온과 더 자주 충돌한다. 충돌 사이의 가속 시간이 단축되므로 유동 속력이 작아지고 가해진 전기장에 대해 더 적은 전류가 흐른다. 그러므로 금속의 온도가 상승하면 비저항은 증가한다. 빛을 내는 백열전구의 금속 필라멘트는 약 3000 K의 온도까지 도달하며 비저항은 실온의 경우에 비해 엄청나게 높아진다.

많은 물질에서 비저항과 온도 사이의 관계는 상당히 넓은 범위의 온도에서 선형적으로 변한다.

비저항의 온도 의존성

$$\rho = \rho_0(1 + \alpha\Delta T) \tag{18-14}$$

여기서 ρ_0는 온도 T_0에서의 비저항이고 ρ는 온도 $T = T_0 + \Delta T$에서의 비저항이다. α는 **비저항 온도계수**temperature coefficient of resistivity라 부르며 SI 단위는 $℃^{-1}$ 또는 K^{-1}이다. 몇몇 물질의 온도계수는 표 18.1에 열거되어 있다.

응용 : 저항온도계 **저항온도계**의 기본 원리는 비저항과 온도 사이의 관계를 이용한 것이다. 기준 온도와 측정하고자 하는 온도에서 도체의 저항을 측정하여, 저항의 변화를 이용해 미지의 온도를 계산한다. 한정된 온도 범위에서는 식 (18-14)의 선형 관계를 계산에 이용할 수 있지만, 허용 온도 범위를 넘는 온도에서는 온도에 따른 비저항의 비선형적 변화를 설명하기 위해 저항온도계를 보정해야 한다. 높은 용융점을 가진 물질(예를 들면 텅스텐)은 높은 온도를 측정하는 데 이용할 수 있다.

반도체 반도체의 경우는 $\alpha < 0$이다. 온도계수가 음$^-$의 값을 가지면 온도가 상승함에 따라 비저항이 **감소**함을 나타낸다. 좋은 도체인 금속에서처럼 온도에 따라 충돌률이 증가하는 것은 사실이다. 그러나 반도체에서 단위 부피당 전하운반자(전도전자, 양공)의 수는 온도가 상승함에 따라 극적으로 증가한다. 곧 전하운반자가 많을수록 비저항은 작아진다.

물 상온에서의 순수한 물은 음$^-$의 비저항 온도계수($\alpha \approx -0.05℃^{-1}$)를 가지는데, 자체 이온화 반응($H_2O \Leftrightarrow H^+ + OH^-$)이 온도에 따라 변하기 때문이다. 온도가 상승하면 이온의 농도가 증가한다. 반도체와 같이, 전하운반자가 많을수록 비저항은 작아진다.

초전도체 어떤 물질은 저온에서 **초전도체**($\rho = 0$)가 된다. 초전도성 고리에 일단 전류가 흐르면, 기전력원이 **없어도** 전류는 무한히 흐른다. 초전도 전류의 실험에서, 관측될 만한 변화 없이 2년 이상 전류가 흐른 경우가 있다. 수은은 (1911년 독일 과학자 오네스Kammerlingh Onnes에 의해) 처음으로 발견된 초전도체이다. 수은의 온도가 하강하면 비저항은 다른 금속에서처럼 점차 감소하지만, 수은의 임계온도($T_C = 4.15K$)에서 수은의 비저항은 갑자기 0이 된다. 이후로도 다른 초전도체가 많이 발견되었다. 지난 20년 간 과학자들은 기존에 알려진 것보다 훨씬 높은 임계온도를 갖는 세라믹 재료들을 만들었다. 이 세라믹은 임계온도 이상에서는 부도체이다.

보기 18.4 온도에 따른 저항의 변화

토스터기의 니크롬 열선이 붉게 달궈졌을 때(1200 ℃) 니크롬선의 저항이 12.0 Ω 이었다면 실온(20 ℃)에서 니크롬선의 저항은 얼마인가? 온도에 따라서 변하는 선의 길이나 지름의 변화는 무시하라.

전략 길이와 단면의 넓이가 같다고 가정했으므로, 두 온도에서의 저항은 각 온도에서의 비저항에 비례한다.

$$\frac{R}{R_0} = \frac{\rho L/A}{\rho_0 L/A} = \frac{\rho}{\rho_0}$$

그러므로 가열된 선의 길이와 단면의 넓이는 고려할 필요가 없다.

- 주어진 조건 : $T_0 = 20\,℃$, $T = 1200\,℃$ 에서 $R = 12.0\ \Omega$
- 구해야 할 값 : R_0

풀이 식 (18–14)에서

$$\frac{R}{R_0} = \frac{\rho L/A}{\rho_0 L/A} = \frac{\rho}{\rho_0} = 1 + \alpha \Delta T$$

이다. 온도 변화는

$$\Delta T = T - T_0 = 1200\,℃ - 20\,℃ = 1180\,℃$$

이고, 표 18.1에서 니크롬의 온도 계수는

$$\alpha = 0.4 \times 10^{-3}\,℃^{-1}$$

이다. 위의 식을 R_0에 대해 풀면

$$R_0 = \frac{R}{1 + \alpha \Delta T} = \frac{12.0\ \Omega}{1 + 0.4 \times 10^{-3}\,℃^{-1} \times 1180\,℃} = 8\ \Omega$$

검토 유효숫자를 한 자리만 쓴 이유는 무엇인가? 온도의 변화가 너무 크기 때문에 (1180 ℃), 결과는 추정치로 간주해야 한다. 이렇게 큰 온도 범위에서는 비저항이 온도에 따라 선형적으로 변하지 않을 수 있기 때문이다.

실전문제 18.4 저항 온도계의 이용

20 ℃ 에서 백금 저항 온도계는 저항이 225 Ω 이다. 온도계를 용광로 안에 놓았더니 저항이 448 Ω 으로 높아졌다. 용광로 속의 온도는 얼마인가? 이 문제의 온도 범위에서는 비저항의 온도계수가 일정하다고 가정하여라.

전기저항기

저항기 resistor는 저항값을 알 수 있게 설계된 회로 소자이다. 저항기는 실제로 모든 전자장치에서 찾을 수 있다(그림 18.11). 회로 분석에서 저항기의 전압과 전류 사이의 관계는 관습적으로 $V = IR$로 쓴다. 비록 기호 Δ가 빠졌더라도 V가 실제로 저항기의 양단 사이의 퍼텐셜 **차**를 나타낸다는 것을 기억하여라. 때때로 V를 **전압 강하**라 부른다. 저항기에서 전류는 전기장의 방향으로, 곧 전기 퍼텐셜이 높은 곳에서 낮은 곳으로 흐른다. 그러므로 전류가 흐르는 방향으로 저항기를 지나면 IR 만큼 전압 **강하**가 일어난다. 물이 내리막(낮은 퍼텐셜에너지 쪽)으로 흐르는 것과 유사하게 전류가 저항기에서 전기 퍼텐셜이 낮은 쪽으로 흐르는 것을 잊지 말자.

회로 기호

회로도에서 기호 -WW-는 저항기나 전기에너지를 소비하는 기타 장치를 나타낸다. 직선 ——은 저항을 무시할 수 있는 도선을 나타낸다. 도선의 저항이 눈에 띌 만큼 큰 경우, 저항기처럼 그린다.

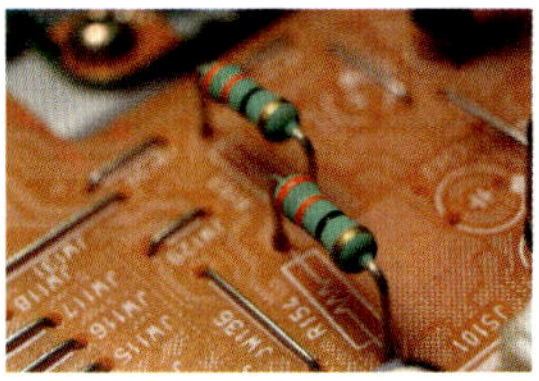

그림 18.11 작은 원통형 저항기. 색깔이 있는 띠는 저항기의 저항값을 나타낸다.

전지의 내부저항

그림 18.12a는 앞에서 보았던 전기 회로이고, 그림 18.12b는 **회로도**이다. 전구는 저항기(R)의 기호로 나타내고 전지는 점선으로 둘러싸인 두 개의 기호로 나타낸다. 전지 기호는 **이상적인** 기전력을 나타내고 저항기(r)는 전지의 **내부저항**을 나타낸다. 만약 기전력원의 내부저항이 무시해도 될 정도이면 이상적인 기전력 기호만 그린다.

기전력원을 통과하는 전류가 0이면, 단자 사이의 전기 퍼텐셜 차인 **단자전압**terminal voltage은 기전력과 같다. 기전력원이 **부하저항**(전구, 토스터기와 같은 전기 에너지를 사용하는 다른 기기들)에 전류를 공급할 때, 단자전압은 기전력보다 작아진다. 기전력원의 내부저항으로 인해 전압강하가 일어나기 때문이다. 전류가 I이고 내부저항이 r이면, 내부저항을 지나온 전압강하는 Ir이고 단자전압은 다음과 같이 된다.

기전력원의 단자전압

$$\Delta V = \mathcal{E} - Ir \quad (18\text{-}15)$$

전류가 충분히 작을 때, 내부저항 때문에 생기는 전압강하 Ir은 기전력 $\mathcal{E}$에 비해 무시할 수 있어서 기전력을 이상적인 것($\Delta V \approx \mathcal{E}$)으로 취급할 수 있다. 오랫동안 켜 둔 손전등은 전지 내의 화학물질이 고갈되어 내부저항이 증가하게 되므로 점점 희미해진다. 내부저항이 증가하면 단자전압 $\Delta V = \mathcal{E} - Ir$은 감소한다. 따라서 전구에 걸리는 전압은 감소하고 불빛은 점점 희미해진다.

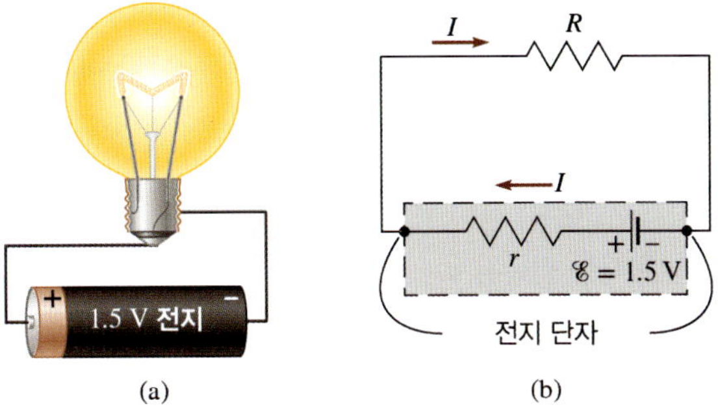

그림 18.12 (a) 도선으로 전지에 연결되어 있는 전구. (b) 같은 전기회로의 회로도. 기전력과 전지의 내부저항은 점선으로 둘러싸여 있다. 실제로는 이들이 분리되어 있는 것이 아니라서 이들을 '도선'으로 연결할 수 없다!

개념형 보기 18.5 **손전등용 전지를 이용한 차 시동 걸기**

장 도입글에서와 같이, 손전등용 건전지 8개를 이용하여 차의 시동을 걸고자 한다. 이 계획을 평가해 보아라. 건전지의 기전력은 1.50 V이며 내부저항은 0.10 Ω이다(차의 시동 모터를 돌리려면 몇 백 A의 전류가 필요하지만, 손전등의 전구를 통과하는 전류는 대체로 1 A 이하이다).

전략 기전력뿐만 아니라 전지가 필요한 **전류**를 공급할 수 있는지도 고려해야 한다.

풀이 및 검토 1.5 V 전지 8개를 가지고 한 전지의 양극과 다른 전지의 음극을 연달아 연결하면 12 V의 기전력을 얻을 수 있다. 각 전지는 1 C의 전하당 1.5 J의 일을 할 수 있다. 전하가 8개의 전지 모두를 차례로 통과한다면 총 일은 1 C당 12 J이다. 작은 전류를 흘리는 장치에 전류를 공급하기 위해 전지를 사용할 때 (부하저항 R이 전지의 내부저항 r에 비하여 크기 때문에) 각 전지의 단자전압은 거의 1.5 V이며 전지들을 연결한 조합의 단자전압은 약 12 V이다. 예를 들면, 0.50 A의 전류가 흐르는 손전등에서 건전지 한 개의 단자전압은

$$\Delta V = \mathcal{E} - Ir = 1.50\ \text{V} - 0.50\ \text{A} \times 0.10\,\Omega$$
$$= 1.45\ \text{V}$$

이다. 그렇지만 자동차 시동을 거는 데 필요한 전류는 훨씬 크다. 전류가 증가하면 단자전압은 감소한다. 전지의 단자전압을 0(가능한 한 가장 적은 값)으로 놓으면 전지가 공급하는 에너지는 **최대**가 된다고 추정할 수 있다.

$$\Delta V = \mathcal{E} - I_{\text{최대}}r = 0$$
$$I_{\text{최대}} = \mathcal{E}/r = (1.5\ \text{V})/(0.10\ \Omega) = 15\text{A}$$

(이 추산은 낙관적인 것이다. 그 이유는 전지의 화학에너지는 급격히 고갈되고 내부저항은 극적으로 증가하기 때문이다.) 이 손전등용 전지로 자동차의 시동을 걸 수 있을 만큼의 전류를 공급할 수 없다.

실전문제 18.5 **시계용 전지의 단자전압**

알칼리 건전지(기전력 1.500 V, 내부저항 0.100 Ω)가 시계에 공급하는 전류는 50.0 mA이다. 전지의 단자전압은 얼마인가?

18.5 키르히호프의 규칙 Kirchhoff's Rules

연결고리 접합점 규칙은 회로에 대해 편리한 형태로 쓴 전하 보존 법칙에 불과하다.

키르히호프 Gustav Kirchhoff, 1824~1887가 개발한 두 규칙은 회로 분석에서 필수적이다. **키르히호프의 접합점 규칙** Kirchhoff's junction rule은 전기적 연결점인 접합점으로 흘러 들어오는 전류의 합과 같은 접합점에서 흘러나가는 전류의 합과 같다는 것이다. 접합점 규칙은 전하 보존 법칙의 결과이다. 전하는 접합점에서 계속해서 쌓이지 않고 그곳에서 만들어지지도 않는다. 그 때문에 접합점으로 흘러 들어가는 전하의 총흐름율은 0이 되어야 한다.

키르히호프의 접합점 규칙

$$\sum I_{\text{유입}} - \sum I_{\text{유출}} = 0 \qquad (18\text{-}16)$$

그림 18.13a는 하나의 큰 물줄기로 합류하는 두 줄기를 나타낸다. 그림 18.13b는 전기회로에서 유사한 접합점(점 A)을 보여준다. 점 A에 접합점 규칙을 적용하면 식 $I_1 + I_2 - I_3 = 0$을 얻을 수 있다.

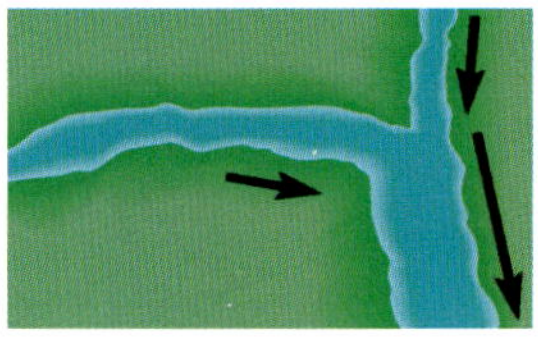

(a)

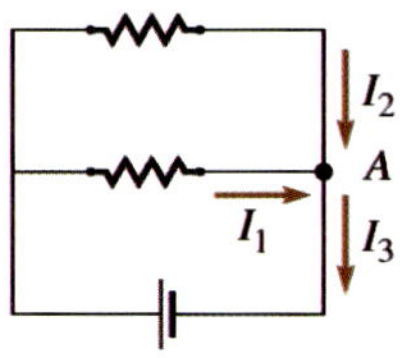

(b)

그림 18.13 (a) 접합점으로 흘러 들어오는 두 시냇물의 흐름률은 더 큰 시내로 흘러나가는 흐름률과 같다. 이는 접합점으로 흘러들어가는 물의 알짜 흐름률이 0이라는 것과 같다. (b) 유사한 전기회로의 접합점

키르히호프의 고리 규칙 Kirchhoff's loop rule 은 전기회로에 퍼텐셜 변화를 적용한 에너지 보존 법칙이다. 임의의 한 점에서 전기 퍼텐셜은 유일한 값을 가진다는 것을 상기하자. 한 점에서의 전기 퍼텐셜은 그 점에 도달하는 경로에 무관하다. 그러므로 회로 내에서 닫힌 경로를 따라 같은 점에서 시작하고 끝난다면, 전기 퍼텐셜 변화의 대수적인 합은 0이어야 한다(그림 18.14). 같은 지점에서 출발하여 되돌아오는 산악 하이킹을 생각해 보자. 어떤 경로로 가든 고도 변화의 대수적인 합은 0이어야 한다.

키르히호프의 고리 규칙

$$\sum \Delta V = 0 \qquad (18\text{-}17)$$

같은 점에서 시작하고 끝나는 회로 내의 어떤 경로에 대해서나 성립한다(퍼텐셜이 올라가면 양$^{+}$이고, 내려가면 음$^{-}$이다).

연결 고리 고리 규칙은 회로에 대해 편리한 형태로 쓴 에너지 보존 법칙일 뿐이다.

고리 규칙을 적용할 때 부호를 올바르게 선택해야 한다. 전류와 같은 방향으로 저항기를 통과하는 경로를 따라가면, 전기 퍼텐셜은 낮아진다($\Delta V = -IR$). 전류와 다른 방향으로 저항기를 통과하는 경로를 택하면(거슬러 올라가면), 전기 퍼텐셜은 높아진다($\Delta V = +IR$). 기전력에 대해서는, 양극 단자에서 음극 단자로 움직이면 전기 퍼텐셜은 낮아지고($\Delta V = -\mathcal{E}$), 음극 단자에서 양극 단자로 움직이면 전기 퍼텐셜은 높아진다($\Delta V = +\mathcal{E}$).

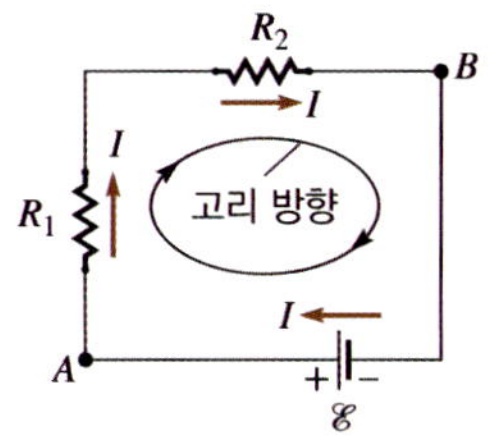

그림 18.14 고리 규칙의 적용. 점 A에서 시작해 그림의 방향(시계방향)을 따라서 고리를 한 바퀴 돈다면, 고리 규칙은 $\sum \Delta V = -IR_1 - IR_2 + \mathcal{E} = 0$이 된다(B에서 시작해 반시계방향으로 고리를 돌면, $\sum \Delta V = +IR_2 + IR_1 - \mathcal{E} = 0$, 곧 앞 식과 동등한 식을 얻는다).

키르히호프의 규칙 사용하기 18.6절에서는 키르히호프의 규칙을 사용하여 직렬 또는 병렬연결 회로 소자를 단일 등가 소자로 대체하는 방법을 배울 것이다. 그렇게 하는 것이 직접 키르히호프의 규칙을 적용할 때보다 더 쉽다. 하지만 직렬 또는 병렬 등가 소자를 사용하여 모든 회로를 줄일 수 있는 것은 아니다. 18.7절에서는 키르히호프의 규칙을 사용하여 회로를 분석하는 방법을 설명한다.

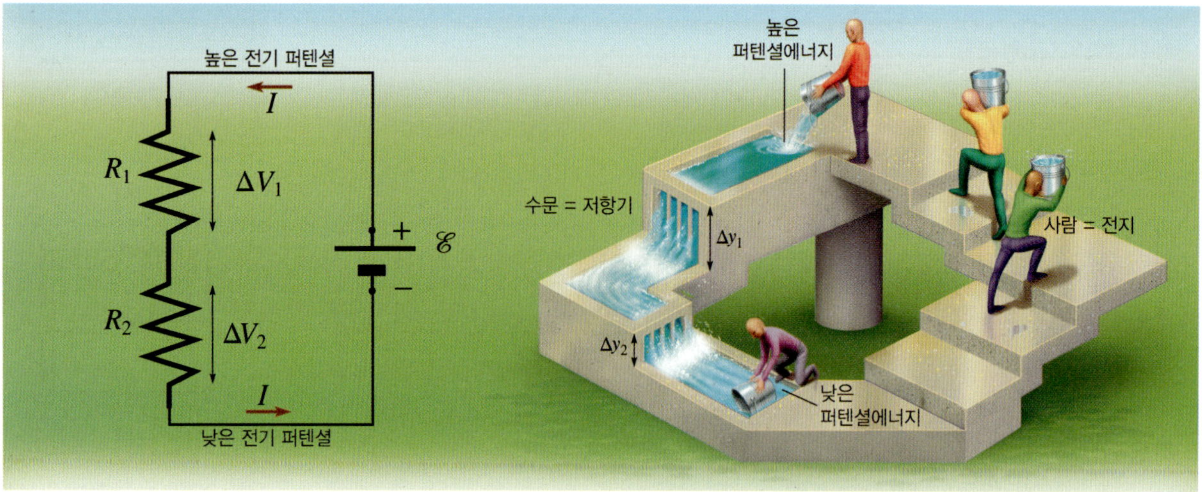

그림 18.15 두 개의 수문을 통해 흐르는 물의 질량 흐름률이 같은 것처럼, 직렬로 연결된 두 개의 저항을 통해 같은 전류가 흐른다. $\Delta y_1 + \Delta y_2 = \Delta y$와 같이 직렬로 연결된 한 쌍의 저항에 걸린 전기 퍼텐셜 차 ΔV는 두 전기 퍼텐셜 차의 합과 같다. 이 회로에서, $\Delta V_1 + \Delta V_2 = \mathcal{E}$이고, $\mathcal{E}$는 전지의 기전력이다. $R_1 \neq R_2$이면 저항기에 걸리는 전기 퍼텐셜 차(ΔV_1과 ΔV_2)는 같지 않다. 그래도 지나가는 전류(I)는 같다.

18.6 직렬과 병렬회로
Series and Parallel Circuits

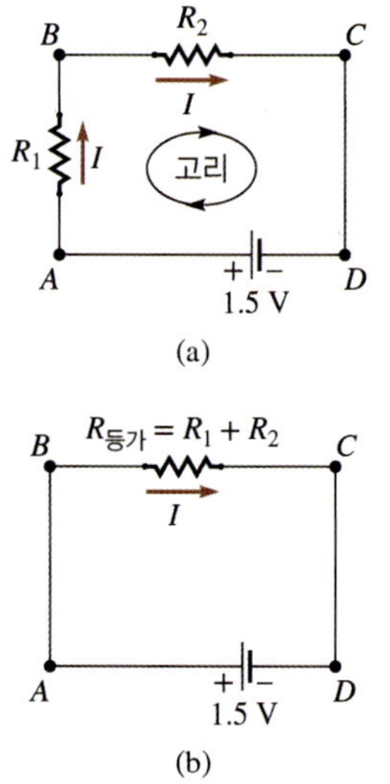

그림 18.16 (a) 두 저항기가 직렬로 연결된 회로. (b) 두 저항기를 하나의 등가저항기로 대치한 것

저항의 직렬연결

하나 이상의 전기 장치가 서로 연결되어 각 장치에 **똑같은 전류**가 흐를 때, 이 장치들은 **직렬**[series]로 연결되어 있다고 한다(그림 18.15와 그림 18.16). 그림 18.16a의 회로는 직렬로 연결된 두 개의 저항기를 나타낸다. 무시할 수 있을 정도의 저항을 가진 도선은 직선으로 표시한다. 무시할 수 있을 정도의 저항은 전압강하($\Delta V = IR$)를 무시할 수 있음을 의미하므로, **도선으로 연결된 점들의 전기 퍼텐셜은 모두 같다.** 점 A~D에 적용된 접합점 규칙은 기전력과 두 개의 저항기를 거쳐 흐르는 전류가 같다는 것을 의미한다.

시계방향의 고리 DABCD에 고리 규칙을 적용해 보자. D에서 A까지 기전력의 음극 단자에서 양극 단자로 이동하므로, $\Delta V = +1.5\text{ V}$이다. 전류와 **같은 방향**으로 고리를 돌면 각 저항기를 지날 때마다 전기 퍼텐셜은 **낮아진다.** 그러므로

$$1.5\text{ V} - IR_1 - IR_2 = 0$$

이다. 직렬로 연결된 두 저항기에 흐르는 전류 I는 같다. 공통인 전류 I를 묶어내면,

$$I(R_1 + R_2) = 1.5\text{ V}$$

이 된다. 전류 I가 직렬로 연결된 두 개의 저항기를 단일 등가저항기 $R_{\text{등가}} = R_1 + R_2$

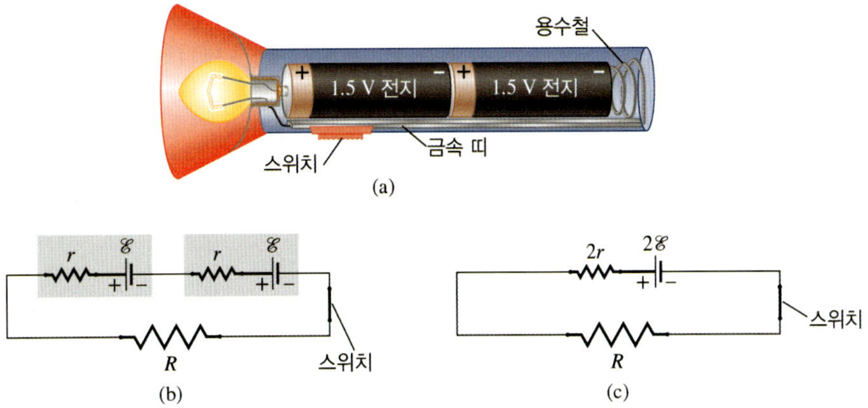

그림 18.17 (a) 손전등에 3.0 V의 전압을 공급하기 위해 직렬로 연결된 1.5 V 전지 두 개. (b) 전지의 내부저항까지 포함한 회로. (c) 두 개의 전지를 내부저항이 $2r$이고 기전력이 $2\mathscr{E}$인 하나의 기전력원으로 단순화한 회로. 기호 —⟋•— 는 열려 있는 스위치(전기적으로 연결되지 않음)를 나타내고, 기호 —•—•— 는 닫힌 스위치를 나타낸다.

로 대체해도 전류 I는 같을 것이다.

$$IR_{등가} = I(R_1 + R_2) = 1.5\ \text{V}$$

그림 18.16b는 회로를 단순화시켜 등가회로로 다시 그리는 방법을 보여준다. 이 결과는 여러 개의 저항기를 직렬연결한 경우로 일반화할 수 있다.

N개의 저항기가 직렬로 연결된 경우

$$R_{등가} = \sum R_i = R_1 + R_2 + \cdots + R_N \qquad (18\text{-}18)$$

두 개 이상의 저항기를 직렬로 연결하면 등가저항은 연결된 **어떤** 저항보다도 **크다**는 것에 유의하자.

기전력의 직렬연결

많은 장치에서 전지들은 한 전지의 양극 단자가 다음 전지의 음극 단자와 연결되는 방식인 직렬로 연결되어 있다. 이는 하나의 전지보다 더 큰 기전력을 공급한다(그림 18.17). 직렬로 연결된 저항값이 더해지는 것과 마찬가지로 직렬로 연결된 전지의 기전력은 더해진다. 하지만 직렬로 전지를 연결하면 내부저항도 직렬로 연결되어 내부저항이 더 커진다는 단점이 있다.

전원을 기전력과 반대 방향으로 직렬연결할 수 있다. 이러한 회로는 충전기에서 흔히 사용한다. 그림 18.18에서, 점 C에서 점 B, 점 A로 이동할 때 전기 퍼텐셜이 $\mathscr{E}_2$만큼 감소했다가 $\mathscr{E}_1$만큼 증가하여, 알짜 기전력은 $\mathscr{E}_1 - \mathscr{E}_2$가 된다.

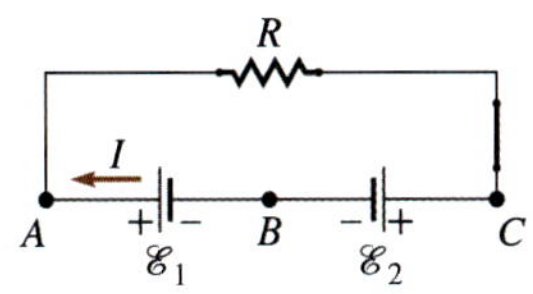

그림 18.18 충전지($\mathscr{E}_2$로 표시)의 회로. 전지를 충전하기 위해 에너지를 공급하는 전원의 기전력이 더 커야 한다($\mathscr{E}_1 > \mathscr{E}_2$). 회로의 알짜 기전력은 $\mathscr{E}_1 - \mathscr{E}_2$이고 전류는 $I = (\mathscr{E}_1 - \mathscr{E}_2)/R$ 이다(여기서 R은 전원의 내부저항도 포함하고 있다).

축전기의 직렬연결

그림 18.19a는 두 개의 축전기가 직렬로 연결된 회로도를 보여준다. 비록 어떠한 전하도 축전기의 한쪽 판에서 유전체를 지나 다른 쪽 판으로 이동할 수 없지만, 한쪽 판으로 들어오는 순간 전류 I는 다른 쪽 판에서 나오는 전류와 같아야 한다. 왜냐하면 축전기의 두 판은 항상 같은 크기이면서 부호가 반대인 전하를 가지고 있기 때문이다. 그러므로 두 판의 전하량은 **같은 비율로 변해야 한다.** 전하의 변화율은 전류와 같다. 외부에서 보면 전류 I가 축전기를 통해 흐르는 것처럼 보인다.

직렬연결된 축전기 C_1과 C_2에서는 전하가 생성되거나 소멸되지 않고 회로의 또 다른 가지와 어떠한 접합점도 없다. 그 때문에 축전기를 '지나는' 순간 전류는 같아야 한다. 축전기의 전하는 항상 같은 비율로 변하기 때문에 **직렬연결된 축전기에서의 순간 전하는 같다.**

같은 전압이 걸린 직렬연결된 각 축전기와 같은 양의 전하량을 저장하는 등가 전기용량 $C_{등가}$를 구하고자 한다. 스위치가 닫히면 기전력이 전하를 퍼 올려서 점 A와 점 B사이의 전기 퍼텐셜 차가 기전력과 같아진다. 축전기는 완전히 충전되고 전류는 0이 된다. 키르히호프의 고리 규칙에 따르면,

$$\mathscr{E} - \Delta V_1 - \Delta V_2 = 0 \qquad (18\text{-}19)$$

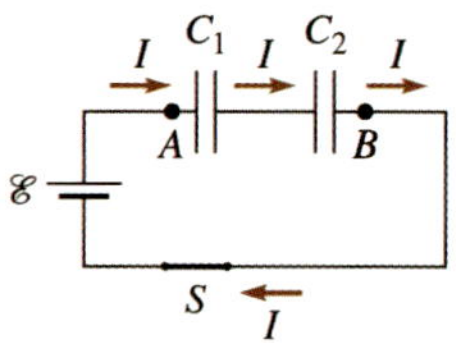

(a)

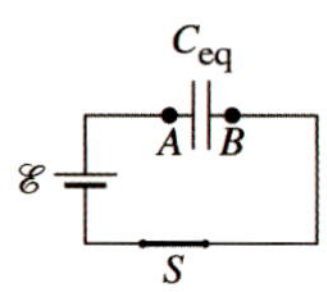

(b)

그림 18.19 (a) 직렬로 연결된 두 개의 축전기, (b) 등가회로

이 된다. 직렬연결된 축전기에서 전하량 Q가 같으므로,

$$\Delta V_1 = \frac{Q}{C_1} \text{이고} \quad \Delta V_2 = \frac{Q}{C_2} \qquad (18\text{-}20)$$

이다. 등가 전기용량(그림 18.19b)은 $\mathscr{E} = Q/C_{등가}$로 정의한다. 이를 식 (18–19)에 대입하면

$$\frac{Q}{C_{등가}} - \frac{Q}{C_1} - \frac{Q}{C_2} Z = 0 \qquad (18\text{-}21)$$

이 된다. 등가 전기용량은

$$\frac{1}{C_{등가}} = \frac{1}{C_1} + \frac{1}{C_2} \qquad (18\text{-}22)$$

이 된다. 이 결과를 여러 개의 축전기를 직렬로 연결하는 경우로 확장할 수 있다.

N개의 축전기가 직렬로 연결된 경우

$$\frac{1}{C_{등가}} = \sum \frac{1}{C_i} = \frac{1}{C_1} + \frac{1}{C_2} + \cdots + \frac{1}{C_N} \qquad (18\text{-}23)$$

등가 축전기가 대치되는 각 축전기에 저장된 것과 같은 전하량을 저장한다는 것을 유의하여라.

저항기의 병렬연결

하나 이상의 전기 장치가 **그것들에 걸리는 전기 퍼텐셜 차가 같도록** 연결되어 있을 때, 그 장치들은 **병렬**parallel로 연결되어 있다고 말한다(그림 18.20). 그림 18.21에서 기전력은 세 개의 저항기에 병렬연결되어 있다. 저항기들은 전부 무시할 수 있을 정도의 저항을 가진 도선으로 연결되어 있으므로 각 저항기 왼쪽의 전기 퍼텐셜은 같다. 마찬가지로 각 저항기의 오른쪽도 전기 퍼텐셜은 같다. 따라서 세 개의 저항기 양단의 전기 퍼텐셜 차는 같다. 점 A에 접합점 규칙을 적용하면

$$+I - I_1 - I_2 - I_3 = 0 \quad \text{또는} \quad I = I_1 + I_2 + I_3 \qquad (18\text{-}24)$$

를 얻는다. 기전력에서 나오는 전류 I 중에서 얼마만큼이 각 저항기를 통해 흐르는가? 전류는 세 경로 양단의 전기 퍼텐셜 차가 모두 똑같이 $V_A - V_B$가 되도록 나눠고 이는 기전력 $\mathscr{E}$와 같아야 한다. 저항의 정의로부터,

$$\mathscr{E} = I_1R_1 = I_2R_2 = I_3R_3 \qquad (18\text{-}25)$$

이고, 따라서 전류는

$$I_1 = \frac{\mathscr{E}}{R_1}, \quad I_2 = \frac{\mathscr{E}}{R_2}, \quad I_3 = \frac{\mathscr{E}}{R_3} \qquad (18\text{-}26)$$

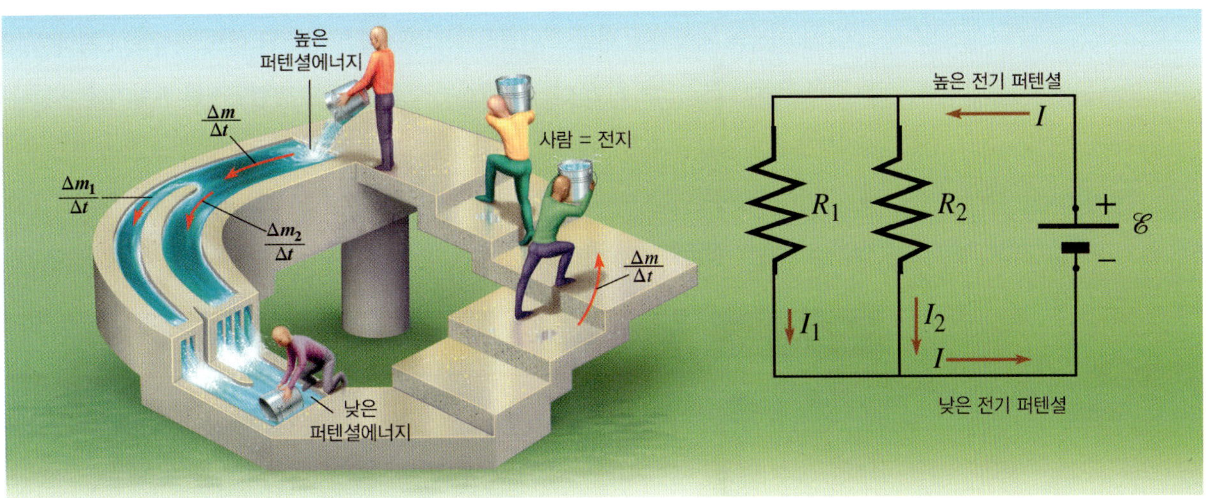

그림 18.20 물은 두 갈래로 나뉘어져 일부는 하나의 수로로, 나머지는 다른 수로를 통해 흐른다. 수로가 갈라지기 전과 다시 합쳐진 후 질량 흐름률은 각 수로의 흐름률의 합과 같다. 각 수로에 대한 높이 변화 Δy는 같은 높이에서 시작하고 끝나기 때문에 같은 값을 갖는다. 병렬로 연결된 두 개의 저항기의 경우 전류는 더해지고($I = I_1 + I_2$), 전기 퍼텐셜 차는 같다($\Delta V_1 = \Delta V_2 = \mathscr{E}$). $R_1 \neq R_2$이면, 전류 I_1과 I_2는 같지 않지만, 전기 퍼텐셜 차는 여전히 같다.

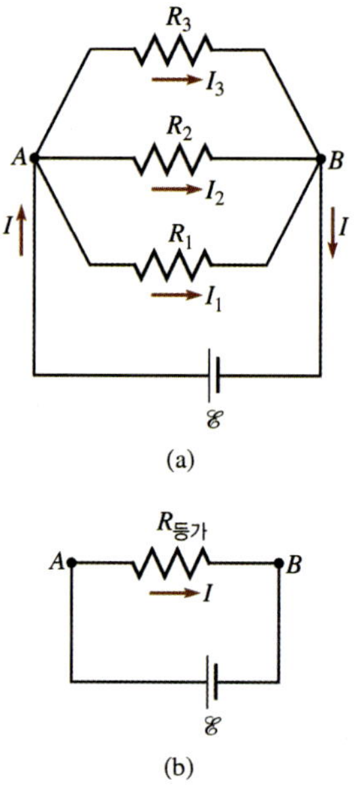

그림 18.21 (a) 병렬로 연결된 세 개의 저항기. (b) 등가회로

연결 고리 직렬 및 병렬연결된 저항기에 대한 결과인 식 (18–18)과 (18–30)은 열저항(14.6절)과 점성 유체 흐름에 대한 관의 저항(9.9절)에도 적용된다.

이다. 이를 식 (18–19)에 대입하면

$$I = \frac{\mathcal{E}}{R_1} + \frac{\mathcal{E}}{R_2} + \frac{\mathcal{E}}{R_3} \tag{18-27}$$

을 얻는다. $\mathcal{E}$로 나누면

$$\frac{1}{\mathcal{E}} = \frac{1}{R_1} + \frac{1}{R_2} + \frac{1}{R_3} \tag{18-28}$$

이다. 세 개의 병렬 저항기는 단일 등가저항기 $R_{등가}$로 대체할 수 있고 같은 전류가 흐르기 위해서는, $\mathcal{E} = IR_{등가}$가 되도록 $R_{등가}$를 선택해야 한다. 그러면 $1/\mathcal{E} = 1/R_{등가}$이고

$$\frac{1}{R_{등가}} = \frac{1}{R_1} + \frac{1}{R_2} + \frac{1}{R_3} \tag{18-29}$$

이다.

세 개의 저항기를 병렬로 연결한 것을 검토했지만, 이 결과는 몇 개의 저항기를 병렬로 연결하든지 적용된다.

N 개의 저항기가 병렬로 연결된 경우

$$\frac{1}{R_{등가}} = \sum \frac{1}{R_i} = \frac{1}{R_1} + \frac{1}{R_2} + \cdots + \frac{1}{R_N} \tag{18-30}$$

두 개 이상의 저항기를 병렬로 연결하면 등가저항은 연결된 **어느** 저항보다 **작다**는 것을 주목하라($1/R_{등가} > 1/R_i$이므로 $R_{등가} < R_i$). 또한 병렬연결된 저항기에 대한 등가저항은 직렬연결된 축전기의 등가 전기용량과 같은 방법으로 구할 수 있음을 유의하여라. 그 이유는 저항이 $R = \Delta V/I$로 정의되고 전기용량은 $C = Q/\Delta V$로 정의되기 때문이다. 저항의 경우는 ΔV가 분자에 있고, 축전기의 경우는 ΔV가 분모에 있다.

살펴보기 18.6 두 개의 같은 저항기(R)를 병렬로 연결하면 등가저항은 얼마인가?

보기 18.6 두 개의 병렬 저항기에 대한 전류

(a) 그림 18.22에서 $R_1 = 20.0\ \Omega$ 이고 $R_2 = 40.0\ \Omega$ 일 때, 두 저항기에 대한 등가저항을 구하여라. (b) 저항 R_1과 R_2를 통하여 흐르는 전류의 비는 얼마인가?

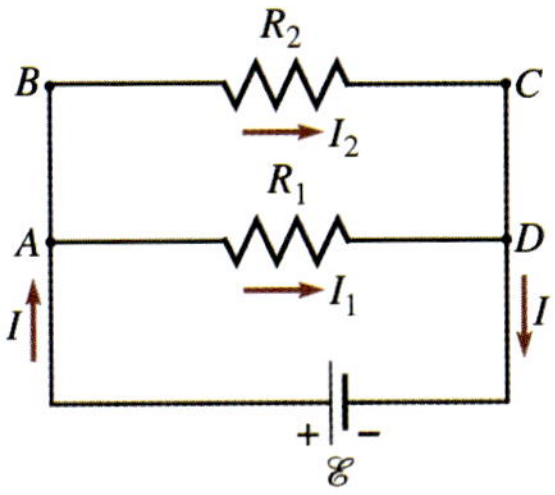

그림 18.22 보기 18.6의 병렬 저항기 회로

전략 점 A와 B의 전기 퍼텐셜이 같고 점 C와 점 D의 전기 퍼텐셜이 같다. 따라서 두 저항기에 걸리는 전압강하는 같고, 2개의 저항은 병렬연결되어 있다. 전류의 비율은 전류와 저항의 관점에서 두 갈래에서의 전기 퍼텐셜 차를 같다고 놓음으로써 구할 수 있다.

풀이 (a) 2개의 병렬연결된 저항기에 대한 등가저항은 다음과 같다.

$$\frac{1}{R_{등가}} = \frac{1}{R_1} + \frac{1}{R_2} = \frac{1}{20.0\ \Omega} + \frac{1}{40.0\ \Omega}$$

$$= 0.0750\ \Omega^{-1}$$

$$R_{등가} = \frac{1}{0.0750\ \Omega^{-1}} = 13.3\ \Omega$$

(b) 각 저항기에 걸린 전기 퍼텐셜 차는 같다.

$$I_1 R_1 = I_2 R_2$$

그러므로 전류의 비는 다음과 같다.

$$\frac{I_1}{I_2} = \frac{R_2}{R_1} = \frac{40.0\ \Omega}{20.0\ \Omega} = 2.00$$

검토 회로의 각 갈래에서 전류가 각 갈래의 저항값에 반비례한다는 것에 유의하자. R_2는 R_1의 두 배이므로, 전류는 R_1을 통해 흐르는 전류의 절반이다. 두 개 이상의 병렬 갈래의 접합점에서, 전류는 모두 '저항이 최소인 경로'를 통해서만 흐르는 것이 아니라, 저항이 더 큰 갈래로는 적은 전류가 흐르고, 저항이 최소인 갈래로는 **더 많은** 전류가 흐른다.

실전문제 18.6 세 저항의 병렬연결

그림 18.23에서 점 A와 B 사이의 세 개의 저항기의 등가저항을 구하여라.

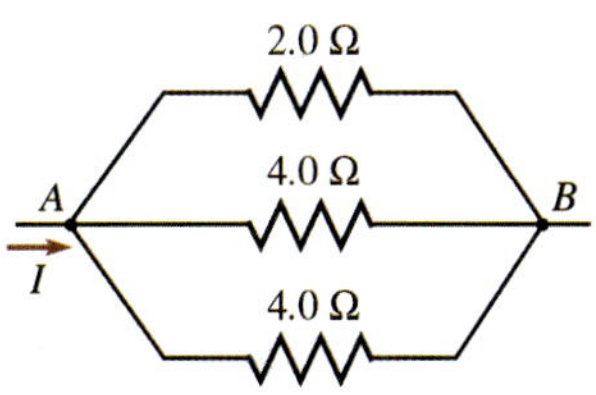

그림 18.23 세 개의 병렬 저항기

보기 18.7 직렬 및 병렬연결이 포함된 회로의 등가저항

(a) 그림 18.24와 같이 연결된 저항기의 회로에 대한 등가저항을 구하여라. (b) $\mathscr{E} = 0.60\ \text{V}$일 때, 저항기 R_2를 통해 흐르는 전류를 구하여라.

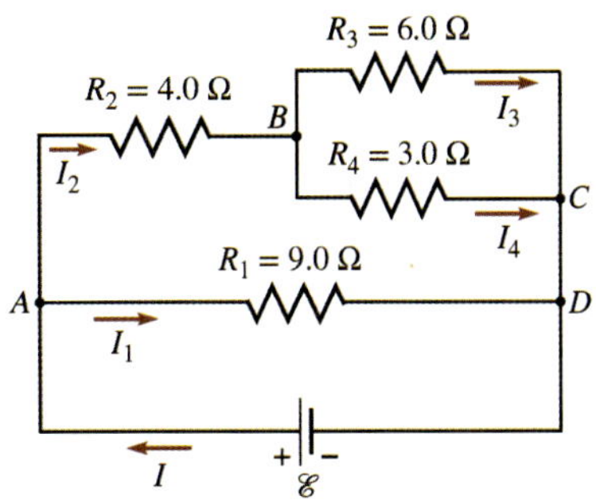

그림 18.24 보기 18.7의 저항기 회로망

전략 단계적으로 저항기 회로망을 단순화해 보자. 먼저 직렬 또는 병렬이 함께 연결된 조합은 점 B와 C 사이에 병렬연결된 두 개의 저항기(R_3과 R_4) 뿐이다. 다른 저항기의 쌍은 같은 전류(직렬의 경우)나 같은 전압강하(병렬의 경우)가 없다. 그러므로 이 두 개를 등가저항기로 대체하고 회로에서 다시 새로운 직렬이나 병렬 조합을 찾는다. 이러한 과정은 전체 회로가 단일저항기로 줄어들 때까지 계속한다.

풀이 (a) 병렬연결된 점 B와 C 사이의 두 저항기에 대해서

$$R_{등가} = \left(\frac{1}{R_3} + \frac{1}{R_4}\right)^{-1} = \left(\frac{1}{6.0\ \Omega} + \frac{1}{3.0\ \Omega}\right)^{-1} = 2.0\ \Omega$$

이다. 회로의 두 저항기를 2.0 Ω인 등가저항기 하나로 대치한 회로도를 다시 그린다.

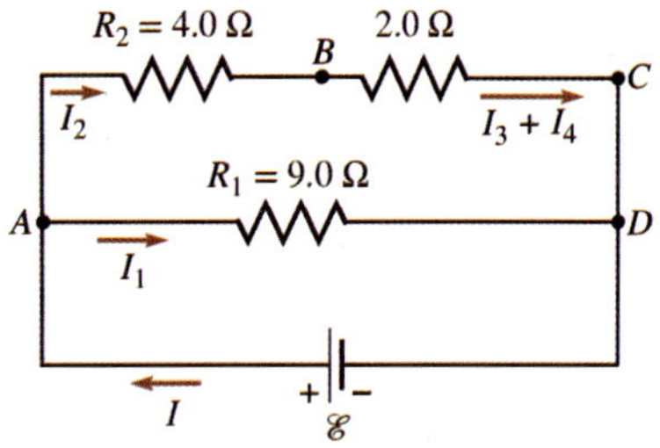

(1)

4.0 Ω과 2.0 Ω인 저항기는 직렬연결되어 있으므로 그들에는 같은 전류가 흘러야 한다. 둘을 하나의 저항기로 대체할 수 있다.

$$R_{등가} = 4.0\ \Omega + 2.0\ \ \Omega = 6.0\Omega$$

저항기의 회로는 이제 다음과 같이 된다.

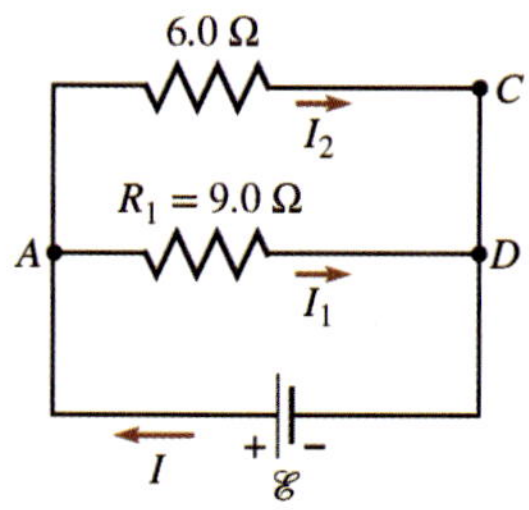

(2)

병렬연결된 두 저항기의 등가저항은

$$R_{등가} = \left(\frac{1}{6.0\ \Omega} + \frac{1}{9.0\ \Omega}\right)^{-1} = 3.6\ \Omega$$

이다. 저항기들이 하나에 3.6 Ω 인 등가지항기로 바뀌었다.

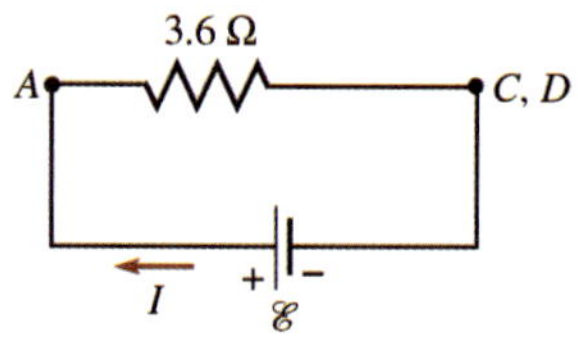

(3)

(b) R_2를 통과하는 전류는 I_2이다(그림 18.24 참조). 회로도 (2)에서 I_2가 6.0 Ω의 등가저항기를 통과할 때, 전압강하는 0.60 V이다. 따라서, 전류는 다음과 같다.

$$I_2 = \frac{0.60\ \text{V}}{6.0\ \Omega} = 0.10\ \text{A}$$

검토 복잡하게 연결된 저항기를 한 개의 등가저항으로 줄이려면, 병렬로 연결된 저항기(같은 전기 퍼텐셜 차를 갖도록 연결된 저항기)와 직렬로 연결된 저항기(같은 전류를 갖도록 연결된 저항기)를 찾는다. 병렬 및 직렬연결된 모든 저항기의 조합을 등가저항기로 대체한다. 그런 다음 단순화된 회로에서 새로운 병렬 및 직렬 조합을 찾는다. 하나의 저항기만 남을 때까지 이 과정을 반복하여라. 그 후, 각 등가저항기 또는 실제의 저항기의 전류와 각 저항기에 걸리는 전기 퍼텐셜 차를 찾기 위해 회로도로 돌아간다.

실전문제 18.7 **연결된 세 개의 저항기**

그림 18.25와 같은 세 개의 저항기를 대체하기 위해 점 A와 B 사이에 놓을 수 있는 등가저항을 구하여라. 먼저 이 저항들이 직렬인지 병렬인지를 결정하여라. 점 A 또는 B로부터 저항기의 한 쪽 또는 다른 쪽의 연결점까지 직선을 따라가서 검은색 점을 점 A 또는 B로 이름 붙여라. 필요하다면 회로도를 다시 그려라.

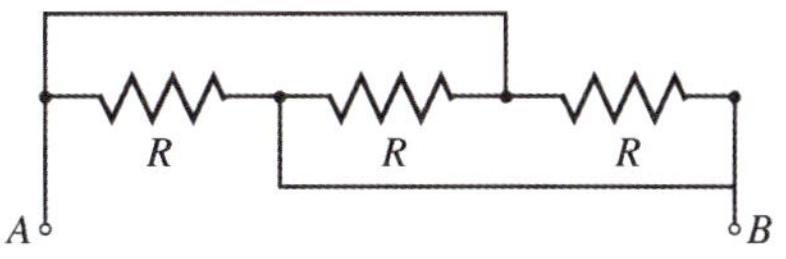

그림 18.25 연결된 세 개의 저항기

기전력의 병렬연결

기전력이 **같은** 두 개 이상의 전원은 종종 병렬로 연결된다. 병렬연결에서는 전원의 양극 단자는 서로 연결되고, 모든 음극 단자도 서로 연결된다(그림 18.26a). 여러 개의 같은 전원이 병렬로 연결된 경우, 등가 기전력은 각 전원의 기전력과 같다. 이와 같은 방법으로 연결된 전원은 큰 기전력을 얻을 수는 없지만, 내부저항이 작아지므로 더 많은 전류를 공급할 수 있다는 장점이 있다. 그림 18.26a에서 두 내부저항(r)은 같다. 전원이 병렬로 연결되어 있어서 병렬 조합에 대한 등가 내부저항은 $\frac{1}{2}r$이다. 점 A와 B의 전기 퍼텐셜이 같다는 것을 유의하여라. 점프 케이블로 자동차의 시동을 걸기 위해서는 두 전지를 양극은 양극끼리, 음극은 음극끼리 병렬로 연결해야 한다.

기전력이 다른 전원을 병렬로 연결해서는 안 되고 반대 극끼리 병렬로 연결해서도 안 된다(그림 18.26b). 이 경우 두 전지는 급격히 서로를 소모하여 회로의 나머지 부분에 적은 전류를 공급하거나 아예 전류를 공급하지 않는다.

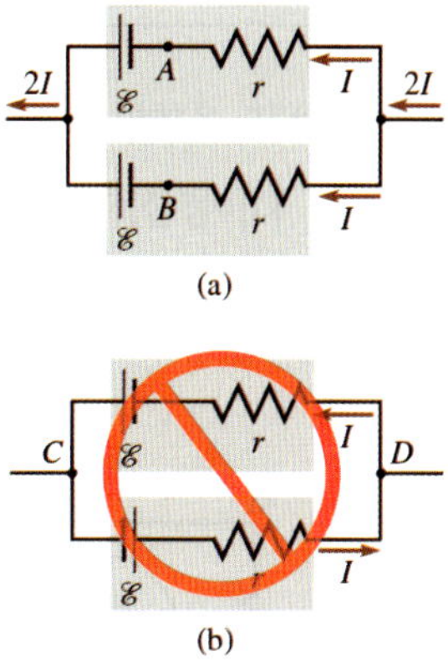

그림 18.26 (a) 두 개의 (내부저항이 r인) 같은 전지가 병렬로 연결되어 있다. 이러한 연결은 기전력 $\mathscr{E}$를 공급하고, 등가 내부저항이 $\frac{1}{2}r$이므로 전지 한 개일 때의 전류보다 2배의 전류를 공급할 수 있다. (b) 절대로 전지 두 개의 극을 반대로 해서 병렬연결해서는 안 된다. 그림에서 기전력의 크기가 같으므로 점 C와 D는 전기 퍼텐셜이 같다. 전지는 나머지 회로에 기전력을 공급하지 않는다. 전지는 서로 기전력을 소모한다. 이 방법으로 두 개의 자동차 배터리를 연결하면 위험할 정도의 큰 전류가 배터리를 통해 흘러 폭발을 일으킬 수 있다.

축전기의 병렬연결

직렬연결된 축전기는 같은 전하를 갖지만 전기 퍼텐셜 차가 다를 수 있다. 병렬연결된 축전기는 같은 전기 퍼텐셜 차를 갖지만 대전된 전하량은 다를 수 있다. 병렬연결된 세 개의 축전기(그림 18.27)라면, 스위치가 닫히면 기전력원은 각각의 축전기에 걸린 전기퍼텐셜 차가 기전력 $\mathscr{E}$과 같아질 때까지 전하를 축전기의 판에서부터 퍼 올린다. 전지가 퍼 올린 총전하량을 Q라고 하자. 세 축전기에 대전된 전하량을 각각 q_1, q_2, q_3이라고 하면 전하량은 보존되므로, 다음의 식을 얻을 수 있다.

$$Q = q_1 + q_2 + q_3 \tag{18-31}$$

곳으로 흐른다. 기전력의 기호는 긴 선이 양극 단자, 짧은 선이 음극 단자를 나타낸다.

이제 닫힌 고리를 하나 선택하고 이 고리를 따라서 돌아가며 전기 퍼텐셜 상승과 강하를 합한다. 점 A에서 출발해 고리 ABCFA를 따라서 돌아가 보자. 고리를 따라 돌아가기 위한 출발점과 방향은 임의로 선택할 수 있으나, 한 번 정하면 전류의 방향에 무관하게 끝까지 바꾸지 말아야 한다. 점 A에서 B까지는 전류 I_1과 같은 방향으로 이동한다. 저항기를 통과하는 전류는 전기 퍼텐셜이 높은 곳에서 낮은 곳으로 흐르므로 점 A에서 B까지 갈 때 전기 퍼텐셜의 강하는 $\Delta V_{A\to B} = -I_1R_1$이다.

점 B에서 C까지는 도선의 저항은 무시할 수 있을 정도이므로 전기 퍼텐셜의 상승이나 강하는 없다. 점 C에서 F까지는 전류 I_2가 흐르므로 또 다른 전기 퍼텐셜 강하 $\Delta V_{C\to F} = -I_2R_2$가 있다.

최종적으로 점 F에서 A까지 기전력의 음극 단자에서 양극 단자로 이동한다. 전기 퍼텐셜은 $\Delta V_{F\to A} = +\mathcal{E}_1$ 만큼 상승한다. 점 A가 출발점이었으므로 고리는 완성되었다. 고리 규칙은 전기 퍼텐셜 변화의 합이 0과 같다는 것이므로 다음과 같이 쓸 수 있다.

$$-I_1R_1 - I_2R_2 + \mathcal{E}_1 = 0 \qquad (2)$$

아직 저항기 R_3이나 기전력 $\mathcal{E}_2$를 지나가지 않았으므로 또 다른 고리를 선택해야 한다. 오른쪽 고리(FCDEF)나 바깥쪽 고리(ABCDEFA) 중에 하나를 선택할 수 있다. 여기서는 FCDEF 고리를 선택하자.

점 F에서 C까지 전류 I_2와 반대로(거슬러) 이동한다. 전기 퍼텐셜이 $\Delta V_{F\to C} = +I_2R_2$만큼 상승한다. 점 C에서 D까지는 전기 퍼텐셜 변화가 없다. 점 D에서 E까지는 다시 거슬러 이동하므로 $\Delta V_{D\to E} = +I_3R_3$이다. 점 E에서 F까지는 기전력원을 통과해 음극 단자에서 양극 단자로 이동한다. 전기 퍼텐셜은 $V_{E\to F} = +\mathcal{E}_2$ 만큼 증가한다. 그러므로 고리 규칙에 의해

$$+I_2R_2 + I_3R_3 + \mathcal{E}_2 = 0 \qquad (3)$$

이다.

이제 세 개의 방정식과 세 개의 미지수(세 전류)를 얻었다. 이들을 연립하여 풀기 위해 먼저 알려진 값을 대입하자.

$$I_1 + I_3 - I_2 = 0 \qquad (1)$$

$$-(4.0\ \Omega)I_1 - (6.0\ \Omega)I_2 + 1.5\ \text{V} = 0 \qquad (2)$$

$$(6.0\ \Omega)I_2 + (3.0\ \Omega)I_3 + 3.0\ \text{V} = 0 \qquad (3)$$

연립방정식을 풀기 위해, 한 변수에 대한 식을 다른 식에 대입해서 한 변수를 소거한다. 식 (1)을 I_1에 대해 정리하면 $I_1 = -I_3 + I_2$이다. 식 (2)에 대입하면

$$-(4.0\ \Omega)(-I_3 + I_2) - (6.0\ \Omega)I_2 + 1.5\ \text{V} = 0$$

이 된다. 이 식을 간단히 하면

$$4.0I_3 - 10.0I_2 = -1.5\ \text{V}/\Omega = -1.5\ \text{A} \qquad (4)$$

이다. 식 (3)과 (4)는 이제 두 개의 미지수 밖에 없다. 식 (4)에 3을 곱하고 식 (3)에 4를 곱하여 I_3의 계수를 같게 해 I_3를 소거할 수 있다.

$$12.0I_3 - 30.0I_2 = -4.5\ \text{A} \qquad 3\times 식(4)$$

$$12.0I_3 + 24.0I_2 = -12.0\ \text{A} \qquad 4\times 식(3)$$

한 식에서 다른 식을 빼면

$$54.0I_2 = -7.5\ \text{A}$$

이다. 이제 I_2에 대해 풀 수 있으므로

$$I_2 = -\frac{7.5}{54.0}\ \text{A} = -0.139\ \text{A}$$

이다. I_2 값을 식 (4)에 대입해 I_3에 대해 풀면

$$4I_3 + 10 \times 0.139\ \text{A} = -1.5\ \text{A}$$
$$I_3 = \frac{-1.5 - 1.39}{4}\ \text{A} = -0.723\ \text{A}$$

이다. 식 (1)에서 I_1은

$$I_1 = -I_3 + I_2 = +0.723\ \text{A} - 0.139\ \text{A} = +0.584\ \text{A}$$

이다. 두 자리 유효숫자까지 반올림하면, 전류는 $I_1 = 0.58\ \text{A}$, $I_3 = -0.72\ \text{A}$, $I_2 = -0.14\ \text{A}$이다. I_3과 I_2는 음수이므로 이들 갈래에 흐르는 전류의 실제 방향은 임의로 선택한 방향과 반대 방향이다.

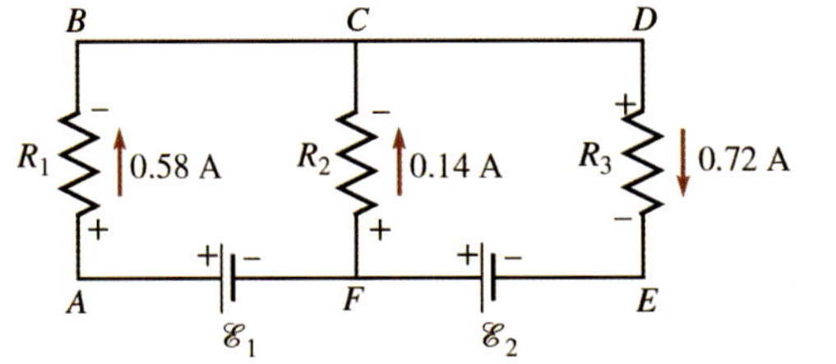

검토 몇몇 전류의 방향을 잘못 선택하더라도 문제가 되지 않는다. 또한 선택한 고리의 출발점이나 순환하는 방향을 어떻게 선택하든(회로의 모든 갈래를 한 번 이상 포함하는 한) 역시 문제가 되지 않는다.

키르히호프의 규칙 적용에서 가장 어려운 점은 올바른 부호를 찾는 것이다. 연립방정식을 풀 때 계산 실수를 하기 쉽기 때문에 해답을 검증해 보는 것이 좋다. 검증을 하기 위한 좋은 방법은 해를 구할 때 이용하지 않았던 고리에 대한 방정식을 써 보는 것이다(실전문제 18.8 참조).

실전문제 18.8 **고리 규칙을 이용한 풀이 검증**

고리 CBAFEDC에 키르히호프의 고리 규칙을 적용하여 보기 18.8의 풀이를 검증하여라.

18.8 전기회로에서 전력과 에너지 Power and Energy in Circuits

전기 퍼텐셜의 정의에서 전하 q가 전기 퍼텐셜 차가 ΔV인 곳을 통해 이동하면 전기 퍼텐셜에너지의 변화는

$$\Delta U_\text{E} = q\Delta V \tag{17-8}$$

가 된다. 에너지 보존에서 전기 퍼텐셜에너지의 변화는 두 형태의 에너지 사이에 전환이 일어난다는 것을 뜻한다. 예를 들어 전지는 저장된 화학에너지를 전기 퍼텐셜에너지로 전환한다. 저항기는 전기 퍼텐셜에너지를 내부에너지로 전환한다. 에너지 전환이 일어나는 **비율**이 **전력** P이다. 전류는 전하의 흐름률이므로, $I = q/\Delta t$이고, 전력은 다음과 같다.

임의의 회로 소자에 대한 전력

$$P = \frac{\Delta U_{\mathrm{E}}}{\Delta t} = \frac{q}{\Delta t}\Delta V = I\Delta V \tag{18-34}$$

따라서 **임의의 회로 소자**에 대한 전력은 전류와 전기 퍼텐셜 차를 곱한 값이다. 전류와 전압을 곱하면 전력의 올바른 단위가 나온다는 것은 암페어를 초당 쿨롱으로, 볼트를 쿨롱당 줄로 대치하면 쉽게 증명할 수 있다.

$$\mathrm{A} \times \mathrm{V} = \frac{\mathrm{C}}{\mathrm{s}} \times \frac{\mathrm{J}}{\mathrm{C}} = \frac{\mathrm{J}}{\mathrm{s}} = \mathrm{W} \tag{18-35}$$

기전력이 공급하는 전력 일정한 기전력 $\mathscr{E}$를 갖는 이상적인 전지에 의해 퍼 올려진 전하량이 q이면 기전력의 정의에 따라 전지가 한 일은

$$W = \mathscr{E} q \tag{18-3}$$

이다. 기전력이 공급하는 전력은 기전력이 하는 일의 비율이므로

$$P = \frac{\Delta W}{\Delta t} = \mathscr{E}\frac{q}{\Delta t} = \mathscr{E} I \tag{18-36}$$

이다. 이상적인 기전력에 대해 $\Delta V = \mathscr{E}$ 이므로, 식 (18–34)와 (18–36)은 같다.

저항기에 의해 소모되는 전력

기전력이 저항기를 통해 전류를 흐르게 할 때, 기전력이 공급하는 에너지에 무슨 일이 생기는가? 전류를 유지하기 위해 왜 기전력이 계속해서 에너지를 공급해야 하는가?

기전력이 도선의 양 끝 사이에 전기 퍼텐셜 차를 일으키면 금속 도선에 전류가 흐른다. 전기장은 전기 퍼텐셜에너지가 낮은(전기 퍼텐셜이 높은) 방향으로 전도전자를 흐르게 한다. 금속에서 전자와 원자 사이의 충돌이 없다면 전자의 평균 운동에너지는 계속 증가할 것이다. 그러나 전자는 원자와 자주 충돌하고, 이러한 충돌로 전자가 운동에너지 일부를 잃어버리게 된다. 정상전류의 경우, 전도전자의 평균 운동에너지는 증가하지 않는다. 전자가 (전기장에 의해) 운동에너지를 얻는 비율은 전자가 (충돌에 의해) 운동에너지를 잃는 비율과 같다. 기전력이 공급하는 에너지의 알짜 효과는 원자의 진동에너지를 증가시킨다. 원자의 진동에너지는 금속의 내부에너지의 일부이므로 금속의 온도는 상승한다.

저항의 정의에서 저항기를 가로지르는 전압강하는

$$\Delta V = IR \tag{18-8}$$

이다. 저항기에서 에너지가 **소모되는**dissipated(조직적인 형태에서 비조직적인 형태로 전환되는) 비율은

$$P = I\Delta V = I(IR) = I^2 R \tag{18-37}$$

또는 다음과 같이 표현할 수 있다.

$$P = I\Delta V = \left(\frac{\Delta V}{R}\right)\Delta V = \frac{(\Delta V)^2}{R} \tag{18-38}$$

저항기에서 소모되는 전력이 저항에 비례하는가(식 (18−37)), 아니면 반비례하는가(식 (18−38))? 이는 상황에 따라 다르다. **같은 전류**가 흐르는 두 저항기(두 저항기를 직렬로 연결한 경우)에서 전력은 저항에 비례하지만 전압강하는 같지 않다. 같은 전압이 걸린 두 저항기(두 저항기를 병렬로 연결한 경우)에서 전력은 저항에 반비례하지만 전류는 같지 않다.

저항기의 소모가 반드시 바람직하지 않은 것만은 아니다. 휴대용 또는 베이스보드형 히터, 전기스토브 및 오븐, 토스터, 헤어드라이어, 전기 의류 건조기 등 여러 종류의 전열기와 백열등은 에너지 소모로 상승하는 저항기의 온도를 바람직하게 이용하는 사례이다.

내부저항을 가진 기전력이 공급한 전력

전원이 내부저항을 가지면 공급되는 알짜 전력은 $\mathscr{E} I$보다 **적다**. 기전력이 공급한 에너지 중 일부는 내부저항에서 소모된다. 회로의 나머지 부분에서 공급된 알짜 전력은

$$P = \mathscr{E} I - I^2 r \tag{18-39}$$

이다. 여기서 r은 전원의 내부저항이다. 식 (18−39)는 식 (18−34)와 일치한다. 내부저항이 있을 때 전기 퍼텐셜 차는 기전력과 같지 **않음**을 기억하여라.

보기 18.9 두 개의 손전등

직렬로 연결된 두 전지는 손전등에 전력을 공급한다. 각 전지의 기전력은 1.50 V이고 내부저항은 0.10 Ω이다. 전지는 총저항이 0.40 Ω인 도선으로 전구와 연결되어 있고, 정상 작동 온도에서 필라멘트의 저항은 9.70 Ω이다. (a) 전구가 소모하는 전력, 곧 열과 빛의 형태로 소모되는 에너지의 비율을 계산하여라. (b) 도선이 소모하는 전력과 전지가 공급하는 알짜 전력을 계산하여라.

(c) 두 번째 손전등에는 **네** 개의 같은 전지를 직렬로 연결하고 같은 저항을 가진 도선을 이용한다. (동작 온도에서) 저항이 42.1 Ω인 전구는 첫 번째 손전등의 전구와 거의 같은 전력을 소모한다. 소모되는 전력이 거의 같음을 증명하고, 도선이 소모하는 전력과 전지가 공급하는 알짜 전력을 계산하여라.

전략 회로의 모든 소자는 직렬로 연결되어 있다. 모든 전기저항(내부저항 포함)은 하나의 직렬로 연결된 등가 저항으로, 두 개의 기전력은 하나의 등가 기전력으로 대체해서 회로를 단순화할 수 있다. 그렇게 하면 전류를 구할 수 있다. 그런 다음 식 (18-37)을 이용해 도선 w와 필라멘트 f에서의 전력을 구한다. 식 (18-38)을 이용할 수도 있으나 저항 사이의 전압강하를 구하는 추가 단계가 필요하다. 식 (18-39)를 이용하면 전지 b가 공급한 알짜 전력을 구할 수 있다.

풀이 (a) 그림 18.29는 첫 번째 손전등에 대한 회로의 개략도이다. 전구가 소모하는 전력을 구하기 위해서는 전구에 흐르는 전류나 전구 양단의 전압강하를 알아야 한다. 이러한 단일 고리 회로에서 두 개의 이상적인 기전력은 하나의 직렬연결된 등가 기전력 $\mathcal{E}_{\text{등가}} = 3.00\text{ V}$으로, 직렬연결된 모든 저항기는 하나의 등가저항기로 대체함으로써 전류를 구할 수 있다.

$$R_{\text{등가}} = 9.70\ \Omega + 0.40\ \Omega + 2 \times 0.10\ \Omega = 10.30\ \Omega$$

그러면 전류는

$$I = \frac{\mathcal{E}_{\text{등가}}}{R_{\text{등가}}} = \frac{3.00\text{ V}}{10.30\ \Omega} = 0.2913\text{ A}$$

이다. 필라멘트가 소모하는 전력은 다음과 같다.

$$P_f = I^2R = (0.2913\text{ A})^2 \times 9.70\ \Omega = 0.823\text{W}$$

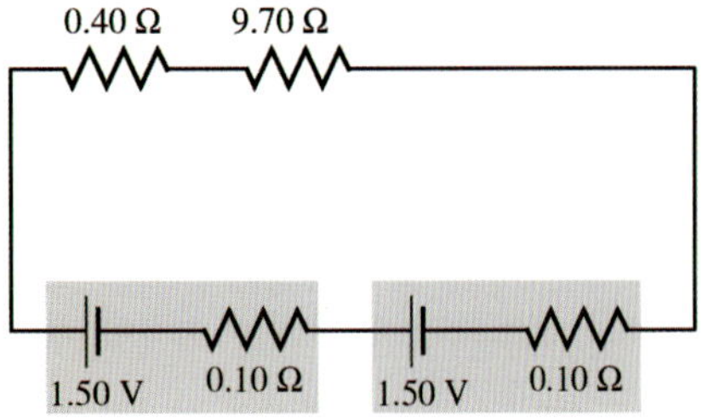

그림 18.29 첫 번째 손전등의 회로

(b) 도선이 소모하는 전력은

$$P_{\text{w}} = I^2R = (0.2913\text{ A})^2 \times 0.40\ \Omega = 0.034\text{W}$$

이다. 전지가 공급하는 알짜 전력은

$$P_{\text{b}} = \mathcal{E}_{\text{등가}}I - I^2r_{\text{등가}}$$

이다. 여기서 $r_{\text{등가}} = 0.20\ \Omega$은 두 내부저항을 직렬연결한 등가저항이다. 그러면 다음과 같다.

$$P_{\text{b}} = 300\text{ V} \times 0.2913\text{ A} - (0.2913\text{ A})^2 \times 0.20\ \Omega = 0.857\text{ W}$$

(c) 두 번째 회로에서 $\mathcal{E}_{\text{등가}} = 6.00\text{ V}$ 이고

$$R_{\text{등가}} = 42.1\ \Omega + 0.40\ \Omega + 4 \times 0.10\ \Omega = 42.90\ \Omega$$

이다. 전류는

$$I = \frac{\mathcal{E}_{\text{등가}}}{R_{\text{등가}}} = \frac{6.00\text{ V}}{42.90\ \Omega} = 0.13986\text{ A}$$

이다. 필라멘트가 소모하는 전력은

$$P_f = I^2R = (0.13986\text{ A})^2 \times 42.1\ \Omega = 0.824\text{ W}$$

이다. 이는 첫 번째 손전등의 필라멘트보다 단지 0.1% 많을 뿐이다. 도선이 소모하는 전력은

$$P_{\text{w}} = I^2R = (0.13986\text{ A})^2 \times 0.40\ \Omega = 0.0078\text{ W}$$

이다. 4개의 내부저항을 직렬연결한 등가저항은 $r_{\text{등가}} = 0.40\ \Omega$이다. 그러므로 전지가 공급하는 알짜 전력은 다음과 같다.

$$P_{\text{b}} = \mathcal{E}_{\text{등가}}I - I^2r_{\text{등가}} = 6.00\text{V} \times 0.13986\text{A} - 0.0078\text{W} = 0.831\text{W}$$

검토 각 경우에서 전지가 공급하는 알짜 전력은 도선과 필라멘트가 소모하는 총전력과 같음에 유의하자. 에너지가 달리 갈 곳이 없으므로, 도선과 필라멘트는 전지

가 공급한 전기에너지와 같은 비율로 전기에너지를 빛과 열로 전환한 에너지를 소모해야 한다.

두 필라멘트에 공급된 전력은 두 경우에서 거의 같지만 두 번째 손전등의 도선이 소모하는 전력이 첫 번째 손전등의 1/4보다 약간 적다. 정해진 전력을 공급할 때 더 큰 기전력을 이용하면 필요한 전류는 더 적다. 부하저항(필라멘트의 저항)이 더 크므로 전류가 적다. 전류가 더 적으면 도선이 소모하는 전력이 더 적다는 것을 뜻한다. 그래서 전력회사에서는 먼 거리로 송전할 때 고전압 도선을 이용하는 것이다. 곧 전류가 적으면 적을수록 도선이 소모하는 전력은 더 적다.

실전문제 18.9 **단순화한 손전등 회로**

손전등에는 1.5 V 전지 두 개가 직렬로 연결되어 있다. 손전등의 전구에 흐르는 전류가 0.35 A 라고 할 때 전구에 전달된 전력과 3분 동안 '불이 켜진' 후 소모된 에너지의 총량을 구하여라. 전지는 이상적인 것으로 간주하고 도선의 저항을 무시하여라. [힌트 : 이 경우는 필라멘트에 걸린 전압이 기전력과 같으므로 필라멘트의 저항을 계산할 필요가 없다.]

18.9 전류와 전압의 측정 Measuring Currents and Voltages

회로의 전류와 전기 퍼텐셜 차는 각각 **전류계**ammeters와 **전압계**voltmeters라는 기구로 측정할 수 있다. 멀티미터(그림 18.30)는 스위치의 위치와 연결하는 단자에 따라 전류계 또는 전압계로 기능한다. 이 계량기는 디지털 방식과 아날로그 방식이 모두 가능하다. 아날로그 방식은 매겨진 눈금 위에 전류나 전압의 값을 나타내는 회전지침을 사용한다.

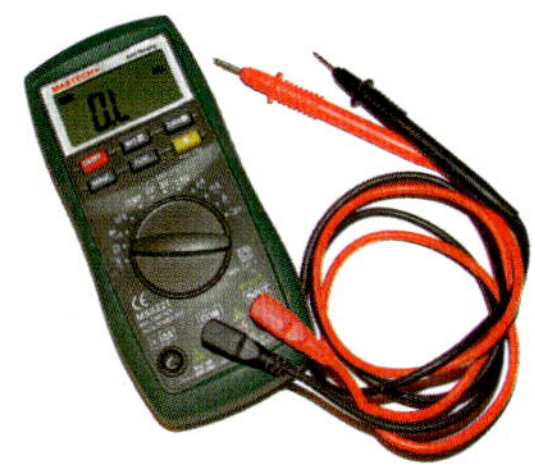

그림 18.30 회로판 점검에 사용되는 디지털 멀티미터. 멀티미터는 전류계, 전압계 또는 저항계(저항 측정용)로 작동할 수 있다. 대부분의 멀티미터는 직류와 교류의 전류와 전압을 모두 측정할 수 있다.

정확한 측정을 위해서는 **전류계의 저항이 작아야** 회로에 전류계가 놓여 있더라도 전류계가 없을 때의 전류에 비해 의미 있을 정도로 크게 전류가 변하지 않는다. **이상적인** 전류계는 저항이 0이다.

전압계는 양극 단자 사이의 전기 퍼텐셜 차를 측정한다. 예를 들면 한 저항기 양단의 전기 퍼텐셜 차를 측정하기 위해서는 전압계를 저항기에 병렬로 연결한다. 회로에 너무 많은 영향을 미치지 않도록 **좋은 전압계는 저항이 커야 한다.** 그러면 측정할 때 전압계를 통과한 전류(I_m)는 I보다 적고 병렬 조합을 통과한 전기 퍼텐셜 차는 전압계가 연결되지 않았을 때와 거의 같다. **이상적인** 전압계의 저항은 무한대이다.

회로의 저항을 측정하기 위해 저항기를 가로지르는 전기 퍼텐셜 차를 측정하는 전압계와 저항기를 가로지르는 전류를 측정하는 전류계를 사용할 수 있다(그림 18.31). 정의에 따르면 전류에 대한 전압의 비율은 저항이다.

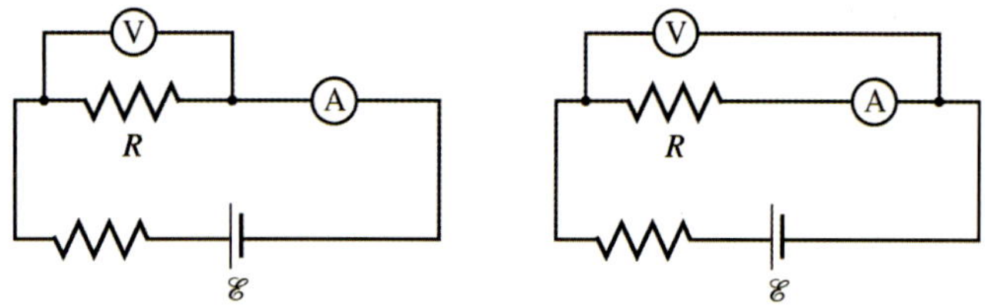

그림 18.31 저항기 R을 측정하기 위해 계량기를 배치하는 두 가지 방법. 계량기가 이상적이라면(저항이 0인 전류계와 저항이 무한대인 전압계), 두 방법으로 측정한 값은 같을 것이다. 계량기에 사용되는 기호를 유의하여라.

18.10 *RC* 회로 *RC* Circuits

저항기와 축전기를 포함하는 회로는 중요하게 응용된다. RC **회로**는 보통 시간을 제어하는 데 사용한다. 예를 들어 자동차 앞 유리의 와이퍼가 간헐적으로 작동하도록 설정된 경우, 축전기를 특정 전압으로 충전하면 와이퍼가 작동한다. 한 번 닦는 사이의 시간 지연은 회로의 저항과 용량에 의해 결정되며, 가변저항을 조절해 시간 지연의 기간을 변경할 수 있다. 이와 유사하게 RC 회로는 섬광 전구의 시간 지연을 통제한다. 또한 단순화한 신경 자극 전달 모형에도 RC 회로를 사용할 수 있다.

RC 회로의 충전

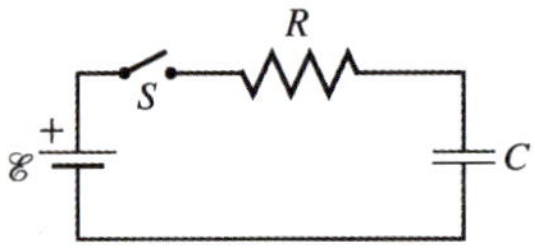

그림 18.32 RC 회로

그림 18.32에서 스위치 S는 처음에 열려 있고 축전기는 충전되어 있지 않다. 스위치가 닫히면 전류가 흐르고 전하가 축전기의 판에 쌓이기 시작한다. 어느 순간에 키르히호프의 고리 규칙을 적용하면

$$\mathcal{E} - \Delta V_{\mathrm{R}} - \Delta V_{\mathrm{C}} = 0 \qquad (18\text{-}40)$$

을 얻을 수 있다. 여기서 $\Delta V_{\mathrm{R}} = IR$과 $\Delta V_{\mathrm{C}} = Q/C$는 각각 저항기와 축전기에 걸리는 전압강하이다. 축전기의 판에 전하가 쌓이면, 판에 더 많은 전하를 밀어 넣기가 점점 어려워진다.

스위치가 닫힌 직후에 축전기가 충전되어 있지 않으므로 저항기에 걸린 전기 퍼텐셜 차는 기전력과 같다. 처음에는 상대적으로 큰 전류 $I_0 = \mathcal{E}/R$가 흐른다. 축전기에 걸린 전압강하가 증가하면서 저항기에 걸린 전압강하는 감소하고 따라서 전류는 감소한다. 스위치가 닫히고 시간이 지나면 축전기에 걸린 전기 퍼텐셜 차는 기전력과 거의 같아지고 전류는 작아진다.

미적분을 이용하면, 축전기의 전하는 지수함수를 포함하고 있음을 알 수 있다(그림 18.33).

$$Q(t) = Q_f(1 - e^{-t/\tau}) \qquad (18\text{-}41)$$

여기서 $Q_f = C\mathcal{E}$는 축전기의 최종 전하이고, $e \approx 2.718$은 자연 대수의 밑이며, $\tau = RC$는 RC 회로의 **시간상수**time constant이다(지수와 대수를 복습하려면 부록 A.4를 참조하라).

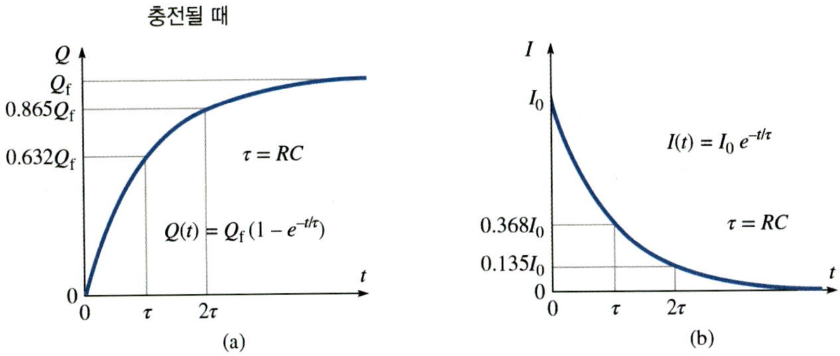

그림 18.33 (a) 축전기가 충전될 때 시간에 대한 함수로 나타낸 축전기에 충전되는 전하. (b) 시간의 함수로 나타낸 저항기에 흐르는 전류

***RC* 회로의 시간상수**

$$\tau = RC \qquad (18\text{-}42)$$

RC 곱은 시간 단위를 갖는다.

$$[R] = \frac{\text{볼트}}{\text{암페어}} \text{ 이고 } [C] = \frac{\text{쿨롬}}{\text{볼트}} \text{ 이므로 } [RC] = \frac{\text{C}}{\text{A}} = \text{s} \qquad (18\text{-}43)$$

이다. 시간상수는 축전기가 얼마나 빨리 충전되는지를 알려주는 척도이다. $t = \tau$일 때 축전기의 전하는

$$Q = Q_f(1 - e^{-1}) \approx 0.632\,Q_f \qquad (18\text{-}44)$$

이다. 시간이 한 시간상수만큼 경과하면, 축전기는 최종 전하의 63.2%를 가진다.

식 (18−41)로부터 전류를 구하기 위해 고리 규칙을 이용할 수 있다.

$$\mathcal{E} - IR - \frac{Q}{C} = \mathcal{E} - IR - \mathcal{E}(1 - e^{-t/\tau}) = 0 \qquad (18\text{-}45)$$

이 식을 I에 대해 풀면

$$I(t) = \frac{\mathcal{E}}{R}e^{-t/\tau} = I_0 e^{-t/\tau} \quad (18\text{-}46)$$

이다. $t = \tau$일 때 전류는

$$I(t=\tau) = I_0 e^{-1} \approx 0.368 I_0 \quad (18\text{-}47)$$

이다. 시간이 한 시간상수만큼 경과하면, 전류는 처음 값의 36.8%로 감소한다. 저항기와 축전기에 걸린 전압강하는 각각 $V_R = IR$과 $Q = C\Delta V_C$에서 시간의 함수로 구할 수 있다.

전력 충전 중인 축전기에서 전력 $P = I\Delta V_C$ (식 (18−34))는 축전기에 저장되고 있는 에너지의 비율이다. 축전기가 충전되는 동안 기전력은 에너지를 $P = I\mathcal{E}$ 의 비율로 공급한다. 에너지는 보존되어야 하기 때문에 이는 저항기에서 소모되는 에너지의 비율($I\Delta V_R$)과 축전기에 저장되는 에너지의 비율($I\Delta V_C$)의 합과 같다.

보기 18.10 두 개의 축전기가 직렬연결된 RC 회로

직렬연결된 두 개의 0.005 μF 축전기가 $t = 0$일 때 4.00 MΩ의 저항을 거쳐 50.0V의 전지와 연결되어 있다(그림 18.34). 축전기들은 처음에 충전되지 않았다. (a) $t = 1.00$ s와 $t = 3.00$ s에서 축전기에 모인 전하량을 구하여라. (b) 앞의 두 시간에서 회로에 흐르는 전류를 구하여라.

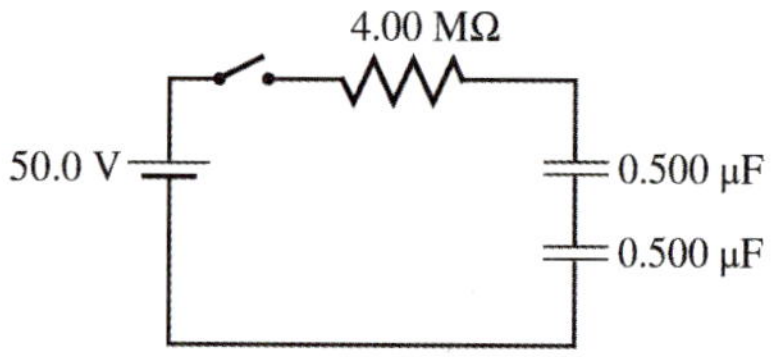

그림 18.34 보기 18.10에 대한 회로

전략 먼저 직렬로 연결된 두 0.005 μF 축전기의 등가용량을 구한다. 그 다음 등가용량을 이용해 시간상수를 구할 수 있다. 식 (18−41)을 이용하여 임의의 시간 t에서 등가 축전기의 전하를 알 수 있다. 각 축전기의 전하는 등가 축전기의 전하와 같다. 전류는 식 (18−46)에 따라 지수적으로 감소한다.

풀이 (a) 직렬로 연결된 두 개의 같은 축전기 C의 경우,

$$\frac{1}{C_{등가}} = \frac{1}{C} + \frac{1}{C} = \frac{2}{C}$$

이므로 $C_{등가} = \frac{1}{2}C = 0.250\ \mu\text{F}$ 이다. 시간상수는

$$\tau = RC_{등가} = 4.00 \times 10^6\ \Omega \times 0.250 \times 10^{-6}\ \text{F}$$
$$= 1.00\ \text{s}$$

이다. 축전기의 최종 전하는 다음과 같다.

$$Q_f = C_{등가}\,\mathcal{E} = 0.250 \times 10^{-6}\,\text{F} \times 50.0\,\text{V}$$
$$= 12.5 \times 10^{-6}\,\text{C}$$
$$= 12.5\,\mu\text{C}$$

임의의 시간 t에서 각 축전기의 전하는 다음과 같다.

$$Q(t) = Q_f(1 - e^{-t/\tau})$$

$t = 1.00\,\text{s}$일 때, $t/\tau = 1.00$이고 각 축전기의 전하는

$$Q = Q_f(1 - e^{-1.00}) = 12.5\,\mu\text{C} \times (1 - \text{e}^{-1.00})$$
$$= 7.90\,\mu\text{C}$$

이다. $t = 3.00\,\text{s}$일 때, $t/\tau = 3.00$이고 각 축전기의 전하는 다음과 같다.

$$Q = Q_f(1 - e^{-3.00}) = 12.5\,\mu\text{C} \times (1 - \text{e}^{-3.00})$$
$$= 11.9\,\mu\text{C}$$

(b) 처음 전류는

$$I_0 = \frac{\mathcal{E}}{R} = \frac{50.0\,\text{V}}{4.00 \times 10^6\,\Omega} = 12.5\,\mu\text{A}$$

시간 t에서는

$$I = I_0 e^{-t/\tau}$$

이고, $t = 1.00\,\text{s}$에서

$$I = I_0 e^{-1.00} = 12.5\,\mu\text{A} \times \text{e}^{-1.00} = 4.60\,\mu\text{A}$$

이다. $t = 3.00\,\text{s}$에서는 다음과 같다.

$$I = I_0 e^{-3.00} = 12.5\,\mu\text{A} \times \text{e}^{-3.00} = 0.622\,\mu\text{A}$$

검토 고리 규칙을 이용하여 풀이를 검증할 수 있다. $t = \tau$일 때, $Q = 7.90\,\mu\text{C}$이고 $I = 4.60\,\mu\text{A}$임을 알았다. 그러면 $t = \tau$일 때

$$\Delta V_C = \frac{Q}{C_{등가}} = \frac{7.90\,\mu\text{C}}{0.250\,\mu\text{F}} = 31.6\,\text{V}$$

이고

$$\Delta V_R = IR = 4.60\,\mu\text{A} \times 4.00\,\text{M}\Omega = 18.4\,\text{V}$$

이다. $31.6\,\text{V} + 18.4\,\text{V} = 50.0\,\text{V} = \mathcal{E}$이므로, 고리 규칙을 만족한다.

시간상수와 같은 시간 간격 동안 전류에 $1/e$이 곱해지는 것에 유의하라. 그러므로 $t = \tau$일 때 전류 $4.60\,\mu\text{A}$에 대하여, $t = 2\tau$일 때 전류는 $4.60\,\mu\text{A} \times 1/e = 1.69\,\mu\text{A}$이고 $t = 3\tau$일 때 전류는 $1.69\,\mu\text{A} \times 1/e = 0.622\,\mu\text{A}$가 될 것이다.

실전문제 18.10 **또 다른 *RC* 회로**

$t = 0$일 때, $0.050\,\mu\text{F}$의 축전기가 $5.0\,\text{M}\Omega$의 저항을 거쳐 12 V 전지에 연결되어 있다. 처음에 축전기는 충전되어 있지 않다. 처음의 전류, $t = 0.25\,\text{s}$일 때의 축전기의 전하, $t = 1.00\,\text{s}$일 때의 전류, 축전기의 최종 전하를 구하여라.

RC 회로의 방전

그림 18.35에서 스위치 S_2가 열린 상태에서 스위치 S_1을 닫아 전압이 $\mathcal{E}$가 될 때까지 축전기를 충전한다. 축전기가 완전히 충전되면 $t = 0$에서 S_1은 열고 S_2를 닫는다. 일정한 전기 퍼텐셜 차에 있지는 않아도, 이제 축전기는 회로에 에너지를 공급하는 전지처럼

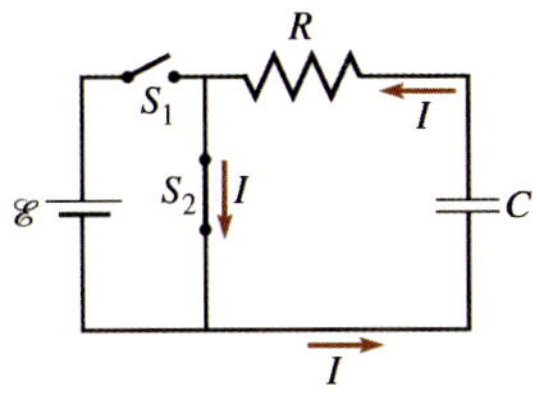

그림 18.35 충전기는 저항기 *R*을 통해서 방전된다.

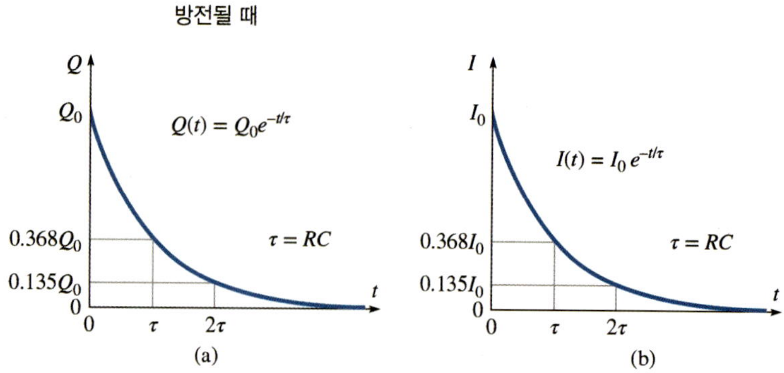

그림 18.36 (a) 축전기가 저항을 통해 방전될 때 축전기의 감소하는 전하. (b) 시간의 함수로 나타낸 전류

행동한다. 판 사이의 전기 퍼텐셜 차로 인해 전류가 흐르므로 축전기는 처음의 전하 $Q_0 = C\mathcal{E}$ 에서 방전된다.

고리 규칙에 의해 축전기와 저항기에 걸린 전압의 크기는 같다. 축전기가 방전함에 따라 축전기에 걸린 전압은 감소한다. 저항기에 걸린 전압 감소는 전류가 감소해야 함을 의미한다. 축전기의 전하는 최댓값 Q_0 에서 시작해 지수적으로 감소한다(그림 18.36).

$$Q(t) = Q_0e^{-t/\tau} = C\mathcal{E}\,ne^{-t/\tau} \qquad (18\text{-}48)$$

시간의 함수로 나타낸 전류는 충전회로와 같다(식 (18–46)). 저항기에 걸린 처음 전압은 $\mathcal{E}$ 이고, 처음 전류는 $I_0 = \mathcal{E}/R$이다.

그림 18.37 카메라 플래시

응용 : 카메라플래시 카메라플래시(그림 18.37)의 전구는 전지의 내부저항 때문에 작은 전지가 공급할 수 있는 것보다 훨씬 많은 전류가 필요하다. 그러므로 전지는 축전기를 충전한다. 축전기가 완전히 충전되면 플래시가 준비되고, 사진을 찍을 때 축전기는 빠르게 방전된다. 사진을 찍은 후 축전기를 재충전하려면 1~2초 정도가 걸린다. 전지의 내부저항 때문에 충전회로의 시간상수는 더 길다.

전력 축전기가 방전되는 경우, 축전기에 저장된 에너지는 IV_C 의 비율로 감소하고 에너지 보존으로 예상할 수 있는 것처럼 저항기에서 $IV_R = IV_C$ 와 같은 비율로 에너지가 소모된다.

신경세포에서의 *RC* 회로 응용

신경 자극이 이동하는 속력 역시 시간상수 RC에 의해 결정된다. 그림 18.38a는 유수축삭을 단순화한 모형이다. 축삭 돌기의 안쪽에 있는 **축삭형질**이라 부르는 유체는 이온들이 있기 때문에 도체이다. 축삭 바깥쪽에 있는 **조직액**은 비저항이 훨씬 작은 전도

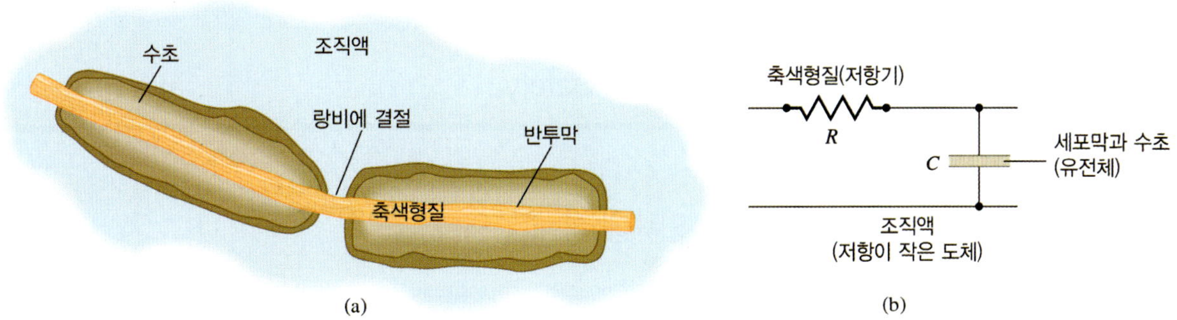

그림 18.38 (a) 유수축삭의 두 부분을 단순화한 그림. (b) 랑비에 결절 사이에 있는 축삭돌기의 부분을 단순화한 RC 회로 모형. 수초는 축삭형질과 조직액 두 전도체 사이에서 유전체 역할을 한다.

성 유체이다. **랑비에 결절** 사이에 있는 세포막은 **수초**로 덮여 있다. 수초는 부도체로, 전도성 유체 사이의 간격을 증가시켜 축삭 부분의 전기용량을 감소시키고 세포막을 통한 전류의 누출을 감소시킨다.

그림 18.38b는 결절 사이의 축삭 부분을 하나의 RC 회로로 모형화한 것이다. 조직액은 작은 저항을 가져서 도선처럼 모형화할 수 있다. 전류 I는 축삭형질(저항기 R)을 통해 축삭 안쪽으로 흐른다. 축전기의 판은 두 전도성 유체로 구성되며, 세포막과 수포는 부도체 역할을 한다. 길이가 1 mm이고 반지름이 5 μm인 축삭의 한 부분에서 저항과 용량은 대략적으로 $R = 13\ \text{M}\Omega$이고 $C = 1.6\ \mu\text{F}$이다. 그러므로 시간상수는

$$\tau = RC = 13\ \text{M}\Omega \times 1.6\ \text{pF} \approx 20\ \mu\text{s}$$

이다. 전기적 자극이 얼마나 빨리 전달되는지를 어림하면

$$v \approx \frac{\text{부분의 길이}}{\tau} = \frac{1\ \text{mm}}{20\ \mu\text{s}} = 50\ \text{m/s}$$

이다. 이 간단한 어림셈은 놀라울 정도로 정확하다. 사람의 경우 축삭의 반지름이 5 μm으로, 신경자극은 60 ~ 90 m/s의 범위 내의 속력으로 이동한다.

R과 C는 모두 축색돌기의 반지름 r에 따라 변한다. 사람은 r이 2 μm에서 10 μm을 넘지 않는 범위 내에 있다. 전기용량은 더 큰 판 넓이 때문에 r에 비례하지만 저항은 '도선'의 더 큰 단면의 넓이 때문에 r^2에 반비례한다. 그러므로 $RC \propto 1/r$이고 $v \propto r$이다. 가장 큰 신호 속도를 가진(반지름이 가장 큰) 축삭은 비교적 먼 거리에 걸쳐 신호를 전달한다.

18.11 전기 안전
Electrical Safety

전류가 인체에 미치는 영향

전류가 인체를 통과하게 되면 근육과 신경계통의 활동을 방해한다. 큰 전류는 조직 안에서 소모되는 에너지로 인해 화상을 유발할 수 있다. 전류가 약 1 mA 이하이면, 불쾌한 느낌이 들지만 특별한 해는 없다. 해를 끼치지 않고 인체를 통해 흐를 수 있는 최대의 전류는 약 5 mA 이다. 10 ~ 20 mA 의 전류는 근육수축이나 마비를 일으킨다. 마비는 사람이 전류원에서 떨어지지 못하게 하기도 한다.

100 ~ 300 mA 의 전류가 심장이나 그 근처를 통과하면 심실세동(제어되지 않고 불규칙적인 심장 수축)을 유발할 수 있다. 이 상태에서 제세동기로 심장에 쇼크를 주어 정상 박동으로 돌아오도록 처치하지 않으면 사람은 죽게 된다. 제세동기 페들로 몇 암페어의 전류를 심장 근처의 인체로 짧게 분출하여 보낸다(보기 17.12 참조). 쇼크를 받은 심장은 갑작스러운 근육수축을 겪은 후에 규칙적인 수축으로 정상적인 상태로 돌아올 수 있다.

인체 전기저항의 대부분은 피부에 의한 것이다. 인체 내의 유체는 이온이 존재하기 때문에 좋은 도체이다. 피부가 건조할 때 인체의 먼 지점 사이의 총저항은 약 10 kΩ 에서 1 MΩ 정도이다. 피부가 젖어 있을 때의 저항은 약 1 kΩ 에서 그 이하 정도로 훨씬 낮다.

전자기기 내의 회로와 전자기기 밖의 금속 사이에서 단락회로(저항이 낮은 경로)가 생길 수 있다. 그 기기를 만진 사람은 지면에 대하여 한 손의 전기 퍼텐셜이 120 V 가 될 수 있다(논의를 단순화하기 위해 기전력을 교류보다는 직류로 간주한다). 만약 전기가 통하는 젖은 욕조에 사람의 발이 닿는다면, 그 사람은 최소 500 Ω 의 저항을 가질 것이다. 그러면 크기가 $(120\ \text{V})/(500\ \Omega) = 0.24\ \text{A} = 240\ \text{mA}$ 인 전류가 인체를 통해 심장을 지나가게 되고, 심실세동이 일어나기 쉽다. 사람이 욕조 안에 서 있지는 않았지만, 한 손은 헤어드라이어를 잡고 다른 한 손은 가정용 배관을 통해 접지된 금속 수도꼭지를 잡고 있다면 그 사람은 여전히 위험한 상황에 있다. 습기가 있는 한 손과 다른 손 사이의 전기저항은 약 1600 Ω 이며, 결과적으로 75 mA 정도의 전류가 통하게 되어 여전히 치명적일 수 있다.

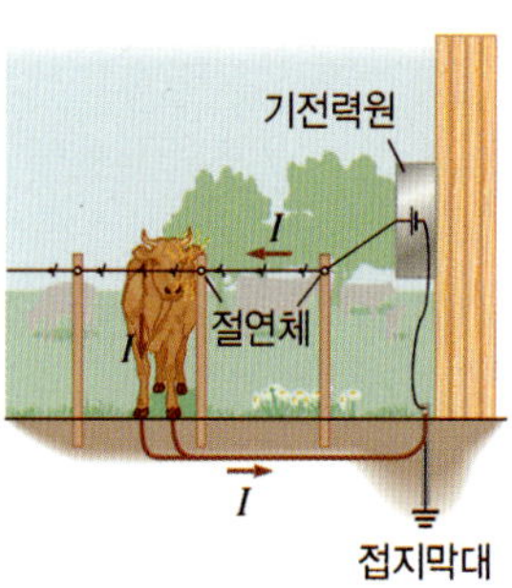

그림 18.39 전기 울타리. 사람이나 동물이 도선에 닿으면 회로가 완성된다. 기호 ⏚ 는 접지를 나타낸다.

그림 18.39의 전기 울타리는 목초지에 있는 가축을 보호하고 야생동물을 정원에 들어오지 못하게 한다. 기전력의 한 단자는 도선에 연결되어 있고 이 도선은 울타리 기둥으로부터 세라믹 부도체에 의해 절연되어 있다. 기전력의 다른 단자는 땅에 박힌 금속 막대를 통해 지면에 연결되어 있다. 동물이나 사람이 금속 도선을 만지면 도선으로부터 몸을 통과하여 다시 땅으로 가는 회로가 완성된다. 몸을 통해 흐르는 전류는 위험하지는 않고 불쾌함을 느끼게 할 정도로 제한되어 있다.

가전제품의 접지

두 갈래 플러그는 단락회로에 대한 보호 장치가 없다. 가전제품의 덮개는 내부 도선과 절연되어 있어야 한다. 만약 어쩌다 도선이 끊어져 늘어지거나 도선의 절연 처리가 낡으면 가전제품의 금속 덮개에서 곧바로 저항이 낮은 경로가 생겨 단락회로가 만들어질 수 있다. 사람이 높은 전기 퍼텐셜에 있는 덮개를 만지면 위험한 양$^+$의 전류가 신체를 통과하여 땅으로 흐른다(그림 18.40a).

세 갈래 플러그에는 가전제품의 덮개가 플러그의 세 번째 갈래를 통해 직접 지면으로 연결되어 있다(그림 18.40b). 그래서 단락회로가 발생해도 전류는 대부분 저항이 낮은 도선을 통해 벽 콘센트의 세 번째 갈래를 거쳐 지면으로 흐른다. 안전을 고려해서 많은 전자제품의 금속 덮개는 접지되어 있다.

병원은 여러 모니터와 전류–전압장치에 연결된 환자를 단락회로로부터 보호해야 하므로 환자의 침대를 비롯한 환자가 만질 수 있는 모든 것은 지면으로부터 절연되어 있다. 그러므로 만약 환자가 높은 전기 퍼텐셜에 있는 무언가를 만져도 환자의 신체를 통해 회로가 완성되지는 않는다.

퓨즈와 회로 차단기

간단한 퓨즈는 저온에서 잘 녹는 납과 주석의 합금으로 만들어진다. 퓨즈는 회로에 직렬로 연결되어, 회로를 통해 흐르는 전류가 주어진 값을 초과하면 I^2R에 해당하는 열에 의해 녹

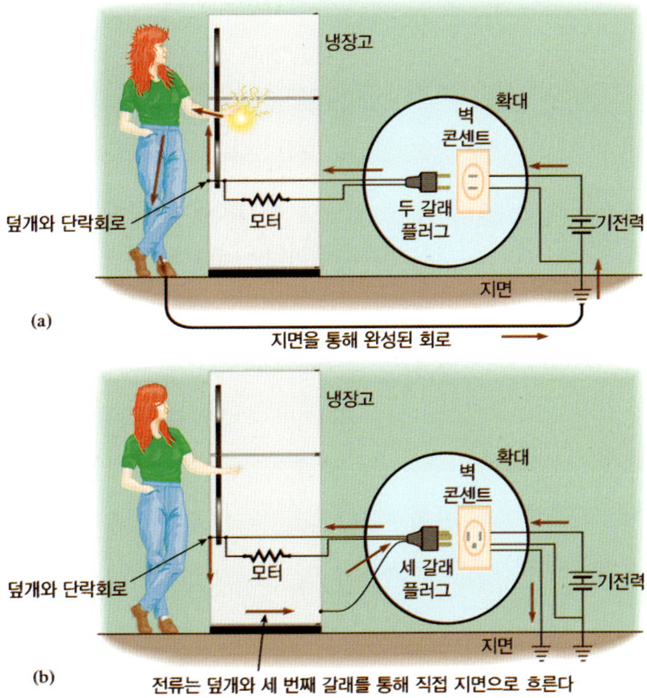

그림 18.40 (a) 냉장고가 두 갈래 플러그로 벽에 있는 콘센트에 연결되어 있다면, 냉장고에 단락회로가 만들어졌을 경우 냉장고를 만지는 사람의 몸을 통해 회로가 완성된다. (b) 세 갈래 플러그를 사용하면 단락회로가 발생해도 사람은 안전하다.

도록 설계되어 있다. 녹은 퓨즈는 열린 스위치의 역할을 해서 회로를 차단하고 전류를 멈추게 한다. 많은 가전제품은 퓨즈로 보호된다. 퓨즈를 더 높은 정격전류로 대체하면, 너무 많은 전류가 가전제품을 통해 흐를 수 있어 제품이 손상되거나, 화재가 발생할 수 있어 위험하다.

대부분의 가정용 배선은 퓨즈 대신 회로차단기에 의해 과열로부터 보호된다. 같은 회로에 너무 많은 가전제품이 연결되어 있어서 너무 많은 전류가 흐르면 바이메탈 판이나 전자석이 회로차단기를 '작동'하여 스위치를 연다. 과부하를 일으키는 문제를 해결한 후 회로차단기를 닫힌 상태로 되돌려 초기화될 수 있다.

가정용 배선은 하나의 회로에 여러 개의 가전제품이 연결되도록 배열되어 있다. (단순화한 직류 모형에서) 이 회로의 한 쪽(**중립부**)은 접지되어 있고, 다른 쪽(**방열부**)은 지면에 내해 120 V의 전기 퍼텐셜에 있다. 하나의 단독주택이나 아파트에는 이러한 회로가 많이 있는데, 각각은 회로의 방열부에 있는 회로차단기(또는 퓨즈)에 의해 보호된다. 단락회로가 발생하면 큰 전류는 회로차단기를 작동시킨다. 차단기가 접지면에 위치하면, 끊어진 회로차단기는 방열부를 뜨겁게 놔두어 위험한 상태가 계속될 것이다. 같은 이유에서 천장등과 벽 콘센트에 대한 벽 스위치는 방열부에 위치한다.

해답 실전문제 & 살펴보기

18.1 (a) 2.00×10^{15} 개의 전자, (b) 52 min

18.2 (a) 0.33A, (b) 6.7 μm/s

18.3 6.9 Ω

18.4 292℃

18.5 1.495V

18.6 1.0 Ω

18.7 $\frac{1}{3}R$ (저항기는 병렬연결)

18.8 $(0.58\ \text{A})(4.0\ \Omega) - 1.5\ \text{V} - 3.0\ \text{V} + (0.72\ \text{A})(3.0\ \Omega) = 0.0$

18.9 1.1 W, 190 J

18.10 2.4 μA, 0.38 μC, 44 nA, 0.60 μC

18.1 아니요. 같은 양의 양전하와 음전하가 같은 방향, 같은 비율로 이동하고 있다. 전하의 알짜 수송은 없으므로 관에 흐르는 전류는 0이다.

18.3 주어진 길이에서 가는 도선에는 전도전자가 적다. 단위 부피당 전자의 수는 같지만 가는 도선은 단면적이 더 작기 때문이다. 더 적은 전자로 같은 전류를 생산하려면 (평균적으로) 전자가 더 빨리 움직여야 한다. 그 때문에 도선이 가늘수록 유동 속력이 빨라진다. 이러한 추론은 식 (18–5)를 통해 확인할 수 있다. I, n, e가 같기 때문에, A가 작은 도선이 더 큰 v_D를 갖는다.

18.4 비저항은 크기나 형태에 독립적인 물질의 특성이지만 저항은 표본의 크기와 형태에 따라 다르다.

18.6 $1/R_{등가} = 1/R + 1/R = 2/R$

$\Rightarrow R_{등가} = R/2$

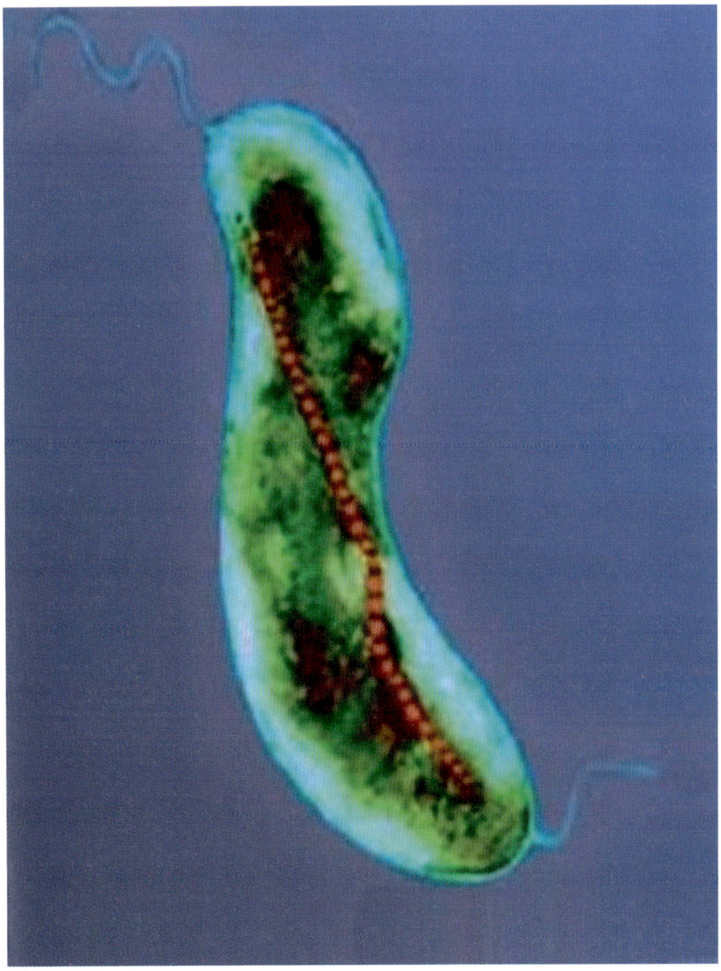

색을 칠해 표현한 향자성 박테리아 *Magnetospirilum magnetotacticum*의 투과 전자 현미경 사진 ⓒ Roman Klymenko, CC-BY-SA 3.0

19

자기력과 자기장

Magnetic Forces and Fields

어떤 박테리아는 바다 밑바닥 퇴적물 층에서 살아간다. 그런데 이 퇴적층이 흔들리면서 뒤섞이면, 박테리아는 산소 농도가 높은 물속에서 오랫동안 살아갈 수 없어 가능한 한 빨리 퇴적물 속으로 헤엄쳐 돌아가려 한다. 이때 필요한 것은 어느 쪽이 아래쪽인지 알아내는 것이다! 박테리아의 질량밀도는 물의 질량밀도와 거의 같다. 따라서 박테리아에 작용하는 부력 때문에 박테리아는 자신을 아래로 당기는 중력을 '느끼지' 못한다. 그렇지만 박테리아는 어떻게든 정확한 방향으로 헤엄쳐 돌아간다. 어떻게 이렇게 방향을 찾을 수 있을까?

찾아가보기

- 전기장선의 개요와 해석 (16.4절)
- 등속원운동, 지름 가속도 (5.1, 5.2절)
- 돌림힘, 지레의 팔 (8.2절)
- 전류와 유동속도의 관계 (18.3절)

생명과학 응용

- 향자성 박테리아 (19.1절)
- 질량분석 (19.3절, 문제 16, 17, 63, 64)
- 사이클로트론의 의학적 이용 (19.3절, 문제 13, 14, 42)
- 전자기 혈류계 (19.5절, 문제 22, 53)
- 자기공명영상(MRI) (19.8절, 문제 41)

19.1 자기장 Magnetic Fields

영구자석과 자기쌍극자

영구자석은 약 2,500년 전인 고대 그리스 시대부터 알려져 있었다. 천연자석이라 불리는 자철광은 터키의 마그네시아Magnesia 지역을 포함한 여러 곳에서 발견되었다. 자철광 덩어리 중 일부분은 영구자석이다. 자철광은 자신들끼리 또는 철에 자기력을 가하여, 철 조각을 영구자석으로 만드는 데 사용되었다. 중국에서는 자기 나침반이 최소 천 년 전에 항해 보조 수단으로 사용되었다. 덴마크의 과학자 외르스테드Hans Christian Oersted, 1777~1851가 나침반 바늘이 주위에 흐르는 전류에 의해 편향되는 것을 발견한 이후 전기와 자기 사이의 관련 현상이 규명되었다.

연결고리 전기쌍극자 : 하나의 양전하와 하나의 음전하
자기쌍극자 : 하나의 N극과 하나의 S극

그림 19.1a는 막대자석 위에 놓여 있는 유리판 모습이다. 쇳가루를 유리판 위에 뿌린 후, 유리판을 가볍게 두드려 쇳가루를 균일하게 퍼뜨린다. 쇳가루는 막대자석이 만든 **자기장** magnetic fields ($\vec{B}$)에 의해 정렬된다. 그림 19.1b는 자기장을 나타내는 자기장선의 모습이다. 전기장선과 마찬가지로 자기장선은 자기장 벡터의 크기와 방향을 모두 나타낸다. 어떤 지점에서 자기장은 자기장선에 접선 방향이며 자기장의 크기는 단위 넓이당 수직으로 지나가는 자기장선의 수에 비례한다.

그림 19.1b를 보면 전기쌍극자가 만드는 전기장선의 모습(그림 16.33)을 떠올릴 수 있다. 이와 같은 유사성은 우연이 아니다. 막대자석은 **자기쌍극자**magnetic dipole의 하나의 예이다. 쌍극자는 두 개의 반대 극을 뜻한다. 전기쌍극자에서 전기적인 극은 양$^+$과 음$^-$의 전하이다. 자기쌍극자는 두 개의 반대되는 극으로 구성되어 있다. 자기장선이 나오는 막대자석의 끝을 **N극**north pole, 자기장선이 되돌아 들어가는 반대 끝을 **S극**south pole

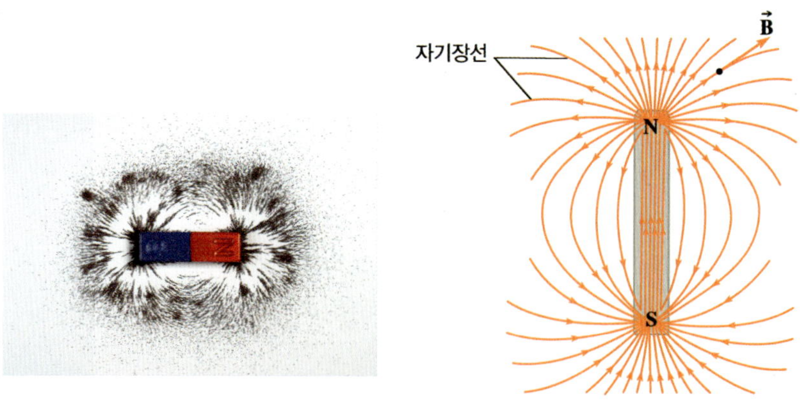

그림 19.1 (a) 막대자석 사진. 가까이 있는 쇳가루들은 자기장의 방향으로 정렬한다. (b) 막대자석에 의한 자기장선의 그림. 자기장은 자기장선의 접선 방향을 향한다.

이라 한다. 만약 두 개의 자석이 서로 가까이 있으면, 반대 극들(한 자석의 N극과 다른 자석의 S극)은 서로 당기고, 같은 극들(두 개의 N극 또는 두 개의 S극)은 서로를 민다.

N극과 S극이라는 이름은 나침반에서 나왔다. 나침반은 자유롭게 회전할 수 있는 작은 막대자석이다. 나침반 바늘을 포함한 모든 자기쌍극자들이 자기장 안에 위치하면 그들을 자기장과 나란하게 정렬시키려는 돌림힘을 받는다(그림 19.2). 나침반의 N극은 자기장 방향으로 향하는 끝점이다. 나침반에서 막대자석 바늘은 마찰과 그 밖의 돌림힘을 최소화하기 위해 뾰족한 침 위에 놓여 있어서 자기장에 의해 자유롭게 흔들거릴 수 있다.

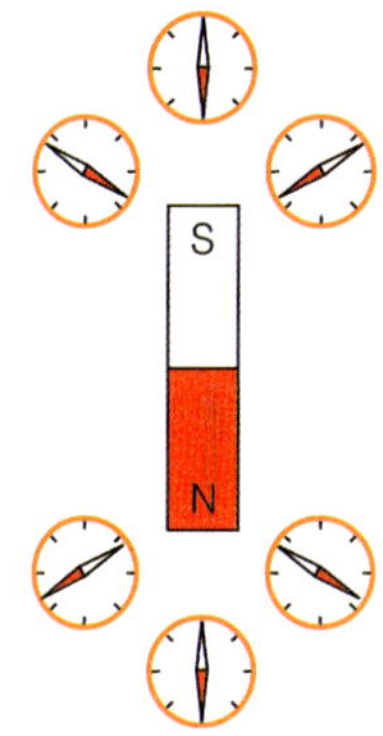

그림 19.2 각각의 나침반 바늘이 막대자석이 만든 자기장에 의해 정렬되어 있다. 바늘의 N극 끝이 자기장의 방향을 가리킨다.

영구자석의 모양은 매우 다양하다. 그림 19.3에 막대 모양이 아닌 영구자석의 모습을 자기장선과 함께 나타냈다. 그림 19.3a와 같이 극의 면들이 평행하고 가까이 있으면 극들 사이의 자기장은 거의 일정함을 주목하자. 자석이 항상 두 개의 극만 가질 필요는 없지만 적어도 하나의 N극과 하나의 S극을 가지고 있어야 한다. 어떤 자석들은 많은 수의 N극과 S극이 있도록 제작된다. 냉장고 문에서 쉽게 볼 수 있는 휘어지기 쉬운 자석 카드(그림 19.3b)는 한쪽 면에는 많은 N극과 S극이 있으나 다른 면에는 극이 없도록 만들어져 있다. 극이 있는 면 근처에서는 자기장이 강하고 반대쪽 면 근처에서는 약하다. 자석 카드의 한쪽 면은 냉장고 문과 같은 금속 면에 달라붙지만 다른 면은 붙지 않는다.

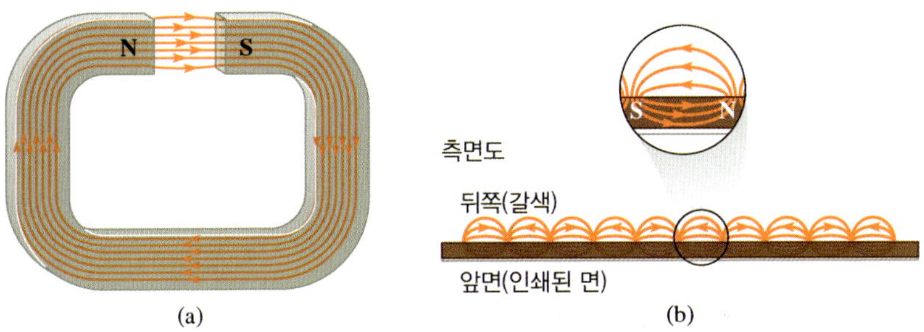

그림 19.3 두 개의 영구자석과 그들의 자기장선. N극에서 나와 S극으로 들어가는 자석 외부의 자기장선만 그림에 나타냈다. (a) C자형 자석의 두 자극 사이에서 자기장은 거의 균일하다. (b) 냉장고용 자석에는 쌍극자모멘트의 방향이 서로 다른 작은 자석들이 띠 모양이 교대로 배열되어 있다. 이 그림은 옆에서 본 모습이다.

혼자서 해 보기 냉장고용 자석(얇고 휘어지는 종류)을 두 개 구하거나 하나의 자석을 둘로 자르자. 그림 19.4처럼 네 가지의 방향으로 잘라진 한 조각의 뒤쪽을 나머지 조각의 뒤쪽으로 문지르자. 자화된 부분의 방향과 그 폭을 어림해 보아라.

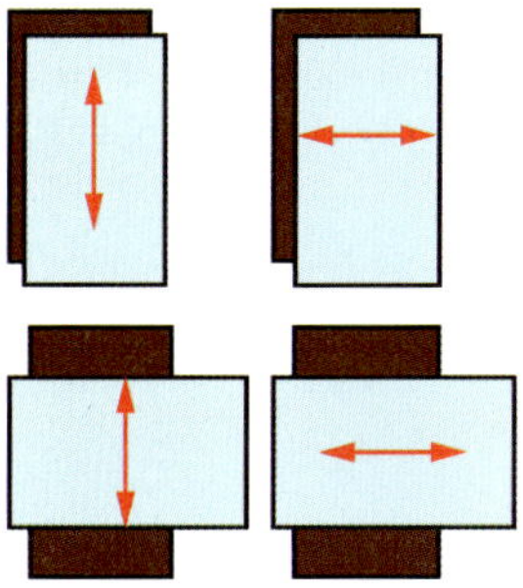

그림 19.4 냉장고용 자석에서 자화된 띠의 자화 방향과 띠의 너비 측정

존재하지 않는 자기홀극 쿨롱의 법칙은 두 점전하, 곧 두 개의 전기홀극 사이에 작용하는 힘을 설명한다. 그러나 자기홀극은 존재하지 않는다. 곧 N극이나 S극은 독립적으로 존재할 수 없다. 막대자석을 반으로 잘라서 N극 한 조각과 S극 한 조각을 얻을 수 없다. 잘린 두 조각은 모두 자기쌍극자이다(그림 19.5). 자기홀극의 존재에 대한 이론적인 예측은 계속 제기되어 왔으나 오랜 시간의 실험으로도 아직까지 단 한 개의 자기홀극도 발견하지 못했다.

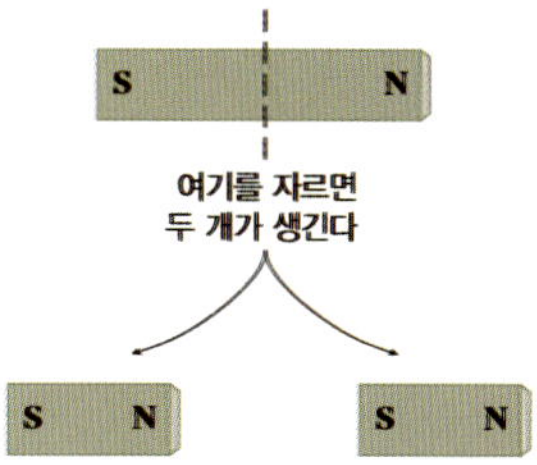

그림 19.5 막대자석을 반으로 자른 모습. 각 조각에는 N극과 S극이 모두 있다.

자기장선

그림 19.1은 자기장선이 N극에서 시작해서 S극에서 끝나는 것이 아니라는 것을 보여준다. 곧 자기장선은 항상 시작점과 끝점이 만나는 닫힌곡선을 이룬다. 자기홀극이 없다면 자기장선이 시작하거나 끝날 수 있는 곳이 없으므로, 자기장선은 반드시 닫힌곡선이어야 한다. 그림 19.1b과 그림 16.33(전기쌍극자에 대한 전기장선)을 비교해 보아라. 쌍극자에서 멀리 떨어진 곳의 장선의 모양은 비슷하지만 가까운 곳이나 극 사이에서는 매우 다르다. 전기장선은 닫힌곡선이 아니며 양전하에서 시작하여 음전하에서 끝난다.

전기장선과 자기장선 사이에 존재하는 이와 같은 차이점에도 불구하고 자기장선의 해석은 전기장선의 해석과 매우 비슷하다.

자기장선의 해석

- 어떤 지점에서 자기장 벡터의 방향은 그림 19.1b에 나타낸 바와 같이 그 점을 지나는 자기장선의 접선 방향이다. 자기장선에 화살표로 표시되어 있다.
- 자기장선들이 서로 가까이 있는 곳은 자기장이 세고, 자기장선들이 서로 멀리 떨어진 곳은 자기장이 약하다. 보다 구체적으로 살펴보면, 자기장선에 수직인 작은 표면에서 자기장의 세기는 그 표면을 지나는 자기장선의 수를 넓이로 나눈 것에 비례한다.

지구 자기장

연결고리 자기장선은 전기장선이 $\vec{E}$의 크기와 방향에 대해 한 것처럼 자기장 벡터의 크기와 방향을 시각화하는 데 도움이 된다.

그림 19.6은 지구 자기장에 의한 자기장선의 모습이다. 지표 주위에서 자기장은 지구 중심에 묻혀 있는 가상적인 막대자석이 만드는 자기장과 비슷한 모습이다. 지표에서 멀리 떨어진 곳에서 자기장선 모양은 태양에서 지구로 향하는 대전입자들의 흐름인 태양풍에 의해 찌그러진다. 19.8절에 논의한 바와 같이 운동하는 대전입자는 그들 스스로의 자기장을 만든다. 따라서 태양풍은 그와 관련된 자기장을 만든다.

지표 대부분의 지역에서 지구 자기장의 방향은 수평이 아니다. 상당한 크기의 수직 성분을 가지고 있다. 수직 성분은 딥미터를 이용하여 직접 잴 수 있다. 딥미터는 수직 평면에서 회전할 수 있게 만든 나침반이다. 북반구에서는 수직 성분이 아래쪽인 반면 남반구에서는 위쪽이다. 곧 자기장선은 지구의 남반구 표면에서 나와서 북반구로 다시 들어간다. 자유롭게 회전할 수 있는 자기쌍극자는 자기장 방향으로 정렬하여, N극의 끝이 자기장 방향을 향한다. 그림 19.2는 막대자석 주위에 여러 개의 나침반이 위치한 모습이다. 각각의 나침반 바늘은 그 지점의 자기장 방향을 가리킨다. 나침반은 지구 자기장을 감지

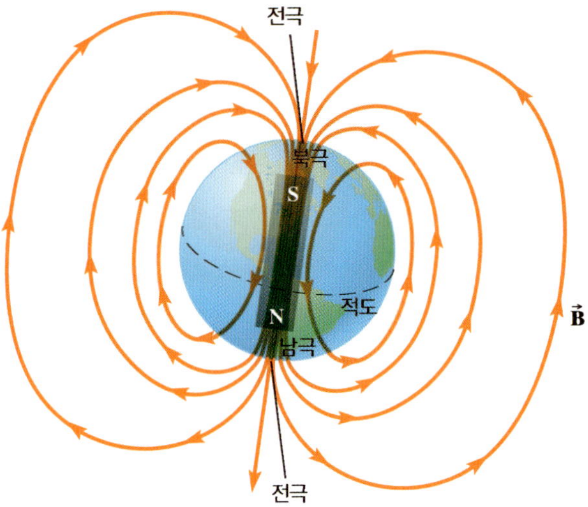

그림 19.6 지구 자기장. 이 그림은 한 평면 내의 자기장선을 보여준다. 일반적으로 지표에서 자기장선은 수평 성분과 수직 성분 모두를 갖는다. 자극은 자기장이 지표면과 수직한 지점이다. 자극은 자전축과 지표가 만나는 지질학적 극과 일치하지 않는다. 지표 근처에서 자기장선의 모습은 그림에 나타낸 가상의 막대자석과 같은 자기쌍극자가 만든 모습과 개략적으로 유사하다. 이 막대자석의 S극이 북극을 향하고 N극이 남극을 향함에 주의하여라.

하기 위해 널리 사용된다. 수평 나침반은 바늘이 수평면에서만 자유롭게 회전할 수 있어서 수평 나침반의 N극의 끝은 지구 자기장의 수평 성분의 방향을 가리킨다. 그림 19.6에서 가상적인 막대자석의 방향에 주목하자. 자석의 S극은 거의 지리학적으로 북쪽을 향하며 자석의 N극은 대략 지리학적으로 남쪽을 향한다.

지구 자기장의 기원 지구 자기장의 기원은 아직도 연구 중이다. 주요 이론에 의하면 지구 자기장은 지표면으로부터 3000 km 이상 깊은 곳에 위치한 지구 외핵에 녹아 있는 철과 니켈의 흐름에 의해 형성된다. 지구 자기장의 크기는 서서히 변한다. 지구의 자극은 일 년에 평균 40~60 km 정도 움직인다. 지구 자극에는 지난 500만 년동안 대략 100차례의 완전한 극성 반전(북극은 남극으로, 남극은 북극으로)이 있었다. 2001년 5월에 완료된 가장 최근의 캐나다 지질 조사에 의하면 자기장이 수직 아래로 향하는 지표상의 자북은 북위 81°, 서경 111°에 위치하며 북위 90°를 통과하는 지구 자전축이 지표와 만나는 지질학적 북극에서 남쪽으로 1600 km 떨어져 있다. 2018년 북극의 위치는 2001년 위치에서 약 900 km 떨어진 북쪽으로 86.5°, 서쪽으로 179°로 추정된다.

응용 : 향자성 박테리아

이 장을 시작하면서 논의한 박테리아의 전자 현미경 사진에서 (주황색으로 색칠된) 결정들이 줄지어 있는 모습을 볼 수 있는데, 그 결정들은 고대 그리스시대부터 알려진 사산화철(Fe_3O_4)과 같은 자철광 결정이다. 그 결정들은 기본적으로 나침반 바늘과 같은 기능을 하는 조그만 영구자석들이다. 박테리아가 물과 뒤섞이게 되면 박테리아의 나침반 바늘은 자기장 방향으로 정렬하기 위해 자동적으로 회전한다. 이때 박테리아가 헤엄을 치면 자기장선 방향을 따라 움직이게 된다. 북반구에서는 나침반 바늘의 N극 끝이 앞쪽을 향하게 된다. 박테리아는 아래쪽으로 향하는 성분을 갖는 자기장 방향으로 헤엄을 쳐서 진흙 속의 자기 집으로 돌아갈 수 있다. 남반구의 박테리아들은 S극이 앞쪽을 향하게 되어 있는데, 남반구에서는 자기장이 위쪽으로 향하는 성분을 갖고 있기 때문에 자기장과 반대 방향으로 헤엄을 쳐야 한다. 그래서 향자성magnetotactic(–tactic은 감각 또는 감지를 의미한다) 박테리아들을 남반구에서 북반구로 혹은 그 반대로 가져오면 박테리아들은 아래로 내려가지 않고 위쪽으로 헤엄치게 된다.

여러 종의 박테리아나 일부 고등 생물들도 자기장을 이용하여 방향을 잡는다는 증거가 있다. 귀소 본능을 가진 비둘기나 개똥지빠귀, 그리고 벌을 이용한 실험에서 이들이 자기장에 반응하는 어떤 감각을 가지고 있는 것으로 나타났다. 날씨가 맑으면 그들은 주로 태양의 위치로 방향을 잡지만 구름이 많은 날에는 지구 자기장을 이용한다. 진흙 박테리아에서 발견된 것과 비슷한 영구적으로 자화된 결정들이 이 생물들의 뇌에서 발견되었으나, 지구 자기장을 감지하고 방향을 잡는 데 그것들이 어떻게 사용되는지에 대해서는 아직 명확히 규명되지 않았다. 몇몇 실험들은 인간도 지구 자기장을 느끼는 감각을 가지고 있을 수 있다는 것을 보였다. 조그만 자철광 결정들이 뇌에서 발견되었기 때문에 그것이 전혀 불가능한 것은 아니다.

19.2 점전하에 작용하는 자기력 Magnetic Force on a Point Charge

자기쌍극자에 작용하는 자기력이나 돌림힘에 대해 자세히 살펴보기 전에, 그보다 간단한 점전하에 작용하는 자기력을 고찰해 보자. 16장에서 전기장을 단위 전하량에 작용하는 전기력으로 정의했다. 전기장이 $\vec{E}$인 곳에 위치한 점전하 q는 전기력을 받는데, 전기력의 방향은 점전하의 부호에 따라 $\vec{E}$와 같은 방향이거나 반대 방향이다.

점전하에 작용하는 자기력은 좀 더 복잡하다. 자기력은 전하량 곱하기 자기장이 아니다. 자기력은 자기장과 점전하의 속도에 의존한다. 점전하가 정지해 있으면 그 전하에 작용하는 자기력은 없다. 자기력의 크기와 방향은 점전하의 운동 방향과 속도에 의존한다. 유체 속에서 운동하는 물체에 작용하는 저항력처럼 속도에 따라 변하는 힘들에 대해 이미 고찰한 바 있다. 자기력은 항력처럼 속력이 증가하면 크기가 커진다. 저항력의 방향은 언제나 물체의 속도와 반대 방향이지만, 대전입자에 작용하는 자기력의 방향은 입자의 속도에 수직이다.

자기장이 $\vec{B}$인 지점에서 속도 $\vec{v}$로 운동하는 양의 점전하 q를 생각하자. $\vec{v}$와 $\vec{B}$의 사이 각은 θ이다(그림 19.7a). 점전하에 작용하는 자기력의 크기는 전하의 크기 $|q|$, 자기장의 크기 B, $\sin\theta$의 곱이다.

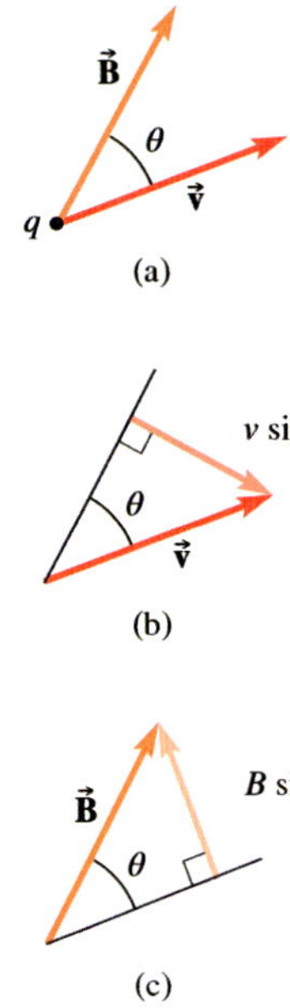

그림 19.7 자기장 안에서 운동하는 점전하에 작용하는 자기력의 크기 구하기. (a) 입자의 속도 벡터 $\vec{v}$와 자기장 벡터 $\vec{B}$는 같은 점에서 출발하도록 그렸다. θ는 두 벡터 사이의 각이다. 자기력의 크기는 $F_B = |q|vB\sin\theta$이다. (b) $\vec{B}$에 수직인 $\vec{v}$의 성분은 $v_\perp = v\sin\theta$이다. (c) $\vec{v}$에 수직인 $\vec{B}$의 성분은 $B_\perp = B\sin\theta$이다.

운동하는 점전하에 작용하는 자기력의 크기

$$F_B = |q|vB\sin\theta \tag{19-1}$$

점전하가 멈춰 있거나($v = 0$), 점전하의 운동 방향이 자기장의 방향과 같은 선상에 있을 때 ($\sin\theta = 0$) 자기력은 0이다.

특정한 상황에서는 자기력의 크기를 쓰는 다른 방법이 식 (19-1)보다 더 편리할 수 있다. $\vec{B}$에 수직한 $\vec{v}$의 성분이 $v_\perp = v\sin\theta$(그림 19.7b)임을 주목하라. 이제 힘의 크기는 $F_B = |q|v_\perp B$로 쓸 수 있다. $\vec{v}$에 수직인 $\vec{B}$의 성분은 $B_\perp = B\sin\theta$(그림 19.7c)이므로 힘의 크기는 $F_B = |q|vB_\perp$로 쓸 수도 있다.

운동하는 점전하에 작용하는 자기력의 크기

$$F_B = |q|v_\perp B = |q|vB_\perp \tag{19-2}$$

자기장의 SI 단위 식 (19-1)로부터 자기장의 SI 단위는

$$\frac{\text{힘}}{(\text{전하량} \times \text{속도})} = \frac{\text{N}}{\text{C} \cdot \text{m/s}} = \frac{\text{N}}{\text{A} \cdot \text{m}} \tag{19-3}$$

이다. 크로아티아 출신 미국 기술자인 테슬라Nikola Tesla, 1856~1943의 이름을 따서 이와 같은 단위들의 조합을 테슬라(기호 T)로 명명했다.

$$1\ \text{T} = 1\ \frac{\text{N}}{\text{A} \cdot \text{m}} \tag{19-4}$$

살펴보기 19.2 아랫방향으로 균일한 자기장 $\vec{B}$에서 전자가 속력 v로 움직이고 있다.

(a) 전자가 어떤 방향으로 움직일 때 자기력이 0이 되는가?

(b) 전자가 어떤 방향으로 움직일 때 자기력이 최대가 되는가?

> **연결고리** 두 벡터의 벡터곱은 벡터이다. 벡터곱은 스칼라곱과 다른 수학적 연산이다(부록 A.10). 벡터곱의 크기는 두 벡터가 수직일 때 최대이고, 스칼라곱은 두 벡터가 서로 평행할 때 크기가 최대가 된다. 벡터곱은 다양한 물리 현상에서 나타난다. 예를 들어 8.2절에서 돌림힘의 크기를 계산하는 세 가지 동등한 방법을 보여주었다($\tau = rF\sin\theta = r_\perp F = rF_\perp$). 돌림힘 벡터는 벡터곱이다($\vec{\tau} = \vec{r} \times \vec{F}$).

두 벡터의 벡터곱

자기력의 방향과 크기는 물리학과 수학에서 자주 사용되는 특별한 방법으로 벡터 $\vec{v}$와 $\vec{B}$에 따라서 변한다. 자기력은 $\vec{v}$와 $\vec{B}$의 **벡터곱**cross product(가위곱 또는 외적)으로 표현할 수 있다. 두 벡터 $\vec{a}$와 $\vec{b}$의 벡터곱은 $\vec{a}\times\vec{b}$라 쓴다. 벡터곱의 크기는 한 벡터의 크기에 다른 벡터가 그 벡터에 수직한 성분을 곱한 것이다. 어떤 것이 어떤 것의 수직 성분이든 상관없다.

$$|\vec{a}\times\vec{b}| = |\vec{b}\times\vec{a}| = a_\perp b = ab_\perp = ab\sin\theta \tag{19-5}$$

그러나 벡터들의 순서는 결과로 나오는 벡터의 방향을 결정하는 데 중요하다. 순서를 반대로 바꾸면 벡터곱의 방향도 바뀌게 된다.

$$\vec{b}\times\vec{a} = -\vec{a}\times\vec{b} \tag{19-6}$$

$\vec{a}$와 $\vec{b}$의 벡터곱은 $\vec{a}$와 $\vec{b}$ 모두에 수직이다. $\vec{a}$와 $\vec{b}$가 서로 수직일 필요는 없다. 같은 방향도 아니고, 반대 방향도 아닌 어떤 두 벡터에 수직한 방향은 두 방향이 있다. 둘 중 하나를 선택하기 위해 **오른손 규칙**right hand rule을 사용한다.

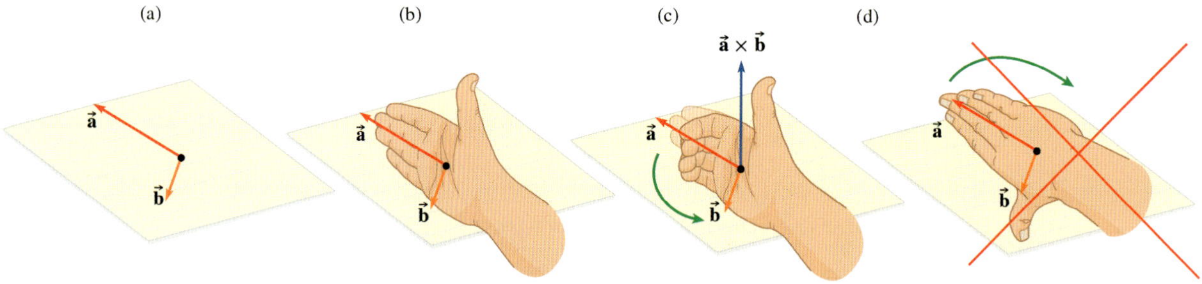

그림 19.8 오른손 규칙을 사용하여 벡터곱 $\vec{a}\times\vec{b}$의 방향 찾기 (a) 두 벡터의 시작점이 한 점에 오도록 $\vec{a}$와 $\vec{b}$를 그린다. 이때 두 벡터는 한 지면에 놓여 있어야 한다. $\vec{a}\times\vec{b}$는 $\vec{a}$와 $\vec{b}$에 동시에 수직하므로 $\vec{a}\times\vec{b}$의 방향은 위쪽(지면에서 나오는 방향) 또는 아래쪽(지면으로 들어가는 방향) 중 하나이다. 오른손 규칙은 두 방향 가운데 올바른 한 방향을 찾기 위해 사용한다. (b) $\vec{a}\times\vec{b}$의 방향을 결정하기 위하여 오른손을 펴서 엄지손가락은 위를 향하고 다른 손가락들은 $\vec{a}$의 방향을 가리키도록 정렬한다. (c) 오른손의 손가락들이 $\vec{a}\times\vec{b}$를 가리킬 때까지 엄지손가락은 위를 향하게 하고 네 손가락을 180° 보다 작은 각 방향으로 감아쥐어서 $\vec{a}\times\vec{b}$가 위 방향으로 향한다는 것을 확정한다. (d) $\vec{a}\times\vec{b}$의 방향이 아래 방향인지를 검토하기 위해 엄지손가락은 아래를 향하고 다른 손가락들은 $\vec{a}$의 방향을 향하게 한다. 손가락을 틀린 방향으로 감아쥐어야 하기 때문에 이것은 $\vec{a}\times\vec{b}$의 올바른 방향이 아니다.

벡터곱 $\vec{a}\times\vec{b}$의 방향을 찾기 위한 오른손 규칙

1. 같은 점에서 출발하는 벡터 $\vec{a}$와 $\vec{b}$를 그려라. 만약 $\vec{a}$와 $\vec{b}$가 수직하지 않으면, 종이의 평면에 그리는 것이 가장 좋다(그림 19.8a). 만약 두 벡터가 수직이면, 둘 중 하나를 도면 평면에 수직으로 설정하는 것이 편리할 수 있다.
2. 벡터곱의 방향은 $\vec{a}$와 $\vec{b}$ 모두에 수직인 두 방향 중 하나이다. 이 두 방향을 결정하여라.
3. 테스트를 할 두 개의 수직 방향 중 하나를 택한다. 오른손 손바닥을 원점에 두고 손을 쭉 펴면, 손가락 끝이 $\vec{a}$ 방향을 가리키고, 이때의 엄지손가락 방향이 테스트하는 방향이다(그림 19.8b).
4. 엄지손가락과 손바닥을 움직이지 않게 유지하면서 손가락 끝이 $\vec{b}$의 방향을 가리킬 때까지 손가락을 손바닥 안쪽으로 감아쥐어라(그림 19.8c). 할 수 있으면, 180° 보다 작은 각을 통해서 손가락을 감아라. 그때 엄지손가락은 벡터곱 $\vec{a}\times\vec{b}$의 방향을 가리킨다. 손가락을 180° 보다 큰 각도로 감아쥐어야 해서 불가능하다면, 엄지손가락은 $\vec{a}\times\vec{b}$의 반대 방향을 가리킨다(그림 19.8d).

오른손 규칙의 다른 표현은 **렌치 규칙**wrench rule이다. 오른손 규칙의 2단계까지 진행한 다음 볼트가 두 방향으로 정렬되어 있다고 상상하여라. 처음에 볼트 위에 있는 손잡이가 $\vec{a}$와 나란히 정렬한 렌치를 사용한다고 상상해 보자. 손잡이를 180° 미만의 각도로 돌려서 $\vec{b}$와 나란히 될 때까지 돌려라(큰 각도 쪽으로 돌리지 않는다). 이때 볼트를 조이고 있는가 아니면 풀고 있는가? $\vec{a}\times\vec{b}$의 방향은 볼트가 움직이는 방향이다.

자기학은 필연적으로 3차원으로 다루어야 하므로 종종 지면에 수직인 벡터들을 그려야 할 때가 있다. 기호 •(또는 ⊙)은 지면 바깥으로 튀어나오는 벡터를 표시하는데, 이는 관측자를 향해 날아오는 화살촉을 앞에서 본 모습이다. 기호 ×(또는 ⊗)는 지면으로 들어가는 벡터의 방향을 나타낸다. 이 기호는 날아가는 화살을 뒤에서 보았을 때 화살의 뒤끝에 있는 깃털을 암시하고 있다.

벡터 기호 : • 또는 ⊙는 지면에서 나오는 모습이고, × 또는 ⊗는 지면 속으로 들어가는 모습이다.

자기력의 방향

전하를 띠는 입자에 작용하는 자기력을 $\vec{v}$와 $\vec{B}$의 벡터곱에 전하량이 곱해진 형태로 쓸 수 있다.

운동하는 점전하에 작용하는 자기력

$$\vec{F}_B = q\vec{v}\times\vec{B} \tag{19-7}$$

$$\text{크기} : F_B = |q|\, vB\sin\theta \tag{19-1}$$

방향 : $\vec{v}\times\vec{B}$를 찾기 위해 오른손 규칙을 이용하고 q가 음수이면 방향을 거꾸로 해야 한다.

자기력의 방향은 전기장에서처럼 장과 나란한 같은 선을 따라가지 않고 자기장과 수직이다. 동시에 대전입자의 속도에도 수직이다. 따라서 $\vec{v}$와 $\vec{B}$가 한 평면 위에 있다면, 자기력은 언제나 그 평면에 수직이다. 자기 현상은 본질적으로 3차원적이다. 음$^-$으로 대전된 입자는 $\vec{v}\times\vec{B}$의 반대 방향으로 자기력을 느낀다. $\vec{v}\times\vec{B}$에 음의 스칼라양(q)을 곱하면 자기력의 방향은 반대로 바뀐다.

문제 풀이 전략 : 점전하에 작용하는 자기력 찾기

1. (a) 입자가 움직이지 않는 경우($\vec{v}=0$), (b) 입자의 속도가 자기장에 수직인 성분을 가지지 않는 경우($v_\perp = 0$), (c) 자기장이 0인 경우 입자에 작용하는 자기력은 0이다.
2. 그렇지 않으면, 속도와 자기장 벡터들을 같은 점에서 시작하도록 그렸을 때 두 벡터 사이의 각 θ를 결정한다.
3. $F_B = |q|\, vB\sin\theta$(식 (19-1))로부터 (벡터의 크기는 음$^-$이 아니기 때문에) 전하의 크기를 이용하여 힘의 크기를 구한다.
4. 오른손 규칙을 이용하여 $\vec{v}\times\vec{B}$의 방향을 결정한다. 전하가 양$^+$이면 자기력은 $\vec{v}\times\vec{B}$ 방향이다. 전하가 음$^-$이면 힘의 방향은 $\vec{v}\times\vec{B}$와 반대 방향이다.

자기력이 한 일 점전하에 작용하는 자기력은 언제나 속도와 수직하기 때문에 자기력은 그 전하에 일을 할 수 없다. 다른 힘이 작용하지 않는다면 점전하의 운동에너지는 변하지 않는다. 자기력만 작용하면 점전하의 속력은 변하지 않고 속도의 방향만 바뀐다.

개념형 보기 19.1 우주선의 편향

우주선cosmic ray은 빠르게 지구로 접근하는 대전된 입자로서, 그 생성 과정은 정확히 규명되지 않았지만 초신성의 폭발에 의해 대부분의 우주선이 만들어진다고 한다. 지구로 접근하는 입자들의 7/8은 속력이 광속의 2/3 정도인 양성자이다. 양성자가 적도를 향해 수직으로 떨어진다고 가정하자. (a) 지구 자기장에 의해 양성자에 작용하는 자기력의 방향을 구하여라. (b) 지구 자기장이 우주선의 폭격을 어떻게 차단하는지 설명하여라. (c) 지표면 어느 곳에서 이러한 차단이 최소가 되는가?

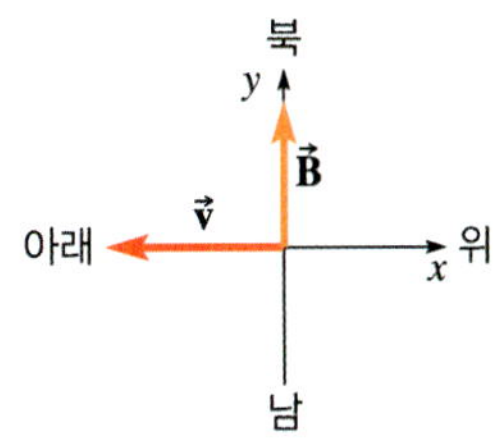

그림 19.10 벡터 $\vec{v}$와 $\vec{B}$. y축은 북쪽을 향하고, x축은 적도로부터 나오는 방향이다.

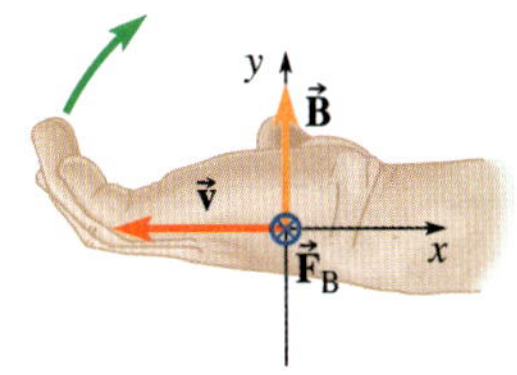

그림 19.11 오른손 규칙이 $\vec{v}\times\vec{B}$의 방향이 지면으로 들어가는 방향임을 보여준다. 엄지손가락을 지면 아래로 향하게 하면 나머지 손가락이 $\vec{v}$에서 $\vec{B}$쪽으로 쥐어진다. 이때 쥐어지는 각이 90°이므로 지면으로 들어가는 방향이 $\vec{v}\times\vec{B}$의 올바른 방향이다.

전략 및 풀이 (a) 먼저 그림 19.9와 같이 지구 자기장선과 양성자의 속도 벡터를 그린다. 자기장선은 남반구에서 북반구로 향한다. 적도 위 충분히 높은 고도에선 자기장선은 (북쪽을 향해) 수평인 것으로 근사할 수 있다. 자기력의 방향을 구하기 위해 먼저 $\vec{v}$와 $\vec{B}$ 모두에 수직인 방향을 결정한다. 그 후 오른손 규칙을 이용해서 $\vec{v}\times\vec{B}$의 방향을 결정한다. 그림 19.10은 xy 평면상의 $\vec{v}$와 $\vec{B}$의 개략도이다. x축은 적도로부터 멀어지는 방향(위쪽)을 향하고 y축은 북쪽을 향한다. 두 벡터 모두에 수직인 두 개의 방향은 xy 평면에 수직이고 지면을 향해 들어가는 또는 지면으로부터 나오는 방향이다. 오른손 규칙을 이용했을 때 엄지가 지면으로부터 나오는 방향이면 오른손의 손가락들은 $\vec{v}$에서 $\vec{B}$로 가는 방향으로 270°각도를 통과하며 회전해야 한다. 따라서 $\vec{v}\times\vec{B}$는 지면으로 들어가는 방향이다(그림 19.11). $\vec{F}_B = q\vec{v}\times\vec{B}$이고 q는 양이므로, 자기력은 동쪽 또는 지면으로 들어가는 방향이다.

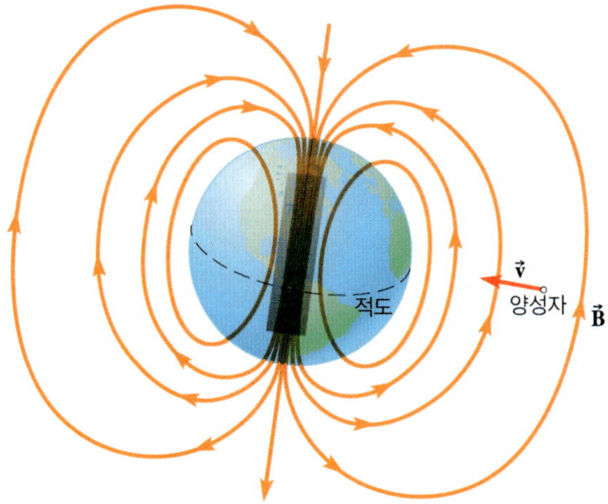

그림 19.9 지구의 자기장선과 양성자의 속도 벡터 $\vec{v}$

(b) 지구 자기장이 없다면 양성자는 지표면을 향해 직진하지만, 지구 자기장에 의한 자기력에 의해 양성자의 운동경로가 옆으로 편향되어 양성자가 지표면에 도달하는

것이 억제된다. 만약 자기장이 없다면 많은 우주선들이 지표에 도달할 것이다.

(c) 극 근처에는 자기장에 수직한 속도 성분($v_\perp$)이 매우 작아서 자기력도 작다. 따라서 극 근처에서는 양성자의 운동경로가 편향되는 현상이 작아서 양성자의 차단이 최소가 된다.

검토 자기력의 방향(또는 임의의 벡터곱)을 올바르게 찾으려면 정확히 개략도를 그리는 것이 필요하다. 3차원을 모두 고려해야 하므로 두 축은 우리가 그리는 그림 평면에 놓이도록 선택해야 한다.

실수를 하지 않기 위해 각 축에 방향을 적어라. 지면은 수평 또는 수직 평면을 표현할 수 있다. 수평 평면의 경우, 지도에서와 같이 각 축을 동서남북으로 적는 것이 일반적이다. 그리고 아래 또는 위 수직 방향은 지면에 대해 수직으로 잡는다. 수직 평면의 경우, 한 축을 위아래로 잡고 다른 한 축을 수평면으로 잡아 남북 또는 동서가 되도록 하여 지면으로 들어가는 또는 지면으로부터 나오는 방향이 개략도 축들에 수직하며 수평 방향이 되도록 한다.

보기 19.1에서 $\vec{v}$와 $\vec{B}$의 방향이 그림 19.9와 유사하도록 축들을 선택하였다. 이 경우, 지면은 수직평면을 나타낸다. 그림에 수직인 방향은 동서이고 이는 위아래 방향과 남북 방향에 모두 수직인 유일한 방향이 된다. 그림 19.9를 보면 동쪽이 지면으로 들어가는 방향이고 서쪽이 지면으로부터 나오는 방향인 것을 볼 수 있다.

실전문제 19.1 **우주선 입자의 가속**

$v = 6.0 \times 10^7$ m/s이고 $B = 6.0\ \mu$T일 때 양성자에 작용하는 자기력의 크기는 얼마인가? 그리고 양성자의 가속도의 크기를 구하여라.

보기 19.2 공기 중 이온에 작용하는 자기력

어떤 지역에서 지구 자기장의 크기가 0.050 mT이다. 자기장의 방향은 수평 방향에서 70.0° 아래쪽이고 자기장의 수평 성분은 북쪽을 가리킨다. (a) 동쪽으로 250 m/s로 운동하는 산소 이온(O_2^-)에 작용하는 자기력을 구하여라. (b) 이온에 작용하는 자기력의 크기를 이온의 무게 5.2×10^{-25} N과 비교하고, 맑은 날의 전기장(150 N/C 아래쪽)에 의해 이온에 작용하는 전기력과 비교하여라.

전략 자기력의 크기를 구할 때 사용하는 두 가지 동등한 방법이 있다(식 (19-1)과 식 (19-2)). 그중 편한 방법을 선택한다. 먼저 힘의 방향을 찾기 위해 $\vec{v}$와 $\vec{B}$에 수직인 두 방향을 결정한다. 그리고 어떤 방향이 $\vec{v} \times \vec{B}$의 방향인지 결정하기 위해 오른손 규칙을 적용한다. 우리가 구하려는 자기력은 음으로 대전된 입자에 작용하는 힘이므로, 자기력의 방향은 $\vec{v} \times \vec{B}$ 방향과 반대이다. 자기장의 크기가 밀리테슬라로 표기되어 있음을 주목하라(1 mT = 10^{-3} T).

풀이 (a) 이온은 동쪽으로 움직인다. 자기장은 북쪽과 아래쪽의 성분을 가지고 있으나 동서 성분은 없으므로 $\vec{v}$와 $\vec{B}$는 수직이다. 따라서 $\theta = 90°$이고 $\sin\theta = 1$이다.

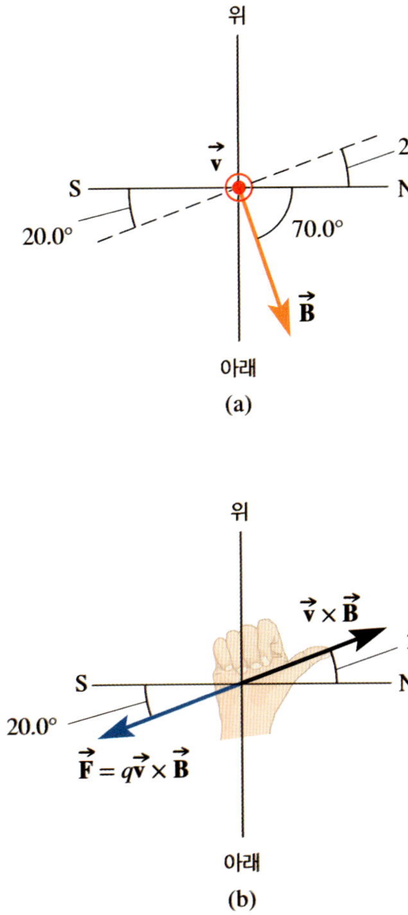

그림 19.12 (a) 벡터 $\vec{v}$와 $\vec{B}$. $\vec{v}$는 지면에서 나오는 방향이다. 서쪽은 지면으로 들어가는 방향이고 동쪽은 지면에서 나오는 방향이다. $\vec{F}$는 $\vec{v}$와 $\vec{B}$ 모두에 수직하기 때문에 $\vec{F}$는 점선을 따라 놓여 있어야 한다. (b) 오른손 규칙으로 결정되는 $\vec{v}\times\vec{B}$의 방향. 이온이 음$^-$으로 대전되어 있기 때문에 자기력은 $\vec{v}\times\vec{B}$와 반대 방향이다.

자기력의 크기는

$$F = |q|vB = (1.6 \times 10^{-19}\ \text{C}) \times (250\ \text{m/s}) \times (5.0 \times 10^{-5}\ \text{T}) = 2.0 \times 10^{-21}\ \text{N}$$

이다. $\vec{v}$는 동쪽이고 힘은 $\vec{v}$에 수직하기 때문에, 힘은 동서 축에 수직인 평면 안에 있어야 한다. 남북과 위아래를 지나는 축을 이용하여 이 평면에 속도와 자기장 벡터를 그린다(그림 19.12a, 여기서 동쪽은 지면에서 나오는 방향이다). 이 그림에서 북쪽은 오른쪽이므로 이 그림을 보는 사람은 서쪽을 바라보는 상태이다. 서쪽은 지면에 들어가는 방향이고 동쪽은 지면에서 나오는 방향이다. 힘 $\vec{F}$는 이 지면에 놓여 있고 $\vec{B}$에 수직이다. 그림 19.12a에서 점선으로 표시된 바와 같이 두 가지 가능한 방향이 있다. 여기서 오른손 규칙을 적용하면 $\vec{v}\times\vec{B}$의 방향은 그림 19.12b에 나타낸 방향임을 알 수 있다. 이온이 음으로 대전되어 있으므로 자기력은 $\vec{v}\times\vec{B}$와 반대 방향이다. 그 방향은 수평에서 20.0° 아래이고 수평 성분은 남쪽을 향한다.

(b) 전기력의 크기는 다음과 같이 구할 수 있다.

$$F_E = |q|E = (1.6 \times 10^{-19}\ \text{C}) \times 150\ \text{N/C} = 2.4 \times 10^{-17}\ \text{N}$$

이온에 작용하는 자기력은 중력보다 매우 크나 전기력보다는 상당히 미약하다.

검토 이 간단한 문제를 풀 때 중요한 열쇠는 편리한 좌표축을 적절히 선택하는 일이다. 두 벡터 $\vec{v}$와 $\vec{B}$ 중 하나를 기준 방향으로 취하는 경우, 기준 방향에 수직인 평면에 축들을 그리는 것이 좋다. 이 문제의 경우 $\vec{v}$는 기준 방향(동쪽)에 있으나 $\vec{B}$는 그렇지 않다. 이와 같은 상황을 고려하여 동쪽과 수직인 평면에 축들을 그렸다.

실전문제 19.2 전자에 작용하는 자기력

같은 자기장에서 3.0×10^6 m/s의 속력으로 위쪽으로 곧바로 운동하는 전자에 작용하는 자기력을 구하여라. [힌트 : $\vec{v}$와 $\vec{B}$ 사이의 각도는 90°가 아니다.]

보기 19.3 자기장 안에서 운동하는 전자

전자는 북쪽으로 향하는 1.4 T의 일정한 자기장 속에서 2.0×10^6 m/s의 속력으로 움직인다. 어느 순간 전자에 1.6×10^{-13} N의 자기력이 위쪽으로 작용한다면 그 순간 전자는 어느 방향으로 운동하는가? [힌트 : 답이 여러 개 있을 수 있다면, 모든 가능성들을 구하여라.]

전략 이 문제는 앞의 보기 19.1, 19.2보다 더 복잡하다. 자기력 법칙을 다시 적용해야 하는데, 이 경우는 자기력과 자기장의 방향으로부터 전자의 운동 방향을 찾아야 한다.

풀이 자기력은 언제나 자기장과 입자의 속도에 수직이다. 힘이 위를 향하므로 속도는 수평면에 있어야 한다.
그림 19.13은 북쪽을 향하는 자기장과 수평면에 있는 속도가 향할 수 있는 방향을 보여준다. 자기력이 위를 향하고 전자는 음의 전하를 띠므로 $\vec{v}\times\vec{B}$는 아래를 향해야만 한다. 오른손의 엄지를 아래로 향하게 하면 네 손가락은 시계방향으로 쥐어진다. 네 손가락을 $\vec{v}$에서 $\vec{B}$쪽으로 쥐므로 속도는 수평면의 왼쪽 어딘가에 있어야 한다. 곧 속도는 남쪽 또는 북쪽 성분 외에 서쪽 성분을 가져야 한다.
서쪽 성분은 자기장에 수직인 성분이다. 자기력의 크기를 이용해 속도의 수직 성분을 구할 수 있다.

$$F_B = |q|v_\perp B$$

$$v_\perp = \frac{F_B}{|q|B} = \frac{1.6\times10^{-13}\text{ N}}{1.6\times10^{-19}\text{ C}\times1.4\text{ T}}$$

$$= 7.14\times10^5 \text{ m/s}$$

자기장과 같은 방향의 속도 성분은 피타고라스의 정리로부터,

$$v^2 = v_\perp^2 + v_\parallel^2$$

$$v_\parallel = \pm\sqrt{v^2 - v_\perp^2} = \pm 1.87\times10^6 \text{ m/s}$$

이다. ± 부호는 $v_\parallel$이 속도의 북쪽 성분 또는 남쪽 성분이 될 수 있음을 의미한다. 두 가능성을 그림 19.14에 나타냈다. 오른손 규칙을 적용하여 두 가능성이 $\vec{v}\times\vec{B}$의 방향과 모순이 없음을 확인한다.

주어진 성분을 사용하여 $\vec{v}$의 방향을 찾아 보자. 그림 19.14로부터

$$\sin\theta = \frac{v_\perp}{v} = \frac{7.14\times10^5\text{ m/s}}{2.0\times10^6\text{ m/s}} = 0.357$$

$$\theta = 21°(\text{북서}) \text{ 또는 } 159°(\text{북서})$$

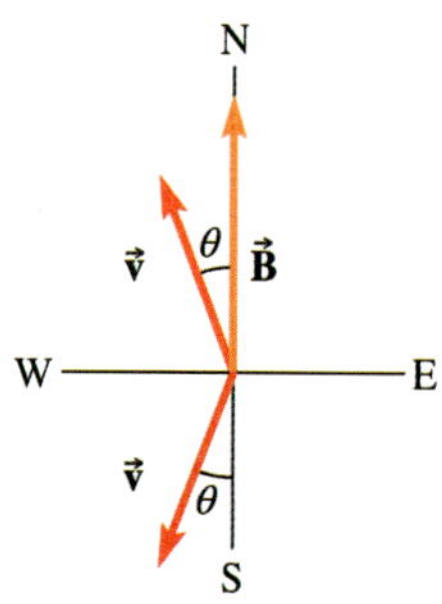

그림 19.14 $\vec{v}$의 방향에 대한 두 가지 가능성

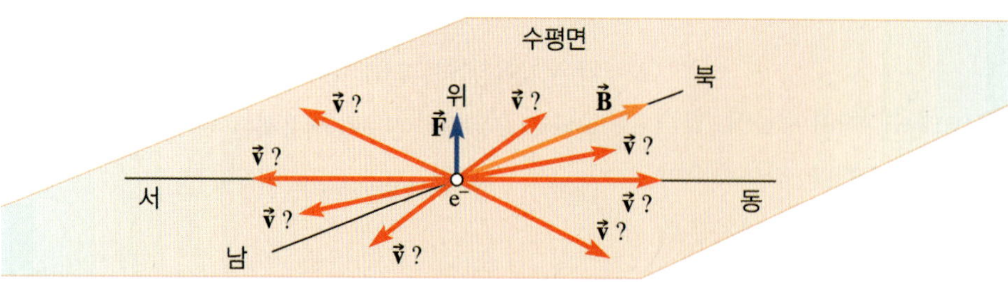

그림 19.13 속도는 자기력과 수직하므로 수평면에 있어야 한다. $\vec{v}$의 방향에 대한 여러 가능성을 고려한다. 수평면에서 서쪽 성분이 0이 아닌 속도만 $\vec{v}\times\vec{B}$의 방향과 일치한다.

이다. 북서 159°는 남서 21°와 같으므로 속도의 방향은 북서 21°이거나 남서 21°이다.

검토 $\vec{v}$가 언제나 $\vec{B}$에 수직이라고 가정할 수는 없다. 자기력은 항상 $\vec{v}$와 $\vec{B}$에 수직이지만, $\vec{v}$와 $\vec{B}$는 임의의 사이 각을 가질 수 있다.

실전문제 19.3 **자기장과 평행한 속도 성분**

전자가 같은 자기장 속에서 같은 속력으로 운동한다고 가정하자. 전자에 작용하는 자기력의 크기가 2.0×10^{-13} N이라면 자기장에 평행한 전자의 속도 성분은 얼마인가?

19.3 균일한 자기장에 수직하게 운동하는 대전입자 Charged Particle Moving Perpendicularly to a Uniform Magnetic Field

자기력에 관한 법칙과 뉴턴의 제2법칙을 적용하면 균일한 자기장 안에서 자기력만 받으며 운동하는 대전입자의 궤도를 추적할 수 있다. 이 절에서는 입자가 자기장과 수직하게 운동하는 경우를 먼저 논의한다.

그림 19.15a는 자기장에 대해 수직 방향으로 운동하는 양으로 대전된 입자에 작용하는 자기력을 나타냈다. $v_\perp = v$이기 때문에 힘의 크기는 다음과 같다.

$$F = |q|vB \tag{19-8}$$

힘은 속도와 수직하기 때문에 입자의 운동 방향은 바뀌지만 속력은 바뀌지 않는다. 힘은 자기장에도 수직하므로 가속도의 $\vec{B}$ 방향 성분은 없다. 따라서 입자의 속도는 $\vec{B}$와 계속 수직하다. 입자의 속도가 바뀜에 따라 자기력은 $\vec{v}$와 $\vec{B}$에 수직인 채 그 방향만 변한다. 입자가 일정한 속력으로 반지름이 r인 원 궤도를 따라 움직일 때, 자기력은 구심력으로 작용한다. 입자가 일정한 원운동을 하므로 가속도는 구심 방향이고 v^2/r의 크기를 갖는다(식 (5-17)). 뉴턴의 제2법칙으로부터,

연결고리 등속원운동에서 입자의 지름 가속도는 $a_r = v^2/r$인데 이는 모든 원운동에 적용된다.

$$a_r = \frac{v^2}{r} = \frac{\sum F_r}{m} = \frac{|q|vB}{m} \tag{19-9}$$

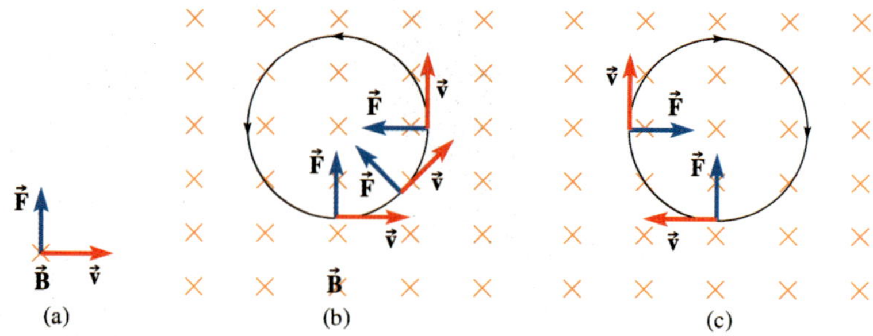

그림 19.15 (a) 지면으로 들어가는 방향의 자기장 안에서 오른쪽으로 운동하는 양전하에 작용하는 힘. (b) 속도의 방향이 변하면 자기력의 방향도 $\vec{v}$와 $\vec{B}$ 모두에 수직하게 유지되도록 방향을 바꾼다. 자기력의 크기가 일정하므로 입자는 원호를 따라 운동한다. (c) 같은 자기장 안에서 음전하의 운동

을 얻을 수 있다. 여기서 m은 입자의 질량이다. 궤도의 반지름 r은 q, v, B, m에 의존하는데, r이 일정하고 q, B, m도 일정하면 v도 일정하여 입자는 등속원운동을 하게 된다(그림 19.15b). 음전하는 같은 자기장에서 양전하와 반대 방향으로 움직인다(그림 19.15c).

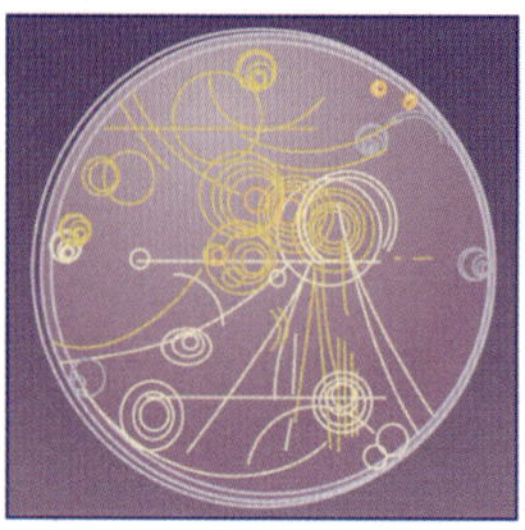

(a)

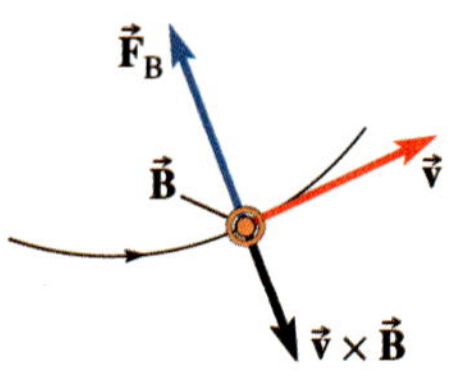

(b)

그림 19.16 (a) 거품상자 안에서 움직인 전자와 양전자가 남긴 궤도(양전자는 전자의 양으로 대전된 반입자이다). 그 궤도는 지면 밖으로 나오는 자기장에 의하여 휘어진다. ⓒ Geek3, CC-BY-4.0 (b) 전자의 자기력 분석

응용 : 거품상자

균일한 자기장 안에서 대전입자의 원운동은 여러 분야에 응용된다. 미국 물리학자 글레이저Donald Glaser, 1926~2013가 발명한 **거품상자**bubble chamber는 1950년대부터 1970년대까지 고에너지 물리학 실험에서 사용된 입자검출기이다. 액체 수소가 가득 담겨있는 상자에 자기장을 인가시킨 후, 대전입자를 상자 속에서 움직이게 하면 입자가 움직인 경로를 따라 거품 궤적이 형성된다. 그림 19.16a는 거품상자 안에 입자가 만든 궤적의 모습이다. 자기장 방향은 지면에서 나오는 방향이다. 어떤 입자에 작용하는 자기력은 입자궤도의 곡률 중심을 향한다. 그림 19.16b는 한 입자에 대한 $\vec{v}$와 $\vec{B}$의 방향을 보여준다. 오른손 규칙을 고려하면 $\vec{v} \times \vec{B}$의 방향은 그림 19.16b와 같이 주어진다. $\vec{v} \times \vec{B}$는 $\vec{F}$의 방향인 곡률 중심에서 멀어지는 방향이므로 입자는 음$^{-}$의 전하를 가진다. 자기력 법칙을 고려하면 입자의 전하 부호를 결정할 수 있다.

응용 : 질량 분석기

질량 분석기의 주요한 목적은 여러 이온들의 질량을 측정하여 질량에 따라 이온(대전된 원자나 분자)을 분리하는 것이다. 처음에는 핵반응 생성물의 질량을 측정하기 위해 고안되었으나, 현재는 다른 과학 분야와 의학계에서 시료 속에 어떤 종류의 원자나 분자가 어떤 농도로 존재하는지 확인하기 위해 질량분석계를 사용한다. 아주 적은 농도로 존재하는 이온도 분리할 수 있기 때문에 질량분석계는 독물학이나 오염 물질의 흔적을 찾기 위한 환경감시에서 핵심적인 도구로 사용된다. 질량 분석기는 식품 제조, 석유 화학

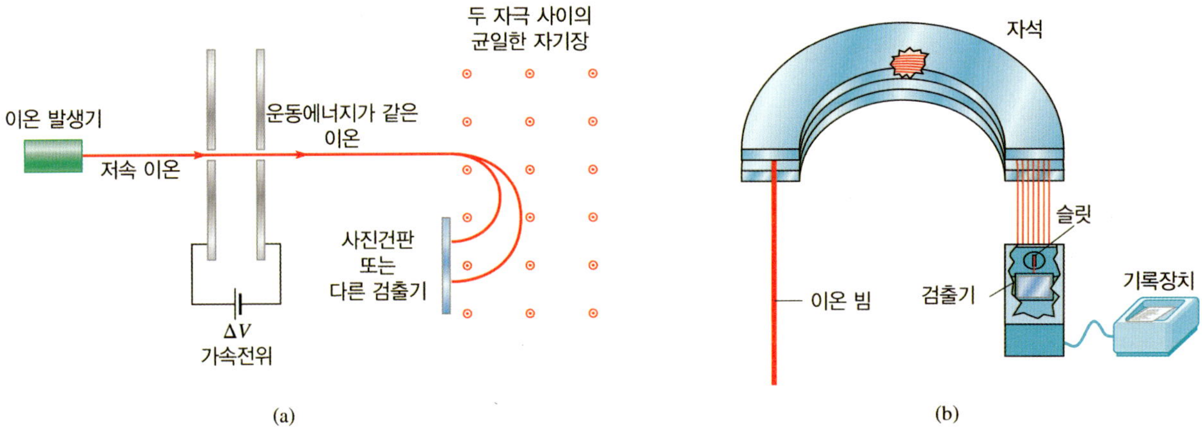

그림 19.17 (a) 고정된 퍼텐셜 차로 이온을 가속시켜서 모든 이온이 같은 운동에너지로 자기장에 들어가는 자기부채꼴형 질량 분석기의 간단한 개략도. (b) 이온이 고정된 반지름 경로를 따라 운동하는 질량 분석기.

제품 제조, 전자 산업 및 핵 시설의 국제적인 감시에 이용된다. 또한 범죄 현장을 감식하는 중요한 도구로 사용되기도 한다.

오늘날 다양한 종류의 질량 분석기가 사용되고 있다. 가장 오래된 자기부채꼴형 질량 분석기magnetic-sector spectrometer의 작동 원리는 자기장에서 원운동 하는 대전입자와 같다. 전하량이 이미 알려진 원자나 분자가 크기를 조절할 수 있는 전기장에 의해 가속된 후, 속도 $\vec{v}$에 수직한 방향을 갖는 균일한 자기장 $\vec{B}$의 영역으로 들어가면 원호를 따라 움직이게 된다. 전하량, 속력, 자기장의 세기, 원호의 반지름으로부터 입자의 질량을 결정할 수 있다.

어떤 자기부채꼴형 질량 분석기에서는 이온들이 정지해 있거나 아주 작은 속력에서 출발하여 고정된 퍼텐셜 차에 의해 가속된다. 만약 이온들의 전하량이 모두 같다면 이온들이 자기장에 들어갔을 때 모두 같은 운동에너지를 갖는다. 이때 이온들의 질량이 다르면 이온들의 속력도 다르다. 질량과 무관하게 모든 이온이 자기장에 들어갈 때 같은 속력을 갖도록 속도 선택기(19.5절)를 사용할 수도 있다. 보기 19.4와 같이 질량이 다른 이온들은 반지름이 서로 다른 원형궤도를 따라 움직인다(그림 19.17a). 어떤 질량 분석기에서는 고정된 반지름 경로를 따라 움직인 이온만 검출기에 도착한다. 이온의 속력이나 자기장을 변화시켜서 어떤 이온을 검출기에 맞는 반원궤도를 따라 움직이게 할 것인지를 선택한다(그림 19.17b).

보기 19.4 질량 분석기에서 리튬 이온의 분리

질량 분석기에서 $^6Li^+$과 $^7Li^+$ 이온들이 속도 선택기를 통과하면서 같은 속도를 갖게 된다. 이온 광선은 균일한 자기장 영역을 지난다. 만약 $^6Li^+$ 이온의 궤도 반지름이 8.4 cm 이면 $^7Li^+$ 이온의 궤도 반지름은 얼마인가?

전략 이 문제에는 많은 정보가 함축되어 있다. $^6Li^+$이온의 전하는 $^7Li^+$이온의 전하와 같다. 이온들이 같은 속력으로 자기장에 들어간다. 전하의 크기나 속도 혹은 자기장은 알 수 없지만 그 값들은 두 가지 종류의 이온에 대하여 동일하다. 이처럼 같은 물리량을 가지고 있을 때 취할 수 있는 좋은 전략은 두 이온의 궤도 반지름 사이의 비를 찾는 것이다. 그러면 공통된 물리량은 상쇄된다.

풀이 부록 B를 보면 $^6Li^+$과 $^7Li^+$의 질량은 다음과 같다.

$$m_6 = 6.015\ \mathrm{u}$$

$$m_7 = 7.016\ \mathrm{u}$$

여기서 $1\,\mathrm{u} = 1.66 \times 10^{-27}\,\mathrm{kg}$이다. 원 궤도를 따라서 운동하는 이온에 대해 뉴턴의 제2법칙을 적용하자. 일정한 원운동에 대한 가속도이므로

$$a_\perp = \frac{v^2}{r} = \frac{F}{m} = \frac{|q|vB}{m} \qquad (1)$$

이다. 전하 q, 속력 v, 자기장 B는 두 종류의 이온에 대하여 같으므로, 반지름은 질량에 직접적으로 비례한다.

$$r \propto m$$

$$\frac{r_7}{r_6} = \frac{m_7}{m_6} = \frac{7.016\ \mathrm{u}}{6.015\ \mathrm{u}} = 1.166$$

$$r_7 = 8.4\ \mathrm{cm} \times 1.166 = 9.8\ \mathrm{cm}$$

검토 이와 유사한 문제를 풀기 위해 알아야 할 새로운 공식은 없다. 점전하에 작용하는 자기력은 $\vec{\mathrm{F}}_\mathrm{B} = q\vec{\mathrm{v}} \times \vec{\mathrm{B}}$이고, 등속원운동에서 지름 가속도의 크기는 v^2/r인데, 이를 뉴턴의 제2법칙에 적용하면 된다.

r과 m 사이의 직접적인 비례가 명백하지 않으면, 반지름 r에 대해 식 (1)을 다음과 같이 정리할 수 있다.

$$r = \frac{mv^2}{|q|vB}$$

r_7과 r_6의 비를 비교하면 질량을 제외한 모든 양들은 상쇄되고 다음 식만 남는다.

$$\frac{r_7}{r_6} = \frac{m_7}{m_6}$$

실전문제 19.4 **이온의 속력**

보기 19.4의 질량 분석기에 사용되는 자기장의 세기는 0.50 T이다. Li^+ 이온은 어떤 속력으로 자기장 속에서 운동하는가(각 이온의 전하량은 $q = +e$이며, 이들은 자기장과 수직한 방향으로 움직인다)?

응용 : 사이클로트론

1929년 미국의 물리학자 로렌스Ernest. O. Lawrence, 1901~1958가 발명한 **사이클로트론**은 초기에는 주로 실험 물리학 분야에 사용되었으나 지금은 생명과학과 의학 분야에 널리 응용되고 있다. 그림 19.18은 양성자 사이클로트론의 개략적 모습이다. 사이클로트론에서 양성자는 점점 더 낮아지는 퍼텐셜을 통과하며 운동하며 이때마다 운동에너지를 얻는다. 가해진 자기장은 원 궤도를 따라 양성자를 움직이게 하여 장치를 벗어나는 대신에 점점 더 많은 운동에너지를 얻게 해준다. 사이클로트론의 주요 작동 원리는 양성자의 속력과 운동에너지가 증가해도 양성자가 한 바퀴를 완전히 도는 데 걸리는 시간이 일정하다는 놀라운

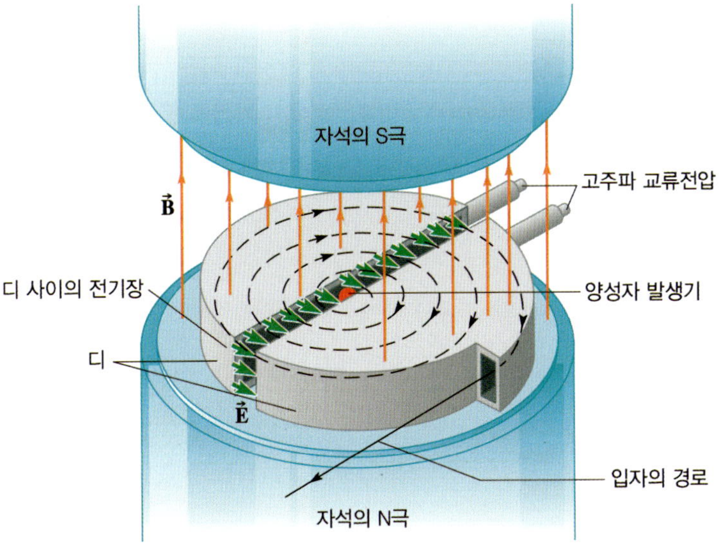

그림 19.18 사이클로트론의 개략적 모습. 속이 비어 있는 두 개의 금속 껍질은 그 모양(알파벳 D와 닮았다)을 따서 '디'라고 불린다. 디는 큰 전자석 사이에 위치하며, 디 안에 있는 양성자는 전자석이 만든 자기장에 의해 원 궤도를 따라 움직인다. 디 내부의 전기장은 0이며, 두 디에 인가한 교류 전압은 디 사이의 틈에 교류 전기장을 만든다. 양성자가 틈을 지날 때 양성자가 운동하는 방향과 전기장의 방향이 일치하도록 교류기전력의 진동수를 선택하여 양성자의 운동에너지를 증가시킨다. 운동에너지가 증가하면 양성자 궤도 반지름도 증가한다. 양성자가 여러 번 순환하여 양성자가 디의 최대 반지름에 도달하면 양성자를 사이클로트론의 밖으로 내보내서 높은 에너지의 양성자 빔을 어떤 표적과 충돌시키는 데 사용한다.

사실에 기초를 두고 있다(문제 18 참조). 속력이 증가함에 따라 원형궤도의 반지름도 증가하지만 주기는 변하지 않는다. 따라서 일정한 진동수의 교류전압을 '디^{dee}'에 인가하여, 양성자가 틈을 통과할 때마다 양성자의 운동에너지는 계속 증가하도록 할 수 있다.

사이클로트론의 의학적 이용 사이클로트론은 병원에서 핵의학에 사용되는 방사성 동위원소를 생산하는 데 쓰인다(그림 19.19). 핵반응로에서 의료용 방사성 동위원소를 만들 수 있지만 사이클로트론을 이용하면 특별한 장점이 있다. 우선 사이클로트론은 작동하기 쉽고 작다. 일반적으로 반지름이 1 m 또는 그 이하이다. 사이클로트론은 병원 안이나 그 주변에 설치할 수 있어 반감기와 수명이 짧은 방사성 동위원소가 필요하면 그때마다 생산할 수 있다. 수명이 짧은 방사성 동위원소를 핵 반응로에서 생산하여 수명이 다 되기 전에 병원으로 가져가기는 쉽지 않다. 또한 핵반응로에서 생산하는 것과 다른 종류의 동위원소를 사이클로트론으로 생산하기도 한다.

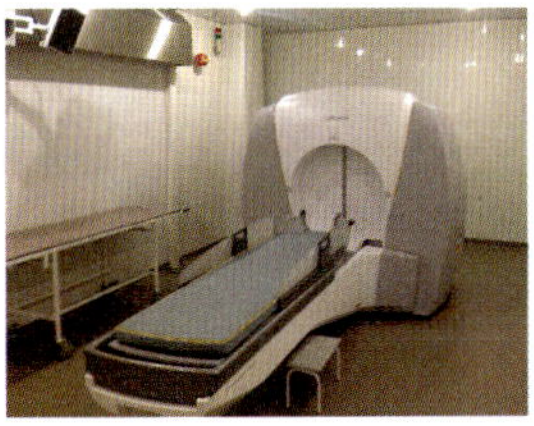

그림 19.19 모스크바에 있는 감마 나이프 암 센터의 양성자 방사선 수술 기구. 양성자는 사이클로트론(여기서는 나타내지 않은)에 의해 가속된다. © Mos.ru, CC-BY-4.0

사이클로트론을 의료 분야에 응용하는 또 다른 예로서 **양성자 빔 방사선 수술**이 있다. 사이클로트론의 양성자 빔을 외과 수술용 도구로 사용한다(그림 19.19). 양성자 빔 외과 수술법은 비정상적 모양의 뇌종양 수술에 사용되기도 한다. 이 방법은 보통의 외과 수술법에 비해 여러 장점이 있는데, 그 중 하나는 주위 조직의 피폭 선량이 다른 종류의 방사선 수술법에 비해 매우 낮다는 점이다.

보기 19.5 양성자 사이클로트론 안에서 최대 운동에너지

어떤 양성자 사이클로트론이 두 자극들 사이에 0.60 T의 자기장을 만들 수 있다. 이것의 디의 반지름은 24 cm이다. 이 사이클로트론에 의해 가속되는 양성자의 최대 운동에너지는 얼마인가?

전략 양성자의 운동에너지가 증가함에 따라 디 안에서 운동하는 양성자의 궤도 반지름도 증가한다. 따라서 최대 운동에너지는 최대 반지름에 의해 결정된다.

풀이 디 안에 있는 양성자에 작용하는 힘은 자기력뿐이다. 원형 경로에 뉴턴의 제2법칙을 적용하면 다음과 같이 쓸 수 있다.

$$F = |q|vB = \frac{mv^2}{r}$$

이 식을 v에 대하여 풀면 다음을 얻는다.

$$v = \frac{|q|Br}{m}$$

이로부터 운동에너지 K를 구하면 다음과 같다.

$$K = \frac{1}{2}mv^2 = \frac{1}{2}m\left(\frac{|q|Br}{m}\right)^2$$

양성자는 $q=+e$이고, 주어진 자기장의 세기는 $B=0.60\text{ T}$이므로, 최대 운동에너지를 계산하기 위하여 반지름을 최댓값 $r=0.24\text{ m}$로 취하면 다음을 얻는다.

$$K = \frac{(qBr)^2}{2m}$$
$$= \frac{(1.6\times10^{-19}\text{ C}\times0.60\text{ T}\times0.24\text{ m})^2}{2\times1.67\times10^{-27}\text{ kg}}$$
$$= 1.6\times10^{-13}\text{ J}$$

검토 보기 19.4(질량 분석기)와 같이 사이클로트론 문제도 뉴턴의 제2법칙을 이용하여 풀 수 있다. 운동하는 전하에 작용하는 알짜힘을 자기력 법칙으로 구하고, 등속원운동의 지름 가속도의 크기는 v^2/r임을 고려하면 된다.

실전문제 19.5 양성자 사이클로트론의 운동에너지 증가

같은 자기장을 이용하여 (앞의 문제에 비해 열 배 큰) 양성자의 운동에너지 1.6×10^{-12} J까지 양성자를 가속시키기 위해서는 디의 반지름이 얼마가 되어야 하는가?

19.4 균일한 자기장 안에서 대전입자의 운동
Motion of a Charged Particle in a Uniform Magnetic Field

오직 자기력만 작용하는 상태에서 균일한 자기장 안에서 운동하는 대전입자는 어떤 궤도를 따라 움직일까? 속도가 자기장에 수직이면 궤도가 원형궤도임을 19.3절에서 살펴보았다. $\vec{v}$에 자기장과 수직인 성분이 없으면 자기력은 0이고 그 입자는 일정한 속력으로 움직인다.

일반적으로 속도는 자기장과 수직 및 평행한 두 성분 모두를 가질 수 있다. 자기력은 언제나 자기장과 수직하므로 자기장과 평행한 속도 성분은 일정하다. 자기장과 수직한 성분은 입자를 원운동 시키며, 평행한 성분은 자기장과 평행한 방향으로 직선운동 시키는데 기여하므로, 입자는 결국 나선형 경로를 따라 움직인다(그림 19.20a).

살펴보기 19.4 그림 19.20a와 같은 나선형 경로를 따라 운동하는 입자의 전하량은 양$^+$인가 음$^-$인가? 이에 대해 설명하라.

응용 : 지구, 목성, 토성의 오로라 자기장이 균일하지 않은 경우에도 대전입자는 자기장선 주위를 나선형 궤도를 따라 움직인다. 우주선과 태양풍(태양에서 지구로 오는 대전입자의 흐름)이 지표면 위에 형성된 지구 자기장에 의해 가두어 진다. 그 입자들은 그림 19.20b와 같이 자기장선을 따라 나선형으로 앞뒤로 움직인다. 극 주위는 자기장선의 밀도가 높아 자기장이 다른 지역에 비해 더 강하다. 자기장의 세기가 증가함에 따라 나선 경로의 반지름이 작아져서 입자들은 남극 및 북극 주위에 모이게 된다. 이 입자들은 공기 분자들과 충돌해 공기 분자들을 이온화 시키는데, 이 이온들이 전자와 재결합하여 중성원자가 될 때 가시광선, 곧 빛을 방출한다. 이와 같은 현상에 의해 북반구에서는 **북극 오로라**aurora borealis, 남반구에서는 **남극 오로라**aurora australis가 만들어진다. 오로라는 지구보다 훨씬 강한 자기장이 있는 목성과 토성에서도 발생한다.

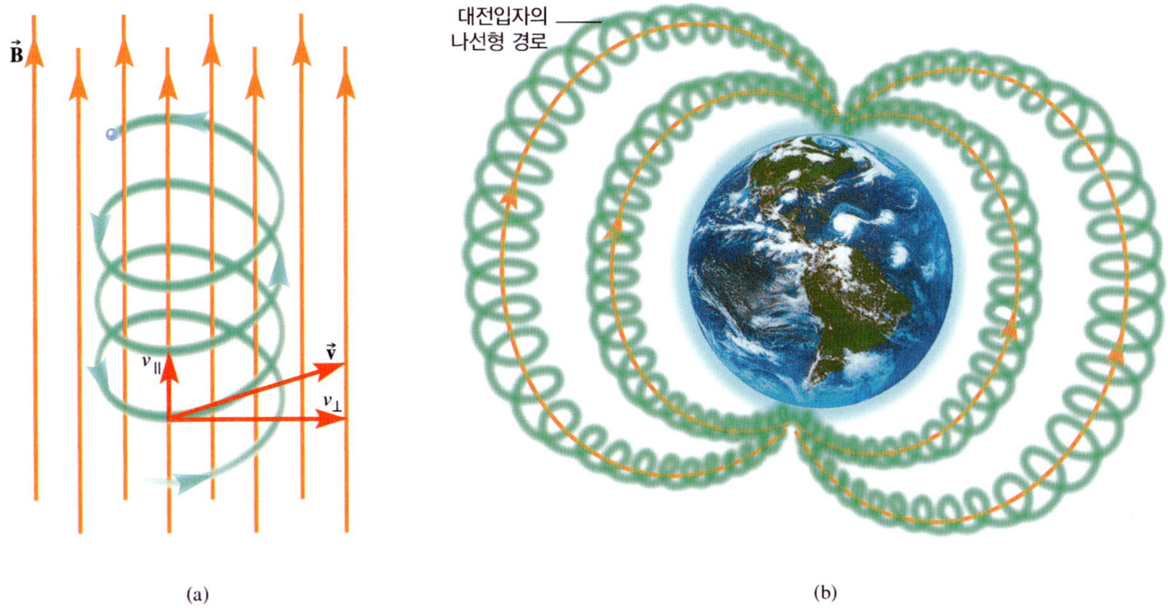

그림 19.20 (a) 균일한 자기장에서 대전입자의 나선형 운동. (b) 대기권 높은 상공에서 지구 자기장선을 따라 대전입자들이 앞뒤로 나선형 운동을 하는 모습

19.5 $\vec{E}$와 $\vec{B}$가 교차하는 영역에 있는 대전입자 A Charged Particle in Crossed $\vec{E}$ and $\vec{B}$ Fields

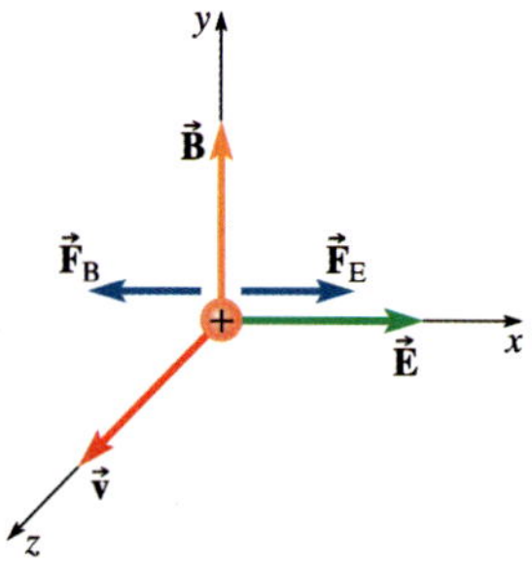

그림 19.21 $\vec{E}$와 $\vec{B}$가 교차하는 영역에서 운동하는 양의 점전하. $v = E/B$일 때 $\vec{F}_E + \vec{F}_B = 0$이면 속도의 방향이 그림과 같다.

전기장과 자기장이 동시에 존재하는 공간에서 어떤 대전입자가 움직일 때 그 입자에 작용하는 힘은 전기력과 자기력의 벡터 합이다.

$$\vec{F} = \vec{F}_E + \vec{F}_B \tag{19-10}$$

전기장과 자기장이 서로 수직이고 대전입자의 속도가 전기장과 자기장에 동시에 수직인 경우는 중요하며 유용하다. 자기력은 언제나 $\vec{v}$와 $\vec{B}$ 모두에 수직하기 때문에, 자기력은 전기장, 곧 전기력에 평행하거나 반대 방향이다. 만약 두 힘의 크기가 같고 방향이 반대이면 대전입자에 작용하는 알짜힘은 0이다(그림 19.21). 전기력은 입자의 속도에 무관하고, 자기력이 속도에 의존하므로 알짜힘이 0이 되는 속도는 단 한 개만 존재한다. 그 속도를 다음 식에서 찾을 수 있다.

$$\vec{F} = \vec{F}_E + \vec{F}_B = 0 \tag{19-11}$$

$$q\vec{E} + q\vec{v} \times \vec{B} = 0 \tag{19-12}$$

이를 공통 인자 q로 나누면,

$$\vec{E} + \vec{v} \times \vec{B} = 0 \tag{19-13}$$

가 된다. 입자에 작용하는 알짜힘이 0이 되려면

$$v = \frac{E}{B} \tag{19-14}$$

이고 $\vec{v}$의 방향이 올바른 경우에만 가능하다. $\vec{E} = -\vec{v} \times \vec{B}$이므로, $\vec{v}$의 올바른 방향이 $\vec{E} \times \vec{B}$의 방향이라는 것을 증명할 수 있다(개념문제 4 참조).

살펴보기 19.5 전자는 전기장이 동쪽이고 자기장이 북쪽인 영역에서 똑바로 위로 운동하고 있다. (a) 전자에 작용하는 전기력과 (b) 자기력은 각각 어느 방향인가?

응용 : 속도 선택기

대전입자들의 빔에서 특정 속도를 선별하기 위하여 전기장과 자기장이 교차하는 **속도 선택기** velocity selector를 사용한다. 질량분석계의 첫 단계에서 이온 빔이 만들어진다고 가정하자. 질량분석계의 두 번째 단계가 속도 선택기(그림 19.22)라면, $v = E_1/B_1$를 만족하는 이온들만 속도 선택기를 지나서 세 번째 단계로 들어간다. 이때 전기장과 자기장의 크기를 조절해 그 속력을 선택할 수 있다. 선택된 속력보다 더 빠르게 운동하는 입자들에 대해서는 자기력이 전기력보다 크다. 빠른 입자들은 자기력 방향으로 편향된다. 선택된 속력보다 더 느리게 운동하는 입자들에 대해서는 자기력이 전기장보다 작아서 느린 입자들은 전기력 방향으로 편향된다. 속도 선택기는 속력이 $v = E_1/B_1$인 이온들만 질량분석계의 자기장 영역으로 들어가도록 보장해 준다.

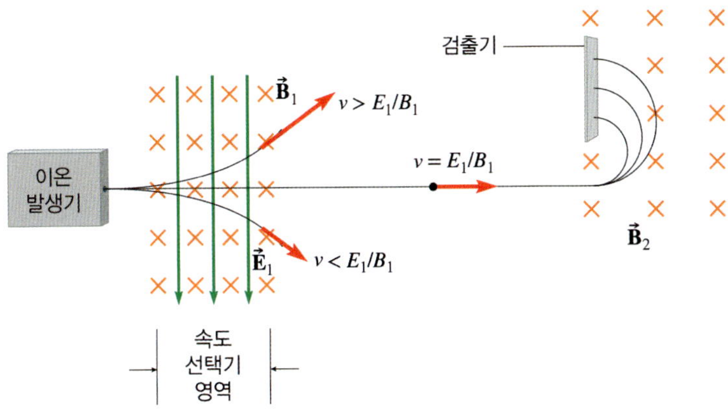

그림 19.22 이 질량 분석기는 속도 선택기를 사용하여 속력 $v = E_1/B_1$을 가진 이온만 곧바로 통과하여 두 번째 자기장 영역으로 들어가도록 한다. $v < E_1/B_1$이면 속도 선택기 영역에서 이온에 가해지는 전기력이 자기력보다 크고 이온이 아래쪽으로 편향된다. $v > E_1/B_1$이면 전기력이 자기력보다 적고 이온이 위쪽으로 편향된다. $v = E_1/B_1$이면 전기력과 자기력이 0이므로 이온이 곧바로 통과한다.

보기 19.6 속도 선택기

오른쪽으로 6.0 km/s의 속력으로 운동하는 이온들을 선별하기 위하여 속도 선택기를 제작하려고 한다. 전기장의 세기는 300.0 V/m이며 방향은 지면으로 들어가는 방향이다. 자기장의 크기와 방향을 결정하여라.

전략 일단, 속도 선택기에서 $\vec{E}$와 $\vec{B}$, 그리고 $\vec{v}$는 서로 수직이다. 이를 만족하는 $\vec{B}$의 방향은 두 가지가 있다. 자기력의 크기가 전기력의 크기와 같고 방향은 전기력과 반대임을 고려하면 두 방향 중 올바른 방향과 자기력의 크기를 정할 수 있다. 주어진 속력으로 운동하는 입자에 작용하는 전기력과 자기력이 정확하게 반대가 되도록 자기장의 크기를 정한다.

풀이 $\vec{v}$는 오른쪽이고 $\vec{E}$는 지면으로 들어가는 방향이기 때문에 자기장의 방향은 위쪽이거나 아래쪽이어야 한다. 이온의 전하의 부호는 무관하다. 전하를 양에서 음으로 바꾸면 두 힘 모두 방향이 바뀌지만 그들은 여전히 서로 반대 방향이다. 문제를 간단히 하기 위해 전하가 양이라고 가정하자.
양전하에 작용하는 전기력의 방향은 전기장의 방향과 같아 여기에서는 지면으로 들어가는 방향이다. 그러면 지면에서 나오는 방향의 자기력이 필요하다. (위쪽 혹은

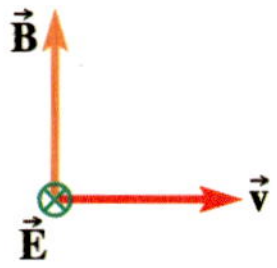

그림 19.23 $\vec{E}$, $\vec{v}$, $\vec{B}$의 방향

아래쪽의) $\vec{B}$에 대한 두 가지 가능성을 검토하기 위해 오른손 규칙을 사용하면, $\vec{B}$가 위쪽일 때 $\vec{v}\times\vec{B}$의 방향은 종이 면에서 나오는 방향임을 알 수 있다(그림 19.23). 전기력과 자기력의 크기가 서로 같아야 하므로 다음과 같다.

$$|q|E = |q|vB$$

$$B = \frac{E}{v} = \frac{300.0\ \mathrm{V/m}}{6000\ \mathrm{m/s}} = 0.050\ \mathrm{T}$$

검토 단위를 확인해 보자. 테슬라가 (V/m)/(m/s)와 같은가? $\vec{F} = q\vec{v}\times\vec{B}$로부터 테슬라를 재구성할 수 있다.

$$[B] = \mathrm{T} = \left[\frac{F}{qv}\right] = \frac{\mathrm{N}}{\mathrm{C\cdot m/s}}$$

전기장에 대한 두 개의 같은 단위인 N/C = V/m을 기억하면, 대입하여 다음을 알 수 있다.

$$\mathrm{T} = \frac{\mathrm{V}}{\mathrm{m^2/s}} = \frac{\mathrm{V/m}}{\mathrm{m/s}}$$

또 다른 확인 : 속도 선택기의 경우 $\vec{v}$의 올바른 방향은 $\vec{E}\times\vec{B}$의 방향이다. 속도는 오른쪽이다. 오른손 규칙을 이용하여 $\vec{B}$가 위쪽이면 $\vec{E}\times\vec{B}$는 오른쪽이다.

실전문제 19.6 **매우 빠른 입자의 편향**

입자가 6.0 km/s보다 더 빠른 속력으로 속도 선택기로 들어가면 입자는 어떤 방향으로 편향되는가?

전자의 발견 속도 선택기는 대전입자의 전하량과 질량의 비 q/m를 결정하는 데 사용된다. 먼저 입자는 정지상태에서 퍼텐셜 차 ΔV를 통해 가속되어 전기적 퍼텐셜에너지를 운동에너지로 변환한다. 이때 두 극 사이의 퍼텐셜 차는 ΔV 이므로 전기적 퍼텐셜에너지의 차이는 $\Delta U = q\Delta V$이다. 따라서 입자는 다음과 같은 운동에너지를 가진다.

$$K = \frac{1}{2}mv^2 = -q\Delta V \tag{19-15}$$

(K는 q의 부호에 상관없이 양$^+$이다. 양전하는 전기적 퍼텐셜에너지 차가 감소하여 가속되고, 음전하는 전기적 퍼텐셜에너지 차가 증가하여 가속된다.) 속도 선택기는 입자들의 운동 경로가 직선이 될 때까지 전기장과 자기장의 세기를 조절함으로써 속력 $v = E/B$을 결정하는 데 사용된다. 이와 같은 방법으로 대전입자의 전하량과 질량의 비 q/m를 결정할 수 있다.

1897년 영국의 물리학자 톰슨Joseph John Thomson, 1856~1940은 이 방법으로 '음극선cathode ray'이 대전된 입자들임을 규명했다. 그는 진공관의 두 전극에 수천 볼트의 퍼텐셜 차를 인가하여 음극에서 음극선이 방출되게 하였다(그림 19.24). 전하량과 질량의 비를 측정함으로써 톰슨은 음극선이 같은 전하량과 질량의 비를 갖는 음전하의 흐름을 확인하였다. 이 입자는 지금 전자라고 부른다.

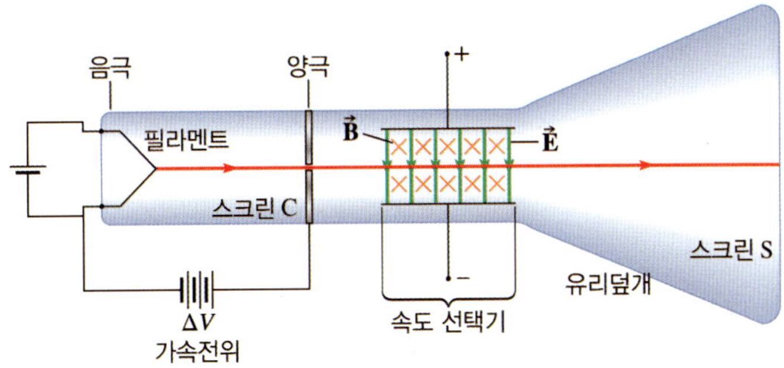

그림 19.24 전자의 전하량과 질량의 비를 구할 때 톰슨이 사용했던 장치를 현재의 관점에서 재구성한 모습. 음극에서 나온 전자들은 두 극 사이에 형성된 전기장에 의해 가속되어 양극 쪽으로 이동한다. 양극을 통과한 전자들이 속도 선택기로 들어간다. 전자들의 편향은 화면에 나타난다. 속도 선택기의 전기장과 자기장을 전자들이 편향되지 않을 때까지 조절한다.

응용 : 전자 혈류계

속도 선택기의 원리를 심장 혈관계 수술 중 대동맥에 흐르는 혈류의 속도를 측정할 때 사용하는 전자 혈류계에 응용하기도 한다. 혈액에 존재하는 이온들의 움직임은 자기장의 영향을 받는다. 전자 혈류계에서 자기장은 혈류(혈액의 흐름) 방향에 수직하게 작용한다. 양이온에 작용하는 자기력은 동맥의 한쪽 방향으로 향하고, 음이온에 작용하는 자기력은 그 반대 방향을 향한다(그림 19.25a). 양전하와 음전하가 서로 반대 방향으로 이동하여 생기는 전하의 분리는 동맥을 가로지르는 전기장을 만든다(그림 19.25b).

전기장이 형성됨에 따라 자기력과 반대 방향으로 전기력이 작용한다. 평형상태에서 두 힘의 크기는 같으므로,

$$F_E = |q|E = F_B = |q|vB \quad \Rightarrow \quad E = vB \tag{19-16}$$

이다. 여기서 v는 혈류의 평균 속력과 같은 이온의 평균 속력이다. 따라서 전기장이 이온의 속력을 결정하는 것이 아니라 이온의 속력이 전기장을 결정한다는 점을 제외하면 혈류

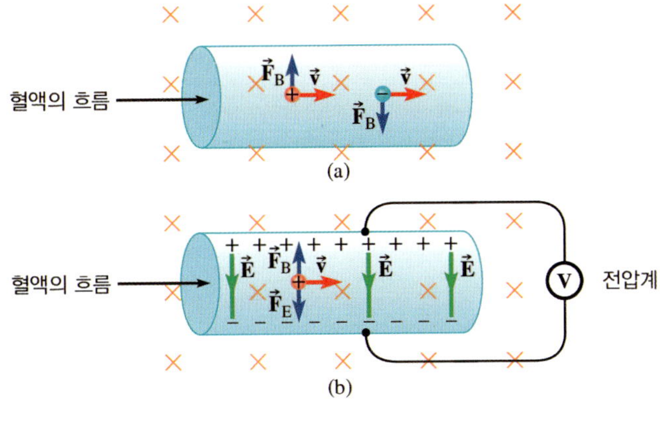

그림 19.25 전자기 혈류계의 원리. (a) 자기장이 혈류 방향에 수직하게 작용되면 양이온과 음이온은 동맥의 서로 반대쪽으로 편향된다. (b) 이온들이 편향됨에 따라 동맥을 가로질러 전기장이 형성된다. 평형상태에서 이 장에 의해 이온이 받는 전기력은 자기력과 크기는 같고 방향은 반대이다. 이온들은 $v = E/B$의 평균 속력으로 동맥을 따라 흐른다.

계의 원리는 속도 선택기와 같다.

퍼텐셜 차를 측정하기 위해 동맥의 양쪽 면에 전압계를 연결한다. 퍼텐셜 차로부터 전기장을 계산할 수 있고 전기장과 자기장의 크기로부터 혈류의 속력을 구할 수 있다. 전자 혈류계의 큰 장점은 동맥 속에 아무것도 넣을 필요가 없다는 것이다.

응용 : 홀 효과

고체 도체에서 나타나는 **홀 효과**Hall effect(미국 물리학자인 홀Edwin Herbert Hall 1855~1938의 이름을 따라 명명됨)는 전자 혈류계와 그 원리가 유사하다. 전류가 흐르는 도선에 수직인 자기장은 도선 내에서 운동하는 전하들을 한쪽 면으로 편향시켜 도선을 가로질러 전기장을 형성시킨다. 도선을 가로지르는 퍼텐셜 차(또는 **홀 전압**Hall voltage)를 측정하면 도선을 가로지르는 전기장(또는 **홀 전기장**Hall field)을 계산할 수 있다. 전하의 유동속도는 $v_D = E/B$로 주어진다. 홀 효과를 통해 유동속도와 전하의 부호, 그리고 전하운반자의 밀도를 결정할 수 있다(금속에서 전하 운반자는 일반적으로 전자이지만, 반도체에서는 양이나 음의 운반자 또는 둘 모두의 운반자가 있을 수 있다).

홀 효과는 자기장을 측정하는 데 널리 사용되는 도구인 **홀 탐침**Hall probe의 원리이기도 하다. 보기 19.7에 나타낸 바와 같이 전도성 띠를 가로지르는 홀 전압은 자기장의 세기에 비례한다. 회로에는 띠를 통해 흐르는 고정된 전류가 생긴다. 알려진 크기의 자기장에 의한 홀 전압을 측정하여 자기장 탐침기를 보정한다. 탐침기를 보정하면 측정된 홀 전압으로부터 자기장 크기를 빠르고 정확하게 결정할 수 있다.

보기 19.7 홀 효과

두께가 $t = 0.50\ \mathrm{mm}$, 폭은 $w = 1.0\ \mathrm{cm}$, 그리고 길이는 $L = 30.0\ \mathrm{cm}$인 평평한 반도체 판에 $I = 2.0\ \mathrm{A}$의 전류가 길이를 따라 오른쪽으로 흐른다(그림 19.26). 자기장의 크기는 $B = 0.25\ \mathrm{T}$이고, 판의 평평한 표면에 수직이다. 운반자는 전자라고 가정한다. $1\ \mathrm{m}^3$당 7.0×10^{24} 개의 이동 전자들이 있다. (a) 판을 가로지르는 홀 전압의 크기는 얼마인가? (b) 어느 쪽 (위 혹은 아래쪽) 가장자리가 더 높은 퍼텐셜을 갖는가?

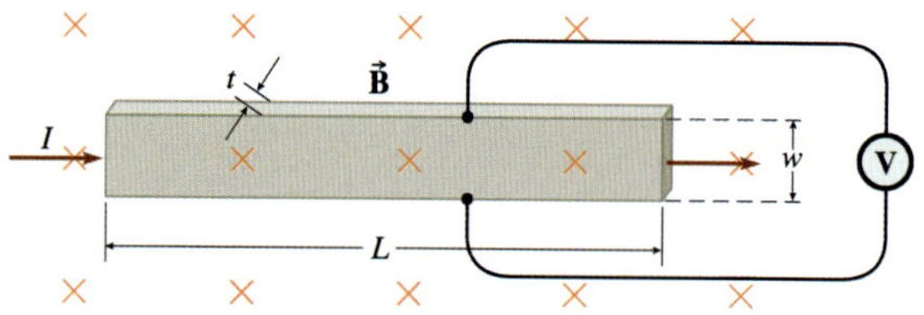

그림 19.26 홀 전압 측정

전략 전류와 유동속도 사이의 관계로부터 전자의 유동속도를 찾을 수 있다. 홀 전기장은 균일하므로 홀 전압은 홀 전기장 곱하기 판의 폭이다.

• 주어진 조건 : 전류 $I = 2.0\ \mathrm{A}$, 자기장 $B = 0.25\ \mathrm{T}$, 판의 두께 $t = 0.50 \times 10^{-3}\ \mathrm{m}$, 폭 $w = 0.010\ \mathrm{m}$, 전자 밀도 $n = 7.0 \times 10^{24}\ \mathrm{m}^{-3}$

풀이 (a) 유동속도와 전류 사이에는 다음 관계가 있다.

$$I = neAv_{\mathrm{D}} \qquad (18\text{-}5)$$

단면적은 판의 폭 곱하기 두께이다.

$$A = wt$$

유동속도에 관해 풀면,

$$v_{\mathrm{D}} = \frac{I}{newt}$$

이다. 자기력의 크기를 판을 가로지르는 홀 전기장에 의한 전기력의 크기와 같게 두면

$$F_{\mathrm{E}} = eE_{\mathrm{H}} = F_{\mathrm{B}} = ev_{\mathrm{D}}B$$

$$E_{\mathrm{H}} = v_{\mathrm{D}}B$$

이므로, 홀 전압은

$$V_{\mathrm{H}} = E_{\mathrm{H}}w = Bv_{\mathrm{D}}w$$

와 같다. 여기서 유동속도에 대한 표현을 대입하면 다음을 얻을 수 있다.

$$\begin{aligned} V_{\mathrm{H}} &= \frac{BIw}{ne\,wt} = \frac{BI}{ne\,t} \\ &= \frac{0.25\ \mathrm{T} \times 2.0\ \mathrm{A}}{7.0 \times 10^{24}\ \mathrm{m}^{-3} \times 1.6 \times 10^{-19}\ \mathrm{C} \times 0.50 \times 10^{-3}} \\ &= 0.89\ \mathrm{mV} \end{aligned}$$

(b) 전류가 오른쪽으로 흐르기 때문에 전자는 실제로는 왼쪽으로 움직인다. 그림 19.27a를 보면 왼쪽으로 운동하는 전자에 작용하는 자기력은 위쪽임을 알 수 있다. 자기력은 전자를 판의 위쪽으로 편향시켜 판의 아래쪽에는 양의 전하가 남는다. 위쪽으로 향하는 전기장이 판에 형성된다(그림 19.27b). 따라서 아래쪽 가장자리가 더 높은 퍼텐셜에 있다.

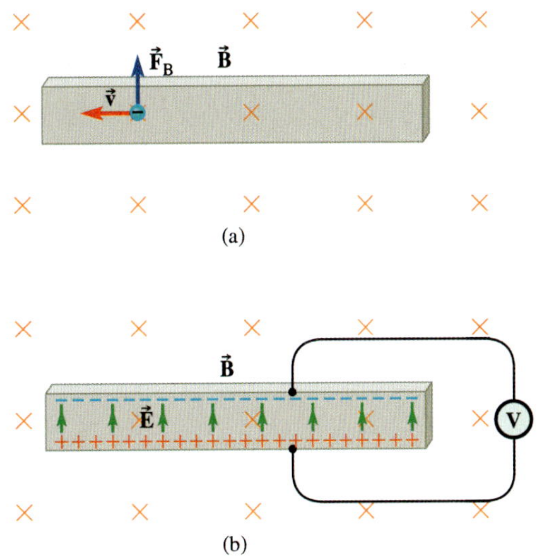

그림 19.27 (a) 왼쪽으로 운동하는 전자에 작용하는 자기력. (b) 전자가 판의 위쪽으로 편향되어 위쪽이 음으로, 아래쪽이 양으로 대전된다. 이 경우 홀 전기장의 방향은 양전하에서 음전하를 향하는 윗방향이다.

검토 홀 전압에 대한 최종 식 $V_{\mathrm{H}} = BI/(net)$에는 판의 너비 w는 보이지 않는다. 홀 전압이 폭에 따라서 변하지 않을 가능성이 있는가? 예를 들어 판의 너비를 2배로 하면, 단위 부피당 운반자의 수 n과 그들의 전하 e는 변하지 않기 때문에 전류가 같다면 유동속도 v_{D}가 절반임을 의미한다. 운반자의 빠르기가 절반이 되어 평균 자기력이 절반이 된다. 따라서 평형상태에서 전기력도 절반으로 줄어들지만 너비는 두 배이므로 홀 전압의 변화는 없다.

실전문제 19.7 **운반자로서의 양공**hole

만약 다른 조건은 모두 같고 운반자가 전자 대신에 $+e$의 전하를 가지는 입자였다면 홀 전압이 변하는가? 이에 대해 설명하여라.

19.6 전류가 흐르는 도선에 작용하는 자기력 Magnetic Force on a Current-Carrying Wire

전류가 흐르는 도선 속에는 운동하는 전하가 많이 있다. 자기장 내에 위치한 도선에 전류가 흐를 때, 도선 속에서 각자 운동하는 전하에 작용하는 자기력이 합해져서 도선에 작용하는 알짜 자기력이 만들어진다. 하나의 전하에 작용하는 평균 힘은 미약하지만 전하의 수가 많기 때문에 도선에 작용하는 알짜 자기력은 상당할 수 있다.

균일한 자기장 $\vec{\mathrm{B}}$ 안에 놓여있는 길이 L의 직선형 도선에 전류 I가 흐르는 경우를 고려하자. 전하 운반자의 전하량은 q이다. 한 전하에 작용하는 자기력은

$$\vec{\mathrm{F}} = q\vec{\mathrm{v}} \times \vec{\mathrm{B}} \qquad (19\text{-}7)$$

이다. 여기서 $\vec{\mathrm{v}}$는 전하 운반자의 순간속도이다. 도선에 작용하는 알짜 자기력은 위와 같이 주어지는 힘들의 벡터 합이다. 각 전하의 순간속도를 알 수 없기 때문에 그 합을 구하는 것은 어렵다. 전하는 매우 빠른 속력으로 임의의 방향으로 움직인다. 전하의 속도는 다른 입자들과 충돌할 때 크게 변한다. 각각의 전하에 작용하는 순간적인 자기력을 더하는 대신 모든 전하에 작용하는 평균 자기력에 전하의 개수를 곱하는 방법을 취하자. 각 전하의 평균 유동속도는 같기 때문에 각 전하가 받는 평균 자기력 $\vec{\mathrm{F}}_{평균}$은 같다.

$$\vec{\mathrm{F}}_{평균} = q\vec{\mathrm{v}}_{\mathrm{D}} \times \vec{\mathrm{B}} \qquad (19\text{-}17)$$

도선에 존재하는 전체 운반자의 수가 N이면, 도선에 작용하는 전체 자기력은

$$\vec{\mathrm{F}} = Nq\vec{\mathrm{v}}_{\mathrm{D}} \times \vec{\mathrm{B}} \qquad (19\text{-}18)$$

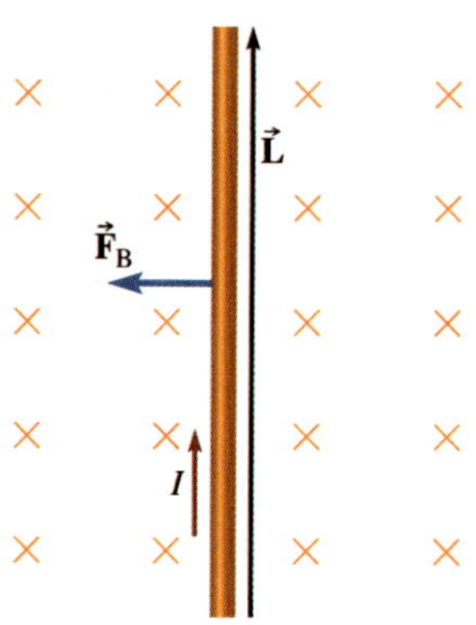

그림 19.28 전류가 흐르는 도선에 외부 자기장이 인가되면 도선은 자기력을 받는다.

이다. 식 (19−18)을 좀 더 편리한 방법으로 다시 쓸 수 있다. 운반자의 개수와 유동속도를 계산하여 더하는 대신 자기력을 전류 I로 표현하는 것이 편리하다. 전류 I는 다음과 같이 유동속도와 관련된다.

$$I = nqAv_{\mathrm{D}} \qquad (18\text{-}5)$$

이때 n은 단위 부피당 운반자의 개수이다. 만약 도선의 길이가 L이고 단면적이 A라면,

$$N = \text{단위 부피당 개수} \times \text{부피} = nLA \qquad (19\text{-}19)$$

이므로, 도선에 작용하는 자기력은

$$\vec{F} = Nq\vec{v}_D \times \vec{B} = nqAL\vec{v}_D \times \vec{B} \tag{19-20}$$

이다. 거의 다 되었다! 전류는 벡터가 아니기 때문에 $\vec{I} = nqA\vec{v}_D$로 치환할 수 없다. 그러므로 $\vec{L}$을 방향이 전류의 방향과 같고 크기가 도선의 길이 L인 벡터로 정의한다(그림 19.28). 그러면 $nqAL\vec{v}_D = I\vec{L}$이고,

연결고리 전류가 흐르는 도선에 작용하는 자기력은 도선에 흐르는 전하에 작용하는 자기력의 합이다.

전류가 흐르는 전선의 직선 부분에 작용하는 자기력

$$\vec{F} = I\vec{L} \times \vec{B} \tag{19-21}$$

이다. 전류 I와 $\vec{L} \times \vec{B}$의 벡터곱은 힘의 크기와 방향을 제시해 준다. 힘의 크기는

$$F = IL_{\perp}B = ILB_{\perp} = ILB\sin\theta \tag{19-22}$$

힘의 방향은 $\vec{L}$과 $\vec{B}$ 둘에 수직하다. 수직 방향의 두 가능성 중에 올바른 방향을 선택하기 위해 모든 벡터곱에 적용되는 오른손 규칙을 사용한다.

문제 풀이 전략 : 전류가 흐르는 직선형 도선에 작용하는 자기력 구하기

1. (a) 도선에 흐르는 전류가 0이거나, (b) 도선이 자기장에 평행하거나, (c) 자기장이 0이면 자기력은 0이다.
2. 그렇지 않으면, 두 벡터 $\vec{L}$과 $\vec{B}$를 같은 점에서 시작하도록 그린 후, 두 벡터 사이의 각도 θ를 구한다.
3. 식 (19–22)로부터 힘의 크기를 구한다.
4. 오른손 규칙을 이용하여 $\vec{L} \times \vec{B}$의 방향을 결정한다.

살펴보기 19.6 그림 19.28에서 자기장이 지면으로 향하는 대신에 (지면에서) 오른쪽을 향한다고 가정하자. 도선에 작용하는 자기력의 방향은 어떻게 되는가?

보기 19.8 전력선에 작용하는 자기력

수평으로 놓여 있는 길이가 125 m 인 전력선에 남쪽으로 2500 A 의 전류가 흐른다. 그 지점의 지구 자기장은 0.052 mT 이고 북쪽을 향하며 수평으로부터 아래로 62° 기울어져 있다(그림 19.29). 이때 전력선에 작용하는 자기력을 구하여라(도선이 늘어진 것은 무시하고 직선 모양이라고 가정하여라).

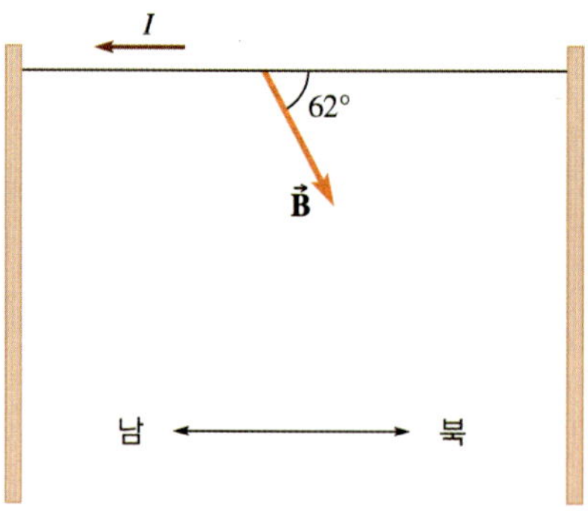

그림 19.29 도선과 자기장 벡터

전략 자기력을 계산하는 데 필요한 모든 물리량이 주어져 있다.

$I = 2500\ \mathrm{A}$

L은 크기 125 m 이며 남쪽 방향이다.

$\vec{B}$는 0.052 mT 의 크기를 가지고 아래쪽 성분과 북쪽 성분을 가지고 있다.

벡터곱 $\vec{L} \times \vec{B}$를 구하고 I를 곱할 수 있다.

풀이 자기력의 크기는 다음과 같이 주어진다.

$$F = IL_{\perp}B = ILB_{\perp}$$

$\vec{L}$이 남쪽을 향하기 때문에 여기서는 두 번째 형태가 더 편리하다. $\vec{L}$에 수직인 $\vec{B}$의 성분은 $B\sin 62°$이다(그림 19.30). 이로부터 F는 다음과 같다.

$$F = ILB\sin 62°$$
$$= 2500\ \mathrm{A} \times 125\ \mathrm{m} \times 5.2 \times 10^{-5}\ \mathrm{T} \times \sin 62°$$
$$= 14\ \mathrm{N}$$

그림 19.30은 남/북－위/아래 평면에 그린 $\vec{L}$과 $\vec{B}$벡터들을 보여준다. 북쪽이 오른쪽이므로 우리가 보는 방향은 서쪽을 향한다. 벡터곱 $\vec{L} \times \vec{B}$의 방향은 오른손 규칙에 의해 지면에서 나오는 방향이다. 결국, 자기력의 방향은 동쪽이다.

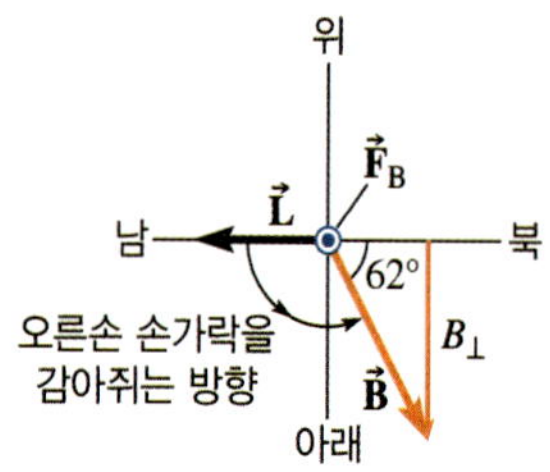

그림 19.30 수직면에 그린 $\vec{L}$과 $\vec{B}$. 두 벡터의 벡터곱은 동쪽(지면에서 나오는) 또는 서쪽(지면으로 들어가는) 방향에 이 면에 수직이어야 한다. 오른손 규칙은 두 가능성 중 한 방향을 선택할 수 있도록 한다.

검토 이와 같은 종류의 문제에서 가장 어려운 것은 벡터들을 나타낼 평면을 선정하는 것이다. 여기서 $\vec{L}$과 $\vec{B}$를 모두 그릴 수 있는 평면을 선정했으므로, 벡터곱은 이 평면에 수직이어야 한다.

실전문제 19.8 전류가 흐르는 도선에 작용하는 자기력

수직 도선에 10.0 A 의 전류가 위쪽으로 흐른다. 자기장이 보기 19.8과 같다면 도선에 작용하는 자기력의 방향은 어느 쪽인가?

19.7 전류 고리에 작용하는 돌림힘 Torque on a Current Loop

전류 I가 흐르는 직사각형 도체 고리가 균일한 자기장 $\vec{B}$ 안에 놓여 있는 경우를 고려하자. 그림 19.31a에서 자기장은 고리의 변 1과 변 3에 나란한 방향이다. $\vec{L} \times \vec{B} = 0$이기 때문에 변 1과 3에 작용하는 자기력은 없다. 변 2와 변 4에 작용하는 힘들은 크기가 같고 반대 방향을 향한다. 결국 고리 전체에 작용하는 알짜 자기력은 없지만 두 힘의 작용선들이 거리 b만큼 빗겨 있기 때문에 0이 아닌 알짜 돌림힘이 존재한다. 이 돌림힘은 고리의 중심축을 회전중심으로 취한 채 그림 19.31a에 나타낸 방향으로 고리를 회전시킨다. 변 2와 4에 작용하는 자기력의 크기는

$$F = ILB = IaB \tag{19-23}$$

이다. 각 힘의 지레 팔이 $\frac{1}{2}b$이므로 각 힘에 의한 돌림힘은

$$\text{힘의 크기} \times \text{지레의 팔} = F \times \frac{1}{2}b = \frac{1}{2}IabB \tag{19-24}$$

가 된다. 따라서 고리 전체에 작용하는 돌림힘은 $\tau = IabB$이다. 직사각형 고리의 넓이는$A = ab$이므로

$$\tau = IAB \tag{19-25}$$

와 같이 쓸 수 있다. 한 개의 고리 대신 N개의 고리가 코일을 이루고 있으면, 코일에 작용하는 자기 돌림힘은

$$\tau = NIAB \tag{19-26}$$

이다. 이 결과는 모든 형태의 평면 고리나 코일에 적용된다.

자기장이 코일의 평면에 평행하지 않으면 어떻게 될까? 그림 19.31b에 나타낸 바와 같이 고리가 그림에 있는 축에 대해 회전한다. 각 θ는 자기장과 전류 고리에 수직인 선 사이의 각이다. 수직선의 방향은 오른손 규칙에 의해 결정되는데, 그 방향은 고리에 흐르는 전류의 방향을 따라 오른손을 쥐었을 때 엄지손가락이 가리키는 방향이다(그림 19.31c). 앞의 경우 자기장이 고리의 평면 안에 있어서 $\theta = 90°$이었다. $\theta \neq 90°$인 경우, 변 1과 3에 작용하는 자기력들은 더 이상 0이 아니다. 이들은 크기가 같고 방향은 반대이며 같은 작용선을 따라서 작용한다. 결국 이 힘들은 알짜힘이나 알짜 돌림힘에 기여

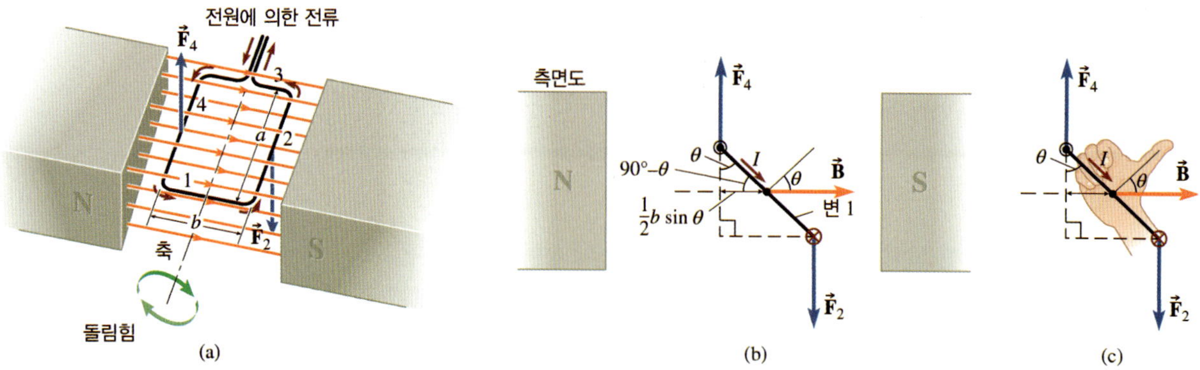

그림 19.31 (a) 균일한 자기장 안에 위치한 직사각형 도선 코일. 코일에 흐르는 전류(위에서 볼 때 반시계방향)는 앞에서 볼 때 시계방향의 자기 돌림힘을 발생시킨다. (b) 자기장 안에서 회전한 코일을 옆에서 본 모습. 변 4의 전류는 지면에서 나오고, 변 1을 따라 지난 뒤(지면의 대각선 방향 아래로), 변 2에서 지면으로 다시 들어간다. 변 2와 4에 작용하는 힘들의 지레의 팔이 더 작다. $\frac{1}{2}b$ 대신에 $\frac{1}{2}b\sin\theta$이다. 돌림힘도 인자 $\sin\theta$만큼 더 작아진다. (c) 오른손 규칙을 적용하여 θ를 측정한 면에 수직인 방향을 결정한다.

하지 못한다. 변 2와 4에 작용하는 자기력은 전과 같지만 지레의 팔들은 인자 $\sin\theta$만큼 더 작다. $\frac{1}{2}b$ 대신 지레의 팔은 $\frac{1}{2}b\sin\theta$이다. 이로부터,

전류 고리에 작용하는 돌림힘

$$\tau = NIAB\sin\theta \tag{19-27}$$

(θ는 자기장과 전류 고리에 수직인 선 사이의 각도이다)

이다. 식 (19–27)은 임의의 모양을 갖는 평면 고리나 코일에 적용된다.

자기장이 코일의 면 안에 있으면 돌림힘의 크기는 최대이다($\theta = 90°$ 또는 $270°$). 만약 $\theta = 0°$ 또는 $180°$이면 자기장은 고리 면에 수직이고 돌림힘은 0이다. 동등하지 않은 두 개의 회전 평형점이 있다. 180° 주위의 각도에서 돌림힘은 180°에서 멀어지게 코일을 회전시키기 때문에 $\theta = 180°$는 불안정한 평형점이다. 0° 주위의 각도에서의 돌림힘은 코일을 다시 $\theta = 0°$를 향하게 회전시켜 평형을 회복시키므로 $\theta = 0°$는 안정한 평형점이다.

살펴보기 19.7 그림 19.31과 같은 직사각형 도선 코일이 상단에 도선 2, 하단에 도선 4가 있는 수직 평면이라고 가정하자. 그리고 전류의 방향은 그림에 나타낸 방향으로 흐른다. (a) 도선의 두 부분에 작용하는 자기력의 방향은 어떻게 되는가? (b) 회전축에 대한 돌림힘이 0인 이유를 설명하여라. (c) 코일은 안정한 평형에 있는가? 또는 불안정한 평형에 있는가? 이를 설명하여라. (d) 그림 19.31에 정의된 각도 θ는 얼마인가?

자기쌍극자에 대한 돌림힘

균일한 자기장 안에 위치한 전류 고리에 작용하는 돌림힘은 균일한 전기장 안에 놓여있는 전기쌍극자에 작용하는 돌림힘과 유사하다. 이 유사성으로 다음을 생각할 수 있다.

> 전류 고리는 자기쌍극자이다.

자기쌍극자 모멘트 벡터 magnetic dipole moment vector $\vec{\mu}$의 방향은 오른손 규칙으로 결정되는 고리에 수직한 방향이다. 자기쌍극자 모멘트 벡터는 쌍극자의 S극에서 N극을 향한다(마찬가지로, 전기쌍극자 모멘트 벡터는 전기쌍극자의 음전하에서 양전하 방향을 향한다). 전류 고리의 자기쌍극자 방향은 그림 19.31c의 오른손 규칙으로 찾을 수 있다. 자기쌍극자 모멘트의 크기는

자기쌍극자 모멘트

$$\mu = NIA \quad (19\text{-}28)$$

나침반 바늘과 전류 고리 등과 같은 자기쌍극자에 작용하는 돌림힘은 쌍극자 모멘트 벡터를 자기장 방향으로 정렬시키려 한다. 이때의 돌림힘은 $\tau = \mu B \sin\theta$이다.

자기쌍극자에 대한 돌림힘

$$\tau = \mu B \sin\theta \quad (19\text{-}29)$$

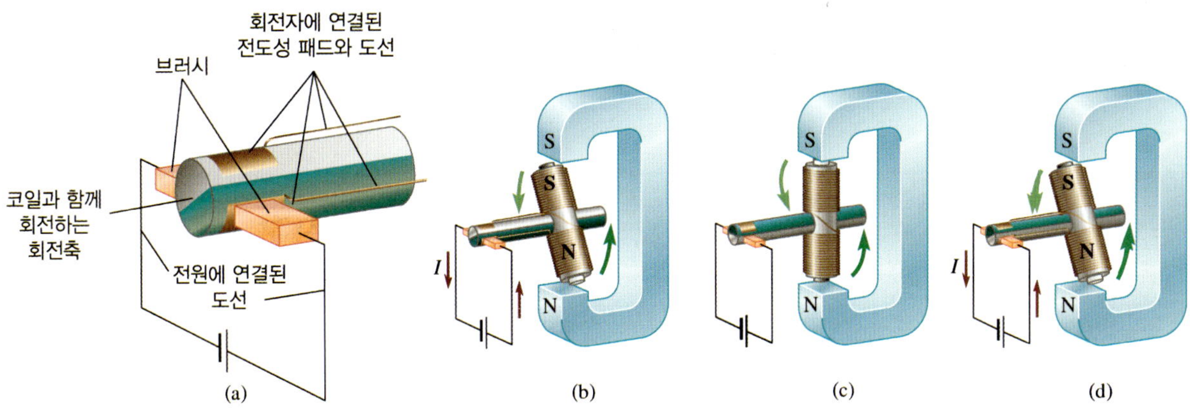

그림 19.32 간단한 직류 전동기. (a) 정류자는 코일이 180° 회전할 때마다 전동기의 전류 방향을 반대로 바꿔주는 회전 스위치이다. 전원 공급 장치에서 전동기의 권선 코일로의 전기 연결은 두 개의 전도성 브러시와 회전축에 붙어있는 두 개의 전도성 패드를 통하여 전원 공급이 된다. (b) 이 위치에서, 코일에 반시계방향으로 작용하는 돌림힘은 불안정한 평형상태에 있는 코일을 안정한 평형상태가 되도록 해준다. (c) 코일이 안정한 평형상태에 접근함에 따라 전류의 흐름을 끊어주는 정류자의 틈을 지나간다. 이때 코일에 작용하는 돌림힘은 0이다. (d) 코일이 조금 더 회전하면 브러시는 다시 연결되지만 코일에 흐르는 전류의 방향은 바뀌어 코일에 작용하는 돌림힘은 반시계방향이 된다. 따라서 코일은 불안정한 평형상태에서 안정한 평형상태로 간다.

응용 : 전기 모터

간단한 직류 모터를 보면 도선의 코일이 영구자석의 양극 사이에서 자유롭게 회전할 수 있도록 되어 있다(그림 19.32). 고리에 전류가 흐르면 자기장이 고리에 돌림힘을 발생시킨다. 코일의 전류 방향이 바뀌지 않으면 코일은 오직 안정된 평형 방향($\theta = 0°$)을 중심으로 진동한다. 모터를 만들기 위해서는 코일을 같은 방향으로 계속 회전시켜야 한다. 직류 모터를 만드는 데 사용되는 기술은 코일이 $\theta = 0°$을 지나자마자 전류의 방향을 자동적으로 바꿔준다. 곧 코일이 안정한 평형 방향을 지나는 순간 이를 불안정한 평형상태로 만들어 주기 위해 전류의 방향을 바꿔준다. 이렇게 하면 돌림힘은 코일을 (안정한) 평형상태로 되돌리지 않고 (불안정한) 평형상태로부터 멀어지게 하여 코일이 계속 같은 방향으로 회전하게 한다.

전류의 방향을 바꾸기 위해 **정류자**commutator라고 불리는 회전하는 스위치를 전동기의 코일과 연결한다. 정류자는 각 면에 코일의 한끝이 연결되어 있는 반으로 나눠진 고리이다. 브러시가 그 나눠진 점을 지날 때마다 코일의 전류 방향이 전환된다(그림 19.32b).

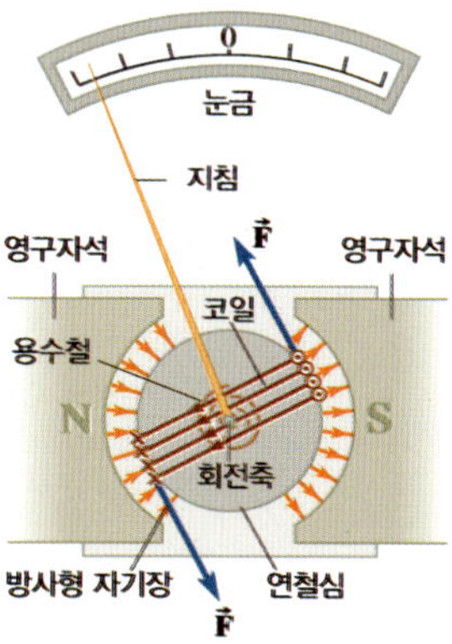

그림 19.33 검류계

응용 : 검류계

전류 고리에 작용하는 자기 돌림힘은 전류를 측정하는 예민한 장치인 검류계의 작동원리이기도 하다. 직사각형 도선 코일이 자석의 극들 사이에 놓여 있다(그림 19.33). 자석 극 표면의 모양은 코일의 각도에 상관없이 자기장이 도선에 수직이고 그 크기가 일정하도록 되어 있다. 따라서 돌림힘은 코일의 각도에 의존하지 않는다. 실 모양의 태엽 용수철이 코일의 각 변위에 비례하는 복원 돌림힘을 제공한다. 전류가 코일에 흐를 때, 자기 돌림힘은 전류에 비례한다. 용수철에 의한 복원 돌림힘과 자기 돌림힘이 균형을 이룰 때까지 코일은 회전한다. 따라서 코일의 각 변위는 코일의 전류에 비례한다.

보기 19.9 검류계 코일에 작용하는 돌림힘

(a) 그림 19.33의 검류계에서 코일에 작용하는 알짜 자기력이 0이 되고, (b) 알짜 돌림힘은 0이 아니고, (c) 돌림힘에 의해 지면에서 바늘이 바른 방향으로 회전함을 보여라. (d) 바늘이 오른쪽으로 회전하기 위한 전류의 방향을 구하여라. 자극과 철심 사이에 형성된 자기장은 균일하며 자기장의 방향은 코일의 면과 평행한 방향이다. 그리고 철심과 교차하는 코일의 양쪽면 근처에서 자기장은 0이다.

전략 전류의 방향을 모르므로 임의의 한 방향을 선택한다. (d)에서 이 선택이 맞는지 확인할 것이다. 다른 면은 장이 0이기 때문에, 자석 극 근처 코일의 양면에서만 자기력을 느낄 수 있다.

풀이 N극 근처에서 코일에 흐르는 전류가 지면으로 들어가는 방향이라고 가정하면 S극 근처에서는 지면에서 나오는 방향으로 전류가 흐른다. 그림 19.33에서 전류의 방향을 ⊙ 및 ×로 나타냈는데 이는 벡터 $\vec{L}$의 방향이다. 그리고 자기장 벡터의 방향은 그림에 제시한 바와 같다. 자기력은 $\vec{F} = NI\vec{L} \times \vec{B}$와 같이 주어지는데, 여기서 N은 코일의 감긴 수이다. 자기력의 방향은 그림 19.33과 같다.

(a) $\vec{B}$ 벡터는 동일하고, $\vec{L}$ 벡터는 크기가 같고 방향이 서로 반대이므로(같은 길이이지만 반대 방향) 힘들은 크기가 같고 방향이 반대가 된다. 따라서 코일에 대한 알짜 자기력은 0이다. (b) 두 자기력의 작용선이 떨어져 있어서 알짜 돌림힘은 0이 아니다. (c) 자기력이 만드는 돌림힘은 바늘을 반시계방향으로 회전시킨다. (d) 검류계에 흐르는 전류가 양의 값을 가질 때 바늘이 시계방향으로 회전한다. 따라서 처음에 취했던 전류의 방향은 실제 방향과 반대 방향이고, 결국 전류는 그림에 제시한 방향과 반대 방향으로 흐른다.

검토 코일에 작용하는 돌림힘은 흐르는 전류에 비례하고 코일의 방향과는 무관한 형태로 검류계가 작동한다. 식 (19−27)에서 θ는 자기장과 코일의 면과 수직한 직선이 만드는 각이다. 검류계의 코일에 작용하는 자기장은 항상 코일의 면 방향이므로 코일이 회전하더라도 언제나 $\theta = 90°$이다.

실전문제 19.9 **코일에 작용하는 돌림힘**

코일의 각 변에 작용하는 자기력을 고려하여 코일에 작용하는 돌림힘이 $\tau = NIAB$ 임을 보여라. 여기서 A는 코일의 넓이이다.

응용 : 확성기

균일한 자기장에서 전류가 흐르는 코일은 알짜 돌림힘은 있지만 알짜힘은 없다. 반대로 불균일한 자기장에서의 코일은 0이 아닌 알짜힘을 갖는다. 이것이 확성기 작동의 숨겨진 원리이다(그림 19.34). 영구자석은 그 극이 같은 축을 갖는 원통과 원통 껍질 모양이 되도록 가공되어 있다. 자기극 사이 자기장은 방사형으로 축의 안쪽이거나 바깥쪽이다. 원통형 코일은 자석의 극 사이에 딱 맞게 위치한다. 비록 코일이 직선 도선은 아니지만, 코일에 수직한 방사형 자기장은 코일의 모든 부분에 작용하는 자기력은 같은 방향이 되도록 한다. 자기력은 코일에 흐르는 전류에 비례한다. 용수철은 코일에 선형 복원력을 가하여 코일의 변위가 자기력에 비례하며, 이는 다시 코일에 흐르는 전류에 비례한다. 따라서 코일과 코일에 부착된 콘 cone 의 운동은 증폭기를 통해서 확성기에 보내는 전류를 반영한다.

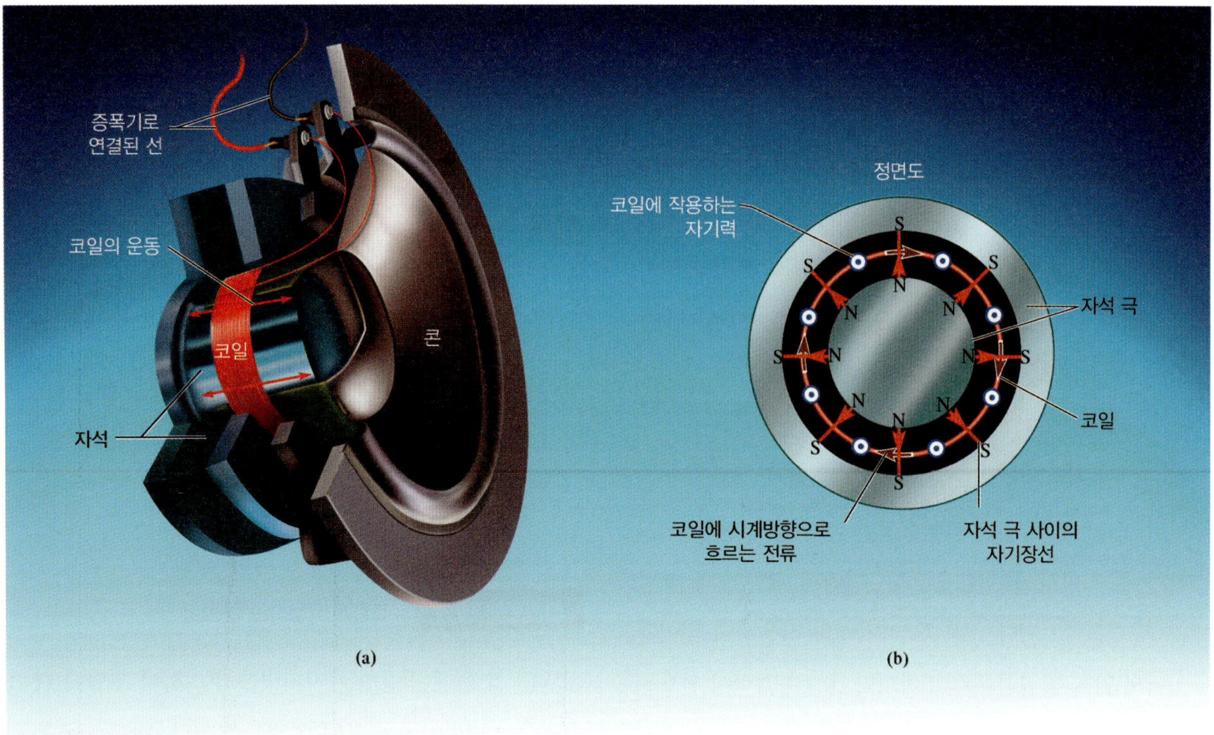

그림 19.34 (a) 확성기의 개략적인 모습. 증폭기에서 온 변하는 전류가 코일을 통해 흐른다. 코일에 작용하는 자기력이 코일과 코일에 붙어 있는 콘을 앞뒤로 운동시킨다. 콘의 운동은 주변의 공기를 움직여 음파를 만든다. (b) 코일을 앞에서 본 모습. 코일은 원통형 자극 사이에 있다. 자기장은 방사형이다(방사형 자기장과 코일의 방향이 그림 19.33과 어떤 차이가 있는지 비교해 보라). 짧은 길이의 코일에 $\vec{F} = I\vec{L} \times \vec{B}$를 적용하면 여기에 표시된 시계방향 전류에서는 자기력이 면에서 나오는 것을 알 수 있다(검류계에서 코일에 작용하는 알짜 자기력은 0이지만 알짜 자기 돌림힘은 0이 아니다).

19.8 전류에 의한 자기장 Magnetic Field due to an Electric Current

지금까지 대전입자와 전류가 흐르는 도선에 작용하는 자기력에 대해 고찰했다. 영구자석이 만드는 자기장 이외의 자기장의 근원에 대해서는 아직 살펴보지 않았다. 운동하는 모든 대전입자가 자기장을 만드는 현상이 규명되었는데, 여기에는 상황에 관한 어떤 대칭성이 존재한다.

- 이동하는 전하는 자기력을 느끼고 이동하는 전하는 자기장을 만든다.
- 정지해 있는 전하는 자기력을 느끼지 못하고 자기장을 만들지도 못한다.
- 전하는 움직이거나 정지해 있어도 전기력을 느끼고 전기장을 만든다.

현재의 시각으로 볼 때 전기 현상과 자기 현상이 밀접하게 관련되어 있다는 것은 명확하다. 그런데 이 두 현상의 관련성이 19세기까지 알려지지 않았다는 것은 놀라운 일이다. 1820년 외르스테드Hans Christian Oersted는 도선에 흐르는 전류가 주위의 나침반 바늘을 회전시키는 현상을 우연히 발견했다. 외르스테드의 발견은 전기 현상과 자기 현상 사이의 관련성에 대한 첫 번째 증거였다.

대부분의 경우 운동하는 한 개의 대전입자가 만드는 자기장은 무시할 수 있을 정도로 작다. 그러나 도선에 전류가 흐를 때 도선에는 수많은 전하들이 움직이고 있다. 도선에 의한 자기장은 각각의 전하들에 의한 자기장의 합이다. 중첩의 원리principle of superposition는 전기장과 마찬가지로 자기장에도 적용된다.

중첩의 원리

하나 이상의 자기장원(개별 운동전하 또는 전류)으로부터 임의의 점에서의 자기장은 그 점에서 각 자기장원에 의한 자기장을 벡터 합 한 것이다.

긴 직선 도선에 흐르는 전류가 만든 자기장

전류 I가 흐르는 긴 직선 도선에 의한 자기장을 살펴보자. 도선으로부터 r만큼 떨어진 점 P에서 자기장은 어떨까? 도선 근처에 위치한 점 P는 도선의 양 끝점에서 멀리 떨어져 있다. 그림 19.35a는 철가루가 흩뿌려져 있는 유리판을 가로지르는 도선의 사진이다. 철가루들은 도선에 흐르는 전류가 만든 자기장에 따라 정렬되어 있다. 이 사진은 자기장선이 도선을 중심으로 한 원형임을 암시한다. 도선의 모양에 따른 대칭성에 의해 원형 모양의 자기장선이 유일한 가능성이다. 만약 자기장선이 다른 모양이면 어떤 방향에서는 다른 방향의 자기장선보다 멀리 떨어져 있을 수 있다.

철가루의 배열로는 자기장의 방향을 알 수 없다. 철가루 대신 나침반을 사용하면 자기장의 방향을 알 수 있다. 자기장의 방향은 나침반의 N극이 가리키는 방향일 것이다. 자기장선의 모습을 그림 19.35b에 나타냈다. 이때 도선의 전류는 위쪽으로 흐른다. 오른손 규칙은 도선에서 전류의 방향과 도선 주위의 자기장의 방향 사이의 관계를 설명해 준다.

(a)

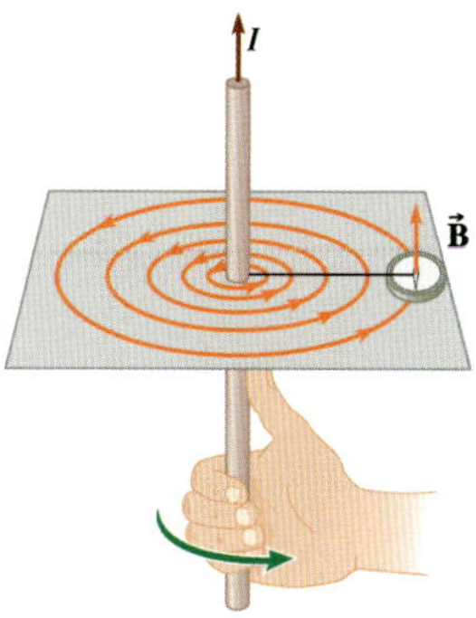

(b)

그림 19.35 (a) 긴 직선 도선에 흐르는 전류가 만든 자기장에 의해 철가루가 배열된 사진. (b) 오른손 규칙을 사용하여 자기장선의 방향을 결정하는 방법. 임의의 점에서 자기장의 방향은 원형 자기장선에 접하는 방향이므로 반지름 방향과 수직하다.

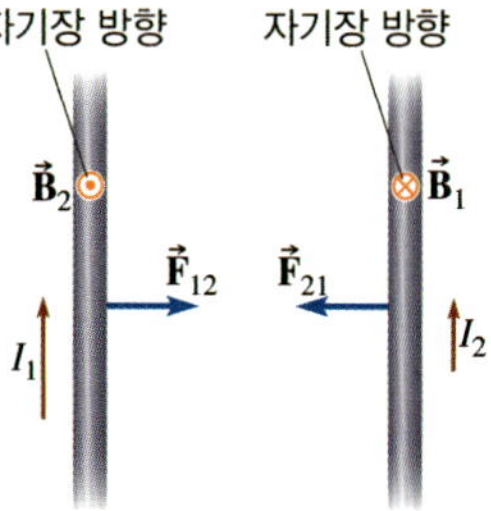

그림 19.36 두 평행 도선이 서로에게 자기력을 작용한다. 도선 2에 흐르는 전류가 만든 자기장에 의해 도선 1이 받는 자기력은 $\vec{F}_{12} = I_1\vec{L}_1 \times \vec{B}_2$이다. 전류의 크기가 같지 않아도 $\vec{F}_{21} = -\vec{F}_{12}$이다(뉴턴의 제3법칙).

오른손 규칙을 사용하여 전류가 흐르는 도선에 의한 자기장의 방향 찾기

1. 도선에 흐르는 전류의 방향으로 오른손 엄지를 가리킨다.
2. 손바닥을 향하여 안쪽 방향으로 손가락을 감아쥔다. 손가락이 감아쥐는 방향이 도선 주위의 자기장선의 방향이다(그림 19.35b).
3. 항상 어떤 점에서의 자기장은 그 점을 통과하는 장선에 접선이다. 따라서 긴 직선 도선에 대해서는 자기장은 원형 장에 접선이고 도선으로부터 반지름 방향에 수직이다.

살펴보기 19.8 그림 19.35c에서 도선 바로 뒤 자기장은 어떤 방향인가?

앙페르 법칙을 사용하면 도선으로부터 r만큼 떨어진 곳에서 자기장의 세기가 다음과 같이 주어짐을 알 수 있다(19.9절, 보기 19.11 참조).

전류가 흐르는 긴 직선 도선이 만든 자기장

$$B = \frac{\mu_0 I}{2\pi r} \tag{19-30}$$

여기서 I는 도선에 흐르는 전류이고 μ_0는 **진공 투자율**permeability of vacuum로 알려진 상수이다. 전기 현상에서 유전율(ϵ_0)이 하는 역할과 자기현상에서 투자율이 하는 역할은 비슷한 습이다. SI 단위계에서 μ_0의 값은 다음과 같다.

$$\mu_0 = 4\pi \times 10^{-7}\ \mathrm{T \cdot m/A} \quad \text{(정의에 의한 정확한 값)} \tag{19-31}$$

전류가 흐르는 두 개의 평행 도선은 서로에게 자기력을 작용한다. 도선 1에 흐르는 전류가 만든 자기장에 의해 도선 2에 자기력이 작용하고, 도선 2에 흐르는 전류가 만든 자기장에 의해 도선 1에 자기력이 작용한다(그림 19.36). 뉴턴의 제3법칙을 고려하면 두 도선에 작용하는 힘들은 크기가 같고 반대 방향이다. 전류가 같은 방향으로 흐르면 도선들에 작용하는 힘은 서로 당기는 인력이고, 반대 방향이면 서로 미는 척력이다(문제 40 참조). 전류가 흐르는 도선들의 경우, 같은 방향의 전류가 흐르는 도선들은 서로 끌어당기고 반대 방향으로 전류가 흐르는 도선들은 서로 밀어낸다는 것을 주목하자.

보기 19.10 가정용 배선에 의한 자기장

가정용 배선은 절연체로 둘러싸여 있는 두 개의 긴 평행 도선 형태이다. 간격 d만큼 떨어진 도선들에 크기가 I인 전류가 반대 방향으로 흐른다.

(a) 두 도선의 중심으로부터 떨어진 거리가 $r(r \gg d)$인 지점에서 자기장 B를 구하라(그림 19.37에서 점 P).

(b) $I = 5\text{ A}$, $d = 5\text{ mm}$, $r = 1\text{ m}$일 때 B의 값을 구하고, 이 값과 지구 표면에서 지구 자기장의 세기 $(\approx 5\times 10^{-5}\text{ T})$와 비교하여라.

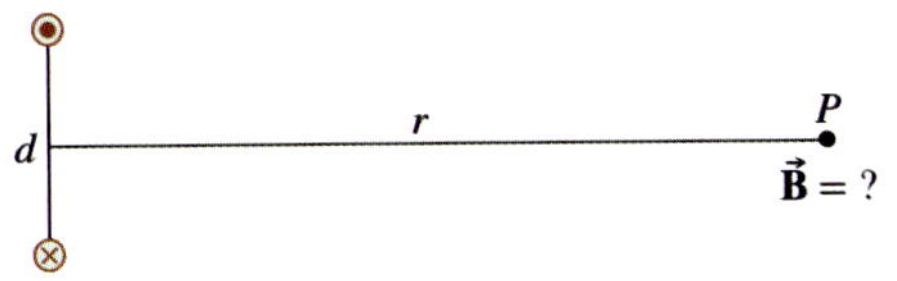

그림 19.37 두 도선은 지면에 수직이다. 위쪽 도선은 지면에서 나오는 방향으로 전류가 흐르고 아래쪽 도선은 지면으로 들어가는 방향으로 전류가 흐른다.

전략 자기장은 각 도선에 흐르는 전류들이 만든 자기장의 벡터합이다. 점 P에서 각 도선에 흐르는 전류들이 만든 자기장은 전류와 거리가 같기 때문에 크기는 같으나 방향은 다르다. 식 (19–30)은 도선에 흐르는 전류가 만드는 자기장의 크기를 제시해 준다. 하나의 긴 도선에 의한 자기장선은 원형이기 때문에 자기장의 방향은 그 원(도선이 원의 중심을 통과)의 점 P를 지나는 접선 방향이다. 오른손 규칙으로 접선 방향을 결정한다.

풀이 (a) $r \gg d$이므로 도선으로부터 점 P까지 거리는 대략 r이다(그림 19.38). 따라서 점 P에서 각 도선에 의한 자기장의 크기는

$$B_1 = B_2 \approx \frac{\mu_0 I}{2\pi r}$$

이다. 그림 19.38을 고려하여 각 도선이 중심에 위치하고 점 P를 통과하는 두 개의 원을 그리면, 각각의 자기장은 원에 접하는 방향이므로 반지름에 수직이다. 오른손 규칙을 이용하여 자기장의 방향을 그림 19.38에 나타냈다. 두 벡터들의 y 성분들은 서로 상쇄되고 x 성분들은 같은데, 이는 다음과 같이 주어진다.

$$B_{1x} = B_{2x} = \frac{\mu_0 I}{2\pi r}\sin\theta$$

$r \gg d$이므로,

$$\sin\theta = \frac{\text{높이}}{\text{빗변의 길이}} \approx \frac{d/2}{r}$$

이다. 두 도선에 의한 전체 자기장은 $+x$ 방향이고 크기는 결국 다음과 같이 주어진다.

$$B = B_{1x} + B_{2x} = \frac{\mu_0 I d}{2\pi r^2}$$

(b) 문제에서 주어진 값들을 대입하면 다음을 얻을 수 있다.

$$B = 2\times 10^{-7}\frac{\text{T}\cdot\text{m}}{\text{A}} \times \frac{5\text{ A}\times 0.005\text{ m}}{(1\text{ m})^2}$$
$$= 5\times 10^{-9}\text{ T}$$

두 도선에 흐르는 전류가 만든 자기장은 지구 자기장의 10^{-4}배이다.

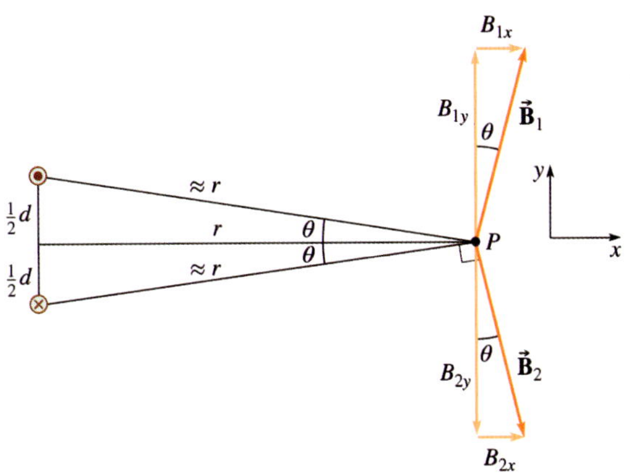

그림 19.38 각 도선에 흐르는 전류가 만드는 자기장 벡터

검토 두 도선에 흐르는 전류가 만드는 자기장은 거리에 따라 $1/r^2$의 비율로 감소한다. 이는 $1/r$에 비례하는 하나의 직선 전류에 의한 자기장보다 더 급격히 감소하는 모습이다. 반대 방향으로 크기가 같은 전류가 흐르므로 알짜 전류는 0인데, 자기장이 0이 아닌 유일한 이유는 두 도선이 떨어져 있는 작은 간격 때문이다.

가정내 배선에서 전류는 60 Hz의 교류이므로 자기장도 이와 같은 진동수로 변한다. 최대 전류가 5.0 A인 경우 최대 자기장의 세기는 5×10^{-9} T이다.

실전문제 19.10 **두 도선 가운데 지점의 자기장**

두 도선 사이의 가운데 지점에서의 자기장을 I와 d로 나타내어 보아라.

원형 전류 고리에 의한 자기장

19.7절에서 닫힌회로에 흐르는 전류, 곧 전류 고리가 자기쌍극자라는 첫 번째 근거를 찾았다. 두 번째 근거는 원형 전류 고리가 만드는 자기장에서 찾을 수 있다. 직선 도선과 같이, 자기장선은 도선 주위를 둥글게 돈다. 그러나 원형 전류 고리의 경우 자기장선은 원형이 아니다. 자기장선은 전류 고리의 내부에 더 집중되어 있고 외부에는 덜 모여 있다(그림 19.39a). 자기장선은 전류 고리의 한 쪽(N극)으로부터 나와 다른 쪽(S극)으로 다시 들어가는 모습이다. 따라서 전류 고리가 만드는 자기장은 짧은 막대자석이 만드는 자기장과 비슷하다.

자기장선의 방향은 오른손 규칙으로 주어진다.

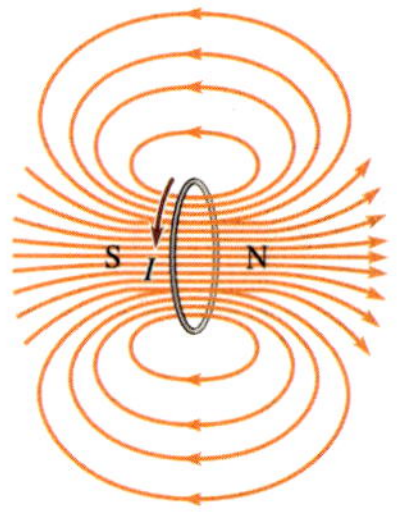

(a)

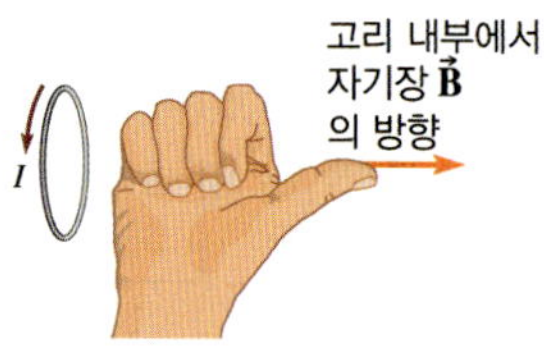

(b)

그림 19.39 (a) 원형 고리에 흐르는 전류가 만드는 자기장선. (b) 고리 내부의 자기장 방향을 결정하기 위한 오른손 규칙의 적용

원형 전류 고리에 의한 자기장의 방향을 찾기 위한 오른손 규칙 이용하기

오른손 엄지손가락을 편 채, 나머지 손가락을 고리에 흐르는 전류 방향을 따라 쥘 때(그림19.39b), 엄지손가락의 방향이 고리 안쪽에 형성되는 자기장의 방향이다.

원형 고리(또는 코일)의 중심에서 자기장의 크기는

$$B = \frac{\mu_0 NI}{2r} \tag{19-32}$$

으로 주어진다. N은 고리의 감긴 수이고 I는 전류, 그리고 r은 고리의 반지름이다.

전류가 흐르는 코일에 의한 자기장은 텔레비전과 컴퓨터 모니터에서 전자 빔이 화면의 원하는 점에 도달하도록 전자 빔을 편향시키는 데 이용된다.

솔레노이드에 의한 자기장

솔레노이드 solenoid 내부의 자기장은 거의 균일하기 때문에 솔레노이드가 만드는 자기장은 자기장의 중요한 근원 중의 하나이다. 자기공명영상장치에서 솔레노이드 내부에 형성되는 강한 자기장을 환자에게 인가한다.

원통에 도선을 나선 모양으로 촘촘하게 감아서 원형 단면을 가진 솔레노이드를 제작한다(그림 19.40a). 솔레노이드에 의한 자기장은 원형 전류 고리들이 만드는 자기장이 중첩된 것으로 생각할 수 있다. 고리들이 충분히 가까이 있으면, 자기장선은 한 고리에서 다음 고리로 전체 솔레노이드를 통해 직선 모양으로 지나간다. 많은 수의 고리가 인접해 있으면 자기장선을 직선 모양으로 펴지게 한다. 그림 19.40b는 솔레노이드가 만드는 자기장선을 보여준다. 솔레노이드의 길이가 반지름보다 매우 크면 솔레노이드 내부에 형성되는 자기장은 거의 균일하며 그 축에 평행하다. 자기장이 축을 따라 어떤 방향을 향하는지 알기 위해서는 하나의 원형 전류 고리가 만드는 자기장을 찾기 위한 오른손 규칙을 적용하면 된다.

감긴 수가 N이고 길이가 L인 솔레노이드에 전류 I가 흐를 때, 솔레노이드 내부에 형성되는 자기장의 세기는 다음과 같다.

이상적인 솔레노이드 내부에서 자기장의 세기

$$B = \frac{\mu_0 N I}{L} = \mu_0 n I \qquad (19\text{-}33)$$

(방향은 오른손 규칙으로 주어진다.)

식 (19–33)에서 I는 도선의 전류, $n = N/L$은 단위 길이당 도선의 감긴 수이다. 자기장이 솔레노이드의 반지름과 무관함을 주목하여라. 솔레노이드 끝 주위의 자기장은 상대적으로 약하고 바깥쪽으로 휘어지기 시작한다. 솔레노이드 외부의 자기장은 매우 약하다. 바깥쪽 자기장선이 얼마나 펴져 있는지 살펴보자. 솔레노이드는 거의 균일한 자기장을 만드는 방법 중 하나이다.

솔레노이드에 의한 자기장선과 막대자석에 의한 자기장선(그림 19.1b)의 유사성으로부터 앙페르 Andre-Marie Ampère는 영구자석의 자기장도 전류에 의한 것이라고 주장했다. 이러한 전류의 성질은 19.10절에 기술되어 있다.

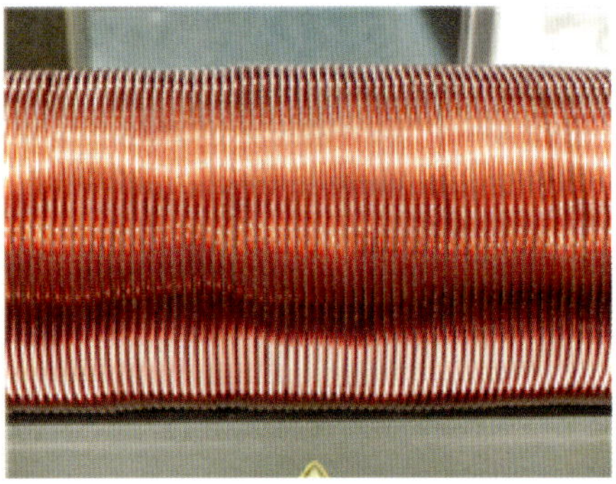

(a)

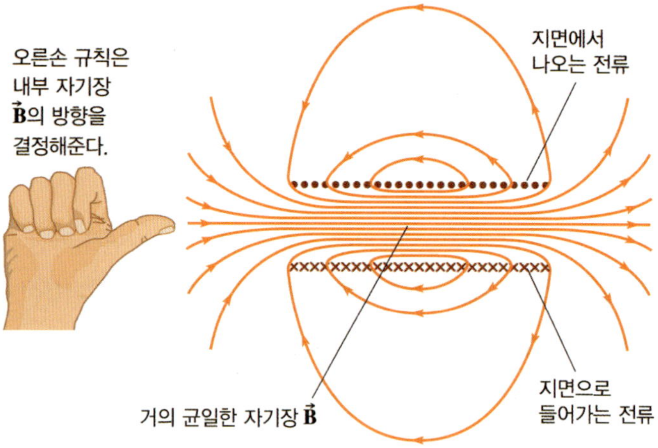

(b)

그림 19.40 (a) 솔레노이드. (b) 솔레노이드에 의한 자기장선. '·'은 전류가 지면에서 나오는 모습, 그리고 '×'는 전류가 지면으로 들어가는 모습을 나타낸다.

응용 : 자기공명영상

자기공명영상장치(MRI, 그림 19.41)에서 주 솔레노이드는 초전도 도선으로 만들며, 낮은 온도를 유지해야 한다.(18.4절). 주 솔레노이드는 강하고 균일한 자기장(대체로 0.5 ~ 2 T)을 만든다. 몸에 있는 수소 원자의 핵(양성자)은 조그만 영구자석처럼 행동한다. 자기 돌림힘은 양성자를 자기장 방향으로 정렬시킨다. 라디오 진동수(고주파) 코일은 라디오파(빠르게 변하는 전기장과 자기장) 펄스를 발생시킨다. 라디오파 진동수가 공명 진동수가 되면, 양성자는 고주파로부터 에너지를 흡수하여 자기정렬이 교란된다. 이 양성자가 자기장 방향으로 뒤집히며 다시 정렬될 때, 고주파 코일에 감지될 수 있는 고유의 고주파 신호를 방출한다.

그림 19.41 자기공명영상장치

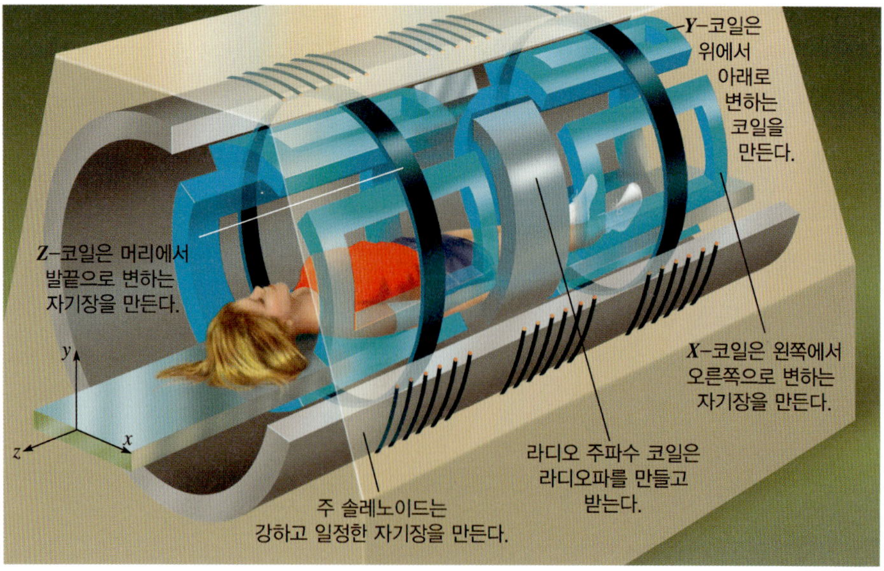

양성자를 뒤집는 펄스의 공명 진동수는 자기공명영상장치에 의한 총자기장과 주위 원자들에 의한 자기장의 합에 따라 변한다. 다른 화학적 환경에 있는 양성자는 약간 다른 공명 진동수를 갖는다. 몸에서 얇은 단면 조각들의 영상을 얻기 위해서, 3개의 다른 코일들이 x, y, z 방향에서 변하는 약한 자기장(15 ~ 30 mT)을 만든다. 어느 방향으로든 수 mm 두께의 몸의 한 단면 안에 있는 양성자만 고주파와 공명을 일으키도록 코일에 의한 자기장을 조절할 수 있다.

19.9 앙페르의 법칙 Ampere's Law

앙페르의 법칙은 전기의 가우스 법칙(16.7절)과 같이 자기에서 중요한 역할을 한다. 자기 현상에서는 앙페르의 법칙을 사용하면 자기장을 쉽게 구할 수 있다. 두 법칙 모두 장과 장의 근원과 관련이 있다. 전기장의 근원은 전하이다. 가우스의 법칙은 닫힌 표면(가우스면) 안쪽에 있는 알짜 전하와 그 표면을 지나는 전기장의 다발 사이의 관계를 보여준다. 자기장의 근원은 전류이다. 앙페르의 법칙은 가우스의 법칙과 다르다. 자기장선은 언제나 **닫힌곡선**이기 때문에 닫힌 표면을 통과한 자기선속은 언제나 0이다(이와 같은 현상을 **자기에 대한 가우스 법칙**으로 부르는데, 이는 전자기 현상의 기본 법칙 중 하나이다).

앙페르의 법칙은 닫힌 표면 대신 닫힌 경로 또는 고리를 고려하는데 이를 앙페르 고리라 한다. 가우스 법칙에서 다발, 곧 전기장의 수직 성분 $E_\perp$과 가우스면 A의 곱을 계산했다. $E_\perp$이 모든 곳에서 같지 않으면 표면을 작은 조각으로 나누어서 $E_\perp \Delta A$를 더했다. 앙페르의 법칙의 경우 경로에 평행한 자기장의 성분(닫힌곡선의 접선 성분)과 경로의 길이를 곱한다. 자기장의 성분이 일정하지 않으면 경로의 작은 부분(각 부분의 길이는 Δl)에 대해 계산된 양을 더한다. 그 물리량을 **순환**[circulation]이라고 한다.

$$\text{순환} = \sum B_\parallel \Delta l \tag{19-34}$$

앙페르의 법칙은 자기장의 순환과 경로 안쪽을 지나는 알짜 전류 I 사이의 관계를 설명해 준다.

앙페르의 법칙

$$\sum B_\parallel \Delta l = \mu_0 I \tag{19-35}$$

가우스의 법칙과 앙페르의 법칙 사이에는 대칭성이 있다(표 19.1).

표 19.1 가우스의 법칙과 앙페르의 법칙의 비교

가우스의 법칙	앙페르의 법칙
전기장	자기장(정적 자기장만)
닫힌 표면에 적용	닫힌 경로에 적용
표면에서의 전기장과 표면 내부의 알짜 전하 사이의 관계	경로상의 자기장과 경로 내부를 지나는 알짜 전류 사이의 관계
표면에 수직인 전기장의 성분($E_\perp$)	경로에 평행한 자기장의 성분($B_\parallel$)
다발 = 전기장의 수직 성분×겉넓이 = $\sum E_\perp \Delta A$	순환 = 자기장의 평행 성분×경로의 길이 = $\sum B_\parallel \Delta l$
다발 = $1/\epsilon_0$ ×알짜 전하 = $\sum E_\perp \Delta A = \frac{1}{\epsilon_0}q$	순환 = μ_0 ×알짜 전류 = $\sum B_\parallel \Delta l = \mu_0 I$

보기 19.11 긴 직선 도선에 흐르는 전류에 의한 자기장

긴 직선 도선에 흐르는 전류 I가 만드는 자기장이 $B = \mu_0 I/(2\pi r)$임을 앙페르의 법칙을 사용하여 보여라.

전략 가우스의 법칙처럼 대칭성을 이용하는 것이 중요하다. 도선의 끝부분이 아주 멀리 떨어져 있다고 가정하면 자기장선은 도선을 도는 원 모양이다. 그림 19.42와 같이 원 모양의 자기장선을 따라 닫힌 경로를 취하면, 자기장은 항상 자기장선에 접하므로 경로에 접한다. 그리고 경로에 수직한 자기장 성분은 없으며, 자기장은 도선으로부터 일정한 거리 r에 있는 모든 곳에서 같은 크기를 가져야 한다.

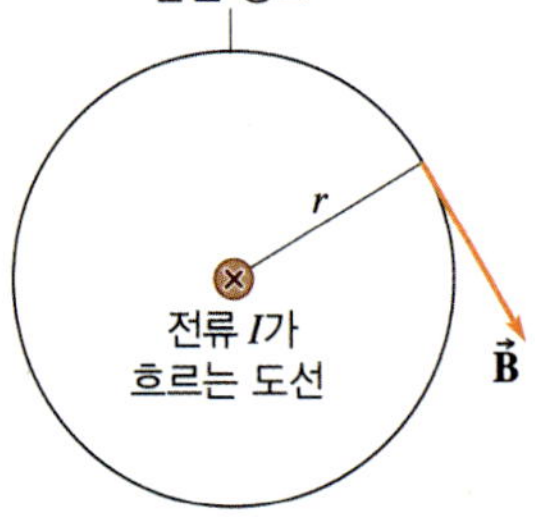

그림 19.42 긴 직선 전류에 앙페르의 법칙 적용하기. 원형 자기장선을 따라 닫힌 경로를 선택한 후, 앙페르의 법칙을 적용하여 자기장을 계산한다.

풀이 자기장이 경로에 수직인 성분을 갖지 않기 때문에, $B_\parallel = B$이다. 곧 원형 경로 모든 곳에서 B는 일정하다. 따라서 다음과 같이 쓸 수 있다.

$$\text{순환} = B \times 2\pi r = \mu_0 I$$

여기서 I는 도선에 흐르는 전류이다. B에 대해 풀면 다음과 같다.

$$B = \frac{\mu_0 I}{2\pi r}$$

검토 앙페르의 법칙은 긴 도선에 흐르는 전류가 만드는 자기장이 도선으로부터의 거리에 반비례한다는 것을 보여준다. 도선 주위의 반지름이 r인 원은 r에 비례하는 길이를 갖는다. 이때 원의 내부를 지나는 전류(I)는 언제나 같다. 따라서 자기장은 $1/r$에 비례해야 한다.

실전문제 19.11 세 도선에 의한 순환

그림 19.43의 경로에 대한 자기장의 순환은 얼마인가?

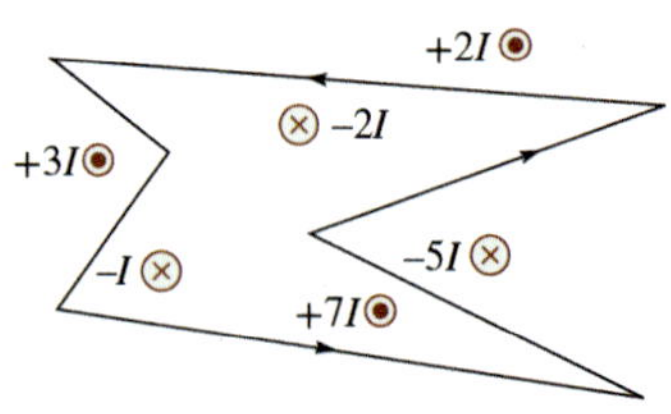

그림 19.43 지면에 수직인 6개의 도선에 표시된 것처럼 전류가 흐른다. 경로는 도선 중에서 세 개만 둘러싸도록 선택되어 있다.

19.10 자성 물질 Magnetic Materials

나무, 알루미늄, 또는 플라스틱 조각을 막대자석 근처로 가져다 댔을 때 물체에 가해지는 자기력은 느낄 수 없을 정도로 약하다. 일상적인 용어로는 이러한 물질을 '비자성체'라 한다. 실제로 모든 물질은 엄청난 수의 작은 자석들(전자들)을 포함하고 있기 때문에 막대자석 부근에서 어느 정도의 힘을 느낀다. 전자는 두 가지 의미에서 작은 자석처럼 생각할 수 있다. 첫째, 전자의 원자핵 주위의 궤도운동이 작은 전류 고리를 생성하고 따라서 자기쌍극자가 생성된다. 둘째, 전자는 그 운동과 무관하게 고유 자기쌍극자이다. 전자의 고유한 자성은 전하와 질량과 같이 전자의 기본 특성 중 하나이다(양성자와 중성자도 고유한 자기쌍극자 모멘트를 갖지만 전자보다 훨씬 작기 때문에 이후 논의에서는 무시한다). 원자나 분자의 알짜 자기쌍극자는 전자들의 자기쌍극자의 벡터합이다. 원자 또는 분자의 전자적 구성에 따라 영구적으로 0이 아닌 쌍극자 모멘트를 가지거나, 외부 자기장이 없는 경우 쌍극자 모멘트가 0이 될 수 있다.

상자성

원자나 분자가 영구적인 자기쌍극자를 갖는 대부분의 물질들은 **상자성** paramagnetic이다. 이러한 물질에서 쌍극자간의 상호작용은 무의미해진다. 외부 자기장을 가하지 않으면 쌍극자들은 무작위적 방향을 갖게 되고 쌍극자의 총합은 0이 된다. 외부 자기장을 가하면, 각 쌍극자에 대한 자기 돌림힘이 각 쌍극자들을 자기장 방향으로 정렬시킨다. 그러나 쌍극자의 무작위적 열운동으로 인해 평균적으로 한 방향으로 정렬되는 정도가 매우 낮게 된다. 이러한 약한 정렬의 두 가지 결과로, 물질 내부에서의 자기장이 외부 자기장보다 살짝 커지고 물질이 더 강한 자기장 영역 쪽으로 약하게 끌려진다. 가해진 자기장에 대한 **자화** magnetization(단위 부피당 알짜 자기쌍극자)는 낮은 온도에서 더 높아지기 때문에 더 작은 열에너지가 쌍극자들을 더 잘 정렬할 수 있게 해준다.

강자성

철, 니켈, 코발트, 이산화크롬 등과 같은 강자성 물질의 원자나 분자도 영구적인 자기쌍극자를 갖는다. 그러나 강자성 물질은 내부에 외부 자기장이 없는 경우에도 자기쌍극자들을 서로 정렬시켜주는 상호작용(이를 설명하려면 양자역학이 필요하다)이 있기 때문에 훨씬 강한 자성을 갖는다. 강자성 물질은 그 내부에 원자나 분자 쌍극자들이 서로 정렬되어 있는 **자구**[domain]라는 영역으로 나누어져 있다. 각각의 원자는 그 자체로 약한 자석이지만 자구 내에서 모든 원자들의 쌍극자가 같은 방향으로 정렬되면, 그 자구는 상당히 큰 쌍극자 모멘트를 갖게 된다.

그러나 다른 자구의 모멘트들은 서로 정렬될 필요가 없다. 곧 이웃한 자구들은 서로 다른 방향을 향할 수 있다(그림 19.44a). 전체 자구의 알짜 자기 모멘트가 0이면 그 물질은 비자화 상태에 있다고 한다. 만약 그 물질을 외부 자기장 안에 놓으면 두 가지 현상이 일어난다. 먼저 자구 경계에 위치한 원자 쌍극자들은 쌍극자 모멘트를 뒤집어 한 자구에서 인접한 자구로 '결함[defect]' 할 수 있다. 따라서 쌍극자 모멘트가 외부 자기장 방향으로 정렬되었거나 외부 자기장과 방향이 비슷한 자구는 커지고 다른 영역 자구들은 축소된다. 다른 현상은 모든 원자 쌍극자들이 새로운 방향으로 회전하여 자구의 정렬 방향이 변하는 것이다. 모든 자구의 알짜 쌍극자 모멘트가 0이 아닐 때, 그 물질은 자화되었다고 한다(그림 19.44b).

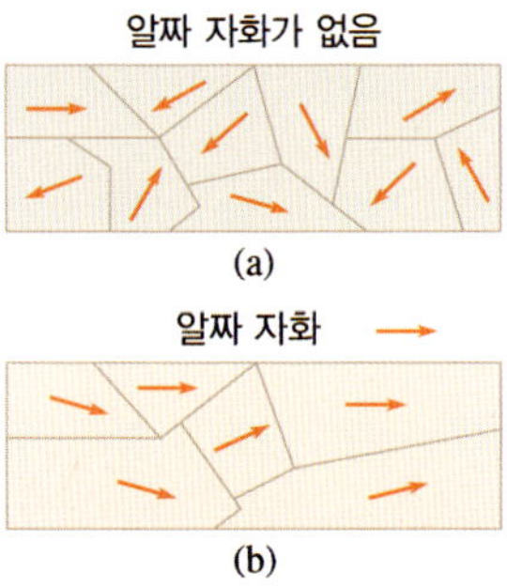

그림 19.44 강자성 물질에서 자구의 방향은 각 자구의 자기장 방향을 가리키는 화살표로 표시한다. (a)에서 자구들의 방향은 마구잡이 방향이다. 따라서 그 물질은 자화가 없는 상태에 있다. (b)에서 물질은 자화되어 있다. 자구들이 오른쪽 방향으로 상당한 정도로 정렬되어 있다.

일단 강자성체가 자화가 되면 외부 자기장이 제거되어도 자화를 잃지 않는다. 자기장으로 자구를 정렬시키려면 어느 정도의 에너지가 필요하다. 강자성체 내부에는 자구의 방향을 바꾸는 데 내부 마찰이 있으므로, 외부 자기장이 제거된 후에도 자구는 정렬된 상태를 유지한다. 이러한 물질은 영구자석이고 탈자화 하기 위해서는 반대 방향의 자기장이 필요하다. 상자성체와 달리 강자성체는 **이력**[hysteresis]을 나타낸다. 곧 자화가 적용된 현재 값 뿐 아니라, 이전의 이력에도 의존하게 된다.

어떤 강자성체는 상대적으로 작은 내부 마찰을 갖고 있다. 외부 자기장이 제거되면 이전 자화 값의 작은 일부만 유지하기 때문에 이런 종류의 강자성체는 좋은 영구자석이 되지는 못한다.

고온에서는 자구 안에서 쌍극자들을 정렬시키던 상호작용을 그대로 할 수 없게 된다. 쌍극자들의 정렬이 사라지면서 더 이상 자구가 존재하지 않게 되어, 물질은 상자성이 된다. 특정 강자성 물질에서 이러한 현상이 나타나는 온도를 프랑스 물리학자인 퀴리[Pierre Curie, 1859~1906]의 이름을 따서 그 물질의 **퀴리 온도**[Curie temperature]라고 부른다. 철의 퀴리 온도는 약 770℃이다.

그림 19.45 자화된 클립은 다른 클립을 자화시킬 수 있다.

혼자서 해 보기 만약 클립이 강한 자석에 붙어 있다면, 그 클립은 자화되어 다른 클립을 끌어당긴다. 이와 같은 현상은 클립을 하나씩 집기 쉽게 만들어진 자석이 있는 클립 보관 통에서 볼 수 있다. 자화된 클립은 종종 다른 클립을 끌어당기곤 한다(그림 19.45). 한번 시도해 보아라.

반자성

반자성diamagnetism 물질의 원자나 분자는 영구적인 자기쌍극자를 갖고 있지 않다. 그러나 외부 자기장이 가해지면 원자 내 전자운동이 변화되면서 원자는 유도 자기쌍극자 모멘트를 갖게 된다. 이러한 유도 자기쌍극자는 (20장에서 배울 패러데이 법칙에 따라서) 외부 자기장에 반대 방향으로 정렬된다. 반자성 물질은 상자성 물질의 특성과 반대되는 약한 자기적 특성을 갖는다. 물질 내부의 자기장은 외부 자기장보다 약간 작아지고 강하게 인가된 영역에서 약하게 밀쳐진다.

응용 : 전자석

전자석은 솔레노이드 내부에 연철심을 넣어 제작한다. 연철은 솔레노이드가 만든 자기장이 사라졌을 때 영구자화를 유지하지 않으며 좋은 영구자석을 만들 수 없다. 솔레노이드에 전류가 흐르면 철의 자기쌍극자는 솔레노이드가 만든 자기장 방향으로 정렬된다. 그 효과로 철 내부의 자기장은 **상대 투자율**relative permeability, κ_B로 알려진 인자만큼 강해진다. 상대 투자율은 전기 현상에서 상대 유전상수에 해당한다. 그러나 상대 유전상수는 전기장이 약해지는 요인이 되지만, 상대 투자율은 자기장이 강해지는 요인이 된다. 강자성체의 상대 투자율은 수백에서 수천 이상일 수 있다. 그러므로 자기장이 강해지는 현상이 뚜렷이 나타난다. 뿐만 아니라 솔레노이드의 전류를 변화시키면 전자석이 만드는 자기장의 세기와 방향도 바꿀 수 있다. 그림 19.46은 전자석이 만드는 자기장선의 모습이다. 자기장선들이 철심을 지나고 있음을 주목하여라. 솔레노이드를 만들 때 전자석의 끝부분까지 도선을 감지 않아도 된다.

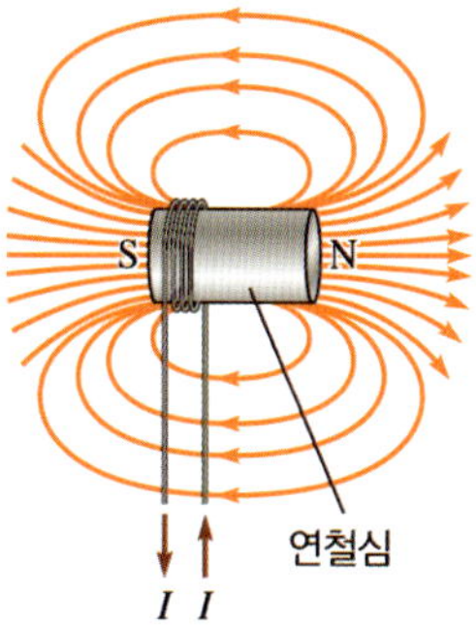

그림 19.46 전자석과 자기장선

응용 : 자기 저장장치

컴퓨터 하드 디스크 드라이브에는 헤드head라고 불리는 전자석이 기록판Platter 표면위에 코팅된 강자성 입자를 자화시키는 일을 한다(그림 19.47). 강자성 입자들은 헤드가 멀리 떨어지더라도 자화를 유지하여 데이터를 지우거나 덮어 쓸 때까지 유지되도록 한다. 만약 디스크를 실수로 강한 자석 가까이 가져가면 자료가 지워질 수 있다.

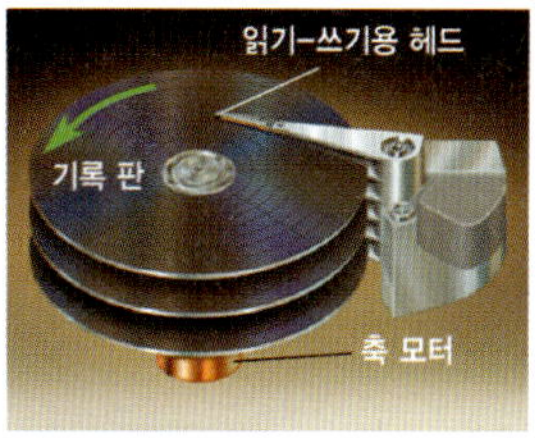

그림 19.47 컴퓨터 하드 드라이브. 각 판의 양면은 자화될 수 있는 물질로 코팅되어 있다. 회전 모터는 기록 판을 수천 rpm으로 회전시킨다. 각 판의 표면에는 읽기–쓰기용 헤드가 있다.

19.1 5.8×10^{-17}N, 3.4×10^{10}m/s^2

19.2 크기 $= 8.2 \times 10^{-18}$N , 방향 = 동쪽

19.3 $\pm 1.8 \times 10^6$ m/s

19.4 6.7×10^5 m/s

19.5 76 cm

19.6 지면에서 나오는 방향(속력이 너무 크다면, 자기력은 전기력보다 크다)

19.7 홀 전압은 같지만, 극성은 반대이다. 곧 위쪽 끝의 퍼텐셜이 더 높다.

19.8 서쪽

19.9 (증명 생략)

19.10 x 방향으로 $\vec{B} = \dfrac{2\mu_0 I}{\pi d}$

19.11 $+4\mu_0 I$

19.2 (a) 속도 $\vec{v}$가 자기장 $\vec{B}$와 같은 방향이라면 자기력은 0이다. 그러므로 전자가 똑바로 위나 아래로 이동하면 그것에 작용하는 자기력은 0이다. (b) 주어진 v와 $\vec{B}$에 대해 $\vec{v}$가 $\vec{B}$에 수직일 경우 자기력은 최대가 된다. 그러므로 전자가 수평 방향으로 이동하면 전자에 작용하는 자기력은 최대이다.

19.4 그림 19.20a에 속도 벡터가 표시되어 있는 지점에서 $\vec{v} \times \vec{B}$는 지면에서 나오는 쪽이다. 입자에 작용하는 자기력 $\vec{F} = q\vec{v} \times \vec{B}$는 나선의 중심축을 향해 지면으로 들어가야 한다. 입자는 음전하를 띠고 있다.

19.5 $\vec{F}_E, = q\vec{E}$, $\vec{E}$는 동쪽을 향하고, q는 음전하이므로 $\vec{F}_E$는 서쪽 방향이다. (b) 오른손 법칙으로부터, $\vec{v} \times \vec{B}$는 서쪽을 가리키고 $\vec{F}_B = q\vec{v} \times \vec{B}$이고 q는 음전하이므로 $\vec{F}_B$는 동쪽을 가리킨다.

19.6 (a) 자기력은 $\vec{L} \times \vec{B}$방향이다. $\vec{L}$은 전과 같지만 지금은 $\vec{B}$가 오른쪽 방향이다. $\vec{L}$과 $\vec{F}$는 서로 수직방향이다. 오른손 법칙을 사용하면 자기력의 방향은 지면으로 들어가는 방향이다.

19.7 (a) 그림 19.31의 $\vec{L}_2$, $\vec{L}_4$, $\vec{B}$ 가 모두 같은 방향이므로 $\vec{F}_2$, $\vec{F}_4$의 방향도 각각 아래, 위 방향으로 이전과 같다. (b) 지레의 팔이 0이므로 이들 각각의 힘에 의한 돌림힘은 0이다. 곧 힘이 회전축에서 힘을 작용한 점까지 이은 선을 따라서 작용한다. (c) 불안정한 평형이다. 평형에서 약간 회전한 코일을 생각해 보자. 변 2와 4의 도선에 작용하는 힘은 평형으로 향하지 않고 평형에서 멀어지도록 코일을 회전시킨다. (d) $\theta = 180°$

19.8 왼쪽 방향

20

전자기 유도

Electromagnetic Induction

전통적인 전기레인지에는 코일 형태의 발열 소자가 있다. 전류가 소자를 통과하면 에너지가 소모되면서 소자가 뜨거워진다. 그 열은 냄비나 팬에 전달된다. 이 과정은 그리 효율적이지는 않은데, 열이 복사나 대류에 의해 소자에서 주변으로 흐르기 때문에 실제로는 절반 이하만 음식을 조리하는 데 사용되기 때문이다.

다른 종류의 전기레인지인 인덕션 레인지는 저항 가열 소자가 있는 레인지에 비해 몇 가지 장점이 있다. 이 레인지에서는 가열 소자가 아니라 냄비나 팬 자체의 금속에서 에너지가 소모되므로 전통적인 레인지보다 2배나 효율적이다. 켜져 있는 인덕션 판 위에 부주의하게 냄비 받침을 두더라도 냄비 받침은 뜨거워지지 않는다. 조리할 때도 냄비 바닥에서 전도되는 열은 레인지 위판을 따뜻하게 할 뿐이다. 인덕션 레인지가 냄비나 팬에 전기적으로 연결되지 않은데도 어떻게 전류가 흐르도록 할 수 있는가?

찾아가보기

- 기전력(emf) (18.2절)
- 금속 내 전류에 대한 미시적 관점 (18.3절)
- 자기장과 자기력 (19.1, 19.2, 19.8절)
- 전기 퍼텐셜 (17.2절)
- 각속도와 각진동수 (5.1, 10.6절)
- 기초 수학 : 시간의 사인형 함수 (부록 A.8)
- 오른손 규칙 (19.2, 19.8절)
- 기초 수학 : 지수함수, 시간상수 (부록 A.4, 18.10절)

생명과학 응용

- 자기뇌파검사기 (20.3절)
- 자기공명영상장치(MRI) (보기 20.9, 문제 35)

20.1 운동기전력 Motional Emf

연결고리 퍼텐셜에너지는 장에 저장된 에너지이다. 이제 중력장에 저장된 에너지 대신 전기장에 저장된 에너지를 학습한다.

지금까지 논의된 유일한 전기에너지(와 기전력)의 원천은 전지였다. 충전하거나 교환하기 전에 전지가 공급할 수 있는 전기에너지의 양은 한정되어 있다. 대부분의 전기에너지는 발전기로부터 생산된다. 이 절에서는 **운동기전력** motional emf, 곧 도체가 자기장 내에서 움직일 때 유도되는 기전력에 관한 내용을 다루고자 한다. 운동기전력은 발전기의 원리이다.

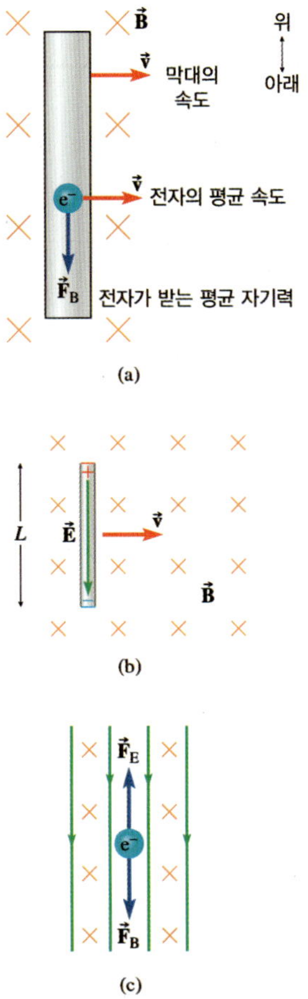

그림 20.1 (a) 속도 $\vec{v}$로 오른쪽으로 움직이는 금속 막대 안의 전자. 자기장은 지면을 뚫고 들어가는 방향이다. 전자에 작용하는 평균 자기력은 $\vec{F}_B = -e\vec{v}\times\vec{B}$이다. (b) 자기력은 전자를 막대 아래로 밀어 위쪽에는 양의 전하가 남는다. 이러한 전하분리로 막대 내에 전기장이 생긴다. (c) 평형상태에서는 전자에 작용하는 자기력과 전기력의 합은 0이다.

길이가 L인 금속 막대가 일정한 자기장 $\vec{B}$ 내에 있다고 하자. 막대가 정지해 있으면, 전도 전자는 고속으로 임의의 방향으로 운동을 하지만, 평균 속도는 0이다. 전도전자의 평균 속도가 0이므로, 전자에 작용하는 평균 자기력 또한 0이다. 따라서 막대에 작용하는 총자기력은 0이다. 자기력이 각각의 전자에는 영향을 미치지만, 막대 자체는 알짜 자기력을 느끼지 못한다.

막대가 움직이고 있는 경우를 생각해 보자. 그림 20.1a는 지면으로 들어가는 균일한 자기장 속에서 오른쪽으로 속도 $\vec{v}$로 움직이는 막대를 보여주고 있다. 막대는 위아래를 향하고 있어 자기장, 속도 및 막대의 축이 서로 직각을 이룬다. 따라서 막대 내의 전자들은 막대와 함께 오른쪽으로 운동 중이므로 평균 속도 $\vec{v}$는 0이 아니다. 그러므로 각 전도 전자에 작용하는 평균 자기력은

$$\vec{F}_B = -e\vec{v}\times\vec{B} \tag{19-7}$$

이다. 오른손 규칙에 의해 힘의 방향은 막대의 아래쪽을 향한다. 자기력으로 막대의 아래쪽에 음전하가 모이게 되어 위쪽에는 상대적으로 양전하가 모인다(그림 20.1b). 자기력에 의해 전하가 분리되는 것이 홀 효과 Hall effect와 유사하지만, 이 경우 전하의 움직임은 정지해 있는 막대에 흐르는 전류에 의한 것이 아니라 막대의 운동에 의한 것이다.

막대의 양 끝에 전하가 모이면 양전하에서 음전하 쪽으로 향하는 전기장이 막대 내에 형성되며, 궁극적으로는 평형상태에 도달한다. 곧 전기장에 의해 막대 중간에 있는 전자들에 작용하는 전기력의 크기가 전자들에 작용하는 자기력의 크기와 같고 방향이 반대가 될 때까지 전기장은 커진다(그림 20.1c). 평형상태에 도달하면, 막대의 양끝에 더 이상 전하가 모이지 않는다. 따라서 평형상태에서는

$$\vec{F}_E = q\vec{E} = -\vec{F}_B = -(q\vec{v}\times\vec{B}) \tag{20-1}$$

또는

$$\vec{E} = -\vec{v} \times \vec{B} \tag{20-2}$$

이 되어 홀 효과의 경우와 같다. $\vec{v}$와 $\vec{B}$는 서로 수직이므로, $E = vB$이다. 막대 양 끝 사이의 전기 퍼텐셜 차는

$$\Delta V = EL = vBL \tag{20-3}$$

이 된다. 이 경우에 $\vec{E}$의 방향은 막대의 길이 방향이다. 만약에 $\vec{v}$와 $\vec{B}$가 서로 수직이 아니라면, 막대 양 끝 사이의 퍼텐셜 차는 막대에 평행(∥)한 $\vec{E}$의 성분($E_{\parallel}$)만으로 다음과 같이 나타낸다.

$$\Delta V = E_{\parallel} L \tag{20-4}$$

살펴보기 20.1 그림 20.1에서 막대가 오른쪽으로 움직이는 대신에 지면에서 나오는 쪽으로 움직이면 유도기전력은 어떻게 되겠는가?

막대가 계속 일정하게 움직인다면 전하의 분리 상태가 유지되므로, 움직이는 막대는 회로에 연결되지 않은 전지와 같다. 곧 일정한 퍼텐셜 차를 유지하면서 한쪽 단자에 양전하가 모이고, 반대쪽 단자에는 음전하가 모이게 된다. 중요한 질문은 '막대를 회로에 연결하면 이 막대가 전지처럼 전류가 흐르게 할 수 있는가?'이다.

그림 20.2는 회로에 연결된 막대를 나타낸 것이다. 막대가 금속 레일 위에서 움직이므로 회로는 계속 닫힌 채로 유지된다. 저항 R이 막대와 레일의 저항에 비해 훨씬 크다고 가정하자. 다시 말해 운동기전력을 일으키는 막대의 내부 저항이 무시할 정도로 작다고 가정하자. 저항기 R 양 끝에는 퍼텐셜 차 ΔV가 있으므로 전류가 흐른다. 전류는 막대의 양 끝에 모인 전하를 소모하지만, 자기력은 일정한 퍼텐셜 차를 유지하도록 전하를 이동시킨다. 따라서 움직이는 막대는 다음과 같이 주어지는 기전력을 가진 전지와 같은 역할을 한다.

운동기전력

$$\mathcal{E} = vBL \tag{20-5}$$

좀 더 일반적인 경우, $\vec{E}$가 막대에 평행하지 않다면 다음과 같이 된다.

$$\mathcal{E} = (\vec{v} \times \vec{B})_{\parallel} L \tag{20-6}$$

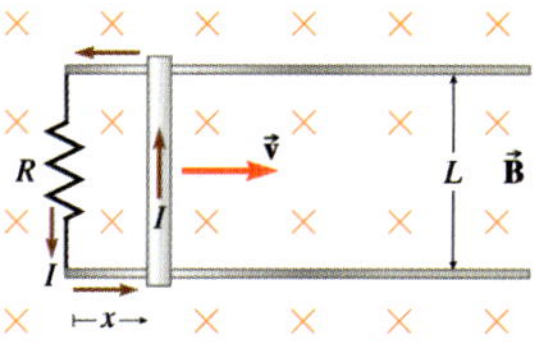

그림 20.2 금속 막대가 두 개의 금속 레일을 따라 미끄러진다. 자기장은 막대와 레일의 평면에 수직이다. 레일은 저항기 R에 연결되어 완전한 회로를 형성한다. 움직이는 막대에 유도된 기전력 $\mathcal{E}$는 표시된 방향으로 회로에 전류를 흐르게 한다. 막대와 레일의 저항이 R에 비해 무시할 수 있다면, 회로의 전류는 $I = \mathcal{E}/R$이다.

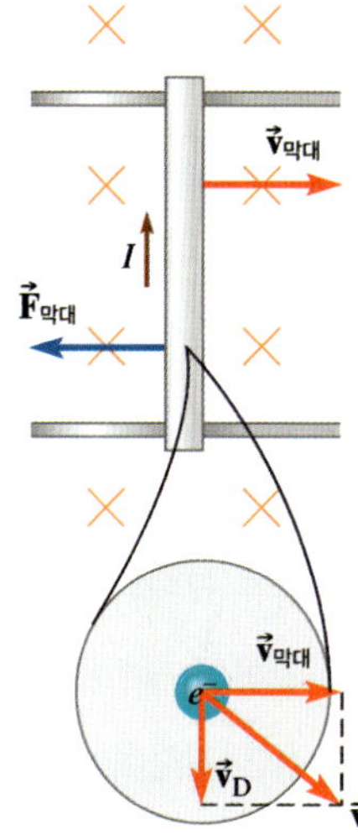

그림 20.3 막대에 작용하는 자기력은 $\vec{F}_{막대} = I\vec{L} \times \vec{B}$이며, 막대의 운동 방향($\vec{v}_{막대}$)과 반대 방향인 왼쪽을 향한다. 막대 내에 있는 전자의 평균 속도는 $\vec{v}_{평균} = \vec{v}_{막대} + \vec{v}_D$이다. 오른쪽으로 움직이는 막대의 운동과 막대에 대해서 아래를 향하는 전자의 표류 운동이 합해진 결과이다. 전자에 작용하는 자기력에는 서로 수직인 두 성분이 있다. 하나는 $-e\vec{v}_{막대} \times \vec{B}$로서 아래를 향하며, 막대에 대한 전자의 표류 운동을 일으킨다. 다른 하나는 $-e\vec{v}_D \times \vec{B}$로 전자를 막대 내에서 왼쪽으로 당긴다. 각 전자는 막대의 나머지 부분을 끌어당기므로 막대에 작용하는 자기력 또한 왼쪽 방향이다.

미끄러지는 막대로 발전기를 만들면 쓰기가 불편하다. 레일의 길이에 상관없이 궁극적으로 막대는 레일의 끝에 도달하기 때문이다. 20.2절에서 운동기전력에 대한 원리를 금속 레일 위에서 움직이는 막대 대신에 회전하는 도선 코일에 적용할 수 있다는 것을 알게 될 것이다.

전기에너지는 어디서 오는 것일까? 막대는 저항체에서 소모되는 전기에너지를 공급하면서 전지와 같은 역할을 한다. 에너지는 어떻게 보존될 수 있을까? 중요한 것은 전류가 흐르자마자 속도와 반대 방향으로 막대에 자기력이 작용한다는 사실이다(그림 20.3). 막대를 가만히 두면 막대의 운동에너지가 전기에너지로 변환됨에 따라 막대는 느려진다. 일정한 기전력을 유지하기 위해서는 막대가 일정한 속도를 유지해야만 되는데, 이는 어떤 다른 힘이 막대를 끌어줘야만 가능하다. 막대를 끄는 힘이 한 일이 전기에너지의 근원이 된다(문제 5).

보기 20.1 자기장 내에서 운동 중인 고리

길이가 L인 4개의 금속 막대로 이루어진 고리가 일정한 속도 $\vec{v}$로 운동한다(그림 20.4). 가운데 부분에서 자기장의 크기는 B이지만 나머지 영역에서는 0이다. 고리의 저항은 R이다. 각각의 위치(1~5)에서 고리 내에 흐르는 전류의 크기를 구하고 방향(시계방향 또는 반시계방향)을 결정하여라.

전략 전류가 고리 내에서 흐른다면, 전하를 고리 둘레로 펌프질하는 기전력 때문이다. 수직 방향으로 놓인 부분도선(a, c)은 그림 20.2에서와 같이 자기장 속을 운동함에 따라 운동기전력이 생기게 된다. 수평 방향으로 놓인 부분도선(b, d)도 운동기전력을 일으키는지를 알아봐야 한다. 각 막대에 대한 기전력을 알게 되면, 이들이 서로 전하를 같은 방향으로 고리를 따라 돌게 하는지 아니면 서로 상쇄시키는지를 결정할 수가 있다.

풀이 수직 방향으로 놓인 부분도선(a, c)은 자기장 속을 통과할 때 운동기전력이 생긴다. 기전력은 전류를 위쪽(상단) 방향으로 흐르도록 하며, 기전력의 크기는

$$\mathscr{E} = vBL$$

이다. 수평 방향으로 놓인 부분도선(b, d)에 대해서 전류를 운반하는 전자에 작용하는 평균 자기력은 $\vec{F}_{평균} = -e\vec{v} \times \vec{B}$이다. 속도의 방향이 오른쪽이고 자기장은 지면을 향하므로, 오른손 규칙에 따라 힘의 방향은 a와 c에서와 같이 아래쪽을 향한다. 하지만 자기력은 막대의

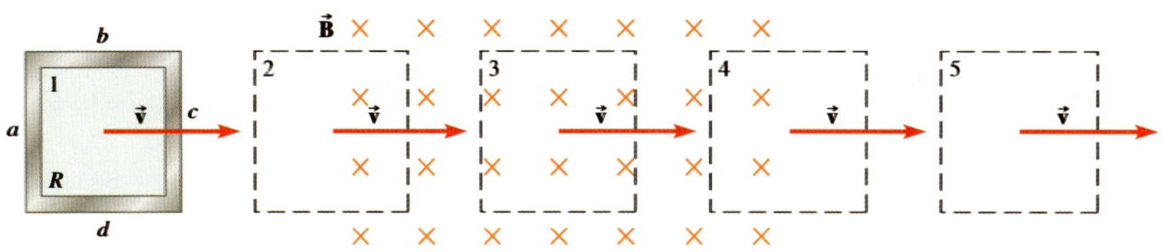

그림 20.4 고리에 수직인 균일한 자기장 $\vec{B}$ 영역을 통과하여 나오는 고리

길이 방향을 따라 전하를 이동시키는 것이 아니라 막대의 지름 방향으로 전하를 이동시킨다. 그러면 전기장이 막대의 지름 방향으로 형성된다. 평형상태에서 자기력과 전기력은 홀 효과에서와 똑같이 서로 상쇄된다. 자기력이 도선의 길이 방향을 따라 전하를 이동시키지 않으므로 (b, d) 부분도선에서는 기전력이 형성되지 않는다. 위치 1과 5의 고리는 자기장 밖에 있다. 어느 변의 도선도 기전력을 갖지 않으므로 전류는 흐르지 않는다.

위치 2의 경우 변 c의 도선에만 기전력이 있으며, a 부분의 도선은 자기장 $\vec{B}$의 바깥에 있으므로 기전력은 c 부분 도선에서 전류를 위쪽으로 흐르게 해 반시계방향으로 전류가 흐르게 된다. 전류의 크기는 다음과 같다.

$$I = \frac{\mathcal{E}}{R} = \frac{vBL}{R}$$

위치 3의 경우에 a와 c 부분도선 모두에 운동기전력이 있다. 양변 도선의 기전력이 전류가 고리의 위쪽을 향하게 하므로, 고리 둘레에 대한 알짜 기전력은 이상적인 두 개의 전지를 그림 20.5와 같이 연결한 것처럼 0이다. 따라서 고리 둘레를 흐르는 전류는 0이 된다.

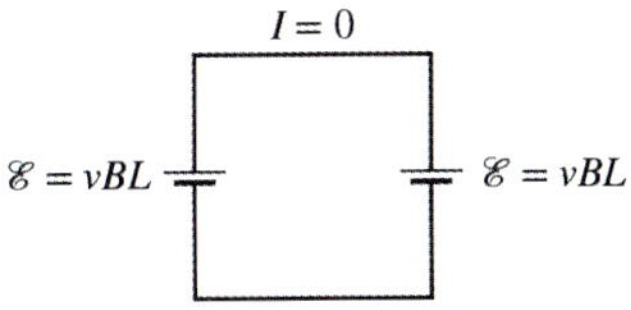

그림 20.5 위치 3에서 변 a와 c 도선에 유도된 기전력을 회로도에서 쓰는 전지 기호로 나타낼 수 있다.

위치 4의 경우에, c변의 도선은 자기장 $\vec{B}$ 영역 바깥에 있으므로 a변의 도선만이 운동기전력을 가진다. 기전력은 전류를 a변의 도선에서 위쪽으로 흐르게 하므로 전류는 고리의 시계방향으로 흐르며, 전류의 크기는 역시

$$I = \frac{\mathcal{E}}{R} = \frac{vBL}{R}$$

이 된다.

검토 그림 20.5는 유용한 기법을 설명하고 있다. 전지 기호를 사용해 유도기전력의 방향을 표시하는 것이 때때로 도움이 될 때가 있다는 것이다.

고리가 일정한 속도로 오른쪽으로 운동하는 대신 정지하고 있다면, 위치 1~5 중 어디에서도 운동기전력은 존재하지 않는다. 단순히 고리에서 수직인 변의 도선 어느 하나가 자기장 내에 있고, 다른 변의 도선이 밖에 있다고 해서 운동기전력이 생기는 것은 아니다. 한 변의 도선은 자기장 내에서 운동을 하고, 다른 변의 도선은 운동을 하지 않기 때문에 기전력이 생기는 것이다.

개념형 실전문제 20.1 **서로 다른 금속 고리들**

크기와 모양은 같으나 서로 다른 금속으로 이루어진 고리들이 같은 자기장 내에서 같은 속도로 움직이는 경우를 생각해 보자. 기전력의 크기, 기전력의 방향, 전류의 크기 또는 전류의 방향 중 어느 것이 서로 다른가?

20.2 발전기 Electric Generators

실용적인 이유 때문에 발전기는 레일 위에서 미끄러지는 금속 막대 대신에 자기장 내에서 회전하는 전선 코일을 사용한다. 회전하는 코일을 전기자[armature]라고 한다. 간단한 발전

그림 20.6 교류발전기. 영구자석 또는 전자석의 자극 사이에서 직사각형 고리 또는 코일 형태의 도선이 일정한 각속도로 회전한다. 고리가 돌면 자기장을 통과하는 운동에 의해 변 2와 4 도선에 기전력이 유도된다(변 1과 3 도선에 유도되는 기전력은 0이다). 자기 돌림힘이 코일의 회전 방향과 반대로 작용하기 때문에 코일의 각속도를 일정하게 유지하기 위해서는 외부에서 돌림힘을 가해주어야 한다.

기를 그림 20.6에 나타냈다. 직사각형의 코일이 증기기관의 터빈과 같은 외부 에너지원에 의해 회전되는 축에 설치되어 있다.

일정한 각속도 ω로 회전하는 하나의 직사각형 고리를 생각하자. 고리는 거의 균일한 자기장 B를 만들어 내는 영구자석 또는 전자석의 자극 사이에서 회전을 한다. 변 2와 4의 도선의 길이는 각각 L이며, 회전축으로부터의 거리는 r이다. 따라서 변 1과 3의 도선의 길이는 $2r$이다.

네 변의 도선 중 어느 것도 자기장과 수직으로 운동을 하지 않으므로 20.1절의 결과를 일반화해야만 한다. 변 1과 3의 도선의 유도기전력은 0임을 증명할 수가 있으므로, 변 2와 4의 도선에만 집중하기로 한다. 이 두 변은 일반적으로 $\vec{B}$에 수직하게 운동하지 않기 때문에, 전자에 작용하는 평균 자기력의 크기는 인자 $\sin\theta$만큼 줄어들어

$$F_{\text{평균}} = evB\sin\theta \tag{20-7}$$

가 된다. 여기에서 θ는 전선의 속도 벡터와 자기장 사이의 각이다(그림 20.7). 유도기전력도 같은 비율로 줄어들어

$$\mathcal{E} = vBL\sin\theta \tag{20-8}$$

가 된다. 유도된 기전력은 자기장 $\vec{B}$에 수직인 속도 성분($v_\perp = v\sin\theta$)에 비례함에 유의하여라. 시각적으로 유도기전력은 도선이 자기장선을 자르면서 지나가는 비율에 비례하는 것으로 생각하여라. $\vec{B}$에 평행한 도선의 속도 성분은 자기장선을 따라 움직이므로 도선이 자기장선을 자르며 지나가는 비율에 아무런 기여도 하지 못한다.

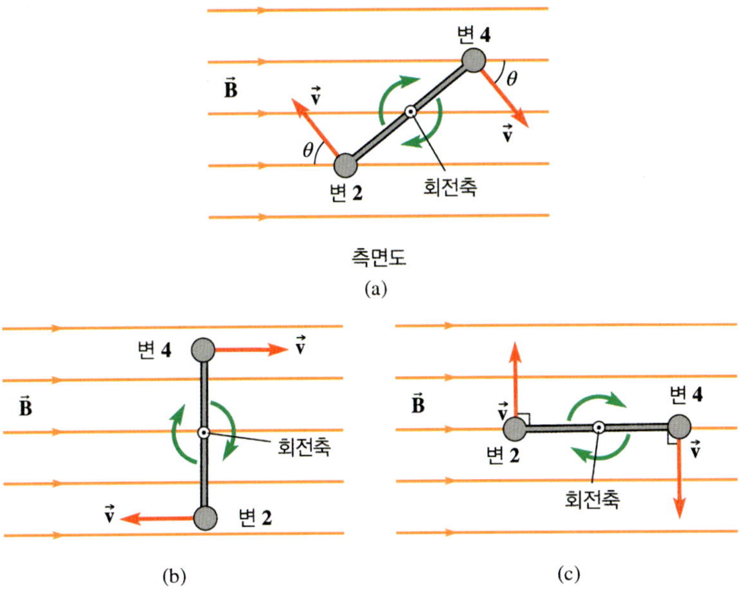

그림 20.7 (a) 회전축 방향으로 본 직사각형 고리의 측면도. 변 2와 4 도선의 속도 벡터는 자기장에 대해 각도 θ를 이루고 있다. (b) 이 위치($\theta = 0$)에서 고리의 변 2와 4 도선은 자기장과 평행하게 움직이므로 전자에 작용하는 자기력은 0이고 유도된 기전력도 0이다. (c) 이 위치 ($\theta = 90°$)에서 고리의 변 2와 4 도선은 자기장에 수직으로 움직이므로 전자에 작용하는 자기력은 최대이다. 각 변에 유도된 기전력의 최댓값 $\mathscr{E} = vBL$이다. 임의의 위치에서, 변 2와 4 도선에 유도된 기전력은 각각 $\mathscr{E} = vBL\sin\theta$이다.

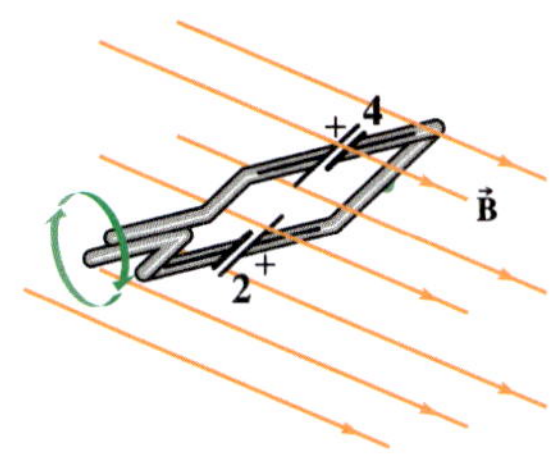

그림 20.8 전지 기호는 $\theta = 0°$와 $\theta = 90°$ 사이에서 변 2와 4 도선에 유도된 기전력의 방향을 나타낸다. '전지' 2의 양극은 '전지' 4의 음극에 연결되어 있다. 키르히호프의 고리 규칙을 사용해 보면, 두 개의 기전력이 더해진다(고리가 $\theta = 90°$를 통과할 때 두 기전력은 반대 방향이 된다).

고리가 일정한 각속도 ω로 회전하므로 변 2와 4 도선의 속력은 다음과 같다.

$$v = \omega r \tag{5-9}$$

이 된다. 각 θ는 일정한 비율 ω로 변한다. 간단하게 하기 위해 $t = 0$에서 $\theta = 0$이라고 하면, $\theta = \omega t$이고 변 2와 4 도선에 각각의 기전력 $\mathscr{E}$을 t의 함수로 나타내면, 다음과 같다.

$$\mathscr{E}(t) = vBL\sin\theta = (\omega r)BL\sin\omega t \tag{20-9}$$

고리의 총기전력은 두 기전력의 합이 되어 다음과 같이 된다(그림 20.8).

$$\mathscr{E}(t) = 2\omega rBL\sin\omega t \tag{20-10}$$

직사각형 고리의 가로와 세로 길이가 각각 L과 $2r$이므로, 고리의 넓이는 $A = 2rL$이다. 따라서 총기전력 $\mathscr{E}$를 시간 t의 함수로 나타내면

$$\mathscr{E}(t) = \omega BA\sin\omega t \tag{20-11}$$

이다. 고리의 넓이로 표현된 식 (20-11)은 임의의 모양을 가진 모든 평면형 고리에 대해 성립한다. 코일의 감긴 수가 N(똑같은 N개의 고리)인 경우에 기전력은 N배로 커진다.

교류발전기가 생산하는 기전력

$$\mathcal{E}(t) = \omega NBA \sin\omega t \quad (20\text{-}12)$$

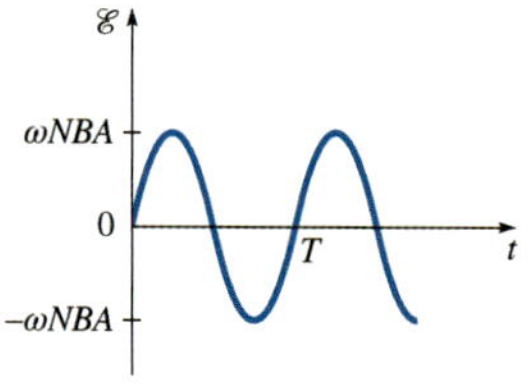

그림 20.9 발전기로 생산된 기전력은 시간에 대한 사인함수이다.

발전기가 생산하는 기전력은 일정하지 않고, 시간에 대한 사인함수이다(그림 20.9 참조). (단순조화운동에서 최대 변위를 진폭이라고 하는 것과 같이) 최대 기전력 $\mathcal{E}_{\rm m} = \omega NBA$를 기전력의 **진폭**amplitude이라고 한다. 기전력의 진폭은 각진동수와 최대 자속 NBA를 곱한 값이다. 사인함수 형태의 기전력이 교류 회로에 이용된다. 미국과 캐나다의 가정용 콘센트는 진폭이 약 170 V이고, 진동수가 $f = \omega/2\pi = 60$ Hz인 기전력을 공급하고 있다. 그 밖의 여러 나라에서는 진폭이 약 310 ~ 340 V이고, 진동수가 50 Hz인 교류 전기를 사용하고 있다.

발전기가 공급하는 에너지는 공짜가 아니다. 발전기의 축을 회전시키기 위해서는 일을 해 주어야 한다. 변 2와 4의 도선에 작용하는 자기력은 코일의 회전을 방해하는 방향으로 돌림힘을 일으킨다. 코일이 일정한 속력으로 회전하기 위해서는 반대 방향으로 작용하는 같은 크기의 돌림힘을 발전기의 축에 가해야 한다. 이상적인 발전기의 경우, 외부에서 가해준 돌림힘이 전기에너지가 만들어지는 것과 똑같은 비율로 일을 한다. 실제로는 약간의 에너지가 마찰 및 코일의 전기 저항 등에 의해 소모된다. 따라서 외부 돌림힘은 발전된 전기에너지의 양보다 좀 더 많이 일을 하게 된다. 전기에너지가 만들어지는 비율은

$$P = \mathcal{E} I \quad (18\text{-}34)$$

이므로, 발전기를 계속 회전시키기 위한 외부 돌림힘은 기전력뿐만이 아니라 발전기가 공급하는 전류에 따라서도 변한다. 공급되는 전류는 부하(전류가 흐르면서 통과해야 하는 외부 회로)에 따라 변한다.

전기에너지를 공급하는 대부분의 발전소에서 발전기의 축을 회전시키기 위해 증기기관이 일을 한다. 증기기관은 석탄, 천연가스, 석유를 태우거나 또는 핵 반응로에 의해 작동된다. 수력 발전소의 경우에는 물의 중력 퍼텐셜에너지가 발전기의 축을 회전시키는 에너지원이다. 풍력 터빈은 바람의 운동에너지를 이용한다.

응용 : 하이브리드 자동차 전기와 가솔린 하이브리드 자동차의 경우, 브레이크를 작동시키면 자동차의 동력전달장치가 배터리를 충전시키는 발전기에 연결되어 배터리를 충전시킨다. 따라서 자동차의 운동에너지가 완전히 낭비되지 않고 상당량의 에너지가 배터리에 저장된다. 저장된 에너지는 제동이 끝난 후 자동차를 움직이는 데 사용된다.

응용 : 직류발전기

교류발전기에서 만들어진 기전력은 매 주기마다 두 번씩 방향이 바뀐다. 수학적으로, 식 (20−11)과 (20−12)에서 사인함수는 반주기 동안은 양$^+$이며, 반주기 동안은 음$^-$이다. 발전기가 부하에 연결되면 전류도 매 주기마다 두 번씩 방향을 바꾸므로 이것을 교류라고 부른다.

부하가 교류 대신에 직류를 필요로 하면 어떻게 될까? 이 경우에는 기전력의 방향을 바뀌지 않는 직류발전기가 필요하다. 직류발전기를 만드는 한 가지 방법은 직류전동기에서와 똑같은 분할 고리 정류자와 브러시를 교류발전기에 설치하는 것이다(19.7절 참조). 기전력의 방향이 바뀌려 할 때 브러시가 집전 고리 사이를 통과하면서 회전하는 고리와 연결 방향을 바꾼다. 정류자가 외부 부하에 대한 연결 방향을 효율적으로 바꿔주므로 전류는 공급된 기전력과 같은 방향을 유지하게 된다. 하지만 기전력과 전류는 일정하지 않으며, 기전력은 그림 20.10에서와 같이

$$\mathscr{E}(t) = \omega NBA\,|\sin\omega t| \qquad (20\text{-}13)$$

로 표현된다.

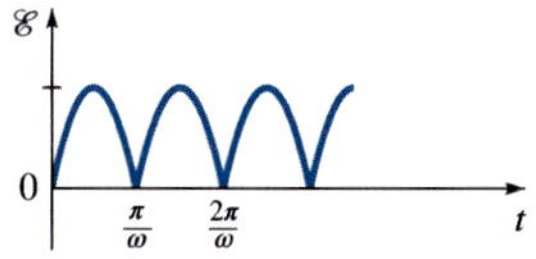

그림 20.10 시간의 함수로 나타낸 직류발전기의 기전력

단순한 직류전동기를 직류발전기로 사용할 수 있고, 역으로 직류발전기를 직류전동기로 사용할 수도 있다. 전동기로 사용될 때는 전지와 같은 외부 에너지원이 고리 내에 전류를 흐르게 하며, 이때 발생하는 자기 돌림힘이 전동기를 회전시킨다. 다시 말해서 전류가 입력이 되고, 돌림힘이 출력이 된다. 발전기로 사용될 때는 외부 돌림힘이 고리를 회전시켜 자기장이 고리 내에 기전력을 일으키며, 기전력이 전류를 흐르게 한다. 이 경우에는 돌림힘이 입력이고, 전류가 출력이다. 역학적에너지와 전기에너지 사이의 변환은 어느 방향으로든 가능하다.

좀 더 복잡한 직류발전기에는 여러 개의 코일이 회전축 둘레에 균등하게 배치되어 있다. 각 코일에서의 기전력은 사인함수처럼 변하지만, 각 기전력이 최댓값에 도달하는 시간은 다르다. 정류자가 돌면서 브러시는 최대 기전력에 도달한 코일에 연결된다. 출력 기전력에는 작은 요동이 있지만 전압조절기라는 회로를 이용해 그 요동을 완화시킬 수 있다.

보기 20.2 교류발전기

교류발전기의 전기자는 코일이 120번 감긴 가로 3.2 cm, 세로 4.6 cm의 직사각형 코일이다. 코일이 240 rpm의 비율로 회전할 때, 발전기가 진폭이 2.4 V인 기전력을 공급하려면 자기장은 얼마여야 하는가?

전략 발전기가 생산하는 기전력은 식 (20−12)에 의해 주어진다. 진폭은 $\sin\omega t = 1$일 때의 최댓값이다. 주어진 정보를 이용하여 B를 구할 수 있다.

풀이 기전력의 진폭은 다음과 같다.

$$\mathcal{E}_{\mathrm{m}} = \omega NBA$$

각진동수 ω를 rad/s 단위로 표현하면 다음과 같다.

$$\omega = \left(24\frac{\mathrm{rev}}{\mathrm{min}}\right)\left(2\pi\frac{\mathrm{rad}}{\mathrm{rev}}\right)\left(\frac{1}{60}\frac{\mathrm{min}}{\mathrm{s}}\right) = 8.0\pi\frac{\mathrm{rad}}{\mathrm{s}}$$

자기장 B에 대해서 풀면 다음과 같다.

$$B = \frac{\mathcal{E}_{\mathrm{m}}}{\omega NA}$$
$$= \frac{2.4\ \mathrm{V}}{(8.0\pi\ \mathrm{rad/s})(120)(0.032\ \mathrm{m})(0.046\ \mathrm{m})}$$
$$= 0.54\ \mathrm{T}$$

검토 식 (20–9)부터 (20–12)에서 ω의 단위는 rad/s 이므로, 240 rpm을 각진동수의 값으로 사용해서는 안 된다.

실전문제 20.2 **진동수 변경**

발전기는 12 Hz의 진동수로 회전할 때 진폭이 18 V인 기전력을 생산한다. 만약 회전 진동수가 10 Hz로 떨어지면 기전력의 진동수와 진폭은 어떻게 변할까?

20.3 패러데이의 법칙 Faraday's Law

1820년대에, 외르스테드Hans Christian Oersted는 전류가 자기장을 일으킨다는 것을 우연히 발견하였다(19.1절). 이 발견 소식을 듣자마자 영국의 과학자 패러데이Michael Faraday, 1791~1867는 그 발견의 역과정, 곧 자기장으로 전류를 만드는 실험을 자석과 전기회로를 이용해 시작했다. 패러데이의 훌륭한 실험들은 전동기, 발전기 및 변압기의 개발로 이어졌다.

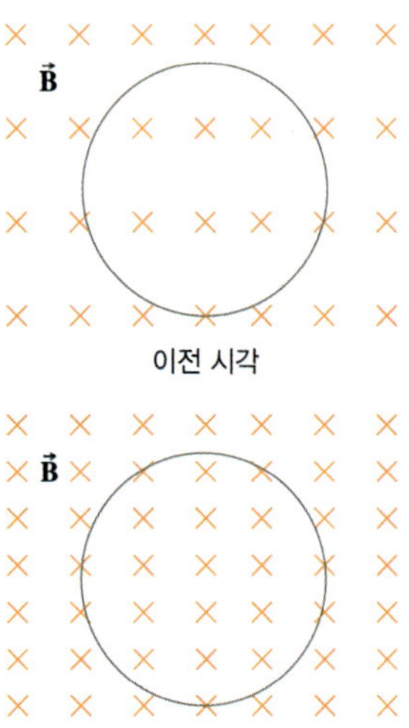

그림 20.11 크기가 증가하는 자기장 내에 있는 원형 고리

변화하는 자기장 $\vec{\mathrm{B}}$는 유도기전력을 일으킨다. 1831년에 패러데이는 유도기전력을 일으키는 두 가지 방법을 발견하였다. 한 가지 방법은 자기장 내에서 도체를 움직이는 것이다(운동기전력). 또 다른 방법에서는 도체가 운동을 하지 않는다. 대신에 패러데이는 도체가 정지해 있다고 하더라도 변하는 자기장이 도체 내에 기전력을 유도한다는 것을 발견했다. 변하는 자기장 $\vec{\mathrm{B}}$ 때문에 생긴 유도기전력을 전도 전자에 작용하는 자기력으로 이해할 수는 없다. 도체가 정지해 있다면, 전도전자들의 평균 속도는 0이 되어 평균 자기력이 0이 되기 때문이다.

전자석의 극 사이에 놓인 원형 도체 고리를 생각해 보자(그림 20.11). 고리는 자기장에 수직이며, 자기장선은 고리의 내부를 통과한다. 자기장의 세기는 자기장선 사이의 간격과 관계가 있기 때문에, 만일 자기장의 세기가 (전자석에 흐르는 전류를 변화시킴으로써) 변하면, 도체 고리를 통과하는 자기장선의 수도 변한다. 패러데이는 고리에 유도된 기전력이 고리의 내부를 통과하는 자기장선 수의 **변화율**에 비례한다는 것을 발견했다.

자기장선의 수가 포함되지 않도록 **패러데이의 법칙**을 수학적으로 나타낼 수 있다. 자기장의 크기는 단면의 단위 넓이당 자기장선의 수에 비례하므로

$$B \propto \frac{\text{자기장선의 수}}{\text{넓이}} \tag{20-14}$$

와 같다. 넓이가 A인 평평하고 열린 표면이, 균일한 크기 B의 자기장에 수직으로 놓여 있다면 이 면을 통과하는 자기장선의 수는 BA에 비례한다.

$$\text{자기장선의 수} = \frac{\text{자기장선의 수}}{\text{넓이}} \times \text{넓이} \propto BA \tag{20-15}$$

연결고리 직류발전기는 입력과 출력이 서로 바뀐 직류전동기이다.

식 (20–15)는 표면이 자기장에 수직인 경우에만 성립한다. 일반적으로 표면을 통과하는 자기장선의 수는 표면에 수직인 장의 성분과 넓이의 곱에 비례하므로

$$\text{자기장선의 수} \propto B_{\perp}A = BA\cos\theta \tag{20-16}$$

와 같이 표현된다. θ는 법선(표면에 수직인 직선)과 자기장선 사이의 각이다. 표면에 평행한 자기장의 성분 $B_{\parallel}$은 표면을 통과하는 자기장선의 수에 기여하지 않고 $B_{\perp}$만이 기여한다(그림 20.12a). 마찬가지로 그림 20.12b는 넓이 A인 면을 통과하는 자기장선의 수가 자기장선의 방향과 수직인 넓이 $A\cos\theta$인 면을 통과하는 자기장선의 수와 같음을 보여주고 있다.

자기선속 표면을 통과하는 자기장선의 수에 비례하는 수학적인 양을 **자기선속**magnetic flux이라 한다. 기호 Φ(그리스 대문자 피)는 선속을 나타내기 위해 사용되며, Φ_B에서 아래 첨자 B는 자기선속을 의미한다.

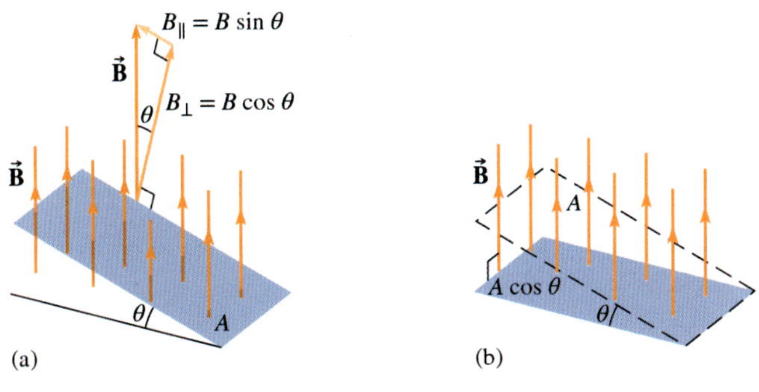

그림 20.12 (a) 넓이 A인 면에 수직인 $\vec{B}$의 성분은 $B\cos\theta$이다. (b) $\vec{B}$에 수직인 평면으로의 투영은 $A\cos\theta$이며, 자속은 $BA\cos\theta$이다.

연결 고리 자기선속은 전기선속과 유사하다(16.7절 참조). 두 경우 모두, 표면을 통과하는 선속은 표면의 넓이와 장의 수직 성분을 곱한 값과 같다. 또한 두 경우 모두 선속은 표면을 자르며 지나가는 장선의 수로 시각화할 수 있다.

넓이 A 인 평면을 통과하는 자기선속

$$\Phi_{\mathrm{B}} = B_{\perp} A = BA_{\perp} = BA\cos\theta \qquad (20\text{-}17)$$

(θ는 $\vec{\mathrm{B}}$와 표면에 수직인 방향 사이의 각도이다.)

자기선속에 대한 SI 단위는 웨버이다($1\ \mathrm{Wb} = 1\ \mathrm{T}\cdot\mathrm{m}^2$).

패러데이의 법칙

패러데이의 법칙 Faraday's law 은 고리 둘레에 유도된 기전력의 크기가 고리를 통과하는 자기선속의 변화율에 비례한다는 것이다.

패러데이의 법칙

$$\mathscr{E} = -\frac{\Delta\Phi_{\mathrm{B}}}{\Delta t} \qquad (20\text{-}18)$$

순간 기전력을 알고자 한다면, 패러데이의 법칙에서 미소 시간 간격 Δt의 극한을 취해야 한다. 하지만 패러데이의 법칙은 긴 시간 간격에도 적용이 가능하며, 이 경우에 $\Delta\Phi_{\mathrm{B}}/\Delta t$는 자기선속의 평균 변화율이 되며, $\mathscr{E}$는 같은 시간 간격에 대한 평균 기전력을 나타낸다.

식 (20–18)에서 음⁻의 부호는 고리 둘레에 생긴 유도기전력의 방향을 나타낸다(시계 또는 반시계방향). 부호에 대한 설명은 기전력의 방향에 대한 형식적인 정의에 의존하는데, 이 책에서는 다루지 않는다. 대신 20.4절에서 유도기전력의 방향을 제시해주는 **렌츠의 법칙**을 도입한다.

각 단일 고리에 의해 유도된 기전력은 식 (20–18)에 의해 주어지므로, 단일 고리 대신에 N번 감은 코일이 있다면, 코일의 총기전력은 N배만큼 커진다.

N번 감은 코일에 대한 패러데이의 법칙

$$\mathscr{E} = -N\frac{\Delta\Phi_{\mathrm{B}}}{\Delta t} \qquad (20\text{-}19)$$

$N\Phi_{\mathrm{B}}$는 코일을 통과하는 **선다발 이음** flux linkage 이라 부른다.

보기 20.3 변하는 자기장에 의한 유도기전력

반지름이 3.0 cm 이며 40번 감긴 도선 코일이 전자석의 극 사이에 놓여 있다. 자기장의 세기가 225 s 동안 0에서 0.75 T까지 일정한 비율로 증가한다. (a) 자기장이 코일의 면에 대해 수직인 경우, (b)코일의 면과 30.0°의 각을 이루는 경우에 코일에 유도된 기전력의 크기는 각각 얼마인가?

전략 우선, 코일을 통과하는 자기선속에 대한 표현식을 자기장으로 나타낸다. 유일하게 변하는 것은 자기장의 세기이므로, 자기선속의 변화율은 자기장의 변화율에 비례한다. 패러데이의 법칙으로부터 유도기전력을 구할 수 있다.

풀이 (a) 자기장이 코일에 수직이므로 한 번 감긴 코일에 대한 자기선속은

$$\Phi_B = BA$$

가 된다. 여기에서 B는 자기장의 세기, A는 고리의 넓이이다. 자기장이 일정한 비율로 증가하므로, 자기선속도 일정한 비율로 증가한다. 자기선속의 변화율은 자기선속의 변화를 시간 간격으로 나눈 값이 된다. 자기선속이 일정한 비율로 변하므로 고리에 유도된 기전력은 일정하다.

패러데이의 법칙에 의하여 다음과 같이 된다.

$$\mathcal{E} = -N\frac{\Delta\Phi_B}{\Delta t} = -N\frac{B_f A - 0}{\Delta t}$$

$$|\mathcal{E}| = 40.0 \times \frac{0.75\ \text{T} \times \pi \times (0.030\ \text{m})^2}{225\ \text{s}}$$
$$= 3.77 \times 10^{-4}\ \text{V}$$
$$= 0.38\ \text{mV}$$

(b) 식 (20-17)에서, θ는 $\vec{B}$와 코일에 대해 수직인 방향 사이의 각이다. 자기장이 코일의 평면에 대해 30.0°의 각을 이루므로 코일의 수직 방향에 대해서는

$$\theta = 90.0° - 30.0° = 60.0°$$

가 된다. 따라서 자기선속은 $\Phi_B = BA\cos\theta$이 되므로 유도된 기전력은 다음과 같다.

$$|\mathcal{E}| = -N\frac{\Delta\Phi_B}{\Delta t} = N\frac{B_f A\cos\theta - 0}{\Delta t}$$
$$= 3.77 \times 10^{-4}\ \text{V} \times \cos 60.0°$$
$$= 0.19\ \text{mV}$$

검토 자기장의 변화율이 일정하지 않다면, 주어진 정보로부터 시간 간격 동안의 평균 기전력만 계산할 수 있다. 순간 기전력은 어떤 때는 이보다 크고 어떤 때는 더 작다.

실전문제 20.3 $\vec{B}$의 수직 성분 사용하기

코일에 대해 수직인 방향 및 자기장선을 나타내는 그림을 그려라. 수직 방향에 대한 $\vec{B}$의 성분을 찾고 $\Phi_B = B_\perp A$를 사용하여 (b)에 대한 해답을 증명하여라.

패러데이의 법칙과 운동기전력

연결고리 패러데이의 법칙은 20.1과 20.2절의 운동기전력을 포함해 변화하는 자기선속에 의한 유도기전력을 알려준다.

이 절의 앞부분에서 자기장의 변화에 의한 유도기전력의 크기를 구하기 위해 패러데이의 법칙을 사용했다. 하지만 그것은 논의할 내용의 일부에 불과하다. 패러데이의 법칙은 **자기선속의 변화를 일으키는 원인과는 관계없이** 자기선속의 변화에 의한 유도기전력에 대해 알려준다. 자기선속의 변화는 시간에 따라 변하는 자기장 외의 다른 원인에 의해서도 일어날 수 있다. 도체의 고리가 자기장이 균일하지 않은 영역에서 운동할 수도 있고, 회전할 수도 있으며, 크기나 모양이 변할 수도 있다. 이 모든 경우에 이미 설명한 대로 패러데이의 법칙은 자기선속이 왜 변하는지에 관계없이 정확한 기전력을 알려준다. 자기선속을

$$\Phi_{\mathrm{B}} = BA\cos\theta \tag{20-17}$$

로 쓸 수 있다는 것을 상기하자. 따라서 자기장의 세기(B)가 변하든지 고리의 넓이(A)가 변하든지, 또는 자기장과 수직 방향 사이의 각이 변해도 자기선속은 변한다.

패러데이의 법칙은 자기선속의 변화를 일으키는 이유와는 관계없이 유도기전력이

$$\mathcal{E} = -N\frac{\Delta\Phi_B}{\Delta t} \tag{20-19}$$

라는 것이다. 예를 들어, 그림 20.2에서 운동하는 막대는 도체 고리의 한 변이다. 막대가 오른쪽으로 미끄러지고 있으면 고리의 넓이가 증가하고 있기 때문에 고리를 지나가는 자기선속은 증가한다. 패러데이의 법칙은 식 (20-5)의 고리에 유도된 기전력과 같은 결과를 낳는다. 문제 36을 참고하라.

운동하는 도체 내의 움직일 수 있는 전하는 전하에 작용하는 자기력에 의해 고리 둘레를 따라 돌게 된다. 도체 전체가 움직이지 않으므로, 운동 가능한 전하의 평균 속도는 0이 아니고, 따라서 평균 자기력도 0이 아니다. 자기장이 변하고 도체가 정지해 있는 경우에 운동 가능한 전하는 자기력에 의해 운동 상태로 되지 않는다. 곧 전류가 흐르기 전에 평균 속도는 0이다. 정확히 어떤 것이 전류를 흐르도록 하는지에 대해서는 20.8절에서 논의한다.

사인함수 모양으로 변하는 기전력

시간에 대해 주기적인 함수(사인 또는 코사인함수)인 기전력은 교류발전기, 전동기 및 회로에서 일반적이다. 때로는 20.2절의 교류발전기와 같이 코일이 일정한 각속도로 회전하기 때문에 선속은 사인함수 모양으로 변한다. 여기에서 사인함수 모양으로 변하는 기전력의 진폭($\mathcal{E}_{\mathrm{m}}$)은 각진동수(ω)와 최대 선다발 이음(NBA)을 곱한 값이라는 것을 알았

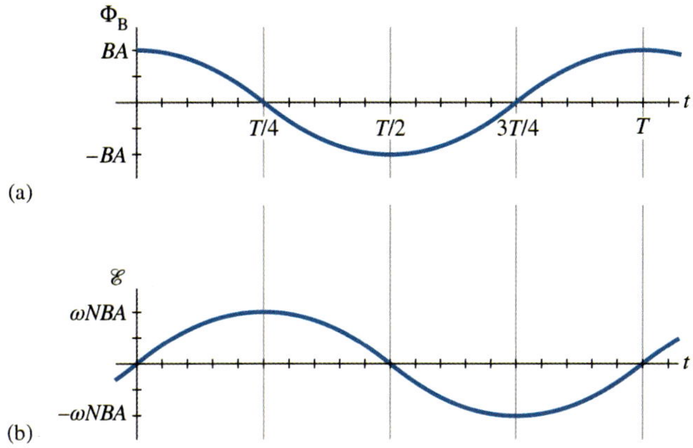

그림 20.13 (a) 시간에 대해 사인함수 모양으로 변하는 자기선속을 나타내는 $\Phi_B(t) = BA\cos\omega t$의 그래프. (b) 단일 고리에 해당하는 유도기전력의 그래프, $\mathcal{E}(t) = \omega NBA\sin\omega t$. 임의의 시각 t에서, 기전력의 값은 $\Phi - t$ 그래프의 음의 기울기에 N을 곱한 것이다. 기전력의 크기는 자기선속이 가장 빠르게 변할 때 최댓값이며, 이는 $\Phi = 0$일 때 발생한다. 자기선속이 최대 또는 최소일 때, 자기선속의 변화율은 0이고 유도된 기전력도 0이다. 자기선속과 기전력은 90°(1/4 주기) 위상 차이가 있으며, 기전력의 진폭은 $\mathcal{E}_m = \omega NBA$이다.

다. 다른 상황에서, 코일은 정지해 있고 자기장이 사인함수 모양으로 변한다. $B(t) = B_m\cos\omega t$ 선속이 사인함수 모양으로 변하는 이유와 상관없이 선속과 기전력 사이의 수학적 관계는 같다(그림 20.13). 단일 고리를 통과하는 최대 선속이 BA이고 N번 감겨있다면, 선속과 기전력은 다음과 같은 관계식을 얻을 수 있다.

사인함수 모양으로 변하는 기전력

$$\mathcal{E}_m = -\omega NBA \tag{20-20}$$

$$\Phi_B(t) = BA\cos\omega t\text{이면,}\quad \mathcal{E}(t) = -N\frac{\Delta\Phi}{\Delta t} = \omega NBA\sin\omega t \tag{20-21}$$

$$\Phi_B(t) = BA\sin\omega t\text{이면,}\quad \mathcal{E}(t) = -N\frac{\Delta\Phi}{\Delta t} = -\omega NBA\cos\omega t \tag{20-22}$$

보기 20.4 발전기에 패러데이의 법칙 적용하기

전자석 자극 사이의 자기장이 B로 일정하다. 단면의 넓이가 A이며 N번 감긴 원형 도선이 자기장 안에 놓여 있다. 외부에서 돌림힘이 작용해 코일을 그림 20.6과 같이 자기장에 수직인 축에 대해 일정한 각속도 ω로 돌아가게 한다. 패러데이의 법칙으로 코일에 유도되는 기전력을 구하여라.

전략 자기장은 변하지 않지만 코일의 방향은 변한다. 코일을 통과하는 자기장선의 수는 코일에 수직인 방향과 자기장이 이루는 각에 따라 변한다. 패러데이의 법칙에 따라 자기선속의 변화로 코일에 기전력이 유도된다.

풀이 장이 코일에 수직인 순간을 $t = 0$으로 잡자. 이 순간에 $\vec{B}$는 법선과 평행하기 때문에 $\theta = 0$이다. 나중 시간 $t > 0$에서 코일은 $\Delta\theta = \omega t$만큼 회전한다. 따라서 시각 t에서 코일에 수직인 방향과 자기장이 이루는 각은

$$\theta = \omega t$$

이고 코일을 통과하는 선속은

$$\Phi = BA\cos\theta = BA\cos\omega t$$

이다. 시간의 함수로 표현된 선속을 알고 있기 때문에, 패러데이의 법칙으로부터 순간 기전력을 구할 수 있다.

$$\mathcal{E} = -N\frac{\Delta\Phi_{\mathrm{B}}}{\Delta t} \qquad (20\text{-}19)$$

식 (20–21)을 이용하면,

$$\mathcal{E}(t) = \omega NBA\sin\omega t$$

이다. 이는 20.2절에서 이미 구했던 식 (20–12)와 같다.

검토 식 (20–12)를 구하는 과정에서 각 변의 운동기전력을 구하기 위해 직사각형 고리 안에 있는 전자에 작용하는 자기력을 이용했다. 원형 고리나 코일에 같은 방법을 적용하기는 어려울 것이다. 그러나 패러데이의 법칙은 이용하기 쉬우며, 닫힌 도선이 평평하다면 유도되는 기전력은 고리나 코일의 모양과는 관계가 없고 감은 수와 넓이만이 중요하다.

실전문제 20.4 **회전 코일 발전기**

회전 코일 발전기에서 전자석의 극 사이 자기장의 크기는 0.40 T이다. 극 사이에 있는 원형 코일은 120번 감아져 있고 반지름은 4.0 cm이다. 코일이 5.0 Hz의 진동수로 회전할 때 코일에 유도되는 기전력의 최댓값을 구하여라.

전자기 유도를 이용하는 기술

현재 응용되는 수많은 기술들이 전자기 유도 현상을 이용한다. 우리가 사용하는 전기의 대부분은 패러데이의 법칙에 따라 작동하는 발전기, 곧 움직이는 코일이나 변하는 자기장에서 만들어진다. 전기를 분배하는 모든 시스템은 교류 전압을 변화시킬 때 자기 유도를 이용한 변압기[transformers]를 사용한다(20.6절). 변압기는 원거리 송전을 위해 송전선 양단의 전압을 올린다. 나중에는 가정 및 공장에서 안전하게 사용할 수 있도록 전압을 낮춘다. 전기를 생산하고 분배하는 전체 시스템은 패러데이의 유도 법칙과 관계있다.

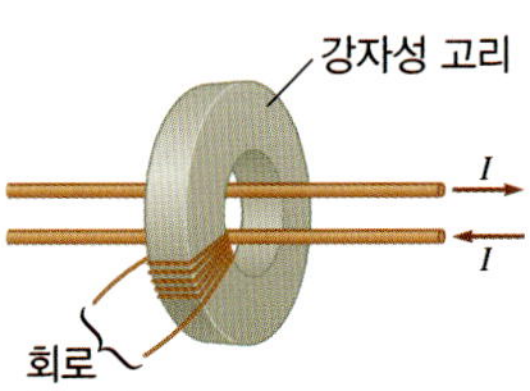

그림 20.14 누전차단기

누전차단기 누전차단기, GFI[ground fault interrupter]는 흔히 욕실이나 감전의 위험이 큰 장소의 교류 전기 콘센트에서 사용되는 장치이다. 그림 20.14에서, 콘센트에서 전기를 공급하는 두 전선에는 보통 반대 방향으로 같은 양의 전류가 흐른다. 이러한 교류 전류는 초당 120번 방향이 바뀐다. 우연히 젖은 손으로 회로의 일부를 만지면, 전류는 귀환 전선을 통과하는 대신에 사람을 통해 땅으로 흐른다. 이때 두 전선에 흐르는 전류는 달라진다. 똑같지 않은 전류에 의한 자기장선들이 강자성체의 고리에 의해 모아져서 코일로 전달된다. 이 코일을 통과하는 자기선속은 초당 120번 방향을 바꾸기 때문에 코일에 유도기전력을 발생시키고, 전력선으로부터 회로를 끊는 회로차단기를 작동시킨다. 누전차단기는 예민하고 빠르게 작동하므로 단순한 회로차단기보다 훨씬 안정적이다.

가동 코일 마이크로폰 그림 20.15는 가동 코일을 이용한 마이크로폰을 간단히 그린 것이다. 전선 코일이 공기 중의 음파에 반응해 앞뒤로 진동하는 진동판에 연결되어 있고, 자석은 고정되어 있다. 자기선속의 변화에 의해 유도된 기전력이 코일에 생긴다. 또 다른 유형의 마이크로폰은 자석이 진동판에 부착되어 있고 코일은 고정되어 있다. 컴퓨터 하드디스크를 읽는 것도 전자기 유도에 기반을 두고 있다. 디스크가 회전하면서 기록판platter 표면의 자화(19.10절 참조)가 변할 때마다 헤드를 통과하는 선속이 변해 기전력이 발생한다.

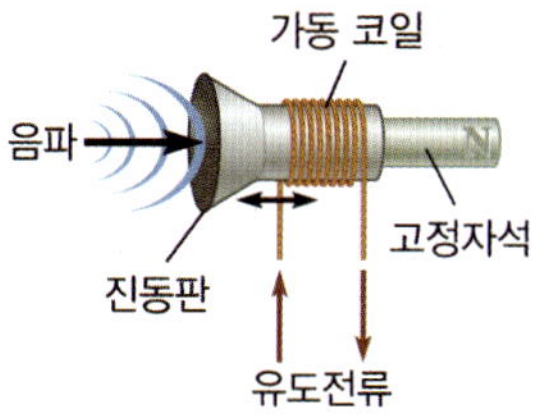

그림 20.15 가동 코일 마이크로폰

자기 뇌파 검사기 : 뇌자도 패러데이 법칙은 인체에 흐르는 전류를 탐지하는 또 하나의 방법을 알려 준다. 피부의 여러 점에서 퍼텐셜 차를 측정하는 대신, 전류가 만든 자기장을 측정할 수가 있다. 전류의 크기가 작아 자기장이 약하기 때문에 초전도 양자 간섭계 SQUID superconducting quantum interference device라는 민감한 검출기가 사용된다. 전류가 변화할 때 자기장의 변화가 SQUID에 기전력을 유도한다. 자기뇌파검사에서는 두개골 바로 바깥의 여러 위치에서 유도기전력을 측정한다(그림 20.16). 그리고 컴퓨터가 뇌에서 자기장을 만드는 전류의 위치, 크기 및 방향을 계산한다. 마찬가지로 심전도 검사기에서는 심장과 주변 신경계의 전류를 측정한다.

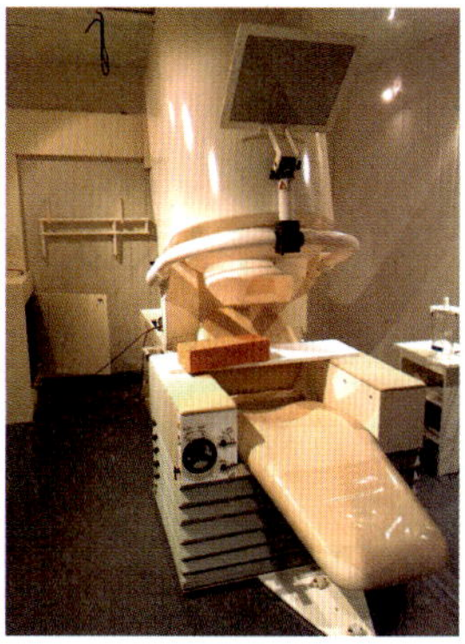
그림 20.16 뇌파검사기는 뇌 기능을 비침습noninvasive 수단을 사용해 실시간으로 관찰할 수 있다. 환자의 머리가 들어갈 부분의 양쪽에 있는 두 개의 저온유지장치에는 액체 헬륨으로 냉각된 민감한 자기장 검출기가 들어 있다.

20.4 렌츠의 법칙 Lenz's Law

자기선속의 변화에 의해 생긴 유도기전력의 방향과 전류의 방향은 **렌츠의 법칙**Lenz's Law을 이용하여 결정할 수 있다. 렌츠의 법칙은 독일 물리학자 렌츠Friedrich Emil Lenz, 1804~1865를 기려 이름 붙인 것이다.

렌츠의 법칙

변하는 자기선속이 유도전류를 흐르게 할 때, 유도전류는 자기선속의 변화를 방해하는 방향으로 자기장을 생성한다.

유도기전력과 전류가 자기장과 자기선속을 언제나 방해하는 것은 아니다. 유도기전력과 전류는 자기선속의 변화를 방해하는 방향을 향한다.

연결 고리 렌츠의 법칙은 실제로는 에너지 보존에 대한 다른 표현이다(개념형 보기 20.5 참조).

렌츠의 법칙을 응용하는 한 가지 방법은 유도전류에 의해 생긴 자기장의 방향을 알아보는 것이다. 고리에 생긴 유도전류는 자체 자기장을 만든다. 이러한 자기장의 세기는 외부 자기장에 비해 작을 수 있다. 이 자기장은 코일을 통과하는 자기선속의 변화를 완전히 막을 수는 없지만 언제나 선속의 변화를 막으려는 방향을 향한다. 자기장의 방향은 오른손 규칙에 의한 전류의 방향에 의해 주어진다(19.8절 참조).

살펴보기 20.4 그림 20.11에서, 자기장은 세기가 증가하고 있다. (a) 원형 도선 고리에서 어떤 방향으로 유도전류가 흐르는가? (b) 자기장의 세기가 감소하는 경우 전류의 방향은 어느 방향인가?

개념형 보기 20.5 운동하는 고리에 대한 패러데이 법칙과 렌츠의 법칙

패러데이와 렌츠의 법칙을 사용해서 보기 20.1에서 계산한 기전력과 전류를 확인하여라. 곧 고리를 통과하는 자기선속의 변화를 관찰해 기전력과 전류의 방향 및 크기를 구하여라.

전략 패러데이의 법칙을 적용하려면 선속이 변하는 이유를 찾아야 한다. 보기 20.1에서, 고리가 일정한 속도로 오른쪽으로 자기장의 영역 안에 들어가서, 통과하고, 밖으로 빠져 나온다. 영역 내의 자기장의 크기와 방향은 변하지 않으며 고리의 넓이도 변하지 않는다. 변화하는 것은 자기장 속에 있는 고리의 넓이이다.

풀이 위치 1, 3, 5에서 고리가 이동하더라도 선속은 변하지 않는다. 각 경우 고리의 작은 변위로 인해 선속은 변하지 않는다. 선속은 위치 1과 5에서는 0이고 위치 3에서는 0이 아니지만 일정하다. 이 세 위치에서 유도기전력은 0이고 전류도 0이다.

고리가 위치 2에 놓여 있으면 자기선속은 일정하다. 그러나 고리가 자기장 영역으로 이동하기 때문에, 자기장선이 교차하는 고리의 넓이가 증가한다. 따라서 자기선속이 증가하고 있다. 렌츠의 법칙에 따르면, 유도전류의 방향은 선속의 변화를 방해한다. 장이 지면으로 들어가고 선속이 증가하기 때문에 유도전류는 지면에서 나오는 방향의 자기장을 생성하게 하는 방향으로 흐른다. 오른손 규칙에 따라 전류는 반시계방향이다.

위치 2에서 고리의 길이 x는 자기장 영역에 있다. 장 속에 있는 고리의 넓이는 Lx이다. 따라서 선속은 다음과 같다.

$$\Phi_B = BA = BLx$$

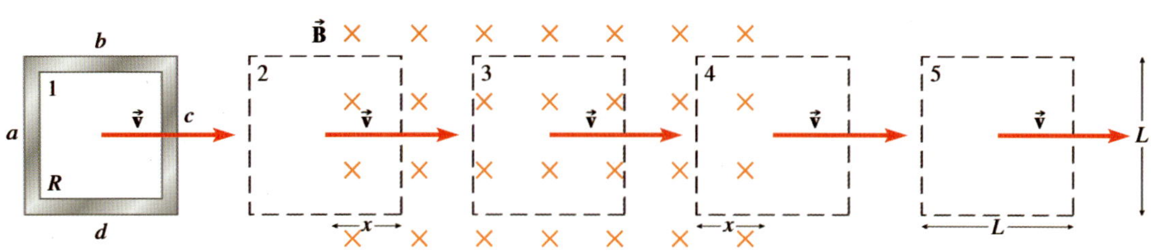

x만이 변하기 때문에 선속의 변화율은

$$\frac{\Delta\Phi_B}{\Delta t} = BL\frac{\Delta x}{\Delta t} = BLv$$

이다. 그러므로

$$|\mathcal{E}| = BLv$$

이고

$$I = \frac{|\mathcal{E}|}{R} = \frac{BLv}{R}$$

이다. 위치 4에서 고리가 자기장 영역을 벗어나면 선속이 감소한다. 다시 한 번, 고리가 길이 x만큼 장 내에 있다고 하자. 위치 2와 마찬가지로,

$$\Phi_B = BLx$$

$$|\mathcal{E}| = \left|\frac{\Delta\Phi_B}{\Delta t}\right| = BL\left|\frac{\Delta x}{\Delta t}\right| = BLv$$

이고

$$I = \frac{|\mathcal{E}|}{R} = \frac{BLv}{R}$$

이다. 이번에는 선속이 감소한다. 감소를 막기 위해 유도전류는 지면을 향하는 외부의 장과 같은 방향의 자기장을 만든다. 그 전류는 시계방향이어야 한다.
기전력과 전류의 크기와 방향은 보기 20.1과 같다.

검토 렌츠의 법칙을 사용해 전류의 방향을 구하는 또 다른 방법은 고리에 작용하는 자기력을 살펴보는 것이다. 자기선속이 변하는 이유는 고리가 오른쪽으로 움직이기 때문이다. 선속의 변화를 막기 위해, 전류는 어느 방향으로든 고리를 정지시켜 선속이 변하지 않게 하려고 고리에 왼쪽 방향의 힘이 작용하도록 흐른다. 위치 2에서, 변 b와 d의 자기력은 크기가 같고 방향이 서로 반대이다. 또한 $B = 0$이기 때문에 변 a에는 자기력이 없다. 그렇지만 변 c에는 왼쪽으로 자기력이 있어야 한다. $\vec{\mathrm{F}} = I\vec{\mathrm{L}} \times \vec{\mathrm{B}}$에서 변 c의 전류는 위 방향이므로 고리의 반시계방향으로 흐른다. 마찬가지로 위치 4에서 변 a의 전류는 왼쪽으로 향하는 자기력이 있도록 위쪽을 향한다.
렌츠의 법칙과 에너지 보존 사이의 관계는 고리에 작용하는 힘을 보면 더욱 분명해진다. 고리에 전류가 흐를 때, 전기에너지는 $P = I^2R$ 의 비율로 소모된다. 이 에너지는 어디서 오는가? 오른쪽으로 고리를 잡아당기는 외력이 없으면 자기력이 고리의 속도를 떨어뜨린다. 소모되는 에너지는 고리의 운동에너지에서 나온다. 전류가 흐르는 동안 고리가 일정한 속도로 오른쪽으로 계속 운동하게 하려면 외력이 고리를 오른쪽으로 당기고 있어야 한다. 외력이 한 일은 고리의 운동에너지를 보충한다.

실전문제 20.5 **고리에 작용하는 자기력**

(a) 위치 2와 4에서 고리에 작용하는 자기력을 B, L, v, R로 나타내어라. (b) 고리가 일정한 속도를 유지하도록 하기 위해 외력이 해주어야 하는 일의 비율($P = Fv$)이 고리가 소모하는 에너지의 비율($P = I^2R$)과 같음을 증명하여라.

개념형 보기 20.6 변하는 자기장 내의 도체 고리에 대한 렌츠의 법칙

원형 도선 고리가 일정한 속도로 막대자석 쪽으로 이동한다(그림 20.17). 고리는 자석 주위를 지나가고 반대편에서 멀어진다. 렌츠의 법칙을 사용하여 주어진 위치 1, 2에서 고리의 전류 방향을 구하여라.

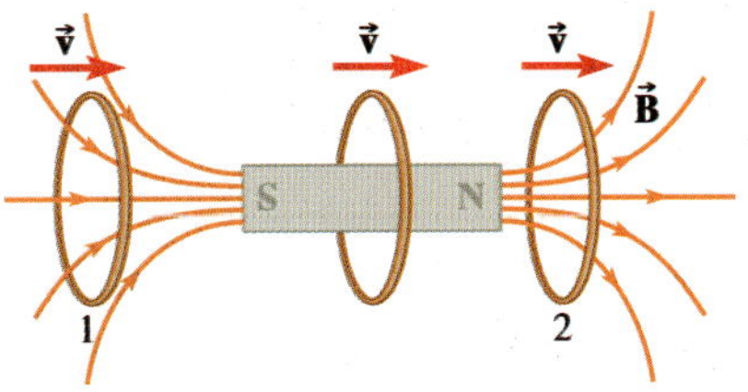

그림 20.17 막대자석 위를 통과하는 도체 고리

전략 위치 1에서는 고리가 장이 약한 곳에서 강한 곳으로(위치 1) 혹은 그 반대로 강한 곳에서 약한 곳으로(위치 2) 이동하기 때문에 고리를 통과하는 자속이 변한다. 왼쪽에서 고리를 바라볼 때(고리가 멀어져 가고 있는 방향) 전류의 방향을 반시계방향 또는 시계방향으로 지정할 수 있다.

풀이 위치 1에서 자기장선은 자석의 S극으로 들어가므로, 장선은 왼쪽에서 오른쪽으로 고리를 통과한다(그림 20.18a). 고리가 자석에 접근하고 있기 때문에 장은 점점 강해지고, 고리를 통과하는 장선의 수도 증가한다(그림 20.18b). 따라서 선속은 증가하고 있다. 선속의 증가를 막기 위해 전류는 왼쪽으로 향하는 자기장을 만든다(그림 20.18c). 오른손 규칙으로부터 전류 방향을 왼쪽에서 볼 때 반시계방향이다.

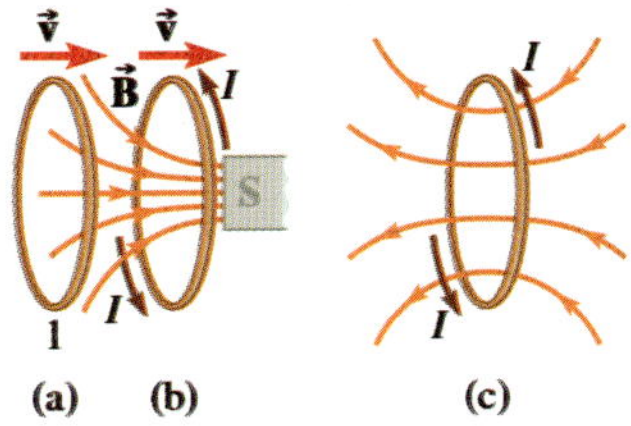

그림 20.18 위치 (a)에서 (b)까지 자석 쪽으로 움직이는 고리. (c) 접근하는 막대자석 때문에 장이 커지지 않도록 자기장 $\vec{B}$를 생성하기 위해 고리에 유도된 전류

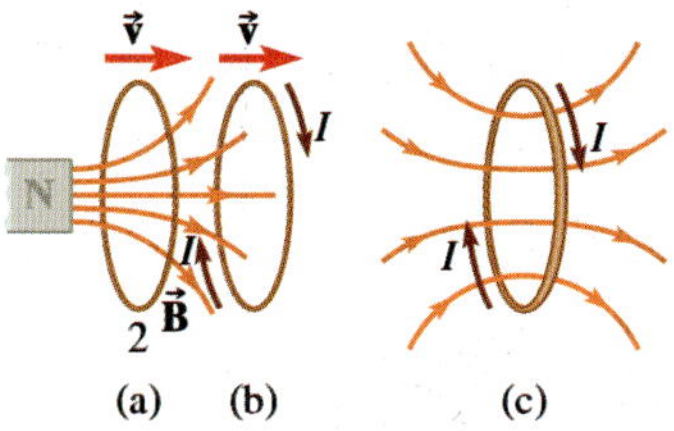

그림 20.19 위치 (a)에서 (b)까지 자석으로부터 멀어지는 고리. (c) 후퇴하는 막대자석 때문에 장이 작아지지 않도록 자기장 $\vec{B}$를 생성하기 위해 고리에 유도된 전류

위치 2에서 장선은 여전히 왼쪽에서 오른쪽으로 고리를 통과하지만(그림 20.19a), 장은 약해지고 있다(그림 20.19b). 전류는 반대 방향(왼쪽에서 보았을 때 시계방향)으로 흘러야 한다(그림 20.19c).

검토 렌츠의 법칙을 적용하는 방법은 여러 가지가 있다. 이 상황을 설명하는 또 다른 방법은 전류 고리가 자기쌍극자이기 때문에, 이를 작은 막대자석으로 생각하는 것이다. 위치 1에서, (실제) 막대자석은 전류 고리를 밀어낸다. 선속의 변화는 자석을 향한 고리의 운동 때문이다. 변화를 막기 위해서는 밀어내는 힘이 있어야 한다. 따라서 전류 고리의 양극은 그림 20.20a와 같아야 한다. 곧 자극이 미는 것처럼 되어야 한다. 전류의 방향을 알아보려면 오른손의 엄지를 북극으로 향하게 하고 손가락을 말아서 쥐어 보면 된다.

같은 과정을 위치 2에도 적용할 수 있다. 이제 선속의 변화는 고리가 자석으로부터 멀어지는 방향이므로 선속의 변화를 막기 위해 고리를 자석 쪽으로 끌어당기는 힘이 있어야 한다(그림 20.20b).

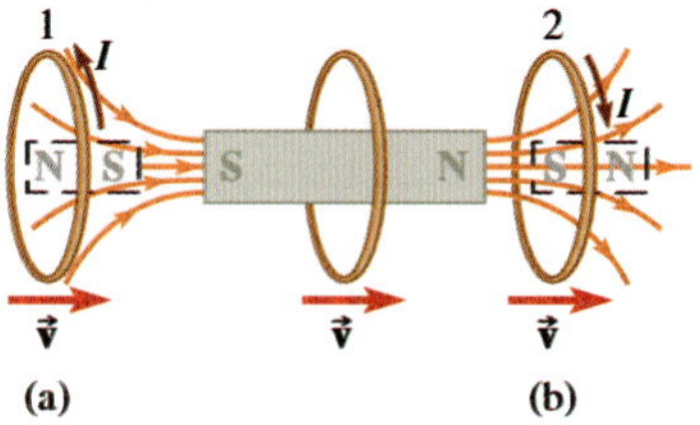

그림 20.20 전류 고리는 작은 막대자석으로 나타낼 수 있다.

개념형 실전문제 20.6 **코일에 유도된 기전력의 방향**

(a) 그림 20.21에서, 스위치를 닫은 직후 철심의 자기장의 방향은 어떻게 되는가? (b) 코일 2에 연결된 저항을 통해 흐르는 전류는 어느 방향으로 흐르는가? (c) 스위치가 닫혀 있으면 코일 2에 전류가 흐르는가? 그 이유는 무엇인가? (d) 스위치가 닫힌 직후 코일 1과 코일 2를 동등한 작은 막대자석으로 대체한 그림을 그려라.

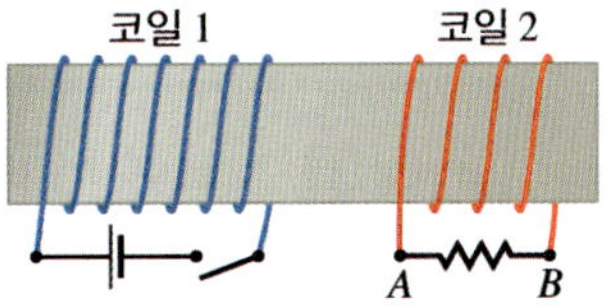

그림 20.21 하나의 연철심에 감겨 있는 두 개의 코일

20.5 전동기에서의 역기전력 Back Emf in a Motor

발전기와 전동기가 기본적으로 같은 장치라면, 전동기의 코일에 유도기전력이 있는가? 패러데이의 법칙에 따르면, 코일이 회전하면서 코일을 통과하는 자기선속이 변하므로 유도기전력이 존재해야만 한다. 렌츠의 법칙에 따르면 **역기전력**back emf이라고 불리는 이 유도기전력은 코일 내에 흐르는 전류의 흐름을 방해한다. 왜냐하면 코일을 회전시켜 자기선속을 변화시키는 것이 이 전류이기 때문이다. 역기전력의 크기는 자기선속의 변화율에 따라 변하므로, 코일의 회전 속력이 커짐에 따라 역기전력이 커진다.

그림 20.22는 직류 전동기에서 생기는 역기전력에 대한 간단한 회로 모형이다. 이 전동기에는 여러 각도에 권선이 골고루 있어서 돌림힘, 기전력 및 전류가 항상 일정하다고 가정한다. 외부 기전력이 처음 가해질 때에는 코일이 회전하지 않으므로 역기전력은 없다. 따라서 전류는 최댓값 $I = \mathscr{E}_{외부}/R$이 된다. 전동기가 빨리 회전할수록 역기전력이 커지므로 전류는 더 작아진다. 곧 $I = (\mathscr{E}_{외부} - \mathscr{E}_{역})/R$이다.

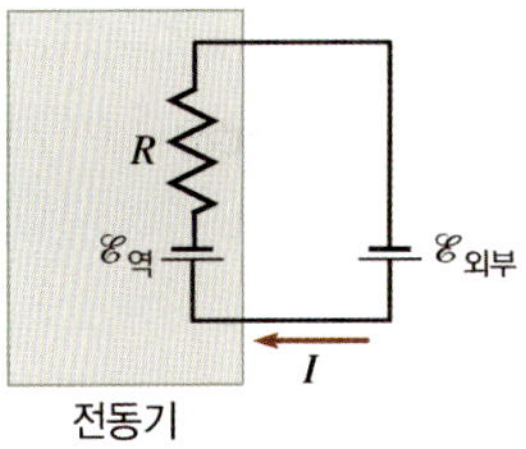

그림 20.22 외부 기전력($\mathscr{E}_{외부}$)이 직류 전동기에 가해진다. 역기전력($\mathscr{E}_{역}$)은 코일을 통과하는 선속의 변화 때문에 생성된다. 전동기의 회전 속력이 증가하면 역기전력은 커지고 전류는 작아진다.

냉장고나 세탁기에 있는 대형 전동기가 처음 돌기 시작할 때 실내의 불빛이 약간 어두워지는 것을 본 적이 있을 것이다. 전동기가 돌기 시작할 때는 역기전력이 없어 전동기에 많은 전류가 흐르기 때문이다. 가정에서 배선 양단의 전압 강하는 배선에 흐르는 전류에 비례하므로, 전구 또는 회로에 있는 다른 부하 양단의 전압이 감소해 순간적으로 '희미해진다'. 전동기의 속력이 커짐에 따라, 전동기에 흐르는 전류는 점점 더 적어져서 불빛을 희미하게 하는 현상은 없어진다.

전동기에 과부하가 걸리면, 전동기는 천천히 돌거나 전혀 돌지 못하므로 전동기 코일에 흐르는 전류는 크다. 전동기는 돌기 시작할 때 일시적으로 나타나는 큰 전류를 감당할 수 있도록 설계되어 있다. 하지만 전동기에 많은 전류가 지속적으로 흐른다면 전동기가 '타버린다'. 곧 코일이 가열되어 전동기가 고장 난다.

20.6 변압기 Transformers

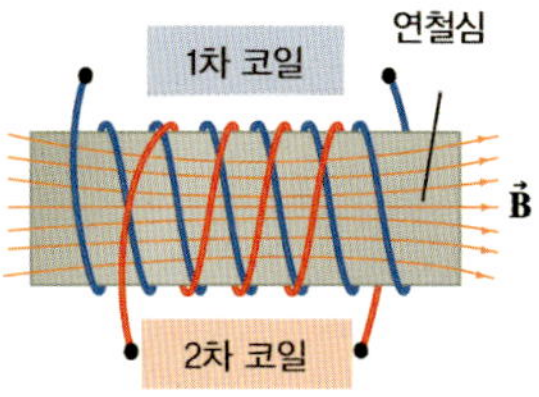

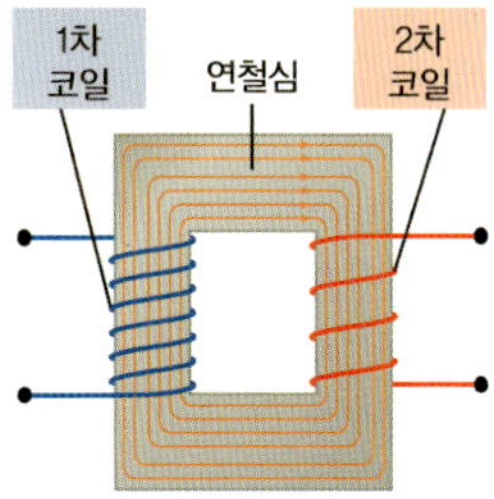

그림 20.23 두 가지 간단한 변압기. 각각은 공통 철심에 감은 2개의 코일로 이루어지므로, 1차 코일에 의해 생성된 거의 모든 자기장선이 2차 코일의 각 도선 고리를 통과한다.

19세기 후반에 가정 및 사업장에 공급될 전류의 유형에 대해 격렬한 논쟁이 있었다. 에디슨Thomas Edison은 직류를 지지한 반면에, 테슬라Nikola Tesla가 발명한 교류 전동기와 발전기에 대한 특허권을 소유한 웨스팅하우스George Westinghouse는 교류를 주장했다. 이 절에서 배우겠지만, 교류가 먼 거리 전송에서 직류보다도 손실이 적고, 변압기를 사용해 전압을 바꿀 수 있다는 이유로 웨스팅하우스가 승리했다.

그림 20.23은 두 개의 간단한 변압기를 보여준다. 각 경우에, 절연된 두 개의 전선이 따로 연철심에 감겨 있다. 자기장선이 철심을 지나가도록 되어 있어 두 코일이 같은 자기장선을 둘러싸고 있음에 유의하여라. 교류전압이 1차 코일에 가해지면, 1차 코일에 흐르는 교류전류는 2차 코일을 통과하는 자기선속을 변화시킨다.

1차 코일의 감긴 횟수가 N_1이라면, 패러데이의 법칙에 따라 1차 코일에 기전력($\mathscr{E}_1$)

$$\mathscr{E}_1 = -N_1 \frac{\Delta \Phi_B}{\Delta t} \tag{20-23}$$

이 유도된다. 여기서 $\Delta\Phi_B/\Delta t$는 1차 코일 내에 있는 한 개의 코일을 통과하는 자기선속의 변화율이다. 코일의 저항과 다른 에너지 손실을 무시하면, 유도된 기전력은 1차 코일에 가해진 교류전압과 같다.

2차 코일의 감긴 횟수가 N_2라면, 2차 코일에 유도된 기전력은

$$\mathscr{E}_2 = -N_2 \frac{\Delta \Phi_B}{\Delta t} \tag{20-24}$$

로 주어진다. 어느 순간에, 2차 코일 내에 있는 한 개의 코일을 통과하는 자기선속의 변화는 1차 코일 내에 있는 한 개의 코일을 통과하는 자기선속의 변화와 같으므로 식 (20-23)과 식 (20-24)에서 $\Delta\Phi_B/\Delta t$은 같은 양이 된다. 두 식에서 $\Delta\Phi_B/\Delta t$을 상쇄하면, 두 기전력의 비는 다음과 같다.

이상적인 변압기

$$\frac{\mathcal{E}_2}{\mathcal{E}_1} = \frac{N_2}{N_1} \tag{20-25}$$

출력, 곧 2차 코일의 기전력은 1차 코일에 가해준 입력 기전력에 N_2/N_1을 곱한 것이다. 비 N_2/N_1을 **감은 수의 비**turns ratio라고 한다. 변압기는 2차 코일의 기전력이 1차 코일에 가해준 입력보다 큰지 작은지에 따라 승압 변압기 또는 감압 변압기라고 불린다. 같은 변압기라도 어느 쪽 코일이 1차 코일로 사용되느냐에 따라 승압 변압기 또는 감압 변압기로 사용될 수 있다.

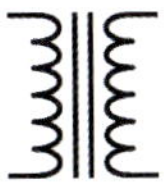
변압기를 나타내는 회로 기호

살펴보기 20.6 변압기의 1차 코일은 직류 전지에 연결되어 있다. 2차 코일에 기전력이 유도되는가? 그렇다면 왜 우리는 직류전원에 대해 변압기를 사용하지 않는가?

전류비 이상적인 변압기에서, 변압기 자체의 전력 손실은 무시할 만하다. 그래서 1차 코일에 공급되는 에너지의 비율은 2차 코일에 공급되는 에너지의 비율과 같다 ($P_1 = P_2$). 전력은 전압에 전류를 곱한 것이므로, 코일에 흐르는 전류의 비는 기전력 비의 역수와 같다.

$$\frac{I_2}{I_1} = \frac{\mathcal{E}_1}{\mathcal{E}_2} = \frac{N_1}{N_2} \tag{20-26}$$

변압기는 설계한 대로 작동할 때 일반적으로 매우 효율적이기 때문에 식 (20-26)은 좋은 근사치이다. 2차 코일에 흐르는 전류가 0(부하 회로에 연결되어 있지 않는 경우)이거나 작은(부하 회로의 저항이 큰 경우) 경우는 예외이다. 이때는 부하 회로에 전력이 거의 전달되지 않아 변압기의 전력 손실을 무시할 수 없다.

보기 20.7 휴대전화 충전기

휴대전화 충전기 내부에 있는 변압기의 1차 코일은 500번 감겨 있다. 이를 170 V의 진폭을 가진 일반적인 사인함수 형태의 가정용 전원에 연결하면, 진폭이 6.8 V인 기전력을 공급한다. (a) 2차 코일에 감긴 횟수는 얼마인가? (b) 휴대전화가 진폭이 1.50 A인 전류를 사용한다면, 1차 코일에 흐르는 전류의 진폭은 얼마인가?

전략 기전력의 비는 코일이 감긴 횟수의 비와 같다. 두 기전력과 1차 코일의 감긴 횟수를 알고 있으므로, 2차 코일의 감긴 횟수를 알 수 있다. 1차 코일에 흐르는 전류를 구하기 위해 변압기가 이상적이라고 가정하자. 따라서 두 코일에서의 전류는 기전력에 반비례한다.

풀이 (a) 코일이 감긴 수의 비는 기전력의 비와 같다.

$$\frac{\mathcal{E}_2}{\mathcal{E}_1} = \frac{N_2}{N_1}$$

N_2에 대해서 풀면 다음과 같이 된다.

$$N_2 = \frac{\mathcal{E}_2}{\mathcal{E}_1} N_1 = \frac{6.8\text{ V}}{170\text{ V}} \times 500 = 20\text{회}$$

(b) 전류는 기전력에 반비례한다.

$$\frac{I_1}{I_2} = \frac{\mathcal{E}_2}{\mathcal{E}_1} = \frac{N_2}{N_1}$$

$$I_1 = \frac{\mathcal{E}_2}{\mathcal{E}_1} I_2 = \frac{6.8\text{ V}}{170\text{ V}} \times 1.50\text{ A} = 0.060\text{ A}$$

검토 가장 흔한 실수는 감은 수의 비를 거꾸로 하는 것이다. 여기서는 감압 변압기가 필요하므로 N_2는 N_1보다 작아야 한다. 같은 변압기를 1차 코일과 2차 코일을 바꾸어 연결하면 승압 변압기로서 작동하게 된다. 그러면 휴대전화에 6.8 V가 아니라

$$170\text{ V} \times \frac{500}{20} = 4250\text{ V}$$

을 공급하게 된다. 입력 전력과 출력 전력이 서로 같은지 점검해 볼 수 있다.

$$P_1 = \mathcal{E}_1 I_1 = 170\text{ V} \times 0.060\text{ A} = 10.2\text{ W}$$

$$P_2 = \mathcal{E}_2 I_2 = 6.8\text{ V} \times 1.50\text{ A} = 10.2\text{ W}$$

(기전력과 전류는 사인함수처럼 변하므로 순간 전력은 일정하지 않다. 전류와 기전력의 진폭을 곱하면, 최대 전력을 계산할 수 있다.)

실전문제 20.7 **이상적인 변압기**

이상적인 변압기의 1차 코일은 5번, 2차 코일은 2번 감겨 있다. 1차 코일의 평균 입력 전력이 10.0 W라고 할 때 2차 코일의 평균 출력은 얼마인가?

그림 20.24 전압은 여러 단계를 거쳐 변환된다. 승압 변압기는 원거리 송전을 하기 위하여 발전소로부터 얻은 전압을 345 kV로 높인다. 이 전압은 여러 단계를 거쳐 다시 낮아진다. 직렬로 연결된 마지막 변압기는 지역 전력선의 3.4 kV를 가정에서 사용되는 170 V로 낮춘다.

응용 : 배전

전압을 바꿀 수 있다는 것이 왜 중요한가? 주된 이유는 송전선에서의 에너지 손실을 최소화할 수 있기 때문이다. 발전소로부터 먼 거리에 있는 도시에 전력 P을 공급한다고 가정하자. I_s와 V_s를 부하(도시)에 공급한 전류와 전압이라고 한다면, 공급한 전력은 $P_s = I_s V_s$이므로, 발전소는 높은 전압과 낮은 전류 또는 낮은 전압과 높은 전류 중 하나로 공급할 수가 있다. 송전선이 총저항 R을 가진다면, 송전선에서의 에너지 손실률은 $I_s^2 R$이다. 따라서 송전선에서 에너지 손실을 최소화하려면 송전선을 통해 흐르는 전류를 가능한 한 작게 해야 한다. 이는 퍼텐셜 차가 엄청나게 높아야, 어떤 경우에는 수백 kV나 되어야 함을 의미한다. 이때 변압기는 발전기의 출력 기전력을 고전압으로 올리는 데

사용된다(그림 20.24). 가정용 배선에 이와 같은 고전압을 가하는 것은 안전하지 못하므로, 가정에 도달하기 전에 전압을 다시 낮춘다.

20.7 맴돌이 전류 Eddy Currents

도체가 변하고 있는 자기선속에 있으면, 유도기전력이 생기고 전류가 흐른다. 고체 도체의 경우에 유도전류는 순간적으로 수많은 경로를 따라 흐른다. 이것을 **맴돌이 전류** eddy currents 라 하는데 그 모양이 강의 급류나 공기 중에서 소용돌이치는 맴돌이와 유사해서 그런 이름이 붙었다. 전류가 흐르는 유형이 복잡하더라도, 렌츠의 법칙을 사용해 전류가 흐르는 방향(시계 또는 반시계방향)은 대체적으로 알 수 있다. 또한 에너지 보존을 사용해 맴돌이 전류 흐름의 정성적인 효과를 결정할 수가 있다. 저항성 매질 내에서 흐르므로, 맴돌이 전류는 전기에너지를 소모한다.

개념형 보기 20.8 맴돌이 전류 감쇠 장치

저울에는 어떤 감쇠 메커니즘이 필요하다. 감쇠 기능이 없으면, 저울 팔은 정지하기까지 오랜 시간 동안 진동해 물체의 질량을 재는 일이 길고 지루할 수 있다. 진동을 감쇠시키기 위해 사용하는 전형적인 방법을 그림 20.25에 나타내었다.

저울의 팔에 붙어 있는 금속판이 영구자석의 양극 사이를 통과한다. (a) 감쇠 효과를 에너지 보존 법칙으로 설명하여라. (b) 감쇠력은 금속판의 속력에 따라 변하는가?

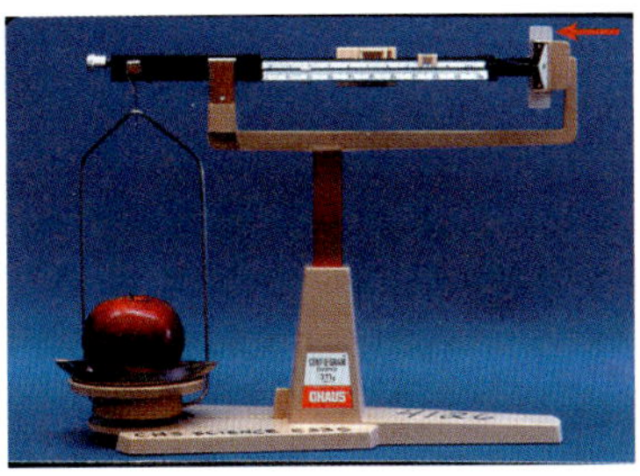

그림 20.25 감쇠 장치가 저울 팔의 오른쪽 끝에 있다. 저울의 팔이 진동함에 따라 금속판이 자석의 양극 사이에서 움직인다.

전략 금속판의 일부가 자기장 안으로 들어오거나 밖으로 나가면, 자기선속이 변하여 기전력이 유도된다. 이러한 유도기전력은 맴돌이 전류의 흐름을 만든다. 맴돌이 전류의 방향은 렌츠의 법칙으로 결정된다.

풀이 (a) 금속판이 자석의 극 사이에서 운동함에 따라, 금속판의 일부는 자기장 속으로 들어오고 나머지 부분은 자기장에서 벗어난다. 이 자기선속의 변화 때문에 생긴 유도기전력이 맴돌이 전류를 흐르게 한다. 맴돌이 전류는 에너지를 소모하는데, 에너지는 저울의 팔과 접시 및 접시 위에 놓인 물체의 운동에너지에서 오는 것이다. 전류가 흐를수록 저울의 운동에너지는 감소하므로 저울은 훨씬 빨리 정지한다.

(b) 금속판이 더 빨리 운동하면, 자기선속도 더 빨리 변한다. 패러데이의 법칙에 따르면 유도기전력이 자기선속의

변화율에 비례한다. 더 큰 유도기전력은 더 큰 전류를 흐르게 한다. 그러므로 감쇠력이 더 크다.

금속판이 느려지고 정지함에 따라 감쇠력은 0으로 감소한다. 미끄럼마찰 패드는 금속판이 정지한 상태에서도 마찰력을 작용하므로, 저울의 값에 영향을 미칠 수 있다. 맴돌이 전류 감쇠 장치는 정지 상태에서 감쇠력이 0이기 때문에 저울의 값에 영향을 미치지 않는다.

검토 (a)에 대한 또 다른 접근은 렌츠의 법칙을 이용하는 것이다. 맴돌이 전류에 작용하는 자기력은 자기선속의 변화를 방해해야 하므로, 자석을 통과하는 금속판의 운동을 방해할 수밖에 없다. 금속판의 감속은 자기선속의 변화를 줄여주지만, 금속판의 속력 증가는 자기선속의 변화를 증가시키고 저울의 운동에너지를 증가시키게 되므로 에너지 보존에 위배된다.

개념형 실전문제 20.8 **변압기용 철심의 선택**

어떤 변압기에는 도선이 감기는 철심이 한 덩어리가 아닌 절연된 철사 묶음으로 이루어져 있다(그림 20.26). 속이 찬 철심 대신에 절연된 철사를 사용할 때 어떠한 장점이 있는지 설명하여라. [힌트 : 맴돌이 전류에 대하여 생각해 보라. 이 경우에 맴돌이 전류가 불리한 이유는 무엇인가?]

(a) 철선 다발 (b) 속이 찬 연철심

그림 20.26 변압기의 철심

응용 : 맴돌이 전류 제동

보기 20.8에서 설명한 현상을 맴돌이 전류 제동이라고 한다. 맴돌이 전류 제동은 실험실 저울과 같이 민감한 기기에 응용하면 이상적이다. 저울 팔의 끝에서 금속판이 자석 사이를 지나간다. 금속 팔이 운동하고 있으면 맴돌이 전류가 금속판에 유도된다. 이 감쇠 메커니즘은 마모되지 않고 조정할 필요가 없으며, 저울 팔이 움직이지 않을 때는 힘을 작용하지 않는 것도 확실하다. 맴돌이 전류 제동은 자기 부상 모노레일, 트램 선로, 기관차, 여객 열차 및 화물 열차와 같은 철도 차량에도 사용된다.

맴돌이 전류로 인한 감쇠력은 자동적으로 운동 방향과 반대 방향으로 작용한다. 감쇠력의 크기는 속력이 클 때 더 커진다. 감쇠력은 유체를 통해 움직이는 물체에 작용하는 점성력과 매우 비슷하다(문제 22 참조).

응용 : 인덕션 레인지

이 장의 도입글에서 언급한 인덕션 레인지는 맴돌이 전류에 의해 작동된다. 조리대 바닥에는 진동하는 자기장을 만드는 전자석이 있다. 금속 냄비를 레인지 위에 놓으면, 기전력이 발생해 전류가 흐르고 이 전류에 의해 소모되는 에너지가 냄비를 가열한다(그림

20.27). 냄비는 금속으로 만들어져야 한다. 파이렉스 유리로 만든 냄비를 사용하면, 전류가 흐르지 않아 가열되지 않는다. 같은 이유에서, 뜨거운 냄비를 잡는 냄비 장갑이나 종이가 인덕션 레인지 위에 떨어진다 해도 화재의 위험은 없다. 조리대 표면 자체는 부도체이며, 냄비에서 조리대로 열이 전달됨에 따라 조리대 표면의 온도가 올라갈 뿐이다. 따라서 조리대 표면은 냄비의 밑바닥보다 더 뜨거워지지 않는다.

그림 20.27 인덕션 레인지 위의 금속 냄비에 유도된 맴돌이 전류

20.8 유도전기장 Induced Electric Fields

도체가 자기장 내에서 운동할 때, 움직일 수 있는 전하에 작용하는 자기력 때문에 운동기전력이 발생한다. 전하는 도체와 함께 운동하므로, 전하의 평균 속도는 0이 아니다. 만일 닫힌회로가 존재하면 전하에 작용하는 자기력이 회로를 따라 전하를 밀어 운동하게 한다.

변하는 자기장 안에서 정지해 있는 도체에 유도된 기전력은 무엇 때문에 일어나는가? 도체가 정지해 있으면 도체 내에 움직일 수 있는 전하들의 평균 속도는 0이다. 따라서 전하들에 작용하는 평균 자기력은 0이므로, 회로를 따라 전하를 이동시키는 것은 자기력이 아니다. 변하는 자기장에 의해 생긴 **유도전기장**induced electric fields이 도체 내의 움직일 수 있는 전하에 작용하고 회로를 따라 전하를 밀어 운동하게 한다. 다른 전기장에 적용되는 것과 같은 힘의 법칙($\vec{F} = q\vec{E}$)이 유도전기장에도 적용된다.

고리에 유도된 기전력은 고리를 따라 운동하는 대전입자에 단위 전하당 한 일이다. 따라서 같은 점에서 출발해 같은 점에서 끝나는 닫힌회로를 따라 움직이는 전하에 유도전기장이 한 일은 0이 아니다. 바꿔 말해, 유도전기장은 비보존장이다. 유도전기장 $\vec{E}$가 한 일은 전하에 퍼텐셜 차를 곱한 것으로는 설명할 수 없다. 전기 퍼텐셜의 개념은 닫힌회로를 한 바퀴 도는 전하에 한 일이 0인 전기장에만 적용된다. 그래야만 전기 퍼텐셜이 공간의 각 점에서 유일한 값을 가질 수 있기 때문이다. 표 20.1에 보존전기장과 비보존전기장의 차이점을 요약했다.

표 20.1 보존전기장과 비보존전기장의 비교

	보존전기장	비보존전기장
근원	전하	변하는 자기장($\vec{B}$)
장선	양전하에서 시작해서 음전하에서 끝난다.	닫힌 고리
퍼텐셜 차로 설명할 수 있는가?	가능하다.	가능하지 않다.
닫힌회로를 돌며 한 일	항상 0	0이 아닐 수 있다.

전자기장

어떻게 해서 패러데이의 법칙은 자기선속이 변하는 원인에 관계없이, 곧 자기장의 변화 때문인지 자기장 내 도체의 움직임 때문인지 관계없이 유도기전력을 주는가? 어떤 기준틀에서 운동 중인 도체는 다른 기준틀에서는 정지해 있다. 26장에서 다루겠지만, 아인슈타인의 특수 상대성 이론에 따르면 이 두 기준틀은 동등하다. 한 기준틀에서 유도기전력은 도체의 운동에 의해 만들어지는 반면에, 다른 기준틀에서는 유도기전력이 자기장의 변화에 따라서 만들어진다. 유도기전력의 생성 과정의 차이는 결국 기준틀의 선택에서 발생하는 것이다.

연결고리 상대성 이론은 전기장과 자기장을 통합했다.

전기장과 자기장은 실제로 서로 독립적인 양이 아니다. 이들은 서로 밀접하게 연관되어 있다. 전기장과 자기장은 서로 다른 단위를 가진 다른 물리량이다. 이들을 별개의 것으로 생각하지만, 좀 더 정확한 관점은 이들을 **전자기장**electromagnetic field의 두 양상으로 생각하는 것이다. 대충 비유하자면 같은 벡터가 서로 다른 좌표 틀에서 서로 다른 x, y 성분을 가지지만, 이러한 성분들은 같은 벡터를 나타내는 것과 같다. 같은 방식으로, 전자기장도 기준틀에 따라 달라지는 전기장 성분과 자기장 성분(벡터의 성분과 유사한)을 갖는다. 어떤 기준틀의 순수한 전기장은 다른 기준틀에서는 전기장과 자기장 '성분' 모두를 가질 수 있다.

이때 대칭성이 결여되어 있음을 눈치챌 수 있을 것이다. 변하는 자기장 $\vec{B}$가 항상 유도 전기장 $\vec{E}$를 동반한다면, 반대의 경우는 어떻게 되겠는가? 변하는 전기장이 항상 자기장을 만들겠는가? 빛이 전자기파라는 것을 이해하는 데 아주 중요한 이 질문에 대한 답은 '예'이다(22장).

20.9 인덕턴스 Inductance

상호 인덕턴스

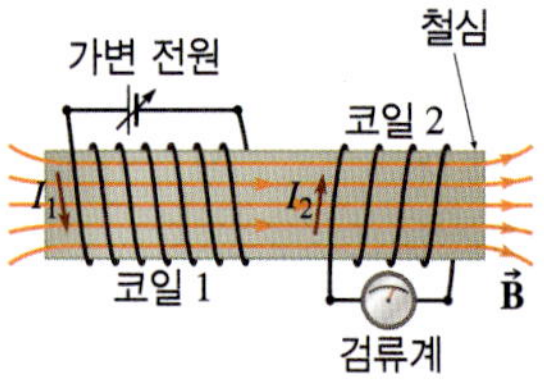

그림 20.28 코일 1에서 전류가 변하면 코일 2에 유도기전력이 발생한다.

그림 20.28은 전선으로 된 두 개의 코일을 보여준다. 가변 전원은 코일 1에 전류 I_1이 흐르도록 한다. 전류는 그림과 같이 자기장선을 생성한다. 이러한 자기장선의 일부가 코일 2의 권선을 통과한다. I_1이 변하도록 전원을 조절하면, 코일 2를 통과한 자기선속이 변하며 코일 2에 유도기전력이 나타난다. 한 장치에서 전류의 변화가 다른 장치에 유도기전력을 일으키게 하는 **상호 인덕턴스**mutual inductance는 같은 회로에 있는 두 회로소자 사이에서

뿐만 아니라 서로 다른 회로에 있는 소자 사이에서도 일어날 수 있다. 두 경우 모두 한쪽 소자의 전류 변화가 다른 쪽에 기전력을 유도한다. 이 효과는 실제로 상호 호환적이다. 곧 코일 2의 전류 변화도 코일 1에 기전력을 유도한다.

자체 인덕턴스

미국의 과학자 조셉 헨리Joseph Henry, 1797~1878는 철심 주위에 절연 전선을 감아서 처음으로 전자석을 만들었다(실제로 헨리는 패러데이 이전에 유도기전력을 발견했으나 패러데이가 먼저 발표했다). 또한 헨리는 코일의 전류가 변화하면 같은 코일에서 기전력이 유도된다는 사실을 처음으로 제안했다. 이 효과를 **자체 인덕턴스**self inductance(또는 간단히 **인덕턴스**)라고 한다. 코일, 솔레노이드, 토로이드 또는 기타 회로소자가 주로 자체 인덕턴스 효과를 위해 회로에 사용되었을 때 이것을 **인덕터**inductor라고 한다(그림 20.29).

그림 20.29 절연 전선으로 싸인 철심은 회로에서 인덕터 역할을 한다.

> 인덕터의 회로 기호는 ─𝓂𝓂─ 이다.

인덕터의 **인덕턴스**inductance L은 인덕터를 통과하는 자체의 선속과 인덕터의 권선을 통해 흐르는 전류 I 사이의 비례상수로 정의된다.

인덕턴스의 정의

$$N\Phi = LI \tag{20-27}$$

여기서 각 권선을 통과하는 선속이 Φ이고 인덕터의 권선 수는 N이다. 인덕턴스의 SI 단위는 헨리(기호 H)라고 부른다. 식 (20−27)로부터 $L = N\phi/I$ 이므로,

$$1\ \text{H} = 1\frac{\text{Wb}}{\text{A}} = 1\frac{\text{Wb/s}}{\text{A/s}} = 1\frac{\text{V}\cdot\text{s}}{\text{A}} \tag{20-28}$$

이다. 인덕터의 전류가 변할 때 선속이 변한다. N과 L이 상수이므로 $N\Delta\Phi = L\Delta I$이다. 그러므로 패러데이의 법칙으로부터 인덕터의 유도기전력은 다음과 같이 된다.

인덕터의 유도기전력

$$\mathcal{E} = -N\frac{\Delta\Phi}{\Delta t} = -L\frac{\Delta I}{\Delta t} \tag{20-29}$$

유도기전력은 전류의 변화율에 비례한다.

솔레노이드의 인덕턴스 인덕터의 가장 일반적인 형태는 솔레노이드이다. 문제 51에서, 단위 길이당 감긴 수 n, 길이 l, 반지름 r인 공심 솔레노이드의 인덕턴스는

$$L = \mu_0 n^2 \pi r^2 l \tag{20-30}$$

와 같이 된다는 것을 알 수 있다. 감겨 있는 총권선 수 N은 $N = nl$로 표현할 수 있으므로 인덕턴스는 다음과 같다.

$$L = \frac{\mu_0 N^2 \pi r^2}{l} \tag{20-31}$$

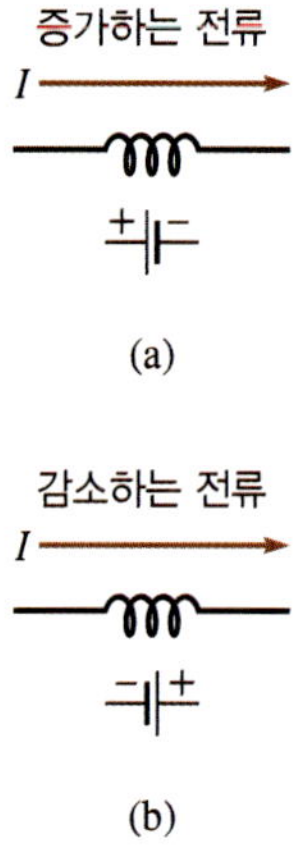

그림 20.30 두 인덕터를 지나는 전류는 오른쪽으로 흐른다. (a)에서 전류가 증가하면 인덕터에서 유도된 기전력은 전류가 증가하는 것을 막으려고 '시도한다'. (b)에서 전류가 감소하면 인덕터에서 유도된 기전력은 전류가 감소하는 것을 막으려고 '시도한다'.

회로의 인덕터 회로에서 인덕터의 역할은 전류 안정기로 요약할 수 있다. 인덕터는 전류를 일정하게 유지하기를 '좋아한다'. 다시 말해 현재 상황을 유지하려고 '시도한다'. 전류가 일정하다면 유도기전력은 없다. 권선의 저항을 무시할 수 있다면 인덕터는 단락 회로처럼 작동한다. 전류가 변할 때 유도기전력은 전류의 변화율에 비례한다. 렌츠의 법칙에 따르면, 기전력의 방향은 그것을 만들어내는 변화를 막으려는 방향이다. 만일 전류가 증가하면, 전류의 증가를 어렵게 만들려는 것처럼 인덕터의 기전력 방향은 뒤를 향한다(그림 20.30a). 전류가 감소하면, 전류가 계속 흐르는 것을 도우려는 것처럼 인덕터의 기전력 방향이 앞으로 향하게 된다(그림 20.30b).

인덕터에 저장된 에너지 축전기가 전기장에 에너지를 저장하는 것처럼 인덕터는 자기장에 에너지를 저장한다. 인덕터의 전류가 시간 T 동안에 0에서 I까지 일정한 비율로 증가한다고 가정하자. 소문자 i는 0과 T 사이의 시간 t에서 순간 전류를 나타내고, 대문자 I는 최종 전류를 나타낸다. 인덕터에 에너지가 축적되는 순간 비율은

$$P = \mathscr{E}\, i \tag{18-34}$$

이다. 전류가 일정한 비율로 증가하기 때문에, 자기선속은 일정한 비율로 증가하고 유도기전력도 일정하다. 또 전류가 일정한 비율로 증가하기 때문에, 평균 전류는 $I_{\text{평균}} = I/2$이다. 그러면 에너지가 축적되는 평균 비율은

$$P_{\text{평균}} = \mathscr{E}\, I_{\text{평균}} = \frac{1}{2}\mathscr{E}\, I \tag{20-32}$$

이다. 기전력에 대한 식 (20−29)를 사용하면 평균 전력은

$$P_{\text{평균}} = \frac{1}{2}\left(L\frac{\Delta i}{\Delta t}\right)I \tag{20-33}$$

이고, 인덕터에 저장된 총에너지는

$$U = P_{평균} T = \frac{1}{2}\left(L\frac{\Delta i}{\Delta t}\right)IT \qquad (20\text{-}34)$$

이다. 전류가 일정한 비율로 변하므로 $\Delta i/\Delta t = I/T$이다. 인덕터에 저장된 총에너지는 다음과 같다.

인덕터에 저장된 자기에너지

$$U = \frac{1}{2}LI^2 \qquad (20\text{-}35)$$

연결고리 인덕터에서 저장된 에너지와 축전기에서 저장된 에너지, 곧 $U_C = \frac{1}{2}C^{-1}Q^2$(식 (17–31))을 비교하여라. 축전기에서 전기장의 에너지가 전하의 제곱에 비례하는 것처럼 인덕터의 자기장에서 에너지는 전류의 제곱에 비례한다.

계산을 단순화하기 위해 전류를 0에서 일정한 비율로 증가시킨다고 가정했다. 그러나 인덕터에 저장된 에너지에 대한 식 (20–35)는 전류 I에만 관계되며 어떻게 그 값에 도달했는지에는 관계가 없다.

자기에너지 밀도 자기장의 에너지 밀도를 구하기 위하여 인덕터를 사용할 수 있다. 솔레노이드가 충분히 길어서 외부 자기장에 저장된 에너지는 무시할 수 있다고 하자. 인덕턴스는

$$L = \mu_0 n^2 \pi r^2 l \qquad (20\text{-}30)$$

으로 주어진다. n은 단위 길이당 코일이 감긴 횟수, l은 솔레노이드 길이, r은 솔레노이드의 반지름이다. 전류 I가 흐르는 솔레노이드 내에 저장된 에너지는

$$U = \frac{1}{2}LI^2 = \frac{1}{2}\mu_0 n^2 \pi r^2 l I^2 \qquad (20\text{-}36)$$

이다. 솔레노이드 내부의 부피는 단면의 넓이에 길이를 곱한 값으로

$$부피 = \pi r^2 l$$

이다. 따라서 단위 부피당 에너지인 자기에너지 밀도는

$$u_B = \frac{U}{\pi r^2 l} = \frac{1}{2}\mu_0 n^2 I^2 \qquad (20\text{-}37)$$

이다. 긴 솔레노이드 내부의 자기장에 대한 표현식 $B = \mu_0 nI$(식 (19–33))를 사용해 에너지 밀도를 자기장의 세기로 나타내면 다음과 같다.

자기에너지 밀도

$$u_B = \frac{1}{2\mu_0}B^2 \quad (20\text{-}38)$$

식 (20−38)은 솔레노이드 내부에 공기가 아니라 다른 물질이 채워진 경우에도 적용된다. 강자성체 내부를 제외하면 항상 적용할 수 있는 자기장의 에너지 밀도에 대한 표현식이다. 자기에너지 밀도와 전기에너지 밀도는 장의 세기의 제곱에 비례한다. 전기에너지 밀도가 다음과 같음을 기억하여라.

$$u_E = \frac{1}{2}\kappa\epsilon_0 E^2 \quad (17\text{-}34)$$

살펴보기 20.9 5개의 솔레노이드가 각각 단위 길이당 n번씩 권선으로 감겨 있다. 솔레노이드의 길이, 지름, 흐르는 전류가 다음과 같이 주어졌을 때, 저장된 자기에너지가 큰 것부터 나열하여라.

(a) $l = 6$ cm, $d = 1$ cm, $I = 150$ mA
(b) $l = 12$ cm, $d = 0.5$ cm, $I = 150$ mA
(c) $l = 6$ cm, $d = 2$ cm, $I = 75$ mA
(d) $l = 12$ cm, $d = 1$ cm, $I = 150$ mA
(e) $l = 12$ cm, $d = 2$ cm, $I = 30$ mA

보기 20.9 MRI 자석에 저장된 에너지

MRI 장비의 주자석은 액체 헬륨이 끓는점(−269℃)에서 차갑게 유지되는 초전도 도선으로 감겨진 대형 솔레노이드이다. 솔레노이드는 길이 2.0 m, 지름 0.60 m이다. 정상 작동 중에 권선을 통과하는 전류는 120 A이고 자기장 세기는 1.4 T이다. (a) 정상 작동 중에 자기장에는 얼마나 많은 에너지가 저장되겠는가? (b) 우연히 장비가 급랭되면서, 코일의 일부가 초전도체가 아니라 보통의 도체가 되었다. 그러면 자석에 저장된 에너지가 급격하게 소모된다. 자석에 저장된 에너지로 얼마나 많은 양의 액체 헬륨을 끓일 수 있는가(그림 20.31)? (헬륨의 기화에 필요한 숨은열은 82.9 J/mol이다.) 또한 20℃, 1 atm에서 이 헬륨이 차지하는 부피는 얼마인가? (c) 필요한 수리 후에 솔레노이드를 18 V 전원공급장치에 연결해 자석을 재가동한다. 전류가 120 A에 도달하는 데 걸리는 시간은 얼마인가?

그림 20.31 초전도 자석의 급랭. 자석에 저장된 에너지는 빠르게 소모되어 자석을 냉각 상태로 유지하는 데 사용되는 액체 헬륨을 끓게 한다.

전략 (a) 저장된 에너지는 인덕턴스와 전류(식 (20-35))로부터 구할 수 있지만, 문제에서 인덕턴스가 아닌 자기장이 주어져 있으므로 자기에너지 밀도를 계산하여 쉽게 풀 수 있다. 저장된 에너지는 에너지 밀도(단위 부피당 에너지)와 솔레노이드의 부피를 곱한 값이다. (b) 헬륨은 이미 끓는점에 도달해 온도 변화가 없다. (a)에서 구한 에너지와 숨은열을 이용해 끓게 되는 헬륨의 몰수를 계산할 수 있다. 그런 다음 이상기체 법칙으로 실온에서 헬륨이 차지하는 부피와 몰수를 연관시킨다. (c) 솔레노이드의 초전도 권선은 전기저항이 없으므로 솔레노이드를 이상적인 인덕터로 취급할 수 있다. 전원공급장치에 연결되면 키르히호프의 고리 규칙에 따라 솔레노이드의 유도기전력이 전원공급장치의 기전력과 같아야 한다.

풀이 (a) 솔레노이드의 형태는 원통형이므로 부피는 $V=\pi r^2 l$이다. 식 (20-38)의 자기에너지 밀도를 사용해 저장된 총에너지는 다음과 같이 계산된다.

$$U=u_B \pi r^2 l=\frac{1}{2\mu_0}B^2\pi r^2 l$$

주어진 값을 대입하면

$$U=\frac{1}{2(4\pi\times10^{-7}\,\mathrm{T\cdot m/A})}(1.4\,\mathrm{T})^2\pi(0.30\,\mathrm{m})^2(2.0\,\mathrm{m})$$
$$=0.441\,\mathrm{MJ}$$

이고 반올림하면 0.44 MJ이다.

(b) 끓는 헬륨의 몰수는

$$n=\frac{U}{L_v}$$

이다. 여기서 L_v는 몰당 숨은 기화열이다.

$$n=\frac{U}{L_v}=\frac{0.441\,\mathrm{MJ}}{82.9\,\mathrm{J/mol}}=5300\,\mathrm{mol}$$

이상기체 법칙으로부터

$$V=\frac{nRT}{P}=\frac{U}{L_v}\frac{RT}{P}$$

$$=\frac{0.441\times10^6\,\mathrm{J}\times8.31\,\frac{\mathrm{J}}{\mathrm{K\cdot mol}}\times293\,\mathrm{K}}{82.9\,\frac{\mathrm{J}}{\mathrm{mol}}\times101.3\times10^3\,\mathrm{Pa}}$$
$$=130\,\mathrm{m}^3$$

이다. 솔레노이드에 저장된 모든 에너지가 헬륨을 끓이는 것은 아니지만 이 결과는 우연히 급랭이 발생할 때 심각한 질식 위험이 있다는 것을 알려준다.

(c) 인덕턴스는 $I_f=120\,\mathrm{A}$일 때 저장된 에너지 U에서 구할 수 있다.

$$U=\frac{1}{2}LI_f^2 \quad\Rightarrow\quad L=\frac{2U}{I_f^2}$$

솔레노이드의 유도기전력은 전원의 기전력과 같다.

$$|\mathcal{E}|=L\frac{\Delta I}{\Delta t}\quad\Rightarrow\quad \Delta t=\frac{L\Delta I}{|\mathcal{E}|}=\frac{2U\Delta I}{I_f^2|\mathcal{E}|}$$

전류가 처음에는 0이므로 $\Delta I=I_f$이다. 그러면

$$\Delta t=\frac{2(0.441\times10^6\,\mathrm{J})(120\,\mathrm{A})}{(120\,\mathrm{A})^2(18\,\mathrm{V})}=408\,\mathrm{s}=6.8\,\mathrm{min}$$

이 된다.

검토 문제에서 요구하지는 않았지만 주어진 정보에서 인덕턴스를 구할 수 있다. 하나의 접근법은 (c)에서와 같이 저장된 에너지로부터 인덕턴스를 계산하는 것이다. 다른 방법은 솔레노이드 내부의 자기장에 대한 식 $B=\mu_0 nI$을 이용해 단위 길이당 권선 수 n을 구해 식 (20-30)으로 인덕턴스를 구하는 것이다. 어느 것을 사용해도 $L=61\,\mathrm{H}$를 얻을 수 있다.

실전문제 20.9 **인덕터의 전력**

4.0 s 동안에 인덕터의 전류가 0에서 2.0 A로 증가한다. 인덕터는 반지름 2.0 cm, 길이 12 cm 및 권선 수 9000회인 솔레노이드이다. 이 시간 동안 에너지가 인덕터에 저장되는 평균 비율을 구하여라. [힌트 : 하나의 방법으로 답을 계산하고 다른 방법으로 점검해 보아라.]

20.10 *LR* 회로 *LR* Circuits

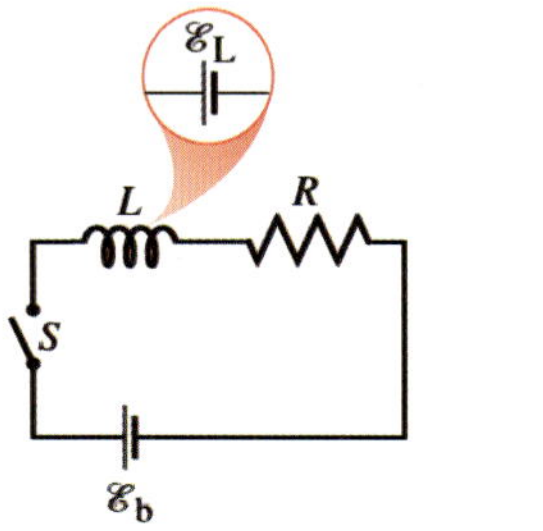

그림 20.32 (a) 인덕터 L, 저항 R, 스위치 S로 이루어진 직류 회로. 전류가 변하면 인덕터에 기전력이 유도된다(기전력은 인덕터 위에 전지 기호로 나타냈다).

인덕터가 회로에서 어떻게 작용하는지 알아보기 위해 우선 전지 또는 전압이 일정한 전원에 연결된 직류회로에 인덕터가 있는 경우를 생각해 보자. 그림 20.32와 같은 ***LR* 회로** LR circuits를 생각했을 때, 이상적인 인덕터라고 가정해서 인덕터 자체의 저항은 무시할 정도로 작다고 하자. $t=0$일 때 스위치 S를 닫았다면, 그 후에 회로에 흐르는 전류는 어떻게 되는가?

스위치가 닫히기 바로 직전에 회로에 흐르는 전류는 0이다. 스위치가 닫혀도 처음 전류는 0이다. 관계식 $U \propto I^2$에 따르면, 인덕터를 통과하는 전류가 갑자기 변화하면 인덕터에 저장된 에너지가 갑작스레 변함을 의미한다. 에너지의 갑작스러운 변화는 에너지 공급에 걸리는 시간이 0임을 의미한다. 무한대의 전력을 공급할 수가 없으므로,

인덕터를 통과하는 전류는 연속적으로 변하며, 순간적으로 변하지는 않는다.

처음 전류는 0이므로 저항 양단에서 전압 강하는 없다. 인덕터에 유도된 기전력의 크기 ($\mathcal{E}_L$)는 처음에는 전지의 기전력 ($\mathcal{E}_b$)과 같다. 따라서 전류는

$$\frac{\Delta I}{\Delta t} = \frac{\mathcal{E}_b}{L} \tag{20-39}$$

로 주어진 처음 변화율로 증가하기 시작한다.

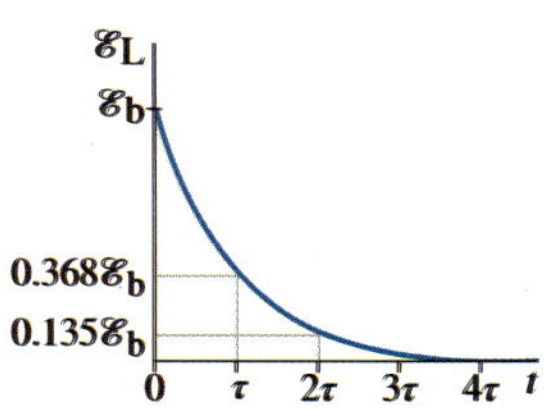

그림 20.33 전류의 증가에 따른 인덕터 양단의 전압 강하

전류가 증가함에 따라 저항 양단의 전압 강하는 커진다. 따라서 인덕터에 유도된 기전력 ($\mathcal{E}_L$)은 점점 더 작아지므로(그림 20.33),

$$(\mathcal{E}_b - \mathcal{E}_L) - IR = 0 \tag{20-40}$$

또는

$$\mathcal{E}_b = \mathcal{E}_L + IR \tag{20-41}$$

가 된다. 이상적인 인덕터 양단의 전압은 유도기전력이므로, $\mathcal{E}_L = L(\Delta I/\Delta t)$를 대입한다(음의 부호는 이미 식 (20-40)에 명백하게 표현되어 있다. 여기서, $\mathcal{E}_L$은 기전력의 크기를 나타낸다).

$$\mathcal{E}_{\text{b}} = L\frac{\Delta I}{\Delta t} + IR \qquad (20\text{-}42)$$

이다. 전지의 기전력은 일정하다. 따라서 전류가 증가함에 따라 저항 양단의 전압 강하는 점점 더 커지며 인덕터에서의 유도기전력은 점점 작아진다. 다시 말해 전류의 증가율은 점점 작아진다(그림 20.34). 오랜 시간이 지난 후에, 전류는 최댓값에 도달한다. 전류는 그 이상 변하지 않으므로 인덕터 양단 사이의 전압 강하는 생기지 않는다. 따라서 $\mathcal{E}_{\text{b}} = I_{\text{f}}R$ 또는

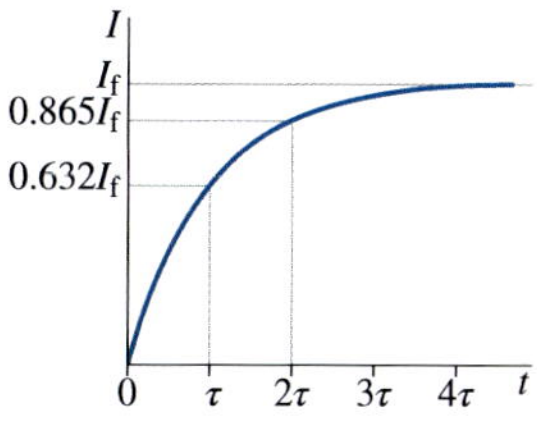

그림 20.34 시간의 함수로 나타낸 회로의 전류

$$I_{\text{f}} = \frac{\mathcal{E}_{\text{b}}}{R} \qquad (20\text{-}43)$$

이다. 시간의 함수로 나타낸 전류 $I(t)$는

$$I(t) = I_{\text{f}}(1 - e^{-t/\tau}) \qquad (20\text{-}44)$$

이다. 이 회로에서의 시간상수 τ는 L, R, $\mathcal{E}$ 의 어떤 결합이어야 한다. 차원 해석으로 τ가 L/R과 차원이 없는 어떤 상수의 곱임을 보일 수 있다. 차원이 없는 상수가 1이라는 것은 미적분으로 증명할 수 있다.

LR 회로에 대한 시간상수

$$\tau = \frac{L}{R} \qquad (20\text{-}45)$$

연결고리 이 LR 회로의 $I(t)$는 충전 RC 회로의 $q(t)$와 같은 수학적 형태를 가진다.

시간의 함수로 나타낸 유도기전력은

$$\mathcal{E}_{\text{L}}(t) = \mathcal{E}_{\text{b}} - IR = \mathcal{E}_{\text{b}} - \frac{\mathcal{E}_{\text{b}}}{R}(1 - e^{-t/\tau})R = \mathcal{E}_{\text{b}}e^{-t/\tau} \qquad (20\text{-}46)$$

으로 표현된다.

전류가 처음에 0인 LR 회로는 충전 중인 RC 회로와 유사하다. 두 회로 모두 처음에는 저장된 에너지가 없는 채로 시작해 스위치가 닫힌 후에 에너지가 저장된다. 축전기를 충전할 때, 전하가 궁극적으로 0이 아닌 평형 값에 도달하는 반면, 인덕터의 경우 전류가 0이 아닌 평형 값에 도달한다.

살펴보기 20.10 그림 20.32에서, $\mathcal{E}_{\text{b}} = 1.50\ \text{V}$, $L = 3.00\ \text{mH}$, $R = 12.0\ \Omega$이다. (a) 스위치를 닫은 직후 인덕터를 통과하는 전류의 변화율은 얼마인가? (b) 인덕터에 유도된 기전력은 언제 처음 값의 $e^{-1} \approx 0.368$배로 떨어지는가?

방전하는 RC 회로와 유사한 LR 회로의 방전이 있는가? 일정한 전류가 인덕터를 통해 흘러 에너지가 인덕터에 저장되고 난 후, 전류의 흐름을 어떻게 중지시키며 저장된 에너지를 어떻게 다시 끄집어 낼 수 있는가? 그림 20.32에서 단순히 스위치를 여는 것은 좋은 방법이 아니다. 전류를 갑자기 끊으려고 하면 인덕터에 매우 큰 기전력이 유도된다. 대부분 그렇듯이 열린 스위치를 가로질러 생기는 스파크가 회로를 닫히게 해 전류가 점차 감소하게 될 것이다(일반적으로 스파크의 발생은 스위치의 수명에 좋지 않다).

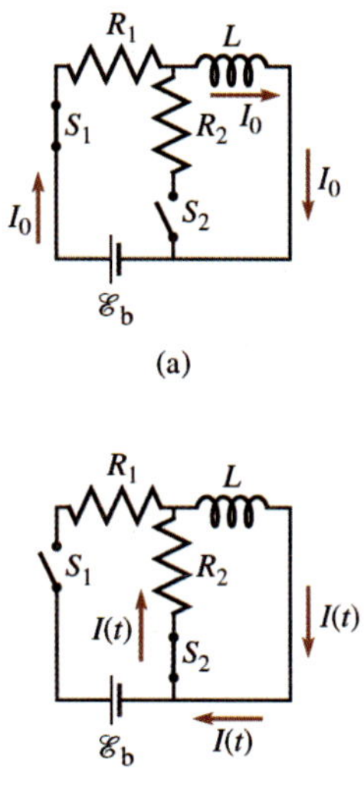

그림 20.35 인덕터 회로에 흐르는 전류를 안전하게 중지시키는 회로. (a) 처음에 스위치 1은 닫혀 있고, 2는 열려 있다. (b) $t=0$인 순간에 스위치 2가 닫히자마자 스위치 1이 열린다.

연결 고리 이 LR 회로의 $I(t)$는 RC 방전 회로의 $q(t)$와 유사하다.

전류의 흐름을 정지시키는 보다 좋은 방법이 그림 20.35에 나타나 있다. 처음에 스위치 S_1은 닫혀 있고 전류 $I_0 = \mathscr{E}_b/R_1$가 인덕터를 통해 흐른다(그림 20.35a). 스위치 S_2가 닫히는 순간에 스위치 S_1은 열린다. 그때를 시각 $t=0$이라고 하자. 인덕터를 통한 전류는 연속적으로만 변할 수 있으므로, 전류는 그림 20.35b에 나타낸 바와 같이 흐른다. $t=0$에서, 전류는 $I_0 = \mathscr{E}_b/R_1$이다. 인덕터에 저장된 에너지가 저항 R_2에서 소모됨에 따라 전류는 점진적으로 감쇠해 없어지게 된다. 시간이 흐름에 따라 전류는

$$I(t) = I_0 e^{-t/\tau} \tag{20-47}$$

와 같이 지수함수적으로 감쇠한다. 여기서

$$\tau = \frac{L}{R_2} \tag{20-48}$$

이다. 인덕터와 저항 양단 사이의 전압 강하는 고리 규칙 및 옴의 법칙으로부터 구할 수 있다.

	축전기	인덕터
전압과 비례 관계에 있는 양	전하	전류의 변화율
불연속적으로 변할 수 있는 것	전류	전압
불연속적으로 변할 수 없는 것	전압	전류
저장된 에너지(U)와 비례관계에 있는 것	V^2	I^2
$V=0,\ I\neq 0$일 때	$U=0$	$U=$최대
$I=0,\ U\neq 0$일 때	$U=$최대	$U=0$
저장된 에너지(U)와 비례하지 않는 것	E^2	B^2
시간상수	RC	L/R
'충전' 회로에서	$I(t)\propto e^{-t/\tau}$ $V_C(t)\propto(1-e^{-t/\tau})$	$I(t)\propto(1-e^{-t/\tau})$ $V_C=\mathscr{E}_L(t)\propto e^{-t/\tau}$
'방전' 회로에서	$I(t)\propto e^{-t/\tau}$ $V_C(t)\propto e^{-t/\tau}$	$I(t)\propto e^{-t/\tau}$ $V_C=\mathscr{E}_L(t)\propto e^{-t/\tau}$

보기 20.10 대형 전자석 켜기

대형 전자석의 인덕턴스가 $L = 15$ H이고 권선의 저항은 $R = 8.2\ \Omega$이다. 그림 20.32와 같이 전자석을 저항과 직렬로 연결된 이상적인 인덕터라고 하자. 스위치가 닫힐 때 직류 24 V의 전원이 전자석에 연결된다. (a) 전자석의 권선에 흐르는 최종 전류는 얼마인가? (b) 스위치가 닫힌 후 얼마의 시간이 지나면 전류가 나중 값의 99.0 %에 도달하는가?

전략 전류가 최종값에 도달하면, 유도기전력은 0이다. 따라서 그림 20.32의 이상적인 인덕터 양단의 퍼텐셜차는 없다. 이때 전원의 모든 전압이 저항 양단 사이에 있다. 전류는 지수함수 곡선을 그리면서 나중 값에 도달한다. 나중 값의 99.0 %에 도달하면 전류의 1.0 %만큼 더 흐를 수 있다.

풀이 (a) 스위치가 닫힌 후, 시간상수의 몇 배의 시간이 지나면 전류는 일정한 크기에 도달한다. 전류가 그 이상 변하지 않으면, 유도기전력은 없다. 따라서 전원의 총전압 24 V가 저항 양단에 가해진다.

$$\mathscr{E}_b = \mathscr{E}_L + IR$$

$\mathscr{E}_L = 0$ 일 때, 최종 전류는 다음과 같다.

$$I_f = \frac{\mathscr{E}_b}{R} = \frac{24\ \text{V}}{8.2\ \Omega} = 2.9\ \text{A}$$

(b) 인자 $e^{-t/\tau}$는 아직 더 늘 수 있는 전류의 비율을 나타낸다. 전류가 나중 값의 99.0 %에 도달할 때,

$$1 - e^{-t/\tau} = 0.990 \quad \text{또는} \quad e^{-t/\tau} = 0.010$$

이다. 아직 1.0 %가 남았다. t를 지수에서 끄집어내기 위해 양변에 자연로그를 취하면(식 (A-29))

$$\ln(e^{-t/\tau}) = -t/\tau = \ln 0.010 = -4.61$$

이 된다. t에 대해서 풀면

$$t = 4.61\,\tau = 4.61\left(\frac{15\ \text{H}}{8.2\ \Omega}\right) = 8.4\ \text{s}$$

이 된다. 따라서 전류가 최종 값의 99.0 %에 도달하는 데는 8.4 s가 걸린다.

검토 약간 다른 접근법을 사용하여 전류를 시간의 함수로 표현할 수 있다.

$$I(t) = \frac{\mathscr{E}_b}{R}(1 - e^{-t/\tau}) = I_f(1 - e^{-t/\tau})$$

이다. $I = 2.9$ A의 99.0% 또는 $I/I_f = 0.990$가 되는 시간 t를 구하기 위해 앞에서 했던 것과 같이 풀면

$$0.990 = 1 - e^{-t/\tau} \quad \text{또는} \quad e^{-t/\tau} = 0.010$$

이다.

실전문제 20.10 전자석 끄기

전자석을 끌 때 전류가 천천히 감소하도록 하려고 그림 20.36과 같이 50.0 Ω의 저항을 연결하였다. 스위치를 연 후 전류가 0.1 A로 감소하는 데 얼마의 시간이 걸리는가?

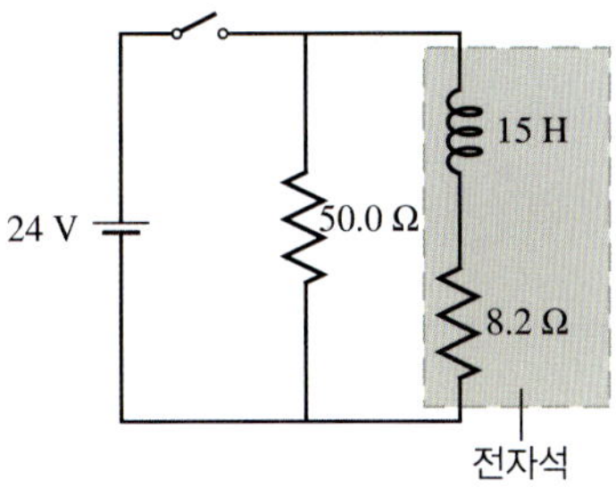

그림 20.36 실전문제 20.10

20.1 전류의 크기

20.2 기전력의 진폭과 진동수는 변할 것이다. 진동수는 12 Hz에서 10 Hz로 줄어든다. 기전력의 진폭은 진동수에 비례하므로, 새 진폭은 $18\text{V} \times (10/12) = 15\text{V}$이다.

20.3 $B_{\perp} = B\cos 60.0°$

20.4 7.6 V

20.5 (a) 위치 2와 4에서 왼쪽으로 $F = B^2L^2v/R$, (b) $P = B^2L^2v^2/R$

20.6 (a) 왼쪽, (b) A에서 B로 전류가 흐른다. (c) 아니요. 선속이 변하는 동안 코일 2에만 전류가 흐른다. 코일 1로 인한 자기장이 일정할 때 코일 2에서는 전류가 흐르지 않는다.

(d) 

20.7 10.0 W

20.8 고체 심에서 맴돌이 전류는 심의 축 주위로 흐를 것이다. 도선 사이를 절연시키면 이러한 맴돌이 전류가 흐르는 것을 방지한다. 맴돌이 전류에 의해 에너지가 소모되기 때문에, 이들이 있으면 변압기의 효율은 감소한다.

20.9 0.53 W

20.10 0.9 s

20.1 막대 내의 전자의 평균 속도는 지면에서 나오는 방향이고 자기장은 지면으로 들어가는 방향이므로, 전자에 작용하는 평균 자기력은 0이다. 따라서 유도기전력도 0이다.

20.4 (a) 외부 자기장에 의해 고리를 통과하는 선속은 증가한다. 렌츠의 법칙에 따르면 유도전류는 선속의 변화를 방해한다. 따라서 유도전류는 지면 밖으로 나오는 자기장을 생성한다. 오른손 규칙에 따르면 유도전류는 반시계방향이다. (b) 이제는 선속이 감소한다. 이 변화를 막기 위해 유도전류는 지면 안으로 들어가는 자기장을 생성한다. 전류는 시계방향이다.

20.6 1차 코일에 전류가 나중 값까지 형성될 때까지는 기전력이 잠깐 2차 코일에 유도될 것이다. 1차 코일의 전류가 나중 값에 도달하면 2차 코일을 통과하는 선속은 더 이상 변하지 않으므로 기전력이 유도되지 않는다. 따라서 변압기는 직류전원으로 사용할 수 없다.

20.9 (d), (a) = (c), (b), (e)

20.10 (a) 인덕터의 유도기전력은 처음에는 전지의 기전력과 같다. 곧 $\mathcal{E}_\text{b} = \mathcal{E}_\text{L} = L(\Delta I/\Delta t)$이다. 그래서 $\Delta I/\Delta t = \mathcal{E}_\text{b}/L = 500\text{A/s}$이다. (b) 인덕터의 유도기전력은 시간이 $t = \tau = L/R = 0.250\,\text{ms}$일 때 처음 값에 e^{-1}을 곱한 값으로 떨어진다.

21

교류

Alternating Current

가정에 전기를 공급하는 머리 위 전력선을 자세히 살펴보아라. 왜 전선이 세 가닥인가? 전선이 두 가닥이면 완전한 회로를 만들기에 충분하지 않은가? 세 가닥의 전선이 전기 콘센트의 세 단자에 해당하는가?

찾아가보기

- 교류발전기, 사인함수 모양으로 변하는 기전력 (20.2, 20.3절)
- 저항, 옴의 법칙, 전력 (18.4, 18.8절)
- 기전력과 전류 (18.1, 18.2절)
- 기초 수학 : 시간의 사인형 함수 (부록 A.8)
- 주기, 진동수, 각진동수 (10.6절)
- 전기용량과 유도용량 (17.5, 20.9절)
- 벡터의 덧셈 (3.1, 3.2절, 부록 A.10)
- 단순조화운동의 그래프 해석 (10.7절)
- 공명 (10.10절)

생명과학 응용

- 전기 임피던스 단층 촬영
- 빠른 경련이 있는 근섬유

21.1 사인파형의 전류와 전압 : 교류회로의 저항체
Sinusoidal Currents and Voltages; Resistors in ac Circuits

연결고리 20.2절에서 발전기가 어떻게 사인형 기전력을 생산하는지를 배웠다.

교류회로에서 전류와 기전력은 주기적으로 방향이 바뀐다. 교류전원장치는 기전력의 극성을 주기적으로 바꾼다. 교류발전기(교류전원이라 부른다)가 만드는 사인파형의 기전력은 다음과 같이 쓸 수 있다(그림 21.1a).

$$\mathcal{E}(t) = \mathcal{E}_{\mathrm{m}} \sin \omega t \tag{21-1}$$

> 교류발전기(사인파형 기전력의 원천)를 나타내는 회로 기호는 —Ⓥ—이다.

기전력은 $+\mathcal{E}_{\mathrm{m}}$와 $-\mathcal{E}_{\mathrm{m}}$ 사이에서 연속적으로 변한다. 이때 $\mathcal{E}_{\mathrm{m}}$을 기전력의 **진폭** amplitude(또는 **봉우리 값** peak value)이라고 한다. 사인파형 기전력에 저항을 연결한 회로에서(그림 21.1b) 키르히호프의 고리 규칙에 따라 저항 양단의 전기 퍼텐셜 차는 기전력 $\mathcal{E}(t)$와 같다. 그러면 전류 $i(t)$는 $I = \mathcal{E}_{\mathrm{m}}/R$ 크기의 진폭으로 사인파처럼 변한다.

$$i(t) = \frac{\mathcal{E}(t)}{R} = \frac{\mathcal{E}_{\mathrm{m}}}{R} \sin \omega t = I \sin \omega t \tag{21-2}$$

여기서 중요한 것은 시간에 따라 변하는 값과 그 값의 진폭을 구분해야 한다는 것이다. 소문자 i는 순간 전류를 나타내고 대문자 I는 전류의 진폭을 나타낸다. 기전력을 제외하고 이 장에서 나오는 시간에 따라 변하는 모든 양에 이 약속을 적용한다. 기전력의 경우, $\mathcal{E}$이 순간 기전력이고 $\mathcal{E}_{\mathrm{m}}$('m'은 최대를 의미)은 기전력의 진폭이다.

한 순환을 완성하는 데 걸린 시간이 주기 T이고, 주기의 역수는 진동수 f이다.

$$f = \frac{1}{T} \tag{21-3}$$

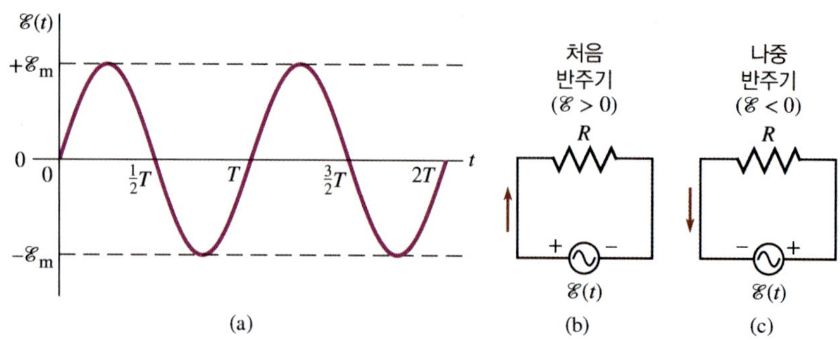

그림 21.1 (a) 시간의 함수로 나타낸 사인파형 기전력. (b) 저항기에 연결된 기전력. 처음 반주기 동안 $\left(0 < t < \frac{1}{2}T\right)$ 기전력의 극성과 전류의 방향을 나타낸다. (c) 같은 회로에서 나머지 반주기 동안 $\left(\frac{1}{2}T < t < T\right)$ 기전력의 극성과 전류의 방향을 나타낸다.

한 번 순환이 2π 라디안에 해당하므로, 라디안 단위로 각진동수는 다음과 같다.

$$\omega = 2\pi f \tag{21-4}$$

SI 단위로 주기의 단위는 초(s), 진동수의 단위는 헤르츠(Hz), 각진동수의 단위는 rad/s이다. 미국의 일반 가정에서 쓰는 전기의 진동수는 60 Hz이고, 전압의 진폭은 대략 170 V(한국의 경우는 약 310 V)이다.

연결고리 교류회로에서 사용되는 주기, 진동수 및 각진동수의 정의는 단순조화운동에 대한 것과 같다.

응용 : 저항의 가열 그림 21.1에 있는 회로는 간단하게 보이지만 다양하게 응용된다. 토스터, 헤어드라이어, 전기장판, 전기레인지, 전기오븐 등의 가열소자는 교류전원에 연결된 저항체이다. 백열전구도 마찬가지이다. 저항체인 필라멘트는 에너지를 소모하면서 상당량의 가시광선을 복사할 정도로 뜨거워진다.

저항체의 전력소모

교류회로에 연결된 저항체의 순간 소모 전력은

$$p(t) = i(t)v(t) = I\sin\omega t \times V\sin\omega t = IV\sin^2\omega t \tag{21-5}$$

이다. 여기서 $i(t)$는 저항에 흐르는 전류이고, $v(t)$는 저항의 양단 사이의 퍼텐셜 차이다(소모되는 전력은 에너지가 소모되는 비율을 의미함을 기억하여라). $v = ir$이므로, 전력은 다음과 같이 쓸 수 있다.

$$p = I^2R\sin^2\omega t = \frac{V^2}{R}\sin^2\omega t \tag{21-6}$$

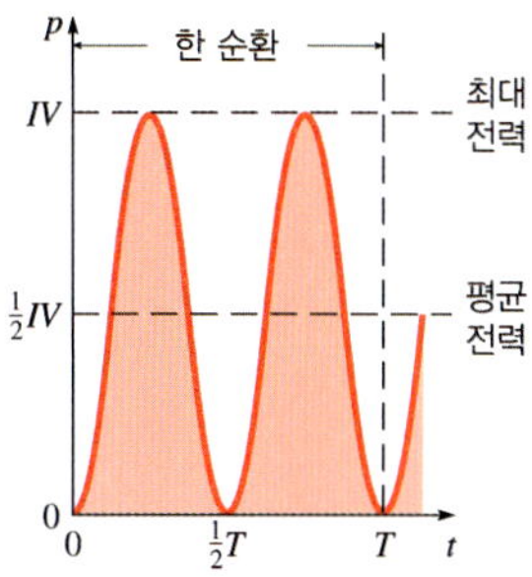

그림 21.2 한 순환 동안 교류회로 내의 저항체가 소모하는 전력 p를 시간의 함수로 그렸다. $p(t)$ 그래프 아랫부분의 넓이가 소모된 에너지를 나타낸다. 평균 전력은 $IV/2$이다.

그림 21.2는 교류회로에 연결된 저항체에 전달되는 순간 전력을 보여준다. 이 순간 전력은 최저 0에서 최고 IV까지 변한다. 사인함수의 제곱은 음⁻의 값을 갖지 않으므로 전력도 언제나 음이 아니다. 저항에서는 에너지는 계속 저항체에서 소모되므로 에너지 흐름의 방향은 전류의 방향에 무관하게 항상 같다.

전력의 최댓값은 전류의 봉우리 값과 전압의 봉우리 값의 곱(IV)으로 주어진다. 순간 전력은 빠르게 변하기 때문에 순간 전력보다는 평균 전력을 주로 다룬다. 토스터나 전구는 순간 전력이 매우 빠르게 변하기 때문에 그 변동을 인지하기 어렵다. 평균 전력이란 IV에 $\sin^2\omega t$의 평균값을 곱한 것으로, $\sin^2\omega t$의 평균값은 1/2이다(문제 6 참조).

저항체에서 소모되는 평균 전력

$$P_{평균} = \frac{1}{2}IV = \frac{1}{2}I^2R \tag{21-7}$$

RMS 값

제곱 평균 제곱근, rms root mean square 전류 I_{rms}는 순간 전류의 제곱 평균의 제곱근으로 정의된다. 한 순환 동안의 평균값을 나타내는 홑화살괄호 ⟨ ⟩를 사용하면 rms 전류와 봉우리 전류 I 사이의 관계식을 얻을 수 있다.

$$I_{rms} = \sqrt{\langle i^2 \rangle} = \sqrt{\langle I^2 \sin^2 \omega t \rangle} = \sqrt{I^2 \times \frac{1}{2}} = \frac{1}{\sqrt{2}} I \qquad (21\text{-}8)$$

마찬가지로 사인파형 기전력과 퍼텐셜 차의 rms 값도 봉우리 값을 $\sqrt{2}$로 나눈 것과 같다.

연결고리 기체분자의 rms 속력(13.6절)도 $v_s = \sqrt{\langle v^2 \rangle}$와 같은 방법으로 정의한다.

사인함수 모양으로 변하는 양의 rms 값

$$\text{rms 값} = \frac{1}{\sqrt{2}} \times \text{진폭} \qquad (21\text{-}9)$$

rms 값의 이점은 저항체가 소모하는 평균 전력을 구할 때 그것을 직류값처럼 취급할 수 있다는 점이다.

$$P_{평균} = I_{rms} V_{rms} = I_{rms}^2 R = \frac{V_{rms}^2}{R} \qquad (21\text{-}10)$$

교류전압과 전류를 측정하는 계측기들은 보통 봉우리 값 대신 rms 값을 읽을 수 있도록 눈금이 매겨져 있다. 미국의 가정용 콘센트는 대부분 rms 값으로 약 120 V가 공급된다. 봉우리 값은 120 V × $\sqrt{2}$ = 170 V가 된다. 가전제품에도 rms 값이 표기되어 있다.

살펴보기 21.1 헤어드라이어에 표기된 '120 V, 10 A'는 모두 rms 값이다. 평균 전력 소모량은 얼마인가?

보기 21.1 100W 전구의 저항

100 W 전등이 120 V(rms)의 교류에 사용할 수 있도록 만들어졌을 때, (a) 정상적인 작동 온도에서 필라멘트 저항은 얼마인가? (b) 필라멘트를 흐르는 전류의 rms 값과 봉우리 값을 구하여라. (c) 가열되지 않은 필라멘트에 스위치를 켜는 순간, 평균 전력은 100 W보다 더 큰가, 아니면 더 작은가?

전략 필라멘트에서 소모되는 평균 전력은 100 W이다. 전구에 걸리는 rms 전압이 120 V이므로, 120 V의 직류전원을 전구에 연결한다면 100 W의 일정한 전력이 소모된다.

풀이 (a) 평균 전력과 rms 전압 사이의 관계는

$$P_{평균} = \frac{V_{rms}^2}{R} \qquad (21\text{-}10)$$

이다. 이를 R에 대해서 풀면 다음과 같다.

$$R = \frac{V_{rms}^2}{P_{평균}} = \frac{(120\ \text{V})^2}{100\ \text{W}} = 144\ \Omega$$

(b) 평균 전력은 rms 전압과 rms 전류의 곱으로 주어진다.

$$P_{평균} = I_{rms} V_{rms}$$

rms 전류에 대해 풀면

$$I_{rms} = \frac{P_{평균}}{V_{rms}} = \frac{100\ \text{W}}{120\ \text{V}} = 0.833\ \text{A}$$

이고, 전류의 진폭은 $\sqrt{2}$ 배만큼 더 크다.

$$I = \sqrt{2} I_{rms} = 1.18\ \text{A}$$

(c) 금속은 온도가 증가하면 저항도 증가한다. 금속인 필라멘트도 불을 켜기 전 차가운 상태에서 저항이 더 작다. 그러므로 같은 전압에 연결된 경우, 저항이 작으면 전류가 더 흘러 평균 소모 전력도 더 커진다.

검토 봉우리 값을 이용해 소모되는 전력을 확인해 보자.

$$P_{평균} = \frac{1}{2}IV = \frac{1}{2}(1.18\ \text{A} \times 170\ \text{V}) = 100\ \text{W}$$

다른 검토 방법 : 진폭이 옴의 법칙을 만족해야 한다.

$$V = IR = 1.18\ \text{A} \times 144\ \Omega = 170\ \text{V}$$

실전문제 21.1 **한국과 유럽의 벽 콘센트**

한국과 유럽에서 사용하는 벽 콘센트의 rms 전압은 220 V 이다. rms 전류 12.0 A 가 흐르는 전열기가 연결되었을 때, 전압과 전류의 진폭은 얼마인가? 가열소자에서 소모되는 전력의 봉우리 값과 평균값은 얼마인가? 가열소자의 저항은 얼마인가?

21.2 가정용 전기 Electricity in the Home

북미의 가정에서는 대부분 주파수 60 Hz의 rms 전압 110 ~ 220 V의 전기가 벽의 콘센트를 통해 공급된다. 그러나 전기히터, 온수기, 전기레인지, 대형 에어컨 등 전력 소비가 큰 몇 개의 전자제품에는 220 ~ 240 V의 rms 전압이 제공되기도 한다. 전압이 두 배가 되면 같은 전력을 송전하기 위한 도선의 전류가 반으로 줄어들어 도선에서 소모되는 에너지가 감소한다(전류를 증가시키기 위해 굵은 전선을 사용할 필요가 없다).

가정으로 전기가 공급되기 전에 지역 전력선의 전압은 수 kV이고, 이를 120/240 V의 rms 전압으로 낮추는 변압기가 있다. 이러한 변압기는 전력선이 지나가는 전신주 위에 금속통의 형태로 설치되어 있다(그림 21.3). 변압기에는 2차 코일의 중간에 연결된 중

- 전압이 0일 때 전류는 최대이다.
- 전류가 0일 때 전압은 최대이다.
- 축전기는 충전과 방전을 반복한다.

전압과 전류 모두 같은 진동수의 사인파형을 가진 시간의 함수이지만 둘의 위상은 어긋나 있다. 전류는 양$^{+}$의 최댓값에서 시작하지만 전압은 한 주기의 $\frac{1}{4}$이 지난 후에 최댓값에 도달한다. 전압은 전류보다 언제나 $\frac{1}{4}$주기만큼 뒤쳐진다. 주기 T는 사인함수의 한 순환이 완성되는 데 걸리는 시간이다. 그리고

$$\omega T = 2\pi \text{ rad} = 360° \tag{21-12}$$

이므로 한 주기는 360°에 해당한다. $\frac{1}{4}\omega T = \frac{\pi}{2}\text{ rad} = 90°$이므로 $\frac{1}{4}$ 주기는 90°이다. 따라서 전압과 전류의 위상은 $\frac{1}{4}$주기 또는 90° 어긋나 있다. 전류의 위상은 전압의 위상보다 90° 앞선다. 전압의 위상이 전류의 위상에 비해 90° 늦다고 해도 동등한 표현이다.

만일 축전기 양단에 걸리는 전압이

$$v(t) = V\sin\omega t \tag{21-13}$$

의 형태라면 전류는 시간에 따라

$$i(t) = I\sin\left(\omega t + \frac{\pi}{2}\right) \tag{21-14}$$

로 변한다. 전류가 $\frac{\pi}{2}$라디안 앞에서 시작함을 나타내기 위해 사인함수의 위상각에 $\frac{\pi}{2}$라디안을 더했다(각진동수 ω는 일반적으로 rad/s의 단위로 표현하기 때문에 각도보다는 라디안을 쓴다).

일반적인 전류의 표현은

$$i = I\sin(\omega t + \phi) \tag{21-15}$$

이다. 각 ϕ를 **위상상수**phase constant라고 하며, 축전기에 흐르는 전류이면 $\phi = \pi/2$이다. 그림 21.5에서 보는 것처럼 사인함수가 $\frac{\pi}{2}$라디안만큼 앞으로 이동하면 코사인함수가 된다. 곧

$$\sin(\omega t + \pi/2) = \cos\omega t \tag{21-16}$$

이므로, 전류는 다음과 같이 된다.

$$i(t) = I\cos\omega t \tag{21-17}$$

리액턴스

전류의 진폭 I는 전압의 진폭 V에 비례한다. 전압이 크면 클수록 축전기에 더 많은 전하를 공급해야 한다. 같은 시간에 더 많은 전하를 공급하기 위해서는 더 큰 전류가 필요하다. 전압과 전류 사이의 비례 관계는 다음과 같이 쓸 수 있다.

연결고리 리액턴스는 저항의 정의(전류에 대한 전압의 비)를 일반화한 것이다. 축전기와 인덕터의 경우, 리액턴스는 전류 진폭에 대한 전압 진폭의 비이다. 순간 전류에 대한 순간 전압의 비는 둘 사이의 위상차로 인해 일정하지 않다.

리액턴스의 정의(축전기)

$$V_C = IX_C \tag{21-18}$$

여기서 X_C를 축전기의 용량 **리액턴스**reactance라고 한다. 이 식을 저항에 대한 옴의 법칙($v = iR$)과 비교해 보면 리액턴스는 SI 단위계에서 저항과 같은 단위(Ω)를 가져야 한다. 식 (21−18)은 진폭(V, I)으로 쓰였지만, V와 I 모두 rms 값이더라도 적용될 수 있다(rms 값의 경우 양변이 같은 인자 $\sqrt{2}$ 만큼 작아지기 때문이다).

옴의 법칙과 비교해 용량 리액턴스를 축전기의 '유효 저항'으로 생각할 수 있다. 용량 리액턴스는 흐르는 전류의 양을 결정한다. 축전기는 전류의 흐름을 방해하듯이 반응한다. 저항이 클수록 흐르는 전류가 작아지듯이 용량 리액턴스가 클수록 전류가 작아진다.

그러나 저항과 축전기 사이에는 중요한 차이가 있다. 저항은 에너지를 소모하지만 이상적인 축전기는 그렇지 않다. 이상적인 축전기가 소모되는 평균 전력은 $I_{\text{rms}}^2 X_C$가 아니라 0이다. 식 (21−18)은 오로지 전류와 전압의 진폭 사이의 관계임을 다시 한 번 주목하여라. 축전기에서는 전류와 전압의 위상이 90°만큼 어긋나 있어서 순간적인 값 사이에 식 (21−18)은 적용되지 않는다.

$$v(t) \neq i(t)X_C \tag{21-19}$$

반면에 저항의 경우에는 전류와 전압이 같은 위상을 갖기 때문에 $v(t) = i(t)R$이 성립한다.

또 다른 차이점은 용량 리액턴스가 진동수에 따라 변한다는 것이다. 만약 봉우리 전하량이 Q이면, 봉우리 전류는 $I = \omega Q$이다. $Q = CV$이므로, 용량 리액턴스는 다음과 같이 된다.

$$X_C = \frac{V}{I} = \frac{V}{\omega Q} = \frac{V}{\omega CV} \tag{21-20}$$

축전기의 리액턴스

$$X_C = \frac{1}{\omega C} \tag{21-21}$$

용량 리액턴스는 전기용량과 진동수에 반비례한다. 그 이유를 이해하기 위해서 그림 21.5b에서 1/4주기($0 \le t \le T/4$) 동안을 살펴보자. 1/4주기 동안 축전기는 충전되지 않은 상태에서 시작해서 완전히 충전되므로 총전하 $Q = CV$가 축전기 판으로 흐른다. 전기용량 C가 클수록 축전기 양단의 퍼텐셜 차가 V에 도달하기 위해서는 더 많은 전하가 축전기에 있어야 한다. 같은 시간 $T/4$ 동안 더 많은 전하로 축전기를 충전시키기 위해서 전류는 더 커야 한다. 따라서 전기용량이 커지면 주어진 교류전압 진폭에 대해 더 큰 전류가 흐르기 때문에 용량 리액턴스는 더 작아져야 한다.

용량 리액턴스 또한 진동수에 반비례한다. 높은 진동수의 경우, 축전기를 충전시키는 데 허용되는 시간($T/4$)이 짧다. 전압 진폭이 고정되어 있을 때 짧은 시간 동안 같은 최대 전압에 도달하기 위해서는 더 큰 전류가 흘러야만 한다. 따라서 리액턴스는 진동수가 높을수록 작아진다.

아주 높은 진동수에서 리액턴스는 0으로 접근한다. 축전기는 더 이상 전류를 방해하지 않는다. 이때 교류회로에 흐르는 전류는 축전기를 단락시키는 도선이 있는 것처럼 흐른다. 다른 극한적 상황으로 진동수가 아주 낮다면, 리액턴스는 무한대가 된다. 아주 낮은 진동수일 때 축전기 양단에 걸리는 전압은 아주 천천히 변해서 축전기에 충전된 전하에 의한 전압이 가해준 전압과 같아지자마자 전류는 멈춘다.

살펴보기 21.3 축전기가 교류전원장치에 연결되어 있다. 만일 진폭이 변하지 않고 전원장치의 진동수가 2배로 된다면 전류의 진폭과 진동수는 어떻게 되겠는가?

보기 21.2 두 진동수에 대한 용량 리액턴스

(a) rms 전압이 12.0 V이고 진동수가 60.0 Hz인 교류전원이 4.00 μF의 축전기에 연결되어 있을 때 용량 리액턴스와 rms 전류를 구하여라. (b) rms 전압이 12.0 V로 유지된 채 진동수가 15.0 Hz로 감소했을 때 용량 리액턴스와 rms 전류를 구하여라.

전략 축전기의 용량 리액턴스는 축전기 양단에 걸린 rms 전압과 전류의 비례상수이다. 용량 리액턴스는 식 (21-21)로 주어진다. Hz의 단위로 주어진 어떤 진동수에서 용량 리액턴스를 계산하려면 각진동수를 알아야 한다.

풀이 (a) 각진동수 $\omega = 2\pi f$이므로 용량 리액턴스는

$$X_C = \frac{1}{2\pi f C} = \frac{1}{2\pi \times 60.0\ \text{Hz} \times 4.00 \times 10^{-6}\ \text{F}} = 663\ \Omega$$

이고 rms 전류는

$$I_{\text{rms}} = \frac{V_{\text{rms}}}{X_C} = \frac{12.0\ \text{V}}{663\ \Omega} = 18.1\ \text{mA}$$

이 된다.

(b) 같은 방법으로 계산을 다시 할 수 있다. 다른 방법으로 진동수가 $\frac{15}{60} = \frac{1}{4}$ 배로 된 것에 주목한다. X_C는 진동수에 반비례하기 때문에,

$$X_C = 4 \times 663\ \Omega = 2650\ \Omega$$

이다. 더 커진 용량 리액턴스로 인해 전류는 감소한다.

$$I_{\text{rms}} = \frac{1}{4} \times \frac{12.0\ \text{V}}{663\ \Omega} = 4.52\ \text{mA}$$

검토 진동수가 증가하면 용량 리액턴스는 감소하고 전류는 증가한다. 21.7절에서 보겠지만 축전기는 낮은 진동수에서 전류가 적게 흐르기 때문에 낮은 진동수를 걸러낼 때 쓰인다. PA 시스템에서 허밍 사운드(60 Hz의 윙윙거리는 소리)를 낼 때 앰프와 스피커 사이에 축전기를 삽입하면 60 Hz의 낮은 진동수는 상당량 차단되고 높은 진동수만 통과한다.

실전문제 21.2 **용량 리액턴스와 rms 전류 구하기**

4.00 μF 의 축전기에 4.00 Hz 진동수를 갖는 220.0 V의 rms 전압을 연결했을 때 용량 리액턴스와 rms 전류를 구하여라.

전력

그림 21.6은 전압과 전류 그래프에 축전기의 순간 전력 $p(t) = v(t)i(t)$를 같이 보여주고 있다. 전류와 전압 사이의 $90°$ $(\pi/2\ \text{rad})$ 위상차는 회로의 전력에 특별한 의미를 갖는다. 첫 1/4주기$(0 \le t \le T/4)$ 동안 전압과 전류는 모두 양$^+$이고 전력도 양$^+$이다. 이 시간 동안 발전기는 에너지를 축전기로 전달해 축전기를 충전시킨다. 그 다음 1/4주기$(T/4 \le t \le T/2)$ 동안에도 전압은 여전히 양이지만 전류가 음이 되어 전력은 음이 된다. 이 시간 동안 축전기는 방전되고 에너지는 축전기에서 발전기로 되돌아간다.

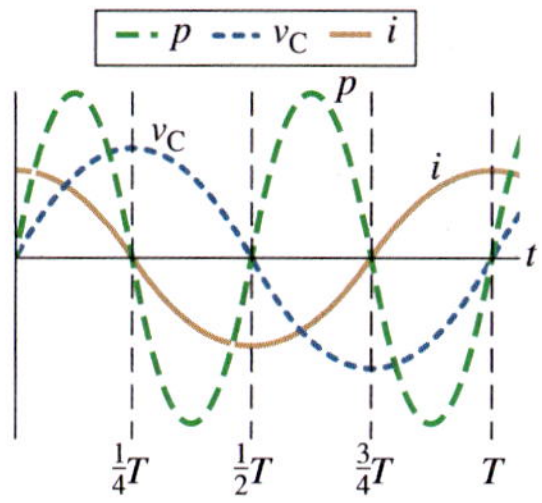

그림 21.6 교류회로에서 축전기의 전압, 전류, 전력

축전기에 전기에너지가 저장되었다가 발전기로 되돌려지는 동안, 전력은 음의 값과 양의 값 사이에서 교대로 진동한다. 저장된 모든 에너지가 소모되지 않고 되돌려지므로 평균 전력은 0이 된다.

21.4 교류회로의 인덕터
Inductor in ac Circuits

패러데이의 법칙(식 (20–18))에 따르면 교류회로에 있는 인덕터는 전류의 변화를 막으려는 방향으로 기전력을 유도한다. 이때 축전기의 경우와 같은 부호 규약을 사용한다. 곧 그림 21.7a에 있는 인덕터를 통해 흐르는 전류는 오른쪽으로 향할 때 양$^+$으로 잡고, 인덕터 사이의 전압 v_L은 인덕터 왼쪽의 퍼텐셜이 오른쪽보다 높을 때 양으로 잡는다. 전류

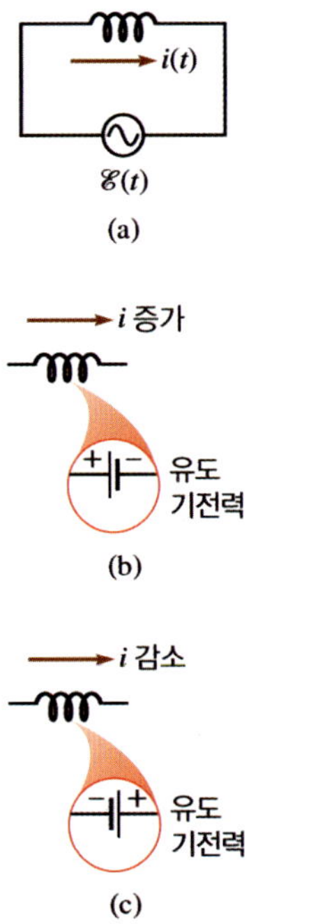

그림 21.7 (a) 교류전원에 연결된 인덕터. (b), (c) 전류가 오른쪽으로 흐를 때 인덕터 양단의 퍼텐셜차는 전류의 증감에 따라 변한다.

가 양의 방향으로 흐르면서 증가하면 유도기전력은 그 증가를 억제하려 v_L이 양이 된다(그림 21.7b). 그 반대의 경우, 곧 전류가 양의 방향으로 흐르면서 감소하면 유도기전력은 그 감소를 막으려 v_L이 음이 되게 한다(그림 21.7c). 앞의 경우 $\Delta i/\Delta t$는 양이고 뒤의 경우에는 음이므로 전압을 다음과 같이 쓰면 전압의 부호에 문제가 없다.

$$v_L = L\frac{\Delta i}{\Delta t} \tag{21-22}$$

식 (21−22)는 전류가 왼쪽으로 흘러도 부호에 문제가 없다.

인덕터 양단의 전압 진폭은 전류 진폭에 비례한다. 비례상수를 인덕터의 **리액턴스**resistance X_L 라고 부른다.

리액턴스의 정의(인덕터)

$$V_L = IX_L \tag{21-23}$$

용량 리액턴스와 같이 유도 리액턴스 X_L의 단위는 옴(Ω)이다. 식 (21−18)에서와 같이 식 (21−23)에 있는 V와 I는 진폭 또는 rms 값이 될 수 있다. 그러나 같은 식에서 그 두 값을 섞어 쓰지 않도록 주의를 해야 한다.

축전기에서와 비슷한 방법으로 분석하면 인덕터의 리액턴스는 다음과 같다.

인덕터의 리액턴스

$$X_L = \omega L \tag{21-24}$$

유도 리액턴스는 용량 리액턴스와 달리 인덕턴스 L과 각진동수 ω에 직접적으로 비례함을 주목하여라. 용량 리액턴스는 전기용량과 각진동수에 반비례한다. 인덕터에서 생기는 유도기전력은 언제나 전류변화를 막으려 한다. 높은 진동수에서 더 빠른 전류의 변화는 더 큰 유도기전력에 의해 방해받는다. 따라서 유도 리액턴스, 곧 전류의 진폭에 대한 유도기전력의 진폭의 비는 높은 진동수에서 더 크다.

살펴보기 21.4 인덕터와 축전기가 어떤 각진동수 ω_0에서 같은 리액턴스를 갖는다고 가정하자. (a) $\omega > \omega_0$에 대해 어느 리액턴스가 더 큰가? (b) $\omega < \omega_0$에 대해 어느 리액턴스가 더 큰가?

그림 21.8은 저항이 없는 이상적인 인덕터 양단의 퍼텐셜 차와 인덕터에 흐르는 전류를 시간의 함수로 나타내었다. 인덕터 양단의 전압은 $v_L = L\Delta i/\Delta t$이므로 임의의 시간에서 $v_L(t)$의 그래프는 전류 그래프의 기울기에 비례한다. 전압과 전류 사이 위상은 $\frac{1}{4}$ 주기만큼 어긋나 있다. 그러나 이 경우 전압에 비해 전류가 $90°(\pi/2 \text{ rad})$만큼 뒤쳐진다. 곧 전류는 전압이 최댓값에 도달하고 $\frac{1}{4}$ 주기가 지난 후 최댓값에 도달한다. 무엇이 앞서고 무엇이 뒤쳐지는지를 기억하기 위해 다음과 같은 방법을 사용해 보자. 전류를 뜻하는 영어 단어 current의 첫 글자 c는 인덕터(induc̲tor)의 중간에 있고, 축전기(c̲apacitor)의 맨 앞에 있음을 이용해 인덕터의 전류는 전압에 뒤쳐지고, 축전기의 전류는 전압에 앞선다고 기억하면 된다.

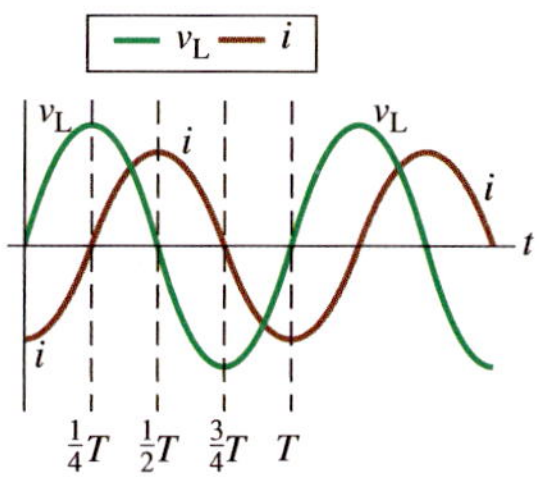

그림 21.8 교류회로 내의 인덕터를 가로지르는 전류와 퍼텐셜 차. 전류가 최댓값이나 최솟값일 때 전류의 순간 변화율(접선의 기울기)은 0이다. 따라서 이때 $v_L = 0$이다. 반면 전류가 0일 때는 변화율이 최대가 되어 전압 v_L도 최댓값을 갖는다.

그림 21.8에서 인덕터 양단의 전압은

$$v_L(t) = V \sin \omega t \tag{21-25}$$

로 쓸 수 있다. 삼각함수의 항등식 $-\cos \omega t = \sin(\omega t - \pi/2)$를 이용하면 전류는 다음과 같다.

$$i(t) = -I \cos\omega t = I \sin(\omega t - \pi/2) \tag{21-26}$$

이 식에 있는 위상상수 $\phi = -\pi/2$는 전류가 전압에 뒤쳐진다는 것을 보여준다.

전력

축전기의 경우와 같이 전류와 전압 사이에 있는 $90°$의 위상차는 평균 전력이 0임을 의미한다. 곧 저항이 없는 이상적인 인덕터는 에너지를 소모하지 않는다. 발전기는 에너지를 인덕터로 보내 자기장 내에 일시적으로 저장했다가, 인덕터로부터 에너지를 되돌려 받는 일을 반복한다.

보기 21.3 라디오 동조회로의 인덕터

라디오의 동조회로에 $0.56\,\mu\text{H}$의 인덕터가 사용된다. 이때 인덕터는 이상적이라 가정하여라. (a) 진동수 90.9 MHz에서 인덕터의 유도 리액턴스 X_L을 구하여라. (b) 전압의 진폭이 0.27 V일 때 인덕터에 흐르는 전류의 진폭을 구하여라. (c) 90.9 MHz에서 같은 리액턴스를 갖는 축전기의 전기용량 C를 구하여라.

전략 인덕터의 유도 리액턴스 X_L은 각진동수 ω와 인덕턴스 L의 곱으로 주어진다. 유도 리액턴스는 전압의 진폭을 전류의 진폭으로 나눈 값이고 단위는 $[\Omega]$이다. 축전기의 경우 리액턴스는 $1/(\omega C)$이다.

풀이 (a) 인덕터의 리액턴스는 다음과 같다.

$$X_L = \omega L = 2\pi f L$$
$$= 2\pi \times 90.9\ \text{MHz} \times 0.56\ \mu\text{F} = 320\ \Omega$$

(b) 전류의 진폭은 다음과 같다.

$$I = \frac{V}{X_L}$$
$$= \frac{0.27\ \text{V}}{320\ \Omega} = 0.84\ \text{mA}$$

(c) 리액턴스 X_L과 X_C를 같다고 놓고 C에 대해 풀면

$$\omega L = \frac{1}{\omega C}$$
$$C = \frac{1}{\omega^2 L}$$
$$= \frac{1}{4\pi^2 \times (90.9 \times 10^6\ \text{Hz})^2 \times 0.56 \times 10^{-6}\ \text{H}}$$
$$= 5.5\ \text{pF}$$

가 된다.

검토 축전기의 용량 리액턴스를 계산해서 결과를 점검해 볼 수 있다.

$$X_C = \frac{1}{\omega C}$$
$$= \frac{1}{2\pi \times 90.9 \times 10^6\ \text{Hz} \times 5.5 \times 10^{-12}\ \text{F}}$$
$$= 320\ \Omega$$

21.6절에서 동조회로를 더 자세하게 다룰 것이다.

실전문제 21.3 **리액턴스와 rms 전류**

유도 리액턴스가 3.00 mH인 인덕터에 rms 전압 10.0 mV, 진동수 60.0 kHz인 교류전원이 연결되었을 때 유도 리액턴스 X_L과 rms 전류를 구하여라.

21.5 RLC 직렬회로 RLC Series Circuits

그림 21.9a는 RLC 직렬회로이다. 키르히호프의 접합점 규칙에 따르면, 이 회로에는 접합점이 없으므로 각 소자에는 같은 순간 전류가 흐른다. 또한 키르히호프의 고리 규칙에 따라 3개의 소자에서 생긴 전압강하의 합은 교류전원의 전압과 같다.

$$\mathcal{E}(t) = v_L(t) + v_R(t) + v_C(t) \qquad (21\text{-}27)$$

세 전압은 사인파 모양의 시간 함수로서 같은 진동수를 갖지만 서로 다른 위상상수를 갖는다.

만일 전류의 위상상수를 0으로 하면, 저항 R 양단에 걸리는 전압 V_R과 전류의 위상은 같으므로 V_R의 위상상수도 0이 된다(그림 21.9b). 한편 인덕터 양단의 전압 V_L은

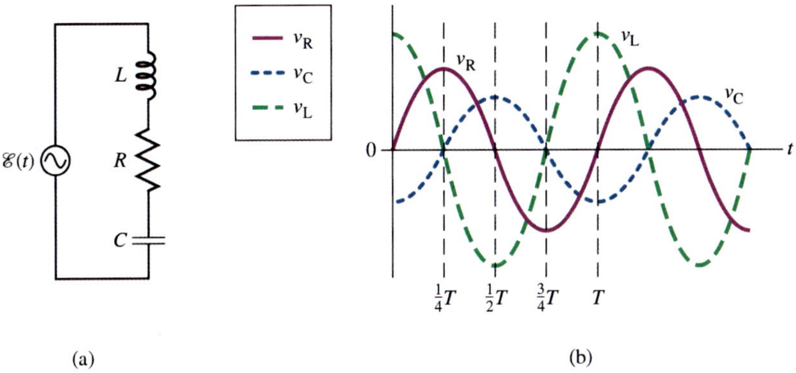

그림 21.9 (a) RLC 직렬회로. (b) 각 소자에 걸린 전압과 전류의 시간 함수. 전류의 위상은 v_R과 같고 v_C보다는 90° 앞서며, v_L보다는 90° 늦다.

전류보다 90° 앞선다. 그래서 V_L의 위상상수는 $+\pi/2$이다. 축전기 양단의 전압 V_C는 전류보다 90° 늦으므로 V_C의 위상상수는 $-\pi/2$이다.

$$\mathscr{E}(t) = \mathscr{E}_m \sin(\omega t + \phi)$$
$$= V_L \sin\left(\omega t + \frac{\pi}{2}\right) + V_R \sin \omega t + V_C \sin\left(\omega t - \frac{\pi}{2}\right) \quad (21\text{-}28)$$

위상 옮기개 도형 식 (21–28)을 삼각함수 항등식을 이용해 단순하게 할 수도 있지만 더 간단한 방법이 있다. 각 사인파형 전압을 **위상 옮기개**phasor라는 벡터와 비슷한 것으로 나타낼 수 있다. 위상 옮기개의 크기는 전압의 진폭을 나타내고 위상 옮기개의 각은 전압의 위상상수를 나타낸다. 위상 옮기개의 합은 벡터의 합과 같은 방법으로 구한다. 벡터와 같은 방법으로 더할 수 있지만 위상 옮기개는 일반적인 벡터는 아니다. 위상 옮기개는 가속도, 운동량, 자기장과 같은 실제 벡터처럼 공간에서 방향을 가진 벡터양이 아니다.

그림 21.10a는 전압 $v_L(t)$, $v_R(t)$, $v_C(t)$에 대한 위상 옮기개를 보여준다. $+x$축으로부터 반시계방향을 향하는 각이 양$^+$의 위상상수를 나타낸다. 우선 반대 방향을 향하는 $v_L(t)$과 $v_C(t)$를 먼저 합한다. 그러고 나서 이 두 위상 옮기개의 합을 $v_R(t)$의 위상 옮기개와 합한다(그림 21.10b). 그 결과가 $\mathscr{E}(t)$로 나타난다. $\mathscr{E}(t)$의 진폭은 그 합의 길이이다. 길이는 피타고라스의 정리를 이용하여 구할 수 있다.

$$\mathscr{E}_m = \sqrt{V_R^2 + (V_L - V_C)^2} \quad (21\text{-}29)$$

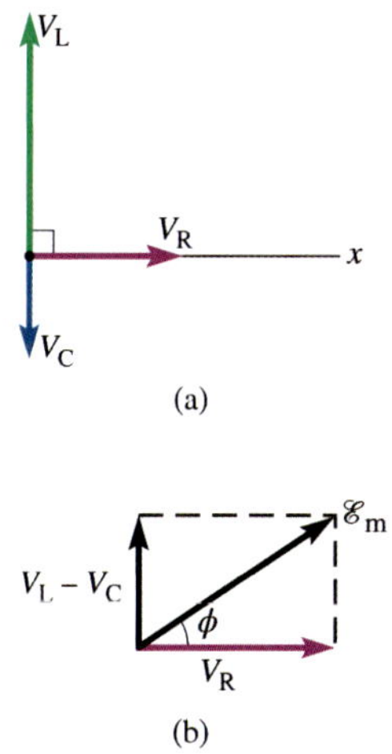

그림 21.10 (a) 전압에 대한 위상 옮기개 표현. (b) 전류와 같은 위상을 갖는 저항 양단의 전압과 교류 전원의 기전력 사이의 위상각 ϕ

살펴보기 21.5 RLC 직렬회로에서 축전기와 인덕터 양단의 전압 진폭이 각각 90 mV와 50 mV이다. 인가된 기전력의 진폭은 $\mathscr{E}_m = 50$ mV이다. 저항 양단의 전압 진폭은 얼마인가?

임피던스 식 (21−29)의 우변의 각 전압 진폭을 전류 진폭과 리액턴스 또는 저항의 곱으로 쓰면

$$\mathcal{E}_{\mathrm{m}} = \sqrt{(IR)^2 + (IX_{\mathrm{L}} - IX_{\mathrm{C}})^2} \quad (21\text{-}30)$$

과 같이 나타낼 수 있다. 공통 인수 I로 묶으면

$$\mathcal{E}_{\mathrm{m}} = I\sqrt{(R)^2 + (X_{\mathrm{L}} - X_{\mathrm{C}})^2} \quad (21\text{-}31)$$

이 된다. 따라서 교류전원 전압의 진폭은 전류의 진폭에 비례하며, 이때의 비례상수를 회로의 **임피던스**impedance Z라고 부른다.

임피던스

$$\mathcal{E}_{\mathrm{m}} = IZ \quad (21\text{-}32)$$

$$Z = \sqrt{R^2 + (X_{\mathrm{L}} - X_{\mathrm{C}})^2} \quad (21\text{-}33)$$

임피던스의 단위는 옴(Ω)이다.

그림 21.10b에서 전원의 전압 $\mathcal{E}(t)$는 $v_{\mathrm{R}}(t)$와 $i(t)$보다 위상각 ϕ만큼 앞선다. 위상각 ϕ는 다음을 만족한다.

$$\tan\phi = \frac{V_{\mathrm{L}} - V_{\mathrm{C}}}{V_{\mathrm{R}}} = \frac{IX_{\mathrm{L}} - IX_{\mathrm{C}}}{IR} = \frac{X_{\mathrm{L}} - X_{\mathrm{C}}}{R} \quad (21\text{-}34)$$

그림 21.9과 21.10에서 $X_{\mathrm{L}} > X_{\mathrm{C}}$라고 가정했다. 만일 $X_{\mathrm{L}} < X_{\mathrm{C}}$이라면 위상각 ϕ는 음⁻이 되는데 이것은 전원의 전압이 전류보다 위상이 지연된다는 것을 의미한다. 그림 21.10b는 또한 다음을 의미한다.

$$\cos\phi = \frac{V_{\mathrm{R}}}{\mathcal{E}_{\mathrm{m}}} = \frac{IR}{IZ} = \frac{R}{Z} \quad (21\text{-}35)$$

R, L, C 소자 중 한두 개가 회로에서 빠지더라도 앞의 방법을 여전히 적용할 수 있다. 빠진 소자의 양단에 걸리는 퍼텐셜 차가 없으므로 빠진 소자의 리액턴스 또는 저항을 단순히 0으로 놓는다. 예를 들어 대부분의 인덕터는 긴 도선을 감은 코일로 만들어지기 때문에 보통 상당한 값의 저항을 갖는다. 따라서 실제 인덕터를 이상적 인덕터와 저항의 직렬연결로 생각할 수 있다. 이때 인덕터의 임피던스는 식 (21−33)에서 $X_{\mathrm{C}} = 0$으로 두면 된다.

보기 21.4 RLC 직렬회로

RLC 직렬회로에 40.0 Ω의 저항, 22.0 mH의 인덕터, 0.400 μF의 축전기가 직렬로 연결되어 있다. 교류 전원의 봉우리 전압은 0.100 V이고 진동수는 1.00×10^4 rad/s이다. (a) 전류의 진폭을 구하여라. (b) 교류 전원과 전류 사이의 위상각을 구하고 어느 것이 앞서는지 구하여라. (c) 회로의 각 소자 양단에 걸리는 봉우리 전압을 구하여라.

전략 전원의 전압 진폭 V를 전류의 진폭 I로 나눈 값이 임피던스 Z이다. 인덕터와 축전기의 리액턴스를 구하면 임피던스 Z를 계산할 수 있고, 그로부터 전류의 진폭도 구할 수 있다. 또한 리액턴스를 사용해서 위상상수 ϕ도 계산할 수 있다. 만일 ϕ가 양$^+$이면 전원의 전압이 전류보다 앞서고, 음$^-$이면 전압이 전류보다 늦다. 각 소자 양단에 걸리는 봉우리 전압은 봉우리 전류 I에 그 소자의 리액턴스나 저항을 곱한 것이다.

풀이 (a) 유도 리액턴스는

$$X_L = \omega L$$
$$= 1.00 \times 10^4 \text{ rad/s} \times 22.0 \times 10^{-3} \text{ H}$$
$$= 220\ \Omega$$

이다. 용량 리액턴스는

$$X_C = \frac{1}{\omega C}$$
$$= \frac{1}{1.00 \times 10^4 \text{ rad/s} \times 0.400 \times 10^{-6} \text{ F}}$$
$$= 250\ \Omega$$

이 된다. 그러면 회로의 임피던스는

$$Z = \sqrt{R^2 + (X_L - X_C)^2}$$
$$= \sqrt{(40.0\ \Omega)^2 + (-30\ \Omega)^2}$$
$$= 50\ \Omega$$

이다. 전원전압 $V = 0.100$ V에 대한 전류의 진폭은

$$I = \frac{V}{Z} = \frac{0.100 \text{ V}}{50\ \Omega} = 2.0 \text{ mA}$$

가 된다.

(b) 위상각 ϕ는

$$\phi = \tan^{-1}\frac{X_L - X_C}{R} = \tan^{-1}\frac{-30\ \Omega}{40.0\ \Omega}$$
$$= -0.64 \text{ rad} = -37°$$

이다. 여기서 $X_L < X_C$ 이므로 위상각 ϕ는 음이 되고 이는 전원의 전압이 전류보다 뒤쳐짐을 의미한다.

(c) 인덕터 양단에 걸리는 전압의 진폭은

$$V_L = IX_L = 2.0 \text{ mA} \times 220\ \Omega = 440 \text{ mV}$$

이고, 축전기와 저항에 대한 전압은 각각

$$V_C = IX_C = 2.0 \text{ mA} \times 250\ \Omega = 500 \text{ mV}$$
$$V_R = IR = 2.0 \text{ mA} \times 40.0\ \Omega = 80 \text{ mV}$$

이다.

검토 그림 21.10에 있는 각 소자들에 대한 전압 위상 옮기개는 전류 I에 비례하기 때문에, 전압 위상 옮기개가 리액턴스 또는 저항을 나타내는 위상 옮기개 그림을 만들기 위해서 각 전압 위상 옮기개를 I로 나눈다(그림 21.11). 그러한 위상 옮기개 그림은 회로의 임피넌스와 위상상수를 구할 때 식 (21-33)과 식 (21-34)를 대신해 사용될 수 있다.
이때 회로의 세 소자에 걸린 전압의 진폭을 모두 합한 값이 전원의 전압 진폭과 일치하지 않음을 주목하여라.

$$100 \text{ mV} \neq 440 \text{ mV} + 80 \text{ mV} + 500 \text{ mV}$$

이다. 인덕터와 축전기에 걸린 전압 진폭은 개별적으로

도 전원의 전압 진폭보다 더 크다. 전압 진폭은 최댓값이다. 전압이 서로 다른 위상을 가지므로 같은 순간에 모두가 최댓값에 이를 수는 없다. 확실한 것은 주어진 임의의 시각에 소자들에 걸린 순간 전압의 합이 같은 시각 전원의 순간 전압과 같다는 사실이다(식 (21−28)).

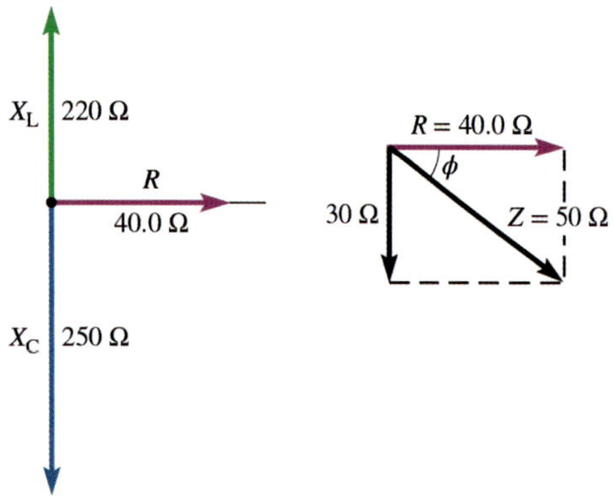

그림 21.11 임피던스 Z와 위상각 ϕ를 구하기 위한 위상 옮기개의 도형(위상 옮기개의 길이는 축척을 적용하지 않았다).

실전문제 21.4 **순간 전압**

만일 다음과 같은 회로에서 전류가 $i(t) = I\sin\omega t$라면, 이에 대응하는 전압 $v_C(t)$, $v_L(t)$, $v_R(t)$와 $\mathcal{E}(t)$는 무엇인가? (핵심 작업은 위상상수를 바르게 구하는 것이다.) 이를 이용해 $t = 80.0\ \mu s$일 때 $v_C(t) + v_L(t) + v_R(t) = \mathcal{E}(t)$임을 보여라(고리 규칙은 언제나 성립한다. 단지 어느 특정 순간에 그 규칙이 성립함을 보이기 위한 것이다).

전력인자

이상적인 축전기나 인덕터에서 전력 소모는 전혀 없다. 전력은 회로 내 저항에서만 소모된다(회로의 도선의 저항과 인덕터에 감겨 있는 도선의 저항을 포함한다).

$$P_{평균} = I_{rms}V_{R,rms} \tag{21-10}$$

rms 전원 전압으로 평균 전력을 다시 쓰기 위해 다음을 이용하자.

$$\frac{V_{R,rms}}{\mathcal{E}_{rms}} = \frac{I_{rms}R}{I_{rms}Z} = \frac{R}{Z} \tag{21-36}$$

식 (21−35)에서 $R/Z = \cos\phi$ 이므로,

$$V_{R,rms} = \mathcal{E}_{rms}\cos\phi \tag{21-37}$$

이고 평균 전력은 다음과 같다.

$$P_{평균} = I_{rms}\mathcal{E}_{rms}\cos\phi \tag{21-38}$$

식 (21-38)에 있는 인자 $\cos\phi$를 **전력인자**[power factor]라고 한다. 회로에 리액턴스는 없고 저항만 있는 경우, $\phi=0$이 되고 $\cos\phi=1$이 되어 $P_{평균}=I_{\rm rms}\mathcal{E}_{\rm rms}$가 된다. 또한 회로에 축전기나 인덕터만 존재하는 경우에는 $\phi=\ \pm 90°$가 되어 $\cos\phi=0$이 되고 $P_{평균}=0$이 된다. 대부분의 전기 장치에는 상당한 양의 인덕턴스와 전기용량이 들어 있다. 이들이 전원에 가하는 부하는 순수하게 저항만이 아니다. 특히 변압기가 들어 있는 전기기구에는 변압기의 권선에 의한 유도 리액턴스가 있다. 전기기기의 정격표에는 V · A 단위로 표시한 양과 W 단위로 표시한 더 작은 양이 포함되어 있다. V · A 단위의 값은 $I_{\rm rms}\mathcal{E}_{\rm rms}$를 의미하고 W 단위의 값은 평균 소비전력이다.

혼자서 해 보기 정격용량이 두 방식 V · A와 W로 표시된 전기기구를 찾아 보아라. 변압기의 권선은 상당한 인덕턴스를 가지고 있으므로 외부 변압기(전원공급장치 내부) 또는 내부 변압기(예를 들어 데스크탑 컴퓨터)를 살펴보아라. 모터의 권선에도 인덕턴스가 있으므로 모터가 있는 전기기구를 선택하는 것도 좋다. 이 전기장치에 대한 전력인자를 계산해 보아라. 전열기 히터나 백열전구와 같이 저항에 비해 리액턴스가 작은 전기기구를 찾아 보아라. 왜 이 전기기구에는 정격용량이 V · A로 표시되어 있지 않을까?

보기 21.5 노트북 컴퓨터의 전원공급기

노트북 컴퓨터 전원공급기에 '45W 교류 어댑터, 교류입력 : 최대 1.0 A, 120 V, 60.0 Hz'라고 적혀 있다고 하자. 그 전원공급기는 저항 R과 이상적인 인덕터 L이 이상적인 교류 기전력에 직렬로 연결된 모형으로 생각할 수 있다. 인덕터는 주로 변압기의 권선에 의한 인덕턴스를 의미하고, 저항은 주로 컴퓨터에 의한 부하를 의미한다. 전원공급기에 최대 rms 전류가 1.0 A 흐를 때 L과 R의 값을 구하여라.

전략 우선 그림 21.12와 같이 회로를 그린다. 다음으로 문제에서 주어진 값들을 확인한다. 이때 진폭과 rms 값을 구분하고 평균 전력 $I_{\rm rms}\mathcal{E}_{\rm rms}$를 구분해야 한다. 전력이 저항에서는 소모되지만 인덕터에서는 소모되지 않으므로 평균 전력으로부터 저항을 구할 수 있다. 그리고 전력인자를 이용해 인덕턴스 L을 구할 수 있다. 회로에 축전기가 없다고 가정했기 때문에 $X_{\rm C}=0$으로 둘 수 있다.

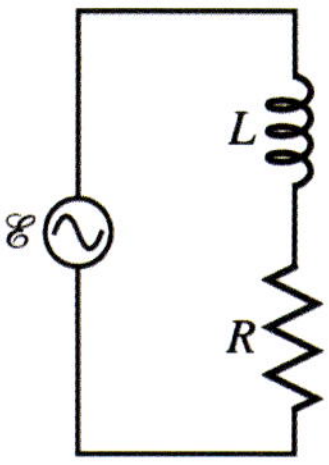

그림 21.12 전원공급기의 회로도

풀이 문제에서 최대 rms 전류는 $I_{\rm rms}=1.0$ A이고, rms 전원전압은 $\mathcal{E}_{\rm rms}=120$ V, 진동수는 $f=60.0$ Hz이다. 전원공급기에서 rms 전류 1.0 A를 흘려보낼 때 평균 전력은 45 W이다. 이 평균 전력은 전류 값이 적어지면 더 줄어든다. 그러면

$$\mathcal{E}_{\rm rms}I_{\rm rms}=120\ \text{V}\times 1.0\ \text{A}=120\ \text{V}\cdot\text{A}$$

이다. $\cos\phi\le 1$이므로 평균 전력은 항상 $I_{\rm rms}\mathcal{E}_{\rm rms}$

값보다 작다는 것을 알아야 한다.

전력은 저항에서만 소모되므로

$$P_{평균} = I_{rms}^2 R$$

이 된다. 그러므로 저항 R은

$$R = \frac{P_{평균}}{I_{rms}^2} = \frac{45\,\text{W}}{(1.0\,\text{A})^2} = 45\ \Omega$$

이다.

$I_{rms}\mathcal{E}_{rms}$에 대한 평균 전력의 비가 전력인자이다.

$$\frac{\mathcal{E}_{rms} I_{rms}\cos\phi}{\mathcal{E}_{rms} I_{rms}} = \cos\phi = \frac{45\text{W}}{120\text{V}\cdot\text{A}} = 0.375$$

따라서 위상각 $\phi = \cos^{-1} 0.375 = 68.0°$이다. 그림 21.13의 위상 옮기개 도형으로부터

$$\tan\phi = \frac{V_L}{V_R} = \frac{IX_L}{IR} = \frac{X_L}{R} = \frac{\omega L}{R}$$

이다. L에 대해 풀면

$$L = \frac{R\tan\theta}{\omega} = \frac{45\ \Omega\ \tan 68.0°}{2\pi \times 60.0\,\text{Hz}} = 0.30\ \text{H}$$

를 얻는다.

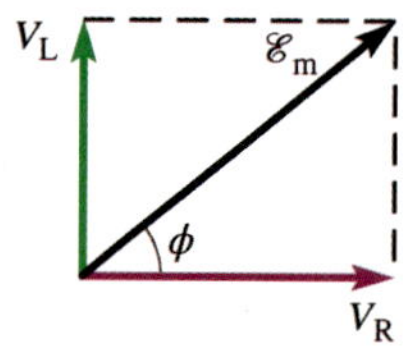

그림 21.13 인덕터와 저항 양단 전압의 위상 옮기개 덧셈

검토 $\cos\phi$가 R/Z와 같아야 한다.

$$\frac{R}{Z} = \frac{R}{\sqrt{R^2 + (\omega L)^2}} = \frac{45\ \Omega}{\sqrt{(45\ \Omega)^2 + (2\pi \times 60.0\,\text{Hz} \times 0.30\,\text{H})^2}} = 0.375$$

이 값은 전력인자 $\cos\phi = 0.375$와 일치한다.

실전문제 21.5 **보다 전형적인 전류의 사용**

보통 어댑터에서 1.0 A의 최대 rms 전류를 사용하지는 않는다. 보다 현실적으로, 유입되는 rms 전류가 0.25 A라면, 평균 전력은 얼마인가? 보기 21.5와 같은 L 값과 다른 R 값을 가지고 같은 단순 회로도를 이용하여라. [힌트 : 먼저 임피던스를 구하여라.]

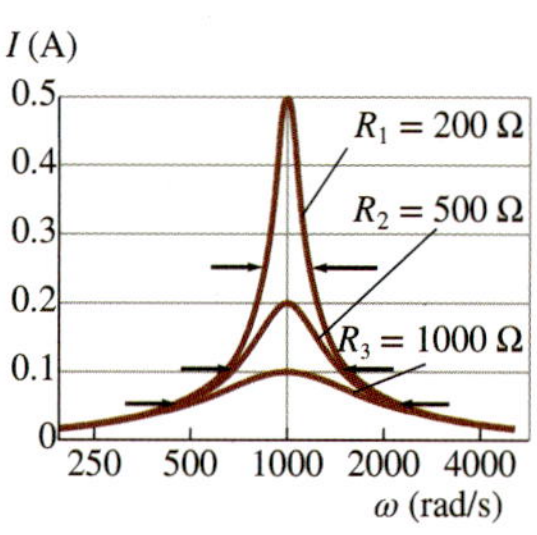

그림 21.14 직렬 RLC 회로에서 3개의 다른 저항에 대한 각진동수 $\omega = 1000$ rad/s의 함수로 나타낸 전류 진폭 I. 최대 전류의 반이 되는 곳에서 봉우리의 폭을 화살표로 표시했다. 수평축은 대수값이다.

21.6 RLC 회로에서의 공명 Resonance in an RLC Circuit

진폭이 고정된 RLC 회로가 가변 진동수의 교류전원에 연결되어 있다고 하자. 임피던스는 진동수에 따라 변하므로 전류의 진폭도 진동수에 따라서 변한다. 그림 21.14는 $L = 1.0$ H, $C = 1.0\ \mu$F, $\mathcal{E}_m = 100$ V이고, 저항 R은 200 Ω, 500 Ω, 1000 Ω을 차례대로 사용하는 RLC 회로의 전류 진폭 $I = \mathcal{E}_m/Z$를 각진동수의 함수로 나타낸 세 그래프(**공명곡선**resonance curves이라 부른다)를 보여준다.

그래프의 모양은 진동수에 따라 변하는 유도 리액턴스와 용량 리액턴스에 의해 결정된다(그림 21.15). 진동수가 낮은 경우, 축전기의 용량 리액턴스 $X_C = 1/\omega C$는 R이나 X_L보다 매우 큰 값을 갖는다. 곧 낮은 진동수에서는 임피던스 $Z \approx X_C$가 된다. 반대로 진동수가 높은 경우에는 $X_L = \omega L$이 R이나 X_C에 비해 상대적으로 매우 큰 값을 갖게 되어 임피던스 $Z \approx X_L$이 된다. 결국 진동수가 아주 낮거나 높은 극한에서는 임피던스가 커져 전류의 진폭은 작아진다.

회로의 임피던스는 다음과 같다.

$$Z = \sqrt{R^2 + (X_L - X_C)^2} \tag{21-33}$$

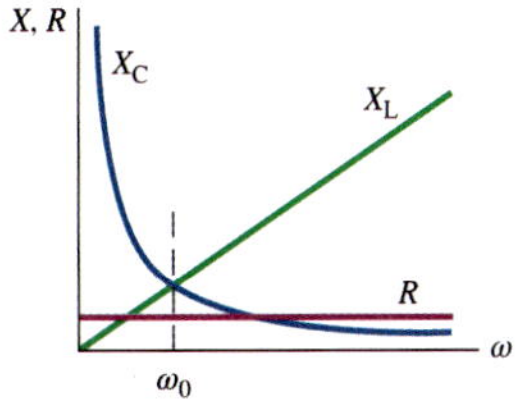

그림 21.15 진동수의 함수로 나타낸 유도 리액턴스, 용량 리액턴스, 저항의 진동수 의존도

R은 상수이므로 $X_L - X_C = 0$이 될 때 임피던스는 $Z = R$로 최솟값이 된다. $X_L = X_C$를 만족하는 각진동수 ω_0를 **공명 각진동수**resonant angular frequency라 부른다. 공명에서

$$\omega_0 L = \frac{1}{\omega_0 C} \tag{21-39}$$

이 되어 ω_0에 대해 풀면 다음과 같다.

RLC 회로의 공명 각진동수

$$\omega_0 = \frac{1}{\sqrt{LC}} \tag{21-40}$$

한 회로의 공명 진동수는 인덕턴스 L과 전기용량 C의 값에 관계되고 저항과는 무관하다. 그림 21.14에서 최대 전류는 저항에는 무관하며 공명 진동수에서 일어난다. 그러나 공명에서 $Z = R$이므로 최대 전류 값은 R에 관계된다. 공명 봉우리는 저항이 작을수록 더 높다. 공명 봉우리의 폭을 전류의 진폭이 최댓값의 반이 되는 곳으로 측정한다면, 저항이 작아질수록 공명 봉우리의 폭은 더 좁아지는 것을 알 수 있다.

RLC 회로에 생기는 공명은 역학적 진동에서 생기는 공명과 유사하다(10.10절과 표 21.1 참조). 질량–용수철의 계가 질량과 용수철상수로 정해지는 단일 공명 진동수를 갖는 것과 마찬가지로 RLC 회로는 전기용량과 인덕턴스로 정해지는 단일 공명 진동수를 갖는다. 어느 한 계에 외력이 작용될 때 계의 반응 진폭은 공명 진동수에서 최대가 된다. 이때 작용하는 힘은 질량–용수철 계에서는 사인함수 형태의 외력이고 RLC 회로에서는 사인함수 형태의 기전력이다. 두 계 모두에서 에너지는 두 형태 사이에서 전환을 반복하는데, 이 두 형태의 에너지는 질량–용수철 계에서는 운동에너지와 탄성 퍼텐셜에너지이고 RLC 회로에서는 축전기에 저장되는 전기적 에너지와 인덕터에 저장되는 자기적 에너지이다. RLC 회로에서 저항은 질량–용수철 계의 마찰과 같은 역할을 하면서 에너지를 소모한다.

연결 고리 RLC 회로와 역학계의 공명

표 21.1 RLC 진동과 역학적 진동의 유사성

RLC	역학
$q,\ i,\ \Delta i/\Delta t$	$x,\ v_x,\ a_x$
$\frac{1}{c},\ R,\ L$	$k,\ b,\ m$
$\frac{1}{2}\left(\frac{1}{c}\right)q^2$	$\frac{1}{2}kx^2$
$\frac{1}{2}Li^2$	$\frac{1}{2}mV_x^2$
Ri^2	bv_x^2
$\omega_0 = \sqrt{\frac{1/C}{L}}$	$\omega_0 = \sqrt{\frac{k}{m}}$

그림 21.16 옛날식 라디오의 가변 축전기. 라디오는 전기용량을 조절해 특정 공명 진동수에 동조할 수 있다. 이것은 손잡이를 돌려서 두 세트의 판이 겹치는 넓이를 바꿀 수 있기 때문에 가능하다.

응용 : 동조회로 아주 좁은 공명 봉우리는 TV나 라디오의 채널을 맞추기 위해 여러 진동수 중 하나의 진동수를 선택하는 동조회로의 원리가 된다. 옛날식 라디오에 있는 한 종류의 동조기는 전기용량을 조정하는 역할을 한다. 동조기의 손잡이를 돌려 고정되어 있는 판에 평행한 판을 돌리면 판이 겹치는 넓이가 달라져 전기용량이 변한다(그림 21.16). 전기용량을 변화시키면 공명 진동수를 변화시킬 수 있다. 동조회로에는 안테나에서 수신되는 다양한 진동수의 신호가 가해지지만, 동조회로는 공명 진동수에 아주 가까운 진동수에만 크게 반응한다.

보기 21.6 라디오의 동조기

저항이 400.0 Ω 인 0.50 mH 의 인덕터 코일에 가변 축전기가 직렬로 연결된 라디오 동조기가 있다. 가변 축전기의 용량을 72.0 pF 로 맞추었다. (a) 이 회로의 공명 진동수를 구하여라. (b) 공명이 일어났을 때 인덕터와 축전기의 리액턴스를 구하여라. (c) 안테나로부터 들어온 공명 진동수의 전압이 20.0 mV (rms)라면 동조회로에 흐르는 rms 전류는 얼마인가? (d) 회로의 각 소자에 걸리는 rms 전압을 구하여라.

전략 공명 진동수는 전기용량(C)과 인덕턴스(L) 값을 알면 구할 수 있다. 공명 진동수에서 L과 C에 의한 리액턴스 X_L과 X_C 는 같아야 한다. 회로에서 전류를 구할 때 공명이 일어났으므로 임피던스 Z는 저항 R과 같다. rms 전류는 rms 전압을 임피던스 Z로 나누어 구할 수 있다. 회로의 각 소자에 걸리는 전압은 각 소자의 리액턴스 값이나 저항 값에 rms 전류를 곱해 구한다.

풀이 (a) 공명 각진동수 ω_0는

$$\omega_0 = \frac{1}{\sqrt{LC}} = \frac{1}{\sqrt{0.50\times10^{-3}\ \text{H}\times72.0\times10^{-12}\ \text{F}}} = 5.27\times10^6\ \text{rad/s}$$

이다. 공명 진동수 f_0는 Hz 단위로

$$f_0 = \frac{\omega_0}{2\pi} = 840\ \text{kHz}$$

가 된다.

(b) 리액턴스 X_L, X_C는

$$X_L = \omega L$$
$$= 5.27\times10^6\ \text{rad/s}\times0.50\times10^{-3}\ \text{H}$$
$$= 2.6\ \text{k}\Omega$$

$$X_C = \frac{1}{\omega C}$$
$$= \frac{1}{5.27\times10^6\ \text{rad/s}\times72.0\times10^{-12}\ \text{F}}$$
$$= 2.6\ \text{k}\Omega$$

기대했던 것처럼, X_L과 X_C는 같다.

(c) 공명 진동수에서 임피던스 Z는 저항 R과 같다.

$$Z = R = 400.0\ \Omega$$

rms 전류 I_{rms}는 다음과 같다.

$$I_{rms} = \frac{\mathcal{E}_{rms}}{Z} = \frac{20.0\ \text{mV}}{400.0\ \Omega} = 0.0500\ \text{mA}$$

(d) 각 소자에 걸리는 rms 전압은

$$V_{L,rms} = I_{rms}X_L$$
$$= 0.0500\ \text{mA}\times2.6\times10^3\ \Omega = 130\ \text{mV}$$
$$V_{C,rms} = I_{rms}X_C$$
$$= 0.0500\ \text{mA}\times2.6\times10^3\ \Omega = 130\ \text{mV}$$
$$V_{R,rms} = I_{rms}R$$
$$= 0.0500\ \text{A}\times400.0\ \Omega = 20.0\ \text{mV}$$

이다.

검토 AM 라디오의 진동수 대역은 530 ~ 1700 kHz이기 때문에 840 kHz의 공명 진동수는 라디오 진동수로서 적합하다. 공명 진동수에서 인덕터와 축전기에 걸리는 rms 전압은 같지만 순간 전압의 위상은 서로 반대(위상차가 π rad 또는 180°)여서 두 소자의 퍼텐셜 차를 합하면 항상 0이 된다. 위상 옮기개의 도형에서 V_L과 V_C의 방향은 서로 반대이며 길이는 같아, 둘을 더하면 0이다. 따라서 저항 R 양단에 걸리는 전압의 진폭이나 위상은 기전력과 동일하다.

실전문제 21.6 **라디오를 다른 방송국의 진동수에 맞추기**

방송국에서 송신하는 1420 kHz에 동조하기 위한 전기용량 C는 얼마인가?

21.7 교류를 직류로 변환하기 : 거르개
Converting ac to dc; Filters

다이오드

다이오드는 한쪽 방향에 비해 다른쪽 방향으로 전류가 훨씬 잘 흐를 수 있게 하는 회로 소자이다. 이상적인 다이오드는 한 방향으로 전류가 흐를 때 저항이 0이 되어 전압강하가 전혀 생기지 않는 반면에, 반대 방향으로 전류가 흐를 때는 저항이 무한대가 되어 전류는

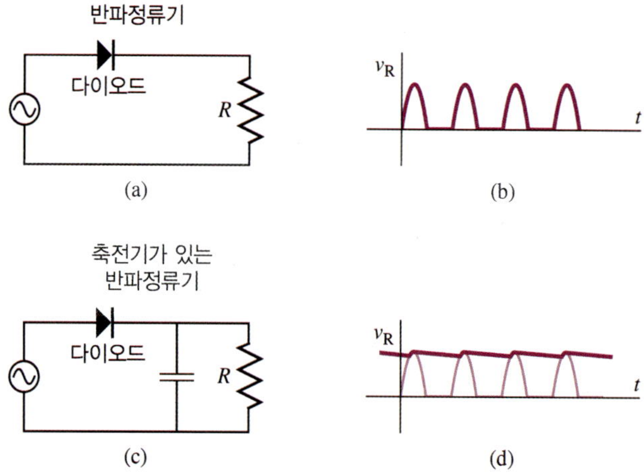

그림 21.17 (a) 반파정류기. (b) 저항에 걸린 전압. 입력전압이 음이면 출력전압 V_R은 0이 되기 때문에 사인파에서 음의 값을 갖는 아랫부분 '반파'는 차단된다. (c) 축전기가 출력 전압을 매끄럽게 한다. (d) 그래프의 굵은 선은 저항에 걸리는 전압이다. 이때 RC의 시간상수는 사인파의 입력 전압의 주기보다 훨씬 길다고 가정한다. 얇은 선은 축전기를 연결하지 않았을 때의 출력전압이다.

그 방향으로 흐를 수 없다. 회로에서 다이오드의 기호(—▶|—)는 전류가 흐를 수 있는 방향을 나타내기 위해 화살표 모양으로 표시한다.

응용 : 정류기

그림 21.17a는 **반파정류기** half-wave rectifier 회로이다. 입력전원이 사인파형의 기전력이라면 출력(저항 양단의 전압)은 그림 21.17b와 같다. 출력 신호는 축전기를 이용하여 보다 매끄럽게 할 수 있다(그림 21.17c). 축전기는 다이오드를 통해 전류가 흐르는 동안 충전된다. 전원전압이 떨어지면서 극성이 바뀌면 축전기는 저항을 통해 방전된다(축전기는 다이오드를 통해 방전할 수 없다. 다이오드가 그 방향으로는 전류가 흐를 수 없게 하기 때문이다). 방전으로 전압 v_R이 어느 정도 유지된다. RC 시간상수가 충분히 길면 전원 전압이 다시 양$^+$의 방향으로 바뀔 때까지 저항을 통한 방전이 계속되게 할 수 있다(그림 21.17d).

하나 이상의 다이오드를 이용해 **전파정류기** full-wave rectifier를 만들 수 있다. 전파정류기의 출력전압을 그림 21.18a에 나타내었다(축전기를 사용해 신호를 매끄럽게 만들기 전의 모습). 이런 회로들은 노트북 컴퓨터와 같은 장치들에 쓰이는 교류 어댑터 안에서 쓰인다(21.18b). 다른 많은 장치에서도 교류–직류 변환을 위해 이 회로가 쓰인다.

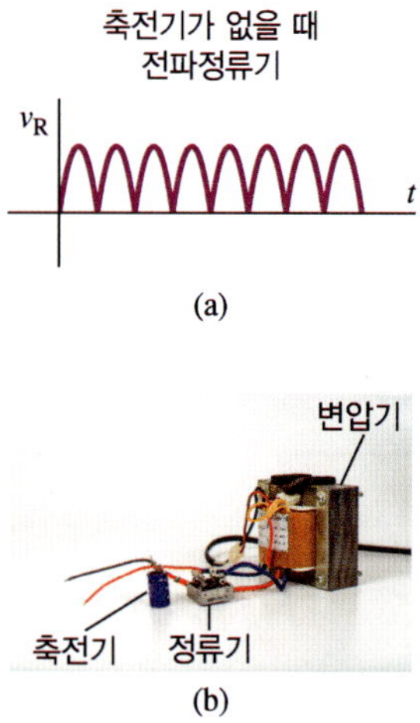

그림 21.18 (a) 전파정류기의 출력전압. (b) 교류 어댑터에는 교류 전원전압의 진폭을 줄이는 변압기가 있다. 축전기는 파형을 평탄하게 만드는 역할을 한다. 출력은 거의 일정한 직류전압이다.

거르개

그림 21.17c의 축전기는 일종의 **거르개** filter이다. 그림 21.19에 회로에 많이 쓰이는 두 종류의 RC 거르개를 나타냈다. 그림 21.19a는 **저진동수 통과 거르개** Low pass filter이다. 높은 진동수의 교류 신호에 대해서는 축전기 쪽이 작은 리액턴스의 경로가 된다($X_C \ll R$). 이

때 저항 양단의 전압이 축전기 양단의 전압보다 훨씬 크므로 출력 단자에 걸리는 출력전압은 입력전압에 비해 아주 작게 된다. 반면 낮은 진동수의 신호에 대해서는 $X_C \gg R$이 되어 출력전압은 입력전압과 거의 같아진다. 많은 진동수가 혼합된 신호인 경우, 높은 진동수들은 '걸러지는' 반면에 낮은 진동수들은 '통과한다'.

그림 21.19b에 있는 **고진동수 통과 거르개**High-pass filter는 그 반대의 역할을 한다. 어떤 회로가 입력 단자에 연결되어 직류 퍼텐셜 차와 어떤 진동수 대역의 교류전압이 섞인 신호를 공급한다고 생각하자. 축전기의 리액턴스는 낮은 진동수에서 크므로 낮은 진동수에 대해서 대부분의 전압 강하는 축전기 양단에서 생긴다. 반면 높은 진동수의 경우, 대부분의 전압 강하는 출력 단자인 저항 양단에서 생긴다.

축전기와 인덕터를 조합하여 거르개로 사용할 수도 있다. RC 거르개와 LC 거르개 모두에서 걸러지는 진동수와 거르개를 통과하는 진동수 사이에 뚜렷한 경계가 있는 것은 아니고 점진적인 전이만 있을 뿐이다. R값과 C값(또는 L값과 C값)을 적절히 선정해서 전이가 일어나는 진동수 대역을 선택할 수 있다.

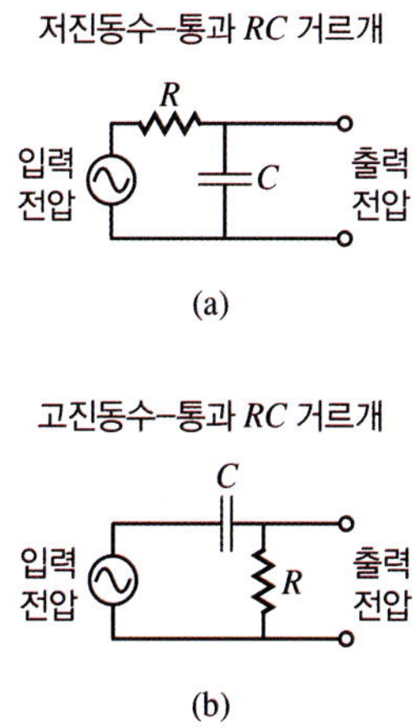

그림 21.19 (a) 저진동수 통과 RC 거르개 (b) 고진동수 통과 RC 거르개

응용 : 교차 회로망 오디오 시스템에 쓰이는 스피커에는 흔히 진동으로 소리를 내는 두 개의 콘cone(드라이버)이 있다. 우퍼woofer(저음용 스피커)는 낮은 진동수의 소리를 내고 트위터tweeter(고음용 스피커)는 높은 진동수의 소리를 낸다. **교차 회로망**crossover network(그림 21.20)은 증폭기에서 온 신호를 분리해 낮은 진동수 신호는 우퍼로 보내고 높은 진동수 신호는 트위터로 보낸다.

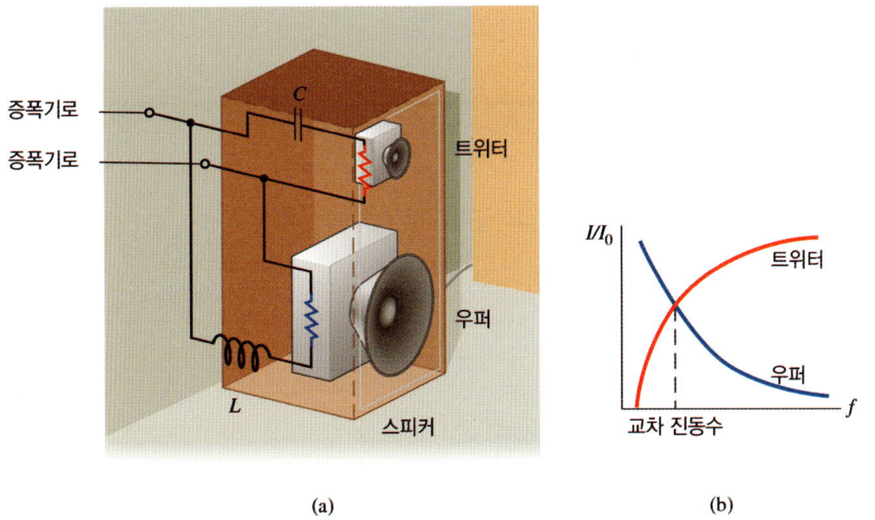

그림 21.20 (a) 교차 회로망을 통해 증폭기에 연결된 두 스피커. (b) 각 콘으로 가는 전류 I(입력진폭 I_0의 비율로 표현)의 진폭이 진동수의 함수로 그려져 있다.

21.1 $V=310\ \mathrm{V}$, $I=17.0\ \mathrm{A}$, $P_{최대}=5300\ \mathrm{W}$,

$P_{평균}=2600\ \mathrm{W}$, $R=18\ \Omega$

21.2 $9950\ \Omega$, $22.1\ \mathrm{mA}$

21.3 $1.13\ \mathrm{k}\Omega$, $8.84\ \mu\mathrm{A}$

21.4 $v_{\mathrm{C}}(t)=\dfrac{1}{\omega C}\sin(\omega t-\pi/2)$,

$v_{\mathrm{L}}(t)=I\omega L\sin(\omega t+\pi/2)$,

$v_{\mathrm{R}}(t)=IR\sin\omega t$,

$\mathcal{E}(t)=IZ\sin(\omega t-0.64)$

$t=80.0\ \mu s$ 일 때, $\omega t=0.800\ \mathrm{rad}$

$v_{\mathrm{C}}(t)=(500\ \mathrm{mV})\sin(-0.771\ \mathrm{rad}) = -348.4\ \mathrm{mV}$

$v_{\mathrm{L}}(t)=(440\ \mathrm{mV})\sin(2.371\ \mathrm{rad}) = +306.5\ \mathrm{mV}$

$v_{\mathrm{R}}(t)=(80\ \mathrm{mV})\sin(0.800\ \mathrm{rad}) = +57.4\ \mathrm{mV}$

$\mathcal{E}(t)=(100\ \mathrm{mV})\sin(0.16\ \mathrm{rad}) = +15.9\ \mathrm{mV}$

$v_{\mathrm{C}}+v_{\mathrm{L}}+v_{\mathrm{R}}=+16\ \mathrm{mV}$

21.5 29 W

21.6 25 pF

21.1 평균 전력은 rms 전압과 rms 전류의 곱이다.

$P_{평균}=I_{\mathrm{rms}}V_{\mathrm{rms}}=10\ \mathrm{A}\times 120\ \mathrm{V}$
$=1200\ \mathrm{W}$

21.3 진동수를 두 배로 했을 때, 리액턴스는 절반이 되고, 전류의 진폭 $I=\mathcal{E}_{\mathrm{m}}/X_{\mathrm{C}}$ 은 두 배가 된다. 마찬가지로 전류의 진동수도 두 배가 된다(전압의 진동수와 같아야 한다).

21.4 진동수가 증가함에 따라 유도 리액턴스 X_{L}은 증가한다. 진동수가 증가함에 따라 용량 리액턴스 X_{C} 는 감소한다. (a) $\omega>\omega_0$일 때 $X_{\mathrm{L}}>X_{\mathrm{C}}$, (b) $\omega<\omega_0$일 때 $X_C>X_L$이다.

21.5 $\mathcal{E}_{\mathrm{m}}=\sqrt{V_{\mathrm{R}}^2+(V_{\mathrm{L}}-V_{\mathrm{C}})^2}$ 이므로,

$V_{\mathrm{R}}=\sqrt{\mathcal{E}_{\mathrm{m}}^2-(V_{\mathrm{L}}-V_{\mathrm{C}})^2}=30\ \mathrm{mV}$

이다.

22

찾아가보기

- 단순조화운동 (10.5절)
- 파동에 의한 에너지 수송, 횡파, 진폭, 진동수, 파장, 파수, 각진동수, 파동 방정식 (11.1~11.5절)
- 앙페르의 법칙과 패러데이의 법칙 (19.9, 20.3절)
- 쌍극자 (16.4, 19.1절)
- 제곱 평균 제곱근 값 (21.1절)
- 열복사 (14.8절)
- 도플러 효과 (12.8절)
- 상대속도 (3.5절)

생명과학 응용

- 의학과 치의학에서 사용되는 X선과 CT 스캔 (22.3절)
- 열화상 (22.3절)
- 뱀, 벌, 빈대의 적외선 감지 능력 (22.3절)
- 자외선 노출의 생물학적 영향 (22.3절)
- X선 진단 (22.3절)
- 벌의 편광된 빛 감지 (22.7절)
- 라식 수술 (문제 35)

전자기파

Electromagnetic Waves

벌은 날아다니다가 자신의 벌집으로 돌아오는 길을 찾을 때 하늘에 있는 태양의 위치를 이용한다. 낮에는 태양이 보이는 위치가 변하고 있어 벌들이 고정된 기준이 아닌 움직이는 기준에 대하여 이동하는 것이므로, 그 자체가 놀라운 일이다. 벌이 어두운 곳에 있는 동안에도 벌들은 태양을 기준으로 하여 이동할 수 있다. 곧 벌들은 그들이 어두운 곳에 있는 동안 일어난 태양의 운동을 보정한다. 벌들은 태양 운동의 궤적을 추적할 수 있는 어떤 내부 시계를 가지고 있음에 틀림없다.

태양의 위치가 구름에 의해 가려질 때는 벌들은 어떻게 하는가? 벌들은 약간이라도 푸른 하늘이 있기만 하면 날아다닐 수 있다는 사실이 실험을 통해 밝혀졌다. 어떻게 이런 일이 가능할까?

22.1 맥스웰 방정식과 전자기파
Maxwell's Equations and Electromagnetic Waves

가속되는 전하는 전자기파를 만든다.

지금까지의 전자기에 대한 논의에서는 정지해 있거나 가속도가 작은 전하들에 의한 전기장과 자기장을 고려하였다. 정지한 점전하는 전기장만을 만들고 일정한 속도로 움직이는 전하는 전기장과 자기장을 함께 만든다. 정지해 있거나 일정한 속도로 움직이는 전하는 진동하는 전기장과 자기장으로 이루어진 **전자기파(EM파**electromagnetic wave**)**를 만들지 않는다. 전자기파는 가속되는 전하들에 의해서만 만들어진다. **전자기 복사**electromagnetic radiation라고도 부르는 전자기파는 진동하는 전기장과 자기장으로 이루어져 있으며 가속 전하로부터 멀리 퍼져 나간다.

펄스보다 오랫동안 지속되는 전자기파를 만들기 위해서 전하는 계속 가속되어야 한다. 진폭과 진동수는 똑같으나, 두 개의 점전하 $\pm q$가 같은 직선상에서 위상은 $1/2$주기만큼 다른 단진동을 하는 경우를 생각해 보자. 진동하는 전기쌍극자가 만드는 전기장과 자기장은 어떤 모양일까? 이 전기장과 자기장들은 정지한 전기쌍극자나 정지한 자기쌍극자에 의해 만들어진 장들이 진동하는 형태는 아니다. 진동하는 전기장과 자기장이 서로 영향을 미치면서 전하들은 전자기파 복사를 발생시킨다. 전하들의 움직임이 변하므로 자기장은 일정하지 않다. 패러데이의 유도 법칙에 따르면, 변하는 자기장은 전기장을 만든다. 그러므로 어느 순간에 진동하는 전기쌍극자의 전기장은 정지해 있는 전기쌍극자의 전기장과는 다르다. 패러데이의 법칙은 전기장선이 항상 원천전하에서 시작하고 원천전하에서 끝나야만 하는 것이 아니라, 진동하는 전기쌍극자에서 멀리 떨어진 곳에서도 자기장선 주위를 감싸는 형태로 존재할 수 있음을 보여준다.

앞에서 설명한 것처럼, 앙페르의 법칙에 따라 자기장선은 자기장선의 원천인 전류를 감싸야 한다. 그러나 스코틀랜드의 물리학자 맥스웰James Clerk Maxwell, 1831~1879은 전자기의 법칙에서 대칭성이 부족하다는 사실을 이해하기 어려웠다. 변하는 자기장이 전기장을 만든다면, 변하는 전기장도 자기장을 만들지 않을까? 대답은 '그렇다'이다. 자기장선들이 꼭 전류를 감쌀 필요는 없다. 다시 말해, 자기장선들은 진동하는 쌍극자로부터 멀리 퍼져 나가는 전기장선 주위를 순환하기만 하면 된다.

그림 22.1은 진동하는 전기쌍극자에 의한 전기장선과 자기장선을 나타낸다. 자기장의 근원으로서 변하는 전기장과 함께, 전기장선과 자기장선은 쌍극자에서 벗어나 닫힌 고리를 만들면서 전자기파로서 쌍극자로부터 퍼져 나간다. 전자기파가 퍼져 나감에 따라 전기장과 자기장은 서로를 떠받쳐 준다. 비록 장의 세기는 줄어들지만, 전기장선과 자기장선

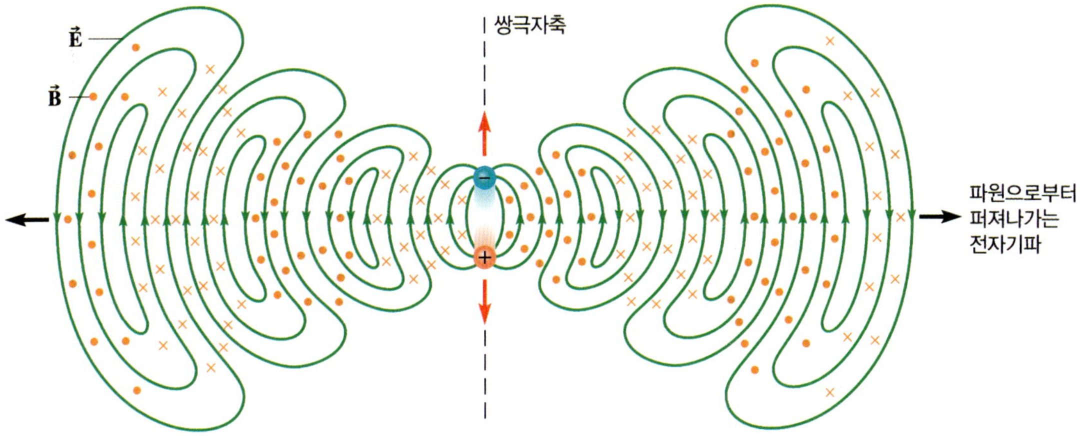

그림 22.1 진동하는 쌍극자에 의한 전기장선과 자기장선. 녹색 선은 지면에 평행하게 있는 전기장선이다. 주황색 점 및 십자표시는 지면을 뚫고 지나는 자기장선이다. 전기장선과 자기장선은 쌍극자에서 벗어나 전자기파로서 전파되어 나간다. 쌍극자로부터 떨어진 곳에서의 전기장과 자기장은 쌍극자의 축과 수직 방향에서(전기장선과 자기장선들이 촘촘하다) 세기가 가장 강하고, 축 방향으로는 가장 약하다는 것을 보여 준다.

이 쌍극자에 속박되어 있을 때보다는 훨씬 더 적게 줄어든다. 변하는 전기장이 자기장의 근원이므로, 진동하는 자기장 없이 진동하는 전기장만으로 이루어진 전자기파는 있을 수 없다. 또한 변하는 자기장은 전기장의 근원이므로, 진동하는 전기장 없이 진동하는 자기장만으로 이루어진 전자기파도 있을 수 없다.

전기파 또는 자기파는 없다. 전자기파만이 있다.

맥스웰 방정식

맥스웰은 앙페르의 법칙을 수정해서 다른 세 가지 기본 전자기 법칙과 함께 사용하여, 전자기파의 존재를 예언하고 특성들을 유도하였다. 그는 전자기파가 진동수에 상관없이 진공을 통과하여 진행할 때 같은 속력으로 진행한다는 것을 예측하였다. 이 속력은 실험적으로 측정한 빛의 속력과 거의 일치했으며, 이는 빛이 하나의 전자기파임을 입증하는 증거가 되었다. 1887년에 헤르츠 Heinrich Hertz, 1857~1894는 라디오파를 만들어 검출하는 실험을 수행함으로써 최초로 빛이 아닌 다른 전자기파의 존재를 실험적으로 보였다. 전자기파의 존재는 전기장과 자기장이 실제로 존재한다는 것을 보여주며, 전기장과 자기장이 단순히 전기력과 자기력을 계산하기 위한 수학적인 도구가 아니라는 것을 보여준다.

맥스웰의 업적을 기리기 위해서, 이 네 가지 기본적인 전자기 법칙 모두를 **맥스웰 방정식** Maxwell's equations이라고 부른다. 이 방정식들은 다음과 같다.

1. **가우스 법칙** Gauss's law(식 (16–17)) : 만일 전기장선이 하나의 닫힌 고리가 아니면, 그것은 전하에서 시작하여 전하에서 끝난다. 전하는 전기장을 생성한다.

연결 고리 네 가지 기본적인 전자기 법칙을 모아 종합하여 구성한 맥스웰 방정식은 전기적 현상과 자기적 현상이 각각 독립적인 현상들이 아니라, 서로 같은 전자기적 상호작용에 의해 나타나는 현상임을 보여준다. 현재는 독립된 하나의 분야이지만 한때는 물리학의 세부 분야였던 광학은 맥스웰 방정식이 제공하는 전자기학의 근본 원리들을 바탕으로 만들어진 학문이다.

2. **자기에 대한 가우스 법칙** Gauss's law for magnetism : 자기장선은 **자기홀극** magnetic monopole 이 없으므로, 언제나 닫힌 고리를 이룬다. 닫힌곡면을 통과하는 자기선속(닫힌곡면을 벗어나는 알짜 자기선속)은 0이다.
3. **패러데이 법칙** Faraday's law(식 (20–18)) : 변하는 자기장은 전기장의 또 다른 원천이다.
4. **앙페르-맥스웰 법칙** Ampere-Maxwell law : 전류 및 변하는 전기장은 모두 자기장의 원천이다. 자기장선은 닫힌 고리를 이루지만 전류 주위만을 감싸고 있을 필요는 없다. 자기장선은 변하는 전기장 주위를 감싸고 있을 수도 있다.

22.2 안테나 Antennas

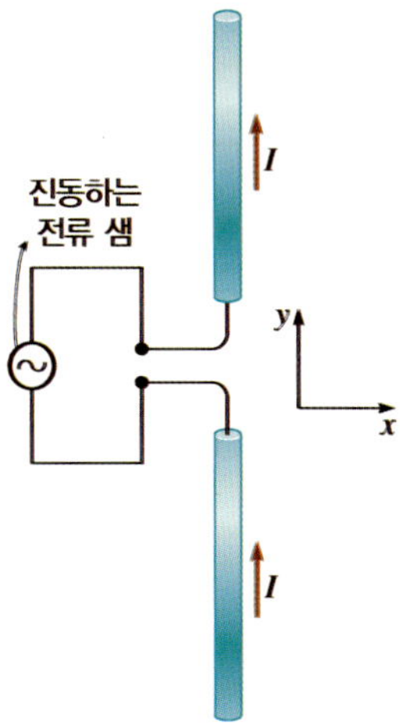

그림 22.2 전기쌍극자 안테나에서의 전류

송신기로 쓰이는 전기쌍극자 안테나 **전기쌍극자 안테나** electric dipole antenna는 한 개의 긴 막대처럼 일렬로 배열된 두 개의 금속 막대로 이루어져 있다(그림 22.2). 두 막대에는 그 중심으로부터 진동하는 전류가 공급된다. 반주기 동안에 전류는 위쪽으로 흐른다. 곧 안테나의 위쪽에는 양전하가 모이며, 아래쪽은 같은 양의 음전하가 모이게 되어 전기쌍극자가 만들어진다. 전류의 방향이 바뀌면, 이렇게 축적된 전하는 줄어들면서 방향이 바뀌어 안테나의 위쪽은 음$^-$으로 대전되고 아래쪽은 양$^+$으로 대전된다. 따라서 안테나에 교류전류를 공급하면 하나의 진동하는 전기쌍극자가 만들어진다.

전기쌍극자 안테나에서 방출된 전자기파에 대한 장선들은 진동하는 전기쌍극자에서 발생된 장선들과 비슷하다. 장선으로부터 다음과 같은 몇 가지 전자기파 성질들이 관측된다.

- 안테나로부터 같은 거리에서, 장의 진폭은 안테나의 축 방향에서 가장 작고(그림 22.2에서 $\pm y$ 방향) 안테나에 대해 수직인 방향(그림 22.2에서 y축에 수직인 방향)에서 가장 크다.
- 안테나에 수직인 방향에서, 전기장은 안테나 축과 나란하다. 다른 방향에서는, $\vec{E}$는 안테나의 축과 나란하지 않고, 파동의 전파 방향, 곧 에너지가 안테나로부터 관측점을 향하여 진행하는 방향에 대하여 수직이다.
- 자기장은 전기장과 진행 방향 모두에 대하여 수직이다.

수신기로 쓰이는 전기쌍극자 안테나 전기쌍극자 안테나는 전자기파 수신기나 검파기로도 사용될 수 있다. 그림 22.3a에서, 한 전자기파가 전기쌍극자 안테나를 지나간다. 그 전자기파의 전기장은 안테나의 자유전자와 상호작용하여 진동하는 전류를 만든다. 이 전류는 증폭되고, 증폭된 신호는 라디오나 TV 송신을 해독하는 데 사용될 수 있다. 안테나는 전기장과 나란하게 세워졌을 때 가장 효율적이다. 만일 나란하게 세워져 있지 않으면, 안테나와 나란한 $\vec{E}$의 성분만이 진동전류를 일으키는 데 기여한다. 따라서 기전력과 진동전류는 $\cos\theta$만큼 줄어드는데, θ는 $\vec{E}$와 안테나 사이의 각이다(그림 22.3b). 만일 안테나가 전기장 $\vec{E}$와 수직이라면, 진동하는 전류는 생기지 않는다.

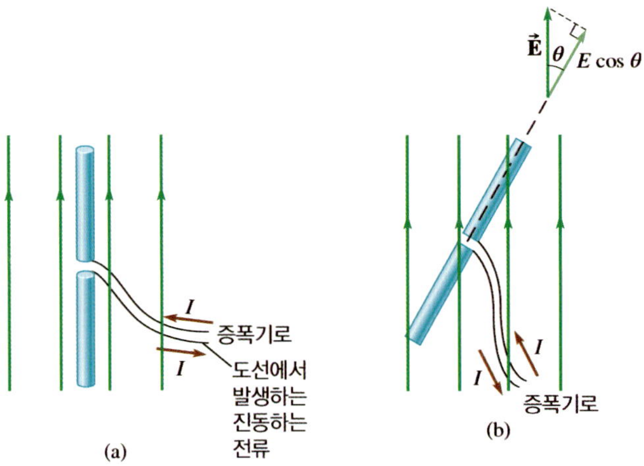

그림 22.3 (a) 전자기파의 전기장 $\vec{E}$는 전기쌍극자 안테나 속에서 진동하는 전류를 일으킨다(알아보기 쉽게 자기장선은 생략하였다). (b) 안테나의 전류가 전기장의 방향과 평행하게 흐르지 않을 때 그 전류의 크기는 약해진다. 안테나에 나란한 $\vec{E}$ 성분만이 전자들을 안테나의 길이 방향으로 가속시킨다.

살펴보기 22.2 수신기로 쓰이는 전기쌍극자 안테나가 전자기파의 전기장 $\vec{E}$에 수직으로 놓여 있다면 어떻게 되겠는가?

보기 22.1 **전기쌍극자 안테나**

컴퓨터의 무선 네트워크를 연결해 주는 길이 6.5 cm의 전기쌍극자 안테나가 원점에 놓여 있으며, 무선 네트워크 접속점에서 나오는 마이크로파는 $+z$ 방향으로 진행한다. 마이크로파의 전기장은 언제나 $\pm y$ 방향이며 시간에 따라 사인파 모양으로 변한다. 안테나의 가까운 곳에서 전기장은

$$E_y(t) = E_\text{m}\cos\omega t,\ E_x = E_z = 0$$

이며, 전기장의 진폭은 $E_\text{m} = 3.2\ \text{mV/m}$이다. (a) 수신이 가장 잘 되려면 안테나는 어느 방향을 향해야 하는가? (b) 가장 효율이 좋은 방향을 가리키고 있을 때 안테나에서의 기전력은 얼마인가?

전략 최대 진폭을 얻기 위해서는 전체 전기장이 안테나의 길이 쪽으로 전류를 흐르게 하도록 안테나가 향해 있어야 한다. 기전력은 단위 전하당 전기장이 한 일로 정의된다.

풀이 (a) 파의 전기장이 안테나의 자유전자에 작용하여 힘이 안테나의 길이 방향으로 향해야 한다. 전기장이 언제나 $\pm y$ 방향이므로, 안테나는 y축을 향해야 한다.

(b) 전기장 E가 안테나의 길이를 따라 전하 q를 움직이게 할 때 전기장이 한 일은

$$W = F_y \Delta y = qEL$$

이다. 기전력은 단위 전하당 일이므로

$$\mathcal{E} = \frac{W}{q} = EL$$

이다. 전기장이 진동을 하므로 기전력도 시간에 따라 달라진다. 시간의 함수로서의 기전력은

$$\mathcal{E}(t) = EL = E_m L \cos\omega t$$

이다. 따라서 그것은 전자기파와 같은 진동수를 갖고 사인파적으로 변한다. 따라서 기전력의 진폭은

$$\mathcal{E}_m = E_m L = 3.2\,\mathrm{mV/m} \times 0.065\,\mathrm{m} = 0.21\,\mathrm{mV}$$

이다.

검토 진동하는 전기장은 안테나 위의 모든 위치에서 같은 진폭과 위상을 갖는다. 결과적으로 기전력은 안테나의 길이에 비례한다. 만일 안테나가 너무 길어서 전기장의 위상이 안테나를 따라서 위치에 따라 달라지면, 기전력은 안테나의 길이에 더 이상 비례하지 않으며 길이가 길어짐에 따라 오히려 줄어들 수도 있다.

실전문제 22.1 **송신용 안테나의 위치**

(a) 만일 보기 22.1에서 전자기파가 먼 거리에 있는 전기쌍극자에서 송신된다면, 송신용 안테나는 수신용 안테나에 대하여 어떤 방향에 놓여 있는가(xyz 좌표로 답하여라)? (b) 전기장의 성분에 관한 방정식을 위치와 시간의 함수로 나타내어라.

그림 22.4 고리 모양의 전선은 자기쌍극자로 사용된다. 파의 자기장이 변함에 따라 고리를 관통하는 자기선속이 변하여, 고리 속에 유도전류를 발생시킨다(알아보기 쉽게 전기장선을 생략하였다).

자기쌍극자 안테나 **자기쌍극자 안테나**magnetic dipole antenna는 또 다른 유형의 안테나이다. 전류의 고리가 하나의 자기쌍극자임을 기억하여라(오른손 규칙은 쌍극자의 북극 방향을 알려 준다. 곧 오른손의 손가락들이 전류가 흐르는 고리를 감싸면, 엄지손가락은 '북극'을 가리킨다). 진동하는 자기쌍극자를 만들려면 전선의 고리나 코일에 교류를 공급해야 한다. 전류의 방향이 바뀌면 자기쌍극자의 남극과 북극이 서로 바뀐다.

안테나의 축이 코일에 수직 방향이라고 생각한다면, 전기쌍극자 안테나에 대해 얻어진 세 가지 관측들은 전기를 자기로 바꾸면 자기쌍극자에 대해서도 그대로 성립한다.

자기쌍극자 안테나는 수신기로도 작동한다(그림 22.4). 전자기파의 진동하는 자기장은 안테나를 관통하는 자기선속의 변화를 일으킨다. 패러데이의 법칙에 따라, 유도된 기전력은 안테나에 교류가 흐르도록 한다. 자기선속의 변화를 최대로 하려면 자기장은 안테나에 수직 방향이어야 한다.

안테나의 한계 안테나는 긴 파장, 곧 낮은 진동수를 갖는 전자기파만을 발생시킬 수 있다. 가시영역의 빛처럼 짧은 파장을 갖는 전자기파를 만들기 위해 안테나를 사용하는 것은 비효율적이다. 곧 전류가 그러한 파를 발생시키기 위하여 가져야 하는 진동수는 너무 높아서 안테나로는 얻을 수 없으며, 또 안테나 자체도 너무 짧게 만들 수는 없다(안테나의 길이가 가장 효율적이려면 파장의 1/2보다 길지 않아야 한다).

문제 풀이 전략 : 안테나

- 전기쌍극자 안테나(막대) : 안테나 축은 막대의 길이 방향에 따라 놓인다.
- 자기쌍극자 안테나(고리) : 안테나 축은 그 고리에 수직으로 놓인다.
- 송신기로 쓰이는 쌍극자 안테나는 축에 수직 방향으로 가장 강하게 퍼진다. 만일 전자기파가 전기쌍극자 안테나에 의하여 송신된다면, 파의 전기장은 안테나 축에 나란하다. 그런데 만일 파가 자기쌍극자 안테나에 의하여 송신된다면, 자기장이 안테나 축에 나란하다.
- 안테나는 축에 수평 방향으로는 퍼지지 않는다.
- 수신기로 쓰일 때 최대 감도를 내기 위해서는, 전기쌍극자 안테나의 축은 파의 전기장 방향에 따라 놓여야 하고 자기쌍극자 안테나의 축은 파의 자기장 방향에 따라 놓여야 한다.

22.3 전자기 스펙트럼 The Electromagnetic Spectrum

전자기파는 어떠한 제한 없이 모든 진동수를 가질 수 있다. 전자기파의 성질 및 물질과의 상호작용은 파의 진동수에 따라 변한다. **전자기 스펙트럼** electromagnetic spectrum, 곧 진동수(파장)의 범위는 관례적으로 6개 또는 7개 영역으로 분류된다(그림 22.5). 각 영역에 대한 이름이 다른 것은 역사적으로 서로 다른 시대에 발견되었기 때문이며, 또한 서로 다른 영역의 전자기 복사가 서로 다른 방법으로 물질과 상호작용하는 데에서 비롯되었기 때문이다. 영역들 사이의 경계는 명확하지 않고 약간은 임의적이다. 이 절에서 주어진 파장은 진공 중에서의 것이며, 진공 또는 공기 중에서 전자기파는 3.00×10^8 m/s의 속력으로 진행한다.

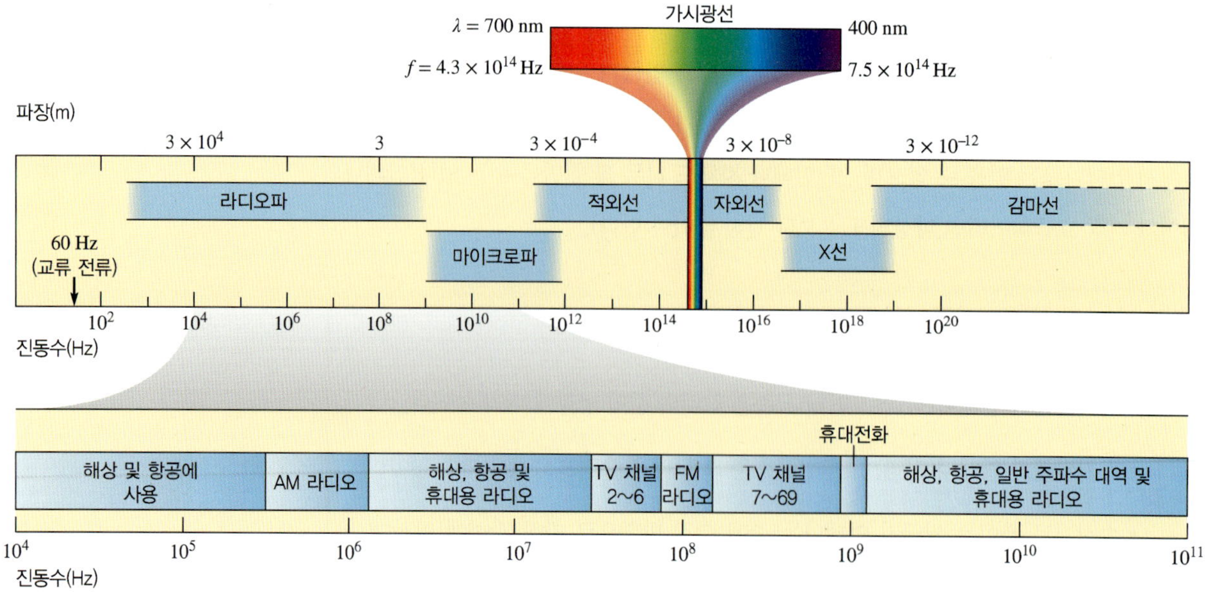

그림 22.5 전자기 스펙트럼의 영역. 파장이나 진동수의 눈금이 log 단위인 것에 주의하여라.

가시광선

가시광선visible light은 사람의 눈으로 감지할 수 있는 스펙트럼 영역이다. 이는 매우 진부한 정의인 것처럼 보이나 실제로 사람 눈의 감도는 가시영역의 양 끝에서 점진적으로 줄어든다. 들을 수 있는 소리의 진동수 범위가 사람에 따라 차이가 있듯이, 볼 수 있는 빛의 진동수 범위도 사람에 따라 차이가 있다. 보통 700 ~ 400 nm의 파장에 해당하는 430 THz(1 THz = 10^{12} Hz)에서 750 THz영역의 진동수를 인지한다. 가시영역의 모든 파장이 혼합된 빛은 흰색으로 보인다. 흰색 빛은 프리즘에 의하여 빨강(700 ~ 620 nm), 주황(620 ~ 600 nm), 노랑(600 ~ 580 nm), 초록(580 ~ 490 nm), 파랑(490 ~ 450 nm) 및 보라(450 ~ 400 nm) 빛으로 갈라진다. 빨강 빛은 가장 낮은 진동수(가장 긴 파장)를 가지며, 보라색 빛은 가장 높은 진동수(가장 짧은 파장)를 가진다.

사람의 눈이 햇빛의 가장 강한 전자기파 영역에 대해 가장 민감하도록 진화된 것은 우연이 아니다(그림 22.6). 그러나 다른 동물들은 사람의 눈과 다른 가시영역을 가지고 있으며, 그 영역은 그 동물의 특정한 필요에 잘 부합한다.

전구, 불, 태양, 반딧불은 가시광선을 만들 수 있는 몇 안 되는 광원이다. 우리가 보는 물체의 대부분은 광원이 아니고, 그것들이 반사하는 광선에 의하여 그 물체를 보게 된다. 빛이 물체에 부딪치면, 일부는 흡수되고 일부는 물체를 통과하며 일부는 반사될 수 있다. 흡수, 투과 및 반사의 상대적 양은 보통 파장에 따라 달라진다. 레몬은 입사하는 노란 빛의 대부분을 반사하고 나머지 색깔의 빛 대부분을 흡수하므로 노랗게 보인다.

가시광선의 파장은 일상적 개념의 크기에 비하여 짧으나, 원자의 크기에 비하면 길다. 평균 크기의 원자의 지름과 고체나 액체에서 거리는 약 0.2 nm이다. 따라서 가시광선의 파장은 원자의 크기보다 2000 ~ 4000 배 나 더 길다.

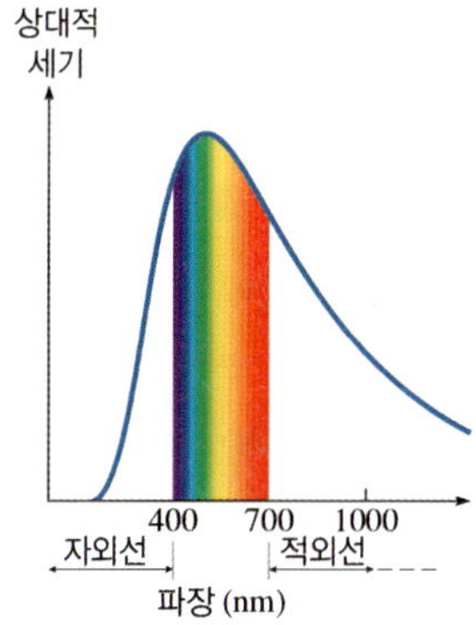

그림 22.6 지구 대기권에 입사하는 태양빛의 상대적 세기(단위 넓이당 평균 출력)를 파장의 함수로 나타낸 그래프

적외선

가시광선 다음으로 발견된 전자기파 스펙트럼은 가시광선 양 끝에 해당하는 스펙트럼으로 적외선과 자외선(각각 1800년과 1801년에 발견됨)이다. 접두사 infra−는 아래를 뜻하는 것으로 **적외선 복사, IR**[infrared radiation]은 가시광선보다 낮은 진동수를 갖는다. 적외선은 가시광선의 낮은 진동수(빨간색)의 끝으로부터 약 300 GHz($\lambda = 1$ mm)의 진동수를 포함한다. 텔레비전 리모컨은 가시영역 밖의 파장인 $\lambda = 1\ \mu$m를 갖는 적외선 신호를 사용한다. 천문학자 허셜[William Herschel, 1738~1822]이 프리즘을 통하여 나오는 빛에 의한 온도의 증가를 연구하던 중 1800년에 적외선을 발견하였다. 그는 온도계의 눈금이 스펙트럼의 빨간색 바로 바깥의 영역에서 가장 높음을 발견하였다. 그래서 허셜은 빨간색을 벗어난 영역에 어떤 눈에 보이지 않는 복사선이 있다는 것을 추론하였다.

실온 정도의 물체가 내는 열복사선은 주로 적외선으로써(그림 22.7) 약 0.01 mm = 10 μm의 파장에서 최고점을 갖는다. 좀 더 높은 온도에서 방출되는 출력은 최고점에서의 파장이 감소함에 따라 증가한다. 500 °F의 표면온도를 가진 이글거리는 나무 난로는 실온의 약 1.8배에 해당하는 절대온도(530 K)를 갖는다. 곧 $P \propto T^4$(슈테판의 법칙, 식 (14−23))이므로 실온일 때보다 약 11배 큰 복사선을 방출한다. 그럼에도 불구하고, 최고점은 여전히 적외선 영역이다. 최고 복사선의 파장은 $\lambda_{최대} \propto 1/T$(빈의 법칙, 식

연결고리 14.8절에서 열복사는 열 흐름의 한 형태로 논의하였다.

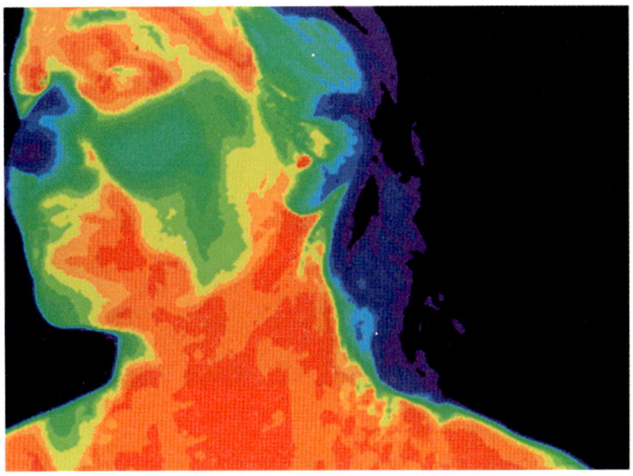

(a)

(b)

그림 22.7 (a) 사람 머리의 적외선 사진. 계측기를 이용하여 적외선 복사의 세기를 측정하고 그 정보를 색으로 나타낸다. 차가운 곳은 세기가 약한 적외선이 방출되는 부분으로, 파란색으로 나타난다. 따뜻한 곳은 세기가 강한 적외선이 방출되며, 빨간색으로 나타난다. 이 열화상은 코와 귀가 얼굴의 나머지 부분보다 더 차갑다는 것을 보여준다. (b) 집의 적외선 사진. 열의 대부분이 지붕을 통하여 방출됨을 보여준다. 약간의 열이 창틀을 통하여 빠져나가며, 창문 자체는 이중 창문 유리 때문에 차갑다.

(14–24))에 따라 약 5.5 μm = 5500 nm이다. 난로가 더욱 뜨거워지면, 난로의 복사선은 대부분 여전히 적외선이지만 가시 스펙트럼의 빨간색 부분을 방출하기 시작함에 따라 빨간색 빛을 내기 시작한다. 전구의 필라멘트($T \approx 3000$ K)도 가시영역보다 훨씬 많은 적외선을 방출한다. 태양의 열복사선의 최고점은 가시광선 영역에 있다. 그럼에도 불구하고, 태양으로부터 우리에게 도달하는 에너지의 약 절반은 적외선이다.

와글러 구멍 독사Wagler's pit viper (학명 : Tropidolaemus wagleri)는 서남아시아 종이다. 머리의 양쪽, 곧 콧구멍과 눈 사이에 각각 하나씩 구멍 기관pit organ이 있다. 이 기관들을 이용하여 구멍 독사는 적외선을 감지할 수 있다.

동물의 적외선 검출 방울뱀과 살무사아과pit viper family의 뱀들은 적외선을 검출하는 특별한 감각기관('구멍pit')을 가지고 있다. 이 감각기관은 밤에 사냥감의 위치 파악에 사용된다. 일부 딱정벌레들은 적외선을 감지하여 먼 거리의 산불을 감지할 수 있다. 이 딱정벌레들은 불에 탄 나무에 알을 낳기 위하여 불을 향하여 날아간다. 빈대들도 적외선을 일부 감지하여 먹이를 향하여 갈 수 있다.

자외선

접두사 ultra–는 위를 뜻한다. **자외선, UV** ultraviolet는 가시광선보다 진동수가 높다. 자외선은 파장이 가장 짧은 가시광선의 파장(약 400 nm)으로부터 10 nm까지의 파장 영역을 갖는다. 태양빛에는 상당히 많은 양의 자외선이 있다. 300 nm ~ 400 nm 영역의 자외선이 대부분 대기권을 통과할 수 있다. 흑색 광선은 자외선을 방출한다. 형광등의 유리관 안쪽 면에 있는 코팅된 물질과 같은 특정한 형광 물질은 자외선을 흡수한 다음 가시광선을 방출할 수 있다(그림 22.8).

(a) (b)

그림 22.8 (a) 커다란 별 산호(학명 : Montastraea cavernosa)는 백색광을 쬐면 흐릿한 갈색이 된다. (b) 자외선을 쬐인 산호는 자외선을 흡수하여 밝은 노란색의 가시광선을 방출한다. 조그만 스펀지(오른쪽 아래 부분)는 선택 반사 때문에 백색광을 쬐면 밝은 빨간색으로 나타난다. 이것은 형광을 내지 않으므로 자외선을 쬐면 검게 보인다.

자외선 노출의 생물학적 효과 사람의 피부가 자외선에 노출되면 비타민 D가 형성된다. 더 많은 자외선에 노출되면 피부는 타게 된다. 과도한 자외선 노출은 피부에 화상과 피부암을 유발시킬 수 있다. 자외선 차단제는 자외선이 피부에 이르기 전에 먼저 자외선을 흡수하는 역할을 한다. 수증기는 300 nm ~ 400 nm 영역의 자외선을 대부분 통과시키므로, 흐린 날에도 피부는 태양빛에 의해 타거나 화상을 입을 수 있다. 일반적인 유리창은 대부분의 자외선을 흡수하므로, 창문을 통과한 태양빛에 의해 피부가 화상을 입지는 않는다. 눈이 자외선에 노출되면 백내장에 걸릴 수 있다. 그래서 화창한 날 야외 활동을 할 때는 자외선을 투과시키지 않는 선글라스를 착용하는 것이 중요하다.

라디오파

적외선과 자외선이 규명된 후 19세기 후반기에 이르러 전자기파 스펙트럼 바깥 부분의 영역들이 발견되었다. 가장 낮은 진동수(약 1 GHz까지), 곧 가장 긴 파장(약 0.3 m까지)의 전자기파를 전파 또는 **라디오파** radio wave 라고 부른다. AM 및 FM 라디오, VHF 및 UHF TV 방송, 그리고 아마추어 무선기사들은 스펙트럼 중 라디오파 영역 내의 할당된 진동수 대역을 사용한다.

비록 라디오파, 마이크로파, 가시광선이 통신에 사용되지만, 그 전자기파들이 음파는 아니다. 음파는 공기나 물과 같은 어떤 매질 안에서의 원자나 분자들의 진동에 의해서 진행한다. 그러나 전자기파는 전기장과 자기장의 진동에 의해서 진행하는 파이므로, 진행하기 위해 어떤 매질이 필요하지 않으며 진공 속에서도 진행할 수 있다.

마이크로파

마이크로파 microwaves 는 라디오파와 IR 사이에 있는 전자기 스펙트럼의 일부로서 진공 중에서의 파장은 대략 1 mm에서 30 cm이다. 1888년에 헤르츠 Heinrich Hertz, 1857~1894 가 처음으로 실험실 안에서 마이크로파를 만들고 검출하였다. 마이크로파는 통신(휴대전화, 무선 컴퓨터 통신, 위성 TV) 및 레이더에서 사용되고 있다. 제2차 세계대전 중에 레이더가 개발된 후, 마이크로파의 평화적 사용에 대한 연구는 전자레인지 microwave oven 의 개발을 가져 왔다.

응용 : 전자레인지 전자레인지(그림 22.9)는 진공에서 약 12 cm의 파장을 가진 마이크로파를 음식물과 상호작용 시키는 것이다. 물은 극성 분자로서 마이크로파를 잘 흡수한다. 전기장 안에 있는 전기쌍극자는 양전하와 음전하를 반대 방향으로 잡아당기는 현상에

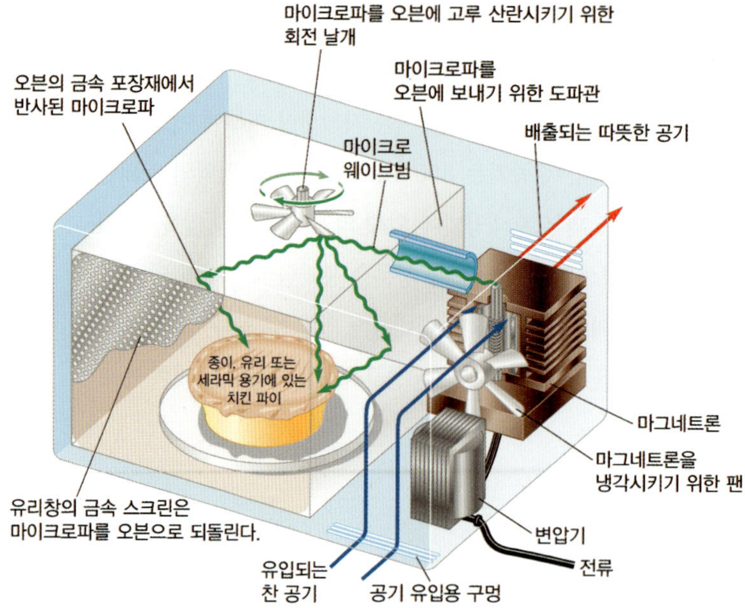

그림 22.9 전자레인지. 마이크로파는 '마그네트론'에서 발생하는데, 마그네트론은 원하는 진동수의 마이크로파를 발생시키는 진동 전류를 만드는 공동 공진기이다. 금속은 마이크로파를 잘 반사하므로, 금속 도파관은 오븐 전체로 마이크로파가 퍼지도록, 마이크로파를 반사시키는 금속제의 회전 날개 쪽으로 마이크로파가 향하게 한다(이러한 반사 특성 때문에 금속 용기나 알루미늄박은 전자레인지 안에서 사용될 수 없다. 곧 마이크로파는 금속 용기나 알루미늄 박 속의 음식물에 도달하지 못한다). 오븐 공진기는 마이크로파가 오븐으로 되돌아가고 오븐에서 빠져 나오는 양을 최소화하기 위하여 금속으로 싸여 있다. 전자레인지 문에 있는 얇은 금속판은 안을 들여다 볼 수 있도록 작은 구멍이 나 있으나, 구멍이 마이크로파의 파장보다 훨씬 작으므로 구멍 난 금속판은 마이크로파를 여전히 안쪽으로 반사시킨다.

의해 전기장과 나란히 하려는 회전력을 받게 된다. 마이크로파의 급격히 진동하는 전기장($f = 2.5$ GHz)때문에, 물 분자들은 앞뒤로 회전하며, 이런 회전에너지는 음식물을 통하여 퍼지게 된다.

응용 : 우주의 마이크로파 배경 복사 1960년대 초에, 펜지아스Arno Penzias와 윌슨Robert Wilson은 라디오파 망원경을 이용한 연구에서 스펙트럼의 마이크로파 부분에서의 잡음으로 어려움을 겪고 있었다. 그들은 후속 연구를 통하여 우주 전체가 2.7 K (최고점에서의 파장이 약 1 mm)의 온도의 흑체복사에 대응하는 마이크로파에 둘러싸여 있다는 것을 발견하였다. 이러한 우주의 마이크로파 배경복사는 대폭발(빅뱅Big Bang)이라는 우주의 기원으로부터의 산물인 것이다.

X선과 감마선

UV보다 파장이 짧고 진동수가 높은 것이 1895년에 발견된 **X선**X-rays과 1900년에 발견된 **감마선**gamma rays이다. 이들 두 가지 방법에 의해 발생된 전자기파의 진동수들은 상당 부분이 중첩되므로, 오늘날 그 구별은 어느 정도 임의적이다.

X선은 독일의 물리학자인 뢴트겐Wilhelm Konrad Röntgen, 1845~1923이 전자를 높은 에너지로

가속하여 표적에 부딪치게 하는 실험 중에 우연히 발견했다. X선은 표적에서 정지할 때 전자들의 갑작스런 감속으로 발생한다. 뢴트겐은 X선 발견의 공로로 물리학 분야에서 최초로 노벨상을 수상하였다.

감마선은 지구에서는 방사성 핵의 붕괴에서 처음 발견되었다. 맥동성pulsar, 중성자 별, 블랙홀 및 초신성의 폭발은 감마선의 원천으로서, 지구를 향해 오지만 다행히 대기에 의해 흡수된다. 열기구나 위성을 사용하여 검파기를 대기권 높은 곳이나 대기권 밖에 설치하게 되면서 감마선 천문학이 발전되었다. 1960년대 후반에 과학자들은 우주의 깊은 곳으로부터 수초분의 일에서 수분까지 지속되는 감마선의 폭발을 처음으로 관찰하였으며, 이러한 폭발은 약 하루에 한 번씩 일어난다. 한 번의 감마선 폭발은 태양이 평생 동안 방출하는 에너지보다 더 많은 에너지를 10 s 안에 방출할 수 있다. 이 감마선 폭발의 근원은 아직 연구 중에 있다.

응용 : 의학과 치의학에서의 X선 및 CT 스캔 의학과 치의학에서 사용하는 대부분의 진단용 X선은 10에서 60 pm(1 pm $= 10^{-12}$ m) 사이의 파장을 갖는다. 재래식 X선의 경우에, 필름은 조직을 통과한 X선의 복사량을 기록한다. X선을 이용한 컴퓨터단층촬영, CT Computerized Tomography 스캔에서는 인체의 횡단면 모습을 얻을 수 있다. X선 발생장치가 한 평면에 놓인 인체 주위를 회전하고 컴퓨터는 여러 다른 각도에서 X선 투과량을 측정한다. 컴퓨터는 이러한 측정값을 사용하여 인체의 각 부분의 모습을 만들어낸다(그림 22.10).

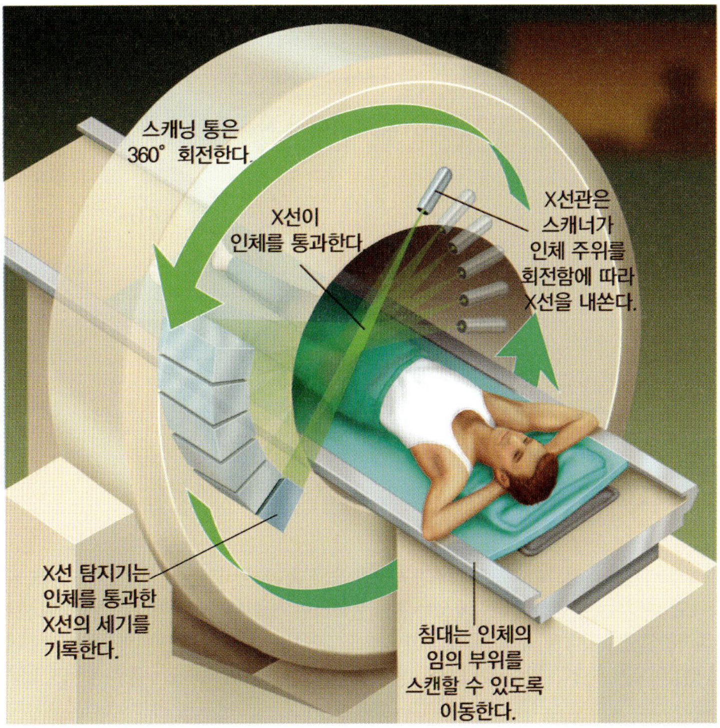

그림 22.10 CT 스캔 장치

22.4 진공과 물질 속에서의 전자기파의 속력 Speed of EM waves in Vacuum and in Matter

연결고리 역학적 파동의 속력은 매질의 특성에 따라 변한다(예를 들어, 끈 위에서의 횡파는 끈의 장력 및 선밀도에 영향을 받는다). 유리와 같은 투명한 매질을 통과하는 전자기파의 속력은 그 매질의 전기적 성질과 자기적 성질에 영향을 받는다. 진공에서의 전자기파의 속력은 ϵ_0, μ_0와 관련된 보편 상수이다.

빛은 매우 빠르므로 한 곳에서 다른 곳으로 가는 데 걸린 시간을 정확하게 측정하기는 어려웠다. 매우 정밀한 전자기기가 만들어지지 못했던 시대에는 빛의 속력을 측정하려면 기발하게 설계되어야만 했다. 1849년에 프랑스 과학자 피조Armand Hippolyte Louis Fizeau, 1819~1896는 빛의 속력을 대략 3×10^8 m/s로 측정하였다(그림 22.11).

진공 속에서의 빛의 속력

11장과 12장에서 역학적 파동mechanical wave의 속력은 매질의 성질에 따라 변한다는 것을 다루었다. 소리는 물속보다 금속 안에서 더 빨리 진행하며, 공기 속에서보다는 물속에서 더 빨리 진행한다. 모든 경우에, 파동의 속력은 복원력과 관성에 기인한 매질의 두 특성에 따라 변한다.

역학적 파동과는 달리, 전자기파는 진공 속에서도 전파된다. 곧 전자기파는 매질을 필요로 하지 않는다. 빛은 수십억 광년 떨어진 은하계로부터 지구에 도달한다. 빛은 아무런 문제없이 은하계 사이의 매우 먼 거리를 진행하지만, 음파는 음파의 압력 변화를 지속시켜 줄 공기나 매질이 없기 때문에 우주공간에서 수 미터 떨어진 두 우주비행사 사이에도 전달되지 못한다. 그렇다면, 진공에서 빛의 속력을 결정하는 것은 무엇인가?

전기장과 자기장을 기술하는 법칙들을 다시 생각해 보면, 두 개의 보편적 상수를 알게 된다. 그중 하나는 쿨롱의 법칙과 가우스의 법칙에서 사용된 자유공간의 유전율 ϵ_0로, 이

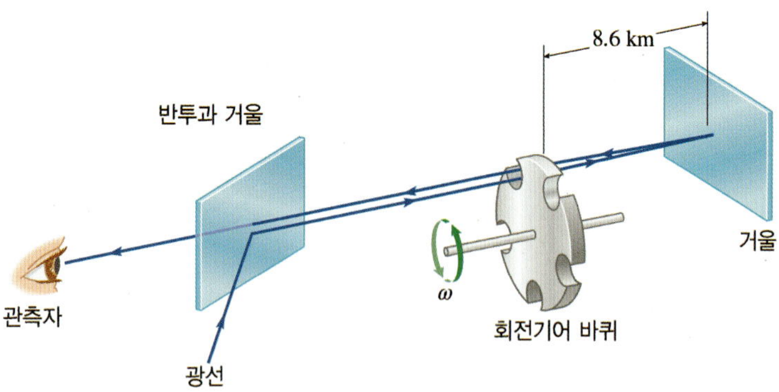

그림 22.11 빛의 속력을 측정하기 위하여 피조가 사용한 장치. 홈이 난 바퀴는 변경 가능한 각속도 ω로 회전한다. 어떤 각속도 ω에서는 한 광선이 바퀴에 있는 홈을 통과하여 거울까지의 먼 거리를 진행하여 반사된 후, 또 다른 홈을 통과하여 관측자에게 되돌아온다. 다른 각속도 ω에서는, 반사된 광선이 회전하는 바퀴에 가려져서 관측자에게 되돌아오지 못한다. 관측자가 반사된 빛을 볼 수 있는 바퀴의 각속도 ω를 측정하면 빛의 속도를 계산할 수 있다.

상수는 전기장과 관련되어 있다. 나머지 하나는 앙페르의 법칙에 나오는 자유공간의 투자율 μ_0로, 이 상수는 자기장과 관련되어 있다. 이 상수들이 진공 중에서 빛의 속력을 결정하는 유일한 두 값이므로, 두 상수들의 결합은 속력의 차원을 가져야 한다.
SI 단위로 나타낸 이 상수들의 값은

$$\epsilon_0 = 8.85 \times 10^{-12} \frac{\mathrm{C}^2}{\mathrm{N} \cdot \mathrm{m}^2}, \qquad \mu_0 = 4\pi \times 10^{-7} \frac{\mathrm{T} \cdot \mathrm{m}}{\mathrm{A}} \tag{22-1}$$

이다. 테슬라tesla는 또 다른 SI 단위로 쓸 수 있다. 하나의 길잡이로서 $\vec{\mathrm{F}} = q\vec{\mathrm{v}} \times \vec{\mathrm{B}}$를 사용하면,

$$1\,\mathrm{T} = 1\,\frac{\mathrm{N}}{\mathrm{C} \cdot \mathrm{m/s}} \tag{22-2}$$

이다. ϵ_0와 μ_0를 곱하면 속력의 차원을 가져야 한다.

$$\frac{1}{\sqrt{\epsilon_0\mu_0}} = \left(8.85 \times 10^{-12} \frac{\cancel{\mathrm{C}}^2}{\cancel{\mathrm{N}} \cdot \mathrm{m}^2} \times 4\pi \times 10^{-7} \frac{\cancel{\mathrm{N}} \cdot \cancel{\mathrm{m}}}{\cancel{\mathrm{C}} \cdot (\cancel{\mathrm{m}}/\mathrm{s}) \cdot (\cancel{\mathrm{C}}/\mathrm{s})}\right)^{-1/2}$$
$$= 3.00 \times 10^8\ \mathrm{m/s}$$

이 된다. 19세기 중반에 맥스웰은 전자기파, 곧 공간을 전파해 가는 진동하는 전기장과 자기장으로 이루어진 파가 진공 중에 존재할 수 있다는 것을 수학적으로 밝혔다. 그는 맥스웰 방정식(22.1절)으로부터 임의의 유형의 파가 전파되는 것을 기술해 주는 특별한 수학적 방정식인 파동방정식을 유도하였다. 여기서 파의 속력은 $(\epsilon_0\mu_0)^{-1/2}$가 되었다. 또한 맥스웰은 1856년에 측정된 ϵ_0와 μ_0를 사용하여 진공에서 전자기파의 속력이 피조가 측정한 값과 거의 같은 $3.00 \times 10^8\ \mathrm{m/s}$임을 보였다. 맥스웰의 빛의 속력에 대한 유도는 빛이 전자기파라는 첫 번째 증거가 되었다.

진공에서의 전자기파의 속력은 기호 c(celeritas, 라틴어로 '속력'을 의미)로 나타낸다.

진공에서 전자기파의 속력

$$c = \frac{1}{\sqrt{\epsilon_0\mu_0}} = 3.00 \times 10^8\ \mathrm{m/s} \tag{22-3}$$

c는 일반적으로 **빛의 속력**이라고 부르지만, 단지 사람의 눈으로 볼 수 있는 영역의 빛의 진동수에 대한 것뿐만이 아니고, 진동수나 파장과 관계없이 진공 속에서 모든 전자기파의 속력을 의미한다.

보기 22.2 초신성 '근처'로부터의 빛의 여행 시간

초신성은 폭발하는 별로서, 일반별보다 수십억 배나 더 밝다. 초신성 SN1987a(그림 22.12)는 그것이 처음 관측된 년도를 따라서 명명되었는데 지구로부터 1.6×12^{21} m 떨어진 곳에서 폭발이 일어났다. 그 폭발은 언제 일어났는가?

그림 22.12 NASA의 허블 우주 망원경이 2006년에 찍은 초신성 SN1987a 근처의 영상. 밝은 점들로 만들어진 고리는 폭발하는 별이 밖으로 뿜어내는 충격파가 만든 것이다.

전략 초신성으로부터의 빛은 속력 c로 진행한다. 빛이 1.6×12^{21} m 떨어진 지구에 도달하는 데 걸린 시간은 폭발이 얼마나 오래 전에 일어났는지를 말해 준다.

풀이 빛이 속력 c로 거리 d를 진행하는 데 걸린 시간은

$$\Delta t = \frac{d}{c} = \frac{1.6\times 10^{21}\ \text{m}}{3.00\times 10^{8}\ \text{m/s}} = 5.33\times 10^{12}\ \text{s}$$

이다. 이것이 얼마나 긴 시간인지를 알기 위하여 's'를 'yr'으로 환산하면,

$$5.33\times 10^{12}\ \text{s}\times\frac{1\ \text{yr}}{3.156\times 10^{7}\ \text{s}} = 170000\ \text{yr}$$

이 된다.

검토 우리가 별을 볼 때에 본 빛은 오래 전에 별이 방출한 것이다. 천문학자들은 먼 거리에 있는 은하를 보면서 지난 과거의 우주를 언뜻 보는 셈이다. 태양 너머에 지구와 가장 가까운 별은 약 4광년 떨어져 있으며, 이는 별로부터 지구까지 빛이 도달하는 데 4년이 걸린다는 것을 뜻한다. 가장 멀리 관측된 은하계는 약 10^{10}광년 떨어져 있는데, 이것은 100억 년 전의 과거를 보는 셈이다.

실전문제 22.2 1광년

1광년은 지구의 1년 동안에 빛이(진공 속에서) 달린 거리이다. 광년을 미터로 변환하는 변환인수를 구하여라.

물질에서의 빛의 속력

전자기파가 매질 속을 통과할 때, c보다 작은 속력 v로 진행한다. 예를 들어 가시광선이 유리 속을 지나갈 때에는, 유리의 종류와 빛의 진동수에 따라 약 1.6×10^{8} m/s에서 2.0×10^{8} m/s 사이의 속력으로 진행한다. 이때 일반적으로 속력 대신, **굴절률**index of refraction n으로 표현한다.

굴절률

$$n = \frac{c}{v} \tag{22-4}$$

굴절은 파동이 한 매질에서 다른 매질로 진행함에 따라 휘어지는 현상으로서, 23.3절에서 자세히 다룰 것이다. 굴절률은 두 속력의 비율이므로, 차원이 없는 양이다. 빛이 2.0×10^8 m/s의 속력으로 진행하는 유리의 경우, 그 굴절률은 다음과 같다.

$$n = \frac{3.0 \times 10^8 \text{ m/s}}{2.0 \times 10^8 \text{ m/s}} = 1.5$$

공기(1 atm)에서 광속은 c보다 약간 작다. 공기의 굴절률이 1.0003이다. 많은 경우에 이러한 0.03 %의 차이는 중요하지 않으므로 c를 공기 중에서의 광속으로 사용할 수 있다. 광학적으로 투명한 매질 속에서의 광속은 c보다 작으므로, 굴절률은 1보다 크다.

전자기파가 한 매질에서 다른 매질로 진행할 때에, $v = f\lambda$이므로 진동수와 파장이 둘 다 달라지지 않을 수는 없다. 역학적 파동에서와 같이, 파장은 변하지만 진동수는 변하지 않는다. 진동수가 f인 입사파는 안테나에 있는 전하들과 똑같이, 경계면에 있는 원자의 전하들을 같은 진동수로 진동시킨다. 경계면에 있는 진동하는 전하들은 같은 진동수의 전자기파를 두 번째 매질로 방출한다. 따라서 두 번째 매질 속의 전기장과 자기장은 첫 번째 매질 속에 있는 파와 같은 진동수로 진동을 하게 된다. 똑같은 방법으로, 줄을 따라 진행하는 진동수 f인 횡파가 파속wave velocity이 갑작스럽게 변화하는 지점에 도달하면, 입사파는 줄의 임의의 다른 점에서와 같이 그 지점을 위 아래로 같은 진동수 f로 진동시킨다. 그 점의 진동은 같은 진동수의 파를 줄의 다른 쪽으로도 보낸다. 파의 속력은 달라지지만 진동수는 달라지지 않으므로 달라지는 것은 파장이다.

진공에서 파장이 λ_0인 경우에, 굴절률 n인 매질에서 그 전자기파의 파장 λ를 구하려면, 진동수가 같으므로

$$f = \frac{c}{\lambda_0} = \frac{v}{\lambda} \tag{22-5}$$

이며, λ에 관해서 풀면

$$\lambda = \frac{v}{c}\lambda_0 = \frac{\lambda_0}{n} \tag{22-6}$$

이다. $n > 1$이므로 파장은 진공에서의 파장보다 더 짧다. 전자기파는 진공에서보다 물질 내에서 더 느리게 진행한다. 파장은 한 주기 $T = 1/f$ 동안 파가 진행한 거리이므로 매질 내에서의 파장이 더 짧아진다.

만일 파장이 $\lambda_0 = 480$ nm인 파란색 빛이 굴절률이 1.5인 유리 속으로 들어간다면, 유리 속에서 파란색 빛의 파장이 320 nm라고 하더라도 그것은 여전히 가시광선이며 자외선으로 바뀌지는 않는다. 빛이 눈으로 들어올 때, 빛이 얼마나 많은 종류의 매질 속을

통과하는지에 관계없이 매질 경계에서 진동수가 달라지지 않으므로, 눈 속의 유체에서도 진동수는 같다.

살펴보기 22.4 빛이 물($n = 4/3$)에서 공기로 진행한다. 물에서 빛의 파장은 480 nm이다. 공기에서 빛의 파장은 얼마인가?

보기 22.3 눈 속에서 빛의 파장 변화

눈으로 들어가는 빛은 방수($n = 1.33$), 수정체($n = 1.44$), 유리액($n = 1.33$)을 통과하여 망막에 이른다. 눈으로 들어가는 빛이 공기 중에서 파장이 480 nm 라면, 유리체에서 빛의 파장은 얼마인가?

전략 중요한 것은 파동이 한 매질에서 다른 매질 속으로 들어갈 때도 진동수는 항상 같다는 점이다.

풀이 진동수, 파장, 속력 사이의 관계는 다음과 같다.

$$v = \lambda f$$

진동수에 대해 풀면 $f = v/\lambda$이다. 진동수는 같으므로,

$$\frac{v_{유리액}}{\lambda_{유리액}} = \frac{v_{공기}}{\lambda_{공기}}$$

이다. 빛이 하나의 매질에서 다른 매질로 진행할 때 진동수는 항상 일정하게 유지되므로, 수정체와 방수에서의 굴절률 값은 여기서 필요하지 않다.

매질에서 빛의 속력은 $v = c/n$이다. $\lambda_{유리액}$에 대해 풀고 $v = c/n$을 대입하면, 다음과 같다.

$$\lambda_{유리액} = v_{유리액}\frac{\lambda_{공기}}{v_{공기}}$$

$$= \frac{c}{n_{유리액}} \times \frac{n_{공기}\lambda_{공기}}{c}$$

$$= \frac{1 \times 480\ \text{nm}}{1.33}$$

$$= 360\ \text{nm}$$

검토 유리액의 굴절률이 공기보다 더 크므로, 유리액 속에서의 빛의 속력이 공기 속에서보다 더 느리다. 파장은 한 주기 동안 진행한 거리이므로, 유리액에서의 파장이 공기 속에서보다 더 짧다.

실전문제 22.3 공기에서 물속으로 들어갈 때 파장 변화

물속에서 가시광선의 속력이 2.25×10^8 m/s이다. 공기 속에서 파장이 592 nm 인 빛이 물속으로 들어갈 때, 물속에서 그 빛의 파장은 얼마인가?

분산

모든 진동수의 전자기파들이 진공 속에서 똑같은 속력 c로 진행한다고 하더라도, 매질 속에서의 전자기파의 속력은 진동수에 따라 변한다. 그러므로 굴절률은 어떤 물질에 대해 하나의 상수가 아니라 진동수의 함수가 된다. 진동수에 따른 파속의 변화를 **분산**dispersion 이라고 부른다. 백색광이 유리 프리즘을 통과할 때 분산 때문에 여러 색깔로 분리된다(그

림 22.13). 서로 다른 색광들이 같은 매질 속에서도 약간 다른 속력으로 진행하기 때문에 빛의 분산 현상이 생긴다.

비분산nondispersive **매질**은 일정한 진동수 영역 내에서 굴절률의 변화를 거의 무시할 수 있는 매질을 말한다. 진공과는 달리 실제로 비분산 매질은 없으나, 많은 물질들이 제한된 진동수 영역 내에서 비분산 매질로 취급될 수 있다. 대부분 광학적으로 투명한 매질의 경우에, 굴절률은 진동수가 증가함에 따라 증가하므로 파란색 빛은 빨간색 빛보다 더 느리게 유리 속을 통과한다. 대신에, 전자기파 스펙트럼의 다른 영역에서나 또는 특이한 물질 속에서의 가시광선에서는 굴절률 n이 진동수의 증가에 따라 감소하기도 한다.

그림 22.13 프리즘은 흰색 빛을 스펙트럼의 색상으로 분리한다.

22.5 진공에서 진행하는 전자기파의 특성 Characteristics of Traveling EM Waves in Vacuum

진공 중에서 진행하는 전자기파(그림 22.14)의 여러 특성을 맥스웰 방정식(22.1절 참고)으로부터 유도할 수 있다. 이러한 유도는 높은 수준의 수학이 필요하므로, 여기에서는 증명 없이 그 특성들을 설명하겠다.

연결고리 전자기파의 파장, 파수, 진동수, 각진동수 및 주기는 역학적 파동에서와 정확하게 똑같이 정의된다.

- 진공 중에서 전자기파는 진동수와 관계없이 $c = 3.00 \times 10^8$ m/s의 속력으로 진행한다. 속력은 진폭과도 무관하다.
- 전기장과 자기장은 같은 진동수로 진동한다. 따라서 하나의 진동수 f와 하나의 파장 $\lambda = c/f$는 그 파의 전기장과 자기장 모두에 관계한다.
- 전기장과 자기장은 같은 위상으로 진동한다. 다시 말하면, 주어진 순간에 전기장과 자기장은 같은 위치의 점에서 최대의 크기를 가진다. 마찬가지로, 어떤 순간에 전기장과 자기장은 같은 위치의 점에서 둘 다 0이 된다.
- 전기장과 자기장의 진폭은 서로 비례하며, 그 비는 c이다.

$$E_{\mathrm{m}} = cB_{\mathrm{m}} \qquad (22\text{-}7)$$

- 전기장과 자기장은 위상이 같고 진폭은 서로 비례하므로, 임의의 위치에서 전기장과 자기장의 순간 진폭은 서로 비례한다.

$$|\vec{\mathrm{E}}(x, y, z, t)| = c|\vec{\mathrm{B}}(x, y, z, t)| \qquad (22\text{-}8)$$

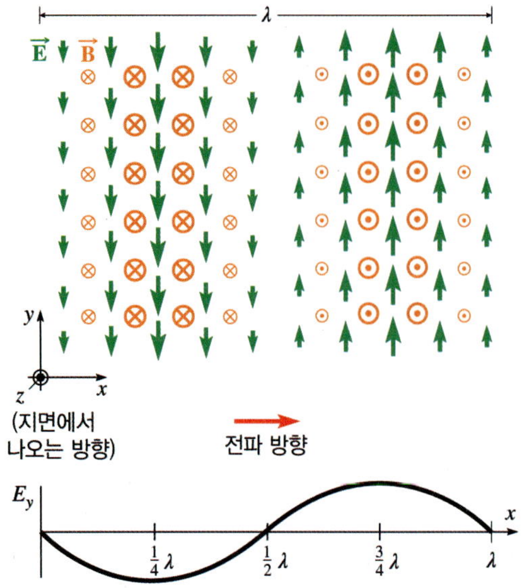

그림 22.14 $+x$ 방향(오른쪽)으로 진행하는 전자기파의 한 파장. 전기장은 녹색 화살표로 표시된다(전기장은 $0<x<\frac{1}{2}\lambda$에서 $-y$ 방향을 가지고, $\frac{1}{2}\lambda<x<\lambda$에서 $+y$ 방향을 가진다). 자기장은 주황색 벡터 기호로 표시되며, 지면에 수직한 방향을 가진다(자기장은 $0<x<\frac{1}{2}\lambda$에서 $-z$ 방향을 가지고, $\frac{1}{2}\lambda<x<\lambda$에서 $+z$ 방향을 가진다). 전기장 $\vec{E}$의 크기는 녹색 화살표의 길이로 표시된다. 자기장 $\vec{B}$의 크기는 주황색 벡터 기호의 크기로 표시된다. 아래 그래프는 어떤 시간에서 전기장 $\vec{E}$의 y 성분을 위치 x에 대한 함수로 나타낸 것이다. 전기장과 자기장은 같은 위상을 가지기 때문에, 같은 시간에서 자기장 $\vec{B}$의 z 성분의 그래프를 그리면 같게 보일 것이다.

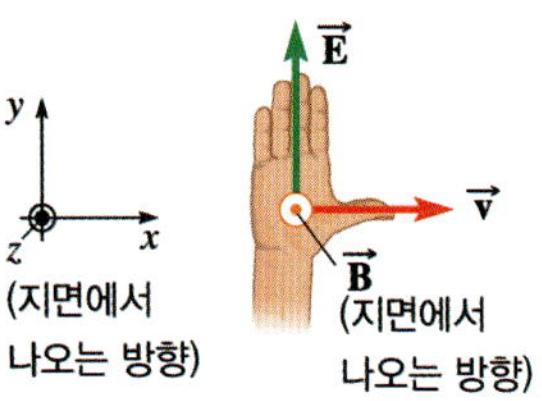

그림 22.15 그림 22.14의 전기장과 자기장을 확인하기 위해서 오른손 규칙을 사용한다. $x>\lambda/2$에서 $\vec{E}$는 $+y$ 방향이고 $\vec{B}$는 $+z$ 방향이다. 벡터곱 $\vec{E}\times\vec{B}$는 파의 진행 방향($+x$ 방향)과 같다.

- 전자기파는 횡파로서, 전기장과 자기장은 진행 방향에 대하여 서로 수직이다.
- 전기장과 자기장은 서로 수직이다. 그러므로 $\vec{E}$와 $\vec{B}$ 및 전파 속도는 서로 수직인 벡터들이다.
- 임의의 점에서 $\vec{E}\times\vec{B}$의 방향은 언제나 전파 방향과 같다.
- 임의의 점에서 전기에너지의 밀도는 자기에너지의 밀도와 같다. 전자기파는 총에너지의 절반은 전기장으로서, 나머지 반은 자기장으로서 에너지를 운반한다.

살펴보기 22.5 한 전자기파가 $+x$축을 따라 진행한다. 점 P와 시간 t에서 그 전자기파의 전기장의 크기는 $0.009\ \mathrm{V/m}$ 이고 방향은 $-y$축 방향이다. 같은 위치, 같은 시간에서 자기장의 크기와 방향은 무엇인가?

보기 22.4 진행하는 전자기파

진공 속에서 전자기파의 전기장의 x, y 및 z성분들은

$$E_y = -60.0\frac{\mathrm{V}}{\mathrm{m}}\times\cos\left[(4.0\ \mathrm{m}^{-1})x+\omega t\right]$$
$$E_x = E_z = 0$$

이다. (a) 파동은 어느 방향으로 진행하는가? (b) ω는 얼마인가? (c) 파동의 자기장에 관한 표현식을 구하여라.

전략 (a)와 (b)에서는 파에 관한 일반적인 지식이 필요

하지만, 전자기파에만 해당하는 특별한 지식은 아니다. 11장을 다시 보면 기억하는 데 도움이 될 것이다. (c)는 전자기파에 관한 전기장과 자기장 사이의 관계를 포함한다. 자기장의 순간 크기는 $B(x, y, z, t) = E(x, y, z, t)/c$로 주어진다. 다음에는 자기장의 방향을 결정해야 한다. $\vec{\mathrm{E}}$, $\vec{\mathrm{B}}$ 및 전파 속도는 상호간에 수직인 세 개의 벡터로, $\vec{\mathrm{E}} \times \vec{\mathrm{B}}$는 전파 방향과 같아야 한다.

풀이 (a) 전기장은 x의 값에는 의존하지만, y와 z에는 의존하지 않으므로, 파는 x축에 나란한 방향으로 진행한다.

$$\cos[(4.0\ \mathrm{m}^{-1})x + \omega t] = 1$$

을 만족시키는 파의 마루를 타고 진행한다고 상상하여라. 그러면

$$(4.0\ \mathrm{m}^{-1})x + \omega t = 2\pi n$$

이며, n은 정수이다. 조금 시간이 지나면, t는 더 커진다. 따라서 $(4.0\ \mathrm{m}^{-1})x + \omega t$가 여전히 $2\pi n$과 같기 위해서는 x는 작아져야만 한다. 파 마루의 x 좌표는 시간이 지남에 따라 작아지므로, 파는 $-x$ 방향으로 움직이고 있다.

(b) x와 $4.0\ \mathrm{m}^{-1}$의 곱은 파장과 관계되는 양인 파수 wavenumber이다. 파동은 거리 λ마다 반복되고 코사인 함수는 2π 라디안마다 반복되므로, $k(x + \lambda)$는 kx보다 2π 라디안만큼 더 크다.

$$k(x + \lambda) = kx + 2\pi \quad \text{또는} \quad k = \frac{2\pi}{\lambda}$$

그러므로 파수는 $k = 4.0\ \mathrm{m}^{-1}$이며, 파의 속력은 c이다. 파는 주기 T 동안 파장 λ를 진행하므로,

$$T = \frac{\lambda}{c}$$

$$\begin{aligned}\omega &= \frac{2\pi}{T} = \frac{2\pi c}{\lambda} = kc \\ &= 4.0\ \mathrm{m}^{-1} \times 3.00 \times 10^8\ \mathrm{m/s} \\ &= 1.2 \times 10^9\ \mathrm{rad/s}\end{aligned}$$

이다.

(c) 파는 $-x$ 방향으로 진행하며 전기장은 $\pm y$ 방향이므로, 자기장은 세 방향이 서로 수직이 되도록 $\pm z$ 방향이어야 한다. 자기장은 전기장과 같은 위상을 가지며, 파장과 진동수는 각각 같으므로

$$B_z = \pm B_\mathrm{m} \cos[(4.0\ \mathrm{m}^{-1})x + (1.2 \times 10^9\ \mathrm{s}^{-1})t]$$

$$B_x = B_y = 0$$

와 같이 된다. 자기장의 진폭은 전기장의 진폭에 비례하므로

$$B_\mathrm{m} = \frac{E_\mathrm{m}}{c} = \frac{60.0\ \mathrm{V/m}}{3.00 \times 10^8\ \mathrm{m/s}} = 2.00 \times 10^{-7}\ \mathrm{T}$$

이다. 마지막 단계는 어느 부호가 옳은지를 결정하는 것이다. $x = t = 0$에서 전기장은 $-y$ 방향이고, $\vec{\mathrm{E}} \times \vec{\mathrm{B}}$는 $-x$ 방향(전파 방향)에 있다. 따라서

$$(-y\ \text{방향}) \times (\vec{\mathrm{B}}\text{의 방향}) = (-x\ \text{방향})$$

이다. 오른손 규칙으로 두 가지 가능성을 시도해 보면 (그림 22.16), $\vec{\mathrm{B}}$가 $x = t = 0$에서 $+z$ 방향이다. 따라서 자기장은 다음과 같다.

$$B_z = (2.00 \times 10^{-7}\ \mathrm{T})\cos[(4.0\ \mathrm{m}^{-1})x + (1.2 \times 10^9\ \mathrm{s}^{-1})t]$$

$$B_x = B_y = 0$$

검토 $\cos[(4.0\ \mathrm{m}^{-1})x + (1.2 \times 10^9\ \mathrm{s}^{-1})t]$는 음일 때, $\vec{\mathrm{E}}$는 $+y$ 방향이며, $\vec{\mathrm{B}}$는 $-z$ 방향이다. 전기장과 자기장의 방향이 같이 바뀌었으므로, $\vec{\mathrm{E}} \times \vec{\mathrm{B}}$는 여전히 전파 방향을 가리킨다.

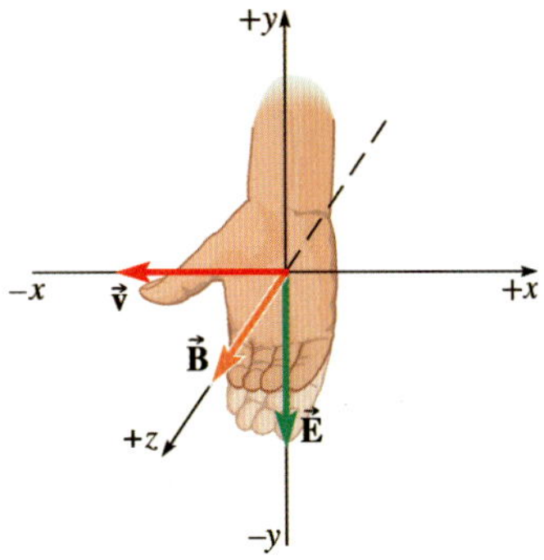

그림 22.16 $\vec{B}$의 방향을 결정하기 위한 오른손 규칙의 사용

실전문제 22.4 **또 다른 진행파**

진공 중에서 전자기파의 전기장의 x, y, z 성분은

$$E_x = 32\frac{\text{V}}{\text{m}}\times\cos[ky-(6.0\times10^{11}\ \text{s}^{-1})t]$$

$$E_y = E_z = 0$$

이며, k는 양수이다. (a) 파동이 어느 방향으로 진행하는가? (b) k의 값을 구하여라. (c) 파동의 자기장 성분에 대한 표현식을 구하여라.

22.6 전자기파에 의한 에너지 수송 Energy Transport by EM Waves

그림 22.17 태양전지 발전소

전자기파는 다른 파동들과 같이 에너지를 전달한다. 태양에서 오는 전자기파 복사선의 에너지를 식물들이 이용할 수 있으므로 지구상의 생물체는 생존할 수 있으며, 식물은 광합성을 통하여 빛에너지 일부를 화학에너지로 바꾼다. 광합성은 식물뿐만 아니라, 식물을 먹고 사는 동물 및 부패해 가는 식물과 동물들로부터 에너지를 얻는 균류들까지 유지시켜 준다. 곧 전체 먹이사슬의 에너지원은 사실상 태양이다. 예외는 바다 바닥의 지열 배출부에 사는 박테리아와 같은 몇몇 사례뿐이다. 지구 내부로부터의 열 흐름은 태양에서 오는 것이 아니라, 방사성 붕괴로부터 온다.

산업용 에너지원의 대부분은 거의 전적으로 태양의 전자기에너지로부터 온다. 화석연료(원유, 석탄 및 천연가스)는 식물과 동물의 잔해에서 온 것이다. 태양전지는 입사하는 태양의 빛에너지를 직접 전기에너지로 바꾼다(그림 22.17). 태양열은 또한 물을 데우고 가정집 난방에 직접 사용된다. 수력 발전소는 태양에 의존하여 물을 증발시키는데, 어떤 의미에서는 물을 높은 곳으로 퍼 올려서 다시 낮은 강으로 흐를 때 터빈을 돌려 전기를 발전하는 것과 같다. 바람은 전기를 일으키는 데 이용될 수 있는데, 바람은 태양이 지표면을 균일하지 않게 가열함으로써 발생한다. 태양의 전자기파 복사선으로부터 오지 않는 유일한 에너지원은 핵분열과 지열에너지이다.

에너지 밀도

빛의 에너지는 전자기파의 진동하는 전기장과 자기장 내에 저장된다. 진공 속에서의 전자기파에 관한 에너지 밀도(SI 단위로 $\mathrm{J/m^3}$)는 다음과 같이 쓸 수 있다.

> **연결고리** 전자기파의 전기 및 자기 에너지 밀도에 대한 표현식은 17장과 20장에서 사용한 것과 같다.

$$u_{\mathrm{E}} = \frac{1}{2}\epsilon_0 E^2 \tag{17-34}$$

$$u_{\mathrm{B}} = \frac{1}{2\mu_0}B^2 \tag{20-38}$$

전기장과 자기장의 크기에 대한 관계식 (22-8)을 사용하여, 진공에서 진행하는 전자기파의 두 에너지 밀도가 서로 같음을 증명할 수 있다. 따라서 총에너지 밀도는

$$u = u_{\mathrm{E}} + u_{\mathrm{B}} = \epsilon_0 E^2 = \frac{1}{\mu_0}B^2 \tag{22-9}$$

와 같이 된다.

전자기장이 위치와 시간에 따라 변하므로 에너지 밀도도 변한다. 전자기장은 급격히 진동하므로, 대부분의 경우에 전자기장의 제곱의 평균값인 평균 에너지 밀도를 다루게 된다. rms root mean square는 제곱 평균에 제곱근을 한 것으로 정의되므로,

$$E_{\mathrm{rms}} = \sqrt{\langle E^2 \rangle}, \quad B_{\mathrm{rms}} = \sqrt{\langle B^2 \rangle} \tag{22-10}$$

이다(21.1절 참고). 기호 E^2, B^2의 주위에 있는 괄호($\langle\rangle$)는 그 값의 평균을 나타낸다. 양변에 제곱을 취하면,

$$E_{\mathrm{rms}}^2 = \langle E^2 \rangle, \quad B_{\mathrm{rms}}^2 = \langle B^2 \rangle \tag{22-11}$$

이 된다. 따라서 평균 에너지 밀도를 전자기장의 rms값으로 정리하면 다음과 같다.

전자기파의 평균 에너지 밀도

$$\langle u \rangle = \epsilon_0 \langle E^2 \rangle = \epsilon_0 E_{\mathrm{rms}}^2 \tag{22-12}$$

$$\langle u \rangle = \frac{1}{\mu_0}\langle B^2 \rangle = \frac{1}{\mu_0}B_{\mathrm{rms}}^2 \tag{22-13}$$

전기장과 자기장이 시간에 대한 **사인형 함수** sinusoidal function라면, 그 rms 값들은 진폭의 $1/\sqrt{2}$ 배가 된다(21.1절 참조).

세기

에너지 밀도란 단위 부피당 얼마나 많은 에너지가 전자기파에 저장되어 있는가를 말해 주는 것이며, 이러한 에너지를 전자기파가 빛의 속력 c로 전달한다. 빛이 표면(예를 들면 사진 건판 또는 나뭇잎)에 수직으로 입사할 때 얼마나 많은 에너지가 표면에 부딪히는지 알아보도록 하자. 우선, 표면에 도달하는 에너지는 표면의 노출시간에 달려 있다(사진학에서 노출시간이 결정적인 변수인 이유이다). 또한 표면의 넓이도 중요하다. 곧 다른 조건이 똑같은 경우에, 넓이가 넓은 잎이 넓이가 좁은 잎보다 더 많은 에너지를 받는다. 따라서 알아야 하는 가장 중요한 값은 얼마나 많은 에너지가 단위 시간 동안 단위 면적당 표면에 도달하는지, 곧 단위 면적당 평균 출력 $\langle P \rangle$이다. 만일 빛이 넓이 A인 표면에 수직으로 입사한다면, 그것의 **세기** intensity I는

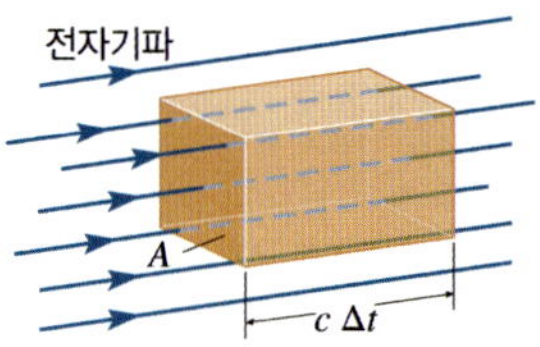

그림 22.18 에너지 밀도와 세기 사이의 관계를 알기 위한 그림

연결 고리 전자기파의 세기는 역학적 파동에서 정의했던 것(단면적당 평균 출력)과 정확히 같다(11.1절). 역학적 파동의 경우와 같이 세기는 진폭의 제곱에 비례한다.

$$I = \frac{\langle P \rangle}{A} \tag{22-14}$$

이다. SI 단위로 I는 다음과 같다.

$$\frac{\text{에너지}}{\text{시간} \cdot \text{넓이}} = \frac{\mathrm{J}}{\mathrm{s \cdot m^2}} = \frac{\mathrm{W}}{\mathrm{m^2}} \tag{22-15}$$

세기는 파에 있는 에너지의 양(u로 측정됨)과 그 에너지가 이동하는 속력(c)에 따라 변한다. 빛이 넓이 A인 표면에 수직으로 입사할 때, 시간 Δt 동안 얼마나 많은 에너지가 표면에 도달하는가? 파는 그 시간 동안에 $c\Delta t$ 거리를 이동하므로, 같은 시간 동안에 부피 $Ac\Delta t$ 안에 있는 모든 에너지가 표면에 도달하는 것과 같다(그림 22.18). 이때 그 에너지에 어떤 일이 일어났는지, 곧 그 에너지가 흡수, 반사 또는 투과되었는지는 생각하지 않기로 한다. 그러면 세기는 다음과 같다.

세기와 에너지 밀도

$$I = \frac{\langle u \rangle V}{A\Delta t} = \frac{\langle u \rangle Ac\Delta t}{A\Delta t} = \langle u \rangle c \tag{22-16}$$

식 (22–16)으로부터, 세기 I는 평균 에너지 밀도 $\langle u \rangle$에 비례하며, 또 $\langle u \rangle$는 전기장과 자기장의 rms의 제곱에 비례한다는 것을 알 수 있다(식 (22–12)와 (22–13)). 만일 그 장들이 시간의 사인형 함수라면, 그것의 rms 값은 진폭의 $1/\sqrt{2}$배(식 (21–9))가 된다. 그러므로 다음과 같다.

세기와 진폭

세기는 전기장과 자기장의 진폭의 제곱에 비례한다.

$$I \propto E_m^2 \propto B_m^2 \quad (22\text{-}17)$$

보기 22.5 전구에 의한 전자기장

100.0 W의 전구로부터 4.00 m 떨어진 곳에서, 전기장과 자기장의 세기와 rms 값은 얼마인가? 출력의 전부가 전자기 복사(거의가 적외선 형태)로 가며, 또 복사는 등방성(모든 방향으로 균일하다고)이라고 가정하자.

전략 그 복사는 등방성이므로, 세기는 전구로부터의 거리에 따라 변한다. 전구를 감싸고 있는 4.00 m의 거리에 있는 구를 생각하자. 복사에너지는 100.0 W의 비율로 구의 표면을 통과해야만 한다. 그것의 세기(단위 넓이당 평균 출력)를 먼저 구하고, 세기로부터 전자기장의 rms 값을 구할 수 있다.

풀이 전구에서 복사된 모든 에너지는 반지름 4.00 m의 구 표면을 통과한다. 따라서 그 위치에서의 세기는 방출된 출력을 구의 겉넓이로 나눈 것이다. 곧

$$I = \frac{\langle P \rangle}{A} = \frac{\langle P \rangle}{4\pi r^2} = \frac{100.0\ \text{W}}{4\pi \times 16.0\ \text{m}^2} = 0.497\ \text{W/m}^2$$

이다. E_{rms}를 구하기 위하여, 먼저 세기와 평균 에너지 밀도 사이의 관계를 구한 후에 에너지 밀도와 전자기장에 대한 관계를 구한다. 곧

$$\langle u \rangle = \frac{I}{c} = \epsilon_0 E_{rms}^2$$

$$E_{rms} = \sqrt{\frac{I}{\epsilon_0 c}}$$

$$= \sqrt{\frac{0.497\ \text{W/m}^2}{8.85 \times 10^{-12}\ \frac{\text{C}^2}{\text{N}\cdot\text{m}^2} \times 3.00 \times 10^8\ \text{m/s}}}$$

$$= 13.7\ \text{V/m}$$

이다. 마찬가지로, B_{rms}에 대해서 풀면

$$B_{rms} = \sqrt{\frac{\mu_0 I}{c}} = \sqrt{\frac{4\pi \times 10^{-7}\ \frac{\text{T}\cdot\text{m}}{\text{A}} \times 0.497\ \text{W/m}^2}{3.00 \times 10^8\ \text{m/s}}}$$

$$= 4.56 \times 10^{-8}\ \text{T}$$

이다.

검토 구한 답이 올바른지를 알려면, 전기장과 자기장에 대한 rms 값들의 비를 계산하면 된다. 곧

$$\frac{E_{rms}}{B_{rms}} = \frac{13.7\ \text{V/m}}{4.56 \times 10^{-8}\ \text{T}} = 3.00 \times 10^8\ \text{m/s} = c$$

와 같이 기대한 결과를 얻을 수 있다.

실전문제 22.5 좀 더 떨어진 원거리에서의 전구에 의한 전자기장

전구에서 8.00 m 떨어진 곳에서의 전자기장에 관한 rms 값은 얼마인가? [힌트 : 전체 계산을 다시 하기보다는 지름길을 생각하여라.]

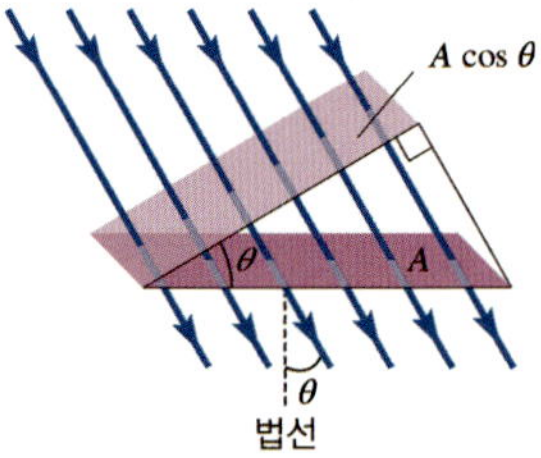

그림 22.19 입사파에 대해 수직인 넓이 $A\cos\theta$는 넓이 A가 수직 방향으로부터 θ로 입사하는 빛 에너지를 받아들이는 것과 같은 빛에너지를 통과시킨다.

출력과 입사각도 만일 세기 I인 빛이 한 표면에 입사할 때, 그 표면이 입사파에 대하여 수직이 아니라면 단위 시간에 표면에 부딪히는 에너지의 양은 IA보다는 적다. 그림 22.19에서 보듯이, 입사파에 수직한 면 $A\cos\theta$는 면 A에 그림자를 투영하므로 모든 에너지가 이 넓이를 통과하게 된다. **입사각**angle of incidence θ는 입사광선의 방향과 법선(표면에 수직인 방향) 사이의 각이다. 따라서 입사파에 수직이 아닌 표면은 다음과 같은 시간당 에너지를 받는다.

$$\langle P \rangle = IA\cos\theta \tag{22-18}$$

식 (22−18)이 선속flux을 의미한다는 것을 기억했다면, 여러분의 집중력에 축하를 보낸다! 세기는 가끔 **선속밀도**라고도 부른다. 전기장과 자기장은 가끔 전기선속밀도 또는 자기선속밀도라고도 부른다. 그러나 세기가 포함된 선속은 식 (16−15)와 식 (20−17)에서 정의된 전기선속 또는 자기선속과 같은 것은 아니다. 세기는 출력의 선속밀도이다.

보기 22.6 여름 하지 햇빛의 단위 넓이당 출력

맑은 날에 지표면에 도달하는 햇빛의 세기는 약 $1.0\,\text{kW/m}^2$이다. 북위 40.0°에서 하지(그림 22.20a)의 정오에 지구에 도달하는 단위 넓이당 평균 출력은 얼마인가? 그 차이는 지구의 회전축이 23.5°만큼 기울어 있기 때문에 생긴다. 여름에 회전축은 태양 쪽으로 기울어지는 반면에, 겨울에는 태양에서 먼 쪽으로 기울어진다.

전략 지표면은 태양광선에 대해 수직이 아니므로, 지구에 도달하는 단위 넓이당 출력은 $1.0\,\text{kW/m}^2$보다는 작다. 태양광선이 표면에 수직이 되게끔 하는 각을 찾아야 한다.

풀이 지구가 구형이라고 가정을 하면, 지구 중심에서 표면까지의 반지름은 표면에 수직이다. 이때 입사하는 빛과 수직 방향 사이의 각을 구해야 한다. 40.0°의 위도에서, 지구의 회전축과 반지름 사이의 각은 $90.0° - 40.0° = 50.0°$이다(그림 22.20a). 그림으로부터, $\theta + 50.0° + 23.5° = 90.0°$이므로, $\theta = 16.5°$이다. 따라서 단위 넓이당 평균 일률은 다음과 같다.

$$\frac{\langle P \rangle}{A} = I\cos\theta$$
$$= 1.0\times10^3\ \text{W/m}^2 \times \cos 16.5°$$
$$= 960\ \text{W/m}^2$$

검토 실전문제 22.6에서 동지 때 단위 넓이당 출력을 구하면 하지 때의 1/2보다 작다는 것을 알게 될 것이다. 햇빛의 세기는 변하지 않는다. 변하는 것은 에너지가 어떻게 표면에 퍼지는가이다. 표면이 더 많이 기울어지면 주어진 표면에 부딪히는 태양광선의 양은 더 적어진다. 북반구에서 지구는 실제로 여름보다 겨울일 때 태양에 훨씬 더 가깝다. 태양의 복사선이 표면에 부딪히는 각도와 하루의 길이가 태양으로부터 지구까지의 거리의 차이보다 입사 출력을 결정하는데 훨씬 더 중요하다.

실전문제 22.6 동지 때의 평균 출력

북위 40.0°에서 동짓날 정오에 단위 넓이당 평균 출력은 얼마인가(그림 22.20b)?

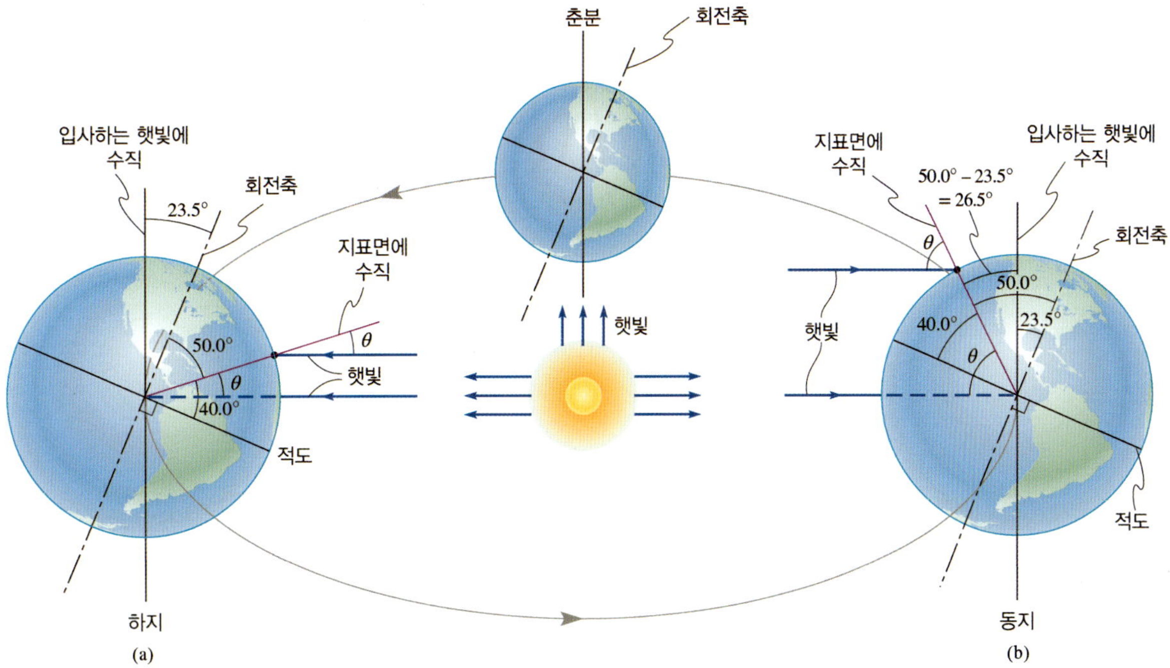

그림 22.20 (a) 북반구에서 하지의 정오에 회전축은 태양 쪽으로 23.5°만큼 기울어져 있다. 북위 40.0°에서 입사하는 태양광선은 지표면에 거의 수직이다. (b) 북반구에서 동지의 정오에 회전축은 태양과 멀어지는 방향으로 23.5°만큼 기울어져 있다. 북위 40.0°에서 입사하는 태양광선은 표면에 대한 수직 방향과 큰 각을 이룬다.

22.7 편광 Polarization

선편광

z 방향으로 진행하는 줄 위의 횡파를 생각해 보자. 이 줄에 횡파를 만들기 위해서는 줄을 어느 방향으로 흔들어야 하는가? 그림 22.21a에서와 같이, 그 변위는 $\pm x$ 방향이 될 수 있다. 또는 그림 22.21b에서와 같이, $\pm y$ 방향이 될 수도 있다. 또는 xy 평면 내의 임의의 방향이 될 수도 있다. 그림 22.1c에서와 같이, 평형 위치로부터 줄의 임의의 점의 변위는 x축과 θ 각을 이루는 직선과 평행하다. 이러한 세 가지 종류의 파들은 **선편광**linear polarization 되었다고 말한다. 그림 22.21a의 파인 경우에, 파는 $\pm x$ 방향(또는 간단히 x 방향)으로 편광되었다고 말한다.

선편광 된 파를 **평면편광**plane-polarized 되었다고도 말한다. 둘이 다를 것이라고 추측했을지도 모르겠지만 이 용어들은 동의어로 사용한다. 그림 22.21에서 각각의 파는 **진동면**

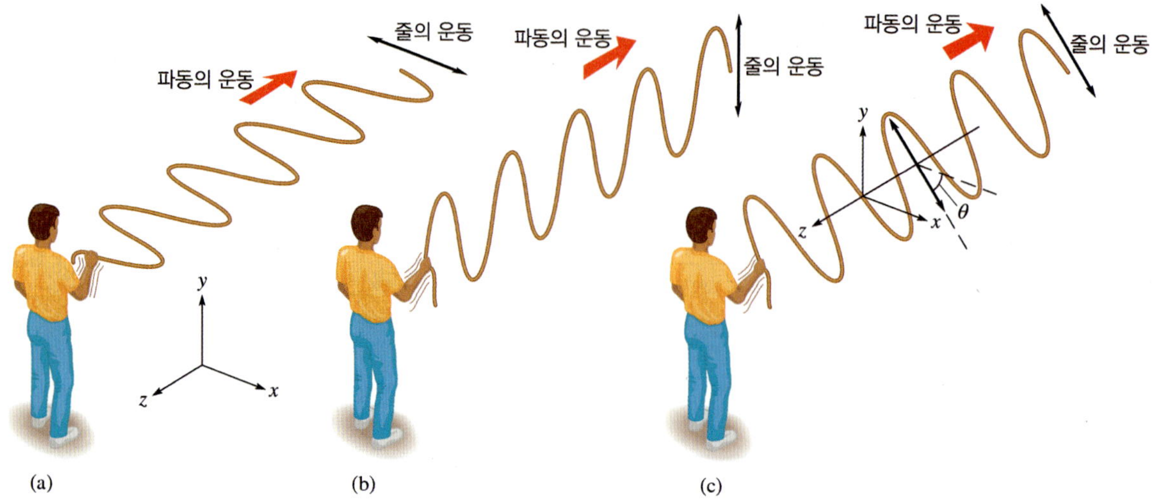

그림 22.21 각기 다른 세 방향으로 선(평면)편광된 줄 위의 횡파들

plane of vibration이라고 부르는 하나의 평면에 의해 특징지어지며, 이 평면상에서 줄 전체가 진동을 한다. 예를 들어, 그림 22.21a에 대한 진동면은 xz 평면이다. 파의 전파 방향과 줄 위에서 모든 점의 운동 방향은 모두 다 그 진동면에 있다.

횡파는 전파 방향에 대해 수직인 어느 방향으로도 선편광 될 수 있다. 전자기파도 예외는 아니다. 그러나 전자기파에는 서로가 수직인 전기장과 자기장이 존재한다. $\vec{\mathrm{E}}\times\vec{\mathrm{B}}$는 항상 전파 방향을 가리키기 때문에 전기장과 자기장 중 하나의 방향에 대해서만 알면 된다. 전자기파의 편광 방향은 관습적으로 전기장의 방향을 택한다.

전기쌍극자 및 자기쌍극자 안테나는 선편광 된 라디오파를 송출한다. 만일 FM 라디오 방송이 수평으로 놓인 전기쌍극자 안테나를 사용하여 송신한다면, 수신기에 들어오는 라디오파는 선편광 된 것이다. 편광의 방향은 위치에 따라 변한다. 수신기가 송신기의 서쪽에 있다면, 파가 수평면 내에 있고 전파 방향(이 경우에 서쪽)에 대해 수직일 것이므로 수신기에 도달하는 파는 남북 방향으로 편광된다. 가장 좋은 수신을 위해서는, 전기쌍극자 안테나는 라디오파의 편광 방향과 나란히 세워야 한다. 왜냐하면 안테나의 전류는 전기장의 방향에 따라 유도되기 때문이다.

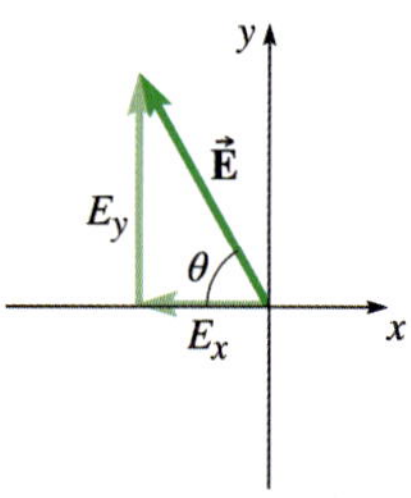

그림 22.22 임의의 선편광 된 파는 수직으로 편광된 두 파의 중첩으로 생각할 수 있는데, 그것은 전기장과 자기장이 벡터이기 때문이다.

전기장과 자기장은 벡터이므로, 선편광 된 전자기파는 서로 수직인 축을 따라 편광된 두 전자기파의 중첩으로 표현할 수 있다(그림 22.22). 만일 전기쌍극자 안테나가 파의 전기장과 각 θ을 이룬다면, 안테나와 평행한 $\vec{\mathrm{E}}$의 성분만이 전자들을 안테나를 따라 움직이도록 할 것이다. 만일 파를 두 개의 수직 편광으로 생각한다면, 안테나는 안테나에 평행한 편광에 대해서만 반응하며, 수직한 편광에 대해서는 어떤 반응도 없을 것이다.

무작위 편광

백열전구에서 나온 불빛은 **편광되지 않거나**unpolarized **무작위로 편광**randonly polarized된 것이다. 전기장의 방향은 급격하게 무작위로 변한다. 전자들이 안테나를 따라 움직이는 운동은 일정하게 늘 똑같은 직선을 따라 움직이는 것이므로, 안테나는 선편광 된 빛을 방출한다. 전구로부터 나오는 열복사선(대부분 IR이지만 가시광선도 포함된다)은 엄청나게 많은 원자들의 열 진동에 의하여 발생한다. 기본적으로 원자들은 서로 독립적이므로, 서로 보조를 맞추어 또는 같은 방향으로 진동을 하지는 않는다. 따라서 그 파는 전기장이 임의적이면서 연관성이 없는 엄청나게 많은 파들의 중첩으로 이루어진 것이다. 열복사선은 그것이 전구나 나무 난로(대부분 적외선)나 태양 등 어디서부터 오는지에 관계없이 늘 편광되지 않은 빛이다.

원편광

원편광circularly polarized된 전자기파에서 전기장은 어떤 곳에서나 같은 크기를 가지고 진행방향에 수직한 평면상에서 방향을 회전한다. 전기장 벡터의 끝이 원을 그리면서 회전한다고 상상해 보자. 광학에서 사용하는 관례에 따라서 전자기파가 우리를 향해서 오고 있고 전기장 벡터가 시계방향으로 회전하면 **오른쪽 원편광**right circularly polarized이고, 반시계방향이면 **왼쪽 원편광**left circularly polarized이라고 한다.

원편광파는 같은 진폭과 진동수를 가지지만 위상이 90° 벗어난 서로 수직한 축을 따라서 편광된 파동이 중첩된 것이다. z축을 따라서 진행하는 두 파동이 만든 어떤 곳의 전기장이 $E_x = E_\mathrm{m}\cos\omega t$와 $E_y = E_\mathrm{m}\cos\omega t$이라고 하자. 어떤 때나 전기장의 크기는 E_m이고

$$
\begin{aligned}
E &= \sqrt{E_x^2 + E_y^2} \\
&= \sqrt{E_\mathrm{m}^2\cos^2\omega t + E_\mathrm{m}^2\sin^2\omega t} \qquad (22\text{-}19)\\
&= E_\mathrm{m}\sqrt{\cos^2\omega t + \sin^2\omega t} = E_\mathrm{m}
\end{aligned}
$$

이다. 어떤 시간 t에 전기장은 $+x$축에 각도 θ를 이루는데, 그 각도는

$$\theta = \tan^{-1}\frac{E_y}{E_x} = \tan^{-1}\left(\frac{E_\mathrm{m}\sin\omega t}{E_\mathrm{m}\cos\omega t}\right) = \omega t \qquad (22\text{-}20)$$

이다. 그러므로 전기장 벡터는 일정한 각속도 ω로 회전한다.

편광자

편광자라고 부르는 소자들은 입사하는 파의 편광 상태와 관계없이 일정한 방향(**투과축**이라고 부른다)으로 선편광 된 빛을 통과시킨다. 마이크로파용 편광자는 서로 나란한 수많은 금속 줄무늬 띠 배열로 이루어져있다(그림 22.23). 금속 줄무늬 띠 사이의 간격은 그 마이크로파의 파장보다 훨씬 짧아야만 한다. 그 금속 띠는 작은 안테나처럼 작용한다. 금속 띠와 나란한 입사파의 전기장 성분은 금속 띠 방향으로 전류가 흐를 수 있게 한다. 이러한 전류는 에너지를 소모하므로 파의 일부가 흡수된다. 안테나도 또 입사파와 위상이 정반대인 그 자체의 파를 만들어 $\vec{E}$의 앞쪽으로 진행하는 파를 상쇄시키고 반사파를 되돌려 보낸다. 따라서 이러한 흡수와 반사에 의해서 금속 띠와 나란한 전기장은 편광자를 통과하지 못한다. 투과된 마이크로파는 금속 띠에 수직으로 선편광 된다. 전기장은 금속 띠들 사이의 '구멍'을 통과하지 못한다! 편광자의 투과축은 금속 띠에 **수직**한 방향이다.

가시광선에 대한 판 편광자^sheet polarizer^는 도선 그리드 편광자^wire grid polarizer^의 원리와 비슷한 원리로 작동한다. 판 편광자는 요오드 원자가 붙은 기다란 탄화수소 사슬을 포함한다. 제작 시에, 판을 잡아 늘려 긴 분자들이 같은 방향으로 나란히 정렬되도록 한다. 요오드 원자들은 전자들이 체인을 따라 쉽게 움직이도록 하므로 정렬된 고분자들은 서로 나란한 도선처럼 작동하며, 이것들 사이의 간격은 도선 격자 편광자가 마이크로파에 하듯이 가시영역에 대하여 매우 조밀하다. 판 편광자의 투과축은 정렬된 고분자와 수직이다.

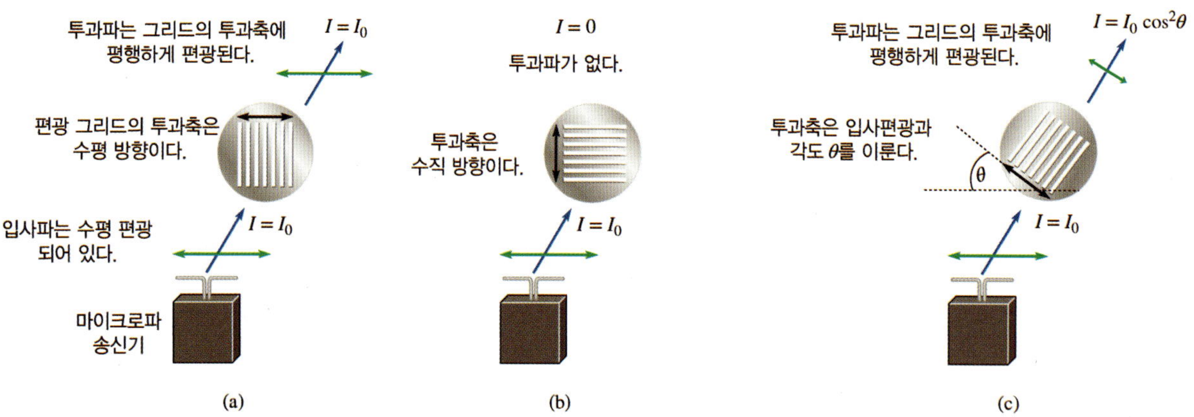

그림 22.23 이 실험에서는 수평 방향으로 편광된 마이크로파가 이상적인 편광자에 입사한다. 입사할 때 파의 세기는 I_0이다. 이 편광자의 투과축은 금속 띠에 수직한 방향이다. 편광자를 통과한 마이크로파는 편광자의 투과축 방향으로 편광된다. (a) 투과축이 입사파의 편광 방향과 평행할 때 입사파는 모두 투과하며, 투과된 빛의 세기는 I_0이다. (b) 투과축이 입사파의 편광 방향과 수직일 때, 입사파는 전혀 통과하지 못하며, 투과된 빛의 세기는 0이다. (c) 투과축이 입사파의 편광 방향과 θ의 각도를 이룰 때, 투과축에 평행한 전기장 성분만이 편광자를 통과한다. 투과된 파의 세기는 전기장의 제곱에 비례하며, 그 값은 $I_0 \cos^2\theta$ 이다.

이상적인 편광자 만일 무작위 편광된 빛이 이상적인 편광자에 들어오면, 투과광의 세기는 투과축의 방향과 관계없이 입사된 세기의 절반이다(그림 22.24a). 무작위 편광된 빛은 서로 연관성이 없는, 곧 둘 사이의 상대적 위상이 시간에 따라 급격히 변하는 두 개의 수직으로 편광된 파로 간주할 수 있다. 그 파의 에너지의 절반은 두 개의 수직인 편광의 각 성분과 연관이 있다.

$$I = \frac{1}{2}I_0 \quad \text{(편광되지 않은 입사파, 이상적인 편광자)} \qquad (22\text{-}21)$$

만일 그 대신 입사파가 선편광 되었다면, 투과축과 나란한 $\vec{E}$의 성분은 편광자를 통과한다(그림 22.24b). 만일 θ가 입사파의 편광 방향과 투과축 사이의 각이라고 하면,

$$E = E_0 \cos\theta \quad \text{(입사하는 편광파, 이상적인 편광자)} \qquad (22\text{-}22)$$

이다. 세기는 진폭의 제곱에 비례하므로, 투과된 빛의 세기는

$$I = I_0 \cos^2\theta \quad \text{(입사하는 편광파, 이상적인 편광자)} \qquad (22\text{-}23)$$

이다. 식 (22−23)은 그 식을 발견한 말뤼스 Etienne-Louis Malus, 1775~1812의 이름을 따서 **말뤼스의 법칙** Malus's law이라고 부른다. 말뤼스의 법칙을 적용할 때는 꼭 정확한 각을 사용해야 한다. 식 (22−22)와 (22−23)에서 θ는 입사광의 편광 방향과 편광자의 투과축이 이루는 각도이다.

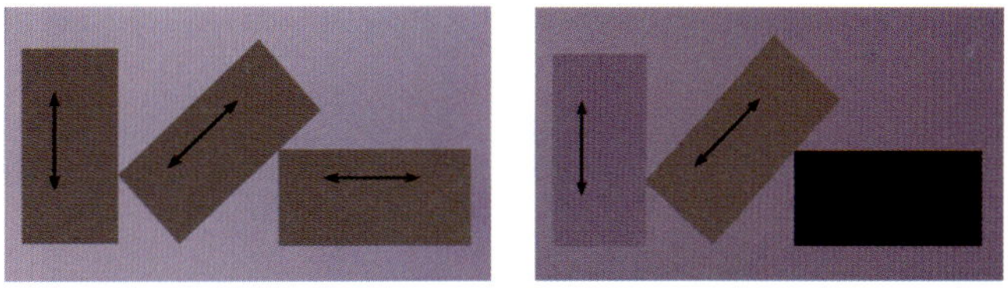

(a) (b)

그림 22.24 (a) 편광되지 않은 빛이 서로 다른 방향으로 놓인 세 개의 편광자에 입사한다. 투과광의 세기는 세 경우 모두 같다. (b) 선편광된 빛이 세 개의 편광자에 입사한다. 가장 왼쪽에 있는 편광자에서 최대 세기의 빛이 나온다. 그러므로 입사한 빛은 수직으로 편광되었다는 것을 알 수 있다. 그 최대 투과광의 세기가 입사파의 세기보다는 조금 작다는 것에 주목하여라. 이것들은 이상적인 편광자가 아니라는 것을 보여준다. 편광자가 회전하면 투과광의 세기는 감소하며, 편광자의 투과축이 입사광의 편광 방향에 수직일 때 투과광의 세기는 최소가 된다(이상적인 편광자에서는 이 방향에서 투과광의 세기가 0이 될 것이다).

문제 풀이 전략 : 이상적인 편광자

- 편광자를 투과한 빛은 입사한 빛의 편광 방향과 상관없이 항상 투과축에 평행한 방향으로 선편광 된다.
- 만일 입사광이 무작위 편광 된 빛이라면 투과광의 세기는 입사광의 세기에 절반이다. 곧 $I = \frac{1}{2}I_0$이다.
- 입사광이 편광되었다면, 투과광의 세기는 $I = I_0 \cos^2\theta$ 이며, θ는 입사광의 편광과 투과축 사이의 각도이다.

살펴보기 22.7 세기가 I_0인 빛이 이상적인 편광자에 입사하고, 투과된 빛의 세기는 $\frac{1}{2}I_0$이다. 입사한 빛이 무작위 편광 된 빛인지, 아니면 선편광 된 빛인지 설명하여라. 만약 선편광된 빛이라면 그 빛의 편광 방향은 어떻게 되는가?

보기 22.7 두 개의 편광자에 입사하는 무작위 편광 된 빛

세기가 I_0인 무작위 편광 된 빛이 두 개의 판 편광자에 입사한다(그림 22.25). 첫 번째 편광자의 투과축은 수직 방향이며, 두 번째 편광자의 투과축은 수직 방향과 30.0°의 각도를 이룬다. 두 편광자를 통과한 빛의 세기와 편광 상태를 구하라.

전략 각각의 편광자를 따로 취급하라. 먼저 첫 번째 편광자를 통과한 빛의 세기를 구한다. 편광자에 의해 투과된 빛은 언제나 편광자의 투과축에 나란하게 편광되는데, 이것은 투과축에 나란한 $\vec{E}$의 성분만이 통과되기 때문이다. 따라서 두 번째 편광자에 입사하는 빛의 세기와 편광 상태를 구할 수 있다.

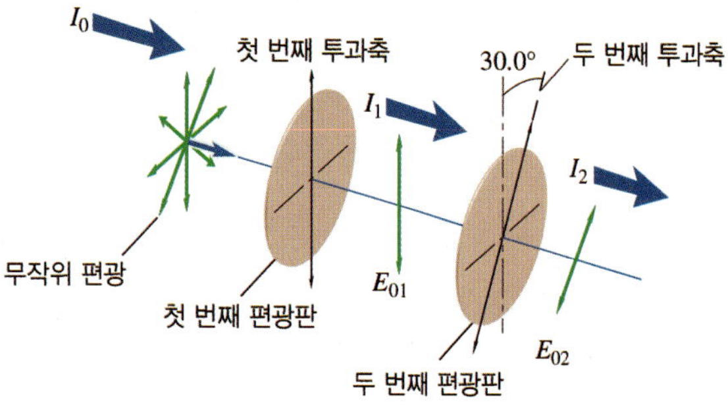

그림 22.25 원판들은 투과축이 표시된 편광판이다.

풀이 무작위 편광 된 빛이 편광자를 통과할 때, 투과된 빛의 세기는 입사파 세기의 절반(식 (22–21))이 되는데, 이것은 두 개의 수직 성분(서로 연관성이 없다)과 관련된 각각의 에너지와 같기 때문이다. 곧

$$I_1 = \frac{1}{2}I_0$$

이다. 이제 빛은 첫 편광자의 투과축에 나란한 방향으로 선편광 되어 있으며, 투과축은 수직 방향이다. 두 번째 편광자의 투과축에 나란한 전기장 성분은 통과한다. 두 번째 편광자를 통과한 후 진폭이 $\cos 30.0°$만큼 감소되고, 세기는 진폭의 제곱에 비례하므로 세기는 $\cos^2 30.0°$만큼 줄어든다(말뤼스의 법칙). 두 번째 편광자를 통과한 빛의 세기는

$$I_2 = I_1 \cos^2 30.0° = \frac{1}{2}I_0 \cos^2 30.0° = 0.375 I_0$$

이 된다. 이 빛은 수직축에 대해 30.0°만큼 선편광 된다.

검토 두 개 이상의 편광자들이 일렬로 배열된 경우에, 각각의 편광자를 차례대로 계산하라. 곧 하나의 편광자를 통하여 나오는 빛의 세기와 편광 상태를 다음 편광자의 입사 세기 및 편광으로 사용하여라.

실전문제 22.7 **최소 세기와 최대 세기**

만일 세기가 I_0인 무작위 편광 된 빛이 두 편광자에 입사한다면, 두 편광자 사이의 각이 변함에 따라 최대 세기와 최소 세기는 어떻게 되는가?

응용 : 액정 디스플레이

액정 디스플레이(LCD)는 평면 TV와 컴퓨터 스크린, 계산기, 디지털시계 및 디지털 미터기에 주로 사용된다. 디스플레이의 각 부분에는, 액정 분자들이 세밀하게 깎여진 홈을 가진 서로 수직한 두 개의 면 사이에 끼여 있다(그림 22.26a). 그 결과 액정 분자들이 두 면 사이에서 90°로 뒤틀린다. 액정층 양 끝에 전압을 가하면, 분자들은 전기장의 방향으로 배열된다(그림 22.26b).

작은 형광 전구로부터 나온 무작위 편광 된 빛이 하나의 판 편광판에 의해 편광된다. 편광된 빛은 액정을 지나, 처음 편광판에 대해 수직인 투과축을 가지는 두 번째 판 편광자를 통과한다. 전압을 가하지 않으면, 액정은 빛의 편광을 90°만큼 회전시켜 빛은 두 번째 편광자를 통과한다(그림 22.26a). 전압을 가해 주면, 액정은 빛의 편광을 변화시키지

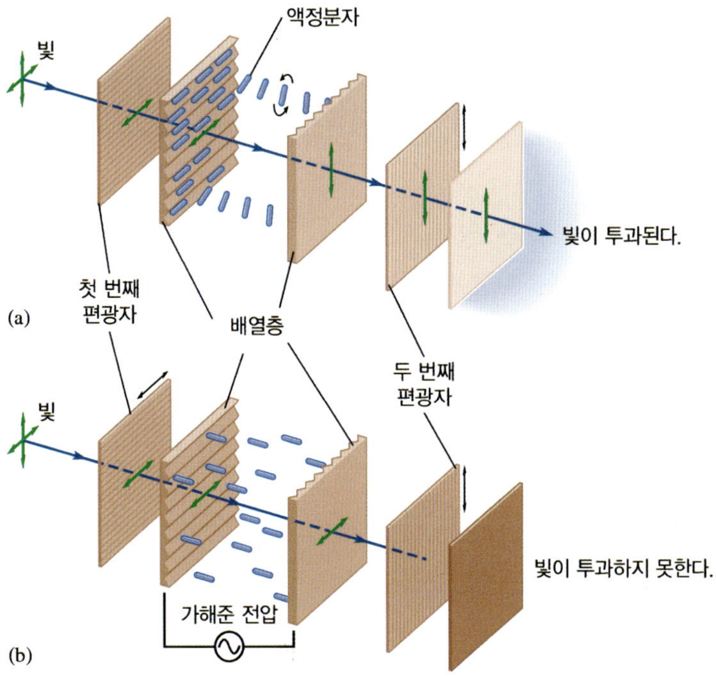

그림 22.26 (a) 액정에 전압이 가해지지 않았을 때, 액정은 빛이 두 번째 편광자를 통과하도록 빛의 편광을 회전시킨다. (b) 액정에 전압을 가해 주면, 두 번째 편광자를 통과한 빛은 없다.

않고 빛을 투과시킨다. 곧 두 번째 편광자는 빛이 통과하는 것을 막는다(그림 22.26b). 실제로 액정 디스플레이를 볼 때에는, 두 번째 편광판을 통과한 빛을 보는 것이다. 만일 한 부분에 전압이 가해지면, 투과된 빛이 없으므로 검게 보인다. 디스플레이의 한 부분에 전압이 가해지지 않으면, 빛이 통과하며 우리는 다른 배경색과 같은 회색을 보게 된다.

혼자서 해 보기 편광 선글라스나 사진기에서 사용하는 편광 필터를 사용하여 LCD 화면(컴퓨터 모니터, 핸드폰 등)을 보아라. 선글라스나 필터를 회전시키면서 빛의 세기가 어떻게 달라지는지 관찰하여라. LCD 화면으로부터 나온 빛의 편광 방향을 구하라(편광 선글라스에서 투과축은 수직 방향이다).

산란에 의한 편광

태양이 방출하는 복사선은 편광되지 않은 반면에, 우리가 보는 햇빛의 대부분은 **부분편광** partially polarized되어 있다. 부분편광 된 빛은 선편광 된 빛과 편광되지 않은 빛이 혼합된 것이다. 판 편광자는 선편광 된 빛, 부분편광 된 빛, 편광되지 않은 빛들을 구별하기 위하여 사용된다. 편광자를 회전시키면, 각도의 변화에 따라 빛의 세기 변화가 두드러진다. 만일 입사하는 빛이 편광되지 않은 것이라면, 편광자가 회전함에 따라 투과된 빛의 세기는 일정하다. 만일 입사하는 빛이 선편광 된 것이라면, 투과된 빛의 세기가 어느 방향에서는 0이 되며, 이것과 수직인 방향에서는 최대가 된다. 만일 부분편광 된 빛을 이러한 방법으로 분석해 본다면, 투과된 빛의 세기는 편광자가 회전함에 따라 변하지만, 어느 방향이든 0은 아니다. 곧 어느 한 방향에 대해서는 최대이며 이것과 수직 방향으로는 최소(그렇지만 0은 아니다)가 된다. 빛의 편광 상태를 분석하기 위하여 사용되는 편광자를 종종 **검광자** analyzer라고 부른다.

자연적으로 빛이 산란 또는 반사될 때, 편광되지 않은 빛은 부분편광으로 변한다(23.5절에서 반사에 의한 편광을 다룰 것이다). 태양을 똑바로 쳐다보지 않는다면(태양을 똑바로 쳐다보면 눈에 심한 손상을 끼칠 수 있다!), 여러분의 눈에 도달하는 빛은 산란 또는 반사에 의한 것이므로 부분편광 된 빛이다. 보통의 편광 선글라스는 판 편광자로 만들어졌으며, 평지나 호수의 수면과 같은 수평면으로부터 반사된 빛에 대한 편광 방향의 성분

(a) (b)

그림 22.27 (a) 카메라 렌즈 앞에 편광 필터를 붙이지 않고 가게의 창문을 찍었을 때, 반대편 빌딩의 모습이 선명하게 보인다. (b) 수평 방향의 편광축을 가지는 편광 필터를 렌즈 앞에 붙이고 같은 창문을 찍었을 때, 반대편 빌딩의 모습은 사라진다. 왜냐하면 창문으로부터 반사된 빛은 수직 방향으로 편광되었기 때문이다.

을 흡수하여 공기에서 산란된 빛의 눈부심을 줄일 수 있다. 편광 선글라스는 보트를 타거나 항해할 때 종종 사용되는데, 이것은 모든 편광 방향에 대한 세기를 무차별적으로 줄이기보다는 눈부심을 선택적으로 줄이는 것이다(그림 22.27).

하늘이 파란 이유 맑은 날에 볼 수 있는 파란 하늘은 공기 분자에 의해 산란된 햇빛이다. 달에는 대기가 없기 때문에 파란 하늘을 볼 수 없다. 태양과 지구가 밝게 달 위를 비추고 있다 하더라도, 달에서는 낮에도 밤처럼 어둡다(그림 22.28). 지구의 대기는 상대적으로 긴 파장의 빛보다는, 상대적으로 짧은 파장의 파란 빛을 더 잘 산란시킨다. 해가 뜨고 질 때는 파란 빛의 많은 부분이 산란되어 없어지고 남은 빛을 보게 되므로, 하늘은 붉거나 오렌지색으로 보인다. 하늘을 파랗게 만들거나 일몰에 붉게 만드는 같은 산란 과정이 산란된 빛을 편광시킨다.

그림 22.28 태양이 달을 밝게 비추는 동안 한 우주비행사가 달 위에 서 있다. 해가 수평면 위를 밝게 비추고 있다고 하더라도 하늘은 밤처럼 어둡게 보인다. 달에는 빛을 산란시켜서 하늘을 파랗게 하는 대기가 없기 때문이다.

산란된 빛이 편광되는 이유 그림 22.29는 편광되지 않은 햇빛이 하나의 분자에 의하여 산란되는 과정을 보여주고 있다. 여기서 해질녘의 입사광은 수평 방향이다. 빛의 전기장에 대한 반응으로, 분자 속의 양전하와 음전하가 서로 반대 방향으로 진동을 하며, 그 분자는 진동하는 전기쌍극자가 된다. 입사파가 편광되지 않은 것이기 때문에, 쌍극자는 단 하나의 축을 따라 진동하는 것이 아니라 입사파에 수직인 여러 방향으로 진동을 하게 된다. 진동하는 하나의 쌍극자와 같이, 분자는 전자기파를 방출한다. 진동하는 전기쌍극자는 그것의 축에 수직인 방향으로 가장 세게 빛을 방출하고, 그것의 축과 나란한 방향으로는 전혀 빛을 방출하지 않는다.

분자쌍극자의 남북 방향의 진동은 3방향(A, B, C)으로 똑같이 빛을 방출하는데, 이것은 이 방향들이 모두 쌍극자의 남북축과 수직이기 때문이다. 분자쌍극자의 수직 방향 진동은 A의 방향으로 가장 강하게 복사하고, B의 방향으로는 보다 약하게 복사하고, C의 방향으로는 전혀 복사하지 않는다. 그러므로 C의 방향으로 방출되는 빛은 남북 방향으로 선편광 되어 있다. 이 관찰을 일반화하면, 90°로 산란된 빛은 입사광의 방향과 산란된 빛의 방향 모두에 수직인 방향으로 편광되어 있는 것이다. 하늘을 쳐다볼 때, 눈에 들어오는 빛은 부분편광 된 빛이다. 모든 빛이 동시에 정확하게 90°로 산란된다면 그 빛은 완전하게 선편광 될 것이다.

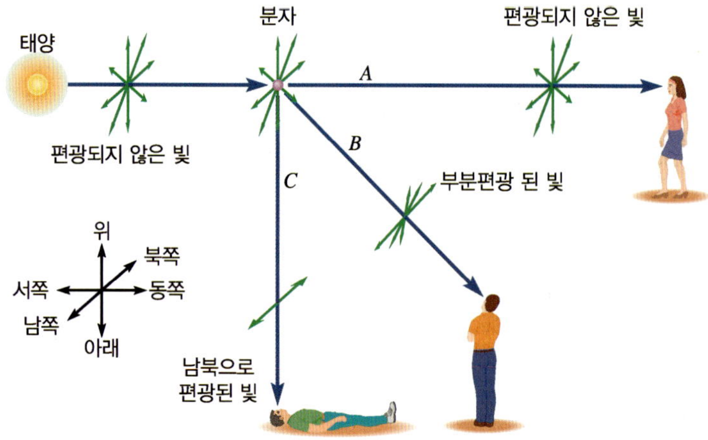

그림 22.29 편광되지 않은 햇빛은 대기에 의하여 산란된다(이 그림에서, 초저녁 태양으로부터의 입사광은 서쪽에서 동쪽으로 수평으로 들어온다). 하늘을 똑바로 위로 쳐다보고 있는 사람은 90°로 산란된 빛을 본다. 이 빛(C)은 남북으로 편광되어 있어서, 입사광의 전파 방향(동쪽)과 산란광의 전파 방향(아래쪽) 모두에 수직이다.

문제 풀이 전략 : 산란에 의한 편광

90°로 산란된 빛은 입사광의 방향과 산란된 빛의 방향 모두에 수직한 방향으로 편광된다.

혼자서 해 보기 맑은 날에 야외에서 편광 선글라스(또는 카메라에서 사용하는 편광 필터)를 가지고 여러 방향으로 하늘의 편광을 해석해 보자(선글라스를 썼다고 태양을 직시하면 안 된다!). 두 번째 선글라스(또는 편광 필터)를 준비하여, 두 개를 나란히 놓아 보아라. 하나는 꼭 쥐고 있으면서 가까이에 있는 편광자를 돌려 보아라. 투과된 빛은 언제 최대인가? 또한 언제 최소가 되는가?

개념형 보기 22.8 산란에 의한 편광

정오에 동쪽 방향의 수평선 바로 위쪽 하늘을 바라본다면, 빛은 어느 방향으로 편광되어 있겠는가?

전략 정오에는 햇빛이 거의 똑바로 내려온다. 그 빛들 중에서 일부는 대기에 의하여 대략 90°로 산란되어 서쪽 방향에서 관측자에게 입사한다. 태양으로부터 방출되는 편광되지 않은 빛을 수직으로 편광된 두 빛들이 혼합된 것이라고 생각해 보자. 각각의 편광 방향에서 관찰함으로써, 하나의 분자가 빛을 얼마나 효과적으로 산란시킬 수 있는가를 결정할 수 있다. 그 상황에 관한 그림이 큰 도움이 될 것이다.

풀이 및 검토 그림 22.30은 태양에서 아래로 진행하는 빛을 남북과 동서로 편광된 빛들의 혼합으로 나타낸 것이다. 여기서 두 편광을 한 번에 하나씩 다루어 보자.

남북의 전기장은 분자 속의 전하들을 남북의 축에 따라 진동하게 한다. 진동하는 쌍극자는, 우리가 분석하고자 하는 산란광의 서쪽 방향을 포함하여 쌍극자 축에 수직인 모든 방향으로 가장 강하게 복사한다.

동서의 전기장은 동서의 축을 가진 진동쌍극자를 만든다. 진동하는 하나의 쌍극자는 그것의 축에 거의 나란한 방향으로는 약하게만 복사한다. 그러므로 서쪽으로 산란된 빛은 남북 방향으로 편광된다.

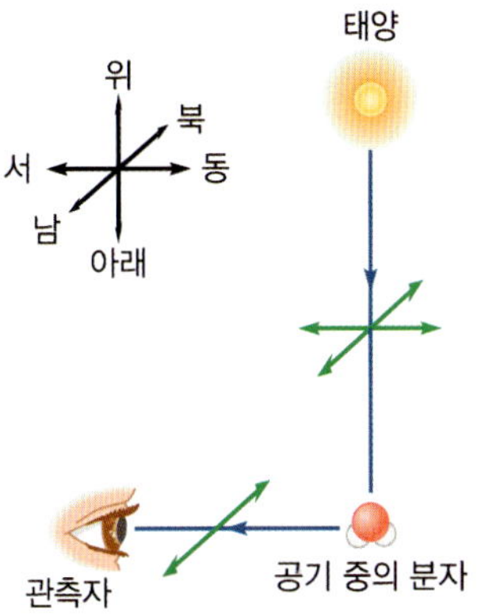

그림 22.30 태양에서 아래로 진행하는 빛은 동서와 남북으로 편광된 빛의 혼합이다(두 성분은 서로 연관성이 없다). 두 편광은 쌍방향 화살표로 나타내었다. 서쪽으로 산란된 빛은 남북 방향으로 편광되어 있다.

개념형 실전문제 22.8 북쪽 보기

해가 지기 바로 직전, 수평선 바로 위의 북쪽 하늘을 바라본다면, 그 빛은 어느 방향으로 부분편광 된 것인가?

응용 : 벌은 편광된 빛을 감지할 수 있다

벌은 광수체(빛 수용체)라고 부르는 수많은 투명 섬유소로 이루어진 겹눈을 가지고 있다. 각 광수체의 한쪽 끝은 겹눈의 반구 표면 위에 있어(그림 22.31), 섬유소가 정렬된 방향을 따라 들어오는 빛에 대하여 민감하다.

각각의 광수체는 9개의 세포^{cell}로 구성되어 있다. 이 세포들 중의 하나는 입사광의 편광에 민감하다. 그러므로 벌은 여러 방향에서 오는 빛의 편광 상태를 감지한다. 프리슈$^{Karl\ von\ Frisch}$ 등이 1960년대에 행한 일련의 정교한 실험에 의해, 벌은 해가 가려질 때에는 산란광의 편광으로부터 태양의 위치를 추측할 수 있다는 것이 밝혀졌다. 프리쉬 등은 판 편광자를 사용하여 산란광의 겉보기 편광 상태를 변화시켜 벌의 비행에 미치는 효과를 관측할 수 있었다.

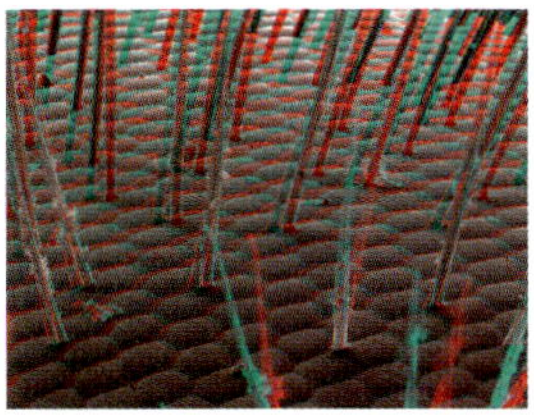

그림 22.31 벌의 겹눈에 관한 주사 전자 현미경 사진 ©Secret Disc, CC-BY-SA 3.0

22.8 전자기파에 대한 도플러 효과 The Doppler Effect for EM Waves

도플러 효과는 전자기파를 포함하여 모든 종류의 파동에서 일어난다. 그러나 소리에 대해 이끌어 낸 도플러 식 (12.22)는 전자기파에 대해서는 옳지 않을 수 있다. 이 식들은 **소리를 전하는 매질**에 대하여 상대적인 파원과 관측자의 속도를 포함한다. 음파에서, v_s와 v_o는 공기에 대해 상대적으로 측정된다. 전자기파는 진행하는 데 매질이 필요하지 않으므로, 빛에 관한 도플러 이동Doppler shift은 파원과 관측자 사이의 상대속도만 포함한다.

연결고리 도플러 효과 : 관찰된 파의 진동수는 파원과 관측자의 움직임에 영향을 받는다(12.8절). 음파의 경우 파원과 관측자의 움직임은 매질을 고려하여 각각 측정된다. 진공에서의 전자기파의 경우, 도플러 이동은 파원과 관측자의 상대적인 움직임에 의해서만 영향을 받는다.

아인슈타인의 상대성 이론을 사용하여, 빛에 대한 도플러 이동을 이끌어 낼 수 있다.

전자기파에서의 도플러 효과

$$f_o = f_s\sqrt{\frac{1+v_{상대}/c}{1-v_{상대}/c}} \qquad (22\text{-}24)$$

식 (22−24)에서, $v_{상대}$는 파원과 관측자가 서로 접근하는 경우에는 양$^+$이며, 멀어지는 경우에는 음$^-$이 된다. 만일 파원과 관측자의 사이의 상대속력이 c보다 훨씬 작다면, 부록 A.9에 있는 이항 전개 근사식을 사용하여 좀 더 간단한 표현식을 얻을 수 있다.

$$\left(1+\frac{v_{상대}}{c}\right)^{1/2} \approx 1+\frac{v_{상대}}{2c} \quad \text{및} \quad \left(1-\frac{v_{상대}}{c}\right)^{-1/2} \approx 1+\frac{v_{상대}}{2c} \qquad (22\text{-}25)$$

이러한 근사적 표현을 식 (22−24)에 대입하면,

$$f_o \approx f_s\left(1+\frac{v_{상대}}{2c}\right)^2 \qquad (22\text{-}26)$$

이 되는데, 마지막 단계에서 이항 근사식을 한 번 더 사용하면 다음과 같다.

전자기파에서의 도플러 효과 ($v_{상대} \ll c$)

$$f_o \approx f_s\left(1+\frac{v_{상대}}{c}\right) \qquad (22\text{-}27)$$

보기 22.9 레이더에 잡힌 과속 운전자

경찰차가 바로 앞서 가는 과속 차량을 잡기 위하여 38.0 m/s의 속력으로 달리고 있다. 제한 속력은 29.1 m/s이다. 경찰차의 레이더는 3.0×10^{10} Hz 진동수의 마이크로파를 발사하고 되돌아오는 반사파의 진동수를 측정함으로써, 상대 차의 속력을 계산할 수 있다. 반사파가 레이더에서 나가는 파와 결합할 때, 1400 s^{-1}의 진동수로 맥놀이를 발생시켰다. 과속 차량은 얼마나 빨리 달리고 있는가? [힌트 : 우선 과속 차량이 '관측한' 진동수를 구하여라. 금속의 차체 속 전자들은 진동하여 같은 진동수를 갖는 반사파를 방출한다. 반사파에 대하여, 과속 차량은 파원이고 경찰차는 관측자이다.]

전략 전자기파가 차에서 반사되기 때문에, 두 가지의 도플러 이동이 있다. 먼저 경찰차로부터 도플러 이동이 일어난 레이더 파를 받는 과속 운전자를 관측자로 생각할 수 있다(그림 22.32a). 다음은 과속차가 이러한 파를 반사하여 경찰차에게 다시 보내는 경우이다(그림 22.32b). 이 경우에는 과속차가 파원이 되고 경찰차는 관측자가 된다. 두 차 사이의 상대속력은 광속에 비하여 훨씬 느리므로, 근사식 (22-27)을 사용할 수 있다.

이 문제에는 3가지의 서로 다른 진동수가 있다. 경찰차가 내보낸 진동수를 $f_1 = 3.0 \times 10^{10}$ Hz, 과속 차량이 관측한 진동수를 f_2, 그리고 경찰차가 관측한 반사파의 진동수를 f_3이라고 하자. 경찰차가 과속 차량을 따라가고 있어서 파원과 관측자가 접근하는 경우에 해당하므로, $v_{상대}$는 양$^+$이 되어 도플러 이동은 진동수가 높아지는 쪽이다.

풀이 f_3이 f_1보다 크다고 가정하면, 맥놀이 진동수는

$$f_{맥놀이} = f_3 - f_1 \qquad (12\text{-}18)$$

이다. 과속 차량이 관측한 진동수는

$$f_2 = f_1\left(1 + \frac{v_{상대}}{c}\right)$$

이다. 이제 과속 차량은 진동수 f_2인 마이크로파를 방출한다. 경찰차가 관측한 진동수는

$$f_3 = f_2\left(1 + \frac{v_{상대}}{c}\right) = f_1\left(1 + \frac{v_{상대}}{c}\right)^2$$

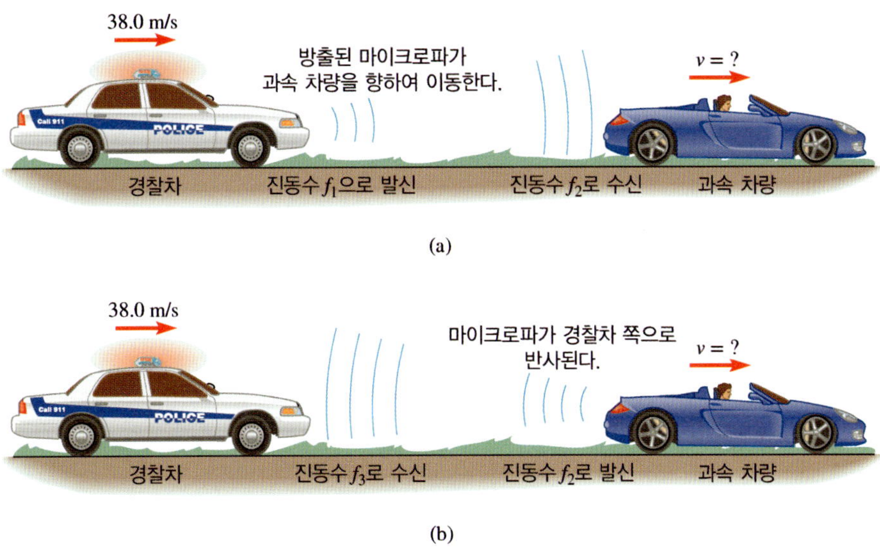

그림 22.32 (a) 경찰차가 진동수 f_1의 마이크로파를 내쏜다. 과속 차량은 도플러 이동 진동수 f_2로 받는다. (b) 파는 진동수 f_2로 반사된다. 경찰차는 진동수 f_3인 반사파를 받는다.

이다. 이제, $v_{상대}$를 구한다. 자동차의 속도는 빛의 속도보다 훨씬 느리다. 이항 근사식을 사용하면, 이차방정식을 직접 풀지 않아도 된다.

$$f_3 = f_1\left(1 + \frac{v_{상대}}{c}\right)^2 \approx f_1\left(1 + 2\frac{v_{상대}}{c}\right)$$

$v_{상대}$에 대해서 풀면,

$$\begin{aligned} v_{상대} &= \frac{1}{2}c\left(\frac{f_3}{f_1} - 1\right) \\ &= \frac{1}{2}c\left(\frac{f_3 - f_1}{f_1}\right) = \frac{1}{2}c\left(\frac{f_{맥놀이}}{f_1}\right) \\ &= \frac{1}{2}\times 3.00\times 10^8\ \text{m/s}\times\frac{1400\ \text{Hz}}{3.0\times 10^{10}\ \text{Hz}} \\ &= 7.0\ \text{m/s} \end{aligned}$$

가 된다. 두 차가 접근하고 있으므로, 과속 차량은 38.0 m/s보다 작은 속력으로 달리고 있는 것이다. 도로 위에서 과속 차량은

$$38.0\ \text{m/s} - 7.0\ \text{m/s} = 31.0\ \text{m/s}$$

로 달리고 있다. 아마도 경찰은 이번에는 경고만 주는 정도로 만족할 수 있을 것이다.

검토 도플러 이동에 대하여 근사식을 사용하면 계산을 간단하게 할 수 있으며 맥놀이 진동수가 상대속도에 비례함을 보여준다. 정확한 식 (22-24)를 사용해도 같은 답을 얻을 수 있다.

실전문제 22.9 **정지한 물체로부터의 반사**

경찰차가 23 m/s 속력으로 운행 중이라고 하자. 레이더가 정지한 물체로부터 반사되는 경우에 얻어지는 맥놀이 진동수는 얼마인가?

응용 : 도플러 레이더와 우주의 팽창

기상학자들이 사용하는 레이더는 태풍의 위치에 관한 정보를 제공한다. 최근에 그들은 태풍의 속도에 관한 정보까지 제공하는 도플러 레이더를 이용한다. 가시광선에 대한 도플러 이동의 중요한 또 다른 응용 사례는 우주팽창에 관한 증거이다. 먼 거리에 있는 별로부터 지구에 도달하는 빛은 **적색 이동**(red-shifted)된 것이다. 곧 가시광선의 스펙트럼이 진동수가 작은 적색 쪽으로 옮겨 나타난다. 미국의 천문학자 허블(Edwin Hubble, 1889~1953)의 이름에서 유래한 허블의 법칙에 따르면 우리로부터 멀어지는 은하계의 속력은 은하계가 우리로부터 얼마나 멀리 있느냐에 비례한다. 따라서 허블의 법칙을 이용하면, 도플러 이동은 지구로부터 별이나 은하계의 거리를 결정하는 데 사용될 수 있다.

우주를 바라보고 있으면, 적색 이동은 별들이 우리로부터 모든 방향으로 멀어지고 있다는 것을 말해 준다. 별이 멀리 있으면 있을수록, 그 별들은 우리로부터 보다 빨리 멀어지고 지구에 도달하는 빛의 도플러 이동은 더 커진다. 이것이 지구가 우주의 중심에 있다는 것을 뜻하지는 않는다. 팽창하는 우주에서, 우주의 한 행성에 있는 관측자가 행성으로부터 모든 방향으로 멀어져 가고 있는 별을 보는 것이다. 대폭발(big bang) 이래로, 우주는 팽창해 왔다. 영원히 팽창을 지속할지 또는 팽창이 중지되고 우주가 수축하여 또 다른

대폭발로 이어질지는 우주 및 천체 물리학자들이 연구해 오고 있는 하나의 주요 연구 과제이다.

해답 실전문제 & 살펴보기

22.1 (a) 전자기파는 송신용 안테나로부터 모든 방향으로 바깥으로 진행한다. 왜냐하면 파동이 송신기에서 $+z$ 방향(전파 방향)으로 수신기로 이동하기 때문에 수신기에서 송신기 방향은 $-z$ 방향이다.

(b) $E_y(t) = E_m \cos(kz - \omega t)$,

여기서 $k = 2\pi/\lambda$는 파수이다. 곧 $E_x = E_z = 0$이다.

22.2 $1\text{ ly} = 9.5 \times 10^{15}\text{ m}$

22.3 444 nm

22.4 (a) $+y$ 방향

(b) $2.0 \times 10^3\text{ m}^{-1}$

(c) $B_z(x, y, z, t)$

$= (-1.1 \times 10^{-7}\text{T})$

$\cos[(2.0 \times 10^3\text{m}^{-1})y$

$-(6.0 \times 10^{11}\text{s}^{-1})t]$,

$B_x = B_y = 0$

22.5 rms 장은 $\sqrt{I}$에 비례하고, I는 $1/r^2$에 비례하므로, rms 장은 $1/r$에 비례한다.

$E_{rms} = 6.84\text{ V/m}$,

$B_{rms} = 2.28 \times 10^{-8}\text{ T}$ 이다.

22.6 450 W/m^2

22.7 최소 0(투과축이 수직일 때) 최대 $\frac{1}{2}I_0$(투과축이 평행할 때)

22.8 수직으로

22.9 4.6 kHz

22.2 안테나에 평행한 전기장의 성분은 0이다. 파동은 안테나를 따라서 진동하는 전류를 일으키지 못한다.

22.4 파동의 진동수는 변하지 않는다.

$n_{공기} \approx 1$, $\lambda_{공기} \approx \lambda_0$이므로,

$\lambda_0 = n_{물}\lambda_{물} = 640\text{ nm}$(진공 중의 파장)

이다.

(더 일반적으로, 어느 매질도 공기가 아니라면, 진동수는 같다고 두어라. 곧 $f = v_1/\lambda_1 = v_2/\lambda_2$이다. 그러면 $\lambda_2 = \lambda_1(v_2/v_1) = \lambda_1(n_1/n_2)$이다.]

22.5 자기장의 크기는 $B = E/c = 3 \times 10^{-11}\text{ T}$이다. $\vec{B}$의 방향은 전파 방향($+x$)과 자기장의 방향($-y$)에 수직이어야 하므로, 그것은 $+z$ 방향이거나 $-z$ 방향이어야 한다. 오른손 법칙에 따라 $\vec{B}$의 방향은 $-z$ 방향이다.

22.7 편광판을 회전시켜라. 입사광이 무작위로 편광되어 있으면 투과 세기는 변하지 않는다. 입사광이 선편광 되어 있다면 투과 세기는 편광자를 돌린 각도에 따라 변한다. 투과 세기가 $\frac{1}{2}I_0$이 되기 위해서는 입사 편광은 편광자의 축에 대하여 45°여야 한다($\cos^2 45° = \frac{1}{2}$).

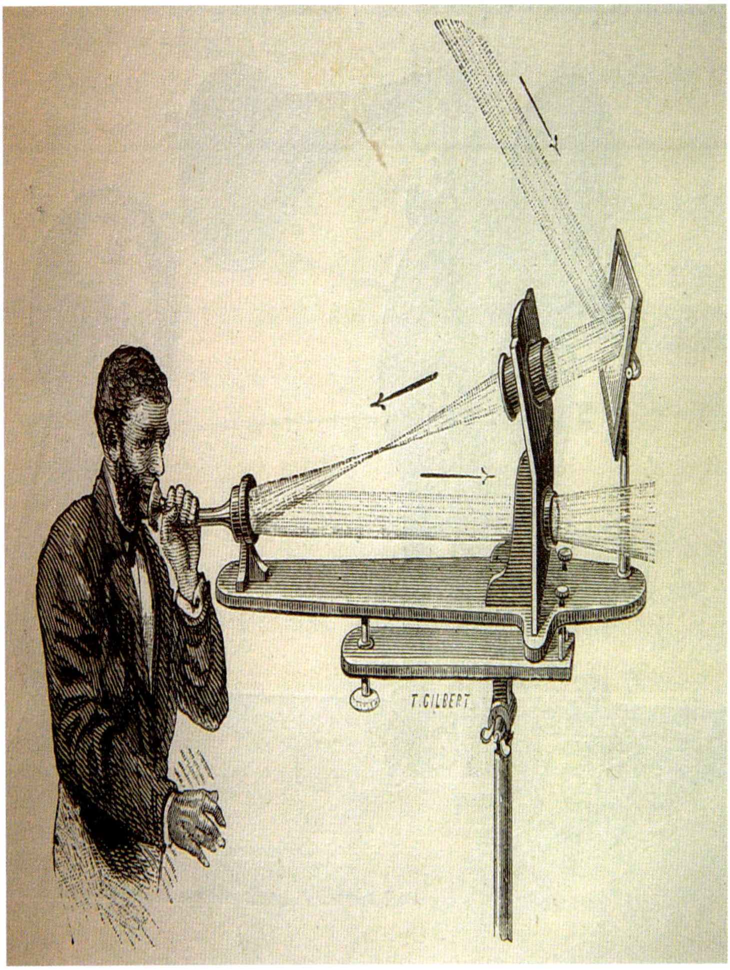

빛의 반사와 굴절

Reflection and Refraction of Light

벨Alexander Graham Bell, 1847~1922은 1870년대에 전화를 발명한 것으로 유명하다. 그러나 벨은 그의 가장 중요한 발명이 광전화기photophone라고 생각했다. 금속선에 전기 신호를 보내는 일반 전화와는 달리, 광전화기는 집중된 태양 광선과 거울에서의 반사를 이용해 공기 중으로 광신호를 보냈다. 무엇 때문에 벨의 광전화기는 전화기처럼 상용화되지 못했을까?

23

찾아가보기

- 반사와 굴절 (11.8절)
- 굴절률, 분산 (22.4절)
- 기초 수학 : 기하학 (닮은꼴 삼각형, 엇각, 여각) (부록 A.6)
- 산란에 의한 편광 (22.7절)

생명과학 응용

- 내시경 (23.4절, 문제 14)
- 유침 현미경 (개념문제 11)
- 눈에 의한 빛의 굴절 (문제 6)

23.1 파면, 광선, 호이겐스의 원리 Wavefronts, Rays and Huygens's Principle

광원

그림 23.1 산소와 루시페린 물질의 화학반응으로 만들어지는 반딧불이의 불빛. 이 반응은 루시페라제라는 효소에 의하여 촉진된다.

일반적으로 언급하는 빛이란 맨눈으로 볼 수 있는 전자기 복사를 말한다. 빛은 여러 방법으로 만들어진다. 백열전구의 필라멘트는 높은 표면온도 때문에 빛을 방출하며, 예를 들어 $T \approx 3000$ K 에서 열복사의 대부분은 가시광선 영역이다. 반면 반딧불이에서 나오는 빛은 고온의 표면온도 때문이 아니라 화학반응 때문이다(그림 23.1). 형광등은 안쪽에 칠해진 형광물질이 자외선을 흡수한 후 가시광선을 방출한다.

우리가 보는 대부분의 물체들은 광원이 아니다. 우리는 반사하거나 투과하는 빛을 통하여 물체를 본다. 물체에 입사하는 빛의 일부분은 흡수되고, 일부분은 투과되어 나가며, 나머지는 반사된다. 물질의 종류와 표면 상태가 주어진 파장에서의 상대적인 흡수량과 투과량, 반사량을 결정한다. 잔디가 녹색으로 보이는 이유는 뇌가 녹색으로 인식하는 파장을 잔디가 반사하기 때문이다. 테라코타[terra-cotta] 기와는 뇌가 빨강 또는 주황으로 인식하는 파장을 반사한다(그림 23.2).

파면과 광선

전자기파는 모든 파동들과 공통적인 성질을 가지고 있기 때문에, 물결 같은 파동을 이용해 시각적으로 나타낼 수 있다. 조약돌을 연못에 떨어뜨리면 수면 위에 사방으로 퍼져나가는 물결이 생긴다(그림 23.3). **파면**[wavefront]은 같은 위상을 가진 점들의 집합으로(예를 들면 파동의 변위가 최대인 점 또는 0인 점), 그림 23.3의 각각의 원형파 마루들은 파면으로 생각할 수 있다. 직선 파면을 가지는 물결은 긴 막대기를 반복해서 물에 담금

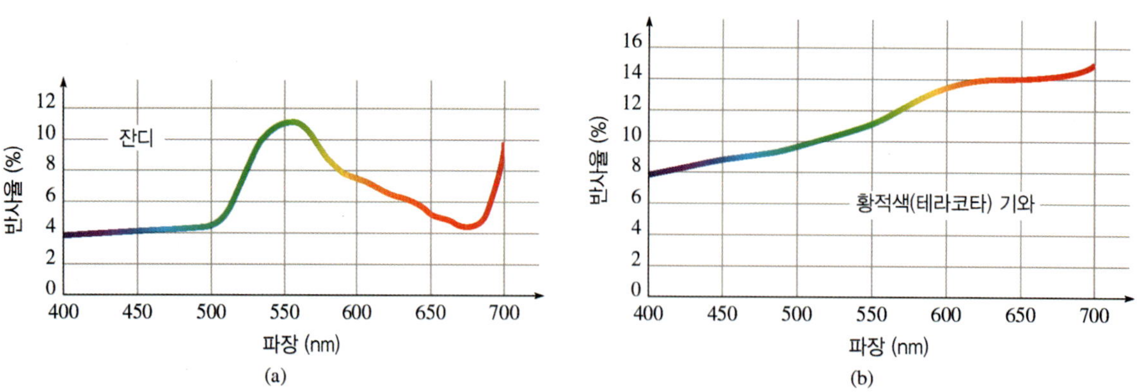

그림 23.2 파장의 함수로 나타낸 반사율(입사한 빛에 대한 반사한 빛의 백분율). (a) 잔디, (b) 테라코타 기와

으로써 만들 수 있다.

광선ray은 파의 전파 방향을 가리키는 것으로서 파면에 수직이다. 원형파의 경우, 광선들은 파의 원점에서 바깥쪽을 향하는 반지름들이다(그림 23.4a). 직선파의 경우 광선들은 파면에 수직이며 평행한 선들의 집합이다(그림 23.4b).

그림 23.3 동심 원형 잔물결은 물고기가 물 밖의 벌레를 잡으려고 물 표면을 뚫고 올라온 지점에서 바깥쪽으로 연못의 표면을 따라 진행한다. 원형 물결의 마루는 각각 파면이다. 광선은 중심에서 반지름 방향 바깥쪽으로 향하고 파면에 수직이다.

수면파는 원 또는 직선의 파면을 가질 수 있고, 3차원 공간을 진행하는 빛과 같은 파동은 구면이나 평면 또는 다른 형태의 파면을 가질 수 있다. 만일 조그만 광원이 모든 방향으로 똑같이 빛을 방출한다면, 파면은 구형이고 광선은 중심에서 바깥쪽으로 향할 것이다(그림 23.4c). 이와 같은 점광원으로부터 멀리 떨어진 곳에서는 광선들은 서로 거의 평행이고 파면은 거의 평면이 되므로, 평면파로 나타낼 수 있다(그림 23.4d). 태양은 은하계를 지나 먼 곳에서 볼 때는 점광원으로 생각할 수 있다. 지구에서도 작은 렌즈로 들어오는 햇빛을 거의 평행한 광선들의 모임으로 취급할 수 있다.

호이겐스의 원리

전자기의 이론이 발전되기 훨씬 전에 네덜란드의 과학자 호이겐스Christiaan Huygens, 1629~1695는 빛이 같은 매질 속을 통과할 때, 한 매질에서 다른 매질로 들어갈 때, 또는 빛이 반사될 때와 같은 빛의 행동들을 시각화하는 기하학적 방법을 개발하였다.

호이겐스의 원리

어떤 시각 t에 파면 위의 모든 점들을 새 구면파의 파원으로 생각해 보자. 이 가지파동wavelet은 원래의 파와 같은 속력으로 바깥쪽으로 진행한다. 시각 $t+\Delta t$에서 각 가지파동들의 반지름은 $v\Delta t$이며, v는 파의 전파 속력이다. 시각 $t+\Delta t$에서의 파면은 가지파동에 접하는 면이 된다(반사가 일어나지 않는 상황에서, 뒤로 진행하는 파면은 무시한다).

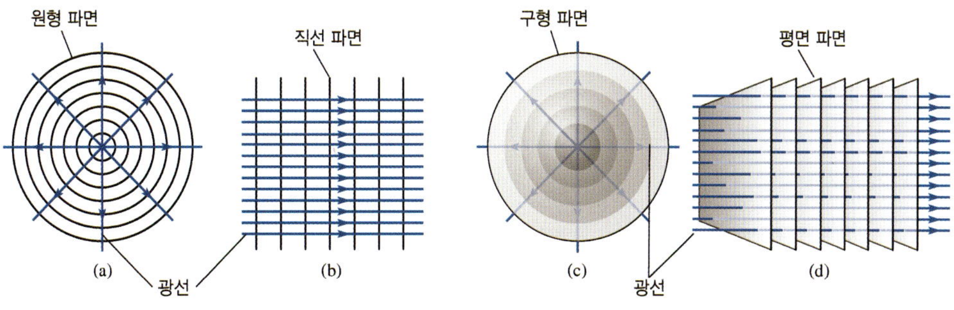

그림 23.4 (a) 그림 23.3의 연못의 물결처럼 하나의 교란으로부터 표면을 따라 진행하는 파의 광선과 파면. 광선은 그 교란으로부터 멀어지는 모든 방향으로 진행해 나간다. 파면은 그 교란 지점을 중심으로 하는 원형 형태에 가깝다. (b) 교란 지점으로부터 멀리 떨어지면 광선들은 거의 평행하게 되며, 파면은 거의 직선 형태가 된다. (c) 3차원 공간에서 하나의 점광원으로부터 진행하는 파의 광선과 파면. 광선은 그 중심으로부터 모든 방향으로 진행해 나간다. 파면은 그 점광원을 중심으로 한 구면 형태이다. (d) 점광원으로부터 멀리 떨어지면 광선들은 거의 평행하게 되며, 파면은 거의 평면 형태가 된다.

기하광학

기하광학 geometric optics 은 간섭과 회절(11.9절 참고)을 무시할 수 있을 때에만 적용할 수 있는 빛의 행동에 대한 근사를 다룬다. 회절을 무시하려면 물체나 빛이 통과하는 구멍의 크기가 빛의 파장에 비해 커야 한다. 기하광학의 영역에서는 빛의 진행은 광선만으로 분석될 수 있다. 균질한 물질에서는 광선은 직선이며, 두 개의 다른 물질의 경계에서는 반사와 투과가 함께 일어날 수 있다. 호이겐스의 원리를 사용하면, 반사광선과 투과광선의 방향을 결정하는 법칙을 유도할 수 있다.

개념형 보기 23.1 평면파로부터의 파면

호이겐스의 원리를 평면파에 적용해 보자. 다시 말하면, 평면파의 파면 위의 점들로부터 나오는 가지파동을 그리고 그들을 이용하여 시간이 지난 뒤의 파면을 대략적으로 그려 보아라.

전략 그림은 2차원으로 그릴 수밖에 없기 때문에, 평면파의 파면을 직선으로 그린다. 파면 위의 몇 개의 점들을 가지파동의 원천으로 택한다. 뒤쪽으로 진행하는 파는 없기 때문에 가지파동들은 반구면이다. 그러면 그 파면들에 접하는 면을 나타내기 위해 가지파동들의 접선을 그려 보자. 이 면이 새로운 파면이다.

풀이 및 검토 그림 23.5a에서, 먼저 하나의 파면과 네 개의 점을 그린다. 각각의 점을 가지파동들의 원천으로 선택하며, 각각의 점에 중심을 둔 네 개의 반원을 그린다. 마지막으로, 네 개의 반원들에 접하는 하나의 선을 그린다. 그러면 이 선이 좀 지난 뒤의 파면을 나타낸다.

그림 23.5b처럼 반원들의 언저리를 따르는 결 모양의 선을 그리지 않고 직선을 그리는 이유는 무엇인가? 파면의 모든 점들은 이 가지파동들의 하나의 원천이라는 호이겐스의 원리를 유념하여라. 우리는 몇 개의 점들로부터 나오는 가지파동들을 그렸는데, 실제로는 그 파면의 모든 점으로부터 나온 가지파동들임을 유념하여야 한다. 점점 더 많은 가지파동들을 그려 넣는다고 상상하여라. 접면은 점점 덜 굽이치게 되어 결국에는 하나의 평평한 면이 될 것이다.

이 새로운 파면은 양 끝에서 구부러져 있는데, 이러한 파면의 찌그러짐은 회절 현상의 한 예이다. 만일 평면 파면이 크다면, 좀 지난 뒤의 그 파면은 그 언저리만 조금 구부러진 하나의 평면이 된다. 여러 목적 때문에 가장자리에서의 이러한 회절은 무시된다.

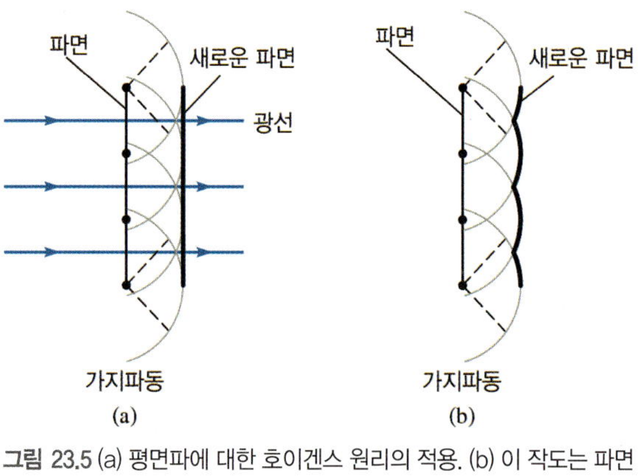

그림 23.5 (a) 평면파에 대한 호이겐스 원리의 적용. (b) 이 작도는 파면의 모든 점으로부터 나오는 가지파동을 보여 주지 않기 때문에 완전한 것은 아니다.

개념형 실전문제 23.1 구면파

하나의 점광원에 의한 구면파에 대하여 보기 23.1을 되풀이해 보아라.

23.2 빛의 반사 The Reflection of Light

거울 반사와 퍼진 반사

매끄러운 면에서의 반사를 **거울 반사**specular reflection라고 부른다. 이때 일정한 각도로 들어온 광선들은 모두 똑같은 각도로 반사된다(그림 23.6a). 거칠고 불규칙한 면에서의 반사는 **퍼진 반사**diffuse reflection라고 부른다(그림 23.6b). 퍼진 반사는 일상생활에서 흔하게 일어나며 퍼진 반사 때문에 주변 사물을 볼 수 있다. 거울 반사는 광학기기에서 중요하게 나타난다.

표면의 거칠기는 정도의 문제이다. 맨눈으로 볼 때는 매끄럽게 보였던 것도 원자 크기로 보면 매우 거칠어 보일 수 있다. 그러므로 퍼진 반사와 거울 반사를 구분할 수 있는 뚜렷한 기준은 없다. 만일 그림 23.6b의 거친 면에서 움푹하게 파인 곳의 크기가 가시광선의 파장에 비하여 작다면, 그 반사는 거울 반사가 된다. 패인 곳의 크기가 가시광선의 파장에 비하여 매우 크다면, 그 반사는 퍼진 반사이다. 광택이 나는 유리 표면은 유리 원자들 사이의 간격이 가시광선 파장보다 수천 분의 일로 적기 때문에 가시광선에서 매끄럽게 보인다. 그러나 같은 유리면도 원자 간격에 비해 작은 파장을 가진 X선으로 보면 거칠게 보인다. 전자레인지의 문에 있는 금속 그물망에서 마이크로파가 잘 반사되는 것은, 망의 구멍의 크기가 마이크로파의 파장 12 cm 에 비하여 작기 때문이다.

반사의 법칙

호이겐스의 원리는 거울 반사가 어떻게 일어나는지를 보여준다. 그림 23.7에서 평면 파면이 매끄러운 금속 면을 향하여 진행한다. 입사파면 위의 모든 점은 가지파동의 파원 역할을 한다. 입사파면 위의 점들은 그 금속 면을 향해 진행하는 파면을 형성한다. 입사파면의 한 점이 금속 면에 닿으면, 빛이 금속을 뚫고 들어갈 수 없기 때문에 금속 면에서 멀어지는 방향으로 진행하는 가지파동이 나와 반사파면을 형성한다. 이 점들로부터 나오는

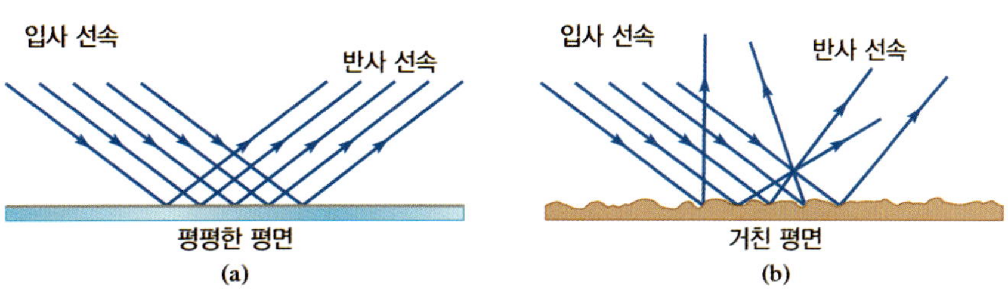

그림 23.6 (a) 거울로부터 반사되는 선속은 거울 반사를 보여준다. (b) 퍼진 반사는 입사 선속이 거친 면에서 반사될 때 일어난다.

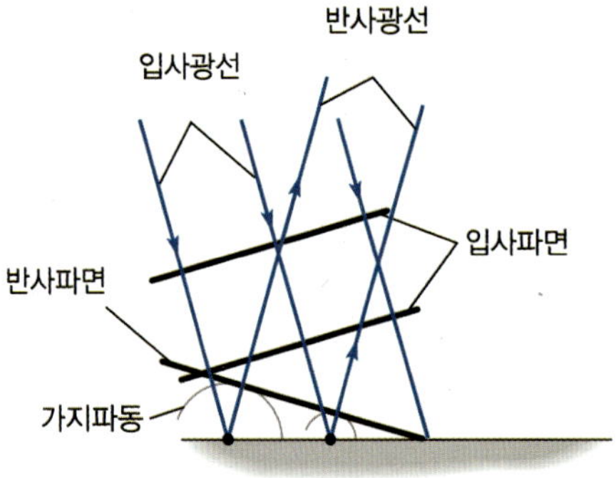

그림 23.7 금속 면으로 진행하는 평면파. 입사파면의 각 점에 의해 만들어진 가지파동은 금속 면에 도착하면 반사파를 형성한다.

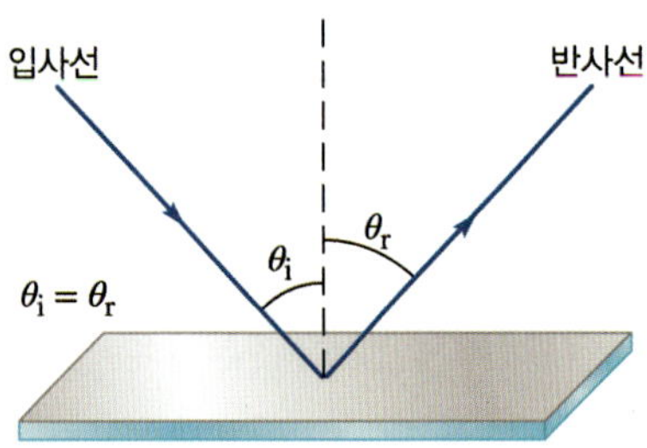

그림 23.8 입사각과 반사각은 광선과 반사면에 대한 법선 사이의 각으로 측정된다(면과 광선 사이의 각이 아니다). 입사광선과 반사광선, 법선은 모두 같은 면에 있다.

가지파동은 모두 같은 속력으로 진행하지만 서로 다른 시간에 나온다. 어떤 주어진 순간에, 가지파동의 반지름은 그것이 방출된 후의 시간에 비례한다.

호이겐스의 원리는 기하학적인 작도이지만, 이 작도는 현대의 파동 이론에서도 입증되었다. 입사하는 전자기파에 반응해 진동하는 표면 전하에 의하여 반사파가 만들어진다. 곧 진동하는 전하들이 전자기파를 방출하고 그것들이 겹쳐져서 반사파를 만든다.

반사의 법칙은 입사광선과 반사광선 사이의 관계를 요약하여 나타낸다. 이 법칙은 광선이 닿는 면에 대하여 수직인 법선과 광선 사이의 각을 이용하여 수식으로 표현할 수 있다. **입사각**angle of incidence θ_i은 법선과 입사광선 사이의 각이고(그림 23.8), **반사각**angle of reflection θ_r은 법선과 반사광선 사이의 각이다.

$$\theta_i = \theta_r \tag{23-1}$$

또 하나의 반사의 법칙은 입사광선과 반사광선 그리고 법선이 모두 같은 **입사면**plane of incidence에 있다는 것이다.

반사의 법칙

1. 입사각과 반사각은 같다.
2. 반사광선은 입사광선과 입사점을 포함하는 입사면에 대한 법선과 같은 면에 있다. 두 광선은 법선을 기준으로 각각 반대편에 위치한다.

거친 면에서의 퍼진 반사의 경우에도 입사하는 광선에 대한 반사각은 여전히 각각의 입사각과 같다. 그러나 거친 면에 대한 법선은 입사광선마다 서로 다르기 때문에 반사광선은 여러 방향으로 진행할 수 있다(그림 23.6b).

반사와 투과

지금까지는 매끄러운 금속 면과 같이 빛을 모두 반사하는 면에서의 거울 반사에 대해서만 생각했다. 빛이 공기에서 유리로 진행할 때와 같이 투명한 두 매질의 경계면에 다다랐을 때, 일부분은 반사되고 일부분은 새로운 매질로 투과하여 들어간다. 반사광선은 (거울 반사가 일어날 만큼 면이 매끄럽다면) 여전히 같은 반사 법칙을 따른다. 공기와 유리 경계면에 빛이 수직으로 입사할 때, 입사 세기의 4 % 만 반사되고, 96 % 는 투과된다.

23.3 빛의 굴절 : 스넬의 법칙
The Refraction of Light: Snell's Law

22.4절에서, 빛이 한 투명 매질에서 다른 투명 매질로 진행할 때 (빛 속력이 두 매질에서 같지 않다면) 파장은 달라지고, 진동수는 변하지 않음을 보였다. 또 호이겐스의 원리로부터 빛이 두 매질의 경계를 지날 때 광선의 방향이 바뀌는 빛의 **굴절** refraction 현상을 이해할 수 있다.

호이겐스의 원리는 빛의 굴절이 어떻게 일어나는지를 설명한다. 그림 23.9a는 공기와 유리 사이의 평평한 경계면에 입사한 평면파를 보여준다. 공기 중에서 연속적인 평면 파면들이 유리를 향하여 진행한다. 평면 파면들 사이의 거리는 한 파장과 같다. 일단 그 파면이 유리 경계에 도달하여 새 매질로 들어가면, 그 파의 속력은 줄어든다. 곧 빛은 공기 속보다 유리 속에서 더 느리게 진행한다. 그 파면은 경계면의 법선에 대하여 어떤 각도로 입사하기 때문에 공기 중에 있는 파면의 부분은 속력을 그대로 유지하지만, 유리로 들어간 부분은 더 느리게 진행한다. 그림 23.9b는 파의 일부분이 유리 속에 있을 때의 호이겐스의 작도를 보여 준다. 유리 속에 있는 가지파동의 반지름이 더 작은 이유는 유리 속에서 빛의 속력이 공기 속에서보다 더 느리기 때문이다.

그림 23.9c는 입사각 θ_i과 굴절각 θ_t를 관련시키기 위한 두 개의 직각삼각형을 보여준다. θ_i로 표시된 두 각은 각각의 각을 만드는 변들이 직교하기 때문에 같으며, 같은 이유로 θ_t로 표시된 두 각도 같다. 두 삼각형은 빗변 h을 공유한다. 삼각함수를 이용하면

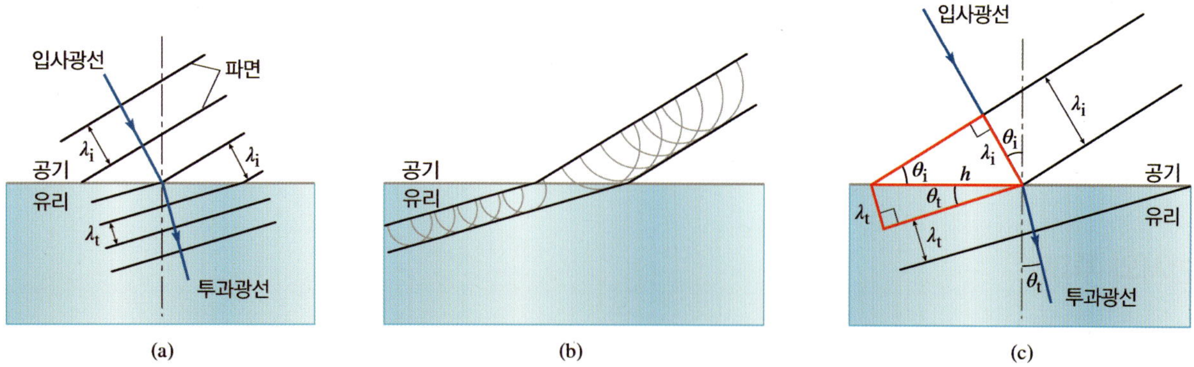

그림 23.9 (a) 유리와 공기 경계면에서의 파면과 광선. 반사된 파면들은 생략하였다. 유리 안에서 파장이 더 짧기 때문에 파면이 더 촘촘함에 유의하여라. (b) 일부분이 각각 공기와 유리 속에 있는 파면에 대한 호이겐스의 작도. (c) 투과광선의 투과각을 구하기 위해 작도한 그림

다음과 같이 쓸 수 있다.

$$\sin\theta_i = \frac{\lambda_i}{h}, \quad \sin\theta_t = \frac{\lambda_t}{h} \tag{23-2}$$

h를 소거하면 다음과 같이 된다.

$$\frac{\sin\theta_i}{\sin\theta_t} = \frac{\lambda_i}{\lambda_t} \tag{23-3}$$

이 관계식을 **굴절률**을 이용하여 다시 쓰면 더 편리하다. 빛이 한 투명 매질에서 다른 투명 매질로 진행할 때에 진동수 f가 달라지지 않는다는 것을 기억해 두자(22.4절 참조). $v = f\lambda$이기 때문에, λ는 v에 정비례한다. 정의 $n = c/v$(식 (22–4))에 의하여 굴절률 n은 v에 반비례한다. 그러므로 λ는 n에 반비례한다.

$$\frac{\lambda_i}{\lambda_t} = \frac{v_i/f}{v_t/f} = \frac{v_i}{v_t} = \frac{c/n_i}{c/n_t} = \frac{n_t}{n_i} \tag{23-4}$$

식 (23–3)에서 λ_i/λ_t를 n_t/n_i로 바꾸고 교차하여 곱하면, 다음을 얻을 수 있다.

스넬의 법칙

$$n_i \sin\theta_i = n_t \sin\theta_t \tag{23-5}$$

굴절의 법칙은 네덜란드 학자 스넬[Willebrord Snell, 1580~1626]에 의하여 실험적으로 발견되었다. 투과하는 광선의 방향을 오직 하나로만 결정하기 위해서는 추가적인 언급이 필요하다.

굴절의 법칙

1. $n_i \sin\theta_i = n_t \sin\theta_t$에서 각도들은 법선을 기준으로 측정한 것이다.
2. 입사광선, 투과광선, 법선은 모두 같은 면, 곧 입사면 내에 있다.
3. 입사광선과 투과광선은 법선에 대하여 서로 반대편에 있다(그림 23.10).

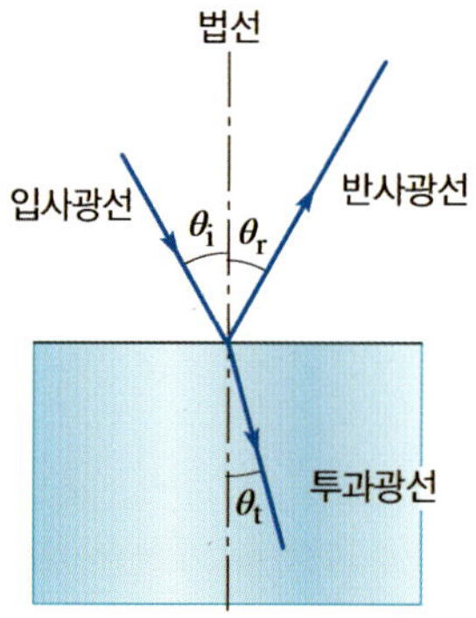

그림 23.10 입사광선, 반사광선, 투과광선, 법선이 모두 같은 면 안에 있다. 모든 각은 법선에 대하여 측정한 것이다. 입사광선과 투과광선은 항상 법선에 대하여 서로 반대편에 있다.

한 물질의 굴절률은 물질의 온도와 빛의 진동수에 의존한다. 표 23.1에는 진공 중에서의 파장이 589.3 nm인 황색광에 대한 몇 가지 물질의 굴절률을 실었다(진동수 대신에 진공에서의 파장을 밝히는 것이 일반적이다). 일반적으로 가시광선 영역에 걸친 굴절률 n의 미소한 변화는 무시할 수 있다.

살펴보기 23.3 유리($n = 1.5$)로 된 어항에 물($n = 1.33$)이 가득 차 있다. 광선이 유리에서 물을 통과할 때, 투과광선은 법선 쪽으로 휘어지는가? 아니면 법선에서 멀어지는 쪽으로 휘어지는가? 그것에 대해 설명하여라(광선은 경계면에서 수직으로 입사하지 않는다고 가정하자).

표 23.1 진공에서 $\lambda = 589.3$ nm에 대한 굴절률(다른 언급이 없으면 20℃)

물질	굴절률	물질	굴절률
고체		**액체**	
얼음 (0℃)	1.309	물	1.333
형석	1.434	아세톤	1.36
용융석영	1.458	에틸알코올	1.361
폴리스티렌	1.49	사염화탄소	1.461
루사이트(투명 합성수지)	1.5	글리세린	1.473
플랙시글라스	1.51	설탕용액 (80 %)	1.49
크라운유리	1.517	벤젠	1.501
판유리	1.523	이황화탄소	1.628
염화나트륨(소금)	1.544	요오드화메틸렌	1.74
소한 플린트 유리	1.58	**기체**(0℃, **1기압**)	
밀한 플린트 유리	1.655	헬륨	1.000036
사파이어	1.77	에틸에테르	1.000152
지르콘	1.923	수증기	1.000250
다이아몬드	2.419	건조한 공기	1.000293
이산화티타늄	2.9	이산화탄소	1.000449
인화칼륨	3.5		

혼자서 해 보기 투명한 유리잔에 물을 가득 채우고 잔 안에 연필을 넣어 보아라. 연필을 다양한 각도에서 관찰하여라. 연필이 휘어져 보인다면 그 이유는 무엇인가?

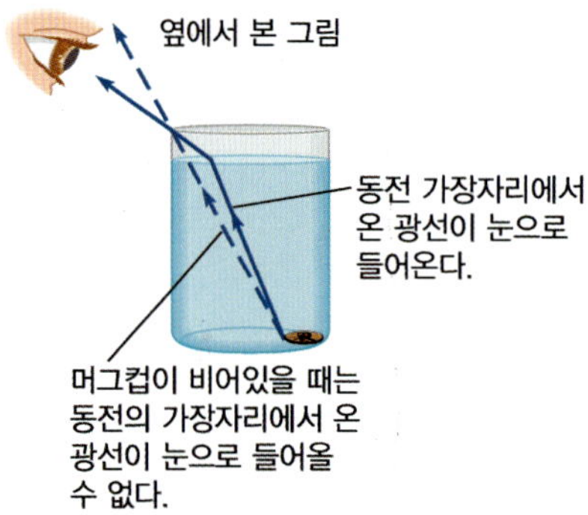

그림 23.11 빈 머그컵의 밑바닥에 있는 동전이 보이지 않다가 머그컵에 물을 채우면 동전이 보인다. 물과 공기의 경계면에서의 굴절 현상이 동전으로부터 오는 빛을 휘게 하여 눈에 들어오도록 하는 것이다.

혼자서 해 보기 빈 머그컵 바닥의 가장자리에 동전을 놓는다. 이 동전이 보이기 직전의 위치에 자리를 잡는다. 머리를 움직이지 않는 상태에서 'Refraction(굴절)'이라는 주문을 읊으면서 가까운 쪽에서 조심스럽게 머그컵에 물을 붓는다. 이때 물을 천천히 부어 동전이 움직이지 않도록 해야 한다. 머그컵에 물이 채워지면, 동전이 보이게 된다(그림 23.11).

보기 23.2 유리창을 통해 진행하는 광선

하나의 광선이 유리창의 한쪽 면에 30.0°의 입사각으로 들어온다. 유리의 굴절률은 1.52이다. 그 광선은 유리를 통과하여 반대편 나란한 유리면에서 나온다. 반사는 무시한다. (a) 유리 안의 광선에 대한 굴절각을 구하여라. (b) 유리의 양쪽에 있는 공기 영역에서 입사광선과 유리를 통과하여 나오는 광선이 서로 평행함을 보여라.

전략 우선 광선 도표를 그린다. 각 경계면에서 투과되는 광선에만 관심이 있으므로, 그림에서 반사광선은 생략한다. 각 경계면에서 법선을 그리고, 입사각과 굴절각을 표시하고 스넬의 법칙을 적용한다. 광선은 공기($n = 1.00$)에서 유리($n = 1.52$)로 진행할 때는 법선에 가깝게 꺾인다. $n_1 \sin\theta_1 = n_2 \sin\theta_2$이므로 n이 커지면 θ가 작아지기 때문이다. 마찬가지로 광선이 유리에서 공기로 나갈 때는 법선에서 멀어지는 쪽으로 꺾인다.

풀이 (a) 그림 23.12는 광선 도표이다. 처음 공기와 유리의 경계면에서 스넬의 법칙을 사용하면 다음과 같이 된다.

$$n_1 \sin\theta_1 = n_2 \sin\theta_2$$

$$\sin\theta_2 = \frac{n_1}{n_2}\sin\theta_2 = \frac{1.00}{1.52}\sin 30.0° = 0.3289$$

따라서 굴절각은 다음과 같다.

$$\theta_2 = \sin^{-1} 0.3289 = 19.2°$$

(b) 유리에서 공기로 나가는 두 번째 경계면에서, 스넬의 법칙을 다시 적용한다. 유리의 양면이 나란하므로 두 개의 법선은 서로 나란하다. 첫 번째 경계면에서의 굴절각과 두 번째 면의 입사각은 서로 엇각이므로, 두 번째 면의 입사각은 θ_2이어야 한다. 따라서

$$n_2 \sin\theta_2 = n_3 \sin\theta_3$$

이다. θ_3에 대하여 수치적으로 풀 필요는 없다. 첫 번째 경계면에서 $n_1 \sin\theta_1 = n_2 \sin\theta_2$임을 알고 있으므로 $n_1 \sin\theta_1 = n_3 \sin\theta_3$이다. $n_1 = n_3$이므로 $\theta_3 = \theta_1$이다. 곧 다시 나오는 광선과 입사광선은 서로 나란하다.

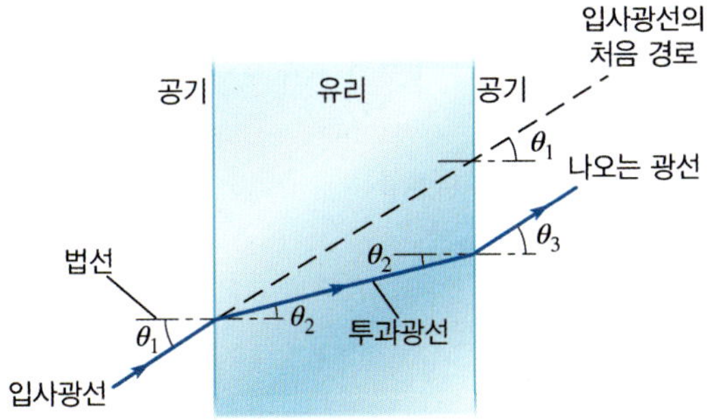

그림 23.12 유리창을 통한 광선의 진행

검토 다시 나오는 광선과 입사광선은 서로 나란하나, 위치가 변하였다는 것(그림 23.12의 점선 참조)에 주목하자. 만일 두 유리면이 나란하지 않다면, 두 개의 법선은 서로 나란하지 않을 것이다. 이렇게 되면 두 번째 면에서의 입사각은 첫 번째 면에서의 굴절각과 같지 않다. 이때에는 다시 나오는 광선과 입사광선은 나란하지 않다.

실전문제 23.2 **물고기의 시야**

물고기 한 마리가 잔잔한 호수면 아래에서 가만히 있다. 만일 태양이 지평선 위 33°에 있다면, 물고기에게 태양은 지평선 위 몇 도에 있는 것으로 보이는가?

[힌트 : 수평면에 대한 법선을 포함하는 광선 도표를 그린다. 이때 입사각과 굴절각을 올바르게 나타내야 한다.]

응용 : 신기루

공기 중에서의 빛의 굴절은 사막이나 더운 여름날 도로에서 볼 수 있는 신기루를 일으킨다(그림 23.13a). 뜨거운 땅은 그 근처의 공기를 데우고, 따라서 하늘에서 내려오는 광선은 땅에 접근함에 따라 점점 더 뜨거운 공기를 통과하게 된다. 공기 중에서 빛의 속력은 온도가 올라감에 따라 빨라지므로 땅 부근의 공기에서 빛은 그 위의 차가운 공기에서보다 더 빠르게 이동한다. 온도는 점진적으로 변화하므로 굴절률의 급격한 변화는 없다. 곧 빛은 급격하게 꺾이지 않고 천천히 위로 꺾여 올라간다(그림 23.13b).

파면 위의 점들에서 나오는 가지파동들은 서로 다른 속력으로 진행한다. 곧 땅에 더 가까운 가지파동의 반지름이 그보다 더 위에 있는 가지파동의 반지름보다 크다(그림 23.13c). 눈으로 들어오는 광선들이 실제로는 하늘에서 내려온 것이지만, 우리의 뇌는 땅에서 위로 올라오는 것으로 인식한다. 땅에 물이 고여 있는 것처럼 보이는 것은 실제로는 머리 위 푸른 하늘의 상이다.

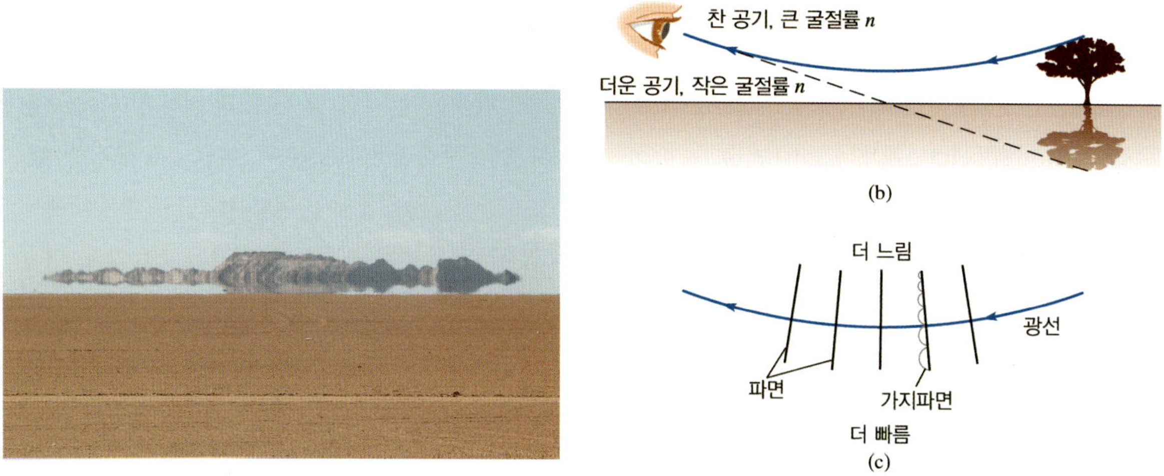

그림 23.13 (a) 사막에 나타난 신기루. 상이 거꾸로 되어 있다. © VortBot, CC-BY 2.0 (b) 태양에서 오는 광선이 위로 꺾여 관찰자의 눈으로 들어간다. (b) 파면의 아래쪽이 위쪽보다 더 빠르게 진행한다.

그림 23.14 (a) 상방 신기루. © Senniko, CC-BY-SA 4.0 (b) 집의 상방 신기루를 형성하는 광선의 개념도

상방 신기루는 눈 덮인 들판이나 바다 때문에 지표면 근처에 있는 공기층이 그 위에 있는 공기보다 더 **차가울 때** 일어난다. 때때로 수평선 바로 뒤에 있는 배가 보이기도 하는데, 그 까닭은 배로부터 오는 광선이 차츰차츰 아래로 향하기 때문이다(그림 23.14). 배와 등대는 하늘에 떠 있는 것처럼 보이거나 실제보다 훨씬 높게 보인다. 굴절로 인해 일출시의 태양이 실제로 수평선에 떠오르기 전에 보이거나, 일몰시에는 태양이 수평선을 넘어간 뒤에도 보이기도 한다.

그림 23.15 프리즘에 의한 백색광의 분산

프리즘에서의 분산

자연 속의 백색광이 삼각 프리즘에 들어오면, 프리즘의 다른 쪽에서는 빛이 빨강부터 보라까지의 연속 스펙트럼으로 분리되어 나온다(그림 23.15). 이와 같이 분리되는 이유는 프리즘이 **분산적** dispersive이기 때문이다. 곧 프리즘 속에서 빛의 속력은 빛의 진동수에 의존한다(22.4절 참조).

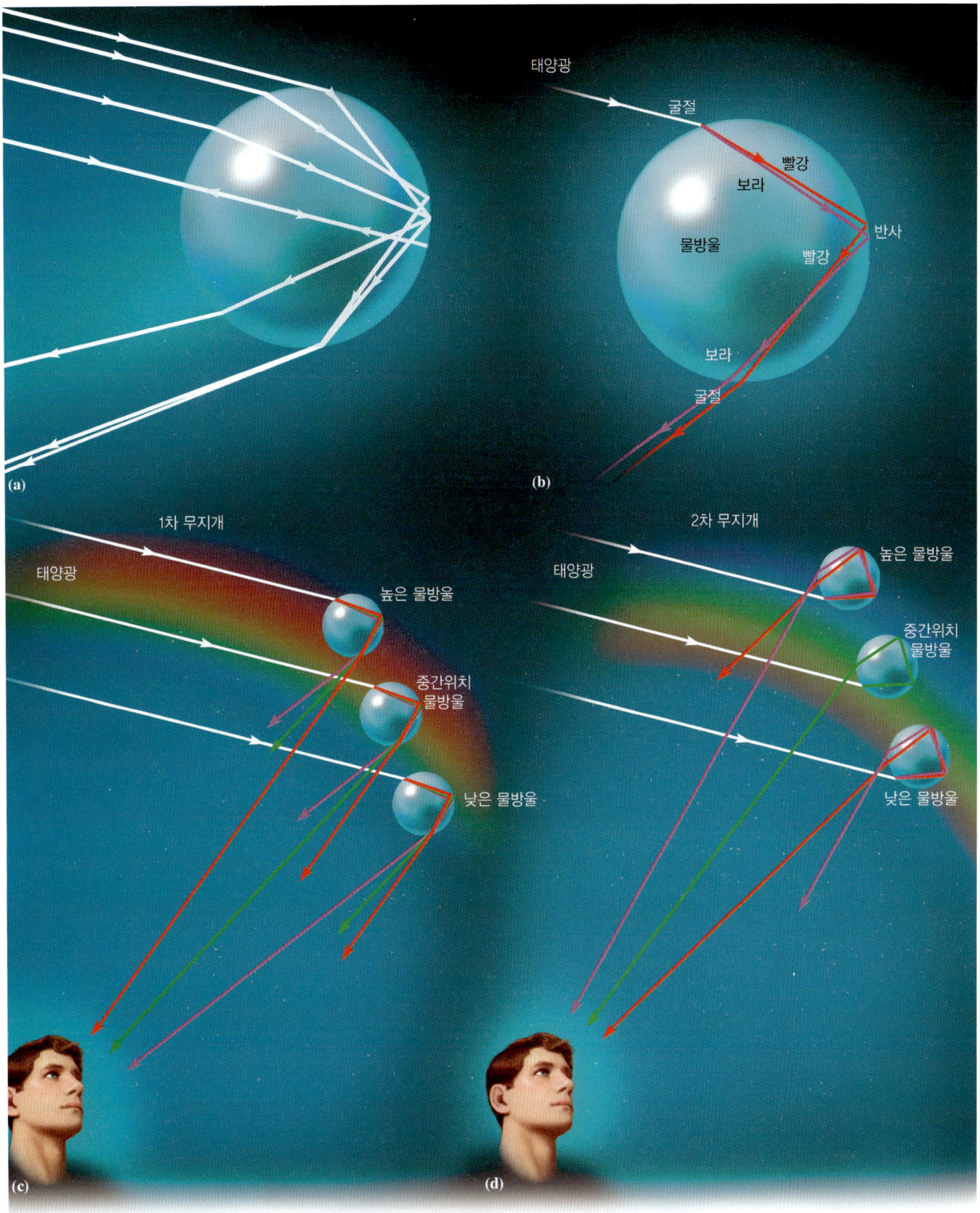

그림 23.16 (a) 빗방울의 위쪽에 입사한 태양광선이 빗방울 내부에서 한번 반사된다. 입사광선은 서로 평행하지만, 나오는 광선들은 그렇지 않다. 아래쪽 가장자리의 광선 쌍은 거기서 나오는 광선의 세기가 가장 큰 곳임을 보여준다. (b)에서 (d)는 최대 세기의 광선들만 보여준다. (b) 물방울의 굴절률은 진동수에 의존하기 때문에, 빛이 물방울을 떠나는 각은 진동수에 의존한다. 각각의 경계면에서, 반사와 굴절이 함께 일어난다. 1차 무지개에 기여하지 않는 반사광선과 투과광선은 생략하였다. (c) 다른 많은 빗방울들에서 나오는 빛들이 무지개가 나타나게 한다. 명확하게 보여주기 위하여, 각도들은 과장되었다. (d) 빗방울에서 두 번 반사되는 광선들이 2차 무지개를 만든다. 빛깔의 순서가 거꾸로 되어, 보라가 맨 위에, 빨강이 맨 아래에 있음을 유의하여라.

자연 속의 백색광은 가시광선 영역의 모든 진동수의 빛들이 혼합된 것이다. 프리즘의 앞면에서 각 진동수의 빛들은 각각의 진동수에서의 프리즘의 굴절률에 의해 결정되는 각도로 굴절한다. 진동수가 증가하면 굴절률이 커지므로, 굴절률은 빨강에서 최소이며 차츰 커져 보라에서 최대가 된다. 결과적으로, 보라는 가장 많이 꺾이고 빨강은 가장 적게 꺾인다. 빛이 프리즘을 나갈 때 다시 한번 굴절이 일어난다. 프리즘의 모양 때문에, 뒷면에서 서로 다른 빛깔들이 더욱 잘 갈라지게 된다.

응용 : 무지개

무지개는 물방울 속에서의 빛의 분산 때문에 일어난다. 빗방울에 들어온 태양광선은 여러 빛깔의 스펙트럼으로 갈라진다. 각각의 공기와 물의 경계면에서는 반사와 굴절이 함께 일어날 것이다. 1차 무지개(가장 밝고 때로는 이것 하나만 보임)를 일으키는 광선들이 빗방울 속으로 들어가 뒷면에서 반사한 후 다시 공기 중으로 투과하여 나온다(그림 23.16a). 프리즘 속에서와 같이 광선이 물방울로 들어갈 때(공기–물)와 다시 나올 때(물–공기) 굴절이 일어난다. 굴절률은 진동수에 따라 달라지기 때문에, 태양 빛은 여러 색깔로 분리된다. 여름 소나기처럼 비교적 큰 물방울에서 나오는 빛의 빨강과 보라 사이의 분리각은 약 2°이다(그림 23.16b).

태양으로부터 멀리 떨어진 곳에서 하늘을 바라보는 사람은 하늘의 높은 곳에 있는 물방울로부터 오는 빨간빛과 낮은 곳에서부터 오는 보랏빛을 본다(그림 23.16c). 무지개는 빨간빛은 42°, 보랏빛은 40°를 이루는 원호이고 다른 색깔들은 그 사이에 있다.

조건이 좋으면 2중 무지개를 볼 수 있다. 2차 무지개는 반지름은 더 크지만 더 엷게 보이며, 색 배열이 반대로 되어 있다(그림 23.16d). 2차 무지개는 물방울 밖으로 나오기 전에 두 번의 반사를 거친 광선들에 의하여 생긴다. 2차 무지개가 보이는 각은 빨간빛이 50.5°, 보랏빛은 54°이다.

23.4 내부 전반사 Total Internal Reflection

스넬의 법칙에 따르면, 광속이 느린 매질에서 빠른 매질로(굴절률이 큰 매질에서 작은 매질로) 광선이 투과하여 들어가면 굴절광선은 법선에서 먼 쪽으로 꺾인다(그림 23.17, 광선 b). 곧 굴절각이 입사각보다 크다. 입사각이 증가함에 따라, 굴절각은 마침내 90°에 이른다(그림 23.17, 광선 c). 굴절각이 90°가 되면, 굴절광선은 표면에 나란하게 된다. 이때 굴절광선은 빠른 매질로 들어가지 못하고 표면을 따라 진행하며 에너지를 전달하지 못한다. 굴절각이 90°일 때의 입사각을 두 매질 사이의 경계면에 대한 **임계각**critical angle θ_c라고 부른다. 스넬의 법칙으로부터

$$n_i \sin_c = n_t \sin 90° \tag{23-6}$$

임계각

$$\theta_c = \sin^{-1}\frac{n_t}{n_i} \tag{23-7}$$

이다. 여기서 첨자 i와 t는 각각 입사광선과 투과광선이 진행하는 매질을 나타낸다. 입사광선이 더 느린 매질에 있다고 생각하였으므로, $n_i > n_t$이다.

입사각이 θ_c보다 크면, 굴절광선은 90° 이상 법선에서 멀어져 꺾일 수 없고, 이 경우에는 굴절이 아니라 반사가 일어나며 다른 법칙이 반사각을 결정한다. 수학적으로 사인의 값은 1(= sin90°)보다 클 수 없으므로 $n_i \sin\theta_i > n_t$(곧 $\theta_i > \theta_c$)이면, 스넬의 법칙을 만족할 수 없다. 만일 입사각이 θ_c보다 크면, 투과광선이 생길 수 없다. 만일 빠른 매질로 투과하는 광선이 없다면, 모든 광선은 경계면에서 반사되어야만 한다(그림 23.17, 광선 d). 이것을 **내부 전반사**total internal reflection라고 부른다.

내부 전반사

$$\theta_i \ge \theta_c \text{ 이면, 투과광선이 없다.} \tag{23-8}$$

내부 전반사가 일어나면 반사광선의 세기는 최대가 되는데, 그 이유는 경계를 통과하여 투과되는 에너지가 없기 때문이다.

전반사는 빠른 매질 속의 광선이 느린 매질과의 경계면에 입사할 때는 일어나지 않는다. 이 경우에 굴절광선은 법선 쪽으로 꺾이고, 따라서 굴절각은 언제나 입사각보다 작다. 가능한 입사각 중 가장 큰 90°에서도 굴절각은 90°보다 작다. 내부 전반사는 입사광선이 상대적으로 느린 매질 속에 있을 경우에만 일어날 수 있다.

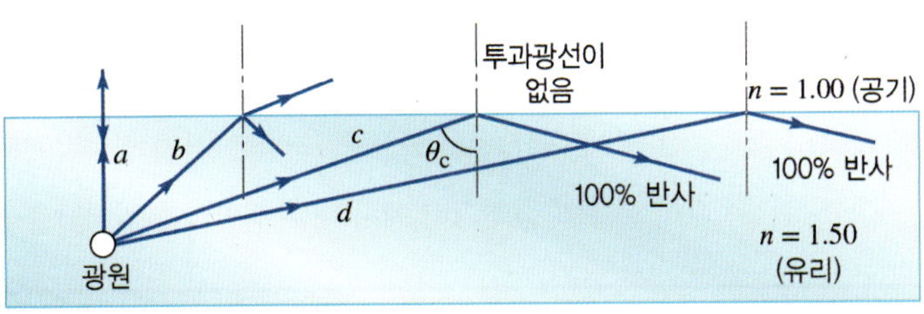

그림 23.17 직육면체 유리 토막 윗면에서의 부분 반사와 내부 전반사. 광선 a와 b의 입사각은 임계각보다 작고, 광선 c는 임계각 θ_c로, 광선 d는 임계각 θ_c보다 큰 각으로 입사한다(명료함을 위해서 각도를 과장해서 그렸다).

보기 23.3 삼각 유리 프리즘 안에서의 내부 전반사

공기 중에 있는 삼각 유리 프리즘에 광선이 들어온다. 프리즘의 뒷면(빗면)에서 광선이 내부 전반사가 일어나도록 하려면, 법선 아래의 가장 큰 입사각 θ_i(그림 23.18)는 얼마인가? 프리즘의 굴절률은 $n = 1.50$이다.

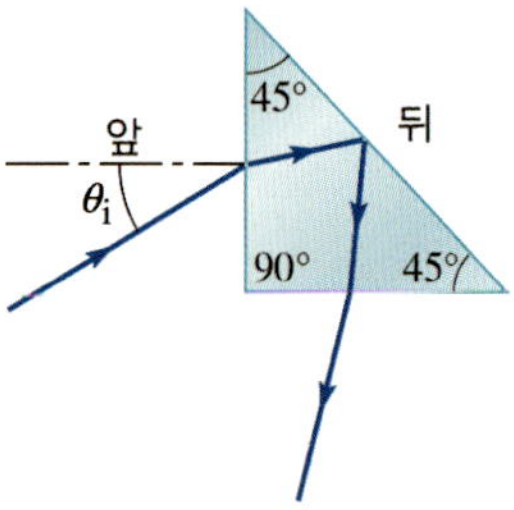

그림 23.18 보기 23.3

전략 이 문제에서는 푸는 차례를 거꾸로 하면 쉽다. 내부 전반사는 프리즘 뒷면에서의 입사각이 임계각보다 크거나 같을 때 일어난다. 먼저 임계각을 구하고, 다시 되돌아와 기하학과 스넬의 법칙을 이용하여 프리즘 앞면에 대응하는 입사각을 구한다.

풀이 스넬의 법칙으로부터 임계각을 구하기 위하여, 굴절각을 90°로 놓는다.

$$n_i \sin\theta_c = n_a \sin 90°$$

입사광선은 안쪽의 매질(유리) 속에 있다. 그러므로 $n_i = 1.50$, $n_a = 1.00$이다.

$$\sin\theta_c = \frac{n_a}{n_i}\sin 90° = \frac{1.00}{1.50}\times 1.00 = 0.667$$

$$\theta_c = \sin^{-1} 0.667 = 41.8°$$

그림 23.19에는 확대된 광선 도표를 그리고, 프리즘 뒷면에서의 입사각을 θ_c로 나타냈다. 앞면에서의 입사각과 굴절각은 각각 θ_i와 θ_t로 나타냈고, 이것들은 스넬의 법칙을 따른다.

$$1.00 \sin\theta_i = 1.50 \sin\theta_t$$

이제 남은 것은 θ_t와 θ_c의 관계를 구하는 것이다. 두 번

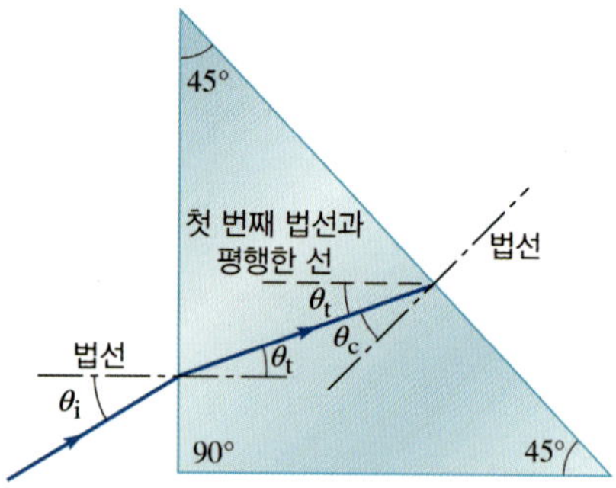

그림 23.19 세 각도 θ_i, θ_t, θ_c를 보여주는 광선 도표

째 경계면에 첫 번째 경계면의 법선과 나란한 선을 그려 넣으면, 엇각을 θ_t로 나타낼 수 있다(그림 23.19). 두 개의 법선 사이의 각은 45.0°이다. 따라서

$$\theta_t = 45.0° - \theta_c = 45.0° - 41.8° = 3.2°$$

이다. 그러므로

$$\sin\theta_i = 1.50 \sin\theta_t = 1.50 \times 0.05582 = 0.0837$$

$$\theta_i = \sin^{-1} 0.0837 = 4.8°$$

이다.

검토 법선 아래 0°에서 4.8° 범위로 입사하는 광선은 뒷면에서 내부 전반사가 일어난다. 만일 광선이 4.8°보다 큰 각도로 입사한다면, 뒷면에서의 입사각이 임계각보다 작게 되고 광선은 공기로 투과된다. 개념형 실전문제 23.3에서는 법선 위로 입사하는 광선에 대하여 고려한다. 만일 우리가 두 개의 굴절률을 서로 혼동하였다면, 1.5의 역사인inverse sine 값을 구하려고 하였을 것이고, 그것이 실수를 했다는 단서가 될 것이다.

개념형 실전문제 23.3 **법선 위로부터 입사한 광선**

법선의 위쪽으로부터 프리즘(그림 23.18)으로 입사하는 빛에 대한 광선 도표를 그려라. 어떤 입사각에서도 광선은 프리즘의 뒷면에서 내부 전반사가 일어남을 보여라.

응용 : 잠망경, 사진기, 쌍안경, 다이아몬드에서의 내부 전반사

잠망경, 일안 반사식(SLR single-lens reflex) 사진기, 쌍안경, 망원경과 같은 광학기기들은 광선을 반사시키기 위해 주로 프리즘을 사용한다. 그림 23.20a는 간단한 잠망경을 보여 준다. 빛은 두 개의 프리즘에서 각각 90°로 반사되어 나가며 알짜 효과는 광선의 위치 변화이다. 비슷한 구조가 쌍안경에서 사용된다(그림 23.20b). 일안 반사식 사진기에서는 두 개의 프리즘 중 한 개가 **가동 거울** movable mirror로 대치된다. 거울이 제자리에 있을 때에는, 사진기의 렌즈를 통하여 들어온 빛은 위로 향해져 뷰파인더로 들어가서 필름에 나타나는 것과 똑같은 상을 볼 수 있다. 셔터를 누르면, 거울이 제자리에서 비켜나게 되어 빛이 상 센서 image sensor로 들어가게 된다. 쌍안경과 망원경에서의 **직립 프리즘**은 상하가 바뀐 상을 제대로 보이게 하는 데에 흔히 쓰인다.

이러한 용도로 거울 대신 프리즘을 사용하면 100%의 빛이 반사된다는 이점이 있다. 일반적인 거울은 단지 90% 정도의 빛만을 반사할 뿐이다. 반사파를 만들어내는 진동전자들이 금속 안에서 움직일 때 약간의 전기저항이 있고 이 때문에 에너지가 손실됨을 기억하여라.

다이아몬드의 눈부신 광채는 내부 전반사 때문이다. 다이아몬드의 절단면들은 앞면으로 들어온 대부분 빛이 그 내부에서 여러 번 전반사한 후 관찰자를 향하여 다시 나오도록 되어있다. 잘못 절단된 다이아몬드는 관찰자 쪽으로 나오기 전에 너무 많은 빛이 빠져나가게 만든다(그림 23.21).

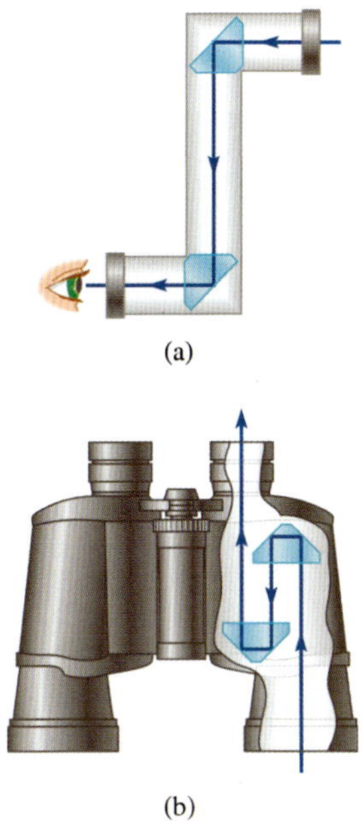

그림 23.20 (a) 잠망경은 두 개의 반사 프리즘을 사용하여 광선의 위치를 변화시킨다. (b) 쌍안경에서 빛은 두 개의 프리즘에서 각각 두 번의 내부 전반사를 한다.

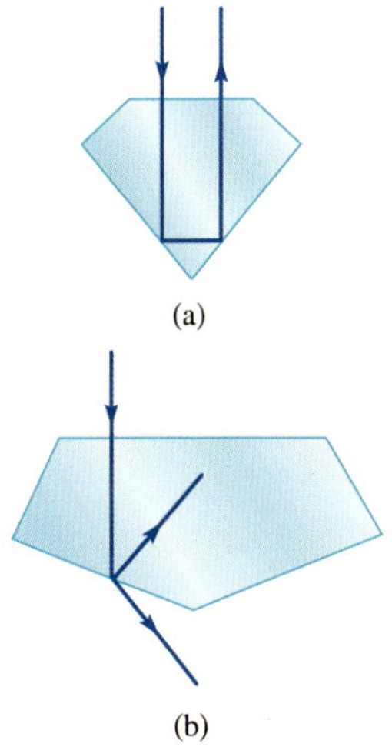

그림 23.21 (a) 이 광선은 다이아몬드의 앞면으로 다시 나오기 전에 두 번의 내부 전반사를 거친다. (b) 잘못 절단된 다이아몬드에서는 똑같은 광선이 아랫면의 임계각보다 작은 각도로 입사한다. 그래서 이 광선은 대부분 다이아몬드의 아랫면을 투과하여 나간다.

응용 : 섬유광학

내부 전반사는 통신과 의학 분야의 혁명을 일으킨 기술인 섬유광학의 원리이다. 광섬유의 중심부에는 유리 또는 플라스틱 재질로 된 비교적 높은 굴절률의 투명한 원주형 **심** core이 있다(그림 23.22). 심의 지름은 사람의 머리카락보다도 가는 수 μm인 것도 있다. 심을 둘러싸고 있는 것을 **피복** cladding이라고 하는데, 이것 역시 투명하지만 심보다 굴절률이 작다. 심과 피복 사이의 굴절률 차이는 될 수 있으면 크게 만드는데, 그 이유는 심-피복 경계면에서 임계각을 가능한 한 작게 하기 위해서이다.

광신호는 심의 축과 거의 나란하게 진행한다. 광선들을 광섬유에 완전히 나란하게 입사시키는 것은 불가능하므로, 광선들은 결국 피복에 큰 입사각으로 입사하게 된다. 입사각이 임계각보다 클 때는 언제나 광선은 전반사되어 심으로 되돌아오며, 피복으로 빠져나가는 빛은 없다. 광선은 일반적으로 광섬유 1 m당 피복에서 수천 번 반사되지만, 그 광선은 매번 전반사되기 때문에 눈에 띄는 신호감쇠가 일어나기 전까지 어떤 경우는 수 km 되는 먼 거리를 진행할 수 있다.

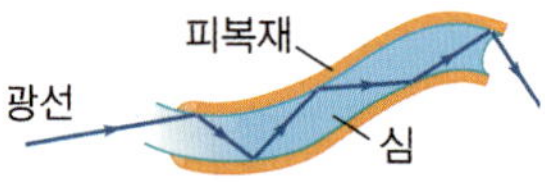

(a)

(b)

그림 23.22 (a) 광섬유, (b) 광섬유 다발

광섬유는 잘 휘기 때문에 필요한 만큼 구부릴 수 있다. 임계각이 작으면 작을수록 광섬유를 더 많이 구부릴 수 있다. 만일 광섬유가 꼬이면(너무 많이 구부러지면) 광선은 경계면에 임계각보다 작은 각으로 입사하게 되고 빛이 피복으로 빠져나가 엄청난 신호 손실이 일어난다.

광섬유는 구리선과 비교해서 정보전송 능력이 훨씬 우수하다. 한 가닥의 광섬유는 꼬여진 두 개의 구리선에 비해 수천 배나 더 큰 대역폭을 가지고 있다. 또 구리선에서 전기신호는 그 세기가 훨씬 급격하게 줄어들며(부분적으로는 전선의 전기저항에 기인한다), 전기적 간섭을 받기 쉽다. 광섬유에서의 신호는 따로 신호를 증폭하는 설비 없이도 100 km 이상 진행할 수 있다.

응용 : 내시경 의학에서는 광섬유 다발이 내시경의 핵심을 이루고 있는데(그림 23.23), 이것을 코, 입, 직장 또는 작은 절개부를 통하여 몸 안에 넣는다. 광섬유의 한 다발은 체강이나 기관에 빛을 전송하여 그것을 비추고, 다른 다발은 상을 의사에게 전송하여 볼 수 있게 한다.

내시경의 용도는 진단에만 국한되지 않는다. 내시경에 여러 기기를 부착하여 의사가 조직 샘플을 채취하거나, 수술을 하거나, 혈관을 태워 없애거나, 부스러기를 흡입할 수도 있다. 외과에서는 내시경을 사용함으로써 전통적인 방법보다 더 작은 부위를 절개할 수 있게 되었고, 그 결과 회복이 훨씬 빨라졌다. 입원이 필요했던 쓸개 수술도 이제는 대부분 외래 진료로도 가능하다.

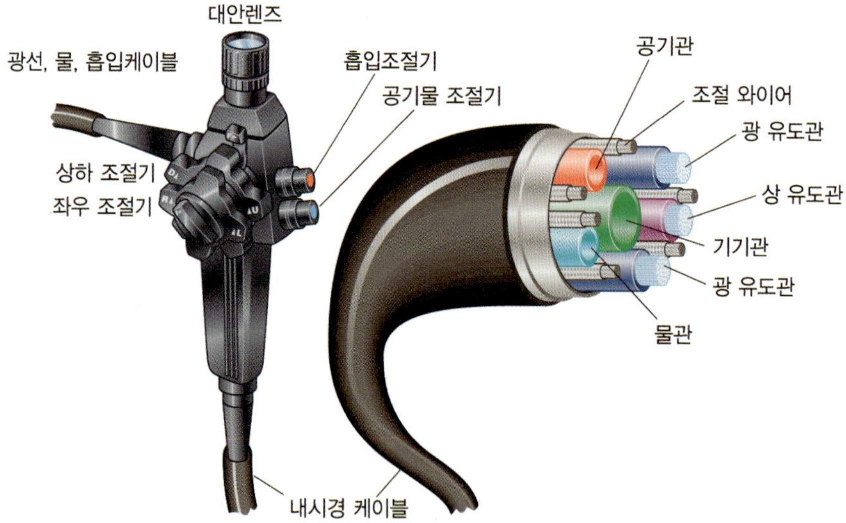

그림 23.23 내시경

벨의 광전화기

섬유광학이 발명되기 거의 한 세기 전에, 벨의 광전화기는 전화 신호를 전송하기 위하여 빛을 사용하였다. 광전화기는 목소리를 거울로 보내면 거울이 이에 반응하여 진동하도록 되어 있다. 이 거울에서 반사되어 집중된 태양광선은 진동을 감지하였다. 다른 거울들은 받는 쪽에서 다시 소리로 변환하기까지 필요한 신호를 반사하는 데 사용되었다. 빛은 거울들 사이의 공기 속을 직선 경로로 진행하게 되어 있었다.

벨의 광전화는 간헐적으로만 동작하였다. 구름 낀 날씨를 포함하여 여러 환경요인이 전송신호와 간섭을 일으켰다. 또한 광선이 퍼져 나가는 것을 막을 수 있는 장치가 전혀 없었기 때문에 짧은 거리에서만 동작하였다. 1970년대 섬유광학이 발명되어서야 광신호는 상당한 손실이나 간섭 없이 먼 거리를 안정적으로 진행할 수 있게 되었다.

23.5 반사에 의한 편광 Polarization by Reflection

22.7절에서, 편광되지 않은 빛이 반사하면 일부 또는 전부가 편광된다는 것을 언급한 바 있다(그림 22.27 참고). 이 특정 입사각에서 반사한 빛은 입사면에 수직하게 전부 편광된다. 이 입사각을 스코틀랜드 물리학자 브루스터Davide Brewster, 1781~1868의 이름을 따라서 **브루스터각**Brewster's angle θ_B라 한다.

반사광선과 투과광선이 서로 수직일 때 반사광선은 완전히 편광된다(그림 23.24). 만일 $\theta_B + \theta_t = 90°$이면, 이 광선들은 서로 수직이다. 두 각은 서로 보각이기 때문에,

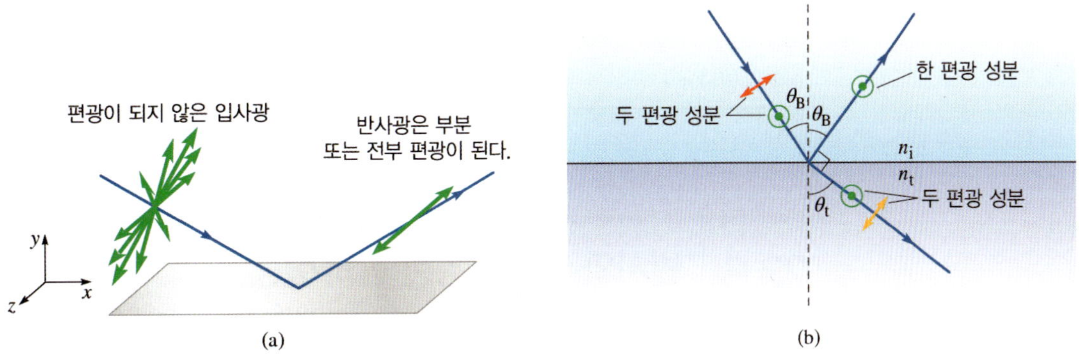

그림 23.24 (a) 편광되지 않은 빛이 반사하면 부분적으로 편광되거나 전부 편광이 된다. 반사된 빛의 더 세게 편광된 성분은 입사면에 수직이다. (b) 입사면의 광선 도표. 편광 방향은 서로 구분하기 위해서 다른 색으로 표시하였다. 이 색들은 입사한 빛의 색과는 관련이 없다. 빛이 브루스터각으로 들어오면, 입사광선과 투과광선은 서로 수직이고 반사광선은 전부 편광이 된다. 편광되지 않은 입사광은 초록색과 노란색으로 나타낸 서로 수직한 편광 성분이 혼합되어 있다. 입사면의 편광 성분(노란색)은 입사광(빨간색)에서의 방향과 같지 않다는 점에 주의하여라. 빛이 횡파이므로 편광 성분은 광선에 수직이다. 브루스터각으로 입사한 빛에서는 반사광이 투과광선의 노란색 편광의 방향과 같다.

$\sin\theta_t = \cos\theta_B$이다(그림 A.10을 보라). 따라서

$$n_i \sin\theta_B = n_t \sin\theta_t = n_t \cos\theta_B \tag{23-9}$$

$$\frac{\sin\theta_B}{\cos\theta_B} = \frac{n_t}{n_i} = \tan\theta_B \tag{23-10}$$

브루스터각

$$\theta_B = \tan^{-1}\frac{n_t}{n_i} \tag{23-11}$$

이다. 브루스터각의 값은 두 매질의 굴절률에 관계된다. 내부 전반사가 일어나는 임계각과 달리, 어느 매질의 굴절률이 더 큰지에 상관없이 브루스터각은 존재한다.

반사광선과 굴절광선이 서로 수직일 때 왜 반사광선은 전부 편광이 되는가? 그림 23.24b에서 입사광, 투과광선과 반사광을 서로 구별하기 위해서 다른 색으로 나타내었다(이 색들은 빛의 색과는 관련이 없다). 제2매질의 표면에서 함께 진동하는 전하들은 반사광과 투과광선을 모두 방출한다. 진동은 초록색과 노란색으로 표시한 방향을 따라서 일어난다. 쌍극자는 진동 축에 수직한 방향으로 빛을 복사하므로 반사광의 초록색 성분이 강하다. 쌍극자 복사는 진동 축에 거의 평행한 방향으로는 약하므로, 그 방향으로는 빛의 복사가 없다. 그리하여 반사광과 투과광선이 수직이면 쌍극자의 노란색 진동은 반사광선의 방향으로는 복사하지 않는다. 다른 입사각에서 반사광선은 노란색 진동에 평행하지 않으므로 반사광은 입사면에 약한 편광 성분을 가지고 빛은 부분적으로 편광이 된다.

살펴보기 23.5 편광 선글라스는 수평 표면으로부터 반사된 빛에 의한 눈부심을 차단하는 데 유용하다. 편광 선글라스의 투과축은 어느 방향으로 향해야 하는가? 수직인가, 수평인가? 이를 설명하여라.

23.6 반사와 굴절을 통한 상의 형성
The Formation of Images Through Reflection or Refraction

거울을 보면 자기 자신의 상을 볼 수 있다. **상**이란 무엇인가? 상은 자신의 쌍둥이가 거울 뒤에 있는 것처럼 보이는 것이다. 만일 자신의 진짜 쌍둥이를 본다면 그 쌍둥이의 각 점은

다른 여러 곳으로 빛을 반사할 것이고, 그중에서 일부가 눈으로 들어온다. 본질적으로 눈이 하는 일은 그 광선을 역추적하여 그것들이 어디서 나오는지를 알아내는 것이다. 같은 방법으로 뇌는 거울에서 반사하여 오는 빛을 해석한다. 곧 (거울의 상이 될) 여러분의 한 점에서 나온 모든 광선은 마치 거울 뒤의 한 점에서 나온 것처럼 거울에서 반사된다.

이상적으로는 상의 형성에서 물체의 점들과 상의 점들 사이에는 일대일 대응 관계가 있다. 만일 물체의 한 점에서 나온 광선들이 다른 여러 점에서 나온 것처럼 보인다면, 다른 점들에서 나온 빛과 겹쳐져 흐리게 보일 것이다(실제 렌즈나 거울은 이상적인 기능에서 약간 벗어나 어느 정도 상의 흐릿함을 일으킨다).

실상과 허상

상에는 두 종류가 있다. 평면거울에서는 광선들이 거울 뒤의 한 점에서 나오는 것처럼 보이지만, 실제로 거울 뒤에는 어떤 광선도 없다. **허상**virtual image에서는, 실제로 물체의 한 점에서 나온 것은 아니지만 광선들이 발산되어 나오는 것처럼 보이는 가상의 점까지 광선들을 추적한다. **실상**real image에서는 광선들이 실제로 상점image point을 지나서 온다. 사진기의 렌즈는 물체의 실상을 만들어 상 센서image sensor에 찍히도록 한다. 상 센서에 상이 노출되기 위해서는, 실제로 빛이 그곳에 있어야 한다. 물체의 한 점에서 나온 광선들은 모두 상 센서의 똑같은 점에 도달해야 하며, 그렇지 않으면 사진이 흐릿하게 나온다. 만일 광선들을 차단하기 위한 센서와 사진기의 뒷면이 그 자리에 없다면 광선들은 그 상점에서 퍼져 나갈 것이다(그림 23.25). 상이 감지기, 관찰 스크린, 눈의 망막에 투영되려면 그것은 실상이어야 한다.

실상을 보는 유일한 방법은 그것을 스크린에 투영하는 것이다. 실상도 렌즈나 거울을 통해 직접(허상을 보듯이) 관찰할 수 있다. 그러나 실상을 보기 위해서는, 물체의 한 점에서 나온 광선들이 모두 상의 한 점에서 발산하도록 관찰자는 상의 뒤에 있어야 한다. 그림 23.25에서 상 센서가 없어진다면, 상의 뒤(곧 센서가 있는 곳의 오른쪽)에 있는 점들에서 렌즈를 들여다봄으로써 상을 관찰할 수 있다.

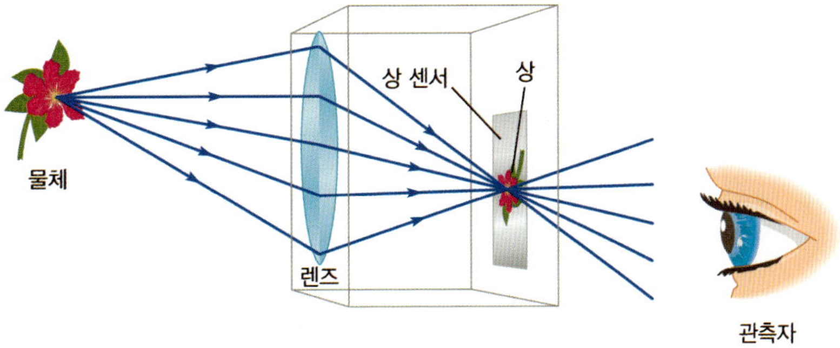

그림 23.25 사진기 렌즈에 의한 실상의 형성. 만일 상 센서나 사진기의 뒷면이 없다면, 광선들은 상점으로부터 계속해서 퍼져 나갈 것이고 관찰자는 상을 바로 관찰할 수 있을 것이다.

광선 도표를 이용하여 상을 찾는 방법

- 물체의 한 점에서 나오는 두 (또는 그 이상) 광선을 상을 만드는 곳(보통 렌즈나 거울)쪽으로 그린다. 모든 광선이 똑같은 상점으로 모이기 때문에 두 개의 광선만 그리면 된다.
- 필요하다면, 반사와 굴절의 법칙을 적용해서 광선이 관찰자에 도달할 때까지 광선들을 추적한다.
- 진행하는 광선들이 교차하면 교차점이 실상이 위치한 곳이다.
- 진행하는 광선들이 교차하지 않는다면 직선들을 뒤쪽으로 연장한다. 연장선들이 교차하는 곳이 허상이 위치한 곳이다.
- 큰 물체의 상을 구하려면 물체의 두 개 이상의 점들에 대한 상을 찾는다.

보기 23.4 먹이를 찾는 물총새

작은 물고기 하나가 잔잔한 연못의 수면 아래 깊이 d인 곳에 있다. 물속으로 다이빙하여 물고기를 잡으려는 물총새에게 보이는 물고기의 겉보기 깊이는 얼마이겠는가? 물총새는 물고기의 바로 위에 있고, 물의 굴절률은 $n = \frac{4}{3}$이라고 가정한다.

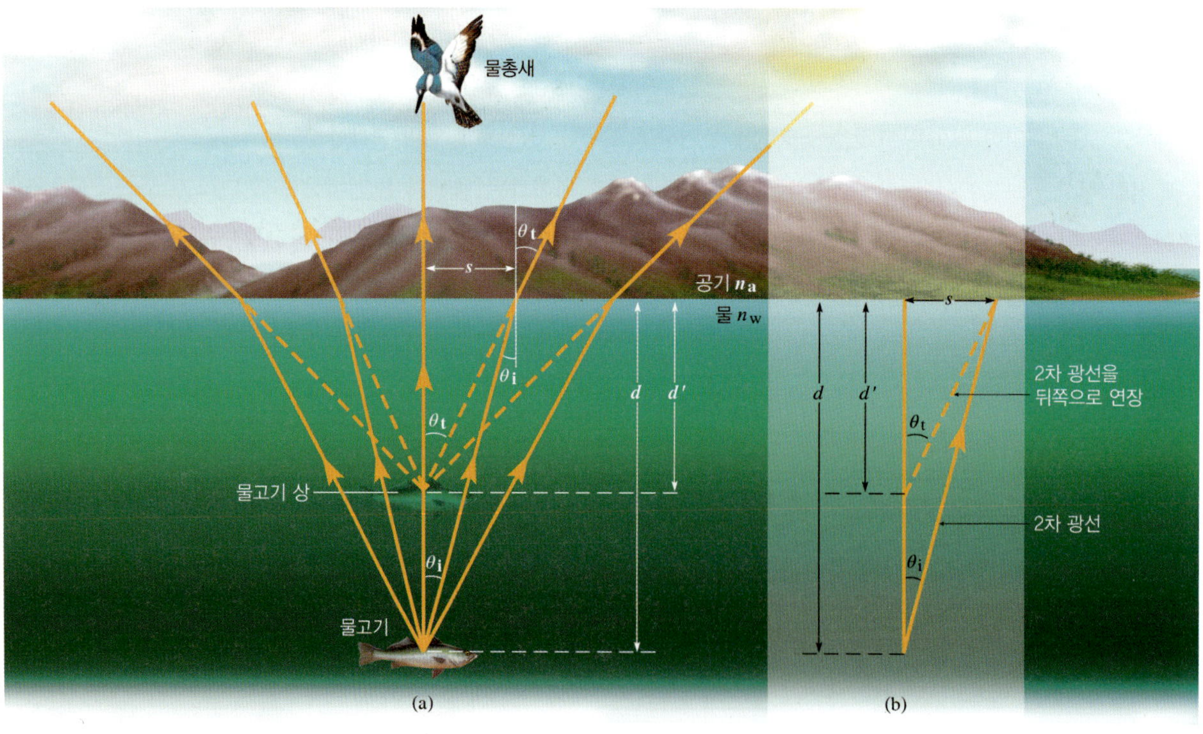

그림 23.26 (a) 물고기 상의 형성. (b) 변 s를 공유하는 두 개의 직각삼각형을 이용하여 상의 깊이 d'을 d를 이용해서 나타낼 수 있다.

전략 겉보기 깊이란 물고기 상의 깊이이다. 물고기에서 나오는 광선들은 표면에서 굴절하여 공기 중으로 진행한다. 먼저 물고기의 한 점을 골라 그 점으로부터 공기로 나가는 광선의 경로를 그린다. 그 다음에는 굴절광선을 직선을 따라 뒤로 연장하여 상점에서 만날 때까지 추적한다. 바로 위에 있는 물총새는 똑바로 위로 올라오는($\theta_i = 0$) 광선뿐만 아니라, 작지만 0이 아닌 각으로 입사하는 광선들도 본다. 이와 같은 각에 대해서 작은 각도 근사법을 쓸 수 있다. 그러나 광선 도표에서는 구별을 위하여 입사각을 과장시켜 그린다.

풀이 그림 23.26a는 수면 아래 깊이 d에 있는 물고기를 나타낸 그림이다. 물고기의 한 점에서 광선들이 퍼져나와 수면을 향한다. 광선들은 수면에서 공기의 굴절률이 더 작기 때문에 법선으로부터 먼 쪽으로 꺾인다. 굴절광선들을 뒤쪽(점선) 직선상으로 추적하여, 그것들이 만나는 점을 찾으면 그 점이 바로 상점이다. 이 상의 깊이를 d'이라고 나타내자. 광선 도표에서 $d' < d$임을 알 수 있다. 곧 겉보기 깊이는 실제 깊이보다 더 얕다.

상의 위치를 찾는 데에는 두 광선만이 필요하다. 계산을 간단히 하기 위해 두 광선 중 하나는 표면의 법선 방향으로 택할 수 있다. 다른 하나의 광선은 수면에 θ_i의 각으로 입사한다. 이 광선은 θ_t의 각으로 수면을 떠나간다. 여기에서

$$n_w \sin\theta_i = n_a \sin\theta_t \qquad (1)$$

이다. d'을 구하기 위하여, 같은 변 s를 공유하는 두 개의 직각삼각형(그림 23.26b)을 이용한다. 여기서 s는 선택된 두 광선이 수면과 만나는 점 사이의 거리이다. 각 θ_i와 θ_t는 표면에서의 각과 엇각을 이루기 때문에 구할 수 있다. 이 삼각형들로부터 다음을 알 수 있다.

$$\tan\theta_i = \frac{s}{d}, \quad \tan\theta_t = \frac{s}{d'}$$

작은 각에서는 $\tan\theta \approx \sin\theta$로 놓을 수 있어서(부록 A.9), 식 (1)은 다음과 같이 된다.

$$n_w \frac{s}{d} = n_a \frac{s}{d'}$$

s를 소거하고, 비 d'/d에 대하여 풀면

$$\frac{\text{겉보기 깊이}}{\text{실제 깊이}} = \frac{d'}{d} = \frac{n_a}{n_w} = \frac{3}{4}$$

그러므로 물고기의 겉보기 깊이는 실제 깊이의 $\frac{3}{4}$이다.

검토 이 결과는 입사각이 작은 경우, 곧 관찰자가 물고기의 바로 위에 있을 때만 들어맞는다. 겉보기 깊이는 물고기를 보는 각도에 따라 다르다.

실전문제 23.4 **포식자 피하기**

물고기가 위에 있는 물총새를 본다고 하자. 만일 물총새가 연못의 수면 위 h인 곳에 있다면, 물고기가 보는 겉보기 높이 h'은 얼마인가?

살펴보기 23.6 그림 23.26에서 물고기의 상은 실상인가? 허상인가? 이를 설명하여라.

23.7 평면거울 Plane Mirrors

반질반질한 금속 면은 빛의 좋은 반사체이다. 보통의 거울은 뒷면이 은으로 도금되어 있다. 곧 반질반질한 금속의 얇은 막이 평평한 유리의 뒷면에 도금되어 있다. 뒷면이 은으로 도금된 거울에서는 실제로는 두 번의 반사가 일어난다. 또한 거의 알아차릴 수 없지만, 유리의 앞면에서 일어나는 약한 반사와 금속에서의 강한 반사가 있다. 앞면이 은으로 도금된 거울은 반사가 한 번만 일어나기 때문에 정밀작업에 사용된다. 그러나 금속코팅에 쉽게 흠집이 생기기 때문에, 일상생활에서 사용하기에는 실용적이지 못하다. 유리면에서의 약한 반사를 무시한다면, 뒷면이 도금된 거울을 앞면이 도금된 거울로 취급할 수 있다.

거울에서 반사되는 빛은 23.2절에서 논의한 반사의 법칙을 따른다. 그림 23.27a에서 관찰자는 평면거울 앞에 위치하는 점광원을 거울을 통하여 들여다보고 있다. 반사된 광선들을 거울을 지나 뒤쪽으로 연장하면 모두 한 점에서 모이는데, 그것이 점광원의 상이다. 두 광선과 약간의 기하학을 사용하면, 다음을 증명할 수 있다(문제 23).

> 평면거울에서 점광원과 그 상은 거울에서 같은 거리(반대 방향)에 있다. 그 둘은 같은 법선 위에 있다.

광선은 거울 뒤의 상에서 나오는 것처럼 보일 뿐이지, 거울을 통과하여 진행하는 광선은 없다. 그러므로 상은 허상이다.

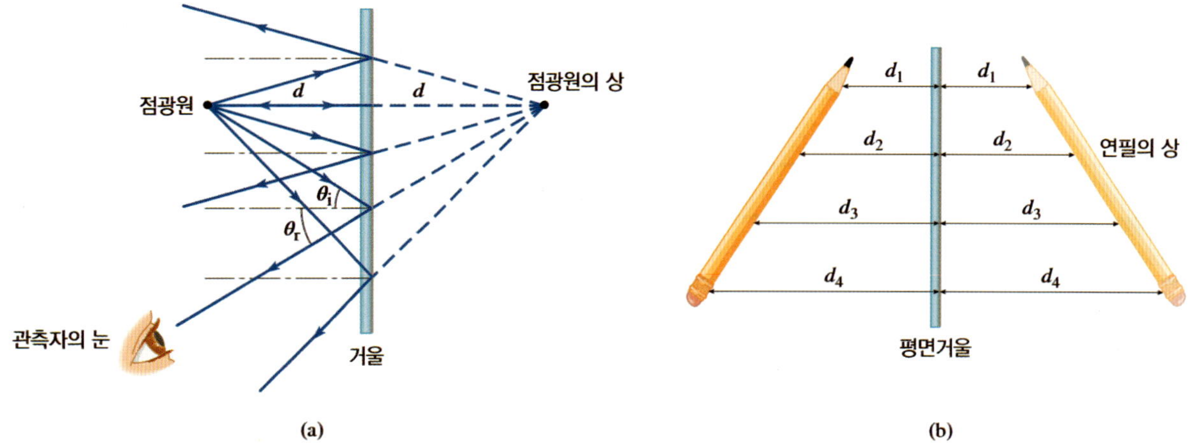

그림 23.27 (a) 평면거울은 점광원의 허상을 만든다. 광원과 상은 거울로부터 같은 거리에 있고, 똑같은 법선 위에 있다. (b) 평면거울을 이용하여 연필의 상 그리기

평면거울 앞에 있는 큰 물체는 점광원들(물체 표면의 점들)의 집합이라고 생각할 수 있다. 그림 23.27b에서, 거울 앞에 연필이 놓여 있다. 상을 그리기 위해서 먼저 연필 위 몇 개의 점에서 거울에 대한 법선을 그리면 각각의 상점은 대응하는 물체점에서 거울까지의 거리만큼 거울 뒤쪽에 위치하게 된다.

개념형 보기 23.5 전신상을 볼 수 있는 거울의 크기

삼촌이 조카를 어깨 위에 태웠다(그림 23.28). 삼촌이 전신상(그의 발끝에서부터 조카의 머리 꼭대기까지)을 볼 수 있는 평면거울의 최소 높이는 얼마인가? 그 최소 길이의 거울을 벽의 어느 위치에 걸어야 하는가?

전략 광선 도표는 기하광학에서 필수적이다. 어느 광선이 풀이에 가장 도움이 되는가를 결정하려면, 광선 도표가 가장 좋은 방법이다. 여기서 삼촌이 특별한 두 점의 상, 곧 그의 발끝과 조카의 머리 꼭대기를 볼 수 있는지를 확인해야 한다. 만일 삼촌이 이 두 점을 볼 수 있다면, 그는 그 사이에 있는 모든 점을 볼 수 있을 것이다. 삼촌이 한 점의 상을 보기 위해서는, 그 점으로부터 나오는 하나의 광선이 거울에서 반사되어 그의 눈으로 들어와야 한다.

풀이 및 검토 삼촌, 조카, 거울을 그린 다음(그림 23.28), 삼촌의 발끝으로부터 나온 광선이 거울에 부딪히고 반사되어 그의 눈으로 들어가는 것을 그려 본다. 선분 DH는 거울면에 수직인 법선이다. 입사각과 반사각은 같으므로, 삼각형 CHD와 EHD는 합동이 되어 $CD = DE = GH$가 된다. 그러므로

$$GH = \frac{1}{2}CE$$

이다. 같은 방법으로, 조카의 머리 꼭대기로부터 나온 광선이 거울에서 반사하여 삼촌의 눈으로 들어오는 것을 그려 봄으로써

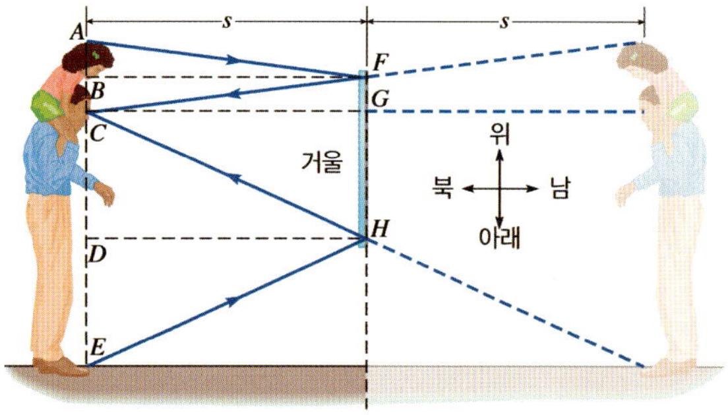

그림 23.28 개념형 보기 23.5

$$FG = \frac{1}{2}AC$$

임을 알 수 있다. 거울의 길이는

$$FH = FQ + GH = \frac{1}{2}(AC + CE) = \frac{1}{2}AE$$

이다. 그러므로 거울의 길이는 삼촌의 발끝부터 조카의 머리까지 거리의 반이 된다.

최소 길이의 거울은 적절하게 걸리기만 하면, 전신상을 볼 수 있다. 거울의 꼭대기(F)는 조카의 머리 꼭대기의 아래로 선분 AB 안에 있어야 한다. 전신상을 보기 위해 전신 크기의 거울이 필요하지는 않다. 마룻바닥까지 닿는 긴 거울이 필요하지는 않고 거울의 밑이 마루와 거울을 보는 사람의 눈 사이의 거리의 반에 있기만 하면 된다. 삼촌과 거울 사이의 거리 s는 결과에 아무런 영향을 주지 않는 것에 주목하여라. 다시 말하면, 거울 가까이 있든지 아니면 더 멀리 있든 간에, 전신상을 보기 위해서 똑같은 길이의 거울이 필요하다.

실전문제 23.5 **두 자매와 하나의 거울**

언니가 구두를 신고 있을 때, 언니의 눈높이는 마루로부터 1.72 m 이고, 머리 꼭대기는 마루로부터 1.84 m 이다. 언니는 자신의 전신상을 간신히 볼 수 있는 0.92 m 길이의 거울을 벽에 걸어 놓았다. 그녀의 여동생은 키가 1.62 m 이고, 그녀의 눈높이는 마루로부터 1.52 m 라고 하자. 만일 동생이 언니의 거울을 움직이지 않고 그대로 사용한다면, 동생은 자신의 전신상을 볼 수 있는가? 광선 작도를 하여 설명해 보아라.

그림 23.29 72°의 각을 이루는 두 장의 거울은 4개의 상을 만든다.

혼자서 해 보기 두 장의 평면거울을 이용하면 여러 개의 상이 만들어지는 것을 손쉽게 볼 수 있다. 책상 위에 두 장의 거울을 90°로 세우고 거울 사이에 글자가 써진 물체를 놓는다. 이때 세 개의 상이 보일 것이다. 바로 뒤로 보이는 상은 두 번 반사(각각의 거울에서 한 번씩 반사)된 광선들에 의한 것이다. 어떤 상에서 글자가 거꾸로 되는가? 더 탐구하려면, 거울 사이의 각을 점점 좁혀 보아라(그림 23.29).

23.8 구면거울 Spherical Mirrors

볼록거울

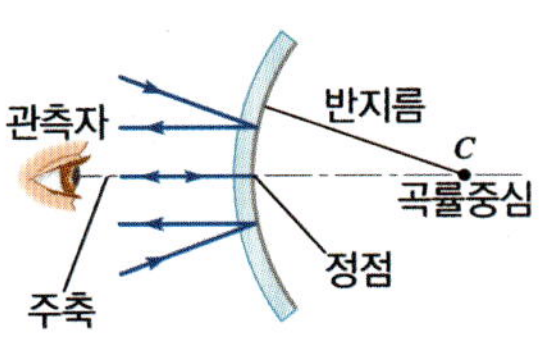

그림 23.30 볼록거울의 곡률중심은 거울 뒤에 있다.

구면거울에서, 반사면은 구면의 일부분이다. **볼록거울**convex mirror은 관찰자에게서 멀어지는 방향으로 굽어져 있고, 그 곡률중심은 거울 뒤에 있다(그림 23.30). 곡률중심에서 거울면의 **정점**vertex을 지나도록 반지름을 연장하여 그린 선이 거울의 **주축**principal axis이다.

그림 23.31a에서, 주축에 나란한 광선이 정점 V에 가까운 거울면 위의 점 A로 들어온다(그림에서는 점 A와 점 V 사이의 거리가 알기 쉽도록 과장되어 있다). 곡률중심으로부터 점 A를 지나는 반지름 선은 거울의 법선이 된다. 입사각은 반사각과 같다. 곧 $\theta_i = \theta_r = \theta$이다.

엇각 관계에 있으므로, 다음을 알 수 있다.

$$\angle ACF = \theta \tag{23-12}$$

두 각이 같으므로, 삼각형 AFC는 이등변삼각형이다(그림 A.6 참조). 따라서

$$\overline{AF} = \overline{FC} \tag{23-13}$$

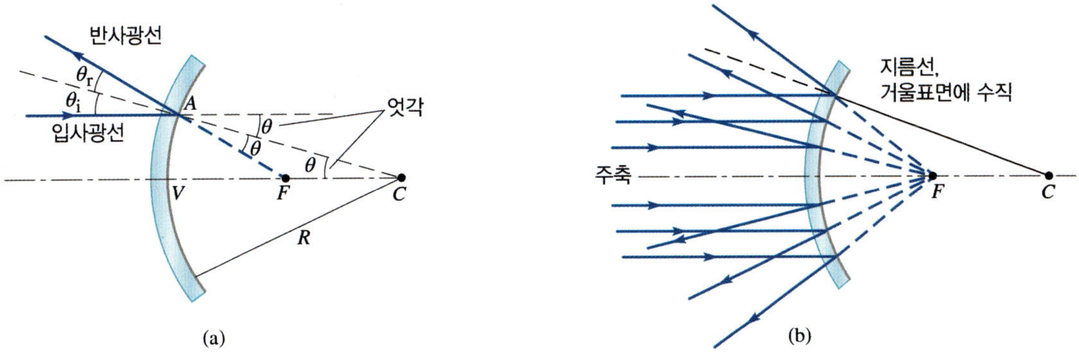

그림 23.31 (a) 볼록거울의 초점(F)의 위치. (b) 볼록거울에서 반사된 평행광선은 초점으로부터 나오는 것처럼 보인다.

이다. 입사광선이 주축에 가까우므로, θ는 작다. 그러므로

$$\overline{AF} + \overline{FC} \approx R, \quad \overline{VF} \approx \overline{AF} \approx \frac{1}{2}R \qquad (23\text{-}14)$$

이다. 여기에서 $\overline{AC} = \overline{VC} = R$은 거울의 곡률 반지름이다($\overline{AF}$는 A에서 F까지 선분의 길이를 나타낸다). 이와 같은 관계식은 θ가 매우 작으면 어떤 각에서도 성립함에 유의하여라. 그러므로 주축에 나란하며 꼭대기에 가깝게 입사하는 모든 광선은 볼록거울에 의해 반사되어 거울의 **초점**focal point F에서 나오는 것처럼 보인다(그림 23.31b). 볼록거울은 평행광선 무리가 발산광선 무리로 반사하기 때문에 **발산거울**diverging mirror이라고도 한다.

볼록거울의 초점

볼록거울의 초점은 거울의 뒤 주축 위 $\frac{1}{2}R$ 되는 곳에 있다.

거울 앞에 있는 물체의 상을 찾기 위하여, 몇 개의 광선을 그려 보자. 그림 23.32는 볼록거울 앞에 있는 물체를 보여준다. 네 광선들이 물체 위에 있는 점으로부터 거울 면까지 그려져 있다. 녹색 광선은 주축에 나란하며, 마치 초점에서 나오는 것처럼 반사된다. 빨간색 광선은 반지름을 따라 곡률중심을 향하는데, 입사각이 0°이기 때문에 입사경로를 따라 바로 다시 반사된다. 세 번째 광선인 파란색 광선은 직접 초점 F를 향한다. 축에 나란한 광선은 F에서 나오는 것처럼 반사하기 때문에, F를 향해 진행하는 광선은 축에 나란하게 반사된다. 그 이유는 반사의 법칙이 가역적이기 때문이다. 곧 광선의 방향을 거꾸로 바꾸어도 반사의 법칙은 성립된다. 네 번째 광선인 갈색 광선은 거울의 정점으로 들어와서 축과 같은 각도로 반사된다(축이 거울에 수직이므로).

이 네 개의 반사광선뿐만 아니라, 그 물체의 꼭대기에서 나온 다른 반사광선들도 거울

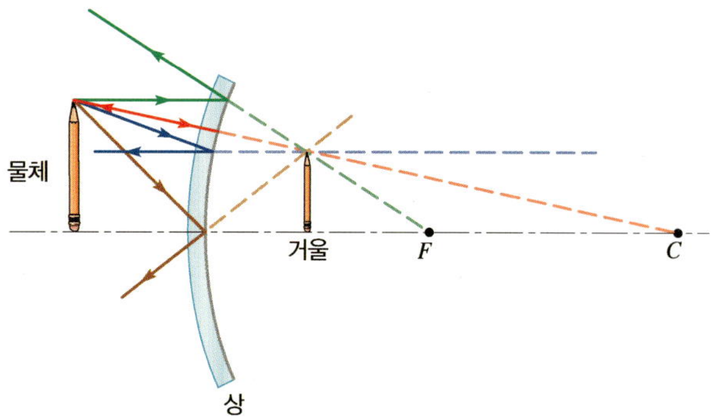

볼록거울에서의 주광선

1. 초록색 광선은 주축에 나란한 광선이며, 이 광선은 초점에서 나오는 것처럼 반사된다.
2. 빨간색 광선은 반지름을 따라 진행하는 광선이며, 입사 경로를 따라 다시 반사된다.
3. 파란색 광선은 초점으로 진행하는 광선이며, 축에 나란하게 반사된다.
4. 갈색 광선은 거울의 정점으로 입사하여 축과 같은 각도로 반사된다.

그림 23.32 볼록거울에 의하여 만들어지는 상의 위치를 찾기 위하여 주광선들을 이용한다. 그 주광선은 구별하기 위하여 다른 색으로 나타냈다. 물체의 색이 무엇이든 각 광선의 실제 색은 같다.

뒤로 연장했을 때 한 점에서 서로 만난다. 그것이 상의 꼭대기의 위치이다. 상의 밑바닥 위치는 주축 위에 있게 되는데, 그것은 물체의 밑바닥이 바로 주축 위에 있기 때문이다. 곧 주축을 따라 들어오는 광선은 반지름 방향의 광선이기 때문에, 거울의 표면에서 들어왔던 경로로 반사된다. 광선 도표를 통하여 일반적으로 상은 정립이고, 허상이며, 물체보다 작고, 물체보다 거울에 가깝다는 결론을 내릴 수 있다. 상이 초점에 있지 않음을 유의하여라. 다시 말해, 물체의 한 점에서 나온 광선들은 주축에 나란하지 않다. 만일 물체가 거울에서 멀다면, 어떤 점에서 나오는 광선들도 서로 거의 나란할 것이다. 주축 위 한 점으로부터 나온 광선들은 초점으로 모인다. 곧 주축에 있지 않은 점에서 나온 광선들은 **초점면**focal plane(초점을 지나며 주축에 수직인 평면) 위의 한 점에서 만날 것이다.

그림 23.33 볼록거울은 평면거울보다 더 넓은 영역을 볼 수 있다.

앞에서 언급한 네 개의 광선을 **주광선**principal rays이라고 부르는데, 이것들을 선택한 이유는 다른 광선들보다 그리기 쉽기 때문이다. 주광선들은 그리기 쉽지만, 상을 만드는 다른 광선들보다 더 중요한 것은 아니다. 상의 위치를 찾기 위해서는 이 중 두 개만 그리면 되지만, 확실히 하기 위하여 세 번째의 것을 그려 보는 것도 바람직하다.

볼록거울로는 같은 크기의 평면거울보다 더 큰 영역을 볼 수 있다(그림 23.33). 볼록거울의 외측 곡률 때문에 관찰자는 더 큰 각도로 들어오는 광선을 볼 수 있다. 볼록거울은 상점에서 점원이 좀도둑을 감시하는 용도로 가끔 사용된다. 자동차에 있는 사이드미러는 대부분 볼록거울로, 운전자가 측면 상황을 더 멀리 볼 수 있게 한다.

오목거울

오목거울은 관찰자 쪽으로 굽어 있다. 곧 그것의 곡률중심은 거울 앞에 있다. 오목거울은 평행광선들을 한 점으로 모으기 때문에 **수렴거울**converging mirror이라고도 부른다(그림 23.34). 입사각이 작다고 가정하면, 거울의 주축에 나란한 광선들은 거울의 정점으로부터 $R/2$되는 곳에 있는 초점 F에 모이는 것을 문제 29에서 증명하여라.

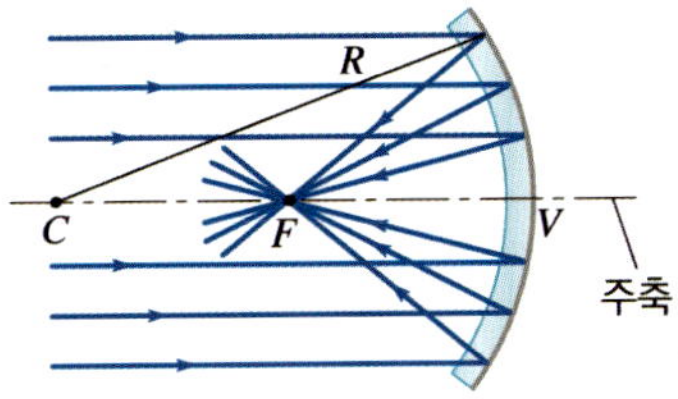

그림 23.34 오목거울의 주축에 나란한 광선들의 반사. 점 C는 거울의 곡률중심이고, F는 초점이다. 볼록거울과는 달리 두 점 모두 거울의 앞에 있다.

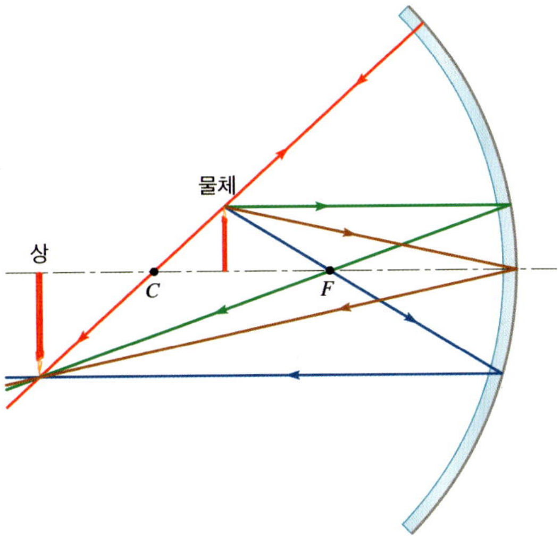

오목거울에서의 주광선

1. 초록색 광선은 주축에 나란한 광선이며, 이 광선은 반사되어 초점을 통과한다.
2. 빨간색 광선은 반지름을 따라 진행하는 광선이며, 입사 경로를 따라 다시 반사된다.
3. 파란색 광선은 초점으로 진행하는 광선이며, 주축에 나란하게 반사된다.
4. 갈색 광선은 거울의 정점으로 입사하여 주축과 같은 각도로 반사된다.

그림 23.35 오목거울의 초점과 곡률중심 사이에 있는 물체는 확대된 도립 실상을 만든다(각도들과 거울의 곡률은 명료성을 위해서 과장되었다).

오목거울의 초점

오목거울의 초점은 주축 위 $\frac{1}{2}R$ 되는 거울 앞쪽에 있다.

오목거울 앞에 놓인 물체의 상의 위치는 두 개 이상의 광선들을 그려서 찾을 수 있다. 볼록거울에서처럼, 가장 그리기 쉬운 광선인 네 개의 주광선들이 이용된다. 이 주광선들은 볼록거울의 주광선과 비슷한데, 다른 점은 초점이 오목거울의 앞에 있다는 것이다.

그림 23.35는 상을 찾기 위한 주광선들의 이용 방법을 보여준다. 이 경우에 물체는 초점과 곡률중심 사이에 있다. 상은 거울의 앞에 있기 때문에 실상이다. 주광선들은 실제로 상점을 지나간다. 물체의 위치에 따라 오목거울은 실상 또는 허상을 만들 수 있고 상은 물체보다 크거나 작을 수 있다.

응용 : 화장용 거울과 자동차용 헤드라이트 면도용이나 화장용으로 설계된 거울들은 확대된 상(그림 23.36a)을 만들기 위하여 오목한 경우가 많다. 치과의사들이 오목거울을 사용하는 것도 같은 이유이다. 물체가 오목거울의 초점 안에 있으면, 상은 확대된 정립 허상이 된다(그림 23.36b).

(a)

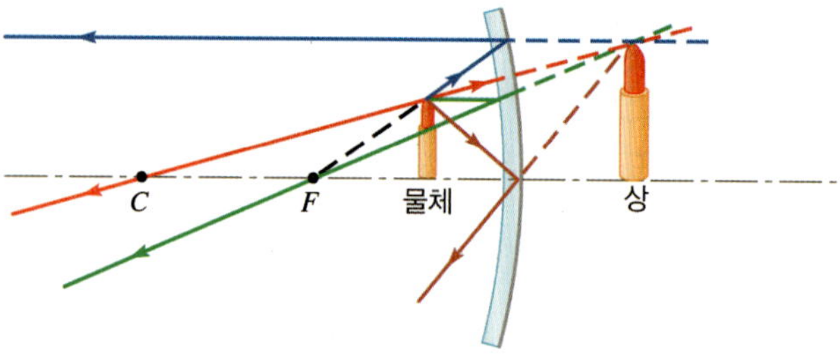

(b)

그림 23.36 (a) 상이 확대되기 때문에 화장이 쉬워진다. (b) 물체가 오목거울의 초점 안에 있을 때의 상 맺힘

자동차의 헤드라이트에서 전구의 필라멘트는 오목거울의 초점에 위치하게 된다. 필라멘트에서 나오는 광선들은 나란한 광선으로 반사되어 진행한다(때로는 거울의 모양이 구면이 아니라 포물면이다. 포물면 거울은 주축 근처의 빛뿐만 아니라 초점에서 나오는 모든 광선들을 나란한 광선으로 반사한다).

보기 23.6 오목거울에 대한 눈금 도표

곡률 반지름이 8.0 cm인 오목거울의 10.0 cm 앞에 높이 1.5 cm인 물체가 놓여 있다. 이 물체를 나타내는 축척도를 그려 보라. 도표를 이용하여 상을 찾고 그 위치와 크기(높이)를 추정하여라.

전략 눈금 도표를 그릴 때 먼저 개략도를 그려 어디쯤 상이 있는지 알아보는 것이 도움이 될 때도 있지만, 우리는 모눈종이를 사용하여 그에 맞는 눈금을 선택할 것이다. 두 개의 주광선을 그려 물체의 상을 찾을 수 있다. 세 번째 주광선을 이용하면, 잘 되었는지를 점검할 수 있다. 거울이 오목하기 때문에, 곡률중심과 초점은 모두 거울 앞에 있다.

풀이 처음에 거울과 주축을 그린 다음, 거울 정점으로부터 정확한 거리에 초점과 곡률중심을 표시한다(그림 23.37). 초록색 광선은 물체의 위쪽 끝에서 주축에 나란하게 거울을 향해 나아간다. 이 광선은 반사 후에 초점을 지난다. 파란색 광선은 물체의 끝에서 초점을 지나 나아간다. 이 광선은 거울에서 주축에 나란한 선을 따라 반사한다. 이 두 광선들의 교차점이 상의 끝 지점의 위치를 결정한다. 모눈종이 위의 상을 재면, 상이 거울에서 6.7 cm 되는 곳에 있고, 크기(높이)는 1.0 cm임을 알 수 있다.

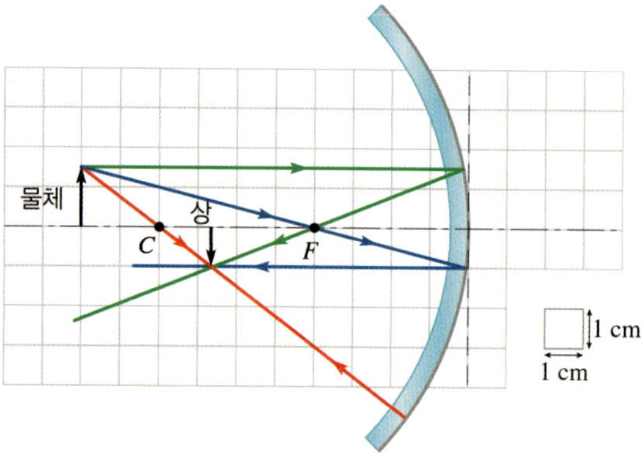

그림 23.37 보기 23.6

검토 점검하기 위하여 빨간색 광선을 반지름을 따라 곡률중심을 통해 진행시킨다. 거울이 이 광선을 반사할 만큼 충분히 크면, 광선이 반지름을 따라 들어오기 때문에 거울 면에 수직으로 입사한다. 반사한 광선은 같은 반지름 선을 따라 진행하며 다른 두 광선과 상의 끝에서 만날 것이다.

실전문제 23.6 **그래프를 이용한 또 다른 풀이**

같은 거울 앞 6.0 cm 되는 곳에 있는 높이 1.5 cm인 물체의 상의 위치를 구하기 위하여 눈금 도표를 그리고 상의 위치와 크기를 추정하여 보아라. 그 상은 실상인가, 허상인가? [힌트 : 우선 개략도를 그려 보아라.]

가로 배율

거울이나 렌즈에 의해 만들어지는 상은 일반적으로 물체와 같은 크기가 아니다. 상은 또한 거꾸로(위아래가 바뀐) 될 수도 있다. **가로 배율**transverse magnification m은 주축에 수직인 방향의 상대적인 상의 크기와 위아래의 방향 모두를 나타내는 비율이다. m의 절댓값은 물체의 크기에 대한 상의 크기의 비율이다.

$$|m| = \frac{\text{상의 크기}}{\text{물체의 크기}} \tag{23-15}$$

만일 $|m| < 1$이면, 상은 물체보다 작다. m의 부호는 상의 방향에 따라서 결정된다. 도립상이면 $m < 0$이고, 정립상이면 $m > 0$이다.

h를 물체의 높이(축으로부터 물체의 위쪽 끝까지의 거리), h'을 상의 높이라고 하자. 만일 상이 도립이면, h'과 h는 다른 부호를 갖는다. 가로 배율의 정의는 다음과 같다.

$$m = \frac{h'}{h} \tag{23-16}$$

그림 23.38을 이용하면, 배율과 **물체 거리**object distance p와 **상 거리**image distance q 사이의 관계를 구할 수 있다. p와 q는 주축을 따라 거울의 정점까지 잰 거리이다. 두 개의 직각삼각형 $\triangle PAV$와 $\triangle QBV$는 닮은꼴(그림 A.7)이므로

$$\frac{h}{p} = \frac{-h'}{q} \tag{23-17}$$

이다. 음$^-$의 부호는 무엇을 뜻하는가? 이 경우에 상이 물체로부터 축의 반대편에 있으므로 h가 양$^+$이면 h'은 음$^-$이다. 따라서 배율은 다음과 같다.

배율

$$m=\frac{h'}{h}=-\frac{q}{p} \qquad (23\text{-}18)$$

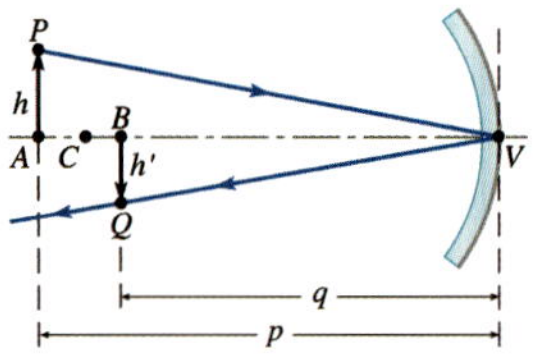

그림 23.38 직각삼각형 $\triangle PAV$와 $\triangle QBV$는 닮은꼴이다. 광선에 대한 입사각이 반사각과 같기 때문이다.

그림 23.38에서 물체가 곡률중심을 넘어서 있지만, 식 (23−18)은 물체의 위치와 관계없이 성립한다. 이 식은 평면거울이나 렌즈는 물론, 어떤 오목거울이나 볼록거울에서도 적용된다.

살펴보기 23.8 평면거울이 거울 앞에 있는 물체의 상을 만든다. 그 상은 실상인가, 허상인가? 그리고 가로 배율(m)은 얼마인가?

거울 방정식

그림 23.39에서, 물체 거리 p, 상 거리 q와 **초점 거리**focal length $f=\frac{1}{2}R$ (초점에서 거울 정점까지의 거리) 사이의 관계식을 구할 수 있다. p, q와 f는 모두 주축을 따라 거울의 정점 V까지 잰다는 사실을 유의하자. 그림에서 두 개의 삼각형 $\triangle PAC$와 $\triangle QBC$은 닮은꼴이다. $\overline{AC}=p-R$, $\overline{BC}=R-q$, 그리고 여기에서 R이 곡률 반지름이라는 사실에 유의하면

$$\frac{\overline{PA}}{\overline{AC}}=\frac{\overline{QB}}{\overline{BC}} \quad 곧 \quad \frac{h}{p-R}=\frac{-h'}{R-q} \qquad (23\text{-}19)$$

이다. 다시 정리하면 다음과 같다.

$$\frac{h'}{h}=-\frac{R-q}{p-R} \qquad (23\text{-}20)$$

h'/h는 배율이므로

$$\frac{h'}{h}=-\frac{q}{p}=-\frac{R-q}{p-R} \qquad (23\text{-}21)$$

이다. $f=R/2$를 대입하고, 분자와 분모를 엇갈리게 곱한 다음 p, q, f로 나누면, **거울 방정식**mirror equation을 얻을 수 있다.

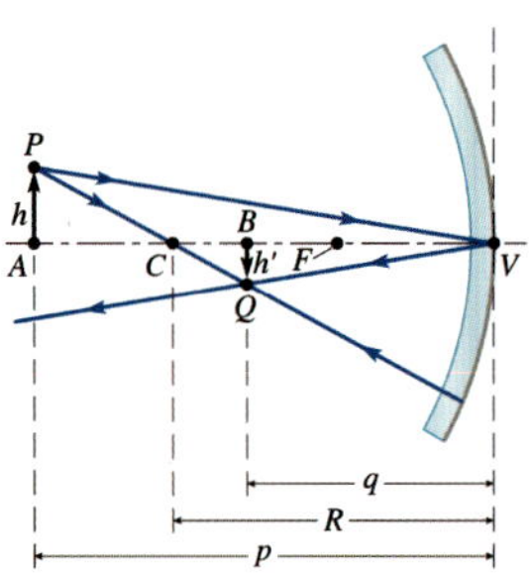

그림 23.39 거울 방정식을 이끌어 내기 위해서 사용된 두 개의 닮은꼴삼각형 $\triangle PAC$와 $\triangle QBC$

거울 방정식

$$\frac{1}{p}+\frac{1}{q}=\frac{1}{f} \qquad (23\text{-}22)$$

앞에서 실상을 만드는 오목거울에 관한 배율과 거울 방정식을 유도하였는데, 표 23.2의 q와 f에 관한 부호규약을 사용하면 이 방정식은 볼록거울과 허상에도 적용될 수 있다. 상이 거울 뒤에 있으면 q가 음$^-$이고, 초점이 거울 뒤에 있으면 f가 음$^-$임을 유의하자.

q에 관한 배율 식과 부호규약을 통하여, 실물체의 실상은 언제나 도립(p와 q가 모두 양이면 m은 음)이고, 실물체의 허상은 언제나 정립(p가 양이고 q가 음이면 m은 양)이라는 것을 알 수 있다. 광선 도표를 쓰면 같은 규약을 확인할 수 있다. 실상은 언제나 거울 앞(광선이 있는 곳)에 있고, 허상은 거울 뒤에 있다.

만일 물체가 거울에서 먼 곳($p = \infty$)에 있다면, 거울 방정식에 의하여 $q = f$이다. 먼 곳에서 오는 광선들은 서로 거의 나란하다. 평행광선들은 거울에서 반사된 후, 오목거울에서는 초점에 수렴하고 볼록거울에서는 초점에서 나오는 것처럼 발산한다. 만일 먼 곳에 있는 물체가 주축 위에 있지 않다면, 상은 초점보다 위 또는 아래에 맺힌다(그림 23.40).

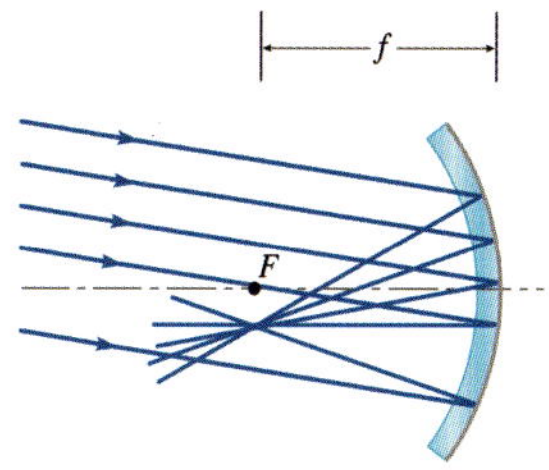

그림 23.40 주축에서 멀리 떨어져 있는 물체는 $q = f$인 곳에 상을 만든다.

표 23.2 거울에 대한 부호규약

물리량	양$^+$일 때	음$^-$일 때
물체 거리 p	실물체*	허물체*
상 거리 q	실상	허상
초점 거리 f	오목거울 $f = \frac{1}{2}R$	볼록거울 $f = -\frac{1}{2}R$
배율 m과 상 높이 h'	정립상	도립상

* 23장에서는 실물체만 다룬다. 24장에서는 다중 렌즈 계를 다루며, 허물체에 대해서도 다룬다.

보기 23.7 승용차의 사이드미러

한 물체가 승용차 조수석의 사이드미러에서 30.0 cm 되는 곳에 있다. 형성된 상은 정립이고 물체의 $\frac{1}{3}$ 크기이다. (a) 상은 실상인가, 허상인가? (b) 거울의 초점 거리는 얼마인가? (c) 거울면은 오목한가 아니면 볼록한가?

전략 배율의 크기는 물체의 크기에 대한 상의 크기의 비율이며, 따라서 $|m| = \frac{1}{3}$이다. 배율의 부호는 정립상의 경우에 양$^+$, 도립상의 경우에 음$^-$이므로 $m = +\frac{1}{3}$이다. 물체 거리는 $p = 30.0$ cm이다. 배율은 물체 거리와 상 거리와도 관련되어 있으므로, q를 구할 수 있다. q의 부호는 상이 실상인지 허상인지를 나타낸다.

그 다음에 거울 방정식을 사용하여 거울의 초점 거리를 구할 수 있다. 초점 거리의 부호는 거울 면이 오목인지 볼록인지를 나타낸다.

풀이 (a) 배율은 물체 거리와 상 거리에 관련된다. 곧

$$m = -\frac{q}{p} \qquad (23\text{-}18)$$

이다. 상 거리에 관하여 풀면 다음과 같다.

$$q = -mp = -\frac{1}{3} \times 30.0\ \text{cm} = -10.0\ \text{cm}$$

q가 음$^-$이므로, 상은 허상이다.

(b) 이제 거울 방정식을 이용해 초점 거리를 구할 수 있다.

$$\frac{1}{f} = \frac{1}{p} + \frac{1}{q} = \frac{q+p}{pq}$$

$$f = \frac{pq}{q+p}$$

$$= \frac{30.0\text{ cm} \times (-10.0\text{ cm})}{-10.0\text{ cm} + 30.0\text{ cm}}$$

$$= -15.0\text{cm}$$

(c) 초점 거리가 음$^{-}$이므로 거울 면은 볼록이다.

검토 예상한 대로, 조수석의 사이드미러는 볼록거울이다. 모든 거리를 알면, 이 결과를 검증하기 위하여 광선 도표(그림 23.41)를 그릴 수 있다.

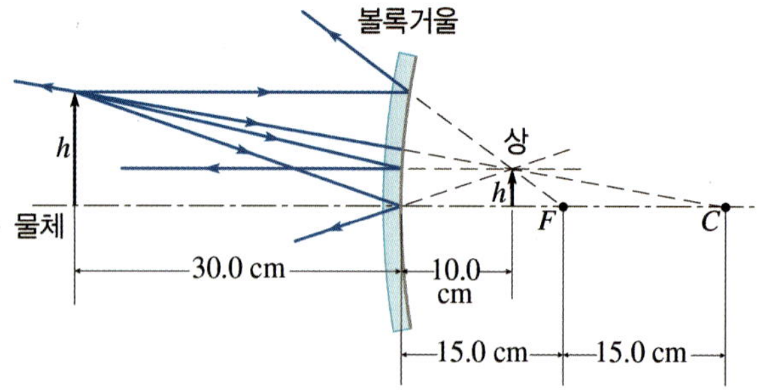

그림 23.41 볼록거울에 대한 광선 도표(보기 23.7)

실전문제 23.7 **구면거울의 모양 알아내기**

한 물체가 볼록거울의 앞에 있다. 물체의 상은 정립이고 물체의 2배 크기이며, 거울 뒤 12.0 cm에 있는 것으로 관찰된다. 물체 거리와 거울의 초점 거리, 그리고 거울의 모양(볼록 또는 오목)을 알아내어라.

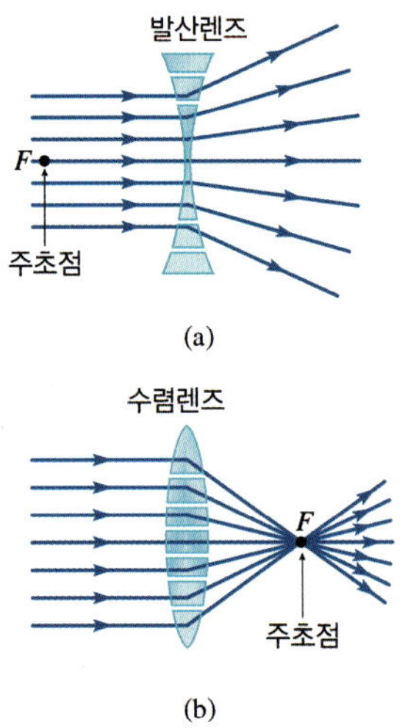

그림 23.42 프리즘 조각들을 조합하여 만든 렌즈들

혼자서 해 보기 광택이 나는 금속 숟가락의 양면을 바라보자(스테인리스는 사용할수록 광택이 없어지기 때문에 새 숟가락일수록 좋고, 잘 닦은 은 숟가락이 가장 좋다). 한쪽 면은 볼록거울, 다른 쪽 면은 오목거울과 같이 작용할 것이다. 각 면에 대하여 상이 정립인지, 도립인지, 또 크기가 확대되었는지, 축소되었는지 알아보아라. 다음에 상이 허상인지 실상인지 조사하여라. 어떤 쪽으로 보았을 때 시야가 더 넓은지(다시 말하면, 어떤 쪽이 방의 더 넓은 부분을 볼 수 있게 하는가)를 살펴보고 눈과 숟가락 사이의 거리를 바꿀 때 무엇이 달라지는지를 보아라(숟가락의 초점 거리가 짧음을 유의하여라. 숟가락을 눈에서 초점 거리보다 짧은 곳에 들고 있다면, 눈이 그와 같이 짧은 거리에 초점을 맺을 수 없으므로 명확히 볼 수 없다. 그러므로 오목면 쪽에서는 허상을 보기 위해서 충분히 다가갈 수 없다).

23.9 얇은 렌즈 Thin Lenses

거울들은 반사를 통해 상을 맺지만, 렌즈는 굴절을 통해 상을 맺는다. 구면렌즈의 양면은 각각 구의 일부분이다. 렌즈의 **주축**principal axis은 렌즈면의 곡률중심을 지난다. 렌즈의 **광심**optical center은 주축 위의 한 점이며, 그 점을 통과하는 광선들은 방향을 바꾸지 않는다.

렌즈를 프리즘의 조합(그림 23.42)으로 생각하여 그 성질을 이해할 수 있다. 프리즘에서 입사광선과 출사광선이 이루는 각인 광선의 편향각은 프리즘의 두 면 사이의 각에 비례한다(그림 23.43 참조). 렌즈의 두 면은 주축과 만나는 곳에서는 서로 나란하다. 렌즈의 광심으로 들어오는 광선은 렌즈에서 나갈 때 입사광선과 같은 방향으로 나가는데, 그 까닭은 입사한 광선이 굴절 없이 나가기 때문이다. 그러나 광선의 위치는 바뀌게 된다. 곧 입사광선과 같은 선을 따라 나가지 않는다. 만약 두께가 초점 거리에 비하여 작은 얇은 렌즈만을 생각한다면, 변위는 무시할 수 있고 광선은 일직선으로 렌즈를 통과한다.

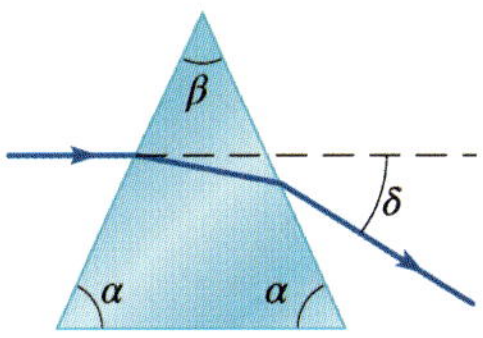

그림 23.43 편향각 δ는 두 면 사이의 각 β가 증가함에 따라 증가한다. β가 작으면 δ는 β에 비례한다.

렌즈의 굽은 면들은 두 면 사이의 각 β가 광심에서 멀어짐에 따라 점점 증가한다는 것을 뜻한다. 그러므로 광선의 편향각은 그것이 렌즈에 입사하는 위치가 광심에서 멀어짐에 따라 증가한다. 여기에서는 주축에 가깝게 렌즈로 들어와(따라서 β가 작은) 입사각이 작은 광선들인 **근축광선**paraxial rays에 국한하여 생각하자. 근축광선과 얇은 렌즈의 경우, 광심에서 d만큼 떨어져 들어오는 광선은 d에 비례하는 편향각 δ를 갖는다(그림 23.44, 문제 49번 참조).

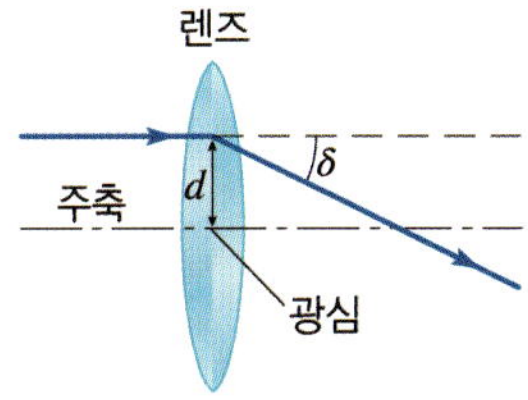

그림 23.44 주축에서 d만큼 떨어진 곳에 들어오는 근축광선의 편향각은 d에 비례한다. 그림을 단순화하기 위하여, 광선들이 렌즈의 양면에서 꺾이는 것이 아니라 광심을 지나는 연직선 위에서 꺾이는 것처럼 그렸다.

렌즈는 빛이 렌즈를 통과할 때 광선 진로에 어떤 변화가 일어나느냐에 따라 **발산렌즈** diverging lens와 **수렴렌즈**converging lens로 분류한다. 발산렌즈는 광선을 바깥쪽으로 꺾어 주축에서 멀어지게 하고, 수렴렌즈는 광선을 안쪽으로 꺾어 주축을 향하게 한다(그림 23.45a). 만일 입사하는 광선들이 이미 발산하고 있다면, 수렴렌즈가 그 광선들을 수렴하게 만들지 못할 수도 있다. 곧 그 렌즈는 그 광선들을 조금 덜 발산시킬 뿐이다(그림 23.45b). 그림 23.46과 같이 렌즈는 여러 모양새를 가질 수 있다. 곧 두 면은 서로 다른 곡률 반지름을 가질 수 있다. 렌즈의 굴절률이 주위 매질의 굴절률보다 크다고 가정하면, 수렴렌즈는 중심이 가장 두껍고, 발산렌즈는 중심이 가장 얇은 것에 유의하여라.

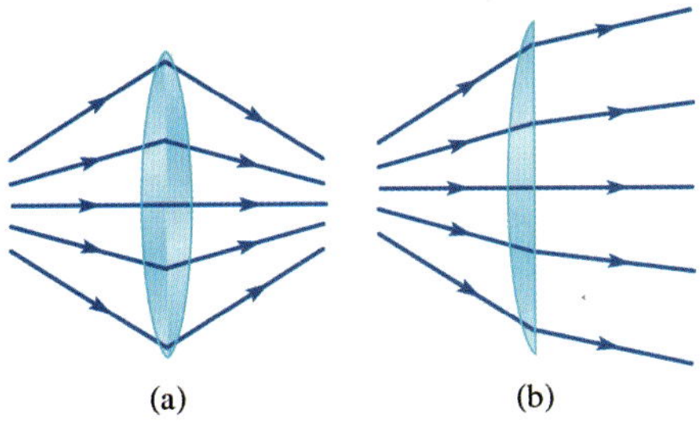

그림 23.45 (a) 발산광선들이 수렴렌즈에 들어올 때, 렌즈는 광선들을 안쪽으로 꺾는다. (b) 발산 정도가 아주 심하다면, 렌즈는 그것들을 수렴시킬 정도로 충분히 꺾지 못할 수도 있다. 이 경우에는 광선들이 렌즈를 떠날 때 덜 발산하게 된다.

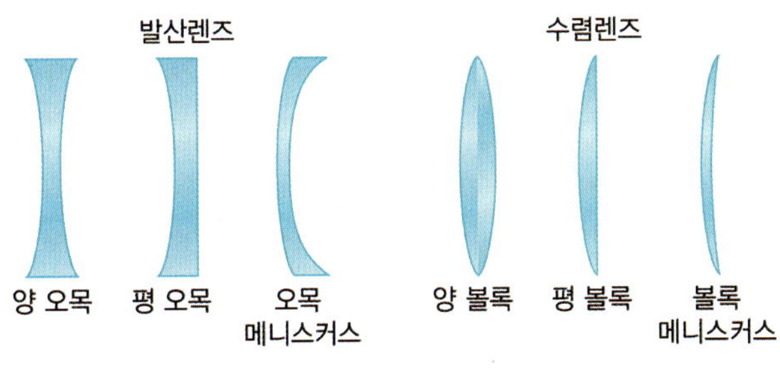

그림 23.46 몇 개의 발산렌즈와 수렴렌즈의 모양새. 발산렌즈는 중심부가 가장 얇고, 수렴렌즈는 중심부가 가장 두껍다.

초점과 주광선

구면거울과는 다르게 렌즈는 두 개의 초점을 가지고 있다. 각 초점과 광심 사이의 거리가 렌즈의 **초점 거리**focal length이다. 발산렌즈의 경우에는, 주축에 나란한 광선들이 렌즈 앞에 있는 주초점principal focal point으로부터 발산하는 것처럼 굴절한다(그림 23.42a). 수렴렌즈의 경우에는, 렌즈 뒤에 있는 주초점에 수렴하도록 굴절한다(그림 23.42b).

렌즈의 초점 거리

구면렌즈의 초점 거리는 네 가지의 양, 곧 두 면의 곡률 반지름, 렌즈의 굴절률, 주위 매질(꼭 공기일 필요는 없음)의 굴절률에 의존한다.

표 23.3 얇은 렌즈에 대한 주광선과 주초점

주광선/주초점	수렴렌즈	발산렌즈
광선 1. 주축에 나란한 입사광선	주초점을 지난다.	주초점에서 나오는 것처럼 보인다.
광선 2. 광심으로 들어오는 광선	렌즈를 똑바로 통과한다.	렌즈를 똑바로 통과한다.
광선 3. 주축에 나란하게 나오는 광선	제2초점에서 나오는 것처럼 보인다.	제2초점을 향하고 있던 것처럼 보인다.
주초점의 위치	렌즈 뒤	렌즈 앞

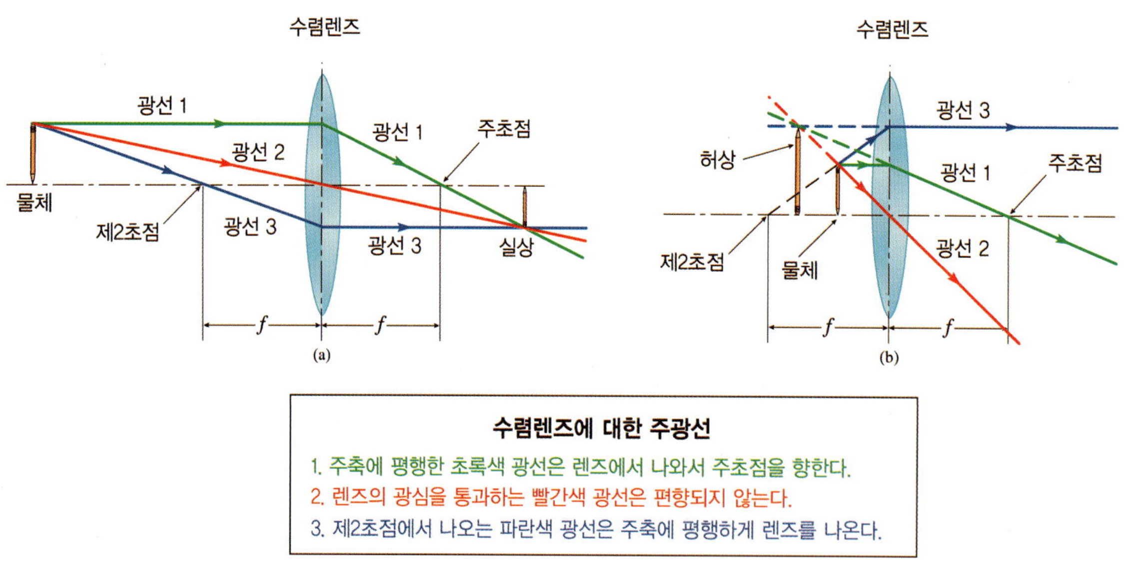

그림 23.47 수렴렌즈에 대한 세 개의 주광선. (a) 물체 거리가 초점 거리보다 길면 상은 실상이다. 렌즈를 통과한 후 물체 위의 한 점에서 나온 광선은 실상 위의 한 점에 수렴한다. (b) 물체 거리가 초점 거리보다 짧으면 상은 허상이다. 렌즈를 통과한 후 물체 위 한 점에서 나온 광선은 결코 한 점에 수렴하지 않는다. 광선을 뒤로 추적해 보면 허상 위의 한 점에서 나오는 것처럼 보인다.

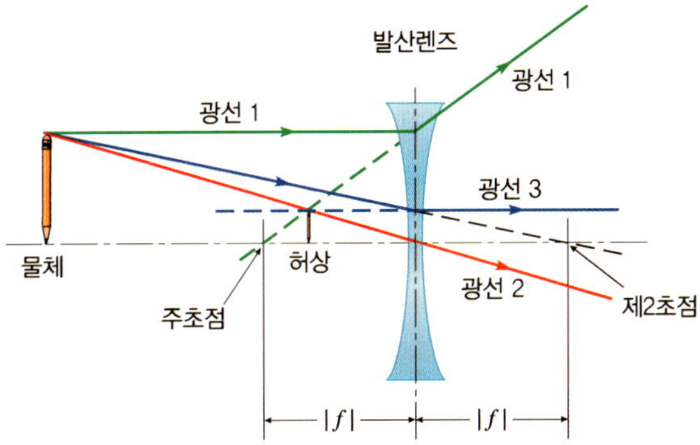

발산렌즈에 대한 주광선

1. 주축에 평행한 초록색 광선은 렌즈에서 나와서 주초점에서 멀어지는 방향으로 향한다.
2. 렌즈의 광심을 통과하는 빨간색 광선은 편향되지 않는다.
3. 제2초점을 향하는 파란색 광선은 주축에 평행하게 렌즈를 나온다.

그림 23.48 허상을 만드는 발산렌즈에 대한 세 개의 주광선

얇은 렌즈에 의해 맺어지는 상의 위치를 찾으려면 두 개의 광선이면 충분하지만, 세 번째 광선은 이를 검토하는데 사용될 수 있다. 일반적으로 가장 그리기 쉬운 세 광선들을 **주광선** principal rays이라고 한다(표 23.3). (주광선은 상을 맺는데 필요한 다른 광선들보다 더 중요한 것은 아니다. 단지 주광선은 다른 광선들에 비하여 그리기 쉬울 뿐이다.) 세 번째의 주광선은 렌즈를 중심으로 주 초점의 반대편에 있는 **제2초점** secondary focal point을 이용한다. 모든 광선의 방향을 바꾸고, 두 초점의 위치도 서로 바꾸면 광선 3의 성질을 이해할 수 있다. 그림 23.47과 그림 23.48은 주광선들을 그리는 방법을 보여 준다.

살펴보기 23.9 수렴렌즈에 의해 만들어진 상은 항상 실상인가? 아니면 항상 허상인가? 아니면 조건에 따라 실상이거나 허상일 수 있는가? 이를 설명하여라. [힌트 : 그림 23.45를 참고하여라.]

보기 23.8 허상의 방향

렌즈 앞에 놓인 물체가 하나의 상을 맺는다. 그 상이 허상이면, 렌즈가 수렴렌즈이든지 발산렌즈이든지 간에 그 상이 정립이라는 사실을 광선 도표를 써서 보여라.

전략 주광선들을 대개 가장 쉽게 그릴 수 있다. 주광선 1과 3은 수렴렌즈와 발산렌즈에 대하여 다르게 행동한다. 그것들은 초점들을 지나는데, 이는 초점에 대한 물체의 위치가 상관없다는 것을 의미한다(허상이 생길 때는 제외하고). 광선 2는 광심을 구부러지지 않고 지나간다. 그것은 두 개의 렌즈에 대하여 똑같이 행동하며 초점의 위치에 상관없다.

풀이 및 검토 그림 23.49는 (수렴렌즈 또는 발산렌즈일 수 있는)렌즈 앞에 놓여 있는 한 물체를 보여 준다. 주광선 2는 물체의 꼭대기로부터 렌즈의 광심을 지나 똑바로 진행한다. 하나의 광선으로는 실제 위치를 알기 어렵기 때문에, 굴절광선을 역으로 연장하여 상의 위치에 관한 몇 가지 광선을 그려 본다. 허상의 한 점은 렌즈로부터 나오는 광선들이 만나는 위치에 있지 않고, 그 광선들의 역방향 연장선들이 만나는 곳에 있다. 다시 말하면, 허상의 위치는 언제나 렌즈의 앞쪽에 있다(입사광선과 같은 쪽). 그러므로 상은 렌즈에서 그 물체와 같은 쪽에 있

전략 이 문제는 렌즈 방정식과 배율 방정식을 써서 풀 수 있다. 실상을 맺기 위하여 이 렌즈는 수렴렌즈여야 하므로, 초점 거리는 $f = +150.0\ \text{mm}$이다. 상은 반드시 상 센서 위에 맺혀야 하므로, 렌즈로부터 상 센서까지의 거리가 q이다. 대수적으로 문제를 풀고 나서, 점검하기 위하여 광선 도표를 그린다.

- 주어진 조건 : $h = 1.2\ \text{cm}$, $p = 90.0\ \text{cm}$, $f = +15.00\ \text{cm}$
- 구해야 할 값 : q, h'

풀이 (a) p와 f가 주어졌으므로, q는 다음의 얇은 렌즈 방정식에서 구할 수 있다.

$$\frac{1}{p} + \frac{1}{q} = \frac{1}{f}$$

q에 대하여 풀면,

$$q = \left(\frac{1}{f} - \frac{1}{p}\right)^{-1}$$

이다. 주어진 값들을 대입하면,

$$q = \left(\frac{1}{15.00\ \text{cm}} - \frac{1}{90.0\ \text{cm}}\right)^{-1} = +18.0\ \text{cm}$$

이다. 곧 상 센서는 렌즈에서 18.0 cm인 곳에 있다.

(b) 배율 방정식에서,

$$m = \frac{h'}{h} = -\frac{q}{p} = -\frac{18.0\ \text{cm}}{90.0\ \text{cm}} = -0.200$$

$$h' = mh = -0.200 \times 1.2\ \text{cm}$$

$$= -0.24\ \text{cm}$$

이므로 데이지 꽃의 상의 지름은 0.24 cm이다.

검토 그림 23.51은 대수적인 계산을 확인하기 위해서 세 개의 주광선을 이용한 광선 도표를 보여 준다.

실전문제 23.9 렌즈의 초점 거리 구하기

높이 3.00 cm인 물체가 렌즈 앞 60.0 cm인 곳에 놓여 있다. 맺힌 허상의 높이는 0.50 cm이다. 렌즈의 초점 거리는 얼마인가? 렌즈는 수렴렌즈인가, 발산렌즈인가?

혼자서 해 보기 원시용 안경을 하나 가지고 있다면, 안경 렌즈를 통해 물체를 볼 수 있도록 안경을 탁자 위에 놓는다. 멀리 떨어진 물체의 선명한 상을 볼 수 있을 때까지, 렌즈로부터 멀어져 보아라. 상이 도립인 이유는 무엇인가? 상은 실상인가 아니면 허상인가? 안경을 썼을 때에는 확실히 정립상을 맺는다. 그 렌즈들은 수렴렌즈인가 아니면 발산렌즈인가?

화장을 하거나 면도를 할 때 사용하는 오목거울을 이용하여 비슷한 실험을 할 수 있다. 친구의 도움을 얻어 거울로부터 점점 더 멀어지면 충분히 먼 거리에서 여러분 자신의 도립상을 볼 수 있다.

무한히 먼 곳에 있는 물체와 상

물체가 렌즈로부터 먼 곳(무한원)에 있다고 가정하자. 렌즈 방정식에 $p = \infty$을 대입하면, $q = f$가 나온다. 먼 곳에 있는 물체에서 오는 광선들은 렌즈에 입사할 때 서로 거의 나란하다. 따라서 상은 주초점면(주초점을 지나는 축에 수직인 면) 내에 맺혀진다. 이와 비슷하게, 한 물체가 수렴렌즈의 주초점면 내에 놓여 있다면 $p = f$이고 $q = \infty$이다. 곧 상은 무한원에 있게 된다. 다시 말하면, 렌즈로부터 나오는 광선들은 나란하여 무한히 멀리 있는 물체로부터 나오는 것처럼 보인다.

해답 실전문제 & 살펴보기

23.1

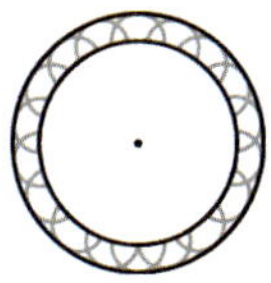

23.2 51°

23.3 $\theta_i = 0$이면, $\theta_t = 0$이다. 프리즘 뒷면에서 입사각은 임계각(41.8°)보다 더 큰 45°이다. 만일 $\theta_i > 0$이면, $\theta_t > 0$이고 뒷면에서 입사각은 45° 보다 더 크다.

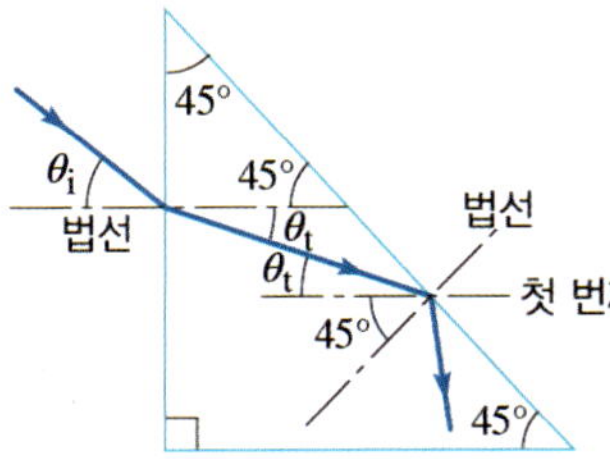

23.3 $\frac{4}{3}h$

23.5 아니요, 그녀는 발을 볼 수 없다. 거울 아래쪽이 10 cm만큼 높다.

23.6 거울 앞 12 cm, 크기 3.0 cm, 실상

23.7 $p = 6.00$ cm, $f = +12$ cm, 오목

23.8

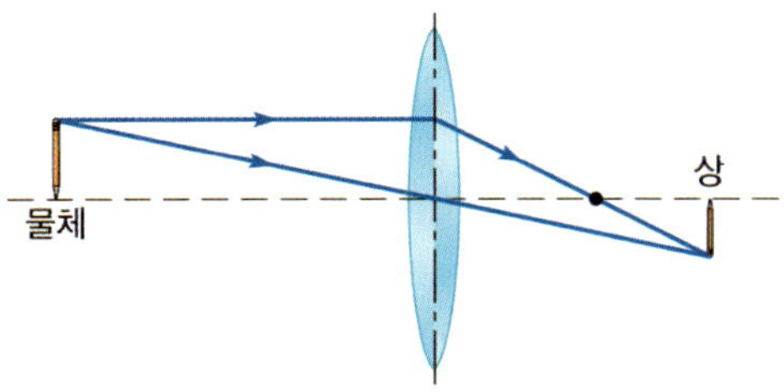

23.9 -12 cm, 발산

23.3 스넬의 법칙으로부터 곱 $n\sin\theta$는 두 매질에서 같다. 따라서 굴절률이 작은 물질(여기서는 물)에서 $\sin\theta$가 더 크다. 0부터 90°까지 광선이 법선과 이루는 각 θ가 증가할 때 $\sin\theta$도 증가한다. 그러므로 $\theta_{물}$은 $\theta_{유리}$보다 더 크다. θ가 법선과 이루는 각이므로, 빛이 물로 들어갈 때 법선에서 더 먼 쪽으로 굴절된다.

23.5 빛이 수평면에서 반사되므로 수평으로 부분 편광되거나 완전히 편광된다(반사면에 평행하다). 반사로 인한 눈부심을 줄이기 위해서는, 편광 선글라스의 투과축을 수직으로 향하게 해야 한다.

23.6 물고기의 한 점에서 나온 광선은 물과 공기의 경계면에서 굴절된다. 그림은 광선이 밖으로 휘는 것(법선에서 멀어짐)을 보여준다. 광선은 결코 수렴해서 실상을 형성하지는 않는다. 광선을 역방향으로 추적하면(노란색 점선) 상점으로부터 발산하는 것처럼 보이지만 실제로 그 점을 통과하지 않는다. 상은 허상이다.

23.8 평면거울은 물체와 같은 크기의 허상을 맺는다.(그림 23.27 참조). 배율은 $m = +1$이다.

23.9 상은 실상이거나 허상이다. 그림 24.45a는 물체의 한 점에서 온 광선이 상의 한 점으로 수렴하기 때문에 실상을 맺는 수렴렌즈를 보여준다. 24.45b는 허상을 맺는 수렴렌즈를 보여준다. 이 경우에는 물체의 한 점에서 온 광선들이 상의 한 점으로 수렴하지 않는다. 만일 광선을 뒤쪽으로 추적한다면 그들은 상의 한 점에서 발산하는 것처럼 보인다.

24

광학기기

Optical Instruments

약 600 km의 고도에서 지구를 도는 허블 우주 망원경은 1990년 우주왕복선 디스커버리호 승무원들이 설치한 것이다. 지상에 더 큰 집광력을 갖는 망원경이 있음에도 우주에 망원경을 설치하는 이점은 무엇인가?

찾아가보기

- 실상과 허상의 구별 (23.6절)
- 배율 (23.8절)
- 굴절 (23.3절)
- 얇은 렌즈 (23.9절)
- 광선 작도로 상을 찾기 (23.6~23.9절)
- 수학 기술 : 작은 각도 근사 (부록 A.9)

생명과학 응용

- 인간의 눈 (24.3절, 개념형 질문 6~8, 문제 11, 12)
- 교정렌즈 (24.3절, 보기 24.4, 24.5, 실전문제 24.4, 24.5, 문제 13~16, 32)
- 현미경 (24.5절, 문제 21~26, 43)

24.1 복합렌즈 Lenses in Combination

광학기기는 일반적으로 둘 이상의 렌즈를 조합해서 만든다. 먼저 어느 한 렌즈로부터 나온 광선이 다른 렌즈를 통과할 때 어떤 일이 일어나는지를 생각해 보자. 첫 번째 렌즈에 의해 형성된 상이 두 번째 렌즈의 물체의 역할을 한다는 것을 알게 될 것이다.

광선들이 첫 번째 렌즈가 형성한 상의 한 점으로부터 발산한다고 가정하자. 이 광선들은 물체의 한 점에서 나오는 것과 똑같은 방식으로 두 번째 렌즈에 의해서 굴절할 것이다. 그러므로 두 번째 렌즈가 형성한 상의 위치 및 크기는 렌즈 방정식으로 구할 수 있으며, 여기서 물체의 거리 p는 첫 번째 렌즈가 형성한 상으로부터 두 번째 렌즈까지의 거리가 된다. 결과적으로 여러 렌즈의 조합으로 이루어진 복합렌즈는 각 렌즈에 대해 순서대로 렌즈 방정식을 적용할 수 있으며 이때 이전 렌즈의 상이 물체의 역할을 한다. 각 렌즈에 대해서 렌즈 방정식을 적용할 때 물체의 거리와 상의 거리 p, q는 모두 같은 렌즈의 중심으로부터의 거리라는 것을 기억하자. 이러한 과정은 렌즈와 거울들을 함께 사용하는 경우에도 적용된다.

23장에서 렌즈의 상을 이야기할 때 모든 물체들은 실물체였다. 곧 물체 거리 p는 항상 양수였다. 그러나 한 개 이상의 렌즈를 갖는 복합렌즈의 경우에는, p가 음수인 **허물체** virtual object가 될 수 있다. 실물체의 한 점으로부터 나온 광선들은 렌즈로 들어갈 때 발산하지만, 허물체의 한 점으로부터 나온 광선들은 렌즈로 들어갈 때 수렴한다. 만일 렌즈 1에 의해 형성된 실상이 렌즈 2를 지난 자리에 형성된다면, 그 광선들은 렌즈 2 뒤의 한 점으로 수렴하므로 이 상은 렌즈 2에 대해서는 허물체가 된다(그림 24.1). 렌즈 1에 의한 실상이 형성되기 전에 렌즈 2가 끼워져 있는 경우, 렌즈 2를 때리는 광선들은 한 점으로부

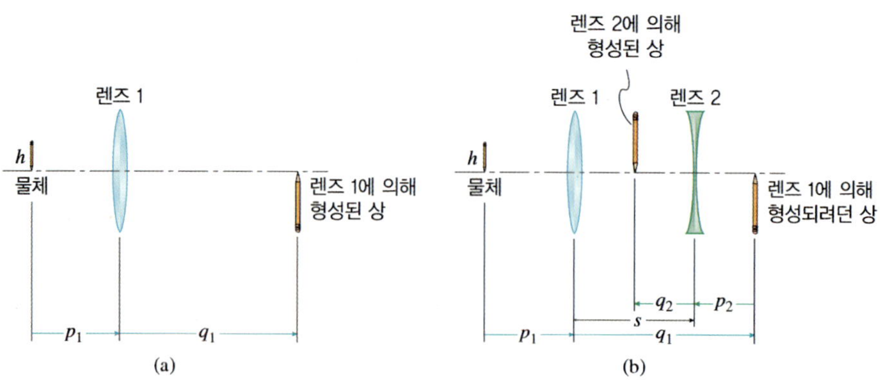

그림 24.1 (a) 수렴렌즈인 렌즈 1이 물체의 실상을 형성한다. (b) 렌즈 2를 렌즈 1의 뒤 $s < q_1$의 거리에 놓고 렌즈 2는 광선이 실상을 형성하기 전에 중간에서 막는다. 형성되려던 상은 렌즈 2에 대한 허물체로 간주할 수 있다. 허물체에 대해서 p는 음수이다.

터 발산하기보다는 오히려 한 점으로 수렴한다. 이런 상황은 언뜻 보면 복잡해 보이지만 허물체에 대해 음⁻의 물체 거리를 적용하면 간단하게 다룰 수 있다.

한 렌즈 1이 실상을 만들 때, 렌즈 2에 대한 실상의 위치에 따라 이 실상은 렌즈 2에 대해 실물체가 될 수도, 허물체가 될 수도 있다. 만약에 렌즈 1의 실상이 렌즈 2를 지나서 형성되었다면, 그 상은 렌즈 2에 대하여 허물체가 된다. 만약에 렌즈 1이 렌즈 2 앞에 실상이나 허상을 형성했다면, 그 상은 렌즈 2에 대해 실물체이다.

두 개의 얇은 렌즈가 거리 s만큼 떨어져 있는 경우에, 각각의 렌즈에 얇은 렌즈 방정식을 적용할 수 있다.

연결고리 두 개 이상의 렌즈로 이루어진 복합렌즈계에서 각각의 렌즈에 순서대로 얇은 렌즈 방정식을 적용한다. 한 렌즈가 형성한 상은 그 다음 렌즈의 물체가 된다.

$$\frac{1}{p_1} + \frac{1}{q_1} = \frac{1}{f_1}$$

$$\frac{1}{p_2} + \frac{1}{q_2} = \frac{1}{f_2}$$

렌즈 2에 대해 물체거리 p_2는 다음과 같이 쓸 수 있다.

$$p_2 = s - q_1 \tag{24-1}$$

모든 경우에 p_2의 부호는 식 (24−1)에 따른다. 만일 $q_1 < s$이면 렌즈 1에 의한 상이 렌즈 2의 입사 측에 있게 되므로 그 상은 렌즈 2에 대한 실물체가 된다($p_2 > 0$). 반대로 $q_1 > s$인 경우는 렌즈 1의 상이 형성되기 전에 렌즈 2가 광선들을 가로막는다. 곧 렌즈 1의 상이 렌즈 2 뒤쪽에 놓이며, 그 상은 렌즈 2에 대해 허물체가 된다($p_2 < 0$).

두 렌즈에 대한 광선 도표 이중 렌즈에 대한 광선 작도에서, 첫 번째 렌즈의 주광선 중 하나만이 두 번째 렌즈의 주광선이 된다. 그림 24.2는 수렴렌즈 1과 발산렌즈 2로 이루어진 렌즈 계의 광선 도표를 보여준다.

가로 배율

N개의 렌즈를 조합한 경우를 생각해 보자. h_1은 물체의 크기, h'_n은 n번째 렌즈에 의하여 형성된 상의 크기로 놓으면, 다음 식이 성립한다.

$$\frac{h'_N}{h_1} = \frac{h'_1}{h_1} \times \frac{h'_2}{h'_1} \times \frac{h'_3}{h'_2} \times \cdots \times \frac{h'_N}{h'_{N-1}} \tag{24-2}$$

q_1을 구하기 위해, 렌즈 1에 얇은 렌즈 공식을 적용한다.

$$\frac{1}{p_1} + \frac{1}{q_1} = \frac{1}{f_1}$$

이 식을 q_1으로 정리하고 주어진 값을 대입하면

$$\begin{aligned}\frac{1}{q_1} &= \frac{1}{f_1} - \frac{1}{p_1} \\ &= \frac{1}{10.0\text{ cm}} - \frac{1}{15.0\text{ cm}} = \frac{1}{30.0\text{ cm}}\end{aligned}$$

이다. 그러므로 $q_1 = +30.0\text{ cm}$이다.

그림 24.3에서 렌즈 2의 물체 거리(p_2)는 두 렌즈 사이 거리(s)에서 렌즈 1의 상 거리 (q_1)를 뺀 값이다.

$$p_1 = s - q_1 = 40.0\text{ cm} - 30.0\text{ cm} = 10.0\text{ cm}$$

렌즈 1의 실상이 렌즈 2의 실물체이므로 물체 거리 p_2는 양의 값을 갖는다. 곧 이 실상은 렌즈 2의 왼쪽에 놓이고 실상에서 나온 광선들은 렌즈 2에 들어갈 때 발산한다. 렌즈 2의 상 거리 q_2를 구하기 위해 렌즈 2에 얇은 렌즈 방정식을 적용하면 다음과 같다.

$$\begin{aligned}\frac{1}{q_2} &= \frac{1}{f_2} - \frac{1}{p_2} \\ &= \frac{1}{12.0\text{ cm}} - \frac{1}{10.0\text{ cm}} = -\frac{1}{60.0\text{ cm}}\end{aligned}$$

$$q_2 = -60.0\text{ cm}$$

따라서 이 상은 렌즈 2의 왼쪽 60.0 cm, 곧 렌즈 1의 왼쪽 20.0 cm에 위치하게 된다. 렌즈 2의 상 거리가 음수이므로 그 상은 허상이다.

이번에는 배율을 구해 보자. 다음은 단일렌즈의 배율 공식이다.

$$m = -\frac{q}{p} \qquad (23\text{-}9)$$

두 개의 복합렌즈에 대한 총배율은

$$\begin{aligned}m &= m_1 \times m_2 = -\frac{q_1}{p_1} \times \left(-\frac{q_2}{p_2}\right) \\ &= \left(-\frac{30.0\text{ cm}}{15.0\text{ cm}}\right) \times \left(-\frac{-60.0\text{ cm}}{10.0\text{ cm}}\right) = -12.0\end{aligned}$$

이다. m의 값이 음수이므로 최종 상이 도립상인 것을 알 수 있다. 상의 높이는 다음과 같다.

$$|h_2'| = |mh_1| = 12.0 \times 4.00\text{ cm} = 48.0\text{ cm}$$

검토 계산된 수치들을 광선 도표와 비교해 보자. 예상한 대로, 중간 상은 렌즈 2의 왼쪽에 맺히는 실상이다 ($q_1 = 30.0\text{ cm} < s = 40.0\text{ cm}$). 그리고 최종 상은 허상이며($q_2 < 0$), 도립이고($m < 0$), 확대된 상이다 ($|m| > 1$).

실전문제 24.2 **초점 거리의 두 배보다 먼 곳에 물체가 있는 경우**

보기 24.2에서와 같은 물체가 렌즈 1의 앞 25.0 cm에 놓여 있고 렌즈 1과 렌즈 2의 거리가 10.0 cm일 경우에 보기 24.2를 되풀이하여라. 광선 도표를 그려서 최종 상에 대한 어떤 것이라도 예측할 수 있겠는가?

24.2 사진기
Cameras

광학기기 중 하나인 사진기는 흔히 하나의 렌즈로 만들어진다. 그러나 바늘구멍 사진기처럼 렌즈가 없을 수도 있다. 그림 24.4는 간단한 단일렌즈 반사식, SLR single lens reflex 디지털 사진기의 구조이다. 사진기는 수렴렌즈를 사용하여 상 센서에 실상을 만든다. 센서를 빛에 노출시키기 위해서는 상은 실상이어야 한다. 사진을 찍으려는 물체의 한 점으로부터 나온 광선들은 상의 센서에 해당 점으로 수렴해야 한다. 비디오 프로젝터도 마찬가지로 수렴렌즈를 사용하여 화면에 실상을 만든다.

좋은 카메라에서는, 선명한 상이 센서에 형성되도록 렌즈 방정식에 따라 렌즈와 센서 사이의 거리를 조절할 수 있다. 멀리 있는 물체의 경우 렌즈는 센서로부터 초점 거리만큼 떨어져 있어야 한다. 가까운 물체에 대해서는 그 상이 초점을 지나서 형성되기 때문에, 렌즈가 초점 거리보다는 약간 멀리 있어야 한다. 초점이 고정된 간단한 사진기의 경우에 렌즈는 위치가 고정되어 있다. 먼 물체에 대해서는 이러한 사진기들도 꽤 괜찮은 결과를 줄 수 있지만, 가까운 물체에 대해서는 렌즈의 위치를 조절할 수 있는 사진기를 사용해야 한다.

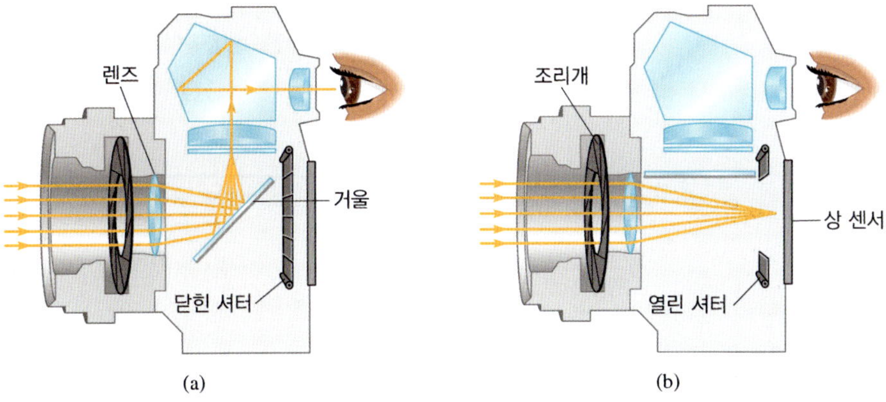

그림 24.4 단일렌즈 반사식 사진기는 하나의 수렴렌즈로 상 센서에 실상을 만든다. 다양한 거리에 있는 물체의 선명한 상을 얻기 위해서 렌즈를 상 센서로부터 가까이 또는 멀리 움직여 조절한다. (a) 상 센서의 노출을 막기 위해 셔터가 닫혀 있다. (b) 거울이 빛의 경로 밖으로 올라가고, 셔터가 짧은 시간동안 열리면서 상 센서를 빛에 노출시킨다.

살펴보기 24.2 초점 거리가 f인 렌즈 하나만 있는 사진기로 렌즈로부터의 거리가 초점 거리 f보다 가까운 위치에 있는 물체의 사진을 찍을 수 있는지 설명하여라.

보기 24.3 **고정 초점 사진기**

렌즈의 초점 거리가 50.0 mm 인 사진기로 무한히 멀리 있는 물체와 6.00 m 앞에 있는 물체의 사진을 찍을 때 (a) 무한히 멀리 있는 물체의 상 거리와, (b) 렌즈 앞 6.00 m 에 있는 물체의 상 거리를 구하여라.

전략 두 물체의 거리를 얇은 렌즈 방정식에 대입하면, 각각의 상 거리를 구할 수 있다.

풀이 (a) 얇은 렌즈 방정식은 다음과 같다.

$$\frac{1}{p}+\frac{1}{q}=\frac{1}{f}$$

무한히 멀리 있는 물체에 대해서는 $1/p = 1/\infty = 0$ 이므로

$$0+\frac{1}{q}=\frac{1}{f}$$

이다. 그러므로 $q = f$ 이다. 곧 상 거리가 초점 거리와 같으므로, 무한히 멀리 있는 물체의 상은 렌즈로부터 50.0 mm 거리에 형성된다.

(b) 이번에는 $p = 6.00\ \text{m}$ 이므로 렌즈 방정식에 대입하면

$$\frac{1}{6.00\ \text{m}}+\frac{1}{q}=\frac{1}{50.0\times10^{-3}\ \text{m}}$$

이다. 상 거리 q에 대하여 풀면,

$$\frac{1}{q}=\frac{1}{50.0\times10^{-3}\ \text{m}}-\frac{1}{6.00\ \text{m}}$$

따라서 상 거리 $q = 50.4\ \text{mm}$ 가 된다.

검토 두 물체의 상 거리 차는 0.4 mm 이내이므로, 렌즈와 상 센서 사이의 거리가 고정되어 있어도 사진기는 6.00 m 에서 무한대까지의 물체에 대해 어느 정도 선명한 상을 만들 수 있다.

실전문제 24.3 **근거리 사진**

보기 24.3에서와 초점 거리가 똑같은 렌즈를 사용하는 사진기로 전방 1.50 m 에 있는 물체를 찍는다. 사진기 렌즈가 앞뒤 이동이 가능하다면, 선명한 상을 찍기 위하여 렌즈와 상 센서 사이의 거리를 얼마로 해야 하는가?

노출 조절

여러 개의 금속판이 부채꼴 모양으로 겹쳐진 사진기 조리개는 우리 눈의 홍채와 같은 역할을 한다. 곧 사진기로 빛이 들어가는 **구멍**의 크기를 조절한다(그림 24.4). **셔터**는 빛이 조리개 구멍을 통과하는 시간, 곧 **노출 시간**을 결정하는 장치이다. 구멍의 크기와 노출 시간은 상 센서에 적정량의 빛에너지가 도달하도록 선택해야 한다. 만일 잘못 선택한다면 센서는 과다하게 노출되거나 부족하게 노출된다.

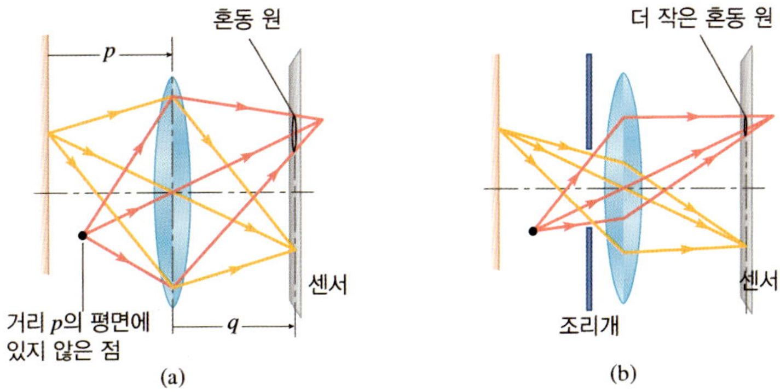

그림 24.5 (a) 센서에 모이는 평면에 있지 않은 점에 대한 혼동 원. (b) 조리개 구멍을 작게 하면 혼동 원이 줄고 피사계 심도는 커진다.

피사계 심도

상 센서로부터 렌즈까지의 거리 q를 조정하여 렌즈의 초점을 맞추면, 렌즈로부터 거리 p 만큼 떨어진 평면에 있는 물체들만이 상 센서 위에 선명한 상을 형성한다(그림 24.5a). 그러나 이 평면상에 있지 않은 물체의 한 점에서 나온 광선들은 상 센서에 한 개의 점이 아닌 하나의 원(**혼동 원** circle of confusion)을 형성할 것이다. 이 평면으로부터의 거리가 어떤 범위 이내에 있는 물체에 대해서는 혼동 원이 그리 크지 않아서 상 센서에 비교적 선명한 상을 만든다. 이러한 거리의 범위를 **피사계 심도** depth of field라고 한다.

조리개를 렌즈 앞에 놓아 렌즈의 구경을 작게 하면 혼동 원의 크기를 줄일 수 있다.(그림 24.5b). 곧 조리개의 구경 크기를 줄이면 피사계 심도가 커진다. 그러나 조리개 구경이 작아지면 들어오는 빛의 양이 감소하므로 상 센서에 필요한 만큼 노출 시간을 늘려야 한다. 노출 시간이 길어지면 물체가 움직이거나, 또는 사진기가 삼각대로 고정되어 있지 않아 흔들릴 경우 선명한 상을 얻기 어려울 수 있다. 따라서 선명한 사진을 찍기 위해서는, 주위의 더 많은 것들의 선명한 상을 얻기 위해서 조리개의 구경을 줄이느냐 또는 노출 시간을 줄여 물체나 사진기의 움직임이 상을 흐리게 하지 않게 하느냐의 사이에 타협점이 있어야 한다.

바늘구멍 사진기

렌즈가 하나 있는 사진기보다 더 간단한 것은 **바늘구멍 사진기** pinhole camera 또는 어둠상자이다. 바늘구멍 사진기는 상자의 한쪽에 작은 구멍을 뚫어 만들며(그림 24.6a), 상자 반대편에 거꾸로 선 실상이 형성된다. 사진 건판(현상액이 칠해진 유리판)이나 필름으로 이 상을 기록할 수 있다.

오래 전부터 화가들은 어둠상자의 원리를 이용하여, 어두운 방에 작은 구멍을 뚫어 들어오는 광선으로 바깥의 풍경을 그렸다. 상이 캔버스에 투영되고 화가는 외부 풍경의 윤

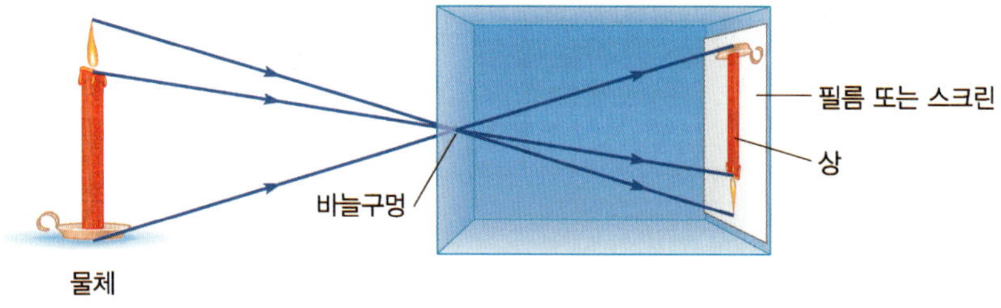

그림 24.6 (a) 소형 바늘구멍 사진기. (b) 1666년경 베르메르의 작품 '연주회 The Concert'. 베르메르 그림의 정확한 원근법과 사진에 가까운 정밀함은 어둠상자의 기여로 보인다.

곽을 캔버스에 옮길 수 있었다. 유명한 화가 얀 반 에이크 Jan van Eyck, 티치아노 Titian, 카라바조 Caravaggio, 베르메르 Vermeer, 카날레토 Canaletto는 어둠상자를 이용해 사실적 자연주의 그림을 그렸던 화가로 알려져 있거나, 여겨지는 화가들이다(그림 24.6b). 18, 19세기에는 그림이나 인쇄물을 복사하는 데 어둠상자가 널리 사용되었다.

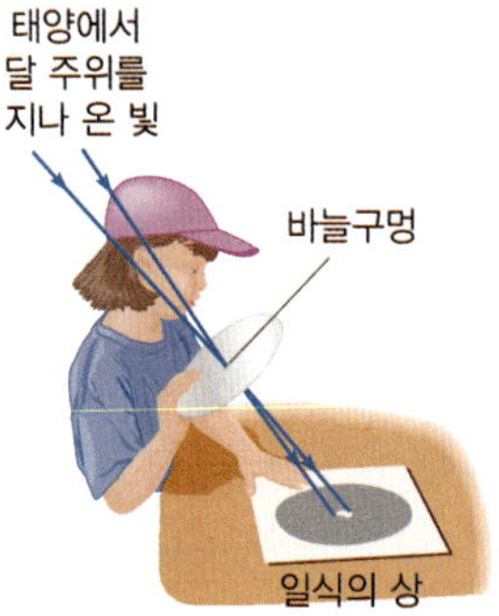

그림 24.7 바늘구멍 사진기의 원리를 이용한 일식의 관측

혼자서 해 보기 그림 24.7과 같이 바늘구멍 사진기의 원리를 이용하면 태양을 안전하게 볼 수 있다(이것은 일식을 보는 좋은 방법이다). 두꺼운 종이판이나 알루미늄 접시에 구멍을 뚫고 그 아래 백지를 놓으면 백지에 태양의 상이 보인다(태양을 바로 쳐다보면, 일식 때라도 눈이 상할 수 있으므로 주의해야 한다).

바늘구멍 사진기는 실제 상을 만드는 것이 아니다. 곧 물체의 한 점으로부터 나온 광선들이 벽의 한 점으로 수렴하는 것이 아니다. 그 물체의 각 점에서 발산된 빛은 바늘구멍을 지나면서 작은 원뿔모양이 되어 벽에 작은 원을 만든다. 이 원이 작을수록 상이 선명하게 보인다. 너무 작아 회절에 의해 원이 퍼질 정도만 아니라면, 가능한 한 구멍을 작게 뚫어야 어둡지만 선명한 상을 얻을 수 있다.

24.3 눈 The Eye

사람의 눈은 디지털 사진기와 비슷하다. 디지털 사진기가 CCD 화소들 위에 실상을 형성하듯이, 우리 눈은 약 1억 2천 5백만 개의 시상세포(간상세포와 원추

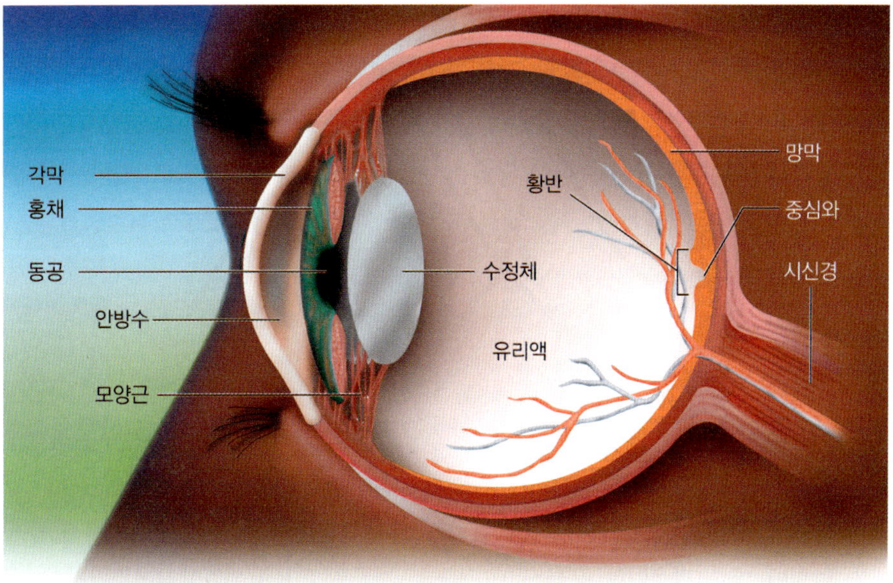

그림 24.8 사람 눈의 해부도

세포)들이 있는 망막에 물체의 실상을 형성한다. 그러나 디지털 사진기와 눈의 상 맺힘 원리는 다르다. 사진기는 물체 거리 p가 달라짐에 따라 렌즈를 상 센서로부터 멀어지거나 가까워지도록 움직여 상 센서에 상이 맺혀지게 한다. 눈은 수정체(렌즈)와 망막 사이 거리가 일정한 대신 다양한 초점 거리를 갖는다. 물체 거리가 달라짐에 따라 초점 거리를 조절해서 상 거리를 일정하게 유지한다.

그림 24.8은 눈의 해부도를 보여준다. 눈은 평균지름이 2.5 cm 정도인 구에 가깝다. 밖으로 돌출된 앞부분은 안방수(또는 수양액)로 차 있고, 각막이라는 투명한 막으로 덮여 있다. 돌출된 형태를 유지하기 위해 안방수는 높은 압력을 유지하고 있으며 이 각막 곡면이 눈으로 들어오는 빛을 굴절시킨다. 수정체는 미세 조정 역할을 한다(수정체 crystalline lens란 이름은 결정체 crystallins라고 불리는 수용성 단백질에서 유래된 것이다). 대부분의 경우에 각막과 수정체를 합쳐 망막 앞 약 2.0 cm에 있는 초점 거리를 조절할 수 있는 하나의 렌즈로 간주할 수 있다. 눈으로부터 25 cm 이상의 거리에 있는 물체를 선명하게 볼 수 있을 때를 정상 시력으로 간주하는데, 이를 위해서는 망막에서 렌즈까지의 거리가 2.00 cm인 경우에 각막과 수정체로 이루어진 눈의 초점 거리가 1.85 cm에서 2.00 cm 사이로 조절되어야만 한다(문제 11 참조).

연결고리 사람 눈을 단순화한 모형에서는 초점 거리를 조절할 수 있는 수렴렌즈가 망막으로부터 고정된 거리에 위치해 있다. 사진기에서는 일반적으로 렌즈의 초점 거리는 고정되어 있는 대신 상 센서(또는 필름)까지의 거리를 조절할 수 있다.

수정체 뒤쪽의 구형 공간은 유리액이라는 젤리 같은 물질로 채워져 있다. 안방수와 유리액의 굴절률은 물의 굴절률(1.333)과 거의 같다. 젤리와 비슷하지만 섬유 물질인 수정체는 굴절률이 조금 크다(1.437). 각막의 굴절률은 1.351이다.

동공(눈동자)은 들어오는 빛의 양을 조절하는 사진기의 조리개와 같은 역할을 한다. 동공의 크기는 반지 모양의 근육섬유(눈 색을 결정하는 부분)인 홍채가 조절한다. 밝을 때는 홍채가 팽창하여 동공이 작아지면서 눈으로 들어오는 빛의 양을 줄인다. 어두우면

그림 24.9 눈으로 입사하는 빛의 진공파장에 따른 간상세포와 세 가지 원추세포의 감도(간상세포는 원추세포보다 훨씬 더 민감하므로, 만일 세로축 눈금이 상대적이 아니고 절대적인 것이라면 간상세포의 그래프는 다른 것들보다 훨씬 높을 것이다.)

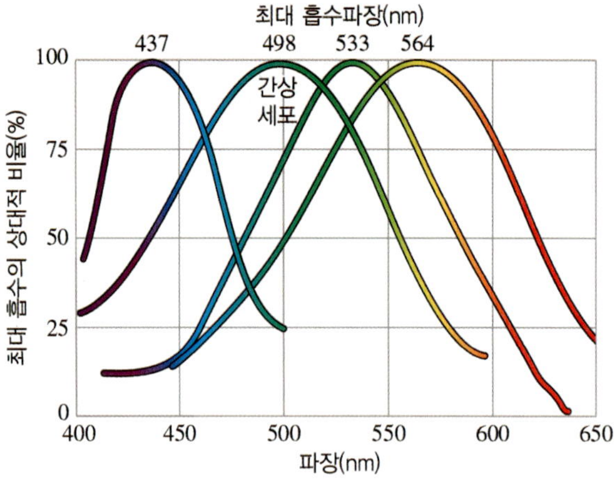

홍채가 수축하면서 동공을 확대시켜 더 많은 빛을 들어오게 한다. 홍채의 팽창과 수축은 밝기 변화에 따른 반응이다. 평상시에 동공의 지름은 2 mm 이지만, 어두워지면 약 8 mm 로 늘어난다.

망막의 감광세포는 황반이라는 좁은 지역에 밀집되어 있다. 원추세포는 세 가지 종류가 있으며 빛의 파장의 따라 다르게 반응한다(그림 24.9). 따라서 원추세포는 색을 구별할 수 있게 한다. 황반 중심에 지름이 0.25 mm 인 부분을 중심와라고 하는데, 이곳은 원추세포가 빽빽하게 밀집해 있으며 밝을 때 예민한 시각이 일어나는 곳이다. 물체를 볼 때 눈 근육이 움직여 물체의 상이 중심와에 맺히도록 한다.

혼자서 해 보기 망막에는 간상세포나 원추세포가 없는 맹점이 있는데, 시신경이 망막에서 외부로 연결되는 부분이다. 보통 맹점을 의식하지 못하는 이유는 뇌가 부족한 정보를 채우기 때문이다. 맹점을 느끼려면 종이에 10 cm 간격으로 십자선과 점을 그리고 왼쪽 눈을 가린 후, 점이 오른쪽에 오도록 종이를 멀리 든다. 그리고 시선을 십자선에 맞추고 종이를 천천히 얼굴 가까이로 가져간다. 어느 순간엔가 오른쪽에 있는 점이 사라지는데, 그때가 점의 상이 맹점에 만들어지는 순간이다. 종이를 계속 눈에 가까이 대면, 점의 상이 맹점을 지나 망막의 다른 지점으로 이동하면서 점이 다시 보인다.

간상세포는 원추세포보다 약한 빛에 더 민감하게 반응하지만 파장에 따라 다르게 반응하도록 나뉘어져 있지는 않다. 따라서 어두운 곳에서는 색깔을 구별하기 어렵다. 황반의 바깥쪽에는 시세포들이 덜 빽빽하게 차 있으며, 그것들은 모두 간상세포들이다. 그러나 간상세포들은 황반의 안쪽보다는 바깥쪽이 더 빽빽하게 차 있다. 밤하늘의 어두운 별을 보려고 할 때 별 주변에 초점을 맞추면 더 잘 보이는 것은 간상세포가 더 많은 황반 바깥쪽에 별의 상이 만들어지기 때문이다.

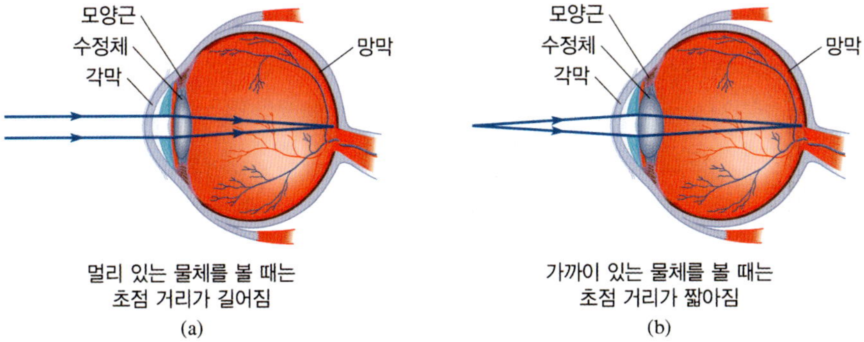

그림 24.10 눈의 렌즈는 (a) 멀리 있는 물체를 볼 때 초점 거리가 길고, (b) 가까이 있는 물체를 볼 때에는 초점 거리가 짧다.

거리 적응

유연한 수정체(렌즈)의 초점 거리를 변화시키는 것을 **거리 적응** accommodation이라고 부른다. 이것은 눈의 모양근이 수정체의 모양을 변화시킨 결과이다. 눈의 수정체와 망막 사이 거리는 일정하기 때문에, 다양한 거리에 있는 물체를 선명하게 보려면 그에 맞추어 수정체의 모양을 변화시켜 초점 거리를 조절해야 한다. 멀리 있는 물체를 볼 때는 눈의 모양근이 이완되면서 수정체의 두께가 얇아지고 초점 거리는 길어진다(그림 24.10a). 가까이 있는 물체를 볼 때는 모양근이 수축하면서 수정체가 두꺼워지고 둥글게 되며(그림 24.10b) 초점 거리가 짧아진다.

눈의 거리 적응 덕분에 **근점** near point과 **원점** far point 사이에 있는 물체의 상이 망막에 선명하게 형성된다. 좋은 시력을 갖고 있는 성인의 경우 근점은 25 cm 이하이고, 원점은 무한대이다. 어린아이의 근점은 10 cm 정도로 작을 수도 있다. 근점이 25 cm 보다 크거나 원점이 무한대까지 가지 못할 경우는 교정렌즈(안경이나 콘택트렌즈)를 사용하거나 수술을 하여 보정할 수 있다.

검안사는 렌즈의 초점 거리보다는 **굴절력** refractive power P으로 안경을 처방한다. 굴절력은 초점 거리의 역수를 뜻한다.

굴절력

$$P = \frac{1}{f} \tag{24-4}$$

굴절력은 보통 **디옵터** diopter(D) 단위로 측정한다. 1 디옵터는 초점 거리가 1 m 인 렌즈의 굴절력이다($1\ \text{D} = 1\ \text{m}^{-1}$). 초점 거리가 짧을수록 광선이 더 많이 꺾이므로 렌즈의 굴절력이 크다. 수렴렌즈의 굴절력은 양수가 되고, 발산렌즈의 굴절력은 음수가 된다.

초점 거리 대신 굴절력을 사용하는 이유는 무엇인가? 굴절력이 $P_1, P_2, \cdots$ 인 두 개 이상의 얇은 렌즈를 충분히 가깝게 겹쳐 놓으면 그 렌즈들은 다음과 같은 굴절력을 갖는 하나의 얇은 렌즈처럼 취급할 수 있다.

$$P = P_1 + P_2 + \cdots \tag{24-5}$$

응용 : 근시 교정

근시안은 가까운 물체는 선명하게 보지만 먼 곳에 있는 물체를 잘 보지 못하는 눈을 말한다. 근시는 안구의 모양이 길어지거나 각막의 곡면이 필요 이상으로 심해진 데에 기인한다. 근시안은 먼 물체의 상을 망막의 앞에 형성한다(그림 24.11a). 곧 렌즈의 굴절력이 너무 커서 광선들을 너무 빨리 수렴시킨다. 근시를 교정하기 위해서는 굴절력이 음수인 발산렌즈를 사용하여 광선들을 바깥쪽으로 꺾어 망막 앞의 상을 망막으로 옮겨야 한다(그림 24.11b).

발산 교정렌즈는 눈으로부터 어떤 거리에 있는 물체든 실제의 거리보다 가까운 곳에 허상을 형성한다. 무한히 먼 곳에 있는 물체의 상을 눈의 원점far point에 형성하고(그림 24.11c), 그보다 가까운 물체는 원점보다 가까운 곳에 허상을 형성한다. 이 허상들은 항상 원점보다 가까운 곳에 있으므로 눈의 렌즈가 그 실상들을 망막에 형성한다.

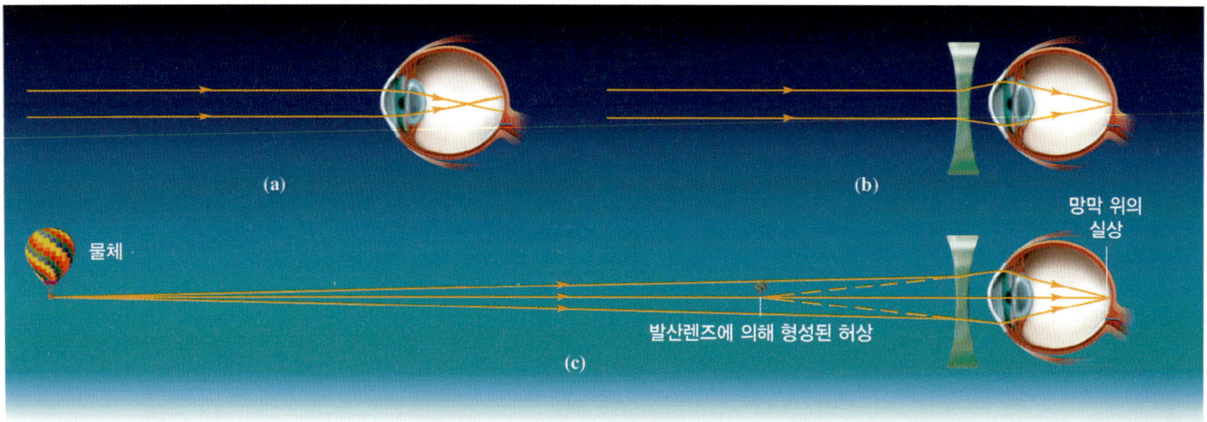

그림 24.11 (a) 근시안에서는 먼 물체로부터 오는 평행광선들이 망막에 도달하기 전에 망막 앞쪽에 수렴한다. (b) 발산렌즈는 광선들이 망막 위의 한 점으로 수렴하도록 광선들을 밖으로 굴절시켜 근시를 교정한다. (c) 발산렌즈는 물체보다 가까운 곳에 허상을 형성하고 눈은 이 상으로부터 오는 광선들을 망막 위에 수렴시켜 실상을 만든다.

보기 24.4 **근시의 교정**

40.0 cm 밖의 물체를 선명하게 볼 수가 없는 학생이 콘택트렌즈를 착용하려고 한다. 학생의 시력을 정상으로 교정하기 위한 콘택트렌즈의 굴절력을 구하라.

전략 학생 눈의 원점은 40.0 cm이다. 따라서 학생은 무한히 먼 위치에 있는 물체의 허상을 눈의 원점 40.0 cm에 형성하는 교정렌즈를 써야 한다. 물체 거리 $p = \infty$, 상 거리 $q = -40.0$ cm를 렌즈 방정식에 대입하면, 교정렌즈의 초점 거리와 굴절력을 구할 수 있다. 상이 생기는 위치가 물체와 같은 쪽이므로 허상이고, 따라서 상 거리는 음수이다.

풀이 얇은 렌즈 방정식은 다음과 같다.

$$\frac{1}{p} + \frac{1}{q} = \frac{1}{f} = P$$

물체 거리는 $p = \infty$이므로, $1/p = 0$이다. 이것과 $q = -40.0$ cm을 대입하면 다음과 같다.

$$0 + \frac{1}{-40.0\ \text{cm}} = \frac{1}{f}$$

그러므로 초점 거리는

$$f = -40.0\ \text{cm}$$

이다. 렌즈의 굴절력인 디옵터는 미터당 초점 거리의 역수이므로, 다음과 같이 계산할 수 있다.

$$P = \frac{1}{f} = \frac{1}{-40.0 \times 10^{-2}\ \text{m}} = -2.50\ \text{D}$$

검토 예상한 것처럼 발산렌즈에서는 초점 거리와 굴절력은 음수이다. 얇은 렌즈 방정식을 사용해서 계산하지 않아도 바로 $f = -40.0$ cm임을 알 수 있다. 먼 곳에 있는 광원으로부터 오는 광선들은 축에 거의 평행하게 들어온다. 발산렌즈로 들어오는 평행광선들은 렌즈 앞의 초점으로부터 나오는 것처럼 굴절해 나온다. 따라서 상은 렌즈 입사면 쪽의 초점에 있다.

실전문제 24.4 **근점**

콘택트렌즈를 끼지 않았을 때 학생의 근점이 10.0 cm라고 하자. 학생이 콘택트렌즈를 끼고 볼 수 있는 가장 가까운 물체 거리는 얼마인가? [힌트 : 콘택트렌즈가 렌즈 앞 10.0 cm 위치에 허상을 만드는 물체 거리가 얼마인가?]

응용 : 원시 교정

원시안은 멀리 있는 물체는 잘 보지만 근점이 너무 길어서 가까운 물체를 잘 못 보는 눈을 말한다. 원시는 눈의 굴절력이 너무 작아 각막과 수정체가 광선들을 망막 위에 수렴시킬 만큼 충분히 굴절시키지 못한다(그림 24.12a). 원시를 교정하기 위해서는 수렴렌즈로 빛을 안쪽으로 굴절시켜 일찍 수렴하도록 만들어야 한다(그림 24.12b). 정상 시력의 근점은 25 cm이거나 그 이하이다. 그러므로 교정렌즈는 눈앞 25 cm에 있는 물체의 허상을 눈의 근점에 형성한다.

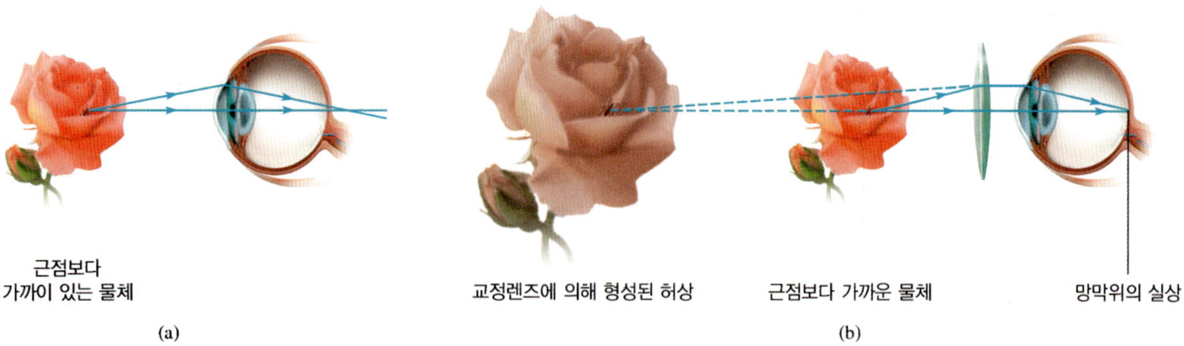

그림 24.12 (a) 원시안은 가까운 물체의 상을 망막 뒤에 만든다. (b) 수렴 교정렌즈는 눈으로부터 물체가 있는 곳보다 먼 곳에 허상을 만든다. 이 허상으로부터 온 것처럼 보이는 광선들은 눈의 렌즈에 의해 모여 망막 위에 실상을 만든다.

보기 24.5 원시의 교정

눈으로부터 2.50 m 이내에 있는 물체를 잘 볼 수가 없는 사람이 있다. 이 사람의 교정렌즈의 굴절력은 얼마가 되어야 하는가?

전략 눈앞 25 cm에 있는 물체에 대하여, 교정렌즈는 그의 근점(눈으로부터 2.50 m)에 허상을 만들어야 한다. 따라서 교정렌즈의 초점 거리를 구하기 위하여 물체 거리 $p = 25\text{ cm}$, 상 거리 $q = -2.50\text{ m}$를 얇은 렌즈 방정식에 대입한다. 보기 24.4와 마찬가지로 상 거리 q가 음수인데 이것은 물체가 있는 렌즈의 앞쪽에 허상이 만들어지기 때문이다.

풀이 얇은 렌즈 방정식은 다음과 같다.

$$\frac{1}{p} + \frac{1}{q} = \frac{1}{f}$$

여기에 물체거리 $p = 0.25\text{ m}$와 $q = -2.50\text{ m}$를 대입하면

$$\frac{1}{0.25\text{ m}} + \frac{1}{-2.50\text{ m}} = 3.6\text{m}^{-1} = \frac{1}{f}$$

이다. 초점 거리에 관하여 풀면

$$f = 0.28\text{ m}$$

이고 굴절력은 다음과 같다.

$$P = \frac{1}{f} = +3.6\text{ D}$$

검토 이 풀이는 교정렌즈가 콘택트렌즈처럼 눈에 매우 가깝다고 가정한 것이다. 만일 눈과 안경 사이 거리가 2.0 cm이라면, 물체 거리와 상 거리는 렌즈로부터 재는 것이기 때문에 $p = 23\text{ cm}$, $q = -2.48\text{ m}$가 된다. 그러면 얇은 렌즈 방정식으로부터, 굴절력은 $P = +3.9\text{ D}$가 된다.

실전문제 24.5 교정 안경의 착용

안경을 쓰지 않으면 2.00 m 밖에 있는 물체를 잘 볼 수 있는 사람이 있다. 만일 안경의 굴절력이 $+1.50\text{ D}$라면, 이 사람은 안경에서 얼마나 가까운 물체까지 잘 볼 수 있는가? 눈과 안경 사이 거리는 2.0 cm라고 가정한다.

노안

노안은 나이가 들어감에 따라서 수정체의 유연성이 떨어져 눈의 거리 적응력이 약화되는 현상이다. 노안이 되면 눈에 가까이 있는 물체에 초점을 맞추기가 어려워진다. 그래서 40세 이상의 많은 사람들이 책을 읽기 위하여 돋보기가 필요하다. 60세 노인의 근점은 평균 50 cm 정도이며, 근점이 1 m 이상인 사람도 있다. 노안인 사람이 사용하는 독서용 돋보기는 원시 교정 안경과 비슷하다.

난시

난시는 각막이나 수정체가 중심축에 대해 비대칭으로 굴곡져서 생기는 일반적 시력장애이다. 중심축을 포함하는 여러 평면들을 생각해 보자. 각막 또는 수정체의 곡률이 평면들에 따라 달라진다면, 눈은 각 평면에 입사된 빛에 대해 다른 초점 거리를 갖는다. 난시를 교정하기 위해서는 구면원주렌즈 spherocylindrical lens와 같이 한 표면이 비대칭적인 렌즈가 이용된다.

살펴보기 24.3 캠핑을 갔는데 일행 중 아무도 성냥을 가져오지 않았다고 하자. 한 사람이 자신의 안경으로 태양빛을 모아 마른풀이나 잘게 부순 나무껍질에 불을 붙이자고 제안하였다. 그 사람의 눈이 근시라면 이것이 가능하겠는가? 원시라면 어떤가? 설명하여라.

24.4 각도 배율과 단순 확대경 Angular Magnification and The Simple Magnifier

각도 배율

돋보기나 현미경을 사용하면 너무 작아 육안으로는 보기 힘든 물체를 확대해서 볼 수 있다. 여기서 확대한다는 것은 어떤 뜻인가? 우리 눈에 보이는 물체의 크기는 망막에 형성되는 상의 크기에 달려 있다. 육안인 경우 눈의 망막에 투영되는 상의 크기는 물체의 양 끝에서 나오는 두 광선들이 이루는 각에 비례한다. 그림 24.13은 크기가 같은 두 물체가 다른 거리에 있을 때 눈에서 어떻게 보이는지를 비교한 것이다. 물체들의 양 끝에서 나와 수정체의 중심을 통과하는 두 광선들을 고려하자. 이 두 광선들이 만드는 각 θ를 그 물체의 **각 크기** angular size라고 부른다. 망막에 형성된 상의 각 크기는 물체의 각 크기 θ와 같다. 그림 24.13에서 볼 수 있듯이, 두 물체 중 먼 곳에 있는 물체의 각 크기는 가까운 물

그림 24.13 서로 다른 거리에서 본 같은 물체. 더 가까운 물체의 상단과 하단에서 그려진 광선은 물체에 대한 각 θ를 나타낸다. 망막에 형성된 상의 크기는 물체의 각 크기에 비례한다.

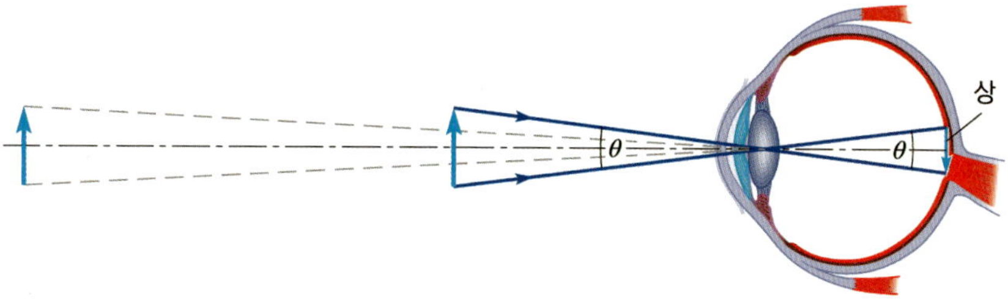

체의 각 크기보다 작다. 이와 같이 물체의 각 크기는 물체가 눈에서 얼마나 멀리 떨어져 있는지에 달려있다.

확대경, 현미경, 망원경은 육안으로 보는 상보다 훨씬 큰 상을 망막 위에 만든다. 망막 위의 상 크기는 각 크기에 비례하므로, 광학기기의 확대 배율은 **각도 배율**angular magnification 로 측정한다. 각도 배율은 육안으로 보는 상의 각 크기와 광학기기를 통해 보는 상의 각 크기의 비율이다.

각도 배율의 정의

$$M = \frac{\theta_{확대}}{\theta_{육안}} \tag{24-6}$$

각도 배율의 절댓값 $|M|$을 광학기기의 **확대능**magnifying power이라고 한다. 확대능은 굴절력(24.3절 참고)과 완전하게 다른 것이다.

한 물체에 대한 가로 배율(물체의 크기에 대한 상의 크기의 비)은 그 물체에 대한 각도 배율과 같지 않다. 예를 들어 망원경을 통해 눈으로 달을 볼 때 망원경과 눈 조합의 가로 배율은 1보다 훨씬 작다. 망원경을 통하더라도 망막에 형성된 달의 상 크기는 실제 달의 크기보다 매우 작다. 망원경은 육안으로 볼 때보다 $|M|$만큼 더 큰 상을 망막에 만들기 위해 사용한다.

혼자서 해 보기 달이 잘 보이는 맑은 날 밤에 밖으로 나가 한 눈을 감고 연필을 잡은 팔을 뻗어 연필로 정확하게 달을 가려 보자. 달의 각 크기를 연필 각 너비와 비교하여라. 눈으로부터 연필까지의 거리와 연필의 너비를 어림하고, 이 값들과 지구와 달 사이 거리(4×10^5 km)를 써서 달의 지름을 어림셈하여라. 이 어림값과 실제 달의 지름(3.5×10^3 km)을 비교해 보아라.

단순 확대경

무언가를 더 자세히 보려면 본능적으로 물체 가까이 다가간다. 다가갈수록 물체의 각 크기가 커지기 때문이다. 그러나 가까운 물체를 보는 눈의 거리 조절 능력에는 한계가 있어서 눈의 근점보다 가까운 물체는 선명하게 볼 수 없다. 따라서 물체의 각 크기가 최대가 될 때는 물체가 근점에 있을 때이다.

단순 확대경simple magnifier은 물체 거리가 초점 거리보다 짧도록 놓인 수렴렌즈이다. 그러면 물체보다 더 먼 곳에 확대된 정립 허상이 생긴다(그림 24.14). 일반적으로 물체를 근점에 놓고 육안으로 볼 때의 각 크기보다, 확대된 허상을 눈으로 볼 때의 각 크기가 훨씬 크다. 허상이 근점보다 좀 더 먼 곳에 생기도록 하면 각도 배율 면에서는 조금 손해를 보지만 눈의 피로를 덜 수 있다.

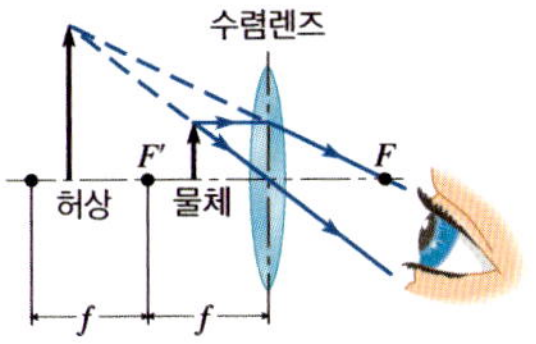

그림 24.14 단순 확대경으로 사용되는 수렴렌즈의 확대된 허상. 물체 거리가 초점 거리보다 짧다.

만일 높이 h인 작은 물체를 육안으로 관찰한다면(그림 24.15a), 이 물체가 눈으로부터 거리 N만큼 떨어진 근점에 있을 때 각 크기는 다음과 같다.

$$\theta_{육안} \approx \frac{h}{N} \quad \text{(rad)} \tag{24-7}$$

여기서 $h \ll N$이라고 가정하면 $\theta_{육안}$은 아주 작아져 $\tan\theta_{육안} \approx \theta_{육안}$이 된다. 만일 그 물체를 수렴렌즈의 초점에 놓으면, 상은 무한히 먼 곳에 생기고 이완된 눈으로 그 상을 볼 수 있다(그림 24.15b). 이때 상의 각 크기는

$$\theta_{확대} \approx \frac{h}{f} \quad \text{(rad)} \tag{24-8}$$

이고 각도 배율 M은 다음과 같다.

단순 확대경의 각도 배율

$$M = \frac{\theta_{확대}}{\theta_{육안}} = \frac{h/f}{h/N} = \frac{N}{f} \tag{24-9}$$

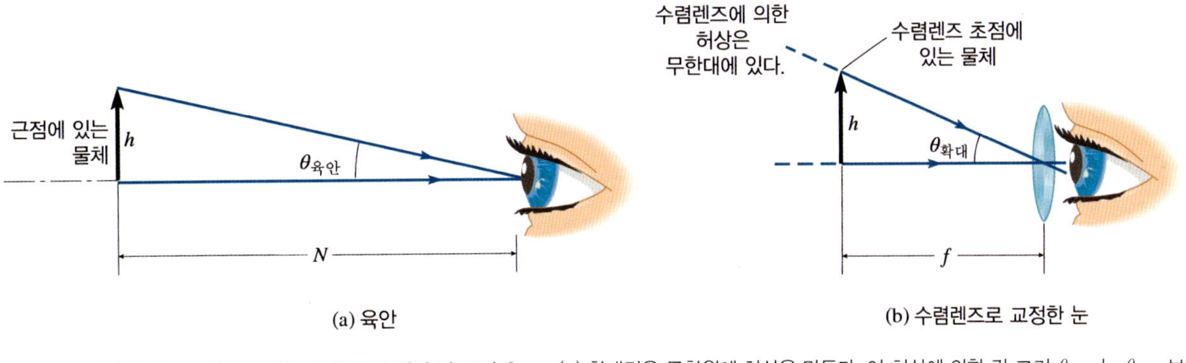

그림 24.15 (a) 육안으로 근점에 있는 물체를 볼 때의 각 크기 $\theta_{육안}$. (b) 확대경은 무한원에 허상을 만든다. 이 허상에 의한 각 크기 $\theta_{확대}$는 $\theta_{육안}$보다 크다.

광학기기의 각도 배율을 계산할 때에는 근점 거리를 $N=25$ cm로 하는 것이 일반적이다.

식 (24−9)는 물체가 확대경의 초점에 있을 때의 각도 배율이다. 만일 물체가 확대경에 가까이 다가간다면($p < f$) 각도 배율은 다소 커질 것이다. 그때 상의 각 크기는 $\theta_{확대} = h/p$이고 각도 배율은 다음과 같이 된다.

$$M = \frac{\theta_{확대}}{\theta_{육안}} = \frac{h/p}{h/N} = \frac{N}{p} \qquad (24\text{-}10)$$

많은 경우에, 이렇게 각도 배율을 조금 증가시키기 위해서 가까운 상을 볼 때의 눈의 피로를 감수할 만한 가치는 없다.

살펴보기 24.4 발산렌즈($f < 0$)로 물체의 허상을 만들 수 있다. 그렇다면 발산렌즈를 단순 확대경으로 쓸 수 있는지 설명하여라. [힌트 : 상 거리가 물체 거리보다 작다($|q| < p$).]

보기 24.6 확대경

초점 거리가 4.00 cm인 수렴렌즈를 단순 확대경으로 사용한다. 이 확대경은 눈의 근점인 25.0 cm에 허상을 만든다. 이때의 물체 거리와 각도 배율을 구하여라. 확대경과 눈은 아주 가까운 거리에 있다고 가정한다.

전략 렌즈로부터의 상 거리를 25.0 cm라고 한다. 확대경이 눈에 가까이 있다면, 렌즈로부터의 거리는 눈으로부터의 거리와 같다고 볼 수 있다. 주어진 렌즈의 초점 거리와 상 거리 값을 얇은 렌즈 방정식에 대입하여 물체 거리를 구한다.

풀이 얇은 렌즈 방정식을 정리하여 물체 거리를 구하면

$$p = \frac{fq}{q-f}$$

이다. 여기에 상 거리 $q = -25.0$ cm(허상이므로 음수), 초점 거리 $f = +4.00$ cm를 대입한다.

$$p = \frac{4.00\text{ cm} \times (-25.0\text{ cm})}{-25.0\text{ cm} - 4.00\text{ cm}} = 3.45\text{ cm}$$

물체 거리는 렌즈로부터 3.45 cm가 된다. 이때 상의 각 크기는

$$\theta = \frac{h}{p}$$

이고, 여기에서 h는 물체의 크기이다. 이 물체는 렌즈의 초점에 있지 않으므로, 그림 24.15b처럼 각 크기를 h/f로 나타낼 수 없다. 확대경을 사용하지 않고 근점 $N=25$ cm에 놓인 물체를 볼 때의 각 크기는

$$\theta_0 = \frac{h}{N}$$

이다. 따라서 각도 배율은 다음과 같다.

$$M = \frac{h/p}{h/N} = \frac{N}{p} = \frac{25.0 \text{ cm}}{3.45 \text{ cm}} = 7.25$$

검토 만일 물체를 렌즈로부터 4.00 cm인 초점에 놓으면, 무한대에 상이 만들어지고 그 각도 배율은 다음과 같다.

$$M = \frac{N}{f} = \frac{25.0 \text{ cm}}{4.00 \text{ cm}} = 6.25$$

실전문제 24.6 **확대경으로 보는 물체의 위치**

초점 거리 12.0 cm인 단순 확대경이 있다. 이 확대경은 눈에 가까이 있다고 가정한다. (a) 관찰자의 근점(25 cm)에 상이 만들어질 때 물체의 각도 배율과 (b) 무한대에 상이 만들어질 때의 각도 배율을 구하여라.

24.5 복합 현미경 Compound Microscopes

단순 확대경의 각도 배율은 기껏해야 15에서 20 사이이다. 그러나 두 개의 수렴렌즈를 사용하는 **복합 현미경** compound microscope의 각도 배율은 2000 이상까지 가능하다. 복합 현미경은 1600년경 네덜란드에서 발명된 것으로 알려져 있다.

우선 현미경으로 보고자 하는 작은 물체를 **대물렌즈** objective라고 부르는 수렴렌즈의 초점 바로 밖에 놓는다. 대물렌즈의 역할은 확대 실상을 만드는 것이다. 두 번째의 수렴렌즈인 **접안렌즈** eyepiece는 대물렌즈에 의해 만들어진 실상을 보기 위한 것이다(그림 24.16). 접안렌즈는 단순 확대경처럼 확대된 허상을 만든다. 최종적인 상은 관찰자의 근점과 무한대 사이 어디에나 있을 수 있다. 일반적으로 상을 무한대에 위치하도록 하는데, 이는 각도 배율을 많이 감소시키지 않고 관찰자가 편안하게 물체를 관찰하기 위함이다. 무한대에

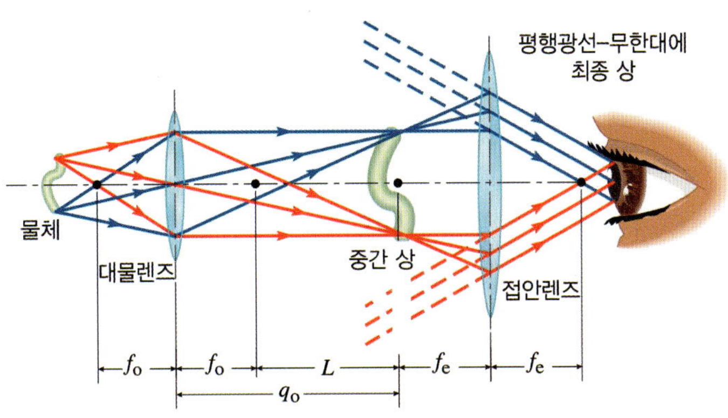

그림 24.16 복합 현미경. 무한대에 최종적인 상을 만들기 위하여 중간 상이 접안렌즈의 초점에 위치하여야 한다.

허상을 만들기 위해서는 대물렌즈에 의해 만들어진 실상이 접안렌즈의 초점에 있어야 한다. 복합 현미경의 경통 속에서 두 렌즈의 위치를 조절하여 대물렌즈에 의한 상이 접안렌즈의 초점이나 더 가까운 곳에 생기도록 한다.

접안렌즈를 단순히 단순 확대경으로 사용하여 물체를 본다면 각도 배율은 다음과 같다.

$$M_e = \frac{N}{f_e} \quad \text{(접안렌즈에 의한 각도 배율)} \tag{24-11}$$

여기에서 f_e는 접안렌즈의 초점 거리이고, 허상이 무한대에 만들어지는 경우에 해당한다. 일반적으로 $N = 25\text{ cm}$라고 가정한다. 한편 대물렌즈는 물체의 확대된 실상을 만든다. 대물렌즈의 가로 배율은 다음과 같다(문제 43).

$$m_o = -\frac{L}{f_o} \quad \text{(대물렌즈에 의한 가로 배율)} \tag{24-12}$$

여기에서 L(현미경 **경통의 길이**)은, 두 렌즈 사이의 거리가 아니라, 두 렌즈의 초점들 사이의 거리이다. 그림 24.16처럼 대물렌즈의 상은 접안렌즈의 초점에 있으므로 현미경 경통의 길이는 다음과 같이 계산된다.

$$L = q_o - f_o \tag{24-13}$$

대부분의 현미경의 표준 경통 길이는 16 cm이다.

접안렌즈를 통해 보는 상은 대물렌즈의 가로 배율 m_o로 확대된 상을 다시 접안렌즈 각도 배율 M_e로 확대한 것이다. 따라서 총각도 배율은 m_o와 M_e를 곱한 값이다.

현미경의 각도 배율

$$M = m_o M_e = -\frac{L}{f_o} \times \frac{N}{f_e} \tag{24-14}$$

식 (24−14)에서 음$^-$의 부호는 최종적으로 얻은 상이 거꾸로 선 도립상이라는 것을 뜻한다.

식 (24−14)에 의하면, 초점 거리들이 짧아야 더 큰 배율을 얻을 수 있다. 대부분의 현미경은 배율이 다른 여러 개의 대물렌즈 중에서 하나를 골라 적당한 확대 배율을 선택할 수 있다. 현미경은 렌즈의 초점 거리 대신 배율($|m_o|$와 M_e)이 표시되어 있다. 예를 들어, 접안렌즈에 '5×'로 표시된 것은 접안렌즈의 배율 $M_e = 5$를 나타내는 것이다.

보기 24.7 현미경의 배율

어떤 복합 현미경에서 대물렌즈의 초점 거리는 1.40 cm이고 접안렌즈의 초점 거리는 2.20 cm이다. 대물렌즈와 접안렌즈 사이 거리는 19.6 cm이다. 무한대에 최종적인 상이 만들어질 때 (a) 각도 배율과 (b) 대물렌즈에서 물체까지의 거리를 구하여라.

전략 최종적인 상이 무한대에 있으므로, 식 (24-8)을 이용하여 각도 배율 M을 구할 수 있다. 먼저 현미경의 경통 길이 L을 구한다. 그림 24.16에서 볼 수 있듯이, 두 렌즈 사이의 거리는 두 렌즈의 초점 거리의 합에 경통 길이를 더한 것이다. 근점은 일반적으로 적용하는 25 cm로 한다. 물체의 위치를 알기 위해서, 대물렌즈에 얇은 렌즈 방정식을 적용한다. 최종 상이 무한대에 만들어지므로 접안렌즈의 초점에 대물렌즈의 상이 놓여야 한다.

- 주어진 조건 : $f_o = 1.40$ cm, $f_e = 2.20$ cm, 두 렌즈의 간격 $= 19.6$ cm
- 구해야 할 값 : (a) 총각도 배율 M (b) 물체 거리 p_o

풀이 (a) 경통 길이는 다음과 같다.

$$L = \text{두 렌즈의 간격} - f_o - f_e = 19.6\text{ cm} - 1.40\text{ cm} - 2.20\text{ cm} = 16.0\text{ cm}$$

따라서 각도 배율은 다음과 같다.

$$M = -\frac{L}{f_o} \times \frac{N}{f_e} = -\frac{16.0\text{ cm}}{1.40\text{ cm}} \times \frac{25\text{ cm}}{2.20\text{ cm}} = -130$$

음수 배율은 최종적으로 얻은 상이 도립상임을 나타낸다.

(b) 무한대에 최종적인 상이 만들어지려면, 대물렌즈의 상이 접안렌즈의 초점에 놓여야 한다. 그림 24.16에서 보듯이, 중간 상의 거리는 다음과 같이 구해진다.

$$q_o = L + f_o = 16.0\text{ cm} + 1.40\text{ cm} = 17.4\text{ cm}$$

대물렌즈의 얇은 렌즈 방정식인

$$\frac{1}{p_o} + \frac{1}{q_o} = \frac{1}{f_o}$$

식을 대물렌즈의 물체 거리 p_o에 대해 풀면 다음과 같이 된다.

$$p_o = \frac{f_o q_o}{q_o - f_o} = \frac{1.40\text{ cm} \times 17.4\text{ cm}}{17.4\text{ cm} - 1.40\text{ cm}} = 1.52\text{ cm}$$

검토 (b)의 결과를 보고, 물체가 대물렌즈의 초점 바로 밖에 있는지 아닌지 확인해 볼 수 있다. 대물렌즈의 초점 거리는 1.40 cm이고, 대물렌즈로부터 물체까지의 거리는 1.52 cm이므로, 그 물체는 초점 밖 1.2 mm에 있다.

실전문제 24.7 뚜렷한 상을 위한 물체 거리

근점이 25 cm인 관찰자가 대물렌즈의 초점 거리가 $f_o = 1.20$ cm인 현미경을 통해 시료를 본다. 시료를 대물렌즈 아래 1.28 cm 거리에 놓았을 때 각도 배율이 −198이고 최종적인 상이 무한대에 만들어졌다. (a) 이 현미경의 경통 길이 L과 (b) 접안렌즈의 초점 거리는 얼마인가?

24.7 렌즈와 거울의 수차
Aberrations of Lenses and Mirrors

실제로 사용하는 렌즈와 거울은 이상적인 렌즈와 거울과는 차이가 있다. 이것을 **수차**aberration라고 부른다.

색 수차

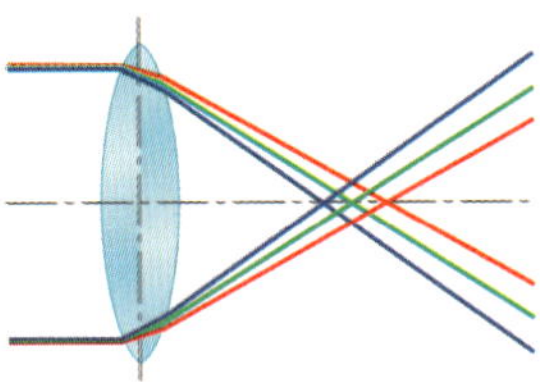

(a)

(b)

그림 24.21 (a) 분산 매질에서 굴절률은 빛의 파장에 따라 다르다. 결과적으로 렌즈의 초점 거리도 파장에 의존한다. 그림에 나타낸 것처럼 파장이 커지면 굴절률은 보통 작아진다. 사진기 상 센서의 위치를 초록색 빛에 맞춰 놓으면, 빨간색 빛에는 너무 가깝고 파란색 빛에는 너무 멀게 된다. (b) 인도 방갈로르 근처에서 촬영한 바야 직조새 사진. 새 가장자리의 자주색이 색수차로 인한 것이다.

여러 파장들이 섞인 빛이 렌즈를 통과할 때, 파장에 따라 굴절률이 다르기 때문에 각 파장의 빛은 다르게 구부러진다. 렌즈의 이러한 결함을 **색 수차**chromatic aberration라고 한다(그림 24.21). 색 수차를 최소화하는 한 가지 방법은 가시광선 영역에서 굴절률에 변화가 적은 **저분산**low-dispersion 유리나 폴리머로 렌즈를 만드는 것이다. 더 좋은 방법은 두 개의 렌즈(한 개의 수렴렌즈와 한 개의 발산렌즈)를 사용하는 것이다. 렌즈 중 하나는 저분산 재료로 만들고 다른 하나는 고분산 재료로 만든다. 서로 다른 재료로 이루어진 렌즈들을 신중하게 조합해 사용함으로써, 한 렌즈로부터 생긴 수차가 다른 렌즈로부터 생긴 수차를 상쇄하도록 하는 것이다. 거울의 경우는 상을 형성할 때 굴절이 아닌 반사에만 의존하기 때문에 색 수차가 나타나지 않는다.

단색 수차

단색 수차monochromatic aberration는 단일 파장의 빛에서도 발생한다. 단색 수차는 분산에 의해 발생되는 것이 아니기 때문에 렌즈뿐만 아니라 거울에도 존재한다. 얇은 렌즈와 거울에 관한 방정식을 유도하는 과정에서, 광선들이 렌즈의 주축에 거의 나란하고 또 축에서 너무 멀지 않은 근축광선이라고 가정하였다. 이 가정 하에서 작은 각 근사를 쓸 수 있었지만, 광선의 실제 경로는 근축광선에서 예상된 것에서 벗어나 단색 수차가 생긴다.

주축 위에 있는 물체의 경우, 물체에서 나온 광선이 렌즈나 거울에 입사될 때 주축으로부터 떨어진 정도에 따라 주축을 통과하는 지점이 다르게 굴절되거나 반사된다(그림 24.22). 상이 퍼지게 하는 이러한 결함을 **구면 수차**spherical aberration라고 한다. 렌즈나 거울 앞에 조리개를 설치하여 주축에 가까운 평행광선만 렌즈나 거울을 통과하게 하면 구면 수차를 최소화할 수 있다. 이렇게 형성된 상은 좀 더 선명하지만 덜 밝다.

구면이 아닌 렌즈나 거울을 사용하거나 여러 렌즈의 조합을 사용하면 구면 수차를 줄일 수 있다. 거울의 경우 포물면 거울을 사용하여 구면 수차를 피할 수 있다. 포물면 거울은 근축광선이 아니라도 평행한 광선들을 한 초점으로 모은다. 그래서 대형 천체 반사망원경들은 포물면 거울을 사용한다. 광선의 경로는 역방향으로도 성립하기 때문에, 하나의 점광원을 포물면 거울의 초점에 갖다 놓으면 거울에서 반사된 광선들은 모두 평행하게 진행한다. 탐조등이나 자동차의 헤드라이트 등은 포물면 거울을 사용하여 잘 정렬된 평행 광선을 내보낸다.

물체가 주축 위에 없는 경우 다른 수차가 발생한다. 그러한 수차들 중 장곡률 수차 field curvature 와 왜곡 수차 distortion 의 경우, 상의 모양이나 크기가 변형된다. 코마 수차와 비점 수차의 경우, 상을 흐려지게 만든다.

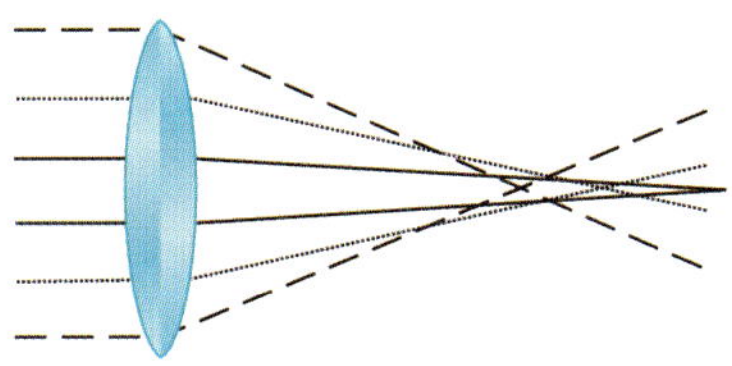

그림 24.22 무한대에 있는 점 물체에 대한 수렴렌즈의 구면 수차. 실제로 렌즈는 주축으로부터 다른 거리에서 렌즈로 들어오는 광선에 대하여 다른 초점 거리를 갖는다.

해답 실전문제 & 살펴보기

실전문제

24.1 물체는 실물체이거나 허물체일 수 있다. 실상이 두 번째 렌즈 앞에 형성되면 실물체가 되고, 두 번째 렌즈가 실상을 형성하기 전에 광선을 차단하면 허물체가 된다.

24.2 $q_1 = +16.7\,\text{cm}$, $q_2 = 4.3\,\text{cm}$, $m = -0.43$, $h_2' = -1.7\,\text{cm}$
나중 상은 정립 실상이고 크기는 감소한다.

24.3 $51.7\,\text{mm}$

24.4 $13.3\,\text{cm}$

24.5 $49.9\,\text{cm}$

24.6 (a) 3.08, (b) 2.08

24.7 (a) $18\,\text{cm}$, (b) $1.9\,\text{cm}$

24.8 -780

살펴보기

24.1 $p_1 = +6\,\text{cm}$(실물체), $q_1 = +12\,\text{cm}$(렌즈 2가 없다면 실상이 형성되었을 것이다), $s = 8\,\text{cm}$, $p_2 = -4\,\text{cm}$(허물체), $q_2 = -4\,\text{cm}$(허상), $m_1 = -2$(렌즈 1에 의해 형성된 상은 물체의 2배이고 뒤집혀 있다), $m_2 = -1$(물체와 상이 같은 크기이고 상이 뒤집혀 있다), $m = m_1 m_2 = +2$ (나중 상은 원래 물체의 두 배이며 바로 서 있다)

24.2 아니요. 렌즈가 상 센서(또는 필름)에 실상을 형성해야 하기 때문이다. 물체 거리 p가 f보다 작으면 형성된 상은 허상이다.

24.3 친구가 근시라면 안경으로 불을 붙일 수는 없다. 근시를 교정하기 위해서는 발산렌즈를 사용하는데, 발산렌즈로는 광선을 작은 점에 수

렴시킬 수 없기 때문에 불을 붙이는 데 사용할 수 없다. 친구가 타고난 원시라면 안경을 사용해 볼 수 있다. 원시를 교정하기 위해서는 수렴렌즈가 사용된다.

24.4 아니요. 명확하게 보려면 상이 눈의 근점보다 가까이 있지 않아야 한다($|q| = N$). 발산렌즈로 물체거리는 근점보다 커야 했을 것이다. 곧 $p > |q| = N$이다. 따라서 상의 각 크기는 육안으로 보는 크기에 못 미친다.

24.6 현미경에서는 대물렌즈의 초점 바로 너머에 작은 물체를 놓는다. 물체에 대한 각 크기는 물체에 가까울수록 커지므로 작은 초점 거리가 필요하다. 망원경에서는 물체가 아주 멀리 떨어져 있으므로 각 크기가 고정되어 있다. 그러면 초점 거리가 더 긴 대물렌즈는 멀리 있는 물체의 실상을 더 크게 만든다.

25

찾아가보기

- 중첩의 원리 (11.7절)
- 간섭과 회절 (11.9절)
- 위상차와 결맞음 (11.9절)
- 파면, 광선, 호이겐스의 원리 (23.1절)
- 반사와 굴절 (23.2절, 23.3절)
- 전자기 스펙트럼 (22.3절)
- 세기 (22.6절)

생명과학 응용

- 나비, 새 및 여러 동물의 무지개 빛깔 (25.3절)
- 간섭 현미경 검사 (25.2절)
- 눈의 분해능 (25.8절, 문제 29, 37, 49)
- 핵산 및 단백질의 X선 회절 연구 (25.9절)

간섭과 회절

Interference and Diffraction

식물이나 동물에서 볼 수 있는 갈색 눈, 녹색 잎, 노란 해바라기꽃 등의 색깔은 대부분이 그들이 가진 색소가 빛을 선택적으로 흡수하기 때문에 나타난다. 녹색 식물의 잎과 줄기에 있는 엽록소는 특정 파장의 빛을 흡수하고 나머지 파장의 빛을 반사하여 녹색으로 보이도록 하는 주요 색소이다.

일부 동물 중에는 식물과 다른 방식으로 색깔을 나타내는 것들이 있다. 중남미 대륙에 사는 모르포나비[Morpho butterfly] 종들은 날개 속의 평평한 색소 구조 때문에 강렬한 푸른색으로 반짝인다. 그러나 보는 위치나 날개의 움직임에 따라 날개의 색상이 조금씩 변하며 무지개 색깔로 반짝이게 된다. 이러한 무지개 색채는 오리곤 제비꼬리나비, 벌새, 기타 여러 종의 나비와 조류의 날개나 깃털에서도 보인다. 또한, 일부 딱정벌레, 물고기의 비늘, 뱀의 껍질 등에서도 나타난다. 이러한 무지개 색깔은 어떻게 나타나는 것일까?

25.1 보강간섭과 상쇄간섭 Constructive and Destructive Interference

23장과 24장에서는 반사, 굴절, 상 형성과 같은 기하광학 분야의 주제를 공부하였다. 그 내용은 대부분 직선 경로를 따라 전파되는 광선을 추적하는 것이었고 광선은 매질의 경계에서 반사 또는 굴절에 의해서만 방향이 바뀌었다. 이러한 기하광학은 물체나 구멍이 빛의 파장에 비해 큰 경우에 근사적으로 유용하다.

연결고리 간섭 및 회절 현상은 중첩의 원리의 결과이다.

이 장에서는 빛이 장애물 주변을 지나서 전파되거나 파장과 비교하여 크지 않은 구멍을 통해 전파될 때 어떤 일이 일어나는지 살펴볼 것이다. 이러한 상황에서는 빛의 간섭이나 회절을 경험하게 된다. 모든 종류의 파동은 간섭이나 회절을 나타낼 수 있는데, 이는 임의의 지점에서 두 개 이상의 파동으로 인한 교란이 각 파동에 의한 교란의 합이라고 하는 중첩의 원리에 따라 나타나는 현상이다. 중첩은 빛에 대한 새로운 원리가 아니다. 이 원리는 소리나 다른 탄성파를 배울 때 이미 다룬 바 있다(11.7절과 11.9절 참조). 또한, 여러 원인으로 인해 유발되는 전기장과 자기장을 찾을 때도 사용했다. 전기장 및 자기장은 각 원인으로 인해 형성되는 장의 벡터 합이다(16.4절 및 19.8절 참조). 이제 전자기파에서도 이러한 전기장과 자기장에 중첩의 원리를 적용해 보자.

결맞는 광원과 결맞지 않는 광원들

왜 가시광선은 일반적으로 간섭 효과를 일으키지 못하는가? 태양, 백열전구 또는 형광등과 같은 광원의 빛으로는 보강간섭이나 상쇄간섭의 영역이 나타나지 않는다. 오히려 이러한 빛이 비치는 지점의 세기는 개별 파동에 의한 세기의 합이 된다. 이러한 가시광선원에서 나온 빛은 엄청나게 많은 원자 크기의 독립된 광원에서 방출된다. 독립적인 광원에서 각자 방출되는 파동은 **결이 맞지 않는다**incoherent. 이러한 파동들은 서로 고정된 위상 관계를 유지하지 못한다. 예를 들어 한 지점에서 최대 또는 0으로 주어진 빛의 위상이 다른 지점에서 어떻게 되는지 정확하게 예측할 수 없다. 결이 맞지 않는 파동들의 위상 관계는 급속하게 요동한다. 따라서 이러한 파동의 간섭 효과는 평균화되어 총세기(또는 단위 면적당 일률)가 개별 파동 세기의 합이 된다.

간섭이 일어나려면 **결맞는**coherent 파동들이 중첩되어야 한다. 결맞는 파동들은 위상 관계가 고정되어 있기 마련이다. 결맞는 파동과 결맞지 않는 파동은 이상적인 양극단이고, 실제적 파동은 모두 이 양극단 사이 어딘가에 있다. 레이저에서 방출되는 빛은 결맞음이 아주 좋을 수 있다. 레이저빔에서는 수 킬로미터만큼 떨어진 두 지점의 위상도 결맞을 수

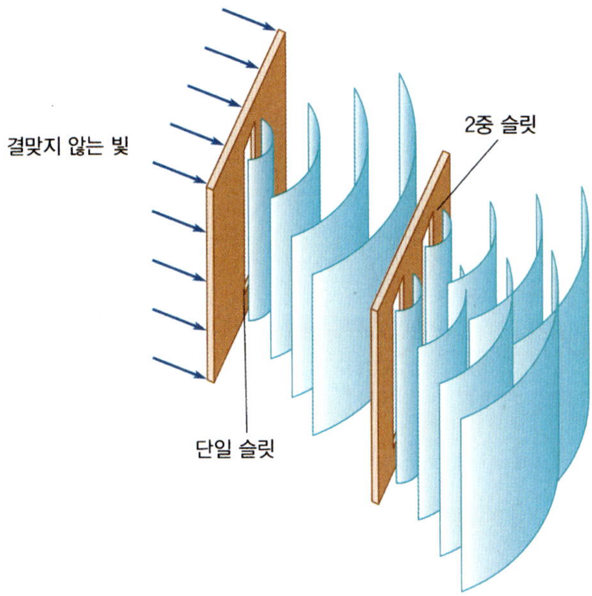

그림 25.1 결맞는 빛을 이중 슬릿에 비추는 영의 실험. 왼쪽의 단일 슬릿은 결맞는 광원의 역할을 한다. 2중 슬릿을 나온 빛이 스크린에 비춰지면, 스크린에 간섭무늬가 나타난다(그림에는 표시하지 않음).

있다. 태양이 아닌 항성처럼 멀리 떨어진 점광원에서 오는 빛은 어느 정도 결맞음이 있다.

영국의 물리학자 영Thomas Young, 1773~1829은 단일 광원에서 두 개의 결맞는 광원을 얻는 독창적인 기술을 사용하여 최초로 가시광선 영역의 간섭 실험을 성공하였다(그림 25.1). 좁은 단일 슬릿에 빛을 쪼이면, 슬릿을 통과하는 광파는 회절되거나 확산된다. 이때 단일 슬릿은 다른 두 슬릿을 비추는 결맞는 단일 광원의 역할을 한다. 그러면 다른 두 슬릿은 결맞는 두 광원 역할을 하여 두 광원은 간섭을 일으키게 된다.

결맞는 두 파동의 간섭

두 파동이 서로 겹칠 때 한쪽 파동의 마루가 다른 파동의 마루와 같은 지점에서 겹쳐지면 이들은 서로 같은 위상에 있다고 말한다. 같은 위상 위에 있는 서로 다른 두 파동 사이의 위상차는 2π 라디안의 정수 배이다. 같은 위상의 두 파동이 중첩된다면 진폭은 두 파동의 진폭의 합과 같다. 예를 들어 그림 25.2에서 두 개의 사인파는 같은 위상이다. 두 파의 진폭은 $2E_0$와 $5E_0$이므로, 서로 더해져서 만들어지는 합성 파동의 진폭은 $2E_0 + 5E_0 = 7E_0$이 된다. 같은 위상에 있는 두 파동의 중첩을 **보강간섭**constructive interference이라고 한다.

보강간섭의 경우 합성 파동의 세기 I는 두 파동의 세기를 합한$(I_1 + I_2)$ 것보다 더 크다. 두 파동의 진폭이 E_{1m}과 E_{2m}이고, 두 파가 보강간섭일 때 합성 파동의 진폭은 $E_m = E_{1m} + E_{2m}$이다. 합성 파동의 세기는 진폭의 제곱에 비례한다(22.6절 참조).

연결고리 결맞는 파동들의 중첩에서, 빛이나 다른 종류의 파동의 경우에도 파동들의 세기를 모두 더할 수 없다(11.9절 참조).

$$I \propto E_m^2 \tag{22-17}$$

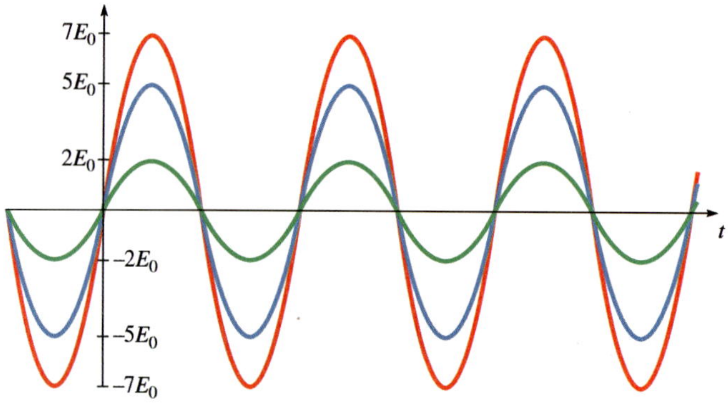

그림 25.2 진폭이 $2E_0$와 $5E_0$인 두 개의 결맞는 파동(초록색과 파란색). 이들은 위상이 같으므로 보강간섭을 한다. 두 파동을 중첩한 파동은 $7E_0$의 진폭을 갖는다(빨간색). 두 파동 중 하나를 오른쪽이나 왼쪽으로 한 주기만큼 이동해도 두 파동을 중첩한 파동은 바뀌지 않는다.

비례 상수 C를 사용하면 파의 세기는 $I = CE_{\rm m}^2$이 된다. 그러면

$$I = CE_{\rm m}^2 = C(E_{\rm 1m} + E_{\rm 2m})^2 = CE_{\rm 1m}^2 + CE_{\rm 2m}^2 + 2CE_{\rm 1m}E_{\rm 2m} \quad (25\text{-}1)$$

이다. 첫 두 항은 각 파동의 세기 $I_1 = CE_{\rm 1m}^2$과 $I_1 = CE_{\rm 2m}^2$이고, 세 번째 항은

$$2CE_{\rm 1m}E_{\rm 2m} = 2\sqrt{CE_{\rm 1m}^2}\sqrt{CE_{\rm 2m}^2} = 2\sqrt{I_1 I_2} \quad (25\text{-}2)$$

처럼 I_1과 I_2로 쓸 수 있다. 따라서 두 파가 보강간섭일 때 합성파의 세기 I는 다음과 같다.

$$I = I_1 + I_2 + 2\sqrt{I_1 I_2} \quad (25\text{-}3)$$

빛의 세기가 단위 면적당 일률인데, 여분의 에너지는 어디서 오는가? 에너지는 여전히 보존된다. 어떤 지점에서 $I > I_1 + I_2$이면 다른 곳에서는 $I < I_1 + I_2$이다. 요약하면 다음과 같다.

두 파동의 보강간섭

위상차 : $\Delta\phi = 2n\pi$ (n은 정수) (25-4)

진폭 : $E_{\rm m} = E_{\rm 1m} + E_{\rm 2m}$ (25-5)

세기 : $I = I_1 + I_2 + 2\sqrt{I_1 I_2}$ (25-3)

위상차가 180°인 두 파동은 반 주기씩 떨어져 있어서, 하나는 골에 있고 다른 하나는 마루에 있다(그림 25.3). 이러한 두 파동의 중첩을 **상쇄간섭**destructive interference이라고 한다. 상쇄간섭에 대한 위상차는 π 라디안의 홀수 배이다. $2E_0$와 $5E_0$의 진폭을 가진 두 파동이 상쇄간섭을 하면 합성 진폭은 $3E_0$가 된다. 만약 두 파동의 진폭이 같으면 완전한 상쇄가 일어나서 중첩 진폭은 0이 된다. 두 파동의 진폭이 다른 경우, 보강간섭에서와 비

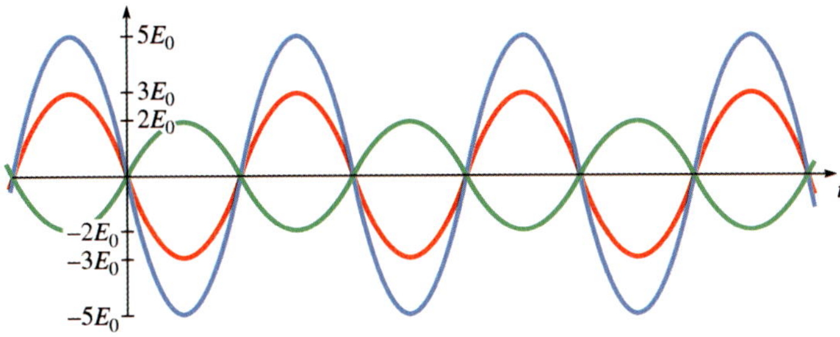

그림 25.3 진폭 $2E_0$와 $5E_0$의 두 파동(초록색과 파란색)의 상쇄간섭. 두 파동의 중첩(빨간색)은 진폭이 $3E_0$이다. 파동 중 하나를 오른쪽 또는 왼쪽으로 한 주기만큼 이동시켜도 중첩 상태가 바뀌지 않는다. 파동 중 하나를 1/2 주기만큼 오른쪽이나 왼쪽으로 이동시키면 중첩이 상쇄가 아니라 보강간섭으로 바뀐다.

슷한 계산을 하면 세기에 대한 표현을 얻을 수 있다. 요약하면 다음과 같다.

두 파동의 상쇄간섭

위상차 : $\Delta\phi = (2n+1)\pi \quad$ (n은 정수) (25-6)

진폭 : $E_m = |E_{1m} - E_{2m}|$ (25-7)

세기 : $I = I_1 + I_2 - 2\sqrt{I_1 I_2}$ (25-8)

살펴보기 25.1 결이 맞는 두 파동 사이의 위상차가 $\pi/3$ rad이 될 수 있는가? 만약 그렇다면 파동의 간섭은 보강간섭, 상쇄간섭, 또는 그 중간 중 어떤 것이 가능한가? 설명하여라.

서로 다른 경로 길이로 인한 위상차

간섭이 일어날 때, 둘 이상의 결맞는 파동이 서로 다른 경로를 따라 전파되어 중첩이 관찰되는 지점에 도달한다. 이때, 두 파동의 경로 길이가 다르거나 통과하는 매질이 서로 다를 수 있다. 경로 길이의 차이는 위상차를 일으키는데, 이는 파동 사이의 위상 관계를 변화시킨다.

두 파동이 같은 매질에서 같은 위상으로 시작하지만 서로 다른 경로를 거쳐 간섭 지점으로 이동한다고 가정하자(그림 25.4). 경로 길이의 차 Δl이 파장의 정수 배, 곧

$$\Delta l = m\lambda \qquad (m = 0,\ \pm 1,\ \pm 2,\ \pm 3,\ \cdots) \tag{25-9}$$

라면 한 파동은 여분의 정수 배 주기만큼 더 진행하므로 두 파동이 같은 위상으로 만나 보강간섭을 일으킨다. 한 파장의 경로 길이 차는 2π rad의 위상차에 해당한다(11.9절 참조). 파장 λ의 정수 배인 경로 길이는 두 파동 사이의 상대 위상을 변경하지 않기 때문에 무시할 수 있다.

반면, 두 파동이 같은 위상으로 출발하지만 경로 길이의 차이가 반 파장의 홀수 배라고 가정하면

그림 25.4 두 개의 스피커에 같은 전기 신호가 공급된다. 음파는 서로 다른 거리를 이동하여 관찰자에게 도달한다. 두 음파 사이의 위상차는 이동한 거리의 차이에 따라 달라진다. 이 경우, $l_2 - l_1 = 0.50\lambda$이므로 두 파동은 180°의 위상차로 관측자에게 도달한다 (파란색 그래프는 종파인 두 음파로 인한 압력 변화를 나타낸다).

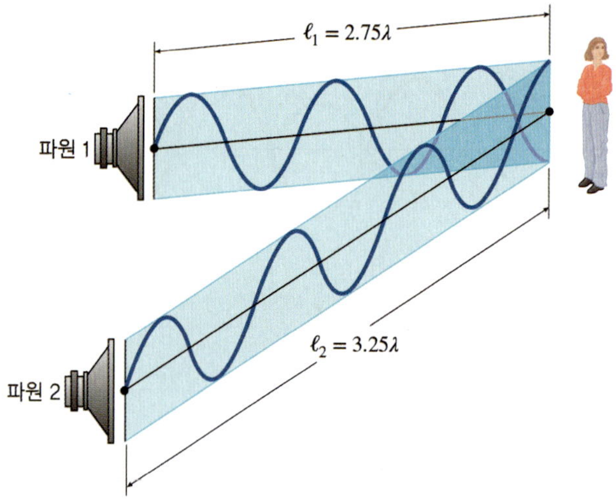

$$\Delta l = \pm\frac{1}{2}\lambda,\ \pm\frac{3}{2}\lambda,\ \pm\frac{5}{2}\lambda,\ \cdots\ = \left(m+\frac{1}{2}\right)\lambda\quad (m = \ \pm 0,\ \pm 1,\ \pm 2,\ \cdots) \tag{25-10}$$

이다. 한 파동은 다른 파동보다 반 주기 또는 반 파장에 몇 주기를 더한 만큼 더 진행한다. 이때 파동 간의 위상차는 180°가 되므로 서로 상쇄간섭을 하게 된다. $\frac{1}{2}\lambda$의 경로 길이 차는 180°(π rad)의 위상차에 해당하고, λ의 경로 길이 차는 360°(2π rad)의 위상차에 해당한다. 일반적으로 경로 길이 Δl에 해당하는 위상차 $\Delta\phi$는

$$\frac{\Delta\phi}{2\pi\,\text{rad}} = \frac{\Delta l}{\lambda} \tag{25-11}$$

와 같다. 두 경로가 완전히 같은 매질에 있지 않은 경우, 한 매질에서 다른 매질로 진행되면서 파장이 변하기 때문에 각 매질을 지나는 주기 수를 별도로 고려해야 한다.

보기 25.1 마이크로파 광선의 간섭

마이크로파 송신기(T)와 수신기(R)가 그림 25.5a와 같이 나란히 설치되어 있다. 몇 미터 떨어진 곳에 마이크로파를 잘 반사하는 금속 판(M) 두 장이 송수신기를 향하고 있다. 송신기에서 방출되는 광선은 두 금속판에 도달하여 반사될 만큼 충분하게 넓다. 아래쪽 판이 천천히 오른쪽으로 움직이면 수신기에서 측정되는 마이크로파의 세기는 극대와 극소 사이에서 진동하는 것으로 관찰된다(그림 25.5b). 이 마이크로파의 파장은 대략 얼마인가?

전략 두 판에서 반사된 파동이 수신기에서 보강간섭할 때 최대 세기가 검출된다. 따라서 최대 세기가 되는 반사판의 위치는 경로 길이의 차이가 파장의 정수 배가 되는 곳이다.

풀이 아래 판이 송수신기로부터 멀어지면, 그로부터 반사된 파는 수신기에 도달하기 전에 약간 더 이동하게 된다. 금속판이 송신기와 수신기에서 충분히 멀리 떨어져 있으면 마이크로파가 금속판에 도달한 후에 거의 같

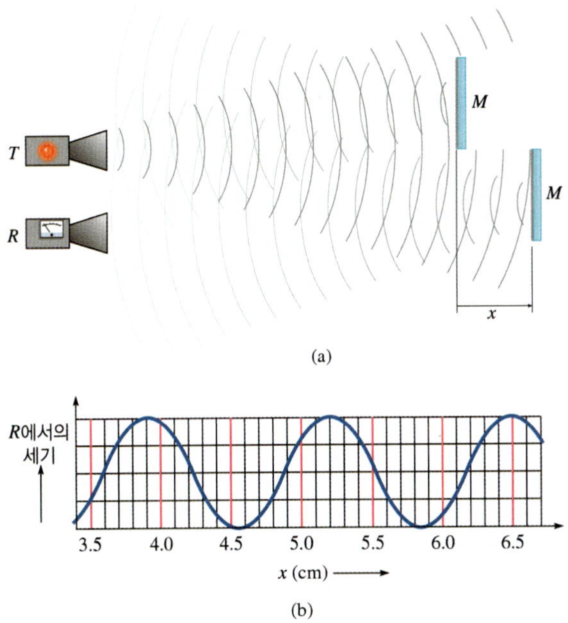

그림 25.5 (a) 마이크로파 송신기, 수신기, 반사판 (b) x의 함수로 검출된 마이크로파 세기

은 선을 따라 되돌아온다. 이 과정에서 더 이동한 거리는 약 $2x$이다. 보강간섭은 경로 길이가 파장의 정수 배일 때 발생한다.

$$\Delta l = 2x = m\lambda \quad (m = \pm 0, \pm 1, \pm 2, \cdots)$$

보강간섭의 한 위치에서 인접한 보강간섭 위치까지의 경로 길이 차는 한 파장이어야 한다.

$$2\Delta x = \lambda$$

극대점이 $x = 3.9$, 5.2, $6.5\,\mathrm{cm}$이므로 $\Delta x = 1.3\,\mathrm{cm}$이다. 그러므로 파장은 다음과 같다.

$$\lambda = 2.6\ \mathrm{cm}$$

검토 파동이 왕복하므로 아래 판이 최대 세기 사이에서 움직이는 거리는 반 파장이라는 점에 주목하여라.

실전문제 25.1 **상쇄간섭이 일어나는 경로차**

상쇄간섭이 일어난 임의의 위치와 인접해 있는 상쇄간섭 위치 사이의 경로 차이가 한 파장임을 증명하여라.

응용 : CD, DVD, 블루레이 읽는 방법

보기 25.1에서, 단일 광원에서 방출된 전자기파가 광원까지의 거리가 다른 두 금속 표면에서 반사되었다. 이러한 두 반사파는 검출기에서 간섭을 일으키는데, CD, DVD 및 블루레이 Blu-ray 디스크를 읽는 데도 이러한 시스템이 이용된다.

CD를 만들 때 두께 1.2 mm의 폴리카보네이트 플라스틱 디스크에 단일 나선형 트랙을 따라서 '피트 pit'라는 홈을 새긴다(그림 25.6). 피트의 폭은 500 nm이고 길이는 830 nm 정도이다. 디스크는 얇은 알루미늄 층으로 코팅한 다음 알루미늄을 보호하기 위해 다시 아크릴로 코팅한다. CD를 읽을 때는 레이저 빔($\lambda = 780\ \mathrm{nm}$)이 아래에서 알루미늄 층을 비추면 CD에서 반사된 빔이 검출기로 들어간다. 레이저 빔은 충분하게 넓어서 반사될 때 부분적으로 트랙의 피트가 없는 부분('랜드 land')에서 반사된다. 피트의 높이 h는 랜드에서 반사된 빛이 피트에서 반사된 빛과 상쇄간섭 되도록 설정된다(문제 30 참조). 이렇게 해서 피트의 반사광은 최소 세기로 검출기에 감지된다. 반면에, 레이저가 피트 사이의 랜드에서 반사되면 최대 세기가 검출된다. 이러한 두 반사광 사이의 세기 차이는 2진수(0과 1)로 나타낸다.

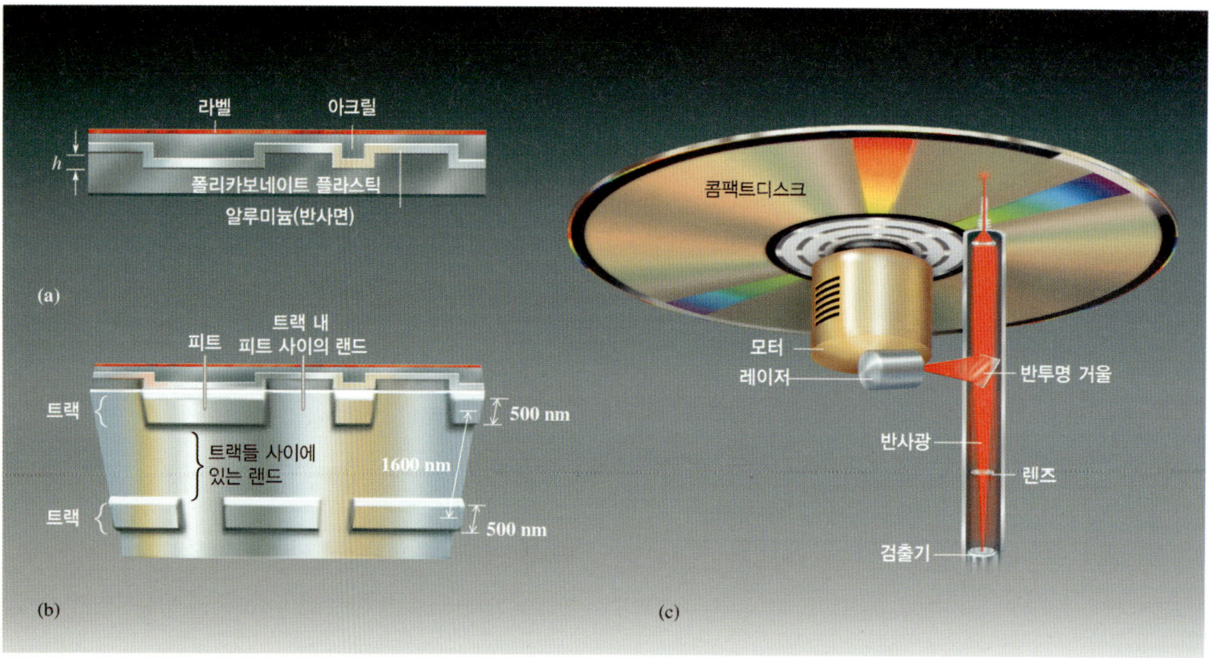

그림 25.6 (a) CD의 단면도. 레이저 빔은 폴리카보네이트 플라스틱을 통과하여 알루미늄 층에서 반사된다. (b) '피트'는 나선형 트랙으로 배열된다. 피트를 둘러싸고 있는 평평한 알루미늄 표면은 '랜드'라고 한다. 레이저가 피트의 바닥에서 반사될 때 이 빛은 또한 양쪽의 랜드에서 반사된다. (c) 모터는 200~500 rpm으로 CD를 회전시켜 트랙 속력을 일정하게 유지한다. 레이저의 빛은 CD 쪽으로 반투명 거울에 의해 반사된다. CD에 의해 반사된 빛은 이 같은 거울을 통해 검출기로 전송된다. 검출기는 반사광 세기의 변화에 비례하는 전기 신호를 생성한다.

DVD는 CD와 비슷하지만, 피트가 더 작다(너비 320 nm, 최소 길이 400 nm 정도). 데이터 트랙은 중앙에서 중앙까지 740 nm로 CD의 트랙 사이 거리인 1600 nm보다 더 가깝게 배치된다. 데이터 트랙을 읽는 빛은 640 nm 레이저이다. 블루레이 디스크의 피트는 DVD의 피트보다 훨씬 작으며 트랙은 더 가깝게 배치된다. 블루레이 플레이어는 405 nm 레이저를 사용하는데, '블루'레이라는 이름과 달리 레이저의 색은 파란색이 아니라 가시광선의 가장 끝 부분인 보라색이다.

25.2 마이켈슨 간섭계 The Michelson Interferometer

마이켈슨 간섭계(그림 25.7)는 개념은 복잡하지 않지만, 매우 정밀한 도구이다. 결맞는 빛의 광선이 광분배기 S(반도금 거울)에 입사하면, 입사광의 절반만 반사하고 나머지는 투과시킨다. 따라서 광원에서 방출된 결맞는 빛의 단일 광선은 간섭계의 팔을 따라 분리된 두 경로로 이동하고 완전 도금된 두 거울 M_1과 M_2에 의해 다시 반사된다. 반도금 거울에서 다시 각 광선의 절반이 반사되고 절반이 투과된다. 광원 쪽으로 되돌아온 빛은 간

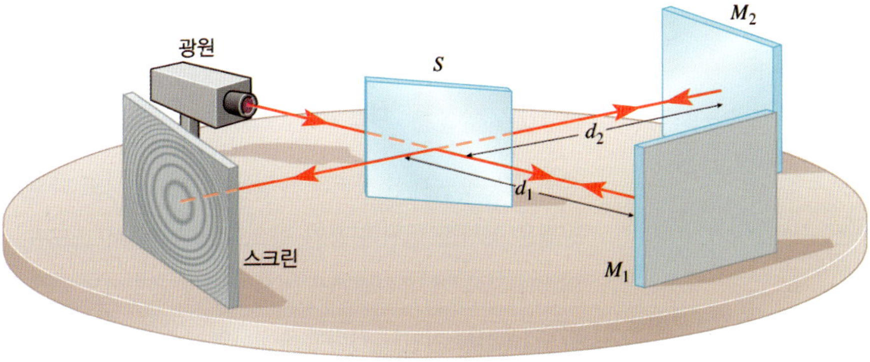

그림 25.7 마이켈슨 간섭계. 미국 물리학자 앨버트 마이켈슨 Albert Michelson, 1852~1931은 지구의 운동이 지상의 관측자가 측정한 빛의 속력에 어떤 영향을 미치는지를 결정하기 위한 간섭계를 발명했다.

섭계를 빠져나가고, 나머지는 다시 중첩된 단일 광선이 되어 스크린에서 관찰할 수 있다. 두 광선이 길이가 다른 간섭계 팔을 통과하거나 두 팔 사이의 다른 매질을 통과할 때 두 광선의 위상차가 발생할 수 있다. 위상이 같은 두 광선이 스크린에 동시에 도달하면 보강간섭을 하여 스크린에서 세기가 최대인 **밝은 줄무늬**를 생성한다. 위상차가 180°인 두 광선이 도달하면 상쇄간섭을 하여 세기가 최소인 **어두운 줄무늬**를 만든다.

보기 25.2 공기의 굴절률 측정

30.0 cm 길이의 투명 용기를 마이켈슨 간섭계의 한 팔에 넣었다고 가정하자. 용기에는 처음에 0 ℃, 1기압의 공기가 들어 있다. 진공에서의 파장이 633 nm인 빛에 의하여 스크린의 중앙에 밝은 점이 나타나도록 거울이 배열되어 있다. 공기가 용기 밖으로 점차적으로 배출됨에 따라 스크린의 중앙 영역이 밝아졌다가 어두워지고 다시 밝아지며 274번 바뀐다. 곧 274개의 밝은 줄무늬가 생긴다(초기 밝은 줄무늬는 제외). 공기의 굴절률을 계산하여라.

전략 공기를 배출할 때 2개의 팔 각각에서 진행하는 빛의 경로 길이는 변하지 않지만, 용기 내부의 굴절률이 처음 값 n에서 시작하여 점진적으로 1로 감소하기 때문에, 파장을 길이의 척도로 사용한다면 이동한 파장의 수는 변한다. 새로 생기는 각각의 밝은 줄무늬fringe는 한 파장만큼 이동된 파장의 수가 변한다는 것을 의미한다.

풀이 0 ℃, 1기압인 공기의 굴절률을 n이라고 하자. 진공에서 파장이 $\lambda_0 = 633$ nm이면, 공기 중 파장은 $\lambda = \lambda_0/n$이다. 처음에 빛이 왕복하면서 용기의 공기를 지나가는 파장 수는

$$\text{초기 파장 수} = \frac{\text{왕복 거리}}{\text{공기 중 파장}} = \frac{2d}{\lambda} = \frac{2d}{\lambda_0/n}$$

이고, 여기서 용기의 길이 $d = 30.0$ cm이다. 공기가 제거됨에 따라 n이 감소하면서 파장이 길어지기 때문에 파장 수는 감소한다. 용기가 완전히 진공상태로 되었다고 가정하면, 최종 파장 수는 다음과 같다.

$$\text{최종 파장 수} = \frac{\text{왕복 거리}}{\text{진공에서의 파장}} = \frac{2d}{\lambda_0}$$

이동된 파장의 수 N의 변화는 관찰된 밝은 줄무늬 수와 같다.

$$N = \frac{2d}{\lambda_0/n} - \frac{2d}{\lambda_0} = \frac{2d}{\lambda_0}(n-1)$$

파장 수의 변화 $N = 274$이므로, n에 대해 풀 수 있다.

$$n = \frac{N\lambda_0}{2d} + 1 = \frac{274 \times 6.33 \times 10^{-7}\ \text{m}}{2 \times 0.300\ \text{m}} + 1$$
$$= 1.000\,289$$

검토 공기의 굴절률에 대한 측정값은 표 23.1에 주어진 값($n = 1.000\,293$)에 가깝다.

실전문제 25.2 **다른 방법**

줄무늬를 세는 대신 공기의 굴절률을 측정하는 또 다른 방법은 공기를 천천히 용기 밖으로 배출하면서 스크린의 밝은 무늬가 유지되게끔 거울 하나를 움직이는 것이다. 거울이 움직이는 거리를 측정하여 n을 계산할 수 있다. 용기가 없는 쪽 팔의 거울을 움직인다고 할 때 이 거울은 안으로 움직여야 할까, 밖으로 움직여야 할까? 곧 팔이 길어져야 할까, 짧아져야 할까?

응용 : 간섭 현미경

간섭 현미경으로 투명하거나 거의 투명한 물체를 보면 이미지가 선명히 대비되어 보인다. 수용액에 있는 세포는 보통의 현미경으로 보기가 어렵다. 세포는 입사하는 빛 일부만 반사하고 물과 거의 같은 정도로 빛을 투과시키므로 세포와 주위의 물 사이에는 거의 대비가 없다. 그러나 세포의 굴절률이 물의 굴절률과 다른 경우 세포를 투과한 빛은 물을 통과하는 빛에 비해 위상이 이동한다. 간섭 현미경은 이 위상차를 이용한 것으로, 이 현미경에서는 마이켈슨 간섭계와 마찬가지로 단일 광선이 두 개로 분리된 다음 재결합된다. 간섭계의 한쪽 팔에 있는 빛은 샘플을 통과한다. 광선이 재결합될 때, 간섭이 일반 현미경에서 보이지 않는 위상차를 쉽게 볼 수 있는 세기 차이로 변환시킨다.

25.3 박막 Thin Films

그림 25.8 비누 거품에서 보이는 색상은 간섭으로 생성된 것이다.

비눗방울이나 물 위의 기름 막에서 보이는 무지개를 닮은 색은 간섭으로 생긴 것이다(그림 25.8). 박막의 각 표면에서 일부 빛이 반사되고 일부 빛은 투과된다. 박막에서 반사된 빛을 보거나 박막을 투과한 빛을 볼 때는 다른 경로를 진행한 광선의 중첩을 보는 것으로, 이러한 광선들 사이의 간섭이 색상을 생성한다. 별도의 설명이 없으면, 오로지 수직 입사광에 대한 박막 간섭을 고려할 것이다. 그러나 광선 도표는 수직에 **가깝게** 입사된 광선들

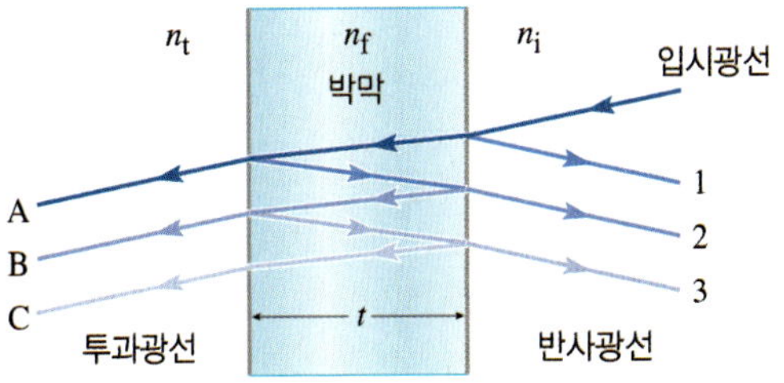

그림 25.9 광선이 박막에 의해 반사되고 투과된다.

을 보여주므로, 광선들이 모두 같은 직선상에 놓여 있지는 않다.

그림 25.9는 박막의 일부분에 입사되는 광선을 보여준다. 각 경계에서 빛이 대부분 투과되는 동안 일부는 반사된다. 박막에서 반사된 빛을 볼 때, 모든 반사광선(그중 첫 3개만 1, 2, 3으로 표시했다)의 중첩을 볼 수 있다. 이 광선들의 간섭으로 눈에 보이는 색이 결정된다. 대부분은 처음 두 반사광선의 간섭만 고려하고 나머지는 무시한다. 경계면 양쪽 굴절률이 크게 다르지 않으면 반사파의 진폭은 입사파 진폭에 비해 작다. 광선 1과 2는 각각 한 번만 반사하므로 이들의 진폭은 거의 같다. 광선 3은 세 번 반사되므로 진폭이 훨씬 작다. 다른 반사광선은 이들보다 더 약해진다.

투과한 빛의 간섭 효과는 거의 고려하지 않는다. 광선 A는 반사되지 않았기 때문에 강하다. 광선 B는 반사를 두 번 했기 때문에 A보다 훨씬 약하다. 광선 C는 4번이나 반사를 했기 때문에 더 약하다. 따라서 보강간섭을 일으키는 투과한 빛의 진폭은 상쇄간섭의 진폭보다 그리 크지 않다. 그럼에도 불구하고 에너지는 보존되어야 하므로 투과한 빛의 간섭은 일어나야 한다. 특정 파장의 에너지가 더 많이 반사될수록 투과는 적어진다. 문제 13에서, 특정 파장의 반사광이 보강간섭을 일으키면 투과된 빛은 소멸간섭을 하며 그와 반대의 경우도 일어남을 볼 수 있다.

반사로 인한 위상 이동

빛의 속력이 갑자기 변하는 경계를 만날 때마다 반사가 일어난다. 현에서의 파동처럼(그림 25.10) 파동의 속력이 더 느린 매질에서 반사되면 반사된 파동은 반전된다. 속력이 더 빠른 매질에서 반사되면 반전되지 않는다. 투과된 파동은 결코 반전되는 일이 없다.

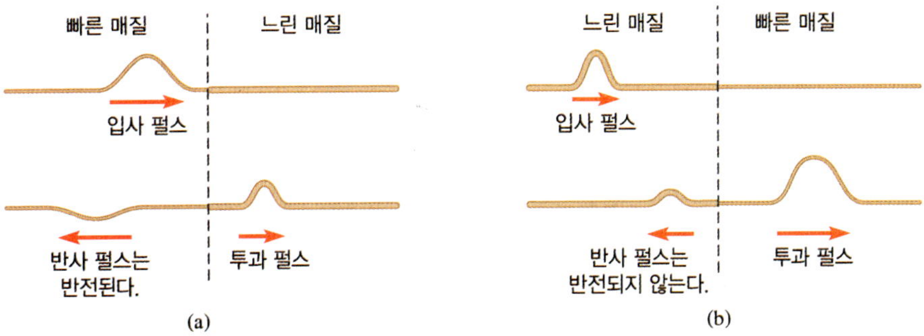

그림 25.10 (a) 현의 파동 펄스가 느린 매질의 경계(단위 길이당 더 큰 질량)를 향한다. 반사된 펄스는 반전된다. (b) 빠른 매질에서 반사된 펄스는 반전되지 않는다.

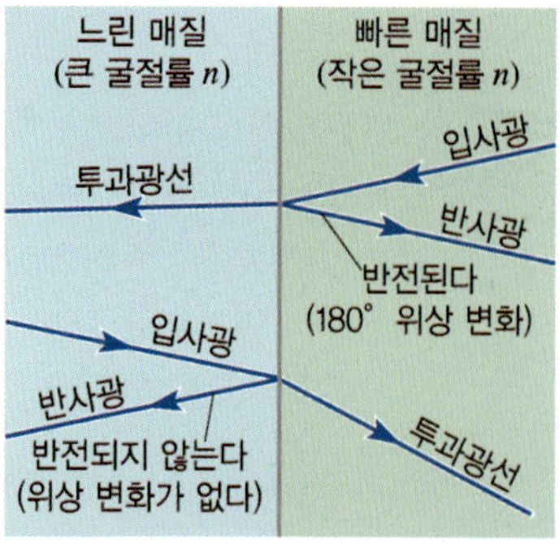

그림 25.11 빛이 더 느린 매질 경계에서 반사될 때 반사에 의해 180°의 위상 변화가 일어난다.

> 빛이 느린 매질(굴절률이 더 큰 매질)의 경계에서 수직 또는 거의 수직으로 반사될 때는 반전(위상이 180° 변화)된다. 빛이 빠른 매질(굴절률이 낮은 매질)에서 반사될 때는 반전되지 않는다(위상이 변하지 않음). 그림 25.11을 보아라.

그림 25.9의 광선 1과 2가 보강간섭을 하는지 상쇄간섭 하는지를 결정하려면, 반사로 인한 상대적 위상 변화와 박막에서 광선 2가 추가로 진행하는 경로 길이를 모두 고려해야 한다. 3개의 매질(박막과 그 양쪽의 매질)의 굴절률에 따라 반사면에서 모두 반전되지 않거나, 모두 반전되거나, 둘 중 하나가 반전되지 않을 수 있다. 박막의 굴절률 n_f가 다른 두 굴절률 n_i와 n_t 사이에 있으면 반사에 의한 상대적인 위상차가 없다. 둘 다 반전되거나 둘 다 반전되지 않는다. 박막의 굴절률이 세 개 중 가장 크거나 세 개 중 가장 작은 경우에는 두 광선 중 하나가 반전된다. 이 두 경우 모두 180°의 상대적 위상차가 있다.

연결고리 11.8절에서 반사파가 때때로 반전되는 것을 보았다. 이 경우를 입사파에 대해 위상이 180° 이동했다고 말한다.

살펴보기 25.3 그림 25.9에서 $n_i = 1.2$, $n_f = 1.6$, $n_t = 1.4$라고 가정하자. 반사로 인해 광선 1과 2 중 어느 것의 위상이 180°바뀌는가?

박막에 대한 문제 풀이 전략

- 처음 두 개의 반사광선을 그린다. 문제가 수직 입사와 관련이 있더라도 다양한 광선을 분리하기 위해 입사각이 0°가 아닌 입사광선으로 그린다. 굴절률을 표시한다.
- 반사로 인한 광선 사이의 상대적 위상차가 180°인지 아닌지를 결정한다.
- 반사로 인한 상대적인 위상 차이가 없고 추가된 경로 길이가 $m\lambda$이면 두 광선은 위상이 같게 유지되어 보강간섭이 일어난다. 추가된 경로 길이가 $\left(m+\frac{1}{2}\right)\lambda$이면 상쇄간섭이 일어난다. λ는 광선 2가 더 많은 거리를 이동하는 박막 안에서의 파장임을 기억하여라.

- 반사로 인해 180°의 상대 위상 차이가 있는 경우 추가된 경로 길이가 $m\lambda$이면 위상차가 180°로 유지되어 상쇄간섭이 일어난다. 추가된 경로 길이가 $\left(m+\frac{1}{2}\right)\lambda$이면 보강간섭이 일어난다.
- 광선 2는 박막에서 왕복 이동한다는 것을 기억하여라. 수직 입사의 경우 추가되는 경로 길이는 박막 두께의 두 배인 $2t$이다.

보기 25.3 비눗물 막의 모습

그림 25.12와 같이 철사 틀을 비눗물에 담갔다가 수직으로 들어 올리면 비눗물 막이 철사 틀 안에서 수직으로 유지된다. 중력이 아래로 당기고 있으므로, 박막의 두께는 프레임의 상단에서 밑단으로 갈수록 점차 증가한다. 이 박막의 굴절률은 $n = 1.36$이다. (a) 어떤 점에서 막에 수직으로 반사된 빛 중 504 nm와 630.0 nm의 파장이 사라졌다. 이 두 파장 사이에 사라진 파장은 없다. 이 지점에서 막의 두께는 얼마인가? (b) 어떤 다른 가시광선 파장이 또 사라질 수 있는가?

그림 25.12 반사광으로 인한 비눗물의 박막. 박막의 두께는 틀의 상단에서 하단으로 가면서 점점 증가한다.

전략 먼저, 굴절률과 필름의 두께 t를 표시하여 처음 두 개의 반사광선을 그린다(그림 25.13). 그림은 반사로 인한 180°의 상대 위상차가 있는지 없는지를 판단하는 데 도움이 된다. 반사광에서 사라진 파장은 상쇄간섭을 일으키는 파장이다. 막에서 반사와 박막 안을 이동하는 광선 2의 추가 경로에 의한 위상 변화를 고려한다. 광선 2가 박막 안에서 추가 길이를 이동하므로 진공에서의 파장이 아닌 박막 안에서의 파장을 이용해야 함을 기억해야 한다.

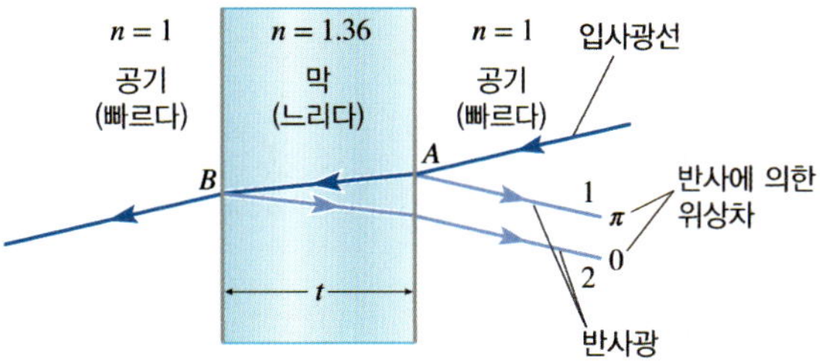

그림 25.13 비누 막에 의해 반사된 처음 두 개의 광선. A에서 반사광선 1은 반전된다. B에서는 반사광선 2가 반전되지 않는다.

풀이 (a) 막에 수직으로 반사된 빛(수직 입사)의 경우, 반사된 광선 2는 광선 1과 비교하여 $2t$만큼의 거리를 더 이동하여 광선 1과 위상차가 생긴다. 반사 때문에 이미 180°의 상대 위상차가 있으므로 경로 길이 차 $2t$가 상쇄간섭을 일으키기 위해서는 파장의 정수 배여야 한다.

$$2t = m\lambda = m\frac{\lambda_0}{n}$$

$\lambda_{0,m} = 630.0$ nm는 진공 중에서의 파장이고, 그 파장에 대한 경로 길이 차를 $m\lambda$라고 하자. 두 파장 사이에 사라진 파장이 없으므로 $\lambda_{0,(m+1)} = 504$ nm는 막에서 파장의 $m+1$배가 되는 경로 길이 차를 나타내는 진공 중에서의 파장이어야 한다. 왜 $m-1$은 안 될까?

504 nm는 630.0 nm보다 작기 때문에 경로 길이 차 $2t$에 더 많은 수의 파장이 가능하다.

$$2nt = m\lambda_{0,m} = (m+1)\lambda_{0,(m+1)}$$

따라서 m에 대하여 풀 수 있다. 곧

$$m \times 630.0 \text{ nm} = (m+1) \times 504 \text{ nm}$$
$$= m \times 504 \text{nm} + 504 \text{ nm}$$

$$m \times 126 \text{ nm} = 504 \text{ nm}$$

$$m = 4.00$$

이다. 따라서 두께는 다음과 같다.

$$t = \frac{m\lambda_0}{2n} = \frac{4.00 \times 630.0 \text{ nm}}{2 \times 1.36} = 926.47 \text{ nm}$$
$$\rightarrow 926 \text{ nm}$$

(b) 이미 $m = 4$, $m = 5$에서 사라진 파장을 알고 있다. 다른 m값을 확인하자.

$$2m = 2 \times 1.36 \times 926.47 \text{ nm} = 2520 \text{nm}$$

$m = 3$이면,

$$\lambda_0 = \frac{2nt}{m} = \frac{2520 \text{ nm}}{3} = 840 \text{ nm}$$

이다. 이는 적외선 영역이다. $m = 1$, $m = 2$의 파장은 840 nm보다 더 길기 때문에 확인하지 않아도 된다. 이 파장은 가시광선의 범위에서 훨씬 벗어나기 때문이다.

따라서 $m = 6$으로 확인해 보자.

$$\lambda_0 = \frac{2nt}{m} = \frac{2520 \text{ nm}}{6} = 420 \text{ nm}$$

이 파장은 일반적으로 가시광선으로 여겨진다. $m = 7$은 어떠한가?

$$\lambda_0 = \frac{2nt}{m} = \frac{2520 \text{ nm}}{7} = 360 \text{ nm}$$

이다. 360 nm의 파장은 자외선 파장이다. 따라서 사라지는 또 다른 가시광선 파장은 420 nm 뿐이다.

검토 사라진 3개의 진공 중 파장이 박막 내에서 정수의 파장 수를 통과하는지 직접 검증할 수 있다.

λ_0	$\lambda = \frac{\lambda_0}{1.36}$	$m\lambda$
420 nm	308.8 nm	6×308.8 nm = 1853 nm
504 nm	370.6 nm	5×370.6 nm = 1853 nm
630 nm	463.2 nm	4×463.2 nm = 1853 nm

경로 길이 차 $2t = 2 \times 926.47$ nm = 1853 nm이므로, 추가 경로 길이는 세 파동 모두에 대해 정수 배이다.

실전문제 25.3 **반사광의 보강간섭**

$t = 926$ nm에서 반사되는 빛과 보강간섭 하는 가시광선의 파장은 얼마인가?

공기 박막

두 개의 고체 사이에 있는 얇은 공기층은 간섭 효과를 일으킬 수 있다. 볼록한 구면을 가진 유리 렌즈를 평평한 유리판 위에 놓으면 두 지점 사이의 공기층 두께는 접촉 지점에서 밖으로 갈수록 증가한다(그림 25.14). 렌즈가 완벽한 구형이라고 가정할 때, 반사된 빛에서 밝고 어두운 원형의 무늬를 교대로 볼 수 있다. 이 무늬를 뉴턴 링이라고 한다. 뉴턴

단일 슬릿에서 방출되는 빛은 파면이 원통형이기 때문에 주로 슬릿에 수직인 방향으로 퍼져 나간다. 따라서 슬릿 하나로부터 나오는 빛은 스크린 위에 빛띠를 형성한다. 슬릿 길이 L은 파장에 비해 크기 때문에 슬릿과 평행한 방향으로는 빛이 크게 퍼지지 않는다.

좁은 슬릿 두 개를 사용하면 두 빛띠가 스크린에서 서로 간섭한다. 슬릿의 빛은 같은 위상으로 출발하지만, 스크린에 도달하는 경로는 다르다. 파동이 같은 거리를 이동하고 스크린에 도달하면 위상이 같기 때문에, 간섭무늬 중심에서는 보강간섭($\theta = 0$)이 일어남을 예상할 수 있다. 보강간섭은 경로 길이의 차이가 λ의 정수 배가 될 때마다 발생하고, 상쇄간섭은 경로 길이의 차이가 반 파장의 홀수 배일 때 발생한다. θ가 증가함에 따라 경로 길이의 차이가 연속적으로 증가하기 때문에 보강간섭과 상쇄간섭 사이의 점진적인 전이가 발생한다. 이 때문에 이중 슬릿 실험에서는 그림 25.17a의 스크린 사진과 같은 밝은 띠와 어두운 띠가 반복되는 특징적인 형태를 보여준다. 그림 25.17b와 c는 각각 같은 간섭무늬에 대한 스크린 위의 세기 그래프와 호이겐스Huygens 파형 구성을 보여준다.

극대와 극소의 위치 보강간섭 또는 상쇄간섭이 발생하는 곳을 찾으려면 경로차를 계산해야 한다. 그림 25.18a는 슬릿에서 근처의 스크린으로 가는 두 광선을 보여준다. 스크린을 슬릿으로부터 멀어지게 하면 각도 α는 작아진다. 스크린이 멀리 떨어져 있으면 α가 작아지고 광선은 거의 평행하다. 그림 25.18b에서, 광선은 멀리 있는 스크린에 대해 평행하게 표시되어 있다. 광선이 점 A와 B에서 스크린까지 이동하는 거리는 같다. 경로 길이 차는 오른쪽 슬릿에서 점 B까지의 거리이다. 곧

$$\Delta l = d\sin\theta \qquad (25\text{-}16)$$

이다. 스크린의 극대의 세기는 보강간섭에 의해 생성된다. 보강간섭의 경우, 경로 길이 차는 파장의 정수 배이다.

이중 슬릿의 극대

$$d\sin\theta = m\lambda \quad (m = 0, \pm 1, \pm 2, \cdots) \qquad (25\text{-}17)$$

m의 절댓값은 극대의 **차수**order라고도 한다. 따라서 3차 극대는 $d\sin\theta = \pm 3\lambda$이다. 스크린에서 극소의 세기(0)는 상쇄간섭에 의해 형성된다. 상쇄간섭의 경우에 경로 길이 차는 반 파장의 홀수 배이다.

연결고리 전자기파나 탄성파에서 배antinode는 최대 진폭의 위치이고 마디node는 최소 진폭인 위치이다(11.10절 및 12.4절 참조).

이중 슬릿의 극소

$$d\sin\theta = \pm\frac{1}{2}\lambda, \pm\frac{3}{2}\lambda, \pm\frac{5}{2}\lambda, \cdots \qquad (25\text{-}18)$$

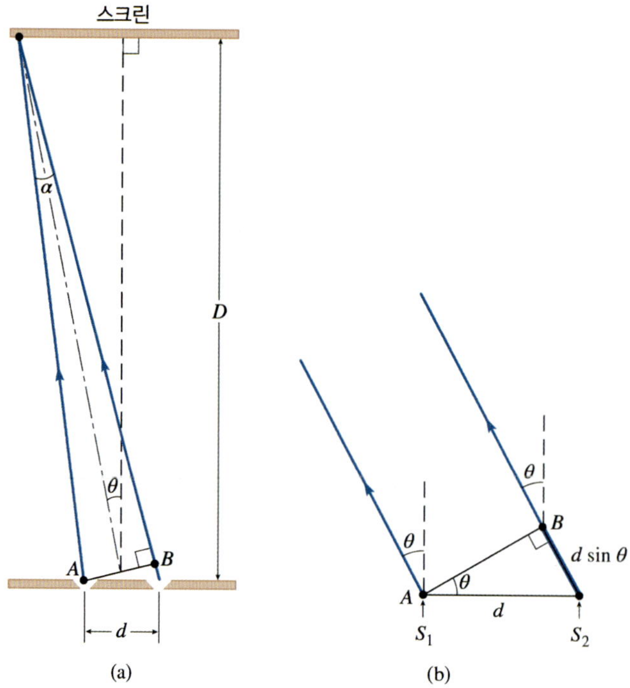

그림 25.18 (a) 두 개의 슬릿에서 가까운 스크린까지 광선. 스크린이 아주 멀어지면, 두 광선은 더 평행해진다. (b) 멀리 떨어진 스크린 근사에서는 두 광선이 거의 평행하다(그러나 여전히 스크린의 한 지점에서 만난다). 경로 길이 차는 $d\sin\theta$이다.

그림 25.17에서 밝고 어두운 줄무늬가 균등하게 나타난다. 작은 각 θ에 대해서는 간섭 줄무늬가 간섭무늬의 중심 근처에 균등하게 떨어져 있다.

보기 25.4 평행한 두 슬릿에서의 간섭

$\lambda = 690.0$ nm인 레이저가 평행한 두 슬릿을 비추고 있다. 슬릿으로부터 3.30 m 떨어진 스크린에서 간섭무늬가 관찰되며, 무늬 중심과 인접한 밝은 무늬 사이의 거리는 1.80 cm이다. 슬릿 사이의 거리는 얼마인가?

전략 밝은 줄무늬의 중앙은 $d\sin\theta = m\lambda$에 의해 주어지는 각도 θ에서 나타난다. $m = 0$과 $m = 1$인 극대 사이의 거리는 $x = 1.80$ cm이다. 광선 그림을 그려서 각도 θ와 문제에서 주어진 거리 사이의 관계를 볼 수 있다.

풀이 중앙의 밝은 무늬($m = 0$)는 $\theta_0 = 0$에 있다. 다음 밝은 무늬($m = 1$)는 다음 식으로 주어진 각도에 있다.

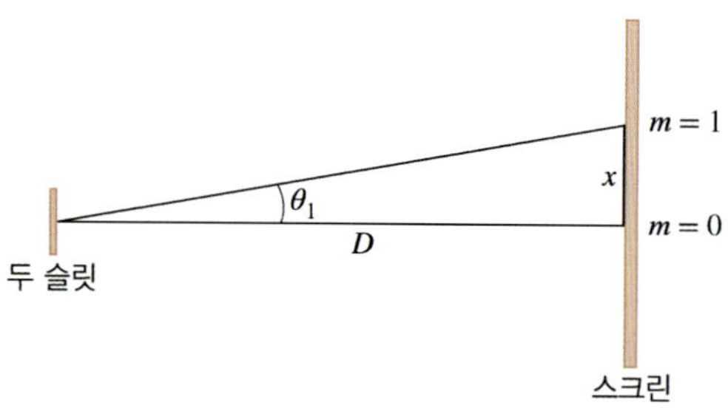

그림 25.19 보기 25.4에 대한 이중 슬릿 실험 개략도

$$d\sin\theta_1 = \lambda$$

그림 25.19는 실험 상황을 대략적으로 그린 것이다. $m = 0$과 $m = 1$인 두 극대로 가는 선들 사이의 각도는 θ_1이다. 스크린에서 이 두 극대 사이의 거리는 x이고, 슬릿에서 스크린까지의 거리는 D이다. 삼각법을 사

용하여 x와 D에서 θ_1을 찾을 수 있다.

$$\tan\theta_1 = \frac{x}{D} = \frac{0.0180\,\text{m}}{3.30\,\text{m}} = 0.005\,455$$

$$\theta_1 = \tan^{-1}0.005\,455 = 0.3125°$$

이제 $m = 1$에서 극대인 조건에 θ_1을 대입하면 다음과 같다.

$$d = \frac{\lambda}{\sin\theta_1} = \frac{690.0\,\text{nm}}{0.005\,454} = 0.127\,\text{nm}$$

검토 $x \ll D$이고, 각 θ_1은 작기 때문에 $\sin\theta$과 $\tan\theta$의 값은 유효숫자 세 자리까지는 모두 같다고 근사하였다. 처음부터 라디안 단위의 작은 각 근사 $\sin\theta \approx \tan\theta \approx \theta$를 이용하면,

$$d\theta_1 = \lambda$$

$$\theta_1 = \frac{x}{D}$$

이다. 따라서 슬릿 사이의 거리는 다음과 같다.

$$d = \frac{\lambda D}{x} = \frac{690.0\,\text{nm} \times 3.30\,\text{m}}{0.0180\,\text{m}} = 0.127\,\text{mm}$$

실전문제 25.4 **파장이 바뀔 때 무늬 간격**

어느 이중 슬릿 실험에서, 슬릿 사이의 거리는 빛의 파장의 50배이다. (a) $m = 0, 1, 2$에서 극대가 발생하는 각도를 라디안 단위로 구하여라. (b) 처음 두 개의 극소가 발생하는 각도를 구하여라. (c) 2.0 m 떨어진 스크린에서, 무늬 중앙에 있는 두 극대 사이의 거리는 얼마인가?

개념형 보기 25.5 슬릿 간격 변경하기

레이저가 좁고 평행한 두 슬릿을 비추고 있다. 간섭무늬는 멀리 떨어져 있는 스크린에서 관찰되었다. 슬릿 사이의 거리가 서서히 줄어들면 관찰되는 무늬 사이의 간격은 어떻게 되는가?

풀이 및 검토 슬릿이 서로 가까워지면 주어진 각도에 대한 경로 길이 차 $d\sin\theta$는 더 작아진다. 파장의 정수 배인 경로 길이 차를 형성하려면 더 큰 각도가 필요하다. 따라서 간섭무늬는 각각의 극대($m = 0$ 제외)와 극소가 더 큰 각도로 이동하면서 퍼지게 된다.

개념형 실전문제 25.5 **$d < \lambda$에 대한 간섭무늬**

이중 슬릿 실험에서 두 슬릿 사이의 거리가 빛의 파장보다 짧으면 멀리 떨어진 스크린에서 어떤 것이 보이게 되는가?

25.5 회절격자 Gratings

평행한 두 슬릿 대신 사용되는 **회절격자**diffraction grating는 좁고 평행하며 간격이 균등한 여러 개의 슬릿으로 구성되어 있다. 일반적으로 사용되는 회절격자는 매 cm당 수백 개에서 수천 개 정도의 슬릿이 있다. 회절격자의 슬릿 간격은 일반적으로 슬릿 간격 d의 역수인 cm 당 슬릿의 수(또는 어떤 다른 단위 거리 당 슬릿의 수)로 나타낸다.

$$\text{cm 당 슬릿 수} = \frac{1}{\text{슬릿 간격 (cm)}} = \frac{1}{d} \quad (25\text{-}19)$$

회절격자는 대략 50000개/cm의 슬릿으로 만들어지므로 슬릿 사이의 간격은 200 nm 정도로 작다. 슬릿 간격이 작으면 작을수록 격자에서는 빛의 파장을 더 광범위하게 분리한다.

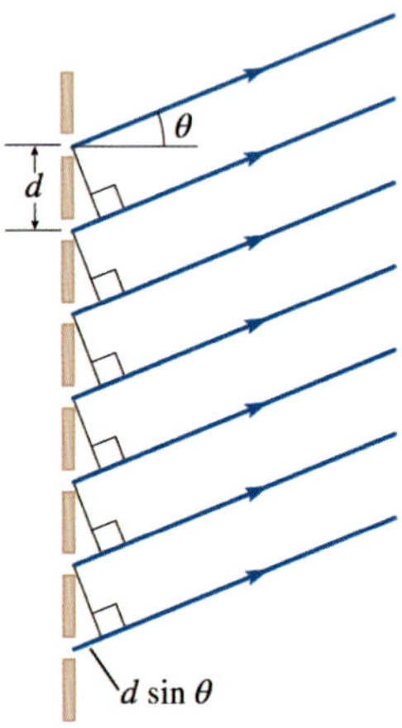

그림 25.20 격자의 슬릿에서 스크린 위의 한 점으로 이동하는 광선. 스크린이 멀리 떨어져 있기 때문에 광선은 서로 거의 평행하다. 이들은 모두 거의 같은 각도 θ로 회절격자에서 방출된다. 인접한 두 슬릿 사이의 거리가 d이므로 인접한 두 광선 사이의 경로 길이 차는 $d\sin\theta$이다.

그림 25.20은 격자의 슬릿에서 멀리 떨어진 스크린으로 진행하는 광선을 보여준다. 첫 두 슬릿에서 오는 광선의 경로 길이 차($d\sin\theta$)가 파장의 정수 배($m\lambda$)가 되기 때문에 스크린 위에서 위상이 같다고 가정하자. 그러면 슬릿 사이의 간격이 균등하게 분리되어 있기 때문에, 모든 슬릿으로부터 오는 빛은 같은 위상으로 스크린에 도달한다. 임의의 슬릿 한 쌍 사이의 경로 길이 차는 $d\sin\theta$의 정수 배이므로, λ의 정수 배가 된다. 따라서 격자에 의한 보강간섭 각도는 같은 간격을 갖는 이중 슬릿에서의 각도와 같다.

회절격자에 대한 극대

$$d\sin\theta = m\lambda \quad (m = 0, \pm 1, \pm 2, \cdots) \quad (25\text{-}17)$$

이중 슬릿에서와 같이 $|m|$을 극대의 **차수**라고 한다.

이중 슬릿의 세기는 극대에서 극소로 다시 극대로 점진적으로 변한다. 이와는 대조적으로, 슬릿이 매우 많은 회절격자에서는 극대의 폭은 아주 좁고 다른 모든 밝기는 무시할 정도로 작다. 슬릿이 많아지면 어떻게 극대의 폭이 좁아지는지 생각해 보자.

0에서 99까지 번호가 매겨진 $N = 100$의 슬릿이 있는 회절격자를 가정해 보자. 슬릿 0과 1 사이의 경로 길이 차가 $d\sin\theta = \lambda$가 되는 각도에서 1차 극대가 나타난다. 이제 $d\sin(\theta + \Delta\theta) = 1.01\lambda$가 되는 조금 더 큰 각도 $\theta + \Delta\theta$의 지점을 본다고 하자. 슬릿 0과 슬릿 1에서 온 광선은 거의 위상이 같다. 이러한 두 개의 슬릿만 있으면 간섭 세기가 최댓값과 거의 비슷할 것이다. 그러나 100개의 슬릿을 사용하면 각 광선의 경로 길이는 모두 이전의 광선보다 1.01λ만큼 길어진다. 광선 0의 경로 길이가 l_0이라면, 광선 1의 길이는 $l_0 + 1.01\lambda$이고, 광선 2의 길이는 $l_0 + 2.02\lambda$이다. 50번째 광선 경로 길이는 $l_0 + 50.50\lambda$이다. 이때 경로 길이 차는 반 파장의 홀수 배이기 때문에 광선 0과 50은 상쇄간섭 한다. 마찬가지로 슬릿 1과 51에서 온 광선도 상쇄간섭 하고($51.51\lambda - 1.01\lambda = 50.50\lambda$), 슬릿 2와 52의 광선도 상쇄간섭 한다. 이처럼 모든 슬릿의 빛이 다른 슬릿의 빛과 상쇄간섭 하기 때문에 스크린에서의 세기는 0이다. 따라서 밝기가 θ에서 극대였다가 $\theta + \Delta\theta$에서는 0이 된다.

각도 $\Delta\theta$는 극대의 중앙으로부터 극대의 가장자리까지의 각도이기 때문에 극대의 **반폭**half-width이라고 한다. 이러한 고찰을 일반화하면 극대의 폭은 슬릿의 수에 반비례한다는 것을 알 수 있다($\Delta\theta \propto 1/N$). 슬릿 수가 많을수록 극대의 폭은 좁아진다. 따라서 N을 늘리면 극대도 밝아진다. 이는 슬릿이 많을수록 더 많은 빛을 통과시켜 빛에너지를 더 좁은 폭의 무늬에 모으기 때문이다. N개의 슬릿으로부터 나오는 빛이 보강간섭하기 때문에, 극대의 진폭은 N에 비례하고 밝기는 N^2에 비례한다. 회절격자의 극대는 폭이 좁고, 파장에 따라서 극대가 나타나는 각도는 다르다.

연결고리 회절격자의 극대는 슬릿 간격이 d인 이중 슬릿의 극대와 같은 각도에서 나타난다.

> 회절격자는 여러 파장이 혼합되어 있는 빛을 파장별로 분리시킨다.

살펴보기 25.5 회절격자에 의해 나타나는 간섭무늬의 극대는 같은 간격 d를 갖는 이중 슬릿에 의해 형성된 것과 어떻게 다른가?

보기 25.6 회절격자의 슬릿 간격

밝은 백색광이 회절격자를 비추고 있을 때, 원통형 컬러 필름을 이 격자에서 모든 방향($-90°$에서 $+90°$)으로 방출되는 빛에 노출하였다(그림 25.21a). 그림 25.21b는 노출시킨 결과를 사진으로 나타낸 것이다. 이 격자에서 cm당 슬릿 수를 계산하여라.

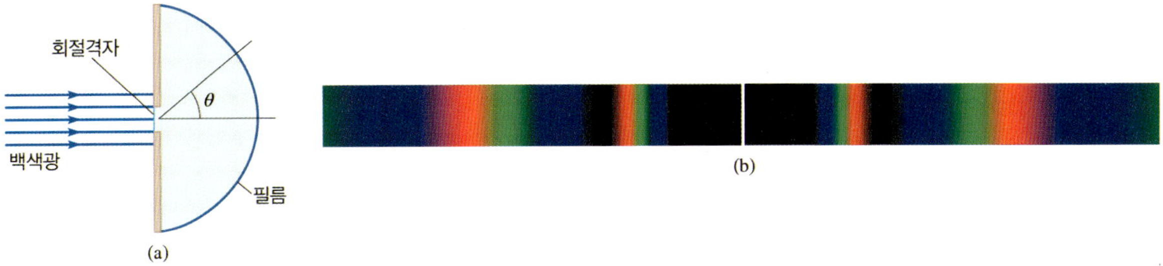

그림 25.21 (a) 회절격자에 입사되는 백색광. (b) 현상된 필름 © Alan Giambattista

전략 격자는 백색광을 여러 색의 가시광선으로 분리한다. 각각의 빛은 $d\sin\theta = m\lambda$로 주어지는 각도에서 극대를 형성한다. 그림 25.21b에서 1차 이상의 극대가 존재함을 알 수 있다. 회절격자에서 $\pm 90°$의 각으로 방출된 빛, 곧 사진의 가장자리에 노출된 빛의 파장을 추정할 수 있고 차수가 얼마인 극대인지를 알면 슬릿 간격을 알 수 있다.

풀이 모든 파장의 보강간섭 때문에 중앙($m = 0$) 극대는 흰색으로 보인다. 중앙 극대의 양쪽에 1차 극대가 나타난다. 1차 극대에서는 파장이 가장 작은 보라색이 가장 작은 각도에서 먼저 나타나고 빨간색이 가장 큰 각도에서 나타난다. 다음에는 극대가 없는 틈이 생긴다. 그런 다음 2차 극대가 보라색으로 시작한다. 2차 무늬가 끝나기 전에 3차 극대가 나타나기 시작하기 때문에 색상은 이전처럼 순수한 스펙트럼 색상으로 진행되지 않는다. 3차 스펙트럼은 완전하지 않다. 양 끝($\theta = \pm 90°$)에서 볼 수 있는 마지막 색상은 청록색이다. 따라서 청록색 빛에 대한 3차 극대는 $\pm 90°$에서 발생한다.

청록색으로 보이는 파장은 약 500 nm이다(22.3절 참조). 3차 극대에 대해 $m = 3$ 및 $\lambda = 500$ nm를 사용하면 슬릿 간격을 얻을 수 있다.

$$d\sin\theta = m\lambda$$

$$d = \frac{m\lambda}{\sin\theta} = \frac{3 \times 500\ \text{nm}}{\sin 90°} = 1500\ \text{nm}$$

그러면 cm당 슬릿 수는 다음과 같다.

$$\frac{1}{d} = \frac{1}{1500 \times 10^{-9}\ \text{m}}$$

$$= 670000\text{슬릿/m} = 6700\text{슬릿/cm}$$

검토 최종 답은 회절격자의 cm당 슬릿 수로 타당하다. 만일 6700만 슬릿/cm 또는 67 슬릿/cm과 같은 결과가 나오면 오류일 가능성이 크다.

극대가 90°에서 생긴다면 작은 각도 근사를 사용할 수 없다. 가끔 작은 각 근사가 유효하지 않은 큰 각에서 발생하는 회절격자의 밝은 무늬를 볼 수 있다.

실전문제 25.6 **3차 스펙트럼 전체에 대한 슬릿 간격**

격자로 3차 스펙트럼 전체를 얻었다면 1 cm당 슬릿 수는 몇 개인가? 이 회절격자에서 4차 스펙트럼 중 어느 색이 나타날 수 있는가?

응용 : CD 및 DVD 데이터 읽기

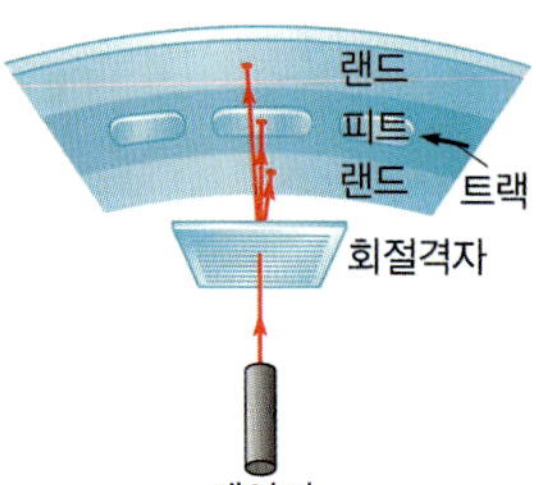

그림 25.22 3광선 추적 시스템

CD 또는 DVD의 데이터는 나선형 트랙을 따라 배열된 피트로 기록되어 있다(25.1절 참조). 이 트랙의 폭은 CD가 500 nm, DVD가 320 nm이다. 광디스크 저장장치에서 기술적으로 가장 어려운 작업 중 하나는 레이저 빔을 데이터 트랙의 중앙에 유지하는 것이다. 레이저를 트랙 중앙에 유지하기 위한 한 가지 방법은 회절격자를 사용하여 레이저 광선을 세 개의 광선으로 분리하는 것이다(그림 25.22). 이때 중심 광선($m = 0$에서 극대)은 데이터 트랙의 중심에 놓인다. 1차 광선($m = \pm 1$에서 극대)은 추적 광선이다. 이 광선들은 트랙의 양쪽에 있는 평평한 알루미늄 표면인 랜드라는 부분에서 반사된다. 일반적으로 추적광선이 반사되는 세기는 일정하다. 추적광선 중 하나가 인접한 트랙에서 피트를 만난다면, 반사된 빛의 밝기 변화는 레이저 위치 보정이 필요하다고 판독기에 알려주는 신호가 된다.

응용 : 분광학

회절격자분광기 grating spectroscope는 가시광선의 파장을 측정하는 정밀기기이다(그림 25.23). **분광기** spectroscope는 대략 '**스펙트럼 관찰** spectrum-viewing'을 의미한다. 분광기에서 회절격자의 슬릿의 간격과 극대가 발생하는 각도는 광원을 구성하는 빛의 파장을 결정하는 데 사용한다. 극대는 종종 '스펙트럼 선'이라고 부르는데, 이는 집광기 입구 슬릿의 모양이기 때문에 얇은 선으로 나타난다.

태양광이나 백열등처럼 열원에서 방출되는 빛은 연속적인 스펙트럼의 파장을 포함하지만, 어떤 광원은 단지 몇 개의 좁은 파장 대역으로만 구성된 불연속 스펙트럼을 포함한다. 분광기를 통해 볼 때 불연속 스펙트럼은 몇 개의 선으로 나타나기 때문에 선 스펙트럼이라고도 한다. 예를 들어, 형광등이나 가스 방전관은 불연속 스펙트럼을 형성한다. 기체 방전관은 저압의 단일 기체로 채운 유리관에서 전류가 기체를 지나가는 구조이다. 이때 방출되는 빛은 해당 기체의 특성을 나타내는 불연속 스펙트럼을 보여준다. 예전의 가로등은 주로 나트륨(Na) 방전관이 많았는데, 이들은 특유의 노란색을 띤다.

그림 25.24는 한 쌍의 황색 선을 포함하는 나트륨 방전관의 스펙트럼을 나타낸 것이다. 슬릿 수가 더 적은 회절격자를 사용한다면 극대 무늬 폭은 더 넓어질 것이다. 너무 넓으면 두 개의 노란색 선이 겹쳐져서 하나의 선으로 나타난다. 서로 인접한 파장을 분리해야 한다면 슬릿 수가 더 많은 회절격자가 유리하다.

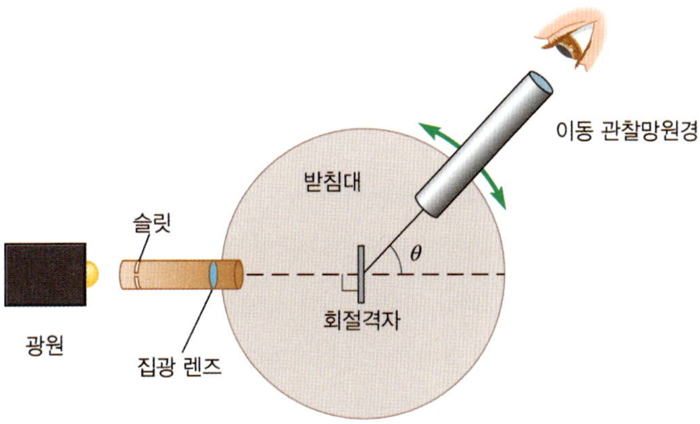

그림 25.23 회절 분광기의 평면도. 광원에서 온 빛은 먼저 평행한 집광기 렌즈의 초점에 있는 좁고 수직인 슬릿을 통과한다. 따라서 렌즈로부터 나오는 광선은 서로 평행하다. 회절격자는 입사광선이 수직 입사하도록 조정된 받침판 위에 놓여 있다. 망원경은 회절격자 주위를 원형으로 움직이며 극대를 관찰하고 극대가 발생하는 각도 θ를 측정할 수 있다.

그림 25.24 나트륨의 방출 스펙트럼. 589.0 nm와 589.6 nm의 파장에서 두 개의 노란색 선을 포함한다(나트륨 이중선).

반사 격자

지금까지 고찰한 **투과 격자**transmission grating에서는 투명한 격자의 슬릿을 통과한 빛을 볼 수 있었다. 많이 사용되는 또 다른 격자로는 **반사 격자**reflection grating가 있다. 반사 격자에는 슬릿 대신에 흡수 표면에 서로 분리된 평행하고 좁은 반사면이 아주 많이 있다. 호이겐스 원리Huygens's principle를 사용하면, 반사 격자의 분석은 파동의 진행 방향이 반대로 되는 것을 제외하고는 투과 격자와 완전히 같다. 반사 격자는 천체의 X선 광원의 고해상도 분광학에서 사용된다. 이 스펙트럼을 통해 과학자들은 별의 코로나나 초신성의 잔재에서 철, 산소, 실리콘, 마그네슘과 같은 원소를 확인할 수 있다.

혼자서 해 보기 DVD(또는 CD)는 등간격의 반사 트랙이 많기 때문에 반사 격자로 사용할 수 있다. 레이블이 없는 DVD 면을 비스듬히 잡고 태양이나 다른 광원의 빛을 반사하게 한다. 앞뒤로 약간 기울여 좁은 간격의 홈에서 반사되는 빛의 간섭으로 생기는 무지개를 찾아 보자. 그런 다음 천장 조명 바로 아래 바닥에 DVD 레이블 면을 아래로 놓는다. 천천히 DVD에서 멀어지면서 내려다보자. 1차 극대는 보라색에서 빨간색까지 여러 색의 띠를 차례로 형성한다. 1 m 정도 거리에 도달하면 점차 머리를 바닥으로 숙이면서 계속 관찰해 보자. 이제 $\theta = 0$에서 $\theta = 90°$까지 관찰하면서 각기 다른 색의 최대 차수를 세어 보자. 이를 바탕으로 DVD의 트랙 사이의 간격을 계산하여라.

25.6 회절과 호이겐스 원리 Diffraction and Huygens's Principle

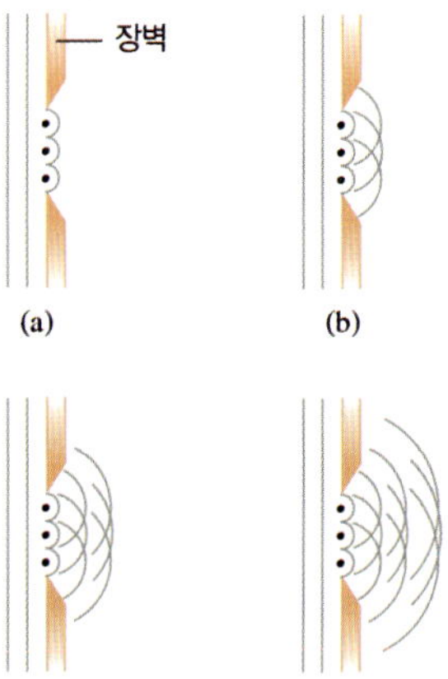

그림 25.25 (a) 평면파가 장벽에 도달한다. 파면 위에 있는 점들은 구형 파면 조각의 파원 역할을 한다. (b) ~ (d) 초기 가지파동은 나중에 새로운 파동이 되어 바깥으로 퍼져 나간다. 파면은 장벽의 가장자리 주위로 퍼진다.

평면파가 장애물에 접근한다고 가정하자. 기하광학을 사용하면 장애물에 의해 차단되지 않은 광선은 계속 직선으로 진행해 장애물 너머 있는 스크린에 선명한 그림자를 만들 것으로 예상할 수 있다. 장애물이 파장에 비해 크다면 실제로 일어나는 현상에 대하여 기하광학은 쓸 만한 근사가 된다. 그러나 파장에 비해 장애물이 그리 크지 않다면 파동이 어떻게 회절하는가를 보여주기 위해 호이겐스의 원리를 고찰할 필요가 있다.

그림 25.25a에서 평면파의 파면은 구멍이 있는 장벽에 도달한다. 이 파면의 모든 점은 구형 파동의 원천으로 작용한다. 장벽 뒤에 있는 파면 위의 점들은 파동을 흡수하거나 반사한다. 그러므로 파동의 전파는 장애물이 없는 부분의 파면에 의해 생성된 파동의 조각에 의해 결정된다. 그림 25.25b~d에 있는 호이겐스 구조는 파동이 장벽의 가장자리 주위에서 회절하기 때문에 기하광학으로는 예상할 수 없는 현상을 보여준다.

그림 25.26은 잔물결통ripple tank에서 폭이 각각 다른 구멍을 통과하는 물결파를 보여준다. 파장보다 훨씬 큰 구멍(그림 25.26a)의 경우, 파면은 적게 퍼진다. 기본적으로 파면이 방해를 받지 않은 부분은 직진하여 선명한 그림자를 만든다. 구멍이 좁아짐에 따라(그림 25.26b), 파면의 퍼짐은 더욱 두드러지게 나타난다. 구멍의 크기가 파장의 크기에 가까워지거나 더 작아지면 회절은 분명하게 나타난다. 구멍이 파장의 크기와 비슷한 그림 25.26b의 경우 구멍은 거의 원형파의 점 파원과 유사한 역할을 한다.

중간 크기의 구멍에 대한 경우에서 파동을 주의 깊게 살펴보면 진폭이 어느 방향에서는 다른 방향보다 크다. 서로 다른 점으로부터 오는 가지파동들의 간섭으로 인하여 생기는 이 구조의 원인은 25.7절에서 살펴볼 것이다.

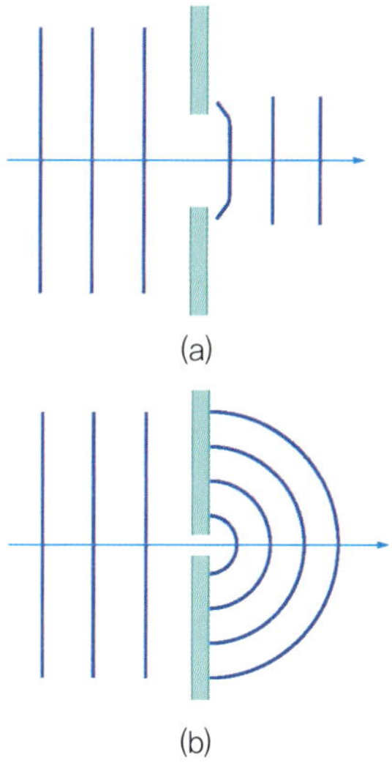

그림 25.26 물결파를 이용한 회절 왼쪽에서 다른 너비의 구멍으로 파동이 입사된다. 구멍이 좁아짐에 따라 파면의 퍼짐은 두드러진다.

전자기파는 3차원이기 때문에 호이겐스 파면구성의 2차원 도식으로 해석할 때에는 주의해야 한다. 그림 25.27a는 작은 원형 구멍이나 길고 가느다란 슬릿에 입사되는 빛을 나타낸다. 원형 구멍에서 방출되는 빛은 모든 방향으로 확산되어 구형의 파면을 만들어낸다(그림 25.27b). 구멍이 슬릿을 나타내는 경우, 두 방향을 순차적으로 생각할 수 있다. 파면을 더 좁게 제한할수록 더 넓게 퍼진다. 슬릿의 길이 방향으로는 일반적으로 기하광학적인 그림자를 얻을 수 있다. 폭 방향에서는 파면이 짧은 거리로 제한되므로 그 방향으로 회절되어 확산된다. 따라서 슬릿을 지나가는 파면은 원통형이 된다(그림 25.27c).

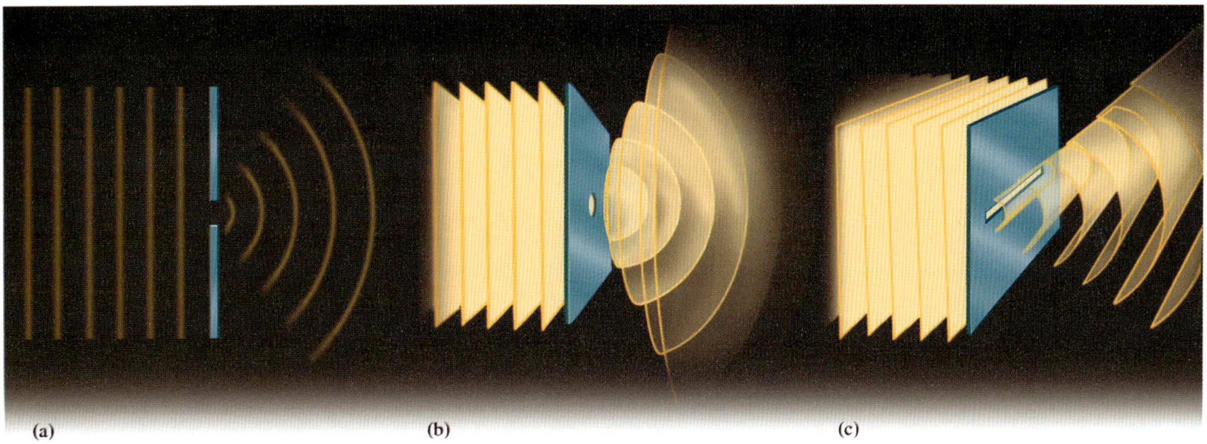

그림 25.27 (a) 작은 원형 구멍이나 슬릿을 나타낼 수 있는 파면의 그림. (b) 작은 원형 구멍에서 나오는 파면은 구형이다. (c) 슬릿에서 나오는 파면은 원통형이다.

개념형 보기 25.7 **회절과 포토리소그래피**

컴퓨터의 CPU(중앙 처리 장치) 칩에는 약 3×10^8개의 트랜지스터와 수많은 여러 회로 요소가 전기적으로 연결된 매우 작은 부품들이 들어 있다. 이러한 칩을 제조하는 데 사용되는 공정 중 하나를 포토리소그래피photolithography라고 한다. 포토리소그래피에서는 감광 재료로 실리콘 웨이퍼를 코팅한다. 이 칩을 새겨 넣고자 하는 형태가 새겨진 마스크를 씌워 자외선에 노출시킨다. 그 후 이 웨이퍼를 부식시키면, 자외선에 노출되지 않은 영역은 부식되지 않는다. 자외선에 노출된 영역에서는 감광성 재료와 그 아래의 실리콘 부분이 부식을 통하여 제거된다. 이 공정은 왜 가시광선보다 자외선에서 더 효과적인가? 왜 제조회사는 자외선 리소그래피를 대체하기 위해 X선 리소그래피를 개발하려고 하는가?

전략 반도체를 제작하는 세부적인 화학적 과정은 모르더라도, 서로 다른 파장의 빛에 의한 영향을 생각해 보자. X선의 파장은 가시광선 파장보다 짧은 자외선 파장보다도 짧다.

풀이 및 검토 포토리소그래피 공정은 웨이퍼에 마스크의 예리한 그림자를 만드는 것이 중요하다. 작은 칩에 더 많은 회로 요소를 포함하려면 마스크의 선을 최대한 가늘게 만들어야 하지만 선이 너무 얇으면 마스크를 통과하는 빛이 회절되어 확산된다. 회절 효과를 최소화하기 위해 파장은 마스크에 있는 틈보다 작아야 한다. 자외선은 가시광선보다 파장이 짧기 때문에 마스크에 있는 틈을 더 작게 할 수 있고, X선 리소그래피에서는 틈을 그보다 더 작게 할 수 있다.

개념형 실전문제 25.7 **창을 통과한 햇빛**

햇빛이 사각형 창을 통과하여 바닥의 밝은 부분을 비춘다. 빛이 비치는 영역의 가장자리는 선명하지 않고 흐릿하다. 흐릿한 부분이 회절에 의한 것인가? 설명하여라. 회절이 아니라면 빛이 비추는 영역의 경계가 흐리게 되는 이유는 무엇인가?

응용 : 포아송 스폿

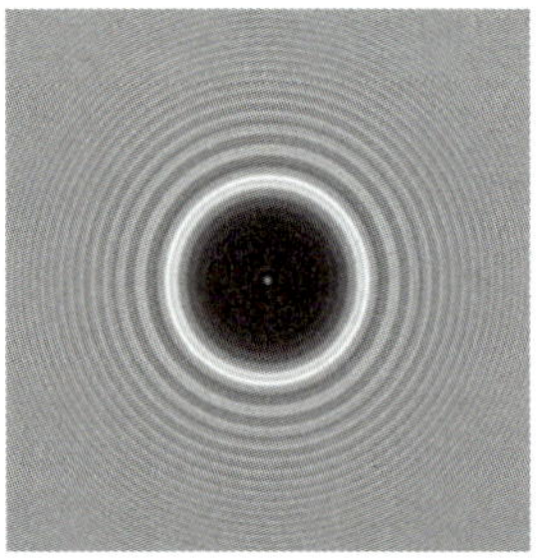

그림 25.28 작은 구에 의해 형성된 회절무늬. 가운데 있는 밝은 포아송 스폿Poisson Spot에 주목하여라. © Trei singer, CC-BY-SA 3.0

결맞는 광원에서 원형 또는 구형 물체의 그림자는 회절 때문에 중심에 밝은 점을 가지게 되는데 이는 빛의 파동 이론에서 직관적으로 예측하기 쉽지 않다(그림 25.30). 프레넬Augustin-Jean Fresnel, 1788~1827이 최초로 예측한 이 밝은 점은 포아송Siméon-Denis Poisson, 1781~1840 같은 19세기의 저명한 과학자들이 실험적으로 존재를 보여주기 전까지 터무니없는 것으로 간주되었다.

혼자서 해 보기 실크, 나일론 커튼, 우산 또는 얇은 천 조각과 같이 규칙적인 그물 형태로 세밀하게 짜인 천을 살펴보자. 어두운 방에서 멀리 있는 밝은 광원이나 밤의 가로등을 보자. 보이는 형태의 원인을 설명할 수 있는가? 그 형태는 단순히 그물 실의 기하광학적 그림자일까? 천을 회전시키면서 모양을 관찰해 보자. 또한 직물을 한 방향으로 약간 잡아당겨 보자.

25.7 단일 슬릿에 의한 회절 Diffraction by a Single Slit

회절을 더 상세히 이해하기 위해서는 호이겐스 원리에서 모든 가지파동의 위상을 고려하고 중첩의 원리를 적용해야 한다. 각 가지파동의 간섭은 빛의 회절 구조를 유발한다. 그림 25.26의 잔물결통에서 회절 형태의 구조를 볼 수 있었다. 어떤 방향에서는 파동의 진폭이 컸고, 다른 방향에서는 작았다. 그림 25.29는 단일 슬릿을 통과하는 빛에 의해 형성된 회절무늬를 보여준다. 중앙의 넓은 극대 영역에 대부분의 빛에너지가 모여 있다(실제로 극대는 단지 $\theta = 0$인 부분이지만, 보통 **중앙 극대**central maxima는 회절무늬의 중심에서 밝은 띠 전체를 표현하는 일반적인 방법이다. 보다 정확한 이름은 **중앙 밝은 무늬**central bright fringe이다). 세기는 정중앙에서 가장 밝고, 스크린에서 첫 번째로 밝기가 0이 되

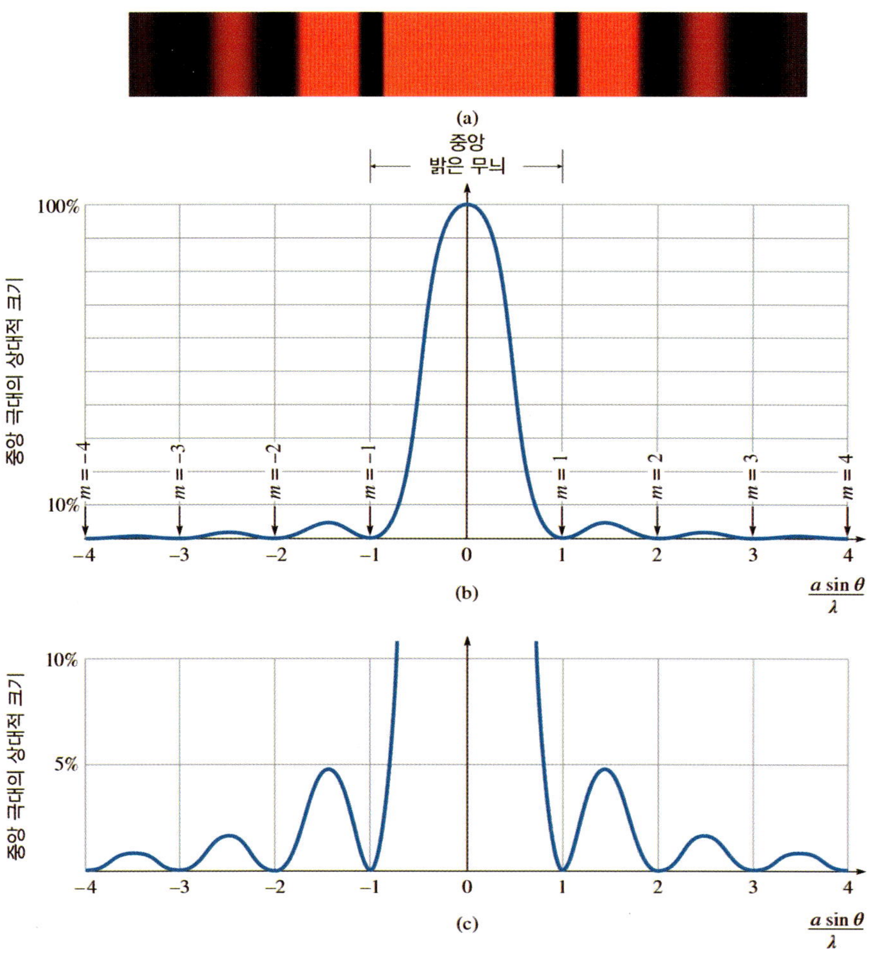

그림 25.29 단일 슬릿 회절. (a) 스크린에 나타난 회절무늬 사진 (b) 상단 광선과 하단 광선 사이의 파장 수 차이 $a\sin\theta/\lambda$의 함수로 나타낸 밝기(중앙 극대의 세기에 대한 백분율). 극소는 $(a\sin\theta)/\lambda$가 0 아닌 정수인 각에서 발생한다. (c) 같은 그래프의 확대. 가로 방향 처음 3개의 극대 밝기 비율은 4.72%, 1.65% 및 0.834%이다. 처음 3개의 극대는 $a\sin\theta = 1.43\lambda, 2.46\lambda, 3.47\lambda$일 때 발생한다.

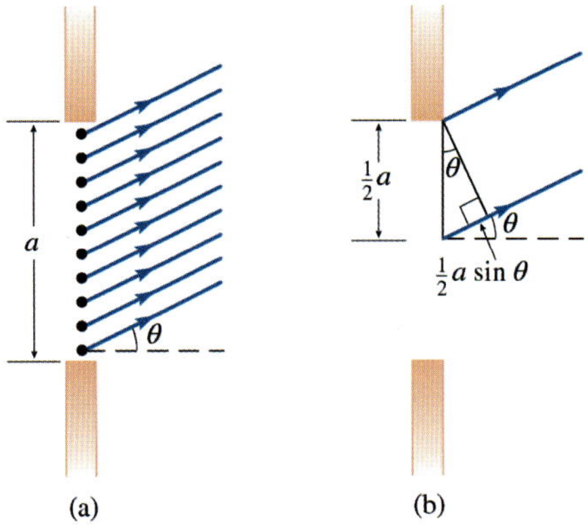

그림 25.30 (a) 슬릿 축 상의 모든 점이 호이겐스의 가지파동의 원천이 된다. (b) 슬릿의 중심에서 나오는 광선은 상단에서 나오는 광선보다 스크린에 도달하는 거리가 더 멀다. 여분의 거리는 $\frac{1}{2}a\sin\theta$이다.

는 어두운 부분인 양쪽 극소까지 세기는 점차적으로 약해진다. 중심에서 계속하여 멀어지면 극대와 극소가 번갈아가며 점차적으로 밝기가 변한다. 가로 방향의 여러 극대들은 중앙 극대에 비해 매우 약하고 폭이 넓지 않다.

호이겐스Huygens의 원리에 따르면 빛의 회절은 슬릿을 따라 모든 점을 다음 가지파동의 파원으로 고려함으로써 설명할 수 있다(그림 25.30a). 슬릿 뒤편의 모든 점에서 밝기는 이러한 가지파동의 중첩이다. 가지파동은 같은 위상으로 발생되지만 스크린 상의 주어진 지점에 도달하기 위해 각각 다른 거리를 이동한다. 회절무늬의 구조는 가지파동들이 간섭한 결과이다. 이는 무한히 많은 수의 파동이 슬릿을 따라 모든 지점에서 간섭하기 때문에 이전에 다루던 것보다 훨씬 복잡한 간섭 문제이다. 슬릿 상의 모든 지점이 다 파원의 역할을 한다. 이러한 복잡성에도 불구하고 이전에 회절격자에서 사용했던 것과 비슷한 통찰력을 현명하게 사용하면 복잡한 수학에 의존할 필요 없이 극소가 어느 지점인지 쉽게 찾을 수 있다.

극소 찾기 그림 25.30b는 두 가지파동의 진행을 나타내는 광선 두 줄기를 보여준다. 하나는 슬릿의 상단 가장자리에서, 다른 하나는 정확히 중간에서부터 출발한다. 광선은 같은 각도 θ에서 출발해 스크린의 같은 지점에 도달한다. 낮은 쪽은 스크린에 도달하기 위해 추가 이동 거리 $\frac{1}{2}a$를 이동한다. 이 추가 이동 거리가 $\frac{1}{2}\lambda$와 같으면 **두 가지파동**은 상쇄간섭을 한다. 이제 Δx만큼 아래로 이동한 지점의 다른 가지파동 두 개를 살펴보자. 이들도 여전히 슬릿 너비의 절반인 $\frac{1}{2}a$로 분리된다. 이들 두 가지파동 사이의 경로 길이 차이도 역시 $\frac{1}{2}\lambda$가 되어야 하므로 이 역시 소멸간섭을 한다. 이처럼 **모든 가지파동**들은 서로 상하로 쌍을 이룰 수 있다. 각 쌍은 모두 소멸간섭을 하기 때문에, 그 각도에서는 스크린에 빛이 도달하지 않는다. 그러므로 회절의 1차 극소는 다음과 같이 나타난다.

$$\frac{1}{2}a\sin\theta = \frac{1}{2}\lambda \tag{25-20}$$

다른 극소도 비슷한 방식, 곧 거리 $\frac{1}{4}a$, $\frac{1}{6}a$, $\frac{1}{8}a$, $\cdots$, $\frac{1}{2m}a$, $\cdots$(m은 0이 아닌 정수)만큼 떨어진 가지파동을 쌍으로 소멸시키는 조건을 이용해 찾을 수 있다. 회절 극소는 다음과 같이 주어진다.

$$\frac{1}{2m}a\sin\theta = \frac{1}{2}\lambda \qquad (m = \pm 1, \pm 2, \pm 3, \cdots) \tag{25-21}$$

식을 간단히 정리하면 다음과 같다.

단일 슬릿 회절 극소

$$a\sin\theta = m\lambda \quad (m = \pm 1, \pm 2, \pm 3, \cdots) \tag{25-22}$$

유의할 점은, N개의 슬릿에 의한 간섭의 극대를 나타내는 식 (25−17)은 식 (25−22)과 언뜻 비슷해 보이지만, 식 (25−22)는 회절의 극소 위치를 나타낸다. 또한 $m = 0$은 식 (25−22)에서 제외된다. $\theta = 0$에서는 극소가 아니라 극대가 발생한다.

슬릿이 좁아지면 어떻게 될까? 슬릿의 폭 a가 작아지면, 극소에 대한 각도 θ가 커져서 회절무늬가 넓어진다. 슬릿을 더 넓게 만들면, 극소에 대한 각도가 작아짐에 따라 회절무늬가 좁아진다.

가로 방향으로 최대가 발생하는 각도는 최소의 각도보다 훨씬 찾기가 어렵다. 비교할 수 있는 단순한 방법이 없다. 모든 가지파동이 같은 위상으로 스크린까지 같은 거리를 이동하기 때문에 중앙 극대는 $\theta = 0$이다. 다른 극대들은 대략 인접한 극소 사이의 중간이다(그림 25.29c 참조).

보기 25.8 단일 슬릿 회절

폭이 0.020 mm인 단일 슬릿에 의한 회절무늬가 스크린 위에 나타났다. 스크린은 슬릿으로부터 1.20 m이고 파장이 430 nm인 빛이 사용되었다면, 중앙 극대인 밝은 무늬의 너비는 얼마인가?

전략 중앙 극대는 $m = -1$ 극소에서 $m = +1$ 극소까지이다. 무늬가 대칭이므로 폭은 중심에서 $m = +1$ 최소까지 거리의 두 배이다. 광선 그림은 문제의 각도와 거리 관계를 구하는 데 도움이 된다.

풀이 다음을 만족하는 각도 θ에서 $m = 1$의 극소가 발생한다.

$$a\sin\theta = \lambda$$

그림 25.31은 $m = 1$ 극소가 나타나는 각도 θ를 보여준다. x는 중앙에서 극소까지의 거리, D는 슬릿부터 스크린까지의 거리를 나타낸다. 중앙의 최대 밝은 무늬의 너비는 $2x$이다. 그림 25.31에서

$$\tan\theta = \frac{x}{D}$$

이다. $x \ll D$, θ는 작은 각이라고 가정한다. 따라서 $\sin\theta \approx \tan\theta$이다.

$$\frac{x}{D} = \frac{\lambda}{a}$$

$$x = \frac{\lambda D}{a} = \frac{430 \times 10^{-9}\ \text{m} \times 1.20\ \text{m}}{0.020 \times 10^{-3}\ \text{m}} = 0.026\ \text{m}$$

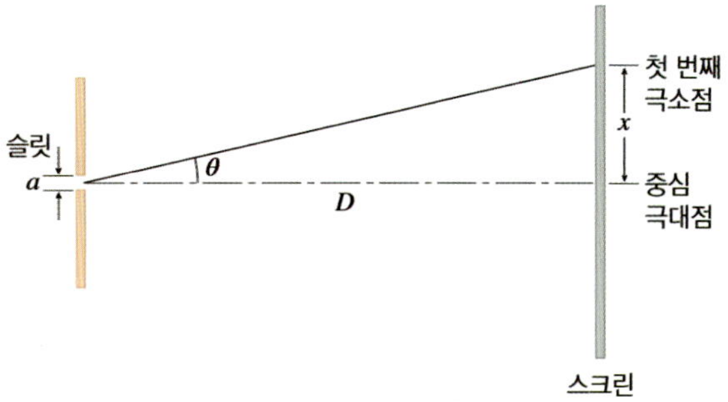

그림 25.31 스크린에서 거리 D만큼 떨어지고 폭이 a인 단일 슬릿으로부터 파장 λ인 빛이 만드는 회절무늬

x와 D의 값을 비교하면, $x \ll D$ 라는 근사는 타당하다. 중앙 최대 밝은 무늬의 너비는 $2x = 5.2\ \text{cm}$이다.

검토 중심 극대의 폭은 첫 번째 극소에 대한 각도 θ와 슬릿과 스크린 사이의 거리 D에 따라 달라진다. 각도 θ는 빛의 파장 및 슬릿 폭에 의존한다. 각도 θ가 더 큰 값의 경우, 곧 파장이 더 크거나 슬릿 너비가 더 좁은 경우, 회절무늬가 스크린 위에 더 넓게 퍼진다. 주어진 파장에 대해서 슬릿이 좁아지면 회절무늬가 더 넓어진다. 주어진 슬릿의 폭에 대한 회절무늬는 더 큰 파장에 대해 더 넓어지므로 적색 광($\lambda = 690\ \text{nm}$)의 무늬가 보라색 광($\lambda = 410\ \text{nm}$)의 무늬보다 더 넓게 퍼진다.

실전문제 25.8 **첫 번째 가로 방향 극대의 위치**

회절무늬의 중심으로부터 첫 번째 가로 방향 극대까지의 거리는 대략 얼마인가?

이중 슬릿 간섭에서 극대의 세기

이중 슬릿 간섭 실험에서, 밝은 띠의 간격은 일정하지만 밝기가 같지는 않다(그림 25.17 참조). 각 슬릿에서 나온 빛이 회절되어 스크린에 도달하면 회절무늬를 형성한다(그림 25.29 참조). 이러한 두 회절무늬는 스크린의 어느 지점에서나 같은 진폭을 갖지만 위상은 다르다. 보강간섭인 경우, 진폭은 단일 슬릿에 대해 그 지점에서 두 배가 된다(따라서 세기는 4배).

그림 25.17은 각 슬릿의 중심 회절 최대 밝은 무늬 내에서 간섭의 극대만을 보여준다. 슬릿에 입사하는 빛이 충분히 밝으면 첫 번째 회절 극소 너머에 생기는 간섭 극대를 볼 수 있다(그림 25.32).

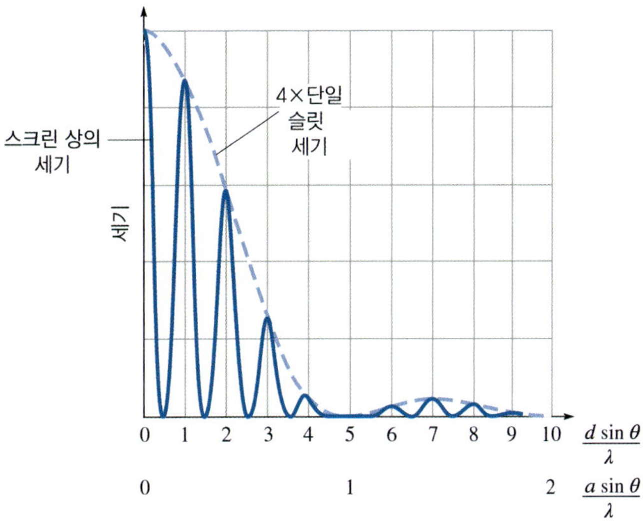

그림 25.32 두 슬릿 사이의 간격 d가 슬릿 폭 a의 5배인 이중 슬릿 간섭에 대한 세기 그래프. 첫 번째 회절 극소는 $a\sin\theta=\lambda$를 만족하는 각도에서 생긴다. 그 각도에서 $5a\sin\theta=d\sin\theta=5\lambda$을 만족한다. 5차 간섭 극대는 빛이 스크린에 도달하지 않는 첫 번째 회절 극소와 일치하기 때문에 잘 나타나지 않는다. 각 간섭 극대의 높이는 단일 슬릿의 세기 양상을 따른다. 보강간섭 지점에서 진폭은 단일 슬릿의 두 배가 된다. 이때 세기는 단일 슬릿의 4배가 된다.

25.8 광학기기의 회절과 해상도
Diffraction and the Resolution of Optical Instruments

카메라, 망원경, 쌍안경, 현미경뿐 아니라 사람의 눈까지 모든 광학기기는 원형 구멍을 통해 빛을 받아들인다. 따라서 원형 구멍을 통한 빛의 회절은 매우 중요하다. 광학기기가 두 물체를 별개의 대상으로 구분하기 위해서는 각 물체에 대한 개별적 상을 만들어야 한다. 회절 때문에 각 물체의 상이 퍼져서 겹쳐지면, 광학기기는 이를 분해할 수 없다.

빛이 지름 a인 원형 구멍을 통과할 때, 빛은 주로 슬릿처럼 한 방향으로 제한되지 않고 모든 방향으로 파면이 차단된다. 따라서 원형으로 열린 부분인 경우 빛이 모든 방향으로 퍼진다. 따라서 원형 구멍으로 인한 회절무늬(그림 25.33)는 구멍의 원형 대칭성을 반영한다. 회절 모양은 슬릿의 경우와 유사하다. 이 무늬는 넓고 밝은 중앙 극대를 가지며, 그 밖으로 극소와 약한 극대가 교대로 나타난다. 따라서 무늬는 구멍의 원형 모양을 반영하는 동심원으로 구성된다.

그림 25.33 원형 구멍에 의해 멀리 떨어진 스크린에 나타난 회절무늬

최소 및 최대에 대한 각도를 계산하는 것은 어려운 문제이다. 가장 큰 관심의 대상은 첫 번째 극소의 위치인데, 이는 대략 다음과 같이 주어진다는 것을 알아두면 된다.

$$a\sin\theta \approx 1.22\lambda \tag{25-23}$$

첫 번째 극소가 특히 중요한 이유는 회절된 빛의 세기의 84 %를 포함하는 중앙 극대의 지름을 알 수 있기 때문이다. 중심 극대 지름은 광학기기의 해상도를 제한한다.

망원경으로 멀리 떨어진 별을 바라볼 때, 별은 충분히 멀리 떨어져 있어서 점광원으로 생각할 수 있지만, 별에서 온 빛은 망원경의 원형 구멍을 통과하기 때문에 그림 25.33과 같이 회절 모양이 원형으로 퍼진다. 서로 가깝게 보이는 두 개 이상의 별을 볼 때를 생각해 보자. 육안으로 볼 때, 시력이 좋은 사람들은 북두칠성의 손잡이 끝에서 두 번째 부분에서 2개의 별 미자르 Mizar와 알코르 Alcor를 볼 수 있다(그림 25.34a). 그러나 망원경으로 보면 미자르는 실제로 미자르 A와 미자르 B라고 불리는 두 별이다(그림 25.34b). 눈은 이 두 별의 상을 분해할 수 없지만 지름이 훨씬 더 넓은 망원경을 이용하면 가능하다. 분광학 관측 결과를 보면 미자르 A와 미자르 B에서 오는 빛은 주기적인 도플러 이동을 보이는데, 이는 두 별이 아주 가까이 있어서 질량중심에 대하여 서로 회전하고 있는 쌍성임을 보여준다.

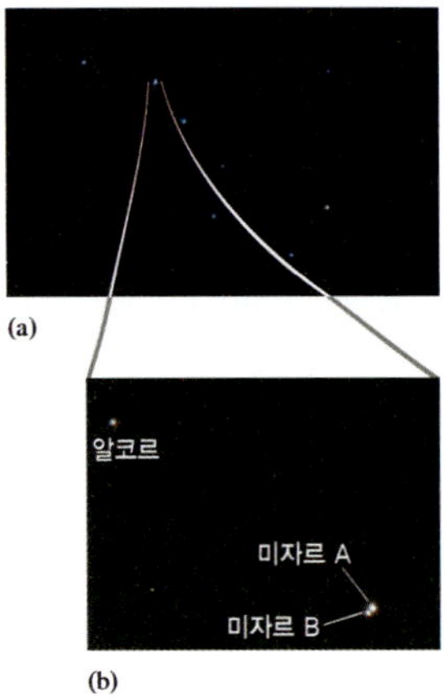

그림 25.34 (a) 큰 곰 별자리의 일부인 북두칠성 (b) 넓은 구경을 가진 망원경을 이용하면 미자르 A, 미자르 B, 알코르를 구별할 수 있다.

미자르 A와 미자르 B의 동반성인 다섯 개의 별은 현존하는 최고의 망원경으로도 볼 수 없다. 이 다섯 개의 별에서 나오는 광선이 원형 구멍을 통과할 때, 회절이 상을 퍼지게 하기 때문에 직접 보면 2개, 망원경으로는 3개의 별만을 볼 수 있다.

레일리 기준

별과 같은 점광원에서 나오는 빛은 원형 구멍을 통과한 후 회절되어 원형의 회절무늬를 형성한다. 이 때문에 벌어진 각도가 작은 두 별은 회절무늬가 겹치게 된다. 그러나 별들은 결맞지 않은 광원이기 때문에 별들의 회절무늬는 서로 간섭하지 않고 겹친다(그림 25.35). 이 별들을 분해하려면 회절무늬가 얼마나 떨어져 있어야 하는지 판단해야 한다.

다소 임의적이긴 하지만 전통적인 기준은 영국 물리학자인 레일리 Rayleigh: John William Strutt, 1842~1919가 제안한 내용으로, 상이 각 회절무늬 너비의 절반 이상으로 분리되어야 한다는 것이다. 곧 **레일리 기준** Rayleigh's criterion은 한 회절무늬의 중심이 다른 회절무늬의 첫 번째 극소에 있을 경우 두 개의 광원을 간신히 분해할 수 있다고 규정한다. 두 광원으로부터의 빛이 진공(또는 공기)을 통해 전파되어 지름이 a인 원형 구멍으로 들어간다고 가정

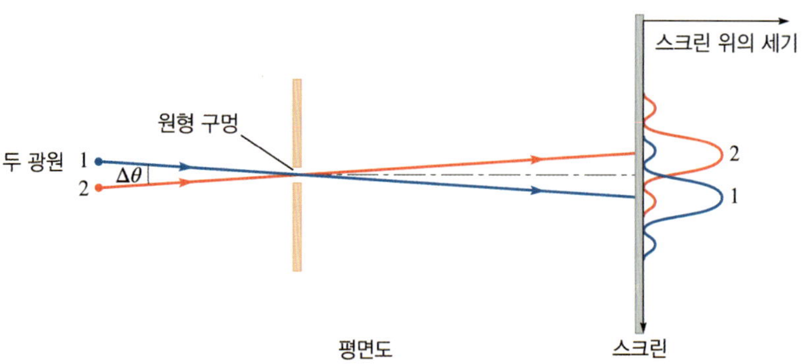

그림 25.35 각도 분리 $\Delta\theta$를 갖는 두 개의 점광원은 빛이 원형 구멍을 통과하였을 때 겹치는 회절무늬를 형성한다. 이 경우 레일리 기준에 따라 이미지를 분석할 수 있다.

하자. $\Delta\theta$가 구멍으로부터 측정된 두 광원의 분리 각도이고 λ_0가 진공(또는 공기)에서 빛의 파장인 경우 광원은 다음과 같이 분해될 수 있다.

레일리 기준

$$a\sin\Delta\theta \geq 1.22\lambda_0 \quad (25\text{-}24)$$

보기 25.9 레이저 프린터의 해상도

레이저 프린터는 종이에 잉크(토너)로 작은 점을 인쇄한다. 이 점들은 구분되어 보이지 않을 정도로 매우 작고 서로 너무 가깝다. 문서에서는 이 점들이 뭉쳐져서 글자나 그림으로 나타난다. 밝은 빛 아래 눈에서 0.40 m 떨어진 곳에 있는 문서를 볼 때 '제곱 인치당 점의 개수(dpi)'가 얼마나 많은지 확인해 보자. 눈에서 동공의 지름은 2.5 mm라고 가정한다.

전략 두 점의 각도 분리가 레일리 기준을 초과하면 각 점을 구분할 수 있다. 따라서 점 사이의 각도 분리는 레일리 기준으로 정해지는 것보다 작아야 한다.

풀이 인접한 두 개의 점 사이의 거리는 Δx, 동공의 지름은 a, 점의 각도 분리는 $\Delta\theta$(그림 25.36)이다. 이 문서는 눈으로부터 거리 $D = 0.40\,\text{m}$에 있다. 그러면 $\Delta x \ll D$ 이기 때문에, 점 사이의 각도 분리는 $\Delta\theta \approx \frac{\Delta x}{D}$이다.

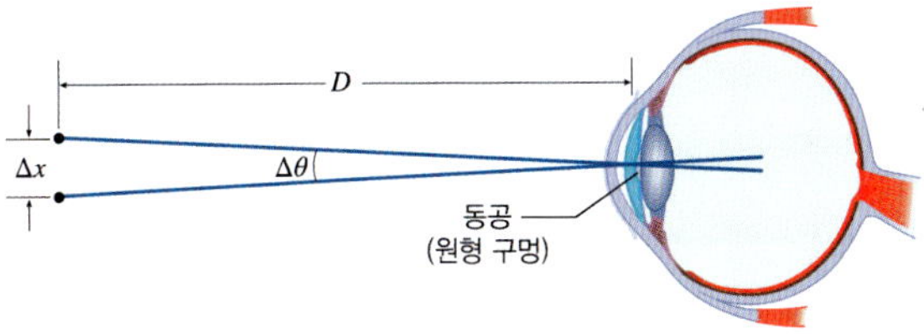

그림 25.36 인접한 두 광원 사이의 각도 분리 $\Delta\theta$

두 점이 합쳐져 보이게 하려면 각도 분리 $\Delta\theta$가 레일리 기준으로 정해지는 각도보다 작아야 한다. 분해능의 최소 각 $\Delta\theta$는 다음과 같이 주어진다.

$$a\sin\Delta\theta \approx a\Delta\theta = 1.22\lambda_0$$

점들이 구별되어 보이지 않을 조건은 다음과 같다.

$$a\Delta\theta < 1.22\lambda_0$$

$\Delta\theta$를 대입하면,

$$a\frac{\Delta x}{D} < 1.22\lambda_0$$

이다. 점 사이의 간격이 모든 가시광선 파장에 대해 혼합되어 보일 만큼 Δx가 충분히 작아지도록, 가시광선 범위에서 가장 작은 파장인 $\lambda = 400.0\,\text{nm}$를 선택한다. 이제 점들 사이의 거리 Δx를 구하면,

$$\Delta x < \frac{1.22\lambda_0 D}{a} = \frac{1.22 \times 400.0\,\text{nm} \times 0.40\,\text{m}}{0.0025\,\text{m}}$$

$$= 7.81 \times 10^{-5}\,\text{m} = 0.0781\,\text{mm}$$

가 된다. 제곱 인치당 점 개수의 최솟값을 찾으려면 먼저 점 분리 Δx를 인치로 변환해야 한다.

$$\Delta x = 0.0781\,\text{mm}\left(\frac{1\,\text{in}}{25.4\,\text{mm}}\right) = 0.00307\,\text{in}$$

인치당 점 개수는 인치 단위로 주어진 인접한 점들 사이의 거리의 역수이다.

$$\frac{1}{0.00307\,\text{in/dot}} = 330\,\text{dpi}$$

검토 이 추정을 바탕으로 보면, 300 dpi 프린터의 인쇄물은 약간 거칠 것으로 예상할 수 있다. 그 이유는 인쇄한 점들이 거의 구별되기 직전이기 때문이다. 600 dpi 프린터의 출력물은 훨씬 더 매끈하게 보인다.

식 (25–24)은 진공에서의 파장(λ_0)을 사용하기 때문에 눈에서 발생하는 회절에도 적용될 수 있는지 생각해 보아야 한다. 눈 속의 유리액의 파장은 $\lambda = \lambda_0/n$이며, 이 액체의 굴절률은 $n \approx 1.36$이다. 식 (25–24)는 파장의 n배수가 굴절률에 의한 n배와 상쇄되기 때문에 이 상황에도 적용할 수 있다(문제 49 참조).

실전문제 25.9 **점묘법 그림**

후기인상파 화가인 조르주 쇠라Georges Seurat, 1859~1891는 점묘법이라는 기법을 완성했다. 이 기법에서는 지름이 각각 약 2 mm인 서로 다른 색의 점들을 밀접한 간격으로 찍어서 그림을 그렸다(그림 25.37). 가까이에서 보면 여러 색깔의 점을 개별적으로 볼 수 있다. 더 멀리 떨어져서 보면 이 점들은 서로 섞여 보인다. 점들에 의한 색상이 매끄럽게 섞이는 것을 보기 위해서 관람자가 떨어져 있어야 할 최소 거리를 예측해 보자. 동공의 지름은 2.2 mm라고 가정한다.

(a) (b)

그림 25.37 (a) 죠르주 쇠라의 '옹플뢰르의 등대', (b) 같은 작품을 가까이에서 본 모습

응용 : 사람 눈의 분해능

밝은 빛에서, 사람의 동공은 약 2 mm로 좁아진다. 이 작은 구멍으로 인한 회절은 우리 눈의 해상도의 한계를 결정한다. 빛이 희미한 곳에서는 동공이 훨씬 더 넓어진다. 희미한 빛에 대하여 눈의 분해능 한계는 회절이 아니라 광수용체 세포가 가장 밀집해 있는 지점인 망막에 있는 중심와의 세포 간격이다. 원뿔세포의 간격은 동공의 평균 지름에 최적화되어 있다. 원뿔세포가 조밀하지 않으면 분해능이 떨어진다. 그러나 더 조밀해진다고 해도 회절 때문에 분해능이 증가하지는 않을 것이다.

25.9 X선 회절 X-ray Diffraction

지금까지 검토된 간섭 및 회절의 예는 대부분 가시광선이었다. 그러나 우리 눈에 보이는 가시광선 파장보다 길거나 짧은 파장에서도 같은 효과가 나타난다. X선을 사용해도 간섭

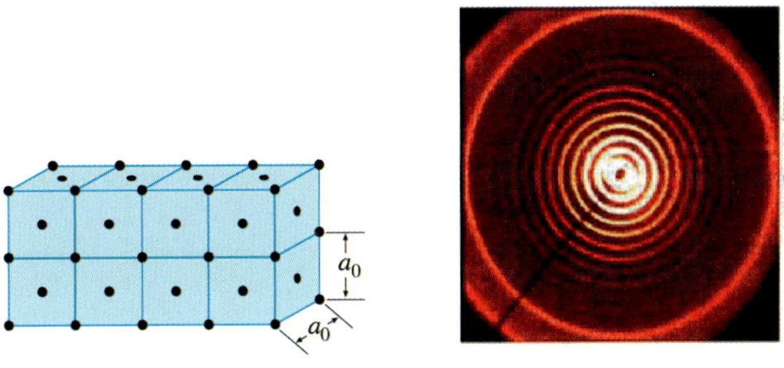

그림 25.38 (a) 은의 결정 구조. 각 점은 은 원자의 위치를 나타낸다. (b) 다결정에 의해 형성된 X선 회절무늬. 시료에서 산란되지 않고 필름의 중앙에 도달하는 X선은 차단했다. 고리는 산란된 X선이 보강간섭을 하는 각도에서 형성된다.

이나 회절 효과를 나타내는 실험을 수행할 수 있을까? X선은 가시광선보다 파장이 훨씬 짧기 때문에, 이러한 실험을 수행하기 위해서는 격자의 슬릿 크기와 간격이 가시광선 실험에 사용한 격자보다 훨씬 작아야 한다. 전형적인 X선은 파장이 대략 0.01 nm에서 10 nm 범위에 있다. X선에 사용할 수 있을 만큼 작은 평행 슬릿 회절격자를 만들 수는 없다. 원자의 지름이 일반적으로 대략 0.2 nm인데, 슬릿의 간격은 단일 원자의 크기와 비슷해야 한다.

1912년에 독일의 물리학자 라우에Max von Laue, 1879~1960는 결정 속 원자들의 규칙적인 배열이 X선에 대한 완벽한 회절격자가 됨을 알아냈다. 결정에서 원자의 규칙적인 배치와 그들 사이의 간격은 일반적인 격자에서 규칙적인 슬릿의 간격과 비슷하지만, 결정은 가시광선에 사용하는 2차원 격자와는 대조적으로 **3차원** 격자이다.

그림 25.38a는 은의 원자 구조를 보여준다. X선이 결정을 통과할 때는 원자에 의해 모든 방향으로 산란한다. 서로 다른 원자에서 특정 방향으로 산란한 X선은 서로 간섭하므로, 특정 방향에서 이들이 보강 간섭하면 그 방향에서 세기가 최대로 된다. 검출기는 시료가 단결정일 때에는 세기가 최대인 방향을 점의 집합으로 기록하고, 무작위로 흩어진 수많은 결정 조각일 때에는 원형 고리로 기록한다(그림 25.38b).

격자가 3차원 구조를 하고 있기 때문에 보강간섭의 방향을 결정하는 것은 어려운 문제이지만, 호주의 물리학자 브래그William Lawrence Bragg, 1890~1971는 이를 단순화하는 방법을 발견하였다. 그는 X선을 **원자의 평면에서 반사되는** 것처럼 생각할 수 있음을 보여 주었다(그림 25.39a). 인접한 두 평면에서 반사되는 X선 사이의 경로 길이의 차이가 파장의 정수 배인 경우 보강간섭이 발생한다. 그림 25.39b는 경로 길이 차가 $2d\sin\theta$인 것을 보여준다. 여기서 d는 평면 사이의 간격이고 θ는 입사광선과 반사광선이 평면과 이루는 각이다(법선과 이루는 각은 아니다). 그래서 **브래그 법칙**Bragg's law으로 주어지는 이 각도에서 보강간섭이 일어난다.

X선 회절 극대

$$2d\sin\theta = m\lambda \qquad (m = 1,2,3,\ldots) \qquad (25\text{-}25)$$

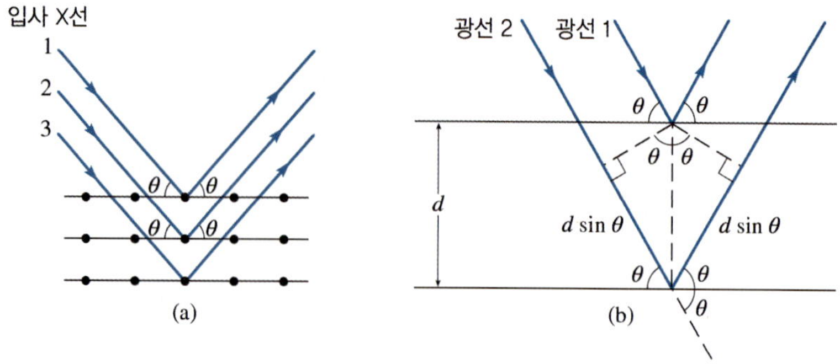

그림 25.39 (a) 입사하는 X선은 마치 원자의 한 평면에서 반사되는 것처럼 행동한다. (b) 인접한 두 평면으로부터 반사하는 광선에 대한 경로 길이 차를 찾기 위한 그림

반사된 광선은 입사광선과 2θ의 각을 만든다는 점을 주목해야 한다.

브래그의 법칙은 매우 단순하지만 X선 회절은 여전히 복잡하다. 왜냐하면 결정에는 간격이 서로 다른 여러 개의 평면이 있기 때문이다. 실제로는 간격이 가장 큰 평면에 단위 면적당 가장 많은 수의 산란 중심인 원자가 포함되어 있으므로 가장 강한 극대를 생성한다.

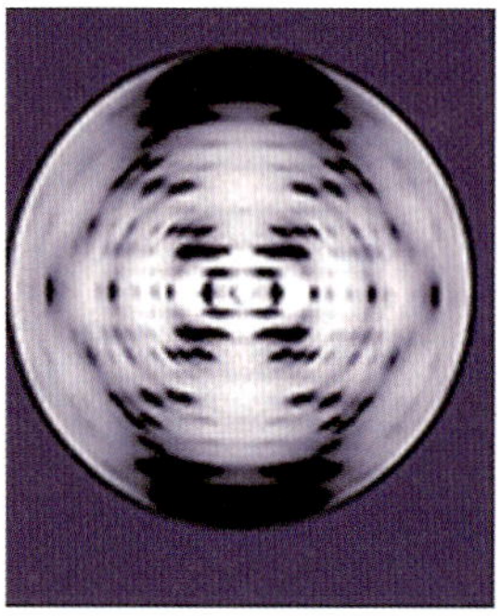

그림 25.40 이 DNA(디옥시리보핵산)의 X선 회절무늬는 1953년 프랭클린이 얻은 것이다. DNA 구조의 일부는 반점과 띠의 무늬로부터 추론할 수 있다. 프랭클린의 데이터를 통하여 왓슨과 크릭은 DNA의 나선형 구조를 확신하였는데, 이는 회절무늬에서 띠의 교차에 의한 것이었다.

X선 회절의 응용

- 회절격자가 백색광을 스펙트럼의 색으로 분리하는 것처럼, 연속 X선 스펙트럼이 있는 광선에서 파장 범위가 좁은 X선 광선을 추출하는 데 결정체를 사용한다.
- 구조가 알려지면 결정에서 나오는 광선의 각도를 이용하여 X선의 파장을 결정한다.
- X선 회절무늬를 사용하여 결정 구조를 결정할 수 있다. 강한 광선이 결정에서 나오는 각도 θ를 측정하면 평면 간격 d가 결정되고 그로부터 결정 구조를 알 수 있다.
- X선 회절무늬는 단백질과 핵산 같은 생물학적 분자의 분자 구조를 결정하는 데 사용된다. 영국의 생물물리학자인 프랭클린Rosalind Franklin, 1920~1958의 X선 회절 연구가 1953년 미국의 분자생물학자인 왓슨James Watson, 1928~과 영국의 분자생물학자 크릭Francis Crick, 1916~2004이 DNA(그림 25.40)의 이중 나선 구조를 발견하는 데 중요한 단서를 제공하였다. 심지어 싱크로트론(입자 가속기)에서 전자에 의해 방사되는 강렬한 X선은 바이러스의 구조를 연구하는 데 사용되었다.

25.10 홀로그래피 Holography

일반 사진은 각 지점에서 필름에 비치는 빛의 세기를 기록한 것이다. 결맞지 않은 빛의 경우 위상이 무작위로 변하므로 위상 정보를 기록하는 것이 유용하지 않다. 홀로그램은 결맞는 빛으로 피사체를 조명함으로써 만들어지는 것으로, 필름에 입사하는 빛의 세기와 위상을 기록한 것이다. 홀로그래피는 1948년 헝가리계 물리학자인 영국의 데니스 가보르 Dennis Gabor, 1900~1979가 발명하였지만, 1960년대에 레이저 사용이 가능해질 때까지 만들기가 어려웠다.

다른 방향으로 이동하여 겹칠 수 있는 두 개의 결맞는 평면파 빛을 만들기 위해서 레이저와 광분배기, 그리고 몇 개의 거울을 사용한다고 상상해 보자(그림 25.41). 파동이 사진 건판에 닿았을 때, 사진 건판의 감광도는 건판에 닿는 빛의 세기에 따라 달라진다. 두 파동은 결이 맞기 때문에 일련의 보강간섭과 상쇄간섭의 무늬가 생긴다. 무늬 사이의 간격은 두 파동 사이의 각도 θ_0에 따라 변한다. 작은 각은 줄무늬 사이의 간격을 더 크게 만든다. 줄무늬 사이의 간격은 다음과 같다.

$$d = \frac{\lambda}{\sin\theta_0} \tag{25-26}$$

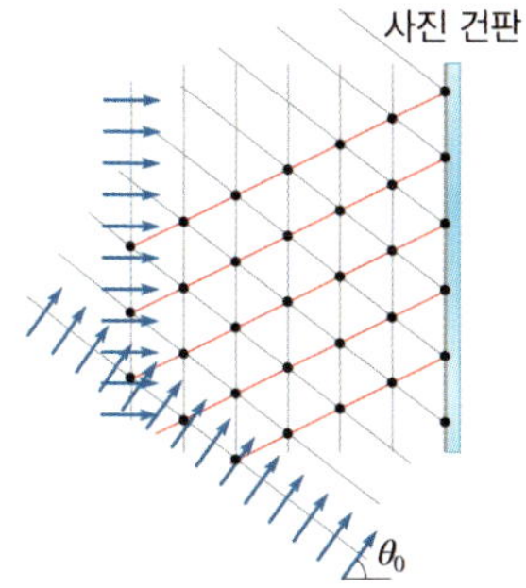

그림 25.41 서로 다른 방향으로 움직이는 결이 맞는 두 개의 평면파가 사진 건판을 감광시킨다. 사진 건판에 간섭무늬가 형성된다. 빨간색 선은 두 파동 사이의 보강간섭 지점을 나타낸다. 이 선들이 사진 건판과 교차하는 곳에서 밝은 무늬의 띠가 나타난다.

건판을 현상하면, 균일한 간격의 줄무늬가 있는 회절격자를 얻게 된다. 같은 파장 λ의 결맞는 빛이 수직 입사각으로 사진 건판에 쪼여지면 중앙 극대($m = 0$)는 정면이지만 $m = 1$ 극대는 다음과 같은 각도에서 나타난다.

$$\sin\theta = \frac{\lambda}{d} = \sin\theta_0 \tag{25-27}$$

따라서, $m = 0$ 및 $m = 1$ 극대는 원래의 두 파동을 다시 복원한다.

이제 점 물체와 평면파를 생각해 보자(그림 25.42). 점 물체는 빛을 산란시켜 점광원처럼 구면파를 생성한다. 원래의 평면파와 산란한 구면파의 간섭은 일련의 원형 줄무늬를 형성한다. 이제 사진 건판을 현상하고 레이저 빛으로 비추면 평면파와 구면파가 다시

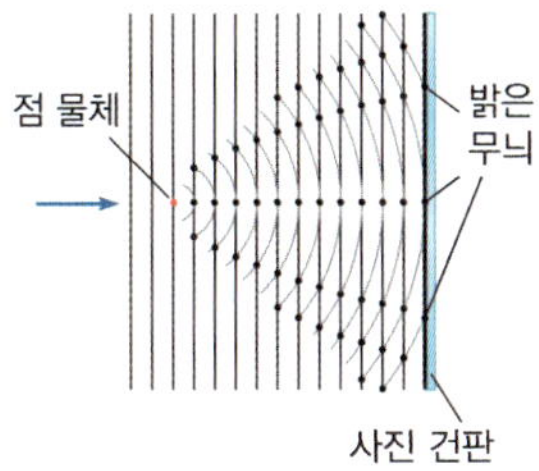

그림 25.42 간섭성 평면파가 점 물체에 의해 산란된다. 물체에 의해 산란된 구면파는 평면파와 간섭하여 사진 건판에 일련의 원형 간섭 줄무늬를 형성한다.

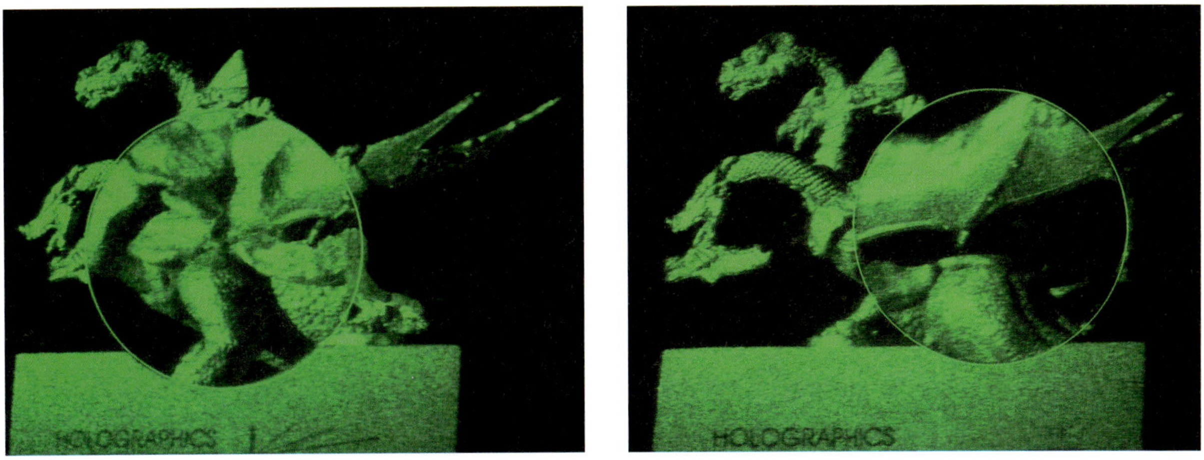

그림 25.43 두 시점에서 본 렌즈 뒤에 있는 용의 홀로그램 상. 렌즈에 의해 확대된 부분의 용의 홀로그램은 보는 각도에 따라 달라진다.

생성된다. 구면파는 판 뒤쪽에서 오는 것처럼 보이는 점 물체의 허상이 된다. 이러한 사진 건판은 점 물체의 홀로그램이다.

한층 더 복잡한 물체를 사용하면 물체 표면의 각 점이 구면파 파원이 된다. 이 홀로그램을 결맞는 빛으로 조명하면 물체의 허상이 생성된다. 홀로그램이 물체에서 오는 것처럼 파면을 다시 생성하기 때문에 이 허상은 다른 시점(그림 25.43)에서도 볼 수 있다.

해답 실전문제 & 살펴보기

25.1 상쇄간섭은 수신기의 세기가 최소로 발생하는 $x = 4.55$ cm와 $x = 5.85$ cm인 곳에서 관측된다. 경로 길이의 변화는 파장과 같은 $2\Delta x = 2(5.85\text{ cm} - 4.55\text{ cm}) = 2.6$ cm이다.

25.2 거울이 안으로 움직여야 한다(더 짧은 경로의 길이). 관과 함께 팔에서 이동하는 파장의 수가 감소하기 때문에 다른 팔에서 이동하는 파장 수를 줄여야 한다.

25.3 560 nm, 458 nm

25.4 (a) 0, 0.020 rad, 0.040 rad, (b) 0.010 rad, 0.030 rad (c) 4.0 cm

25.5 세기는 중앙 극대($q = 0$)에서 최대가 되며 서서히 감소하지만 세기가 0이 되지는 않는다.

25.6 4760슬릿/cm인 격자에서, 4차 극대는 525 nm까지 파장에 대해 존재한다.

25.7 아니요. 창문이 빛의 파장에 비해 크기 때문에 회절을 무시할 수 있다. 태양은 점광원으로 취급할 수 있을 만큼 충분히 멀리 있지 않다. 태양 표면의 다른 지점에서 나오는 광선은 창을 통과할 때 약간 다른 방향으로 진행한다.

25.8 3.9 cm. 최소의 위치가 대략 $m = 1$과 최대점 $m = 2$ 사이의 중간점이라고 가정하면, 최솟값 x는 거의 3.9 cm($x \approx 3.9$ cm)이다. 그림 25.29c에 주어진 자료에 의하면 실제 위치는 3.7 cm이다.

25.9 9 m

25.1 예. 두 개의 결맞는 파동 사이의 위상차는 $p/3$ rad일 수 있다. 위상차는 p의 정수 배가 아니므로 간섭은 보강간섭(최대 진폭)이거나 상쇄간섭(최소 진폭)이 아니다. 이들 사이에 있다.

25.3 파동이 속도가 느린 경계(더 높은 굴절률)에서 반사될 때 180° 위상 이동이 발생한다. 광선 1은 $n_f > n_i$이므로 반사로 인해 180° 위상 이동을 한다. 광선 2는 $n_t < n_f$이므로 반사로 인한 위상 변화가 없다.

25.5 이중 슬릿의 경우 강도는 최대와 최소 사이에서 점진적으로 변한다(그림 25.18 참조). 격자로 인한 극대는 훨씬 더 밝다(단지 두 개의 슬릿이 아닌 여러 슬릿에 의한 보강간섭). 극대의 너비는 슬릿의 수에 반비례하므로 여러 개의 슬릿이 있는 격자의 경우 극대 사이의 간격은 매우 좁다.

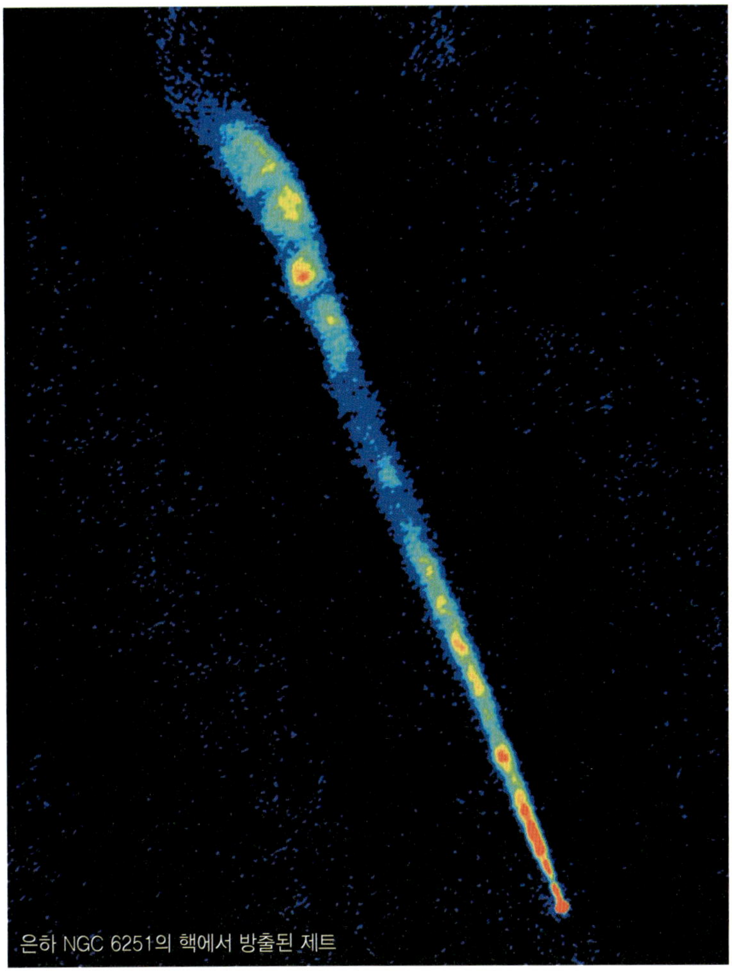

은하 NGC 6251의 핵에서 방출된 제트

26

찾아가보기

- 관성 기준틀 (3.5절)
- 상대속도 (3.5절)
- 운동에너지 (6.3절)
- 기초 수학 : 이항 전개 근사 (부록 A.9)
- 에너지 보존 (6.1절)
- 운동량 보존, 1차원 충돌 (7.4, 7.7절)

생명과학 응용

- 의학에서 사용하는 입자 가속기 (문제 26~28)

상대성 이론

Relativity

은하들의 중심은 그 은하의 다른 부분보다 훨씬 밝다. 이 활동적인 은하계의 핵들은 우리 태양계 정도의 크기지만 태양보다 200억 배 더 많은 빛을 내보낼 수 있다. NGC 6251로 알려진 은하의 핵에서 지구를 향하여 가늘고 매우 큰 에너지를 가진 대전입자 **제트**jet를 뿜어낸다. 사진은 뉴멕시코에 있는 일련의 대형 전파 망원경으로 촬영된 제트의 모습으로, 은하의 핵은 오른쪽 아래에 있다.

과학자들이 처음으로 이 제트의 끝부분의 속력을 측정할 때에, 그들은 이틀 연속해서 찍은 두 개의 전파 망원경의 이미지를 사용했다. 그들은 제트의 끝부분이 얼마나 멀리 움직이는지를 측정하고 두 상 사이에 경과된 시간으로 나누어서, 빛 속력보다 더 빠른 속력을 제안하게 되었다! 이 제트에서 대전 입자들이 빛보다 더 빨리 움직이는 것이 가능한가? 만일 그렇지 않다면, 과학자들이 어떤 실수를 했을까?

26.1 상대성 이론의 가설
Postulates of Relativity

기준틀

> **연결 고리** 상대성이라는 개념은 아인슈타인에 의해 처음으로 도입된 것이 아니다. 그 개념은 갈릴레이와 뉴턴으로 거슬러 올라간다.

상대성 이론은 완전히 새로운 개념은 아니며, 갈릴레이까지 거슬러 올라간다. 갈릴레이 이전에 아리스토텔레스는 힘이 계속 작용할 때에만 물체가 움직이고 작용하지 않으면 멈추게 된다고 말하였다. 아리스토텔레스의 권위는 수 세기 동안 이어졌으나, 갈릴레이는 어떤 외부의 힘이 작용하지 않을 때 물체가 일정한 속도(0일 수도 있고 0이 아닐 수도 있다)를 유지한다고 말함으로써 이러한 생각을 완전히 바꾸어 놓았다. 이 개념은 뉴턴이 제시한 관성의 법칙의 기초가 되었다.

모든 운동은 보통 좌표축들로 나타내는 특정한 기준틀에서 측정해야 한다. 공항에 있는 움직이는 보도 위를 두 사람이 손을 잡고 걸어간다고 생각해 보자. 그들이 터미널 건물의 기준틀에 대해서는 2.4 m/s로, 보도의 기준틀에 대해서는 1.3 m/s로 걷는다고 하면, 두 기준틀은 **똑같이 타당하다**.

관성 기준틀inertial reference frame은 외력이 없을 때 가속운동이 관측되지 않는 계이다. 비관성 기준틀에서는, **기준틀 자체**가 관성 기준틀에 대해 **가속되고 있기** 때문에, 작용하는 힘이 없어도 물체는 가속된다. 예를 들어, 두 사람이 빨리 돌아가는 회전무대에서 서로 마주보고 앉아 있다고 가정해 보자(그림 26.1). 한 사람이 다른 사람에게 공을 던졌을 때 공은 회전무대에 타고 있는 관측자가 볼 때에는 옆쪽으로 휘어지게 된다. 옆쪽으로 가속되는 이유는 공에 어떤 힘이 작용해서가 아니라 움직이는 회전무대에 고정된 기준틀이 **비관성**noninertial이기 때문이다. 관성의 법칙은 관성틀이 아닌 곳에서는 성립하지 않는다.

엄밀히 말하면 사실이 아니지만, 지구의 표면은 여러 목적으로 하나의 관성 기준틀로 볼 수 있다. 지구의 자전은 허리케인과 무역풍의 회전운동이라는 현상을 일으키는데, 그러한 현상에는 지표면에 고정된 기준틀에 대해 실제 작용하는 힘에 의한 것이 아닌 가속도가 수반된다.

관성틀에 대해서 일정한 속도로 움직이는 기준틀은 그것이 어떤 기준틀이라도 그 자체가 관성틀이다. 만일 한 관성틀에서 한 물체의 가속도가 0이라면, 다른 관성틀에서도 그 물체의 가속도는 0이다. 앞의 예에서, 만일 공항 터미널에 고정된 기준틀이 관성틀이고 무빙워크가 터미널에 대해서 일정한 속도로 움직인다면, 무빙워크에 고정된 기준틀도 관성틀이 된다.

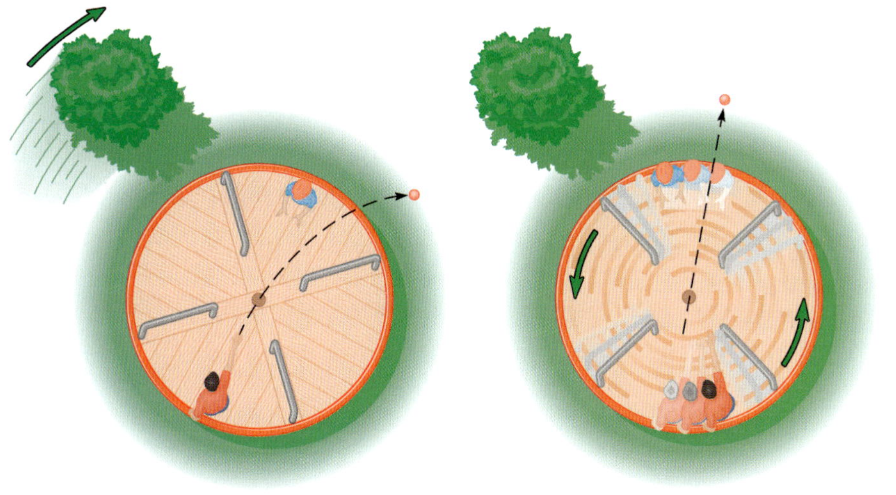

그림 26.1 회전무대를 가로질러 던진 공. (a) 플랫폼에 고정된 비관성틀에서 본 공의 경로. 이 기준틀에서는, 플랫폼이 정지해 있고 나무가 돌아간다. 공은 받는 사람을 향해 똑바로 던져졌지만, 옆쪽으로의 힘이 없는데도 옆쪽으로 휘어진다. (b) 땅에 고정된 관성틀에서 본 공의 직선 경로. 이 틀에서는 관성의 법칙이 성립되고 공은 휘지 않는다. 공을 받는 사람이 공의 경로와 반대쪽으로 회전한다.

상대성 원리

갈릴레이와 뉴턴 이후, 과학자들은 임의의 관성틀에서 **같은 법칙들**이 성립하도록 물리의 법칙들을 형식화하기 위해 노력했다. 특정한 물리량(속도, 운동량, 운동에너지)은 다른 관성틀에서 다른 값을 갖지만, **상대성 원리** principle of relativity는 물리의 법칙(운동량과 에너지 보존 법칙 등)이 모든 관성틀에서 같아야 한다는 것을 요구한다.

상대성 원리

물리 법칙들은 모든 관성틀에서 똑같다.

이 장에 있는 법칙과 식들은 오직 관성틀에서만 타당한 것들이다. 이 책의 다른 장에 있는 법칙과 식들도 마찬가지이다. 물리 법칙들을 비관성 기준틀(가속하는 틀)에 적용할 때에는 수정이 필요하다.

살펴보기 26.1 여러분이 어떤 빛이나 소리, 진동도 없는 기차의 특실에 타고 있다고 하자. 이 기차가 땅에 대해 정지해 있는지 아니면 0이 아닌 일정한 속력으로 움직이고 있는지 구별할 방법이 있는가? 설명해 보아라.

상대성 이론의 겉보기 모순

19세기에 맥스웰은 전자기장을 설명하는 네 가지 기본 법칙을 사용하여 전자기파가 빛의 속력($c = 3.00 \times 10^8$ m/s)으로 진공 속을 진행한다는 것을 보였다(**맥스웰 방정식**, 22.1절). 사실상 맥스웰 방정식은 광원이나 관측자의 움직임에 상관없이, 전자기파가 **모든 관성 기준틀에서 같은 속력**으로 진행한다는 것을 보여 준다.

빛의 속력이 모든 관성 기준틀에서 똑같다는 이 결론은 상대속도에 관한 갈릴레이의 법칙(3.5절)과 모순된다. 자동차가 지면에 대해 $\vec{v}_{CG}$의 속도로 달린다고 가정하자(그림 26.2). 자동차의 전조등에서 나가는 빛은 자동차에 대해 $\vec{v}_{LC}$의 속도로 진행한다. 갈릴레이의 속도 덧셈 법칙은 지면에 대한 빛의 속도가

$$\vec{v}_{LG} = \vec{v}_{LC} + \vec{v}_{CG} \tag{3-22}$$

임을 말해 주고 있다. 따라서 빛의 속력은 두 개의 다른 관성 기준틀에서 두 가지의 **다른** 값(v_{LG}와 v_{LC})을 갖게 된다.

이러한 모순은 맥스웰 방정식이 빛이 진행하는 매질에 대한 빛의 속력을 알려준다면 해결될 수 있을 것이다. 19세기의 과학자들은 빛이 **에테르**라는 보이지 않으며 이해하기 어려운 매질 속에서의 진동이라고 믿었다. 만일 맥스웰이 유도했던 빛의 속력 c가 **에테르에 대한** 속력이라면, 에테르에 대해 운동하는 어떤 관성틀에 대한 빛의 속력은 갈릴레이의 상대론에서 예측되는 것처럼 c와 달라야 한다.

지구에서 측정된 빛의 속력이 정말로 에테르 속을 통과하는 지구의 운동에 따라 변하는 것인가? 1881년 마이컬슨은 그 답을 찾기 위해 정밀한 실험기구를 고안했다. 그 실험기구는 마이컬슨 간섭계라고 불린다(25.2절). 후에 그는 몰리[E. W Morley, 1838~1923]와 함께 좀 더 정밀한 실험을 행하였다. 마이컬슨–몰리의 실험은, 에테르에 대한 지구의 상대적

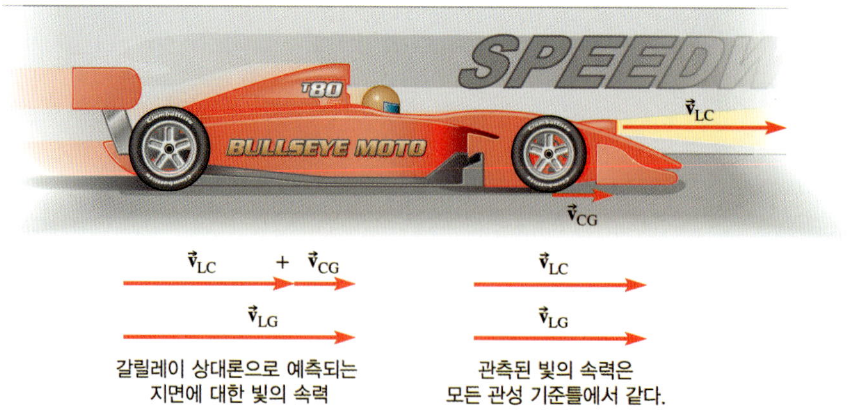

그림 26.2 갈릴레이의 상대론에 따르면, 빛의 속력은 다른 관성 기준틀에서 각각 다른 값을 가질 것이다. 만일 $\vec{v}_{LC}$가 차에 대한 빛의 속도이고 $\vec{v}_{CG}$가 지면에 대한 차의 속도라면, 지면에 대한 빛의 속도는 갈릴레이의 상대론에 따라 $\vec{v}_{LC} + \vec{v}_{CG}$이다. 그러나 관측된 빛의 속력은 모든 관성 기준틀에서 똑같다.

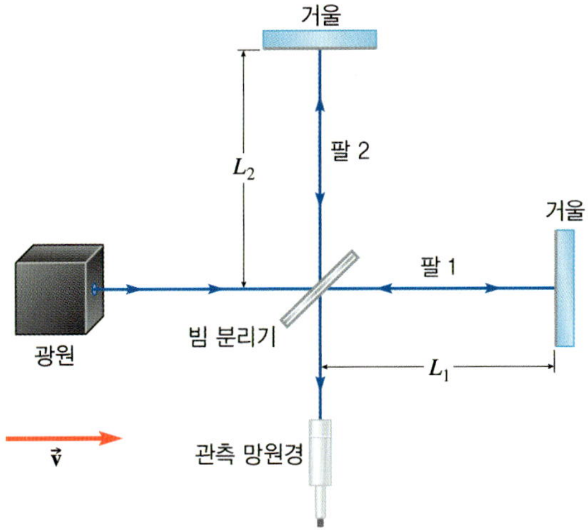

그림 26.3 위에서 내려다 본 개략적인 마이컬슨-몰리 실험장치. 실험장치가 에테르에 대해 속력 v로 오른쪽으로 움직인다고 가정하자. 실험실에 대해, 광선은 팔 1을 따라 오른쪽으로 $c-v$의 속력으로 움직이고, 거울에서의 반사 후 왼쪽으로는 $c+v$의 속력으로 움직인다. 그러면 팔 1에서의 왕복 시간은 $\Delta t_1 = L_1/(c-v) + L_1/(c+v) \neq (2L_1)/c$이다. 팔 1을 왕복하는 동안 빛이 진동하는 횟수는 $\Delta t_1/T = f\Delta t_1$이다. f는 빛의 진동수이다. 따라서 팔 1을 왕복하는 동안 빛이 진동하는 횟수는 에테르에 대한 실험기구의 속력에 관계한다. 전체 실험기구가 수평면에서 회전하면 망원경을 통해 보이는 간섭무늬는 팔 1과 팔 2가 바뀜에 따라 생기는 빛이 진동하는 횟수의 차이에 따라 바뀌어야 한다. 그러나 마이컬슨과 몰리는 어떤 간섭무늬의 변화도 관측하지 못했다.

인 운동으로 인한 빛의 속력의 변화가 없다는 것을 검증하였다(그림 26.3). 이 결과 에테르가 존재하지 않는다는 결론을 내렸다.

아인슈타인의 가설

독일에서 태어난 물리학자 아인슈타인(Albert Einstein, 1879~1955)은 현대 물리학의 초석 중의 하나로 인식되는 그의 특수 상대성 이론에서 이런 모순들을 해결하였다(1905년). 아인슈타인은 두 가지 가설로 시작하였다. 그 첫 번째는 갈릴레이의 상대성 원리와 같은 것으로서, 물리학의 법칙들은 모든 관성 기준틀에서 똑같다는 것이다. 두 번째는 진공에서의 빛은 관측자나 광원의 움직임에 상관없이 어떤 관성 기준틀에서나 같은 속력으로 진행한다는 것이다.

연결고리 본질적으로 두 번째 가설이 상대성 원리가 전자기학을 포함하도록 확장된다. 전기장과 자기장의 기본 법칙이 모든 관성 기준틀에서 같다.

아인슈타인의 특수 상대성 이론의 가설

I. 물리의 법칙들은 모든 관성 기준틀에서 같다.

II. 진공에서 빛의 속력은 광원이나 관측자의 운동에 상관없이 모든 관성 기준틀에서 같다.

알베르트 아인슈타인. 그는 1921년에 노벨물리학상을 받았다. 아인슈타인은 상대성 원리로 가장 잘 알려져 있지만, 노벨위원회는 '광전효과에 관한 법칙(27.3절)의 발견'으로 노벨상을 주었다.

아인슈타인이 이 두 가설로부터 유도해 낸 결론들은 시간과 공간에 대한 우리들의 직관적인 개념에 치명적인 영향을 주었다. 물리적 세계에 대한 우리의 인식은 경험에 기초를 두고 있는데, 그것은 빛보다 훨씬 더 느리게 움직이는 물체들에 제한되어 있다는 것이다. 만일 우리가 일상적으로 빛의 속력에 가까운 움직임을 느껴 왔다면, 상대성 이론은 전혀 이상하게 보이지 않았을 것이다. 상대성 이론은 많은 실험으로 확증되었다. 어떠한 이론이든지 타당성이 실험으로 입증되어야 한다.

아인슈타인의 **특수** 상대성 이론은 관성 기준틀과 관련이 있다. 1915년에 아인슈타인은 비관성틀과 중력이 공간과 시간의 간격에 미치는 영향에 관련된 일반 상대성 이론을 발표하였다. 이 장에서는 관성 기준틀만 다룰 것이다.

대응원리

연결고리 특수 상대성 이론이 뉴턴 물리학을 버리라고 하는 것은 아니다. 특수 상대성 이론은 뉴턴 물리학보다 **더 일반적**일 뿐이다.

갈릴레이의 상대론과 뉴턴의 물리학은 느리게 운동하는 물체에 관한 설명이나 예측에 대해서는 썩 잘 맞는데, 그 까닭은 그것들이 c보다 훨씬 느린 운동에 대한 훌륭한 **근사식**이기 때문이다. 그러므로 속력이 c보다 훨씬 느린 경우에 특수 상대론의 방정식들은 모두 뉴턴의 물리학에 대응되는 방정식들로 되돌아와야 한다.

새롭고 일반적인 이론은 그 전의 이론이 잘 들어맞는 실험적 조건에서는 그 전 이론과 똑같은 예측을 하여야 한다는 생각을 **대응원리** correspondence principle 라고 부른다.

26.2 동시성과 이상적 관측자
Simultaneity and Ideal Observers

빛의 속력이 모든 관성 기준틀에서 똑같다는 가설은 놀라운 결론을 유도할 수 있다. 만일 두 사건이 다른 장소에서 일어날 때, 서로 다른 관성 기준틀에 있는 관측자들은 그 두 사건이 동시에 일어났는지에 대해 서로 다른 의견을 가진다. 뉴턴의 물리학에서 시간은 절대적인 것이었다. 서로 다른 기준틀에 있는 관측자들은 시간을 측정하는 데 똑같은 시계를 사용할 수 있으며, 따라서 두 사건이 동시에 일어났는지 그렇지 않은지에 대해 같은 의견을 가질 수 있었다. 아인슈타인의 상대성 이론에서는 절대적인 시간의 개념이 없게 된다.

상대성 이론에서는 사건이란 개념이 매우 중요하다. 한 사건의 위치는 세 개의 공간좌표(x, y, z)로 나타낼 수 있고, 사건이 일어난 시간은 t로 나타낸다. 아인슈타인의 상대성 이론은 공간과 시간을 4차원 **시공간**으로 다룬다. 그리고 그 시공간에서 일어난 사건은 네 개의 시공간 좌표(x, y, z, t)를 갖는다.

아베[Abe]와 베아[Bea]라는 두 우주비행사가 조종하는 두 우주선이 있다고 상상해 보자. 각각의 우주선에 작용하는 외력은 무시할 수 있을 정도이고 엔진을 가동하지 않고 있어서 우주선들의 가속도는 0이다. 그렇다면 아베와 베아는 각각 관성 기준틀에 있는 관측자이다. 아베는 자기 기준틀에 대해서 정지해 있고 자기를 기준으로 모든 속도를 잴 것이다. 베아도 자기를 기준으로 모든 속도를 잴 것이다. 그러나 그들은 서로에 대해서 멈추어 있지는 않다. 아베에 따르면 베아가 속력 v로 아베를 지나가고, 베아에 따르면 아베가 속력 v로 베아를 지나간다.

아베와 베아는 두 대의 우주탐사선들이 각각 섬광을 방출하는 두 사건을 관측한다. 우주선 앞부분에 있는 조종석에 앉은 아베는 두 섬광이 동시에 방출되는 것을 본다. 아베의 우주선 앞뒤로 길게 뻗어 있는 미터자로 사건들이 일어나는 위치를 기록하여 아베는 섬광들이 우주선의 앞으로부터 **같은 거리**에 있는 지점들에서 방출되었음을 알았다. 아베의 기준틀에서(그림 26.4) 섬광들은 같은 속력 c로 같은 거리를 날아가 같은 시각에 도착한다. 따라서 그 섬광들은 **동시에** 방출되었을 것이다. 한편 베아의 우주선 앞부분이 섬광이 방출되는 순간에 우연히도 아베의 우주선 앞부분의 바로 옆을 지나가고 있었다고 하자. 이때에는 오른쪽에 있는 우주탐사선에서 나온 섬광이 왼쪽에 있는 우주탐사선에서 나온 섬광보다 먼저 베아에게 도착하게 된다. 아베의 기준틀에서 보면, 베아가 한 우주탐사선 쪽으로 움직여 가고 있고 다른 우주탐사선으로부터는 멀어져 가고 있기 때문에 그런 현상이 나타난다. 곧 두 섬광들이 똑같은 거리를 날아서 베아에게 도착하는 것이 아니다.

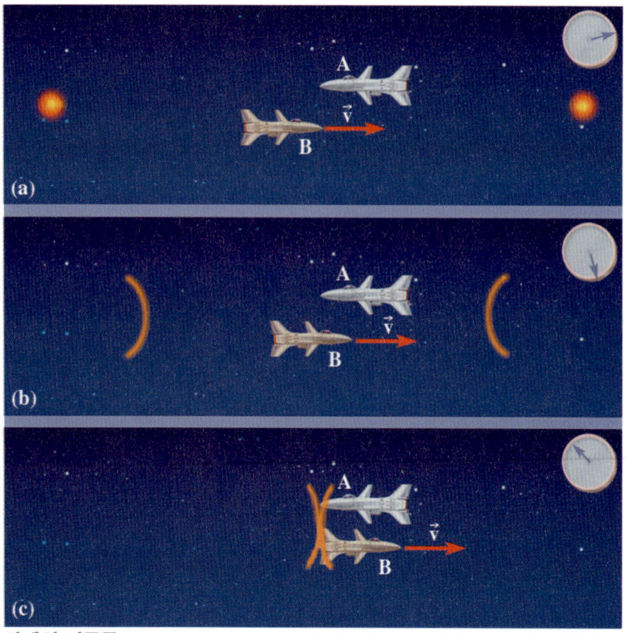

아베의 기준틀

그림 26.4 아베의 기준틀에서 본 세 개의 서로 다른 시각에서 일어난 사건. 이 틀에서는 아베가 정지해 있고 베아는 일정한 속력 v로 오른쪽으로 날아간다. 아베의 시계가 각각의 경우의 시간을 알려 주고 있다. (a) 두 우주탐사선이 동시에 섬광을 내뿜는다. 그때 두 우주탐사선은 아베로부터 같은 거리에 있다. (b) 베아는 오른쪽의 우주탐사선 쪽으로 날아간다. 그래서 왼쪽으로부터의 섬광이 베아를 따라잡기 전에 오른쪽의 섬광과 마주치게 된다. (c) 두 섬광이 동시에 아베에게 도착한다. 오른쪽으로부터 온 섬광은 베아를 이미 지나가 버렸지만, 왼쪽으로부터 온 섬광은 아직 베아에게 도착하지 않았다.

베아의 기준틀(그림 26.5)에서는, 오른쪽 섬광이 왼쪽 섬광보다 먼저 도착한다. 베아도 아베의 것과 비슷한 미터자를 가지고 있어 두 섬광이 베아의 우주선 기수로부터 같은 거리만큼 떨어진 지점들에서 방출되었음을 알았다. 각각의 우주탐사선으로부터 나온 섬광들은 같은 속력(c)으로 같은 거리를 날아오기 때문에, 먼저 방출된 오른쪽 섬광이 먼저 도착해야 한다. 베아의 기준틀에서 보면 **두 섬광은 동시에 방출된 것이 아니다.** 섬광들이 아베에게 동시에 도착한 것을 두고, 베아는 아베가 첫 번째 섬광으로부터는 멀어지면서 똑같은 속력으로 두 번째 섬광 쪽으로는 다가가기 때문이라고 말한다. 베아의 기준틀에서 보면 두 섬광이 똑같은 거리를 날아가서 아베에게 도착하는 것이 아니라는 것이다.

아인슈타인의 가설에 따르면 두 기준틀은 똑같이 타당하며 빛은 각각의 기준틀에서 똑같은 속력으로 날아간다. 따라서 불가피한 결론은 사건들이 한 틀에서는 **동시적이고** 다른 틀에서는 **그렇지 않다**는 것이다.

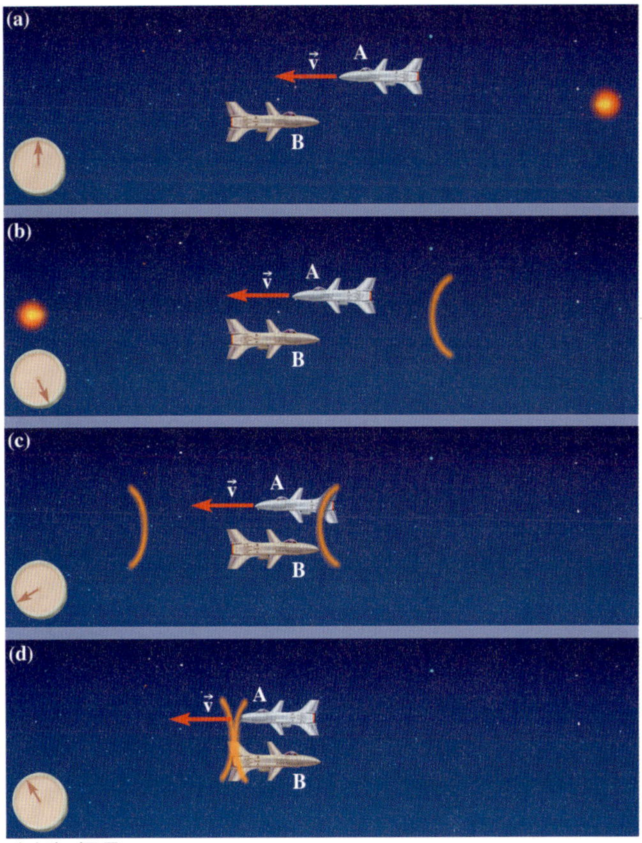

그림 26.5 베아의 기준틀에서 본 네 개의 서로 다른 시각에서 일어난 사건. 이 틀에서는 베아가 정지해 있고 아베는 일정한 속력 v로 왼쪽으로 날아간다. 베아의 시계가 각각의 경우의 시간을 알려 주고 있다. (a) 오른쪽의 우주탐사선이 섬광을 내뿜는다. (b) 왼쪽의 우주탐사선이 섬광을 내뿜는다. 두 섬광은 베아로부터 똑같은 거리에서 뿜어지기는 하지만 동시적이지는 않다. (c) 오른쪽의 섬광이 베아에게 도착하지만, 아베가 왼쪽으로 날아가고 있으므로 그 섬광은 아직 아베를 따라잡지 못하고 있다. (d) 두 섬광은 아베에게 동시에 도착한다. 왜냐하면, 아베는 먼저 방출되는 섬광으로부터는 멀어지고 나중에 방출되는 섬광 쪽으로는 같은 속력으로 다가가고 있기 때문이다. 이때 왼쪽으로부터 온 섬광은 아직 베아에게 도착하지 않았다.

이상적인 관측자

NGC 6251의 핵으로부터 나오는 대전입자로 이루어진 고속의 제트는 지구 방향으로 날아오기 때문에, 제트의 끝부분에서 방출된 빛이 지구까지 도달하는 데 걸리는 시간은 계속 줄어든다. 옳은 것은 아니지만 하루 늦게 **방출된** 빛이 하루 늦게 지구에 도착한다고 가정하면, 제트의 겉보기 속력이 c보다 더 큰 값으로 계산된다. 계산을 옳게 하면 하루 늦게 도착한 빛이 더 짧은 거리를 여행하기 때문에(그림 26.6) 하루**보다 더 늦게** 방출되었다는 것을 알 수 있다. 제트의 속력이 빠르기는 하지만 빛의 속력만큼 빠르지는 않다.

동시성에 대한 아베와 베아의 불일치에서, 유사한 실수를 하지 않도록 주의하였다. 그들 각자는 **똑같은 거리**를 움직여 그들에게 도착하는 두 개의 섬광을 본다. 서로 다른 거리를 진행하는 빛 신호들 때문에 생길 수 있는 혼동을 피하기 위해 자신의 기준틀

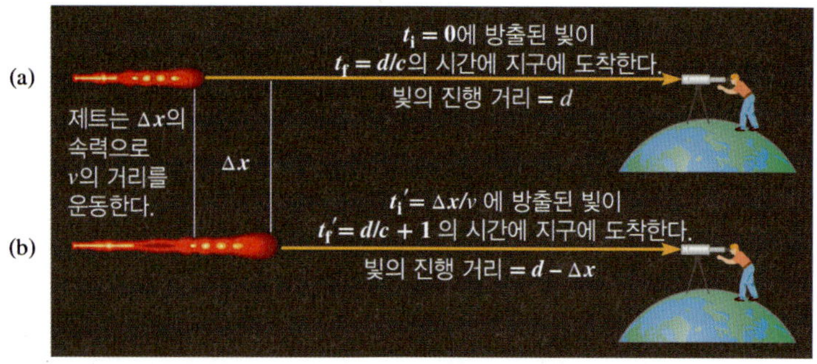

그림 26.6 제트의 속력 계산하기. (a) $t_i = 0$에서 방출된 빛은 지구에 도달할 때까지 d만큼의 거리를 움직여 $t_f = d/c$의 시간에 도착하는데, 빛이 c의 속력으로 움직이기 때문이다. (b) t_i'에 방출된 빛은 더 짧은 거리 $d - \Delta x$를 여행하고 지구에 하루 뒤 ($t_f' = t_f + 1$일)에 도달한다. 제트의 속력은 $v_{겉보기} = \Delta x/(t_f' - t_f)$이 아니고 $v = \Delta x/(t_i' - t_i)$인데, 그 값은 c보다 작다.

에 대해서 **모든 공간의 지점**에 동기화된 시계가 달린 감지기를 놓아둔 **이상적인 관측자들**을 생각할 수 있다. 각각의 감지기는 감지기가 있는 위치에서 일어난 사건의 시간을 기록한다. 비록 아베와 베아가 이상적인 관측자라고 할지라도, 그들의 감지기에 기록된 자료는 여전히 두 사람이 두 섬광의 시간 순서에 대해 다른 결론에 도달할 것이라는 것을 알려줄 것이다.

원인과 결과

같은 논의를 계속하면, 아베에 대해 왼쪽으로 움직이는 관측자는 **왼쪽** 섬광이 먼저 일어났다고 말할 것이다. 따라서 두 사건이 일어난 순서는 서로 다른 기준틀에서 각각 다르다. 만일 사건의 순서가 관측자에 따라 달라진다면, 어떻게 인과관계가 있을 수 있겠는가? 만일 어떤 관성틀에서 원인이 있기 **전**에 결과가 일어난다면, 그것은 무엇을 뜻하는 것인가?

사건 1이 사건 2를 일으키기 위해서는, 어떤 종류의 신호(정보)가 사건 1에서 사건 2로 전해져야 한다. 아인슈타인의 가설의 한 결론은 어떤 신호도 빛의 속력 c보다 빠르게 전해질 수 없다는 것이다. 만일 어떤 기준틀에서 충분한 시간이 주어져서 한 신호가 빛의 속력으로 사건 1에서 사건 2로 갈 수 있다면, **모든** 관성 기준틀에서 사건 1에서 사건 2로 신호가 갈 수 있다는 것을(우리가 여기에서 할 수 있는 것보다 좀 더 발전된 방법으로) 보일 수 있다. 곧 모든 관측자에게 원인이 결과보다 앞선다. 반면에 빛의 속력으로 가도 신호가 사건 1에서 사건 2에 미칠 수 없다면, 이 두 사건은 **어떤** 기준틀에서도 인과관계를 가질 수 없다. 이러한 사건들에 대해서는, 어떤 관측자는 사건 1이 먼저 일어났다고 말하고, 또 다른 사람은 사건 2가 먼저 일어났다고 말한다. 그리고 어떤 특정한 관측자는 두 사건이 동시에 일어났다고 말한다.

26.3 시간 팽창 Time Dilation

상대적인 운동을 하는 관성틀의 관측자들은 동시성에 대해 서로 동의하지 않는데, 이런 두 관찰자가 상대적인 운동을 하는 시계들로 잰 시간에 대해 동의할까? 서로 상대운동을 하지 않는 두 개의 이상적인 시계는 동시에 똑딱거림으로써 같은 시간을 가진다. 그렇지만 만일 시계들이 상대적인 운동을 하고 있다면, 똑딱거림은 서로 다른 위치에서 일어나는 사건들이며, 따라서 서로 다른 두 관성틀의 관찰자는 똑딱거림이 동시에 일어난 것인지 또는 어떤 시계가 빨리 똑딱거리는 것인지에 대해서 서로 동의하지 않을 수도 있다.

이 상황은 개념적으로 간단한 종류의 시계(빛 시계)를 상상함으로써 가장 쉽게 분석할 수 있다(그림 26.7). 빛 시계는 양 끝이 거울로 된 길이 L인 관이다. 하나의 빛 펄스가 두 개의 거울 사이에서 왕복으로 계속해서 튕겨진다. 이 시계의 똑딱거림 한 번은 빛 펄스가 한 번 왕복하는 것이다. 정지한 시계의 똑딱거림 간의 시간 간격은 $\Delta t_0 = 2L/c$이다.

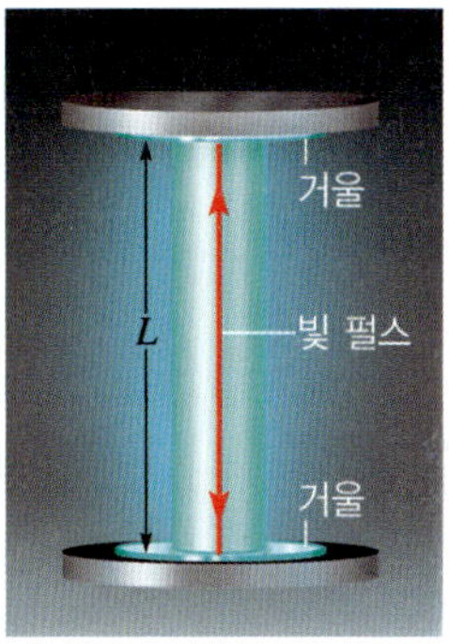

그림 26.7 빛 시계에 있는 나란한 두 개의 거울 사이를 하나의 빛 펄스가 왔다 갔다 하면서 반사한다. 빛 시계가 '똑딱'하는 시간은 빛 펄스의 왕복 시간 $\Delta t_0 = 2L/c$이다.

이제 아베와 베아가 아주 똑같은 시계를 가지고 있다고 상상해 보자. 베아가 시계를 연직으로 세운 채 우주선을 타고 $v = 0.8c$의 속력으로 아베를 지나쳐서 날아간다. 아베가 측정했을 때 베아가 가진 시계의 똑딱거림 간의 시간 간격은 얼마일까?

아베의 기준틀에서 측정했을 때 베아의 시계에서 빛 펄스의 속도는 x 성분과 y 성분을 갖고 있다(그림 26.8). 빛 펄스가 오른쪽으로 v의 속력으로 운동하는 거울과 만나려면 빛 펄스는 x 성분이 있는 속도를 가져야만 한다. 한 번 똑딱거리는 동안 빛 펄스는 그림에서처럼 **대각선 경로**를 따라서 날아간다.

이제는 아베의 기준틀에서 관측되는 베아의 시계의 똑딱거림을 분석해 보자. 아베가 측정한 베아 시계의 한 번 똑딱거리는 시간 간격을 Δt라고 하자. 그러면 한 번 똑딱거리는 동안 빛 펄스가 날아가는 거리는 $c\Delta t$이다. 이 시간 동안 시계는 수평 방향으로 $v\Delta t$ 만큼 이동한다. 피타고라스 정리에 따라

$$L^2 + \left(\frac{v\Delta t}{2}\right)^2 = \left(\frac{c\Delta t}{2}\right)^2 \qquad (26\text{-}1)$$

이다(그림 26.8). 베아의 기준틀에서 그 시계는 정지해 있다. 한번 똑딱거리는 동안 빛 펄스가 날아가는 거리는 $2L$이고, 따라서 베아의 기준틀에서 한 번 똑딱거리는 시간 간격

그림 26.8 아베의 기준틀에서 베아의 빛 시계는 $v = 0.8c$의 속력으로 오른쪽으로 날아간다. 베아의 시계 속에서의 빛의 경로는 대각선의 빨간 선을 따른다(축척은 따르지 않음).

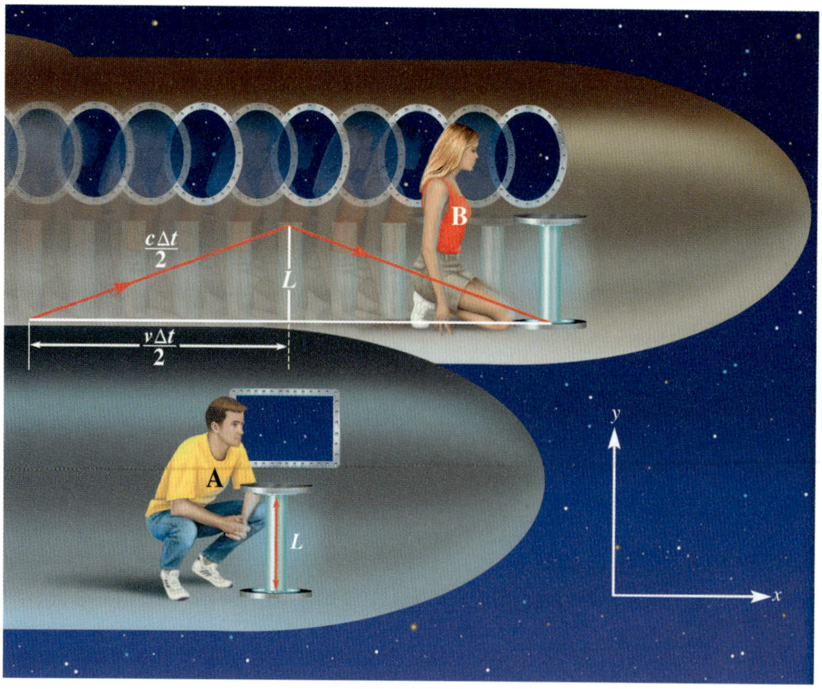

을 측정하면 $\Delta t_0 = 2L/c$이다. 그러므로

$$L = \left(\frac{c\Delta t_0}{2}\right) \tag{26-2}$$

을 위의 피타고라스 공식에 대입할 수 있다.

$$\left(\frac{c\Delta t_0}{2}\right)^2 + \left(\frac{v\Delta t}{2}\right)^2 = \left(\frac{c\Delta t}{2}\right)^2 \tag{26-3}$$

이 식을 Δt에 대해서 풀면

$$\Delta t = \frac{1}{\sqrt{1 - v^2/c^2}}\Delta t_0 \tag{26-4}$$

을 얻을 수 있다.

식 (26−4)에서 Δt_0에 곱해지는 인자는 상대론 식에서 자주 나타난다. 그 인자를 기호 γ(그리스 문자 감마)로 나타내고 네덜란드의 물리학자 로렌츠Hendrik Lorentz, 1853~1928의 이름을 따서 **로렌츠 인자**Lorentz factor라고 부른다.

로렌츠 인자

$$\gamma = \frac{1}{\sqrt{1 - v^2/c^2}} \tag{26-5}$$

v/c의 함수로서 나타낸 γ의 그래프는 그림 26.9에 나타나 있다. γ를 사용하면 식 (26-4)는

시간 팽창

$$\Delta t = \gamma \Delta t_0 \tag{26-6}$$

이 된다. $v \ll c$일 때에 $\gamma \approx 1$임을 주목하여라. 따라서 비상대론적인 속력(빛의 속력에 비해 작은 속력)으로 움직이는 물체에 대해서는 $\Delta t = \gamma \Delta t_0 \approx \Delta t_0$이다.

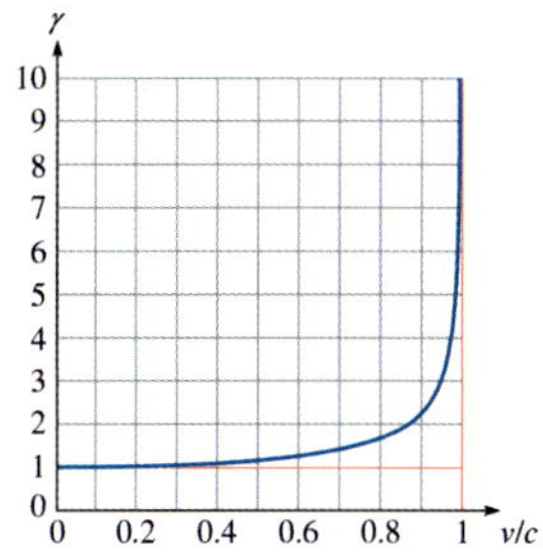

그림 26.9 v/c의 함수로 나타낸 로렌츠 인자 γ의 그래프. 느린 속력에서는 $\gamma \approx 1$이다. 속력이 빛의 속력에 가까워질수록, γ는 한없이 커진다.

어떤 $v \neq 0$에 대해서도 $\gamma > 1$이기 때문에, 시계가 움직이는 기준틀에서 잰 똑딱거림 사이의 시간 간격 Δt는 시계의 **정지틀**rest frame(시계가 정지하고 있는 틀)에서 잰 시간 간격 Δt_0보다 항상 **더 크다**. 간단히 얘기하면, **움직이는 시계는 느리게 간다**. 이러한 효과를 **시간 팽창**time dilation이라고 부른다. 움직이는 시계의 똑딱거림 사이의 시간 간격은 늘어나거나 확장된다는 것이다.

아베와 베아의 기준틀은 서로 똑같이 정당하다. 베아는 아베의 시계가 늦게 간다고 말하지 않을까? 맞다. 둘 다 옳다. 아베와 베아가 같은 위치에서 서로를 지나치는 바로 그 순간에 두 사람 각각의 시계가 똑딱 소리를 낸다고 상상해 보자. 두 사람은 두 시계가 동시에 똑딱 소리를 낸다는 것에 동의할 것이다. 어떤 시계가 늦게 가는지를 알아보기 위해서 **그 다음에** 두 시계가 내는 똑딱 소리의 시간을 비교해 보자. 그때는 시계들이 다른 위치에 있기 때문에, 두 관측자는 똑딱 소리의 순서에 동의하지 않을 것이다. 아베는 자신의 시계가 먼저 똑딱거리는 것을 관측하는 반면에, 베아 역시 자신의 시계가 먼저 똑딱거리는 것을 관측할 것이다. 그들 모두가 옳다. 시간 간격을 측정하는 데 절대적이거나 선호되는 기준틀은 없다.

시계의 정지틀에서 잰 시간 간격 Δt_0를 **고유시간 간격**proper time interval이라고 부른다. 그 틀에서 시계는 똑딱거리는 동안 같은 위치에 있다. 시간 팽창의 관계식 (26-6)을 사용할 때, Δt_0는 언제나 고유시간이다. 곧 고유시간은 두 사건이 **같은 곳에 일어난다**고 관측하는 관성 기준틀에서 측정한 두 사건 사이의 시간 간격이다. 고유시간은 항상 다른 관성틀에서 잰 시간 간격 Δt보다 짧다. 시간 팽창의 식은 모든 관성틀의 관찰자에 대해 다른 위치에서 일어나는 두 사건 사이의 시간 간격에는 적용되지 않는다.

빛 시계를 사용하여 시간 팽창을 분석하였지만, 어떠한 시계나 똑같은 효과를 보여야 한다. 그렇지 않다면 더 선호되는 기준틀, 곧 빛 시계들이 다른 시계들과 똑같이 작동하는 특별한 기준틀이 존재할 것이다. 뿐만 아니라, 시간 간격을 측정할 수 있는 모든 것이 **시계**가 될 수 있다. 심장 박동이나 노화 과정과 같은 생물학적 과정도 시간 확장의 영향을 받는다. 어떤 특별한 장치의 작동 때문이 아니라, 공간과 시간의 본질에 의하여 시간 팽

창은 일어난다.

시간 팽창이 신기하게 보일 수도 있지만, 여러 실험으로 증명된 것이다. 하나의 직접적인 실험은 1971년 하펠J. C. Hafele과 키팅R. E. Keating에 의하여 극도로 정밀한 세슘 빔 원자 시계를 사용하여 행해졌다. 그 시계들은 비행기에 실려져서 약 이틀 동안 떠다녔다. 그 시계들을 미국의 해군 관측소에 있는 기준 시계와 비교하였을 때, 비행기에 있었던 시계들이 지상의 시계보다 상대성 이론과 일치하는 만큼 느리게 갔다.

문제 풀이 전략 : 시간 팽창

- 문제에서 시간 간격의 처음과 끝을 나타내는 두 개의 사건을 찾아라. '시계'는 시간 간격을 측정할 수 있는 것이면 무엇이든 상관없다.
- 시계가 정지한 기준틀을 찾아라. 이 기준틀에서, 시계는 고유시간 간격 Δt_0를 측정한다.
- 다른 기준틀에서는 시간 간격이 인자 $\gamma = (1 - v^2/c^2)^{-1/2}$만큼 **더 길어진다.** 여기에서 v는 시계가 정지한 기준틀에 대한 기준틀의 속력이다.

상대론에서 보통 사용되는 속력과 거리의 단위

- 속력은 $0.13c$와 같이 보통 빛의 속력에 비율을 곱한 것으로 나타낸다.
- 거리는 종종 **광년**light-years(기호로 ly)으로 측정된다. 1광년은 빛이 1년 동안 날아가는 거리이다. 광년을 포함하는 계산은 빛의 속력을 $1\,\mathrm{ly/yr}$로 나타내면 쉬워진다.

보기 26.1 노화 과정 늦추기

스무 살의 우주비행사가 속력 $0.80c$인 우주탐사선을 타고 지구를 떠난다. 여행하는 동안 우주비행사가 지구에 대해 $0.80c$의 속력으로 이동했다고 가정하면, 지구로부터 $30.0\,\mathrm{ly}$ 떨어진 별까지 여행을 마치고 돌아왔을 때 우주비행사의 나이는 얼마이겠는가?

전략 및 풀이 지상의 관측자에 따르면, 여행에는 총 $(60.0\,\mathrm{ly}) \div (0.80\,\mathrm{ly/yr}) = 75\,\mathrm{yr}$이 걸린다. 우주비행사가 지구에 대해 빠른 속력으로 움직이고 있으므로, 우주탐사선 속의 모든 시계는 노화와 같은 생물학적 과정까지 포함하여 지구의 관측자가 관측할 때보다 느리게 간다. 그러므로 우주비행사가 돌아왔을 때 그는 95살이 되지 않았다. 아마도 우주비행사에게는 또 다른 여행을 갈 수 있는 시간이 남아 있을지도 모른다!

시간 간격을 재는 두 개의 사건은 우주비행사의 출발과 귀환이다. '시계'를 우주비행사의 노화 과정이라고 한다면 이 '시계'가 움직이는 관성틀에 있는 지구 관측자 기준에서 시간 간격은 75년이다. 고유시간 간격은 우주비행사 자신이 잰 시간 간격이다. 따라서, $\Delta t = 75$년이다. 우리는 Δt_0를 찾아야 한다. 두 기준틀의 상대 속력 $0.80c$를 이용하여 로렌츠 인자를 계산한다.

$$\gamma = (1 - 0.80^2)^{-1/2} = \frac{5}{3}$$

시간 팽창 관계식 $\Delta t = \gamma \Delta t_0$로부터,

$$\Delta t_0 = \frac{1}{\gamma}\Delta t = \frac{3}{5} \times 75\text{yr} = 45\,\text{yr}$$

이 된다. 따라서 우주비행사는 여행하는 동안 45살을 먹어 그가 돌아왔을 때의 나이는 65살이 된다.

검토 만일 우주비행사가 45년 안에 60.0광년을 여행할 수 있다면, 그는 빛보다 빨리 여행하게 될 것이다. 우주비행사의 속력은 $60.0\,\text{ly}/45\,\text{yr} = 1.3c$가 될 것이다. 그러나 26.4절에서 보듯, 우주비행사는 그의 기준틀에서는 60.0 ly보다 짧은 거리를 이동하게 된다. 시간 간격이 다른 기준틀에서 달라지듯 거리 역시 달라진다.

만약 우주비행사에게 쌍둥이 동생이 있으며, 동생은 지구에 남아 있다고 가정해 보자. 형이 돌아왔을 때, 동생은 95살이지만 그는 65살이다. 형이 자기 기준틀에 대해서 동생이 $0.80c$의 속력으로 운동하므로 동생의 생물학적 시계가 천천히 가서 동생의 나이가 더 적어야 한다고 말할 수는 없을까? 없다면 그 이유는 무엇일까? 이러한 의문을 쌍둥이 역설이라고 부른다.

우리는 동생의 기준틀을 관성틀로 가정해서 동생의 기준틀에서 상황을 분석하였다. 형의 관점에서 분석해 보면 훨씬 더 복잡하다. 형은 전체 여행 동안 동생에 대하여 일정한 속도로 여행하지 않는다. 만일 그랬다면 그는 결코 지구로 돌아올 수 없을 것이다! 그렇지만 형의 관점에서 여행을 분석해도 그가 지구로 돌아왔을 때 동생보다 젊다는 것이 확인된다.

실전문제 26.1 **지구 근처에 새로 형성된 별로의 여행**

1998년, 케크 2 망원경을 사용하여, 과학자들은 이전에 관측되지 않았던 젊은 별들이 지구에서 단지 150 ly 떨어진 곳에 있음을 발견하였다. 어떤 우주탐사선이 이 별들 중 하나를 향하여 $0.98c$의 속력으로 날아간다고 가정해 보자. 통신 시스템을 가동하는 전지는 40년간 사용할 수 있다. 우주탐사선이 그 별에 도달할 때까지 여전히 그 전지를 사용할 수 있을까?

26.4 길이의 수축 Length Contraction

우주비행사인 아베와 베아가 길이가 1 m인 똑같은 두 개의 미터자를 가지고 있다고 가정해 보자. 베아가 미터자를 비행 방향으로 잡고 $v = 0.6c$의 속력으로 아베를 스쳐 지나갈 때, 두 미터자의 길이를 비교하였다(그림 26.10). 두 미터자의 길이가 여전히 같겠는가?

그림 26.10 아베의 기준틀에서, 베아는 $0.6c$의 속력으로 오른쪽으로 날아간다. 아베가 베아의 우주탐사선 안에 있는 모든 것의 길이를 재면, 미터자나 하물며 베아 자신까지도 운동 방향의 길이가 줄어든다.

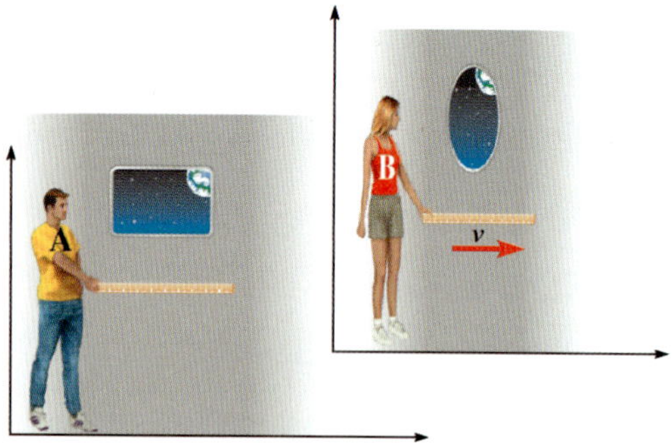

아니다. 아베는 베아의 미터자가 1 m가 **안 된다**는 것을 알게 된다. 베아의 움직이는 미터자의 길이를 재기 위하여, 아베는 베아의 미터자 앞쪽 끝이 기준점을 지날 때 타이머를 작동하기 시작하고 자의 다른 쪽 끝이 통과할 때 타이머를 멈출 것이다. 아베가 재는 베아의 미터자의 길이는 그녀가 날아가는 속력에 잰 시간 간격 Δt_0를 곱한 것이다.

$$L = v\Delta t_0 \quad \text{(아베, 움직이는 미터자)} \tag{26-7}$$

아베가 같은 위치(그의 기준점)에서 일어나는 두 사건 사이의 시간 간격을 잿기 때문에 Δt_0는 두 사건 사이의 **고유시간 간격**이다.

베아는 그의 미터자의 길이(L_0)를 아베의 기준점이 베아의 미터자의 양 끝을 지나는 시간 간격 Δt를 측정하여 기록하는 방법으로 잴 수 있다.

$$L_0 = v\Delta t \quad \text{(베아, 정지한 미터자)} \tag{26-8}$$

베아가 재는 시간 간격은 인자 γ를 고유시간 간격에 곱한 것만큼 늘어난다.

$$\Delta t = \gamma \Delta t_0 \tag{26-9}$$

그러므로 아베가 재는 베아의 미터자의 길이(L)는 베아가 재는 길이($L_0 = 1$ m)보다 짧아진다.

$$\frac{L}{L_0} = \frac{\Delta t_0}{\Delta t} = \frac{1}{\gamma} \tag{26-10}$$

길이 수축

$$L = \frac{L_0}{\gamma} \tag{26-11}$$

그림 26.11 왼쪽 끝이 일치할 때 두 미터자 비교. (a) 아베의 정지틀에서 본 경우. (b) 베아의 정지틀에서 본 경우

길이의 수축 관계 $L = L_0/\gamma$에서, L_0는 **고유길이** proper length 또는 정지길이(정지계에서 물체의 길이)를 나타낸다. L은 그 물체가 움직여 보이는 관측자가 잰 길이이다.

한편, 베아 역시 아베의 미터자를 잴 수 있다. 베아는 아베의 미터자가 더 짧다고 얘기할 것이다. 어떻게 그들 모두가 옳을 수 있을까? 어떤 미터자가 정말로 짧은 것일까?

이 논쟁을 풀기 위하여 그들은 미터자를 함께 들고서 재기를 원할지도 모르지만, 그렇게 할 수는 없다. 미터자가 서로 상대적인 운동을 하고 있기 때문이다. 길이를 비교하기 위하여 그들은 미터자의 왼쪽 끝이 일치하도록 기다릴 수는 있을 것이다(그림 26.11). 그들은 미터자의 오른쪽 끝의 위치를 **동시에** 비교해야만 한다. 아베와 베아가 동시성에 대해 동의하지 않기 때문에 어떤 미터자가 더 짧은가에 대해서도 동의하지 않겠지만, 그들 둘 다 옳다. 한 관측자가 움직이는 시계가 정지한 시계에 비하여 늦게 감을 늘 발견하는 것과 똑같이, 관측자는 움직이는 물체가 **운동 방향을 따라서** 수축하는(줄어드는) 것을 늘 발견하게 된다. 움직이는 방향에 수직인 길이는 수축하지 않는다.

문제 풀이 전략 : 길이 수축

- 두 개의 다른 틀에서 길이를 잴 물체를 알아보아라. 길이는 물체의 운동 방향으로만 수축된다. 만일 문제에서의 길이가 실제 물체의 길이가 아니라 거리라면, 긴 측정막대가 존재한다고 상상하는 것이 도움이 될 것이다.
- 물체가 정지한 기준틀을 알아보아라. 그 계에서의 길이가 고유길이인 L_0이다.
- 다른 모든 기준틀에서 길이 L은 수축된다. $L = L_0/\gamma$. $\gamma = (1 - v^2/c^2)^{-1/2}$이다. 여기에서 v는 물체가 정지한 틀에 대한 어떤 틀의 속력이다.

살펴보기 26.4 단거리 육상선수가 출발선(사건 1)에서 결승선(사건 2)을 지나갈 때까지 일정한 속도로 달린다. 어떤 기준틀에 있는 관찰자가 이 두 사건 사이의 시간 간격을 고유시간으로 측정하는가? 어떤 기준틀에 있는 관찰자가 출발선에서 결승선까지의 거리를 고유길이로 측정하는가?

보기 26.2 뮤온의 존속

우주선cosmic ray은 우주로부터 지구 상층 대기로 들어오는 고에너지 입자들(대부분 양성자)이다. 이 입자들은 상층 대기의 원자나 분자와 충돌하여 입자의 소나기shower를 만든다. 이때 생성되는 입자 중 하나가 무거운 전자라고 할 수 있는 뮤온인데, 이 뮤온은 불안정하다. 어느 특정 순간에 존재하는 뮤온의 절반만이 1.5 μs 후에도 존재한다. 나머지 절반은 전자와 다른 두 입자로 붕괴한다. 지표면을 향하여 쏟아져 내리는 뮤온 소나기에서, 어떤 것들은 지면에 닿기 전에 붕괴한다. 만일 해발 4500 m에서 100만 개의 뮤온이 지구를 향하여 $0.995c$의 속력으로 내려온다면, 몇 개의 뮤온이 해수면까지 도달하는가?

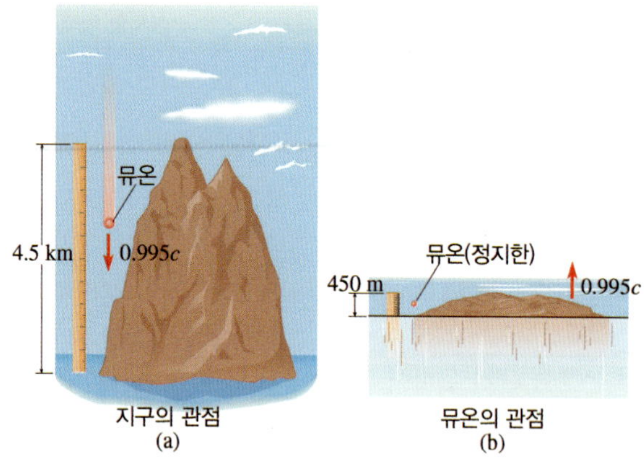

그림 26.12 (a) 지구의 관측자와 (b) 뮤온의 관점에서 바라본 뮤온의 이동

전략 상층의 대기에서 해수면까지 걸쳐 있는 막대자를 상상하여라(그림 26.12). 지구의 기준틀에서, 막대자는 정지해 있다. 그것의 고유길이는 $L_0 = 4500$ m이다. 뮤온의 기준틀에서 뮤온은 정지해 있고 막대자가 $0.995c$의 속력으로 그것들을 지나쳐 간다. 뮤온 틀에서 막대자는 줄어든다. 뮤온 틀에서 막대자의 뒤쪽 끝이 지나갈 때 해수면이 4500 m 떨어져 있는 것이 아니다. 그 길이는 길이 수축으로 인하여 더 짧아진다. 우리가 수축한 길이 L을 알고 나면, 막대자가 뮤온을 v의 속력으로 지나간 시간은 $\Delta t = L/v$이다. 이 경과 시간으로부터 몇 개의 뮤온이 붕괴하였으며 몇 개가 남아 있는지 결정할 수 있다.

풀이 수축한 길이는 $L = L_0/\gamma$이고 로렌츠 인자는

$$\gamma = (1 - 0.995^2)^{-1/2} = 10$$

이다. 그러므로 짧아진 거리는

$$L = \frac{1}{10} \times 4500 \text{ m} = 450 \text{ m}$$

이다. 경과한 시간은

$$\Delta t = L/v$$
$$= (450 \text{ m})/(0.995 \times 3 \times 10^8 \text{ m/s})$$
$$= 1.5\ \mu\text{s}$$

이다. 1.5 μs 동안 뮤온의 절반이 붕괴하며, 그래서 500 000개의 뮤온이 해수면에 도달한다.

검토 만일 길이의 수축이 없다면, 걸린 시간은

$$\Delta t = \frac{4500 \text{ m}}{0.995 \times 3 \times 10^8 \text{ m/s}} = 15\ \mu\text{s}$$

이 될 것이다. 이 시간 간격은 1.5 μs의 10배이다. 각 시간 간격 동안에 뮤온의 절반이 붕괴한다. 따라서 해수면까지 살아서 도달할 수 있는 숫자는

$$1\,000\,000 \times \left(\frac{1}{2}\right)^{10} \approx 980\text{개의 뮤온}$$

이 될 것이다.

고지대와 해수면에서 뮤온의 상대적인 개수가 실험적으로 연구되었다. 그 결과는 상대성 이론과 일치한다.

실전문제 26.2 **로켓의 속도**

로켓에 타고 있는 우주비행사가 길이가 1 m인 미터자의 길이 방향과 나란하게 날아간다. 그 우주비행사가 이 미터자의 길이를 0.8 m로 측정했다면 로켓이 미터자에 대해 얼마나 빠른 속력으로 움직이는가?

26.5 서로 다른 기준틀에서의 속도 Velocities in Different Reference Frames

그림 26.13은 우주선에 타고 있는 아베와 베아를 보여준다. 아베의 기준틀에서는 베아가 v_{BA}의 속력으로 날고 있다. 베아는 **그녀의** 기준틀에서 v_{PB}의 속력으로 탐사선을 발사한다. 아베의 기준틀에서 본 탐사선의 속력 v_{PA}는 얼마인가? 이때 직선(이 경우에는 수평선)을 따라 움직이는 속도만 고려하기 때문에 속도를 **직선을 따라서 가는 성분**으로서 쓸 수 있다.

연결고리 속도는 고전물리학에서도 상대적이다(3.5절 참조). 갈릴레이 속도 덧셈 공식은 직관적으로 올바르게 보이지만 속도가 c보다 아주 작은 경우에 근사적으로 올바른 것뿐이다.

만일 v_{PA}와 v_{BA}가 c에 비하여 매우 작다면, 시간 팽창과 길이의 수축은 무시할 수 있을 것이다. 그러면 v_{PA}는 갈릴레이 속도 덧셈으로 주어진다.

$$v_{PA} = v_{PB} + v_{BA} \tag{3-22}$$

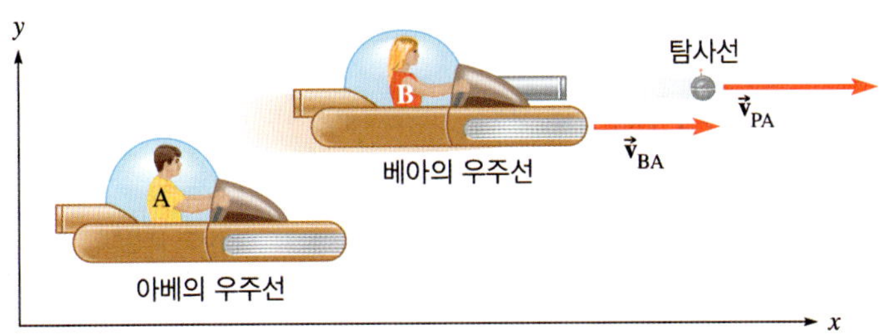

그림 26.13 아베의 기준틀에서 보았을 때, 베아의 우주선의 속도는 $\vec{v}_{BA}$이고 탐사선의 속도는 $\vec{v}_{PA}$이다. $\vec{v}_{BA}$와 $\vec{v}_{PB}$가 주어졌다면, 베아에 대한 탐사선의 속도 $\vec{v}_{PA}$는 어떻게 결정되는가?

그렇지만 이 결과는 탐사선이 어느 관성 기준틀에서도 빛보다는 빠를 수 없기 때문에 일반적으로 맞을 수 없다(만일 $v_{\mathrm{PB}} = +0.6c$이고 $v_{\mathrm{BA}} = +0.7c$라면, 갈릴레이 식은 $v_{\mathrm{PA}} = 1.3c$가 된다). 시간 팽창과 길이 수축을 고려한 상대론적인 식은 v_{PB}와 v_{BA}가 c보다 작은 어느 값을 갖든지 $|v_{\mathrm{PA}}| < c$임을 예측할 수 있다.

상대론적인 속도 변환식은

속도 변환식

$$v_{\mathrm{PA}} = \frac{v_{\mathrm{PB}} + v_{\mathrm{BA}}}{1 + v_{\mathrm{PB}} v_{\mathrm{BA}}/c^2} \tag{26-12}$$

이다. 식 (26−12)의 분모는 시간 팽창과 길이 수축 모두를 고려하기 위한 수정 인자로 생각할 수 있다. v_{PB}와 v_{BA}가 c에 비하여 작을 때, 분모는 대략 1이 된다. 그러면 식 (26−12)는 갈릴레이의 근사식과 같게 된다. 예를 들어 $v_{\mathrm{PB}} = v_{\mathrm{BA}} = +3\,\mathrm{km/s}$라면 (보통의 기준으로 보면 빠르지만, 빛의 속력에 비해서는 매우 작다) 분모는

$$1 + \frac{v_{\mathrm{PB}} v_{\mathrm{BA}}}{c^2} = 1 + \frac{(3 \times 10^3\,\mathrm{m/s})^2}{(3 \times 10^8\,\mathrm{m/s})^2} = 1 + 10^{-10}$$

이다. 이 경우에 갈릴레이의 속도 덧셈은 단지 0.000 000 01 % 만큼 차이가 날 뿐이다.

다음으로, 우리는 아인슈타인의 두 번째 가설인 '빛은 어느 관성 기준틀에서나 같은 속력을 가진다'를 확인해 보자. 탐사선을 쏘는 대신에 베아가 전조등을 켠다면 베아의 틀에서 빛의 속력은 $v_{\mathrm{LB}} = +c$이다. 아베의 틀에서 빛의 속력은

$$v_{\mathrm{LA}} = \frac{v_{\mathrm{LB}} + v_{\mathrm{BA}}}{1 + v_{\mathrm{LB}} v_{\mathrm{BA}}/c^2} = \frac{c + v_{\mathrm{BA}}}{1 + c v_{\mathrm{BA}}/c^2} = \frac{c(1 + v_{\mathrm{BA}}/c)}{1 + v_{\mathrm{BA}}/c} = c \tag{26-13}$$

이다. 따라서 은하계의 활동적인 핵으로부터 지구를 향하는 대전 입자들의 제트가 지구 관측자 기준틀에 대하여 광속에 가까운 속력으로 운동한다 하더라도, 제트가 방출하는 빛은 지구 기준틀에 대해서도 광속으로 진행한다. 26.2절에서 간단하게 제트가 소개한 제트의 속력 계산에서, 제트가 방출한 빛의 속력을 c로 하는 것이 옳다.

문제 풀이 전략 : 상대속도

- 두 개의 다른 기준틀에서 본 상황을 그려라. 속도에 첨자를 추가하여 명확하게 표시하여라. v_{BA}는 **A의 기준틀에서 측정한 B의 속도**를 뜻한다.

- 속도 변환 식 (26-12)는 직선 방향의 세 속도의 성분으로 쓰여 있다. 그 성분은 한쪽 방향(임의로 정할 수 있다)에 대해서는 양이며, 반대 방향에 대해서는 음이다.
- 만일 A가 B의 기준틀에서 오른쪽으로 움직인다면, B는 A의 기준틀에서 왼쪽으로 움직인다.

$$v_{\mathrm{BA}} = -v_{\mathrm{AB}} \tag{26-14}$$

- 식 (26-12)를 맞게 사용하려면, 우변의 내부 첨자가 같고 그것들을 소거했을 때 남는 첨자들이 좌변의 첨자들과 **순서가 같은지**를 아래와 같이 확인하여라.

$$v_{\mathrm{LA}} = \frac{v_{\mathrm{L\cancel{B}}} + v_{\mathrm{\cancel{B}A}}}{1 + v_{\mathrm{L\cancel{B}}} v_{\mathrm{\cancel{B}A}}/c^2} \tag{26-12}$$

보기 26.3 우주에서의 관측

두 대의 우주탐사선이 빠른 속력으로 같은 직선을 따라 같은 방향으로 날고 있다. 근처 행성의 관측자가 측정할 때, 우주탐사선 1은 우주탐사선 2 뒤에서 $0.90c$의 속력으로 날고 우주탐사선 2는 $0.70c$의 속력으로 날아간다. 우주탐사선 1에 탑승한 관측자가 측정할 때, 우주탐사선 2의 속력과 방향은 어떻게 되겠는가?

전략 고려해야 하는 두 개의 기준틀은 행성과 우주탐사선 1이다. 그렇다면, 각각의 기준틀에서 바라본 행성과 두 우주탐사선을 그리는 것이 속도에 첨자를 붙이는 데 도움을 줄 것이다. 양$^+$의 방향을 정한 후에, 주의 깊게 각각의 속도에 올바른 대수적 부호를 붙인다. 그러고 나면 속도 변환 공식을 적용할 준비가 다 된 것이다.

풀이 먼저 두 우주탐사선이 행성의 기준틀에서 오른쪽으로 날고 있는 그림 26.14a를 그린다. 오른쪽이 양의 방향이 되도록 한다. 이 기준틀에서, 우주탐사선들의 속력은 $v_{1\mathrm{P}} = +0.90c$이고 $v_{2\mathrm{P}} = +0.70c$이다. 우주탐사선 1에서 본 우주탐사선 2의 속력(v_{21})을 구하기 위해 우주탐사선 1의 기준틀에서 그림 26.14b를 그린다. 행성의 기준틀에서 우주탐사선 1이 오른쪽으로 날아가므로, 행성은 우주탐사선 1의 기준틀에서 왼쪽으로 날아간다. 곧 $v_{\mathrm{P}1} = -v_{1\mathrm{P}} = -0.90c$이다.

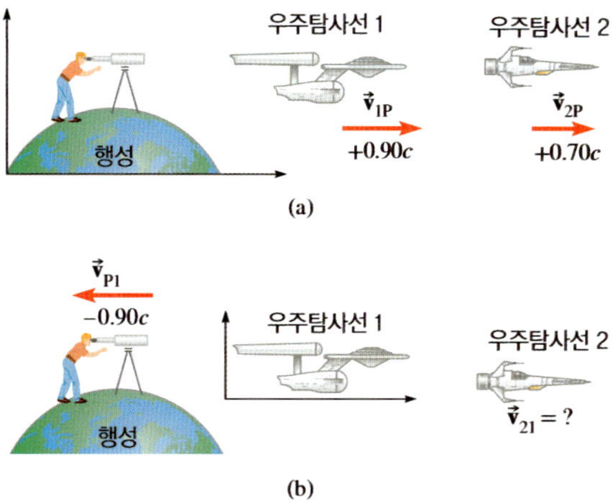

그림 26.14 (a) 행성의 관측자가 두 개의 우주탐사선의 속도를 잰다. (b) 같은 사건들을 우주탐사선 1에서 관측한다.

이제 식 (26-12)를 적용해 보자. v_{21}을 계산하여야 한다. 그 때문에, 이것을 식의 좌변에 놓는다. 우변의 두 개의 속력은 v_{2P}와 v_{P1}이며, 따라서 P가 소거되어 v_{21}만이 남는다.

$$v_{21} = \frac{v_{2P} + v_{P1}}{1 + v_{2P}v_{P1}/c^2}$$

$v_{2P} = +0.70\,c$와 $v_{P1} = -0.90\,c$를 대입하면,

$$v_{21} = \frac{0.70c + (-0.90c)}{1 + [0.70c \times -0.90c]/c^2} = \frac{-0.20c}{1 - 0.63} = -0.54c$$

이다. 따라서 우주탐사선 1의 관측자에 따르면, 우주탐사선 2는 왼쪽으로 $0.54c$의 속력으로 날고 있다.

검토 부호를 바르게 쓰는 것이 얼마나 중요한지 주목하여라. 예를 들어 $v_{P1} = +0.90\,c$로 쓰는 실수를 했다면 $v_{21} = +0.98\,c$로 계산된다. 이 답은 우주탐사선 2가 우주탐사선 1에 대해 오른쪽으로 날고 있는 것이 되며, 이는 이치에 맞지 않다. 행성의 틀에서는 우주탐사선 1이 우주탐사선 2를 따라잡고 있으며, 따라서 우주탐사선 1의 기준틀에서는 우주탐사선 2가 우주탐사선 1로 날아오는 것처럼 움직인다. 1차원에서 속도는 항상 갈릴레이 속도 덧셈 공식에서 예상되는 것과 같은 방향이다. 단지 속력의 크기가 다를 뿐이다.

실전문제 26.3 **접근하는 로켓의 상대속도**

우주정거장의 관측자에 따르면 로켓 A는 오른쪽으로 $0.4c$의 속도로, 로켓 B는 왼쪽으로 $0.8c$의 속도로 x축을 따라 서로 마주보며 접근하고 있다. 로켓 B의 관측자가 측정할 때 로켓 A의 속력은 얼마인가?

26.6 상대론적인 운동량 Relativistic Momentum

연결고리 상대성은 운동량과 에너지의 보존 법칙을 물리의 본질적인 원리로 유지하지만 운동량과 운동에너지에 대한 정의는 바꾼다. 비상대론적인 정의인 $\vec{p} = m\vec{v}$와 $K = \frac{1}{2}mv^2$은 $v \ll c$일 때 매우 좋은 **근사**가 된다.

어떤 입자의 속력이 빛의 속력과 거의 같을 때는, 운동량과 운동에너지의 비상대론적인 식은 타당하지 않다. 빠른 속력으로 움직이는 입자에 그 식을 사용하면, 운동량과 에너지의 보존 법칙이 성립하지 않는 것처럼 보인다. 입자가 어떤 속력을 가지더라도 보존 법칙이 성립하도록 운동량과 운동에너지를 다시 정의해야 한다. 비상대론적인 식 $\vec{p} = m\vec{v}$와 $K = \frac{1}{2}mv^2$은 $v \ll c$인 경우에만 **좋은 근사**이다. 상대론적인 식은 어떤 속력에 대해서도 정확한 운동량과 운동에너지를 얻을 수 있다는 점에서 더욱 일반적이다. 상대론적인 식은 $v \ll c$일 때에 비상대론적인 식과 같은 운동량과 운동에너지의 값을 주어야 한다.

질량 m과 속력 v를 갖는 입자의 운동량에 대한 상대론적으로 정확한 식은

운동량

$$\vec{p} = \gamma m\vec{v} \quad (26\text{-}15)$$

이다. 여기에서 γ는 그 입자의 속력을 사용하여 계산된다.

속력이 c에 비해 매우 작은 경우에는 $\gamma \approx 1$이고 $\vec{p} \approx m\vec{v}$이다. 예를 들어, 공기 중에서 음속보다 약간 작은 속력 300 m/s로 나는 비행기를 생각해 보자. 빛의 속력과 비교했을 때 300 m/s는 매우 느리다. 빛의 속력의 백만분의 일밖에 되지 않는다. $v=$ 300 m/s일 때에 로렌츠 인자는 $\gamma = 1.0000000000005$이다. 이 경우, 비상대론적인 식인 $\vec{p} = m\vec{v}$를 사용하는 것이 비행기의 운동량을 구하는 데에 매우 좋은 근사이다! 그러나 태양으로부터 빛의 속력의 0.9배로 방출되는 양성자의 경우에는 $\gamma = 2.3$이다. 이 양성자의 운동량은 비상대론적인 식 $\vec{p} = m\vec{v}$로부터 구한 것보다 2배나 더 크다. 그러므로 $\vec{p} = m\vec{v}$는 $0.9c$로 날아가는 양성자에 사용할 수 없다.

비상대론적인 공식을 사용할 수 있는 한계 속력은 얼마이겠는가? 그 경계는 명확하지 않다. 어림잡아서 $\gamma = 1.01$이면 비상대론적인 식은 1% 이하의 오차를 갖는다. $\gamma =$ 1.01이라고 놓고 속력을 구하면, $v = 0.14c \approx 4\times10^7$ m/s이다. 입자의 속력이 빛의 속력의 약 $\frac{1}{7}$배보다 더 작다면, 비상대론적으로 운동량을 구하는 식은 1% 이내에서 정확하다.

상대론적으로 운동량을 구하는 식은 극적인 결과들을 가져오기도 한다. v가 빛의 속력에 가까워질 때에 입자의 운동량을 생각해 보자(그림 26.15). v가 빛의 속력에 가까워질수록 운동량은 한없이 커진다. **빛의 속력에 이르지 않으면서** 원하는 만큼 큰 운동량을 얻을 수 있다. 다시 말하면 무엇이든지 빛의 속력으로 가속시킬 수는 없다. 여러분들은 원하는 만큼의 운동량을 물체에 줄 수 있지만, 결코 그것의 속력을 c까지 올릴 수는 없다.

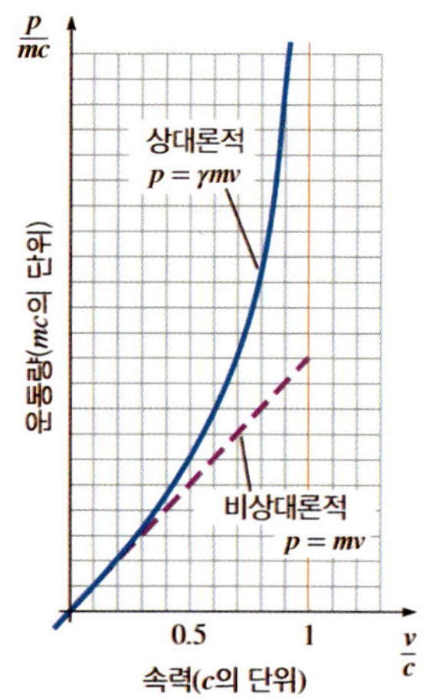

그림 26.15 비상대론적인 식과 상대론적인 식이 보여 주는 v에 따른 운동량의 그래프. 속력이 작을 때에는 두 그래프가 일치한다.

상대론에서도 여전히 전달된 충격량은 운동량의 변화와 같지만($\sum\vec{F}\Delta t = \Delta\vec{p}$), $\sum\vec{F} = m\vec{a}$는 성립하지 않는다. 입자의 속력이 c에 이를수록 일정한 알짜힘에 의한 가속도는 점점 더 작아지기 때문이다. 힘이 작용하는 시간이 길수록 운동량은 점점 더 커지지만 속력이 결코 광속에 이를 수는 없다. 이 사실은 고에너지 물리학 연구에서 사용되는 입자 가속기에서 증명된다. 전자나 양성자와 같은 입자들은 그들의 속력이 광속에 점점 가까워질수록 큰 운동량(그리고 운동에너지)을 갖도록 '가속'되지만, 결코 속력이 광속과 같아지거나 광속을 넘을 수는 없다.

보기 26.4 상층 대기에서의 충돌

우주선들이 상층 대기층에서 원자나 분자들과 충돌한다(그림 26.16). 만일 $0.70\,c$로 움직이는 양성자가 정지한 질소 원자와 정면으로 충돌하여 양성자가 $0.63\,c$로 튕겨져 나온다면, 충돌 후 질소 원자의 속력은 얼마인가(질소 원자의 질량은 양성자 질량의 대략 14배이다)?

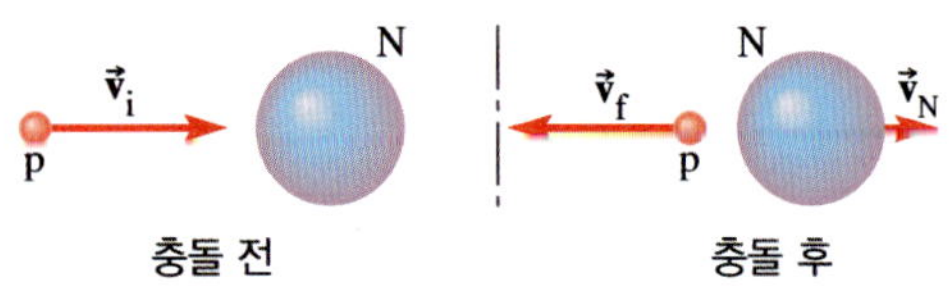

그림 26.16 v_i로 날아오는 양성자가 상층 대기권에 정지한 질소 원자와 정면으로 충돌한다. 양성자는 v_f로 튕겨져 나가는 반면 질소 원자는 충돌 후 v_N의 속력으로 움직인다.

전략 이 충돌 문제를 풀기 위하여 운동량 보존 법칙을 적용한다. 이전에 충돌 문제에서 사용해 왔던 방법과 다른 점은 양성자에 대해 상대론적인 운동량 식을 사용해야 한다는 것뿐이다. 질소 원자가 충돌 후 상대론적인 속력으로 움직일지는 확인해야 한다. 만일 그렇지 않다면 비상대론적인 운동량 식을 사용하여 간단하게 계산할 수 있다. 다른 종류의 운동량이 아니기 때문에 두 가지를 '같이' 사용해도 괜찮다. 비상대론적인 식은 단지 근사이고, 그러한 근사를 쓰기 좋을 때는 근사를 이용한다.

풀이 양성자의 처음 속도의 방향을 $+x$ 방향으로 택한다. $v_{ix} = +0.70c$일 때의 양성자의 처음 운동량은

$$p_{ix} = \gamma m_p v_{ix}$$

이고, 로렌츠 인자는

$$\gamma = (1 - 0.70^2)^{-1/2} = 1.4003$$

이다. 따라서 처음 운동량의 x 성분은

$$p_{ix} = 1.4003 m_p \times 0.70c = +0.9802 m_p c$$

이다. 충돌 후에 양성자의 운동량은

$$p_{fx} = \gamma m_p v_{fx}$$

로 나타내지는데, $-x$ 방향으로 움직이므로

$$v_{fx} = -0.63c$$

이다. 충돌 후의 양성자의 운동량은

$$\Delta p_r = -0.8114 m_p c - 0.9802 m_p c = -1.7916 m_p c$$

이다. 양성자의 x 성분의 운동량의 변화량은

$$\Delta p_x = -0.8114 m_p c - 0.9802 m_p c = -1.7916 m_p c$$

이다. 운동량이 보존되기 위한 질소 원자의 마지막 운동량은 $P_x = +1.7916 m_p c$이다. 질소 원자의 속도를 알기 위하여 $P_x = \gamma M v_{Nx}$로 놓는다.

질소 원자의 질량이 대략 양성자의 14배이기 때문에,

$$1.7916 m_p c = \gamma \times 14 m_p \times v_{Nx}$$

가 된다. 양변에 있는 m_p를 소거하여 간단히 하면,

$$0.1280c = \gamma v_{Nx} = [1 - (v_{Nx}/c)^2]^{-1/2} \times v_{Nx}$$

을 얻을 수 있다. 이 식에서 계산을 통해 v_{Nx}을 풀 수 있지만, 근사법으로 푸는 것이 더 적절하다. γ는 1보다 작을 수 없으므로 v_{Nx}는 $0.1280\,c$보다 클 수 없다. 그러므로 v_{Nx}는 비상대론적인 운동량 식 $P_x = M v_{Nx}$를 사용할 수 있을 정도로 작다. 다시 말하면, $\gamma = 1$로 놓아 $v_{Nx} = 0.1280c$로 한다. 유효숫자를 두 자리로 하면, 질소 원자의 속력은 $0.13\,c$이다.

검토 원자뿐 아니라 양성자에도 전부 비상대론적인 운동량을 사용하면, 다음과 같이 주어진다.

$$0.70 m_p c = -0.63 m_p c + 14 m_p v_{Nx}$$

$$v_{Nx} = \frac{1.33c}{14} = 0.095c$$

이 값은 정확한 값보다 26 % 작은 값이다. 한편, 여러분들이 근사식을 쓰지 않고 상대론적인 표현을 사용하여 질소에 관하여 계산하면 $0.1270c$를 얻을 수 있을 것이다. 이 값을 반올림하면 $0.13c$이 되어 기존의 답과 유효숫자 두 자리 내에서 같다. 여러 계산을 거쳐 근사치를 확인했지만, 답은 같았다. 그러므로 상대론적인 식이 필요한지, 비상대론적인 식이라도 썩 잘 맞을지를 결정하는 것이 중요하다.

실전문제 26.4 **운동량의 변화**

질량이 1.0 kg인 우주 쓰레기 덩어리가 $0.707c$의 속도로 날아가고 있다. 1.0×10^8 N의 일정한 힘이 쓰레기 덩어리가 움직이는 방향과 반대쪽으로 작용하고 있다. 이 우주 쓰레기가 멈추기까지 얼마나 오랫동안 힘을 작용하여야 하는가? [힌트 : 전달된 충격량은 운동량의 변화와 같다.]

26.7 질량과 에너지 Mass and Energy

정지한 입자는 **운동**에너지가 없다. 그러나 이 말이 정지한 입자가 에너지를 가지지 않는다는 의미는 아니다. 상대성 이론은 질량*이 정지에너지의 척도라는 것을 알려준다. 한 입자의 **정지에너지** rest energy E_0는 그것이 정지한 틀에서 측정한 에너지이다. 따라서 정지에너지는 운동에너지를 포함하지 **않는다**. 질량과 정지에너지와의 관계는 다음과 같다.

정지에너지

$$E_0 = mc^2 \tag{26-16}$$

질량을 정지에너지의 척도로서 해석하는 것은 정지한 입자가 원래의 질량보다 질량의 합이 작은 생성물로 붕괴하는 방사성 붕괴를 관측함으로써 확인할 수 있다. 생성물은 총질량이 감소한 양에 c^2을 곱한 것만큼의 운동에너지를 얻는다.

1 kg의 석탄은 $(1\ \text{kg}) \times (3 \times 10^8\ \text{m/s})^2 = 9 \times 10^{16}\ \text{J}$의 정지에너지를 갖는다. 만일 그 석탄의 전체 정지에너지를 전기에너지로 바꿀 수 있다면, 미국의 보통 가정에 필요한 전기를 **수백만 년** 동안 공급할 수 있을 것이다. 그러나 석탄을 태울 때는 석탄에서 극

* 이 책에서 **질량**은 **불변 질량** 또는 **정지 질량**을 의미한다.

히 일부분(약 수십억분의 1)의 정지에너지가 방출될 뿐이다. 이때 석탄의 질량과 모든 산물의 전체 질량의 차이인 질량의 변화는 잴 수 없을 정도로 적다. 그 때문에 화학반응에서는 질량이 보존되는 것처럼 **보일 뿐**이다.

이에 반하여, 핵반응이나 방사성 붕괴에서는 핵자 질량 중 상당한 부분의 질량이 반응 생성 입자의 운동에너지로 바뀐다. **딸 입자**daughter particle(반응 후에 존재하는 입자들)의 총질량은 **어미 입자**parent particle(반응 전에 존재하는 입자들)의 총질량과 같지 않다. 질량은 보존되지 않지만, 총에너지(정지에너지와 운동에너지의 합)는 보존된다. 만일 질량이 감소한다면, 반응에서 에너지가 방출되는 것이다. 총에너지는 계속해서 보존된다. 그 에너지는 한 종류에서 다른 종류로, 곧 정지에너지에서 운동에너지로, 또는 방사선으로 에너지의 형태가 변할 뿐이다. 만일 정지에너지가 증가한다면(곧 딸 입자의 전체질량이 어미 입자들의 질량보다 크다면) 그 반응은 저절로 일어나지 않는다. 이러한 반응은 에너지 손실이 어미 입자들의 처음 운동에너지로부터 공급될 때만 일어날 수 있다.

전자볼트

원자물리학이나 핵물리학에서 보통 사용되는 에너지 단위는 전자볼트(기호 eV)이다. 1 eV는 $\pm e$(전자나 양성자와 같은) 전하의 입자가 1 V의 퍼텐셜 차에서 가속될 때 얻는 운동에너지와 같다. $1\ \mathrm{V} = 1\ \mathrm{J/C}$이고 $e = 1.60 \times 10^{-19}\ \mathrm{C}$이므로, 전자볼트와 줄은 다음과 같이 환산된다.

$$1\ \mathrm{eV} = \mathrm{e} \times 1\ \mathrm{V} = 1.60 \times 10^{-19}\mathrm{C} \times 1\ \mathrm{J/C} = 1.60 \times 10^{-19}\ \mathrm{J} \qquad (26\text{-}17)$$

큰 에너지는 SI 접두사를 이용해 keV($=10^3$ eV), MeV($=10^6$ eV), GeV($=10^9$ eV)를 이용하여 표시한다.

eV로 계산을 쉽게 하기 위해, 운동량은 eV/c로, 질량은 eV/c^2로 나타낼 수 있다. c의 값을 곱하거나 나누는 대신, c를 단위의 인자로 사용한다. 예를 들어, 전자 하나의 정지에너지는 511 keV이다. $E_0 = mc^2$을 사용하면, 그 전자의 질량은

$$m = E_0/c^2 = 511\ \mathrm{keV}/c^2$$

이다. $0.80\,c(\gamma = 1.667)$로 움직이는 한 전자의 운동량은 다음과 같다.

$$P = \gamma m v = 1.667 \times 511\,\mathrm{keV}/c^2 \times 0.80c = 680\ \mathrm{keV}/c$$

보기 26.5 방사성 붕괴에서 에너지의 방출

탄소 연대측정은 탄소-14 원자핵(6개의 양성자와 8개의 중성자로 이루어진 핵)이 질소-14 원자핵(7개의 양성자와 7개의 중성자로 이루어진 핵)으로 분해되는 방사능 붕괴에 근거한다. 그 과정에서 전자(e^-)와 반중성미자($\bar{\nu}$)라고 부르는 입자가 만들어진다. 반응은 다음과 같이 쓸 수 있다.

$$^{14}\mathrm{C} \rightarrow {}^{14}\mathrm{N} + \mathrm{e}^- + \bar{\nu}$$

이 반응에서 방출되는 에너지를 구하여라. 원자핵들의 질량은 ^{14}C가 13.999 950 u이고 ^{14}N는 13.999 234 u이며, 반중성미자의 질량은 무시할 만큼 작다(원자물리학이나 핵물리학에서 흔히 사용되는 원자질량단위(u)는 $1\ \mathrm{u} = 1.66\times10^{-27}\ \mathrm{kg}$이다).

전략 반응 전후의 입자들의 전체 질량을 비교한다. 전체 질량의 감소는 정지에너지가 다른 형태, 곧 질소 원소와 전자의 운동에너지와 반중성미자의 에너지로 바뀌었다는 것을 뜻한다. 반응에서 방출되는 에너지는 정지에너지의 변화량과 같다.

풀이 반응 전의 전체 질량은 $m_i = 13.999\,950\ \mathrm{u}$이다. 반응 후의 전체질량은 ^{14}N의 질량과 전자의 질량($511\ \mathrm{keV}/c^2$)의 합으로

$$m_\mathrm{f} = 13.999\,234\,\mathrm{u} + 511\,\mathrm{keV}/c^2$$

이다. 질량의 변화는

$$\begin{aligned}\Delta m &= m_\mathrm{f} - m_\mathrm{i}\\ &= 13.999\,234\ \mathrm{u} + 511\ \mathrm{keV}/c^2 - 13.999\,950\,\mathrm{u}\\ &= -(0.000\,72\,\mathrm{u})\left(\frac{931.494\ \mathrm{MeV}/c^2}{1\,\mathrm{u}}\right)\\ &\quad + 0.511\ \mathrm{MeV}/c^2\\ &= -0.156\ \mathrm{MeV}/c^2\end{aligned}$$

이다. Q를 방출된 에너지의 양으로 놓자. 총에너지가 보존되어야 하므로 반응 전의 정지에너지는 반응 후의 정지에너지와 방출된 에너지의 합과 같아야 한다.

$$m_\mathrm{i}c^2 = m_\mathrm{f}c^2 + Q$$

$$\begin{aligned}Q &= m_\mathrm{i}c^2 - m_\mathrm{f}c^2 = -\Delta m\times c^2\\ &= (0.156\,\mathrm{MeV}/c^2)c^2 = 0.156\ \mathrm{MeV}\end{aligned}$$

검토 붕괴 전 ^{14}C 핵의 정지에너지는

$$(13.999\,234\ \mathrm{u})c^2\times 931.494\frac{\mathrm{MeV}/c^2}{\mathrm{u}} \approx 13\,\mathrm{GeV}$$

이었다. 이 정지에너지에 대한 방출된 에너지의 비율은 $(0.156\,\mathrm{MeV})/(13\,\mathrm{GeV}) \approx 10^{-5}$이다. 이 비율이 매우 작게 보이지만, 탄소가 탈(화학반응) 때 발생하는 질량의 감소율보다 약 10^4배나 크다. 핵융합에서의 질량이 변하는 비율은 1%에 근접한다.

실전문제 26.5 태양은 얼마나 빨리 질량 감소를 하는가?

태양은 4×10^{26} W의 비율로 에너지를 방출한다. 태양의 질량은 얼마의 비율로 감소되는가?

불변량

지금까지 우리는 모든 관성틀에서 측정할 때 같은 값을 갖는 **불변**하는 두 개의 물리량에 대해 알아보았다. 하나는 빛의 속력이고 다른 하나는 질량이다. 거리와 시간 간격은 서로 다른 기준틀에서 같지 않기 때문에 불변량이 아니다.

보존되는 양과 불변하는 양과의 차이점을 강조해 보자. 보존량이란 **주어진 기준틀에서** 같은 값을 유지한다. 그 값은 한 기준틀에서 다른 기준틀로 가면 달라질 수 있지만, 주어진 기준틀에서는 그 값이 변하지 않는다. 불변량이란 **모든 관성틀**에서 같은 값을 갖는 양을 말한다. 따라서 운동량은 보존되지만 불변량은 아니다. 질량은 불변량이지만 보존되지는 않는다. 곧 보기 26.5처럼 방사성 붕괴나 다른 핵반응에서 전체 질량은 변할 수 있다. 총에너지는 이러한 반응에서 보존되지만, 다른 틀에서는 입자들이 다른 운동에너지를 가지므로 불변량은 아니다.

살펴보기 26.7 **불변량**은 모든 관성 기준틀에서 같은 값을 갖는 물리량이다. (a) 갈릴레이 상대론에 따르면 위치, 변위, 길이, 시간 간격, 속도, 가속도, 힘, 운동량, 질량, 운동에너지, 진공에서의 빛의 속력 중에서 어느 것이 불변량인가? (b) 아인슈타인의 특수 상대성 이론에서는 이들 중 어느 것이 불변량인가?

26.8 상대론적 운동에너지 Relativistic Kinetic Energy

상대론적인 속력으로 움직이는 입자들이 운동량 보존 법칙을 유지하기 위해서는, 운동량에 관해 더 일반적인 상대론적인 표현이 필요하다. 운동에너지인 경우에도 마찬가지이다.

힘과 운동량의 관계($\sum \vec{\mathrm{F}} = \Delta\vec{\mathrm{p}}/\Delta t$)와 힘과 거리의 곱으로서의 일의 개념을 가지고, 우리는 입자의 운동에너지에 관한 식을 추론해 낼 수 있다. 비상대론적인 경우와 같이, 물체의 운동에너지는 그 물체를 정지 상태로부터 현재의 속도까지 가속시키는 데 필요한 일과 같다. 결과는

운동에너지

$$K = (\gamma - 1)mc^2 \tag{26-18}$$

이다. 여기에서 γ는 그 입자의 속력 v를 써서 계산하면 된다.

운동에너지는 운동과 관련된 에너지로서, 물체가 정지해 있을 때의 에너지와 비교하여 움직이는 물체가 갖는 **추가적인** 에너지를 말한다. 아인슈타인은 위와 같이 두 항의 차이로 운동에너지를 해석할 것을 제안하였다. 위 식에서 첫 번째 항(γmc^2)은 입자의 정지에너지와 운동에너지를 포함하는 **총에너지**total energy E이다. 두 번째 항(mc^2)은 입자가 정지해 있을 때의 에너지인 정지에너지 E_0이다. 그러므로 식 (26–18)을 다음과 같이 다시 정리할 수 있다.

$$E = K + mc^2 = K + E_0 = \gamma mc^2 \tag{26-19}$$

총에너지와 운동에너지가 이러한 방법으로 정의될 때, 하나의 관성 기준틀에서의 어떤 반응에서 총에너지가 보존된다면 다른 기준틀에서도 총에너지는 저절로 보존된다는 것을 알 수 있다. 다시 말하자면, 에너지 보존 법칙이 물리학의 보편적인 법칙의 지위를 다시 회복한 것이다.

v가 c에 가까워질수록, γ는 한정 없이 커진다는 것을 떠올려 보자. 그러면 식 (26–19)로부터, 질량을 가진 입자가 빛의 속력으로 날기 위해서는 무한대의 총에너지가 필요하므로 빛의 속력으로 움직일 수 있는 질량을 가진 입자는 없다고 결론지을 수 있다.

언뜻 보면 운동에너지 $K = (\gamma - 1)mc^2$가 속력에 따라 변하지 않는 것처럼 보이지만, γ가 속력의 함수라는 것을 잊어서는 안 된다. 입자의 속력이 커지면 커질수록 γ도 증가한다. 그러므로 운동에너지 역시 증가하게 된다. 입자의 운동에너지 역시 한계가 없다. 운동량과 마찬가지로, 운동에너지도 속력이 빛의 속력 c로 가까이 갈수록 한없이 계속 커진다.

운동에너지의 상대론적인 식이 빛의 속력보다 훨씬 느린 속력으로 움직이는 물체들에 관하여 비상대론적인 운동에너지 식 $\frac{1}{2}mv^2$에 가까워진다는 것이 금방 눈에 띄는 것은 아니지만, 실제로 그렇게 된다. 이것을 보이기 위해서는 $x \ll 1$인 경우의 이항 전개 근사 $(1-x)^n \approx 1 - nx$ 을 이용하면 된다(부록 A.9 참조). 이항 전개 근사에서 $x = v^2/c^2$이라고 놓고 $n = -\frac{1}{2}$로 놓으면, γ는

$$\gamma = \left(1 - \frac{v^2}{c^2}\right)^{-1/2} \approx 1 + \frac{1}{2}\left(\frac{v^2}{c^2}\right) \tag{26-20}$$

이 된다. 그러면 운동에너지는

$$\begin{aligned} K &= (\gamma - 1)mc^2 \approx \left[1 + \frac{1}{2}\left(\frac{v^2}{c^2}\right) - 1\right]mc^2 \\ &= \frac{1}{2}\left(\frac{v^2}{c^2}\right)mc^2 = \frac{1}{2}mv^2 \end{aligned} \tag{26-21}$$

이다. 운동에너지 K의 상대론적인 식은 상대론적인 운동이나 비상대론적인 운동에 모두 유효하다. 비상대론적인 식 $\frac{1}{2}mv^2$은 물체의 속력이 c보다 훨씬 느린 경우에만 유효한 근사이다. 만일 $K \ll mc^2$이라면, γ는 1에 매우 가까워진다. 곧 입자는 상대론적인 속력으로 움직이지 않으므로, 비상대론적인 근사를 사용할 수 있다.

보기 26.6 고에너지 전자

보기 25.5에서 보았듯이, 탄소-14가 질소-14로 되는 방사성 붕괴($^{14}C \rightarrow {}^{14}N + e^- + \bar{\nu}$)에서 156 keV의 에니지가 방출된다(그림 26.17). 만일 방출된 모든 에너지를 전자의 운동에너지로 나타낸다면, 전자는 얼마나 빠르게 움직이는가?

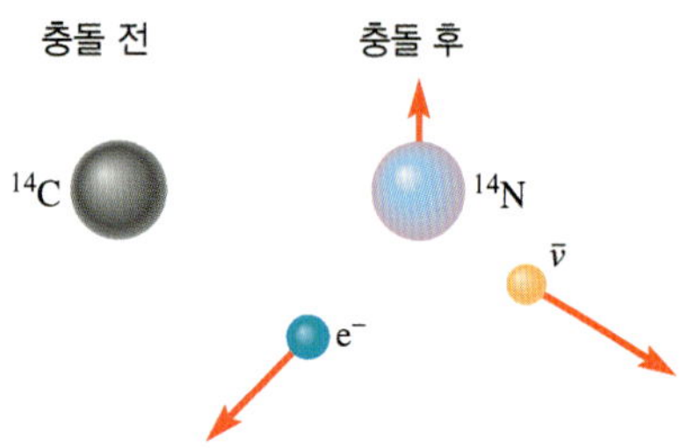

그림 26.17 탄소-14의 방사성 붕괴

전략 전자의 운동에너지는 주어졌고 전자의 속력을 구해야 한다. 전자볼트(eV), keV, MeV와 같은 단위들은 일반적으로 원자물리학, 핵물리학, 고에너지의 입자물리학에 흔히 사용되고 있다. 비상대론적인 운동에너지 식을 사용해도 적절할지 어떻게 알 수 있는가? 전자의 운동에너지 156 keV와 정지에너지(mc^2)를 비교하여 알 수 있다.

풀이 전자의 정지에너지는

$$E_0 = mc^2 = 9.109 \times 10^{-31}\,\text{kg} \times (2.998 \times 10^8\,\text{m/s})^2 = 8.187 \times 10^{-14}\,\text{J}$$

운동에너지를 keV 단위로 알고 있으므로, E_0를 keV로 바꾸자.

$$E_0 = 8.187 \times 10^{-14}\,\text{J} \times \frac{1\,\text{eV}}{1.602 \times 10^{-19}\,\text{J}} \times \frac{1\,\text{keV}}{1000\,\text{eV}} = 511\,\text{keV}$$

따라서 K는 E_0와 크기가 비슷하다. 그 전자가 상대론적인 속력으로 움직이고 있으므로, 상대론적인 식을 사용해야 한다.

로렌츠 인자는 다음과 같다.

$$\gamma = 1 + \frac{K}{mc^2} = 1 + \frac{156\,\text{keV}}{511\,\text{keV}} = 1.3053$$

γ로부터 속력을 결정하기 위하여 먼저 γ를 제곱하자.

$$\gamma^2 = \frac{1}{1 - v^2/c^2}$$

그리고 c에 대한 전자의 속력을 찾기 위하여, v/c에 대해 풀어 보자.

$$1 - \frac{v^2}{c^2} = \frac{1}{\gamma^2}$$

$$v/c = \sqrt{1 - 1/\gamma^2} = 0.6427$$

$$v = 0.6427c$$

검토 로렌츠 인자가 1에 매우 가깝지 않다. 이것은 이 전자에 $K = \frac{1}{2}mv^2$을 사용할 수 없는 또 하나의 근거가 된다. 만일 이 식을 그냥 사용한다면

$$v = (2K/m)^{1/2} = 2.342 \times 10^8\,\text{m/s} = 0.781c$$

가 된다. 이처럼 값이 c에 가깝게 나온 결과는 비상대론적인 근사에 관한 우려를 불러일으킨다.

$0.6427c$라는 속력은 이 전자가 가질 수 있는 운동에너지의 최대 한계이다. 이 전자가 반응에서 방출된 에너지를 모두 방출할 수도 없다. 곧 운동량을 보존하는 방법으로써, 총운동에너지는 3개의 입자에 나누어져야 한다.

실전문제 26.6 **양성자의 가속**

정지한 양성자 한 개를 $0.75c$로 가속시키려면, 일을 얼마나 많이 해주어야 하는가? 결과를 MeV 단위로 나타내어라.

운동량 – 에너지의 관계

뉴턴 물리학에서는 운동에너지와 운동량 사이에 $K = p^2/2m$의 관계가 있지만, 이 관계식이 상대론적인 속력으로 움직이는 입자에 대해서는 더 이상 적용되지 않는다. 상대론적인 $\vec{\mathrm{p}}$, E, K의 정의로부터 다음과 같은 유용한 관계식을 얻을 수 있다(문제 31 참조).

$$E^2 = E_0^2 + (pc)^2 \tag{26-22}$$

$$(pc)^2 = K^2 + 2KE_0 \tag{26-23}$$

식 (26–22)와 식 (26–23)은 입자의 속력을 계산하는 중간 단계를 거치지 않고 운동량으로부터 총에너지와 운동에너지를 계산하거나 그 역을 계산할 때 유용한 식이다. $E = \gamma mc^2$과 $\vec{\mathrm{p}} = \gamma m\vec{\mathrm{v}}$로부터 구할 수 있는 또 다른 유용한 관계식은

$$\frac{\vec{\mathrm{v}}}{c} = \frac{\vec{\mathrm{p}}c}{E} \tag{26-24}$$

이다. 식 (26–24)는 속도, 운동량, 총에너지의 세 가지 중 어느 두 가지만 알고 있을 때 나머지 하나를 쉽게 계산할 수 있도록 해 준다. 또한 이 식은 pc가 결코 총에너지를 넘을 수 없지만 $v \to c$로 갈수록 E에 가까워짐을 보여준다.

운동량과 에너지 단위 입자물리학에서는 통상적으로 반복적인 단위 변환을 피하기 위하여 운동량을 eV/c 단위(또는 MeV/c)로 쓴다. SI 단위, 곧 전자볼트(eV)를 줄(J)로 변환하기 위해서는 c를 m/s 단위의 빛의 속력으로 바꿔야 한다. 예를 들어 $p = 1.00\ \mathrm{MeV}/c$ 라면

$$p = 1.00\frac{\text{eV}}{c} \times \frac{1.602 \times 10^{-19}\ \text{J}}{\text{eV}} \times \frac{c}{2.998 \times 10^8\ \text{m/s}} = 5.34 \times 10^{-28}\ \frac{\text{kg} \cdot \text{m}}{\text{s}}$$

이다. 질량은 보통 eV/c^2(MeV/c^2 또는 GeV/c^2) 단위로 나타낸다.

상대론적인 식을 사용할지에 대한 결정

특정한 문제에서 주어진 정보에 따라서 상대론적인 계산을 할 것인지 아닌지를 결정하는 방법에는 몇 가지가 있다. 26.6절에서, $v = 0.14c$일 때에 비상대론적인 운동량 식의 계산은 상대론적인 운동량 식의 계산과 대략 1% 정도 차이가 나는 것을 알았다. 우리에게 그 정도의 정확도는 필요하지 않을 수도 있다. $v = 0.2c$일 경우에라도, 운동량과 운동에너지에 대한 비상대론적인 계산과 상대론적인 계산의 차이는 겨우 2%나 3% 정도밖에 되지 않는다. 속력이 약 $0.3c$보다 큰 경우에는, γ가 갑자기 커져 상대론적인 물리학과 비상대론적인 물리학의 차이는 뚜렷해진다.

한 입자의 운동에너지를 정지에너지와 비교하는 것은 상대론적인 식을 사용할지 비상대론적인 식을 사용할 것인지를 결정하는 또 다른 방법이다. 만일 $K \ll mc^2$이면, γ는 1에 매우 가까워지고 그 입자의 속력은 비상대론적인 속력이 된다.

다음의 조건 중 어느 것이라도 만족하면, 입자는 **비상대론적**인 운동을 한다.

$$v \ll c \tag{26-25}$$

$$\gamma - 1 \ll 1 \tag{26-26}$$

$$K \ll mc^2 \tag{26-27}$$

$$p \ll mc \tag{26-28}$$

극단적으로 상대론적인 운동을 하는 입자들

$K \gg E_0$(또는 $\gamma \gg 1$)인 경우, 입자는 **극단적으로 상대론적인** 운동을 한다. 극단적으로 상대론적인 운동을 하는 입자들을 다룰 때는 다음의 근사들이 유용하다.

$$K \approx E \tag{26-29}$$

$$E \approx pc \tag{26-30}$$

$$\frac{v}{c} \approx 1 - \frac{1}{2\gamma^2} \tag{26-31}$$

식 (26−31)은 이항 전개 근사(부록 A.9)를 로렌츠 인자 식 (26−5)에 적용하여 얻을 수 있다.

보기 26.7 전자의 속력과 운동량

어떤 전자의 운동에너지가 1.0 MeV이다. 전자의 속력과 운동량을 구하여라.

전략 계산을 단순화하기 위해서 에너지와 운동량 사이의 관계와 MeV/c 단위의 운동량을 이용한다.

풀이 보기 26.6에서 전자의 정지에너지는 $E_0 =$ 0.511 MeV인 것을 알았다. 운동에너지가 정지에너지의 거의 두 배이므로, 확실히 상대론적인 계산을 해야 한다. 전자의 총에너지는 $E = K + E_0 = 1.511$ MeV이다. 따라서 운동량을 바로 구할 수 있다.

$$E^2 = E_0^2 + (pc)^2$$
$$(pc)^2 = E^2 - E_0^2$$
$$pc = \sqrt{(1.511\ \text{MeV})^2 - (0.511\ \text{MeV})^2} = 1.422\ \text{MeV}$$

이 식의 양변을 c로 나누면, MeV/c 단위의 운동량을 구할 수 있다.

$$p = 1.4\ \text{MeV}/c$$

이제 운동량을 알았으므로, 속력을 구할 수 있다.

$$\frac{v}{c} = \frac{pc}{E} = \frac{1.422}{1.511} = 0.9411$$
$$v = 0.94c$$

검토 답을 확인해 보는 한 가지 좋은 방법은 속력을 사용하여 운동에너지를 계산해 보는 것이다. 먼저 로렌츠 인자를 구하자.

$$\gamma = \frac{1}{\sqrt{1 - 0.9411^2}} = 2.957$$

그러면 운동에너지는

$$K = (\gamma - 1)mc^2 = 1.957 \times 0.511\ \text{MeV} = 1.0\ \text{MeV}$$

이다. SI 단위로 운동량은 다음과 같이 얻을 수 있다.

$$p = 1.422\frac{\text{MeV}}{c} \times \frac{10^6\ \text{eV}}{\text{MeV}} \times \frac{1.60 \times 10^{-19}\ \text{J}}{\text{eV}} \times \frac{c}{3.00 \times 10^8\ \text{m/s}} = 7.6 \times 10^{-22}\ \text{kg} \cdot \text{m/s}$$

실전문제 26.7 페르미 연구소의 양성자와 반양성자

시카고 북쪽의 페르미 국립 가속기 연구소에 있는 테바트론은 양성자와 반양성자가 0.980 TeV(테라 전자볼트, 10^{12} eV)의 운동에너지를 가지도록 가속한다. 반양성자는 양성자와 같은 질량 938.3 MeV/c^2을 가지지만, 양성자가 갖는 $+e$와 반대인 $-e$의 전하를 갖는다. (a) 양성자와 반양성자의 운동량의 크기는 TeV/c 단위로 얼마나 되는가? (b) 실험실 기준틀에서 양성자와 반양성자의 속력은 얼마인가? [힌트 : $K \gg E_0$이다.]

26.1 예. 전지의 정지틀에서 측정하면 이 여행은 30년 걸린다.

26.2 $0.60c$

26.3 $0.909c$

26.4 $3.0\ \mathrm{s}$

26.5 $4 \times 10^9\ \mathrm{kg/s}$

26.6 $480\ \mathrm{MeV}$

26.7 (a) $0.981\ \mathrm{TeV}/c$, (b) $0.99999954c$

26.1 기차에 타고 있는 관찰자는 자신이 정지해 있는지 땅에 대해 등속으로 움직이고 있는지 구별하지 못한다. 물리 법칙은 각 경우에 같고 따라서 두 경우를 구별해 낼 수 있는 실험 장치를 고안해 낼 수 없다.

26.4 고유 시간 간격은 두 사건이 같은 장소에서 일어나는 기준틀에서 측정된다. 따라서 단거리 선수의 기준틀에 있는 관찰자가 고유 시간 간격을 잰다. 고유길이는 물체가 정지한 기준틀에서 잰다. 트랙에 대해 정지해 있는 관찰자가 고유길이를 측정할 것이다.

26.7 (a) 길이, 시간 간격, 가속도, 힘, 질량, (b) 질량과 진공에서의 빛의 속도

27

초기 양자물리학과 광자

Early Quantum Physics and the Photon

범죄 수사 훈련을 하는 중에 FBI의 증거 대응 팀 요원이 샤워실 바닥에 무색의 액체를 뿌린다. 그런 다음에 요원은 벽에서 보이는 파란빛을 기록하기 위해서 노출 시간을 길게 해 사진을 찍는다. 범죄 현장에서 보이는 이 파란빛으로 어떻게 범죄가 일어났음을 알 수 있는 것일까?

찾아가보기

- 복사에 의한 열의 이동 (14.8절)
- 분광기 (25.5절)
- 상대론적 운동량과 운동에너지 (26.6, 26.8절)
- 정지에너지 (26.7절)

생명과학 응용

- 생물발광 (27.7절)
- 광역학 치료
- 양전자 방출 단층사진 (27.8절, 문제 28)
- 눈의 반응 (개념형 질문 10)
- 의학 X선 (보기 27.4, 문제 34)
- 자외선 노출 효과 (문제 33)

27.1 양자화 Quantization

19세기가 끝날 무렵, 물리학 분야에서는 많은 발전이 있었기 때문에, 물리학자들 중에는 이제 자연에 대한 모든 것이 다 밝혀진 것이 아닌가 하고 생각하는 사람들도 있었다. 뉴턴은 그의 저서 **프린키피아**에서 역학의 기본 법칙을 확립하였고, 열역학의 법칙들이 완성되었으며, 맥스웰은 전자기학의 법칙들을 정리하였다. 그러나 과학자들이 새로운 실험 방법과 새로운 종류의 실험 도구를 개발함에 따라, 그때까지 거의 완전해 보였던 물리 법칙들, 곧 지금은 **고전물리학**이라고 알려진 법칙들로는 설명할 수 없는 의문들이 제기되었다. 20세기의 첫 10년 동안에 개발되었던 새로운 법칙들은 이른바 **양자물리학**의 밑바탕이 되었다.

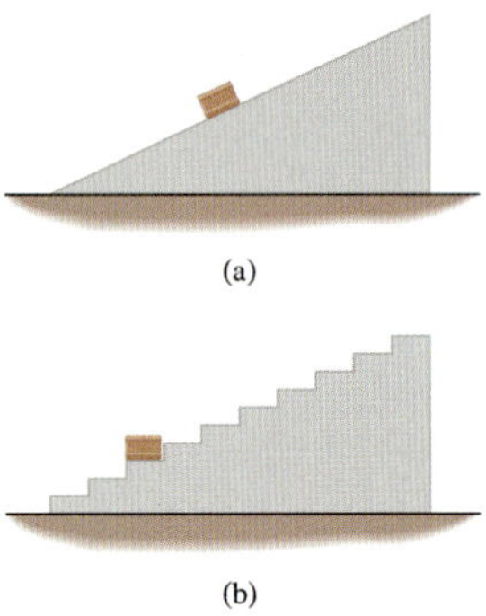

그림 27.1 (a) 비탈길에 놓여 있는 상자. 중력 퍼텐셜에너지는 연속적이다. (b) 계단에 놓여 있는 상자. 중력 퍼텐셜에너지는 양자화되어 있다. 곧 상자는 띄엄띄엄한 값들을 갖는 퍼텐셜에너지 중에 하나만 가질 수 있다.

고전물리학에서 물리량은 대부분이 연속적이다. 다시 말해 고전물리학에서 물리량들은 연속적인 영역에서 어떤 값도 가질 수 있다. 예를 들면 그림 27.1a와 같이 비탈길에 놓여 있는 상자가 있다고 하자. 이 상자의 중력 퍼텐셜에너지는 연속적이다. 이 상자는 최솟값과 최댓값 사이의 어떤 퍼텐셜에너지 값도 가질 수 있다. 이와 대조적으로, 그림 27.1b와 같이 계단에 놓여 있는 상자는 허용된 일정한 퍼텐셜에너지만을 가질 수 있다. 물리량이 불연속적으로 허용된 값만을 가질 수 있을 때 그 물리량은 **양자화**quantized되어 있다고 말한다. 양자물리학의 중요한 특징은 고전물리학에서 연속적인 것으로 생각했던 물리량의 양자화이다.

이 계단은 양자화에 대한 불완전한 비유이다. 상자가 한 계단에서 다음 계단으로 이동할 때 상자는 중간의 모든 중력 퍼텐셜에너지의 값을 거쳐 가게 된다. 반면에 진짜로 양자화된 물리량은 중간값을 거쳐 가는 것이 아니라, 한 값에서 다음 값으로 갑자기 바뀌게 된다.

고전물리학에서 다루어지는 정상파는 양자화된 물리량의 한 예이다. 그림 27.2처럼 양 끝이 고정된 줄 위에서 나타나는 정상파의 진동수는 양자화된다. 허용되는 진동수들은 기본 진동수의 정수배이다($f_n = nf_1$).

이 장에서는 고전물리학 법칙으로는 설명하기가 어렵거나 불가능했지만, 전자기파가 양자화되어 있다고 가정하면 비교적 쉽게 설명할 수 있는 여러 실험 결과를 다루게 될 것이다.

27.2 흑체복사 Blackbody Radiation

19세기 말 물리학자들을 괴롭혔던 주요 문제 중의 하나가 흑체복사였다(14.8절 참조). 이상적인 흑체는 그 표면에 도달하는 모든 복사에너지를 흡수한다. 그리고 흑체가 방출하는 복사선은 흑체의 온도에 따라서만 달라지는 연속 스펙트럼을 이룬다. 그림 27.3은 세 가지 다른 온도에서 흑체가 방출하는 전자기 복사선의 상대적 세기를 진동수의 함수로 나타낸 실험적인 흑체복사 곡선이다. 온도가 올라감에 따라, 복사곡선의 봉우리는 더 높은 진동수 쪽으로 옮겨 간다. 절대온도 2000 K 에서 대부분의 복사선은 적외선 영역에 있다. 2500 K 에서는 가시광선의 빨간빛과 주황빛을 상당한 세기로 복사한다. 백열등의 온도와 비슷한 3000 K 의 흑체는 우리가 흰색이라고 느끼는 빛을 복사하지만, 대부분의 복사선은 여전히 적외선이다. 어떤 절대온도 T에 대하여 복사곡선 아래의 총넓이는 흑체의 단위 넓이당 총복사능을 나타낸다. 그 총복사능은 T^4에 비례한다.

연결고리 열적 전자기 복사(14.8절)에 대한 탐구는 양자물리학 발달에 있어서 중요한 단계였다.

그러나 고전전자기학의 이론에 따르면, 흑체복사의 곡선은 봉우리를 넘어 0으로 감소하는 것이 아니라, 자외선 영역과 그 너머로 진동수가 증가함에 따라 연속적으로 증가하여야 했다(그림 27.3 참고). 결과적으로, 고전 이론에서 흑체는 **무한대의 에너지**를 복사

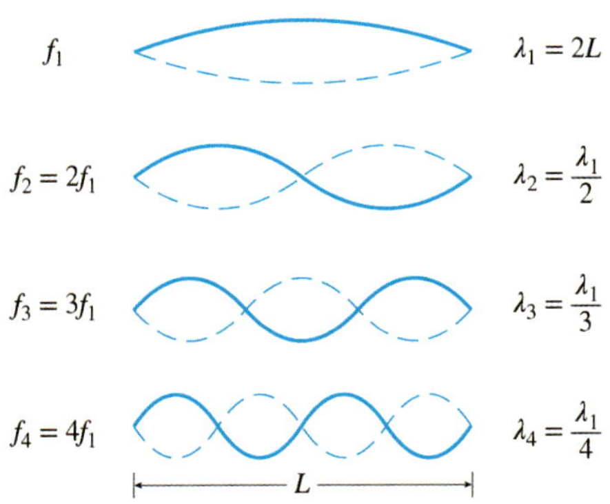

그림 27.2 고전물리학에서의 양자화 : 양쪽 끝이 고정된 줄에서 나타나는 정지파의 양상. 진동수와 파장이 양자화된다.

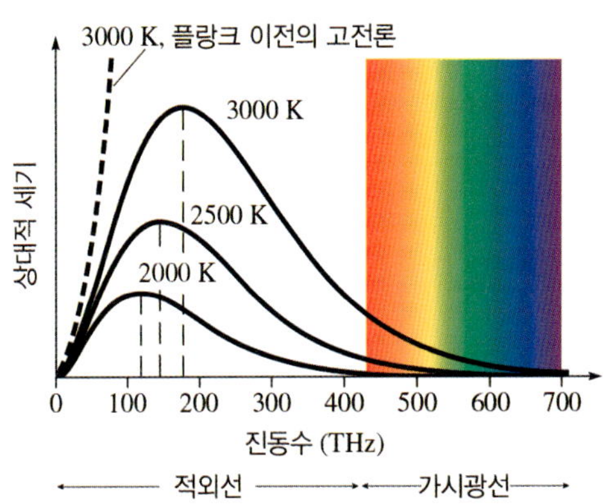

그림 27.3 2000 K, 2500 K, 3000 K에서 흑체복사의 진동수에 따른 상대적 세기를 나타내는 흑체복사 곡선. 플랑크의 제안이 있기 전 고전이론으로부터 예측된 흑체복사의 곡선도 나타냈다.

한다고 예측할 수밖에 없었는데, 이것은 **자외선파탄**이라고 부르는 불가능한 것이었다.

1900년에 독일 물리학자 플랑크Max Planck, 1858~1947는 실험적인 복사곡선에 맞는 수학적인 표현식을 발견했다. 그리고 그는 이 수학적 표현의 바탕이 되는 물리적 모형을 찾아냈다. 그는 진동하는 전하에 의해 방출되거나 흡수되는 에너지는 **양자들**quanta(단수 **양자**quantum)이라고 불리는 불연속적인 양들 안에서만 발생해야 한다는 혁명적인 이론을 제안하였다. 그는 각각의 진동하는 E_0라는 최소량의 에너지가 있어서, 그 진동자들은 E_0, $2E_0$와 같이 E_0의 정수배 에너지만 방출할 수 있으며, 그 중간값은 불가능하다고 주장하였다. 비유적으로 진동자가 사는 세상에 10달러 지폐만 있다고 상상해 보자. 진동자는 은행에 10달러, 20달러, 30달러 등을 저금할 수 있지만 15달러 또는 4달러와 같은 중간 액수를 저금할 수는 없다. 진동자가 돈을 사용할 때에도 10달러의 배수로만 사용할 수 있다.

플랑크는 만일 E_0가 진동자의 진동수에 정비례한다면, 양자화에 기초를 둔 이론적인 표현식은 실험적인 복사곡선과 잘 일치한다는 것을 발견하였다.

$$E_0 = hf \tag{27-1}$$

이 식에서 비례상수는 $h = 6.626 \times 10^{-34}\ \mathrm{J \cdot s}$이다.

플랑크의 양자화 가정은 고전물리학의 근본적인 생각과의 대담한 결별이었다. 그 당시에는 아무도 그것을 이해하지 못하였지만, 플랑크는 그 후 반세기 동안 물리학의 흥미진진한 발전을 일으켰다. 그가 이론과 실험값을 일치시키기 위하여 택했던 값인 h는 **플랑크 상수**Planck's constant라고 불리며, 빛의 속력 c, 기본 전하량 e와 마찬가지로 물리학의 기본적인 물리상수들에 포함된다.

살펴보기 27.2 백열전구가 조광기에 연결되어 있다. 최대 전력일 때 전구는 하얀색으로 빛난다. 그러나 밝기를 줄임에 따라 점점 더 붉게 빛난다. 이를 설명하여라.

27.3 광전효과 The Photoelectric Effect

1886년과 1887년에 헤르츠Heinrich Hertz, 1857~1894는 맥스웰의 전자기파에 관한 고전전자기학 이론을 확인하는 실험을 수행하였다. 이 실험을 하는 중에 헤르츠는 후에 아인슈타인이 전자기파에 양자 이론을 도입하는 데 사용한 현상을 발견하였다. 헤르츠는 높은 전압을 걸어 두 금속 구 사이에 불꽃 방전을 일으켰다. 그는 금속 구들에 자외선을 비추면, 불꽃 방전이 더 세진다는 것을 알게 되었다. 그는 한 금속표면에 입사된 전자기 복사선이 금속으로부터 전자를 떼어내는, 이른바 **광전효과**photoelectric effect를 발견한 것이다.

후에 또 다른 독일 물리학자 레나르트Phillip von Lenard, 1862~1947가 행한 실험에서 고전물리학의 틀로는 이해하기 어려웠지만 1905년 아인슈타인에 의해 처음으로 설명되었던 결과들이 발견되었다. 그림 27.4는 광전효과를 연구하기 위하여 레나르트가 발명했던 장치와 비슷한 장치이다. 광전관은 진공 유리관 속에 금속판과 집속도선을 넣은 것으로, 전자기 복사선(가시광선이나 자외선)이 금속판을 때리면, 튀어나온 전자 중 일부가 집속도선으로 향하게 되어 회로가 형성된다.

금속판보다 집속도선 쪽의 퍼텐셜이 낮도록 퍼텐셜 차를 만들어 주면 금속판으로부터 도선 쪽을 향해 감에 따라 전자들은 운동에너지를 잃게 된다. 퍼텐셜 차가 커질수록, 충분한 에너지를 가지고 회로를 형성하게 하는 전자들의 수는 줄어든다. **저지전압**stopping potential V_s란 가장 큰 에너지를 가진 전자까지도 멈추게 하는 퍼텐셜 차의 크기이다. 그러므로 전자들이 갖는 운동에너지 중 최대 운동에너지는 $-V_s$의 퍼텐셜 차에 의하여 움직이게 되는 전자의 퍼텐셜에너지의 증가와 같다고 할 수 있다.

$$K_{최대} = q\Delta V = (-e)\times(-V_s) = eV_s \tag{27-2}$$

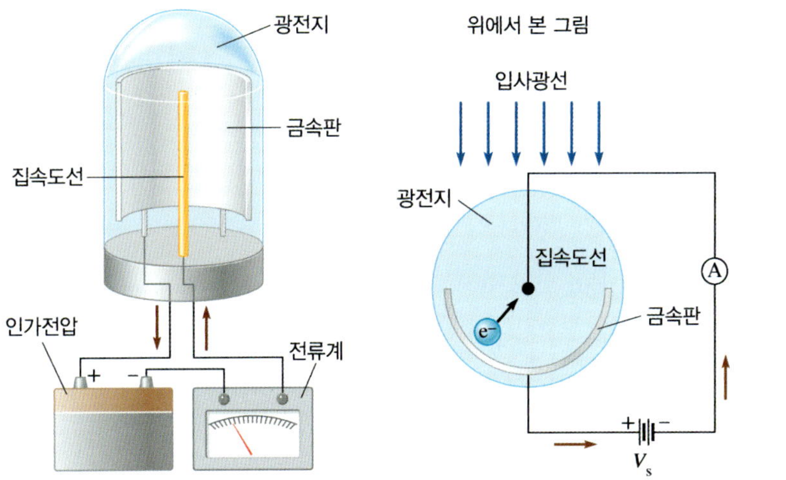

그림 27.4 광전효과를 연구하기 위한 실험장치. 광전지는 진공관에 금속판과 집속도선을 넣어 만들어진다. 전자기 복사선(가시광선 또는 자외선)이 금속판을 때리고, 튀어나온 전자 중 일부가 집속도선으로 향하게 되어 회로가 형성된다. 전류계는 회로의 전류, 곧 금속판에서 집속도선으로 운동하는 단위 시간당 전자의 수를 측정한다. 금속판보다 집속도선 쪽의 퍼텐셜이 낮도록 퍼텐셜 차를 만들어 주면 금속판으로부터 도선 쪽으로 향해 감에 따라 전자들은 운동에너지를 잃게 된다.

실험결과

광전효과 그 자체는 고전물리학으로 설명이 가능한 현상처럼 보인다. 곧 전자기파가 금속에서 전자를 떼어내는 데에 필요한 에너지를 공급한다. 더 밝은 빛이 더 많은 전자를 방출시켜 더 큰 전류를 일으킨다. 그러나 광전효과에서 보이는 몇몇 세부적인 결과들은 설명하기 어려운 것들이었다.

1. 더 밝은 빛은 각 전자의 운동에너지를 더 증가시키지는 못한다. 다시 말하면, 전자들의 운동에너지 중 최댓값은 빛의 세기에 관계하지 않는다. 고전물리학에 의하면, 더 센 빛은 더 큰 진폭의 전자기장을 갖고 있어서, 더 많은 에너지를 전자에 전달한다. 따라서 보다 더 센 빛은 금속에서 나오는 전자의 수뿐만 아니라, 방출된 전자들의 운동에너지도 증가시킬 수 있어야 한다.

2. 방출된 전자가 갖는 운동에너지의 최댓값은 입사 복사선의 진동수에 따라 변한다(그림 27.5). 따라서 입사광선의 세기가 매우 약하더라도 진동수가 높다면, 큰 에너지를 가진 전자가 방출된다. 고전물리학으로는 이러한 진동수 의존성을 설명할 수가 없다.

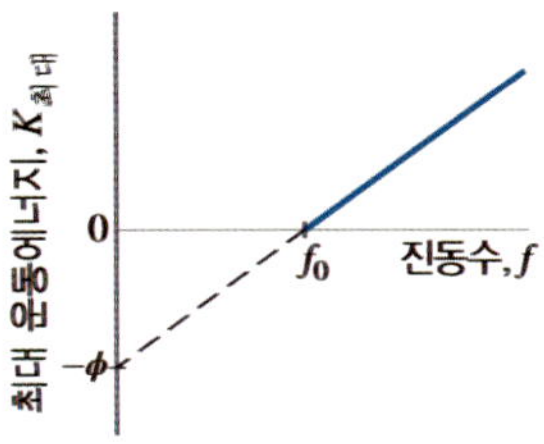

그림 27.5 금속에서 방출되는 전자의 최대 운동에너지와 입사광선의 진동수 f 사이의 관계 그래프

3. 주어진 금속에 대하여 **문턱 진동수** threshold frequency f_0가 있다. 만일 입사광선의 진동수가 문턱 진동수보다 낮으면, 입사광선의 세기를 아무리 높여도 금속으로부터 어떠한 전자도 나오지 않는다. 이러한 진동수 의존성 역시 고전물리학으로는 설명할 수 없다.

4. 전자기 복사가 금속에 부딪힐 때, 전자들은 사실상 곧바로 튀어나온다. 곧 실험적으로 측정된 전자가 튀어나오기까지 걸리는 지연 시간은 빛의 세기와 관계없이 약 10^{-9}초 정도이다. 만일 전자기 복사가 고전적인 파동처럼 행동한다면, 그것의 에너지는 파면에 고르게 분포되어야 한다. 만일 빛의 세기가 약하다면, 특정 지점에 있는 전자를 금속으로부터 떼어내는 데 필요한 에너지를 축적하기 위해 어느 정도 시간이 걸릴 것이다. 여러 실험에서 고전적으로는 금속으로부터 첫 전자가 튀어나올 때까지 수 시간의 지연 시간이 걸려야만 하는 약한 세기의 빛이 이용되었다. 그러나 전자들은 거의 순식간에 튀어나왔다!

광자

플랑크는 물질 속에서 진동하는 전하들의 가능한 에너지는 양자화되어 있다는 가설을 이용하여 흑체복사를 설명하였다. 진동수 f의 진동자는 $E = nhf$ 값들의 에너지만을 가질 수 있다. 여기에서 n은 정수이고 h는 다음과 같다.

$$h = 6.626 \times 10^{-34}\ \mathrm{J \cdot s} \quad (27\text{-}3)$$

아인슈타인은 상대성 이론을 발표하던 1905년에 광전효과를 설명하였고, 그때까지 이뤄지지 않았었던 몇몇 실험들에 대해서 결과들을 정확하게 예측하였다. 아인슈타인은 **전자기 복사선 그 자체**가 양자화되어 있다고 말하였다. 그 이상 더 쪼갤 수 없는 최소 단위인 전자기 복사선의 양자를 **광자**photon라고 부른다. 진동수가 f인 전자기 복사선의 광자 하나의 에너지는

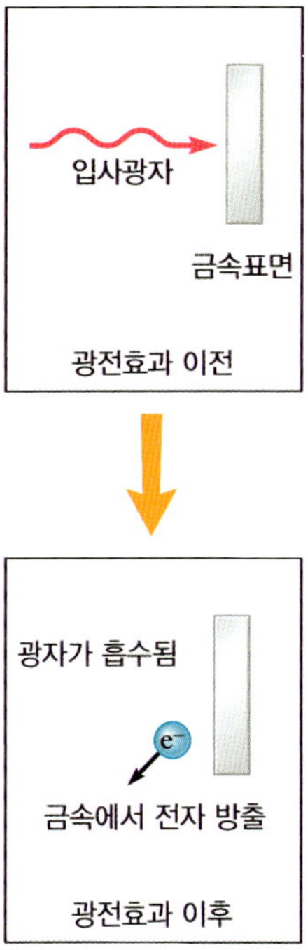

그림 27.6 광전효과에서 하나의 광자가 흡수되고 있다. 광자의 에너지가 충분히 크면, 전자를 금속으로부터 떼어낼 수 있다.

광자의 에너지

$$E = hf \quad (27\text{-}4)$$

이다. 아인슈타인에 따르면, 흑체가 hf의 정수배인 에너지만 흡수하고 방출할 수 있는 이유는 전자기 복사선 자체가 양자화되어 있기 때문이다. 흑체는 정수배의 광자만 흡수하거나 방출할 수 있다.

광전효과를 이해하기 위한 요점은 전자가 하나의 광자 전체를 흡수해야 한다는 것이다(그림 27.6). 곧 전자가 한 광자의 일부분을 흡수할 수 없다는 것이다. 광자의 에너지는 진동수에 비례한다. 따라서 광자 이론은 과학자들을 괴롭혀 왔던 광전효과에서 보이는 진동수 의존성을 설명한다.

보기 27.1 가시광선과 X선 광자의 에너지

파장이 670 nm인 빨간빛 광자의 에너지를 구하고 그것을 진동수가 1.0×10^{19} Hz인 X선 광자의 에너지와 비교하여라.

전략 광자의 에너지는 플랑크 상수와 그것의 진동수를 곱하면 된다. 파장이 670 nm인 광자의 경우 진동수와 파장은 $c = f\lambda$으로 연결된다.

풀이 빨간빛의 진동수는

$$f = \frac{c}{\lambda}$$

이다. 광자의 에너지를 구하기 위해, 진동수에 플랑크 상수를 곱한다.

$$E = hf = \frac{hc}{\lambda}$$

$$= \frac{6.626 \times 10^{-34}\ \mathrm{J \cdot s} \times 3.00 \times 10^{8}\ \mathrm{m/s}}{670 \times 10^{-9}\ \mathrm{m}}$$

$$= 3.0 \times 10^{-19}\ \mathrm{J}$$

X선 광자의 에너지는 다음과 같다.

$$E = hf = 6.626 \times 10^{-34}\ \mathrm{J \cdot s} \times 1.0 \times 10^{19}\ \mathrm{Hz}$$

$$= 6.6 \times 10^{-15}\ \mathrm{J}$$

X선 광자의 에너지는 빨간빛 광자의 에너지보다 20 000배 더 크다는 것을 알 수 있다.

검토 3.0×10^{-19} J은 파장이 670 nm인 빨간빛의 경우에 어떤 과정을 통해 흡수되거나 방출되는 최소의 에너지이다. 마찬가지로 6.6×10^{-15} J은 주어진 진동수의 X선 광자 하나의 에너지이다. 이처럼 X선 광자의 에너지가 훨씬 더 크기 때문에 인체가 X선에 노출되면 더 많은 손상을 입게 된다. 따라서 X선에 노출되는 시간을 최소로 해야 한다(그림 27.7).

실전문제 27.1 **파란빛 광자의 에너지**

진동수가 6.3×10^{14} Hz인 파란빛 광자 하나의 에너지를 구하여라.

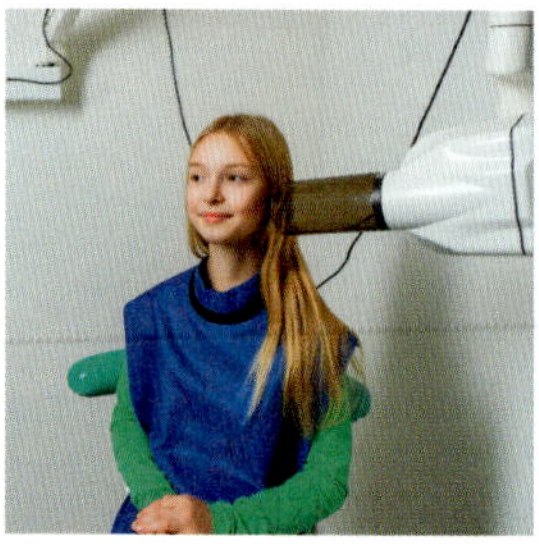

그림 27.7 치과 치료를 위하여 X선 사진을 찍는 환자의 몸은 납으로 만든 앞치마로 보호되고 있다. 납은 X선을 잘 흡수하기 때문에, 납 앞치마는 다른 부위가 X선에 노출되는 것을 최소화한다.

보기 27.2 레이저가 내쏘는 광자들

한 레이저가 지름이 2.0 mm인 빔을 만들어 낸다. 그 빛의 파장은 532 nm이고 출력은 20.0 mW이다. 그 레이저는 1초당 몇 개의 광자를 내쏘는가?

전략 그 빔은 단일 파장이기 때문에, 모든 광자는 똑같은 에너지를 갖고 있다. 출력이란 단위 시간 동안에 나오는 에너지이다. 따라서 1초 동안에 나오는 에너지는 각 광자의 에너지에 1초 동안에 나오는 광자들의 수를 곱한 것이다.

풀이 초당 에너지=광자당 에너지×초당 광자 수이다. $\lambda f = c$이기 때문에, 파장이 λ인 광자 하나의 에너지는

$$E = hf = h \times \frac{c}{\lambda} = \frac{hc}{\lambda}$$

이다. 레이저가 내쏘는 광자 하나의 에너지는

$$E = \frac{6.626 \times 10^{-34}\ \text{J} \cdot \text{s} \times 3.00 \times 10^{8}\ \text{m/s}}{532 \times 10^{9}\ \text{m}}$$

$$= 3.736 \times 10^{-19}\ \text{J}$$

이다. 초당 내쏘는 광자들의 수는 다음과 같다.

$$\text{초당 광자 수} = \frac{\text{초당 에너지}}{\text{광자당 에너지}}$$

$$= \frac{0.0200\ \text{J/s}}{3.736 \times 10^{-19}\ \text{J/광자}} = 5.35 \times 10^{16}\ \text{광자/s}$$

검토 광속의 지름은 풀이에 필요하지 않음을 주목하여라. 만일 출력은 같고 광속의 지름이 더 크다면, 초당 나오는 광자들의 수는 같지만 광자들이 더 넓은 다발에 퍼져 나올 것이다. 만일 문제에서 총출력이 아닌 광속의 **세기**(단위 넓이당 출력)가 주어졌다면, 광속의 지름이 필요할 것이다.

광자들의 수가 지극히 많기 때문에, 많은 상황에서 빛의 양자화는 눈에 띄지 않는다. 보통 100 W의 백열전구나 23 W의 작은 형광등은 둘 다 약 10 W의 가시광선을 낸다. 따라서 보통 전구가 방출하는 가시광선 대역 안의 광자들의 수는 초당 약 3×10^{19}개다.

실전문제 27.2 **전파의 광자들**

한 라디오 방송국이 90.9 Hz의 진동수로 방송을 한다. 송신기의 출력이 50.0 kW라고 하면, 송신기가 초당 방출하는 전파의 광자 수는 얼마인가?

전자볼트

보기 27.1과 27.2에서 다룬 에너지는 거시적인 물체들에서 다루어지는 에너지와는 비교할 수 없을 정도로 작다. 따라서 이러한 에너지는 종종 줄(J)보다 전자볼트(eV)라는 단위를 사용하여 나타내는 것이 편리하다. 1 전자볼트(eV)는 $\pm e$의 전하를 가진 입자(예를 들면, 전자 또는 양성자)가 1 V의 퍼텐셜 차를 통하여 가속될 때에 얻는 운동에너지와 같다. 1 V = 1 J/C이고 $e = 1.60 \times 10^{-19}$ C이므로, 전자볼트와 줄 사이의 환산은 다음과 같다.

$$1\text{eV} = \text{e} \times 1\ \text{V} = 1.60 \times 10^{-19}\ \text{C} \times 1\ \text{J/C} = 1.60 \times 10^{-19}\ \text{J} \qquad (27\text{-}5)$$

이보다 큰 에너지의 경우에 keV는 킬로전자볼트(10^3 eV), MeV는 메가전자볼트(10^6 eV)를 각각 나타낸다. 보기 27.1에서 다룬 빨간빛 광자의 에너지는 1.9 eV이고, X선 광자의 에너지는 41 keV이다.

식 $E = hc/\lambda$를 이용하여 파장이 주어진 광자 하나의 에너지를 구할 때(또는 역산할 때), 광자의 에너지 단위로 eV를 사용하고 파장의 단위로는 nm를 사용하는 경우가 많다. 그러므로 hc를 eV · nm의 단위로 나타내면 계산이 편리하다.

$$h = \frac{6.626 \times 10^{-34}\ \text{J} \cdot \text{s}}{1.602 \times 10^{-19}\ \text{J/eV}} = 4.136 \times 10^{-15}\ \text{eV} \cdot \text{s} \qquad (27\text{-}6)$$

$$c = 2.998 \times 10^8\ \text{m/s} \times 10^9\ \text{nm/m} = 2.998 \times 10^{17}\ \text{nm/s} \qquad (27\text{-}7)$$

$$hc = 4.136 \times 10^{-15}\ \text{eV} \cdot \text{s} \times 2.998 \times 10^{17}\ \text{nm/s} = 1240\ \text{eV} \cdot \text{nm} \qquad (27\text{-}8)$$

광자를 이용한 광전효과의 설명

금속 안에 있는 전자들 중 하나의 전자와 금속 사이의 결합을 끊기 위해 필요한 에너지를 **일함수** work function ϕ라고 부른다. 각 금속은 고유의 일함수를 갖는다. 아인슈타인에 따르면, 광자의 에너지(hf)가 적어도 일함수와 같다면 한 광자의 흡수가 한 전자를 튀어나가게 할 수 있다. 만일 광자의 에너지가 일함수보다 크다면, 남는 에너지의 전부 또는 일부가 튀어나가는 전자의 운동에너지로 나타날 수 있다. 따라서 한 전자의 최대 운동에너지는 광자의 에너지와 일함수의 차이가 된다.

연결고리 광전효과 방정식은 에너지 보존 법칙의 한 표현이다.

아인슈타인의 광전효과 방정식

$$K_{\text{최대}} = hf - \phi \tag{27-9}$$

식 (27−9)에 의하면, f에 대한 $K_{\text{최대}}$ 그래프는 기울기가 h이고 y 절편이 $-\phi$인 직선이 된다. 진동수 축에의 절편이 문턱 진동수 f_0이다. 따라서

$$K_{\text{최대}} = hf - \phi = 0 \tag{27-10}$$

을 이용하면 **문턱 진동수**를 다음과 같이 예상할 수 있다.

$$f_0 = \frac{\phi}{h} \tag{27-11}$$

광자의 개념을 이용하면, 광전효과와 관계된 앞의 네 가지 수수께끼를 설명할 수 있다.

1. 더 센(그러나 같은 진동수) 빛이 단위 시간당 더 많은 광자를 금속의 표면에 전달하므로, 빛의 세기가 셀수록 1초 동안 금속에서 튀어나오는 전자의 **수**는 증가한다. 그러나 각 광자의 에너지는 같게 유지된다. 튀어나온 각각의 전자는 각각 **한 광자**를 흡수해서 튀어나오게 된 것이기 때문에, 튀어나온 전자들의 최대 운동에너지는 광자의 수에 관계하지 않는다.

2. 진동수가 높은 빛일수록 광자는 더 큰 에너지를 갖는다. 빛의 진동수가 높아질수록, 광자는 전자의 운동에너지로 바뀔 수 있는 더 많은 초과 에너지를 갖는다. 따라서 진동수가 증가함에 따라, $K_{\text{최대}}$도 증가하게 된다.

3. 문턱 진동수 이하의 진동수에서는, 한 광자는 금속으로부터 한 전자를 떼어 내기에 충분한 에너지를 갖지 못한다. 따라서 전자가 튀어 나오지 않는다.

4. 빛의 세기가 약할 때는, 초당 광자의 수는 적지만 에너지는 여전히 불연속적인 꾸러미 형태로 전달된다. 빛을 비추자마자, 광자들이 금속 표면을 때린다. 그들 중 일부

의 광자들이 흡수되면서 금속으로부터 전자들이 튀어나온다. 전자들이 천천히 에너지를 축적하는 것이 아니므로, 전자들이 금속으로부터 튀어나올 때까지 걸리는 지연시간은 없다. 전자들은 광자 하나를 흡수하거나 흡수하지 않는다.

살펴보기 27.3 광전효과에서 입사 빛의 진동수가 문턱 진동수보다 낮을 때 금속으로부터 튀어나오는 전자가 없는 이유는 무엇인가?

보기 27.3 광전효과의 실험

세슘의 일함수는 1.8 eV이다. 세슘에 일정한 파장의 빛을 쪼이면, 0에서 2.2 eV 사이의 운동에너지를 갖는 전자가 튀어나온다. 이 빛의 파장은 얼마인가?

전략 세슘의 일함수와 전자의 최대 운동에너지(2.2 eV)가 주어졌다. 전자가 튀어나오게 하려면 광자는 최소 1.8 eV의 에너지를 공급해야 한다. 남는 광자의 에너지($hf-\phi$)의 전부 또는 일부가 전자의 운동에너지가 된다. 전자의 최대 운동에너지는 남는 광자의 에너지가 전부 전자의 운동에너지가 될 때 나타난다.

풀이 광자의 에너지는 hf이다. 그리고 전자의 최대 운동에너지는 다음과 같다.

$$K_{최대} = hf - \phi = 2.2\ \text{eV}$$

문제에서는 광자의 최대 파장을 묻고 있으므로, 파장을 $f = c/\lambda$에 대입해 λ에 대해 풀면, 다음과 같은 식을 얻을 수 있다.

$$K_{최대} = \frac{hc}{\lambda} - \phi$$

$$\lambda = \frac{hc}{K_{최대} + \phi}$$

이 식에 $hc = 1240\ \text{eV}\cdot\text{nm}$(식 (27–8))를 대입하면, 다음과 같은 결과를 얻을 수 있다.

$$\lambda = \frac{1240\ \text{eV}\cdot\text{nm}}{2.2\ \text{eV} + 1.8\ \text{eV}} = 310\ \text{nm}$$

검토 광자는 2.2 eV + 1.8 eV = 4.0 eV의 에너지를 가지고 있다. 1.8 eV의 에너지는 전자의 퍼텐셜에너지를 올려서 금속을 탈출하게끔 한다. 나머지 2.2 eV가 반드시 모두 전자의 운동에너지로 바뀌는 것은 아니다. 이 에너지의 일부는 금속에 흡수될 수도 있다. 그러므로 2.2 eV는 전자의 **최대** 운동에너지이다. 이 빛의 파장은 400 nm보다 더 짧기 때문에 광자는 자외선 영역에 포함된다.

실전문제 27.3 입사광의 파장

일함수가 2.40 eV인 금속에 단색광이 입사하고 있다. 만일 이 금속으로부터 전자가 나오지 못하게끔 하는 저지전압이 0.82 V라면, 입사광의 파장은 얼마인가? [힌트 : 금속 표면으로부터 나오는 전자의 최대 운동에너지는 몇 eV인가?]

광전효과의 응용

광전효과에 관한 우리의 주요한 관심은 광전효과가 광자 개념을 얼마나 명확히 설명하느냐에 있지만, 여러 실질적인 응용 역시 존재한다. 차고의 자동개폐 장치, 도난 경보기, 연기 탐지기와 같은 장치에서는 대개 광속과 광전지를 스위치로 사용한다. 광속이 차단되면, 광전지를 통하여 흐르는 전류가 멈추게 된다. 어린아이가 닫히고 있는 차고 문 밑을 지나가면서 빛을 가로막으면 전류가 멈추게 되고 스위치는 문의 작동을 멈추게 한다. 여러 연기 탐지기에서는 공기 중의 연기 입자들이 광전지에 도달하는 빛의 세기를 줄어들게 하는데, 탐지기 내에 있는 광전지의 전류가 어느 수준 이하로 떨어지면 경보가 울린다.

27.4 X선의 발생 X-Ray Production

전자기 복사선이 양자화되어 있다는 것은 X선 발생 과정에서 다시 한번 입증된다. 그림 27.8a과 같은 X선 관은 거꾸로 작동하는 광전지와 아주 비슷하다. 광전효과를 통해 표적에 입사된 전자기 복사선이 전자들의 방출을 일으키고, X선 관에서는 표적에 입사된 전자들이 전자기 복사선을 일으킨다. 전자들은 높은 퍼텐셜 차 V를 통과하는 운동을 하면서 큰 운동에너지 $K = eV$를 얻는다. 표적 물질 속에서 전자들이 원자핵을 지나갈 때 그림 27.8b와 같이 휘게 된다. 이 과정에서 때때로 X선 광자가 발생되고, 광자의 에너지는 전자의 운동에너지로부터 오므로 전자는 느려진다. 이러한 과정을 통해 X선이 발생되는 것을 **제동복사**bremsstrahlung라고 한다. 이런 이름으로 부르는 까닭은 전자들이 느려지면서 X선이 발생하기 때문이다.

연결고리 식 (27-12)는 에너지 보존의 또 다른 결과이다.

차단 진동수 이런 과정을 거쳐 발생하는 X선의 진동수는 모두 같지 않다. X선의 진동수는 최대 진동수에 이를 때까지 연속적으로 변한다. 이 최대 진동수를 **차단 진동수**cutoff frequency라고 부른다(그림 27-9). 일반적으로, 속도가 느려지는 전자는 여러 개의 X선 광자를 방출한다. 각각의 광자는 전자 운동에너지의 **일부**를 갖고 간다. 최대 진동수는 전자의 모든 운동에너지를 **단 하나의** X선 광자가 갖고 갈 때 나타난다.

$$hf_{최대} = K \tag{27-12}$$

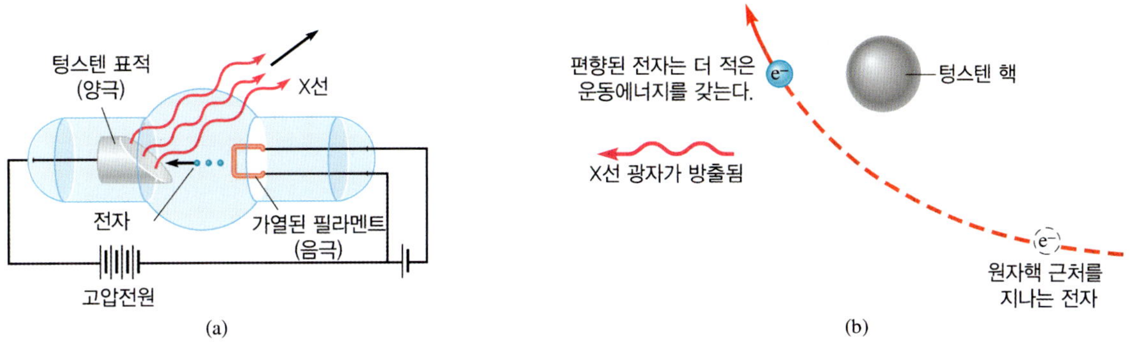

그림 27.8 (a) X선 관. 전류가 필라멘트를 가열하면 '증발'하는 것처럼 전자들이 나온다. 전자들은 필라멘트와 표적 사이에 걸쳐 있는 높은 퍼텐셜 차에 의해 가속된다. 전자들이 표적에 충돌하면, 전자들이 운동에너지를 잃음에 따라 X선이 방출된다. (b) 전자는 원자핵에 의해 휘게 된다. 전자의 운동에너지 일부를 가져가는 X선 광자가 방출된다.

보기 27.4 의학에서 사용하는 진단용 X선

부러진 뼈를 진단하는 병원의 X선 관 속 필라멘트와 표적 사이의 퍼텐셜 차는 87.0 kV이다. 이 X선 관에서 나오는 X선 중에서 가장 파장이 짧은 X선의 파장은 얼마인가?

전략 가장 짧은 파장의 X선은 가장 높은 진동수의 X선에 해당한다. 진동수가 가장 높은 X선은 전자의 모든 운동에너지가 하나의 X선 광자에 주어질 때 만들어진다. 87.0 kV의 가속 퍼텐셜 차는 전자들이 표적을 때리기 전까지 전자들에게 운동에너지를 공급한다. 전자의 운동에너지를 찾기 위해 전자의 전하량 e의 값을 쓸 필요는 없다. 전자가 1 V의 전압에 의하여 얻을 수 있는 에너지가 1 eV이기 때문에 87.0 kV에 의하여 가속되는 전자는 87.0 keV의 운동에너지를 얻는다. 상수 h와 c의 값들을 따로따로 대입하여 계산해도 되지만, $hc = 1240$ eV · nm (식 (27-8))를 이용하면 더욱 편리하다.

풀이 최대 진동수는 광자에너지와 전자의 운동에너지가 같을 때 나타난다.

$$hf_{최대} = K = 87.0\ \text{keV}$$

$$f_{최대} = \frac{K}{h}$$

따라서 최소 파장은 다음과 같다.

$$\lambda_{최소} = \frac{c}{f_{최대}}$$

이 식에 최대 진동수 값을 대입하면 다음 결과를 얻을 수 있다.

$$\lambda_{최소} = \frac{hc}{K} = \frac{1240\ \text{eV}\cdot\text{nm}}{87.0\times10^3\ \text{eV}} = 0.0143\ \text{nm} = 14.3\ \text{pm}$$

검토 에너지의 단위로 eV를 사용하면, 계산이 매우 간단하다는 것을 알 수 있다. eV는 물리학자들이 전자의 전하량을 곱하거나 나누는 수고를 덜어준다.

실전문제 27.4 **X선 관에 걸린 퍼텐셜 차**

X선 관에서 발생하는 X선의 파장이 최솟값 0.124 nm을 갖는다면, 이 X선 관에 걸린 퍼텐셜 차는 얼마인가?

특성 X선

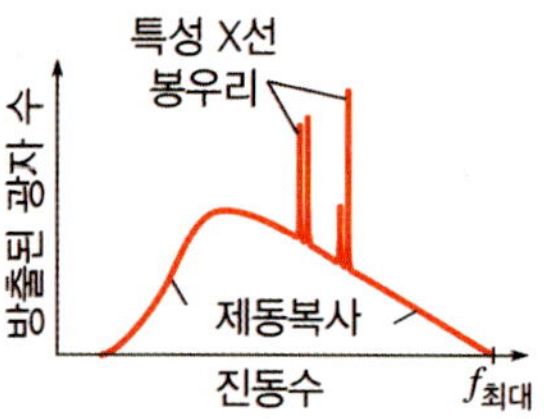

그림 27.9 X선 관에 발생한 X선의 스펙트럼. 연속 스펙트럼은 제동복사에 의한 것이다. 차단 진동수 $f_{최대}$는 X선 관에 걸쳐진 전압에 따라서만 변한다. 특성 봉우리의 진동수는 관 속에 표적으로 사용된 물질에 따라서만 변한다.

X선 스펙트럼(그림 27.9)에는 제동복사로 생긴 X선의 연속 스펙트럼에 몇 개의 뾰족하고 센 봉우리peak들이 겹쳐져 있다. 이 봉우리들의 진동수는 X선 관 속에 표적으로 사용된 물질에 따라 특성적으로 달라지기 때문에, **특성 X선**characteristic x-ray이라 부른다. X선 관에 걸쳐진 전압 V를 바꾸면 차단 진동수 $f_{최대}$는 달라지지만, 특성 봉우리들의 진동수들은 달라지지 않는다. 특성 X선을 발생시키는 과정은 27.7절에서 논의될 것이다.

27.5 콤프턴 산란 Compton Scattering

1922년에 미국의 물리학자 콤프턴A. H. Compton, 1892~1962은 단일 파장의 X선들을 금속에 입사시키면, 몇몇 X선들이 여러 방향으로 산란되는 것을 발견하였다. 계속된 실험을 통해서 산란되는 복사선은 입사 복사선보다 파장이 길어진다는 것을 알게 되었다. 이러한 파장의 길어짐은 입사 복사선과 산란된 복사선 사이의 각도에만 의존했다. 고전물리학의 이론에 따르면, 입사 복사선은 표적 물질 속 전자들에 복사선의 진동수와 **같은 진동수**의 진동을 일으켜야 한다. 산란된 파동은 일부의 입사에너지가 흡수되고 다시 다른 방향으로 방출될 때 나타나는 것이다. 따라서 고전 전자기복사 이론에 따르면, 산란되는 복사선은 입사 복사선과 같은 진동수와 같은 파장을 가져야 한다.

광자의 관점에서 보면, **콤프턴 산란**Compton scattering은 광자와 전자의 충돌로 취급할 수 있다(그림 27.10). 입사광자의 일부 에너지가 되튀는 전자에게로 옮겨 갔으므로 산란된 광자의 에너지는 입사광자의 에너지보다 적어야 한다. 그러므로 에너지 보존 법칙에 따라 다음과 같이 쓸 수 있다.

$$E = K_e + E' \tag{27-13}$$

그림 27.10 콤프턴 산란에서는 운동량과 에너지가 전자에 옮겨 간다. 에너지와 운동량이 보존되기 때문에, 산란된 광자는 입사한 광자보다 더 적은 에너지, 곧 더 긴 파장을 갖게 된다. 이 상호작용은 탄성충돌로써 다룰 수 있다.

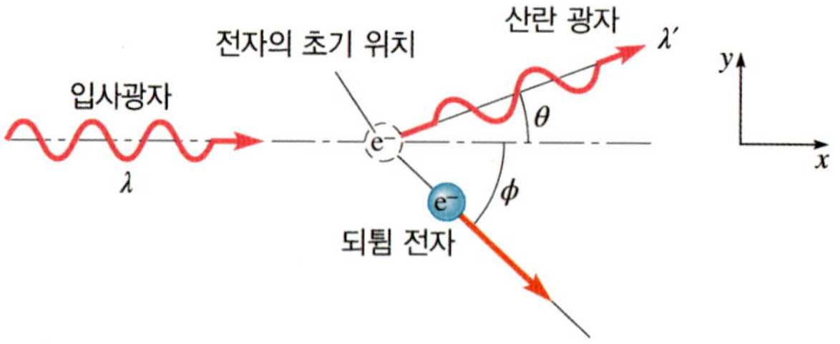

또는

$$\frac{hc}{\lambda} = K_e + \frac{hc}{\lambda'} \quad (27\text{-}14)$$

이다. 여기에서 E는 입사하는 광자의 에너지이고, K_e는 되튀는 전자에게 옮겨 가는 에너지이며, E'은 산란되는 광자의 에너지이다. 산란되는 광자가 더 적은 에너지를 가지기 때문에 파장은 더 길어진다. 산란되는 광자가 더 적은 에너지를 가지지만 산란된 광자가 입사하는 광자보다 느리게 운동하는 것은 아니다. 모든 광자는 같은 속력 c로 운동한다.

에너지 보존 법칙만으로는 주어진 입사 파장에 대하여 왜 특정한 방향(입사광자에 대하여 각 θ)으로 산란되는 광자들의 파장이 늘 같은지를 설명할 수 없다. 에너지 보존 법칙만이 성립한다면, $E' < E$의 에너지를 갖는 광자들은 어떠한 각 θ로도 산란될 수 있다. 다른 충돌들에서와 똑같이, **운동량** 보존 법칙도 고려해야 한다.

고전전자기학의 이론에 따르면, 전자기파는 E/c로 주어지는 운동량을 운반한다. 여기에서 E는 전자기파의 에너지이고, c는 빛의 속력이다. 광자의 관점에서 각각의 광자는 그것이 운반하는 에너지의 양에 비례하는 적은 양의 운동량을 운반한다. **한 광자의 운동량** momentum of a photon은

$$p = \frac{\text{광자에너지}}{c} = \frac{hf}{c} = \frac{h}{\lambda} \quad (27\text{-}15)$$

이다. 광자의 운동량의 방향은 광자가 진행하는 방향이다.

대부분의 경우, 충돌하기 전의 전자의 에너지와 운동량은 충돌 후의 전자의 에너지와 운동량과 비교하면 무시할 만하다. 그리고 X선 광자가 갖는 에너지는 표적 물질의 일함수보다 훨씬 크다. 따라서 우리는 전자의 일함수를 무시하고 전자를 자유전자로 간주할 수 있다. 콤프턴은 전자의 처음 에너지와 운동량 그리고 일함수를 무시하였다. 곧 산란 과정을 하나의 광자와 **처음에 정지해 있던** 하나의 **자유**전자 사이의 충돌로 본 것이다.

운동량 보존 법칙에 따라 다음과 같이 쓸 수 있다.

$$\vec{\mathrm{p}} = \vec{\mathrm{p}}_e + \vec{\mathrm{p}}' \quad (27\text{-}16)$$

입사광자의 방향을 x축으로 이용하여 운동량 보존의 식을 다음과 같은 두 성분의 식으로 나누어 쓸 수 있다.

$$\frac{h}{\lambda} = p_e \cos\phi + \frac{h}{\lambda'}\cos\theta \quad (x \text{ 성분}) \quad (27\text{-}17)$$

$$0 = -p_e\cos\phi + \frac{h}{\lambda'}\cos\theta \qquad (y \text{ 성분}) \tag{27-18}$$

에너지 보존과 운동량 보존을 나타내는 식들(식 (27−14), (27−17), (27−18))로부터 콤프턴은 다음과 같은 관계식을 유도했다.

콤프턴 편이

$$\lambda' - \lambda = \frac{h}{m_e c}(1-\cos\theta) \tag{27-19}$$

연결고리 광자 파장의 편이를 계산하기 위해서는 에너지 보존과 운동량 보존의 두 원리를 함께 고려해야 한다.

식 (27−19)에서 λ는 입사하는 광자의 파장이고, λ'은 산란하는 광자의 파장이며, m는 전자의 질량이고, θ는 산란각이다. 식 (27−19)는 실험에서 관측되는 파장의 편이를 정확하게 예견하고 있다.

대부분은 되튀는 전자의 속력이 충분히 커서 운동에너지와 운동량에 대한 비상대론적인 식 $K_e = \frac{1}{2}mv^2$과 $p_e = mv$를 쓸 수 없다. 콤프턴은 유도 과정에 전자의 상대론적인 운동량(식 (26−15))과 운동에너지(식 (26−18))를 이용했기 때문에 식 (27−19)는 되튀는 전자의 속력에 관계없이 성립한다.

$h/(m_e c)$는 파장의 **차원**을 가지고 있으므로 **콤프턴 파장**Compton wavelength이라고 부른다.

$$\frac{h}{m_e c} = \frac{6.626\times10^{-34}\ \text{J}\cdot\text{s}}{9.109\times10^{-31}\ \text{kg}\times2.998\times10^{8}\ \text{m}} = 2.426\times10^{-3}\ \text{nm} = 2.426\ \text{pm} \tag{27-20}$$

$\cos\theta$는 -1과 $+1$ 사이의 값을 가지므로, $(1-\cos\theta)$는 0과 2 사이의 값을 갖고 파장의 변화는 0에서부터 콤프턴 파장의 2배(4.853 pm) 사이의 값을 가지게 된다. 만일 입사광자의 파장이 4.853 pm에 비하여 크다면, 콤프턴 편이는 관측하기가 어려워진다.

살펴보기 27.5 왜 처음에 정지해 있던 전자에 의해서 산란된 광자가 입사광자의 파장보다 더 긴 파장을 갖는가?

보기 27.5 **되튀는 전자의 에너지**

파장이 10.0 pm인 X선 광자가 전자에 의해서 110.0°의 각도로 산란되었다. 충돌한 전자의 운동에너지는 얼마인가?

전략 산란각을 알고 있으므로, 식 (27-19)를 이용하여 콤프턴 편이를 구할 수 있다. 입사광자의 파장과 콤프턴 편이로부터 산란되는 광자의 파장을 구할 수 있고, 그 파장으로부터 산란되는 광자의 에너지를 구할 수 있다. 에너지 보존 법칙에 의해 충돌하는 전자의 운동에너지와 산란하는 광자의 에너지의 합은 입사광자의 에너지와 같다.

풀이 콤프턴 편이의 식은 다음과 같다.

$$\Delta\lambda = \lambda' - \lambda = \frac{h}{m_e c}(1-\cos\theta)$$

여기에서 $h/m_e c = 2.426\ \text{pm}$이다.

이 식에 $\lambda = 10.0\ \text{pm}$, $\theta = 110°$을 대입하면,

$$\Delta\lambda = \lambda' - \lambda = 2.426\ \text{pm} \times (1-\cos 110.0°)$$

$$= 3.256\ \text{pm}$$

가 되고, 산란된 광자의 파장은

$$\lambda' = \lambda + \Delta\lambda = 10.0\ \text{pm} + 3.56\ \text{pm} = 13.26\ \text{pm}$$

이다. 전자의 운동에너지는 다음과 같이 구할 수 있다.

$$K_e = E - E' = \frac{hc}{\lambda} - \frac{hc}{\lambda'}$$

$$= 1240\ \text{eV}\cdot\text{nm}$$

$$\times\left(\frac{1}{0.0100\ \text{nm}} - \frac{1}{0.01326\ \text{nm}}\right)$$

$$= 30.5\ \text{keV}$$

검토 $hc/\lambda - hc/\lambda'$ 대신에 $hc/\Delta\lambda$를 사용하는 단순한 계산 오류를 범하지 않도록 주의하라. 이런 오류(식 (A-9) 참조)를 범하면, 전자의 운동에너지가 380 keV라는 12배나 큰 틀린 답을 얻게 된다.

실전문제 27.5 **파장의 변화**

콤프턴 산란 실험에서, 입사 X선에 대해 37.0°의 각도로 산란되고 있는 X선의 파장이 4.20 pm이다. 입사 X선의 파장은 얼마인가?

27.6 분광학과 초기 원자모형
Spectroscopy and Early Models of the Atom

선 스펙트럼

1853년에 스웨덴의 분광학자 옹스트룀A. J. Ångström, 1814~1874은 분광학을 이용하여 **방전관** 안에 있는 저압의 여러 기체들에서 방출되는 빛을 분석했다(그림 27.11a). 원자들이 서로 멀리 떨어져 있도록 기체는 저압으로 유지되었다. 따라서 빛은 본질적으로는 독립적인 원자들에 의해서 방출된다. 전극을 가열하거나 전극 사이에 높은 퍼텐셜 차를 걸면 전자

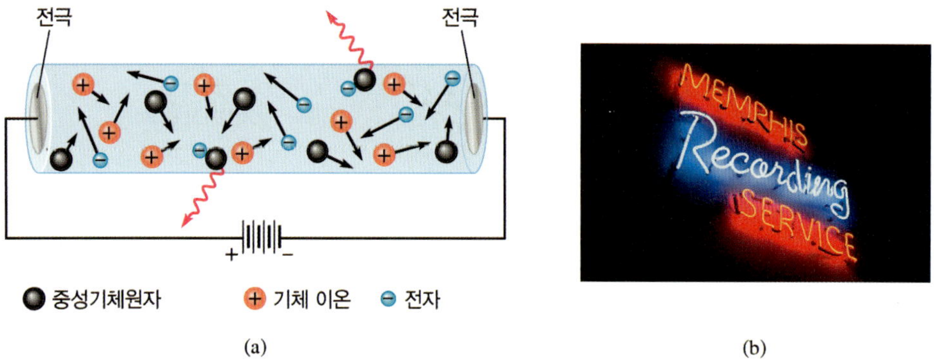

그림 27.11 (a) 기체 방전관. (b) 미국 멤피스시 빌 거리Beale street, Memphis에 있는 네온사인은 몇 개의 방전관으로 이루어져 있다. 유리관은 숙련공들이 열을 가해 원하는 모양대로 구부려져 있고, 몇몇 유리관들은 안쪽 면이 형광물질로 코팅되어 있다. 형광물질은 기체가 방출한 자외선을 흡수해 가시광선을 방출한다. 방전관의 색은 빙진관 안에 있는 기체 종류와 코팅된 형광물질의 성분에 의해서 정해진다. 대개 방전관 안의 기체는 네온, 아르곤, 크세논 또는 크립톤과 같은 비활성 기체이다. 때로는 수은, 나트륨 또는 금속 할로겐화물을 비활성 기체와 섞어 방출되는 빛의 색을 바꾸기도 한다.

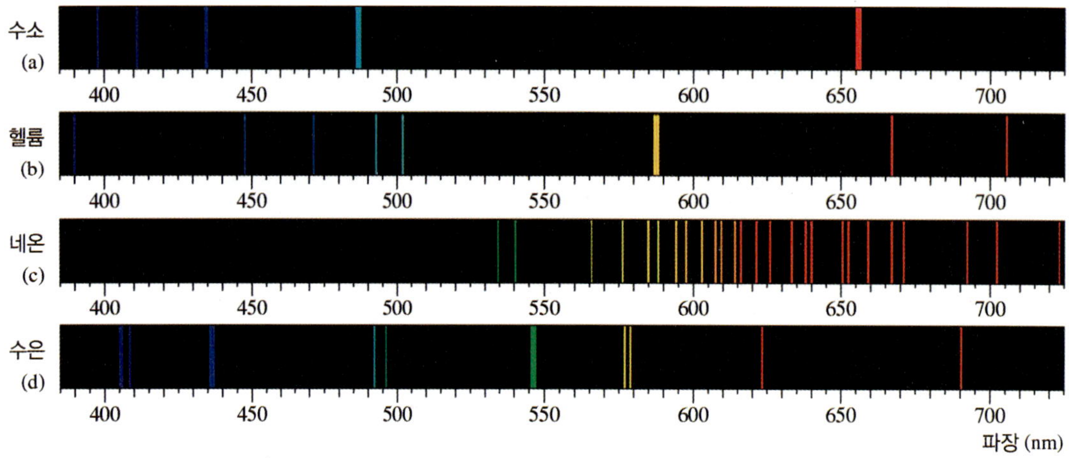

그림 27.12 수소, 헬륨, 네온, 수은 원자의 방출 스펙트럼. 약한 스펙트럼선들이 잘 보이도록 가장 밝은 스펙트럼선의 세기를 줄였다.

들이 기체로 방출된다. 그 전자들은 방전관 안의 기체 분자들과 충돌한다. 전류가 전극 사이에 흐르게 되는데 전자와 양의 기체 이온은 서로 반대 방향으로 움직인다. 전류가 흐르는 동안 방전관은 빛을 방출한다. 네온사인(그림 27.11b)은 방전관의 좋은 예이다. 형광등은 유리의 안쪽을 형광물질로 코팅한 수은 방전관이다. 형광물질은 수은 증기가 방출하는 자외선을 흡수하고 가시광선을 방출한다.

방전관이 방출하는 빛에 대한 분광학적 분석에서 빛은 먼저 얇은 슬릿을 통과한다. 그런 다음, 이 빛은 프리즘이나 회절격자를 통과하여 파장에 따라 다른 각도로 나온다. 뜨거운 고체에서 방출되는 빛은 **연속적인** 스펙트럼을 이루지만, 옹스트룀은 기체 방전관에서 나오는 빛이 **불연속적인** 스펙트럼을 이룬다는 것을 발견하였다(그림 27.12). 불연속적인 스펙트럼의 각 파장은 슬릿 모양을 이루기 때문에 **선** 스펙트럼이라고도 부른다. 선 스펙트럼은 검은 바탕 위에 각기 다른 색깔의 여러 개의 좁은 평행선들로 나타난다.

과학자들은 기체가 방출하는 스펙트럼을 조사했을 뿐만 아니라 기체가 흡수하는 빛에

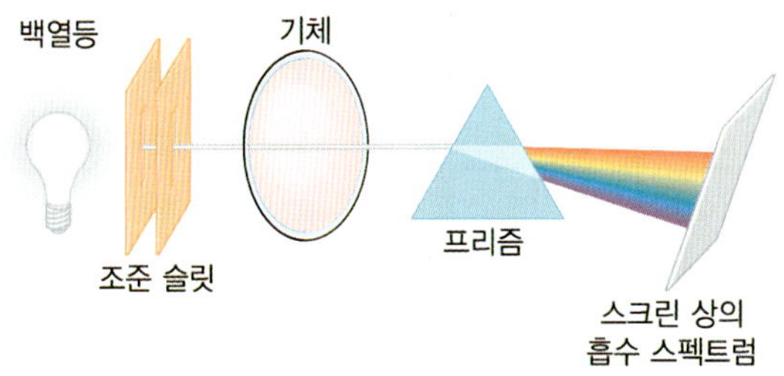

그림 27.13 흡수 스펙트럼을 얻는 장치. 백색광이 기체를 통과할 때 몇몇 파장의 빛들은 흡수된다. 흡수된 파장들은 흡수되지 않았을 때 스크린에 나타나는 연속 스펙트럼에 검은 선들을 일으킨다.

관해서도 조사하였다. 백색 광선이 기체를 통과하도록 한 후 통과한 빛을 분광기를 이용하여 분석했다(그림 27.13). 그 결과로 나타나는 흡수 스펙트럼은 검은 선으로 나타나는 몇몇 파장의 빛이 빠진 백색광에 대한 연속 스펙트럼이다. 대부분의 파장은 기체를 통과하지만, 검은 선들은 몇 개의 불연속적인 파장들이 흡수되었다는 것을 보여준다. 흡수된 파장들은 방전관 안에 있는 같은 기체가 방출하는 파장의 일부분이다.

각각의 원소는 그 특유의 방출 스펙트럼을 가지고 있다. 예를 들면, 네온사인 특유의 빨간빛은 네온의 방출 스펙트럼에 기인한 것이다. 과학자들은 물질 속의 원소들을 알아보기 위해 분광학을 이용하게 되었다. 전에는 알려지지 않았던 여러 원소가 분광학을 통하여 발견되었다. 세슘은 밝은 파란 스펙트럼선 때문에 그렇게 이름 지어졌다(라틴어에서 cesius는 하늘색을 뜻한다). 루비듐도 두드러진 빨간 스펙트럼선 때문에 그렇게 이름 지어졌다(라틴어에서 rubudius는 어두운 빨간색을 뜻한다). 과학자들은 분광기를 태양이나 별을 향하게 해서 그때까지 지상에서는 발견되지 않았던 헬륨과 같은 원소를 찾아내기도 했다(그리스어로 태양은 helios이다).

대부분의 원소의 스펙트럼은 특별한 양상을 보이지 않으나, 가장 간단한 원소인 수소의 스펙트럼은 눈에 띄는 양상을 보인다. 그림 27.14는 가시광선, 자외선, 적외선 근처를 포함하는 수소의 방출 스펙트럼이다. 1885년에 스위스의 수학자인 발머[J. J. Balmer, 1825~1898]는 **가시** 영역에 속하는 네 개의 수소의 방출 선 스펙트럼들의 파장을 구하는 식을 알아냈다.

$$\frac{1}{\lambda} = R\left(\frac{1}{n_f^2} - \frac{1}{n_i^2}\right) \tag{27-21}$$

여기에서 $n_f = 2$이고, $n_i = 3, 4, 5, 6$이다. 실험적으로 측정된 $R = 1.097 \times 10^7\ m^{-1}$은 스웨덴의 분광학자 뤼드베리[J. Rydberg, 1854~1919]의 이름을 따서 뤼드베리 상수라고 부른다.

그 후에, 식 (27-21)은 네 개의 가시광선뿐만 아니라 수소의 방출 스펙트럼에 있는 **모든** 파장에 대해 성립한다는 것이 밝혀졌다. n_f의 각 값(1, 2, 3, 4, …)이 한 계열의 선

그림 27.14 수소 원자의 방출 스펙트럼. 발머 계열의 네 개의 선들은 스펙트럼의 가시영역에 있다. 발머 계열의 나머지 선과 라이먼 계열의 모든 선들은 자외선 영역에 있다. 파셴 계열과 n_f가 더 큰 다른 계열들은 적외선 영역에 있다. 각 계열에서 $n_i = \infty$에 해당하는 파장을 계열 극한이라고 부른다.

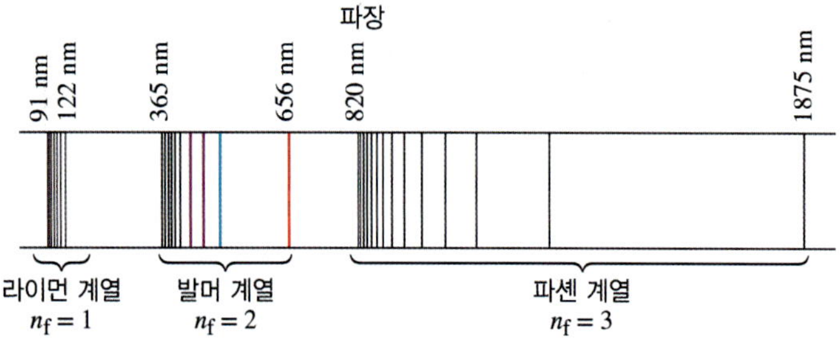

들에 해당한다. 한 계열의 각각의 선은 $n_i > n_f$인 n_i값에 해당한다. $n_f = 1$에 해당하는 자외선 전이는 라이먼 계열을 이룬다. 이 이름은 미국의 물리학자 라이먼Theodore Lyman, 1874~1954을 기려 붙여졌다. $n_f = 2$에 해당하는 발머 계열은 가시광선과 자외선 전이 모두를 포함한다. $n_f = 3$에 해당하는 적외선 전이는 파셴 계열을 이룬다. 이 이름은 독일의 물리학자 파셴Friedrich Paschen, 1865~1947을 기려 붙여졌다.

한 기체의 각 원자들이 오로지 불연속적인 파장의 전자기파를 흡수하거나 방출한다는 실험적인 관측은 그 이전의 원자모형으로는 설명할 수 없었다.

원자핵의 발견

20세기 초에 가장 널리 알려졌던 원자모형은 **건포도 푸딩 모형**이었다. 그림 27.15에서처럼, 원자의 양전하와 거의 모든 원자의 질량이 그 원자 속에 골고루 퍼져 있고, 음전하의 전자들은 여기저기에 흩어져 있다고 생각하였다. 전자를 발견했던 톰슨은 양전하가 골고루 퍼져 있다는 생각에 동의하였지만, 전자는 원자 속에서 움직이고 있다고 생각하였다.

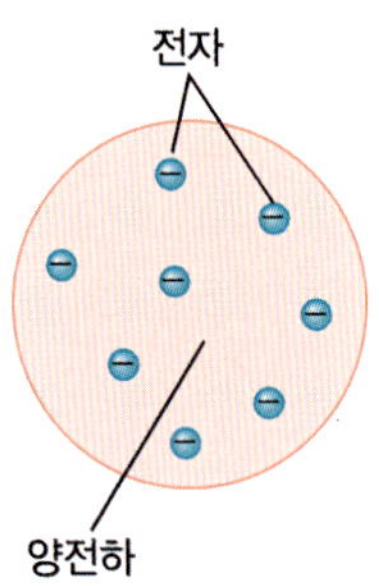

그림 27.15 원자의 양전하와 거의 모든 원자의 질량이 퍼져 있는 톰슨의 건포도 푸딩 원자모형. 원자핵의 발견으로 이 모형은 틀린 것으로 판명이 났다.

러더퍼드 실험 1911년에 뉴질랜드의 과학자인 러더퍼드E. Rutherford, 1871~1937는 알파 입자를 얇은 금박에 충돌시키는 실험을 하였다(**알파 입자**는 방사성 원소에서 방사성 붕괴 때에 나오는 입자로서, $+2e$의 전하를 가지고 있고, 질량은 수소 질량의 약 4배이다. 한 개의 알파 입자는 2개의 양성자와 2개의 중성자로 이루어져 있다). 그림 27.16a에 보였듯이 알파 입자들이 금박을 때린 뒤 형광 스크린에 부딪혀서 내는 섬광을 관측함으로써 알파 입자들을 검출하였다.

원자의 건포도 푸딩 모형에서는 양전하와 질량이 원자 전체에 골고루 분포되어 있어서 전하와 질량이 모여 있는 점들이 없다. 이 원자모형을 바탕으로 하여, 러더퍼드는 알파 입자들이 거의 휘지 않고 금박을 통과할 것으로 생각했었다. 그러나 그는 어떤 알파 입자들은 금박을 통과하는 대신 90°가 넘는 큰 각도로 뒤쪽으로 튀어 나오는 것을 보고 놀랐다.

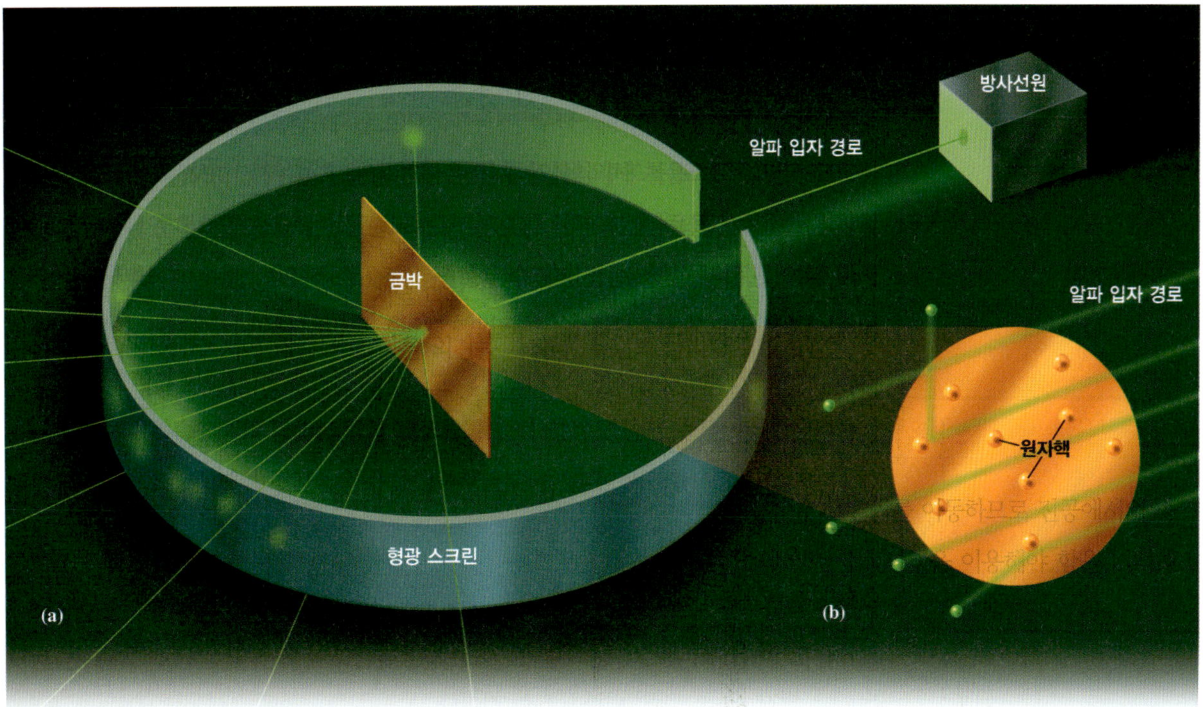

그림 27.16 러더퍼드의 산란 실험. (a) 방사능 원천에서 나온 알파 입자들이 금박을 향하여 발사된다. 금박은 알파 입자가 하나 이상의 원자핵에 의하여 산란되는 확률을 최소화하기 위하여 가능한 한 얇게 만들었다. 산란된 알파 입자들은 그것들이 형광 스크린을 때릴 때 내는 빛에 의해서 검출된다. (b) 금 원자핵에 가까이 다가간 알파 입자들은 큰 각도로 산란된다. 원자핵에서 멀리 떨어진 곳을 지나가는 알파 입자들은 거의 꺾이지 않는다.

큰 각도로 휘는 알파 입자들은 질량이 큰 무언가와 충돌해야만 한다. 그러나 대부분의 알파 입자들이 아주 작은 각도로 휘는 것으로 보아 질량이 큰 무언가는 매우 작아야 한다. 산란 실험의 결과에 근거해서 러더퍼드는 반지름이 약 10^{-15} m이고 원자의 양전하와 원자의 거의 모든 질량을 포함하는 고밀도의 원자핵이 원자 중앙에 있는 새로운 원자모형을 제안하였다(그림 27.16b). 양전하를 띠고 있는 원자핵은 가까이 오는 양전하의 알파 입자들을 밀어낸다. 원자핵의 반지름은 원자의 반지름의 10만 분의 1(10^{-5}) 밖에 안 된다. 따라서 대부분의 알파 입자들은 크게 휘지 않고 금박을 통과한다. 다만 원자핵에 가까이 지나가는 소수의 알파 입자들만 큰 반발력 때문에 큰 각도로 빗나가게 된다.

원자핵을 발견한 후에, 원자의 행성모형이 건포도 푸딩 모형을 대치하게 되었다. 작은 태양계처럼 전자들이 원자핵의 둘레를 돌고 있고, 핵이 전자들에 작용하는 전기력이 태양계에서의 중력의 역할을 한다고 생각한 것이다.

원자의 행성모형으로 답하기 어려웠던 심각한 문제점들 두 가지의 심각한 문제점들이 과학자들을 괴롭혔다. 우선 고전전자기학의 이론에서 가속하는 전하는 전자기 복사를 방출한다. 원자핵 주위를 도는 전자는 속도의 방향이 계속해서 바뀌는 가속운동을 하므로 계속 복사를 해야 한다. 복사선이 에너지를 갖고 나감에 따라, 전자의 에너지는 줄어들어 전자는 원자핵 속으로 나선형으로 빨려 들어갈 수밖에 없다. 따라서 원자들은 붕괴하기까지 0.01 μs라는 아주 짧은 시간 동안 복사해야 한다. 곧 고전전자기학의 이론에 따르면 원자들은 안정할 수 없다. 두 번째 문제는 원자가 방전관에서처럼 복사할 때 왜 특정한 파장들만 복사하는가 하는 문제이다. 다시 말해서, 원자들이 내보내는 방출 스펙트럼이 왜 연속 스펙트럼이 아니고 선 스펙트럼을 이루느냐 하는 것이다.

27.7 보어의 수소 원자모형과 원자의 에너지 준위
The Bohr Model of the Hydrogen Atom; Atomic Energy Levels

1913년에 덴마크의 물리학자 보어[N. Bohr, 1885~1962]는 이 문제들을 다루는 첫 번째 원자모형을 발표하였다. 보어의 원자모형은 전자 하나와 양성자 하나만으로 된 핵을 가지고 있는 갖는 가장 간단한 수소 원자에 대한 것이다.

보어 원자모형의 가정

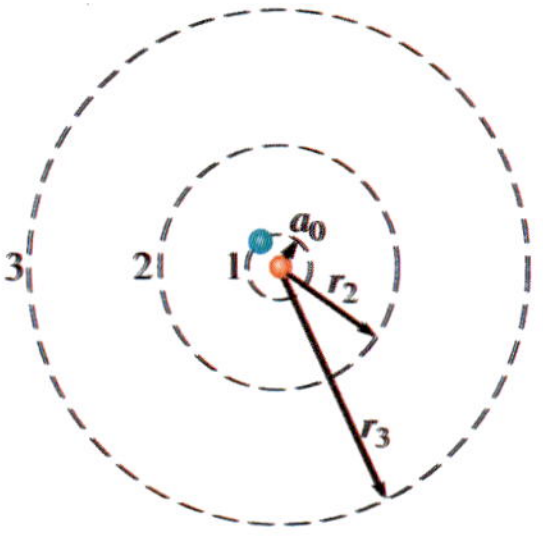

그림 27.17 수소 원자의 보어 모형에서 전자는 원자핵 주위를 원형궤도를 따라 돌고 있다. 궤도의 반지름은 불연속적인(양자화된) 반지름 중 하나여야 한다.

1. **전자는 어떤 원형궤도 위에서는 에너지를 복사하지 않고 존재할 수 있다**(그림 27.17). 보어는 가속운동을 하는 전자가 복사하지 않기 때문에, 원자핵을 중심으로 어떤 불연속적인 반지름들의 원형궤도에서 운동하는 전자에게는 고전전자기학 이론의 어떤 면은 **적용되지 않는다**고 주장하였다. 전자는 **정상상태**[stationary state]라고 부르는 불연속적인 궤도들에서만 존재할 수 있다(**전자**가 정지한 것은 아니다. 전자는 원자핵을 돌고 있다. 전자는 복사하지 않고 고정된 반지름의 궤도를 돌고 있으므로 전자의 **상태**가 정상적인 것이다). 각각의 정상상태는 궤도에 따른 특정한 에너지를 갖는다. 그 정상상태들의 에너지들을 **에너지 준위**[energy level]라고 부른다. 따라서 보어는 양자 이론을 **원자 자체의 구조**에까지 확대 적용한 것이다. 곧 궤도의 반지름과 에너지 모두가 양자화된다.

2. **뉴턴의 역학 법칙은 정상상태 중 한 상태에 있는 전자의 운동에도 적용된다.** 원자핵에 의해서 전자에 작용하는 힘은 쿨롱의 법칙으로 주어진다. 뉴턴의 제2법칙 ($\sum\vec{F} = m\vec{a}$)은 쿨롱의 힘을 원운동을 하는 전자의 반지름 방향의 가속도와 연관시켜 준다. 궤도의 에너지는 전자의 운동에너지와 원자핵과 전자 사이의 전기 퍼텐셜에너지의 합이 된다.

3. **전자는 하나의 광자를 방출하거나 흡수함으로써 하나의 정상상태에서 다른 정상상태로 전이할 수 있다**(그림 27.18). 이때 방출하거나 흡수하는 광자의 에너지는 두 정상상태의 에너지 차이와 같다.

$$|\Delta E| = hf \qquad (27\text{-}22)$$

전자의 에너지 준위는 특정한 불연속 값들만 가질 수 있으므로, 방출 스펙트럼이나 흡수 스펙트럼은 불연속적인 에너지의 광자들로 이루어진다. 따라서 방출 스펙트럼이나 흡수 스펙트럼은 선 스펙트럼이 된다. 보어는 전자가 하나의 상태에서 다른 상태로 **어떻게** '점프'할 수 있는지를 설명하려는 시도는 하지 않았다.

4. **정상상태들은 전자의 각운동량이 $h/(2\pi)$의 정수배로 양자화되는 원형궤도들이다.**

$$L_n = n\frac{h}{2\pi} = n\hbar \qquad (n = 1, 2, 3 \cdots) \qquad (27\text{-}23)$$

상수들의 조합인 $h/(2\pi)$는 흔히 $\hbar$(에이치-바)로 줄여 쓴다. 보어가 이러한 값들의 각운동량을 선택한 이유는 그러한 값들이 수소의 방출 스펙트럼에 대한 실험값들과 잘 일치하기 때문이었다.

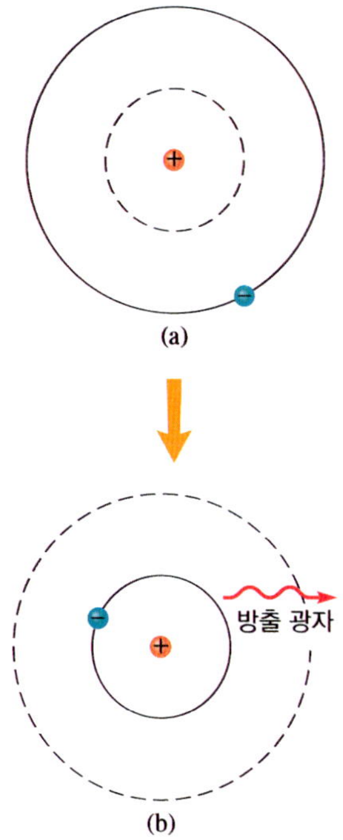

그림 27.18 (a) 수소 원자의 허용된 궤도, (b) 원자가 하나의 광자를 방출하고 전자는 더 낮은 에너지의 허용 가능한 상태로 내려간다. 한 광자를 흡수하면 역과정이 일어난다. 곧 광자는 자기의 에너지를 원자에게 '주어서' 전자가 더 높은 에너지 준위로 올라가게 한다.

보어 궤도의 반지름 가장 작은 반지름의 보어 궤도는 **보어의 반지름**Bohr radius으로 알려져 있다.

보어의 반지름

$$a_0 = \frac{\hbar^2}{m_e ke^2} = 52.9 \text{ pm} = 0.0529 \text{ nm} \qquad (27\text{-}24)$$

전자에게 허용된 궤도 반지름은 다음과 같다.

$$r_n = n^2 a_0 \qquad (n = 1, 2, 3, \cdots) \qquad (27\text{-}25)$$

보어 궤도의 에너지 준위

정상상태의 에너지는 전자의 운동에너지와 전자와 원자핵이 r만큼 떨어져 있을 때의 전기 퍼텐셜에너지의 합이다.

$$E = K + U = \frac{1}{2}m_e v^2 - \frac{ke^2}{r} \qquad (27\text{-}26)$$

퍼텐셜에너지가 음⁻인 것은 무한대에 있을 때 퍼텐셜에너지를 0으로 잡았기 때문이다. 퍼텐셜에너지는 서로 반대되는 전하를 띤 양성자와 전자의 거리가 작아질수록 줄어든다.

에너지의 값이 음⁻인 것은 전자가 핵에 속박된 원자의 에너지가 이온화된 원자의 에너지보다 적기 때문이다. 이온화된 원자에서는 전자가 원자핵으로부터 무한히 멀리 떨어져 정지해 있으므로 $E=0$(운동에너지와 퍼텐셜에너지 모두 0)이다. 속박상태 중 한 상태에 있는 전자는 외부로부터 에너지를 공급받아야만 원자에서 떨어져 나올 수 있으며, 그렇게 되면 그 원자는 이온이 된다.

바닥상태 ground state 라고 부르는 $n=1$인 상태의 경우, 궤도의 반지름은 가능한 것 중에서 가장 작고 에너지도 가능한 것 중에서 가장 낮다. 바닥상태의 에너지는 다음과 같다.

수소 원자의 바닥상태 에너지

$$E_1 = -\frac{m_e k^2 e^4}{2\hbar^2} = -2.18\times10^{-18}\ \mathrm{J} = -13.6\ \mathrm{eV} \tag{27-27}$$

$n>1$에 해당하는 더 높은 에너지를 갖는 상태들을 **들뜬상태** excited states 라고 한다. 모든 에너지 준위는 다음과 같이 주어진다.

수소 원자의 에너지 준위

$$E_n = \frac{E_1}{n^2}, \qquad n = 1, 2, 3, \cdots \tag{27-28}$$

그림 27.19는 수소 원자의 에너지 준위 도표이다. 각각의 가로 선은 에너지 준위를 나타낸다. 세로의 화살표들은 적절한 에너지의 광자 하나를 흡수하거나 방출할 때 수반하는 에너지 준위들 사이의 전이를 보여준다. 전자가 n_i의 상태로부터 더 낮은 에너지의 나중 n_f인 상태로 갈 때에 방출되는 광자의 에너지는 다음과 같다.

$$E = \frac{hc}{\lambda} = E_i - E_f = E_1\left(\frac{1}{n_i^2} - \frac{1}{n_f^2}\right) \tag{27-29}$$

발머 식(식 (27-21))의 일반형을 택하여 양변에 hc를 곱하면, 다음 식을 얻을 수 있다.

$$\frac{hc}{\lambda} = hcR\left(\frac{1}{n_f^2} - \frac{1}{n_i^2}\right) = -hcR\left(\frac{1}{n_i^2} - \frac{1}{n_f^2}\right) \tag{27-30}$$

여기에서 R은 뤼드베리 상수이다. 따라서 보어의 이론은 $E_1 = -hcR$이기만 하면,

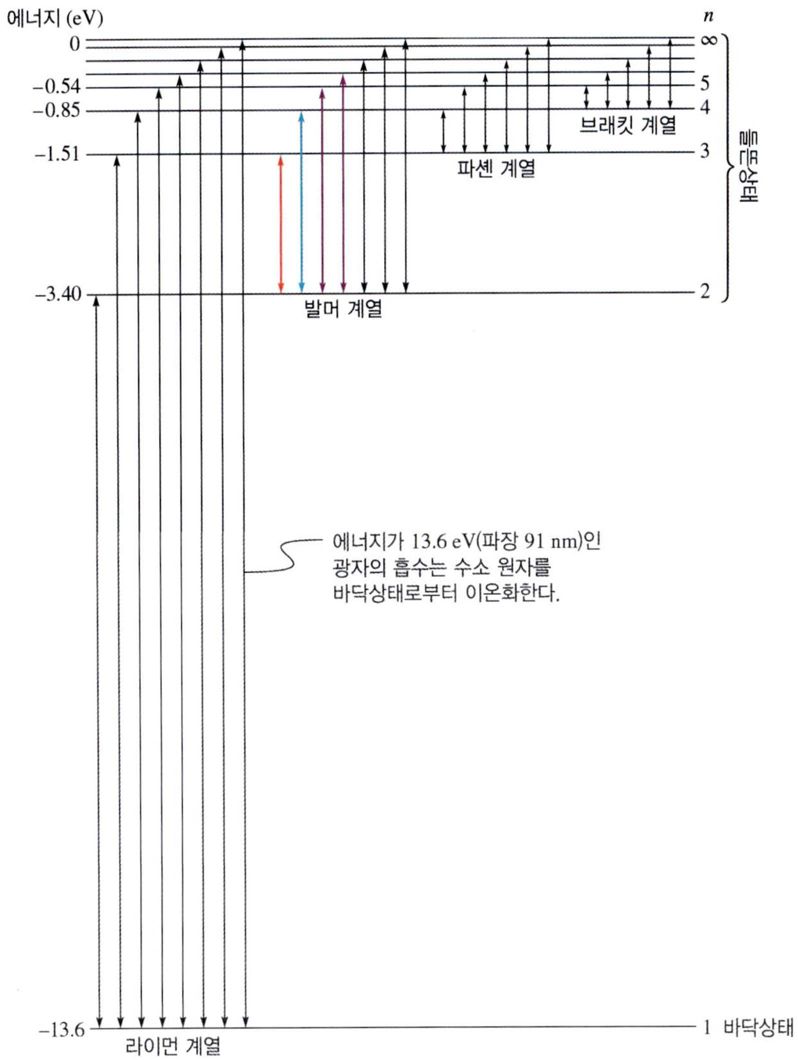

그림 27.19 수소 원자에 대한 에너지 준위 도표. $n=\infty$일 때의 에너지 $E=0$은 이온화된 원자의 에너지에 해당한다(전자와 양성자가 서로 떨어져 버린다). 화살표는 에너지 준위들 사이의 전이를 나타낸다. 화살표의 길이는 방출되거나 흡수되는 광자의 에너지를 나타낸다. 그림 27.14와 비교하여라.

분광학적인 실험 결과와 완전히 일치한다. 계산 결과 보어는 두 결과가 1 % 이내에서 일치한다는 것을 발견하였다.

살펴보기 27.7 수소 원자가 $n=5$인 상태에서 $n=2$인 상태로 전이했을 때 방출되는 광자의 에너지는 얼마인가(그림 27.19 참조)?

보기 27.6 처음 상태와 나중 상태 알아보기

수소의 방출 스펙트럼 중에서 적외선 영역의 한 파장이 1.28 μm 이다. 이러한 파장의 광자 방출을 위한 전이에서 처음과 나중 상태는 어떤 상태인가?

전략 1.28 μm 인 광자의 에너지는 두 상태의 에너지 차이와 같아야 한다. 변수가 두 개인 이원 방정식(처음과 나중의 n)을 풀려고 하기 보다는 범위를 좁히기 위해서 우선 에너지 준위 도표를 이용할 수 있다.

풀이 방출되는 광자의 에너지는 다음과 같다.

$$E=\frac{hc}{\lambda}=\frac{1240\ \mathrm{eV\cdot nm}}{1280\ \mathrm{nm}}=0.969\ \mathrm{eV}$$

그림 27.19의 에너지 준위의 도표를 보면, 이 광자는 파셴 계열에 속해야 한다. 발머 계열에 속하는 광자의 가장 작은 에너지는

$$(-1.51\ \mathrm{eV})-(-3.40\ \mathrm{eV})=1.89\ \mathrm{eV}$$

이다. 라이먼 계열에 속하는 광자는 훨씬 큰 에너지를 가진다. 브래킷 계열의 광자 중에서 **가장 큰** 에너지를 갖는 광자에너지는 0.85 eV이다. 파셴 계열에 속하는 광자만이 1 eV 근처의 에너지를 가질 수 있다. 그러므로 나중 상태는 $n=3$이고 에너지는 $E_3=-1.51\ \mathrm{eV}$이다. 이제 처음 상태의 n만 구하면 된다.

$$\text{방출된 광자의 에너지}=E_\mathrm{i}-E_\mathrm{f}$$

$$0.969\ \mathrm{eV}=\frac{-13.6\ \mathrm{eV}}{n^2}-(-1.51\ \mathrm{eV})$$

$$n=\sqrt{\frac{13.6\ \mathrm{eV}}{1.51\ \mathrm{eV}-0.969\ \mathrm{eV}}}=5$$

파장이 1.28 μm인 광자는 전자가 $n=5$인 상태에서 $n=3$인 상태로 갈 때에 방출된다.

검토 수소 스펙트럼에서의 광자에 관하여, 여러 계열들이 서로 겹치지 않는다는 것을 염두에 두면, 두 에너지 준위 중 낮은 것을 찾는 일은 간단해진다. 라이먼 계열(낮은 에너지 준위 $n=1$)에 속하는 모든 광자들의 에너지는 발머 계열(낮은 에너지 준위 $n=2$)에 속하는 어떤 광자보다 더 큰 에너지를 갖는다. 발머 계열에 속하는 광자는 파셴 계열에 속하는 어떤 광자보다 더 큰 에너지를 갖는다. 다른 계열에 대해서도 같다.

실전문제 27.6 발머 계열의 다섯 번째의 선

발머 계열의 처음 4개의 스펙트럼은 잘 보인다. 발머 계열의 다섯 번째 선의 파장은 얼마인가?

보기 27.7 열적 들뜸

광자 하나를 흡수하거나 방출하는 것만이 한 원자가 에너지 준위 사이를 전이하는 유일한 방법은 아니다. 다른 방법 중 하나가 열적 들뜸이다. 만일 두 원자의 운동에너지가 충분히 크면, 두 원자는 비탄성 충돌을 할 수 있다. 이 과정에서 한 원자는 들뜬상태로 전이해서 충돌 후 두 원자의 총병진운동에너지는 충돌 전보다 더 적게 된다. (a) 실온(300 K)에 있는 기체 한 원자의 평균 병진운동에너지는 얼마인가? (b) 실온에 있는 수소 기체의 원자들은 왜 대부분 바닥상태에 있는가?

전략 13.6절에서, 이상기체의 평균 병진운동에너지는 $\langle K_{\text{병 진}}\rangle=\frac{3}{2}k_\mathrm{B}T$ (식 (13-36))이었다. 수소의 에너지 준위와 쉽게 비교하기 위하여 평균 운동에너지를 eV로 바꾼다. 핵심은 수소 원자들의 병진운동에너지가 비탄성 충돌을 통해서 원자들 중 하나를 들뜨게 할 수 있을 정도로 충분히 큰가를 알아보는 것이다.

풀이 및 검토 (a) $T=300$ K에서,

$$\langle K_{병진} \rangle = \frac{3}{2}k_B T$$

$$= \frac{3}{2} \times 1.38 \times 10^{-23}\ \mathrm{J/K} \times 300\ \mathrm{K} \times \frac{1\ \mathrm{eV}}{1.60 \times 10^{-19}\ \mathrm{J}}$$

$$= 0.04\ \mathrm{eV}$$

이다.

(b) 바닥상태에 있는 두 원자들이 충돌하는 것을 가정하자. 그중 하나를 바닥상태로부터 가장 적은 에너지를 필요로 하는 전이인 $n = 2$로 들뜨게 하기 위해서는

$$\Delta E = E_2 - E_1 = (-3.40\ \mathrm{eV}) - (-13.6\ \mathrm{eV}) = 10.2\ \mathrm{eV}$$

의 에너지가 필요하다.

이 값은 평균 운동에너지의 260배이다. 어떤 주어진 순간에, 어떤 원자들은 평균치보다 많은 에너지를 갖는가 하면, 어떤 것들은 적은 에너지를 갖는다. 평균치보다 훨씬 많은 값을 갖는 것들은 아주 적다. 평균 운동에너지의 수백 배의 운동에너지를 갖는 원자들의 수는 극히 적다(그림 13.13의 맥스웰–볼츠만 분포곡선 참조). 이처럼 들뜬 소수의 원자는 광자 하나를 방출하며 빠르게 바닥상태로 붕괴한다. 따라서 어떤 주어진 순간에도 무시할 수 있을 만큼의 적은 원자만이 들뜬다. 사실상 모든 원자는 바닥상태에 있는 셈이다.

개념형 실전문제 27.7 **수소 원자들의 흡수 스펙트럼**

실온에서 수소 원자의 **흡수** 스펙트럼의 가시광선 영역에는 검은 선이 없다. 고온에서 수소 원자의 흡수 스펙트럼의 가시광선 영역에는 네 개의 검은 선들이 있다. 그 검은 선들의 파장은 방출 스펙트럼의 발머 계열에 있는 네 개의 가시광선들의 파장과 같다. 이를 설명해 보아라.

보어 원자모형의 성공

보어의 원자모형은 원자에 관한 양자역학적인 형태로 대체되었다(28장). 심각한 결함들이 있음에도 불구하고, 보어의 원자모형은 양자물리학의 발전에 중요한 단계가 되었다. 보어의 모형으로부터 양자역학적 원자로 이어지는 몇 가지 중요한 생각은 다음과 같다.

- 전자는 양자화된 에너지 준위를 갖는 불연속적인 정상상태 중 하나에 있을 수 있다.
- 원자는 광자 하나를 흡수하거나 방출하면서, 에너지 준위 사이를 전이할 수 있다.
- 각운동량은 양자화되어 있다.
- 정상상태들은 양자수를 이용하여 기술될 수 있다(n은 **주 양자수**라고 부른다).
- 전자는 에너지 준위 사이를 불연속적으로 전이한다(양자 점프).

보어의 모형은 근거가 석연치 않을지라도 수소 원자의 에너지 준위에 대한 정확한 수치를 준다. 또 수소 원자의 크기를 정확하게 예측한다. 보어 반지름 a_0는 수소 원자가 바닥상

태에 있을 때 원자핵과 전자 사이의 거리 중 **가장 확률이 높은** 거리로 알려져 있다.

보어 원자모형의 문제점

- 전자가 어떤 종류이던지 궤적을 따라 원자핵의 둘레를 돌고 있다는 생각 전체는 정확한 것이 아니다. 전자의 운동에는 뉴턴 역학이 적용되지 않는다. 전자는 양자역학적으로 기술되어야 한다. 양자역학은 전자가 원자핵으로부터 여러 거리에 있을 **확률**을 예상할 뿐이다.
- 산란 실험들은 전자가 평면상의 원형궤도를 따라 운동하지 않고 3차원 공간에서 운동한다는 것을 보여준다.
- 각운동량은 양자화되어 있지만, $\hbar$의 정수배는 아니다.
- 보어의 모형으로는 전자가 광자를 흡수하거나 방출할 확률을 계산할 수 없다.
- 보어의 모형은 전자가 둘 이상인 원자들에게까지 확장할 수 없다.

다른 단일 전자 원자들에 대한 보어 원자모형의 적용

보어의 원자모형을 헬륨 이온 He^+이나 리튬 2가 이온 Li^{2+}와 같이 **전자가 하나인** 이온에 적용할 수 있다. 이러한 이온들은 핵전하 $+e$ 대신, $+Ze$의 핵전하를 갖는다. 여기에서 Z는 원자번호(핵 속의 양성자의 수)이다. 수소 원자에 대한 식에는 언제나 e^2이 나타나는데, 하나의 e는 전자의 전하로부터 오는 것이고, 또 하나는 핵의 전하로부터 오는 것이다. 전하가 Ze인 핵에 대해서는 e^2을 Ze^2으로 바꾸면 된다. 그러면 궤도 반지름은 Z만큼 더 작다.

$$r_n = \frac{n^2}{Z}a_0 \qquad (n = 1, 2, 3 \cdots) \tag{27-31}$$

그리고 에너지 준위는 Z^2배만큼 커진다.

$$E_n = -\frac{Z^2}{n^2} \times 13.6 \text{ eV} \qquad (n = 1, 2, 3, \cdots) \tag{27-32}$$

보기 27.8 He^+의 에너지 준위

1가 헬륨 이온에 대하여 처음 다섯 개의 에너지 준위를 계산하여라. 1가 헬륨 이온에 대한 에너지 준위의 도표를 그리고 수소의 에너지 준위 도표와 비교하여라.

전략 헬륨의 원자번호는 $Z=2$이다. Z를 고려해서 수소 원자의 바닥상태의 에너지를 이용하고 여러 n의 값을 이용해 에너지 준위를 찾는다.

풀이 및 검토 수소에 대한 바닥상태의 에너지는 -13.6eV이다. 핵의 전하가 $+Ze$인 단일 전자 원자의 에너지 준위는 다음과 같다.

$$E_n = -\frac{Z^2}{n^2}\times 13.6\ \text{eV} \quad (n=1,\ 2,\ 3,\ \cdots)$$

He^+의 경우, $Z=2$이다.

$$\begin{aligned} E_n &= -\frac{4}{n^2}\times 13.6\ \text{eV} \\ &= -\frac{1}{n^2}\times 54.4\ \text{eV} \quad (n=1,\ 2,\ 3,\ \cdots) \end{aligned}$$

He^+에 관한 처음의 다섯 개의 에너지 준위는 다음과 같다.

$$E_1 = -54.4\ \text{eV},\ E_2 = -13.6\ \text{eV},$$
$$E_3 = -6.04\ \text{eV},\ E_4 = -3.40\ \text{eV},$$
$$E_5 = -2.18\ \text{eV}$$

수소의 에너지 준위 도표 옆에 He^+에 관한 에너지 준위 도표(비례의 축척을 맞출 필요는 없다)를 그려 보자(그림 27.20). Z^2의 인수 때문에, He^+에서의 각 에너지 준위는 n이 같을 때 수소의 에너지 준위의 4배가 된다. He^+의 첫 번째 들뜬상태($n=2$)는 수소의 바닥상태와 같은 에너지를 갖는다. He^+의 세 번째 들뜬상태($n=4$)는 수소의 첫 번째 들뜬상태($n=2$)와 같은 에너지를 갖는다. 일반적으로, He^+에서 상태 $2n$의 에너지는 수소에서 상태 n의 에너지와 같다.

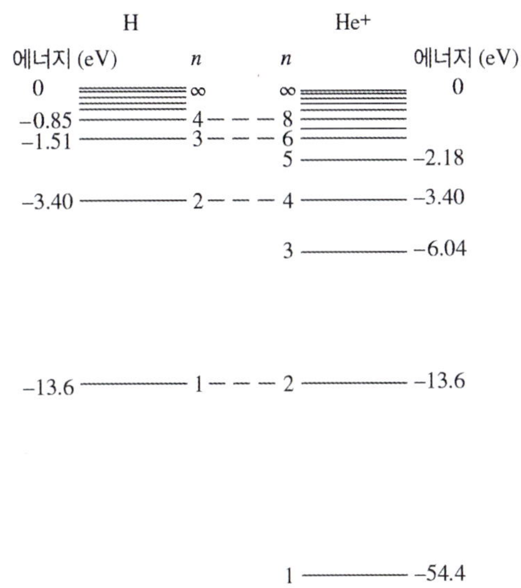

그림 27.20 H와 He^+에 대한 에너지 준위

개념형 실전문제 27.8 이온화에너지

이온화에너지란 바닥상태에 있는 원자의 전자를 핵으로부터 떼어 놓기 위해 그 원자에게 주어야 할 에너지를 말한다. (a) H의 경우에 이온화에너지는 얼마인가? (b) He^+의 경우에 이온화에너지는 얼마인가? (c) He^+에 대한 이온화에너지가 H보다 큰 이유를 정성적으로 설명하여 보아라.

응용 : 형광, 인광, 화학발광

수소 원자의 기체에 파장이 103 nm인 자외선을 비추었다고 가정해 보자. 어떤 원자들은 한 개의 광자를 흡수하여 $n = 3$인 상태로 들뜨게 된다. 들뜬 원자들 중의 하나가 다시 바닥상태로 붕괴할 때 방출하는 광자의 파장이 반드시 103 nm인 것은 아니다. 들뜬 원자는 (656 nm인 광자를 방출하면서) 먼저 $n = 2$인 상태로 붕괴하고, 그리고는 (122 nm인 광자를 방출하면서) $n = 1$인 상태로 붕괴할 수도 있다. **중간의 에너지 준위가 있는 경우, 원자는 하나의 광자를 흡수한 후 이보다 파장이 긴 여러 개의 광자를 방출할 수 있다.**

형광 물질은 자외선을 흡수하고는 여러 단계를 거치면서 붕괴한다. 그 중의 적어도 한 단계에서는 가시광선을 방출한다. 분자나 고체의 모든 전이 과정에서 광자가 방출되는 것은 아니다. 어떤 전이 과정은 고체 속 분자의 진동 또는 회전운동에너지를 증가시킨다. 이런 에너지는 결국 주변으로 흩어진다.

형광등은 안쪽을 인이라는 형광물질의 혼합물로 코팅한 수은 방전관이다. 인은 수은 원자가 방출하는 자외선을 흡수해서 가시광선을 방출한다. '검은빛(자외선원)'은 형광 염료를 어둠 속에서 밝게 빛나게 한다. 세제 속에도 형광 염료가 첨가되어 있다. 염료가 자외선을 흡수하여 푸른빛을 방출하기 때문에, 그림 27.21과 같이 흰옷을 더욱 희게 보이도록 한다. 푸른빛은 오래된 옷이 내는 노란색을 상쇄한다.

인광은 형광과 비슷하지만 시간 지연이 있다는 것이 다르다. 대부분 원자나 분자들의 들뜬상태는 거의 모두가 매우 빠르게(대개 몇 나노초 안에) 붕괴한다. 그러나 어떤 **준안정적인** 들뜬상태는 수초 내지는 더 오랜 시간 동안 머물 수 있다. 어두운 곳에서 밝게 빛나는 시계 문자반이나, 벽면 전기 스위치 판, 장난감 등은 빛이 비춰질 때 광자들을 흡수하여 준안정상태에 머물다가 한참 후에 빛을 방출한다.

(a) (b)

그림 27.21 세탁된 블라우스와 세제를 (a) 자연광으로 본 모습과 (b) 자외선 빛으로 본 모습

러더퍼드의 산란 실험에서 알파 입자들은 형광 스크린에 의하여 검출되었다. 그 형광체들은 광자의 흡수에 의해서가 아니라 알파 입자와의 충돌로 인해 들떴다. 오래된 음극선관 텔레비전 화면의 형광 점들은 고속의 전자에 의하여 들뜬다. 이렇게 들뜬상태가 붕괴해서 다시 바닥상태로 돌아갈 때에 가시광선 영역의 광자를 방출한다. 이 음극선관 텔레비전 스크린은 세 가지 다른 형광체를 이용해 파란색, 초록색, 빨간색의 빛을 만들어 낸다.

이 장의 첫 머리에서 이야기한 샤워실에서 보이는 파란빛은 **화학발광**에 의한 빛이다. 색깔이 없는 액체 용액에는 루미놀(3-아미노프탈히드라지드)과 과산화수소가 포함되어 있다. 피 속에 들어 있는 헤모글로빈의 흔적이 루미놀과 과산화수소 사이의 산화작용에 촉매로 작용한다. 이 화학작용은 생성물 중의 하나를 들뜬상태로 만들고, 이 들뜬상태가 바닥상태로 붕괴하면서 하나의 광자를 방출한다. 이 루미놀 검사는 매우 깨끗이 세탁한 옷이나 닦여진 바닥에서도 효과적으로 반응한다. 따라서 파란빛은 혈흔의 위치를 밝혀준다. 개똥벌레는 **생물발광**이라고 불리는 비슷한 화학작용으로 빛을 낸다. 그 화학작용은 (생물학적 촉매인) 효소에 의하여 제어되는데, 그런 화학작용을 이용해 개똥벌레는 불을 켜고 끌 수 있다.

특성 X선의 에너지

제동복사(그림 27.9)의 연속 스펙트럼에 겹쳐진 특성 X선 봉우리의 에너지는 표적 안 원자들의 에너지 준위에 의하여 결정된다. X선 관에서 입사하는 전자가 표적을 때릴 때, 전자는 표적 안의 원자에 단단히 속박되어 있던 원자 안쪽의 전자 중의 하나를 그 원자로부터 떼어내는 데 필요한 에너지를 줄 수 있다. 그러면 원자 안의 더 높은 에너지 준위에 있던 전자 중 하나가 비어 있는 그 에너지 준위로 떨어지게 되는데, 그때 두 에너지 준위들 사이의 차이와 같은 에너지의 X선 광자 하나가 방출된다.

27.8 쌍소멸과 쌍생성
Pair Annihilation and Pair Production

양전자

1929년에 영국의 물리학자 디랙[P. A. M. Dirac, 1902~1984]은 전자와 질량은 같지만 반대의 전하($q = +e$)를 갖는 입자의 존재를 이론적으로 예측하였다. 후에 실험을 통해 지금은 **양전

자라고 불리는 이 입자의 존재가 확인되었다. 어떤 방사성 원소들은 붕괴하면서 자발적으로 하나의 양전자를 방출한다.

양전자는 최초로 발견된 **반입자**였다. 보통의 물질을 만들고 있는 각 입자들(전자, 양성자, 중성자)에 대하여 그것들의 반입자(양전자, 반양자, 반중성자)가 존재한다. 우주론자들은 왜 우주에 물질이 반물질보다 명백하게 많이 있는가에 대한 문제를 해결하기 위해 애쓰고 있다. 여기에서 양전자를 소개하는 것은 전자－양전자의 쌍생성과 쌍소멸 두 과정이 전자기 복사선에 대한 광자 모형의 가장 분명하고 직접적인 증거가 되기 때문이다.

쌍생성

에너지가 큰 광자는 이전에는 없었던 전자와 양전자의 쌍을 **생성**시킬 수 있다. 이 과정에서 광자는 모두 흡수된다. 에너지 보존 법칙은 어떤 과정에서도 성립해야 하기 때문에, **쌍생성** pair production이 일어나기 위해서는

$$E_{\text{광자}} = E_{\text{전자}} + E_{\text{양전자}} \tag{27-33}$$

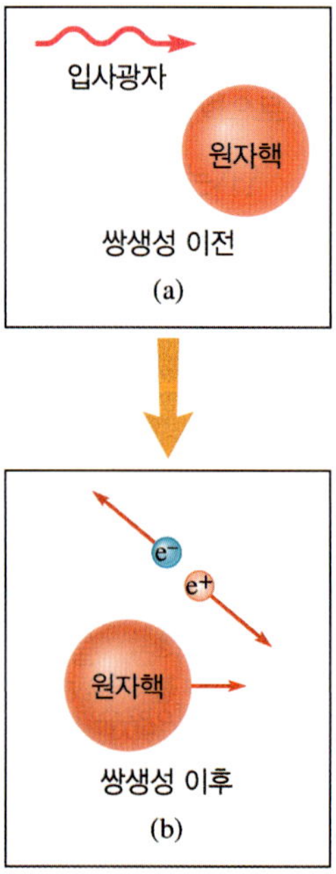

그림 27.22 쌍생성. (a) 광자가 원자 핵 주위를 지나간다. (b) 전자–양전자의 쌍을 생성하고 광자는 없어진다. 이 과정에서 원자핵은 아주 적은 운동에너지를 가지고 되튀지만, 질량이 크기 때문에 운동량은 더 크다.

이어야 한다. 질량을 가지고 있는 입자의 총에너지는 운동에너지와 정지에너지(입자가 정지했을 때의 에너지)의 합이다. 질량이 m인 물체의 **정지에너지**는 다음과 같다(26.7절 참조).

$$E_0 = mc^2 \tag{26-16}$$

따라서 전자와 양전자의 쌍을 만들기 위해서 광자는 적어도 $2m_ec^2$의 에너지를 가져야 한다. 광자의 에너지가 $2m_ec^2$보다 크다면, 광자의 나머지 에너지는 전자와 양전자의 운동에너지로 나타난다. 광자는 질량을 가지고 있지 않기 때문에, 정지에너지가 없어서 광자의 총에너지는 $E = hf = hc/\lambda$이다.

운동량 역시 보존되어야만 한다. 광자의 운동량은 $p = E/c$이고, 전자나 양전자의 운동량은 다음과 같다.

$$p = \frac{1}{c}\sqrt{E^2 - (m_ec^2)^2} < \frac{E}{c} \tag{27-34}$$

E의 에너지를 갖고 있는 전자나 양전자의 운동량은 E/c보다 작다. 다시 말하면, 같은 에너지를 갖는 광자의 운동량보다 적다. 전자와 양전자가 같은 방향으로 운동한다고 하더라도, 그것들의 총운동량은 광자의 운동량보다 클 수 없다. 그러므로 그 쌍의 총운동량과 총에너지 모두가 광자의 운동량과 에너지와 같아질 수 없다. 이 과정에는 또 다른 입자가

관여해야만 한다. 곧 쌍생성은 광자가 원자핵과 같은 질량이 큰 입자의 부근을 지나갈 때에 일어난다(그림 27.22). 질량이 큰 입자의 되튐은 많은 양의 에너지를 빼앗지 않으면서 운동량 보존 법칙을 만족한다. 따라서 광자의 모든 에너지가 전자와 양전자 쌍의 에너지로 바뀐다는 가정은 적절해 보인다.

쌍소멸

보통의 물질 속에는 수많은 전자가 들어 있기 때문에 양전자가 전자 가까이 오는 일이 생길 수 있다. 그렇게 되면, 그 쌍은 잠시 원자와 비슷한 구조를 이루지만, 곧바로 두 개의 광자를 남기고 없어져 버린다(그림 27.23). 쌍소멸은 단 하나의 광자를 만들 수는 없다. 에너지와 운동량 모두가 보존되려면 두 개의 광자가 필요하다. 두 광자의 총에너지는 전자–양전자 쌍의 총에너지와 같아야 한다. 많은 경우에 전자나 양전자의 운동에너지는 그것들의 정지에너지에 비해 아주 적기 때문에 상황을 단순히 하기 위하여 전자나 양전자를 정지한 것으로 간주한다. 그러면 전자–양전자 쌍의 총에너지는 $2m_ec^2$이고, 운동량의 합은 0이다. 따라서 쌍소멸은 $E = hf = m_ec^2 = 511\ \text{keV}$의 에너지를 가지며 서로 반대 방향으로 운동하는 두 개의 광자를 만든다. 쌍소멸은 양전자의 최후의 운명이다. 이 특유한 511 keV의 광자는 쌍소멸이 일어났다는 징후가 된다.

쌍소멸과 쌍생성은 전자기 복사선에 대한 광자 모형을 확인시켜 주는 것 말고도 질량과 정지에너지에 관한 아인슈타인의 생각을 명료하게 설명해 준다.

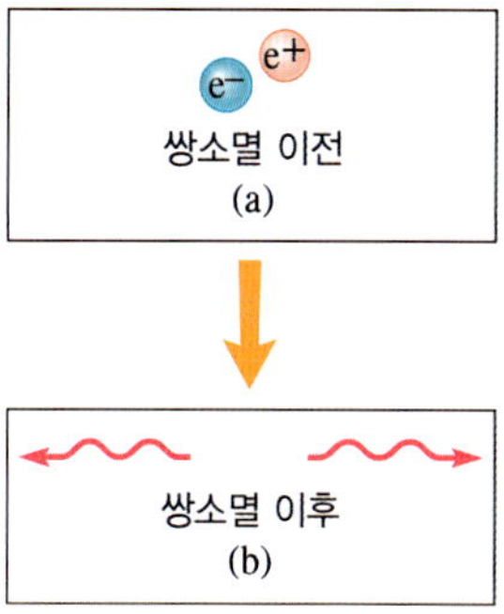

그림 27.23 쌍소멸. (a) 전자와 양전자의 쌍이 사라지면서, (b) 한 쌍의 광자를 만든다.

보기 27.9 쌍생성을 위한 문턱 파장

전자–양전자 쌍을 생성시킬 수 있는 광자의 문턱 파장을 구하여라.

전략 광자는 최소한 정지에너지가 각각 $m_ec^2 = 511\ \text{keV}$인 전자와 양전자의 쌍을 생성시킬 수 있는 에너지를 가져야 한다. 광자의 에너지는 파장이 길어지면 작아지기 때문에, 광자의 최소 에너지로부터 **가장 긴** 파장에 해당하는 문턱 파장을 구한다.

풀이 전자–양전자의 쌍을 만들어 낼 수 있는 최소 에너지는 다음과 같다.

$$E = 2m_ec^2 = 1.022\ \text{MeV}$$

이제 이 에너지를 갖는 광자의 파장을 구하면 된다.

$$E = hf = \frac{hc}{\lambda}$$

이 식을 파장에 대하여 풀면 다음과 같다.

$$\lambda = \frac{hc}{E} = \frac{1240\ \text{eV}\cdot\text{nm}}{1.022\times10^6\ \text{eV}}$$
$$= 0.00121\ \text{nm}$$
$$= 1.21\ \text{pm}$$

검토 가시광선은 보통 500 nm 정도의 파장을 가지며 에너지는 2 eV 정도이다. 이 보기에서 고려하는 광자의 에너지는 가시광선 에너지의 50만 배나 된다. 따라서 파장은 약 500 nm/500 000 = 0.001 nm = 1 pm 정도이다.

실전문제 27.9 **뮤온–반뮤온의 쌍생성**

뮤온과 반뮤온 쌍을 생성하는 데 필요한 에너지를 충분히 공급할 수 있는 광자의 최대 파장은 얼마이겠는가? 뮤온과 반뮤온의 정지에너지는 106 MeV이다.

응용 : 양전자 방출 단층촬영

양전자 방출 단층촬영(PET)은 쌍소멸 현상을 이용하여 뇌 또는 심장의 질병을 진단하거나 특정한 암을 진단하는 의료용 화상 기술이다. 이 기술은 먼저 추적자가 인체에 주입된다. 추적자는 방사성 원자들을 포함하고 있으면서 주로 포도당, 물, 암모니아로 이루어진 화합물이다. 방사성 원자들 중 하나가 인체 내에서 양전자 하나를 방출하면, 이 양전자는 전자와 쌍소멸 하여 서로 반대 방향으로 운동하는 511 keV의 에너지를 가진 두 개의 감마선을 발생시킨다. 이 두 개의 광자는 인체를 둘러싸고 있는 고리 모양의 검출 장치에 의해 검출된다(그림 27.24a). 그러면 양전자를 방출한 원자는 두 검출기를 잇는

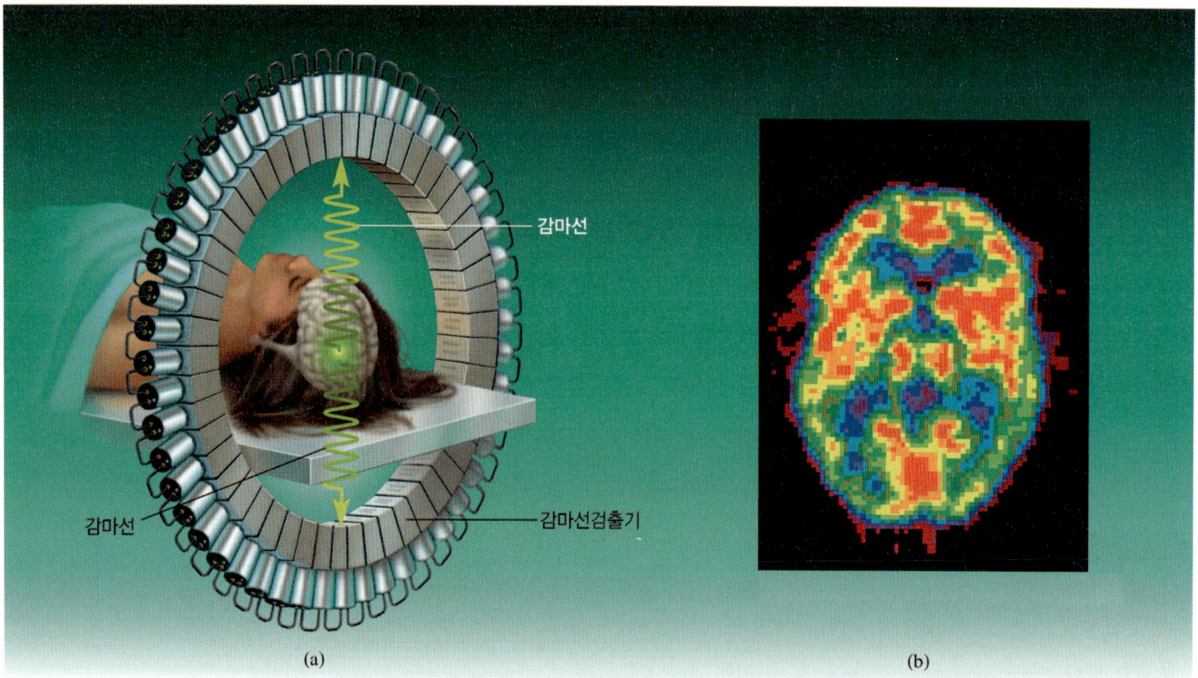

그림 27.24 (a) PET 스캔은 전자와 양전자의 쌍이 인체 내에서 소멸할 때 방출하는 감마선을 검출한다. (b) 뇌의 PET 영상. 색깔은 양전자 방출의 정도가 다른 영역을 구별하기 위하여 사용된 것이다.

선 위에 있다는 것을 알 수 있다. 컴퓨터가 많은 감마선들의 방향을 분석하여 추적자의 농도가 가장 높은 영역을 찾아낸다. 그런 다음에, 컴퓨터는 인체의 그 부분에 대한 화상을 구성한다(그림 27.24b).

X선, CT 스캔, MRI 등과 같은 화상 기술은 신체 조직의 구조를 보여주지만, PET 스캔은 기관이나 조직의 생화학적 활동을 보여준다. 예를 들면 심장의 PET 스캔을 통해 정상적인 심장조직과 비정상적인 심장조직을 구별할 수 있어서, 심장전문의로 하여금 환자가 혈관 우회술을 받는 것이 이로운지 혈관 성형술을 받는 것이 이로운지를 결정하는 데에 도움을 준다.

급속히 성장하는 암세포들은 건강한 세포들보다 더 빨리 포도당 추적자에게 달려들기 때문에, PET 스캔은 양성 종양과 악성 종양을 정확히 구별할 수 있다. PET 스캔은 종양학자로 하여금 치료 과정의 효과를 관찰할 수 있게 할 뿐만 아니라, 암 환자에 대한 최선의 치료 방법을 결정하는 데에도 도움을 준다. 생체 검사를 하기 위해 환자의 두개골을 자르지 않아도 뇌종양의 위치를 정확하게 알아낼 수 있다. PET는 알츠하이머, 헌팅턴 무도병, 파킨슨병, 간질, 뇌졸중과 같은 뇌의 질병을 진찰하는 데 쓰인다.

해답 실전문제 & 살펴보기

27.1 4.2×10^{-19} J

27.2 1 s당 8.30×10^{29}개의 광자

27.3 385 nm ($K_{최대} = 0.82$ eV)

27.4 10.0 kV

27.5 3.71 pm

27.6 397 nm로, 대부분의 사람은 보기 어렵다.

27.7 실온에서 원자들은 거의 모두 바닥상태에 있다. 흡수 스펙트럼은 바닥상태에서 시작하는 전이만 보여 준다(라이만 계열). 그들 모두 자외선 영역이다. 고온에서 일부 원자들은 충돌에 의해 $n=2$인 에너지 준위로 전이하면서 들뜬상태가 된다. 이 원자들은 광자를 흡수하여 $n=2$에서 높은 에너지 준위로 전이한다(발머 계열).

27.8 (a) 13.6 eV, (b) 54.4 eV, (c) He^+의 경우, 원자핵이 두 배의 전하를 갖기 때문에 전자는 더 강하게 속박된다.

27.9 5.85 fm

27.2 최대 전력에서 필라멘트는 가시광선 스펙트럼 전 영역(더 나아가면 적외선 영역)에 걸쳐 전자기 복사선을 방출할 정도로 뜨거워져서 백색 빛으로 보인다. 낮은 전력에서 필라멘트의 온도는 낮다. 그 결과 방출되는 전자기 복사의 봉우리는 더 낮은 진동수 쪽으로 옮겨간다. 따라서 섞여있는 다른 색깔에 비해서 빨간빛의 양이 상대적으로 커진다.

27.3 광자의 에너지는 광자의 진동수에 비례한다. 문턱 진동수에서 광자는 금속으로부터 전자를 떼어내는 데 필요한 에너지와 같은 에너지를

갖는다. 문턱 진동수보다 낮은 광자는 전자를 떼어내는 데 필요한 에너지를 갖지 못한다.

27.5 충돌에서 운동량과 에너지는 모두 보존된다. 전자는 처음에 0의 운동에너지를 갖는다. 전자가 되튀고 0이 아닌 운동에너지를 가지면서 운동한다. 따라서 산란된 광자는 입사광자의 에너지보다 작은 에너지를 가져야만 한다. 산란된 광자의 파장은 입사광자보다 더 길어진다.

27.7

$$\begin{aligned} E &= E_i - E_f \\ &= (-0.54\ \text{eV}) - (-3.40\ \text{eV}) \\ &= 2.86\ \text{eV} \end{aligned}$$

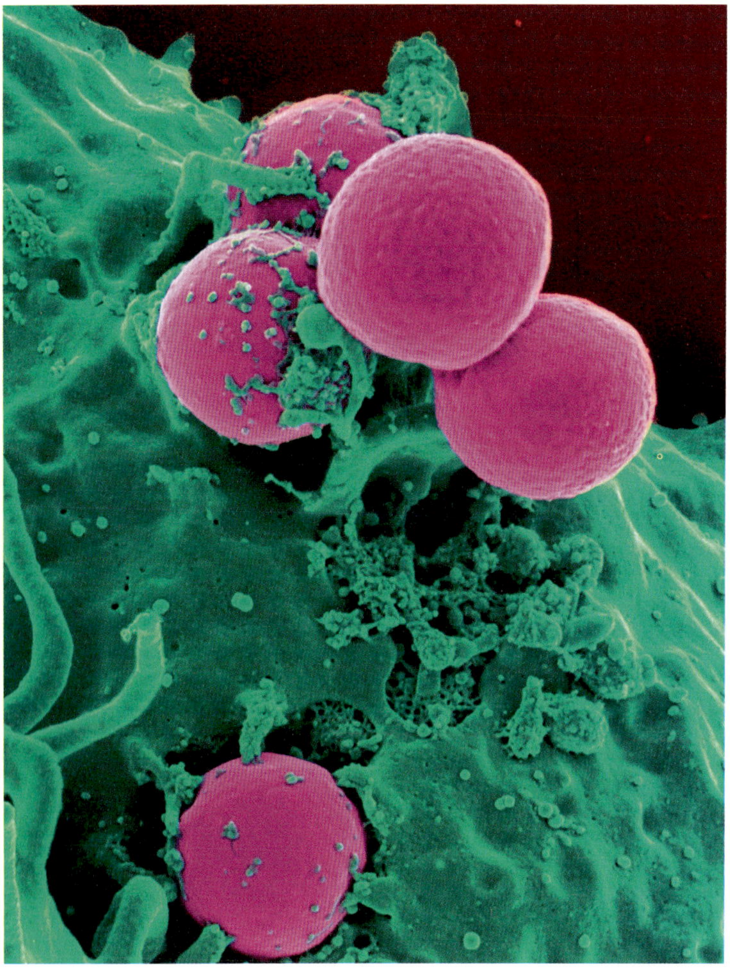

양자물리학

Quantum Physics

생물학자들과 의학 연구자들은 매우 미세한 구조를 관찰할 필요가 있을 때 일반적으로 광학 현미경 대신 전자 현미경을 사용한다. 어떻게 하여 전자 현미경이 광학 현미경보다 훨씬 큰 분해능을 갖게 되는 것일까? 전자 현미경의 분해능에는 어떤 제한이 있는가?

28

찾아가보기

- 양자화 (27.1절)
- 광자 (27.3절)
- 이중 슬릿 간섭 실험 (25.4절)
- 광학기기의 회절과 해상도 (25.8절)
- 전자기파의 세기 (22.6절)
- X선 회절 (25.9절)
- 원자의 에너지 준위와 보어 모형 (27.7절)
- 정상파의 파장과 진동수 (11.10절)

생명과학 응용

- 전자현미경 (28.3절, 문제 6, 7, 37)
- 의학 분야에서 이용되는 레이저 (28.9절, 보기 28.5, 실전문제 28.5)

28.1 파동-입자의 이중성 The Wave-Particle Duality

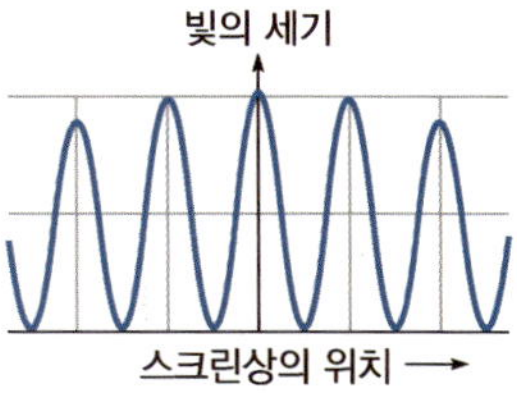

그림 28.1 위치에 대한 세기의 함수인 이중 슬릿 간섭무늬. 그림 25.17b와 비교하여라.

연결고리 많은 수의 광자에 대해 양자물리학은 고전 파동이론과 동일한 이중 슬릿 간섭무늬를 예측한다.

고전물리학에서는 입자와 파동 사이에 명확한 구분이 존재하지만, 양자물리학에서는 이 둘 사이의 구분이 불분명하다. 간섭과 회절 실험(25장)에 따르면 빛은 파동으로 진행한다. 반면에 광전 효과, 콤프턴 효과, 그리고 쌍생성 및 쌍소멸 등(27장)의 현상에서는 전자기파는 마치 광자라고 부르는 **입자**로 이루어져 있는 것처럼 물질과 작용한다. 양자물리학에서는 입자와 파동에 기초한 서술 방식이 서로 상보적이라고 할 수 있다. 어떤 상황에서 빛은 입자라기보다는 파동에 더 가까운 행동을 보이고, 또 다른 상황에서는 파동보다는 입자에 더 가까운 행동을 보여준다.

이중 슬릿 간섭 실험

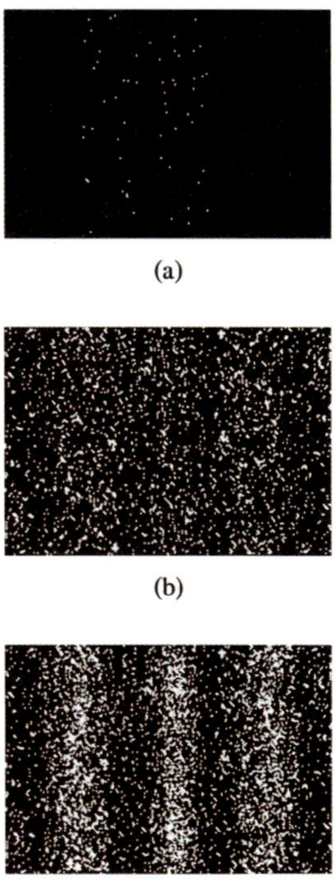

그림 28.2 한 번에 단 하나의 광자가 슬릿을 통과할 때의 이중 슬릿 실험. 이 실험에서 많은 수의 광자를 기록하면 일반적인 이중 슬릿 간섭무늬와 같은 모양이 된다.

이중 슬릿 간섭 실험에서 스크린을 여러 개의 광증폭기(개개의 광자를 셀 수 있는 실험 장치)로 대치하였다고 상상해 보자. 각각의 광증폭기는 주어진 시간 동안 검출기에 도달하는 광자들의 수를 기록한다. 빛의 세기는 계측되는 광자의 수에 비례하므로, '스크린'에서의 위치에 대한 함수로 나타낸 광자 수의 그래프는 사진 건판에 기록되는 세기의 그래프와 유사하다. 광증폭기에 나타나는 결과를 보면, 가장 밝은 부분과 가장 어두운 부분들이 교대로 부드럽게 변하는 것을 알 수 있다(그림 28.1).

이제 들어오는 빛의 세기가 점점 줄어서 마침내는 **한 번에 단 하나의 광자**만이 광원에서 나온다고 가정해 보자. 파동의 관점에서 보면, 간섭무늬는 두 슬릿을 통과하는 각 전자기파의 중첩으로부터 생겨난다. 그런데 광원에서 한 번에 단 하나의 광자가 나올 때도 간섭무늬가 생길까? 상식적으로 생각할 때 스크린에 도달하는 각각의 광자는 두 슬릿 중 어느 하나를 통과하여 스크린에 도달한 것으로서, 두 슬릿을 동시에 통과한 것이라고 볼 수 없다.

실제 실험의 결과는 어떠할까? 우선 광자들은 임의의 위치에 나타난다(그림 28.2a). 곧 다음 광자가 어디에서 검출될지 예측할 수 없다. 그러나 실험을 계속함에 따라 광자의 수가 많은 곳과 적은 곳이 명확해진다(그림 28.2b). 여전히 다음의 광자가 어느 곳에 도달할지 예측할 수는 없지만, 어느 특정 위치가 다른 위치보다 광자가 도달할 **확률**이 높다는 것은 예측할 수 있다. 실험을 장시간 수행할 수 있다면 광자들은 뚜렷한 간섭무늬(그림 28.2c)를 만든다. 매우 오랜 시간 동안 실험을 계속하면 **광자가 한 번에 한 개씩만 슬릿을 통과함에도 불구하고,** 그림 28.1의 이중 슬릿의 간섭무늬와 같아진다. 그렇지만 명확한 간섭무늬를 형성한 이후에도 여전히 **다음**의 광자가 어느 위치에서 검출될지 예측할 수 없다.

이러한 파동–입자의 이중성이 이상해 보일 수 있다. 당시의 가장 위대한 물리학자들도 그렇게 느꼈다. 보어Niels Bohr는 "양자역학에 충격을 받지 않는 사람은 그 내용을 제대로 이해하지 못한 사람이다."라고 말하였다. 자연에 대한 우리들의 일반적인 상식은 양자물리적 효과가 드러나지 않는 관찰로부터 만들어진 것이다. 양자역학을 공부하면서, 양자역학을 이해하기 어려워도 상심하지 말라. 양자역학은 그 누구에게도 명백하게 보이지는 않지만, 오히려 그 이유 때문에 매혹적일지도 모른다.

확률

이중 슬릿 실험에서 어떤 광자가 스크린의 어디에 도달할지 예측할 수는 없으나, 그것이 어느 특정한 위치에 떨어질 **확률**은 계산할 수 있다. 초기의 **동일한** 두 광자는 스크린의 다른 위치에 도달할 수 있다. 스크린에서 빛의 세기의 무늬는, 빛을 파동으로 간주하여 계산할 때, 수많은 광자에 대한 통계적 평균값을 보여주는 것이다.

전자기파의 세기는 단위 시간 동안 단위 단면의 넓이를 통과하는 에너지를 나타낸다.

$$I = \frac{\text{에너지}}{\text{시간} \cdot \text{단면의 넓이}} \qquad (22\text{-}14)$$

파동의 관점에서 보면, 세기는 전기장 진폭의 제곱에 비례한다.

$$I \propto E^2 \qquad (22\text{-}17)$$

광자의 관점에서 보면 각각의 광자는 일정한 양의 에너지를 가지고 있으므로

$$I = \frac{\text{광자의 수}}{\text{시간} \cdot \text{단면의 넓이}} \times \text{광자 한 개의 에너지} \qquad (28\text{-}1)$$

이다. 어떤 주어진 단면을 통과하는 광자의 수는 광자가 그 단면의 넓이를 통과할 **확률**에 비례하므로

$$I \propto \frac{\text{광자의 수}}{\text{시간} \cdot \text{단면의 넓이}} \propto \frac{\text{광자 하나를 발견할 확률}}{\text{시간} \cdot \text{단면의 넓이}} \qquad (28\text{-}2)$$

이 된다. 그러므로 광자 하나를 발견할 확률은 그 위치에서의 전기장 진폭의 제곱에 비례한다. 위치와 시간의 함수로 나타낸 전기장은 **파동함수**, 곧 파동을 기술하는 수학적 함수로 볼 수 있다. 따라서 **어떤 공간영역에서 광자를 발견할 확률은 그 위치에서의 파동함수의 제곱에 비례한다.**

28.2 물질파 Matter Waves

1923년 프랑스의 물리학자 드브로이Louis de Broglie는 이러한 파동 입자의 이중성이 빛뿐만 아니라 전자나 양성자와 같은 입자들에게도 적용되리라고 예측하였다. 맥스웰에 의하여 파동성을 가지는 것으로 잘 정립된 빛이 동시에 입자성을 지닐 수 있다면, 전자가 동시에 파동성을 가지지 못할 이유가 있겠는가? 파동성을 가진다면 전자의 파장은 어떻게 표현되겠는가? 드브로이는 어떤 입자의 운동량과 파장은 광자의 경우와 같은 관계가 성립한다고 주장하였다(식 (27–11)). 이후 얼마 지나지 않아서, 압도적인 실험적 증거에 의해 전자나 다른 입자들의 파동성에 관한 드브로이의 가설이 옳다는 것이 확인되었다. 입자의 행동을 나타내는 물질파의 파장을 **드브로이 파장**de Broglie wavelength이라고 부른다.

연결고리 λ와 p 사이의 관계는 광자, 전자, 중성자 또는 다른 입자에 대해 동일하다.

드브로이 파장

$$\lambda = \frac{h}{p} \tag{28-3}$$

질량을 가진 입자에 대해서, 식 (28–3)은 상대론적 운동량 $p = \gamma mv$(식 (26–15))를 포함한다. $v \ll c$인 경우, 운동량 $p \approx mv$로 근사할 수 있다.

전자의 회절

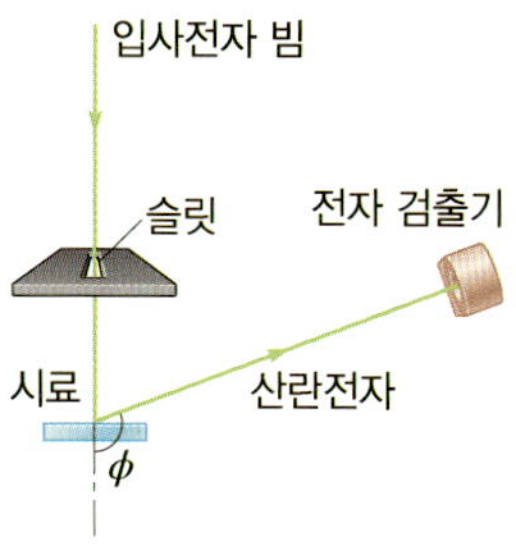

그림 28.3 데이비슨–거머의 실험 장비

전자와 같은 입자들의 파동성을 어떻게 관찰할 수 있을까? 파동의 특징은 간섭과 회절이다. 1925년 데이비슨Clinton Davisson, 1881~1958과 거머Lester H. Germer, 1896~1971는 낮은 에너지의 전자 빔을 니켈 결정에 쏘아 산란된 전자의 수를 산란각 ϕ의 함수로 측정하였다(그림 28.3). 이때 전자들이 가장 많이 관측된 각도는 $\phi = 130°$이었다. 산란된 전자의 개수가 어떤 물리적인 이유로 특정한 각도에서 최댓값을 가지게 되는 것일까? 이 최댓값이 간섭이나 회절에 의한 것일까? 그렇다면 전자들은 파동성을 가져야 할 것이다.

이후의 분석에 따르면, 전자들의 파장이 드브로이 법칙으로 주어질 때(문제 42를 보라), 전자가 최대로 모이는 산란각은 X선 회절의 브래그 법칙(식 (25–25))에 의해 예상되는 회절각과 일치한다. 산란된 전자들은 산란된 X선과 똑같이 간섭하여, 경로차가 파장의 정수 배인 각도에서 최대의 세기를 보인다.

데이비슨과 거머는 최대 세기 주변에서 세기가 완만하게 변하는 것을 보았다. 그들이 사용한 낮은 에너지의 전자들은 결정 내부 깊숙이 침투하지는 못했기 때문에 전자들은 비교적 적은 수의 격자 평면에서 산란되었다. 광학실험에서 회절격자의 슬릿 수가 많을수록 간섭무늬의 띠가 좁고 뚜렷해지는 것과 마찬가지로, 전자들이 결정 내의 모든 격자 평면에서 산란한다면 전자의 최대 회절무늬 띠는 좁고 뚜렷하게 될 것이다. 1927년 톰슨George Paget Thomson, 1892~1975*은 고에너지 전자들을 사용하여 회절 실험을 수행하였다. 이때 실험용 시료로 단결정 대신에 다결정, 곧 여러 개의 작은 단결정이 무질서하게 모여 이루어진 시료를 사용하였다. 다결정 시료로 X선 회절 실험을 하면, 보강 간섭으로 인해서 일련의 밝은 동심원의 고리 무늬가 생겨난다. 톰슨이 본 전자 회절의 무늬는 전자의 드브로이 파와 같은 파장의 X선이 보이는 회절무늬와 똑같은 것이었다. 이러한 일련의 실험들은 드브로이 가설이 옳은 것이었음을 보여주었다. 곧 파장 $\lambda = h/p$인 전자들은 같은 파장의 X선과 똑같은 방식으로 회절한다.

살펴보기 28.2 전자가 더 빠른 속력으로 가속된다면 드브로이 파장은 어떻게 변화하겠는가?

보기 28.1 전자의 회절 실험

8.0 kV의 퍼텐셜 차를 통하여 가속된 전자를 써서 전자 회절 실험을 수행한다. (a) 전자의 드브로이 파장을 구하라. (b) X선으로 같은 표본 물질에 대해 똑같은 회절무늬를 만들려면 X선의 파장과 에너지는 얼마여야 하는가?

전략 파장과 운동량 사이의 관계식은 전자와 광자가 같으나, 파장과 에너지의 관계식은 같지 않다. X선 회절에서 최대 보강간섭을 일으킬 브래그 조건(식 (25–25))에 따르면, 이웃하는 격자 평면에서 반사하는 X선 사이의 경로차는 파장의 정수 배여야 한다. 간섭과 회절에서 최대와 최소 밝기의 조건은 항상 경로차와 파장 사이의 관계식으로 나타내어진다. 따라서 똑같은 회절무늬를 얻으려면 X선은 전자와 같은 크기의 파장을 가져야 한다. X선 광자의 에너지는 전자의 운동에너지와는 다른데, 광자와 질량이 있는 입자의 운동량과 에너지 관계식이 다르기 때문이다.

* 이와 관련한 흥미로운 역사적 사실로, 톰슨J. J. Thomson은 1890년대 후반에 전자의 전하/질량 비율(e/m)을 측정함으로써 전자를 발견한 사람으로 인정받았다. 그의 아들인 톰슨G. P. Thomson은 전자 회절에서의 개척자적인 실험을 수행하였다. 아버지의 실험은 전자가 **입자**임을 보여 준 반면, 아들의 실험들은 전자의 **파동**성을 증명하였다.

풀이 (a) 전자가 8.0 kV의 퍼텐셜 차에서 가속된다면, 전자의 운동에너지는 8.0 keV가 된다. 운동량을 SI 단위계로 표시하려면 운동에너지도 SI 단위계로 표시하여야 한다.

$$K = 8000\ \text{eV} \times 1.6 \times 10^{-19}\ \text{J/eV}$$
$$= 1.28 \times 10^{-15}\ \text{J}$$

전자의 운동에너지 8.0 keV는 정지에너지 511 keV보다 훨씬 작으므로, 전자는 비상대론적으로 다룰 수 있다. 곧 $p = mv$와 $K = \frac{1}{2}mv^2$의 관계를 사용할 수 있다. 속력 v를 소거하여 p를 K에 관해 풀면, 운동량은

$$p = \sqrt{2mK}$$
$$= \sqrt{2 \times 9.11 \times 10^{-31}\ \text{kg} \times 1.28 \times 10^{-15}\ \text{J}}$$
$$= 4.83 \times 10^{-23}\ \text{kg} \cdot \text{m/s}$$

이고 파장은 다음과 같다.

$$\lambda = \frac{h}{p} = \frac{6.626 \times 10^{-34}\ \text{J} \cdot \text{s}}{4.83 \times 10^{-23}\ \text{kg} \cdot \text{m/s}}$$
$$= 1.372 \times 10^{-11}\ \text{m} = 13.7\ \text{pm}$$

(b) X선은 전자의 파장 13.7 pm와 같은 파장을 가져야 한다. 이 파장의 광자가 갖는 에너지는 다음과 같다.

$$E = hf = \frac{hc}{\lambda} = \frac{1.24\ \text{keV} \cdot \text{nm}}{0.01372\ \text{nm}} = 90.4\ \text{keV}$$

검토 (a)를 SI 단위계로 바꾸지 않고 풀어 보자. $p = \sqrt{2mK}$의 양변에 c를 곱하면, $pc = \sqrt{2mc^2K}$가 된다. 전자의 경우, $mc^2 = 511\ \text{keV}$이다. 따라서

$$\lambda = \frac{h}{p} = \frac{hc}{pc} = \frac{hc}{\sqrt{2mc^2K}}$$
$$= \frac{1.24\ \text{keV} \cdot \text{nm}}{\sqrt{2 \times 511\ \text{keV} \times 8.0\ \text{keV}}}$$
$$= 0.0137\ \text{nm} = 13.7\ \text{pm}$$

임을 알 수 있다.

실전문제 28.1 **중성자의 드브로이 파장**

에너지가 22 keV인 광자의 파장과 같은 드브로이 파장을 갖는 중성자의 운동에너지를 구하여라.

개념형 보기 28.2 회절무늬의 크기와 전자의 에너지

다결정의 알루미늄 시료에 전자의 회절 실험을 수행한다. 전자들은 고리무늬를 만든다. 만약 전자들을 가속하는 전압이 증가하면, 고리의 반지름은 어떻게 되겠는가? 여러 고리 중 하나를 만드는 것을 보여주는 그림 28.4를 참조하여라.

전략 보강간섭에 의하여 고리가 만들어진다. 즉 잇따른 두 원자 평면으로 반사된 전자들 사이의 경로차는 파장의 정수 배이다. 가속하는 전압이 증가하면 파장은 달라진다. 경로차가 늘 파장의 정수 배가 되려면 ϕ가 어떻게 변해야 하는가를 결정해야 한다.

풀이 및 검토 가속 전압이 더 커지면 전자들의 운동에너지와 운동량이 커진다. 운동량이 크면 드브로이 파장은 짧다. 파장이 짧아지면 전자는 보강간섭에서 더 짧은 경로차를 택하는데, 경로차가 짧은 파장의 일정한 정수 배이기 때문이다. 그림 28.4b로부터, 더 짧은 경로차는 보다 작은 각 ϕ에 만들어진다. 그림 28.4a로부터, 더 작은 각 ϕ는 고리의 반지름을 더 짧게 만든다. 곧 전자의 에너지가 커질수록 밝은 고리들의 반지름은 짧아진다.

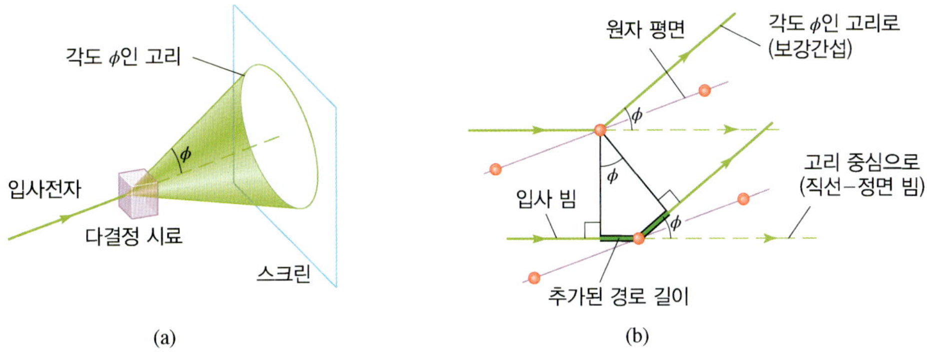

그림 28.4 (a) 회절무늬 중 하나의 고리가 입사 빔과 ϕ 라는 각으로 산란된 전자들에 의해 만들어진다. (b) 잇따른 두 원자 평면으로부터 반사된 전자선들이 경로차를 보여준다.

개념형 실전문제 28.2 **이중 슬릿에 의한 무늬**

빛 대신 단일에너지의 전자 빔(운동에너지가 똑같은 전자들)을 사용한 이중 슬릿 실험에서, 빛의 경우와 같은 간섭무늬가 얻어진다. 최대 보강간섭은 $d\sin\theta = m\lambda$(식 (25-17))를 만족하는 각에서 나타난다. 여기서 d는 슬릿의 간격이고, λ은 전자 빔의 드브로이 파장이다. 가속 전압이 증가하면 간섭무늬는 어떻게 되는가?

이후 결정에 **중성자**를 사용한 회절 실험이 수행되었다. 여기에서도 실험 결과는 드브로이의 가설, 곧 $\lambda = h/p$를 확인해 주었다. 오늘날 X선, 전자, 중성자의 회절은 보통 미시적 구조를 관측하는 도구로 쓰이고 있다. 이들 사이에는 다음과 같은 몇 가지 차이가 있다. 먼저 전자는 X선 만큼의 투과성을 지니고 있지 않아서, 표면의 미시적 구조를 연구하는 데 더 적합하다. X선은 주로 원자 속의 전자들과 상호작용을 한다. 만일 시료가 전자수가 적은 가벼운 원소들로 되어 있다면, X선 회절 방식은 그리 효과적이지 못하다. 이러한 경우에는 중성자 회절이 종종 쓰인다. 중성자는 시료 속의 원자핵들과 상호작용 하기 때문이다. 중성자들은 전기적으로 중성이므로, 전자들과는 거의 상호작용 하지 않는다. 중성자의 회절은 단백질 또는 다른 생물체의 거대 분자 구조 속에 있는 수소 원자의 위치를 파악하는 목적에 특히 유용하게 쓰인다.

최근에는 원자 또는 분자의 빔을 이용한 간섭과 회절 실험이 수행되고 있다. 탄소 60개가 축구공 모양으로 단단히 묶여 있는 분자인 '버키볼' 빔도 양자 이론에 따라 간섭하고 회절한다는 것이 알려져 있다.

물질파와 확률

연결고리 전자를 이용한 이중 슬릿 실험은 빛을 이용한 실험과 같은 간섭무늬를 생성한다.

빛 대신에 **전자 빔**을 사용한 이중 슬릿 간섭 실험을 한다고 생각해 보자. 전자를 슬릿으로 한 번에 한 개씩 보낸다고 하더라도 간섭무늬는 나타난다. 각각의 전자는 국소화된 입지로서 스크린에 충돌하며 작은 흔적을 만드는데, 이는 광자의 경우와 같다. 많은 전자들이 스크린에 충돌한 후에는 광자와 같이 간섭무늬가 또렷해진다(그림 28.2). 두 슬릿을 통과하여 나오는 물질파의 간섭은 스크린상의 특정 위치에 전자가 도달할 확률을 결정한다. 물질파가 보강간섭하는 곳에서는 확률이 높아지며, 상쇄간섭을 하는 곳에서는 확률이 낮아진다.

간섭무늬가 생긴다는 것은 전자의 물질파가 **두 슬릿 모두**를 통과한다는 증거이다. 각각의 전자가 어느 슬릿을 통과하는지를 기록하기 위해서 검출기 하나를 설치했다고 생각해 보자. 검출기를 쓰면 특정 전자가 **첫 번째 슬릿 또는 두 번째 슬릿** 중 하나를 통과하는 것을 항상 관측할 수 있는데, 이때 두 슬릿을 동시에 통과하는 일은 없을 것이다. 그러나 이 검출기가 작동하면 간섭무늬는 **사라진다**!

28.3 전자 현미경
Electron Microscopes

광학 현미경의 분해능은 회절에 의하여 제한된다(25.8절을 보아라). 이상적인 조건 하에서, 분해될(현미경이 만든 상으로 구별할) 수 있는 물체의 최소 크기는 빛의 파장의 절반 정도이다. 가시영역 스펙트럼의 최소 파장을 400 nm로 보면, 광학 현미경은 약 200 nm의 거리를 분해할 수 있다. 원자와 분자에게는 긴 거리인데, 고체 원자들 사이의 거리는 대개 약 0.2 nm 정도이기 때문이다.

보다 좋은 분해능을 얻기 위한 한 가지 가능성은 자외선 현미경을 사용하는 것이다. 자외선 현미경은 약 200 nm까지의 파장을 사용한다. 이 파장보다 짧은 파장을 사용하는 렌즈를 만들기는 매우 어렵다.

약 0.2 nm 이하 파장의 전자 빔은 쉽게 만들 수 있다. 물질파의 파장이 0.2 nm인 전자를 얻으려면 37.4 V의 퍼텐셜 차로 전자를 가속시키면 된다. 전자 현미경에 쓰이는 보통의 전자들은 이보다 더 큰 에너지를 가지고 있으며, 따라서 더 짧은 파장을 갖는다. 그러나 전자 현미경의 분해능은 렌즈의 수차, 곧 전자 빔을 초점에 모아 상을 맺게 하는 데 사용하는 전자기적 렌즈의 불완전성에 의해서도 제약을 받는다.

전자 현미경의 작동 원리는 전자의 파동성을 충분히 고려하지 **않고서도** 설명될 수 있다. 우리는 앞서 광선을 추적해 가는 방법인 기하광학을 사용하여 광학현미경의 원리를 설명하였다. 마찬가지로, 자기 렌즈에 의해 휘어지고 시료에 의해 산란되는 전자의 경로를 추적할 수 있다. 광학 현미경에 비해 전자 현미경이 지니는 장점은 전자의 파장이 짧다는 점이며, 이로 인하여 '기하 전자광학'의 영역을 훨씬 작은 물체까지로 확장할 수 있다. 그렇지만 전자 현미경은 진공이 필요하다는 단점이 있다.

투과 전자 현미경 전자 현미경에는 여러 형태가 있다. 광학 현미경과 가장 닮은 현미경으로는 투과 전자 현미경 또는 TEM transmission electron microscope이라고 부르는 것이 있다(그림 28.5a, b). 평행한 전자 빔들이 시료를 통과할 때 시료의 한 점에서 산란해도 전자들은 자기 렌즈에 의해 스크린 위의 한 점으로 다시 모여 스크린에 시료의 실상 real image을

그림 28.5 두 가지 유형의 전자 현미경. 두 경우 모두 가열된 필라멘트에서 방출된 전자가 양극과 음극 사이의 전기장에 의하여 가속된다. (a) TEM에서는, 수렴렌즈가 전자 빔을 평행하게 만들고 구경에 따라 빔의 굵기가 정해진다. 빔이 시료를 통과하고 나서, 대물렌즈가 실상을 만든다. 한 개 또는 여러 개의 투사렌즈가 상을 확대하고 또 확대된 상을 필름, 형광 스크린 또는 CCD 카메라(비디오카메라와 유사한) 위에 투영시킨다. (b) SARS-CoV-2 바이러스 입자의 착색 투과 전자 현미경 사진. (c) SEM에서는, 먼저 수렴렌즈를 써서 좁은 빔을 만든다. 빔 편향기는 빔이 시료 위를 휩쓸도록 하는 일련의 코일로 이루어져 있다. 대물렌즈는 시료의 작은 각 지점으로 정확히 전자 빔을 모으는 역할을 한다. 시료의 그 지점에서 튀어나오는 이차 전자들은 전자 집전기에 의해 검출되어 전기 신호로 바뀌고 모니터 또는 컴퓨터로 보내진다. (d) 주사 전자 현미경으로 찍은 과일파리의 발톱과 발바닥의 착색 사진

만든다. 전자들이 시료를 통과할 때 속력이 너무 떨어지면 안 된다. 따라서 TEM은 최대 약 100 nm 정도 두께의 얇은 시료에만 사용된다. TEM은 약 0.2 nm의 미세한 물체를 구별할 수 있어서 파장이 200 nm를 이용하는 자외선 현미경보다 약 500배의 정밀도로 물체를 구별해 낼 수 있다.

주사 전자 현미경 또 다른 전자 현미경인 주사 전자 현미경, SEM scanning electron microscope은 자기 렌즈를 이용하여 전자 빔을 한 번에 시료의 한 점으로 모이게 한다(그림 28.5c, d). 이러한 일차 전자들은 시료의 전자들을 떼어 내어 이차 전자들을 만들고, 집전기 electron collector가 이차 전자들의 개수를 기록하게 된다. 일차 전자 빔은 빔 편향기를 이용하여 시료를 쓸어 간다. 시료 상의 각 점으로부터 튀어나오는 이차 전자들의 개수를 측정하여 그 결과를 스크린으로 보내면 시료의 상을 얻을 수 있다. SEM의 분해능은 TEM의 분해능보다는 나빠서, 기껏해야 약 10 nm 정도이다. 그러나 SEM은 얇은 시료를 쓸 필요가 없으며, 또한 시료의 표면 윤곽에 감도가 높기 때문에 삼차원 구조의 상을 만드는 데 우수한 성능을 갖는다.

기타 전자 현미경 주사 투과 전자 현미경, STEM scanning transmission electron microscope은 SEM과 마찬가지로 시료를 한 점 한 점씩 옮겨가며 스캔하지만, 시료를 투과하는 전자들을 검출하여 상을 만든다. 이와 또 다른 전자 현미경으로는 주사 터널 현미경, STM scanning tunneling microscope이 있는데, 이것은 28.10절에서 다룰 것이다.

28.4 불확정성 원리 The Uncertainty Principle

19세기 후반에 들어서서 뉴턴 역학, 전자기학의 맥스웰 방정식, 열역학 등이 고도로 발전되었고 실험 결과와도 잘 일치하였기 때문에, 일부 과학자들은 이제 더 이상 새로 발견해야 할 자연의 기본 법칙이 존재하지 않는다고 생각했다. 심지어 어떤 사람들은 완벽한 결정론자가 되었다. 그들의 이론에 의하면 어떤 순간의 우주의 상태, 곧 모든 입자의 속도와 위치가 그 이후 모든 시간의 우주의 상태를 결정짓는다는 것이다. 원칙적으로 모든 입자의 나중 순간의 위치와 속도는 뉴턴의 운동 법칙을 이용하여 계산할 수 있었다.

양자역학에서는 완전한 결정론이 허용되지 않는다. 28.1절과 28.2절에서 설명한 이중 슬릿 실험에서, 하나의 광자 또는 전자가 스크린의 어느 위치에서 발견될지 예측하는 것은 원리적으로 불가능하다. 1927년 독일의 물리학자 하이젠베르크Werner Heisenberg, 1901~1976는 이러한 결정 불가능성을 기술하는 **하이젠베르크의 불확정성 원리**Heisenberg uncertainty principle를 공식화하였다. 우리가 어떤 입자의 위치와 운동량을 동시에 측정한다고 가정하자. 불확정성 원리에 따르면, 가장 이상적인 실험을 수행한다고 하여도 입자의 위치와 운동량 측정의 정확도에는 한계가 존재한다. 만약 위치를 나타내는 x 좌표에서의 불확정량을 Δx 라고 하고 운동량의 x 성분 측정의 불확정량을 Δp_x 라고 하면 다음이 성립한다.

위치-운동량의 불확정성 원리

$$\Delta x \Delta p_x \geqq \frac{1}{2}\hbar \qquad (28\text{-}4)$$

불확정성 원리를 엄밀하게 적용하고자 하면, x와 p_x의 불확정성에 대한 정확한 정의가 필요하게 된다. 이러한 정의들은 본 교재의 수준을 넘어서기 때문에 여기에서는 불확정성에 관한 대략의 차수 정도만을 다루는 수준에서 불확정성 원리를 적용하고자 한다.

위치와 운동량에 대한 엄밀한 측정은 왜 서로 양립할 수 없는 것일까? 그것은 파동-입자 이중성의 결과이다. 양자물리학에서 국소적인 입자는 **파동 묶음**wave packet, 곧 공간에서 유한한 범위를 차지하는 파동(그림 28.6a)으로 표현된다. 이 입자의 운동량은 파동 묶음의 파장과 관계가 있다. 만일 국소적인 파동 묶음을 얻고자 한다면, 우리는 서로 **다른 여러 파장**을 갖는 파들을 합쳐야 한다(그림 28.6b). 파동들은 파동 묶음의 바깥에서는 서로 상쇄된다. 파동 묶음의 길이가 짧을수록 여러 파장의 파동을 합해야 한다(그림 28.6c). 다시 말하면, 입자의 위치의 불확정량이 작아질수록 입자의 운동량의 불확정량은 더 커진다. 중첩되는 파동들의 파장의 범위가 좁을수록, 파동 묶음은 더 길어지게 된다. 왜냐하면, 파장의 범위가 좁아지면 파들이 더 먼 거리에 걸쳐서 비슷한 위상을 유지하게 되어 보강간섭을 일으킬 수 있기 때문이다. 그러므로 운동량의 불확정량이 줄어들면, 위치의 불확정량은 더 커지게 된다.

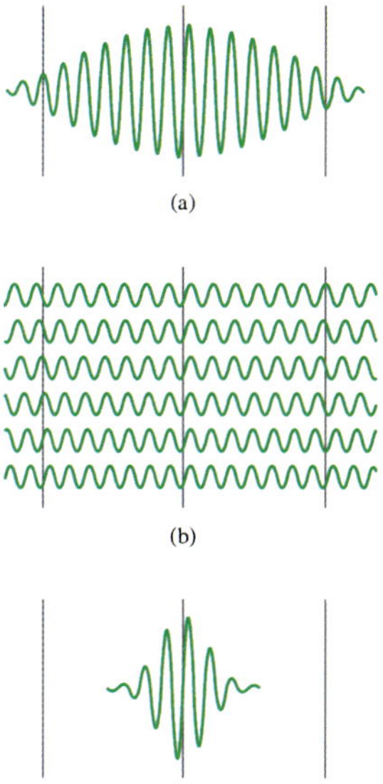

그림 28.6 (a) 국소적인 입자를 나타내는 파동 묶음. 입자의 위치의 불확정량은 파동 묶음의 너비에 해당한다. (b) 6개의 파들은 조금씩 다른 파장을 가지고 있다. 중심에서 모든 파들의 위상이 일치한다. 그 중심에서 벗어나면, 파장의 차이로 인하여 위상차가 조금씩 증가한다. 이러한 6개의 파들이 합쳐져 (a)에 있는 파동 묶음이 된다. 실제로 여기에 있는 6개의 파들을 다 더하면, 맥놀이 모양으로 되풀이되는 파동 묶음이 생겨난다. 되풀이되지 않는 진정한 국소적 파동 묶음을 얻으려면, 좁은 범위의 연속적인 값의 파장을 갖는 무한히 많은 파들을 합쳐야만 한다. (c) 보다 좁은 파동 묶음을 얻기 위해서는, 같은 평균 파장 부근의 더 넓은 영역의 파장을 갖는 파동들을 합쳐야 한다. 위치의 불확정량이 적은 입자는 넓은 영역의 파장을 갖는 파동 묶음으로 나타나고 따라서 운동량의 불확정량이 커진다.

뉴턴 역학에서는 입자에 작용하는 힘들이 입자의 운동을 결정짓는다. 입자의 경로를 계산하거나 측정함에 있어 정확도에 근본적으로 제약을 주는 것은 아무것도 없다. 반면에 양자역학의 불확정성 원리에 따르면 입자의 위치와 운동량을 동시에 측정할 때, 그 정확도에는 근본적인 제약이 주어진다. 시간 t일 때 입자의 위치를 더 정확히 알수록, 같은 시간에 그 입자의 운동량은 덜 정확할 수밖에 없다. 시간 t일 때 입자의 운동량에 불확정량이 존재한다는 것은 다음 순간, 곧 $t+\Delta t$라는 순간에 그 입자가 어디에 있을지를 정확히 예측할 수 없다는 것을 뜻한다. 따라서 한 입자의 운동 경로를 시간의 함수로 정확히 추적한다는 것은 원리적으로도 불가능하다.

살펴보기 28.4 수소 원자의 보어 모형이 불확실성 원리와 양립할 수 없는 이유는 무엇인가?

보기 28.3 단일 슬릿 실험에서 불확정성

너비가 a 이고 수평 방향으로 놓인 단일 슬릿을 이용한 전자의 회절 실험을 생각해 보자(그림 28.7). 슬릿 중심의 y 좌표를 $y=0$으로 놓는다. 슬릿을 통과하는 전자들의 y 좌표는 $y=-a/2$와 $y=+a/2$ 사이이다. 따라서 y는 평균값 위치($y=0$)의 $\pm a/2$ 범위 안에 있게 되어서, y 좌표에서의 불확정량(Δy)은 대략 $a/2$라고 볼 수 있다. (a) 슬릿을 통과하여 각도 θ로 나가는 전자의 운동량 y 성분은 얼마인가? p와 θ를 이용하여 답하라. (b) 대부분의 전자들은 스크린 중앙의 최대 회절점 근처에 떨어지게 된다. 이 사실을 이용하여 슬릿을 통과하는 전자들의 운동량의 불확정량 Δp_y를 어림셈하여라. (c) 곱 $\Delta y \Delta p_y$를 구하여라. 이 양의 값을 불확정성 원리에 의해 주어지는 불확정량의 한계값과 비교하여라.

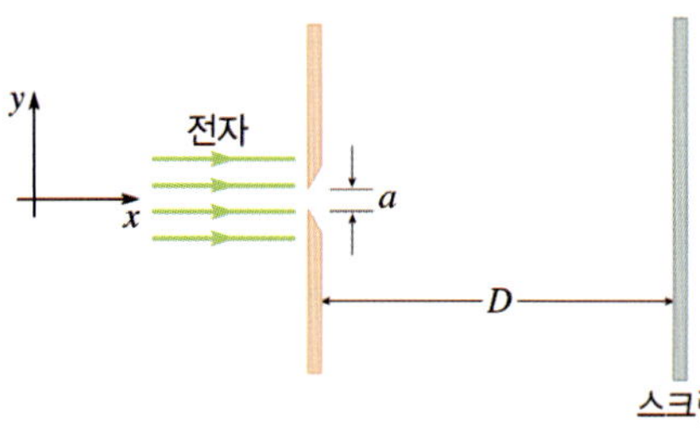

그림 28.7 단일 슬릿의 전자 회절 실험

전략 너비가 넓은($a \gg \lambda$) 슬릿일 때는 회절 현상이 거의 일어나지 않는다. 곧 y에서의 불확정량이 크므로 p_y의 불확정량은 작아지며, 전자들은 곧장 직진하여 스크린에 기하학적 그림자를 형성할 것이다. 좁은 슬릿에서는 전자들이 스크린에 회절무늬를 만들게 된다. 전자들은 퍼져나가 회절무늬를 만들게 되는데, 이것은 전자들이 슬릿을 통과할 때 그 운동량의 y 성분들이 달라지기 때문이다. 회절무늬가 넓을수록 슬릿을 통과하는 전자의 Δp_y는 더 커진다.

풀이 (a) 그림 28.8은 스크린을 향해 각도 θ로 움직이는 전자의 운동량 벡터를 보여준다. 운동량의 y 성분은

$$p_y = p \sin\theta$$

가 된다.

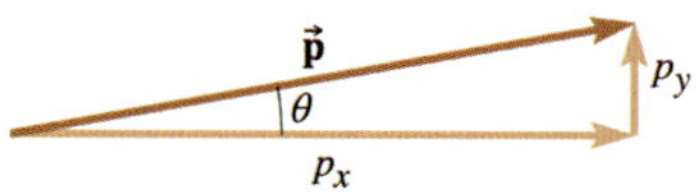

그림 28.8 전자가 운동량 벡터 $\vec{p}$를 가지고 각도 θ로 향하고 있다. $\vec{p}$의 성분은 직각삼각형을 이용하여 구할 수 있다.

(b) 회절무늬에서 첫 번째의 최소 밝기인 점의 각도는

$$\sin\theta = \frac{\lambda}{a} \qquad (25\text{-}22)$$

이다. 따라서 중심부의 밝은 영역에 떨어지는 전자들의 y 성분 운동량 값의 범위는

$$-\frac{p\lambda}{a} < p_y < \frac{p\lambda}{a}$$

가 되고, 운동량의 y 성분 불확정량은 근사적으로

$$\Delta p_y = \frac{p\lambda}{a}$$

가 된다.

(c) 위의 두 가지 불확정량의 곱은

$$\Delta y \Delta p_y = \frac{a}{2} \times \frac{p\lambda}{a} = \frac{p\lambda}{2}$$

이다. $\lambda = \dfrac{h}{p}$ 이므로,

$$\Delta y \Delta p_y = \frac{ph}{2p} = \frac{1}{2}h$$

가 된다. 따라서 여기에서 얻은 $\Delta y \Delta p_y$의 어림 계산의 결과는 불확정량의 원리($\Delta y \Delta p_y \geq \frac{1}{2}\hbar$)로부터 요구되는 최소 불확정량의 곱보다 2π배만큼 더 큰 값이다.

검토 여기에서 대략 계산한 결과는 **슬릿의 너비나 전자의 파장의 크기에 관계없이** 불확정량의 곱 $\Delta y \Delta p_y$가 플랑크 상수 h의 크기 정도의 값을 갖는다는 것을 보여준다. 불확정성 원리에 따라, 두 가지의 불확정량은 서로 반비례 관계를 갖는다. 넓은 슬릿(Δy가 클 때)에서는 회절이 거의 일어나지 않으며(Δp_y가 작다), 좁은 슬릿(Δy가 작을 때)에서는 큰 회절무늬를 만든다(Δp_y가 크다).

실전문제 28.3 **갇힌 전자**

전자 하나가 길이 150 nm인 '양자 도선' 속에 갇혀 있다. 전자의 운동량 중에서 도선의 방향에 나란한 성분이 갖는 불확정량의 최솟값은 얼마인가? 마찬가지로, 전자의 속도 성분 중 도선에 나란한 성분의 불확정량의 최솟값은 얼마인가?

에너지-시간 불확정성 원리

또 다른 불확정성 원리는 에너지와 관련이 있다. 만일 하나의 계(예를 들면 원자)가 시간 Δt 동안 어떤 양자상태에 있으면, 그 상태의 에너지 불확정량은 그 상태의 존재 시간(Δt)과 다음의 관계가 있다.

에너지-시간 불확정성 원리

$$\Delta E \Delta t \geq \frac{1}{2}\hbar \tag{28-5}$$

28.5 갇힌 입자의 파동함수
Wave Functions for a Confined Particle

갇혀 있지 않은 입자는 모든 값의 운동량과 에너지를 가질 수 있다. 전자 회절 실험이나 전자 현미경의 전자가 가지는 드브로이 파장의 크기에는 아무런 이론적인 제약이 없다. 반면에 원자 속에 존재하는 전자들은 띄엄띄엄한, 다시 말해서 양자화된 특정 에너지 준위들만을 가질 수 있다. 이 두 차이점은 전자가 공간 속에 **속박**되어 있느냐 하는 것이다. 곧 **갇힌 입자는 양자화된 에너지 준위들을 갖게 된다.**

좋은 비유로 줄의 진동이 만드는 횡파를 들 수 있다. 매우 긴 줄을 따라 진행하는 파동은 어떠한 파장의 값이든 가질 수 있다. 그러나 길이가 L로 유한한 줄에 한정된 정상파는 특정한 파장들만 가질 수 있다(11.10절 참조). 만일 줄의 양 끝이 모두 고정되어 있다면 허용되는 파장은 다음과 같다.

$$\lambda_n = \frac{2L}{n} \qquad (n = 1,\ 2,\ 3, \cdots) \tag{11-23}$$

최대 파장($\lambda = 2L$)일 때의 줄의 진동수는 최솟값(기본 진동)을 갖는다. 정상파는 양자화 현상의 고전적 사례이다.

같은 일이 전자와 같은 입자들의 경우에도 일어난다. 만일 입자들이 갇혀 있지 않으면 드브로이 파장이나 에너지의 값에는 아무런 제약이 없다. 갇혀 있을 때는 허용된 특정한 값의 파장과 에너지만 가질 수 있다.

줄 위에서의 파동을 묘사하는 파동함수 $y(x,t)$는 줄 위에서의 위치 x와 시각 t의 함수로 나타낸 변위 y이다. 일차원 공간에 존재하는 입자의 양자역학적 파동함수는 $\psi(x,t)$로 나타낸다. 여기에서 ψ는 그리스 문자 프시[psi]를 가리킨다. 줄 위에서 생긴 횡파의 파동함수에 대해서는 그 의미를 쉽게 이해할 수 있는데, 줄의 특정 위치의 점이 평형 위치로부터 얼마나 벗어나 있는가를 말해 주는 것이다. ψ가 무엇을 나타내는지에 관한 질문은 나중에 다루기로 한다.

상자 안의 입자

갇혀 있는 입자의 가장 단순한 모형은 절대 뚫고 넘어갈 수 없는 간격 L의 두 '벽' 사이에 갇혀 일차원적으로 움직이는 입자이다. 입자는 $x = 0$과 $x = L$ 사이의 영역에서는 자유롭게 움직인다. 그러나 아무리 에너지가 크다고 해도 입자는 그 바깥 영역으로는 나갈 수 없다. 곧 퍼텐셜에너지 U는 $x = 0$과 $x = L$ 사이에서 일정한 값(일반적으로 0의 값으로 선택)을 갖는다. 상자 밖($x < 0$ 또는 $x > L$)에서 퍼텐셜에너지는 무한대이다. 이 모형을 **상자 안의 입자**[Particle in a box]라고 부른다(하지만 이 '상자'는 일차원임을 기억하여라).

이러한 방법으로 갇혀 있는 입자의 파동함수는 양 끝이 고정된 줄의 횡파와 유사하고, 따라서 허용되는 파장은 다음과 같다.

상자 안 입자의 파장

$$\lambda_n = \frac{2L}{n} \quad (n = 1, 2, 3 \ldots) \tag{28-6}$$

이 입자의 드브로이 파장은 운동량과의 관계식으로부터 다음과 같다.

$$p_n = \frac{h}{\lambda_n} = \frac{nh}{2L} \tag{28-7}$$

그림 28.9는 바닥상태(에너지가 가장 낮은 양자상태)와 세 가지의 들뜬상태, 곧 $n=1$, 2, 3, 4에 대한 파동함수들을 보여준다.

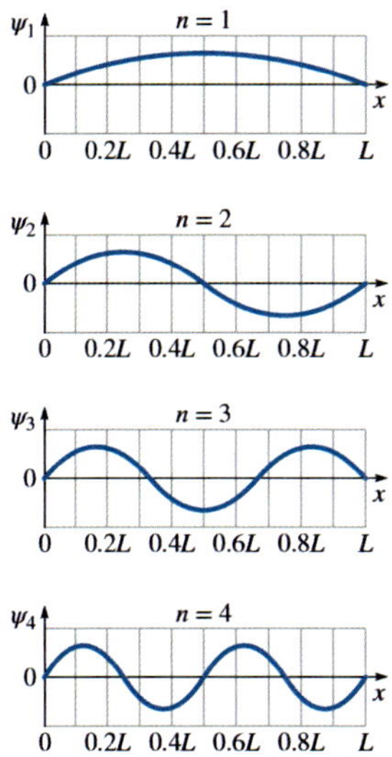

그림 28.9 상자 속의 입자에 대한 파동함수($n=1$, 2, 3, 4)

연결고리 상자 안의 입자에 대한 파장은 양쪽 끝이 고정된 줄 위의 파동과 같다(11.10절 참조).

갇혀 있는 입자의 에너지는 어떤 값을 갖는가? 그 에너지는 퍼텐셜에너지와 운동에너지의 합이다. 상자 속 어디에서나 퍼텐셜에너지는 같은데, 편의상 상자 속에서 $U=0$의 값을 선택한다. 운동량으로부터 운동에너지는 다음과 같다.

$$K = \frac{1}{2}mv^2 = \frac{(mv)^2}{2m} = \frac{p^2}{2m} \tag{28-8}$$

$$E = K + U = \frac{p^2}{2m} + 0 = \frac{n^2h^2}{8mL^2} \tag{28-9}$$

줄의 파동이 최소의 진동수를 갖는 기본 진동이 있듯이, 갇혀 있는 입자는 바닥상태($n=1$)에서 **가능한 최저 에너지**를 갖는다. 바닥상태의 에너지는 다음과 같다.

$$E_1 = \frac{h^2}{8mL^2} \tag{28-10}$$

최저 에너지의 값이 0이 아니라는 사실은 중요한 물리적 뜻을 지닌다. 속박된 입자는 0의 운동에너지를 가질 수 **없다**. 보다 작은 상자 속에 갇혀 있는 입자는 **더 큰** 바닥상태 에너지를 갖는다. 이것은 불확정성 원리로 설명될 수 있는데, 작은 상자 속의 입자는 위치의 불확정량이 작아지게 되고($\Delta x \approx L/2$), 따라서 운동량의 불확정량은 더 커지게 된다. 상자 속에 있는 입자의 운동량의 **크기**는 $p = h/\lambda$로 일정하지만, 운동량의 x **성분**은 $+p$ 혹은 $-p$의 두 가지 값을 가질 수 있다. 그러므로 바닥상태에서는 $\Delta p_x \approx p = h/2L$이 되고 불확정량의 곱은 다음과 같이 된다.

$$\Delta x\, \Delta p_x \approx \frac{1}{2}L \times \frac{h}{2L} = \frac{1}{4}h = \frac{\pi}{2}\hbar \tag{28-11}$$

위치와 운동량에 대한 두 불확정 값의 **근사치**를 사용하여 상자 속에 있는 입자의 바닥상태 에너지를 계산하면 그 값은 실제의 정확한 값과 π배 만큼의 차이밖에 나지 않는다.

들뜬상태에서 에너지들은

$$E_n = n^2E_1 \tag{28-12}$$

이 된다. 수소 원자의 경우와 마찬가지로, 상자 속의 입자는 들뜬상태 n에서 낮은 에너지 상태 m으로 다음과 같은 에너지의 광자 한 개를 방출하며 전이할 수 있다.

$$E = E_n - E_m \tag{28-13}$$

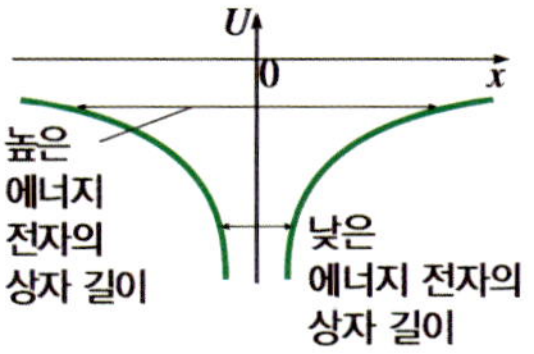

그림 28.10 수소 원자 속에 구속된 전자의 퍼텐셜에너지(x의 함수로 나타냄). 편의상 전자는 1차원 상자 속에 갇혀 있다고 가정한다. 원자핵은 $x=0$에 있다.

n이 커짐에 따라 에너지 준위들은 점점 멀어짐에 주의하라. 반면 수소 원자의 경우에는 n이 커짐에 따라 에너지 준위들은 점점 가까워진다. 왜 이러한 차이가 생기는 것일까? 상자 속의 입자는 입자의 에너지가 아무리 증가하더라도 여전히 일정한 크기 L의 공간 속에 갇혀 있다. 반면에 수소 원자 속에 전자를 가두는 퍼텐셜에너지는 점진적으로 변화한다(그림 28.10). 전자의 에너지가 증가함에 따라 상자도 길어진다.

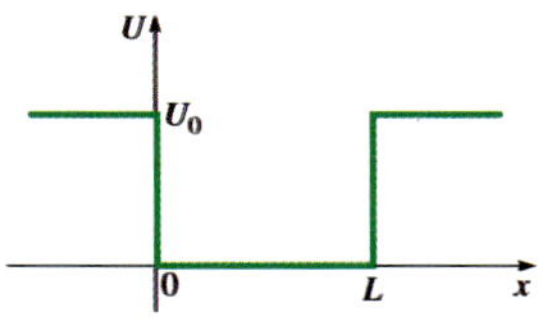

그림 28.11 유한한 상자 속에 있는 입자의 퍼텐셜에너지

유한한 상자

일차원에 갇힌 입자에 대한 조금 더 실제적인 모형은 **유한한 상자 안의 입자**이다. 이 모형에서 상자의 '벽'은 그림 28.11에서 보여주듯 투과 불가능한 것이 아니다. 상자 바깥의 퍼텐셜에너지($U=U_0$)는 상자 안의 퍼텐셜에너지($U=0$)보다 높다. 높이가 유한한 퍼텐셜 상자 속에 있는 입자의 경우, **속박상태**($E<U_0$)의 에너지는 양자화되어 있지만 속박상태의 수는 유한하다. 만일 입자의 에너지 E가 U_0보다 크다면, 입자는 더 이상 상자 속에 속박되지 않는다. 이러한 상태에서 입자는 상자 속에 갇혀 있지 않으므로 연속적인 파장과 에너지를 가질 수 있다.

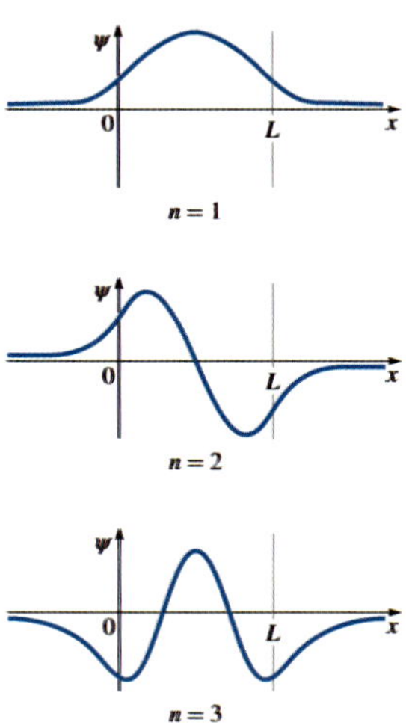

그림 28.12 유한한 상자 속에 있는 입자의 파동함수($n=1, 2, 3$)

유한한 상자 안에서 입자의 파동함수는 벽과 그 바깥의 모든 영역에서 0이 아닌 유한한 값을 갖는다. 곧 파동함수는 퍼텐셜 벽의 경계 너머로 조금 퍼져나가게 되고, 벽에서의 거리가 멀어짐에 따라 지수함수적으로 감소한다(그림 28.12). 고전물리학에 따르면 $E<U_0$인 입자는 상자 바깥에서의 운동에너지가 음$^-$이 되기 때문에 결코 외부에 있을 수 없다. 많은 실험들이 양자역학의 예측대로 갇힌 입자의 파동함수가 퍼텐셜 상자 바깥으로까지 확장된다는 사실을 입증하고 있다.

파동함수의 해석

1925년 오스트리아의 물리학자 슈뢰딩거Erwin Schrodinger, 1887~1961는 입자의 파동성에 관한 드브로이의 논문을 접하게 되었다. 그 후 몇 주 만에 슈뢰딩거는 양자역학의 기본 방정식을 세우게 되었다. 양자역학적 파동함수는 슈뢰딩거 방정식의 풀이이다.

파동함수에 관한 통계적 의미를 최초로 부여한 사람은 독일의 물리학자 보른Max Born, 1882~1970이었다.

보른의 법칙

어떤 주어진 영역에서 입자를 발견할 수 있는 확률은 파동함수의 크기의 제곱에 비례한다. 곧 $P \propto |\psi|^2$이다.

보다 엄밀하게 표현하자면 입자를 정확히 수학적인 한 점에서 발견하는 것을 기대할 수는 없지만, 공간의 작은 영역에서 발견될 확률은 계산할 수 있다. 일차원에서 $|\Psi|^2 \Delta x$는 입자가 x와 $x + \Delta x$ 사이에서 발견될 확률이다.

연결고리 이 파동함수의 통계적 해석은 전자기파와 같다. 공간의 일부 영역에서 광자를 발견할 확률은 그 영역에서 파동함수(전기장은 진폭)의 제곱에 비례한다.

이런 면에서, 양자물리학은 고전물리학과는 달리 확률적이라고 할 수 있다. 한 입자의 미래의 상태는 그 입자의 현재 상태에 의해 완전히 결정되지 **않는다**. 똑같은 두 입자가 동일한 환경에 놓여 있을지라도 같은 방식으로 행동하지 않을 수 있다. 두 개의 수소 원자들이 같은 들뜬상태에 놓여 있더라도, 같은 방식 혹은 같은 시간에 바닥상태로 떨어지지 않을 수 있다. 한 원자가 들뜬상태에서 더 오래 머무를 수 있고, 각각 다른 중간 과정을 거칠 수도 있다. 우리가 할 수 있는 최선의 것은 여러 에너지를 가진 광자들이 단위 시간당 방출되는 확률을 구하는 것뿐이다.

핵물리학에서 확률은 필수적인 개념이다(29장 참조). 예를 들면 동일한 방사성 핵들이 각각 다른 시각에, 그리고 어쩌면 각각 다른 과정을 거쳐 붕괴할 수 있다. 우리는 원자핵의 총개수가 반으로 줄어드는 반감기를 계산하고 측정하고 예측할 수는 있지만, **어떤** 원자핵이 **언제** 또는 어떤 과정을 거쳐 붕괴할지는 알 수 없다.

28.6 수소 원자 : 파동함수와 양자수
The Hydrogen Atom : Wave Functions and Quantum Numbers

수소 원자의 양자역학적 설명은 보어 모형과 많은 차이가 있다. 전자는 양성자 주위를 원형 혹은 어떤 다른 모양의 궤도로 돌고 있는 것이 아니다. 관측자는 단지 전자를 특정 위치에서 발견할 **확률**만을 알아낼 수 있을 뿐이다.

그림 28.13 수소 원자의 바닥상태를 전자구름으로 나타낸 그림. 이 구름은 확률밀도를 나타내는 것으로서, 구름이 진한 곳이 전자가 있을 확률이 더 높은 곳이다. 구름의 중심은 (보이지 않지만) 핵에 있다.

여러분은 가끔 전자를 그림 28.13에서 보는 것과 비슷한 전자구름으로 그려 놓은 것을 본 적이 있을 것이다. 전자구름은 전자의 확률 분포를 나타내는 한 가지 방법이다. 그러나 전자의 실체가 흐린 구름처럼 퍼져 있는 것은 **아닌데,** 전자의 위치를 측정하기만 하면 점 입자인 전자를 발견할 수 있기 때문이다(만일 전자가 점 입자가 아니라면, 실험의 결과는 전자의 크기가 10^{-17} m 보다 작다고 나올 것이다. 이 크기는 양성자 크기의 1/100

이며 원자 크기의 10^{-7}배만큼 작다). 비록 전자가 어떤 궤도를 따라 돌고 있지는 않지만, 전자는 운동에너지를 가지며 또한 각운동량을 가질 수 있다.

원자핵에 속박된 전자는 원자핵 주위의 공간에 갇혀 있으므로 에너지는 양자화된다. 일정한 에너지를 가지는 정상상태 stationary state에 있는 속박된 입자의 파동함수는 정상파이다. 전자의 파동함수는 삼차원 정상파이다.

양성자로부터 r만큼 떨어져 있는 전자의 퍼텐셜에너지는 다음과 같다.

$$U = -\frac{ke^2}{r} \quad (17\text{-}3)$$

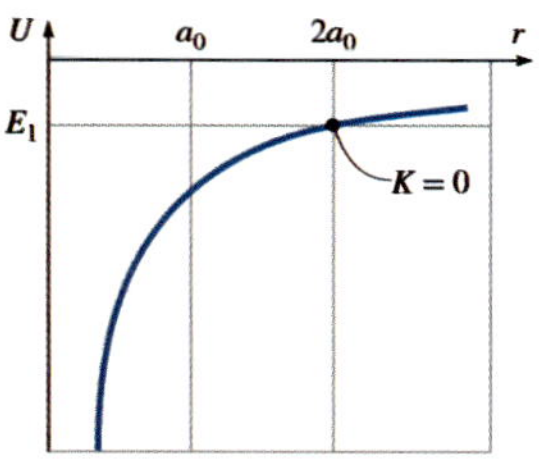

그림 28.14 이 그래프는 원자핵으로부터 r만큼 떨어진 곳에 있는 전자의 퍼텐셜에너지($U = ke^2/r$)를 보여준다. E_1은 바닥상태의 에너지이다. $E = K + U$이므로 거리 r에서의 운동에너지는 E_1을 지나는 수평선과 $U(r)$을 나타내는 곡선 사이의 차이이다.

여기에서 $k = 1/4\pi\epsilon_0 = 8.99 \times 10^9\ \text{N} \cdot \text{m/C}^2$는 쿨롱상수이다. 바닥상태에 있는 전자의 에너지는 보어 모형에서와 같이 $E_1 = -13.6\ \text{eV}$이다. 그림 28.14와 같이 E_1은 전자가 원자핵으로부터 $2a_0$만큼 떨어진 곳의 퍼텐셜에너지와 같은 값을 가진다($a_0 = \hbar^2/(m_e ke^2) = 52.9\ \text{pm}$는 수소 원자의 보어 반지름임을 기억하라). $E = K + U$이므로, $r = 2a_0$에서의 전자의 운동에너지는 0이다. 고전물리학을 따른다면 전자는 $r > 2a_0$인 영역에서는 존재할 수 없지만, 양자역학의 파동함수는 $r > 2a_0$인 영역까지 퍼져 있다. 이것은 파동함수가 유한한 퍼텐셜 상자의 벽을 넘어가 퍼져 있는 것과 같다.

퍼텐셜에너지의 값이 일정하지 않기 때문에, 파동함수는 한 개의 일정한 파장의 파동으로 되어 있지 않다. 바닥상태($n = 1$)의 파동함수 $\psi(r)$은 그림 28.15a에 나타나 있다. 파동함수는 $r = 0$에서 최대의 값을 가지나, 전자가 발견될 확률이 가장 높은 범위는 0이 아니라 a_0이다(그림 28.15b, c 참조).

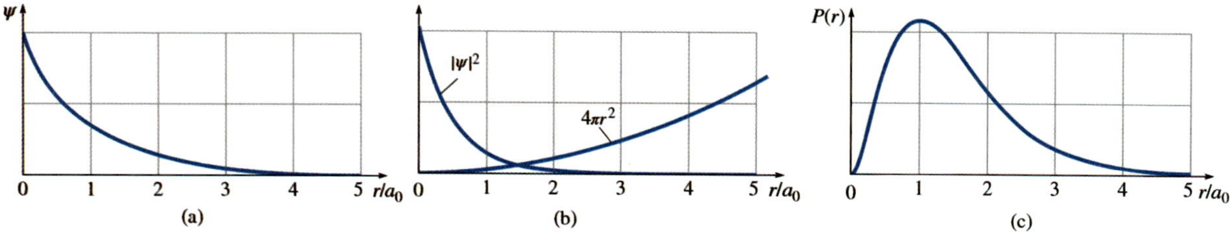

그림 28.15 (a) 수소 원자의 전자에 대한 바닥상태의 파동함수. (b) $|\Psi|^2$와 $4\pi r^2$의 그래프. 이 두 양들은 양성자로부터 주어진 거리에서 전자를 발견할 확률을 결정하는 데 있어 서로 경쟁하는 인수들이다. $|\Psi|^2$는 단위 부피당 확률을 나타낸다. 원자핵으로부터 거리 r과 $r + \Delta r$ 사이의 공간의 부피는 얇은 구 껍질의 넓이($4\pi r^2$)와 그것의 두께 Δr의 곱으로 나타낼 수 있다. (c) $4\pi r^2 |\Psi|^2$의 그래프. 이 양은 전자가 원자핵으로부터 r과 $r + \Delta r$ 사이의 거리에서 발견될 확률에 비례한다. 이 확률은 $r = a_0$에서 최댓값을 갖는다.

양자수

전자의 양자 상태는 n값만으로 결정되지 않음이 밝혀졌다. 전자의 양자 상태를 나타내기 위해서는 네 개의 **양자수**quantum numbers가 필요하다. 정수 n은 **주양자수**principal quantum number라고 부른다. 에너지 준위들은 보어의 에너지들과 같다.

$$E_n = \frac{E_1}{n^2}, \quad E_1 = -\frac{m_e k^2 e^4}{2\hbar^2} = -13.6 \text{ eV} \tag{28-14}$$

주어진 주양자수 n에 대하여 전자의 궤도 각운동량 L은 다음과 같이 n개의 다른 값을 가진다.

궤도 각운동량 양자수

$$L = \sqrt{\ell(\ell+1)}\,\hbar, \quad \ell = 0, 1, 2, \cdots, n-1 \tag{28-15}$$

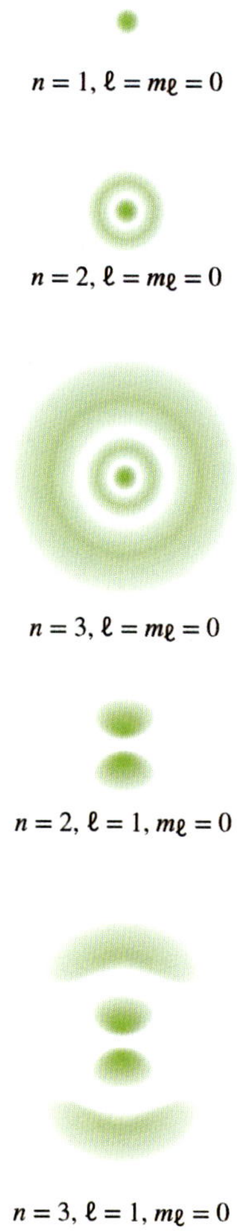

그림 28.16 수소 원자의 몇 가지 양자 상태에 관한 확률밀도 $|\psi|^2$의 전자구름 그림. 그림들은 단일 평면에서의 확률밀도를 보여준다. 3차원에서는 전자구름이 어떻게 보일까 하는 것에 관해서는 각각의 그림들을 연직축 둘레로 돌리는 경우를 상상하여 보아라.

주어진 주양자수 n값에 대하여 **궤도 각운동량 양자수**orbital angular momentum quantum number ℓ의 값은 0부터 $n-1$까지의 정수값을 가질 수 있다. 바닥상태($n=1$)에서는 $\ell=0$의 값만이 가능하다. 곧 바닥상태의 각운동량의 값은 $L=0$이다. 높은 n값에서, L값은 0도 가능하고 0이 아닌 값도 가능하다. L을 **궤도** 각운동량이라고 부르는 것은 이것이 전자의 **운동**과 관련이 있기 때문이다. 그러나 전자가 잘 정의된 궤도를 따라 움직이지는 않음에 유의하여라.

궤도 각운동량 양자수 ℓ은 궤도 각운동량의 크기 L만을 결정짓는다. 그러면 궤도 각운동량의 방향은 어떻게 되는가? 이 방향 또한 양자화되는 것으로 밝혀졌다. 주어진 n과 ℓ에 관하여 특정 방향, 예를 들어 z축 방향에 대한 각운동량 $\vec{\mathrm{L}}$의 성분은 $2\ell+1$가지의 양자화된 값을 가질 수 있다.

궤도 자기 양자수

$$L_z = m_l \hbar, \quad m_l = -\ell, -\ell+1, \cdots, -1, 0, +1, \cdots, \ell-1, \ell \tag{28-16}$$

궤도 자기 양자수orbital magnetic quantum number m_ℓ은 $-\ell$부터 ℓ까지 정숫값을 가질 수 있다.

그림 28.16은 수소 원자의 여러 양자 상태에 관한 확률밀도($|\psi|^2$)를 보여준다. 각운동량이 0인($\ell=0$) 양자상태는 구대칭이고, $\ell \neq 0$이면 그렇지 않음을 주목하여라.

운동에 관련되는 각운동량 외에, 전자는 고유 각운동량(스핀 각운동량) $\vec{\mathrm{S}}$를 갖는데, 그 크기는 $S = (\sqrt{3}/2)\hbar$이다. 원래는 전자가 한 축을 중심으로 자전운동을 한다고 생각했었기에 지금도 S를 **스핀 각운동량**이라고 부르지만, 전자가 자전운동을 하는 것은 아니다. 현재까지 전자는 점 입자로 알려져 있는데, 자전운동으로 이러한 각운동량을 갖게 되려면 전자의 크기는 커야 할 뿐 아니라 상대성 이론을 위배해야 하기 때문이다. 스핀 각운동량은 전하 또는 질량과 마찬가지로 전자의 고유한 성질로 볼 수 있다.

전자는 언제나 똑같은 **크기**의 스핀 각운동량을 갖고, $\vec{S}$의 z 성분은 두 가지 값이 가능하다.

스핀 자기 양자수

$$S_z = m_s \hbar, \quad m_s = \pm \frac{1}{2} \tag{28-17}$$

스핀 자기 양자수 spin magnetic quantum number m_s의 두 가지 값은 각각 **스핀-위** spin up 그리고 **스핀-아래** spin down로 불린다(양자수 m_ℓ과 m_s에는 **자기**라는 수식어가 붙는데, 이는 원자가 외부 자기장 속에 놓일 때 그 에너지가 양자수에 따라 다른 값을 갖기 때문이다).

수소 원자 속 전자의 상태는 네 가지 양자수 n, ℓ, m_ℓ, m_s에 의해 완전히 결정된다.

살펴보기 28.6 주양자수 $n = 2$인 수소 원자에서 가능한 전자의 상태에 대한 양자수를 모두 나열해 보아라.

28.7 배타원리와 수소 원자 이외의 원자들의 전자 배치

The Exclusion Principle; Electron Configurations for Atoms Other Than Hydrogen

오스트리아-스위스의 물리학자 **파울리** Wolfgang Pauli, 1900~1958의 이름을 딴 **파울리의 배타원리** Pauli exclusion principle에 따르면, 원자 속의 두 전자는 같은 양자상태에 있을 수 없다. 어느 원자 속의 전자도 그 양자상태는 수소의 경우와 똑같이 네 가지 양자수 n, ℓ, m_ℓ, m_s(표 28.1 참조)를 사용하여 나타낸다. 그러나 전자의 에너지 준위들은 수소의 경우와는 달라진다. 전자가 둘 이상인 원자에서는 전자 사이의 상호작용을 고려해야 하기 때문이다. 또한 원자핵의 전하가 원소마다 다르다. 따라서 원자의 종류가 달라지면 똑같은 양자수 세트라도 똑같은 에너지 준위를 가지지 않는다.

껍질과 버금껍질 일정한 주양자수 n값을 갖는 모든 전자 상태의 조합을 **껍질**[shell]이라고 부른다. 각각의 껍질은 하나 또는 그 이상의 **버금껍질**[subshell]로 이루어져 있다. 각각의 버금껍질은 양자수 n과 ℓ의 값에 의해 정해진다. 버금껍질은 흔히 n의 값 다음에 ℓ의 값을 표시하는 알파벳 소문자 기호를 첨부하여 나타낸다. 알파벳 소문자 s, p, d, f, g, h는 각각 $\ell = 0, 1, 2, 3, 4, 5$를 나타낸다(표 28.2 참조). 예를 들어, $3p$는 $n = 3$, $\ell = 1$인 버금껍질을 말한다. 소문자 기호 s, p, d는 양자이론이 출현하기 훨씬 전에 관측된 스펙트럼선의 특징을 기술하는 단어로부터 따온 것이다. 가장 많이 나타나는 주(principal) 스펙트럼은 $\ell = 1$인 버금껍질에서 나오는 스펙트럼에서 유래한 것이다. $\ell = 0$인 버금껍질에서 나오는 스펙트럼은 겉보기가 특별히 뚜렷하다(sharp). 한편 $\ell = 2$ 버금껍질에서 나오는 스펙트럼선은 다른 경우보다 넓게 퍼져(diffuse) 있다.

표 28.1 원자 속 전자 상태들의 양자수

기호	양자수	가능한 값
n	주	$1, 2, 3, \cdots$
ℓ	궤도 각운동량	$0, 1, 2, \cdots, n-1$
m_ℓ	궤도 자기	$-\ell, -\ell+1, \cdots, \ell-1, \ell$
m_s	스핀 자기	$-\frac{1}{2}, +\frac{1}{2}$

표 28.2 전자 버금껍질 요약

$\ell =$	0	1	2	3	4	5
분광학 기호	s	p	d	f	g	h
버금껍질의 상태수	2	6	10	14	18	22

궤도 각운동량 양자수 ℓ은 0과 $n-1$ 사이의 어떤 정수의 값을 가질 수 있으므로, 주어진 양자수 n에 해당하는 껍질 안에는 n개의 버금껍질이 존재한다. 그래서 $n = 3$인 껍질 속에는 3개의 버금껍질($3s$, $3p$, $3d$)이 있다. 그 버금껍질 속의 전자의 개수는 버금껍질 기호 뒤에 위 첨자를 써서 나타낸다. 이 간결한 표현으로 원자 속의 전자 배치를 나타낼 수 있다. 예를 들어, 질소 원자의 바닥상태는 $1s^2 2s^2 2p^3$으로 나타낸다. 곧 $1s$ 버금껍질에 두 개의 전자, $2s$에도 두 개의 전자 그리고 $2p$ 껍질에는 세 개의 전자가 존재한다.

궤도 각각의 버금껍질은 차례로 하나 또는 그 이상의 **궤도**[orbital]들로 구성되는데, 여기에서 이들은 n, ℓ, m_ℓ로 표기된다. m_ℓ은 $-\ell$부터 $+\ell$ 까지의 어떤 정수도 될 수 있으므로 하나의 버금껍질 속에는 $(2\ell + 1)$개의 궤도가 존재한다. 그러므로 s 버금껍질은 하나의 궤도, p 버금껍질은 3개의 궤도, d 버금껍질은 5개의 궤도를 갖게 된다. 각각의 궤도에는 두 개의 전자가 채워질 수 있는데, 하나는 스핀 – 위($m_s = +1/2$) 상태이고, 다른 것은 스핀 - 아래($m_s = -1/2$) 상태이다.

$$\text{버금껍질 속에 가능한 전자 상태의 수는 } (4\ell + 2)\text{이고,} \quad \text{껍질 속에서의 상태의 수는 } 2n^2\text{이다.} \tag{28-18}$$

바닥상태 배치 원자의 바닥상태(최저 에너지)의 전자 배치를 구하려면 먼저 최저 에너지 상태로부터 시작하여 전자의 상태들에 모든 전자를 채울 때까지 전자를 채워 나가면 된다. 파울리의 배타원리에 따르면, 각각의 양자상태에는 하나의 전자만 존재할 수 있다. 일반적으로 버금껍질을 에너지 크기가 증가하는 순서로 늘어놓으면 다음과 같다.

$$1s, 2s, 2p, 3s, 3p, 4s, 3d, 4p, 5s, 4d, 5p, 6s, 4f, 5d, 6p, 7s \tag{28-19}$$

그렇지만 몇 가지 예외가 있다. 각각의 버금껍질들의 에너지는 원자의 종류에 따라 다르다. 곧 원자핵들의 전하가 다른 것과, 전자들 사이의 상호작용 등으로 인하여 에너지 준위들이 원자들 사이에 약간씩 달라진다. 예를 들면 크롬(Cr, 원자번호 24)의 바닥상태는 $1s^2\,2s^2\,2p^6\,3s^2\,3p^6\,4s^2\,3d^4$ 가 아니고 $1s^2\,2s^2\,2p^6\,3s^2\,3p^6\,4s^1\,3d^5$이다. 이와 비슷하게, 구리(Cu, 원자번호 29)의 바닥상태는 $1s^2\,2s^2\,2p^6\,3s^2\,3p^6\,4s^2\,3d^9$가 아니고 $1s^2\,2s^2\,2p^6\,3s^2\,3p^6\,4s^1\,3d^{10}$이다. 원자번호 56까지의 원소 중 8개의 원소들만이 식 (28–19)의 버금껍질 순서에서 벗어나며, 그 8개의 원소는 다음과 같다.

$$\text{Cr, Cu, Nb, Mo, Ru, Rh, Pd, Ag} \tag{28-20}$$

원자 번호가 56보다 큰 원소들의 전자 배치에서는 작은 원소들보다는 더 많은 예외적인 경우가 나타난다.

보기 28.4 비소 원자의 전자 배치

비소(As, 원자번호 33)의 바닥상태에서의 전자 배치를 구하여라.

전략 비소의 원자번호는 33이므로 원자가 전기적으로 중성일 때에는 33개의 전자들이 있다. 원자번호 56까지의 원소 중 비소는 위에서 언급한 예외적인 8개의 원소가 아니므로 식 (28–19)에서의 규칙에 따라 총전자수가 33개가 될 때까지 버금껍질에 전자를 채우면 된다. 버금껍질에 들어갈 수 있는 전자수는 $(4\ell + 2)$개이다. s 버금껍질($\ell = 0$)은 최대 $4 \times 0 + 2 = 2$개의 전자, p 버금껍질($\ell = 1$)은 $4 \times 1 + 2 = 6$개의 전자, 그리고 d 버금껍질($\ell = 2$)은 $4 \times 2 + 2 = 10$개의 전자를 수용할 수 있다.

풀이 버금껍질을 채워가면서 총전자수를 세어 보자. $1s^2\,2s^2\,2p^6\,3s^2\,3p^6\,4s^2\,3d^{10}$의 배치는 $2+2+6+2+2+6+2+10=30$개의 전자를 갖는다. 나머지 3개의 전자는 다음의 에너지 준위, 곧 $4p$로 들어간다. 곧 바닥상태의 전자 배치는 다음과 같다.

$$1s^2\,2s^2\,2p^6\,3s^2\,3p^6\,4s^2\,3d^{10}\,4p^3$$

검토 예외적 규칙에 해당하지 않는 이 원소의 전자 배치가 올바른지 거듭 확인하려면 다음과 같이 한다.

- 전체 전자들의 개수를 더해 본다.
- 버금껍질들의 차례가 식 (28–19)와 맞는지 살펴본다.
- 마지막 버금껍질을 제외한 모든 껍질이 꽉 찬 상태 (s^2, p^6, d^{10})인지 확인한다.

실전문제 28.4 **인 원자의 전자 배치**

원자번호 15인 인(P) 원자의 전자 배치를 구하여라.

궤도 채우기 만일 버금껍질이 가득 차 있지 않다면, 그 버금껍질의 궤도 사이에 전자들을 어떻게 나누어 채워갈 것인가? 하나의 버금껍질은 $(2\ell+1)$개의 궤도 상태들을 갖고 있고, 또 각 궤도 상태에는 두 개의 전자 상태가 있다는 사실을 기억하여라. 일반적으로 모든 궤도 상태가 다 한 개씩의 전자를 가지기 전에는, 특정 궤도에 전자가 먼저 두 개씩 들어가는 일은 없다. 한 궤도 상태에 들어 있는 두 개의 전자들은 똑같은 공간 분포(전자구름)를 갖는다. 그래서 하나의 궤도에 들어있는 두 전자들은 서로 다른 궤도에 들어있는 두 전자들보다 평균적으로 서로 더 가까이 있게 된다. 전자들 사이에는 척력이 작용하기 때문에 서로 다른 궤도에 들어가 있는, 곧 서로 더 멀리 떨어져 있는 두 전자들의 에너지가 더 낮다. 예를 들면, 비소(보기 28.4)에서 세 개의 $4p$ 전자들은 바닥상태에서 모두 서로 다른 궤도들을 갖고 있다. 곧 하나는 $m_\ell = 0$, 또 다른 하나는 $m_\ell = +1$, 나머지는 $m_\ell = -1$을 갖고 있다.

응용 : 주기율표의 이해

주기율표의 원소들은 원자번호 Z에 따라 가로로 늘어놓은 것이다. 원소의 원자핵은 $+Ze$의 전하를 가지고, 전기적으로 중성인 원자는 Z개의 전자를 지닌다. 또 원소들은 그것들의 전자 배치에 따라 세로로 늘어놓았다(표 28.3 참조). 비슷한 전자 배치들을 갖는 원소들은 또한 그 화학적 성질이 서로 비슷한 경향이 있다.

비록 버금껍질의 에너지 준위가 원자에 따라 달라지지만, 그림 28.17은 여러 원자들의 버금껍질의 에너지 준위에 관한 **일반적인** 모양을 보여 준다. 각각의 s 버금껍질과 그 아

그림 28.17 원자 버금껍질들의 에너지 준위 도표. 버금껍질들의 에너지는 원자들에 따라 다르다. 이 그림은 에너지 준위 사이의 상대적 간격을 대략적으로 나타내고 있다. 버금껍질들은 바닥(최소 에너지)으로부터 채워져 올라간다.

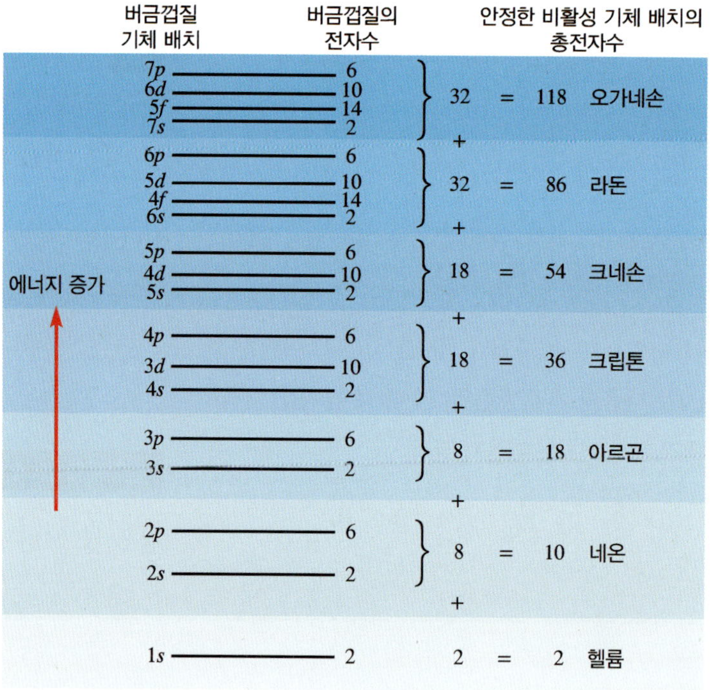

표 28.3 주기율표는 전자 배치에 따라 원소들을 체계화한 것이다.

1A	2A	3B~8B, 1B, 2B	3A	4A	5A	6A	7A	8A
알칼리 금속 s^1	알칼리 토족 s^2	전이원소, 란탄족, 악티늄족 $d^n s^2$, $d^n s^1$, $f^m d^n s^2$	$s^2 p^1$	$s^2 p^2$	$s^2 p^3$	$s^2 p^4$	할로겐 $s^2 p^5$	비활성 기체 $s^2 p^6$ (He 제외)

* 원소의 주기율표는 전자 배치에 의해 열에 정렬된다. 유사한 전자 구성을 갖는 원소는 유사한 화학적 특성을 갖는 경향이 있다. 표에는 비활성 기체를 제외한 버금껍질만 나열되어 있다.

래 버금껍질 사이의 에너지 간격이 다른 경우보다 큼을 주목하라. 각각의 s 버금껍질은 주어진 껍질에서 에너지가 최소인 버금껍질이다. 새로운 껍질(n값이 보다 큰 경우)에 전자가 채워질 때에 전자들은 원자핵으로부터 보다 멀리 떨어지게 되어 약하게 결합된다. 가장 안정된 전자 배치, 곧 이온화하기 힘들고 화학적으로 반응하지 않는 배치는 한 s 버금껍질 아래의 모든 버금껍질들이 채워진 경우가 된다. 이러한 안정된 배치를 갖는 원소들을 **비활성 기체**noble gas(8A족)라고 부른다. 헬륨은 $1s^2$의 전자 배치를 갖는다. 곧 $2s$ 아래의 유일한 버금껍질이 채워진 상태이다. 나머지 비활성 기체들은 최고 에너지 준위에 있는 버금껍질인 p 버금껍질이 채워져 있다. 네온($3s$ 아래의 모든 버금껍질들이 채워짐), 아르곤($4s$ 아래가 채워짐), 크립톤($5s$ 아래가 채워짐), 크세논($6s$ 아래가 채워짐) 그리고 라돈($7s$ 아래가 채워짐) 등이다.

헬륨 원자를 첫 번째의 들뜬상태($1s^1 2s^1$)로 들뜨게 하는 데 필요한 에너지는 약 20 eV로 상당히 큰 에너지인데, 이것은 $1s$와 $2s$ 버금껍질들 사이의 에너지 간격이 크기 때문이다. 리튬 원자를 첫 번째 들뜬상태로 올리는 데 필요한 에너지는 훨씬 작다(약 2 eV). 리튬과 다른 **알칼리 금속**(1A족)들은 비활성 기체의 전자 배치 위에 전자가 하나 있게 된다. 어떤 원자의 전자 배치를 속기법으로서 표시할 때에는 비활성 기체의 전자 배치 밖에 추가된 전자들에 대해서만 분광학적 표시로 나타내는데, 이것은 이 전자들만이 화학반응에 참여하기 때문이다. 그래서 리튬의 전자 배치는 $[\mathrm{He}]2s^1$, 나트륨은 $[\mathrm{Ne}]3s^1$ 등으로 나타낸다. 이 s 버금껍질 속에 있는 단일 전자는 약하게 결합되어 있기 때문에 원자로부터 쉽게 떼어내질 수 있고, 이로 인하여 알칼리 금속들은 반응도가 매우 높다. 이 원자들은 그것들의 최외각 전자를 쉽게 내어 주고, $+e$ 전하를 갖는 이온으로서 안정된 비활성 기체의 전자 배치를 가질 수 있다. **원자가**valence는 한 원자가 화학반응에서 얻거나 잃거나, 공유하게 되는 전자들의 수로서 알칼리 금속은 $+1$의 원자가를 갖는다.

알칼리 금속 원소들은 할로겐이라고 부르는 활성이 높은 원소(7A족)들과 쉽게 이온결합을 하는데, 이 할로겐 원소들은 비활성 기체 배치에서 전자 하나가 모자라는 배치를 갖고 있다. 예를 들어 염소(Cl, $[\mathrm{Ne}]3s^2 3p^5$)에는 전자 하나만 더 추가되면 비활성 기체인 아르곤(Ar, $[\mathrm{Ne}]3s^2\,3p^6$)의 전자배치를 갖게 된다. 따라서 할로겐 원자들의 원자가는 -1이 된다. 나트륨은 약하게 결합된 외각 전자를 염소에게 내어 주고, 둘 다 이온(Na^+와 Cl^-)으로 남아 안정된 비활성 기체의 전자 배치를 가질 수 있다. 두 이온 사이의 정전기적 인력은 이온 결합을 만들어 NaCl(소금)을 형성한다.

알칼리 토족(2A족)의 어미 원소들은 비활성 기체 배치 위에 s 버금껍질이 채워진 상태 s^2를 갖는다. 이것들은 알칼리 금속만큼 반응성이 좋지 않은데, 채워진 s 버금껍질이 어느 정도의 안정성을 주기 때문이다. 그러나 이 원소들도 두 개의 s 전자를 내어 놓고 비활성 기체의 전자 배치를 얻을 수 있기 때문에 알칼리 토족 원소들은 보통 $+2$의 원자가를 갖고 행동한다.

주기율표의 가운데 영역으로 가면, 원소들의 화학적 성질이 더 미묘해진다. 두 개 또는 그 이상의 원소들이 서로 공유할 수 있는 궤도들 속에 짝이 없는 전자를 갖게 되면, 이것들 사이에 이른바 공유결합을 형성하게 된다. 탄소의 경우는 특히 흥미로운데, 그 바닥상태는 $1s^2 2s^2 2p^2$이다. 두 개의 $2p$ 전자들은 서로 다른 궤도 상태에 들어 있다. 따라서 두 개의 짝 없는 전자들이 생겨나고, 바닥상태의 탄소 원자는 원자가가 2가 된다. 그렇지만 소량의 에너지만 주어도 탄소 원자는 $1s^2 2s^1 2p^3$의 상태로 올라간다. 이제는 4개의 짝 없는 전자들이 있게 된다($2s$ 궤도 상태, 그리고 세 개의 $2p$ 궤도 상태가 각각 전자 한 개씩을 갖는다). 따라서 탄소 원자는 원자가 4를 나타낼 수도 있다.

1A, 2A, ⋯, 7A 등과 같이 그룹으로 표기하는 경우에, A 앞의 숫자는 비활성 기체의 전자 배치 다음에 있는 전자들의 개수를 나타낸다. **전이원소**의 경우에는 d 버금껍질에 전자들이 채워진다. 그것들의 전자 배치는 대개 [비활성 기체]$d^n s^2$이거나 또 어떤 때에

는 [비활성 기체]$d^n s^1$의 형태를 가지게 되는데, 여기에서 n은 $0 \le n \le 10$ 범위의 값을 갖는다. **란탄족**과 **악티늄족**의 원소들의 경우에는 f 버금껍질이 전자들로 채워진다. 그것들의 전자 배치는 [비활성 기체]$f^m d^n s^2$가 되고 m은 $0 \le m \le 14$, n은 $0 \le n \le 10$ 범위의 값을 갖는다. d 버금껍질과 f 버금껍질의 전자들은 s나 p 버금껍질의 전자들보다 화학반응에 덜 참여하고, 따라서 이 전이원소, 곧 란탄족, 악티늄족 원소들의 화학적 성질은 주로 그것들의 최외각 s 버금껍질에 의해 결정된다.

28.8 고체 속에서 전자들의 에너지 준위
Electron Energy Levels in a Solid

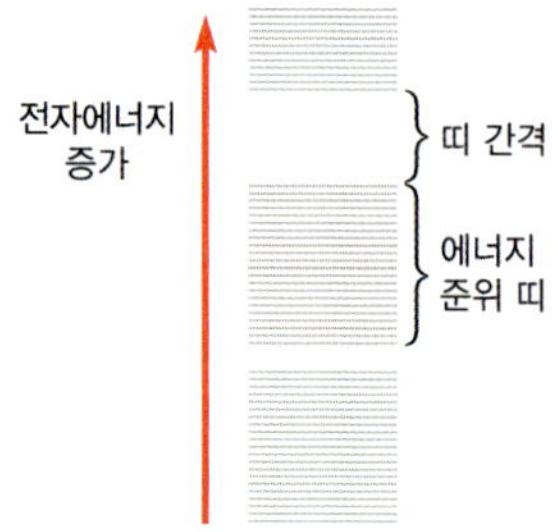

그림 28.18 고체 속의 전자에너지들은 촘촘히 늘어선 에너지 준위들로 이루어진 띠 모양을 이룬다. 띠 간격은 전자에너지 준위가 존재하지 않는 에너지 영역을 말한다.

고립된 원자는 원자 속의 양자화된 에너지 준위를 나타내는 띄엄띄엄한 광자에너지를 방출한다. 가스 방전관 안에는 많은 기체 원자(또는 분자)들이 들어 있으나, 내부 압력이 낮아서 원자들은 서로 꽤 멀리 떨어져 있다. 다른 원자들 속의 전자들의 파동함수가 꽤 많이 겹치지 않는다면 각 원자가 내어놓는 광자들의 에너지는 고립된 하나의 원자가 방출하는 것과 같다.

반면에 고체는 선 스펙트럼이 아니라 연속적인 스펙트럼을 방출한다. 그럼 에너지의 양자화는 어떻게 된 것인가? 사실 에너지 준위는 여전히 양자화되어 있지만, 많은 경우에 간격이 너무 촘촘하여 연속적인 **띠** band를 이룬다고 볼 수 있다. **띠 간격** band gap은 전자에너지 준위가 존재하지 않는 에너지의 범위이다(그림 28.18).

고체의 전자 바닥상태를 구현해 가는 과정은 원자의 바닥상태를 구하는 과정과 비슷하다. 곧 파울리의 배타원리에 따라서 최저 에너지 준위부터 시작해 차곡차곡 전자 상태를 채워 가면 된다. 실온에서의 고체는 바닥상태에 놓여 있는 것은 아니다. 그러나 실온에서의 전자 배치는 절대영도의 바닥상태일 때와 크게 다르지 않다. 열에너지 차이에 해당하는 여분의 에너지에 의해 전체 전자 중 일부분(그러나 그 개수는 여전히 크다)은 더 높은 에너지 준위 상태로 올라가게 되고, 낮은 에너지 상태는 그만큼 비게 된다. 열적으로 들뜰 수 있는 전자 상태의 에너지 영역은 대략 $k_B T$ 정도로 작다. 여기에서 $k_B = 1.38 \times 10^{-23}$ J/K $= 8.62 \times 10^{-5}$ eV/K는 볼츠만 상수이다.

도체, 반도체 및 부도체

고체의 바닥상태에서 전자 배치(절대영도에서의 배치)는 그 고체의 전기전도도를 결정짓는다. 만일 $T=0$에서 채워진 전자 상태 중 에너지가 최고인 상태가 에너지띠의 가운데에 놓여 있고, 이 에너지띠의 일부분만이 전자로 채워져 있다면, 이 고체는 도체가 된다(그림 28.19). 전류가 흐르기 위해서는 (도체에 연결된 전지에 의한) 외부 전기장이 전도전자들의 운동량과 에너지를 변화시킬 수 있어야만 한다. 그런데 이것이 가능하려면 전자들이 전이해 옮겨갈 수 있는, 곧 비어 있는 전자 상태가 바로 가까이에 있어야 한다. 지금의 경우에서는 띠의 일부분만 채워져 있어서 채워진 최상위 에너지 상태 바로 위에는 많은 상태들이 비어 있다.

반면 바닥상태의 전자 배치가 특정 에너지띠의 꼭대기의 전자 상태까지 꽉 채운다면, 그 고체는 반도체 또는 부도체가 된다. 이 두 가지의 차이는 완전히 채워진 띠(**원자가띠**) 위의 띠 간격 E_g의 크기가 열적 에너지($\approx k_B T$)에 얼마나 비교되느냐에 따라서 달라진다. 곧 고체의 온도에 의존한다.

상온에서 반도체로 간주되는 물질들의 대부분은 0.1 eV에서 2.2 eV 사이의 띠 간격 값을 갖는다. 현재의 기술 발전에 있어서 매우 중요한 반도체인 실리콘 Si은 1.1 eV의 띠 간격을 갖는데, 이것은 상온에서의 열에너지(≈ 0.025 eV)의 약 40배가 된다. 반도체에서 상위 에너지띠로 들뜨는 전자들의 개수는 도체에서보다 훨씬 적다. 그 이유는 똑같은 띠 속에서는 들떠서 들어갈 에너지 준위들이 남아 있지 않기 때문이다. 전류를 흐르게 하는 전자들은 대부분 띠 간격 위의 비어 있는 띠(**전도띠**)로 올라간 것들뿐이다.

비교적 적은 수의 전자들이 전도띠로 이동하기 때문에, 옮겨 간 전자들과 똑같은 수의 비어 있는 전자 상태들이 원자가 띠 꼭대기 가까이에 존재하게 된다. 가까운 상태들에 있는 전자들은 비어 있는 이 **양공**holes들로 쉽게 '떨어질' 수 있고, 따라서 이 빈자리를 채우고 또 다른 빈자리가 만들어지게 된다. 이 양공들은 $+e$ 전하를 지니는 입자처럼 행동하는데, 곧 외부 전기장이 주어질 때 양공은 전도전자와 반대 방향으로 움직인다. 따라서 반도체 속에서의 전류는 전자의 흐름에 의한 성분과 양공의 흐름에 의한 두 성분으로 이루어진다.

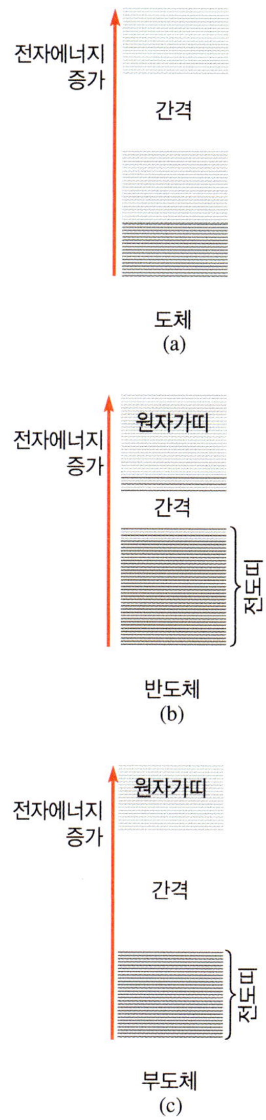

그림 28.19 (a) 도체, (b) 반도체, (c) 부도체에서의 전자에너지띠들. 각각의 수평 방향의 선들은 개개의 전자에너지 준위를 나타낸다. 보다 검은 선들은 전자로 채워진 에너지 준위들이다. 실온에서 반도체인 (b)에서, 원자가띠의 대부분은 전자로 채워지고, 비교적 적은 수의 전자들이 열적으로 들뜬상태가 되어 전도띠로 올라가게 되며, 대신에 원자가 띠의 윗부분은 얼마쯤 비어 있는 상태로 된다.

28.9 레이저 Lasers

레이저는 단색광의 결맞는 강렬한 평행광을 방출한다. **레이저**laser라는 단어는 **유도방출에 의한 빛의 증폭**light amplification by stimulated emission of radiation의 알파벳 머리글자에서 따온 것이다.

그림 28.20 원자에 의한 광자의 흡수, 자발방출, 유도방출. 모든 광자들은 $E'-E$(두 에너지 준위 사이의 차)와 같은 크기의 에너지를 갖는다. 광자가 방출되기 위해서(자발적이든 다른 광자의 유도에 의해서든) 전자는 처음에 높은 에너지 상태 E'에 있어야만 한다. 유도방출의 경우, ($E'-E$의 에너지를 가진) 입사하는 광자는 원자를 유도하여 광자를 방출하게 한다. 두 개의 광자는 에너지와 위상이 모두 같다.

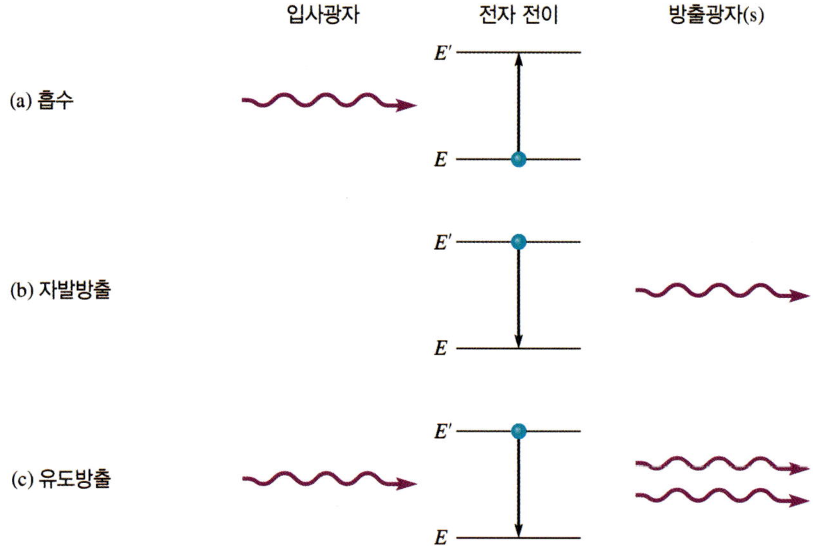

유도방출

E'은 한 원자의 비어 있는 에너지 준위이고 E는 그것보다 낮은 에너지 준위로서, 전자가 채워져 있는 경우 에너지가 $\Delta E = E' - E$인 광자가 원자에 오면 광자는 원자에 흡수되어 전자를 이 높은 에너지 준위로 끌어 올릴 수 있다(그림 28.20a). 만일 보다 높은 에너지 준위가 전자로 채워져 있고 낮은 에너지 준위가 비어 있다면, 전자는 자발적으로 에너지가 ΔE인 광자를 방출하면서 낮은 에너지 준위로 떨어질 수 있다(그림 28.20b).

흡수 및 자발방출 이외에, 원자와 광자 사이의 세 번째의 상호작용이 1917년에 아인슈타인에 의해 제안되었다. **유도방출**stimulated emission이라고 명명된 이 과정(그림 28.20c)은 일종의 공명 과정이다. 만일 전자가 더 높은 에너지 준위에 있고 동시에 더 낮은 에너지 준위가 비어 있다면, ΔE 에너지를 갖는 입사광자는 전자로 하여금 낮은 에너지 준위로 떨어지게 하며, 이때 또 다른 광자가 유도방출된다. 이때 방출되는 광자는 입사광자와 **같다.** 곧 에너지, 파장, 운동 방향, 위상이 모두 같다.

만일 유도방출이 폭포처럼 일어난다면, 똑같은 광자들의 수가 크게 증가하게 된다. **레이저**라는 단어에서 **빛의 증폭**이라는 부분은 여기에서 유래된 것이다. 광자들이 모두 똑같은 위상을 가지기 때문에 광자들은 모두 **결맞다.** 광자들이 모두 똑같은 파장을 가지기 때문에 빔은 **단색광**이고, 동시에 광자들의 운동 방향이 같기 때문에, 빔은 **평행**광선이다.

준안정상태

대부분의 원자에서 전자들은 에너지가 최저인 바닥상태에 놓여 있는데 어떻게 유도방출의 폭포가 일어날 수 있는가? 들뜬상태에 있는 원자는 자발방출을 통해 한 개의 광자를

내보내면서 바닥상태로 돌아간다. 이러한 상황에서 에너지가 ΔE인 광자가 유도방출을 일으킬 확률은 아주 낮다. 왜냐하면, 들뜬상태에 놓여 있는 원자들이 거의 없기 때문이다. 그 대신 이 광자는 바닥상태에 있는 원자에 흡수될 확률이 훨씬 더 높을 것이다.

똑같은 광자들의 폭포가 있으려면 유도방출 과정이 **흡수보다 더 높아야** 한다. 곧 더 높은 에너지 상태에 있는 원자들이 더 낮은 에너지 상태에 있는 원자보다 더 많아야 한다. 이것은 보통의 경우와는 반대에 해당하므로, **밀도반전** population inversion이라고 부른다. 만일 더 높은 에너지 상태의 수명이 짧다면, 곧 들뜬상태의 원자가 광자를 빨리 방출한다면 밀도반전은 일어나기 어렵다. 그렇지만 들뜬상태 중 **준안정상태** metastable states라고 부르는 특정한 상태는 자발방출이 일어나기까지 비교적 긴 시간을 버틴다. 만일 원자들을 이와 같은 준안정상태로 빨리 **끌어올릴** 수 있다면, 밀도반전이 일어날 수 있다.

루비 레이저

밀도반전을 일으키는 한 가지 방법으로 **광펌핑** optical pumping이라는 것이 있다. 적절한 파장의 입사광을 흡수한 원자들은 수명이 짧은 들뜬상태로 전이하게 되고, 이로부터 원자들은 자발적으로 준안정상태로 떨어지게 된다. 루비 레이저(그림 28.21a)는 1960년에 개발되었는데, 이러한 광펌핑 방법을 이용한다. 루비는 산화알루미늄의 결정(청옥)에서 알루미늄 원자들 중 일부를 크롬 원자들로 치환한 것이다. 크롬 이온 Cr^{3+}의 에너지 준

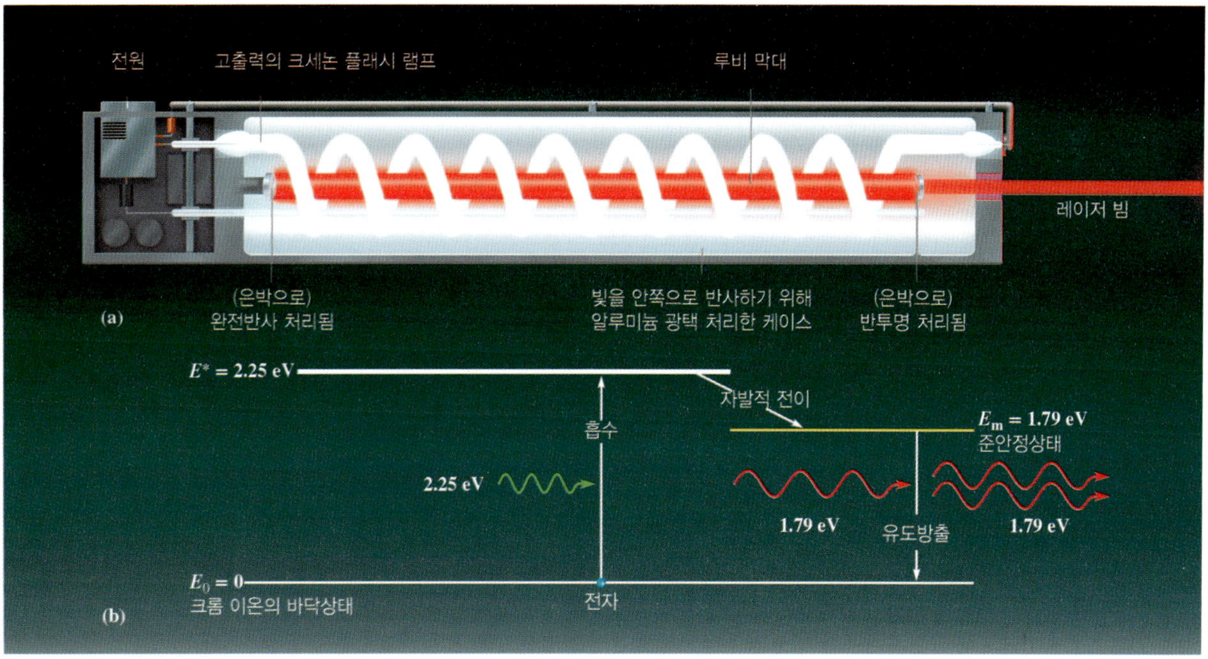

그림 28.21 (a) 루비 레이저. (b) 루비 레이저의 에너지 준위 그림. 2.25 eV의 입사광자들이 크롬 이온에 흡수되어 그것을 하나의 들뜬상태 E^*로 만들 때 광펌핑이 일어난다. 그리고 그 이온이 준안정상태로 떨어진다. 그 이온이 준안정상태에 있을 때, 지나가는 1.79 eV의 광자는 1.79 eV의 똑같은 광자를 유도방출 시킬 수 있다.

위는 그림 28.21b에 나타나 있다. 에너지가 E_m인 준안정상태는 에너지가 E_0인 바닥상태보다 1.79 eV만큼 에너지가 크다. 바닥상태보다 에너지가 약 2.25 eV 만큼 높은 상태에는 에너지가 촘촘한 간격으로 이루어진 띠 E^*가 존재한다. 만일 E^* 준위로 들뜨게 된 원자가 준안정상태 E_m 중 하나로 재빨리 떨어진다면, 그 원자는 준안정상태에서 상대적으로 긴 시간 동안 머무르게 된다.

레이저를 만들기 위해서 루비 막대는 그 양끝을 매끄럽게 닦고 은을 입혀서 거울로 만든다. 이때 한쪽 끝은 반투명으로 한다. 다음으로, 강력한 세기의 플래시 램프로 루비 막대 둘레를 코일 모양으로 둘러싼다. 이 램프는 짧은 시간 지속하는 일련의 강력한 빛 펄스를 계속 내뿜는다. 파장이 550 nm(광자에너지 2.25 eV)인 빛을 흡수함으로써 Cr^{3+} 이온들을 E^* 상태들로 들뜨게 하고, 이 상태로부터 일부 원자들은 자발적으로 준안정상태 E_m으로 떨어진다(다른 것들은 저절로 바닥상태로 떨어진다). 강력한 광펌핑이 가해지면, 밀도반전이 일어나서 준안정상태에 있는 이온의 수가 안정상태에 있는 이온의 수를 넘게 된다. 마침내 몇몇 이온들은 준안정상태로부터 694 nm 파장(1.79 eV인 빨간색 근처의 빛)의 광자를 자발방출하며 바닥상태로 떨어지게 된다. 그리고 광자들은 준안정상태에 있는 다른 크롬 이온들의 유도방출을 일으킨다. 루비 막대의 축에 나란하게 방출된 광자들만이 양 끝의 거울들에 의해 여러 번 반사되어 계속적으로 유도방출을 일으킨다. 이렇게 생성된 광자들 중 일부가 은으로 반투명 처리된 막대의 한쪽 끝을 통하여 빠져 나오게 되어 가늘고 강력한 세기의 결맞는 빛의 빔이 만들어진다.

다른 레이저

루비 레이저와 비슷한 레이저로는 Nd : YAG 레이저가 있는데, 이것은 광펌핑 된 막대로 이루어져 있다. Nd : YAG는 한 때 다이아몬드의 모조품을 만드는 데 사용된 적이 있는 무색의 결정체인 이트륨 – 알루미늄 가닛(YAG)에 약간의 네오디뮴(Nd)을 불순물로 첨가해서 만든다. 네오디뮴 이온들은 레이저 생성에 적합한 준안정상태를 갖고 있다. 펄스 모양의 레이저로만 작동할 수 있는 루비와는 달리, Nd : YAG 레이저는 연속된 빔 모양 또는 펄스 모양으로 모두 작동할 수 있는 특징을 지닌다. Nd : YAG 레이저는 1064 nm 파장(적외선 영역)의 강력한 빔을 만들어 내는데, 흔히 산업 분야와 의료 분야에서 이용된다.

헬륨 – 네온 레이저는 학교 실험실 그리고 구형의 바코드 판독기에서 흔히 사용된다. 기체 방전관 안에는 저압의 헬륨과 네온이 섞여 있다. 헬륨 네온 레이저는 **전기적으로** 펌핑된다. 곧 전기 방전으로 헬륨 원자를 바닥상태의 위 20.61 eV의 에너지를 갖는 준안정상태로 들뜨게 한다(그림 28.22). 네온은 바닥상태의 위 20.66 eV의 준안정상태를 가

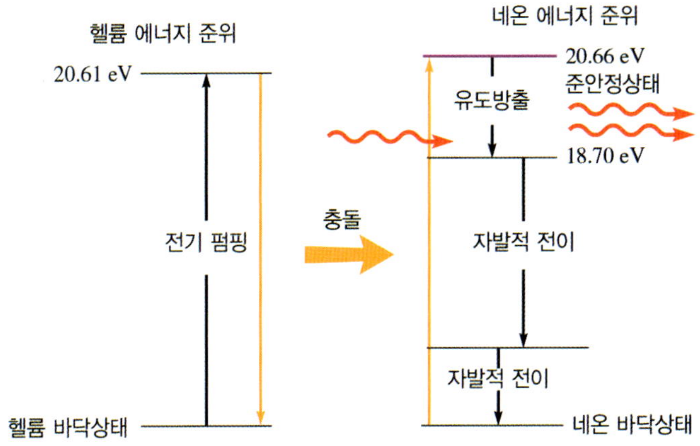

그림 28.22 헬륨 – 네온 레이저에 관한 단순 에너지 준위

지고 있는데, 이것은 헬륨의 들뜬상태의 에너지보다 0.05 eV만큼 높은 에너지 상태이다. 들뜬 헬륨 원자는 바닥상태에 있는 네온 원자와 비탄성 충돌을 일으켜 네온 원자를 준안정상태에 남겨둔 채 자신은 바닥상태로 떨어진다. 이때 0.05 eV는 원자들의 운동에너지로부터 온다. 유도방출은 그 원자를 18.70 eV의 들뜬상태에 머물게 하고, 자발방출을 통하여 재빨리 바닥상태로 떨어지게 한다.

이산화탄소 레이저는 (10.6 nm 파장의) 적외선 빔을 만들어 내는데, 헬륨 – 네온 레이저와 그 원리가 비슷하다. 기체 방전관 안에는 저압의 CO_2와 N_2가 섞여 있다. N_2 분자는 전기방전에 의하여 들뜨게 되고, CO_2는 들뜬 N_2 분자와 충돌함으로써 준안정상태로 들뜨게 된다. 흔히 쓰이는 레이저 중 가장 강력한 연속파 레이저는 이산화탄소 레이저인데, 단일 레이저 빔의 출력이 10 kW를 넘는다. 거의 완벽한 평행 레이저 빔이 아주 작은 점으로 집중되어 쏘이게 할 수 있어서 CO_2 레이저는 가장 단단한 금속도 절단하고, 구멍을 뚫거나 조각을 붙이는 등의 가공도 쉽게 할 수 있다. 또한 CO_2 레이저는 의료 분야에도 광범위하게 쓰인다.

반도체 레이저는 크기가 작고 싸며 효율적일 뿐만 아니라 신뢰도가 높다. 그것들은 CD 플레이어, DVD 플레이어, 바코드 판독기, 레이저 프린터, 레이저 포인터 등에 쓰인다. 반도체 레이저는 전기적으로 펌핑된다. 곧 전류를 이용하여 원자가띠의 전자들을 펌핑하여 전도띠로 끌어 올린다. 전자가 전도띠로부터 원자가띠로 떨어질 때 광자가 방출된다. 그래서 레이저 빛의 파장은 반도체 내의 띠 간격 크기에 의존한다.

응용 : 의학에서의 레이저

레이저는 의료 수술에 널리 응용되는데, 예를 들면 종양을 제거하고 혈관을 소작(태워서 치료)하며, 신장결석, 담석을 깨어 부수는 데 쓰인다. 또한 제자리로부터 벗어난 망막은 눈동자를 통해 레이저 빔을 쏨으로써 제자리로 다시 '붙도록' 할 수 있다. 레이저 수술은 또한 눈의 각막을 변형시켜 근시를 교정하는 데 이용된다(그림 28.25). 레이저 빔은 내시경의 광섬유를 통해 유도되어(23.4절 참조) 종양이 있는 위치까지 다다를 수 있다. 광섬유는 또한 레이저 빔을 동맥 속으로 유도하여, 동맥혈관 벽의 용혈반을 제거하는 데에도 쓰인다. 광역학적 암 치료법에서는, 광반응 약물을 혈류 속으로 투입하고 약물은 암세포 조직에 선별적으로 축적되게 한다. 적절한 주파수의 레이저 빛은 내시경을 통하여 종양이 있는 곳까지 도달한다. 도달한 레이저 빛은 약물을 활성화시키는 화학반응을 일으킨다. 곧 약물이 독성을 지니게 되어, 종양세포를 파괴하고 또한 종양에 산소를 제공하는 혈관을 파괴한다.

개념형 보기 28.5 광응고

아르곤 이온 레이저는 광응고라고 알려진 과정으로 눈의 망막 속의 혈관 이상과 균열을 고치는 데 쓰인다. 그 조직에 의하여 **흡수된** 레이저는 그것의 온도를 올려서, 결국 단백질이 굳어져 상처의 조직을 새로 만듦으로써 그 균열을 고친다. 아르곤 레이저가 내는 주 파장들은 514 nm와 488 nm이다. (a) 이 파장들에 대한 광자들의 에너지는 얼마인가? (b) 이 파장들에 관련된 색은 어떤가? 두 파장들이 혈관 속에서 모두 효과적인가?

전략 광자 하나의 에너지는 파장과 $E = hc/\lambda$라는 관계가 있다. 22.3절에 가시 스펙트럼의 색과 그것에 관련된 파장들의 표가 있다. 파장은 그것이 많이 흡수될 때에 효과적이다.

풀이 및 검토 (a) 그 광자들의 에너지는 다음과 같다.

$$E = \frac{hc}{\lambda} = \frac{1240\ \text{eV}\cdot\text{nm}}{514\ \text{nm}} = 2.41\ \text{eV},$$

$$E = \frac{hc}{a} = \frac{1240\,\text{eV}\cdot\text{nm}}{488\,\text{nm}} = 2.54\,\text{eV}$$

(b) 514 nm에 관련된 색은 초록색이고, 488 nm는 파란색이다. 빨간 혈관은 빨간빛은 반사하고 다른 빛깔의 빛들은 흡수하기 때문에, 두 파장들은 모두 유효하다.

개념형 실전문제 28.5 루비 레이저와 혈액

루비 레이저에서 나오는 빨간빛이 혈액에 유효한가, 그래서 혈관 이상을 치료하기에 유용한가?

28.10 터널링 Tunneling

유한한 상자 속에 있는 입자의 파동함수는 고전물리학에서는 에너지가 충분하지 못해서 가지 못하는 영역까지 퍼져간다(28.5절 참조). 이와 같이 **고전적으로 금지된 영역**에서 파동함수는 지수함수적으로 감소한다. 만일 고전적으로 금지된 영역이 유한한 간격을 가진다면 **터널링** tunneling이라는 기이하고 중요한 현상이 일어날 수 있다.

그림 28.23a는 터널링 현상이 일어날 수 있는 상황을 보여준다. 입자가 처음에 일차원 상자 속에 갇혀 있다. 오른쪽에는 두께가 a인 장벽이 놓여 있다. 만일 $E < U_0$면 그 입자는 고전물리학에 의해 상자에서부터 **결코** 빠져 나올 수 없다. 에너지가 충분하지 못하기 때문이다.

그러나 만일 $U_1 < E < U_0$이면 위의 고전적인 예측은 맞지 않게 된다. 곧 나중에 입자가 상자의 밖에서 발견될 확률이 0이 아닌 값을 갖는다. 그 입자의 파동함수가 지수함수적으로 쇠퇴하는 구간은 $x = 0$에서 $x = a$ 사이이다. $x > a$인 곳에서는 파동함수는 다시 사인함수의 모양이 된다. 에너지 장벽이 되는 구간에서는 파동함수는 지수함수적으로 감소한다(그림 28.23b). $x > a$인 구간에서 파동함수의 진폭은 입자가 단위 시간당 상자 밖에서 발견될 확률을 결정짓는다.

장벽 구간에서 파동함수는 지수함수적으로 쇠퇴하므로 장벽 구간의 두께가 증가함에 따라 터널링의 확률은 급격히 감소한다. 비교적 너비가 큰 장벽의 경우, 터널링의 확률은 장벽의 두께 a에 의해 지수함수적으로 감소한다.

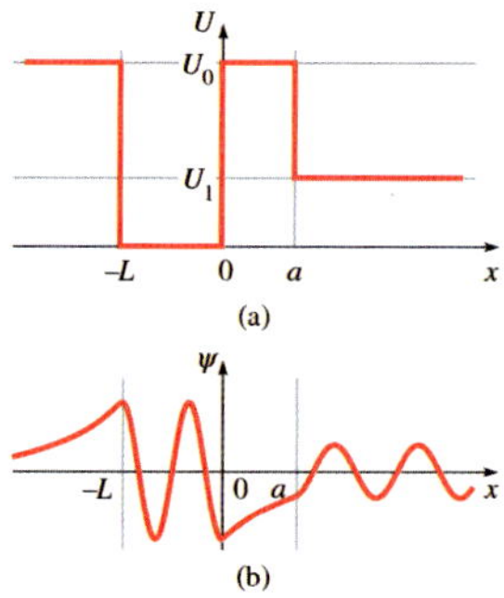

그림 28.23 (a) 길이가 L인 유한 상자에 에너지 $E < U_0$인 입자가 갇혀 있다. 상자 안의 퍼텐셜에너지는 0이다. 상자 양쪽의 퍼텐셜에너지는 U_0이다. 장벽 오른쪽의 퍼텐셜에너지는 U_1이다. $U_1 < E < U_0$의 경우, 입자가 상자 밖으로 터널링할 수 있다. (b) 상자 밖으로 터널링할 수 있는 입자에 대한 파동함수를 그린 것이다.

$$P \propto e^{-2\kappa a} \tag{28-21}$$

식 (28–21)에서 P는 단위 시간당 터널링이 일어날 확률이고, a는 장벽의 두께이며, κ는 에너지 장벽의 높이와 관련된 양으로 다음과 같다.

$$\kappa = \sqrt{\frac{2m}{\hbar^2}(U_0 - E)} \tag{28-22}$$

식 (28–21)은 $e^{-2\kappa a} \ll 1$일 때 성립하는 근사식이다. 장벽의 두께가 극히 얇은 경우, 장벽 두께에 대한 터널링 확률의 관계식은 더 복잡해진다.

입자가 상자 **속으로** 터널링하여 들어갈 수도 있다. 그림 28.23에서 입자가 처음 장벽의 오른쪽에 있다가 나중에 상자 안(장벽의 왼쪽)에서 발견될 수 있다.

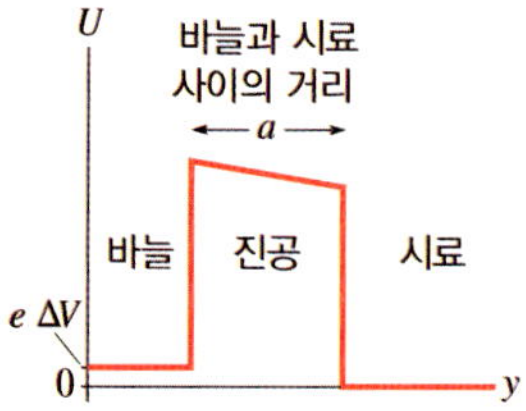

그림 28.24 STM의 바늘 끝으로부터 a만큼 떨어진 시료로 터널링하는 전자의 위치에너지에 관한 간단한 모형. 주어진 퍼텐셜 차 ΔV는 바늘 끝과 시료 사이에 퍼텐셜에너지의 차이 $e\Delta V$를 가져온다. 정상적으로는, 전자가 그 금속으로부터 도망쳐 나오려면 그 금속의 일함수, 곧 몇 eV의 에너지를 공급받아야 한다. 여기에서는 바늘 끝과 시료가 불과 몇 nm 밖에 떨어져 있지 않으므로 전자는 그 금속의 일함수가 제시하는 장벽을 그냥 터널링할 수 있다.

응용 : 주사 터널링 현미경

주사 터널링 현미경(STM)은 터널링 확률이 장벽의 두께에 지수함수적으로 변한다는 사실을 이용하여 고도로 확대된 표면의 상을 만들어 내는 데 쓰인다. STM에서는 확대하려는 표면 아주 가까이에 미세한 금속 바늘을 가져간다. 이것은 보통의 바늘보다 훨씬 미세한 것이어야 한다. 이상적인 경우, 뾰족한 끝에는 단 하나의 원자만이 놓여 있어야 한다. 금속 바늘의 뾰족한 끝과 시료 표면 사이의 거리는 몇 nm 정도에 불과하다. 따라서 이

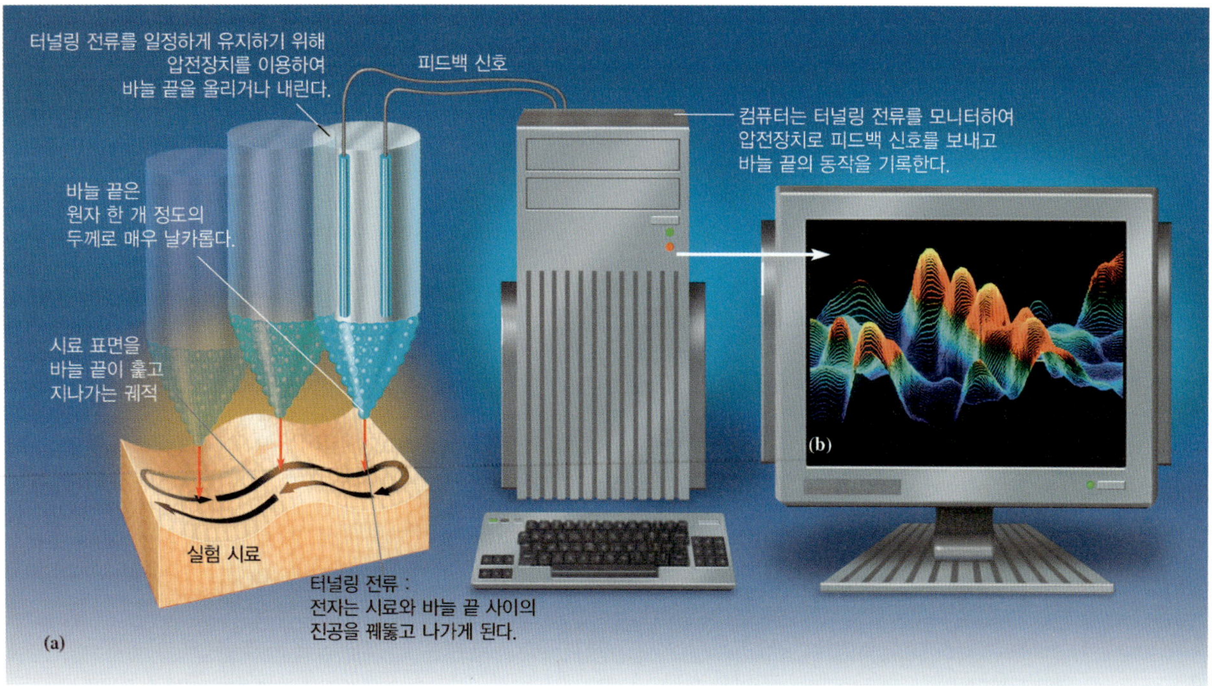

그림 28.25 (a) 주사 터널링 현미경(STM)을 개괄적으로 그린 그림. (b) DNA 분자의 한 단면을 주사 터널링 현미경으로 찍은 사진. 나선형 코일(노란색의 봉우리로 나타난 곳) 사이의 평균 거리는 3.5 nm이다.

실험장치는 주변의 진동의 영향을 받지 않도록 해야만 한다. 왜냐하면 보통은 진동의 진폭이 1000 nm 또는 그 이상에 이르기 때문이다. 시료와 금속의 바늘 끝은 진공 상자 속에 장착되어 있다.

금속 바늘 끝과 시료 표면 사이에는 $\Delta V \approx 10\ \mathrm{mV}$ 정도의 작은 퍼텐셜 차가 주어진다. 그러면 전자들은 금속 바늘 끝과 시료 표면 사이에서 터널링한다. 터널링의 장벽은 바늘 끝과 시료 표면 사이의 일함수에 기인한다(그림 28.24). 곧 금속에 속박된 전자는 금속의 밖에 있는 전자에 비하여 더 낮은 에너지를 갖는다.

바늘 끝이 시료의 표면을 스캔하여 지나갈 때, 터널링 전류가 일정하게 유지되도록 시료 표면과 바늘 끝의 거리가 조절된다(그림 28.25). 전류는 거리 a에 지수함수적으로 의존하기 때문에 바늘 끝은 결국 a값이 일정하게 유지되도록 움직인다. 그래서 바늘의 움직임은 아래에 있는 시료 표면의 윤곽을 정확히 반영하게 된다. STM은 이런 원리로 표면에 있는 개개 원자들의 상을 쉽게 그릴 수 있다.

보기 28.6 터널링 전류의 변화

STM이 $a = 1000\ \mathrm{nm}$의 거리에서 시료 표면을 스캔한다고 가정하자. 이때 퍼텐셜에너지 장벽의 높이는 $U_0 - E = 2.00\ \mathrm{eV}$이다. 만일 시료 표면과 STM 바늘 끝 사이의 거리가 1.0 %(0.010 nm, 곧 가장 작은 원자의 반지름의 약 1/5에 해당하는 거리)만큼 줄어든다면 터널링 전류는 몇 퍼센트가 변하는가?

전략 터널링 전류는 초당 터널링하는 전자들의 개수에 비례한다. 그것은 다시 단위 초당 터널링할 확률(식 (28−17)에서의 P)에 비례한다. 따라서 단위 초당 두 확률의 비율은 두 터널링 전류의 비율과 같다.

풀이 단위 시간당 터널링 확률은

$$P \propto e^{-2\kappa a} \qquad (28\text{-}21)$$

이다. 여기에서 κ는

$$\kappa = \sqrt{\frac{2m}{\hbar^2}(U_0 - E)} \qquad (28\text{-}22)$$

$$= \sqrt{\frac{2 \times 9.109 \times 10^{-31}\ \text{kg}}{[6.626 \times 10^{-34}\ \text{J} \cdot \text{s}/(2\pi)]^2}}$$

$$\times \sqrt{(2.00\ \text{eV} \times 1.602 \times 10^{-19}\ \text{J/eV})}$$

$$= 7.245 \times 10^9\ \text{m}^{-1}$$

이다. 바늘 끝이 시료표면에 0.010 nm 더 가까이 다가가므로 거리는 $a = 1000$ nm에서 $a' = 0.990$ nm로 달라진다. 따라서 터널링 확률들 사이의 비율은

$$\frac{P_{a'}}{P_a} = \frac{e^{-2\kappa a'}}{e^{-2\kappa a}} = e^{-2\kappa(a' - a)}$$

가 된다. 여기에서 지수 부분의 크기는

$$2\kappa(a' - a) = 2 \times 7.245 \times 10^9\ \text{m}^{-1} \times (-0.010 \times 10^{-9}\ \text{m}) = -0.1449$$

이다. 단위 시간당 터널링 확률의 비는

$$\frac{P_{a'}}{P_a} = e^{0.1449} = 1.16$$

이 된다. 따라서 전류의 비율 또한 1.16이 된다. 곧 바늘과 시료 표면 간의 거리를 1.0% 만큼 줄이면, 터널링 전류는 16% 만큼이나 증가하는 것이다.

검토 예상한 대로, 바늘과 시료 표면 사이의 거리의 감소는 터널링 전류의 증가를 의미한다. 시료 표면과 바늘 사이 거리가 조금만 달라져도 터널링 전류가 크게 달라지는 것은 금지된 영역에서 파동함수의 값이 지수함수적으로 급격히 떨어지기 때문이다. 이로 인하여 STM은 매우 감도 높은 측정기구가 되는 것이다.

κ의 단위를 확인해 보면 다음과 같다.

$$\kappa = \sqrt{\frac{\text{kg}}{\text{J}^2 \cdot \text{s}} \times \text{J}}$$

$$= \sqrt{\frac{\text{kg}}{\text{s}^2} \times \frac{1}{\text{J}}}$$

$$= \sqrt{\frac{\text{kg}}{\text{s}^2} \times \frac{\text{s}^2}{\text{kg} \cdot \text{m}^2}}$$

$$= \text{m}^{-1}$$

실전문제 28.6 **바늘이 더 멀어질 때 터널링 전류의 변화**

바늘이 1.00% 더 멀어질 때(1.0000 nm에서 1.0100 nm로 변화) 터널링 전류는 몇 퍼센트 달라지는지 어림셈하여라.

응용 : 터널링 현상을 이용한 원자시계

최초의 원자시계는 암모니아 분자(NH_3)에서의 터널링 현상을 이용하여 만들어졌다. 이 분자의 3차원 구조를 살펴보면, 세 개의 수소 원자들이 정삼각형을 이루고 있고, 여기에 질소 원자가 세 개의 수소 원자들과 등거리인 점에 위치하고 있다. 이 질소 원자는 두 가

지의 평형위치를 가질 수 있는데, 곧 H 원자들이 이루는 평면을 경계로 해서 위쪽이나 아래쪽 어디에나 위치할 수 있다.

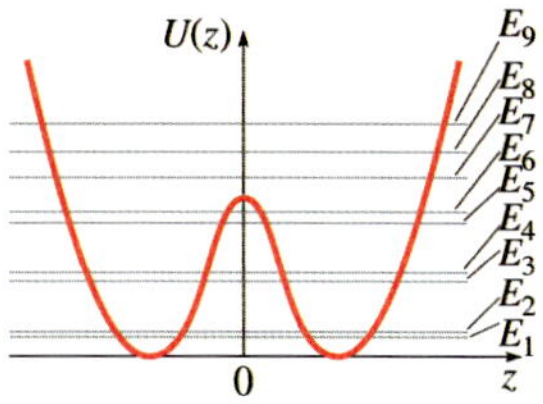

그림 28.26 NH_3 분자 속 질소 원자의 퍼텐셜에너지를 세 수소 원자들의 평면에 수직인 z축 위의 위치의 함수로 나타낸 그래프. 가장 낮은 여섯 개의 진동에너지 준위들에 놓여 있을 때에 질소 원자는 한 쪽에서 다른 쪽으로 터널링 한다.

질소 원자의 퍼텐셜에너지는 그림 28.26과 같다. 질소 원자의 평형위치들은 $U(z)$ 함수의 두 개의 극소점에 해당한다. 두 평형점 사이의 에너지 장벽은 그 원자들 사이의 쿨롱 척력에 의한 것이다. NH_3 분자의 바닥상태에서 N 원자는 두 평형점 사이를 z축 방향으로 왔다 갔다 하는 왕복 운동을 할 만큼 충분한 에너지를 가지고 있지는 않다. 그러나 실제로는 두 평형점들 사이에서 왕복 진동운동을 하는데, 곧 N 원자가 퍼텐셜에너지 장벽을 넘어서 **터널링**을 반복하는 것이다. 진동의 주파수는 터널링 확률에 의존하는데, 암모니아의 경우에는 2.4×10^{10} Hz이다. 여기에서는 진동운동이 터널링에 의하여 생겨나므로, 진동주파수가 전형적인 분자진동의 주파수보다 훨씬 낮으며, 이 점 때문에 암모니아는 최초의 원자시계에 필요한 시간 표준으로 더 쉽게 사용될 수 있다.

해답 실전문제 & 살펴보기

28.1 0.26 eV

28.2 에너지가 증가하면 파장이 감소한다. 파장이 감소하면 주어진 무늬에 대한 θ가 감소해 무늬 사이의 간격도 줄어든다(무늬가 축소된다).

28.3 위치의 불확정성은 $\Delta x \approx 75$ nm로 추정할 수 있다. 그러면 운동량의 속도의 최소 불확정성은 $\Delta p_x \approx 7 \times 10^{-28}$ kg·m/s이고, 속도의 최소 불확정성은 $\Delta v_x \approx 800$ m/s이다.

28.4 $1s^2 2s^2 2p^6 3s^2 3p^3$

28.5 루비 레이저는 효과가 없다. 빨간빛을 반사하기 때문에 피가 빨갛게 보인다. 루비 레이저에서 방출된 빨간빛이 흡수되기보다는 대부분을 반사할 것이다.

28.6 -13.5% (감소)

28.2 속도가 더 빠르면, 전자의 운동량은 더 크고 드브로이 파장은 더 짧아진다($\lambda = h/p$). 전자가 비상대론적으로 이동하는 경우, 전자의 드브로이 파장은 속력에 반비례한다.

28.4 보어 모형에서, 전자는 잘 정의된 궤도(원형 궤도)에서 핵 주위를 회전한다. 그러한 궤적은 앞에서 설명한 이유들로 불확정성 원리에 위배된다.

28.6 주양자수가 $n = 2$이면 궤도 양자수는 $\ell = 0$ 또는 1이 가능하다. $\ell = 0$이면 자기 양자수는 $m_\ell = 0$이 가능하고, $\ell = 1$이면 $m_\ell = -1$, 0, 1이 가능하며. 어떠한 자기 양자수 m_ℓ에 대해서나 $m_s = +\frac{1}{2}$, $-\frac{1}{2}$이다. 따라서 전자 상태는 8개가 가능하다. 곧

$(n, \ell, m\ell, ms) =$
$\left(2, 0, 0, +\frac{1}{2}\right), \left(2, 0, 0, -\frac{1}{2}\right),$
$\left(2, 1, -1, +\frac{1}{2}\right), \left(2, 1, -1, -\frac{1}{2}\right),$
$\left(2, 1, 0, +\frac{1}{2}\right), \left(2, 1, 0, -\frac{1}{2}\right),$
$\left(2, 1, 1, +\frac{1}{2}\right), \left(2, 1, 1, -\frac{1}{2}\right)$이다.

29

핵물리학

Nuclear Physics

렘브란트의 1653년 작품인 '호머의 흉상을 바라보는 아리스토텔레스'는 그려진지 300년이 지나 손질이 필요했다. 아리스토텔레스의 검은 앞치마에 손상의 징후가 보였는데, 앞치마 그림의 밑바탕에 원래 어떤 그림이 남아 있는지 여부가 불확실했다. 뉴욕의 메트로폴리탄 미술박물관의 관계자는 그림을 손질하여 복원하기 전에 가능한 한 손상된 부분에 대하여 많은 정보를 얻을 필요가 있었다. 미술사학자는 렘브란트가 그림을 그리면서 그림의 구성을 바꿨는지를 알고 싶었다. 이러한 정보를 얻는 데 도움을 받기 위하여, 그림은 미국 국립 브룩해븐연구소에 있는 핵반응 실험실로 옮겨졌다. 핵반응실험실에서 어떻게 그 관람자들과 미술가들이 그림에 대한 궁금증을 해소할 수 있도록 도움을 줄 수 있는가?

찾아가보기

- 러더퍼드의 산란 실험, 핵의 발견 (27.6절)
- 기본적인 힘들 (2.9절)
- 질량과 정지에너지 (26.7절)
- 배타원리 (28.7절)
- 기초 수학 : 지수함수 (부록 A.3, 18.10절)
- 터널링 (28.10절)

생명과학 응용

- 방사성 탄소 동위원소 연대측정 (29.4절, 보기 29.4, 실전문제 29.9, 문제 17, 21)
- 방사선의 생물학적 효과 (29.5절, 보기 29.11, 개념형 질문 5, 6, 문제 23~25, 33)
- 방사선 추적자 (29.5절, 문제 25, 40)
- 양전자 방출 단층촬영기술 (29.5절)
- 방사선 치료 (29.5절, 문제 19, 28)

29.1 핵의 구조 Nuclear Structure

원자 속에서는 양전하를 띠고 있는 핵에 전자들이 전기적으로 속박되어 있다. 27장과 28장에서는 핵이 아주 무거운 점전하로서 전자들에 의한 전기력의 영향을 받지 않는다는 내용을 다루었다. 실제로, 원자핵은 원자 속에 있는 전자들보다 몇 천 배나 무겁다. 그러나 부피는 원자에서 극히 일부분만 차지한다(약 10^{12}분의 1 이하). 핵이 가지는 일정한 크기의 질량과 부피는 전자들의 배치에 미묘한 영향을 주고, 따라서 원자의 화학적 성질에 영향을 준다. 그러나 핵은 자체적으로 매우 복잡한 구조이다. 이것은 방사성 붕괴나 핵반응의 형태로 드러난다.

핵은 양성자와 중성자가 속박된 집합체이다. 양성자와 중성자를 통틀어서 **핵자** nucleon 라고 부르는데, 핵 속에 있는 입자들이라는 뜻이다. **원자번호** atomic number Z는 핵 속에 있는 양성자들의 숫자이다. 각각의 양성자는 $+e$의 전하를 가지고 있고 중성자는 전하를 띠고 있지 않다. 그러므로 핵의 전하는 $+Ze$이다. 중성인 원자에서 전자의 개수는 Z와 같다. Z 값은 원자가 어떤 원소에 속하는지, 또는 어떤 화학종에 속하는지를 결정한다.

이전에는 한 원소에 속하는 원자는 모두 똑같다고 생각하였다. 그러나 오늘날에는 한 원소에도 다른 종류의 **동위원소** isotopes 가 있다는 사실이 알려져 있다. 동위원소는 모두 핵 속에 같은 수의 양성자를 가지고 있지만, 중성자들의 수(N)가 다르기 때문에 질량이 다르다. 그러므로 핵자들의 총수는 동위원소마다 각각 다르다. **핵자수** nucleon number A는 양성자와 중성자의 수를 합한 것이다.

$$A = Z + N \tag{29-1}$$

핵의 특별한 종류, 곧 **핵종** nuclide 은 A값과 Z값에 의하여 기술된다. 핵자수 A는 **질량수** mass number 라고도 부른다. 원자의 질량은 거의 모두 핵에 의한 것이고, 양성자와 중성자는 질량이 대략 같으므로, 원자의 질량은 대략 핵자의 수에 비례한다.

핵의 질량이 저마다 다르기 때문에, 원소의 동위원소는 질량분석기(19.3절)를 이용하여 분리할 수 있다. 동위원소들은 다른 질량을 가지므로 때로는 화학 반응속도에 영향을 주기도 하지만, 전체적으로 동위원소들의 화학적인 성질은 거의 같다. 반면 핵종이 다르면 핵의 성질이 매우 다르다. 중성자의 수는 핵이 얼마나 강하게 서로 결합하고 있는지에 영향을 주므로, 어떤 핵들은 안정되어 있는 반면 어떤 핵들은 불안정하다(**방사성이 있다** radioactive). 핵의 에너지 준위, 방사성 반감기, 방사성 붕괴의 양식은 핵종에 따라 독특하게 나타난다. 곧 같은 원소에 속하는 두 동위원소의 핵의 성질은 매우 다르다.

핵종을 구분하기 위하여 몇 가지 표기 방법이 사용된다. 화학기호 O는 산소 원소를 나타낸다. 산소의 특정한 동위원소를 나타내기 위하여 질량수도 표기되어야 한다. 산소−18, O−18, O^{18}, ^{18}O는 모두 질량수 18을 가진 산소 동위원소를 나타낸다. 비록 번거롭기는 해도 때로는 원자번호를 같이 표기하는 것이 도움이 되기도 한다. 산소는 8개의 양성자를 갖고 있으므로, 원자번호를 포함하여 핵을 나타내는 방법으로는 $^{18}_{8}O$가 많이 쓰이며 오래된 책에서는 가끔 $_8O^{18}$로 표기한 경우도 있다.

살펴보기 29.1 $^{23}_{11}Na$의 핵 속에는 양성자가 몇 개 있는가? 중성자는 몇 개인가? 질량수는 얼마인가?

보기 29.1 중성자의 수를 알아내기

^{18}O의 핵에는 얼마나 많은 중성자들이 있는가?

전략 위 첨자는 핵자의 수 A를 나타낸다. 주기율표(부록 B.7)를 참고하면 산소의 원자번호 Z를 찾을 수 있다. 중성자의 수는 $N = A - Z$이다.

풀이 ^{18}O의 핵은 18개의 핵자를 가지고 있다. 산소는 원자번호가 8이므로, 핵 속에 8개의 양성자가 있다. 따라서, $18 - 8 = 10$개의 중성자를 갖고 있다.

검토 산소의 서로 다른 동위원소는 중성자의 수는 다르나, 양성자의 수는 같다.

실전문제 29.1 원소 판정

44개의 양성자와 60개의 중성자를 가지고 있는 핵종을 기호로($^A_Z X$의 형태로) 나타내고 어떤 원소인지 밝혀라.

원자질량 단위 핵의 질량은 kg 단위로 나타내는 것보다는 보통 **원자질량 단위** atomic mass units로 쓰는 것이 더 편리하다. 원자질량 단위의 현대적 기호는 u인데, 오래된 문헌에서는 종종 amu로 쓰여 있기도 하다. 원자질량 단위는 정확히 중성인 ^{12}C의 원자질량을 12 u로 정의한다.

$$1\ \text{u} = 1.660\,539 \times 10^{-27}\ \text{kg} \tag{29-2}$$

표 29.1 양성자, 중성자, 전자의 질량과 전하

입자	질량(u)	전하
양성자	1.0072765	$+e$
중성자	1.0086649	0
전자	0.0005486	$-e$

핵자들은 대략 1 u의 질량을 가지고 있는 반면에, 전자는 훨씬 가볍다(표 29.1). 그러므로 핵(또는 원자)의 질량은 대략 A 원자질량 단위가 되는데, 이것이 바로 A를 질량수라고 하는 이유이다.

보기 29.2 **질량의 어림셈**

^{14}C 1 mol의 질량을 kg 단위로 어림셈하여라.

전략 각 핵자에 관한 1 u의 질량을 어림셈하고 비교적 적은 전자의 질량은 무시할 수 있다. 1 mol은 아브가드로수의 원자들을 포함한다. 다음에 u 단위를 kg 단위로 바꾼다.

풀이 ^{14}C의 핵은 14개의 핵자를 가지고 있으므로 질량은 대략 14 u이다. 1 mol은 아보가드로수 만큼의 원자들을 포함하므로 1 mol의 질량은 대략

$$M = N_A m = 6.02 \times 10^{23} \times 14\ \text{u} = 8.4 \times 10^{24}\ \text{u}$$

이다. 이제 이 값을 kg 단위로 바꾸면 다음과 같다.

$$8.4 \times 10^{24}\ \text{u} \times 1.66 \times 10^{-27}\ \text{kg/u} = 0.014\ \text{kg}$$

검토 질량수가 14인 탄소 동위원소 1 mol의 질량은 약 14 g이다. 원자질량 단위 u는 원자 1개의 질량을 원자질량 단위 u로 나타내었을 때의 수치와 원자 1 mol의 질량을 g 단위로 나타낸 수치가 같도록 정의하였다. 핵의 질량이 원자질량 단위의 A배와 정확히 같지 않은 이유는 두 가지이다. 양성자와 중성자의 질량은 각각 정확히 1 u가 아니다. 각각의 질량이 1 u라고 하더라도, 29.2절에서 살펴볼 수 있듯이 핵의 질량은 양성자와 중성자의 질량의 합보다 적다. 부록 B.8에는 ^{14}C 원자의 좀더 정확한 질량값이 14.003 242 0 u로 나와 있다.

실전문제 29.2 **핵의 질량을 u 단위로 어림셈하기**

9개의 중성자들을 가지고 있는 산소 핵의 질량을 u 단위로 계산하면 대략 얼마인가?

주기율표에 나타낸 원소의 원자질량은 지구상에 자연적으로 존재하는 그 원소의 동위원소들의 존재비로 평균을 낸 값이다. 핵물리에서 특정한 핵종의 질량을 알기 위해서는 핵종표(부록 B.8)를 참고해야 한다.

핵의 크기

핵의 크기를 어떻게 알 수 있을까? 첫 번째 실험적 증거는 러더퍼드가 행한, 금의 원자핵에 의한 α 입자의 산란으로부터 나왔다(27.6절). 각각 다른 산란각에서 관측한 α 입자들의 수를 분석함으로써 금 원자핵의 크기를 추정할 수 있었다. 비슷한 실험이 다른 핵에 대해서도 이루어졌다. 최근에는 핵의 구조를 밝히는 데에 전자의 회절 실험이 이용되기도 했다. 매우 짧은 파장의 전자들을 이용하여, 핵의 크기뿐만 아니라 핵의 내부 구조에 대해서도 알 수 있었다.

여러 실험 결과가 모든 핵의 질량 밀도가 거의 같다는 사실을 보여준다. 곧 핵의 부피가 질량에 비례한다. 그림 29.1과 같이, 핵이 공깃돌로 가득 채워진 구형의 용기와 같다

고 상상해 보자. 각각의 공깃돌은 핵자를 나타낸다. 핵자들은 서로 맞닿아 있는 것처럼 꽉 짜인 모양이다. 핵의 질량과 부피는 모두 핵자들의 수에 비례하므로, 단위 부피당 질량(밀도 ρ)은 근사적으로 핵자의 수와는 무관하다. 핵의 질량을 m이라 하고 부피를 V라고 하면,

$$m \propto A, \quad V \propto A \tag{29-3}$$

$$\Rightarrow \ \rho = \frac{m}{V} \quad (A\text{와 무관함}) \tag{29-4}$$

이다. 대부분의 원자핵은 대개 구의 모양을 하고 있다. 따라서

$$V = \frac{4}{3}\pi r^3 \propto A \tag{29-5}$$

$$\Rightarrow \ r^3 \propto A \quad \text{또는} \quad r \propto A^{1/3} \tag{29-6}$$

이다. 그러므로 핵의 반지름은 질량수의 세제곱근에 비례한다. 실험적으로는 비례상수가 대략 1.2×10^{-15} m이다.

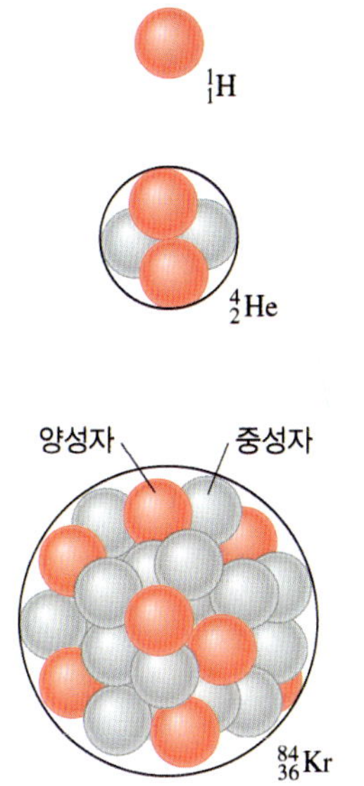

그림 29.1 (핵자를 나타내는) 단단한 여러 개의 공이 뭉쳐져 구 모양을 한 핵의 단순 모형

핵의 반지름

$$r = r_0 A^{1/3} \tag{29-7}$$

$$r_0 = 1.2 \times 10^{-15}\ \text{m} = 1.2\ \text{fm} \tag{29-8}$$

SI 접두어 f는 펨토^{femto}를 나타내는 것으로, fm은 펨토미터^{femtometer}라고 부르며, 핵물리학자 페르미$^{\text{Enrico Fermi, 1901~1954}}$의 이름을 따서 페르미^{fermi}라고 부르기도 한다. 핵의 반지름의 값은 1.2 fm$(A = 1)$에서 7.7 fm$(A \approx 260)$의 범위에 있다.

핵들은 모두 거의 같은 질량밀도를 갖지만, 원자들은 그렇지 않다. 무거운 원자는 일반적으로 가벼운 원자보다 밀도가 크다. 원자의 부피가 증가한다고 해서 질량이 똑같이 증가하지는 않는다. 보다 큰 원자는 전자들을 많이 가지고 있긴 하지만, 이 전자들은 핵의 전하가 증가하기 때문에 평균적으로 더 강하게 속박되어 있다. 그러므로 원자들이 꽉 채워진 고체나 액체는 다른 것들보다 밀도가 높다.

보기 29.3 **바륨 핵의 반지름과 부피**

바륨－138 핵의 반지름과 부피는 얼마인가?

전략 어떤 원자핵의 반지름을 구하고자 한다면 질량수 A만 알면 되는데, 이 경우에는 138이다. 그 부피를 구하기 위하여 핵이 대략 공 모양이라고 가정한다.

풀이 반지름을 구하기 위하여, 식 (29–7)에 $A = 138$을 대입한다.

$$r = r_0 A^{1/3}$$
$$r = 1.2\ \text{fm} \times 138^{1/3} = 6.2\ \ \text{fm}$$

이 핵의 부피는 대략 다음과 같다.

$$V = \frac{4}{3}\pi r^3$$

식 (29–7)을 세제곱하면

$$r^3 = r_0^3 A$$

이다. 그러므로, 핵의 부피는 대략

$$V = \frac{4}{3}\pi r_0^3 A$$

이다. 여기에 숫자를 대입하면 다음과 같다.

$$V = \frac{4}{3}\pi \times (1.2 \times 10^{-15}\ \text{m})^3 \times 138$$
$$= 1.0 \times 10^{-42}\ \text{m}^3$$

검토 반지름(6.2 fm)은 1.2 fm에서 7.7 fm의 사이에 있으며, 식 $V = \frac{4}{3}\pi r_0^3 A$에서 핵의 부피는 핵자들의 수($A$)에 비례함을 알 수 있다. 곧 각 핵자는 $\frac{4}{3}\pi r_0^3$의 부피를 차지한다.

실전문제 29.3 **라듐 핵의 부피**

라듐–226 핵의 부피는 얼마인가?

29.2 결합에너지 Binding Energy

강력

핵자들을 핵 속에 서로 묶어두는 것은 무엇인가? 중력은 이것들을 묶어두기에는 너무 약하고, 전기력은 양성자들을 서로 밀어낸다. 핵자들은 2.9절에서 논의한 바와 같이 4가지의 기본적인 상호작용(중력과 전자기력 및 약력과 함께)의 하나인 강한 상호작용(**강력** strong force)에 의해 서로 묶여 있다. 강력은 양성자들과 중성자들 사이에서 거의 차이가 없다.

중력이나 전자기력과는 달리, 강력은 매우 가까운 거리에서만 작용하는 힘이다. 중력과 전자기력의 점 물체들 사이에 작용하는 힘의 세기는 $1/r^2$에 비례하여 약해지지만 그 작용 범위는 무한하다. 반면 두 핵자 사이에 작용하는 강력은 단지 3.0 fm 이내의 거리에서만 의미가 있다. 강력은 작용하는 범위가 매우 짧기 때문에, 핵자는 핵 안에서 가장 가까이 이웃한 핵자에게 끌린다. 반면에 전기적 반발력은 멀리까지 미치기 때문에 핵 속의 모든 양성자는 다른 양성자를 모두 밀어낸다. 어떤 핵이 안정적인지는 이 두 가지의 서로 다른 경쟁적인 힘들이 결정한다.

결합에너지와 질량결손

핵의 **결합에너지** binding energy E_B란 핵에서 양성자들과 중성자들 각각을 떼어놓기 위해 필요한 에너지를 말한다. 핵은 속박된 계이기 때문에, 핵의 총에너지는 Z개의 양성자와 N개의 중성자가 서로 멀리 떨어져 정지하고 있는 상태의 에너지보다 적다.

연결고리 결합에너지의 개념을 통해 힘 대신 에너지의 관점에서 핵이 어떻게 서로 묶여 있는지 살펴볼 수 있다.

결합에너지

$$E_B = (Z\text{개의 양성자와 } N\text{개의 중성자의 총에너지}) - (\text{핵의 총에너지}) \qquad (29\text{-}9)$$

결합에너지란 개념은 핵 외의 다른 계에도 적용된다. 서로 멀리 떨어져 있는 양성자와 전자의 총에너지는 수소 원자를 형성하여 서로 속박되어 있을 때(바닥상태에 있는)의 에너지보다 13.6 eV만큼 더 크다. 그러므로 수소 원자의 결합에너지는 13.6 eV이다. 한 개 이상의 많은 전자를 가진 원자에서, 결합에너지는 이온화에너지와 같지 않다. 이온화에너지란 한 개의 전자를 떼어내는 데 필요한 에너지이다. 결합에너지는 모든 전자를 떼어내는 데 필요한 에너지이다.

어떤 입자의 질량은 그것의 정지에너지를 측정한 것이다. 입자가 정지하고 있는 한 기준틀에서 입자의 총에너지는 다음과 같다(26.7절 참조).

$$E_0 = mc^2 \qquad (26\text{-}16)$$

핵의 정지에너지는 Z개의 양성자와 N개의 중성자의 총정지에너지보다 적기 때문에, 핵의 질량은 양성자와 중성자의 총질량보다 적다. **질량결손** mass defect이라고 부르는 그 차이 Δm을 정의하는 이유는 핵을 Z개의 개별적인 양성자와 N개의 개별적인 중성자로 분리하기 위하여 핵에 에너지를 더 주어야 하기 때문이다. 질량결손은 식 (26–16)에 의하여 결합에너지와 관련되어 있다.

질량결손과 결합에너지

$$\Delta m = (Z\text{개의 양성자들과 } N\text{개의 중성자들의 질량}) - (\text{핵의 질량}) \qquad (29\text{-}10)$$

$$E_B = (\Delta m)c^2 \qquad (29\text{-}11)$$

핵물리학에서 공통으로 가장 많이 사용하는 에너지 단위는 MeV(mega-electron-volt)이다. 방정식 (29−11)에서처럼 에너지를 MeV 단위로, 질량을 원자질량 단위로 표현할 때는 MeV/u 단위의 c^2값을 사용하는 것이 편리하다. 그 값은 다음과 같다.

$$c^2 = 931.494 \text{ MeV/u} \tag{29-12}$$

부록 B.8에 있는 질량 표에 나와 있는 질량은 중성 원자의 질량이다. 곧 핵의 질량과 전자의 질량을 포함하고 있다. 원자번호 Z인 핵의 질량을 알기 위해서는, 중성 원자의 질량에서 전자들의 질량을 빼야 한다. 핵에 속박된 전자들의 결합에너지는 전자들의 정지에너지보다 훨씬 적기 때문에 무시할 수 있다.

보기 29.4 질소−14 핵의 결합에너지

^{14}N 핵의 결합에너지를 계산하여라.

전략 부록 B.8을 보면, ^{14}N 원자의 질량은 14.0030740 u이다. N 원자의 질량은 7개의 전자의 질량을 포함한다. 원자의 질량으로부터 $7m_e$를 빼면 핵의 질량이 된다. 그러면 질량결손과 결합에너지를 구할 수 있다.

풀이

$$\begin{aligned} {}^{14}\text{N 핵의 질량} &= 14.0030740\text{ u} - 7m_e \\ &= 14.0030740\text{ u} - 7 \times 0.0005486\text{ u} \\ &= 13.9992338\text{ u} \end{aligned}$$

^{14}N 핵은 7개의 양성자와 7개의 중성자를 가지고 있다. 질량결손은 다음과 같다.

$$\begin{aligned} \Delta m &= (7\text{개의 양성자와 7개의 중성자 질량}) \\ &\quad - (\text{핵의 질량}) \\ &= 7 \times 1.0072765\text{ u} + 7 \times 1.0086649\text{ u} \\ &\quad - 13.999234\text{ u} \\ &= 0.1123560\text{ u} \end{aligned}$$

그러므로 결합에너지는 다음과 같다.

$$\begin{aligned} E_B = (\Delta m)c^2 &= 0.1123560\text{ u} \times 931.493\text{ MeV/u} \\ &= 104.659\text{ MeV} \end{aligned}$$

검토 원자에 있어서 전자의 결합에너지는 너무 작기 때문에, 원자의 질량은 핵의 질량과 전자들의 질량을 합한 것이라고 가정할 수 있다. 질소 핵의 질량 대신 질소 원자의 질량, 양성자 대신에 수소 원자의 질량을 이용하여 질량결손을 계산할 수 있다. 각 항은 7개의 전자질량을 포함하고 있다. 그 때문에, 전자들의 질량은 다음과 같이 빠진다.

$$\begin{aligned} \Delta m &= (7\text{개의 H 원자와 7개의 중성자 질량}) \\ &\quad - ({}^{14}\text{N 원자의 질량}) \\ &= 7 \times 1.0078250\text{ u} + 7 \times 1.0086649\text{ u} \\ &\quad - 14.0030740\text{ u} \\ &= 0.1123553\text{ u} \end{aligned}$$

실전문제 29.4 질소−15의 결합에너지

^{15}N 핵의 결합에너지를 계산하여라.

결합에너지 곡선

그림 29.2는 단위 핵자당 결합에너지를 질량수의 함수로 나타낸 그래프이다. 강력이 가장 가까이 있는 이웃 핵자들을 속박시킨다는 사실을 기억하여라. 작은 핵종에서는 가장 가까이 있는 이웃 핵자들의 평균수가 적기 때문에 모두를 완전히 묶기에는 핵자가 충분하지 않다. 핵자들의 수가 증가하면, 가장 가까이 있는 이웃 핵자들의 평균수가 증가하기 때문에, 핵자당 결합에너지가 어느 정도까지 증가한다. 따라서 A가 증가함에 따라 핵자당 결합에너지가 가파르게 증가함을 알 수 있다.

일단 핵이 어떤 크기에 이르면, 표면에 있는 것들을 제외한 모든 핵자는 가장 가까이 있는 이웃 핵자들의 수를 최대로 유지하게 된다. 더 많은 핵자를 넣더라도 강력에 의한 핵자당 평균 결합에너지는 그렇게 많이 증가하지 않는다. 그러나 쿨롱의 반발력은 먼 거리 힘이기 때문에 계속 증가한다. 그래서 핵자들이 많아지면, $A \approx 60$을 넘어서는 핵의 핵자당 평균 결합에너지는 감소한다. 이렇게 감소하는 경향은 작은 A에서 가파르게 증가하는 것에 비해 비교적 완만하게 감소한다. 왜냐하면, 쿨롱 반발력은 강한 핵력에 비해 약하기 때문이다.

핵자당 결합에너지는 가장 작은 핵종들을 제외하고는 모두 7~9 MeV 범위에 있다. 예를 들면, 보기 29.3에서 ^{14}N의 결합에너지는 104.659 MeV였다. ^{14}N의 핵자당 결합에너지는 다음과 같다.

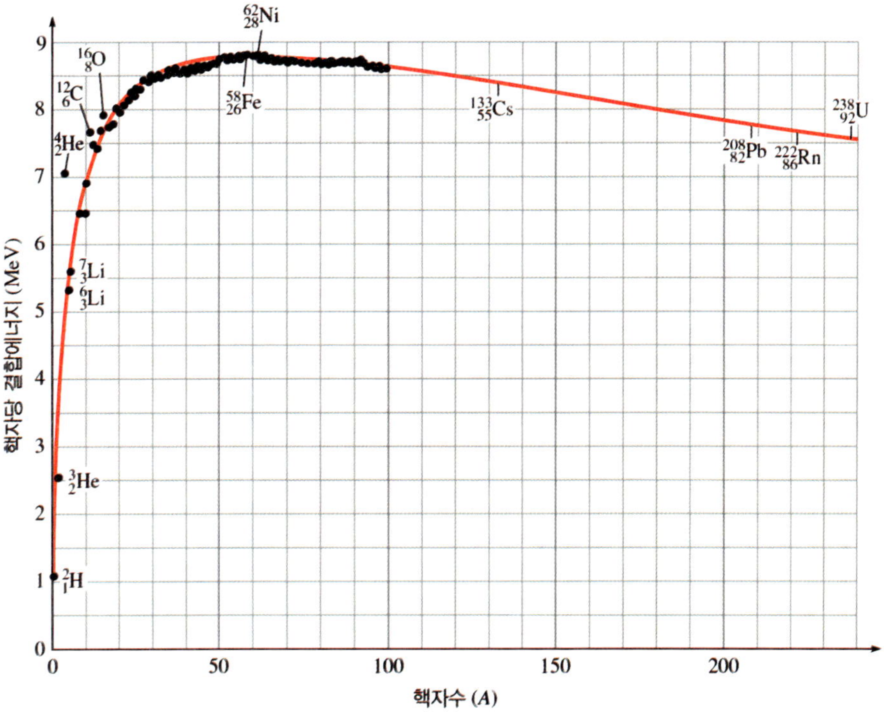

그림 29.2 핵자수가 A인 가장 안정한 핵종의 핵자당 결합에너지 (E_B/A). $A<100$인 핵의 데이터 점을 개개의 데이터 점으로 볼 수 있다. 일반적인 경향을 보여 주는 부드러운 곡선은 빨갛게 칠했다. $A \geqq 100$인 핵의 데이터 점들은 빠져 있는데, 그것은 그 점들이 빨간 곡선이 주는 값과 거의 같기 때문이다. $^{62}_{28}Ni$는 모든 핵종 중에서 가장 큰 핵자당 결합에너지를 갖고 있다(8.795 MeV). 다음으로는 $^{58}_{26}Fe$과 $^{56}_{26}Fe$(각각 8.792 MeV와 8.790 MeV이다). $^{4}_{2}He$, $^{12}_{6}C$, $^{16}_{8}O$의 데이터 점들은 빨간 곡선보다 상당히 위에 있다. 곧 이들 핵종은 비슷한 A값을 가진 핵종들에 비하여 특히 안정하다.

아지는 경향이 있다($N > Z$). 그렇지만 중성자의 수가 많아지는 데에도 제한이 있다. 중성자는 양성자보다 약간 더 무겁기 때문에, 중성자의 수가 너무 많으면 핵의 질량(따라서 핵의 에너지)이 한 개 이상의 중성자가 양성자로 바뀌었을 때의 값보다 더 크게 된다.

그림 29.4는 (초록색 점들로 나타낸) 안정한 핵종들의 양성자의 수(Z)와 중성자의 수(N)를 보여준다. 아주 작은 핵종들에 대해서는, $N \approx Z$이다. 핵자들의 총수($A = Z + N$)가 증가할수록, 중성자들의 수는 양성자들의 수보다 더 빠르게 증가한다. 가장 큰 안정한 핵종은 양성자의 수보다 1.5배만큼 더 많은 중성자들을 갖는다.

29.3 방사능 Radioactivity

프랑스 물리학자 베크렐Henri Becquerel, 1852~1908은 1896년 매우 우연히 햇빛과 같은 외부 에너지원이 없는 상태에서 우라늄염이 자발적으로 방사선을 낸다는 사실을 발견했다. 이 방사선은 빛을 차단하기 위해 검은 종이로 싼 사진 건판조차도 감광시켰다.

핵종은 넓게 두 가지 부류로 나눌 수 있다. 한 종류는 안정한 것이고 다른 것들은 불안정한, 곧 **방사성**radioactive이 있는 것들이다. 불안정한 핵종은 자발적인 핵반응을 통하여 방사선을 내면서 **붕괴**decay한다(방사선은 전자기파를 포함할 수는 있지만 꼭 그것에 국한되지는 않는다). 방출하는 방사선의 종류에 따라 반응 후 핵들은 다른 핵종으로 바뀔 수도 있는데, 그럴 때는 전하나 핵자수 또는 양쪽이 모두 달라진다.

방사능을 연구하던 과학자들은 방사선을 내는 핵들이 방출하는 방사선이 세 가지 종류임을 밝혀냈다. 이 세 종류의 방사선은 그리스 문자의 첫 세 글자를 따서 알파(α)선, 베타(β)선, 감마(γ)선이라고 불렀다. 이 방사선들의 구별은 처음에는 물질을 투과하는 능력이 다르다는 사실에 바탕을 둔 것이다(그림 29.5). 알파선은 투과력이 가장 약하다. 알파선은 공기층을 수 cm 만을 통과하고 사람의 피부나 얇은 종이, 고체 물질에 의해 완전

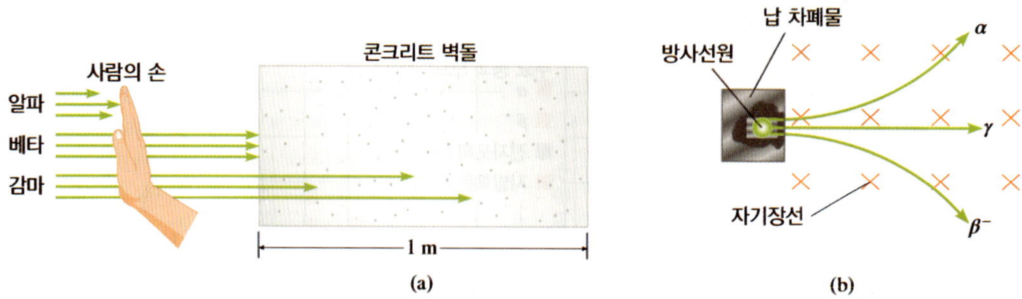

그림 29.5 알파, 베타, 감마선은 (a) 물질을 투과하는 능력뿐만 아니라 (b) 이것들이 가지고 있는 전하도 서로 다르다.

히 차단된다. 베타선은 공기 중에서 더 멀리 진행하고(대략 1 m 정도) 손이나 얇은 금속 막을 투과할 수 있다. 감마선은 알파선이나 베타선보다 훨씬 더 투과력이 세다. 나중에 이들의 전하와 질량이 결정되었고, 이러한 성질들이 방사능의 세 가지 종류를 구분하고, 궁극적으로 그것들의 정체를 밝히는 데 사용되었다.

지금까지 알려진 1500여 개의 핵종 중에서, 약 20 % 만이 안정하다. 큰 핵종($Z > 83$)은 모두 방사능을 갖는다. 지금까지 알려진 바로는, 안정한 핵들은 자발적으로 붕괴하지 않고 영구적으로 남아 있다. 모든 방사성 핵종은 그 핵종의 고유한 평균수명을 가지고 붕괴한다. 수명의 범위는 매우 넓은데, 약 10^{-22} s (대략 빛이 핵의 지름에 해당하는 거리를 지나는 데 걸리는 시간)에서부터 10^{28} s (우주 나이의 10^{10} 배)에 이르기까지 다양하다.

방사성 붕괴에서의 보존 법칙

자발적 반응이든 아니든 간에, 핵반응에서 총전하는 보존된다. 또한 핵자의 수도 보존되어야 한다. 이 두 가지 보존 법칙을 적용하여 핵반응의 균형을 맞출 수 있다. 전자와 양성자, 중성자에 대한 기호 표기는 이 입자들을 핵과 같은 것으로 간주하여 핵자의 수에 대해서는 위 첨자로, 전하에 대해서는 e의 단위(표 29.2 참조)로 아래 첨자로 쓴다. 위 첨자의 합이 반응 전후에 같으면 핵자들의 수에 대하여 핵반응의 균형을 맞춘 셈이고, 반응 전후의 아래 첨자의 합이 같으면 전하에 대하여 균형을 맞춘 셈이다.

표 29.2 방사성 붕괴와 다른 핵반응들에 공통적으로 포함된 입자들

입자 이름	기호	전하 (단위 e)	핵자수
전자	e^-, β^-, ${}^{0}_{-1}e$	−1	0
양전자	e^+, β^+, ${}^{0}_{1}e$	+1	0
양성자	p, ${}^{1}_{1}p$, ${}^{1}_{1}H$	+1	1
중성자	n, ${}^{1}_{0}n$	0	1
알파 입자	α, ${}^{4}_{2}\alpha$, ${}^{4}_{2}He$	+2	4
광자	γ, ${}^{0}_{0}\gamma$	0	0
중성미자	ν, ${}^{0}_{0}\nu$	0	0
반중성미자	$\bar{\nu}$, ${}^{0}_{0}\bar{\nu}$	0	0

모든 핵반응에서도 에너지는 보존된다. 이 또 다른 보존 법칙은 방사성 붕괴에 있어서 중요하다. 운동에너지가 없거나 거의 없는 핵이 붕괴하면서, 어떻게 상당한 운동에너지를 가진 생성물을 내어놓을 수 있는가? 이 에너지는 어디에서 왔을까? 자발적인 핵반응에서 방사성 원자핵의 정지에너지의 일부가 생성물의 운동에너지로 바뀐다. 다른 모양의 에너지로 바뀌는 정지에너지의 양을 **붕괴에너지**disintegration energy라고 부른다. 운동에너지

가 증가하기 위해서는 이에 상응하는 정지에너지가 감소해야 한다. 핵이 자발적으로 붕괴하기 위해서는, 생성물의 총질량이 원래의 방사성 원자핵의 질량보다 작아야 한다. 달리 말하면, 생성물들이 원래의 핵보다 더 단단히 속박되어 있어야 한다. 곧 붕괴에너지는 방사성 원자핵의 결합에너지와 생성물들의 총결합에너지와의 차이이다.

알파붕괴

'α선'은 ^4He 핵으로 알려져 있다. 헬륨 핵은 두 개의 양성자와 두 개의 중성자들이 한 덩어리로 뭉쳐진 것이며 매우 강하게 결합되어 있다. α 입자의 질량은 4.001506 u이고 전하는 $+2e$이다.

알파붕괴[alpha decay]에서, 원래의 핵종(**어미핵종**)은 α 입자를 방출하면서 **딸핵종**으로 바뀐다. 반응의 균형을 맞추어 보면, 딸핵종의 핵자수는 4만큼 줄어들고 전하는 2만큼 줄어들었음을 알 수 있다. 어미핵종을 P로 나타내고 딸핵종을 D로 나타내면, α 입자를 방출하는 자발적 반응은 다음과 같다.

알파붕괴

$$^{A}_{Z}P \rightarrow {}^{A-4}_{Z-2}D + {}^{4}_{2}\alpha \tag{29-14}$$

α 입자의 방출은 큰 핵종($Z > 83$)들의 방사능 붕괴에 있어서 가장 흔한 양식이다. $Z > 83$인 핵종들은 안정한 것들이 없기 때문에, α 입자의 방출은 Z와 N의 값을 각각 2씩 감소시킴으로써 안정선 쪽으로 직접 옮겨놓는다. 한 개의 α의 방출은 중성자 대 양성자의 비를 증가시킨다. 예를 들면, $^{238}_{92}\text{U}$은 중성자 대 양성자의 비가 $(238-92)/92 = 1.587$이다. α 입자를 내쏨으로써, $^{238}_{92}\text{U}$은 $^{234}_{92}\text{Th}$로 되어 중성자 대 양성자의 비가 커진다. 곧 $(234-90)/90 = 1.600$이다. 그러므로 중성자 대 양성자의 비가 상대적으로 작은 대형 핵종들은 중성자 대 양성자의 비가 상대적으로 큰 비슷한 핵종들보다 알파붕괴를 할 가능성이 좀 더 크다.

보기 29.5 알파붕괴

폴로늄-210은 알파붕괴를 한다. 어떤 딸핵종이 생기는지 알아보아라.

전략 먼저 폴로늄의 원자번호를 주기율표(부록 B.7)에서 찾는다. 다음으로 미지의 핵종과 α 입자를 생성물로 하는 핵반응식을 쓴다. 반응의 균형을 맞추어 보면, 딸핵의 Z와 A의 값을 얻을 수 있다.

풀이 폴로늄은 원자번호가 84이다. 그러면 반응식은

$$^{210}_{84}\mathrm{Po} \rightarrow {}^{A}_{Z}(?) + {}^{4}_{2}\alpha$$

이다. 여기에서 A와 Z는 각각 딸핵의 핵자수와 원자번호이다. 전하가 보존되기 위해서는

$$84 = Z + 2$$

이어야 하므로, $Z = 82$이다. 핵자수가 보존되려면

$$210 = A + 4$$

이어야 하므로, $A = 206$이다. 원자번호가 82인 원소를 주기율표에서 찾아보면 납이라는 것을 알 수 있다. 따라서 딸핵은 납-206($^{206}_{82}\mathrm{Pb}$)이다.

검토 반응식을 완성하면 총핵자의 수와 총전하량이 반응에서 모두 보존됨을 쉽게 확인할 수 있다.

$$^{210}_{84}\mathrm{Po} \rightarrow {}^{206}_{82}\mathrm{Pb} + {}^{4}_{2}\alpha$$

실전문제 29.5 **주어진 딸핵으로부터 어미핵을 알아내기**

어떤 지역에서는 건강에 심각한 영향을 주는 방사능 기체인 라돈-222가 다른 핵종의 α붕괴에 의하여 생성된다. 어미핵종을 알아내어라.

알파붕괴의 에너지 알파붕괴가 일어날 때 붕괴에너지는 딸핵과 α 입자가 나누어 가진다. 운동량 보존은 에너지가 어떻게 나누어지는지를 정확하게 결정해 주기 때문에 특정 방사성 붕괴에서 방출된 α 입자는 특정한 에너지를 갖는다(어미핵의 초기 운동에너지는 중요하지 않고 0으로 택할 수 있다고 가정하자).

보기 29.6 우라늄-238의 알파붕괴

$^{238}\mathrm{U}$ 핵은 α 입자를 방출하여 알파붕괴를 할 수 있다.

$$^{238}\mathrm{U} \rightarrow {}^{234}\mathrm{Th} + \alpha$$

(a) 붕괴에너지를 구하여라. (b) 어미핵 $^{238}\mathrm{U}$이 처음에 정지해 있었다고 가정하고, α 입자의 운동에너지를 구하여라.

전략 부록 B.8의 원자질량을 써서 계산할 수 있다. $^{238}_{92}\mathrm{U}$ 원자의 질량은 전자 92개의 질량이 포함되어 있다. $^{234}_{90}\mathrm{Th}$와 $^{4}_{2}\mathrm{He}$ 원자의 질량의 합에도 전자 $90 + 2 = 92$개의 질량이 포함되어 있다.

운동에너지는 거의 다 α 입자로 갈 것이다. 왜냐하면 α 입자의 질량이 토륨 핵의 질량보다 훨씬 적기 때문이다. 운동량 보존 법칙은 운동에너지가 두 입자 사이에서 어떻게 나누어지는가를 정확히 결정해 준다.

풀이 (a) 생성물들의 총질량은

$$234.043\,599\,9\ \mathrm{u} + 4.002\,603\,3\ \mathrm{u} = 238.046\,203\,2\ \mathrm{u}$$

로서, 어미핵의 질량보다 적다. 질량의 변화는

$$\begin{aligned}\Delta m &= 238.046\,203\,2\ \mathrm{u} - 238.050\,787\,0\ \mathrm{u}\\ &= -0.004\,583\,8\ \mathrm{u}\end{aligned}$$

이다. Δm은 질량의 변화를 나타낸다. 곧 붕괴 후의 질

량에서 붕괴 전의 질량을 뺀 것이다(한 핵의 질량결손을 Δm으로 쓴다면, 그 핵을 구성 입자인 양성자들과 중성자들로 떼어 놓는 반응을 생각하는 것이다). 이 반응에서의 질량 감소는 정지에너지가 줄어든다는 것을 뜻한다. 아인슈타인의 질량 – 에너지의 관계식에 따라, 정지에너지의 변화는

$$\begin{aligned} E &= (\Delta m)c^2 \\ &= -0.0045838\ \mathrm{u} \times 931.494\ \mathrm{MeV/u} \\ &= -4.2698\ \mathrm{MeV} \end{aligned}$$

이다. 에너지 보존 법칙에 의하여, 생성물의 운동에너지는 어미핵의 운동에너지보다 4.2698 MeV 많다. 붕괴에너지는 4.2698 MeV이다.

(b) 딸핵과 α 입자를 비상대론적으로 취급할 수 있다고 가정하면, 그것들의 운동에너지와 운동량은 다음과 같은 관계가 있다.

$$K = \frac{p^2}{2m}$$

운동량 보존 법칙은 운동량의 크기가 같고 방향이 반대임을 나타내는 것으로,

$$\begin{aligned} \frac{K_\alpha}{K_{\mathrm{Th}}} &= \frac{p^2/(2m_\alpha)}{p^2/(2m_{\mathrm{Th}})} \\ &= \frac{m_{\mathrm{Th}}}{m_\alpha} = \frac{234.0435999}{4.0026033} \\ &= 58.4728 \end{aligned}$$

이다. 두 운동에너지를 합하면, 4.2698 MeV이어야 한다.

$$K_\alpha + K_{\mathrm{Th}} = 4.2698\ \mathrm{MeV}$$

운동에너지 비의 식에서 구한 K_{Th}를 대입하면, 다음과 같다.

$$K_\alpha + \frac{K_\alpha}{58.4728} = 4.2698\ \mathrm{MeV}$$

이것을 풀면, $K_\alpha = 4.198\ \mathrm{MeV}$이다.

검토 질량의 변화는 음$^-$이다. 붕괴 후의 총질량은 붕괴 전의 질량보다 적다. U 핵의 질량(더 정확히는, 정지에너지)의 일부가 생성물의 운동에너지로 바뀌었다. 붕괴에너지는 방출되는 에너지이기 때문에 양$^+$이다.

α 입자의 운동에너지는 그것의 정지에너지(약 $4\ \mathrm{u} \times 931.494\ \mathrm{MeV/u} \approx 3700\ \mathrm{MeV}$)보다 훨씬 적기 때문에, 운동에너지에 관한 비상대론적 표현은 적절하다. 상대론적인 계산은 수행한 계산이 유효숫자 3자리까지 정확하다는 것을 보여준다.

실전문제 29.6 **폴로늄 – 210이 붕괴할 때의 α 에너지**

$^{210}\mathrm{Po}$의 붕괴로 방출되는 α 입자의 운동에너지를 구하여라.

$$^{210}_{84}\mathrm{Po} \rightarrow {}^{206}_{82}\mathrm{Pb} + \alpha$$

베타붕괴

베타입자는 전자 또는 양전자들이다(가끔 베타마이너스(β^-), 베타플러스(β^+) 입자라고도 부른다). 베타마이너스붕괴에서는 전자 하나가 방출되고 핵 속의 중성자는 양성자로 바뀐다. 따라서 질량수는 달라지지 않지만, 핵의 전하는 1만큼 늘어난다.

베타마이너스붕괴

$$ {}^{A}_{Z}P \rightarrow {}^{A}_{Z+1}D + {}^{0}_{-1}e^{-} + {}^{0}_{0}\overline{\nu} \qquad (29\text{-}15) $$

기호 $\overline{\nu}$는 **반중성미자** antineutrino를 나타내는데, 질량이 거의 없는 중성입자이다.

베타플러스붕괴에서는 양전자가 방출되고 핵 속의 양성자가 중성자로 바뀐다. 양전자는 전자의 반입자이다(27.8절 참조). 양전자는 질량이 전자와 같지만 전하가 $+e$로 양$^{+}$이다. 이번에는 핵의 전하가 1만큼 줄어든다.

베타플러스붕괴

$$ {}^{A}_{Z}P \rightarrow {}^{A}_{Z-1}D + {}^{0}_{+1}e + {}^{0}_{0}\nu \qquad (29\text{-}16) $$

기호 ${}^{0}_{+1}e$는 방출된 양전자를 나타내고, ${}^{0}_{0}\nu$는 질량은 거의 없고 전하를 띠지 않는 **중성미자** neutrino이다. 이 양전자는 곧바로 하나의 전자와 만나게 되고, 이들 쌍은 한 쌍의 광자를 만들고 소멸한다(27.8절 참조).

알파붕괴와는 달리, 방사성 핵종이 베타붕괴할 때는 핵자의 수가 변하지 않는다. 본질적으로 **베타붕괴** beta decay는 중성자를 양성자로, 또는 양성자를 중성자로 바꾼다. 중성자의 질량은 양성자와 전자의 질량을 합한 것보다 크기 때문에, 자유 중성자는 β^{-}를 방출하면서 자발적으로 붕괴한다. 이 과정의 반감기는 10.2분이다. 그러나 자유 양성자는 자발적으로 중성자와 양전자로 붕괴할 수 없다. 그것은 에너지 보존 법칙에 위배된다. 그러나 핵 속에서 양성자는 양전자를 내쏘고 중성자로 바뀔 수 있다. 이것을 일어나게 하는데 필요한 에너지는 핵의 결합에너지가 변하면서 얻어진다. 따라서 핵 속에서 일어나는 기본적인 베타붕괴 반응들은 다음과 같다.

베타마이너스붕괴 : $$ {}^{1}_{0}n \rightarrow {}^{1}_{1}p + {}^{0}_{-1}e + {}^{0}_{0}\overline{\nu} \qquad (29\text{-}17) $$

베타플러스붕괴 : $$ {}^{1}_{1}p \rightarrow {}^{1}_{0}n + {}^{0}_{+1}e + {}^{0}_{0}\nu \qquad (29\text{-}18) $$

베타붕괴는 질량수를 변화시키지는 않지만, 중성자 대 양성자의 비는 변화시킨다. 중성자가 너무 많아서 안정하지 않은 핵종은 베타마이너스붕괴를 통하여 붕괴할 가능성이 있다. 중성자는 전자를 방출함으로써, 핵 속에서 양성자로 바뀐다. 중성자의 수가 너무 적은 핵종은 양성자가 양전자를 방출하고 중성자로 변하면서 베타플러스붕괴를 할 가능성이 있다. 어느 경우에나 전하의 총량은 보존된다.

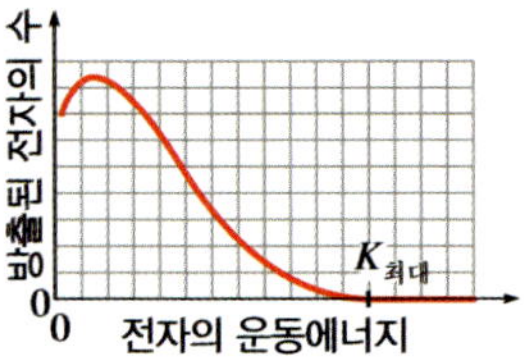

그림 29.6 특정 핵종의 베타붕괴로 방출되는 전자의 전형적인 연속에너지 스펙트럼

중성미자의 예측과 발견 전자(또는 양전자)의 에너지가 연속 스펙트럼으로 관찰되었기 때문에 베타붕괴는 처음에는 수수께끼였다. 알파붕괴에서, 특정 붕괴반응에서 방출되는 α 입자가 명확한 운동에너지를 가지는 것은 에너지와 선운동량이 보존되는 것에서 온 결과로 이해된다. 같은 이유로, 과학자들은 주어진 베타붕괴 반응에서 방출되는 β 입자도 단일 에너지를 가져야 한다고 생각했다. 그러나 운동에너지를 측정하였을 때 방출된 β 입자는 최댓값까지의 범위 내에서 운동에너지가 연속적인 값을 가졌다(그림 29.6). β 입자의 최대 운동에너지는 과학자들이 β 입자가 가질 수 있다고 생각하는 값과 일치했다.

왜 대부분의 β 입자가 예상했던 것보다 적은 에너지를 가지고 있을까? 과학자들이 보존 법칙(에너지 또는 운동량)에서 하나의 예외를 발견한 것일까? 보어^Niels Bohr^를 비롯한 저명한 과학자들은 에너지 보존 법칙이 깨어진 것이라 생각했지만 파울리는 또 다른 설명을 제안했다. 파울리는 두 개의 입자, 곧 β 입자와 아직 탐지되지 않은 다른 입자가 방출된다고 생각했다. 핵이 하나가 아니라 두 개의 입자를 방출한다면, 운동에너지를 어떻게 나누어 가지든 에너지와 운동량이 모두 보존될 수 있다. 두 개의 운동량 벡터를 더하여 0이 되려면 두 운동량 벡터는 크기가 같고 방향이 반대여야 한다. 그러나 세 개의 운동량 벡터는 같은 총운동에너지를 나누어 가지면서 다양한 방법으로 0이 되도록 할 수 있다.

페르미는 이 가상적인 입자를 **중성미자**^neutrino^라고 불렀다. 중성미자를 나타내는 기호는 그리스 문자 'ν(뉴^nu^)'라고 쓴다. **반중성미자**^antineutrino^는 위에다 줄을 그어 $\bar{\nu}$라고 쓴다. 30장에서 공부하겠지만, 반중성미자는 베타마이너스붕괴에서 방출되는 반면에 중성미자는 베타플러스붕괴에서 방출된다. 중성미자는 전자기 상호작용이나 강한 상호작용을 통해 상호작용을 하지 않기 때문에 감지하기가 매우 어렵다. 파울리가 중성미자의 존재를 예측하고 나서 실제로 그 존재가 알려지기까지 25년이 걸렸다. 중성미자는 약 10^{12}분의 1의 확률로 지구에서 상호작용을 하고 나머지는 지구를 통과하여 지나갈 수 있다. 매초 태양으로부터 무수히 많은 중성미자가 우리 쪽으로 흘러와 우리 몸을 통과하지만 이들이 건강에 악영향을 미치지는 않는다.

보기 29.7 **질소-13의 베타붕괴**

질량수 13인 질소의 동위원소 ^{13}N은 불안정하여 베타붕괴를 한다. (a) ^{14}N과 ^{15}N은 질소의 안정한 동위원소이다. ^{13}N은 β^- 또는 β^+ 중 어느 과정을 통하여 붕괴할지 예측할 수 있는가? 설명해 보아라. (b) 붕괴반응식을 작성하라. (c) 방출되는 β 입자의 최대 운동에너지를 계산하여라.

전략 β^- 또는 β^+를 결정하는 핵심은 그 핵에 중성자가 많아서 불안정한 것인지 적어서 불안정한 것인지에 달려 있다.

풀이 (a) 질소의 안정한 동위원소들은 ^{13}N보다 더 많은 중성자를 가지고 있기 때문에 ^{13}N은 중성자가 모자라서 불안정한 것이다. 베타붕괴로 중성자 대 양성자의 비를 증가시키기 위해서는 양성자를 중성자로 바꾸어야 한다. 이것은 핵의 전하가 e만큼 줄어든다는 것을 뜻하므로, 전하가 보존되기 위해서는 전하가 $+e$인 양전자가 생성되어야 한다. 따라서 ^{13}N은 베타플러스붕괴를 할 것으로 예상된다.

(b) 양전자가 방출되므로, 양전자는 반중성미자가 아니라 중성미자를 동반해야 한다. 7(질소)에서 6(탄소)으로 Z는 1만큼 줄어들고 A는 바뀌지 않는다. 반응식은

$$^{13}_{7}\mathrm{N} \rightarrow {}^{13}_{6}\mathrm{C} + {}^{0}_{+1}\mathrm{e} + {}^{0}_{0}\nu$$

이다. 전하와 핵자수가 모두 보존된다. 곧, $7 = 6 + 1$이고 $13 = 13 + 0$이다.

(c) 부록 B.8로부터, ^{13}N과 ^{13}C의 원자질량은 각각 13.005 738 6 u와 13.003 354 8 u이다. 핵의 질량을 구하기 위해서는, 각각에서 Zm_e를 빼주어야 한다. 양전자의 질량은 전자의 질량 $m_e = 0.000\,548\,6$ u와 같고 중성미자의 질량은 무시할 만큼 작다. 원자질량을 M_N과 M_C로 나타내면,

$$\begin{aligned}\Delta m &= [(M_C - 6m_e) + m_e] - (M_N - 7m_e)\\ &= M_C - M_N + 2m_e\\ &= 13.003\,354\,8\ \mathrm{u} - 13.005\,738\,6\ \mathrm{u}\\ &\quad + 2 \times 0.000\,548\,6\ \mathrm{u}\\ &= -0.0012866\ \mathrm{u}\end{aligned}$$

이다. 자발적 붕괴가 일어나려면, 질량은 당연히 감소되어야 한다. 붕괴에너지는

$$\begin{aligned}E &= |\Delta m|c^2\\ &= 0.001\,286\,6\ \mathrm{u} \times 931.494\ \mathrm{MeV/u}\\ &= 1.198\,5\ \mathrm{MeV}\end{aligned}$$

이다. 이것은 얻을 수 있는 모든 가능한 에너지이고 중성미자와 딸핵에게는 무시될 만큼의 적은 양만 남기기 때문에 양전자의 최대 운동에너지와 같다.

검토 어떤 방사성 핵종이 β^- 또는 β^+ 중 어느 방식으로 붕괴할 것인지는 보통은 예측 가능하지만 예외가 있다. 예를 들면, $^{40}_{19}K$는 β^- 또는 β^+ 둘 중의 하나로 붕괴할 수 있다. 확실한 방법은 방사성 핵종의 질량과 생성물의 질량을 비교하여서 에너지 보존 법칙으로 판정해 보았을 때 자발적 붕괴가 가능한지를 보는 것이다. 주목할 것은 베타플러스붕괴에서 (원자질량에 포함되어 있는) 전자의 질량이 알파붕괴에서처럼 자동적으로 '상쇄되지' 않는다는 것이다.

실전문제 29.7 $^{40}_{19}K$이 붕괴할 때 전자의 최대 에너지

$^{40}_{19}K$의 베타마이너스붕괴에서 방출되는 전자의 최대 에너지를 구하여라.

전자포획

베타플러스붕괴를 할 수 있는 핵종은 모두 **전자포획**electron capture을 하며 붕괴할 수도 있다. 전자포획에서는, 양전자를 방출하는 대신에 핵이 원자에 있는 전자 중 하나를 흡수한다.

전자포획

$$ {}^{A}_{Z}P + {}^{\ 0}_{-1}e \rightarrow {}_{Z-1}^{\ \ A}D + {}^{0}_{0}\nu \qquad (29\text{-}19) $$

두 과정은 모두 양성자를 중성자로 바꾼다. 기본적인 반응식은

$$ {}^{1}_{1}p + {}^{\ 0}_{-1}e \rightarrow {}^{1}_{0}n + {}^{0}_{0}\nu \qquad (29\text{-}20) $$

이다. 핵이 전자 하나를 잡았을 때 생기는 유일한 반응의 생성물들은 딸핵과 중성미자이다. 오직 이 두 입자에 대해서만 운동량과 에너지 보존 법칙을 적용하면, 방출된 에너지의 얼마만큼을 각 입자들이 나누어 가졌는지를 결정할 수 있다. 중성미자는 질량이 매우 작아서 운동에너지의 대부분을 가져가게 되고, 딸핵은 수 eV 정도의 운동에너지만을 가지고 반대 방향으로 튕긴다. 어떤 핵종들은 베타플러스붕괴를 통해서가 아니라 전자포획을 통해서 붕괴한다. 왜냐하면 어미핵과 딸핵 사이의 질량 차가 양전자의 질량보다 적기 때문이다.

감마붕괴

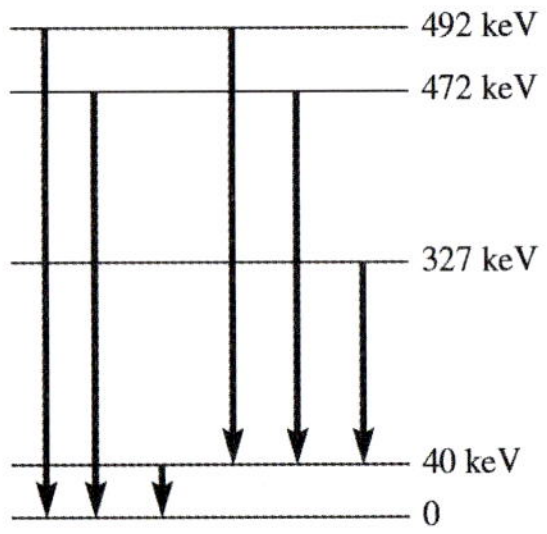

그림 29.7 ${}^{208}_{81}\mathrm{Tl}$의 에너지 준위. 아래 방향의 화살표는 감마붕괴에서 허용되는 전이를 나타낸다.

감마선gamma ray은 에너지가 매우 큰 광자들이다. 감마선의 방출은 전하량이나 핵자의 수를 바꾸지 않기 때문에, 핵종이 바뀌지는 않는다. 마치 원자 안의 전자가 에너지 준위 사이를 전이할 때 광자를 내쏘는 것처럼, 핵이 들뜬상태에서 낮은 에너지 상태로 전이할 때 감마선 광자가 방출된다.

그림 29.7은 탈륨–208(${}^{208}_{81}\mathrm{Tl}$) 핵의 에너지 준위를 몇 개 보여 준다. 들뜬상태에 있는 핵이 낮은 에너지 상태로 바뀌면서 광자를 내쏠 수 있다. 예를 들면, 오른쪽에서부터 세 번째의 화살표는 492 keV 준위에서 40 keV 준위로 전이하는 것을 보여주는데, 이때 452 keV의 광자가 방출된다.

핵이 들뜬상태에 있다는 사실을 강조하기 위하여, ${}^{208}_{81}\mathrm{Tl}^{*}$와 같이 기호 뒤에 별표(*)를 위 첨자로 써 넣는다. 들뜬 탈륨–208 핵이 광자를 방출하는 감마붕괴 식은 다음과 같다.

$$ {}^{208}_{81}\mathrm{Tl}^{*} \rightarrow {}^{208}_{81}\mathrm{Tl} + \gamma \qquad (29\text{-}21) $$

알파붕괴나 베타붕괴로 생긴 딸핵이 언제나 바닥상태로 남는 것은 아니다. 가끔은 딸핵이 들뜬상태로 남겨지고, 이 핵이 한 개 또는 그 이상의 감마선 광자를 내놓고 바닥상태에 이른다. 그러므로, 알파붕괴로 생성된 딸핵이 어떤 들뜬상태로 남는지에 따라 방출된 α 입자의 운동에너지가 다를 가능성이 있다. 예를 들어 $^{212}_{83}\mathrm{Bi}$가 알파붕괴하면 그림 29.7처럼 $^{208}_{81}\mathrm{Tl}$의 다섯 가지 에너지 상태(바닥상태와 네 가지의 들뜬상태) 중 어느 하나로 갈 수 있다. $^{212}_{83}\mathrm{Bi}$의 붕괴에 있어서 α 입자의 스펙트럼은 여전히 띄엄띄엄한 값을 갖지만, 한 개가 아닌 다섯 개의 띄엄띄엄한 값을 갖는다. 만일 베타붕괴에서 딸핵이 들뜬상태로 남게 되면 전자(또는 양전자), 반중성미자(또는 중성미자)와 딸핵이 서로 나누어 가지는 운동에너지의 양이 적어진다. 전자(또는 양전자)의 운동에너지는 여전히 연속적이다.

기타 방사성 붕괴 방식

이외에도 다른 방사성 붕괴 방식이 많이 존재한다. 다음은 다른 붕괴 방식의 몇 가지 예이다.

$$^{8}_{6}\mathrm{C} \rightarrow {}^{7}_{5}\mathrm{B} + {}^{1}_{1}\mathrm{p} \qquad \text{(양성자 방출)} \tag{29-22}$$

$$^{10}_{3}\mathrm{Li} \rightarrow {}^{9}_{3}\mathrm{Li} + {}^{1}_{0}\mathrm{n} \qquad \text{(중성자 방출)} \tag{29-23}$$

$$^{252}_{98}\mathrm{Cf} \rightarrow {}^{137}_{53}\mathrm{I} + {}^{112}_{45}\mathrm{Rh} + 3{}^{1}_{0}\mathrm{n} \qquad \text{(자발핵분열)} \tag{29-24}$$

$$^{226}_{88}\mathrm{Ra} \rightarrow {}^{212}_{82}\mathrm{Pb} + {}^{14}_{6}\mathrm{C} \qquad \text{(}{}^{4}_{2}\mathrm{He}\text{ 이외 핵종의 방출)} \tag{29-25}$$

$$^{128}_{52}\mathrm{Te} \rightarrow {}^{128}_{54}\mathrm{Xe} + 2{}^{0}_{-1}\mathrm{e} + 2\bar{\nu} \qquad \text{(이중 베타 방출)} \tag{29-26}$$

이러한 모든 반응에서 전하량과 핵자수가 보존된다는 점에 유의하여라. 대부분의 핵종은 일반적으로 동등한 확률은 아니지만, 한 가지 이상의 여러 방식으로 붕괴할 수 있다.

29.4 방사성 붕괴율과 반감기 Radioactive Decay Rates and Half-Lives

불안정한 핵의 붕괴가 언제 일어날지를 결정하는 것은 무엇인가? 방사성 붕괴는 확률적으로만 기술할 수 있는 양자역학적 과정이다. 동일한 핵종의 모임이 있다고 하면, 그것들은 동시에 모두 붕괴하지는 않으며, 언제 어느 것이 붕괴할지를 결정하는 방법은 없다.

한 핵의 붕괴확률은 그 핵의 이력이나 다른 핵들과는 무관하다. 각각의 방사성 핵종은 단위 시간당 붕괴확률이 일정하다. 이 확률을 기호 λ로 쓴다(파장과는 관련이 없다). 단위 시간당 붕괴확률을 **붕괴상수**decay constant라고도 부른다. 확률은 숫자이기 때문에, 붕괴상수의 SI 단위는 s^{-1}(단위 초당 확률)이다.

$$\text{붕괴상수 } \lambda = \frac{\text{붕괴확률}}{\text{단위 시간}} \tag{29-27}$$

짧은 시간 간격 Δt 동안 핵이 붕괴할 확률은 $\lambda \Delta t$이다.

많은 수(N개)의 같은 방사성 핵종의 모임에서, 각 핵은 단위 시간당 같은 붕괴확률을 갖는다. 한 핵의 붕괴는 다른 핵의 붕괴와 아무 상관 없이 독립적으로 일어난다. 핵의 붕괴가 독립적이기 때문에, 짧은 시간 간격 Δt 동안에 붕괴하는 핵의 평균은 바로 N과 한 핵의 붕괴확률의 곱이다.

$$\Delta N = -N\lambda \Delta t \quad (\Delta t \ll 1/\lambda) \tag{29-28}$$

식 (29.28)은 짧은 시간 $\Delta t \ll 1/\lambda$에 대해서만 성립한다. 왜냐하면 핵의 수를 상수로 가정하고 있기 때문이다. 음$^-$의 부호는 핵이 붕괴함에 따라 남아 있는 핵의 수가 줄어들기 때문에 필요하다. 그러므로, N의 변화는 음$^-$이다. 식 (29−28)은 Δt시간 동안 붕괴될 것으로 예상하는 평균 수이다. 방사성 붕괴는 통계적 과정이기 때문에, 붕괴하는 수를 정확히 관측할 수는 없다. 만일 N이 충분히 큰 값이라면, 식 (29−28)은 우리가 관측하는 값과 매우 가까울 것이라고 예상된다. 그러나 N이 작은 값이면, 예상한 수와는 큰 차이를 보일 수도 있다.

방사능 어떤 시료에 대한 단위 시간당 방사성 붕괴의 수를 붕괴율 또는 **방사능**activity (R)이라고 부른다. 방사능의 SI 단위는 베크렐의 이름을 따라 베크렐(Bq)이라고 한다. 이는 1 s에 한 번의 붕괴를 뜻한다. 붕괴율을 SI 단위로 쓰는 세 가지 방법은 모두 같은 뜻이다.

$$1\ \text{Bq} = 1\frac{\text{decay}}{\text{s}} = 1\ \text{s}^{-1} \tag{29-29}$$

전통적으로 사용하는 방사능의 또 다른 단위는 퀴리(Ci)이다. 퀴리는 폴란드 태생의 프랑스 물리학자 퀴리Marie Sklodowska Curie 1867~1934의 이름을 따서 유래된 단위이다.

$$1\ \text{Ci} = 3.7 \times 10^{10}\ \text{Bq} \tag{29-30}$$

만일 짧은 시간 간격 Δt 동안의 붕괴수가 $|\Delta N|$이면, 방사능은 다음과 같다.

$$R = \frac{\text{붕괴한 수}}{\text{단위 시간}} = \frac{-\Delta N}{\Delta t} = \lambda N \quad (29\text{-}31)$$

식 (29−31)에서 N의 시간 변화율($\Delta N/\Delta t$)은 음의 상수($-\lambda$) 곱하기 N이다. 방사성 붕괴에서 남아 있는 핵들의 수 N(붕괴하지 않은 수)은 다음과 같다.

연결고리 어떤 양의 변화율이 음의 상수와 양의 곱일 때는 언제나 그 양은 시간의 지수함수이다. RC 회로(18.10절)와 LR 회로(20.10절)에서 이 함수를 다루었다.

$$N(t) = N_0 e^{-t/\tau} \quad (29\text{-}32)$$

t에 대한 N의 그래프는 그림 29.8과 같다. 방사성 붕괴에 있어서 시간상수는

$$\tau = \frac{1}{\lambda} \quad (29\text{-}33)$$

이고, N_0는 $t=0$일 때의 핵들의 수이다. 시간상수를 **평균수명**mean lifetime이라고도 부르는데, 붕괴하기 전까지 핵이 살아남아 있을 평균 시간이기 때문이다. 그러나 핵들이 '늙어간다'고 생각하는 것은 잘못된 생각이다. 바위 속에 수백 년 동안 박혀 있는 우라늄−238 핵도 핵반응을 통해 수초 전에 생성된 핵과 같이 단위 시간당 똑같은 붕괴확률을 갖는다. 곧 더 많지도 않고, 더 적지도 않다. 식 (29−31)과 (29−32)는 얼마나 많은 핵이 붕괴할 것인가를 예측하는 것이지, 어느 핵이 붕괴할 것인지를 말해 주지는 않는다.

붕괴율이 핵의 수에 비례하기 때문에, 붕괴율도 역시 지수함수로 줄어든다.

$$R(t) = R_0 e^{-t/\tau} \quad (29\text{-}34)$$

모든 지수함수 형태의 감소에서, 시간상수 τ는 물리량이 처음 값의 $1/e \approx 36.8\,\%$까지 줄어드는 데 걸리는 시간이다. 시간 간격 τ 동안, 핵들의 $63.2\,\%$는 붕괴하고, $36.8\,\%$는 남아 있는 것이다. 시간 간격 2τ 후에는 핵의 $1/e^2 \approx 13.5\,\%$는 아직 붕괴하지 않고, $1-\ 1/e^2 \approx 86.5\,\%$는 이미 붕괴해 버린다.

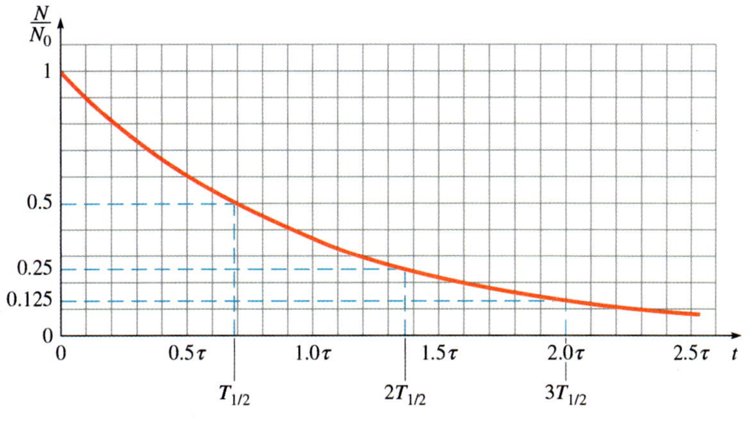

그림 29.8 시간의 함수로 나타낸 남아 있는 방사성 핵의 비 N/N_0

반감기 방사성 붕괴를 다룰 때 시간상수 τ 대신에 종종 **반감기**half-life $T_{1/2}$라는 양으로 기술한다. 반감기는 많은 핵의 반이 붕괴하는 데 걸리는 시간이다. 반감기의 2배가 되는 시간 후에는 핵의 1/4이 남는다. 반감기의 m배가 되는 시간 후에는 $(1/2)^m$이 남는다.

반감기 $T_{1/2}$와 시간상수 τ에 관한 관계를 얻기 위하여 식 (29-32)를 사용한다. 만일 $t = T_{1/2}$일 때 $N = \frac{1}{2}N_0$라면 다음이 성립한다.

$$e^{-T_{1/2}/\tau} = \frac{1}{2} \tag{29-35}$$

양변에 자연로그(부록 A.4)를 취하면,

$$T_{1/2} = \tau \ln 2 \approx 0.693\tau \tag{29-36}$$

임을 알 수 있다. 식 (29-32)에 τ 대신 $T_{1/2}$를 넣으면 다른 형태를 얻을 수 있다.

$$N(t) = N_0(2^{-t/T_{1/2}}) = N_0\left(\frac{1}{2}\right)^{t/T_{1/2}} \tag{29-37}$$

살펴보기 29.4 망간-54의 반감기는 312일이다. 936일(세 반감기) 동안 시료의 망간-54는 얼마나 감소하겠는가?

보기 29.8 질소-13의 방사성 붕괴

^{13}N의 반감기는 9.965 min이다. (a) $t = 0$일 때 시료에 3.20×10^{12}개의 ^{13}N 원자가 있다면, 40.0 min 후에는 얼마나 많은 ^{13}N 핵이 남아 있겠는가? (b) $t = 0$일 때와 $t = 40.0$ min에서의 ^{13}N의 방사능은 얼마나 되겠는가? 방사능을 Bq로 나타내어라. (c) 한 개의 ^{13}N 핵이 5.00 s 동안에 붕괴할 확률은 얼마인가?

전략 (a), (b) $t = 0$일 때의 핵의 수는 $N_0 = 3.20 \times 10^{12}$개이고 반감기는 $T_{1/2} = 9.965$ min이다. $t = 40.0$ min일 때의 N과 $t = 0$과 $t = 40.0$ min일 때의 R을 구해야 한다. 40.0 min이라는 시간 간격은 반감기의 약 4배이기 때문에, 해를 간단히 구할 수 있다. N과 R은 각각의 반감기마다 1/2씩 곱해진다.

(c) Δt를 짧은 시간 간격이라고 간주할 수만 있다면, Δt 동안의 붕괴확률은 λ이다. 반감기가 9.965 min $= 579.9$ s이기 때문에, 5 s는 반감기의 일부분에 불과하고, 따라서 짧은 시간이라고 간주할 수 있다.

풀이 (a) 반감기가 한 번 지나면 핵들의 반이 남기 때문에, 반감기의 2배 시간 후에는 $1/2 \times 1/2 = 1/4$배가, 그리고 4배의 반감기 후에는 $(1/2)^4$배가 남는다. 그러므로 네 번의 반감기 후에 남아 있는 수는

$$N = \left(\frac{1}{2}\right)^4 \times 3.20 \times 10^{12} = 2.00 \times 10^{11}$$

이다. 식 (29−37)을 이용하면, 정확한 결과를 얻는다.

$$N(t) = N_0\left(\frac{1}{2}\right)^{t/T_{1/2}} = N_0\left(\frac{1}{2}\right)^{40.0/9.965} = 1.98 \times 10^{11}$$

(b) 방사능과 핵의 수는 식 (29−31)에 의하여 관련된다.

$$R = \lambda N = \frac{N}{\tau}$$

시간상수 τ는 식 (29−36)에 의하여 다음과 같이 관계된다.

$$\tau = \frac{T_{1/2}}{\ln 2} = \frac{9.965 \text{ min} \times 60 \text{ s/min}}{0.693\,15} = 862.6 \text{ s}$$

다음에 핵의 수 N에 대해 $t = 0$일 때와 $t = 40.0$ min일 때의 핵의 수 N을 대입해 값을 넣어 이들 두 시간에서의 붕괴율을 결정한다. 시간상수는 달라지지 않는다. $t = 0$일 때는 다음과 같다.

$$R_0 = \frac{N_0}{\tau} = \frac{3.20 \times 10^{12}}{862.6 \text{ s}} = 3.71 \times 10^9 \text{ Bq}$$

$t = 40$ min일 때에는 다음과 같다.

$$R = \frac{N}{\tau} = \frac{1.98 \times 10^{11}}{862.6 \text{ s}} = 2.30 \times 10^8 \text{ Bq}$$

(c) 5.00 s 동안의 붕괴확률은 다음과 같다.

$$P = \lambda \Delta t = \frac{\Delta t}{\tau} = \frac{5.00\text{s}}{862.6\text{s}} = 0.0058$$

검토 반감기의 4배 시간이 지난 후의 R이 R_0의 1/16인지 확인해 보자.

$$\frac{1}{16} \times 3.71 \times 10^9 \text{ Bq} = 2.32 \times 10^8 \text{ Bq}$$

40.0 min은 반감기의 4배보다 조금 길기 때문에, $t = 40.0$ min에서의 방사능은 2.32×10^8 Bq보다 조금 작다. 만일 반감기가 5 s에 비해 크지 않으면, 5 s 동안의 붕괴확률은 λ와 같지 않을 것이다. 보다 긴 시간 간격에 대한 붕괴확률은 다음과 같이 구해진다.

$$\text{붕괴확률} = \frac{\text{붕괴할 것으로 예상되는 수}}{\text{원래의 수}} = \frac{|\Delta N|}{N_0} = \frac{N_0 - N}{N_0} = 1 - e^{-t/\tau}$$

실전문제 29.8 **반감기의 1/2이 지난 후 남아 있는 핵의 수**

$t = 5.0$ min에는 ^{13}N 원자가 얼마나 남아 있는가?

응용 : 방사성 탄소 연대측정

널리 유용하게 쓰이는 방사성 탄소의 연대측정 기술carbon dating(자주 쓰는 말로는 '탄소 연대측정')은 희소한 방사성 탄소 동위원소의 방사성 붕괴에 기초를 두고 있다. 지구상에 자연적으로 존재하는 탄소 원자는 거의 모두(98.9 %)가 안정된 ^{12}C와 1.1 %의 방사성 ^{13}C 둘 중의 하나이다. 그리고 매우 드물게 ^{14}C가 존재하는데, 이는 약 10^{12}개의 탄소원자들 중의 하나 꼴로 존재한다. ^{14}C는 반감기가 5700년으로 비교적 짧은 반감기를 가지고 있다. 지구 나이는 약 45억 년이기 때문에, 탄소−14가 계속하여 지구에 공급되지 않았다면, 지금 우리가 이것을 거의 발견할 수 없을 것이다.

$$\frac{R}{R_0}=2^{-t/T_{1/2}}=2^{-1/5700}=0.999\,878$$

이제 1년 동안의 분수 변화를 알 수 있다.

$$\begin{aligned}\frac{\Delta R}{R_0}&=\frac{R-R_0}{R_0}=\frac{R}{R_0}-1\\&=0.999\,878-1\\&=-0.000\,122\end{aligned}$$

곧 탄소-14의 방사능은 한 해에 0.012 %씩 줄어든다.

검토 방사능 변화가 적은 것으로 보아, 탄소-14의 연대측정법이 정확한 어떤 해의 연대를 알려준다고 기대할 수 없는 이유를 알 수 있다.

실전문제 29.10 연대측정의 정밀도

도자기 조각의 ^{14}C의 방사능을 $\pm 0.1\ \%$의 정밀도로 결정할 수 있다. 이 도자기의 연대를 얼마나 정확히 예측할 수 있는가? 이때 다른 부정확한 원인이 없다고 가정하여라. [힌트 : 시간이 얼마나 지나야 방사능이 0.1 % 변하는가?]

탄소 연대측정은 최대로 ^{14}C 반감기의 10배 정도인 60 000년 정도 된 시료에 적용할 수 있다. 시료가 오래되면 오래될수록, ^{14}C의 방사능은 더 작아진다. 매우 오래된 시료는 ^{14}C 방사능을 정확하게 측정하기가 힘들다. 반감기 또한 시료의 연대측정에서 정확도에 제약을 미치는 요소이다. 우리가 가정한 모든 조건이 옳다고 하더라도, 탄소 연대측정이 정확한 연도까지를 말해 준다고 기대할 수는 없다. 1년이란 기간은 반감기보다 훨씬 짧다. 그 때문에 이 시간에 방사능의 변화는 매우 적다(보기 29.10 참고).

여기에서 제시된 가장 간단한 탄소 연대측정에서의 주된 가정은 지구 대기 속의 ^{14}C와 ^{12}C의 평형비가 지난 60 000년 동안 같다는 것이다. 이것이 좋은 가정인가? 이 가정을 어떻게 시험할 수 있는가? 이 가정을 비교적 짧은 시간에 대해 시험하는 한 방법은 매우 오래된 나무로부터 또는 고대 나무의 잔해로부터 핵심부의 시료를 채취하여 여러 시기의 ^{14}C 방사능을 측정하는 것이다. 나이테는 시료의 다른 부분에 대해 나이를 결정하는 독립적인 방법을 제공하고 있다.

현재 과학자들이 믿고 있기로는, 대기 속의 ^{14}C의 상대적인 존재비는 지난 60 000년 동안 상당히 달라졌고, 현재보다 최대 40 % 정도 많았지만, 지난 1000년 동안(20세기 초반까지)은 많이 달라지지 않았다고 보고 있다. 다행히도, 탄소 연대측정은 대기 속의 ^{14}C의 상대적인 존재비의 변화에 대하여 보정이 가능하다. 나무의 나이테는 11 000년까지 거슬러 그러한 보정을 가능하게 한다. 일본에 있는 스이게쓰 호수에서는 매년 죽은 조류들이 겹겹이 바닥에 가라앉고 다음에 죽은 조류의 층이 생기기 전에 진흙 퇴적층으로 덮인다. 옅은 색의 조류층이 어두운 색의 진흙층과 교대로 쌓여 있어서, 나무의 나이테와 같은 역할을 하고, 이것이 43 000년까지 거슬러 대기의 ^{14}C의 존재비의 변화에 대한 정보를 주기 때문에 방사성 탄소 연대측정의 보정이 가능하다.

대기 속의 ^{14}C의 상대적인 존재 비는 20세기에 들어서면서 인간의 활동으로 말미암아 급속히 변화하기 시작하였다. 화석연료의 사용이 급속히 증가하면서 오래된 탄소, 곧 적은 존재비의 ^{14}C를 함유한 다량의 탄소가 대기 중에 배출되었다. 약 1940년대 초기에 수행된 야외 핵실험과 핵폭탄, 원자로는 대기 중의 ^{14}C의 상대적인 존재비를 증가시켰다. 20세기에 만들어진 이러한 부수효과 때문에, 먼 미래에는 방사성 탄소 연대측정 방법을 사용하기가 어려울 것이다.

방사성 연대측정에 사용되는 다른 동위원소들

^{14}C 외에도, 다른 방사성 핵종들을 방사성 연대측정에 쓸 수 있다. 지질 형성에 관한 연대측정에 보통 사용되는 동위원소(반감기가 10억년 단위)에는 우라늄-235(0.7)와 포타슘-40(1.248), 우라늄-238(4.5), 토륨-232(14), 루비듐-87(49) 등이 있다. 지구의 나이를 계산하는 한 가지 직접적인 방법은 지구상의 시료와 운석 시료에서 여러 납 동위원소의 존재비에 기초를 두는 방법이다. Pb-206과 Pb-207은 각각 U-238과 U-235로부터 시작하여 오랫동안 방사성 붕괴를 한 결과로 생긴 최종 생성물이다.

반감기가 22.20년에 불과한 납-210은, 100년~150년 된 지질 연대측정에 쓰인다. 이것은 우라늄-238이 함유된 바위에서 라돈 기체가 방사능 붕괴하여 생성된 것이다. 대기 속에 있는 라돈으로부터 형성된 납의 동위원소는 지구로 떨어져서 표면에 집적되어 토양에 저장되거나 호수나 바다의 퇴적물 또는 빙하시대의 얼음에 저장된다. 퇴적층의 나이는 납-210의 양을 측정하여 결정할 수 있다.

양자역학적 터널링에 의한 알파붕괴의 방사성 반감기에 관한 설명

초기 양자역학의 성공은 특정한 알파붕괴의 반감기와 α 입자의 운동에너지 사이의 상관관계를 설명하면서 이루어졌다. 운동에너지는 4~9 MeV의 좁은 영역에서 변하지만, 반감기는 10^{-5} s에서 10^{25} s(10^{17} yr)까지 변한다. 이러한 영역 범위의 차이에도 불구하고, 두 양은 밀접한 관계가 있다(그림 29.9a). α 입자의 에너지가 클수록 반감기가 짧아진다.

이러한 상관관계는 α 입자가 핵으로부터 터널링을 하여 빠져나와야 하기 때문에 생긴다(28.10절 참조). 핵 속에 있는 α 입자가 그림 29.9b와 같이 단순화된 퍼텐셜에너지 장벽으로 갇혀 있다고 생각하자. 핵 안에서 α 입자의 퍼텐셜에너지는 대략 일정하다. 핵의 센 인력이 더 이상 α 입자를 핵 쪽으로 잡아당기지 못하는 경계를 넘으면, α 입자는 양

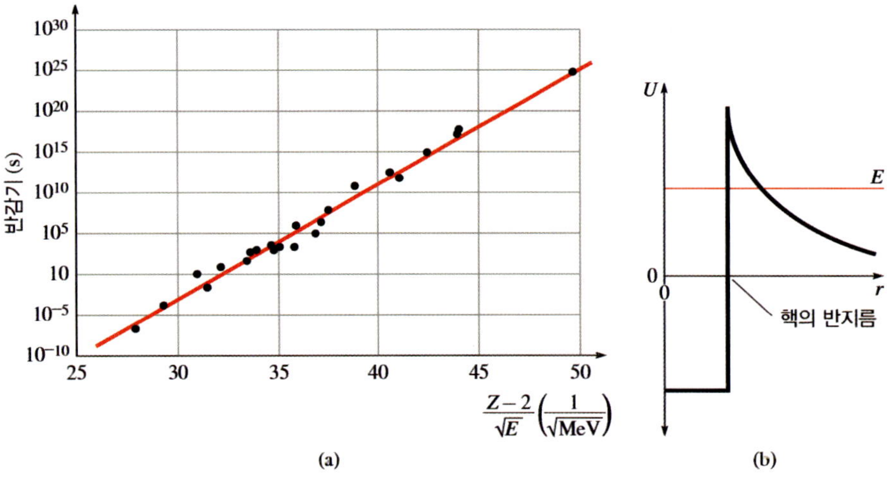

그림 29.9 (a) α 입자의 반감기와 에너지의 상관관계. Z는 어미핵의 원자번호이다. 수직축은 로그 축척이고 수평축은 오른쪽으로 가면서 에너지의 감소를 나타냄을 주목하여라. (b) 핵의 중심으로부터의 거리 r의 함수로 나타낸 α 입자의 퍼텐셜에너지 U에 관한 간단한 모형. α 입자의 에너지는 E이다.

성자 두 개를 잃어서 전하가 단지 $+(Z-2)e$인 핵으로부터 쿨롱의 반발력만을 받게 된다. 퍼텐셜에너지 장벽은 α 입자의 에너지 E보다 높다. 장벽은 점점 폭이 좁아지고, 또 $1/r$로서 차츰 낮아지므로, 보다 낮은 에너지의 α 입자는 장벽의 꼭대기보다 훨씬 아래쪽에 있을 뿐만 아니라, 장벽의 두께도 훨씬 넓은 상황에 놓이게 된다. 보다 높은 에너지의 α 입자는 훨씬 높은 터널링 확률을 가지고 있고, 따라서 반감기가 훨씬 짧다.

29.5 방사선이 생체에 미치는 영향 Biological Effects of Radiation

우리는 모두 방사선에 계속 노출되어 있다. 방사선의 생체에 대한 영향은 방사선이 어떤 종류인지, 얼마나 많은 방사선이 인체에 흡수되는지, 그리고 노출된 시간이 얼마인지에 따라 달라진다. 이온화 방사선은 원자나 분자를 이온화시키기에 충분한 에너지를 가진 방사선인데 대략 1 eV에서 수십 eV 사이의 에너지를 갖는다. 대략 1 MeV의 에너지를 갖는 α 입자, β 입자 또는 γ 입자는 잠재적으로 수만 개의 분자를 이온화시킬 수 있다. 방사선 때문에 이온화된 생체 세포의 분자들은 화학적으로 활성을 띠게 되고, 정상적인 활동과 세포의 재생에 영향을 줄 수 있다.

이온화 방사선의 **흡수선량**absorbed dose은 조직의 단위 질량당 흡수된 방사선에너지의 양이다. 흡수 조사량의 SI 단위는 그레이(Gy)이다.

$$1\ \text{Gy} = 1\ \text{J/kg} \tag{29-40}$$

또 다른 흡수 방사선량의 단위로 쓰이는 것은 래드(rad)이다.

$$1\ \text{rad 또는 } 1\ \text{rd} = 0.01\ \text{Gy} \tag{29-41}$$

'rad'라는 단위의 명칭은 **방사선 흡수선량** radiation absorbed dose을 뜻한다.

방사선의 종류가 다르면, 흡수선량이 같더라도 생물학적 손상의 정도는 다르다. 건강에 미치는 영향도 노출된 조직이 어떤 종류인지에 따라 다르다. 이러한 요인들을 설명하기 위해 **상대적 생물학적 효과** RBE relative biological effectiveness라고 부르는 양을 각각의 방사선 유형에 따라 정한다. RBE는 (RBE= 1로 정해져 있는) 200 keV의 X선과 다른 방사선에 의해 입은 생물학적 손상을 비교하여 결정한다. RBE는 방사선의 종류(α, β, γ), 방사선의 에너지, 노출된 조직의 종류 그리고 고려하고 있는 생물학적 영향에 따라서도 다르다. 표 29.3은 전형적인 RBE를 보여 준다.

표 29.3 방사선의 여러 유형에 따른 전형적인 RBE

감마선	0.5~1
β 입자	1
양성자, 중성자	2~10
α 입자	10~20

방사선 노출에 의한 생물학적 손상을 측정하기 위해서 **생물학적 등가 조사량** biologically equivalent dose을 계산한다. SI 단위는 시버트(Sv)이다.

$$\text{등가 조사량(시버트 단위)} = \text{흡수된 조사량(그레이 단위)} \times \text{RBE} \tag{29-42}$$

또 다른 생물학적 등가 조사량 단위는 rem이다.

$$1\ \text{rem} = 0.01\ \text{Sv} = 10\ \text{mSv} \tag{29-43}$$

$$\text{등가 조사량(rem 단위)} = \text{흡수된 조사량(rad 단위)} \times \text{RBE} \tag{29-44}$$

보기 29.11 뇌의 주사 촬영 시 생물학적 등가 조사량

뇌를 주사 촬영하려고 하는 60.0 kg의 환자에게 20.0 mCi의 방사능을 내는 방사성 핵종인 테크네튬-99m(^{99m}Tc, 위첨자 m은 준안정 핵종임을 나타낸다. 준안정상태의 ^{99m}Tc은 반감기가 6.0시간이고 바닥상태로 붕괴한다)를 주입한다. ^{99m}Tc 핵은 143 keV의 광자를 방출하면서 붕괴한다. 이 광자들의 절반이 신체와 아무런 상호작용도 일으키지 않고 빠져나간다고 가정하면, 환자가 받는 생물학적 등가 조사량은 얼마인가? 이 광자들의 RBE는 0.97이다. ^{99m}Tc는 신체 속에 있는 동안 모두 붕괴한다고 가정하여라.

전략 반감기(6.0 h)와 방사능(20.0 mCi)이 주어졌으므로 ^{99m}Tc 핵의 수를 계산할 수 있다. 그러면 얼마나 많은 광자가 신체에 흡수되었는지를 결정할 수 있다. 곧 흡수된 광자의 수에 광자 각각의 에너지(143 keV)를 곱하면 흡수된 총방사선에너지를 구할 수 있다. 흡수된 조사량은 조직의 단위 질량당 흡수된 방사선의 에너지이다. 생물학적 등가 조사량은 흡수된 조사량과 RBE의 곱이다.

풀이 주사한 물질의 방사능을 Bq 단위로 나타내면

$$R_0 = 20.0\times10^{-3}\ \text{Ci}\times3.7\times10^{10}\ \text{Bq/Ci} = 7.40\times10^{8}\ \text{Bq}$$

이다. 방사능은 핵의 수 N과 다음과 같은 관계에 있다.

$$R_0 = \lambda N_0 = \frac{N_0}{\tau}$$

주사된 핵의 수는

$$N_0 = \tau R_0 = \frac{T_{1/2}}{\ln 2}R_0 = \frac{6.0\ \text{h}\times3600\ \text{s/h}}{\ln 2}\times7.40\times10^{8}\ \text{s}^{-1} = 2.306\times10^{13}$$

이다. 이 각각의 핵이 한 개의 광자를 내쏘고 이 광자의 절반이 신체에 흡수된다. 광자 각각의 에너지는 143 keV이다. 그러므로 흡수된 총에너지를 J 단위로 나타내면

$$E = \frac{1}{2}\times(2.306\times10^{13}\ \text{광자})\times1.43\times10^{5}\frac{\text{eV}}{\text{광자}}\times\left(1.60\times10^{-19}\frac{\text{J}}{\text{eV}}\right) = 0.264\ \text{J}$$

이다. 흡수된 조사량은

$$\frac{0.264\ \text{J}}{60.0\ \text{kg}} = 0.0044\ \text{Gy}$$

이다. 생물학적 등가 조사량은 흡수된 조사량 곱하기 RBE이므로 다음과 같다.

$$0.0044\ \text{Gy}\times0.97 = 0.0043\ \text{Sv}$$

검토 방사성 물질의 양은 종종 질량, 몰수 또는 핵의 수보다는 그것의 방사능('20.0 mCi의 ^{99m}Tc')으로 표시한다. 이미 나타낸 바와 같이, 방사능 핵의 수는 방사능과 반감기로부터 계산될 수 있다.

실전문제 29.11 **방사능에서 질량 결정**

$^{60}_{27}$Co 핵 5.0 mCi의 질량은 얼마인가?

자연 방사선원에 의한 평균 방사선 조사량 한 사람이 1년 동안 자연 방사선원으로부터 받는 평균 방사선 조사량은 약 6.2 mSv이다. 이것 중에서 절반은 인공 방사능이고 나머지 절반은 자연 방사능이다(그림 29.10). 평균적으로 자연 방사선 조사량의 약 2/3는 들이마신 라돈-222 기체와 그것의 붕괴생성물들에 의한 것이다. 라돈-222는 흙과 바위 속에 존재하는 라듐-226의 알파붕괴에 의해 계속적으로 만들어진다. 라돈 기체는 건물의 균열을 통해 집으로 스며들어 오며, 공기보다 무겁기 때문에 집 안에 축적된다. 라돈-222 핵들을 들이마시면 방출된 α 입자가 폐에 심각하게 조사된다. 건물 안으로 들어가는 라돈 기체의 양은 장소에 따라 매우 다르다. 어떤 장소에서는 그렇게 문제가 되지 않는다. 그렇지만 어떤 장소에서 흙 속에 라듐의 양이 많고 건물 지하로 라돈 기체가 쉽게 침투할 수 있는 지질로 형성되어 있으면 (흡연 다음으로) 폐암의 주요 원인이 된다. 다행히도, 간단한 실험을 통해 공기 중의 라돈 기체의 농도를 측정할 수 있다. 라돈이 문제가

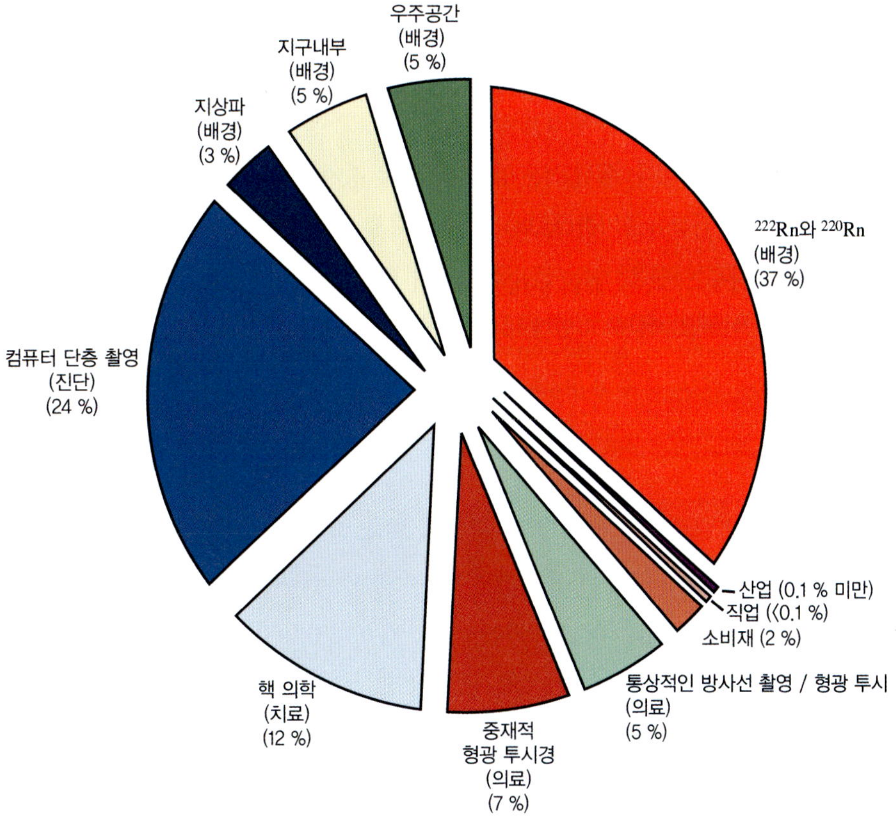

그림 29.10 미국 국민의 방사선 피폭 원인. 평균 선량의 약 절반은 자연 방사선원(라돈 가스, 광물, 우주선)에서, 나머지 절반은 의료용이나 작업현장의 인공 방사선원에서 피폭된다.

되는 곳에서는 일반적으로 건물 지하의 균열을 메우고 환기장치를 달면 어느 정도 해결된다.

연평균 조사량의 0.7 mSv 정도는 음식이나 물에 있는 핵종(^{14}C와 ^{40}K)에 의한 것이거나 흙이나 건축 재료에 있는 방사능 핵종들(폴로늄, 라듐, 토륨, 우라늄)에 의한 것이다. 나머지 0.3 mSv는 우주선에 의한 것이다. 우주선 조사량은 높은 지대에 살거나 비행기에서 많은 시간을 일하는 사람들에게는 상당히 높다. 보통 10668 m 상공을 비행하는 민간 제트 여객기는 시간당 0.0007 mSv의 조사량을 받으므로, 40시간을 비행한다면 평균적으로 사람들이 받는 우주선 조사량의 두 배를 받는 셈이다.

인간 활동에 의한 평균 조사량 인공 방사능은 대략 연평균 자연 방사선 조사량과 같은 방사선 조사량을 더하게 된다. 부가적으로 증가한 조사량의 대부분은 일반병원이나 치과병원에서 검진이나 치료를 받을 때 부가적으로 더 받은 것이다. 핵무기 실험에 의한 낙진과 핵반응에 의한 평균 조사량은 연간 약 0.01 mSv이지만, 어떤 지역(체르노빌 사고가 있었던 우크라이나 등)에서는 이보다 훨씬 높다.

방사선의 단기적 영향과 장기적 영향 한꺼번에 큰 방사선이 조사되면 방사선 질환의 원인이 된다. 방사선 질환의 증상으로는 메스꺼움, 설사, 구토, 탈모 등이 있다. 조사량이 너무 많으면 방사선 질병은 치명적일 수 있다. 약 4~5 Sv를 한꺼번에 조사하면 약 30분 후에 죽음에 이를 수 있다. 훨씬 적은 양의 방사선을 장기적으로 조사하면 암 발생이나 유전적 돌연변이의 위험이 증가한다. 미국 원자력 규제 위원회Nuclear Regulatory Commission는 방사성 물질을 다루는 일을 하는 성인에 대하여 직업 방사선 조사량을 배경 수준 외에 50 mSv/yr 이하로 제한하고 있다.

방사선의 투과

방사선의 종류가 다르면 생체조직(또는 다른 물질)을 투과하는 정도도 다르다. α 입자가 인체조직을 투과하는 거리는 입자의 에너지에 따라 대략 0.03 mm에서 0.3 mm 정도이다. α 입자는 수 cm의 공기나 0.02 mm 두께의 알루미늄박에 의하여 정지될 수 있다. α 입자는 입자 하나하나가 여러 분자를 이온화시킬 수 있기 때문에, 방사선 중에 위험 가능성은 가장 크지만, 피부를 투과하지 못하기 때문에 신체 외부의 α선원은 그렇게 위험하지 않다. 라돈 기체는 몸에 들어가 폐에서 알파붕괴 하여 폐 조직에 직접 영향을 주기 때문에 위험하다. 마찬가지로, 음식에 들어 있는 α선원에 의해서도 소화기관이 심각한 방사선 조사를 받을 수 있다. 반감기가 긴 선원은 다른 신체 조직에도 침투하게 된다(예를 들어 방사성 요오드는 갑상선에 모이고 방사성 철은 혈액에 모인다).

β^- 입자(전자)는 α 입자보다 투과력이 더 크다. 인체 조직 속에서의 투과 거리(역시 에너지에 따라 다르다)는 수 cm 정도까지 이를 수 있다. 공기는 수 m를 투과할 수 있고, 알루미늄 판은 약 1 cm 두께까지 투과한다. 고속의 전자는 분자를 이온화시킬 뿐만 아니라, 제동복사bremsstrahlung(27.4절)로 X선을 방출할 수도 있다. 이 X선은 전자 자체보다 투과력이 훨씬 더 세다. β^+ 입자(양전자)의 투과 거리는 매우 제한되어 있는데, 이것은 전자와 합쳐 두 개의 광자를 내면서 금방 소멸한다.

β선원의 경우, 신체 외부에 있을 때와 내부에 있을 때의 차이는 α 입자만큼 크지는 않지만 신체 내부에 있을 때가 더 위험하다. 1950년대에 있었던 대기 중 핵무기 실험은 위험한 방사성 핵종을 많이 만들어내었다. 이 중의 하나인 방사성 스트론튬-90은 U-235의 핵분열로 생기는데, 스트론튬은 화학적으로 칼슘과 비슷하다. 스트론튬과 칼슘은 둘 다 알칼리금속으로, Sr은 주기율표에서 Ca 바로 밑에 있다. 대기 중의 핵실험에서 만들어진 스트론튬-90은 사람이 먹는 식품에 들어가서 어린이의 뼈와 치아에 섞였다. 스트론튬-90은 28년의 반감기를 가지고 베타붕괴를 하지만, 칼슘(그리고 스트론튬)은 신체에서 오랫동안 머물기 때문에 이 방사성 핵종이 뼈에 있게 되면, 결국 심각한 방사선 조사를 받게 되어 백혈병이나 다른 암의 발생 빈도를 증가시킬 수 있다. 다행히도, 대기 중

의 핵실험은 이제 국제적으로 금지되어 스트론튬-90과 다른 인위적으로 만들어지는 방사성 핵종의 발생 빈도는 그 전보다 적다.

α 입자와 전자는 모두 특정한 물질과 에너지에 따라 투과 거리가 한정된다. 이것들은 분자들과 여러 번 충돌하면서 그들이 가지고 있던 에너지를 잃는다. 이와는 대조적으로 감마선 광자는 단 한 번의 상호작용(광전효과, 콤프턴 산란 또는 쌍생성)으로 상당한 부분, 혹은 거의 모든 에너지를 잃는다. 이러한 상호작용이 일어날 확률은 양자역학을 이용하여 계산할 수 있다. 어떤 에너지를 갖는 광자에 대해 우리는 특정한 물질을 통과할 수 있는 평균 거리를 예측할 수 있을 뿐이다. 예를 들면, 5 MeV인 광자들의 절반이 인체를 23 cm 이상 투과할 수 있고, 5 MeV인 광자들의 반은 납을 1.5 cm 이상 통과할 수 있다. 광자의 투과능은 반가층 half-value layer 으로 측정할 수 있는데, 이것은 광자들의 반이 투과할 수 있는 물질의 두께를 말한다.

방사선의 의학적 응용

진료용 방사성 추적자 방사성 물질과 방사선이 의학적으로도 많이 이용된다. **방사성 추적자** Radioactive tracer 는 중요한 진단 장비이다. 보기 29.11에서 그 사례를 볼 수 있다. 테크네튬-99의 준안정상태는 몰리브덴-99의 베타붕괴로 인한 생성물이다. 대부분 핵의 들뜬상태들은 매우 짧은 시간에 바닥상태로 붕괴하는데, 붕괴 시간은 대략 10^{-15}에서 10^{-8} s 범위에 있다. 테크네튬-99의 준안정상태는 예외적으로 6.0 h의 긴 반감기를 가지고 있어서, 방사성 추적자로 이용하기에는 완벽하다. 만일 반감기가 훨씬 짧다면, ^{99m}Tc의 대부분은 종양세포에 도달하기 전에 붕괴해 버릴 것이다. 반감기가 훨씬 길면, 방사능이 작아서 진단에 걸리는 시간 동안에는 아주 일부분의 감마선만이 검출될 것이다.

혈관과 뇌세포 사이의 장벽은 테크네튬(테크네튬 산화물 형태로 주입되고 적혈구에 부착된다)이 정상적인 뇌세포 속으로 확산되어 들어가지 못하게 한다. 그러나 종양에 있는 비정상적인 세포에는 이러한 장벽이 없다. 그러므로 종양의 위치를 파악하고 뇌로부터 방출되는 감마선을 검출하여 뇌의 영상을 얻게 된다.

영상 이미지를 얻는 한 가지 방법이 **안자이 카메라** Anger Camera (그림 29.11)를 이용하는 것이다. 납으로 된 집속판의 안쪽에는 나란한 구멍들이 뚫려 있다. 납은 감마선을 흡수하기 때문에 구멍과 나란하게 방출된 광자들만이 판을 통과한다. 판 뒤쪽에는 방사능 계수기용 결정이 있어서, 감마광자가 이 결정에 부딪힐 때 빛 펄스가 생긴다. 광증배관이 집속기에 있는 각각의 구멍에 있어서 이 빛 펄스를 검파한다. 안자이 카메라를 다른 각도로 움직여서 삼각측량을 하면 어디에 종양이 있는지를 알아낼 수 있다.

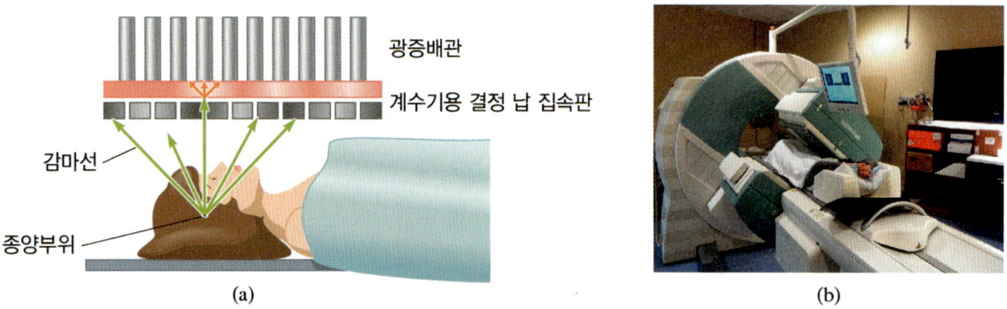

그림 29.11 (a) 안자이 카메라의 간단한 도해. 방사성 추적자가 종양에 모여서 감마선을 방출한다. 집속 판에 있는 구멍을 지나는 감마선 광자가 장치에 의해 검출된다. (b) SPECT(단일 광자 방출 컴퓨터 단층 촬영)는 환자의 몸 주위를 천천히 돌아가는 두 대 이상의 안자이 카메라를 사용한다. ©Ytrottier, CC-BY-SA 3.0

마찬가지로, TlCl(염화탈륨)도 혈전에 모인다. 탈륨-201은 반감기가 73 h이다. 탈륨-201이 인체 속에서 베타붕괴를 할 때 생성된 딸핵이 바닥상태로 내려가면서 감마선을 내뿜는다. 안자이 카메라는 혈전의 위치를 찾는 데에 사용될 수 있다.

방사성 추적자는 의료 검진 외에 다른 연구에도 쓰인다. 예를 들면 방사성 철-59는 다른 대부분의 원소와는 달리, 철이 체내에서 계속하여 제거되지 않고 그 자리에 있다는 사실을 알아내는 데 쓰인다. 일단 철 원자가 헤모글로빈 분자와 결합하면, 적혈구가 수명을 다할 때까지 거기에서 머물게 된다. 비록 적혈구가 죽더라도, 철은 다른 적혈구가 이를 사용할 수 있게 재활용된다.

양전자 방출 단층촬영 **양전자 방출 단층촬영**, PET에서는 양전자 방출기(베타플러스붕괴 하는 방사성 동위원소)가 체내로 주입된다. PET에서 가장 많이 사용되는 추적자는 플루오로데옥시글루코스 설탕이다. 이 분자에 들어있는 불소(^{18}F)가 양전자 선원이다. 체내에서 방출된 양전자는 전자와 함께 빠르게 소멸하면서 반대 방향으로 두 개의 감마선을 낸다. 그 광자들은 신체 주변에 배치된 검파 고리에서 검출된다(그림 27.25). PET의 용도 중에는 종양 및 전이성 암 검출, 관상 동맥 질환 검사, 심장 마비로 인한 심장 손상 탐색 및 중추 신경계 장애 진단이 있다.

방사선 치료법 암을 치료하기 위하여 **방사선 치료법**radiation therapy을 사용한다. 암세포는 빠르게 분열하기 때문에 그 부분에 대한 방사선의 파괴적 효과에 훨씬 취약하다. 따라서 방사선 요법의 개념은 정상적인 세포에는 그렇게 큰 손상은 주지 않으면서 암세포를 파괴하기에 충분한 방사선을 쬐는 것이다. 방사선은 내부적으로 쬐거나 외부적으로 쬘 수 있다. 내부적으로 쬐는 방사선 치료는 종양에 주입하거나 종양 부위에 모이는 방사성 핵종(추적자의 역할처럼)을 이용한다. 방사선을 암세포에 정확히 쪼일 수 있는 촉망받는 신기술에서는, 한 개의 방사성 원자를 탄소와 질소원자로 만들어진 미세한 케이지로 둘러싼다. 케이지에 부착된 것은 암세포 표면의 특정 단백질에 고정된 단백질이며, 그 후에

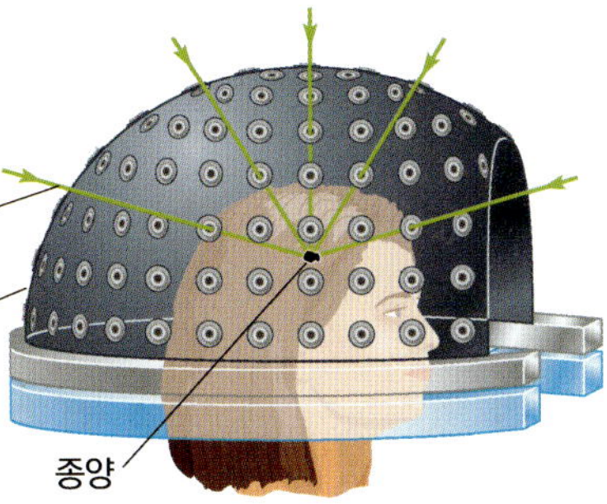

(a)

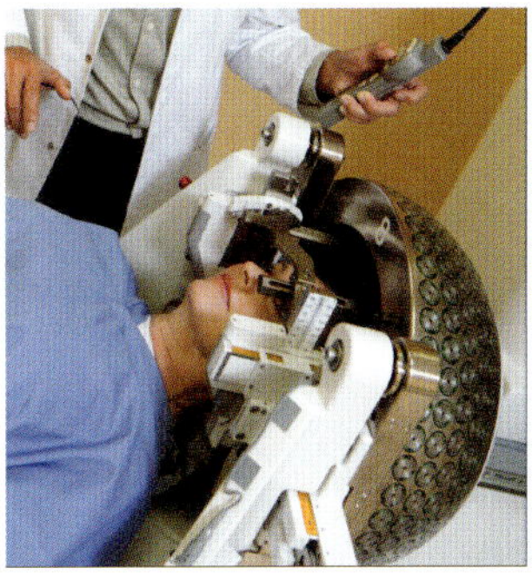
(b)

그림 29.12 (a) 감마나이프 방사선 수술에 사용되는 납 '헬멧' 도해. (b) 감마선이 환자의 뇌에서 원하는 부위에 모이도록 헬멧 속에서 환자의 위치를 정한다. 납 치마는 신체가 방사선에 노출되지 않도록 보호한다.

케이지는 세포 내부로 이동한다. 연속적인 방사성 붕괴에서 방출된 α 입자들이 암세포를 죽이게 된다.

외부적으로 쬐는 방사선은 제동복사나 다른 방식으로 만들어 내는 X선을 이용한다. 작은 구멍이 뚫린 납 통에 담겨있는 코발트–60의 감마선을 종양 위치에만 한정하여 조사할 수 있다.

감마나이프 방사선 수술 코발트–60 요법의 후기 형태를 **감마나이프 방사선 수술**gamma knife radiosurgery이라고 부른다. 이 기술에서는, 수백 개의 구멍이 있는 납으로 된 구형 '헬멧'(그림 29.12)을 사용하여, 뇌의 작은 부분에 감마선이 집속되게 한다. 이렇게 하여, 모든 감마선을 한데 모아 종양에 조사하면 방사선 조사량이 주변 조직에 조사한 양보다 훨씬 클 수 있다.

병원의 입자가속기 어떤 병원은 사이클로트론(19.3절)을 갖고 있거나, 다른 입자가속기를 자체적으로 가지고 있다. 그것들의 목적은 두 가지이다. 먼저 가속기는 짧은 반감기를 갖는 방사성 핵종을 생산하는 데 쓰일 수 있다. 긴 반감기를 갖는 방사성 핵종은 다른 곳에 있는 가속기나 원자로에서 생산하여 가져올 수도 있다. 두 번째는, 가속된 하전 입자의 빔을 방사선 요법에 쓰는 것이다.

29.6 유도 핵반응 Induced Nuclear Reactions

방사능에서는, 불안정한 핵이 자발적인 핵반응을 하고 붕괴하는 과정에서 에너지를 내어 놓는다. 유도 핵반응은 자발적으로 일어나지 않는다. 이 유도 핵반응은 한 핵과 다른 것이 충돌하면서 일어난다. 다른 반응물은 다른 핵일 수도 있고, 양성자나 중성자, α 입자 또는 광자일 수도 있다.

앞서 이미 유도 핵반응의 한 예를 다루었다. 탄소-14는 막대한 에너지를 가진 중성자가 질소-14 핵과 충돌할 때 유도되는 핵반응에서 만들어진다.

$$n + {}^{14}N \rightarrow {}^{14}C + p \tag{29-38}$$

식 (29-38)은 **중성자 방사화**neutron activation의 한 예이다. 안정한 핵이 중성자를 흡수함으로써 방사성 핵으로 변환되는 것이다.

자발적인 핵반응은 항상 에너지를 방출한다. 그러므로 생성물의 총질량은 반응물의 총질량보다 늘 작다. 이와는 대조적으로, 유도 핵반응에서는 반응물의 운동에너지 일부가 정지에너지로 변환될 수도 있다. 그래서 생성물의 총질량은 반응물의 총질량보다 클 수도 있고, 작거나 같을 수도 있다. 이러한 반응에 관여되는 핵이 방사성을 띨 필요는 없다. 곧 안정한 핵이 다른 어떤 입자에 부딪혀서 반응에 관여될 수도 있다. 러더퍼드는 1919년에 이러한 반응을 처음으로 관측하였다.

$$\alpha + {}^{14}N \rightarrow {}^{17}O + p \tag{29-45}$$

이 핵반응은 표적핵이 입사 입자를 흡수하여 중간 복합핵이 만들어질 때 일어난다. 식 (29-45)의 핵반응에서, 복합핵은 ${}^{18}F$ 이다.

$${}^{4}_{2}He + {}^{14}_{7}N \rightarrow {}^{18}_{9}F \rightarrow {}^{17}_{8}O + {}^{1}_{1}H \tag{29-46}$$

살펴보기 29.6 식 (29-38)의 유도 핵반응에서 중간에 어떤 복합핵이 형성되는가?

보기 29.12 중성자 방사화 분석

다음 핵반응을 생각해 보자.

$$n + {}^{24}Mg \rightarrow p + ?$$

(a) 중간 복합핵과 생성핵을 정하여라. (b) 이 반응은 발열반응인가? 아니면 에너지의 흡열반응인가? 곧 그 반응은 에너지를 내놓는가? 아니면 에너지를 흡수하는가? 발열반응이면 내어놓는 에너지를, 흡열반응이면 흡수한 에너지의 양을 계산하여라.

전략 생성핵과 중간 복합핵은 핵반응의 평형을 맞춰봄으로써 알아낼 수 있다. 총전하와 핵자의 총수는 같아야 한다. 에너지의 방출이나 흡수는 생성물의 총질량이 반응물의 질량보다 큰지 작은지에 따라 결정된다.

풀이 (a) 마그네슘의 원자번호는 12이다. 반응식을 보다 완전하게 쓰면

$$ {}^{1}_{0}\mathrm{n} + {}^{24}_{12}\mathrm{Mg} \rightarrow {}^{25}_{12}(?) \rightarrow {}^{24}_{11}(?) + {}^{1}_{1}\mathrm{p} $$

이다. 여기에서 핵자의 총전하와 총질량은 달라지지 않고 그대로 남아 있다는 사실을 확인하였다. 주기율표로부터, 원자번호 11은 Na이고 원자번호 12는 Mg임을 알 수 있다. 그러므로 생성핵은 ${}^{24}_{11}\mathrm{Na}$이고, 중간의 복합핵은 ${}^{25}_{12}\mathrm{Mg}$이다.

(b) 반응물의 총질량을 생성물의 총질량과 비교해 보자. 부록 B.8로부터, 원자질량은 각각

$$ {}^{24}\mathrm{Mg}\text{의 질량} = 23.985\,041\,7\ \mathrm{u} $$

$$ {}^{24}\mathrm{Na}\text{의 질량} = 23.990\,963\,0\ \mathrm{u} $$

$$ {}^{1}\mathrm{H}\text{의 질량} = 1.007\,825\,0\ \mathrm{u} $$

$$ \mathrm{n}\text{의 질량} = 1.008\,664\,9\ \mathrm{u} $$

이다. 반응식의 양쪽에 같은 개수(12)의 전자 질량이 포함되어 있으므로, 원자질량을 사용해도 문제가 없다. 그러면 반응물의 총질량은

$$ 1.008\,664\,9\ \mathrm{u} + 23.985\,041\,7\ \mathrm{u} = 24.993\,706\,6\ \mathrm{u} $$

이고, 생성물의 총질량은

$$ 1.007\,825\,0\ \mathrm{u} + 23.990\,963\,0\ \mathrm{u} = 24.998\,788\,0\ \mathrm{u} $$

이다. 따라서 반응이 일어난 후에 총질량이 늘어났다.

$$ \begin{aligned} \Delta m &= 24.998\,788\,0\ \mathrm{u} - 24.993\,706\,6\ \mathrm{u} \\ &= +0.005\,081\,4\ \mathrm{u} \end{aligned} $$

생성물의 총질량이 반응물의 총질량보다 크므로, 이 반응은 흡열반응이다. 반응이 일어난 후의 운동에너지는 반응이 일어나기 전의 운동에너지보다 적다. 흡수한 에너지는 다음과 같다.

$$ \begin{aligned} E &= (\Delta m)c^2 \\ &= 0.0050814\ \mathrm{u} \times 931.494\ \mathrm{MeV/u} \\ &= 4.7333\ \mathrm{MeV} \end{aligned} $$

검토 이 반응은 반응물의 총운동에너지가 생성물의 총운동에너지보다 적어도 4.7333 MeV 이상 클 때에만 가능하다는 것을 예상할 수 있다. 이 반응이 확률이 가장 높다고 할 수는 없다. 한 개 이상의 광자를 방출하는 반응과 같은 다른 반응이 일어날 수도 있다.

$$ {}^{1}_{0}\mathrm{n} + {}^{24}_{12}\mathrm{Mg} \rightarrow {}^{25}_{12}\mathrm{Mg}^{*} \rightarrow {}^{25}_{12}\mathrm{Mg} + \gamma $$

다른 경우들도 가능한데, 알파붕괴나 베타붕괴 또는 핵분열과 같은 반응이 일어날 수도 있다.

실전문제 29.12 **탄소-14를 생성하는 반응**

$\mathrm{n} + {}^{14}\mathrm{N} \rightarrow {}^{14}\mathrm{C} + \mathrm{p}$의 반응이 발열반응인지 흡열반응인지를 결정하여라. 방출하거나 흡수하는 에너지는 얼마인가?

응용 : 중성자 방사화 분석

중성자 방사화 분석, NAA(neutron activation analysis)는 값비싼 예술작품이나 희귀한 고고학 표본, 지질학 재료 등과 같은 것을 연구하는 데 쓰인다. 이것은 연구 대상인 시료가 아주 미미한 양이라도 존재하기만 한다면 어떤 원소인지를 결정할 수 있다. NAA가 다른 분석방법에 비하여 월등한 점은 이것이 비파괴 분석이라는 것이다. 질량분석기를 이용할 때처

럼 회화작품의 물감 일부를 벗겨낼 필요가 없이 그림 전체를 분석할 수 있다. 미술 역사가들은 역사적으로 다른 시기에 다른 물감을 사용했다는 사실을 알고 있다. 사용된 물감의 종류를 알아내면, 그림을 그린 시기를 알아내는 데 도움이 된다. 위조나 보수 여부, 그림을 그린 캔버스 종류를 알아낼 수도 있다.

시료에 있는 원소들은 방사화 핵종이 붕괴할 때 내뿜는 특징적인 감마선에너지로 확인된다. 서로 다른 시간에 감마선의 스펙트럼을 측정함으로써, 반감기를 원소 확인에 이용할 수도 있다. 감마선 스펙트럼을 정량적으로 분석하면, 연구 대상의 시료에 있는 여러 원소의 농도도 알아낼 수 있다. 이러한 유형의 중성자 방사화의 분석은 아폴로 우주선이 가져온 달 시료의 연구, 범죄 수사에서 법의학적 증거로 사용되는 총알이나 발사 흔적에 관한 연구, 해양화석과 침전물, 직물, 고고학 발굴 등 열거할 수 없을 정도로 여러 분야에 사용된다.

NAA는 미술사학자들이 그림에 손상을 입히지 않고, 그림의 어느 부분에 어떤 물감이 사용되었는지 밑바탕에 있는 것까지도 알아낼 수 있게 한다. '호머의 흉상을 바라보는 아리스토텔레스'라는 그림에서, NAA는 앞치마와 모자에 있는 손상의 정도를 밝히는 데 도움이 되었다. 미술사학자들은 아리스토텔레스의 복장 변화, 팔과 어깨 위치의 변화, 기장의 위치 변화, 호머 흉상의 높이 변화 등 렘브란트가 그림 작업을 하면서 구성을 어떻게 바꾸었는지도 알아냈다. 또한 미술사학자들은 캔버스의 원래 높이에서 14인치가 사라졌다는 사실도 알아내었다. 이전의 흉상 위치는 없어진 캔버스의 대부분이 바닥 쪽이라는 결론을 얻는 데 도움을 주었다.

29.7 핵분열 Fission

그림 29.2에서 보았듯이, 매우 큰 핵들은 핵자당 결합에너지가 중간 핵종보다 작다. 양성자들 사이의 먼 거리 쿨롱 반발력 때문에 큰 핵종들의 결합에너지가 줄어든다. 핵 속에 있는 각각의 양성자는 다른 양성자들을 밀어낸다. 핵 속에 핵자들을 묶어두는 핵력은 가까운 거리에서만 작용하는 강력이다. 각각의 핵자들은 단지 가장 가까운 핵자들에 의해서만 속박된다. 큰 핵들에 가장 가까이 있는 핵자들의 수를 평균하면 거의 일정하므로, 강한 핵력이 핵자당 결합에너지를 감소시키는 쿨롱의 반발력을 상쇄시킬 수 있을 만큼 핵자당 결합에너지를 증가시키지는 못한다.

그러므로 큰 핵은 **핵분열**fission이라는 과정을 거쳐서 더 단단히 결합된 두 개의 작은 핵으로 갈라지면서 에너지를 내어놓을 수 있다. 핵분열이라는 용어는 생물학에서 세포가 두 개로 나누어지는 세포분열에서 따 온 말이다. 핵분열은 1938년에 한Otto Hahn과 슈트라스만Fritz Strassman, 마이트너Lise Meitner, 프리쉬Otto Frisch 등 독일과 오스트리아의 물리학자가 발견하였다.

매우 큰 몇몇 핵들은 자발적으로 핵분열할 수 있다. 예를 들면, 방사성 우라늄-238은 한 개의 α 입자를 내쏘며 붕괴하는 경우가 더 많지만 두 개의 핵분열 생성물로 깨어질 수도 있다. 핵분열은 중성자, 양성자, 중양성자(^{2}H 핵), α 입자 또는 광자를 입사시켜 유도해 낼 수도 있다. 느린중성자를 포획해서 생기는 핵분열은 연쇄반응의 가능성을 열어 준다. ^{235}U는 자연에 존재하는 핵종 중 느린중성자에 의해 유도핵분열을 할 수 있는 유일한 핵종이다.

느린중성자가 ^{235}U 핵에 포획된다고 상상해 보자. 그러면, 중성자가 핵에 묶이면서 에너지를 주기 때문에 만들어진 복합핵 ^{236}U은 들뜬상태가 된다. 들뜬 핵은 길게 늘어난 모양이다(그림 29.13). 핵자들 사이의 인력은 핵을 구형으로 되돌아가게 하려는 반면에, 양성자들 사이의 쿨롱 반발력은 양쪽으로 밀어내려고 한다. 만일 들뜬 에너지가 충분히 크면, 잘록한 목이 하나 생겨나고 핵은 양쪽으로 갈라진다. 쿨롱 반발력은 핵을 두 조각으로 밀어내어 결국은 한 개의 핵으로 재결합하지 못한다.

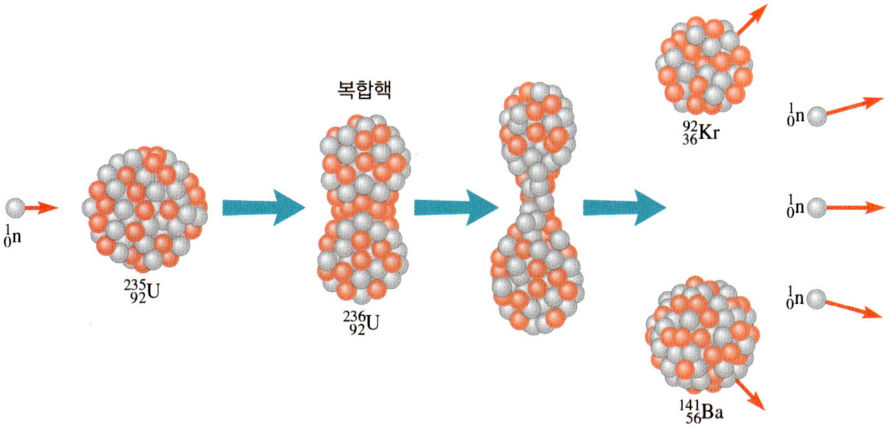

그림 29.13 느린중성자 포획으로 유도되는 ^{235}U의 핵분열. 두 개의 딸핵과 몇 개의 중성자들이 나온다.

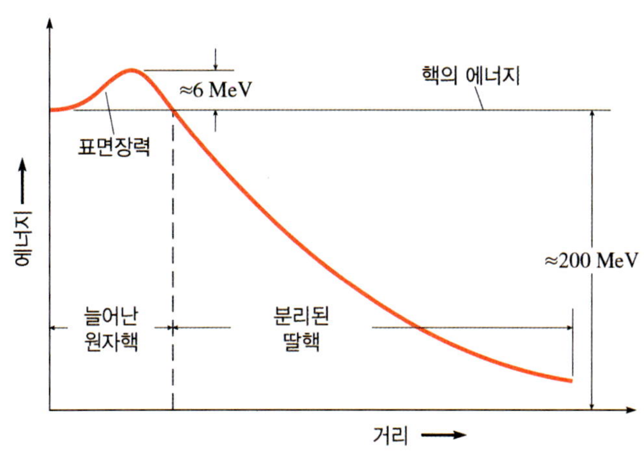

그림 29.14 자발핵분열에서, 두 딸핵 사이의 거리의 함수로 나타낸 위치에너지

그림 29.14는 핵이 길어지다 둘로 나누어질 때의 핵 퍼텐셜에너지를 보여 준다. 핵을 길쭉한 모양으로 만들기 위해서는, 그 핵의 퍼텐셜에너지가 약 6 MeV만큼 증가해야 한다. 이만한 에너지를 공급해 주는 입사 입자가 없으면 자발핵분열은 6 MeV 에너지 장벽을 통과하는 양자역학적인 터널링 tunneling에 의해서만 일어날 수 있다(28.10절). 터널링 확률은 알파붕괴 확률보다 훨씬 낮다. 만일 ^{238}U 이 자발핵분열에 의해서만 붕괴한다면, 반감기는 4×10^9년이 아니라 대략 10^{16}년쯤 될 것이다.

주어진 어미핵종에 대해서, 여러 가지 다른 핵분열 반응이 가능하다. ^{235}U 가 느린중성자를 포획한 후에 유도핵분열 하는 사례를 두 경우만 살펴보자.

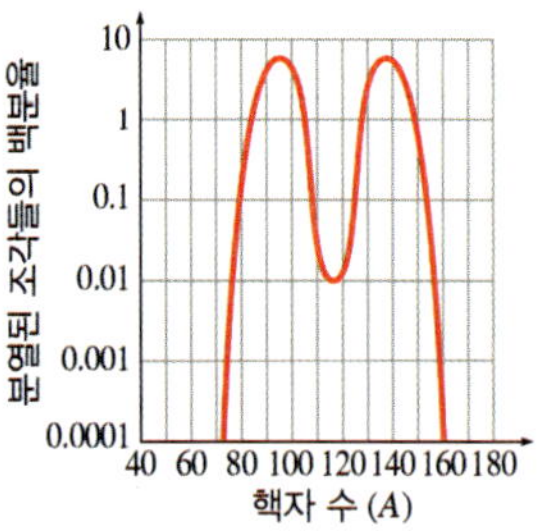

그림 29.15 ^{235}U 핵분열로부터 생성된 핵들의 질량분포. 연직축은 로그 눈금으로 나타냈음에 주목하여라.

$$ {}^1_0\text{n} + {}^{235}_{92}\text{U} \rightarrow {}^{236}_{92}\text{U}^* \rightarrow {}^{141}_{56}\text{Ba} + {}^{92}_{36}\text{Kr} + 3{}^1_0\text{n} \quad (29\text{-}47) $$

$$ {}^1_0\text{n} + {}^{235}_{92}\text{U} \rightarrow {}^{236}_{92}\text{U}^* \rightarrow {}^{139}_{54}\text{Xe} + {}^{95}_{38}\text{Sr} + 2{}^1_0\text{n} \quad (29\text{-}48) $$

두 딸핵의 질량이 이 두 사례에서 매우 다름을 주목하여라. ^{235}U 가 쪼개진 두 개의 조각의 질량비는 1(같은 질량)에서 2를 약간 넘는(다른 것의 질량의 2배가 약간 넘는) 정도로 다르다. 가장 잘 일어나는 핵분열에서의 질량비는 대략 1.4~1.5이다(그림 29.15).

딸핵들 외에도, 중성자들이 핵분열 반응에서 나온다. 큰 핵은 작은 핵보다 중성자를 더 많이 가지고 있다. 곧 여분의 중성자 몇 개가 큰 핵이 핵분열될 때에 나온다. 우라늄-235의 핵분열에서는 중성자가 5개까지 방출될 수 있으나, 많은 핵분열 반응에서 방출되는 평

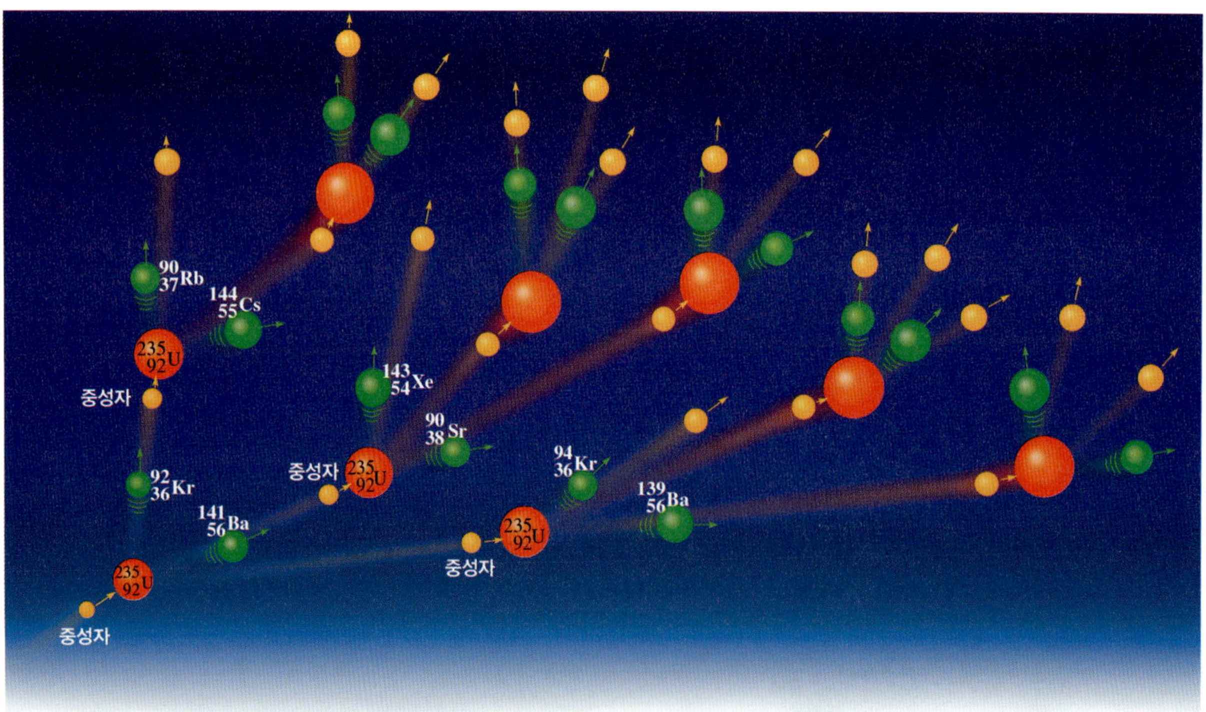

그림 29.16 연쇄핵분열 반응. 핵분열이 일어날 때 생기는 중성자들은 다른 핵의 핵분열을 일으킬 수 있다.

균수는 약 2.5개이다. 핵분열된 조각들 자체도 여전히 중성자를 많이 가지고 있는 것들이 종종 있다. 불안정한 조각들은 한 번 이상 베타붕괴를 하는데, 안정된 핵종이 형성되면 붕괴가 멈춘다. 연쇄핵분열 반응(그림 29.16)에서는, 수백 개의 다른 방사성 핵종(대부분 자연적으로는 일어나지 않는다)이 생성된다.

보기 29.13은 핵분열 반응에서 방출되는 에너지가 매우 크다는 것을 보여준다(일반적인 단일핵분열의 경우 약 200 MeV). 핵분열로부터 의미 있는 양의 에너지를 얻기 위해서는 많은 수의 핵이 분리되어야 한다. 중성자는 ^{235}U 에서 핵분열을 유도할 수 있으며 각 핵분열은 평균 2.5개의 중성자를 생성하고, 각각의 핵은 **연쇄반응**chain reaction에서 다른 핵분열을 유도할 수 있다. 통제되지 않은 연쇄반응은 핵분열 폭탄의 기초이다. 핵분열에 의해 방출되는 에너지를 건설적으로 이용하려면 연쇄반응을 제어해야 한다.

보기 29.13 핵분열 반응에서 나오는 에너지

식 (29.47)의 핵분열 반응에서 나오는 에너지를 어림하여라. $^{235}_{92}$U, $^{141}_{56}$Ba, $^{92}_{36}$Kr의 핵자당 결합에너지는 그림 29.2를 이용하여 어림하여라.

전략 방출되는 에너지는 증가한 결합에너지와 같다. 그림 29.2로부터 읽어낸 핵자당 결합에너지에 핵자의 수를 곱하여 결합에너지를 어림할 수 있다.

풀이 그림 29.2로부터 $^{235}_{92}$U와 $^{141}_{56}$Ba, $^{92}_{36}$Kr 각각의 핵자당 결합에너지는 대략 7.6 MeV, 8.25 MeV, 8.75 MeV이다. 총결합에너지는 핵자수를 곱해서 구한다. 결합에너지는 각각

$$^{235}_{92}\text{U} \approx 235 \times 7.6\text{MeV} = 1786\text{MeV}$$

$$^{141}_{56}\text{Ba} \approx 141 \times 8.25\text{MeV} = 1163\text{MeV}$$

$$^{92}_{36}\text{Kr} \approx 92 \times 8.75\text{MeV} = 805\text{MeV}$$

이므로 증가한 결합에너지는 다음과 같다.

$$1163\ \text{MeV} + 805\ \text{MeV} - 1786\ \text{MeV} = 182\ \text{MeV}$$

핵분열 반응에서 나오는 에너지는 약 180 MeV이다.

검토 방출되는 에너지는 분열반응에 따라 그렇게 많이 달라지지 않는다. $A \approx 240$인 핵종은 핵자당 약 7.6 MeV의 결합에너지를 갖는다. 분열 생성물은 평균 결합에너지가 핵자당 약 8.5 MeV 정도이다. 그러므로 핵자당 1 MeV보다 약간 작은 에너지가 방출될 것이다. 이러한 어림셈을 좀 더 다듬기 위하여, 어미핵과 딸핵의 질량을 이용하여 반응에서 나오는 에너지를 정확하게 계산할 수 있다.

실전문제 29.13 작은 핵도 핵분열을 일으킬 수 있는가?

$^{54}_{24}$Cr 핵이 느린 중성자를 포획하였다고 가정하자.

$$^{1}_{0}\text{n} + ^{54}_{24}\text{Cr} \rightarrow ^{55}_{24}\text{Cr}^*$$

핵분열이 일어나지 않는 이유를 설명하여라. 핵분열 대신에 어떤 일이 일어나겠는가?

응용 : 핵분열 원자로

오늘날 원자로(그림 29.17)의 대부분은 농축 우라늄을 연료로 쓴다. 오직 ^{235}U 만이 연쇄반응을 계속하며, ^{238}U 은 핵분열하지 않고 중성자를 포획할 수 있다. 자연에 존재하는 우라늄의 99.3 %는 ^{238}U 이고 ^{235}U 은 오직 0.7 %이다. 자연계에는 중성자를 포획하는 ^{238}U 이 너무 많이 있어서, 연쇄반응을 유지하기가 어렵다. 농축 우라늄은 ^{235}U 의 함량이 수 퍼센트까지 증가한다. 핵분열 반응에서 생성된 중성자는 큰 에너지를 가지고 있다. 이 빠른중성자들은 ^{238}U 이나 ^{235}U 핵에 포획될 확률이 같다. 그러나 중성자들이 느려지면 ^{235}U 에 포획될 가능성이 높아서 핵분열을 유도한다. 이런 이유로, 감속재라는 것을 연료 중심부에 넣는다. 감속재에는 수소(물 또는 수화 지르코늄에 있음), 중수소(^2H, 중수의 분자에 있음), 베릴륨 또는 탄소(흑연) 같은 것들이 있다. 감속재의 기능은 중성자들과 충돌함으로써 많이 흡수되지 않고 속도를 늦추는 것이다. 운동에너지의 감소 비율은 충돌 물체의 질량이 증가함에 따라 감소하므로, 가벼운 핵이 중성자를 느리게 하는 데에 더욱 효과적이다.

연쇄반응을 제어하기 위해서, 카드뮴이나 붕소와 같은 중성자를 잘 흡수하는 물질로 제어봉을 만든다. 제어봉을 연료의 중심부에 집어넣어 중성자를 더 많이 흡수하게 하거나, 끌어올려 중성자를 적게 흡수하도록 한다. 원자로가 정상상태로 작동할 때, 그 원자로는 임계상태에 있다고 말한다. 각각의 핵분열로부터 평균적으로 한 핵분열당 한 개의

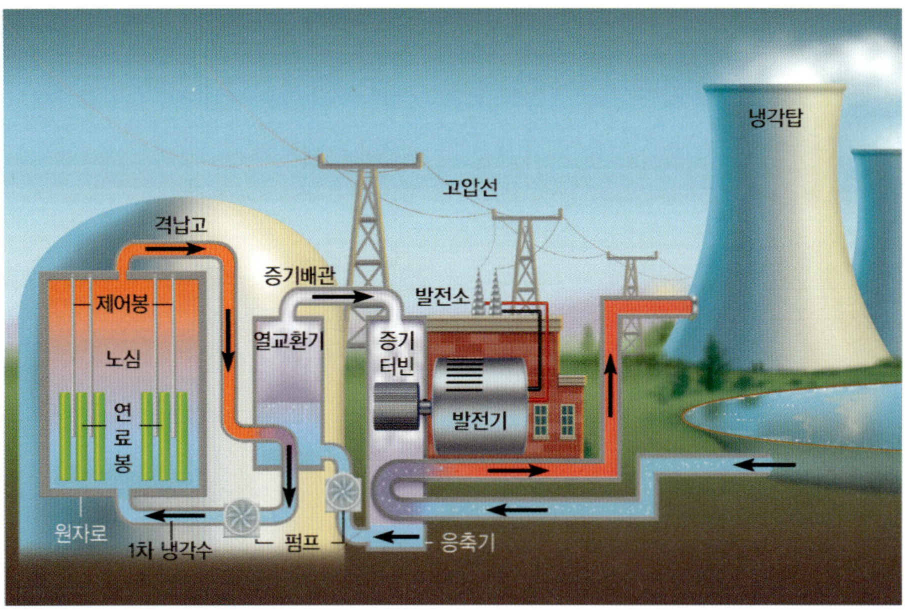

그림 29.17 가압경수로. 고압의 물은 노심에서 닫힌 순환고리의 열교환기로 열을 전달하는 주요 냉각재이다(일부 다른 원자로에서는 액체 나트륨을 1차 냉각제로 사용한다). 열교환기는 1차 냉각재에서 열을 추출하여 증기를 생산한다. 증기는 발전기에 연결된 터빈을 구동한다. 핵분열 반응은 원리적으로 열 엔진을 가동하는 데 필요한 열을 공급하는 용광로처럼 작용한다. 모든 열 엔진과 마찬가지로 환경으로 폐열을 배출하며 이때 가까운 수원에서 찬물이 공급된다. 이 물은 증기기관에서 열을 받아서 냉각탑에서 증발하여 폐열을 대기 중으로 방출한다.

중성자가 나와 또 다른 핵분열을 일으킨다. 임계원자로는 일정한 전력을 생산한다. 만일 원자로가 임계치 미만이라면, 평균적으로 한 핵분열 반응에서 생성되는 중성자가 한 개 미만으로 나와 다른 핵분열을 일으킨다. 핵분열 반응이 점점 더 적어지면, 연쇄반응은 줄어든다. 제어봉을 더 깊이 넣어 임계치 미만으로 하면, 원자로는 작동은 멈추게 된다. 원자로가 임계치를 초과하면, 각각의 핵분열에서 평균적으로 한 개 이상의 중성자가 나와 또 다른 핵분열 반응을 일으킨다. 따라서 초임계원자로에서는 1초당 핵분열 반응의 수가 증가한다. 원자로는 작동을 시작한 후 잠시 동안 임계치를 초과하도록 해야 한다.

핵분열 원자로는 전력생산 이외의 목적도 가지고 있다. 원자로는 중성자 방사화 분석과 중성자 회절 실험에 사용하는 중성자 선원의 기능도 한다. 원자로로부터 나오는 중성자는 의료용의 인공 방사능 동위원소를 만들 때도 사용된다. 증식로에서는 핵분열 반응의 부산물로서, 연료봉 속의 우라늄 – 238로부터 소비하는 것보다 더 많은 핵분열성 물질(플루토늄 – 239)을 만들어낸다. ^{239}Pu을 중심부에 남겨서 핵분열시켜 전력을 생산하거나, 꺼내서 폭탄을 만드는 데 사용할 수도 있다. 그래서 증식로는 핵무기 확산의 원인이 될 수 있다.

핵분열 원자로의 문제점

원자로가 온실가스를 생산하지 않기 때문에 지구온난화에 영향을 주지 않는다고 하더라도, 원자로는 유해한 방사성 물질이 주위 환경으로 유출되는 것을 방지할 수 있도록 조심스럽게 설계되어야 한다. 지금까지 원자로에서 일어났던 최악의 사고는 1986년 그 당시 소련의 일부였던 우크라이나의 체르노빌 원자로에서 일어났다(그림 29.18). 원자로의 설계 결함과 원자로를 취급하는 직원의 실수로 인하여 두 번의 폭발이 일어났다. 이때 방사성 핵분열 생성물이 대기 중으로 유출되었고 노심에 있던 흑연 감속재가 불꽃을 내며 활활 타올랐다. 흑연에 붙은 불은 9일이나 계속되었다. 유출된 방사능의 추정치는 10^{19} Bq 정도이다. 바람이 불어 방사성 물질은 우크라이나, 벨라루스, 러시아, 폴란드, 스칸디나비아와 동유럽까지 퍼져 나갔다.

그림 29.18 체르노빌 원자력 발전소에서 폭발한 네 번째 원자로

2011년 일본 도호쿠 지역의 지진과 쓰나미로 인해 후쿠시마 제1원자력 발전소의 6개 원자로에서 일련의 사고가 발생했다. 가동 중인 3기의 원자로는 지진 발생 후 자동으로 폐쇄되었다. 지진 발생 약 1시간 후 14 m의 쓰나미가 덮쳐 왔으나 발전소를 보호하는 방파제는 쓰나미보다 훨씬 낮은 5.7 m로 설계되어 지진 해일을 견딜 수 없었다. 비상 냉각 시스템이 고장 나고 원자로 노심이 과열되기 시작하였다. 노심이 녹아내리고 폭발과 화재로 인해 건물과 격납고가 손상되어 방사성 물질이 주변 환경으로 방출되었다. 수조에 저장되었던 연료봉이 과열되어 냉각수가 끓어서 방사성 물질이 추가로 방출되었고, 일본 정부는 반지름 20 km 이내의 사람들을 대피시켰다. 손상된 원자로와 주변 지역을 정화

하는 데 10년 이상이 걸릴 것으로 예상한다.

또 다른 중요한 문제는 방사성 폐기물의 운반과 안전한 저장에 관한 것이다. 핵분열이 가능한 물질이 모두 소모되었을 때 원자로 노심에서 꺼낸 핵연료봉은 고준위의 방사성 핵분열 생성물을 포함하고 있어서, 수천 년 동안 보관해야 한다. 사용 후 핵연료봉은 물론 원자로의 다른 부분들도 중성자에 노출되어 방사성을 가지게 된다. 운전을 시작하고 30년이 지나면, 원자로 구조물 등은 방사선에 의해 약해지기 때문에 원자로를 해체해야 한다.

미국 정부는 1978년부터 2011년까지 네바다 주 유카 산Yucca Mountain을 연구하여 핵분열 원자로에서 나오는 약 7만 7천 톤의 고준위 방사성 폐기물의 영구 저장소를 건설할 수 있는지 확인했다. 후속 연구에 따르면 사막 부지는 원래 생각했던 것만큼 지질학적으로 안정적이지 않을 수 있다는 결과가 나왔다. 일반 국민과 공공 및 정치적 반대에도 불구하고 2002년 의회에서는 이 지역을 고준위 방사성 폐기물 처리를 위한 국가의 영구 저장소로 선정하였다. 반대와 법적 싸움은 계속되었고 결국 2011년 예산에서 의회는 부지 개발을 위한 예산을 삭감하여, 미국이 고준위 방사성 폐기물 장기 저장 계획이 취소되었다. 지금도 핵폐기물은 120개 이상의 원자력 발전소의 일정 장소에 계속 저장되고 있다.

29.8 핵융합 Fusion

태양과 다른 별들에서 복사되는 에너지는 **핵융합**fusion에 의해 만들어진다. 핵융합은 근본적으로 핵분열의 반대 과정이다. 큰 핵이 두 개의 작은 조각들로 나누어지는 대신, 핵융합은 두 개의 작은 핵들을 결합하여 보다 큰 핵을 만든다. 핵분열과 핵융합은 모두 핵자당 결합에너지가 더 큰 방향으로 옮겨가기 때문에 에너지를 방출한다(그림 29.2). 핵자당 결합에너지를 보여 주는 곡선에서, 질량수가 적으면 기울기가 급하다. 그 때문에 핵융합이 핵분열보다 훨씬 더 큰 핵자당 에너지를 내놓을 것으로 기대할 수 있다.

핵융합 반응의 한 예를 들어보자.

$$^{2}\mathrm{H} + {}^{3}\mathrm{H} \rightarrow {}^{4}\mathrm{He} + \mathrm{n} \tag{29-49}$$

두 개의 수소 핵들이 합해져 헬륨 핵을 만든다. 이 반응은 17.6 MeV의 에너지를 내놓는데, 이는 핵자당 3.52 MeV에 해당하고 전형적인 핵분열 반응에서 나오는 핵자당 에너지인 0.75~1 MeV보다 훨씬 크다. 이 반응은 매우 큰 에너지를 생산하지만, 상온에서는 일어날 수 없다. 중수소(^{2}H)와 삼중수소(^{3}H)의 핵들이 반응할 수 있을만큼 충분히 가까워져야 하는데, 상온에서는 양전하를 띤 두 핵이 쿨롱의 상호 반발력을 이겨내기에는 운동에너지가 너무 적다. 그러나 태양의 내부에서는, 온도가 약 2×10^7 K 이고 핵들의 평균 운동에너지가 $\frac{3}{2}k_B T \approx 2.52$ keV 이다. 이 평균 운동에너지는 핵융합 반응을 일으키기에는 아직도 너무 적지만(보기 29.14), 더 큰 에너지를 가진 어떤 핵들은 쿨롱 반발력을 이기기에 충분한 에너지를 갖고 있다. 핵융합 반응은 높은 온도에서 가질 수 있는 큰 운동에너지에 의존하기 때문에, 열핵반응이라고도 부른다.

양성자-양성자 순환 태양과 태양의 질량과 비슷하거나 작은 질량을 가지는 별에서 에너지를 생산하는 주된 반응은 **양성자-양성자 순환**proton-proton cycle이다.

$$p + p \rightarrow {}^2H + e^+ + \nu \tag{29-50}$$

$$p + {}^2H \rightarrow {}^3He \tag{29-51}$$

$${}^3He + {}^3He \rightarrow {}^4He + 2p \tag{29-52}$$

양성자-양성자 순환의 알짜 효과는 네 개의 양성자들을 하나의 ^4He 핵으로 핵융합 하는 것이다(처음의 두 반응은 세 번째 반응에 필요한 두 개의 ^3He 핵을 만들기 위하여 두 번 일어나야 한다). 이 세 단계는 다음과 같이 요약할 수 있다.

$$4p \rightarrow {}^4He + 2e^+ + 2\nu \tag{29-53}$$

각각의 양전자가 전자와 소멸하면서 양성자-양성자 순환으로 일어나는 전체 반응은

$$4p + 2e^- \rightarrow {}^4He + 2\nu \tag{29-54}$$

이다.

탄소 순환 태양 질량의 약 1.3배쯤 되는 질량을 가진 별들에서 일어나는 핵융합 반응은 주로 탄소 순환이다. CNO-I으로 알려진 탄소 순환은 다음의 과정으로 이루어진다.

$$p + {}^{12}C \rightarrow {}^{13}N \tag{29-55}$$

$${}^{13}N \rightarrow {}^{13}C + e^+ + \nu \tag{29-56}$$

$$p + {}^{13}C \rightarrow {}^{14}N \tag{29-57}$$

$$p + {}^{14}N \rightarrow {}^{15}O \tag{29-58}$$

$$^{15}O \rightarrow {}^{15}N + e^{+} + \nu \tag{29-59}$$

$$p + {}^{15}N \rightarrow {}^{12}C + {}^{4}He \tag{29-60}$$

여기에서 탄소-12 원자핵은 촉매 역할을 한다. 그것은 처음부터 끝까지 존재한다. 2개의 양전자가 완전히 소멸된 후 알짜 효과는 양성자 – 양성자 순환과 동일하다.

$$4p + 2e^{-} \rightarrow {}^{4}He + 2\nu \tag{29-54}$$

탄소 순환에서 방출되는 총에너지는 양성자 – 양성자 순환에서 방출되는 총에너지와 같다. '총에너지 방출량'은 (식 (29-50)~(29-60)에는 표시하지 않은) 생성된 모든 광자와 중성미자의 에너지에 ^{4}He 핵의 운동에너지를 더한 값에서 양성자와 전자의 초기 운동에너지를 뺀 값이다.

보기 29.14 탄소 순환에서의 첫 번째 단계

(a) 탄소 순환의 첫 번째 단계에서 나오는 에너지를 계산하여라(식 (29-55)). (b) 이 반응이 일어나는 데 필요한 양성자와 ^{12}C 핵의 최소 운동에너지를 어림셈하여라.

전략 내어놓는 에너지를 계산하기 위해서는 반응물과 생성물의 질량 차이를 계산하여야 한다. 초기 운동에너지가 최소이므로, 두 개의 양전하를 띤 입자들이 서로 반발한다는 사실을 알 수 있다.두 입자가 겨우 '닿을' 때 둘 사이의 거리를 계산할 수 있고, 또 그 위치에서 전기 퍼텐셜에너지를 계산할 수 있다.

풀이 (a) 구하고자 하는 반응식은

$$p + {}^{12}C \rightarrow {}^{13}N$$

이다. 7개의 전자에 해당하는 질량은 반응물과 생성물의 원자질량에 모두 포함되어 있으므로 원자질량을 계산에 사용한다. 그러면 처음 질량은

$$1.007\,825\,0\ u + 12.000\,000\,0\ u = 13.007\,825\,0\ u$$

이고, 질량의 변화는

$$\begin{aligned}\Delta m &= 13.005\,738\,6\ u - 13.007\,825\,0\ u \\ &= -0.002\,086\,4\ u\end{aligned}$$

이다. 내놓는 에너지는 다음과 같다.

$$\begin{aligned}E &= 0.0020864\ u \times 931.494\ MeV/u \\ &= 1.9435\ MeV\end{aligned}$$

(b) 식 (29-7)로부터 양성자와 ^{12}C 핵의 반지름은 각각 1.2 fm와

$$1.2\ fm \times 12^{1/3} = 2.75\ fm$$

이다. 양성자와 ^{12}C 핵이 겨우 '닿을' 정도에서의 전기 퍼텐셜에너지를 어림셈하기 위해서, 두 개의 점전하, $+e$와 $+6e$가 3.95 fm 떨어져 있을 때의 전기 퍼텐셜

에너지를 계산한다.

$$U_E = \frac{6ke^2}{r}$$
$$= \frac{6\times(9\times10^9\ \mathrm{N\cdot m^2/C^2})\times(1.60\times10^{-19}\ \mathrm{C})^2}{3.95\times10^{-15}\ \mathrm{m}}$$
$$= 3.50\times10^{-13}\ \mathrm{J} = 2\ \mathrm{MeV}$$

이 반응이 일어나기 위해 필요한 양성자와 ^{12}C 핵의 최소 운동에너지는 2 MeV 이다.

검토 내어놓은 에너지 1.9435 MeV는 운동에너지의 증가와 광자의 에너지를 포함한다.

실전문제 29.14 **탄소 순환의 두 번째 단계**

탄소 순환의 두 번째 단계에서 내어놓는 에너지를 계산하여라.

응용 : 별에서의 핵융합 별은 더 가벼운 핵종으로부터 더 무거운 핵종을 형성하기 위한 공장의 역할을 한다. 태양과 같은 별에서 핵융합 반응 대부분은 수소로부터 헬륨을 생성한다. 더 높은 중심 온도에서는 더 무거운 핵종이 핵융합 반응에 참여할 수 있다. $A = 60$ 주위의 결합에너지 곡선(그림 29.2 참조)의 최고점까지 핵종은 항성의 내부에서 핵융합 반응으로 형성된다. 일단 별 중심부가 결합에너지 곡선의 상단 근처에 있는 원소들인 철과 니켈이 되면 핵융합 반응은 중지된다. 더 무거운 핵종은 철과 니켈보다 단단하게 결합되어 있지 않기 때문에 핵융합 반응은 더 이상 에너지를 방출하지 않는다. 결국, 큰 별은 그 자체의 중력에 의해서 붕괴된다. 중력 붕괴는 내부의 압력과 온도를 상승시켜 원자번호가 철이나 니켈보다 큰 핵종들의 핵융합을 일으킬 에너지를 공급하고, 궁극적으로 별은 폭발한다. 이러한 사건을 초신성이라고 부른다. 추가적인 핵융합 및 중성자 포획 반응은 폭발로 인한 충격파에서 일어나고 가장 무거운 핵종을 형성한다. 초신성에서 형성된 핵종과 이미 별의 중심부에 형성된 핵종은 초신성 폭발로 우주공간에 분산된다. 우리 몸과 우리 주변 환경의 모든 것들을 이루는 원자들은 수많은 초신성의 폭발에 의해 생성된 것들로서 지구가 형성될 때 포함된 것이다. 수소(그리고 다른 가벼운 원소의 일부) 이외에 지구상에서 발견된 모든 원소는 별의 중심이나 초신성의 폭발로 만들어진 것들이다(또는 이것들의 방사성 붕괴로 형성된 것들이다).

응용 : 핵융합로

열핵융합 폭탄(또는 수소폭탄)에서는 핵분열 폭탄이 고온을 만들어 내고, 이것이 제어되지 않는 핵융합 반응을 일으킨다. 수십 년 동안 연구자들은 지속적이며 제어된 핵융합 반응을 가능하게 하기 위해 노력해 왔다. 핵분열과 비교해 볼 때 핵융합은 몇 가지 장점이 있는 에너지원이다. 핵융합의 연료는 핵분열의 연료보다 얻기가 쉽다. 가장 주목을 받는

그림 29.19 토카막은 핵융합 반응을 제어하는 가장 유망한 방법 중의 하나이다. 매우 높은 온도에서 연료 속의 원자들은 부서져 플라스마(전자나 양전하로 대전된 핵의 혼합 상태)를 만든다. 자기장은 전하를 띤 핵들을 원통 고리 모양의 진공 용기 속에 가두어 놓는다. 핵들은 진공 용기의 벽과 충돌하지 않고 갇힌 채 자기장선 주위를 맴돌며 운동한다.

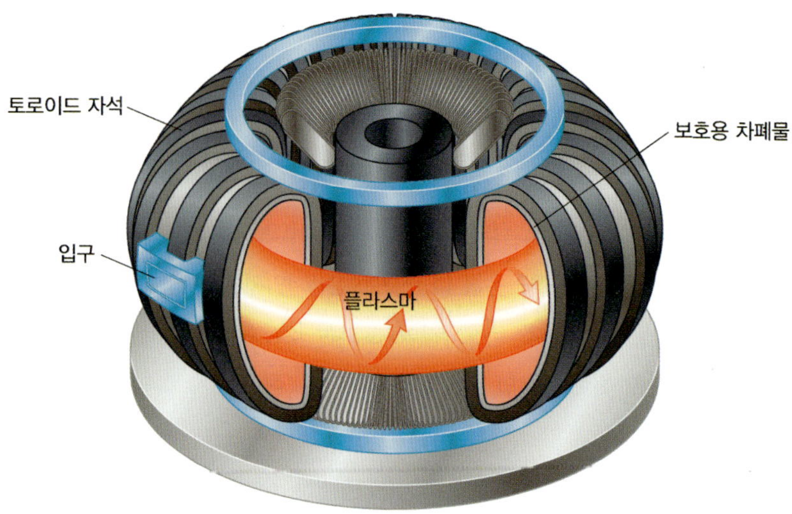

제어 가능한 원자로는 중수소–중수소 핵융합($^2H + ^2H$) 또는 식 (29–49)에 보인 것처럼 중수소–삼중수소 핵융합($^2H + ^3H$)이다. 중수소는 바닷물에서 쉽게 얻을 수 있다. 바닷물 분자의 약 0.015 %가 중수소 원자를 포함하고 있다. 삼중수소는 중수소만큼 많지는 않지만, 만들어내기 어렵지 않다.

원자로에 있어서 가장 큰 문제 중의 하나는 수천 년 동안 안전하게 저장되어야 할 방사성 폐기물이다. 핵융합 원자로는 방사성 폐기물을 덜 만들어내고 또 그렇게 오랫동안 저장할 필요도 없다.

그러나 지속적이고 통제된 핵융합 반응은 아직 이루지 못했다. 주요 문제는 핵이 높은 밀도를 유지하여 서로 충돌할 수 있도록 하면서, 핵융합이 일어나는 데 필요한 극고온(대략 10^8 K 정도로 태양 속의 온도보다 높다)에 연료를 넣어 두는 일이다. 보통의 용기는 사용할 수 없다. 그런 용기 속에서는 핵들이 용기의 벽과 충돌하면서 운동에너지를 너무 많이 잃어버리고 또 용기는 높은 온도 때문에 녹아서 증발해 버린다. 핵들을 가두어 놓기 위해 두 가지 방법이 주로 시도되었다. 하나는 **자기 가둠**magnetic confinement이다(그림 29.19 참조). 다른 하나는 **관성 가둠**inertial confinement인데, 이 방법은 모든 방향에서 강력한 레이저 빔을 알약 모양의 작은 연료 펠릿에 쬐어서 고온으로 달구어 펠릿이 안쪽으로 파열하여 연료가 기화하기 전에 핵융합 반응을 일으키는 것이다.

29.1 $^{104}_{44}Ru$ (루테늄)

29.2 17 u

29.3 $1.6 \times 110^{-42}\ m^3$

29.4 115.492 MeV

29.5 $^{226}_{88}Ra$ (라듐−226)

29.6 5.3044 MeV

29.7 1.3111 MeV

29.8 2.26×10^{12}

29.9 5300년 전

29.10 ±8년

29.11 4.4 μg

29.12 발열반응, 0.6259 MeV 방출

29.13 그림 29.2로부터 $A \approx 60$ 주위의 핵종은 가장 강력하게 결합되어 있다. 그들의 핵자당 결합에너지가 가장 높다. 딸핵종과 방출된 중성자의 총질량이 복합핵 $^{55}_{24}Cr^*$보다 핵의 질량보다 크기 때문에 핵분열은 일어날 수 없다. $^{55}_{24}Cr^*$는 전자와 하나 이상의 γ선을 방출하고 안정한 최종 생성물인 $^{55}_{25}Mn$으로 남는다.

29.14 1.1985 MeV

29.1 $^{23}_{11}Na$에는 11개의 양성자와 $23-11=12$개의 중성자가 있다. 질량은 23이다.

29.4 반감기가 3번 지난 후에, Mn−54 핵의 $(1/2)^3 = 1/8$이 남는다. 따라서 세 반감기 동안 7/8이 붕괴한다.

29.6 전하와 핵자수의 균형을 이루려면 중간의 핵은 $^{15}_{7}N$ ($^{1}_{0}n + ^{14}_{7}N \rightarrow ^{15}_{7}N \rightarrow ^{1}_{1}H + ^{14}_{6}C$)이어야 한다.

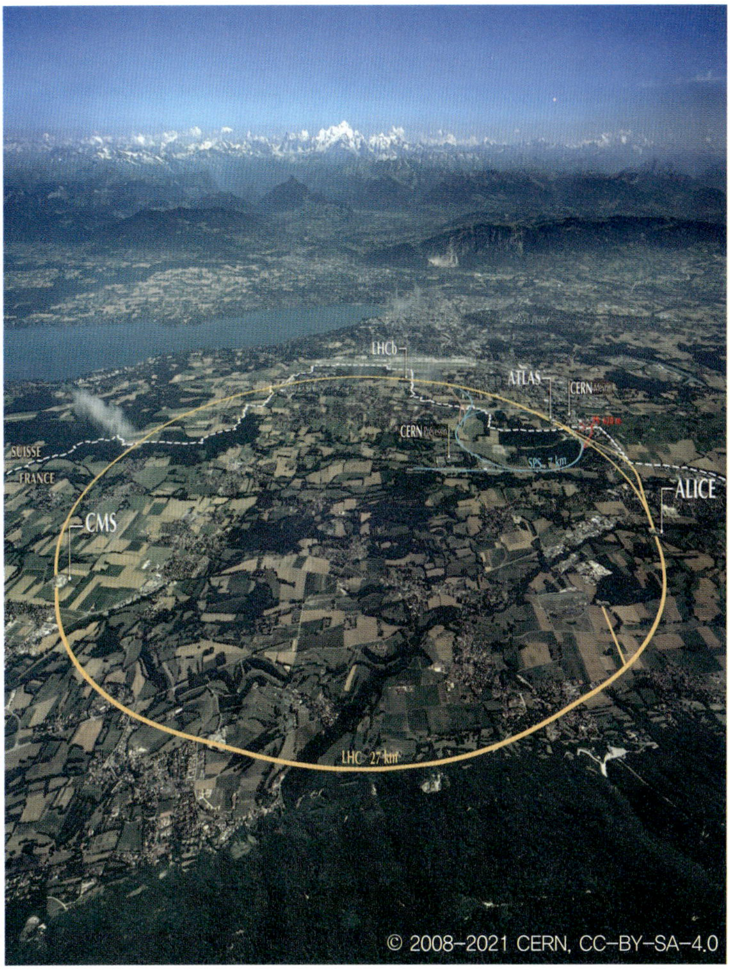

30

입자물리학

Particle Physics

스위스의 제네바 근교에 있는 CERN(유럽원자핵공동연구소)의 강입자충돌기(LHC)는 운동에너지가 최대 $6.5\ \mathrm{TeV}\,(=6.5\times10^{12}\ \mathrm{eV})$인 양성자 충돌을 성공시켰다. 이처럼 점점 더 높은 에너지를 가진 입자들의 충돌을 연구하는 목적은 무엇일까?

찾아가보기

- 반입자 (27.8절)
- 기본 상호작용, 통일 (2.9절)
- 질량과 정지에너지 (26.7절)

대략 지하 100m에 있는 LHC 터널은 둘레가 27km이다. 그 시설은 프랑스와 스위스의 제네바 근처의 국경에 걸쳐 있다. LHC는 7개의 검출기가 설치되어 있다. 거의 5층 건물 크기의 ATLAS와 무게가 14 000톤 이상인 CMS가 일반 용도의 검출기이다. ALICE는 납 이온 충돌 실험을 위한 것이고 LHCb는 b 쿼크가 생성되는 양성자-양성자 충돌 실험을 위한 것이다. LHCf와 TOTEM, MoEDAL은 각각 ATLAS, CMS, LHCb 근처에 위치하며 특수 목적으로 제작한 작은 검출기이다.

30.1 기본 입자들 Fundamental Particles

물리학의 가장 중요한 목표 중의 하나는 우주의 기본적인 구성 단위를 알아내고 그들 사이의 상호작용을 이해하는 것이다. 기원전 5세기에 그리스 철학자 데모크리투스Democritus는 모든 물질은 아주 작아서 볼 수 없는, 더 이상 나눌 수 없는 단위로 구성되었을 것이라고 추측하였다. 영어로 **원자**atom란 단어는 '더 이상 나눌 수 없다'는 뜻의 그리스어인 ατομοζ(atomos)로부터 유래되었다. 그러나 원자는 나눌 수 없는 것이 아니다. 원자는 핵과 핵에 속박되어 있는 한 개 또는 그 이상의 전자들로 구성되어 있다. 핵은 다시 양성자와 중성자가 속박되어 있는 집합체이다. 그렇다면 전자, 양성자, 중성자들이 물질을 구성하는 최후의 기본 단위들일까?

쿼크

양성자와 중성자가 내부 구조를 가지고 있기 때문에, 이들은 기본입자가 아니다. 각 양성자나 중성자는 세 개의 **쿼크**quark로 구성되어 있다. 지금까지 알려진 바로 쿼크는 기본입자들인데, 1963년 겔만Murray Gell-Mann, 1929~ 과 츠바이크George Zweig, 1937~ 가 각각 독립적으로 그 존재를 제안하였다. 겔만은 쿼크란 이름을 조이스James Joyce의 작품 '피네간의 경야 Finnegans wake'의 '머스트 마크에게 세 개의 쿼크'라는 구절에서 따왔다. 원래는 세 개의 쿼크가 제안되었지만, 나중의 실험 결과는 모두 6개의 쿼크가 있는 것으로 나타났다(표 30.1). 쿼크의 질량은 GeV/c^2의 단위로 나타내는데, 이 질량 단위는 보통 고에너지 물리학에서 사용된다. $c^2 = 0.931494\text{GeV/u}$(식 (29-9) 참조)이므로, 다음과 같다.

$$1\ \text{u} = 0.931\,494\ \text{GeV}/c^2 \tag{30-1}$$

6개의 쿼크 각각에 대해서 질량은 같고 전하는 반대인 **반쿼크**가 존재한다. 27.8절에서, 전자와 이것의 반입자인 양전자가 에너지와 운동량을 나누어 갖고 정반대 방향으로 날아가는 두 개의 광자를 만들고 소멸할 수 있다는 것을 다루었다. 전자와 양전자 쌍은 생성될 수도 있다. 마찬가지로, 다른 종류의 입자 – 반입자 쌍들도 생성되거나 소멸할 수 있다. 소멸할 때에 반드시 한 쌍의 광자를 만드는 것은 아니다. 예를 들면 그것들은 다른 종류의 입자 – 반입자 쌍을 만들어 낼 수도 있다. 반쿼크는 기호 위에 막대를 그어 나타낸다. u 쿼크의 반쿼크라면 $\overline{\text{u}}$('유–바'라고 읽는다)로 쓴다.

쿼크는 러더퍼드 실험에서 핵이 발견된 방식과 비슷하게(27.6절 참조) 산란 실험에서

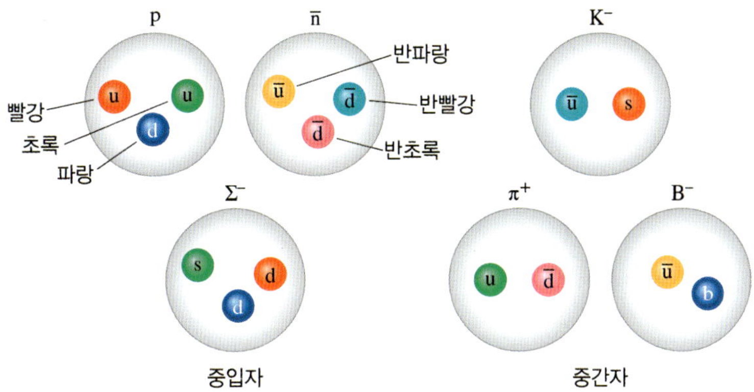

그림 30.1 몇 종류의 강입자들의 쿼크 내용물(색깔의 의미는 30.2절에서 논의한다)

처음 발견되었다. 1968~1969년에 스탠포드 선형가속기 연구소 SLAC Stanford Linear Accelerator Center의 과학자들은 양성자와 중성자로부터 높은 에너지의 전자에 관한 산란 효과를 연구하였다. 그 실험은 양성자와 중성자 각각의 내부에 있는 점과 같은 물체로부터 전자가 산란하는 것을 보여주었다.

쿼크를 찾기 위해 다양한 실험을 했지만, 홀로 떨어져 있는 쿼크는 관측된 적이 없다. 이제는 원리적으로도, 쿼크들 사이의 상호작용인 강한 상호작용 strong interaction(30.2절)의 별난 성질 때문에 쿼크를 분리해서 본다는 것은 불가능하다고 생각하고 있다. 쿼크–반쿼크가 쌍으로 속박된 것을 **중간자** meson라고 부르고, 쿼크나 반쿼크 세 개가 속박된 것은 **중입자** baryon라 부른다(그림 30.1). 중간자와 중입자를 **강입자** hadron라고 부른다. 양성자는 두 개의 위 쿼크와 한 개의 아래 쿼크로 만들어진 중입자(uud)이다. 중성자는 한 개의 위 쿼크와 두 개의 아래 쿼크로 만들어진 중입자(udd)이다.

수백 개의 강입자들이 관측되었으며 현재까지 모든 쿼크모형과 일치한다. 양성자와 중성자 외에는 모두 반감기가 짧은데, 가장 긴 것들이 0.1 μs 보다 짧다. 핵 속의 중성자는

표 30.1 6개의 쿼크

이름	기호	반입자	전하	질량 (GeV/c^2)	세대
위 up	u	$\bar{u}$	$\pm\frac{2}{3}e$	0.0022	I
아래 down	d	$\bar{d}$	$\mp\frac{1}{3}e$	0.0047	
기묘 strange	s	$\bar{s}$	$\mp\frac{1}{3}e$	0.095	II
맵시 charm	c	$\bar{c}$	$\pm\frac{2}{3}e$	1.28	
바닥 bottom	b	$\bar{b}$	$\mp\frac{1}{3}e$	4.18	III
꼭대기 top	t	$\bar{t}$	$\pm\frac{2}{3}e$	173	

* ±나 ∓ 기호의 위쪽은 그 입자에 대한 것이고, 아래쪽은 그것의 반입자에 대한 것이다.

안정하지만, 자유 중성자는 양성자, 전자, 반중성미자로 붕괴($n \rightarrow p + e^- + \overline{\nu_e}$)하며 평균수명이 14.7분이다. 양성자는 안정된 것처럼 보인다. 양성자가 불안정할 지라도, 실험으로 알려진 반감기는 적어도 10^{33}년으로 대략 우주 나이의 10^{23}배이다.

표 30.1은 쿼크를 세 개의 **세대**generation로 분류하여 로마 숫자로 표시한 것이다. 각 세대에는 두 개의 쿼크 **맛깔**flavor이 있는데, 하나는 전하가 $+\frac{2}{3}e$인 것이고, 다른 하나는 전하가 $-\frac{1}{3}e$인 것이다.

쿼크 전하는 기본전하 e의 분수 배의 값을 가지지만, 쿼크는 항상 중간자나 중입자로 나타나기 때문에 관측 가능한 최소 전하 단위는 e이다. 각 세대의 쿼크는 이전 세대의 쿼크보다 질량이 더 크다. 보통 물질은 1 세대 쿼크(u와 d)만 포함하고 있다.

렙톤

양성자와 중성자는 쿼크로 구성되어 있지만, 전자가 어떤 내부 구조를 가질지에 대한 실험은 없었다. 전자는 **렙톤**lepton이라고 부르는 또 다른 기본입자들에 속한다(표 30.2).

6개의 렙톤(그리고 그것들의 반입자)들은 쿼크와 같이 3개의 세대로 분류된다. 각 세대는 전하가 $-e$인 것과 전하가 없는 중성미자로 구성된다. 질량은 세대가 내려갈수록 역시 증가한다. 쿼크에서처럼, 보통의 물질은 제1세대 렙톤만을 갖는다. 전자는 원자의 기본 구성요소이며 안정하다. 뮤온도 타우 입자도 안정하지 않다. 이들은 다른 입자로 붕괴하지만, 입자가 다른 입자로 구성되어 있지 않기 때문에 그들을 기본입자 또는 소립자라고 부른다.

뮤온은 2세대 입자 중에서 첫 번째로 관찰된 입자이다. 주로 양성자의 흐름으로 외부 우주로부터 오는 강력한 에너지를 가진 우주선cosmic ray은, 계속 지구의 상부 대기권에 충

표 30.2 6개의 렙톤

이름	기호	반입자	전하	질량 (GeV/c^2)	세대
전자	e^-	e^+	$\mp e$	0.0005110	I
전자 중성미자	ν_e	$\overline{\nu}_e$	0	<0.000000002	
뮤온	μ^-	μ^+	$\mp e$	0.1057	II
뮤온 중성미자	ν_μ	$\overline{\nu}_\mu$	0	<0.00019	
타우	τ^-	τ^+	$\mp e$	1.777	III
타우 중성미자	ν_τ	$\overline{\nu}_\tau$	0	<0.0182	

* 이 표는 현재까지의 실험과 일치하는 중성미자 질량의 최댓값을 나타낸다. $\mp$의 위 기호는 입자를 나타내고, 아래쪽은 반입자를 나타낸다. 음으로 대전된 렙톤의 반입자는 양전하를 나타내는 $+$부호로 나타낸다. 그렇지만 그 기호 위에 막대를 표시하지 않았음에 주의하여라.

돌한다. 우주선 입자는 일반적으로 GeV 범위의 에너지를 갖지만, 일부는 10^{11} GeV 이상의 에너지를 가진 것이 관찰되었는데 이는 LHC에서 양성자－양성자 충돌에너지의 10^7배 이상이다. 우주선 입자가 지구 상층 대기의 원자와 충돌하면 전자, 양전자, 뮤온 및 감마선을 포함한 2차 입자들이 비처럼 내려서 지구 표면에서 감지될 수 있다. 양전자는 비처럼 내리는 우주선에서 처음 관찰되었다. 뮤온은 1 cm^2 단면적에 1분당 약 1개의 비율로 비처럼 내린다.

전자 중성미자와 반중성미자가 베타붕괴(29.3절)와 핵융합에서 방출된다(29.8절). 지구는 태양 내부에서 일어나는 핵융합 반응으로부터 나오는 중성미자들을 1 cm^2 단면적에 1초당 10^{11}개씩 꾸준히 받고 있다.

중성미자는 물질을 통과하며 물질과 상호작용 할 확률이 아주 적기 때문에 관찰하기 어렵다(그림 30.2). 우주에는 다른 모든 렙톤과 쿼크를 합한 것보다 더 많은 중성미자가 있다. 그러나 중성미자가 많이 존재하더라도 질량이 너무 작아서 우주 전체의 질량에는 많은 부분을 차지하지 못한다.

그림 30.2 세계에서 가장 큰 지하 중성미자 관측소인 슈퍼가미오칸데는 일본의 이케노야마산의 지하 1 km에 있다. 연구원들은 원형 검출기의 안쪽 벽을 따라 설치된 지름이 50 cm인 11200개의 광증배관들을 점검한다. 동작 중에 이 검출기는 32000톤의 초고순도의 물로 채워진다. 대전 입자들이 물속에서의 광속보다 빠른 속력으로 물속을 지나갈 때, 그것들이 파란 불빛을 내는 것이 광증배관으로 검출되었다. 1998년, 슈퍼가미오칸데의 연구진은 중성미자의 질량이 0이 아니라는 실험적인 확증을 공표하였다. 중성미자 진동은 나중에 캐나다 온타리오의 서드베리 뉴트리노 전망대에서 확인되었다. © T2K Experiment

중성미자는 한 유형의 중성미자에서 다른 유형의 중성미자로 변환될 수 있다. 중성미자 진동이라고 하는 이 효과는 태양으로부터 지구에 도달하는 전자 중성미자의 수가 예상보다 적은 이유가 무엇인지 설명해 준다. 일부 전자 중성미자는 지구에 도달하기 전에 뮤온 또는 타우 중성미자로 변환된다.

살펴보기 30.1 원자에서 어떤 쿼크와 렙톤을 발견할 수 있는가?

30.2 기본 상호작용 Fundamental Interactions

쿼크와 렙톤 사이의 상호작용은 어떤 것일까? 2.9절에서는 우주에서의 네 가지의 기본 상호작용에 관하여 다루었다. 곧 강한 상호작용, 전자기적 상호작용, 약한 상호작용, 중력 상호작용들이다. 이 상호작용들은 가끔 힘이라고도 부르지만, 뉴턴 물리학에서의 힘의 개념(운동량의 시간 변화율)보다는 훨씬 넓은 뜻으로 쓰인다. 기본적인 '힘'들은 잡아당기거나 미는 것 이상의 작용을 한다. 이 기본적인 힘들은 입자들 사이에서 일어나는 모든 변화를 포함한다. 곧 입자－반입자 쌍의 소멸과 생성, 불안정한 입자들의 붕괴, 쿼크들이 강입자로 묶이는 것을 비롯한 모든 종류의 반응들을 포함한다.

각각의 상호작용은 **매개자**mediator 또는 **교환입자**exchange particle라고 불리는 하나의 입자

표 30.3 4가지의 기본 상호작용과 교환입자

상호작용	상대적 세기	작용범위(m)	영향을 받는 기본 입자	교환입자	교환입자의 질량 (GeV/c^2)
강력	1	10^{-15}	쿼크	글루온(g)	0
전자기력	10^{-2}	∞	전하를 띈 입자	광자(γ)	0
약력	10^{-6}	10^{-17}	쿼크와 렙톤	W^+, W^-, Z^0	80.4, 80.4, 91.2
중력	10^{-43}	∞	모두	중력자*	0

* 아직 발견되지 않았다. 상대적 세기는 거리가 0.03 fm 떨어진 u 쿼크 쌍에 대한 것이다.

의 교환으로서 이해될 수 있다(표 30.3). 교환입자는 한 입자에서 방출되고 다른 입자에 흡수된다. 그것은 운동량과 에너지를 한 입자에서 다른 입자로 전달할 수 있다. 광자는 전자기적 상호작용을 매개한다. 약한 상호작용은 세 가지 입자들(W^+, W^-, Z^0) 중 하나에 의해 매개된다. 이 세 입자의 존재는 1960년에 미국의 물리학자 와인버그 Steven Weinberg, 1933~와 글래쇼우 Sheldon Glashow, 1932~, 파키스탄의 물리학자 살람 Abdus Salam, 1926~1996에 의해 예측되었고, 이탈리아의 물리학자 루비아 Carlo Rubbia, 1934~가 이끄는 과학자 그룹이 이 세 입자를 1982~1983년에 처음으로 관측하였다. 강한 상호작용은 글루온 gluon들에 의해 매개된다. 중력은 중력자 graviton라고 불리는, 아직은 발견되지 않은 입자에 의해 매개된다고 여겨진다. 광자와 마찬가지로, 글루온과 중력자는 전하와 질량을 가지고 있지 않다. 쿼크와 렙톤과 같이 교환입자들도 기본입자로 간주된다. 이들을 언뜻 보면 구조가 없다.

혼자서 해 보기 힘을 매개하는 입자에 관한 느낌을 얻기 위해서 메디신 볼 medicine ball을 준비하여라. 그런 다음 친구와 공을 서로 주고받아 보아라. 그 공은 여러분과 친구 사이에서 운동량과 에너지를 옮겨 주는 매개입자 또는 교환입자가 된다. 이 힘은 척력이다. 스케이트보드 위에 서거나 미끄러운 빙판 위에서 해보면 훨씬 잘 느낄 수 있다. 불행하게도 이런 방식의 비유 실험은 척력만 설명할 수 있지만 자연의 교환입자는 인력을 포함한 모든 힘에 관여한다.

강한 상호작용

강한 상호작용은 쿼크들을 묶어 강입자들을 만들게 한다. 쿼크들은 강한 상호작용을 통해 서로 작용하지만, 렙톤들은 그렇지 않다. 마치 입자의 전하가 전자기 상호작용을 결정하는 것처럼 쿼크는 강한 상호작용을 결정하는 강전하(또는 색전하)를 가지고 있다. 전하는 한 가지 전하(양전하)와 이것의 반대전하(음전하)만 있지만, 강전하는 세 가지(빨강, 파랑, 초록)가 있고, 각각은 반대(반빨강, 반파랑, 반초록)도 가진다. 색전하는 우리가 시각적으로 받아들이는 빛의 색과는 아무런 연관이 없다. 이는 그냥 비유적인 의미인데, 마치

TV에서 다른 종류의 형광체가 빨강, 파랑, 초록색 빛을 내어 백색광을 만드는 것처럼 빨강 쿼크, 파랑 쿼크, 초록 쿼크들이 합쳐져 색이 없는(백색) 결합을 한다는 뜻이다.

중입자는 언제나 각각의 색을 갖는 쿼크를 하나씩 포함하고, 반중입자는 언제나 각각의 반대색을 갖는 반쿼크를 하나씩 포함하며, 중간자는 언제나 한 개의 색을 갖는 쿼크와 그것에 대응되는 반대색의 반쿼크, 예를 들면 빨강 쿼크와 반빨강의 반쿼크를 포함한다(그림 30.1 참조). 각각의 경우에, 강력은 쿼크들을 서로 묶어 무색의 강입자가 되도록 결합시킨다. 이는 전자기력이 음$^-$과 양$^+$의 전하를 묶어 알짜전하가 0인 중성 원자를 형성하는 것과 비슷하다. 양성자의 d 쿼크가 파란색일 필요는 없다. 3개의 쿼크가 무색 조합을 구성하는 한 어떤 색이든 될 수 있다.

원자로부터 전자를 끄집어내어 알짜 전하를 갖는 이온을 만드는 것은 가능하지만, 쿼크의 속박이론에서 강력은 무색 조합의 구성물을 다른 색이 되게 남겨두면서 쿼크 하나를 빼내는 것을 허락하지 않는다. 이것은 홀로 떨어져 있는 쿼크가 발견되지 않는 이유이기도 하다. 두 개의 이온이 두 개의 중성 원자보다 서로에 더 큰 전자기력을 가하는 것처럼, 무색 그룹에서 쿼크를 빼내면 두 개의 쿼크 그룹이 흰색 이외의 색을 띠게 된다. 두 그룹 사이의 힘은 매우 강할 것이고 전자기력과 달리 강한 힘은 근거리 내에서 거리가 멀어질수록 강해진다.

강력의 매개체인 글루온은 쿼크들을 묶어두는 '접착제'이다. 전자기적 상호작용의 매개체인 광자는 전하가 없지만 글루온은 강전하(색)를 옮기므로, 글루온의 방출과 흡수는 쿼크의 색을 변화시킨다. 글루온 자체도 글루온을 방출하거나 흡수할 수 있다. 쿼크들은 계속해서 글루온을 방출하고 흡수한다. 만일 한 쿼크가 색이 없는 결합으로부터 빠져나오면, 쿼크들 사이에서 교환되던 글루온들이 더 먼 거리를 이동해야 한다. 이보다 먼 거리는 그 글루온들이 또 다른 글루온을 방출할 수 있는 시간을 주게 되므로, 거리가 멀어질수록 힘은 더욱 강해진다. 만일 쿼크들을 서로 멀리 떨어지게 할 수 있는 충분한 에너지가 유입되면, 일부 에너지는 쿼크-반쿼크 쌍을 생성하는 데 쓰인다. 새로 만들어진 쿼크와 반쿼크는 각각 다른 쿼크 집합체로 나뉘어 달아나는데, 두 집합체가 색이 없어지는 방식으로 떨어져 간다. 그래서 강입자들이 생성되거나 다른 입자로 붕괴하는 높은 에너지의 충돌에서도, 쿼크들은 언제나 색이 없는 결합으로 끝난다.

양성자가 세 개의 쿼크(uud)로 구성되어 있다고 말할 때, 이것의 알짜 양자수가 그러한 묘사와 잘 일치한다는 것을 뜻한다. 쿼크들은 방출되고 흡수되는 글루온의 구름으로 둘러싸여 있다. 이러한 글루온으로부터 쿼크-반쿼크 쌍이 양성자에서 계속해서 생성되고 소멸된다. 글루온 구름의 쿼크-반쿼크 쌍들은 에너지와 양성자의 정지에너지(0.938 GeV)의 한 부분을 이루는데, 이것은 두 개의 위 쿼크와 한 개의 아래 쿼크의 정지에너지의 합(0.02GeV/c^2 이하)보다 훨씬 크다. 세 개의 쿼크들을 묶어서 하나의 핵자를 만들게 하는 똑같은 기본 상호작용이 핵자들을 묶어 하나의 핵을 만든다. 그러나 쿼크들 사이의 힘은 색이 없는 핵자들 사이의 힘보다 훨씬 강하다. 이는 마치 두 개의 이온 사이의 전자기력이 두 개의 중성 원자들 사이의 전자기력보다 훨씬 강한 것과 같다.

살펴보기 30.2 쿼크 2개(qq)나 4개(qq qq)로 이루어진 입자들이 관측되지 않는 이유는 무엇인가? [힌트 : 쿼크들의 색전하를 고려하여라.]

약한 상호작용

약한 상호작용은 3개의 입자(W^+, W^-, Z^0) 중 하나의 교환에 의해 진행된다. 이 입자들 중 2개는 전하를 띠고 있다. 이들 입자 3개는 모두 질량을 가지고 있고, 이것이 상호작용의 범위를 제한한다. 렙톤들은 색전하를 가지고 있지 않기 때문에 강한 상호작용에 참여하지 않지만, 렙톤들과 쿼크들은 모두 약전하를 가지고 있어서, 약한 상호작용에 참여한다.

약한 상호작용은 한 개의 쿼크 맛깔flavor(u, d, s, c, b, t)을 다른 맛깔로 바꾼다. 고립되어 있는 쿼크는 관측할 수 없기 때문에, 하나의 쿼크 맛깔이 다른 것으로 변환되는 일은 강입자 속에서 일어난다.

예를 들면, 방사성 핵의 베타마이너스붕괴는 핵 속에서 중성자가 양성자로 변환되는 것으로 기술하였다(29.3절 참조).

$$n \rightarrow p + e^- + \bar{\nu}_e \tag{29-17}$$

중성자는 udd이고 양성자는 uud이므로, 좀 더 근본적인 입장에서 볼 때, 중성자 속에 있는 아래 쿼크는 W^- 입자를 내쏘면서 위 쿼크로 바뀐다.

$$d \rightarrow u + W^- \tag{30-2}$$

그런 다음, W^-는 전자와 전자-반중성미자로 빠르게 붕괴된다.

표준모형

입자물리학의 **표준모형**standard model은 강한 상호작용, 약한 상호작용, 전자기적 상호작용, 그리고 쿼크와 렙톤의 3세대를 양자물리학을 이용하여 성공적으로 설명한 모형이다. 실험적으로 측정한 양(예를 들어, 입자의 질량 및 힘, 전하)을 설명해 주는 표준모형은 입자물리학에서 수십 년에 걸쳐서 얻은 실험 결과를 다른 이론과 비교할 수 없을 정밀도로 정확하게 예측한다.

표준모형에서 기본입자들은 모든 우주 공간에 퍼져 있는 **힉스장**Higgs field과 상호작용하여 질량을 얻는다. 힉스장은 영국의 물리학자 힉스Peter W. Higgs의 이름을 따서 명명된 것으로, 힉스장이 없으면 쿼크와 렙톤은 질량이 없고 W와 Z 입자가 광자처럼 질량이 없다. 그 때문에 전자기력처럼 약한 힘이 먼 거리 힘이 될 것이다. 힉스 메커니즘은 1960년대에 제안되었지만, 40년 동안 실험적인 증거가 부족했었다. 확실한 힉스 메커니즘은 **힉스 보손**Higgs boson이라 불리는 새로운 입자가 관찰되면 밝혀질 것이다. 2012년, LHC의 ATLAS 및 CMS에서 수행한 실험으로 표준모형으로 예측한 힉스 보손과 일치하는 새로운 입자를 관찰했다고 발표했다. 진행 중인 실험은 이 입자의 특성을 계속 테스트하여 그 입자가 힉스 보손인지를 확인하고, 다른 질량과 특성을 가진 다른 힉스 보손이 존재하는지를 결정하고 있다.

표준모형은 주목할 만한 성과를 냈지만 아직 불완전하다. 이 모형으로 답해줄 수 있는 문제가 많은 만큼, 많은 질문을 쏟아내고 있다. 이 장의 나머지 부분에서 이러한 질문 중 일부를 소개한다.

30.3 표준모형을 넘어서 Beyond the Standard Model

통일 이론

물리학의 주요 목표 중의 하나는 가장 근본적인 수준에서 세상이 어떻게 동작하는지를 이해하는 것이다. 이 목표의 일부분은 우주에 존재하는 아주 다양한 힘들을 몇 가지의 기본적인 상호작용으로 기술하는 것이다. 뉴턴의 중력 법칙은 **통일 이론**unification의 초기 사례이다. 뉴턴 이전의 과학자들은 동일한 종류의 힘이 사과를 사과나무에서 떨어지게 하고, 행성이 태양 주위를 궤도운동 하게 한다는 사실을 이해하지 못했다. 19세기에 맥스웰은 전기력과 자기력이 동일한 기본적인 전자기적 상호작용의 다른 양상이라는 사실을 보였다.

좀 더 최근에 이룬 통일 이론의 성공은 약전 상호작용 이론이다. 보통의 물질에서 전자기적 상호작용과 약한 상호작용은 범위와 세기 및 효과가 완전히 다르다. 글래쇼우, 살람, 와인버그는 1 TeV나 그 이상의 에너지에서는 그 둘의 차이가 구분할 수 없을 정도로 사라진다는 사실을 보였다. 그들이 하나의 **약전 상호작용**electroweak interaction으로 합쳐진다.

궁극적인 목표는 모든 힘을 하나의 상호작용으로 기술하는 것이다. 많은 물리학자는 빅뱅 Big Bang(우주를 탄생시킨 **대폭발**) 직후에는 하나의 기본적인 상호작용만이 있었다고

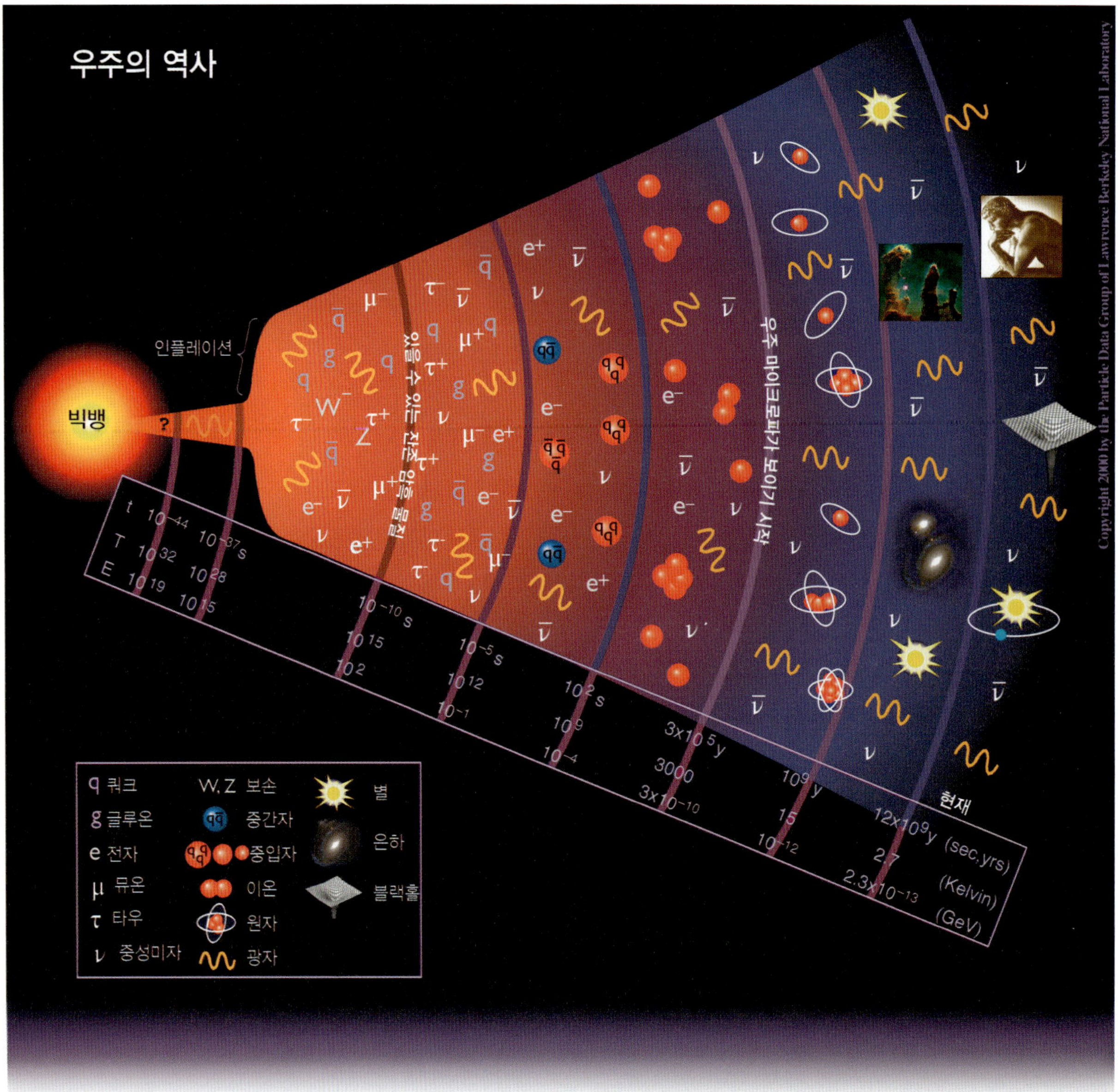

그림 30.3 우주의 역사

- 빅뱅 후의 최초 10^{-43}초 동안, 시공간의 매끄러운 구조는 아직 존재하지 않는다. 하나의 기본 상호작용만이 있다.
- 약 10^{-43}초에 시공간이 존재한다. 중력이 다른 상호작용들로부터 떨어져 나와서, 두 가지의 기본적인 상호작용(중력과 강 – 약전력)이 남는다. 입자 – 반입자 쌍이 생성되고 소멸한다. 쿼크, 렙톤 및 교환 입자가 존재하기는 하지만 복사선이 우주를 지배한다. 광자의 총에너지가 물질의 총에너지보다 훨씬 크다.
- 약 10^{-36}초부터 짧은 기간 동안 지수함수적으로 급속한 팽창(인플레이션이라고 함)이 시작된다. 10^{-32}초까지 인플레이션이 우주의 부피를 10^{78}배 이상 증가시켰다. 인플레이션 동안 작은 양자 변동이 크기가 확대되어 우주의 대규모 구조가 생겨 결국 은하가 형성된다. 인플레이션 시대 이후에도 우주는 계속 확장되고 있지만 훨씬 느리게 진행된다.
- 10^{-34}초에 강력이 약전력으로부터 떨어져 나온다.
- 10^{-11}초에 약한 상호작용과 전자기 상호작용이 분리되어, 이제는 4개의 기본 상호작용들이 있게 된다.
- 10^{-5}초에 강입자들이 만들어지면서 쿼크가 속박되기 시작한다. 우주가 계속 식어감에 따라, 무거운 강입자들은 소멸하거나 붕괴하여, 가벼운 강입자들(양성자, 중성자, 중간자 등)과 렙톤, 광자들로 남는다.
- 10초에 핵들이 만들어지기 시작한다. 그러나 원자를 이온화시킬 만큼 큰 에너지의 광자가 많기 때문에, 원자는 있다고 하더라도 매우 적다.
- 3×10^5년에 우주 온도는 약 $3000\ \mathrm{K}$ 정도로 식는다. 이 온도에서 평형 상태에 있는 광자의 에너지는 원자를 이온화시키기에는 너무 적어서 원자가 만들어지기 시작하고 우주는 비로소 광자가 투과할 수 있게 된다. 오늘날 우리가 관측하는 우주 배경복사선은 이 시기로부터 남게 된 것이지만, 우주가 $2.7\ \mathrm{K}$로 식은 이래 현재의 광자의 에너지는 훨씬 적다.

믿고 있다(그림 30.3). 우주가 식어가고 팽창함에 따라, 먼저 중력이 떨어져 나왔고, 다음으로 강력이 떨어져 나와 세 가지의 기본적인 상호작용이 있게 되었다(중력, 강력, 그리고 약전력). 마지막으로, 약전력이 약한 상호작용과 전자기적 상호작용으로 나뉘어졌다. 이러한 상호작용의 분리는 빅뱅 직후부터 약 10^{-11}초 이내에 이루어졌다. 지금보다 높은 에너지의 가속기가 만들어지면, 약전 상호작용과 강한 상호작용이 다시 하나의 상호작용으로 합쳐질지에 대한 해답을 줄 것이다.

아인슈타인이 처음으로 시도한 중력과 다른 힘을 통합하려는 노력은 아직도 물리학에서 도전해야 할 중요한 과제이다. 표준모형은 중력을 포함하고 있지 않다. 중력에 관한 양자이론을 만들려는 시도는, 현대 물리학을 끈 이론과 4차원 이상의 차원을 가지는 시공간과 같은 여러 가지 놀라운 개념들로 이끌었다. 미시 영역에서는 중력의 영향을 무시할 수 있기 때문에, 이 영역의 현상을 연구하는 물리학자들은 일반 상대성에 대해 염려하지 않고 양자물리학만을 사용할 수 있다. 따라서 표준모형은 중력을 생략했음에도 불구하고 입자물리학의 실험을 설명하는 데 성공한 것이다.

아인슈타인의 놀랍도록 성공적인 이론인 일반 상대성 이론은 중력을 기하학적 용어로 설명한다. 4차원 시공간의 국소 곡률은 물질의 에너지와 운동량 및 복사량에 의해 결정된다. 이 곡률은 우리가 관찰하는 중력 효과의 원인이 된다. 일반 상대성 이론은 많은 실험 테스트를 통과했다. 아인슈타인은 1859년에 관측된 수성 궤도의 세차 운동을 설명하기 위해 그의 새로운 이론을 사용하여 본인의 이론이 맞는지 확인하였다. 천문학자들은 일반적인 상대성 이론으로 예측한 시공간의 곡률에 따라 거대한 별 근처를 지나갈 때 빛이 따라가는 경로가 바뀌는 것을 관찰하였다. 위성 위치 확인 시스템 GPS Global Positioning System는 위치를 정확히 계산하기 위해 일반 상대성 이론에 의해 예측되는 중력적 시간 팽창을 고려해야 한다.

일반적인 상대성에 대한 또 다른 예측인 중력파의 존재는 2015년 레이저 간섭계 중력파 천문대(LIGO)가 두 개의 블랙홀의 충돌로 인한 중력파의 관측을 발표했을 때 확인되었다. 2018년 3월까지 LIGO에서 중력파가 6번 감지되었다. 3000 km 떨어져 있는 LIGO의 두 검출기는 원칙적으로 간섭계와 유사한 4 km 길이의 레이저 간섭계를 사용한다(25.2절). 간섭계는 거울 사이 4 km 거리가 양성자 지름의 10^{-4}배만큼 작은 변화를 일으키는 것을 측정할 수 있을 만큼 충분히 민감하다.

초대칭성

몇몇 물리학자들은 중력과 강한 상호작용, 약전 상호작용의 통합에 도움이 되고, 현재의 표준모델을 초월하는 **초대칭** 이론을 개발했다. 표준모형에서 기본입자는 두 가지 주요 그룹으로 나뉜다. 페르미온 Fermion은 물질을 구성하는 쿼크와 렙톤 lepton이며, 보손 boson은 물질에 작용하는 힘을 매개하는 교환 입자이다. 초대칭 이론은 동일한 기초에서 보손과 페르미온을 같은 지위로 다루려는 데 기반을 두고 있다. 곧 그것은 각 유형의 기본입자에 대해 같은 수의 페르미온과 보손을 예측한다. 예를 들면, 초대칭 이론은 전자에 대응하는 보손 짝selectron과 광자에 대응하는 페르미온 짝photino을 예측한다. 현재까지 초대칭 입자의 존재에 대한 직접적인 실험적 증거는 없다. 초대칭성이 실제로 자연을 묘사하는지 그들의 존재에 대한 실험적 증거를 찾는 것도 LHC의 목표 중 하나이다.

고차원

이론물리학자들은 여분의 차원(공간의 3차원과 시간의 1차원을 초월하는)을 포함하는 우주 모델이 양자중력 이론을 가능하게 하고, 중력을 다른 기본적인 힘들과 통일시킬 수 있음을 발견하였다. 끈 이론과 막-세계brane-world의 이론은 시공간에 대한 개념과 입자가 무엇인지에 관한 개념에서 혁신적인 변화를 보여 준다.

끈 이론과 **M－이론**에 따르면, 여러 렙톤과 쿼크들은 기본적인 실체가 아니다. 곧 그것들은 10차원 또는 11차원의 우주에 존재하는 1차원적 실체인 끈의 다른 진동 양상이다. 부가적인 6 또는 7차원은 너무 작아서 직접 관측할 수 없다. 시각적으로 상상하는 데 도움이 되도록, 가는 철사의 표면을 고려해 보자. 그것은 2차원이지만, 한쪽 차원은 매우 작다. 마찬가지로, 끈 이론에서 제안된 부가적인 차원들은 10^{-35} m 정도의 길이 크기 안에 '돌돌 말려curled up'있다. 이렇게 작은 거리를 관측해 내기 위해서는 약 10^{16} TeV 정도의 에너지를 얻을 수 있는 가속기가 필요한데, 가까운 미래에는 가능하지 않다. 실험학자들은 끈 이론을 간접적으로 실험하는 방법을 찾아야 한다.

다른 이론들이 제안하는 것은 우리가 관측하는 입자들이 6 또는 7차원의 우주 안에 있는 4차원 막membrane(잘 알려진 3개의 공간 차원과 1개의 시간 차원과 비슷한) 안에 있다는 것이다. 막-세계의 이론에서, 부가적인 차원은 끈 이론에서처럼 작을 필요는 없다. 그 부가적 차원의 크기는 몇 분의 1 mm일 수도 있다. 반면에 우리가 갇혀 있는 막은 부가적인 차원 속으로 양성자 반지름의 1/1000 정도까지만 연장되어 있다. 강한 상호작용과 약전 상호작용은 막 내에서만 존재하는 반면 중력은 막에서 다른 차원으로 확장된다. 이것은 왜 중력이 다른 힘보다 훨씬 약한지를 설명하는 데 도움이 될 것이다. 이 이론은 중력을 먼 거리에 적용하는 데 친숙한 역제곱 법칙으로 예측되는 것보다 매우 가까운 거리에서 중력이 더 강할 것으로 예측한다. 가까운 거리에서 중력의 강도를 측정하여 이 이론을 시험하기 위한 실험이 진행 중이다.

30.4 입자 가속기 Particle Accelerators

입자 가속기는 고에너지 충돌을 일으켜 기본 입자와 상호작용을 연구할 수 있도록 설계된 기계이다. **싱크로트론** synchrotron은 여러 개의 고주파(RF) 공동이 있는 고리 모양의 입자 가속기이다. 한 다발의 입자들이 고주파 공동을 통과할 때마다, 전기장이 입자의 운동에너지를 약간씩 증가시킨다. 이 기계는 고리 모양이라 입자가 고주파 공동을 여러 번 통과할 수 있다. 또한 모든 고리 주위에 배치된 강한 자석의 극 사이를 통과하기 때문에 입자의 경로는 대략 원형으로 휘어진다. 대전이 된 입자는 가속될 때 복사선을 방출하기 때문에 입자들은 자석에 의해 운동 방향이 바뀔 때마다 에너지를 잃게 된다. 이렇게 잃어버린 운동에너지는 고주파 공동에서 보충되어야 한다. 회전당 잃어버리는 에너지는 싱크로트론의 반지름의 제곱에 역비례한다. 따라서 더 높은 에너지를 얻기 위해서는 더욱더 큰 기계가 필요하다. 일단 입자가 원하는 에너지에 도달하면 검출기 내부에서 충돌을 일으킬 때까지 저장 고리에서 계속 회전을 한다. 저장 고리는 싱크로트론과 유사하다. 입자들이 잃어버린 운동에너지를 보충하기 위해 입자의 경로를 휘게 하는 자석과 가속 관으로 이루어져 있다. 때로는 동일한 장치가 싱크로트론과 **저장 고리** storage ring의 역할을 동시에 하기도 한다.

선형 가속기 linear accelerator에서는, 전하를 띤 입자가 원형 고리가 아니라 직선 경로를 따라 운동한다. 그러므로 지름 가속도가 없어서, 전자기파 복사에 의한 에너지 손실이 훨씬 적다. 그런가 하면 싱크로트론에서 가속하는 것처럼 같은 고주파 공동에서 반복해서 가속할 수가 없다. 작은 선형 가속기들이 싱크로트론 안으로 입자를 넣어 주기 위해 사용된다. LHC 이후에 건설될 차세대 대형가속기는 **국제 선형 충돌기** International Linear Collider일 것이다. 전하를 띤 입자의 운동에너지를 증가시킨 후에는, 입자 가속기는 입자들을 한꺼번에 서로 세게 부딪히게 한다. 입자를 감지할 수 있을 만큼 충분히 오래 동안 살아남는 입자가 생길 때까지 붕괴 사태가 진행된다. 우주의 초기 순간에 존재했던 높은 에너지를 만듦으로써, 순간적으로 존재했던 불안정한 입자들이 실험실에서 만들어질 것이다. 더 높은 에너지로 갈수록 점점 더 길이가 짧은 물질을 탐사할 수 있게 된다. 입자의 드브로이 파장이 운동량에 반비례한다는 것을 상기하자($\lambda = h/p$, 식 (28-3)). 충돌에너지가 높을수록 질량이 큰 입자가 생성된다.

그림 30.4 LHC 터널 내부

LHC는 둘레 27 km의 원형 터널을 사용하고 있다(그림 30.4). 수천 개의 초전도 자석을 고리 주위에 설치하여 두 입자 선속이 고진공관을 통해 반대 방향으로 진행하도록 조정하고 집속시켜서 충돌을 일으키도록 한다. 큰 탐지기는 두 입자 선속의 네 교차점에 있다. 이들의 충돌로 빅뱅 이후 백만분의 1초까지 존재했던 것과 유사한 쿼크와 글루온의 혼합물이 강입자로 합쳐지기 전에 생성된다.

30.5 입자물리학에서 답하지 못한 질문들 Unanswered Questions in Particle Physics

많은 물리학자들의 말에 따르면, 입자물리학은 혁명기에 와 있다고 한다. 표준모형은 지금까지는 매우 성공적이었지만 아직은 불완전하다. 입자물리학자들이 해답을 얻으려고 하는 몇 가지 질문을 보면 다음과 같다.

찾아내야 하는 또 다른 힉스 입자가 있는가? 일부 모형은 전체 힉스 입자 군의 존재를 예측하고 있다.

쿼크와 렙톤은 정말로 기본입자인가? 더 작은 구조를 밝혀내기 위하여 더 가까운 거리를 조사하려면 지금보다 더 높은 에너지를 가진 입자가 필요하므로 지금보다 더 강력한 가속기가 필요하다. LHC에서 쿼크나 렙톤의 내부 구조에 대해 힌트를 얻기 위해 탐색하고 있으며, 이것이 제안된 ILC의 설계를 이끌어가고 있다.

양성자는 정말로 안정한가? 아니면 양성자가 다른 입자로 붕괴할 확률이 작은가? 매우 작은 양성자 붕괴 확률조차도 우주의 궁극적인 운명에 영향을 미칠 수 있다.

우주의 암흑물질은 무엇으로 만들어져 있는가? 지난 몇 년 동안, 우리는 우주가 약 5 % 의 보통 물질(별과 행성들을 만들고 있는 물질)과 27 % 의 암흑물질 그리고 68 % 의 암흑에너지로 이루어져 있음을 알았다. 은하계를 구성하는 보통 물질의 질량으로 설명할 수 있는 중력보다, 가까이 있는 은하계와 개별 은하계의 내부와 외부 사이에 더 큰 중력이 있다. 이 여분의 중력을 공급하는 보이지 않는(어두운) 물질의 본질은 무엇일까?

우주의 68 % 를 차지하는 암흑에너지의 본질은 무엇인가? 과학자들은 우주 팽창 속력이 느려지기 보다는 빨라지고 있음을 발견했다. 우주의 팽창이 가속되는 것은 우주 전체에 걸쳐 암흑에너지가 존재하기 때문이지만, 그것이 무엇인지는 거의 알려져 있지 않다.

반물질은 어떻게 되었는가? 만일 물질과 반물질 사이에 대칭성이 있다면, 왜 우리가 우주에서 반물질을 거의 관측할 수 없을까? 만일 빅뱅이 똑같은 양의 물질과 반물질을 만들어 냈다면, 반물질은 어떻게 되었는가? 이 의문의 해답을 얻기 위하여, LHC에서 계획하는 실험은 입자와 반입자의 행동에서 나타나는 차이를 찾으려 하고 있다.

중력은 다른 기본 상호작용들과 통합될 수 있을 것인가? 다시 말해, 4가지 기본 상호작용이 단일 상호작용의 측면에서 이해될 수 있을까? 이 통합에 초대칭 이론이 관련되어 있는가?

왜 우주는 4차원(세 개의 공간 차원과 하나의 시간 차원)인가? 아니면, 4차원보다 더 많은 차원을 가지고 있는가? 만일 그렇다면, 왜 그것이 4차원인 것처럼 보이는가?

이와 같이 다양한 열린 질문들과 더불어, 입자물리학은 흥미롭고 혁명적인 발견의 시점에 서 있는 것처럼 보인다.

해답 **살펴보기**

30.1 두 개의 쿼크(u와 d)와 하나의 렙톤(전자)

30.2 쿼크가 속박된 계는 무색인 조합으로만 존재한다. 관찰된 입자에는 2개의 쿼크나 4개의 쿼크가 속박된 계가 포함되어 있지 않다. 왜냐하면 그러한 조합은 무색이 될 수 없기 때문이다.

Appendix A

기초 수학

Mathematics Review

A.1 대수

대수 표기법에서 지수와 제곱근은 덧셈과 뺄셈보다 먼저 계산해야 하는 곱셈과 나눗셈보다도 먼저 계산해야 한다. 예를 들면 다음과 같다.

$$a \times bc^{d} = a[b \times (c^{d})] \tag{A-1}$$

두 가지 대수학적 처리 방법이 있다.

- 언제나 식의 양변에 같은 연산을 할 수 있다.
- 항상 치환이 가능하다($a = b$이면, 방정식에 있는 어떠한 a라도 b로 치환할 수 있다).

곱을 분배하여 합으로 나타내면

$$a(b+c) = ab + ac \tag{A-2}$$

이다. 이 과정을 거꾸로 하면, $ab+ac$를 $a(b+c)$로 나타낼 수 있다. 이 과정을 **인수분해**라고 한다. c로 나누는 것은 $1/c$을 곱하는 것과 같으므로 다음 식이 성립한다.

$$\frac{a+b}{c} = \frac{a}{c} + \frac{b}{c} \tag{A-3}$$

식 (A−3)은 분수를 더하는 과정의 기본이다. 분수를 더하기 위해서는 그들을 공통분모로 나타내야 한다.

$$\frac{a}{b} + \frac{c}{d} = \frac{a}{b} \times \frac{d}{d} + \frac{c}{d} \times \frac{b}{b} = \frac{ad}{bd} + \frac{bc}{bd} \tag{A-4}$$

여기에 식 (A−3)을 적용하면

$$\frac{a}{b} + \frac{c}{d} = \frac{ad+bc}{bd} \tag{A-5}$$

가 된다. 분수를 나누기 위해서는 c/d로 나누는 것이 d/c를 곱하는 것과 같다는 것을 기억해야 한다.

$$\frac{a}{b} \div \frac{c}{d} = \frac{\frac{a}{b}}{\frac{c}{d}} = \frac{a}{b} \times \frac{d}{c} = \frac{ad}{bc} \quad \text{(A-6)}$$

제곱근 안의 곱셈은 다음과 같이 분리할 수 있다.

$$\sqrt{ab} = \sqrt{a} \times \sqrt{b} \quad \text{(A-7)}$$

빠지기 쉬운 함정

대수 계산에서 흔히 범할 수 있는 오류에는 다음과 같은 것들이 있다.

$$\sqrt{a+b} \neq \sqrt{a} + \sqrt{b} \quad \text{(A-8)}$$

$$\frac{a}{b+c} \neq \frac{a}{b} + \frac{a}{c} \quad \text{(A-9)}$$

$$\frac{a}{b} + \frac{c}{d} \neq \frac{a+c}{b+d} \quad \text{(A-10)}$$

$$(a+b)^2 \neq a^2 + b^2 \quad \text{(A-11)}$$

$(a+b)^2$의 올바른 전개식은 다음과 같다.

$$(a+b)^2 = a^2 + 2ab + b^2 \quad \text{(A-12)}$$

A.2 선형함수의 그래프

y의 변화가 x의 변화에 비례하면 y는 x의 선형함수라고 말한다. 이러한 관계의 표준형은 다음과 같다.

$$y = mx + b \quad \text{(A-13)}$$

여기서 m과 b는 x에 독립이다. 곧, x의 변화에 관계가 없다. y와 x의 그래프가 직선이면, m은 기울기이고 b는 y 절편, 곧 직선이 y축을 자르고 지나가는 y축의 값이다. 기울기는 직선이 얼마나 가파른지를 나타낸다. 기울기는 주어진 x의 변화에 대하여 y가 얼마나 변하는가를 알려준다.

$$m = \frac{\Delta y}{\Delta x} = \frac{y_2 - y_1}{x_2 - x_1} \quad \text{(A-14)}$$

보기 A.1 그림 A.1에 그려진 직선의 방정식을 구하여라.

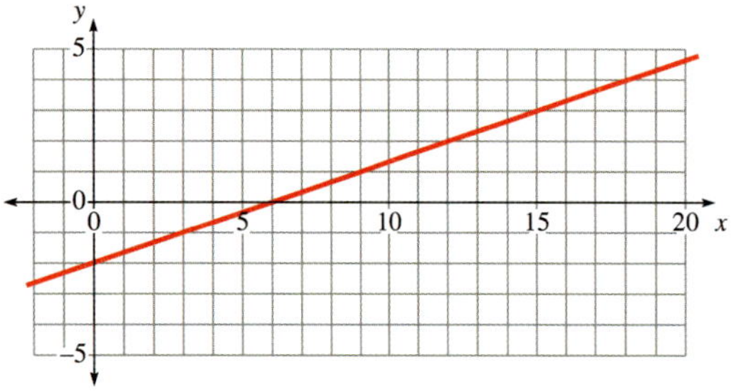

그림 A.1

풀이 y축의 절편은 -2이다. 직선상의 두 점을 선택하고 y의 증분(Δy)을 x의 증분(Δx)으로 나눈다. 두 점의 좌표 $(0,\ -2)$와 $(18,\ 4)$를 사용하면

$$m = \frac{\text{세로}}{\text{가로}} = \frac{y_2 - y_1}{x_2 - x_1} = \frac{4-(-2)}{18-0} = \frac{1}{3}$$

이 된다. 따라서 $y = mx + b = \frac{1}{3}x - 2$이다.

빠르게 점검하기 위해 x축의 절편을 계산하면 $x = -\frac{b}{m} = -\frac{-2}{1/3} = 6$이다. 이것을 그래프에서도 확인할 수 있다.

$y = 0$을 식 (A–13)에 대입하면 직선이 x축을 자르고 지나가는 x 절편이

$$x = -\frac{b}{m} \tag{A-15}$$

임을 알 수 있다. 그래프에 관한 정보를 더 많이 얻고 싶으면 1.9절을 복습하여라.

A.3 방정식 풀이

방정식을 푼다는 것은 변수 하나를 분리하기 위해 대수적인 연산을 하는 것이다. 많은 학생들이 방정식에 숫자 값을 가능한 한 빨리 대입해 보려는 경향이 있다. 이는 대부분 잘못된 것이다. 처음에는 대수 기호를 사용하는 것보다 숫자를 사용하는 것이 더 쉬워 보일 수 있지만, 기호를 사용하면 다음과 같은 장점이 있다.

- 기호를 사용하면 숫자로 계산하는 것보다 훨씬 더 쉽다. 숫자를 대입하면 답을 구하는 논리가 모호해질 수 있다. 기호를 사용하여 문제를 풀이하였을 때 풀이 과정을 명확하게 확인할 수 있다. 또한 시험이나 숙제를 채점할 때에도 도움을 준다. 계산이 정확하다면, 여러분이 잘못 이해하고 있는 부분에 대해 선생님의 도움을 받을 수 있다. 또한 시험이라면 부분 점수를 얻을 수도 있을 것이다.
- 대수 기호를 사용해서 계산하면 하나의 양이 다른 양에 따라 어떻게 변하는지를 확인할 수 있다. 예를 들어서 기호를 사용하면 포물체의 수평 도달 거리가 처음 속력의 제곱에 비례함을 알 수 있다. 그러나 속력의 값을 먼저 대입한다면, 속력의 제곱에 비례함을 알 수가 없다. 특히 대수 기호가 방정식에서 상쇄된다면, 답이 이 양에 따라 변하지 않는다는 사실을 알 수 있다.

- 일반적으로 숫자를 대입하거나 계산할 때 실수하기 쉽다. 숫자를 나중에 대입할수록 실수한 부분을 쉽게 찾을 수 있다.

제곱근이 포함된 방정식을 풀 때는 제곱근의 값이 양$^+$이라고 가정하지 않도록 주의해야 한다. 방정식 $x^2 = a$ 는 x에 대한 해가 2개 있다. 곧

$$x = \pm\sqrt{a} \tag{A-16}$$

이다. 여기서 기호 ±는 +이거나 −임을 의미한다.

2차 방정식의 풀이

x에 관한 방정식이 제곱인 항(x^2)과 선형인 항(x^1), 상수인 항(x^0)을 포함하고 있으면, 이를 2차 방정식이라고 한다. 이 2차 방정식의 표준형은 다음과 같이 나타낼 수 있다.

$$ax^2 + bx + c = 0 \tag{A-17}$$

이 방정식을 만족하는 x의 값을 '해' 또는 '근'이라고 한다. 모든 2차 방정식의 해는 표준형 방정식에 관한 근의 공식으로 나타낼 수 있다. 곧

$$x = \frac{-b \pm \sqrt{b^2 - 4ac}}{2a} \tag{A-18}$$

이다. 기호 '±'는 2차 방정식의 해가 일반적으로 두 개가 있음을 나타낸다. 하나는 + 부호를 사용한 것이고, 다른 하나는 − 부호를 사용한 것이다. 그러나 $b^2 - 4ac = 0$이면, 해는 하나만 존재한다. 만일 $b^2 - 4ac < 0$이면, 실수인 해는 존재하지 않고 허수인 해만 존재한다.

근의 공식은 $b = 0$, $c = 0$이거나, b나 c 중 하나가 0인 경우에도 적용할 수 있다. 그러나 이러한 경우에는 근의 공식을 사용하지 않고도 방정식을 쉽게 풀 수 있다.

보기 A.2 $5x(3 - x) = 6$의 풀이를 구하여라.

풀이 우선 방정식을 표준형 2차 방정식으로 바꾼다.

$$15x - 5x^2 = 6$$

$$-5x^2 + 15x - 6 = 0$$

그러면 $a = -5$, $b = 15$, $c = -6$이므로

$$x = \frac{-b \pm \sqrt{b^2 - 4ac}}{2a}$$

$$= \frac{-15 \pm \sqrt{15^2 - 4 \times (-5) \times (-6)}}{-10}$$

$$\approx \frac{-15 \pm 10.25}{-10} = 0.475 \text{ 또는 } 2.525$$

이다.

연립방정식의 풀이

연립방정식은 N개의 미지수가 있는 방정식이 N개 있음을 의미한다. 이들 미지수를 모두 결정하기 위해서 이 방정식들을 연립하여 풀어야 한다. 해를 얻으려면 적어도 미지수 개수만큼의 방정식이 필요하다. 방정식이 미지수보다 더 적으면 사용하지 않은 정보가 문제에 더 있는지 자세히 살펴보고 다른 어떤 관계가 있는지를 알아내야 한다.

연립방정식을 풀이하는 방법 중 하나는 단계적으로 대입해 보는 것이다. 주어진 N개 방정식 중 한 식을 미지수 하나에 대해 풀이하고, 이것을 다른 방정식에 대입한다. 그렇게 하면 $N-1$개의 미지수에 대한 $N-1$개의 방정식이 남는다. 이러한 과정을 하나의 미지수에 대한 방정식 1개가 남을 때까지 계속한 후 역순으로 풀어 나가면 해를 구할 수 있다.

보기 A.3 x와 y의 연립방정식 $2x-4y=3$와 $x+3y=-5$를 풀어라.

풀이 우선 두 번째 방정식을 y에 대하여 푼다. 곧

$$x = -5-3y$$

이다. 이제 첫 번째 방정식에 x 대신 $-5-3y$를 대입하면

$$2\times(-5-3y)-4y=3$$

가 된다. 이 방정식에서 y를 구한다. 곧

$$-10-10y=3$$

$$10y=13$$

$$y=\frac{13}{-10}=-1.3$$

이렇게 구한 y를 이용해서 x를 구한다.

$$x=-5-3y=-5-3\times(-1.3)=-1.1$$

이들 값을 원래의 방정식에 대입해서 결과를 점검해 보는 것이 좋다.

$$\begin{aligned}2x-4y&=2(-1.1)-4(-1.3)\\&=-2.2+5.2=3\end{aligned}$$

$$\begin{aligned}x+3y&=-1.1+3(-1.3)\\&=-1.1-3.9=-5\end{aligned}$$

A.4 지수와 로그

다음 식들은 지수를 다루는 방법을 정리한 것이다.

$$a^{-x}=\frac{1}{a^x} \quad \text{(A-19)}$$

$$(a^x)\times(a^y)=a^{x+y} \quad \text{(A-20)}$$

$$\frac{a^x}{a^y}=(a^x)\times(a^{-y})=a^{x-y} \quad \text{(A-21)}$$

$$(a^x)\times(b^x)=(ab)^x \quad \text{(A-22)}$$

$$(a^x)^y=a^{xy} \quad \text{(A-23)}$$

$$a^{1/n} = \sqrt[n]{a} \tag{A-24}$$

$$a^0 = 1 \quad (a \neq 0) \tag{A-25}$$

$$0^a = 0 \quad (a \neq 0) \tag{A-26}$$

지수를 다룰 때 다음과 같은 실수를 하지 않도록 주의하여라.

$$(a^x) \times (a^y) \neq a^{xy} \tag{A-27}$$

로그

로그, 곧 대수는 지수함수의 역함수이다. 곧

$$x = \log_b y \text{ 는 } \ y = b^x \tag{A-28}$$

을 의미한다. 따라서 다음도 성립한다.

$$\log_b b^x = x \tag{A-29}$$

$$b^{\log_b x} = x \tag{A-30}$$

일반적으로 사용하는 밑 b는 10(상용로그, 상용대수)과 $e = 2.71828 \cdots$ (자연로그, 자연대수)이다. '$\log_{10}$'은 때때로 밑을 생략하고 'log'라고 쓰기도 한다. 자연로그는 '$\log_e$' 대신에 'ln'으로 쓰기도 한다. 밑이 어느 것이든 상관없이 다음 식은 항상 성립한다.

$$\log xy = \log x + \log y \tag{A-31}$$

$$\log \frac{x}{y} = \log x - \log y \tag{A-32}$$

$$\log x^a = a \log x \tag{A-33}$$

종종 다음과 같은 실수를 할 수 있으니 주의하여라.

$$\log(x+y) \neq \log x + \log y \tag{A-34}$$

$$\log(x+y) \neq \log x \times \log y \tag{A-35}$$

$$\log xy \neq \log x \times \log y \tag{A-36}$$

$$\log x^a \neq (\log x)^a \tag{A-37}$$

반로그 그래프

반로그 그래프는 수직축에 로그 눈금을, 수평축에는 선형 눈금을 사용한다. 반로그 그래프는 지수함수를 만족하는 데이터를 그릴 때 편리하다. $y = ax^3$은 지수함수가 아니라는

것을 주목하여라. x의 지수함수는

$$y = y_0 e^{ax} \tag{A-38}$$

와 같이 x가 지수에 있어야 한다. 이 지수함수의 양변에 자연대수를 취하면

$$\ln y = ax + \ln y_0 \tag{A-39}$$

이므로 $\ln y$와 x의 그래프는 기울기가 a이고 y 절편이 $\ln y_0$인 직선이다.

각각의 데이터 y에 대해 $\ln y$를 계산하여 보통의 그래프 종이에 그리는 것보다 특수한 반로그 그래프용지를 사용하는 것이 편리하다. y축은 y의 값을 직접 그릴 수 있도록 되어 있지만, 크기는 y의 $\log$값에 비례하도록 간격이 떨어져 있다. 반로그 그래프에서의 기울기 a는 실제로 로그를 그린 것이기 때문에 $\Delta y / \Delta x$가 아니다. 기울기를 구하는 올바른 방법은

$$a = \frac{\Delta(\ln y)}{\Delta x} = \frac{\ln y_2 - \ln y_1}{x_2 - x_1} \tag{A-40}$$

이다. 로그 눈금에서는 0이 될 수는 없다는 것에 유의하여라.

그림 A.2와 A.3는 각각 함수 $y = 3e^{-2x}$의 직선 그래프와 로그 그래프이다.

전로그 그래프

전로그 그래프[log-log graph]는 양축의 눈금을 모두 로그 눈금으로 사용한다. 이 그래프는 데이터가 다음과 같은 지수함수일 때 편리하다.

$$y = Ax^n \tag{A-41}$$

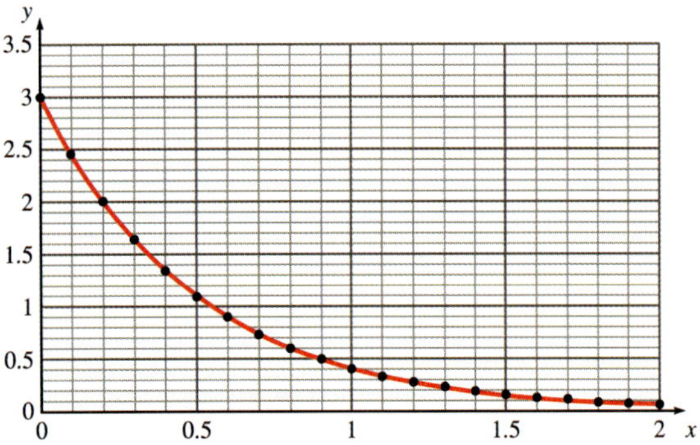

그림 A.2 선형 눈금 그래프용지에 그린 함수 $y = 3e^{-2x}$의 그래프

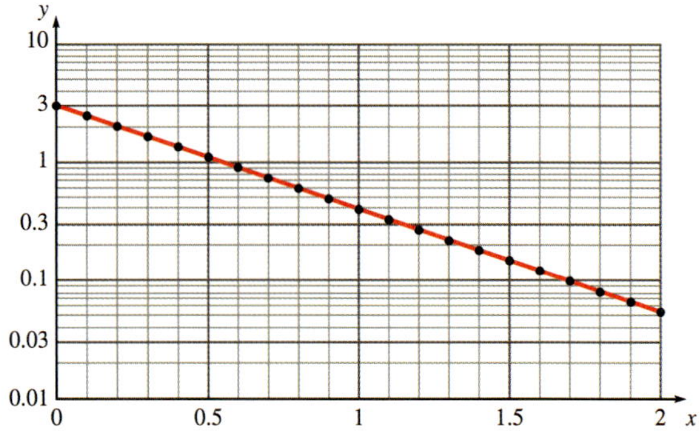

그림 A.3 반로그 그래프용지에 그린 함수 $y = 3e^{-2x}$의 그래프. 제일 위의 선에 필요한 10의 거듭제곱을 선택할 수 있다. 이 그래프의 맨 위의 선은 10을 나타내고, 그부터 아래로 가로선은 10, 9, 8, ⋯ , 3, 2, 1, 0.9, 0.8, ⋯ , 0.2, 0.1, 0.09, 0.08, ⋯, 0.02, 0.01을 나타낸다.

이러한 함수의 경우

$$\log y = n \log x + \log A \tag{A-42}$$

이다. 이 식은 $\log y$와 $\log x$의 선형 방정식이다. 이 그래프는 기울기가 n이고 y 절편이 $\log A$이다. 전로그 그래프에서 기울기 n은

$$n = \frac{\Delta(\log y)}{\Delta(\log x)} = \frac{\log y_2 - \log y_1}{\log x_2 - \log x_1} \tag{A-43}$$

이다. 그림 A.4와 A.5는 각각 함수 $y = 130x^{3/2}$를 선형 눈금과 전로그 그래프용지에 그린 그래프이다.

A.5 비율과 비

다음 기호는 y가 x에 정비례함을 의미함을 의미한다.

$$y \propto x \tag{A-44}$$

정비례 관계는

$$y = kx \tag{A-45}$$

로 쓸 수 있다. 여기에서 비례상수 k는 x에 독립이어야 한다. 비례 관계가 없음에도 비례 관계가 있는 것처럼 보이는 방정식에 유의해야 한다. 예를 들면 방정식 $V = IR$은 R이 상수일 때에만 $V \propto I$이다. 만일 R이 I에 따라 변한다면 V는 I에 비례하지 않는다.

다음 기호는 y가 x에 반비례함을 의미한다.

$$y \propto \frac{1}{x} \quad \text{또는} \quad y = \frac{k}{x} \tag{A-46}$$

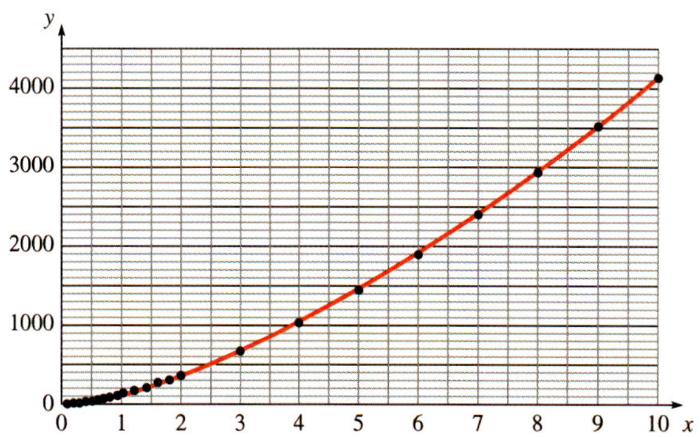

그림 A.4 선형 그래프용지에 그린 지수함수 $y = 130x^{3/2}$의 그래프

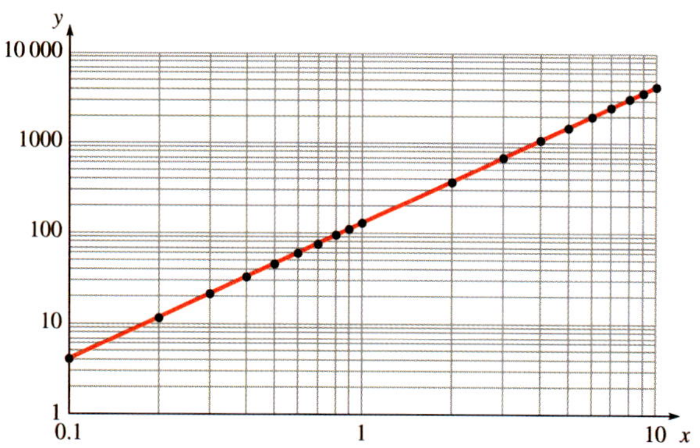

그림 A.5 전로그 그래프용지에 그린 지수함수 $y = 130x^{3/2}$의 그래프

다음 기호는 y가 x의 n제곱에 비례함을 의미한다.

$$y \propto x^n \quad \text{또는} \quad y = kx^n \tag{A-47}$$

비율이 포함되어 있는 문제를 풀이할 때 비율을 비로 나타내고 미지수에 대하여 푸는 것이 좋다. 예를 들어 $y \propto x^n$이면 다음과 같이 쓸 수 있다.

$$\frac{y_1}{y_2} = \left(\frac{x_1}{x_2}\right)^n \tag{A-48}$$

백분율, 퍼센트

백분율 또는 퍼센트는 사용할 때 주의해야 한다. 다음의 네 가지 예를 살펴보자.

"B는 A의 30 %이다."는 $B = 0.30A$를 의미한다. (A-49)

"B는 A보다 30 % 더 크다."는 $B = (1+0.30)A = 1.30A$를 의미한다. (A-50)

"B는 A보다 30 % 더 작다."는 $B = (1-0.30)A = 0.70A$를 의미한다. (A-51)

"A가 30 % 증가한다."는 $\Delta A = +0.30A$임을 의미한다.
곧 $\Delta A_{\text{나중}} = 1.30A_{\text{처음}}$이다. (A-52)

"A가 30 % 감소한다."는 $\Delta A = -0.30A_{\text{처음}}$임을 의미한다.
곧 $A_{\text{나중}} = 0.70A_{\text{처음}}$이다. (A-53)

보기 A.4 만일 $P \propto T^4$이고 T가 10.0 % 증가하면, P는 몇 퍼센트 증가하는가?

풀이

$\Delta T = +0.100\,T_{\rm i}$

$$T_{\rm f} = T_{\rm i} + \Delta T = 1.100T_{\rm i}$$

$$\frac{P_{\rm f}}{P_{\rm i}} = \left(\frac{T_{\rm f}}{T_{\rm i}}\right)^4 = 1.100^4 \approx 1.464$$

따라서 P는 약 46.4 % 증가한다.

A.6 기하학

기하도형

물리 문제에서 일반적으로 나타나는 기하도형을 표 A.1에 정리했다. 가끔은 문제를 풀이하기 위해 이러한 기하도형의 넓이나 부피를 구할 필요가 있다. 각 도형의 오른쪽 열에 이들의 넓이, 부피 등의 특성이 있다.

표 A.1 물리학에서 자주 사용되는 기하도형

기하학적 모양	특성	기하학적 모양	특성
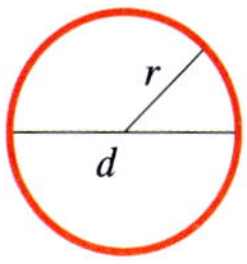 원	지름 $d=2r$ 둘레 $C=\pi d=2\pi r$ 넓이 $A=\pi r^2$	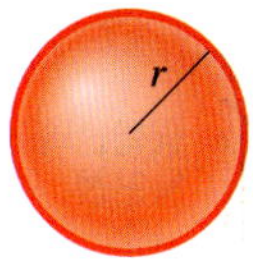 구	겉넓이 $A=4\pi r^2$ 부피 $V=\frac{4}{3}\pi r^3$
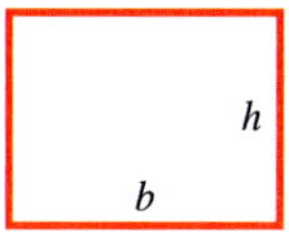 직사각형	둘레 $P=2b+2h$ 넓이 $A=bh$	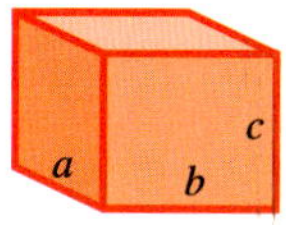 평행육면체	겉넓이 $A=2(ab+bc+ac)$ 부피 $V=abc$
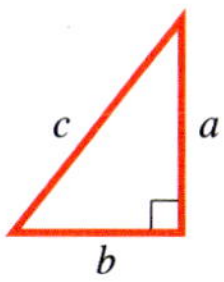 직각삼각형	둘레 $P=a+b+c$ 넓이 $A=\frac{1}{2}\text{밑변}\times\text{높이}=\frac{1}{2}ba$ 피타고라스의 정리 $c^2=a^2+b^2$ 빗변 $c=\sqrt{a^2+b^2}$	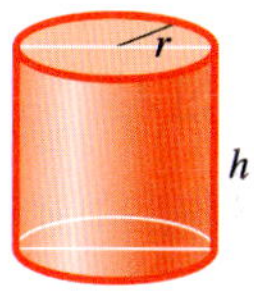 직각 원통	겉넓이 $A=2\pi r^2+2\pi rh=2\pi r(r+h)$ 부피 $V=\pi r^2 h$
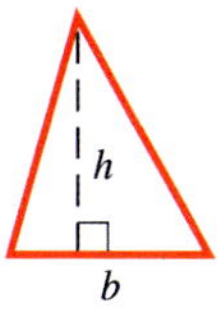 삼각형	넓이 $A=\frac{1}{2}bh$		

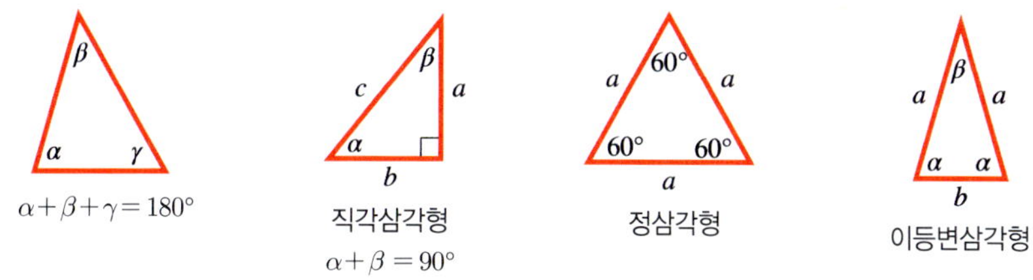

그림 A.6 모든 삼각형의 내각의 합은 항상 180°이다. 직각삼각형에서는 직각이 90°이므로 다른 두 각도의 합은 90°이다. 정삼각형의 변의 길이는 동일하고 내부 각도도 모두 60°이다. 이등변삼각형은 길이가 같은 변이 두 개이고 두 변의 대각도 동일하다.

삼각형의 내각

그림 A.6에서 다양한 삼각형을 볼 수 있다. 모든 삼각형의 내부 각도의 합은 180°이다. 직각삼각형은 한 각이 90°이고, 다른 두 각의 합도 90°이다. 정삼각형은 세 변의 길이가 같고 세 각은 모두 60°이다. 이등변삼각형은 길이가 같은 변이 두 개이고 등변에 대하는 각도는 같다.

만일 한 삼각형의 두 각도가 다른 삼각형의 두 각도와 같으면 세 번째 각도도 반드시 같고 삼각형은 서로 닮은꼴이다(그림 A.7). 서로 닮은 두 삼각형에서 각 변의 비율은 같다.

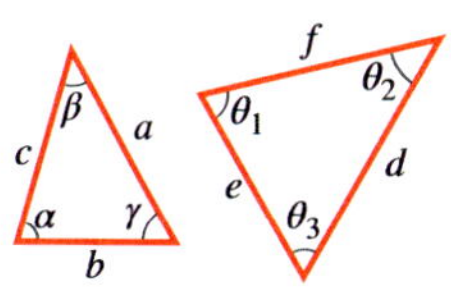

$\alpha=\theta_1$이고 $\beta=\theta_2$이면 $\gamma=\theta_3$이다.

또한 $\frac{a}{d}=\frac{b}{e}=\frac{c}{f}$이다.

그림 A.7 닮은꼴 삼각형의 내각들은 서로 같고 변의 길이는 서로 비례한다.

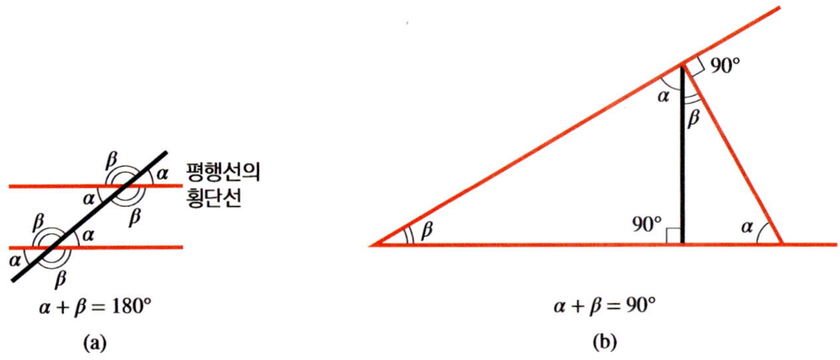

그림 A.8 (a) 두 직선이 교차할 때 인접각을 더하면 180°이다. 맞꼭지각 vertically opposite angles은 같다. 평행한 두선이 제3의 직선과 교차할 때 엇각 alternate interior angles은 같다. (b) 이들 세 직각삼각형은 서로 닮은꼴이다.

교차하는 두 직선 사이의 각도

두 직선이 교차하면 그림 A.8a에 보인 것과 같이 대각은 같고 이웃각과 합치면 180°가 된다. 그림 A.8b는 두 개의 직각삼각형과 그것들을 합친 큰 삼각형을 보여준다. $\alpha + \beta = 90°$ 이므로 큰 삼각형은 직각삼각형이며 다른 두 삼각형과 닮은꼴이다.

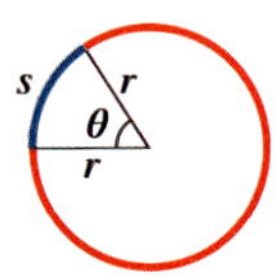

$x = r$ 이면
$\theta = 1$ rad이다.

그림 A.9 라디안 단위로 측정한 각도

라디안 단위로 측정한 각도 여러 물리 문제에서 각도를 60분법의 단위(°) 대신에 rad (라디안)으로 나타내는 호도법 단위로 측정하는 것이 편리하다. 원둘레를 따라서 측정한 호의 길이 s는 그림 A.9에 보부방인 것처럼 호를 정의하는 두 반지름 사이의 각에 비례한다. 1 rad는 호의 길이가 반지름과 같을 때의 각도로 정의한다.

θ를 라디안으로 측정하면

$$s = r\theta \tag{A-54}$$

이다. 확장한 각이 360° 일 때 호의 길이는 원둘레 $2\pi r$과 같다. 그러므로

$$360° = 2\pi \text{ rad} \tag{A-55}$$

$$1\,\text{rad} = \frac{360°}{2\pi} \approx 57.3° \text{ 이고 } 1° = \frac{2\pi}{360°} = 0.01745\,\text{rad} \tag{A-56}$$

이다. 각은 2π rad보다 클 수 있다. 예를 들면 한 바퀴 이상 회전하는 물체의 회전을 나타내는 각은 2π rad보다 크다.

라디안은 물리적인 차원이 없다는 것을 주목해야 한다. 라디안은 두 길이의 비이므로 순수한 숫자이다. 라디안은 각도임을 나타내기 위해 사용하는 것뿐이다.

A.7 삼각함수

물리학에서 가장 흔하게 사용되는 기본적인 삼각함수를 그림 A.10에서 볼 수 있다. 사인, 코사인, 탄젠트는 두 길이의 비로 정의하므로 이들은 모두 차원이 없다.

피타고라스의 정리에 따르면 직각삼각형에서 예각의 두 접변과 맞변은 빗변보다 짧기 때문에 사인과 코사인의 절댓값이 1보다 클 수 없다. 그렇지만 탄젠트 값은 1보다 클 수 있다.

그림 A.11은 각도 θ에 따라 각각의 사분면에서 삼각함수 값의 부호가 양$^+$인지 음$^-$인지를 보여주고 있다. 빗변인 반지름 r은 양수이므로, 사인과 코사인의 부호는 x와 y축을 따라 측정한 x 또는 y의 부호에 의해 결정된다. 따라서 탄젠트의 부호는 사인과 코사인의 부호에 따라 변한다. 각도 θ는 0°를 나타내는 x축으로부터 반시계방향으로 측정한 각도이다. x축으로부터 시계방향으로 측정한 각은 음수이다. 예를 들어서 4사분면에 있

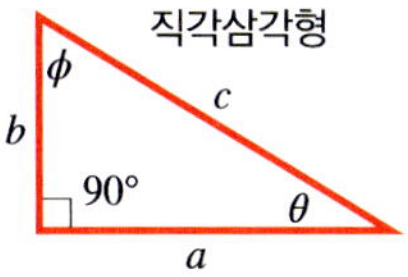

$\phi = 90° - \theta$

$$\sin\theta = \frac{\theta\text{의 대변}}{\text{빗변}} = \frac{b}{c} = \cos\phi$$

$$\cos\theta = \frac{\theta\text{의 접변}}{\text{빗변}} = \frac{a}{c} = \sin\phi$$

$$\tan\theta = \frac{\theta\text{의 대변}}{\theta\text{의 접변}} = \frac{b}{a} = \frac{\sin\theta}{\cos\theta} = \frac{1}{\tan\phi}$$

그림 A.10 물리 문제에서 자주 사용하는 삼각함수

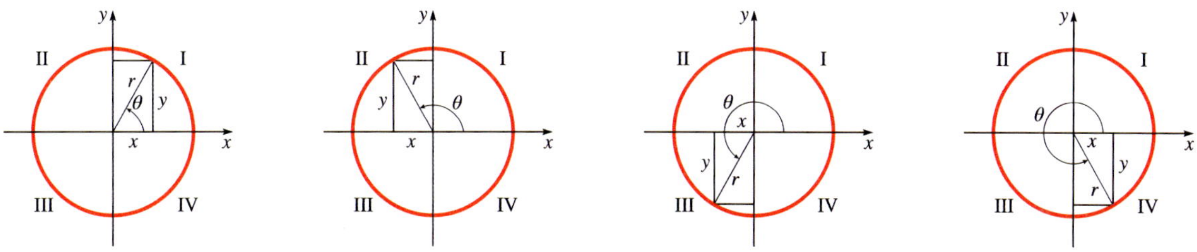

1사분면: $0 < \theta < 90°$
$\sin\theta = y/r$ 는 양
$\cos\theta = x/r$ 는 양
$\tan\theta = y/x$ 는 양

2사분면: $90° < \theta < 180°$
$\sin\theta = y/r$ 는 양
$\cos\theta = x/r$ 는 음
$\tan\theta = y/x$ 는 음

3사분면: $180° < \theta < 270°$
$\sin\theta = y/r$ 는 음
$\cos\theta = x/r$ 는 음
$\tan\theta = y/x$ 는 양

4사분면: $270° < \theta < 360°$
$\sin\theta = y/r$ 는 음
$\cos\theta = x/r$ 는 양
$\tan\theta = y/x$ 는 음

그림 A.11 각 사분면에서 삼각함수의 부호

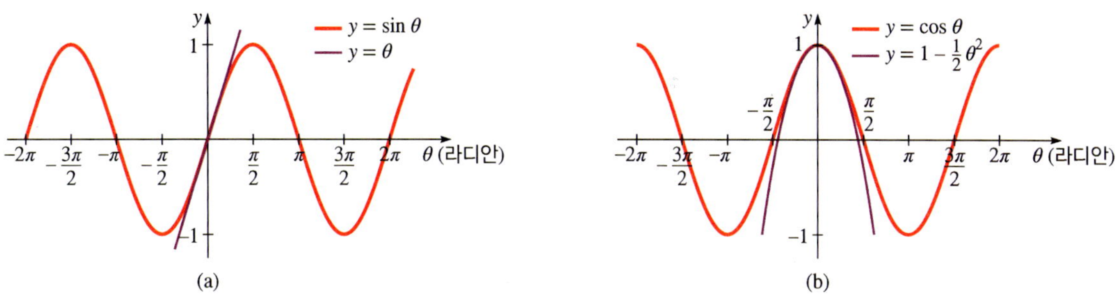

그림 A.12 (a) $y = \sin\theta$와 $y = \theta$의 그래프. θ가 작으면 $\sin\theta \approx \theta$임에 유의하여라. (b) $y = \cos\theta$와 $y = 1 - \frac{1}{2}\theta^2$의 그래프. θ가 작으면 $\cos\theta \approx 1 - \frac{1}{2}\theta^2$ 임에 유의하여라.

는 각 $-60°$는 $+300°$와 같다. 그림 A.12는 rad으로 나타낸 θ의 함수인 $y = \sin\theta$와 $y = \cos\theta$의 그래프를 나타낸 것이다. 두 그래프는 $|\theta|$가 충분히 작을 때 사인과 코사인 함수의 근삿값을 그린 것이다. 유용한 삼각함수 항등식 몇 개를 표 A.2에 수록하였다.

표 A.2 유용한 삼각함수 등식

$\sin^2\theta + \cos^2\theta = 1$	$\tan 2\theta = \dfrac{2\tan\theta}{1-\tan^2\theta}$
$\sin(-\theta) = -\sin\theta$	$\sin(\alpha \pm \beta) = \sin\alpha\cos\beta \pm \cos\alpha\sin\beta$
$\cos(-\theta) = \cos\theta$	$\cos(\alpha \pm \beta) = \cos\alpha\cos\beta \mp \sin\alpha\sin\beta$
$\tan(-\theta) = -\tan\theta$	$\tan(\alpha \pm \beta) = \dfrac{\tan\alpha \pm \tan\beta}{1 \mp \tan\alpha\tan\beta}$
$\sin(180° \pm \theta) = \mp \sin\theta$	$\sin\alpha + \sin\beta = 2\sin\left[\frac{1}{2}(\alpha+\beta)\right]\cos\left[\frac{1}{2}(\alpha-\beta)\right]$
$\cos(180° \pm \theta) = -\cos\theta$	$\sin\alpha - \sin\beta = 2\cos\left[\frac{1}{2}(\alpha+\beta)\right]\sin\left[\frac{1}{2}(\alpha-\beta)\right]$
$\tan(180° \pm \theta) = \pm\tan\theta$	$\cos\alpha + \cos\beta = 2\cos\left[\frac{1}{2}(\alpha+\beta)\right]\cos\left[\frac{1}{2}(\alpha-\beta)\right]$
$\sin(90° \pm \beta) = \cos\beta$	$\cos\alpha - \cos\beta = -2\sin\left[\frac{1}{2}(\alpha+\beta)\right]\sin\left[\frac{1}{2}(\alpha-\beta)\right]$
$\cos(90° \pm \beta) = \mp \sin\beta$	
$\sin 2\theta = 2\sin\theta\cos\theta$	
$\cos 2\theta = \cos^2\theta - \sin^2\theta$	
$= 2\cos^2\theta - 1 = 1 - 2\sin^2\theta$	

역삼각함수 역삼각함수는 $\cos^{-1}x$ 또는 $\arccos x$와 같이 두 가지 방법으로 나타낸다. 둘 다 코사인 함수의 값이 x에 해당하는 각도를 의미한다. 계산기로 계산하면 표 A.3에 나타낸 범위의 값이 되어야 주어진 문제의 답이 맞는 것을 확인할 수 있다.

표 A.3 역삼각함수

함수	기본 값의 범위(사분면)	다른 사분면에서 값을 구하기
$\sin^{-1}$	$-\frac{\pi}{2}$에서 $\frac{\pi}{2}$(I과 IV)	π에서 기본 값을 뺌
$\cos^{-1}$	0에서 π(I과 II)	2π에서 기본 값을 뺌
$\tan^{-1}$	$-\frac{\pi}{2}$에서 $\frac{\pi}{2}$(I과 IV)	π에 기본 값을 더함

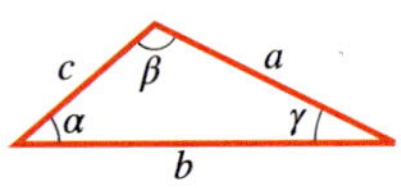

그림 A.13 사인 법칙과 코사인 법칙은 어떤 삼각형에나 적용된다.

사인 법칙과 코사인 법칙 그림 A.13에 있는 삼각형에 적용할 수 있는 두 법칙은 다음과 같다.

$$\text{사인 법칙}: \frac{\sin\alpha}{a} = \frac{\sin\beta}{b} = \frac{\sin\gamma}{c} \quad \text{(A-57)}$$

$$\text{코사인 법칙}: c^2 = a^2 + b^2 - 2ab\cos\gamma \ (\text{여기에서 } \gamma\text{는 } c\text{의 대각이다.}) \quad \text{(A-58)}$$

A.8 시간에 대한 사인형 함수

시간에 따라 사인파처럼 변하고 $t=0$에서 최댓값을 갖는 양 y는

$$y(t)=A\cos\omega t \tag{A-59}$$

로 쓸 수 있다. 이 함수의 그래프는 그림 A.14a와 같다. 상수 A를 진폭이라고 한다. y의 최댓값과 최솟값은 각각 A와 $-A$이다. 상수 ω(그리스 문자 오메가)는 각진동수라고 하며 SI 단위가 rad/s이다. 하나의 완전한 순환에 걸리는 시간 T를 주기라고 하며 주기와 각진동수는 다음과 같은 관계가 있다.

$$T=\frac{2\pi}{\omega} \tag{A-60}$$

$y(t)=A\cos\omega t$의 변화율은 다음과 같다.

$$\frac{\Delta y}{\Delta t}=-\omega A\sin\omega t \tag{A-61}$$

그림 A.14b에서는 어느 순간 $\Delta y/\Delta t$의 값이 y와 t 그래프의 그 시간에서의 기울기에 해당한다는 점에 유의하여라.

대신에 $t=0$에서 $y=0$이고 이때 y가 증가한다면 $y(t)$는 다음과 같이 쓸 수 있다.

$$y(t)=A\sin\omega t \tag{A-62}$$

T와 ω의 관계는 (A–60)과 같고 $y(t)=A\sin\omega t$의 변화율은 다음과 같다.

$$\frac{\Delta y}{\Delta t}=\omega A\cos\omega t \tag{A-63}$$

이 경우에도 어느 순간에나 $\Delta y/\Delta t$의 값은 그 시간에 y와 t 그래프의 기울기에 해당한다.

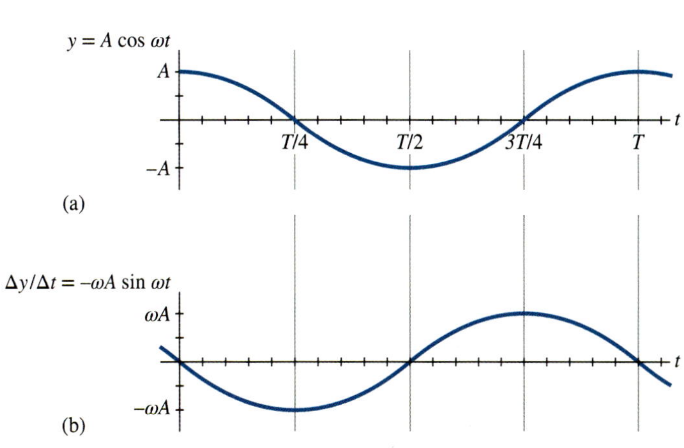

그림 A.14 (a) 함수 $y(t)=A\cos\omega t$의 그래프. 여기서 A와 ω는 양$^+$의 상수이다. 주기는 $T=2\pi/\omega$이다.
(b) $\Delta y/\Delta t$의 그래프는 t의 함수로 나타낸 y의 비율이다. 이 그래프의 어느 순간 값은 $y(t)$ 그래프의 기울기와 같다.

A.9 어림셈

대수 표현에서 두 항을 더하거나 뺄 때 한 항의 크기가 다른 항에 비하여 매우 작은 경우 작은 항을 무시하고 다음과 같이 간단하게 근사적으로 표현할 수 있다.

$$|b| \ll |a| \text{이면} \quad a+b \approx a \tag{A-64}$$

두 항을 더한 이항식이 n제곱으로 증가할 때는 **이항근사**binomial approximation를 이용하면 다음과 같이 작은 항들은 모두 무시할 수 있다.

$$|nb| \ll |a| \text{ 이면 } (a+b)^n \approx a^n + na^{n-1}b \tag{A-65}$$

거듭제곱이 반드시 양수이거나 정수여야 하는 것은 아니다. 특별히 $a=1$인 경우 이항근사는 다음과 같이 간단한 형태가 된다.

$$|nb| \ll 1 \text{ 이면 } (1+b)^n \approx 1+nb \tag{A-66}$$

$x \ll 1$일 때 지수함수 e^x의 다음 근사식은 쓰임새가 많다.

$$x \ll 1\text{일 때,} \quad e^x \approx 1+x \tag{A-67}$$

작은 각도 근사

$|\theta| \ll 1\,\text{rad}$일 때 라디안 단위로 나타낸 θ에 대한 근사를 취하는 것은 타당성이 있다.

$$\sin\theta \approx \theta \tag{A-68}$$

$$\cos\theta \approx 1-\frac{1}{2}\theta^2 \tag{A-69}$$

$$\tan\theta \approx \theta \tag{A-70}$$

각도가 작을 때 $\sin\theta$와 $\cos\theta$ 함수의 그래프를 비교한 것은 그림 A.14에 나타내었다. 이들 각각의 식에 근사를 취하면 근사식에 포함되는 오차는 대략 $\frac{1}{6}\theta^3$, $\frac{1}{24}\theta^4$, $\frac{2}{3}\theta^3$이다. 몇몇 상황에서는 $\frac{1}{2}\theta^2$을 생략해도 충분히 훌륭한 근사가 되며 다음과 같이 쓸 수 있다.

$$\cos\theta \approx 1 \tag{A-71}$$

이러한 근사의 원리는 빗변 1이고 한 각 θ가 매우 작은 직각삼각형을 사용하여 설명할 수 있다(그림 A.15). θ가 매우 작으면 인접한 변($\cos\theta$)은 빗변(1)과 길이가 거의 같다. 그러면 두 변은 원의 반지름으로, 각도 θ를 이루고 있다고 생각할 수 있다. 호의 길이 s와 각이 이루는 각도의 관계는 다음과 같다.

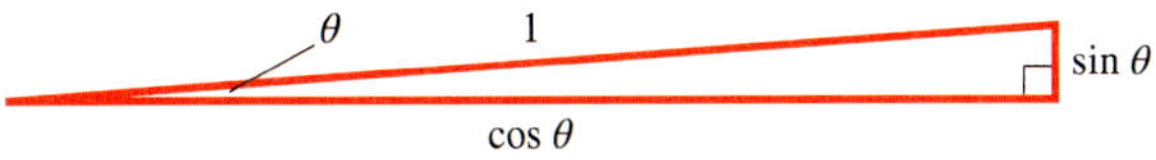

그림 A.15 $\theta \ll 1$ rad인 직각삼각형을 사용하면 작은 각도 근사 $\sin\theta \approx \theta$와 $\cos\theta \approx 1 - \frac{1}{2}\theta^2$을 설명할 수 있다.

$$s = r\theta \tag{A-72}$$

$\sin\theta \approx s$이고 $r = 1$이므로 $\sin\theta \approx \theta$가 된다. 피타고라스의 정리를 이용하면 $\cos\theta \approx 1$보다 다소 정확한 식을 얻을 수 있다.

$$\sin^2\theta + \cos^2\theta = 1 \tag{A-73}$$

$$\cos\theta = \sqrt{1 - \sin^2\theta} \approx \sqrt{1 - \theta^2} \tag{A-74}$$

이제 이항근사식을 사용하면 다음과 같이 쓸 수 있다.

$$\cos\theta \approx (1 - \theta^2)^{1/2} \approx 1 - \frac{1}{2}\theta^2 \tag{A-75}$$

A.10 벡터

벡터와 스칼라의 구분은 2.1절에서 논의했다. 벡터는 크기와 방향을 갖는 반면에 스칼라는 크기만 있다. 벡터는 벡터의 크기에 비례하는 길이의 화살표가 벡터 방향으로 놓이도록 그림을 그려 나타낸다. 책에서 벡터는 굵은 글자로 쓰거나, 로만체 글자 위에 화살표를 표시해서 나타낸다. 필기할 때는 $\vec{A}$와 같이 기호 위에 화살표를 쓴다. A라고만 쓰면 벡터의 크기를 의미한다. 크기를 절댓값을 사용해 나타내기도 한다.

$$A = |\vec{\mathrm{A}}| \tag{A-76}$$

벡터의 덧셈과 뺄셈

벡터를 더하거나 뺄 때는 크기와 방향을 고려해야 한다. 벡터 덧셈과 뺄셈에 대한 자세한 내용은 2.2절과 2.3절에 있지만 여기에 간단히 요약하였다.

벡터를 그림을 그려 더하는 방법은 벡터의 시작점을 꼬리로 배치한 다음 그림 A.16에 표시된 것처럼 첫 번째 꼬리에서 두 번째 머리까지 끌어 오는 것을 포함한다. 벡터를 빼려면 반대 벡터를 더하여라. 그림 A.16에서 볼 수 있는 것처럼 $-\vec{\mathrm{B}}$는 $\vec{\mathrm{B}}$와 크기는 같지만 방향은 서로 반대이다. 그러므로 다음과 같이 쓸 수 있다.

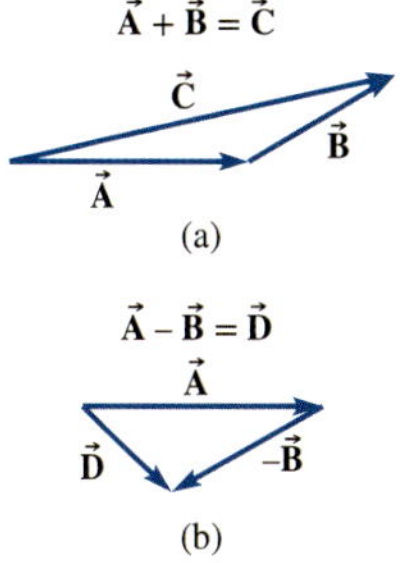

그림 A.16 그림을 그려 두 벡터를 (a) 더하는 방법과 (b) 빼는 방법

$$\vec{\mathrm{A}} - \vec{\mathrm{B}} = \vec{\mathrm{A}} + (-\vec{\mathrm{B}}) \tag{A-77}$$

그림 A.17 임의의 두 벡터를 더하는 두 가지 방법

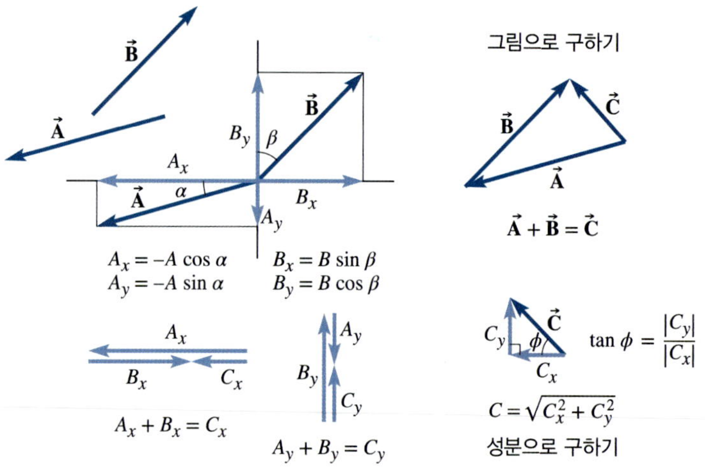

그림 A.18 벡터와 스칼라의 곱

그림 A.17은 그래프를 이용하여 벡터 덧셈을 하는 방법과 벡터의 성분을 이용하여 덧셈을 하는 방법을 보여준다.

벡터와 스칼라의 곱

벡터에 스칼라를 곱하면, 그림 A.18에서와 같이 벡터의 크기는 스칼라를 곱한 만큼 변한다. 스칼라 인자가 음$^-$이 아니면 벡터의 방향은 변하지 않는다. 스칼라 인자가 음인 경우는 방향이 반대가 된다.

$$|c\vec{A}| = |c||\vec{A}| \tag{A-78}$$

두 벡터의 스칼라곱

두 벡터를 곱하는 방법 중 하나는 스칼라곱(점곱이라고도 부름)이 있다. 스칼라곱은 다음과 같이 나타낸다.

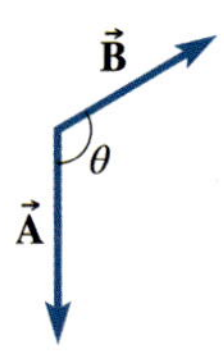

그림 A.19 두 벡터가 같은 지점에서 시작한다. 벡터 사이의 각도 θ는 벡터의 스칼라곱과 벡터곱을 찾는 데 사용된다.

$$C = \vec{A} \cdot \vec{B} \tag{A-79}$$

명칭이 의미하는 바와 같이 두 벡터의 스칼라곱은 스칼라 양이 된다. 이 곱셈의 결과는 양$^+$, 음$^-$, 또는 0이 될 수 있지만 방향은 없다. 스칼라곱의 결과는 두 벡터의 크기와 그들 사이의 각도에 따라 변한다. 각도를 구하려면 두 벡터가 같은 점에서 출발하도록 그려라(그림 A.19). 그러면 스칼라곱은 다음과 같이 쓸 수 있다.

$$\vec{A} \cdot \vec{B} = AB\cos\theta \quad \text{(A-80)}$$

두 벡터의 순서를 바꿔도 스칼라곱은 변하지 않는다. 곧 $\vec{A} \cdot \vec{B} = \vec{B} \cdot \vec{A}$ 이다. 스칼라곱을 두 벡터의 성분으로 쓸 수도 있다.

$$\vec{A} \cdot \vec{B} = A_x B_x + A_y B_y + A_z B_z \quad \text{(A-81)}$$

두 벡터의 벡터곱

두 개의 벡터를 곱하는 다른 형태는 19장에 소개한 가위곱이라고도 부르는 벡터곱이다. 기호로는 다음과 같이 나타낸다.

$$\vec{A} \times \vec{B} = \vec{C} \quad \text{(A-82)}$$

벡터곱을 하면 결과는 벡터양이므로 크기와 방향을 갖는다. $\vec{A} \times \vec{B}$ 는 '$\vec{A}$ 크로스 $\vec{B}$'라고 읽는다.

그림 A.19와 같이 두 벡터 $\vec{A}$와 $\vec{B}$가 둘 사이의 각 θ(더 작은 각)만큼 떨어져 있는 경우 벡터곱 $\vec{C}$의 크기는 다음과 같다.

$$|\vec{C}| = |\vec{A} \times \vec{B}| = AB\sin\theta \quad \text{(A-83)}$$

벡터곱의 결과인 $\vec{C}$의 방향은 두 벡터 $\vec{A}$와 $\vec{B}$에 수직인 두 방향 중에 하나이다. 올바른 방향을 정하려면 19.2절에서 설명한 오른손 규칙을 사용하여라. 벡터곱은 곱하는 순서에 따라 달라진다.

$$\vec{A} \times \vec{B} = -\vec{B} \times \vec{A} \quad \text{(A-84)}$$

두 경우 모두 크기는 $AB\sin\theta$이지만 벡터곱의 방향은 서로 반대이다

A.11 책에서 사용한 기호

표 A.4 수학 기호

기호	의미
$\times$ 또는 $\cdot$	곱하기
$\approx$	어림하여 같다
$\neq$	같지 않다
$<$	보다 작다
$>$	보다 크다
$\leq$	보다 작거나 같다
$\geq$	보다 크거나 같다
$\ll$	훨씬 작다
$\gg$	훨씬 크다
$\propto$	~에 비례한다
$\lvert Q \rvert$	Q의 절댓값
$\lvert \vec{a} \rvert$	$\vec{a}$의 크기
$\perp$	수직이다
$\parallel$	평행하다
∞	무한대이다
$'$	프라임(같은 변수의 다른 값을 구분하기 위해 사용)
$Q_{평균}$, $\overline{Q}$, $< Q >$	Q의 평균값
$\log_b x$	밑이 b인 로그 x
$\ln x$	자연로그 x, 밑이 e인 로그
$\pm$	$+$ 또는 $-$
$\mp$	$-$ 또는 $+$
$\cdots$	줄임 부호(목록이나 수열이 계속 됨을 의미)
$\angle$	각
$\Rightarrow$	~를 뜻하다
$\therefore$	그러므로
$\lim\limits_{\Delta t \to 0} Q$	시간 간격이 0으로 갈 때 Q의 극한값
$\bullet$ 또는 $\odot$	지면에서 나오는 벡터 화살표의 방향
$\times$ 또는 $\otimes$	지면으로 들어가는 벡터 화살표의 방향

표 A.5 책에 사용한 그리스 문자

기호	이름	주용도
α	알파(소문자)	각도, 각가속도, 선형 열팽창 계수, 열저항 계수, 감쇠상수, 알파 입자(헬륨-4 핵)
β	베타(소문자)	각도, 소리세기 준위, 부피 열팽창 계수, 회전 관성 계수, 베타 입자(전자 또는 양전자)
Γ	감마(대문자)	마이크로 상태수
γ	감마(소문자)	각도, 열용량 비율, 표면장력, 로렌츠인자, 감마선 또는 다른 광자
Δ	델타(대문자)	차이, 변화, 불확실성
δ	델타(소문자)	각도
ϵ	엡실론(소문자)	전기 유전율
η	에타(소문자)	점성도
θ	세타(소문자)	각도
κ	카파(소문자)	유전상수, 열전도율
Λ	람다(대문자)	평균자유행로
λ	람다(소문자)	붕괴상수, 선형 질량 또는 전하밀도
μ	뮤(소문자)	마이크로-(SI 접두사), 마찰계수, 단위 길이당 질량, 투자율, 자기쌍극자 모멘트, 뮤온
ν	뉴(소문자)	중성미자
π	파이(소문자)	원주와 지름의 비, 파이온
ρ	로(소문자)	밀도(단위 부피당 질량 또는 전하), 전기저항
Σ	시그마(대문자)	합
σ	시그마(소문자)	슈테판-볼츠만 상수, 전기전도도, 표면 전하밀도
τ	타우(소문자)	돌림힘, 지수 시간상수, 타우 렙톤
Φ	피(대문자)	전기 또는 자속
ϕ	피(소문자)	각도, 일함수
ψ	프시(소문자)	파동함수(양자역학)
Ω	오메가(대문자)	옴(SI 전기 저항), 미시 상태의 수
ω	오메가(소문자)	각속도, 각주파수

Appendix B

참고 자료 Reference Information

표 B.1 물리상수

양	기호	값
보편중력상수	G	$6.674 \times 10^{-11}\ \mathrm{m^3/(kg \cdot s^2)}$
진공 중 빛의 속력	c	$2.998 \times 10^{8}\ \mathrm{m/s}$
기본 전하	e	$1.602 \times 10^{-19}\ \mathrm{C}$
플랑크 상수	h	$6.626 \times 10^{-34}\ \mathrm{J \cdot s}$
		$4.136 \times 10^{-15}\ \mathrm{eV \cdot s}$
	$\hbar = h/(2\pi)$	$1.055 \times 10^{-34}\ \mathrm{J \cdot s}$
		$6.582 \times 10^{-16}\ \mathrm{eV \cdot s}$
플랑크 상수와 빛의 속력의 곱	hc	$1240\ \mathrm{eV \cdot nm}$
보편기체상수	$R = N_A k_B$	$8.314\ \mathrm{J/(mol \cdot K)}$
아보가드로수	N_A	$6.022 \times 10^{23}\ \mathrm{mol^{-1}}$
볼츠만 상수	k_B	$1.381 \times 10^{-23}\ \mathrm{J/K}$
		$8.617 \times 10^{-5}\ \mathrm{eV/K}$
쿨롱 상수	$k = 1/(4\pi\epsilon_0)$	$8.988 \times 10^{9}\ \mathrm{N \cdot m^2/C^2}$
자유공간의 유전율(정전상수)	$\epsilon_0 = 1/(\mu_0 c^2)$	$8.854 \times 10^{-12}\ \mathrm{C^2/(N \cdot m^2)}$
자유공간의 투자율(자기상수)	μ_0	$4\pi \times 10^{-7}\ \mathrm{T \cdot m/A}$
전자질량	m_e	$9.109 \times 10^{-31}\ \mathrm{kg}$
		0.000 548 580 u
전자 정지에너지	$m_e c^2$	0.5110 MeV
양성자 질량	m_p	$1.673 \times 10^{-27}\ \mathrm{kg}$
		1.007 276 5 u
양성자 정지에너지	$m_p c^2$	938.272 MeV
중성자 질량	m_n	$1.675 \times 10^{-27}\ \mathrm{kg}$
		1.008 664 9 u
중성자 정지에너지	$m_n c^2$	939.565 MeV
전자의 콤프턴 파장	$\lambda_C = h/(m_e c)$	$2.426 \times 10^{-12}\ \mathrm{m}$
슈테판-볼츠만 상수	σ	$5.670 \times 10^{-8}\ \mathrm{W/(m^2 \cdot K^4)}$
리드버그 상수	$R = -E_1/(hc)$	$1.097 \times 10^{7}\ \mathrm{m^{-1}}$
수소 원자의 보어 반지름	$a_0 = \hbar^2/(m_e k e^2)$	$5.292 \times 10^{-11}\ \mathrm{m}$
수소 원자의 이온화에너지	$-E_1 = m_e k^2 e^4/(2\hbar^2)$	13.61 eV

표 B.2 단위 변환

길이

1 in = **2.54** cm

1 cm = 0.3937 in

1 ft = **30.48** cm

1 m = 39.37 in = 3.281 ft

1 mi = **5280** ft = 1.609 km

1 km = 0.6214 mi

1 ly = 9.461×10^{15} m

시간

1 yr = 365.24 d = 3.156×10^{7} s

1 d = **24** h = **1440** min = $\mathbf{8.64} \times 10^{4}$ s

속력

1 mi/h = 1.467 ft/s

= 1.609 km/h = 0.4470 m/s

1 km/h = 0.2778 m/s

= 0.6214 mi/h = 0.9113 ft/s

1 ft/s = 0.3048 m/s = 0.6818 mi/h

1 m/s = 3.281 ft/s = 3.600 km/h = 2.237 mi/h

부피

1 L = **1000** cm^3 = $\mathbf{1} \times 10^{-3}$ m^3

1 cm^3 = 0.06102 in^3 = **1** mL = $\mathbf{1} \times 10^{-6}$ m^3

1 m^3 = $\mathbf{1} \times 10^{6}$ cm^3 = 35.31 ft^3

1 gal (U.S.) = 3.785 L

질량

1 kg = **1000** g

1 u = 1.6605×10^{-27} kg

1 u = 931.494 MeV/c^2

힘

1 N = 0.2248 lb(파운드가 힘의 단위로 사용될 때)

1 lb = 4.448 N(파운드가 힘의 단위로 사용될 때)

에너지

1 J = 0.7376 ft·lb = 6.242×10^{18} eV

1 ft·lb = 1.356 J

1 cal = 4.186 J

1 Calorie = **1** kcal

1 Btu = 1055 J

1 kW·h = **3.6** MJ

1 eV = 1.602×10^{-19} J

온도

섭씨온도를 화씨온도로 변환 : $T_F = (1.8°F/°C) T_C + 32°F$

켈빈온도를 섭씨온도로 변환 : $T_C = T - 273.15$

일률

1 W = **1** J/s

1 hp = 550 ft·lb/s = 745.7 W

1 Btu/h = 0.2931 W

압력

1 Pa = **1** N/m^2 = 1.450×10^{-4} lb/in^2

1 atm = 0.1013 MPa = 14.70 lb/in^2

1 lb/in^2 = 6895 Pa

1 mmHg = 133.3 Pa

1 inHg = 3386 Pa

각도

1 rad = 57.30°

1° = 0.01745 rad

360° = **2**π rad

1 rad/s = 9.549 rev/min

1 rev/min = 0.1047 rad/s

* **굵게** 표시한 값은 정의상 정확하다.

표 B.3 SI 접두어

거듭제곱	접두어	기호	거듭제곱	접두어	기호
10^{18}	엑사(exa)	E	10^{-1}	데시(deci)	d
10^{15}	페타(peta)	P	10^{-2}	센티(centi)	c
10^{12}	테라(tera)	T	10^{-3}	밀리(milli)	m
10^{9}	기가(giga)	G	10^{-6}	마이크로(micro)	μ
10^{6}	메가(mega)	M	10^{-9}	나노(nano)	n
10^{3}	킬로(kilo)	k	10^{-12}	피코(pico)	p
10^{2}	헥토(hecto)	h	10^{-15}	펨토(femto)	f
10^{1}	데카(deka)	da	10^{-18}	아토(atto)	a

표 B.4 SI 유도단위

양	이름	기호	등가량	
힘	뉴턴	N	J/m	kg·m/s^2
각도	라디안	rad	m/m	1
에너지, 일, 열	줄	J	N·m	kg·m^2/s^2
일률	와트	W	J/s	kg·m^2/s^3
압력	파스칼	Pa	N/m^2	kg/(m·s^2)
진동수	헤르츠	Hz	cycle/s	s^{-1}
전하	쿨롬	C		A·s
전기 퍼텐셜	볼트	V	J/C	kg·m^2/(A·s^3)
저항	옴	Ω	V/A	kg·m^2/(A^2·s^3)
전기용량	패럿	F	C/V	A^2·s^4/(kg·m^2)
자기장	테슬라	T	N·s/(C·m)	kg/(A·s^2)
자기선속	웨버	Wb	T·m^2	kg·m^2/(A·s^2)
인덕턴스	헨리	H	V·s/A	kg·m^2/(A^2·s^2)
방사능	베크렐	Bq	decay/s	s^{-1}
흡수선량	그레이	Gy	J/kg	m^2/s^2
굴절력	디옵터	D		m^{-1}

표 B.5 유용한 물리 자료

양	값
표준온도	0°C = 273.15 K
표준압력	1 atm = 101.325 kPa
물의 밀도(4°C)	1.000 × 10^3 kg/m^3
물의 융해열	333.7 kJ/kg
물의 기화열	2256 kJ/kg
물의 비열용량(15°C)	4.186 kJ/(kg·K)
물의 굴절률	1.33
건조한 공기 중 음속(20°C, 1 atm)	343 m/s
건조한 공기 중 음속(0 °C, 1 atm)	331 m/s
건조한 공기 밀도(0 °C, 1 atm)	1.29 kg/m^3
건조한 공기의 몰질량	28.98 g/mol
이상기체의 몰부피(0 °C, 1 atm)	0.02241 m^3/mol

표 B.6 천문 자료

	지구	달	태양
질량	5.972×10^{24} kg	7.348×10^{22} kg	1.989×10^{30} kg
평균 반지름	6.371×10^{6} m	1.737×10^{6} m	6.957×10^{8} m
평균 밀도	5514 kg/m^3	3344 kg/m^3	1408 kg/m^3
공전 주기	365.24 d	27.3 d	
자전 주기	23.934 h	27.3 d	25.38 d
표면 온도	288 K (평균)	125 K to 375 K	5800 K
표면 중력	9.80 N/kg	1.62 N/kg	274 N/kg
지구와의 거리		3.844×10^{8} m	1.50×10^{11} m

표 B.7 원소의 주기율표

주족 금속 / 전이 금속 / 내부 전이 금속 / 준금속 / 비금속

1 — 원자 번호
H — 원소 기호
1.008 — 원자 질량

불안정한 원소의 경우 가장 안정적인 동위원소의 질량이 괄호 안에 주어져 있다.

주기	1A (1) 주족 원소	2A (2) 주족 원소	3B (3) 전이 원소	4B (4)	5B (5)	6B (6)	7B (7)	8B (8)	8B (9)	8B (10)	1B (11)	2B (12)	3A (13) 주족 원소	4A (14)	5A (15)	6A (16)	7A (17)	8A (18)
1	1 H 1.008																	2 He 4.0026
2	3 Li 6.94	4 Be 9.0122											5 B 10.81	6 C 12.011	7 N 14.007	8 O 15.999	9 F 18.998	10 Ne 20.180
3	11 Na 22.990	12 Mg 24.305											13 Al 26.982	14 Si 28.085	15 P 30.974	16 S 32.06	17 Cl 35.45	18 Ar 39.948
4	19 K 39.098	20 Ca 40.078	21 Sc 44.956	22 Ti 47.867	23 V 50.942	24 Cr 51.996	25 Mn 54.938	26 Fe 55.845	27 Co 58.933	28 Ni 58.693	29 Cu 63.546	30 Zn 65.38	31 Ga 69.723	32 Ge 72.630	33 As 74.922	34 Se 78.971	35 Br 79.904	36 Kr 83.798
5	37 Rb 85.468	38 Sr 87.62	39 Y 88.906	40 Zr 91.224	41 Nb 92.906	42 Mo 95.95	43 Tc (98)	44 Ru 101.07	45 Rh 102.91	46 Pd 106.42	47 Ag 107.87	48 Cd 112.41	49 In 114.82	50 Sn 118.71	51 Sb 121.76	52 Te 127.60	53 I 126.90	54 Xe 131.29
6	55 Cs 132.91	56 Ba 137.33	57 La 138.91	72 Hf 178.49	73 Ta 180.95	74 W 183.84	75 Re 186.207	76 Os 190.23	77 Ir 192.22	78 Pt 195.08	79 Au 196.97	80 Hg 200.59	81 Tl 204.38	82 Pb 207.2	83 Bi 208.98	84 Po (209)	85 At (210)	86 Rn (222)
7	87 Fr (223)	88 Ra (226)	89 Ac (227)	104 Rf (261)	105 Db (262)	106 Sg (266)	107 Bh (264)	108 Hs (277)	109 Mt (268)	110 Ds (271)	111 Rg (272)	112 Cn (285)	113 Nh (286)	114 Fl (289)	115 Mc (290)	116 Lv (293)	117 Ts (294)	118 Og (294)

내부 전이 원소

주기															
6	란탄족	58 Ce 140.12	59 Pr 140.90765	60 Nd 144.24	61 Pm (145)	62 Sm 150.36	63 Eu 151.96	64 Gd 157.25	65 Tb 158.93	66 Dy 162.50	67 Ho 164.93	68 Er 167.26	69 Tm 168.93	70 Yb 173.05	71 Lu 174.97
7	악티늄족	90 Th 232.04	91 Pa 231.04	92 U 238.03	93 Np (237)	94 Pu (244)	95 Am (243)	96 Cm (247)	97 Bk (247)	98 Cf (251)	99 Es (252)	100 Fm (257)	101 Md (258)	102 No (259)	103 Lr (262)

표 B.8 핵종의 특성

원자번호 Z	원소명	기호	질량수 A	중성 원자 질량(u)	존재 비율 (주요 붕괴 방식)	반감기 (불안정할 때)
0	(Neutron)	n	1	1.008 664 9	β^-	10.23 min
1	Hydrogen	H	1	1.007 825 0	99.9885	
	(Deuterium)	(D)	2	2.014 101 8	0.0115	
	(Tritium)	(T)	3	3.016 049 3	β^-	12.32 yr
2	Helium	He	3	3.016 029 3	0.000 134	
			4	4.002 603 3	99.999 866	
3	Lithium	Li	6	6.015 122 9	7.6	
			7	7.016 003 4	92.4	
4	Beryllium	Be	7	7.016 928 7	EC	53.22 d
			8	8.005 305 1	2α	8.18×10^{-17} s
			9	9.012 183 1	100	
5	Boron	B	10	10.012 936 9	19.9	
			11	**11.009 305 2**	80.1	
6	Carbon	C	11	**11.011 432 6**	β^+	20.364 min
			12	12.000 000 0	98.93	
			13	13.003 354 8	1.07	
			14	14.003 242 0	β^-	5730 yr
			15	15.010 599 3	β^-	2.449 s
7	Nitrogen	N	12	12.018 613 2	β^-	11.00 ms
			13	13.005 738 6	β^+	9.965 min
			14	14.003 074 0	99.636	
			15	15.000 108 9	0.364	
8	Oxygen	O	15	**15.003 065 6**	β^+	122.24 s
			16	15.994 914 6	99.757	
			17	16.999 131 8	0.038	
			18	17.999 159 6	0.205	
			19	19.003 578 0	β^-	26.88 s
9	Fluorine	F	19	18.998 403 2	100	
10	Neon	Ne	20	19.992 440 2	90.48	
			22	21.991 385 1	9.25	
11	Sodium	Na	22	21.994 437 4	β^+	2.6018 yr
			23	**22.989 769 3**	100	
			24	23.990 963 0	β^-	14.997 h
12	Magnesium	Mg	24	23.985 041 7	78.99	
13	Aluminum	Al	27	**26.981 538 4**	100	
14	Silicon	Si	28	27.976 926 5	92.223	
15	Phosphorus	P	31	30.973 762 0	100	
			32	31.973 907 6	β^-	14.268 d
16	Sulfur	S	32	31.972 071 2	94.99	
17	Chlorine	Cl	35	34.968 852 7	75.76	
18	Argon	Ar	40	39.962 383 1	99.6035	
19	Potassium	K	39	38.963 706 5	93.2581	
			40	39.963 998 2	0.0117; β^-	1.248×10^9 yr
20	Calcium	Ca	40	39.962 590 9	96.94	
24	Chromium	Cr	52	51.940 505 0	83.789	
25	Manganese	Mn	54	53.940 356 4	β^+	312.20 d
			55	54.938 043 2	100	
26	Iron	Fe	56	55.934 935 6	91.754	
27	Cobalt	Co	59	58.933 193 7	100	
			60	59.933 815 7	β^-	5.271 yr
28	Nickel	Ni	58	57.935 341 8	68.077	
			60	59.930 785 3	26.223	
29	Copper	Cu	63	62.929 597 2	69.15	
30	Zinc	Zn	64	63.929 141 8	49.17	

원자번호 Z	원소명	기호	질량수 A	중성 원자 질량(u)	존재 비율 (주요 붕괴 방식)	반감기 (불안정할 때)
36	Krypton	Kr	84	83.911 497 7	56.987	
			86	85.910 610 6	17.279	
			92	91.926 173 1	β^-	1.840 s
37	Rubidium	Rb	85	84.911 789 7	72.17	
			93	92.922 039 3	β^-	5.84 s
38	Strontium	Sr	88	87.905 612 3	82.58	
			90	89.907 730 9	β^-	28.79 yr
39	Yttrium	Y	89	88.905 841 2	100	
			90	89.907 144 8	β^-	64.00 h
47	Silver	Ag	107	106.905 091 5	51.839	
50	Tin	Sn	120	119.902 201 9	32.58	
53	Iodine	I	131	130.906 126 4	β^-	8.0252 d
55	Cesium	Cs	133	132.905 452 0	100	
			141	140.920 045 1	β^-	24.84 s
56	Barium	Ba	138	137.905 247 2	71.698	
			141	140.914 403 5	β^-	18.27 min
60	Neodymium	Nd	143	142.909 819 9	12.174	
62	Samarium	Sm	147	146.914 904 1	14.99; α	1.06×10^{11} yr
79	Gold	Au	197	196.966 570 1	100	
82	Lead	Pb	204	203.973 043 4	1.4; α	$\geq 1.4 \times 10^{17}$ yr
			206	205.974 465 1	24.1	
			207	206.975 896 7	22.1	
			208	207.976 651 9	52.4	
			210	209.984 188 3	β^-	22.20 yr
			211	210.988 735 4	β^-	36.1 min
			212	211.991 896 0	β^-	10.64 h
			214	213.999 803 8	β^-	27.06 min
83	Bismuth	Bi	209	208.980 398 5	100	
			211	210.987 268 7	α	2.14 min
			214	213.998 710 9	β^-	19.9 min
84	Polonium	Po	210	209.982 873 6	α	138.376 d
			214	213.995 201 2	α	164.3 μs
			218	218.008 971 5	α	3.098 min
86	Radon	Rn	222	222.017 576 3	α	3.8235 d
88	Radium	Ra	226	226.025 408 5	α	1600 yr
			228	228.031 068 7	β^-	5.75 yr
90	Thorium	Th	228	228.028 739 8	α	1.91 yr
			232	232.038 053 7	100; α	1.40×10^{10} yr
			234	234.043 599 9	β^-	24.10 d
92	Uranium	U	235	235.043 928 2	0.7204; α	7.04×10^{8} yr
			236	236.045 566 2	α	2.342×10^{7} yr
			238	238.050 787 0	99.2742; α	4.468×10^{9} yr
			239	239.054 292 0	β^-	23.45 min
93	Neptunium	Np	237	237.048 171 7	α	2.144×10^{9} yr
94	Plutonium	Pu	239	239.052 161 7	α	2.411×10^{4} yr
			242	242.058 741 0	α	3.75×10^{5} yr
			244	244.064 204 4	α	8.00×10^{7} yr

* EC = 전자 포획(electron capture), β^+ = 양전자 방출과 전자 포획 모두 가능하다.

찾아보기 Index

찾아보기 Index

찾아보기 | Index

찾아보기 Index

찾아보기 Index

찾아보기 | Index

찾아보기 Index

찾아보기 Index

찾아보기 | Index

찾아보기 Index

찾아보기 Index

찾아보기 | Index

찾아보기 | Index

College Physics 5th Ed.

대학물리학 5판

개념정리 | 연습문제와 해답

Alan Giambattista 지음

김용은 외 옮김

McGraw Hill

한빛아카데미 Hanbit Academy, Inc.

지은이 Alan Giambattista

Alan Giambattista는 북부 뉴저지 출신으로, 대학교 4학년 때 Anny Berry 교수님으로부터 원자와 분자에 관해 몇 시간 강의할 기회를 받았으며, 이때부터 대학 강의를 시작하였다. 그는 브리검영 대학교에서 피아노 연주와 물리학을 공부하였으며 코넬 대학교에서 대학원을 마치고 교수로 부임하여 거의 30년 동안 기초물리학을 가르치고 있다.

Alan Giambattista는 지금도 연주회에서 정기적으로 피아노와 하프시코드 연주자로 활약하고 있다. 그는 노래 동아리에서 아내 Marion을 만난 후 지금까지 함께 하면서 아름다운 음악을 작곡하고 있다. 현재 그들은 농장 한가운데 있는 집에 살며 이 집과 정원을 가꾸고 고양이도 기르면서, 사랑스런 손주 Ivy와 Leo와 즐거운 시간을 보내며 살고 있다.

옮긴이 **김용은** 충북대학교 yukim@cbnu.ac.kr

그 밖에 번역에 참여하신 분들

강상준 세명대학교 **강희재** 충북대학교 **김경섭** 충북대학교 **김기환** 충남대학교
김동현 충북대학교 **김득수** 공군사관학교 **김성규** 영남대학교 **김현수** 청주대학교
박민규 충북대학교 **신교철** 단국대학교 **연규황** 충북대학교 **오석근** 충북대학교
오영기 계명대학교 **원기탁** 공군사관학교 **이희정** 충북대학교 **임은지** 충북대학교
황도진 충북대학교

대학물리학 5판 College Physics

초판발행 2021년 1월 20일

지은이 Alan Giambattista / **옮긴이** 김용은 외 / **펴낸이** 전태호
펴낸곳 한빛아카데미(주) / **주소** 서울시 서대문구 연희로2길 62 한빛아카데미(주) 2층
전화 02-336-7112 / **팩스** 02-336-7199
등록 2013년 1월 14일 제2017-000063호 / **ISBN** 979-11-5664-520-7 93400

책임편집 박현진 / **기획** 박현진 / **편집** 강다인, 박현진
디자인 박정화 / **전산편집** 백지선, 라미경 / **제작** 박성우, 김정우
영업 이윤형, 길진철, 김태진, 김성삼, 이정훈, 임현기, 이성훈, 김주성 / **영업기획** 김호철, 주희

이 책에 대한 의견이나 오탈자 및 잘못된 내용에 대한 수정 정보는 아래 이메일로 알려주십시오.
잘못된 책은 구입하신 서점에서 교환해 드립니다. 책값은 뒤표지에 표시되어 있습니다.
홈페이지 www.hanbit.co.kr / 이메일 question@hanbit.co.kr

Published by HANBIT Academy, Inc. Printed in Korea

일러두기

이 책은 Alan Giambattista가 대학에서 다년간 물리학을 강의한 경험을 바탕으로 대수학과 삼각함수에 관한 기초 지식을 갖춘 대학 신입생들을 위해 쓴『College Physics : 대학물리학』 중에서 본문의 내용을 요약한「개념정리」와 홀수 번「연습문제」를 발췌하여 별책으로 엮은 것이다.

Alan Giambattista의 책에서는 다양한 문제를 수준에 따라서, 개념 이해 수준에서 간단히 답할 수 있는「개념형 질문」과「선다형 질문」, 개념 이해와 함께 방정식을 바탕으로 실제 상황을 정량적으로 다룬「문제」,「협동문제」, 그리고 여러 개념을 연계하여 정량적으로 다룬「종합문제」 등으로 5단계로 나누어서 수록하였다.

개념형 질문이나 선다형 질문을 풀이하기 위해서는 본문의 개념형 보기에서 다룬 풀이과정을 참고하면 해답을 얻는 데 도움이 된다. 그리고 문제와 협동문제, 종합문제의 풀이는 본문의 보기 문제를 풀이하는 과정을 따라서 하는 것이 도움이 된다. 곧, 문제를 읽고 풀이 '전략'을 세운 후에 '풀이'하고 답을 얻었으면 답의 타당성을 '검토'해 보는 체계적인 과정을 거친다면 옳은 답을 얻을 수 있다. 여러분이 얻은 답이 정답인지는 부록의 해답에서 원서의 번호를 찾아 확인해 볼 수 있다. 한글판 문제의 번호 뒤 [ ]에 적은 번호가 원서의 문제 번호이다.

종합문제는 여러분들이 이미 공부한 여러 장의 개념들이 서로 어떻게 연관되어 있는지 살펴볼 수 있도록 준비한 것이다. 이 문제에는 절이나 장의 제목이 실마리로 주어지지 않았다. 여러 장에서 공부한 개념들을 종합해야 풀이할 수 있는 문제이기 때문이다. 이 문제로 종합적인 자신의 능력을 점검해 볼 수 있다.

더 많은 문제를 풀이해 보려면 영문판『College Physics』를 참고하기 바란다.

2021년 1월

옮긴이 대표 김용은

목차

Contents

CHAPTER 1 | 서론

개념정리

- 물리학에서 사용되는 용어는 정확하게 정의되어야 한다. 물리학에서 쓰이는 용어가 다른 글에 똑같이 쓰여도 그 의미는 다를 수 있다.
- 대수학, 기하학 및 삼각함수 등에 관한 지식은 물리학을 공부하는 데 필수적이다.
- 어떤 양을 증가시키거나 감소시키는 인자는 원래 값에 대한 새로운 값의 새로운 비이다.
- A가 B에 비례한다($A \propto B$)는 것은 B가 일정 비율만큼 증가할 때, A가 같은 비율로 증가함을 의미한다.
- 과학적 표기법에서 숫자는 1과 10 사이의 수와 10의 거듭제곱을 곱한 값으로 나타낸다.
- 유효숫자는 정밀도를 나타내는 기초 문법이다. 이를 통해 우리는 양적 정보를 전달하고 정보가 얼마나 정확한지를 보여준다.
- 두 개 이상의 물리량을 더하거나 뺄 경우, 결과는 가장 적은 정확도를 가진 물리량만큼 정확하다. 물리량을 곱하거나 나누는 경우, 계산 결과의 유효숫자는 계산 전에 유효숫자가 가장 적은 물리량의 유효숫자와 같다.
- 어림셈과 추정과 계산은 보다 정확한 계산을 위해 실제 계산이 확실한지를 확인하기 위해 해보는 것이다.
- 물리학에서 양을 기술하는 숫자는 측정한 단위를 명시하지 않으면 의미가 없다. 과학에서 쓰이는 단위는 SI 단위이다. SI 단위는 길이와 질량 및 시간을 나타내는 미터(m), 킬로그램(kg), 초(s)를 포함하여 7개의 기본 단위를 사용한다. 기본 단위를 조합하면 다른 유도단위를 구성할 수 있다. 접두사가 붙은 SI 단위를 거듭제곱할 때 접두사도 같이 거듭제곱이 된다.
- 계산이 끝나면 항상 각 양과 단위를 붙여서 쓴다. 그러고 난 후에 단위를 대수적으로 간단히 하여 결과의 단위를 구한다. 문제의 지문에 다른 단위가 혼합되어 있으면 문제를 해결하기 전에 주어진 단위를 일관되게 바꾸어야 한다. 일반적으로는 모든 것을 SI 단위로 변환하는 것이 가장 좋은 방법이다.
- 차원 분석은 수식의 타당성을 신속하게 확인하기 위해 사용한다. 수량을 더하거나 뺄 때 또는 등식으로 표현할 때는 언제나 차원이 같아야 한다(비록 꼭 같은 단위로 주어지지 않을지라도).
- 수학적인 근사는 복잡한 문제를 단순화하는 데 도움이 된다.
- 문제해결 요령은 스스로 학습하고 연습해야 하는 기술이다.
- 정확한 문자가 있는 것 같이 보이는 수식을 골라서 문제를 풀지 마라. 문제 풀이를 잘하는 사람은 특정 수식에 있는 각 기호가 어떤 양을 나타내는지 구체적으로 이해하고 각 양에 올바른 단위를 기술하고 수식이 적용되는 상황을 이해한다.
- 그래프는 데이터를 그림으로 보여주는 것으로, 한 변수가 다른 변수에 따라 어떻게 변하는지를 보여주기 위해 그린다. 그래프는 두 변수 사이의 관계를 살펴보는 데 도움이 된다. 기울기를 계산하려면 데이터 점에서 두 점 값을 선택하는 대신, 가장 적합한 선상의 두 점 값을 읽어라.
- 가능하면 그래프가 직선으로 나타나도록 변수를 신중하게 선택하여라.

연습문제

개념형 질문

1 [1]. 물리학을 공부하는 이유를 몇 가지만 제시하여라.

2 [3]. 과학에서 실제 상황과 정확하게 일치하지 않더라도 단순한 모형을 사용하는 이유는 무엇인가?

3 [5]. 과학적 표기법의 장점은 무엇인가?

4 [7]. "유효숫자"로 나열된 모든 숫자가 정확하게 알려진 것인가? 유효숫자의 자릿수 중 어떤 것이 다른 것보다 정확성이 떨어지는가?

5 [9]. SI 단위에 사용된 세 가지 기본 단위는 무엇인가?

6 [11]. 다음 단위를 세 가지 차원 그룹으로 분류하고, 그것이 어떤 차원인지 밝혀라.

> 패덤, 그램, 년, 킬로미터, 마일,
> 달, 킬로그램, 인치, 초

7 [13]. 과학자들은 왜 데이터를 그대로 나열하는 대신 그래프를 그리는가?

선다형 질문

1 [1]. 1 km는 대략 얼마인가?

(a) 2 miles　(b) 1/2 mile
(c) 1/10 mile　(d) 1/4 mile

2 [3]. 55 mi/h는 대략 얼마인가?

(a) 90 km/h　(b) 30 km/h
(c) 10 km/h　(d) 2 km/h

3 [5]. 반지름에 어떤 인자를 곱한 후에 원의 넓이가 원래 값의 반으로 되었다면 곱해진 인자는 얼마인가?

(a) $1/(2\pi)$　(b) $1/2$　(c) $\sqrt{2}$
(d) $1/\sqrt{2}$　(e) $1/4$

4 [7]. 새로운 구의 부피가 원래 구의 부피의 8배가 되게 하려면 원래 지름 d의 몇 배가 되어야 하는가? 원래 구의 지름 d로 나타내어라.

(a) $8d$　(b) $2d$　(c) $d/2$
(d) $d\times\sqrt[3]{2}$　(e) $d/8$

5 [9]. 기체 상태에서 소리의 속력을 나타내는 수식은 $v=\sqrt{\gamma k_B T/m}$ 이다. v는 m/s로 나타낸 속력이고, γ는 차원이 없는 상수, T는 K로 나타낸 절대온도, m은 kg 단위로 표시한 질량이다. 볼츠만 상수 k_B는 어떤 단위로 표시되는가?

(a) $\text{kg}\cdot\text{m}^2\cdot\text{s}^2\cdot\text{K}$　(b) $\text{kg}\cdot\text{m}^2\cdot\text{s}^{-2}\cdot\text{K}^{-1}$
(c) $\text{kg}^{-1}\cdot\text{m}^{-2}\cdot\text{s}^2\cdot\text{K}$　(d) $\text{kg}\cdot\text{m/s}$
(e) $\text{kg}\cdot\text{m}^2\cdot\text{s}^{-2}$

문제

1.3 수학의 이용

1 [1]. 정원사는 단풍잎과 꽃을 뜯어먹는 사슴이 울타리를 뛰어넘어 들어오지 못하게 하려면 울타리의 높이를 37 % 높여야 한다고 말했다. 현재 울타리의 높이가 1.8 m라면, 새 울타리의 높이를 얼마나 높여야 하는가?

2 [3]. 차가운 실외에 있던 구형 풍선을 따뜻한 집안으로 가져가면 풍선이 팽창한다. 겉넓이가 16.0 % 증가하였다면 풍선의 반지름은 몇 퍼센트나 변하겠는가?

3 [5]. 한 연구에 따르면 질량이 m인 포유동물의 대사율은 $m^{3/4}$에 비례한다. 질량이 70 kg인 어떤 사람의 대사율은 질량이 5.0 kg인 고양이의 대사율의 몇 배나 되는가?

4 [7]. 지도에 "축척"이 1/10 000로 표시되어 있다. 이것은 지도에 표시된 도로의 길이가 실제 거리의 1/10 000임을 의미한다. 지도에 표시된 공원의 넓이와 공원의 실제 넓이의 비는 얼마인가?

5 [9]. 절연 천을 통해 시간 Δt 동안 전달되는 열에너지 Q는 $Q/\Delta t = \kappa A \Delta T/d$로 표시된다. 이때 κ는 열전도도, A는 열의 흐름 방향에 수직인 천의 단면적, ΔT는 천 양면의 온도 차, d는 천의 두께이다. 침낭의 안감으로 쓰이는 천 재료 시험에서 한 면의 온도가 37.0 °C이고 다른 한 면은 2.0 °C일 때, 3.40 cm 두께의 안감을 통해 86.0 J의 열이 이동한다. 온도 차가 48.0 °C인 경우, 47.0 J의 열이 전달된다면 안감의 두께는 얼마인가?

6 [11]. 학생회장 입후보자를 광고하는 벽보가 선거법에 규정한 것보다 더 크다. 후보자는 벽보의 길이와 너비를 20.0 % 줄여야 한다고 들었다. 포스터의 넓이가 몇 퍼센트나 줄어드는가?

7 [13]. 환자의 동맥을 씻어낼 때 의사는 개구부의 반지름을 2.0배로 늘린다. 동맥의 단면적은 몇 배가 되는가?

8 [15]. 케플러의 세 번째 법칙에 따르면, 행성의 궤도주기 T는 궤도의 반지름 R과 $T^2 \propto R^3$인 관계에 있다. 목성의 궤도는 지구의 궤도보다 5.19배 크다. 목성의 궤도주기는 얼마인가? (지구 궤도주기는 1년이다.)

1.4 과학적 표기법과 유효숫자

9 [17]. 유효숫자의 적절한 자릿수로 다음 연산을 하여라.

(a) 3.783×10^6 kg $+ 1.25 \times 10^8$ kg

(b) $(3.783 \times 10^6 \text{ m})/(3.0 \times 10^{-2} \text{ s})$

10 [19]. 다음 계산에서 적절한 유효숫자는 얼마인가?

(a) 3.68×10^7 g $- 4.759 \times 10^5$ g

(b) $\dfrac{6.497 \times 10^4 \text{ m}^2}{5.1037 \times 10^2 \text{ m}}$

11 [21]. 다음 곱셈을 하고 유효숫자와 단위를 과학적 표기법으로 답하여라.

$$(3.209 \text{ m}) \times (4.0 \times 10^{-3} \text{ m}) \times (1.25 \times 10^{-8} \text{ m})$$

12 [23]. 주어진 측정치의 유효숫자를 밝히고 표준 과학적 표기법으로 나타내어라.

(a) 0.00574 kg (b) 2 m

(c) 0.450×10^{-2} m (d) 45.0 kg

(e) 10.09×10^4 s (f) 0.09500×10^5 mL

13 [25]. (3.21 m)/(7.00 ms)의 결과를 유효숫자와 m/s로 나타내어라. **힌트** ms는 밀리초를 나타낸다.

1.5 단위

14 [27]. 세포막의 두께는 7.0 nm이다. 몇 인치인가?

15 [29]. 속력을 작은 것부터 큰 것까지 순서대로 나열하여라.

(a) 55 mi/h (b) 82 km/h (c) 33 m/s

(d) 3.0 cm/ms (e) 1.0 mi/min

16 [31]. 브루클린 다리가 놓인 강폭은 1595.5 ft이고 다리의 총길이는 6016 ft이다. 강폭과 다리 길이를 미터로 변환하여라.

17 [33]. 신경자극은 뉴런을 따라 80 m/s로 이동한다. 이 속력을 (a) mi/h와 (b) cm/ms 단위로 나타내어라.

18 [35]. 2006년 말 경제 전문가는 향후 5년간 미국 달러 가치가 유로화 대비 10 % 이상 하락할 것으로 예측했다. 2006년 11월 5일에 환율이 1유로당 1.27 달러였다가 2007년 11월 5일에 1유로당 1.45 달러로 하락했다면, 첫 해에 달러 가치가 실제로 얼마나 하락했는가?

19 [37]. 혈액은 대동맥을 통해 평균 속력 $v = 18$ cm/s로 흐른다. 대동맥은 반지름이 $r = 12$ mm인 원통형이다. 대동맥을 통해 흐르는 혈액의 부피 흐름률은 $\pi r^2 v$이다. 대동맥을 흐르는 혈액의 부피 흐름률을 L/min로 구하여라.

20 [39]. 곱셈 $(3.2 \text{ km}) \times (4.0 \text{ m}) \times (13.24 \times 10^{-3} \text{ mm})$의 결과를 유효숫자와 km^3 단위로 나타내어라.

21 [41]. 달팽이가 5.0 cm/min로 기어간다. 달팽이의 속력을 (a) ft/s (b) mi/h로 나타내어라.

1.6 차원 해석

22 [43]. 퍼텐셜에너지가 식 $U = mgy$로 주어진다. U의 단위는 J, m은 kg, y는 m, g는 m/s^2이다. J과 동등한 SI 단위의 조합을 구하여라.

23 [45]. 운동에너지 K(SI 단위 $kg \cdot m^2 \cdot s^{-2}$)와 운동량 p의 관계는 $K = p^2/(2m)$인데, m은 질량이다. 운동량의 SI 단위를 구하여라.

24 [47]. 부력은 $F_B = \rho g V$로 나타낸다. F_B의 차원은 $[MLT^{-2}]$, ρ(밀도)의 차원은 $[ML^{-3}]$, g(중력장의 세기)의 차원은 $[LT^{-2}]$이다. (a) V의 차원은 무엇인가? (b) V는 속도와 부피 중 어떤 차원이어야 정확한가?

1.8 어림셈

25 [49]. 여러분이 읽고 있는 책과 눈 사이의 대략적인 거리는 얼마인가?

26 [51]. 사람 다리의 평균 질량을 계산하여라.

27 [53]. 40층 빌딩의 높이를 m 단위로 어림하면 얼마인가?

1.9 그래프

28 [55]. 환자의 체온이 오전 8:05에는 97.0 °F, 오후 12:05에는 101.0 °F이었다. 경과 시간에 따른 온도 변화가 하루 동안 선형적이라면, 오후 3:35에 측정한 환자의 체온은 얼마인가?

29 [57]. 학생들의 물리실험 결과를 v 대 t의 그래프로 그렸더니 직선을 기술하는 방정식 $at = v - v_0$로 나타났다. (a) 이 그래프의 기울기는 얼마인가? (b) 이 직선의 수직축 절편은 얼마인가?

30 [59]. 어떤 물체가 x 방향으로 움직인다. 물체가 이동한 거리를 시간의 함수로 나타내면 다음 그래프와 같다. (a) 기울기와 수직축의 절편은 얼마인가? (단위를 포함하여 답하여라.) (b) 이 그래프의 기울기와 수직축의 절편의 물리적 의미는 무엇인가?

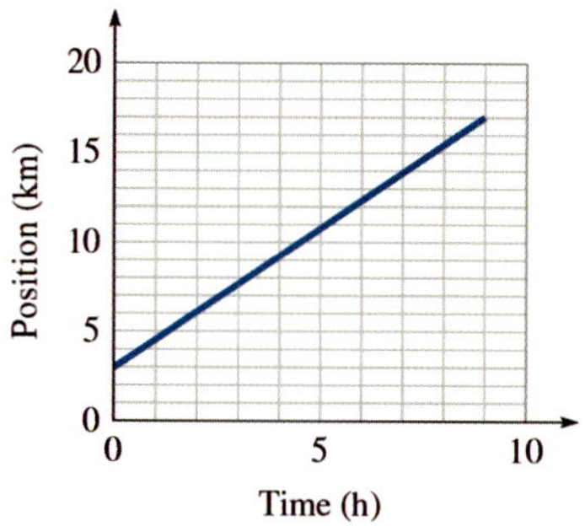

31 [61]. 수직축에 x를, 수평축에 t^4을 나타낸 x 대 t^4의 그래프가 직선이다. 기울기는 $25\ m/s^4$이고 수직축 절편은 3 m이다. x를 t의 함수로 나타내는 식을 써라.

32 [63]. 물리실험에서 학생들이 유체 속에서 반지름 r인 공이 가라앉는 속도 v를 측정한다. 예상된 관계는 $v = 2r^2 g(\rho - \rho_f)/(9\eta)$이다. (a) 이 관계를 알아보기 위해서는 자료를 어떻게 그려야 하는가? (b) 다른 상수의 추정값을 안다면 그래프에서 η의 값을 어떻게 결정할 수 있는가?

협동문제

33 [65]. 차원 분석을 통해 원주를 따라 운동하는 입자의 속력(m/s 단위)이 다음에 주어진 양들 중 일부 또는 전체에 따라 어떻게 변하는지 밝혀라. r은 원의 반지름, ω는 s^{-1} 단위로 주어지는 원주 위를 도는 각진동수, m은 입자의 질량이다.

34 [67]. 여러분이 살고 있는 도시의 인구수를 고려하고, 자동차를 얼마나 자주 수리하고, 각 정비소가 자동차 정비를 하루에 몇 번 할 수 있는지를 고려하여 자동차 정비소의 수를 추정해 보아라. 그런 다음, 웹 검색을 하여 예상한 숫자가 맞는지 조사해 보아라.

35 [69]. 사람의 머리카락 수를 예상해 보아라.

힌트 두피 $1\ cm^2$당 머리카락의 수를 고려한 다음 머리카락이 자라는 두피 넓이를 고려하여라.

연구문제

36 [71]. 보통의 바이러스는 단백질과 DNA(또는 RNA) 덩어리이며, 구형이다. A형 인플루엔자 바이러스는 지름이 85 nm인 구형 바이러스이다. 독감에 걸린 친구가 기침을 해서 당신에게 침이 튀었다. 침의 양이 $0.010\ \text{cm}^3$이고, 그 중 10^{-9} 정도가 A형 인플루엔자 바이러스로 감염되어 있다면 몇 개의 바이러스가 당신에게 옮겨졌는가?

37 [73]. 지구상에서 가장 큰 생명체는 청고래이다. 청고래의 길이는 평균 70 ft이며, 가장 큰 청고래의 기록은 1.10×10^2 ft이다. (a) 이 길이를 미터로 환산하여라. (b) 런던의 2층 버스의 길이가 8.0 m라면 이 고래는 2층 버스 길이의 몇 배가 되겠는가?

38 [75]. 인체에서 혈관의 길이는 대략 100 000 km이다. 전체 혈관의 대부분은 평균 지름이 $8\ \mu\text{m}$ 인 모세혈관이 차지한다. 모세혈관이 항상 혈액으로 가득 차 있고, 대부분 혈액이 모세혈관에 있다고 가정하고 인체 안의 전체 혈액량을 추정하여라.

39 [77]. 공기 중의 질소 분자의 평균 속력은 켈빈(K) 온도의 제곱근에 비례한다. 따뜻한 여름날(평균 기온 300.0 K) 평균 속력이 475 m/s라면 추운 겨울날(250.0 K) 평균 속력은 얼마인가?

40 [79]. 미국에서는 속력을 논할 때 시간당 마일(mi/h)을 사용하지만, SI 단위는 m/s이다. m/s를 mi/h로 환산하기 위한 환산인자는 얼마인가? 속력을 m/s 단위로 표시한 mi/h 속력의 근삿값을 구하려 할 때, 가장 쉽게 사용할 수 있는 환산인자는 얼마인가?

41 [81]. 물체의 무게 W는 $W = mg$로 주어진다. 여기서 m은 물체의 질량, g는 중력장의 세기이다. SI 단위로 표시한 장의 세기 g의 SI 단위는 m/s^2이다. 무게를 나타내는 SI 단위는 무엇인가?

42 [83]. 어느 날 아침 〈뉴욕타임스〉에서 어떤 억만장자의 자산이 $59 000 000 000에 달한다는 기사를 읽었다. 그날 이후 거리에서 그녀를 보았고, 그녀가 여러분에게 $100짜리 지폐 한 장을 주었다고 하자. 지금 그녀의 순자산은 얼마인가? (유효숫자를 고려하여라.)

43 [85]. 여러분이 7-리그 부츠를 가지고 있다고 가정하자. 이 부츠는 매 걸음마다 7.0 리그 거리를 걷는 마법 부츠이다. (a) 여러분이 120 걸음/min으로 행진하는 군대를 따라간다면 당신의 속력은 몇 km/h인가? (b) 만약 육지를 지나서 바다 위를 행진할 수 있다고 가정하면 적도에서 지구를 돌면 시간이 얼마나 걸리겠는가? (리그는 미국과 영국의 거리 단위로, 1리그는 3마일이며 대략 4.8 km이다.)

44 [87]. 행성 표면에서 물체의 무게는 행성의 질량에 비례하고 행성 반지름의 제곱에 반비례한다. 목성의 반지름은 지구의 11배이고 목성의 질량은 지구의 320배이다. 지구에서 무게가 1.0 N인 사과가 목성에 가면 무게가 얼마나 될까?

45 [89]. 자료조사를 하지 말고, 미국에서 승용차가 소비하는 연간 연료 소비량(갤런 단위)을 어림셈으로 추정하여라. 필요한 수량에 대해 합리적 추정을 하여라. 평균량으로 생각하여라. ($1\ \text{gal} \approx 4\ \text{L}$)

46 [91]. 물리학의 기본상수 중 세 가지는
빛의 속력 $c = 3.0 \times 10^8\ \text{m/s}$,
중력상수 $G = 6.7 \times 10^{-11}\ \text{m}^3 \cdot \text{kg}^{-1} \cdot \text{s}^{-2}$,
플랑크 상수 $h = 6.6 \times 10^{-34}\ \text{kg} \cdot \text{m}^2 \cdot \text{s}^{-1}$이다.
(a) 이 세 가지 상수를 곱하거나 나눠서 시간의 차원을 가진 조합을 구하여라. 이 시간을 플랑크 시간이라 부르며, 현재 우리가 알고 있는 물리 법칙을 적용할 수 없는 우주의 시간대를 나타낸다. (b) (a)에서 유도한 플랑크 시간에 관한 공식을 사용하여 플랑크 시간을 초 단위로

계산하여라.

47 [93]. 우주 왕복선 비행사들은 질량 측정용 의자를 사용하여 질량을 측정한다. 이 의자는 용수철에 부착되어 자유롭게 왕복할 수 있다. 진동자의 주파수를 측정하고 이를 용수철에 부착된 총질량 m을 계산하는 데 사용한다. 용수철 상수 k는 kg/s^2 단위로 측정하였고 62 kg인 우주 비행사가 앉았을 때 의자의 진동수가 $0.50\ s^{-1}$였다면 75 kg인 우주비행사가 앉은 의자의 진동수는 얼마인가? 의자 자체의 질량은 10.0 kg이다.

힌트 차원 분석을 이용하여 m과 k에 따라 f가 어떻게 변하는지 알아보아라.

48 [95]. 소아과 의사가 수유 후에 계속하여 침을 흘리는 아기에게 위산을 감소시키기 위해 유스티딘 시럽을 처방했다. 처방전에는 하루에 두 번 0.75 mL씩 한 달 동안 복용하라고 쓰여 있었다. 약사는 "3/4 티스푼씩 하루에 두 번"이라고 쓰인 라벨을 인쇄하여 시럽 병에 붙였다. 오류가 발견될 때까지 어떤 요인에 의해 아기에게 과다투약 되었는가? **힌트** 1 티스푼 = 4.9 mL

49 [97]. 효모 세포의 먹이와 공간을 제한하고 이것이 개체군(질량)의 증가에 미치는 영향을 알아보는 연구를 하였다. (a) 아래 표는 시간대별로 효모 세포의 개체 수를 질량으로 측정한 것이다. 시간 대 효모 개체군의 크기 그래프를 그려라. 최적 선[best−fit line]을 그려라. (b) 시간이 한참 지난 후, 개체 수는 수용력으로 알려진 최대치에 근접한다. 효모 개체군의 수용력을 추정하여라. (c) 모집단이 수용력보다 훨씬 적은 경우, 효모가 지수함수로 성장할 것으로 예상한다. 곧, $m(t)=m_0e^{rt}$이다. 이때 m은 임의의 시간 t일 때 개체 수이고, m_0는 초기의 개체 수, r은 고유성장률(제한이 없을 때의 성장률), e는 자연대수의 밑이다(부록 A.4 참조). 이 지수 관계로부터 직선 그래프를 얻기 위해 m/m_0의 자연대수를 그릴 수 있다. 곧

$$\ln\frac{m}{m_0}-\ln e^{rt}-rt$$

이다. $t=0$에서 $t=6.0$ h까지 질량(개체 수) 대 t에 대한 $\ln(m/m_0)$의 그래프를 그리고, 이를 이용하여 효모 개체 수의 고유배양률 r을 구하여라.

시간대별 효모 개체군의 질량(개체 수)

시간(h)	질량(g)
0.0	3.2
2.0	5.9
4.0	10.8
6.0	19.1
8.0	31.2
10.0	46.5
12.0	62.0
14.0	74.9
16.0	83.7
18.0	89.3
20.0	92.5
22.0	94.0
24.0	95.1

CHAPTER 2 힘

개념정리

- 두 물체 간의 상호작용은 각 물체에 하나씩 작용하는 두 개의 힘으로 구성된다. 일반적으로 말하면 힘은 밀거나 당긴다. 중력과 전자기력은 미치는 범위가 무한대이다. 거시 물체에 작용하는 다른 모든 힘에는 접촉력이 포함된다. 힘은 벡터양이다.

- 양을 더하거나 빼려고 할 때마다 벡터인지 아닌지를 점검해야 한다. 벡터는 크기와 방향이 있으며 특별한 규칙에 따라 더해진다. 벡터의 꼬리가 이전 벡터의 머리에 위치하도록 각 벡터를 그려서 그래픽 덧셈을 한다. 합력은 첫 번째 벡터의 꼬리에서 마지막 벡터의 머리까지의 벡터 화살표로 그린다.

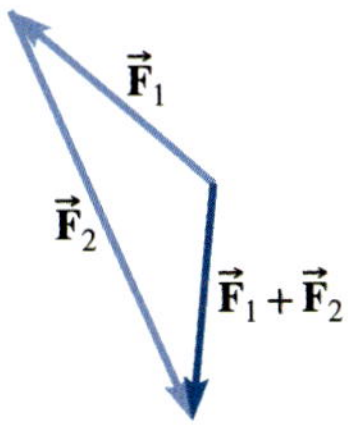

- 벡터를 성분으로 분해하기 전에 먼저 좌표계(x와 y축 방향)를 선택한다. 빗변과 x축과 y축에 평행한 다른 두 변을 벡터로 하는 직각삼각형을 그린다. 그런 다음 삼각함수를 사용하여 성분의 크기를 구한다. 각 성분이 올바른 대수 부호를 갖도록 해야 한다. 삼각형은 성분을 알면 벡터의 크기와 방향을 구하는 데 이용할 수 있다.

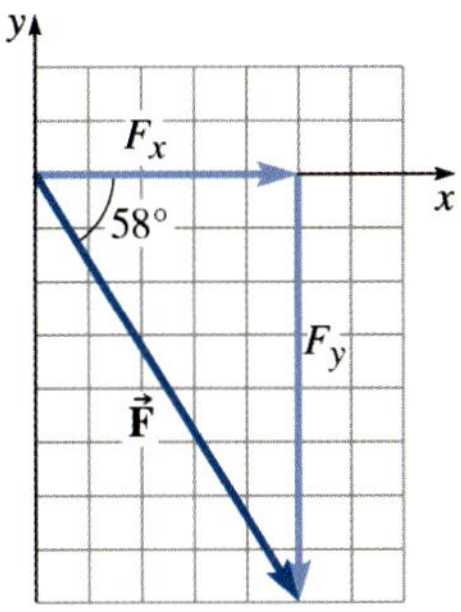

- 벡터를 대수적으로 더하려면 해당 성분을 더해 합 벡터의 성분을 구한다.

  $\vec{A} + \vec{B} = \vec{C}$이면, $A_x + B_x = C_x$이고 $A_y + B_y = C_y$이다.

- 힘의 SI 단위는 뉴턴 N이다.

$$1.00\ \text{N} = 0.2248\ \text{lb}$$

- 계에 작용한 알짜힘은 그 계에 작용한 모든 힘의 벡터 합이다.

$$\vec{F}_{\text{알짜}} = \sum \vec{F} = \vec{F}_1 + \vec{F}_2 + \cdots + \vec{F}_n \qquad (2\text{–}11)$$

  모든 내력은 상호작용 쌍을 형성하므로 외부 힘만 더한다. 다른 물체에 작용하는 힘은 포함하지 않는다.

- 뉴턴의 제1법칙: 물체에 작용한 알짜힘이 0이면 물체의 속도는 변하지 않는다. 속도의 크기는 물체가 움직이는 속력이고 방향이 운동 방향인 벡터이다. 물체의 속도가 일정하면 병진 평형이라고 한다.

- 자유물체도형^{FBD}은 선택한 물체에 작용하는 모든 힘을 나타내는 벡터 화살표를 포함하지만 다른 물체에 작용하는 힘은 표시하지 않는다.

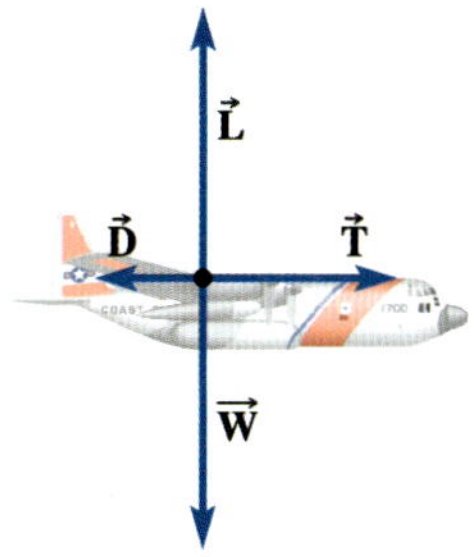

- 뉴턴의 운동 제3법칙: 두 물체 사이의 상호작용에서 각 물체는 다른 물체에 힘을 가한다. 이 두 힘은 크기가 같고 방향이 반대이다.

$$\vec{F}_{\text{BA}} = -\vec{F}_{\text{AB}} \qquad (2\text{–}14)$$

- 기본 단계에서 네 가지 상호작용이 있다. 곧 중력, 강한 상호작용, 약한 상호작용, 전자기 상호작용의 네 가지 상호작용이 있다. 접촉력은 많은 미세 전자기 상호작용으로 나타난 거시적 결과이다.

- 다른 물체들이 한 물체에 작용하는 중력의 크기는 다음과 같다.

$$F = \frac{Gm_1m_2}{r^2} \qquad (2\text{–}15)$$

  여기에서 r은 두 물체의 중심 사이의 거리이다. 각 물체는 다른 물체의 중심을 향해 당겨진다.

- 질량과 무게는 물리 성질과 단위가 다르다. 물체의 무게는 그것에 작용하는 중력의 크기이다. 물체의 무게는 질량에 비례한다. $W = mg$ [식 (2-18)]. 여기에서 g는 중력장의 세기이다. 지구 표면 근처에서 g의 평균값은 9.80 N/kg이다. 이탤릭(스칼라) 기호 g는 벡터의 크기이고, 그 값은 음수가 아니다.
- 수직항력은 각 물체를 다른 물체로부터 밀어내는 접촉면에 수직으로 작용하는 접촉력이다. 수직항력은 반드시 수직인 것도, 작용하는 물체의 무게와 반드시 같은 것도 아니다.

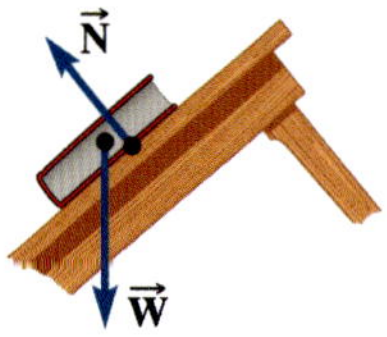

- 마찰력은 접촉면에 평행하게 작용하는 접촉력이다. 간략한 모형에서 운동마찰력과 최대 정지마찰력은 같은 접촉면 사이에 작용하는 수직항력에 비례한다.

$$f_s \le \mu_s N \qquad (2\text{-}24)$$

$$f_k = \mu_k N \qquad (2\text{-}25)$$

정지마찰력은 표면이 미끄러지는 것을 방해하는 방향으로 작용한다. 운동마찰력의 방향은 물체를 정지시키려는 방향으로 작용한다. 서로 접촉하여 같은 속도로 함께 움직이는 두 개의 물체 사이에는 상대적인 움직임이 없으므로 둘 사이에 정지마찰력이 작용한다.

- 이상적인 줄은 (줄의 양쪽 끝 사이 어디에든 줄의 접선 방향으로 외력이 작용하지 않으면) 그 줄 끝에 매달린 물체를 같은 크기의 힘으로 줄의 길이 방향으로 당긴다. 이상적인 도르래를 지나 움직이는 이상적인 줄의 장력은 도르래 양쪽에서 같다.

연습문제

개념형 질문

1 [1]. 한 사람이 욕실 체중계 위에 서 있다. 바닥에 기인하는 접촉력, 사람 발에 기인하는 접촉력, 사람의 몸무게, 체중계의 무게 중 체중계에 작용하지 않는 힘은 어느 것인가?

2 [3]. 다음 항목 중에서 스칼라가 아닌 것은?

온도, 시험성적, 주가, 습도, 속도, 질량

3 [5]. 핀란드를 방문하는 사람들은 모든 아파트 건물 외부에 있는 무거운 금속 틀을 보고 놀란다. 토요일 아침 몇몇 아파트 주민들이 각자 양탄자와 털이개를 들고 틀이 있는 곳에 나타날 때 틀의 용도를 명백히 알게 된다. 양탄자의 먼지를 터는 과정에서 관성의 원리가 어떠한 역할을 하는가? 야구공을 던질 때 관성의 원리가 하는 역할과 유사하다고 생각하는가?

4 [7]. 느슨해진 망치 머리를 조일 때, 목수는 망치를 수직으로 잡고 들어 올렸다가 나무 손잡이의 하단 끝을 판자에다 재빠르게 내려친다. 망치 머리가 어떻게 다시 조여지게 되는지 설명하여라.

5 [9]. 좁은 시골길을 따라 두 대의 자동차가 서로 마주보고 달려가다가 정면충돌하여 둘 다 엔진룸 뚜껑이 찌그러졌다. 차체에서 일어난 상황을 관성의 원리로 설명하여라. 차의 뒷부분과 앞부분이 동시에 멈추었는가?

6 [11]. (a) 욕실 체중계의 눈금으로 몸무게를 읽을 때 여러분은 어떤 가정을 하는가? 체중계가 실제로 보여주는 것은 무엇인가? (b) 어떤 상황에서 체중계의 눈금이 여러분의 몸무게와 같지 않은가?

7 [13]. (a) 사람의 몸무게는 북극과 남극 어디에서 더 나가는가? (b) 에베레스트 산의 정상과 밑바닥 어느 곳에서 몸무게가 더 나가는가?

8 [15]. 뉴턴의 제3법칙이 요구하는 바와 같이, 4륜 자동차가 정지 상태에서 출발할 때 앞으로 끄는 힘과 같은 힘으로 뒤쪽으로 당긴다면, 4륜 자동차가 움직이는 것이 어떻게 가능한가? 설명하여라.

9 [17]. 무거운 납공이 나무로 짠 견고한 틀에 매인 끈 끝에 매달려 있다. 두 번째 끈은 납공의 바닥에 있는 고리에 매달았다. 여러분이 끈의 한쪽 끝을 천천히 밑으로 당긴다면 어떤 끈이 먼저 끊어지는가? 설명하여라.

10 [19]. 부두에서 3 m 떨어진 곳에 표류하고 있는 가벼운 나무 뗏목의 한쪽 끝에 여러분이 서 있다고 하자. 뗏목은 길이가 6 m이고 너비가 2.5 m이다. 여러분은 부두와 가까운 쪽 뗏목 끝에 서 있다. 부두에는 뗏목을 당길 수 있는 고리가 달린 막대를 들고 있는 친구가 있다. 여러분은 친구가 있는 부두 쪽으로 뗏목을 움직일 수 있는가? 여러분에게 노는 없다. 물에 젖지 않고 할 수 있는 방법을 제안해 보아라.

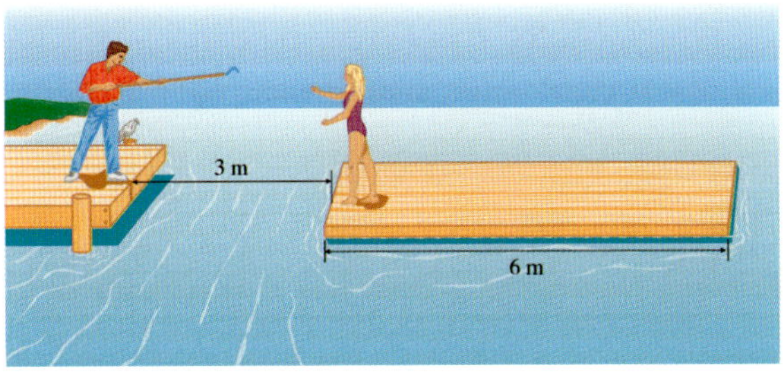

11 [21]. 벡터를 더하는 방법은 두 가지(그림으로 더하는 방법, 대수로 더하는 방법)가 있다. 각각의 장단점을 비교하여라.

12 [23]. 경사면을 따라 미끄러지는 나무상자 문제에서, x축을 경사면과 평행하게 선택할 수 있는가?

13 [25]. 접촉력의 개념을 거시적 관점과 원자의 관점에서 설명하여라.

14 [27]. 어떠한 기본 힘이 태양계에서 행성의 운동을 지배하는가? 이 힘은 기본적인 힘 중에서 가장 강한 것인가 아니면 가장 약한 것인가? 설명하여라.

15 [29]. 다음 힘 중 전자와 원자핵을 결합하여 원자를 구성하는 것은 어느 것인가?

강력, 접촉력, 전자기력, 중력

16 [31]. 쿼크를 결합하여 양성자와 중성자, 그리고 여러 색다른 아원자 입자를 구성하는 기본적인 힘은 어느 것인가?

선다형 질문

1 [1]. 상호작용 짝은

(a) 크기가 같고 방향이 반대이며 같은 물체에 작용한다.
(b) 크기가 같고 방향이 반대이며 다른 물체에 작용한다.
(c) 주어진 물체에 대해 FBD에 나타난다.
(d) 항상 중력을 하나의 짝으로 포함한다.
(e) 같은 물체에 같은 방향으로 작용한다.

2 [3]. 마찰력은

(a) 접촉면과 평행하게 작용하는 접촉력이다.
(b) 접촉면에 수직으로 작용하는 접촉력이다.
(c) 표면을 따라 어느 방향으로든 작용하므로 스칼라양이다.
(d) 항상 물체의 무게에 비례한다.
(e) 물체 사이의 수직항력과 항상 같다.

3 [5]. "수직" 항력이라고 말할 때, 이 힘은

(a) 주어진 계의 배치에 따라 예상되는 일반적인 힘이다.
(b) 어디서나 지표면에 수직인 힘이다.
(c) 항상 축에 수직인 힘이다.
(d) 두 고형물체가 접하고 있는 면에 수직인 접촉력이다.
(e) 계에 작용하는 알짜힘이다.

4 [7]. 먼 거리 힘이 아닌 것은?

(a) 빗방울이 땅으로 떨어지게 하는 힘
(b) 나침반이 북쪽을 가리키게 하는 힘

(c) 앉아 있는 동안 사람이 의자에 가하는 힘

(d) 지구 주위에서 달이 그 궤도에 있게 하는 힘

5 [9]. 그림에서 벡터 $\vec{A}$ 와 같은 것은?

(a) $\vec{C}+\vec{D}$

(b) $\vec{C}+\vec{D}+\vec{E}$

(c) $\vec{C}+\vec{F}$

(d) $\vec{B}+\vec{C}$

(e) $\vec{B}+\vec{F}$

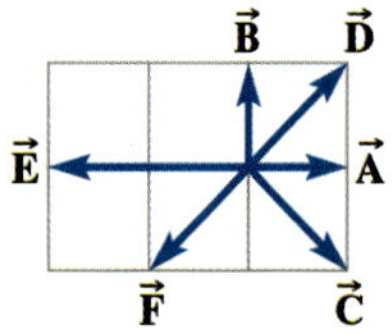

6 [11]. 서로 다른 두 개의 동전을 물리책 표지에 올려놓고, 표지 한쪽 끝을 천천히 들어 올린다. 동전과 책 사이의 정지마찰계수가 같다고 할 때, 다음 설명 중 맞는 것은?

(a) 더 무거운 동전이 먼저 미끄러지기 시작한다.

(b) 더 가벼운 동전이 먼저 미끄러지기 시작한다.

(c) 두 동전이 동시에 미끄러지기 시작한다.

7 [13]. 신형 온수기가 들어있는 나무상자의 무게가 800 N이다. 팀과 친구는 마루 위에서 600 N의 힘으로 상자가 일정한 속도로 미끄러지도록 수평으로 밀었다. 나무상자와 마루 사이의 운동마찰계수에 대해 어떠한 결론을 내릴 수 있는가?

(a) $\mu_k = 0.75$

(b) $\mu_k \geq 0.75$

(c) $\mu_k \leq 0.75$

(d) 주어진 정보가 충분하지 않아 결론을 내릴 수 없다.

질문 8~9. 각 문제의 상황에서 수직항력의 크기 N은 물체의 무게 W와 어떻게 비교되는가? 아래에서 답을 골라라.

(a) W와 같다.

(b) W보다 더 크다.

(c) W보다 더 작다.

(d) 주어진 정보가 충분하지 않아 수직항력의 상대적인 크기를 결정할 수 없다.

8 [15]. 어린이(몸무게 W)가 평평한 바닥에 앉아 있다. 어린이에게 작용하는 수직항력은 ________이다.

9 [17]. 역도 선수(몸무게 W)가 400 N의 역기를 머리 위로 들고 있다. 바닥이 역도 선수에게 작용하는 수직항력의 크기는 ________이다.

문제

2.1 상호작용과 힘

1 [1]. 밀가루 한 포의 무게는 19.8 N이다. 몇 파운드인가?

2.2 그림을 이용한 벡터 덧셈

2 [3]. 벡터 $\vec{A}$, $\vec{B}$, $\vec{C}$를 크기가 작은 것부터 순서대로 나열하여라. 이유를 설명하여라.

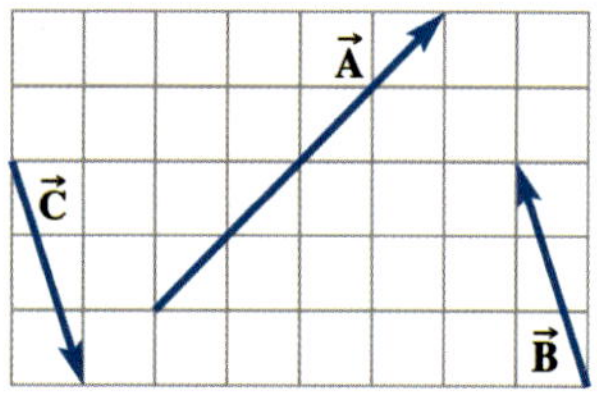

3 [5]. 그림과 같이, 크기가 각각 4.0 N인 두 벡터가 수평면 아래쪽으로 작은 각 α만큼 기울어져 있다. $\vec{C}=\vec{A}+\vec{B}$라고 하자. $\vec{C}$의 방향과 크기를 추정하여라. (격자의 한 변은 1 N을 나타낸다.)

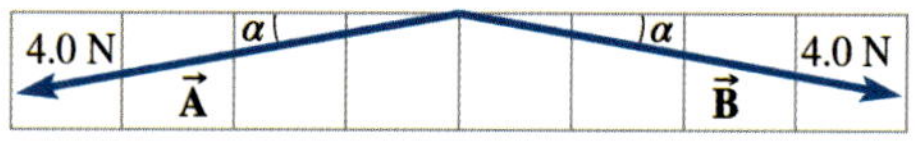

4 [7]. 벡터 $\vec{D}$, $\vec{E}$, $\vec{F}$를 크기가 작은 것부터 순서대로 나열하고 그 이유를 설명하여라.

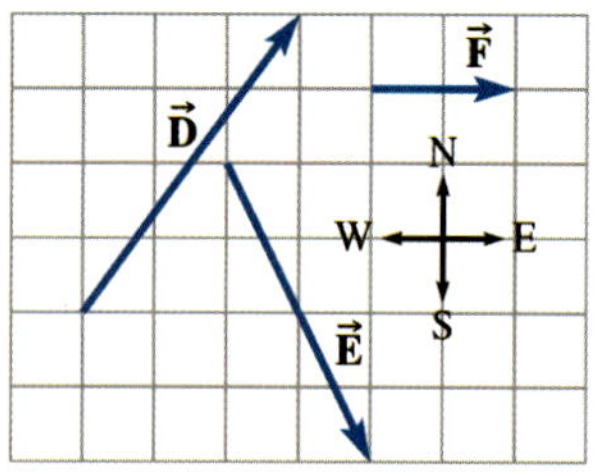

5 [9]. 로빈 후드의 부하 두 명이 썰매에 금을 싣고 은신처가 있는 정북으로 난 길을 따라 썰매에 맨 밧줄을 끌고 있다. 한 사람은 북동쪽 12° 각도에서 62 N의 힘으로 밧줄을 끌고, 다른 사람은 북서쪽 12° 각도에서 똑같

은 힘으로 밧줄을 끌고 있다. 그림 덧셈법을 이용해 썰매에 작용하는 두 힘의 합을 구하여라. 밧줄은 지면과 평행하다고 가정하여라.

2.3 성분을 이용한 벡터 덧셈

6 [11]. 20 N의 힘이 x축에서 위쪽으로 60°를 향한다. 두 번째 힘 20 N은 x축에서 아래쪽으로 60°를 향한다. 이 두 힘의 벡터 합은 얼마인가?

7 [13]. 문제 4에서 y축이 북쪽을 향한다고 할 때, 벡터 $\vec{D}$, $\vec{E}$, $\vec{F}$를 y 성분이 작은 것부터 순서대로 나열하여라. 그 이유를 설명하여라.

8 [15]. 성분 덧셈법을 이용해 그림의 벡터 합 $\vec{A}+\vec{B}=\vec{C}$를 구하여라. 각 격자의 한 변은 2 N이다.

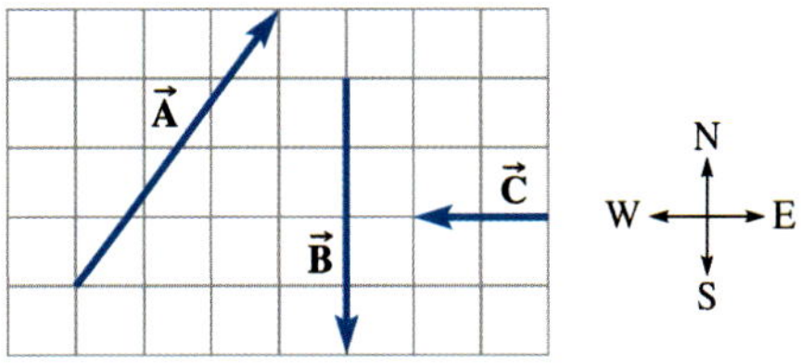

9 [17]. 가까운 거리를 질주하는 치타의 속도 벡터는 x와 y 성분이 각각 $v_x=+16.4$ m/s와 $v_y=-26.3$ m/s이다.

(a) 속도 벡터의 크기는 얼마인가?

(b) 속도 벡터가 $+x$축과 $-y$축과 이루는 각도는 얼마인가?

10 [19]. 벡터 $\vec{A}$는 크기가 4.0 단위이고, 벡터 $\vec{B}$는 크기가 6.0 단위이다. $\vec{A}$와 $\vec{B}$ 사이의 각은 60.0°이다. $\vec{A}+\vec{B}$의 크기는 얼마인가?

11 [21]. 벡터 $\vec{a}$의 성분은 $a_x=-3.0\ \mathrm{m/s^2}$과 $a_y=+4.0\ \mathrm{m/s^2}$이다. (a) $\vec{a}$의 크기는 얼마인가? (b) $\vec{a}$의 방향은 어디인가? 좌표축 하나와 관련지어서 각을 구하여라.

12 [23]. 벡터 $\vec{B}$의 방향은 바꾸지 않고 크기를 두 배로 하였다고 가정하자. x와 y 성분은 어떻게 되는가? 그 이유를 설명하여라.

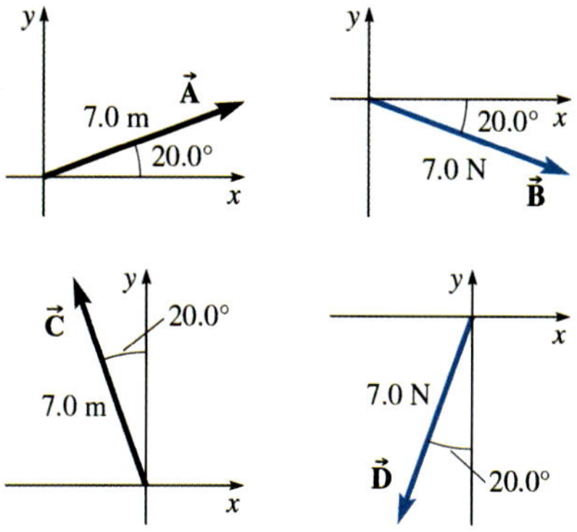

13 [25]. 벡터의 x와 y 성분이 다음과 같이 주어졌다. 각각의 경우, 벡터의 크기와 방향을 구하여라.

(a) $x=-5.0$ cm, $y=+8.0$ cm

(b) $F_x=+120$ N, $F_y=-60.0$ N

(c) $v_x=-13.7$ m/s, $v_y=-8.8$ m/s

(d) $a_x=2.3\ \mathrm{m/s^2}$, $a_y=6.5\ \mathrm{cm/s^2}$

2.4 관성과 평형 : 뉴턴의 제1법칙

14 [27]. 힘의 크기가 2000 N과 3000 N의 힘들이 다섯 물체에 작용한다. 힘의 방향은 그림과 같다. 알짜힘의 크기가 가장 작은 것에서부터 순서대로 물체를 나열하여라. 그 이유를 설명하여라.

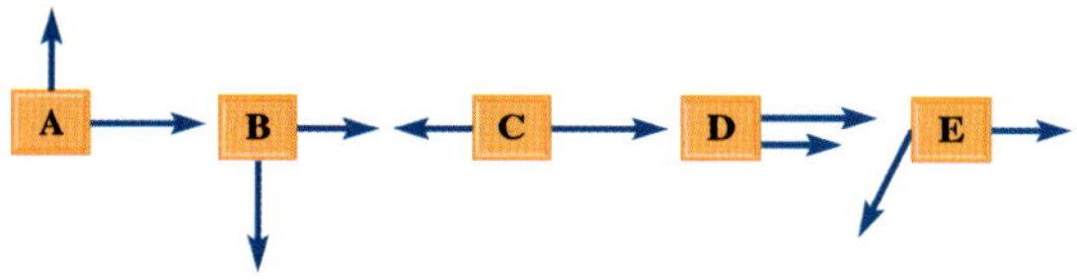

15 [29]. 한 남자가 수영장에서 공기를 채운 매트리스 위에 한가하게 누워 있다. 이 남자와 공기 매트리스의 무게가 총 806 N이라면, 매트리스의 위쪽 방향으로 작용하는 물의 힘은 얼마인가?

16 [31]. 계류장에 밧줄로 묶여있는 범선의 무게는 820 N이다. 범선을 계류 중인 밧줄은 110 N의 힘으로 수평을 유지하면서 서쪽으로 당긴다. 범선은 안전한 곳에 정박해 있고 바람은 서쪽에서 분다. 범선은 미는 물결도 없는 잔잔한 호수에 정박해 있다. 범선에 대한 FBD를 그리고 각 힘의 크기를 나타내어라.

17 [33]. 평탄한 고속도로에서 주행하는 트럭이 아래로 향하는 52 kN의 중력, 도로로 인해 위쪽으로 작용하는 52 kN의 접촉력, 도로에 의해 동쪽으로 작용하는 7 kN의 다른 접촉력, 공기저항으로 서쪽으로 작용하는 5 kN의 항력을 받고 있다. 트럭에 작용하는 알짜힘은 얼마인가?

18 [35]. 크기가 3.0 N과 4.0 N인 두 힘이 물체에 작용한다. (a) 알짜힘이 7.0 N이려면, 또한 (b) 알짜힘이 5.0 N이려면 관련된 두 힘 사이의 각은 얼마인가? (c) 알짜힘의 크기가 가장 작으려면 방향은 어떤 관계여야 하고, 크기는 얼마여야 하는가?

19 [37]. "빨강 망토 소녀"가 할머니 댁을 방문하러 가는 길에 잠시 쉬려고 1.2 kg짜리 과자 바구니를 옆에 내려놓고 앉았다. 뒤따라오던 늑대가 바구니를 발견하고 수직에 대해 25°의 각도에서 6.4 N의 힘으로 손잡이를 잡아당기기 시작했다. 소녀는 순순히 뺏기지 않으려고 12 N의 힘으로 손잡이를 잡아당겼다. 바구니에 있는 알짜힘이 수직으로 올라간다면, 소녀가 잡아당기는 각도는 얼마인가?

2.5 상호작용 쌍 : 뉴턴의 운동 제3법칙

20 [39]. 자동차와 글라이더 사이에 견인 줄이 묶여있다. 자동차가 활주로를 따라 정동으로 속력을 냄에 따라 견인 줄이 수평으로 850 N의 힘을 글라이더에 가한다. 글라이더에 가하는 힘의 크기와 방향은 어떻게 되겠는가?

21 [41]. 어부가 낚싯줄에 큰 물고기가 날린 낚싯대를 들고 있다. 물고기에 작용하는 힘을 확인하고, 각 힘의 상호작용 짝을 기술하여라.

문제 22~23. 체중이 650 N인 스카이다이버가 낙하산을 펼치고 일정한 속력으로 낙하하고 있다. 낙하산과 스카이다이버를 연결하는 장치는 낙하산의 일부로 간주하여라. 낙하산은 620 N의 힘으로 스카이다이버를 위로 끌어 올리고 있다.

22 [43]. (a) 스카이다이버에 작용하는 힘을 찾아라. 각각의 힘을 "(물체 2)가 (물체 1)에 작용하는 (힘의 종류)"와 같이 기술하여라. (b) 스카이다이버에 대한 FBD를 그려라. (c) 공기로 인해 스카이다이버가 받는 힘의 크기를 구하여라. (d) 스카이다이버에게 작용하는 각각의 힘에 대한 상호작용 짝을 구하여라. 각각의 상호작용 짝에 대해, "(물체 2)가 (물체 1)에 작용하는 (힘의 종류)"로 기술하고 크기와 방향을 결정하여라.

23 [45]. 스카이다이버와 낙하산이 하나의 계라고 생각하라. 이 계에 작용하는 외력을 확인하고 FBD를 그려라.

24 [47]. 체중이 600 N인 여자가 발은 마루에, 팔은 의자의 팔걸이에 얹은 상태로 앉아 있다. 의자의 무게는 100 N이다. 각 팔걸이는 위쪽으로 그녀의 팔에 25 N의 힘을 작용한다. 의자의 좌석은 위쪽으로 500 N의 힘을 가한다. (a) 마루가 그녀의 발에 작용하는 힘은 얼마인가? (b) 마루가 의자에 작용하는 힘은 얼마인가? (c) 여자와 의자가 하나의 계라고 생각하라. 이 계에 작용하는 외력만 나타나도록 FBD를 그려라.

2.6 중력

25 [49]. 한 남아프리카 소녀의 질량이 40.0 kg이다. (a) 그녀의 체중은 몇 뉴턴인가? (b) 그녀가 미국에 와서 미국 체중계로 측정한다면 몇 파운드인가? 두 지역에서 $g = 9.80$ N/kg이라고 가정하여라.

26 [51]. 보이저 1호와 태양이 사이의 거리가 170억 km일 때 태양이 우주선에 작용하는 중력의 크기는 얼마인가? 우주선의 질량은 722 kg이다.

27 [53]. 지구에서 측정한 몸무게가 65 kg인 남자가 (a) $g = 3.7$ N/kg인 화성 (b) $g = 8.9$ N/kg인 금성 (c) $g = 1.6$ N/kg인 지구의 달에 갔을 때, 각각의 몸무게를 구하고 비교해 보아라.

28 [55]. 산소마스크를 착용하고 기구를 타고 올라가는 중에 5.00 kg인 물체의 무게를 측정하여 여러분이 있는 곳의 중력장의 크기가 9.792 N/kg인 것을 확인했다. 여러분이 위치한 곳의 중력장의 크기가 9.803 N/kg으로 측정되었다면 해발 고도는 얼마인가?

29 [57]. 바로 자기 머리 위에 지구가 있는 달 표면의 한 지점에 우주 비행사가 서 있다가 손에 들고 있던 암석을 놓았다. (a) 어떤 경로로 떨어질까? (b) 달 표면에 정지한 1.0 kg의 암석에 달이 작용하는 중력은 얼마인가? (c) 달 표면에 정지한 1.0 kg의 같은 암석에 지구가 작용하는 중력은 얼마인가? (d) 암석에 작용하는 알짜 중력은 얼마인가?

30 [59]. 인공위성이 고도가 320 km인 궤도에 있을 때의 중력과 지상에 있을 때 중력의 비를 구하여라.

31 [61]. 질량이 M_1 과 $4.0M_1$ 인 두 별이 거리 d 만큼 떨어져 쌍성계를 이루고 있다. 두 별에 의한 중력장이 0이 되는 점이 있는가? 있다면 그 점은 어디인가?

2.7 접촉력

32 [63]. 망치(질량 0.94 kg)가 책상 위에 정지해 있다. 이 경우에 작용하는 다음 네 힘을 고려하여라. (1) 지구가 망치를 잡아당기는 힘, (2) 책상이 망치를 미는 힘, (3) 망치가 책상을 미는 힘, (4) 망치가 지구를 잡아당기는 힘. (a) 이 네 힘 각각에 대해 크기와 방향을 구하여라. (b) 상호작용 짝이 아닐지라도 크기가 같고 방향이 반대여야 하는 힘은 어느 것인가? 설명하여라.

33 [65]. 무게가 10 N인 책이 서로 다른 여섯 상황에서 정지해 있다. 파란색 화살표는 그림에 나타내지 않은 물체가 책에 작용하는 힘을 가리킨다. 책상에 의해 10 N 책에 작용하는 수직항력의 크기를 작은 것부터 순서대로 나열하여라. 그 이유를 설명하여라.

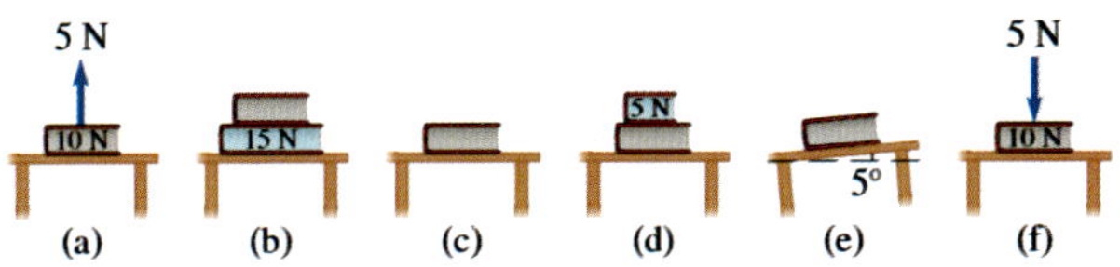

문제 34~35. 질량이 18.0 kg인 감자 상자가 수평선에 대해 30° 각도의 경사로 위에 놓여 있다. 마찰계수는 $\mu_s = 0.75$와 $\mu_k = 0.40$이다.

34 [67]. 상자가 경사로 아래로 미끄러지고 있다. 상자에 작용하는 수직항력의 크기와 마찰력의 크기와 방향을 구하여라.

35 [69]. 상자를 컨베이어 벨트에 태워 경사로 위쪽으로 일정한 속도로 옮기고 있다(미끄러짐이 없이). 상자에 작용하는 수직항력의 크기와 마찰력의 크기와 방향을 구하여라.

36 [71]. 수평인 마루 위에 질량 3.0 kg인 벽돌이 놓여 있다. 벽돌을 수평 방향으로 12.0 N의 힘으로 밀어 겨우 움직이기 시작했다면 (a) 정지마찰계수는 얼마인가? (b) 3.0 kg의 벽돌 위에 7.0 kg의 벽돌을 놓았다. 3.0 kg의 벽돌에 힘을 수평으로 작용하여 두 벽돌이 움직이기 시작하도록 하는 데 필요한 힘 $\vec{\mathbf{F}}$는 얼마인가?

37 [73]. 브렌다는 침실에 벽지를 새로 바르기 전에, 벽면의 요철을 평평하게 갈아내려고 연마 벽돌로 벽을 가볍게 문질렀다. 연마 벽돌의 무게는 2.0 N이고 수직에 대해 30.0°의 각도로 3.0 N의 힘으로 벽을 향해서 민다. 연마 벽돌이 일정한 속도로 똑바로 벽 위에서 움직일 때 연마 벽돌의 FBD를 그려라. 벽과 벽돌 사이의 운동마찰계수는 얼마인가?

38 [75]. 기계적 이득은 간단한 기계를 사용하는 데 필요한 힘과 간단한 기계를 사용하지 않았을 때 필요한 힘의 비이다. 물체를 들어 올리는 힘과 마찰이 없는 경사면에서 이 물체를 밀어 올리는 데 필요한 힘을 비교해 보고, 경사면의 기계적 이득이 경사면의 길이를 경사면의 높이로 나눈 것과 같다는 것을 보여라(그림 2.33에서 d/h).

39 [77]. 질량이 85 kg인 한 스키동호인이 스키를 타고 일정한 속도로 슬로프를 미끄러져 내려가고 있다. 슬로프는 수평면에서 위쪽으로 11°를 이루고 있다. (a) 공기저항을

무시할 때 이 사람에게 작용하는 운동마찰력은 얼마인가? (b) 스키와 눈 사이의 운동마찰계수는 얼마인가?

2.8 장력

40 [79]. 바닥에 부착되어 있는 용수철저울 A에 연결된 줄의 끝을 수직 위쪽으로 연장하여 이상적인 도르래 위를 지나서 반대쪽으로 내려 120 N 물체에 연결하였다. 도르래는 천장에 부착된 용수철저울 B 아래에 매달려 있다. 두 용수철저울 A와 B의 눈금은 얼마일까? 줄과 도르래, 그리고 저울의 무게는 무시하여라.

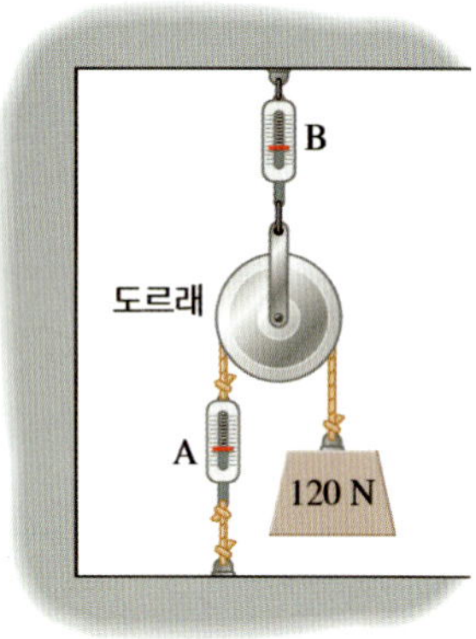

41 [81]. 천장의 박힌 고리에 걸린 줄에 용수철저울이 매달려 있다. 이 저울의 바닥에 연결된 두 번째 줄에 10 kg 물체를 매달았다. 줄과 저울의 무게는 무시할 수 있다. (a) 저울에 나타난 눈금은 얼마인가? (b) 10 kg 물체를 제거하고 상부의 줄을 고리에서 분리하였다. 두 사람이 줄의 양쪽 끝을 잡고 눈금이 (a)와 같을 때까지 잡아당기고 있다. 이들은 각각 얼마의 힘으로 당기고 있는가?

42 [83]. 질량이 다른 두 개의 상자가 그림과 같이 마찰이 없는 경사로 위에 같이 줄로 묶여있다. 각각의 줄의 장력은 얼마인가?

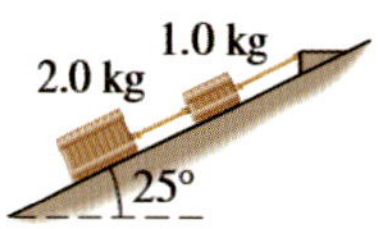

43 [85]. 그림은 두 어금니에 묶인 철사가 앞니를 잡아당기고 있는 것을 보여준다. 이렇게 하는 이유는 앞니에 힘 $\vec{F}$ 를 가하기 위해서다(그림은 철사를 마치 앞니에서 어금니로 직접 연결한 것처럼 그려서 단순화시킨 것이다). 철사의 장력이 12 N일 때, 앞니에 작용하는 합력 $\vec{F}$ 의 크기와 방향을 구하여라.

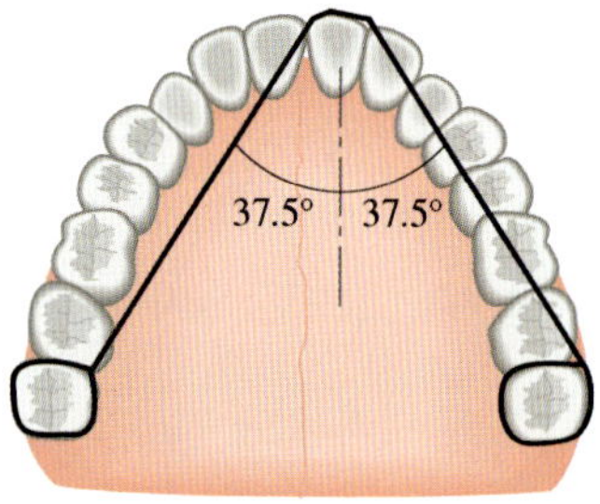

44 [87]. 천장에 고정된 줄에 매달린 2.0 kg의 공을 힘 $\vec{F}$ 로 한쪽으로 잡아당기고 있다. 이 공을 놓아서 공이 흔들리게 하기 직전에 (a) 공을 잡는 힘 $\vec{F}$ 의 크기는 얼마인가? 그리고 (b) 줄의 장력은 얼마인가?

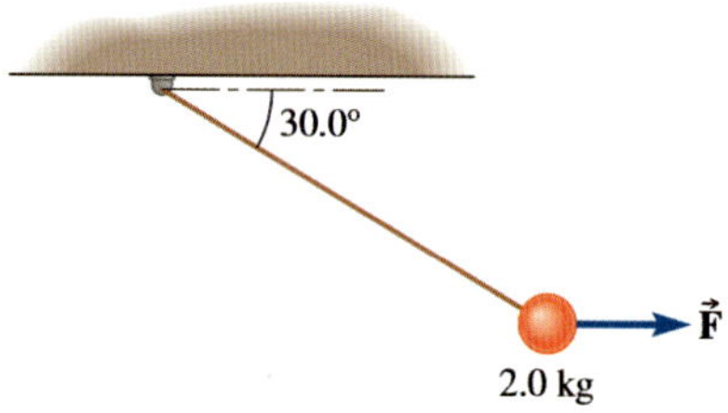

45 [89]. 도르래를 줄로 천장에다 매달았다. 질량 M인 블록은 도르래를 지나 벽에 고정되어 있는 다른 줄에 매달려 있다. 줄은 벽과 직각으로 고정되어 있다. 줄과 도르래의 질량은 무시하여라. (a) 도르래가 줄을 당기는 장력과 (b) 줄이 천장과 이루는 각 θ를 구하여라.

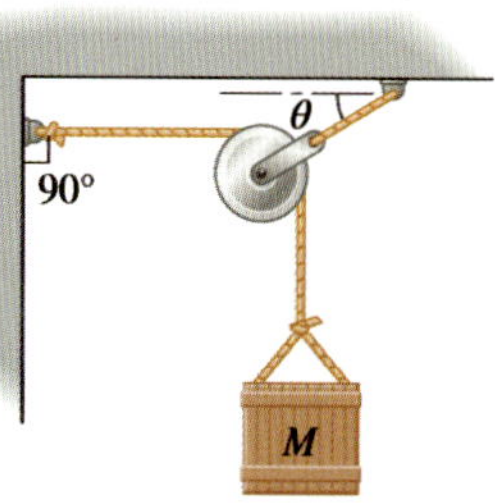

협동문제

46 [91]. 새 TV가 들어 있는 상자의 무게가 350 N이다. 이 상자를 배달원이 마루와 수평으로 150 N의 힘으로 밀고 있는데도 움직이지 않는다. (a) 이 상자에 작용하는 모든 힘을 밝혀라. 각 힘을 "(물체)가 상자에 작용하는 (힘의 유형)"으로 기술하여라. (b) 상자에 작용하는 각 힘의 상

호작용 짝을 밝혀라. 각 힘의 짝을 "(물체 A)가 (물체 B)에 작용하는 (힘의 유형)"으로 기술하여라. (c) 상자에 대한 FBD를 그려라. (b)에서 확인한 어느 상호작용 짝을 FBD에 나타냈는가? (d) 상자에 작용하는 알짜힘은 얼마인가? 상자에 작용하는 모든 힘의 크기를 결정하려면 답을 이용해라. (e) FBD에 크기가 같고 방향이 반대인 두 힘이 있다면, 그들은 상호작용 짝인가? 설명하여라.

47 [93]. 책 한 권을 집어서 수평인 테이블 위에서 재빨리 밀었다. 책은 테이블을 가로질러 미끄러져 가다가 마찰 때문에 정지하였다. (a) 책을 미는 동안 책의 FBD를 그려라. (b) 책을 미는 것을 멈춘 뒤 책이 미끄러지는 동안 책의 FBD를 그려라. (c) 책이 정지한 후에 책의 FBD를 그려라. (d) 앞의 세 경우 중에서 작용하는 알짜힘이 0이 아닌 경우는 어떤 것인가? (e) 책의 질량이 0.50 kg이고, 책과 테이블 사이의 마찰계수가 0.40라면 (b)의 경우 알짜힘은 얼마인가? (f) 테이블과 책 사이에 마찰이 없다면 (b)와 같은 경우의 FBD는 어떻게 되겠는가? 이 경우에 책의 속도가 느려지는가? 그러하다면 그 이유를 밝혀라.

48 [95]. 블록 A와 수평 바닥 사이의 정지마찰계수는 0.45이고, 블록 B와 바닥 사이의 정지마찰계수는 0.30이다. 각 블록의 질량은 2.0 kg이며 끈으로 함께 연결되어 있다. (a) 연결 끈에 나란한 방향으로 블록 B를 끄는 수평한 힘 $\vec{\mathbf{F}}$를 서서히 증가시켜 두 블록이 간신히 움직이기 시작하는 순간의 $\vec{\mathbf{F}}$의 크기는 얼마인가? (b) 같은 순간에 블록 A와 B를 연결하는 끈의 장력은 얼마인가?

49 [97]. 타마르는 정자 가까이에 서 있는 죽은 포플러 나무를 전기톱으로 자르려고 한다. 하지만 나무가 정자쪽으로 쓰러지지 않게 자르고 싶다. 물리학도인 타마르는 포플러와 떡갈나무에 밧줄을 팽팽하게 묶은 다음 그림과 같이 옆으로 잡아당기기로 했다. 만약 타마르가 360.0 N의 힘으로 길이가 40.0 m인 밧줄의 한 가운데가 옆으로 2.00 m의 변위가 일어나도록 잡아당기고 있다면, 밧줄이 포플러에 작용하는 힘은 얼마인가? 이 힘과 360.0 N의 힘으로 포플러를 똑바로 잡아당기는 것을 비교해 보아라. 나무에 작용하는 힘이 다른 이유를 설명하여라.

힌트 포플러가 쓰러지기 시작할 때까지 밧줄은 평형상태를 유지한다.

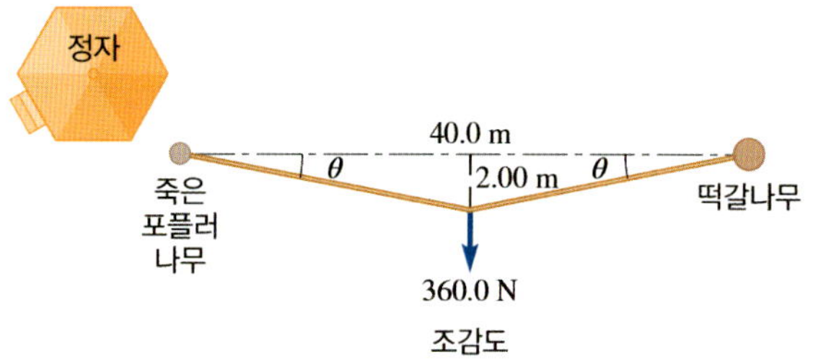

종합문제

50 [99]. 65 kg인 상자를 25° 기울어진 경사로의 위쪽으로 밀어 올리려고 한다. 경사로와 상자 사이의 운동마찰계수는 0.30이다. 경사로와 평행한 힘으로 밀어 올린다면 얼마의 힘으로 밀어야 상자가 일정한 속력으로 경사로를 올라가겠는가?

51 [101]. 비행기가 서쪽으로 일정한 속도로 수평 비행 중이다. (a) 비행기의 무게가 2.6×10^4 N이라면 비행기에 작용하는 알짜힘은 얼마인가? (b) 공기가 비행기를 위로 미는 힘은 얼마인가?

52 [103]. 어떤 사람이 3.00 kg의 발목추로 다리를 들어 올리고 있다. 종아리 자체의 질량은 5.00 kg이다. 다리는 수평선과 30.0°의 각도로 정지해 있고, 슬개건은 종아리에 대해 20.0° 각도에서 337 N의 힘으로 정강이뼈를 당기고 있다. 넓적다리뼈가 정강이뼈에 작용하는 힘의 크기와 방향을 구하여라.

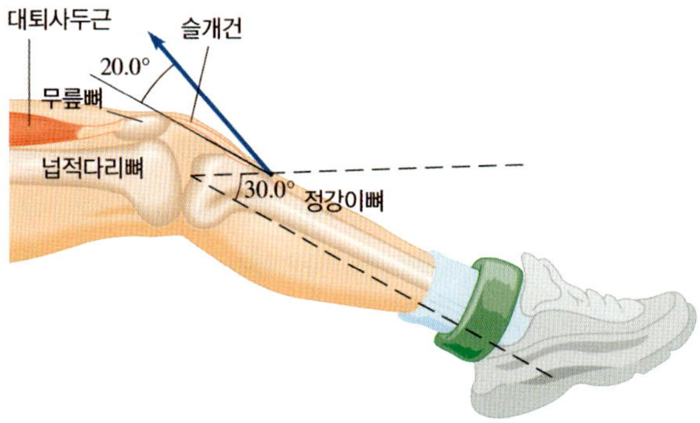

53 [105]. 장난감 화물열차가 기관차와 세 개의 같은 화차로 구성되어 있다. 기차가 일정한 속도로 직선 수평 트랙을 따라 오른쪽으로 이동 중이다. 차들은 다음과 같이 용수철 저울로 연결되어 있다. 용수철저울 A는 기관차와 첫 번째 차 사이에, 저울 B는 첫 번째 차와 두 번째 차 사이에, 저울 C는 두 번째 차와 세 번째 차 사이에 있다. (a) 공기저항과 마찰을 무시할 수 있다면, 세 개의 용수철저울 A, B, C의 상대적인 눈금은 얼마를 가리키는가? (b) 이번에는 공기저항과 마찰을 고려하여 (a) 문항에 반복하여 답하여라. **힌트** 중간에 있는 차에 대한 FBD를 그려라. (c) 공기저항과 마찰력이 각 기차에 서쪽으로 향하는 5.5 N의 힘을 발생시킬 때, A, B, C 저울의 눈금은 어떻게 되는가?

54 [107]. 책이 가득 들어있는 상자가 나무 마루 위에 놓여 있다. 마루가 상자에 작용하는 수직항력은 250 N이다. (a) 여러분이 120 N의 힘으로 상자를 수평 방향으로 밀어봤지만 상자는 움직이지 않았다. 상자와 마루 사이의 정지마찰계수에 대해 어떻게 말할 수 있는가? (b) 상자가 미끄러지게 하려면 여러분이 적어도 150 N의 힘을 가해야 한다면, 정지마찰계수는 얼마인가? (c) 일단 상자가 미끄러지기 시작하면 120 N의 힘만 가해도 상자는 계속 미끄러진다. 운동마찰계수는 얼마인가?

55 [109]. 캐나다와 아일랜드에서 유행하는 컬링경기에서 한 선수가 길이가 38 m인 얼음판에서 화강암으로 된 20.0 kg의 컬링 스톤을 밀었다. (a) 얼음판 위에 정지한 컬링 스톤의 FBD를 그려라. (b) 얼음판에서 미끄러지고 있는 컬링스톤의 FBD를 그려라. (c) 상대편 스톤과 정면충돌하고 있는 스톤의 FBD를 그려라.

56 [111]. 무게가 87 N인 컴퓨터가 수평인 책상 위에 놓여 있다. 컴퓨터와 책상 사이의 마찰 계수는 0.60이다. (a) 컴퓨터의 FBD를 그려라. (b) 컴퓨터에 작용하는 마찰력의 크기는 얼마인가? (c) 컴퓨터가 책상 위에서 미끄러지게 하려면 얼마나 힘껏 밀어야 하는가?

57 [113]. 천장에 고정된 용수철저울 A에 10.0 kg의 물체가 매달려 있다. 두 번째 용수철저울 B는 10.0 kg인 물체 밑부분의 고리에 묶여 있고, 이 저울에 질량이 4.0 kg인 물체가 매달려 있다. (a) 저울의 질량을 무시할 수 있다면 두 저울의 눈금은 얼마인가? (b) 각 저울의 질량이 1.0 kg이라면 눈금은 얼마인가?

58 [115]. 유효한 g의 값이 9.784 N/kg인 적도 해수면에 있는 물체를 $g=9.832$ N/Kg인 북극으로 가져가면 무게가 몇 %나 변하는가?

59 [117]. 질량 m인 큰 레킹볼(노후 건물을 철거하기 위해 크레인에 매달아서 휘두르는 쇳덩이)이 벽에 닿아 있다. 이 레킹볼은 크레인의 상단에 연결된 케이블 끝에 매달려 있다. 케이블과 벽이 이루는 각은 θ이다. 벽과 공 사이의 마찰은 무시하고, 케이블의 장력을 구하여라.

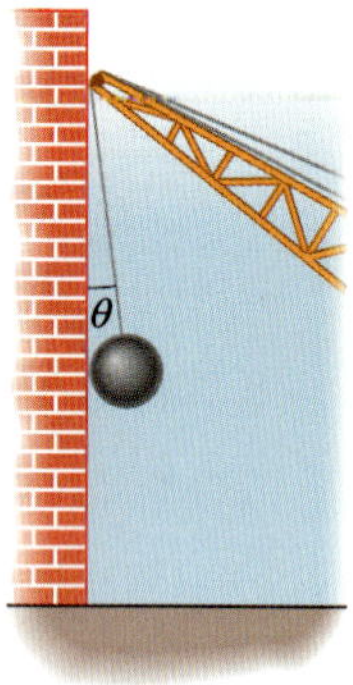

60 [119]. 달의 질량은 지구 질량의 0.0123배이다. 한 우주선이 지구와 달의 중심을 연결하는 선을 따라 여행하고 있다. 우주선과 지구 사이의 만유인력이 우주선과 달 사이의 만유인력과 같은 곳은 지구로부터 얼마나 떨어진 곳인가? 두 물체 사이의 거리의 백분율로 답하여라.

61 [121]. (a) 어떤 우주선이 지구와 태양을 잇는 직선을 따라 태양을 향해 운동하고 있다면, 어느 점에 갔을 때 태양에 의한 중력이 지구에 의한 중력만큼 커지는가? (b) 우주선이 이 점에 있지 않고 가까이 가고 있다면, 우주선에 작용하는 알짜힘은 평형점에 다가가는 방향으로 향하는가? 아니면 평형점에서 멀어지는 방향으로 작용하는가? **힌트** 지구에 더 가까운 거리 d에 있는 우주선을 상상하고 어느 중력이 더 강한지 알아보아라.

62 [123]. 그림에 보인 바와 같이 두 개의 이상적인 도르래를 사용하여 질량 98.0 kg인 무거운 상자를 들어 올리려고 한다. 상자를 일정한 속도로 들어 올리려면 적어도 얼마의 힘으로 줄을 잡아당겨야 하는가?

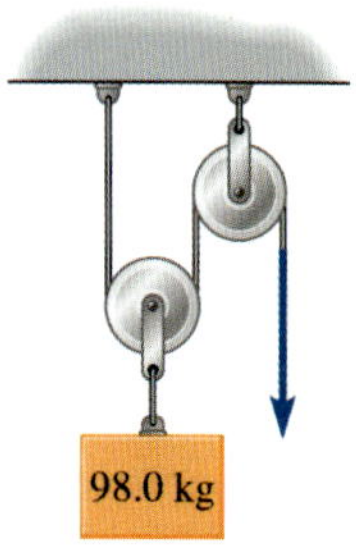

CHAPTER 3 가속도와 뉴턴의 제 2법칙

개념정리

• 위치(기호 $\vec{r}$)는 원점으로부터 물체가 있는 위치까지의 벡터이다. 그 크기는 원점에서부터의 거리이고, 방향은 원점에서부터 물체가 있는 곳을 향한다.

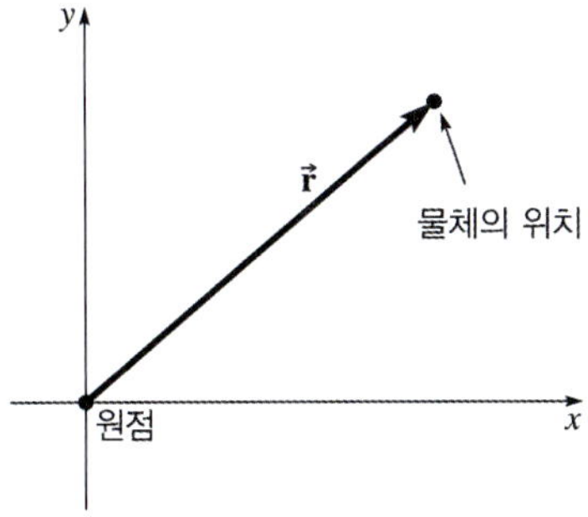

• 변위는 위치의 변화이다. 곧, $\Delta\vec{r} = \vec{r}_f - \vec{r}_i$이다. 변위는 출발 위치와 끝나는 위치에 따라 달라질 뿐 택한 경로에 따라서는 달라지지 않는다. 변위 벡터의 크기가 반드시 움직인 거리와 같지는 않다. 곧, 크기는 시작점에서부터 끝점까지의 직선 거리이다.

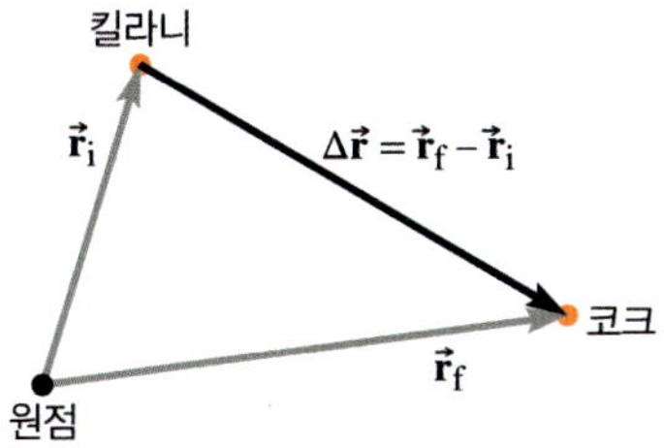

• 평균 속도는 같은 시간에 같은 변위를 일으킬 수 있는 등속도다. 평균 속도는 고려하는 시간에 따라 결정된다.

$$\vec{v}_{평균} = \frac{\Delta\vec{r}}{\Delta t} \quad (\text{임의 시간 } \Delta t\text{에 대해}) \qquad (3\text{–}6)$$

• 속도는 물체가 어떤 방향으로 얼마나 빨리 운동하는가를 설명해주는 벡터이다. 속도의 방향은 물체가 운동하는 방향이며 크기는 순간 속력이다. 속도는 위치 벡터의 순간 변화율이다. 속도 변화의 방향이 초기 속도나 최종 속도의 방향과 반드시 같을 필요는 없다.

$$\vec{v} = \lim_{\Delta t \to 0} \frac{\Delta\vec{r}}{\Delta t} \quad (\text{매우 작은 시간 } \Delta t\text{에 대해}) \qquad (3\text{–}9)$$

순간속도 벡터는 운동 경로의 접선이다.

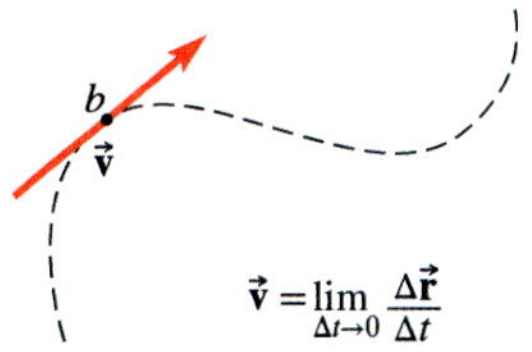

• 평균 가속도는 같은 시간에 같은 변위를 일으킬 수 있는 등가속도이다.

$$\vec{a}_{평균} = \frac{\Delta\vec{v}}{\Delta t} \quad (\text{임의 시간 } \Delta t\text{에 대해}) \qquad (3\text{–}18)$$

• 가속도는 속도 벡터의 시간 변화율이다.

$$\vec{a} = \lim_{\Delta t \to 0} \frac{\Delta\vec{v}}{\Delta t} \quad (\text{매우 작은 시간 } \Delta t\text{에 대해}) \qquad (3\text{–}20)$$

가속도는 속력이 빨라지는 것만을 의미하지는 않는다. 속도는 속력이 감소하거나 방향이 변해도 변할 수 있다. 속도는 방향과 크기가 변할 수 있으므로 순간 가속도 벡터가 운동 경로의 접선이 되어야 하는 것은 아니다.

• 속도를 시간의 함수로 나타낸 그래프는 문제를 풀 때 가장 유용한 그래프이다. 문제에서 주어진 그래프가 없다면 그래프를 그리는 것이 편리하다.

• $x(t)$ 그래프에서 임의 점에서의 기울기는 v_x이다.

• $v_x(t)$ 그래프에서 임의 점의 기울기는 a_x이고, 임의 시간 동안의 그래프 아래의 넓이는 그 시간 동안 운동한 거리 Δx

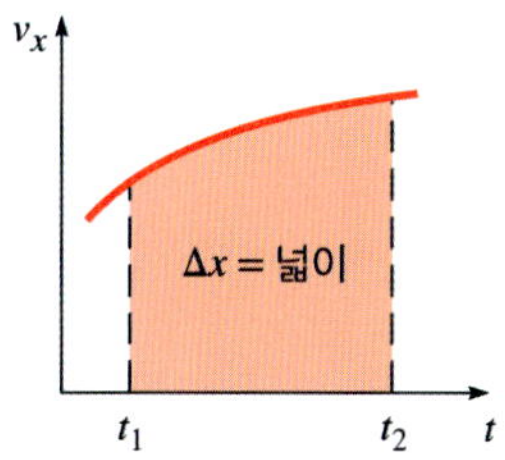

이다. 만약 v_x가 음수이면 그래프가 시간 축 아래에 있을 때는 음⁻으로 계산해야 하므로 변위도 음⁻이 된다.

- $a_x(t)$의 그래프에서 곡선 아래의 면적은 Δv_x, 곧 그 시간 동안 v_x의 변화이다.
- 질량과 무게는 물리적 성질이 다르다. 물체의 질량은 관성을 측정한 것이지만 무게는 물체에 작용하는 중력의 크기이다.
- 뉴턴의 제2법칙은 물체에 작용하는 알짜힘을 물체의 질량, 가속도와 관련짓는다.

$$\vec{\mathbf{a}} = \frac{\sum \vec{\mathbf{F}}}{m} \text{ 또는 } \sum \vec{\mathbf{F}} = m\vec{\mathbf{a}} \tag{3-14}$$

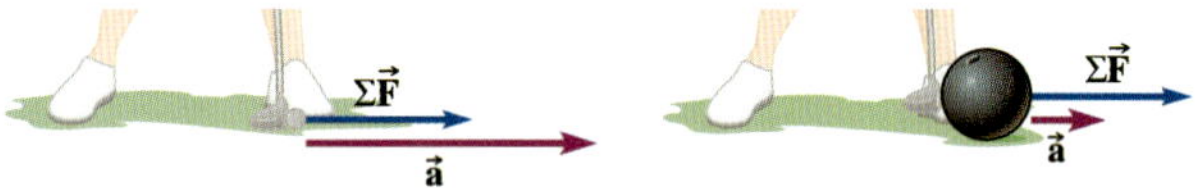

가속도는 항상 알짜힘과 같은 방향이다. 평형 상태이든 아니든 뉴턴의 제2법칙이 대두되는 문제는 힘과 가속도의 x와 y 성분으로 분리해서 풀이할 수 있다.

$$\sum F_x = ma_x \text{와 } \sum F_y = ma_y \tag{3-15}$$

- 힘의 SI 단위는 뉴턴 $1\,\text{N} = 1\,\text{kg}\cdot\text{m/s}^2$이다. 1 N은 1 kg의 물체에 $1\,\text{m/s}^2$의 가속도가 생기게 하는 알짜힘이다.
- 다른 좌표계에서 측정한 물체의 속도를 관련짓기 위해 다음 방정식을 사용한다.

$$\vec{\mathbf{v}}_{\text{AB}} = \vec{\mathbf{v}}_{\text{AC}} - \vec{\mathbf{v}}_{\text{BC}} \tag{3-23}$$

여기서 $\vec{\mathbf{v}}_{\text{AB}}$는 B에 대한 A의 속도를 표시하는데, 다른 것도 마찬가지이다.

연습문제

개념형 질문

1 [1]. 이동거리와 변위, 변위 크기의 차이를 설명하여라.

2 [3]. $v_x(t)$ 그래프에서, 그래프 아래 넓이는 어떤 양을 나타내는가?

3 [5]. $a_x(t)$ 그래프에서, 그래프 아래 넓이는 어떤 양을 나타내는가?

4 [7]. 평균 속도와 순간속도 사이에는 어떠한 관계가 있는가? 물체가 서로 다른 시간에 다른 순간속도를 가질 수 있다. 같은 물체가 다른 평균 속도를 가질 수 있는가? 설명하여라.

5 [9]. 평균 속력과 평균 속도의 크기는 언제나 같은가? 그렇다면 어떤 상황에서 그러한가?

6 [11]. 물체의 속력은 일정하지만 속도가 다른 상황을 말해 보아라.

7 [13]. 뉴턴의 법칙을 이용해 끈의 양쪽 끝에 묶여 있는 물체에 왜 같은 크기의 힘이 작용해야 하는지 설명하여라. 끈의 질량은 무시할 수 있을 정도로 작다고 가정하여라.

9 [15]. 일정한 두 힘이 한 물체에 작용한다면 물체가 등속도로 움직이는 게 가능한가? 만약 그렇다면 두 힘에 대해 사실이어야 하는 것은 무엇인가? 예를 들어라.

10 [17]. 자전거를 타고 남북으로 난 직선도로를 달리고 있다. x축은 북쪽을 가리킨다. 다음 각 경우의 운동을 설명하여라. 예 $a_x > 0$와 $v_x > 0$는 북쪽으로 이동하며 가속중이다. (a) $a_x > 0$와 $v_x < 0$ (b) $a_x = 0$과 $v_x < 0$ (c) $a_x < 0$와 $v_x = 0$ (d) $a_x < 0$와 $v_x < 0$ (e) 여러분의 답을 바탕으로, 감속을 나타내기 위해 "음⁻의 가속도"라는 표현을 사용하는 것이 바람직하지 않은 이유를 설명하여라.

11 [19]. 자동차 사고가 났을 때 좌석벨트의 스위치가 조여지도록 작동하는 기계를 설계하라는 임무를 맡았다고

하자. 여러분은 자동차의 속도가 빠르고 일정하다면 승객은 위험하지 않으며, 가속도가 클 때만 문제가 된다고 판단한다. 이를 설명해 보아라.

12 [21]. 물체의 속도와 작용하는 알짜힘이 다음과 같을 때 물체 운동의 실례를 들어보아라. (a) 속도와 알짜힘이 같은 방향이다. (b) 속도와 알짜힘이 반대 방향이다. (c) 속도가 0이 아니고 알짜힘이 0인 경우이다. (d) 속도와 알짜힘이 같은 선상에 있지 않다(같은 방향도 반대 방향도 아니다).

선다형 질문

1 [1]. 힘을 가장 정확히 기술한 것은?

(a) 물체의 질량이다.

(b) 물체의 관성이다.

(c) 변위를 일으키는 양이다.

(d) 물체를 계속 운동하게 하는 양이다.

(e) 물체의 속도를 변화시키는 양이다.

2 [3]. 장난감 로켓을 지상에서 똑바로 위로 발사하여 높이 H에 도달하였다. 처음 발사된 직후부터 측정하기 시작하여 시간 Δt가 경과한 후에 발사한 지점으로 다시 떨어졌다. 이 시간 동안 로켓의 평균 속력은?

(a) 0 (b) $2\dfrac{H}{\Delta t}$

(c) $\dfrac{H}{\Delta t}$ (d) $\dfrac{1}{2}\dfrac{H}{\Delta t}$

3 [5]. 질량이 다른 두 벽돌이 이상적인 도르래 위를 지나가는 이상적인 줄로 연결되어 있다. 벽돌의 가속도와 벽돌에 작용하는 알짜힘에 대해 맞게 설명한 것은?

(a) 가속도는 크기가 같고, 알짜힘은 크기가 다르다.

(b) 가속도는 크기가 같지 않고, 알짜힘은 크기가 같다.

(c) 가속도는 크기가 같고, 알짜힘도 크기가 같다.

(d) 가속도는 크기가 같지 않고, 알짜힘도 크기가 다르다.

선다형 질문 4~8. 한 사람이 남북으로 이어진 긴 직선 도로에서 조깅을 한다. 그가 북쪽을 향해 출발하고부터 $v_x(t)$의 그래프가 아래와 같다.

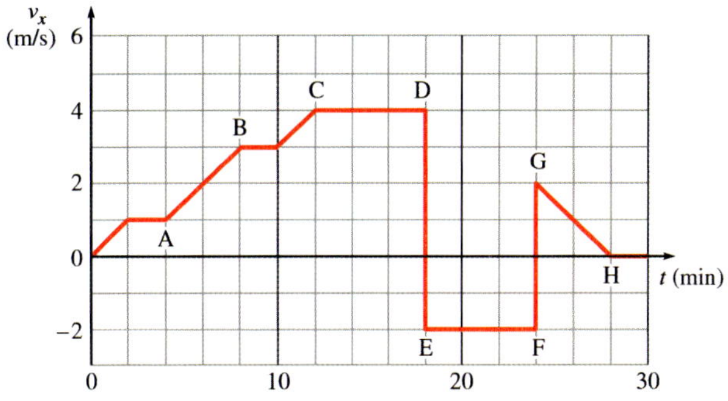

[선다형 질문 4~8의 그림]

4 [7]. 처음 10.0 min($t=0$에서부터 10.0 min)동안 이 사람이 이동한 거리는?

(a) 8.5 m (b) 510 m (c) 900 m (d) 1020 m

5 [9]. 총 30 min 동안 이 사람의 변위는?

(a) 3120 m, 남쪽 (b) 2400 m, 북쪽

(c) 2400 m, 남쪽 (d) 3840 m, 북쪽

6 [11]. 30.0 min 동안 이 사람의 평균 속도는?

(a) 1.3 m/s, 북쪽 (b) 1.7 m/s, 북쪽

(c) 2.1 m/s, 북쪽 (d) 2.9 m/s, 북쪽

7 [13]. $t=20$ min에 이 사람이 달리는 방향은?

(a) 남쪽 (b) 북쪽 (c) 정보가 충분하지 않음

8 [15]. 그래프의 어느 영역에서 a_x가 음수인가?

(a) A ~ B (b) C ~ D

(c) E ~ F (d) G ~ H

9 [17]. 다음은 서로 다른 네 가지 경우의 $x(t)$ 그래프이다. 어느 것이 등속도가 0이 아닌 양$^+$의 등속도를 나타내는가?

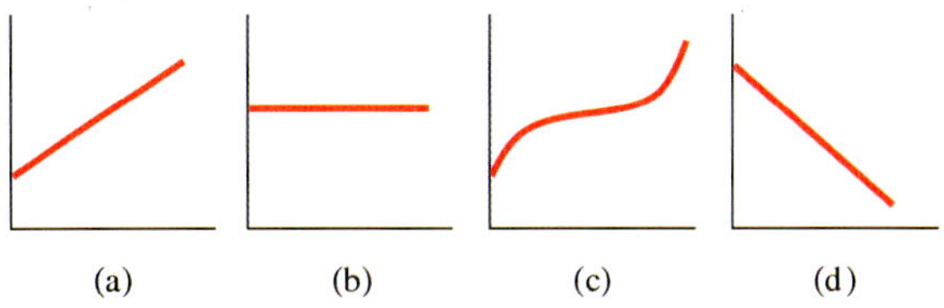

[선다형 질문 9~11의 그림]

10 [19]. $v_x(t)$를 보여주는 네 가지 그래프 중에 a_x가 일정하고 양수인 그래프는?

11 [21]. $v_x(t)$를 보여주는 네 가지 그래프 중에 a_x가 항상 양수이고 변하는 것을 보여주는 그래프는?

12 [23]. 한 소년이 고무 뗏목을 타고 강을 건너려고 한다. 강물은 북에서 남으로 1 m/s로 흐른다. 만약 그가 잔잔한 강물에서 1.5 m/s로 뗏목을 저을 수 있다면 최단 시간 내에 강을 건너 동쪽 제방으로 가려면 어느 방향으로 향해야 하는가?

(a) 정동쪽 (b) 남동쪽 (c) 북동쪽

(d) 세 방향 모두 강을 건너는 데 같은 시간이 걸린다.

선다형 질문 13~22. 표의 각 행은 x축을 따라 움직이는 물체를 기술한다. 두 개의 열에 주어진 정보에 근거하여, 다른 열에 대한 상황을 올바르게 기입하여라. 표에서 괄호 ( ) 안에 질문 번호가 주어져 있다.

v_x의 부호	$\sum F_x$의 부호	운동 방향	속력의 변화
?(13[24])	+	?(14[25])	증가
−	0	?(15[26])	?(16[27])
+	?(17[28])	?(18[29])	감소
?(19[30])	?(20[31])	$-x$	불변
−	+	?(21[32])	?(22[33])

문제

3.1 위치와 변위

1 [1]. 크기가 각각 4.0 cm인 두 개의 벡터가 그림과 같이 수평선 아래로 작은 각도 α로 기울어져 있다. $\vec{D} = \vec{A} - \vec{B}$라고 하자. $\vec{D}$의 방향을 그리고 크기를 추산하여라.

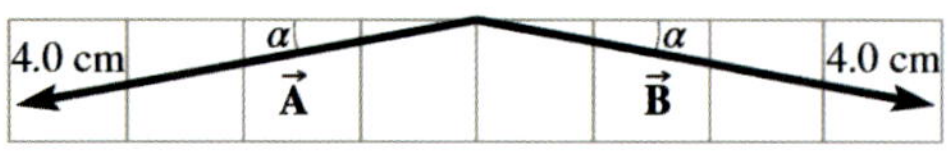

2 [3]. 벡터 $\vec{B}$는 크기가 7.1이고 방향이 $+x$축 아래 14°를 향하고 있다. 벡터 $\vec{C}$는 x 성분이 $C_x = -1.8$이고 y 성분이 $C_y = -6.7$이다. (a) $\vec{B}$의 x 성분과 y 성분, (b) $\vec{C}$의 크기와 방향, (c) $\vec{C} - \vec{B}$의 크기와 방향, (d) $\vec{C} - \vec{B}$의 x 성분과 y 성분을 구하여라.

3 [5]. 제리는 기숙사에서 동쪽으로 3.00 마일, 북쪽으로 2.00마일에 있는 지역건강센터까지 자전거를 타고 떠났다. 친구인 신디는 제리의 기숙사에서 서쪽으로 1.50마일 떨어진 아파트에 살고 있다. 그가 자전거를 타고 똑바로 가면 건강센터에서 제리를 만날 수 있다면, 신디가 이동해야 할 거리와 방향은 어떻게 되는가?

4 [7]. 미카엘라가 아일랜드의 블라니 성을 방문하려고 킬라니에서 코크까지 가는 여행을 계획하고 있다(보기 3.2 참조). 그녀는 또한 킬라니에서 동쪽으로 39 km, 코크에서 북쪽으로 22 km 떨어진 곳에 있는 멜로도 방문하려고 한다. 그녀가 킬라니에서 멜로와 코크까지 여행하였을 때 변위를 그려라. (a) 그녀가 코크에 도착하면 변위의 크기는 얼마인가? (b) 미카엘라가 킬라니에서 코크까지 똑바로 가는 대신 멜로를 경유하여 코크를 갔다면 여행거리는 얼마나 증가하는가?

5 [9]. 스카우트 대원들이 지도와 나침반으로 사전교육을 하고 있다. 처음에는 동쪽으로 1.2 km를 걷고, 다음에는 북서쪽 45° 방향으로 2.7 km를 걸었다. 이들이 되돌아서 똑바로 출발점으로 돌아오려면 얼마나 멀리 걸어야 하는가? 성분 분석법(대수적 방법)을 적용하여 구하여라.

6 [11]. 여러분은 산책길의 시작점에서 지도에 표시된 산책로를 따라 친구들과 함께 호수까지 걸어가려고 한다. 지도에서는 여러분이 직접 북쪽으로 1.6마일, 다음에는 북동쪽 35° 방향으로 2.2마일, 그리고 마지막으로 북동쪽 15° 방향으로 1.1마일을 가라고 알려준다. 이 도착 지점은 여행을 시작한 출발 지점에서 얼마나 멀리 있는가? 출발 지점으로부터 어느 방향인가?

3.2 속도

7 [13]. 어떤 사람이 11 min 40 s 동안 자전거를 타고 동쪽으로 10.0 km를 달렸다. 평균 속도를 m/s 단위로 구하여라.

8 [15]. 화이트 삭스와의 야구 경기에서 투수 놀란 라이언은 45.1 m/s 속력으로 공을 던졌다. 만약 투수 마운드에 있는 놀란의 위치에서 홈 플레이트까지 18.4 m라면, 공이 홈 플레이트에서 기다리는 타자까지 가는 데 얼마나 걸리겠는가? 공의 속도는 일정하다고 놓고 중력 효과는 무시하여라.

9 [17]. 문제 4를 참고하여라. 미카엘라가 킬라니에서 멜로를 거쳐 코크까지 가는 데 48 min 걸렸다. (a) 그녀의 평균 속력은 몇 m/s인가? (b) 평균 속도의 크기는 몇 m/s인가?

10 [19]. 제이슨은 서쪽으로 35.0 mph의 속력으로 30.0 min 동안 차를 운전하고, 같은 방향으로 2.00 h 동안 60.0 mph의 속력으로 계속 주행하고 나서, 10.0 min 동안 서쪽으로 25.0 mph의 속력으로 차를 몰았다. 제이슨의 평균 속도는 얼마인가? 시간을 10 min 간격으로 하여 운동도표를 그려라.

11 [21]. 시간에 맞춰 콘서트에 참석하려면 하프시코드 연주자는 2.00 h 동안 122마일을 운전해야 한다. (a) 만약 그가 처음 1.20 h 동안은 서쪽으로 평균 속도 55.0 mph로 차를 운전하고, 나머지 48.0 min 동안은 남서쪽 30.0° 방향으로 운전하고 갔다면 그의 평균 속력은 얼마인가? (b) 운전하고 간 거리 전체에 대한 그의 평균 속도는 얼마인가?

12 [23]. 직선 경로를 따라 달리는 자동차가 멈출 때까지 속력계의 눈금을 읽어서 그래프를 그렸다. $t=0$과 $t=16$ s 사이에 자동차는 얼마나 먼 거리를 이동하였는가? 2 s 간격으로 자동차의 위치를 나타내는 운동도해를 그리고, $x(t)$의 그래프를 그려라.

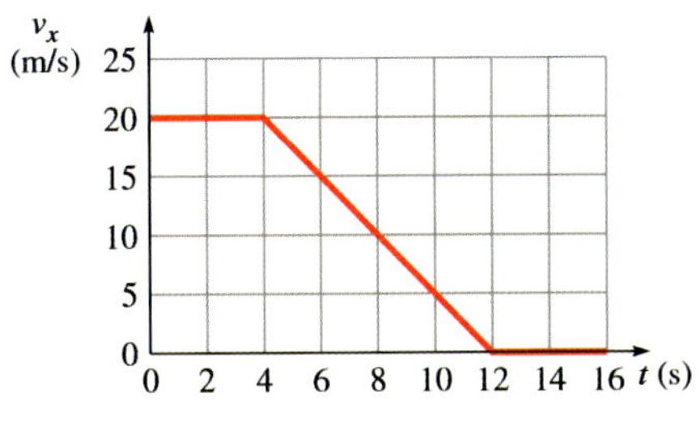

13 [25]. 그래프는 직선상에서 이동하는 스케이트 선수의 위치 $x(t)$를 수직축에 미터 단위로 나타낸 것이다.
(a) $t=0$에서 $t=4.0$ s 사이의 $v_{평균,x}$는 얼마인가?
(b) $t=0$에서 $t=5.0$ s까지는?

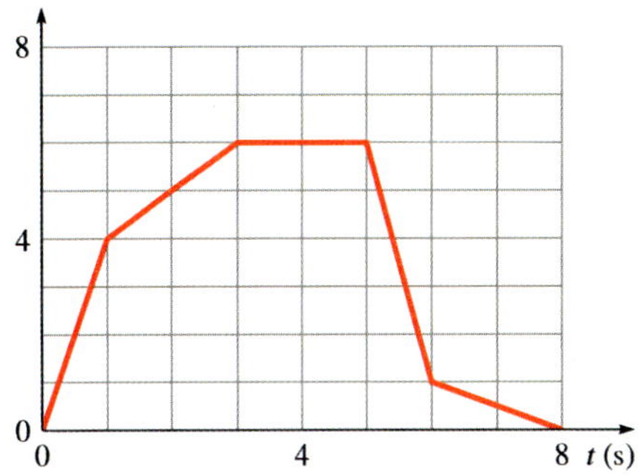

[문제 13~14, 20의 그림]

14 [27]. 그래프는 직선상에서 이동하는 물체의 위치 $x(t)$를 미터 단위로 나타낸 것이다. $t=0$에서 $t=8.0$ s까지 이 물체의 속력 $v_x(t)$를 그려라.

15 [29]. 체력 테스트를 통과하기 위해 마시모는 1000 m를 평균 4.0 m/s의 속력으로 달려야 한다. 그가 처음 900 m를 250 s에 주파하였다면 체력 시험을 통과하고 합격할 수 있겠는가? 만약 그렇다면, 시험에 합격하기 위해 마지막 100 m를 얼마나 빨리 달려야 하는가?

16 [31]. 자동차로 1.0 h 동안 96 km/h로 동쪽으로 달렸다. 그런 다음 북동쪽 30.0°로 1.0 h 동안 128 km/h로 달렸다. (a) 달리는 동안 평균 속력은 얼마인가? (b) 달리는 동안 평균 속도는 얼마인가?

17 [33]. 전동스쿠터가 12 m/s의 속력으로 동쪽으로 달렸다. 그렇게 한 다음에 운전자가 방향을 바꿔 서쪽으로 15 m/s를 달렸다. 스쿠터의 속도는 얼마나 변했는가? 크기 및 방향을 구하여라.

3.3 가속도와 운동에 관한 뉴턴의 제2법칙

18 [35]. 달리기를 하는 동안 주자의 발에 가해지는 가장 큰 힘은 수직을 향하고 몸무게의 세 배에 달한다. 질량이 85 kg인 주자의 발에 가해지는 힘은 최대 얼마인가?

19 [37]. (a) 북미에서 가장 빠른 육상 동물 중 하나가 가지뿔영양이다. (a) 만약 정지해 있던 영양이 $1.7\ \text{m/s}^2$의 등가속도로 직선상에서 가속을 한다면, 속력이 22 m/s에 도달하는 데 시간이 얼마나 걸리겠는가? (b) 땅이 영양에 작용하는 미찰력은 78 N이다. 영양의 질량은 얼마인가?

20 [39]. 문제 13의 그래프는 x축을 따라서 운동하는 스케이트보드의 $v_x(t)$를 보여준다. 시간 $t=0.5$ s, $t=1.5$ s, $t=2.5$ s, $t=3.5$ s, $t=4.5$ s, $t=5.5$ s에서 가속도의 크기를 구하고, 가장 큰 것부터 작은 순서대로 나열하여라.

21 [41]. 다음 그림은 직선을 따라 움직이는 물체의 $v_x(t)$의 그래프이다. (a) $t=11$ s에서의 a_x는 얼마인가? (b) $t=3$ s에서의 a_x는 얼마인가? (c) $a_x(t)$의 그래프를 그려라. (d) 물체가 $t=12$ s에서 $t=14$ s 사이에 얼마나 멀리 이동하는가?

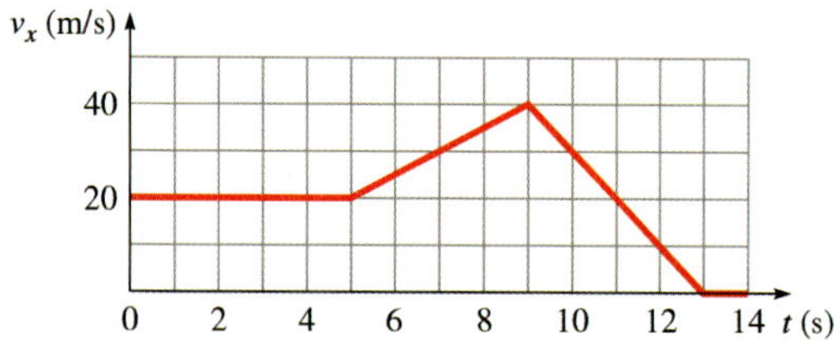

22 [43]. 그림은 직선상을 여행 중인 자동차에 대한 $v_x(t)$의 그림이다. (a) $t=6$ s에서 $t=11$ s 사이의 $a_{평균,x}$는 얼마인가? (b) 같은 시간 동안 $v_{평균,x}$는 얼마인가? (c) 시간 $t=0$ s에서 $t=20$ s 사이의 $v_{평균,x}$는 얼마인가? (d) 10 s와 15 s 사이에서 차의 속력은 얼마나 증가했는가? (e) 시간 $t=10$ s에서 $t=15$ s 사이에 차는 얼마나 멀리 이동했는가?

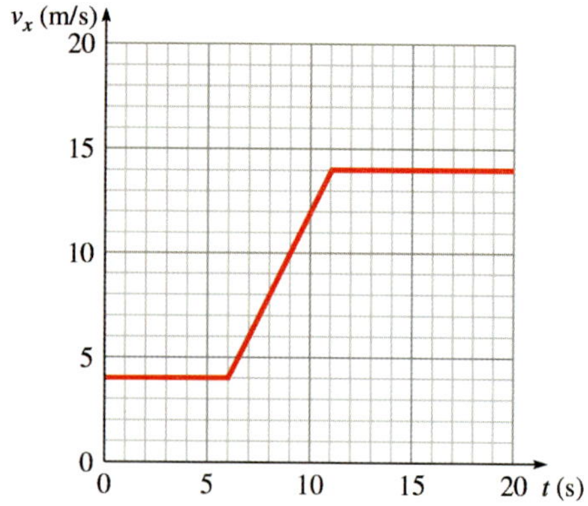

23 [45]. 1100 kg 비행기가 정지 상태에서 출발하여 이륙 속도 35 m/s에 도달할 때까지 8.0 s 동안 앞 방향으로 수평 방향으로 가속되었다. 이 시간 동안 비행기에 작용하는 알짜힘은 얼마인가?

24 [47]. 자동차가 반지름 20.0 m인 원 주위의 4분의 3을 일정한 속력으로 8.50 s에 이동한다. 초기 속도는 서쪽이며 최종 속도는 남쪽이다. (a) 이 운동의 평균 속도를 구하여라. (b) 이 8.50 s 동안 자동차의 평균 가속도는 얼마인가? (c) 일정한 속력으로 움직이는 자동차가 어떻게 0이 아닌 평균 가속도를 가지는지 설명하여라.

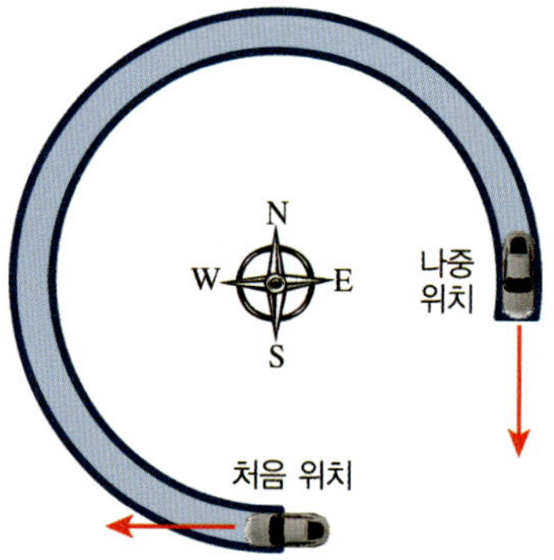

25 [49]. 비행을 시작하고 나서 처음 3.0시간 동안은 북쪽으로 192 km/h로 비행하고, 이후에는 북서쪽 45°로 240 km/h로 비행하였다. (a) 처음과 최종 속도 벡터를 그려라. (b) 속도 변화를 구하여라. (c) 비행하는 동안 평균 가속도는 얼마인가?

26 [51]. 입자가 남쪽으로 $2.50\ \text{m/s}^2$의 등가속도 운동을 한다. $t=0$에서, 속도가 동쪽으로 40 m/s이다. $t=8.00$ s에서의 속도는 얼마인가?

27 [53]. 자동차 한 대가 직선 도로를 따라 남동쪽으로 24 m/s로 이동하는 중에 그의 앞에서 사슴이 길을 건너는 것을 보았다. 급히 브레이크를 밟고 8.0 s가 지나서 차가 완전히 멈추었다. 차가 속도가 줄어드는 동안 급제동 장치에 연결된 기록 장치에 차의 속도와 시간을 다음과 같이 기록하였다. $+x$축의 방향은 동남쪽이다. v_x 대 t의 그래프를 그리고 (a) 차가 정지할 때까지 평균 가속도, (b) $t = 2.0$ s일 때 순간 가속도를 구하여라.

v_x(m/s)	24	17.3	12.0	8.7	6.0	3.5	2.0	0.75	0
t(s)	0	1.0	2.0	3.0	4.0	5.0	6.0	7.0	8.0

28 [55]. 47.5 m/s로 날아온 테니스 공(질량 57.0 g)이 3.60 ms 동안 라켓에 접촉했다가 50.2 m/s로 상대선수에게로 날아갔다. 라켓이 공에 작용한 평균 힘은 얼마인가?

29 [57]. 쌍성계의 두 별은 공통의 질량중심 주위를 공전한다. 그러한 이 계 중 하나는 별 A의 질량이 별 B의 4.0배이다. (a) 각 별이 다른 별에 작용하는 중력의 방향과 크기가 어떤 관련이 있는지를 보여주는 벡터를 화살표로 나타내어라. (b) 별들의 가속도의 방향과 크기가 서로 어떻게 관련되는지를 보여주는 벡터를 화살표로 나타내어라.

30 [59]. 다섯 개의 물체가 모두 $t = 0$의 정지 상태에서 출발하였다. 각각에 일정한 알짜힘이 가해져서 오른쪽으로 밀려간다. 다음 순간에 속력이 가장 큰 것에서부터 순서대로 나열하여라.

(a) 질량 m, 알짜힘 F인 경우, 시간이 t_1일 때의 속력
(b) 질량 $2m$, 알짜힘 $2F$인 경우, 시간이 t_1일 때의 속력
(c) 질량 m, 알짜힘 F인 경우, 시간이 $2t_1$일 때의 속력
(d) 질량 m, 알짜힘 $2F$인 경우, 시간이 t_1일 때의 속력
(e) 질량 $2m$, 알짜힘 F인 경우, 시간이 $2t_1$일 때의 속력

3.4 뉴턴 법칙의 응용

31 [61]. 그림 3.30에서 우주비행사가 지구에서 셔플보드 게임을 하고 있다. 퍽의 질량은 2.0 kg이다. 보드와 퍽 사이의 정지마찰계수는 0.35이고, 운동마찰계수는 0.25이다. (a) 그녀가 5.0 N의 힘으로 퍽을 앞으로 민다면, 퍽이 움직이겠는가? (b) 그녀가 밀고 있을 때, 발을 헛디뎌서 앞 방향으로의 힘이 갑자기 7.5 N이 되었다. 그러면 퍽이 움직이겠는가? (c) 그렇다면, 그녀가 퍽을 6.0 N의 힘으로 꾸준히 미는 동안 자세를 되찾아 퍽과 스틱이 서로 접촉하게 한다면 보드를 따라가는 퍽의 가속도는 얼마인가? (d) 그녀가 달에 가서 이 게임을 하면서 6.0 N의 힘으로 민다면 퍽의 가속도는 지구에서보다 더 크겠는가, 작겠는가, 아니면 같겠는가? 설명하여라.

32 [63]. 2010 kg의 엘리베이터가 위쪽으로 1.50 m/s^{2}의 가속도로 움직인다. 엘리베이터를 지탱하는 케이블의 장력은 얼마인가?

33 [65]. 2530 kg의 엘리베이터가 위쪽으로 움직이는 동안, 케이블의 장력은 33.6 kN이다. (a) 엘리베이터의 가속도는 얼마인가? (b) 어느 시점에서 엘리베이터의 속도가 위쪽으로 1.20 m/s라면, 4.00 s 후에 엘리베이터의 속도는 얼마인가?

34 [67]. 그림 3.39에서, 두 개의 벽돌이 마찰이 없는 도르래를 지나는 가볍고 유연한 줄에 매달려 있다. (a) 만약 $m_1 = 3.0$ kg과 $m_2 = 5.0$ kg이라면, 각 벽돌의 가속도는 얼마인가? (b) 줄의 장력은 얼마인가?

35 [69]. 가속도계(가속도를 측정하는 장치)는 조종실에 매달린 작은 진자처럼 단순화할 수 있다. 척추동물의 내이에서도 비슷한 가속도계가 발견된다. 여러분이 작은 비행기를 타고 수평선을 따라 똑바로 비행한다고 가정하고, 가속도계는 그림에 표

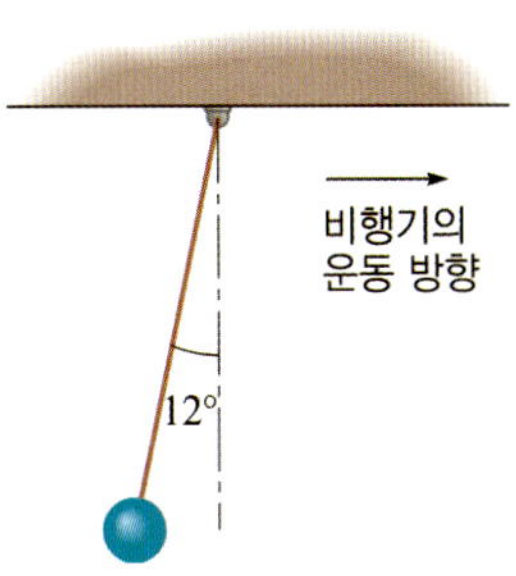

시된 수직선 뒤쪽으로 12°에 매달려 있다. 이때의 가속도는 얼마인가?

36 [71]. 로프를 이용해 질량이 1400 kg인 사고 차량을 트럭에 수평을 유지하도록 묶었다. 이 트럭이 차를 수평을 유지하며 똑바로 견인할 때 로프의 장력이 2500 N보다 크면 끊어질 수 있다. 로프가 끊어지지 않고 최대로 가속할 수 있는 트럭의 가속도는 얼마인가? 마찰은 무시하여라.

37 [73]. 한 남자가 2.0 kg의 돌을 손으로 잡고 1.5 m/s의 일정한 속도로 수직 방향에서 위로 들어 올린다. 손에 잡은 돌에 작용하는 힘의 크기는 얼마인가?

3.5 속도는 상대적이다 : 기준틀

38 [75]. 두 대의 자동차가 캔자스의 평평한 직선 도로에서 서로 마주보고 달리고 있다. 랭글러 지프는 82 km/h로 북쪽으로 달리고, 포드 토러스는 48 km/h로 남쪽으로 달리고 있다. 두 차의 속도는 모두 도로에 대해 상대적으로 측정한 것이다. 포드에 대한 지프의 속도는 얼마인가?

39 [77]. 어떤 사람이 파리 지하철역에서 멈춰 선 에스컬레이터를 걸어서 지상으로 올라가는 데 94 s가 걸렸다. 그러나 이 거리를 정상적으로 작동하는 에스컬레이터로 오르면 66 s가 걸린다. 이 사람이 정상적으로 작동하는 에스컬레이터에서 걸어서 올라가면 지하철역에서 지상까지 올라가는 데 얼마나 걸리는가?

40 [79]. 고속도로에서 한 자동차는 110 km/h의 속력으로 북쪽으로 달리고 있고, 트럭은 북서쪽 35° 방향으로 85 km/h로 달리고 있다. 자동차에 대한 트럭의 속도는 얼마인가?

41 [81]. 고대 자동차 경기에서 증기차인 스탠리-스티머는 40 km/h로 북쪽으로 달렸고, 피어스-애로우는 50 km/h로 동쪽으로 달렸다. 스탠리 스티머에 타고 있는 승객에 대한 피어스 애로우의 속도의 x와 y 성분은 얼마인가? x축은 동쪽이고, y축은 북쪽이다.

42 [83]. 한 소년이 강을 똑바로 가로질러 수영하려고 하고 있다. 그는 물에 대해 0.500 m/s의 속력으로 헤엄칠 수 있다. 강폭은 25.0 m이고, 이 소년은 출발점으로부터 50.0 m 하류에서 수영을 끝냈다. (a) 강물의 흐름은 얼마나 빠른가? (b) 강둑에 서 있는 친구에 대한 이 소년의 속력은 얼마인가?

43 [85]. 쉬나는 잔잔한 물에서 3.00 mi/h로 보트를 저을 수 있다. 그녀가 건너가려고 하는 강은 폭이 1.20마일이고 물의 유속은 1.60 mi/h이다. 계산기를 가지고 있지 않아서, 강을 수직으로 건너기 위해 뱃머리를 상류쪽으로 60.0°를 향하게 해야 한다고 생각했다. (a) 강둑의 출발점에 대한 그녀의 속력은 얼마인가? (b) 강을 건너는 데 시간은 얼마나 걸리는가? (c) 반대편 강둑에 도착하는 지점은 출발점에서 상류나 하류로 얼마나 떨어져 있는가? (d) 똑바로 건너가려면 뱃머리의 각도를 상류쪽으로 어느 각도로 향해야 하는가?

44 [87]. 작은 비행기가 30.0 m/s의 대기속력(공기에 대한 비행기의 속력)으로 서쪽을 향해 똑바로 비행하고 있다. 이 비행기가 서남쪽 30° 각도에서 10.0 m/s의 바람이 불고 있는 지역으로 들어갔다. (a) 조종사가 비행기의 방향을 바꾸지 않으면 비행기의 지상 속도는 얼마인가? (b) 지상에 대한 비행기의 코스는 어떻게 되는가?

45 [89]. 판유리 공장에서는 유리를 컨베이어 벨트에 얹어 놓고 15.0 cm/s의 속력으로 이동한다. 자동 절단 기구가 내려가 미리 설정해 놓은 규격으로 유리를 절단한다. 벨트는 일정한 속력으로 움직이도록 조립되어 있다. 그 때문에, 절단기는 유리판의 운동을 감안하여 비스듬히 절단하도록 설정되어 있다. 유리판의 너비가 72.0 cm이고 절단기가 3 s 동안에 한쪽 가장자리에서 반대쪽까지 유리판을 가로지른다면, 절단기를 유리판의 너비에 대해 어떤 각으로 설정해 놓아야 하겠는가?

협동문제

46 [91]. 놀이터에 경사각이 θ_1과 $\theta_2(\theta_2 > \theta_1)$인 두 개의 미끄럼틀이 있다. 어린아이가 첫 번째 미끄럼틀에서 일정한 속력으로 미끄러져 내려갔다. 그러나 두 번째에서는 가속도 a로 내려갔다. 두 미끄럼틀의 운동마찰계수는 같다. (a) a를 θ_1과 θ_2와 g로 나타내어라. (b) $\theta_1 = 45°$과 $\theta_2 = 61°$일 때 a의 값을 구하여라.

47 [93]. 질량 m_1과 m_2인 두 개의 벽돌이 질량을 무시할 수 있는 끈으로 연결되어 있다. 두 개의 벽돌이 마찰이 없는 표면에서 m_2에 연결되어 있는 두 번째 끈에 크기 T_2인 힘이 작용하여 일정한 장력으로 당겨질 때 2개 끈의 장력의 비 T_1/T_2를 질량으로 나타내어라.

48 [95]. 정찰기를 탄 조종사가 북서쪽으로 5.00 km/h로 일정한 속도로 헤엄치고 있는 참치 떼를 발견하고 주낙을 드리운 낚시꾼에게 알렸다. 그들은 참치 떼의 정남쪽 100.0 km 지점에 있었다. 낚싯배가 직선 경로를 따라 항해하여 4.0 h 후에 참치 떼를 만났다. 낚싯배는 얼마나 빨리 이동하였는가? **힌트** 먼저 참치 떼에 대한 낚싯배의 속도를 구하여라.

49 [97]. **참고** 이 문제는 같은 사건을 다른 기준틀에서 어떻게 보이는가에 대해 약간의 직관력을 얻는 것이 목표이다. 여러분이 "상대속도 공식"을 반드시 사용할 필요는 없다. 사만다는 직선으로 흐르는 강에서 카약을 타고 있다. 그녀가 잠시 동안 상류로 노를 저어 가다가, 물 위에서 배를 멈추었을 때 구명조끼를 물에 떨어뜨렸다는 사실을 알고 그것을 찾기 위해 배를 돌려 하류로 노를 저어갔다. 사만다는 결국 흐르는 강물을 따라 떠내려가던 구명조끼를 건져 올렸다. 강물이 일정한 속력으로 흐르고 사만다는 상류로 올라갈 때나 하류로 내려올 때나 똑같은 속도로 노를 저어 갔다. 그 때문에 강물에 대한 배의 속력은 같았다고 가정한다. (a) 사만다의 상류 쪽(출발해서 뒤돌아가기까지)으로의 변위와 하류 쪽(뒤돌아서서 구명조끼를 건질 때까지)으로의 변위를 강둑의 기준틀에서 그려라. 크기가 같지 않다면, 어떤 것이 더 큰지 반드시 나타내어라. (b) 이제 사만다의 총변위(상류+하류)와 구명조끼의 총변위를 둘 다 강둑의 기준틀에 그려라. (c) 물의 기준틀에서, 구명조끼는 계속 정지해 있다. 물에 대해 사만다의 총변위가 어떻다고 말할 수 있는가? 물의 기준틀에서 상류 쪽 변위와 하류 쪽 변위를 나타내는 벡터를 그려라. (d) 사만다가 상류로 노를 저어 가는 데 더 많은 시간이 걸리겠는가, 하류로 노를 저어 가는 데 더 많은 시간이 걸리겠는가, 아니면 두 경로에서 똑같은 시간이 걸리겠는가? 이유를 설명하여라.

연구문제

50 [99]. 물고기는 우리가 생각하는 것만큼 빨리 움직이지 않는다. 어린 송어의 수영 속력이 대략 2 m/s일 뿐이라, 사람들의 활기찬 걸음 속도 정도이다. 그들은 재빨리 가속할 수 있다. 그 때문에 더 빨리 움직이는 것처럼 보일 수 있다. 곧, 매우 빠르게 속력이나 방향을 바꾸며 돌진할 수 있다. 만약 송어가 정지 상태에서 출발하여 0.050 s 동안에 2.0 m/s까지 가속한다면, 송어의 평균 가속도는 얼마인가?

51 [101]. 제트 여객기가 동쪽으로 600.0 km 비행하고 나서, 남쪽으로 30.0° 선회하여 300.0 km를 더 비행하였다. (a) 비행기는 출발점에서부터 얼마나 멀리 왔는가? (b) 제트기가 직선 경로로 가려면 어느 방향으로 비행해야 하겠는가? (c) 같은 목적지까지 제트기가 400.0 km/h의 일정한 속력으로 비행했다면, 시간은 얼마나 걸리겠는가? (d) 직선 경로를 따라 같은 속력으로 비행하면 비행시간은 얼마나 걸리는가?

52 [103]. 벽돌과 수평바닥 사이의 정지마찰계수는 0.35이지만, 운동마찰계수는 0.22이다. 질량이 4.6 kg인 벽돌이 처음에 정지해 있었다면 (a) 벽돌을 미끄러지게 하는 데 최소한 얼마의 힘이 필요한가? (b) 벽돌이 일단

미끄러지고 있을 때, (a)에서와 같은 힘으로 계속 밀고 있다면, 벽돌은 등속도로 움직이겠는가, 가속되겠는가? (c) 등속도로 운동한다면 속도는 얼마인가? 속도가 변한다면 가속도는 얼마인가?

53 [105]. 자전거가 곧게 난 길을 따라 직진하고 있다. 그래프는 출발 지점에서부터 위치를 시간의 함수로 나타낸 $x(t)$ 그래프이다. 시간은 0~1 s, 1~2 s, 등 1 s 간격으로 생각하고, 속력이 크게 증가하는 시간부터 순서대로 나열하여라.

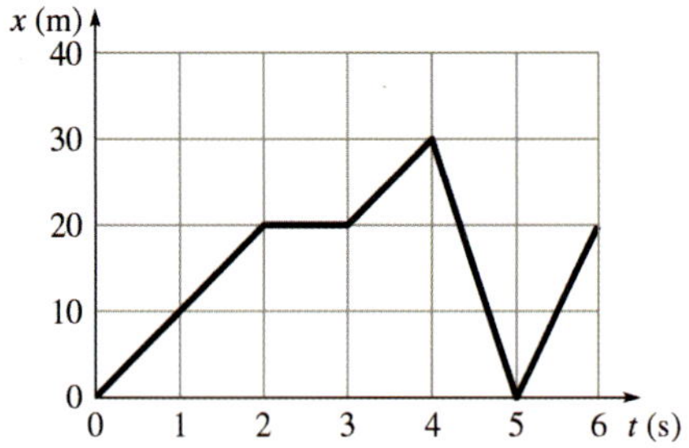

54 [107]. 문제 55의 자전거는 $t=0$에서 $t=3$ s까지 얼마나 멀리 이동하겠는가?

55 [109]. 마찰이 없는 바퀴 위에 놓인 질량이 m_1인 장난감 수레를 장력 T인 끈으로 당기고 있다. 질량이 m_2인 벽돌은 수레 위에 정지해 있다. 수레와 벽돌 사이의 정지마찰계수는 μ_s이다. 만약 수레가 다음의 면 위를 굴러가면서 벽돌이 수레에서 미끄러지지 않는 최대 장력 T는 얼마인가? (a) 수평면 위 또는 (b) 수평과 θ의 각을 이루는 비탈면 위. 두 경우 모두 끈은 수레가 굴러가는 면에 평행하다.

56 [111]. 인체의 신경계에서 신호는 최대 100 m/s의 속도로 이동하는 활동전위로서 뉴런을 따라 전달된다. (활동전위는 뉴런 막을 통해 나트륨 이온이 유입되어 변한다.) 신호는 시냅스에서 신경 전달물질을 방출하여 하나의 뉴런에서 다른 뉴런으로 옮겨간다. 누군가가 발을 밟았다고 가정해 보자. 통증신호는 1.0 m 길이의 감각뉴런을 따라 척수까지 이동하고, 시냅스를 지나 두 번째 1.0 m 길이의 감각뉴런을 지나 두 번째 시냅스를 통해 뇌에 전달된다. 시냅스는 너비가 100 nm이고, 신호가 각 시냅스를 지나가는 데는 0.10 ms 걸리고, 활동전위는 100 m/s라고 가정하여라. (a) 신호가 시냅스를 지나가는 평균 속력은 얼마인가? (b) 신호가 뇌에 도달하는데 시간이 얼마나 걸리는가? (c) 신호의 평균 전달속력은 얼마인가?

57 [113]. 체력 테스트에 합격하려면, 마셀라가 1.00 km를 3.33 m/s의 평균 속력으로 달려야 한다. 그가 처음 0.500 km는 평균 4.20 m/s로 달렸다. 그가 전체 평균 속력 4.00 m/s로 끝내기 위해서는 나머지 0.500 km는 얼마의 평균 속력으로 달려야 하는가?

58 [115]. 질량 51 kg인 여성이 엘리베이터에 서 있다. (a) 엘리베이터의 바닥이 408 N의 힘으로 그녀의 발을 민다면, 엘리베이터의 가속도는 얼마인가? (b) 엘리베이터가 일정한 가속도로 하강 중 4층을 지날 때 1.5 m/s로 움직였다면, 4.0 s 후의 속력은 얼마인가?

59 [117]. 조종사는 뉴욕의 아테네에서 출발하여 북동쪽 20.0° 방향으로 320 km 떨어진, 뉴욕의 스파르타까지 비행하려고 한다. 조종사가 직접 스파르타를 향해 대기 속력 160 km/h로 비행했다. 2.0 h 비행 후, 조종사는 스파르타에 도착할 것으로 예상했으나, 대신 스파르타에서 서쪽으로 20 km 떨어진 곳에 있다는 것을 알았다. 그는 바람의 속력을 보정하는 것을 잊었다. (a) 공기에 대한 비행기의 속도는 얼마인가? (b) 지상에 대해 상대적인 비행기의 속도(크기와 방향)를 구하여라. (c) 바람의 속력과 방향을 구하여라.

60 [119]. 오토바이가 평평한 직선 고속도로에서 일정한 속력으로 달리고 있다. $t=0$에서, 오토바이는 처음에는 정지해 있던 경찰차 옆을 지나갔다. 경찰관이 추적하였으나, 오토바이 운전자는 알아채지 못하고 일정한 속력으로 계속 달려갔다. 다음 그래프는 둘의 $v_x(t)$를 보여준다. (a) 오토바이와 경찰차가 언제 같은 속력으로 달렸는가? (b) $t=16$ s에 경찰차가 속도위반 오토바이를 쫓아가서 잡을 수 있는가? 설명하여라. (c) $t=5$ s와 $t=10$ s에 경찰차에 대한 오토바이의 속도는 얼마인가?

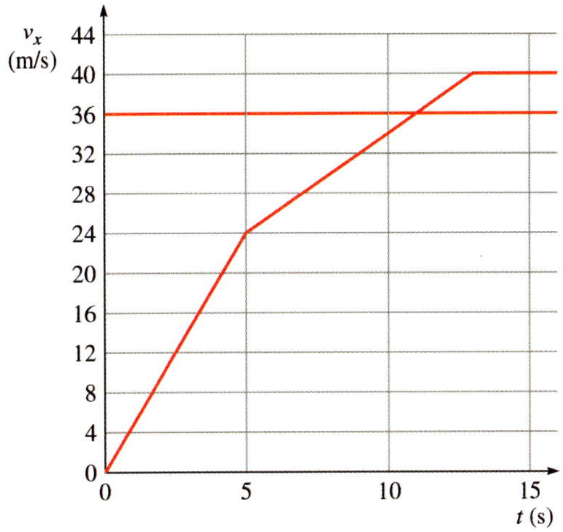

61 [121]. 조종사가 댈러스에서 북서쪽 10.0° 방향으로 330 km 떨어진 오클라호마로 비행하기를 원한다. 조종사는 대기 속력 200 km/h로 오클라호마를 향해 똑바로 가고 있었다. 1.0 h 비행한 후, 조종사는 자기가 1.0 h 후에 있어야 할 곳에서 서쪽으로 15 km 떨어져 있다는 것을 알았다. (a) 바람의 방향과 속도는 어떻게 되는가? (b) 조종사가 항로 이탈 없이 오클라호마로 직접 날아가기 위해서는 비행기를 어느 방향으로 조종해 가야 하는가? (c) 바람의 속력과 방향을 구하여라.

62 [123]. 해리슨은 서쪽으로 2.00 km를 여행했고, 그 다음 남서쪽 53.0° 방향으로 5.00 km를, 그 다음 북서쪽 60.0° 방향으로 1.00 km를 여행했다. (a) 출발점으로 돌아가기 위해서는 어느 방향으로, 얼마나 가야 하는가? (b) 해리슨이 5.00 m/s의 속력으로 출발점으로 직접 복귀하는 경우, 시간이 얼마나 걸리는가?

63 [125]. 질량이 2800 kg인 비행기가 활주로를 막 이륙하고 있다. 속도의 수평 성분이 0.86 m/s^{2}의 비율로 증가하여 2.3 m/s의 등속도 궤도에 도달하였다. $g=9.81$ m/s^{2}이다. (a) 공기가 비행기에 작용하는 힘의 방향을 구하여라. (b) 만약 공기가 비행기에 작용한 힘의 크기는 같고 (a)보다 수직 방향에 2.0° 더 가깝다고 하면 비행기 가속도의 수평 및 수직 성분은 얼마인가?

64 [127]. 질량 M인 헬리콥터가 질량 m인 트럭을 선박의 갑판에 내리고 있다. (a) 처음에는 헬리콥터와 트럭이 함께 아래쪽으로 움직인다(케이블의 길이는 변하지 않는다). 하강 속력이 $0.10g$의 비율로 감소한다. 이때 케이블의 장력은 얼마인가? (b) 트럭이 갑판 근처에 오면 헬리콥터는 아래쪽으로 움직이지 않는다. 그것이 맴돌고 있는 동안, 트럭이 아래로 무사히 이동하도록 케이블을 내린다. 트럭의 하향 속력이 $0.10g$의 비율로 감소한다면, 헬리콥터가 정지하고 있는 동안 케이블의 장력은 얼마인가?

CHAPTER 4 등가속도 운동

개념정리

- 등가속도 운동 문제에 관한 핵심 방정식 : 처음 시간 t_i에서 $t_f = t_i + \Delta t$까지 전체 시간 Δt 동안 가속도 a_x가 일정한 경우

$$\Delta v_x = v_{fx} - v_{ix} = a_x \Delta t \qquad (4\text{–}1)$$

$$\Delta x = \frac{1}{2}(v_{fx} + v_{ix})\Delta t \qquad (4\text{–}3)$$

$$\Delta x = v_{ix}\Delta t + \frac{1}{2}a_x(\Delta t)^2 \qquad (4\text{–}5)$$

$$v_{fx}^2 - v_{ix}^2 = 2a_x\Delta t \qquad (4\text{–}9)$$

이 방정식들은 y 성분 가속도 a_y가 상수인 경우에는 속도, 위치, 가속도의 y 성분에 대해서도 그대로 성립한다.

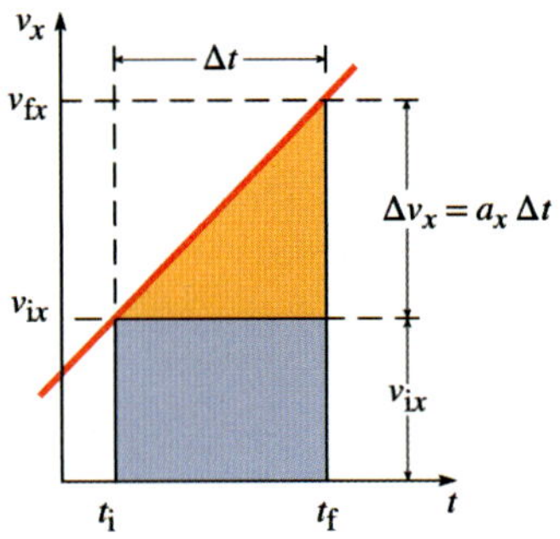

- 자유낙하하는 물체에 작용하는 유일한 힘은 중력뿐이다. 지구 표면에는 항상 공기저항이 어느 정도 있다. 그 때문에 지표면에서의 자유낙하운동은 이상화된 것이다. 자유낙하운동을 하는 물체는 그 지역의 국소 중력장 $\vec{g}$와 같은 가속도를 갖는다. 이 가속도는 물체가 위 또는 아래로 움직이든지 순간적으로 정지하든지 아래 방향이다. 가장 높은 지점에서 속도의 수직 성분은 0이지만 가속도는 0이 아니다.

- 포물선 운동이나 $\pm y$ 방향의 등가속도 운동은 x와 y 방향 운동을 따로 분리해서 다룰 수 있다. $a_x = 0$이다. 그 때문에 v_x는 일정하다. 따라서 이런 운동은 x 방향의 등속 직선운동과 y 방향 등가속도 직선운동의 중첩이다.

- x와 y축은 문제를 가장 간단히 풀 수 있도록 선택한다. 두 축이 수직이기만 하면 어떻게 선택해도 좋다. 평형 문제를 다룰 때는 x와 y 성분을 모두 가지는 힘 벡터의 수가 최소한의 숫자가 되도록 선택한다. 평형 문제가 아니고 가속도의 방향이 주어진 경우에는 가속도 벡터가 x나 y축 중 하나와 평행이 되도록 선택한다.

- 평형이든 아니든 상관없이 뉴턴의 제2법칙이 포함되는 문제는 힘과 가속도를 x와 y 성분으로 분리해서 푼다.

- 공기 중에서 움직이는 물체에 작용하는 항력은 항상 그 물체의 운동 방향과 반대 방향으로 작용한다. 접촉하고 있는 두 고체 표면 사이의 마찰력과는 다르게 항력은 물체의 속도에 강하게 의존한다. 낙하하는 물체가 종단속도에 도달하면 항력과 중력의 크기가 같아지고 방향은 서로 반대이다. 그 때문에 물체의 가속도가 0이 된다.

- 가속도가 0이 아닌 물체는 실제 무게와는 다른 겉보기 무게가 있다. 겉보기 무게는 같은 가속도로 움직이면서 물체를 받쳐주는 바닥의 수직항력과 같다. 겉보기 무게를 물체를 받치고 있는 저울의 눈금으로, 또는 물체가 매달려 있는 끈의 장력으로 바꿔 생각해 보면 도움이 된다.

연습문제

개념형 질문

1 [1]. 총을 쏠 때, 소총의 총구를 직접 표적의 중심에 겨냥하지 않는 이유는 무엇인가? 이것이 먼 거리에서 더 중요한 이유는 무엇인가?

2 [3]. 같은 시간에 물체의 속도가 0이 되고 가속도도 0이 될 수 있는가? 설명하여라.

3 [5]. 사다리 꼭대기에서 깃털과 납 벽돌을 동시에 떨어뜨리면 납 벽돌이 땅에 먼저 부딪친다. 만약 달 표면에서 실험한다면 어떻게 되겠는가?

4 [7]. 물체가 저울 위에 놓여 있다. 저울은 잘 작동하며, 눈금도 정확히 매겨져 있다. 어떤 조건에서 저울의 눈금이 물체의 실제 무게와 다른가? 설명하여라.

5 [9]. 일정한 속도로 지구로 내려오는 낙하산에는 어떤 힘이 작용하는가? 낙하산의 가속도는 얼마인가?

6 [11]. 공중으로 똑바로 던진 물체가 가장 높은 곳에 있을 때 물체의 가속도는 얼마인가? 공기저항을 무시할 수 있는지 없는지에 따라 답이 달라지는가? 설명하여라.

7 [13]. 공기저항을 무시할 때, 자유낙하 하는 물체에는 어떤 힘이 작용하는가?

8 [15]. 여러분은 해변이 내려다 보이는 발코니에 서 있다. 공을 속력 v_i로 공중을 향해 똑바로 위로 던지고, 똑같은 공을 속력 v_i로 똑바로 아래로 던졌다. 공기저항을 무시했을 때, 두 공이 땅에 닿기 직전의 속력을 비교하면 어떻게 되는가?

9 [17]. 동전을 바로 위로 던졌을 때, 가장 높은 지점에서 속도와 가속도를 어떻게 말할 수 있는가?

10 [19]. 여러분은 길쭉한 술통을 타고 폭포를 내려가는 동안 물리 지식을 시험해 보기로 했다. 야구공을 가지고 통 안에 들어가서, 통이 폭포 아래로 수직으로 떨어질 때 공을 놓았다. 공은 통에 대해 어떻게 운동하리라 예상하는가? 공이 여러분보다 더 빨리 통의 바닥에 떨어지겠는가? 아니면 공이 통보다 더 느리게 움직여서 통의 위쪽으로 접근하겠는가? 그도 아니면 떨어지는 통 안의 공중에 떠서 정지한 것처럼 보이겠는가? 설명하여라. **경고** 집에서 직접 해보지는 말아라.

선다형 질문

1 [1]. 표범은 $t=0$에 정지한 상태에서 출발하여 $t=3.0$ s 동안 직선을 따라 등가속도로 달렸다. $t=1.0$ s 와 $t=2.0$ s 사이에 표범이 달린 거리는?

(a) 처음 1 s 동안 달린 거리와 같다.
(b) 처음 1 s 동안 달린 거리의 두 배이다.
(c) 처음 1 s 동안 달린 거리의 세 배이다.
(d) 처음 1 s 동안 달린 거리의 네 배이다.

2 [3]. 어떤 럭비선수가 5야드 라인에서 45야드 라인(양쪽에서 다 같은 거리에 있는 하프필드)을 향해 공을 찼다. 공기저항을 무시할 때, 공이 날아가는 궤도에서 공의 속력이 최소인 곳은 어디인가?

(a) 공이 선수의 발을 떠난 직후인 5야드 라인에
(b) 공이 바닥에 닿기 직전인 45야드 라인에
(c) 공이 높이 올라가고 있는 동안인 15야드 라인에
(d) 공이 떨어지고 있는 동안인 35야드 라인에
(e) 궤도에서 공이 정상에 있는 25야드 라인에

3 [5]. 공중으로 던진 공이 포물선 궤도를 그리며 날아가고 있다. 점 A는 궤도에서 가장 높은 지점이고 B는 공이 땅에 떨어지는 지점이다. 두 지점에서 속력과 가속도의 크기 사이의 관계를 정확히 설명한 것은?

(a) $v_A > v_B$ 및 $a_A = a_B$ (b) $v_A < v_B$ 및 $a_A > a_B$
(c) $v_A = v_B$ 및 $a_A \neq a_B$ (d) $v_A < v_B$ 및 $a_A = a_B$

4 [7]. 여러분은 엘리베이터 안의 체중계 위에 서 있다. 다음 중 어떤 경우에 엘리베이터가 멈췄을 때와 같은 체중을 가리키겠는가? 설명하여라.

(a) 일정한 속도로 올라갈 때

(b) 속력이 증가하면서 움직일 때

(c) 자유낙하 할 때(엘리베이터 줄이 끊어진 후 안전 브레이크가 작동하기 직전)

5 [9]. 엘리베이터 천장에 매달린 매여있는 가느다란 끈은 35.0 N의 장력은 견딜 수 있지만 이보다 더 큰 장력을 받으면 끊어진다. 엘리베이터가 상승하기 시작할 때 초기 가속도가 $3.20\ \mathrm{m/s^2}$이라면 끈에 매달 수 있는 최대 질량은 얼마인가?

(a) 3.57 kg (b) 2.69 kg (c) 4.26 kg
(d) 2.96 kg (e) 5.30 kg

6 [11]. 정지한 엘리베이터 안에서 한 여성이 체중계 위에 서 있다. 저울의 눈금이 500 N을 가리킨다. 이 엘리베이터가 아래로 4.5 m/s의 일정한 속력으로 내려간다면 내려가는 동안 저울의 눈금은 얼마를 가리키는가?

(a) 100 N (b) 250 N (c) 450 N
(d) 500 N (e) 750 N

7 [13]. 질량이 70.0 kg인 남자가 엘리베이터 안에서 체중계 위에 서 있다. 이 엘리베이터가 $3.00\ \mathrm{m/s^2}$의 비율로 속도를 늦추면서 내려가고 있다면 저울의 눈금은 얼마를 가리키는가?

(a) 70 kg (b) 476 N (c) 686 N
(d) 700 N (e) 896 N

8 [15]. 그림에서 두 물체를 같은 지점에서 같은 초기 속력으로 지면에 대해 각각 30°와 60°로 발사하였다. 공기저항을 무시할 때 비행시간 Δt (발사에서부터 지상에 충돌할 때까지의 시간)가 더 긴 것을 골라라.

(a) 30°로 발사한 포물체

(b) 60°로 발사한 포물체

(c) 두 포물체의 비행시간은 같다.

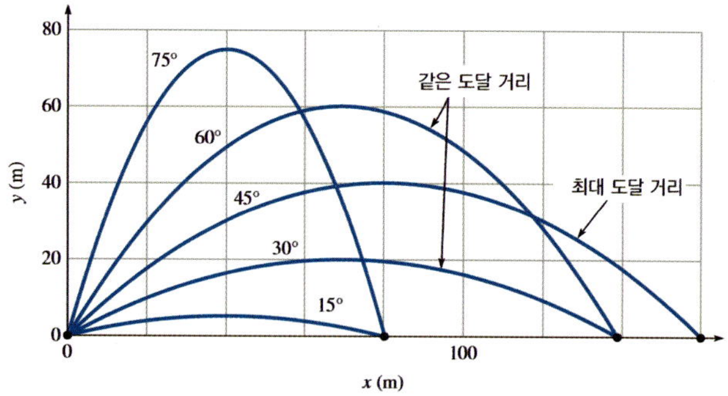

9 [17]. 공을 곧장 위로 던졌다. 물체의 운동 방향과 반대로 공기저항력이 작용하는 곳이고, 공기저항력의 크기는 물체의 무게보다는 적다고 할 때, 공이 공중으로 올라가는 도중에 공의 가속도의 크기는?

(a) g 보다 작다. (b) g 와 같다. (c) g 보다 크다.

10 [19]. 문제 9에서 공이 내려오는 도중에는 가속도의 크기가 어떻게 되겠는가? 문제 9의 지문에서 답을 골라라.

11 [21]. 절벽 꼭대기에서 수평선 아래 20° 방향으로 돌멩이를 던졌다. 공기저항은 무시하여라. 던져지고 나서 1 s 후에 돌멩이의 속도가 수평선 아래 θ 방향에 있다. 맞는 것은?

(a) $\theta = 0$ (b) $\theta = 20°$
(c) $0 < \theta < 20°$ (d) $20° < \theta < 90°$
(e) $\theta = 90°$

문제

4.1 알짜힘이 일정한 직선운동, 4.2 등가속도 직선운동의 운동방정식

1 [1]. 다음은 등가속도로 운동하는 4개 물체의 운동도해이다. 가속도의 크기가 가장 큰 것부터 가장 작은 것까지 순서를 매겨라. 각 도표에서 점과 점 사이의 시간은 같다.

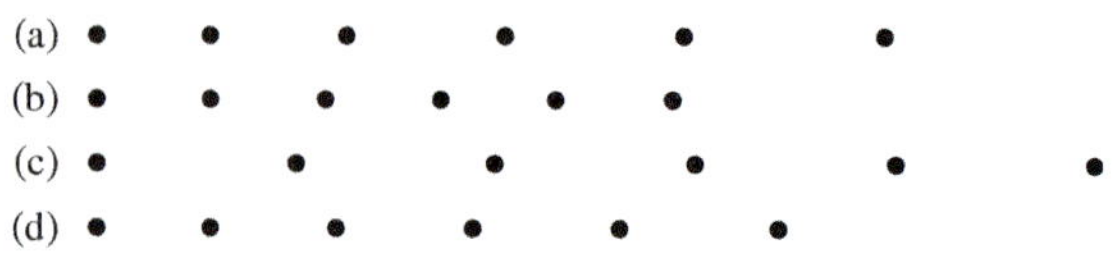

2 [3]. 그래프는 x축을 따라 움직이는 물체에 대한 $v_x(t)$의 그래프이다. $t=5.0$ s와 $t=9.0$ s 사이의 운동도해를 그리고 어떻게 운동했는지 설명해 보아라. $t=5.0$ s와 $t=9.0$ s 사이에서 가속도는 얼마인가?

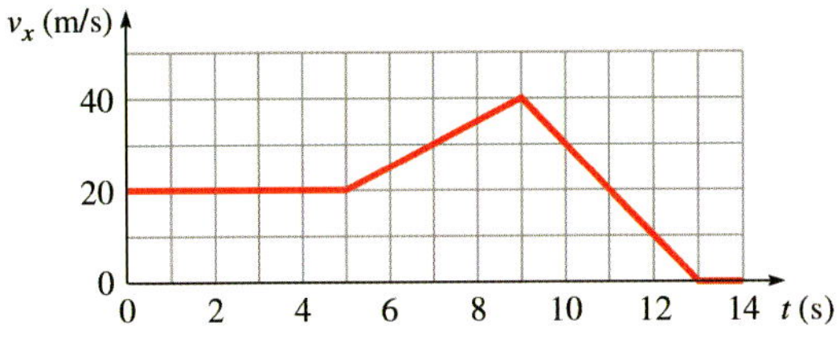

[문제 2~3]

3 [5]. 뉴올리언스의 세인트 찰스 전차가 정지 상태에서 출발하여 12.0 s 동안 1.20 m/s^{2}의 등가속도로 운동한다. (a) $v_x(t)$의 그래프를 그려라. (b) 12.0 s 후에 열차는 출발점에서 얼마나 멀리 갔는가? (c) 12.0 s 후에 열차의 속력은 얼마인가? (d) 2.0 s 간격으로 전차의 위치를 보여주는 운동도해를 그려라.

4 [7]. 조종사는 특수 훈련을 받거나 특수한 장비를 갖추지 않고 짧은 시간 동안(대략 1분) 의식을 잃지 않고 최대 9g 정도의 수평 가속도를 견딜 수 있다. (a) 수평으로 비행 중인 초음속 제트기가 200 m/s에서 9g의 가속도로 700 m/s까지 가속하는 데 걸리는 시간은 얼마인가? (b) 이 시간 동안 제트기는 얼마나 멀리 날아가겠는가?

5 [9]. 비행기가 활주로에 내려 남서쪽으로 55 m/s의 속도로 달리기 시작한다. 1.0 km를 가서 정지하려면 가속도는 얼마여야 하는가? $v_x(t)$의 그래프를 그려라.

6 [11]. 보통 재채기를 하면 최대 속력 44 m/s로 물질이 배출된다. 재채기로 방출된 물질이 콧구멍 안 2.0 cm에서 정지 상태에 있다가 운동을 시작한다고 가정하자. 처음 0.25 cm 동안은 가속도가 일정하고 나머지 거리를 이동하는 동안에는 속도가 일정하다. (a) 처음 0.25 cm를 이동하는 동안 가속도는 얼마인가? (b) 코에서 2.0 cm를 이동하는 데 걸리는 시간은 얼마인가? (c) $v_x(t)$의 그래프를 그려라.

7 [13]. 치타는 정지 상태에서 2.0 s 안에 44 m/s까지 가속할 수 있다. 가속하는 동안 치타의 가속도가 일정하다고 할 때 (a) 치타의 가속도의 크기는 얼마인가? (b) 치타가 2.0 s 동안에 이동한 거리는 얼마인가? (c) 한 육상선수는 정지 상태에서 출발하여 2.0 s 후에 6.0 m/s까지 가속할 수 있다. 이 육상선수의 가속도의 크기는 얼마인가? 치타와 사람의 평균 가속도의 비는 얼마인가?

8 [15]. 6.0 kg의 벽돌이 정지 상태에서 출발하여 길이 2.0 m인 마찰이 없는 경사면에서 미끄러지고 있다. 경사면의 바닥에 도달하였을 때, 속력이 v_f였다. 벽돌의 속력이 $0.50v_f$인 곳은 경사면의 꼭대기에서 얼마나 떨어져 있는가?

4.3 등가속도 운동학에 뉴턴의 법칙 적용하기

9 [17]. 질량이 63 kg인 스키선수가 정지 상태에서 출발해 수평선에 대해 32°로 기울어진, 길이가 50 m인 미끄러운 경사면(마찰이 없는)을 내려온다. 경사면의 끝부분 바닥에 내려와서부터는 경로가 평탄하고 수평이며 눈이 덜 얼어서 속도가 줄어들기 시작하여 수평 경로를 따라서 140 m 간 후에 정지한다. (a) 경사면의 바닥에 왔을 때 선수의 속력은 얼마인가? (b) 선수와 눈 덮인 수평면 사이의 운동마찰계수는 얼마인가?

10 [19]. 질량이 55 200 kg인 기차가 수평인 직선 선로를 따라 26.8 m/s로 달리고 있다. 기관사가 트럭이 184 m 앞 선로에 멈춰있는 것을 보았다. 기차의 제동력의 크기가 최대 84.0 kN이라면, 기차가 충돌 전에 멈출 수 있는가?

11 [21]. 활주로에 정지해 있던 비행기가 출발했다. 이륙중인 비행기 엔진이 몸체(질량 9.2×10^4 kg)에 78 kN의 일정한 힘을 가한다. 비행기는 활주로에서 얼마나 달린 후에 68 m/s의 이륙속도에 도달하는가?

12 [23]. 질량이 832 kg인 엘리베이터가 아래쪽으로 움직이는 동안 지지 케이블의 장력은 7730 N으로 일정하다. $t=0$과 $t=4.00$ s 사이에 엘리베이터의 변위는 아래쪽

으로 5.00 m이다. $t = 4.00$ s에서 엘리베이터의 속력은 얼마인가?

13 [25]. 질량이 2.7 kg인 점토 기와가 수평에 대해 48° 기울어진 지붕에서 미끄러진다. 타일이 지붕 가장자리에서 3.2 m 떨어진 곳에서 정지해 있다가 출발하고 마찰을 무시할 수 있다면, 타일이 가장자리에 도달할 때 얼마나 빨리 움직이는가?

4.4 자유낙하

14 [27]. 그랜트가 농구공을 들고 직선으로 공중에 뛰어올라 최고 높이 1.3 m에서 현란하게 슛을 날렸다. 그랜트가 바닥을 떠날 때 속력은 얼마인가?

15 [29]. (a) 정지 상태의 골프공이 12.0 m를 떨어지는 데 걸리는 시간은 얼마인가? (b) 이 공이 떨어지는 시간을 두 배로 하면 공은 얼마나 멀리 가는가?

16 [31]. 10.0 m/s의 일정한 속도로 수직으로 상승하고 있는 열기구의 바구니에 탄 사람이 풍선이 땅에서 40.8 m 높이에 도달하였을 때 모래주머니를 떨어뜨렸다. 공기 저항을 무시하고 그것이 땅에 도달할 때의 속력을 구하여라.

17 [33]. 슈퍼맨이 로이스 레인(여주인공)으로부터 수평으로 120 m만큼 떨어져 있다. 한 악당이 로이스의 머리 위 4.0 m에서 바위를 떨어뜨렸다. (a) 만약 로이스가 바위에 깔리기 전에 슈퍼맨이 바위를 낚아채려면 그의 가속도는 최소한 얼마여야 하는가? (b) 슈퍼맨이 로이스에게 도착했을 때의 속력은 얼마인가?

18 [35]. 글렌다는 소원을 비는 우물에 귀 높이에서 동전을 떨어뜨린다. 동전은 7.00 m를 떨어진 뒤에 물에 닿는다. 소리의 속력이 343 m/s라면, 글렌다가 동전을 던지고 나서 얼마 후에 물이 튀는 소리를 들을 수 있는가?

19 [37]. 중앙아시아의 산속에 사는 눈표범은 멸종위기 동물이다. 동물 세계에서 가장 멀리 뛰는 동물이라 생각된다. 눈표범이 수평선에서 위쪽 35° 방향으로 점프하여 15.0 m 떨어진 평지에 착지한다면 초기 속도는 얼마인가?

4.5 포물체의 운동

20 [39]. 부드러운 흙덩어리를 지상에서 8.50 m 위에서 20.0 m/s의 속력으로 수평으로 던졌다. 1.50 s 후에 흙덩어리는 어디에 있는가? 땅바닥에 부딪히면 그 자리에 붙는다고 가정하여라.

21 [41]. 지상 1.0 m 지점에서 공을 던진다. 초기 속도는 수평선 위쪽으로 30.0°로 19.6 m/s이다. (a) 지상으로부터 공의 최고 높이를 구하여라. (b) 궤도의 최고점에서 공의 속력을 계산하여라.

22 [43]. 화살이 수평선 위쪽 60.0°로 20.0 m/s의 속도로 공중으로 발사되었다. (a) 활시위를 떠나고 3.0 s 후 화살 속도의 x와 y 성분을 구하여라. (b) 3.0 s 동안 변위의 x와 y 성분은 얼마인가?

23 [45]. 한 아이스 스케이팅 선수가 쇼에서 묘기를 선보이려고 하고 있다. 이 묘기를 보여주기 위해서 선수는 수평선에서 15.0° 기울어진 마찰이 없는 얼음 경사로에서 스케이트를 타고 내려올 예정이다. 경사로의 가파른 경사가 끝나는 바닥에는 짧은 수평 부분이 있다. 선수는 경사로 어딘가에 정지해 있다가 출발하여 얼음판에 부드럽게 착륙하기 전에 수평 부분을 지난 다음에 공중에서 수직으로 3.00 m 내려가는 동안에 수평으로 7.00 m를 날아간다고 생각하고 있다. 선수가 묘기를 선보이려면 경사로의 어느 높이에서 출발해야 하는가?

24 [47]. 한 소년이 건물 옥상 난간에 서서 수평선의 위쪽 25.0°의 각도로 돌멩이를 던졌다. 돌멩이는 4.20 s 후에 건물의 1층에서 105 m 떨어진 지면에 닿았다(공기저항은 무시하여라). (a) 공중을 통과하는 돌멩이의 경로에서 x, y, v_x와 v_y를 시간의 함수로 나타내는 그래프를 그려라. 정성적으로 바르게만 그리면 된다. 곧 축에다 숫자를 표시할 필요는 없다. (b) 돌멩이의 초기 속도를

구하여라. (c) 돌멩이를 던지는 초기 높이 h를 구하여라. (d) 돌멩이가 도달하는 최고 높이 H를 구하여라.

25 [49]. 지역 서커스단에서 인간 포탄 연기를 하기 위해 여러분을 고용하였다. 이 연기를 위해 용수철이 장전된 대포로 인간 포탄인 그레이트 플라이인스키를 발사하여 포탄이 최고점을 지나 아래에 있는 그물에 떨어지도록 한다. 그물은 포탄이 발사된 포구보다 5.0 m 아래에 있다. 포탄은 수평선 위 35.0° 방향으로 18.0 m/s의 속력으로 발사될 것이다. 인간 포탄이 바닥에 떨어져서 청중들을 혼란스럽게 하지 않고 안전하게 그물에 떨어지도록 하려면 그물을 얼마나 멀리 설치해야 하는지 결정하고자 한다. 여러분은 무대 감독에게 어떻게 말하겠는가?

26 [51]. 성을 향해 포탄을 발사하였다. 포탄이 투석기를 떠날 때 속도는 수평선과 37°의 각으로 40 m/s였고, 이때 포탄은 지상 7.0 m에 있었다. (a) 포탄이 도달하는 최고 높이는 얼마인가? (b) 포탄이 성벽을 넘어 땅에 떨어졌다고 가정할 때 발사지점으로부터 수평 거리가 얼마인 곳에 떨어지는가? (c) 포탄이 땅에 떨어지기 직전 속도의 x와 y 성분은 얼마인가?

27 [53]. 파리 시민들은 제1차 세계대전 중에 거포로 알려진 독일군의 장거리포에서 발사된 포탄 공격을 받았을 때 공포에 떨었다. 거포의 포신은 길이가 36.6 m이고, 포구 속력이 1.46 km/s이다. 포의 고각이 55°로 설정되어 있었다면, 포탄의 도달 거리는 얼마인가? 문제를 풀면서 공기저항을 무시하여라. (실제로 이 고각에서 사거리는 121 km이다. 실제로는 이러한 엄청난 총구 속력일 때 공기저항은 무시할 수 없다.)

28 [55]. 포물선의 수평 도달 거리 $R = (2v_i^2 \sin\theta \cos\theta)/g$를 이용해 (a) 발사 속력이 v_i인 포물체의 최대 도달 거리 R과 (b) 도달 거리가 최대인 발사각 θ를 구하여라.

4.6 겉보기 무게

29 [57]. 어떤 사람이 엘리베이터 안에서 체중계 위에 서 있다. 다음에 주어진 속력 v나 가속도의 크기 a에 관한 정보를 이용해 저울 눈금의 숫자가 가장 큰 것에서부터 가장 작은 것까지 순서대로 나타내어라.

(a) 속력이 빨라지면서 상승($a = 1.0\ \text{m/s}^2$)
(b) 일정한 속력으로 하강($v = 2.0\ \text{m/s}$)
(c) 일정한 속력으로 하강($v = 4.0\ \text{m/s}$)
(d) 속력이 빨라지면서 하강($a = 2.0\ \text{m/s}^2$)
(e) 속력이 감소하면서 상승($a = 2.0\ \text{m/s}^2$)

30 [59]. 질량이 64.2 kg인 욜란다가 2.13 m/s^{2}의 가속도로 올라가는 엘리베이터를 타고 있다. 그녀가 엘리베이터의 바닥에 가하는 힘은 얼마인가?

31 [61]. 엘리베이터를 타고 있는 동안 제이든의 겉보기 무게는 550 N이다. 그가 땅에 있을 때 체중계의 눈금은 600 N이었다. 제이든의 가속도는 얼마인가?

32 [63]. 보기 4.11을 참조하여라. 다음과 같은 상황에서 체중 598 N인 승객의 겉보기 무게는 얼마인가? 각 경우에, 엘리베이터의 가속도의 크기는 0.50 m/s^{2}이다.

(a) 15층에서 멈춘 후에 8층 버튼을 누르고 엘리베이터가 아래로 이동하기 시작했을 때
(b) 엘리베이터가 아래쪽으로 움직이며 8층에 가까워지며 느려지고 있을 때

33 [65]. 펠립이 수영팀에 가입하기 전에 신체검사를 하려고 한다. 그는 자신의 체중에 대해 우려하고 있으므로, 21층의 의사 진료실로 향하는 동안 체중을 재기 위해 체중계를 가지고 엘리베이터를 탔다. 만약 엘리베이터가 2.0 m/s^{2}의 가속도로 올라가는 동안 체중계의 눈금이 750 N이었다면 간호사는 그의 체중을 얼마로 측정하겠는가?

협동문제

34 [67]. 로켓을 정지 상태에서 수직 상방으로 $20.0\ \mathrm{m/s^2}$으로 가속할 수 있는 로켓 엔진이 있다. 그러나 로켓을 발사한 후 50.0 s가 지나자 엔진이 고장이 났다. 공기의 저항을 무시한 상태에서

(a) 엔진이 고장났을 때 로켓의 고도는 얼마인가?

(b) 언제 최고 높이에 도달하는가?

(c) 도달하는 최고 높이는 얼마인가?

힌트 그래프를 이용하는 것이 가장 쉽다.

(d) 로켓이 지면에 닿기 전의 속도는 얼마인가?

35 [69]. 만약 제트기가 $10.0\ \mathrm{ft/s^2}$으로 가속하고 $7.00\ \mathrm{ft/s^2}$으로 감속할 수 있다면, 길이가 1.50마일인 공항 활주로에서 활주 구간을 구하여라. 활주 구간이란 조종사가 활주로를 벗어나지 않고 이착륙을 중단할 수 있는 구간이다. 비행기가 움직이기 시작하고부터 어떻게 할지를 결정할 수 있는 시간은 얼마인가?

36 [71]. 현수교는 협곡의 바닥에서부터 60.0 m에 있다. 다리에서 돌을 던지거나 떨어뜨렸다. 공기저항을 무시할 때 다리 위치에서의 g는 $9.83\ \mathrm{m/s^2}$으로 측정되었다. (a) 돌멩이를 떨어뜨릴 때, 협곡의 바닥에 떨어질 때까지 걸리는 시간은 얼마인가? (b) 돌멩이를 20.0 m/s의 속력으로 아래로 똑바로 던지면 지면에 닿을 때까지 얼마나 걸릴까? (c) 수평선 위쪽 30.0° 방향을 향해 20.0 m/s의 속도로 돌을 던지는 경우, 지면에 닿는 점은 다리 바로 아래 지점에서 얼마나 멀리 떨어져 있겠는가?

37 [73]. 질량이 15 kg인 나무상자가 60.0°로 기울어진 경사면의 상단에서 정지해 있다가 출발했다. 정지마찰계수와 운동마찰계수는 각각 $\mu_s = 0.40$과 $\mu_k = 0.30$이다. 나무상자는 이상적인 도르래와 줄로 8.0 kg 상자에 연결되어 있다. (a) 나무상자가 경사면을 따라 미끄러져 내려올 때 줄의 장력은 얼마인가? (b) 나무상자가 경사면 아래로 2.00 m까지 미끄러지는 데 걸리는 시간은 얼마인가? (c) 나무상자를 일정한 속력으로 경사면 위로 밀어 올리려면 얼마의 힘(경사면에 평행한 힘)이 필요한가? (d) 나무상자가 경사면을 미끄러져 내려가지 않으면서 8.0 kg 상자를 대체할 수 있는 최소한의 질량은 얼마인가?

연구문제

38 [75]. 드래그 레이서는 최종 속도 104 m/s로 400.0 m 트랙의 결승선을 통과했다. (a) 경주하는 동안 가속도가 일정하다고 가정할 때, 경주시간과 타이어와 도로 사이의 최소 정지마찰계수는 얼마인가? (b) 만약 타이어가 불량하거나 포장도로가 젖어있을 때는 가속도가 30.0 % 더 줄었다. 경주를 끝마치는 데 걸리는 시간은 얼마인가?

39 [77]. 절벽의 난간에서 공을 수평으로 초속 20 m/s로 던졌다. (a) 공이 20.0 m 절벽 아래 바닥으로 떨어지기까지 걸리는 시간은 얼마인가? (b) 절벽 난간에 정지해 있던 공을 떨어뜨린다면 땅에 닿는 데까지 걸리는 시간은 얼마인가? (c) 공을 수평선 아래 18° 각도로 초기 속도 20.0 m/s로 던진다면 땅에 떨어지는 데까지 걸리는 시간은 얼마인가?

40 [79]. 한 비행기가 뉴욕에서 파리까지 5.80×10^3 km의 거리를 비행하고 있다. 지구의 곡률을 무시하여라.
(a) 비행기의 순항속도가 350.0 km/h일 경우, 바람이 없는 날 왕복하는 데 걸리는 시간은 얼마인가? (b) 만약, 비행기의 고도에서 뉴욕에서 파리로 시속 60.0 km/h로 꾸준히 바람이 불고 있다면, 왕복하는 데 걸리는 시간이 얼마인가? (c) 만약 시속 60.0 km/h의 역풍이 불면 시간이 얼마나 걸리겠는가?

41 [81]. 그래프는 떨어졌다 튀어 오르는 공의 $v_y(t)$를 보여준다. y축은 위로 향한다. 그래프의 데이터를 기반으로 다음 질문에 답하여라. (a) 공이 언제 최고 높이까지 올라가는가? (b) 공이 바닥에 접촉하는 데 걸리는 시간은 얼마인가? (c) 공의 최고 높이는 얼마인가? (d) 공중에 있는 공의 가속도는 얼마인가? (e) 바닥에 닿는 동안 공의 평균 가속도는 얼마인가?

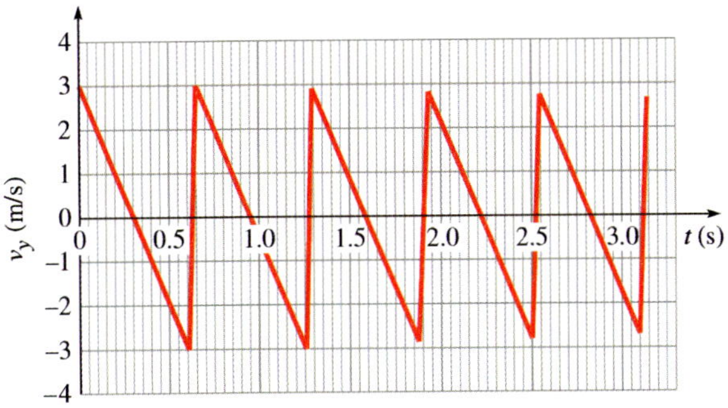

42 [83]. 야구경기에서 타자가 수평 위 45°로 외야 플라이 공을 쳐 44 m 높이까지 떠올랐다. 상대 팀의 외야수는 공이 맞는 순간 7.6 m/s로 달리기 시작했다. 외야수가 공을 잡을 수 있는 위치 중에서 공의 착지점으로부터 가장 먼 거리는 얼마인가?

43 [85]. 고도가 18 m이고 수평 항속 8.0 m/s로 비행 중인 헬리콥터에서 응급의료용품을 헬리콥터에 대해 12 m/s의 속력으로 수평 방향으로 뒤로 던진다. 공기저항을 무시하고, 의료용품이 지상에 도달할 때 이것과 헬리콥터 사이의 수평 거리는 얼마인가?

44 [87]. 지상에서 높이 h인 기숙사 방 창문에서 수평으로 콩주머니를 던졌다. 콩주머니는 그것을 던진 창문 바로 아래 땅에서 수평 거리 h(높이와 같은 거리 h)인 곳에 떨어졌다. 공기저항을 무시하고 땅에 닿기 직전 콩주머니의 속도의 방향을 구하여라.

45 [89]. 메뚜기는 0.30 m 높이까지 점프할 수 있다. (a) 메뚜기가 똑바로 위로 뛰어오르고, 공기저항을 무시한다면, 메뚜기의 이륙 속력은 얼마인가? (b) 실제로는 메뚜기가 수평선에 대해 약 55°의 각도로 뛰어오르며, 공기저항도 무시할 수 없다. 결과적으로 이륙하는 속력이 (a)에서 계산한 값보다 약 40 % 더 크다. 메뚜기의 질량이 2.0 g이고, 정지 상태에서 이륙 속력까지 가속하는 동안 몸은 직선으로 4.0 cm 움직인다면, 메뚜기의 가속도는 얼마인가(등가속도로 추정하여라)? (c) 메뚜기의 무게를 무시하고 지면이 뒷발에 가하는 힘을 가늠해 보아라. 이것을 메뚜기의 무게와 비교해 보아라. 메뚜기의 무게를 무시하는 것이 타당한가?

46 [91]. 연어가 산란하기 위해 상류로 돌아올 때 종종 폭포를 거슬러 올라가야 한다. 물이 너무 빨리 흐르지 않는 경우, 연어는 떨어지는 물 바로 위로 헤엄칠 수 있다. 만약 물이 너무 빠른 속력으로 떨어지면, 연어는 폭포에서 물이 너무 빨리 떨어지지 않는 곳으로 가기 위해 물 밖으로 뛰어오른다. 연어가 지나가는 통상 경로를 방해하는 댐을 만들어야 한다면, 연어가 산란 지역으로 올라갈 수 있게 사다리 모양의 인공어로를 만들어줘야 한다. 어로 사다리는 계단 사이의 물이 잔잔한 웅덩이를 이루기 때문에 일련의 작은 폭포들로 구성되어 있다(그림 참조). 물고기 사다리의 한 계단의 상단과 하단에 있는 물웅덩이는 정지 상태이고, 물은 한 웅덩이에서 다음으로 곧바로 떨어지고, 연어는 물을 거슬러서 5.0 m/s로 헤엄칠 수 있다. (a) 연어가 뛰어오르지 않고 헤엄쳐서 오를 수 있는 작은 폭포의 최고 높이는 얼마인가? (b) 폭포의 높이가 1.5 m라면, 연어가 헤엄칠 수 있는 물로 가기 위해 얼마나 뛰어올라야 하는가? 바로 위로 뛰어오르는 것으로 가정한다. (c) (b)에서 구한 높이로 뛰어오를 때 초기 속력은 얼마인가? (d) 1.0 m 높이의 폭포에 대해, 연어가 폭포 위로 헤엄치기 시작할 때 땅에 대해서는 얼마나 빠른가?

종합문제

47 [93]. 물리 실험실에서, 비스듬히 기울어진 마찰이 없는 공기 트랙의 상부에서 글라이더를 정지 상태에서 놓았다. 만약 글라이더가 출발점에서 50.0 cm 이동했을 때 속력이 25.0 cm/s로 되었다면, 트랙의 경사각은 얼마인가? 양$^+$의 x축이 트랙의 아래쪽을 가리킬 때 $v_x(t)$의 그래프를 그려라.

48 [95]. 지상으로부터 8.00 m 상공에서 6.00 m/s로 수평으로 날고 있는 갈매기 한 마리가 부리에 물고 있던 조개를 바위에 떨어뜨려 조개껍질을 깨뜨리려고 한다. 공기저항을 무시할 때, (a) 갈매기가 조개를 떨어뜨리는 순간 바위까지의 수평 거리는 얼마인가? (b) 조개는 바위에 대해 얼마의 속력으로 부딪히는가? (c) 갈매기에 대해서는 얼마의 속력으로 바위에 부딪히는가?

49 [97]. 마리가 수평 테이블에서 종이 접시에 담긴 피자 한 조각을 제이든을 향해 밀었다. 테이블과 접시 사이의 마찰계수는 0.32이다. 피자 접시는 마리에게서 제이든이 있는 곳까지 44 cm를 이동해야 한다. 피자 접시를 제이든에게 보내려면 초기 속력은 얼마여야 하는가?

50 [99]. 줄리아는 신문을 배달하고 있다. 그녀가 직선 도로를 따라 15 m/s의 속도로 운전을 하면서 1.00 m 높이에서 신문을 던지면 신문이 출입로를 따라 미끄러져서 구독자의 대문 앞에 정지하게 하려고 한다. 대문에서 수평 거리가 얼마인 곳에서 신문을 떨어뜨려야 하는가? 신문과 노면의 운동마찰계수는 0.40이다. 공기저항은 무시하고 신문이 튕겨 나가거나 구르지 않는다고 가정하여라.

51 [101]. 여러분은 해군 조종사들의 텔레비전 쇼를 보고 있다. 해설자는 항공모함에서 해군 전투기가 이륙할 때, 엔진이 최대의 출력 상태에 이르러 제트기를 전진시키는 사출기가 있기 때문에 가속이 되어 앞으로 날아간다고 말한다. 사출기가 얼마나 큰 힘을 공급하는지 궁금할 것이다. 인터넷에서 찾아보면 항공모함의 갑판 길이는 약 90 m이고, F-14의 질량은 33 000 kg이며, 2개의 엔진이 각각 27 000 파운드의 추력을 공급하고, 비행기의 이륙 속력은 약 160 mi/h임을 알 수 있다. 사출기가 제트기에 가하는 평균 힘을 추정하여라.

52 [103]. 나무상자가 35.0° 각도로 기울어진 마찰이 없는 경사로에서 미끄러져 내려가고 있다. (a) 상자를 정지 상태에서 놓는다면 경사면 바닥에 닿기 전 2.50 s 동안 이동한 거리는 얼마인가? (b) 2.5 s 후에 나무상자의 속력은 얼마인가?

53 [105]. $t = 0$에, 질량 0.225 kg의 벽돌 A와 질량 0.600 kg의 벽돌 B가 마찰이 없는 수평면 위에 있다. 벽돌 A는 벽돌 B의 왼쪽으로 3.40 m 떨어져 있다. 오른쪽으로 수평으로 2.00 N의 힘이 벽돌 A에 $\Delta t = 0.100$ s 동안 작용한다. 같은 시간에 벽돌 B에는 왼쪽으로 5.00 N의 힘이 작용한다. 두 벽돌이 접촉할 때까지 B의 초기 위치로부터 얼마나 멀어지는가? 두 벽돌이 접촉할 때까지 $t = 0$에서 얼마나 많은 시간이 경과했는가?

CHAPTER 5 원운동

개념정리

- 각변위 $\Delta\theta$는 물체가 회전한 각도이다. 양수 및 음수 각변위는 서로 다른 방향의 회전을 나타낸다. 보통 반시계 방향의 운동을 양수로 나타낸다. 회전을 포함하는 문제를 풀 때 방향을 정하고 고정하여 θ의 양수와 음수의 의미가 부합되도록 해야 한다.
- 평균 각속도 :

$$\omega_{평균} = \frac{\theta_2 - \theta_1}{t_2 - t_1} = \frac{\Delta\theta}{\Delta t} \quad (5-2)$$

- 평균 각가속도 :

$$\alpha_{평균} = \frac{\omega_2 - \omega_1}{t_2 - t_1} = \frac{\Delta\omega}{\Delta t} \quad (5-31)$$

- 순간 각속도와 순간 각가속도는 $\Delta t \to 0$일 때의 값으로 평균한 양의 극한이다.
- 유용한 각도 측정 단위로 라디안이 있다.

$$2\pi \text{ 라디안} = 360°$$

각도를 라디안으로 측정한다면, 반지름 r인 호의 길이 s에 대응하는 각도가 θ이다.

$$s = \theta r \quad (\theta\text{의 단위는 rad}) \quad (5-4)$$

- 반지름을 포함하는 방정식에 각과 관련된 양(θ, ω, α 같은) 등이 나타날 때 각도의 단위는 라디안을 쓰는 것이 편리하다. 호의 길이가 라디안당 반지름인 거리임을 기억하면 도움이 될 것이다.
- 원운동하는 물체의 속력(회전하는 물체의 어떤 한점을 포함하여)은 다음과 같다.

$$v = r|\omega| \quad (\omega\text{의 단위는 rad/s}) \quad (5-9)$$

- 각가속도에 대한 접선 가속도 성분은 다음의 관계가 있다.

$$a_t = r|\alpha| \quad (\alpha\text{의 단위는 rad/s}^2) \quad (5-34)$$

- 원운동하는 물체의 지름 방향 가속도 성분은 다음과 같다.

$$a_r = \frac{v^2}{r} = w^2 r \quad (\omega\text{의 단위는 rad/s}) \quad (5-17)$$

속력이 일정하더라도 속도 벡터가 방향을 바꾸기 때문에 지름 방향 가속도는 0이 아니다.

- 접선 방향 및 지름 방향 가속도 성분은 가속도 벡터의 두 수직 성분이다. 지름 방향 가속도 성분은 속도의 방향을 변화시키고, 접선 방향 가속도 성분은 속력을 변화시킨다.
- 원운동에 뉴턴의 제 2법칙을 적용할 때, 일반적으로는 좌표축 중 하나를 지름 방향(원 궤도의 중심을 향하거나 멀어지는)으로 택하는 게 가장 쉽다. 항상 그렇듯이, FBD에서 가해지는 모든 힘은 어떤 다른 물체에 의해 가해지는 실제 접촉력 또는 장거리 힘이라는 것을 확인하여라. 단지 무언가가 원을 그리며 움직인다고 해서 "힘"을 추가로 포함하지 말아야 한다.
- 균일한 원운동이란 v와 ω가 일정하다는 것을 의미한다. 균일한 원운동에서 1회전에 걸리는 시간은 일정하며 그것을 주기 T라고 한다. 진동수 f는 초당 회전한 회전수이다.

$$f = \frac{1}{T} \quad (5-10)$$

$$|\omega| = \frac{v}{r} = \frac{2\pi}{T} = 2\pi f \quad (5-12)$$

여기에서 각속도의 SI 단위는 rad/s이고 진동수의 단위는 1 Hz = 1 rev/s이다.

- 구르는 물체는 회전운동과 병진운동을 한다. 구르는 물체는 물체와 표면 사이에 상대적인 움직임이 없을 때 공전하거나 미끄러짐 없이 굴러간다. 이 경우 마찰력은 정적이고 차축 속력과 각속력의 관계는 다음 같다.

$$v_{축} = r|\omega| \quad (5\text{-}14)$$

- 케플러의 법칙은 궤도 운동을 하는 행성 주기의 제곱이 궤도 반지름의 세제곱에 비례한다는 것을 말한다.

$$T^2 \propto r^3 \quad (5\text{-}27)$$

- 등각가속도 운동에서, 등가속도 운동 a_x에서 유도했던 식과 유사한 방정식을 쓸 수 있다.

$$\Delta\omega = \omega_f - \omega_i = \alpha\Delta t \quad (5\text{-}35)$$

$$\Delta\theta = \frac{1}{2}(\omega_f + \omega_i)\Delta t \quad (5\text{-}36)$$

$$\Delta\theta = \omega_i\Delta t + \frac{1}{2}\alpha(\Delta t)^2 \quad (5\text{-}37)$$

$$\omega_f^2 - \omega_i^2 = 2\alpha\Delta\theta \quad (5\text{-}38)$$

연습문제

개념형 질문

1 [1]. 운전자가 (물리적 의미로) 자동차를 가속할 수 있는 방법이 자동차의 가속 페달을 밟는 것뿐인가? 그렇지 않다면, 운전자가 차를 가속하기 위해 할 수 있는 다른 방법은 무엇인가?

2 [3]. 원형 궤도 위성의 속력과 궤도 반지름이 독립적이지 않은 이유를 설명하여라.

3 [5]. 등속원운동에서, 알짜힘은 속도에 수직으로 작용하며 속도의 방향은 바꿔주지만 속력은 바꾸지 않는다. 포물체가 수평으로 발사되면, 알짜힘(공기저항은 무시)은 초기 속도에 수직 방향이고, 포물체가 낙하하면서 속력이 빨라진다. 두 상황의 차이점은 무엇인가?

4 [7]. 속도조절바퀴(부피가 큰 원반)가 일정한 각가속도로 회전한다. 바퀴의 가장자리의 한 점에 대해, 접선 가속도 성분은 일정한가? 지름 방향의 가속도 성분도 일정한가?

5 [9]. 롤러코스터가 오른쪽으로 빠르게 회전할 때, 여러분은 왼쪽으로 밀리는 것처럼 느낀다. 힘이 여러분을 왼쪽으로 미는가? 만약 그렇다면 그 힘은 무엇인가? 또 그렇지 않다면 왜 그런 힘이 있는 것처럼 보이는가?

6 [11]. 물리 선생님이 옆 단면이 직각삼각형인 언덕진 커브길 위에 자동차를 직사각형으로 그렸다. 한 학생이 그림처럼 좌표계를 그렸다. 문제를 좀 더 쉽게 푸는 다른 좌표축을 선택할 수 있는가?

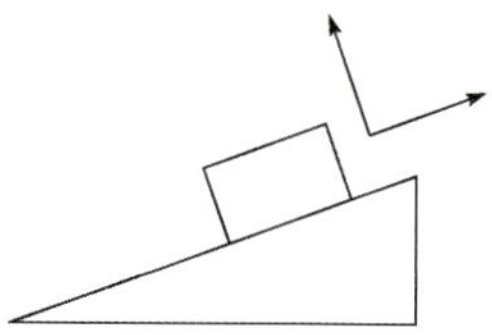

선다형 질문

질문 1~2. 궤도 위성이 지구 주위에서 등속원운동을 한다. 그림에서 위성은 반시계방향($ABCDA$)으로 운동한다. 답을 선택하여라.

(a) $+x$ (b) $+y$ (c) $-x$ (d) $-y$
(e) $+x$축 위 45° ($+y$ 방향)
(f) $+x$축 아래 45° ($-y$ 방향)
(g) $-x$축 위 45° ($+y$ 방향)
(h) $-x$축 아래 45° ($-y$ 방향)

1 [1]. C에서 시작하여 D에서 끝나는, 궤도의 1/4에 대한 위성의 평균 속도의 방향은?

2 [3]. C에서 시작하여 A에서 끝나는, 궤도의 1/2에 대한 위성의 평균 가속도의 방향은?

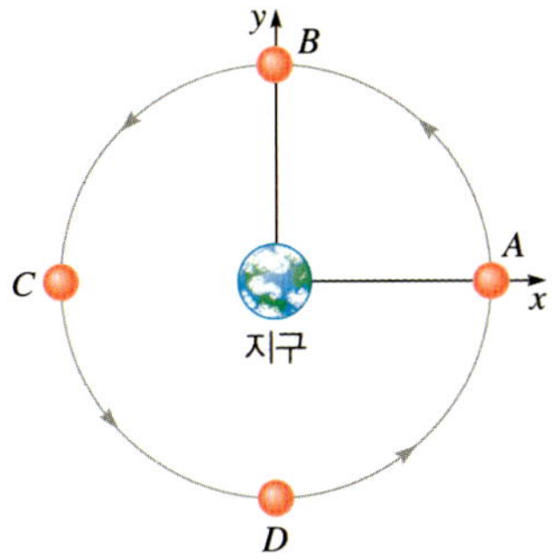

[질문 1~2의 그림]

3 [5]. 일정한 속력으로 원운동하는 물체의 가속도의 방향은?

(a) 운동 방향과 일치한다.

(b) 원의 중심을 향한다.

(c) 원의 중심에서 멀어지는 방향이다.

(d) 0(방향이 없음)

4 [7]. 두 개의 위성이 같은 궤도 반지름으로 화성 주변의 궤도에 있다. 위성 2는 위성 1의 질량의 두 배다. 위성 2의 지름 가속도는 얼마인가?

(a) 위성 1의 지름 가속도의 크기의 2배이다.

(b) 위성 1의 지름 가속도와 크기가 같다.

(c) 위성 1의 지름 가속도의 크기의 반이다.

(d) 위성 1의 지름 가속도 크기의 4배이다.

5 [9]. 소년이 타이어 그네를 타고 있다. 줄의 장력은 어디에서 최대가 되는가?

(a) 운동하는 중에 가장 높은 지점에서

(b) 운동하는 중에 가장 낮은 지점에서

(c) 최고점도 최저점도 아닌 지점에서

(d) 어디서나 일정하다.

6 [11]. 물체가 등각가속도로 속력이 일정하지 않은 원운동을 하고 있다. 올바른 설명은?

(a) 가속도는 일정하다.

(b) 지름 방향의 가속도 성분은 크기가 일정하다.

(c) 접선 방향의 가속도 성분은 크기가 일정하다.

문제

5.1 등속원운동

1 [1]. 카니발 라이더라는 놀이기구의 좌석은 8.0 m 길이의 빔 끝에 고정되어 있고, 다른 쪽 빔 끝을 축으로 두고 회전한다. 빔이 120°의 각을 지날 때 탑승자가 이동한 거리는 얼마인가?

2 [3]. 아날로그 시계 초침의 평균 각속력을 구하여라. 5.0 s 동안의 각 변위는 얼마인가?

3 [5]. 반지름이 30 cm의 바퀴가 0.080 s마다 2.0 회전하고 있다. (a) 바퀴가 1.0 s 동안 회전한 것은 몇 라디안인가? (b) 바퀴의 가장자리에 있는 점의 선속력은 얼마인가? (c) 바퀴의 회전 진동수는 얼마인가?

4 [7]. 자전거가 9.0 m/s로 움직인다. 반지름이 35 cm인 타이어의 각속력은 얼마인가?

5 [9]. 항공기 조종에서 표준 요율 회전은 분당 180°의 각속력으로 진행한다. 240 m/s로 운동하는 비행기의 표준 요율 회전 반지름은 얼마인가?

6 [11]. 다음 속도조절바퀴의 각속력이 가장 큰 것에서부터 작은 순서대로 나열하고 설명하여라. (a) 반지름 8.0 cm, 주기 4.0 ms (b) 반지름 2.0 cm, 주기 4.0 ms (c) 반지름 8.0 cm, 주기 1.0 ms (d) 반지름 2.0 cm, 주기 1.0 ms (e) 반지름 1.0 cm, 주기 4.0 ms

5.2 지름 가속도

7 [13]. 문제 6에서 테두리 점의 지름 가속도가 가장 큰 것에서부터 작은 순서대로 나열하여라.

8 [15]. 지구 표면에 대해 정지해 있는 물체는 지구 자전에 의한 원운동을 하고 있다. 적도에 있는 아프리카 바오밥 나무의 지름 가속도는 얼마인가?

9 **[17].** 의학적 실험에 따르면, 가속 축을 척추와 일직선으로 맞췄을 때 조종사가 의식을 잃지 않고 견딜 수 있는 최대 가속도는 약 5.0 g이다(g는 중력가속도로 보기 5.4를 참고하라). 조종사의 뇌 혈압을 충분히 높게 유지시켜 주는 특별한 '중력 슈츠g-suits'를 입은 상태에서는 약 9.0 g 이상의 가속도에서 일시적 의식상실blackout을 피할 수 있다. (a) 만약 이러한 경우를 가정하면, 750 km/h로 수평 원 궤도를 비행하는 F-15를 보호장비 없이 조종하는 조종사에 대해 안전한 최소 곡률 반지름은 얼마인가? (b) 만약 조종사가 중력 슈츠를 입고 있다면 이 반지름은 얼마인가?

10 **[19].** 어린이 장난감 중에 0.100 kg인 공이 두 개의 끈 A와 B에 묶여있다. 끈의 다른 끝은 같은 막대기에 묶여 있어 수평면 위의 원형 경로를 따라 막대 둘레를 회전한다. 두 끈의 길이는 15.0 cm이며 수평과 30.0°의 각을 이루고 있다. (a) 장력과 중력을 나타낸 공의 FBD를 그려라. (b) 공의 각속력이 6.00π rad/s이라고 할 때, 각 끈의 장력의 크기를 구하여라.

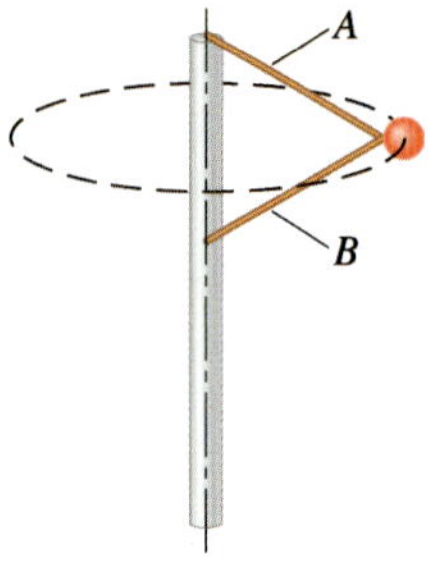

11 **[21].** 원뿔형 진자(보기 5.6 참조)가 질량 m의 진자와 길이 L인 끈으로 되어 있고, 수평 원을 돌고 있다. 끈이 수직과 이루는 각은 ϕ이다. (a) 끈의 장력과 (b) 진자의 주기를 m, L, ϕ, g로 구하여라.

5.3 경사가 있는 곡선 도로와 경사가 없는 곡선 도로

12 **[23].** 질량 320 kg(승객 포함)의 롤러코스터 차량이 반지름 35 m의 수평곡선을 돈다. 속력은 16 m/s이다. (a) 선로가 차량에 가하는 총힘의 크기와 방향은 얼마인가? (b) 선로가 차에 수직력만 작용하므로 마찰력이 0이면 선로의 경사각은 얼마인가?

13 **[25].** 고속도로 곡선 도로의 반지름은 825 m이다. 26.8 m/s(60 mi/h)로 주행하는 자동차가 도로에서 옆으로 미끄러지지 않도록 하려면 도로를 몇 도 경사지게 만들어야 하는가? **힌트** 미끄러지는 경향이 없다는 것은 마찰력이 0이라는 것을 의미한다.

14 **[27].** 자동차가 32 m/s의 속력으로 반지름 410 m의 곡선 도로를 달리고 있다. 도로는 경사지지 않았다. 자동차의 질량은 1400 kg이다. (a) 자동차에 작용하는 마찰력은 얼마인가? (b) 마찰력은 반드시 $\mu_s N$의 크기를 가지는가? 설명하여라.

15 **[29].** 반지름 75.0 m의 도로가 마찰 없이 15.0 m/s의 속력으로 커브를 통과할 수 있도록 경사져 있다. 거리가 빙판길인 추운 날, 타이어와 도로 사이의 정지마찰계수는 0.120이다. 차가 이 커브를 따라 미끄러지지 않고 돌 수 있는 최소한의 속력은 얼마인가?

16 **[31].** 자동차가 32 m/s의 속력으로 반지름 410 m의 곡선 도로를 달리고 있다. 도로는 5.0° 경사졌다. 자동차의 질량은 1400 kg이다. (a) 자동차에 작용하는 마찰력은 얼마인가? (b) 이 커브를 마찰력이 0이 되게 운전하려면 속력이 얼마여야 하는가?

5.4 인공위성과 행성들의 원형궤도

17 **[33].** 태양을 도는 지구의 평균 선속력은 얼마인가?

18 **[35]** 목성의 위성 중 하나인 이오는 공전주기가 1.77일이고, 또 다른 위성인 유로파는 공전주기가 약 3.54일이다. 이들 두 위성은 모두 거의 원형인 궤도를 돌고 있다. 케플러의 세 번째 법칙을 이용해 목성의 중심에서 각 위성까지의 거리를 구하여라. 목성의 질량은 1.9×10^{27} kg이다.

19 **[37].** 두 개의 위성이 목성 주위의 원형궤도를 돌고 있다. 궤도 반지름이 r인 위성은 16 h마다 한 바퀴씩 회전한다. 다른 위성은 궤도 반지름이 $4.0r$이다. 두 번째 위성이 목성 둘레를 한 바퀴 도는 데 걸리는 시간은 얼마인가?

5.5 속력이 일정하지 않은 원운동

20 [39]. 롤러코스터가 반지름 29.5 m의 수직 바퀴를 돌고 있다. 승객들이 좌석에서 떨어지지 않도록 하려면 롤러코스터 차량의 고리 상단에서 최소한의 속력은 얼마인가?

21 [41]. 35.0 kg의 어린이가 나무에 길이 6.50 m의 밧줄을 연결하여 만든 그네를 탄다. 그네가 바닥에 왔을 때 이이는 4.20 m/s의 속력으로 움직이고 있다. 밧줄의 장력은?

5.6 각가속도

22 [43]. 아이가 놀이터에 있는 회전무대를 정지 상태에서 최종 각속력이 0.50 rev/s가 되게 일정한 각가속도로 밀고 있다. 이런 방식으로 아이는 회전무대를 2회전시켰다. 회전무대의 각가속도는 얼마인가?

23 [45]. 정상 작동 시 컴퓨터의 하드 디스크는 7200 rpm으로 회전한다. 정지 상태에서 시작하여 이 각속도에 도달하는 데 4.0 s가 걸리는 경우, 하드디스크의 평균 각가속도는 몇 rad/s^2인가?

24 [47]. 세탁기가 탈수 과정 동안 정지 상태에서 시작하여 2.0 s 동안에 1400 rpm의 각속력에 도달했다. (a) 각가속도가 일정하다고 할 때, 그 크기는 얼마인가? (b) 이 시간에 세탁기는 몇 회전을 했는가?

25 [49]. 처음에 정지 상태에 있던 자동차가 원형도로를 따라 $2.00\ m/s^2$의 일정한 접선 가속도 성분을 가지고 달린다. 원형도로의 반지름은 50.0 m이다. 자동차의 초기 위치는 원에서 서쪽으로 가장 먼 곳이었고 초기 속도의 방향은 북쪽이다. (a) 차가 원형도로의 1/4을 달린 후 차의 속력은 얼마인가? (b) 이때 자동차의 지름 가속도 성분은 얼마인가? (c) 같은 지점에서 차의 총가속도는 얼마인가?

26 [51]. 성인의 "눈 깜박임" 시간의 평균은 약 150 ms이다. 깜박임에서 "폐쇄"하는 시간은 약 55 ms이다. 15°의 각도 변위를 일으키는 동안 속력이 일정하지 않은 각가속도로 눈꺼풀을 폐쇄하는 모형을 만들어 보자. (a) 눈을 감는 동안 눈꺼풀의 각가속도는 얼마인가? (b) 안구의 반지름이 1.25 cm라면 감는 동안 눈꺼풀 끝부분의 접선 가속도는 얼마인가?

27 [53]. 빔의 초원심분리기에서, 회전자는 진공에 자기적으로 매달려 있다. 회전자가 기계적으로 연결되어 있지 않기 때문에 유일한 마찰력은 진공에서 몇 개의 공기 분자에 의한 저항에 의해 발생한다. 회전자가 5.0×10^5 rad/s의 각속력으로 회전하고 구동력을 끈다면 회전자의 회전은 $0.40\ rad/s^2$의 각가속도로 느려진다. (a) 회전자가 멈추기까지 시간이 얼마나 걸리는가? (b) 이 시간 동안 회전자가 도는 각도 변위는 얼마인가?

28 [55]. 진자는 길이가 0.800 m이고 추의 질량은 1.00 kg이다. 끈이 연직선과 $\theta = 15.0°$의 각도에 이르렀을 때 추는 1.40 m/s로 움직인다. 가속도의 접선 성분과 반지름 성분, 그리고 끈의 장력을 구하여라.

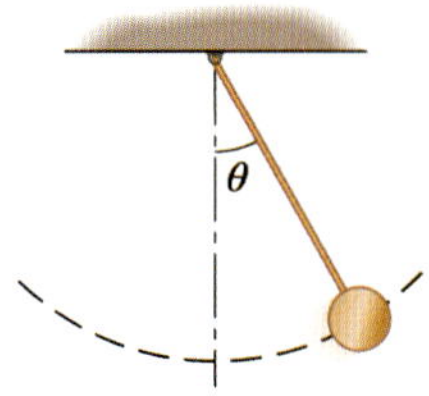

힌트 추의 FBD를 그려라. 추의 운동에서 접선 방향을 x축으로 하고 반지름 방향을 y축으로 택하여라. 뉴턴의 제2법칙을 적용하여라.

5.7 겉보기 무게와 인공중력

29 [57]. 옷 세탁기 드럼이 반지름이 25 cm이고 4.0 rev/s로 회전하는 경우, 옷에 적용되는 겉보기 중력장의 크기는 얼마인가? 지구의 중력을 무시하고 답을 g의 배수로 표현하여라.

30 [59]. 생물학자가 우주에서의 생물 성장을 연구하고 있다. 그는 우주탐사선의 회전판 위에 식물을 심어서 지구 중력장 모의실험을 하려고 한다. 회전 중심축으로부터 식물을 심은 곳까지 거리는 $r = 0.20$ m이다. 각속력은 얼마인가?

31 [61]. 질량이 M 인 사람이 회전식 관람차 칸 안의 저울 위에 서 있다. 관람차의 반지름은 R 이고, 각속도는 ω 이다. 사람의 겉보기 무게는 (a) 꼭대기와 (b) 바닥에서 얼마인가?

협동문제

32 [63]. 화성의 질량은 약 6.42×10^{23} kg이다. 화성의 하루는 24 h 37 min으로 지구상의 하루 길이보다 조금 길다. 당신의 임무는 위성을 화성 주위의 원형궤도에 놓아서 표면의 한 지점 위에 머무르면서 매일 한 번씩 화성 궤도를 도는 것이다. 행성의 중심에서 얼마나 떨어진 곳에 위성을 배치해야 하는가?

33 [65]. 일몰시간은 태양이 수평선을 따라가는 경로에 수직인 손가락으로 팔을 잡고 추정할 수 있다. 태양과 일몰 지점 사이에 맞는 손가락의 수는 일몰까지 남은 시간에 비례한다. (a) 지구 주위의 태양 겉보기 원운동의 초당 라디안으로 각속력은 얼마인가? (b) 팔의 길이에서 잡은 한 손가락에 접하는 각을 어림하여라. (c) 이것과 같은 각을 태양이 이동하는 데 몇 분이나 걸리겠는가?

34 [67]. 여러분은 집에서 만든 "가속계"를 놀이공원에 가져갔다. 이 가속도계는 그림과 같이 끈에 부착된 금속 너트가 각도기에 연결되어 있다. 수평 원형 경로를 따라 일정한 속력으로 움직이는 롤러코스터를 타는 동안 여러분은 가속도계를 들고 그림과 같이 너트가 원의 중심을 바라보며 수직에 대해 55°의 일정한 각도를 내고 있음을 확인할 수 있다. (a) 롤러코스터의 지름 가속도는 얼마인가? (b) g의 배수로 나타낸 지름 가속도는 얼마인가? (c) 롤러코스터의 트랙이 반지름이 80.0 m로 회전하고 있다면, 여러분은 얼마나 빨리 움직이는가?

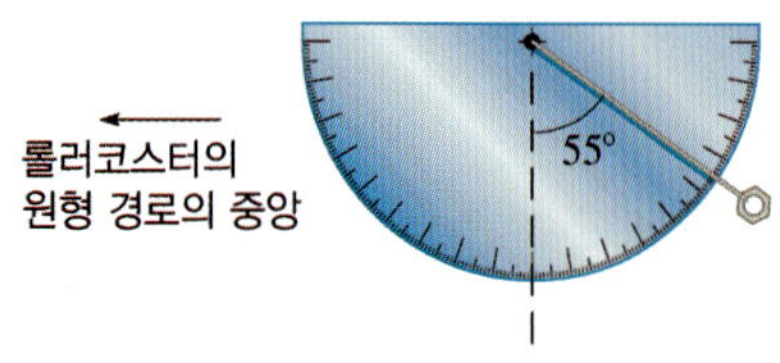

연구문제

35 [69]. 지구는 하루에 한 번(24.0 h) 지축을 중심으로 회전한다. 대략 적도에 있는 킬리만자로 산(해발 5895 m)의 정상은 지구의 회전으로 인한 접선 방향 속력이 얼마인가? 지구의 적도 반지름은 6378 km이다.

36 [71]. 치과용 고속드릴은 3.14×10^4 rad/s로 회전한다. 이 드릴은 1.00 s 동안 몇 도 회전하는가?

37 [73]. 2개의 기어 A 와 B 가 맞물려 돌고 있다. 기어 A 의 반지름은 두 기어가 접촉하는 점까지 8.0 cm이고 기어 B 의 반지름은 4.0 cm이다. (a) 기어 A 의 각속도가 시계 반대 방향으로 6.0 rad/s일 때 접촉점의 속력은 얼마인가? (b) B 의 각속도는 얼마인가?

38 [75]. 은하수의 은하는 약 2억 년의 주기로 은하의 중심 주위를 회전한다. 태양은 은하의 중심에서 2×10^{20} m 떨어져 있다. 은하 중심에 대해 태양은 얼마나 빨리 움직이는가?

39 [77]. 질량 $m_1 = 0.050$ kg인 블록과 질량이 $m_2 = 0.030$ kg인 두 개의 블록이 서로 끈으로 연결되어 있다. 그림에서 보듯이 안쪽에 있는 블록은 또 다른 끈으로 중앙 막대에 연결되어 있고 $r_1 = 0.40$ m, $r_2 = 0.75$ m이다. 블록이 마찰이 없는 수평 표면에서 1.5 rev/s의 각속력으로 회전할 때, 두 끈의 장력은 각각 얼마인가?

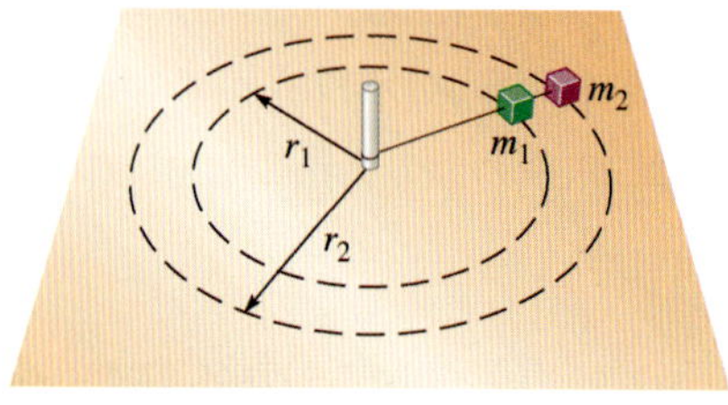

40 [79]. 박테리아는 회전하는 코르크 따개 스크루 모양의 나선형 편모를 사용하여 움직인다. 110 rev/s로 회전하는 1.0 μm 피치의 편모가 있는 박테리아의 경우, 수영하는 매질에 "미끄럼"이 없다면 얼마나 빨리 움직일 수 있는가? 나선의 피치는 "나사 줄" 사이의 거리이다.

41 [81]. 동전이 오래된 턴테이블 위에 놓여 있다. 동전과 턴테이블 사이의 정지마찰계수가 0.10이면, 턴테이블이 33.3 rpm으로 회전할 때 동전이 미끄러지지 않고 있을 수 있는 곳은 중심으로부터 얼마나 떨어진 곳인가?

42 [83]. 유원지의 로켓 타기에서, 로켓은 회전축으로부터 6.00 m 길이의 회전 팔에 부착된 4.25 m 케이블에 매달려 있다. 케이블은 주행 중에 연직 방향과 45.0°의 각도에서 회전한다. 회전하는 각속력은 얼마인가?

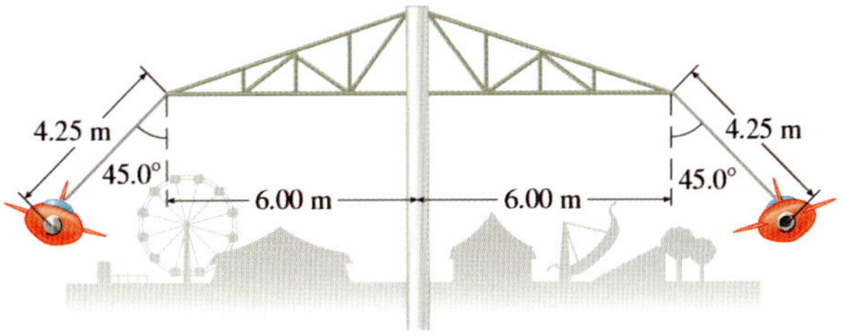

43 [85] 우주 엘리베이터는 지상에서 정지궤도(항상 지구 표면상의 같은 지점 위)에 있는 우주 정거장까지 케이블로 이어져 있다. 이 엘리베이터는 화물을 우주로 운반하기 위해 케이블에 매달려 오르내릴 것이다. 적도 지면에서 우주 정거장 사이를 연결하는 케이블의 길이, 곧 높이가 H인 경우를 생각해 보자. 케이블의 질량은 무시하여라.[1] (a) 높이 H는 얼마인가? (b) 질량 100 kg의 엘리베이터는 높이가 $H/2$인 곳에 있다고 가정하자. 엘리베이터를 그 자리에 멈추기 위해 케이블이 지탱해야 하는 장력 T는 얼마여야 하는가? 케이블의 어느 부분이 장력을 받고 있는가? (엘리베이터의 위 또는 아래)

44 [87]. 기계선반공인 마시모는 선반에서 볼트의 톱니를 만들고 있다. 그는 볼트에 1인치당 18개의 톱니를 만들기를 원한다. 절삭 공구가 볼트 재료의 축과 평행하게 0.080 in/s의 속도로 움직인다면, 정확한 톱니의 밀도를 보장하기 위해 선반 물림쇠의 회전 속력은 얼마여야 하는가? **힌트** 톱니는 선반의 물림쇠가 완전히 한 바퀴를 돌 때마다 한 개씩 만들어진다.

45 [89]. 회전하는 속도조절바퀴는 베어링의 마찰로 인해 일정한 각가속도로 감속한다. $t=0$에서 각속도는 420 rad/s이다. $t=60$ s에서 각속도는 340 rad/s이다. (a) $t=180$ s에서 각속도는 얼마인가? (b) $t=180$ s에서 회전한 횟수는 얼마인가?

종합문제

46 [91]. 지구 표면에 상대적으로 정지 상태에 있는 물체는 지구의 자전으로 인해 원형 운동 상태에 있다. (a) 적도에 있는 물체의 지름 가속도는 얼마인가? (b) 물체의 겉보기 무게는 그것의 무게보다 무거운가 아니면 가벼운가? 설명하여라. (c) 겉보기 무게는 적도의 무게와 몇 퍼센트 다른가? (d) 저울의 눈금이 실제 몸무게와 같은 곳은 지구상 어느 곳인가? 설명하여라.

47 [93]. 정지 위성의 궤도 반지름을 구하여라. 보기 5.9에 나와 있는 속력을 이용하지 말아라. 먼저 위성의 주기, 궤도위성의 주기와 지름, 속력과 관련된 식을 쓰고 시작하여라. 그런 다음, 위성에다 뉴턴의 제2법칙을 적용하여라. 두 개의 미지수(속력과 반지름)가 있는 두 개의 방정식을 얻을 수 있을 것이다. 대수적으로 속력을 소거하고 반지름에 대해 풀어라.

48 [95]. 20.0 N의 무게가 나가는 공이 천장에 고정된 끈에 묶여있다. 그 끈은 천장과 30.0° 각도를 이룬다. 처음에 공은 끈에 수직인 힘 $\vec{\mathbf{F}}$에 의해 제자리에 고정된다. (a) 힘 $\vec{\mathbf{F}}$의 크기는 얼마인가? (b) 끈의 장력은 얼마인가? (c) 공을 놓아서 앞뒤로 흔들리기 시작한 직후, 끈의 장력, 공의 지름 가속도, 공의 접선 가속도는 얼마인가?

---

1 실제적으로는 이 케이블 질량 문제는 우주 엘리베이터 공학 기초 도전과제 중 하나이다. 케이블은 너무 길다. 그 때문에 질량이 매우 크고 자체 중량을 지탱하기 위해서는 엄청난 장력을 견뎌야 한다. 엘리베이터를 달고 오르내리는 케이블은 정지궤도 너머에 있는 평형추에 의해 지지되어야 한다. 어떤 사람들은 탄소 나노 튜브가 그러한 특성을 가진 케이블을 생산할 수 있는 열쇠를 쥐고 있다고 믿고 있다.

CHAPTER 6 | 에너지 보존

개념정리

- 보존 법칙 : 시간에 따라 변하지 않는 양으로 표현되는 물리적 법칙이다.
- 에너지 보존 법칙 : 우주의 총에너지는 어떤 물리적 과정에 의해서 변하지 않는다.
- 일은 힘의 적용으로 이동하는 에너지이다. 물체에 작용한 힘이 한 일은 양$^+$, 음$^-$, 또는 0이 될 수 있다. 양$^+$의 일은 물체의 에너지를 증가시키고, 음$^-$의 일은 물체의 에너지를 감소시킨다. $\Delta\vec{\mathbf{r}}$의 변위가 일어나는 동안 물체에 일정한 힘 $\vec{\mathbf{F}}$가 한 일은 다음과 같다.

$$W = F\Delta r\cos\theta \qquad (6\text{–}2)$$

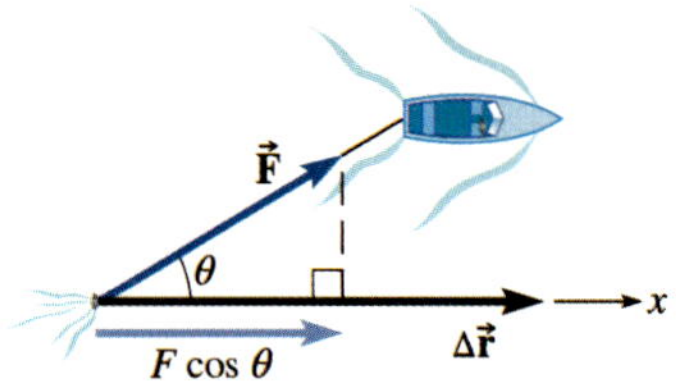

여기서 θ는 $\vec{\mathbf{F}}$와 $\Delta\vec{\mathbf{r}}$ 사이의 각이다. 만일 $\vec{\mathbf{F}}$ 또는 $\Delta\vec{\mathbf{r}}$이 x축과 평행하다면

$$W = F_x\Delta x \qquad (6\text{–}3)$$

이다.

- 한 물체에 여러 힘이 작용할 때, 전체 일은 각 힘에 의해 개별적으로 수행된 일의 합이다.
- 병진운동에너지는 물체 전체의 움직임과 관련된 에너지이다. 속력 v로 움직이는 질량 m인 물체의 병진운동에너지는 다음과 같다.

$$K = \frac{1}{2}mv^2 \qquad (6\text{–}14)$$

- 역학적에너지는 운동에너지와 퍼텐셜에너지의 합이다. 만약 어떤 상황이 둘 이상의 퍼텐셜에너지를 포함한다면, 그 퍼텐셜에너지는 모두 더해진다. 퍼텐셜에너지의 변화는 모든 보존력이 한 일임을 알 수 있다. 중력과 같은 보존력은 역학적에너지를 변화시키지 않는다. 단지 한 형태의 역학적에너지를 다른 형태로 바꾼다. 비보존력에 의한 일은 역학적에너지의 변화와 같다.

$$W_{\text{비보존력}} + (K_i + U_i) = (K_f + U_f) \qquad (6\text{–}25)$$

비보존력이 한 일이 0일 때 역학적에너지는 변하지 않는다.

$$W_{\text{비보존력}} = 0 \text{ 이면 } K_i + U_i = K_f + U_f \qquad (6\text{–}23)$$

- 균일한 중력장에서 질량 m인 물체의 중력 퍼텐셜에너지는 다음과 같다.

$$U_{\text{중력}} = mgy \qquad (6\text{–}26)$$

여기서 $+y$축은 위를 향하고 $y=0$에서 $U=0$으로 정한다.

- 중심 사이의 거리가 r만큼 떨어진 질량 m_1과 m_2인 두 물체의 중력 퍼텐셜에너지는 다음과 같다.

$$U = -\frac{Gm_1m_2}{r} \qquad (6\text{–}27)$$

여기에서 무한히 떨어져 있을 때($r=\infty$) $U=0$으로 정한다.

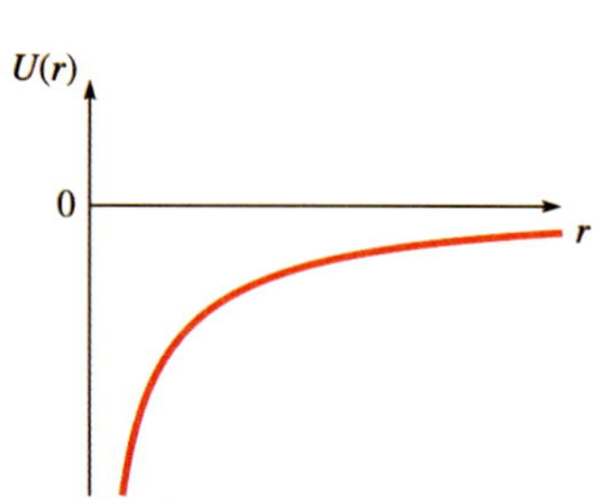

- 퍼텐셜에너지의 부호에는 특별한 의미가 없다. 중요한 것은 퍼텐셜에너지 변화의 부호이다. 오직 퍼텐셜에너지의

변화만이 계산에 들어간다. 따라서 항상 어느 한 위치에 대해 퍼텐셜에너지의 값을 지정할 수 있다.

- 변위 Δx가 이동하는 동안 x축 방향으로 변하는 힘이 한 일은 x_i에서 x_f까지 $F_x(x)$ 그래프 아래의 넓이이다.

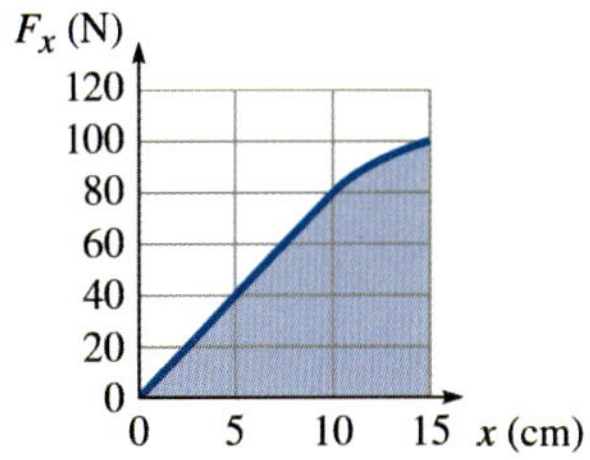

- 후크의 법칙 : 많은 물체에서 변형은 변형을 유발하는 힘의 크기에 비례한다. 이상적인 용수철은 질량이 없고 후크의 법칙을 따른다. 이상적인 용수철의 이동 가능한 끝이 위치 x에 있을 때 가해지는 힘은 다음과 같다.

$$F_x = -kx \tag{6-33}$$

여기에서 원점은 용수철이 자연스러운 상태에 있을 때를 $x=0$으로 하고 k는 용수철 상수라고 한다.

- 이완된 용수철($x=0$)을 $U=0$이라고 하면, 용수철 상수 k의 이상적인 용수철에 저장된 탄성 퍼텐셜에너지는 다음과 같다.

$$U_{\text{탄성}} = \frac{1}{2}kx^2 \tag{6-38}$$

- 평균 일률은 평균 에너지 전환율이다.

$$P_{\text{평균}} = \frac{\Delta E}{\Delta t} \tag{6-40}$$

물체가 속도 $\vec{\mathbf{v}}$로 움직일 때, 물체에 작용하는 힘 $\vec{\mathbf{F}}$가 일을 하는 순간의 일률은 다음과 같다.

$$P = Fv\cos\theta \tag{6-42}$$

여기서 θ는 $\vec{\mathbf{F}}$와 $\vec{\mathbf{v}}$ 사이의 각이다.

- 일과 에너지의 SI 단위는 줄이다. $1\,\text{J}=1\,\text{N}\cdot\text{m}$ 이다. 일률의 SI 단위는 와트이다. $1\,\text{W}=1\,\text{J/s}$ 이다.

연습문제

개념형 질문

1 [1]. 물체가 원운동을 하고 있다. 외력이 물체에 한 전체 일이 반드시 0인가? 설명하여라.

2 [3]. 산 정상으로 이어지는 지그재그 길은 왜 앞뒤로 바람이 부는가? **힌트** 도로를 경사면으로 생각하여라.

3 [5]. 정지마찰력도 일을 할 수 있는가? 그렇다면 예를 들어라. **힌트** 정지마찰력은 접촉면을 따라 상대운동을 방해한다.

4 [7]. 높이 h에서 공을 바닥으로 떨어뜨리면 잠시 동안 모양이 변했다가 h보다 낮은 최고 높이로 반동한다. 왜 공이 처음과 같은 높이 h로 돌아가지 않는지 설명하여라.

5 [9]. 자전거를 타고 있는 사람이 급경사에 가까워지고 있다. 에너지 측면에서 그가 언덕에 도달하기 전에 평평한 도로에서 가능한 한 페달을 열심히 밟아서 속력을 높이려는 이유를 설명하여라.

6 [11]. 달리기와 관련된 주요 에너지 소비는 다리를 가속시키기 위해 근육이 일을 하는 것이다. 발이 땅에 닿으면, 동물의 나머지 몸이 계속 앞으로 나아가는 동안 잠시 쉬게 된다. 발을 들어 올리면 몸의 나머지 부분보다 앞서 움직이기 위해 일련의 근육에 의해 앞으로 가속된다. 그리고 나서 발은 두 번째 근육들에 의해 다시 땅 위에 놓일 때까지 발의 속력을 낮춘다. 근육은 다리 속도를 높일 때와 속도를 늦출 때 모두 에너지를 소모한다. 경주마나 사슴, 사냥개 등은 빠른 속력으로 달리기 위하여 어떻게 적응하고 있는가?

7 [13]. 조르바와 보리스 두 형제가 워터파크에 갔다. 이곳에는 같은 높이에서 시작하여 같은 높이에서 끝나는 직선 경사면을 가진 두 개의 물미끄럼틀이 있다. 미끄럼틀 A는 미끄럼틀 B보다 기울기가 완만하다. 동생 보리스는 자기가 빠른 속력으로 바닥에 도달했으므로 미끄럼틀 B가 더 좋다고 말하면서 스톱워치로 측정해 보면 미끄럼틀 B를 탈 때 더 짧은 시간에 바닥에 내려온다고 주장한다. 형 조르바는 어느 미끄럼틀로 내려가도 같은 속력에 도달한다고 말한다. 누구의 주장이 옳은가? 그 이유는 무엇인가? 두 미끄럼틀 모두 마찰을 무시할 수 있다.

선다형 질문

1 [1]. 로스앤젤레스의 해변 휴양지 고속도로에 들어선 스포츠카의 속력이 30 mi/h에서 90 mi/h로 가속된다. 자동차의 운동에너지는

(a) $\sqrt{3}$ 배만큼 증가한다.

(b) 3배 증가한다.

(c) 9배 증가한다.

(d) 자동차 질량에 따라 다르게 증가한다.

질문 2~3. 수성 궤도의 이심률은 다른 행성 궤도의 이심률보다 더 크다. 곧, 원형에서 많이 벗어난 타원형궤도이다. 궤도에서 태양에 가장 가까운 점을 근일점이라 하고 가장 먼 점을 원일점이라고 한다. 질문에 대한 답을 아래에서 선택하여라.

(a) 가장 크다(최댓값). (b) 가장 작다(최솟값).

(c) 궤도의 모든 점에서와 같다.

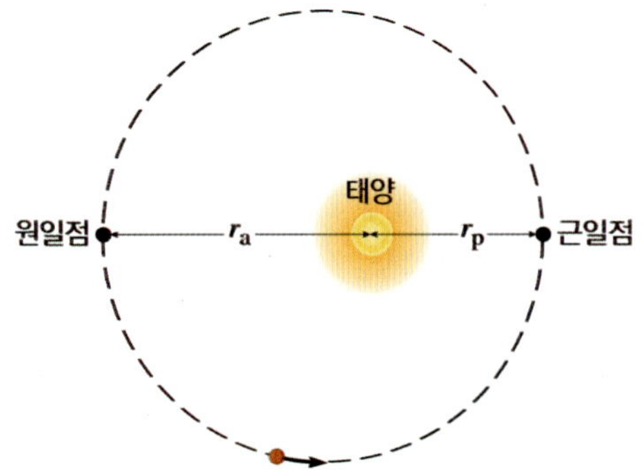

[질문 2~3의 그림]

2 [3]. 근일점에서 수성 궤도의 중력 퍼텐셜에너지는?

3 [5]. 근일점에서 수성 궤도의 총역학적에너지는?

4 [7]. 도보 여행자가 그랜드 캐니언의 사우스 림에서 콜로라도 강으로 내려간다. 이 도보 여행을 하는 동안 중력이 도보 여행자에게 한 일은

(a) 양$^+$이며 경로에 따라 다르다.

(b) 음$^-$이며 경로에 따라 다르다.

(c) 선택한 경로와 무관하고 양$^+$이다.

(d) 선택한 경로와 무관하고 음$^-$이다.

(e) 0이다.

5 [9]. Y자형 나뭇가지의 양끝에 가죽 탄대가 부착된 고무줄을 묶은 간단한 투석기의 용수철 상수는 k이며 조약돌을 수평으로 발사하는 데 사용된다. 투석기를 거리 d만큼 잡아당겼다 놓으면 질량 m인 조약돌의 발사 속력은 v가 된다. 투석기를 $3d$만큼 잡아당길 때 질량 m인 조약돌의 속력은 얼마인가?

(a) $\sqrt{3}\,v$ (b) $3v$ (c) $3\sqrt{3}\,v$ (d) $9v$ (e) $27v$

6 [11]. 포물체는 수평선 위로 각도 θ로 발사되었다. 공기 저항을 무시할 때, 궤적의 최고점에서 포물체의 운동에너지는 초기 운동에너지의 몇 배인가?

(a) $\cos\theta$ (b) $\sin\theta$ (c) $\tan\theta$

(d) $\dfrac{1}{\tan\theta}$ (e) $\dfrac{1}{2}$ (f) $\cos^2\theta$

(g) $\sin^2\theta$ (h) 0 (i) 1

문제

6.2 일정한 힘이 한 일

1 [1]. 데니스가 수평과 60.0°의 각도로 30.0 N의 일정한 힘을 작용해 5.0 kg의 세탁물 바구니를 마루 위에서 5.0 m 끌려면 일을 얼마나 해야 하는가?

2 [3]. 힐다는 안뜰에서 50 s 동안 10 N의 정원관리용 책을 1.0 m 높이로 들고 서 있다. 50 s 동안 그녀가 책에 한 일은 얼마인가?

3 [5]. 에리 운하를 따라 2마리의 노새가 질량 5.0×10^4 kg인 바지선을 밧줄로 묶어 당기고 있다. 노새는 운하 양측에 평행하게 난 길을 따라 걸어가고 있다. 노새와 바지선을 연결한 밧줄은 운하 수면과 45°의 각도를 유지하고 있다. 노새는 각각 1.0 kN의 힘으로 밧줄을 당기면서 가고 있다. 운하를 따라 바지선을 150 m 끌었을 때 이 두 마리의 노새가 바지선에 한 일은 얼마인가?

4 [7]. 제니퍼는 2.5 kg의 고양이 깔짚 상자를 바닥에서 0.75 m 높이로 들어올렸다. (a) 이 작업을 하는 동안 상자에 한 총 일은 얼마인가? 제니퍼는 1.2 kg의 깔짚을 바닥에 있는 상자에 쏟는다. (b) 상자에 떨어질 때 중력이 깔짚 1.2 kg에 한 일은 얼마인가?

5 [9]. 더크는 바닥을 따라 66.0 N의 수평력으로 택배 상자를 밀어서 미끄러지게 한다. 상자에 작용하는 평균 마찰력은 4.80 N이다. 상자가 바닥에서 2.50 m 움직일 때 상자에 한 총 일은 얼마인가?

문제 6~7. 질량이 없는 밧줄이 질량 $m_1 = 12.4$ kg의 상자를 36.9°의 경사로에서 위로 당기고 있다. 밧줄은 이상적인 도르래 위를 지나서 질량 $m_2 = 16.3$ kg인 상자에 묶여 있다. 상자는 정지 상태에서 1.40 m를 움직인다.

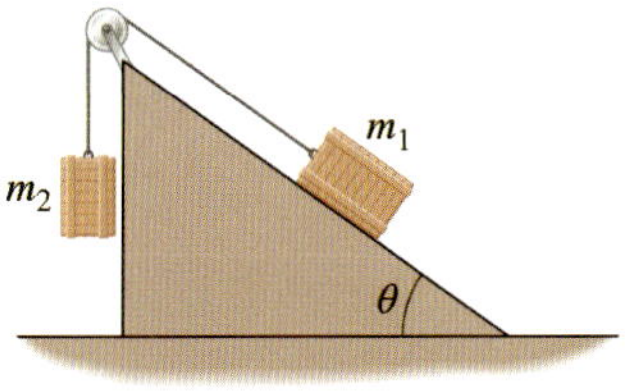

[문제 6~7, 24의 그림]

6 [11]. 중력이 매달린 상자에 한 일은 얼마인가?

7 [13]. 경사면에 마찰이 없는 경우, 미끄러지는 상자가 한 총일은 얼마인가? 밧줄의 장력은 110.5 N이다.

8 [15]. 스키를 타는 질량 75.0 kg인 사람이 정지 상태에서 출발하여 수평면과 15.0°의 각으로 기울어진 마찰이 없는 경사면을 32.0 m 미끄러져 내려갔다. 공기저항은 무시한다. 중력이 스키를 타는 사람에게 한 일과 수직항력이 사람에게 한 일을 계산하여라.

6.3 운동에너지

9 [17]. 질량이 1600 kg인 자동차의 속력이 30.0 m/s이다. 이 차의 운동에너지는 얼마인가?

10 [19]. 1899년, 찰즈 민손 머피는 롱아일랜드 철로에 설치한 트랙에서 자전거로 평균 62.3 mi/h(27.8 m/s)의 속력을 기록하였다. 1985년에는 올림픽 사이클 선수인 존 하워드가 유타주의 보너빌 호수의 호숫가 도로에서 한 사이클 경주에서 152.2 mi/h(68.04 m/s)의 기록을 세웠다. 이 경기에서 경주용 사이클은 선수의 공기저항을 줄이도록 디자인한 특수 장치를 달고 달렸다. 각각의 경우, 선수와 자전거의 운동에너지는 얼마인가? 각 경우에 자전거와 선수의 질량 합은 70.5 kg이라고 가정하여라.

11 [21]. 402 kg의 말뚝 박는 기계가 지면에서 12 m 높이 올라갔다 내려와 말뚝을 박는다. 기계가 말뚝을 때리기 직전의 속력은 얼마인가?

12 [23]. 짐은 스케이트보드를 타고 반지름이 5.00 m인 1/4 원 모양의 경사로를 따라 내려간다. 경사로 바닥에서 짐은 9.00 m/s로 움직인다. 짐과 스케이트보드의 질량의 합은 65.0 kg이다. 스케이트보드가 경사로를 내려갈 때 마찰력이 한 일은 얼마인가?

13 [25]. 무게가 220 kN(25 톤)인 비행기가 항공모함에 착륙한다. 이 비행기는 꼬리의 고리가 저지 케이블에 잡히면 67 m/s(150 mi/h)로 수평으로 움직인다. 케이블은 84 m 거리에서 비행기를 정지시킨다. (a) 저지 케이블이 비행기에서 얼마나 많은 일을 해주는가? (b) 케이블이 비행기에 작용하는 힘(상수라고 가정한다)은 얼마인가? (두 답은 모두 실제보다 과소평가된 값이다. 엔진 전체가 전진이 감속된 채 비행기가 착륙하고, 꼬리의 고리가 잡히지 않을 경우, 조종사는 즉각적으로 이륙할 준비가 되어 있어야 하기 때문이다.)

6.4 중력 퍼텐셜에너지와 역학적에너지

14 [27]. 션이 낙하산 점프를 하기 위해 82.3 m 높이의 탑에 올랐다. 션과 낙하산의 질량은 68.0 kg이다. 지면에서 $U=0$이면 탑 꼭대기에 있는 션과 낙하산의 퍼텐셜에너지는 얼마인가?

문제 15~16. 스키를 타는 사람이 그림과 같이 점 $A \sim E$를 통과한다. 점 B와 점 D는 같은 높이에 있다.

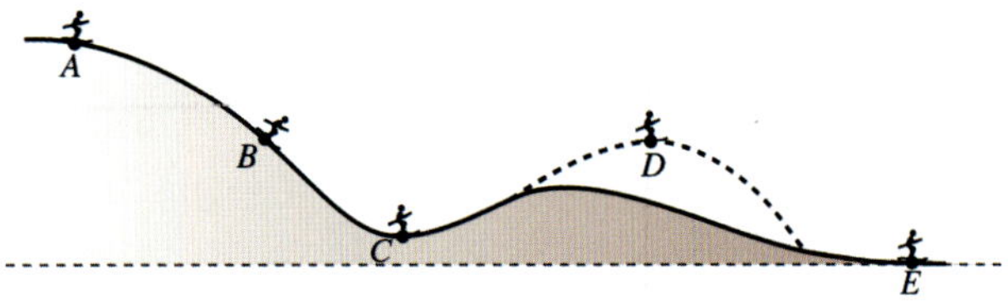

[문제 15~16의 그림]

15 [29]. 마찰이나 공기저항이 없다고 가정하고, 각 점에서의 운동에너지가 큰 것부터 순서대로 나열하여라.

16 [31]. 마찰이나 공기저항이 없다고 가정하고, 각 점에서의 역학적에너지가 큰 것부터 순서대로 나열하여라.

17 [33]. 브래드는 50.0 kg의 바벨을 바닥에서 2.0 m 높이까지 머리 위로 반복적으로 들어 올리려고 한다. 분당 3번 바벨을 들어 올릴 수 있다면, 0.50 kg의 지방을 줄이는 데 얼마나 걸리는가? 지방 1 g이 연소하면 몸에 39 kJ의 에너지를 공급할 수 있다. 이 중 10 %는 근육으로 바벨을 들어 올리는 데 사용될 수 있다. (그가 바벨을 바닥에 내리는 동안의 지방 연소는 무시한다.)

18 [35]. 에밀이 질량 0.30 kg인 오렌지를 공중으로 던지고 있다. (a) 에밀은 오렌지를 똑바로 위로 던지고 나서 잠시 후 같은 장소에서 받았다. 궤적 중 오렌지의 퍼텐셜에너지는 어떻게 변하는가? 공기의 저항은 무시한다. (b) 에밀은 지면 위 1.0 m 높이에서 오렌지를 똑바로 위로 던졌으나 그것을 잡지 못했다. 오렌지가 공중에 있는 동안 퍼텐셜에너지는 어떻게 변하는가?

19 [37]. 그림과 같은 두 도르래 장치는 질량 48.0 kg인 상자를 출발점에서 4.00 m 위로 들어 올리기 위해 사용한다. 도르래와 밧줄은 이상적이며 밧줄 부분은 모두 수직이라고 가정하여라. (a) 4.00 m 들어 올릴 때 상자의 퍼텐셜에너지는 얼마나 변하는가? (b) 상자를 4.00 m 들어 올리는 데 얼마의 일을 해야 하는가? (c) 상자를 4.00 m 들어 올리는 데 잡아당겨야 하는 밧줄의 길이는 얼마인가?

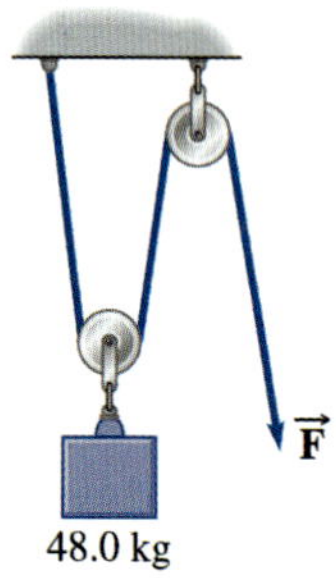

20 [39]. 오른쪽으로 이동하는 카트가 점 1을 20.0 m/s의 속력으로 통과한다. $g=9.81\ \mathrm{m/s^2}$이라고 하자. (a) 점 3을 통과할 때 카트의 속력은 얼마인가? (b) 카트가 점 4에 도달할 수 있는가? 마찰은 무시하여라.

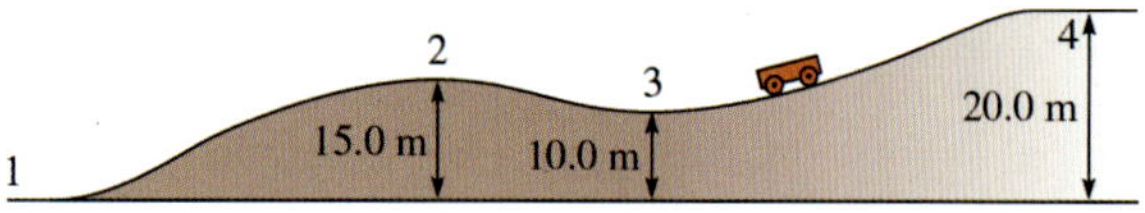

21 [41]. 브루스는 연못 옆의 둑에 서서, 근처 나뭇가지에 한쪽 끝이 묶여 있는 20.0 m 길이 밧줄의 다른 끝을 잡고 물을 건너가기 위해 줄을 타려고 한다. 밧줄이 연직 방향에 대해 35.0°에서 시작하면 흔들림의 맨 아래에서 브루스의 속력은 얼마인가?

22 [43]. 수직 활강 고도가 78 m인 스키 코스가 있다. 스키 선수가 코스의 바닥에서 12 m/s로 움직이는 경우, 활강 중 마찰과 공기저항이 한 일을 계산하여라. 스키 선수의 질량은 75 kg이다.

23 [45]. 레이첼은 지면에서 높이가 h인 건물의 옥상에 있다. 그녀는 무거운 공을 수평에 대해 θ의 각도로 속력 v로 공중으로 던졌다. 공기의 저항은 무시한다. (a) 공이 땅에 부딪힐 때의 속력을 h, v, θ와 g로 나타내어라. (b) 공이 땅에 닿을 때 공의 속력이 최대가 되는 θ의 값은 얼마인가?

24 [47]. 문제 6, 7을 참조하여, 미끄러지고 있는 상자에 작용하는 마찰력이 19.4 N일 때 상자의 최종 속력을 구하여라.

6.5 궤도에서의 중력 퍼텐셜에너지

25 [49]. 반지름이 6.00×10^7 m인 행성은 중력장의 크기가 표면에서 $30.0\ \text{m/s}^2$이다. 행성에서 탈출 속력은 얼마인가?

26 [51]. 지구의 표면에서 탈출 속력은 11.2 km/s이다. 밀도(단위 부피당 질량)는 지구와 같지만 반지름은 지구의 두 배인 다른 행성에서의 탈출 속력은 얼마인가?

27 [53]. 유성은 지구에서 멀리 떨어진 행성 사이의 잔해에서 시작된다고 가정하고, 유성이 지구의 성층권 상부(지구 표면에서 약 40 km)에 충돌하는 최소 속력은 얼마인가? 유성이 성층권에 도달할 때까지 항력은 무시할 수 있다고 가정한다.

28 [55]. 태양 주위의 핼리 혜성의 궤도는 길고 얇은 타원이다. 그것의 원일점(태양으로부터 가장 먼 지점)에서, 혜성은 태양으로부터 5.3×10^{12} m 떨어져 있고 속력은 10.0 km/s이다. 태양으로부터의 거리가 8.9×10^{10} m인 근일점(태양에 가장 가까운 접근)에서의 혜성의 속력은 얼마인가?

29 [57]. 달에 부딪힌 소행성의 표면에서 커다란 암석이 떨어져 나간다. 암석은 지구와 달 사이의 지점까지 이동하기에 충분한 속력을 가지고 있는데, 지구와 달로부터의 중력은 크기가 같고 방향이 반대이다. 그 점에서 암석은 지구 쪽으로 매우 작은 속도를 가진다. 지표면 위 720 km의 고도에서 지구의 대기와 만날 때 암석의 속력은 얼마인가?

6.6 변하는 힘이 한 일

30 [59]. 이상적인 용수철의 용수철 상수가 $k = 20.0$ N/m이다. 이완된 길이에서 용수철을 0.40 m 늘리기 위해 해야 할 일은 얼마인가?

31 [61]. 벽에 못을 박기 위해 가해야 하는 힘은 대략 그래프와 같다. 처음 1.2 cm는 부드러운 마른 벽을 통과하고, 그 다음에는 못이 견고한 나무 기둥으로 들어간 것을 나타낸다. 벽에 못을 수평 거리 5.0 cm만큼 박기 위해서 얼마나 많은 일을 해야 하는가?

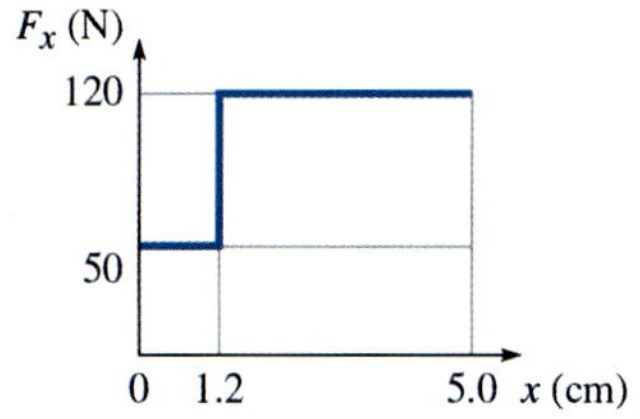

32 [63]. (a) 용수철 양 끝에 크기가 5.0 N인 힘이 가해져서 이완된 길이에서 3.5 cm 늘어났다면, 7.0 N인 힘은 용수철을 얼마나 늘어나게 하는가? (b) 이 용수철의 용수철 상수는 얼마인가? (c) 이완된 길이에서 3.5 cm를 늘리는 데 한 일은 얼마인가?

33 [65]. 평형상태의 용수철에 질량이 1.4 kg인 추가 매달릴 때 이완된 길이로부터 7.2 cm 늘어난다. (a) 용수철 상수는 얼마인가? (b) 용수철에 저장된 탄성 퍼텐셜에너지는 얼마인가? (c) 다른 추가 매달려서, 용수철 길이가 이완된 길이에서 12.2 cm 증가하여 새로운 평형위치로 되었다. 두 번째 추의 질량은 얼마인가?

34 [67]. 론다는 길이 1.0 m의 줄 끝에 매달린 2.0 kg의 모형비행기를 수평 원에서 일정한 속력으로 날리고 있다. 줄의 장력은 18 N이다. 각 회전 동안 끈이 비행기에 한 일은 얼마인가?

6.7 탄성 퍼텐셜에너지

35 [69]. 우리 무릎에 있는 인대의 장력은 너무 많이 늘어나지 않으면 인대의 인장에 비례한다. 특정 인대가 늘어날 때 150 N/mm의 유효 용수철 상수를 가진다면 (a) 이 인대가 0.75 cm 늘어날 때의 장력은 얼마인가? (b) 이렇게 인대가 늘어날 때 인대에 저장된 탄성에너지는 얼마인가?

36 [71]. 장난감 총의 용수철을 거리 x만큼 압축시키면, 고무공을 높이 h까지 연직 상향으로 쏘아 올릴 수 있다. 공기의 저항을 무시하고, 용수철을 $2x$만큼 압축시키면 같은 고무공을 얼마의 높이까지 쏘아 올릴 수 있는가? $x \ll h$라고 가정하여라.

37 [73]. 질량 52 kg의 체조 선수가 트램펄린에서 점프를 하고 있다. 선수는 발이 트램펄린 위로 최고 높이 2.5 m에 도달하도록 뛰어오르고, 착륙할 때는 발이 트램펄린 아래로 75 cm 내려간다. 정지하여 서 있을 때 트램펄린은 얼마나 늘어나는가? **힌트** 트램펄린이 늘어날 때 후크의 법칙을 따른다고 가정하여라.

38 [75]. 질량 2.0 kg인 블록이 정지 상태에서 마찰이 없는 표면 아래로 미끄러져 내려와서 용수철에 닿는다. 용수철의 다른 끝은 그림과 같이 벽에 부착되어 있다. 블록의 초기 높이는 비탈길의 가장 낮은 부분에서 높이가 0.50 m이고 용수철 상수는 450 N/m이다. (a) 블록의 높이가 비탈의 바닥 위 0.25 m 높이에 있을 때 블록의 속력은 얼마인가? (b) 용수철은 얼마나 압축되는가? (c) 용수철이 블록을 왼쪽으로 되돌려 보낸다. 블록은 얼마나 높이 올라가는가?

6.8 일률

39 [77]. 질량이 82.4 kg인 라스는 약 2.0 min 동안 1.0마력(746 W)으로 일을 할 수 있다. 수직 높이가 12.0 m인 3층의 계단을 오르려면 시간이 얼마나 걸리는가?

40 [79]. 남성의 유용한 평균 출력이 40.0 W인 경우, 10.0 kg의 상자 50개를 2.00 m 높은 곳으로 옮기려면 시간이 최소 얼마나 걸리는가?

41 [81]. 자전거와 사람의 질량을 합하면 75 kg이다. 이 사람이 자전거를 타고 5.0 % 등급(100 m마다 5.0 m 상승하는 포장도로) 도로를 올라가며 4.0 m/s(약 9 mph)의 일정한 속력을 유지하기 위해 필요한 자전거 탄 사람의 출력은 얼마인가? 마찰로 인한 에너지의 손실은 무시할 만하다.

42 [83]. 환자의 심장이 분당 5.0 L의 혈액을 지름이 1.8 cm인 대동맥으로 공급하고 있다. 심장이 혈액에 작용하는 평균적인 힘은 16 N이다. 심장의 평균 역학적인 출력은 얼마인가?

43 [85]. 62 kg의 여성이 계단을 뛰어오르는 데 6.0 s가 걸린다. 마지막 계단은 출발 지점 위 5.0 m에 있다. (a) 계단을 올라가는 동안 이 사람의 평균 에너지 소비량은 얼마인가? (b) 평균 에너지 투입량(음식이나 지방에 저장된 화학적에너지가 사용되는 비율)과 동등한가? 왜 그런가? 또는 왜 그렇지 않은가?

44 [87]. 물체가 힘 F_x의 영향을 받아 $+x$ 방향으로 움직이고 있다. 이 물체의 F_x에 대한 v_x의 그래프는 그림과 같다. (a) 물체의 속도가 10 m/s일 때 순간 일률은 얼마인가? (b) 속력이 16 m/s일 때 물체의 순간 일률은 얼마인가?

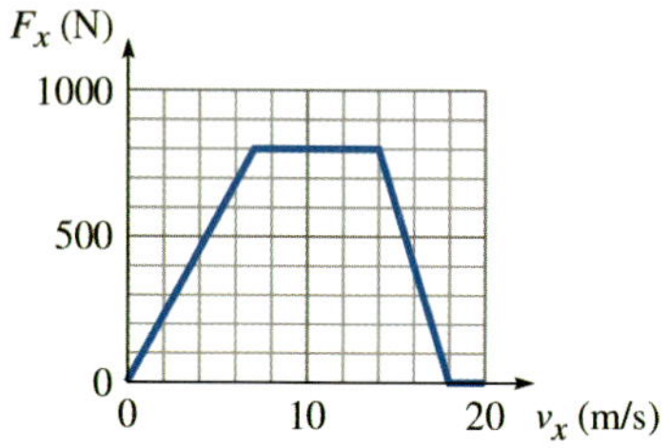

45 [89]. (a) 1 kg의 물이 나이아가라 폭포(50 m의 수직 하강)를 통과할 때의 퍼텐셜에너지의 변화를 계산하여라. (b) 나이아가라 강물에 의한 중력 퍼텐셜에너지의 손실률은 얼마나 되는가? 물의 흐름율은 5.5×10^6 kg/s이다. (c) 이 에너지의 10 %를 전기에너지로 변환할 수 있다면, 몇 가구에 전력을 공급할 수 있는가? (보통 한 가구에서는 약 1 kW의 전력을 사용한다.)

협동문제

46 [91]. 여러분이 차를 운전하며 캠퍼스를 통과하고 있을 때 친구가 앞에서 걸어가고 있었다고 하자. 친구를 보고 급히 브레이크를 밟았다. 길모퉁이에 서 있던 경찰관이 차가 멈추는 것을 보고 스키드마크를 측정해 길이가 9.0 m라고 하였다. 경찰관이 가지고 있던 마찰 계수 측정기로 측정한 타이어 고무와 아스팔트 사이의 마찰계수는 0.60이었다. 이 25 mi/h 지역에서 경찰관이 속력 위반 딱지를 발행하겠는가?

47 [93]. 수평면과 15°의 각도로 기울어진 길이 8.0 m의 마찰이 없는 경사면 위에서, 끈이 연결되어 있는 4.0 kg의 블록을 정지 상태에서 놓는다. 블록에 끈이 붙어 있어 그 뒤를 끌려간다. 블록이 위로부터 경사면을 따라 5.0 m 지점에 도달하면 누군가가 끈을 잡고 경사면과 평행하게 당겨 블록이 경사면의 바닥에 닿을 때까지 장력을 일정하게 유지해 준다. 장력은 얼마인가? 문제를 풀이할 때, 한 번은 일과 에너지를 사용하여 풀고 다시 뉴턴의 법칙과 등가속도 방정식을 사용하여 풀어라. 어떤 방법을 선호하는가?

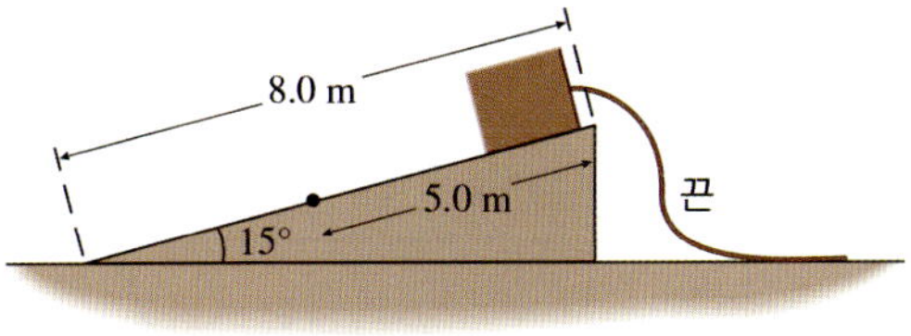

48 [95]. 1500 kg의 자동차가 2.0° 경사진 언덕을 중립 상태로 내려간다. 자동차는 20.0 m/s의 종단 속력에 도달한다. (a) 20.0 m/s로 평탄한 도로에서 운전하려면 엔진이 얼마의 동력을 전달해야 하는가? (b) 엔진이 전달할 수 있는 최대 유용 일률이 40.0 kW인 경우, 차가 20.0 m/s에서 오를 수 있는 가장 가파른 언덕의 경사도는 얼마인가?

49 [97]. 지구로부터의 탈출 속력은 11.2 km/s이지만, 그것은 지구의 중력에서 벗어나는 데 필요한 최소 속력일 뿐이다. 곧 태양계를 떠날 만큼 충분한 에너지를 물체에 주지는 않는다. 지구 표면 근처의 물체가 지구와 태양의 중력을 모두 벗어나기 위한 최소 속력은 얼마인가? 달과 다른 행성으로 인한 대기 및 중력으로 인한 인력을 무시하여라. 또한, 지구의 자전과 궤도 운동도 무시한다.

연구문제

50 [99]. 탁자에 수평으로 놓은 용수철에 대한 다음 데이터의 그래프를 그려라. 그래프를 이용하여 (a) 용수철 상수와 (b) 용수철의 이완된 길이를 구하여라.

힘(N)	0.200	0.450	0.800	1.500
용수철 길이(cm)	13.3	15.0	17.3	22.0

51 [101]. 15 m의 수직 거리를 올라갈 때, 80.0 kg인 사람의 근육에서 얼마나 많은 에너지가 변환되는가? 근육의 에너지 변환 효율이 22 %라고 가정한다. 곧, 중력 퍼텐셜에너지의 증가는 변환된 총에너지의 22 %이다.

52 [103]. 어린이 놀이터의 그네는 길이가 4.0 m인 쇠사슬에 매달려 있다. 그네를 탄 어린이가 땅 위 0.50 m에 있고 사슬이 수직일 때 6.0 m/s로 움직인다면 그네가 도달할 수 있는 최고 높이는 얼마인가? 사슬의 질량은 무시할 수 있다고 가정하자.

53 [105]. 장대높이뛰기 선수는 주행 중 운동에너지를 장대의 탄성 퍼텐셜에너지로 변환한 다음, 중력 퍼텐셜에너지로 변환한다. 10.0 m/s로 달리기를 하는 동안 장대높이뛰기 선수의 무게중심이 지면 위 1.0 m에 있다면, 도약하는 동안 무게중심의 최고 높이는 얼마인가? 크기가 있는 물체의 경우, 중력 퍼텐셜에너지는 $U = mgh$이다. 여기서 h는 무게중심의 높이이다.

54 [107]. 9.5 m/s 속력으로 움직이는 행글라이더는 고도 8.2 m 아래로 하강한다. 공기저항을 무시할 때, 얼마나 빨리 움직이는가?

55 [109] 용수철 총($k = 28$ N/m)은 56 g인 공을 수평으로 쏠 때 사용한다. 처음에 용수철은 18 cm 압축되어 있다.

공은 용수철이 12 cm 압축되어 있을 때 용수철과의 접촉이 없어지고 총을 떠난다. 공이 용수철 총 1.4 m 아래 지면에 부딪힐 때 공의 속력은 얼마인가?

56 [111]. $k = 40.0$ N/m인 용수철이 마찰이 없는 30.0° 인 경사면의 밑면에 있다. 0.50 kg의 물체로 용수철을 눌러 평형위치에서 0.20 m 압축한다. 그 다음 물체를 놓는다. 물체가 경사면을 따라 0.10 m 움직였을 때 속력은 얼마인가?

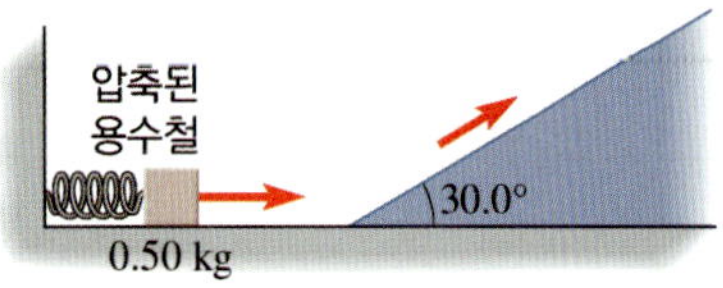

57 [113]. (a) 메이저리그 투수가 90.0 mi/h(40.2 m/s) 강속구를 던졌을 때 야구공에 한 일은 얼마인가? 야구공의 질량은 153 g이다. (b) 1520 kcal의 식사 한 끼를 '태우기' 위해 투수는 몇 개의 강속구를 던져야 하는가? 식품의 화학에너지의 80.0 %가 열에너지로 전환되고 20.0 %만이 강속구의 운동에너지가 된다고 가정한다. (필요한 변환 인자는 부록 B 참조)

58 [115]. 타잔은 깊은 협곡을 향해 달려가고 있다. 협곡 위의 나뭇가지에 덩굴이 매달려 있다. 타잔은 이 덩굴을 잡고 협곡을 가로질러 반대쪽 지면에서 1.7 m 더 높은 곳으로 그네를 타고 가는 묘기를 보이려고 한다. 타잔이 이 묘기를 보이려면 얼마나 빨리 달려가야 하는가?

59 [117]. 인간의 발과 다리는 걷거나 달릴 때 탄성에너지를 저장한다. 캥거루 다리만큼 효율적이지는 않지만, 그 효과는 상당하다. 탄성에너지를 저장하지 않는다면, 4 m/s로 달리는 70 kg의 남자는 발을 디딜 때마다 약 100 J의 역학적에너지를 잃게 된다. 에너지의 일부는 아킬레스건과 발의 오목한 부분에 탄성에너지로 저장된다. 그러고 나서 탄성에너지는 다리의 운동 및 중력 퍼텐셜에너지로 다시 변환되어 대사에너지의 지출을 줄인다. 발을 아래로 했을 때 아킬레스건에서 최대 장력이 4.7 kN이고 힘줄의 용수철 상수가 350 kN/m이면 힘줄이 얼마나 늘어나며 그 안에 얼마나 많은 탄성에너지가 저장되는지 계산하여라.

60 [119]. x축을 따라 이동하도록 구속된 입자의 퍼텐셜에너지가 그래프에 그려졌다. $x = 0$에서 입자는 200 J의 운동에너지로 $+x$ 방향으로 움직이고 있다. 이 입자가 3 cm $< x <$ 8 cm 영역에 들어갈 수 있을지 설명하여라. 만약 가능하다면, 그 영역에서의 운동에너지는 얼마인가? 만약 할 수 없다면, 어떻게 될까?

61 [121]. 입자가 x축을 따라 이동하도록 구속되어 있다. 그래프는 퍼텐셜에너지를 위치의 함수로 기술한 것이다. 입자의 총역학적에너지는 −100 J이다. $t = 0$에서, 입자는 $x = 8.0$ cm에서 왼쪽으로 이동하고 있다. (a) $t = 0$에서 입자의 퍼텐셜에너지는 얼마인가? 이때의 운동에너지는 얼마인가? (b) $x = 2.0$ cm에서 입자의 총에너지, 퍼텐셜에너지, 운동에너지는 얼마인가? (c) 이 입자의 운동을 기술하여라. 입자가 돌아서서 오른쪽으로 움직이기 시작하는가? 그렇다면 이런 일이 어디서 일어나는가? 어떤 x의 값 또는 범위에서 속력이 최대인가?

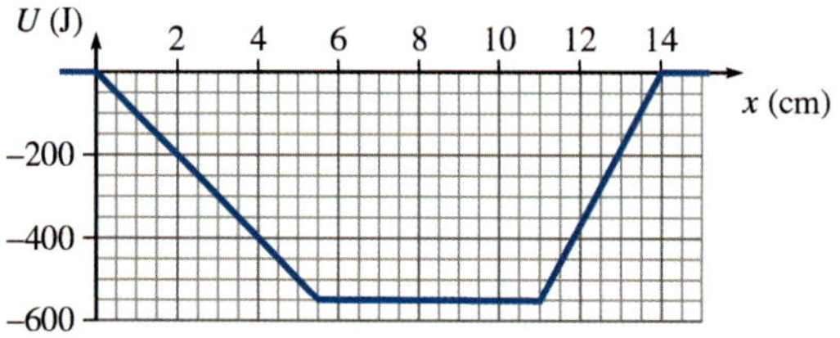

62 [123]. 수직으로 매달린 용수철에 블록을 매달면 원래 길이 4.5 cm에서 총길이 6.0 cm까지 늘어난다. 다음에는 같은 블록이 부착된 용수철을 마찰이 없는 수평면 위에 놓는다. 블록을 용수철의 총길이가 8.0 cm가 되도록 잡아당겼다가 놓았더니 앞뒤로 진동 운동을 하였다. 진동할 때 블록의 최대 속력은 얼마인가?

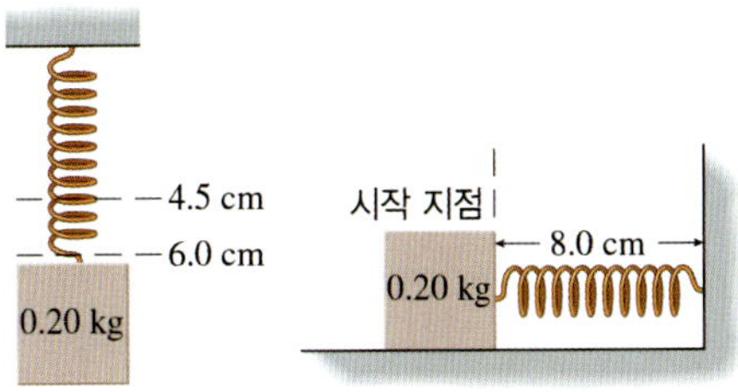

63 [125]. 용수철 상수가 k인 같은 두 개의 용수철을 처음에는 직렬로(하나씩 차례로) 연결하고, 다음에는 병렬로(나란히) 연결한 후 끝을 결합하고 아래에 추를 매달았다. 두 개의 용수철을 결합한 두 장치의 유효 용수철 상수는 얼마인가? 곧 (a) 직렬 결합과 (b) 병렬 결합과 정확히 같게 움직이는 단일 용수철의 용수철 상수는 얼마인가? 용수철의 무게는 무시하여라.

(a)에 대한 힌트 각 용수철은 $x = F/k$ 만큼 늘어나지만, 용수철 하나만 매달려 있는 물체에 힘을 가한다.
(b)에 대한 힌트 각 용수철은 힘 $F = kx$를 가한다.

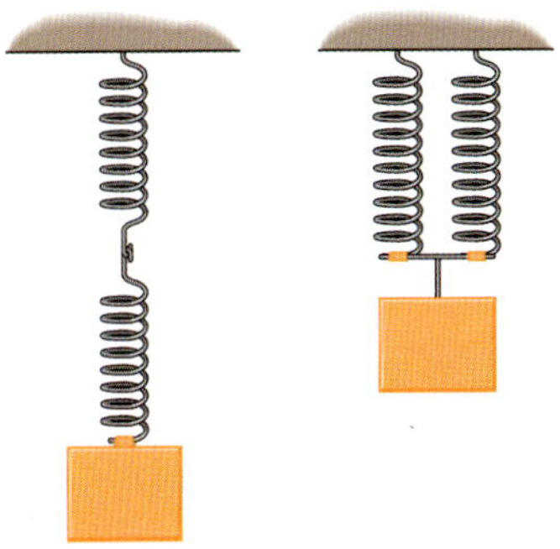

[문제 63~64의 그림]

64 [127]. 용수철 상수 k_1과 k_2를 갖는 두 개의 용수철이 병렬로 연결되었다. (a) 결합한 용수철의 유효 용수철 상수는 얼마인가? (b) 결합한 용수철에 부착되어 매달린 물체가 이완된 위치로부터 변위가 2.0 cm인 경우, $k_1 = 5.0$ N/cm와 $k_2 = 3.0$ N/cm인 용수철에 저장된 퍼텐셜에너지는 얼마인가? (문제 63(b) 참조)

65 [129]. (a) 풍력 터빈의 전력 출력이 풍속의 세제곱에 비례함을 입증하기 위해 차원 분석을 사용하고자 한다. 출력에 관련된 양은 회전 날개의 길이, 공기의 밀도 ρ (SI 단위 $\mathrm{kg/m^3}$) 및 풍속 v이다. (b) 어느 날 바람이 2.0 h 동안 8.0 m/s으로 일정하게 불다가 4.0 h 동안 6.0 m/s로 불었다. 터빈의 에너지 출력이 더 큰 시간 간격은 어디인가? 어떤 인자에 의해 더 많아지는가?

66 [131]. 비슷한 모양의 동물이 언덕 위로 달릴 수 있는 속력이 동물의 크기에 따라 어떻게 변하는지를 이 방법으로 알아보아라. L은 동물의 키나 몸통의 지름과 같은 특정 부위의 크기(길이)를 나타낸다. 동물이 일을 할 수 있는 최대 일률은 동물의 겉넓이에 비례한다고 가정하여라. 곧, $P_{\text{최대}} \propto L^2$이다. 최대 출력을 중력 퍼텐셜에너지의 증가율과 같게 놓고 속력 v가 L에 어떻게 관계되는지 결정하여라.

종합문제

67 [133]. 질량이 m_1과 m_2인 두 블록이 이상적인 도르래 위를 지나가는 질량이 없는 밧줄에 묶여서 마찰이 없는 경사면에 정지해 있다. 두 빗면의 경사각은 $\phi = 45.0°$, $\theta = 36.9°$이고, m_1은 6.00 kg, m_2는 4.00 kg이다. (a) 에너지 보존 법칙을 사용하여 블록이 경사면을 따라 2.00 m 이동한 후 속력을 구하여라. (b) 뉴턴의 제2법칙을 사용하여 같은 문제를 풀어라.

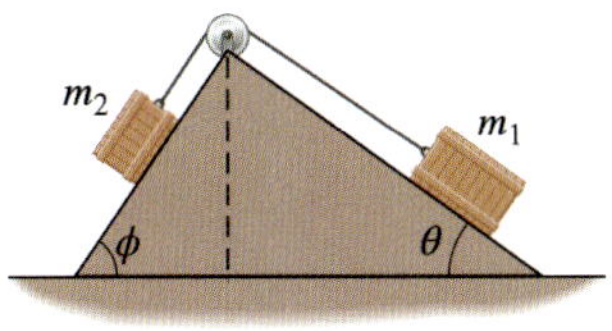

힌트 먼저 각 블록의 가속도를 구하여라. 다음으로 일정한 가속도로 경사를 따라 2.00 m를 이동한 후 블록의 속력을 구하여라.

68 [135]. 포장용 상자가 각도가 30.0°이고 길이가 2.0 m인 경사면을 미끄러져 내려가고 있다. (a) 경사면을 따라가는 상자의 초기 속력이 4.0 m/s인 경우, 바닥에 닿았을 때 속력은 얼마인가? 마찰은 무시하여라. (b) 상자가 경사로 아래로 미끄러지는 데 시간은 얼마나 걸리는가?

69 [137]. 세 개의 돌멩이가 절벽에서 각기 다른 방향으로 같은 초기 속력으로 던져졌다. 돌멩이 A는 똑바로 아래로, 돌멩이 B는 똑바로 위로, 돌멩이 C는 수평으로 던졌다. 공기저항이 없을 때, 돌멩이가 절벽 아래 평평한 지면에 부딪히기 직전 세 돌멩이의 속력을 비교해 보고자 한

다. 초기 속력이 6.0 m/s이고 절벽의 높이가 18.0 m인 경우 세 돌멩이의 최종 속력을 구하여라.

70 [139]. 스키선수가 반지름이 R인 반구형 돔 모양의 마찰이 없는 얼음 경사면 정상에서 출발하여 경사면을 따라 내려간다. 어느 높이 h에서 수직항력이 0이 되고 스키선수가 얼음 표면을 떠나게 되는가? h를 R로 나타내면 어떻게 되는가?

71 [141]. 길이 L의 끈에 매달린 진자의 추의 줄을 팽팽하게 당겨서 추가 닿을 수 있는 제일 밑 바닥에서의 높이가 h인 곳에서

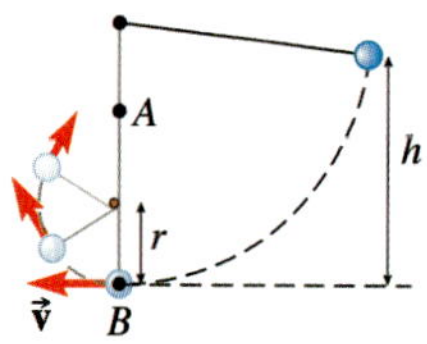

놓았다. 흔들리는 진자가 바닥에서 높이 r인 곳에 수평으로 박힌 나무못에 가로막혔다(B 지점). 끈이 나무못에 걸린 후에, 추가 반지름 r인 원형 호를 따라 진동한다. 필요하면 답을 L, r, g로 나타내어라. (a) 추의 끈이 느슨해지지 않고 나무못 주위에서 반지름 r인 전체 원형 궤도를 그리며 이동하려면, 그 원의 상단에서 추가 가질 수 있는 최소 속력은 얼마인가(A 지점)? (b) 만약 추가 (a)의 최소 속력으로 A 지점에 있을 때 끈이 끊어지면, B 지점과 같은 높이에 있을 때 B 지점의 오른쪽으로 얼마나 멀리 가는가? (c) 추가 느슨해지지 않고 A 지점까지 올 수 있는 최고 높이 h는 얼마인가?

CHAPTER 7 선운동량

개념정리

- 운동량은 다음과 같이 정의한다.

$$\vec{p} = m\vec{v} \qquad (7\text{-}4)$$

- 상호작용을 하는 동안, 운동량이 한 물체에서 다른 물체로 옮겨 가지만, 두 물체 계의 전체 운동량은 변하지 않는다.

$$\Delta\vec{p}_2 = -\Delta\vec{p}_1$$

- 충격량은 평균 힘에 시간을 곱한 결과이다.
- 총충격량은 운동량의 변화량과 같다.

$$\Delta\vec{p} = \sum\vec{F}\,\Delta t \qquad (7\text{-}8)$$

- 충격량은 힘–시간 그래프 곡선 아래 넓이이다.

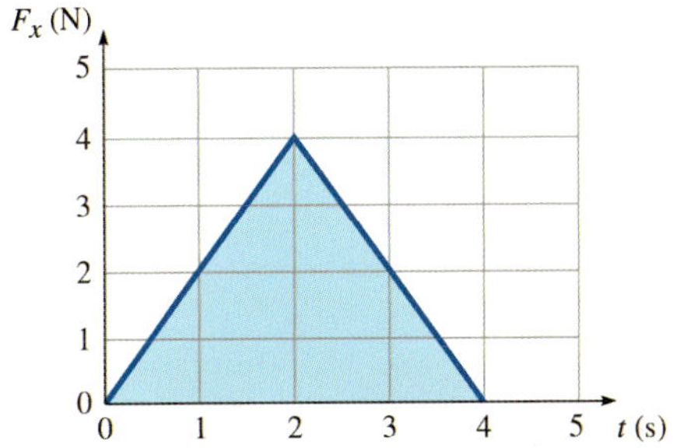

- 알짜힘은 운동량의 변화율이다.

$$\sum\vec{F} = \lim_{\Delta t\to 0}\frac{\Delta\vec{p}}{\Delta t} \qquad (7\text{-}11)$$

- 계의 전체 운동량은 각 부분의 운동량 합이고 계의 전체 질량에 질량중심의 속도를 곱한 결과와 같다.

$$\vec{p} = \vec{p}_1 + \vec{p}_2 + \cdots + \vec{p}_N = M\vec{v}_{CM} \qquad (7\text{-}22)$$

- 외부 상호작용은 계의 전체 운동량을 변화시킬 수 있다.
- 내부 상호작용은 계의 전체 운동량을 변화시키지 않는다.
- 선운동량의 보존 : 계에 작용하는 알짜 외력이 '0'이면, 계의 운동량은 보존된다. 보존량은 시간에 따라 변하지 않는 양이다.

- N 입자계의 질량중심[CM]의 x 좌표는 다음과 같이 정의한다.

$$x_{CM} = \frac{m_1x_1 + m_2x_2 + \cdots + m_Nx_N}{M} \qquad (7\text{-}19)$$

여기에서 M은 다음과 같은 입자계의 전체 질량이다.

$$M = m_1 + m_2 + \cdots + m_N$$

- 계가 아무리 복잡하더라도 질량중심은 계의 모든 질량이 한 점에 집중되어 있으며, 또한 모든 외력이 그 점에 작용하는 것처럼 움직인다.

$$\sum\vec{F}_{\text{외부}} = M\vec{a}_{CM} \qquad (7\text{-}24)$$

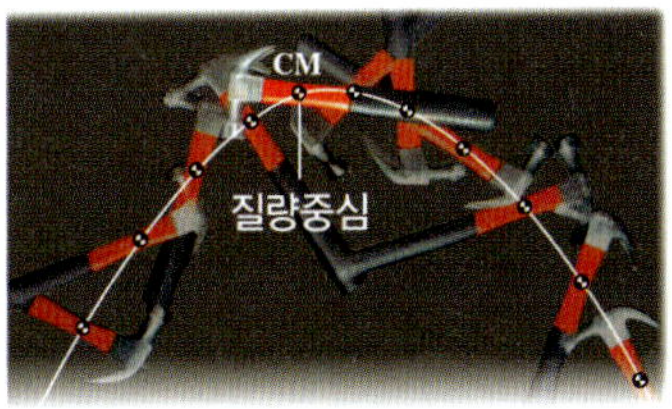

- 고립계의 질량중심은 등속도로 움직인다.
- 충돌, 폭발 등을 포함한 문제들을 풀이할 때 운동량 보존을 사용한다. 충돌로 인한 계 내에서의 운동량 전달에 비해 계 전체 운동량의 변화가 작다면 근사적인 방법으로 운동량 보존을 적용할 수 있다. 계의 총운동량 변화는 외력과 시간 간격의 곱(충격량)이다. 여러 경우에 충돌이 너무 빠르게 일어나 충돌 직전 계의 총운동량과 충돌 직후의 총운동량이 거의 같다.
- 충돌에서 총운동에너지가 각각 감소하거나 증가하는 경우, 또는 변하지 않는 경우를 각각 비탄성, 초탄성, 탄성 충돌로 분류한다. 완전 비탄성 충돌을 하면 물체들은 서로 달라붙어 버린다.

연습문제

개념형 질문

1 [1]. 여러분이 불이 난 건물의 2층에 갇혀 있다고 하자. 여러분이 계단으로 통행할 수는 없지만, 창밖에는 발코니가 있다. 다음 상황에서 어떤 일이 일어날 수 있는지 설명하여라. (a) 2층 발코니에서 다리를 뻗고 아래의 포장도로로 뛰어내리며 발로 착지한다. (b) 쥐똥나무 울타리로 등으로 뛰어내려 발을 굴러 착지한다. (c) 소방관이 펼쳐 준 안전망에 등으로 뛰어내린다. 안전망으로 뛰어 내린다면 안전망은 어떻게 되겠는가? 소방관이 추락하는 여러분의 충격을 더 줄이기 위해 어떻게 해야 하겠는가?

2 [3]. 소총 총열의 일부분을 짧게 자른다면, 총구 속력(총알이 총구를 떠날 때의 속력)은 더 느려질 것이다. 왜 그런가?

3 [5]. 우주 공간에 있는 우주 비행사가 우주선에 연결된 밧줄을 끊어져 우주를 떠다니고 있다. 비행사는 어떻게 우주선으로 돌아갈 수 있는가? 불행히도 비행사는 로켓 추진 배낭을 가지고 있지 않지만 큰 렌치를 가지고 있다.

4 [7]. 못과 탄성 충돌하는 망치와 완전 비탄성 충돌하는 망치 중 어느 것이 더 못을 박는 데 효과적인가? 망치의 질량은 못의 질량보다 훨씬 크다고 가정한다.

5 [9]. 뉴턴의 운동 법칙 3개를 운동량과 관련지어 각각 자신의 말로 진술하여라.

6 [11]. 키가 1.60 m인 사람이 있다. 똑바로 서 있을 때, 그 사람의 무게중심이 반드시 바닥 위 0.80 m에 있는가? 설명하여라.

7 [13]. 두 사람이 날달걀을 깨지 않고 점점 멀어지면서 앞뒤로 던지려고 한다. 달걀을 깨지 않고 잡을 수 있는 전략을 충격량과 운동량으로 논의하여라.

8 [15]. 야구 타격 코치는 타자가 홈런을 노릴 때 '마무리 동작'의 중요성을 강조한다. 코치는 마무리 동작 때 공과 방망이가 더 오래 접촉하게 해야 공이 더 먼 거리를 날아가게 할 수 있다고 설명한다. 충격량−운동량 정리로 이 진술의 이유를 설명하여라.

선다형 질문

1 [1]. 질량이 같은 2개의 입자 A와 B는 서로 어느 정도 떨어져 있다. 입자 A는 정지하여 있고 B는 A로부터 속력 v로 멀어지고 있다. 두 입자 계의 질량중심은 어떻게 되는가?

(a) 움직이지 않는다.
(b) 속력 v로 A에서 멀어진다.
(c) 속력 v로 A 방향으로 이동한다.
(d) 속력 $\frac{1}{2}v$로 A에서 멀어진다.
(e) 속력 $\frac{1}{2}v$로 A 방향으로 이동한다.

2 [3]. 단위 부피당 질량이 같은 두 개의 균일한 구가 서로 접촉하고 있다. 구 A의 질량은 구 B의 질량의 5배이다. 계의 질량중심은 어디에 있는가?

(a) A와 B가 접촉하는 지점
(b) A와 B의 중심을 잇는 선상에서 구 B의 안쪽
(c) 중심을 연결하는 선상의 구 A의 안쪽
(d) 구 A의 중심
(e) 두 구의 바깥

3 [5]. 지구의 표면보다 약간 위에 정지한 질량 m의 물체가 시간 t 동안 떨어진다. 공기저항을 무시했을 때, 시간 t 후에 운동량의 크기는 얼마인가?

(a) mgt^2 (b) mgt (c) $mg\sqrt{t}$
(d) $\sqrt{mgt}$ (e) $\frac{mgt^2}{2}$

선다형 질문 4~6. 골프공이 $+y$ 방향으로 똑바로 위로 던져진 상황을 나타낸다. 공기저항은 무시한다. 답을 그림에서 선택하여라.

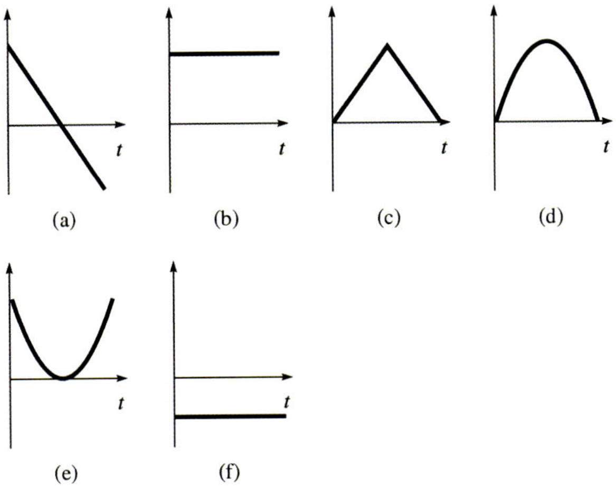

4 [7]. 공의 가속도 a_y를 시간의 함수로 나타낸 그래프는 어느 것인가?

5 [9]. 공의 수직 위치 y를 시간의 함수로 나타낸 그래프는 어느 것인가?

6 [11]. 공의 퍼텐셜에너지를 시간의 함수로 나타낸 그래프는 어느 것인가?

문제

7.2 운동량, 7.3 충격량–운동량 정리

1 [1]. 질량이 각각 1300 kg인 두 대의 차가 정면충돌 코스로 서로 접근하고 있다. 각 차의 속력계는 19 m/s를 가리키고 있다. 이 계의 총운동량의 크기는 얼마인가?

2 [3]. 충격량의 SI 단위가 운동량의 SI 단위와 같다는 것을 증명하여라.

3 [5]. 어떤 계가 세 개의 입자로 되어 있다. 각 입자의 질량과 속도는 다음과 같다. 질량 3.0 kg인 입자는 북쪽으로 3.0 m/s로 움직이고, 질량 4.0 kg인 입자는 남쪽으로 5.0 m/s로, 질량 7.0 kg인 입자는 북쪽으로 2.0 m/s로 움직이고 있다. 이 계의 전체 운동량은 얼마인가?

4 [7]. $t=0$일 때 6마리의 새들이 10 m/s로 남쪽으로 날고 있다. 시간이 약간 지난 후에 그들의 질량과 속도는 다음과 같다. 운동량 변화의 크기가 가장 작은 것에서 가장 큰 것까지의 순으로 순서를 매겨라.

(a) 200 g, $t=30$ s에 북쪽 10 m/s
(b) 200 g, $t=30$ s에 동쪽 10 m/s
(c) 200 g, $t=60$ s에 북쪽 20 m/s
(d) 400 g, $t=60$ s에 북쪽 20 m/s
(e) 400 g, $t=10$ s에 남쪽, 20 m/s
(f) 400 g, $t=90$ s에 서쪽, 30 m/s

5 [9]. $+x$ 방향으로 2.0 m/s의 속력으로 날아가는 질량 5.0 kg인 공이 벽에 부딪혀서 $-x$ 방향으로 같은 속력으로 튀어서 되돌아온다. 공의 운동량의 변화를 구하여라.

6 [11]. 질량 3.0 kg의 물체가 중력을 받으면서 정지한 상태에서 3.4 s 동안 낙하하였다. 물체의 운동량 변화는 얼마인가? 공기의 저항은 무시한다.

7 [13]. 5대의 자동차가 고속도로를 주행 중이다. 그들의 질량과 초기 속력은 다음과 같다. 자동차가 같은 제동력을 사용하여 감속하여 정지하였다. 차량이 멈추는 순서를 가장 느린 것부터 가장 빠른 순으로 나열하여라.

(a) 1500 kg, 30 m/s　(b) 1500 kg, 20 m/s
(c) 1000 kg, 30 m/s　(d) 1000 kg, 20 m/s
(e) 2000 kg, 40 m/s

8 [15]. 우주선의 조종사가 지구 대기권으로 안전하게 진입하기 위해서 그들의 속력을 2.6×10^4 m/s에서 1.1×10^4 m/s로 줄여야 한다. 로켓 엔진은 우주선과 역방향으로 1.8×10^5 N의 힘을 가한다. 우주선의 질량은 3800 kg이다. 엔진을 얼마 동안이나 작동시켜야 하는가?

힌트 배기가스 배출로 인한 우주선의 질량 변화는 무시하여라.

9 [17]. 30.0 m/s의 속력으로 움직이는 자동차가 브레이크를 작동하고 5.0 s 만에 정지한다. 자동차의 질량이 1.0×10^3 kg인 경우, 제동 시 수평으로 작용하는 평균 힘은 얼마인가? 도로는 평면이라고 가정하여라.

10 [19]. 60.0 kg의 소년이 소방관들이 잡은 안전망으로 뛰어내려 호텔 화재 현장에서 구조되었다. 소년이 뛰어 내리는 창문은 안전망에서 8.0 m 높이에 있다. 소방관은 소년

이 안전망에 떨어질 때 팔을 약간 낮추어 소년이 0.40 s의 시간에 완전히 정지하게 해 주었다. (a) 이 0.40 s 동안 운동량의 변화는 얼마인가? (b) 이 시간 동안 소년이 안전망에 작용한 충격량은 얼마인가? **힌트** 중력을 무시하지 말아라. (c) 그 시간에 소년이 그물에 가한 평균 힘은 얼마인가?

7.4 운동량 보존

11 [21]. 개구리가 물 위의 수련 잎에 앉아서 맛있는 파리를 보았다. 개구리는 파리를 잡기 위해 3.7 m/s의 속력으로 혀를 내밀었다. 혀의 질량은 0.41 g이며 정지한 개구리와 수련 잎의 질량은 12.5 g이다. 개구리와 수련 잎의 반동 속력은 얼마인가? 물이 수련 잎에 작용하는 항력은 무시한다.

12 [23]. 질량이 4.5 kg인 소총에서 질량이 10.0 g인 총알이 총구 속력 820 m/s로 발사되었다. 총알이 총신을 떠날 때 소총의 반동 속력은 얼마인가?

13 [25]. 2.5×10^6 kg의 질량을 가진 잠수함이 정지 상태에서 250 kg의 어뢰를 발사한다. 어뢰의 초기 속력이 100.0 m/s이다. 잠수함의 초기 반동 속력은 얼마인가? 물의 항력은 무시하여라.

14 [27]. 대시는 마찰이 없는 스케이트보드에, 질량이 100 g인 공 3 개를 손에 들고 서 있다. 대시와 스케이트보드를 합친 무게는 60 kg이다. 대시가 0.50 m/s의 속력으로 뒤로 움직이기를 원한다면, 대시는 공을 얼마나 빠르게 던져야 하는가? 대시가 성공할 수 있다고 생각하는가? 설명하여라.

15 [29]. 철도 차량에 대포가 궤도와 평행한 방향으로 설치되어 있다. 이 대포의 포신을 수평선과 60.0°로 들어 올려 98 kg의 포탄을 105 m/s의 속력(지면에 대해)으로 발사한다. 발사되기 전에 정지해 있던 대포와 수선 차량의 질량이 5.0×10^4 kg이라면, 기차의 반동 속력은 얼마인가? **힌트** 계에 작용하는 알짜 외력에 해당 축 성분이 없다면 그 축을 따르는 계의 운동량 성분은 보존된다.

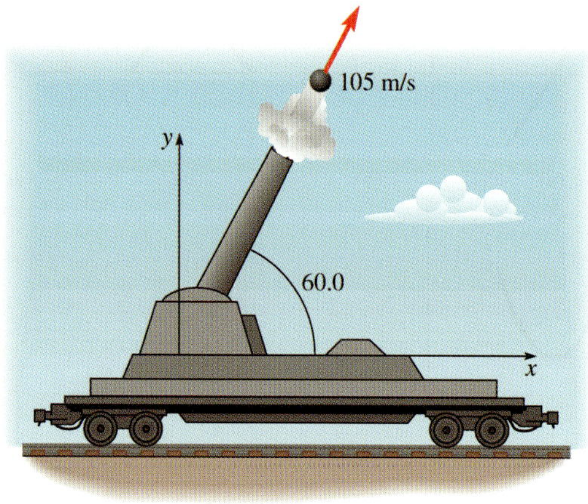

7.5 질량중심, 7.6 질량중심의 운동

16 [31]. 입자 A는 원점에 있고 질량은 30.0 g이다. 입자 B의 질량은 10.0 g이다. 두 입자 계의 질량중심의 좌표가 $(x, y)=(2.0\text{ cm}, 5.0\text{ cm})$이라면 입자 B는 어디에 위치해야 하는가?

17 [33]. 여성들은 임신 중에 허리 통증을 자주 느낀다. 임신하기 전에 여성의 질량이 68 kg이고, 서 있을 때의 무게중심이 엉덩이 바로 위에 있다고 가정하여라. 임신 34주까지 여성은 몸무게가 8.0 kg(태아, 태반 및 양수를 합한 질량)가 늘었다. 이 8.0 kg의 무게중심은 엉덩이 앞 18 cm에 있다. 그녀의 자세가 바뀌지 않았다면, 무게중심은 엉덩이 앞 어디에 있는가? (여성은 쐐기 모양의 요추가 세 개 있는 반면에, 남자는 두 개밖에 없다. 이러한 진화적 적응은 요추의 곡률을 더 크게 할 수 있어 임산부의 질량중심을 엉덩이 위로 유지할 수 있다. 네이처 450(2007년 12월 13일) pp.1075−1078 참조)

18 [35]. 위치 좌표 (x, y)가 (1.0 m, 1.0 m), (2.0 m, 3.0 m)와 (3.0 m, 1.0 m)인 세 물체가 있다. 물체들은 질량이 같다. 물체 중 하나가 $+x$ 방향으로 12 cm 움직인다면, 질량중심은 얼마나 이동하는가?

19 [37]. 벨린다는 그녀가 만든 조각을 미술관에 정확하게 매달기 위해서 질량중심을 찾고자 한다. 조각품은 모두 하나의 평면에 있으며, 그림과 같이 질량과 크기가 있는 다양한 모양의 균일한 물체로 구성되어 있다. 이 조각의 질량중심은 어디에 있는가? 큰 조각을 연결하는 가는 막대는 질량이 없고 조각의 왼쪽 상단 모서리에 기준틀의 원점을 배치한다고 가정하여라.

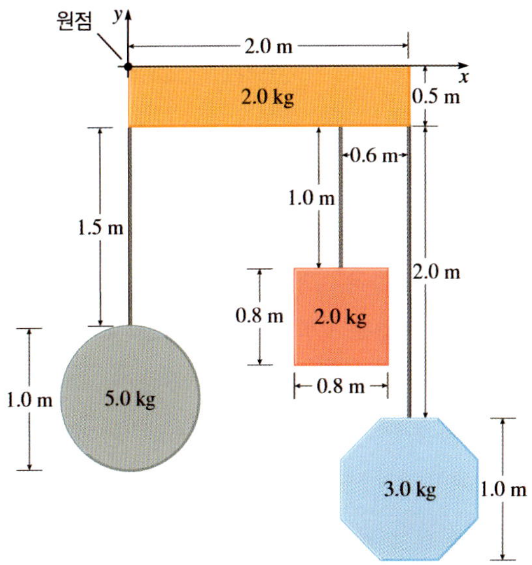

20 [39]. 두 개의 낙하하는 물체를 생각하여라. 그들의 질량은 3.0 kg과 4.0 kg이다. 시간 $t = 0$에서, 정지 상태에서 두 물체를 놓았다. $t = 10.0$ s에서 질량중심의 속도는 얼마인가? 공기저항은 무시한다.

21 [41]. 질량이 5.0 kg인 입자는 동쪽으로 10 m/s로 이동하고 질량이 15 kg인 입자는 서쪽으로 10 m/s로 움직이는 경우, 두 물체의 질량중심의 속도는 얼마인가?

22 [43]. 식 (7-24) $\sum \vec{F}_{외부} = M\vec{a}_{CM}$을 증명하여라.

힌트 $\sum \vec{F}_{외부} = \lim_{\Delta t \to 0}(\Delta \vec{p}/\Delta t)$로 시작하는데, $\sum \vec{F}_{외부}$는 계에 작용하는 알짜 외력이고 $\vec{p}$는 계의 총운동량이다.

7.7 1차원 충돌

23 [45]. 질량이 120 g인 장난감 자동차가 오른쪽으로 0.75 m/s의 속력으로 움직인다. 어린이가 30.0 g의 점토를 차 위에 떨어뜨린다. 점토가 차에 달라붙어서 차와 함께 오른쪽으로 계속 움직인다. 자동차의 속력은 얼마나 변하는가? 차와 지면 사이의 마찰력은 무시할 수 있다고 생각하여라.

24 [47]. 동쪽을 향해 200.0 m/s로 날아가던 0.020 kg의 탄환이 정지한 2.0 kg의 벽돌과 부딪힌 후 튀어나와 서쪽을 향해 100.0 m/s의 속도로 원래의 경로를 되돌아간다. 벽돌의 나중 속도를 구하여라. 벽돌은 마찰이 없는 수평면 위에 정지해 있다고 가정하여라.

25 [49]. 0.020 kg의 총알이 수평으로 발사되어 2.00 kg의 나무토막과 충돌한다. 총알이 나무토막에 박혀서 나무토막과 함께 수평면을 따라 1.50 m를 미끄러졌다. 나무토막과 표면 사이의 운동마찰계수가 0.400이라면, 총알의 원래 속력은 얼마인가?

26 [51]. 75 kg의 남자가 아이스스케이트를 신고 정지해 있는데, 0.20 kg의 공이 그를 향해 날아왔다. 이 사람이 공을 잡기 직전에 공은 수평으로 25 m/s로 운동하고 있었다. 이 사람이 공을 잡은 직후에는 얼마나 빨리 움직이는가?

27 [53]. 100 g의 공이 멈춰 있던 300 g의 공과 탄성 충돌하였다. 100 g의 공이 충돌 전에 $+x$ 방향으로 5.00 m/s로 움직였다면, 충돌 후 두 공의 속도는 얼마인가?

28 [55]. 2.0 kg의 물체가 마찰이 없는 표면 위에 정지해 있다. 이 물체에 8.0 m/s로 움직이던 3.0 kg의 물체가 부딪혔다. 충돌 후에 두 물체가 붙어 버렸다면, 결합한 두 물체의 속력은 얼마인가?

29 [57]. 0.010 kg의 탄환이 400.0 m/s로 수평으로 날아와 테이블의 가장자리에 있는 4.0 kg의 나무토막과 부딪쳐 총알이 나무에 박혔다. 테이블 높이가 1.2 m인 경우, 나무토막이 테이블로부터 바닥에 얼마나 멀리 떨어지는가?

30 [59]. 6.0 kg의 물체가 마찰이 없는 표면에 정지해 있다가, 10 m/s로 움직이는 2.0 kg의 물체와 정면충돌하였다. 탄성 충돌이라면, 충돌 후 6.0 kg인 물체의 속력은 얼마인가? **힌트** 두 개의 방정식이 필요할 것이다.

7.8 2차원 충돌

31 [61]. 폭죽을 공중으로 똑바로 던졌다. 폭죽은 가장 높은 지점에 도달하자마자 질량이 3등분되며 3개로 폭발하였다. 두 조각은 서로 직각을 이루면서 120 m/s로 날아간다. 세 번째 조각은 얼마나 빨리 이동하는가?

32 [63]. (a) 실전문제 7.11을 참조하여 충돌 중 질량 m_1인 공의 운동량 변화를 구하여라. x와 y의 성분 형식, 곧 m_1과 v_1의 성분으로 답하여라. (b) 질량 m_2인 공에 대해서도 반복하여라. 운동량 변화와 어떻게 관련되는가?

33 [65]. x축을 따라 미끄러지는 퍽 1은 같은 질량의 정지한 퍽 2와 부딪친다. 이들이 탄성 충돌을 한 후, 퍽 1은 x축 위의 60.0° 방향으로 속력 v_{1f}로 이동하고, 퍽 2는 x축 아래 30.0° 방향으로 속력 v_{2f}로 이동한다. v_{2f}를 v_{1f}으로 나타내어라.

34 [67]. 질량 2.0 kg의 포물체가 고정된 목표물에 5.0 m/s로 접근한다. 충돌 후 포물체는 60.0° 각도로 휘어지고 속력은 3.0 m/s이다. 충돌 후 목표물의 운동량의 크기는 얼마인가?

35 [69]. 1700 kg의 질량을 가진 자동차는 북동쪽(북쪽과 동쪽 사이의 45°)으로 14 m/s(31 mph)의 속력으로 똑바로 주행하다가, 18 m/s(40 mph)의 속력으로 남쪽으로 똑바로 주행하는 1300 kg의 소형차와 충돌하였다. 두 대의 자동차는 충돌하는 동안 서로 붙었다. 충돌 직후 엉망진창으로 달라붙은 상태에서 속력과 방향은 어떻게 되는가?

36 [71]. 두 개의 같은 퍽이 공기 부상대에 있다. 퍽 A의 초기 속도는 $+x$ 방향으로 2.0 m/s이고, 퍽 B는 정지해 있다. 퍽 A는 퍽 B와 탄성 충돌하고, A는 x축 위 60° 방향으로 1.0 m/s의 속력으로 멀어진다. (a) 충돌 후 퍽 B의 속력과 방향은 어떻게 되는가? (b) 탄성 충돌인가?

37 [73]. 서커스 공중 그네 공연에서 두 곡예사가 허공을 날며 서로를 붙잡고는 함께 흔들리는 바를 잡으려고 한다. 질량이 60 kg인 곡예사 한 명은 수평선 위 10°의 각도로 3.0 m/s로 이동하고 있고, 다른 한 명은 80 kg의 질량으로 수평선 위 20°의 각도에서 2.0 m/s의 속력으로 곡예사에게 접근하고 있다. 곡예사들이 서로 붙잡은 직후의 방향과 속력은 얼마인가?

38 [75]. 두 마리의 아프리카 제비가 코코넛을 가지고 서로를 향해 날아간다. 첫 번째 제비는 수평으로 20 m/s의 속력으로 북쪽으로 날아간다. 두 번째 제비는 15 m/s의 속력으로 첫 번째와 같은 높이에서 반대 방향으로 날고 있다. 첫 번째 제비의 질량은 0.270 kg이고 코코넛의 질량은 0.80 kg이다. 두 번째 제비의 질량은 0.220 kg이고 코코넛의 질량은 0.70 kg이다. 제비가 충돌하여 코코넛을 놓친다. 충돌 직후 0.80 kg의 코코넛은 남서쪽 10°의 방향으로 13 m/s의 속력으로 이동하고, 0.70 kg의 코코넛은 북쪽에서 동쪽으로 30°, 14 m/s의 속력으로 이동한다. 두 마리의 새는 서로 엉켜서 날개를 퍼덕거리던 것을 멈추고 함께 날아간다. 충돌 직후 새의 속도는 얼마인가?

협동문제

39 [77]. 115 g의 공이 라켓에 부딪힐 때 30 m/s의 속력으로 왼쪽으로 이동한다. 공에 가해지는 힘은 그래프와 같이 오른쪽으로 21 ms 동안 작용하였다. 라켓을 떠난 직후 공의 속력은 얼마인가?

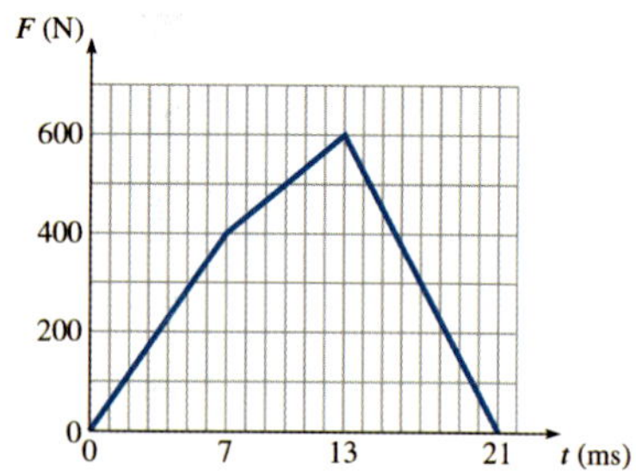

40 [79]. 경찰관이 승용차 두 대가 교차로에서 충돌한 사고 현장을 조사하고 있다. 서쪽으로 이동하던 질량 1100 kg의 승용차 한 대가 북쪽으로 이동하던 1300 kg의 차량과 충돌했다. 두 대의 차는 서로 붙어서 서북쪽 30°로 17 m 미끄러졌다. 타이어와 도로 사이의 운동 마찰 계수는 0.80이다. 자동차의 제한속도는 70 km/h일 때 어떤 차가 과속하고 있었는가?

연구문제

41 [81]. 질량이 5.0 kg인 썰매가 마찰이 없는 얼음으로 덮인 호수 위를 따라 1.0 m/s의 일정한 속력으로 미끄러져 가고 있다. 이 썰매 위에 1.0 kg의 책을 수직으로 떨어뜨린다면 책이 실린 썰매의 속력은 얼마인가?

42 [83]. 직선을 따라 움직이는 세 개의 입자로 이루어진 계를 생각해 보자. 실험실의 한 관찰자가 이 계를 이루는 입자들의 질량과 속도를 다음과 같이 측정하였다. 이 계의 질량중심 속도는 얼마인가?

질량(kg)	v_x (m/s)
3.0	+290
5.0	−120
2.0	+52

43 [85]. 야구 선수가 홈 플레이트를 향해 41 m/s의 속력으로 강속구를 던졌다. 타자는 날아오는 145 g의 공을 치려고 스윙하였다. 이 공이 37 m/s의 속력으로 방망이를 떠난다. 공이 방망이와 충돌 직전과 직후 수평으로 움직이고 있다고 가정한다. (a) 공의 운동량 변화의 크기는 얼마인가? (b) 방망이가 공에 전달한 충격량은 얼마인가? (c) 방망이와 볼이 3.0 ms 동안 접촉했다면, 방망이가 공에 작용하는 평균 힘의 크기는 얼마인가?

44 [87]. 길이 30.0 cm의 균일한 막대가 U자를 거꾸로 한 모양으로 구부러져 있다. 세 변의 길이는 각각 10.0 cm이다. 원점 (0, 0)에서 측정한 질량중심의 위치를 x 및 y 좌표로 구하여라.

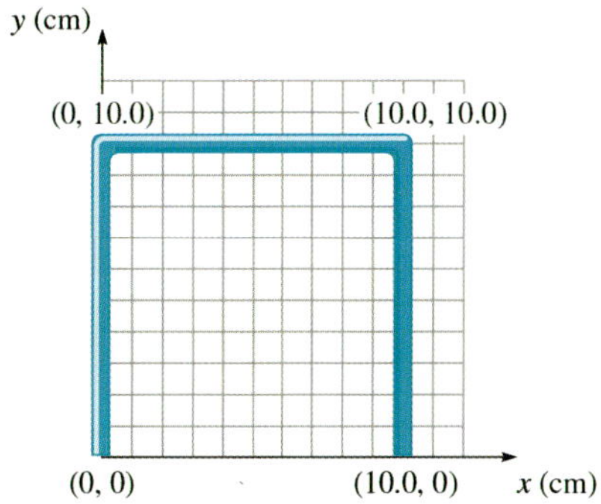

45 [89]. 불법 시위자들을 진압하기 위해 진압 부대가 소방 호스를 가지고 접근하고 있다. 소방 호스를 통해 나오는 물의 유속은 24 kg/s이고 호스에서 뿜어져 나오는 물줄기의 분출 속력은 17 m/s 라고 가정하자. 이 물줄기가 시위대의 사람에게 얼마의 힘을 가할 수 있는가? 물이 시위 참가자의 가슴을 치는 즉시 멈춰 버린다고 가정하여라.

46 [91]. 정지한 0.1 g의 파리가 100 km/h로 주행하는 1000 kg 자동차의 앞 유리와 충돌한다. (a) 파리로 인한 자동차의 운동량 변화는 얼마인가? (b) 차로 인한 파리의 운동량 변화는 얼마인가? (c) 차의 속력을 1 km/h만큼 줄이기 위해 대략 얼마나 많은 파리가 필요한가?

47 [93]. 질량이 2.0 kg인 포물체가 8.0 m/s로 날아와 고정된 목표물에 접근하였다. 충돌 후 포물체는 90.0°로 휘어지고 속력은 6.0 m/s가 되었다. 완전 탄성 충돌이라면 충돌 후 목표물의 속력은 얼마인가?

48 [95]. 60.0 kg인 사람이 길이 6.0 m, 질량 120 kg인 뗏목의 한쪽 끝에 서 있다. 뗏목의 다른 쪽 끝은 부두에서 0.50 m 떨어져 있다. (a) 이 사람이 뗏목의 다른 쪽 끝까지 부두 쪽으로 걸어가서 멈추었다. 이때 뗏목과 부두 사이의 거리는 얼마인가? (b) 문제 (a)에서 이 사람은 부두에 대해 얼마나 멀리 걸어왔는가?

49 [97]. 세포 내에서, 새로 합성된 단백질을 포함하는 작은 세포 소기관은 키네신이라는 작은 분자 모터에 의해 미세소관을 따라 운반된다. 10 μs 의 시간 내에 0에서 1 μm/s로 질량이 0.01 pg(10^{-17} kg)인 세포 소기관을

가속시키기 위해서 키네신 분자가 전달해야 하는 힘은 얼마인가?

50 [99]. 그림에서 진자의 추는 부드러운 점토로 만들어져서 충격 후에 서로 달라붙는다. 추 A의 질량은 추 B의 질량의 절반이다. 추 B는 처음에 정지해 있었다. 추 A를 가장 낮은 지점으로부터의 높이가 h인 곳에서 놓았다면, 충돌 후 추 A와 B가 올라갈 수 있는 최고 높이는 얼마인가?

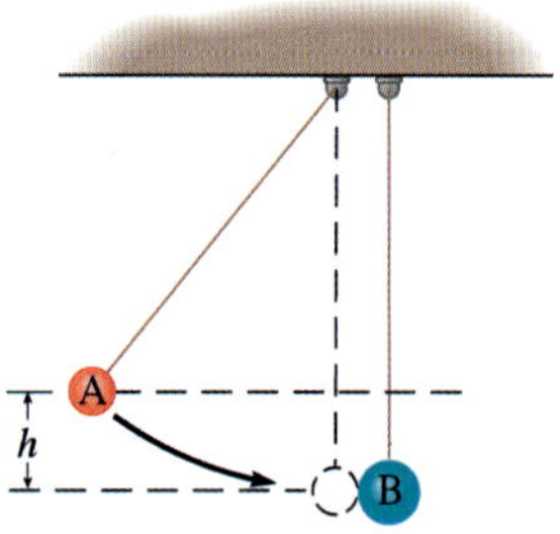

51 [101]. 고무 범퍼가 있고 질량이 0.10 kg인 두 개의 글라이더가 수평으로 놓인 공기 부상대에 있다. 마찰은 무시할 만하다. 글라이더 2는 정지해 있다. 글라이더 1은 0.20 m/s의 속력으로 왼쪽에서 글라이더 2쪽으로 이동하여 두 글라이더는 충돌한다. 충돌 후 글라이더 1과 글라이더 2의 속도는 얼마인가?

52 [103]. 정지해 있던 라듐 핵(Ra, 질량 226 u)이 라돈 핵(Rn, 질량 222 u)과 알파 입자(α, 질량 4 u)로 붕괴한다. (a) 붕괴 후의 속력 비 v_α/v_{Rn}를 구하여라. (b) 운동량의 크기 비 p_α/p_{Rn}를 구하여라. (c) 운동에너지의 비 K_α/K_{Rn}를 구하여라. ('u'는 원자의 질량 단위이므로 kg로 환산할 필요는 없다.)

종합문제

53 [105]. 야구 경기에서 9회 말이다. 득점은 동점이고 타자가 안타를 칠 때 2루에 주자가 있다. 85 kg인 베이스 주자는 3루에서 8.0 m/s의 속력으로 홈을 향해 달려가고 있다. 주자는 홈 플레이트에 도착하기 직전에 상대 팀의 포수와 충돌하고, 두 선수는 베이스 라인을 따라 홈 플레이트를 향해 함께 미끄러진다. 포수는 질량이 95 kg이고, 선수와 베이스 라인 상의 흙과의 마찰 계수는 0.70이다. 포수와 주자는 얼마나 미끄러지는가?

54 [107]. 한 액션 영화의 시작 장면에는 78.0 kg의 스타인 인디애나폴리스 존스가 지상 3.70 m의 절벽 위 바위에 서 있고 55.0 kg의 여주인공 조지아 스미스가 지상에 서 있다. 존스는 밧줄을 타고 스미스의 허리를 안아, 세트장 반대편의 다른 바위에 정지할 때까지 계속 밧줄을 탄다. 두 번째 바위를 지면 위 어느 높이에 배치해야 하는가? 존스와 스미스가 밧줄을 타는 동안 거의 똑바로 서 있어서 그들의 질량중심은 항상 그들의 발 위 같은 거리에 있다고 가정하자.

55 [109]. 질량이 60 kg인 소년이 정지 상태에서 출발하여 70 m의 비탈길을 썰매로 내려가고 있다. 경사각은 수평선 아래로 15°이다. 비탈길을 따라 20 m를 간 후 친구를 지나가는데, 친구는 썰매 위에 올라탄다. 친구는 질량이 50 kg이고, 썰매와 눈 사이의 운동마찰계수는 0.12이다. 썰매의 질량을 무시하고, 바닥에서 그들의 속력을 구하여라.

56 [111]. 0.122 kg의 화살이 132 m/s의 속력으로 수평으로 5.00 kg의 나무토막을 향하여 발사되었다. 나무토막은 용수철 상수가 8.56 N/m인 용수철에 부착되어 있다. 나무토막과 수평면 사이의 운동마찰계수는 0.630이다. 화살이 나무토막에 꽂힌 후 나무토막은 표면을 따라 미끄러지며 용수철을 압축한다. 용수철은 최대 얼마나 압축되는가?

개념정리

- 회전관성 I와 각속도 ω인 강체의 회전운동에너지는

$$K_{회전} = \frac{1}{2}I\omega^2 \quad (8-4)$$

이다. 이 식에서 ω는 rad/s로 측정된다.

- 물체의 각속도 변화가 얼마나 어려운지를 나타내는 척도이다. 그것은 다음과 같이 정의된다.

$$I = \sum_{n=1}^{N} m_n r_n^2 \quad (8-5)$$

여기에서 r_n은 질량 m_n의 입자와 회전축 사이의 수직 거리이다. 회전관성은 회전축의 위치에 따라 달라진다.

- 돌림힘은 물체를 비틀거나 회전시키는 힘의 효과를 측정한다. 그것은 두 가지 동등한 방법으로 계산할 수 있다. 회전축과 힘의 적용점 사이의 가장 짧은 거리와 힘의 수직 성분과의 곱

$$\tau = \pm rF_\perp \quad (8-7)$$

또는 팔의 길이(회전축과 힘의 작용선 사이의 수직 거리)와 힘의 크기의 곱과 같다.

$$\tau = \pm r_\perp F \quad (8-11)$$

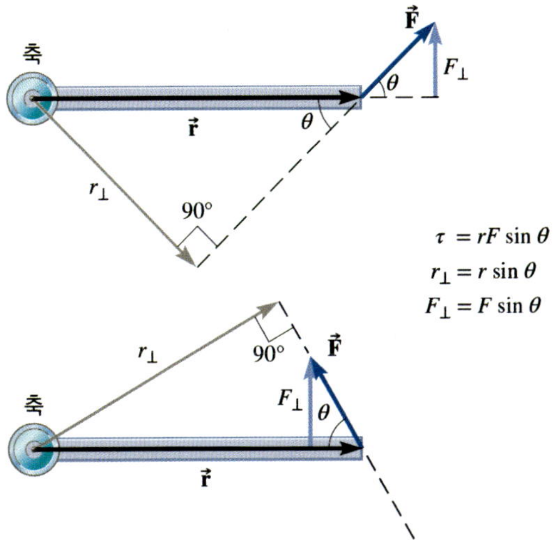

- 물체에 가해지는 전체 중력은 무게중심이라 하는 단일 지점에 작용한다고 생각할 수 있다. 중력장이 균일하면 물체의 무게중심이 질량의 중심과 일치한다.

- 반시계방향의 회전을 일으키는 수직 성분의 힘은 양$^+$의 돌림힘을 만든다. 시계방향의 회전을 일으키는 수직 성분의 힘은 음$^-$의 돌림힘을 만든다.

- 일정한 돌림힘이 한 일은 돌림힘과 각 변위의 곱이다.

$$W = \tau\Delta\theta \quad (\Delta\theta\text{는 라디안}) \quad (8-13)$$

- 병진과 회전평형의 조건은

$$\sum\vec{F} = 0 \text{과} \sum\tau = 0 \quad (8-15)$$

이다. 회전축은 모든 힘에 수직이어야 하지만 그 위치는 임의적이다. 일반적으로 축을 선택할 수 있는 가장 좋은 장소는 미지의 힘을 가하는 지점이나 작용선을 통과하는 지점이기 때문에 미지의 힘은 돌림힘 방정식에 나타나지 않는다.

- 회전에 대한 뉴턴의 제2법칙은

$$\sum\tau = I\alpha \quad (8-19)$$

이다. 여기에서 α의 척도는 라디안을 사용해야 한다. 이보다 일반적인 형태는

$$\sum\tau = \lim_{\Delta t\to 0}\frac{\Delta L}{\Delta t} \quad (8-26)$$

이다. 여기에서 L은 계의 각운동량이다.

- 미끄럼 없이 굴러가는 물체의 총운동에너지는 질량중심을 통과하는 축에 대한 회전운동에너지와 병진운동에너지를 합한 것이다.

$$K = \frac{1}{2}Mv_{CM}^2 + \frac{1}{2}I_{CM}\omega^2 \quad (8-22)$$

- 고정축에 대해 회전하는 강체의 각운동량은 회전관성과 각속도의 곱이다.

$$L = I\omega \quad (8\text{–}27)$$

- 각운동량 보존의 법칙 : 계에 작용하는 알짜 돌림힘이 0이면 계의 각운동량은 변할 수 없다.

$$\sum \tau = 0\text{이면,}\ \ L_\mathrm{i} = L_\mathrm{f} \quad (8\text{–}29)$$

- 표는 병진 및 회전운동에서 대응되는 유사 양과 방정식을 요약한 것이다.

병진운동	회전운동
m	I
$\vec{\mathbf{F}}$	τ
$\vec{\mathbf{a}}$	α
$\sum \vec{\mathbf{F}} = m\vec{\mathbf{a}}$	$\sum \tau = I\alpha$
Δx	$\Delta\theta$
$W = F_x \Delta x$	$W = \tau\Delta\theta$
$\vec{\mathbf{v}}$	ω
$K = \frac{1}{2}mv^2$	$K = \frac{1}{2}I\omega^2$
$\vec{\mathbf{p}} = m\vec{\mathbf{v}}$	$L = I\omega$
$\sum \vec{\mathbf{F}} = \lim_{\Delta t \to 0} \frac{\Delta \vec{\mathbf{p}}}{\Delta t}$	$\sum \tau = \lim_{\Delta t \to 0} \frac{\Delta L}{\Delta t}$
$\sum \vec{\mathbf{F}} = 0$이면 $\vec{\mathbf{p}}$는 보존	$\sum \tau = 0$이면 L은 보존

연습문제

개념형 질문

1 [1]. 그림 8.2b에서, 문을 쉽게 열기 위해서는 손잡이가 어느 위치에 있어야 하겠는가?

2 [3]. 여닫이문을 열 때 중앙부가 아니라 경첩에서 멀리 있는 가장자리 부근으로 여는 것이 더 쉬운 이유는 무엇인가?

3 [5]. 평형상태에 있는 물체에 단지 두 가지 힘만 작용한다. 2.4절에서 병진 알짜힘이 0이 되려면 두 힘은 크기가 같고 반대 방향이어야 한다는 것을 배웠다. 물체가 평형을 이루기 위해 두 힘에 필요한 다른 조건은 무엇인가? **힌트** 힘의 작용선을 생각해 보아라.

4 [7]. 모형 자동차 경주 대회에서 어린 스카우트 단원은 자동차를 조립하고 경사면을 따라 경주를 한다. 어떤 사람들은 다른 모든 것(마찰, 공기저항 계수, 같은 바퀴 등)이 같을 때, 더 무거운 차가 승리할 것이라고 말한다. 반면 다른 사람은 차의 무게가 중요하지 않다고 주장한다. 누가 옳은가? 설명하여라. **힌트** 자동차에서 회전운동에너지의 측면을 생각해 보자.

5 [9]. 빠르게 달리는 동물은 다리가 가늘다. 다리 근육은 고관절 근처에 집중되어 있고 힘줄만 아래 다리로 뻗어 있다. 이러한 구조가 빠르게 달리는 데 어떻게 도움이 되는지 회전관성의 개념을 사용하여 설명하여라.

6 [11]. 그림 (a)는 아래팔(하박)이 짐을 지탱하기 위해 이두박근이 어떻게 하는지를 단순한 모형으로 보여주고 있다. 그림 (b)에 보인 그림은 굴근이 위팔(상박) 대신에 아래팔에 있다. 이 배열의 이점은 무엇인가? 아래팔이 수평일 때 두 경우 효과가 똑같은가? 위팔과 아래팔 사이의 각이 다를 때는 어떠한가? 또한 팔꿈치에 대한 아래팔의 회전관성과 어깨에 대한 팔 전체의 회전관성을 생각해 보아라.

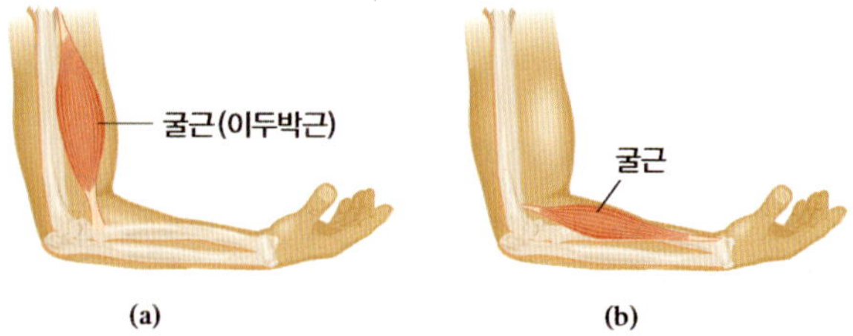

7 [13]. 마찰을 무시할 수 있는 놀이터의 회전무대가 회전을 한다(그림 8.5 참조). 아이가 회전무대 판의 중심에

서 가장자리로 이동한다. 계를 회전무대와 아이로 생각하자. 계의 각속도, 계의 회전운동에너지, 계의 각운동량 중 어느 것이 변하는가? 여러분의 답을 설명하여라.

8 [15]. 럭비경기에서 수비 선수가 자세를 취하면 밀어내기 힘든 이유를 설명해 보아라. 무게 중심의 높이와 지지기반의 크기(손과 발이 땅바닥에 닿는 지면의 넓이)를 고려하여라. 선수를 넘어뜨리기 위해서는, 무게중심이 어떻게 되어야 하는가? 균형을 유지하기 위해 더 복잡한 신경계가 필요한 것은 네 발 달린 동물인가, 사람인가?

9 [17]. 우주 비행사가 궤도에 있는 위성에서 볼트를 제거하려고 한다. 비행사는 위성에 대해 자신이 정지해 있으면서 렌치를 잡아당겨서 볼트를 제거하려고 한다. 비행사의 방법에 어떤 문제가 있는가? 비행사가 어떻게 하면 볼트를 제거할 수 있는가?

10 [19]. 자전거를 타고 약간 가파른 언덕에 접근하고 있다. 오르막을 가는데 낮은 기어 또는 높은 기어 중 어느 기어를 사용해야 하는가? 낮은 기어일 때는 페달이 1회전 하는 동안 높은 기어보다 바퀴가 회전을 덜 한다.

11 [21]. 심각한 지구 온난화의 영향 중 하나는 극지방 얼음덩어리의 일부 또는 전부가 녹는 것이다. 이렇게 되고 나면, 하루의 길이(지구 자전주기)가 바뀔 것이다. 그 이유를 설명하여라. 하루가 더 길어지겠는가 짧아지겠는가?

선택형 질문

1 [1]. 둘 다 SI 기본 단위로 표시할 때, 돌림힘과 단위가 같은 것은?

(a) 각가속도 (b) 각운동량 (c) 힘
(d) 에너지 (e) 회전관성 (f) 각속도

2 [3]. 균일하게 속이 채워진 원통이 경사면을 벗어나지 않고 굴러간다. 경사면 바닥에서 원통의 속력 v를 측정하고 병진과 회전운동에너지($K_{병진}$, $K_{회전}$)를 계산한다. 축을 따라 속이 빈 원통으로 실험을 반복한다. 경사면 바닥에서 이제는 속력이 v'이 되고 병진과 회전운동에너지($K_{병진}'$, $K_{회전}'$)를 계산한다. 원통의 속력은 원래의 값과 비교하면 어떻게 되는가?

(a) $v' < v$ (b) $v' = v$ (c) $v' > v$
(d) 답은 뚫린 구멍의 반지름에 따라 다르다.

3 [5]. 각운동량의 SI 단위는?

(a) $\frac{\text{rad}}{\text{s}}$ (b) $\frac{\text{rad}}{\text{s}^2}$ (c) $\frac{\text{kg}\cdot\text{m}}{\text{s}^2}$
(d) $\frac{\text{kg}\cdot\text{m}^2}{\text{s}^2}$ (e) $\frac{\text{kg}\cdot\text{m}^2}{\text{s}}$ (f) $\frac{\text{kg}\cdot\text{m}}{\text{s}}$

4 [7]. 그림에 표시한 회전축에 대하여 시계방향의 돌림힘을 만드는 힘은 어느 것인가?

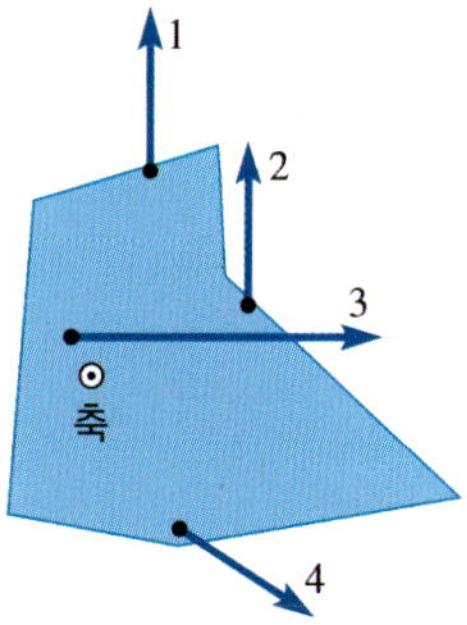

(a) 오직 3
(b) 오직 4
(c) 1, 2
(d) 1, 2, 3
(e) 1, 2, 4

5 [9]. 질량이 m인 균일한 막대는 막대의 꼭대기를 회전축으로 지지하여 진자처럼 흔들린다. 그림과 같이 막대의 하단에 힘 F가 수직으로 가해졌을 때, 막대를 수직으로부터 각 θ에서 평형상태로 유지하려면, 힘 F는 얼마여야 하는가?

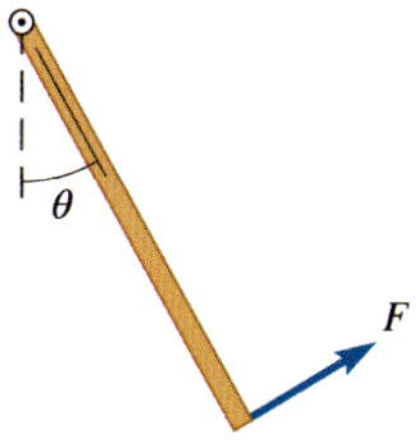

(a) $2mg$ (b) $2mg\sin\theta$
(c) $(mg/2)\sin\theta$ (d) $2mg\cos\theta$
(e) $(mg/2)\cos\theta$ (f) $mg\sin\theta$

문제

8.1 회전운동에너지와 회전관성

1 **[1].** $\frac{1}{2}I\omega^2$이 에너지의 차원을 갖는 것을 증명하여라.

2 **[3].** 어린이용 볼링공은 성인 볼링공 반지름의 절반이다. 이것들은 같은 재료로 만들었다(따라서 단위 부피당 질량이 같다). 성인 공에 비해 어린이 공의 (a) 질량과 (b) 회전관성은 몇 배 줄어드는가?

3 **[5].** 3.0 kg의 질점 네 개가 질량이 없는 막대로 된 정사각형에 배열되어 있다. 정사각형의 한 변의 길이는 0.50 m이다. 세 가지 다른 축에 대해 이 정사각형의 회전을 고려하여라. (a) 질량 B와 C를 지나는 축, (b) 질량 A와 C를 지나는 축, (c) 정사각형의 중심을 통과하고 정사각형의 평면에 수직인 축에 대한 회전관성이 작은 것부터 나열하여라.

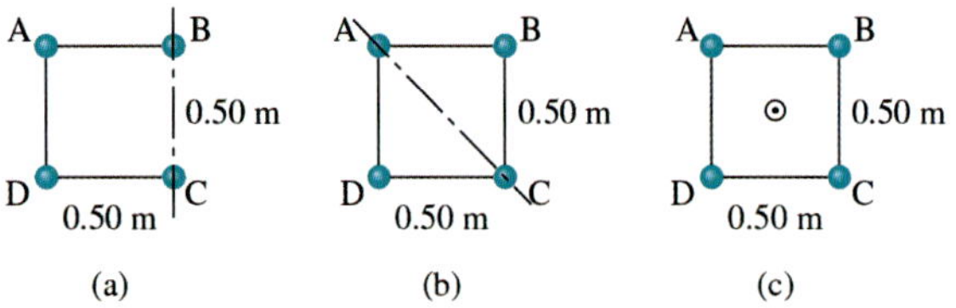

4 **[7].** CD 플레이어가 정지 상태에서 돌기 시작했을 때 모터가 한 일은 얼마인가? 단, CD의 지름은 12.0 cm이고, 질량은 15.8 g이다. 레이저는 1.20 m/s의 일정한 접선속도로 스캔한다. 음악이 처음 읽히기 시작하는 위치가 디스크의 중앙에서 반지름 20.0 mm인 곳이라 가정하고, CD의 한 가운데 있는 작은 원형 구멍은 무시한다.

5 **[9].** 자전거 바퀴의 반지름이 0.32 m이다. 각 바퀴의 축에 대한 회전관성은 0.080 kg·m^{2}이다. 바퀴와 타는 사람을 포함한 자전거의 총질량은 79 kg이다. 일정한 속력으로 주행할 때 바퀴의 회전운동에너지는 자전거(타는 사람 포함)의 총운동에너지의 몇 배인가?

6 **[11].** 원심분리기의 회전관성은 6.5×10^{-3} kg·m^{2}이다. 정지 상태에서 420 rad/s(4000 rpm)이 되려면 얼마의 에너지를 공급해야 하는가?

8.2 돌림힘

7 **[13].** 잔디 깎는 기계 엔진을 당기는 끈은 반지름이 6.00 cm인 드럼 주위에 감겨 있다. 엔진 시동을 걸기 위해 끈을 75 N의 힘으로 당기는 동안 끈이 드럼에 가하는 돌림힘은 얼마인가?

8 **[15].** 질량이 124 g인 물체가 저울의 지지대로부터 25 cm 지점에 있는 저울의 한 접시에 놓여 있다. 지지대에 대해 물체가 가하는 돌림힘의 크기는 얼마인가?

9 **[17].** 아래에 보여 준 다섯 가지 상황에서, 힘이 오래된 펌프의 손잡이의 한 점에 가해진다. 핸들에 가해지는 돌림힘의 크기를 작은 것에서 큰 순서로 나열하여라.

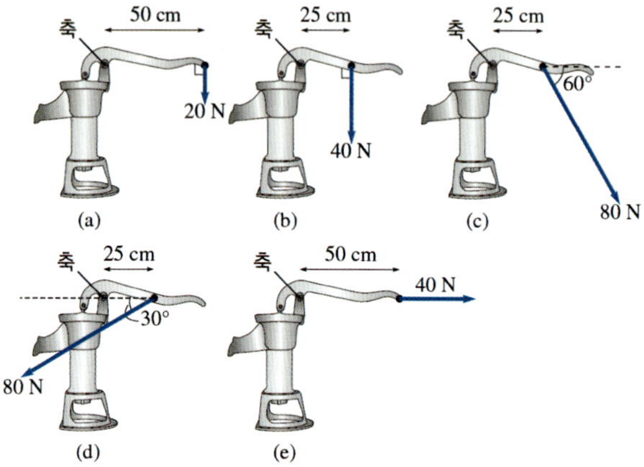

10 **[19].** 런던의 국회 의사당 외곽에 있는 탑에는 13톤짜리 종이 달린 유명한 시계(빅 벤)가 설치되어 있다. 4면에 있는 각 시계의 시침은 길이가 2.7 m이고 질량은 60.0 kg이다. 시침을 한쪽 끝이 부착된 균일한 막대라고 가정하자. (a) 시계가 정오에 종을 울릴 때 네 개의 시침 중 하나의 무게로 인한 시계 장치의 돌림힘은 얼마인가? 회전축은 시계의 면에 수직이며 시계의 중심을 지난다. (b) 시계가 오전 9시 종을 울릴 때 같은 축에 대한 시침의 무게로 인한 돌림힘은 얼마인가?

11 **[21].** 46.4 N의 힘이 너비 1.26 m인 문의 외부 가장자리에 (a) 문에 수직으로, (b) 문 표면에 대하여 43.0°의 각으로, (c) 힘의 작용선이 문 경첩의 축을 통과하도록 작용한다. 이 세 가지 경우에 대해 돌림힘을 구하여라.

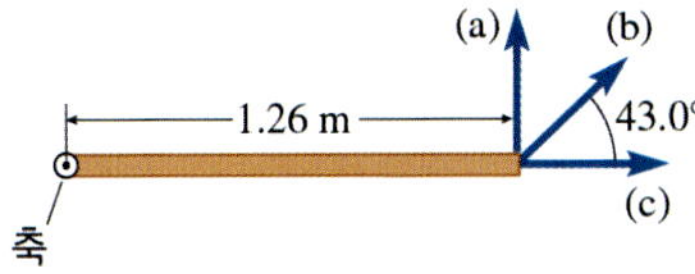

12 [23]. 길이가 10.0 m인, 무게를 무시할 수 있는 막대가 그림과 같이 세 개의 물체를 매달고 있다. 이때의 무게중심을 구하여라.

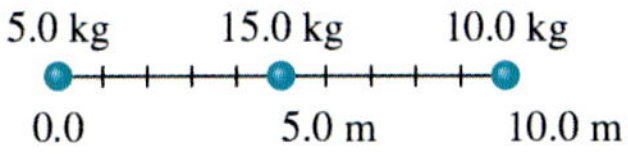

13 [25]. 그림과 같은 모양을 한 균일한 두께의 판이 있다. 무게중심은 어디인가? 원점 (0, 0)은 왼쪽 하단에 있고, 왼쪽 상단은 (0, s)이고, 오른쪽 상단 모서리는 (s, s)이다.

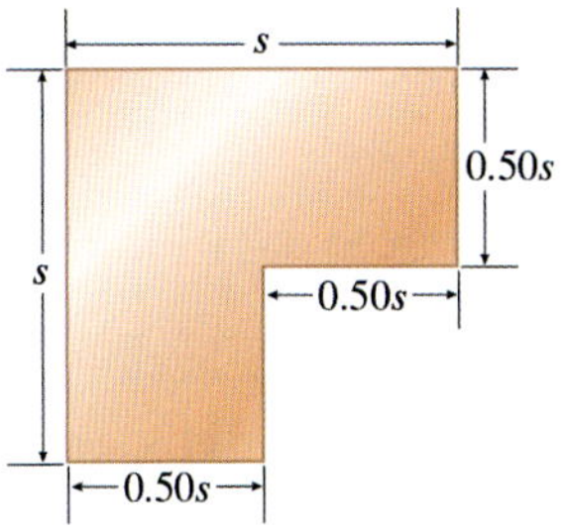

8.3 돌림힘에 의한 일의 계산

14 [27]. 바퀴의 반지름은 0.500 m이고 줄이 바퀴의 바깥 테두리에 감겨 있다. 크기가 5.00 N인 힘으로 줄을 당겼더니 줄이 풀리고 바퀴가 중심축에 대해 반시계방향으로 회전했다. 줄의 질량은 무시하여라. (a) 바퀴가 1.00 회전하는 동안 얼마만큼의 줄이 풀리는가? (b) 이 시간 동안 줄이 바퀴에 얼마나 많은 일을 했는가? (c) 줄이 바퀴에 작용하는 돌림힘은 얼마인가? (d) 바퀴가 1.00 회전하는 동안의 각 변위 $\Delta\theta$를 라디안 단위로 나타내어라. (e) 한 일이 $\tau\Delta\theta$ 곱과 같다는 것을 보여라.

15 [29]. 유원지의 대관람차는 모터가 바퀴에 돌림힘을 가하기 때문에 회전한다. 템즈 강 유역의 거대한 관람 거리인 런던 아이의 반지름은 67.5 m이며 질량은 1.90×10^6 kg이다. 바퀴가 순항하는 각속력은 3.50×10^{-3} rad/s이다. (a) 정지한 바퀴를 순항 속력까지 끌어올리기 위해 모터가 하는 일은 얼마인가? **힌트** 바퀴를 고리로 취급하여라. (b) 순항 각속력에 도달하는 데 20.0 s가 걸린다면 모터가 바퀴에 주는 돌림힘(상수라고 가정)은 얼마인가?

8.4 회전평형

16 [31]. 무게가 1200 N인 물체가 지지대로부터 0.50 m 지점의 지레에 놓여 있다. 지지대로부터 같은 쪽에 3.0 m 떨어진 거리에 위 방향으로 크기 F의 힘을 작용한다. 판자 자체의 무게를 무시할 때, 계가 평형상태에 있다면 F는 얼마인가?

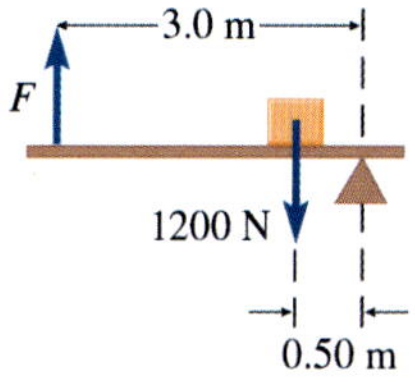

17 [33]. 페인트공이 지붕의 지지대에 부착된 두 줄로 균형이 잡혀 있는 수평 발판 위에 서 있다. 페인트공의 질량은 75 kg이고, 수평 발판의 질량은 20.0 kg이다. 페인트공은 발판의 왼쪽 끝으로부터 $d=2.0$ m 떨어진 곳에 서 있고 발판의 전체 길이는 5.0 m이다. (a) 발판의 왼쪽 줄에 걸리는 힘의 크기는 얼마인가? (b) 발판의 오른쪽 줄에 걸리는 힘은 얼마인가?

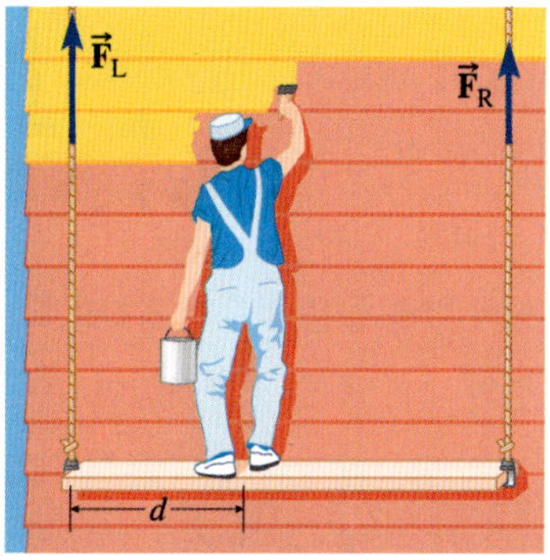

18 [35]. 길이가 5.0 m이고 질량이 55 kg인 균일한 다이빙 보드가 두 지점에 의해 지지된다. 한 지지대는 보드 끝에서 3.4 m 떨어져 있고 두 번째 지지대는 끝에서 4.6 m 지점에 있다(그림 8.19 참조). 질량이 65 kg인 다이버가 물 위 보드의 끝에 서 있을 때 두 지지대가 보드에 작용하는 힘은 얼마인가? 이러한 힘은 수직이라고 가정한다.

힌트 이 문제에서, 서로 다른 회전축에 대해 두 개의 다른 돌림힘의 방정식을 사용하는 것을 고려하여라. 이것은 두 힘의 방향을 결정하는 데 도움이 될 것이다.

19 [37]. 산악인이 수직 절벽 아래로 하강하고 있다. 밧줄은 그의 무게중심에서 오른쪽으로 15 cm 떨어져 있는

허리에 묶인 버클에 걸려 있다. 산악인의 몸무게가 770 N인 경우, (a) 밧줄의 장력과 (b) 벽이 산악인의 발에 가하는 접촉력의 방향과 크기를 구하여라.

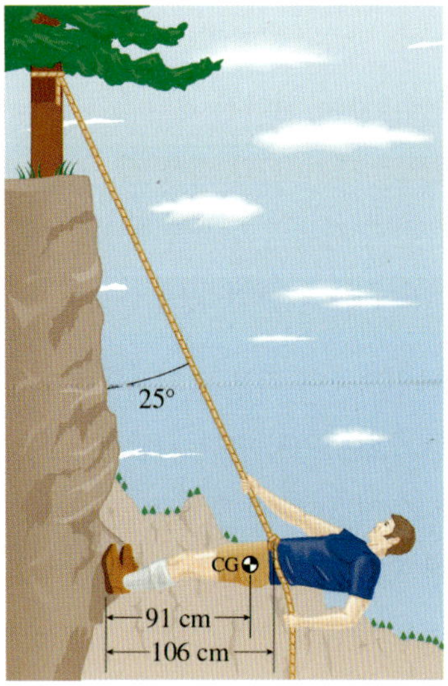

20 [39]. 질량 m인 물체를 들거나 옮기는 기중기 팔이 끝에 매달려 있는 무게 W인 강철 대들보를 들고 있다. 기중기 팔의 한쪽 끝은 바닥에 경첩으로 달려 있다. 줄이 기중기 팔의 다른 쪽 끝에 부착되어 수평으로 당기고 있다. 기중기의 팔은 수평과 각 θ를 이루고 있다. 케이블의 장력을 m, W, θ 및 g의 함수로 구하여라. $\theta=0$ 및 $\theta=90°$일 때 장력은 얼마인가?

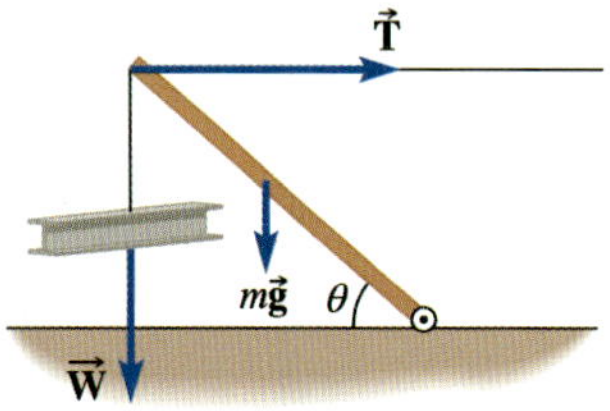

21 [41]. 그림에서 각 θ를 33.8°로 선택하였다. 8.7 kg의 고양이가 들보 위로 올라와 벽에서 케이블이 들보와 만나는 지점을 향해 걷고 있다. 케이블이 끊어지기 전에 고양이가 얼마나 걸어갈 수 있는가?

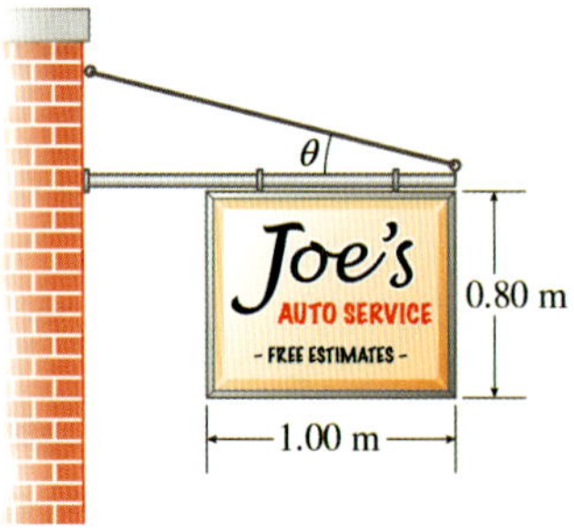

8.5 응용 : 인체 내의 평형

22 [43]. 서 있는 친구의 머리 위에 질량이 10 kg인 짐 꾸러미가 균형을 이루며 놓여 있다. 상체의 질량은 $M=55$ kg(총질량의 약 65 %)이다. 척추는 수평이라기보다는 수직이기 때문에, 천골이 척추에 가하는 힘(그림 8.33의 $\vec{\mathbf{F}}_s$)은 거의 똑바로 위 방향이고, 등근육($\vec{\mathbf{F}}_b$)이 가하는 힘은 무시할 정도로 작다. $\vec{\mathbf{F}}_s$의 크기를 구하여라.

23 [45]. 영화 '터미네이터'에서 아널드 슈워제네거는 두 팔을 완전히 수평으로 뻗어, 누군가의 목덜미를 잡고 그 사람을 땅으로부터 떨어지게 한다. 만일 몸무게가 700 N인 사람이 매달린 곳이 어깨 관절에서 60 cm인 곳에 있고 아널드가 그림 8.31과 유사한 해부학적 구조를 가지고 있다면, 이 작업을 수행하기 위해 각각의 삼각근이 작용해야 하는 힘은 얼마인가?

24 [47]. 어떤 사람이 3.0 kg의 추를 발목에 달고 다리를 들고 있다. 처음에는 직각으로 다리를 구부리고 의자에 앉아 있다. 사두근이 힘줄을 통해 종지뼈에 붙어 있다. 종지뼈는 종지뼈 힘줄에 의해 무릎 관절 아래 10.0 cm에 있는 정강이뼈에 연결된다. 종지뼈 힘줄은 아래 다리의 위치와 무관하게 아래쪽 다리에 대해 20.0°의 각으로 잡아당긴다고 가정한다. 아래 다리의 무게는 5.0 kg이고, 무게중심은 무릎 아래 22 cm에 있다. 발목의 추는 무릎에서 41 cm인 곳에 있다. 사람이 한쪽 다리를 들어 올리는 경우, 종지뼈의 힘줄이 다리를 수직에 대해 (a) 30.0° 및 (b) 90.0°의 각도가 되도록 할 때 작용해야 하는 힘을 구하여라.

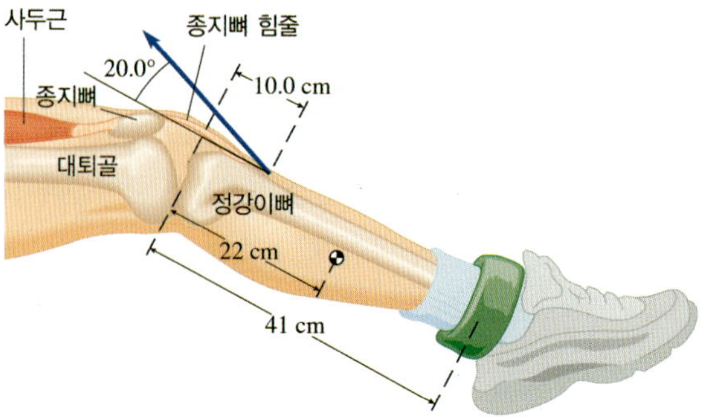

8.6 회전운동에 대한 뉴턴의 제2법칙

25 [49]. 회전운동에 대한 뉴턴의 제2법칙(식 (8-19))의 단위가 일치함을 증명하여라. 곧, $\text{kg}\cdot\text{m}^2$으로 표현되는 회전관성과 rad/s^2으로 표현되는 각가속도의 곱이 $\text{N}\cdot\text{m}$로 표현되는 돌림힘임을 보여라.

26 [51]. 전축의 턴테이블이 구식 비닐 레코드를 재생하려면 33.3 rpm(3.49 rad/s)으로 회전해야 한다. 턴테이블이 정지 상태에서 2.0 회전 안에 최종 각속력에 도달하는 경우 모터가 전달해야 하는 돌림힘은 얼마인가? 턴테이블은 지름이 30.5 cm이고, 질량이 0.22 kg인 균일한 원판이다.

27 [53]. 원반던지기 선수가 원반을 정지 상태에서 시작하여 1.4 s 동안에 완전히 1.5 회전한 후 원반을 던진다. 원반의 원형 경로의 반지름은 0.90 m이고 원반의 질량은 2.0 kg이다. 선수가 일정한 돌림힘을 원반에 작용시킨다고 가정하여라. (a) 던지기 직전에 원반의 각속력은 얼마인가? (b) 선수가 원반에 작용하는 돌림힘은 얼마인가? (c) 대략 수평면과 45° 각도로 던진다면 원반은 얼마나 멀리 날아가 착지하는가?

28 [55]. 네 개의 질점이 그림과 같이 배열되어 있다. 이들은 길이가 0.75 m와 0.50 m이고, 단단하고 질량을 무시할 수 있는 막대로 연결되어 있다. 표시된 축을 중심으로 $0.75\ \text{rad/s}^2$의 각가속도를 발생시키려면 얼마의 돌림힘이 작용해야 하는가?

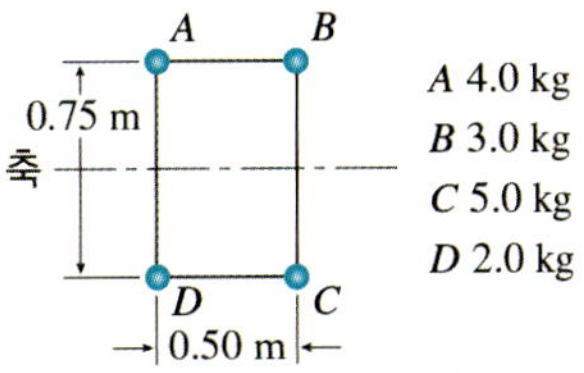

29 [57]. 고체 원반형으로 만들어진 놀이터 회전무대(그림 8.5 참조)는 지름이 2.50 m이고 질량이 350.0 kg이다. 각자 30.0 kg인 두 어린이가 서로 원반의 반대쪽에 앉아 있다. 아이들을 점 질량으로 간주하여라. (a) 회전무대를 정지 상태에서 20.0 s일 때 25 rpm이 되게 하려면 얼마의 돌림힘이 필요한가? (b) 더 큰 아이들 두 명이 이 가속도를 내기 위하여 회전무대의 가장자리를 밀기로 한다면, 한 어린이가 미는 힘의 크기는 얼마여야 하는가?

30 [59]. 애트우드 기계를 참조하여라(보기 8.2). (a) 도르래 주위의 끈이 미끄러지지 않는다고 가정하면, 도르래의 각가속도(α)와 블록의 선가속도(a)의 크기 사이에는 어떤 관계가 있는가? (b) 회전축에 대한 도르래의 알짜 돌림힘을 끈의 왼쪽과 오른쪽에 작용하는 장력 T_1과 T_2로 나타내어라. (c) $m_1 \neq m_2$이면 왜 장력이 같을 수 없는지 설명하여라. (d) 블록 각각에 대하여 도르래의 회전에 관한 뉴턴의 제2법칙을 적용하여라. a, T_1 및 T_2를 구하기 위해 이 세 방정식을 이용하여라. (e) 블록이 일정한 가속도로 움직이기 때문에, 등가속도 운동방정식 $v_{fy}^2 - v_{iy}^2 = 2a_y\Delta y$와 보기 8.2의 결과를 사용하여 a에 대한 답을 점검하여라.

8.7 구르는 물체의 동역학

31 [61]. 속이 찬 공이 수평에 대해 35°의 각도로 기울어진 판자 위에서 미끄러지지 않고 굴러 내려가고 있다. 공의 가속도는 얼마인가?

32 [63]. 질량이 m인, 속이 빈 원통, 균일하게 속이 찬 공, 균일하게 속이 찬 원통이 있다. 세 물체가 같은 병진 속력 v로 수평면에서 구르고 있다. 각각의 총운동에너지를 m과 v로 나타내고 운동에너지가 작은 것부터 큰 순서로 나열하여라.

33 [65]. 질량 0.600 kg인 고체 구가 수평면 위에서 5.00 m/s의 병진 속력으로 미끄러지지 않고 굴러간다. 이 공이 수평면과 30°의 각도를 이루는 경사면에 이르렀다. 마찰로 인한 에너지 손실을 무시한다면 이 공이 경사면을 따라 올라갈 수 있는 수직 높이는 얼마인가?

34 [67]. 질량이 2.0 kg인 물 양동이가 마찰을 무시할 수 있는 축받이 위의 수평 축에 감긴 줄에 매달려 있다. 원통형 축의 질량은 3.0 kg이고 마찰이 없는 축받이에 수평으로 장착되어 있다. 정지 상태에 있던 양동이를 놓았다. (a) 0.80 m의 거리를 내려간 후의 속

력을 구하여라. (b) 줄의 장력은 얼마인가? (c) 물통의 가속도를 구하여라.

35 [69]. 반지름이 R이고 질량이 M인 고체 구가 공중제비 궤도를 마찰 없이 미끄러져 내려간다. 구는 수평선 위의 h 높이에서 정지 상태로부터 출발하였다. 구의 반지름은 고리의 반지름 r에 비해 작다고 가정하여라. (a) 구가 미끄러지는 동안 궤도에 남아 있도록 하는 h의 최솟값을 r로 나타내어라. (b) 그 대신에, 구가 궤도에서 미끄러지지 않고 굴러가는 경우, h의 최솟값을 구하여라.

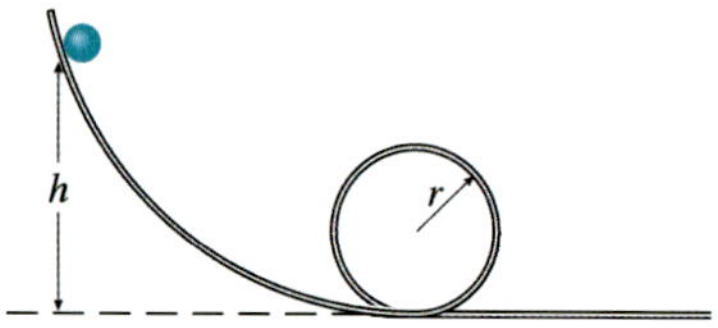

8.8 각운동량

36 [71]. 질량이 5.00 kg인 균일한 원판의 반지름은 0.100 m이고 0.550 rev/s의 진동수로 회전한다. 각운동량은 얼마인가?

37 [73]. 속도조절바퀴의 질량은 5.6×10^4 kg이다. 이 특별한 속도조절바퀴는 바퀴의 질량이 테두리 부분에 모여 있다. 바퀴의 반지름이 2.6 m이고 350 rpm으로 회전한다면 각운동량의 크기는 얼마인가?

38 [75]. 초기 각운동량이 6.40 kg·m^2/s인 회전 바퀴에 4.00 N·m의 제동 돌림힘을 작용하여 멈추게 하려면 시간이 얼마나 걸리는가?

39 [77]. 피겨 스케이팅 선수가 팔을 펼치고 1.0 rev/s의 회전율로 회전하고 있다. 선수는 팔을 가슴으로 오므려서 회전관성을 원래 값의 67 %로 줄였다. 선수의 새로운 회전율은 얼마인가?

40 [79]. 피겨 스케이팅 선수가 팔을 펼치고 10.0 rad/s로 회전하고 있다. 이때 선수의 회전관성은 2.50 kg·m^{2}이다. 선수가 팔을 오므린 후에 선수의 회전관성은 1.60 kg·m^{2}가 되었다. 회전하는 동안 팔을 잡아당기려면 얼마나 많은 일을 해야 하는가?

41 [81]. 반지름이 40.0 cm이고 질량이 2.00 kg인 바퀴살이 마찰이 없는 베어링에 수평으로 장착되어 있다. 지아준은 0.500 kg의 기니피그를 바퀴의 가장자리 바깥쪽에 올려놓았다. 기니피그가 움직이기 시작하여 지면에 대해 20.0 cm/s의 속력으로 바퀴의 가장자리를 따라 움직이고 있다. 바퀴의 각속도는 얼마인가? 바퀴살의 질량은 무시할 수 있다고 가정한다.

42 [83]. 새우처럼 허리를 구부리고 발을 뻗는 다이빙 자세(파이크 자세)를 하고 회전하는 다이버의 회전관성은 약 15.5 kg·m^{2}이고, 무릎을 양팔로 껴안고 구부린 다이빙 자세(턱 자세)를 하면 회전관성은 8.2 kg·m^{2}이다. (a) 각운동량 106 kg·m^2/s를 갖는 다이빙 선수가 10.0 m 다이빙대에서 턱 자세로 뛰어내린다면 얼마나 회전할 수 있는가? (b) 파이크 자세로는 얼마나 회전을 할 수 있는가?

힌트 중력은 그가 떨어질 때 사람에게 돌림힘을 주지 않는다. 그가 10.0 m를 다이빙하는 내내 회전하고 있다고 가정하여라.

8.9 각운동량의 벡터 특성

43 [85]. 속이 찬 견고한 원통형 원반은 선박의 안정장치로 사용된다. 선장은 배의 짐칸에서 회전하는 거대한 원반을 사용하고 있어, 각운동량 벡터를 기울이려면 큰 알짜 돌림힘이 필요하다는 것을 안다. 사용할 원반의 질량은 1.00×10^5 kg이며, 반지름은 2.00 m이다. 원통이 300.0 rpm으로 회전할 때 3.00 s 동안 축을 60.0° 기울이기 위해 필요한 평균 알짜 돌림힘의 크기는 얼마인가?

힌트 초기 및 최종 각운동량의 벡터 그림을 그려라.

협동문제

44 [87]. 문제 22의 친구가 바닥에 있는 소포를 주울 때, 친구는 허리를 곧게 펴고 무릎을 구부리는 것이 아니라 허리를 구부리고 있었다. 여러분은 친구가 아래쪽 허리가 아프다고 불평하는 이유가 이런 식으로 물체를 들어 올릴 때 친구의 척추 아래쪽에 큰 힘이 작용하기 때문일 거라고

생각한다(그림 8.33에서 $\vec{F}_s$). 척추가 수평일 때 등 근육은 그림 8.33에서 힘 $\vec{F}_b$(엉치뼈에서 44 cm, 수평에서 12°)를 가하고 있고, 상체(팔 포함)의 질량중심은 엉치뼈에서 38 cm 떨어진 기하학적 중심에 있다고 가정한다. 친구가 엉치뼈에서 76 cm 떨어진 거리에서 10 kg의 소포를 들고 있을 때, $\vec{F}_s$의 수평 성분을 구하고 이 값을 문제 22에 있는 $\vec{F}_s$의 크기와 비교하여라.

45 [89]. (a) 지구를 균일하게 속이 채워진 구라고 하자. 자전축에 대한 회전으로 인한 지구의 운동에너지를 구하여라. (b) 다른 목적을 위해 지구의 회전운동에너지의 1.0 %를 어떻게든 추출할 수 있다고 가정해 보자. 하루의 길이는 어떻게 변할 것인가? (c) 지구의 회전운동에너지의 1.0 %는 세계 에너지 사용량(연간 1.0×10^{21} J로 가정)을 몇 년 동안이나 공급할 수 있는가?

46 [91]. 작은 동물의 자세는 바람에 의해 날아가는 것을 막아줄 수 있다. 예를 들어, 바람이 옆에서 불면, 작은 곤충은 다리를 구부리고 서 있다. 다리가 더 구부러질수록 몸이 낮아지고 θ가 더 작아진다. 바람이 곤충에게 힘을 가하면 바람이 불어가는 쪽으로 발이 닿는 지점에 돌림힘을 발생시킨다. 곤충이 날아가는 것을 막기 위해서는 곤충의 무게로 인한 돌림힘은 반대 방향의 같은 힘이어야 한다. 예를 들어, 옆에서 부는 바람으로 인한 금파리에 작용하는 항력은 $F_{바람} = cAv^2$이다. 여기서 v는 바람의 속도이고, A는 바람이 불고 있는 단면적이며, $c \approx 1.3\ \text{N}\cdot\text{s}^2\cdot\text{m}^{-4}$이다. (a) 단면적이 0.10 cm^2이고 질량이 0.070 g인 금파리가 $\theta = 30.0°$로 웅크린 경우, 금파리가 견딜 수 있는 최대 풍속은 얼마인가? (저항력은 무게 중심에 작용한다고 가정한다.) (b) $\theta = 80.0°$로 서 있으면 어떠한가? (c) 개가 $\theta = 80.0°$로 서 있을 경우, 단면적은 0.030 m^2이고, 무게가 10.0 kg인 경우, 개가 견딜 수 있는 최대 풍속과 비교하여라. (c의 값은 같다고 가정하여라.)

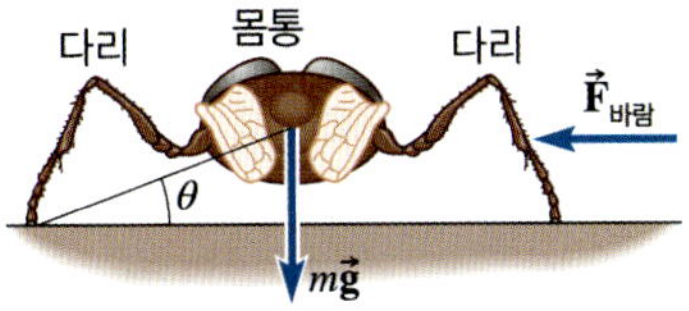

연구문제

47 [93]. 천장 선풍기에는 4개의 날개가 있다. 각 날개의 무게는 0.35 kg이고 길이는 60 cm이다. 각 날개는 한쪽 끝이 선풍기의 축에 연결된 막대로 취급하여라. 선풍기가 켜지고 최종 각속력이 1.8 rev/s에 도달하는 데 4.35 초가 걸린다. 모터가 선풍기에 작용하는 돌림힘은 얼마인가? 공기로 인한 돌림힘은 무시한다.

48 [95]. 길이 L의 균일한 막대가 상단 끝을 통해 고정축을 중심으로 자유롭게 회전할 수 있다. 수평 정지 상태에서 놓은 경우, 하단이 가장 낮은 지점에서 움직이는 속력은 얼마인가? **힌트** 중력 퍼텐셜에너지 변화는 무게중심의 높이 변화에 따라 결정된다.

49 [97]. 12.2 m 길이 크레인의 무게는 18 kN이며 67 kN의 하중을 들어 올린다. 들어 올리는 케이블(장력 T_1)은 크레인 상단의 도르래 위를 지나가고 운전실의 전기 권양기에 연결되어 있다. 크레인을 지지하는 케이블(장력 T_2)은 크레인 상단에 고정되어 있다. 두 케이블에서의 장력과 회전축에서의 힘 $\vec{F}_p$를 구하여라.

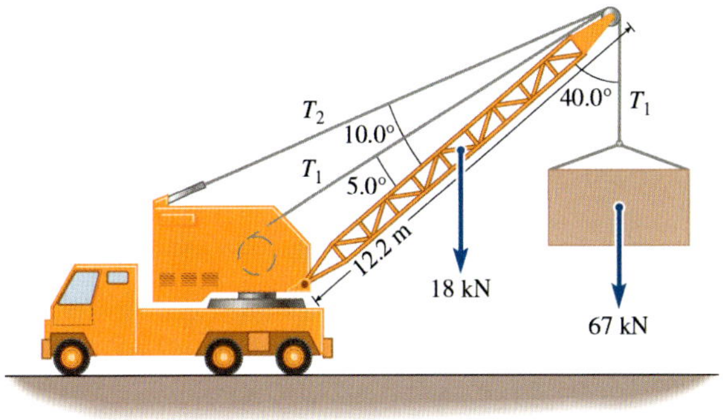

50 [99]. 반지름이 15 cm인 균일한 원통에 두 개의 줄이 감겨서 천장에 매달려 있다. 원통을 정지 상태에서 놓으면 원통이 내려가면서 줄이 풀린다. (a) 원통의 가속도는 얼마인가? (b) 원통의 질량이 2.6 kg일 경우, 끝에서 똑같이 멀리 떨어져 있는 각 줄의 장력은 얼마인가?

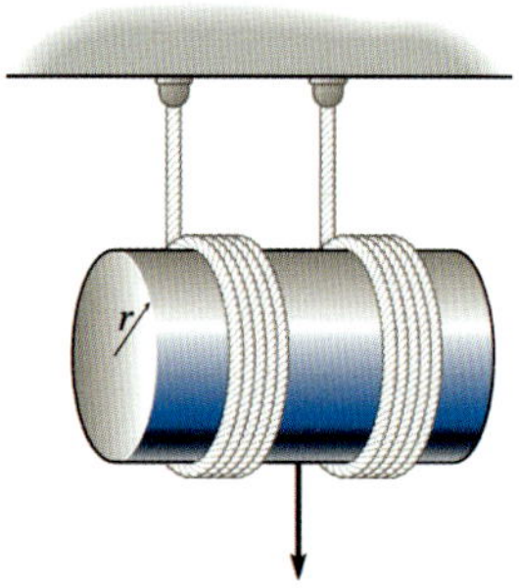

51 [101]. 핀볼 기계에는 0.185 kg의 쇠구슬이 사용된다. 경사로의 길이는 1.35 m이고, 경사도는 5.00°이다. 플리퍼(공을 되튕겨내는 판)가 경사로 바닥에서 구슬을 친 직후, 구슬의 초기 속도는 2.20 m/s이다. 미끄러지지 않고 그대로 경사로를 굴러 올라가 장애물과 부딪히지 않고 핀볼 기계 꼭대기에 도달했을 때의 구슬의 속력은 얼마인가?

52 [103]. 질량이 5.60 kg이고, 길이가 가로 0.760 m, 세로 2.030 m인 균일한 문은 2개의 경첩으로 걸려 있다. 경첩은 하나는 위에서 0.280 m, 하나는 문 아래쪽에서 0.280 m에 걸려 있다. 두 경첩 각각에 작용하는 힘의 수직 성분이 같은 경우, 문이 각 경첩에 작용하는 수직 및 수평 힘 성분을 구하여라.

힌트 돌림힘을 계산할 때 사용하는 회전축이 수직이어야 하는지 수평이어야 하는지 생각해 보라.

53 [105]. 균일한 고체 원통이 경사면에서 떨어지거나 미끄러지지 않고 굴러간다. 경사각은 60.0°이다. 원통이 경사면을 따라 30.0 cm의 거리를 이동한 후 에너지를 고려하여 원통의 속력을 구하라.

54 [107]. 페인트공(질량 61 kg)이 두 개의 받침대 위에 균형을 맞추고 있는 균일한 판자(질량 20.0 kg, 길이 6.00 m)로 구성된 발판 위를 따라 걷고 있다. 각 받침대는 판자의 끝에서 1.40 m 떨어져 있다. 페인트 통(질량 4.0 kg, 지름 0.28 m)을 판자의 오른쪽 모서리에 최대한 가까이 놓고 통 전체가 판자와 닿게 하였다. (a) 페인트공이 판자가 기울어져 페인트가 쏟아지기 전까지 판자의 오른쪽 모서리에 얼마나 가까이 갈 수 있는가? (b) 판자가 기울기 전에 같은 페인트공이 왼쪽 모서리에 얼마나 가깝게 갈 수 있는가?

힌트 페인트공이 판자의 오른쪽 모서리로 걸어가서 판자가 시계방향으로 기울어질 때, 왼쪽 받침대를 지지하는 판자에 위쪽 방향으로 작용하는 힘은 얼마인가?

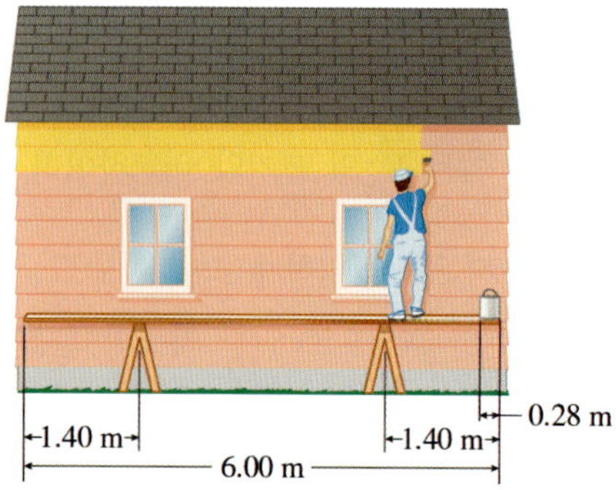

55 [109]. xy 평면에 있는 평평한 물체가 z축을 중심으로 자유롭게 회전할 수 있다. 중력장은 $-y$ 방향으로 균일하다. 그림에서와 같이, 좌표 $(x_n,\ y_n)$에 있는 질량이 m_n인 입자를 여러 개 생각하자. (a) 입자에 작용하는 z축에 관한 돌림힘을 $\tau_n = -x_n m_n g$로 쓸 수 있음을 보여라. (b) 물체의 무게중심이 $(x_{CG},\ y_{CG})$에 있는 경우, 물체에 작용하는 중력으로 인한 총돌림힘이 $\sum \tau_n = -x_{CG} Mg$임을 보여라. 여기서 M은 물체의 총질량이다. (c) $x_{CG} = x_{CM}$임을 보여라. (평평하지 않은 물체와 다른 회전축에 대하여 같은 방식으로 추론하여 $y_{CG} = y_{CM}$ 및 $z_{CG} = z_{CM}$임을 보일 수 있다.)

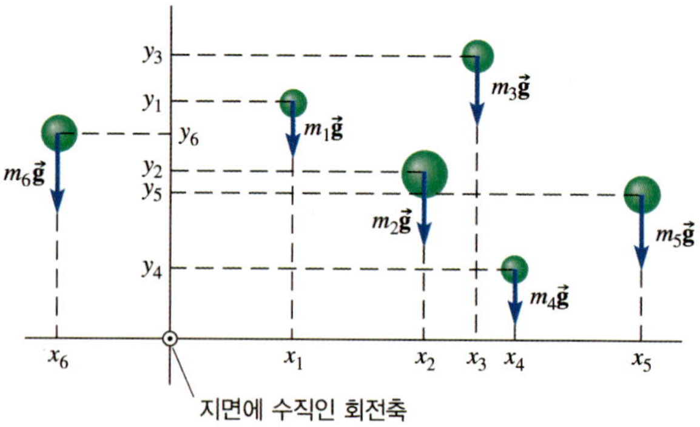

56 [111]. 42 kg의 질량이 담긴 상자가 사다리의 꼭대기에 놓여 있다. 사다리의 무게를 무시하고 줄의 장력을 구하여라. 줄이 양쪽 끝에 있는 사다리에 수평력을 작용한다고 가정한다. **힌트** 대칭 논의를 이용하고, 사다리 한쪽에 힘과 돌림힘을 분석하여라.

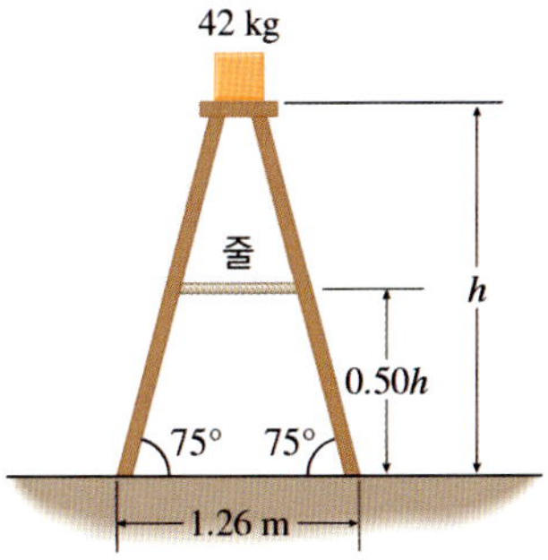

57 [113]. 한 갑각류는 앞다리를 회전시켜 연체동물을 쳐서 껍질을 부수어 열려고 한다. 다리는 1.50 ms에서 175 rad/s의 각속도에 도달한다. 다리는 한쪽 끝(다리가 갑각류에 붙어 있는 관절)에 수직인 축을 중심으로 회전하는 가는 막대로 추정할 수 있다. (a) 다리의 질량이 28.0 g이고 길이가 3.80 cm인 경우, 그 축에 대한 다리의 회전관성은 얼마인가? (b) 확장 근육이 관절에서 3.00 mm 떨어져 있고 다리에 수직으로 작용하는 경우 타격에 필요한 근력은 무엇인가?

58 [115]. 둘레가 2.00 m인 굴렁쇠가 10.0 s 동안 길이 10.0 m인 경사면을 굴러 내려가고 있다. 굴렁쇠는 정지 상태에서 출발했다. (a) 하단에 도착했을 때의 각속도는 얼마인가? (b) 가장자리에 집중된 굴렁쇠의 질량이 1.50 kg이라면 경사면 하단에 도달했을 때 굴렁쇠의 각운동량은 얼마인가? (c) 굴렁쇠의 각운동량을 변화시키기 위해 공급해야 하는 알짜 돌림힘은 얼마인가? 설명하여라. **힌트** 굴렁쇠의 중심을 통과하는 회전축을 사용하여라. (d) 이 힘의 크기는 얼마인가?

59 [117]. 행성은 타원 궤도를 그리며 태양 주위를 돈다(그림 8.40 참조). (a) 태양을 통과하는 축에 대한 행성에 작용하는 외부 돌림힘이 0임을 보여라. (b) 돌림힘이 0이기 때문에 이 축에 대한 행성의 각운동량은 일정하다. 질량 m, 태양으로부터의 거리 r 및 각속도 ω로 행성의 각운동량에 대한 식을 써라. (c) r과 ω가 주어진다면 짧은 시간 Δt 동안 쓸고 지나가는 넓이는 얼마인가? **힌트** 그 넓이를 파이의 조각 같은 원 넓이의 일부라고 생각하여라. Δt가 매우 짧다면, 그 시간 동안의 궤도의 반지름은 거의 일정하다. (d) 단위 시간당 쓸고 지나간 넓이가 일정함을 보여라. 이 문제를 풀었다면, 여러분은 케플러의 제2법칙을 증명한 것이다!

60 [119]. 68 kg의 여성이 양발을 바닥에 평평하게 두고 똑바로 서 있다. 그녀의 무게중심은 두 발목 관절을 연결하는 선 앞 3.0 cm의 수평거리에 있다. 아킬레스건은 발목 뒤 4.4 cm의 거리에 있는 발목 종아리 근육에 연결되어 있다. 아킬레스건이 수평에 대해 81°의 각도로 기울어져 있다면, 그녀가 서 있는 동안 각 종아리 근육에 작용하는 데 필요한 힘을 구하여라. **힌트** 발목 관절 위 신체 부분의 평형을 생각하여라.

61 [121]. 자전거가 일정한 속도로 경사면을 따라 이동한다. 도로로 인하여 뒷바퀴에 작용하는 마찰력의 크기는 $f = 3.8$ N이다. 체인의 윗부분은 힘 $\vec{\mathbf{F}}_C$로 뒷바퀴에 부착된 사슬톱니바퀴를 잡아당긴다. 체인의 아랫부분은 느슨하다. 뒷바퀴의 반지름이 사슬톱니바퀴 반지름의 6.0배인 경우 체인이 잡아당기는 힘 $\vec{\mathbf{F}}_C$의 크기는 얼마인가?

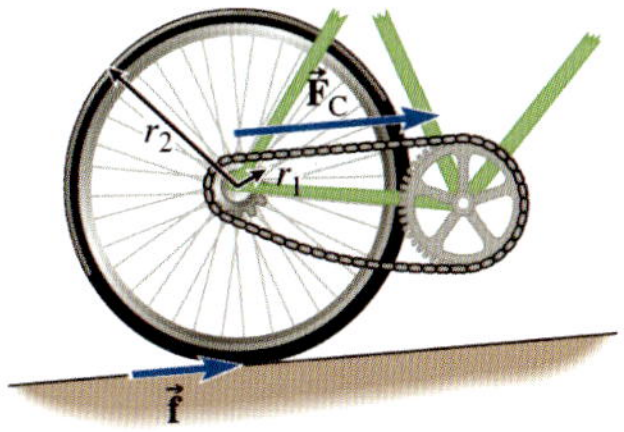

62 [123]. 한 학생이 두 개의 아령을 들고 자유롭게 회전할 수 있는 단 위에 서 있는데, 각 아령은 중심축으로부터 65 cm 거리에 있다. 또 다른 학생이 그를 밀어주어 0.50 rev/s로 회전하는 학생, 아령, 단의 시스템을 다시 시작하였다. 그 뒤 단에 있는 학생은 각 아령이 중심축으로부터 22 cm가 되도록 가슴 가까이로 끌어당겼다. 각 아령은 질량이 1.00 kg이며 아령을 든 학생의 초기 회전 관성은 2.40 kg·m^{2}이다. 각 팔을 한쪽 끝이 중심축에 있는 질량이 3.00 kg인 균일한 막대로 모형화하여라. 뻗은 팔의 길이는 처음에 65 cm였다가 22 cm로 줄었다. 그의 새로운 회전율은 얼마인가?

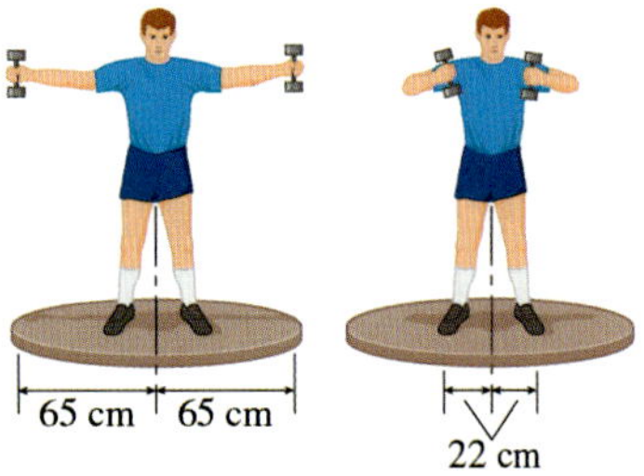

63 [125]. 어떤 사람이 손바닥 아래를 저울 위에 놓고 96 N이 될 때까지 누른다. 삼두근은 이 팔의 신장력의 원인이 된다. 삼두근이 작용하는 힘을 구하여라. 삼두근의 하단은 팔꿈치 관절의 왼쪽에서 2.5 cm이고, 손바닥은 팔꿈치 관절 오른쪽으로 약 38 cm에서 밀고 있다.

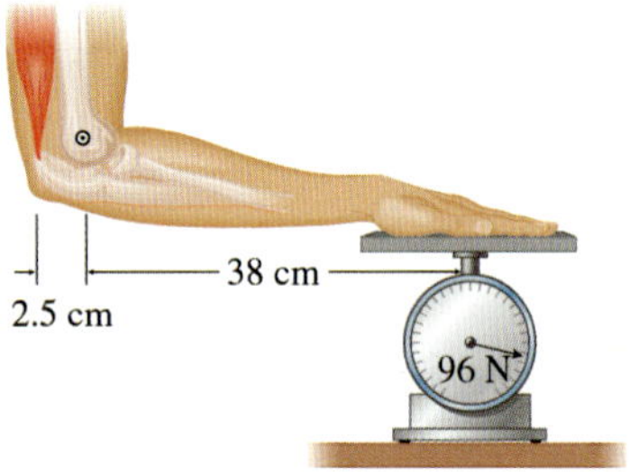

종합문제

64 [127]. 현대 조각품이 용수철 상수가 275 N/m인 대형 수평 용수철을 가지고 있는데, 용수철 끝부분에 53.0 kg의 균일한 금속 조각을 부착하여 수평 방향에서 위로 50.0°의 각도로 금속을 고정시켰다. 금속의 다른 끝은 그림과 같이 구석에 고정되어 있다. 용수철이 늘어난 길이는 얼마인가?

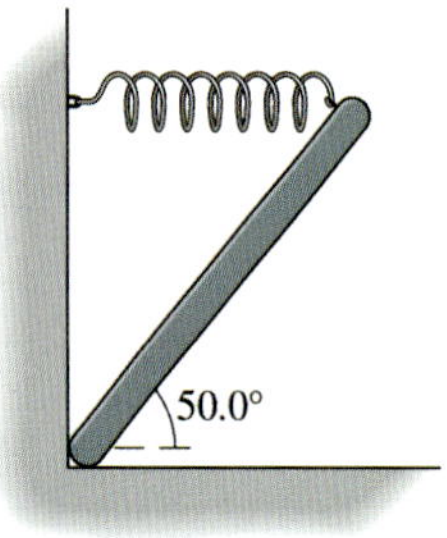

65 [129]. 자전거와 자전거를 타고 있는 사람의 총질량은 74.0 kg이다. 각각의 바퀴는 질량 1.30 kg, 지름 70.0 cm의 얇은 고리로 모형화할 수 있다. 브레이크를 밟으면 두 개의 브레이크 패드가 각 바퀴의 가장자리를 압박한다. 4개의 브레이크 패드는 크기가 같고 일정하게 바퀴에 수직력을 작용한다고 가정하여라. 브레이크 패드와 바퀴 사이의 운동마찰계수는 0.90이다. 자전거가 7.5 m/s의 선형 속력으로 평평한 지면에서 움직이고 있으며, 브레이크를 밟으면 4.5 s 만에 자전거가 정지한다. (a) 도로가 각 타이어에 가하는 정지 마찰력, (b) 바퀴의 각가속도, (c) 각 바퀴의 알짜 돌림힘 및 (d) 각 브레이크 패드가 바퀴에 가하는 수직력의 크기를 구하여라.

66 [131]. 균일한 원반이 대칭축을 중심으로 회전한다. 원반은 정지 상태에서 일정한 각가속도로 가속되어 0.20 s에 각속력이 11 rad/s가 되었다. 원반의 회전관성과 반지름은 각각 1.5 kg · m^{2}와 11.5 cm이다. (a) 0.20 s 간격 동안 각가속도는 얼마인가? (b) 이 시간 동안 원반의 알짜 돌림힘은 얼마인가? (c) 가해진 돌림힘이 정지한 후에도 마찰 돌림힘이 그대로 유지된다. 이 돌림힘은 9.8 rad/s^2 크기의 각가속도를 유발한다. 원반이 정지하기 전에 회전하는 총각도 $\theta(t=0$에서 시작)는 얼마인가? (d) 작용하는 돌림힘을 제거한 후 원반의 가장자리와 회전축 사이 중간 지점의 속력은 얼마인가?

67 [133]. 잔디 깎는 칼날이 질량 100 g의 돌을 쳐서 돌이 창문을 향해 수평으로 날아갈 때 여러분은 집 근처의 언덕에서 잔디를 깎고 있다. 잔디 깎는 칼날은 가운데를 중심으로 회전하는 질량 2.0 kg, 길이 50 cm의 가는 막대로 모형화할 수 있다. 돌은 칼날에 충격을 주고 충돌 순간에 회전축과 칼날에 수직인 속도로 튀어 나간다. 충격으로 인해 칼날은 60 rev/s에서 55 rev/s로 느려진다. 창문의 높이는 1.00 m이며, 창문의 중심은 10.0 m 떨어져 있고 잔디 깎는 기계와 같은 높이에 있다. (a) 잔디 깎는 기계는 돌을 얼마의 속력으로 발사하는가?

힌트 계(칼날 + 돌)에 있는 잔디 깎는 기계의 구동축으로 인한 외력은 충돌 중에 무시할 수 없지만, 구동축에 대한 외부 돌림힘은 무시할 수 있다. 돌의 각운동량은 충격 직후의 접선 속도와 회전축으로부터의 거리로 계산할 수 있다.

(b) 공기의 저항을 무시하면, 돌이 창문에 부딪힐까?

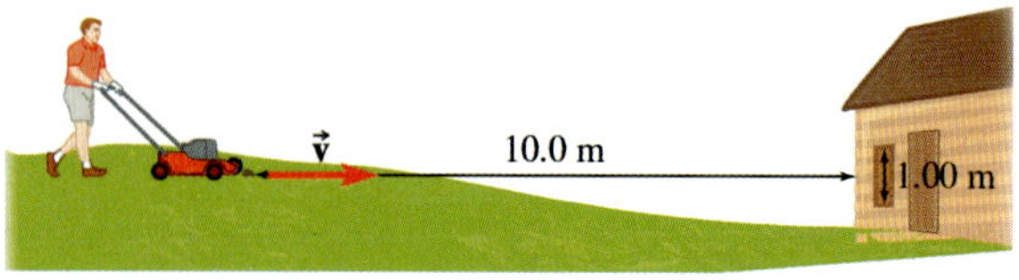

CHAPTER 9 유체

개념정리

- 유체는 액체와 기체를 포함하며 흐를 수 있는 물질이다. 액체는 거의 비압축성이지만 기체는 용기를 가득 채울 수 있도록 팽창한다.
- 압력은 유체가 접촉하는 모든 표면에 가하는 단위 넓이당 수직력의 크기이다($P = F/A$). 압력은 벡터가 아니라 스칼라이다. 압력의 SI 단위는 파스칼이다(1 Pa = 1 N/m^2).
- 해수면에서의 평균 대기압은 1 atm = 101.3 kPa이다.
- 파스칼의 원리 : 갇혀 있는 유체 내에 있는 임의 지점의 압력이 변하면 이 압력은 유체 전체로 전달된다.
- 물질의 평균 밀도는 부피에 대한 질량의 비이다.

$$\rho = \frac{m}{V} \qquad (9-7)$$

- 물질의 비중은 3.98 ℃에서의 물질의 밀도와 물의 밀도의 비이다.
- 정지 유체에서 깊이에 따른 압력의 변화는

$$P_2 = P_1 + \rho g d \qquad (9-12)$$

이다. 위치 2는 위치 1에서 d만큼 아래에 있다.

- 압력을 측정하는 기구에는 압력계와 기압계가 있다. 기압계는 대기의 압력을 측정하며 압력계는 압력의 차이를 측정한다.
- 계기압력은 대기의 압력을 초과하는 절대압력이다.

$$P_{계기압력} = P_{절대압력} - P_{대기압} \qquad (9-16)$$

- 아르키메데스의 원리 : 유체는 유체에 잠긴 물체에 의해 밀려난 유체의 무게와 같은 크기의 부력을 위쪽 방향으로 작용한다.

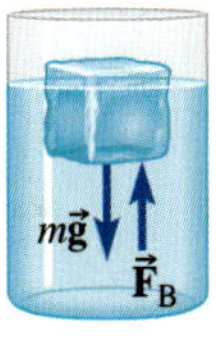

$$F_B = \rho g V \qquad (9-19)$$

여기서 V는 유체에 잠긴 부분의 물체의 부피이며 ρ는 유체의 밀도이다.

- 정상 흐름인 경우에는 어디에서나 유체의 속도가 일정하다. 정상 흐름은 층흐름이다. 층흐름이란 특정한 점을 지나가는 유체의 작은 부분이 같은 점을 지나가는 다른 부분이 지나는 경로를 따라갈 정도로 유체가 한정된 층 내에서 흐르는 것을 말한다. 이처럼 유체가 한 점에서 시작해 따라서 지나가는 경로를 유선이라 한다. 층흐름은 정상적이다. 난류는 무질서하며 비정상적이다. 점성력은 유체의 흐름과 반대로 작용하며 고체 내에서의 마찰력에 대응된다.
- 이상 유체는 층흐름이며 점성이 없고 비압축성이다. 이상 유체의 흐름에는 연속 방정식과 베르누이의 방정식이 적용된다.
- 연속방정식은 이상 유체의 부피 흐름률이 일정함을 나타낸다.

$$Q = \frac{\Delta V}{\Delta t} = A_1 v_1 = A_2 v_2 \qquad (9-34,\ 9-35)$$

- 베르누이의 방정식은 유속과 높이에 따른 압력의 관계를 나타낸다.

$$P_1 + \rho g y_1 + \frac{1}{2}\rho v_1^2 = P_2 + \rho g y_2 + \frac{1}{2}\rho v_2^2 \qquad (9-40)$$

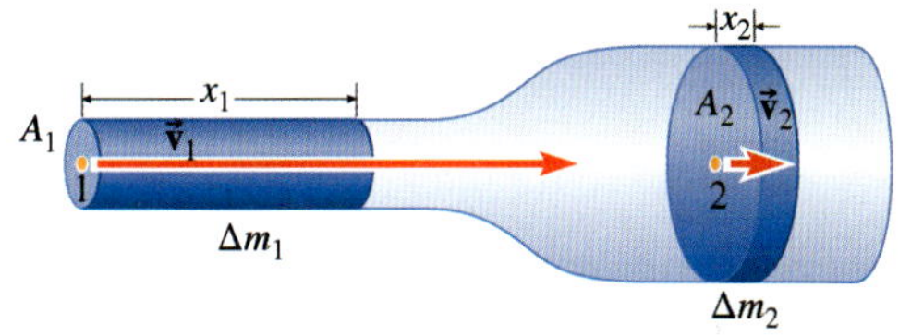

- 푸아죄유의 법칙은 관을 통해 흐르는 점성유체에 대한 부피 흐름률 $\Delta V/\Delta t$를 나타낸다.

$$Q = \frac{\pi}{8}\frac{\Delta P/L}{\eta}r^4 \tag{9-41}$$

여기서 ΔP는 관의 양 끝부분의 압력차, r과 L은 각각 관의 내부 반지름과 관의 길이, η는 유체의 점성이다.

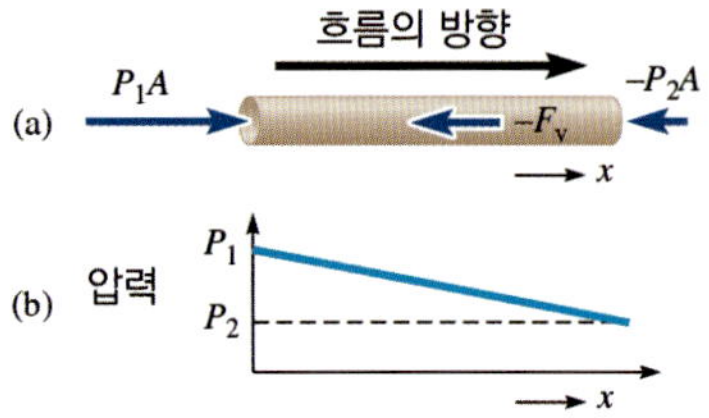

- 스토크스의 법칙은 유체에서 운동하는 구형 물체에 작용하는 점성 저항력을 나타낸다.

$$F_D = 6\pi\eta rv \tag{9-43}$$

- 액체의 표면 장력 γ(그리스어 감마)는 표면이 가장자리를 당기는 단위 길이당 힘이다.

연습문제

개념형 질문

1 [1]. 압력계(한쪽이 열려 있음)는 절대압력을 측정하는가, 아니면 계기압력을 측정하는가? 기압계는 어떤가? 타이어 압력계는 어떠한가? 혈압계는 어떠한가?

2 [3]. 보트의 사양 명세서에 무게를 "변위"로 표시한다. 이것이 무엇인지 설명하여라.

3 [5]. 달에 있는 우주 비행사가 빨대를 사용하여 일반 유리잔의 음료수를 마실 수 있는가? 밀폐된 주스 통에 빨대를 꽂으면 어떠한가? 설명하여라.

4 [7]. 팔에 혈압계의 가압대를 감을 때 심장과 같은 높이에 감아야 하는 이유는 무엇인가?

5 [9]. 기상용 헬륨 풍선은 일부러 완전히 팽창시키지 않은 상태로 날린다. 그 이유가 무엇인가? **힌트** 풍선은 매우 높은 고도로 이동한다.

6 [11]. 오일을 교환하기 전에 엔진을 예열하기 위해 몇 마일을 운전하는 것이 좋다. 그 이유는 무엇인가?

7 [13]. 다른 모든 조건이 같다면, 바깥 공기가 잠잠할 때보다 바람이 불 때 굴뚝에서 통풍이 잘 되는 이유가 무엇인가?

8 [15]. 파스칼의 원리 : 모순을 이용한 증명. 유체에서 같은 높이에 점 A와 B가 서로 가까이에 있다. $P_A > P_B$라고 가정하자. (a) v_A와 v_B 모두 0일 수 있는가? 설명하여라. (b) 점 C는 정지 유체에서 점 D 바로 위에 있다. C에서의 압력이 ΔP만큼 증가한다고 가정하자. D에서의 압력이 C와 같은 양만큼 증가하지 않으면 어떻게 되는가?

9 [17]. 모든 유압장치에서 배관 밖으로 공기를 빼내는 것이 중요하다. 그 이유는 무엇인가?

10 [19]. 비눗방울에 작용하는 부력이 방울 무게보다 큰가? 만일 그렇지 않다면 왜 비눗방울이 때때로 공중에 떠다니는 것처럼 보이는가?

선다형 질문

1 [1]. 베르누이 방정식은 어디에 적용되는가?
(a) 모든 유체
(b) 점성 여부에 무관하게 비압축성 유체
(c) 흐름이 난류인지는 관계없이 비압축성, 비점성 유체
(d) 비압축성, 비점성, 난류가 없는 유체
(e) 정지 유체에만

2 [3]. 베르누이 방정식은 무엇에 관한 표현인가?

(a) 질량 보존 (b) 에너지 보존

(c) 운동량 보존 (d) 각운동량 보존

3 [5]. 같은 두 개의 구 A와 B가 같은 점성의 유체 속에 떨어진다. A와 B는 같은 밀도를 가지며, A의 반지름이 더 크다. 어느 쪽의 종단속도가 더 큰가?

(a) A의 종단속도가 더 크다.

(b) B의 종단속도가 더 크다.

(c) A와 B의 종단속도는 같다.

(d) 결론을 내리기에는 정보가 부족하다.

4 [7]. 연속방정식은 무엇에 관한 표현인가?

(a) 질량 보존 (b) 에너지 보존

(c) 운동량 보존 (d) 각운동량 보존

5 [9]. 압력계에 밀도가 다른 두 개의 다른 유체가 담겨있다. 양쪽 끝은 공기 중에 개방되어 있다. 그림에서 어떤 압력쌍이 같은가?

(a) $P_1 = P_5$

(b) $P_2 = P_5$

(c) $P_3 = P_4$

(d) (a)와 (c) 둘 다

(e) (b)와 (c) 둘 다

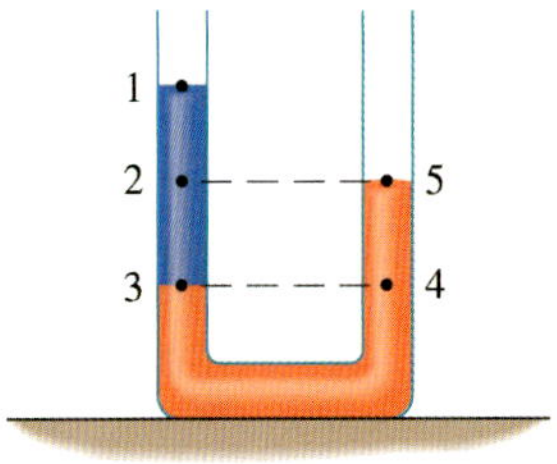

문제

9.2 압력

1 [1]. 누군가가 여러분의 발가락을 밟아 $1.0\ cm^2$의 넓이에 500 N의 힘을 가한다. 평균 압력은 몇 atm인가?

2 [3]. 평균 대기압은 약 1.0×10^5 Pa이다. (a) 공기가 겉넓이 $1.0\ m^2$인 탁상을 누르는 힘은 얼마인가? (b) 이 힘을 파운드로 변환하여라. (c) 이런 큰 힘에도 책상이 부서지지 않는 이유는 무엇인가?

3 [5]. 길이 15 cm, 폭 13 cm, 높이 8.0 cm의 상자에 뚜껑을 씌운 뒤 내부 압력이 0.80×10^5 Pa이 될 때까지 공기를 뺀다. (a) 해수면에서 (b) 대기압이 67.5 kPa(해수면의 $\frac{2}{3}$ 값)인 날 덴버에서 뚜껑을 들어 올리는 데 필요한 힘은 얼마인가?

9.3 파스칼의 원리

4 [7]. 간호사는 주사기의 피스톤에 4.40 N의 힘을 가한다. 피스톤의 넓이는 $5.00 \times 10^{-5}\ m^2$이다. 주사기 내 유체의 압력 증가는 얼마인가?

9.4 중력이 유체 압력에 미치는 효과

5 [9]. 담수호 표면의 기압이 1.0 atm이다. 호수 밑 수압이 4.0 atm인 지점의 수심은 얼마인가?

6 [11]. 백금의 밀도는 21 500 kg/m^3이다. 백금 1.00 kg과 알루미늄 1.00 kg의 부피의 비를 구하여라.

7 [13]. 반지름 R의 원통형 드럼통 5개를 각각 밀도 ρ의 액체로 바닥에서 높이 h까지 채웠다. 드럼통 바닥의 압력이 가장 큰 것부터 가장 작은 것 순으로 나열하여라.

(a) $R = 40$ cm, $h = 80$ cm, $\rho = 1000\ kg/m^3$

(b) $R = 40$ cm, $h = 100$ cm, $\rho = 1000\ kg/m^3$

(c) $R = 50$ cm, $h = 100$ cm, $\rho = 800\ kg/m^3$

(d) $R = 50$ cm, $h = 80$ cm, $\rho = 800\ kg/m^3$

(e) $R = 50$ cm, $h = 125$ cm, $\rho = 800\ kg/m^3$

8 [15]. 기린의 뇌는 심장보다 약 3.4 m 위에 있다. 혈액이 뇌로 이동하기 위해 심장이 생성해야 하는 최소 계기 압력을 추산하여라. 혈액이 다른 부위의 동맥을 통해 흐를 때 나타나는 영향은 무시하고 기린 혈액이 사람의 혈액과 같다고 가정한다.

9 [17]. 향유고래는 바다 표면 아래로 2500 m 깊이까지 내려갈 수 있다. 해수의 밀도가 해수면에서 그 깊이까지 일정하다고 가정하면, 그 깊이에서 고래의 피부가 받는 압력은 얼마인가?

10 [19]. 대부분의 유기체가 생존할 수 있는 최대 압력은 대략 대기압의 1000배이다. 올챙이나 박테리아와 같은

작고 단순한 유기체만이 그러한 높은 압력에서 살아남을 수 있다. 그렇다면 이 유기체들이 바다 밑에서 살 수 있는 최대 깊이는 얼마인가? (해수의 밀도가 1025 kg/m^3이라고 가정한다.)

9.5 압력 측정하기

11 [21]. 수은 압력계가 기체 본관에 연결될 때, 수은이 기체 본관에 연결한 관보다 공기 중으로 개방된 관에서 40.0 cm 더 높게 위치한다. 같은 위치의 기압계는 740 mmHg이다. 기체의 절대압력을 mmHg 단위로 결정하여라.

12 [23]. 오일(밀도 0.90 g/cm^3)을 유체로 사용하는 압력계를 공기탱크에 연결하였더니 갑자기 탱크의 압력이 7.4 mmHg 증가하였다. (a) 대기에 노출된 압력계 측면의 유체 수위는 얼마나 상승하겠는가? (b) 압력계를 수은으로 대체하면 어떻게 되겠는가?

13 [25]. 평균 혈압이 104 mmHg인 대동맥 아래 1.37 m에 발이 있다. 발의 평균 혈압을 추산하여라. 혈액은 흐르지 않고 있다고 가정한다.

14 [27]. 자동차 타이어의 계기압력이 32 lb/in^2이다. 이 압력을 (a) Pa, (b) mmHg, (c) atm 단위로 변환하여라.

9.6 부력

15 [29]. 물통에 나무토막(질량 m) 6개가 떠 있다. 이들 나무토막의 모양은 서로 다르다. 각 나무토막의 바닥은 수면 아래 깊이 d에 잠겨 있다. 부력을 가장 크게 받는 나무토막부터 가장 작은 것 순으로 나열하여라.

(a) $m=20$ g, $d=2.5$ cm (b) $m=20$ g, $d=2$ cm
(c) $m=25$ g, $d=2$ cm (d) $m=25$ g, $d=2.5$ cm
(e) $m=10$ g, $d=2$ cm (b) $m=10$ g, $d=1$ cm

16 [31]. 석탄을 적재한, 밑바닥이 평평한 바지선의 질량이 3.0×10^5 kg이다. 이 바지선은 길이가 20.0 m, 너비가 10.0 m이다. 이 바지선이 민물에 떠 있다면, 바지선의 수면 아래 깊이는 얼마인가?

17 [33]. (a) 0 °C에서 물에 떠 있을 때 물체의 14 %가 물에 잠겨 있다면 물체의 밀도는 얼마인가? (b) 0 °C의 에탄올에서는 물체의 몇 퍼센트가 잠기는가?

18 [35]. 자작나무 조각이 부피의 90.0 %가 기름에 잠긴 채 떠 있다. 기름의 밀도는 얼마인가? 자작나무의 밀도는 0.67 g/cm^3이다.

19 [37]. 원통형 원반의 부피는 8.97×10^{-3} m^3이고 질량은 8.16 kg이다. 원반은 평평한 표면이 수평하게 물에 떠 있다. 평평한 표면은 0.640 m^2이다. (a) 원반의 비중은 얼마인가? (b) 바닥면은 수위보다 얼마나 아래에 있는가? (c) 윗면은 수위보다 얼마나 높은가?

20 [39]. 물고기는 부레를 사용하여 자신의 밀도를 물의 밀도와 같게 바꾸어 물속에서 부유 상태를 유지할 수 있도록 한다. 물고기의 평균 밀도가 1080 kg/m^3이고 공기가 완전히 빠진 부레의 질량이 10.0 g이라면, 물고기가 밀도 1060 kg/m^3인 바닷물 속에서 부유하기 위해서는 부레를 얼마나 팽창시켜야 하는가?

21 [41]. 아홉띠 아르마딜로는 보통 질량 밀도가 1200 kg/m^3이고 질량이 7.0 kg(등껍질 포함)이다. 아르마딜로가 냇물을 건너가려 할 때, 숨을 참고 물밑 바닥을 걸어서 가로질러가거나 아니면 위와 장에 공기를 가득 채우고 둥둥 떠서 건너갈 수 있다. 물 위를 떠서 건너가려면 공기를 얼마나 들이마셔야 하는가? 마시는 공기는 대기압이라고 가정하여라.

22 [43]. 노스캐롤라이나 해안에서 휴가를 보내고 있던 사람이 금으로 만든 것처럼 보이는 오래된 동전을 발견하였다. 그는 이곳에 난파선이 많이 수장되어 있다는 것을 알고 있던 터라 그 동전을 집으로 가져가서 진짜 금인지 확인해 보기로 했다. 동전을 용수철저울로 달아서 질량이 49.7 g임을 알았다. 그런 다음에 물이 든 컵을 가져와 동전이 컵의 바닥에 닿지 않고 물에 잠기게만 하고 나서 저울 눈금이 47.1 g을 가리키는 것을 확인하였다. 정말로 금화일 가능성에 흥분해도 괜찮겠는가? 설명하여라.

23 [45]. (a) 밀도가 0.50 g/cm^3인 발사나무 조각을 물속에 놓으면 초기 가속도는 얼마인가? (b) 밀도가 0.750 g/cm^3인 단풍나무 조각에 대해 문제 (a)의 풀이를 반복하여 보아라. (c) 평균 밀도가 0.125 g/cm^3인 탁구공에 대해서도 반복하여라.

9.7 유체 흐름, 9.8 베르누이 방정식

24 [47]. 내부 반지름이 1.0 cm인 정원 호스에서 물이 2.0 m/s로 흐른다. 호스 끝에 달린 노즐의 구멍은 반지름이 0.20 cm이다. 노즐에서 물이 분사되는 속력은 얼마인가?

25 [49]. 내부 반지름이 1.00 mm인 노즐이 내부 반지름이 8.00 mm인 호스에 연결되어 있다. 이 노즐에서 물이 25.0 m/s로 분사되고 있다. (a) 호스 안을 통과하는 물의 속력은 얼마인가? (b) 부피 흐름률은 얼마인가? (c) 질량 흐름률은 얼마인가?

26 [51]. 관의 수평 부분의 횡단면적이 50.0 cm^2에서 0.500 cm^2로 점점 가늘어진다. 관 끝이 넓은 부분에서의 압력은 1.20×10^5 Pa이고, 속력은 0.040 m/s이다. 좁은 부분에서의 압력은 얼마인가?

27 [53]. 공기의 평균 유속이 비행기 날개 위쪽에서 190 m/s이고 아래쪽은 160 m/s인 경우에 베르누이 방정식을 사용하여 비행기 날개의 양력을 추산하여라. 공기의 밀도는 1.3 kg/m^3이고, 날개의 겉넓이는 28 m^2이다.

28 [55]. 노즐이 수평 호스에 연결되어 있다. 노즐에서 25 m/s로 물이 분사된다면 호스 안의 물의 계기압력은 얼마인가? 점성은 무시하고 노즐의 지름이 호스의 내부 지름보다 훨씬 작다고 가정하여라.

29 [57]. 급수탑에서 집안의 배관을 통해 물을 공급한다. 집안에 있는 지름 2.54 cm인 수도꼭지에서 지름 44 cm, 높이 52 cm인 원통형 용기에 12 s 만에 물을 채울 수 있다고 한다. 이 수도꼭지에서 급수탑 수면까지 높이는 얼마인가? (수도꼭지의 지름과 비교하여 급수탑의 지름이 매우 크기 때문에 급수탑 수면의 높이는 변하지 않는다고 가정한다.)

9.9 점성

30 [59]. 푸아죄유의 법칙(식 (9−41))을 사용하여, 점성의 SI 단위가 Pa · s임을 보여라.

31 [61]. 피하 주사기에 내부 반지름이 0.300 mm이고 길이 3.00 cm인 바늘이 연결되어 있다. 바늘에는 점성이 2.00×10^{-3} Pa · s인 주사액이 채워져 있다. 그것은 16.0 mmHg의 계기압력으로 정맥에 주입된다. 주사기에서 주사액을 가속하기 위해 바늘 입구에 작용하는 추가 압력은 무시하여라. (a) 주사액을 0.250 mL/s의 비율로 주입하려면 주사기 안의 유체 압력은 얼마여야 하는가? (b) 주사기를 누르는 부분이 1.00 cm^2일 때 가해지는 힘은 얼마인가?

문제 32~33. 그림에 표시된 압력으로 물을 공급하는 펌프에 같은 단면적을 가진 4개의 관을 다양한 방법으로 연결하였다. 물은 1.0 atm에서 오른쪽으로 배출된다. 점성 흐름으로 가정하여라.

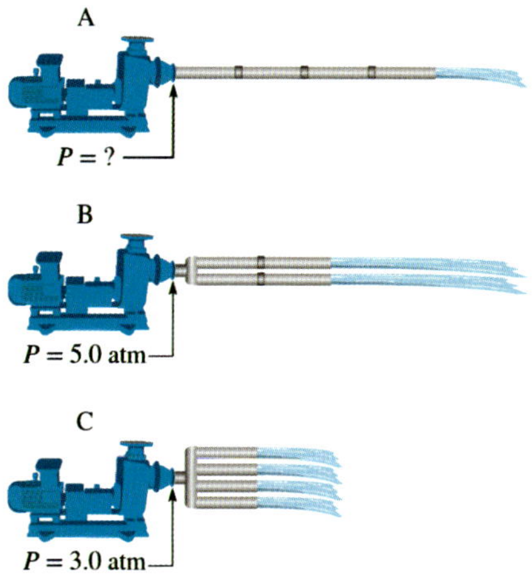

[문제 32~33의 그림]

32 [63]. 계 A와 C의 총부피 흐름률이 같고 계 C의 각 관의 유속이 3.0 m/s이라면, 계 A의 유속은 얼마인가?

33 [65]. 계 A와 B의 총부피 흐름률이 같으면 계 A에서 펌프가 공급하는 물의 압력은 얼마인가?

34 [67]. (a) 내부 반지름이 2.0 mm이고 길이가 0.20 m인 동맥을 통해 6.0 cm/s의 평균 속력으로 혈액을 흐르게 하는 데 필요한 압력차는 얼마인가? (b) 반지름 3.0 μm, 길이 1.0 mm의 모세혈관을 통해 0.60 mm/s로 혈액을 흐르게 하는 데 필요한 압력차는 얼마인가? (c) 평균 혈압인 약 100 mmHg와 위의 두 답을 비교하여라.

35 [69]. 환자에게 혈장(37 °C)을 2.8×10^{-6} m^3/s의 비율로 공급해야 한다. 혈장과 환자의 정맥을 연결하는 관의 반지름이 2.0 mm이고 길이가 50 cm인 경우, 혈장과 환자의 정맥의 압력차는 얼마인가?

9.10 점성저항

36 [71]. 유체가 들어있는 두 개의 관에 두 개의 같은 구를 떨어뜨린다. 하나의 관에는 점성이 0.5 Pa·s인 액체가 들어있고, 다른 관에는 밀도는 같지만 점성은 알려지지 않은 액체가 들어있다. 두 번째 관에서 구의 침전 속도는 첫 번째 관의 침전 속도보다 20 % 더 빠르다. 두 번째 관의 액체의 점성은 얼마인가?

37 [73]. 비중이 0.85이고 점도가 0.12 Pa·s인 식물성 기름이 든 용기 안에서 반지름 1.0 mm인 공기 방울이 떠오르고 있다. 기름 용기와 공기 방울의 온도는 20 °C이다. 그것의 종단 속도는 얼마인가?

38 [75]. 벼룩이 큰 나무를 오르는 다람쥐의 등에 올라타 있다. 다람쥐가 꼭대기 가까이 있을 때 벼룩은 뛰어내린다. (a) 항력이 점성이라고 가정하고, 벼룩의 종단속력을 추산하여라. 벼룩을 20 °C에서 공기 중에 떨어지는 반지름 1.0 mm의 물방울로 취급하여라. (b) 결과가 합리적인가? 그렇지 않다면, 무엇이 문제라고 생각하는가?

9.11 표면장력

39 [77]. 물속에 있는 공기 방울의 내부 압력이 10 Pa이다. 이 공기 방울의 반지름이 두 배로 되면 내부의 압력은 얼마인가?

40 [79]. 그림 (a)와 같이 속이 빈 반구형 물체에 공기를 채웠다. (a) 반구의 곡면에서 가해지는 유체 압력으로 인해 받는 힘의 크기가 $F = \pi r^2 P$임을 보여라. 여기서 r은 반구의 반지름이고, P는 공기의 압력이다. 공기의 무게는 무시하여라. **힌트** 먼저 평평한 표면에 작용하는 힘을 구하여라. 반구에서 공기로 인한 알짜힘은 얼마인가? (b) 그림 (b)와 같이 수중의 공기 방울이 원주를 따라 두 개의 반구로 나눠졌다. 물 표면의 상부 반구는 표면장력으로 인해 하부 반구에 크기 $2\pi r\gamma$(원둘레 곱하기 단위 길이당 작용하는 힘)인 힘이 작용한다. 공기 방울 내부의 기압이 외부 수압 $\Delta P = 2\gamma/r$보다는 커야 함을 보여라.

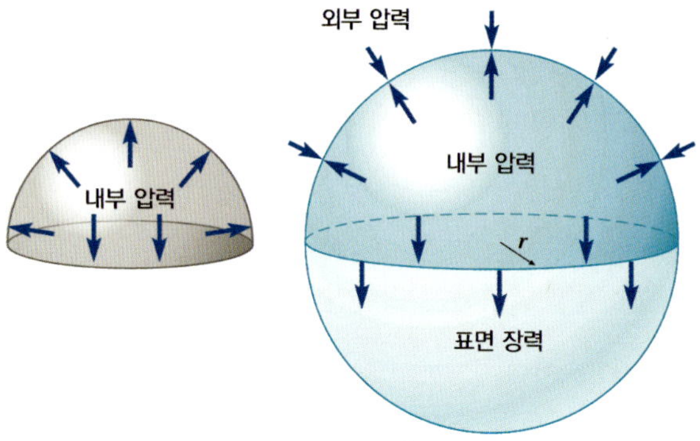

(a) (b)

협동문제

41 [81]. 여러분이 친구와 함께 울창한 숲속을 하이킹하다가 건너갈 수 없어 보이는 큰 강에 다다랐다. 그러나 친구 중 한 명이 해안에 있던 오래된 금속 통을 발견했다. 통은 원통 모양으로 높이가 1.20 m, 지름이 0.76 m이다. 원통은 빈 상태이며, 원판의 한쪽은 열려있다. 열린 쪽이 위를 향한 상태로 통을 물에 놓을 때, 33 %가 물 아래로 가라앉는 것을 알았다. 여러분은 이 통이 물 위에 약 30 cm가 떠 있으면 강을 건너는 보트로 사용할 수 있다고 판단했다. 보트로 사용할 때 이 통에 질량을 얼마나 실을 수 있는가?

42 [83]. 개인 우물이 있는 집의 지하실에 내부 반지름이 6.3 mm인 배출구가 있는 펌프가 있다. 펌프의 배출구에서 계기압력은 410 kPa을 유지할 수 있다. 펌프 출력

관 위 6.7 m 높이에 있는 2층의 샤워기에는 반지름이 각각 0.33 mm인 36개의 구멍이 있다. 샤워기는 "최대로 분사"하고 있으며 집 안에 있는 다른 수도꼭지는 모두 잠겨 있다. (a) 점성을 무시할 때, 물이 샤워기에서 얼마의 속력으로 분출되는가? (b) 펌프의 배출구에서 나오는 물의 속력은 얼마인가?

43 [85]. 동맥경화로 인해 어떤 동맥의 지름이 25 % 감소했다. (a) 이 동맥에 막힘없이 흐를 때와 같은 양의 단위 시간당 피가 흘렀다면 혈관 양쪽 끝 혈압의 차는 몇 퍼센트 증가하는가? (b) 대신에 동맥을 가로지르는 혈압을 같게 유지한다면 혈관을 통해 흐르는 혈류의 압력은 얼마나 떨어지는가? (실제로 약간의 혈압 증가와 약간의 혈류량 감소가 함께 일어나는 것을 보게 될 것이다.)

연구문제

44 [87]. 크기가 2.00 cm×3.00 cm×5.00 cm인 알루미늄 토막이 용수철저울에 매달려 있다. (a) 저울은 몇 g을 가리키는가? (b) 밀도가 850 kg/m^{3}인 기름을 채운 비커를 두 번째 저울에 놓았을 때 눈금은 460.0 g이다. 이 토막이 바닥에 닿지는 않고 기름에 완전히 잠기게 하였다. 저울의 눈금은 얼마를 가리키는가?

45 [89]. 가장자리까지 물을 채운 2개의 같은 비커를 각각 천칭에 올려놓는다. 비커에서 흘러나오는 물은 저울 위에 있지 않고 모두 저울이 있는 테이블 바닥으로 떨어진다. 소나무 조각(밀도 420 kg/m^3)을 비커 중 하나에 넣었다. 나무토막의 부피는 8.00 cm^{3}이다. 다른 비커에는 같은 크기의 강철로 된 토막을 넣었다. 각 경우에 저울의 눈금 값은 어떻게 변하는가?

46 [91]. 분무기는 액체 속에 잠겨진 관의 상단에 공기를 수평으로 불어 향수와 같은 액체의 일부를 미세한 안개로 뿜어내는 장치이다. 밀도가 800 kg/m^{3}인 액체 향수의 상단에서 수직으로 뻗은 3.0 cm 관이 있다고 가정하자. 액체가 관의 꼭대기에 올라왔을 때 관 상단에 흐르는 공기의 최소 속력은 얼마인가?

47 [93]. 아파트 지하실에 있는 수도관의 압력은 4.10×10^5 Pa이지만, 7층 수도관의 압력은 1.85×10^5 Pa에 불과하다. 지하실에서 7층까지의 높이는 얼마인가? 모든 수도꼭지가 잠겨 있어 물은 흐르지 않는다고 가정하여라.

48 [95]. 해수면 근처에서 기압을 10 mmHg만큼 떨어뜨리려면 기압계를 얼마나 높이 가져가야 하는가? 올라갈 때 온도가 20 °C로 유지된다고 가정하여라. 해수면의 평균 기압은 760 mmHg이다.

49 [97]. 작은 개의 심장 출력은 4.1×10^{-5} m^3/s이고, 대동맥의 반지름은 0.50 cm, 대동맥 길이는 40.0 cm이다. 개의 대동맥을 지날 때 압력강하는 얼마인가? 혈액의 점성은 4.0×10^{-3} Pa·s라고 가정하여라.

50 [99]. 잠수부는 수면 위로 올라올 때 공기 방울보다 빨리 상승하지 않는 것이 좋다. 이 수칙은 급격히 압력이 변할 때 생길 수 있는 "잠수병 통증"을 예방할 때 도움이 된다. 반지름 1.0 mm의 공기 방울이 잠수부로부터 수면으로 상승하고 있고 수온이 20 °C라고 가정할 때, (a) 물의 점성이 1.0×10^{-3} Pa·s이면 거품의 종단속도는 얼마인가? (b) 이 수칙에 따라 잠수부가 견딜 수 있는 압력 변화율은 최대 얼마인가?

51 [101]. 무게가 W인 돌의 비중이 2.50이다. (a) 저울에 매달린 돌을 물속에 잠기게 했을 때, 공기 중에서의 무게는 얼마인가? (b) 이 돌을 비중이 0.90인 기름에 잠기게 했을 때 저울의 눈금은 얼마인가?

52 [103]. 밀도가 780 kg/m^{3}이고 한 변의 길이가 0.330 m인 입방체 모양의 나무토막이 있다. 질량을 무시할 수 있는 끈을 사용하여 나무토막의 바닥에 납 조각을 매달았다. 납은 물에 나무토막이 완전히 잠길 때까지 물속으로 당겼다. 납의 질량은 얼마인가? **힌트** 나무와 납에 작용하는 부력을 고려해야 한다.

53 [105]. 비중계는 액체의 비중을 측정하는 기구이다. 예를 들어, 포도주 양조업자는 비중계를 사용하여 포도주가 발효될 때 밀도 변화를 측정하고, 메이플시럽 생산업자는 비중계를 사용하여 수집한 단풍나무 수액에 설탕이 얼마나 있는지 알아낸다. 유리관을 따라서 표시된 눈금은 액체에 떠 있는 비중계에서 비중을 나타낸다. 아래의 무거운 부분은 비중계가 수직으로 떠 있게 한다. 비중계의 원기둥에 표시한 균일한 간격의 비중이 같은 거리인가? 다시 말해, 원기둥이 잠기는 깊이 d는 유체의 밀도 ρ와 선형적으로 비례하는가? 이 질문에 답하기 위하여 원기둥의 반지름이 r이고 질량이 m이라고 가정하여라. d와 ρ, r, m의 관계식을 구하고, d가 ρ의 선형 함수인지 말하여라.

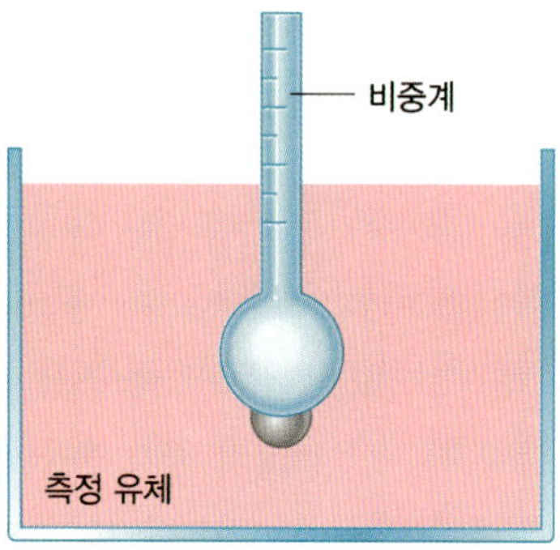

54 [107]. U자형 관의 일부에는 물이 채워져 있고 일부는 물과 섞이지 않는 액체가 채워져 있다. 관의 양 끝은 공기에 노출되어 있다. 액체의 밀도(g/cm^3)는 얼마인가?

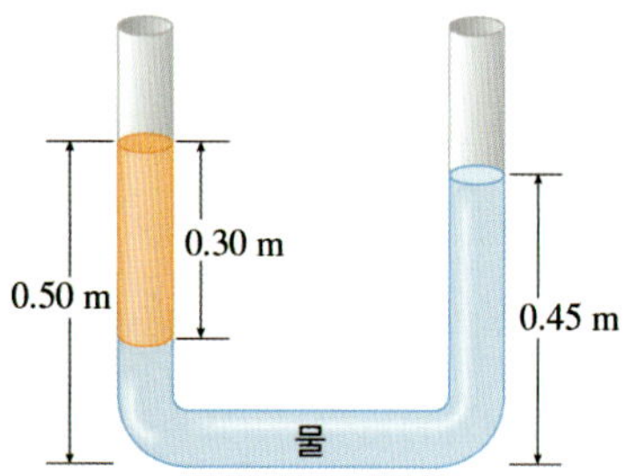

55 [109]. 물이 반지름 5.00 cm인 상수도관을 통해 52.0 kPa의 계기압력으로 지하 0.90 m에서 아파트 건물로 들어간다. 지상 4.20 m에 있는 2층 욕실에 반지름 1.20 cm인 수도꼭지가 열려 있다. 상수도관을 통해 물이 얼마나 빨리 흐르겠는가?

종합문제

56 [111]. 유압 리프트로 중량이 12 kN인 자동차를 들어 올리고 있다. 자동차를 지지하는 피스톤의 넓이는 A, 다른 피스톤의 넓이는 a이고, A/a의 비율은 100.0이다. 차를 1.0 cm 올리려면 작은 피스톤을 아래로 얼마나 눌러야 하는가? **힌트** 해야 할 일을 생각하여라.

57 [113]. 해양 플랑크톤인 와편모충이 1.0 mm를 이동하려면 5.0 s가 걸린다. 와편모충을 근사적으로 반지름이 35.0 μm(편모를 무시)인 구라고 하자. (a) 점성이 0.0010 Pa·s인 해수에서 와편모충에 작용하는 항력은 얼마인가? (b) 편모의 출력 일률은 얼마인가?

58 [115]. 한 변이 4.00 cm이고 밀도가 8.00×10^2 kg/m^{3}인 입방체가 용수철의 한쪽 끝에 달려 있다. 용수철의 다른 끝은 비커의 밑부분에 붙어 있다. 비커에 입방체 전체가 물에 잠길 때까지 물을 부을 때, 용수철이 1.00 cm만큼 늘어난다. 용수철 상수는 얼마인가?

59 [117]. 내부 지름이 10.0 cm에서 6.00 cm로 가늘어지는 관의 일부가 수평에 대하여 60.0°의 각도로 1.70 m의 높이로 세워진다. 관에는 물이 흐르고 높은 쪽 끝은 공중으로 열려 있다. (a) 아래쪽 끝 지점에서 물의 속력이 15.0 cm/s 라면, 아래 끝의 압력과 물이 관을 빠져나갈 때의 속력을 구하여라. (b) 관의 높은 끝이 지면으로부터 0.300 m인 경우, 관의 출구로부터 물의 수평 도달 거리는 얼마인가?

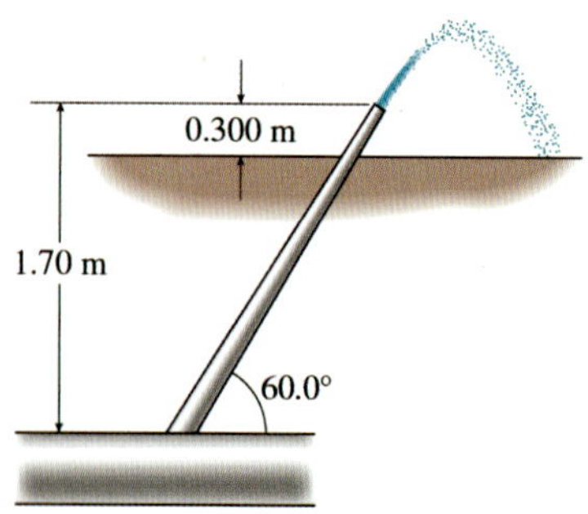

CHAPTER 10 | 탄성과 진동

개념정리

- 변형이란 물체의 크기나 모양의 변화이다.
- 변형력이 사라지면, 탄성체는 원래의 모양과 크기로 되돌아간다.
- 일반적인 형태의 훅의 법칙은, 재료의 변형의 크기는 변형을 일으키는 힘(변형력)에 비례한다. 변형력과 변형의 정의는 아래 표와 같다.

변형의 종류

	인장 또는 압축	층밀리기	부피
변형력	단위 넓이당 힘 F/A	층밀리기 힘을 면과 나란한 방향의 겉넓이로 나눈 값 F/A	압력 P
변형	길이 변화율 $\Delta L/L$	두 평행한 면의 거리 L과 상대적인 변위 Δx의 비 $\Delta x/L$	부피 변화율 $\Delta V/V$
비례상수	영률 Y	층밀리기 탄성률 S	부피탄성률 B

- 인장 변형력이나 압축 변형력이 비례한계를 넘어서면, 변형은 변형력에 비례하지 않는다. 고체에 작용한 변형력이 탄성한계를 벗어나지 않으면, 변형력이 사라졌을 때 원래의 길이로 되돌아온다. 변형력이 탄성한계를 초과하면 물질은 영구적으로 변형된다. 변형력이 파괴점에 이르면 고체는 파괴된다. 고체가 파괴되지 않고 견딜 수 있는 최대 변형력을 극한강도라고 부른다.
- 진동은 안정평형점 근방에서 일어난다. 물체에 알짜힘이 작용하여 평형점으로부터 위치가 변했을 때 평형점으로 되돌아온다면 그 평형점은 안정하다고 말한다. 그리고 다시 초기 평형위치로 되돌리려는 힘을 복원력이라 부른다.
- 단순조화운동은 일종의 주기운동으로서, 복원력이 평형으로부터의 변위에 비례할 때 일어난다. 단순조화운동에서 위치, 속도, 가속도는 시간의 함수로 모두 사인형 곡선이다. 곧 사인함수이거나 코사인함수이다. 어떤 진동이든 진폭이 작다면 단순조화운동으로 근사할 수 있다. 왜냐하면, 작은 진폭의 진동에서 복원력은 근사적으로 선형이기 때문이다.
- 진동의 주기 T는 물체의 운동이 한번 순환하는 데 걸리는 시간이다. 진동수 f는 단위 시간당 순환한 횟수이다.

$$f = \frac{1}{T} \qquad (5\text{–}10)$$

각진동수는 단위 시간당 라디안으로 측정된다.

$$w = 2\pi f \qquad (5\text{–}12)$$

- 단순조화운동에서 최대 속도와 최대 가속도는

$$v_{\mathrm{m}} = \omega A \text{ 그리고 } a_{\mathrm{m}} = \omega^2 A \qquad (10\text{–}28,\ 10\text{–}29)$$

이고, 여기서 ω는 각진동수이다. 가속도는 변위에 비례하고 방향은 반대이다.

$$a_x(t) = -\omega^2 x(t) \qquad (10\text{–}24)$$

- 단순조화운동을 기술하는 방정식 :

$t=0$에서 $x=A$	$t=0$에서 $x=0$
$x(t) = A\cos\omega t$	$x(t) = A\sin\omega t$
$v_x(t) = -v_{\mathrm{m}}\sin\omega t$	$v_x(t) = v_{\mathrm{m}}\cos\omega t$
$a_x(t) = -a_{\mathrm{m}}\cos\omega t$	$a_x(t) = -a_{\mathrm{m}}\sin\omega t$

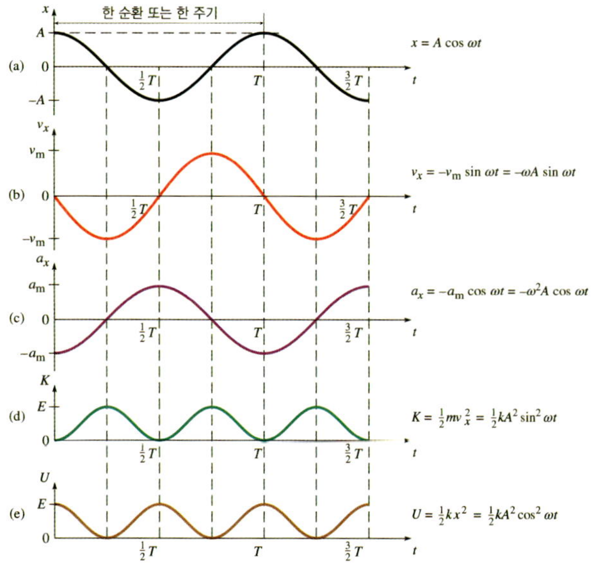

• 질량−용수철 계에서 진동의 주기는

$$T = 2\pi\sqrt{\frac{m}{k}} \qquad (10\text{–}27)$$

이다. 단진자의 주기는

$$T = 2\pi\sqrt{\frac{L}{g}} \qquad (10\text{–}41)$$

이며, 물리진자의 주기는

$$T = 2\pi\sqrt{\frac{I}{mgd}} \qquad (10\text{–}42)$$

이다.

• 에너지 손실을 유발하는 힘이 작용하지 않을 때 평형점에서 퍼텐셜에너지를 0으로 잡으면, 단순조화진동자의 총역학적에너지는 일정하며 진폭의 제곱에 비례한다.

$$E = \frac{1}{2}kA^2 \qquad (10\text{–}14)$$

진동하는 모든 순간에 운동에너지와 퍼텐셜에너지의 합은 다음과 같이 항상 일정하다.

$$E = \frac{1}{2}mv_x^2 + \frac{1}{2}kx^2 = \frac{1}{2}kA^2 \qquad (10\text{–}13)$$

연습문제

개념형 질문

1 [1]. 다이아몬드의 영률은 유리의 영률의 약 20배이다. 이 값은 어느 것이 더 강한지를 말해 주는가? 그렇지 않다면 무엇을 알려주는가?

2 [3]. 공수도를 하는 학생이 양 끝을 받쳐 놓은 콘크리트 판들을 아래로 내려쳐 격파한다. 처음에 깨지기 시작하는 위치가 바닥인가 꼭대기인가 설명하여라. (콘크리트 판은 층밀리기 변형력, 압축 변형력 및 인장 변형력을 받는다. 콘크리트는 압축강도보다 인장강도가 훨씬 작다는 것을 기억하여라. 판이 중간에서 부서질 때 판의 어느 부분이 늘어나고 어느 부분이 압축되는가?)

3 [5]. 신전이나 다른 구조물을 지탱하기 위해 고대 그리스나 로마인들이 세운 기둥은 위로 가면서 가늘어진다. 기둥들은 위쪽보다 아래쪽이 더 굵다. 여기에는 분명히 미적인 목적도 있지만, 그 외에 공학적인 목적도 있는가? 그렇다면 그 목적이 무엇인가?

4 [7]. 날이 왕복으로 운동하는 톱인 스카치 요크는 모터의 회전을 톱날의 왕복운동으로 변환한 것이다. 스카치 요크는 진동운동을 원운동으로 또는 그 반대로 변환하는 데 사용되는 기계이다. 손잡이에 고정된 휠은 일정한 각속도로 회전한다. 곧, 이 손잡이가 톱날을 수직 홈 내에 구속하여 톱날이 상하로 움직이지 않고 좌우로 움직이게 한다. 톱날의 운동은 단순조화운동인가? 설명하여라.

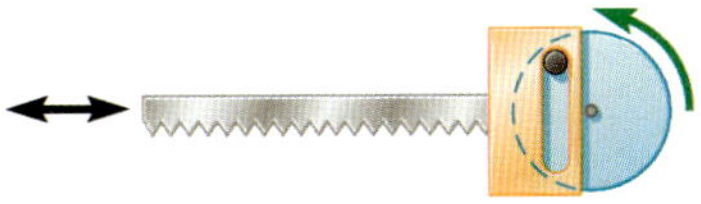

5 [9]. 번지점프를 하는 사람이 난간에서 뛰어내려 아래 수면 위 몇 cm에서 멈춘다. 가장 낮은 지점에서, 번지줄의 장력이 사람의 몸무게와 같은가? 왜 그런가? 그렇지 않다면 이유가 무엇인가?

6 [11]. 조종사가 정오에 바다 위에서 수직 원운동을 하는 곡예비행을 하고 있다. 비행기는 원형궤도의 바닥에 접근할 때는 속력이 빨라지고, 궤도의 상단에 가까워질수록 속력이 느려진다. 헬리콥터를 탄 관찰자가 상공에서 물 표면에 나타나는 비행기의 그림자를 보고 있다면, 그 그림자는 단순조화운동인가? 설명하여라.

7 [13]. 단면적이 A인 강철선에서 $\Delta L/L$로 주어지는 변형을 일으키려면 크기 F인 인장력이 있어야 한다고 가정하자. 2개의 강철선을 나란히 놓고 동시에 잡아당겨 같은 변형을 일으키려면 인장력은 얼마나 필요한가? 굵은 선을 2개(또는 그 이상)의 가는 선을 나란히 한 것으로 보고, 주어진 변형을 일으키는 데 필요한 힘이 단면적에 비례해야 하는 이유를 설명하여라. 그러므로 변형은 변형력(단위 면적당 힘)에 따라 달라진다.

8 [15]. 모양이 일그러진 것을 변형과 변형력의 개념을 사용해 기술하면 어떤 이점이 있는가?

9 [17]. 단진자의 진동주기는 추의 질량과는 무관하다. 대조적으로, 질량-용수철 계의 주기는 질량에 따라 변한다. 이 명백한 모순에 대해 설명하여라. **힌트** 각 경우 무엇이 복원력을 제공하는가? 복원력은 질량에 따라 어떻게 변하는가?

선다형 질문

질문 1~2. 이상적인 용수철에 물체를 수직으로 매달았다. 처음에는 용수철이 이완되어 평형위치에 있었다. 물체를 놓았더니 평형위치를 중심으로 진동한다. 질문 1~2의 답을 아래에서 선택하여라.

(a) 용수철이 이완되어 있다.
(b) 물체가 평형점에 있다.
(c) 용수철이 최대로 늘어난 위치에 있다.
(d) 용수철이 평형점과 최대로 늘어난 위치 사이에 있다.

1 [1]. 가속도의 크기가 가장 크고 위로 향하는 때는 언제인가?

2 [3]. 가속도가 0인 때는 언제인가?

3 [5]. 두 단진자 A와 B는 길이가 같지만, A의 질량은 B의 질량의 두 배이다. 진폭은 같다. 주기는 각각 T_A와 T_B이고, 에너지는 E_A와 E_B이다. 바르게 진술한 것을 골라라.

(a) $T_A = T_B$ 및 $E_A > E_B$
(b) $T_A > T_B$ 및 $E_A > E_B$
(c) $T_A > T_B$ 및 $E_A < E_B$
(d) $T_A = T_B$ 및 $E_A < E_B$

4 [7]. 강성 재료의 특성은?

(a) 극한강도가 높다. (b) 파괴강도가 높다.
(c) 영률이 크다. (d) 비례한계가 높다.

5 [9]. 단위가 같은 물리량은 어느 것인가?

(a) 변형력과 변형 (b) 영률과 변형
(c) 영률과 변형력 (d) 한계강도와 변형

질문 6~10. 단순조화운동을 하는 물체에 대한 $v_x(t)$ 그래프를 참조하여 다음 질문에 답하여라.

(a) 1 s, 2 s, 3 s (b) 5 s, 6 s, 7 s (c) 0 s, 1 s, 7 s, 8 s
(d) 3 s, 4 s, 5 s (e) 0 s, 4 s, 8 s (f) 2 s, 6 s
(g) 3 s, 5 s (h) 1 s, 3 s (i) 5 s, 7 s
(j) 3 s, 7 s (k) 1 s, 5 s

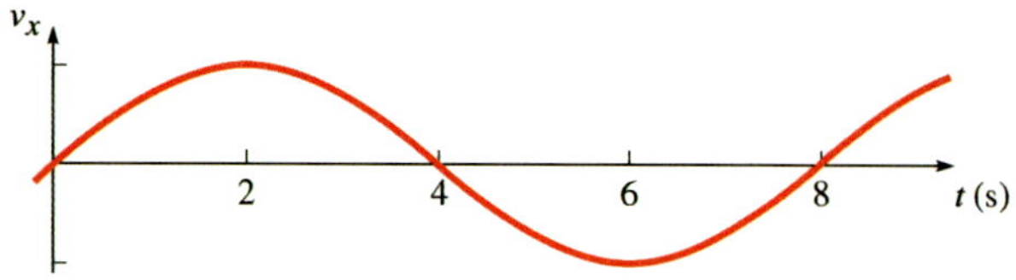

[선다형 질문 6~10의 그림]

6 [11]. 운동에너지는 언제 최대가 되는가?

7 [13]. 퍼텐셜에너지는 언제 최대가 되는가?

8 [15]. 물체가 평형점에 있을 때는 언제인가?

9 [17]. 알짜힘이 $+x$ 방향인 시간은 언제인가?

10 [19]. 물체가 평형점에서 멀어지는 시간은 어느 것인가?

문제

10.2 인장력과 압축력에 관한 훅의 법칙

1 [1]. 건물의 지하에 수직으로 세워진 철골빔이 위층 바닥이 내려앉는 것을 방지하고 있다. 이 빔에 가해지는 하중은 5.8×10^4 N이고, 길이는 2.5 m, 빔의 단면적은 $7.5\times10^{-3}\ \text{m}^2$이다. 빔에 작용하는 수직 압력을 구하여라.

2 [3]. 질량이 70 kg인 남자가 한 발로 서 있다. 넓적다리의 단면적은 $8.0\ \text{cm}^2$이고 압축되지 않은 길이는 50 cm이다. (a) 한 발로 서 있을 때 넓적다리는 얼마나 짧아지는가? (b) 사람이 두 발로 서 있다가 한 발로 서서 움직일 때 넓적다리 부분은 길이가 얼마나 변하는가?

3 [5]. 단면적이 $0.100\ \text{cm}^2$이고 길이가 5.00 m인 철사에 1.00 kN의 하중이 걸리면 철사가 6.50 mm 늘어난다. 이 철사의 영률은 얼마인가?

4 [7]. 두 개의 강철선(길이가 같고 반지름이 다른)을 끝과 끝이 맞닿도록 연결하여 그림과 같이 벽에 고정시켰다. 고정되지 않은 끝에 힘을 가하여 이어진 강철선을 1.0 mm만큼 늘렸다. 중간 점(이음새)은 얼마나 이동하는가?

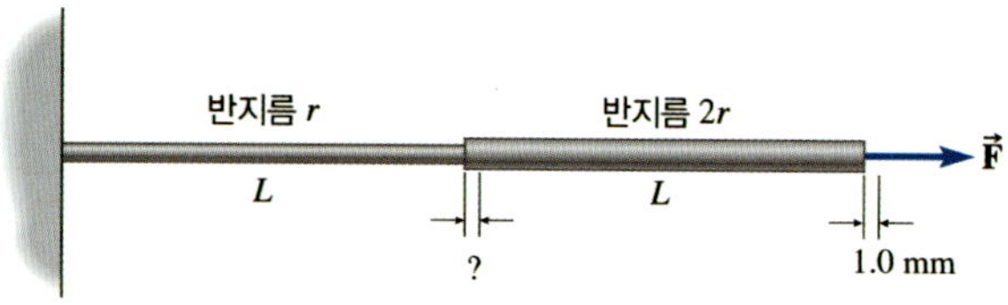

5 [9]. 레실린은 고무와 같은 단백질로, 곤충이 더 효율적으로 날 수 있도록 도와준다. 날개에서 몸체로 부착된 레실린은 날개가 내려갈 때 느슨해지고 날개가 위로 올라가면 늘어난다. 날개가 위로 올라가면서 일부 탄성에너지는 레실린에 저장된다. 그 날개는 작은 근육 에너지를 쓰고 내려온다. 왜냐하면 레실린의 퍼텐셜에너지가 운동에너지로 다시 변환되기 때문이다. 레실린의 탄성률은 1.7 MPa이다. (a) 곤충의 날개에 있는 1.0 cm의 이완된 길이와 $1.0\ \text{mm}^2$의 단면적을 가진 레실린을 4.0 cm까지 늘어나게 하려면 날개에 힘을 얼마나 가해야 하는가? (b) 레실린에 저장된 에너지는 얼마인가?

6 [11]. 단면적이 $1.0\times10^{-6}\ \text{m}^2$이고, 길이가 0.50 m인 기타줄의 영률은 $Y=2.0$ GPa이다. 20 N의 장력을 얻으려면 줄을 얼마나 늘여야 하는가?

10.3 훅의 법칙의 한계

7 [13]. 뼈에 대한 변형과 변형력 그래프(그림 10.4c)를 사용하여 장력과 압축력에 대한 영률을 계산하여라. 작은 변형력만 고려하여라.

8 [15]. 일반적인 스포츠 부상은 근육이 과도하게 늘어나 힘줄과 인대가 찢어져 발생한다. 운동선수 무릎의 전방십자인대의 길이가 1.0 cm, 파괴점은 190 MPa, 영률은 600 MPa라면, 그것이 찢어지기 위해서는 이완된 길이에서 얼마나 늘어나야 하는가?

9 [17]. 사람의 다리뼈(넓적다리뼈)에 약 5×10^4 N의 압축력을 가하거나 말의 다리뼈에 약 10×10^4 N의 압축력을 가하면 부러진다. 사람 다리뼈의 압축 강도는 160 MPa이고, 말 다리뼈의 압축 강도는 140 MPa이다. 사람과 말의 다리뼈의 유효 단면적은 얼마인가?

참고 넓적다리 뼈 속에는 압축강도가 없는 골수가 있기 때문에 유효 단면적은 전체 단면적의 약 80 %이다.

10 [19]. 구리선을 영구변형 시키지 않고 길이 1.0 m와 반지름 1.0 mm의 구리선에 매달 수 있는 최대 하중은 얼마인가? 구리의 탄성한계는 200 MPa이고, 인장강도는 400 MPa이다.

11 [21]. 파괴 직전의 영률이 200 GPa인 강철선의 최대 변형은 0.20 %이다. 변형이 파괴점까지의 변형력에 비례한다고 가정하면 파괴점에서의 변형력은 얼마인가?

12 [23]. 길이가 3.0 m인 구리선의 한쪽 끝에 120 N의 무게를 매달았더니 2.1 mm가 늘어났다. (a) 선의 지름과 인장 변형력은 얼마인가? (b) 구리의 인장강도가 400 GPa인 경우, 이 선에 매달 수 있는 최대 무게는 얼마인가?

10.4 층밀리기 및 부피 변형

13 [25]. 금성의 대기압은 지구의 약 90배이다. 부피탄성률이 160 GPa인 강철구는 지구상에서 1.00 cm^3의 부피를 가진다. 이것을 가압실에 넣어 금성 대기압(9.12 MPa)만큼 압력을 높인다면 부피는 얼마나 변화하는가?

14 [27]. 산악인들이 두통을 겪는 이유가 뇌의 산소 부족뿐만 아니라 두개골에 있는 뇌의 팽창 때문이라는 주장도 있다. 압력이 101 kPa인 해수면에서 31 kPa인 히말라야 정상까지 압력의 감소로 뇌의 부피가 얼마나 변화하는지 구하여라. 부피탄성률은 2.1 GPa이다. (뇌가 팽창하는 또 다른 이유는 더 많은 산소를 공급하기 위해 뇌에서 혈관이 확장되기 때문이다.)

15 [29]. 부피 팽창률이 60.0 GPa인 주철로 닻을 만들었다. 부피가 0.230 m^3인 닻을 배의 측면에서 해수면보다 압력이 1.75 MPa 더 높은 항구 바닥으로 내렸다. 닻의 부피 변화를 구하여라.

16 [31]. 대형 스펀지는 넓이가 42 cm^2인 두 면에 반대 방향으로 12 N의 힘을 가한다(비슷한 상황은 그림 10.8 참조). 스펀지의 두께(L)는 2.0 cm이고 변형각(γ)은 8.0°이다. (a) Δx는 얼마인가? (b) 스펀지의 층밀리기 탄성률은 얼마인가?

10.5 단순조화운동, 10.6 단순조화운동의 주기와 진동수

17 [33]. 재봉틀 바늘은 솔기를 꿰매면서 빠르게 단순조화운동처럼 진동한다. 바늘이 가장 높은 위치에서 가장 낮은 위치로 8.4 mm 이동하며 9.0 s에 24바늘을 꿰맨다고 가정하자. 바늘의 최대 속력은 얼마인가?

18 [35]. 이상적인 용수철-질량 계의 진동 주기는 0.50 s이고 진폭은 5.0 cm이다. 평형점에서의 속력은 얼마인가?

19 [37]. 5개의 이상적인 질량-용수철 계의 질량, 용수철 상수 및 진동의 진폭이 다음과 같다. 총에너지가 감소하는 순으로 정렬하여라.

(a) 질량 m, 용수철 상수 k, 진폭 A
(b) 질량 $2m$, 용수철 상수 k, 진폭 A
(c) 질량 m, 용수철 상수 k, 진폭 $2A$
(d) 질량 $2m$, 용수철 상수 $k/2$, 진폭 A
(e) 질량 $2m$, 용수철 상수 $2k$, 진폭 $A/2$

20 [39]. 인간의 고막은 소리에 진동하여 반응한다. 고막이 4.0 kHz의 진동수와 0.10 nm(대략 단일 수소 원자의 지름)의 진폭으로 단순조화운동을 한다면 진동에서 최대속력은 얼마인가? (놀랍게도, 귀는 이보다 더 작은 진폭을 가진 진동을 감지할 수 있다!)

21 [41]. 물체가 늘어난 용수철 끝 $y = +A$와 $y = -A$ 사이에서 위아래로 진동한다. (a) 어느 점에서 운동에너지가 최대인가? (y값을 구하여라.) (b) 어느 점에서 중력 퍼텐셜에너지가 최대인가? (c) 어느 점에서 탄성 퍼텐셜에너지가 최대인가? (d) 어느 점에서 총퍼텐셜에너지(중력+탄성)가 최소인가?

22 [43]. 단순조화운동일 때 최대 변위와 속도 및 가속도가 $v_m^2 = a_m A$으로 관계됨을 보여라.

23 [45]. 질량 m을 가진 수레가 각각 같은 용수철 상수 k를 가진 두 개의 이상적인 용수철 사이에 붙어 있다. 수레는

마찰 없이 진동할 수 있다고 가정한다. (a) 수레가 평형위치로부터 작은 거리 x를 이동하였을 때, 수레에 작용하는 힘의 크기는 얼마인가? (b) 수레의 각 진동수를 m, x와 k로 나타내어라.

24 [47]. 작은 새의 날개는 최대 변위 진폭이 5.0 cm(날개 끝에서 수평 거리)가 될 수 있다. 날개의 최대 가속도가 $12\ m/s^2$이고, 날개는 단순조화운동을 한다고 가정했을 때 날개 끝의 진동수는 얼마인가?

25 [49]. 항공 시험소에서 조종사들은 비행기의 진동이 심할 때 물체를 얼마나 잘 인식할 수 있는지를 알아보기 위해 진동장치를 통해 수직진동 테스트를 받는다. 진동수는 0.02 ~ 40.0 Hz로 변할 수 있으며, 진폭은 저주파의 경우 2 m까지 설정할 수 있다. 진동수를 25.0 Hz, 진폭을 1.00 mm로 설정하면 조종사가 받는 최대 속도와 가속도는 얼마인가?

26 [51]. 용수철 상수가 $k = 25$ N/m인 이상적인 용수철이 있다. 용수철은 수직으로 매달려 있고, 1.0 kg의 물체를 늘어나지 않은 용수철에 매달았다. (a) 용수철이 최대로 늘어났을 때 가속도의 크기는 얼마인가? (b) 용수철이 최대로 늘어난 길이는 얼마인가?

27 [53]. 0.50 kg의 물체가 용수철 상수가 25 N/m인 이상적인 용수철에 매달려 수직으로 진동한다. 물체가 평형위치에서 5.0 cm 더 낮은 점으로 이동하는 동안 운동에너지는 얼마나 변하는가?

28 [55]. 아기 점퍼(아기 운동기구)는 문 위쪽 가로대에 탄성이 있는 끈으로 매달린 헝겊 의자로 되어있다. 끈이 늘어나지 않았을 때의 길이는 1.2 m이고, 질량 6.8 kg의 아기를 의자에 앉히면 줄이 0.20 m만큼 늘어난다. 그러면 엄마가 의자를 8.0 cm 아래로 끌어내렸다가 놓는다. (a) 운동 주기는 얼마인가? (b) 아기의 최대 속력은 얼마인가?

10.7 단순조화운동의 그래프 분석

29 [57]. 단순조화운동에서 물체의 변위는 $y(t) = (8.0\ \text{cm})\sin[(1.57\ \text{rad/s})t]$로 주어진다. 진동의 진동수는 얼마인가?

30 [59]. 물체가 용수철 상수가 2.5 N/m인 이상적인 용수철에 매달려 있다. 용수철은 처음에 이완된 위치에 있다. 그런 다음 물체를 놓으면 평형위치에서 진동한다. 운동은 $y = (4.0\ \text{cm})\sin[(0.70\ \text{rad/s})t]$로 기술된다. 최대 운동에너지는 얼마인가?

31 [61]. 용수철에 달린 230.0 g의 물체가 2.00 Hz의 진동수로 마찰이 없는 표면에서 좌우로 진동한다. 진폭은 8.00 cm이다. 위치는 시간의 함수로 $x = A\sin\omega t$로 주어진다. (a) 탄성 퍼텐셜에너지 그래프를 시간의 함수로 그려라. (b) 계의 운동에너지 그래프를 시간 함수로 그려라. (c) 운동에너지와 퍼텐셜에너지의 합을 시간의 함수로 그려라. (d) 표면에 마찰이 있을 경우 답이 어떻게 변할지를 정성적으로 기술하여라.

10.8 진자

32 [63]. 길이가 4.0 m인 긴 줄에 달린 6.0 kg의 질량으로 구성된 진자의 주기는 얼마인가?

33 [65]. 줄에 매달린 0.50 kg의 질량이 진자를 형성하고 있다. 진폭이 1.0 cm일 때 이 진자의 주기는 1.5 s이다. 진자의 질량이 0.25 kg으로 줄어든다면 진폭이 2.0 cm일 때 진동의 주기는 얼마인가?

34 [67]. 길이 L의 줄과 줄에 매달린 질량 m의 추로 구성된 진자가 5개 있다. 진폭이 작을 때 진자의 진동수가 큰 것부터 작은 순서대로 정렬하여라.

(a) $m = 300$ g, $L = 1.10$ m

(b) $m = 330$ g, $L = 1.10$ m

(c) $m = 330$ g, $L = 1.00$ m

(d) $m = 330$ g, $L = 1.21$ m

(e) $m = 300$ g, $L = 1.21$ m

35 [69]. 한 시계에는 1.0 s마다 앞뒤로 완전한 진동을 하는 진자가 있다. 진자의 끝에 매달린 물체의 무게는 10.0 N이다. 진자의 길이는 얼마인가?

36 [71]. 지구상에서 주기가 0.650 s인 진자시계가 있다. 이 시계를 다른 행성으로 가져갔을 때 주기가 0.862 s이었다. 이때 진자의 길이 변화는 무시할 만하다. (a) 다른 행성의 중력장이 지구의 중력장보다 큰가 아니면 작은가? 설명하여라. (b) 다른 행성의 중력장의 세기를 구하여라.

37 [73]. 맥스의 팔의 무게는 34 N이고 길이는 63 cm이다. 맥스가 팔에 힘을 빼고 진자처럼 앞뒤로 흔든다면 주기는 얼마인가? 팔을 균일한 막대로 모형화 하여라.

38 [75]. 크리스티는 길이가 1.000 m인 진자가 있는 대형 괘종시계를 가지고 있다. (a) 추를 단진자 모형이라 가정한다면, 주기는 어떻게 되겠는가? (b) 크리스티가 실제로 시계의 주기를 쟀을 때, 길이가 1.000 m인 단진자보다 1.00 % 정도 빠르다는 것을 알았다. 크리스티가 진자를 길이가 1.000 m인 균일한 가는 막대와 회전축으로부터 1.000 m 지점에 있는 점질량 모형으로 생각한다면, 균일한 가는 막대로 생각한 질량은 진자의 총 질량의 몇 퍼센트인가?

10.9 감쇠진동

39 [77]. (a) 진폭 5.0 cm로 진동하는 진자($L=1.0$ m, $m=0.50$ kg)의 에너지는 얼마인가? (b) (감쇠로 인한) 진자의 에너지 손실은 2.0 kg의 질량이 1주일에 1.0 m 떨어질 수 있도록 시계로 대체된다. 한 주기 동안 진자의 에너지 중 평균 몇 퍼센트가 손실되는가?

40 [79]. 감쇠력 때문에 진동기의 진폭은 10주기에서 5.00 % 감소한다. 10주기 동안 에너지가 몇 퍼센트 감소하는가?

협동문제

41 [81]. 마틴은 잡은 물고기의 무게가 얼마인지 알고 싶었지만, 저울이 없었다. 하지만 그는 초시계와 용수철, 그리고 4.90 N의 추를 가지고 있었다. 그는 추를 용수철에 달아서 65 s 동안 용수철이 20번 진동한다는 것을 알았다. 다음에 그는 물고기를 용수철에 매달고, 용수철이 20번 진동하는 데 220 s가 걸린다는 것을 알았다. (a) (b)에 답하기 전에, 물고기의 무게가 4.90 N 이상인지 이하인지 여부를 결정하고, 이유를 설명하여라. (b) 물고기의 무게는 얼마인가?

42 [83]. 번지 점퍼가 다리에서 뛰어내려 일련의 진동을 한다. $g=9.78\ \text{m/s}^2$이라고 가정하여라. (a) 60.0 kg의 점퍼가 33.0 m의 길이의 번지 줄을 묶고 강 위 50.0 m의 높이에서 점프하여 첫 하강에서 물표면 위 불과 몇 cm에서 정지한다면 진동 주기는 얼마인가? 번지 줄은 훅의 법칙을 따른다고 가정하여라. (b) 다음 순서의 점퍼는 질량이 80.0 kg이다. 이 사람도 같은 줄을 사용하여 점프해도 되는가? 설명하여라.

연구문제

43 [85]. 네 사람이 차에 타고 있다. 사람들의 질량은 45 kg, 52 kg, 67 kg, 61 kg이다. 차의 질량은 1020 kg이다. 자동차가 과속 방지턱을 넘어 주행할 때, 용수철은 2.00 Hz의 진동수로 진동한다. 45 kg인 사람만 타고 있다면 진동수는 얼마나 될까?

44 [87]. 수평 위치가 $x=(4.00\ \text{cm})\cos[(3.14\ \text{rad/s})t]$로 기술되는 단진자의 길이는 얼마인가? 이 질문에 대답하기 위해 어떤 가정을 해야 하는가?

45 [89]. 해군 전투기 조종사가 바다에 추락하기 전에 비행기에서 긴급탈출 했다. 조종사가 구조 헬기를 타고 항공모함으로 이동하는 동안 45 m 길이의 케이블에 매달려 있다. 헬리콥터가 항공모함 위를 맴도는 동안 조종사가 앞뒤로 흔들릴 때 진동 주기는 얼마인가?

46 [91]. 거미줄의 영률은 4.0 GPa이며 최대 1.4 GPa의 변형력을 견딜 수 있다. 거미줄 한 가닥의 단면적은 $1.0\times10^{-11}\ \text{m}^2$이고, 거미집은 50개의 지름 방향 거미줄로 이

루어져 있다. 벌레가 수평으로 처진 거미집 중앙에 걸려서 거미줄이 아래로 늘어났다. (a) 각 가닥에 최대 변형력이 가해지는 경우, 지름 방향 거미줄이 수평과 이루는 각 θ는 얼마인가? (b) 거미줄에 최대 변형력을 가하려면 벌레의 질량은 얼마여야 하는가? (c) 거미집의 반지름이 0.10 m인 경우, 거미줄은 아래로 얼마나 늘어나는가?

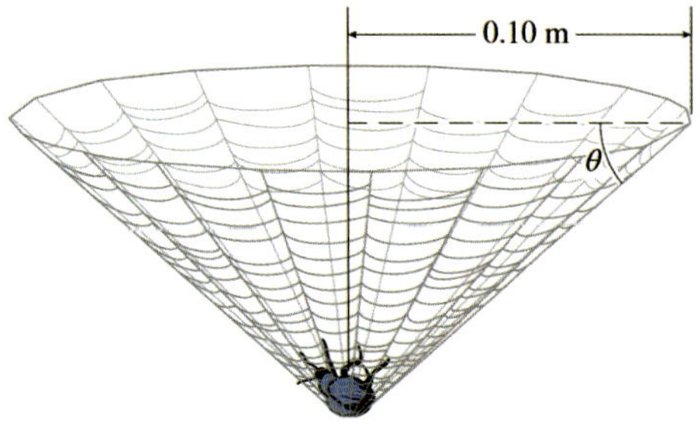

47 [93]. 잔디 깎는 기계에는 28 Hz의 진동수로 앞뒤로 움직이는 날이 있다. 날은 전기 모터의 회전운동을 진동운동으로 스카치 요크(개념형 질문 4)에 의해 진동운동을 한다. 날은 한쪽 끝에서 다른 쪽 끝까지 2.4 cm 이동한다. 칼날이 단순조화운동을 한다고 가정할 때, 최대 속력과 최대 가속도는 얼마인가?

48 [95]. 루크는 계속하여 정원의 식물을 뜯어 먹는 성가신 동물을 잡기 위해 덫을 만들려고 한다. 루크는 용수철을 사용하여 덫의 문을 닫고자 차고 안에 있는 용수철의 용수철 상수를 알아보려고 한다. 그가 천장에 용수철을 매달았더니 길이가 20.0 cm로 측정되었다. 그러고 나서 용수철의 끝에 1.10 kg의 벽돌을 매달았더니 31.0 cm로 늘어났다. (a) 용수철 상수는 얼마인가? (b) 평형위치의 벽돌을 5.00 cm 잡아당겼다 놓고 진동하는 것을 관찰했을 때, 벽돌의 최대 속력은 얼마인가? (c) 변위가 평형위치로부터 2.50 cm일 때, 벽돌의 속력은 얼마인가? (d) 벽돌을 다섯 번 진동시키는 데 걸리는 시간은 얼마인가?

49 [97]. 질량–용수철 계(질량 m, 용수철 상수 k)가 진폭 A로 진동한다. m, k, A가 유일한 관련량이라고 가정할 때, 차원 분석만 이용해서 진동수 f가 진폭 A에는 무관하고 $\sqrt{k/m}$에 비례함을 보여라.

50 [99]. 지름이 0.80 mm인 강철 피아노선($Y=$ 200 GPa)이 있다. 이 선의 한쪽 끝은 지름이 8.0 mm인 회전 핀에 감겨 있다. 이 선(회전 핀 주위에 감긴 선까지 포함)의 길이는 66 cm이고 처음 장력은 381 N이다. 피아노를 조율하려면 이 선의 장력을 402 N으로 높여야 한다. 회전 핀을 몇 도나 돌려야 하는가?

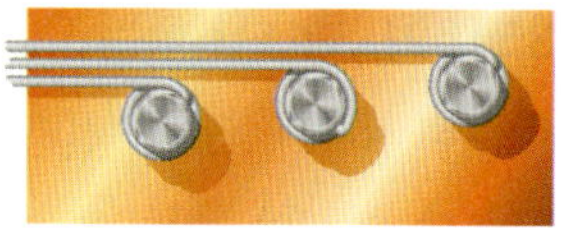

51 [101]. 몸무게가 640 N인 줄타기 곡예사가 강철 줄 위를 걷고 있다. 그가 반쯤 건너가면 줄은 수평선 아래로 0.040 rad만큼 내려간다. (a) 줄에는 어떤 변형이 일어나는가? 줄은 밟기 전에 80 N 장력이 수평으로 작용한다고 가정하여라. 줄 자체의 무게는 무시하여라. (b) 줄타기 곡예사가 중간 지점에 서 있을 때 줄의 장력은 얼마인가? (c) 줄의 단면적은 얼마인가? (d) 줄이 탄성한계(250 MPa)를 초과하여 늘어나는가?

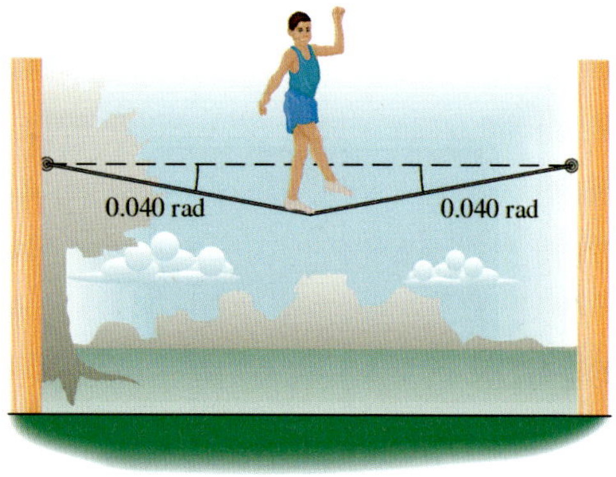

[0.040 rad의 각도는 과장되어 있다.]

52 [103]. (a) 미터자의 한쪽 끝(100 cm 표시 부분), (b) 75 cm 위치, (c) 60 cm 위치를 진자의 가로축으로 할 때 주기는 어떻게 되는가?

53 [105]. 수평인 나뭇가지에 한 팔로 매달린 긴팔원숭이가 작은 진폭으로 몸을 흔들고 있다. 긴팔원숭이의 질량중심은 가지로부터 0.40 m에 있고, 회전관성을 질량으로 나눈 값은 $I/m=0.25\ \mathrm{m}^2$이다. 긴팔원숭이의 진동수를 추정하여라.

종합문제

54 [107]. 수면 아래 1.0 km 깊이에서 물의 밀도는 몇 퍼센트나 증가하는가?

55 [109]. 단진자의 운동은 진폭이 작은 경우에만 대략 단순조화운동을 한다. 수평 위치(그림 10.23에서 $\theta_i = 90°$)에서 진동을 시작한 단진자를 고려해 보자. (a) 에너지 보존을 이용하여, 진자 추가 진동의 맨 아래에 있을 때 추의 속력을 구하여라. 답을 진자의 질량 m과 길이 L로 나타내어라. 단순조화운동이라고 가정하지는 말아라. (b) 운동이 단순조화운동이라고 가정하여(이처럼 진폭이 큰 경우에는 부정확함) 진자의 최대 속력을 결정하여라. 답을 기초로 했을 때 큰 진폭에서 진자의 주기가 식 (10-41)에 주어진 것보다 큰가 아니면 작은가?

56 [111]. 5.0 kg의 나무토막이 용수철 상수가 150 N/m인 용수철에 묶여 있다. 나무토막을 잡아당겨 용수철을 늘렸다가 놓으면 마찰이 없는 수평면에서 자유롭게 미끄러진다. 이 나무토막 위에 1.0 kg의 나무토막을 놓았다. 두 나무토막 사이의 정지마찰계수는 0.45이다. 위의 나무토막이 미끄러지지 않는다면 두 나무토막이 진동할 때 가질 수 있는 최대 속력은 얼마인가?

57 [113]. 반지름이 12.0 cm인 구형 풍선에 헬륨이 채워져 있다. 풍선 바닥을 2.30 m 길이의 리본에 묶고 리본의 다른 끝을 땅에다 고정했다. 풍선의 질량은 2.80×10^{-3} kg이다. 리본의 질량은 무시하여라. (a) 리본의 장력은 얼마인가? (b) 풍선을 평형위치에서 옆으로 약간 이동시켰다가 놓으면 거꾸로 선 단진자처럼 앞뒤로 진동한다. 진동의 주기는 얼마인가? 마찰과 공기저항을 무시하여라.

CHAPTER 11 | 파동

개념정리

- 등방성 음원은 모든 방향으로 균일하게 음파를 발산한다. 매질에 의한 에너지 흡수가 없고 장애물에 의한 음파의 반사나 흡수가 없다면, 등방성 음원으로부터 거리 r이 되는 지점의 파동의 세기는 다음과 같다.

$$I = \frac{P}{A} = \frac{P}{4\pi r^2} \qquad (11-2)$$

- 횡파에서 매질의 입자는 파동 진행 방향의 수직 방향으로 운동한다. 종파에서 매질의 입자는 파동의 진행 방향과 같은 방향으로 운동한다.

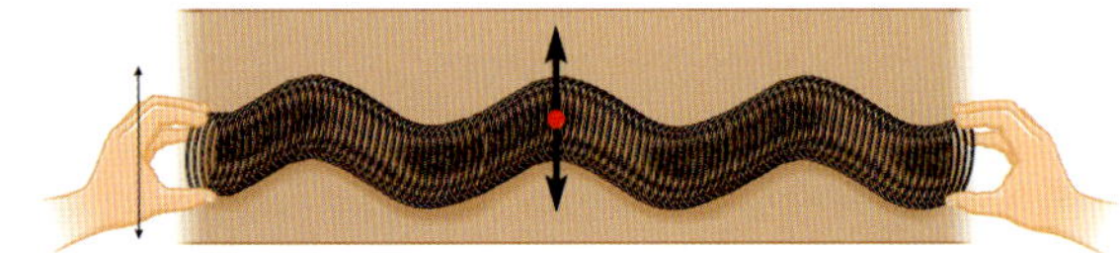

(a)

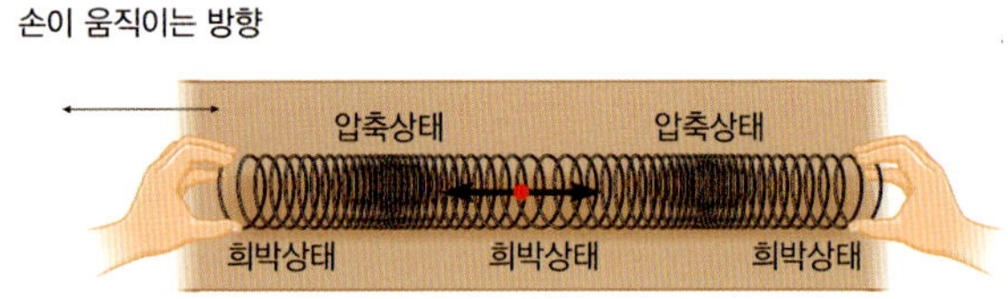

(b)

- 역학적 파동의 속력은 매질의 성질에 의존한다. 복원력이 클수록 파동의 속력은 더 빠르고, 관성이 클수록 파동은 느려진다.
- 줄에서 횡파의 속력은

$$v = \sqrt{\frac{F}{\mu}} \qquad (11-5)$$

이다. 여기서

$$\mu = m/L \qquad (11-4)$$

이다.

- 주기적인 파동은 같은 형태의 운동을 계속해서 반복한다. 조화파동은 주기적인 파동의 특별한 종류로서, 사인형 함수(사인함수 또는 코사인함수)로 특성화된다.
- 어떤 주기적인 파동이 속력 v, 주기 T라면, 형태가 반복되는 거리는 파장이다.

$$\lambda = vT \qquad (11-6)$$

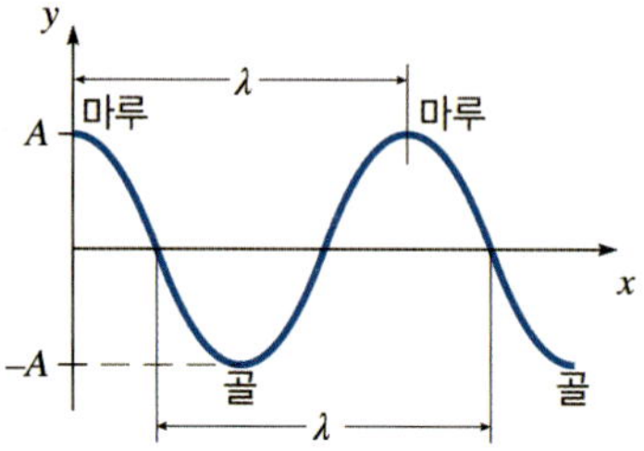

- 중첩의 원리 : 2개 이상의 파동이 겹치면, 겹친점에서 알짜 교란은 각 파동의 교란을 합한 것과 같다.
- 진행하는 조화파동은

$$y(x,\,t) = A\cos(\omega t \pm kx) \qquad (11-10)$$

또는

$$y(x,\,t) = A\sin(\omega t \pm kx) \qquad (11-11)$$

로 기술된다.

상수 k는 파수이다.

$$k = \frac{\omega}{v} = \frac{2\pi f}{v} = \frac{2\pi}{\lambda} \qquad (11-15)$$

- 반사는 두 다른 매질 사이의 경계에서 발생한다. 일부 에너지는 새로운 매질로 전달되고, 나머지는 반사된다. 경계선을 지나 전달되는 파는 굴절된다(다른 방향으로 전파).
- 두 파동이 서로 위상이 같으면 보강간섭을 하고, 위상이 180° 차이가 나면 상쇄간섭을 한다.
- 회절은 파동이 장애물을 돌아 전파되는 현상이다.

• 줄의 정상파에서 모든 점은 같은 진동수로 단순조화운동을 한다. 마디는 진폭이 0인 점이고, 배는 진폭이 최대인 점이다. 인접한 두 마디 사이의 거리는 $\frac{1}{2}\lambda$이다. 마디와 인접한 배 사이의 거리는 $\frac{1}{4}\lambda$이다.

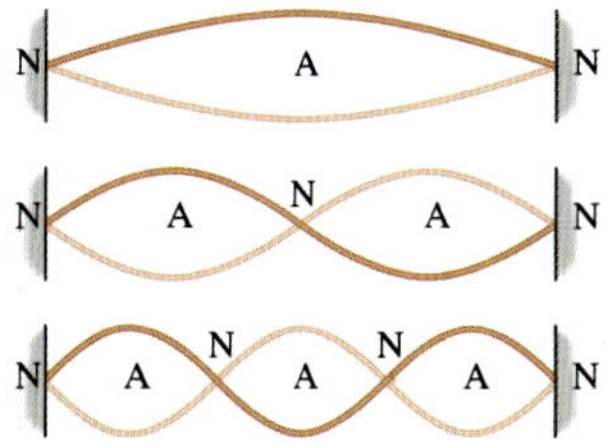

연습문제

개념형 질문

1 [1]. 피아노, 기타 또는 바이올린의 현의 진동은 음파인가? 설명하여라.

2 [3]. 가장 낮은 진동수로 진동하는 피아노 현들은 굵은 구리선을 감싼 강철선으로 구성되어 있는데, 내부 강철선만 장력을 받는다. 구리선 코일의 용도는 무엇인가?

3 [5]. 장력을 일정하게 유지하며 기타 현의 길이를 줄이면 다음의 양은 각각 어떻게 되는가? (a) 기본 파장 (b) 기본 진동수 (c) 펄스가 현의 길이를 이동하는 동안 걸린 시간 (d) 현 위의 한 점의 최대 속도(진폭이 두 번 모두 같다고 가정하여라.) (e) 현 위의 한 점의 최대 가속도(진폭이 두 번 모두 같다고 가정하여라.)

4 [7]. 첼로 연주자는 악기에서 나오는 소리의 진동수를 (a) 현에서 장력을 증가시키거나, (b) 지판을 따라 다른 위치의 현에 손가락을 대거나, (c) 다른 현을 활로 한 번 켜서 변화시킬 수 있다. 이 방법이 각각 진동수에 어떠한 영향을 미치는지 설명해 보아라.

5 [9]. 파장이 10 cm, 진폭이 5.0 cm인 종파가 y 방향으로 진행한다. 이 매질에서 파동 속력은 80 cm/s이다. (a) 파동이 매질을 통과할 때 매질에 있는 입자의 움직임을 기술하라. (b) 파동이 횡파라면 답이 어떻게 달라지는가?

6 [11]. 오디오 스피커는 같은 전기 신호로 전송될 경우 같은 방향으로 이동하도록 극성을 바르게 연결해야 한다. 스피커로 가는 전선을 반대로 연결하면 청취자는 심한 저음(저주파)을 듣는다. 원인이 무엇인가? 저주파가 고주파보다 더 큰 영향을 받는 이유를 설명하여라.

선다형 질문

1 [1]. 횡파가 질량이 m, 길이가 L, 장력이 F인 줄을 따라서 이동한다. 올바른 설명은 무엇인가?

(a) 파동의 에너지는 파동의 진폭의 제곱근에 비례한다.
(b) 줄 위의 모든 점이 같은 속력으로 움직인다.
(c) 파동의 속력은 m, L, F의 값으로 계산할 수 있다.
(d) 파동은 주기적이어야 한다.

2 [3]. 줄 위의 횡파는 $y(x, t) = A\cos(\omega t + kx)$로 기술된다. 파동은 줄이 고정된 점 $x = 0$에 도달한다. 어느 함수가 반사파를 나타내는가?

(a) $\cos(\omega t + kx)$ (b) $A\cos(\omega t - kx)$
(c) $-A\sin(\omega t + kx)$ (d) $-A\cos(\omega t - kx)$
(e) $A\sin(\omega t + kx)$

3 [5]. 파동이 한 매질에서 다른 매질로 진행할 때, 같은 상태를 유지해야 하는 양은 무엇인가?

(a) 파장 (b) 파동의 속력
(c) 진동수 (d) 진행 방향

4 [7]. 횡파에서 매질의 각 입자는 어떻게 움직이는가?

(a) 원형으로 (b) 타원으로
(c) 파동의 진행 방향과 평행하게
(d) 파동의 진행 방향에 수직으로

5 [9]. 등방성 음파의 세기는

(a) 소리샘으로부터의 거리에 정비례한다.

(b) 소리샘으로부터의 거리에 반비례한다.

(c) 소리샘으로부터의 거리의 제곱에 정비례한다.

(d) 소리샘으로부터의 거리의 제곱에 반비례한다.

(e) 위의 어느 것도 아니다.

6 [11]. 그림은 줄을 따라 오른쪽으로 이동하는 복잡한 파동을 보여준다. 줄 위의 어느 점이 아래로 이동하고 있는가?

(a) A

(b) B

(c) C

(d) A, C

(e) A, B, C

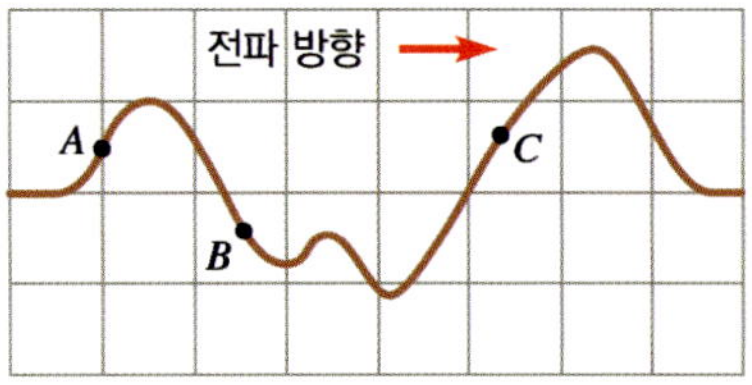

문제

11.1 파동과 에너지 전송

1 [1]. 지구의 대기에 도달하는 햇빛의 세기는 1400 W/m^2이다. 목성에 도달하는 햇빛의 세기는 얼마인가? 목성에서 태양까지의 거리는 지구에서 태양까지의 거리의 5.2배이다. **힌트** 태양을 등방성 광원으로 취급하여라.

2 [3]. 미셸은 계곡을 가로지르는 절벽에서 소풍을 즐기고 있다. 미셸이 손뼉을 친 후, 메아리가 돌아오기까지 1.5 s가 걸렸다. 그날의 공기 중 음속이 343 m/s라면 절벽은 얼마나 멀리 떨어져 있는가?

3 [5]. 제트기가 이륙할 때 내는 소리의 세기가 5.0 m 밖에서 100 W/m^2이다. 소리가 모든 방향으로 전파된다고 가정할 때 120 m 떨어진 곳에 서 있는 사람의 귀에 닿는 음파의 강도는 어떠한가?

4 [7]. 6개의 소리샘이 평균 출력 P로 모든 방향으로 균등하게 소리를 낸다. 마이크는 각 소리샘에서 거리 d에 위치한다. 마이크 위치에서의 세기를 작은 것부터 큰 순서대로 나열하여라.

(a) $P=10$ W, $d=2$ m (b) $P=5$ W, $d=1$ m

(c) $P=20$ W, $d=4$ m (d) $P=20$ W, $d=8$ m

(e) $P=5$ W, $d=2$ m

11.3 줄 위의 횡파 속력

5 [9]. (a) 그림에서 $t=3.00$ s일 때의 펄스 봉우리의 위치는 어디인가? (b) 언제 펄스의 봉우리가 $x=4.00$ m에 도달하는가?

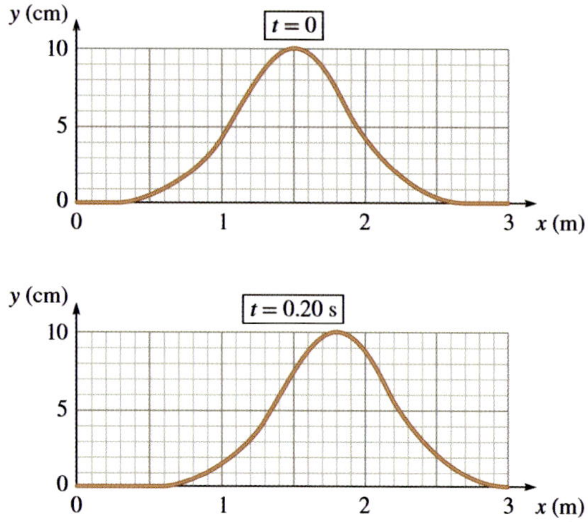

[문제 5, 24~25, 48의 그림]

6 [11]. 금속 기타 줄의 선밀도는 $\mu=3.20$ g/m이다. 장력이 90.0 N일 때 이 줄에서 횡파의 속력은 얼마인가?

7 [13]. 길이가 각각 15.0 m인 두 줄이 나란히 늘어져 있다. 한 줄은 질량이 78.0 g이고 장력은 180.0 N이다. 다른 줄은 질량이 58.0 g이고 장력은 160.0 N이다. 각 줄의 한쪽 끝에서 펄스가 동시에 생성되었다. (a) 펄스가 어느 줄에서 더 빨리 이동하는가? (b) 한 펄스가 줄의 다른 끝에 먼저 도착하고 나서 다른 펄스가 도달하기까지 시간이 얼마나 걸리는가?

11.4 주기적 파동

8 [15]. 진동수와 파장이 각각 500.0 Hz와 0.500 m인 파동의 속력은 얼마인가?

9 [17]. 속력과 파장이 각각 120 m/s와 30.0 cm인 파동의 진동수는 얼마인가?

10 [19]. 휴대폰으로 전송되는 진동수 900 MHz인 마이크로파의 파장은 얼마인가? (마이크로파는 3.0×10^8 m/s로 이동한다.)

11 [21]. 한 어부가 옆을 지나가는 쾌속정이 일으킨 파도의 물결 때문에 물속 부표가 상하로 움직이는 것을 알아챘다. 이 파동은 2.5 m/s로 이동하며 파장은 7.5 m이다. 부표가 위아래로 움직이는 진동수는 얼마인가?

11.5 수식으로 나타낸 파동

12 [23]. 줄에서 $y(x, t) = A\cos(\omega t + kx)$로 기술되는 횡파가 있다. 여기서 $A = 20.350$ mm, $\omega = 50.0$ rad/s, $k = 6.00$ rad/m이다. 이 파동의 (a) 파장 (b) 주기 (c) 파동 속력 (d) 파동이 진행하는 방향 (e) 줄에 있는 점의 가로 방향의 최대 속력은 얼마인가?

13 [25]. 어떤 줄에서 일어난 횡파를 $y(x, t) = (0.35\text{ mm})\sin\{(1.047\text{ rad/m})[x - (66\text{ m/s})t]\}$로 기술할 수 있다. 이 파동의 (a) 진폭 (b) 파장 (c) 진동수 (d) 파동의 진행 방향 (e) 줄 위 한 점의 최대 가로 방향의 속력은 얼마인가?

14 [27]. (a) $-x$ 방향으로 이동하는 진폭 1.20 mm, 파장 30.0 cm, 파동 속력 6.40 m/s인 조화파동에 대한 방정식을 써라. $t = 0$, $x = 0$ 점에서 최대 횡파 속력으로 $+y$ 방향으로 이동하고 있다. (b) 최대 가로 방향의 속력 값은 얼마인가?

15 [29]. 줄 위 한 점의 최대 가로 방향의 속력보다 5.00배 빠르게 $+x$ 방향으로 이동하는 진폭 2.50 cm이고, 각진동수 2.90 rad/s인 조화파동 방정식을 써라. $t = 0$에서 점 $x = 0$은 $y = 0$에 있고, $-y$ 방향으로 움직이고 있다.

11.6 파동 그래프 그리기

16 [31]. 그래프는 고정된 위치 x에서 5개의 횡파에 대한 시간 t의 함수로서 변위 y를 보여준다. 변위축과 시간축은 각 그래프에서 같은 척도를 사용한다. 파동을 진폭이 큰 것부터 작은 순서대로 정렬하여라.

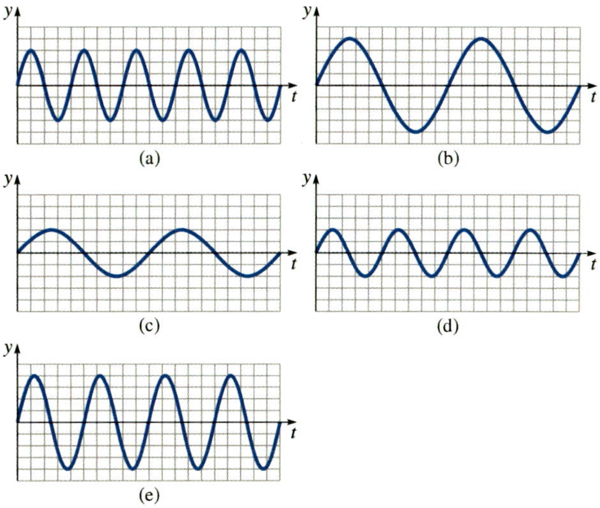

17 [33]. 사인파가 끈에서 오른쪽으로 이동하고 있다. 그림에서 희미한 선은 시간 $t = 0$에서 끈의 모양을 나타내고 진한 선은 시간 $t = 0.10$ s에서 끈의 모양을 나타낸다. (가로와 세로 눈금이 다름에 주의하여라.) 파동의 (a) 진폭 (b) 파장 (c) 파동의 속력 (d) 진동수 (e) 주기는 얼마인가?

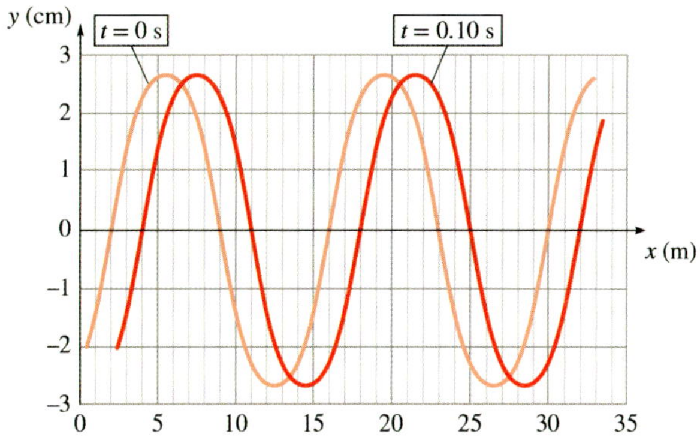

18 [35]. $y(x, t) = (0.0050\text{ m})\cos[(4.0\pi\text{ rad/s})t - (1.0\pi\text{ rad/m})x]$로 기술되는 줄 위의 횡파에서, 줄 위 한 점의 최대 속력과 최대 가속도를 구하여라. 점 $x = 0$에서 속도 v_y 대 t의 한 주기를 보여주는 그래프를 그려라.

19 [37]. 함수 $y(x, t) = (0.80\text{ mm})\sin(kx + \omega t)$에 대해 시간 t가 0과 0.96 s일 때 y 대 x의 그래프를 그려라. 처음에는 실선을 사용하고 다음에는 점선을 사용하여, 같은 축에 그래프를 그려라. $k = (\pi/5.0)$ rad/cm

와 $\omega=(\pi/6.0)$ rad/s의 값을 사용하여라. 파동이 $-x$ 방향인가 또는 $+x$ 방향인가?

11.7 중첩의 원리

20 [39]. $t=0$일 때 줄에 있는 두 개의 펄스가 서로를 향해 40 cm/s로 움직이고 있다. 0.15 s와 0.25 s에서 줄의 모양을 대략 그려라.

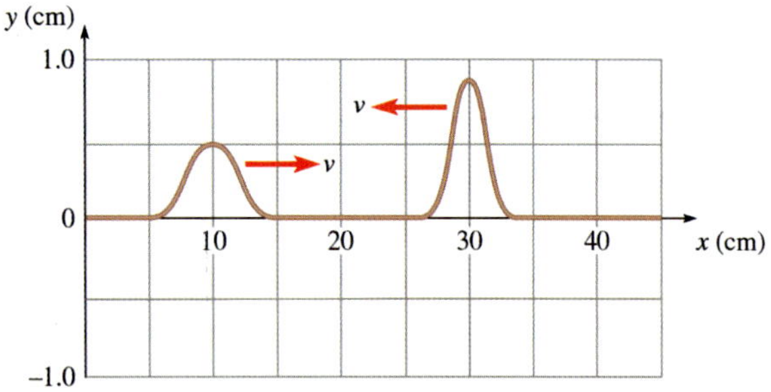

21 [41]. $y_1=A\sin(\omega t+kx)$와 $y_2=A\sin(\omega t+kx+\pi/3)$로 기술되는 2개의 사인파가 있다. 같은 좌표축에 점 $x=0$에서 y_1 대 t, y_2 대 t의 그래프를 그려라. $x=0$에서 두 파동의 중첩에 대해 y 대 t를 그리고 진폭을 추정하여라.

11.8 반사와 굴절

22 [43]. 파장 0.500 μm(공기 중에서)의 빛이 수영장의 물로 들어간다. 물에서 빛의 속력은 공기 중 속력의 0.750배이다. 물에 있는 빛의 파장은 얼마인가?

23 [45]. $t=0$에서, 그림에 보인 파동 펄스가 줄 위에서 서로를 향해 이동한다. 파동의 속력은 20 m/s이다. 중첩의 원리를 사용하여 $t=2.0$ ms에서 줄의 모양을 그려라.

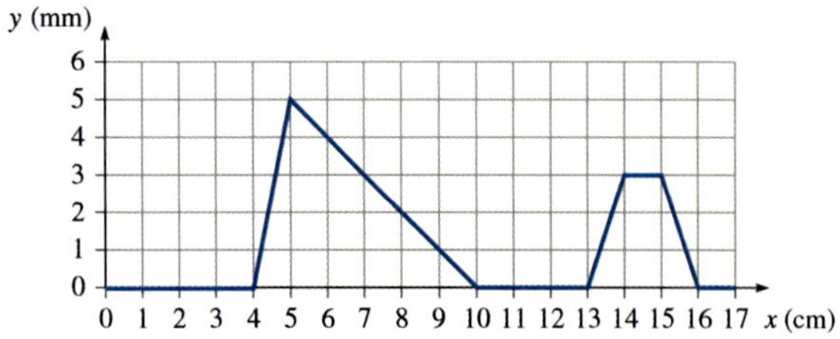

문제 24~25. 문제 5의 펄스는 줄의 오른쪽으로 이동하고 줄의 양끝은 각각 $x=0$과 $x=4.0$ m에 고정되어 있다. 입사 펄스가 끝점에 도달하는 동시에 그 끝점에서 반사하여 줄을 따라 이동하기 시작하는 펄스를 상상하라. 입사 및 반사된 펄스의 중첩은 줄 모양이다.

24 [47]. $t>0$에서 $t=0$일 때와 처음으로 똑같은 줄이 보이는 것은 언제인가?

25 [49]. $t=31.6$ s일 때 줄의 모양을 대략 그려라.

11.9 간섭과 회절

26 [51]. 두 스피커가 523 Hz에서 서로 같은 위상으로 진동한다. 실내의 어떤 지점에서 두 스피커의 음파가 보강간섭을 한다. 그러한 지점 중 한 곳은 스피커 1에서 2.28 m 거리에 있고 스피커 2에서는 2 m에서 4 m 사이에 있다. 이 지점은 스피커 2로부터 얼마나 떨어져 있는가? 가능한 모든 거리를 2 m에서 4 m 사이에서 구하라. 공기 중에서 소리의 속력은 343 m/s이다.

27 [53]. 진동수는 같지만 진폭이 $A_1=5.0$ cm와 $A_2=3.0$ cm로 다른 두 파동이 같은 공간에 있다(곧 중첩되어 있다). (a) 보강간섭이면 합성파동의 진폭은 얼마인가? (b) 상쇄간섭이면 진폭은 얼마인가? (c) 보강간섭의 진폭은 상쇄간섭의 진폭보다 몇 배 커지는가?

28 [55]. 세기가 25 mW/m^{2}인 음파가 세기가 15 mW/m^{2}인 음파와 보강간섭을 한다. 두 파동이 중첩될 때 파동의 세기는 얼마인가?

29 [57]. 두 개의 결이 맞는 음파의 세기가 0.040 W/m^{2}와 0.090 W/m^{2}이다. (a) 파동이 보강간섭을 한다면 세기는 얼마인가? (b) 상쇄간섭을 한다면 세기는 얼마인가? (c) 결이 어긋난다면 세기는 얼마인가?

힌트 만약 답이 정확하다면 (c)는 (a)와 (b)의 평균이다.

11.10 정지파

30 [59]. 5개의 늘어선 현은 다음과 같은 성질을 가지고 있다. 기본 진동수(횡파 정상파에 대해)에 따라 현을 큰 값에서 작은 값 순서로 정렬하여라.

(a) 길이 L, 총질량 m, 장력 F
(b) 길이 $2L$, 총질량 m, 장력 F
(c) 길이 L, 총질량 $2m$, 장력 F
(d) 길이 L, 총질량 m, 장력 $2F$
(e) 길이 $2L$, 총질량 $2m$, 장력 F

31 [61]. 기타 줄의 기본 진동수는 f이다. 연주자는 줄의 프렛을 눌러 진동 부분을 원래 길이의 5/6로 줄인다. 아주 작은 장력 변화는 무시한다면, 기본 진동수는 어떤 인자에 의해 변하는가?

32 [63]. 길이가 2.0 m인 줄의 양끝이 고정되어 있다. 줄 중앙을 짧게 퉁기면, 펄스가 줄의 끝으로 이동했다가 0.050 s 후에 다시 중앙으로 되돌아온다. 이 줄에서 생기는 가장 낮은 3개의 정상파의 진동수는 얼마인가?

33 [65]. 기타 줄의 기본 진동수를 4.0 % 줄이기 위해서는 장력을 몇 퍼센트까지 줄여야 하는가?

34 [67]. 길이가 1.5 m인 줄의 양끝이 고정되어 있다. 단위 길이당 질량은 1.2 g/m이고 장력은 12 N이다. (a) 기본 진동의 진동수는 얼마인가? (b) $n = 3$인 모드가 진동수 0.50 kHz의 진동을 만드는 데 필요한 장력은 얼마인가?

35 [69]. 기타의 E(미)줄은 길이가 65 cm이고, 82 N의 장력으로 당겨져 있다. 이 줄은 기본 진동수 329.63 Hz로 진동한다. 줄의 단위 길이당 질량을 결정하라.

36 [71]. 실험실에서 실험하려는 줄은 단위 길이당 질량이 0.120 g/m이다. 그 줄에는 그림 11.23에서 보인 것과 유사한 진동기와 추가 달려 있다. 진동기는 110 Hz의 일정한 진동수로 진동한다. 42 cm 길이의 줄에 정지파를 발생시키려면 추의 무게는 얼마여야 하는가? 가장 가능성이 큰 세 가지만 제시하여라.

협동문제

37 [73]. 기타 줄의 프렛이 눌리면, 짧아진 줄은 이전의 프렛을 눌렀을 때보다 5.95 % 더 높은 기본 진동수로 진동한다. 자유롭게 진동할 수 있는 부분의 줄 길이가 64.8 cm인 경우, 처음 세 번째 프렛은 줄의 한쪽 끝에서 얼마나 떨어져 있는가?

38 [75]. 용수철에서 횡파 속력을 나타내는 공식은 줄의 경우와 같다. (a) 용수철은 그것이 이완되었을 때의 길이보다 훨씬 더 길게 늘어난다. 용수철의 장력이 대략 그것이 늘어난 길이에 비례하는 이유를 설명하여라. (b) 파동이 용수철의 한쪽 끝에서 다른 쪽 끝까지 이동하는 데 4.00 s가 걸린다. 그런 다음에 길이를 10.0 % 늘렸다. 이렇게 하면 파동이 용수철의 길이를 이동하는 데 얼마나 걸리는가?
힌트 단위 길이당 질량이 일정한가?

39 [77]. 서로 1.5 m 떨어져 있는 두 스피커에서 모든 방향으로 680 Hz의 진동수로 결이 맞는 음을 방출한다. 파동들은 서로 같은 위상으로 시작한다. 한 사람이 두 스피커를 연결하는 선의 중간 지점을 중심으로 반지름이 1 m보다 훨씬 큰 원을 따라 걸어가고 있다. 이 사람이 얼마나 많은 점에서 상쇄간섭을 관찰하는가? 이 사람과 스피커는 모두 같은 수평면에 있으며 소리의 속력은 340 m/s이다. **힌트** 그림을 그려서 시작하고, 원둘레 위의 여러 점에서 두 파동 사이의 최대 경로 차이를 결정하여라. 이와 같은 실험은 반사가 거의 일어나지 않는 특수실험실에서 해야 한다.

연구문제

40 [79]. 호수 위의 파동의 속력은 진동수에 따라 달라진다. 진동수 1.0 Hz인 파동은 파동 속력이 1.56 m/s이고, 2.0 Hz인 파동은 속력이 0.78 m/s이다. 쾌속정 후미에서 발생한 2.0 Hz의 파동은 같은 보트에서 발생한 1.0 Hz의 파동이 도달하고 나서 120 s 후에 도달하였다. 쾌속정은 얼마나 멀리 떨어져 있는가?

41 [81]. 그림의 (a)와 같이 간판이 한 개의 철사에 걸려 있다. 가게 주인은 이 철사가 660 Hz의 기본 공명 진동수로 진동하여 손님을 짜증나게 하는 것을 알았다. 이 문제를 해결하기 위해 가게 주인은 철사를 반으로 잘라서 그림 (b)와 같이 간판을 걸었다. 두 철사의 장력이 같다고 가정하고, 이 철사의 기본 진동수를 새로 구하여라.

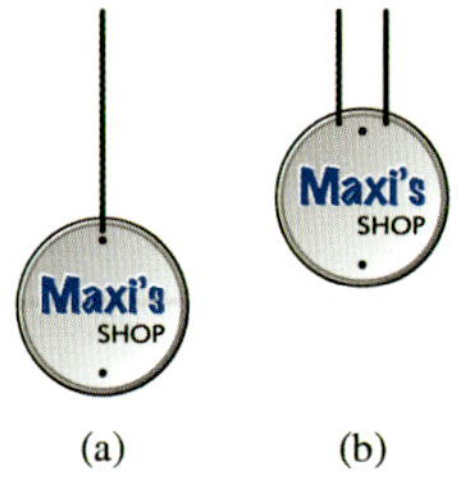

42 [83]. 방정식 $y(x, t) = (7.00\text{ cm})\cos[(6.00\pi\text{ rad/cm})x + (20.0\pi\text{ rad/s})t]$로 기술되는 지진파가 있다. 이 파동은 x축을 따라서 놓인 균일한 매질을 통해 이동한다. (a) 이 파동이 오른쪽($+x$ 방향)으로 움직이는가 아니면 왼쪽($-x$ 방향)으로 움직이는가? (b) 매체의 입자는 평형위치에서 얼마나 멀리 움직이는가? (c) 이 파동의 진동수는 얼마인가? (d) 이 파동의 파장은 얼마인가? (e) 파동의 속력은 얼마인가? (f) $t = 0$일 때 $y = 7.00$ cm, $x = 0$에서 입자의 움직임을 설명하여라. (g) 이 파동은 횡파인가 아니면 종파인가?

43 [85]. 진동수 1231 Hz인 음파는 벽을 향해서 공기를 통과하여 똑바로 이동한 다음 다시 공기를 통해 벽을 통과해 나간다. 음파의 초기 속력이 341 m/s이고 벽 속에서의 속력이 620 m/s라면, (a) 소리의 초기 파장 (b) 벽 속에서의 소리의 파장 (c) 벽의 반대편으로 빠져나갈 때 소리의 파장은 얼마인가?

44 [87]. 두 개의 다른 줄에서 진행하는 다음 파동 방정식을 고려하라.

Ⅰ. $y(x, t) = (1.50\text{ cm})\sin[(4.00\text{ cm}^{-1})x + (6.00\text{ s}^{-1})t]$

Ⅱ. $y(x, t) = (4.50\text{ cm})\sin[(3.00\text{ cm}^{-1})x + (3.00\text{ s}^{-1})t]$

(a) 어느 파동이 더 빠른가? 그 속력은 얼마인가? (b) 파장이 긴 파동은 어느 것인가? 그 파장은 얼마인가? (c) 매질에 있는 점 중에서 최고 속력이 더 빠른 것은 어느 것인가? 또, 그 속력은 얼마인가? (d) $+x$ 방향으로 움직이는 파동은 어느 것인가?

45 [89]. (a) 그래프를 그릴 수 있는 계산기나 컴퓨터 그래픽 프로그램을 사용하여 $t = 0$ s, 1.0 s, 2.0 s일 때 $y(x, t) = (5.0\text{ cm})[\sin(kx - \omega t) + \sin(kx + \omega t)]$를 나타내는 y 대 x의 그래프를 그려라. $k = (\pi/5.0)$ rad/cm와 $\omega = (\pi/6.0)$ rad/s을 사용하여라. (b) 이것은 진행파인가? 그렇지 않다면, 어떤 종류의 파동인가?

46 [91]. 그래프는 작은 지진의 진앙에서 180 km 떨어진 곳의 지진계가 기록한 지면의 진동 모습이다. 파동이 진앙에서 지진계로 오는 데 30.0 s가 걸린다. 파장을 추정해 보아라.

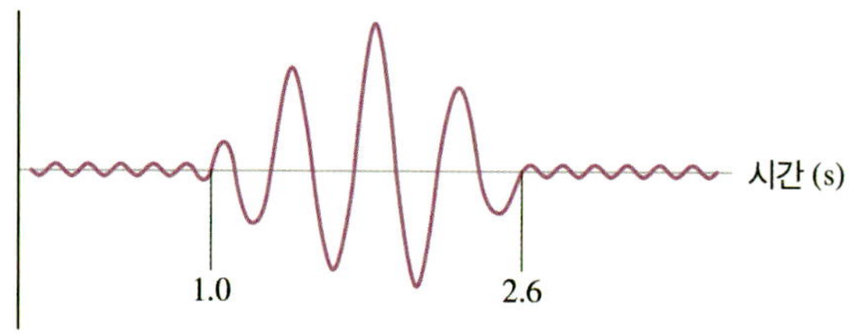

47 [93]. 깊은 물속의 물결 파동과 달리, 연못 표면의 잔잔한 물결은 표면장력 때문에 일어난다. 물의 표면장력 γ는 복원력의 특성을 나타내며, 물의 질량밀도 ρ는 물의 관성의 특성을 나타낸다. 차원 분석을 통하여 표면파가 분산적인지(파동 속력이 파장에 따라 변하는지), 아니면 분산적이 아닌지(파동 속력이 파장에 무관한지) 결정하라.

힌트 파동 속력은 γ, ρ와 파장 λ에 의해 결정된다고 가정하고 시작하여라.

종합문제

48 [95]. 문제 5의 펄스를 참고하여라. (a) 펄스의 전파 속력은 얼마인가? (b) 이 시간 동안 $x = 2.0$ m인 지점에서 평균 속력은 얼마인가?

49 [97]. 테더볼 세트(기둥에 매단 공을 라켓으로 치는 2인용 게임)는 질량이 0.411 kg인 공과, 지름 2.50 mm, 영률 4.00 GPa, 밀도 1150 kg/m^3인 나일론 끈으로 이루어져 있다. 볼이 정지해 있을 때 나일론 끈의 길이는 2.200 m이다(아래 방향으로 일직선으로 매달림). 몬티는 테더볼을 하면서 기둥 주위의 공을 쳐서 기둥과 65.0°의 각도로 끈과 공이 수평 원을 그리며 움직이게 하였다. (a) 공이 정지해 있을 때와 비교하여 끈은 얼마나 늘어나는가? (b) 공의 운동에너지는 얼마인가? (c) 횡파 펄스가 공에서 기둥 위까지 끈의 길이를 이동하는 데 걸리는 시간은 얼마인가?

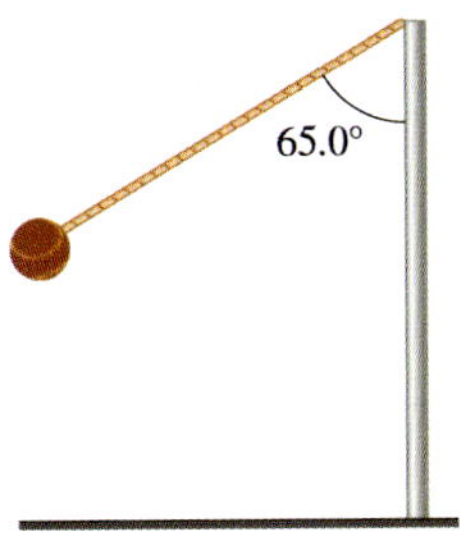

50 [99]. 줄에 $y(x, t) = A\cos(\omega t + kx)$로 기술되는 횡파가 있다. 여기서 $A = 0.40$ mm, $\omega = 39.27$ rad/s, $k = 6.0$ rad/m이다. $t = 0$, 0.010 s, 0, 0.020 s, 0.030 s, 0.040 s에 $x = 0$인 점의 운동을 그림으로 그려라.

51 [101]. 하프시코드 끈은 황동으로 제작되었다(영률 90 GPa, 인장강도 0.63 GPa, 질량밀도 8500 kg/m^3). 정확히 조율했을 때, 줄의 장력은 59.4 N으로, 끈이 끊어지지 않고 견딜 수 있는 최대 장력의 93 %이다. 자유롭게 진동할 수 있는 끈의 길이는 9.4 cm이다. 기본 진동수는 얼마인가?

개념정리

- 소리는 주변 대기압의 위아래의 압력 변동을 측정하는 계기압력 p 또는 방해받지 않는 위치에서 매질의 각 지점의 변위 s로 기술할 수 있다.

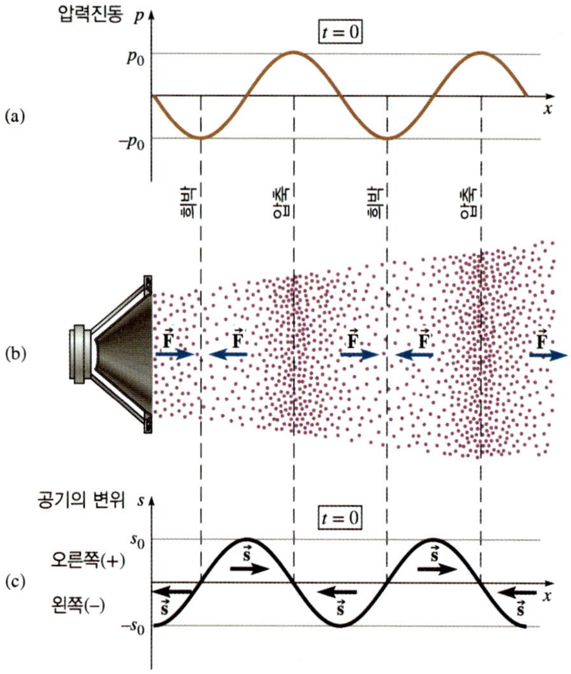

- 청력이 뛰어난 사람은 20 Hz에서 20 kHz까지의 진동수를 들을 수 있다. 20 Hz 이하 및 20 kHz 이상의 진동수를 가진 소리를 설명하기 위해 각각 초저주파 및 초음파라는 용어를 사용한다.
- 유체 내에서 소리의 속력은

$$v = \sqrt{\frac{B}{\rho}} \qquad (12\text{–}1)$$

이다.

- 절대온도 T에서 이상기체 내의 소리의 속력은

$$v = v_0\sqrt{\frac{T}{T_0}} \qquad (12\text{–}4)$$

이다. 여기서 v_0는 절대온도 T_0에서의 소리의 속력이다.

- 0 ℃의 건조한 공기 속에서의 소리의 속력은 331 m/s이다.
- 가는 고체 막대의 길이 방향으로 이동하는 소리의 속력은 대략

$$v = \sqrt{\frac{Y}{\rho}} \quad \text{(가는 고체 막대)} \qquad (12\text{–}6)$$

이다.

- 소리의 압력 진폭은 변위 진폭에 비례한다. 각진동수가 ω인 조화음의 경우

$$p_0 = \omega v \rho s_0 \qquad (12\text{–}7)$$

이다. 여기서 v는 소리의 속도이고 ρ는 매질의 질량밀도이다.

- 소리의 세기와 압력 진폭과의 관계는 다음과 같다.

$$I = \frac{p_0^2}{2\rho v} \qquad (12\text{–}8)$$

여기서 ρ는 매질의 질량밀도이고, v는 그 매질에서의 음속이다. 기억해야 할 가장 중요한 것은 세기는 진폭 제곱에 비례한다는 것인데, 이는 소리만이 아니라 모든 파동에 적용된다.

- 데시벨 단위로 나타낸 소리의 세기 준위는

$$\beta = (10\ \text{dB})\log_{10}\frac{I}{I_0} \qquad (12\text{–}9)$$

이다. 여기서 $I_0 = 10^{-12}\ \text{W/m}^2$이다. 소리 세기 준위는 우리가 소리 크기를 인식하는 방식과 비슷하기 때문에 유용하다. 세기 준위가 증가하는 만큼 소리의 크기도 증가한다.

- 얇은 파이프의 정상 음파에서, 열린 끝은 압력 마디와 변위의 배이다. 반면, 닫힌 끝은 압력 배와 변위 마디이다.

양쪽 끝이 열린 파이프의 경우

$$\lambda_n = \frac{2L}{n} \qquad (11-23)$$

$$f_n = n\frac{v}{2L} = nf_1 \qquad (11-24)$$

이다. 여기서 $n = 1, 2, 3, \cdots$이다.

한쪽 끝이 닫힌 파이프의 경우

$$\lambda_n = \frac{4L}{n} \qquad (12-14)$$

$$f_n = n\frac{v}{4L} = nf_1 \qquad (12-15)$$

이다. 여기서 $n = 1, 3, 5, 7, \cdots$이다.

• 두 소리의 진동수가 비슷해지면 두 소리의 중첩으로 맥놀이라 불리는 맥동이 생긴다.

$$f_{\text{맥놀이}} = |f_2 - f_1| \qquad (12-18)$$

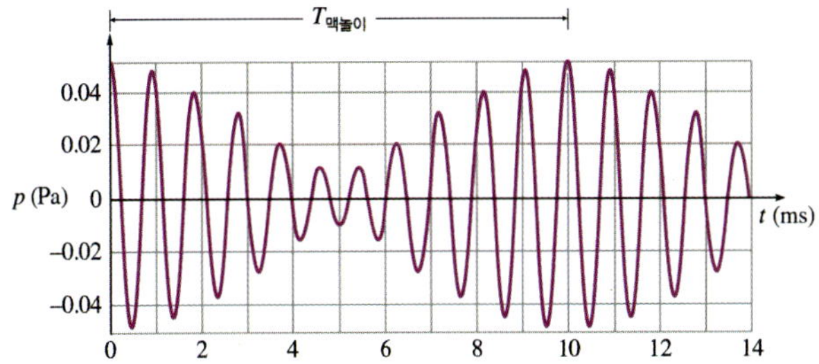

• 도플러 효과 : 소리샘의 속력이 v_s, 관측자의 속력이 v_o, 파동의 속력이 v라면, 관측되는 진동수는

$$f_o = \left(\frac{v - v_o}{v - v_s}\right)f_s \qquad (12-22)$$

이다. 여기서 v_s와 v_o는 파동을 전달하는 매질에 대한 값이고 파동의 진행 방향과 같으면 양$^+$의 값이다.

연습문제

개념형 질문

1 [1]. 바순의 소리 높낮이가 첼로의 높낮이보다 공기 온도의 변화에 더 민감하게 반응하는 이유를 설명해 보아라. (연주자들이 악기를 연주하려면 악기에 공기를 계속 불어 넣어야 한다.)

2 [3]. 많은 부동산 중개업자들은 방의 치수를 빠르고 쉽게 측정할 수 있는 초음파 거리 측정기를 가지고 있다. 측정기는 한쪽 벽에 고정되어 반대쪽 벽까지의 거리를 읽는다. 이 측정기는 어떻게 작동하는가?

3 [5]. 저주파 소리의 경우, 귀는 두 귀에 도착하는 음파 사이의 위상차를 이용하여 방향을 결정한다. 고주파의 소리에 대해 위상차를 믿을 수 없는 것은 무엇 때문인가? 설명해 보라.

4 [7]. 녹음기에서 재생되는 소리를 들을 때 여러분은 자신의 목소리가 이상하게 들리지만 여러분의 친구들은 모두 여러분의 목소리와 똑같다고 하는 이유는 무엇인가?

힌트 보통 자신의 목소리를 들을 때 음파가 이동하는 매질을 생각해 보라.

5 [9]. 증폭기가 채널당 60 W를 생산할 수 있는 스테레오 시스템이 채널당 120 W로 정격된 스테레오 시스템으로 대체된다. 새 스테레오가 예전 스테레오보다 두 배 더 크게 재생될 것으로 기대하는가? 설명하여라.

6 [11]. 압축과 희박에서 공기 성분의 변위가 0이 되는 이유를 설명하여라.

7 [13]. 음파의 압력 진폭이 두 배로 증가하면 변위 진폭, 세기 및 세기 순위는 어떻게 되는가?

8 [15]. 많은 금관악기에는 악기를 부는 구멍에서 종 모양까지 파이프의 총길이를 늘이는 밸브가 있다. 밸브를 누를 때 기본 진동수가 상승하는가 혹은 하강하는가? 소리의 높낮이는 어떻게 되는가?

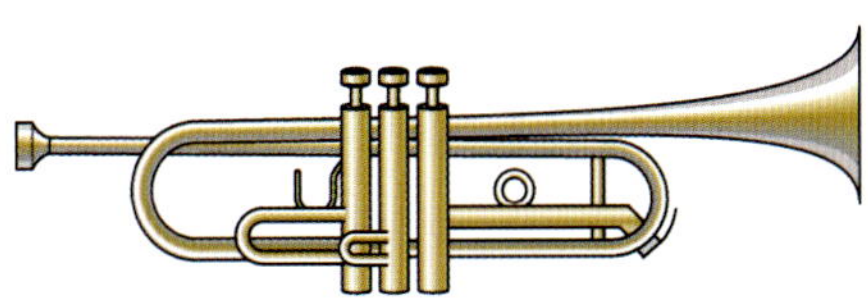

9 [17]. 피아노의 가장 높은 음의 기본 진동수는 4.186 kHz이다. 대부분의 악기는 그렇게 높지 않다. 오직 몇몇 가수들만이 기본 진동수가 약 1 kHz 이상인 소리를 낼 수 있다. 그러나 양질의 스테레오 시스템은 최소 16~18 kHz의 진동수를 재생해야 한다. 설명해 보아라.

선다형 질문

1 [1]. 파이프 오르간의 관은 한쪽 끝이 닫혀 있다. 그림에서 몇 개의 정상파 패턴이 그려졌다. 이 관에 가능한 정상파 무늬가 아닌 것은 어느 것인가?

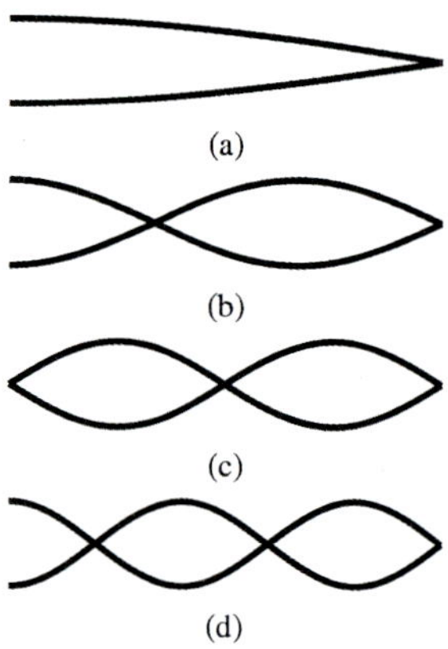

2 [3]. 음파의 세기는

(a) 진동수에 비례한다.

(b) 진폭에 비례한다.

(c) 진폭의 제곱에 비례한다.

(d) 소리의 속력의 제곱에 비례한다.

(e) 위의 어느 것도 아니다.

3 [5]. 진동수가 620 Hz인 소리샘이 물리학과 학생에게 속력 v로 접근하는 이동 플랫폼에 놓여 있다. 학생은 진동수 f_1의 소리를 듣는다. 그런 다음 학생이 같은 속력 v로 소리샘에 접근하는 동안 소리샘은 정지 상태로 유지된다. 이때 학생은 진동수 f_2의 소리를 듣는다. 올바른 것을 골라라.

(a) $f_1 = f_2$, 둘 다 620 Hz보다 크다.

(b) $f_1 = f_2$, 둘 다 620 Hz보다 작다.

(c) $f_1 > f_2 > 620$ Hz

(d) $f_2 > f_1 > 620$ Hz

4 [7]. 트롬본과 바순은 같은 기본 진동수로 같은 크기의 소리를 연주한다. 두 소리는 원래

(a) 소리의 높낮이가 다르다.

(b) 세기 수준이 다르다. (c) 진폭이 다르다.

(d) 음색이 다르다. (e) 파장이 다르다.

5 [9]. 한쪽 끝이 닫힌 관의 길이는 L이다. 진동수가 기본 진동수의 7배인 정상파에서, 인접한 마디 사이의 거리는 얼마인가?

(a) $\frac{1}{14}L$ (b) $\frac{1}{7}L$ (c) $\frac{2}{7}L$ (d) $\frac{4}{7}L$

(e) $\frac{8}{7}L$ (f) 위의 어느 것도 아니다.

6 [11]. 물속에서의 소리의 속력은 공기 중의 소리의 속력보다 _________. 그 이유는 _________ 때문이다.

(a) 더 빠르다. 물은 압축하기가 훨씬 어렵기

(b) 더 빠르다. 물은 밀도가 더 높기

(c) 더 느리다. 물은 압축하기가 훨씬 쉽기

(d) 더 느리다. 물은 밀도가 더 낮기

(e) 같다. 두 유체의 압력이 같기

문제

참고 별도의 표시가 없는 한 모든 문제에서 온도는 20.0 °C로 가정하라.

12.2 소리의 속력

1 [1]. 데스 벨리에서, 지금까지 기록된 가장 높은 실외 온도는 56.7 °C이다(그늘에서!). 그 온도에서 공기 중의 소리의 속력은 얼마인가?

2 [3]. 사람 청력의 하한과 상한(각각 10 Hz와 20 kHz)에서의 음파의 파장은 얼마인가?

3 [5]. 돌고래는 2.5×10^5 Hz 정도의 높은 진동수로 초음파를 방출한다. 25 °C의 바닷물에서 그러한 파동의 파장은 얼마인가?

4 [7]. 번개가 하늘에서 번쩍인 후 8.2 s 후에 천둥소리가 들렸다. 공기의 온도는 12 °C이다. (a) 그 온도에서의 소리의 속력은 얼마인가? **힌트** 빛의 속력은 3.00×10^8 m/s이다. (b) 얼마나 멀리 떨어진 곳에서 번개가 쳤는가?

5 [9]. 구리 합금은 영률이 1.1×10^{11} Pa이고, 밀도가 8.92×10^{3} kg/m^{3}이다. 이 합금으로 만든 가는 막대에서 소리의 속력은 얼마인가? 이 결과를 표 12.1에 제시된 구리의 값과 비교하여라.

6 [11]. 식 (12-5)를 유도하여라. (a) $T = T_C + 273.15$를 대입하여 식 (12-4)로 시작하여라. (b) 제곱근에 이항 근사식(부록 A.9 참조)을 적용하고 간단히 하여라.

12.3 소리 진폭과 소리 세기

7 [13]. 6개의 음파는 주어진 압력 진폭 p_0와 진동수 f를 가진다. 변위 진폭을 큰 것에서 작은 순서로 정렬하여라.

(a) $p_0 = 0.05$ Pa, $f = 400$ Hz

(b) $p_0 = 0.01$ Pa, $f = 400$ Hz

(c) $p_0 = 0.01$ Pa, $f = 2000$ Hz

(d) $p_0 = 0.05$ Pa, $f = 80$ Hz

(e) $p_0 = 0.05$ Pa, $f = 16$ Hz

(f) $p_0 = 0.25$ Pa, $f = 400$ Hz

8 [15]. (a) 공기 중에서 120.0 dB의 세기 수준을 갖는 음파의 압력 진폭은 얼마인가? (b) 이 파동이 0.550×10^{-4} m^{2} 영역의 고막에 작용하는 최대 힘은 얼마인가?

9 [17]. 큰 소리에 만성적으로 노출되면 청력이 손상될 수 있다. 이것은 중장비를 사용하는 직종에서 문제가 될 수 있다. 기계가 100.0 dB의 세기 수준으로 소리를 생성하는 경우, 세기 수준을 2.0배 줄이려면 어떻게 해야 하는가?

10 [19]. 실온의 공기에서 음파의 세기 수준은 65.0 dB이고, 진동수는 131 Hz이다. (a) 압력 진폭은 얼마인가? (b) 변위 진폭은 얼마인가?

11 [21]. 공장에서 세 대의 기계가 85 dB, 90 dB, 93 dB의 세기 수준으로 소음을 발생시킨다. 세 대가 모두 동작할 때, 세기 수준은 얼마인가? 가장 큰 소리를 내는 기계와 비교하면 어떠한가?

12 [23]. +1.00 dB의 세기 수준의 변화는 세기에서 몇 %가 변한 것인가?

13 [25]. 록 콘서트에서, 엔지니어는 음악이 충분히 크지 않다고 생각했다. 엔지니어는 여러분이 앉아 있는 좌석에서 소리의 진폭이 50.0 % 증가하도록 증폭기를 작동시켰다. (a) 세기는 몇 퍼센트까지 상승하는가? (b) 세기 수준(dB 단위)은 얼마나 변화하는가?

12.4 소리의 정지파

14 [27]. 그림은 길이가 같은 5개의 파이프에서의 정지파를 보여준다. 파이프 (c)와 (e)는 양끝이 열려 있으며, 다른 것들은 한쪽 끝이 닫혀 있다. 진동수가 큰 것에서 작은 순서로 정렬하라.

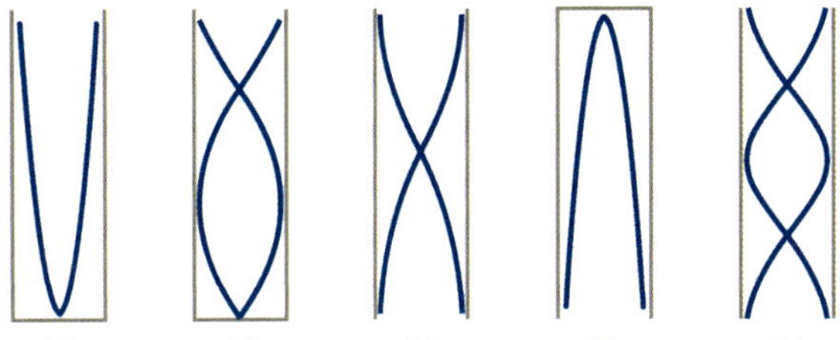
(a) (b) (c) (d) (e)

15 [29]. (a) 기본 진동수가 261.5 Hz일 경우, 한쪽 끝이 닫혀 있는 파이프 오르간 관의 길이는 얼마여야 하는가? (b) 온도가 0.0 °C로 떨어지면 (a)의 파이프 오르간의 기본 진동수는 얼마가 되는가?

16 [31]. 양쪽 끝이 열린 파이프 오르간은 0.0 °C에서 기본 진동수가 382 Hz이다. 20.0 °C에서 이 파이프의 기본 진동수는 얼마인가?

17 [33]. 공기 중 소리의 속력을 측정하는 실험에서, 702 Hz에서 작동하는 스피커를 사용하여 양쪽 끝이 열린 좁은 관에 정상파를 만든다. 관의 길이는 2.0 m이다. 관 내부의 공기 온도는 얼마인가? (실온에 상당히 가까운 20 °C ~ 35 °C라고 가정한다.) **힌트** 정상파가 반드시 기본은 아니다.

18 [35]. 두 개의 소리굽쇠 A와 B는 같은 길이의 두 개의 공기 기둥에서 가장 낮은 공명 진동수를 일으키지만, A의 기둥은 한쪽 끝이 닫히고 B의 기둥은 양쪽 끝이 열려 있

다. B의 진동수에 대한 A의 진동수의 비는 얼마인가?

12.7 맥놀이

19 [37]. 바이올린은 현의 장력을 조절하여 조율된다. 브라이언의 A현은 440.0 Hz로 정확히 조정된 제니퍼의 현보다 약간 낮은 진동수로 조정된다. (a) 두 활로 현을 켜서 2.0 Hz의 맥놀이를 들었다면 브라이언 현의 진동수는 얼마인가? (b) 브라이언은 제니퍼와 조율하기 위해 A현을 조여야 하는가, 느슨하게 해야 하는가? 설명해 보아라.

20 [39]. 강당의 홀 앞과 뒤에 파이프 오르간이 있다. 앞과 뒤에 있는 동일한 두 관은 20.0 °C에서 기본 진동수가 264.0 Hz이다. 공연 도중, 홀의 뒤쪽에 있는 파이프 오르간은 25.0 °C인데, 앞쪽의 오르간은 아직 20.0 °C이다. 두 관이 동시에 소리를 낼 때 맥놀이 진동수는 얼마인가?

21 [41]. 첼로 현의 기본 진동수는 65.40 Hz이다. 이 첼로 현과 196.0 Hz의 바이올린 현을 동시에 활로 켜면 맥놀이 진동수는 얼마인가? **힌트** 맥놀이는 첼로 현의 세 번째 조화음과 바이올린의 기본음 사이에서 발생한다.

12.8 도플러 효과

22 [43]. 공장에서, 정오를 알리는 호루라기 소리가 500 Hz 진동수로 울린다. 85 km/h로 주행하는 자동차가 공장에 접근할 때 운전자는 진동수 f_{i}의 호루라기 소리를 들었다. 공장을 지나 운전할 때, 운전자는 진동수 f_{f}의 소리를 들었다. 운전자가 들은 진동수의 차이 $f_{\mathrm{f}}-f_{\mathrm{i}}$는 얼마인가?

23 [45]. 진동수 1.0 kHz의 소리샘은 음속의 0.50배로 공기 중을 이동한다. (a) 소리샘이 관측자를 향해 이동하면 정지한 관측자가 듣는 소리의 진동수는 얼마인가? (b) 소리샘이 관측자로부터 멀어진 경우 계산을 반복해 보아라.

24 [47]. 쾌속정이 15.6 m/s의 속력으로 반대 방향으로 움직이는 다른 배를 향해 20.1 m/s로 이동하고 있다. 쾌속정 조종사는 진동수가 312 Hz인 경적을 울린다. 다가오는 배에서 승객이 듣는 진동수는 얼마인가?

25 [49]. 혈류량은 적혈구에 반사되는 초음파 진동수의 도플러 이동을 측정하여 확인할 수 있다(혈관조영술). 적혈구의 속도가 v, 혈액 내 소리의 속력은 u이고, 초음파원은 진동수 f의 파동을 방출하며, 혈구가 초음파 발생원 쪽으로 직접 이동하고 있다고 가정하면, 장치에 의해 검출된 반사파(f_r)는 $f_r = f\dfrac{u+v}{u-v}$임을 보여라.

힌트 두 도플러 이동이 있다. 적혈구는 먼저 움직이는 관측자 역할을 한다. 수신된 소리와 같은 진동수로 소리를 다시 방출할 때 움직이는 소리샘으로 작동한다.

12.9 메아리 정위법과 의료영상

26 [51]. 1.80 km 너비의 노르웨이 피오르에서 배가 짙은 안개 속에서 길을 잃었다. 공기 온도는 5.0 °C이다. 선장은 권총을 발사하고 4.0 s 후에 첫 번째 메아리를 들었다. (a) 배는 피오르의 한쪽 편으로부터 얼마나 떨어졌는가? (b) 선장은 첫 번째 메아리 후 얼마 후에 두 번째 메아리를 듣는가?

27 [53]. 배가 담수호의 바닥을 감지하기 위해 수중 음파 탐지기를 사용하고 있다. 신호가 방출되고 0.540 s 후에 수중 음파 탐지기의 메아리가 들린다면, 호수의 깊이는 얼마인가? 호수의 온도는 25 °C로 균일하다고 가정한다.

28 [55]. 박쥐는 나방을 사냥하면서 82.0 kHz의 진동수로 찍찍 소리를 낸다. 박쥐가 나방을 향해 4.40 m/s의 속력으로 날고 나방이 박쥐로부터 1.20 m/s로 날아가는 경우, 박쥐가 관찰한 나방에서 반사된 음파의 진동수는 얼마인가? 기온이 10.0 °C인 시원한 밤이라고 가정한다.

힌트 두 도플러 이동이 있다. 나방을 수신기라고 생각하면, 나방은 반사파를 재전송하는 소리샘이 된다.

29 [57]. 도플러 초음파는 혈류 속력을 측정하는 데 사용된다(문제 25 참조). 반사음은 방출음과 간섭하여 맥놀이를

만든다. 적혈구의 속력이 0.10 m/s, 사용된 초음파 진동수가 5.0 MHz, 혈액 속 소리의 속력이 1570 m/s라면, 맥놀이 진동수는 얼마인가?

협동문제

30 [59]. 어떤 관이 234 Hz, 390 Hz 및 546 Hz의 공명 진동수를 가지며 이 값들 사이에 다른 공명 진동수는 없다. (a) 이 관은 양쪽이 개방되어 있는가, 혹은 한쪽이 막혀 있는가? (b) 이 관의 기본 진동수는 얼마인가? (c) 이 관의 길이는 얼마인가?

31 [61]. 차가운 바람이 부는 어느 겨울날, 잭은 굴뚝에서 윙윙거리는 소리가 나는 것을 알았다. 굴뚝은 위쪽이 열려 있고 아래쪽이 닫혀 있다. 그는 바닥에서 굴뚝을 열었을 때 소리가 바뀌는 것을 알았다. 잭은 굴뚝의 바닥을 연 상태에서 나오는 음과 일치하는 소리를 찾으려고 피아노로 갔다. 그는 중간 'C(도)'의 3옥타브 아래 'C(도)'가 굴뚝의 기본 진동수와 일치한다는 것을 알았다. 잭은 중간 'C'의 진동수가 261.6 Hz이고, 각 하위 옥타브가 위의 옥타브 진동수의 1/2임을 알았다. 이 정보를 통해 잭은 굴뚝의 높이와 굴뚝이 바닥에서 닫혔을 때 생성된 음의 기본 진동수를 안다. 찬 공기에서 음속은 330 m/s라고 가정하고 잭의 계산을 재현하여 (a) 굴뚝의 높이와 (b) 굴뚝이 바닥에서 닫힐 때의 기본 진동수를 구하라.

32 [63]. 이 문제에서는, 인간의 귀가 감지할 수 있는 진동의 최소 운동에너지를 추산할 것이다. 가청문턱값($I = 1.0\times10^{-12}$ W/m^2)에서 조화음이 고막에 입사된다고 가정하라. 소리의 속력은 340 m/s이고 공기의 밀도는 1.2 kg/m^{3}이다. (a) 음파 내 공기 성분의 최대 속력은 얼마인가? **힌트** 식 (10-28)을 참조하라. (b) 고막은 각진동수 ω에서 변위 s_0로 진동한다고 가정한다. 최대 속력은 공기 요소의 최대 속력과 같다. 고막의 질량은 약 0.1 g이다. 고막의 평균 운동에너지는 얼마인가? (c) 음파가 없을 때 공기 분자와의 충돌로 인한 고막의 평균 운동에너지는 약 10^{-20} J이다. 답을 (b)와 비교하고 토론해 보아라.

연구문제

33 [65]. 카일은 해수면 위 5.00 m의 범선 돛대 위에 올라가 있고, 그의 친구 롭은 보트 밑에서 스쿠버 다이빙을 한다. 카일은 다른 보트에 있는 누군가에게 소리를 질렀으며 롭은 0.0210 s 후에 소리를 들었다. 해수 온도는 25 °C이고 공기는 20 °C이다. 롭은 보트 밑에서 얼마나 깊이 있는가?

34 [67]. 사람의 이도 길이는 평균 약 2.5 cm이다. 한쪽 끝이 열린 이도에 대해 가장 낮은 3개의 정상파 진동수는 얼마인가? 여러 진동수에서의 공명이 귀의 감도에 어떤 영향을 주는가? (그림 12.12 참조. 음성 인식에서 가청 임계 범위는 2 ~ 5 kHz이다.)

35 [69]. 공기 중에서 사람 머리 지름의 약 절반인 15 cm의 파장을 갖는 음파의 진동수 f는 얼마인가? 위치 측정의 어떤 방법은 f 이하의 진동수에서만 잘 이용되지만, 반면, 다른 것은 f 이상에서만 잘 이용된다. (개념문제 3 참조)

36 [71]. 애기박쥐과 박쥐들은 방출된 신호가 물체에서 반사되어 돌아오는 데 걸리는 시간을 측정하여 물체까지의 거리를 감지한다. 일반적으로 박쥐가 돌아다니는 동안 3 ms 길이와 70 ms 간격으로 소리 펄스를 방출한다. (a) 메아리가 60 ms 뒤에 들리면($v_{소리} = 331$ m/s), 물체가 얼마나 떨어져 있는가? (b) 물체가 30 cm 떨어져 있는 경우, 메아리가 들리기까지 얼마나 걸리는가? (c) 박쥐가 이 메아리를 탐지할 수 있는가?

37 [73]. 보물지도에 따르면, 등대에서 정동쪽에 있는 해저 깊이 40.0 패덤인 곳에 보물이 놓여 있다. 보물 사냥꾼은 등대에서 동쪽으로 향하면서 깊이가 40.0 패덤인 곳을 찾기 위해 수중 음파 탐지기를 사용한다. 수온이 25 °C이면 방출 펄스와 정확한 깊이에서 반향이 돌아오는 사이의 경과 시간은 얼마인가? **힌트** 1 패덤은 1.83 m이다.

38 [75]. 주기적 파동이 진동수가 36 Hz, 60 Hz, 84 Hz인 3개의 사인파의 중첩으로 되어 있다. 파동의 속력은 180 m/s이다. 파동의 파장은 얼마인가? **힌트** 36 Hz가 반드시 기본 진동수는 아니다.

39 [77]. 리허설을 하는 동안, 오케스트라의 첫 번째 바이올린 섹션의 8명 전원이 매우 부드러운 부분을 연주한다. 콘서트홀의 어떤 지점에서의 소리 세기 수준은 38.0 dB이다. 바이올리니스트 중 한 명만 이 구절을 연주한다면 같은 지점의 소리 세기 수준은 얼마인가?

힌트 함께 연주할 때, 바이올린은 결맞지 않은 소리샘이다.

종합문제

40 [79]. 그네를 타는 아이는 바로 앞에서 불고 있는 휘파람 소리를 듣는다. 그녀가 휘파람을 향해 움직일 때 그네의 바닥에서 더 높은 소리를 듣고, 휘파람 소리에서 멀어질 때는 그네의 바닥에서 더 낮은 소리를 듣는다. 높은 소리는 낮은 소리보다 5.0 % 높은 진동수를 가진다. 그네의 바닥에서 아이의 속력은 얼마인가?

41 [81]. 기타현(A)은 길이가 64.0 cm이고 기본 진동수가 110.0 Hz이다. 현의 장력은 133 N이다. 평형에서 최대 변위가 2.30 mm이며 기본 정상파 모드에서 진동하고 있다. 공기의 온도는 20.0 °C이다. (a) 진동의 기본 모드의 파장은 얼마인가? (b) 현의 파동 속력은 얼마인가? (c) 현의 선밀도는 얼마인가? (d) 진동하는 현의 최대 속력은 얼마인가? (e) 현은 브리지를 통해 악기의 몸체로 진동을 전달하고 그 다음 공기로 전달한다. 공기 중의 음파의 진동수는 얼마인가? (f) 공기 중의 음파의 파장은 얼마인가?

CHAPTER 13 | 온도와 이상기체

개념정리

- 온도는 물체의 열적평형 상태를 나타내는 양이다. 두 물체나 계 사이에 온도 차이로 인해 발생하는 에너지의 흐름이 열 흐름이다. 만약 열이 두 물체나 계 사이에서 흐를 수 있다면, 물체나 계는 열적 접촉상태에 있다고 한다. 열적 접촉상태에 있는 두 계가 같은 온도를 가질 때 그들 사이에는 열의 알짜 흐름이 없으며, 두 물체는 열적평형 상태에 있다고 말한다.
- 열역학 제0법칙 : 두 물체가 각각 제3의 물체와 열적평형 상태에 있다면, 그 두 물체도 열적평형 상태에 있다.
- SI 단위의 온도는 켈빈(기호 K)이다. 켈빈 눈금은 절대온도의 눈금으로서 $T=0$은 절대영도이다.
- 섭씨온도 °C와 절대온도 K의 관계는 다음과 같다.

$$T_C = T - 273.15 \qquad (13\text{–}4)$$

- 온도 변화가 그렇게 크지 않으면 고체의 길이 변화는 온도 변화에 비례한다.

$$\frac{\Delta L}{L_0} = \alpha \Delta T \qquad (13\text{–}5)$$

여기서 비례상수 α는 물질의 선팽창계수라고 부른다.

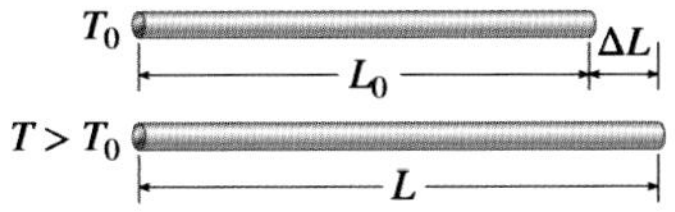

- 고체나 액체의 부피 변화도 온도 변화가 너무 크지 않는 한 온도 변화에 비례한다.

$$\frac{\Delta V}{V_0} = \beta \Delta T \qquad (13\text{–}8)$$

고체일 때는 부피팽창계수가 선팽창계수의 3배이다. 곧 $\beta = 3\alpha$이다.

- 몰은 SI 기본 단위이고 다음과 같이 정의한다. 어떤 물질의 1몰에는 12 g의 탄소–12 속에 들어있는 원자수와 같은 수의 단위가 있다. 이 수를 아보가드로수라고 하며 값은 다음과 같다.

$$N_A = 6.022 \times 10^{23}\ \text{mol}^{-1}$$

- 원자나 분자의 질량은 원자질량 단위 u로 자주 나타낸다. 정의에 따르면, 탄소–12 원자 하나는 정확히 12 u의 질량을 갖는다.

$$1\text{u} = 1.66 \times 10^{-27}\ \text{kg} \qquad (13\text{–}14)$$

원자질량 단위 u로 나타낸 원자나 분자의 질량은 g/mol 단위로 나타낸 몰질량과 값이 같다.

- 이상기체에서 분자들은 두 분자가 충돌하는 때를 제외하고는 상호작용 하지 않고, 자유공간에서 독립적으로 운동한다. 이상기체 모형은 기체가 희박한 여러 기체에도 적용되는 유용한 모형이다.

이상기체의 법칙

미시적 형태 : $PV = Nk_B T$ (13–20)

거시적 형태 : $PV = nRT$ (13–25)

여기에서 볼츠만 상수와 보편기체상수는 다음과 같다.

$$k_B = 1.38 \times 10^{-23}\ \text{J/K} \qquad (13\text{–}21)$$

$$R = N_A k_B = 8.31 \frac{\text{J/K}}{\text{mol}} \qquad (13\text{–}24)$$

이상기체 법칙에서 P는 절대압력이고 T는 절대온도이다.

- 이상기체의 압력은 분자의 평균 병진운동에너지에 비례한다.

$$P = \frac{2}{3}\frac{N}{V}\langle K_{병진} \rangle \qquad (13\text{–}32)$$

- 분자의 평균 병진운동에너지는 절대온도에 비례한다.

$$\langle K_{병진} \rangle = \frac{3}{2}k_B T \quad (13\text{-}35)$$

- 평균 운동에너지를 가진 기체분자의 속력을 rms 속력이라 부른다.

$$\langle K_{병진} \rangle = \frac{1}{2}mv_{\rm rms}^2 \quad (13\text{-}36)$$

- 이상기체에서 분자 속력의 분포는 맥스웰–볼츠만 분포라고 부른다.

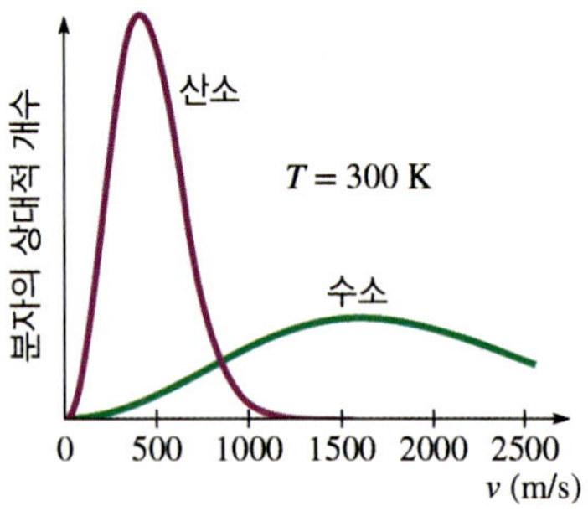

- 화학반응에서 활성화에너지가 반응물질의 평균 운동에너지보다 훨씬 크면, 반응속도는 온도에 지수적으로 변한다.

$$R \propto e^{-E_a/(k_B T)} \quad (13\text{-}40)$$

- 평균 자유행로(Λ)는 충돌과 충돌 사이에 상호작용이 없을 때(입자들 사이에 상호작용이 없음) 기체 분자가 운동하는 경로의 평균 거리이다.

$$\Lambda = \frac{1}{\sqrt{2}\,\pi d^2 (N/V)} \quad (13\text{-}41)$$

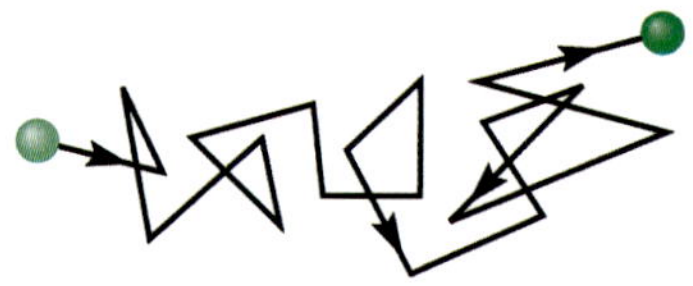

- x축을 따라가는 확산분자의 제곱 평균 제곱근 변위는

$$x_{\rm rms} = \sqrt{2Dt} \quad (13\text{-}42)$$

이다. 여기서 D는 확산계수이다.

연습문제

개념형 질문

1 [1]. 열역학 제0법칙에 어긋나면 물체의 온도를 고유하게 정의할 수 없는 이유를 설명해 보아라.

2 [3]. 어떤 특별한 상황에서 켈빈온도나 섭씨온도를 서로 바꿔서 사용할 수 있는가?

3 [5]. 은과 황동을 바이메탈 띠 금속으로 선택하지 못하는 이유가 무엇인가(은의 비용 문제와 관계없이)? (표 13.2 참조)

4 [7]. 이상기체 법칙($PV = Nk_B T$)에 절대온도(캘빈온도)를 사용해야 하는 이유가 무엇인가? 섭씨눈금을 사용하면 얼마나 터무니없는 결과가 나오는지 설명해 보아라.

5 [9]. 질량 밀도와 개수밀도의 SI 단위는 무엇인가? 두 개의 다른 기체가 개수밀도가 같다면, 질량밀도도 같은가?

6 [11]. 알루미늄 원자의 질량은 27.0 u이다. 알루미늄 원자 1몰의 질량은 얼마인가? (계산은 필요없다!)

7 [13]. 헬륨 풍선이 공중 높이 떠오르면 왜 팽창하는가? 온도는 일정하게 유지된다고 가정하라.

8 [15]. 이상기체 내 분자의 절반 이상이 평균 운동에너지보다 운동에너지를 적게 갖는 것이 가능한지 설명해 보아라. 절반은 적게, 절반은 더 많이 가져야 하지 않은가?

9 [17]. 보통 조건(실온과 대기압)의 공기에서, 분자간 평균 거리는 약 4 nm, 평균 자유 경로는 약 0.1 μm이다. 질소 분자의 지름은 약 0.3 nm이다. 공기가 희박하여 이상기체로 취급할 수 있다고 결정하려면 어느 두 거리를 비교해야 하는가? 설명해 보아라.

10 [19]. 자동차 에어백이 승객을 부상으로부터 어떻게 보호하는지 설명하여라. 승객이 에어백과 접촉했을 때 내부의 기체 압력이 너무 낮으면 에어백이 효과가 없는 이유는 무엇인가? 기체 압력이 너무 높다면 어떻게 되는가?

선다형 질문

1 [1]. 공기와 같은 혼합기체에서, 각각의 분자들의 rms 속력은

(a) 분자 질량에 무관하다.
(b) 분자 질량에 비례한다.
(c) 분자 질량에 반비례한다.
(d) 분자 질량의 제곱근에 비례한다.
(e) 분자 질량의 제곱근에 반비례한다.

2 [3]. 이상기체의 절대온도에 비례하는 것은 어느 것인가?

(a) 시료 중의 분자 수
(b) 기체 분자의 평균 운동량
(c) 기체의 평균 병진운동에너지
(d) 기체의 확산계수

3 [5]. rms 속력은 다음 중 어느 것인가?

(a) 모든 기체 분자들이 움직이는 속력
(b) 평균 운동에너지를 가진 분자의 속력
(c) 기체 분자의 평균 속력
(d) 기체 분자의 최대 속력

4 [7]. 실제 기체가 이상기체처럼 행동하기에 가장 적합한 조건은 어느 것인가?

(a) 높은 온도와 높은 압력
(b) 낮은 온도와 높은 압력
(c) 낮은 온도와 낮은 압력
(d) 높은 온도와 낮은 압력

5 [9]. 기체 분자의 평균 운동에너지는 다음 어느 양으로부터 알 수 있는가?

(a) 압력으로만 (b) 분자수로만
(c) 온도로만 (d) 압력과 온도 모두

문제

13.2 온도 눈금

1 [1]. 무더운 여름날, 기온이 84 °F이다. 이 온도를 (a) 섭씨 °C와 (b) 절대온도 K로 나타내어라.

2 [3]. (a) 섭씨온도와 화씨온도의 값이 같은 온도가 있다면 몇 도인가? (b) 절대온도와 화씨온도의 값이 같은 온도가 있다면 몇 도인가?

3 [5]. 진카 행성에서 온 외계인은 에틸알코올의 끓는점과 어는점의 온도를 기준으로 삼고 있다. 각각의 온도는 78 °C와 −114 °C이다. 또한 진카 사람들은 손 하나에 여섯 개의 손가락을 가지고 있어 12진법 체계를 사용한다. 그리고 에틸알코올의 끓는점과 어는점 사이를 144 °J로 정하고 어는점을 0 °J로 정했다. °J 눈금에서 °C 눈금으로 어떻게 변환시킬 것인가?

13.3 고체와 액체의 열팽창

4 [7]. 2.4 m 길이의 구리 파이프가 지하실의 온수기에서 집 1층의 수도꼭지까지 연결되어 있다. 수도꼭지가 한 곳에 고정되어 있지 않다면, 파이프의 온도를 20 °C에서 90 °C가 되도록 가열하였을 때 어떤 일이 일어나는가? 수도꼭지 부분이나 온수기의 크기 증가는 무시하라.

5 [9]. 길이 18.30 m인 철로의 온도가 10.0 °C이다. 온도가 50.0 °C일 때 철로 이음새가 접촉되게 하려면, 철로 사이에 공간을 얼마나 두어야 하는가?

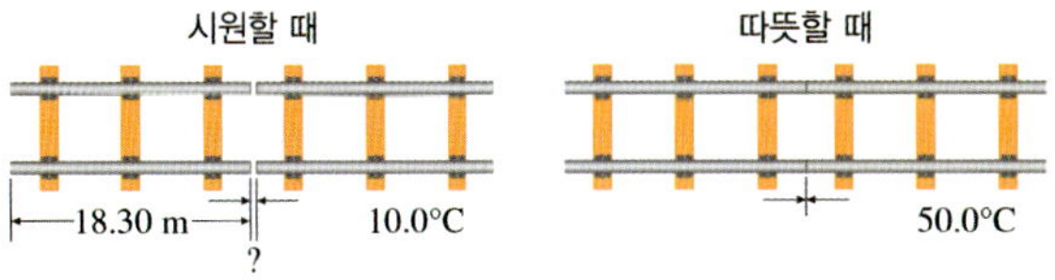

6 [11]. 온도가 20 °C일 때 납 막대와 일반적인 유리 막대의 길이가 같다. 납 막대를 50.0 °C로 가열했을 때 이 두 막대의 길이를 같게 하려면, 유리 막대를 몇 도로 가열하여야 하는가?

7 [13]. 비행기 부속품으로 사용되는 알루미늄 대갈못은 구멍에 단단히 맞도록 약간 크게 제작된다. 대갈못이 구멍으로 들어가기 전에 대갈못을 드라이아이스(−78.5 °C)로 냉각시켰다. 20.5 °C에서 그 구멍의 지름이 0.6350 cm라면, 만약 드라이아이스 온도로 냉각시켰을 때 딱 맞게 조립하려면 20.5 °C에서 대갈못의 지름은 얼마여야 하는가?

8 [15]. 지면에서 에어버스 A340의 동체의 둘레는 17.72 m이다. 비행할 때는 26 cm 증가한다. 둘레가 증감하는 요인 중 일부는 비행기의 내외부의 압력차에서 기인하며, 일부는 950 km/h로 비행하며 받는 공기저항에 의한 온도 상승에서 기인한다. 알루미늄으로 만든 에어버스의 실물 크기 모형을 가열해서 압력을 변화시키지 않고 둘레를 똑같이 증가시키고 싶다고 가정하자. 필요한 온도 증가는 얼마인가?

9 [17]. 바닥이 75.0 cm^2이고 높이가 20.0 cm인 원통형 황동 용기는 계가 25.0 °C일 때 가장자리까지 물이 가득 차 있다. 물과 용기의 온도가 95.0 °C까지 상승할 때 얼마나 많은 물이 넘치는가?

10 [19]. 2.0 °C의 차가운 물을 보통의 유리 음료수 잔(268.4 mL)에 가장자리까지 가득 채우고 햇빛이 비치는 수영장 대에 올려놓았다. 수영을 하고 나와 유리잔을 들기 전에 물의 온도가 32.0 °C까지 올라갔다. (a) 유리의 팽창을 고려하여 유리에서 얼마나 많은 물이 흘러나올지 계산하라. 유리 팽창을 고려하지 않은 경우와 비교해 보아라. (b) 유리 팽창을 고려하였을 때 답은 몇 퍼센트나 바뀌는가?

11 [21]. 한 변이 8.00 cm인 정사각형 황동판에 넓이 4.908 74 cm^2(20.0 °C에서)인 구멍이 뚫려 있다. 판의 구멍은 단면적 4.910 00 cm^2(20.0 °C에서)인 원통형 강철 샤프트 위로 미끄러진다. 황동판을 몇 도까지 가열해야 강철 실린더(20.0 °C로 유지됨) 위로 미끄러질 수 있는가?

힌트 강철 실린더는 가열되지 않아 팽창하지 않고, 황동판만 가열된다.

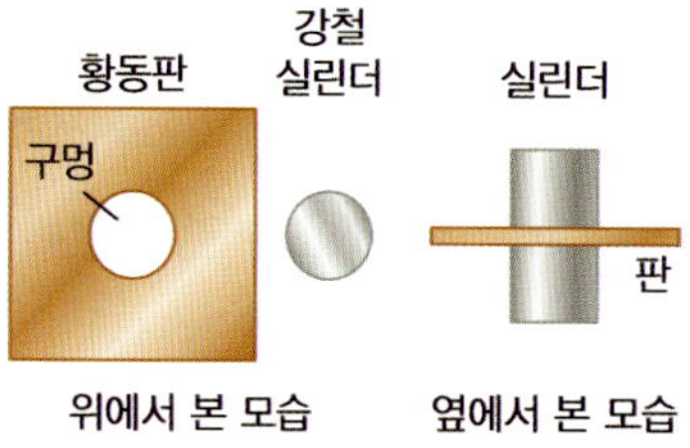

12 [23]. 구리 와셔는 강철 볼트 위에 끼울 수 있어야 한다. 둘의 온도는 모두 20.0 °C이다. 볼트의 지름이 1.000 0 cm이고 구리 와셔의 안쪽 지름이 0.998 0 cm인 경우, 와셔를 볼트 위에 끼울 수 있는 온도는 몇 도인가? 이때 구리 와셔와 강철 볼트는 모두 같은 온도로 상승한다. 와셔가 볼트에 장착되는 온도는 몇 도인가?

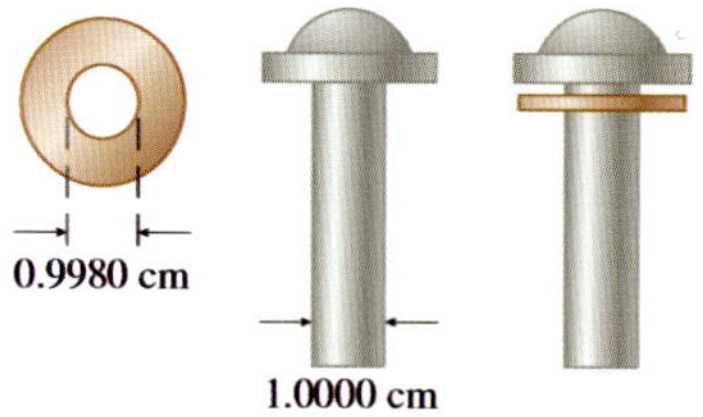

13 [25]. 온도 T_0에서 변의 길이가 s_0인 정사각형 판의 온도가 ΔT 만큼 증가하면 길이와 너비가 Δs 만큼 팽창한다. 원래 넓이는 $s_0^2 = A_0$이고 최종 넓이는 $(s_0 + \Delta s)^2 = A$이다. $\Delta s \ll s_0$일 때

$$\frac{\Delta A}{A_0} = 2\alpha \Delta T \tag{13-7}$$

가 됨을 증명하여라. (정사각형 판에서 이러한 관계식을 유도하지만, 어떤 모양을 한 평판에도 적용된다.)

13.4 분자 수준에서 보는 기체

14 [27]. ^{12}C(탄소−12) 원자 1몰은 정확히 아보가드로수와 같으며 질량은 정확히 12 g이다. 이 정의를 사용하여 원자질량 단위 u와 kg 사이의 변환을 유도하라.

15 [29]. CO_2 1몰은 몇 kg인가?

16 [31]. 질량 80.2 kg인 인체에 H_2O 분자가 몇 개 있는지 추산하라. 평균적으로 물이 인체 질량의 약 62 %를 차지한다고 가정하라.

17 [33]. 자당($C_{12}H_{22}O_{11}$) 684.6 g에는 수소 원자가 몇 개나 있는가?

18 [35]. 천연가스의 주성분은 메탄(CH_4)이다. 144.36 g의 메탄에는 몇 몰의 CH_4가 들어 있는가?

19 [37]. 실온 및 대기압에서 공기의 밀도는 1.2 kg/m^{3}이고, 공기의 평균 분자 질량은 29.0 u이다. 공기 1.0 cm^3 속에는 몇 개의 분자가 있는가?

20 [39]. 모래는 SiO_2로 구성되어 있다. 모래알에서 실리콘(Si) 원자의 개수 크기를 구하라. 모래알은 지름이 0.5 mm인 구로, SiO_2 분자는 지름 0.5 nm인 구로 근사하라.

13.5 절대온도와 이상기체 법칙

21 [41]. 자동차 엔진의 실린더는 30 °C 대기압에서 $V_i = 4.50\times10^{-2}$ m^{3}의 공기를 피스톤 통 안으로 흡입한다. 그런 다음 피스톤은 원래 부피의 1/9(0.111 V_i)로, 그리고 초기 압력의 20.0배(20.0 P_i)로 압축한다. 공기의 새로운 온도는 얼마인가?

22 [43]. 실린더의 특성(P = 압력, V = 부피, N = 분자수)이 다음과 같이 주어질 때 문제로 주어지는 6개의 이상기체(반드시 같은 기체는 아니다)가 있다. 온도가 높은 것부터 낮은 순서대로 정렬하라.

(a) $P=100$ kPa, $V=4$ L, $N=6\times10^{23}$
(b) $P=200$ kPa, $V=4$ L, $N=6\times10^{23}$
(c) $P=50$ kPa, $V=8$ L, $N=6\times10^{23}$
(d) $P=100$ kPa, $V=4$ L, $N=3\times10^{23}$
(e) $P=100$ kPa, $V=2$ L, $N=3\times10^{23}$
(f) $P=50$ kPa, $V=4$ L, $N=3\times10^{23}$

23 [45]. 폐기종 환자가 안면 마스크를 통해 순수한 산소(O_2)를 호흡하고 있다. O_2가 담긴 산소통에는 압력이 15.2 MPa, 부피가 0.0170 m^{3}인 O_2 기체가 들어있다. (a) 대기압(온도도 같음)에서 산소가 차지하는 부피는 얼마인가? (b) 환자가 대기압에서 1 min에 8 L(8.0 L/min)의 O_2를 들이마실 경우 산소통의 산소로 얼마나 버틸 수 있을까?

24 [47]. 대기압 $P=1.0$ atm에서 온도 $T=$(a) −10 °C (b) 30 °C일 때 공기의 밀도는 얼마인가? 공기의 평균 분자 질량은 약 29 u이다.

25 [49]. 온도가 27 °C이고 압력이 1.00×10^5 N/m^{2}인 어느 날, 지구표면에 있는 수소 풍선의 부피가 5.0 m^{3}이다. 기압이 떨어짐에 따라 풍선이 상승하면서 팽창한다. 압력이 0.33×10^3 N/m^{2}이고 온도가 −13 °C인 고도 40 km 지점에서 같은 몰수의 수소의 부피는 얼마인가?

26 [51]. 은하 사이의 공간에는 1 cm^{3}당 평균 약 1 개의 수소원자가 있으며 온도는 3 K이다. 절대압력은 얼마인가?

27 [53]. 압력이 1.0×10^5 Pa이고 온도가 0.0 °C인 실린더에 0.532 kg의 산소 분자가 들어 있다. 기체의 부피는 얼마인가?

28 [55]. 온도가 4 °C인 80.0 m 깊이의 호수 바닥에서 기포가 떠오른다. 수면의 온도는 18 °C이다. 기포의 처음 지름이 1.00 mm인 경우 기포가 수면에 도달할 때 기포의 지름은 얼마인가? (물의 표면장력은 무시한다. 기포가 물과 같은 온도로 상승하고 구형의 형태를 유지하며 따뜻해진다고 가정한다. $P_{기압}=1.0$ atm을 가정한다.)

13.6 이상기체의 운동론

29 [57]. 분자의 평균 병진운동에너지가 3.20×10^{-20} J인 이상기체의 온도는 얼마인가?

30 [59]. (a) $P=1.00$ atm, (b) $P=300.0$ atm에서 이상기체의 단위 부피당 운동에너지는 각각 얼마인가?

31 [61]. 문제 22의 6가지 기체 중에서 총병진운동에너지가 가장 큰 것부터 가장 작은 순서로 정렬하라.

32 [63]. 각 변의 길이가 25 cm인 정육면체 상자에 압력이 1.6 atm인 질소 기체(N_2) 2.0몰을 넣으면 질소 분자

의 rms 속력은 얼마인가?

33 [65]. 연기 입자의 질량이 1.38×10^{-17} kg이고, 27 °C의 실온에서 공기와 열평형상태인 연기 입자가 제멋대로 움직인다. 입자의 rms 속력은 얼마인가?

34 [67]. 25 °C에서 헬륨 원자와 질소, 수소, 산소 분자의 rms 속력은 각각 얼마인가?

35 [69]. 제멋대로 운동을 하고 있는 이상기체 분자의 평균 병진운동에너지가 4.60×10^{-20} J이면 그 기체의 온도는 얼마인가?

36 [71]. 절대온도 T에서 이상기체 분자의 rms 속력이 다음과 같음을 증명하여라.

$$v_{\mathrm{rms}} = \sqrt{\frac{3k_{\mathrm{B}}T}{m}} \qquad (13\text{-}38)$$

여기서 m은 분자의 질량이다.

13.7 온도와 반응속도

37 [73]. 수컷 초파리의 애벌레 성장 발달에 대한 반응률은 온도에 따라 다르다. 반응률이 식 (13-41)과 같이 지수함수처럼 변하고, 애벌레의 성장에 필요한 활성화에너지는 2.81×10^{-19} J로 가정하라. 처음에 초파리는 온도가 10.00 °C인 곳에 있었고 온도가 점점 증가하고 있다. 성장율이 3.50 % 증가하면 온도는 얼마나 증가하는가?

38 [75]. 고도가 높은 곳에서는 공기 압력이 낮기 때문에 물이 100.0 °C보다 낮은 온도에서 끓는다. 경험 법칙에 의하면 온도가 10.0 °C 떨어질 때마다 달걀을 완숙하는 데 걸리는 시간이 두 배씩 증가한다. 달걀을 요리할 때 일어나는 화학반응에서 이 법칙이 의미하는 활성화에너지는 얼마인가?

13.8 확산

39 [77]. 확산계수가 1.00×10^{-5} m^2/s일 경우 향수 분자가 방안에서 한 방향으로 5.00 m 거리만큼 확산되는 데는 얼마나 걸리는가? 공기가 완전히 정지되어 있는 상태이며 공기의 흐름이 없다고 가정하라.

40 [79]. 방안에서 여러분과 3.0 m 떨어진 곳에 친구가 있다. 방안에는 별다른 공기의 흐름이 없다. 그 친구가 향수병을 열고나서 20 s 후에 여러분이 처음 냄새를 맡았다. 만일 친구가 6.0 m 떨어진 곳에 있었다면 냄새를 맡는 데 시간이 얼마나 걸리겠는가?

41 [81]. 식물에서는 기공이라는 작은 구멍을 통해 물이 확산된다. 대기 중 수증기의 확산계수는 $D = 2.4 \times 10^{-5}$ m^2/s이고 기공의 길이가 2.5×10^{-5} m이면 기공을 통해 물 분자가 밖으로 확산되는 데 얼마나 걸리는가?

협동문제

42 [83]. 보잉 747 여객기의 고도가 높아지면 객실에 압력이 가해진다. 그러나 기내는 해수면에서의 기압(1.01×10^5 Pa)으로 완전히 가압되지 않고 7.62×10^4 Pa로 가압된다. 기내의 온도가 25.0 °C이고 압력이 1.01×10^5 Pa일 때 보잉 747이 해수면에서 이륙한다고 가정하자. (a) 기내 온도가 25.0 °C로 유지된다면, 기내 공기의 몰수는 얼마나 변하겠는가? (b) 대신, 기내 공기의 몰수가 변하지 않는다면 온도는 얼마나 될까?

43 [85]. N_2 분자(지름 0.30 nm)를 나타내기 위해 탁구공(지름 3.75 cm)을 사용하여 0.0 °C와 1.00 기압에서 공기의 모형을 만들고자 한다. (a) 어느 순간에 탁구공은 평균적으로 얼마나 떨어져 있어야 하는가? (b) 다른 것과 충돌하기 전에 탁구공이 평균 얼마나 멀리 이동하는가?

연구문제

44 [87]. 부피가 12.0 m^{3}인 열기구는 처음에는 1.00 atm, 19.0 °C의 공기로 채워진다. 풍선 공기가 가열되면 풍선 바닥이 대기에 열려 있기 때문에 풍선의 부피와 압력은 일정하게 유지된다. 공기가 40.0 °C로 가열될 때 풍

선에는 몇 몰이 있는가?

45 [89]. 실전문제 13.3의 운전자는 휘발유와 통의 온도가 15.0 °C이고 압력이 1.0 atm인 아침에, 18.9 L짜리 철제 기름통에 휘발유를 가득 채운 후 꽉 끼는 마개로 막았다. 통에 휘발유가 완전히 가득 차 있고(공기 공간 없음) 통이 새지 않는다고 가정한다. 기온이 30.0 °C까지 올랐을 때, 철제 기름통의 팽창을 무시한다면 휘발유의 압력은 얼마나 될까? 휘발유의 부피 탄성률은 1.00×10^9 N/m^{2}이다.

46 [91]. 22.0 °C에서 반지름 1.0010 cm의 강철 구는 같은 온도에서 내부 반지름이 1.00 cm인 황동 고리를 통과해야 한다. 고리와 구를 모두 같은 최종 온도로 가열할 경우 최종 온도는 얼마인가?

47 [93]. 어떤 산성 물질은 63 u의 분자량을 가지고 있다. 질량 기준으로 수소 1.6 %, 질소 22.2 %, 산소 76.2 %로 구성되어 있다. 이 산성 물질의 화학식은 무엇인가?

48 [95]. 정상 체온 37.0 °C에서 (a) 폐에 있는 기체 분자의 평균 운동에너지는 얼마인가? (b) 열이 37.8 °C까지 높아지면 분자의 평균 운동에너지는 몇 퍼센트나 증가하는가?

49 [97]. 22 °C의 온도에서 측정했을 때, 반지름이 0.08 m인 철포탄은 화약으로 채워질 반지름 0.05 m의 공동을 가지고 있다. 온도가 30 °C에서 500개의 포탄을 채우기 위해 필요한 화약의 부피는 얼마인가?

50 [99]. 계기압력이 40.0 lb/in^{2}이 되도록 자전거 타이어를 팽창시키기 위해 수동펌프를 사용하고 있다. 펌프가 단면적이 3.00 in^{2}이고 길이가 18.0 in인 실린더라면, 타이어에 공기가 흐르기 전에 피스톤을 얼마나 아래로 밀어 넣어야 하는가? 공기는 일정한 온도로 유지된다고 가정한다.

51 [101]. 내부 단면적이 70.0 cm^{2}인 실린더 상단에 5.40 kg 질량의 움직이는 피스톤이 있어 마찰 없이 위아래로 움직일 수 있다. 실린더는 23.0 °C에서 이상기체 2.25 $\times 10^{-3}$ mol을 포함한다. (a) 피스톤이 평형상태일 때 기체의 부피는 얼마인가? 실린더 외부의 공기 압력은 1.00 atm이라고 가정한다. (b) 기체 온도가 223.0 °C로 오르고 피스톤이 다시 평형이 될 때까지 움직인다면 부피는 몇 배 변화하는가?

52 [103]. 같은 온도의 두 기체에서 rms 속력은 분자 질량의 제곱근에 반비례한다는 것을 보여라.

$$\frac{(v_{\rm rms})_1}{(v_{\rm rms})_2} = \sqrt{\frac{m_2}{m_1}}$$

53 [105]. 10.0 L 용기에는 20 °C에서 12 g의 N_2 기체가 포함되어 있다. (a) 가장 가까운 인접 거리를 추산하라. (b) 기체가 희박하다고 생각할 수 있는가?

힌트 가장 가까운 거리를 N_2 분자의 지름, 약 0.3 nm와 비교해 보아라.

54 [107]. 20.0 °C에서 내부 지름이 7.000 00 cm인 강철 링을 가열하여 20.0 °C의 외부 지름 7.002 00 cm인 황동 샤프트 위에 놓는다. (a) 링을 몇 도까지 가열해야 샤프트 위에 장착될 수 있는가? 샤프트는 20.0 °C로 유지된다. (b) 링이 샤프트 위에 있고 20.0 °C로 냉각되면 링과 샤프트를 몇 도까지 냉각해야 링이 다시 샤프트에서 미끄러지는가?

55 [109]. 와인 통은 20.0 °C에서 가장 넓은 지점의 지름이 134.460 cm이다. 지름 134.448 cm의 원형 철제 띠를 통의 가장 넓은 지점 둘레로 씌운다. 철제 띠는 너비가 5.00 cm, 두께가 0.500 cm이다. (a) 띠를 몇 도까지 가열해야 통 위에 딱 맞게 장착할 수 있는가? (b) 띠가 제자리에서 20.0 °C로 냉각되면 띠의 장력은 얼마일까?

종합문제

56 [111]. 마이클은 그의 자동차 타이어의 계기압력을 36.0 lb/in^{2}로 설정했다. 그는 집 진입로 표면에 닿게 타이어 가장자리에 분필 선을 그어 타이어와 지면 사이의 접촉 넓이를 측정하려 한다. 앞 타이어 각각은 접촉 넓이가 24.0 in^{2}이고 뒤 타이어 각각은 접촉 넓이가 20.0 in^{2}이

다. (a) 차량의 중량(lb)은 얼마인가? (b) 앞 타이어의 중심과 뒤 타이어 중심 사이의 거리는 7.00 ft이다. 좌측(운전석 방향) 타이어의 중심 사이의 직선을 타이어 중심에 원점이 있는 y축으로 취하면(전방을 양의 방향으로 함), 차의 질량중심의 y 좌표는 무엇인가?

57 **[113].** 25 °C에서 길이가 2.5000 m인 길고 좁은 강철 막대가 한쪽 끝을 지나는 수평축의 진자로 진동하고 있다. 만약 온도가 0 °C로 바뀐다면, 주기에서 변화는 얼마인가?

58 **[115].** 잠수부가 깊이 5.0 m에서 수면 위로 빠르게 올라온다. 그 잠수부가 상승하는 동안 폐에서 기체를 내뿜지 않았다면, 폐는 몇 배 팽창했을까? 온도는 일정하고 폐의 압력을 신체 외부의 압력과 같다고 가정하라. 해수의 밀도는 1.03×10^3 kg/m^{3}이다.

59 **[117].** 밀봉된 실린더에는 2.0 atm의 압력을 가진 이상기체 표본이 들어 있다. 분자의 rms 속력은 v_0이다. (a) rms 속력이 $0.90v_0$가 되면 기체의 압력은 얼마인가? (b) 기체에서의 소리의 속력은 몇 퍼센트 변하는가?

60 **[119].** 산소(O_2) 분자의 지름은 약 0.3 nm이다. 대기압과 20 °C에서 공기 중 산소 분자가 1 s 동안 (a) 다른 분자와 충돌하는 거리 (b) 충돌 횟수 (c) 이동 거리 (d) 변위의 평균 크기를 추산하라.

개념정리

- 계의 내부에너지는 거시적인 운동에너지(거시적인 병진 및 회전운동에너지)와 외부 퍼텐셜에너지(외부 상호작용에 의한 에너지)를 제외한 계의 모든 분자의 총에너지이다.
- 열은 온도차 때문에 발생하는 에너지의 흐름이다.
- 줄은 열이나 일과 같은 모든 형태의 에너지에 대한 SI 단위이다. 열과 내부에너지에 가끔 사용되는 대체 단위는 칼로리이다.

$$1\text{ cal} = 4.186\text{ J} \qquad (14\text{-}1)$$

- 계의 온도 변화에 대한 계 내의 열흐름 비율은 계의 열용량이다.

$$Q = C\Delta T \qquad (14\text{-}2)$$

- 물질의 비열용량(간단히 비열)은 열용량을 질량으로 나눈 양이다.

$$c = \frac{Q}{m\Delta T} \qquad (14\text{-}3)$$

- 몰비열은 열용량을 mol로 나눈 양이다.

$$C_\text{v} = \frac{Q}{n\Delta T} \qquad (14\text{-}7)$$

실온에서 단원자 이상기체에 대한 등적 몰비열은 근사적으로 $C_\text{v} = \frac{3}{2}R$이고, 이원자 이상기체에 대해서는 근사적으로 $C_\text{v} = \frac{5}{2}R$이다.

- 상전이는 같은 온도에서 발생한다. 고체를 녹이거나 액체를 얼릴 때 흘러야 하는 단위 질량당 열을 융해열(L_f)이라고 한다. 액체가 기체로 변하거나 기체가 액체로 변할 때 흘러야 하는 단위 질량당 열을 기화열(L_v)이라고 한다.

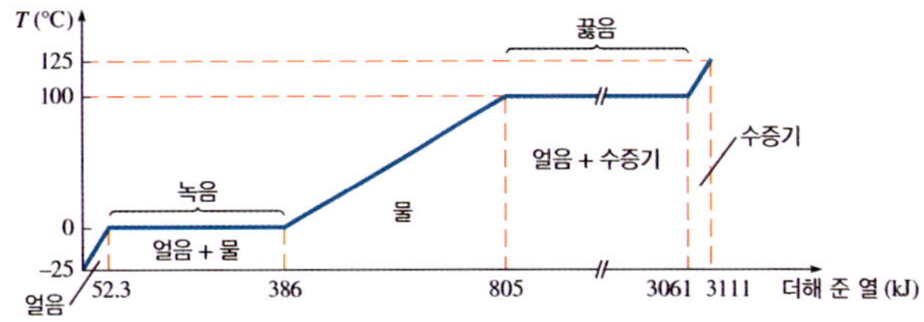

- 고체가 액체 상태를 거치지 않고 바로 기체로 변할 때를 승화라 한다.
- 상태도표는 물질의 고체, 액체, 기체 영역을 표시하는 압력–온도 그래프이다. 승화곡선, 융해곡선, 증기압곡선은 고체, 액체, 기체 상태를 분리한다. 세 곡선 중 하나를 지나가면 상전이가 일어난다.

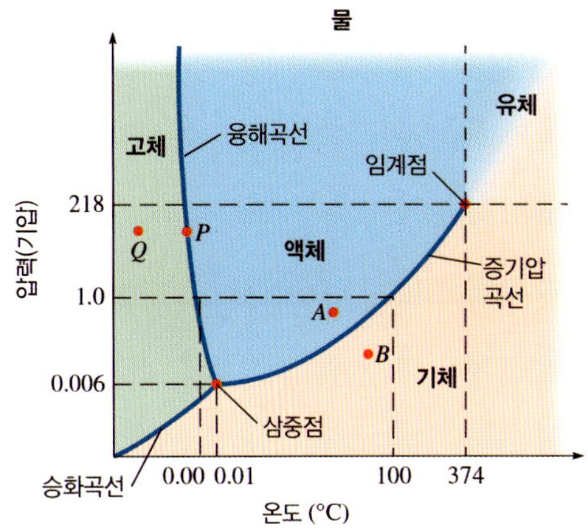

- 열은 전도, 대류, 복사의 세 가지 과정에 의해 흐른다.
- 전도는 한 물질 안에서 원자(또는 분자)들이 충돌하거나 두 물체가 접촉했을 때 발생한다. 한 물질 안에서의 열의 흐름률은

$$\wp = \kappa A\frac{\Delta T}{d} \qquad (14\text{-}12)$$

으로 주어진다. 여기서 $\wp$는 열의 흐름률(또는 전달된 일률), κ는 물질의 열전도도, A는 단면의 넓이, d는 물질의 두께(또는 길이), Δt는 양끝의 온도차이다.

열흐름의 방향

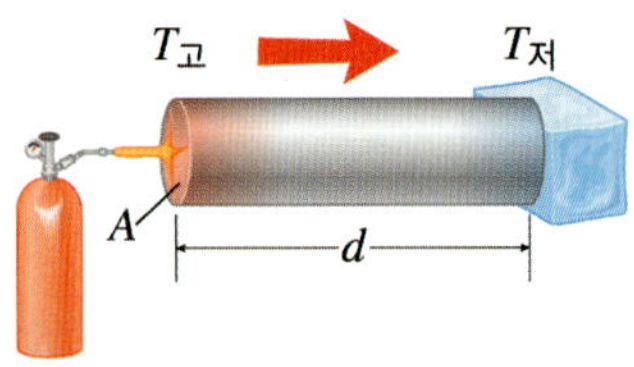

• 대류는 한 장소에서 다른 장소로 열을 전달하는 유체 흐름을 포함한다. 대류에서는 물질 자체가 한 곳에서 다른 곳으로 이동한다.

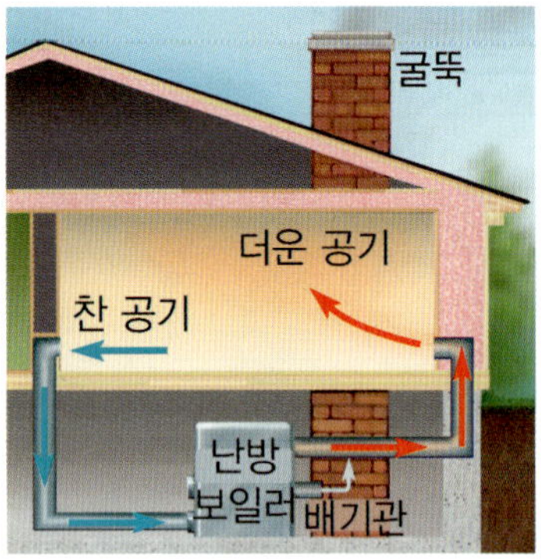

• 열복사는 매질 물질을 통해 이동하지 않는다. 에너지는 빛의 속도로 이동하는 전자기파에 의해서 전달된다. 모든 물체는 전자기파 복사를 통해 에너지를 방출한다. 들어온 모든 복사를 흡수하는 이상적인 물체를 흑체라고 한다. 흑체는 같은 온도의 어떤 물체보다도 단위 겉넓이당 더 많은 복사를 흡수한다. 슈테판의 복사 법칙은

$$\wp = e\sigma A T^4 \quad (14\text{-}23)$$

으로 주어진다.

복사율 e는 0부터 1 사이의 값을 가질 수 있다. A는 흑체의 겉넓이이고 T는 흑체 표면의 절대온도이다. σ는 스테판 상수이고 $\sigma = 5.670 \times 10^{-8}\ \mathrm{W/(m^2 \cdot K^4)}$이다. 최대 복사가 일어나는 파장은 다음 식과 같이 절대온도에 반비례한다.

$$\lambda_{최대} T = 2.898 \times 10^{-3}\ \mathrm{m \cdot K} \quad (14\text{-}24)$$

방출된 알짜 일률은 물체에서 방출된 일률과 주위로부터 물질이 흡수한 일률의 차이로, 다음과 같이 표현할 수 있다.

$$\wp_{알짜} = e\sigma A(T^4 - T_s^4) \quad (14\text{-}25)$$

연습문제

개념형 질문

1 [1]. 온도가 서로 다른 두 물체가 열적으로 접촉할 때 열 흐름의 방향을 결정하는 것은 무엇인가?

2 [3]. 왜 호수와 강은 표면부터 먼저 얼까?

3 [5]. 왜 여러 겹의 옷이 똑같은 무게의 코트 한 벌보다 더 따뜻할까?

4 [7]. 나무 받침대 위에 놓인 금속제 식물 받침대는 주위의 나무보다 더 차갑게 느껴진다. 반드시 더 차가운가? 설명하여라.

5 [9]. 자동차나 오토바이 라디에이터에 핀이 있는 이유가 무엇인가?

6 [11]. 식품 포장의 조리법에서 일부 장소에 따라 조리 시간이 달라지는 이유는 무엇인가?

7 [13]. 오븐에서 갓 나온 피자를 먹을 때 손에서는 피자가 따뜻하게 느껴지더라도 입으로 물어뜯으면 입천장을 데기 쉬운 이유가 무엇인가?

8 [15]. 매우 낮은 온도에서 수소(H_2)의 몰비열은 $C_v = 1.5R$이고, 실온에서는 $C_v = 2.5R$이다. 그 이유를 설명해 보아라.

9 [17]. 컵에 뜨거운 커피를 따랐지만 커피를 마시기 전에 해야 할 일이 조금 더 있다. 커피에 우유를 좀 넣으려고 할 때, 커피를 가능한 한 오래 뜨겁게 유지하기 위해서는 우유를 한 번에 넣어야 할까, 아니면 첫 한 모금 마시기 직전까지 기다렸다 넣어야 할까?

10 [19]. 영국의 식품보존에 관한 연구에 따르면, 투명한 플라스틱 포장에 싸여 열려 있고 불이 켜진 냉동고에 보관되는 고기의 온도가 냉동고의 온도보다 12 °C 이상 높을 수 있다는 것을 발견했다. 왜 그런가? 어떻게 이 현상을 예방할 수 있는가?

11 [21]. 공기 온도를 일정하게 유지하는 방은 여름에는 따뜻하게 느껴지지만 겨울에는 춥게 느껴진다. 그 이유를 설명하여라. **힌트** 벽이 반드시 공기와 같은 온도에 있는 것은 아니다.

12 [23]. 겉넓이가 같은 두 개의 물체가 진공 용기 안에 있다. 용기의 벽은 일정한 온도로 유지된다. 한 물체가 다른 물체보다 입사 복사열을 더 많이 흡수한다고 가정하면 그 물체가 다른 물체보다 더 많은 양의 복사열을 방출해야 하는 이유를 설명해 보아라. 그러므로 좋은 흡수체는 좋은 방출체여야 한다.

13 [25]. 기존의 외벽은 16 in마다 2×6 나무 샛기둥이 있다. (샛기둥은 직립 지지대이다.) 샛기둥은 외부 측면에서 내부 벽과 연결되고 샛기둥 사이의 공간은 단열재로 채워진다. 오프셋 샛기둥 구조는 2×4 나무 샛기둥이 그림과 같이 엇갈린다. 각 샛기둥은 외부 측면 또는 내부 벽과 연결되지만 둘이 연결되지는 않는다. 오프셋 샛기둥 벽이 같은 두께와 같은 절연재로 된 기존 벽보다 에너지 효율이 훨씬 좋은 이유를 설명하여라.

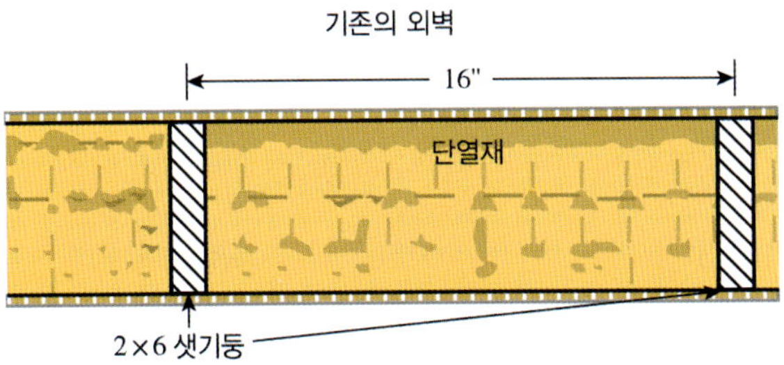

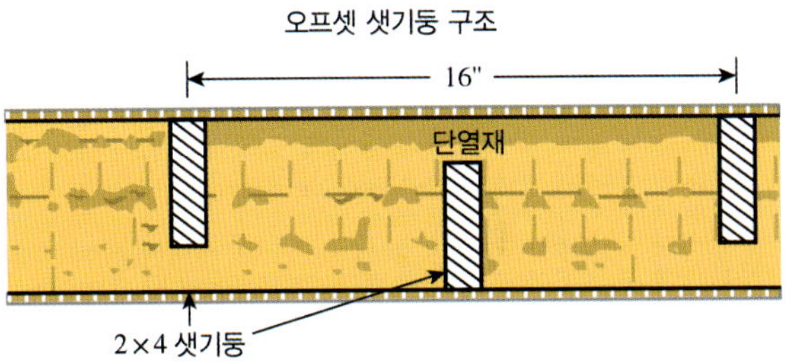

선다형 질문

1 [1]. 지구의 주요 열 손실은 어느 과정으로 이루어지는가?
(a) 복사 (b) 대류 (c) 전도
(d) 세 과정 모두가 지구의 주요 열 손실 수단이다.

2 [3]. 흑체와 복사에너지의 관계를 가장 잘 나타내는 용어는 어느 것인가? 흑체는 이상적인 복사에너지의 ________이다.
(a) 방출체 (b) 흡수체 (c) 반사체 (d) 방출체 및 흡수체

3 [5]. 철의 비열은 금의 약 3.4배이다. 20 °C에서 질량이 같은 금과 철로 된 정육면체를 40 °C의 물 100 g이 담긴 두 개의 다른 스티로폼 컵에 넣었다. 스티로폼 컵의 열용량은 무시할 수 있다. 평형에 도달한 후에는
(a) 금의 온도가 철의 온도보다 낮다.
(b) 금의 온도가 철의 온도보다 높다.
(c) 두 컵의 물의 온도가 같다.
(d) 입방체의 질량에 따라 (a) 또는 (b) 중 하나이다.

4 [7]. 뜨거운 물 주전자에 손을 대지 않아도 근처에 손을 두면 다음 중 주로 어느 방법으로 열의 존재를 느낄 수 있는가?
(a) 전도 (b) 대류 (c) 복사

5 [9]. 승화는 다음 상전이 중 어느 것을 말하는가?
(a) 액체에서 기체로 (b) 고체에서 액체로
(c) 고체에서 기체로 (d) 기체에서 액체로

6 [11]. 물질이 삼중점에 있을 때, 어떤 상태로 존재하는가?
(a) 고체 상태 (b) 액체상태 (c) 기체 상태
(d) 세 상태 중 일부 또는 전부 존재

문제

14.1 내부에너지

1 [1]. 22 °C 물 5.0 kg이 들어있는 용기에 22 °C 물 1.4 kg을 2.5 m 높이에서 붓는다. (a) 6.4 kg의 물의 내부

에너지는 얼마나 증가하는가? (b) 수온이 높아질 가능성이 있는가? 설명하여라.

2 [3]. 7.00×10^2 m/s로 움직이는 20.0 g의 납 총알이 금속판에 부딪혔을 때 발생하는 내부에너지는 얼마인가?

3 [5]. 체중이 15 kg인 어린이가 1.7 m 높이에 있는 미끄럼틀 상단으로 올라갔다. 미끄럼틀 바닥은 수평으로 0.50 m만큼 연장되어 있다. 어린이는 아래로 미끄럼을 타고 수평 코스의 끝 부분에 도달하기 직전에 멈추었다. (a) 이 과정에서 생성되는 내부에너지는 얼마인가? (b) 생성된 에너지는 어디로 갔는가? (미끄럼틀로, 어린이에게로, 공중으로, 또는 셋 모두에게?)

4 [7]. 농구 연습 도중 셰인은 7.6 m/s의 속력으로 바닥에서 뛰어올라 2.0 m 높이에서 0.60 kg의 농구공으로 점프 슛을 날렸다. 공은 바닥에서 3.0 m 높이에 있는 그물망을 4.5 m/s의 속력으로 휙 소리를 내면서 통과했다. 공이 셰인의 손을 떠나서 그물을 통과할 때까지 공기 저항에 의해 소모되는 에너지는 얼마인가?

14.2 열, 14.3 열용량과 비열

5 [9]. 질량이 5.00 g인 금반지의 열용량은 얼마인가?

6 [11]. 알루미늄 1.00 m^3의 열용량은 얼마인가?

7 [13]. 22 °C에서 125.6 kJ의 열이 5.00×10^2 g의 물에 공급될 경우, 물의 최종 온도는 얼마인가?

8 [15]. 다음 구성 계의 열용량은 얼마인가?
(a) 0.050 kg의 물을 채운 0.450 kg의 황동 컵
(b) 0.75 kg의 알루미늄 통에 들어 있는 7.5 kg의 물

9 [17]. 50.0 kg인 사람의 체온을 37.0 °C에서 38.4 °C로 올리는 데 필요한 열은 얼마인가?

10 [19]. 온도가 T인 물 1.00 kg을 0.100 km 높이에서 같은 온도의 물이 담긴 용기에 쏟아 부었더니 온도 변화가 0.100 °C로 측정되었다. 용기에 들어있던 물의 질량은 얼마인가? 용기나 온도계 등으로의 열 흐름은 무시하라.

11 [21]. 축축하고 쌀쌀한 어느 날 뉴잉글랜드의 해안 도시는 정전으로 고통을 받고 있다. 춥고 냉습한 시트를 따뜻하게 하기 위해 젠은 침대 발치에 있는 시트 사이에 뜨거운 물병을 넣어두려 한다. 만약 젠이 나무 난로에서 2.0 L의 물을 20.0 °C에서 80.0 °C로 데우려 한다면, 얼마의 열을 물에 가해야 하는가?

12 [23]. 질량 60.0 kg의 높이뛰기 선수가 점프를 하기 전에 3.00×10^3 kcal의 식사를 했다. 한 번의 점프로 음식에서 섭취한 에너지의 3.3 %가 중력 퍼텐셜에너지로 전환될 수 있다면 선수가 얼마나 높이 점프할 수 있는가?

13 [25]. 우주 암석 파편의 일부가 소행성대를 가로지르는 우주선의 선체를 뚫고 들어와 부딪히기 전 20.0 °C였던 물통 안에서 멈춘다. 파편의 질량은 1.0 g이고 물의 질량은 1.0 kg이다. 만약 우주 암석이 우주선에 대해 8.4×10^3 m/s로 이동했고 그것의 모든 운동에너지가 물을 데우는 데 사용된다면, 물의 최종 온도는 얼마인가?

14 [27]. 전기 주전자 안의 발열 코일로 주전자의 물에 2.1 kW의 전력을 공급하고 있다. 0.50 kg의 물의 온도를 20.0 °C에서 100.0 °C로 높이는 데 걸리는 시간은 얼마인가?

14.4 이상기체의 비열

15 [29]. 내부 압력이 3.5 atm인 용기에 23 °C의 질소(N_2) 기체가 425 L 들어 있다. 26.6 kJ의 열이 용기에 추가되면 기체의 새로운 온도는 얼마인가?

16 [31]. 질은 한숨에 0.021몰의 공기를 호흡한다. 들숨의 온도는 20 °C이고 날숨의 온도는 35 °C이다. (a) 공기의 온도 상승으로 호흡 한 번에 몸에서 열이 얼마나 떠나는가? 폐에 있는 공기의 가습은 무시하고 공기를 이상적인 이원자 기체로 취급한다. (b) 질의 호흡률은 분당 14 회이다. 공기의 온도 상승으로 질의 몸에서 떠나는 평균 열용량은 얼마인가? 이 값과 질의 몸에서 발생하는 총열 손실률인 72 W를 비교해 보아라.

14.5 상전이

17 [33]. 물질에 열이 유입되면 그래프와 같이 온도가 변한다. 그래프에서 물질이 상변화를 일으킨 구간은 어느 구간인가? 확인한 구간에서 어떤 종류의 상변화가 일어나는가?

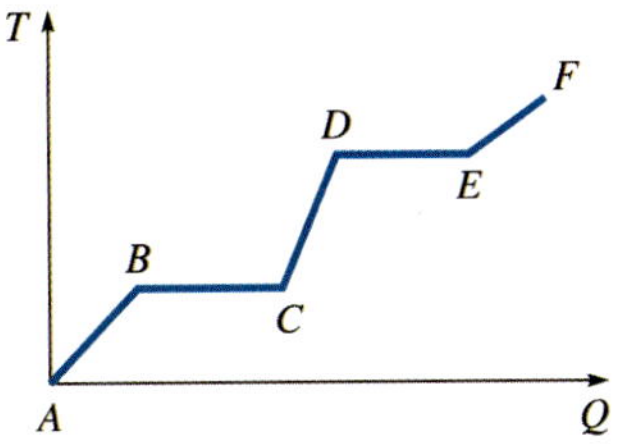

18 [35]. 주어진 자료로 물의 융해열을 계산하라. 물의 비열은 4.186 J/(g·K)이다.

열량계의 질량 = 3.00×10^2 g	열량계의 비열 = 0.380 J/(g·K)
물의 질량 = 2.00×10^2 g	물과 열량계의 초기 온도 = 20.0 °C
얼음의 질량 = 30.0 g	얼음의 초기 온도 = 0 °C 열량계의 최종 온도 = 8.5 °C

19 [37]. 물리학 실험실에서 학생이 실수로 25.0 g의 황동 와셔를 열려 있는 액체 질소 통에 떨어뜨린다. 와셔가 293 K에서 77.2 K로 냉각될 때 액체 질소는 얼마나 많이 증발되었는가? 액체 질소의 기화열은 199.1 kJ/kg이다.

20 [39]. 1.0 kg의 얼음을 원래 −20.0 °C에서 110.0 °C의 수증기로 바꾸려면 얼마의 열이 필요한가? 대기압은 1.0 atm이라고 가정하라.

21 [41]. 티나는 뜨겁게 차를 끓이고 얼음을 넣어 차를 식히려고 한다. 95.0 °C의 차를 10 °C로 식히기 위해 2.00×10^{-4} m^3의 찻잔에 −10.0 °C의 얼음을 얼마나 더 넣어야 하는가? 찻잔의 온도 변화는 무시하라.

22 [43]. 처음 온도가 −80.0 °C인 얼음 덩어리에 열을 가했더니 온도 변화가 그래프와 같이 일어난다. 얼음의 질량은 얼마인가?

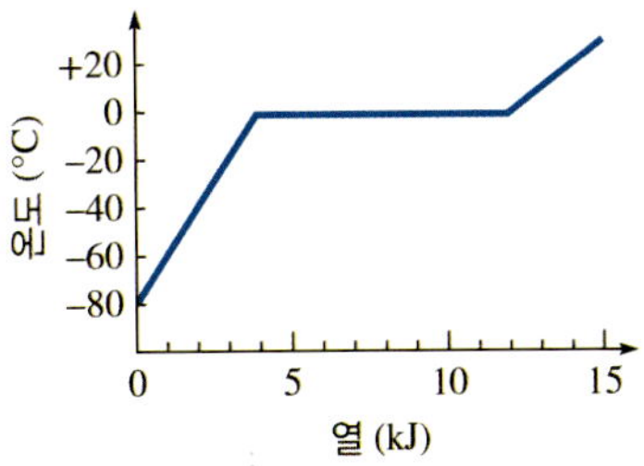

23 [45]. 온도가 0.0 °C인 10.0 g의 얼음 덩어리의 구멍에 알루미늄을 넣어 얼음을 녹일 수 있을 만큼 알루미늄을 충분히 높은 온도로 가열할 수 있는가? 그렇다면 알루미늄의 온도는 얼마여야 하는가?

24 [47]. 자작나무는 증산(기공을 통한 물의 증발) 작용을 통해 분당 618 mg의 물을 배출한다. 증산 작용으로 손실되는 열량은 얼마인가?

25 [49]. 열손실이 없게 한 절연 용기에 있는 50.0 °C인 0.500 kg의 물에 −10.0 °C인 75 g의 얼음 입방체를 넣는다. 얼음이 완전히 녹을까? 계의 최종 온도는 얼마인가?

26 [51]. 개는 헐떡임으로 많은 열을 잃는다. 상층 호흡기 위로 밀려오는 공기는 증발하여 열 손실을 일으킨다. 개는 보통 분당 약 300번 헐떡거린다. 대략 한번 헐떡거릴 때마다 호흡기에서 0.010 g의 물이 증발된다고 가정한다. 개가 숨을 헐떡이면서 잃는 열손실은 얼마인가?

27 [53]. 80.0 °C(너무 뜨거워서 마실 수 없음)인 250 g의 커피(물과 같은 비열)가 제공된다. 이것을 60.0 °C로 식히려면 얼음(0.0 °C)을 얼마나 넣어야 하는가? 컵의 열용량과 주위와의 열교환은 무시하라.

14.6 열전도

28 [55]. (a) 1.0 cm 두께의 정체된 공기 주머니와 같은 R−인자를 갖는 코르크 두께는 얼마인가? (b) 같은 R−인자에 필요한 주석 두께는 얼마인가?

29 [57]. 넓이가 1.0 m^2이고 두께가 2.0×10^{-2} m인 평판 재료가 주어질 때, (a) 재료가 석면일 경우 열저항은 얼마인가? (b) 재료가 철일 경우 열저항은 얼마인가? (c) 재료가 구리일 경우 열저항은 얼마인가?

30 [59]. 높이 2.74 m, 길이 3.66 m인 벽은 두께가 1.00 cm인 나무와 3.00 cm인 단열재(근사적으로 양모의 열전도율)로 구성되어 있다. 벽의 내부는 23.0 °C이고 벽의 외부는 −5.00 °C이다. (a) 벽을 통과하는 열흐름률

은 얼마인가? (b) 벽 넓이의 반을 두께가 0.500 cm인 한 장의 유리창으로 교체하면 벽면 밖으로 얼마나 많은 열이 흘러나가는가?

31 [61]. 단열은 되어 있지만, 성능은 좋지 않은 온수 탱크가 있다. 열 손실을 줄이기 위해 온수 탱크를 오래된 담요로 감싼다. 물이 81 °C이고 방이 21 °C인 상태에서 원래 탱크의 바깥쪽과 담요 사이에 삽입된 온도계는 36 °C이다. 담요가 열 손실을 몇 배 줄였는가?

32 [63]. 수컷 허스키의 털(피부 포함)의 열진도도는 0.026 W/(m·K)이다. 개의 열 출력은 51 W이다. 내부 온도는 38 °C, 겉넓이는 1.31 m^2, 털의 두께는 5.0 cm이다. 개가 열 출력을 높이기 전에 외부 온도는 얼마나 추울 수 있는가?

33 [65]. 등산객이 몸을 따뜻하게 하기 위해 두께 0.50 cm의 모직 옷을 입고 있다. 그녀의 피부 온도는 35 °C이고 바깥 온도는 4.0 °C이다. 등산객의 신체 겉넓이는 1.2 m^2이다. (a) 양모의 열전도도가 0.040 W/(m·K)이면 옷을 통한 열전도율은 얼마인가? (b) 등산객이 폭풍우를 만나면 젖은 양모의 열전도도가 0.60 W/(m·K)(물의 열전도도)까지 증가한다. 이제 열전도율은 얼마인가?

34 [67]. 한 크로스컨트리 스키 선수는 두께 2.0 cm의 거위털 패딩을 입고 있다. 거위 털의 열전도율은 0.025 W/(m·K)이다. 스키 나들이에 나선 선수의 동료는 두께가 0.50 cm의 모직 재킷을 입고 있다. 모직의 열전도율은 0.040 W/(m·K)이다. (a) 양쪽 겉옷의 겉넓이가 같고 스키 선수의 체온이 같다면 어느 쪽이 더 오래 따뜻해질 것인가? (b) 같은 양의 열손실이 있으려면 더 따뜻한 겉옷을 입은 사람이 바깥에서 얼마나 더 오래 있어야 하는가?

35 [69]. 온도차 $\Delta T = 20.0$ °C에서 한 평판은 10.0 W/m^2를, 같은 모양의 다른 평판은 20.0 W/m^2를 전도한다. 평판을 $\Delta T_{총} = 20.0$ °C로 직렬로 배치할 때 겉넓이의 제곱미터당 열흐름률은 얼마인가?

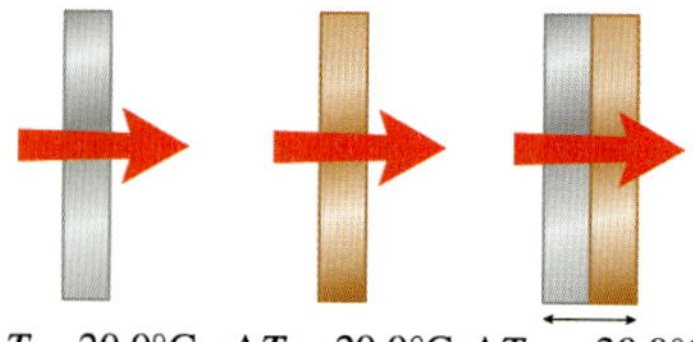

36 [71]. 열전도율 $\kappa = 1.3$ W/(m·K)의 벽돌벽은 같은 두께의 $\kappa = 0.025$ W/(m·K)의 거품으로 완전히 덮여 있다. 거품이 더해진 벽에서 변한 열전도율은 얼마인가?

14.8 열복사

37 [73]. 빈은 파장과 세기 사이의 간단한 관계를 구하기 위해 많은 복사체의 스펙트럼 분포를 연구했다. 그림 14.17에서 보여주는 제한된 데이터를 사용하여 최대 방출의 파장과 온도의 곱에서 빈이 예측한 상수를 구하라.

38 [75]. 지름이 80 cm인 구는 처음에는 250 °C의 온도에 있다. 구의 중심에서 2.0 m 거리에서 검출된 복사선의 세기가 10^2 W/m^2라면 구의 복사율은 얼마인가?

39 [77]. 전구 안의 텅스텐 필라멘트에 전류가 흐르면 2600 K로 가열된다. 텅스텐의 복사율은 0.32이다. 전구에 40.0 W의 전력을 공급할 경우 필라멘트의 겉넓이는 얼마인가?

40 [79]. 어떤 학생이 체중 감량을 하고자 한다. 그는 혹독한 에어로빅 운동으로 약 700 kcal/h(2900 kJ/h)의 에너지를 소모한다. 또한 몸을 따뜻하게 유지시키는 것을 포함한 필요한 생물학적 기능을 유지하기 위해 하루에 약 2000 kcal(8400 kJ)의 에너지를 섭취한다. 학생은 16 °C의 실내에 알몸으로 앉아서 신체에서 열을 방출하여 그 열량을 더 빨리 태우겠다고 마음먹었다. 학생의 몸 겉넓이는 약 1.7 m^2이며, 그의 피부 온도는 35 °C이다. 복사율이 1.0이라고 가정하면, 이 학생은 시간당 몇 칼로리 열량(kcal/h)을 연소시킬 것인가?

41 [81]. 추운 날씨에 외출할 때 머리가 신체의 가장 중요한 부분이라고 말할 때가 있다. −15 °C의 매우 추운 날

에 사람의 머리가 15 min 동안 노출될 때 복사선에 의한 총에너지 손실을 추산하라. 이 사람은 대머리이며, 피부 온도가 35 °C이고, 피부의 복사율은 97 %라고 가정하라.

42 [83]. 질량이 3.0 g인 도마뱀은 따뜻한 햇볕을 쪼여 몸을 따뜻하게 한다. 태양광선에 수직인 종이 위에 넓이가 1.6 cm^2인 도마뱀의 그림자가 생겼다. 지표에서 햇볕의 세기는 1.4×10^3 W/m^2이지만 이 에너지의 절반만이 대기를 투과하여 도마뱀에 흡수된다. (a) 도마뱀의 비열이 4.2 J/(g·°C)인 경우, 도마뱀의 체온 증가율은 얼마인가? (b) 도마뱀에 의한 열 손실이 없다고 가정했을 때 (단순화하기 위해) 도마뱀의 체온을 5.0 °C 올리려면 태양볕에 얼마나 오래 있어야 하는가?

43 [85]. 나뭇잎의 비열이 3.70 kJ/(kg·°C)이고, 넓이는 5.00×10^{-3} m^2, 질량은 0.500 g이다. 잎의 윗면이 복사에너지 9.00×10^2 W/m^2의 70.0 %를 흡수하는 반면, 잎의 뒷면은 온도가 25.0 °C인 주변 환경으로부터 입사하는 모든 복사에너지를 흡수한다고 가정하자.
(a) 잎의 열 손실의 유일한 방법이 열복사라면 잎의 온도는 얼마일까? (잎이 흑체처럼 복사한다고 가정한다.)
(b) 잎이 25.0 °C의 온도에 머물러 있다면, 증발(증발로 인한 열 손실)과 같은 다른 방법으로 단위 넓이당 잃은 일률은 얼마인가?

44 [87]. 흑체의 최대 복사 세기가 2.65 μm에서 발견된다면 흑체의 온도는 얼마인가?

45 [89]. 티 파티에서, 서빙 테이블 위에 커피 주전자와 찻주전자가 놓여 있다. 커피 주전자는 복사율이 0.12인 은빛 주전자이고, 찻주전자는 세라믹으로 되어 있으며 복사율은 0.65이다. 파티가 시작될 때 두 주전자에는 98 °C인 액체가 각각 1.00 L씩 들어 있다. 실내 온도가 25 °C인 경우 2개의 주전자에서의 복사열 손실률은 얼마인가?
힌트 겉넓이를 구하려면 주전자를 비슷한 부피의 정육면체로 근사하여라.

협동문제

46 [91]. 작은 동물은 큰 동물보다 체중 1 kg당 더 많은 음식을 먹는다. 기초대사량(BMR)은 활동을 전혀 하지 않는 상태에서 생명을 유지하는 데 필요한 최소한의 에너지 섭취량을 말한다. 표에는 5종의 동물에 대해 BMR, 몸무게, 겉넓이를 나열하였다. (a) 각 동물의 1 kg당 BMR을 계산하여라. 더 작은 동물들이 몸무게 1 kg당 훨씬 많은 음식을 소비해야 한다는 것이 사실인가? (b) 겉넓이 제곱미터당 BMR을 계산하라. (c) 크기가 다른 동물에 대해 제곱미터당 BMR이 대략 같은 이유를 설명할 수 있는가? 휴식 상태에 있는 동물에서 대사되는 음식 에너지가 어떻게 되는지 생각해 보아라.

동물	BMR(kcal/일)	몸무게(kg)	겉넓이(m^2)
쥐	3.80	0.018	0.0032
개	770	15	0.74
사람	2050	64	2.0
말	4900	440	5.1

47 [93]. 열전도도가 401 W/(m·K)인 구리 막대는 한쪽 끝이 104 °C이고 다른 쪽 끝은 24 °C이다. 막대의 길이는 0.10 m이고 단면적은 1.0×10^{-6} m^2이다. (a) 막대의 열전도도 $\wp$는 얼마인가? (b) 막대의 온도 기울기는 얼마인가? (c) 이와 같은 두 개의 막대를 직렬(끝과 끝)로 같은 온도의 욕조 사이에 놓았다면 $\wp$는 얼마일까? (d) 그러한 두 개의 막대를 같은 온도의 욕조에서 끝부분을 나란히(옆으로) 놓는다면 $\wp$는 얼마일까? (e) 직렬의 경우 막대가 만나는 접합점에서의 온도는 얼마일까?

연구문제

48 [95]. 캠핑을 하는 동안, 어떤 학생들이 햇빛을 작은 곳에 모으는 태양열 히터로 물을 가열하여 핫초코를 만들기로 했다. 햇빛이 1.5 m^2의 태양열 히터에 750 W/m^2의 세기로 비추고 있다. 15.0 °C에서 물 1.0 L를 100.0 °C까지 높이려면 얼마나 걸릴까?

49 [97]. 질량이 10.0 g이고 온도가 20.0 °C인 철 탄알이 4.00×10^2 m/s의 속력으로 날아가 20.0 °C인 0.500 kg의 나무토막에 박혀서 정지하였다. (a) 처음에 총알이 가진 운동에너지는 모두 총알의 내부에너지가 되었다. 이때 총알의 온도 상승을 계산하라. (b) 잠시 후 총알과 나무가 같은 온도 T에 도달하였다. 열이 외부로 손실되지 않는다고 가정하고 T를 계산하라.

50 [99]. 땀은 증발하면서 열이 주위로 퍼지기 때문에 많은 종의 동물들은 땀을 흘려 몸을 식힌다. 격렬한 운동을 하는 사람의 증발열 손실률은 약 650 W이다. 사람이 30.0 min 동안 격렬한 운동을 한다면, 몸에서 유실된 유체를 보충하기 위해 마셔야 할 물의 양은 얼마인가? 물의 기화열은 정상적인 피부 온도에서 2430 J/g이다.

51 [101]. 100.0 °C의 수증기 4.0 g이 화상 환자의 피부에서 물로 응축되어 45.0 °C로 냉각된다면, (a) 수증기는 얼마나 많은 열을 방출하는가? (b) 피부가 원래 37.0 °C라면, 수증기를 물로 냉각시키는 데 관여하는 조직의 질량은 얼마인가? 신체 조직의 비열은 표 14.1을 참조하라.

52 [103]. 62 g의 얼음 정육면체 두 개를 유리잔에 담긴 186 g의 물에 놓는다. 처음에 물이 24 °C이고 얼음이 −15 °C인 경우, 음료수의 최종 온도는 얼마인가?

53 [105]. 힘 상수가 $k = 8.4 \times 10^3$ N/m인 용수철을 0.10 m 길이로 압축시킨 후 1.0 kg의 물이 들어있는 용기에 넣고 이완시킨다. 용수철에 저장된 모든 에너지가 물을 가열한다고 가정한다면 물의 온도 변화는 얼마인가?

54 [107]. 대장장이가 0.38 kg의 쇳조각을 용광로에서 498 °C까지 가열한다. 설계대로 형태를 만든 후, 냉각시키기 위해 물통에 넣는다. 냉각에 사용할 수 있는 물의 온도가 20.0 °C인 경우 철을 23.0 °C로 냉각시키기 위해 물통에는 최소한 얼마의 물이 있어야 하는가? 물통의 물은 액체로 남아 있어야 한다.

55 [109]. 2.0 kg의 철냄비에 있는 1.0 kg의 물에 100.0 °C의 구리 토막 2.0 kg을 넣는다. 물과 철냄비는 구리 토막을 넣기 직전에 25.0 °C이다. 주위로의 열 흐름을 무시할 수 있다면 물의 최종 온도는 얼마인가?

56 [111]. 무더운 여름날 다프네는 공원으로 소풍을 갔다. 그녀는 보온병에 0 °C의 얼음 0.10 kg을 넣은 다음 25 °C의 차를 넣는다. 얼음을 모두 녹이는 차의 양은 얼마인가?

57 [113]. 스테인리스강 스튜냄비는 0.350 cm의 두꺼운 강철($\kappa = 46.0$ W/(m·K))과 0.150 cm 두께의 구리($\kappa = 401$ W/(m·K))의 합금으로 바닥이 되어 있고 104.00 °C인 세라믹 가열 소자에 놓여 있다. 냄비의 지름은 18.0 cm이며, 100.00 °C의 끓는 물이 담겨 있다. (a) 구리로 덮인 바닥이 열원에 닿는 경우 구리강 접촉면의 온도는 얼마인가? (b) 팬에서 물의 증발률은 얼마인가?

종합문제

58 [115]. 20.0 g의 총알이 소총에서 발사되어 47.0 °C의 온도로 속력이 5.00×10^2 m/s가 될 때까지 날아가다가 0 °C의 큰 얼음 덩어리에 박혔다. (a) 총알이 박힌 후 얼음 덩어리가 얼마나 빨리 움직이는가? (b) 얼음이 얼마나 녹겠는가?

59 [117]. 3.0 L 용기 내의 질소 기체(N_2)와 5.0 L 용기 내의 산소 기체(O_2)가 모두 20 °C, 1.0 atm에 있다. (a) rms 속력이 더 큰 기체는 어느 것인가? 설명하여라. (b) 질소가 20 °C일 때의 rms 속력과 같은 산소 기체의 온도는 얼마인가? (c) 20 °C에서 (b)에서 구한 온도까지 온도를 변화시키려면 산소 용기 내부 또는 외부로 흘러야 하는 열은 얼마인가?

59 [119]. 60.0 g의 얼음 조각이 수평으로 27.0° 기울어진 얼음 지붕 아래로 5.00 m 미끄러진다. 가속도의 크기는 4.10 m/s^2이다. 모든 얼음은 0 °C이다. 얼음은 얼마나 녹는가?

CHAPTER 15 | 열역학

개념정리

- 열역학 제1법칙은 에너지 보존 법칙이다.

$$\Delta U = Q + W \qquad (15\text{–}1)$$

여기에서 Q는 계로 들어온 열이고, W는 계에 한 일이다.

- 압력, 온도, 부피, 몰수, 내부에너지, 엔트로피는 상태 변수로서 어떤 순간의 계의 상태를 설명하지만, 그 계가 변해온 과정은 알 수가 없다. 열과 일은 상태변수가 아니며 계가 한 상태에서 다른 상태로 어떻게 변했는지를 기술한다.
- 압력이 일정할 때(또는 압력 변화를 무시할 수 있을 만큼 충분히 작은 부피 변화에 대해서) 계에 한 일은 다음과 같다.

$$W = -P\Delta V \qquad (15\text{–}5)$$

일의 크기는 PV 곡선 아래의 총넓이이다.

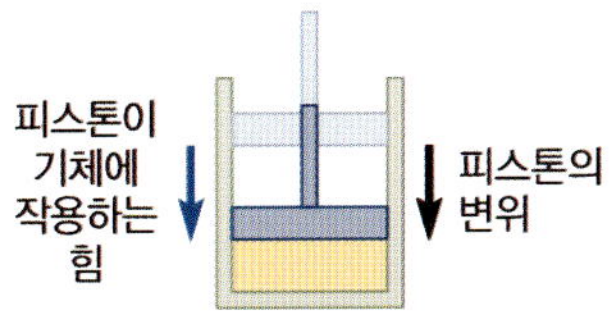

기체가 압축될 때 $W > 0$

- 표 15.2는 등온, 등압, 등적, 단열의 4가지 열역학적 과정의 특성을 요약한 것이다.
- 이상기체의 내부에너지 변화는 오로지 온도 변화에 의해 결정된다. 따라서 이상기체의 내부에너지는 등온 과정에서는 변하지 않는다.

$$\Delta U = 0 \quad (\text{이상기체, } \Delta T = 0) \qquad (15\text{–}18)$$

- 등적(일정한 부피) 과정에서는 계에 한 일이 없다.
- 계에 열 출입이 없는 과정($Q = 0$)을 단열 과정이라 한다. 단열과정에서는 온도 변화가 일어날 수 있다.
- 이상기체의 등적 몰비열과 등압 몰비열 사이에는 다음과 같은 관계가 성립한다.

$$C_P = C_V + R \qquad (15\text{–}17)$$

C_P는 기체에 한 일을 고려해야 하므로 C_V보다 크다. (15.3절 참조)

- 뜨거운 물체에서 차가운 물체로 자발적으로 이동하는 열의 흐름은 항상 비가역적이다.

자발적인 열 흐름

- 기관, 열펌프 또는 냉장고의 한 순환 과정에서 에너지 보존은 다음을 만족시킨다.

$$Q_{\text{고온}} = Q_{\text{알짜}} + Q_{\text{저온}}$$

여기에서 $Q_{\text{고온}}$, $Q_{\text{저온}}$, $W_{\text{알짜}}$는 모두 양$^+$으로 정의된 값이다.

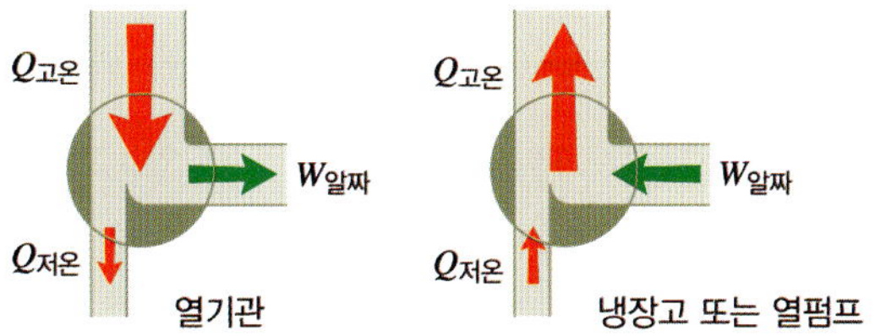

- 열기관의 효율은 다음과 같이 정의된다.

$$e = \frac{W_{\text{알짜}}}{Q_{\text{고온}}} \qquad (15\text{–}21)$$

- 열펌프의 성능계수는 다음과 같다.

$$K_p = \frac{\text{전달된 열}}{\text{들어온 알짜 일}} = \frac{Q_{\text{고온}}}{W_{\text{알짜}}} \qquad (15\text{–}23)$$

• 냉장고나 에어컨의 성능계수는 다음과 같다.

$$K_r = \frac{\text{제거된 열}}{\text{들어온 알짜 일}} = \frac{Q_{\text{저온}}}{W_{\text{알짜}}} \qquad (15\text{–}24)$$

• 열 저장체는 매우 큰 열용량을 가지고 있어서 무시할 정도의 작은 온도 변화를 일으키면서 양방향으로 열교환을 할 수 있다.

역방향의 열 흐름은
자발적으로 일어나지 않는다.

• 열역학 제2법칙은 다양한 방식으로 기술될 수 있다. 그 중 두 가지는 다음과 같다.

(1) 열은 차가운 계에서 뜨거운 계로 절대 자발적으로 이동하지 않는다.

(2) 우주의 엔트로피는 절대 감소하지 않는다.

• 가역기관의 효율은 오직 고온 열 저장체와 저온열원의 절대온도에 의해 결정된다.

$$e_r = 1 - \frac{T_{\text{저온}}}{T_{\text{고온}}} \qquad (15\text{–}25)$$

실제 기관의 효율은 같은 온도 저장 장치 사이에서 작동하는 가역형 기관의 효율보다 낮다.

• 가역형 열펌프나 냉장고의 성능계수는 열 저장체의 절대온도에 의해서만 결정된다.

$$K_{\text{p, 가역}} = \frac{1}{1 - T_{\text{저온}}/T_{\text{고온}}} \text{과}$$

$$K_{\text{r, 가역}} = \frac{1}{T_{\text{고온}}/T_{\text{저온}} - 1} \qquad (15\text{–}27)$$

실제 열펌프의 성능계수는 같은 온도의 열 저장체 사이에서 작동되는 가역형 열펌프의 효율보다 낮다. 냉장고도 마찬가지이다.

• 열량 Q가 일정한 절대온도 T인 계로 들어오면 그 계의 엔트로피 변화는 다음과 같다.

$$\Delta S = \frac{Q}{T} \qquad (15\text{–}29)$$

• 열역학 제3법칙 : 계를 절대온도 0도까지 냉각시키는 것은 불가능하다.

연습문제

개념형 질문

1 **[1].** 성능계수가 1인 열펌프를 만들 수 있는가? 설명하여라.

2 **[3].** 열역학 법칙은 다음과 같이 기발한 표현(도박사들이 좋아하지 않을 법한)으로 연상할 수 있다.

Ⅰ. 절대 이길 수 없다. 곧, 지거나 비길 수만 있다.
Ⅱ. 분명히 0이라도 비길 수 있다.
Ⅲ. 분명히 0이 될 수 없다.

"이기다", "지다", "비기다"에 해당하는 말은 무엇인가?

힌트 열기관에 관해 생각하라.

3 **[5].** 석유나 석탄 같은 화석연료의 공급이 줄어드는 상황을 "에너지 위기"라고 한다. 물리학의 관점에서 이 명칭이 왜 정확하지 않은가? 더 나은 명칭을 생각할 수 있는가?

4 **[7].** 대부분의 열펌프에는 보조 전기히터가 사용된다. 실외 온도가 비교적 포근할 때는 전기 히터를 사용하지 않는다. 그러나 실외 온도가 낮아지면 보조 히터를 사용하여 열펌프를 보충한다. 왜 그런가?

5 **[9].** 엔트로피의 변화는 항상 열의 흐름에 의해 발생하는가? 그렇지 않은 경우 엔트로피를 증가시키는 다른 예를 들어 보라.

6 [11]. 따뜻한 레모네이드 병이 아이스박스 안에 있다. 상자 안에서 열이 레모네이드로부터 얼음으로 흐를 때 레모네이드와 얼음의 엔트로피를 설명해 보아라.

7 [13]. 해변에서 하루를 보낸 후, 한 아이가 소금물이 담긴 양동이를 집으로 가지고 왔다. 바닷물은 소금 결정을 남기고 모두 증발하였다. 소금 결정의 분자 상태는 바닷물 속에 용해된 소금 결정의 상태보다 더 크다. 이것이 엔트로피의 원리에 위배되는가? 설명해 보아라.

선다형 질문

1 [1]. 열기관이 온도 200 °C와 30 °C 사이에서 작동한다. 가능한 최대 효율은 얼마인가?

(a) 10 % (b) 47 % (c) 53 %
(d) 90 % (e) 100 %

2 [3]. 두 다른 계가 서로 열 접촉을 하고 있어서, 한 계에서 다른 계로 열이 흐를 수 있다면, 열은 다음 중 어느 것이 같아질 때까지 흐르는가?

(a) 에너지 (b) 열용량 (c) 엔트로피 (d) 온도

3 [5]. 계의 상태가 등적 과정으로 변할 때

(a) 압력은 변하지 않는다.
(b) 내부에너지는 변하지 않는다.
(c) 계에 한 일은 0이다.
(d) 엔트로피는 일정하다.
(e) 계의 온도는 변하지 않는다.

4 [7]. 단열되어 있는 용기의 왼쪽 칸에는 이상기체가 채워져 있고 오른쪽 칸은 진공상태이다. 중앙부의 밸브가 열리면 기체는 오른쪽 칸으로 이동한다. 평형상태가 되면 기체의 온도는

(a) 처음 온도에 비해 내려간다.
(b) 처음 온도에 비해 올라간다.
(c) 처음 온도와 같다.
(d) 처음 온도보다 높을 수도 있고, 같거나 낮을 수도 있다.

5 [9]. 이상기체가 일정한 온도에서 압축될 때

(a) 기체에서 열이 빠져나온다.
(b) 기체의 내부에너지는 변하지 않는다.
(c) 기체에 한 일은 0이다.
(d) 답 없음
(e) (a)와 (b)
(f) (a)와 (c)

6 [11]. 1몰의 이상기체가 P_A, V_A의 상태에서 P_B, V_B의 상태($V_B > V_A$)로 변하였다. 다음 중 옳은 것은 어느 것인가?

(a) 이 과정 중 기체로 들어간 열은 전적으로 P_A, V_A, P_B, V_B 값에 의해 결정된다.
(b) 이 과정 중 기체의 내부에너지 변화는 전적으로 P_A, V_A, P_B, V_B 값에 의해 결정된다.
(c) 이 과정 중 기체에 한 일은 전적으로 P_A, V_A, P_B, V_B 값에 의해 결정된다.
(d) 앞의 셋 모두 옳다.
(e) 답이 없다.

7 [13]. 다음 중 열역학 제2법칙이 함축되어 있는 진술은 어느 것인가?

(a) 한 순환과정에서 기관(연료, 열 저장체를 포함하여)의 엔트로피는 절대 감소하지 않는다.
(b) 어떠한 과정에서든 계의 내부에너지의 증가는 흡수된 열과 계에 한 일의 합이다.
(c) 한 순환에서 저온 열 저장체로 열을 배출하지 않고 작동하는 열기관은 불가능하다.
(d) (a)와 (c)
(e) (a), (b), (c)

문제

15.1 열역학 제1법칙, 15.2 열역학적 과정, 15.3 이상기체의 열역학적 과정

1 [1]. 어느 추운 날, 밍은 손이 따뜻해지도록 손을 맞대고 비볐다. 그녀가 5.0 N의 힘으로 손을 문지를 때마다 운동마찰계수 0.45로 16 cm의 거리를 움직인다. 주변으로 열이 빠져나가지 않는다고 가정하면, 그녀가 여덟 번 문질렀을 때 손의 내부에너지는 얼마나 증가하는가?

2 [3]. 계에 500 J의 일을 하는 동안 내부에너지가 400 J 증가하였다. 계로 들어가거나 빠져나온 열은 얼마인가?

3 [5]. 폭포 위에서 11.0 m 아래의 강으로 떨어진 후 1.00 m^3의 물에서 내부에너지가 얼마나 변하는가? 물에서 공기 중으로 열이 흐르지 않는다고 가정한다.

4 [7]. 인부가 노 교반기로 통 안의 페인트를 섞고 있다. 노는 28.0 rad/s로 회전하며 페인트에 16.0 N·m의 돌림힘을 가하는데, 일률은 $\tau\omega = 16.0\ \text{N}\cdot\text{m} \times 28.0\ \text{rad/s} = 448\ \text{W}$이다. 페인트의 온도가 1.00 K 올라가면 내부에너지는 12.5 kJ이 증가한다. (a) 페인트에서 빠져나가는 열 흐름이 없다면 5.00 min 동안 저었을 때 페인트의 온도 변화는 얼마인가? (b) 실제 온도 변화가 6.4 K라면, 페인트로부터 주변으로 빠져나가는 열은 얼마인가?

5 [9]. 27 °C인 단원자 이상기체가 A에서 B까지는 등압과정으로, B에서 C까지는 등적과정을 거쳐 상태가 변한다. 이 두 과정 동안 한 전체 일을 구하라.

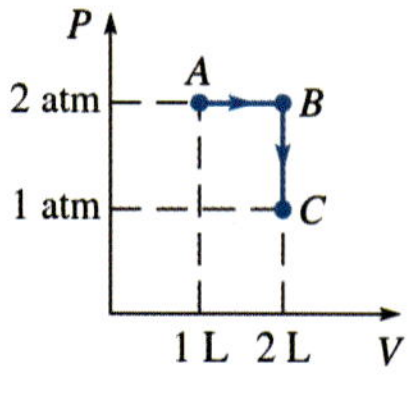

6 [11]. 다음은 단원자 이상기체의 순환 과정을 나타낸 PV 도표이다. (a) 0.0200몰의 기체가 있다면, C에서의 온도와 압력은 얼마인가? (b) 기체가 A에서 B로 변할 때, 내부에너지의 변화량은 얼마인가? (c) 이 기체가 한 순환 과정 동안 한 일은 얼마인가? (d) 한 순환 과정 동안 이 기체 내부에너지의 총변화량은 얼마인가?

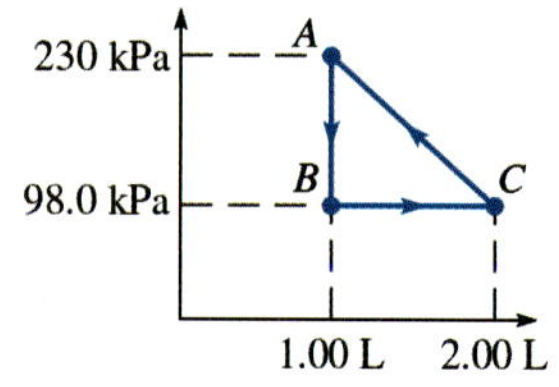

7 [13]. 냉장고에서, 이상적인 단원자 기체 2.00몰은 그림에 표시된 순환 과정으로 변화한다. A 점의 온도는 800.0 K이다. (a) D 점의 온도와 압력은 얼마인가? (b) 4 순환 과정을 거치면서 기체에 한 알짜 일은 얼마인가? (c) A 점에 있을 때 기체의 내부에너지는 얼마인가? (d) 4번의 완전한 순환 과정 동안 이 기체 내부에너지의 총변화는 얼마인가?

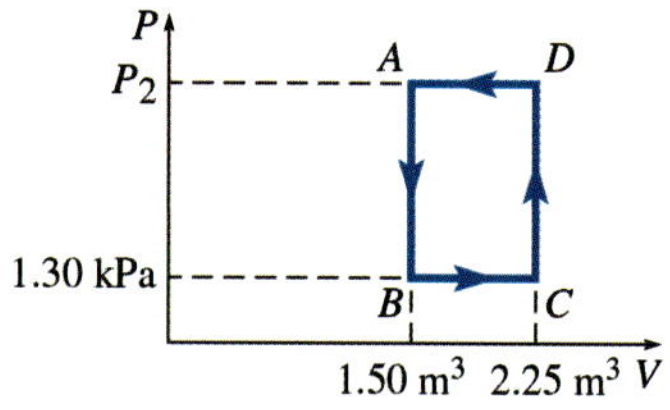

8 [15]. 이상적인 기체는 −73 °C에서 +27 °C의 온도까지 2.0×10^5 Pa의 일정한 압력에서 가열된다. 기체의 초기 부피는 0.10 m^3이다. 이 과정에서 기체에 공급되는 열에너지는 25 kJ이다. 기체 내부에너지의 증가는 얼마인가?

9 [17]. 이상기체가 300.0 K의 일정한 온도를 유지하기 위해 열 저장체와 접촉하고 있다. 기체는 24.0 L에서 14.0 L로 압축된다. 이 과정에서 기체를 압축하기 위해 피스톤을 밀어내는 기계 장치는 5.00 kJ의 에너지를 소모한다. 열 저장체와 기체 사이에 흐른 열량은 얼마이고 열은 어느 방향으로 흐르는가?

10 [19]. 단원자 이상기체가 다음의 PV 도표에 보인 과정 중 한 과정을 따라서 A 상태에서 D 상태로 변한다고 하자. (a) 만일 상태 변화가 등적과정 AB와 등압과정 BCD를 따라 변한다면 기체에 한 총일은 얼마인가? (b) 전체 과정 동안 기체 내부에너지의 총변화와 기체로 유입된 전체 열을 계산하라.

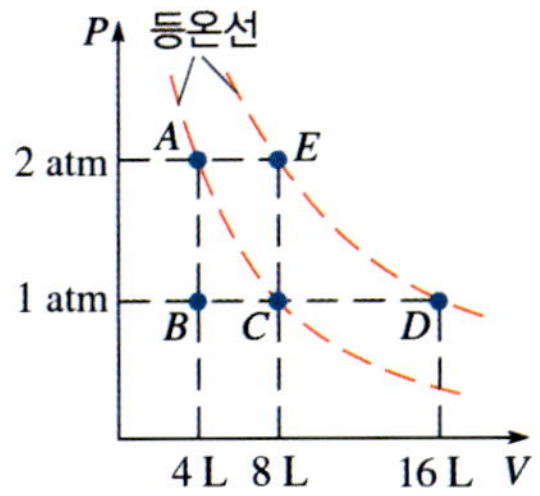

[문제 10~11의 그림]

11 [21]. 문제 10에서 기체가 등압 경로 AE를 거쳐 등온 경로 ED를 따를 경우 (a) 기체에 해준 전체 일은 얼마인가? (b) 기체의 내부에너지의 총변화와 기체로 유입된 전체 열을 구하라.

15.5 열기관, 15.6 냉장고와 열펌프

12 [23]. 그림에 보인 5개의 PV 순환 과정 중에서 (a) 어느 것이 열기관의 순환 과정을 나타낸 것인가? (b) 어느 것이 열펌프의 순환 과정을 나타낸 것인가? (c) 어느 것이 냉장고의 순환 과정을 나타낸 것인가? 설명하여라.

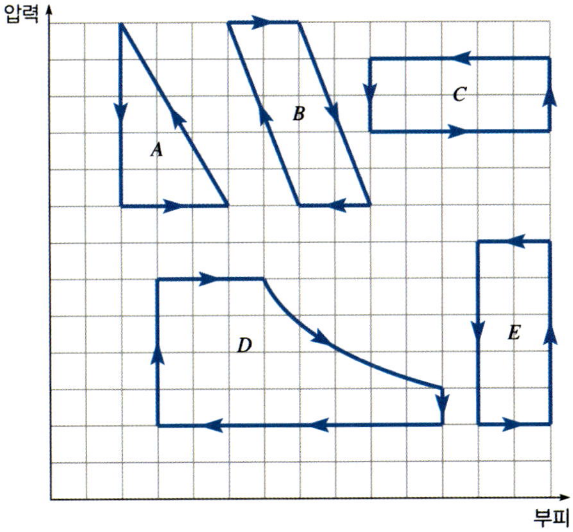

13 [25]. 석탄 1.00 kg당 1.17 kWh의 전력을 생산하는 전기 발전기의 효율은 얼마인가? 석탄의 연소열은 6.71×10^6 J/kg이다.

14 [27]. (a) 33.3 %의 효율을 가진 기관이 1.00 kJ의 일을 하려면 얼마의 열을 흡수해야 하는가? (b) 기관은 얼마의 열을 배출하는가?

15 [29]. 미국은 하루에 약 5.0×10^{16} J의 전기에너지를 생산한다. 이 에너지는 전기모터에 의해 거의 100 %의 효율로 일로 변환할 수 있기 때문에 일과 같다고 볼 수 있다. (a) 이 에너지가 평균 효율이 0.30인 발전소에서 발전된다면, 매일 환경에 얼마나 많은 열이 방출되는가? (b) 수온이 2.0 °C 이상 증가하지 않는다면, 이 열을 흡수하는 데 필요한 물의 양은 얼마인가?

16 [31]. 엔진이 0.100 kJ의 일을 할 때마다 0.450 kJ의 열을 방출한다. 엔진의 효율은 얼마인가?

17 [33]. 성능계수가 2.00인 에어컨이 하루에 1.73×10^8 J의 열을 방에서 제거한다. 전기요금이 kWh당 0.10달러라면 하루 동안 에어컨을 틀어 놓을 때 청구되는 전기요금은 얼마인가? (1 kWh $= 3.6 \times 10^6$ J이다.)

15.7 가역 기관과 열펌프

18 [35]. 이상적인 기관은 0.725의 효율을 가지며 622 K의 고온 열 저장체에서 나오는 기체를 사용한다. 열을 배출하는 저온 열 저장체의 온도는 얼마인가?

19 [37]. 어떤 증기기관에서 보일러 온도가 127 °C고 저온 열 저장체의 온도는 27 °C이다. 이 기관이 8.34 kJ의 일을 하는 동안, 저온 열 저장체로 배출되어야 하는 최소 열량은 얼마인가?

20 [39]. 이상적인 냉장고는 내부(+2.0 °C)에서 0.10 kW의 비율로 열을 제거하고 40.0 °C에서 열을 배출한다. 사용되는 전력은 얼마인가?

21 [41]. 이상적인 냉장고는 내용물을 0.0 °C로 유지하고 40.0 °C에서 부엌으로 열을 배출한다. 1.0 kJ의 일 당 (a) 얼마나 많은 열이 소모되는가? (b) 내용물의 열을 얼마나 제거하는가?

22 [43]. 냉장고를 구동하는 모터는 148 W의 유용한 전력을 생산한다. 열 저장체의 고온 및 저온 온도는 20.0 °C, −5.0 °C이다. 처음에 8.0 °C의 물로 2.0 h 안에 생성할 수 있는 최대 얼음 양은 얼마인가?

23 [45]. 인체는 지속적으로 음식을 섭취함으로써 내부 온도가 약 37 °C로 일정하게 유지되기 때문에 잠재적으로 매우 좋은 열 저장체 역할을 할 수 있다. 발명가가 체내외의 온도차를 이용하여 배터리를 충전하거나 다른 장비(심박동기 또는 기타 필요한 의료 기기)에 전원을 공급하기 위해 피부 아래에 이식할 수 있는 미세 엔진을 설계했다고 가정해 보자. 그러한 엔진이 카르노 효율의 절반을 수행할 수 있고 하루에 5.0 nJ의 에너지를 배터리에 저장할 수 있다면, 주변 온도가 20 °C인 경우 인체가 공급하는 에너지는 얼마인가?

24 [47]. (a) 600.0 °C와 300.0 °C 사이에서 작동하는 가역기관의 효율을 계산하라. (b) 기관이 고온 열 저장체에서 420.0 kJ의 열을 흡수할 경우, 저온 열 저장체로 배출하는 열은 얼마인가?

25 [49]. 전기발전소에서는 500 °C의 증기로 발전을 하고 27 °C의 강물로 증기를 응축한다. 강물을 47 °C에서 증기를 응축시키는 냉각탑으로 바꾸어야 한다면 이론상 최대 효율은 얼마나 감소하게 되는가?

26 [51]. 한 발명가가 수면과 수중 10 m의 온도차를 이용하여 배를 추진하는 열기관을 제안한다. 수면과 수중의 온도가 각각 15.0 °C와 10.0 °C인 경우 엔진이 가질 수 있는 최대 효율은 얼마인가?

27 [53]. 가역 냉장고의 성능계수는 3.0이다. 처음에 0 °C에서 액체 상태의 물 1.0 kg을 얼리려면 일을 얼마나 해야 하는가?

28 [55]. 열기관이 최대 가능한 효율 65.0 %로 650 K와 350 K 사이에서 작동한다. (a) 이 기관의 효율은 얼마인가? (b) 6.3×10^3 J를 저온 열저장체로 배출시키는 경우 기관이 하는 일은 얼마인가?

29 [57]. 가역 열펌프의 성능계수가 $1/[(T_{고온}/T_{저온})-1]$임을 보여라.

15.8 엔트로피

30 [59]. 엔트로피가 증가하는 순서대로 정렬하라. (a) 20 °C의 물 1몰과 20 °C의 에탄올 1몰이 각각의 용기에 있다. (b) 20 °C의 물 1몰과 20 °C의 에탄올 1몰을 혼합한다. (c) 20 °C의 물 0.5몰과 20 °C의 에탄올 0.5몰이 별도의 용기에 있다. (d) 30 °C의 물 1몰과 30 °C의 에탄올 1몰을 혼합한다.

31 [61]. 표 14.4에서 우리는 100 °C에서 1.00 kg의 물을 증기로 바꾸는 데 2256 kJ이 필요하다는 것을 알고 있다. 100.0 °C에서 증발하는 물 1.00 kg의 엔트로피의 변화는 얼마인가? (엔트로피의 변화가 증가(+)인지, 감소(−)인지 명시하라.)

32 [63]. 처음에는 20.0 °C인 큰 구리 토막을 온수(80.0 °C) 통에 놓는다. 물에서 토막으로 흐르는 열의 첫 1.0 J에 대해서 (a) 토막의 엔트로피 변화, (b) 물의 엔트로피 변화, (c) 우주의 엔트로피 변화를 구하라. 토막과 물의 온도는 1.0 J의 열 흐름에 의해서는 본질적으로 변하지 않는다는 점에 유의하라.

33 [65]. 추운 겨울날, 바깥 온도는 −15.0 °C이다. 집 안의 온도는 +20.0 °C이다. 열은 220.0 W의 비율로 창문을 통해 집 밖으로 열이 흐른다. 창문을 통해 전달되는 이 열전도로 인한 우주의 엔트로피는 얼마나 변화하는가?

34 [67]. 한 학생이 하루에 2000 kcal을 먹는다. (a) 모든 음식에너지가 열로 방출된다고 가정하면, 방출되는 열의 비율은 얼마인가? (와트 단위) (b) 모든 열이 실온(20 °C)에서 공기로 방출될 경우 주변 엔트로피의 변화율은 얼마인가?

35 [69]. 폴리펩티드는 단백질 접힘이라고 불리는 과정에 의해 무작위 코일의 특징적인 3차원 구조를 이룬다. 접힌 상태에서 단백질은 매우 잘 정렬된다. (엔트로피가 낮다.)

열을 가하면 단백질은 변성될 수 있다. 곧 구조가 적게 접히고 더 높은 엔트로피를 갖는 무작위 구조에 가까운 상태가 된다. 이 변성은 종종 날계란과 조리된 계란 사이의 알부민 차이와 같은 예에서 관찰할 수 있다. 특정 단백질의 몰질량이 33 kg/mol이라고 가정하자. (a) 72 °C의 일정한 온도에서 이 단백의 표본 45 mg의 엔트로피 변화량이 2.1 mJ/K가 되도록 변성된다면, 이 과정에 필요한 열은 얼마인가? (b) 각 분자의 에너지가 얼마나 증가하는가?

협동문제

36 [71]. 화력발전소는 원자력발전소보다 높은 $T_{고온}$을 사용할 수 있다. 안전상의 이유로 원자로의 노심은 연소하는 석탄만큼 뜨거워지지는 않는다. 화력발전소는 $T_{고온} = 727\ °C$이지만 원자력발전소의 경우 $T_{고온} = 527\ °C$라고 가정하자. 두 발전소는 $T_{저온} = 27\ °C$인 호수로 폐열을 배출한다. 하루에 1.00×10^{14} J의 전기를 생산하기 위해 각 발전소는 얼마나 많은 폐열을 호수로 배출하는가? 양쪽이 모두 가역 기관으로 작동한다고 가정한다.

37 [73]. 한 도시가 5.0×10^6 kg/s로 흐르는 강물을 이용해서 새로운 발전소에서 나오는 열을 제거하려고 한다. 환경 연구에 따르면 강의 온도는 0.50 °C만 상승해야 하고, 이 발전소의 최대 설계 효율은 30.0 %이다. 이 발전소가 생산할 수 있는 최대 전력은 얼마인가?

연구문제

38 [75]. 온도가 19 °C인 날, 24 m 높이의 타워 꼭대기에서 0.15 kg의 야구공을 떨어뜨린다. 공이 땅에 부딪히고 몇 번 튀어 오른 후 정지하면, 우주의 엔트로피는 대략 얼마나 증가하게 되는가?

39 [77]. 풍선은 25 °C와 1.0 atm에서 160 L의 질소 기체를 포함하고 있다. 풍선이 대기압에서 팽창할 수 있도록 하면서 질소의 온도를 45 °C로 올리려면 얼마나 많은 에너지를 가해야 하는가?

40 [79]. 어느 더운 날, 단열된 밀폐공간에 있다고 하자. 이 방에는 250 W의 전력으로 작동하는 냉장고가 있다. 냉장고는 모터가 작동 중일 때 450 W의 일률로 식품 저장 공간의 열을 제거한다. 방의 온도를 낮추기 위해 냉장고의 문을 열고 모터를 계속 작동시키면 방과 방 안의 모든 집기들에 얼마의 열이 흡수(+) 또는 방출(−)되는가?

41 [81]. 물 850 g을 20.0 °C에서 50.0 °C로 가열했을 때 엔트로피 변화는 얼마인가? **힌트** 35 °C의 평균 온도에서 열이 물 쪽으로 흐른다고 가정하라.

42 [83]. 용기에 20.0 °C의 물 1.2 kg을 담아 −20.0 °C의 냉동실에 넣었다. 물이 얼어서 냉동실 내부와 열적평형을 이룬다. 냉장고가 20.0 °C와 −20.0 °C인 열 저장체에서 작동한다면, 이 과정에서 필요한 최소 전기에너지는 얼마인가?

43 [85]. 1.1 atm에서 물고기의 부레는 8.16 mL로 부풀어 있다. 물고기가 수평으로 헤엄치기 시작하면 힘을 작용한 결과로 물고기의 온도가 20.0 °C에서 22.0 °C로 상승하게 된다. (a) 물고기가 같은 압력에 있을 때 부레의 기체가 얼마만큼의 일을 하는가? **힌트** 먼저 온도 변화에 따른 부피를 구하라. (b) 부레의 공기에 의해 발생한 열은 얼마인가? 공기는 이원자 이상기체로 간주하라. (c) 이 열을 잃는다면 물고기의 체온이 얼마나 내려가는가? 물고기의 질량은 5.00 g이고 비열은 약 3.5 J/(g·K)이다.

44 [87]. PV 도표는 이원자 이상기체 1.000몰을 작동 물질로 사용하는 열기관에 대한 것이다. 등온과정 A와 C에서, 기체는 각각 온도 373 K과 273 K의 열 저장체와 접촉한다. 등적과정 B에서 기체는 저온 열 저장체로 열을 배출함에 따라 온도가 내려간다. 등적과정 D에서, 기체는 고온 열 저장체에서 열이 들어옴에 따라 온도가 올라간다. 네 단계 각각에서 기체의 내부에너지의 변화를 구하라.

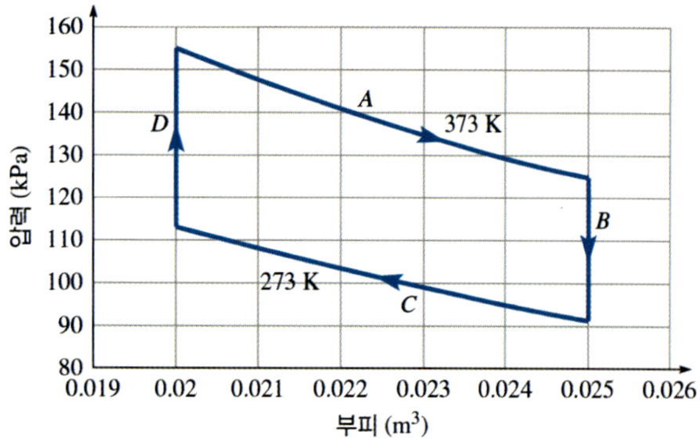

문제 45~46. 열기관 내에서 4.00 atm, 3.00 mol의 단원자 이상기체가 등온팽창을 하며 650.0 K의 일정한 온도로 부피가 9.50배 증가했다. 그 후 기체는 일정한 압력으로 원래 부피로 압축된다. 마지막으로, 압력은 일정한 부피에서 원래 압력으로 커진다.

45 [89]. 이 기관의 순환을 설명하는 PV 도표를 그려라. 축에 숫자 값을 표기하라.

46 [91]. (a) 각 단계에서 기체 내부 또는 외부로 유입되는 열 흐름을 구하라. (b) 등온단계에서 기체의 엔트로피 변화를 구하라. (c) 완전한 순환에 대한 기체의 엔트로피 변화는 얼마인가? 순환당 주변의 엔트로피 변화와 크기가 같은가? 설명하여라.

47 [93]. 어떤 기관이 27 %의 효율로 9.5 s만에 정지해 있던 1800 kg의 자동차를 27 m/s로 가속시킬 수 있다. 고온에서 엔진으로 들어가는 열 흐름률과 저온에서 엔진에서 빠져나오는 열 흐름률은 얼마인가?

48 [95]. 20.0 °C에서 0.50 kg의 철 토막($c = 0.44$ kJ/(kg·K))이 20.0 °C에서 0.50 kg의 알루미늄 토막($c =$ 0.900 kJ/(kg·K))과 접촉한다. 계는 우주의 다른 부분으로부터 완전히 격리되어 있다. 알루미늄의 온도가 22.0 °C가 될 때까지 열이 철에서 알루미늄으로 흐른다고 가정하자. (a) 제1법칙으로 철의 최종 온도를 계산하라. (b) 계의 엔트로피 변화를 추산하라. (c) (b)의 결과로 이 과정이 불가능함을 설명해 보아라.

힌트 계는 격리되었으므로 $\Delta S_{계} = \Delta S_{우주}$ 이다.

49 [97]. 발전소는 석탄을 태워 535 K에서 가압 증기를 생산한다. 그 증기는 323 K의 온도에서 다시 물로 응축된다. (a) 이 발전소의 최대 가동 효율은 얼마인가? (b) 발전소가 최대 효율의 50.0 %로 작동하고, 발전량이 1.24×10^8 W인 경우, 냉각탑에서 제거해야 하는 열은 얼마인가? (c) 수요가 적은 기간에는 증기엔진이 펌프로 물을 한 저장소에서 다른 저장소로 380 m 위쪽으로 올리는 데 사용된다. (이후 수요가 많은 기간에는 물을 방출하여 터빈을 돌려 발전을 한다.) 물을 위쪽으로 올릴 수 있는 최대 가동 비율(m^3/s)은 얼마인가?

50 [99]. 그림은 작동물질로 단원자 이상기체를 사용하는 엔진의 PV 도표를 보여준다. A점의 온도는 470.0 K이다.

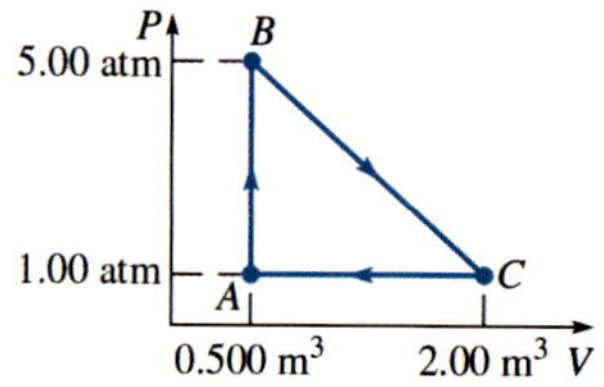

(a) 기체의 최대 온도는 얼마인가? (b) 이 엔진의 최대 및 최소온도의 열 저장체가 있는 이상적인 엔진의 효율은 얼마인가? 이를 실제 효율 0.444과 비교해 보아라.

CHAPTER 16 전기력과 전기장

개념정리

- 쿨롱의 법칙은 하나의 점전하가 다른 점전하에 작용하는 전기력을 알려준다. 전기력의 크기는

$$F = \frac{k|q_1||q_2|}{r^2} \qquad (16\text{–}2)$$

이다. 여기서 쿨롱상수는

$$k = 8.99 \times 10^9 \frac{\mathrm{N \cdot m^2}}{\mathrm{C^2}} \qquad (16\text{–}3)$$

이다.

- 하나의 점전하가 다른 점전하에 작용하는 힘의 방향은 두 전하의 부호가 반대이면 다른 점전하로 향하는 방향으로 작용하고, 두 전하의 부호가 같으면 다른 점전하에서 멀어지는 방향으로 작용한다.

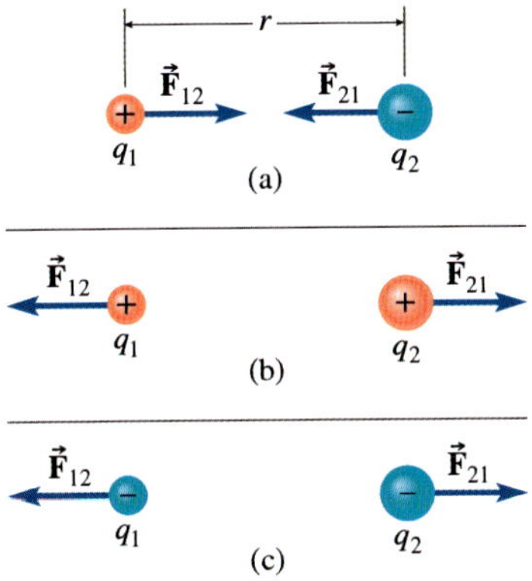

- 전기장(기호 $\vec{\mathbf{E}}$)은 단위 전하당 전기력이다. 전기장은 벡터량이다.
- 점전하 q가 다른 모든 전하에 의한 전기장 $\vec{\mathbf{E}}$인 곳에 놓여 있다면, 점전하에 작용한 전기력은

$$\vec{\mathbf{F}}_{\mathrm{E}} = q\vec{\mathbf{E}} \qquad (16\text{–}6)$$

이다.

- 전기장의 SI 단위는 N/C이다.
- 전기장선은 전기장을 표현하는 데 편리하다.
- 어떤 점에서 전기장의 방향은 그 점을 통과하는 전기장선의 접선의 방향이며, 전기장선 위에 화살표로 그 방향을 표시한다.

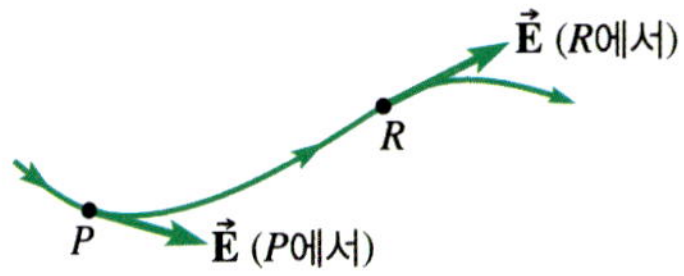

- 전기장은 전기장선이 서로 가까이 밀집한 곳에서는 강하고, 멀리 떨어져 있는 곳에서는 약하다.
- 전기장선은 절대로 교차하지 않는다.
- 전기장선은 양전하에서 시작해 음전하에서 끝난다.
- 양전하에서 시작해 음전하에서 끝난 전기장선의 수는 전하량에 비례한다.
- 중첩의 원리는 임의의 위치에서의 전기장은 각 전하에 의해 생긴 전기장의 벡터의 합이라는 것을 말해준다.
- 전하가 $\pm Q$이고 넓이가 A인 평행한 두 판 사이의 균일한 전기장은 크기가

$$E = \frac{Q}{\epsilon_0 A} \qquad (16\text{–}8)$$

이다. 전기장의 방향은 평행판과 수직이고 양$^+$으로 대전된 판에서 나가는 방향이다.

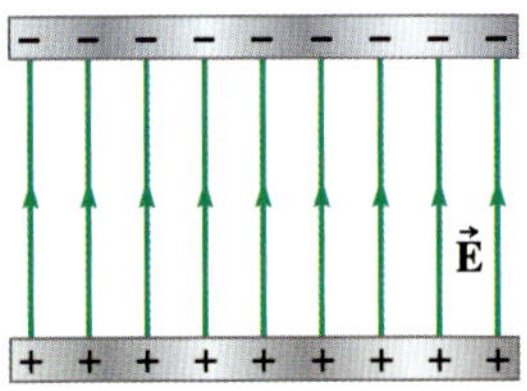

- 전기장 선속

$$\Phi_{\mathrm{E}} = E_{\perp} A = EA_{\perp} = EA\cos\theta \qquad (16\text{–}15)$$

- 가우스 법칙

$$\Phi_{\mathrm{E}} = 4\pi kq = q/\epsilon_0 \qquad (16\text{–}17)$$

연습문제

개념형 질문

1 [1]. 뉴턴의 중력 법칙과 쿨롱의 법칙의 유사성 때문에 한 친구가 다음과 같은 가설을 제안한다. "아마도 중력 상호작용이란 것은 아예 없을 것이다. 그 대신에 우리가 중력이라고 하는 것은 전기적으로 완벽하지는 않지만 거의 중성인 물체들 사이에 작용하는 전기력일 수도 있다." 이에 대해 가능한 한 여러 반론을 제시해 보아라.

2 [3]. 정전기적 평형상태인 금속 도체에 있는 알짜 전하는 도체 전체에 골고루 분포되어 있지 않고 외부 표면에만 분포된다. 그 이유를 설명하여라.

3 [5]. 대전되지 않은 금속구가 있다. 대전된 막대를 이 금속구와 접촉시켰더니 금속구가 양전하로 대전되었다. (a) 대전된 금속구의 질량이 대전시키기 전보다 커지는가, 아니면 작아지는가? 아니면 대전되기 전과 같은가? 설명하여라. (b) 대전된 막대에 있던 전하는 양전하인가, 음전하인가?

4 [7]. 실험을 하던 친구가 유리 막대를 주면서 그 막대가 음전하를 띠고 있는지 물어왔다. 실험실에는 검전기가 있다. 막대가 대전되어 있다면 어떻게 그 사실을 알 수 있겠는가? 전하의 부호를 결정할 수 있는가? 처음에 막대가 대전되어 있었다면 막대의 전하를 결정한 실험을 한 후에도 전하는 같겠는가? 설명하여라.

5 [9]. 다음은 중성자(n)가 양성자(p^+)와 전자(e^-), 전하를 띠지 않은 입자인 반중성미자($\bar{\nu}$)로 붕괴되는 가상적인 붕괴 과정이다.

$$n = p^+ + e^- + \bar{\nu}$$

처음에 전하가 없었으나 전하가 '생겨난' 것처럼 보인다. 이 반응이 전하량 보존 법칙에 위배되는가? 설명하여라.

6 [11]. 전기장선은 절대로 교차하지 않는다. 그 이유를 설명하여라.

7 [13]. 검전기는 도체 구와 금속 막대 그리고 두 장의 금박으로 구성되어 있다(그림 16.10 참조). 처음에는 검전기가 대전되지 않았다. (a) 양전하로 대전된 막대를 검전기의 도체 구와 접촉시킨 후에 막대를 치운다면, 두 장의 금박에는 어떤 일이 발생하는가? (b) 다음에는 양$^+$으로 대전된 또 하나의 막대를 고체 구와 닿지 않도록 가까이 가져갔다. 어떤 일이 일어나겠는가? (c) 양전하로 대전된 막대를 치우고, 음전하로 대전된 막대를 금속 구 가까이로 가져간다면, 어떤 일이 발생하겠는가?

8 [15]. 음전하로 대전된 막대를 접지된 도체 근처로 가지고 갔다. 그러고 나서 연결된 접지를 제거한 후 그 막대도 제거했다. 도체의 전하는 양전하인가? 음전하인가? 아니면 전하가 없는가? 설명하여라.

9 [17]. 선속이라는 말은 '흘러나옴'을 뜻하는 라틴어에서 왔다. 수량 $\Phi_E = E_\perp A$를 어떻게 흐름과 관련시키는가? 그림은 물이 파이프에서 흐르는 유선을 보여 준다. 유선은 실제로 속도 장의 장선이다. 양 $v_\perp A$의 물리적인 의미는 무엇인가? 때로 물리학자들은 양전하를 전기장 샘이라고 하고, 음전하를 전기장 웅덩이라고 불렀다. 그 이유는 무엇인가?

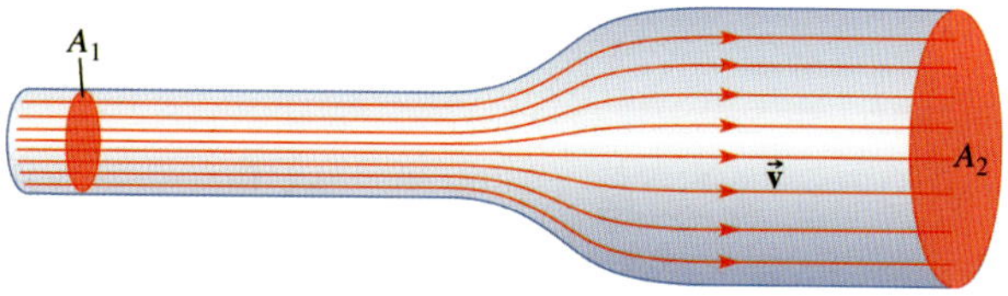

10 [19]. Q_1과 Q_2를 둘러싸고 있지만 Q_3과 Q_4는 둘러싸고 있지 않은 닫힌 면을 생각하여라. (a) 점 P의 전기장에는 어느 전하가 기여한 것인가? (b) 그 값을 표면을 통과하는 선속으로부터 계산할 수 있는가? Q_1과 Q_2가 만든 전기장만 이용해서 계산한 선속의 값은 총전기장을 이용해서 얻은 것보다 큰가, 작은가, 아니면 같은가?

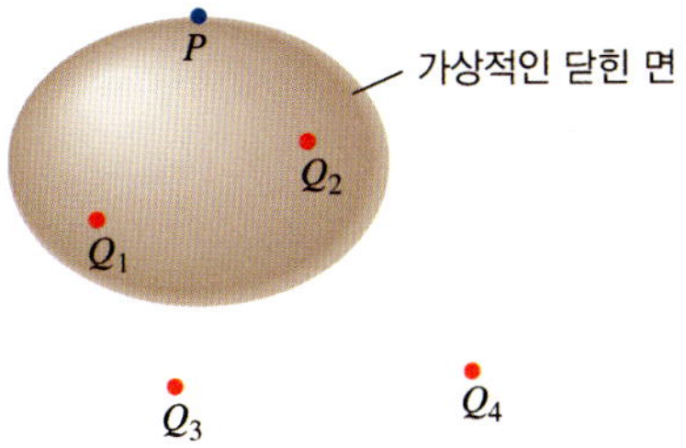

선다형 질문

1 [1]. α 입자(전하량 +2e, 질량 $4m_p$)가 양성자(전하량 +e, 질량 m_p)와 충돌하고 있다. 전기적 반발력 이외의 힘이 작용하지 않는다고 가정했을 때, 다음 중 두 입자의 가속도에 대해 바르게 나타낸 것은 어느 것인가?

(a) $\vec{\mathbf{a}}_\alpha = \vec{\mathbf{a}}_p$ (b) $\vec{\mathbf{a}}_\alpha = 2\vec{\mathbf{a}}_p$ (c) $\vec{\mathbf{a}}_\alpha = 4\vec{\mathbf{a}}_p$
(d) $2\vec{\mathbf{a}}_\alpha = \vec{\mathbf{a}}_p$ (e) $4\vec{\mathbf{a}}_\alpha = \vec{\mathbf{a}}_p$ (f) $\vec{\mathbf{a}}_\alpha = -\vec{\mathbf{a}}_p$
(g) $\vec{\mathbf{a}}_\alpha = -2\vec{\mathbf{a}}_p$ (h) $\vec{\mathbf{a}}_\alpha = -4\vec{\mathbf{a}}_p$ (i) $-2\vec{\mathbf{a}}_\alpha = \vec{\mathbf{a}}_p$
(j) $-4\vec{\mathbf{a}}_\alpha = \vec{\mathbf{a}}_p$

2 [3]. 공간의 전기장은 무엇을 측정한 것인가?
(a) 그 점에 있는 물체의 총전하량
(b) 그 점에 있는 대전된 물체의 전기력
(c) 그 점에 있는 물체의 전하와 질량의 비
(d) 그 점에 있는 점전하의 단위 질량당 전기력
(e) 그 점에 있는 점전하의 단위 전하당 전기력

3 [5]. 대전된 절연체와 대전시키지 않은 금속 물체를 서로 가까이 가져가면
(a) 서로에게 전기력을 작용하지 않는다.
(b) 전기적으로 서로 반발한다.
(c) 전기적으로 서로 끌어당긴다.
(d) 전하가 양전하인지 음전하인지에 따라 반발하거나 끌어당긴다.

4 [7]. 전기력과 중력을 옳게 비교 설명한 것은?
(a) 한 점 입자가 다른 입자에 작용한 전기력의 방향은 그 입자가 다른 입자에 작용하는 중력의 방향과 항상 같다.
(b) 두 입자가 서로에게 작용하는 전기력과 중력은 입자 사이 거리에 반비례한다.
(c) 한 행성이 다른 행성에 작용하는 전기력은 같은 행성이 다른 행성에 작용하는 중력보다 대체로 강하다.
(d) 위의 설명 모두 옳지 않다.

5 [9]. 그림에서, 점 1~4를 전기장의 세기가 증가하는 순서로 나타낸 것은?
(a) 2, 3, 4, 1
(b) 2, 1, 3, 4
(c) 1, 4, 3, 2
(d) 4, 3, 1, 2
(e) 2, 4, 1, 3

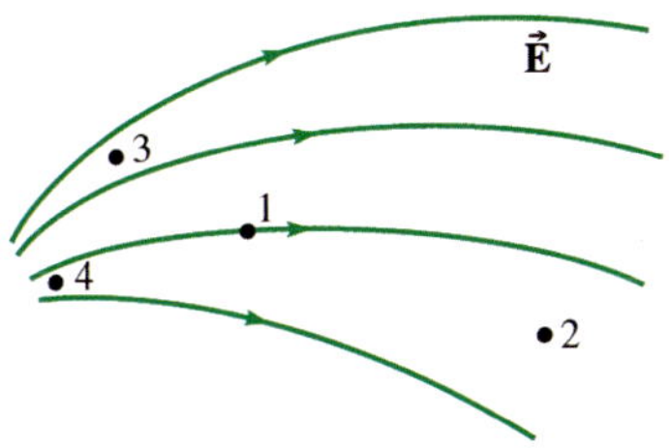

문제

16.1 전하, 16.2 도체와 부도체

1 [1]. 물 1.0몰에 있는 양성자의 총양전하를 구하여라.

2 [3]. 중성인 풍선을 털가죽에 마찰시켰더니 −0.6 nC의 알짜 전하를 얻었다. (a) 전자만 이동한다고 가정하면 풍선은 전자를 잃었는가? 아니면 전자를 얻었는가? (b) 몇 개의 전자가 이동하였는가?

3 [5]. 속이 비어 있는 금속 구에 6.0 μC의 전하가 있다. 같은 모양의 금속 구에는 18.0 μC의 전하가 있다. 두 구를 서로 접촉시킨 다음 분리했다면 전하량은 각각 얼마인가?

4 [7]. 금속 구 A에 전하 Q가 있다. 다른 두 구 B와 C는 알짜 전하가 없는 것을 제외하고 A와 동일하다. 먼저 A와 B를 접촉한 후 분리시킨다. 다음에는 B와 C를 접촉시킨 후 분리시키고, 마지막으로 C와 A를 접촉시킨 후 분리시킨다. 최종적으로 각 구에는 어떤 전하가 있는가?

5 [9]. 그림과 같이 5개의 도체 구가 대전되어 있다.

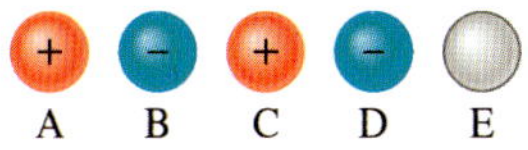

알짜 전하가 0인 도체 구 E를 제외하고는 모두 같은 크

기의 알짜 전하를 갖고 있다. 도체 구를 서로 접근시킬 때, 어떻게 짝지으면 인력이 작용하고, 어떻게 짝지으면 척력이 작용하는가? 아니면 다른 구에서 멀리 떨어져 있게 하는가?

16.3 쿨롱의 법칙

6 [11]. 각각 1.0 C인 두 개의 전하 사이에 작용하는 전기력(척력)의 크기가 10 N인 경우, 두 전하 사이의 거리는 얼마인가?

7 [13]. 5.3×10^{-11} m(수소 원자의 반지름)만큼 떨어진 전자와 양성자 사이에 작용한 중력과 전기력의 비는 얼마인가?

8 [15]. +2.0 nC의 점전하 A가 −3.0 nC의 점전하와 3.0 cm 떨어져 있다. (a) +2.0 nC의 전하에 작용하는 전기력의 크기와 방향을 구하여라. (b) −3.0 nC의 전하에 작용하는 전기력의 크기와 방향을 구하여라.

9 [17]. 그림에서, 점 P에 세 번째 점전하 $-q$가 있다. 두 전하가 점전하 $-q$에 작용하는 전기력은 얼마인가?

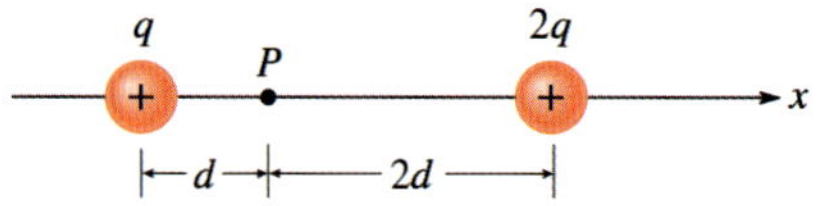

10 [19]. K^+ 이온과 Cl^- 이온이 서로 두께가 9.0 nm인 세포막의 반대쪽에 있다. Cl^- 이온이 K^+ 이온에 작용한 전기력은 얼마인가? 근처에 있는 다른 전하는 무시하여라.

11 [21]. 그림과 같이, 세 점전하가 직각 삼각형의 꼭짓점에 고정되어 있다. 다른 두 전하가 −0.60 μC의 전하에 작용한 전기력은 얼마인가?

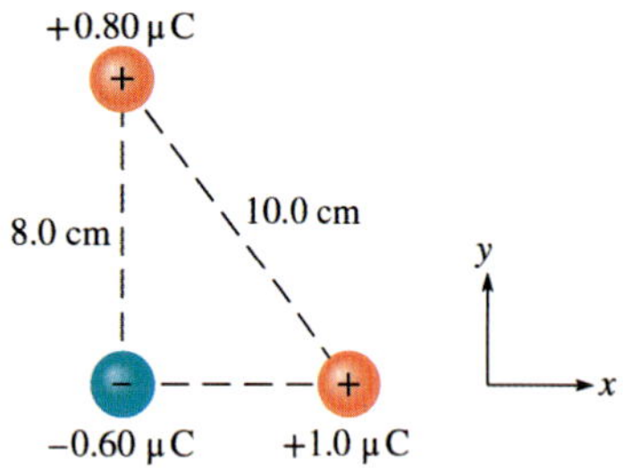

12 [23]. 두 개의 서로 다른 작은 금속 구에 총 7.50×10^{-6} C의 전하가 분포되어 있다. 두 개의 구가 6.00 cm 떨어져서 각각 20.0 N의 척력을 받고 있다. 각 구의 전하는 얼마인가?

13 [25]. 보기 16.3의 세 점전하를 이용해서, 2개의 다른 전하(q_2, q_3)가 q_1에 작용하는 힘의 크기를 구하여라.

힌트 q_2가 q_1에 작용하는 힘을 구한 후 x 성분과 y 성분으로 나누어라.

16.4 전기장

14 [27]. −0.60 μC의 전하로 대전된 작은 구는 크기가 1.2×10^6 N/C이고 서쪽으로 향하는 균일한 전기장 안에 있다. 전기장이 구에 작용하는 전기력의 크기와 방향을 구하여라.

15 [29]. 크기가 33 kN/C인 전기장이 위쪽으로 향하는 곳에 있는 양성자의 가속도의 크기와 방향을 구하여라.

16 [31]. 전하량이 −15 μC과 +12 μC인 두 점전하가 8.0 cm만큼 떨어져 있다. 두 점전하의 중간 지점에서 전기장의 크기와 방향은 어떻게 되는가?

17 [33]. 전기장이 가장 큰 곳에서부터 가장 작은 곳까지 점 $A \sim E$를 크기 순서대로 나열하여라.

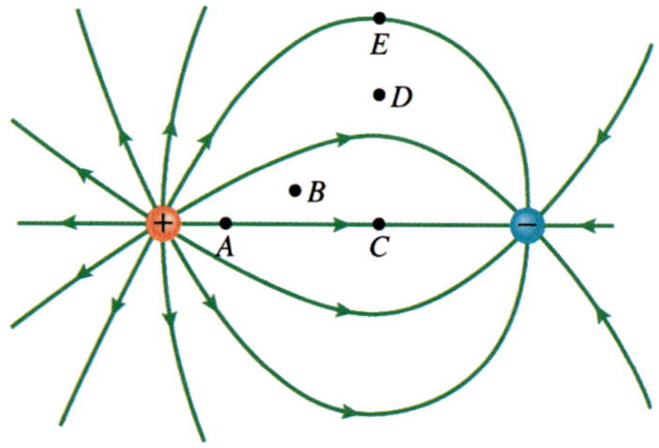

문제 18~19. 양$^+$의 점전하 q와 $2q$가 각각 $x=0$, $x=3d$에 있다.

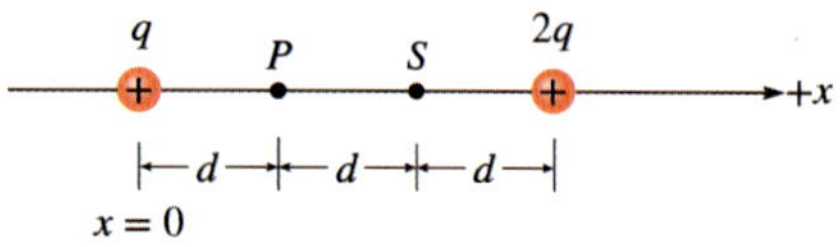

[문제 18~19의 그림]

18 [35]. $x = 2d$(점 S)에서 전기장은 어떻게 되는가?

19 [37]. x축상에서 $x<0$, $0<x<3d$, $x>3d$ 중 $\vec{E}=0$인 점이 속한 영역을 구하고 설명하여라.

20 [39]. 그림과 같이 전하가 분포되어 있을 때 전기장선을 그려라.

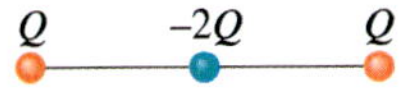

문제 21~22. 그림과 같이, 각각 7.00 μC의 전하를 가진 작은 두 물체를 한 변이 0.300 m인 정사각형의 하단 두 모서리에 배치하였다.

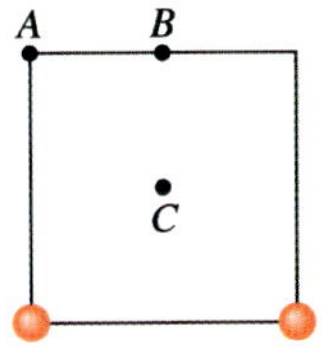

[문제 21~22의 그림]

21 [41]. 왼쪽과 오른쪽 상단 모서리의 중심인 점 B에서 전기장을 구하여라.

22 [43]. 왼쪽 상단 모서리에 있는 점 A에서 전기장을 구하여라.

23 [45]. 점전하 세 개가 x축상에 있다. 3.00 μC의 전하는 원점에 있다. 원점에서 20.0 cm 떨어진 곳에 −5.00 μC의 전하가 있고, 35.0 cm 떨어진 곳에 8.00 μC의 전하가 있다. 원점에 있는 전하가 받는 힘은 얼마인가?

24 [47]. 전하 q가 $x=0$, $y=0$인 곳에 있고, 두 번째 전하 q는 $x=8.0$ m, $y=0$인 곳에 있다. $x=4.0$ m, $y=3.0$ m인 곳에서 전기장이 0이 되도록 하려면 $x=4.0$ m, $y=0$에 있는 전하는 얼마여야 하는가?

25 [49]. $q_1=+20.0$ nC와 $q_2=+10.0$ nC인 두 점전하가 각각 x축상의 $x=0$과 $x=1.00$ μm인 곳에 있다. 점 $x=0.5$ m, $y=0.50$ m에서 전기장의 세기는 얼마인가?

16.5 균일한 전기장에서 점전하 운동

26 [51]. 크기가 232 N/C인 균일한 전기장에 전자가 있다. 전기장의 방향이 $+x$ 방향이고 전자가 $t=0$일 때 원점에 정지하고 있다면, $t=2.30$ ns일 때 전자의 x 좌표와 y 좌표는 어디인가?

27 [53]. 그림과 같이 처음에 4.0×10^7 m/s로 이동하는 전자의 수평 빔이 서로 반대로 대전된 평행판 사이의 전기장에 의해 수직 위쪽으로 편향되었다. 전기장의 크기는 2.00×10^4 N/C이다. (a) 평행판 사이의 전기장의 방향은 어느 쪽인가? (b) 단위 넓이당 평행판의 전하량은 얼마인가? (c) 전자가 평행판 사이를 떠날 때, 전자 빔의 수직 편향된 d는 얼마인가?

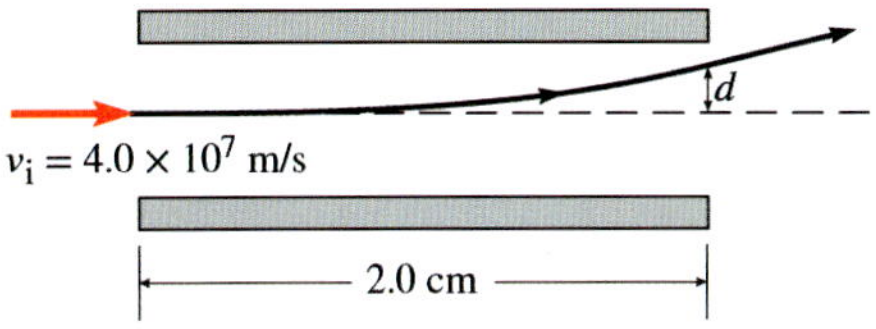

28 [55]. 양성자가 금속판과 55.0° 방향에서 8.50×10^5 m/s의 속도로 금속판의 작은 구멍으로 들어간다. 판 위쪽의 전기장 $\vec{E}$는 아래쪽으로 향하며 크기가 6.50×10^3 N/C이다. 판 위쪽은 진공이라서 공기저항이 없다. (a) 양성자가 이동한 수평거리를 구할 때, 중력을 무시할 수 있는가? 있다면 그 이유가 무엇인가? 없다면 그 이유는? (b) 금속판에 충돌하기 전에 양성자가 수평으로 이동한 거리 Δx는 얼마인가?

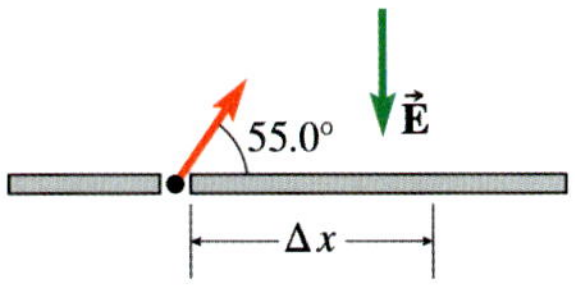

문제 29~30. 보기 16.9에서 전자가 양극을 통과한 후, 8.4×10^6 m/s의 속력으로 z 방향으로 이동한다. 그 다음 한 쌍의 수직 평행판 A 사이와 다른 한 쌍의 수평 평행판 B 사이를 통과한다(그림 16.39 참조). 이 4개의 판은 모두 한 변이 2.50 cm인 정사각형이다. 각각 평행판 사이 거리는 1.50 cm이다.

29 [57]. 평행판 A 사이의 전기장의 세기가 1.0×10^3 N/C이고, 방향이 $+x$ 방향일 경우, A판 사이를 통과할 때 빔이 수평으로 편향된 거리 Δx는 얼마인가?

30 [59]. 평행판 A 사이의 전기장은 0이다. 빔이 B판 사이에서 나가면서 아래쪽으로 2.0 mm($\Delta y=-2.0$ mm) 편향되었다. 전자 빔은 어느 방향으로 이동하는가?

16.6 정전기적 평형상태에 있는 도체

31 [61]. 그림과 같이 반지름이 a인 도체 구가 도체 구 껍질 내에 있다. 껍질 내부의 반지름은 b이고, 외부의 반지름은 c이다. 내부 도체 구의 알짜 전하는 $+6\ \mu C$이고, 도체 구 껍질의 알짜 전하는 $-6\ \mu C$이다. 이들 도체가 정전기적 평형상태에 있다면 (a) 전기장 선을 그려라. (b) 구 껍질의 내부와 외부 표면의 전하를 결정하여라. (c) 전기장의 원의 반지름 성분인 E_r를 r의 함수로 그래프를 그려라. (전기장이 중심 원의 바깥쪽 방향이면 $E_r > 0$이고, 전기장이 중심 원의 안쪽 방향이면 $E_r < 0$이다.)

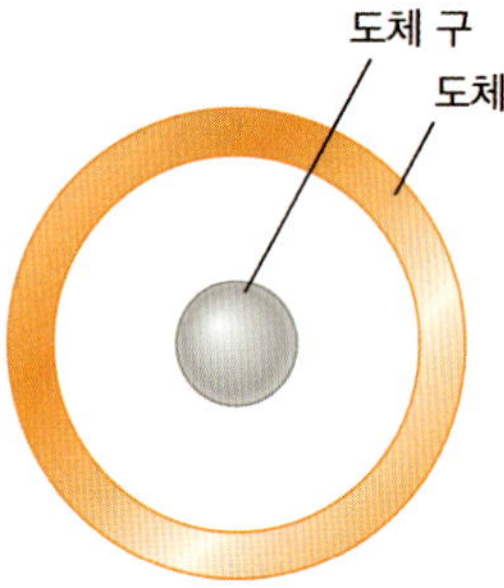

32 [63]. 총전하가 $+Q$인 큰 금속판 근처에 $-Q$인 음의 점전하가 있다. 전기장 선을 그려라.

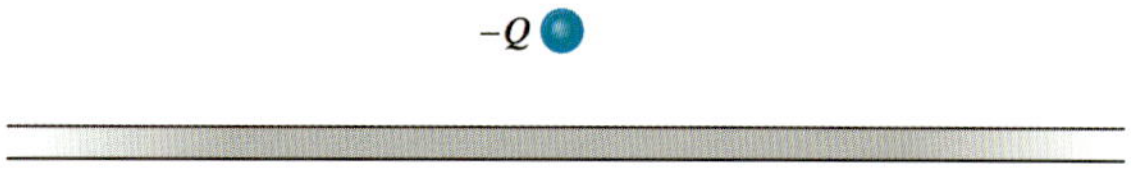

33 [65]. 정전기적 평형상태에 있는 한 도체에 공동이 있고, 공동 안에는 두 점전하 $q_1 = +5\ \mu C$과 $q_2 = -12\ \mu C$이 있다. 도체 자체에는 $-4\ \mu C$의 알짜 전하가 있다. (a) 도체 안쪽 면에 있는 알짜 전하를 구하여라. (b) 도체 바깥쪽 면에 있는 알짜 전하를 구하여라.

34 [67]. 같은 반지름 R을 갖는 두 개의 금속 구 도체에 크기가 같고 부호가 서로 반대인 전하가 주어진다. 근처에 다른 전하는 없다. 두 구의 중심 사이 거리가 약 $3R$일 때 전기장선을 그려라.

35 [69]. 도체 구가 도체 구 껍질 내에 있다. 도체는 정전기적 평형상태에 있다. 내부 구의 반지름은 1.50 cm이고, 구 껍질의 내부 반지름은 2.25 cm, 구 껍질의 외부 반지름은 2.75 cm이다. 내부의 구에 230 nC 전하가 있고, 내부 구 껍질의 전하가 0이라면, (a) 중심에서 1.75 cm인 점에서 전기장의 크기는 얼마인가? (b) 중심에서 2.50 cm인 점에서 전기장의 크기는 얼마인가? (c) 중심에서 3.00 cm인 점에서 전기장의 크기는 얼마인가?

힌트 정전기적 평형에서 도체 내부의 전기장이 만족해야 하는 것은 무엇인가?

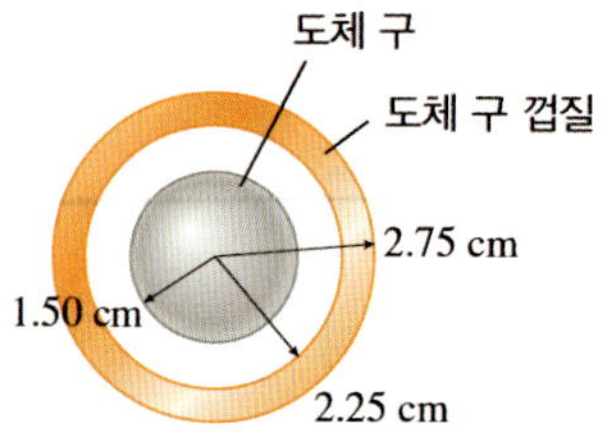

16.7 전기장에 대한 가우스 법칙

36 [71]. (a) 크기가 E인 균일한 전기장 내에 있는 모서리 길이 a인 정육면체의 각 면을 통과하는 전기장 선속을 구하여라. 전기장의 방향은 두 면에 대해 서로 수직이다. (b) 정육면체를 통과하는 총전기장 선속은 얼마인가?

37 [73]. 0.890 μC의 전하를 가진 물체가 정육면체 중심에 있다. 정육면체의 한 면을 통과하는 전기장의 선속은 얼마인가?

38 [75]. (a) 구 대칭 전하 분포의 바깥에서 전기장은 마치 모든 전하가 한 점전하로 집중된 것과 같다는 것을 가우스 법칙을 이용해 증명하여라. (b) 이제 장을 결정하려는 점의 중심 거리보다 짧은 거리에 전하가 전혀 없다면 구 대칭 전하 분포의 내부에서는 전기장이 0임을 가우스 법칙으로 증명하여라.

39 [77]. 균일한 전하 직선 위 1.20 cm에 전자가 떠 있다. 전하 직선의 선 전하밀도는 얼마인가? 직선의 끝 점에 의한 영향은 무시하여라.

40 [79]. 넓이가 A인 평평한 도체 판의 각 면에 전하 q가 있다. (a) 판 내부의 전기장은 얼마인가? (b) 가우스 법칙을 이용해 판 바로 밖의 전기장이 $E = q/(\varepsilon_0 A) = \sigma/\varepsilon_0$임을 보여라.

41 [81]. 반지름이 a인 도선을 반지름이 b인 얇은 금속 원통형 껍질로 둘러싸고 있는 동축 케이블이 있다. 도선은 균일한 선 전하밀도 $\lambda > 0$을 가지고, 바깥 껍질은 균일한 선 전하밀도 $-\lambda$를 가진다. (a) 이 케이블의 전기장선을 그려라. (b) $r \le a$, $a < r < b$, $b \le r$ 영역에서 전기장의 크기를 구하여라.

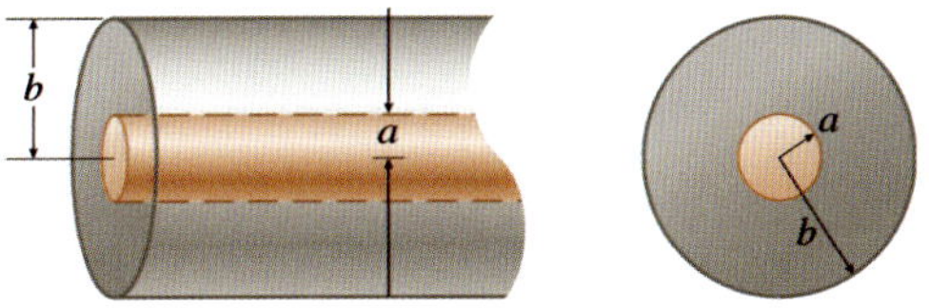

협동문제

42 [83]. 뇌우(천둥 번개를 동반하는 비)에서, 전하는 궁극적으로 태양이 제공하는 에너지에 의해 일어나는 복잡한 방법을 통해 분리된다. 뇌운에 있는 전하의 한 단순한 모형은 구름 상층부에 축적된 양전하와 하부에 축적된 음전하를 점전하 쌍으로 나타낸다. (a) 지표면 바로 위의 점 P에서 두 전하가 생성한 전기장의 방향과 크기를 구하여라. (b) 지구를 도체로 간주할 때 점 P 근처 지표면에는 어떤 부호의 전하가 축적되겠는가? (이 축적된 전하가 점 P 근처에서 전기장의 크기를 증가시킨다.)

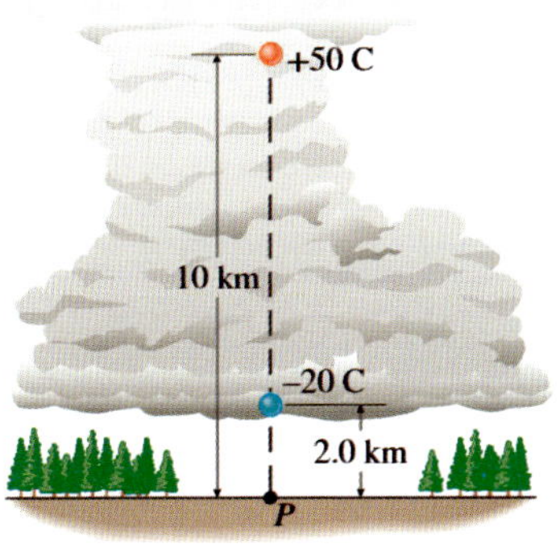

43 [85]. 반지름이 5.0 cm인 두 금속구의 알짜 전하는 각각 $+1.0\ \mu$C과 $+0.2\ \mu$C이다. (a) 두 구의 중심 거리가 1.00 m일 때 한 구에 작용하는 반발력의 크기는 대략 얼마인가? (b) 두 구의 중심 거리가 12 cm일 때 반발력을 구하기 위해 쿨롱의 법칙을 사용할 수 없는 이유는 무엇인가? (c) $r = 12$ cm일 때 실제 힘은 쿨롱의 법칙을 사용한 결과보다 큰가 아니면 작은가? 설명하여라.

44 [87]. 그림의 A 영역과 C 영역을 각각 왼쪽과 오른쪽으로 확장하였다. $+2.0\ \mu$C의 전하는 $x = 0$에 있고, $-4.0\ \mu$C의 전하는 $x = d$에 있다. 전기장이 0인 x 좌표를 구하여라.

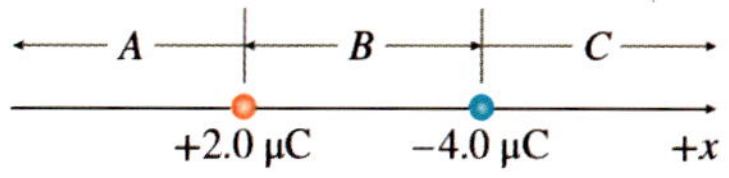

45 [89]. 그림의 오른쪽 하단 모서리에 있는 염소 이온에 작용하는 전기력은 얼마인가? 이온이 물에 용해되어 있기 때문에, 염소 이온(Cl^-)의 '유효전하'는 -2×10^{-21} C이고 나트륨 이온(Na^+)의 유효전하는 $+2 \times 10^{-21}$ C이다. (유효전하는 근처에 물 분자로 인하여 생긴 부분 차폐를 설명하는 한 가지 방법이다.) 4개의 이온이 동일 평면상에 있다고 가정하여라.

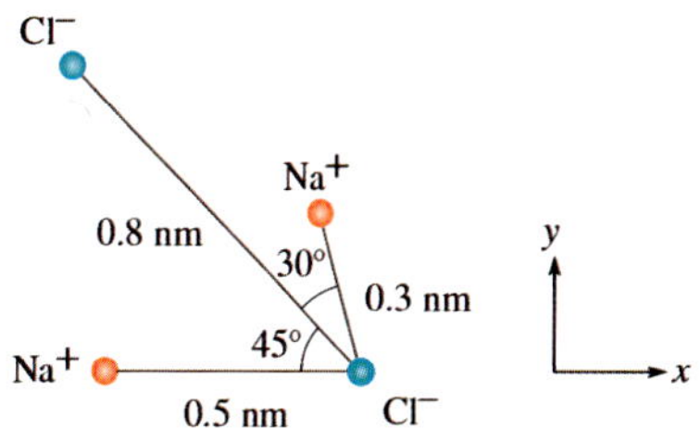

연구문제

46 [91]. 실험에 의해 쥐는 5.0 kN/C 이상의 전기장을 감지할 수 있다는 것이 알려져 있다. 점전하 $1.0\ \mu$C가 미로에 있는 경우, 쥐가 이 전하에 얼마나 가까이 가면 전기장을 감지할 수 있는가?

47 [93]. 서로 반대로 대전된 금속판 사이의 전기장은 오실로스코프의 전자 빔을 편향시킨다. 판 사이의 전기장은 2.00×10^5 N/C이고 방향이 아래쪽인 경우, 판 사이를 통과할 때 전자에 작용한 힘은 얼마인가?

48 [95]. 두 점전하가 좌표계에 $x = 1.00$ cm, $y = 1.00$ cm에 $Q_1 = -4.5\ \mu$C의 점전하가 있고, $x = 3.00$ cm,

$y = 1.00$ cm에 $Q_2 = 6.0\ \mu$C의 점전하가 있다. (a) $y = 1.00$ cm, $y = 4.00$ cm인 점 P에서 전기장은 얼마인가? (b) 전하가 $-2.0\ \mu$C이고 질량이 5.0 g인 작은 입자가 점 P에 있을 때 처음 가속도는 얼마인가?

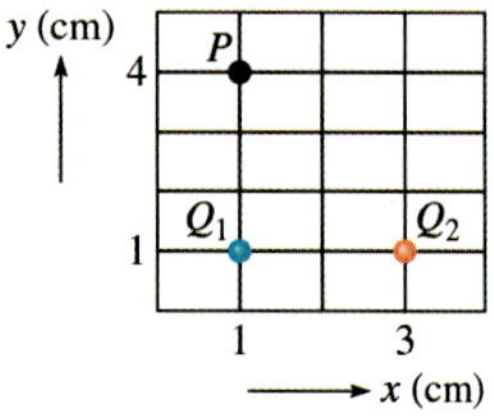

49 [97]. 양의 y 방향에서 속력이 10.0 m/s인 전자는 $+x$ 방향인 균일한 전기장 200 N/C에 입사했다. 전자에 다른 힘은 작용하지 않을 때 2.40 μs 후 전기장에 입사한 전자의 변위(x 성분, y 성분)는 얼마인가?

50 [99]. 정사각형의 세 모서리에 같은 전하가 있다. Q_a가 Q_b에 작용한 힘의 크기가 F_{ba}이고, Q_a가 Q_c에 작용한 힘의 크기는 F_{ca}인 경우, F_{ca}와 F_{ba}의 비는 얼마인가?

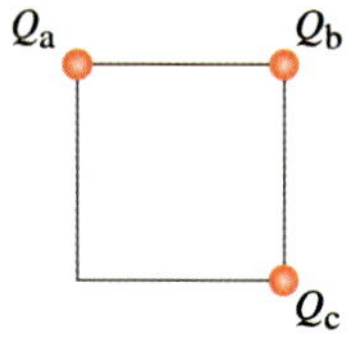

51 [101]. 음극선관에서, 관의 길이가 5.0 cm이고 크기가 4.0×10^5 N/C인 균일한 전기장에서 정지해 있던 전자를 가속시켰다. 전자는 스크린에 부딪치기 전 45 cm의 거리를 실질적으로 등속운동을 한다. (a) 스크린에 부딪칠 때 전자의 속도를 구하여라. (b) 관을 통과하는 데 걸리는 시간은 얼마인가?

52 [103]. 쌍극자는 크기가 같고 부호가 반대인 점전하 $\pm q$가 y축상에서 $y = \pm d/2$인 곳에 있는 구조이다. (a) 쌍극자 축상의 $y > d/2$인 점 $(0, y)$에서 전기장에 대한 표현식을 쓰라. 전기장의 방향은 어느 쪽인가? (b) $y \gg d$인 먼 지점에 있을 때, $E \approx 2kqd/y^3$임을 보여라. **힌트** 부록 A.9의 이항 어림셈을 이용하여라. (c) 전기장은 y의 세제곱에 반비례한다. 이것이 쿨롱의 법칙과 어긋나는가? 설명하여라.

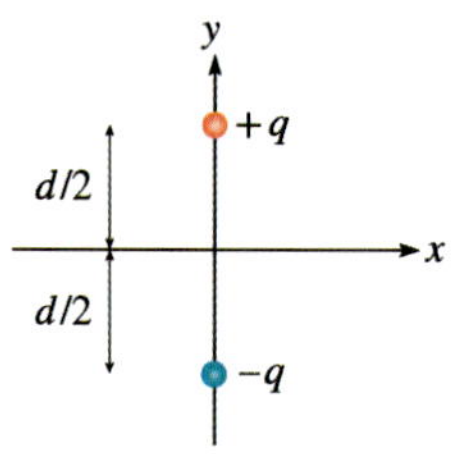

종합문제

53 [105]. 질량이 2.35 g인 매우 작은 대전된 블록이, 수평에 대해 17.0°의 각도로 기울어진 마찰이 없는 절연된 평면상에 놓여 있다. 표면을 아래 방향으로 평행하게 향하는 465 N/C의 균일한 전기장 때문에 블록이 평면의 아래쪽으로 미끄러지지 않는다. 블록에 있는 전하의 부호와 크기는 어떻게 되는가?

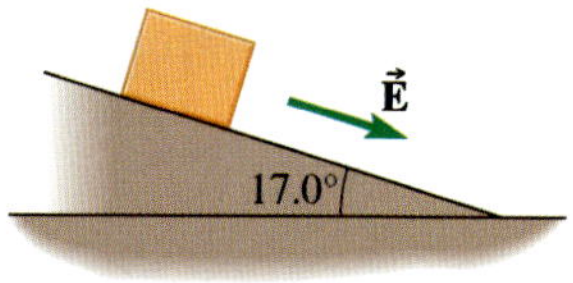

54 [107]. 겔 전기영동법에서, 특정 겔 매트릭스의 분자의 이동도 μ는 $\mu = v_t/E$로 정의한다. 여기서 v_t는 분자의 종단 속력이고 E는 전기장의 세기이다. 분자 한 개의 이동도는 3.0×10^{-8} C·m/(N·s)이고, 전하는 $-12e$이다. (a) 이 분자의 종단 속력이 2.0×10^{-5} m/s가 되게 하려면 전기장을 얼마나 가해줘야 하는지 추산해보아라. (b) 분자가 겔을 통해 2.0 cm 이동하는 데 얼마나 걸리는가? (c) 이 분자가 $-12e$ 대신 $-8e$의 전하를 가지면, 분자에 가해지는 힘을 고려했을 때 종단 속력은 더 작아지는가? 아니면 커지는가(전기장은 같다.)? 이동도는 더 작아지는가? 아니면 커지는가?

55 [109]. 반지름 1.0 mm인 구형 빗방울의 전하가 +2.0 nC이다. 빗방울 근처의 전기장 2.0 kN/C은 아래 방향이다. 동일하지만 대전되지 않은 빗방울의 종단 속력은 6.5 m/s이다. 항력은 $F_d = bv^2$(점성 저항이 아닌 난류성 저항)에 의한 빗방울 낙하 속력과 관련이 있다. 대전된 빗방울의 종단 속력을 계산하여라.

56 [111]. 쌍극자 축(길이 $d = 7.0$ cm의 균일한 막대의 끝의 전하 $\pm q = \pm 3.0\ \mu$C)이 그림 16.42a와 같이 균일한 전기장 $E = 2.0 \times 10^4$ N/C과 $\theta = 135°$를 이루고 있다. 전하의 질량은 각각 5.0 g이고 막대의 질량은 20.0 g이다. 쌍극자의 각가속도는 얼마인가?

57 [113]. 고립된 물 분자는 거리 0.048 nm로 분리된 두 개의 점전하 $\pm 0.80e$로 모형화할 수 있다. 그림 16.43a와 같이 회전관성(관성모멘트)은 축을 기준으로 2.93×10^{-47} Kg·m^{2}이다. 분자는 균일한 전기장 420 N/C에 있다. 전기장이 분자에 작용하는 최대 돌림힘은 얼마인가?

58 [115]. 이 문제는 전자의 전하를 최초로 측정한 밀리컨이 기름방울로 실험한 내용을 설명한 것이다. 밀리컨은 공기 속으로 떨어지는 미세한 구형 기름방울을 뿌려서 실험을 하였다. 기름방울이 분무기를 통해 방출될 때 기름방울의 전하를 측정하였다. 그는 전기장이 없을 때 낙하하는 기름방울의 종단 속력 v_t를 측정한 다음 평행하게 반대로 대전된 판 사이에서 낙하하지 않을 때의 전기장 E를 측정했다. (a) 전기장이 없는 상태에서 기름방울에 작용하는 힘은 중력, 부력과 점성저항력이다. 사용한 기름방울이 매우 작아 (기름방울의 반지름은 약 1 μm) 빠르게 종단 속력에 도달했다. 기름방울의 반지름 R을 v_t, g, $\rho_{기름}$ 및 $\rho_{공기}$(기름 및 공기 밀도), η(공기의 점성도)로 구하여라. (b) 기름방울 한 개의 전하 q를 g, E, R, $\rho_{기름}$ 및 $\rho_{공기}$로 구하여라.

힌트 방울이 정지 상태에 있기 때문에 이때 점성 저항력은 0이다.

CHAPTER 17 전기 퍼텐셜

개념정리

- 전기 퍼텐셜에너지는 전기장 내에 저장될 수 있다. 거리 r만큼 떨어진 두 점전하의 전기 퍼텐셜에너지는 다음과 같이 주어진다.

$$U_E = \frac{kq_1q_2}{r} \quad (r = \infty \text{에서 } U_E = 0) \tag{17-3}$$

- q_1과 q_2의 부호가 전기 퍼텐셜에너지가 양$^+$인지 음$^-$인지를 결정한다.
- 2개 이상의 전하의 전기 퍼텐셜에너지는 각 전하 쌍에 대한 개별 전기 퍼텐셜에너지의 스칼라 합이다.
- 한 점에서 전기 퍼텐셜 V는 단위 전하당 전기 퍼텐셜에너지이다.

$$V = \frac{U_E}{q} \tag{17-5}$$

식 (17-5)에서, U_E는 이동 가능한 전하 q와 고정된 전하 집단의 집합과의 상호작용으로 인한 전기 퍼텐셜에너지이고, V는 고정된 전하 집단에 의한 전기 퍼텐셜이다. U_E와 V는 모두 위치의 함수이지만 V는 이동 가능한 q와 관계가 없다. 퍼텐셜과 퍼텐셜에너지는 서로 다른 양이고 단위도 서로 다르다.

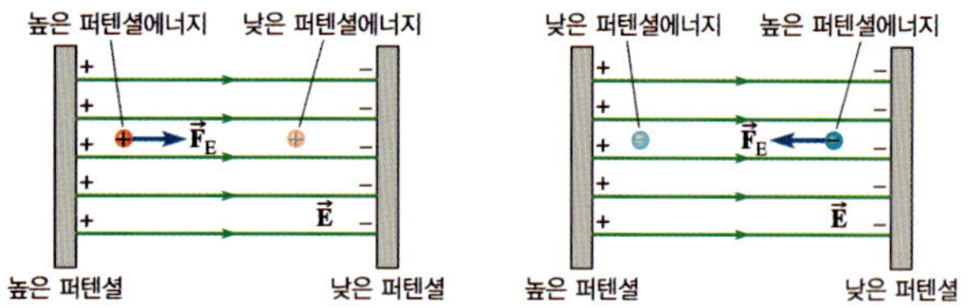

- 전기 퍼텐셜은 전기 퍼텐셜에너지와 마찬가지로 스칼라양이다. 0이 될 수도 있고, 양$^+$ 또는 음$^-$의 값을 가질 수 있다. 그렇지만 방향은 없다.
- 전기 퍼텐셜의 SI 단위는 볼트이고 1 V = 1 J/C이다.
- 점전하 q가 전기 퍼텐셜 차 ΔV를 통과하여 이동한다면 전기 퍼텐셜에너지의 변화는 다음과 같다.

$$\Delta U_E = q\Delta V \tag{17-8}$$

- 점전하 Q에서 거리 r인 곳의 전기 퍼텐셜은

$$V = \frac{kQ}{r} \quad (r = \infty \text{일 때 } V = 0) \tag{17-9}$$

이다. V는 Q가 양$^+$이면 양$^+$이 되고, Q가 음$^-$이면 음$^-$이 된다.

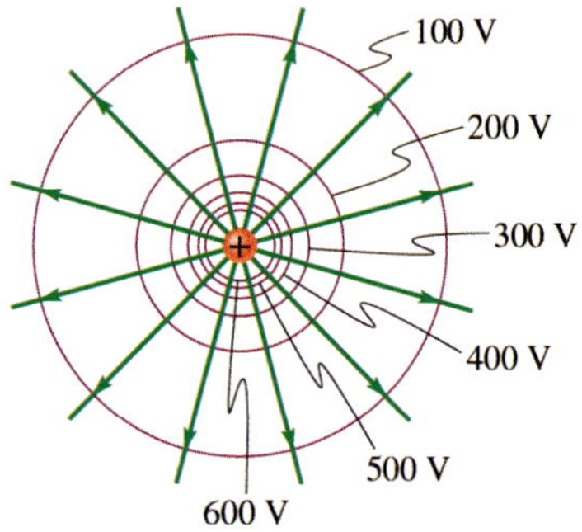

- N개의 점전하에 의한 P점의 전기 퍼텐셜은 각 전하에 의한 전기 퍼텐셜의 합이다.
- 등퍼텐셜면 위의 모든 점들은 전기 퍼텐셜이 같다. 등퍼텐셜면은 면 위의 모든 점에서 전기장과 수직이다. 등퍼텐셜면에서 전기 퍼텐셜 차이가 없으면 전하가 면 위의 한 점에서 다른 점으로 이동할 때 전기 퍼텐셜에너지는 변하지 않는다. 만약 등퍼텐셜면을 인접한 두 면 사이의 퍼텐셜 차가 일정하도록 그렸다면 장이 더 강할수록 등퍼텐셜면들은 더 가까이 있다.
- 전기장은 항상 전기 퍼텐셜이 최대로 감소하는 방향을 가리킨다. 전기력은 퍼텐셜에너지 감소가 최대인 방향을 가리킨다. 음전하라면, 퍼텐셜의 증가는 퍼텐셜에너지의 감소를 의미한다.

- 크기가 E인 균일한 전기장의 방향으로 거리 d만큼 이동할 때 일어나는 전기 퍼텐셜의 차이는 다음과 같다.

$$\Delta V = -Ed \quad (17\text{–}14)$$

- 전기장의 단위는 다음과 같다.

$$\mathrm{N/C = V/m} \quad (17\text{–}15)$$

- 정전기적 평형상태에 있는 도체는 내부에 있는 모든 점에서 전기 퍼텐셜이 같아야 한다.
- 축전기는 반대 전하가 있는 두 개의 도체(판)로 구성되어 있다. 축전기는 전하와 전기 퍼텐셜에너지를 저장한다. 전기용량은 각 판의 전하의 크기(Q)와 판 사이의 전기 퍼텐셜 차(ΔV)의 비율이다. 전기용량은 패럿(F) 단위로 측정한다.

$$Q = C\Delta V, \quad 1\ \mathrm{F} = 1\ \mathrm{C/V} \quad (17\text{–}18)$$

- 평행판 축전기의 전기용량은

$$C = \kappa\frac{A}{4\pi kd} = \kappa\frac{\varepsilon_0 A}{d} \quad (17\text{–}23)$$

이다. 여기서 A는 각 판의 넓이이고, d는 판 사이의 거리이며, ε_0는 자유공간의 유전율이다.

$$\varepsilon_0 = 1/(4\pi k) = 8.854\times10^{-12}\ \mathrm{C^2/(N\cdot m^2)}$$

판 사이가 진공이라면, $\kappa = 1$이고, 그 외에 $\kappa > 1$은 유전체(절연 물질)의 유전상수이다.

- 유전체가 외부 전기장 안에 있는 경우, 유전율은 유전체 내의 전기장 E와 외부 전기장 E_0의 비율이다.

$$\kappa = \frac{E_0}{E} \quad (17\text{–}24)$$

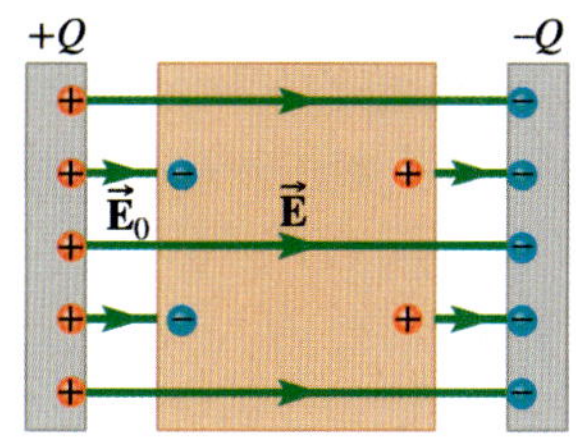

- 유전상수는 절연물질이 얼마나 쉽게 분극될 수 있는지를 나타내는 척도이다.
- 유전강도는 어떤 물질에서 절연파괴가 일어나서 그 물질이 도체가 되는 전기장의 세기를 말한다.
- 축전기에 저장된 에너지는 다음과 같다.

$$U = \frac{1}{2}Q\Delta V \quad (17\text{–}29)$$

이 식에서 계수 1/2을 제외하면 식 (17–8)과 비슷하게 보이겠지만 혼동하면 안 된다. 식 (17–8)은 퍼텐셜 V_i인 지점에서 퍼텐셜 $V_f = V_i + \Delta V$인 지점으로 이동하는 점전하 q의 퍼텐셜에너지 변화를 나타낸다. 식 (17–29)는 축전기의 두 판이 총전하 $\pm Q$로 대전되었을 때 적용된다. 곧, 두 판 사이의 퍼텐셜 차가 ΔV일 때 적용된다.

- 전기장과 관련된 에너지 밀도 u, 곧 단위 부피당 전기 퍼텐셜에너지는 다음과 같다.

$$u = \frac{1}{2}\kappa\varepsilon_0 E^2 \quad (17\text{–}34)$$

연습문제

개념형 질문

1 [1]. 전하 $-q$인 음$^-$으로 대전된 입자가 한 자리에 고정된 양$^+$의 전하 $+Q$로부터 멀리 떨어져 있다. $-q$를 $+Q$에 더 가까이 이동시키면, (a) 전기장은 양$^+$의 일을 하는가? 아니면 음$^-$의 일을 하는가? (b) $-q$는 전기 퍼텐셜이 증가하는 쪽으로 움직이는가 아니면 감소하는 쪽으로 움직이는가? (c) 전기 퍼텐셜에너지는 증가하는가 아니면 감소하는가? (d) 고정된 전하가 $-Q$인 경우, 앞의 질문 (a)~(c)에 답하여라.

2 [3]. 새가 전기 퍼텐셜이 −100 kV와 +100 kV 사이에서 변하는 고압선에 앉아 있다. 새가 감전되지 않는 이유를 설명하여라.

3 [5]. 점 A와 점 B는 전기 퍼텐셜이 같다. 전하를 A에서 B까지 옮기는 데 외부에서 해주어야 하는 일은 얼마

인가? 답이 외력을 가할 필요가 없음을 의미하는지 설명하여라.

4 [7]. 정전기적 평형상태인 도체는 모든 부분의 전기 퍼텐셜이 같다. 그 이유를 설명하여라.

5 [9]. 공간상의 모든 영역에서 $E=0$이라면, 그 영역 내 여러 점의 전기 퍼텐셜에 대해 어떠한 사실을 알 수 있는가?

6 [11]. 전기 퍼텐셜이 공간 전체 영역의 모든 점에서 동일하다면, 그 공간 영역의 모든 점에서 전기장이 같은가? 영역 내 $\vec{\mathbf{E}}$의 크기에 대해 어떻게 말할 수 있는가? 설명하여라.

7 [13]. 축전기 두 판 사이의 전기 퍼텐셜 차에 대해 이야기할 때, 각 판에 한 점씩 2개의 점을 지정하고, 이 판들 사이의 전기 퍼텐셜 차에 대해 자세히 이야기해야 하는가? 그렇지 않으면 어느 점을 선택해도 문제가 되지 않는가? 이유를 설명하여라.

8 [15]. 축전기의 전하를 2배로 하였다. 전기용량은 어떻게 되겠는가?

9 [17]. 한 점에서 전기 퍼텐셜을 안다면, 같은 지점에서 전기장의 크기에 대해 (말할 수 있는 게 있다면) 뭐라고 말할 수 있는가?

10 [19]. 맑은 날 확 트인 들판에서 지표면 바로 위의 전기장은 대략 아래 방향으로 150 V/m이다. 전기 퍼텐셜이 더 높은 곳은 지구인가? 아니면 대기 상층부인가?

11 [21]. 대전된 평행판 축전기의 판 사이에 공기가 가득 차 있다. 축전기를 대전시킨 후에 전지에서 분리했다. 판을 더 가까이로 이동했을 때 축전기의 전기용량, 전기 퍼텐셜 차, 판에 있는 전하, 전기장, 축전기에 저장된 에너지가 어떻게 달라지는지 정량적으로 설명하여라.

힌트 어느 양이 일정하게 유지되는지 먼저 파악하라.

선다형 질문

별도로 명시하지 않는 한 전하로부터 무한대 거리의 전기 퍼텐셜은 0이라고 하자.

1 [1]. 다음 중에서 전기장의 단위로 올바른 것은?
(a) N/kg 뿐 (b) N/C 뿐 (c) N 뿐
(d) N·m/C 뿐 (e) V/m 뿐 (f) N/C과 V/m 모두

2 [3]. 전기 퍼텐셜을 측정할 때 사용할 수 있는 단위는?
(a) N/C (b) J (c) V·m
(d) V/m (e) $\frac{\text{N}\cdot\text{m}}{\text{C}}$

3 [5]. 평행판 축전기가 전기 퍼텐셜 차가 일정한 전지에 연결되어 있다. 전지가 연결되어 있을 때 평행판 사이 간격을 약간 더 떨어뜨렸다. 어떤 일이 일어나는지 가장 잘 설명한 문장은 다음 중 어느 것인가?
(a) 전기장이 증가하고 판의 전하는 감소한다.
(b) 전기장이 일정하게 유지되고 판의 전하는 증가한다.
(c) 전기장이 일정하게 유지되고 판의 전하는 감소한다.
(d) 전기장과 판의 전하가 모두 감소한다.

4 [7]. 반지름이 다른 두 개의 속이 찬 금속 구가 서로 멀리 떨어져 있다. 두 구는 가는 금속 도선으로 연결되어 있다. 두 구 중 하나를 대전시킨 후 정전기적 평형상태에 도달하면 도선을 제거하였다. 다음 중 두 구에서 동일한 양은 어느 것인가?
(a) 각 구의 전하
(b) 각 구의 중심으로부터 같은 거리에 있는 구 내부 점의 전기장
(c) 각 구의 표면 바로 바깥의 전기장
(d) 각 구의 표면에서의 전기 퍼텐셜
(e) (b)와 (c) 모두
(f) (b)와 (d) 모두
(g) (a)와 (c) 모두

5 [9]. 수평으로 놓인 대전된 두 금속판 사이에 질량이 m이고 전하를 띤 작은 알갱이가 정지 상태로 떠 있다. 아

랫판은 양전하를, 윗판은 음전하를 띠고 있다. 다음 중 사실이 아닌 것은?

(a) 판 사이의 전기장은 수직으로 위쪽을 가리킨다.

(b) 알갱이는 음전하를 띤다.

(c) 알갱이에 작용하는 전기력의 크기는 mg이다.

(d) 두 판의 전기 퍼텐셜은 서로 다르다.

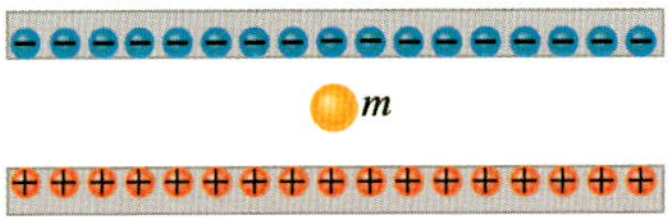

6 [11]. 그림에서 전기 퍼텐셜이 같은 가장 가까운 두 점은 어느 것인가?

(a) A와 D

(b) B와 C

(c) B와 D

(d) A와 C

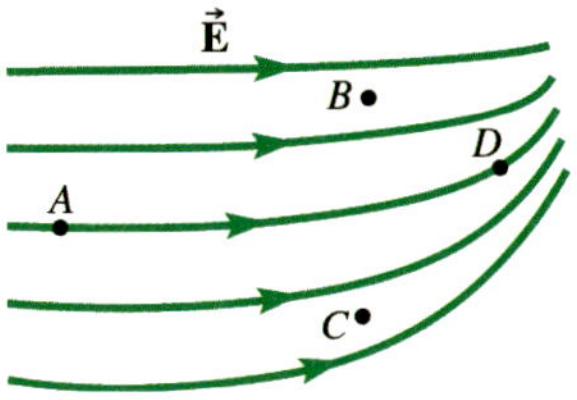

문제

17.1 전기 퍼텐셜에너지

1 [1]. 5가지의 상황에서, 2개의 점전하 Q_1, Q_2가 거리 d만큼 떨어져 있다. 전기 퍼텐셜에너지가 가장 큰 것부터 작은 순서대로 나열하여라.

(a) $Q_1 = 1\ \mu$C, $Q_2 = 2\ \mu$C, $d = 1$ m

(b) $Q_1 = 2\ \mu$C, $Q_2 = -1\ \mu$C, $d = 1$ m

(c) $Q_1 = 2\ \mu$C, $Q_2 = -4\ \mu$C, $d = 2$ m

(d) $Q_1 = -2\ \mu$C, $Q_2 = -2\ \mu$C, $d = 2$ m

(e) $Q_1 = 4\ \mu$C, $Q_2 = -2\ \mu$C, $d = 4$ m

2 [3]. 수소 원자는 그 중앙에 한 개의 양성자가 있고 그로부터 약 0.0529 nm 떨어진 거리에 한 개의 전자가 있다. (a) 전기 퍼텐셜에너지를 J로 나타내어라. (b) 답의 부호가 나타내는 의미가 무엇인가?

3 [5]. 헬륨 원자핵 안에는 약 1 fm 떨어져 있는 2개의 양성자가 있다. 두 양성자를 무한대에서 1 fm까지 가져오려면 외부에서 일을 얼마나 해주어야 하는가?

문제 4~5. 두 점전하(+10.0 nC, −10.0 nC)가 8.00 cm 떨어져 있다. 두 개의 전하가 무한대 거리에 있을 때 전기 퍼텐셜에너지를 $U = 0$이라 하자.

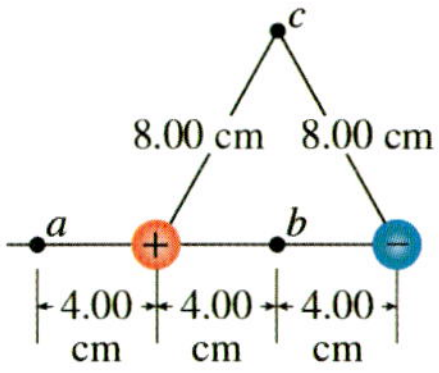

[문제 4~5의 그림]

4 [7]. 이 두 점전하의 전기 퍼텐셜에너지는 얼마인가?

5 [9]. 세 번째 점전하 $q = -4.2$ nC이 점 c에 놓인다면 전기 퍼텐셜은 얼마인가?

6 [11]. 다음과 같이 전하가 배치되었을 때, 전기 퍼텐셜에너지를 구하여라. 전하 $q_1 = +4.0\ \mu$C은 $(x, y) =$ (0.0, 0.0) m에 있다. 전하 $q_2 = +3.0\ \mu$C은 (4.0, 3.0) m에 있다. 전하 $q_3 = 1.0\ \mu$C은 (0.0, 3.0) m에 있다.

7 [13]. 그림에서 세 번째 전하 $q_3 = 2.00$ nC이 무한대에서 점 b로 이동하려면 전기장이 얼마나 일을 해야 하는가?

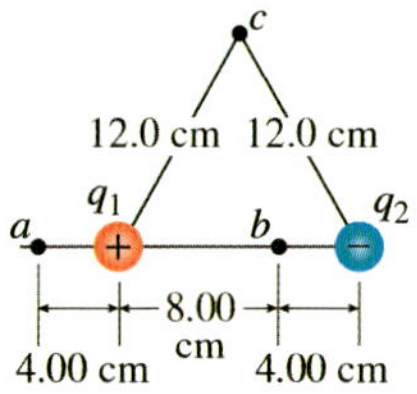

[문제 7~8의 그림]

8 [15]. 그림에서 세 번째 전하 $q_3 = 2.00$ nC이 b에서부터 c로 이동하려면 전기장이 얼마나 일을 하여야 하는가?

17.2 전기 퍼텐셜

다른 언급이 없는 한, 점전하로부터 무한대 떨어진 거리에서 전기 퍼텐셜이 0이라고 하자.

9 [17]. 전자가 점 A에서 점 B로 이동하였다. 점 A에서 전기 퍼텐셜은 $V_A = -240$ V이고, 점 B에서 전기 퍼텐셜은 $V_A = -360$ V이다. 전기 퍼텐셜에너지는 얼마나 변하였는가?

10 [19]. 각 변이 2.0 cm인 정사각형의 인접 모서리에 2개의 +9.0 μC의 전하가 있고, 다른 모서리 2개에는 −3.0 μC의 전하가 있다. 정사각형의

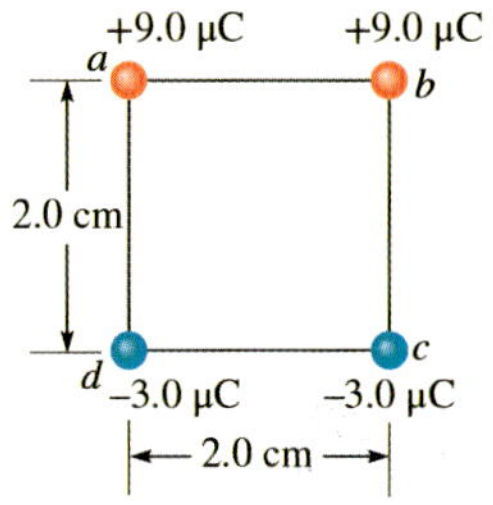

중심에서 전기장과 전기 퍼텐셜을 구하여라.

11 [21]. 점전하로부터 20.0 cm 떨어진 곳의 전기 퍼텐셜이 +1.0 kV이다. (무한대에서 $V=0$이라고 가정한다.) (a) 이 점전하는 양전하인가 음전하인가? (b) 전기 퍼텐셜이 +2.0 kV인 곳은 점전하로부터 얼마나 떨어져 있는가?

12 [23]. 속이 비어있는 2개의 금속 구가 있다. 하나는 6.0 μC의 전하가 있고 반지름이 2배인 다른 금속 구에는 18.0 μC의 전하가 있다. 두 구를 서로 접촉시킨 다음 분리시켰다. 각 구의 전하량은 얼마인가?

힌트 정전기적 평형상태인 두 구는 접촉하였을 때 전기 퍼텐셜이 같아야 한다.

13 [25]. 양전하 Q_0에서 거리 R_0 떨어진 점 P에서, 전기장의 크기는 $E_0 = 100$ N/C이며, 전기 퍼텐셜은 $V_0 = 10$ V이다. 전하 Q_0를 $3Q_0$로 증가시켰다. (a) 전기장의 크기 E와 E_0가 같으려면 R_E는 전하 $3Q_0$에서 얼마나 떨어진 거리여야 하는가? (b) 전기 퍼텐셜 V가 V_0와 같으려면 R_V는 전하 $3Q_0$으로부터 얼마나 멀리 떨어져 있어야 하는가?

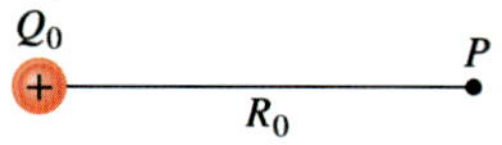

14 [27] (a) 그림과 같이 +4.2 nC과 −6.4 nC의 전하가 있다. 점 a와 점 b의 전기 퍼텐셜을 구하여라. (b) 전하를 점 b에서 점 a로 이동시키면 전기 퍼텐셜 차 ΔV는 얼마인가? (c) +1.50 nC의 점전하를 b에서 a로 옮기려면 외부에서 얼마나 일을 해주어야 하는가?

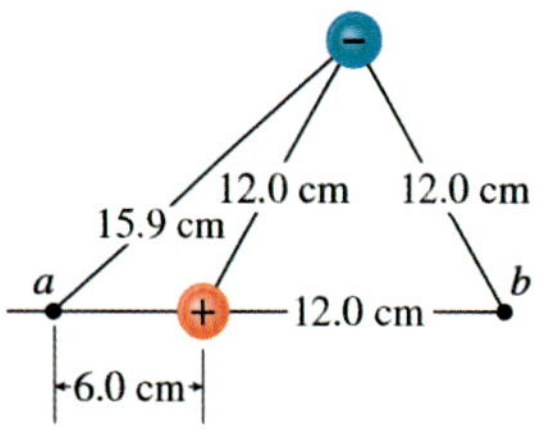

15 [29]. (a) 그림에서 점 a와 b의 전기 퍼텐셜은 얼마인가? 무한대에서 $V=0$이다. (b) 세 번째 전하 $q_3 = +2.00$ nC이 점 a에서 점 b로 이동하면 전기 퍼텐셜에너지는 얼마나 변하는가?

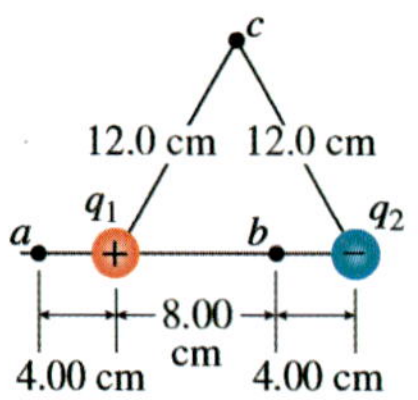

16 [31]. 원점에 35.0 nC의 전하가 있고, 원점에서 $+x$축으로 2.20 cm 떨어진 곳에 55.0 nC의 전하가 있다. (a) 이 두 전하의 중간 지점에서 전기 퍼텐셜은 얼마인가? (b) 원점에서 $+x$축으로 3.40 cm 떨어진 곳에서 전기 퍼텐셜은 얼마인가? (c) 45.0 nC의 전하를 3.40 cm 떨어진 곳에서 2.20 cm 떨어진 곳으로 옮기려면 외부에서 얼마나 일을 해주어야 하는가?

17.3 전기장과 퍼텐셜의 관계

17 [33]. 점 $A \sim E$를 전기 퍼텐셜이 가장 높은 곳에서부터 가장 낮은 곳까지 순서대로 나열하여라.

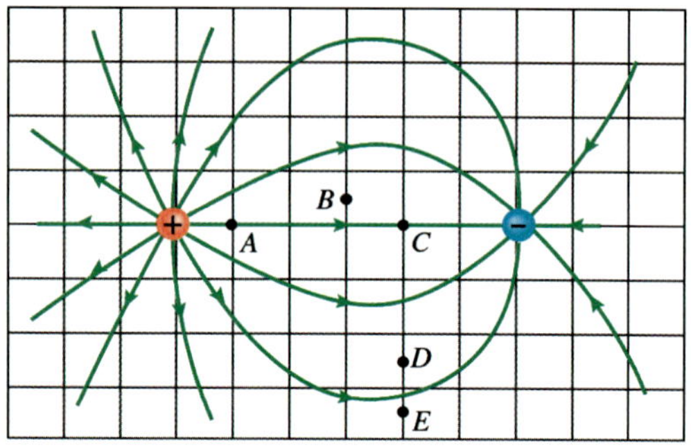

18 [35]. 그림에서 전기장의 크기는 240 N/C으로 균일하고, 방향은 오른쪽이다. 이 전기장에서 전하 +4.2 nC인 입자가 직선을 따라 b에서 a로 이동하였다. (a) 입자에 작용하는 전기력, (b) 입자가 이동해 간 곳의 전기 퍼텐셜 차, (c) 입자의 퍼텐셜에너지 변화, (d) 전기장이 입자에 한 일을 구하여라.

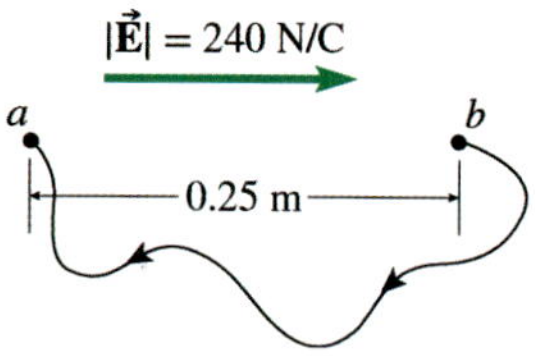

19 [37]. 수평으로 놓인 두 금속판이 반대로 대전되어 있고, 두 판 사이의 진공 중에 전자가 떠 있다. 두 금속판 사이 거리는 3.00 mm이다. (a) 위 판과 아래 판의 전하의 부호는 무엇인가? (b) 금속판 사이에 걸리는 전압은 얼마인가?

20 [39]. 크기가 100.0 N/C인 균일한 전기장이 있는 공간이 있다고 하자. 전기 퍼텐셜이 1.0 V만큼 차이가 나는 한 쌍의 등퍼텐셜면은 얼마나 떨어져 있는가?

21 [41]. 양$^+$으로 대전된 도체 원통 외부에 몇 개의 전기장선과 등퍼텐셜면을 그려보아라. 등퍼텐셜면은 어떤 모양인가?

22 [43]. 전기어류라고 알려진 대형 전기가오리는 먹잇감에 전기 충격을 주기 위하여 전기를 사용하는 것으로 알려져 있다. 보통 전기가오리는 1.5 ms 동안 지속적으로 0.20 kV의 전기 퍼텐셜 차를 가할 수 있다. 이 펄스는 18 C/s의 비율로 전하를 전달한다. (a) 한 펄스 동안에 전기 기관은 얼마의 비율로 일을 하는가? (b) 한 펄스 동안 한 일의 총량은 얼마인가?

23 [45]. 수평으로 놓인 두 금속판 사이의 균일한 전기장에 양$^+$으로 대전된 기름방울을 주입하였다. 두 금속판은 서로 반대 부호의 전하로 대전되어 있고, 두 금속판 사이의 거리는 16 cm이다. 기름방울의 질량이 1.0×10^{-15} kg이고 두 금속판의 전기 퍼텐셜 차가 9.76 kV일 때 기름방울이 정지 상태이다. 기름방울의 전하는 얼마인가? (기름방울에 작용하는 작은 부력은 무시하여라.)

17.4 움직이는 전하에 대한 에너지 보존

24 [47]. 정지 상태인 전자가 전기 퍼텐셜 차 ΔV를 통과하면서 가속한다. 전자가 7.26×10^6 m/s의 속도에 도달하려면 전기 퍼텐셜 차는 얼마여야 하는가? 부호를 포함해서 생각하여라. (전자가 이동할 때 전기 퍼텐셜은 증가하는가 아니면 감소하는가?)

25 [49]. 다음의 6가지 상황에서, 입자(질량 m, 전하 q)가 전기 퍼텐셜이 V_i인 지점에서 전기 퍼텐셜이 V_f인 점까지 움직인다. 입자에는 전기력 외에 다른 힘이 작용하지 않는다. 6가지 상황에서 입자의 운동에너지 변화가 가장 큰 것부터 작은 순서대로 나열하여라. 순위는 감소한(−로 변한) 것보다 증가한(+로 변한) 것을 더 높게 매겨라.

(a) $m=5\times10^{-15}$ g, $q=-5$ nC, $V_i=100$ V, $V_f=-50$ V

(b) $m=1\times10^{-15}$ g, $q=-5$ nC, $V_i=-50$ V, $V_f=50$ V

(c) $m=1\times10^{-15}$ g, $q=25$ nC, $V_i=50$ V, $V_f=20$ V

(d) $m=5\times10^{-15}$ g, $q=-1$ nC, $V_i=400$ V, $V_f=-100$ V

(e) $m=25\times10^{-15}$ g, $q=1$ nC, $V_i=-100$ V, $V_f=-250$ V

(f) $m=1\times10^{-15}$ g, $q=5$ nC, $V_i=100$ V, $V_f=250$ V

16 [51]. 보기 17.8의 전자총에서, 음극과 양극 사이의 전기 퍼텐셜 차를 6.0 kV로 줄이면, 전자가 양극에 도달할 때 속력은 얼마나 되겠는가?

27 [53]. 반대의 전하로 대전된 두 평행판 사이에 전자($-e$)가 수평으로 입사했다. 판 사이의 전기장의 크기는 500.0 N/C이고 위쪽 방향이다. 판 사이를 지날 때 전자가 수직방향으로 3.0 mm 편향한 경우, 이 전기장으로 인해 전자의 운동에너지는 얼마나 증가하는가?

힌트 전자가 이동하는 동안의 전기 퍼텐셜 차를 먼저 구하여라.

28 [55]. 러더포드는 1911년에 금 원자핵으로부터 헬륨 원자핵의 산란을 관찰하여 원자핵을 발견하였다. $+2e$의 전하를 가진 헬륨 원자핵(질량 6.67×10^{-27} kg)이 1.50×10^7 m/s의 속도로 $+79e$의 전하를 가진 금 원자핵의 정면을 향하여 발사되는 경우, 헬륨 원자핵이 정지했다가 되돌아오기 전에 금 원자핵에 얼마나 가까이 접근하는가? (금 원자핵은 다른 금 원자핵에 영향을 받지 않으며 제자리에서 움직이지 않는다고 가정하여라.)

29 [57]. 그림은 x축을 따라서 전기 퍼텐셜을 나타낸 그래프이다. 처음에 점 A에 있는 전자가 $+x$의 방향으로 움직인다. 전자가 점 A에 있다가 점 E에 도달하기 위해 필요한 운동 에너지는 얼마인가? (전자에는 전기 퍼텐셜에 의한 힘 외에 다른 힘이 작용하지 않는다.) 이때 도중에 점 B, C, D를 통과해야 한다.

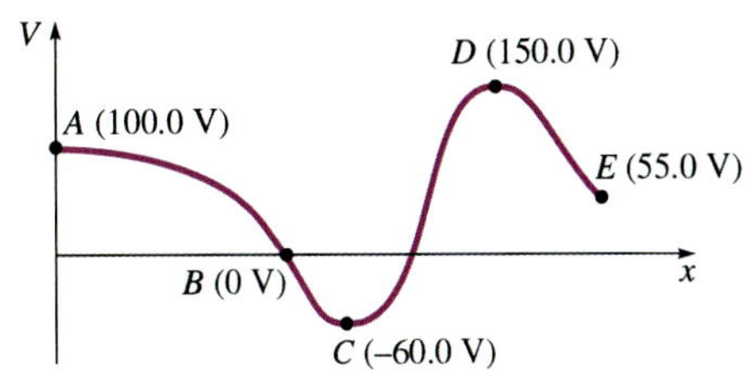

17.5 축전기

30 [59]. 15.0 μF의 축전기 판에는 각각 +0.7 μC과 −0.75 μC의 알짜 전하가 있다. (a) 판 사이의 전기 퍼텐셜 차는 얼마인가? (b) 전기 퍼텐셜은 어느 판이 더 높은가?

31 [61]. 평행판 축전기의 전기용량은 2.0 μF이고, 판 사이 거리는 1.0 mm이다. (a) 공기의 절연 파괴가 발생하기 전에 축전기에 걸리는 전기 퍼텐셜 차는 얼마인가? ($E_{최대} = 3\times10^{6}$ V/m이다.) (b) 고장 나기 전에 축전기에 저장할 수 있는 최대 전하량은 얼마인가?

32 [63]. 평행판 축전기의 판 넓이가 36.0 cm^{2}이고, 판 사이 거리는 0.0500 mm이다. 축전기를 1.2 V 전지에 연결했다. (a) 판 사이의 전기장과 각 판의 전하량을 구하여라. (b) 판이 전지에 연결된 상태에서 판 사이 거리를 두 배로 하면 전기장과 각 판의 전하량은 어떻게 되는가?

33 [65]. 상어는 1.0 μV/m 정도로 약한 전기장을 감지할 수 있다. 이 전기장의 크기를 이해하기 위하여 1.5 V 전지에 평행판 축전기를 연결하였다고 가정하여라. 판 사이의 전기장이 1.0 μV/m가 되려면 평행판은 얼마나 떨어져 있어야 하는가?

34 [67]. 음$^-$과 양$^+$으로 대전된 축전기에서 전자 빔이 빠져 나올 수 있도록 판 한 가운데 작은 구멍을 뚫었다. 축전기 판 사이에는 40.0 V의 전기 퍼텐셜 차가 있다. 전자가 2.50×10^{5} m/s의 속력으로 음$^-$으로 대전된 판의 구멍으로 들어가서 양$^+$으로 대전된 판의 구멍으로 나왔을 때 전자의 속력은 얼마인가?

17.6 유전체

35 [69]. 번개가 발생하기 전에, 습한 공기의 절연 파괴 한계에 도달해야 한다. 3.33×10^{5} V/m인 전기장에서 번개가 발생하면, 지표면의 전기 퍼텐셜보다 1.00×10^{8} V 낮은 구름의 전기 퍼텐셜에 대해 지구 위에서 구름의 바닥까지 가능한 최대 높이는 얼마인가?

36 [71]. 각 판의 전하가 0.020 μC이고, 두 판의 전기 퍼텐셜 차가 240 V인 축전기가 있다. 평행판은 0.40 mm의 베이클라이트로 격리되어 있다. 이 축전기의 전기용량은 얼마인가?

37 [73]. 두 개의 알루미늄 평행판(넓이 = 120 cm^2), 종이 한 장(두께 = 0.10 mm, κ = 3.5), 유리 한 장(두께 = 2.0 mm, κ = 7.0), 파라핀 판(두께 = 10.0 mm, κ = 2.0)을 사용하여 평행판 축전기를 만들 수 있다. (a) 이들 유전체 중 하나를 사용하여 축전기를 만들었을 때 가장 큰 전기용량은 얼마인가? (b) 가장 작은 전기용량은 얼마인가? (κ는 유전상수이다.)

38 [75]. 용량성 전기 자극을 이용하는 의료기기의 전극은 팔다리의 반대쪽에 놓는다. 이들 전극에 전기 퍼텐셜 차를 가하면 뼈의 결함이나 골절을 치료하는 데 유용하다. 넓이가 4.0 cm^{2}인 전극 사이에 반지름이 3.0 cm인 팔을 넣었더니 전기용량이 0.59 pF로 측정되었다. 이 경우, 팔 조직의 평균 유전상수는 얼마인가?

17.7 축전기에 저장된 에너지

39 [77]. 축전기에 8.0×10^{-2} C의 전하가 있을 때 450 J의 에너지가 저장된다. (a) 이 축전기의 전기용량과 (b) 판 사이의 전기 퍼텐셜 차를 구하여라.

40 [79]. 평행판 축전기의 한쪽 판에는 $+5.5\times10^{-7}$ C, 다른 판에는 -5.5×10^{-7} C의 전하가 있다. 각 판의 전하량은 일정하게 유지한 채 판 사이의 간격을 50 % 넓혔다면 축전기에 저장된 에너지는 어떻게 되겠는가?

41 [81]. 그림 17.31b는 번개가 치기 전의 뇌운을 보여준다. 뇌운의 바닥과 지표면은 대전된 평행판 축전기로 볼 수 있다. 대략적으로 지표면에 평행한 구름의 밑바닥은 음전하의 판으로, 구름 아래 있는 지표면은 양전하의 판으로 취급한다. 구름의 밑바닥과 지표면 사이의 간격은 구름 길이에 비해 작다. (a) 지표면으로부터 550 m 위에 있는, 바닥의 크기가 4.5 km × 2.5 km인 뇌운의 전

기용량을 구하여라. (b) 전하가 18 C인 경우, 이 축전기에 저장된 에너지를 구하여라.

42 [83]. 판의 넓이가 314 cm^2이고, 판 사이에 공기층이 1.00 cm인 큰 평행판 축전기가 있다. 이 축전기에 20.0 V 전지를 연결한 상태에서 티탄산스트론튬($SrTiO_3$)판을 삽입하여 판 사이의 틈을 완전히 채웠다. (a) 티탄산스트론튬 판을 삽입하기 전에 축전기의 전하량, 판 사이의 전기장, 축전기에 저장된 에너지를 구하여라. (b) 판이 삽입된 후 축전기의 전하량, 판 사이의 전기장, 판 사이의 전기 퍼텐셜 차, 축전기에 저장된 에너지를 구하여라.

43 [85]. 축전기는 짧은 시간에 에너지를 공급해야 하는 장치에 다양하게 응용되고 있다. 전기용량이 100.0 μF인 전기 플래시램프의 축전기가 2.0 ms 동안에 10.0 kW 평균 전력을 램프에 공급한다. (a) 처음에 축전기는 얼마의 전기 퍼텐셜 차로 대전되어야 하는가? (b) 처음의 전하량은 얼마인가?

44 [87]. 평행판 축전기의 전기용량이 1.20 nF이다. 각 판에는 0.80 μC의 전하가 있다. 전하량을 일정하게 유지하면서 판의 간격을 두 배로 하려면 외부에서 얼마의 일을 해주어야 하는가?

45 [89]. 제세동기는 9.0 kV까지 충전되며 전기용량이 15 μF인 축전기로 구성되어 있다. (a) 축전기가 2.0 ms 이내에 방전되면, 얼마의 전하가 신체 조직을 통과하는가? (b) 조직에 전달된 평균 전력은 얼마인가?

협동문제

46 [91]. DNA 분자의 두 가닥은 염기 쌍 사이의 수소결합에 의해 함께 묶여 있다(16.1절). 효소가 이 두 가닥을 분리하기 위해서 분자를 분해할 때, 이 수소결합을 끊어야 한다. 수소결합을 단순화한 모형은 직선을 따라 배열된 4개의 점전하가 정전기 상호작용 하는 것으로 나타낼 수 있다. 그림은 아데닌과 티민 사이의 수소결합 중 하나에 대한 전하의 배열을 보여준다. 이 결합을 끊기 위해 공급해야 하는 에너지를 추정해 보아라.

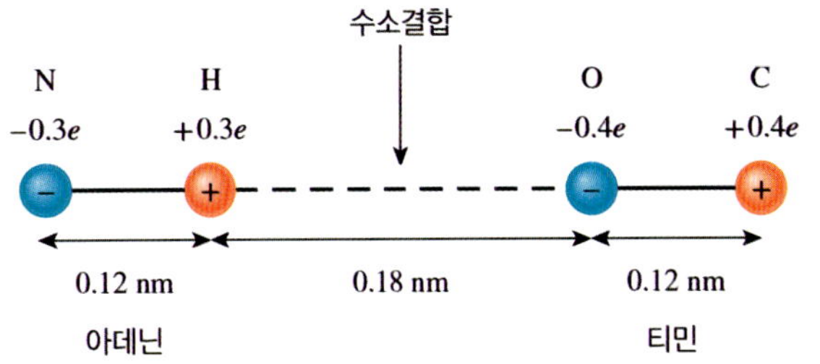

47 [93]. 질량 m_e인 전자 빔이 서로 반대로 대전된 평행 금속판 사이의 균일한 전기장에 의해 수직 방향으로 편향되었다. 판 사이 거리는 d이고, 판 사이 전기 퍼텐셜 차는 ΔV이다. (a) 두 판 사이의 전기장의 방향은 어떻게 되는가? (b) 만약 전자들이 판 사이의 영역을 떠날 때 전자의 속도의 y 성분이 v_y이다. 전자가 판 사이의 영역을 통과하는 데 걸리는 시간을 ΔV, v_y, m_e, d 및 e로 나타내어라. (c) 전자가 판 사이를 이동하는 동안에 전자의 전기 퍼텐셜에너지는 증가하는가, 감소하는가 아니면 일정한가? 설명하여라.

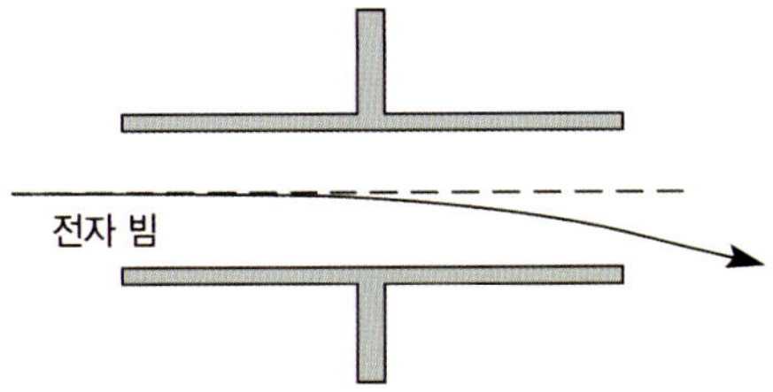

48 [95]. 1.0 F 축전기를 쉽게 사용할 수 있게 된 것은 최근의 일이다. 일반적으로 전기용량이 1.0 F인 축전기는 최대 5.00 V까지 견딜 수 있다. 1.0 F 축전기를 만드는 것이 왜 쉽지 않은지 알기 위해 이산화티타늄(유전상수 $\kappa = 90.0$, 유전강도 4.00 kV/mm)을 유전체로 사용하여 1.0 F 평행판 축전기를 만드는 것을 상상해 보아라. (a) 5.00 V를 견딜 수 있는 축전기의 이산화티타늄의 최소 두께를 구하여라. (b) 전기용량이 1.0 F이 되는 판의 넓이를 구하여라.

연구문제

49 [97]. 전자가 전기 퍼텐셜이 $-100.0\,\text{V}$인 점에서 전기 퍼텐셜이 $+100.0\,\text{V}$인 점까지 이동하였다면, 전기장이 한 일은 얼마인가?

50 [99]. 그림에 표시된 것처럼, 물에서 두 개의 염소 이온(Cl^-)과 칼슘 이온(Ca^+)으로 둘러싸인 나트륨 이온(Na^+)의 전기 퍼텐셜을 구하여라. 물에서 양이온인 나트륨 이온의 유효 전하량은 $2.0\times10^{-21}\,\text{C}$이며, 음이온인 염소 이온은 $-2.0\times10^{-21}\,\text{C}$이며, 양이온인 칼슘 이온은 $4.0\times10^{-21}\,\text{C}$이다.

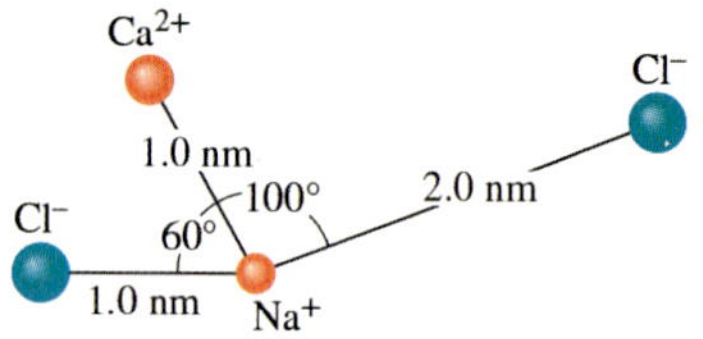

51 [101]. 평행한 두 판이 $4.0\,\text{cm}$ 떨어져 있다. 아랫판은 양$^+$으로 대전되었고 윗판은 음$^-$으로 대전되어, 판 사이에 $5.0\times10^4\,\text{N/C}$의 균일한 전기장을 생성한다. 정지 상태에 있는 전자가 윗판에서 출발하여 아랫판에 도달하는 데 걸리는 시간은 얼마인가? (판 사이는 진공이라고 가정하여라.)

52 [103]. 세포막의 겉넓이는 $1.1\times10^{-7}\,\text{m}^2$이고, 유전상수 $\kappa=5.2$, 두께는 $7.2\,\text{nm}$이다. 이 막을 가로지르는 전기 퍼텐셜 차는 $70\,\text{mV}$이다. (a) 막의 각 표면의 전하량은 얼마인가? (b) 막의 각 표면에 얼마나 많은 수의 이온이 존재하는가? 이온들은 단위 전하를 띠고 있다고 ($|q|=e$) 가정하여라.

53 [105]. 세포막의 내부는 외부보다 전기 퍼텐셜이 $90.0\,\text{mV}$ 더 낮다. 전하가 $+e$인 나트륨 이온(Na^+)이 외부에서 내부로 세포막을 통과해 들어갈 때 전기장이 한 일은 얼마인가?

54 [107]. 축색돌기는 막의 외부는 양$^+$으로, 내부는 음$^-$으로 대전되어 있다. 막의 두께는 $4.4\,\text{nm}$이고, 유전상수 $\kappa=5$이다. 축색돌기를 넓이 $5\,\mu\text{m}^2$인 평행판 축전기로 모형화한다면, 전기용량은 얼마인가?

55 [109]. $3.0\times10^7\,\text{m/s}$의 속력으로 진행하는 전자 빔이 아래로 향하는 균일한 전기장($2.0\times10^4\,\text{N/C}$)인 오실로스코프의 평행판 사이로 들어간다. 전자의 처음 속도는 장에 수직이다. 판의 길이는 $6.0\,\text{cm}$이다. (a) 전자가 판 사이에 있는 동안 전자의 속도의 방향 변화와 크기를 구하여라. (b) 전자가 판 사이에 있는 동안 $\pm y$ 방향으로 얼마나 멀리 편향되는가?

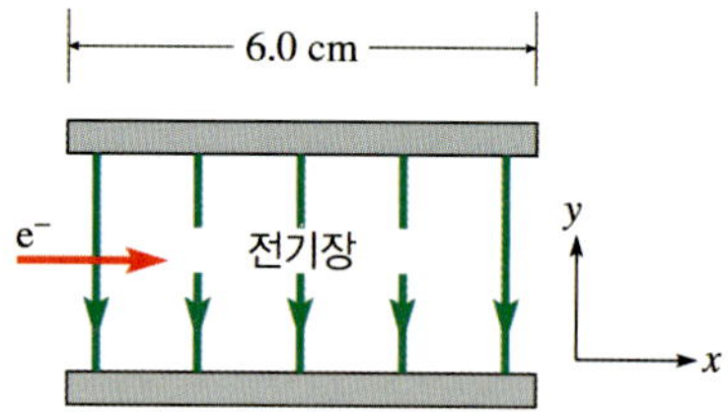

56 [111]. 음$^-$으로 대전된 질량 $5.00\times10^{-19}\,\text{kg}$인 입자가 속력 $35\,\text{m/s}$로 평행판 축전기의 두 판 사이로 들어가고 있다. 전하의 처음 속도는 판의 면에 평행하고 $+x$ 방향이다. 판은 한 변이 $1.00\,\text{cm}$인 정사각형이고 두 판 사이의 전압은 $3.00\,\text{V}$이다. 만일 입자가 처음에 두 판으로부터 똑같이 $1.00\,\text{mm}$의 거리에 있고 두 판 사이의 영역 $1.00\,\text{cm}$를 이동한 후 간신히 양$^+$으로 대전된 판을 지나친다면, 입자에는 잉여전자가 얼마나 있는가? 중력과 가장자리 효과는 무시하여라. (a) 중력을 무시한 것이 정당했음을 보여라. (b) 입자가 판에서 나올 때 속도의 성분은 어떻게 되는가?

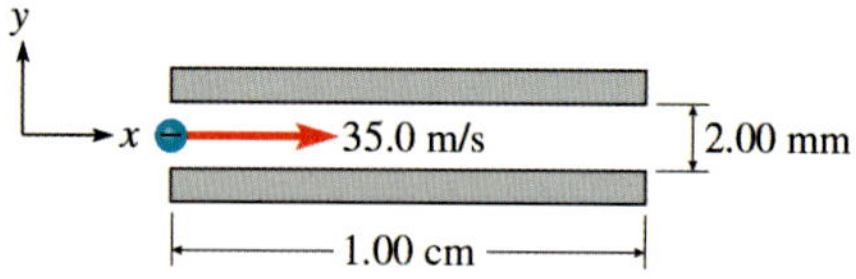

57 [113]. 평행판 축전기 두 판의 전기 퍼텐셜 차가 $240\,\text{V}$이다. 각 판의 전하량은 $0.020\,\mu\text{C}$이다. 두 평행판은 $0.40\,\text{mm}$의 공기층으로 분리되어 있다. (a) 축전기의 전기용량은 얼마인가? (b) 판 한 개의 넓이는 얼마인가? (c) 판 사이의 공기가 이온화되려면 전압은 얼마가 되어야 하는가? 공기의 유전강도는 $3.0\times10\,\text{kV/mm}$라고

가정하여라.

58 [115]. 처음에 $q = -2.5$ nC인 점전하가 축전기의 음극판에 인접해 있다. 판의 단위 넓이당 전하는 $4.0\ \mu C/m^2$이며 판 사이의 간격은 6.0 mm이다. (a) 판 사이의 전기 퍼텐셜 차는 얼마인가? (b) 전하에 다른 힘이 작용하지 않는다면, 양극판에 충돌하기 직전 점전하의 운동에너지는 얼마인가?

종합문제

59 [117]. 변이 0.150 m인 정삼각형의 모서리에 3개의 점전하가 있다. (a) 2.50 μC 전하에 작용하는 총전기력은 얼마인가? (b) 세 전하의 전기 퍼텐셜에너지는 얼마인가?

60 [119]. 리튬 원자핵(질량 1.16×10^{-26} kg, 전하량 $+3e$)의 정면에 양성자(질량 1.67×10^{-27} kg, 전하량 $+e$)를 쏘았다. 핵에서 멀리 떨어져 있을 때 양성자의 속도가 5.24×10^5 m/s이라면, 양성자가 되돌아오기 직전에 정지하고 있을 때 두 입자 사이의 거리는 얼마인가? 리튬 원자핵이 자유롭게 되튈 수 있다고 가정하여라.

힌트 에너지와 운동량 보존을 적용하여라. 이 거리가 가장 가까이 접근하는 거리는 아니다.

61 [121]. (a) 뇌운의 하단과 지구 표면 사이의 전기 퍼텐셜이 -1.00×10^9 V이고, 번개가 치는 동안 −20.0 C의 전하가 구름에서 지구 표면으로 방출되는 경우, 방출되는 전기 퍼텐셜에너지는 얼마인가? (전하의 흐름이 축전기처럼 작동한다면, 전기 퍼텐셜 차는 0으로 감소한다.) (b) 나무에 번개가 쳤을 때 방출된 에너지의 10 %가 나무의 수액을 기화시킨다면, 수액이 얼마나 기화되겠는가? (처음에 20 °C인 수액을 물이라고 가정하여라.) (c) 번개로 방출된 에너지의 10 %를 저장할 수 있고 집주인이 한 달에 400 kWh의 전기를 사용한다면, 번개로 얼마의 전기를 가정에 공급할 수 있는가?

62 [123]. 200.0 μF의 축전기를 12.0 V 전지에 연결했다. 스위치를 끄고 축전기와 연결된 전지를 제거한 후 이 축전기를 1.00 cm^3의 물이 담긴 히터에 연결시켰다. 축전기에 저장된 에너지가 물로 전달된다면 물의 온도는 얼마나 변하겠는가?

63 [125]. 공기 이온화 장치는 전기력을 이용하여 공기 중의 먼지나 꽃가루 그리고 기타 알레르기 항원을 공기로부터 걸러낸다. 그림과 같은 이온화 장치는 3.0 m/s의 속력으로 공기를 빨아들인다. 이 공기는 입자에 전하를 전달하는 매우 촘촘하고 고전압으로 대전된 금속 철망을 통과한다. 그런 다음 공기는 대전된 입자를 끌어당겨 필터로 수집하는 평행 '집진기' 판 사이를 통과한다. 반지름이 6.0 μm이고, 질량이 2.0×10^{-13} kg, 전하량이 $1000e$인 먼지 입자를 생각하자. 판은 길이가 10 cm이고 서로 1.0 cm씩 떨어져 있다. (a) 점성저항을 무시하고 입자가 필터에 포집되도록 하려면 판 사이의 전기 퍼텐셜 차는 최소한 얼마 이상이어야 하는가? (b) 입자가 필터에 부딪치기 직전에 입자는 공기의 흐름에 대해 얼마의 속력으로 움직이겠는가? (c) (b)에서 구한 속력으로 운동할 때 입자에 작용하는 점성저항력을 계산하여라. (d) 점성저항력을 무시하는 것이 현실적인가? 점성저항력을 고려할 때 퍼텐셜 차이가 (a)에서 얻은 답보다 더 큰가 아니면 더 작은가?

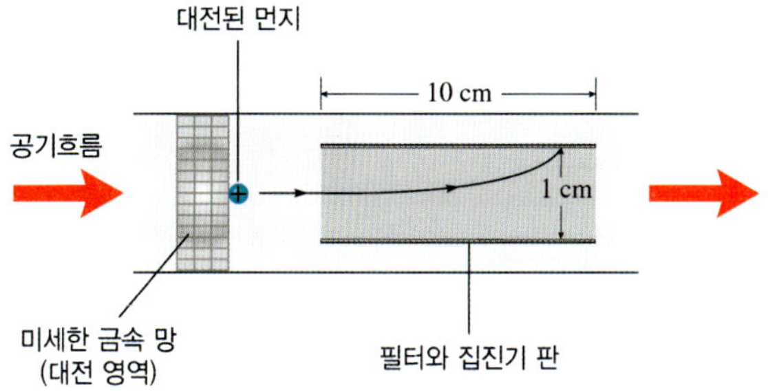

문제 64~65. 길이가 12 cm인 실에 알짜 전하량이 +450 nC이고, 질량 0.75 g인 공이 8.0 kV/m인 균일한 전기장 속에 매달려 있다. 중력을 고려하여라. 이 계는 진자처럼 움직이지만 중력 외에 전기력이 아래 방향으로 작용한다.

64 [127]. 공이 정지 상태에 있을 때 줄의 장력은 얼마인가?

65 [129]. 진폭이 작을 때 진동주기는 얼마인가?

CHAPTER 18 | 전류와 전기회로

개념정리

- 전류는 전하의 알짜 흐름률이다.

$$I = \frac{\Delta q}{\Delta t} \qquad (18\text{–}1)$$

전류의 SI 단위는 A(암페어, 1 A = C/s)이다. A는 SI의 기본단위 중 하나이다. 규약에 따르면, 전류의 방향은 양전하가 흐르는 방향이다. 전하가 음$^-$이면, 전류의 방향은 전하의 운동 방향과 반대이다.

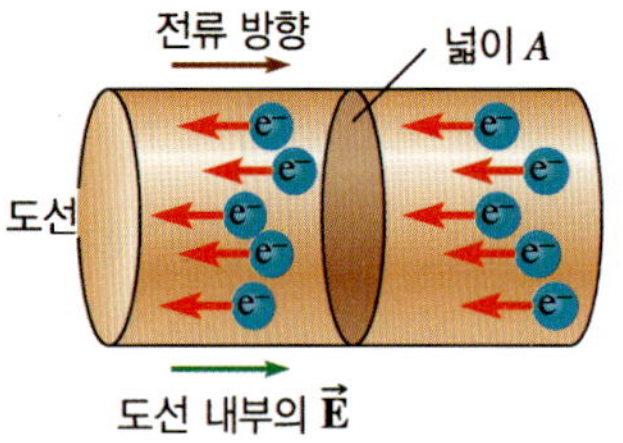

- 전하가 지속적으로 흐르기 위해서는 완성된 회로가 필요하다.
- 금속에서 전류는 전도전자의 유동속력(v_D), 단위 부피당 전자의 수(n), 금속 도선의 단면의 넓이(A)에 비례한다.

$$I = \frac{\Delta Q}{\Delta t} = neAv_D \qquad (18\text{–}5)$$

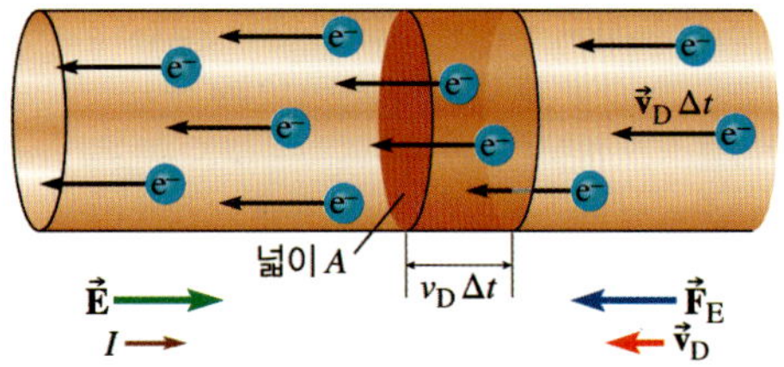

- 전기저항은 도체를 지나가는 전류와 도체에 걸린 전기 퍼텐셜 차의 비이다. 전기저항은 옴(1 Ω = 1 V/A) 단위로 측정한다.

$$R = \frac{\Delta V}{I} \qquad (18\text{–}8)$$

옴성 도체인 경우, R은 ΔV(전기 퍼텐셜 차)와 I(전류)에 무관하며, ΔV는 I에 비례한다.

- 도선의 전기저항은 길이에 비례하며, 단면의 넓이에 반비례한다.

$$R = \rho \frac{L}{A} \qquad (18\text{–}13)$$

- 비저항 ρ는 특정한 온도에서 특정한 재료의 고유한 특성이며 Ω·m 단위로 측정한다. 여러 가지 물질에 대해, 비저항은 온도에 따라 선형적으로 변한다.

$$\rho = \rho_0(1 + \alpha \Delta T) \qquad (18\text{–}14)$$

- 전하를 퍼 올리는 장치를 기전력원이라고 한다. 이상적인 기전력은 그들 단자 사이에 일정한 전기 퍼텐셜 차 $\mathscr{E}$를 유지한다. 실제 기전력의 단자전압 V는 기전력원의 내부 저항 r로 인해 기전력과 다를 수 있다.

$$\Delta V = \mathscr{E} - Ir \qquad (18\text{–}15)$$

- 키르히호프의 접합점 규칙 : 어떤 접합점에서나 $\sum I_{\text{유 입}} - \sum I_{\text{유 출}} = 0$[식(18–16)]이다.

  키르히호프의 고리 규칙 : 한 점에서 시작해서 같은 점에서 끝나는 회로 내의 어떤 경로에 대해서나 $\sum \Delta V = 0$[식(18–17)]이다. 전기 퍼텐셜이 증가하면 양$^+$이고, 감소하면 음$^-$이다.

- 다음 기호들은 전기회로도에 이용된다.

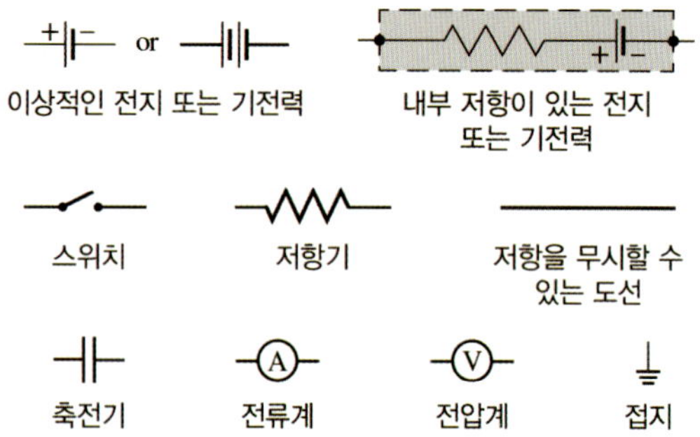

- 직렬로 연결된 전기회로 소자에 흐르는 전류는 모두 같다. 병렬로 연결된 전기회로 소자에 걸리는 전기 퍼텐셜 차(전압)는 모두 같다.

- 어떠한 회로 소자에 대해서든, 전기에너지와 다른 형태의 에너지 간의 변화율인 전력은

$$P = I\Delta V \qquad (18-34)$$

이다. 전력의 SI 단위는 와트(W)이다. 전기에너지는 저항기에서 소모된다(내부에너지로 전환).

- 물리량($\tau = RC$)은 RC 회로의 시간상수라고 한다. 전하량과 전류를 시간의 함수로 나타내면 다음과 같다.

$$Q(t) = Q_f(1 - e^{-t/\tau}) \quad (\text{충전}) \qquad (18-41)$$

$$Q(t) = Q_0 e^{-t/\tau} \quad (\text{방전}) \qquad (18-48)$$

$$I(t) = I_0 e^{-t/\tau} \quad (\text{모두}) \qquad (18-46)$$

충전

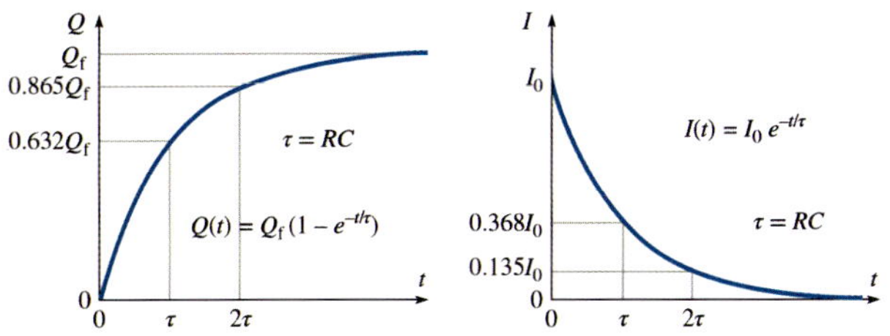

방전

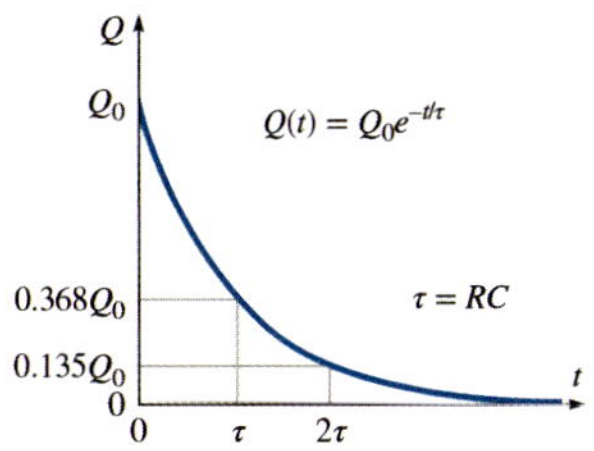

연습문제

개념형 질문

1 [1]. 도체 내부의 전기장은 항상 0인가? 그렇지 않다면 언제 0이 아닌가? 설명하여라.

2 [3]. 분리된 두 개의 전구와 스위치를 한 개의 전지에 연결하여 다음과 같이 작동하도록 자동차 전조등의 전기 회로도를 그려라. (1) 스위치 한 개로 두 전구 모두를 켜고 끈다. (2) 한 전구가 꺼져도 다른 전구에는 계속 불이 들어온다.

3 [5]. 전기회로에 100 Ω 저항이 필요한데, 300 Ω의 저항기 한 상자만을 가지고 있다. 어떻게 하면 되겠는가?

4 [7]. 이상적인 전류계의 저항과 이상적인 전압계의 저항을 비교하여라. 전압계와 전류계 중 어느 것의 저항이 더 큰가? 그 이유를 말하여라.

5 [9]. 전기난로와 의류건조기에는 240 V를 공급하는데, 조명등, 라디오 시계에는 왜 120 V를 공급하는가?

6 [11]. 젖었던 손이 말랐을 때 활선(전류가 흐르는 전선)에 닿는 것이 위험한가, 아니면 젖어있을 때 닿는 것이 더 위험한가? 또는 어느 경우나 마찬가지인가? 설명하여라.

7 [13]. 전선에 앉은 새는 피해가 없지만, 여러분이 가지치기를 하다가 금속제 가지치기용 톱이 전선에 닿으면 감전될 위험이 있다. 그 이유를 설명하여라.

8 [15]. 그림과 같이 구리선으로 전지와 시계를 연결하였다. 시계에 흐르는 전류는 어느 방향인가(B에서 C, 아니면 C에서 B)? 전지를 통과하는 전류는 어느 방향으로 흐르는가(D에서 A, 아니면 A에서 D)? 전지의 어느 극이 전기 퍼텐셜이 더 높은가(A인가 D인가)? 시계에서 전기 퍼텐셜이 더 높은 쪽은 어디인가(B인가 C인가)? 전류는 전기 퍼텐셜이 높은 곳에서 낮은 곳으로만 흐르는가? 이유를 설명하여라.

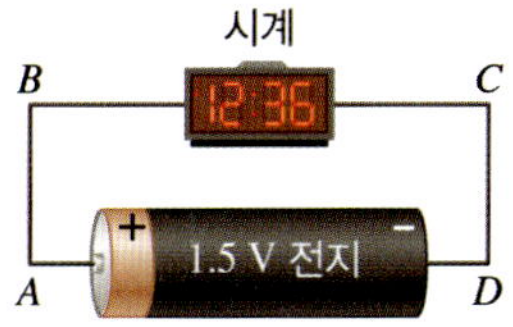

9 [17]. 단면의 넓이가 A인 도선을 단면의 넓이가 $A/2$인 도선 2개가 병렬연결된 것으로 생각하자. 도선의 저항이 도선의 단면의 넓이에 반비례하는 이유를 논리적으로 증명하여라.

10 [19]. 전지를 병렬로 연결했을 때 기전력은 같아야 한다. 그러나 직렬로 연결한 전지는 기전력이 같을 필요가 없다. 설명하여라.

11 [21]. 그림과 같이 똑같은 백열전구 네 개와 전지 두 개로 서로 다른 회로 두 개를 만들었다. 전구 A와 B는 전지에 직렬로 연결했다. 전구 C와 D는 전지에 병렬로 연결했다. (a) 전구가 밝은 것부터 순서대로 나열하여라. (b) 전구 A를 도선으로 바꾸면 전구 B의 밝기는 어떻게 되는가? (c) 전구 D를 회로에서 제거하면 전구 C의 밝기는 어떻게 되겠는가?

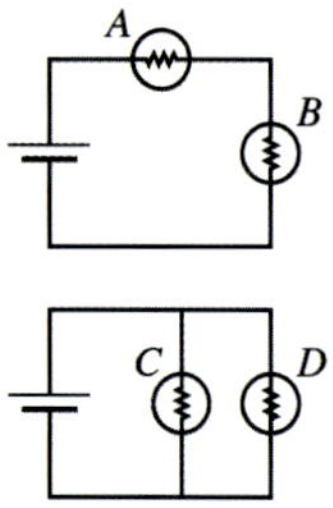

12 [23]. 그림과 같이 전류가 흐르는 도선에서 절연이 안 되고 고장이 나거나 점 b와 점 c가 합선될 경우, 전기적으로 일어날 수 있는 여러 가지 가능성이 나열되어 있다. 각 가능성에 대해 토론하여라. (1) 전자레인지를 만지는 사람이 충격을 받는다. (2) 전기 코드 선에서 연기가 나기 시작한다. (3) 퓨즈가 끊어진다. (4) 주방의 벽 속에서 전기 화재가 발생한다.

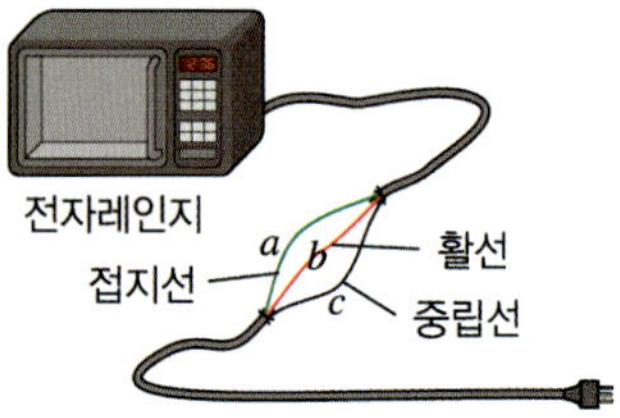

선다형 질문

1 [1]. 용액에서 나트륨 이온(Na^+)은 오른쪽으로 이동하고 있고, 염소이온(Cl^-)은 왼쪽으로 이동하고 있다. (1) 나트륨 이온과 (2) 염소 이온의 이동으로 인한 전류의 방향은 어디인가?

(a) 둘 다 오른쪽

(b) Na^+으로 인한 전류는 왼쪽, Cl^-로 인한 전류는 오른쪽

(c) Na^+으로 인한 전류는 오른쪽, Cl^-로 인한 전류는 왼쪽

(d) 둘 다 왼쪽

2 [3]. 에너지 단위는 어느 것인가?

(a) $A^2 \cdot \Omega$ (b) $V \cdot A$ (c) $\Omega \cdot m$

(d) $\frac{N \cdot M}{V}$ (e) $\frac{A}{C}$ (f) $V \cdot C$

3 [5]. 다음 각각의 그래프는 전압강하(V)와 어느 회로소자에 흐르는 전류(I)의 관계를 나타낸 것이다. 다음 중 전류가 증가함에 따라 저항이 증가하는 전기회로를 그린 것은 어느 것인가?

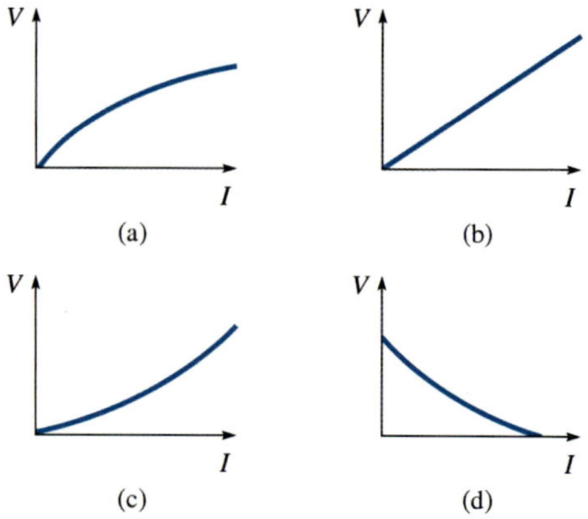

4 [7]. 구리와 고무의 전기적 특성이 다른 이유는?

(a) 양전하가 구리에서는 자유롭게 이동하고, 고무에서는 고정되어 있기 때문이다.

(b) 구리에서는 많은 전자들이 자유롭게 이동하지만, 고무에 있는 대부분의 전자들은 분자와 결합되어 있기 때문이다.

(c) 양전하가 고무에서는 자유롭게 이동하지만, 구리에서는 고정되어 있기 때문이다.

(d) 고무에서는 많은 전자들이 자유롭게 이동하지만, 구리에 있는 대부분의 전자들은 분자와 결합되어 있기 때문이다.

5 [9]. 전지의 기전력과 같은 것은 어느 것인가?

(a) 전지에 저장된 화학에너지

(b) 전류가 흐르지 않을 때의 전지의 단자전압

(c) 전지가 공급할 수 있는 최대 전류

(d) 전지가 퍼 올릴 수 있는 총전하량

(e) 전지에 저장된 화학에너지를 전지의 알짜 전하량으로 나눈 값

문제

18.1 전류

1 **[1].** 충전기가 4.0 h 동안에 3.0 A의 전류를 12 V 전지로 전달한다. 그 시간에 전지를 통과하는 총전하량은 얼마인가?

2 **[3].** (a) 그림과 같은 진공관에서 전류의 방향은 어느 쪽인가? (b) 전자가 매초 6.0×10^{12}개 비율로 양극에 부딪힌다. 진공관에 흐르는 전류는 얼마인가?

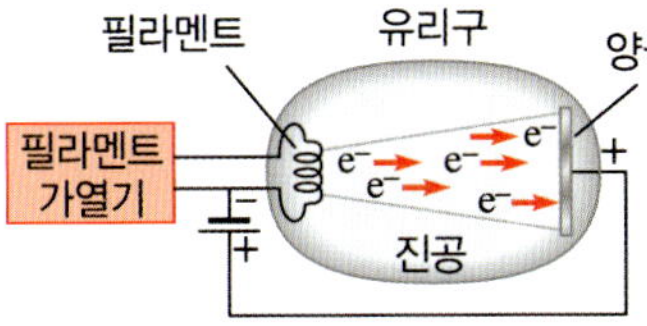

3 **[5].** 컴퓨터 모니터의 전자 빔의 전류는 320 μA 이다. 매초 몇 개의 전자가 화면에 충돌하는가?

4 **[7].** 두 전극을 염화칼슘 용액에 넣고, 전극 사이에 전기 퍼텐셜 차를 유지하였다. 초당 3.8×10^{16}개의 Ca^{2+} 이온과 6.2×10^{16}개 Cl^- 이온이 전극 사이의 가상 영역을 통과하여 서로 반대 방향으로 이동한다면, 용액에 흐르는 전류는 얼마인가?

18.2 기전력과 전기회로

5 **[9].** 작은 전지가 1.20 V의 전기 퍼텐셜 차를 통과해서 675 C의 전하를 옮길 수 있다면, 이 전지에 저장된 에너지는 얼마인가?

6 **[11].** 자동차의 시동 모터는 12.0 V 전지에서 1.20 s 동안에 220.0 A의 전류가 흐른다. (a) 전지가 퍼 올린 전하량은 얼마인가? (b) 전지가 공급한 전기에너지는 얼마인가?

18.3 금속 내 전류에 대한 미시적 관점

7 **[13].** 6개의 구리도선이 선의 굵기와 길이, 흐르는 전류에 따라 구별된다. 도선의 유동속도가 큰 것부터 작아지는 순서로 나열하여라.

(a) 지름 2 mm, 길이 2 m, 전류 80 mA
(b) 지름 1 mm, 길이 1 m, 전류 80 mA
(c) 지름 4 mm, 길이 16 m, 전류 40 mA
(d) 지름 2 mm, 길이 2 m, 전류 160 mA
(e) 지름 1 mm, 길이 4 m, 전류 20 mA
(f) 지름 2 mm, 길이 1 m, 전류 40 mA

8 **[15].** 반지름이 1.00 mm인 구리 도선에 2.50 A의 전류가 흐르고 있다. 전도전자의 밀도가 $8.47\times10^{28}\ m^{-3}$이면, 전도전자의 유동속력은 얼마인가?

9 **[17].** 지름 1.0 mm인 은 도선에 150 mA 전류가 흐르고 있다. 은의 전도전자의 밀도는 $5.8\times10^{28}\ m^{-3}$이다. 은 도선을 따라 전도전자가 1.0 cm 이동하는 데 걸리는 평균 시간은 얼마인가?

10 **[19].** 지름 0.50 mm의 금 도선 1 m^3당 5.90×10^{28}개의 전도전자가 있다. 유동속력이 6.5 μm/s 라면, 도선의 전류는 얼마인가?

11 **[21].** 지름이 2.6 mm인 알루미늄 도선에 12 A의 전류가 흐르고 있다. 전자가 도선을 따라 12 m를 이동하는 데 걸리는 평균 시간은 얼마인가? 알루미늄 원자당 3.5개의 전도전자가 있다고 가정하라. 알루미늄의 질량밀도는 2.7 g/cm^3이고, 몰질량은 27 g/mol이다.

18.4 전기저항과 비저항

12 **[23].** 12 Ω 저항기 양단에 16 V 전기 퍼텐셜 차가 있다. 저항에 흐르는 전류는 얼마인가?

13 **[25].** 같은 길이의 구리 도선과 알루미늄 도선의 저항이 같다. 알루미늄선의 지름에 대한 구리선의 지름의 비는 얼마인가?

14 **[27].** 사람은 심장 가까이에 50 mA 정도의 전류만 흘러

도 죽을 수 있다. 한 전기기술자가 땀에 젖은 손으로 작업을 하고 있다. 한쪽 손에서 다른 쪽 손까지의 저항이 1 kΩ이라고 가정하고, 양 손으로 도선을 하나씩 잡았다. (a) 한쪽 손에서 다른 쪽 손으로 50 mA 전류가 흐르면, 두 도선 사이의 전기 퍼텐셜 차는 얼마인가? (b) 전기가 흐르는 회로에서 작업하는 전기기술자는 한 손을 등 뒤에 두었다. 왜 그리 하였는가?

15 [29]. 순수한 물에는 이온이 매우 적다(약 1.2×10^{14} 이온/cm^3). 그 때문에 37 °C에서 비저항이 약 1×10^5 Ω·m로 크게 나타난다. 혈장은 용해된 이온으로 인해 37 °C에서 비저항이 약 0.6 Ω·m로 매우 낮다. 비저항이 이온의 농도에 따라서만 변한다고 가정하면, 혈장 1 cm^3에는 이온이 얼마나 용해되어 있는가?

16 [31]. 20 °C에서 길이가 46 m인 니크롬 도선의 저항이 10.0 Ω이라면, 도선의 지름은 얼마인가?

17 [33]. 보통 사용하는 손전등의 전구 규격은 0.300 A, 2.90 V이다(작동할 때 전류 및 전압). 실온 20.0 °C에서 전구의 텅스텐 필라멘트의 저항이 1.10 Ω이라면 전구가 켜져 있을 때 텅스텐 필라멘트의 온도를 추정해 보아라.

18 [35]. 전류가 흐르지 않을 때의 전지의 단자전압이 12.0 V이다. 전지의 내부 저항은 2.0 Ω이다. 1.0 Ω 저항기를 전지의 두 단자에 연결하면, 단자전압은 얼마이며 1.0 Ω 저항기에 흐르는 전류는 얼마인가?

19 [37]. 구리 도선의 저항에 대한 (a) 은 도선, (b) 알루미늄 도선 저항의 비($R_{\mathrm{Ag}}/R_{\mathrm{Cu}}$와 $R_{\mathrm{Al}}/R_{\mathrm{Cu}}$)는 얼마인가? 이들 도선의 길이와 질량은 같고 도선 단면의 지름은 다르다. (c) 길이와 질량이 같을 때 전선으로 가장 적합한 도선은 어느 것인가? (은과 구리, 알루미늄의 밀도는 각각 $10.1\times10^3\ \mathrm{kg/m^3}$, $8.9\times10^3\ \mathrm{kg/m^3}$, $2.7\times10^3\ \mathrm{kg/m^3}$이다.)

20 [39]. 구리 도선이 실온에서 이상적인 전지에 연결되어 있다. 이 도선을 액체 질소(온도 77 K)에 잠기게 하면 전류가 78배 증가한다. 도선의 크기 변화를 무시하고, 단위 부피당 전도전자의 수 n도 변하지 않는다고 가정하여라. 이때 이 도선의 저항과 비저항, 도선 내의 전기장, 유동속력, 전력 소모량의 변화를 구하여라.

18.6 직렬과 병렬회로

21 [41]. 그림과 같이 네 개의 전지가 직렬로 연결되어 있다고 하자. (a) 네 전지의 등가 기전력은 얼마인가? 모든 전지를 이상적인 기전력원으로 취급하여라. (b) 회로에 흐르는 전류가 0.40 A이면, 저항 R은 얼마인가?

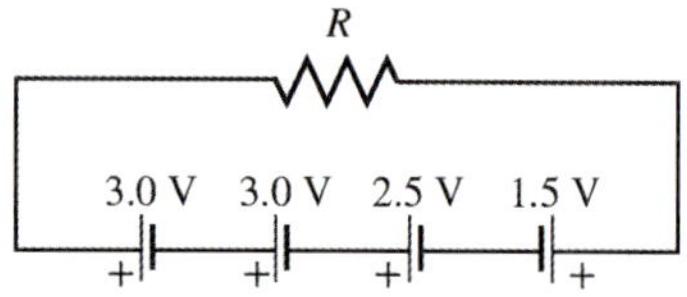

22 [43]. (a) 점 A와 점 B 사이에 있는 5개의 축전기를 대신할 수 있는 등가 전기용량을 구하여라. (b) A와 B를 16.0 V의 기전력원의 단자에 연결하면, 병렬 연결한 5개의 축전기를 대신할 수 있는 등가 축전기의 전하량은 얼마인가? (c) 3.0 μF 축전기에 충전된 전하량은 얼마인가?

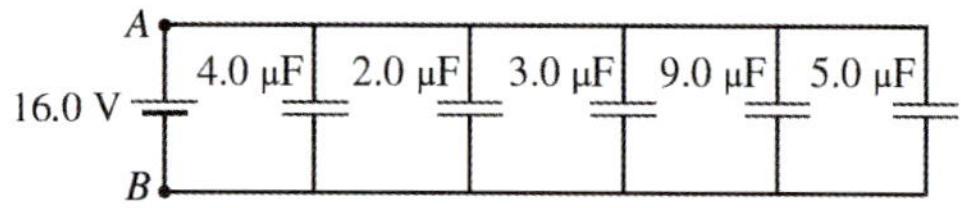

23 [45]. (a) $R=1.0\ \Omega$이라면, 점 A와 점 B 사이의 등가저항은 얼마인가? (b) 20 V의 기전력을 단자 A와 B에 연결하면, 2 Ω 저항기에 흐르는 전류는 얼마인가?

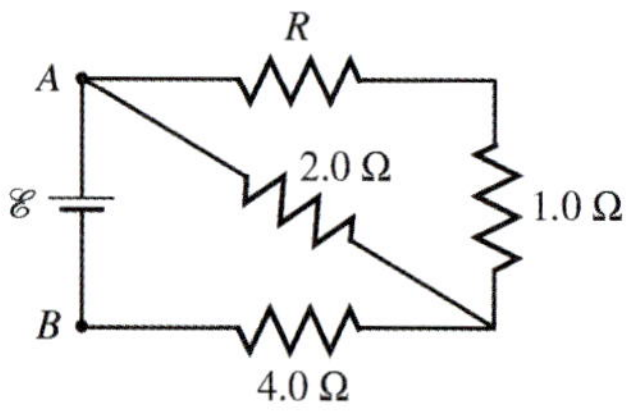

24 [47]. (a) $C=1.0\ \mu$F이라면, 점 A와 점 B 사이의 등가 전기용량은 얼마인가? (b) 4.0 μF 축전기가 완전히 충전되어 있을 때, 축전기의 전하량은 얼마인가?

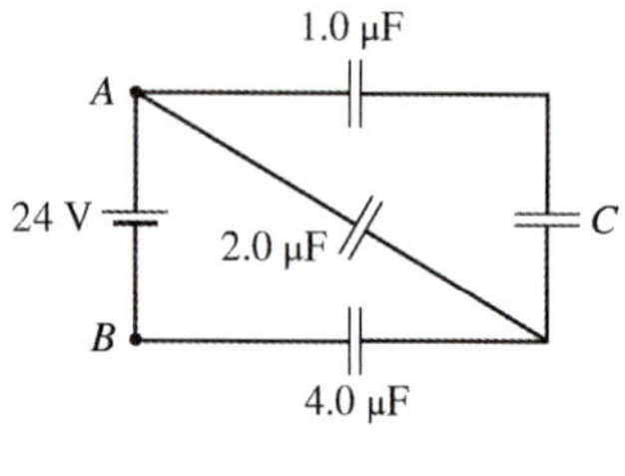

25 [49]. (a) 그림과 같은 회로에서 3개의 축전기를 대신할 수 있는 등가 전기용량을 구하여라.

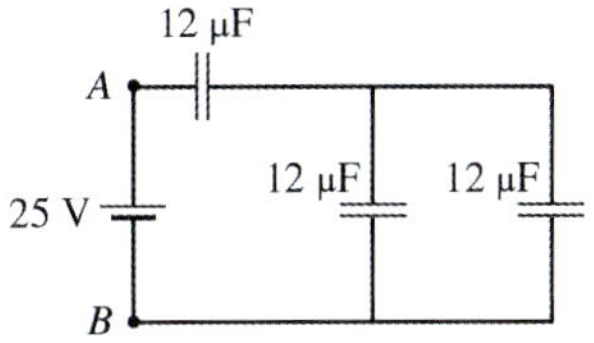

(b) 그림의 회로 왼쪽에 있는 12 μF 의 축전기의 전기 퍼텐셜 차는 얼마인가? (c) 그림의 회로 오른쪽에 있는 12 μF 축전기에 있는 전하량은 얼마인가?

26 [51]. (a) 그림과 같이 24 V 기전력이 단자 A와 단자 B에 연결되어 있다. 다음 각 저항에 흐르는 전류를 구하여라.

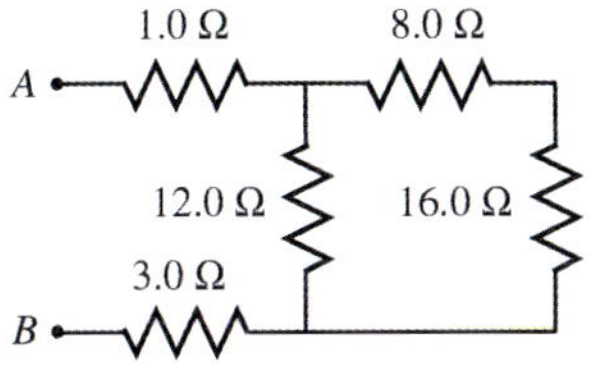

27 [53]. (a) 점 A와 점 B 사이의 등가저항은 얼마인가? 각 저항기의 저항은 모두 R이다. **힌트** 회로를 다시 그려 보아라. (b) 점 B와 점 C 사이의 등가저항은 얼마인가? (c) 32 V 기전력이 단자 A와 단자 B에 연결되어 있고 각 저항이 $R = 2.0\ \Omega$이면, 1개의 저항기에 흐르는 전류는 얼마인가?

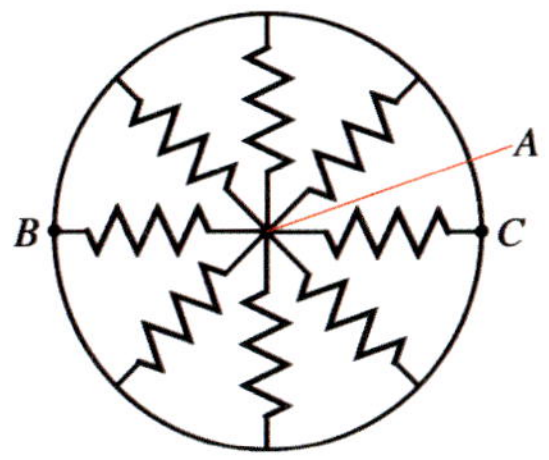

28 [55]. (a) 회로도에서 단자 A와 단자 B 사이의 모든 저항을 대신할 수 있는 등가저항을 구하라. (b) 기전력을 통과하는 전류는 얼마인가? (c) 하단의 4.00 Ω 저항기에 흐르는 전류는 얼마인가?

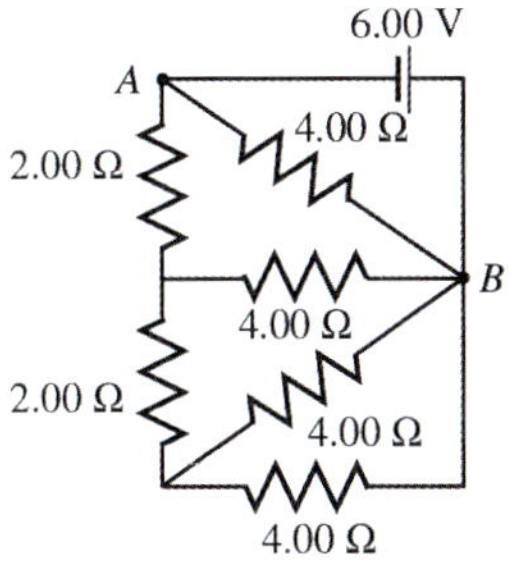

18.7 키르히호프의 규칙을 이용한 회로 분석

29 [57]. 다음 회로에서 미지의 저항 R_1과 R_2를 구하여라.

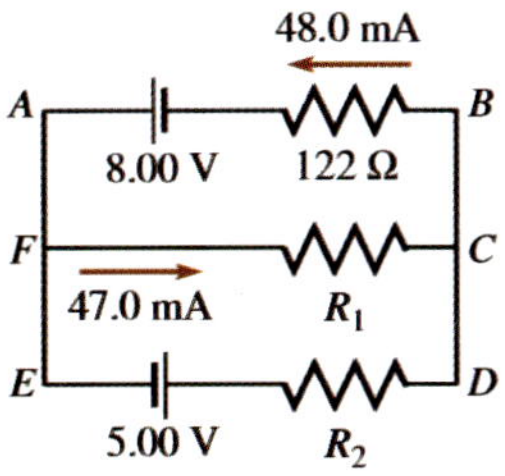

30 [59]. 회로에서 미지의 기전력 $\mathscr{E}$과 저항을 구하여라.

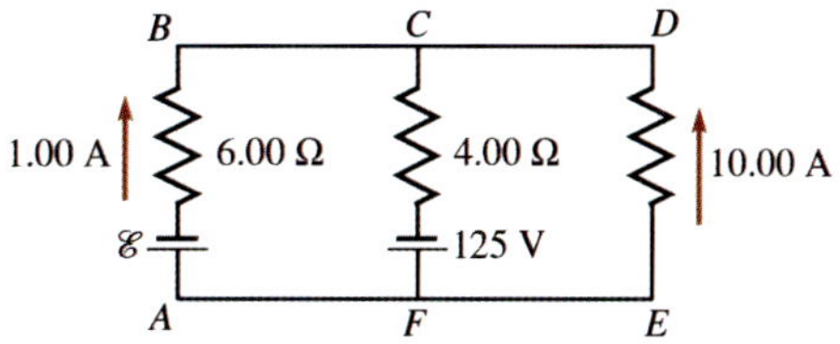

31 [61]. 다음은 자동차의 회로를 단순화한 그림이다. 등가저항 R은 점화 플러그, 조명등, 라디오, 팬, 시동기, 후방 유리창 제설기 등을 병렬로 연결한 것을 나타낸다. 등가저항이 $R = 0.850\ \Omega$인 경우 각 갈래에 흐르는 전류를 구하여라. 전지의 단자 전압은 얼마인가? 전지는 충전되고 있는가 아니면 방전되고 있는가?

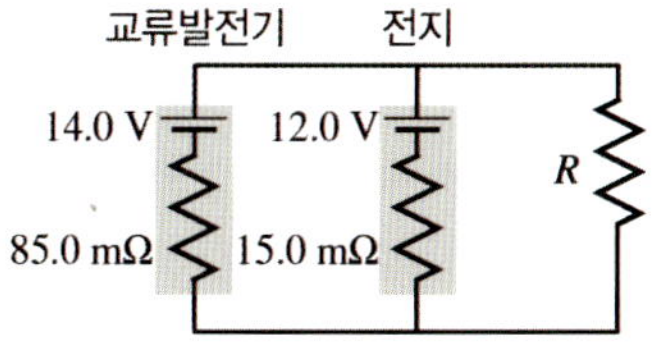

18.8 전기회로에서 전력과 에너지

32 [63]. $R = 500\ \Omega$일 때 저항기에서 소비된 전력은 얼마인가?

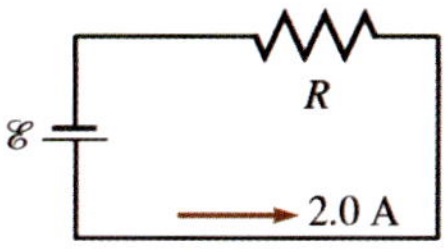

33 [65]. 120 V, 40.0 W 백열전구의 저항은 얼마인가?

34 [67]. 자동 고양이 먹이 공급기에는 정격전력이 쓰여 있지 않지만 250.0 mA의 최대 전류가 흘러야 한다고는 표기되어 있다. 먹이 공급기는 1.50 V 전지 3개를 직렬로 연결하여 사용한다. 최대 소비 전력은 얼마인가?

35 [69]. $A^2 \times \Omega = W$(암페어 제곱 곱하기 옴은 와트)임을 보여라.

36 [71]. (a) $R_1 = 10.0\ \Omega$이고 $R_2 = 15.0\ \Omega$이면 회로의 등가저항은 얼마인가? (b) 저항기 R_1에 흐르는 전류는 얼마인가? (c) 저항기 R_2에 걸리는 전압강하는 얼마인가? (d) R_2에 흐르는 전류는 얼마인가?

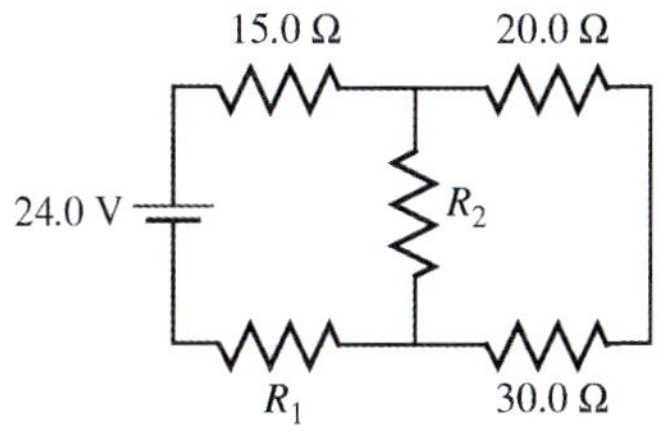

(e) R_2에서 소비되는 전력은 얼마인가?

37 [73]. 그림과 같은 회로에서, $R_1 = 15.0\ \Omega$, $R_2 = R_4 = 40.0\ \Omega$, $R_3 = 20.0\ \Omega$, $R_5 = 10.0\ \Omega$이다. (a) 이 회로의 등가저항은 얼마인가? (b) 저항기 R_1에 흐르는 전류는 얼마인가? (c) 이 회로에서 소비하는 총전력은 얼마인가? (d) 저항기 R_3에 걸리는 전기 퍼텐셜 차는 얼마인가? (e) 저항기 R_3에 흐르는 전류는 얼마인가? (f) 저항기 R_3에서 소비되는 전력은 얼마인가?

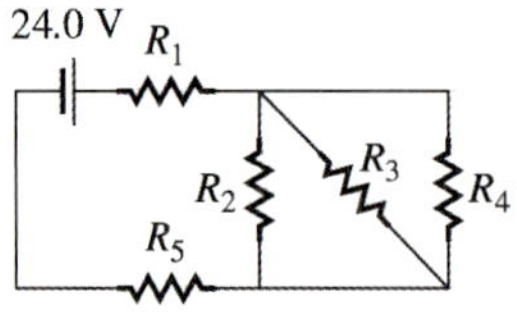

38 [75]. 전력 회사들이 높은 수요를 따라 잡을 수 없을 때 '제한 송전'을 실시한다. 제한 송전을 하는 동안 가정용 회로의 전압은 보통 120 V 이하로 떨어진다. (a) 전압이 108 V로 떨어지면 '100 W' 전구에서 소비되는 전력은 얼마인가? 이 전구는 120 V에 연결했을 때 100.0 W를 소비한다. 지금은 전구 필라멘트 저항의 변화는 무시하여라. (b) 보다 현실적으로는, 제한 송전 중에는 전구 필라멘트가 평상시처럼 뜨겁지 않을 것이다. 이 경우에 전력 소모가 (a)에서 계산한 것보다 더 많은지 아니면 더 적은지 설명하여라.

18.9 전류와 전압의 측정

39 [77]. 그림과 같은 회로도에서 (a) 15 Ω의 저항기를 통과하는 전류와 (b) 24 Ω 저항기를 통과하는 전류를 측정하기 위해 전류계를 연결하는 방법을 알 수 있도록 회로도를 다시 그려보아라.

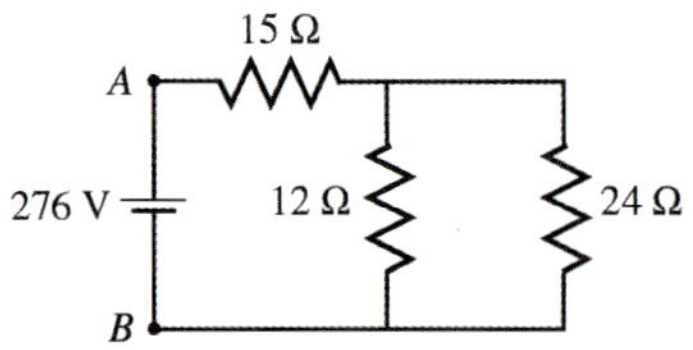

40 [79]. (a) 1.40 kΩ 저항기를 통과하는 전류를 측정하기 위해 전류계를 연결하는 방법을 알 수 있도록 회로도를 다시 그려라. (b) 이상적인 전류계라면, 전류는 얼마를 나타내는가? (c) 전류계의 저항이 120 Ω이라면 전류계의 눈금은 얼마를 가리키는가?

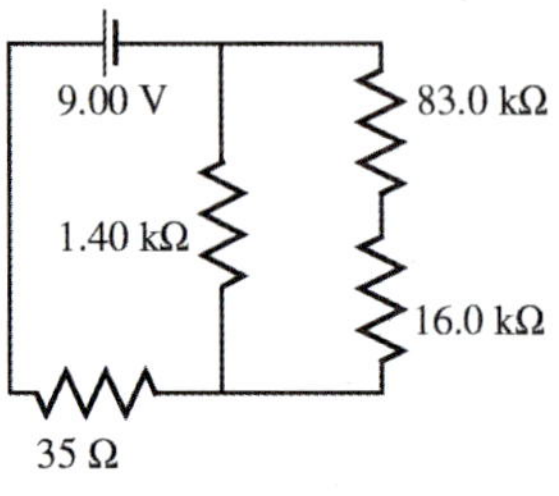

41 [81]. 최대 눈금으로 편향되었을 때 전류 I가 10.0 A인 전류계의 내부 저항이 24 Ω이다. 이 전류계를 사용해 최대 전류 12.0 A를 측정하고자 한다. 실험 조교는 전류계를 보호하기 위해 저항기를 사용하라고 조언을 했다. (a) 얼마의 저항을 사용해야 하는가? 그리고 저항기는 전류계와 어떻게 연결(직렬 혹은 병렬)해야 하는가? (b) 전류계의 눈금을 어떻게 읽어야 하는가?

18.10 *RC* 회로

42 [83]. 회로에서 $R = 30.0\ \text{k}\Omega$, $C = 0.10\ \mu\text{F}$이다. 축전기를 완전히 충전시킨 다음, a에 연결되어 있던 스위치를 b로 바꾸어 연결했다. 8.4 ms 후, 저항에 걸리는 전압은 얼마인가?

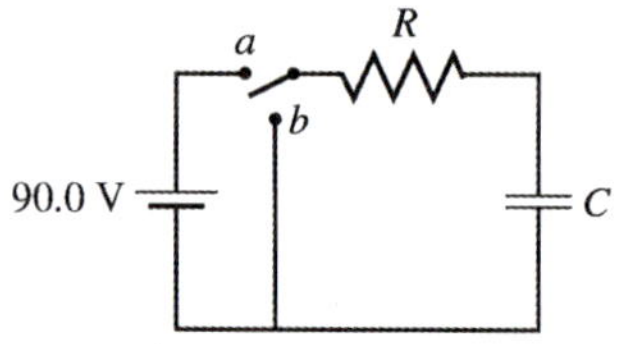

43 [85]. RC 회로의 충전은 자동차의 와이퍼를 간헐적으로 제어한다. 기전력은 12.0 V이다. 125 μF 축전기 양단의 전압이 10.0 V에 도달하면 와이퍼가 작동한다. 그러면 축전기는 신속하게 방전되고(훨씬 더 작은 저항기를 통해), 이 과정이 반복된다. 와이퍼가 1.80 s에 한 번씩 작동하려면 충전 회로에 어떤 저항을 사용해야 하는가?

44 [87]. 축전기는 순간적으로 폭발적인 전류를 공급할 필요가 있는 장치에 다양하게 응용되고 있다. 전자 플래시 램프의 100.0 μF 축전기는 램프에서 빛과 열로 20.0 J의 에너지를 소모하도록 폭발적인 전류를 공급한다. (a) 충전된 축전기의 처음 전기 퍼텐셜 차는 얼마인가? (b) 이 축전기의 처음 전하량은 얼마인가? (c) 2.0 ms에 전류가 원래 값의 2.0 %에서 5.0 %에 도달했다면 램프의 저항은 대략 얼마인가?

45 [89]. $R_1 = 25\ \Omega$, $R_2 = 33\ \Omega$, $C_1 = 12\ \mu\text{F}$, $C_2 = 23\ \mu\text{F}$, $C_3 = 46\ \mu\text{F}$, $V = 6.0\ \text{V}$로 구성한 그림과 같은 회로에서 스위치 S가 닫힌 후 얼마 후에 세 개의 축전기의 전압이 최종 값의 50 %가 되는가?

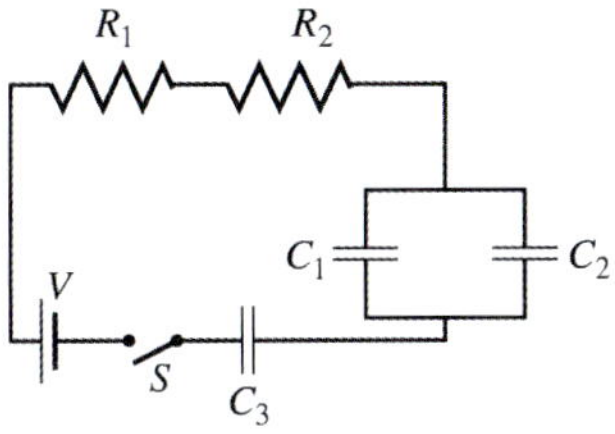

46 [91]. 그림과 같은 회로의 축전기가 처음에는 충전되지 않았다. $t = 0$일 때, 스위치 S는 닫혀있다. 다음 주어진 시간에 점 1, 2의 전류 I_1, I_2와 전압 V_1, V_2를 구하여라. V_3은 0이라고 가정하자. (a) $t = 0$(곧, 스위치가 닫힌 직후), (b) $t = 1.0\ \text{ms}$, (c) $t = 5.0\ \text{ms}$

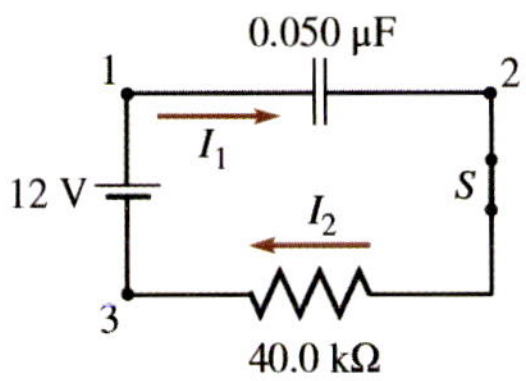

47 [93]. (a) RC 회로의 충전에서 축전기가 최종 전하량의 99.0 %만큼 충전되려면 시간상수를 몇 번이나 지나야 하는가? (b) 축전기가 최종 전하량의 99.90 %가 충전되려면 시간상수를 몇 번이나 지나야 하는가? (c) 전류가 처음 값의 1.0 % 충전되려면 시간상수를 몇 번이나 지나야 하는가?

48 [95]. 그림의 회로를 생각하자. 스위치 S가 오랫동안 닫힌 후 저항기 $12\ \Omega$에 흐르는 전류와 축전기 양단에 걸린 전압은 얼마인가?

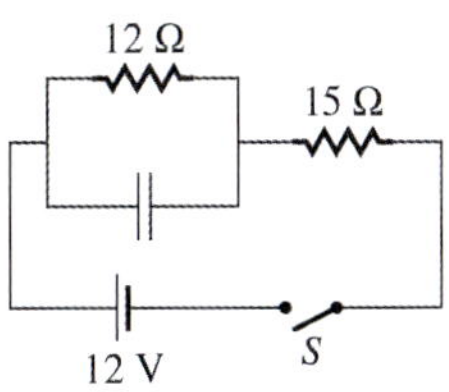

49 [97]. 카메라 플래시에 사용되는 평행판 축전기는 300 V에 연결되었을 때 32 J의 에너지를 저장할 수 있어야 한다. (대부분의 전자 플래시는 1.5 V ~ 6.0 V 전지를 사용하지만 dc−dc 인버터를 사용해 유효전압을 증가시킨다.) 만일 이 플래시가 실제로 식 (18−48)에 따라서 방전된다면, 방전하는 데 무한대의 시간이 걸린다. 축전기가 $4.3 \times 10^{-3}\ \text{s}$에서 방전된다고 가정하면, 이 시간 후에 축전기에 저장된 전하가 없다. 그러나 $4.3 \times 10^{-3}\ \text{s}$ 후 축전기에는 처음 전하의 1.0 %가 남아 있다고 가정하자. (a) 이 RC 회로의 시간상수는 얼마인가? (b) 이 경우 플래시 전구의 저항은 얼마인가? (c) 플래시 전구에서 소비되는 최대 전력은 얼마인가?

50 [99]. 충전된 축전기는 저항기를 통해 방전된다. 오실로스코프에서 전압 $\Delta V_R(t) = I(t)R$을 측정하면 저항기를 통해서 흐르는 전류 $I(t)$의 그래프는 그림과 같다. 저항기에서 소비된 총에너지는 $2.0 \times 10^{-4}\ \text{J}$이다. (a) 축전기의 전기용량 C와 저항 R, 처음에 충전된 전하량을 구하여라. (b) 축전기에 $5.0 \times 10^{-5}\ \text{J}$의 에너지가 저장되는 시간은 몇 ms인가?

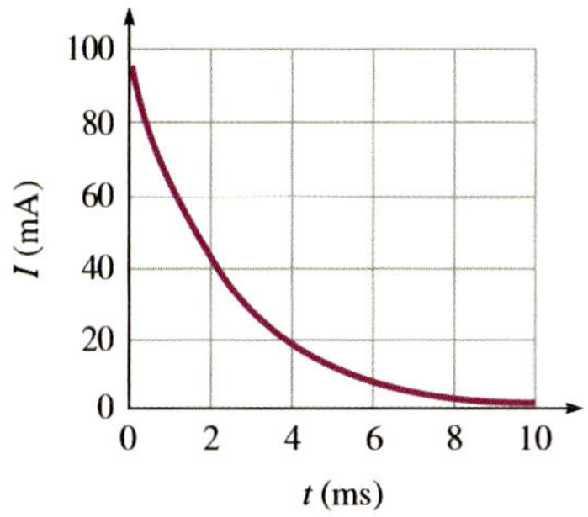

18.11 전기 안전

51 [101]. 물리 실험실에서 한 학생이 자기의 두 손 사이의 저항을 $2.0\ \text{k}\Omega$으로 측정하였다. 이 학생이 호기심에 기전력이 100.0 V인 전원의 양 단자를 두 손으로 잡았다. (a) 그의 몸을 통해 흐르는 전류는 얼마인가? (b) 도선 중 하나는 접지시키고, 다른 하나는 $15\ \Omega$ 저항기를 통과해 흐르는 경우(학생과 저항기가 병렬연결), 기전력으로 공급할 수 있는 최대 진류가 1.00 A이면 학생의 몸을 통해 흐르는 전류는 얼마인가?

협동문제

52 [103]. 민디의 욕실에는 전원을 켜면 뜨거워지는 니크롬선 코일이 들어 있는 벽걸이 히터가 있다. 코일을 펴면 길이가 3.0 m이다. 이 히터를 정상 전압 120 V에 연결하여 니크롬선이 빨갛게 되면 온도가 약 420 °C가 되며, 2200 W의 전력을 소모한다. 니크롬선은 20 °C에서 비저

항이 $108 \times 10^{-8}\ \Omega \cdot \mathrm{m}$이며, 온도계수는 $0.000\,40\ ^\circ\mathrm{C}^{-1}$이다. (a) 히터가 켜져 있을 때 저항은 얼마인가? (b) 니크롬선에 흐르는 전류는 얼마인가? (c) 니크롬선의 단면이 원형이라면 도선의 지름은 얼마인가? 온도 변화로 인해 도선의 지름과 길이가 조금 변하는 것은 무시하여라. (d) 히터를 처음 켰을 때는 아직 가열되지 않은 상태이므로 20 °C에서 작동한다. 처음에 스위치를 켰을 때 흐르는 전류는 얼마인가?

53 **[105].** 미엘린 껍질이 없는 축색돌기는 케이블에 절연 결함이 있어서 주변의 유체로 축색돌기의 전류가 새는 것으로 모형화할 수 있다. 축색돌기는 전도성 유체로 채워진 원통형 세포막으로 구성되어 있다고 가정하자. 유체 안에서 이온 전류가 축색돌기를 따라 이동할 수 있고, 원통형 세포막으로 새어 나올 수도 있다. 원통형 세포막은 내부 반지름이 5.0 μm이고, 막 두께는 8.0 nm이다. (a) 축색돌기 유체의 비저항이 $2.0\ \Omega \cdot \mathrm{m}$일 때, 길이가 1.0 cm인 축색돌기의 길이 방향으로 흐르는 전류에 대하여 축색돌기의 저항을 계산하여라. (b) 다공성 세포막의 비저항이 $2.5 \times 10^{7}\ \Omega \cdot \mathrm{m}$일 때, 세포막을 가로지르는 전류 흐름에 대한 1.0 cm 길이의 축색돌기 벽의 저항을 계산하여라. (c) 두 저항이 같은 축색돌기의 길이를 구하여라. 이 길이는 신호가 증폭되지 않고 이동할 수 있는 거리를 대략적으로 측정한 것이다.

54 **[107].** 50 A의 전류를 보내야 하는 고압 송전선의 재료로 구리와 알루미늄을 고려하고 있다. 각 전선의 저항은 킬로미터 당 $0.15\ \Omega$이다. (a) 만일 각각의 송전선으로 나이아가라 폭포에서 뉴욕까지(약 500 km) 송전한다면 길이 방향의 송전 손실은 얼마인가? 각 송전선에 대하여 (b) 송전선의 굵기와 (c) 미터당 송전선의 질량을 계산하여라. 구리와 알루미늄의 비저항은 표 18.1에 있다. 구리의 질량 밀도는 8920 $\mathrm{kg/m^3}$이고 알루미늄은 2702 $\mathrm{kg/m^3}$이다.

연구문제

55 **[109].** 손전등용 1.5 V 전지가 소진되기까지 4.0 h 동안 0.30 A의 전류를 유지할 수 있다. 이 과정에서 얼마나 많은 화학에너지가 전기에너지로 변환되는가? (전지의 내부 저항은 0이라고 가정하라.)

56 **[111].** 그림에서 전류계 A_1과 A_2는 저항을 무시할 수 있는 전류계이다. (a) A_1에 흐르는 전류와 (b) A_2에 흐르는 전류는 얼마인가?

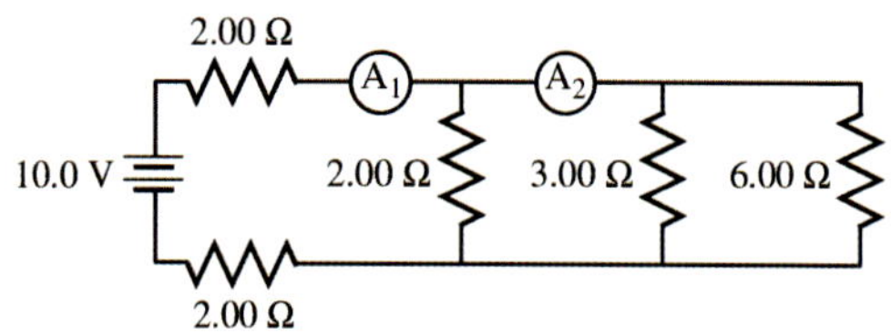

57 **[113].** 1.5 마력의 전동기가 120 V에서 작동한다. I^2R에 의한 손실을 무시하면 전동기에 흐르는 전류는 얼마인가?

58 **[115].** 그림과 같이 기전력 $\mathcal{E}$이 같은 2개의 이상적인 전지와 저항 R(일정하다고 가정)이 같은 전구 2개가 연결된 회로에서 소모되는 총전력을 $\mathcal{E}$와 R로 구하여라.

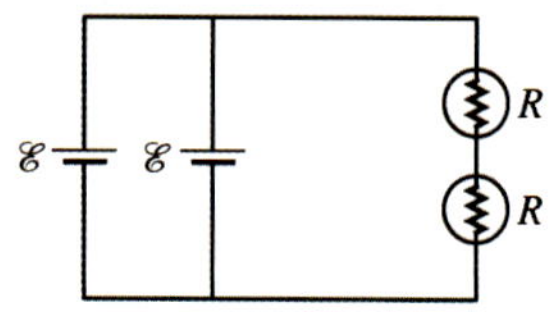

59 **[117].** 500 W 전열기가 120 V의 전기 퍼텐셜 차에서 작동하도록 설계되어 있다. (a) 지역 전력회사가 부하를 줄이기 위해 전압을 감소시켜 110 V로 떨어뜨리면 전열기의 열 출력은 몇 %로 감소하는가? (저항은 변하지 않는다고 가정하라.) (b) 온도에 따른 저항의 변화를 고려한다면, 열 출력에 의한 실제 전압강하는 (a)에서 계산된 것보다 큰가 아니면 작은가?

60 **[119].** 휘트스톤 브리지는 미지저항을 측정하는 데 사용하는 회로이다. 그림에서 브리지는 검류계에 전류가 흐르지 않도록 적당히 조절한다. (검류계는 자기력을 기반으로 하여 작동하는 전류에 민감한 검출기이다.) (a) 미지저

항 R_x는 얼마인가? **힌트** 점 A와 B의 전기 퍼텐셜 차는 얼마인가? (b) 검류계의 저항이나 기전력의 내부 저항이 측정에 영향을 주는가? 설명하여라.

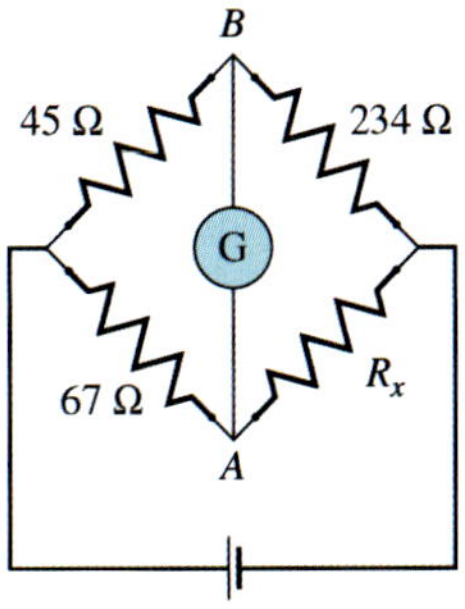

61 [121]. (a) 120 V 콘센트에 연결한 1500 W 헤어드라이어의 히터 소자 저항은 얼마인가? (b) 헤어드라이어에 전원을 연결하였을 때 흐르는 전류는 얼마인가? (c) 전기료가 kW·h당 0.10달러일 때, 헤어드라이어를 5.00 min 동안 사용하면 비용은 얼마인가? (d) 240 V 전압을 사용하는 유럽에 가서 헤어드라이어를 사용하는 경우, 헤어드라이어가 망가지기 전 짧은 시간에 사용한 전력은 얼마인가? (e) 이 시간 동안에 헤어드라이어에 흐르는 전류는 얼마인가?

62 [123]. 2.00 μF 축전기를 5.00 V 전지로 충전하고, 3.00 μF 축전기는 10.0 V 전지로 충전하였다. (a) 두 축전기에 저장된 총에너지는 얼마인가? (b) 전지를 치우고, 두 축전기를 병렬로 연결했다(축전기의 +극은 +극에, −극은 −극에 연결). 각 축전기의 전하와 두 축전기를 연결시킨 후 총에너지를 구하여라. (c) '잃어버린' 에너지에 무슨 일이 일어났는지 설명하여라. **힌트** 연결한 두 전선에는 약간의 저항이 있다.

63 [125]. 휴대용 라디오에는 4.5 V의 기전력이 필요하다. 올리비아는 2개의 비충전식 1.5 V 전지를 가지고 있고, 더 큰 6.0 V 전지를 찾았다. (a) 4.5 V의 기전력을 만들려면 전지를 어떻게 배열해야 하는가? 회로도를 그려라. (b) 이 조합을 라디오와 연결해서 사용해도 좋은가? 설명하여라.

64 [127]. 저항이 670 kΩ인 전압계가 다음 그림에서 83.0 kΩ 저항기에 걸리는 전압을 측정하는 데 사용된다. 전압계의 눈금은 어떻게 읽어야 하는가?

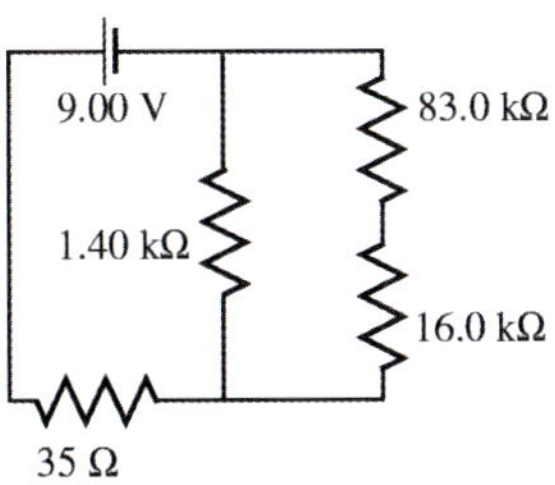

65 [129]. 아래 회로는 축전기의 충전을 연구하는 데 사용한다. (a) $t = 0$일 때 스위치가 닫혀 있다. 처음에 전류계에 얼마의 충전 전류가 측정되는가? (b) 전류가 0으로 감소한 후, 점 A, B, C의 전압은 얼마인가?

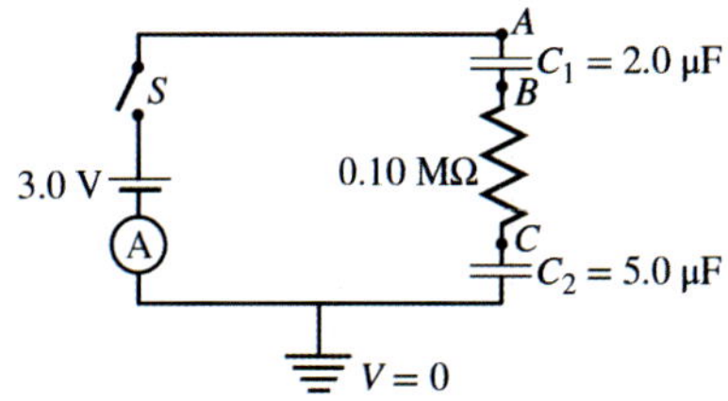

66 [131]. 퍼텐셜 차계는 미끄럼 접촉점이 있는 저항기로, 기전력을 정확하게 측정하는 데 사용한다. 스위치 S_1이 닫혀 있고 S_2가 열려 있을 때 2.00 V의 표준 전지 $\mathscr{E}_s$인 경우 $R_1 = 20.0\ \Omega$이면 검류계 G에 전류가 흐르지 않는다. (검류계는 자기력을 기반으로 하는 전류의 민감한 검출기이다.) 스위치 S_2가 닫히고 S_1이 열린 경우에 $R_2 = 80.0\ \Omega$이면 검류계 G에 전류가 흐르지 않는다. (a) 알려지지 않은 기전력 $\mathscr{E}_s$는 얼마인가? (b) 퍼텐셜 차계가 내부저항이 큰 전원의 경우에도 정확하게 기전력을 측정하는 이유를 설명하여라.

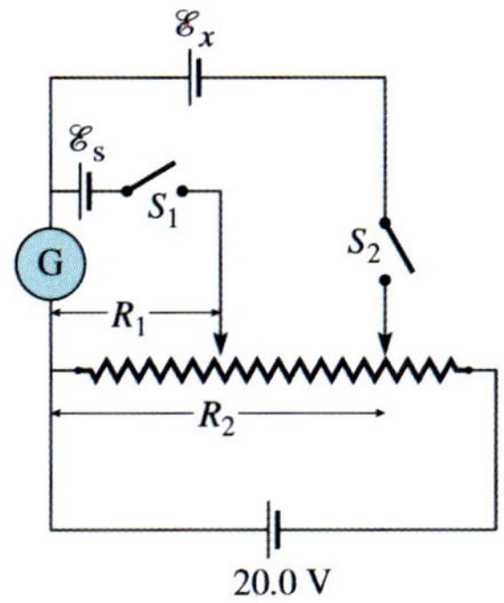

67 [133]. 지구 표면 근처에는 토양의 방사능과 우주에서 오는 우주선 때문에 음이온과 양이온이 모두 공기 중에 있다. 모형을 단순화하여 cm^{3}당 600.0 개의 단일 양전하($+e$)로 대전된 양이온과 cm^{3}당 500.0개의 단일 음전하($-e$)로 대전된 음이온이 있다고 가정하자. 다중 대전된 이온의 존재는 무시하여라. 100.0 V/m인 전기장은 아래쪽으로 향한다. (a) 양이온은 어느 방향으로 이동하는가? 그리고 음이온은 어느 방향으로 이동하는가? (b) 이온들로 인한 전류는 어느 방향인가? (c) 해당 지역에서 측정된 공기의 비저항은 $4.0 \times 10^{13}\ \Omega \cdot$m이다. 양

이온과 음이온이 같다고 가정하고 이온의 유동속력을 구하여라. **힌트** 길이가 L이고 단면적이 A인 공기 기둥(관)임을 고려하여라. 전기장의 세기와 관련하여 관 전체의 전기 퍼텐셜 차는 얼마인가? (d) 이러한 조건이 표면 전체에 동시에 존재한다면, 공기 중 이온의 이동 때문에 흐르는 총전류는 얼마인가?

종합문제

68 [135]. 커피메이커를 출력 전압(직류라고 가정)이 120 V인 콘센트에 연결된 발열체(저항 R)로 모형화할 수 있다. 가열 소자는 커피를 내릴 때 순간적으로 소량의 물을 끓인다. 수증기의 거품이 형성되면, 거품이 관을 통과한 물의 5.0 %만 끓인다. 나머지는 100 °C로 가열되지만 액체 상태를 유지한다. 커피메이커가 10 °C의 물로 8.0 min 내에 1.0 L의 커피를 끓일 수 있다면 이 발열체 저항 R은 얼마인가?

69 [137]. 구리선의 저항은 20 °C에서 24 Ω이다. 알루미늄 선의 길이는 구리선의 3.0 배, 반지름은 구리선의 2.0배이다. (a) 20 °C에서 알루미늄 선의 저항은 얼마인가? (b) 구리선에 대한 $V-I$ 그래프는 그림과 같다. 10 A 전류에서 계속 작동할 때 구리선의 저항은 얼마인가? (c) 10 A의 전류가 흐를 때 구리선의 온도는 얼마인가? 도선의 크기 변화는 무시하여라. (d) 도선의 열팽창을 고려할 경우 (c)에 대한 답이 크게 변하는가? 설명하여라.

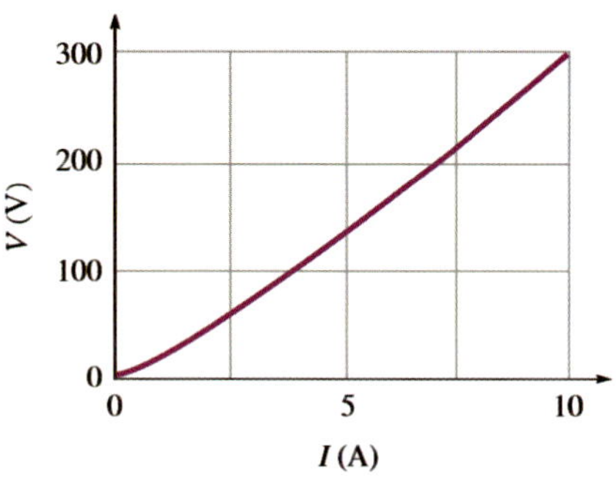

70 [139]. 대부분의 가정 난방 계에서는 난방기 파이프를 통해 뜨거운 물을 순환시켜 난방한다. 집안 다른 '구역'으로의 물의 흐름은 자동온도조절장치에 반응하여 열리는 구역 밸브에 의해 제어된다. 구역 밸브의 개폐는 일반적으로 그림에 표시된 것처럼 왁스 작동장치에 의해 이루어진다. 온도조절장치 밸브에 신호를 보내면, 작동기의 발열소자(저항 $R = 200\ \Omega$)에는 24 V의 직류 전압이 공급된다. 왁스가 녹으면 확장되어 원통형 막대(반지름 2.0 mm)를 거리 1.0 cm 밖으로 밀어서 구역 스위치를 연다. 작동장치는 실온 (20 °C)에서 밀도 0.90 g/cm^{3}의 고체 왁스 2.0 mL로 되어 있다. 왁스의 비열은 0.80 J/(g · °C)이고 융해잠열은 60 J/g이며 녹는점은 90 °C이다. 왁스가 녹으면 부피가 15 % 증가한다. 밸브가 완전히 열릴 때까지 시간은 얼마나 걸리는가?

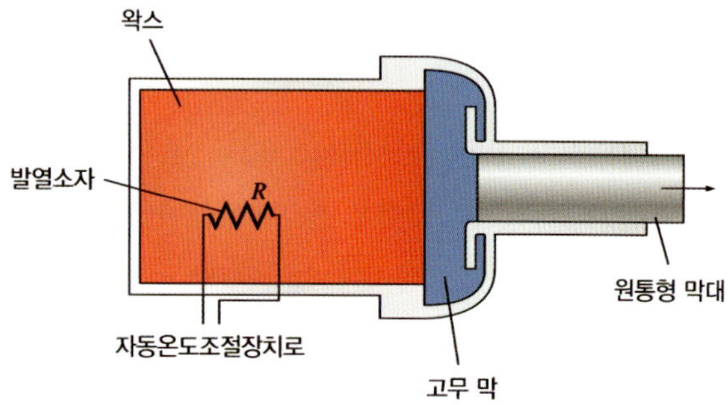

왁스 작동장치

CHAPTER 19 | 자기력과 자기장

개념정리

- 자기장선은 전기장선처럼 해석된다. 어떤 점에서나 자기장은 자기장선과 접선 방향이다. 자기장의 크기는 자기장선에 수직한 단위 넓이당 자기장선의 수에 비례한다.
- 자기장선은 자기홀극이 없기 때문에 항상 닫힌 고리이다.
- 자기장선은 N극에서 나오고 S극에서 다시 들어간다. 자석 내부에서는 S극에서 N극으로 간다. 자석은 2개 이상의 극을 가질 수 있지만 적어도 하나의 N극과 하나의 S극은 가지고 있어야 한다.

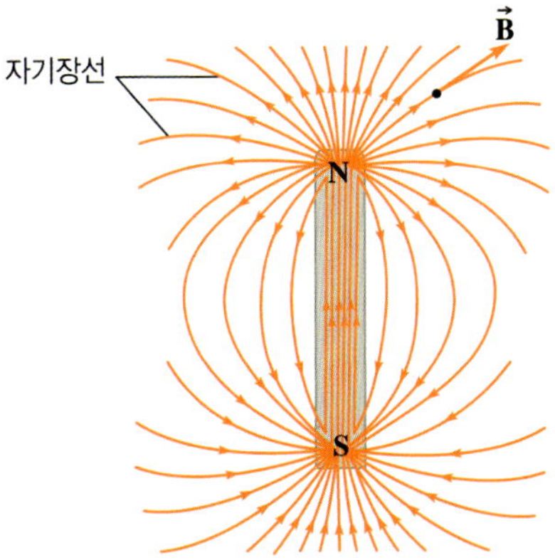

- 두 벡터의 벡터곱은 한 벡터의 크기와 다른 벡터의 수직 성분의 곱이다.

$$|\vec{a}\times\vec{b}| = |\vec{b}\times\vec{a}| = a_\perp b = a\times b_\perp = ab\sin\theta \quad (19-5)$$

- 두 벡터의 벡터곱의 방향은 오른손 규칙으로 선택한 두 벡터에 수직인 방향이다.

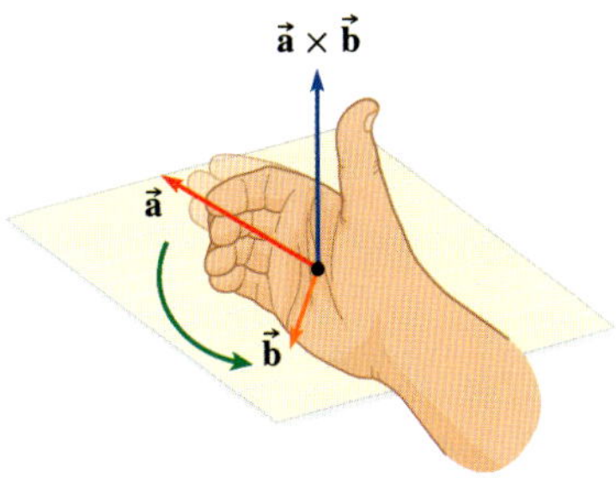

- 대전입자에 작용하는 힘(자기력)은

$$\vec{F}_B = q\vec{v}\times\vec{B} \quad (19-7)$$

이다. 전하가 정지 상태($v=0$)에 있거나 자기장의 전하의 속도 성분이 없다면($v_\perp=0$), 자기력은 0이다. 항상 자기력은 자기장과 입자의 속도에 수직 방향이다. 크기는

$$F_B = |q|vB\sin\theta = |q|v_\perp B = |q|vB_\perp \quad (19-1)$$

이다. $\vec{v}\times\vec{B}$의 방향을 찾기 위해 오른손 규칙을 사용하고, q가 음수이면 거꾸로 된다.

- 자기장의 SI 단위는 테슬라(T)이다.

$$1\ \mathrm{T} = 1\frac{\mathrm{N}}{\mathrm{A\cdot m}} \quad (19-4)$$

- 대전입자가 균일한 자기장에 대해 직각으로 움직인다면, 그 입자의 궤적은 원이다. 속도가 장에 수직 성분과 평행 성분을 가지고 움직이면, 그 입자 궤적은 나선이 된다.

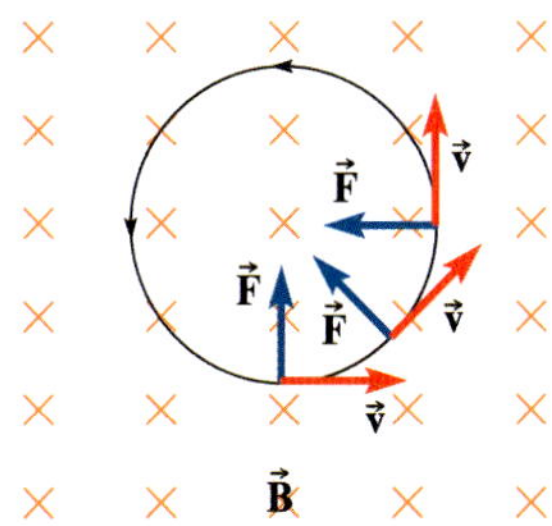

- 전류 I가 흐르는 직선 도선에 작용하는 자기력은

$$\vec{F} = I\vec{L}\times\vec{B} \quad (19-21)$$

이다. 여기서 벡터 $\vec{L}$의 크기는 도선의 길이이고, $\vec{L}$의 방향은 도선을 따라 흐른 전류의 방향과 같다.

- 자기장에서 쌍극자에 작용하는 자기 돌림힘은

$$\tau = \mu B\sin\theta \quad (19-29)$$

이다. 여기서 $\vec{\mu}$는 쌍극자모멘트 벡터이고 θ는 $\vec{B}$와 $\vec{\mu}$ 사이의 각이다. $\vec{\mu}$의 방향은 S극에서 N극 방향이다. 전류 I가 흐르는 넓이가 A인 평면 고리 N개가 있으면 $\vec{\mu}$의 크기는

$$\mu = NIA \quad (19-28)$$

이다. 이 전류 고리에 대한 $\vec{\mu}$의 방향은 오른손 규칙(그림 19.31c)으로 정해지며 고리에 수직인 방향이다. 고리에 흐르는 전류의 방향을 따라 오른손 손가락을 손바닥 쪽으로 감아쥐었을 때, 엄지손가락이 가리키는 방향이 쌍극자 모멘트의 방향이다.

• 긴 직선 도선에서 거리 r만큼 떨어진 곳의 자기장의 세기는

$$B = \frac{\mu_0 I}{2\pi r} \qquad (19\text{–}30)$$

이다. 자기장선의 방향은 오른손 규칙으로 주어지는 방향이며 도선 주위의 원들이다.

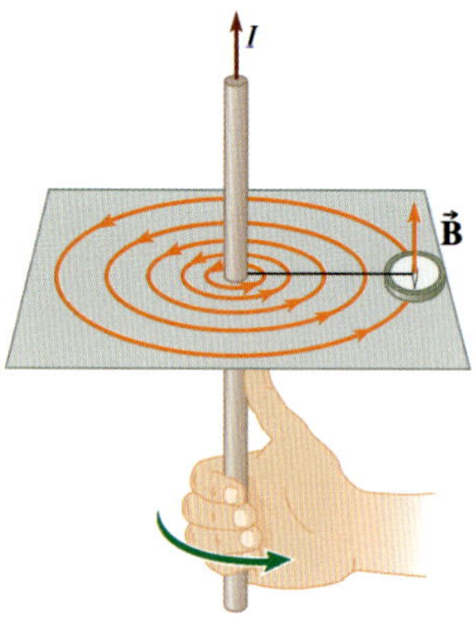

• 진공 투자율은 다음과 같다.

$$\mu_0 = 4\pi \times 10^{-7}\,\frac{\mathrm{T \cdot m}}{\mathrm{A}} \qquad (19\text{–}31)$$

• 조밀하게 감긴 긴 솔레노이드 내부의 자기장은 균일하다

$$B = \frac{\mu_0 N I}{L} = \mu_0 n I \qquad (19\text{–}33)$$

자기장의 방향은 오른손 규칙으로 주어지는 것과 같이 솔레노이드 축에 평행하다.

• 앙페르의 법칙은 경로 내부를 가로지르는 알짜 전류 I에 대해 닫힌 경로 주위의 자기장 순환과 관계된다.

$$\sum B_{\parallel} \Delta l = \mu_0 I \qquad (19\text{–}35)$$

• 강자성 물질의 자기적 성질은 외부 자기장이 없는 경우에도 자구라고 불리는 영역 내의 자기쌍극자 정렬을 유지시키는 상호작용에 의한 것이다.

연습문제

개념형 질문

1 [1]. 전기장은 단위 전하당 전기력으로 정의되지만, 자기장은 단위 전하당 자기력으로 정의할 수 없는 이유를 설명하여라.

2 [3]. 수평 전자 빔이 균일한 자기장에 의해 오른쪽으로 편향되었다고 가정하자. 자기장의 방향은 어느 쪽인가? 두 가지 이상의 가능성이 있다면, 자기장의 방향에 대해 무엇을 말할 수 있는가?

3 [5]. CRT(음극선관, 16.5절 참조)에서 일정한 전기장은 전자를 고속으로 가속시킨다. 그리고 자기장은 전자를 측면으로 편향시키는 데 사용된다. 전자의 속력을 높이기 위해 일정한 자기장을 사용할 수 없는 이유는 무엇인가?

4 [7]. 속도 선택기에서 $\vec{E} + \vec{v} \times \vec{B} = 0$이면, 전기력과 자기력이 상쇄된다. $\vec{v}$가 $\vec{E} \times \vec{B}$와 동일한 방향이어야 함을 보여라.

힌트 $\vec{v}$가 속도 선택기에서 $\vec{E}$와 $\vec{B}$에 수직이기 때문에 $\vec{v}$의 방향에 대하여 두 가지 가능성이 있다. 곧, $\vec{E} \times \vec{B}$의 방향 이거나 $-\vec{E} \times \vec{B}$의 방향이다.

5 [9]. 어떤 도시의 시장이 도시를 관통하는 전력선에 의해 생성된 자기장에 대해 전기회사의 책임이 없도록 하는 새로운 법안을 제안하였다. 제안된 법안에 대한 공개 토론회에서 여러분은 어떤 주장을 하겠는가?

6 [11]. 일정한 전류가 흐르는 긴 직선도선에 의한 자기장을 두 점 P와 Q에서 측정했다.

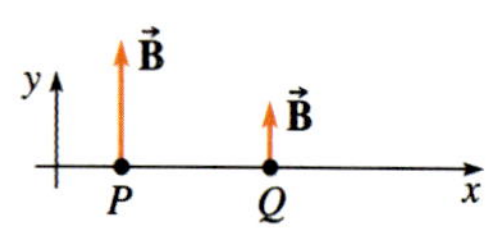

전선은 어디에 있고 전류는 어느 방향으로 흐르는가?

7 [13]. CRT 컴퓨터 모니터 가까이에 배치하는 컴퓨터 스피커는 자기장이 차폐되어 있다. 곧, 자석을 사용하지 않거나 자석이 근처에 작은 자기장만 생성하도록 설계되어 있다. 자기장을 차폐하는 중요한 이유는 무엇인가? 일반 스피커(모니터 근처에서 사용하지 않는 스피커)가 컴퓨터 모니터 옆에 있으면 무슨 일이 일어나는가?

8 [15]. 평면에서 직각을 이루는 2개의 도선에 동일한 전류가 흐른다. 평면의 어느 지점에서 자기장이 0이 되는가?

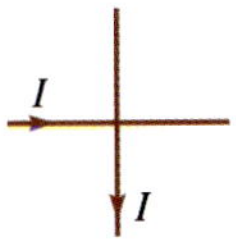

9 [17]. 다음은 다른 시간에 같은 금속 막대를 보인 그림이다. 화살표는 각 자구 내 쌍극자들의 정렬 상태를 나타낸다. (a) 변화가 일어난 t_1과 t_2 사이에 어떤 일이 일어났는가? (b) 이 금속은 상자성체인가, 반자성체인가 아니면 강자성체인가? 이유를 설명하여라.

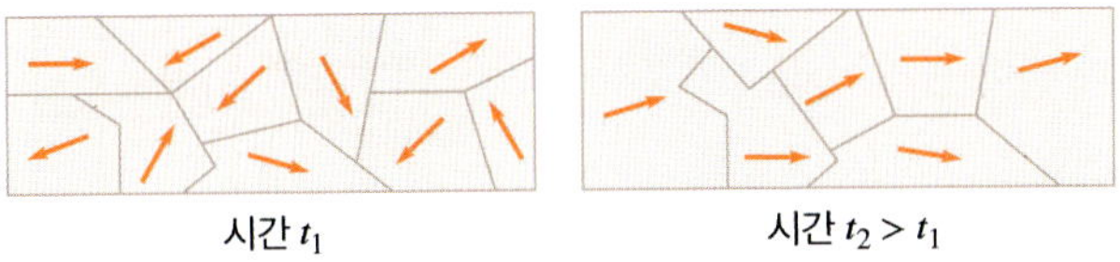

10 [19]. 그림 19.16a의 거품상자의 궤적을 참고하여라. 입자 2가 입자 1보다 작은 원에서 움직인다고 하자. $|q_2| > |q_1|$이라고 결론을 내릴 수 있는가? 이유를 설명하여라.

11 [21]. 그림과 같이 관측자 위치에서 코일 내부를 들여다보았을 때, 코일 내부에 나타나는 자기상선을 그려라.

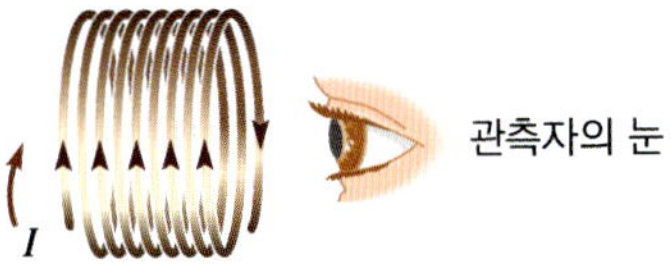

12 [23]. 막대자석을 오실로스코프의 전자 빔 근처에 설치했다. 전자 빔이 자석의 S극 바로 아래를 통과한다. 빔은 스크린의 어느 방향으로 이동하는가? (컬러 TV의 CRT에서 이것을 시도해서는 안된다. 빨강, 초록, 파랑 픽셀을 구분하는 스크린 바로 뒤에 금속 마스크가 있기 때문이다. 마스크가 자화되면 영상이 영구적으로 일그러진다.)

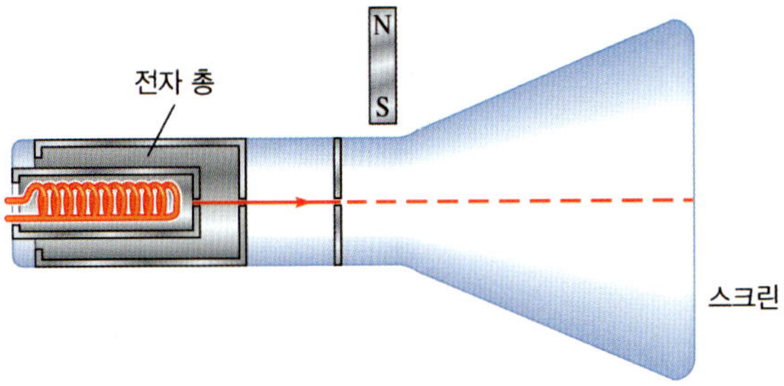

선다형 질문

선다형 질문 1~2. 그림에서, 네 점전하가 막대자석 근처에 표시된 방향으로 이동한다. 자석, 전하의 위치와 속도 벡터는 모두 지면에 있다. 다음 질문에 답을 선택하여라.

(a) ↑ (b) ↓ (c) ← (d) →

(e) × (지면으로 들어가는 방향)

(f) • (지면에서 나오는 방향) (g) 힘이 0이다.

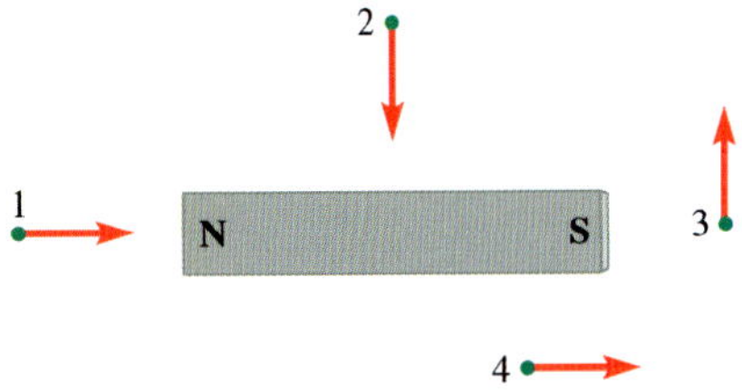

[선다형 질문 1~2의 그림]

1 [1]. $q_1 < 0$인 경우, 전하 1에 작용한 자기력은 어느 방향인가?

2 [3]. $q_3 < 0$인 경우, 전하 3에 작용한 자기력은 어느 방향인가?

3 [5]. 속력이 정해져 있을 때 자기장 $\vec{B}$에서 점전하가 받는 자기력은 언제 가장 큰가?

(a) 자기장 방향으로 이동할 때

(b) 자기장의 반대 방향으로 이동할 때

(c) 자기장에 수직으로 이동할 때

(d) 전기장에 평행하고 수직인 속도 성분을 가질 때

선다형 질문 4~5. 그림과 같이 도선에 전류가 흐른다. 대전입자 1, 2, 3, 4는 그림에 표시된 방향으로 움직인다. 질문 4의 답을 선택하여라.

(a) ↑ (b) ↓

(c) ← (d) →

(e) ⊗ (지면으로 들어가는 방향)

(f) ⦿ (지면에서 나오는 방향)

(g) 힘이 0이다.

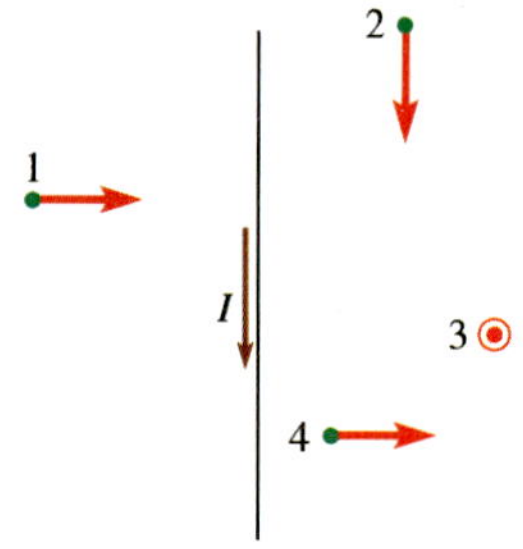

[선다형 질문 4~5의 그림]

4 [7]. $q_2 > 0$인 경우, 전하 2가 받는 자기력은 어느 방향인가?

5 [9]. 전하 1과 4가 받는 자기력이 같고 속도가 같으면

(a) 전하의 부호는 같고, $|q_1| > |q_4|$이다.

(b) 전하의 부호는 반대이며, $|q_1| > |q_4|$이다.

(c) 전하의 부호는 같고, $|q_1| < |q_4|$이다.

(d) 전하의 부호는 반대이며, $|q_1| < |q_4|$이다.

(e) $q_1 = q_4$

(f) $q_1 = -q_4$

6 [11]. 크기가 다르고 방향이 반대인 전류가 흐르는 평행한 두 도선 사이에 작용하는 자기력은?

(a) 인력이며 크기가 다르다.

(b) 척력이며 크기가 다르다.

(c) 인력이며 크기가 같다.

(d) 척력이며 크기가 같다.

(e) 둘 다 0이다.

(f) 같은 방향이며, 크기가 다르다.

(g) 같은 방향이며, 크기가 같다.

문제

19.1 자기장

1 [1]. 다음 그림에서 자기장의 세기가 (a) 가장 작은 곳과 (b)가 가장 큰 곳은 어디인가? 이유를 설명하여라.

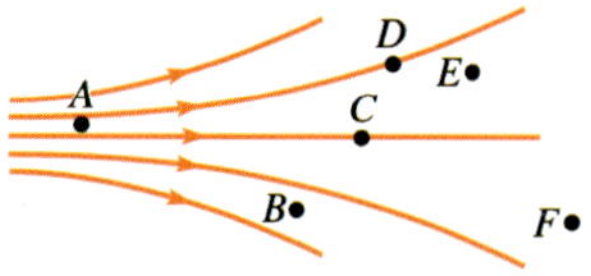

문제 2~3. 그림과 같이 동일한 두 개의 막대자석을 놓았을 때 자기장선을 그려라.

2 [3].

3 [5].

19.2 점전하에 작용하는 자기력

4 [7]. 북쪽으로 0.50 T의 수평 자기장에서 2.0×10^7 m/s의 속도로 수직 위쪽으로 운동하는 전자에 작용하는 자기력을 구하여라.

5 [9]. 크기가 1.5 T인 균일한 자기장이 북쪽을 향하고 있다. 운동에너지가 8.0×10^{-13} J인 양성자가 수직 아래쪽으로 움직이고 있다. 양성자에 작용하는 자기력은 얼마인가?

문제 6~7. 전자 몇 개가 그림과 같이 $B = 0.40$ T이고 아래쪽으로 향하는 균일한 자기장에서 8.0×10^5 m/s 속도로 움직인다.

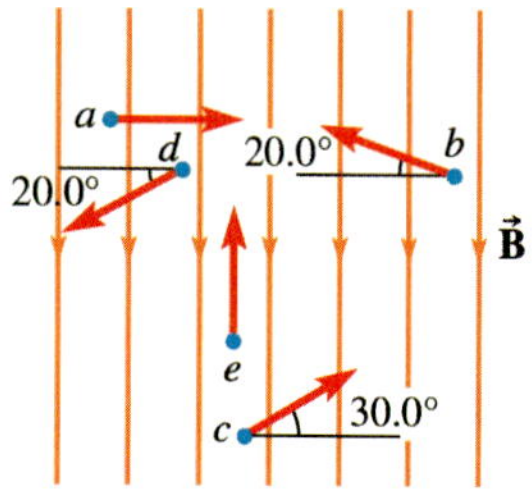

[문제 6~7의 그림]

6 [11]. 전자에 작용하는 자기력의 크기가 가장 큰 것부터 가장 작은 순서대로 나열하여라.

7 [13]. 점 b에서 전자에 작용하는 자기력을 구하여라.

8 [15]. 자석이 양극 사이에 동쪽으로 향하는 0.30 T의 자기장을 생성한다. 전하가 $q = -8.0 \times 10^{-18}$ C인 먼지 입자가 0.30 cm/s의 속도로 자기장 아래로 똑바로 내려가고 있다. 먼지 입자에 작용하는 자기력의 크기는 얼마인가? 그리고 자기장은 어느 방향인가?

9 [17]. 그림과 같이 전자와 전하량이 같고 질량이 1.9×10^{-28} kg인 뮤온 우주선이 수직면에서 25°의 각도로 7.0×10^7 m/s의 속도로 지상을 향해 운동하고 있다. P 지점을 가로지를 때 뮤온은 고압선으로부터 85.0 cm의 수평 거리에 있다. 그 순간, 고압선에는 16.0 A의 전류

가 흐르고 있다. 그림에서 점 P를 통과하고 있는 뮤온에 작용하는 힘의 크기와 방향은 어떻게 되는가?

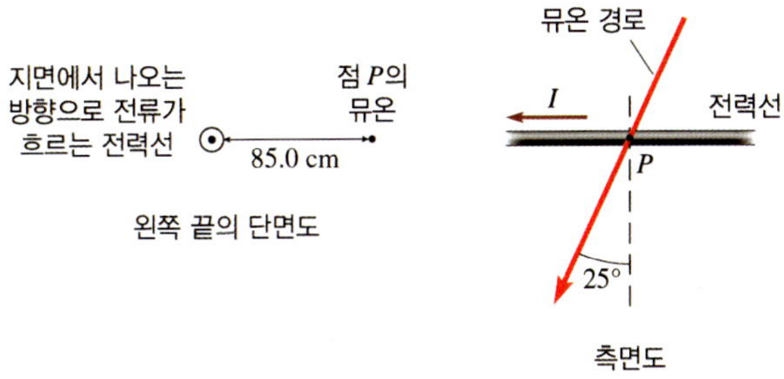

10 **[19].** 양전자($q = +e$)가 0.47 T인 자기장에서 5.0×10^7 m/s의 속력으로 운동한다. 양전자에 작용하는 자기력은 2.3×10^{-12} N이다. (a) 자기장에 수직인 양전자의 속도 성분은 얼마인가? (b) 자기장에 평행한 양전자의 속도 성분은 얼마인가? (c) 속도의 방향과 자기장의 방향 사이의 각은 얼마인가?

11 **[21].** 전자가 남쪽으로 향하는 1.4 T의 균일한 자기장 내에서 2.0×10^5 m/s의 속력으로 움직인다. 어느 순간 전자가 1.6×10^{-14} N의 윗방향의 자기력을 받는다면 이 순간에 전자의 운동은 어느 방향인가? 동, 서, 남, 북, 위, 아래 방향에 대하여 각도를 명확하게 표시하여라. (가능한 답이 두 개 이상이면, 모두 답하여라.)

19.3 균일한 자기장에 수직하게 운동하는 대전입자

12 **[23].** 6개의 양성자가 자기장 B에서 속도 v로 원형궤도 운동을 하고 있다. 원형궤도의 반지름이 가장 큰 것부터 가장 작은 것까지 순서대로 나열하여라.

(a) $v = 6 \times 10^6$ m/s, B = 0.3 T
(b) $v = 3 \times 10^6$ m/s, B = 0.6 T
(c) $v = 3 \times 10^6$ m/s, B = 0.1 T
(d) $v = 1.5 \times 10^6$ m/s, B = 0.15 T
(e) $v = 2 \times 10^6$ m/s, B = 0.1 T
(f) $v = 1 \times 10^6$ m/s, B = 0.3 T

13 **[25].** 병원에 있는 사이클로트론의 자기장은 0.50 T이며, 자기장에 수직인 평면에서 $v = 1.0 \times 10^7$ m/s의 속력으로 움직이고 있는 양성자가 받는 자기력의 크기를 구하여라.

14 **[27].** 방사성 추적자를 생성하는 데 사용하고 있는 사이클로트론의 자기장은 0.50 T이다. 원하는 양성자의 최대 속력이 1.0×10^7 m/s인 경우 반원형 디의 최소 반지름은 얼마여야 하는가?

15 **[29].** 미지의 질량을 가진 한 개의 이온이 1.2 T인 자기장에서 반지름이 12.5 cm인 원형궤도를 따라 움직인다. 자기장에 들어가기 전에 7.0 kV인 전기 퍼텐셜 차로 이온을 가속시켰다. 이온의 질량은 얼마인가?

문제 16~17. 각각의 문제에서, 질량분석기로 들어가는 이온들은 동일한 전하를 갖는다. 이온들은 같은 운동에너지(속력은 같지 않음)로 자기장에 들어간다. 원자 질량은 다음에 주어진 값을 사용하여라. ^{12}C 12.00 u, ^{14}C 14.00 u, ^{16}O 15.99 u, 1u = 1.66×10^{-27} kg

16 **[31].** 자연에 존재하는 탄소에는 두 개의 다른 동위 원소가 있다(미량으로 존재하는 ^{14}C는 제외). 자연에 가장 풍부한 동위원소는 ^{12}C이다. 탄소를 질량분석기에 넣으면, $^{12}C^+$ 이온은 반지름이 15.0 cm인 원운동을 하는 반면, 다른 동위 원소의 이온은 반지름이 15.6 cm인 원운동을 한다. 희귀 동위원소의 원자질량은 얼마인가?

17 **[33].** ^{12}C, ^{16}O 및 미지의 동위 원소를 함유하는 시료를 질량분석기로 분석하였다. 그림 19.17a에서와 같이, 사진건판을 때리기 전에 이온은 반원 궤도를 그리며 운동한다. $^{12}C^+$와 $^{16}O^+$ 이온은 판에서 2.250 cm 떨어져 있고, 미지의 동위 원소는 $^{12}C^+$ 이온에서 1.160 cm 떨어진 곳에 나타났다. 미지 원소의 질량은 얼마인가?

18 **[35].** 균일한 자기장에 수직으로 움직이는 대전 입자의 주기가 속도와 무관함을 보여라. (이것이 사이클로트론의 작동 원리이다.) 그렇게 함으로써, 주기 T(1회전 하는 데 걸리는 시간)를 입자의 질량, 입자의 전하, 자기장 크기 등으로 표현하는 식으로 나타내어라.

19.5 $\vec{E}$와 $\vec{B}$가 교차하는 영역에 있는 대전입자

19 **[37]**. 금속 띠에 전류 $I = 40.0$ A가 흐른다. 전자석의 스위치를 연결했더니 지면으로 들어가는 0.30 T의 균일한 자기장이 생겼다. 홀 전압을 측정하려면 전압계를 어떻게 연결해야 하는가? 전압계를 금속 띠 그림에 어떻게 연결하는지를 보여라. 운반자가 전자라고 가정하면, 전압계의 어느 쪽의 전기 퍼텐셜이 더 높은가? 그림에 '+' 기호로 표시하고 간단히 설명하여라.

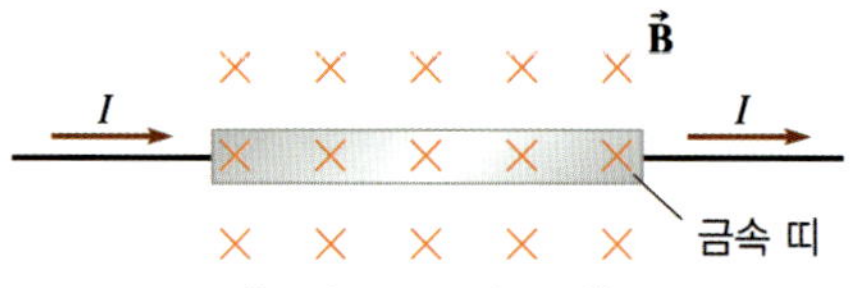

[문제 19~21의 그림]

20 **[39]**. 문제 19에서, 자기장이 0.43 T이고, 금속 띠의 폭이 3.5 cm, 홀 전압이 7.2 μV로 측정되었다, 금속 띠의 두께는 0.24 mm이고, 도선에 흐르는 전류는 54 A이다. 금속 띠의 전자밀도(단위 부피당 전자 수)는 얼마인가?

21 **[41]**. 폭이 2.0 cm인 구리 띠에 오른쪽으로 전류 $I =$ 30.0 A가 흐른다. 지면으로 들어가는 자기장 $B = 5.0$ T에 구리 띠가 있다. (a) 전도전자에 작용하는 평균 자기력은 어느 방향인가? (b) 홀 전압은 20.0 μV이다. 띠 내의 전자의 유동속도는 얼마인가?

22 **[43]**. 전자 혈류계는 외과 수술 중 혈액의 흐름률(혈류의 속력)을 측정하는 데 사용된다. Na^+ 이온을 포함하는 혈액이 지름이 0.50 cm인 동맥을 통해 정남쪽으로 흐르고 있다. 동맥은 아래 방향인 0.35 T의 자기장 속에 있고 동맥의 지름을 가로질러 0.60 mV의 홀 전압이 만들어진다. (a) 혈액의 속력(m/s)은 얼마인가? (b) 혈액의 흐름률(m^3/s)은 얼마인가? (c) 자기장이 서쪽 방향이고, 혈액이 흐르는 방향이 북쪽이면, 전기 퍼텐셜은 동맥의 위쪽이 높은가 아니면 아래쪽이 높은가?

19.6 전류가 흐르는 도선에 작용하는 자기력

23 **[45]**. 18.0 A의 전류가 흐르고 길이가 0.60 m인 직선 도선이 0.20 T의 균일한 외부 자기장 속에 있다. (a) 도선에 작용한 최대 자기력은 얼마인가? (b) 주어진 정보로 가능한 최대 힘만 계산할 수 있는 이유를 설명하여라.

24 **[47]**. 남북 방향으로 평행한 두 도선이 2.0 cm 떨어져 있다. 1.2 T의 균일한 자기장의 방향은 위쪽 방향이다(지면에서 나오는 방향). 그림과 같이 평행 도선의 동서로 0.040 kg의 원통형 금속 막대를 배치하고 전지를 연결하였다. 금속 막대에 흐르는 전류가 3.0 A일 때 금속 막대에 작용하는 자기력의 크기와 방향을 구하여라.

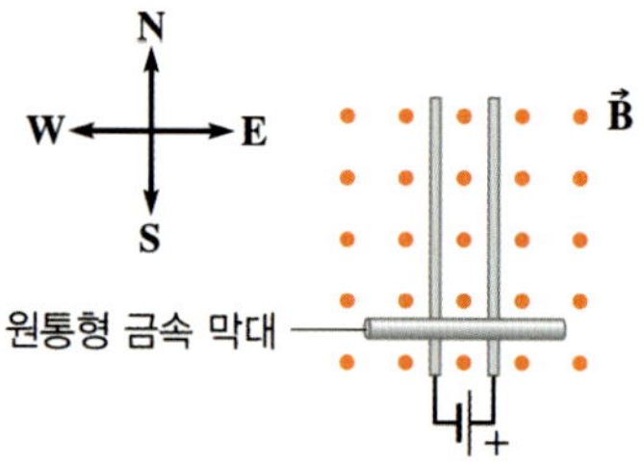

25 **[49]**. 질량이 25 g이고 길이가 1.00 m인 직선 도선이 자기장 $B = 0.75$ T 속에 매달려 있다. 이 도선을 전원에 연결하였다. 도선을 당기는 장력이 0이 되려면 도선에 흐르는 전류는 얼마이며 어느 방향이어야 하는가?

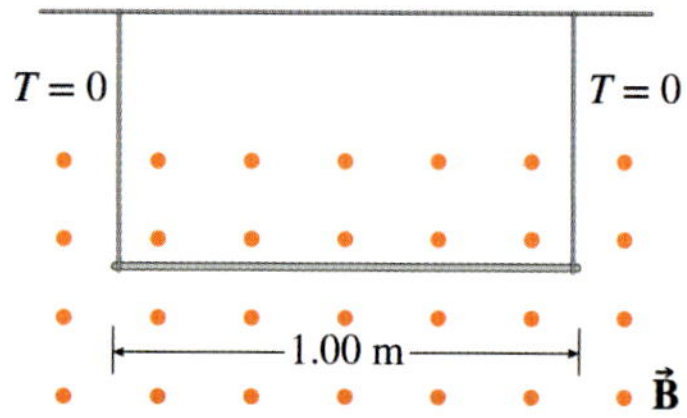

26 **[51]**. 20.0 cm × 30.0 cm의 직사각형 도선에 1.0 A. 전류가 시계방향으로 흐르고 있다.

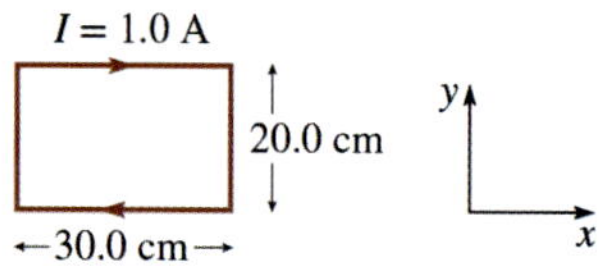

(a) 2.5 T의 자기장이 왼쪽으로($-x$축 방향으로) 있을 때, 직사각형 고리의 각 변에 작용하는 자기력을 구하여라. (b) 직사각형 도선에 작용하는 알짜 자기력은 얼마인가?

27 **[53]**. 수평 성분은 북쪽을 향하고 크기가 0.048 mT, 방향은 수평선 아래 72°를 향하는 지구 자기장 영역에 직선 도선이 동서로 정렬되어 있다. 도선에는 전류 I가 서쪽으로 흐른다. 단위 길이당 도선에 작용하는 자기력

은 0.020 N/m이다. (a) 도선에 작용하는 자기력은 어느 방향인가? (b) 도선에 흐르는 전류 I는 얼마인가?

19.7 전류 고리에 작용하는 돌림힘

28 [55]. 6개의 전동기 각각에는, 자기장 B 속에 반지름이 r이고 N번 감은 원통형 코일이 있다. 코일에 흐르는 전류는 I이다. 코일에 작용하는 돌림힘이 가장 큰 모터부터 작은 모터까지 순서대로 나열하여라.

(a) $N=100$, $r=2$ cm, $B=0.4$ T, $I=0.5$ A
(b) $N=100$, $r=4$ cm, $B=0.2$ T, $I=0.5$ A
(c) $N=75$, $r=2$ cm, $B=0.4$ T, $I=0.5$ A
(d) $N=50$, $r=2$ cm, $B=0.8$ T, $I=0.5$ A
(e) $N=100$, $r=3$ cm, $B=0.4$ T, $I=0.5$ A
(f) $N=50$, $r=2$ cm, $B=0.8$ T, $I=1$ A

29 [57]. 반지름이 2.0 cm이고 코일이 100회 감긴 전기모터가 자석의 양극 사이에서 회전한다. 자기장 세기는 0.20 T이다. 코일에 흐르는 전류가 50.0 mA일 때, 모터에 전달할 수 있는 최대 돌림힘은 얼마인가?

30 [59]. 전자의 고유 자기쌍극자 모멘트는 9.3×10^{-24} A·m^{2}이다. 1.0 T의 자기장에서 고유 쌍극자 모멘트로 인해 전자에 작용하는 최대 돌림힘은 얼마인가?

31 [61]. 고정된 길이가 L 인 도선에 전류 I가 흐른다. (a) 도선이 정사각형 코일로 형성되면, 코일이 1회전만 했을 때 주어진 자기장 B에서 돌림힘이 최대가 된다는 것을 설명하여라. (b) 이 돌림힘의 크기가 $\tau=\dfrac{1}{16}L^2IB$임을 보여라.

19.8 전류에 의한 자기장

32 [63]. 인체에서 팔의 중간 신경을 따라 흐르는 3 μA의 전류에 의해 생성된 자기장의 크기를 1 μm와 1 mm 거리에서 추정하여라. 신경을 전류가 흐르는 직선 도선으로 모형화하여라. 지표면 근처에서 지구 자기장의 크기(약 0.05 mT)와 비교하여라.

33 [65]. 전자 빔의 자기장을 측정하고자 한다. 빔의 세기는 1.30 μs마다 1.40×10^{11}개의 전자가 한 지점을 통과하였다. 빔 중심에서 2.00 cm 떨어진 거리에서 측정한 자기장의 크기는 얼마인가?

34 [67]. 서로 3.0 mm 떨어져 있는 2개의 도선에서 각각 10.0 A의 전류가 서로 반대 방향으로 흐르고 있다. 그림과 같이 도선에서 25 cm 떨어진 점 P에서 자기장을 계산하여라.

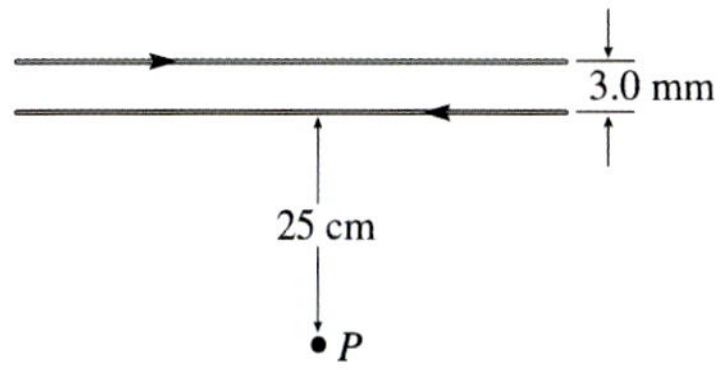

[문제 34~35의 그림]

35 [69]. 문제 34에서 전류가 모두 왼쪽으로 흐르면 점 P에서 자기장은 얼마인가?

36 [71]. 수평면에서 남북으로 놓인 길고 평행한 두 직선 도선의 중간에 점 P가 있다. 도선 사이의 거리는 1.0 cm이다. 서쪽 도선에는 북쪽으로 1.0 A의 전류가 흐르고 동쪽 도선에는 남쪽으로 1.0 A의 전류가 흐른다. 점 P에서 자기장의 크기와 방향을 구하여라.

37 [73]. 긴 직선 도선에 3.2 A의 전류가 $+x$ 방향으로 흐른다. 도선에서 4.6 cm 떨어져 있는 전자가 $+x$ 방향으로 6.8×10^6 m/s 속도로 이동하고 있다. 전자에 작용하는 힘은 얼마인가?

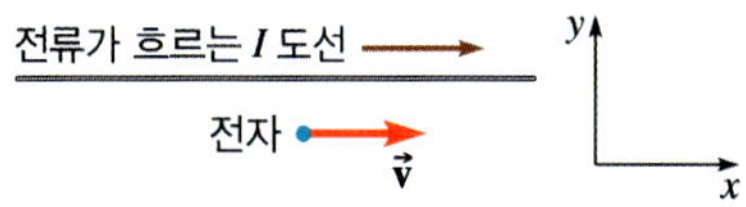

38 [75]. 그림과 같이 두 개의 긴 직선 도선에 화살표 방향으로 같은 양의 전류가 흐르며 서로 교차한다. $d=3.3$ cm이고 $I=6.50$ A일 때 점 C와 D에서 자기장은 얼마인가?

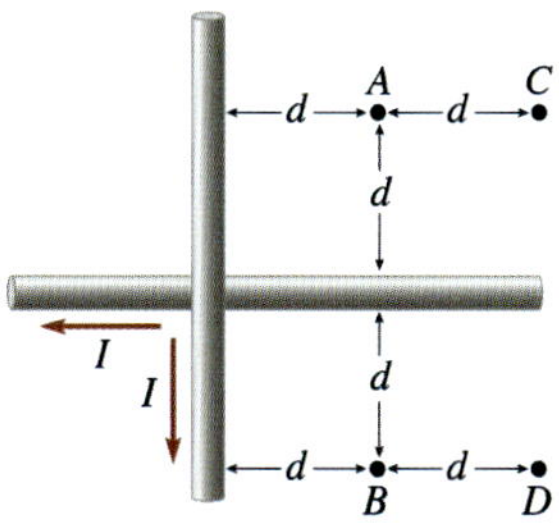

39 [77]. 길이가 0.256 m이고 반지름이 2.0 cm인 솔레노이드에 코일이 244회 감겨 있다. 솔레노이드에 4.5 A의 전류가 흐르면, 솔레노이드 내부 자기장의 크기는 얼마인가?

40 [79]. 수평 평면 내에 있는 평행한 두 직선 도선에 우측 방향으로 각각 전류 I_1, I_2가 흐른다. 도선은 각각 길이가 L이고 거리 d만큼 떨어져 있다. (a) 도선 1로 인해 도선 2에 형성되는 자기장의 크기와 방향을 구하여라. (b) 이 자기장에 의해 도선 2가 받는 자기력은 얼마인가? (c) 도선 2로 인해 도선 1의 위치에 형성되는 자기장의 방향과 크기는 얼마인가? (d) 이 자기장에 의해 도선 1이 받는 자기력을 구하여라. (e) 동일한 방향으로 평행하게 흐르는 두 전류 사이에 인력이 작용하는가 아니면 척력이 작용하는가? 전류가 서로 반대 방향으로 평행하게 흐르면 어떻게 되는가? (f) 자기력의 크기와 방향이 뉴턴의 제3법칙과 일치하는가?

41 [81]. MRI 장비에 사용할 주 솔레노이드를 설계하려고 한다. 솔레노이드의 길이는 1.5 m로 한다. 80 A의 전류가 흐를 때, 솔레노이드 내부의 자기장을 1.5 T로 하려면, 솔레노이드의 코일을 몇 회나 감아야 하는가?

문제 42~43. 긴 평행 도선 4개가 각 변이 0.10 m인 정사각형 모서리를 통과하고 있다. 모든 4개의 도선에는 표시된 방향으로 같은 크기의 전류 $I = 10.0$ A가 흐른다.

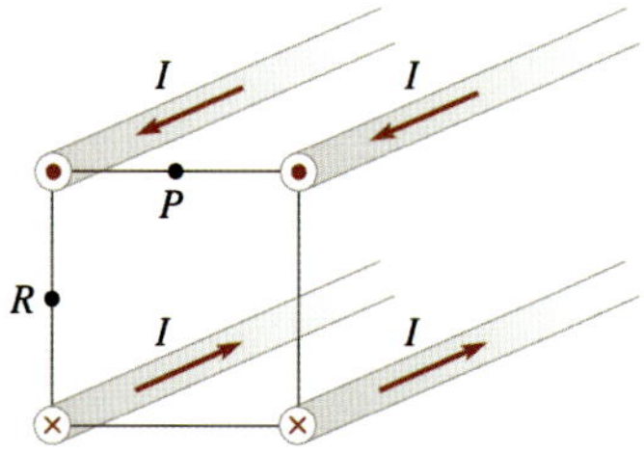

[문제 42~43의 그림]

42 [83]. 정사각형의 중간 지점에서 자기장을 구하여라.

43 [85]. 정사각형 왼쪽 변의 중간 지점인 R에서 자기장을 구하여라.

44 [87]. 평행한 긴 직선 도선 두 개가 길이 $L = 1.2$ m인 줄에 매달려 있다. 각 도선은 단위 길이당 질량이 0.050 kg/m이다. 한 도선에 25.0 A의 전류가 흐르고 다른 도선에 100.0 A의 전류가 흐르자 도선이 밀려났다. (a) 도선이 얼마나 떨어져야 평형상태를 유지하는가? (여기서 거리는 L과 비교하여 매우 작다고 가정한다.) **힌트** 부록 A.9의 작은 각도 근사를 사용하여라. (b) 도선에 흐르는 전류는 같은 방향인가, 반대 방향인가? (c) 도선에 작용하는 힘이 뉴턴의 제3법칙과 일치하는가?

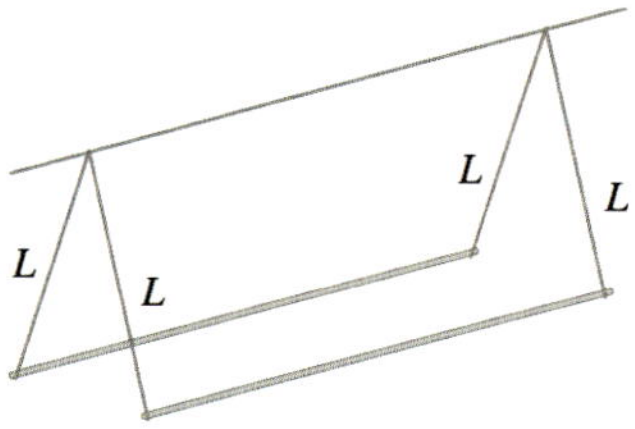

19.9 앙페르의 법칙

45 [89]. 그림과 같이 여러 개 도선에서 전류가 지면으로 들어가는 방향으로 흐르거나 아니면 지면에서 나오는 방향으로 전류가 흐른다. (a) 고리 1에 앙페르의 법칙을 적용하면 고리 내부에 흐르는 알짜 전류는 얼마인가? (b) 고리 2에 앙페르의 법칙을 적용하면 고리 내부에 흐르는 알짜 전류는 얼마인가?

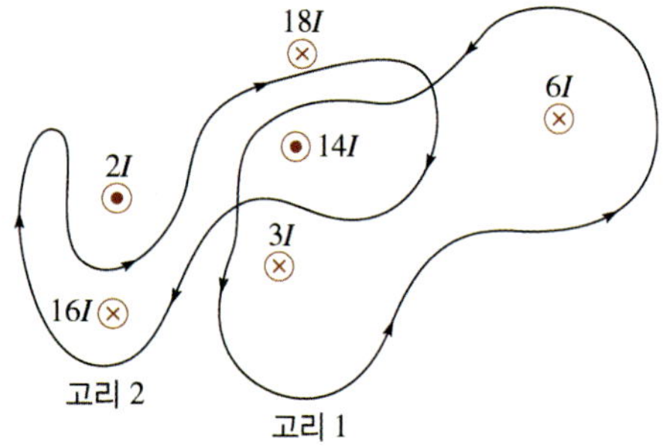

46 [91]. 토로이드는 끝이 만날 때까지 원형으로 구부린 솔레노이드와 같다. 자기장선은 그림과 같이 원형이다. 전류 I가 흐르는 도선이 N번 감긴 토로이드 내부에 생긴 자기장의 세기

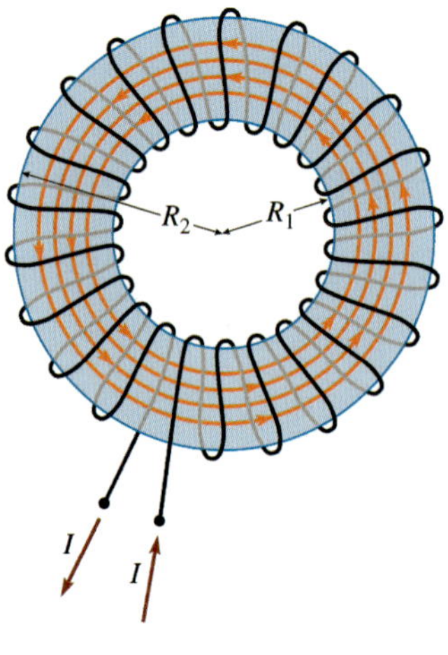

는 얼마인가? 토로이드 중심으로부터 거리 r에 있는 자기장선을 따라 앙페르의 법칙을 적용하여라. 단위 길이당 감긴 회전수가 아닌 총감긴 수 N의 관점에서 적용하여라(그 이유는 무엇일까?). 긴 솔레노이드의 경우처럼 자기장이 일정한가? 이유를 설명하여라.

협동문제

47 [93]. 양성자 빔 치료에 사용하기 위해 양성자를 $v = 3.0 \times 10^7$ m/s로 가속하는 사이클로트론을 제작하려고 한다. 제작할 수 있는 가장 큰 자기장의 크기는 1.5 T이다. 사이클로트론에서 디의 최소 반지름은 얼마여야 하는가? 이 답이 뉴턴의 운동 제2법칙에서 나온 것임을 설명하여라.

48 [95]. 대기보다 높은 상공에서 지구 자기장이 $B = 1.0 \times 10^{-6}$ T인 곳에서 나선형 경로를 따라 양성자가 $v = 4.0 \times 10^7$ m/s의 속력으로 이동한다. 양성자의 속도는 자기장의 방향과 25°의 각도를 이룬다. (a) 나선의 반지름을 구하여라. **힌트** 속도의 수직성분을 이용하여라. (b) 인접한 나선의 높낮이(인접한 '코일' 사이의 거리)를 구하여라. **힌트** 1회전 하는 데 걸린 시간을 구하라.

49 [97]. 그림은 세 가지 재료에 대한 이력곡선을 나타낸 것이다. 이력곡선은 물질 내부의 자기장 B를 외부 자기장 B_0의 함수로 나타낸 곡선이다. (a) 가장 좋은 영구자석은 어떤 물질로 만들어야 하는가? 설명하여라. (b) 전자석에 가장 적합한 심은 어느 것인가? 설명하여라.

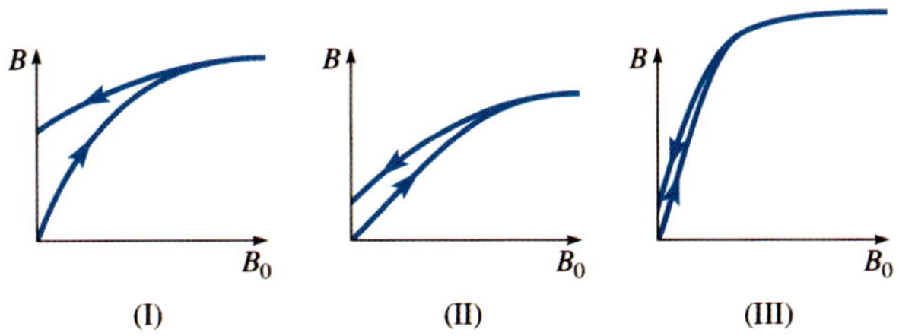

연구문제

50 [99] 나트륨 이온 Na^+이 지름 1.0 cm인 동맥에서 혈액과 함께 이동한다. 이온은 질량이 22.99 u이고 전하량은 $+e$이다. 동맥의 최대 혈액 속력은 4.25 m/s이다. 환자 위치에서 지구의 자기장의 세기는 30 μT이다. 이온에 작용하는 힘이 지구 자기장에 의한 자기력이 전부라면, 가장 작은 궤도 반지름은 얼마인가?

51 [101]. 도선 바로 위에 나침반을 놓았다. 도선에 전류가 오른쪽으로 흐른다면, 바늘의 N극은 어느 방향을 가리키는가? 설명하여라. (지구 자기장은 무시하여라.)

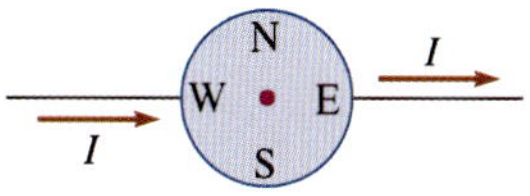

52 [103]. 0.50 T의 균일한 자기장이 북쪽을 향한다. 어느 순간에, +0.020 μC의 전하를 가진 입자는 동북쪽 30° 각도로 2.0 m/s의 속도로 운동한다. (a) 대전입자에 작용한 자기력의 크기는 얼마인가? (b) 자기력은 어느 방향인가?

53 [105]. 전자 혈류계는 혈액의 속력을 측정하기 위해 사용한다. 내부 지름이 3.80 mm인 동맥을 가로질러서 0.115 T의 자기장을 가한다. 홀 전압은 88.0 μV로 측정되었다. 동맥에 흐르는 혈액의 평균 속력은 얼마인가?

54 [107]. 탄젠트 검류계는 19세기에 개발된 기구로 나침반 바늘의 휨에 따라 전류를 측정하도록 설계되어 있다. 수직면에 감긴 코일이 자석의 N-S 방향으로 정렬되어 있다. 나침반은 코일의 중앙에 있는 수평면에 있다. 전류가 흐르지 않을 때 나침반 바늘은 코일의 북쪽을 가리킨다. 코일에 전류가 흐를 때 나침반의 바늘은 각도 θ만큼 회전한다. 코일이 감긴 수 N, 코일 반지름 r, 코일 전류 I, 지구 자기장의 수평 성분 B_H를 사용해 θ에 관한 방정식을 유도하여라. **힌트** 기기의 이름은 문제 해결을 도와주는 단서가 된다.

55 [109]. 변의 길이가 3.2 cm인 정삼각형의 두 모서리에 각각 5.0 A의 전류가 흐르는 두 개의 긴 직선 도선이 그림과 같이 배치되어 있다. 도선 중 하나는 지면에서 밖으로 나오는 방향으로 전류가 흐르고, 다른 하나는 지면을 뚫고 들어가는 방향으로 전류가 흐른다. (a) 삼각형의 세 번째 모서리에 작용하는 자기장은 얼마인가? (b) 양성자가 삼각형의 세 번째 모서리에서 지면을 가로지를 때 지면 밖으로 1.8×10^{7} m/s의 속도로 운동한다. 두 개의 도선으로 인해 그 지점에서 양성자에 작용하는 자기력은 얼마인가?

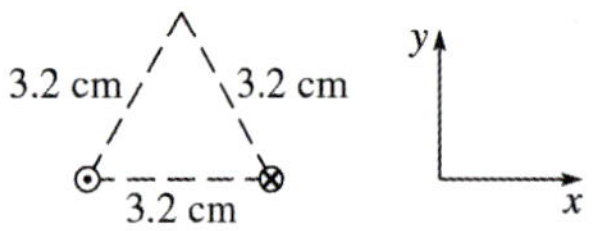

56 [111]. 그림과 같이 변의 길이가 2.50 cm인 정삼각형의 두 꼭짓점에 각각 12.0 A인 전류가 흐르는 두 개의 긴 직선 도선이 놓여 있다. 두 도선 모두 지면을 뚫고 들어가는 방향으로 전류가 흐른다. (a) 삼각형의 세 번째 모서리에서 자기장은 얼마인가? (b) 세 번째 꼭짓점에 다른 도선을 두 도선과 평행하게 배치한다. 세 번째 도선에 $+y$축 방향으로 힘이 작용하려면, 전류는 어느 방향으로 흘러야 하는가?

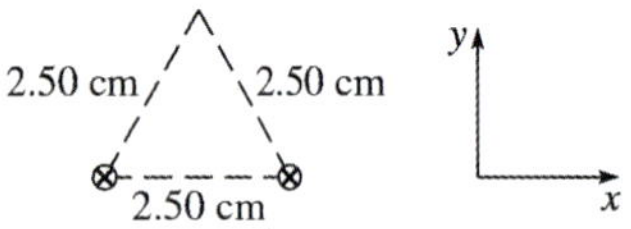

57 [113]. 어느 특정한 공간에, 균일한 전기장 $\vec{E}=3.0\times10^{4}$ T가 동쪽으로 있고, 균일한 자기장 $\vec{B}=0.080$ T도 동쪽으로 있다. 이곳에서 남쪽으로 5.0×10^{6} m/s의 속력으로 운동하는 전자에 작용하는 전자기력은 얼마인가?

58 [115]. 두 개의 긴 절연 도선이 그림과 같이 수평면에 있다. 도선 A에는 북쪽으로 20.0 A의 전류가 흐르고, 도선 B에는 동쪽으로 10.0 A의 전류가 흐른다. 두 도선이 교차하는 곳에서 5.00 cm 높은 지점의 자기장 크기와 방향은 어떻게 되는가?

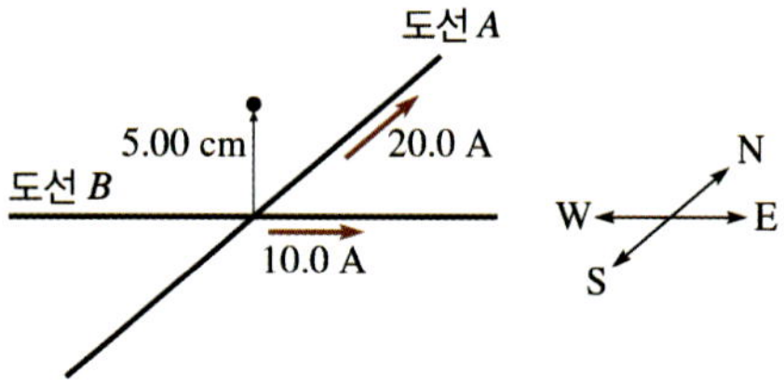

59 [117]. 어느 특정한 공간에, 균일한 전기장 $\vec{E}=2.0\times10^{4}$ V/m가 동쪽으로 있고, 서쪽으로 균일한 자기장 $\vec{B}=0.0050$ T가 있다. (a) 북쪽으로 1.0×10^{7} m/s의 속력으로 운동하는 전자에 작용하는 전자기력은 얼마인가? (b) 주어진 전기장과 자기장에서 전자에 작용하는 알짜 전자기력이 0이 되는 속도가 있는가? 있다면 그 속도의 크기와 방향을 제시하여라. 만일 없다면 그 이유를 간단히 설명하여라.

종합문제

60 [119]. 측면도에 보인 것처럼 한 변이 0.60 m인 정사각형 고리 도선에 9.0 A의 전류가 흐르고 있다. 가해진 자기장이 없을 때 고리의 면은 수평이고 비전도성 도체이며, 자성을 띠지 않은 용수철저울($k=550$ N/m)은 늘어나지 않았다. 그 후 크기가 1.3 T인 수평 자기장을 가해 주었다. 도선 고리가 새로운 평형위치에 왔을 때 도선 고리가 이루는 각도 θ는 얼마인가? θ가 작기 때문에 용수철은 수직으로 유지된다고 가정하여라.

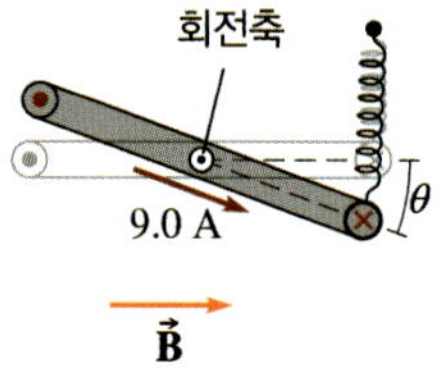

힌트 용수철에 의한 돌림힘과 자기장에 의한 돌림힘의 합이 0이다.

61 [121]. 은의 자유전자 개수밀도는 $5.85\times10^{28}\ \text{m}^{-3}$이다. 두께가 0.050 mm이고 폭이 20.0 mm인 은 띠를 0.80 T의 자기장에 넣고 10.0 A의 전류를 흘렸다. (a) 전자의 유동속도는 얼마인가? (b) 계량기로 측정한 홀 전압은 얼마인가? (c) 전압계의 어느 쪽이 더 높은 전기 퍼텐셜인가?

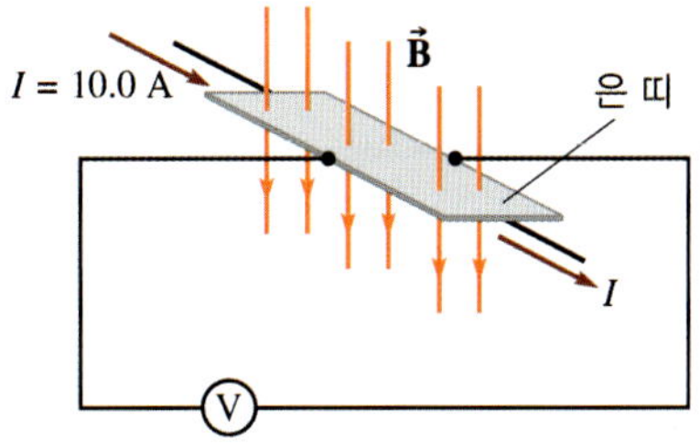

62 [123]. 그림에 보인 전자기 레일 건은 자기장과 전류를 이용하여 포사체를 발사할 수 있다. 한 엔지니어가 이 전자기 레일 건을 이용하여 장난감 경기 트랙을 설계하여 질량 40 g의 자동차를 정지 상태에서부터 가속시키려고 한다. 수평 레일은 길이 1.0 m에 간격 2.0 cm로 하려고 한다. 레일 건의 자기장은 윗 방향으로 0.10 T가 되도록 하였다. 레일건을 떠나면서, 자동차는 수평궤도 위로 미끄러지다가 반지름 15 cm인 수직 루프를 돌아간다. 어디에서나 마찰은 무시한다. 궤도에서 떨어지지 않고 루프를 돌아갈 수 있도록 충분한 운동에너지를 주기 위해서 레일에 흘려주어야 할 최소 전류는 얼마인가? 필요한 전류가 적절한가?

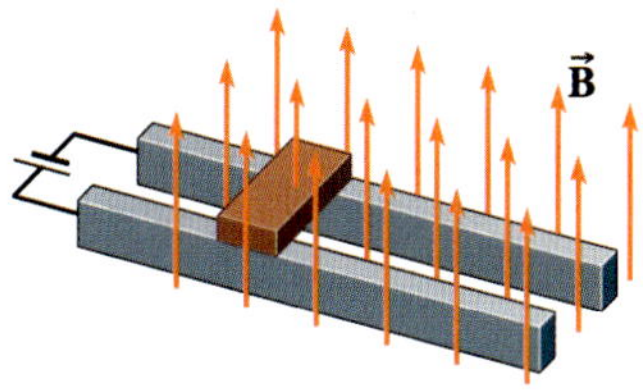

문제 63~64. 그림은 $^{238}U^{+}$ 이온의 질량 m을 측정하도록 설계된 질량 분석계이다. 이온 발생원은 무시할 수 있을 정도로 적은 초기 운동에너지를 가진 $^{238}U^{+}$ 이온을 생성하여 질량분석기의 평행 가속 판 사이를 통과하도록 보낸다. 이온이 속도선택기를 통과하면 일정한 속도 v로 운동하는 이온만 통과하게 된다. 이 이온을 속도선택기의 B와 크기가 같은 균일한 자기장에 입사시키면 이 이온은 지름이 D인 반원 궤도를 따라 운동한다. 속도선택기의 자기장도 B이다. (답은 문제에 주어진 양과 필요한 보편상수로 표시하여라.)

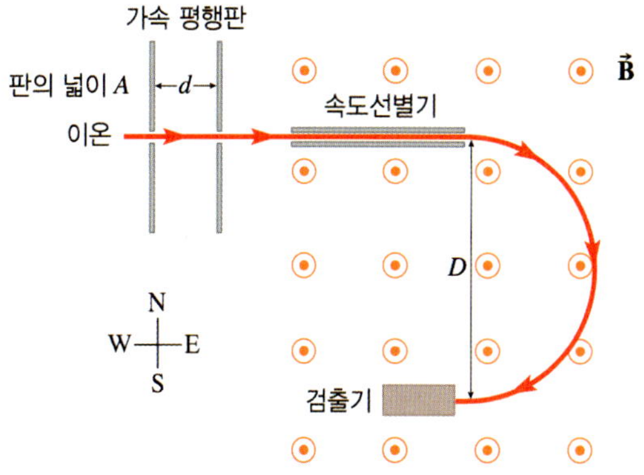

[문제 63~64의 그림]

63 [125]. 속도선택기의 균일한 자기장은 지면에서 나오는 방향이며 크기가 B이다. (a) 속도가 v인 이온이 직선으로 통과할 수 있으려면 속도선택기의 전기장의 크기와 방향은 어떻게 되어야 하는가? (b) 속도선택기 내로 v보다 약간 작은 속도로 입사한 이온의 궤적을 그려 보아라.

64 [127]. $^{238}U^{+}$ 이온의 질량을 v, B, D와 보편상수로 나타내어라.

CHAPTER 20 전자기 유도

개념정리

- 자기장 속에서 운동하는 도체 막대에서 $\vec{v}$와 $\vec{B}$가 도체 막대에 수직이라면 다음과 같은 운동기전력이 발생한다.

$$\mathcal{E} = vBL \qquad (20\text{–}5)$$

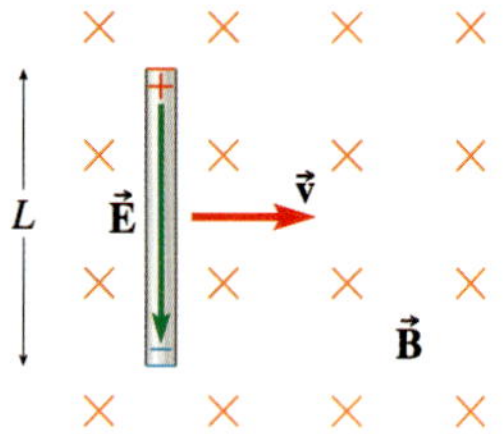

- 유도기전력이 포함된 회로를 분석할 때 전지와 기타 기전력에 사용된 것과 같은 기호를 이용하여 유도기전력을 그리는 것이 도움이 되는 경우가 많다.
- 균일한 자기장에서 회전하는 하나의 평면 권선 코일로 된 교류발전기의 기전력은 사인형 함수 형태이며 진폭은 ωNBA이다. 곧

$$\mathcal{E}(t) = \omega NBA \sin\omega t \qquad (20\text{–}12)$$

이다. 여기에서 ω는 코일의 각속도, A는 코일의 넓이, N은 감긴 수이다.

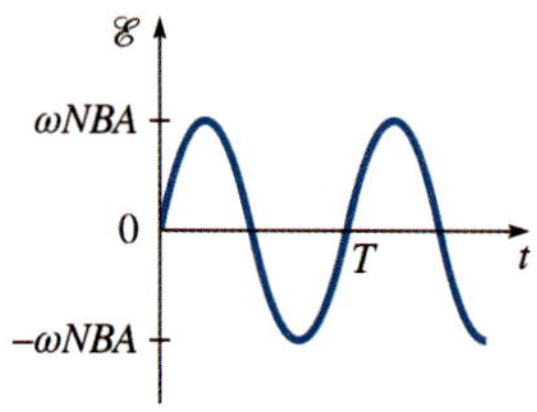

- 평면을 통과하는 자기선속은

$$\Phi_B = B_\perp A = BA_\perp = BA\cos\theta \qquad (20\text{–}17)$$

이다. 여기서 θ는 자기장 $\vec{B}$와 법선 사이의 각도이다. 자기선속은 표면을 통과하는 자기력선의 수에 비례한다. 자기선속의 SI 단위는 Wb(웨버, $1\text{ Wb} = 1\text{ T}\cdot\text{m}^2$)이다.

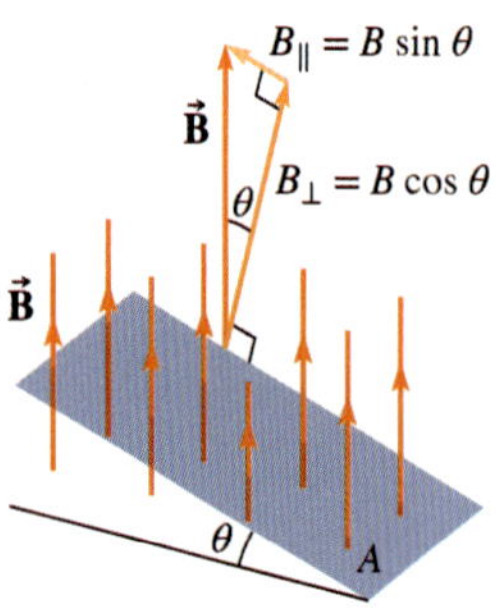

- 패러데이의 법칙은 자기선속이 변하는 이유에 관계없이 자기선속이 변할 때는 언제나 유도기전력이 발생한다는 것을 말해준다.

$$\mathcal{E} = -N\frac{\Delta\Phi_B}{\Delta t} \qquad (20\text{–}19)$$

Φ_B는 고리나 코일에 각각 감긴 도선을 통과한 자기선속이다. N은 감긴 수이다.

- 렌츠의 법칙 : 자기선속의 변화로 인해 유도전류가 흐르면, 유도전류는 자기선속의 변화를 방해하는 방향으로 자기장을 생성한다. 또한 유도전류에 의한 유도기전력의 방향은 유도전류로 인해 발생한 자기선속의 변화를 방해하는 방향이다.
- 전동기의 역기전력은 회전 속력이 증가함에 따라 증가한다.
- 이상적인 변압기의 경우

$$\mathcal{E} = \frac{\mathcal{E}_2}{\mathcal{E}_1} = \frac{N_2}{N_1} = \frac{I_2}{I_1} \qquad (20\text{–}26)$$

이다. 비 N_2/N_1을 감은 수의 비라고 한다. 이상적인 변압기에서는 에너지 손실이 없으므로 입력한 전력은 출력하는 전력과 같다.

- 고체형 도체에 변화하는 자기선속이 가해질 때는 언제나 유도기전력이 여러 경로를 따라 순환하는 동시에 맴돌이 전류가 흐른다. 맴돌이 전류는 에너지를 소모한다.
- 변화하는 자기장은 유도전기장을 발생시킨다. 고리를 따라 운동하는 대전입자 q당 한 일이 W라면, 고리에 유도된 기전력은 $\mathcal{E} = W/q$이다.
- 상호 인덕턴스 : 한 장치에서 전류가 변하면 다른 장치에 유도기전력이 발생한다.

- 자체 인덕턴스 : 한 장치에서 전류가 변하면 동일한 장치에 유도기전력이 발생한다. 인덕턴스 L은 다음과 같이 정의한다.

$$N\Phi = LI \qquad (20\text{–}27)$$

$$\mathcal{E} = -L\frac{\Delta I}{\Delta t} \qquad (20\text{–}29)$$

- 인덕터에 저장된 에너지는 다음과 같다.

$$U = \frac{1}{2}LI^2 \qquad (20\text{–}35)$$

- 자기장의 에너지 밀도(단위 부피당 에너지)는 다음과 같다.

$$u_B = \frac{1}{2\mu_0}B^2 \qquad (20\text{–}38)$$

- 인덕터에 흐르는 전류는 항상 연속적으로 변해야 하며, 순간적으로 변해서는 안 된다. LR 회로에서 시간상수는

$$\tau = \frac{L}{R} \qquad (20\text{–}45)$$

이다. LR 회로에서, $I_0 = 0$이라면 전류는

$$I(t) = I_f(1 - e^{-t/\tau}) \qquad (20\text{–}44)$$

이다.

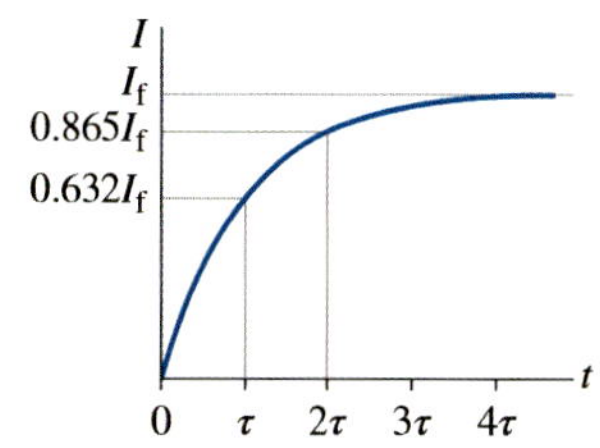

$I_f = 0$이면, $I(t) = I_0 e^{-t/\tau}$이다. (20–47)

연습문제

개념형 질문

1 [1]. 수직 자기장이 도선 고리의 수평면에 수직으로 있다. 고리가 평면에서 수평축을 중심으로 회전할 때 고리에 유도되는 전류는 고리가 한 회전하는 동안 두 번 방향이 바뀐다. 한 번 회전하는 동안 방향이 두 번 바뀌는 이유를 설명하여라.

2 [3]. 인덕터를 통해서 흐르는 전류를 0 mA에서 10 mA까지 증가시키려면 일정량의 에너지를 공급해야 한다. 전류를 10 mA에서 20 mA로 증가시키기 위해 인덕터에 공급해야 하는 에너지는 같은 양인가, 더 많은 양인가, 더 적은 양인가?

3 [5]. 막대의 끝 부분에 부착된 금속판이 그림과 같이 지면에서 수직으로 나오는 자기장 안팎으로 흔들릴 수 있도록 위치해 있다. 위치 1에서는 금속판이 자기장 안으로 흔들리고, 위치 2에서는 금속판이 자기장 밖으로 흔들린다. (a) 위치 1과 (b) 위치 2에 있을 때 금속판에 유도되는 맴돌이 전류는 시계방향으로 발생하는가 반시계방향으로 발생하는가? (c) 유도된 맴돌이 전류가 진자 운동을 멈추게 하는 제동력으로 작용할 수 있는지 설명하여라.

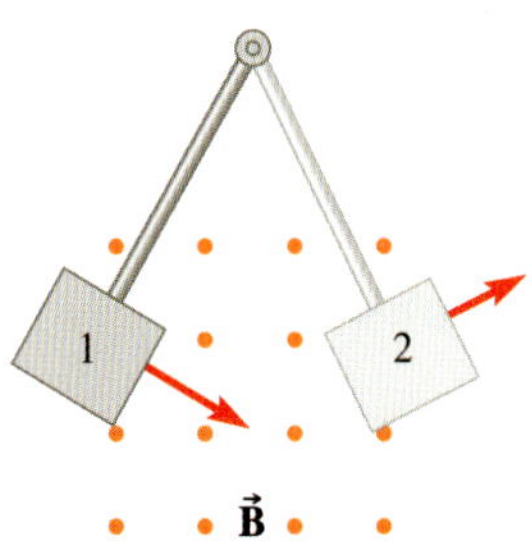

4 [7]. 전화 신호나 인터넷 데이터를 전송하는 도선은 꼬여 있다. 도선이 꼬여 있으면 근처에 있는 전류가 변하는 전기 장치 도선의 노이즈가 감소한다. 선을 꼬아 놓으면 어떻게 노이즈 유입을 줄일 수 있는가?

5 [9]. 평평한 표면을 통과하는 자기선속과 표면의 넓이를 알고 있다. 표면의 평균 자기장을 계산하려면 이 정보로 충분한가? 설명하여라.

6 [11]. 열역학을 공부할 때 우리는 냉장고를 거꾸로 된 열 기관으로 생각하였다. (a) 어떻게 하여 발전기가 거꾸로 된 전동기인지 설명하여라. (b) 확성기를 거꾸로

한 전자장치는 무엇인가?

7 [13]. (a) 교류에 대해서는 변압기가 작동하지만 직류에 대해서는 작동하지 않는다. 그 이유를 설명하여라. (b) 진폭 170 V인 기전력에 연결하도록 설계된 변압기를 170 V의 직류에 연결했을 때 고장이 나는 이유를 설명하여라.

8 [15]. 왜 "반-렌츠"의 법칙이 에너지 보존에 위배되는지 설명할 수 있는 예를 들어 보아라. (반-렌츠의 법칙은 유도기전력과 전류의 방향은 항상 그것들을 일으키는 변화를 보강시키는 것을 말한다.)

9 [17]. 전기믹서를 이용해 과자 반죽을 섞는다. 반죽이 너무 커서 회전날개가 천천히 돌아가는 경우, 모터에 어떤 일이 발생하는가?

10 [19]. 일부 값싼 녹음기에는 별도의 마이크가 없다. 대신 스피커가 녹음할 때 마이크로 사용된다. 이것이 어떻게 작동하는지 설명하여라.

선다형 질문

1 [1]. 다음 과정 중 도체 고리에 유도전류가 생기지 않는 경우는 어느 것인가?

(a) 고리가 자기장선을 가로지르도록 고리를 회전시킨다.

(b) 고리의 면이 변화하는 자기장에 수직이 되도록 고리를 놓는다.

(c) 고리를 균일한 자기장선에 평행하게 움직인다.

(d) 고리가 균일한 자기장에 수직인 동안에 고리의 넓이를 확장시킨다.

2 [3]. 직류발전기에서 분할 고리 정류자를 사용하는 이유는 무엇인가?

(a) 고리가 자기선속을 자르면서 통과하도록 고리를 회전시키기 위해

(b) 주기적으로 전류의 방향이 바뀔 수 있도록 전기자를 거꾸로 연결하기 위해

(c) 전류의 방향이 바뀌지 않도록 전기자를 거꾸로 연결하기 위해

(d) 자기장이 변할 때 코일이 회전하는 것을 방지하기 위해

3 [5]. 자전거 속도계에서 바큇살에 막대자석을 부착하고 자석이 바퀴가 회전할 때마다 자석의 N극을 한 번 지나치도록 코일을 프레임에 부착시킨다. 자석이 코일을 지나갈 때 코일의 전류 펄스가 유도된다. 컴퓨터는 펄스 사이의 시간을 측정하고 자전거의 속도를 계산한다. 그림은 자석이 코일을 지나려는 모습을 보여준다. 그래프 중 결과로 나타나는 전류 펄스를 보여주는 그래프는 어느 것인가? 그림을 반시계방향으로 돌려서 양의 전류값을 얻어 보아라.

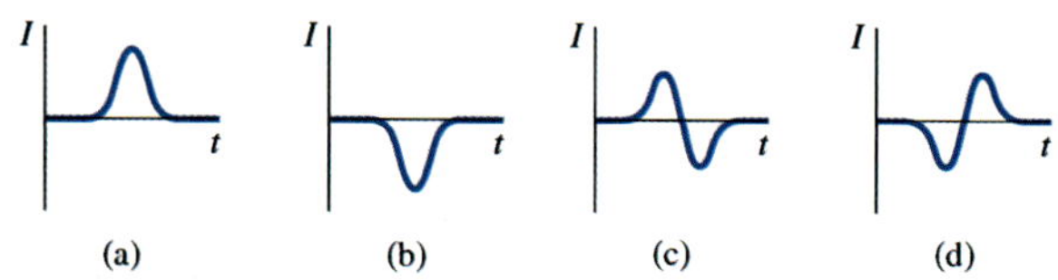

4 [7]. 가동 코일 마이크로폰에서, 코일의 유도기전력은 주로 다음 중 어느 것에 따라서 달라지는가?

(a) 코일의 변위 (b) 코일의 속도 (c) 코일의 가속도

5 [9]. 가동 자석 마이크로폰은 코일이 고정되어 있고 자석이 진동판에 부착되어 공기 중 음파에 반응해 움직이는 것을 제외하고는 가동 코일 마이크로폰(그림 20.15)과 유사하다. 음파에 반응해 자석의 위치가 $x(t) = A\sin\omega t$에 따라 움직인다면, 코일의 유도기전력은 대략 다음 중 어느 것에 비례하는가?

(a) $\sin\omega t$ (b) $\cos\omega t$ (c) $\sin 2\omega t$ (d) $\cos 2\omega t$

문제

20.1 운동기전력, 20.2 발전기

1 [1]. 서쪽으로 향하는 0.60 T의 자기장에 길이 20 cm인 수직 금속 막대가 남쪽으로 2.6 m/s의 속도로 움직였다. (a) 잉여전자가 막대의 위 끝 아니면 아래 끝 중 어디에 모이는가? (b) 막대 양 끝 사이의 전기 퍼텐셜 차는 얼마인가?

2 [3]. 그림 20.2에서 레일 사이의 길이는 $L = 5.0$ cm이다. 금속 막대는 $v = 16$ cm/s로 오른쪽으로 움직이고 자기장의 크기는 $B = 0.75$ T이다. 막대와 레일 사이의 저항은 $R = 180\ \Omega$인 저항과 비교하여 무시할 만한 저항이다. (a) 막대에 흐르는 전류를 구하여라. (b) 저항기에서 소비된 에너지 비율을 구하여라. (c) 막대에 작용하는 자기력을 구하여라.

3 [5]. 그림 20.4에서, 저항이 5.0 Ω이고 변이 4.0 cm인 사각형 금속 고리는 고리 평면에 수직인 6.0 cm 폭의 균일한 자기장 영역에서 바깥쪽으로 오른쪽($+x$ 방향)으로 이동한다. 이 영역의 자기장은 0.25 T이다. $t = 0$에서, 고리는 자기장의 영역으로 들어가기 시작한다. 사각형 고리는 2.0 cm/s 등속으로 이동한다. 변 c(고리의 오른쪽)에 작용하는 자기력의 그래프를 시간의 함수로 표시하여라. 시간을 x축에 표시하고(양은 오른쪽에, 음은 왼쪽에 표시), x축에 숫자로 표시하여라.

4 [7]. 그림 20.2에서 길이 L인 금속 막대가 속력 v로 오른쪽으로 이동한다. (a) 금속 막대에 흐르는 전류를 v, B, L, R로 나타내어라. (b) 전류는 어느 방향으로 흐르는가? (c) 금속 막대에 작용하는 힘의 방향은 어디인가? (d) 금속 막대에 작용하는 자기력의 크기를 v, B, L, R로 나타내어라.

5 [9]. 기전력을 일정하게 유지하기 위해서는 그림 20.2에서 금속막대의 속도를 일정하게 유지해야 한다. 일정한 속도를 유지하기 위해서는 막대에 외부 힘을 가해서 막대를 오른쪽으로 당겨야 한다. (a) 이때 필요한 외력의 크기를 v, B, L, R로 나타내어라. (b) 이 힘이 금속 막대에 해준 일률은 얼마인가? (c) 저항에서 소모된 전력은 얼마인가? (d) 전반적으로 에너지가 보존되고 있는지 설명하여라.

6 [11]. 교류발전기의 전기자가 15.0 rad/s로 회전할 때 유도기전력의 진폭은 27.0 V이다. 전기자가 10.0 rad/s로서 회전하면 유도기전력의 진폭은 얼마인가?

7 [13]. 교류발전기의 전기자는 감긴 횟수가 80회이고 2.0 cm × 6.0 cm인 직사각형 코일이다. 이 전기자는 0.45 T의 균일한 자기장에 있다. 직사각형 코일의 기전력의 진폭이 17.0 V이면 전기자의 회전각속도는 얼마인가?

20.3 패러데이의 법칙, 20.4 렌츠의 법칙

8 [15]. 책상 표면의 넓이는 1.3 cm × 1.0 cm이다. 지구 자기장의 크기는 0.044 mT이고 자기장의 방향이 책상 수평면에 대해 65° 아래 방향으로 기울어 있으면, 책상 표면을 통과하는 자기선속은 얼마인가?

9 [17]. 그림과 같이 변의 길이가 0.75 m인 정사각형 고리가 수평(xz 평면)에 대해 yz 평면 쪽으로 30.0°로 기울어 있다. 0.32 T의 일정한 자기장은 $+x$축 방향이다. (a) 고리를 통과하는 자기선속은 얼마인가? (b) 각도가 60°로 증가하면 고리를 통과하는 자기선속은 얼마인가? (c) 각도가 증가하는 동안 고리에 흐르는 전류는 어느 방향으로 흐르는가?

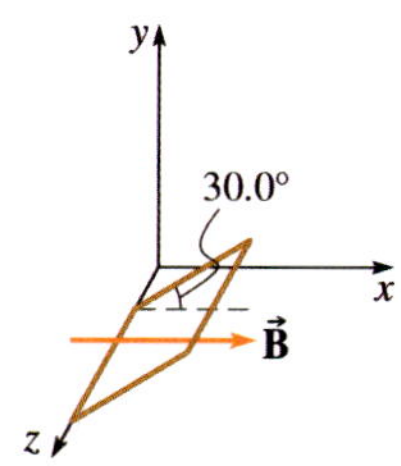

10 [19]. 그림과 같이 두 개의 고리 도선이 나란히 있다. 고리 1에 흐르는 전류 I_1은 외부 전원(그림에는 나타내지 않음)에 의해 공급되고 있고 오른쪽에서 바라보면 시계방

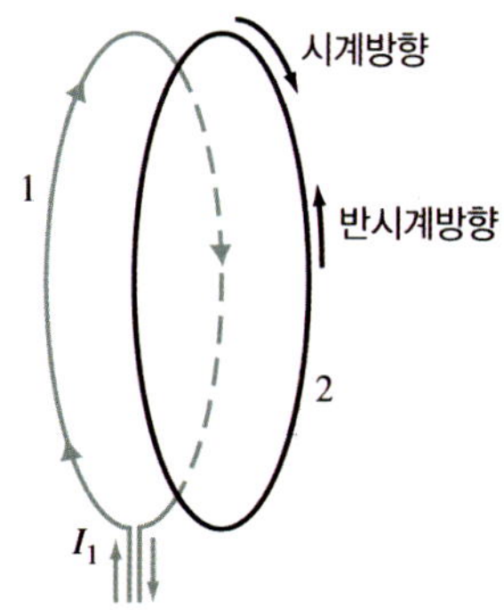

향으로 흐르고 있다. I_1 이 증가하는 동안 고리 2에 작용하는 자기력은 어느 방향으로 작용하는가? 무언가 있다면, 설명하여라.

11 [21]. 그림과 같이 전류가 흐르는 긴 직선 도선이 원형 고리의 면과 같은 평면에 있다.

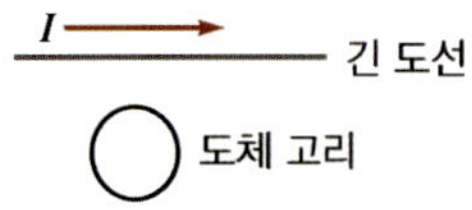

(a) 고리가 직선 도선에 더 가까이 이동하면 고리에 흐르는 유도전류는 어느 방향으로 흐르는가? (b) 한 순간에 유도된 고리의 유도기전력은 3.5 mV이다. 이 순간 고리를 통과하는 자기선속의 변화율은 얼마인가?

12 [23]. 반지름이 3.40 cm인 원형 고리가 0.880 T의 균일한 자기장에 놓여 있고, 그림과 같이 고리 면이 자기장에 수직하다. 이 고리가 축을 중심으로 0.222 s에 180° 회전한다. (a) 고리가 회전하기 시작할 때 코일의 유도전류는 시계방향으로 흐르는가 반시계방향으로 흐르는가? (b) 회전하는 동안 고리에 유도되는 평균 기전력은 얼마인가?

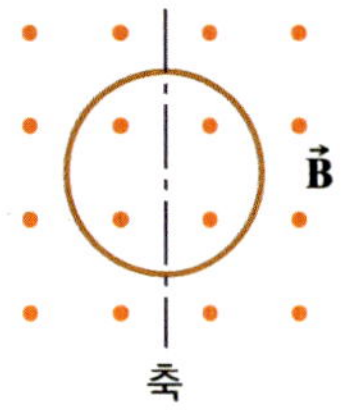

13 [25]. 반지름이 5.0 cm인, 50번 감긴 코일을 통과하는 외부 자기장의 중심축 방향 성분을 3.6 s 동안에 0에서 1.8 T로 증가시켰다. (a) 코일의 저항이 2.8 Ω이면 코일에 유도되는 전류는 얼마인가? (b) 코일에서 떨어진 관찰자가 중심축상에서 바라보면 유도전류는 어느 방향을 가리키는가?

14 [27]. 그림과 같이 스위치 S는 처음에 열려 있다. 스위치 S가 닫히고 몇 초 후에 다시 열린다. (a) 스위치 S가 닫힐 때 전류는 어느 방향으로 흐르는가? (b) 스위치 S가 열릴 때 전류는 어느 방향으로 흐르는가? (c) 전류계에 흐르는 전류를 시간의 함수로 나타낸 그래프로 스케치하여라. 양$^+$의 전류를 위쪽으로 한다.

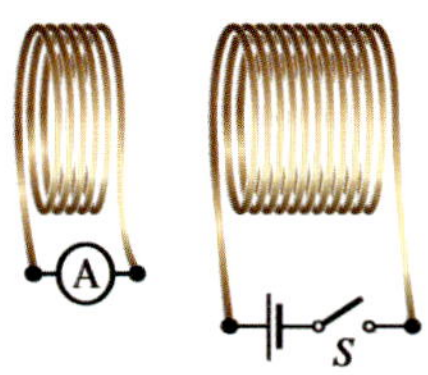

15 [29]. 그림과 같이 막대자석을 코일에 가까이 한다. (a) 자석이 가까워지면 전류는 어느 방향으로 검류계에 흐르는가? (b) 전류의 크기는 코일의 회전수와 어떤 관계가 있는가? (검류계의 저항과 비교하여 코일의 저항은 무시할 수 있다.) (c) 전류는 자석의 접근 속도와 어떤 관계가 있는가? (d) 자석을 고정시키고 코일을 왼쪽으로 이동시키면 비슷한 결과가 나오는가? 설명하여라.

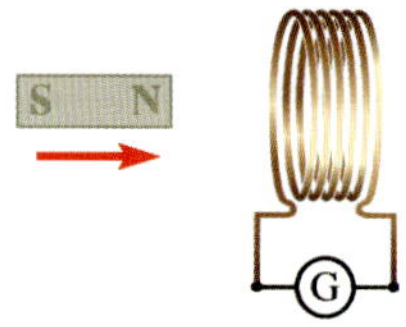

16 [31]. 도선으로 만든 두 고리가 동일 평면에서 서로 나란하게 놓여 있다. (a) 스위치 S가 닫혔다면 고리 2에 전류가 흐르겠는가? 그렇다면 어느 방향으로 흐르는가? (b) 고리 2에 흐르는 전류는 잠깐만 흐르는가 아니면 계속해서 흐르는가? (c) 고리 2에 자기력이 작용하는가? 그렇다면 어느 방향으로 작용하는가? (d) 고리 1에 자기력이 작용하는가? 그렇다면 어느 방향으로 작용하는가?

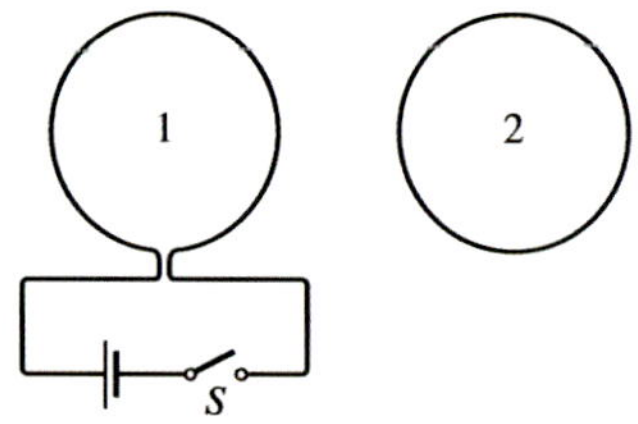

20.5 전동기에서의 역기전력

17 [33]. 팀은 뒤뜰에서 직류 모터가 들어있는 무선 전기 잔디깎이를 사용해 장시간 길게 자란 잔디를 깎고 있다. 잔디깎이를 24.0 V의 직류전원에 연결하면 18.00 V의 역기전력이 발생한다. 모터의 총전기저항은 8.00 Ω이다. (a) 모터가 원활하게 작동할 때 모터에 흐르는 전류는 얼마인가? (b) 갑자기 잔디깎이의 끈이 땅에 박힌 기둥에 감겨서 모터의 회전이 멈췄다. 역기전력이 없을 때 모터를 통과하는 전류는 얼마인가? 팀은 어떻게 해야 하는가?

20.6 변압기

18 [35]. 4000번 감은 1차 코일과 200번 감은 2차 코일이 있는 감압 변압기가 있다. 1차 코일의 전압 진폭이 2.2 kV이면 2차 코일의 전압 진폭은 얼마인가?

19 [37]. 전압 진폭 170 V인 전선에 연결하면 8.5 V의 전압 진폭으로 낮추어 공급해 주는 변압기가 초인종에 이용된다. 2차 코일이 50번 감겨 있다면, (a) 1차 코일과 2차 코일의 감은 수의 비는 얼마인가? (b) 1차 코일에 감긴 수는 얼마인가?

20 [39]. 변압기의 1차 기전력이 5.00 V일 때, 2차 기전력이 10.0 V이다. 변압기의 감은 수의 비(N_2/N_1)는 얼마인가?

21 [41]. 한 슬롯카 경주 장치는 벽에서 들어오는 170 V의 입력 전압 진폭을 낮추기 위해 1800번 감은 1차 코일과 300번 감은 2차 코일이 있는 변압기를 사용한다. 2차 코일에 흐르는 전류는 3.2 A이다. 2차 코일에 걸리는 전압과 1차 코일에 흐르는 전류는 얼마인가?

20.7 맴돌이 전류

22 [43]. 길이 2 m인 구리 관이 수직으로 매달려 있다. 관을 통과하도록 공깃돌을 떨어뜨리면 통과하는 데 약 0.7 s가 걸린다. 동일한 크기와 모양의 자석은 관을 통과하는 데 공깃돌보다 훨씬 오래 걸린다. (a) 위쪽이 S극, 아래쪽이 N극인 자석을 관 속으로 떨어뜨리면 자석 위의 관 주위에 흐르는 전류는 어느 방향인가? (위에서 볼 때 시계방향인가, 반시계방향인가?) (b) 자석 아래의 관 주위에 흐르는 전류는 어느 방향인가? (c) 자석의 속력을 시간함수로 정성적인 그래프를 그려보아라. **힌트** 꿀 속을 통과해서 떨어지는 공깃돌의 그래프는 어떤 모양이겠는가?

20.9 인덕턴스

23 [45]. 각각 N_1, N_2번 감긴 두 개의 솔레노이드가 동일한 형태로 감겨 있다. 두 솔레노이드는 모두 길이가 L이고 반지름은 r이다. (a) 솔레노이드 1(N_1번)에 교류 전류 $I_1(t) = I_m \sin\omega t$가 흐르는 경우, 솔레노이드 2를 통과하는 총자기선속을 시간의 함수로 나타내어라. (b) 솔레노이드 2에 유도된 최대 기전력은 얼마인가?

24 [47]. 길이가 2.8 cm이고 지름이 0.75 cm인 솔레노이드에 코일이 1 cm당 160번 감겨 있다. 솔레노이드에 흐르는 전류가 0.20 A일 때 솔레노이드에 1번 감긴 도선을 통과하는 자기선속은 얼마인가?

25 [49]. 길이가 ℓ인 이상적인 솔레노이드가 있다. 솔레노이드를 압축시켰더니 길이가 0.50 ℓ로 줄어들었다. 솔레노이드의 인덕턴스는 어떻게 되었겠는가?

26 [51]. 긴 솔레노이드의 자기 인덕턴스에 대한 식 (20-14)를 유도해 보자. 솔레노이드는 단위 길이당 감긴 수가 n이고, 길이는 ℓ, 반지름은 r이다. 솔레노이드에 흐르는 전류를 I라고 가정하여라. (a) 솔레노이드 내부의 자기장을 n, ℓ, r, I 및 보편 상수를 이용해 나타내어라. (b) 솔레노이드를 통과하는 자기장을 각 코일이 모두 자른다고 가정하여라. 바꿔 말하면, 솔레노이드가 촘촘하게 감겨져 있고 충분히 길기 때문에 끝까지 자기장이 균일하다고 가정하자. 1회전한 코일을 통과한 자기선속에 관한 식을 유도하여라. (c) 솔레노이드의 모든 코일을 통과한 총교차 자기선속은 얼마인가? (d) 식 (20-27)의 자체 인덕턴스의 정의를 이용해, 솔레노이드의 자체 인덕턴스를 구하여라.

27 [53]. 두 개의 이상적인 인덕터 L_1과 L_2가 회로에 병렬로 연결되어 있을 때 등가 인덕턴스 $L_{등가}$를 유도하여라.
힌트 두 개의 인덕터를 하나의 등가 인덕터 $L_{등가}$로 대체한다고 상상하여라. 등가 인덕터의 기전력은 두 인덕터의 기전력과 어떤 관계가 있는가? 전류는 어떤 관계가 있는가?

20.10 *LR* 회로

28 [55]. 회로와 같이 5.0 mH 인덕터와 10.0 Ω 저항을 6.0 V 전지에 직렬로 연결했다. (a) 스위치를 닫은 직후에 저항기에 걸리는 전압은 얼마인가? (b) 스위치를 장시간 닫은 후에 저항에 걸리는 전압은 얼마인가? (c) 스위치를 장시간 닫은 후 인

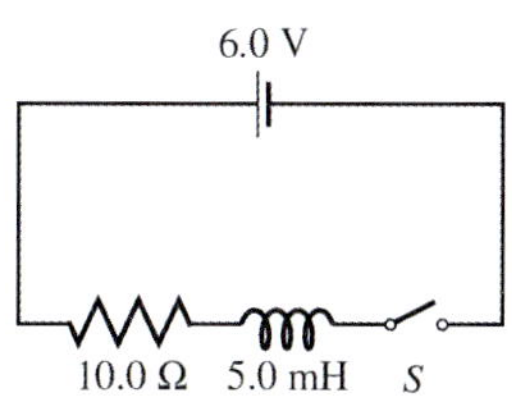

덕터를 통과하는 전류는 얼마인가?

29 [57]. 그림과 같이 5.0 Ω인 저항과 6.0 V인 직류 전지, 스위치를 직렬로 연결한 다음 10.0 Ω 저항과 7.0 mH 인덕터를 병렬로 조합해 연결했다. 스위치가 열린 직후에 (a) 5.0 Ω 저항과 (b) 10.0 Ω 저항에 걸리는 전압은 각각 얼마인가?

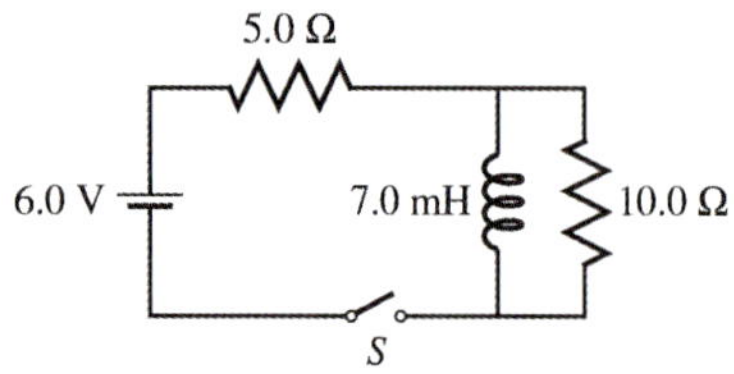

30 [59]. 스위치를 닫기 전에는 다음의 회로에 전류가 흐르지 않는다. 모든 회로 소자는 이상적이라고 생각하여라. (a) 스위치가 닫은 직후에 전류 I_1과 I_2의 값, 저항기에 걸리는 전기 퍼텐셜 차, 전지에서 공급되는 전력, 인덕터에 유도되는 기전력은 각각 얼마인가? (b) 스위치가 장시간 닫혀 있으면, 전류 I_1과 I_2의 값, 저항기에 걸리는 전기 퍼텐셜 차, 전지에서 공급된 전력, 인덕터에 유도된 기전력은 얼마인가?

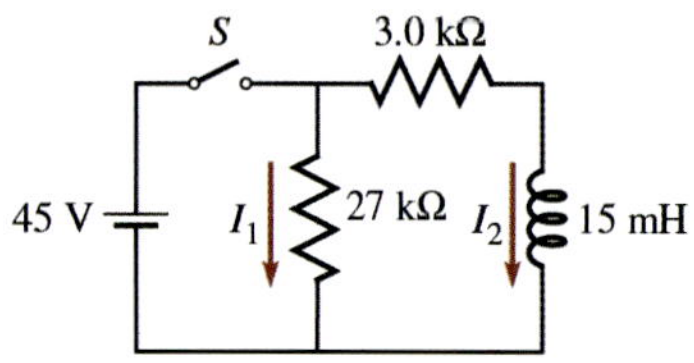

31 [61]. $t=0$일 때 코일을 6.00 V인 이상적인 전지에 연결했다. $t=10.0$ ms일 때, 코일에 흐르는 전류는 204 mA이다. 1 min 후 전류는 273 mA이다. 코일의 저항과 인덕턴스를 구하여라. **힌트** $I(t)$를 스케치하여라.

32 [63]. 코일의 인덕턴스가 0.15 H이고 저항이 33 Ω인 코일이 있다. 코일을 6.0 V인 이상적인 전지에 연결했다. 전류가 최댓값의 절반인 경우, (a) 인덕터에 저장되는 자기에너지의 비율은 얼마인가? (b) 에너지가 얼마의 비율로 소비되는가? (c) 전지가 공급한 총전력은 얼마인가?

33 [65]. 회로에서, 오랫동안 닫혀있던 스위치 S를 $t=0$에서 열었다. 인덕터의 전류가 처음 값의 0.0010배에 도달하는 데 시간이 얼마나 걸리는가?

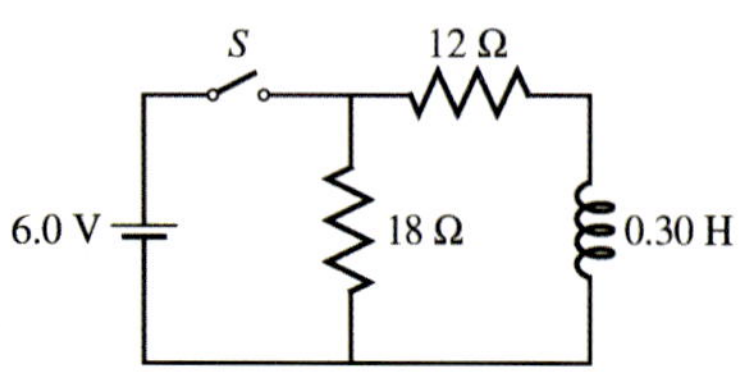

34 [67]. 코일의 인덕턴스는 0.15 H이고 저항은 33 Ω이다. 코일은 6.0 V인 전지에 연결되어 있다. 오랜 시간이 지나면 코일에 흐르는 전류는 더 이상 변하지 않는다. (a) 이때 코일에 흐르는 전류는 얼마인가? (b) 코일에 저장된 에너지는 얼마인가? (c) 코일에 소비된 에너지 비율은 얼마인가? (d) 코일에 유도된 기전력은 얼마인가?

협동문제

35 [69]. MRI 장비의 주 자석은 길이가 1.8 m, 반지름이 30 cm인 초전도 솔레노이드이다. 정상 작동 중에 권선을 통과하는 전류는 100 A이고 권선의 저항은 0이며 자기장 크기는 1.5 T이다. (a) 코일의 인덕턴스는 얼마인가? (b) 솔레노이드를 전원에 연결하면 자석이 된다. 전류가 0에서 100 A로 되는 데 8.0 min이 걸린다. 전원공급장치의 기전력은 얼마인가?

36 [71]. 그림 20.2를 참조하여라. 그림과 같이 막대의 길이는 L이며, 어느 순간에 막대의 위치는 x에 있다. 문제에 따라 x, L, v, B(자기장 크기), R로 답을 표현하여라. (a) 이 순간에 고리 도선으로 둘러싸인 넓이는 얼마인가? (b) 이 순간에 고리를 통한 자기선속은 얼마인가? (c) 막대가 속도 v로 오른쪽으로 이동했다. 자기선속의 변화율은 얼마인가? (d) 패러데이의 법칙에 의하면, 고리에서 유도되는 기전력은 얼마인가? 식 (20-5)와 비교하여라. (e) 유도전류 I는 얼마인가? (f) 유도전류가 고리 주위를 반시계방향으로 흐르는 이유를 설명하여라.

37 [73]. 그림과 같이 고리 도선이 전지와 가변 저항기에 연결되어 있다. 두 개의 다른 고리 도선 B와 C를 대형 고리 도선 내부

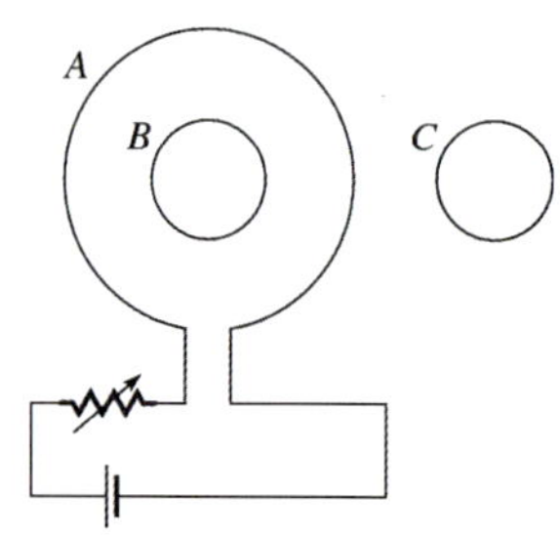

와 외부에 각각 배치했다. 가변 저항기의 저항이 증가하면 고리 B와 C에 유도전류가 발생하는가? 그렇다면 유도전류는 시계방향으로 흐르는가 아니면 반시계방향으로 흐르는가?

38 [75]. 전류가 흐르는 긴 직선 도선 근처에 원형 고리 도선을 배치한다. 그림과 같이 고리가 세 방향 중 하나로 이동한다. 각각의 경우 고리에 흐르는 전류의 방향, 고리에 작용하는 자기력의 방향, 직선 도선에 작용하는 자기력의 방향을 구하여라.

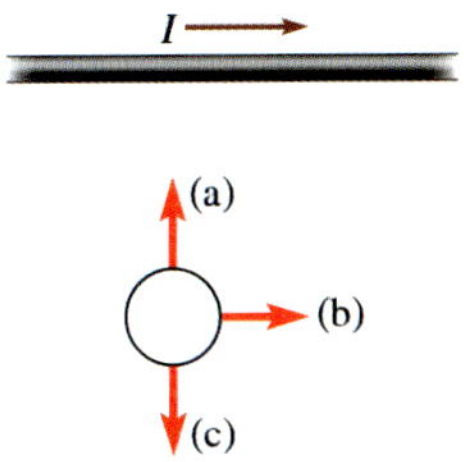

연구문제

39 [77]. 전자기타 줄은 강자성 금속으로 만들어져 있다. 픽업(소리를 전기 신호로 바꾸는 장치)은 두 개의 성분으로 구성되어 있다. 자석은 기타 줄의 일부가 자화되게 한다. 픽업 코일 근처에서 기타 줄을 진동시키면 코일에서 유도기전력이 생긴다. 코일에서 생기는 전기 신호는 증폭되어 스피커가 작동하는 데 사용된다. 그림에서 기타 줄이 코일에서 멀어지고 있다. 이때 코일에 흐르는 유도 전류의 방향은 어디인가?

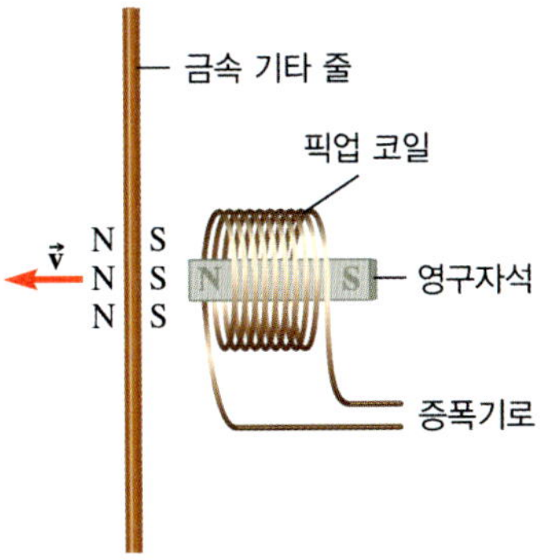

40 [79]. 자기장의 크기가 0.050 mT인 위치에서 지구의 자기장을 사용하여 교류발전기를 만들고자 한다. 반지름이 5.0 cm이고 1000.0번 감겨 있는 코일이 있다. 진폭이 1.0 V인 기전력을 얻으려면 교류발전기의 각속도는 얼마인가?

41 [81]. 길이가 8.5 cm이고 지름이 1.6 cm인 솔레노이드에 코일이 350회 감겨있다. 솔레노이드를 통과하는 전류가 65 mA일 때, 솔레노이드를 1번 감은 코일을 통과한 자기선속은 얼마인가?

42 [83]. 실험실에서 얻을 수 있는 가장 큰 자기장은 약 40 T이다. (a) 자기장으로 인한 자기에너지 밀도는 얼마인가? (b) 같은 에너지 밀도를 얻으려면 자기장의 크기는 얼마여야 하는가?

43 [85]. 음극선관에 20.0 kV 진폭 전원공급장치가 필요하다. (a) 170 V 진폭의 가정용 전압을 20.0 kV로 상승시키는 변압기에서 코일의 감은 수의 비는 얼마인가? (b) 음극선관이 82 W의 전력을 소비할 경우, 1차 코일과 2차 코일에 흐르는 전류를 구하여라. 이상적인 변압기라고 가정하여라.

44 [87]. 반지름이 10.0 cm이고 50번 감겨 있는 코일이, 코일의 축이 임의의 수평 방향으로 향할 수 있도록 설치되어 있다. 처음에는 축을 지구의 자기장이 최대가 되는 방향으로 맞추었다. 코일의 축이 0.080 s 동안에 90.0°로 회전하면 코일에는 평균 기전력이 0.687 mV가 유도된다. 이 위치에서 지구 자기장의 수평 성분의 크기는 얼마인가?

45 [89]. 전자석의 극 사이의 자기장이 2.6 T이다. 자기장을 코일의 축과 나란하도록 배치하고 자기장 내에 코일을 놓았다. 코일의 전기저항은 25 Ω이고 반지름이 1.8 cm이다. 전자석에 전류 공급을 중단시킬 때 코일에 흐르는 총전하는 9.0 mC이다. 코일은 몇 번 감겨 있는가?

46 [91]. 어떤 비행기가 북쪽으로 180 m/s로 비행한다. 지구 자기장의 북쪽 방향 성분은 0.030 mT이고 수직 위 방향의 성분은 0.038 mT이다. (a) 날개 간격(날개 사이의 거리)이 46 m라면 날개 끝과 끝 사이의 운동기전력은 얼마인가? (b) 날개 끝 어느 쪽이 양전하로 대전되겠는가?

47 [93]. 어떤 이상적인 솔레노이드(감긴 수 N_1, 길이 ℓ_1, 반지름 r_1)가 다른 이상적인 솔레노이드(감긴 수 N_2,

길이 $\ell_2 > \ell_1$, 반지름 $r_2 > r_1$) 내부에 배치되어 있고 두 솔레노이드의 축은 일치한다. 바깥 쪽 솔레노이드의 전류가 $\Delta I_2/\Delta t$의 비율로 변하면 내부 솔레노이드에서 유도되는 기전력의 크기는 얼마인가?

종합문제

48 [95]. 축전기에 저장할 수 있는 전기에너지와 같은 크기(곧, 같은 부피)의 인덕터에 저장할 수 있는 자기에너지를 비교하여라. 축전기의 판 사이에 공기가 있다고 가정하자. 최대 전기장은 공기의 유전강도인 약 3 MV/m이다. 공심 솔레노이드에서 얻을 수 있는 최대 자기장은 약 10 T이다.

49 [97]. 과거에는 작은 병 모양의 직류발전기로 자전거 헤드라이트에 전원을 공급했다. 작은 바퀴(상단은 '병' 모양)로 된 발전기의 축대를 타이어에 접촉시켜 회전시킨다. 반지름이 1.8 cm이고 150번 감긴 원형 코일이 있는 발전기가 있다고 가정하자. 코일의 자기장 크기는 0.20 T이다. 발전기가 전구에 진폭 4.2 V의 기전력을 공급하면 전구는 6.0 W의 평균전력과 12.0 W의 최대 순간전력을 소모한다. (a) 발전기(전기자)의 회전속도는 얼마(rev/min)인가? (b) 이상적인 발전기라고 가정하자. 자전거 타이어가 발전기를 회전시키는데 필요한 평균 돌림힘과 최대 순간 돌림힘은 얼마인가? (c) 타이어의 반지름은 32 cm이고, 타이어와 접촉하는 발전기 축의 반지름은 1.0 cm이다. 발전기에 진폭이 4.2 V인 기전력을 공급하려면, 자전거의 선속도는 얼마여야 하는가?

50 [99]. 그림과 같이 저항이 79 Ω이고 한 변이 2.3 cm인 정사각형 도선 고리가 전류 6.8 A가 흐르는 무한히 긴 도선 근처에 있다. 긴 도선과 고리는 모두 동일 평면에 있다. 고리와 도선 사이의 거리는 9.0 cm이다. (a) 고리가 정지 상태에 있으면 고리에 유도되는 기전력은 얼마인가? 고리에 흐르는 유도전류의 크기와 방향은 얼마인가? 고리에 작용하는 자기력의 크기와 방향은 얼마인가? (b) 고리가 45 cm/s의 일정한 속도로 오른쪽으로 움직일 때, 고리에 유도되는 기전력은 얼마인가? 고리에 흐르는 유도전류의 크기와 방향은 얼마인가? 고리에 작용하는 자기력의 크기와 방향은 얼마인가? (c) (b)에서, 고리에서 소모되는 전력을 구하여라. 속력을 일정하게 유지하기 위해 고리를 당기는 외력이 일하는 것과 같다는 것을 보여라.

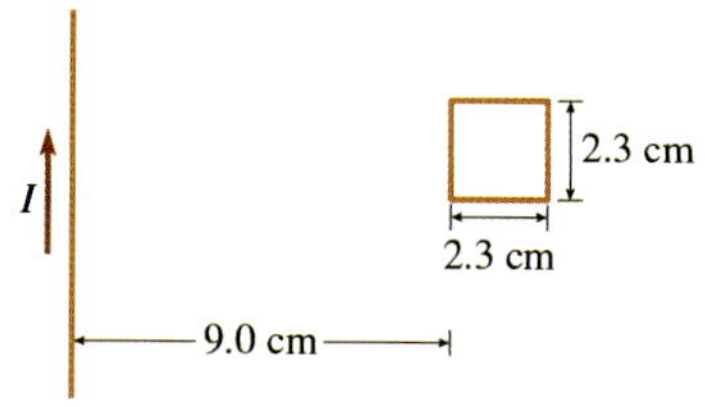

CHAPTER 21 | 교류

개념정리

- 다음 식에서 소문자 v는 순간 전압을 나타내고 대문자 V는 전압 진폭(봉우리 전압)을 나타낸다. ϕ는 위상상수라고 한다.

$$v = V\sin(\omega t + \phi)$$

- 회로에서 교류발전기(사인형 기전력원)의 기호는 ∿ 이다.
- 사인형 제곱평균제곱근 rms 값은 진폭의 $1/\sqrt{2}$ 배이다.
- 리액턴스(X_C, X_L)와 임피던스(Z)는 일반화된 저항의 개념이며 측정 단위는 Ω이다. 회로소자 또는 소자들의 조합 양단에 걸린 전압 진폭은 소자를 통과하는 전류의 진폭과 소자들의 리액턴스 또는 임피던스의 곱과 같다. 저항기를 제외하고는 전압과 전류 사이에는 위상차가 있다.

	진폭	위상
저항	$V_R = IR$	v_R과 i는 위상이 같다.
축전기	$V_C = IX_C$ $X_C = 1/(\omega C)$	i는 v_C에 비해 위상이 90° 앞선다.
인덕터	$V_L = IX_L$ $X_L = \omega L$	v_L은 i에 비해 위상이 90° 앞선다.
***RLC* 직렬회로**	$\mathcal{E}_m = IZ$ $Z = \sqrt{R^2 + (X_L - X_C)^2}$	$\mathcal{E}_m$은 i에 비해 $\phi = \tan^{-1}\dfrac{X_L - X_C}{R}$ 앞선다/뒤처진다.

- 저항에서 소모되는 평균 전력은

$$P_{평균} = I_{rms}V_{rms} = I_{rms}^2 R = \frac{V_{rms}^2}{R} \qquad (21\text{–}10)$$

이다. 이상적인 축전기나 이상적인 인덕터에서 소모되는 평균 전력은 0이다.

- RLC 직렬회로에서 소모되는 평균 전력은

$$P_{평균} = I_{rms}\mathcal{E}_{rms}\cos\phi \qquad (21\text{–}38)$$

로 쓸 수 있다. 여기서 ϕ는 $i(t)$와 $\mathcal{E}(t)$ 사이의 위상차이다. 전력인자 $\cos\phi$는 R/Z와 같다.

- 사인파형 전압을 더할 때 각 전압을 위상 옮기개[phasor]라고 부르는 벡터 형태로 나타낼 수 있다. 위상 옮기개의 크기는 전압의 진폭을 나타내고, 위상 옮기개의 각은 전압의 위상상수를 나타낸다. 벡터를 합하는 것과 동일한 방식으로 위상 옮기개를 합할 수 있다.

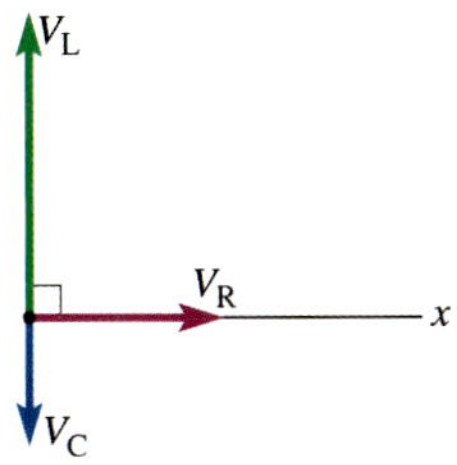

- RLC 직렬회로에서 공명이 일어나는 각진동수는

$$\omega_0 = \frac{1}{\sqrt{LC}} \qquad (21\text{–}40)$$

이다. 공명에서 전류 진폭은 최댓값을 가지며, 용량 리액턴스는 유도 리액턴스와 같고 임피던스는 저항과 같다. 회로에서 저항이 작을수록 공명곡선(전류 진폭을 진동수의 함수로 나타낸 그래프)은 뾰족하고 예리한 봉우리로 나타난다. 회로는 라디오 또는 TV 방송에서와 같이, 공명진동수를 조정해 넓은 범위 진동수로 구성된 신호로부터 좁은 범위의 진동수를 선택할 수 있다.

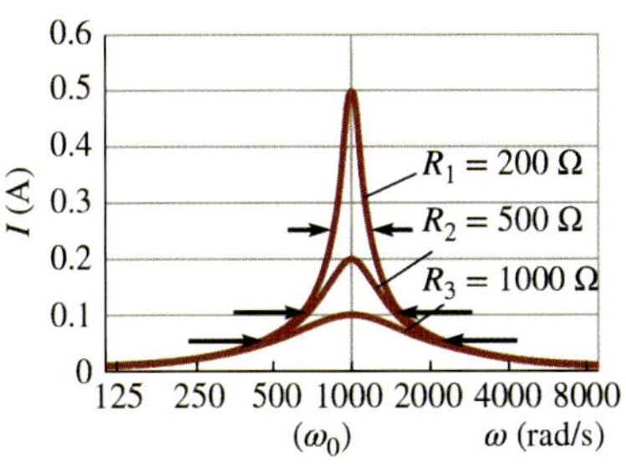

- 이상적인 다이오드는 한 방향으로 전류가 흐를 때 저항이 0이 되어 다이오드에서 전압 강하가 전혀 생기지 않는 반면, 반대 방향에 대해서는 저항이 무한대가 되어 전류는 그 방향으로 흐를 수가 없다. 다이오드를 사용해 교류를 직류로 전환시킬 수 있다.
- 축전기와 인덕터를 사용해 전기 신호에서 원치 않는 고진동수나 저진동수를 선택적으로 제거하는 거르개를 만들 수 있다.

연습문제

개념형 질문

1 [1]. 한 교류회로에서 전류가 흐르는 축전기의 양단의 전기 퍼텐셜 차 사이에 위상차가 있는 이유를 설명하여라.

2 [3]. 교류회로의 평균 전류와 rms 전류, 최대 전류의 차이점을 설명하여라.

3 [5]. 어떤 전기 제품은 직류전원이나 교류전원 모두에서 작동할 수 있지만 다른 어떤 전기제품은 교류전원이나 또는 직류전원에서만 작동한다. 각 유형의 전기제품에 대해 몇 가지만 예를 들어 설명하여라.

4 [7]. 교류회로의 축전기의 경우, 축전기 양단에 걸린 전압이 최대일 때 전류가 0이어야 하는 이유를 설명하여라.

5 [9]. 어떤 전기제품의 정격이 120 V, 5 A, 500 W이다. 처음 두 값은 rms 값이다. 세 번째는 평균 전력 소비량이다. 전력이 600 W(=120 V × 5 A)가 아닌 이유는 무엇인가?

6 [11]. 12 V(rms) 사인형 교류전원과 저항체 및 알 수 없는 부품이 직렬로 연결된 회로가 있다. 진동수를 240 Hz에서 160 Hz로 감소시키면 회로의 전류가 20 % 감소한다. 회로의 두 번째 부품은 무엇인가? 그 이유를 설명하여라.

7 [13]. 전선으로 된 코일과 연철심을 사용해 가정용의 조명등을 어떻게 어둡게 할 수 있는가?

8 [15]. 전력인자가 1이라는 것이 무엇을 의미하는가? 전력인자가 0이라는 것은 무엇을 의미하는가?

선다형 질문

1 [1]. 교류회로에서 그래프 (1, 2)는 무엇을 나타낼 수 있는가?

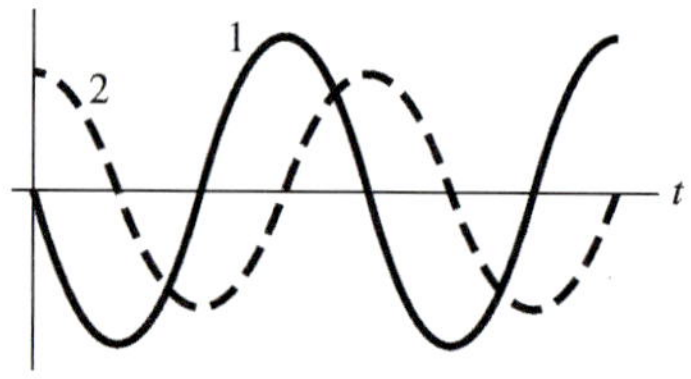

(a) 축전기의 (1−전압, 2−전류)
(b) 축전기의 (1−전류, 2−전압)
(c) 저항기의 (1−전압, 2−전류)
(d) 저항기의 (1−전류, 2−전압)
(e) 인덕터의 (1−전압, 2−전류)
(f) 인덕터의 (1−전류, 2−전압)
(g) (a) 또는 (e)
(h) (a) 또는 (f)
(i) (b) 또는 (e)
(j) (b) 또는 (f)

2 [3]. 교류회로의 이상적인 인덕터의 경우 인덕터를 통과하는 전류는
(a) 유도기전력과 위상이 같다.
(b) 유도기전력보다 위상이 90° 앞선다.
(c) 유도기전력보다 위상이 90° 이하의 각으로 앞선다.
(d) 유도기전력보다 위상이 90° 늦다.
(e) 유도기전력보다 위상이 90° 이하의 각으로 뒤떨어진다.

3 [5]. 가변 진동수 진동자의 단자에 축전기를 연결했다. 진동수가 증가하는 동안 전원의 봉우리 전압이 고정된 채로 유지되었다. 어떤 설명이 사실인가?

(a) 축전기를 통과하는 rms 전류가 증가한다.
(b) 축전기를 통과하는 rms 전류가 감소한다.
(c) 전류와 전원전압의 위상 관계가 바뀐다.
(d) 진동수의 변화가 매우 크면 전류가 흐르지 않는다.

4 [7]. 저항체와 축전기와 인덕터를 직렬 연결해 교류전원에 연결했다. 어떤 설명이 사실인가?

(a) 축전기의 전류가 인덕터의 전류를 180° 앞선다.
(b) 인덕터의 전류가 축전기의 전류를 180° 앞선다.
(c) 축전기의 전류와 저항의 전류는 위상이 같다.
(d) 축전기 양단의 전압과 저항체 양단의 전압은 위상이 같다.

5 [9]. 그림은 회로에 있는 다양한 회로 소자에 대해 봉우리 전류를 진동수의 함수로 나타낸 그래프이다. 발전기 기전력의 진폭은 일정하고 진동수와 무관하다. 회로소자가 축전기일 경우 어느 것이 올바른 그래프인가?

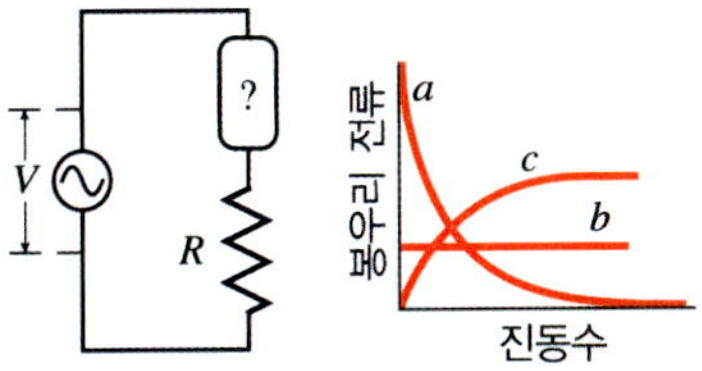

문제

21.1 사인파형의 전류와 전압 : 교류회로의 저항체, 21.2 가정용 전기

1 [1]. 전구를 120 V(rms), 60 Hz 전원에 연결했다. 전구에 흐르는 전류의 방향은 1 s에 몇 번이나 바뀌는가?

2 [3]. 1500 W의 전열기가 120 V(rms) 전원에서 작동한다. 전열기를 통과하는 봉우리 전류는 얼마인가?

3 [5]. 미국에서 1500 W 헤어드라이어는 교류전압 120 V(rms)에서 작동하도록 설계되어 있다. 유럽에서 헤어드라이어를 교류전압 240 V(rms) 소켓에 꽂으면, 헤어드라이어의 소비 전력은 얼마나 되는가? 이런 경우에 헤어드라이어에 어떤 문제가 생길 수 있는가?

4 [7]. (a) 4200 W 전기 난방기가 120 V(rms)에서 작동할 때 흐르는 전류(rms)는 얼마인가? (b) 전압이 저하되는 동안 전압이 105 V(rms)로 떨어지면 전열기의 전력손실은 얼마인가? 저항은 변하지 않는다고 가정하여라.

5 [9]. rms 기전력이 4.0 V인 교류발전기의 순간 사인파 rms 기전력은 어떤 값 사이에서 진동하는가?

6 [11]. 완전히 한번 순환했을 때, $\sin^2\omega t$의 값이 $\frac{1}{2}$임을 증명하여라.

힌트 다음 삼각함수 공식을 사용하여라. $\sin^2\omega t = (1-\cos 2\omega t)/2$

21.3 교류회로의 축전기

7 [13]. 6.0 μF 축전기의 리액턴스가 1.0 kΩ이면 진동수는 얼마인가?

8 [15]. 0.250 μF 축전기를 진동수가 50.0 Hz인 220 V rms 교류전원에 연결했다. (a) 축전기의 리액턴스를 구하여라. (b) 축전기에 흐르는 rms 전류는 얼마인가?

9 [17]. $X_C = 1/(\omega C)$에서 용량리액턴스의 단위가 Ω임을 보여라.

10 [19]. 3개의 축전기(2.0 μF, 3.0 μF, 6.0 μF)가 진폭 12.0 V 및 진동수 6.3 kHz의 교류 전압원에 직렬로 연결되어 있다. (a) 각 축전기의 봉우리 전압은 무엇인가? (b) 회로에 흐르는 봉우리 전류는 무엇인가?

11 [21]. 축전기와 저항체를 교류 전원에 병렬로 연결했다. 축전기의 리액턴스와 저항체의 저항이 같다. $i_C(t) = I\sin\omega t$라고 가정하고 $i_C(t)$와 $i_R(t)$의 그래프를 같은 축에서 그려라.

21.4 교류회로의 인덕터

12 [23]. 20.0 mH 인덕터의 리액턴스가 18.8 Ω이면 진동

수는 얼마인가?

13 [25]. 반지름이 8.0×10^{-3} m이고 cm당 200번 감긴 솔레노이드를 회로의 인덕터로 사용한다. 솔레노이드를 진동수 22 kHz, 15 V rms의 전원에 연결했더니 rms 전류가 3.5×10^{-2} A로 측정되었다. 솔레노이드의 저항은 무시할 수 있다고 가정하여라. (a) 유도 리액턴스는 얼마인가? (b) 솔레노이드의 길이는 얼마인가?

14 [27]. 두 개의 이상적인 인덕터(0.10 H, 0.50 H)가 진폭 5.0 V, 진동수 126 Hz인 교류전원에 직렬로 연결되었다. (a) 각 인덕터의 봉우리 전압은 얼마인가? (b) 회로에 흐르는 봉우리 전류는 얼마인가?

15 [29]. 이상적인 축전기와 이상적인 인덕터가 교류회로에 직렬로 연결되어 있다고 가정하여라. (a) $v_C(t)$와 $v_L(t)$ 사이의 위상차는 얼마인가? **힌트** 직렬연결이므로 모두 같은 전류 $i(t)$가 흐른다. (b) 축전기와 인덕터 양단에 걸리는 rms 전압이 각각 5.0 V, 1.0 V이면 직렬로 연결된 교류전압계(rms 전압)의 눈금은 얼마인가?

16 [31]. 교류회로에 있는 이상적인 인덕터에 대해서 그림 21.5와 유사한 그림을 그려라. 이상적인 인덕터 양단의 전압을 $v_L(t)=V_L\sin\omega t$라고 가정하고 시작하여라. 동일한 축에서 $v_L(t)$와 $i(t)$의 한 주기를 보여주는 그래프를 그려라. 그런 다음, 시간 $t=0,\ \frac{1}{8}T,\ \frac{2}{8}T,\ \cdots,\ T$에서 전류가 증가하거나 감소하거나, (즉시)변하지 않는지에 상관하지 말고 전류의 방향을 나타내고, 인덕터의 유도기전력의 방향(또는 그것이 0임)을 나타내어라.

17 [33]. 어떤 인덕터가 50.0 Hz의 진동수에서 저항이 20.0 Ω이고 임피던스가 30.0 Ω이다. 인덕턴스는 얼마인가? (인덕터를 저항체와 직렬로 연결한 이상적인 인덕터로 모형화하여라.)

21.5 *RLC* 직렬회로

18 [35]. 저항체와 축전기를 직렬로 조합해 110 V rms, 60.0 Hz인 교류전원에 연결했다. 전기용량이 0.80 μF이고 회로의 rms 전류가 28.4 mA이면 저항은 얼마인가?

19 [37]. 0.20 mF인 축전기, 13 mH인 인덕터, 10.0 Ω의 저항체가 진폭 9.0 V, 진동수 60 Hz의 교류전원에 연결되어 *RLC* 직렬회로가 연결되었다. (a) 전압 진폭 V_L, V_C, V_R과 위상각을 각각 계산하여라. (b) 이 회로의 전압에 대한 위상 옮기개를 그려보아라.

20 [39]. 어떤 컴퓨터에 120 V(rms) 전압이 걸려 2.80 A의 rms 전류가 흐를 때 평균 전력 소비량이 240 W이다. (a) 전력인자는 얼마인가? (b) 전류와 전압의 위상차는 얼마인가?

21 [41]. 교류회로에 한 개의 저항체, 축전기, 인덕터가 직렬로 연결되어 있다. 이 회로는 100 W의 전력을 사용하며 진동수 60 Hz, 120 V rms에서 작동할 때 2.0 A의 최대 rms 전류가 흐른다. 용량 리액턴스는 유도 리액턴스의 0.50배이다. (a) 위상각을 구하여라. (b) 저항체, 인덕터, 축전기의 전기용량을 각각 구하여라.

22 [43]. 교류회로에는 진동수가 1.59 kHz이고 출력 봉우리 전압이 50.0 V인 교류발전기가 12.5 Ω의 저항, 5.00 μF 축전기, 3.60 mH 인덕터와 직렬로 연결되어 있다. 임피던스, 전력인자를 구하여라. 그리고 이 회로에 대한 전원의 전압과 전류 사이의 위상차를 구하여라.

23 [45]. 22.0 mH의 인덕터와 145.0 Ω 저항체를 직렬로 조합해 봉우리 전압 1.20 kV의 교류발전기의 출력 단자에 연결했다. (a) 진동수 $f=1250$ Hz에서 인덕터 양단과 저항 양단에 걸리는 전압 진폭은 얼마인가? (b) 교류전원전압은 전압 진폭을 더한 것과 같은가? 곧, $V_R+V_L=120$ kV인가? 설명하여라. (c) 전압의 덧셈을 나타내는 위상 옮기개 그림을 그려라.

24 [47]. 150 Ω의 저항체와 0.75 H 인덕터를 직렬로 연결한 교류회로가 있다. 저항체와 인덕터에 걸리는 rms 전압은 동일하다. (a) 진동수는 얼마인가? (b) 각각의 rms 전압은 전원의 rms 전압의 절반인가? 아니라면 교류전원전압의 몇 분의 일인가? (곧, $V_R/\mathcal{E}_m=V_L/\mathcal{E}_m=?$)

(c) 교류전원 전압과 전류 사이의 위상각은 얼마인가? 어느 것이 앞서가는가? (d) 이 회로의 임피던스는 얼마인가?

25 [49]. (a) 진동수 $f=250.0\ \mathrm{Hz}$일 때 $10.0\ \mathrm{mH}$ 인덕터의 리액턴스는 얼마인가? (b) $250.0\ \mathrm{Hz}$에서 $10.0\ \mathrm{mH}$ 인덕터를 $10.0\ \Omega$의 저항체와 직렬로 조합하면 임피던스는 얼마인가? (c) 교류전원의 봉우리 값이 $1.00\ \mathrm{V}$일 때 동일한 회로를 통과하는 데 흐르는 최대 전류는 얼마인가? (d) 이 회로에서 전류는 전압보다 위상이 몇 도 늦어지는가?

21.6 *RLC* 회로에서의 공명

26 [51]. *RLC* 직렬회로가 가변 축전기로 구성되어 있다. 축전기 금속판의 넓이가 2배로 증가하면 회로의 공명 진동수는 어떻게 변하는가?

27 [53]. *RLC* 직렬회로에 세 개의 소자가 직렬로 연결되어 있다. $60.0\ \Omega$인 저항체, $40.0\ \mathrm{mH}$인 인덕터, $0.0500\ \mathrm{F}$인 축전기의 세 개의 소자를 $10.0\ \mathrm{V(rms)}$ 전압인 교류 발진기의 단자에 직렬로 연결시켰다. 회로의 공명 진동수를 구하여라.

28 [55]. 다양한 진동수에서 청력을 테스트하기 위해 스피커를 공명 *RLC* 회로에 연결한다. 가변 축전기의 전기용량을 변경해 공명 진동수를 선택한다. (a) 인덕터 $L=300\ \mathrm{mH}$인 *RLC* 회로에서 $20\ \mathrm{Hz}$의 공명 진동수(청력이 좋은 사람들이 감지할 수 있는 최저 진동수)를 얻기 위해 필요한 전기용량은 얼마인가? (b) $20\ \mathrm{kHz}$의 진동수(가장 높은 가청 진동수)에 필요한 전기용량은 얼마인가?

29 [57]. *RLC* 직렬회로가 공명 진동수에서 사인파형 기전력으로 구동된다. (a) 축전기와 인덕터 양단에 걸리는 전압의 위상차는 얼마인가? **힌트** 직렬연결 되어 있으므로 일정한 전류 $i(t)$가 흐른다. (b) 공명이 일어날 때 회로의 rms 전류는 $120\ \mathrm{mA}$이다. 회로의 저항은 $20\ \Omega$이다. 가해준 rms 기전력은 얼마인가? (c) rms 기전력은 변경시키지 않고 기전력의 진동수만 바꾸면 rms 전류는 어떻게 변하는가?

30 [59]. *RLC* 직렬회로에 $L=0.300\ \mathrm{H}$이고 $C=6.00\ \mu\mathrm{F}$이 있다. 전원의 봉우리 전압은 $440\ \mathrm{V}$이다. (a) 공명 각진동수는 얼마인가? (b) 전원의 봉우리 전압이 공명 진동수로 설정되면 회로의 봉우리 전류는 $0.560\ \mathrm{A}$이다. 회로의 저항은 얼마인가? (c) 공명 진동수에서 저항체, 인덕터, 축전기에 걸리는 봉우리 전압은 얼마인가?

31 [61]. 작동 진동수가 $98.7\ \mathrm{Hz}$일 때 문제 19를 반복한다. (a) 이 회로의 위상각은 얼마인가? (b) 위상 옮기개 그림을 그려라. (c) 이 회로의 공명 진동수는 얼마인가?

21.7 교류를 직류로 변환하기 : 거르개

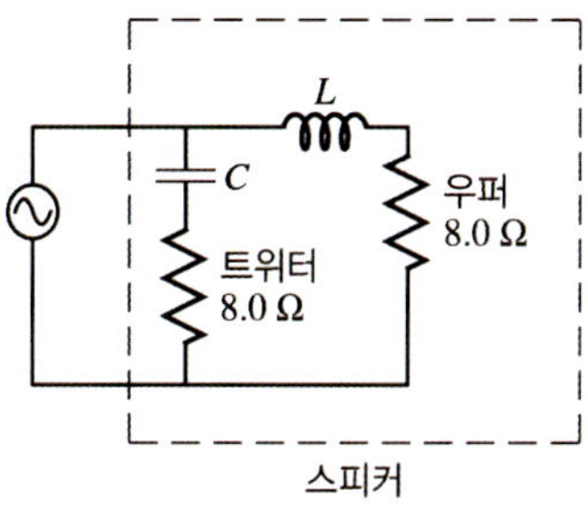

32 [63]. 그림의 교차 회로망에서 교차 진동수가 $252\ \mathrm{Hz}$였다. 축전기는 $C=560\ \mu\mathrm{F}$이다. 이상적 인덕터라고 가정하여라. (a) 교차 진동수에서 트위터 가지(트위터에 $8.0\ \Omega$ 저항과 직렬로 연결된 축전기)의 임피던스는 얼마인가? (b) 교차 진동수에서 우퍼 가지의 임피던스는 얼마인가? **힌트** 두 가지 지점의 전류 진폭은 같다. (c) L을 구하여라. (d) 교차 진동수 f_∞를 L과 C로 나타낸 식을 유도하여라. 교차 회로에서 트위터는 저음용 스피커이고 우퍼는 고음용 스피커이다.

협동문제

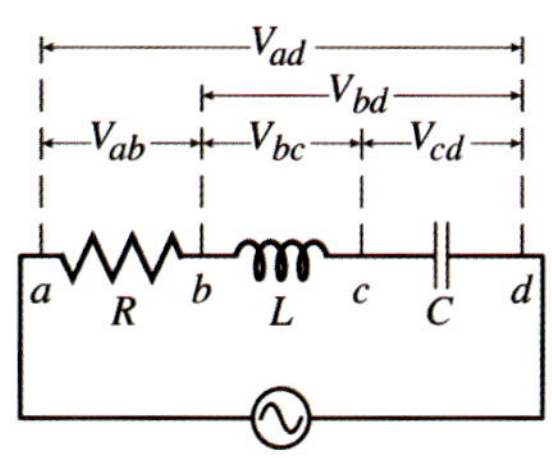

33 [65]. 그림에 표시된 회로는 rms 전원전압이 $440\ \mathrm{V}$이고 저항 $R=250\ \Omega$과 인덕턴스 $L=0.800\ \mathrm{H}$, 축전기 $C=2.22\ \mu\mathrm{F}$이 직렬로 연결되어 있다. (a) 이 회로의 공명 각진동수 ω_0를

구하여라. (b) 공명일 때 회로에 대한 위상 옮기개 그림을 그려보아라. (c) 회로의 여러 점 사이에서 측정한 rms 전압 V_{ab}, V_{bc}, V_{cd}, V_{bd} 및 V_{ad} 를 구하여라. (d) 저항을 $R = 125\ \Omega$으로 대체했다. 이제는 공명 각진동수가 얼마인가? (e) 새로운 저항기를 가진 회로와 공명하여 작동할 때 이 회로에 흐르는 rms 전류는 얼마인가?

34 [67]. 2.5×10^6 W를 생산하는 발전소에서 120 km 떨어진 도시로 전력을 송전하기 위한 변압기를 설계하는 전기기술자가 2개의 송전선을 통해 전력을 송전하는 회로를 완성하였다. 각 전선은 반지름이 5.0 cm인 구리로 되어 있다. (a) 송전선의 총저항은 얼마인가? (b) 전원을 1200 V rms로 전송하는 경우, 전선에서 소비되는 평균 전력을 구하여라. (c) 1차 코일이 1000번 감긴 변압기를 사용해 rms 전압을 1200 V의 150배까지 높였다. 2차 코일에 감긴 수는 몇 회인가? (d) 변압기로 승압시킨 후에 송전선의 rms 전류는 얼마인가? (e) 변압기를 사용할 때 송전선에서 소모되는 평균 전력은 얼마인가?

연구문제

35 [69]. 어느 특정 RLC 직렬 회로의 용량 리액턴스는 12.0 Ω, 유도 리액턴스는 23.0 Ω이고, 25.0 Ω 저항체에 걸린 최대 전압은 8.00 V이다. (a) 회로의 임피던스는 얼마인가? (b) 이 회로에 걸린 최대 전압은 얼마인가? (c) 전류 진폭은 얼마인가?

36 [71]. 휴대용 전열기를 60 Hz 교류전원에 연결했다. 순간전력의 최댓값은 초당 몇 번 생기는가?

37 [73]. 길이가 10.0 km인 22 kV 전력선으로 작은 마을에 평균 6.0 MW의 비율로 전기에너지를 공급한다. (a) 지름이 9.2 cm인 한 쌍의 알루미늄 케이블을 사용할 경우, 송전선에서 소비되는 평균 전력은 얼마인가? (b) 왜 구리나 은과 같이 더 좋은 도체를 사용하지 않고 알루미늄을 사용하는가?

38 [75]. 내부 저항이 120 Ω이고 인덕턴스가 12.0 H인 코일을 진동수가 60.0 Hz, rms 전압이 110 V인 전원에 연결했다. (a) 코일의 임피던스는 얼마인가? (b) 코일에 흐르는 전류를 계산하여라.

39 [77]. 축전기의 정격 전기용량은 0.025 μF이다. 이 축전기를 진동수가 60.0 Hz이고, rms 전압이 110 V인 전원에 연결했을 때 흐르는 rms 전류는 얼마인가?

40 [79]. 교류발전기가 코일에 4.68 A의 봉우리 전류를 공급한다. 교류발전기의 전압은 420 V이고 진동수는 60.0 Hz이다. 코일과 38.0 μF인 축전기를 직렬로 배치하면, 전력인자는 1.00이다. (a) 코일의 유도 리액턴스와 (b) 코일의 인덕턴스를 구하여라.

41 [81]. (a) 전력인자가 1.00일 때와 (b) 0.80일 때 rms 220 V 전선에 연결된 4.50 kW 전동기에 흐르는 rms 전류는 얼마인가?

42 [83]. 전자석으로 사용되는 대형 코일의 저항은 $R =$ 450 Ω이고 인덕턴스는 $L = 2.47$ H이다. 코일을 전압 진폭이 2.0 kV이고 진동수가 9.55 Hz인 교류 전원에 연결했다. (a) 전력인자는 얼마인가? (b) 회로의 임피던스는 얼마인가? (c) 회로의 봉우리 전류는 얼마인가? (d) 전원에 의해 전자석에 전달되는 평균 전력은 얼마인가?

43 [85]. (a) 공명 상태에 있는 RLC 직렬회로의 저항을 두 배로 하면 전력 손실은 어떻게 변하겠는가? (b) 이제 공명 상태가 아닌 RLC 직렬회로를 고려하자. 이 회로의 경우 처음 저항과 임피던스는 $R = X_C = X_L/2$인 관계가 있다. 이 회로의 저항이 두 배가 되면 전력이 어떻게 변하는지 결정하여라.

44 [87]. 가변 인덕터를 진동수가 변할 수 있는 전원에 연결했다. 회로의 rms 전류는 I_i이다. 인덕턴스가 3.0배 증가하는 동안 진동수가 2.0배 감소하면 회로에 흐르는 rms 전류는 얼마인가? 회로의 저항은 무시하여라.

45 [89]. (a) 전원 전압 $\mathscr{E}_{rms} = 250$ kV이고 발전기에서 공급하는 평균 전력이 12 MW인 경우, 그림에서 부하에 흐

르는 rms 전류를 계산하여라. (b) 발전기가 공급하는 평균 전력은 여전히 12 MW 이지만 부하가 순수한 저항이 아니라 전력인자 0.86을 갖는다. 부하에 흐르는 rms 전류는 얼마인가? (c) 평균 전력이 같을지라도 전력 회사가 왜 두 번째 경우에 더 많은 요금을 청구하는가?

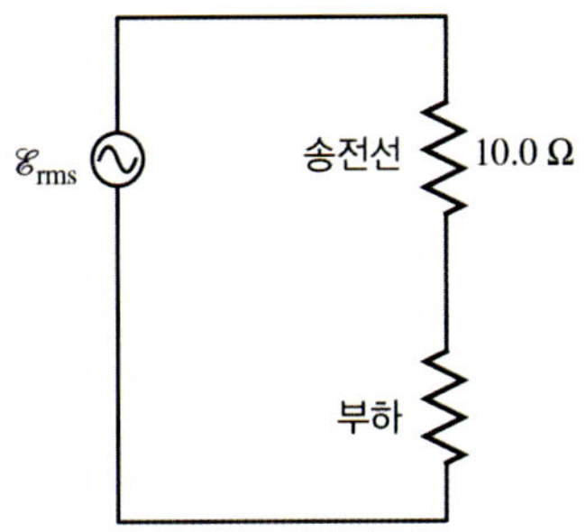

46 [91]. 어떤 회로는 25 Ω 저항과, 12 V(rms) 사인파형 교류전원과 직렬로 연결된 하나의 다른 소자로 구성되어 있다. 주파수가 150 Hz일 때 회로에 흐르는 rms 전류가 0.317 A이고, 주파수가 250 Hz로 증가할 때 25.0 % 증가한다. (a) 회로에서 두 번째로 구성되어 있는 소자는 무엇인가? (b) 250 Hz일 때 회로에 흐르는 rms 전류는 얼마인가? (c) 두 번째 소자의 값은 얼마인가?

47 [93]. RLC 회로에서 세 개의 소자가 직렬로 연결되어 있다. 세 개의 소자는 20.0 Ω의 저항, 35.0 mH 인덕터, 50.0 μF 축전기이다. 세 개의 소자를 1.0×10^3 rad/s인 진동수를 가진 100.0 V(rms) 교류전원에 연결했다. (a) 각 회로의 소자에 걸린 rms 전압과 rms 전류를 구하여라. (b) 전류가 교류전압보다 앞서는가 아니면 늦어지는가? (c) 전류와 전압을 나타내는 위상 옮기개 그림을 그려라. (d) 소모된 평균 전력을 구하여라.

48 [95]. RLC 직렬회로를 진동수가 2.50 kHz인 240 V rms 교류전원에 연결했다. 회로 소자의 저항은 $R =$ 12.0 Ω이며, 전기용량은 $C = 0.26$ μF이고, 인덕턴스는 $L = 15.2$ mH이다. (a) 회로의 임피던스는 얼마인가? (b) rms 전류는 얼마인가? (c) 위상각은 얼마인가? (d) 전류가 전압보다 앞서는가 아니면 늦어지는가? (e) 각 회로 소자에 걸린 rms 전압은 얼마인가?

종합문제

49 [97]. 어느 발전소가 800 kW의 전력을 생산하고 총저항이 12 Ω인 구리선으로 수마일 떨어진 거리에 전력을 전송한다고 가정하자. (a) 전원을 48 kV rms로 하여 구리선을 통해 전력이 전송되는 경우, 전선에 흐르는 전류는 얼마인가? (b) 전류가 흐르는 전선의 저항으로 인해 소모되는 전력은 얼마인가? 이 전력은 발전소에서 생산하는 총 전력의 몇 퍼센트인가? **힌트** 전선의 저항 12 Ω은 가정에 제공하는 부하와 직렬로 연결되어 있으며 48 kV rms 전압이 직렬로 연결되어 있다. (c) 일련의 변압기가 가정용 전압에 사용하기 위해 120 V까지 전압을 낮추지만, 작업을 수행하기 위해 단일 변압기를 사용하고 있다고 가정하자. 단일 변압기의 1차 코일에 감긴 회수가 10 000번이면 2차 코일에 감은 수는 몇 번이어야 하는가?

50 [99]. 수력 발전소가 커다란 댐 바닥에 건설되어 있다. 물은 4 m/s(대기압에서)의 속도로 댐의 상부보다 120 m 아래의 발전소에서 나간다. 발전소를 통과하는 물의 평균 부피 흐름률은 1000 m^3/s이다. 각 발전기는 10 kV의 봉우리 전압을 생성하고 80 %의 에너지 효율로 작동한다. 발전소가 공급할 수 있는 가능한 최대 봉우리 전류를 계산하여라.

CHAPTER 22 전자기파

개념정리

- 전자기파는 진동하는 전기장과 자기장으로, 파원으로부터 전파되어 나온다. 전자기파는 항상 전기장과 자기장을 모두 가지고 있다.
- 앙페르-맥스웰 법칙은 맥스웰에 의해 수정된 앙페르의 법칙으로, 변화하는 전기장이 자기장을 생성한다.
- 앙페르-맥스웰 법칙은 가우스 법칙, 자기에 관한 가우스 법칙, 패러데이 법칙과 함께 맥스웰 방정식이라고 불린다. 그것들은 전기장과 자기장을 완전하게 기술한다. 맥스웰의 방정식에 따르면 전기장($\vec{\mathrm{E}}$)선과 자기장($\vec{\mathrm{B}}$)선은 물질 내에 묶일 필요는 없다. 그 선들은 떨어져 나올 수 있고 전자기파는 그들의 원천에서 멀리 이동할 수 있다.
- 쌍극자 안테나로부터의 복사는 안테나 축에 평행인 방향에서 가장 약하고 축에 수직인 방향에서 가장 강하다. 전기쌍극자 안테나 및 자기쌍극자 안테나는 전자기파 송출이나 전자기파 수신기로 사용할 수 있다.
- 전자기파의 진동수 및 파장 범위인 전자기파 스펙트럼은 전통적으로 명명된 영역으로 구분된다. 최저 진동수부터 최고 진동수까지의 전자기파는 라디오파, 마이크로파, 적외선, 가시광선, 자외선, 엑스선, 감마선 순이다.
- 모든 진동수의 전자기파가 진공 중에서 진행하는 속력은

$$c = \frac{1}{\sqrt{\varepsilon_0 \mu_0}} = 3.00 \times 10^8\ \mathrm{m/s} \qquad (22\text{–}3)$$

로 같다.

- 전자기파는 물질을 통과할 수 있지만 물질 내에서는 c 보다는 느린 속력으로 진행한다. 물질의 굴절률은 다음과 같이 정의된다.

$$n = \frac{c}{v} \qquad (22\text{–}4)$$

여기서 v는 물질을 통과하는 전자기파의 속력이다.

- 물질 내에서 전자기파의 속력(따라서 굴절률)은 파동의 진동수에 따라 다르다.

- 전자기파가 한 매질에서 다른 매질로 전파되면 파장이 변한다. 그러나 진동수는 동일하게 유지된다. 두 번째 매질의 파동은 경계에서 진동하는 전하에 의해 생성되므로 두 번째 매질의 장은 첫 번째 매질의 장과 동일한 진동수로 진동해야 한다.
- 진공에서 전자기파의 성질 : 전기장과 자기장은 같은 진동수에서 진동하고 같은 위상이다.

$$|\vec{\mathrm{E}}(x, y, z, t)| = c\,|\vec{\mathrm{B}}(x, y, z, t)| \qquad (22\text{–}8)$$

$\vec{\mathrm{E}}$, $\vec{\mathrm{B}}$, 전파 방향은 서로 수직한 방향이다. $\vec{\mathrm{E}} \times \vec{\mathrm{B}}$는 항상 전파 방향이다. 전기에너지 밀도는 자기에너지 밀도와 같다.

- 진공 중에서 전자기파의 에너지 밀도(SI 단위 : $\mathrm{J/m^3}$)는 다음과 같다.

$$\begin{aligned}\langle u \rangle &= \varepsilon_0 \langle E^2 \rangle = \varepsilon_0 E_{\mathrm{rms}}^2 \\ &= \frac{1}{\mu_0}\langle B^2 \rangle = \frac{1}{\mu_0} B_{\mathrm{rms}}^2\end{aligned} \qquad (22\text{–}12,\ 13)$$

- 세기(SI 단위 : $\mathrm{W/m^2}$)는 다음과 같다.

$$I = \langle\, u \,\rangle c \qquad (22\text{–}16)$$

세기는 전기장 및 자기장 진폭의 제곱에 비례한다.

• 넓이 A의 표면에 입사하는 평균 전력은

$$\langle P \rangle = IA\cos\theta \qquad (22-18)$$

여기서 θ는 수직 입사인 경우 0°이고 수평입사인 경우 90°이다.

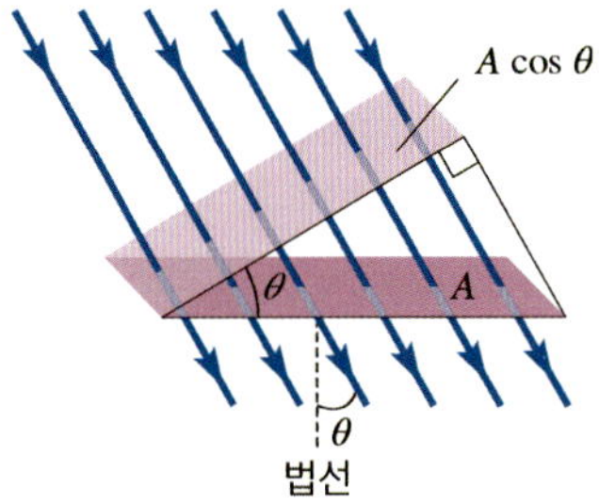

• 전자기파의 편광 방향은 전기장의 방향이다.

• 편광되지 않은 전자기파가 편광자를 통과하면 투과 세기는 입사 세기의 절반이다.

$$I = \frac{1}{2}I_0 \qquad (22-21)$$

• 편광자에 선형 편광파가 입사되면 투과축과 평행한 $\vec{\mathbf{E}}$의 성분이 통과한다. θ가 입사 편광 방향과 투과축 사이의 각도라면

$$E = E_0\cos\theta \qquad (22-22)$$

이다. 세기는 진폭의 제곱에 비례하므로, 투과한 세기는 다음과 같다.

$$I = I_0\cos^2\theta \qquad (22-23)$$

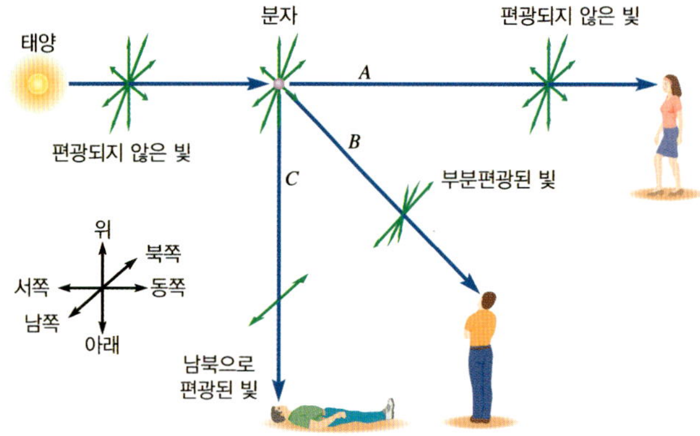

• 편광되지 않은 빛은 산란이나 반사에 의하여 부분적으로 편광될 수 있다.

• 전자기파의 도플러 효과 :

$$f_o = f_s\sqrt{\frac{1+v_{상대}/c}{1-v_{상대}/c}} \qquad (22-24)$$

여기에서 $v_{상대}$는 파원과 관측자가 서로 가까워지면 양$^+$의 값을 가지며 서로 멀어지면 음$^-$의 값을 가진다. 만일 파원과 관측자의 상대속력이 c보다 작다면

$$f_o \approx f_s\left(1+\frac{v_{상대}}{c}\right) \qquad (22-27)$$

이다.

연습문제

개념형 질문

1 [1]. 22.3절에서, 최상의 수신을 위해서는 전기쌍극자 안테나가 전자기파의 전기장과 정렬되어야 한다. 그 대신에 자기쌍극자 안테나를 사용한다면 그 축은 전자기파의 자기장과 정렬되어야 하는가? 설명하여라.

2 [3]. 세기 I_0의 선편광 된 빛이 2개의 판 편광자를 통과하여 빛난다. 두 번째 판 편광자는 첫 번째 판 편광자를 통과하기 전 빛의 편광에 수직인 투과축을 갖는다. 두 번째 판 편광자를 통과해 전송되는 세기는 0이어야 하는가? 아니면 일부 빛이 통과할 수 있는가? 설명하여라.

3 [5]. 맥스웰에 따르면, 자기 성분이 없는 전기파가 불가능하다. 그 이유를 설명하여라.

4 [7]. 왜 여름의 하루가 겨울보다 더 긴가?

5 [9]. 그림은 전자기파를 송신하는 자기쌍극자 안테나를 보여준다. 안테나에서 멀리 떨어

진 점 P에서 전자기파의 전기장과 자기장은 어느 방향인가?

6 [11]. 하늘에서 빛이 안개 낀 지역을 통과하고 있다. 통과해 나온 파동의 전기장 벡터가 입사파의 1/4이라면 투과세기와 입사세기의 비율은 얼마인가?

7 [13]. 법에 위배되지 않는 선에서 마약 단속 요원이 야간에 적외선 사진기로 건물을 감시했다. 이렇게 하는 것이 마리화나를 재배하는 사람을 감시하는 데 어떻게 도움이 되겠는가?

8 [15]. 여름이 겨울보다 따뜻한 이유는 무엇인가?

선다형 질문

1 [1]. 진공 중에서 전자기파 속력은 다음 중 어떤 것에 따라서 변하는가?
(a) 자기장의 진폭이 아니라 전기장의 진폭
(b) 전기장의 진폭이 아니라 자기장의 진폭
(c) 전기장과 자기장의 진폭
(d) 전기장과 자기장 사이의 각도
(e) 진동수와 파장
(f) 위의 어느 것과도 관련이 없다.

2 [3]. 전자기파는 다음 중 어떤 것에 의해 발생하는가?
(a) 모든 전하
(b) 가속 전하
(c) 일정한 속도로 움직이는 전하
(d) 고정 전하
(e) 고정 막대자석
(f) 가속 여부와 관계없이 움직이는 전하

3 [5]. 전자기파의 파장이 사과의 지름 정도라면 이는 어떤 종류의 복사선인가?
(a) X선 (b) 자외선 (c) 적외선
(d) 마이크로파 (e) 가시광선 (f) 라디오파

4 [7]. 쌍극자 무선 송신기가 수직 막대 모양을 하고 있다. 송신기 정남쪽에 있는 한 지점에서 전파는 어느 방향의 자기장을 가지는가?
(a) 남북 방향 (b) 동서 방향
(c) 수직 방향 (d) 임의의 수평 방향

5 [9]. 수직 전기 쌍극자 안테나는 전자기파를 어느 방향으로 어떻게 송출하는가?
(a) 모든 방향으로 균일하게 방출한다.
(b) 모든 수평 방향으로 균일하게 방출하지만, 수직 방향으로 더 강하게 방출한다.
(c) 수평 방향으로 가장 강력하고 균일하게 방출한다.
(d) 수평 방향으로는 방출하지 않는다.

문제

22.1 맥스웰 방정식과 전자기파

문제 1~2. 전파를 송신하는 데 사용하는 전기쌍극자 안테나는 수직 방향으로 서 있다.

1 [1]. 송신기 남쪽 방향의 한 지점에서, 전자기파의 자기장은 어느 방향인가?

2 [3]. 송신기 정북 방향의 한 지점에서 자기쌍극자 안테나를 수신기로 사용하려면 어느 방향을 향해야 하는가?

3 [5]. 전파 송신에 사용되는 전기쌍극자 안테나가 수평면에서 남북 방향을 향한다. 송신기의 동쪽의 한 지점에서 자기쌍극자 안테나가 수신기 역할을 하려면 어느 방향을 향해야 하는가?

22.3 전자기 스펙트럼, 22.4 진공과 물질 속에서의 전자기파의 속력

4 [7]. 전자레인지에서 발생하는 마이크로파의 진동수는 얼마인가? 파장은 12 cm이다.

5 [9]. 빛이 여러분이 보는 책에서 여러분의 눈까지 오는데 시간이 얼마나 걸리는가? 거리는 50.0 cm라고 가정하여라.

6 [11]. 고체의 결정 구조를 연구하기 위해, 결정 내 원자의 간격(0.20 nm)과 똑같은 파장인 전자기파로 조사하였다. (a) 전자기파의 진동수는 얼마인가? (b) 전자기파 스펙트럼(전파, 가시광선 등) 중 어느 부분에 속하는가?

7 [13]. 음향학에서는 2 : 1의 진동수 비율을 1 옥타브라고 한다. 청력이 매우 좋은 사람은 진동수 20 Hz에서 20 kHz까지의 소리를 들을 수 있다. 이 소리는 약 10옥타브($2^{10} = 1024 \approx 1000$이므로)이다. (a) 인간은 가시광선의 대략 몇 옥타브나 인식할 수 있는가? (b) 마이크로파 영역은 대략 몇 옥타브나 되는가?

8 [15]. 4500 km 떨어진 곳에서 방송되는 TV 야구 경기를 보고 있다. 한 타자가 배트로 공을 쳤는데 '쪼개지는 큰 소리'를 내며 배트가 부러졌다. 마이크는 타자와 22 m 거리에 있고 시청자는 TV에서 2.0 m 떨어져 있다. 경기를 하던 날 소리의 속력은 343 m/s였다. 타자가 공을 친 후, 시청자가 배트가 부러져 쪼개지는 큰 소리를 듣는 데 걸리는 최소 시간은 얼마인가?

9 [17]. 토파즈에서 빛의 속도는 1.85×10^8 m/s이다. 토파즈의 굴절률은 얼마인가?

10 [19]. 2004년 1월에 NASA의 로버 스피릿호가 화성 착륙에 성공했을 때 화성은 지구로부터 170.2×10^6 km만큼 떨어져 있었다. 그로부터 21일 후에 로버 오퍼튜니티가 화성에 착륙하였을 때는 화성이 지구에서 198.7×10^6 km 떨어져 있었다. (a) 스피릿호가 착륙한 날 지구에 있던 과학자들에게 전파를 송신하는 데 얼마나 걸렸겠는가? (b) 착륙한 날 과학자들이 오퍼튜니티와 통신을 하는 데는 얼마나 걸렸겠는가?

11 [21]. 공기 중에서 파장이 692 nm인 빛이 굴절률 1.52인 창유리를 통과한다. (a) 유리 안에서 빛의 파장은 얼마인가? (b) 유리에서 빛의 진동수는 얼마인가?

22.5 진공에서 진행하는 전자기파의 특성

12 [23]. 추운 가을날, 투안은 창문 밖에 나뭇잎이 바람에 날리는 모습을 보고 있다. 그 중 한 나뭇잎은 주 파장이 580 nm인 밝은 노란 빛을 반사한다. (a) 이 빛의 진동수는 얼마인가? (b) 유리창의 굴절률이 1.50인 경우, 유리창을 통과할 때 빛의 속도, 파장 및 진동수는 얼마인가?

13 [25]. 진공을 통과하는 마이크로파의 자기장은 진폭이 4.00×10^{-11} T이고, 진동수는 120 GHz이다. 전기장의 진폭과 진동수를 구하여라.

14 [27]. 진공을 통과하는 전파의 전기장이 진폭이 2.5×10^{-4} V/m이고 진동수가 1.47 MHz이다. (a) 자기장의 진폭과 진동수를 구하여라. (b) $t = 0$에서 $x = 0$인 곳의 전파는 $+x$축 방향으로 움직인다. 1.5×10^{-4} V/m인 전기장의 방향은 $-y$축 방향이다. $t = 0$에서 $x = 0$인 곳의 자기장의 방향과 크기는 얼마인가?

15 [29]. 전자기파의 전기장은 $E_z = E_m \sin(ky - \omega t + \frac{\pi}{6})$, $E_x = 0$, $E_y = 0$으로 주어진다. (a) 이 파동은 어느 방향으로 움직이는가? (b) 이 파동의 자기장 성분에 대한 표현을 써보아라.

22.6 전자기파에 의한 에너지 수송

16 [31]. 10.0 mW 레이저의 원통형 빔은 지름이 0.85 cm이다. 전기장의 rms 값은 얼마인가?

17 [33]. 넓이가 1.0 m^2인 위성의 태양전지판이 태양으로부터 오는 복사선에 수직으로 설치되어 매초 1.4 kJ의 에너지를 흡수한다. 위성은 태양으로부터 1.00 AU에 있다. (지구–태양 거리를 1.00 AU로 정의한다.) 태양으로부터 1.55 AU만큼 떨어진 곳에 있는 행성 간 탐사선의 태양전지판에 태양복사선이 수직으로 입사될 때 위와 동일한 에너지를 흡수하는 데 시간이 얼마나 걸리겠는가? 태양전지판의 성능은 같다.

18 [35]. 지구에서 1400만 광년 떨어진 별이 있다. 별에서 지구에 도달하는 빛의 세기는 4×10^{-21} W/m^2이다. 이 별의 전자기에너지의 방출률은 얼마인가?

19 [37]. 푸에르토리코의 아레시보에 있는 전파 망원경은

지름이 305 m이다. 이 망원경으로 우주에서 오는 10^{-26} W/m^2 정도의 약한 전파를 탐지할 수 있다. (a) 1.0×10^{-26} W/m^2의 세기로 망원경에 수직 입사하는 전자기파의 평균 에너지 전달률은 얼마인가? (b) 지구 표면에 입사하는 평균 전력은 얼마인가? (c) rms 전기장과 자기장은 얼마인가?

22.7 편광

20 [39]. 세기 I_0이며 수평으로 편광된 빛은 2개의 이상적인 편광자를 차례로 통과한다. 제1, 제2 편광자의 투과축은 수평에 대해 각각 θ_1 및 θ_2의 각을 이룬다. 두 번째 편광자를 통해 전달되는 빛의 세기를 가장 큰 것부터 가장 작은 것까지 순위를 매겨라. (a) $\theta_1=0°$, $\theta_2=30°$ (b) $\theta_1=30°$, $\theta_2=30°$ (c) $\theta_1=0°$, $\theta_2=90°$ (d) $\theta_1=60°$, $\theta_2=0°$ (e) $\theta_1=30°$, $\theta_2=30°$

21 [41]. 편광되지 않은 빛이 두 개의 이상적인 편광자를 차례로 투과하여 서로 45°의 편광축을 이룬다. 투과된 입사광 세기가 차지하는 비율은 얼마인가?

22 [43]. 편광되지 않은 빛이 3개의 이상적인 편광자 계에 입사한다. 제2 편광자는 제1 편광자에 대해 30.0°의 축을 이루고 있고, 제3 편광자는 제1 편광자에 대해 45.0°의 축을 이루고 있다. 이 시스템에서 3개의 편광자를 모두 투과한 빛의 세기가 23.0 W/m^2인 경우, 편광되지 않은 입사광의 세기는 얼마인가?

23 [45]. 편광된 빔의 세기는 I_0이다. 이상적인 판 편광자를 사용하여 편광 방향을 90.0° 회전시키려고 한다. (a) 편광된 빛을 얻으려면 적어도 판 편광자 두 장 정도는 사용해야 한다. 그 이유를 설명하여라. (b) 두 장을 사용할 경우, 편광 방향을 각각 45.0° 회전시키면 투과광의 세기는 얼마인가? (c) 네 장의 판 편광자를 각각 22.5°씩 순서대로 회전시키면 투과광의 세기는 얼마인가?

24 [47]. 두 장의 이상적인 판 편광자를 투과축과 서로 직각이 되게 배치한다. 세 번째 판 편광자를 투과된 두 개의 축과 45°를 이루도록 두 판 편광자 사이에 배치한다. (a) 편광되지 않은 빛의 세기가 I_0인 빛을 이 시스템에 입사시키면, 투과광의 세기는 얼마인가?

25 [49]. 일출 직후, 수평선 위의 북쪽 하늘을 쳐다보아라. 보이는 빛이 편광되어 있는가? 편광되었다면 어느 방향으로 편광되어 있겠는가?

22.8 전자기파에 대한 도플러 효과

26 [51]. 보기 22.9의 경주용 차가 경찰차보다 더 빨리 가고 있다면, 반사된 마이크로파가 같은 초당 맥놀이를 생성하도록 하려면 얼마나 빨리 가야하는가?

27 [53]. 지구로부터 별이 2.4×10^8 m/s의 속도로 멀어지고 있다. 이 별은 480 nm인 파장의 빛을 방출하고 있다. 지구에 있는 관측자가 측정한 파장은 얼마인가?

28 [55]. 경찰차의 레이더 건에서 진동수 $f_1=7.50$ GHz인 마이크로파가 방출된다. 이 빔이 경찰차에 대해 48.0 m/s로 경찰 쪽으로 달려오는 과속 차량에서 반사되고, 과속 단속기로 진동수 f_2인 마이크로파를 검출하였다. (a) f_1과 f_2중 어느 것이 더 큰가? (b) 진동수의 차이 f_2-f_1은 얼마인가?

29 [57]. 빨강 신호등이 초록 신호등으로 보이려면 차를 얼마나 빨리 운전해야 하는가? 적색은 $\lambda=630$ nm이고 녹색은 $\lambda=530$ nm이다.

협동문제

30 [59]. 경찰차의 레이더 총에서 진동수 $f_1=36.0$ GHz의 마이크로파가 방출된다. 이 빔이 경찰차에 대해 43.0 m/s로 달리는 차에서 반사되었다. 경찰이 측정한 반사파의 진동수는 f_2이다. (a) f_1과 f_2 중 어느 것이 더 큰가? (b) 진동수의 차이 f_2-f_1을 구하여라.

힌트 두 가지 도플러 편이가 있다. 먼저 경찰을 발신자로, 과속 운전자를 관측자로 생각하여라. 과속 차량은 자신이 관측한 입사파의 진동수와 같은 진동수의 반사파를 '재전송'한다.

31 [61]. AM 라디오 방송국에서 570 kHz인 진동수로 방송하고 있다. (a) 전파의 파장은 얼마인가? (b) 어느 라디오로 이 방송국의 채널을 조정하고 있다. 조정 회로의 인덕턴스가 0.20 mH인 경우 조정 회로의 전기용량은 얼마인가? (c) 라디오 근처에서 전기장의 진폭은 0.80 V/m이다. 반지름이 1.6 cm이고 50 번 감긴 코일 안테나를 라디오에 설치했다. 이 안테나가 최상의 수신기라고 가정할 때 안테나에 유도되는 최대 기전력은 얼마인가? 자기장이 사인파형 시간의 함수라고 가정하여라.

연구문제

32 [63]. (a) 종이 한 장의 두께(60 μm), (b) 축구장의 길이 91 m, (c) 지구의 지름 1.28×10^7 m, (d) 지구에서 태양까지의 거리 1.5×10^{11} m를 파장으로 하여 전자기파의 진동수를 계산하여라.

33 [65]. 달에 착륙한 우주 비행사가 휴스턴에 있는 임무 통제요원과 전자기파로 통신했다. 달과 지구 사이 전자기파의 왕복 시간 때문에 통신이 눈에 띄게 지연되었다. 시간이 얼마나 지연됐는가?

34 [67]. 400.0 km 떨어진 두 도시에 두 개의 동일한 TV 신호를 보냈다. 한 신호는 공기를 통해 보내고 다른 신호는 광섬유 네트워크를 통해 보냈다. 신호를 동시에 보냈지만 공기를 통과하는 신호는 유리 섬유를 통과하는 신호보다 7.7×10^{-4} s 먼저 도착했다. 유리 섬유의 굴절률은 얼마인가?

35 [69]. 라식 눈 수술에 사용되는 레이저는 초당 55 펄스를 생성한다. 파장은 공기 중에서 193 nm이며 각 펄스는 10.0 ps동안 지속된다. 레이저가 방출하는 평균 전력(평균 에너지 전달률)은 120.0 mW이고 빔 지름은 0.80 mm이다. (a) 단일 펄스의 총에너지는 얼마인가? (b) 1펄스의 세기는 얼마인가?

36 [71]. 무선 방송 대역에 할당된 파장의 범위는 약 190 m에서 550 m이다. 각 방송국이 10 kHz의 전용 진동수 대역이 필요한 경우, 할당된 방송 대역에서 몇 개의 방송국을 운영할 수 있는가?

37 [73]. 빛의 세기가 I_0인 빛(자연광, 편광되지 않은 빛)이 x축 방향으로 진행하고 있다. 이 빛이 3개의 이상적인 편광자를 yz 평면에서 y축으로부터 반시계방향으로 각도 0.0°, 45.0° 및 30.0°(순서대로)로 회전시켜 놓고 차례로 통과시킨다. (a) 마지막 판 편광자에 투과한 투과광의 세기는 얼마인가? (b) 중앙 판 편광자를 제거하면, 마지막 판 편광자에 투과한 투과광의 세기는 얼마인가?

38 [75]. 공기를 통해 들어오는 전자기파에 의해 운반된 에너지는 전지나 전기 콘센트에 연결되지 않은 전구를 밝히는 데 사용될 수 있다. 수신 안테나가 전구에 부착되어 있고 안테나가 먼 원천[source]에서 나오는 전기장과 정렬될 때 전구가 최대 1.05 W의 전력을 소모한다고 가정하자. 원천의 파장은 안테나 길이에 비해 크다. 안테나가 회전하여 들어오는 전기장과 20.0°의 각도를 이루면 전구에서 소모되는 전력은 얼마인가?

39 [77]. 지구에서 1.2×10^8 m/s 속도로 멀어지는 우주선과 통신하려고 한다. 55 kHz의 진동수로 신호를 보낼 경우, 우주선에 있는 우주 비행사가 수신하려면 진동수는 얼마로 조정해야 하는가?

종합문제

40 [79]. 피조 장치의 바퀴(그림 22.11 참조)에서 관찰자에게 반사된 빛을 전달하는 가장 느린 세 개의 각속도를 구하여라. 톱니 모양의 바퀴과 거울 사이의 거리는 8.6 km이고 휠에는 5개의 톱니가 있다고 가정하여라.

41 [81]. 전자레인지의 마이크로파는 350 g의 물을 2.00 min 동안 25.0 °C에서 100.0 °C까지 가열할 수 있다. (a) 물에서 얻은 에너지 흡수율은 얼마인가? (b) 이 마이크로파는 단면적 88.0 cm^{2}의 도파관을 통과한다. 도파관에서 평균 마이크로파의 세기는 얼마인가? (c) 도파관 내부의 rms 전기장과 rms 자기장은 얼마인가?

42 [83]. 패러데이의 법칙을 사용하여, 자기쌍극자 안테나의 축이 전자기파의 자기장과 각도 θ를 이루면 안테나의 유도기전력은 가능한 $\cos\theta$의 최댓값 인자만큼 감소함을 보여라. **힌트** 한 순간, 고리 내부 어디든지 균일한 자기장이라고 가정하자.

43 [85]. 전자기파는 그림과 같이 자기쌍극자 안테나에 의해 생성된다. 안테나에 흐르는 전류는 LC 공명 회로에 의해 생성된다. 그림과 같이 좌표계를 사용하여 점 P에서 전자기장의 x, y, z 성분에 대한 방정식을 나타내어라. (두 개 이상의 가능성이 있는 경우, 하나의 일관성 있는 해답을 제시하여라.) 방정식의 모든 양을 L, C, E_m(점 P에서의 전기장 진폭) 및 범용 상수로 정의하여라.

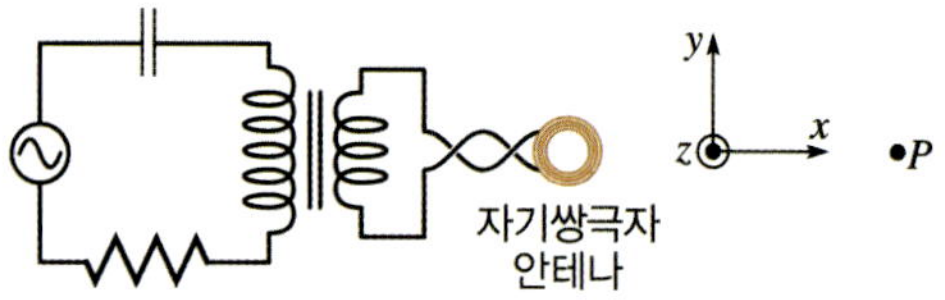

CHAPTER 23 | 빛의 반사와 굴절

개념정리

- 파면은 위상이 같은 점들의 집합이다. 광선은 파동의 전파 방향을 가리키며 파면에 수직이다. 호이겐스의 원리는 파동의 전파를 분석하는 데 사용되는 기하학적 구조이다. 파면의 모든 점은 구형의 가지파동의 파원으로 간주할 수 있다. 나중에 가지파동에 접하는 표면이 그 당시의 파면이다.
- 기하광학은 간섭 및 회절을 무시할 수 있을 때 빛의 전파를 다룬다. 기하광학에 사용되는 주요 도구는 광선 도표이다. 서로 다른 두 매질의 경계에서 빛은 반사되거나 투과될 수 있다. 반사 및 굴절의 법칙은 반사된 광선과 투과된 광선의 진행 방향을 알려준다. 반사와 굴절의 법칙에서, 각도는 광선과 경계면에 대한 법선 사이를 측정한 것이다.
- 반사의 법칙 :
  1. 입사각은 반사각과 같다.
  2. 반사광선은 입사광선과 같은 평면에 있고 입사 지점의 파면에 수직이다.
- 굴절의 법칙 :
  1. 스넬의 법칙

     $$n_i \sin\theta_i = n_t \sin\theta_t \qquad (23\text{-}5)$$

  2. 입사광선, 투과광선, 법선은 모두 같은 면, 곧 입사면에 있다.
  3. 입사광선과 굴절광선은 법선에서 서로 반대편에 있다.

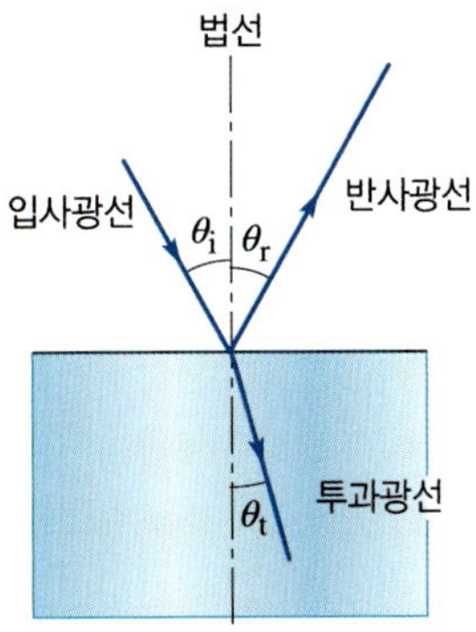

- 광선이 매질의 경계선으로 굴절률이 큰 매질에서 굴절률이 작은 매질로 입사할 때, 입사각이 임계각을 초과하면 전체 내부 반사가 발생한다. (곧, 투과 광선이 없다.)

$$\theta_c = \sin^{-1}\frac{n_t}{n_i} \qquad (23\text{-}7)$$

- 광선이 경계에 입사할 때, 입사각이 브루스터각과 같으면 반사광선은 모두 입사면에 수직으로 완전히 편광된다.

$$\theta_B = \tan^{-1}\frac{n_t}{n_i} \qquad (23\text{-}11)$$

- 상 맺음을 할 때, 물체의 점들과 상의 점들은 일대일로 대응된다. 허상에서 광선은 상점에서 발산하는 것처럼 보이지만 실제로는 그렇지 않다. 실상에서는 광선이 실제로 상점을 통과한다. 스크린에 투영하면 실상만 볼 수 있다. 실상과 허상은 렌즈나 거울로 직접 볼 수 있다. 허상의 경우, 관측자는 상보다 렌즈나 거울에서 더 멀리 떨어져 있어야 한다.
- 구면 거울은 초점이 하나 있다. 렌즈는 초점이 양쪽에 하나씩 있다. 이상적인 수렴렌즈나 거울의 경우, 주축과 평행하게 입사한 모든 광선은 (주)초점에 모인다. 이상적인 발산렌즈나 거울에서 주축과 평행하게 입사한 모든 광선은 (제2)초점에서 발산하는 것처럼 보인다.
- 광선 도표를 사용하여 상 찾기 :
  1. 물체의 한 점에서 렌즈 또는 거울 쪽으로 2개(또는 그 이상)의 광선을 그린다.
  2. 관찰자에게 도달할 때까지 필요에 따라 반사 및 굴절의 법칙을 적용하여 광선을 추적한다.
  3. 실상의 경우 광선은 상점에서 교차한다. 허상인 경우는 상점에서 교차할 때까지 직선 경로를 따라 광선을 역추적한다.
- 거울이나 렌즈에서 가장 추적하기 쉬운 광선을 주광선이라고 한다.

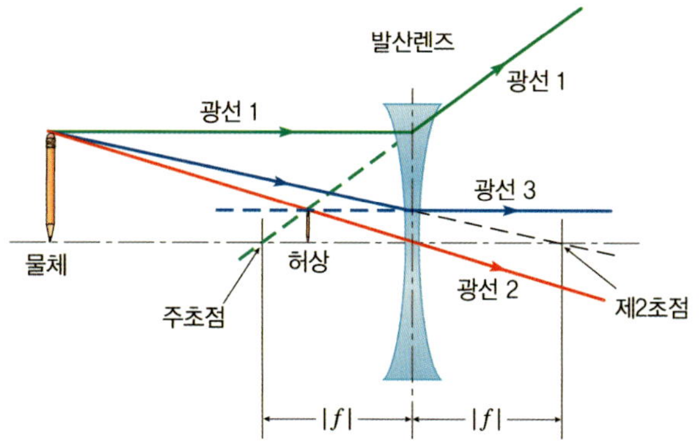

• 평면거울은 거울 앞에서 물체와 똑같은 거리에 있는 물체의 직립 허상을 형성한다. 물체와 상점은 모두 불체에서 거울 면까지 같은 법선에 있다. 확대된 물체의 상은 물체와 동일한 크기이다.

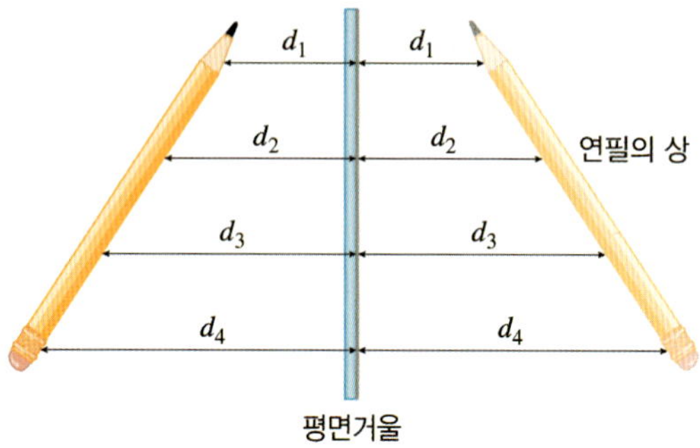

• 가로 배율 m의 크기는 상 크기와 물체 크기의 비율이다. m의 부호는 상의 방향에 의해 결정된다. 뒤집힌(거꾸로 된) 상의 경우 $m < 0$이고, 직립(오른쪽 위로) 상의 경우 $m > 0$이다. 렌즈나 거울의 경우

$$m = \frac{h'}{h} = -\frac{q}{p} \tag{23-9}$$

이다.

• 거울, 얇은 렌즈 방정식은 물체 거리와 상 거리를 초점 거리와 관련시킨다.

$$\frac{1}{p} + \frac{1}{q} = \frac{1}{f} \tag{23-10}$$

• 다음 부호 규칙을 통해 배율 및 거울, 얇은 렌즈 방정식을 모든 종류의 거울 및 렌즈와 두 종류의 상에 적용할 수 있다.

물리량	양$^{+}$일 때	음$^{-}$일 때
물체 거리 p	실물체	허물체
상 거리 q	실상	허상
초점 거리 f	수렴렌즈나 수렴거울	발산렌즈나 발산거울
배율 m	직립상	도립상

연습문제

개념형 질문

1 [1]. 거울 반사와 퍼진 반사의 차이점을 설명하여라. 각각의 예를 몇 가지씩 들어라.

2 [3]. 공기 중 물방울이 무지개를 만든다. 무지개가 생기는 물리적 상황을 설명하여라. 무지개를 보려면 태양을 바라보아야 하는가 아니면 등지고 있어야 하는가? 왜 2차 무지개가 1차 무지개보다 희미한가?

3 [5]. 액자 속에 있는 포스터가 일반 유리보다 표면이 거친 유리로 덮여 있다. 거친 표면이 어떻게 눈부심을 줄여주는가?

4 [7]. 광선이 공기에서 45°의 입사각으로 수면으로 들어와 물을 지나가고 있다. 빛이 물로 들어감에 따라 변화하는 양은 파장, 주파수, 전파 속도, 전파 방향 중 어느 것인가?

5 [9]. 오목거울은 초점 거리가 f이다. (a) f보다 가까운 거리에서 거울을 들여다보면, 정립상이 보이는가 아니면 도립상이 보이는가? (b) $2f$보다 먼 거리에서는 상이 정립인가 도립인가? (c) f와 $2f$ 사이의 거리에 서 있으면 상이 형성되지만 볼 수는 없다. 왜 안 보이는가? 광선 도표를 그리고 물체와 상의 위치를 비교하여라.

6 [11]. 왜 많은 자동차의 조수석 측 사이드미러는 평평하거나 오목하지 않고 볼록한 모양인가?

7 [13]. 광선이 렌즈를 통해 왼쪽에서 오른쪽으로 진행한다. 허상이 맺히려면 렌즈의 어느 쪽에 있어야 하는가? 어느 쪽에 실상이 있겠는가?

8 [15]. 수영장에 있는 물의 수면은 완벽하게 잔잔하다. 물속에서 수면 쪽을 똑바로 보면 무엇이 보이는지 설명하여라. **힌트** 일부 광선을 그려보아라. 수면에서 반사된 광선과 투과된 광선을 모두 고려하여라.

9 [17]. 왜 프로젝터와 사진기가 실상을 맺어야 하는가? 안구의 수정체는 망막에 실상을 맺는가 아니면 허상을 맺는가?

10 [19]. 슬라이드 프로젝터는 수렴렌즈를 사용하여 스크린에 슬라이드의 실상을 맺는다. 렌즈의 아래쪽 절반을 불투명한 테이프로 막으면 상의 아래쪽 절반이 사라지는가, 위쪽 절반이 사라지는가 아니면 전체 상이 화면에 계속 나타나는가? 전체 상을 볼 수 있다면 상에 어떤 차이점이 있는가? **힌트** 광선 도표를 그려 보는 것이 도움이 될 수 있다.

11 [21]. 대물렌즈에 모이는 빛의 양을 증가시키기 위해 유침 현미경이 사용되고 있다. 이 현미경에서는 대물렌즈와 시료를 덮고 있는 얇은 덮개 유리($n = 1.51$) 사이의 공기층을, 유리와 같은 굴절률을 가진 기름방울로 교체한다. 두 경우에 대해 스넬의 법칙을 사용해 시료에서 나온 광선을 대물렌즈까지 그리고 이 기법이 유용한 이유를 설명하여라.

12 [23]. 여러분이 해가 뜰 때 정북을 향하고 있다고 가정해 보자. 햇빛이 그림과 같이 상점의 진열창에 반사된다. 반사된 빛은 부분적으로 편광되었는가? 만일 그렇다면 어느 방향으로 편광되겠는가?

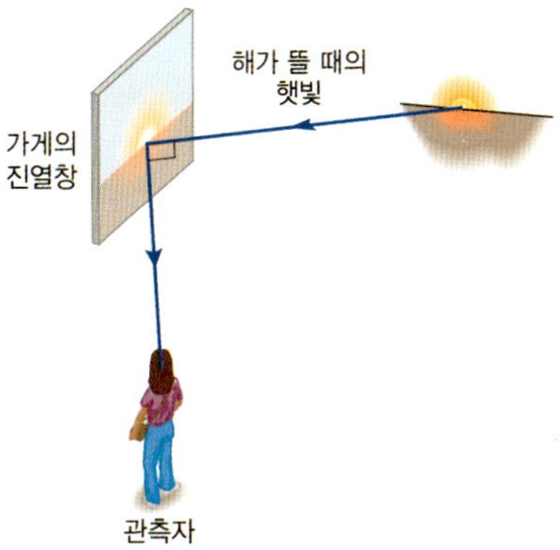

13 [25]. 유리 프리즘에서 파랑 빛의 굴절률이 빨강 빛보다 굴절률이 약간 크기 때문에 파랑 빛이 빨강 빛보다 더 많이 굴절된다. 발산 유리 렌즈는 파랑 빛의 초점과 빨강 빛의 초점이 같은가? 같지 않다면 어떤 색의 빛이 렌즈에 가까운 곳에 초점을 맺는가?

14 [27]. 제조업체가 얼굴 가까이 설치할 수 있는 면도용 거울을 설계하고 있다. 제조업체가 상을 정립으로 하고 가능한 상이 크게 맺도록 제작하고 싶다면, 거울의 어떤 특성을 선택해야 하는가? (볼록거울인가 아니면 오목거울인가? 초점 거리가 얼굴과 거울 사이의 거리보다 커야 하는가 아니면 작아야 하는가?)

선다형 질문

1 [1]. 평면거울에 있는 물체의 상은
(a) 항상 물체보다 작다.
(b) 항상 물체와 동일한 크기이다.
(c) 항상 물체보다 크다.
(d) 물체와 거울 사이의 거리에 따라서 물체의 크기보다 더 크거나 작거나 아니면 같을 수 있다.

2 [3]. 평면파의 광선에 대한 설명에서 옳은 것을 고른 것은?

1. 파면에 평행하다.
2. 파면에 수직이다.
3. 중심점에서 반지름 방향 바깥쪽으로 향한다.
4. 서로 평행하다.

(a) 1, 2, 3, 4 (b) 1, 4 (c) 2, 3 (d) 2, 4

3 [5]. 한 남자가 5 m/s의 속력으로 평면거울을 향해 달려가고 이와 동시에 롤러 위에 설치된 거울이 2 m/s의 속력으로 그에게 접근한다. 땅에 대해 그의 상이 움직이는 속력은 얼마인가?
(a) 14 m/s (b) 7 m/s (c) 3 m/s (d) 9 m/s (e) 12 m/s

4 [7]. 하나의 얇은 렌즈 앞에 놓여 있는 물체에 의해 형성된 상을 정확하게 설명한 것은?

1. 실상이 항상 확대되어 나타난다.
2. 실상이 항상 거꾸로 나타난다.
3. 허상이 항상 직립하여 나타난다.
4. 수렴렌즈는 결코 허상을 생성하지 못한다.

(a) 1과 3　　(b) 2와 3　　(c) 2와 4
(d) 2, 3, 4　　(e) 1, 2, 3　　(f) 4만

5 [9]. 호수나 도로, 자동차 후드 등의 표면에서 반사되는 빛은

(a) 부분적으로 수평 방향으로 편광된다.
(b) 부분적으로 수직 방향으로 편광된다.
(c) 태양이 곧바로 머리 위에 있는 경우에만 부분적으로 편광된다.
(d) 마구잡이로 편광된다.

문제

23.1 파면, 광선, 호이겐스의 원리

1 [1]. 반사 벽에 수직으로 입사하여 접근하는 길이 5 cm인 평면 파면에 호이겐스의 원리를 적용하여라. 파장은 1 cm이고, 벽에는 폭 4 cm의 넓은 개구부가 있다. 들어오는 파면의 중심이 개구부의 중심에 접근한다. 가장자리 효과를 세세히 염려하지 않을 때 반사 벽의 양쪽에서 파면의 일반적인 모양은 어떻게 되는가?

23.2 빛의 반사

2 [3]. 서쪽 수평선 위 35°에 있는 태양에서 오는 광선이 잔잔한 연못의 수면을 비추고 있다. (a) 태양광선이 연못에 비춰지는 각도는 얼마인가? (b) 연못 수면에서 반사되는 광선의 반사각은 얼마인가? (c) 반사된 광선은 연못 수면에서 어떤 방향과 어떤 각도로 진행하는가?

3 [5]. 그림과 같이 두 개의 평면거울이 70.0°를 이루고 있다. 나중 광선이 수평과 이루는 각 θ는 얼마인가?

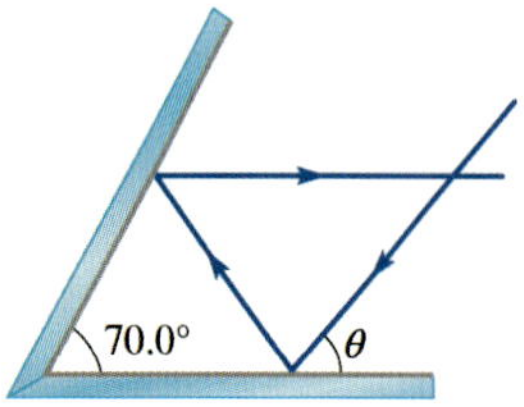

4 [7]. 그림과 같이 평면거울에서 광선이 반사한다. 광선의 편향각 δ는 얼마인가?

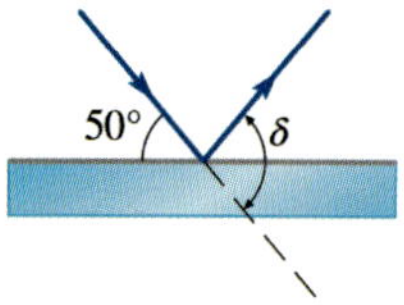

23.3 빛의 굴절 : 스넬의 법칙

5 [9]. 햇빛이 호수 표면을 비추고 있다. 잠수부는 수직과 이루는 각 42.0°로 태양을 바라보고 있다. 태양광선이 수직과 이루는 각도는 얼마인가?

6 [11]. 아이단의 각막의 굴절률은 1.376이고 각막 뒤의 수양액의 굴절률은 1.336이다. 그는 물속을 잠수하고 있는 중이다(물의 굴절률은 1.333이다). 그림과 같이 빛이 물속에서 각막 표면의 법선에 대해 17.5°의 각도로 각막에 입사하였다. 수양액에서 진행하는 빛이 법선과 이루는 각은 얼마인가?

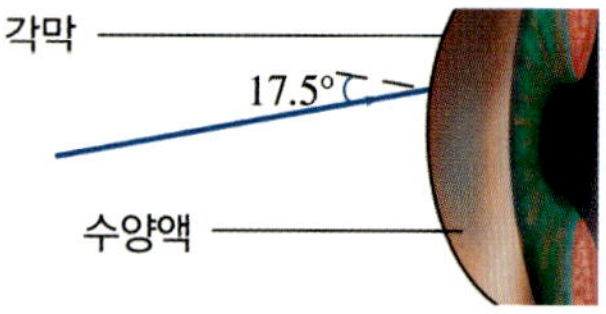

7 [13]. 원통형 광섬유의 심($n = 1.40$)에서 광선은 섬유의 축에 대해 각도 $\theta_1 = 49.0°$로 진행한다. 광선은 피복($n = 1.20$)을 지나 대기로 투과된다. 대기로 진행하는 광선이 피복의 외부 표면과 이루는 각도 θ_2는 얼마인가?

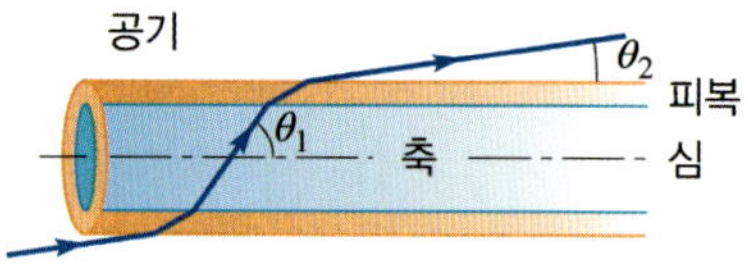

8 [15]. 유리 렌즈에는 흠집 방지 플라스틱 코팅이 되어 있다. 유리에서 빛의 속력은 $0.67c$이고 코팅에서 빛의 속력은 $0.80c$이다. 코팅에서 광선이 법선에 대해 12.0°의 각도로 플라스틱과 유리의 경계에 입사한다. 유리로 투과하는 광선은 법선에 대해 어떤 각도를 이루는가?

9 [17]. 수평 광선이 그림과 같이 크라운 유리 프리즘에 $\beta = 30.0°$로 입사하였다. 광선의 편향각 δ(프리즘에서 나오는 광선이 입사광선과 이루는 각)를 구하여라.

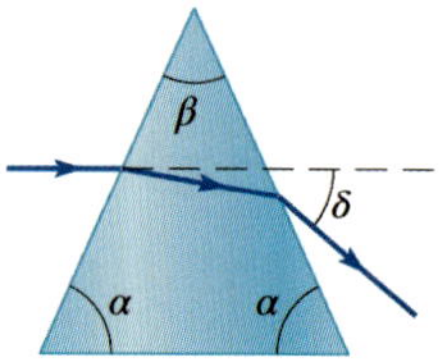

10 [19]. 크라운 유리로 그림과 같이 프리즘을 제작했다. 가시광선 중 가장 긴 파장의 유리 굴절률은 1.517이고, 가장 짧은 파장의 유리 굴절률은 1.538이다. 그림과 같이 프리즘으로 입사한 빛이 프리즘의 오른쪽 면을 지나 공기 속으로 투과한 빛의 굴절각의 범위를 구하여라.

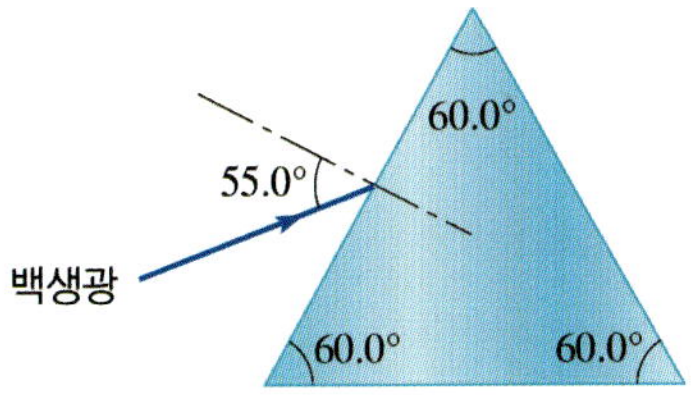

23.4 내부 전반사

11 [21]. 공기로 둘러싸인 사파이어의 임계각을 구하여라.

12 [23]. 그림은 유리 내부에 작은 흠집이 있는 곳에서 유리 표면을 향해 진행한 빛이 일부 반사된 광선을 보여주고 있다. (a) 유리의 임계각 $\theta_c = 40.00°$인 경우, 유리의 굴절률은 얼마인가? (b) 유리 위에 흠집을 볼 수 없는 지점이 있는가? 설명하여라.

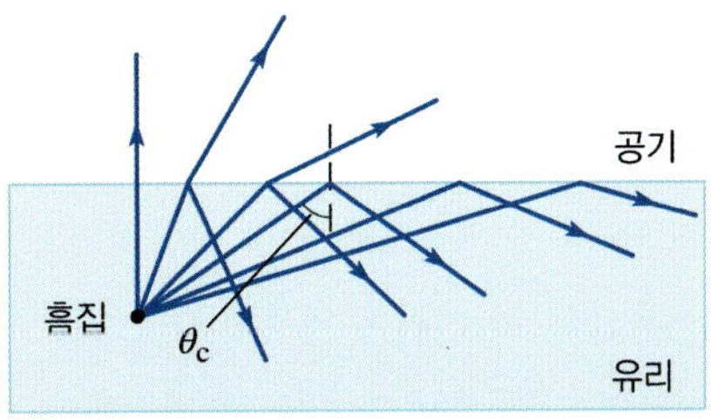

13 [25]. 그림과 같이 프리즘에 45.0° 입사한 빛이 점 P에서 내부 전반사를 한다. 프리즘의 굴절률에 대해 어떤 결론을 내릴 수 있는가? 가능한 최솟값 또는 최댓값을 결정하여라.

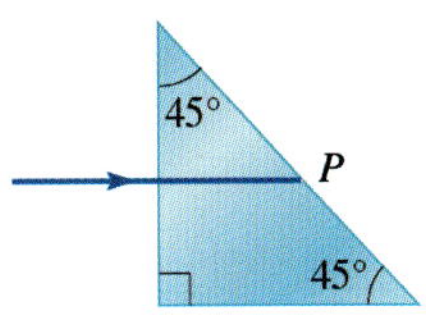

14 [27]. 내시경이나 기타 의료 장비에 사용되는 케이블과 같은 광섬유 케이블의 품질을 측정하는 유용한 방법은 개구수이다. 개구수가 클수록 광섬유는 더 많은 빛을 전달한다. 굴절률 n인 매질로부터 빛이 광섬유(고이 굴절률 n_1, 피복재굴절률 n_2)에 입사되는 경우, 광섬유의 개구수는 $n\sin\theta_{최대}$이며, 여기서 $\theta_{최대}$는 빛이 광섬유를 따라 이동할 때 완전히 반사되는 가장 큰 각도이다. (a) 개구수가 $\sqrt{n_1^2 - n_2^2}$임을 이용하여, 피복재(굴절률 1.40)와 코어(굴절률 1.62)로 된 광섬유 케이블의 개구수를 계산하여라. (b) 빛이 식염수 풍선($n = 1.35$)에서 섬유로 들어가는데, 이는 선명도를 높이기 위해 섬유 끝에 있는 내시경 관찰에 자주 사용된다. 광섬유를 투과한 빛의 최대 입사각은 얼마인가?

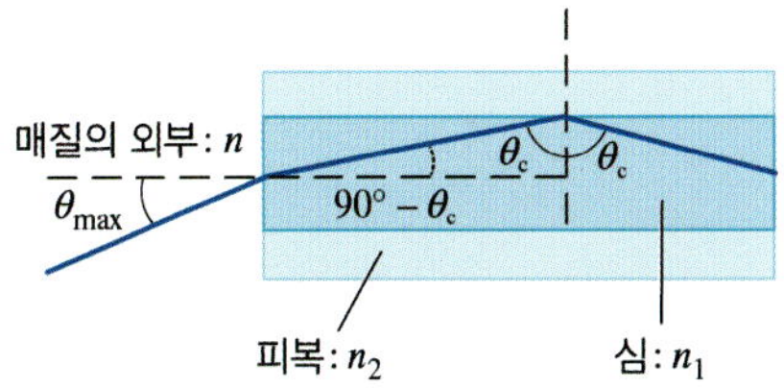

15 [29]. 공기 중 광선의 입사각 θ가 플렉시글라스로 만든 얇은 탱크로 들어가 사황화탄소를 점진적으로 채우면서 조절하고 있다. 빛이 사황화탄소로는 진행하지만 탱크 바닥에 있는 플렉시글라스로는 진행하지 않는 입사각이 있는가? 있다면 각도를 구하여라. 만약 그러한 각도가 없다면 이유를 설명하여라.

23.5 반사에 의한 편광

16 [31]. 인간 피부의 굴절률을 측정한 실험에서, 편광되지 않은 빛을 입사각 54.7°로 공기에서 피부 표본에 비추면, 반사광선은 완전히 편광된 것으로 밝혀졌다. 이 피부 표본의 굴절률은 얼마인가?

17 [33]. (a) 햇빛이 호수 표면을 비추고 있다. 호수 표면에서 반사된 광선이 완전히 편광되려면 수평과 이루는 각도는 얼마인가? (b) 반사된 빛은 어떤 방향으로 편광되는가? (c) 이 각도로 입사된 빛이 물속으로 투과되는가? 그렇다면, 수평 아래로 몇도 각도로 투과광선이 진행하는가?

23.6 반사와 굴절을 통한 상의 형성

18 [35]. 다이아몬드의 결함은 그 표면 바로 위에서 볼 때 표면 아래 2.0 mm에 있는 것처럼 보인다. 결함은 표면

아래 얼마나 깊이 있는가?

19 [37]. 해양 동물 공원에서 알리슨은 유리창을 통해 돌고래가 물속에서 수영하는 것을 보고 있다. 돌고래가 15 m/s로 그녀를 향해 헤엄치고 있다면, 돌고래가 움직이는 겉보기 속도는 얼마인가?

23.7 평면거울

20 [39]. 노라는 일을 시작하기 전에 머리에서 발끝까지 외모를 확인할 수 있는 전신거울이 필요하다. 노라의 키가 1.64 m라면 거울의 높이는 얼마가 되어야 하는가?

21 [41]. 꽃병에 담긴 장미는 평면거울 앞 0.250 m만큼 떨어져 있다. 나가르는 거울 앞 2.00 m에서 거울을 본다. 장미의 상은 나가르에서 얼마나 떨어져 있는가?

22 [43]. 벽이 모두 거울로 된 유원지 미로에서 필라는 일련의 3개의 거울에서 반사된 헤르난도의 상을 보고 있다. 그림과 같이 거울이 배치되어 있을 때 거울 3의 반사각이 55°인 경우 거울 1의 입사각은 얼마인가?

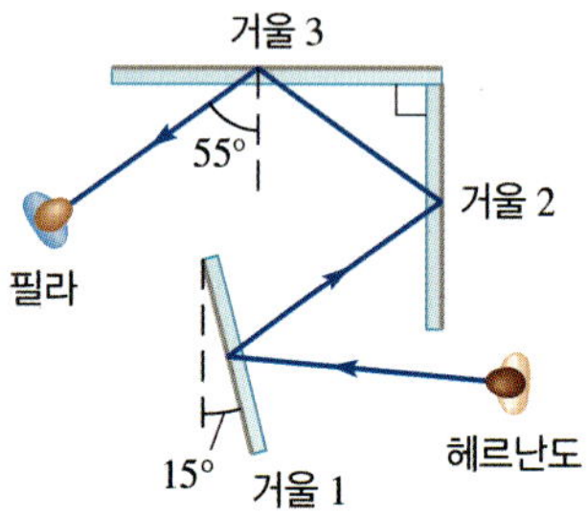

23 [45]. 점광원이 평면거울 앞에 있다. (a) 반사된 모든 광선을 거울 뒤로 연장하면 단일 지점에서 교차한다는 것을 보여라. **힌트** 그림 23.27a를 보고 그와 유사한 삼각형을 사용하여라. (b) 상점이 물체를 통과하고 거울과 직각을 이루는 직선상에 있고, 물체와 상의 거리가 같다는 것을 보여라. **힌트** 그림 23.27a의 여러 광선 어느 것이든 한 쌍을 사용하여라.

23.8 구면거울

24 [47]. 높이가 1.80 cm인 물체가 초점 거리 5.00 cm인 오목거울 앞 20.0 cm에 놓여 있다. 상의 위치를 구하여라. 설명할 광선 도표를 그려라.

25 [49]. 브루스는 눈꺼풀 밖의 속눈썹을 제거하려고 한다. 그는 면도용 거울을 보고 0.40 cm 길이의 속눈썹을 찾는다. 거울의 초점 거리가 18 cm이고 거울에서 11 cm 떨어진 곳에 눈을 고정시키면, 속눈썹의 상의 길이는 얼마인가?

26 [51]. 곡률반지름이 25.0 cm인 오목거울 앞에 물체를 놓았다. 물체 크기의 두 배인 실상이 형성되었다. 거울과의 거리는 얼마인가? 설명할 광선 도표를 그려라.

27 [53]. 자동차의 우측 사이드미러에 '물체는 보이는 것보다 더 가까이에 있습니다.'라는 문구가 쓰여 있다. 운전자가 이 거울의 초점 거리를 결정하기 위해 실험을 하기로 했다. 그는 사이드미러 옆에 평면거울을 들고 각 거울로부터 163 cm 떨어진 곳에 있는 물체를 보았다. 물체는 평면거울에서는 너비 3.20 cm로 나타났지만 사이드미러에서는 너비가 1.80 cm에 불과했다. 사이드미러의 초점 거리는 얼마인가?

28 [55]. 지하철역에서는 안내원이 볼록거울로 플랫폼에 있는 사람들의 활동을 볼 수 있다. 키가 1.64 m인 어떤 여자가 거울에서 4.5 m 거리에 서있다. 여자의 상에서 키는 0.500 m이다. (a) 거울의 곡률반지름은 얼마인가? (b) 거울의 지름은 0.500 m이다. 여자의 신발이 거울의 바닥에 나타나면 머리가 위쪽에 나타나는가? 다시 말해서 여자의 상이 거울의 위에서 바닥까지 채워지는가? 설명하여라.

29 [57]. 주축에 평행한 광선이 오목거울에서 반사될 때, 반사된 광선은 모두 정점으로부터 거리 $R/2$인 초점을 통과한다는 것을 보여라. 입사각은 작다고 가정하여라.
힌트 본문의 볼록거울에 대한 유도과정과 비슷하게 진행하여라.

23.9 얇은 렌즈

30 [59]. (a) 초점 거리가 3.50 cm인 수렴렌즈에서 상 거리 5.00 cm에 도립상을 맺을 수 있는 물체 거리를 구하여라. 광선 도표를 사용하여 결과를 확인하여라. (b) 맺힌 상은 실상인가 허상인가? (c) 배율은 얼마인가?

31 [61]. 광선 도표를 그려서 물체가 수렴렌즈의 초점 거리의 두 배인 곳에 있을 때 도립된 실제 크기와 같은 실상이 맺힘을 보여라.

32 [63]. 광선 도표를 그려서 물체가 수렴렌즈의 초점 거리와 같은 거리에 있을 때 렌즈로부터 나오는 광선이 서로 평행하므로 상이 무한대에 맺힘을 보여라.

33 [65]. 높이 3.00 cm인 물체가 초점 거리 12.0 cm인 발산렌즈에서 12.0 cm 떨어진 곳에 놓여 있다. 광선 도표를 그려서 상의 높이와 위치를 구하여라.

34 [67]. 높이가 6.00 cm인 물체가 발산렌즈 앞 40.0 cm에 있다. 렌즈의 초점 거리는 20.0 cm이다. 상의 위치와 크기를 구하여라. 맺힌 상이 실상인가 아니면 허상인가? 정립상인가 아니면 도립상인가?

35 [69]. 표준 '35 mm' 슬라이드는 24.0 mm × 36.0 mm 크기이다. 슬라이드 프로젝터가 화면에 60.0cm × 90.0 cm 슬라이드 상을 생성하고, 렌즈의 초점 거리는 12.0 cm라고 가정한다. (a) 슬라이드와 스크린 사이의 거리는 얼마인가? (b) 스크린을 프로젝터에서 멀리 떨어뜨리려면 렌즈를 슬라이드에 가까이 가져가야 하는가 아니면 멀리 떨어뜨려야 하는가?

36 [71]. 자밀라는 굴절력이 +0.50 m인 독서용 안경을 가지고 있다. (a) 이 렌즈는 수렴하는가 아니면 발산하는가? (b) 물체가 렌즈 중 하나의 앞 40.0 cm에 있다. 상은 어디에 맺히는가? (c) 물체의 크기에 비해 상의 크기는 얼마나 되는가? (d) 상은 정립상인가 아니면 도립상인가?

37 [73]. 초점 거리가 8.00 cm인 수렴렌즈가 있다. (a) 얇은 렌즈로부터 5.00 cm, 14.0 cm, 16.0 cm, 20.0 cm에 있는 물체의 상 거리를 구하여라. 각각의 경우에 상이 실상인지 허상인지, 정립되었는지 도립되었는지, 크기가 확대되었는지 축소되었는지 설명하여라. (b) 물체의 높이가 4.00 cm인 경우, 물체 거리가 5.00 cm일 때와 20.0 cm일 때, 물체 상의 높이는 얼마인가?

협동문제

38 [75]. 한 치과의사가 환자의 치아 표면에서 1.9 cm 떨어진 위치에 작은 거울을 들고 있다. 거울에 맺힌 상은 정립이며 물체의 크기의 5.0 배이다. (a) 이 상은 실상인가 아니면 허상인가? (b) 거울의 초점 거리는 얼마인가? 거울은 오목한가 아니면 볼록한가? (c) 거울을 치아 가까이로 이동하면 상이 커지는가 아니면 작아지는가? (d) 물체가 어떤 범위에 있을 때 정립상을 맺는가?

39 [77]. 그림과 같이 광선이 공기 중에서 유리 표면에 30° 각도로 유리 블록으로 들어간다. 유리의 굴절률은 1.35이다. (a) θ_1으로 표시된 각도를 구하여라. (b) 유리와 공기 사이의 임계각을 계산하여라. (c) 빛의 경로는 A로 진행하는가 아니면 B로 진행하는가? 그렇지 않으면 빛의 경로 A와 B 모두 진행하는가? 설명하여라. (d) 빛이 경로 A로 진행하면 θ_A를 구하고, 빛이 경로 B로 진행하면 θ_B를 구하여라.

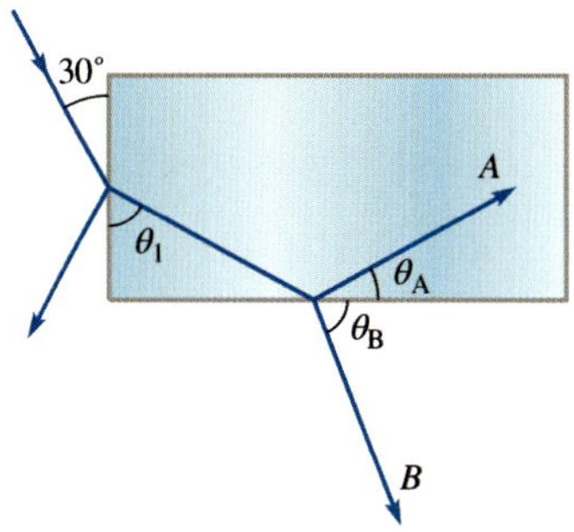

연구문제

40 [79]. 높이 8.0 cm의 물체가 거울 뒤 4.0 cm에 높이 3.5 cm의 허상을 만든다. (a) 물체 거리를 구하여라. (b) 어떤 거울인지 설명하여라. 곧, 평면거울, 볼록거울, 오목거울 중 무엇인가? (c) 초점 거리와 곡률반지름은 얼마인가?

41 [81]. 오목거울의 곡률반지름은 14 cm이다. 점과 같은 물체가 거울 주축에서 9.0 cm 떨어진 곳에 있으면, 상의 위치는 어디인가?

42 [83]. 사만다는 화장용 거울에서 32.0 cm 정도에 얼굴을 두고 자신의 상이 1.80배 확대되었음을 확인했다.

(a) 화장용 거울은 어떤 종류의 거울인가? (b) 그녀의 얼굴은 곡률반지름이나 초점 거리에 대해 어디에 있는가? (c) 거울의 곡률반지름은 얼마인가?

43 [85]. 레이저 빔이 알려지지 않은 물질을 통과하고 있다. 레이저 빔이 공기와의 경계를 만나면 반사각은 25.0°이고 굴절각은 37.0°이다. (a) 물질의 굴절률은 얼마인가? (b) 물질 속에서 빛의 속도는 얼마인가? (c) 빛이 내부 전반사되는 최소 입사각은 얼마인가?

44 [87]. 높이 3.00 cm인 핀을 오목거울 앞의 특정 거리에 배치할 때 거울 앞 30.0 cm인 곳에 높이 9.00 cm인 정립상이 생겼다. 거울과 상을 기준으로 핀의 위치를 구하여라. 설명할 광선 도표를 그려라.

45 [89]. 옥스퍼드 영어사전에 빽빽하게 쓰여 있는 작은 글자의 높이가 0.60 mm이다. 글자 위 4.5 cm에 돋보기(단일 얇은 렌즈)를 놓았더니 크기가 2.4 cm인 상이 생겼다. (a) 이 상은 실상인가 아니면 허상인가? (b) 상의 위치는 어디인가? (c) 렌즈의 초점 거리는 얼마인가? 수렴하는가 아니면 발산하는가?

46 [91]. 그림과 같이 광선이 두 개의 거울 표면에서 반사된다. 처음 입사각이 34°인 경우, 각도 α와 β의 값은 얼마인가? (그림은 축척을 따르지 않았다.)

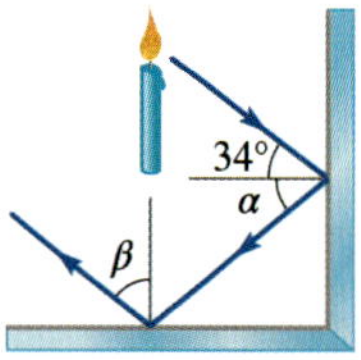

47 [93]. 유리블록($n = 1.7$)이 종류가 알려지지 않은 액체에 잠겨 있다. 블록 내부에서 광선은 내부 전반사를 일으킨다. 여러분은 액체의 굴절률에 관해 어떠한 결론을 내릴 수 있는가?

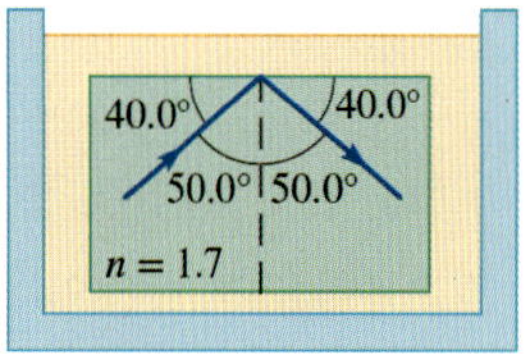

48 [95]. 공기 중의 광선이 크라운 유리로 만들어진 얕은 탱크에 들어 있는 벤젠에 입사하여 그림과 같이 벤젠 표면과 60.0°의 각도를 이룬다. 탱크 바닥의 유리에 광선이 입사할 때 광선의 굴절각은 얼마인가? (법선과 이루는 각을 측정한다.)

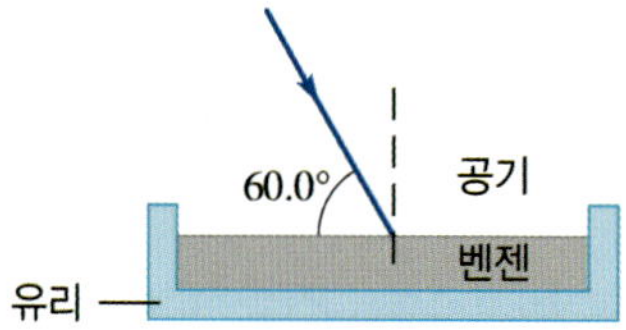

49 [97]. 주축으로부터 거리 d에서 얇은 수렴 렌즈를 때리는 광선의 편차 각도 δ가 $\delta = d/f$로 주어짐을 보여라. 따라서 광선은 d에 비례하는 각도 δ를 통해 구부러지며, 입사광선의 각도에 의존하지 않는다(근축인 경우).

힌트 그림을 보고 작은 각 근사 $\sin\theta \approx \tan\theta \approx \theta$(라디안)를 사용한다.

종합문제

50 [99]. (a) 얼어붙은 호수의 매끄러운 얼음 표면에 반사된 햇빛은 입사광이 수평에 대해 어떤 각을 이룰 때 완전히 편광되는가? (b) 반사된 빛은 어느 방향으로 편광되는가? (c) 반사된 빛의 자기장의 방향은 어디인가? (d) 이 각도로 입사된 빛이 얼음 속으로 진행하는가? 그렇다면, 투과한 빛은 수평선 아래 어느 방향(각도)으로 진행하는가?

51 [101]. 시양은 운전면허 시험을 연습하고 있다. 그는 후진할 때 백미러에서 자동차 바로 뒤에 위치한 나무가 차에 접근하고 있음을 알았다. 자동차가 8.0 km/h로 후진할 경우, 나무의 상이 차에 대해 어떤 속도로 접근하는가?

CHAPTER 24 광학기기

개념정리

- 연속적으로 조합된 렌즈에서 하나의 렌즈가 맺은 상이 다음 렌즈에게는 물체가 된다.
- 첫 번째 렌즈가 두 번째 렌즈를 지난 곳에 실상을 생성(광선이 두 번째 렌즈를 지나서 한 지점으로 수렴)하도록 되어 있었다면, 이 실상이 두 번째 렌즈에게는 허물체가 된다. 허물체이면 얇은 렌즈 방정식에서 p가 음수가 된다.
- 한 렌즈에 의해 형성된 상이 거리 s에 있는 두 번째 렌즈에게 물체 역할을 할 때, 두 번째 렌즈에 대한 물체 거리 p_2는 다음과 같다.

$$p_2 = s - q_1 \tag{24–1}$$

- 두 개 이상의 렌즈에 의해 형성된 상의 총가로 배율은 개별 렌즈에 의한 배율의 곱이다.

$$m = \frac{h'_N}{h_1} = m_1 \times m_2 \times \cdots \times m_N \tag{24–3}$$

- 일반적인 디지털 사진기에는 수렴렌즈가 하나만 있다. 물체에 초점을 맞추기 위해 렌즈와 감지기 사이의 거리를 조정하여 상 감지기에 실상이 맺히게 한다.
- 조리개의 크기와 노출 시간은 상감지기(또는 필름)가 빛에 충분히 노출될 수 있도록 선택해야 한다. 피사계 심도는 어느 선명도 이내로, 렌즈가 가장 선명한 상을 맺는 평면으로부터의 거리 범위를 말한다. 더 작은 조리개일수록 피사계 심도는 더 커진다.
- 우리의 눈에서는 각막과 수정체가 광선을 굴절시켜 망막의 광수용체 세포에 실상을 맺는다. 대부분의 경우, 우리는 각막과 수정체가 초점 거리를 조절할 수 있는 단일렌즈처럼 작용한다고 생각할 수 있다. 모양을 조절할 수 있는 수정체가 수정체와 망막의 간격에 의해 결정된 고정된 상 거리에서 상을 형성하면서 다양한 물체 거리를 수용할 수 있게 해준다. 눈이 수용할 수 있는 가장 가까운 물체 거리를 근점, 가장 먼 물체 거리를 원점이라고 한다. 시력이 좋은 젊은 사람은 근점이 25 cm 이하이고 원점은 무한대에 있다.
- 렌즈의 굴절력은 초점 거리의 역수이다.

$$P = \frac{1}{f} \tag{24–4}$$

굴절력은 디옵터 ($1\ \mathrm{D} = 1\ \mathrm{m}^{-1}$)로 측정한다. 두 개 이상의 얇은 렌즈가 서로 가깝게 배치되면 총굴절력은 단일렌즈의 굴절력의 합과 같으며, 그 굴절력을 가진 하나의 얇은 렌즈처럼 작동한다.

$$P = P_1 + P_2 + \cdots \tag{24–5}$$

- 근시인 눈의 원점은 무한대보다 가까이 있다. 원점 이상에 있는 물체에 대해서는 망막 앞에서 상이 맺는다. 음$^-$의 굴절력을 갖는 교정용 발산렌즈는 광선을 바깥쪽으로 꺾어 근시를 교정할 수 있다.
- 원시이면 눈은 너무 큰 근점을 가지고 있어 눈의 굴절력이 너무 작다. 근점보다 가까이 있는 물체의 경우, 눈은 망막을 지나서 상을 맺는다. 수렴렌즈는 광선을 안쪽으로 구부려서 원시가 빨리 수렴할 수 있도록 원시를 교정할 수 있다.
- 사람의 나이가 들어감에 따라 눈의 수정체의 유연성이 떨어지고 수용할 수 있는 눈의 능력이 저하되는데 이것은 노안이라고 한다.
- 각도 배율은 육안으로 볼 때 각 크기에 대한 광학기기를 사용할 때 각 크기의 비이다.

$$M = \frac{\theta_{\text{확대}}}{\theta_{\text{육안}}} \qquad (24\text{–}6)$$

• 단순 확대경은 피사체의 거리가 초점 거리보다 작거나 같게 배치된 수렴렌즈이다. 형성된 허상은 확대되고 바로 서 있다. 각도 배율(M)은

$$M = \frac{N}{P} \qquad (24\text{–}10)$$

이며 여기서 근점 N은 일반적으로 25 cm로 택한다. 보기 쉽도록 상이 무한대에 있게 하려면 물체는 초점에 둔다($p = f$).

• 복합 현미경은 2개의 수렴렌즈로 구성되어 있다. 현미경으로 보려는 작은 물체를 대물렌즈의 초점 바로 바깥쪽에 두면 확대된 실상이 맺힌다. 접안렌즈는 대물렌즈로 만든 실상을 보는 간단한 돋보기 역할을 한다. 나중 상이 무한대인 경우, 현미경으로 인한 각도 배율은

$$M = m_o M_e = -\frac{L}{f_o} \times \frac{N}{f_e} \qquad (24\text{–}14)$$

이다. 여기서 N은 근점(일반적으로 25 cm)이고, L(경통의 길이)은 두 렌즈의 초점 간 거리이다.

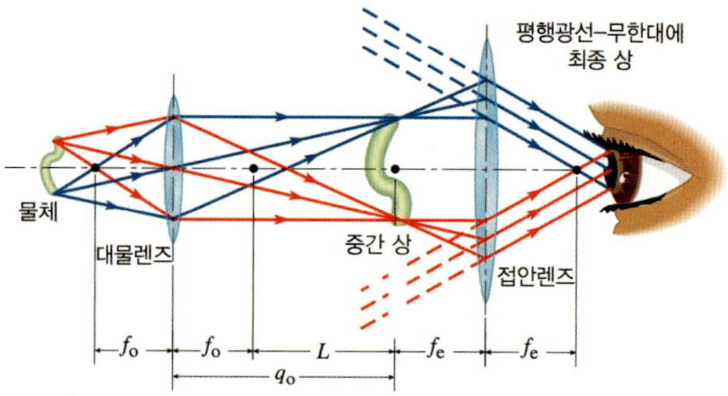

• 천체 굴절 망원경은 2개의 수렴렌즈를 사용한다. 현미경과 마찬가지로 대물렌즈는 실상을 형성하고 접안렌즈는 실제 상을 보는 돋보기 기능을 한다. 각도 배율은 다음과 같다.

$$M = -\frac{f_o}{f_e} \qquad (24\text{–}18)$$

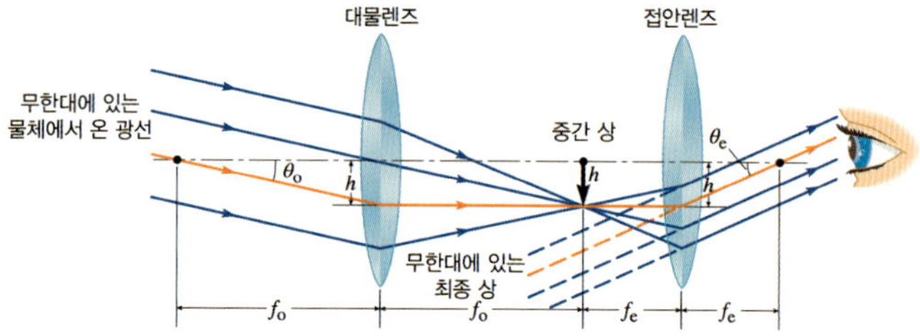

• 반사 망원경에서는 대물렌즈 대신 오목거울을 사용한다.

• 구면 수차는 근축광선이 아닌 광선이 근축광선과 다른 지점에 초점을 맺기 때문에 발생한다.

• 색 수차는 렌즈의 분산으로 인해 발생한다.

연습문제

개념형 질문

1 [1]. 왜 사진기나 슬라이드 프로젝터에 수렴렌즈를 사용해야 하는가? 현미경이나 망원경의 대물렌즈가 수렴렌즈(또는 수렴거울)여야 하는 이유는 무엇인가? 왜 망원경의 접안렌즈는 수렴하거나 발산해도 되는가?

2 [3]. 흰색 마분지가 허물체의 위치에 놓여 있다면 마분지에 무엇이 보이겠는가?

3 [5]. 천문 관측소가 대부분 산꼭대기에 위치해 있는 이유는 무엇인가?

4 [7]. 위성 접시의 수신 안테나가 접시에서 일정 거리 떨어져 있는 이유는 무엇인가?

5 [9]. 색 수차는 왜 발생하는가? 색 수차를 보정하기 위해 어떻게 해야 하는가?

6 [11]. 스노클링을 할 때 명확하게 보기 위해 고글을 착용한다. 고글이 없으면 시야가 왜 흐려지는가? 근시인 사람은 (교정렌즈 없이) 공기 중에 있을 때보다 (고글이

나 교정렌즈 없이) 물속에 있을 때 가까운 물체를 보다 선명하게 볼 수 있는 이유는 무엇일까?

7 [13]. 눈의 구조를 간단히 그리고 각막, 수정체, 홍채, 망막, 방수, 유리액을 표시해 보아라.

8 [15]. 그림은 결함이 있는 눈의 개략도이다. 이러한 결함은 무엇이라고 하는가?

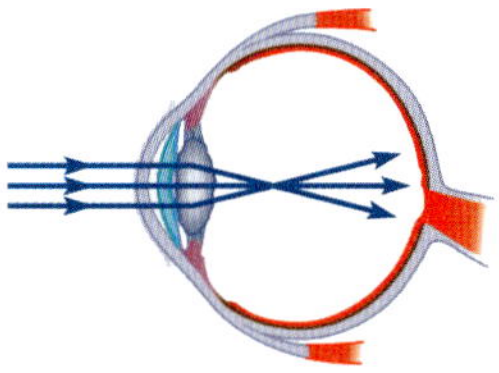

9 [17]. 천체 망원경에 렌즈 대신 거울을 사용하면 어떤 이점이 있는가?

10 [19]. 한 사진사가 가방에 교체 가능한 렌즈 3개를 가지고 있다. 이 렌즈의 초점 거리는 400.0 mm, 50.0 mm, 28.0 mm이다. (a) 광각 촬영(성당 앞 광장에서 찍은 대성당), (b) 일상 촬영(놀고 있는 어린이), (c) 망원 사진 촬영(강을 건너는 아프리카 사자)에 각각 어떤 렌즈를 사용해야 하는가?

선다형 질문

1 [1]. 복합 현미경은 두 개의 렌즈로 만든다. 다음 중 복합 현미경의 작동과 관련하여 바르게 진술한 것은 어느 것인가?

(a) 두 렌즈 모두 실상을 맺는다.
(b) 두 렌즈 모두 허상을 맺는다.
(c) 물체에 가장 가까운 렌즈가 허상을 맺고, 다른 렌즈는 실상을 맺는다.
(d) 물체에 가장 가까운 렌즈가 실상을 맺고, 다른 렌즈는 허상을 맺는다.

2 [3]. 원점이 25 cm인 사람의 시력에 대한 다음 설명 중 어떤 진술이 사실인가?

(a) 정상적인 시력을 가지고 있다.
(b) 근시이며 시력을 교정하기 위해 발산렌즈가 필요하다.
(c) 근시이며 시력 교정을 위해 수렴렌즈가 필요하다.
(d) 원시이며 시력을 교정하기 위해 발산렌즈가 필요하다.
(e) 원시이며 시력을 교정하기 위해 수렴렌즈가 필요하다.

3 [5]. 색 수차의 원인이 무엇인가?

(a) 빛은 전자기파이며 본질적으로 회절 특성을 가지고 있다.
(b) 파장이 다른 빛은 렌즈-공기 계면에서 굴절각이 다르다.
(c) 반사율은 빛의 파장에 따라 다르다.
(d) 렌즈의 외부 가장자리는 렌즈의 중앙 부분에 의해 형성된 초점과 다른 점에서 초점을 맺는다.
(e) 유리에서 빛의 흡수는 파장에 따라 변한다.

4 [7]. 구면 수차의 원인은 무엇인가?

(a) 빛은 전자기파이며 고유한 회절 특성을 갖는다.
(b) 파장이 다른 빛은 렌즈-공기 계면에서 굴절각이 다르다.
(c) 렌즈 표면이 완벽하게 매끄럽지 않다.
(d) 렌즈의 외부 가장자리는 렌즈의 중앙 부분에 의해 형성된 지점과 다른 점에서 초점을 생성한다.

5 [9]. 사진기의 조리개를 줄이면

(a) 피사계 심도가 줄어들어 더 긴 노출 시간이 필요하다.
(b) 피사계 심도가 줄어들어 더 짧은 노출 시간이 필요하다.
(c) 피사계 심도가 증가하여 더 긴 노출 시간이 필요하다.
(d) 피사계 심도가 증가하여 더 짧은 노출 시간이 필요하다.
(e) 피사계 심도는 바뀌지 않으며 더 긴 노출 시간이 필요하다.
(f) 피사계 심도는 변하지 않으며 노출 시간을 더 짧게 단축해야 한다.

문제

24.1 복합렌즈

1 [1]. 초점 거리가 5.0 cm인 렌즈 앞 12.0 cm의 거리에 물체가 놓여 있다. 초점 거리 4.0 cm인 또 다른 렌즈가 첫 번째 렌즈를 지나서 2.0 cm 떨어져 있다. (a) 나중

상은 어디에 맺히는가? 실상인가 허상인가? (b) 전체 배율은 얼마인가?

2 [3]. 수렴렌즈 2개가 88.0 cm 떨어져 있다. 초점 거리가 25.0 cm인 첫 번째 렌즈의 왼쪽 1.100 m 지점에 물체를 놓았다. 나중 상은 두 번째 렌즈의 오른쪽으로 15.0 cm 떨어져 있다. (a) 두 번째 렌즈의 초점 거리는 얼마인가? (b) 총배율은 얼마인가?

3 [5]. 렌즈 방정식과 다음 데이터를 사용하여 그림 24.2의 두 렌즈에 의해 형성된 상의 위치와 크기를 구하여라. $f_1 = +4.00$ cm, $f_2 = -2.00$ cm, $s = 8.00$ cm(s는 렌즈 사이의 거리), $p_1 = +6.00$ cm, $h = 2.00$ mm(수직과 수평의 축척은 다르다.)

4 [7]. 물체의 오른쪽에서 32.0 cm 위치에 바로 선 상을 투영하고자 한다. 물체의 오른쪽 6.00 cm에 초점 거리가 3.70 cm인 수렴렌즈가 있다. 물체의 오른쪽에 24.65 cm에 두 번째 렌즈를 놓으면 적절한 위치에 상을 얻을 수 있다. (a) 두 번째 렌즈의 초점 거리는 얼마인가? (b) 이 렌즈는 수렴렌즈인가 발산렌즈인가? (c) 총배율은 얼마인가? (d) 물체의 높이가 12.0 cm인 경우 상 높이는 얼마인가?

5 [9]. 초점 거리가 12.0 cm인 수렴렌즈 앞 16.0 cm 되는 곳에 물체가 놓여 있다. 수렴렌즈 뒤쪽으로 20.0 cm 떨어진 곳에는 초점 거리 −10.0 cm인 발산렌즈가 있다. 광선을 추적하여 나중 상의 위치를 구하여라. 렌즈 방정식을 이용하여 증명하여라.

24.2 사진기

6 [11]. 초점 거리가 200.0 mm인 망원 렌즈를 사진기에 장착하여 무한 거리에서 2.0 m 사이에 있는 피사체의 사진을 찍는다. 렌즈에서 필름(감지기)까지의 최소 거리와 최대 거리는 얼마인가?

7 [13]. 에스페란자가 초점 거리 50.0 mm인 렌즈가 달린 사진기로 3.0 m 떨어져 있는 아들 카를로스의 사진을 찍고 있다. 카를로스의 키는 1.2 m이다. (a) 제대로 초점을 맞춘 사진을 얻으려면 렌즈와 사진기 필름(감지기) 사이의 거리가 얼마여야 하는가? (b) 얻어진 상의 배율은 얼마인가? (c) 상 감지기에 나타난 카를로스의 키는 얼마인가?

8 [15]. 짐이 초점 거리가 50.0 mm인 사진기로 맥그로 타워의 사진을 찍으려고 한다. 사진기의 필름(상 감지기)은 7.2 mm × 5.3mm이다. 타워의 높이는 52 m이고 짐은 선명한 클로즈업 사진을 찍으려 한다. 짐이 가능한 한 큰 타워 전체의 사진을 찍으려면 타워에 얼마나 가까이 있어야 하겠는가?

9 [17]. 프로젝터에서 12.0 m 떨어져 있는 폭이 1.50 m인 스크린에 폭이 36 mm인 슬라이드의 상을 투사할 경우, 스크린 폭을 채우려면 초점 거리가 얼마인 렌즈가 필요한가?

10 [19]. 초점 거리가 3.00 cm인 수렴렌즈를 물체의 오른쪽 4.00 cm인 곳에 놓고, 초점 거리가 −5.00 cm인 발산렌즈를 수렴렌즈의 오른쪽 17.0 cm인 곳에 떨어뜨려 놓았다. (a) 상을 비추기 위해 어느 위치에 스크린을 배치해야 하는가? (b) 두 렌즈가 10.0 cm 떨어진 경우 (a)의 물음에 답하여라.

24.3 눈

문제에 설명이 없으면 각막과 수정체 계에서 망막까지의 거리는 2.00 cm이고 정상 근점은 25 cm라고 가정하여라.

11 [21]. 수정체 계(각막 + 수정체)에서 망막까지의 거리가 2.00 cm라면, 25.0 cm에서 무한대까지의 물체를 보기 위해 렌즈의 초점 거리가 1.85 cm에서 2.00 cm 사이에서 변해야 함을 보여라.

12 [23]. 눈을 간단한 어둠상자로 다루어서 망막의 맹점의 크기를 추정할 수 있다. 친구 줄리의 눈을 지름 2.5 cm인 구로 근사할 수 있다고 하자. 줄리의 눈동자에서 40 cm 정도에 있는 지름 3.5 cm인 공을 맹점 안에 숨길 수 있음을 알았다. 망막에서 줄리의 맹점의 지름을 추정하여라.

13 **[25].** 특정 눈의 수정체 계의 초점 거리를 1.85 cm에서 2.00 cm 사이에서 바꿀 수 있다고 가정하자. 수정체 계에서 망막까지의 거리는 단지 1.90 cm이다. (a) 이 눈은 근시인가 원시인가? 설명하여라. (b) 시력 교정렌즈 없이 이 눈으로 물체를 정확히 볼 수 있는 거리 범위는 어떻게 되는가?

14 **[27].** 교정하지 않았을 때 콜린의 눈의 원점은 2.0 m이다. 어떤 콘택트렌즈의 굴절력으로 멀리 있는 물체를 명확하게 구별할 수 있는가?

15 **[29].** (a) 해리의 근점이 1.5 m인 경우, 해리에게 필요한 콘택트렌즈의 초점 거리는 얼마인가? (b) 이 렌즈의 굴절력은 얼마인가?

16 **[31].** 눈의 수정체 계(각막과 수정체)에서 망막까지의 거리가 18 mm라고 가정하자. (a) 멀리 있는 물체를 볼 때 렌즈의 굴절력은 얼마나 되어야 하는가? (b) 눈에서 20.0 cm 떨어진 물체를 볼 때 렌즈의 굴절력은 얼마나 되어야 하는가? (c) 어떤 사람의 눈이 원시라고 하자. 이 사람은 1.0 m보다 가까이 있는 물체를 명확히 볼 수 없다. 이 사람이 20.0 cm만큼 가까운 물체를 선명하게 볼 수 있도록 콘택트렌즈의 굴절력을 구하여라.

24.4 각도 배율과 단순 확대경

문제 17~18. 확대경이 눈에 가깝게 고정되어 있다고 가정한다. 표준 근점인 25 cm를 사용하여 각도 배율을 구하여라.

17 **[33].** 수렴렌즈 5개를 간단한 확대경으로 사용하고 있다. 각각의 경우에 초점 거리 f와 렌즈와 대상물 p 사이의 거리가 주어져 있다. 각도 배율이 가장 큰 것부터 가장 작은 것까지 순서를 매겨라.

(a) $f = 15$ cm, $p = 15$ cm (b) $f = 15$ cm, $p = 10$ cm

(c) $f = 10$ cm, $p = 10$ cm (d) $f = 20$ cm, $p = 20$ cm

(e) $f = 20$ cm, $p = 15$ cm

18 **[35].** (a) 상이 무한대에 있을 때 각도배율이 8.0인 돋보기의 초점 거리는 얼마인가? (b) 물체는 렌즈로부터 얼마나 멀리 있어야 하는가?

19 **[37].** 키샤는 확대경으로 딱정벌레를 보고 있다. 확대경이 25 cm 거리에 확대된 정립상을 맺기를 원한다고 하자. 확대경의 초점 거리는 +5.0 cm이다. 키샤의 눈이 확대경에 가까이 있다고 가정하여라. (a) 확대경과 딱정벌레 사이의 거리는 얼마인가? (b) 각도 배율은 얼마인가?

20 **[39].** 생물학 교수가 학생의 실험실 보고서에서 작은 반점 같은 것을 발견하고 확대경을 꺼내서 조사했다. 확대경을 눈에 가까이 하고 관찰한 결과 아메바 종인 펠로미사 파울스트리스^Pelomyxa palustris^를 발견했다. (a) 근점 28 cm에서 확대하지 않고 관찰했을 때, 아메바는 0.015 라디안의 각도를 이루고 있다. 아메바의 크기는 얼마인가? (b) 돋보기에 맺힌 상이 근점에 있을 때, 각도배율은 8.5이다. 아메바는 렌즈에서 얼마나 떨어져 있는가?

24.5 복합 현미경

21 **[41].** 경통의 길이가 모두 16 cm인 현미경 5개가 있다. 접안렌즈 초점 거리(f_e)와 대물렌즈 초점 거리(f_o)가 다음과 같이 제공되었을 때, 현미경의 배율(M)이 가장 큰 것부터 가장 작은 순서로 나열해 보아라.

(a) $f_e = 1.5$ cm, $f_o = 1.5$ cm

(b) $f_e = 2.0$ cm, $f_o = 2.0$ cm

(c) $f_e = 1.5$ cm, $f_o = 1.0$ cm

(d) $f_e = 2.0$ cm, $f_o = 1.0$ cm

(e) $f_e = 4.0$ cm, $f_o = 1.0$ cm

22 **[43].** 조던은 초점 거리가 7.50 cm인 접안렌즈와 초점 거리가 1.500 cm인 대물렌즈를 사용하여 복합 현미경을 제작하려고 한다. 시료를 대물렌즈에서 1.600 cm 떨어진 거리에 놓았다. (a) 접안렌즈는 어디에 두어야 하는가? (b) 이 현미경의 각도 배율은 얼마인가?

23 **[45].** 현미경에는 무한대에서 나중 상이 맺히기 위해 각도배율이 5.00인 접안렌즈가 있고 초점 거리가 15.0 mm

인 대물렌즈가 있다. 현미경의 경통의 길이는 16.0 cm이다. (a) 대물렌즈의 가로 배율은 얼마인가? (b) 현미경의 각도 배율은 얼마인가? (c) 물체는 대물렌즈와 얼마나 떨어져 있어야 하는가?

24 [47]. 히드라 비리디스의 물리적 특징을 연구하기 위해, 한 학생이 배율이 425인 복합 현미경을 사용하고 있다. (a) 접안렌즈의 초점 거리가 1.9 cm이고 경통의 거리가 19.2 cm인 경우, 대물렌즈의 초점 거리는 얼마인가? 근점을 25 cm라고 가정하자. (b) 초점 거리가 7.5 mm인 대물렌즈로 교체하면 배율은 얼마인가?

25 [49]. 대물렌즈의 초점 거리가 5.00 mm인 현미경이 있다. 이 현미경은 대물렌즈로부터 16.5 cm에 상을 맺는다. 접안렌즈의 초점 거리는 2.80 cm이다. 접안렌즈의 위치를 약간 조정하여 최종 상이 무한대에서 상이 맺히지 않고 관찰자의 근점(25.0 cm)에서 상이 맺히는 경우, (a) 두 렌즈 사이의 거리는 얼마인가? (b) 각도 배율은 얼마인가? 근점은 25.0 cm이다. (c) 물체는 대물렌즈에서 얼마나 떨어져 있어야 하는가?

26 [51]. 생물학자는 접안렌즈의 초점 거리가 2.25 cm이고 대물렌즈의 초점 거리가 1.10 cm인 현미경으로 짚신벌레를 관찰했다. 표본(짚신벌레)은 대물렌즈에서 1.18 cm 떨어진 곳에 있으며 나중 상은 무한대에 있다. (a) 두 렌즈 사이의 거리는 얼마인가? (b) 각도 배율은 얼마인가?

24.6 망원경

27 [53]. 망원경 거울의 곡률 반지름은 10.0 m이다. 이 망원경은 달의 사진을 찍는 데 사용한다. 거울에 의해 생성된 달의 상은 지름이 얼마인가? (필요한 정보는 부록 B를 참조하여라.)

28 [55]. 여키스 망원경에서 대물렌즈와 접안렌즈 사이의 거리는 얼마인가? (보기 24.8 참조)

29 [57]. 길이가 45.0 cm인 굴절 망원경 설명서에 '이 망원경은 상을 30.0배 확대한다.'라고 쓰여 있다. 이 숫자는 눈에 피로감 없이 무한대 거리에 있는 물체를 볼 수 있는 것을 나타낸 것이라고 가정할 때, 두 렌즈의 초점 거리는 각각 얼마인가?

30 [59]. 달을 관찰하기 위해 굴절 망원경을 사용한다. 대물렌즈와 접안렌즈의 초점 거리는 각각 +2.40 m와 +16.0 cm이다. (a) 렌즈 사이의 거리는 얼마가 되어야 하는가? (b) 물체가 생성한 상의 지름은 얼마인가? (c) 각도 배율은 얼마인가?

협동문제

31 [61]. 킴이 대통령과 초점 거리가 50 mm인 사진기 렌즈로 사진을 찍었을 때 킴과 대통령과의 거리는 10 ft 내에 있었다. 사진에는 대통령의 상반신(신장 일부 3.0 ft)이 나타났다. 필름에 맺힌 상에서 대통령의 상반신의 높이가 18 mm이다. 킴이 사진을 찍을 때 대통령과 얼마나 가까이 있었을까? (참고 1 ft = 30.48 cm)

32 [63]. 어떤 사람이 편안한 눈으로 40.0 cm 떨어진 곳에 있는 책을 편안하게 읽으려면 굴절력이 +2.0 D인 독서용 안경이 필요하다. 안경은 눈에서 2.0 cm 떨어져 있다고 가정한다. (a) 이 사람의 보정하지 않은 원점은 얼마인가? (b) 그가 먼 거리까지 시력을 확보하려면 굴절력이 얼마인 렌즈를 사용해야 하는가? (c) 보정하지 않은 그의 근점은 1.0 m이다. 그의 이중 초점 안경에서 25 cm에서 무한대까지 선명한 시야를 제공하려면 두 렌즈의 굴절력이 어떻게 되어야 하는가?

연구문제

33 [65]. 사진기에 초점 거리 240 mm인 망원 렌즈가 있다. 렌즈의 원통을 회전시켜 렌즈와 상 감지기(필름) 사이의 거리를 16 mm 내외로 움직일 수 있다. 렌즈가 무한대로 물체에 초점을 맞출 수 있다면 사진기가 선명한 상을 얻을 수 있는 가장 가까운 물체의 거리는 얼마인가?

34 [67]. 슬라이드 프로젝터 투영렌즈의 초점 거리는 10.0 cm이다. 스크린과 프로젝터 사이의 거리는 2.5 m이다. (a) 슬라이드와 투영렌즈 사이의 거리는 얼마인가? (b) 상의 배율은 얼마인가? (c) 너비가 36 mm인 슬라이드의 상을 스크린에 투사하면 상의 너비는 얼마인가?

35 [69]. 초점 거리가 3.0 cm와 30.0 cm인 두 개의 렌즈를 이용하여 작은 망원경을 만들려고 한다. (a) 어떤 렌즈를 대물렌즈로 해야 하는가? (b) 각도 배율은 얼마인가? (c) 접안렌즈에 의해 형성된 상과 대물렌즈 사이의 거리는 얼마인가?

36 [71]. 사진기 렌즈의 초점 거리는 50.0 mm로 고정되어 있다. 키가 1.0 m인 아이가 사진기 렌즈 앞 3.0 m 거리에 서 있다. 아이의 상이 선명하게 맺히도록 사진기 렌즈로 조절한다. (a) 맺힌 상이 실상인가 아니면 허상인가? 이유는 무엇인가? (b) 렌즈가 수렴하는가 아니면 발산하는가? 이유는 무엇인가? (c) 사진기의 렌즈에서 상 감지기까지의 거리는 얼마인가? (d) 상 감지기에 나타난 아이의 키는 얼마인가? (e) 감지기(필름)와 렌즈 사이 거리를 사진기로 조정한다. 사진기와 1.00 m 떨어진 거리에서 무한대까지 물체를 선명하게 촬영할 수 있는 경우, 렌즈가 움직일 수 있는 총거리는 얼마인가?

37 [73]. 사진기의 상 감지기(필름)는 24 mm × 36 mm이고, 사진기 렌즈의 초점 거리는 50.0 mm이다. 키가 182 cm인 사람을 찍으려고 할 때, 사진기의 상 감지기에 맺히도록 사람이 서 있을 수 있는 최소 거리는 얼마인가? 최소 거리를 사진기의 각 방향마다 하나씩 두 가지 답을 제시하여라.

38 [75]. 보이스카우트의 어린 단원이 길이 28 cm인 관의 양단에 +18 D의 수렴렌즈 두 개를 붙여서 간단한 현미경을 만들었다. (a) 현미경의 경통의 길이는 얼마인가? (b) 각도 배율은 얼마인가? (c) 물체는 대물렌즈에서 얼마나 멀리 떨어져 있어야 하는가?

39 [77]. 굴절 망원경이 초점 거리가 2.20 m인 대물렌즈와 초점 거리가 1.5 cm인 접안렌즈로 이루어져 있다. 잘못하여 대물렌즈에 눈을 대고 보면 이 망원경으로 관측된 물체의 각 크기는 얼마나 줄어드는가?

40 [79]. 초점 거리가 15.0 cm인 수렴렌즈에서 20.0 cm 떨어져 있는 곳에 물체가 놓여 있다. (그림 참조, 눈금은 표시하지 않음). 초점 거리가 10.0 cm인 오목거울은 렌즈 오른쪽으로 75.0 cm 떨어져 있다. 빛은 렌즈를 통과하고 거울에서 반사되며 다시 렌즈를 통과하여 나중 상을 맺는다. (a) 나중 상은 실상인가 아니면 허상인가? 정립인가 아니면 도립인가? (b) 나중 상의 위치는 어디인가? (c) 전체 가로배율은 얼마인가?

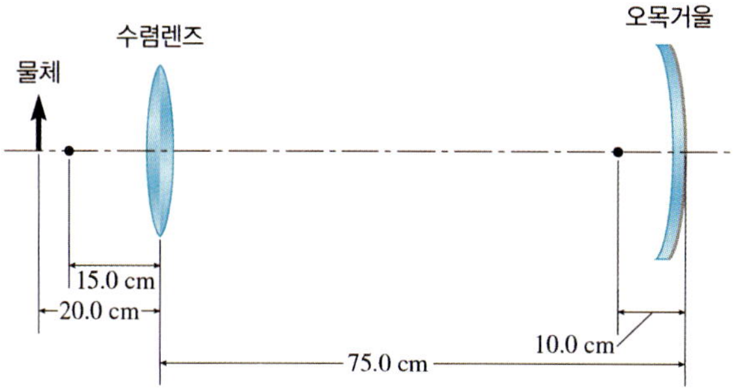

41 [81]. 초점 거리가 5.500 cm인 수렴렌즈가 곡률 반지름이 8.40 cm인 발산렌즈의 왼쪽 8.00 cm 지점에 놓여 있다. 높이가 1.0 cm인 물체가 수렴 렌즈의 왼쪽에 9.000 cm 떨어져 있다. (a) 나중 상은 어디에 맺히겠는가? (b) 나중 상의 높이는 얼마나 되는가? (c) 나중 상이 정립인가 아니면 도립인가?

42 [83]. 물체가 곡률 반지름이 18.0 cm인 오목거울과 초점 거리가 12.5 cm인 발산렌즈 사이에 놓여 있다. 물체는 거울에서 15.0 cm, 렌즈에서 20.0 cm 떨어져 있다. 렌즈를 통해 보면 두 개의 상이 보인다. 상 1은 렌즈를 통과하기 전에 거울에서 반사되는 광선에 의해 형성된 상이고, 상 2는 거울에서 반사되지 않고 렌즈를 통과한 광선에 의해 형성된 상이다. 각 상의 위치를 찾아 그것이 도립되었는지 아니면 정립되어 있는지, 실상인지 아니면 허상인지를 밝혀라. **힌트** 두 렌즈의 조합을 다루는 것과 같은 방식으로 거울과 렌즈의 조합을 다루어라.

43 [85]. 얇은 렌즈 방정식을 사용해서, 현미경의 대물렌즈로 인해 형성된 가로 배율이 $m_o = -L/f_o$임을 보여라.

힌트 물체가 대물렌즈의 초점 근처에 있지, 초점에 있다고 가정하지 않는다. q_o와 f_o의 관점에서 배율을 구하려면 p_o를 소거하여라. L은 q_o, f_o와 어떤 관계가 있는지 생각해 보아라.

44 [87]. (a) 지표에서 본 달의 각 지름은 얼마인가? 필요한 정보는 부록 B를 참조하여라. (b) 엘리샤는 밤에 보름달을 바라보고 있다. 동공의 지름은 7.0 mm이고 눈의 지름은 2.0 cm이다. 그녀의 망막 위에 떠 있는 달의 상 지름은 얼마인가? (c) 눈 위에 떠 있는 달빛의 입사광의 세기는 0.022 W/m^{2}이다. 그녀의 망막에 비춘 입사광의 세기는 얼마인가?

CHAPTER 25 간섭과 회절

개념정리

• 결맞는 두 파동의 위상이 같을 경우, 두 파동을 중첩시키면 보강간섭이 일어난다.

위상차 $\Delta\phi = 2\pi$ rad의 정수 배 (25-4)

진폭 $E_{\rm m} = E_{1\rm m} + E_{2\rm m}$ (25-5)

세기 $I = I_1 + I_2 + 2\sqrt{I_1 I_2}$ (25-3)

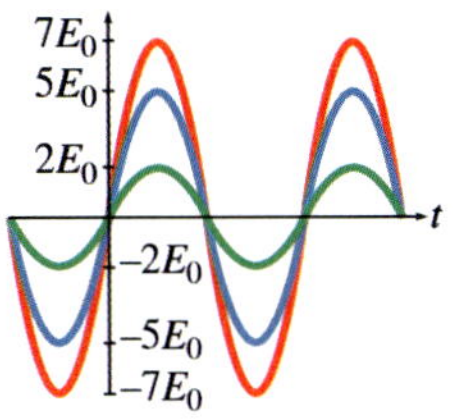

• 위상차가 180°인 두 결맞는 파동이 중첩되면 상쇄간섭이 일어난다.

위상차 $\Delta\phi = \pi$ rad의 홀수 배 (25-6)

진폭 $E_{\rm m} = |E_{1\rm m} - E_{2\rm m}|$ (25-7)

세기 $I = I_1 + I_2 - 2\sqrt{I_1 I_2}$ (25-8)

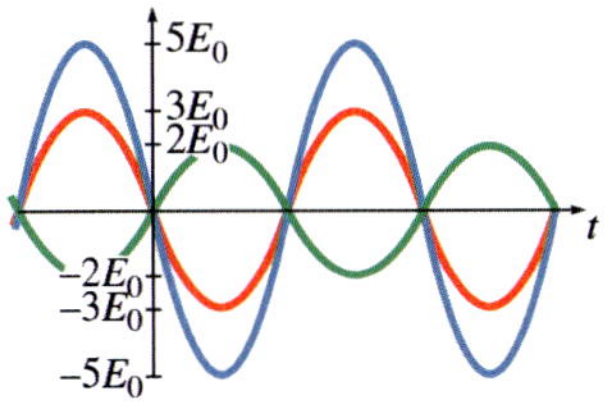

• 경로차가 파장 λ이면 대응되는 위상차는 $2\pi(360°)$이다. $\frac{1}{2}\lambda$의 경로차는 $\pi(180°)$의 위상 차를 나타낸다.

• 빛이 느린 매질(더 높은 굴절률)의 경계에서 반사될 때는 반전된다(위상이 180° 변화). 빛이 빠른 매질(낮은 굴절률)에서 반사될 때는 반전되지 않는다(위상이 변화하지 않는다).

• 이중 슬릿 간섭 실험에서 극대가 발생하는 각도는 다음 조건을 만족할 때 일어난다.

$$d\sin\theta = m\lambda \quad (m = 0, \pm 1, \pm 2, \cdots) \tag{25-17}$$

m의 절댓값을 차수라고 한다. (예를 들어 두 번째 극대일 경우 $|m| = 2$이다.)

• 이중 슬릿 간섭 실험에서 극소가 발생하는 각도는 다음 조건을 만족할 때 일어난다.

$$d\sin\theta = \pm\frac{1}{2}\lambda, \pm\frac{3}{2}\lambda, \pm\frac{5}{2}\lambda, \cdots \tag{25-18}$$

• N개의 슬릿이 있는 격자는 좁고(폭 $\propto 1/N$) 밝은(세기 $\propto N^2$) 극대를 형성한다. 극대는 두 개의 슬릿과 동일한 각도에서 발생한다.

• 단일 슬릿 회절무늬의 극소가 발생하는 각도는 다음 조건을 만족할 때 일어난다.

$$a\sin\theta = m\lambda \quad (m = \pm 1, \pm 2, \pm 3, \cdots) \tag{25-22}$$

넓은 중앙 극대에 대부분의 빛에너지가 집중된다. 다른 극대는 대략 인접한 극소 사이의 중간 정도이다(정확하지는 않다).

• 원형 구멍에 의한 회절무늬의 첫 번째 극소는 다음과 같이 주어진다.

$$a\sin\theta = 1.22\lambda \tag{25-23}$$

• 레일리의 기준에 따르면 한 회절무늬의 중심이 다른 회절무늬의 첫 번째 극소에 있을 경우, 두 광원을 간신히 분해할 수 있다. $\Delta\theta$가 두 광원의 분리 각도이면, 다음과 같은 경우 두 광원을 분해할 수 있다.

$$\sin\Delta\theta \geq 1.22\lambda_0 \tag{25-24}$$

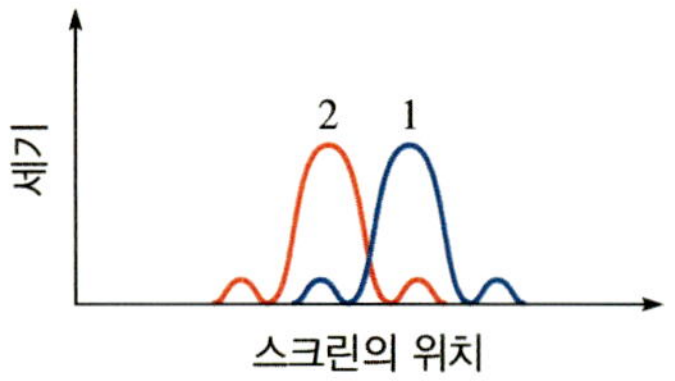

- 결정 속 원자들의 규칙적인 배열은 X선 회절격자로 사용할 수 있다. X선이 원자로 이루는 평면에서 반사되는 것처럼 생각할 수 있다. 인접한 두 평면에서 반사되는 X선 사이의 경로 차가 파장의 정수 배인 경우 보강간섭이 발생한다.
- 홀로그램은 결맞는 빛으로 피사체를 비추어 만든다. 홀로그램은 필름에 입사하는 빛의 세기와 위상을 기록한 것이다. 홀로그램은 물체에서 오는 것처럼 파면을 다시 만든다.

연습문제

개념형 질문

1 [1]. 진동수가 크게 다른 두 파동은 왜 결맞을 수 없는지 설명하여라.

2 [3]. 천문학에서 사용되는 망원경에는 큰 렌즈나 거울이 있다. 그 이유 중 하나는 희미한 천체를 보기 위해 많은 빛을 받아들이기 위한 것이다. 그 망원경을 그렇게 크게 만드는 것이 유익한 또 다른 이유가 있을까?

3 [5]. 모퉁이를 돌아서 오는 소리는 잘 들리지만 같은 모퉁이를 돌아서 오는 빛은 볼 수 없는 이유가 무엇인가?

4 [7]. 동일한 전기 신호에 의해 구동되는 2개의 안테나가 결맞는 전파를 방출한다. 서로 독립적인 신호로 구동되는 두 안테나가 서로 결맞는 전파를 방출할 수 있는가? 그렇다면 어떻게 가능한가? 그렇지 않다면 왜 안 되는가?

5 [9]. 원자의 크기는 약 0.1 nm이다. 광학 현미경으로 원자 상을 만들 수 있는지 설명하여라.

6 [11]. 사진기 렌즈의 f-스톱은 렌즈의 초점 거리와 조리개의 지름의 비로 정의된다. 따라서 큰 f-스톱은 조리개의 지름이 작다는 것을 의미한다. 회절만을 고려한다면, 가장 선명한 상을 얻으려면 가장 큰 f-스톱을 사용해야 하는가, 가장 작은 f-스톱을 사용해야 하는가?

7 [13]. 슬릿의 너비가 서서히 감소함에 따라 단일 슬릿 회절무늬에 어떤 현상이 발생하는지 설명하여라.

8 [15]. 최상의 광학 현미경으로 명확하게 볼 수 있는 물체 크기의 하한선에 영향을 주는 요인은 무엇인가?

9 [17]. 렌즈($n=1.51$)에 MgF_2($n=1.38$)로 반사 방지 코팅을 한다. 처음 두 반사광선 중 180°의 위상 이동을 가진 것은 어느 것인가? 비슷한 렌즈에서 $n=1.62$의 다른 반사 방지 코팅이 있다고 가정하자. 이제 처음 두 반사광 중 어느 것이 180°의 위상 이동을 가지는가?

10 [19]. 단결정을 X선의 3차원 회절격자로 사용할 수 있지만 가시광선에서는 사용할 수 없는 이유는 무엇인가?

11 [21]. (a) 이중 슬릿 간섭에서 두 슬릿 사이의 간격이 인접한 극대 사이의 거리에 어떠한 영향을 주는가? (b) 슬릿과 스크린 사이의 거리는 두 슬릿 간격에 어떤 영향을 주는가? (c) 가까운 두 개의 극대 사이의 간격을 분석하려고 하는 경우, 이중 슬릿 분광기를 어떻게 설계해야 하는가?

선다형 질문

1 [1]. 그림이 빛으로 실험한 이중 슬릿 간섭 실험에서의 파면을 나타낸다면, 표시를 한 지점 중에서 세기가 0인 곳은 어디인가? 파면은 파동의 마루만 나타낸다(마루와 골이 아님).

(a) A만 (b) B만 (c) C만
(d) A와 B (e) B와 C (f) A와 C
(g) A, B, C

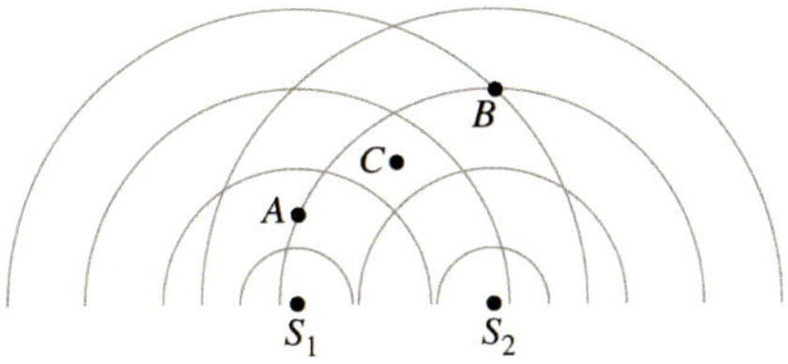

2 [3]. 이중 슬릿 실험에서, 두 개의 슬릿으로부터 중심 극대에서 한쪽 편으로 두 번째 극대에 도달한 광선들은 파장 차이가 얼마나 나는가?

(a) 2λ (b) λ (c) $\lambda/2$ (d) $\lambda/4$

3 [5]. 결맞는 빛으로 수행한 이중 슬릿 실험에서, 하나의 슬릿만으로 스크린의 중심에 도달하는 빛의 세기는 I_0이고, 다른 슬릿으로부터 중심에 도달하는 빛의 세기는 $9I_0$이다. 두 슬릿이 모두 열려 있을 때 중심 근처의 간섭 극소점에서 빛의 세기는 얼마인가? 슬릿은 매우 좁다.

(a) 0 (b) I_0 (c) $2I_0$ (d) $3I_0$ (e) $4I_0$ (f) $8I_0$

4 [7]. 단일 진동수인 결맞는 빛이 슬릿으로부터 거리 D만큼 떨어진 스크린에 극대 및 극소의 무늬를 생성하기 위해 슬릿 간격 d인 이중 슬릿을 통과한다. 스크린에서 인접한 극소 사이의 간격을 줄이려면 어떻게 해야 하는가?

(a) 입사광의 진동수를 감소시킨다.
(b) 스크린까지의 거리 D를 증가시킨다.
(c) 슬릿 사이의 간격 d를 감소시킨다.
(d) 실험장치 주위 매질의 굴절률을 증가시킨다.

5 [9]. 그림은 이중 슬릿 실험에서 얻은 간섭무늬를 보여준다. 어떤 문자가 3차 극대를 나타내는가?

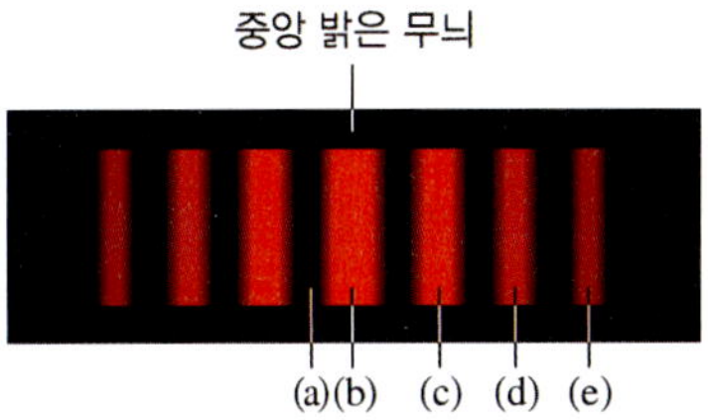

문제

25.1 보강간섭과 상쇄간섭

1 [1]. 결맞는 두 전자기파의 진폭은 각각 E_0, $0.48E_0$이다. 두 파가 보강간섭이 일어날 때 전자기파의 진폭은 얼마인가?

2 [3]. 결맞는 두 전자기파의 세기는 각각 I_0, $0.28I_0$이다. 두 파가 보강간섭이 일어날 때 전자기파의 세기는 얼마인가?

3 [5]. 결맞는 네 개의 전자기파가 모두 같은 위상이다. 세기는 각각 I_0, $0.80I_0$, $0.60I_0$, $0.40I_0$이다. 이 네 전자기파가 중첩되었을 때 세기는 얼마인가?

4 [7]. 앨버트가 작은 탁상용 램프를 켰을 때 책에 비추는 빛의 세기는 I_0이다. 이 정도 빛으로 충분하지 않아서 앨버트는 작은 램프를 끄고 휘도가 높은 램프를 켜서 책에서 빛의 밝기가 $4I_0$가 되게 하였다. 두 램프를 동시에 켜면 책에서 빛의 세기는 얼마인가? 하나 이상의 가능성이 있는 경우, 다양한 가능성을 제시하여라.

5 [9]. 리디아의 집에서 동쪽으로 74 km 떨어진 방송국의 전파 신호는 1020 kHz이다. 이 신호가 리디아의 집 서쪽에 있는 가파른 절벽에서 반사된다. 보강간섭이 있는 경우 집에서 절벽까지 최소 거리는 얼마인가? 전파가 절벽에서 반사될 때 180° 위상 이동이 있다고 가정하여라.

25.2 마이켈슨 간섭계

6 [11]. 보기 25.2에서와 같이, 길이 30.0 cm인 투명 용기가 마이켈슨 간섭계의 한 팔에 놓여있다고 가정하자.

용기에는 처음에 0 °C, 1.00 atm의 공기가 들어 있다. 진공 중의 파장이 633 nm인 빛에 의해 스크린 중앙에 밝은 점이 나타나도록 거울이 배열되어 있다. 공기를 용기 밖으로 천천히 배출시키며 거울 중 하나를 점차적으로 움직여서 스크린 중앙 영역을 밝게 유지하게 한다. 공기의 굴절률 n 의 값을 결정하기 위해 거울을 이동시킨 거리를 측정한다. 용기 외부에서 빛이 진공 속을 통과한다고 가정하자. 용기에 있는 공기가 모두 배출될 때, 거울을 이동시킨 거리를 계산하여라.

25.3 박막

7 **[13].** 사진기 렌즈($n = 1.50$)가 불화 마그네슘($n = 1.38$)의 박막으로 코팅되어 있다. 코팅의 목적은 반사광을 제거함으로써 모든 광이 투과되도록 하는 것이다. 파장 550 nm의 반사된 가시광선을 제거하는 데 필요한 코팅의 최소 두께는 얼마인가?

8 **[15].** 0.40 μm 두께의 기름 박막($n = 1.50$)이 물웅덩이($n = 1.33$) 위에 펼쳐져 있다. 수직으로 입사한 가시광선 스펙트럼의 어느 파장이 반사하여 보강간섭을 할 수 있는가?

9 **[17].** 사진기 렌즈($n = 1.50$)는 두께가 90.0 nm인 불화 마그네슘($n = 1.38$) 박막으로 코팅되어 있다. 가시광선 스펙트럼에서 어떤 파장의 빛이 박막을 통과해 가장 강하게 전달되는가?

10 **[19].** 비누 막의 굴절률은 $n = 1.35$이다. 투과광을 이 막에 비추어 보았을 때, (a) 필름의 두께가 910.0 nm인 지점의 반사광에서 어떤 파장이 가장 약한가? (b) 반사광에서 가장 강한 파장은 어느 것인가?

11 **[21].** 말로우는 과학 박물관에서 진열장을 내려다 보다가 서로 맞닿아 있는 매우 평평한 두 유리판 위에 밝고 어두운 영역이 나란히 생겨 있는 것을 보았다. 공기 중에 놓인 전시품은 550 nm의 파장을 가진 단색광이 유리판에 입사되고 있었다. 유리의 굴절률은 1.51이다. (a) 어두운 영역 중 하나에 대해 두 개의 유리판 사이의 최소 거리는 얼마인가? (b) 밝은 영역 중 하나에 대해 두 판 사이의 최소 거리는 얼마인가? (c) 어두운 영역에 대해 두 판 사이의 거리가 다음으로 가장 먼 거리는 얼마인가?

힌트 유리판의 두께에 대해서는 걱정하지 말아라. 판 사이의 공기가 박막이다.

12 **[23].** 광학적으로 평평한 유리판 두 개의 한쪽 변이 지름 0.200 mm인 도선에 의해 분리되어 있고 다른 끝은 맞닿아 있다. 두 판 사이의 공기가 찬 부분은 0에서 0.200 mm의 간격을 갖는다. 판의 길이는 15.0 cm이고 파장이 600.0 nm인 빛을 위에서 비추었다. 반사광에서 밝은 무늬가 얼마나 많이 보이겠는가?

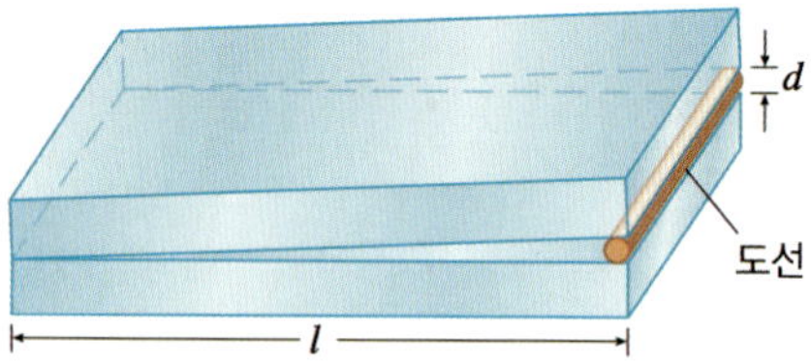

13 **[25].** 박막에 수직 입사한 빛에서 반사광과 투과광이 모두 관찰된다. 그림은 각각에 대해 가장 강한 두 개의 광선을 보여준다.

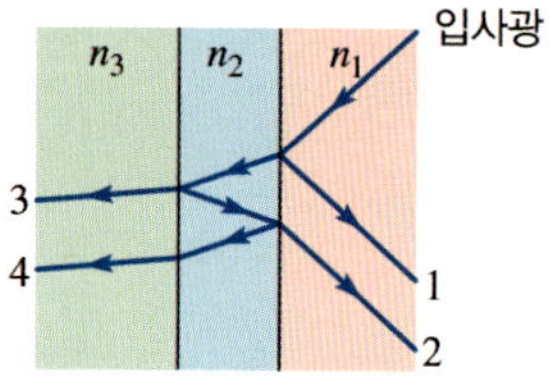

광선 1과 2가 보강간섭 한다면 광선 3과 4는 소멸간섭 해야 하며 광선 1과 2가 상쇄간섭 한다면 광선 3과 4는 보강간섭을 해야 함을 보여라. n_2가 세 굴절률 중에서 가장 크다고 가정하여라.

25.4 영의 이중 슬릿 실험

14 **[27].** 650 nm의 빛이 두 개의 슬릿에 입사한다. 각도가 4.10°에서 극대가, 4.78°에서 극소가 나타났다. 극대의 차수 m은 얼마인가? 슬릿 사이의 거리 d는 얼마인가?

15 **[29].** 이중 슬릿 간섭 실험에서, 파장이 475 nm, 슬릿 간격이 0.120 mm이고, 스크린은 슬릿으로부터 36.8 cm 떨어져 있다. 스크린에서 인접한 극대 사이의 거리는 얼마인가? **힌트** 작은 각도 근사가 정당하다고 가정하고, 인접한 극대 사이의 간격을 알고 있다는 가정이 유효한가를 확인하여라.

16 [31]. 라몬은 파장이 547 nm인 결맞는 광원을 가지고 있다. 라몬은 슬릿 간격이 1.50 mm인 이중 슬릿을 통해 90.0 cm 떨어진 스크린으로 빛을 보내고 싶어 한다. 라몬이 5개의 간섭 극대를 표시하려면 스크린의 최소 너비는 얼마여야 하는가?

17 [33]. 파장이 589 nm인 빛이 한 쌍의 슬릿에 입사하여 멀리 있는 스크린의 중심에 간섭무늬를 생성했다. 간섭무늬에서 인접한 밝은 무늬 사이의 거리는 0.530 cm이다. 두 번째 광원에서 나온 빛이 동일한 슬릿 쌍에 입사하여, 무늬 중앙에 인접한 밝은 무늬 사이의 간격이 0.640 cm인 간섭무늬를 같은 스크린 위에 생성했다. 두 번째 광원에서 파장은 얼마인가? **힌트** 작은 각도 근사가 정당한가?

18 [35]. 이중 슬릿을 파장이 600.0 nm인 단색광으로 비추어 보았다. 슬릿으로부터 40.0 cm 떨어진 화면 위에 $m=0$, $m=1$에 밝은 줄무늬가 3.0 mm 분리되어 있다. 슬릿 사이의 간격은 얼마인가? **힌트** 작은 각도 어림셈이 정당한가?

25.5 회절격자

19 [37]. 격자에는 2.54 cm에 걸쳐 균일하게 8000개의 슬릿이 있다. 수은 증기 방전 램프에서 빛이 밝게 빛날 때, 녹색광선($\lambda=546$ nm)의 3차 극대에 대한 예상 각도는 얼마인가?

20 [39]. 650 nm의 적색광은 특정 회절격자에서 3차수로 볼 수 있다. 이 회절격자는 1 cm당 몇 개의 슬릿이 있는가?

21 [41]. 정확히 8000개의 슬릿으로 이루어진 격자가 있다. 슬릿 간격은 1.50 μm이다. 파장 0.600 μm의 빛은 격자에 수직으로 입사한다. (a) 스크린의 무늬에서 몇 개의 극대가 보이는가? (b) 회절격자에서 3.0 m 떨어진 스크린에 나타나는 무늬를 스케치하여라. 중앙 극대에서 다른 극대까지의 거리를 표시하여라.

22 [43]. 분광계는 광원을 분석하는 데 사용한다. 스크린과 격자 사이의 거리는 50.0 cm이고, 격자는 5000.0 슬릿/cm이다. 각도 12.98°, 19.0°, 26.7°, 40.6°, 42.4°, 63.9°, 77.6°에서 선 스펙트럼이 관측되었다. (a) 이 광원의 스펙트럼 내에는 얼마나 많은 파장이 존재하는가? 각 파장을 구하여라. (b) 2000.0 슬릿/cm의 다른 회절격자가 사용되었다면, 중앙 극대의 한쪽 면에서 몇 개의 선 스펙트럼이 스크린에 나타나겠는가? 설명하여라.

23 [45]. 너비가 1.600 cm인 격자에는 정확히 12000개의 슬릿이 있다. 격자는 광원에서 두 개의 거의 동일한 $\lambda_a=440.000$ nm 및 $\lambda_b=440.936$ nm 파장을 분해하는 데 사용된다. (a) 격자로 얼마나 많은 차수의 선을 볼 수 있는가? (b) 각 차수의 선들 사이의 각도 간격 $\theta_b-\theta_a$는 얼마인가? (c) 어느 차수에서 두 선을 가장 잘 분해할 수 있는가? 설명하여라.

25.7 단일 슬릿에 의한 회절

24 [47]. 파장이 476 nm인 빛을 사용한 단일 슬릿 회절무늬 중심의 밝은 무늬는 슬릿으로부터 1.05 m에 있는 스크린에서 너비가 2.0 cm이다. (a) 슬릿은 얼마나 넓은가? (b) 양쪽에 처음 두 개의 밝은 무늬는 얼마나 넓은가?

25 [49]. 파장 630 nm의 빛이 너비가 0.40 mm인 단일 슬릿에 입사하였다. 그림은 슬릿에서 2.0 m 떨어진 곳에 있는 스크린에서 관찰된 무늬를 보여준다. 중심 밝은 무늬의 중심에서 한쪽의 두 번째 극소 거리까지의 거리를 결정하여라.

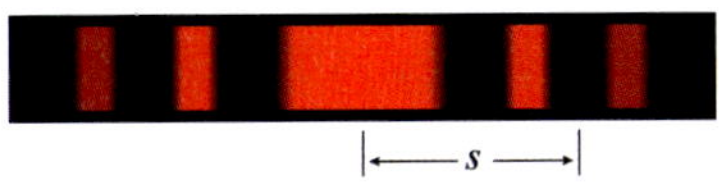

26 [51]. 단일 슬릿에 의한 회절무늬가 스크린 상에 보인다. 보랏빛을 사용할 때 중앙 극대의 너비는 2.0 cm이다. (a) 빨강빛을 대신 사용한다면 중앙 극대는 좁아지겠는가 아니면 넓어지겠는가? (b) 만일 파장이 0.43 μm인 보랏빛과 파장이 0.70 μm인 빨강빛이 있을 때, 빨강빛을 사용하는 경우 중앙 극대의 너비는 얼마인가?

27 **[53].** 가느다란 물체의 너비를 측정하는 한 가지 방법은 회절무늬를 조사하는 것이다. 레이저 빛을 길고 가는 물체, 예를 들어 곧게 펴진 머리카락에 비추면, 결과적으로 회절무늬는 동일한 너비의 슬릿과 동일한 각에서 극소가 나타난다. 머리카락으로 향하는 파장이 632.8 nm의 레이저가 2.0 m 떨어진 스크린에 회절무늬를 생성하고 중앙극대의 너비가 1.5 cm인 경우, 머리카락의 굵기는 얼마인가?

25.8 광학기기의 회절과 해상도

28 **[55].** 노랑 레이저 빔(590 nm)이 지름 7.0 mm의 원형 구멍을 통과한다. 스크린에 형성된 중심 회절 극대의 각도 너비는 얼마인가?

29 **[57].** 독수리는 자신보다 125 m 아래에 있는 오솔길에 1.0 cm 떨어져 있는 두 마리의 연한 갈색 두더지가 실제로 작은 쥐가 아닌 두 마리의 두더지라고 판단할 수 있다. 회절만이 두더지를 분해할 수 있는 능력에 영향을 미친다고 가정할 때, 동공의 지름을 추정하여라. 500 nm를 평균 파장으로 사용하여라.

협동문제

30 **[59].** CD에서 피트의 높이 h를 구하여라(그림 25.6a). 레이저 빔이 피트에서 부분적으로 반사되고, 피트의 어느 한 쪽 랜드(평평한 알루미늄 표면)로부터 부분적으로 반사될 때, 반사된 두 빔은 상쇄간섭이 만들어진다. h는 상쇄간섭을 할 수 있는 가장 작은 높이를 설정한다. 레이저의 파장은 780 nm이고, 폴리카보네이트 플라스틱의 굴절률은 $n = 1.55$이다.

31 **[61].** 조감도에 보인 바와 같이 두 개의 전파 송신탑이 거리 d만큼 떨어져 있다. 각 안테나는 그 자체에서, 수평면에서 모든 방향으로 동등하게 전파를 방출한다. 전파는 동일한 주파수로 같은 위상으로 시작한다. 검출기는 λ 보다 훨씬 더 큰 거리에서 타워 주변($-180° < \theta \le +180°$)에서 원형으로 움직인다. 검출기로 측정한 출력 P는 각도 θ에 따라 변한다는 것을 알았다. (a) $\theta = 0$에서 검출된 출력은 최대인가 최소인가? 설명하여라. (b) 각도 $\theta = 90°$에서 출력이 최대인 d(λ로 표시)의 값은 얼마인가?

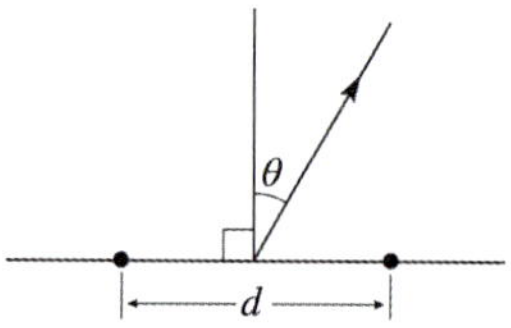

32 **[63].** 작은 조리개를 가진 레이저를 달에 비추면, 회절이 일어나 빔이 퍼지고 달에 생긴 점은 넓어진다. 조리개를 작게만 만들면 달에 생긴 점은 더 커진다. 반면에 달에 넓은 전조등을 비추어도 '작은 점'을 만들 수는 없다. 달에 있는 점은 적어도 전조등만큼은 넓다. 지구에서 빛을 비춰서 달에 만들 수 있는 가장 작은 점의 반지름은 얼마인가? 원형 구멍을 통과하기 전에 빛은 완전히 평행하다고 가정하여라.

33 **[65].** 굴절률이 1.33인 물웅덩이 위에 굴절률이 1.50인 얇은 기름막이 덮여있다. 이 막에 빛이 입사되면, 480 nm의 반사광에서 극대가 관찰되고, 600 nm의 반사광에서는 극소가 관찰되며, 이 둘 사이의 파장에서는 극대나 최소가 없다. 기름막의 두께는 얼마인가?

34 **[67].** 푸에르토리코의 아레시보에 있는 전파 망원경에는 305 m(1000 ft) 지름의 반사면이 있다. 초점에서 적절한 안테나를 사용해 다양한 주파수에서 무선 신호를 수신하고 방출할 수 있다. 499 km 떨어져 있는 달의 두 개의 분화구를 분해하려고 한다면 파장이 얼마인 전파를 사용해야 하는가?

35 **[69].** 선생님은 수업 시간에 이중 슬릿 실험을 학생들에게 보여주고 싶어 한다. 선생님이 사용할 결맞는 광원에서 나온 빛의 파장은 510 nm이며, 슬릿 간격은 $d = 0.032$ mm이다. 선생님은 실험대 위에서 불과 1.5 m 떨어진 곳에 너비 10 cm인 스크린을 설치해야 한다. 선생님이 학생에게 보여 줄 수 있는 간섭 극대는 몇 개나 되는가?

연구문제

36 [71]. 그림과 같이 공기 중에서 파장 623 nm인 결맞은 광선이 굴절률이 1.40인 직육면체 모양의 유리에 입사한다. 이 유리에서 나온 후, 유리를 통과하는 빛이 공기를 통과하는 빛과 180° 위상차가 있는 경우 가능한 유리의 길이 d를 양의 정수 m의 값으로 나타내면 얼마인가? 반사를 무시하여라.

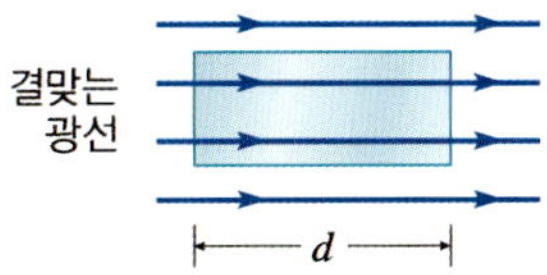

37 [73]. 밝은 빛에서 고양이의 눈동자는 0.30 mm의 세로 슬릿 모양으로 좁아진다. 고양이가 18 m 떨어진 두 마리의 생쥐를 보고 있다고 가정하자. 고양이가 파장이 560 nm인 빛을 사용할 때 한 마리가 아니라 두 마리의 생쥐가 있다고 말할 수 있는 생쥐의 최소 거리는 얼마인가? 해상도는 회절에 의해서만 제한된다고 가정하여라.

38 [75]. 물($n = 1.33$) 웅덩이 위에 얇은 기름 막($n = 1.60$)이 떠 있다. 이 얇은 막의 한 부분에서 녹색($\lambda = 510$ nm)빛이 반사한다. 이 얇은 기름 막의 두께는 얼마인가? 가장 작은 것부터 세 가지 가능성을 제시하여라.

39 [77]. 결맞은 빛으로 중심 간 거리가 0.48mm인 두 개의 좁은 슬릿에 수직으로 입사한다. 슬릿에서 5.0 m 떨어진 스크린에 나타난 빛의 세기는 그림에 표시되어 있다. 여기서 x는 스크린의 중앙 극대로부터의 거리이다. (a) 슬릿이 하나만 열렸을 때 스크린에 비치는 빛의 최대 세기는 얼마인가? (b) 빛의 파장을 구하여라.

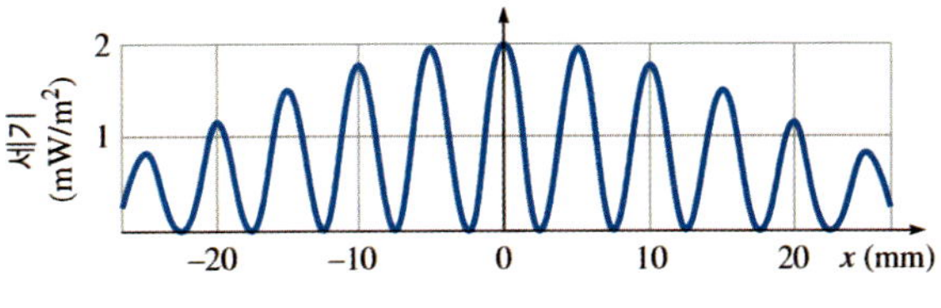

40 [79]. 선생님이 학생들을 위한 회절 실험을 설계하고 있다. 파장이 627 nm인 빛을 방출하는 레이저와 슬릿 사이의 거리가 2.40×10^{-3} mm인 격자가 있다. 선생님은 격자를 통해 빛을 비추었을 때 격자 너머 화면에 총 9개의 간섭 극대를 나타내기를 원했으나 설정을 어떻게 정렬하든 7개 극대만 볼 수 있음을 알게 되었다. 빛의 세기에 문제가 없다고 가정하면, 선생님은 $m = 4$(4차 극대)일 때 왜 양쪽에 간섭 극대를 나타낼 수 없는가?

41 [81]. 비눗물 막($n = 1.35$)이 공기 중에 떠 있다. 비눗물 막으로부터 반사된 광선의 스펙트럼 중 500.0 nm와 600.0 nm의 가시광선의 파장이 없다. 그 둘 사이에 사라진 다른 파장은 없다. (a) 비눗물 막의 두께는 얼마인가? (b) 반사광에서 어떤 다른 가시광선 영역의 파장이 또 사라질 수 있는가? 그렇다면 그 이유는 무엇인가? (c) 투과광선 중에서 어떤 파장의 빛이 가장 강한가?

42 [83]. 두께 1.00 μm인 운모판이 공기 중에 있다. 반사광선 중에서, 가시광선 스펙트럼에는 450 nm, 525 nm, 630 nm의 틈이 있다. 운모판의 굴절률을 계산하여라.

43 [85]. 지름이 5.08 m인 팔로마산 반사 망원경으로 간신히 분해할 수 있는 달의 두 물체가 대략 얼마나 가까이에 있는가? (파장 520 nm를 사용하여라.)

44 [87]. 0.50 μm의 파장의 빛을 20.0 μm로 분리된 2개의 슬릿에 비추었다. 슬릿에서 스크린까지 거리가 8.0 m인 경우, $m = 0$과 $m = 1$(1차 간섭 극대)의 밝은 무늬 사이의 간격은 얼마인가?

45 [89]. 로저는 해상에서 배를 타고 라디오로 야구 경기 중계를 듣고 있다. 로저는 인근 해안 경비대의 수상 비행기가 780 m, 975 m, 1170 m의 고도에서 머리 위로 날고 있을 때 상쇄간섭이 있음을 알았다. 방송국은 102 km 떨어져 있다. 전자기파가 수상 비행기에서 반사될 때 180° 위상 변화가 있다고 가정했을 때, 방송 주파수는 얼마인가?

46 [91]. 파장 510 nm의 빛을 이중 슬릿에 조사하였을 때, 2.4 m 떨어진 스크린 상의 간섭무늬 극대는 너비 2.40 cm인 중심극대의 양쪽에서 세기가 점점 감소하고, 5차 극대가 예상되었던 곳에 극소가 생겼다. (a) 슬릿의 너비는 얼마인가? (b) 슬릿은 얼마나 멀리 떨어져 있는가?

47 [93]. 파장이 1200 m인 전파는 25.0 km 떨어진 수신

자에게 두 경로로 따라간다. 한 경로는 수신기에 직접 연결되어 있고 다른 경로는 송신기와 수신기 사이의 정확히 중간 지점을 통과하는 비행기에서 반사된다. 파동이 비행기에서 반사될 때 위상 변화가 없다고 가정한다. 수신기에서 상쇄간섭이 관측되었다면 반사파가 이동한 최소 거리는 얼마인가? 이 거리에서 비행기의 높이는 얼마나 되겠는가?

종합문제

48 **[95].** 굴절 망원경의 경통길이는 36.4 cm이고 구경 지름은 6.0 cm이다. 배율은 90.0이다. (a) 렌즈의 초점 거리는 얼마인가? (b) 망원경으로 500 nm의 빛을 분해할 수 있는 물체의 최소 각도 분리에 대한 회절 한계는 무엇인가?

49 **[97].** 눈의 동공에 적용되는 레일리 기준을 이해하려면 수직 입사를 제외하고는 눈의 수정체 계(각막+수정체)의 중심을 똑바로 통과하지 못한다는 것을 주목해야 한다. 왜냐하면 수정체 계 양쪽 면의 굴절률이 다르기 때문이다. 간략화한 모형에서 두 점 광원으로부터 온 빛이 공기를 통과하고 동공을 통과한다고 가정해 보자(지름 a). 동공의 반대편에서는 빛이 유리액(굴절률 n)을 통해 이동한다. 그림은 각 광원의 광선이 동공의 중심을 통과하는 두 개의 광선을 보여준다. (a) 두 광원의 분리각인 $\Delta\theta$와 두 상의 분리각인 β 사이의 관계는 어떻게 되는가?

힌트 스넬의 법칙을 사용하여라.

(b) 광원 1에서 온 빛에 대한 첫 번째 회절 극소는 각도 ϕ에서 일어난다. 여기서 식 (25-23)의 $\sin\phi = 1.22\lambda$이다. 여기서 λ는 유리액에서의 파장이다. 레일리 기준에 따르면 상 2의 중심이 상 1에 대한 첫 번째 회절 극소보다 가까이 있지 않으면 광원을 분해할 수 있다. 곧, $\beta \geq \phi$ 또는 $\sin\beta \geq \sin\phi$인 경우에도 분해하는 것이 가능하다. 이것이 식 (25-24)와 동일하다. 여기에서 λ_0는 공기 중에서의 파장이다.

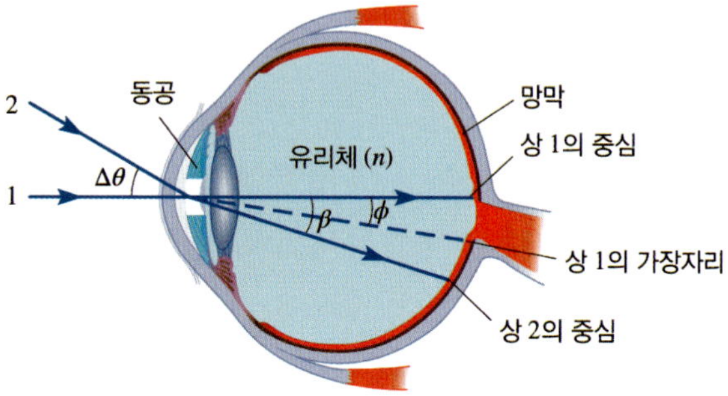

CHAPTER 26 상대성 이론

개념정리

- 상대성 이론의 두 가정은
  (I) 물리 법칙들은 모든 관성틀에서 똑같다.
  (II) 진공에서 빛의 속력은 모든 관성틀에서 똑같다.
- 진공에서의 빛의 속력은 모든 관성틀에서 다음과 같다.

$$c = 3.00 \times 10^8 \text{ m/s}$$

- 다른 기준틀에 있는 관측자들은 한 사건에서 다른 사건까지 신호가 빛의 속력으로 이동하기에 충분한 시간이 없는 경우, 두 사건(동시적인 사건도 포함)의 시간 순서는 일치하지 않는다.
- 로렌츠 인자는 여러 상대론적인 방정식에서 나타난다.

$$\gamma = \frac{1}{\sqrt{1 - v^2/c^2}} \qquad (26\text{–}5)$$

여기서 γ가 시간 팽창이나 길이 수축에 이용될 경우, 식 (26–5)에 있는 v는 두 관성틀 사이의 상대 속력을 나타낸다. 운동량, 운동에너지 또는 입자의 총에너지를 표현하는 데 γ를 사용했을 때 식 (26–5)에서 v는 입자의 속력을 나타낸다.

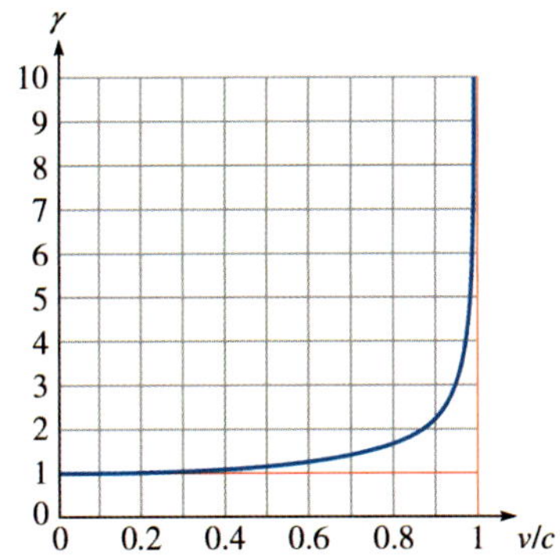

- 시간 팽창 문제에서는 시간의 시작과 끝을 표시하는 두 사건을 확인한다. 어떤 "시계"로 이 시간 간격을 잰다. 시계가 정지해 있는 기준틀을 확인한다. 이 기준틀에 있는 시계가 고유시간 Δt_0를 측정한다. 모든 다른 관성틀에서는 시간 간격이 길어진다.

$$\Delta t = \gamma \Delta t_0 \qquad (26\text{–}6)$$

- 길이 수축 문제에서는 서로 다른 두 관성틀에서 한 물체의 길이를 확인한다. 길이는 오로지 물체의 운동방향으로 축소된다. 만일 문제의 길이가 실제 물체의 길이가 아니라 거리라면, 긴 막대자를 상상해보자. 이 막대자가 정지해 있는 관성틀을 확인한다. 이 관성틀에서의 길이가 고유길이 L_0이다. 다른 관성틀에서는 길이 L이 줄어든다. 곧

$$L = \frac{L_0}{\gamma} \qquad (26\text{–}11)$$

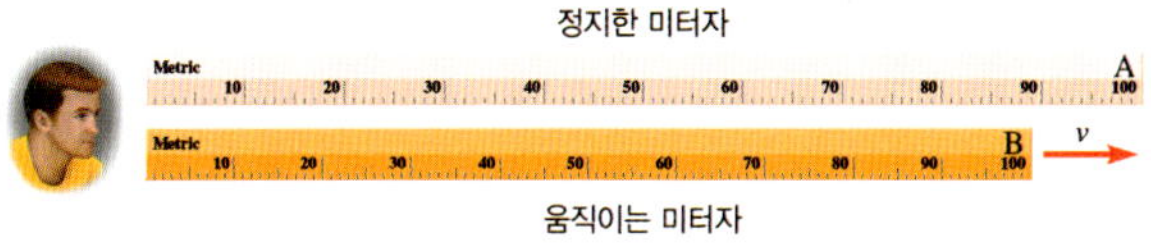

- 다른 관성틀에서의 속도는 서로 다음과 같은 관계가 있다.

$$v_{\text{PA}} = \frac{v_{\text{PB}} + v_{\text{BA}}}{1 + v_{\text{PB}} v_{\text{BA}}/c^2} \qquad (26\text{–}12)$$

- v_{BA}에 있는 첨자는 A의 기준틀에서 측정한 B의 속도를 표시한다. 식 (26–12)는 직선을 따르는 세 속도의 성분으로 쓰여 있다. 한쪽(임의로 정한 방향)의 속도 성분이 양수$^+$이고 반대 방향은 음수$^-$이다. 틀 A가 B의 기준틀에서 오른쪽으로 움직이면 틀 B는 A의 기준틀에서 왼쪽으로 움직인다. 곧 $v_{\text{AB}} = -v_{\text{BA}}$이다.
- 운동량의 상대론적인 표현은 다음과 같다.

$$\vec{\mathbf{p}} = \gamma m \vec{\mathbf{v}} \qquad (26\text{–}15)$$

상대론적인 운동량에서도 여전히 전달된 충격량이 운동량의 변화와 같다는 규칙 ($\sum \vec{\mathbf{F}} \Delta t = \Delta \vec{\mathbf{p}}$)은 옳다. 그러나 $\sum \vec{\mathbf{F}} = m\vec{\mathbf{a}}$는 성립하지 않는다. 일정한 알짜힘에 의한 가속도는 입자의 속력이 빛의 속력 c에 가까워질수록 점

점 줄어든다. 따라서 물체를 빛의 속력이 되도록 가속시키는 것은 불가능하다.

- 입자의 정지에너지 E_0는 그 입자가 정지한 틀에서 측정한 에너지이다. 정지에너지와 질량은 다음과 같이 관계된다.

$$E_0 = mc^2 \tag{26-16}$$

운동에너지는 다음 식으로 주어진다.

$$K = (\gamma - 1)mc^2 \tag{26-18}$$

총에너지는 운동에너지와 정지에너지의 합이다.

$$E = \gamma mc^2 = K + E_0 \tag{26-19}$$

- 운동량과 에너지 사이의 유용한 관계식

$$E^2 = E_0^2 + (pc)^2 \tag{26-22}$$

$$(pc)^2 = K^2 + 2KE_0 \tag{26-23}$$

$$\frac{\vec{\mathbf{v}}}{c} = \frac{\vec{\mathbf{p}}c}{E} \tag{26-24}$$

연습문제

개념형 질문

1 [1]. 한 친구가 상대성 이론은 터무니없다고 주장하며 “움직이는 시계는 느려지지 않고 움직이는 물체의 길이가 줄어들지 않는다는 것은 명백하다.”라고 말한다. 어떻게 대답하겠는가?

2 [3]. 핸드폰을 사용할 때 핸드폰 전지의 질량은 변하는가? 만일 변한다면 증가하는가 아니면 감소하는가?

3 [5]. 몸 상태가 좋은 어떤 우주비행사의 심장 박동수가 지구에서 분당 52번이었다. 이 우주비행사가 지구를 기준으로 $0.87\,c\,(\gamma = 2)$의 속도로 여행하는 우주비행선에 타고 있을 때 자기 자신을 기준으로 심장 박동수를 재었다. 심장 박동수는 52번, 26번, 104번 중 얼마인가? 설명해 보아라.

4 [7]. 해리와 샐리는 결혼 피로연이 열리는 방에서 서로 반대편에 있다. 둘은 동시에(방의 기준틀에서) 신랑과 신부가 방의 중앙에서 케이크를 자르는 장면을 섬광 촬영했다. 해리로부터 샐리에게로 등속으로 움직이는 관측자에게는 이 두 섬광의 시간 순서는 어떻게 보이는가?

5 [9]. 26.2절에서 다른 우주비행사 셀리아가 우주선 내에서 아베를 기준으로 왼쪽으로 움직인다고 생각해 보자(그림 26.4 참조). 셀리아는 두 섬광의 시간적인 순서에 대해 어떻게 결론을 내리겠는가?

5 [11]. 잡아당겼던 용수철을 놓으면 용수철의 질량은 같을까 아니면 달라질까? 설명해 보아라.

선다형 질문

1 [1]. 다음 설명 중 아인슈타인의 특수 상대성 이론의 가정에 해당하는 설명을 모두 고른 것은?

1. 빛의 속력은 모든 관성 기준틀에서 같다.
2. 움직이는 시계는 천천히 간다.
3. 움직이는 물체는 운동 방향으로 수축한다.
4. 자연법칙은 모든 관성 기준틀에서 같다.
5. $E_0 = mc^2$

(a) 1 (b) 2, 3 (c) 1, 2, 3, 4, 5
(d) 4 (e) 1, 4 (f) 4, 5

2 [3]. 다음 중 관성틀을 바르게 정의한 진술은?

(a) 관성틀이란 힘이 없는 틀이다.
(b) 관성틀이란 뉴턴의 제2, 제3법칙은 성립하지만, 제1법칙은 성립하지 않는 틀이다.
(c) 관성틀이란 뉴턴 역학이 성립하지만 상대론적 역학은 성립하지 않는 틀이다.

(d) 관성틀이란 외부에서 힘이 작용하지 않으면 가속이 일어나지 않는 틀이다.

(e) 관성틀이란 상대론적인 역학은 성립하지만, 뉴턴 역학은 성립하지 않는 틀이다.

3 [5]. 두 사건 사이의 고유시간 간격을 가장 잘 설명한 것은?

(a) 두 사건이 같은 장소에서 일어나는 기준틀에서 측정한 시간 간격

(b) 두 사건이 동시에 일어나는 기준틀에서 측정한 시간 간격

(c) 두 사건이 서로 가장 먼 거리에서 일어나는 기준틀에서 측정한 시간 간격

(d) 모든 관성 관측자가 측정한 시간 간격 중 가장 긴 값

4 [7]. 이륙하기 전, 우주비행사가 우주왕복선의 크기를 쟀더니 37.24 m였다. 우주왕복선이 이륙한 뒤 $0.10\,c$로 움직이고 있을 때 같은 자를 이용하여 다시 길이를 쟀더니 그 값은 다음 중 어느 것으로 주어지는가?

(a) 37.05 m (b) 37.24 m (c) 37.43 m

(d) 37.05 m이거나 37.24 m, 우주왕복선의 길이에 평행하게 움직이는지, 수직으로 움직이는지에 따라 다르다.

5 [9]. 쌍둥이 자매가 우주비행사가 되었다. 한 명이 몇십 년이 걸리는 우주탐험을 하는 동안 다른 한 명은 지구에 남아 있었다. 두 쌍둥이의 상대적인 나이에 대한 다음 설명 중 옳은 것은?

(a) 두 쌍둥이가 지구에서 다시 만날 때 우주여행을 했던 쌍둥이가 지구에 있었던 자매보다 나이가 많다.

(b) 두 쌍둥이가 지구에서 다시 만날 때 지구에 남아 있었던 자매의 나이가 많다.

(c) 여행하던 자매가 지구로 돌아왔을 때 두 자매의 나이는 같다. 왜냐하면 각 자매는 상대방의 기준틀로 보았을 때 상대방에 대해 같은 속력으로 여행했기 때문이다.

(d) 이 문제는 역설이므로 둘의 나이를 비교할 수 없다.

문제

26.1 상대성 이론의 가설

1 [1]. 기차역을 향해 $v = 0.60\,c$의 속력으로 움직이는 기차 안에 있는 기관사가 역에서 1 km 떨어진 지표면에 적혀있는 표시를 보고 섬광 신호를 보냈다. 역장의 시계로 볼 때, 섬광이 기차보다 얼마나 빨리 도착하겠는가?

2 [3]. $0.13\,c$로 지구에서 멀어지는 우주선에서 지구로 무선전송을 한다. (a) 갈릴레이의 상대성에 따르면 이 전파는 지구를 기준으로 했을 때 어떤 속력으로 움직이는가? (b) 아인슈타인의 가정에 따르면 이 전파는 지구를 기준으로 할 때 어떤 속력으로 움직이는가?

26.3 시간 팽창

3 [5]. 새 롤렉스시계를 찬 우주비행사가 지구를 기준으로 2×10^8 m/s의 속력으로 여행하고 있다. 휴스턴에 있는 우주비행 관제센터는 이 여행은 12시간 지속될 것이라 했다. 이 롤렉스시계로는 이 여행이 얼마나 걸리겠는가?

4 [7]. 가지고 있는 계산기가 소수점 이하 여섯 자리까지 보여준다고 가정하여라. 이 계산기에서 γ의 값이 최초의 소수점 이하 값을 보이기 위해서는 얼마나 빨리(m/s 단위로) 움직여야 하는가? 다시 말해서 $\gamma = 1.000\,001$일 때 그 물체는 얼마나 빠르게 움직이는가? **힌트** 이항근사법을 이용하여라.

5 [9]. 우주선이 등속으로 지구를 출발하여 지구의 정지한 틀에서 측정하면 710광년 떨어진 위치까지 여행한다. 지구를 기준으로 이 우주선의 속력은 $0.9999\,c$이다. 지구에서 출발할 때 한 승객의 나이는 20살이었다. (a) 이 우주선이 목적지에 도착했을 때, 우주선의 시계를 기준으로 측정한 이 승객의 나이는 얼마인가? (b) 우주선이 목적지에 도착하자마자 지구로 전파신호를 보내면 지구 시간으로 몇 년에 이 신호가 도착하겠는가? 이 우주선은 2000년에 지구를 떠났다.

6 [11]. 비행기로 여행하는 데 8시간이 걸린다. 비행하는 동안 평균 속력은 지구를 기준으로 220 m/s이다. 비행기에 실려 있는 원자시계와 지구에 있는 원자시계가 비행하기 전에 동기화되었다면, 비행 후 두 원자시계 사이의 시간 차이는 얼마인가? (중력과 비행기의 가속도에 의한 일반상대론적인 효과는 무시하여라.)

26.4 길이의 수축

7 [13]. 우주선이 $0.97c$의 속력으로 지구를 향해 여행하고 있다. 우주선 탑승자들은 자신의 몸을 여행 방향에 평행하게 두고 서 있다. 지구 관측자에 따르면 이들은 키가 0.5 m이고 너비도 0.5 m이다. 이 우주선에 타고 있는 다른 탑승자가 볼 때 이들의 (a) 키와 (b) 너비는 얼마인가?

8 [15]. 우주선 입자가 축구장 상공에서 한쪽 골라인에서 다른 골라인으로 $0.50\,c$의 속력으로 직선을 따라 움직이고 있다. (a) 지구 틀에서 골라인 사이의 거리가 91.5 m (100 yd)이면, 입자의 정지한 틀에서는 얼마로 관측되는가? (b) 이 입자가 한쪽 골라인에서 다른 골라인으로 가는 데 걸리는 시간은 지구 관측자에게는 얼마나 걸리는가? (c) 입자의 정지한 틀에서는 얼마나 걸리는가?

9 [17]. 두 우주선이 상대속도 $0.9\,c$로 상대방을 향해 접근하고 있다. 한 우주비행사가 자기 우주선의 길이를 쟀더니 30.0 m라면 다른 우주선에 있는 우주비행사에게는 이 우주선의 길이가 얼마로 관측되는가?

10 [19]. 우주선이 지구에 대해 상대적으로 $0.40\,c$의 등속도로 움직인다. 우주선의 비행사가 길이가 1.0 m인 막대를 갖고 있다. (a) 이 막대를 우주선이 움직이는 방향에 대해 수직으로 잡고 있다. 지구 관측자가 보았을 때 이 막대의 길이는 얼마인가? (b) 비행사가 이 막대를 우주선의 운동 방향에 평행하도록 돌렸다면 지구 관측자에게 이 막대의 길이는 얼마인가?

11 [21]. 미래형 기차가 $0.80\,c$의 속력으로 직선 선로 위로 움직이면서 연속되어 있는 통신탑을 지나간다. 탑 사이의 간격은 지상 관측자에게는 3.0 km이다. 기차 위의 승객이 매우 정확한 스톱워치를 이용해 이 탑이 지나가는 시간 간격을 쟀다. (a) 승객이 쟀을 때 탑 하나가 지나가고 다음 탑이 오는 데까지 걸리는 시간 간격은 얼마인가? (b) 지상 관측자가 측정했을 때 기차가 한 탑에서 다음 탑까지 가는 데 걸리는 시간 간격은 얼마인가?

12 [23]. 뮤온의 평균수명은 정지한 틀에서 2.2 μs이다. 실험실을 지나가는 뮤온 빔이 $0.994\,c$의 속력으로 움직이고 있다. 이 뮤온이 붕괴하기 전에 실험실 틀에서 평균적으로 얼마나 멀리 움직이는가?

26.5 서로 다른 기준틀에서의 속도

13 [25]. 쿠르트는 우주비행선에 있는 진공 체임버에서 빛의 속력을 재고 있는데, 이 비행선은 지구에 대해 상대적으로 $0.60\,c$의 속력으로 여행하고 있다. 빛은 비행선의 운동 방향과 같은 방향으로 움직인다. 시우링은 지구에서 이 실험을 관측하고 있다. 이 빛이 진공 체임버 안에서 움직이는 속력을 시우링이 관측한 값은 얼마인가?

14 [27]. 달 위에 있는 사람이 서로 반대 방향에서 자신에게 접근하는 두 개의 우주선을 관측할 때, 이 두 우주선의 속력은 $0.60\,c$와 $0.80\,c$이다. 우주선에 타고 있는 승객이 관측하는 두 우주선의 상대 속력은 얼마인가?

15 [29]. 실험실 기준틀에 대해 상대적으로 양성자가 $\frac{4}{5}c$의 속력으로 오른쪽으로 움직인다. 반면, 양성자에 대해 상대적으로 전자가 $\frac{5}{7}c$의 속력으로 왼쪽으로 움직인다. 실험실 기준틀에서 전자의 속력은 얼마인가?

16 [31]. 전자 A가 실험실에 대해 상대적으로 $\frac{3}{5}c$의 속력으로 서쪽으로 움직이고 있다. 전자 B 역시 실험실에 대해 상대적으로 $\frac{4}{5}c$의 속력으로 서쪽으로 움직인다. 전자 A가 정지해 있는 기준틀에서 전자 B의 속력은 얼마인가?

26.6 상대론적인 운동량

17 [33]. 어떤 전자 하나가 2.4×10^{-22} kg·m/s의 운동량을 갖고 있다. 이 전자의 속력은 얼마인가?

18 [35]. 어떤 입자가 처음에 $0.60c$ 의 속력으로 운동하고 있다. 운동량이 2.0배 증가하면 입자의 속력은 얼마인가?

19 [37]. 질량 m 인 우주선이 속력 v 로 지구에서 멀어지고 있다. 우주선의 운동량의 크기는 $2.5\,mv$ 이다. (a) 속력 v 를 구하여라. (b) 우주선의 우주비행사는 매초에 한 번 똑딱이는 시계를 갖고 있다. 지구 관측자가 이 시계를 측정한다면 시계는 얼마나 자주 똑딱이는가?

20 [39]. 퍼티 두 덩어리가 서로 반대쪽으로 움직이고 있고, 각각 속력이 30.0 m/s이다. 이 둘이 충돌해 엉겨 붙었다. 충돌 후 합쳐진 덩어리는 정지해 있다. 충돌 전 각 덩어리의 질량이 1.00 kg이었고 환경으로 에너지를 잃지 않았다면 충돌에 의한 계의 질량은 얼마나 변하는가?

21 [41]. 정지해 있는 람다 하이페론 Λ^0(질량 = 1115 MeV/c^2)가 중성자 n(질량 = 940 MeV/c^2)과 파이온 π_0 (질량 = 135 MeV/c^2)로 붕괴한다. 반응은 $\Lambda^0 \rightarrow n + \pi_0$ 이다. 중성자와 파이온의 총 운동에너지는 얼마인가?

22 [43]. 우주선을 가속시키는 에너지는 물질과 반물질의 결합에서 나온다. 이것이 끝나면, 물질과 반물질의 총 정지에너지는 다른 형태의 에너지로 변환된다. 질량이 2.0×10^5 kg인 우주선이 정지 상태에서 $0.3500\,c$ 로 가속한다고 가정하자. 이 우주선이 가속되려면 얼마나 많은 물질과 반물질이 운동에너지로 변환되어야 하는가?

23 [45]. 정지에너지가 106 MeV인 뮤온이 4500 m의 고도에서 만들어지고, 지표면을 향해 아래 방향으로 내려간다. 지구 관측자는 속도를 $0.980\,c$ 의 속도로 측정했다. (a) 지구 관측자의 기준틀에서 뮤온의 총 에너지는 얼마인가? (b) 뮤온의 기준틀에서 뮤온의 총 에너지는 얼마인가?

24 [47]. 전자가 $0.60c$로 운동할 때 총 에너지는 몇 MeV인가?

25 [49]. 전자의 정지에너지는 0.511 MeV이다. 총 에너지가 정지에너지의 3.00배가 되려면 전자가 가져야 할 운동량(MeV/c)은 얼마인가?

26.7 질량과 에너지

26 [51]. 병원에서 암을 치료하기 위해 사용되는 전자가속기는 운동에너지가 25 MeV인 전자들의 빔을 만들어낸다. (a) 이 가속기에 의해 만들어지는 전자들의 속력은 얼마인가? (b) 전자가속기의 끝이 환자와 15 cm 떨어져 있다면 전자의 기준틀에서는 이 거리를 이동하는 데 얼마의 시간이 걸리는가?

27 [53]. PET 스캔은 탄소-11이나 플로린-18과 같이 양전자를 방출하는 동위원소를 사용한다. 이런 동위원소는 병원에 있는 가속기를 이용해 먼저 듀테론(중수소 원자핵)을 가속시켜 고체나 기체 형상의 목표에 방사해 만들어낸다. 듀테론 하나(정지에너지 1875.6 MeV)가 가속되어 2.5 MeV의 운동에너지를 갖는다. 이것의 속력을 m/s 단위로 구하여라.

28 [55]. 암 치료를 위한 실험으로 $+6e$ 의 전하를 가진 고이온화된 탄소 원자(6개의 모든 전자가 제거된) 빔을 이용한다. 이 이온의 질량은 11.172 GeV/c^2 이다. 가속기의 길이가 7.50 m이고 이온이 125 MV의 전기퍼텐셜차를 통해 가속되었다면 (a) 이온의 운동에너지는 얼마인가? (b) 실험실 틀에서 측정된 이온의 속력은 얼마인가? (c) 이온의 기준틀에서 보았을 때 가속기의 길이는 얼마인가?

29 [57]. 상대론의 운동량 단위인 MeV/c 와 SI 단위의 운동량 단위 사이의 변환규칙을 밝혀라.

30 [59]. 회절실험에 사용된 전자빔에서 각 전자는 150 keV의 운동에너지를 가지도록 가속된다. (a) 이 전자들은 상대론적인가? 설명해 보아라. (b) 이 전자들은 얼마나 빠르게 운동하는가?

31 [61]. 에너지-운동량 관계 $E^2 = E_0^2 + (pc)^2$과 총에너지의 정의로부터 다음 관계식을 유도하여라. $(pc)^2 = K^2 + 2KE_0$ [식 (26-23)].

32 [63]. 다음 각 진술이 $v \ll c$, 즉 v가 비상대론적인 속도를 의미함을 보여라. (a) $\gamma - 1 \ll 1$ [식 (26-26)]

(b) $K \ll mc^2$ [식 (26-27)] (c) $p \ll mc$ [식 (26-28)]

(d) $K \approx p^2/(2m)$

협동문제

33 [65]. 보기 26.2를 참조하여라. 백만 개의 뮤온들이 고도 4500 m에서 지면을 향해 $0.9950\,c$ 의 속력으로 내려오고 있다. 지상에 있는 관측자의 기준틀에서 다음을 구하여라. (a) 뮤온들이 여행한 거리 (b) 뮤온들의 비행시간 (c) 뮤온들 중 절반이 붕괴하는 데 걸리는 시간 (d) 해수면까지 살아남는 뮤온의 수. **힌트** (a)에서 (c)까지의 답은 뮤온의 정지한 틀에서 구한 대응되는 값과는 다르다. (d)에 대한 답은 같을까?

34 [67]. 우주선이 지구에 있는 관측소 위를 지나간다. 이 우주선의 앞부분이 관측소를 지나는 순간, 우주선의 앞부분에 있는 전구가 반짝였다. 우주선의 뒷부분이 관측소를 지날 때 뒷부분에 있는 전구가 반짝였다. 지구에 있는 관측자에 따르면 이 두 사건 사이에 50.0 ns가 지나갔다. 우주비행사의 기준틀에서는 이 우주선의 길이는 12.0 m이다. (a) 지구 관측자에 따르면 이 우주선의 속력은 얼마인가? (b) 우주비행사의 기준틀에서 두 전구의 반짝임 사이에 경과한 시간은 얼마인가?

연구문제

35 [69]. 지구에 정지해 있는 우주선의 길이가 35.2 m이다. 다른 행성으로의 여행을 시작하면서 지구 관측자에게는 30.5 m의 길이로 보인다. 또 지구 관측자는 우주선의 우주비행사가 22.2분 동안 운동하는 것을 보았다. 그렇다면 우주비행사 자신은 얼마나 운동했다고 말하겠는가?

36 [71]. 다음 붕괴 과정을 보자. $\pi^+ \rightarrow \mu^+ + \nu$. 파이온($\pi^+$)의 질량은 139.6 MeV/$c^2$, 뮤온($\mu^+$)의 질량은 105.7 MeV/$c^2$, 중성미자($\nu$)의 질량은 무시할 수 있을 만큼 작다. 파이온이 붕괴 전에 정지해 있었다면 붕괴 산물들의 총 운동에너지는 얼마인가?

37 [73]. 한 우주선이 떨어져 있는 두 개의 우주정거장을 여행하는 데 자기 자신의 시계로 3.0일이 걸린다. 한 우주정거장에 있는 계기는 그 여행이 4일 걸렸다고 표시했다. 이 우주선이 그 우주정거장에 대해 움직이는 속력을 구하여라.

38 [75]. 정지에너지가 939.6 MeV인 중성자가 아랫방향으로 935 Mev/c 의 운동량을 갖고 있다. 총 에너지는 얼마인가?

39 [77]. 여러분이 우주선을 타고 지구에서 먼 우주로 여행을 하면서 같은 방향으로 여행하고 있는 다른 우주선이 $0.50\,c$ 로 지나가는 것을 보았다. 돌아다 보니 $0.90\,c$ 로 지구가 멀어지고 있었다. (a) 만일 지금 막 추월한 우주선의 길이를 여러분이 측정했을 때 24 m라면 지구 관측자가 측정하는 우주선의 길이는 얼마인가? (b) 여러분이 타고 있는 우주선에, 여러분이 측정했을 때 24 m 길이의 막대가 있다면 지구에 있는 관측자가 측정한 그 막대의 길이는 얼마인가? (c) 추월하는 우주선에 있는 승객은 그 막대의 길이를 얼마로 측정하겠는가?

40 [79]. 우주선(cosmic ray)의 충돌에 의해 지구 기준틀에서 고도 h인 위치에 뮤온들이 생성되어 $0.990\,c$ 의 일정한 속력으로 연직 하방으로 내려간다. 뮤온의 정지한 틀에서 1.5 μs 의 시간 간격 동안 처음 있던 뮤온의 절반이 붕괴한다. 처음 있던 뮤온의 1/4이 붕괴하기 전에 지표면에 도달했다면 높이 h는 대략 얼마인가?

41 [81]. 우주선에 심각한 고장이 생겨 승무원이 대피해야 할 때, 우주선이 지구를 향해 $0.78\,c$ 의 속력으로 이동하고 있다. 승객에 대해 12.0 m 길이의 탈출구가 우주선 밖으로 튀어나와 탈출구가 $0.63\,c$ 의 속력으로 지구로 향하고 있다. 지구 관측자가 측정한 탈출구의 길이는 얼마인가?

42 [83]. 하비는 3 h 동안 농구를 한 후 1.00 파운드의 초콜릿 칩 쿠키를 소멸시켰다고 주장한다. (a) 하비가 정말로 쿠키 덩어리를 소멸시켰다면 생산된 에너지는 얼마인가?

(b) 이것은 몇 KWh의 전기에너지에 해당하는가?

43 [85]. 우주선이 지구에 대해 $0.80\,c$의 일정한 속도로 지구에서 멀어지고 있다. 우주선과 지구 관제탑에서는 우주선이 지구 근처에 있을 때 시계를 동기화시키기 위해 둘 다 0으로 설정한다. 사전 배치prearrangement에 의해 지구의 시계가 1.0×10^4 s로 판독하면 지구 관제탑에서는 우주선에 신호를 보낸다. (a) 지구 관제탑의 기준틀에서 우주선에 도달하기 위해 신호가 얼마나 멀리 이동해야 하는가? (b) 지구 관제탑에 따르면 신호가 수신될 때 지구 관제탑의 시계 판독 값은 얼마인가?

44 [87]. 비행 중인 입자 하나가 두 개의 파이온으로 붕괴했는데, 각 입자의 정지에너지는 140.0 MeV이다. 이 파이온들은 서로에 대해 직각을 이루며 이동하는데, 각각의 속력은 $0.900\,c$이다. (a) 원래 입자의 운동량의 크기 (b) 운동에너지 (c) MeV/c^2 단위로 환산한 질량을 구하여라.

45 [89]. 우주 공간에서 대기권으로 들어오는 우주선에 포함된 양성자가 2.0×10^{20} eV의 운동에너지를 갖고 있다. (a) 이 운동에너지를 줄로 환산하면 얼마인가? (b) 이 양성자의 모든 운동에너지가 지표면에서 질량 1.0 kg인 물체를 들어 올리는 데 사용될 수 있다면 이 물체를 얼마나 들어 올릴 수 있는가? (c) 이 양성자의 속력은 얼마인가? 힌트 $K \gg E_0$임을 기억하여라.

46 [91]. 라돈은 다음과 같이 붕괴한다. $^{222}\text{Rn} \rightarrow {}^{218}\text{Po} + \alpha$. 라돈-222 핵의 질량은 221.970 39 u, 폴로늄-218 핵의 질량은 217.962 89 u, 알파입자의 질량은 4.001 51 u이다($1\,\text{u} = 931.494\,\text{MeV}/c^2$). 처음에는 라돈 핵이 실험실 틀에 대해 정지해 있었다면 실험실 틀에서 (a) 폴로늄-218 핵과 (b) 알파입자가 움직이는 속도를 각각 구하여라. 이 속도들이 비상대론적이라고 가정하여라. 속력을 계산한 뒤 이 가정이 옳다는 것을 보여라.

종합문제

47 [93]. 질량 2200 kg의 우주선을 정지 상태에서 $0.70\,c$ 속도까지 3.6×10^4 s(10 h) 동안 일정한 힘을 가했다. (a) 우주선에 작용한 힘의 크기는 얼마인가? 힌트 충격-운동량 정리를 사용하여라. (b) 우주선의 처음 가속도는 얼마인가? 이 힘의 크기에 대해 논의하여라.

48 [95]. 태양에서 지구 대기권에 도달하는 태양 에너지의 세기는 $1.4\,\text{kW/m}^2$이다. (a) 태양이 하루에 잃어버린 질량은 얼마나 되는가? (b) 잃어버린 질량은 태양 질량의 몇 퍼센트인가?

49 [97]. 25.00 MV의 전기 퍼텐셜 차를 통해 전자가 가속된다. (a) 상대론적 방정식을 사용하지 않은 경우 전자의 속도를 어떻게 계산하는가? (b) 이러한 경우 전자의 실제 속도는 얼마인가?

개념정리

- 어떤 물리량이 불연속적으로 허용된 값만 가질 수 있을 때 그 양은 양자화되어 있다.
- 막스 플랑크는 흑체복사 실험결과와 일치하는 식을 유도했다. 그는 그 식에서 진동수가 f 인 진동자의 에너지는 hf 의 정수 배로 양자화되어야 한다고 가정했다. 플랑크 상수 h 는 물리학에서 기본 상수 중 하나로 여긴다.

$$h = 6.626 \times 10^{-34}\ \mathrm{J \cdot s} \tag{27-3}$$

- 광전 효과에서 금속 면에 입사된 전자기 복사선이 금속으로부터 전자를 방출시킨다. 광전 효과를 설명하기 위해 아인슈타인은 전자기 복사선 자체가 양자화되었다고 생각했다. 더 이상 쪼갤 수 없는 최소 단위인 전자기 복사선의 양자를 광자라고 부른다. 진동수가 f 인 광자의 에너지는 다음과 같다.

$$E = hf \tag{27-4}$$

- 한 전자의 최대 운동에너지는 광자의 에너지와 일함수 ϕ 의 차이가 있다. 일함수는 금속과 전자 사이의 결합을 끊어주기 위해 공급해야 하는 에너지이다.

$$K_{최대} = hf - \phi \tag{27-9}$$

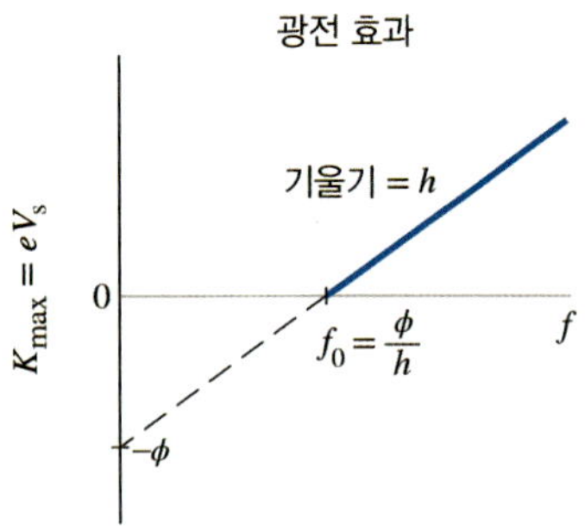

- 1 전자볼트는 전자 또는 양성자와 같이 $\pm e$ 의 전하를 갖는 입자가 1 V의 전기퍼텐셜 차를 통해서 가속되었을 때 얻을 수 있는 운동에너지와 같다.

$$1\ \mathrm{eV} = 1.60 \times 10^{-19}\ \mathrm{J} \tag{27-5}$$

- X선 관에서는 전자들이 K 의 운동에너지를 갖도록 가속된 후 표적을 때린다. 방출된 X선 복사선 중 최대 진동수의 복사선은 전자의 모든 운동에너지를 단일 광자가 갖고 갈 때 나타난다.

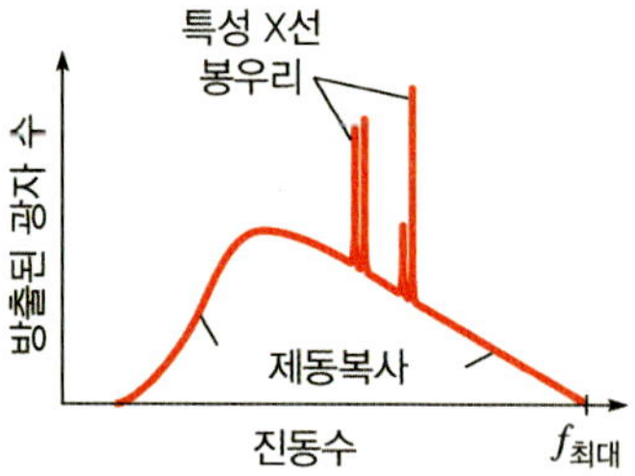

$$hf_{최대} = K \tag{27-12}$$

- 콤프턴 산란에서, 표적에서 산란된 X선은 입사 X선보다 더 긴 파장을 갖는다. 파장의 편이는 산란각 θ 에 따라 변한다.

$$\lambda' - \lambda = \frac{h}{m_e C}(1 - \cos\theta) \tag{27-19}$$

콤프턴 산란은 광자와 정지해 있는 전자의 충돌로 이해할 수 있다. 입사광자의 운동량과 운동에너지는 산란된 광자와 되튀는 전자의 총운동량과 운동에너지와 같아야 한다.

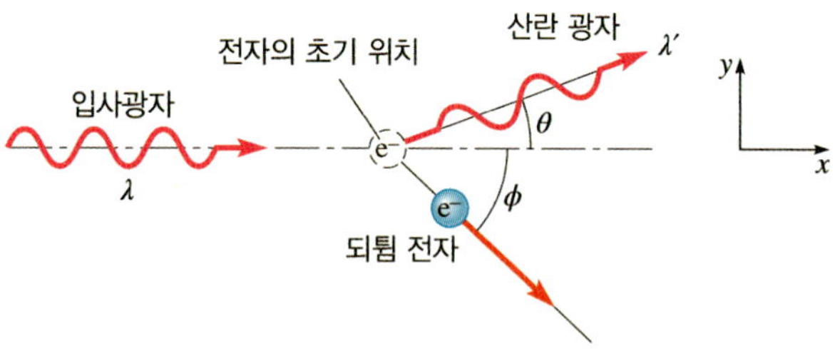

- 각 원자에 의해 방출되거나 흡수되는 전자기 복사는 불연속적인 파장으로 이루어진 선 스펙트럼이다. 각 원소는 자기 자신의 불연속적인 양자화된 에너지 준위들에 의해 정해지는 고유의 스펙트럼을 갖는다. 원자가 에너지 준위 사이에서 전이할 때 방출하거나 흡수하는 광자의 에너지는 원자의 에너지 준위들의 차이와 같다.

$$|\Delta E| = hf \tag{27-22}$$

- 수소원자의 에너지 준위는

$$E_n = \frac{E_1}{n^2} \tag{27-28}$$

이다. 여기에서 가장 낮은 에너지 준위인 바닥상태의 에너지는

$$E_1 = -13.6\ \text{eV} \tag{27-27}$$

- 수소 원자에 대한 보어 모형에서 전자는 원자핵을 중심으로 원 궤도를 따라 운동하는 것으로 가정한다. 전자의 궤도에 따라 반지름과 에너지가 양자화된다. 보어의 모형을 이용한 계산과 일치하는 에너지 준위를 주지만(식 (27-27), (27-28)), 보어의 모형에는 결함이 있다. 보어의 모형은 수소 원자에 대한 양자역학적 기술로 대체되었다(28장).
- 형광 물질은 자외선을 흡수하고 여러 단계를 거쳐 붕괴된다. 하나 또는 더 많은 붕괴 과정에서 가시광선 영역의 광자가 방출된다.
- 쌍생성은 무거운 입자 근처를 지나가는 에너지가 큰 광자가 전자와 양전자 쌍을 만든다. 쌍소멸에서는 전자-양전자 쌍이 소멸되고 두 개의 광자를 만든다.

연습문제

개념형 질문

1 [1]. 광전 효과와 19세기 물리학자들을 곤혹스럽게 했던 광전 효과의 네 가지 실험 결과에 대해 설명하여라. 빛에 대한 광자 모형이 각 실험결과를 어떻게 설명하는가?

2 [3]. 어떤 실험에서 가시광선을 표적에 비추고 여러 각도에서 산란된 빛의 파장을 측정한다. 이 실험에서 산란된 광자가 콤프턴 이동된 것을 나타낼 수 있는가? 설명하여라.

3 [5]. 수소 원자의 방출 스펙트럼에서 선명하게 나타난 선들은 모든 전자들이 같은 전하를 갖는지에 대해 어떻게 증명하는가?

4 [7]. 연속 X선 스펙트럼이 발생되는 과정을 설명하여라. 연속 스펙트럼은 최대 파장 또는 최소 파장이 있는가? 설명하여라.

5 [9]. 수소 원자에 대한 보어의 원자 모형의 가정들을 열거하여라.

6 [11]. 콤프턴 산란과 광전 효과에서, 전자는 입사광자로부터 에너지를 얻는다. 두 과정 사이에 근본적인 차이점은 무엇인가?

7 [13]. 1.02 MeV를 초과하는 에너지를 가진 광자에 대해 특별히 중요한 과정은 무엇인가?

8 [15]. 광전 효과 실험에서 저지전압은 어떻게 결정하는가? 저지전압은 금속 면에서 나오는 전자에 대해 무엇을 알려주는가?

9 [17]. 수소 원자의 흡수 스펙트럼에 있는 모든 선이 방출 스펙트럼에 모두 나타나지만, 방출 스펙트럼에 있는 모든 선이 흡수 스펙트럼에 모두 나타나지 않는 이유를 설명하여라. **힌트** 들뜬상태의 수명은 아주 짧다.

10 [19]. 빛의 세기가 약한 곳에서, 사람의 눈에 있는 망막의 광 반응은 간상세포 안에서 입사광에 의해 들뜨는 감광성의 분자 각각에 따라 달라진다. 감광성 분자가 들뜨면 모양이 바뀌는데, 그 모양의 변화는 뇌로 보내는 신경 펄스를 유발시키는 세포 안에서 다른 변화를 유도한다. 빛에 대한 광자 모형이 빛의 세기가 약해도 어떻게 이런 변화가 일어나는지를 설명할 때, 파동 모형보다 더 잘 설명할 수 있는가?

11 [21]. 어떤 광전 효과 실험에서 두 개의 서로 다른 금속(1과 2)에 전자기 복사선을 비춘다. 금속 1은 빨간 빛과 파란 빛 모두에 대해 광전자를 방출한다. 금속 2는 파란 빛에 대해서만 광전자를 방출한다. 어떤 금속이 자외선에 대해 광전자를 방출할 수 있을까? 어떤 금속이 더 큰 일함수를 갖는가?

12 [23]. X선 관에서 퍼텐셜 차를 두 배로 전자를 가속시키면 특성 X선의 에너지는 어떻게 되는가?

선다형 질문

1 [1]. 표적 원자핵 근처를 지나가는 전자가 느려지면서 에너지의 일부를 복사한다. 이 과정을 무엇이라고 하는가?
(a) 콤프턴 효과 (b) 광전 효과 (c) 제동 복사
(d) 흑체 복사 (e) 유도방출

2 [3]. 파장이 λ이고 진동수가 f인 광자가 정지 상태에 있던 전자와 충돌에 의해 산란되는 과정에서 콤프턴 효과에 대한 설명 중 옳은 것은?
(a) 전자는 광자로부터 에너지를 얻음으로써 산란된 광자의 파장은 λ보다 짧다.
(b) 전자는 산란된 광자에게 에너지를 주므로 산란된 광자의 진동수는 f보다 크다.
(c) 운동량은 보존되지 않지만 에너지는 보존된다.
(d) 광자가 에너지를 잃게 되므로 산란된 광자의 진동수는 f보다 작다.

3 [5]. 두 레이저가 1 s당 같은 수의 광자를 방출한다. 첫 번째 레이저는 파란 빛을 방출하고 두 번째 레이저가 빨간 빛을 방출하면, 첫 번째 레이저의 복사능은?
(a) 두 번째 레이저의 복사능보다 더 크다.
(b) 두 번째 레이저의 복사능보다 적다.
(c) 두 번째 레이저의 복사능과 동일하다.
(d) 방출이 일어나는 시간 간격을 모르면 알 수 없다.

4 [7]. 분광 실험에서 결과를 분석할 때 실험적으로 결정된 발머 계열 빛의 파장의 역수를 $1/(n_i^2)$의 함수로 나타낸다. 여기서 n_i는 $n=2$의 에너지 준위로 전이를 하는 처음 상태의 에너지 준위에 대한 것이다. 함수의 기울기는?
(a) 발머 계열 중 가장 짧은 파장과 같다.
(b) $-h$이다. 여기서 h는 플랑크 상수이다.
(c) 발머 계열 중 가장 긴 파장의 역수와 같다.
(d) $-hc$이다. 여기서 h는 플랑크 상수이다.
(e) $-R$과 같다. 여기서 R은 뤼드베리 상수이다.

5 [9]. 광전효과 실험에서 단일 파장의 빛이 금속 면에 입사한다. 입사광의 세기가 증가함에 따라 어떤 변화가 생기는가?
(a) 저지전압이 높아진다.
(b) 저지전압이 낮아진다.
(c) 일함수가 커진다.
(d) 일함수가 작아진다.
(e) 위의 어느 것도 맞지 않다.

문제

27.3 광전효과

1 [1]. 3.1 eV의 에너지를 갖는 광자의 (a) 파장과 (b) 진동수를 구하여라.

2 [3]. 루비듐 표면의 일함수는 2.16 eV이다. (a) 입사 빛의 파장이 413 nm인 경우에 방출되는 전자들의 운동에너지 중 최대 운동에너지는 얼마인가? (b) 루비듐 표면에 대한 문턱 파장은 얼마인가?

3 [5]. 금속에서 전자를 방출시키는 데 필요한 최소 에너지는 2.60 eV이다. 이 금속으로부터 전자를 방출할 수 있는 광자의 최대 파장은 얼마인가?

4 [7]. 5개의 다른 금속으로 광전 효과 실험을 했다. 금속의 일함수 ϕ와 입사광자에너지 E가 다음과 같이 주어졌을 때, 저지전압이 큰 것부터 작은 순으로 나열하여라. (a) $\phi=2.0$ eV, $E=2.8$ eV (b) $\phi=2.2$ eV, $E=$

3.0 eV (c) $\phi=2.8$ eV, $E=3.0$ eV (d) $\phi=2.0$ eV, $E=3.0$ eV (e) $\phi=2.4$ eV, $E=2.8$ eV.

5 [9]. 파장이 350 nm인 광자를 광전지의 금속판에 입사시켰더니 전자가 방출되었다. 1.10 V의 저지전압을 걸어주면 어떠한 전자도 반대편 극에 도달하지 못한다. 이 금속에서 전자를 방출할 때 입사한 광자의 최대 파장은 얼마인가?

6 [11]. 200 W의 적외선 레이저가 파장이 2.0×10^{-6} m인 광자를 방출하고, 또 다른 200 W의 자외선 레이저가 파장이 7.0×10^{-8} m인 광자를 방출한다. (a) 적외선 단일 광자와 자외선 단일 광자 중 어느 것이 더 큰 에너지를 갖는가? (b) 적외선 단일 광자와 자외선 단일 광자 각각의 에너지는 얼마인가? (c) 두 레이저가 1 s당 방출하는 광자의 수는 얼마인가?

7 [13]. 파장이 580 nm인 단파장 노란빛 광원과 파장이 425 nm인 단파장 자외선 광원이 광전 효과 실험에 이용된다. 금속 면에 대한 문턱 진동수는 6.20×10^{14} Hz이다. (a) 두 광원 모두가 광전자를 방출시킬 수 있는가? 설명하여라. (b) 금속으로부터 전자를 방출시키는 데 필요한 에너지는 얼마인가? ($h=4.136\times10^{-15}$ eV·s 사용)

27.4 X선의 발생

8 [15]. 파장이 0.250 nm인 X선을 발생시키는 X선 관에 걸어야 할 최소 전기퍼텐셜 차는 얼마인가?

9 [17]. 어떤 X선 관의 전기퍼텐셜 차가 40.0 kV이다. 이 관에서 방출되는 연속 X선 스펙트럼에서 최소 파장은 얼마인가?

10 [19]. 컬러 TV 관에서, 전자를 20.0 kV인 전기 퍼텐셜 차로 가속시켰다. 전자의 일부는 가리개의 구멍 뒤에 있는 형광물질로 된 점 대신 금속 가리개에 부딪쳐 X선을 방출했다. 방출된 X선 중 최소 파장은 얼마인가?

11 [21]. X선 관에서 차단 진동수가 전자를 가속시키는 전기 퍼텐셜 차에 비례함을 보여라.

27.5 콤프턴 산란

12 [23]. 파장 0.150 nm인 X선 광자가 정지해 있던 전자와 충돌한다. 산란된 광자는 입사광자의 방향에 대해 80.0°의 각도를 이루며 운동한다. (a) 파장에 대한 콤프턴 편이를 구하여라. (b) 산란된 광자의 파장을 구하여라.

13 [25]. X선이 표적에 비춰지고 산란된 X선이 검출된다. 입사 X선의 파장 λ와 산란각 θ가 다음과 같이 주어졌을 때 산란된 X선 파장이 긴 것부터 작은 순으로 나열하여라. (a) $\lambda=1.0$ pm, $\theta=90°$ (b) $\lambda=1.0$ pm, $\theta=60°$ (c) $\lambda=4.0$ pm, $\theta=120°$ (d) $\lambda=1.6$ pm, $\theta=60°$ (e) $\lambda=1.6$ pm, $\theta=120°$ (f) $\lambda=4.0$ pm, $\theta=2.0°$

14 [27]. 파장이 0.14800 nm인 광자가 동쪽으로 운동하다가 정지한 전자에 의해 산란된다. 산란된 광자의 파장은 0.14900 nm이고 북동쪽으로 θ의 각도를 이룬다. 산란된 전자의 속도는 얼마인가?

15 [29]. 광자가 정지해 있는 전자에 입사된다. 산란된 광자는 2.81 pm의 파장을 가지고 입사광자의 방향에 대해 29.5°를 이루며 운동한다. (a) 입사광자의 파장은 얼마인가? (b) 전자의 나중 운동에너지는 얼마인가?

16 [31]. 파장 0.0100 nm의 입사광자가 콤프턴 산란을 한다. 산란된 광자는 파장이 0.0124 nm이다. 광자를 산란시키는 전자의 운동에너지 변화는 얼마인가?

27.6 분광학과 초기 원자모형, 27.7 보어의 수소 원자모형과 원자의 에너지 준위

17 [33]. $n=4$인 정상상태에 있는 수소 원자의 에너지를 구하여라.

18 [35]. 바닥상태에 있는 수소 원자가 에너지 12.1 eV의 에너지를 갖는 광자를 흡수한다. 수소 원자가 들뜨는 에너지 준위는 얼마인가?

19 [37]. 처음에 $n=2$인 상태에 있는 수소 원자를 이온화시키기 위해 필요한 에너지는 얼마인가?

20 [39]. 수소 원자가 $n=6$ 상태에서 $n=3$인 상태로 전이할 때 방출되는 복사선의 파장을 구하여라.

21 [41]. 한 수소 원자가 $n=5$인 에너지 준위에 있는 전자가 있다. (a) 전자가 빛을 방출하고 바닥상태로 돌아간다면 방출될 수 있는 광자는 최소 몇 개인가? (b) 방출될 수 있는 광자 수는 최대 몇 개인가?

22 [43]. 수소 원자 방출 스펙트럼에서 파셴 계열은 $n_i > 3$인 상태에서 $n_f = 3$인 상태로 전자가 전이할 때 방출하는 계열이다. (a) 파셴 계열에서 가장 긴 파장은 얼마인가? (b) 파셴 계열에서 한계 파장은 얼마인가(곧, 계열에서 파장의 한계)? (c) 전자기파 스펙트럼의 어느 부분에서 또는 어느 영역에서 파셴 계열(적외선, 가시광선, 자외선 등)이 발견되는가?

23 [45]. 기본 상수들을 대입해서 보어의 반지름 $a_0 = \hbar^2/(m_e ke^2)$이 5.29×10^{-11} m임을 보여라.

24 [47]. 수소 원자가 $n=3$ 상태에 있는 전자의 궤도 반지름은 얼마인가?

25 [49]. 이중으로 이온화된 리튬(Li^{2+})에 대해 보어 반지름을 구하여라.

26 [51]. 헬륨 원자 스펙트럼에서 한 선은 밝은 노랑이며 파장은 587.6 nm이다. 이 선을 만드는 헬륨의 두 에너지 준위들의 에너지 차이는 전자볼트 단위로 얼마인가?

27 [53]. (a) $n=1$ 상태에서 시작하여 처음 4개의 에너지 준위가 이중으로 이온화된 리튬(Li^{2+})의 에너지를 구하여라. (b) 이 에너지 준위들 사이로 전자가 전이할 때 방출되거나 흡수되는 광자의 에너지는 얼마인가? (c) 전자기파 스펙트럼 중에 가시광선 영역에 해당하는 광자가 있는가?

27.8 쌍소멸과 쌍생성

28 [55]. 양전자 방출 단층 촬영 스캐너에서 양전자-전자 쌍이 서로 소멸될 때 511 keV 광자가 검출되었다. 광자들의 파장은 얼마인가?

29 [57]. 전자-양전자 쌍이 입자 검출기에서 생성되었다. 운동에너지가 각각 0.22 MeV로 입자의 궤적에 나타난 경우, 두 입자를 생성할 수 있는 광자의 에너지는 얼마인가?

30 [59]. 각 질량이 전자의 질량보다 207배 큰 뮤온과 반뮤온이 정지해 있다가 소멸하면서 같은 에너지를 갖는 두 개의 광자가 만들어졌다. 각 광자의 파장은 얼마인가?

협동문제

31 [61]. 1916년 밀리칸이 얻었던 실험결과로부터 (a) 플랑크 상수와 (b) 금속의 일함수를 계산하여라. 밀리칸은 아인슈타인의 광전효과 방정식이 틀렸음을 증명하고자 했다. 그러나 그는 증명 대신 자신의 실험 결과가 아인슈타인의 예측을 뒷받침함을 알았다.

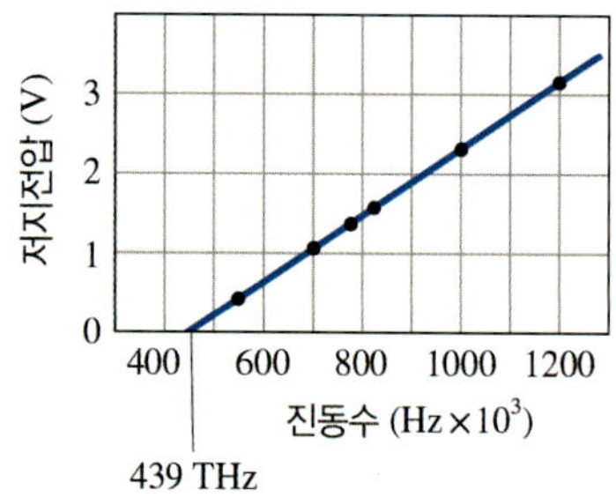

32 [63]. 수소 분자 기체(H_2)가 아닌 수소 원자 기체(H)로 채워져 있는 유리관을 생각하자. 원자들은 처음에 바닥상태에 있다고 하자. 적외선 파장으로부터, 가시광선의 파장, 그리고 자외선의 파장을 갖는 여러 단색 빛들을 기체에 비춘다. 몇몇 파장에서 가시광선이 수소 원자로부터 방출된다. (a) 방출된 빛에 가시광선 영역에 있는 두 개의 파장만 있다면, 입사 복사선의 파장에 대해 어떠한 결론을 내릴 수 있는가? (b) 수소 원자(H)가 가시광선을 방출하게 하는 입사 복사선의 최대 파장은 얼마인가? 그 파장의 입사 복사선에 대해 원자에 의해 어떠한 파장들이 방출되는가? (c) 어떤 입사 빛의 파장이 수소이온(H^+)을 만드는가?

연구문제

33 [65]. 의료 장비를 살균하고, 식수를 소독하고, 과일 주스를 저온살균하는 방법 중 하나는 자외선에 노출시키는 것이다. 미생물은 대개 자외선이 미생물의 세포핵을 관통하여 DNA 분자를 손상을 일으킬 수 있을 정도로 작다. DNA 분자에 손상을 일으키는 데 4.6 eV의 에너지를 갖는 광자가 필요하다면, 자외선 살균에 사용할 수 있는 최대 파장은 얼마인가?

34 [67]. 0.20 MV인 X선 기계에서 발생되는 X선의 최소 파장은 얼마인가?

35 [69]. 수소 원자의 방출 스펙트럼인 라이만 계열은 들뜬상태에서 바닥상태로의 전자 전이하여 만들어진다. 라이먼 계열에서 가장 긴 파장부터 짧은 순으로 파장 세 개만 계산하여라.

36 [71]. FM 라디오 방송국에서 방송하는 주파수는 89.3 MHz이다. 안테나의 출력은 50.0 kW이다. (a) 안테나에서 방출하는 광자의 에너지는 전자볼트 단위로 얼마인가? (b) 이 안테나가 1 s당 방출하는 광자 수는 얼마인가?

37 [73]. 파장이 λ인 광자가 얇은 알루미늄 표적에 비춰졌다. 검출기는 입사광자 방향과 90°를 이루는 방향에 놓았다. 검출된 산란 광자는 입사광자 에너지의 절반임을 알았다. (a) 파장 λ를 구하여라. (b) 후방 산란된 광자(180° 검출기)의 파장은 얼마인가? (c) 표적을 알루미늄 대신 구리로 사용하면 어떤 것이 변하는가?

38 [75]. 최소 파장이 45.0 pm인 X선을 만들기 위해 X선관에 걸어주어야 할 전기 퍼텐셜 차는 얼마인가?

39 [77]. 파장이 120.0 nm인 광자가 금속에 입사하면 전자가 방출되며 6.00 V의 저지전압으로 정지시킬 수 있다. (a) 광자의 파장이 240.0 nm일 때 저지전압은 얼마인가? (b) 광자의 파장이 360 nm이면 어떻게 되는가?

40 [79]. 220 W 레이저에서 파장이 680 nm인 펄스 레이저를 0.250 ms 발사한다. (a) 레이저 빔에서 발사한 광자의 에너지는 얼마인가? (b) 레이저 펄스에 광자가 몇 개 있는가?

41 [81]. 보어 이론에 따르면 (a) H^+, (b) Li^{2+}, (c) 중수소(핵에 중성자와 양성자가 포함된 수소의 동위 원소)의 바닥상태의 에너지는 얼마인가?

42 [83]. 텅스텐을 이용해 광전 효과 실험을 한다. 텅스텐의 일함수는 4.5 eV이다. (a) 파장이 0.20 μm인 자외선이 텅스텐에 입사되는 경우에 저지전압을 계산하여라. (b) 음극과 양극의 전압이 같아져 저지전압이 꺼지면 파장이 0.20 μm인 입사광선은 3.7 μA의 광전류를 만든다. 입사광선이 앞의 경우와 같이 빛의 세기가 같고 파장이 400 nm인 경우 광전류는 얼마인가?

43 [85]. 콤프턴 산란 실험 동안, 처음에 정지해 있던 전자가 입사 X선 광자의 운동 방향으로 되튄다. 되튀는 전자가 0.20 keV의 운동에너지를 갖는다면 입사 X선의 파장은 얼마인가? 산란된 X선의 파장은 얼마인가?

44 [87]. $E = 4.000$ keV인 광자의 에너지로 콤프턴 산란 실험을 하고 있다. 입사광자 에너지가 $(E - E')/E$인 하나의 분수 값으로 측정될 수 있는 광자의 에너지 중 변화가 가장 큰 것은 무엇인가?

종합문제

45 [89]. 640 nm 레이저는 지름이 1.5 mm인 빔에서 1.0 s 펄스를 방출한다. 펄스의 rms 전기장은 120 V/m이다. 1 s당 몇 개의 광자가 방출되는가?

46 [91]. 감마선 천문학에서, 양전자(e^+)와 전자(e^-)가 소멸될 때 방출되는 특성 감마선 광자에 의해 양전자가 생성된다고 추론할 수 있다. 간단히 말해서, 전자-양전자 쌍이 소멸하고 근처에 아무것도 없다고 할 때, 전자와 양전자가 지상 관측자에 대해 정지하고 있다고 가정하자. (a) 정지 상태에 있는 두 입자가 소멸해서 한 개의 광자(γ)

가 만들어지면 반응식이 $e^- + e^+ \to \gamma$ 임을 고려하고, 정지 상태에 있는 두 입자가 소멸해서 두 개의 광자(2γ)가 만들어지면 반응식이 $e^- + e^+ \to 2\gamma$ 임을 고려하여라. 첫 번째 반응은 일어나지 않지만 두 번째 반응은 왜 일어나는지 설명하여라. (b) 반응식 $e^- + e^+ \to 2\gamma$ 가 일어나 광자 중 하나가 지구를 향해 이동한다고 가정하자. 광자의 에너지는 얼마인가?

47 [93]. 어떤 레이저 포인터의 출력이 약 1 mW이다. (a) 레이저의 파장이 670 nm라면 광자 한 개의 에너지와 운동량은 얼마인가? (b) 레이저는 1 s당 몇 개의 광자를 방출하는가? (c) 방출된 광자의 운동량에 의해 레이저 포인터에 작용하는 평균 힘은 얼마인가?

48 [95]. 보어의 원자 모형에 의하면 수소 원자가 바닥상태에 있을 때 전자의 속력은 얼마인가?

CHAPTER 28 양자물리학

개념정리

- 양자물리학에서 두 가지 설명인 입자와 파동은 상보적이다. 입자의 파장을 드브로이[De Broglie] 파장이라고 한다.

$$\lambda = \frac{h}{p} \qquad (28\text{–}3)$$

- 불확실성 원리는 입자의 위치와 운동량을 동시에 얼마나 정확하게 측정할 수 있는지에 대한 한계를 결정한다.

$$\Delta x \, \Delta p_x \geq \frac{1}{2}\hbar \qquad (28\text{–}4)$$

- 계가 시간 간격 Δt 동안 한 양자 상태에 있는 경우, 그 상태의 에너지의 불확정성은 에너지–시간 불확정성 원리에 의해 그 상태의 수명과 관련된다.

$$\Delta E \Delta t \geq \frac{1}{2}\hbar \qquad (28\text{–}5)$$

- 구속된 입자는 정상파인 파동함수를 가진다. 구속은 드브로이 파장과 에너지의 양자화로 이어진다.
- 일차원 상자 내의 입자는 줄 위의 정상파와 비슷한 파장을 가진다.

$$\lambda_n = \frac{2L}{n} \quad (n=1,\ 2,\ 3,\ \cdots) \qquad (28\text{–}6)$$

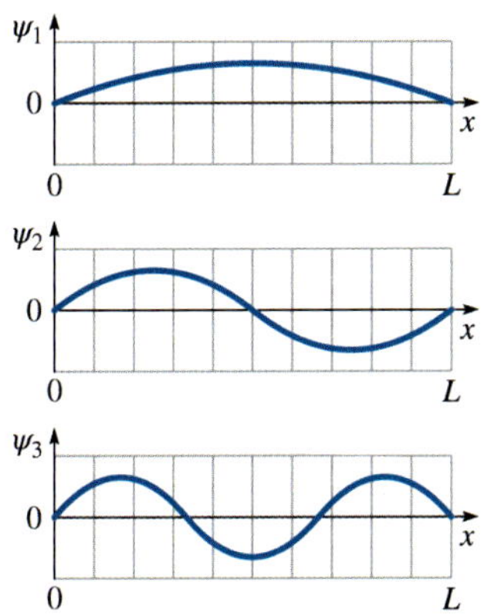

- 파동함수의 크기의 제곱은 주어진 공간 영역에 입자가 위치할 확률에 비례한다.
- 원자에서 전자의 양자 상태는 4개의 양자수로 나타낼 수 있다.

주양자수 : $n=1, 2, 3, \cdots$
궤도각운동량 양자수 : $\ell=0, 1, 2, 3, \cdots, n-1$
자기양자수 : $m_\ell = -\ell, -\ell+1, \cdots, -1, 0, 1, \cdots, \ell-1, \ell$
스핀양자수 : $m_s = -\frac{1}{2}, +\frac{1}{2}$

- 배타 원리에 의하면 원자의 두 전자가 같은 양자 상태에 있을 수 없다.
- 동일한 n 값을 가진 전자 상태 집합을 껍질이라고 한다. 버금껍질은 n과 ℓ의 고유한 조합이다. 버금껍질의 분광 기호 표기법은 n의 숫자 값 다음에 ℓ 값을 나타내는 문자를 붙인다.
- 고체 상태에서, 전자 상태는 밀집된 에너지 준위의 띠를 형성한다. 띠 간격은 전자가 없는 에너지 준위의 에너지 영역이다. 도체, 반도체 및 절연체는 띠 구조로 구별된다.
- 전자가 높은 에너지 준위에 있고 낮은 준위가 비어 있으면, 에너지가 ΔE인 입사광자는 광자의 방출을 유도할 수 있다. 원자에서 방출된 광자는 입사된 광자와 동일하다.
- 레이저는 유도방출을 기반으로 한다. 유도된 방출이 흡수보다 더 자주 일어나기 위해서는 밀도반전이 존재해야 한다. (더 높은 에너지 상태는 더 낮은 에너지 상태보다 수가 더 많이 있어야 한다.)
- 제한된 영역의 입자 파동함수는 고전 물리학에 따르면 입자의 에너지가 충분하지 않아 절대로 갈 수 없는 영역으로 확장된다. 고전적으로 금지된 영역이 유한한 길이이면 꿰뚫기가 발생할 수 있다.

연습문제

개념형 질문

1 [1]. 전자 회절 실험은 동일한 시료를 사용한 X선 회절 실험과 동일한 무늬를 제공한다. 전자와 X선의 파장이 같은 것을 어떻게 알 수 있는가? 그들의 에너지가 동일하다면 그들은 같은 무늬로 나타나겠는가?

2 [3]. 때로는 절대영도에서 모든 분자는 병진 운동과 진동 및 회전이 중지된다고 한다. 이 주장에 동의하는가? 이유를 설명하여라.

3 [5]. 우리는 종종 수소 원자의 상태를, 예를 들어 "$n=3$ 상태"라고 말한다. 어떤 상황에서 4개의 양자수 중 하나만 지정하면 되는가? 어떤 상황에서 보다 더 구체적으로 밝혀야 하는가?

4 [7]. 원자에서 전자 상태의 전자구름 현상을 어떻게 해석해야 하는가?

5 [9]. 광학 펌핑 레이저에서 광학 펌핑을 일으키는 빛은 항상 레이저 빔보다 파장이 짧다. 이유를 설명하여라.

6 [11]. Nd : YAG 레이저는 그림과 같이 4-상태를 순환하면서 작동하고, 루비 레이저는 3-상태 순환하며 작동한다(그림 28.21b와 비교). 어떤 레이저를 사용하면 쉽게 밀도 반전을 유지할 수 있는가? 그렇게 답한 이유가 무엇인가? Nd : YAG 레이저가 연속 광선을 생성할 수 있지만, 루비 레이저는 레이저 광선의 짧은 펄스만을 생성할 수 있는 이유를 설명하여라.

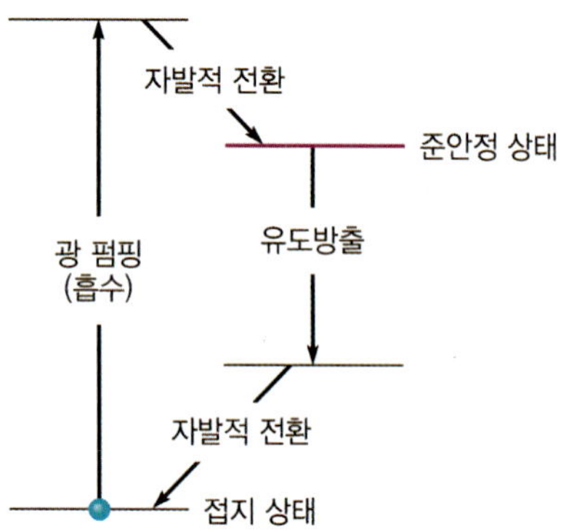

7 [13]. 복사기(16.2절 참조)의 작동의 핵심은 감광체로 코팅된 드럼이다. 어두운 곳에서는 좋은 절연체이지만 빛을 비추면 빛이 자유롭게 흐를 수 있는 반도체이다. 빛이 반도체 물질을 통해 자유롭게 흐를 수 있는 방법은 무엇인가? 좋은 광전도체의 띠 간격은 얼마나 되어야 하는가? 드럼이 뜨거워지면 이미지의 밝고 어두운 부분의 대비가 좋아지는가 아니면 나빠지는가?

8 [15]. 물질파의 존재를 어떻게 시연해 보일 수 있는가?

9 [17]. 온도 상승에 따라 반도체의 전기저항이 감소하는 이유를 설명하여라.

선다형 질문

1 [1]. 아래 진술 중 어느 것이 사실인가?
(a) 수소 원자에서 전자의 주양자수는 에너지에 영향을 미치지 않는다.
(b) 바닥상태의 전자의 주양자수는 0이다.
(c) 전자 상태의 궤도 각운동량 양자수는 항상 그 상태의 주양자수 보다 적다.
(d) 전자의 스핀 양자수는 네 가지 다른 값 중 하나를 취할 수 있다.

2 [3]. 수소 원자의 전자 에너지 준위에 관한 아래의 설명 중 맞는 것은?
(a) 수소 원자의 전자는 진행파로 가장 잘 표현된다.
(b) 총 에너지가 양$^+$인 전자는 속박전자이다.
(c) 안정된 에너지 준위의 전자는 핵 주변을 돌 때 가속되기 때문에 전자기파를 복사한다.
(d) 바닥상태에 있는 전자의 궤도 각운동량은 0이다.
(e) 상태 n의 전자는 상태 $n+1$ 또는 $n-1$로 전이할 수 있다.

3 [5]. 아래 설명 중 어느 것이 사실인가?
(a) 결정의 원자 간격은 너무 조밀하기 때문에 물질파로

관찰 가능한 회절효과를 생성할 수 없다.

(b) 대전된 입자들만이 그들과 관련된 물질파를 가진다.

(c) 같은 운동에너지를 가진 전자와 중성자가 단결정에 입사하면 동일한 회절무늬가 생긴다.

(d) 적절한 에너지의 전자, 중성자 및 X선이 단결정에 입사하면 모두 유사한 회절 무늬가 생긴다.

(e) 야구공과 같은 거시적인 물체들은 물체와 관련된 드브로이 파장이 너무 길기 때문에 파동 현상이 관측되지 않는다.

4 [7]. 배타원리는

(a) 원자에서 두 전자가 동일한 양자수 조합을 가질 수 없다는 것을 암시한다.

(b) 원자에서 두 전자가 같은 궤도에 있을 수 없음을 말한다.

(c) 원자핵에서 전자를 제외한다.

(d) 전자 궤도로부터 양성자를 제외한다.

5 [9]. 입자가 각 변의 길이가 L 인 3차원의 입방체 안에 갇힌 경우

(a) 입자는 각 운동량의 성분에서 약 $h/(\pi L)$의 불확실성을 갖는다.

(b) 입자는 $2L$보다 작은 파장을 가질 수 없다.

(c) y 방향과 z 방향의 입자의 운동량 성분은 운동량의 x 성분에 유한한 불확정성이 있는 한 정확하게 결정될 수 있다.

(d) 입자의 운동에너지는 상한을 갖지만 하한은 없다.

문제

28.2 물질파

1 [1]. 질량이 0.50 kg인 농구공이 10 m/s로 움직일 때 드브로이 파장은 얼마인가? 농구공이 골대의 내부를 통과할 때 회절 효과를 볼 수 없는 이유는 무엇인가?

2 [3]. 방금 물질파를 공부한 질량 81 kg인 학생이 가로세로 81 cm, 두께 12 cm인 출입구를 지나갈 때 회절되는 것을 우려하고 있다. (a) 회절이 나타나기 위해서는 학생의 파장이 출입구와 크기가 같아야 한다. 그렇다면 학생이 출입구를 빠져나가면서 회절을 일으키기 위해서는 얼마나 빨리 출입구를 지나가야 하는가? (b) 이 속력으로 학생이 출입구를 지나가는 데 시간이 얼마나 걸리겠는가?

3 [5]. $\frac{3}{5}c$로 운동하는 전자의 드브로이 파장은 얼마인가?

4 [7]. 16 keV X선을 사용한 X선 회절 실험을 X선 대신 전자를 사용해 반복한다. X선과 동일한 각도에서 극대 회절무늬를 생성하기 위해서는 전자의 운동에너지를 얼마로 해야 하는가? (표적은 동일한 결정을 사용한다.)

5 [9]. 0.100 keV 광자의 파장과 0.100 keV 전자의 파장의 비율은 얼마인가?

28.3 전자 현미경

6 [11]. 일반 현미경을 사용해 세포의 미세 부분을 분해하기 위해서는 여러분이 관찰하고 싶어 하는 미세 부분과 같거나 짧은 파장을 사용해야 한다. 여러분이 지름이 20 nm인 리보솜을 관찰한다고 가정해보자. (a) 자외선 현미경을 사용하려면 최소한의 광양자 에너지는 얼마여야 하는가? (실용적으로, 그렇게 짧은 파장의 빛에 효과적인 렌즈는 사용할 수가 없다.) (b) 전자 현미경을 사용하는 경우, 전자의 최소 운동에너지는 얼마인가? (c) 전자가 이 에너지에 도달하기 위해서는 가속 전기퍼텐셜 차가 얼마여야 하는가?

7 [13]. 브라운 운동 현상은 미세하게 작은 입자들이 유체 속에 떠서 훨씬 작은 유체 분자들에 의해 불규칙하게 운동한다. 질량이 1.0×10^{-16} kg인 입자의 경우, 속도 요동은 0.010 m/s이다. 비교하면, 입자가 660 nm의 파장을 가진 광자를 흡수할 때, 예를 들어 현미경으로 입자의 움직임을 관찰할 수 있다면, 이 입자의 속도 변화는 얼마나 되는가?

28.4 불확정성 원리

8 [15]. 6.50×10^{6} m/s의 속력으로 이동하는 입자가 드브로이 파장의 위치에서 불확정성을 갖는다. 입자의 속력에 있어서 최소 불확정성은 얼마인가?

9 [17]. 질량이 0.50 kg인 농구공이 10 m/s로 움직일 때 드브로이 파장은 얼마인가? 그리고 농구공의 운동량이 $\Delta p/p=10^{-6}$의 불확정성을 갖는다면, 위치의 불확정성은 얼마인가?

10 [19]. 수소 원자의 반지름은 약 0.05 nm이다. (a) 수소 원자 반지름 크기의 영역에 갇힌 전자의 운동량의 성분에서 최소 불확정성을 추정해 보아라. (b) (a)에서 얻은 답에서 전자의 최소 운동에너지를 추정해 보아라. (c) 불확정성에 대한 정확한 차수를 추정할 수 있는가? (보어 원자 모형에 의해 추정된 바닥상태의 운동에너지는 13.6 eV이다.)

11 [21]. 레이더 펄스의 평균 파장은 1.0 cm이고 0.10 μs 동안 발사한다. (a) 광자의 평균 에너지는 얼마인가? (b) 광자 에너지의 최소 불확실성은 대략 얼마인가?

12 [23]. 오메가(Ω) 입자는 생성된 후 평균 약 0.1 ns 내에 붕괴한다. Ω입자의 정지에너지는 1672 MeV이다. Ω입자의 정지에너지에서 불확정성을 추정해 보아라($\Delta E_0/E_0$). **힌트** 에너지-시간 불확정성 원리, 식 (28-5)를 이용하여라.

28.5 갇힌 입자의 파동함수

13 [25]. 원자핵 크기(1.0 fm)의 영역에 갇힌 전자의 최소 운동에너지는 얼마인가?

14 [27]. 입자의 바닥상태의 에너지를 대략적으로 추정하는데, 상자 모형 안에 있는 입자를 사용한다. 핵의 지름(10^{-14} m)과 같은 길이의 1차원 상자에 중성자가 있다고 가정하자. 상자에 갇힌 중성자의 바닥상태 에너지는 얼마인가?

15 [29]. 전자가 1차원 상자에 갇혀있다. 전자가 1차 들뜬상태에서 바닥상태로 전이할 때 1.2 eV 에너지의 광양자를 방출한다. (a) 전자의 바닥상태 에너지는 몇 eV인가? (b) 전자가 2차 들뜬상태에 있을 때 방출될 수 있는 모든 광자의 에너지(eV 단위)를 열거하고, 바닥상태로 직접 전이하거나 중간의 들뜬상태를 거쳐서 전이할 때, 이들 전이를 모두 나타내는 에너지 준위를 그림으로 그려라. (c) 상자의 길이는 몇 nm(나노미터)인가?

28.6 수소 원자 : 파동함수와 양자수,
28.7 배타원리와 수소원자 이외의 원자들의 전자 배치

16 [31]. 수소 원자의 2차 들뜬상태($n=3$)에서 전자에 대해 가능한 L_z(z축 각운동량의 성분) 값은 얼마인가?

17 [33]. 원자가 가질 수 있는 n과 ℓ의 같은 값을 가질 수 있는 전자는 최대 얼마나 되는가?

18 [35]. 니켈(Ni, 원자번호 28)의 바닥상태 전자배위를 밝혀라.

19 [37]. 브롬 원자의 바닥상태에서 외곽 전자에 대해 각운동량으로 가능한 최대값은 얼마인가?

20 [39]. 수소 원자에서 전자의 양자수가 $n=8$, $m_\ell=4$이다. 전자의 궤도 각운동량 양자수 ℓ에 가능한 값은 얼마인가?

21 [41]. (a) 바닥상태의 리튬(Z = 3)과 나트륨(Z = 11) 및 칼륨(Z = 19)의 전자 배치를 밝혀라. (b) 왜 이 원소들이 주기율표에서 같은 열(족)에 속하는가?

28.8 고체 속에서 전자들의 에너지 준위

22 [43]. 발광 다이오드는 전지로부터 온 전기에너지에 의해 전자가 전도대로 들뜨는 성질을 갖고 있다. 전자가 원자가 띠로 다시 떨어지면 광자가 방출된다. (a) 이 다이오드의 띠 간격이 2.36 eV라면 LED가 방출하는 빛의 파장은 얼마인가? (b) 방출되는 빛은 무슨 색인가?

28.9 레이저

23 [45]. 헬륨−네온 레이저가 방출한 빛의 파장은 얼마인가? (그림 28.22 참고)

24 [47]. 루비 레이저에서, 파장 694.3 nm인 레이저 광이 방출된다. 루비 결정의 길이는 6.00 cm이며, 루비 굴절률은 1.75이다. 루비 결정의 빛을 결정의 길이를 따라 존재하는 파동으로 생각하여라. 한 결정에 얼마나 많은 파장이 들어 있는가? (결정의 정상파는 빔의 파장 범위를 줄이는 데 도움이 된다.)

28.10 터널링

25 [49]. 보기 28.6에 있는 시료의 표면을 참고하고, 시료의 표면과 STM 바늘 끝 사이의 거리가 2.0 % 증가하면 꿰뚫기 전류는 몇 %가 변하는지 추정하여라.

협동문제

26 [51]. 중성자가 발견되기 전에, 핵에 양성자와 전자가 포함되어 있는 핵의 이론을 제안했다. 예를 들면, 헬륨(^{4}He) 원자핵은 현재 우리가 알고 있는 바와 같이 2개의 양성자와 2개의 중성자 대신 4개의 양성자와 2개의 전자가 포함될 것이다. (a) 전자가 비 상대론적인 속력으로 이동한다고 가정하면, 길이 5.0 fm[대략적인 헬륨(^{4}He) 원자핵의 지름]인 1차원 상자에 갇힌 전자의 바닥상태의 에너지를 MeV 단위로 구하여라. (전자는 실제로 상대론적 속도로 움직인다. 문제 77을 보라.) (b) 핵의 전자−양성자 모형에 관해 어떤 결론을 낼 수 있는가? ^{4}He 원자핵의 결합에너지(핵에 속박되어 있는 입자들을 떼어내는 데 필요한 에너지)는 약 28 MeV이다. (c) 전자 대신 핵에 속박되어 있는 중성자의 경우에 대해 (a)번 문제를 반복하여라. 결과를 (a)와 비교하여라. 전자−양성자 이론과 관련 있는 양성자−중성자 이론에 대해 실행 가능성을 설명하여라.

27 [53]. 전자가 길이가 L 인 1차원 상자에 갇혀있다. 전자가 1차 들뜬상태에서 바닥상태로 전이할 때, 0.20 eV 광자의 에너지를 방출한다. (a) 전자의 바닥상태 에너지는 몇 eV인가? (b) 전자가 3차 들뜬상태에서 바닥상태로 전이하면 방출되는 광자의 에너지는 몇 eV인가?(직접 전이하거나 중간의 들뜬 상태를 거쳐서 전이할 때) (c) 3차 들뜬상태에서 전자의 파동함수를 그려라. (d) 만약 상자가 더 길어 졌다면, 전자의 새로운 에너지 준위 간격을 이전의 것과 비교할 수 있는가? (더 크거나, 작거나, 같을까? 아니면 이 질문에 답하는 데 더 많은 정보가 필요한가? 설명하여라.)

연구문제

28 [55]. 마그네슘 이온(Mg^{2+})을 22 kV의 전기 퍼텐셜 차를 통해 가속시켰다. 마그네슘 이온의 드브로이 파장은 얼마인가?

29 [57]. 양의 x축 방향으로 이동하는 전자가 너비 $\Delta y =$ 85 nm의 슬릿을 통과한다. y 방향에서 전자이동 속도의 최소 불확정성은 얼마인가?

30 [59]. 깊이 3.0 m의 소원을 비는 우물에 질량 2.0 g인 동전을 떨어뜨렸다. 물에 닿기 직전의 드브로이 파장은 얼마인가?

31 [61]. 에너지−시간 불확정성 원리는 가상 입자의 생성을 허용하며, 이 입자는 매우 짧은 시간 Δt 동안 진공 상태에서 나타났다가 다시 사라진다. 이러한 일은 $\Delta E \Delta t = \hbar/2$를 만족하는 한 발생할 수 있다. 여기서 ΔE는 입자의 정지에너지이다. (a) 진공으로부터 생성된 전자는 불확정성 원리에 따라 얼마나 오랫동안 존재할 수 있는가? (b) 불확정성 원리에 따라 진공으로부터 생성된 질량 7 kg인 투포환은 얼마나 오랫동안 존재할 수 있겠는가?

32 [63]. 탄환이 300.0 m/s의 속도로 소총의 총신을 떠났다. 총알의 질량은 10.0 g이다. (a) 총알의 드브로이 파장은 얼마인가? (b) λ를 양성자의 지름(약 1 fm)과 비교해 보아라. (c) 총알에서 회절과 같은 파동의 특성을

관찰하는 것이 가능한가? 설명하여라.

33 [65]. 여러 가지 회절 실험을 통해 분자 구조를 연구하기 위해 중성자 빔을 사용한다. 드브로이 파장의 범위가 넓은 중성자 빔은 원자로의 중심부에서 나온다. 드브로이 파장의 범위가 작은 중성자를 선택하기 위해 사용되는 타임-오프 라이트 기술로, 셔터를 매우 짧게 열어줌으로써 중성자 펄스를 원자로에서 빠져나올 수 있도록 한다. 16.4 m 만큼 떨어진 하류 부문에서 첫 번째 셔터가 열린 후 13.0 ms 후에 두 번째 셔터가 아주 짧게 열린다. (a) 선택된 중성자의 속력은 얼마인가? (b) 중성자의 드브로이 파장은 얼마인가? (c) 각 셔터가 0.45 ms 동안 열려 있을 때 선택한 드브로이 파장의 범위를 추정하여라.

34 [67]. 중성자 빔도 광자 빔과 같은 드브로이 파장을 갖는다. 광자의 에너지가 중성자의 운동에너지와 각각 같을 수 있는가? 그렇다면 드브로이 파장에서 어떤 일이 일어나는가? **힌트** 중성자의 경우 상대론적 에너지-운동량 관계 $E^2 = E_0 + (pc)^2$을 사용하여라.

35 [69]. 전자가 길이가 L인 1차원 상자에 갇혀있다. (a) 세 번째 들뜬상태의 파동함수를 그려라. (b) 세 번째 들뜬상태의 에너지는 얼마인가? (c) 퍼텐셜 에너지는 실제로 상자 밖에서 무한할 수 없다. 상자 외부에서 $U_0(x) = +U_0$라고 가정하자. 여기서 U_0는 크지만 유한하다. 유한한 상자에서 전자의 세 번째 들뜬상태에 대한 파동함수를 그려라. (d) 유한한 상자에 대한 세 번째 들뜬상태의 에너지가 (b) 문제에서 계산한 값보다 작거나, 크거나, 같은가? 여러분의 추론을 설명하여라. **힌트** 상자 내부의 파장을 비교하여라. (e) 유한한 상자 내 전자에 대한 결합상태의 수를 L과 U_0로 대략 추정하여라.

36 [71]. 입자가 길이가 L인 유한한 상자 내에 갇혀있다. n번째 상태에서 파동함수는 $n-1$개의 마디를 갖고 있다. 파동함수는 상자 내부의 사인파형에서 상자 밖에서 지수함수 형태로 감소하면서 부드럽게 전환해야 한다. 상자 벽에 꼬임이 없어야 한다. (a) 상자 내부의 파장 λ_n이 $2L/n < \lambda_n < 2L/(n-1)$ 범위에 있어야 함을 보여주는 몇 가지를 그려라. (b) 유한한 상자의 에너지 준위 E_n이 $(n-1)^2 E_1 < E_n < n^2 E_1$ 범위를 만족함을 보여라.

종합문제

37 [73]. 분해능의 유일한 한계가 회절이라면, 10 keV의 에너지를 가진 전자를 사용하여 전자현미경으로 분해할 수 있는 가장 작은 구조가 될 수 있는 것은 무엇인가?

38 [75]. 7.0 TeV의 운동에너지를 가진 전자의 드브로이 파장은 얼마인가?

39 [77]. 전자가 초상대론적인 속력으로 이동한다고 가정하고($E \approx pc$) 문제 26의 (a)를 반복하여라. 가정이 정당화되었는가?

40 [79]. 전자가 8.95 kV의 전기 퍼텐셜 차를 통해 가속되어 너비가 6.6×10^{-10} m인 단일 슬릿을 통과했다. 슬릿에서 2.50 m 떨어진 스크린의 중앙 줄무늬의 너비는 얼마인가?

41 [81]. 전자가 38.0 V의 전기 퍼텐셜 차를 통해 가속되었다. 그 다음, 전자 빔이 단일 슬릿을 통과한다. 1.00 m 떨어진 스크린에 형성된 회절 무늬에서 중앙 줄무늬의 너비는 1.13 mm이다. 슬릿의 너비는 얼마인가?

42 [83]. 데이비슨과 거머의 실험(28.2 절)에서, 전자가 표적을 타격하기 전에 54.0 V 퍼텐셜 차를 통해 가속되었다. (a) 전자의 드브로이 파장을 구하여라. (b) 니켈에 대한 브래그 평면 사이의 간격은 이미 알려져 있었다. 그들은 X선 회절 연구를 통해 결정하였다. 니켈의 최대 면 사이 간격(가장 큰 세기의 회절 극대를 제공함)은 0.091 nm이다. 브래그 공식[식 (25-15)]과 전자의 드브로이 파장을 이용하여 1차 극대에 대한 브래그 각도를 구하여라. (c) 산란각 130°에서 관찰된 극대와 일치하는가?
힌트 산란 각도와 브래그 각도는 같지 않다. 두 각도 사이의 관계를 보여주는 그림을 그려라.

CHAPTER 29 핵물리학

개념정리

- 특정 핵종은 원자 번호 Z(양성자의 수)와 핵자 수 A(양성자와 중성자의 총 수)로 특징 지어진다. 원소의 동위원소는 원자 번호는 같지만 중성자 수가 다르다.
- 모든 핵의 질량 밀도는 거의 같다. 핵의 반지름은

$$r = r_0 A^{1/3} \tag{29-7}$$

이다. 여기서

$$r_0 = 1.2 \times 10^{-15}\ \mathrm{m} = 1.2\ \mathrm{fm} \tag{29-8}$$

이다.

- 핵의 결합에너지 E_B는 핵을 낱개의 양성자와 중성자로 분리하기 위해 공급해야 할 에너지이다. 핵은 속박된 계이기 때문에, 그것의 총 에너지는 멀리 떨어져 정지해 있는 Z개 양성자와 N개 중성자의 에너지보다 적다.

$$E_B = (\Delta m)c^2 \tag{29-11}$$

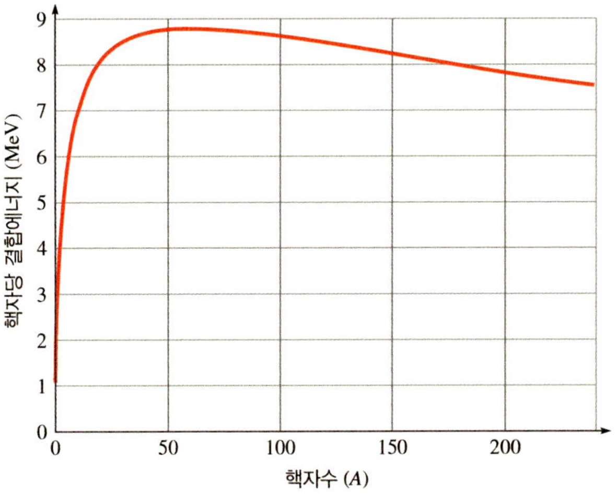

- 어떠한 핵반응에서나 총전하량과 총핵자수는 보존된다.
- 불안정하거나 방사성 핵종은 방사선을 방출하며 붕괴한다.

알파붕괴 $\quad {}^{A}_{Z}P \rightarrow {}^{A-4}_{Z-2}D + {}^{4}_{2}\alpha \quad$ (29-14)

베타마이너스붕괴 ${}^{A}_{Z}P \rightarrow {}^{A}_{Z+1}D + {}^{0}_{-1}e^{-} + {}^{0}_{0}\bar{\nu}$ (29-15)

베타플러스붕괴 $\quad {}^{A}_{Z}P \rightarrow {}^{A}_{Z-1}D + {}^{0}_{+1}e + {}^{0}_{0}\nu \quad$ (29-16)

감마붕괴 $\quad P^{*} \rightarrow P + \gamma$

- 방사성 핵종은 각기 고유한 단위 시간당 붕괴 확률을 가진다. N개의 핵을 갖는 선원의 방사능 R은

$$R = \frac{\text{붕괴횟수}}{\text{단위시간}} = \frac{-\Delta N}{\Delta t} = \lambda N \tag{29.31}$$

- 방사능은 일반적으로 베크렐(1 Bq = 1 붕괴/초) 또는 큐리(1 Ci = 3.7×10^{10} Bq) 단위로 측정한다.
- 방사성 붕괴에서 붕괴하지 않고 남아 있는 핵의 수는 지수함수로 주어진다.

$$N(t) = N_0\, e^{-t/\tau} \tag{29-32}$$

여기에서 시간 상수는 $\tau = 1/\lambda$이다. 반감기는 핵의 절반이 붕괴되는 데 걸리는 시간이다.

$$T_{1/2} = \tau \ln 2 \approx 0.693\,\tau \tag{29-36}$$

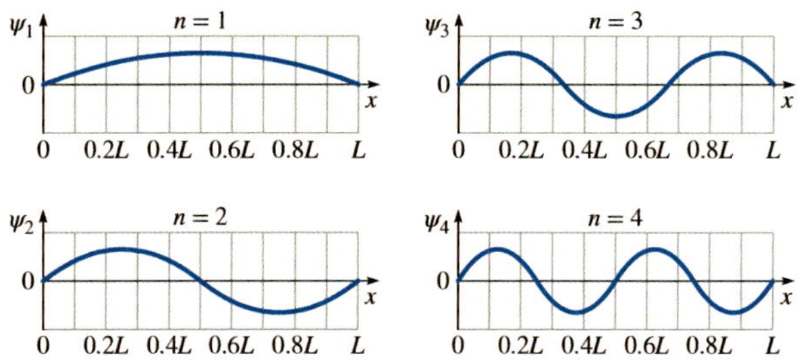

- 흡수선량은 그레이(Gy) 단위로 측정하며, 1 Gy는 근육조직의 단위 질량당 흡수된 방사선 에너지의 양이다.

(1 Gy = 1 J/kg) 또는 방사선 (1 rad = 0.01 Gy)

- 상대적 생물학적 효과[RBE]는 다른 종류의 방사선으로 인해 생기는 생물학적 손상의 상대적인 척도이다. 생물학적 등가 선량은 다음과 같이 정의된다.

$$\text{생물학적 등가선량} = \text{흡수선량} \times \text{RBE} \qquad (29-42)$$

• 큰 핵은 핵분열 과정을 거치면서 더 작고 단단하게 결합된 두 개의 핵으로 분열하면서 에너지를 방출할 수 있다. 핵분열 반응에서 방출되는 에너지는 엄청난 양이다. 일반적으로는 한 개의 핵분열에서 약 200 MeV의 에너지가 방출된다.

• 핵융합은 두 개의 작은 핵을 결합하여 더 큰 핵이 생겨나는 반응이다. 일반적으로 핵분열보다 핵융합에서 핵자당 에너지를 훨씬 많이 방출한다.

연습문제

개념형 질문

1 [1]. 베크렐과 다른 과학자들은 어떻게 α, β, γ선의 전하 또는 질량을 결정하기 전에 세 가지 종류의 방사선이 있다고 결정할 수 있었는가?

2 [3]. 느린 중성자가 같은 운동에너지를 가진 양성자보다 중성자 방사화나 유도 핵분열과 같은 핵반응을 유도할 가능성이 더 큰 이유는 무엇인가?

3 [5]. 보기 29.4와 같은 계산에서 원자의 전자 결합에너지를 무시할 수 있는 이유가 무엇인가? 전자의 결합에너지로 인해 질량결손이 있지 않은가?

4 [7]. 고립된 원자(또는 희박한 기체의 원자)는 그 원자의 특징적인 불연속 에너지로 광자를 방출한다. 그러나 고밀도 물질에서는 준 연속적인 스펙트럼이 방출된다. 왜 원자핵의 스펙트럼에서는 이와 같은 일이 발생하지 않는가? 고체에서 방출되는 경우에도 γ 방사선은 동일한 특성 에너지를 갖는 이유가 무엇인가?

5 [9]. 요오드가 생물학적인 과정을 통해 체내에서 제거되는 유효반감기는 약 140일이다. 방사성 ^{131}I 의 반감기는 8일이다. 약간의 방사성 ^{131}I 이 체내에 있다고 가정하자. 새로운 ^{131}I 핵이 체내로 유입되지 않는다고 가정할 때, ^{131}I 의 절반 정도가 체내에 남아 있으려면 시간이 얼마나 지나야 하는가? 8일 미만, 8일에서 140일 사이 또는 140일 이상? 그 이유를 설명하여라.

6 [11]. 신체 외부에 있는 소량의 알파 방사선원은 비교적 무해하지만, 섭취하거나 흡입하면 위험할 수 있다. 그 이유를 설명하여라.

7 [13]. 핵융합로가 핵분열 원자로보다 방사성 폐기물을 적게 생성하는 이유는 무엇인가? **힌트** 핵분열 반응의 생성물과 핵융합 반응의 생성물을 비교해 보아라.

선다형 질문

1 [1]. 고체 납의 질량 밀도는 고체 알루미늄의 4배 이상이다. 납의 질량 밀도가 훨씬 더 큰 주된 이유는 무엇인가?

(a) Pb 원자가 Al 원자보다 작기 때문이다.
(b) Pb 핵이 Al 핵보다 작기 때문이다.
(c) Pb 핵은 Al 핵보다 질량이 더 크기 때문이다.
(d) Pb 핵은 Al 핵보다 밀도가 더 크기 때문이다.
(e) Pb 원자가 Al 원자보다 많은 전자를 가지고 있기 때문이다.

2 [3]. 안정한 핵은 모두

(a) 핵의 질량이 $Zm_p + (A-Z)m_n$보다 작다.
(b) 핵의 질량이 $Zm_p + (A-Z)m_n$보다 크다.
(c) 핵의 질량이 $Zm_p + (A-Z)m_n$과 같다.
(d) 위의 것은 모두 사실이 아니다.

3 [5]. 다음의 가상 핵반응 중에서 핵자수의 보존에 위배되는 것은 어느 것인가?

(a) $^{10}_{5}\mathrm{B} + ^{4}_{2}\mathrm{He} \to ^{13}_{7}\mathrm{N} + ^{1}_{1}\mathrm{H}$

(b) $^{10}_{5}\mathrm{B} + ^{1}_{0}\mathrm{n} \to ^{11}_{5}\mathrm{B} + \beta^{-} + \overline{\nu}$

(c) $^{23}_{11}\mathrm{Na} + ^{1}_{1}\mathrm{H} \to ^{20}_{10}\mathrm{Ne} + ^{4}_{2}\mathrm{He}$

(d) $^{14}_{7}\mathrm{B} + ^{1}_{1}\mathrm{H} \to ^{13}_{6}\mathrm{B} + \beta^{+} + \nu$

(e) 위의 것은 모두 위배되지 않는다.

(f) 위의 것은 모두 위배된다.

(g) (c)를 제외하고 모두이다.

(h) (a)와 (d)

4 [7]. 안정한 모든 핵에는

(a) 동등한 수의 양성자와 중성자가 있다.

(b) 중성자보다 양성자가 더 많다.

(c) 양성자보다 중성자가 더 많다.

(d) 위의 것은 모두 사실이 아니다.

5 [9]. 방사성 핵종의 붕괴상수 λ의 단위로 적절한 것은 어느 것인가?

(a) s (b) Ci (c) rad

(d) s^{-1} (e) rem (f) MeV

문제

29.1 핵의 구조

1 [1]. 체중 75 kg인 사람의 몸에서 발견되는 핵자의 수를 추정하여라.

2 [3]. 아래 핵종들을 중성자 수가 큰 것부터 나열하여라.

(a) $^{4}_{2}\mathrm{He}$ (b) $^{3}_{2}\mathrm{He}$ (c) $^{2}_{1}\mathrm{H}$

(d) $^{6}_{3}\mathrm{Li}$ (e) $^{7}_{5}\mathrm{B}$ (f) $^{4}_{3}\mathrm{Li}$

3 [5]. 21개의 중성자를 가진 칼륨의 동위원소를 $^{A}_{Z}\mathrm{X}$ 형식으로 나타내어라.

4 [7]. $^{136}\mathrm{Xe}$ 핵에는 몇 개의 양성자가 있는가?

5 [9]. $^{107}_{43}\mathrm{Tc}$ 핵의 반지름과 부피를 구하여라.

29.2 결합에너지

6 [11]. $^{14}\mathrm{N}$ 핵의 질량결손은 얼마인가?

7 [13]. 중양자($^{2}\mathrm{H}$ 핵)의 결합에너지를 구하여라. 중양자(중수소가 아님)의 질량은 2.013 553 u이다.

8 [15]. (a) $^{16}\mathrm{O}$ 핵의 결합에너지를 구하여라. (b) 핵자당 평균 결합에너지는 얼마인가? 그림 29.2를 이용하여 답을 검토하여라.

9 [17]. (a) 바닥상태에 전자가 속박된 $^{1}\mathrm{H}$ 원자의 질량결손량은 얼마인가? (b) $^{1}\mathrm{H}$ 원자의 질량으로부터 하나의 전자의 질량을 빼서 $^{1}\mathrm{H}$ 핵의 질량을 계산할 때, 이 질량결손량을 고려할 필요가 있는가?

10 [19]. 질량 분석기를 사용하면 $^{238}_{92}\mathrm{U}^{+}$ 이온의 질량은 38.050 24 u임을 알았다. (a) 이 결과를 이용해 $^{238}_{92}\mathrm{U}$ 핵의 질량을 계산하여라. (b) 이제 $^{238}_{92}\mathrm{U}$ 핵의 결합에너지를 구하여라.

29.3 방사능

11 [21]. $^{12}_{7}\mathrm{N}$ 동위원소는 $^{12}_{6}\mathrm{C}$의 형태로 방사성 붕괴한다. 이 붕괴과정에서 어떤 하전입자가 방출되는가? 또 그 입자의 전하량은 얼마인가?

12 [23]. 전자 포획에 의해 $^{22}_{11}\mathrm{Na}$가 붕괴될 때 반응식을 쓰고 딸핵의 핵종을 밝혀라.

13 [25]. 라듐−226은 $^{226}_{88}\mathrm{Ra} \to ^{222}_{86}\mathrm{Rn} + ^{4}_{2}\mathrm{He}$로 붕괴된다. 붕괴 이전에 $^{226}_{88}\mathrm{Ra}$ 핵이 정지하고 $^{222}_{86}\mathrm{Rn}$ 핵이 바닥상태에 있다면, α 입자의 운동에너지는 얼마인가? ($^{222}_{86}\mathrm{Rn}$ 핵이 가지는 운동에너지는 중요하지 않다고 가정하여라.)

14 [27]. β^{-} 붕괴를 통해 $^{40}_{19}\mathrm{K}$이 붕괴될 때 베타 입자의 최대 운동에너지는 얼마인가?

15 [29]. $^{19}\mathrm{O}$가 자발적으로 알파 붕괴가 불가능하다는 것을 보여라.

29.4 방사성 붕괴율과 반감기

16 [31]. I−131이 포함된 시료의 방사능이 6.4×10^{8} Bq이다. 얼마 후에 시료의 방사능이 2.5×10^{6} Bq가 되겠는가?

17 [33]. 탄소−14 연대 측정은 고고학 발굴에서 발견된 뼈의 연대 측정에 사용한다. 탄소−14 대 탄소−12 원자의 비율이 3.25×10^{-13}이었다면 뼈는 얼마나 오래된 것인가?

힌트 참고로 이 비율은 살아있는 시료에서 발견되는 비율 1.3×10^{-12}의 1/4 정도이다.

18 [35]. 방사성 ^{108}Ag가 포함된 시료의 방사능이 6.4×10^{4} Bq였는데, 12분 후에 측정한 방사능은 2.0×10^{3} Bq였다. ^{108}Ag의 반감기를 구하여라.

19 [37]. 갑상선 상태를 진단하고 치료하는 데 사용되는 방사성 동위원소 ^{131}I는 원자로 내부의 텔루륨의 중성자 방사화로 생산할 수 있다. 병원에서는 초기 방사능이 3.7×10^{10} Bq인 ^{131}I 선원을 받았다. 2.5일 후에, 여러 환자에게 각각 1.1×10^{9} Bq의 용량을 투여해야 한다. 환자를 몇 명이나 치료할 수 있는가?

20 [39]. 방사성 라듐−226 1.0 g의 방사능을 Ci 단위로 계산하여라.

21 [41]. 이 문제에서, 여러분은 29.4절에서 설명한 생명체에서 얻은 탄소 시료 1 g당 ^{14}C의 방사능이 0.25 Bq임을 증명할 것이다. (a) ^{14}C의 붕괴상수 λ는 얼마인가? (b) 1.00 g의 탄소에는 ^{14}C 원자가 몇 개나 있는가? 1몰의 탄소 원자는 질량이 12.011 g이고 ^{14}C의 상대적 존재비는 1.3×10^{-12}이다. (c) (a)와 (b)의 결과를 사용하여 생명체 시료의 탄소 1 g 당 ^{14}C의 방사능을 구하여라.

22 [43]. 같은 수의 ^{15}O와 ^{19}O 핵이 있는 방사성 시료가 있다. 부록 B에 있는 반감기를 이용하여 ^{19}O 핵의 수가 ^{15}O 핵의 두 배가 남을 때까지 걸리는 시간은 얼마인가? 이 기간 동안 ^{19}O 핵 중 몇 퍼센트가 붕괴하는가?

29.5 방사선이 생체에 미치는 영향

23 [45]. 방사성 붕괴에서 생성된 알파 입자는 통상적으로 운동에너지가 약 6 MeV이다. 알파 입자가 물질(예를 들어, 생명체의 조직)을 통과할 때, 그것이 분자와 충돌하면서 분자를 이온화시키는 데 필요한 전자에 결합에너지만큼을 공급하고 운동에너지는 줄어든다. 일반적으로 몸 안에 있는 분자의 이온화에너지가 약 20 eV라면, 알파 입자는 얼마나 많은 분자를 이온화시키고 난 후에 정지하겠는가?

24 [47]. 육류에 2 000.0 Gy의 X선을 조사하면 대부분의 박테리아가 죽어서 고기의 저장 기간이 매우 길어진다. (a) 0.30 kg인 스테이크에 흡수선량이 2 000.0 Gy가 되도록 하려면 100.0 keV 광자를 몇 개나 흡수해야 하는가? (b) 스테이크의 비열이 물의 비열과 같다고 가정하면, 2 000.0 Gy를 흡수하므로 인해 고기의 온도는 얼마나 증가하겠는가?

25 [49]. 요오드가 체내로 들어오면 주로 갑상선에 축적되기 때문에 종종 갑상선을 진단하기 위해 방사성 ^{131}I를 추적자로 사용한다. 처음에 환자의 갑상선에 1.85×10^{6} Bq인 ^{131}I가 있었다고 가정하여라. ^{131}I는 한번 붕괴할 때 평균 에너지가 180 keV인 베타선을 내며 붕괴한다. 질량이 150 g인 갑상선을 방사선에 노출시키면 방사선의 절반을 흡수한다고 가정하고, 노출을 시작한 후 한 시간 동안 환자의 갑상선에 흡수된 선량을 Sv 단위로 산정하여라.

29.6 유도 핵반응

26 [51]. 중성자 방사화된 시료에서 수은−198 핵이 들뜬 상태에서 바닥상태로 붕괴할 때 방출되는 감마선의 에너지와 같은 감마선이 방출된다. 시료를 중성자로 방사화했을 때 시료에서 일어난 반응이 $n+(?)\rightarrow {}^{198}Hg^{*}+e^{-}+\bar{\nu}$ 였다면 방사화 이전의 시료에 존재하는 "핵종 (?)"은 무엇인가?

27 [53]. 퀴리 부부는 실험실에서 알파 입자를 $^{27}_{13}Al$에 충돌시켜 불안정한 인의 동위원소인 $^{31}_{15}P$를 만든 공로로

1935년 노벨 화학상을 수상했다. 이들이 생산한 인은 곧바로 붕괴하여 ${}^{30}_{15}P$와 다른 입자가 된다. 이 반응식을 쓰고 다른 입자가 무엇인가 밝혀라.

28 [55]. 효과적인 암 치료법은 느린 중성자를 붕소가 쉽게 포착한다는 사실을 이용한다. 체내에서 붕소는 탄소, 산소 또는 수소보다 중성자를 포획할 가능성이 훨씬 높다. 붕소 및 탄소의 화학적 유사성으로 인해, 종양과 같이 빠르게 분열되는 세포구조는 정맥 내 또는 주사에 의해 전달되는 붕소를 차지할 것이다. 붕소−10이 거의 정지한 중성자를 포획했을 때 생성된 들뜬 붕소−11 핵은 빠르게 붕괴하여 알파 입자 및 감마선 광자를 방출한다. 방출된 에너지의 대부분은 현장 근처에서 포획되어 축적된다. (a) 딸핵을 명시한 핵 반응식을 쓰라. (b) 광자는 0.48 MeV의 에너지를 갖는다. 알파 입자와 딸핵의 총 운동에너지는 얼마인가?

29.7 핵분열

29 [57]. 그림 29.2에서 핵종들의 핵자당 결합에너지를 조사하고, 식 (29.48)의 핵분열 반응에서 방출된 에너지를 추정해 보아라.

30 [59]. ${}^{235}U$의 핵분열 중 가능한 반응 하나는 ${}^{235}U + n \rightarrow {}^{141}Cs + {}^{93}Rb + ?n$이다. 여기에서 "$?n$"은 하나 이상의 중성자를 나타낸다. (a) 얼마나 많은 중성자가 생성되는가? (b) 그림 29.2의 그래프로부터 관련된 세 가지 핵종에 대해 핵자당 결합에너지를 대략적으로 읽어서 이 핵분열 반응으로 방출된 총 에너지를 추정해 보아라. (c) 방출된 에너지를 정확하게 계산해 보아라. (d) 이 반응으로 ${}^{235}U$ 핵의 정지에너지의 어느 정도가 방출되는가?

29.8 핵융합

31 [61]. 핵융합 반응식 ${}^{2}H + {}^{3}H \rightarrow {}^{4}He + n$에서 얼마나 많은 에너지가 방출되는가?

32 [63]. 식 (29–49)의 핵융합 반응이 일어나도록 하는 데 필요한 ${}^{2}H$ 핵과 ${}^{3}H$ 핵의 최소 총 운동에너지를 추정하여라.

협동문제

33 [65]. 중성자별은 중성자가 빽빽하게 채워져서 붕괴되고 있는 별이다. 따라서 중성자별은 거대한 핵과 같다. 그러나 전기적으로 중성이기 때문에 별을 무너뜨릴 쿨롱 반발력이 없으며, 이들을 함께 묶어주는 힘은 중력이다. 중성자별의 질량이 태양과 거의 같다고 가정했을 때 (a) 이 별의 반지름은 얼마인가? 밀도가 핵과 거의 같다고 가정하여라. (b) 중성자별 표면의 중력장은 얼마인가?

34 [67]. 물에 있는 중수소의 자연 존재비는 0.015 6 %이다(곧, 물에 있는 수소 핵의 0.015 6 %는 ${}^{2}H$). 핵융합 반응(${}^{2}H + {}^{2}H$)으로 평균 3.65 MeV의 에너지를 생산한다면 1.00 L의 물로 얼마나 많은 에너지를 얻을 수 있는가? (거의 동일한 확률로 두 개의 반응이 있는데, 하나는 4.03 MeV이고 다른 하나는 3.27 MeV이다.) 물에 있는 중수소의 87.0 %를 추출하여 핵융합을 한다고 가정하고, 여러분의 답을 kWh로 나타내어라.

35 [69]. 어떤 별의 내부에서 일어나는 탄소 순환의 마지막 단계 핵융합 반응식은 $p + {}^{15}N \rightarrow {}^{12}C + (?)$이다. (a) 핵융합 반응 생성물 "(?)"이 알파 입자여야 함을 보여라. (b) 순환 중 이 단계에서 얼마나 많은 에너지가 방출되는가? (c) 이 반응이 일어나려면 양성자가 질소 핵과 접촉하여 핵 안으로 들어가야 한다. 이들이 접촉만 했을 때 두 중심 사이의 거리 d를 계산하여라. (d) 양성자와 질소 핵이 처음에 멀리 떨어져 있었다면, 양자를 접촉시키는 데 필요한 총운동에너지의 최솟값은 얼마인가?

연구문제

36 [71]. ${}^{23}_{11}Na$의 핵자당 평균 결합에너지는 얼마인가?

37 [73]. 방사능이 2050 Bq인 방사성 라돈−222 시료가 있다. 시료에는 라돈이 몇 킬로그램이나 있는가?

38 [75]. ${}^{106}_{52}Te$는 방사성 원소이다. 이것은 ${}^{102}_{50}Sn$으로 붕괴된다. ${}^{102}_{50}Sn$은 방사능이 있고 반감기는 4.6초이다.

$t=0$에 시료에 4.00몰의 $^{106}_{52}\mathrm{Te}$와 1.50몰의 $^{102}_{50}\mathrm{Sn}$이 있다. $t=25$ μs가 지났을 때 시료에는 3.00 몰의 $^{106}_{52}\mathrm{Te}$와 2.50몰의 $^{102}_{50}\mathrm{Sn}$이 있었다. $t=50$ μs가 되면 $^{102}_{50}\mathrm{Sn}$은 얼마나 많이 남아 있겠는가?

39 [77]. (a) 지구의 형성기에 존재하던 $^{238}\mathrm{U}$의 몇 퍼센트가 지금까지 남아 있는가? 지구의 나이는 4.5×10^9년이라고 생각하라. (b) $^{238}\mathrm{U}$는 몇 퍼센트였겠는가? 이때 $^{238}\mathrm{U}$ 원자의 수가 오늘날 지구의 $^{238}\mathrm{U}$ 원자의 수보다 100배 이상 더 많았던 이유를 설명할 수 있는가?

40 [79]. 방사성 요오드 $^{131}\mathrm{I}$는 의료용으로 쓰인다. (a) 만일 시료의 초기 방사능이 64.5 mCi라면 $^{131}\mathrm{I}$ 시료의 질량은 얼마인가? (b) 4.5일 후의 방사능은 얼마인가?

41 [81]. 금 시료 $^{198}_{79}\mathrm{Au}$는 1.00×10^{10} Bp의 비율로 $^{198}_{80}\mathrm{Hg}$로 붕괴한다. 반감기는 2.70일이다. (a) 8.10일 후의 붕괴율은 얼마인가? (b) 붕괴과정에서 어떤 입자들이 방출되는가?

42 [83]. 우주 암석에 $^{147}_{62}\mathrm{Sm}$ 3.00 g과 $^{143}_{60}\mathrm{Nd}$ 0.150 g이 포함되어 있다. $^{147}_{62}\mathrm{Sm}$은 반감기가 1.06×10^{11}년이고 $^{143}_{60}\mathrm{Nd}$으로 붕괴한다. 그 암석에 원래는 $^{143}_{60}\mathrm{Nd}$이 포함되어 있지 않았다면 암석의 나이는 얼마인가?

43 [85]. 심장 박동 조절기의 전원 공급 장치에는 소량의 방사성 $^{238}\mathrm{Pu}$가 있다. 이 핵종은 반감기가 87.7년이며 알파붕괴한다. 심장 박동 조절기는 10.0년마다 교체해야 한다. (a) $^{238}\mathrm{Pu}$ 선원의 방사능은 10년 안에 몇 퍼센트나 감소하는가? (b) 방출된 알파 입자의 에너지는 5.6 MeV이다. 심장 박동 조절 장치를 작동시키는 데 알파 입자 에너지가 100 %의 효율로 사용된다고 가정하여라. 심장 박동 조절기가 1.08 mg의 $^{238}\mathrm{Pu}$로 시작하는 경우, 처음에, 그리고 10.0년 후에 출력은 얼마인가?

44 [87]. 러더포드가 1919년에 처음으로 관찰한 최초의 핵반응은 $\alpha+{}^{14}_{7}\mathrm{N}\rightarrow \mathrm{p}+(?)$였다. (a) 반응 생성물 "(?)"은 무엇인가? (b) 이 반응이 일어나려면 알파 입자가 질소 핵과 접촉해야 한다. 그들이 접촉했을 때 그들의 중심 사이의 거리 d를 계산하여라. (c) 처음에 알파 입자와 질소 핵이 멀리 떨어져 있었다면, 둘을 접촉시키는데 필요한 최소 운동에너지는 얼마인가? (d) (c)에서 반응 생성물의 총운동에너지는 초기의 운동에너지보다 큰가 아니면 작은가? 그 이유는 무엇인가? 이 운동에너지의 차이를 계산하여라.

종합문제

45 [89]. 문제 13의 알파 입자 운동에너지를 구하여라. 이번에는 반응 후에 $^{222}_{86}\mathrm{Rn}$ 핵이 정지해 있다고 가정하지 말아라. 알파 입자와 $^{222}_{86}\mathrm{Rn}$의 운동에너지의 비를 파악하고 시작하여라.

46 [91]. 그림 29.7은 $^{208}\mathrm{Tl}$의 에너지 준위이다. 그림에서 6가지 전이에서 방출되는 광자의 에너지는 얼마인가?

47 [93]. $^{238}\mathrm{U}$의 방사성 붕괴에서 운동에너지 4.17 MeV인 알파 입자가 생성된다. (a) 이 알파 입자는 얼마의 속력으로 운동하는가? (b) 러더퍼드와 가이거의 입장에서 생각해 보아라. 알파 입자는 (자기장에서 편향되는 방식으로부터) 양전하를 띤다는 것을 알고 있다. 속도 선택기를 사용하여 알파 입자의 속도를 측정하려고 한다. 자석이 0.30 T의 자기장을 생성하는 경우 알파 입자가 편향되지 않고 통과할 수 있는 전기장은 얼마인가? (c) 이제 알파 입자의 속도를 알았으므로 동일한 자기장(전기장이 없는 곳)에서 궤도의 반지름을 측정하여 전하 대 질량의 비를 결정하여라. 알파 입자의 전하와 질량을 사용하여 0.30 T인 자기장에서 반지름을 구하여라. (d) 이 실험을 할 때, 질량 대 전하 비율(q/m)만 결정할 수 있고, q와 m 값은 결정할 수 없는 이유는 무엇인가?

개념정리

- 양성자와 중성자는 기본적인 입자가 아니다. 그들은 쿼크와 글루온을 포함하고 있다.
- 표준모형에 따르면 기본 입자는 6개의 쿼크(위, 아래, 기묘, 맵시, 바닥, 꼭대기), 6개의 렙톤(전자, 뮤온, 타우와 3종의 중성미자), 쿼크와 렙톤의 반입자, 강한 상호작용과 약한 상호작용 그리고 전자기 상호작용을 위한 교환입자 등이다.

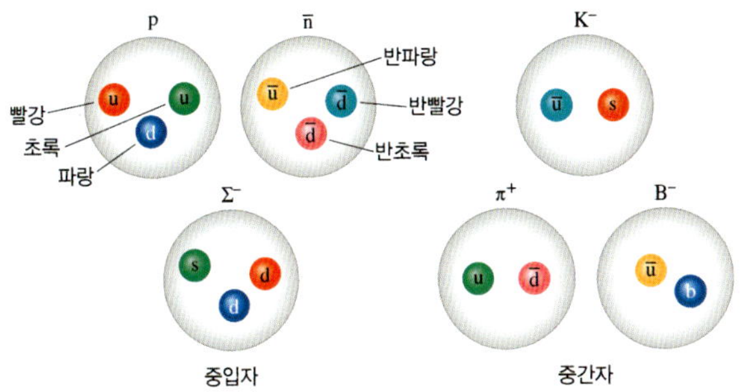

- 격리된 쿼크는 관찰되지 않는다. 쿼크는 항상 강한 힘으로 색이 없는 집합체로 묶여있다. 강한 상호작용에서 색전하의 역할은 전자기적 상호작용에서 전하와 비슷하지만 훨씬 더 복잡하다.
- 보통의 물질에서는 1세대의 쿼크와 렙톤(위, 아래, 전자, 전자중성미자)만 발견되었다.
- 빅뱅 직후에는 단 하나의 상호작용만 있었다. 처음에 중력이 분리되고, 그 다음에는 강한 상호작용이, 그리고 마침내는 약한 전자기적 상호작용이 분리되어 우리가 현재 알고 있는 네 가지 기본적인 상호작용이 나타났다.
- 고에너지의 새로운 입자 가속기는 표준모형을 검증할 뿐만 아니라 경쟁력 있는 후속 이론을 검증하는 데 필요하다.

연습문제

개념형 질문

1 [1]. 원자는 어떤 기본 입자로 구성되어 있는가?

2 [3]. 태양으로부터 지구에 도달하는 전자 중성미자의 수가 원래 존재했던 것보다 적은 이유는 무엇인가?

3 [5]. 렙톤 족에는 어떤 입자가 있는가?

4 [7]. 전하의 가장 작은 기본 단위는 e 인가? 관측할 수 있는 최소 전하의 단위는 무엇인가? 이를 설명하여라.

힌트 전자 전하량 e 의 정수 배가 아닌 전하를 가진 중간자 또는 중입자를 생각해 보아라.

5 [9]. 매초 10^{14} 개의 중성미자가 우리의 몸을 통과하지만 그 효과를 인지하지 못하는 이유는 무엇인가?

6 [11]. 고정 표적 실험에서는, 가속기로부터 나온 고에너지 하전 입자를 고정 표적에다 충돌시킨다. 이와는 대조적으로, 충돌 빔 실험에서는 고에너지로 가속되면 두 개의 입자 빔이 서로 반대 방향으로 움직이다가 입자 빔이 정면충돌하도록 조종하면 충돌을 일으킨다. 각각의 실험이 다른 실험보다 유리한 점을 설명하여라.

힌트 충돌 빔 실험의 장점은 충돌에 관련된 입자의 총운동에너지뿐만 아니라 새로운 입자를 생성하는 데 사용할 수 있는 에너지의 양을 고려하는 것이다. 충돌 시 운동량은 보존되어야 함을 기억하여라.

선다형 질문

1 [1]. 다음 중 중입자를 구성할 수 있는 것은?

(a) 임의의 홀수의 쿼크

(b) 세 가지 다른 색으로 된 세 개의 쿼크

(c) 일치하는 색의 3개의 쿼크

(d) 무색 쿼크-반 쿼크 쌍

2 [3]. 쿼크의 맛깔에 포함되는 것은?

(a) 위, 아래 (b) 빨강, 녹색 (c) 뮤온, 파이온

(d) 시안, 마젠타 (e) 렙톤, 글루온

3 [5]. 다음 중 약한 상호작용을 매개하는 것은?

(a) 렙톤 (b) 광자 (c) 글루온

(d) W^+, W^-, Z^0 (e) 중간자

4 [7]. 강한 상호작용을 중재하는 교환 입자는?

(a) 중력자 (b) 광자 (c) 글루온

(d) 강입자 (e) 중성미자

5 [9]. 다음 입자 중 강한 상호작용을 하는 입자는?

(a) 쿼크 (b) 중력자 (c) 전자

(d) 렙톤 (e) 중성미자

협동문제

1 [1]. 힘이 작용할 수 있는 거리를 결정할 수 있는 두 가지 요인은 힘을 전달하는 교환 입자의 질량과 하이젠베르크의 불확실성 원리이다(식 (28-5)). 교환 입자의 에너지의 불확실성은 정지 에너지에 의해 주어지며 입자는 거의 빛의 속도로 이동한다고 가정한다. 92 GeV/c^2의 질량을 갖는 Z 입자에 의해 전달되는 약한 힘의 범위는 어떻게 되는가? 이것을 표 30.3에 주어진 약한 힘의 범위와 비교해 보아라.

2 [3]. 스탠포드 선형 가속기에서 전자와 양전자는 매우 높은 에너지로 서로 충돌하여 다른 기본 입자를 생성한다. 정지에너지가 0.511 MeV인 전자와 양전자가 충돌하여 양성자(잔류 에너지 938 MeV), 전기적으로 중성인 케이온(498 MeV) 및 음전하를 띤 시그마 중입자(1197 MeV)를 생성한다고 가정하자. 반응식은 다음과 같이 쓸 수 있다.

$$e^+ + e^- \rightarrow \pi^+ + K^0 + \Sigma^-$$

이 반응을 일으키기 위해 전자와 양전자가 가져야 하는 최소한의 운동에너지는 얼마인가? 각 입자가 같은 에너지를 갖고 있다고 가정하여라.

연구문제

참고 입자는 그것의 정지에너지가 운동에너지에 비해 무시할 수 있을 때 극히 상대론적이다. 그러면

$$E = K + E^0 \gg E^0 \quad \text{및} \quad E = \sqrt{(pc)^2 + E_0^2} \approx pc$$

이다.

3 [5]. 중성자의 전하와 양성자의 전하가 그들을 구성하고 있는 쿼크들의 전하와 같음을 보여라.

4 [7]. 세 가지 유형의 시그마 중입자가 가속기 충돌에서 생성될 수 있다. 그들의 쿼크 구성은 각각 uus, uds 및 dds이다. 이 시그마 입자들 각각의 전하량은 얼마인가?

5 [9]. 전하량이 $-e$인 중입자의 쿼크 구성을 밝혀라.

6 [11]. 전하량이 $+e$인 반중입자의 쿼크 구성을 밝혀라.

7 [13]. 정지한 파이온(질량 0.140 GeV/c^2)은 약한 상호작용으로 질량이 0.106 GeV/c^2인 뮤온과 파이 반중성미자로 붕괴한다. 곧 $\pi^- \rightarrow \mu^- + \bar{\nu}_\mu$이다. 뮤온과 반중성미자의 총운동에너지는 얼마인가?

8 [15]. $K^0 \rightarrow \pi^+ + \pi^-$. 이들 입자의 정지 질량 에너지는 $K^0 = 497.7$ MeV, $\pi^+ = \pi^- = 139.6$ MeV이다. 만일 K^0가 붕괴 전에 정지해 있었다면 붕괴 π^+와 π^-의 운동에너지는 얼마인가?

9 [17]. 중성 파이온(질량 0.135 GeV/c^2)은 전자기 상호작용을 통해 두 광자 $\pi^0 \rightarrow \gamma + \gamma$로 붕괴된다. 파이온이 정지해 있었다고 가정할 때, 각 광자의 에너지는 얼마인가?

10 [19]. 동등한 운동에너지를 가진 두 개의 양성자가 가속기에서 정면으로 충돌하여 다음과 같은 반응을 일으켰다. $p+p \to p+p+p+\bar{p}$. 입사한 양성자 빔 각각의 최소 운동에너지는 얼마나 되어야 하는가?

11 [21]. 전하를 띤 파이온은 뮤온이나 전자로 붕괴될 수 있다. π^-의 붕괴 모드로 가능한 두 가지는 $\pi^- \to \mu^- + \bar{\nu}_\mu$와 $\pi^- \to e^- + \bar{\nu}_e$이다. π^+가 붕괴하는 두 가지 방식을 적어 보아라. **힌트** π^+는 π^-의 반입자이다. 반응식에서 각 입자에 대응하는 반입자로 대치하여라.

12 [23]. 정지해 있는 람다 입자(Λ)는 반응 $\Lambda \to p+\pi^-$를 통해 양성자와 파이온으로 붕괴한다. 각 입자들의 정지 에너지는 [Λ : 1115.7 MeV, p : 938.3 MeV, π^- : 139.6 MeV]이다. 에너지와 운동량 보존을 사용하여 양성자와 파이온의 운동에너지를 결정하여라.

13 [25]. 문제 7에서 뮤온의 운동에너지는 얼마인가?

힌트 뮤온은 비상대론적이므로 운동에너지와 운동량의 관계식은 $K=p^2/2m$이다. 그러나 반중성미자는 당연히 상대론적이다.

종합문제

14 [27]. 7.0 TeV 양성자가 원둘레 27 km에서 이동하도록 LHC에 필요한 자기장을 추정하여라. 뉴턴의 제2법칙을 사용하여 장의 세기 B를 입자의 운동량 p, 전하량 q 및 반지름 r로 표현하는 것으로 시작하여라. 고전물리학을 사용하여 도출되었지만 표현은 비교적 정확하다. (추정치는 실제 값 8.33 T보다 훨씬 적게 나온다. LHC에서 양성자는 일정한 자기장에서 이동하지 않는다. 자석 사이의 직선 부분을 이동한다.

연습문제 해답

1장 서론

선다형 질문 해답

1. (b) **3.** (a) **5.** (d) **7.** (b) **9.** (b)

문제 해답

1. 2.5 m **3.** 7.7% **5.** 7.2 **7.** 10^{-8} **9.** 8.53 cm **11.** 36.0% **13.** 4.0 **15.** 11.8 yr **17.** (a) 1.29×10^8 kg (b) 1.3×10^8 m/s **19.** (a) 3.63×10^7 g (b) 1.273×10^2 m **21.** 1.6×10^{-10} m^3 **23.** (a) 3; 5.74×10^{-3} kg (b) 1; 2 m (c) 3; 4.50×10^{-3} m (d) 3; 4.50×10^1 kg (e) 4; 1.009×10^5 s (f) 4; 9.500×10^3 mL **25.** 459 m/s **27.** 2.8×10^{-7} in. **29.** (b), (a), (e), (d), (c) **31.** 483.61 m span and 1834 m total length **33.** (a) 180 mi/h (b) 8.0 cm/ms **35.** 0.12 or 12% **37.** 4.9 L/min **39.** 1.7×10^{-10} km^3 **41.** (a) 2.7×10^{-3} ft/s (b) 1.9×10^{-3} mi/h **43.** kg·m^2·s^{-2} **45.** kg·m·s^{-1} **47.** (a) [L^3] (b) volume **49.** 30 to 40 cm **51.** 10 kg **53.** 100 m **55.** 104.5°F **57.** (a) a (b) $+v_0$ **59.** (a) 1.6 km/h; 3.0 km (b) speed; starting position **61.** $x = (25 \text{ m/s}^4)t^4 + 3$ m **63.** (a) plot v versus r^2 (b) set the value of the slope equal to $2g(\rho - \rho_f)/(9\eta)$ and solve for η **65.** $v \propto \omega r$ **67.** estimates will vary **69.** 10^5 hairs **71.** 10^4 viruses **73.** (a) 33.5 m (b) 4.2 bus lengths **75.** 5 L **77.** 434 m/s **79.** (2.24 mi/h)/(1 m/s) **81.** kg·m/s^2 **83.** \$59 000 000 000 **85.** (a) 2.4×10^5 km/h (b) 10 min **87.** 2.6 N **89.** 10^{11} gal/yr **91.** (a) $\sqrt{hG/c^5}$ (b) 1.3×10^{-43} s **93.** 0.46 s^{-1} **95.** by a factor of 4.9

97. (a)

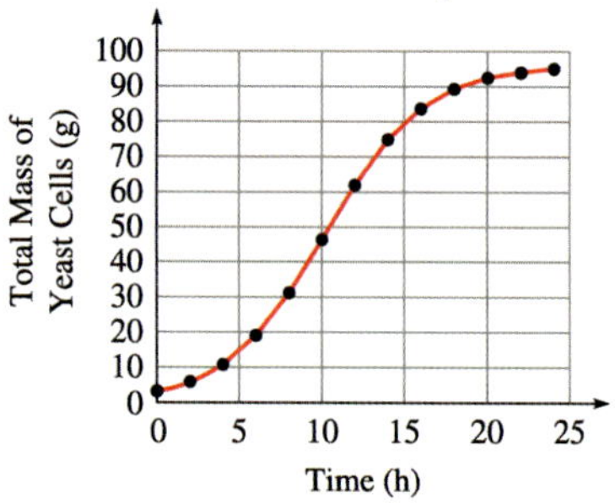

(b) about 100 g

(c)

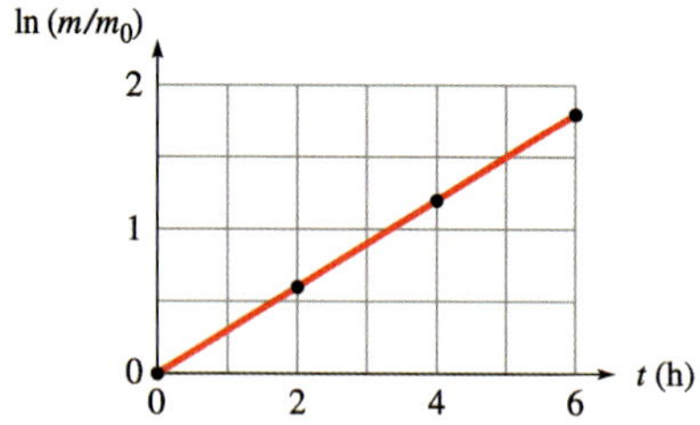

$r \approx 0.3$ h^{-1}

2장 힘

선다형 질문 해답

1. (b) **3.** (a) **5.** (d) **7.** (c) **9.** (d) **11.** (c) **13.** (a) **15.** (a) **17.** (b)

문제 해답

1. 4.45 lb **3.** $B = C < A$

5.

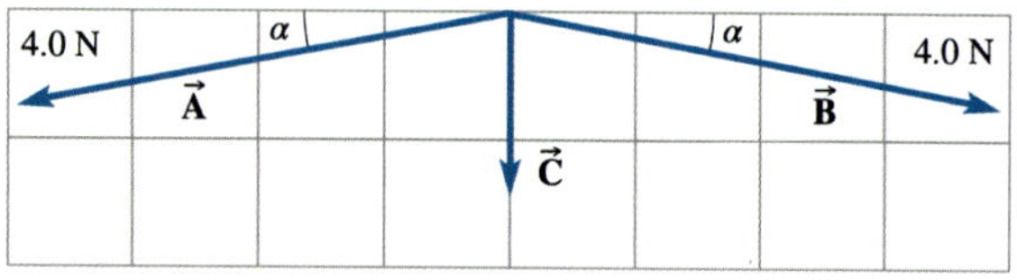

about 1.4 N

7. F, E, D **9.** 120 N north **11.** 20 N in the positive x-direction **13.** E_y, F_y, D_y **15.** 2 N to the east **17.** (a) 31.0 m/s (b) 58.1° with the $+x$-axis and 31.9° with the $-y$-axis **19.** 8.7 units **21.** (a) 5.0 m/s^2 (b) 37° CCW from the $+y$-axis **23.** They both double, without changing sign. **25.** (a) 9.4 cm at 32° CCW from the $+y$-axis (b) 130 N at 27° CW from the $+x$-axis (c) 16.3 m/s at 33° CCW from the $-x$-axis (d) 2.3 m/s^2 at 1.6° CCW from the $+x$-axis **27.** C, E, A = B, D; add the vertical and horizontal components of each vector, taking note of whether components have the same or opposite directions. **29.** 806 N **31.** s = sailboat; e = Earth; w = wind; l = lake; m = mooring line

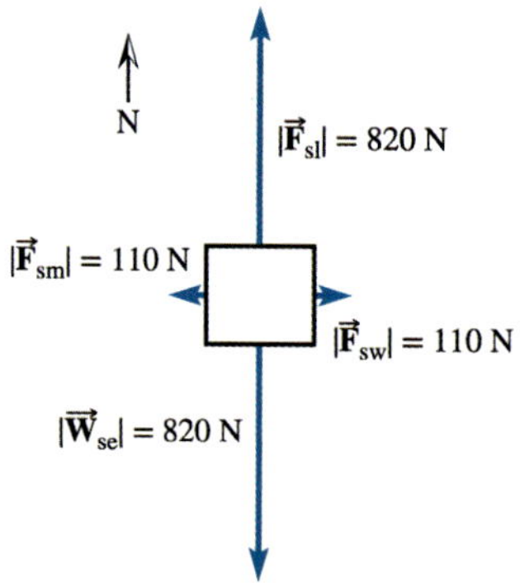

33. 2 kN east **35.** (a) same directions (b) perpendicular (c) opposite directions; 1.0 N **37.** 13° from the vertical **39.** 850 N, due west **41.** One force acting on the fish is an upward force on the fish by the line; its interaction partner is a downward force on the line by the fish. A second force acting on the fish is the downward gravitational force on the fish; its interaction partner is the upward gravitational force on Earth by the fish.

43. (a) Gravitational force exerted on the skydiver by Earth; drag exerted on the skydiver by the air; tension exerted on the skydiver by the parachute
(b)

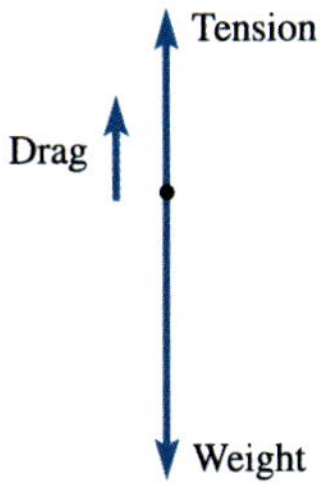

(c) 30 N (d) Gravitational force exerted on Earth by the skydiver, 650 N upward; drag exerted on the air by the skydiver, 30 N downward; tension exerted on the parachute by the skydiver, 620 N downward

45.

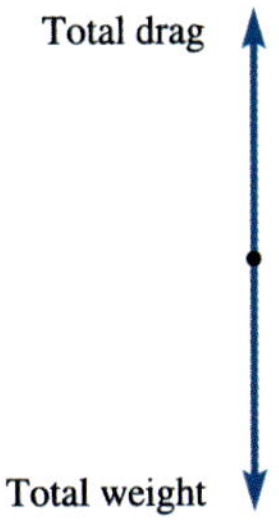

47. (a) 50.0 N upward (total for both feet) (b) 650.0 N upward (c) s = woman and chair system; e = Earth; f = floor

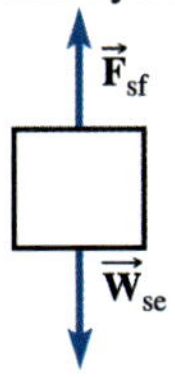

49. (a) 392 N (b) 88.1 lb **51.** 3.3×10^{-4} N **53.** 640 N (a) 240 N (b) 580 N (c) 100 N **55.** 4 km **57.** (a) The rock will fall toward the Moon's surface. (b) 1.6 N toward the Moon (c) 2.7 mN toward Earth (d) 1.6 N toward the Moon **59.** 1.1 **61.** on the line joining their centers at a distance $d/3$ from the center of the star with mass M_1 **63.** The force of Earth pulling on the book and the force of the table pushing on the book; the book is in equilibrium. **65.** (b), (a), (e), (c), (d) = (f). In each case, draw an FBD for the book and set the component of the net force perpendicular to the table equal to zero. **67.** 150 N; 61 N up the ramp **69.** 150 N; 88 N up the ramp **71.** (a) 0.41 (b) 40 N **73.** 0.4 **77.** (a) 160 N up the slope (b) 0.19 **79.** Scale A reads 120 N; scale B reads 240 N. **81.** 98 N **83.** lower cord 8.3 N; upper cord 12.4 N **85.** 19 N toward the back of the mouth **87.** (a) 34 N (b) 39 N **89.** (a) $\sqrt{2}Mg$ (b) 45° **91** (a) The gravitational force exerted on the crate by Earth; the normal force exerted on the crate by the floor; the contact force exerted on the crate by Phineas; static friction exerted on the crate by the floor (b) The gravitational force exerted on Earth by the crate; the normal force exerted on the surface by the crate; the contact force exerted on Phineas by the crate; static friction exerted on the surface by the crate
(c)

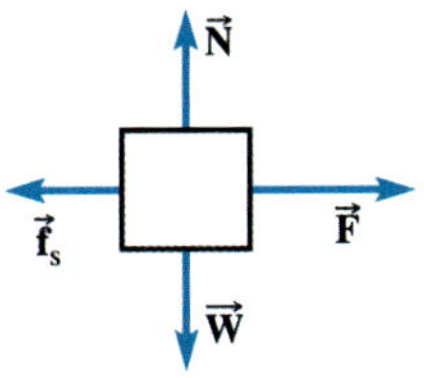

No, only the forces acting on the crate are shown on the FBD. (d) The net force acting on the crate is zero. weight = normal force = 350 N; force exerted by Phineas = static friction = 150 N (e) No; these forces are equal and opposite because the net force on the crate is zero.

93. b = book; t = table; e = Earth; h = hand
(a)

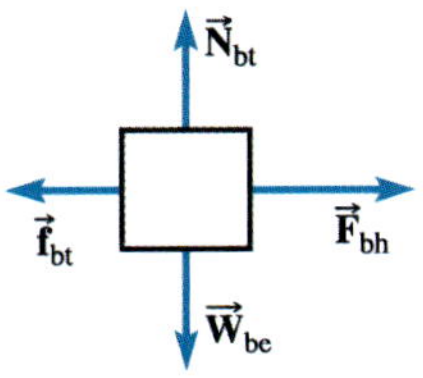

(b)

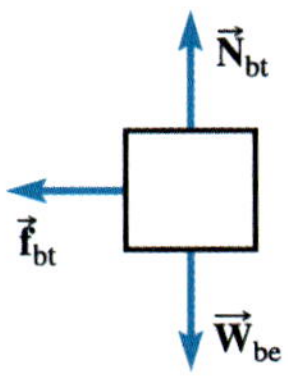

(c)

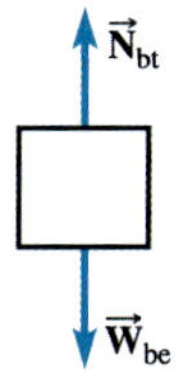

(d) (a) and (b) (e) 2.0 N opposite the direction of motion (f) The FBD would look just like the diagram for part (c). The book would not slow down because there is no net force on the book.

95. (a) 15 N (b) 8.8 N
97. 1810 N; 5 times the force with which Yoojin pulls; the oak tree supplies additional force. **99.** 440 N **101.** (a) zero (b) 2.6×10^4 N
103. 281 N, 39.7° below the horizontal to the right **105.** (a) All 0 (b) A > B > C (c) A = 16.5 N; B = 11.0 N; C = 5.5 N
107. (a) $\mu_s > 0.48$ (b) 0.60 (c) 0.48
109. i = ice; e = Earth; s = stone; o = opponent's stone
(a) (b) (c)

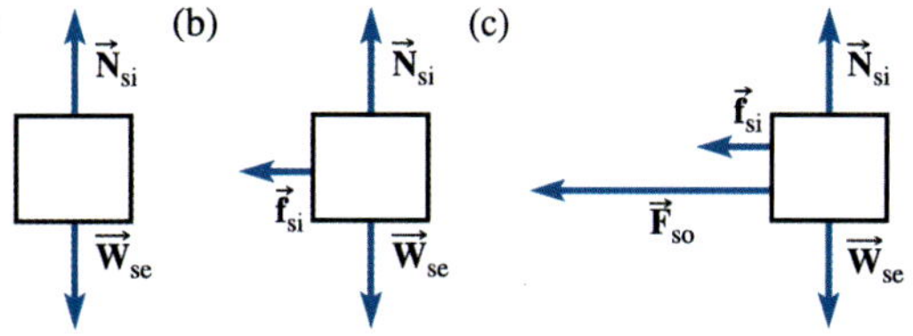

111. (a) c = computer; d = desk; e = Earth (b) zero (c) 52 N

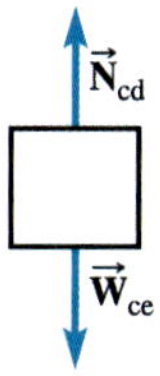

113. (a) A = 137 N; B = 39 N (b) A = 147 N; B = 39 N **115.** 0.49% **117.** $mg/(\cos\theta)$ **119.** 90.0% of the Earth-Moon distance **121.** (a) 2.60×10^8 m from Earth (b) away from the equilibrium point **123.** 480 N

3장 가속도와 뉴턴의 제2법칙

선다형 질문 해답

1. (e) **3.** (b) **5.** (a) **7.** (d) **9.** (b) **11.** (a) **13.** (a) **15.** (d) **17.** (a) **19.** (a) **21.** (c) **23.** (a) **25.** $+x$ **27.** not changing **29.** $+x$ **31.** 0 **33.** decreasing

문제 해답

1.

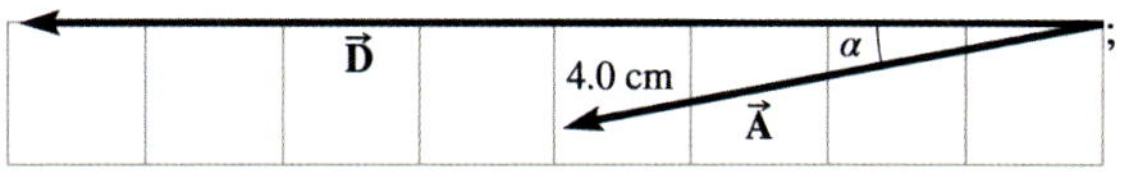

; about 7.9 cm **3.** (a) $B_x = 6.9$; $B_y = -1.7$ (b) 6.9 at 15° CW from the $-y$-axis (c) 10 at 30° CCW from the $-x$-axis (d) x-comp: -8.7; y-comp: -5.0 **5.** 4.92 mi at 24.0° north of east **7.** (a) 45 km (b) 16 km **9.** 2.0 km at 20° east of south **11.** 4.4 miles at 58° north of east **13.** 14.3 m/s east **15.** 0.408 s **17.** (a) 21 m/s (b) 16 m/s
19. 53.1 mi/h due west

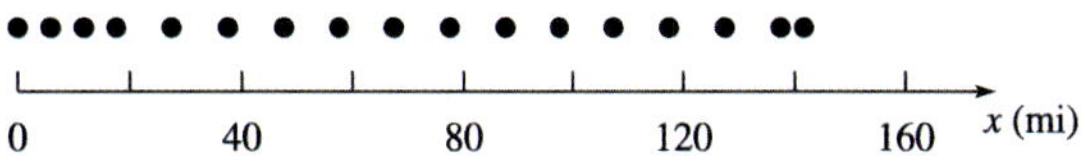

21. (a) 70 mi/h (b) 59 mi/h at 14° south of west

23. 160 m

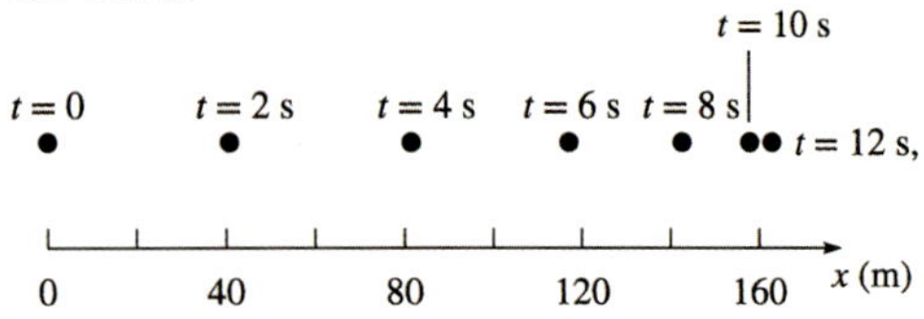

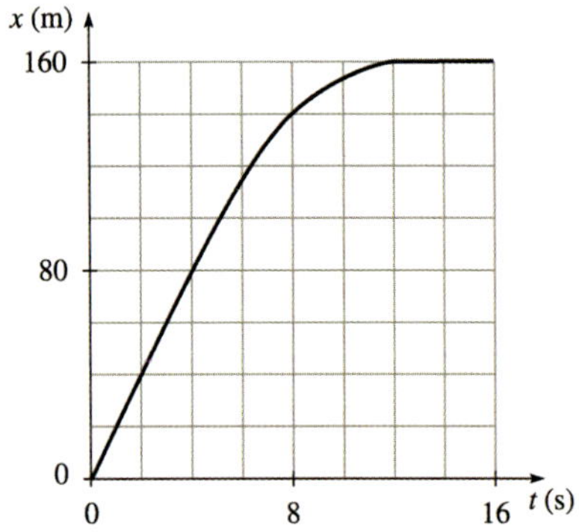

25. (a) 1.5 m/s (b) 1.2 m/s

27.

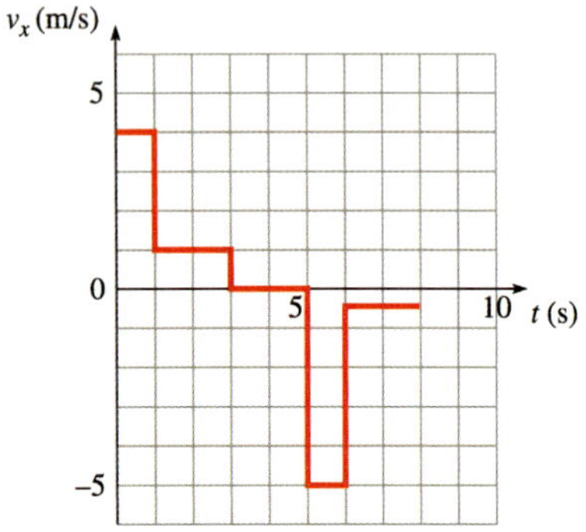

29. He cannot pass the test, because he would have to run the last 100 m in 0 s. **31.** (a) 110 km/h (b) 97 km/h at 35° north of east **33.** 27 m/s west **35.** 2.5 kN vertical **37.** (a) 13 s (b) 46 kg **39.** a(5.5 s), a(0.5 s), a(1.5 s) = a(2.5 s), a(3.5 s) = a(4.5 s) **41.** (a) -10 m/s^2 (b) 0

(c)

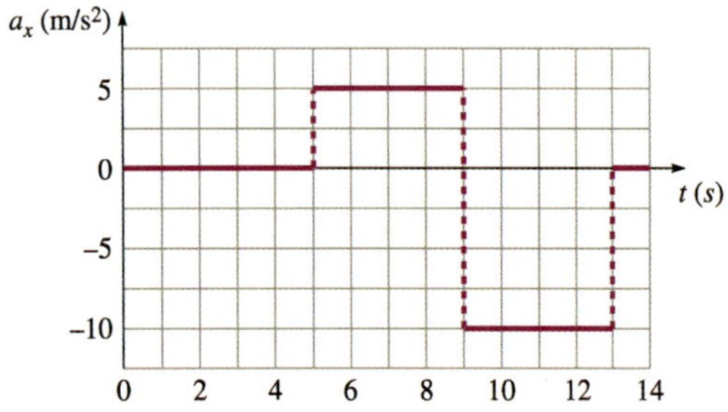

(d) 5.0 m
43. (a) 2.0 m/s^2 (b) 9.0 m/s (c) 9.8 m/s (d) 2.0 m/s (e) 69 m **45.** 4.8 kN **47.** (a) 3.33 m/s at 45° north of east (b) 1.84 m/s^2 at 45° south of east (c) The velocity vector changes direction. The average acceleration is the change in the velocity vector (*not* the change in *speed*) divided by the time interval.

49. (a)

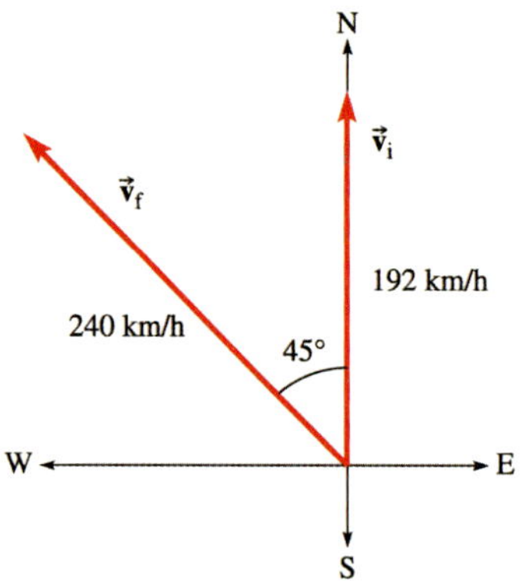

(b) 170 km/h at 7° south of west (c) 57 km/h^2 at 7° south of west **51.** 44.7 m/s at 26.6° south of east

53.

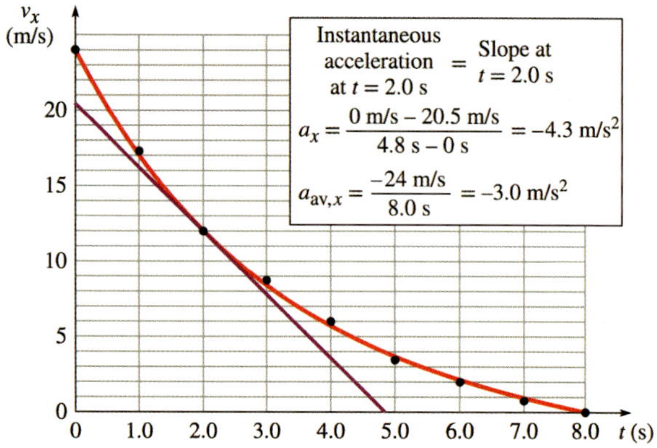

(a) $a_{av,x} = -3.0$ m/s^2 where negative sign means the average acceleration is directed to the northwest; (b) $a_x = -4.3$ m/s^2 (northwest)
55. 1550 N away from the racquet
57.

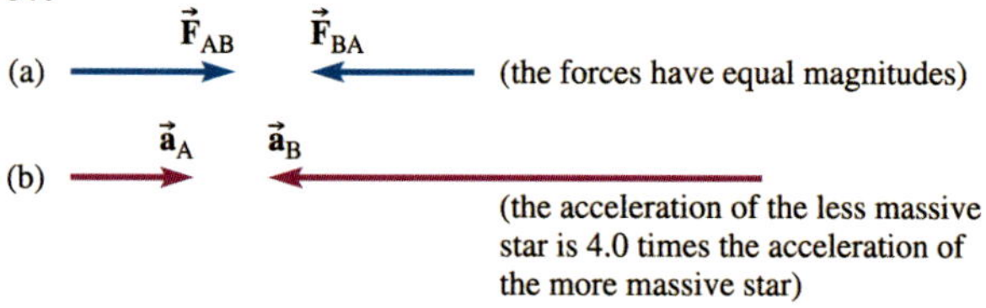

59. (c) = (d), (a) = (b) = (e) **61.** (a) no (b) yes (c) 0.55 m/s^2 (d) The force of friction will be less on the Moon; more. **63.** 22.7 kN upward **65.** (a) 3.5 m/s^2 up (b) 15 m/s up **67.** (a) m_1: 2.5 m/s^2 up; m_2: 2.5 m/s^2 down (b) 37 N
69. 2.1 m/s^2 in the direction of motion
71. 1.8 m/s^2 **73.** 20 N **75.** 130 km/h north **77.** 39 s
79. 63 km/h at 40° south of west
81. v_x = 50 km/h east, v_y = 40 km/h south
83. (a) 1.00 m/s (b) 1.12 m/s **85.** (a) 2.74 mi/h (b) 26.5 min (c) 0.147 mi downstream (d) 32.2° upstream
87. (a) 39 m/s (b) 7.4° south of west
89. 32.0° **91.** (a) $g(\sin\theta_2 - \cos\theta_2 \tan\theta_1)$ (b) 3.8 m/s^2
93. $m_1/(m_1 + m_2)$
95. 29 km/h at 83° north of west
97. (a)

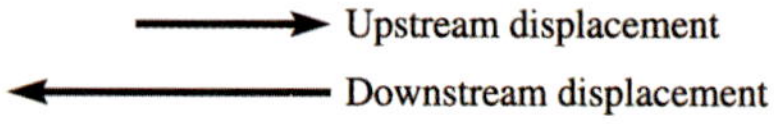

(b) 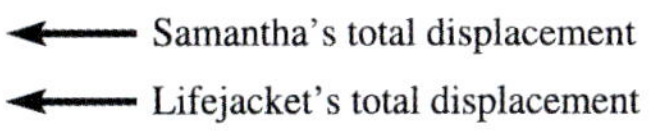

(c) Samantha's total displacement relative to the water is zero.

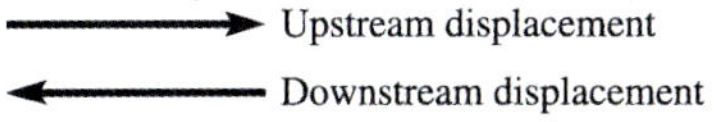

(d) In the reference frame of the water, she paddles equal distances at the same speed, so it takes the same time each way.
99. 40 m/s^2 in the direction of motion
101. (a) 873 km (b) 9.90° south of east (c) 2.250 h (d) 2.18 h
103. (a) 16 N (b) The block will accelerate. (c) 1.3 m/s^2
105. 2–3 s; 0–1 s, 1–2 s, and 3–4 s are equal; 5–6 s; 4–5 s
107. 20 m **109.** (a) $(m_1 + m_2)\mu_s g$ (b) $(m_1 + m_2)g(\mu_s \cos\theta)$
111. (a) 1.0 mm/s (b) 20 ms (c) 100 m/s **113.** 3.82 m/s
115. (a) 1.8 m/s^2 down (b) 8.7 m/s
117. (a) 160 km/h at 20° north of east (b) 150 km/h at 21° north of east (c) 10 km/h west **119.** (a) at $t = 11$ s (b) No; the area under the police car curve is less than the area under the motorcycle curve. (c) 12 m/s forward; 2 m/s forward **121.** (a) 15 km/h due west (b) 5.8° west of north **123.** (a) 6.33 km at 29.6° north of east (b) 22.1 min **125.** (a) 5.0° from the vertical (b) $a_x = 0.52$ m/s^2, $a_y = 0.02$ m/s^2 **127.** (a) 1.10mg (b) 1.10mg

4장 등가속도 운동

선다형 질문 해답

1. (c) **3.** (e) **5.** (d) **7.** (a) **9.** (b) **11.** (d) **13.** (e) **15.** (b) **17.** (c) **19.** (a)

문제 해답

1. (a), (d), (b) = (c)
3.

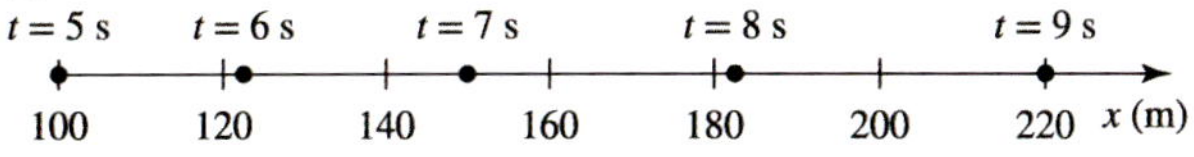

The x-coordinates are determined by choosing $x = 0$ at $t = 0$. At $t = 5.0$ s and $x = 100$ m, the object's speed is 20 m/s. From $t = 5.0$ s to $t = 9.0$ s, the speed of the object increases at a constant rate until it reaches 40 m/s at $x = 220$ m. The acceleration is 5.0 m/s^2 in the $+x$-direction.
5. (a)

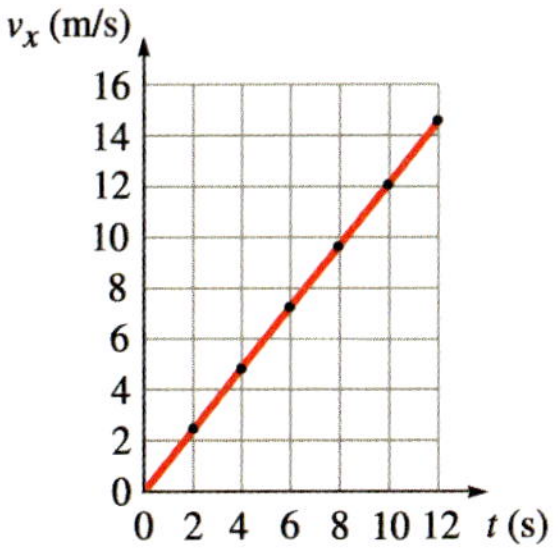

(b) 86.4 m (c) 14.4 m/s
(d)

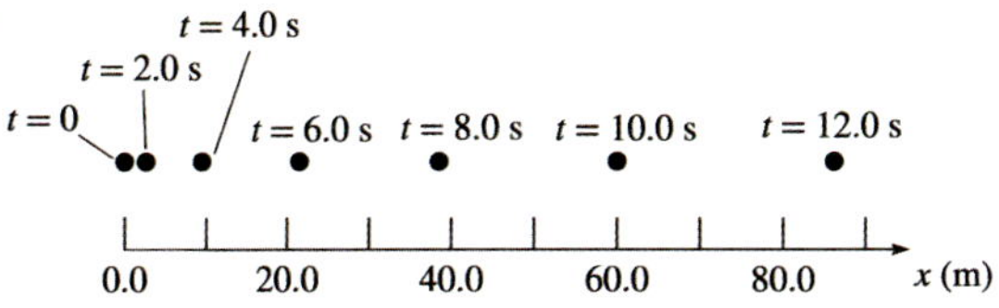

7. (a) 5.7 s (b) 2.6 km
9. 1.5 m/s^2 northeast;

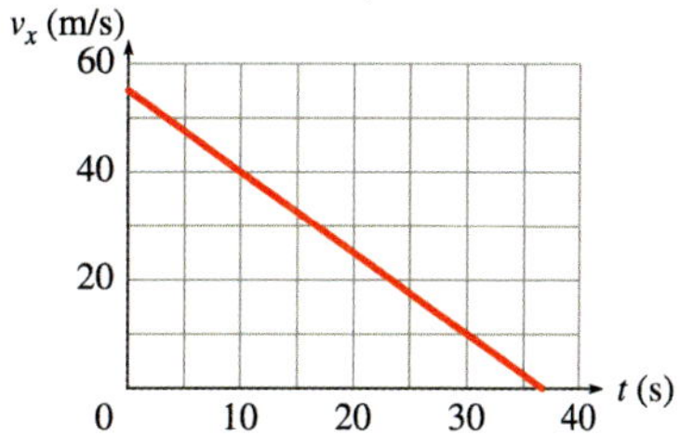

11. (a) 3.9 × 10^5 m/s^2 (b) 0.51 ms
(c)

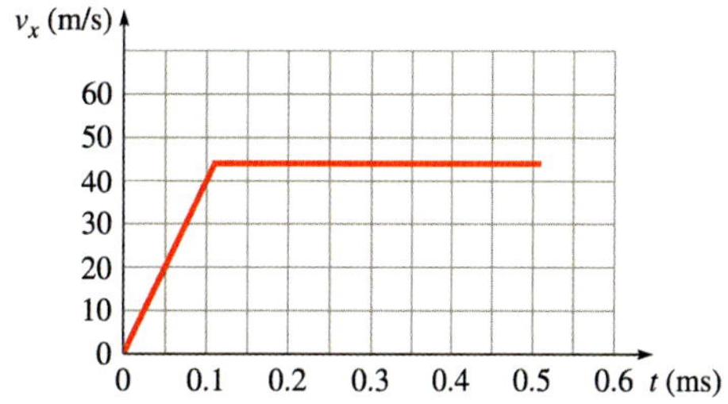

13. (a) 12 m/s^2 (b) 24 m (c) 3.0 m/s^2; 4.0 **15.** 0.50 m **17.** (a) 23 m/s (b) 0.19 **19.** No, it takes 236 m for the train to stop. **21.** 2.7 km **23.** 2.27 m/s **25.** 6.8 m/s **27.** 5.0 m/s **29.** (a) 1.6 s (b) 48 m **31.** 30.0 m/s **33.** (a) 290 m/s^2 toward Lois (b) 270 m/s **35.** 1.22 s **37.** 12.5 m/s **39.** The clay is on the ground after 1.32 s, so the horizontal distance along the ground is 26.3 m. **41.** (a) 5.9 m (b) 17.0 m/s **43.** (a) $v_x = 10.0$ m/s, $v_y = -12$ m/s (b) $\Delta x = 30$ m, $\Delta y = 8$ m **45.** 15.8 m
47. (a)

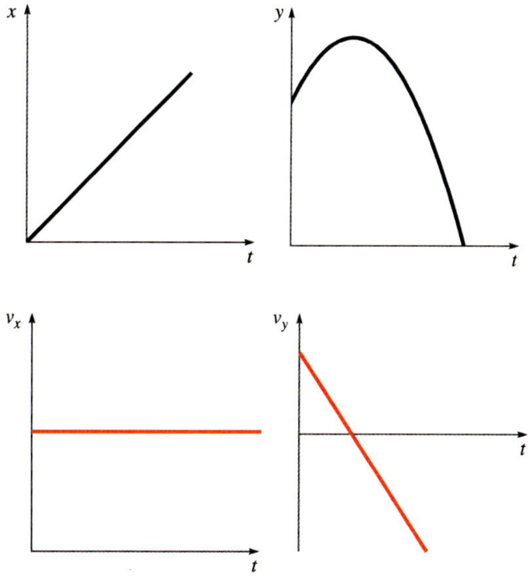

(b) 27.6 m/s at 25.0° above the horizontal (c) 37.5 m (d) 44.4 m above the ground **49.** 37.1 m **51.** (a) 37 m (b) 170 m (c) 32 m/s; −27 m/s **53.** 200 km **55.** (a) v_i^2/g (b) 45°
57. (a), (b) = (c), (d) = (e) **59.** 766 N downward
61. 0.8 m/s^2 downward **63.** (a) 567 N (b) 629 N **65.** 620 N
67. (a) 25.0 km (b) 152 s (c) 76.0 km (d) 1220 m/s downward
69. 3260 ft; 25.5 s **71.** (a) 3.49 s (b) 2.01 s (c) 80.6 m
73. (a) 88 N (b) 2 s (c) 70 N (d) 10 kg **75.** (a) $\Delta t = 7.69$ s, $\mu_s = 1.38$ (b) 9.19 s **77.** (a) 2.02 s (b) 2.02 s (c) 1.5 s
79. (a) 33.1 h (b) 34.1 h (c) 33.6 h **81.** (a) 0.30 s (b) 0.05 s

(c) 0.45 m (d) 10 m/s^2 down (e) 120 m/s^2 up **83.** 46 m **85.** 23 m **87.** 63° below the horizontal **89.** (a) 2.4 m/s (b) 140 m/s^2 at 55° above the horizontal (c) 0.29 N at 55° above the horizontal. It was okay to ignore the weight of the locust because the contact force due to the ground is about 15 times larger. **91.** (a) 1.3 m (b) 0.2 m (c) 2 m/s (d) 0.6 m/s
93. 0.365°;

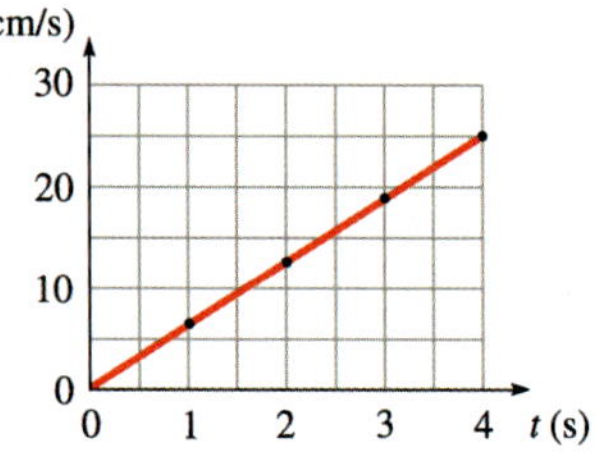

95. (a) 7.67 m (b) 13.9 m/s (c) 12.5 m/s **97.** 1.7 m/s **99.** 36 m **101.** 700 kN **103.** (a) 17.6 m (b) 14.1 m/s **105.** 2.02 s, 1.65 m to the left of B's initial position

5장 원운동

선다형 질문 해답

1. (f) **3.** (b) **5.** (b) **7.** (b) **9.** (b) **11.** (c)

문제 해답

1. 17 m **3.** 0.105 rad/s; 0.52 rad **5.** (a) 160 rad (b) 4700 cm/s (c) 25 Hz **7.** 26 rad/s **9.** 4.6 km **11.** c = d, a = b = e **13.** c, d, a, b, e **15.** 3.37 cm/s^2 **17.** (a) 890 m (b) 490 m
19. (a)

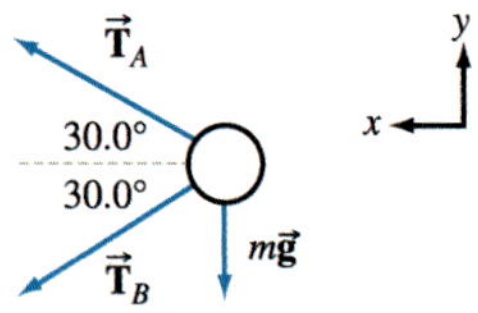

(b) $T_A = 3.64$ N, $T_B = 1.68$ N
21. (a) $\dfrac{mg}{\cos\phi}$ (b) $2\pi\sqrt{\dfrac{L\cos\phi}{g}}$
23. (a) 3900 N inward at 53° above the horizontal (b) 53° **25.** (a) 5.08° **27.** (a) 3500 N (b) No. $\mu_s N$ would be the frictional force if the car were traveling at the maximum speed without skidding. **29.** 11.5 m/s **31.** (a) 2300 N (b) 19 m/s **33.** 2.99×10^4 m/s **35.** $r_{Io} = 420000$ km; $r_{Europa} = 670000$ km **37.** 130 h **39.** 17.0 m/s **41.** 438 N **43.** 0.39 rad/s^2 **45.** 190 rad/s^2 **47.** (a) 73 rad/s^2 (b) 23 rev **49.** (a) 17.7 m/s (b) 6.28 m/s^2 (c) 6.59 m/s^2 at an angle of 17.7° east of south **51.** (a) 170 rad/s^2 (b) 2.2 m/s^2 **53.** (a) 1.3×10^6 s (b) 5.0×10^{10} rev **55.** $a_t = 2.54$ m/s^2; $a_r = 2.45$ m/s^2; 11.9 N **57.** $16g$ **59.** 7.0 rad/s **61.** (a) $m(g - \omega^2 R)$ (b) $m(g + \omega^2 R)$ **63.** 2.04×10^7 m **65.** (a) 7.3×10^{-5} rad/s (b) about 0.02 rad (c) about 5 min **67.** (a) 14 m/s^2 (b) $1.4g$ (c) 33 m/s **69.** 464 m/s **71.** 1.80×10^6 degrees **73.** (a) 0.48 m/s (b) 12 rad/s clockwise **75.** 200 km/s **77.** 3.8 N; 2.0 N **79.** 110 μm/s **81.** 8.1 cm **83.** 1.04 rad/s **85.** (a) 3.6×10^7 m (b) 55 N; above the car **87.** 1.4 rev/s **89.** (a) 180 rad/s (b) 8.6×10^3 rev **91.** (a) 0.034 m/s^2 (b) less (c) 0.34% smaller (d) at the poles **93.** 42 200 km **95.** (a) 17.3 N (b) 10.0 N (c) tension 10.0 N, radial accel 0, tangential accel 8.49 m/s^2

6장 에너지 보존

선다형 질문 해답

1. (c) **3.** (b) **5.** (c) **7.** (c) **9.** (b) **11.** (f)

문제 해답

1. 75 J **3.** No work is done. **5.** 210 kJ **7.** (a) 0 (b) 8.8 J **9.** 153 J **11.** +224 J **13.** +53 J **15.** 6.09 kJ; 0 J **17.** 720 kJ **19.** Murphy: 27.2 kJ; Howard: 163 kJ **21.** 15 m/s **23.** −550 J **25.** (a) −50 MJ (b) 600 kN opposite the plane's direction of motion **27.** 54.8 kJ **29.** E, C, $B = D$, A **31.** $A = B = C = D = E$ **33.** 11 h **35.** (a) 0 (b) −2.9 J **37.** (a) 1.88 kJ (b) 1.88 kJ (c) 8.00 m **39.** (a) 14.3 m/s (b) Yes, the cart will reach position 4. **41.** 8.42 m/s **43.** −52 kJ **45.** (a) $\sqrt{v^2 + 2gh}$ (b) The final speed is independent of the angle. **47.** 2.6 m/s **49.** 60.0 km/s **51.** 22.4 km/s **53.** 11.2 km/s **55.** 55 km/s **57.** 7410 m/s **59.** 1.6 J **61.** 5.2 J **63.** (a) 4.9 cm (b) 1.4 N/cm (c) 88 mJ **65.** (a) 1.9 N/cm (b) 0.49 J (c) 2.4 kg **67.** zero **69.** (a) 1.1 kN (b) 4.2 J **71.** $4h$ **73.** 8.7 cm **75.** (a) 0.21 m (b) 0.50 m **77.** 13.0 s **79.** 4.08 min **81.** 150 W **83.** 5.2 W **85.** (a) 510 W (b) No, the body would have to be 100% efficient. **87.** (a) 8.0 kW (b) 6.4 kW **89.** (a) −490 J (b) 2.7 GW (c) 300000 households **91.** No **93.** 27 N **95.** (a) 10 kW (b) 5.8° **97.** 43.5 km/s **99.** (a) 0.15 N/cm (b) 12 cm **101.** 53 kJ **103.** 2.3 m **105.** 6.1 m **107.** 16 m/s **109.** 6.0 m/s **111.** 1.5 m/s **113.** (a) 124 J (b) 10300 fastballs **115.** 5.8 m/s **117.** 1.3 cm, 32 J **119.** The kinetic energy cannot be negative so, it must remain in the $x < 3$ cm region. **121.** (a) $U = -550$ J, $K = 450$ J (b) $E = -100$ J, $U = -200$ J, $K = 100$ J (c) It moves back and forth between $x = 1$ cm and $x = 13.5$ cm. The greatest speed is between $x = 5.5$ cm and $x = 11$ cm. **123.** 0.89 m/s **125.** (a) $k/2$ (b) $2k$ **127.** (a) $k = k_1 + k_2$ (b) 0.16 J **129.** (b) Larger during the first 2.0 h by a factor of 1.2 **131.** $v \propto 1/L$ **133.** (a) 1.7 m/s (b) 0.76 m/s^2, 1.7 m/s **135.** (a) 6.0 m/s (b) 0.40 s **137.** 20 m/s for each one of the three **139.** $2R/3$ **141.** (a) $\sqrt{gr}$ (b) $2r$ (c) $5r/2$

7장 선운동량

선다형 질문 해답

1. (d) **3.** (c) **5.** (b) **7.** (f) **9.** (d) **11.** (d)

문제 해답

1. 0 **5.** 3 kg·m/s north **7.** (b),(a) = (e), (c), (d), (f) **9.** 20 kg·m/s in the $-x$-direction **11.** 1.0×10^2 kg·m/s downward **13.** (d), (b) = (c), (a), (e) **15.** 320 s **17.** 6.0×10^3 N opposite the car's direction of motion **19.** (a) 750 kg·m/s upward (b) 990 N·s downward (c) 2500 N downward **21.** 0.12 m/s **23.** 1.8 m/s **25.** 0.010 m/s **27.** 100 m/s (224 mi/h). Dash will not succeed. **29.** 0.10 m/s **31.** (8.0 cm, 20 cm) **33.** 1.9 cm **35.** 4.0 cm in the positive x-direction **37.** (0.900 m, −2.15 m) **39.** 98.0 m/s downward **41.** 5.0 m/s west **45.** −0.15 m/s **47.** 3.0 m/s east **49.** 350 m/s **51.** 0.066 m/s **53.** The 300 g ball moves at 2.50 m/s in the $+x$-direction, and the 100 g ball moves at 2.50 m/s in the $-x$-direction. **55.** 4.8 m/s **57.** 0.49 m

59. 5.0 m/s **61.** 170 m/s **63.** (a) $\Delta p_{1x} = -1.00 m_1 v_i$; $\Delta p_{1y} = 0.751 m_1 v_i$ (b) $\Delta p_{2x} = m_1 v_i$; $\Delta p_{2y} = -0.751 m_1 v_i$; the momentum changes for each mass are equal in magnitude and opposite in direction. **65.** $1.73 v_{1f}$ **67.** 8.7 kg·m/s **69.** 6.0 m/s at 21° south of east **71.** 1.7 m/s at 30° below the x-axis **73.** 0.64 m/s at 73° above the $+x$-axis **75.** 20 m/s at 18° W of N **77.** 29 m/s **79.** The lighter car was speeding. **81.** 0.83 m/s **83.** 37 m/s in the $+x$-direction **85.** (a) 11 kg·m/s (b) 11 kg·m/s (c) 3.8 kN **87.** (5.00 cm, 6.67 cm) **89.** 410 N in the direction of water flow **91.** (a) 0.01 kg·km/h opposite the car's motion (b) 0.01 kg·km/h along the car's velocity (c) 10^5 flies **93.** 2.8 m/s **95.** (a) 2.5 m (b) 4.0 m **97.** 10^{-18} N **99.** $h/9$ **101.** Glider 1 is at rest; glider 2 moves to the right at 0.20 m/s. **103.** (a) 111/2 (b) 1 (c) 111/2 **105.** 1.0 m **107.** 1.27 m **109.** 13 m/s **111.** 0.73 m

8장 돌림힘과 각운동량

선다형 질문 해답

1. (d) **3.** (a) **5.** (e) **7.** (a) **9.** (c)

문제 해답

3. (a) reduced by a factor of 8 (b) reduced by a factor of 32 **5.** (b), (a) = (c) **7.** 0.0512 J **9.** 0.019 **11.** 570 J **13.** 4.5 N·m **15.** 0.30 N·m **17.** (e), (a) = (b) = (d), (c) **19.** (a) 0 (b) 790 N·m **21.** (a) 58.5 N·m (b) 39.9 N·m (c) 0 **23.** 5.83 m **25.** (0.42s, 0.58s) **27.** (a) 3.14 m (b) 15.7 J (c) 2.50 N·m (d) 6.28 rad (e) $\tau\Delta\theta = (2.50\text{ N·m})(6.28\text{ rad}) = 15.7\text{ J} = W$ **29.** (a) 53.0 kJ (b) 1.51 MN·m **31.** 200 N **33.** (a) 540 N (b) 390 N **35.** left support: 2.2 kN downward; right support: 3.4 kN upward **37.** (a) 730 N (b) 330 N at 19° above the horizontal **39.** $(mg/2 + W)/(\tan\theta)$; for $\theta = 0$, $T \to \infty$, and for $\theta = 90°$, $T \to 0$. **41.** 1.3 m **43.** 640 N **45.** 7.0 kN **47.** (a) 330 N (b) 670 N **51.** 0.0012 N·m **53.** (a) 13 rad/s (b) 16 N·m (c) 15 m to the same height, plus about another meter if released 1 m above the ground **55.** 1.5 N·m **57.** (a) 48 N·m (b) 19 N **59.** (a) $a = R\alpha$ (b) $(T_1 - T_2)R$, CCW (c) If $m_1 \neq m_2$, a and α are nonzero. Therefore, a nonzero net torque must act on the pulley, which implies that $T_1 \neq T_2$.

(d) $a = \dfrac{(m_1 - m_2)g}{M/2 + m_1 + m_2}$ $\quad T_1 = m_1(g - a) \quad T_2 = m_2(g + a)$

61. 4.0 m/s^2 **63.** solid sphere: $K = \frac{7}{10}mv^2$; solid cylinder: $K = \frac{3}{4}mv^2$; hollow cylinder: $K = mv^2$ **65.** 1.79 m **67.** (a) 3.0 m/s (b) 8.4 N (c) 5.6 m/s^2 down **69.** (a) $5r/2$ (b) $27r/10$ **71.** 0.0864 kg·m^2/s **73.** 1.4×10^7 kg·m^2/s **75.** 1.60 s **77.** 1.5 rev/s **79.** 70.3 J **81.** 0.125 rad/s **83.** (a) 3.0 (b) 1.6 **85.** 2.10×10^6 N·m **87.** 3.0 kN; about 4.7 times larger **89.** (a) 2.6×10^{29} J (b) The length of the day would increase by 7.3 minutes. (c) 2.6 million years **91.** (a) 9.6 m/s (b) 3.1 m/s (c) 21 m/s **93.** 0.44 N·m **95.** $\sqrt{3gL}$ **97.** $T_1 = 67$ kN; $T_2 = 250$ kN; $\vec{\mathbf{F}}_p = 380$ kN at 51° with the horizontal **99.** (a) 6.53 m/s^2 down (b) 4.2 N **101.** 1.79 m/s **103.** The vertical force exerted by the door on each hinge is 27.4 N down. The upper and lower horizontal forces are 14.2 N toward the door and 14.2 N away from the door, respectively. **105.** 1.84 m/s **107.** (a) 0.96 m from the RH edge (b) 0.58 m from the LH edge **111.** 110 N **113.** (a) 1.35×10^{-5} kg·m^2 (b) 524 N **115.** (a) 6.28 rad/s (b) 0.955 kg·m^2/s (c) friction (d) 0.300 N **117.** (b) $L = I\omega = mr^2\omega$ (c) $A = \frac{1}{2}r^2\omega\Delta t$ (d) $A/\Delta t = L/(2m) =$ constant **119.** 230 N **121.** 23 N **123.** 1.3 rev/s **125.** 1.5 kN **127.** 0.792 m **129.** (a) 62 N (b) 4.8 rad/s^2 (c) 0.76 N·m (d) 35 N **131.** (a) 55 rad/s^2 (b) 83 N·m (c) 7.3 rad (d) 0.52 m/s **133.** (a) 52 m/s (b) The stone hits the window.

9장 유체

선다형 질문 해답

1. (d) **3.** (b) **5.** (a) **7.** (a) **9.** (d)

문제 해답

1. 49 atm **3.** (a) 1.0×10^5 N (b) 2.2×10^4 lb (c) The pressure of the air under the desktop pushes upward, counteracting the downward force. **5.** (a) 420 N (b) No force is needed. **7.** 88.0 kPa **9.** 31 m **11.** 0.126 **13.** (b) = (e), (a) = (c), (d) **15.** 35 kPa **17.** 25 MPa **19.** 10 km **21.** 114.0 cmHg **23.** (a) 5.6 cm (b) 0.37 cm **25.** 211 mmHg **27.** (a) 2.2×10^5 Pa (b) 1700 mmHg (c) 2.2 atm **29.** c = d, a = b, e = f **31.** 1.5 m **33.** (a) 140 kg/m^3 (b) 18% **35.** 0.74 g/cm^3 **37.** (a) 0.910 (b) 1.28 cm (c) 0.13 cm **39.** 0.17 cm^3 **41.** 1.2×10^{-3} m^3 **43.** yes **45.** (a) 9.8 m/s^2 upward (b) 3.3 m/s^2 upward (c) 68.6 m/s^2 upward **47.** 50 m/s **49.** (a) 39.1 cm/s (b) 78.5 cm^3/s (c) 78.5 g/s **51.** 1.12×10^5 Pa **53.** 1.9×10^5 N **55.** 310 kPa **57.** 8.6 m **61.** (a) 6850 Pa (b) 0.685 N **63.** 12 m/s **65.** 17 atm **67.** (a) 50 Pa (b) 1100 Pa (c) approximately 13 kPa **69.** 290 Pa **71.** 0.4 Pa·s **73.** 1.5 cm/s **75.** (a) 120 m/s (b) too fast to be reasonable **77.** 5 Pa **81.** 230 kg **83.** (a) 26 m/s (b) 2.6 m/s **85.** (a) 220% (b) 0.68 **87.** (a) 81.1 g (b) 55.6 g and 485.5 g **89.** For the pine, the scale reading doesn't change. For the steel, the scale reading will increase by 0.538 N. **91.** 19 m/s **93.** 23.0 m **95.** 110 m **97.** 270 Pa **99.** (a) 2.2 m/s up (b) 22 kPa/s **101.** (a) 0.600W (b) 0.64W **103.** 8.7 kg **105.** No **107.** 0.83 g/cm^3 **109.** 0.116 m/s **111.** 1.0 m **113.** (a) 1.3×10^{-10} N (b) 2.6×10^{-14} W **115.** 12.5 N/m **117.** (a) 41.7 cm/s, 118 kPa (b) 5.98 cm

10장 탄성과 진동

선다형 질문 해답

1. (c) **3.** (b) **5.** (a) **7.** (c) **9.** (c) **11.** (f) **13.** (e) **15.** (f) **17.** (c) **19.** (j)

문제 해답

1. 0.097 mm **3.** (a) 0.0046 cm (b) -4.6×10^{-5} **5.** 76.9 GPa **7.** 0.80 mm **9.** (a) 5.1 N (b) 7.7×10^{-2} J **11.** 5.0 mm **13.** tension: 15 GPa; compression: 9.0 GPa **15.** 3.2 mm **17.** human: 3 cm^2; horse: 7.1 cm^2 **19.** 630 N **21.** 4.0×10^8 Pa **23.** (a) 1.3 mm; 84 MPa (b) 570 N **25.** decrease by 57×10^{-6} cm^3

27. 3.3×10^{-5} **29.** $-6.71\ \text{cm}^3$ **31.** (a) 2.8 mm (b) 20 kPa **33.** 7.0 cm/s **35.** 0.63 m/s **37.** (c), (a) = (b), (d) = (e) **39.** 2.5 μm/s **41.** (a) $y = 0$ (b) $y = +A$ (c) $y = -A$ (d) $y = 0$ **45.** (a) $2kx$ (b) $\sqrt{2k/m}$ **47.** 2.5 Hz **49.** $v_m = 0.157$ m/s, $a_m = 24.7\ \text{m/s}^2$ **51.** (a) g (b) 0.78 m **53.** −0.031 J **55.** (a) 0.90 s (b) 0.56 m/s **57.** 0.250 Hz **59.** 2.0 mJ

61.

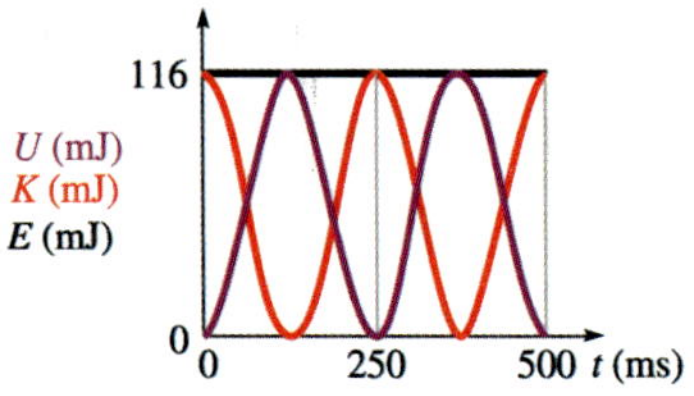

(d) U, K, and E would gradually be reduced to zero.
63. 4.0 s **65.** 1.5 s **67.** (c), (a) = (b), (d) = (e) **69.** 0.25 m **71.** (a) less (b) $5.57\ \text{m/s}^2$ **73.** 1.3 s **75.** (a) 2.01 s (b) 11.3% **77.** (a) 6.1 mJ (b) 1.1% **79.** −9.75% **81.** (a) more, because now the period is longer (b) 56 N **83.** (a) 3.42 s (b) No, the greater initial potential energy means the cord would stretch more. **85.** 2.16 Hz **87.** 0.994 m, assuming $g = 9.80\ \text{m/s}^2$ **89.** 13 s **91.** (a) 42.2° (b) 48 g (c) 9.1 cm **93.** 2.1 m/s; $370\ \text{m/s}^2$ **95.** (a) 98.0 N/m (b) 0.472 m/s (c) 0.409 m/s (d) 3.33 s **99.** 2.0° **101.** (a) 8×10^{-4} (b) 8.0 kN (c) $5 \times 10^{-5}\ \text{m}^2$ (d) No **103.** (a) 1.64 s (b) 1.53 s (c) 1.94 s **105.** 0.63 Hz **107.** 0.45% **109.** (a) $\sqrt{2gL}$ (b) $(\pi/2)\sqrt{gL}$; larger **111.** 0.88 m/s **113.** (a) 5.13×10^{-2} N (b) 2.69 s

11장 파동

선다형 질문 해답

1. (c) **3.** (d) **5.** (c) **7.** (d) **9.** (d) **11.** (d)

문제 해답

1. $52\ \text{W/m}^2$ **3.** 260 m **5.** 31 kW **7.** (d), (c) = (e), (a), (b) **9.** (a) 6.0 m (b) 1.7 s **11.** 168 m/s **13.** (a) The pulse moves faster on the second string. (b) 6.9 ms **15.** 250 m/s **17.** 400 Hz **19.** 33 cm **21.** 0.33 Hz **23.** (a) 1.05 m (b) 0.126 s (c) 8.33 m/s (d) $-x$ (e) 1.75 cm/s **25.** (a) 0.35 mm (b) 6.0 m (c) 11 Hz (d) $+x$ (e) 2.4 cm/s **27.** (a) $y(x, t) = (1.20\ \text{mm}) \sin[(134\ \text{rad/s})t + (20.9\ \text{rad/m})x]$ (b) 16.1 cm/s **29.** $y(x, t) = (2.50\ \text{cm}) \sin[(8.00\ \text{rad/m})x - (2.90\ \text{rad/s})t]$ **31.** (b) = (e), (a), (c) = (d) **33.** (a) 2.6 cm (b) 14 m (c) 20 m/s (d) 1.4 Hz (e) 0.70 s **35.** $v_m = 0.063$ m/s; $a_m = 0.79\ \text{m/s}^2$

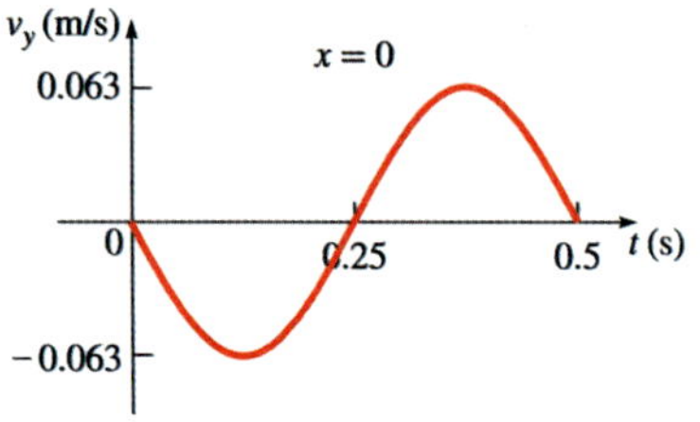

37.

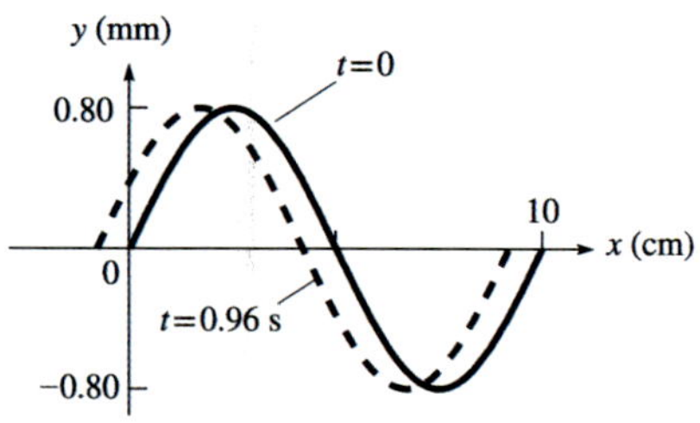

The wave travels in the $-x$-direction.

39.

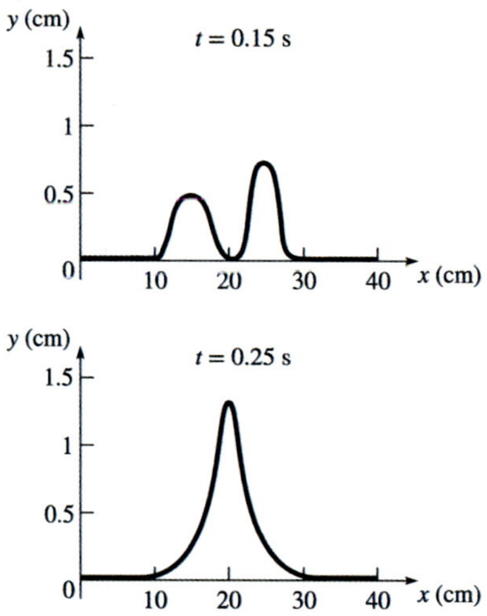

41. The amplitude of the superposition is about 1.7A.

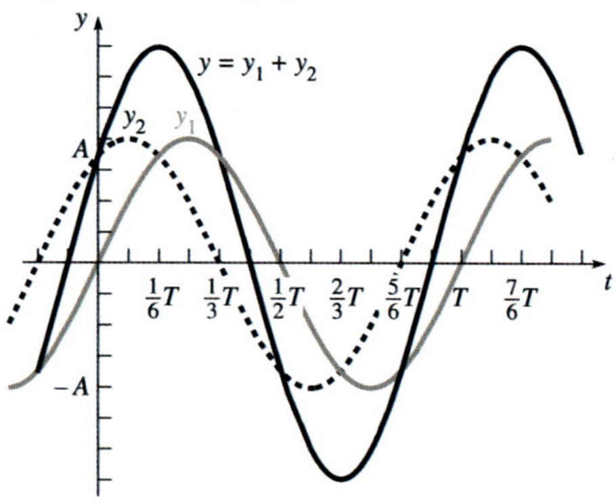

43. 375 nm

45.

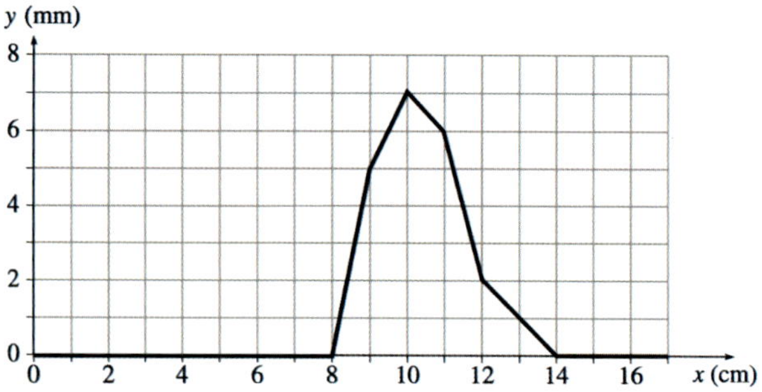

47. 5.3 s

49. 

51. 2.28 m, 2.94 m, and 3.59 m **53.** (a) 8.0 cm (b) 2.0 cm (c) 4.0 **55.** 79 mW/m^2 **57.** (a) 0.25 W/m^2 (b) 0.010 W/m^2 (c) 0.130 W/m^2 **59.** (d), (a), (b) = (c), (e) **61.** $f_2 = (6/5)f_1$ **63.** $f_1 = 10$ Hz, $f_2 = 20$ Hz, $f_3 = 30$ Hz **65.** 7.8% **67.** (a) 33 Hz (b) 300 N **69.** 4.5×10^{-4} kg/m **71.** 1.0 N, 0.26 N, and 0.11 N **73.** 3.64 cm, 7.07 cm, 10.32 cm **75.** (a) Hooke's law: $T = k(x - x_0) \approx kx$ for $x \gg x_0$. (b) 4.00 s **77.** 12 **79.** 190 m **81.** 930 Hz **83.** (a) left (b) 7.00 cm (c) 10.0 Hz (d) 0.333 cm (e) 3.33 cm/s (f) oscillates sinusoidally along the y-axis about $y = 0$ with an amplitude of 7.00 cm (g) transverse **85.** (a) 27.7 cm (b) 50 cm (c) 27.7 cm **87.** (a) Eq. I; 1.50 cm/s (b) Eq. II; 2.09 cm (c) Eq. II; 13.5 cm/s (d) Eq. II **89.** (a) 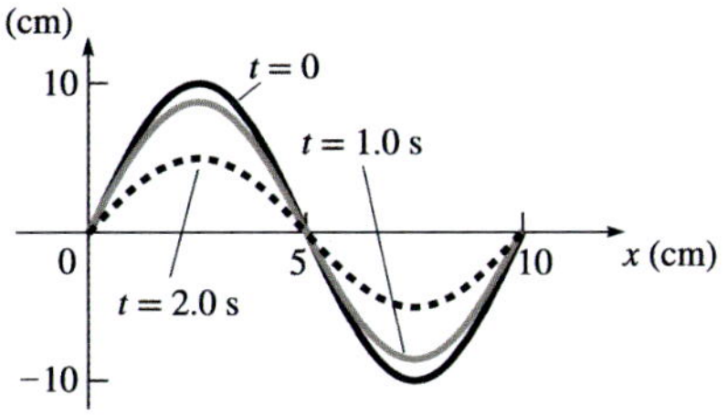

(b) standing wave **91.** 2.4 km **93.** $v \propto \sqrt{\gamma/(\lambda\rho)}$, dispersive **95.** (a) 1.5 m/s (b) 21 cm/s **97.** (a) 6.17×10^{-4} m (b) 8.61 J (c) 0.0536 s **99.** 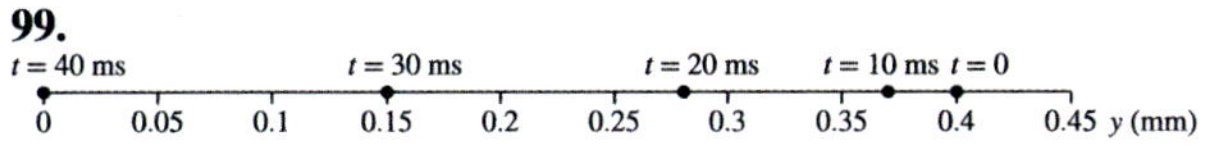

101. 1.4 kHz

12장 소리

선다형 질문 해답

1. (c) **3.** (c) **5.** (c) **7.** (d) **9.** (c) **11.** (a)

문제 해답

1. 364.1 m/s **3.** for 10 Hz, 34 m; for 20 kHz, 1.7 cm **5.** 6.1 mm **7.** (a) 338 m/s (b) 2.8 km **9.** 3.5 km/s **13.** (e), (d) = (f), (a), (b), (c) **15.** (a) 28.7 N/m^2 (b) 1.58 mN **17.** 97.0 dB **19.** (a) 0.0510 Pa (b) 0.151 μm **21.** 95 dB, not much different than with only one machine running **23.** 26.0% **25.** (a) 125.0% (b) 3.522 dB **27.** (e), (b), (c), (a) = (d) **29.** (a) 32.8 cm (b) 252.4 Hz **31.** 396 Hz **33.** 33°C **35.** 3/4 **37.** (a) 438.0 Hz (b) tighten **39.** 2 Hz **41.** 0.2 Hz **43.** −69 Hz **45.** (a) 2.0 kHz (b) 670 Hz **47.** 346 Hz **51.** (a) 670 m (b) 2.8 s **53.** 403 m **55.** 83.6 kHz **57.** 640 Hz **59.** (a) closed at one end (b) 78.0 Hz (c) 1.10 m **61.** (a) 5.05 m (b) 16.35 Hz **63.** (a) 6.7×10^{-8} m/s (b) 1×10^{-19} J (c) The ear is about as sensitive as possible. **65.** 9.8 m **67.** $f_1 = 3.4$ kHz, $f_3 = 10$ kHz, and $f_5 = 17$ kHz; 3.4 kHz enhances the sensitivity of the ear **69.** 2.3 kHz **71.** (a) 9.9 m (b) 1.8 ms (c) No **73.** 0.0955 s **75.** 15 m **77.** 29.0 dB **79.** 8.4 m/s **81.** (a) 1.28 m (b) 141 m/s (c) 6.71 g/m (d) 1.59 m/s (e) 110.0 Hz (f) 3.120 m

13장 온도와 이상기체

선다형 질문 해답

1. (e) **3.** (c) **5.** (b) **7.** (d) **9.** (c)

문제 해답

1. (a) 29°C (b) 302 K **3.** (a) −40 (b) 575 **5.** $T_C = (T_J - 85.5°J)/(0.750°J/°C)$ **7.** 2.7 mm **9.** 8.8 mm **11.** 113°C **13.** 0.6364 cm **15.** 650 K **17.** 15.8 cm^3 **19.** (a) 1.44 mL (b) 14% less water is predicted to be spilled when the expansion of the glass is included. **21.** 26.8°C **23.** 520°C **27.** 1 u = $(1 \times 10^{-3}$ kg$)/(6.022 \times 10^{23})$ = 1.66×10^{-27} kg **29.** 7.31×10^{-26} kg **31.** 1.7×10^{27} **33.** 2.650×10^{25} atoms **35.** 8.9985 mol **37.** 2.5×10^{19} molecules **39.** 10^{18} atoms **41.** 400°C **43.** (b) = (d), (a) = (c) = (e) = (f) **45.** (a) 2.55 m^3 (b) 5.3 h **47.** (a) 1.3 kg/m^3 (b) 1.2 kg/m^3 **49.** 1.3×10^3 m^3 **51.** 4×10^{-17} Pa **53.** 0.38 m^3 **55.** 2.1 mm **57.** 1550 K **59.** (a) 1.52×10^5 J/m^3 (b) 4.559×10^7 J/m^3 **61.** (b), (a) = (c) = (d), (e) = (f) **63.** 370 m/s **65.** 3.00 cm/s **67.** He: 1360 m/s; N_2: 515 m/s; H_2: 1920 m/s; O_2: 482 m/s **69.** 2220 K **73.** 0.14°C **75.** 1.3×10^{-19} J **77.** 1.25×10^6 s **79.** 80 s **81.** 1.3×10^{-5} s **83.** (a) The number of moles decreases by 25%. (b) −48° C **85.** (a) 52 cm (b) 12 m **87.** 467 mol **89.** 140 atm **91.** 165°C **93.** HNO_3 **95.** (a) 6.42×10^{-21} J (b) 0.3% **97.** 80 cm^3 **99.** 13.2 inches **101.** (a) 50.9 cm^3 (b) increases by a factor of 1.675 **105.** (a) 4.2 nm (b) the gas is dilute **107.** (a) 44°C (b) −21°C **109.** (a) 27.4°C (b) 4.5 kN **111.** (a) 3170 lb (b) −3.18 ft **113.** -1.5×10^{-4} **115.** 1.50 **117.** (a) 1.6 atm (b) −10% **119.** (a) 0.1 μm (b) 5×10^9 (c) 500 m (d) 1 cm

14장 열

선다형 질문 해답

1. (a) **3.** (d) **5.** (b) **7.** (c) **9.** (c) **11.** (d)

문제 해답

1. (a) 34 J (b) Yes; the increase in internal energy increases the average kinetic energy of the water molecules, so the temperature is slightly increased. **3.** 4.90 kJ **5.** (a) 250 J (b) all three **7.** 5.4 J **9.** 6.40×10^{-4} kJ/K **11.** 2430 kJ/K **13.** 82°C **15.** (a) 0.38 kJ/K (b) 32 kJ/K **17.** 250 kJ **19.** 1.34 kg **21.** 0.50 MJ **23.** 700 m **25.** 28.4°C **27.** 80 s **29.** 44°C **31.** (a) 6.5 J (b) 1.5 W, about 2% of the total **33.** B to C, solid to liquid; D to E, liquid to gas **35.** 330 J/g **37.** 10.4 g **39.** 3100 kJ **41.** 179 g **43.** 24 g **45.** 371°C, yes **47.** 23.2 W **49.** The ice will melt completely; 32°C. **51.** 110 W **53.** 36 g **55.** (a) 2.0 cm (b) 29 m **57.** (a) 0.12 K/W (b) 2.5×10^{-4} K/W (c) 5.0×10^{-5} K/W **59.** (a) 320 W (b) 18 kW **61.** reduced to 75% of the original **63.** −37°C **65.** (a) 300 W (b) 4500 W **67.** (a) the skier with the down jacket (b) The person with the down jacket can stay outside 6.4 times longer. **69.** 6.67 W/m^2 **71.** reduced to 0.019 times its original value **73.** 2.9×10^{-3} m·K **75.** 0.60 **77.** 4.8×10^{-5} m^2 **79.** 170 kcal/h **81.** 28 kJ **83.** (a) 0.0089 °C/s (b) 9.4 min **85.** (a) 39°C (b) 182 W/m^2 **87.** 1090 K

89. coffeepot: 4.5 W; teapot: 24 W
91. (a) true; in (kcal/d)/kg: mouse, 210; dog, 51; human, 32; horse, 11 (b) in (kcal/d)/m^2: mouse, 1200; dog, 1000; human, 1000; horse, 960 (c) Rate of heat flow from the body is proportional to surface area. **93.** (a) 0.32 W (b) 800 K/m (c) 0.16 W (d) 0.64 W (e) 64°C **95.** 320 s **97.** (a) 180°C (b) 20.9°C **99.** 480 g **101.** (a) 9.9 kJ (b) 360 g **103.** 0°C **105.** 0.010°C **107.** 6.3 kg **109.** 35°C **111.** 0.32 kg **113.** (a) 103.81°C (b) 0.565 g/s **115.** (a) 1.7 m/s (b) 7.83 g **117.** (a) Nitrogen; at the same temperature they have the same average KE, so the less massive molecule has a higher rms speed. (b) 62°C (c) 180 J **119.** 3.1×10^{-4} g

15장 열역학

선다형 질문 해답

1. (b) **3.** (d) **5.** (c) **7.** (c) **9.** (e) **11.** (b) **13.** (d)

문제 해답

1. 2.9 J **3.** 100 J of heat flows out of the system. **5.** 108 kJ **7.** (a) 10.8 K (b) 56 kJ **9.** −203 J **11.** (a) 98.0 kPa; 1180 K (b) −200 J (c) −66 J (d) $\Delta U = 0$ because $\Delta T = 0$ in a cycle. **13.** (a) 8.87 kPa; 1200 K (b) 23 kJ (c) 20.0 kJ (d) 0 **15.** 15 kJ **17.** −5.00 kJ; out of the gas and into the reservoir **19.** (a) −1216 J (b) $\Delta U = 1216$ J; $Q = 2431$ J **21.** (a) −1934 J (b) $\Delta U = 1216$ J; $Q = 3149$ J **23.** (a) *D*, *B*; cycle moves clockwise. (b) *A*, *C*, *E*; cycle moves counterclockwise. (c) *A*, *C*, *E*; heat pumps and refrigerators work the same way. **25.** 0.628 **27.** (a) 3.00 kJ (b) 2.00 kJ **29.** (a) 1.2×10^{17} J (b) 1.4×10^{13} kg **31.** 0.182 **33.** \$2.4 **35.** 171 K **37.** 25.0 kJ **39.** 14 W **41.** (a) 7.8 kJ (b) 6.8 kJ **43.** 31 kg **45.** 2.1 pW **47.** (a) 0.3436 (b) 275.7 kJ **49.** 4.2% **51.** 0.0174 **53.** 110 kJ **55.** (a) 0.300 (b) 2.7 kJ **59.** (c), (a), (b), (d) **61.** +6.05 kJ/K **63.** (a) 3.4×10^{-3} J/K (b) -2.8×10^{-3} J/K (c) 6×10^{-4} J/K **65.** 0.102 J/(K·s) **67.** (a) 97 W (b) 0.33 W/K **69.** (a) 0.72 J (b) 8.8×10^{-19} J per molecule **71.** coal: 4.3×10^{13} J; nuclear: 6.0×10^{13} J **73.** 4.5 GW **75.** 0.12 J/K **77.** 3.8 kJ **79.** 250 W **81.** 350 J/K **83.** 87.1 kJ **85.** (a) 6.2 mJ (b) 22 mJ (c) 1.2 mK **87.** (a) Step A: 0; Step B: −2080 J; Step C: 0; Step D: +2080 J
89.

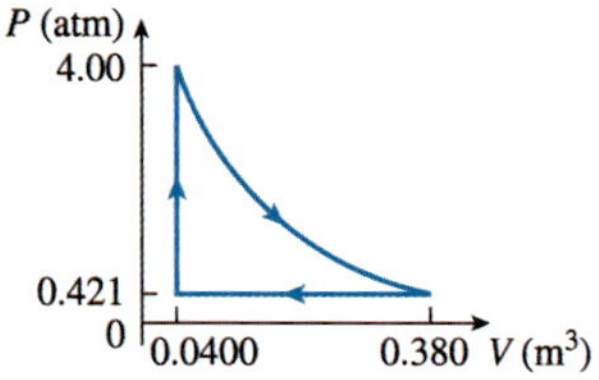

91. (a) Step 1: 36.5 kJ; Step 2: −36.3 kJ; Step 3: 21.8 kJ (b) 56.2 J/K (c) Entropy is a state variable, so $\Delta S_{gas} = 0$ for a complete cycle. No: not a reversible engine, so $\Delta S_{environment} > 0$. **93.** high temperature: 2.6×10^5 W; low temperature: 1.9×10^5 W **95.** (a) 15.9°C (b) −0.03 J/K (c) The entropy of the universe cannot decrease. **97.** (a) 39.6% (b) 498 MW (c) 33.0 m^3/s **99.** (a) 2350 K (b) $e_r = 0.800 = 1.80e$

16장 전기력과 전기장

선다형 질문 해답

1. (j) **3.** (e) **5.** (c) **7.** (d) **9.** (b)

문제 해답

1. 9.6×10^5 C **3.** (a) added (b) 3.7×10^9 **5.** 12.0 μC **7.** 3*Q*/8 on spheres A and C; *Q*/4 on sphere B **9.** pairs AB, AD, AE, CB, CD, CE, BE, and DE attract; pairs AC and BD repel **11.** 30 km **13.** 2.268×10^{39} **15.** (a) 6.0×10^{-5} N toward the −3.0 nC charge (b) 6.0×10^{-5} N toward the 2.0 nC charge **17.** $kq^2/(2d^2)$ to the left **19.** 2.8×10^{-12} N toward the Cl^- ion **21.** 1.6 N at 24° above the postive *x*-axis **23.** 6.21 μC and 1.29 μC **25.** 2.5 mN **27.** 0.72 N to the east **29.** 3.2×10^{12} m/s^2 up **31.** 1.5×10^8 N/C directed toward the −15 μC charge **33.** *A*, *B*, *C*, *D*, *E* **35.** $7k|q|/(4d^2)$ to the left **37.** $0 < x < 3d$
39.

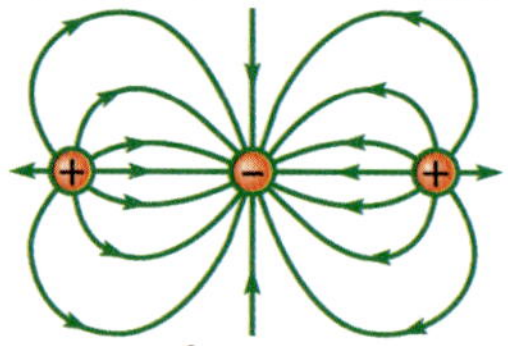

41. 1.00×10^6 N/C up **43.** 9.78×10^5 N/C at 14.6° CCW from a vertical axis through the left side of the square **45.** 1.61 N in the +*x*-direction **47.** −0.43*q* **49.** 400 N/C **51.** (−0.108 mm, 0) **53.** (a) The electric field is directed from the top plate to the bottom plate. (b) 1.77×10^{-7} C/m^2 (c) 0.44 mm **55.** (a) $F_g = 1.64 \times 10^{-26}$ N; $F_E = 1.04 \times 10^{-15}$ N; Yes, gravity can be neglected because the electrical force is about 10 orders of magnitude larger. (b) 1.09 m **57.** 0.78 mm toward the positive plate **59.** 9.1° below the horizontal
61. (a)

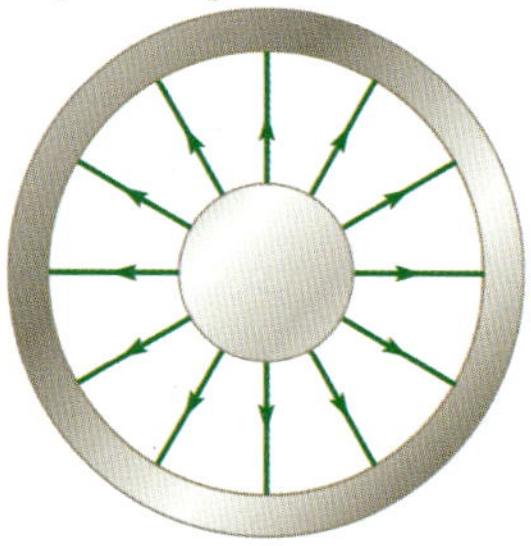

(b) −6 μC; 0
(c)

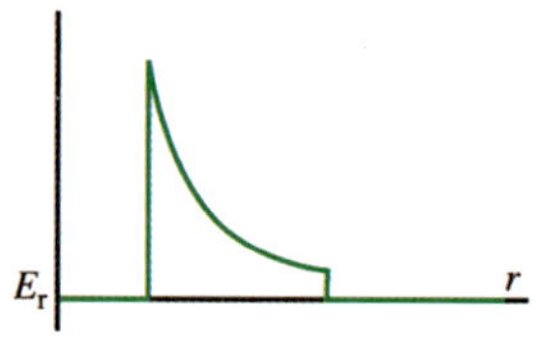

63.

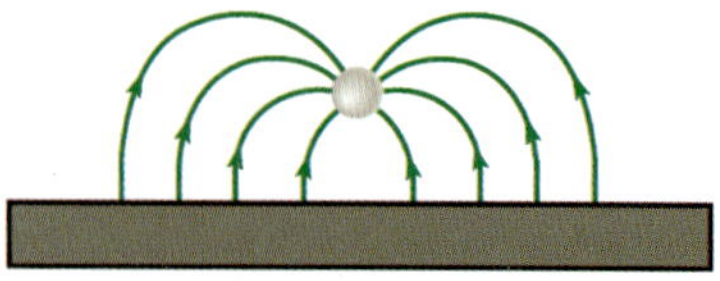

65. (a) 7 μC (b) −11 μC

67.

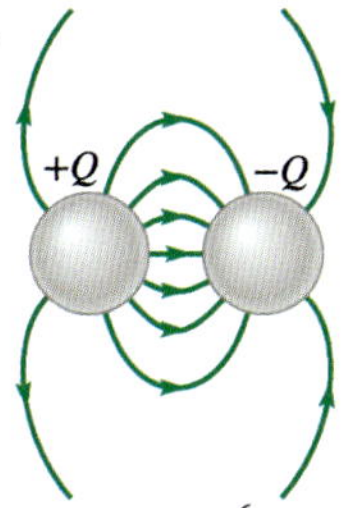

69. (a) 6.8×10^6 N/C (b) 0 (c) 2.3×10^6 N/C
71. (a) $\Phi_{E\parallel} = 0$, $\Phi_{E\perp out} = Ea^2$, and $\Phi_{E\perp in} = -Ea^2$. (b) 0
73. 1.68×10^4 N·m²/C **77.** -3.72×10^{-23} C/m
79. (a) 0 (c) No
81. (a)

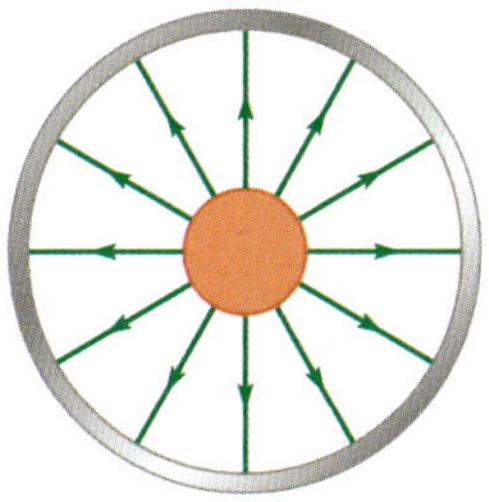

(b) For $r \le a$, $E = 0$; for $a < r < b$, $E = 2k\lambda/r$, for $r \ge b$, $E = 0$.
83. (a) 4.0×10^4 N/C up (b) positive **85.** (a) 2 mN
(b) Coulomb's law is valid for point charges or if the sizes of the charge distributions are much smaller than their separation.
(c) smaller **87.** $-2.41d$ **89.** 4×10^{-13} N at 60° above the negative x-axis **91.** 1.3 m **93.** 3.20×10^{-14} N upward
95. (a) 2.5×10^7 N/C at 24° below the $-x$-axis
(b) 1.0×10^4 m/s² at 24° above the $+x$-axis **97.** y-component, +24 μm; x-component, −100 m **99.** 1/2
101. (a) 8.4×10^7 m/s (b) 6.6 ns
103. (a) $E = \dfrac{kq}{(y - d/2)^2} - \dfrac{kq}{(y + d/2)^2}$; $+y$-direction
(c) No. The net charge of the dipole is zero; the small electric field at a point far away from the dipole is due to the two charges being at slightly different distances from that point.
105. -1.45×10^{-5} C **107.** (a) 670 N/C (b) 1000 s = 17 min
(c) A smaller charge results in a smaller electric force, which results in a smaller terminal speed. Since v_t/E is smaller, the mobility must be smaller. **109.** 6.8 m/s **111.** 150 rad/s² **113.** 2.6×10^{-27} N·m
115. (a) $\sqrt{\dfrac{9\eta v_t}{2(\rho_{oil} - \rho_{air})g}}$ (b) $\dfrac{4\pi R^3(\rho_{oil} - \rho_{air})g}{3E}$

17장 전기 퍼텐셜

선다형 질문 해답

1. (f) **3.** (e) **5.** (d) **7.** (f) **9.** (b) **11.** (b)

문제 해답

1. (a) = (d), (b) = (e), (c) **3.** (a) -4.36×10^{-18} J (b) The force each charge exerts on the other is attractive; the potential energy is lower than if the two were separated by a larger distance.
5. 2.3×10^{-13} J **7.** −11.2 μJ **9.** −11.2 μJ
11. 2.8 mJ **13.** 1.80 μJ **15.** −1.80 μJ **17.** 1.92×10^{-17} J
19. 7.6×10^8 N/C straight down; $V = 7.6$ MV **21.** (a) positive (b) 10.0 cm **23.** 8.0 μC on the smaller sphere and 16 μC on the larger sphere **25.** (a) $\sqrt{3}R_0$ (b) $3R_0$ **27.** (a) $V_a = +270$ V; $V_b = -160$ V (b) +430 V (c) $+6.5 \times 10^{-7}$ J
29. (a) $V_a = 1350$ V; $V_b = -899$ V (b) −4.49 μJ
31. (a) 7.35×10^4 V (b) 5.04×10^4 V (c) 1.04×10^{-3} J
33. A, B, E, D, C **35.** (a) 1.0 μN to the right (b) +60 V
(c) +0.25 μJ (d) −0.25 μJ **37.** (a) upper plate is positive, lower plate is negative (b) 1.67×10^{-13} V **39.** 1.0 cm
41.

Cylinders

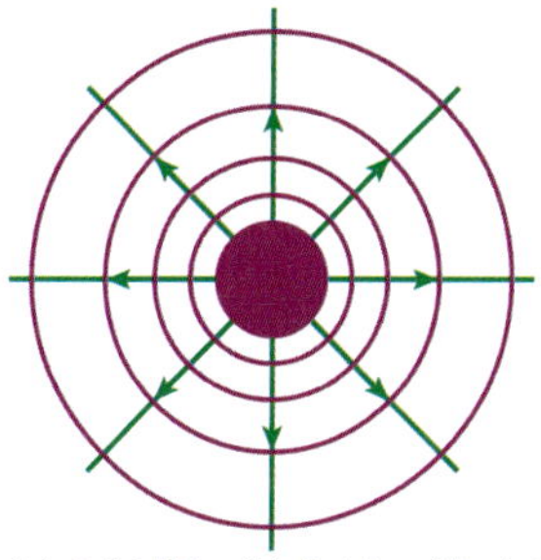

43. (a) 3.6 kW (b) 5.4 J **45.** 1.6×10^{-19} C = e **47.** 150 V
49. (c), (b), (e), (d), (a) = (f) **51.** 4.6×10^7 m/s **53.** 2.4×10^{-19} J
55. 4.85×10^{-14} m **57.** 2.563×10^{-17} J **59.** (a) 50 mV
(b) the +0.75 μC plate **61.** (a) 3 kV (b) 6 mC
63. (a) 24 kV/m, 0.76 nC (b) E halved, Q halved
65. 1500 km **67.** 4.51×10^6 m/s **69.** 300 m **71.** 83 pF
73. (a) 3.7 nF (b) 21 pF **75.** 5.0 **77.** (a) 7.1 μF (b) 1.1×10^4 V
79. The energy increases by 50%. **81.** (a) 0.18 μF (b) 8.9×10^8 J
83. (a) 556 pC, 2.00 kV/m, 5.56 nJ (b) 172 nC, 2.00 kV/m, 20.0 V, 1.72 μJ **85.** (a) 630 V (b) 0.063 C **87.** 0.27 mJ
89. (a) 0.14 C (b) 0.30 MW **91.** 4×10^{-20} J **93.** (a) upward
(b) $v_y md/(e\,\Delta V)$ (c) decreases **95.** (a) 1.25 μm (b) 1600 m²
97. 3.204×10^{-17} J **99.** 9.0 mV **101.** 3.0 ns
103. (a) 4.9×10^{-11} C (b) 3.1×10^8 ions **105.** 1.44×10^{-20} J
107. 5×10^{-14} F **109.** (a) 7.0×10^6 m/s upward (b) 7.0 mm
111. (a) The electric force is 2500 times larger than the gravitational force. (b) $v_x = 35.0$ m/s; $v_y = 7.00$ m/s **113.** (a) 83 pF
(b) 3.8×10^{-3} m² (c) 1.2 kV **115.** (a) 2.7 kV (b) 6.8 μJ
117. (a) 6.24 N at 16.1° below the $+x$-axis (b) −2.40 J
119. 3.53 pm **121.** (a) 10.0 GJ (b) 390 kg (c) 0.69 month
123. 3.44 mK **125.** (a) 220 V (b) 0.60 m/s (c) 1.2 nN
(d) It is not realistic to ignore drag since $F_E \ll F_D$.
The potential difference should be larger. **127.** 0.011 N **129.** 0.57 s

18장 전류와 전기회로

선다형 질문 해답

1. (a) **3.** (f) **5.** (c) **7.** (b) **9.** (b)

문제 해답

1. 4.3×10^4 C **3.** (a) from the anode to the filament
(b) 0.96 μA **5.** 2.0×10^{15} electrons/s **7.** 22.1 mA
9. 810 J **11.** (a) 264 C (b) 3.17 kJ **13.** (b), (d), (a) = (e), (f), (c)
15. 5.86×10^{-5} m/s **17.** 8.1 min **19.** 12 mA **21.** 50 h
23. 1.3 A **25.** 0.794 **27.** (a) 50 V (b) to avoid becoming part of the circuit **29.** 2×10^{19} ions/cm³ **31.** 2.5 mm
33. 1750°C **35.** 4.0 V; 4.0 A **37.** (a) 1.1 (b) 0.48
(c) aluminum **39.** R, ρ, E, v_D, and P change by factors of 1/78, 1/78, 1, 78, and 78, respectively. **41.** (a) 7.0 V (b) 18 Ω

43. (a) 23.0 μF (b) 368 μC (c) 48 μC **45.** (a) 5.0 Ω (b) 2.0 A **47.** (a) 1.5 μF (b) 37 μC **49.** (a) 8.0 μF (b) 17 V (c) 1.0×10^{-4} C **51.** 2.0 A through 1.0 Ω and 3.0 Ω; 1.3 A through 12.0 Ω; 0.67 A through 8.0 Ω and 16.0 Ω **53.** (a) $R/8$ (b) 0 (c) 16 A **55.** (a) 2.00 Ω (b) 3.00 A (c) 0.375 A **57.** $R_1 = 45.6$ Ω; $R_2 = 7.1$ kΩ **59.** 75 V; 8.1 Ω **61.** alternator: 22.1 A, up; battery: 7.9 A, down; R: 14.3 A, down; terminal voltage is 12.1 V; charging **63.** 20 W **65.** 360 Ω **67.** 1.13 W **71.** (a) 36.5 Ω (b) 0.657 A (c) 7.58 V (d) 0.505 A (e) 3.83 W **73.** (a) 35.0 Ω (b) 0.686 A (c) 16.5 W (d) 6.9 V (e) 0.34 A (f) 2.4 W **75.** (a) 81 W (b) less
77. (a)

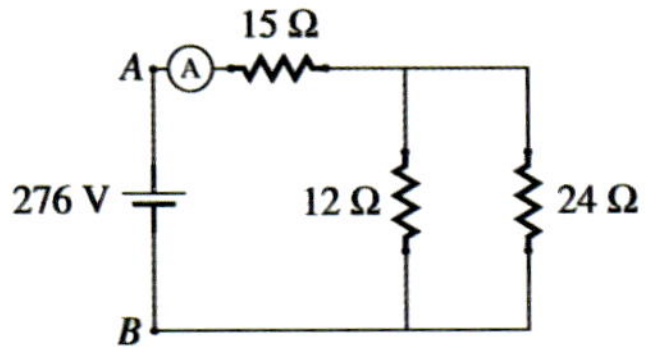

(b)

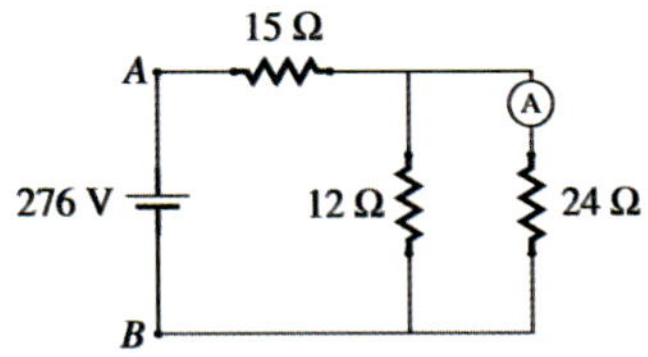

79. (a)

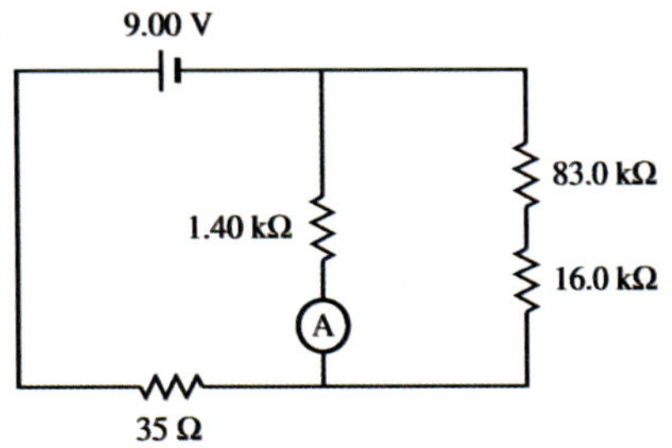

(b) 6.27 mA (c) 5.79 mA
81. (a) 120 Ω; in parallel (b) The meter readings should be multiplied by 1.20 to get the correct current values. **83.** 5.5 V **85.** 8.04 kΩ **87.** (a) 632 V (b) 63.2 mC (c) 6.7 Ω **89.** 0.80 ms **91.** (a) $I_1 = I_2 = 0.30$ mA; $V_1 = V_2 = 12$ V (b) $I_1 = I_2 = 0.18$ mA; $V_1 = 12$ V; $V_2 = 7.3$ V **93.** (a) 4.6τ (b) 6.9τ (c) 4.6τ **95.** 0.44 A; 5.3 V **97.** (a) 8.7×10^{-4} s (b) 1.2 Ω (c) 74 kW **99.** (a) 2.4×10^{-4} C; 140 μF; 18 Ω (b) 1.7 ms
101. (a) 50 mA (b) 7.4 mA
103. (a) 6.5 Ω (b) 18 A (c) 0.86 mm (d) 21 A
105. (a) 250 MΩ (b) 640 kΩ (c) 0.50 mm
107. (a) 1.9×10^5 W (b) copper: 1.2 cm; aluminum: 1.5 cm (c) copper: 1.0 kg/m; aluminum: 0.48 kg/m
109. 6.5 kJ **111.** (a) 2.00 A (b) 1.00 A
113. 9.3 A **115.** $\mathscr{E}^2/(2R)$ **117.** (a) 16% (b) smaller
119. (a) 350 Ω (b) no **121.** (a) 9.6 Ω (b) 13 A (c) 1.3 cents (d) 6.0 kW (e) 25 A
123. (a) 175 μJ (b) $Q_{2f} = 16.0$ μC; $Q_{3f} = 24.0$ μC; $U_{total} = 160$ μJ (c) The "missing" or "dissipated" energy becomes internal energy in the connecting wires.

125. (a)

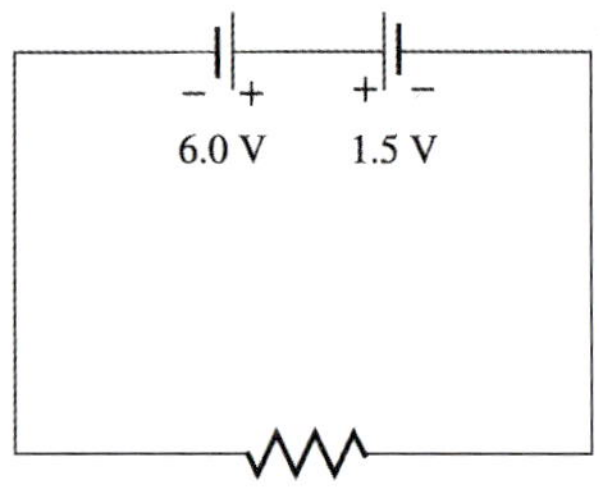

(b) The 1.5 V battery is not meant to be recharged.
127. 7.22 V **129.** (a) 30 μA (b) 3.0 V, 0.86 V, 0.86 V
131. (a) 8.00 V (b) Since no current passes through the source, its internal resistance is irrelevant.
133. (a) The positive ions move down and the negative ions move up. (b) down (c) 0.014 m/s (d) 1.3 kA **135.** 14 Ω
137. (a) 29 Ω (b) 30 Ω (c) 82°C (d) No, for a 62°C change in temperature the fractional length change is less than 0.1%.
139. 51 s

19장 자기력과 자기장

선다형 질문 해답

1. (g) **3.** (e) **5.** (c) **7.** (c) **9.** (b) **11.** (d)

문제 해답

1. (a) F (b) A; highest density of field lines at point A and lowest density at point F
3.

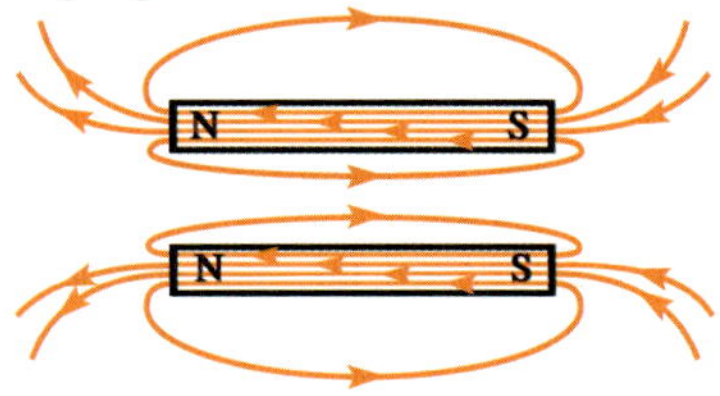

5.

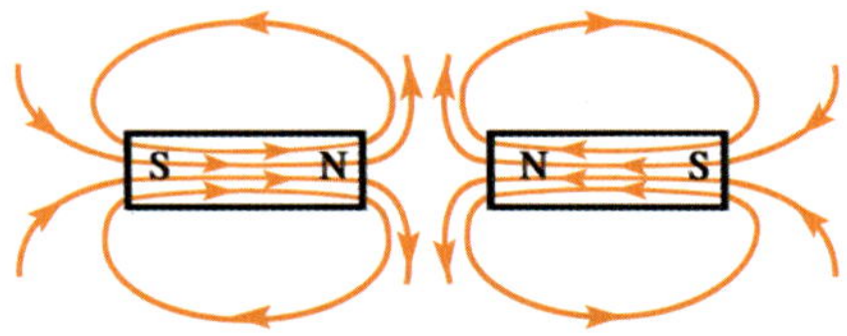

7. 1.6×10^{-12} N east **9.** 7.4×10^{-12} N east **11.** $a, b = d, c, e$
13. 4.8×10^{-14} N into the page **15.** 7.2×10^{-21} N north
17. 1.8×10^{-17} N out of the plane of the paper in the side view (or to the right in the end on view)
19. (a) 3.1×10^7 m/s (b) 4.0×10^7 m/s (c) 38° **21.** Two possibilities: 21° E of N and 21° E of S **23.** (c), (a) = (e), (d), (b), (f) **25.** 8.0×10^{-13} N **27.** 0.21 m **29.** 2.6×10^{-25} kg
31. 13.0 u **33.** (a) 14 u (b) nitrogen **35.** $2\pi m/(qB)$
37.

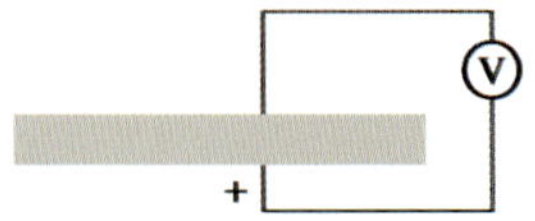

39. $8.4 \times 10^{28}\ \text{m}^{-3}$ **41.** (a) upward (b) 0.20 mm/s **43.** (a) 0.34 m/s (b) $6.7 \times 10^{-6}\ \text{m}^3/\text{s}$ (c) top **45.** (a) 2.2 N (b) Only the maximum possible force can be calculated because the directions of $\vec{\mathbf{B}}$ and $\vec{\mathbf{L}}$ are unknown. **47.** 0.072 N north **49.** 0.33 A to the left **51.** (a) $\vec{\mathbf{F}}_{top} = \vec{\mathbf{F}}_{bottom} = 0$; $\vec{\mathbf{F}}_{left} = 0.50\text{N}$ out of the page; $\vec{\mathbf{F}}_{right} = 0.50\text{N}$ into the page (b) 0 **53.** (a) 18° below the horizontal with the horizontal component due south (b) 42 A **55.** (e), (b) = (f), (a) = (d), (c) **57.** 0.0013 N·m **59.** 9.3×10^{-24} N·m **63.** For a distance of 1 μm, $B = 0.6\ \mu\text{T}$, which is about 1% of Earth's. For a distance of 1 mm, $B = 0.6$ nT (0.001%). **65.** 1.73×10^{-7} T **67.** 9.5×10^{-8} N out of the page **69.** 1.6×10^{-5} T out of the page **71.** 8.0×10^{-5} T down **73.** 1.5×10^{-17} N in the $-y$-direction **75.** at C, 2.0×10^{-5} T into the page; at D, 5.9×10^{-5} T out of the page **77.** 5.4 mT **79.** (a) $\vec{\mathbf{B}}_1 = \mu_0 I_1/(2\pi d)$, ⊥ to the plane of the wires (b) $\mu_0 I_1 I_2 L/(2\pi d)$ toward I_1 (c) $\vec{\mathbf{B}}_2 = \mu_0 I_2/(2\pi d)$, ⊥ to the plane of the wires and opposite to $\vec{\mathbf{B}}_1$ (d) $\mu_0 I_1 I_2 L/(2\pi d)$ toward I_2 (e) attract; repel (f) yes, because the forces are equal and opposite **81.** 2.2×10^4 turns **83.** 80 μT to the right **85.** 96 μT to the right **87.** (a) 4.9 cm (b) opposite (c) Yes **89.** (a) $5I$ out of the page (b) $2I$ into the page **91.** n depends upon r; $B = \mu_0 NI/(2\pi r)$; the field is not uniform since $B \propto r^{-1}$. **93.** 21 cm **95.** (a) 180 km (b) 2.4×10^6 m **97.** (a) graph (I) (b) graph (III) **99.** 3.4 cm **101.** South **103.** (a) 1.7×10^{-8} N (b) up **105.** 20.1 cm/s **107.** $\tan^{-1}\dfrac{\mu_0 NI}{2rB_H}$ **109.** (a) 3.1×10^{-5} T along the $+y$-axis (b) 9.0×10^{-17} N along the $-x$-axis **111.** (a) 0.166 mT in the $+x$-direction (b) out of the page (c) 8.84 A **113.** 6.4×10^{-14} N at 86° below west **115.** 8.94×10^{-5} T at 26.6° south of east **117.** (a) 8.6×10^{-15} N at 68° below west (b) No, since $\vec{\mathbf{F}}_E$ and $\vec{\mathbf{F}}_B$ are perpendicular **119.** 4.9° **121.** (a) 1.1 mm/s (b) 17 μV (c) left side **123.** 74 A **125.** (a) vB north
(b)

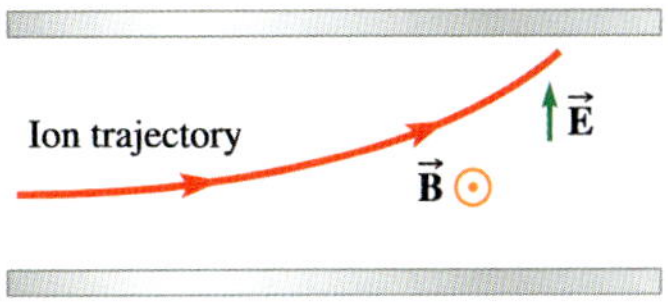

127. $eBD/(2v)$

20장 전자기 유도

선다형 질문 해답

1. (c) **3.** (c) **5.** (d) **7.** (b) **9.** (b)

문제 해답

1. (a) top (b) 0.31 V **3.** (a) 33 μA (b) 0.20 μW (c) 1.3 μN to the left
5.

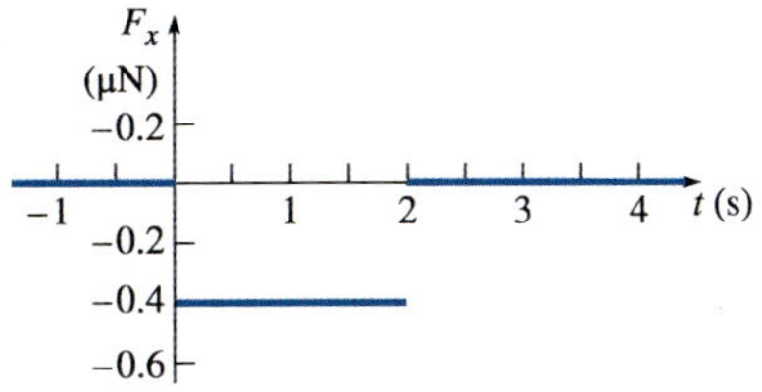

7. (a) vBL/R toward the upper rail (b) left (c) vB^2L^2/R **9.** (a) vB^2L^2/R (b) $v^2B^2L^2/R$ (c) $v^2B^2L^2/R$ (d) Energy is conserved since the rate at which the external force does work is equal to the power dissipated in the resistor. **11.** 18.0 V **13.** 390 rad/s **15.** 5.2×10^{-5} Wb **17.** (a) 0.090 Wb (b) 0.16 Wb (c) $-z$ **19.** to the right **21.** (a) CCW (b) 3.5×10^{-3} Wb/s **23.** (a) CCW (b) 28.8 mV **25.** (a) 70 mA (b) CCW **27.** (a) to the right (b) to the left
(c)

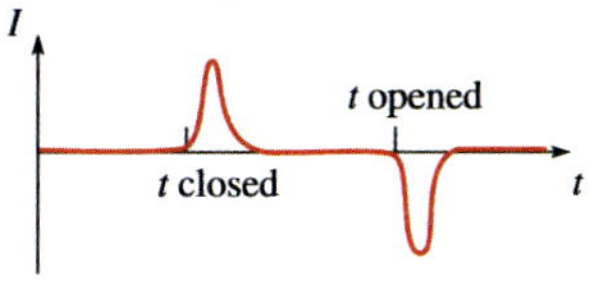

29. (a) to the right (b) $I \propto N$ (c) $I \propto v$ (d) yes **31.** (a) CW (b) for a brief moment (c) to the right (d) to the left **33.** (a) 0.750 A (b) 3.00 A; Tim should shut the trimmer off because the wires in the motor were not meant to sustain this much current. The wires will burn up if this current flows through them for very long. **35.** 110 V **37.** (a) 1/20 (b) 1000 **39.** 2.00 **41.** 28 V; 0.53 A **43.** (a) CW (b) CCW
(c)

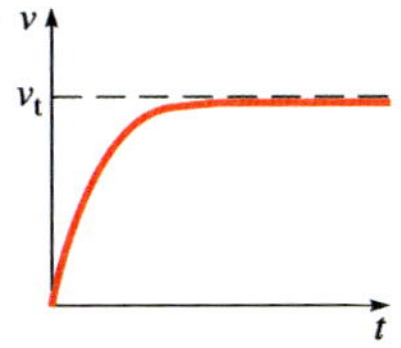

45. (a) $(\mu_0 N_1 N_2 \pi r^2 I_m/\ell)\sin\omega t$ (b) $(\mu_0 N_1 N_2 \pi r^2 \omega I_m/\ell)\cos\omega t$ **47.** 1.8×10^{-7} Wb **49.** increased to 2.0 times its initial value **51.** (a) $B = \mu_0 nI$ (b) $\Phi = B\pi r^2$ (c) $N\Phi = NB\pi r^2$ (d) $L = \mu_0 n^2 \pi r^2 \ell$ **53.** $L_{eq} = L_1 + L_2$ **55.** (a) 0 (b) 6.0 V (c) 0.60 A **57.** (a) 0 (b) 12 V **59.** (a) 1.7 mA, 0, 45 V, 0, 75 mW, 45 V (b) 1.7 mA, 15 mA, 45 V, 45 V, 0.75 W, 0 **61.** 22.0 Ω; 0.160 H **63.** (a) 0.27 W (b) 0.27 W (c) 0.55 W **65.** 69 ms **67.** (a) 180 mA (b) 2.5 mJ (c) 1.1 W (d) 0 **69.** (a) 91 H (b) 19 V **71.** (a) Lx (b) BLx (c) BLv (d) BLv (e) BLv/R (f) Because the magnetic flux through the loop is increasing, the induced current flows counterclockwise to create its own magnetic flux in the opposite direction. **73.** The current in loop B flows clockwise; the current in loop C flows counterclockwise. **75.** (a) current is CCW, forces are repulsive (b) current and forces are zero (c) current is CW, forces are attractive **77.** CCW as viewed from the left **79.** 2500 rad/s **81.** 68 nWb **83.** (a) 0.64 GJ/m^3 (b) 1.2×10^{10} V/m **85.** (a) 120 (b) 0.48 A in the primary and 4.1 mA in the secondary **87.** 0.035 mT **89.** 85 **91.** (a) 0.31 V (b) eastern wingtip **93.** $\dfrac{\mu_0 N_1 N_2 \pi r_1^2}{\ell_2}\dfrac{\Delta I_2}{\Delta t}$ **95.** $U_E = 10^{-6} U_B$ **97.** (a) 1300 rev/min (b) 0.044 N·m, 0.087 N·m (c) 1.4 m/s **99.** (a) no magnetic force; $\mathscr{E} = 0$; $I = 0$ (b) $\mathscr{E}_{net} = 32$ nV; $I_{loop} = 400$ pA clockwise; $\vec{\mathbf{F}} = 2.9 \times 10^{-17}$ N to the left (c) 1.3×10^{-17} W

21장 교류

선다형 질문 해답

1. (i) **3.** (d) **5.** (a) **7.** (c) **9.** (c)

문제 해답

1. 120 times per second **3.** 18 A **5.** 6000 W; the heating element of the hair dryer will burn out because it is not designed to convert this amount of power. **7.** (a) 35 A (b) 3.2 kW
9. −5.7 V and 5.7 V **13.** 27 Hz **15.** (a) 12.7 kΩ (b) 17 mA
19. (a) 2.0 μF, 6.0 V; 3.0 μF, 4.0 V; 6.0 μF, 2.0 V (b) 0.48 A
21.

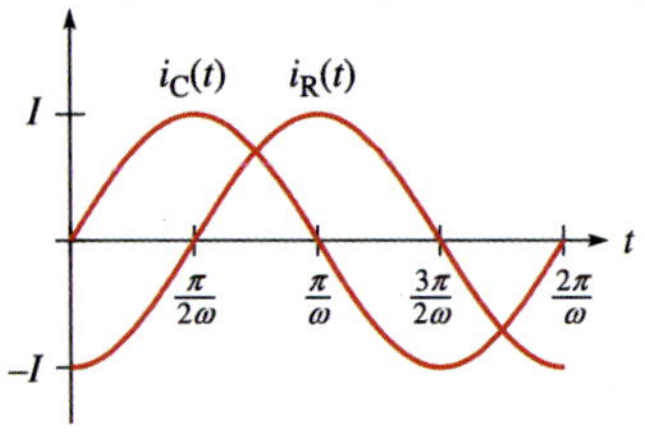

23. 150 Hz **25.** (a) 430 Ω (b) 3.1 cm
27. (a)

L (H)	*V* (V)
0.10	0.83
0.50	4.2

(b) 11 mA

29. (a) 180° (b) 4.0 V
31.

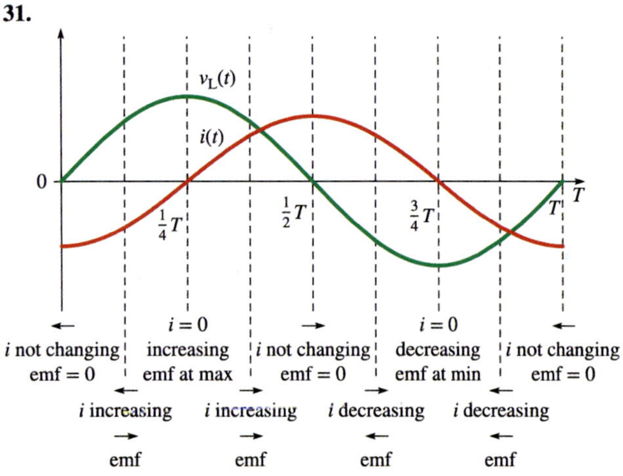

33. 71.2 mH **35.** 2 kΩ **37.** (a) $\phi = -40°$, $V_L = 3.4$ V, $V_C = 9.2$ V, $V_R = 6.9$ V. (b)

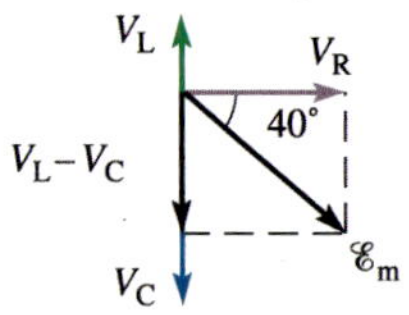

39. (a) 0.71 (b) 44° **41.** (a) 65° (b) $R = 25\ \Omega$; $L = 0.29$ H; $C = 4.9 \times 10^{-5}$ F **43.** $Z = 20.3\ \Omega$, $\cos\phi = 0.617$, $\phi = 51.9°$
45. (a) $V_L = 919$ V, $V_R = 771$ V (b) no, because the voltages are not in phase
(c)

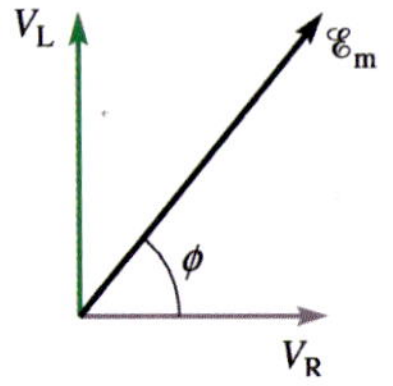

47. (a) 32 Hz (b) $1/\sqrt{2}$ (c) $\mathscr{E}$ leads I by $\pi/4$ rad = 45° (d) 210 Ω
49. (a) 15.7 Ω (b) 18.6 Ω (c) 53.7 mA (d) 57.5°
51. decreases by a factor of $1/\sqrt{2}$ **53.** $\omega_0 = 22.4$ rad/s, $f_0 = 3.56$ Hz **55.** (a) 210 μF (b) 210 pF
57. (a) 180° (b) 2.4 V (c) I_{rms} decreases.
59. (a) 745 rad/s (b) 790 Ω (c) $V_R = \mathscr{E}_m = 440$ V; $V_C = V_L = 125$ V **61.** (a) 0°
(b)

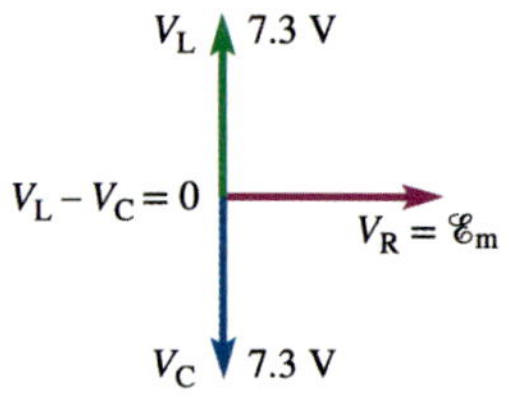

(c) 98.7 Hz

63. (a) 8.1 Ω (b) 8.1 Ω (c) 7×10^{-4} H (d) $f_{co} = \dfrac{1}{2\pi\sqrt{LC}}$
65. (a) 750 rad/s
(b)

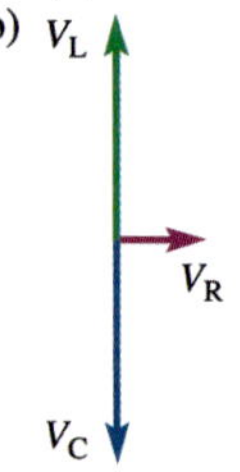

(c) $V_{ab} = 440$ V; $V_{bc} = 1.1$ k V; $V_{cd} = 1.1$ kV; $V_{bd} = 0$; $V_{ad} = 440$ V (d) 750 rad/s (e) 3.5 A
67. (a) 0.51 Ω (b) 2.2 MW (c) 150000 (d) 14 A (e) 98 W **69.** (a) 27.3 Ω (b) 8.74 V (c) 320 mA
71. 120 times per second **73.** (a) 5.9 kW (b) cheaper and less dense **75.** (a) 4.53 kΩ (b) 24 mA **77.** 1.0 mA **79.** (a) 69.8 Ω (b) 185 mH **81.** (a) 20 A (b) 26 A
83. (a) 0.95 (b) 470 Ω (c) 4.2 A (d) 4.0 kW
85. (a) The power is cut in half. (b) The power is 4/5 of its original value. **87.** $0.67I_i$ **89.** (a) 48 A (b) 56 A (c) The power dissipated in transmission is greater. **91.** (a) a capacitor (b) 0.396 A (c) 37 μF **93.** (a) 4.0 A; $V_{R,rms} = 80$ V; $V_{L,rms} = 140$ V; $V_{C,rms} = 80$ V (b) The current lags the voltage.
(c)

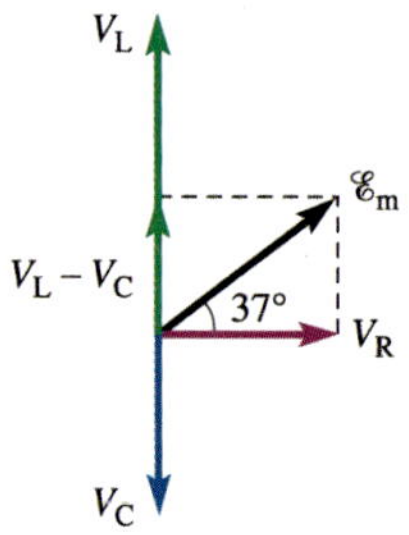

(d) 320 W

95. (a) 13 Ω (b) 18 A (c) −27° (d) The current leads the voltage. (e) $V_{R\,rms} = 210$ V; $V_{L\,rms} = 4.3$ kV; $V_{C\,rms} = 4.4$ kV
97. (a) 17 A (rms) (b) 3.3 kW; 0.42% (c) 25 **99.** 190 kA; 930 MW

22장 전자기파

선다형 질문 해답

1. (f) **3.** (b) **5.** (d) **7.** (b) **9.** (c)

문제 해답

1. east-west **3.** in the vertical plane defined by the vertical electric dipole antenna and the direction of wave propagation **5.** with its axis vertical **7.** 2.5 GHz **9.** 1.67 ns **11.** (a) 1.5×10^{18} Hz (b) x-rays **13.** (a) about one octave (b) approximately 8 octaves

15. 85 ms **17.** 1.62 **19.** (a) 9.462 min (b) 11.05 min **21.** (a) 455 nm (b) 4.34×10^{14} Hz **23.** (a) 5.2×10^{14} Hz (b) 2.00×10^{8} m/s; 390 nm; 5.2×10^{14} Hz **25.** $E_m = 1.20 \times 10^{-2}$ V/m; 120 GHz **27.** (a) 8.3×10^{-13} T; 1.47 MHz (b) 5.0×10^{-13} T in the $-z$-direction **29.** $+y$ direction; $B_x = (E_m/c)\sin(ky - \omega t + \pi/6)$, $B_y = B_z = 0$ **31.** 260 V/m **33.** 2.4 s **35.** 9×10^{26} W **37.** (a) 7.3×10^{-22} W (b) 1.3×10^{-12} W (c) $E_{rms} = 1.9 \times 10^{-12}$ V/m, $B_{rms} = 6.5 \times 10^{-21}$ T **39.** (b), (a) = (e), (d), (c) **41.** 0.25 **43.** 65.7 W/m^2 **45.** (a) $I_1 = I_0 \cos^2 90.0° = 0$ (b) $0.250I_0$ (c) $0.531I_0$ **47.** (a) $0.125I_0$ (b) 0 **49.** yes; up-down **51.** 45.0 m/s **53.** 1440 nm **55.** (a) f_2 (b) 1.2 kHz **57.** 5×10^{7} m/s **59.** (a) f_1 (b) -10.3 kHz **61.** (a) 530 m (b) 390 pF (c) 380 μV **63.** (a) 5.0×10^{12} Hz (b) 3.3×10^{6} Hz (c) 23.5 Hz (d) 2.00×10^{-3} Hz **65.** 2.56 s **67.** 1.58 **69.** (a) 2.2 mJ (b) 4.3×10^{14} W/m^2 **71.** 100 **73.** (a) $0.233I_0$ (b) $0.375I_0$ **75.** 0.927 W **77.** 36 kHz **79.** 2.2×10^{4} rad/s, 4.4×10^{4} rad/s, 6.6×10^{4} rad/s **81.** (a) 0.92 kW (b) 1.0×10^{5} W/m^2 (c) 6.3 kV/m; 2.1×10^{-5} T **85.** $E_y = E_m \cos(kx - \omega t)$, $E_x = E_z = 0$, $B_z = (E_m/c)\cos(kx - \omega t)$, $B_x = B_y = 0$, where $\omega = 1/\sqrt{LC}$ and $k = 1/(c\sqrt{LC})$

23장 빛의 반사와 굴절

선다형 질문 해답

1. (b) **3.** (d) **5.** (d) **7.** (b) **9.** (a)

문제 해답

1.

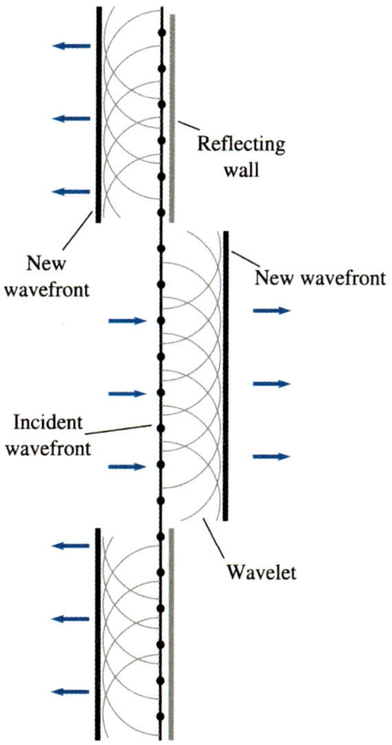

3. (a) 55° (b) 55° (c) 35° above the surface of the pond to the east **5.** 40.0° **7.** 100° **9.** 63.1° **11.** 17.46° **13.** 23.3° **15.** 10° **17.** 16.5° **19.** $44.1° \le \theta \le 45.9°$ **21.** 34.4° **23.** (a) 1.556 (b) No; for $0 \le \theta_i \le \theta_c$, $0 \le \theta_t \le 90°$ **25.** The minimum index of refraction is 1.41. **27.** (a) 0.82 (b) 37° **29.** No **31.** 1.41 **33.** (a) 36.88° (b) perpendicular to the plane of incidence (c) 53.12° **35.** 4.8 mm **37.** 11 m/s **39.** 0.82 m **41.** 2.25 m **43.** 20° **47.** 6.67 cm in front of the mirror

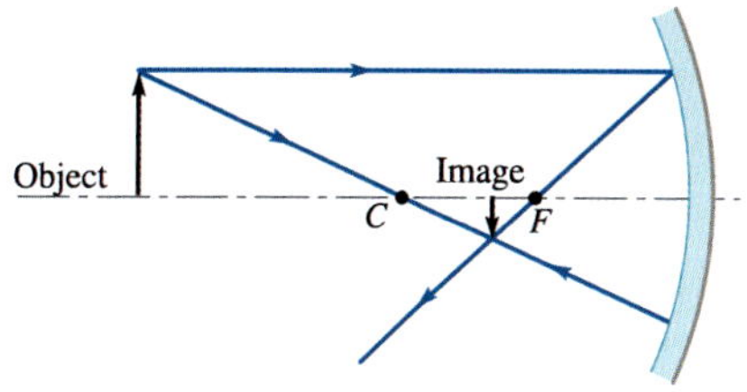

49. 1.0 cm
51. 18.8 cm in front of the mirror

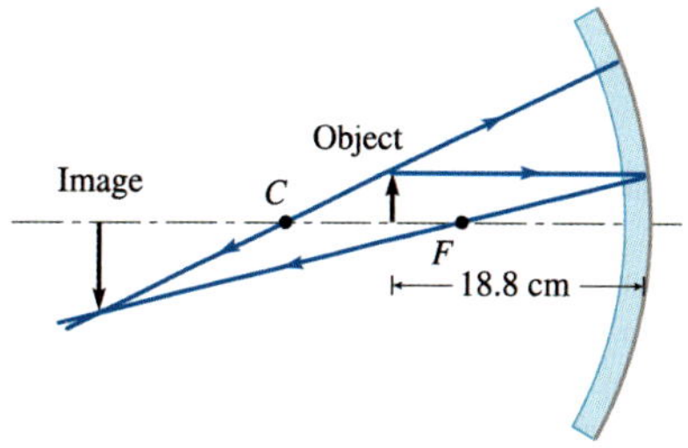

53. -210 cm **55.** (a) 3.9 m (b) The height of the image is the same as the diameter of the mirror, but the image appears to be smaller since it is 1.4 m behind the mirror. So, the image of the woman does not fill the mirror. **59.** (a) 11.7 cm

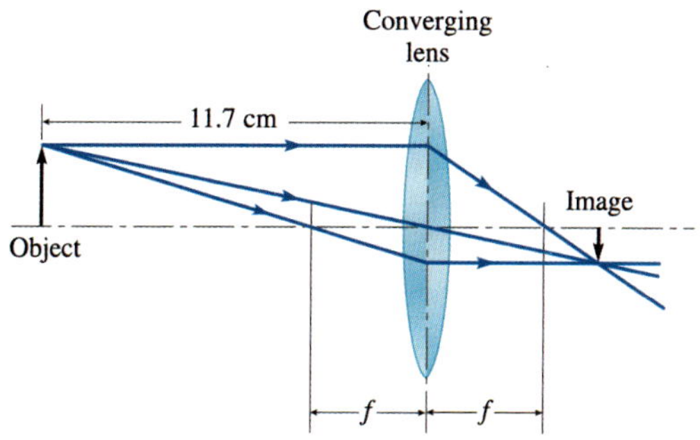

(b) real (c) -0.429
61.

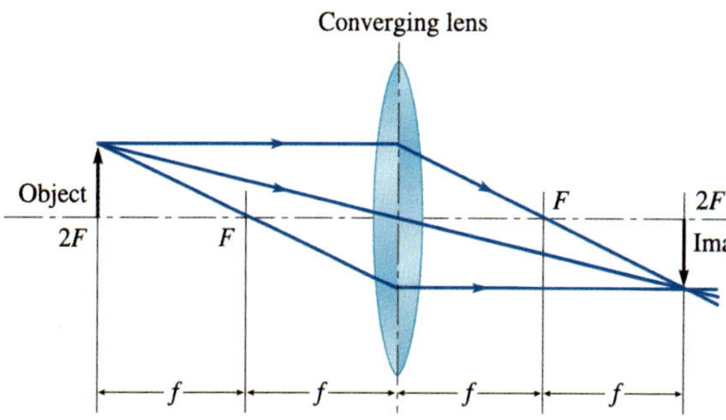

63.

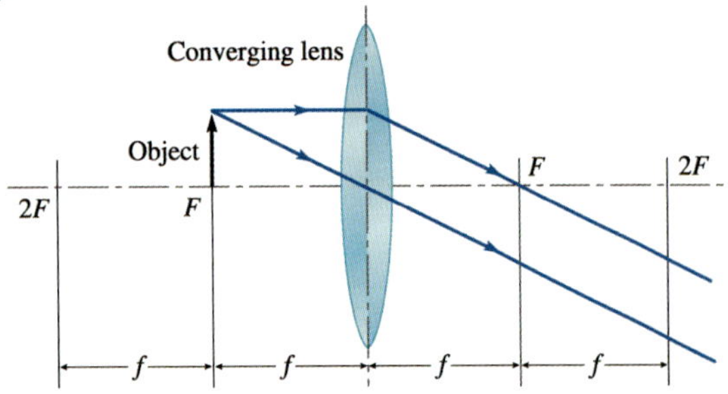

65.

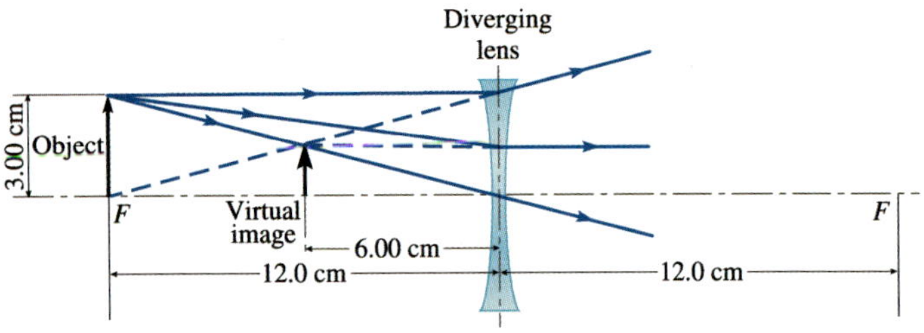

The image is located 6.00 cm from the lens on the same side as the object and has a height of 1.50 cm.
67. virtual; upright; 13.3 cm in front of the lens; 2.00 cm tall
69. (a) 3.24 m (b) closer **71.** (a) converging
(b) 2.00 m from the lens on the same side of the lens as the object
(c) 5 times the height of the object (d) upright
73. (a)

p (cm)	q (cm)	m	Real or virtual	Orientation	Relative size
5.00	−13.3	2.67	virtual	upright	enlarged
14.0	18.7	−1.33	real	inverted	enlarged
16.0	16.0	−1.00	real	inverted	same
20.0	13.3	−0.667	real	inverted	diminished

(b) 10.7 cm; −2.67 cm **75.** (a) virtual (b) 2.4 cm, concave (c) smaller (d) $p < f$ **77.** (a) 50.1° (b) 47.8° (c) path A (d) 39.9° **79.** (a) 9.1 cm (b) convex (c) $f = -7.1$ cm; $R = 14$ cm **81.** 32 cm in front of the mirror **83.** (a) concave (b) inside the focal length (c) 144 cm **85.** (a) 1.42 (b) 2.11×10^8 m/s (c) 44.6° **87.** Pin-mirror distance is 10.0 cm; pin-image distance is 40.0 cm.

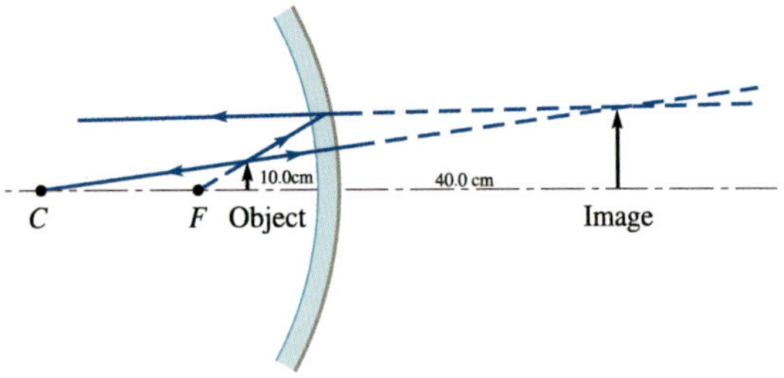

89. (a) virtual (b) 180 cm behind the lens (c) 4.6 cm; converging **91.** $\alpha = 34°$; $\beta = 56°$ **93.** $n_{liquid} < 1.3$ **95.** 19.2° **99.** (a) 37.38° (b) horizontal and perpendicular to the plane of incidence (c) 37.38° from the vertical, in the plane of incidence and perpendicular to the reflected ray (d) 52.62° **101.** 8.0 km/h

24장 광학기기

선다형 질문 해답

1. (d) **3.** (b) **5.** (b) **7.** (d) **9.** (c)

문제 해답

1. (a) 2.5 cm past the 4.0 cm lens; real (b) −0.27 **3.** (a) 11.8 cm (b) 0.0793 **5.** $q_1 = 12.0$ cm; $q_2 = -4.0$ cm; $h_1' = -4.00$ mm; $h_2' = 4.0$ mm **7.** (a) 4.05 cm (b) converging (c) 1.31 (d) 15.8 cm **9.** 15.6 cm to the left of the diverging lens **11.** minimum: 20.00 cm; maximum: 22.2 cm **13.** (a) 50.8 mm (b) −0.0169 (c) 20.3 mm **15.** 360 m **17.** 280 mm **19.** (a) 12.0 cm right of the converging lens (b) 3.3 cm right of the diverging lens **23.** 2.2 mm **25.** (a) farsighted (b) 70 cm to infinity **27.** −0.50 D **29.** (a) 30 cm (b) 3.3 D **31.** (a) 56 D (b) 61 D (c) 4.0 D **33.** (b) = (c), (a) = (e), (d) **35.** (a) 3.1 cm (b) 3.1 cm **37.** (a) 4.2 cm (b) 6.0 **39.** (a) 4.2 mm (b) 3.3 cm **41.** (c), (d), (a), (b) = (e) **43.** (a) 31.5 cm (b) −50 **45.** (a) −10.7 (b) −53.3 (c) 1.64 cm **47.** (a) 5.9 mm (b) 340 **49.** (a) 19.0 cm (b) −318 (c) 5.16 mm **51.** (a) 18 cm (b) −150 **53.** 4.52 cm **55.** 19.8 m **57.** objective: 43.5 cm, eyepiece: 1.45 cm **59.** (a) 2.56 m (b) 2.17 cm (c) −15 **61.** 8.5 ft **63.** (a) 1.6 m (b) −0.63 D (c) −0.63 D and 3.3 D **65.** 3.8 m **67.** (a) 10.4 cm (b) −24 (c) 86 cm **69.** (a) the lens with the 30.0 cm focal length (b) −10 (c) 33.0 cm **71.** (a) real (b) converging (c) 51 mm (d) 17 mm (e) 2.6 mm **73.** 3.8 m and 2.6 m for 24 mm and 36 mm, respectively **75.** (a) 17 cm (b) −14 (c) 7.4 cm **77.** −0.0068 **79.** (a) real and inverted (b) 22.5 cm to the left of the lens (c) −3.0 **81.** (a) 5.3 cm to the left of the converging lens (b) 3.4 cm (c) upright **83.** Image 1: 6.33 cm behind the lens, inverted and virtual. Image 2: 7.69 cm behind the lens, upright and virtual. **87.** (a) 0.090 35 rad (b) 0.018 mm (c) 33.0 W/m^2

25장 간섭과 회절

선다형 질문 해답

1. (a) **3.** (a) **5.** (e) **7.** (d) **9.** (e)

문제 해답

1. $1.48E_0$ **3.** $2.34I_0$ **5.** $10.9I_0$ **7.** $5I_0$ **9.** 147 m **11.** 86.7 μm **13.** 100 nm **15.** 480 nm **17.** 497 nm **19.** (a) 546 nm and 447 nm (b) 614 nm, 491 nm, and 410 nm **21.** (a) touching; zero (b) 140 nm (c) 280 nm **23.** 667 **27.** $m = 3$; $d = 2.7 \times 10^{-5}$ m **29.** 1.46 mm **31.** 1.64 mm **33.** 711 nm **35.** 8.0×10^{-5} m **37.** 31.1° **39.** between 3850 and 5130 slits per centimeter.
41. (a) 5 (b)

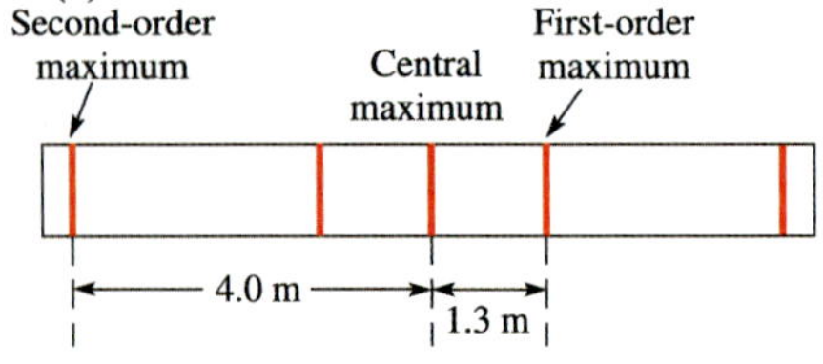

43. (a) 2; 449.2 nm and 651 nm (b) 18 lines

45. (a) 3 (b) $\theta_{b1} - \theta_{a1} = 0.04°$, $\theta_{b2} - \theta_{a2} = 0.11°$, $\theta_{b3} - \theta_{a3} = 0.91°$ (c) third-order **47.** (a) 0.050 mm (b) 1.0 cm **49.** 6.3 mm **51.** (a) wider (b) 3.3 cm **53.** 170 μm **55.** 0.012° **57.** 7.6 mm **59.** 0.13 μm **61.** (a) maximum (b) $\lambda/2, 3\lambda/2, 5\lambda/2, \ldots$ **63.** 12 m **65.** 400 nm **67.** shorter than 32.4 cm **69.** five **71.** $(m - 1/2)(1.6\ \mu m)$ **73.** 3.4 cm **75.** $t = 79.7$ nm, $t_1 = 239$ nm, $t_2 = 398$ nm **77.** (a) 0.50 mW/m^2 (b) 480 nm **79.** $\sin\theta = 4\lambda/d = 1.05$. This is impossible because $\sin\theta \leq 1$. **81.** (a) 1.11 μm (b) 429 nm (c) 429 nm, 500.0 nm, 600.0 nm **83.** 1.6 **85.** 48 m **87.** 20 cm **89.** 1530 kHz **91.** (a) 0.10 mm (b) 0.51 mm **93.** 25.6 km, 3 km **95.** (a) 0.400 cm and 36.0 cm (b) 0.010 mrad **97.** (a) $\sin\Delta\theta = n \sin\beta$

26장 상대성 이론

선다형 질문 해답

1. (e) **3.** (d) **5.** (a) **7.** (b) **9.** (b)

문제 해답

1. 2.2 μs **3.** (a) 0.87c (b) c **5.** 8.9 h **7.** 0.001c **9.** (a) 30 years old (b) 3420 **11.** 7.7 ns **13.** (a) 2 m (b) 0.50 m **15.** (a) 79 m (b) 610 ns (c) 530 ns **17.** 13 m **19.** (a) 1.0 m (b) 0.92 m **21.** (a) 7.5 μs (b) 13 μs **23.** 6.0 km **25.** 3.00×10^8 m/s **27.** 0.946c **29.** $c/5$ **31.** 5c/13 **33.** 0.66c **35.** 0.83c **37.** (a) 0.917c (b) once every 2.5 s **39.** increased by 1.00×10^{-14} kg **41.** 40 MeV **43.** 1.4×10^4 kg **45.** (a) 530 MeV (b) 106 MeV **47.** 0.64 MeV **49.** 1.45 MeV/c **51.** (a) 0.999 80c (b) 0.010 ns **53.** 1.546×10^7 m/s **55.** (a) 750 MeV (b) 0.349 08c (c) 7.03 m **57.** 1 MeV/c = 5.344×10^{-22} kg·m/s **59.** (a) The electrons are relativistic. (b) 0.63c **65.** (a) 4500 m (b) 15 μs (c) 15 μs (d) 500 000 **67.** (a) 1.87×10^8 m/s = 0.625c (b) 64.0 ns **69.** 19.2 min **71.** 33.9 MeV **73.** 0.66c **75.** 1.326 GeV **77.** (a) 7.2 m (b) 10 m (c) 21 m **79.** 6.3 km **81.** 3.91 m **83.** (a) 4.09×10^{16} J (b) 1.13×10^{10} kW·h **85.** (a) 1.2×10^{13} m (b) 5.0×10^4 s **87.** (a) 409 MeV/c (b) 147 MeV (c) 495 MeV/c^2 **89.** (a) 32 J (b) 3.3 m (c) $(1 - 1.1 \times 10^{-23})c$ = 0.999 999 999 999 999 999 999 989c **91.** (a) 2.98×10^5 m/s (b) 1.63×10^7 m/s **93.** (a) 1.8×10^7 N (b) 8200 m/s^2; this is much larger than any human could survive. **95.** (a) 3.8×10^{14} kg (b) 1.9×10^{-14} % **97.** (a) 2.965×10^9 m/s (b) 0.999 799c = $2.997 40 \times 10^8$ m/s

27장 초기 양자물리학과 광자

선다형 질문 해답

1. (c) **3.** (d) **5.** (a) **7.** (e) **9.** (e)

문제 해답

1. (a) 400 nm (b) 7.5×10^{14} Hz **3.** (a) 0.84 eV (b) 574 nm **5.** 477 nm **7.** (d), (a) = (b), (e), (c) **9.** 510 nm **11.** (a) ultraviolet (b) infrared: 9.9×10^{-20} J; ultraviolet: 2.8×10^{-18} J (c) infrared: 2.0×10^{21} photons/s; ultraviolet: 7.0×10^{19} photons/s **13.** (a) No; violet light (b) 2.56 eV **15.** 4.96 kV **17.** 31.0 pm **19.** 62.0 pm **23.** (a) 2.00 pm (b) 152 pm **25.** (c), (e), (f), (a), (d), (b) **27.** 4.45×10^6 m/s at 62.6° south of east **29.** (a) 2.50×10^{-12} m (b) 55.6 keV **31.** 2.4×10^4 eV **33.** −0.850 eV **35.** $n = 3$ **37.** 3.40 eV **39.** 1.09 μm **41.** (a) one (b) four **43.** (a) 1874 nm (b) 820.0 nm (c) infrared **47.** 0.476 nm **49.** 17.6 pm **51.** 2.11 eV **53.** (a) $E_1 = -122$ eV; $E_2 = -30.6$ eV; $E_3 = -13.6$ eV; $E_4 = -7.65$ eV (b) 4 → 1: 115 eV; 4 → 2: 23.0 eV; 4 → 3: 6.0 eV; 3 → 1: 109 eV; 3 → 2: 17.0 eV; 2 → 1: 92 eV (c) None is in the visible region. **55.** 2.43 pm **57.** 1.46 MeV **59.** 1.17×10^{-14} m **61.** (a) 6.66×10^{-34} J·s (b) 1.82 eV **63.** (a) λ = 97.3 nm (b) 102.6 nm; 102.6 nm, 121.5 nm, and 656.3 nm (c) $\lambda \leq 91.2$ nm **65.** 270 nm **67.** 6.2 pm **69.** 121.5 nm, 102.6 nm, 97.23 nm **71.** (a) 3.69×10^{-7} eV (b) 8.45×10^{29} photons/s **73.** (a) 2.426 pm (b) 7.278 pm (c) no change **75.** 27.6 kV **77.** (a) 0.83 V (b) No electrons are emitted. **79.** (a) 1.8 eV (b) 1.9×10^{17} **81.** (a) −54.4 eV (b) −122 eV (c) −13.6 eV **83.** (a) 1.7 V (b) 0 **85.** scattered: 176 pm, incident: 171 pm **87.** 0.015 41 **89.** 2.2×10^{14} photons/s **91.** (a) conservation of momentum (b) 511 keV **93.** (a) 1.9 eV; 9.9×10^{-28} kg·m/s (b) 3×10^{15} photons/s (c) 3×10^{-12} N **95.** 2.19×10^6 m/s

28장 양자물리학

선다형 질문 해답

1. (c) **3.** (d) **5.** (d) **7.** (a) **9.** (a)

문제 해답

1. 1.3×10^{-34} m; the wavelength is much smaller than the diameter of the hoop—a factor of 10^{-34} smaller! **3.** (a) 1.0×10^{-35} m/s (b) 3.8×10^{26} yr **5.** 3.24 pm **7.** 250 eV **9.** 101 **11.** (a) 62 eV (b) 0.0038 eV (c) 0.0038 V **13.** 1.0×10^{-11} m/s in the direction of motion of the photon **15.** 5.17×10^5 m/s **17.** 1×10^{-29} m **19.** (a) 1×10^{-24} kg·m/s (b) 4 eV (c) yes **21.** (a) 1.2×10^{-4} eV (b) 3×10^{-9} eV **23.** 2×10^{-15} **25.** 380 GeV **27.** 2 MeV **29.** (a) 0.40 eV (b) $E_{31} = 3.2$ eV, $E_{32} = 2.0$ eV, $E_{21} = 1.2$ eV (c) 0.97 nm **31.** $-2\hbar$, $-\hbar$, 0, $\hbar$, $2\hbar$ **33.** $2(2\ell + 1)$ **35.** $1s^22s^22p^63s^23p^64s^23d^8$ **37.** $2\sqrt{3}\hbar = 3.655 \times 10^{-34}$ kg·m^2/s **39.** 4, 5, 6, 7 **41.** (a) Li: $1s^22s^1$; Na: $1s^22s^22p^63s^1$; K: $1s^22s^22p^63s^23p^64s^1$ (b) The outermost electron is alone in an s subshell. **43.** (a) 525 nm (b) green **45.** 633 nm **47.** 151 000 wavelengths **49.** −25% **51.** (a) 15 GeV (b) The nucleus would be unstable because the helium-4 nucleus would emit an electron. (c) 8.2 MeV; this energy is less than the binding energy of the helium-4 nucleus, so the proton-neutron theory is viable, but the electron-proton theory is not. **53.** (a) 0.067 eV (b) 0.20 eV, 0.33 eV, 0.47 eV, 0.53 eV, 0.80 eV, and 1.0 eV

(c)

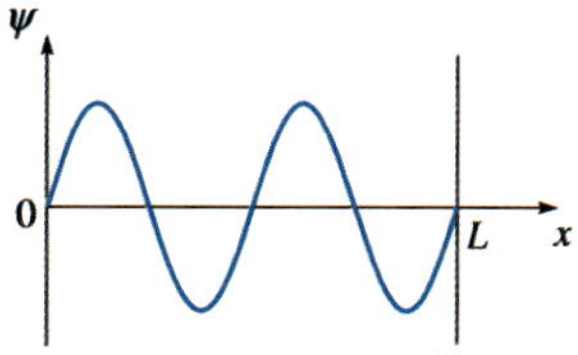

(d) smaller **55.** 2.8×10^{-14} m **57.** 680 m/s **59.** 3.9×10^{-6} eV **61.** $1s^22s^22p^63s^23p^64s^23d^{10}4p^65s^24d^{10}5p^4$

63. (a) 2.21×10^{-34} m (b) about a factor of 10^{-19} smaller (c) No, the wavelength is so much smaller than any aperture that diffraction is negligible. **65.** (a) 1.26 km/s (b) 314 pm (c) 303 to 324 pm **67.** no

69.
(a) 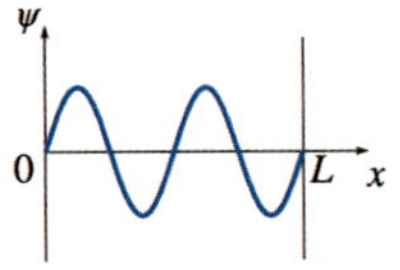

(b) $\dfrac{2h^2}{mL^2}$ (c) 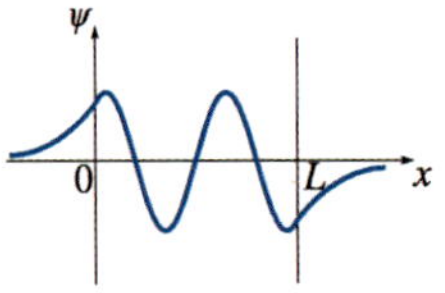

(d) The energy for the box of finite depth is less. The graphs for (c) and (a) show that the wavelength is longer in this case than for an infinitely deep box, and a longer wavelength corresponds to less momentum and less kinetic energy. (e) $(2L/h)\sqrt{2mU_0}$
73. 12 pm **75.** 1.8×10^{-19} m **77.** 120 MeV **79.** 9.8 cm **81.** 352 nm **83.** (a) 167 pm (b) 66.5° (c) yes

29장 핵물리학

선다형 질문 해답

1. (c) **3.** (a) **5.** (d) **7.** (d) **9.** (d)

문제 해답

1. 4.5×10^{28} **3.** (d), (a) = (e), (b) = (c) = (f) **5.** $^{40}_{19}$K **7.** 54 **9.** 5.7 fm; 7.7×10^{-43} m^3 **11.** 0.112 355 3 u **13.** 2.225 MeV **15.** (a) 127.619 MeV (b) 7.976 19 MeV/nucleon **17.** (a) 1.46×10^{-8} u (b) no **19.** (a) 238.000 32 u (b) 1.801 69 GeV **21.** Positron with charge $+e$ **23.** $^{22}_{11}\text{Na} + {}^{0}_{-1}\text{e} \rightarrow {}^{22}_{10}\text{Ne} + {}^{0}_{0}\nu$; $^{22}_{10}$Ne **25.** 4.8707 MeV **27.** 1.3109 MeV **31.** 64 d **33.** 11 500 yr **35.** 2.4 min **37.** 27 patients **39.** 0.99 Ci **41.** (a) 3.83×10^{-12} s^{-1} (b) 6.5×10^{10} atoms (c) 0.25 Bq/g **43.** 34.46 s; 58.87% **45.** 3×10^5 molecules **47.** (a) 3.7×10^{16} photons (b) 0.48°C **49.** 6.4×10^{-4} Sv **51.** $^{197}_{79}$Au **53.** $^{27}_{13}\text{Al} + {}^{4}_{2}\text{He} \rightarrow {}^{31}_{15}\text{P} \rightarrow {}^{30}_{15}\text{P} + {}^{1}_{0}\text{n}$ **55.** (a) $^{10}_{5}\text{B} + {}^{1}_{0}\text{n} \rightarrow {}^{11}_{5}\text{B}^* \rightarrow {}^{7}_{3}\text{Li} + {}^{4}_{2}\text{He} + \gamma$ (b) 2.31 MeV **57.** 200 MeV **59.** (a) 2 (b) 200 MeV (c) 179.944 MeV (d) 0.000 822 **61.** 17.5893 MeV **63.** 0.44 MeV **65.** (a) 13 km (b) 8.2×10^{11} N/kg **67.** 737 kW·h **69.** (b) 4.9654 MeV (c) 4.2 fm (d) 2.4 MeV **71.** 8.1115 MeV **73.** 3.60×10^{-16} kg **75.** 3.25 mol **77.** (a) 0.50 (b) 0.012, yes **79.** (a) 5.2×10^{-7} g (b) 44 mCi **81.** (a) 1.25×10^9 Bq (b) an electron and an antineutrino **83.** 7.67×10^9 yr **85.** (a) 8% (b) $P_0 = 0.57$ mW; $P_{10.0} = 0.52$ mW **87.** (a) $^{17}_{8}$O (b) 4.8 fm (c) 4.2 MeV (d) less, 1.1918 MeV **89.** 4.7844 MeV **91.** From left to right, the energies are 492 keV, 472 keV, 40 keV, 452 keV, 432 keV, 287 keV. **93.** (a) 1.42×10^7 m/s (b) 4.3×10^6 V/m (c) 98 cm (d) Both m and q affect the radius of the trajectory.

30장 입자물리학

선다형 질문 해답

1. (b) **3.** (a) **5.** (d) **7.** (c) **9.** (a)

문제 해답

1. 1.1×10^{-18} m, which compares favorably (for a rough estimate) with the value 1×10^{-17} m given in Table 30.3 **3.** 1.316 GeV **5.** neutron: u + d + d = $(2/3)e - (1/3)e - (1/3)e = 0$ proton: u + u + d = $(2/3)e + (2/3)e - (1/3)e = +e$ **7.** uus: $+e$; uds: 0; dds: $-e$ **9.** $\bar{\text{u}}$d **11.** $\bar{\text{s}}\bar{\text{s}}\bar{\text{s}}$ **13.** 34 MeV **15.** 109.3 MeV **17.** 67.5 MeV **19.** 938 MeV **21.** $\pi^+ \rightarrow \mu^+ + \nu_\mu$ and $\pi^+ \rightarrow e^+ + \nu_e$ **23.** proton: 5.4 MeV; pion: 32.4 MeV **25.** 4.2 MeV **27.** 5.4 T